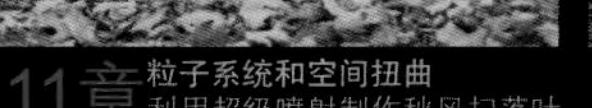

11章 粒子系统和空间扭曲
利用超级喷射制作秋风扫落叶

11章 粒子系统和空间扭曲
利用粒子阵列制作浩瀚宇宙星体

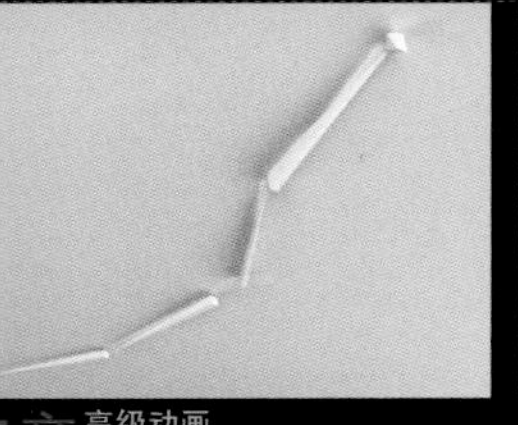

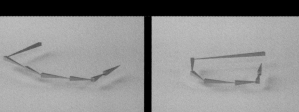

12章 动力学技术
利用Cloth制作下落的布料

15章 高级动画
为骨骼对象建立父子关系

14章 基础动画
利用自动关键点制作旋转魔方动画

本书精彩案例欣赏

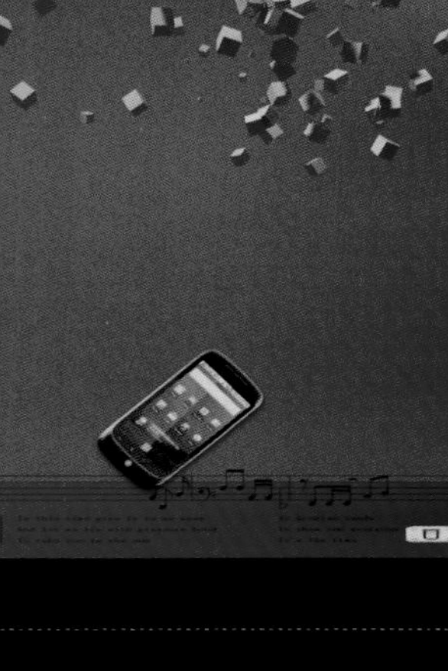

11章 粒子系统和空间扭曲
利用超级喷射制作飞舞的立方体

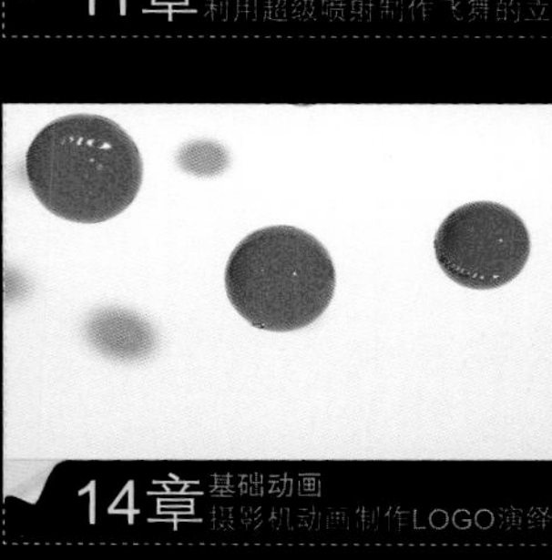

14章 基础动画
摄影机动画制作LOGO演绎

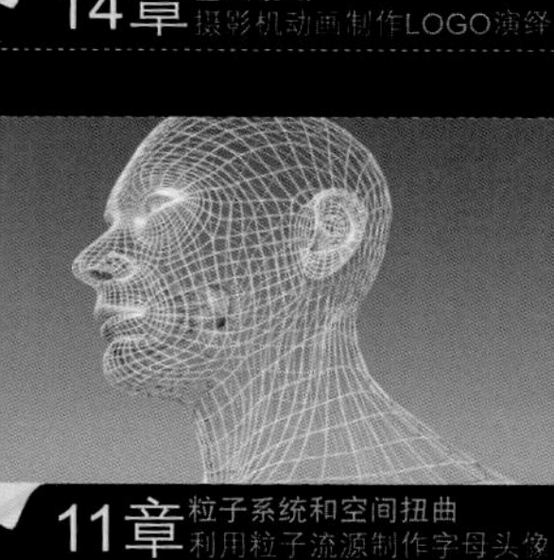
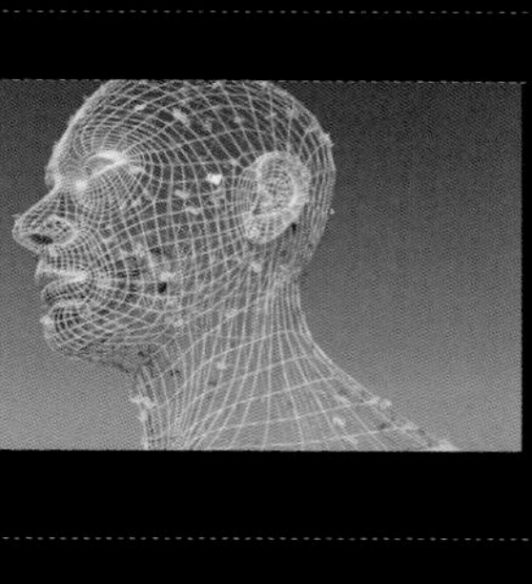
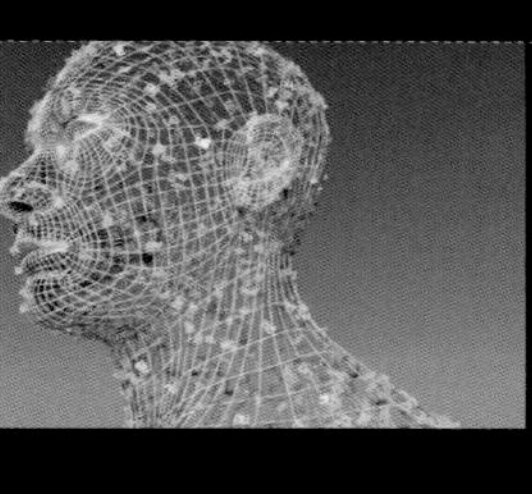
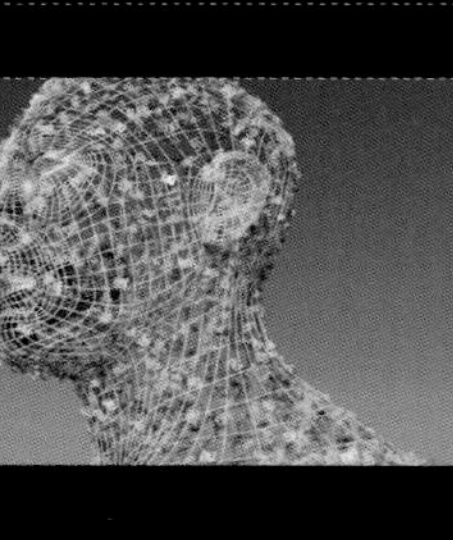

11章 粒子系统和空间扭曲
利用粒子流源制作字母头像

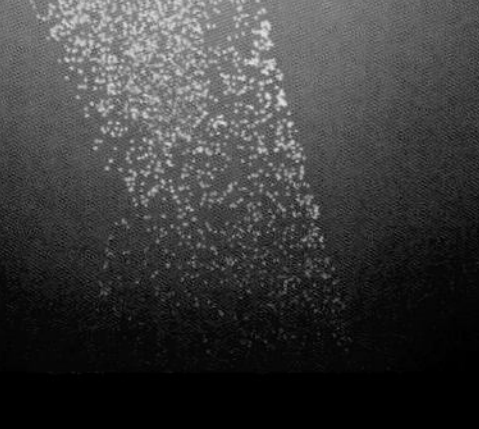

11章 粒子系统和空间扭曲
利用超级喷射和漩涡制作眩光动画

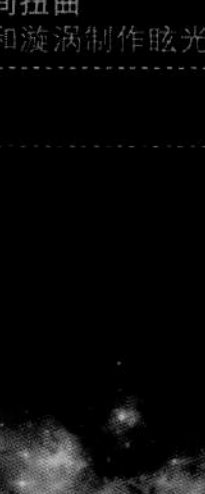
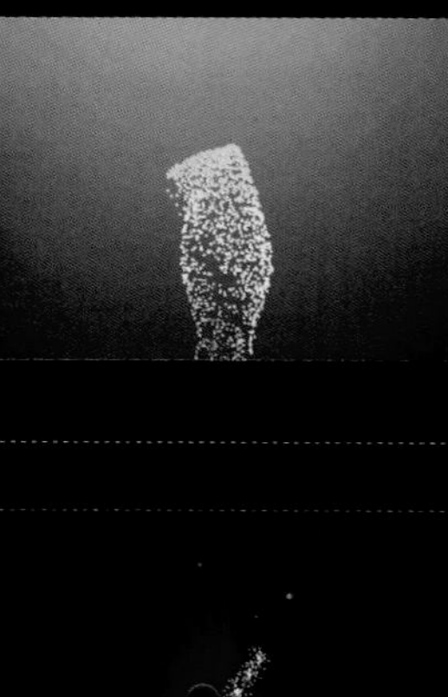
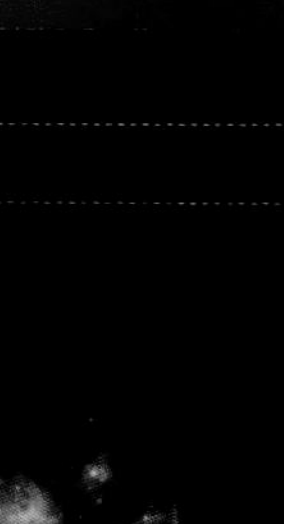
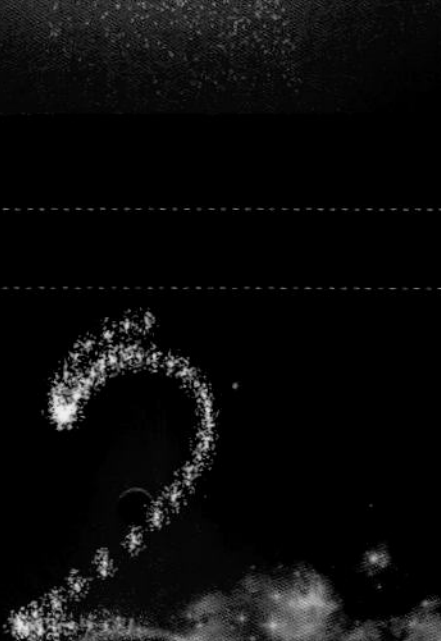
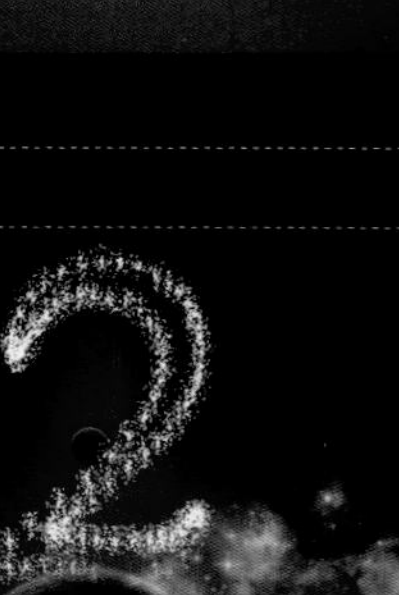

11章 粒子系统和空间扭曲
利用超级喷射制作奇幻文字动画

14章 基础动画
利用链接约束制作磁铁吸附小球

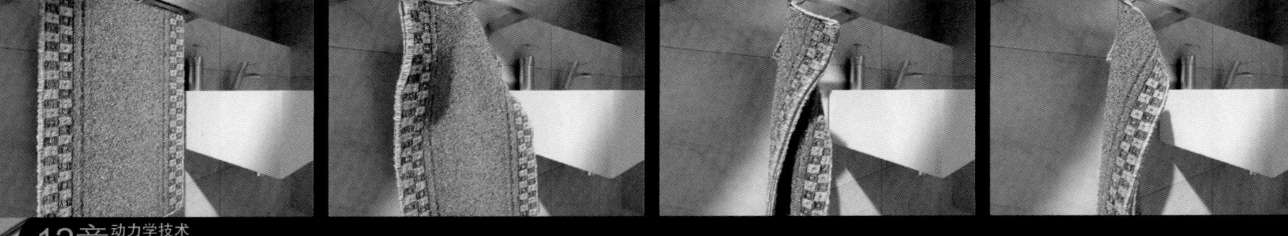

12章 动力学技术
利用Cloth制作悬挂的浴巾

11章 粒子系统和空间扭曲
利用超级喷射制作彩色烟雾

14章 基础动画
利用路径约束制作飞翔动画

15章 高级动画
利用CAT制作马奔跑动画

本书精彩案例欣赏

14章 基础动画
利用自动关键点制作太阳落山动画

11章 粒子系统和空间扭曲
利用粒子流源制作弹力球

11章 粒子系统和空间扭曲
利用粒子流源制作飞镖动画

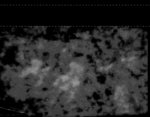

11章 粒子系统和空间扭曲
利用粒子云制作爆炸特效

14章 基础动画
利用自动关键点制作行驶的火车

04章 高级建模技术
利用多边形建模制作iPad2
03章 基础建模技术
利用通道制作各种通道模型
03章 基础建模技术
利用布尔运算制作胶囊
04章 高级建模技术
利用弯曲和扭曲修改器制作戒指
04章 高级建模技术
利用网格建模制作椅子
04章 高级建模技术
利用弯曲修改器制作水龙头
04章 高级建模技术
利用多边形建模制作欧式床
03章 基础建模技术
创建多种楼梯模型

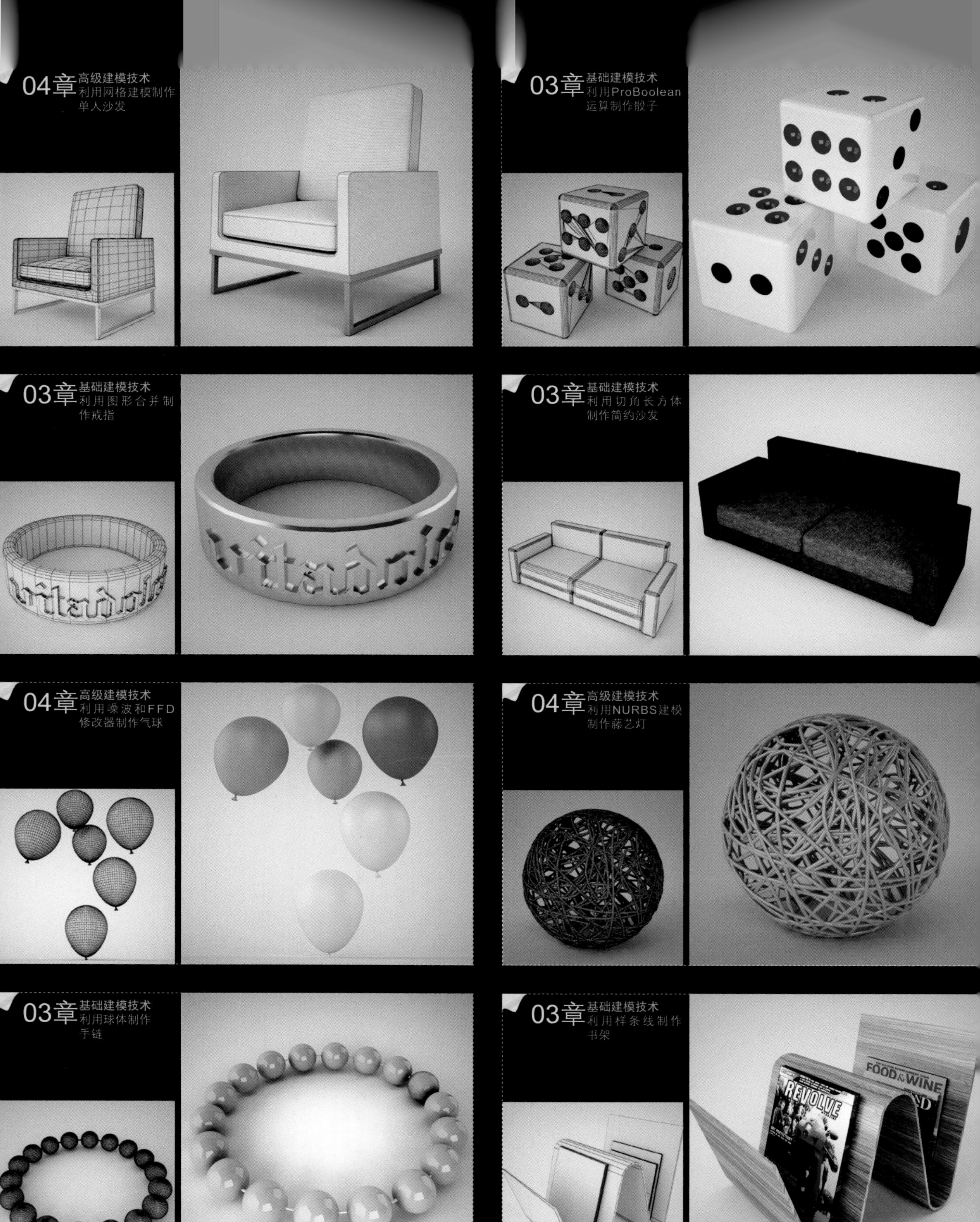
04章 高级建模技术
利用网格建模制作单人沙发
03章 基础建模技术
利用ProBoolean运算制作骰子
03章 基础建模技术
利用图形合并制作戒指
03章 基础建模技术
利用切角长方体制作简约沙发
04章 高级建模技术
利用噪波和FFD修改器制作气球
04章 高级建模技术
利用NURBS建模制作藤艺灯
03章 基础建模技术
利用球体制作手链
03章 基础建模技术
利用样条线制作书架
FOOD&WINE
REVOLVE

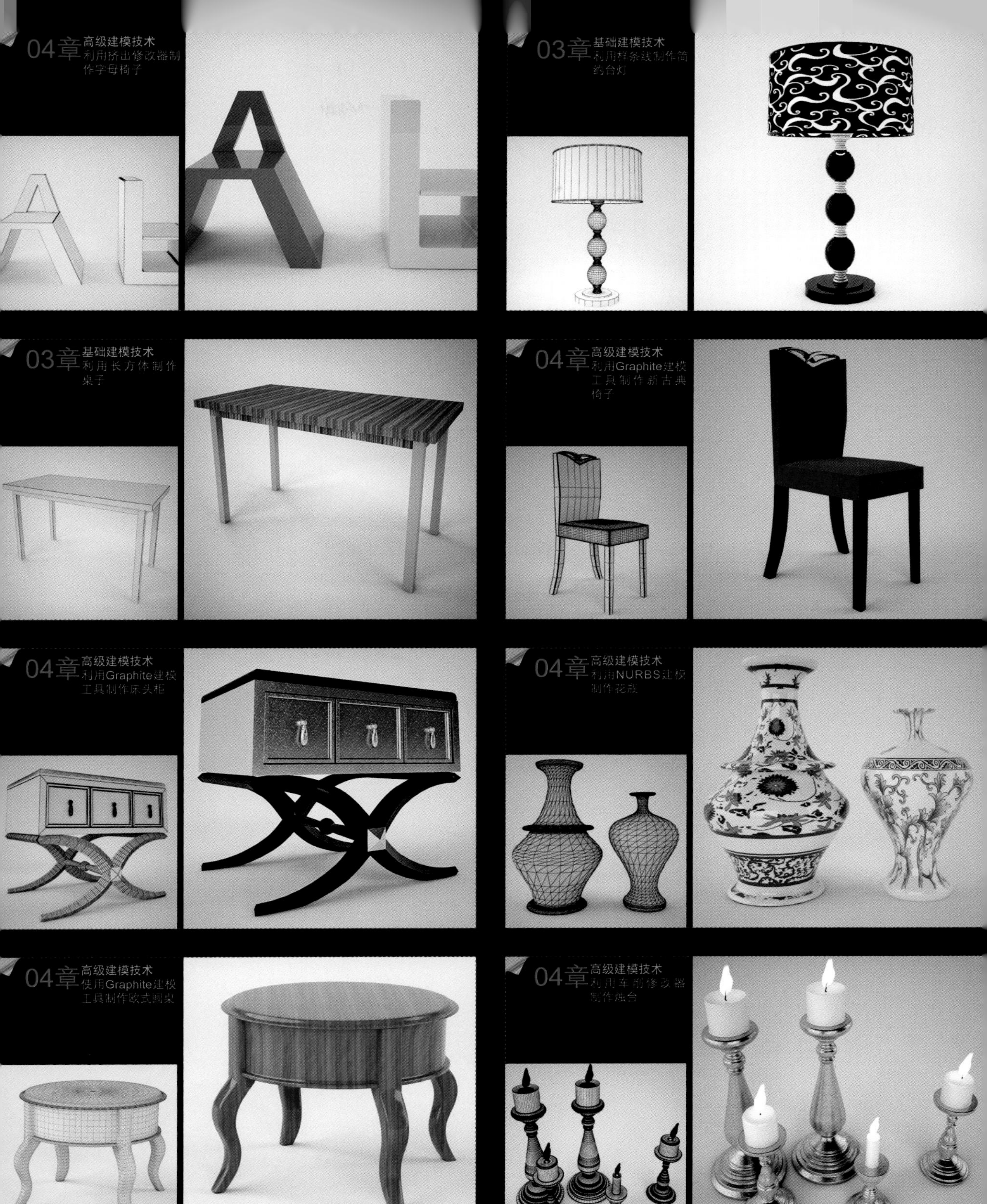
04章 高级建模技术
利用挤出修改器制作字母椅子
03章 基础建模技术
利用样条线制作简约台灯
03章 基础建模技术
利用长方体制作桌子
04章 高级建模技术
利用Graphite建模工具制作新古典椅子
04章 高级建模技术
利用Graphite建模工具制作床头柜
04章 高级建模技术
利用NURBS建模制作花瓶
04章 高级建模技术
使用Graphite建模工具制作欧式圆桌
04章 高级建模技术
利用车削修改器制作烛台

03章 基础建模技术
利用布尔运算制作现代椅子

04章 高级建模技术
利用多边形建模制作斗柜

04章 高级建模技术
利用多边形建模制作椅子

04章 高级建模技术
利用多边形建模制作衣柜

04章 高级建模技术
利用网格建模制作单人沙发

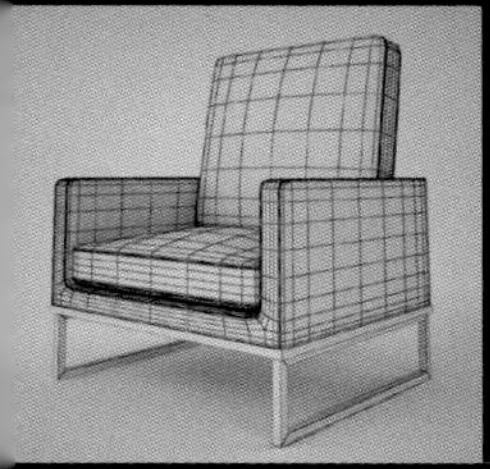

03章 基础建模技术
利用样条线制作简约台灯

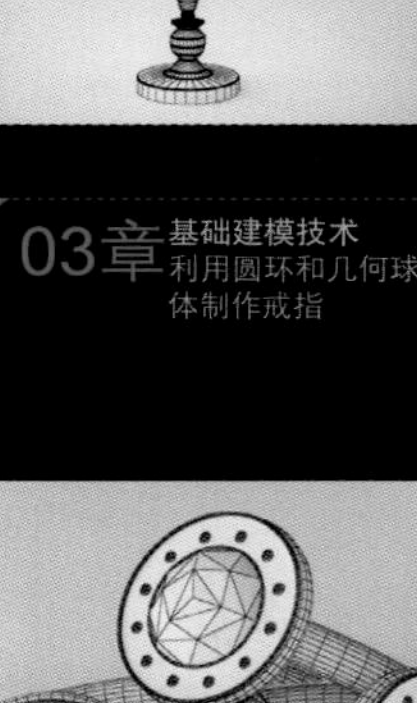

03章 基础建模技术
利用切角圆柱体制作创意灯

03章 基础建模技术
利用圆环和几何球体制作戒指

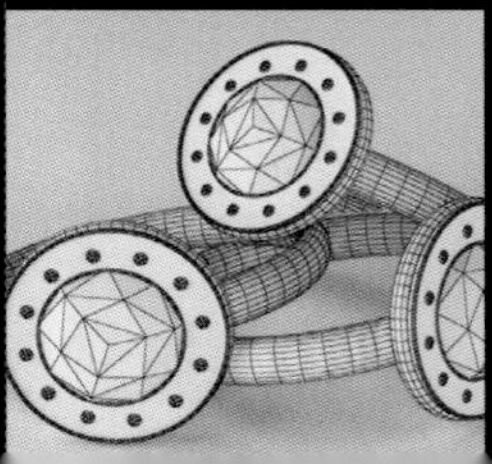

04章 高级建模技术
利用倒角修改器制作装饰物
03章 基础建模技术
利用标准基本体制作现代台灯
04章 高级建模技术
利用FFD修改器制作椅子
04章 高级建模技术
利用多边形建模制作床头柜
03章 基础建模技术
使用样条线制作文本
ERAY
DESIGN
04章 高级建模技术
制作创意花瓶
04章 高级建模技术
利用倒角剖面修改器制作欧式镜子
03章 基础建模技术
利用长方体制作储物柜

04章 高级建模技术
利用编辑多边形修改器制作铅笔
03章 基础建模技术
使用样条线和车削修改器制作花瓶
merry christmas
03章 基础建模技术
利用样条线制作创意钟表
03章 基础建模技术
使用样条线制作布酒架
03章 基础建模技术
使用样条线制作铁艺墙挂
03章 基础建模技术
使用样条线制作书籍
Cool Restaurants
Milan
03章 基础建模技术
使用样条线制作藤椅
03章 基础建模技术
使用样条线制作创意桌子

05章 灯光技术
利用VR灯光制作柔和日光

05章 灯光技术
利用目标聚光灯制作台灯

05章 灯光技术
利用目标平行光和VR灯光制作正午阳光效果

04章 高级建模技术
利用多边形建模制作布艺沙发

04章 高级建模技术
利用车削修改器制作红酒和高脚杯

04章 高级建模技术
利用晶格修改器制作水晶吊线灯

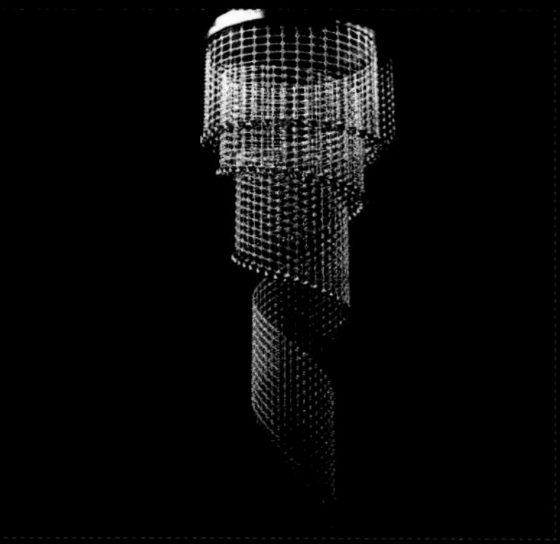

03章 基础建模技术
创建多种门模型

03章 基础建模技术
利用VR平面制作地面

04章 高级建模技术
利用多边形建模制作脚凳

03章 基础建模技术
利用环形结制作吊灯

04章 高级建模技术
利用多边形建模制作艺术花瓶

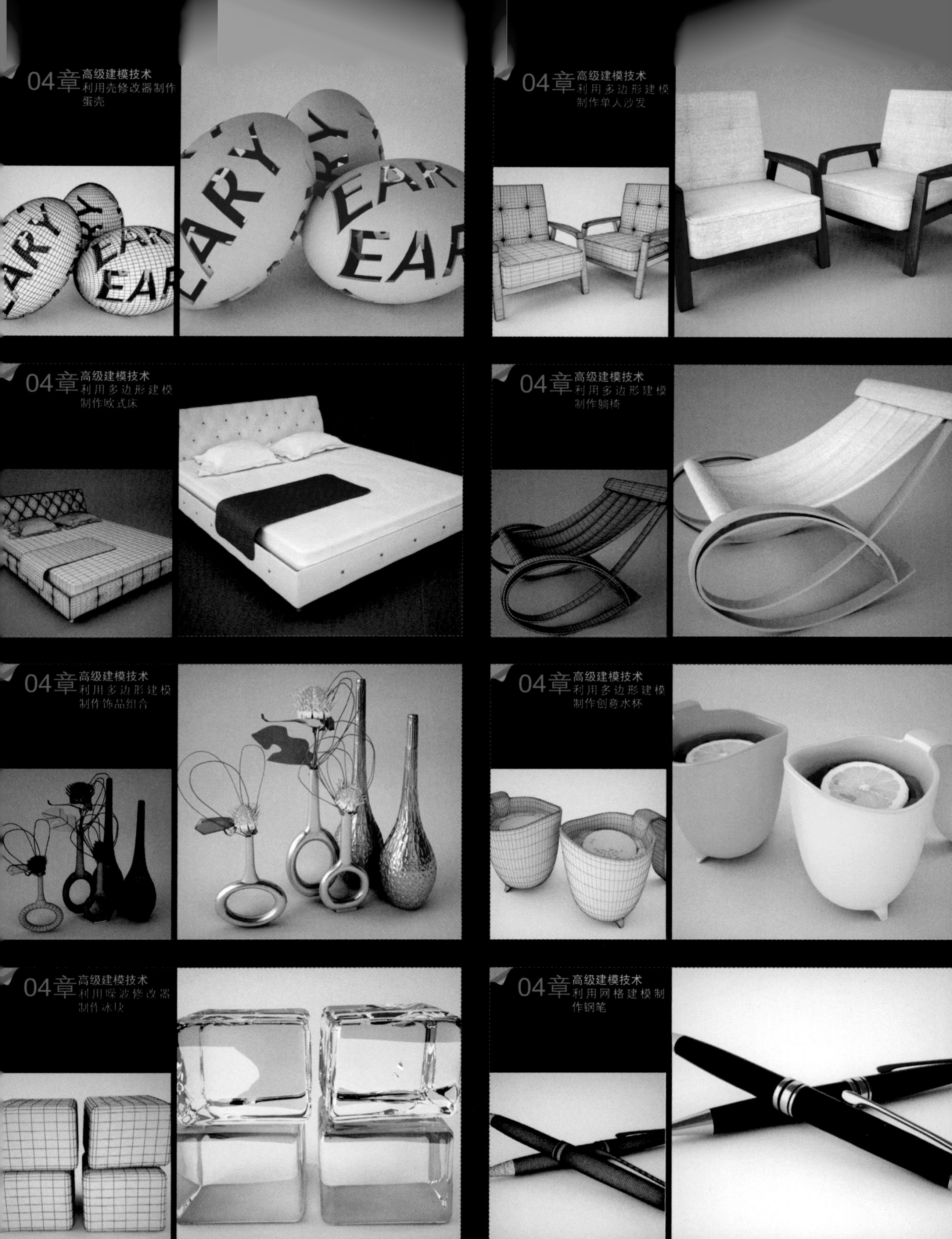
04章 高级建模技术
利用壳修改器制作蛋壳
04章 高级建模技术
利用多边形建模制作单人沙发
04章 高级建模技术
利用多边形建模制作欧式床
04章 高级建模技术
利用多边形建模制作躺椅
04章 高级建模技术
利用多边形建模制作饰品组合
04章 高级建模技术
利用多边形建模制作创意水杯
04章 高级建模技术
利用噪波修改器制作冰块
04章 高级建模技术
利用网格建模制作钢笔

05章 灯光技术
玄关夜晚效果

06章 摄影机技术
使用剪切设置渲染特殊视角

05章 灯光技术
利用VR_光源和目标灯光制作射灯效果

05章 灯光技术
利用泛光灯制作烛光效果

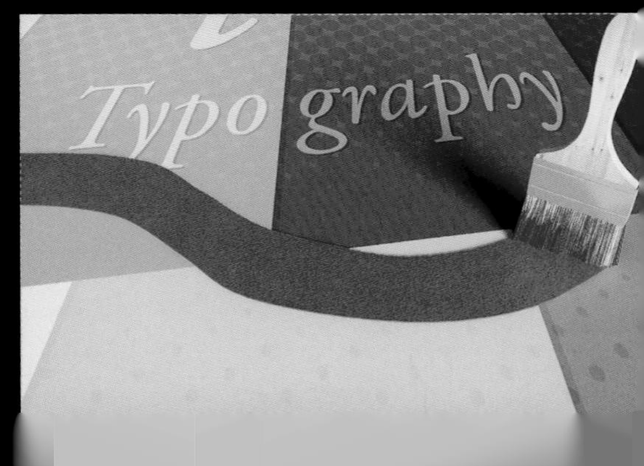

05章 灯光技术
利用VR太阳制作黄昏光照

13章 毛发技术
利用hair和fur（WSN）修改器制作蒲公英

13章 毛发技术
使用VR_毛发制作室内植物

05章 灯光技术
利用VR太阳综合制作阳光客厅

13章 毛发技术
使用VR_毛发制作杂草

05章 灯光技术
利用目标平行光和VR灯光综合制作书房夜景效果

05章 灯光技术
利用VR灯光制作灯带

09章 环境和效果
利用模糊效果制作奇幻特效

06章 摄影机技术
利用目标摄影机制作景深效果

05章 灯光技术
利用VR太阳制作日光

05章 灯光技术
利用VR灯光制作创意灯光照

10章 Video Post
利用镜头效果光晕制作夜晚月光

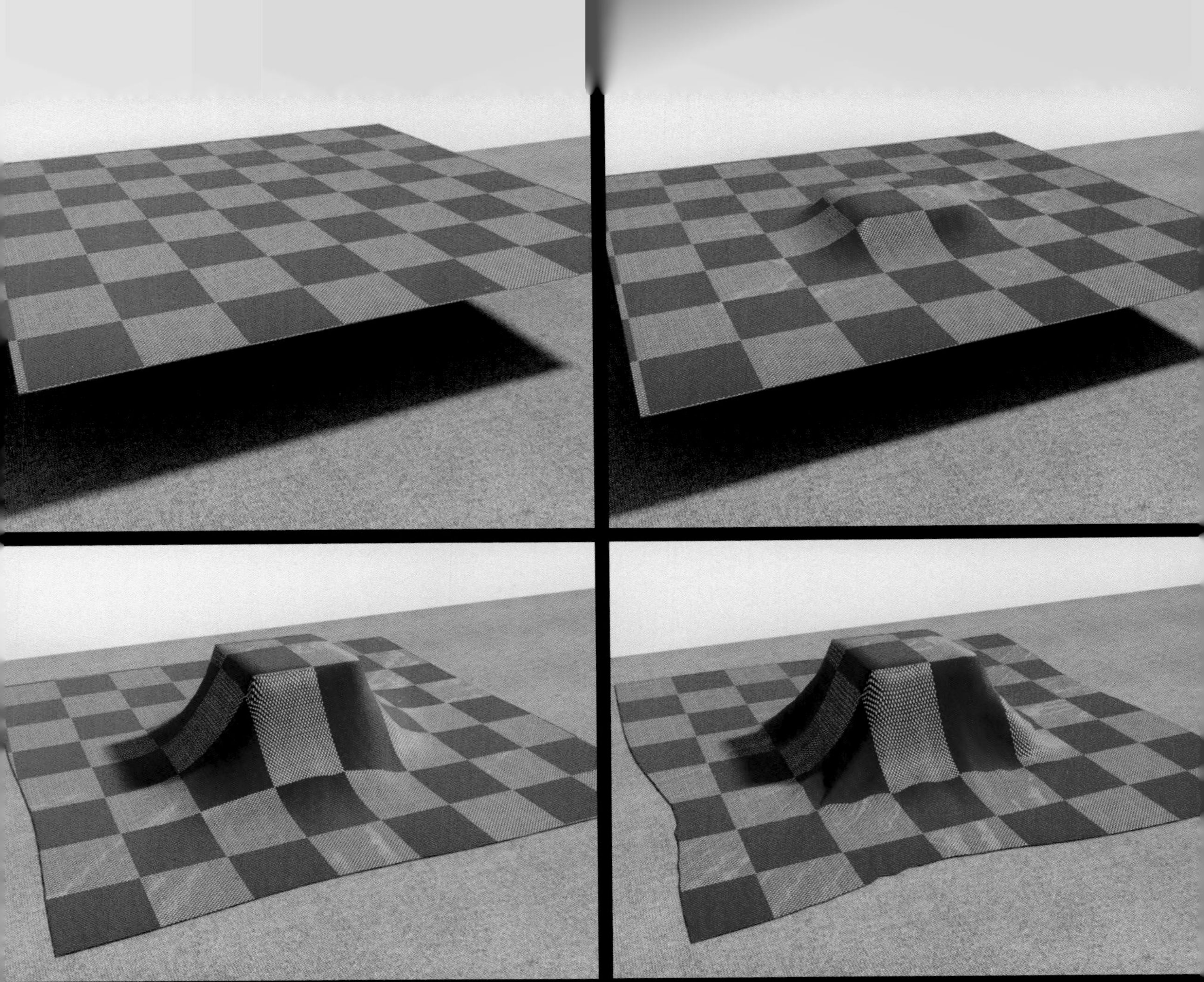

12章 动力学技术
利用mCloth制作下落的布料

14章 基础动画
利用路径约束和路径变形制作写字动画

15章 高级动画
利用骨骼对象制作踢球动画

15章 高级动画
利用Biped制作跳舞动作

14章 基础动画
利用自动关键点制作雪糕融化动画

本书精彩案例欣赏

14章 基础动画
利用漩涡贴图制作咖啡动画

11章 粒子系统和空间扭曲
利用粒子流源制作雪花

11章 粒子系统和空间扭曲
利用雪制作雪花动画

15章 高级动画
利用CAT对象制作狮子动画

14章 基础动画
利用曲线编辑器制作高尔夫进球动画

11章 粒子系统和空间扭曲
利用喷射制作下雨动画

本书精彩案例欣赏

14章 基础动画
利用烟雾贴图制作云飘动动画

15章 高级动画
利用骨骼对象制作鸟飞翔动画

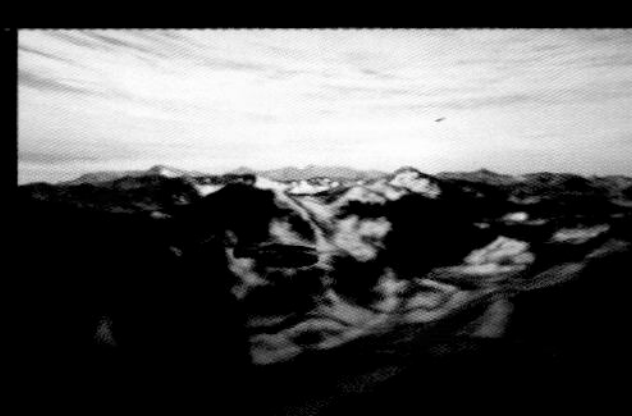

11章 粒子系统和空间扭曲
利用波浪制作海面漂流瓶

3ds Max 2014入门与实战经典

唯美映像 编著

清华大学出版社
北　京

内容简介

3ds Max 2014是全球著名的三维制作软件，广泛应用于多媒体制作、游戏、辅助教学以及效果图制作等领域。《3ds Max 2014入门与实战经典》详细介绍了3ds Max 2014的基础知识和使用技巧，主要包括3ds Max 2014的基本操作、基础建模技术、高级建模技术、灯光技术、摄影机技术、材质和贴图技术、灯光/材质/渲染综合运用、环境与特效、视频后期处理、粒子系统和空间扭曲、动力学技术、毛发技术、基础动画以及高级动画等内容，使用它不仅可以制作各种三维动画、电影特效，还可以进行建筑设计和工业设计。

《3ds Max 2014入门与实战经典》深入浅出、图文并茂、直观生动，并采用大量实例帮助读者理解，让读者能通过实例巩固所学知识。

本书适合于3ds Max的初学者，同时对具有一定3ds Max使用经验的读者也有很好的参考价值，还可作为学校、培训机构的教学用书，以及其他各类读者学习3ds Max的参考用书。

本书和光盘有以下显著特点：

1. 231节大型配套视频讲解，让老师手把手教您。（最快的学习方式）
2. 231个中小实例循序渐进，从实例中学、边用边学更有兴趣。（提高学习兴趣）
3. 会用软件远远不够，会做商业作品才是硬道理，本书列举了许多实战案例。（积累实战经验）
4. 专业作者心血之作，经验技巧尽在其中。（实战应用、提高学习效率）
5. 千余项配套资源极为丰富，素材效果一应俱全。（方便深入和拓展学习）

11个大型场景的设计案例，7大类室内设计常用模型共计137个，7大类常用贴图共计270个，30款经典光域网素材，50款360度汽车背景极品素材，3ds Max常用快捷键索引、常用物体折射率、常用家具尺寸和室内物体常用尺寸，方便用户查询。

图书在版编目（CIP）数据

3ds Max 2014入门与实战经典/唯美映像编著. —北京：清华大学出版社，2014
ISBN 978-7-302-36491-7

I. ①3… II. ①唯… III. ①三维动画软件 IV. ①TP391.41

中国版本图书馆CIP数据核字（2014）第099283号

责任编辑：赵洛育
封面设计：刘洪利
版式设计：文森时代
责任校对：张彩凤　赵丽杰
责任印制：宋　林
出版发行：清华大学出版社
　　网　　址：http://www.tup.com.cn，http://www.wqbook.com
　　地　　址：北京清华大学学研大厦A座　　**邮　　编**：100084
　　社 总 机：010-62770175　　**邮　　购**：010-62786544
　　投稿与读者服务：010-62776969，c-service@tup.tsinghua.edu.cn
　　质量反馈：010-62772015，zhiliang@tup.tsinghua.edu.cn

印 装 者：北京天颖印刷有限公司
经　　销：全国新华书店
开　　本：203mm×260mm　**印　　张**：37.75　**插　　页**：14　**字　　数**：1566千字
（附DVD光盘1张）
版　　次：2014年11月第1版　**印　　次**：2014年11月第1次印刷
印　　数：1～4000
定　　价：109.00元

产品编号：059193-01

前　言

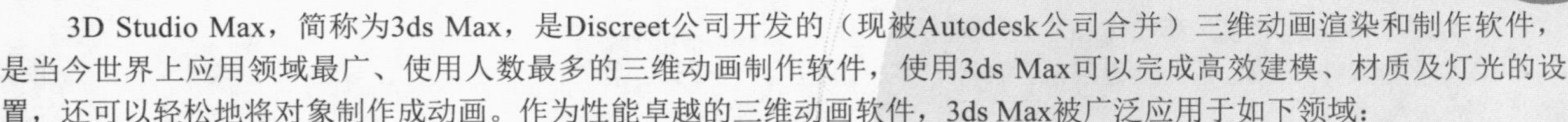

3D Studio Max，简称为3ds Max，是Discreet公司开发的（现被Autodesk公司合并）三维动画渲染和制作软件，是当今世界上应用领域最广、使用人数最多的三维动画制作软件，使用3ds Max可以完成高效建模、材质及灯光的设置，还可以轻松地将对象制作成动画。作为性能卓越的三维动画软件，3ds Max被广泛应用于如下领域：

➘ 影视制作

您每天看到的电视栏目片头片尾三维动画、三维动画广告，以及经常看到的3D大片都有3ds Max参与制作。这些目不暇给、引人入胜的镜头离不开视觉特效制作的功劳，而3ds Max凭借其鲜明、逼真的视觉效果、色彩分级和配有丰富插件，受到各大电影制片厂和后期制作公司的青睐。

3ds Max所创造出来的视觉效果技术在影片特效制作中大显身手，在实现电影制作人天马行空的奇思妙想的同时，也将观众带入了各种神奇的世界，创造出多部经典作品。

➘ 室内外效果图

在建筑设计领域中，各种室内装潢效果图、景观效果图、楼盘效果图，3ds Max都可以大显身手。使用3ds Max制作的建筑效果图比较精美，可以令观赏者赏心悦目，具有较高的欣赏价值；用户还可以根据环境的不同，自由地设计和制作出不同类型和风格的室内外效果图，并且对于实际工程的施工也有着一定的直接指导性作用。因此，使用3ds Max创建的场景效果图，被广泛应用于售楼效果图、工程招标或者施工指导、宣传及广告活动。

➘ 工业设计

现代生活中，人们对于生活消费品、家用电器等外观、结构和易用性有了更高的要求。通过使用3ds Max参与产品造型的设计，让企业可以很直观地模拟产品的材质、造型和外观等特性，从而提高研发效率。

➘ 展示设计

使用3ds Max设计和制作的展示效果，不但可以体现设计者丰富的想象力、创造力、较高的观赏和艺术造诣，而且还可以在建模、结构布局、色彩、材质、灯光和特殊效果等制作方面自由地进行调整，以协调不同类型场馆环境的需要。

➘ 电脑游戏

Autodesk公司的3ds Max是全世界数字内容的标准，3D业内使用量最大，是顶级艺术家和设计师优先选择的3D制作方案，世界很多知名游戏基本上都使用了3ds Max参与开发。当前许多电脑游戏中大量地加入了三维动画的应用，细腻的画面、宏伟的场景和逼真的造型，使游戏的视觉效果和真实性大大增加，同时也使得3D游戏的玩家愈来愈多，使3D游戏的市场得以不断扩大。

本书编写特点

1. 完全从零开始

本书以完全入门者为主要读者对象，通过对基础知识细致入微的介绍，辅助以对比图示效果，结合中小实例，对常用工具、命令、参数等做了详细的介绍，同时给出了技巧提示，确保读者零起点、轻松快速入门。

2. 内容极为详细

本书内容涵盖了3ds Max几乎所有工具、命令常用的相关功能，是市场上内容最为全面的图书之一，可以说是入门者的百科全书、有基础者的参考手册。

3. 例子丰富精美

本书的实例极为丰富，致力于边练边学，这也是大家最喜欢的学习方式。另外，例子力求在实用的基础上精美、漂亮，一方面熏陶读者朋友的美感，一方面让读者在学习中享受美的世界。

4. 注重学习规律

本书在讲解过程中采用了“知识点+理论实践+实例练习+综合实例+技术拓展+技巧提示”的模式，符合轻松易学的学习规律。

本书显著特色

1. 大型配套视频讲解，让老师手把手教您

光盘配备与书同步的同步自学视频，涵盖全书几乎所有实例，如同老师在身边手把手教您，让学习更轻松、更高效！

2. 中小实例循序渐进，边用边学更有兴趣

中小实例极为丰富，通过实例讲解，让学习更有兴趣，而且读者还可以多动手，多练习，只有如此才能深入理解、灵活应用！

3. 配套资源极为丰富，素材效果一应俱全

不同类型的设计素材上千个；另外赠送《色彩设计搭配手册》和常用颜色色谱表。

4. 会用软件远远不够，商业作品才是王道

仅仅学会软件使用远远不能适应社会需要，本书后边给出不同类型的综合商业案例，以便积累实战经验，为工作就业搭桥。

5. 专业作者心血之作，经验技巧尽在其中

作者系艺术学院讲师，设计、教学经验丰富，大量的经验技巧融在书中，可以提高学习效率，少走弯路。

本书服务

1. 3ds Max软件获取方式

本书提供的光盘文件包括教学视频和素材等，教学视频可以演示观看。要按照书中实例操作，必须安装3ds Max软件之后，才可以进行。您可以通过如下方式获取3ds Max简体中文版安装软件：

（1）登录官方网站http://www.autodesk.com.cn/咨询。

（2）可到当地电脑城的软件专卖店咨询。

（3）可到网上咨询、搜索购买方式。

2. 关于本书光盘的常见问题

（1）本书光盘需在电脑DVD格式光驱中使用。其中的视频文件可以用播放软件进行播放，但不能在家用DVD播放机上播放，也不能在CD格式光驱的电脑上使用（现在CD格式的光驱已经很少）。

（2）如果光盘仍然无法读取，建议多换几台电脑试试看，绝大多数光盘都可以得到解决。

（3）盘面有胶、有脏物建议要先行擦拭干净。

（4）光盘如果仍然无法读取，请将光盘邮寄给：北京清华大学（校内）出版社白楼201 编辑部 收。待我们查明原因，予以调换。

（5）如果读者朋友在网上或者书店购买此书时光盘缺失，可以向相关网站或书店索取。

3. 交流答疑QQ群

为了方便解答读者提出的问题，我们特意建立了如下QQ群：

3ds Max技术交流QQ群：134997177。（如果群满，我们将会建其他群，请留意加群时的提示）

4. YY语音频道教学

为了方便与读者进行语音交流，我们特意建立了YY语音教学频道：62327506。（YY语音是一款可以实现即时在线交流的聊天软件）

5. 留言或关注最新动态

为了方便读者，我们会及时发布与本书有关的信息，包括读者答疑、勘误信息，读者朋友可登录本书官方网站：www.eraybook.com。

关于作者

本书由唯美映像组织编写，唯美映像是一家由十多名艺术学院讲师组成的平面设计、动漫制作、影视后期合成的专业培训机构。瞿颖健和曹茂鹏讲师参与了本书的主要编写工作。

另外，由于本书工作量巨大，以下人员也参与了本书的编写工作，他们是：杨建超、马啸、李路、孙芳、李化、葛妍、丁仁雯、高歌、韩雷、瞿吉业、杨力、张建霞、瞿学严、杨宗香、董辅川、杨春明、马扬、王萍、曹诗雅、朱于振、于燕香、曹子龙、孙雅娜、曹爱德、曹玮、张效晨、孙丹、李进、曹元钢、张玉华、鞠闯、艾飞、瞿学统、李芳、陶恒斌、曹明、张越、瞿云芳、解桐林、张琼丹、解文耀、孙晓军、瞿江业、王爱花、樊清英等，在此一并表示感谢。

衷心感谢

在编写的过程中，得到了吉林艺术学院副院长郭春方教授的悉心指导，得到了吉林艺术学院设计学院院长宋飞教授的大力支持，在此向他们表示衷心的感谢。本书项目负责人及策划编辑刘利民先生对本书出版做了大量工作，谢谢！

寄语读者

亲爱的读者朋友，千里有缘一线牵，感谢您在茫茫书海中找到了本书，希望她架起你我之间学习、友谊的桥梁，希望她带您轻松步入五彩斑斓的设计世界，希望她成为您成长道路上的铺路石。

唯美映像

目录

231节大型高清同步视频讲解

第01章　与3ds Max 2014的第一次接触 1

1.1　3ds Max 2014的新增功能 2
- 1.1.1　易用性方面的新功能 2
- 1.1.2　可靠性新特性 3
- 1.1.3　数据交换中的新功能 3
- 1.1.4　角色动画中的新功能 3
- 1.1.5　Hair 和 Fur 中的新功能 4
- 1.1.6　粒子流中的新特性 4
- 1.1.7　环境中的新功能 4
- 1.1.8　材质编辑中的新增功能 4
- 1.1.9　贴图中的新特性 4
- 1.1.10　摄影机中的新特性 4
- 1.1.11　渲染中的新功能 4
- 1.1.12　视口新功能 5
- 1.1.13　文件处理中的新功能 5
- 1.1.14　自定义中的新特性 5

1.2　与3ds Max 2014相关的软件和插件 5
- 1.2.1　二维软件 5
- 1.2.2　三维软件 6
- 1.2.3　后期软件 7
- 1.2.4　其他插件 7

1.3　一点个人的心得——致本书的读者 8
- 1.3.1　我的心得体会，慢是最快的方法! 8
- 1.3.2　灯光怎么才能真实? 8
- 1.3.3　材质怎么做真实? 8
- 1.3.4　动画该怎么学? 8

第02章　3ds Max 2014的基本操作 9

(视频演示：32分钟)

2.1　3ds Max 2014的工作界面 10
- 技术专题——如何使用欢迎窗口 10
- 2.1.1　标题栏 11
- 2.1.2　菜单栏 12
- 2.1.3　主工具栏 13
- 技术专题——如何精确移动对象 15
- 2.1.4　视口区域 18
- 2.1.5　命令面板 19
- 2.1.6　时间尺 20
- 2.1.7　状态栏 20
- 2.1.8　时间控制按钮 21
- 2.1.9　视图导航控制按钮 21

2.2　3ds Max 2014文件的基本操作 22
- 重点 小实例：打开场景文件 22
- 重点 小实例：保存场景文件 23
- 重点 小实例：保存渲染图像 23
- 重点 小实例：在渲染前保存要渲染的图像 24
- 重点 小实例：归档场景 25

2.3　3ds Max 2014对象的基本操作 25
- 重点 小实例：导入外部文件 25
- 重点 小实例：导出场景对象 25
- 重点 小实例：合并场景文件 26
- 重点 小实例：加载背景图像 27
- 重点 小实例：设置文件自动备份 28
- 重点 小实例：调出隐藏的工具栏 28
- 重点 小实例：使用过滤器选择场景中的灯光 29
- 重点 小实例：使用按名称选择工具选择对象 29
- 重点 小实例：使用套索选择区域工具选择对象 30
- 重点 小实例：使用选择并移动工具制作彩色铅笔 30
- 重点 小实例：使用选择并缩放工具调整花瓶的形状 31
- 重点 小实例：使用角度捕捉和切换工具制作创意时钟 31
- 重点 小实例：使用镜像工具镜像相框 32
- 重点 小实例：使用对齐工具使花盆对齐到地面 32
- 技术专题——对齐参数详解 33
- 重点 小实例：视口布局设置 33
- 重点 小实例：自定义界面颜色 34
- 重点 小实例：设置纯色的透视图 35
- 重点 小实例：设置关闭视图中显示物体的阴影 35
- 重点 小实例：使用所有视图中可用的控件 36
- 重点 小实例：使用透视图和正交视图控件 36
- 重点 小实例：使用摄影机视图控件 37

第03章　基础建模技术 38

(视频演示：65分钟)

3.1　建模常识 39
- 3.1.1　建模是什么 39
- 3.1.2　为什么要建模 39
- 3.1.3　常用的建模思路 39
- 3.1.4　常用的建模方法 40

3.2　创建几何基本体 41
- 3.2.1　标准基本体 41
- 重点 小实例：利用长方体制作储物柜 41

Part 1 创建储物柜主体部分的模型 42
Part 2 创建储物柜剩余部分的模型 43
重点小实例：利用长方体制作简约桌子 43
Part 1 使用【长方体】工具创建桌面 44
Part 2 使用【长方体】和【圆柱体】工具创建桌腿 44
重点小实例：利用圆锥体制作多种圆锥体模型 45
重点小实例：利用球体制作手链模型 46
重点小实例：利用圆环和几何球体制作戒指 48
Part 1 创建戒指的环形部分 48
Part 2 创建戒指的其他部分 48
重点综合实例：利用标准基本体创建一组石膏 49
Part 1 使用【平面】、【长方体】、【球体】工具制作石膏部分模型 50
Part 2 使用【圆锥体】、【圆柱体】、【四棱锥】工具制作石膏剩余模型 50
重点综合实例：利用标准基本体制作水晶台灯 50
Part 1 使用【球体】和【圆柱体】工具创建水晶台灯的底座和支柱部分 51
Part 2 使用【管状体】和【圆环】工具创建水晶台灯的灯罩部分 51
重点综合实例：利用标准基本体制作现代台灯 52
Part 1 使用【长方体】和【圆柱体】工具创建现代台灯的底座和支柱 52
Part 2 使用【管状体】工具创建现代台灯的灯罩 53
3.2.2 扩展基本体 53
重点小实例：利用切角长方体制作简约沙发 54
Part 1 使用【切角长方体】工具制作沙发主体模型 54
Part 2 使用【切角长方体】工具制作沙发剩余模型 55
重点小实例：利用切角圆柱体制作创意灯 55
Part 1 创建台灯模型 56
Part 2 创建吊灯模型 56
重点小实例：利用环形结制作吊灯 58
3.3 创建复合对象 59
3.3.1 图形合并 60
重点小实例：利用图形合并制作戒指 60
Part 1 使用【管状体】工具和【编辑多边形】修改器制作戒指的主体模型 61
Part 2 使用【文本】工具创建文字，使用【图形合并】工具制作戒指的凸出文字 61
3.3.2 布尔 62
重点小实例：利用布尔运算制作胶囊 63
Part 1 使用【布尔】工具制作胶囊盒模型 63
Part 2 使用【胶囊】工具制作胶囊模型 64
重点综合实例：利用布尔运算制作现代椅子 64
Part 1 使用【样条线】制作椅子的基本模型 65
Part 2 使用【布尔】工具制作椅子的镂空效果 65
3.3.3 ProBoolean 65
重点小实例：利用ProBoolean运算制作骰子 66
3.3.4 放样 67
重点小实例：利用放样制作画框 67
Part 1 使用【放样】工具制作画框模型 68
Part 2 使用【间隔】工具制作画框的装饰部分模型 68
重点小实例：利用连接制作哑铃 69
3.4 创建建筑对象 70
3.4.1 AEC扩展 70
重点小实例：创建多种植物 71
Part 1 使用【平面】工具和FFD 4×4×4修改器制作地面 71
Part 2 使用【植物】工具制作各种植物模型 72
3.4.2 楼梯 73
重点小实例：创建多种楼梯模型 75
3.4.3 门 76
重点小实例：创建多种门模型 77
3.4.4 窗 79
3.5 创建mr代理对象 79
3.6 创建VRay对象 80
技术专题——加载VRay渲染器 80
3.6.1 VR代理 81
重点小实例：利用VR代理制作会议室 81
Part 1 将桌椅组合执行【VR-网格体导出】 81
Part 2 使用【VR代理】制作桌椅组合 82
3.6.2 VR毛皮 83
3.6.3 VR平面 83
重点小实例：利用VR平面制作地面 83
3.6.4 VR球体 84
3.7 图形 84
3.7.1 样条线 84
3.7.2 扩展样条线 87
重点小实例：利用通道制作各种通道模型 87
3.7.3 可编辑样条线 88
重点小实例：使用样条线制作书架 89
重点小实例：使用样条线制作铁艺墙挂 90
Part 1 使用【样条线】创建墙挂的模型 91
Part 2 导入植物的模型 92
重点小实例：使用样条线制作布酒架 92
Part 1 使用样条线可渲染功能创建布酒架模型 93
Part 2 使用【样条线】和【车削】修改器制作酒瓶模型 93
重点小实例：使用样条线制作创意钟表 93
Part 1 使用【样条线】创建钟表数字的模型 94
Part 2 为样条线加载【挤出】修改器 94
重点小实例：使用样条线制作简约台灯 95
Part 1 使用【样条线】和【车削】修改器创建台灯底座的模型 95
Part 2 使用样条线可渲染功能创建台灯灯罩的模型 95
重点小实例：使用样条线制作书籍 96
Part 1 使用【矩形】工具创建书内部纸张模型 96
Part 2 使用【线】工具创建书封皮、封底模型 97
重点小实例：使用样条线制作创意桌子 97

Part 1 使用【样条线】工具创建桌子面模型......97
Part 2 使用【矩形】工具创建桌子腿模型......98
重点 小实例：使用样条线制作藤椅......99
Part 1 使用【样条线】创建藤椅的框架模型......99
Part 2 使用【螺旋线】和【线】创建藤椅剩余部分模型......99
重点 小实例：使用样条线制作文本......100
Part 1 使用【文本】工具创建英文文字......100
Part 2 使用【挤出】修改器创建字体模型......100
重点 小实例：使用样条线和车削修改器制作花瓶......101
Part 1 使用【样条线】工具和【车削】修改器创建花瓶的基本模型......101
Part 2 使用【选择并均匀缩放】工具缩放花瓶模型......101

第04章 高级建模技术......102

(视频演示：141分钟)

4.1 修改器建模......103
4.1.1 修改器堆栈......103
4.1.2 为对象加载修改器......103
4.1.3 修改器的排序......104
4.1.4 启用与禁用修改器......104
4.1.5 编辑修改器......104
4.1.6 塌陷修改器堆栈......105
4.1.7 修改器的种类......106
4.1.8 常用修改器......106
重点 小实例：利用车削修改器制作红酒瓶和高脚杯......107
Part 1 使用样条线创建高脚杯模型......107
Part 2 使用【车削】修改器创建红酒瓶模型......108
重点 小实例：利用车削修改器制作烛台......109
重点 小实例：利用挤出修改器制作字母椅子......110
重点 小实例：利用倒角修改器制作装饰物......112
重点 小实例：利用倒角剖面修改器制作欧式镜子......114
重点 小实例：利用弯曲修改器制作水龙头......115
Part 1 创建水龙头主体部分模型......115
Part 2 创建水龙头剩余部分模型......116
重点 小实例：利用弯曲和扭曲修改器制作戒指......117
Part 1 使用【扭曲】和【弯曲】修改器制作戒指......117
Part 2 使用【间隔工具】制作戒指装饰......118
重点 小实例：利用扭曲修改器制作创意花瓶......119
重点 小实例：利用晶格修改器制作水晶吊线灯......121
重点 小实例：利用壳修改器制作蛋壳......122
重点 小实例：利用FFD修改器制作椅子......124
Part 1 使用可编辑多边形调节点的位置创建沙发腿部分的模型......125
Part 2 使用FFD修改器创建沙发坐垫和靠背部分的模型......126
重点 小实例：利用编辑多边形修改器制作铅笔......128
重点 小实例：利用优化修改器减少模型面数......132
重点 小实例：利用噪波修改器制作冰块......133
重点 小实例：利用噪波和FFD修改器制作气球......133
重点 小实例：利用置换修改器制作针幕人像......135

4.2 石墨建模工具......136
4.2.1 调出石墨建模工具......136
4.2.2 切换石墨建模工具的显示状态......137
4.2.3 建模工具界面......137
4.2.4 【建模】选项卡......138
4.2.5 【自由形式】选项卡......142
4.2.6 【选择】选项卡......144
4.2.7 【对象绘制】选项卡......145
重点 小实例：使用石墨建模工具制作欧式圆桌......146
Part 1 使用【挤出】、【倒角】、【插入】和【切角】工具创建圆桌的主体模型......147
Part 2 使用【切角】工具和【网格平滑】修改器制作圆桌的剩余模型......148
重点 小实例：利用石墨建模工具制作床头柜......149
Part 1 使用【挤出】、【倒角】、【插入】和【切角】工具制作床头柜主体模型......149
Part 2 使用【放样】和【车削】工具制作床头柜腿部模型......151
重点 小实例：利用石墨建模工具制作新古典椅子......153
Part 1 使用【切角】和【创建图形】工具以及【壳】修改器制作椅子主体模型......153
Part 2 使用【切角】和【镜像】工具制作椅子腿模型......156

4.3 多边形建模......158
4.3.1 多边形建模的应用领域......158
4.3.2 塌陷多边形对象......158
4.3.3 编辑多边形对象......158
重点 小实例：利用多边形建模制作创意水杯......160
重点 小实例：利用多边形建模制作床头柜......163
Part 1 使用【切角】、【连接】、【挤出】、【插入】、【分离】工具制作床头柜模型......164
Part 2 使用【切角长方体】工具制作床头柜腿模型......166
重点 小实例：利用多边形建模制作椅子......167
Part 1 创建躺椅支撑部分的模型......167
Part 2 创建躺椅靠垫部分的模型......169
重点 小实例：利用多边形建模制作躺椅......170
Part 1 使用样条线可渲染制作躺椅支架模型......171
Part 2 使用可编辑多边形下的【切角】、【倒角】、【创建图形】工具制作躺椅靠背模型......171
重点 小实例：利用多边形建模制作斗柜......173
Part 1 使用【连接】、【插入】、【倒角】、【切角】工具制作斗柜主体部分......174
Part 2 使用【倒角】、【切角】工具和【挤出】修改器制作斗柜剩余部分......175
重点 小实例：利用多边形建模制作脚凳......176
Part 1 创建脚凳支撑架部分模型......177
Part 2 使用【切角】、【连接】、【倒角】、【创建图形】工具制作坐垫和靠背模型......177
重点 小实例：利用多边形建模制作饰品组合......180
Part 1 使用【切角】、【倒角】工具和【优化】修改器制作饰品花瓶......180

Part 2 使用【圆环】、【管状体】工具创建其他饰品模型.....181
重点 小实例：利用多边形建模制作艺术花瓶......183
Part 1 制作艺术花瓶基本模型......183
Part 2 制作艺术花瓶修饰部分模型......184
重点 小实例：利用多边形建模制作布艺沙发......185
Part 1 制作布艺沙发扶手模型......185
Part 2 制作布艺沙发其他部分模型......187
重点 小实例：利用多边形建模制作单人沙发......188
Part 1 使用【挤出】、【切角】工具制作沙发腿......188
Part 2 使用【切角】、【倒角】、【创建图形】工具制作沙发坐垫和靠背......190
重点 小实例：利用多边形建模制作衣柜......191
Part 1 使用【连接】、【插入】、【倒角】、【挤出】、【切角】工具制作衣柜主体......191
Part 2 使用样条线和【倒角剖面】修改器制作衣柜的顶部和底部模型......193
重点 综合实例：利用多边形建模制作iPad 2......194
Part 1 使用【切角】、【连接】、【挤出】、【分离】工具以及【壳】修改器制作iPad 2的正面模型......194
Part 2 使用ProBoolean工具制作iPad 2的背面模型......196
重点 综合实例：利用多边形建模制作欧式床......197
Part 1 使用【快速切片】、【切角】、【倒角】工具及FFD修改器制作床头软包......198
Part 2 使用【涡轮平滑】、【壳】、【细化】修改器制作床剩余部分的模型......200

4.4 网格建模......201
4.4.1 转换网格对象......201
4.4.2 编辑网格对象......202
重点 小实例：利用网格建模制作单人沙发......202
Part 1 使用【挤出】、【切角】、【由边创建图形】工具制作沙发的主体模型......202
Part 2 使用样条线的可渲染功能创建沙发腿部分模型......205
重点 小实例：利用网格建模制作钢笔......205
重点 综合实例：利用网格建模制作椅子......207
Part 1 使用【挤出】工具和【切角】工具创建椅子框架模型......208
Part 2 使用【切角长方体】工具和【长方体】工具制作坐垫和靠垫模型......210

4.5 面片建模......211
4.5.1 可编辑面片曲面......211
4.5.2 面片栅格......212

4.6 NURBS建模......212
4.6.1 NURBS对象类型......212
4.6.2 创建NURBS对象......213
4.6.3 转换NURBS对象......213
4.6.4 编辑NURBS对象......213
4.6.5 NURBS工具箱......214
重点 小实例：利用NURBS建模制作花瓶......215
Part 1 使用NURBS建模下的【创建U向放样曲面】、【创建封口曲面】工具制作花瓶1......215
Part 2 使用NURBS建模下的【创建U向放样曲面】、【创建封口曲面】工具制作花瓶2......216
重点 小实例：利用NURBS建模制作藤艺灯......217

第05章 灯光技术......219

(视频演示：56分钟)

5.1 灯光常识......220
5.1.1 什么是灯光......220
5.1.2 为什么要使用灯光......220
5.1.3 灯光的常用思路......221

5.2 光度学灯光......221
5.2.1 目标灯光......221
重点 小实例：利用目标灯光制作室外射灯效果......224
Part 1 创建室外夜晚效果......224
Part 2 创建室外射灯......225
重点 小实例：利用VR灯光和目标灯光制作射灯效果......226
Part 1 创建环境灯光......226
Part 2 创建射灯......226
重点 综合实例：制作玄关夜晚效果......227
Part 1 创建环境灯光......227
Part 2 创建室内灯光......228
Part 3 创建室内辅助灯带......229
5.2.2 自由灯光......229
5.2.3 mr天空门户......229
重点 小实例：利用mr 天空门户制作灯光效果......230

5.3 标准灯光......231
5.3.1 目标聚光灯......231
重点 综合实例：利用目标聚光灯制作书房阴影效果......233
Part 1 创建书房中目标聚光灯的光源......234
Part 2 使用【阴影贴图】模拟百叶窗阴影效果......234
重点 小实例：利用目标聚光灯制作台灯......234
Part 1 创建室外光和室内光......234
Part 2 创建台灯灯光......235
5.3.2 自由聚光灯......236
5.3.3 目标平行光......236
重点 小实例：利用目标平行光阴影贴图制作阴影效果......237
重点 小实例：利用目标平行光和VR灯光制作正午阳光效果......237
重点 小实例：利用目标平行光制作日光......238
Part 1 使用【目标平行光】和【VR灯光】模拟日光和窗口处光源......238
Part 2 使用【VR灯光】制作室内辅助光源......239
Part 3 使用【VR灯光】制作灯罩灯光和书架处灯光......239
5.3.4 自由平行光......240
5.3.5 泛光......240
重点 小实例：利用泛光制作烛光效果......240
5.3.6 天光......242

5.3.7 mr Area Omni 242
5.3.8 mr Area Spot 243

5.4 VRay 243

5.4.1 VR灯光 243
重点 小实例：测试VR灯光排除 245
重点 小实例：利用VR灯光制作奇幻空间 247
重点 小实例：利用VR灯光制作台灯 248
Part 1 创建环境灯光 248
Part 2 创建灯罩灯光 249
重点 小实例：利用VR灯光制作灯带 249
Part 1 使用VR灯光制作外侧灯带效果 250
Part 2 使用VR灯光制作内侧灯带效果 251
Part 3 使用VR灯光（球体）制作灯泡灯光，使用目标平行光制作吊灯向下照射的效果 251
重点 小实例：利用VR灯光制作创意灯光照效果 252
Part 1 创建环境灯光 252
Part 2 创建灯带效果 252
Part 3 创建创意灯的光照 253
重点 小实例：使用VR灯光制作柔和日光 253
重点 综合实例：利用目标平行光和VR灯光制作书房夜景效果 254
Part 1 创建夜景灯光 254
Part 2 创建室内灯光 255
Part 3 创建书架光源 255
5.4.2 VRayIES 256
5.4.3 VR环境灯光 256
5.4.4 VR太阳 256
重点 小实例：利用VR太阳制作黄昏日照 258
Part 1 创建VR太阳灯光 258
Part 2 创建室内辅助灯光 258
重点 小实例：利用VR太阳制作日光 259
Part 1 创建VR太阳灯光 259
Part 2 创建辅助光源 260
重点 综合实例：利用VR太阳综合制作阳光客厅 260
Part 1 创建正午太阳光 260
Part 2 创建室内灯光 261
Part 3 创建室内射灯 262

第06章 摄影机技术 263

（视频演示：18分钟）

6.1 初识摄影机 264

6.1.1 摄影基础 264
6.1.2 为什么需要使用摄影机 264
6.1.3 创建摄影机的思路 265

6.2 3ds Max 2014中的摄影机 265

6.2.1 目标摄影机 265
重点 小实例：利用目标摄影机制作景深效果 267
重点 小实例：利用目标摄影机制作飞机运动模糊效果 268
重点 小实例：利用目标摄影机修改透视角度 269
重点 小实例：使用剪切设置渲染特殊视角 270
6.2.2 自由摄影机 271
6.2.3 VR穹顶摄影机 272
6.2.4 VR物理摄影机 272
重点 小实例：利用VR物理摄影机测试光晕 274
重点 小实例：利用VR物理摄影机测试快门速度 274
重点 小实例：利用VR物理摄影机测试缩放因子 275
重点 小实例：利用VR物理摄影机制作景深效果 276

第07章 材质和贴图技术 277

（视频演示：91分钟）

7.1 初识材质 278

7.1.1 什么是材质 278
7.1.2 为什么要设置材质 278
7.1.3 材质的设置思路 278

7.2 材质编辑器 279

7.2.1 精简材质编辑器 279
7.2.2 Slate材质编辑器 282

7.3 材质/贴图浏览器 283

7.4 材质管理器 283

7.4.1 【场景】面板 283
7.4.2 【材质】面板 285

7.5 材质类型 285

7.5.1 Ink'n Paint材质 286
重点 小实例：利用Ink'n Paint材质制作卡通效果 286
7.5.2 VR灯光材质 288
重点 小实例：利用VR灯光材质制作发光物体 288
7.5.3 标准材质 289
重点 小实例：利用标准材质制作金属材质 289
7.5.4 顶/底材质 290
重点 小实例：利用顶/底材质制作雪材质 290
7.5.5 混合材质 291
重点 小实例：利用混合材质制作灯罩材质 291
Part 1【花纹灯罩】材质的制作 292
Part 2【镂空灯罩】材质的制作 292
Part 3【灯罩】材质的制作 293
7.5.6 双面材质 293
重点 小实例：利用VR双面材质制作扑克牌 293
7.5.7 VRayMtl 294
重点 小实例：利用VRayMtl材质制作玻璃材质 297
Part 1【玻璃】材质的制作 297
Part 2【酒瓶】材质的制作 298
重点 小实例：利用VRayMtl材质制作木地板材质 298
重点 综合实例：利用VRayMtl材质制作沙发皮革 299
Part 1【沙发皮革】材质的制作 299
Part 2【木纹】材质的制作 300
重点 小实例：利用VRayMtl材质制作水材质 300

Part 1【水】材质的制作 300
Part 2【荷叶】材质的制作 301
重点 小实例：利用VRayMtl材质制作大理石材质 301
Part 1【黑色拼花】材质的制作 301
Part 2【白色拼花】材质的制作 301
重点 小实例：利用VRayMtl材质制作陶瓷材质 302
Part 1【陶瓷盆】的制作 302
Part 2【装饰瓶】材质的制作 302
Part 3【花纹盘子】材质的制作 303
重点 小实例：利用VRayMtl材质制作金属材质 304
Part 1【金属】材质的制作 304
Part 2【金属2】材质的制作 305
Part 3【磨砂金属】材质的制作 305
Part 4【水池金属】材质的制作 305
7.5.8 VR材质包裹器 306
7.5.9 VR混合材质 306
重点 小实例：利用VR混合材质制作铜锈效果 306
7.5.10 VR快速SSS2 308
重点 小实例：利用VR快速SSS2材质制作玉石材质 308
7.5.11 虫漆材质 309
重点 小实例：利用虫漆材质制作车漆材质 309

7.6 贴图类型 310
7.6.1 位图贴图 312
技术专题——【UVW贴图】修改器 313
重点 小实例：利用位图贴图制作杂志材质 314
7.6.2 不透明度贴图通道 316
技术专题——不透明度贴图的原理 316
重点 小实例：利用不透明度贴图制作藤椅材质 317
7.6.3 凹凸贴图通道 318
重点 小实例：利用凹凸贴图制作夹心饼干效果 318
7.6.4 VRayHDRI贴图 319
重点 小实例：利用VRayHDRI贴图制作汽车场景 319
7.6.5 VR天空贴图 321
7.6.6 VR边纹理贴图 321
重点 小实例：利用VR边纹理贴图制作线框效果 321
7.6.7 渐变坡度贴图 322
重点 小实例：利用渐变坡度贴图制作彩色泡泡 323
7.6.8 平铺贴图 324
重点 小实例：利用平铺贴图制作地砖效果 324
Part 1【地面瓷砖】材质的制作 325
Part 2【墙面瓷砖】材质的制作 325
Part 3【装饰瓷砖】材质的制作 326
7.6.9 衰减贴图 326
重点 小实例：利用衰减贴图制作抱枕材质 326
Part 1【丝绸抱枕】材质的制作 327
Part 2【麻布抱枕】材质的制作 327
7.6.10 噪波贴图 328
7.6.11 棋盘格贴图 328
重点 小实例：利用棋盘格贴图制作皮包材质 328
Part 1【皮包】材质的制作 328
Part 2【皮包带】材质的制作 329
7.6.12 斑点贴图 329
7.6.13 泼溅贴图 330
7.6.14 混合贴图 330
7.6.15 细胞贴图 330
7.6.16 凹痕贴图 331
7.6.17 颜色修正贴图 331
7.6.18 法线凹凸贴图 331
重点 综合实例：利用多种材质制作餐桌上的材质 331
Part 1【布纹】材质的制作 332
Part 2【玻璃杯】材质的制作 333
Part 3【窗纱】材质的制作 334
Part 4【墙面乳胶漆】材质的制作 334
Part 5【椅子】材质的制作 334
Part 6【面包】材质的制作 335
Part 7【环境】材质的制作 335

7.7 视口画布 335
7.7.1 视口画布 336
7.7.2 颜色组 336
7.7.3 笔刷设置组 336
重点 小实例：利用视口画布在窗口中绘制贴图 337

第08章 灯光/材质/渲染综合运用 339

(视频演示：92分钟)

8.1 初识渲染 340
8.1.1 什么是渲染 340
8.1.2 为什么要渲染 340
8.1.3 渲染的常用思路 340
8.1.4 渲染器类型 340
8.1.5 渲染工具 340

8.2 默认扫描线渲染器 341
重点 综合实例：利用默认扫描线渲染器渲染水墨画 341
Part 1 制作水墨材质 341
Part 2 渲染设置 342

8.3 NVIDIA iray渲染器 342
重点 综合实例：利用NVIDIA iray渲染器制作奇幻场景 343
Part 1 设置NVIDIA iray渲染器 343
Part 2 材质的制作 343
Part 3 设置灯光并进行草图渲染 344
Part 4 设置成图渲染参数 344

8.4 NVIDIA mental ray渲染器 345
8.4.1 间接照明 346
8.4.2 渲染器 347

8.5 Quicksilver 硬件渲染器 347
重点 综合实例：利用Quicksilver硬件渲染器渲染风格化效果 348

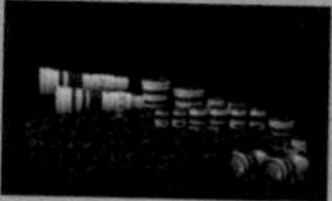

Part 1 设置灯光并进行草图渲染 348
Part 2 设置Quicksilver硬件渲染器 349
Part 3 渲染风格化效果 350
8.6 VRay渲染器 351
8.6.1 公用 351
8.6.2 V-Ray 354
8.6.3 间接照明 363
8.6.4 设置 369
8.6.5 Render Elements（渲染元素） 371
重点 综合实例：现代厨房日景表现 372
Part 1 设置VRay渲染器 372
Part 2 材质的制作 373
Part 3 创建摄影机 375
Part 4 设置灯光并进行草图渲染 375
Part 5 设置成图渲染参数 376
重点 综合实例：现代风格浴室柔和光照表现 377
Part 1 设置VRay渲染器 377
Part 2 材质的制作 378
Part 3 创建摄影机 380
Part 4 设置灯光并进行草图渲染 380
Part 5 设置成图渲染参数 381
重点 综合实例：阅览室夜晚 382
Part 1 设置VRay渲染器 382
Part 2 材质的制作 383
Part 3 创建摄影机 385
Part 4 设置灯光并进行草图渲染 386
Part 5 设置成图渲染参数 387
重点 综合实例：VRay综合运用之会议厅局部 388
Part 1 设置VRay渲染器 388
Part 2 材质的制作 388
Part 3 创建环境和摄影机 391
Part 4 设置灯光并进行草图渲染 392
Part 5 设置成图渲染参数 393
重点 综合实例：豪华欧式卫生间日景表现 393
Part 1 设置VRay渲染器 394
Part 2 材质的制作 394
Part 3 创建环境和摄影机 396
Part 4 设置灯光并进行草图渲染 397
Part 5 设置成图渲染参数 399
重点 综合实例：东方情怀——新中式卧室夜景 400
Part 1 设置VRay渲染器 400
Part 2 材质的制作 400
Part 3 设置摄影机 405
Part 4 设置灯光并进行草图渲染 405
Part 5 设置成图渲染参数 407
技术专题——图像精细程度的控制 408
重点 综合实例：水岸豪庭——简约别墅夜景表现 409
Part 1 设置VRay渲染器 409
Part 2 材质的制作 409
Part 3 创建环境和摄影机 414
Part 4 设置灯光并进行草图渲染 414
Part 5 设置成图渲染参数 416
技术专题——分层渲染的高级技巧 417
重点 综合实例：CG动画场景 419
Part 1 设置VRay渲染器 419
Part 2 材质的制作 420
Part 3 创建环境和摄影机 425
Part 4 设置灯光并进行草图渲染 426
Part 5 设置成图渲染参数 427
第09章 环境与特效 428
(视频演示：29分钟)
9.1 环境 429
9.1.1 公用参数 429
重点 小实例：为背景加载贴图 430
重点 小实例：测试全局照明效果 430
9.1.2 曝光控制 431
重点 小实例：测试自动曝光控制效果 432
重点 小实例：测试对数曝光控制效果 432
重点 小实例：测试伪彩色曝光控制效果 433
重点 小实例：测试线性曝光控制效果 435
9.1.3 大气 435
重点 小实例：利用火效果制作打火机燃烧效果 437
重点 小实例：利用雾效果制作雪山雾 438
重点 小实例：利用体积雾效果制作大雾场景 439
重点 小实例：利用体积光制作丛林光束 441
9.2 效果 442
9.2.1 镜头效果 442
重点 小实例：利用镜头效果制作镜头特效 443
Part 1 设置Glow效果 443
Part 2 设置Streak效果 444
Part 3 设置Ray效果 444
Part 4 设置Manual Secondary效果 444
9.2.2 模糊 445
重点 小实例：利用模糊效果制作奇幻特效 445
9.2.3 亮度和对比度 447
重点 小实例：亮度和对比度效果调节浴室场景 447
9.2.4 色彩平衡 448
重点 小实例：利用色彩平衡效果调整场景的色调 448
9.2.5 文件输出 449
9.2.6 胶片颗粒 450
重点 小实例：利用胶片颗粒效果制作颗粒特效 450
9.2.7 VRay镜头效果 451
第10章 视频后期处理 452
(视频演示：10分钟)
10.1 视频后期处理队列 453

10.2 视频后期处理状态栏/视图控件 453
10.3 视频后期处理的设置步骤......454
10.4 视频后期处理工具栏......458
10.5 过滤器事件......458
10.5.1 对比度过滤器......458
10.5.2 衰减图像控制......458
10.5.3 图像 Alpha 过滤器 459
10.5.4 镜头效果过滤器......459
10.5.5 底片过滤器......460
10.5.6 伪 Alpha 过滤器 460
10.5.7 简单擦除过滤器......460
10.5.8 星空过滤器......460
10.6 层事件......460
技术专题——如何调出【层事件的合成器】对话框......461
重点 小实例：利用镜头效果光晕制作夜晚月光......461
重点 小实例：利用镜头效果光晕制作魔法阵......464
重点 小实例：利用镜头效果高光制作流星划过......465

第11章 粒子系统和空间扭曲......467

(视频演示：49分钟)

11.1 粒子系统......468
11.1.1 粒子流源......468
重点 小实例：利用粒子流源制作冰雹动画......470
重点 小实例：利用粒子流源制作飞镖动画......472
技术专题——事件的基本操作......473
重点 小实例：使用粒子流源制作字母头像......474
重点 小实例：使用粒子流源制作雪花......476
重点 小实例：使用粒子流源制作弹力球......478
11.1.2 喷射......480
重点 小实例：使用喷射制作下雨动画......480
11.1.3 雪......481
重点 小实例：利用雪制作雪花动画......482
11.1.4 暴风雪......483
11.1.5 粒子云......483
重点 小实例：使用粒子云制作爆炸特效......484
11.1.6 粒子阵列......485
重点 小实例：使用粒子阵列制作浩瀚宇宙星体......486
11.1.7 超级喷射......488
重点 小实例：利用超级喷射制作飞舞的立方体......488
重点 小实例：利用超级喷射制作彩色烟雾......489
重点 小实例：利用超级喷射制作奇幻文字动画......491
重点 小实例：使用超级喷射制作秋风扫落叶......492
11.2 空间扭曲......494
11.2.1 力......494
重点 小实例：使用超级喷射和漩涡制作眩光动画......495
11.2.2 导向器......497
11.2.3 几何/可变形......498
重点 小实例：利用波浪制作海面漂流瓶......499
11.2.4 基于修改器......501
11.2.5 粒子和动力学......501

第12章 动力学技术......502

(视频演示：26分钟)

12.1 什么是动力学MassFX......503
12.2 为什么使用动力学......504
12.3 创建动力学MassFX......504
12.3.1 MassFX 工具......504
12.3.2 模拟......506
12.3.3 将选定项设置为动力学刚体......507
重点 小实例：利用动力学刚体和静态刚体制作球体下落动画......507
重点 小实例：利用动力学刚体制作彩蛋落地动画......508
重点 小实例：利用动力学刚体制作多米诺骨牌......509
重点 小实例：利用动力学刚体制作跷跷板......510
重点 小实例：利用动力学刚体制作金币洒落动画......511
12.3.4 将选定项设置为运动学刚体......512
重点 小实例：利用运动学刚体制作桌球动画......513
重点 小实例：利用运动学刚体制作墙倒塌动画......514
12.3.5 将选定项设置为静态刚体......515
12.4 创建mCloth......515
12.4.1 将选定对象设置为mCloth对象......515
12.4.2 从选定对象中移除mCloth......517
重点 小实例：利用mCloth制作下落的布料......517
12.5 创建约束......518
12.5.1 建立刚体约束......518
12.5.2 创建滑块约束......519
12.5.3 建立转枢约束......519
12.5.4 创建扭曲约束......519
重点 小实例：利用扭曲约束制作摆动动画......519
12.5.5 创建通用约束......521
12.5.6 建立球和套管约束......521
12.6 创建碎布玩偶......521
12.6.1 创建动力学碎布玩偶......521
12.6.2 创建运动学碎布玩偶......522
12.6.3 移除碎布玩偶......522
12.7 Cloth修改器......522
重点 小实例：利用Cloth制作悬挂的浴巾......525
重点 小实例：利用Cloth制作下落的布料......527

第13章 毛发技术......528

(视频演示：13分钟)

13.1 什么是毛发......529
13.2 毛发的种类......529

13.3 Hair和Fur（WSM）修改器 530
13.3.1 选择 530
13.3.2 工具 530
13.3.3 设计 531
13.3.4 常规参数 531
13.3.5 材质参数 532
13.3.6 mr参数 533
13.3.7 卷发参数 533
13.3.8 纽结参数 533
13.3.9 多股参数 533
13.3.10 动力学 533
13.3.11 显示 534
重点 小实例：利用Hair和Fur（WSN）修改器制作蒲公英 534
重点 小实例：利用Hair和Fur（WSN）修改器制作墙刷 535
13.4 VR毛皮 536
13.4.1 参数 537
13.4.2 贴图 538
13.4.3 视口显示 538
重点 小实例：使用VR毛皮制作室内植物 538
重点 小实例：使用VR毛皮制作草地 539
重点 小实例：使用VR毛皮制作杂草 539
重点 小实例：使用VR毛皮制作毛毯 540
第14章 基础动画 541
（视频演示：39分钟）
14.1 动画概述 542
14.1.1 什么是动画 542
14.1.2 如何制作动画 542
14.2 动画的基础知识 544
14.2.1 动画制作工具 544
重点 小实例：利用自动关键点制作灯光移动变化 545
重点 小实例：利用自动关键点制作旋转魔方动画 545
重点 小实例：利用自动关键点制作雪糕融化动画 547
重点 小实例：利用自动关键点制作行驶的火车 547
重点 小实例：利用自动关键点制作气球动画 548
14.2.2 曲线编辑器 549
技术专题——不同动画曲线所代表的含义 549
重点 小实例：利用曲线编辑器制作高尔夫进球动画 550
Part 1 制作高尔夫球棒动画 550
Part 2 制作高尔夫球动画 551
Part 3 使用曲线编辑器调节动画 551
重点 小实例：利用漩涡贴图制作咖啡动画 552
重点 小实例：利用烟雾贴图制作云飘动动画 553
Part 1 制作天空材质 553
Part 2 制作天空材质动画 554
Part 3 创建飞鹰动画 554
14.2.3 约束 554
重点 小实例：利用路径约束制作飞翔动画 554
重点 小实例：利用链接约束制作磁铁吸附小球 555
重点 小实例：利用路径约束和路径变形制作写字动画 556
Part 1 创建写字动画 556
Part 2 创建摄影机动画 558
14.2.4 变形器 558
重点 综合实例：摄影机动画制作LOGO演绎 559
Part 1 制作三维文字模型 559
Part 2 制作动力学动画 560
Part 3 制作摄影机动画并渲染 560
第15章 高级动画 562
（视频演示：44分钟）
15.1 初识高级动画 563
15.1.1 什么是高级动画 563
15.1.2 高级动画都需要掌握哪些知识 563
15.2 高级动画（骨骼、蒙皮） 564
15.2.1 骨骼 564
重点 小实例：利用骨骼工具和HI解算器创建线性IK 565
重点 小实例：为骨骼对象建立父子关系 566
重点 小实例：利用骨骼对象制作踢球动画 567
Part 1 创建骨骼 567
Part 2 为人物蒙皮 568
Part 3 创建腿部动画 568
Part 4 创建足球动画 569
重点 小实例：利用骨骼对象制作鸟飞翔动画 570
Part 1 创建骨骼 571
Part 2 建立父子关系 571
Part 3 为鸟模型蒙皮 571
Part 4 制作鸟的移动动画 572
Part 5 制作鸟的翅膀动画 572
Part 6 制作鸟的身体动画 573
15.2.2 Biped 573
技术专题——如何修改Biped的结构和动作 573
重点 小实例：利用Biped制作跳舞动作 575
15.2.3 蒙皮 577
15.3 辅助对象（标准） 578
15.4 CAT对象 580
15.4.1 CAT肌肉 580
15.4.2 肌肉股 581
15.4.3 CAT父对象 582
15.4.4 CAT父对象的运动参数 582
重点 小实例：利用CAT制作马奔跑动画 583
重点 小实例：利用CAT对象制作狮子动画 585
Part 1 创建CAT骨骼和蒙皮 586
Part 2 创建动画 587
附录 589

13.3 Hair和Fur（WSM）修改器 530
13.3.1 选择 530
13.3.2 工具 530
13.3.3 设计 531
13.3.4 常规参数 531
13.3.5 材质参数 532
13.3.6 mr参数 533
13.3.7 卷发参数 533
13.3.8 纽结参数 533
13.3.9 多股参数 533
13.3.10 动力学 533
13.3.11 显示 534
重点 小实例：利用Hair和Fur（WSN）修改器制作蒲公英 534
重点 小实例：利用Hair和Fur（WSN）修改器制作墙刷 535

13.4 VR毛皮 536
13.4.1 参数 537
13.4.2 贴图 538
13.4.3 视口显示 538
重点 小实例：使用VR毛皮制作室内植物 538
重点 小实例：使用VR毛皮制作草地 539
重点 小实例：使用VR毛皮制作杂草 539
重点 小实例：使用VR毛皮制作毛毯 540

第14章 基础动画 541
(视频演示：39分钟)

14.1 动画概述 542
14.1.1 什么是动画 542
14.1.2 如何制作动画 542

14.2 动画的基础知识 544
14.2.1 动画制作工具 544
重点 小实例：利用自动关键点制作灯光移动变化 545
重点 小实例：利用自动关键点制作旋转魔方动画 545
重点 小实例：利用自动关键点制作雪糕融化动画 547
重点 小实例：利用自动关键点制作行驶的火车 547
重点 小实例：利用自动关键点制作气球动画 548
14.2.2 曲线编辑器 549
技术专题——不同动画曲线所代表的含义 549
重点 小实例：利用曲线编辑器制作高尔夫进球动画 550
Part 1 制作高尔夫球棒动画 550
Part 2 制作高尔夫球动画 551
Part 3 使用曲线编辑器调节动画 551
重点 小实例：利用漩涡贴图制作咖啡动画 552
重点 小实例：利用烟雾贴图制作云飘动动画 553
Part 1 制作天空材质 553
Part 2 制作天空材质动画 554
Part 3 创建飞鹰动画 554
14.2.3 约束 554
重点 小实例：利用路径约束制作飞翔动画 554
重点 小实例：利用链接约束制作磁铁吸附小球 555
重点 小实例：利用路径约束和路径变形制作写字动画 556
Part 1 创建写字动画 556
Part 2 创建摄影机动画 558
14.2.4 变形器 558
重点 综合实例：摄影机动画制作LOGO演绎 559
Part 1 制作三维文字模型 559
Part 2 制作动力学动画 560
Part 3 制作摄影机动画并渲染 560

第15章 高级动画 562
(视频演示：44分钟)

15.1 初识高级动画 563
15.1.1 什么是高级动画 563
15.1.2 高级动画都需要掌握哪些知识 563

15.2 高级动画（骨骼、蒙皮） 564
15.2.1 骨骼 564
重点 小实例：利用骨骼工具和HI解算器创建线性IK 565
重点 小实例：为骨骼对象建立父子关系 566
重点 小实例：利用骨骼对象制作踢球动画 567
Part 1 创建骨骼 567
Part 2 为人物蒙皮 568
Part 3 创建腿部动画 568
Part 4 创建足球动画 569
重点 小实例：利用骨骼对象制作鸟飞翔动画 570
Part 1 创建骨骼 571
Part 2 建立父子关系 571
Part 3 为鸟模型蒙皮 571
Part 4 制作鸟的移动动画 572
Part 5 制作鸟的翅膀动画 572
Part 6 制作鸟的身体动画 573
15.2.2 Biped 573
技术专题——如何修改Biped的结构和动作 573
重点 小实例：利用Biped制作跳舞动作 575
15.2.3 蒙皮 577

15.3 辅助对象（标准） 578

15.4 CAT对象 580
15.4.1 CAT肌肉 580
15.4.2 肌肉股 581
15.4.3 CAT父对象 582
15.4.4 CAT父对象的运动参数 582
重点 小实例：利用CAT制作马奔跑动画 583
重点 小实例：利用CAT对象制作狮子动画 585
Part 1 创建CAT骨骼和蒙皮 586
Part 2 创建动画 587

附录 589

Chapter 01

第01章

与 3ds Max 2014 的第一次接触

Autodesk 公司出品的 3ds Max 是世界顶级的三维软件之一，由于 3ds Max 强大的功能，它自诞生以来就一直受到 CG（计算机图形）艺术家的喜爱。3ds Max 在模型塑造、场景渲染、动画及特效等方面都能制作出高品质的对象，这也使其在插画、影视动画、游戏、产品造型和效果图等领域中占据领导地位，并成为全球最受欢迎的三维制作软件之一。

本章学习要点：

- 了解3ds Max 2014的应用领域
- 熟悉与3ds Max 2014有关的软件和插件

1.1 3ds Max 2014的新增功能

Autodesk 公司出品的 3ds Max 是世界顶级的三维软件之一，由于 3ds Max 强大的功能，它自诞生以来就一直受到 CG（计算机图形）艺术家的喜爱。3ds Max 在模型塑造、场景渲染、动画及特效等方面都能制作出高品质的对象，这也使其在插画、影视动画、游戏、产品造型和效果图等领域中占据领导地位，并成为全球最受欢迎的三维制作软件之一，使用 3ds Max 制作的作品如图 1-1 ～图 1-5 所示。

图1-1

图1-2

图1-3

图1-4

图1-5

技巧与提示

从 3ds Max 2009 开始，Autodesk 公司推出了两个版本的 3ds Max：一个是面向娱乐专业人士的 3ds Max；另一个是专门为建筑师、设计师以及可视化设计而量身定制的 3ds Max Design。对于大多数用户而言，这两个版本的功能是相同的。本书基于中文版 3ds Max 2014 来编写，请读者注意。

1.1.1 易用性方面的新功能

1. 搜索 3ds Max 命令

按 X 键之后，光标位置会出现一个小对话框，如图 1-6 所示。

当输入字符串时，该对话框显示包含指定文本的命令名称列表。从该列表中选择一个操作会应用相应的命令，然后对话框将会关闭，如图 1-7 所示。

2．增强型菜单

当把【工作区】设置为【使用增强型菜单】后，如图 1-8 所示。

可以看到菜单栏发生了很大的变化，更为直观，如图 1-9 所示。

3．循环活动视口

可以使用（Windows 徽标键）并按 Shift 键来循环活动视口，+Shift 键将会更改处于活动状态的视口。当一个视口最大化后，按+Shift 键将会显示可用的视口。反复按+Shift 键将会更改视口的焦点，松开这些按键时，选择的视口将变为最大化视图。

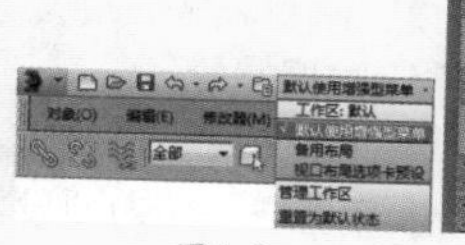

图 1-6　图 1-7　图 1-8　图 1-9

4．鼠标和视口默认设置

某些鼠标和视口默认设置已经更改，以使 3ds Max 更易于使用，特别是使得选择子对象更容易。

5．中断自动备份

当 3ds Max 保存自动备份文件时，会在提示行中显示一条相关消息。如果场景很大，并且不希望此时立即花时间来保存该文件，可以按 Esc 键停止保存。

6．【隔离】工具的更改

默认情况下，【隔离】工具不再缩放视口。使用新增强型菜单时，【隔离】将出现在【场景】菜单中。通过【场景】菜单可以选择【孤立未选择对象】以及【隔离选定对象】。

1.1.2　可靠性新特性

1．网格检验

新的网格检查器可检查【可编辑网格】和【可编辑多边形】对象是否存在纹理通道和拓扑错误。这会减少 3ds Max 将遇到的致命错误的数量。

2．mental ray 渲染器

如果 mental ray 渲染器遇到致命错误，3ds Max 将继续运行，但要重新创建 mental ray 渲染，则需要重新启动 3ds Max。

1.1.3　数据交换中的新功能

1．文件链接管理器

当链接到包含日光系统的 Revit 或 FBX 文件时，文件链接管理器会提示向场景中添加曝光控制。

2．VRML 导入

可以使用 3ds Max 的 64 位版本和 32 位版本导入 VRML 文件，不再必须使用 32 位版本导入 VRML。

3．发送到

【发送到】功能不再链接到 Autodesk Infrastructure Modeler (AIM)。

1.1.4　角色动画中的新功能

在菜单栏中选择【动画】|【填充】|【填充工具】命令，即可出现此工具，如图 1-10 所示。

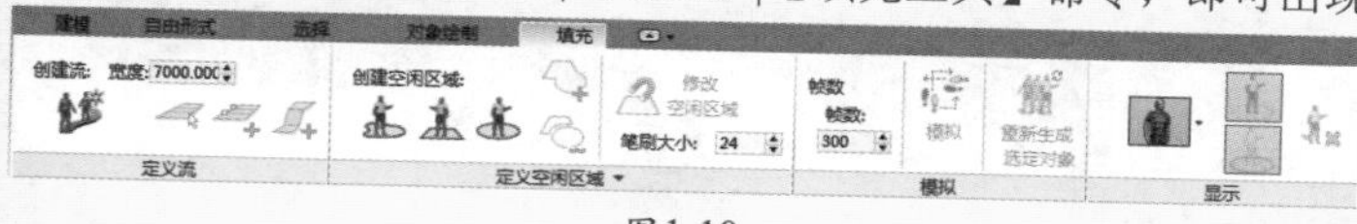

图 1-10

使用 Autodesk 3ds Max 2014 中新增的群组动画功能集，只需几个步骤即可将世界上的一切变得栩栩如生。填充可以提供对物理真实的人物动画的高级控制，通过该功能，可以快速轻松地在场景选定区域中生成移动或空闲的群组，以利用真实的人物活动丰富建筑演示或预先可视化电影或视频场景，如图 1-11 所示。

图 1-11

1.1.5 Hair 和 Fur 中的新功能

添加了一个新的 Scruffle 参数，以便能更好地控制成束头发。

1.1.6 粒子流中的新特性

1．MassFX mParticles

使用模拟解算器 MassFX 系统全新的 mParticles 模块，创建复制现实效果的粒子模拟。

2．高级数据操纵

使用新的高级数据操纵工具集创建自定义粒子流工具。现在，后期合成师和视觉效果编导可以创建自己的事件驱动数据操作符，并将结果保存为预设，或保存为【粒子视图】仓库中的标准操作。

3．【缓存磁盘】和【缓存选择性】

使用面向通用【粒子流】工具集的两个全新的【缓存】操作符可提高工作效率。全新的【缓存磁盘】操作符提供在硬盘上预计算并存储【粒子流】模拟的功能，从而可以更快速地进行循环访问。

1.1.7 环境中的新功能

1．球形环境贴图

环境贴图的默认贴图模式现在为【球形贴图】。

2．加载预设不会更改贴图模式

当加载渲染预设时，环境贴图的贴图模式不会更改。在早期版本中，它将恢复为【屏幕】，而不管以前是什么设置。

3．曝光控制预览支持 mr 天光

用于曝光控制的预览缩略图现在可以正确显示 mr 天光。

1.1.8 材质编辑中的新增功能

在材质 / 贴图浏览器中右击材质或贴图时，可以将其复制到新创建的库。

1.1.9 贴图中的新特性

1．向量贴图

使用新的向量贴图，可以加载向量图形作为纹理贴图，并按照动态分辨率对其进行渲染；无论将视图放大到什么程度，图形都将保持鲜明、清晰。

2．法线凹凸贴图

更新了【法线凹凸】贴图以便修复导致法线凹凸贴图在 3ds Max 视口中与在其他渲染引擎中显示不同的错误。

1.1.10 摄影机中的新特性

通过新的【透视匹配】功能，可以将场景中的摄影机视图与照片或艺术背景的透视进行交互式匹配。使用该功能，可以轻松地将一个 CG 元素放置到静止帧中，合成更真实。

1.1.11 渲染中的新功能

1．NVIDIA® mental ray® 渲染器

mental ray 渲染器有一个新的易于控制的【统一采样】模式，而且渲染速度比 3ds Max 早期版本使用的多过程过滤采样快得多。

2．NVIDIA® iray® 渲染器

iray 渲染器现在支持多种在早期版本可能不会渲染的贴图，包括【棋盘格】、【颜色修正】、【凹痕】、【渐变】、【渐变坡度】、【大理石】、【Perlin 大理石】、【斑点】、【Substance】、【瓷砖】、【波浪】、【木材】和 mental ray 海洋明暗器。

3．渲染模式同步

【渲染】弹出按钮现在已与【渲染设置】对话框【渲染】按钮下拉菜单同步：更改一个控件上的渲染模式会随之更改另一个控件上的模式。

1.1.12 视口新功能

1．Nitrous 性能改进

在 3ds Max 2014 中，复杂场景、CAD 数据和变形网格的交互和播放性能有了显著提高，这要归功于新的自适应降级技术、纹理内存管理的改进、增添了并行修改器计算以及某些其他优化。

2．支持 Direct3D 11

利用 Microsoft® DirectX® 11 的强大功能，再加上 3ds Max 2014 对 DX 11 明暗器新增的支持，现在可以在更短的时间内创建和编辑高质量的资源和图像。

3．2D 平移和缩放

2D 平移 / 缩放工具使艺术工作者可以像平移和缩放二维图像一样平移和缩放【摄影机】、【聚光灯】或【透视】视口，而不影响实际的摄影机或灯光位置。

4．切换最大化视口

当视口最大化时，可以按 Win+Shift 组合键切换至另一视口。

1.1.13 文件处理中的新功能

1．位图的自动 Gamma 校正

保存和加载图像文件时，新的【自动 Gamma】选项会检测文件类型并应用正确的 Gamma 设置。

2．状态集

可以记录对象修改器的状态更改，这对渲染过程控制和场景管理非常有帮助。可以通过右击菜单控制状态集，而且【状态集】用户界面可以停靠在视口中，增加了可访问性。

3．日志文件更新

日志文件现在包含列标题，条目包含添加条目的 3dsmax.exe 进程的进程和线程 ID。

1.1.14 自定义中的新特性

自定义菜单图标，可以为菜单操作选择自定义图标。此选项位于菜单窗口的右击菜单中的【自定义用户界面】|【菜单】面板上。

1.2 与3ds Max 2014相关的软件和插件

由于 3ds Max 的应用领域非常广泛，因此会与其他软件进行结合使用，适当地了解这些软件是十分必要的。常见的二维软件包括 Photoshop、Illustrator、CorelDRAW、CAD 等，常见的三维软件包括 Maya、ZBrush 等，常见的后期软件包括 After Effects、Combustion、Shake 等。

1.2.1 二维软件

Photoshop 是 Adobe 公司旗下最为出名的图像处理软件之一，集图像扫描、编辑修改、图像制作、广告创意、图像输入与输出于一体，深受广大平面设计人员和电脑美术爱好者的喜爱。Photoshop 是与 3ds Max 结合使用最多的软件，如为 3ds Max 的模型绘制贴图，如图 1-12 所示。

Illustrator 是 Adobe 公司推出的专业矢量绘图工具，是出版、多媒体和在线图像的工业标准矢量插画软件，并以其强大的功能和体贴用户的界面，占据了全球矢量编辑软件中的大部分份额。另外，此软件具有很强的兼容性，如 Illustrator 软件绘制的路径可以导入到 3ds Max 中使用，非常方便，如图 1-13 所示。

CorelDRAW Graphics Suite 是一款由世界顶尖软件公司之一的加拿大的 Corel 公司开发的图形图像软件。其非凡的设计能力广泛地应用于商标设计、标志制作、模型绘制、插图描画、排版及分色输出等诸多领域。其被喜爱的程度可用事实说明，用于商业设计和美术设计的 PC 上几乎都安装了 CorelDRAW。通常可以使用 CorelDRAW 绘制平面设计图，然后在 3ds Max 中创建模型，如图 1-14 所示。

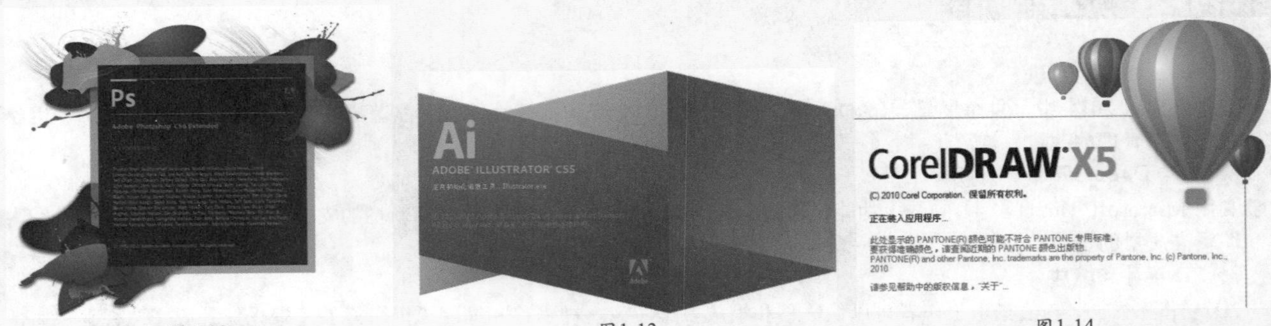

图1-12　　图1-13　　图1-14

计算机辅助设计（Computer Aided Design，CAD）指利用计算机及其图形设备帮助设计人员进行设计工作。设计人员在设计中通常要用计算机对不同方案进行大量的计算、分析和比较，以决定最优方案；各种设计信息，不论是数字的、文字的或图形的，都能存放在计算机的内存或外存里，并能快速地检索；设计人员通常用草图开始设计，将草图变为工作图的繁重工作可以交给计算机完成；由计算机自动产生的设计结果，可以快速作出图形，使设计人员及时对设计作出判断和修改；利用计算机可以进行与图形的编辑、放大、缩小、平移和旋转等有关的图形数据加工工作。在室内外设计领域中，应用最广泛的就是 CAD 和 3ds Max，一般流程是使用 CAD 绘制平面图，然后导入到 3ds Max 中进行精确的模型制作，如图 1-15 和图 1-16 所示。

图1-15

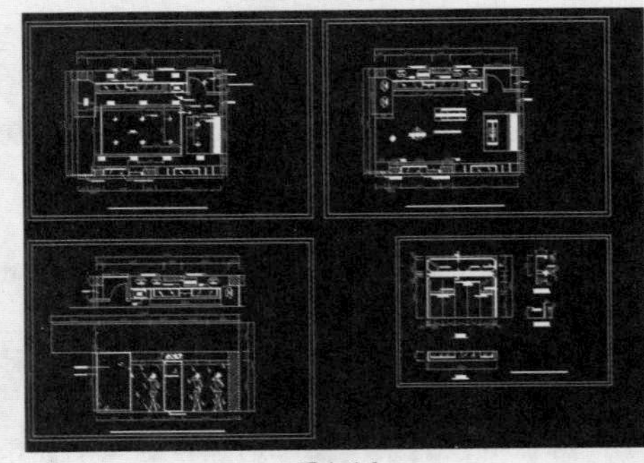

图1-16

1.2.2　三维软件

Maya 是美国 Autodesk 公司出品的世界顶级的三维动画软件，应用对象主要是专业的影视广告、角色动画、电影特技等。Maya 功能完善，工作灵活，易学易用，制作效率极高，渲染真实感极强，是电影级别的高端制作软件。Maya和 3ds Max 都是非常强大的三维软件，Maya 软件格式的模型可以通过格式转化导入到 3ds Max 中使用，如图 1-17 所示。

图1-17

图1-18

图1-19

ZBrush 是一个数字雕刻和绘画软件，它以强大的功能和直观的工作流程彻底改变了整个三维行业。在一个简洁的界面中，ZBrush 为当代数字艺术家提供了世界上最先进的工具。以实用的思路开发出的功能组合，在激发艺术家创作力的同时，产生了一种用户感受，在操作时会感到非常顺畅。ZBrush 能够雕刻高达 10 亿多边形的模型，所以说限制只取决于艺术家自身的想象力。通常情况下，可以使用 3ds Max 制作低模，然后进入 ZBrush 中雕刻精模，并生成法线等贴图，重新在 3ds Max 中渲染使用，如图 1-18 和图 1-19 所示。

1.2.3 后期软件

After Effects 是 Adobe 公司推出的一款图形视频处理软件，适用于从事设计和视频特技的机构，包括电视台、动画制作公司、个人后期制作工作室以及多媒体工作室。而在新兴的用户群，如网页设计师和图形设计师中，也开始有越来越多的人在使用 After Effects，属于层类型后期软件。在影视、包装等领域与 3ds Max 的结合非常广泛，如图 1-20 和图 1-21 所示。

Combustion 是一种三维视频特效软件，基于 PC 或苹果平台，它是为视觉特效创建而设计的一整套尖端工具，包含矢量绘画、粒子、视频效果处理、轨迹动画以及 3D 效果合成 5 大工具模块。该款软件提供了大量强大且独特的工具，包括动态图片、三维合成、颜色矫正、图像稳定、矢量绘制和旋转文字特效短格式编辑、表现、Flash 输出等功能；另外还提供了运动图形和合成艺术新的创建能力，交互性界面的改进；增强了其绘画工具与 3ds Max 软件中的交互操作功能；可以通过 cleaner 编码记录软件与 flint、flame、inferno、fire 和 smoke 同时工作，如图 1-22 和图 1-23 所示。

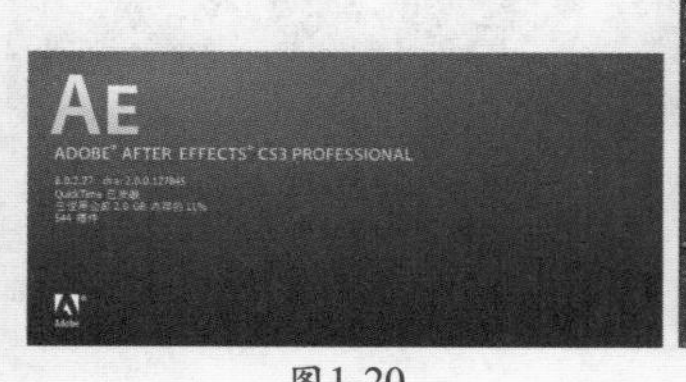

图1-20

图1-21

图1-22

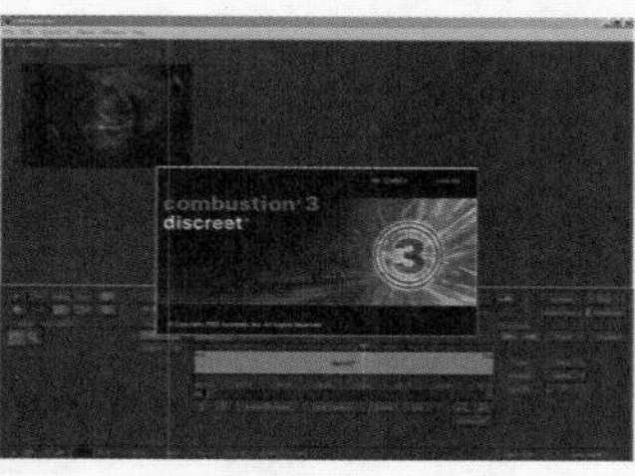

图1-23

Shake 现已停产，是一款由苹果公司推出的后期图像合成处理软件，秉承了优秀的苹果色彩处理技术，简单的节点滤镜操作，可以让画面达到完美的效果。在更新 Time Capsule 产品的同时，苹果似乎已经决定停止提供 Shake 软件。Shake 为影视编辑者们提供了创建电视和电影等精美视觉效果所需的一切工具，不过如果现在打开苹果介绍 Shake 软件的页面，将会直接跳转到 Final Cut Studio 产品页面，而苹果在线商店也已撤下了 Shake 软件包目录。据悉，苹果销售代表已经接到通知，将停止销售 Shake 软件。通常情况下，用户可以在 3ds Max 中渲染模型，然后导入到 Shake 软件中进行后期合成，如图 1-24 和图 1-25 所示。

图1-24

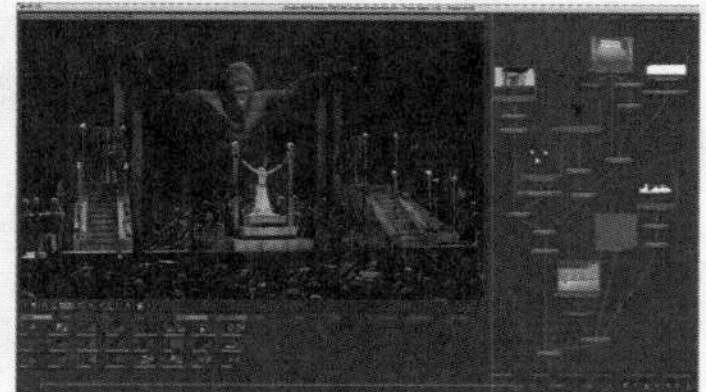

图1-25

1.2.4 其他插件

VRay 渲染器是由 chaosgroup 和 asgvis 公司出品，由中国曼恒公司负责推广的一款高质量渲染软件。VRay 是目前业界最受欢迎的渲染引擎。基于 VRay 内核开发的有 VRay for 3ds max、Maya、Sketchup、Rhino 等诸多版本，为不同领域的优秀 3D 建模软件提供了高质量的图片和动画渲染。除此之外，VRay 也可以提供单独的渲染程序，方便使用者渲染各种图片，如图 1-26 所示。

图1-26

3ds Max 本身非常强大，而且外挂插件非常多，包括建模、流体、粒子、爆炸、动画等，因此可以制作出非常震撼的视觉效果，如图 1-27 所示。

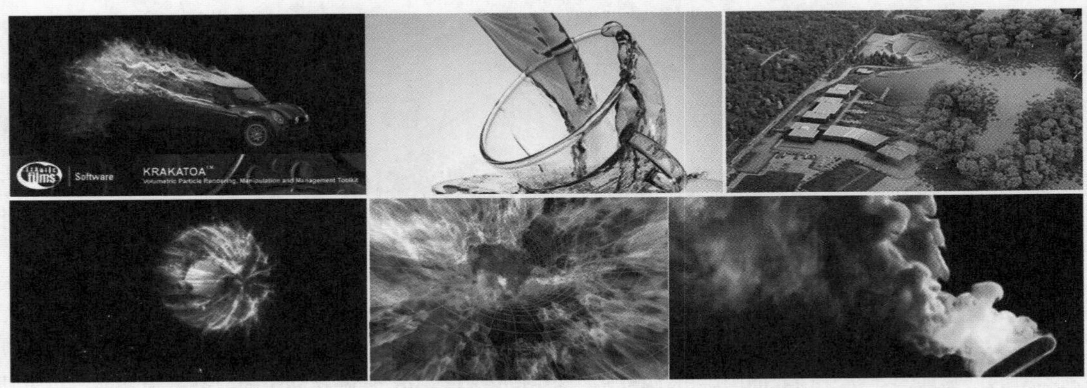

图1-27

1.3 一点个人的心得——致本书的读者

首先，这段文字您可以开始读一遍，读一遍即可。然后当你在制作作品遇到瓶颈时、困惑时，不妨再回头看看这段文字，会对你有所帮助。这是本人多年来教学、创作时，总结的一点经验。

怎么能快速地掌握 3ds Max 知识？怎么能让 3D 作品更真实？怎么突破自己？

1.3.1 我的心得体会，慢是最快的方法！

在绘图前，首先找一张你认为超真实的照片做比对。

1．慢。以最慢的速度，去做一张图。慢不仅指的是速度慢，是需要反复进行修改，每一个材质修改到你认为超真实为止，哪怕一张图做了一周，花费这个时间也是值得的。这个步骤很关键，为什么很多朋友 3D 效果做得不真实，因为差了这一步。记住要慢！

2．快。当你完成了第 1 步，那么速度需要提升几倍，再去做一张类似的图。你会发现原来复杂的材质、灯光都很简单，这都归功于步骤 1，因为你深入理解了，胜过做 10 张图。

3．重复步骤 1、步骤 2，然后开始尝试抛开比对的照片，进行原创创作，这个时候会感觉 3D 是非常有趣的、迷人的。

1.3.2 灯光怎么才能真实？

1．灯光很简单。只要严格按照真实的照明效果去做，肯定真实。简单来说，就是做的时候想象一下窗口的光是什么样的？射灯是什么样的？夜晚关上灯时，窗口的夜色是什么样的？

2．一定要从主到次去做，先做主光源，再做次光源、辅助光源等。这样做的目的是掌握大局、处理细节。

3．把握好层次。层次是灯光的关键，为什么有的人做的图好看，因为层次分明。把握好灯光的强度差别、颜色冷暖差别。

1.3.3 材质怎么做真实？

1．不要只会贴一个图，就算是做完一个材质了。

2．善用 VRayMtl 材质，室内设计 90% 的材质都可以用 VRayMtl 材质去做，可见其重要性。

3．使用 VRayMtl 材质时，与灯光一样，要去思考现实中的材质是什么样的。

4．把握 4 点：（1）是否有贴图；（2）是否有反射及反射模糊；（3）是否有折射和折射模糊，及是否是带有颜色；（4）是否有凹凸质感。这 4 点基本涵盖了大部分的材质属性，然后可以进行自由变通。

1.3.4 动画该怎么学？

动画相对比较难一点，因此安排到本书的最后，所以在学习的时候，也要遵循这个步骤。记住：学习动画，不要操之过急，当你能制作出一张不错的静帧作品时，再学习动画，你会发现此时制作的动画非常美，这个时候会很有动力继续学下去。

Chapter 02

第02章

3ds Max 2014 的基本操作

学习任何软件都必须熟练掌握该软件的基本操作，然后才能得心应手地应用该软件进行各种设计或办公操作。所以在具体使用 3ds Max 2014 进行创作前，本章将先介绍此软件的基本操作，包括认识 3ds Max 2014 的工作界面、文件和对象的基本操作等。通过本章内容的学习，为后面建模技术、灯光技术等内容的学习打下坚实的基础。

本章学习要点：

- 熟悉3ds Max 2014的操作界面
- 掌握3ds Max 2014的常用工具
- 掌握3ds Max 2014文件基本操作
- 掌握3ds Max 2014对象基本操作

2.1 3ds Max 2014的工作界面

安装好 3ds Max 2014 后，可以通过以下两种方法来启动 3ds Max 2014。

（1）双击桌面上的快捷方式图标。

（2）选择【开始】|【所有程序】|【Autodesk】|【Autodesk 3ds Max 2014】|【3ds Max 2014- Simplified Chinese】命令，如图 2-1 所示。

在启动 3ds Max 2014 的过程中，可以观察到 3ds Max 2014 的启动画面（图 2-2），首次启动时速度会稍微慢一些。

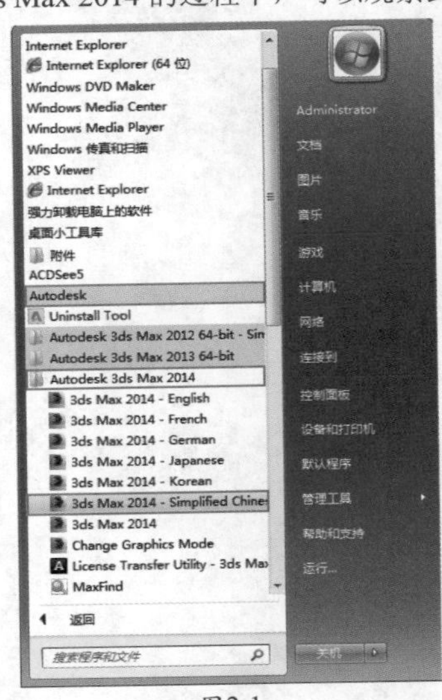

图2-1

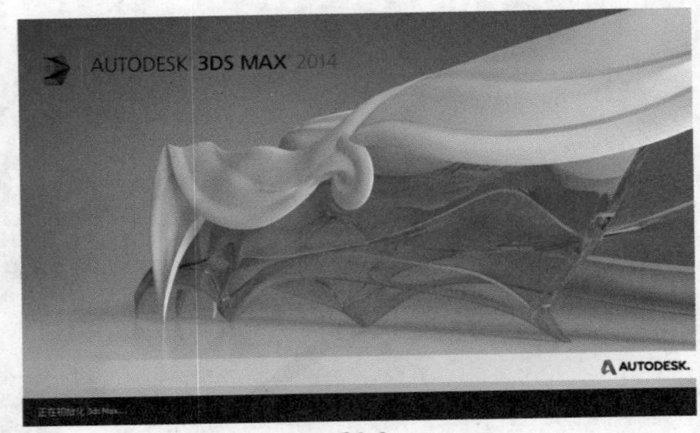

图2-2

技术专题——如何使用欢迎窗口

在初次启动 3ds Max 2014 时，系统会自动弹出【欢迎使用 3ds Max】窗口，其中包括【缩放，平移和旋转：导航要点】、【创建对象】、【编辑对象】、【指定材质】、【设置灯光和摄影机】、【动画】以及【3ds Max 2014 中的新功能】等图标，如图 2-3 所示。单击相应的图标即可观看视频教程。

若不想以后每次启动 3ds Max 时都弹出该窗口，可以取消选中【在启动时显示此欢迎屏幕】复选框，如图 2-4 所示。

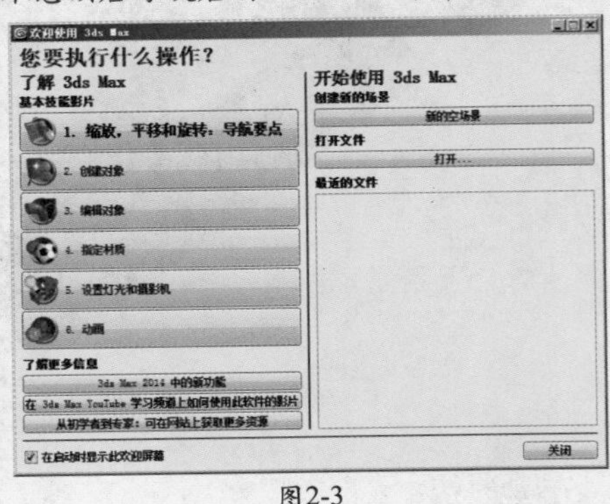

图2-3

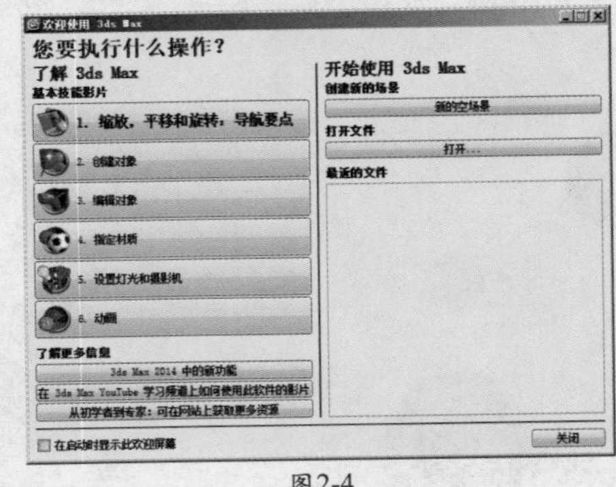

图2-4

3ds Max 2014 的工作界面分为标题栏、菜单栏、主工具栏、视口区域、命令面板、时间尺、状态栏、时间控制按钮、视图导航控制按钮和标准视口布局 10 部分，如图 2-5 所示。

默认状态下 3ds Max 的各个面板都是保持停靠状态的，若不习惯这种方式，也可以将部分面板拖曳出来，如图 2-6 所示。拖曳浮动的面板到窗口的边缘处，可以将其再次进行停靠，如图 2-7 所示。

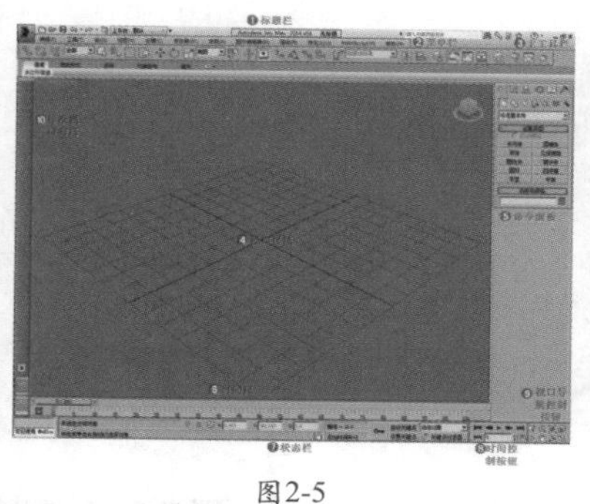

图2-5

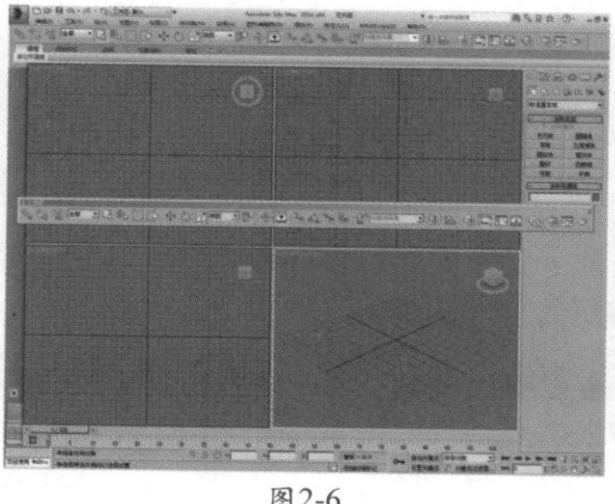

图2-6

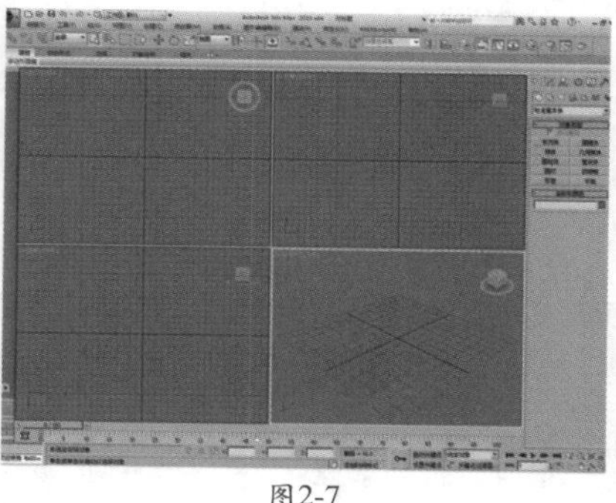

图2-7

2.1.1 标题栏

3ds Max 2014 的标题栏主要包括 5 部分，分别为【应用程序】按钮、快速访问工具栏、版本信息、文件名称和信息中心，如图 2-8 所示。

图2-8

1.【应用程序】按钮

单击【应用程序】按钮，将弹出一个用于管理文件的下拉菜单。该菜单与之前版本的【文件】菜单类似，主要包括【新建】、【重置】、【打开】、【保存】、【另存为】、【导入】、【导出】、【发送到】、【参考】、【管理】、【属性】、【最近使用的文档】、【选项】和【退出 3ds Max】14 个常用命令，如图 2-9 所示。

2. 快速访问工具栏

快速访问工具栏集合了用于管理场景文件的常用命令，便于用户快速管理场景文件，包括【新建】、【打开】、【保存】、【撤销】、【重做】、【设置项目文件夹】、【隐藏菜单栏】和【在功能区下方显示】8 个工具，如图 2-10 所示。

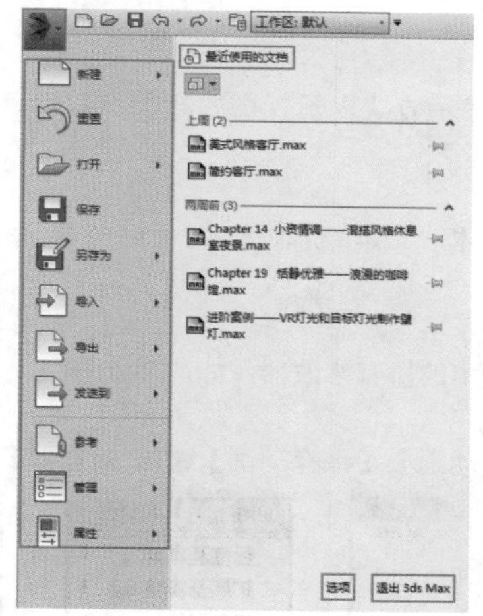

图2-9

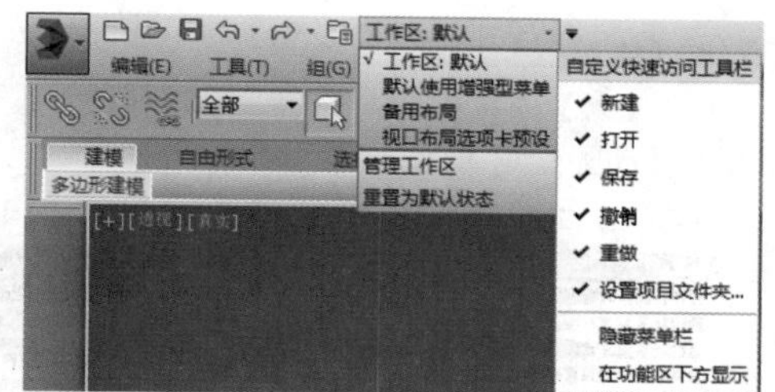

图2-10

3. 版本信息

版本信息对于 3ds Max 的操作没有任何影响，只是显示正在使用的 3ds Max 的版本信息，如图 2-11 所示。

图2-11

4. 文件名称

文件名称可以为用户显示正在操作的 3ds Max 文件的名称，若没有保存过该文件，会显示为【无标题】，如图 2-12 所示；若之前保存过该文件，则会显示保存的名称，如图 2-13 所示。

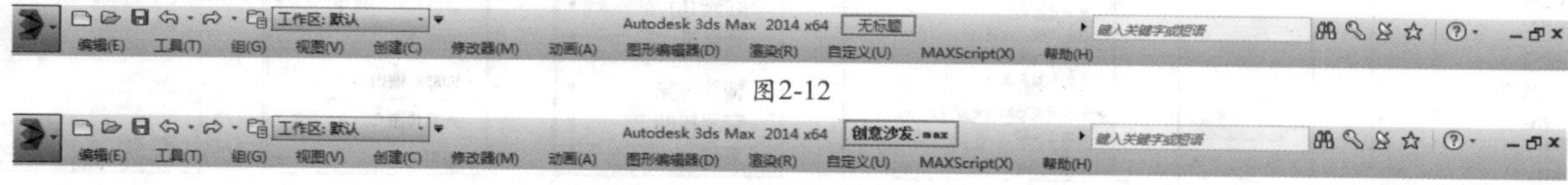

图2-12

图2-13

5. 信息中心

信息中心用于访问有关 Autodesk 3ds Max 2014 和其他 Autodesk 产品的信息。

2.1.2 菜单栏

与其他软件一样，3ds Max 的菜单栏也位于工作界面的顶端，其中包含 12 个菜单，分别为【编辑】、【工具】、【组】、【视图】、【创建】、【修改器】、【动画】、【图形编辑器】、【渲染】、【自定义】、MAXScript（X）和【帮助】，如图 2-14 所示。

图2-14

1.【编辑】菜单

【编辑】菜单包括 20 个命令，主要用来在场景中选择和编辑对象，如图 2-15 所示。

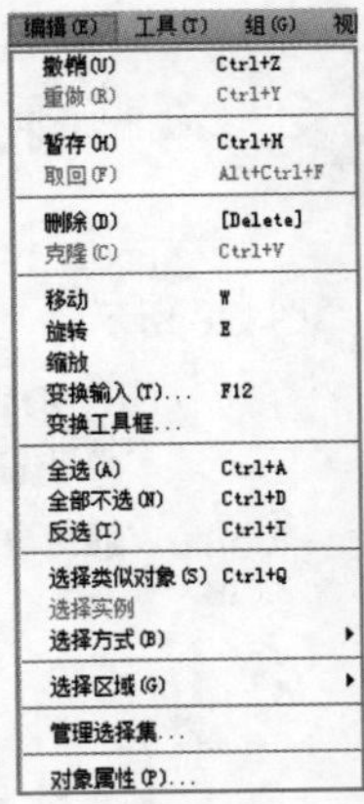

图2-15

技巧与提示

这些常用命令都配有快捷键，如【撤销】后面有 Ctrl+Z，表示执行【编辑】|【撤销】命令或按快捷键 Ctrl+Z 都可以对文件进行撤销操作。

2.【工具】菜单

【工具】菜单主要包括对物体进行操作的常用命令，这些命令在主工具栏中也可以找到并可以直接使用，如图 2-16 所示。

3.【组】菜单

【组】菜单中的命令可以将场景中的两个或两个以上的物体组合成一个整体，同样也可以将成组的物体拆分为单个物体，如图 2-17 所示。

4.【视图】菜单

【视图】菜单中的命令主要用来控制视图的显示方式以及视图的相关参数设置，如视图的配置与导航器的显示等，如图 2-18 所示。

5.【创建】菜单

【创建】菜单中的命令主要用来创建几何物体、二维物体、灯光和粒子等，在【创建】面板中也可实现相同的操作，如图 2-19 所示。

6.【修改器】菜单

【修改器】菜单中的命令包含了【修改】面板中的所有修改器，如图 2-20 所示。

7.【动画】菜单

【动画】菜单主要用来制作动画，包括【加载动画】、【保存动画】、【IK 解算器】等命令，如图 2-21 所示。

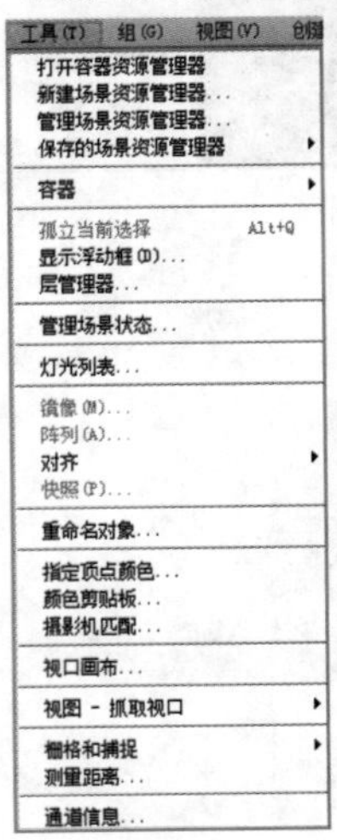

图2-16

图2-17

图2-18

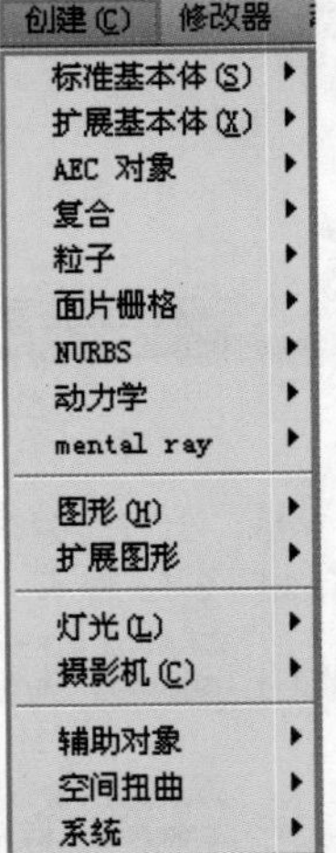

图2-19

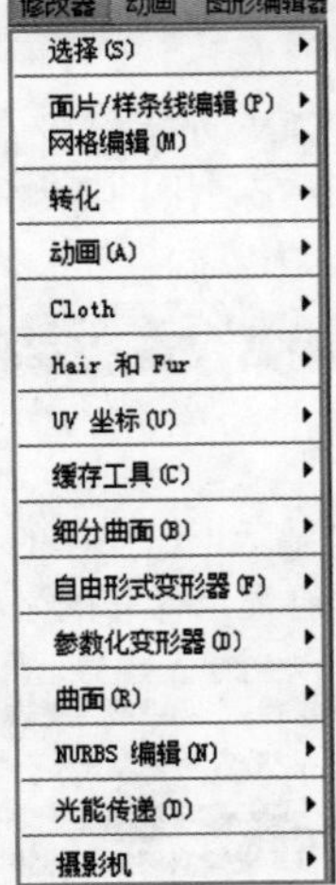

图2-20

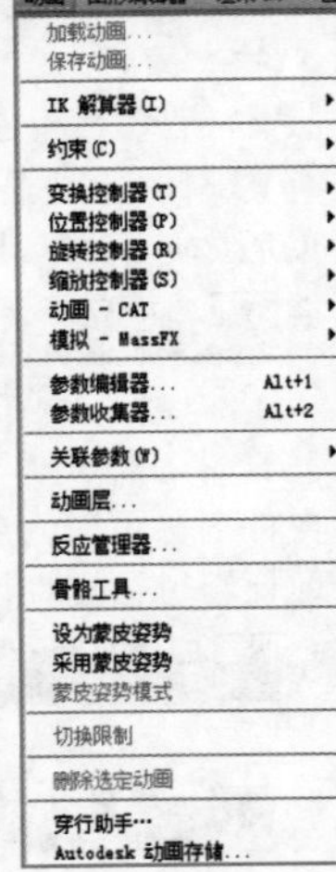

图2-21

8.【图形编辑器】菜单

【图形编辑器】菜单是场景元素之间用图形化视图方式来表达关系的菜单，包括【轨迹视图 - 曲线编辑器】、【轨迹视图 - 摄影表】、【新建图解视图】和【粒子视图】等命令，如图 2-22 所示。

9.【渲染】菜单

【渲染】菜单主要用于设置渲染参数，包括【渲染】、【环境】和【效果】等命令，如图 2-23 所示。

10.【自定义】菜单

【自定义】菜单主要用来更改用户界面或系统设置。通过该菜单可以定制自己的界面，同时还可以对 3ds Max 系统进行设置，如渲染和自动保存文件等，如图 2-24 所示。

11.MAXScript 菜单

3ds Max 支持脚本程序设计语言，可以书写脚本语言的短程序来自动执行某些命令。在 MAXScript 菜单中包括新建、测试和运行脚本的一些命令，如图 2-25 所示。

12.【帮助】菜单

【帮助】菜单中主要是一些帮助信息，可以供用户参考学习，如图 2-26 所示 。

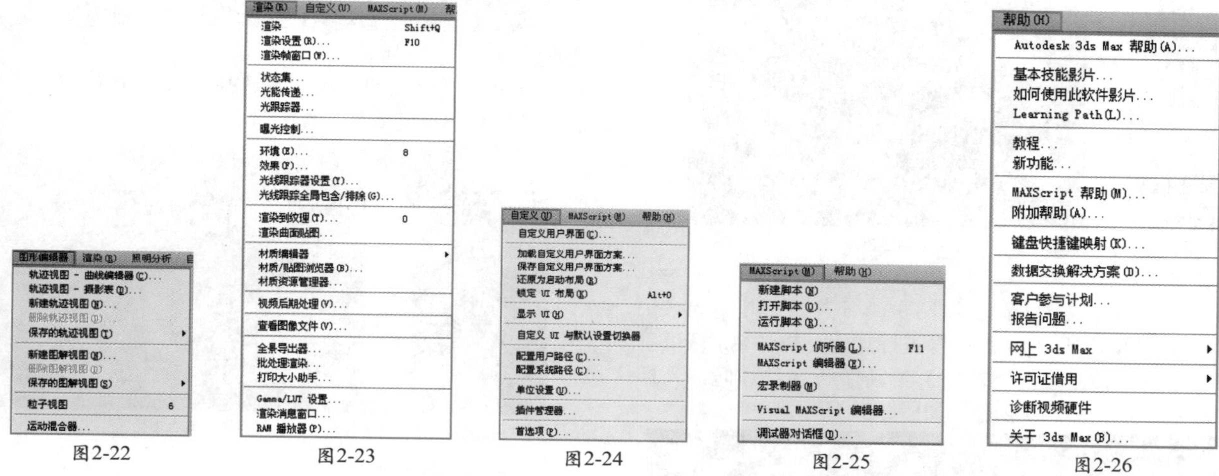

图2-22　图2-23　图2-24　图2-25　图2-26

2.1.3　主工具栏

3ds Max 的主工具栏由很多按钮组成，每个按钮都有相应的功能，如可以通过单击【移动】按钮对物体进行移动。当然，主工具栏中的大部分按钮都可以在其他位置（如菜单栏）找到。熟练掌握主工具栏的使用，会使 3ds Max 操作更顺手、更快捷。3ds Max 2014 的主工具栏如图 2-27 所示。

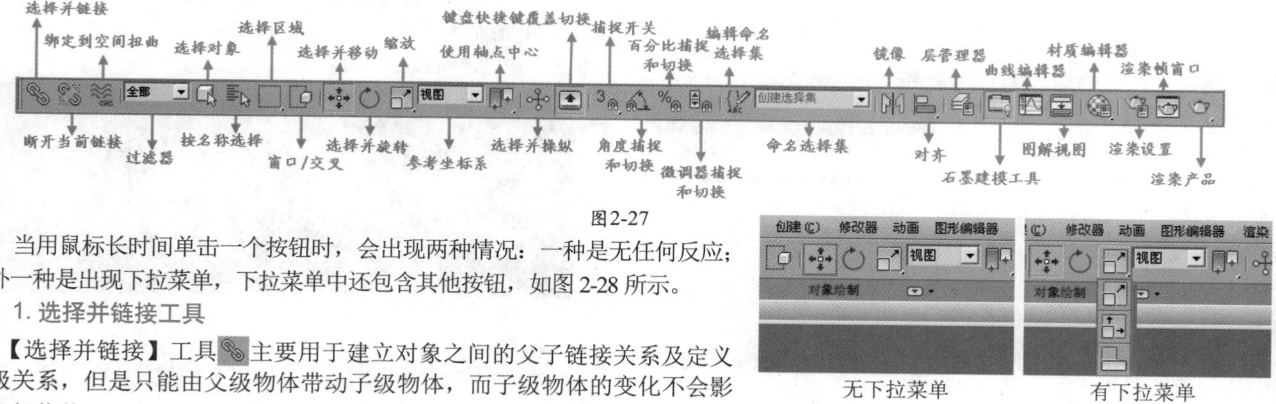

图2-27

当用鼠标长时间单击一个按钮时，会出现两种情况：一种是无任何反应；另外一种是出现下拉菜单，下拉菜单中还包含其他按钮，如图 2-28 所示。

1. 选择并链接工具

【选择并链接】工具主要用于建立对象之间的父子链接关系及定义层级关系，但是只能由父级物体带动子级物体，而子级物体的变化不会影响父级物体。

无下拉菜单　有下拉菜单

图2-28

2. 断开当前链接工具

【断开当前链接】工具与【选择并链接】工具的作用恰好相反，主要用来断开链接的父子对象。

3. 绑定到空间扭曲工具

【绑定到空间扭曲】工具可以将使用空间扭曲的对象附加到空间扭曲中。选择需要绑定的对象，然后单击主工具栏中的【绑定到空间扭曲】按钮，接着将选定对象拖曳到空间扭曲对象上即可。

4. 过滤器

【过滤器】下拉列表全部主要用来过滤不需要选择的对象类型，这对于批量选择同一种类型的对象非常有用，如图 2-29 所示。

选择【S- 图形】选项时，只能选择图形对象，而不会选中其他对象，如图 2-30 所示。

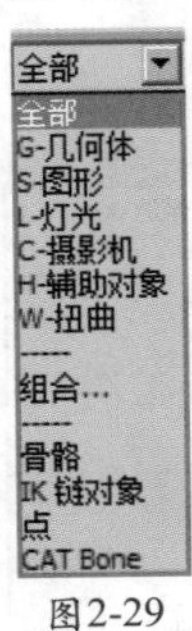

图2-29

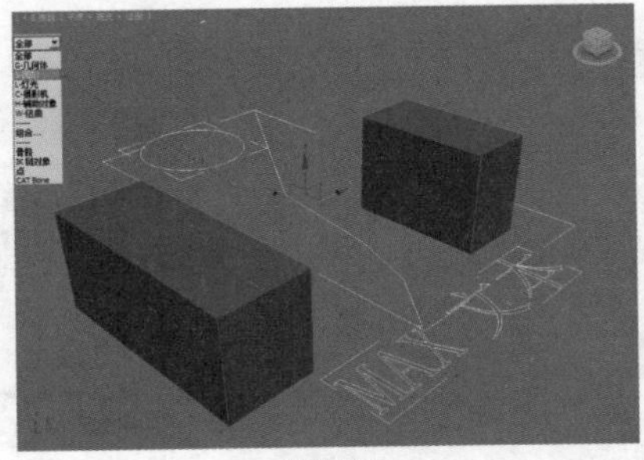
图2-30

5. 选择对象工具

【选择对象】工具主要用于选择一个或多个对象（快捷键为 Q 键），按住 Ctrl 键可以进行加选，按住 Alt 键可以进行减选。当使用【选择对象】工具选择物体时，光标指向物体后会变成十字形，如图 2-31 所示。

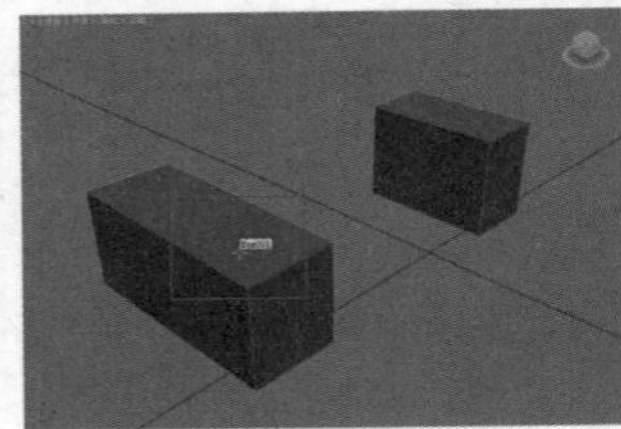
选择对象之前

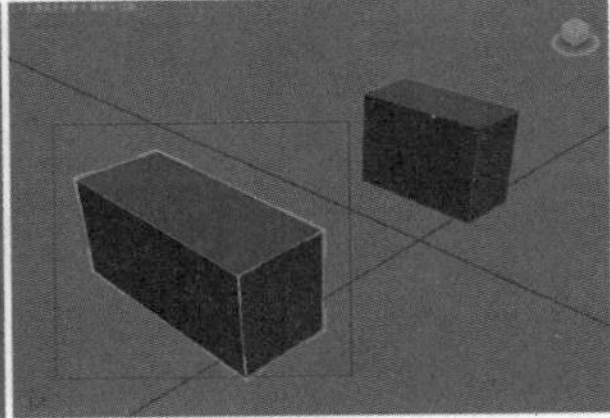
选择对象之后

图2-31

6. 按名称选择工具

单击【按名称选择】按钮会弹出【从场景选择】对话框，在该对话框中可以按名称选择所需要的对象。例如，选择 Text001，并单击【确定】按钮，如图 2-32 所示。此时可以发现，Text001 对象已经被选中，如图 2-33 所示。因此，利用该方法可以通过选择对象的名称，快速轻松地从大量对象中选择我们所需要的对象。

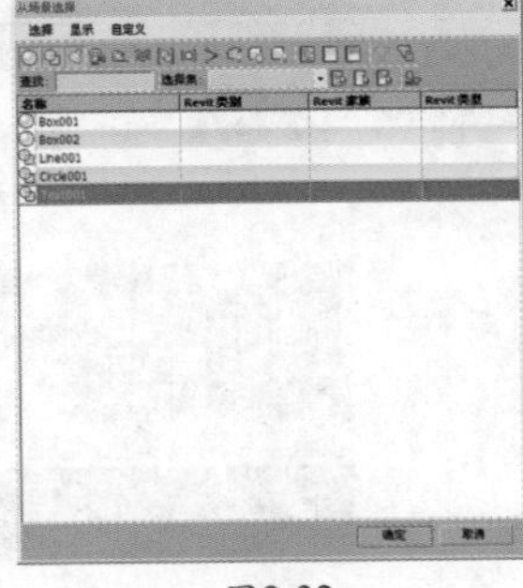
图2-32

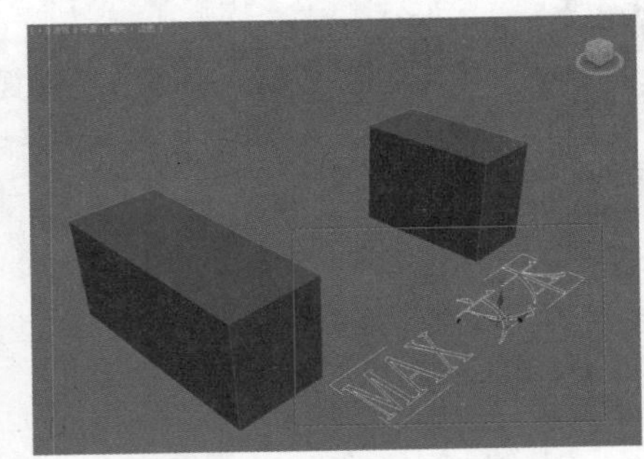
图2-33

7. 选择区域工具

选择区域工具包含 5 种模式，分别是【矩形选择区域】工具、【圆形选择区域】工具、【围栏选择区域】工具、【套索选择区域】工具和【绘制选择区域】工具，如图 2-34 所示。

可以选择合适的区域工具选择对象，如图 2-35 所示为使用【围栏选择区域】工具选择场景中的对象。

图2-34

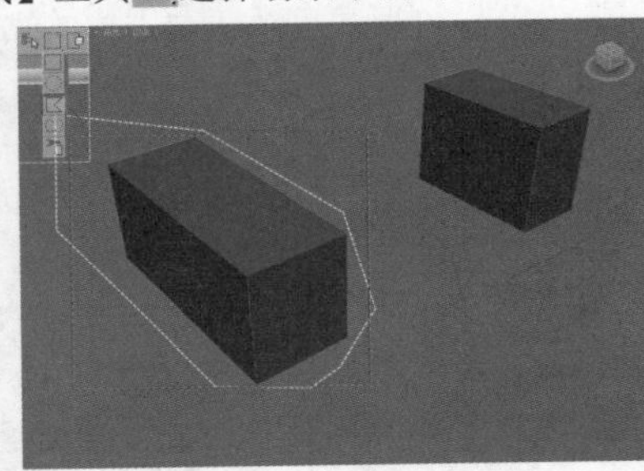
图2-35

8. 窗口 / 交叉工具

当【窗口 / 交叉】按钮显示效果为（即未激活状态）时，如果在视图中选择对象，那么只要选择的区域包含对象的一部分即可选中该对象；当【窗口 / 交叉】按钮显示效果为（即激活状态）时，如果在视图中选择对象，那么只有选择区域包含对象的全部区域才能选中该对象。在实际工作中，一般都要使【窗口 / 交叉】工具处于未激活状态。如图 2-36 所示为【窗口 / 交叉】按钮处于凸出状态（即未激活状态）时选择的效果。

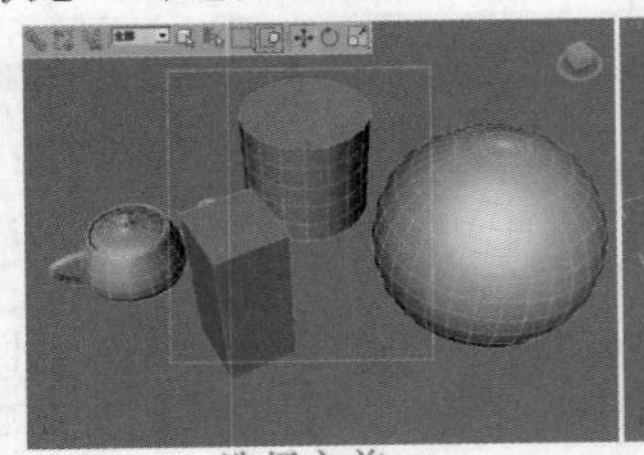
选择之前

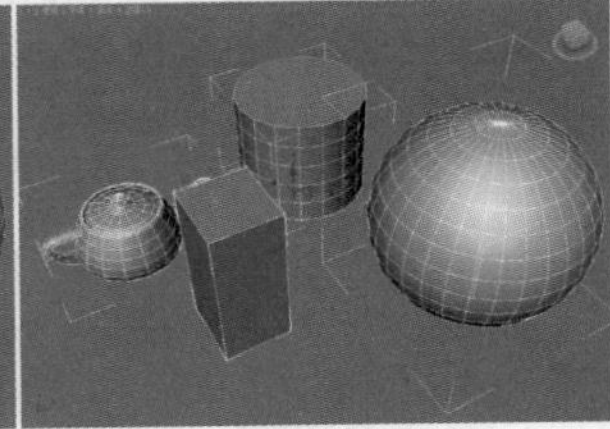
选择之后

图2-36

如图 2-37 所示为【窗口 / 交叉】按钮处于凹陷状态（即激活状态）时选择的效果。

9. 选择并移动工具

使用【选择并移动】工具可以将选中的对象移动到

任何位置。当将鼠标指针移动到坐标轴附近时，会看到坐标轴变为黄色，如图 2-38 所示为将鼠标指针移动到 Y 轴附近的状态，此时单击并拖曳鼠标指针即可只沿 Y 轴移动物体。

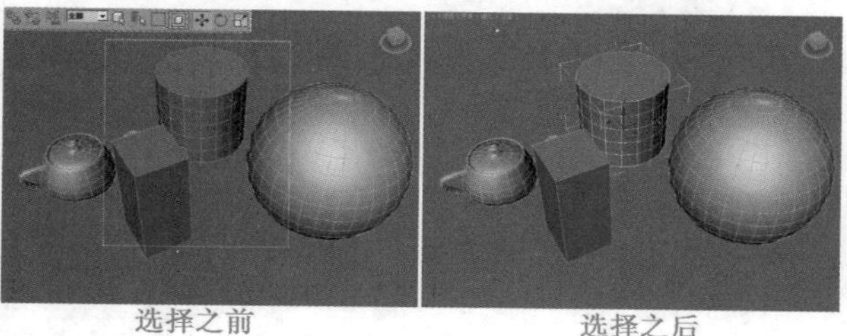

图2-37

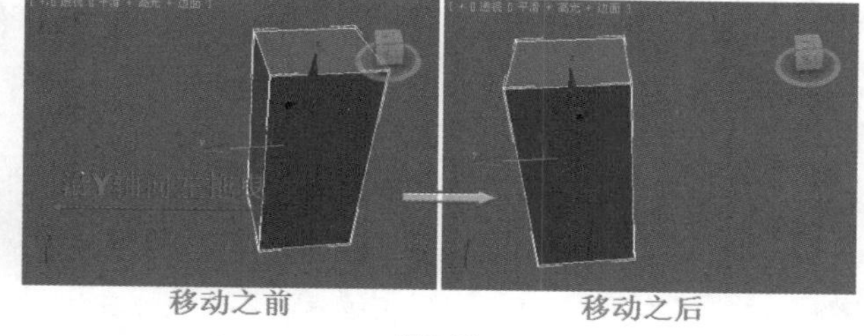

图2-38

技术专题——如何精确移动对象

为了操作时更加精准，建议在移动物体时沿一个轴向或两个轴向进行移动，当然也可以在顶视图、前视图或左视图中沿某一轴向进行移动，如图 2-39 所示。

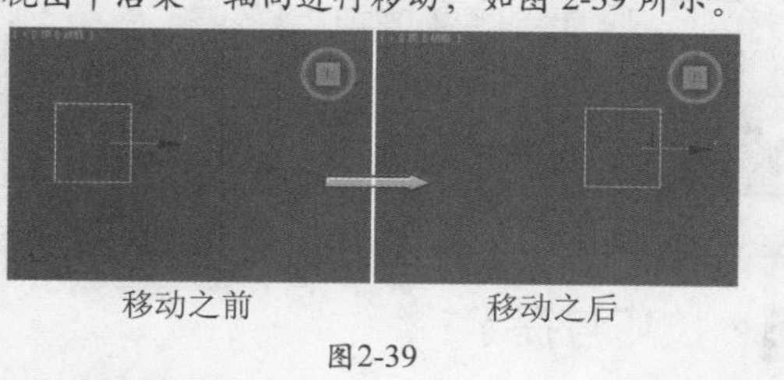

图2-39

10. 选择并旋转工具

【选择并旋转】工具的使用方法与【选择并移动】工具相似，当该工具处于激活状态（选择状态）时，被选中的对象可以在 X、Y、Z 这 3 个轴上进行旋转。

技巧与提示

如果要将对象精确旋转一定的角度，可以在【选择并旋转】按钮上右击，然后在弹出的【旋转变换输入】对话框中输入旋转角度即可，如图 2-40 所示。

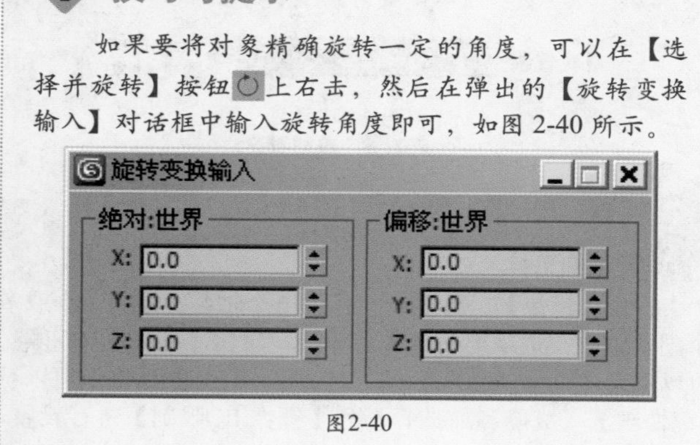

图2-40

11. 选择并缩放工具

选择并缩放工具包含 3 种，分别是【选择并均匀缩放】工具、【选择并非均匀缩放】工具和【选择并挤压】工具，如图 2-41 所示。

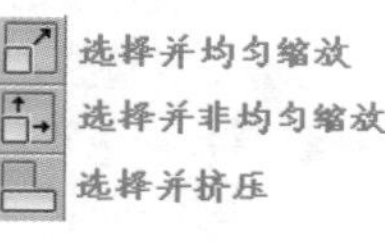

图2-41

12. 参考坐标系

【参考坐标系】下拉列表可以用来指定变换操作（如移动、旋转、缩放等）所使用的坐标系统，包括【视图】、【屏幕】、【世界】、【父对象】、【局部】、【万向】、【栅格】、【工作】和【拾取】9 种坐标系，如图 2-42 所示。

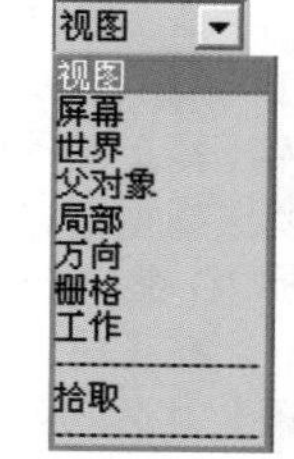

图2-42

- 视图：在默认的【视图】坐标系中，所有正交视口中的 X、Y、Z 轴都相同。使用该坐标系时，可以相对于视口空间移动对象。
- 屏幕：将活动视口屏幕用作坐标系。
- 世界：使用世界坐标系。
- 父对象：使用选定对象的父对象作为坐标系。如果对象未链接至特定对象，则其为世界坐标系的子对象，其父坐标系与世界坐标系相同。
- 局部：使用选定对象的轴心点作为坐标系。
- 万向：万向坐标系与 Euler XYZ 旋转控制器一同使用，它与局部坐标系类似，但其 3 个旋转轴相互之间不一定垂直。
- 栅格：使用活动栅格作为坐标系。
- 工作：使用工作轴作为坐标系。
- 拾取：使用场景中的另一个对象作为坐标系。

13. 轴点中心工具

轴点中心工具包括【使用轴点中心】工具、【使用选择中心】工具和【使用变换坐标中心】工具 3 种，如图 2-43 所示。

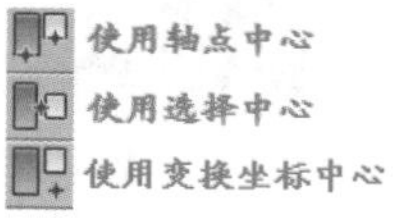

使用轴点中心
使用选择中心
使用变换坐标中心

图2-43

- 【使用轴点中心】工具：该工具可以围绕其各自的轴点旋转或缩放一个或多个对象。
- 【使用选择中心】工具：该工具可以围绕其共同的几何中心旋转或缩放一个或多个对象。如果变换多个对象，该工具会计算所有对象的平均几何中心，并将该几何中心用作变换中心。
- 【使用变换坐标中心】工具：该工具可以围绕当前坐标系的中心旋转或缩放一个或多个对象。当使用【拾取】功能将其他对象指定为坐标系时，其坐标中心在该对象轴的位置上。

14. 选择并操纵工具

使用【选择并操纵】工具可以在视图中通过拖曳【操纵器】来编辑修改器、控制器和某些对象的参数。

技巧与提示

【选择并操纵】工具与【选择并移动】工具不同，它的状态不是唯一的。只要选择模式或变换模式之一为活动状态，并且启用了【选择并操纵】工具，那么就可以操纵对象。但是在选择一个操纵器辅助对象之前必须禁用【选择并操纵】工具。

15. 捕捉开关工具

捕捉开关工具包括【2D 捕捉】工具、【2.5D 捕捉】工具和【3D 捕捉】工具 3 种。【2D 捕捉】工具主要用于捕捉活动的栅格；【2.5D 捕捉】工具主要用于捕捉结构或捕捉根据网格得到的几何体；【3D 捕捉】工具可以捕捉 3D 空间中的任何位置。

在【捕捉开关】按钮上右击，可以打开【栅格和捕捉设置】对话框，在该对话框中可以设置捕捉类型和捕捉的相关参数，如图 2-44 所示。

16. 角度捕捉和切换工具

【角度捕捉和切换】工具可以用来指定捕捉的角度（快捷键为 A 键）。激活该工具后，角度捕捉将影响所有的旋转变换，在默认状态下以 5° 为增量进行旋转。

若要更改旋转增量，可以在【角度捕捉和切换】按钮上右击，然后在弹出的【栅格和捕捉设置】对话框中选择【选项】选项卡，接着在【角度】文本框中输入相应的旋转增量即可，如图 2-45 所示。

图2-44

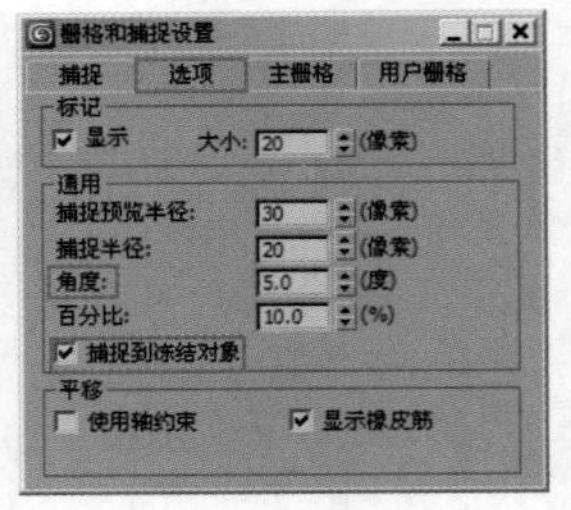

图2-45

17. 百分比捕捉和切换工具

【百分比捕捉和切换】工具可以将对象缩放捕捉到自定的百分比（快捷键为 Shift+Ctrl+P），在缩放状态下，默认每次的缩放百分比为 10%。

若要更改缩放百分比，可以在【百分比捕捉和切换】按钮上右击，然后在弹出的【栅格和捕捉设置】对话框中选择【选项】选项卡，接着在【百分比】文本框中输入相应的百分比数值即可，如图 2-46 所示。

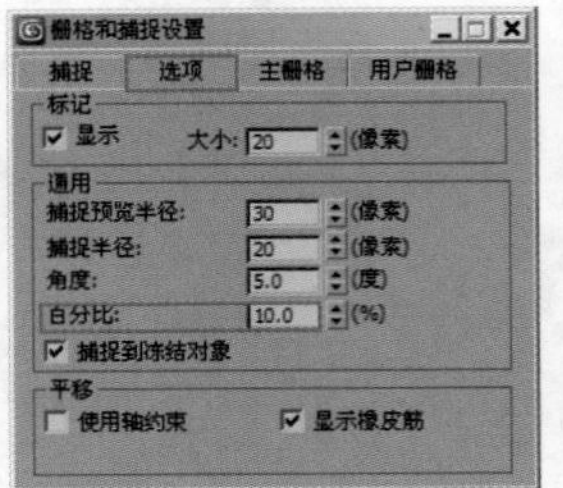

图2-46

18. 微调器捕捉切换工具

【微调器捕捉和切换】工具可以用来设置微调器单次单击的增加值或减少值。

若要设置微调器捕捉的参数，可以在【微调器捕捉和切换】按钮上右击，然后在弹出的【首选项设置】对话框中选择【常规】选项卡，接着在【微调器】选项组下设置相关参数即可，如图 2-47 所示。

19. 编辑命名选择集工具

【编辑命名选择集】工具可以为单个或多个对象进行命名。选中一个对象后，单击【编辑命名选择集】按钮可以打开【命名选择集】对话框，在该对话框中可以为选择的对象命名，如图 2-48 所示。

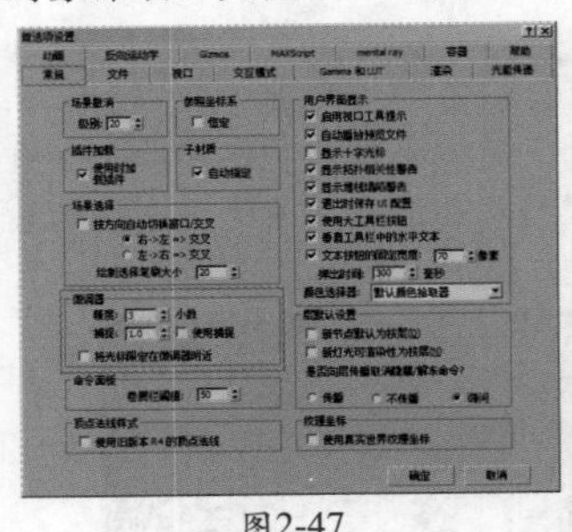

图2-47

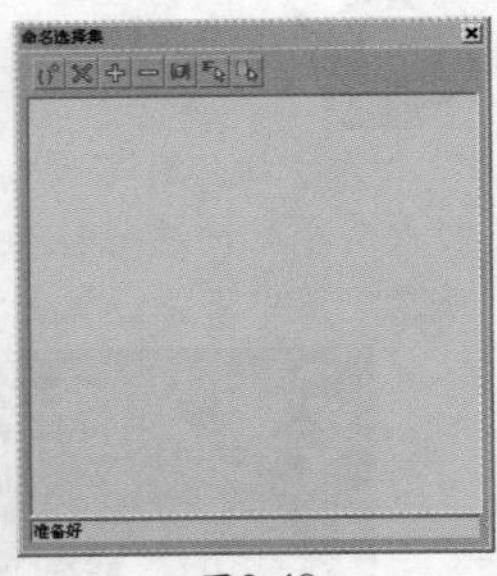

图2-48

技巧与提示

【命名选择集】对话框中有 7 个管理对象的按钮，分别为【创建新集】按钮、【删除】按钮、【添加选定对象】按钮、【减去选定对象】按钮、【选择集内的对象】按钮、【按名称选择对象】按钮和【高亮显示选定对象】按钮，如图 2-49 所示。

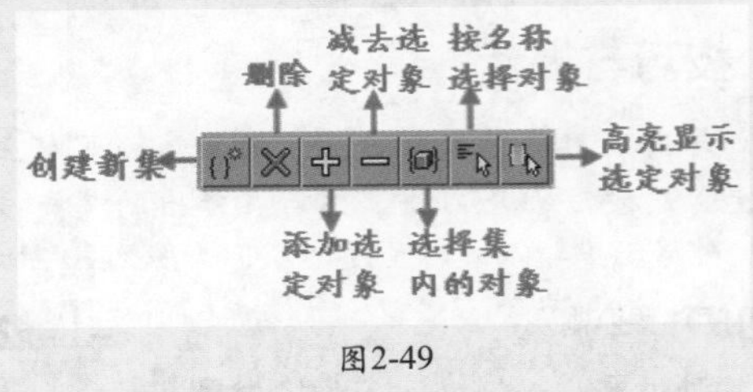

图2-49

20. 镜像工具

使用【镜像】工具可以围绕一个轴心镜像出一个或多个副本对象。选中要镜像的对象后，单击【镜像】按钮，可以打开【镜像：世界 坐标】对话框，在该对话框中可以对【镜像轴】、【克隆当前选择】和【镜像 IK 限制】进行设置，如图 2-50 所示。

21. 对齐工具

对齐工具包括 6 种，分别是【对齐】工具、【快速对齐】工具、【法线对齐】工具、【放置高光】工具、【对齐摄影机】工具和【对齐到视图】工具，如图 2-51 所示。

- 【对齐】工具：快捷键为 Alt+A，【对齐】工具可以将两个物体以一定的对齐位置和对齐方向进行对齐。

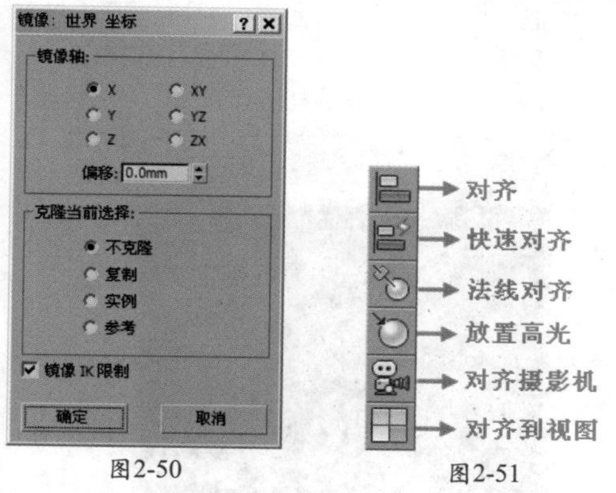

图2-50　　图2-51

- 【快速对齐】工具：快捷键为Shift+A，使用【快速对齐】工具可以立即将当前选择对象的位置与目标对象的位置进行对齐。如果当前选择的是单个对象，那么【快速对齐】需要使用两个对象的轴；如果当前选择的是多个对象或多个子对象，则使用【快速对齐】可以将选中对象的选择中心对齐到目标对象的轴。
- 【法线对齐】工具：快捷键为Alt+N，【法线对齐】基于每个对象的面或是以选择的法线方向来对齐两个对象。要打开【法线对齐】对话框，首先要选择对齐的对象，然后单击对象上的面，接着单击第2个对象上的面，释放鼠标后就可以打开【法线对齐】对话框。
- 【放置高光】工具：快捷键为Ctrl+H，使用【放置高光】工具可以将灯光或对象对齐到另一个对象，以便精确定位其高光或反射。在【放置高光】模式下，可以在任一视图中单击并拖动光标。

技巧与提示

【放置高光】是一种依赖于视图的功能，所以要使用渲染视图。在场景中拖动光标时，会有一束光线从光标处射入到场景中。

- 【对齐摄影机】工具：使用【对齐摄影机】工具可以将摄影机与选定的面法线进行对齐。【对齐摄影机】工具的工作原理与【放置高光】工具类似。不同的是，它是在面法线上进行操作，而不是入射角，并在释放鼠标时完成，而不是在拖曳鼠标期间完成。
- 【对齐到视图】工具：【对齐到视图】工具可以将对象或子对象的局部轴与当前视图进行对齐。【对齐到视图】模式适用于任何可变换的选择对象。

22. 层管理器

【层管理器】可以用来创建和删除层，也可以用来查看和编辑场景中所有层的设置以及与其相关联的对象。单击【层管理器】按钮，可以打开【层】对话框，在该对话框中可以指定光能传递解决方案中的名称、可见性、渲染性、颜色以及对象和层的包含关系等，如图2-52所示。

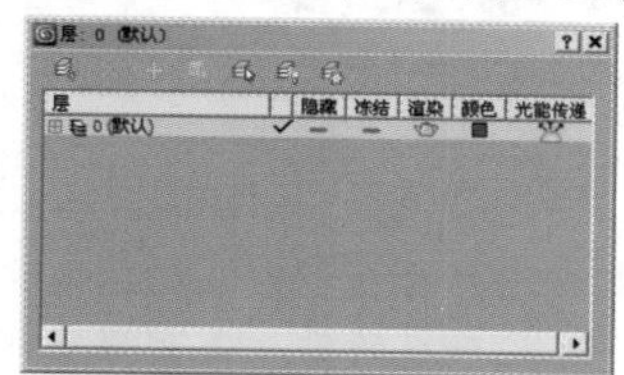

图2-52

23.Graphite 建模工具

【Graphite 建模工具】是3ds Max 2014中非常重要的一个工具。它是优秀的PolyBoost建模工具与3ds Max的完美结合，其工具摆放的灵活性与布局的科学性大大简化了多边形建模的流程。单击主工具栏中的【Graphite 建模工具】按钮即可调出【Graphite 建模工具】的工具栏，如图2-53所示。

图2-53

24. 曲线编辑器

单击主工具栏中的【曲线编辑器】按钮可以打开【轨迹视图-曲线编辑器】对话框。【曲线编辑器】是一种【轨迹视图】模式，可以用曲线来表示运动，而【轨迹视图】模式可以使运动的插值以及软件在关键帧之间创建的对象变换更加直观化，如图2-54所示。

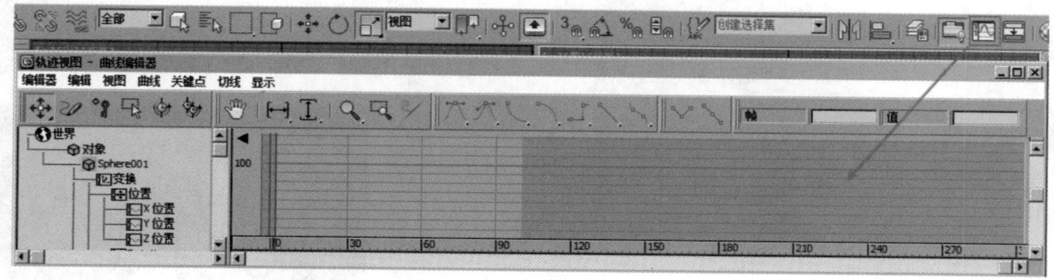

图2-54

技巧与提示

使用曲线上关键点的切线控制手柄可以轻松地观看和控制场景对象的运动效果和动画效果。

25. 图解视图

【图解视图】是基于节点的场景图，通过它可以访问对象的属性、材质、控制器、修改器、层次和不可见场景关系，同时在【图解视图】对话框中可以查看、创建并编辑对象间的关系，也可以创建层次，指定控制器、材质、修改器和约束等属性，如图 2-55 所示。

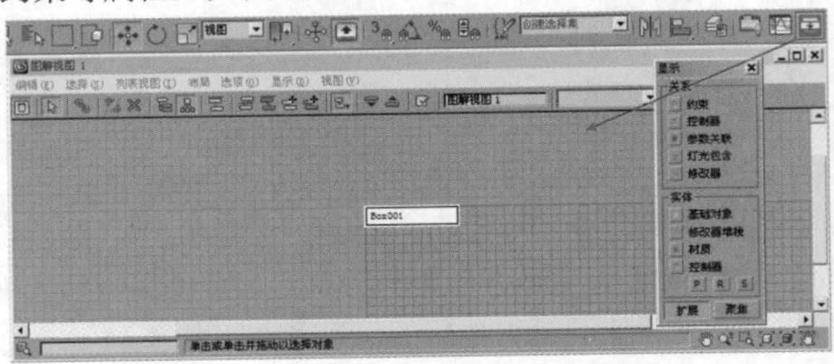

图2-55

> **技巧与提示**
>
> 在【图解视图】对话框列表视图的文本列表中可以查看节点，这些节点的排序是有规则的，通过这些节点可迅速浏览极其复杂的场景。

26. 材质编辑器

【材质编辑器】非常重要，基本上所有的材质设置都在【材质编辑器】对话框中（单击主工具栏中的【材质编辑器】按钮或者按 M 键都可以打开）完成，该对话框中提供了很多材质和贴图，通过这些材质和贴图可以制作出很真实的材质效果，如图 2-56 所示。

27. 渲染设置

单击主工具栏中的【渲染设置】按钮（快捷键为 F10 键）可以打开【渲染设置】对话框，所有的渲染设置参数基本上都在该对话框中完成，如图 2-57 所示。

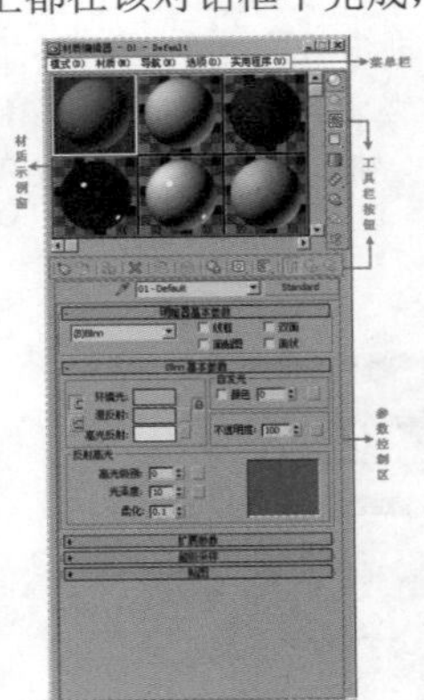

图2-56

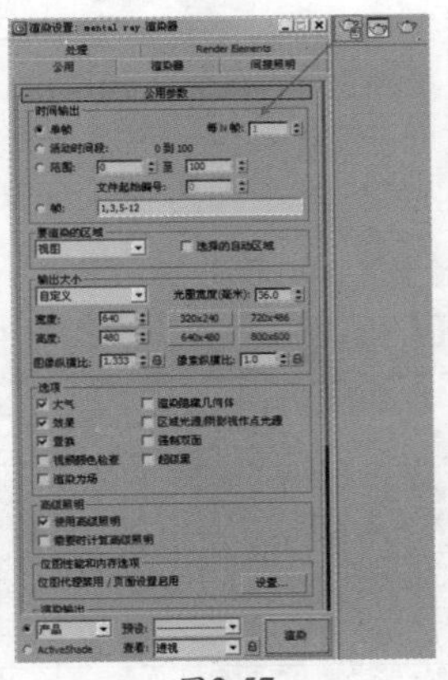

图2-57

> **技巧与提示**
>
> 【材质编辑器】对话框和【渲染设置】对话框的重要程度不言而喻，在后面的内容中将进行详细讲解。

28. 渲染帧窗口

单击主工具栏中的【渲染帧窗口】按钮可以打开【渲染帧窗口】对话框，在该对话框中可执行选择渲染区域、切换图像通道和存储渲染图像等任务，如图 2-58 所示。

图2-58

29. 渲染工具

渲染工具包括【渲染产品】工具、【迭代渲染】工具和 ActiveShade 工具，如图 2-59 所示。

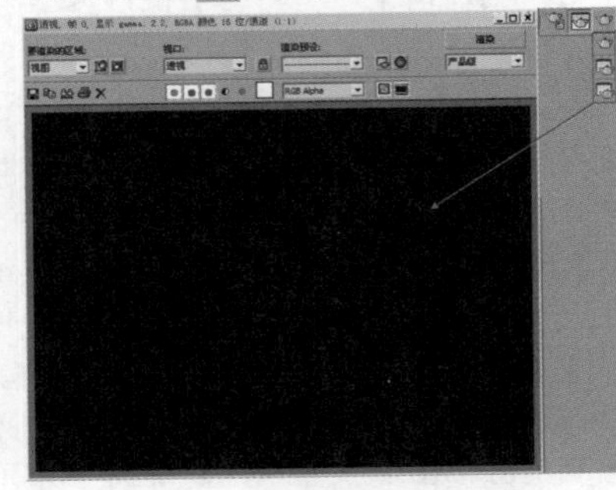

图2-59

2.1.4 视口区域

视口区域是操作界面中最大的一个区域，也是 3ds Max 中用于实际操作的区域，默认状态下为单一视图显示，通常使用的状态为四视图显示，包括顶视图、左视图、前视图和透视图，在这些视图中可以从不同的角度对场景中的对象进行观察和编辑。

每个视图的左上角都会显示视图的名称以及模型的显示方式，右上角有一个导航器（不同视图显示的状态也不同），如图 2-60 所示。

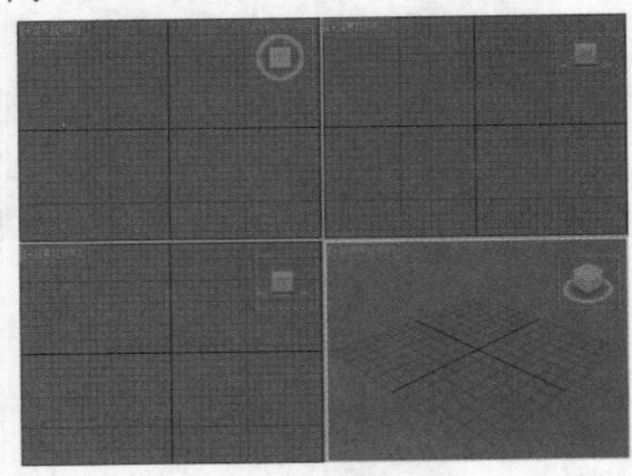

图2-60

技巧与提示

常用的几种视图都有其相对应的快捷键，顶视图的快捷键是T键、底视图的快捷键是B键、左视图的快捷键是L键、前视图的快捷键是F键、透视图的快捷键是P键、摄影机视图的快捷键是C键。

与以往版本不同的是，3ds Max 2014中视图的名称被分为3个小部分，分别右击这3个部分会弹出不同的菜单，如图2-61所示。

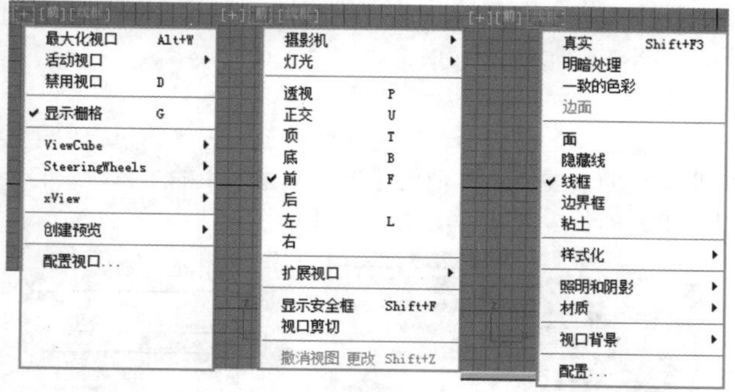

图2-61

2.1.5 命令面板

场景对象的操作都可以在【命令】面板中完成。【命令】面板由6个用户界面面板组成，默认状态下显示的是【创建】面板，其他面板分别是【修改】面板、【层次】面板、【运动】面板、【显示】面板和【工具】面板，如图2-62所示。

1.【创建】面板

在【创建】面板中可以创建7种对象，分别是【几何体】、【图形】、【灯光】、【摄影机】、【辅助对象】、【空间扭曲】和【系统】，如图2-63所示。

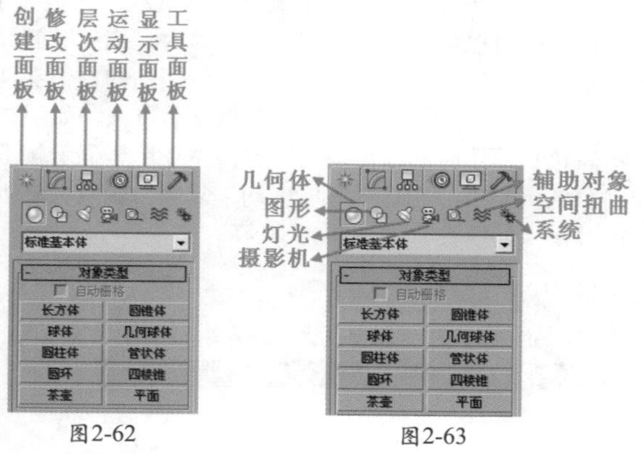

图2-62　　图2-63

- 几何体：主要用来创建长方体、球体和锥体等基本几何体，同时也可以创建出高级几何体，如：布尔、阁楼以及粒子系统中的几何体。
- 图形：主要用来创建样条线和NURBS曲线。

技巧与提示

虽然样条线和NURBS曲线能够在2D空间或3D空间中存在，但是它们只有一个局部维度，可以为形状指定一个厚度以便于渲染，这两种线条主要用于构建其他对象或运动轨迹。

- 灯光：主要用来创建场景中的灯光。灯光的类型有很多种，每种灯光都可以用来模拟现实世界中的灯光效果。
- 摄影机：主要用来创建场景中的摄影机。
- 辅助对象：主要用来创建有助于场景制作的辅助对象。这些辅助对象可以定位、测量场景中的可渲染几何体，并且可以设置动画。
- 空间扭曲：可以在围绕其他对象的空间中产生各种不同的扭曲效果。
- 系统：可以将对象、控制器和层次对象组合在一起，提供与某种行为相关联的几何体，并且包含模拟场景中的阳光系统和日光系统。

2.【修改】面板

【修改】面板主要用来调整场景对象的参数，同样可以使用该面板中的修改器来调整对象的几何形体，如图2-64所示是默认状态下的【修改】面板。

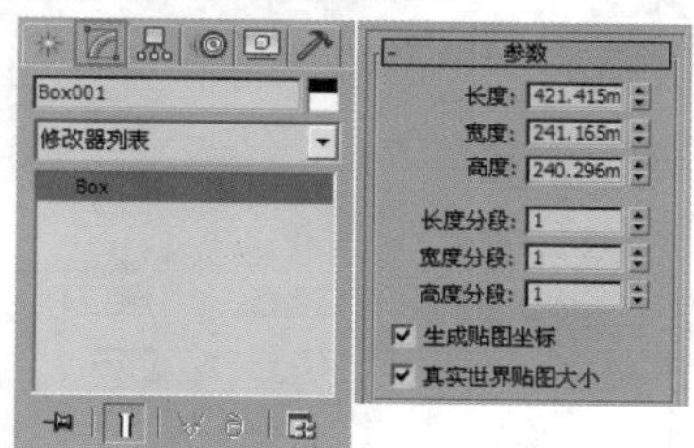

图2-64

3.【层次】面板

在【层次】面板中可以访问调整对象间层次链接的工具，通过将一个对象与另一个对象相链接，可以创建对象之间的父子关系，包括【轴】 轴 、IK IK 和【链接信息】 链接信息 3种工具，如图2-65所示。

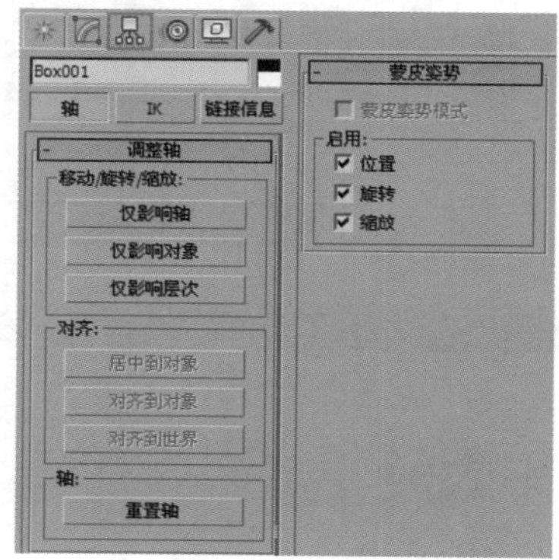

图2-65

- 轴：该工具下的参数主要用来调整对象和修改器中心位置，以及定义对象之间的父子关系和反向动力学 IK 的关节位置等，如图 2-66 所示。
- IK：该工具下的参数主要用来设置动画的相关属性，如图 2-67 所示。
- 链接信息：该工具下的参数主要用来限制对象在特定轴中的移动关系，如图 2-68 所示。

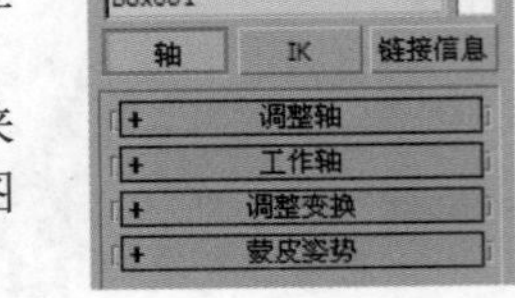

图2-66

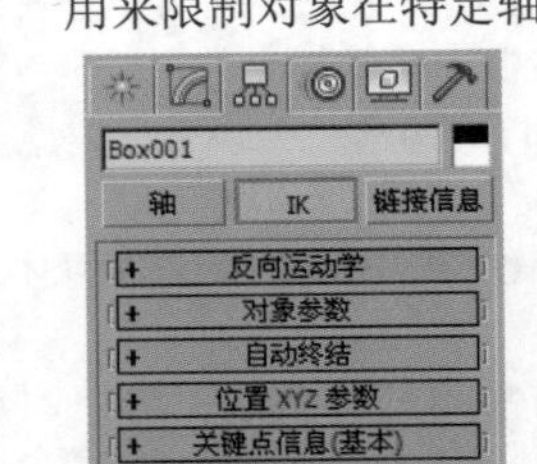

图2-67

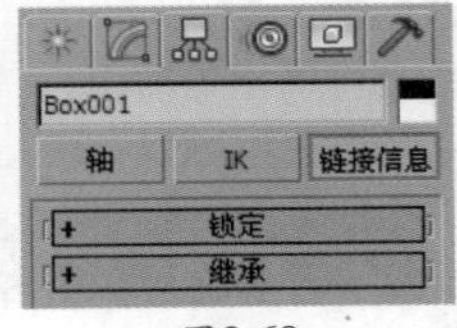

图2-68

4.【运动】面板

【运动】面板中的参数主要用来调整选定对象的运动属性，如图 2-69 所示。

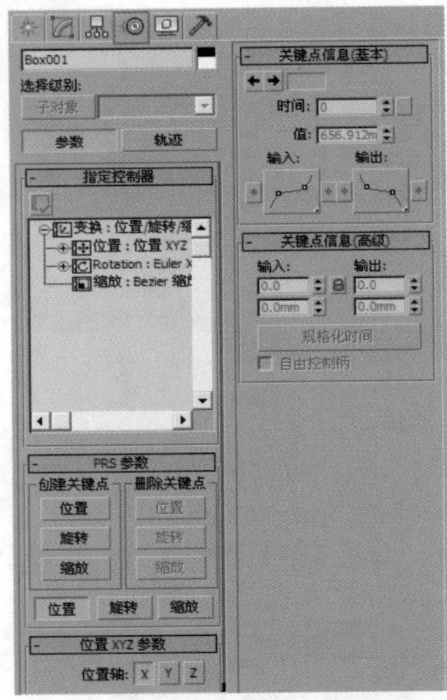

图2-69

> **技巧与提示**
>
> 可以使用【运动】面板中的工具来调整关键点时间及其输入和输出。【运动】面板还提供了【轨迹视图】的替代选项来指定动画控制器，如果指定的动画控制器具有参数，则在【运动】面板中可以显示其他卷展栏；如果【路径约束】指定给对象的位置轨迹，则【路径参数】卷展栏将添加到【运动】面板中。

5.【显示】面板

【显示】面板中的参数主要用来设置场景中的控制对象的显示方式，如图 2-70 所示。

6.【工具】面板

在【工具】面板中可以访问各种工具程序，包含用于管理和调用的卷展栏。当使用【工具】面板中的工具时，将显示该工具的相应卷展栏，如图 2-71 所示。

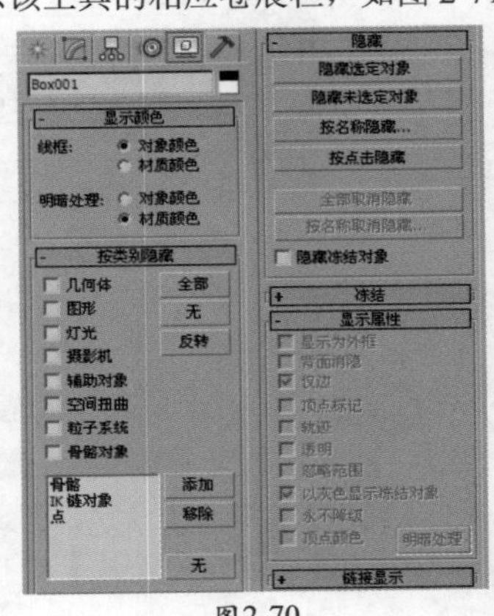

图2-70

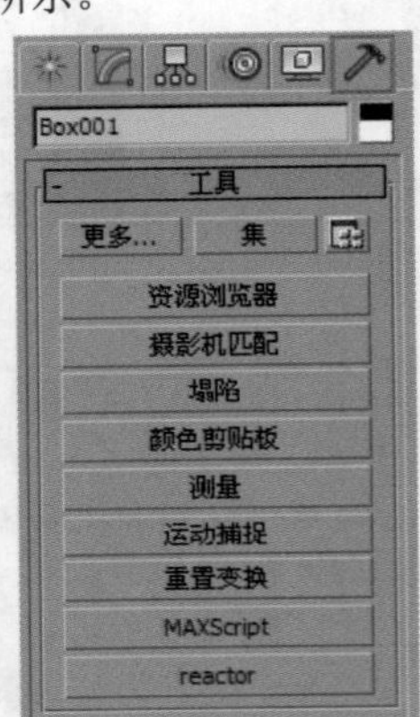

图2-71

2.1.6 时间尺

时间尺包括时间线滑块和轨迹栏两大部分。时间线滑块位于视图的最下方，主要用于制定帧，默认的帧数为 100 帧，具体数值可以根据动画长度来进行修改。拖曳时间线滑块可以在帧之间迅速移动，单击时间线滑块的向左箭头图标 < 与向右箭头图标 > 可以向前或者向后移动一帧，如图 2-72 所示；轨迹栏位于时间线滑块的下方，主要用于显示帧数和选定对象的关键点，在这里可以移动、复制、删除关键点以及更改关键点的属性，如图 2-73 所示。

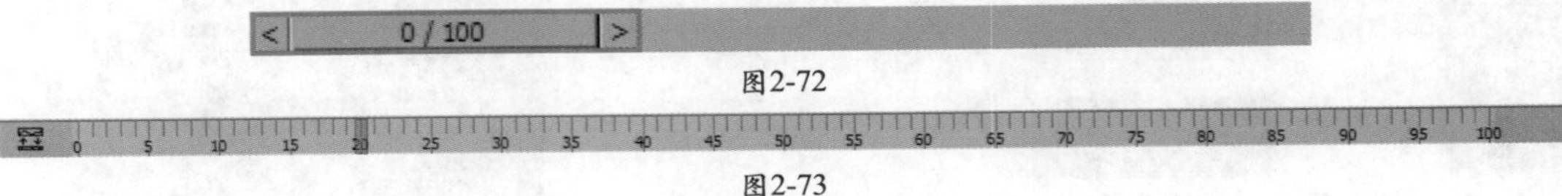

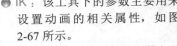

图2-72

图2-73

2.1.7 状态栏

状态栏位于轨迹栏的下方，它提供了选定对象的数目、类型、变换值和栅格数目等信息，并且状态栏可以基于当前光标位置和程序活动来提供动态反馈信息，如图 2-74 所示。

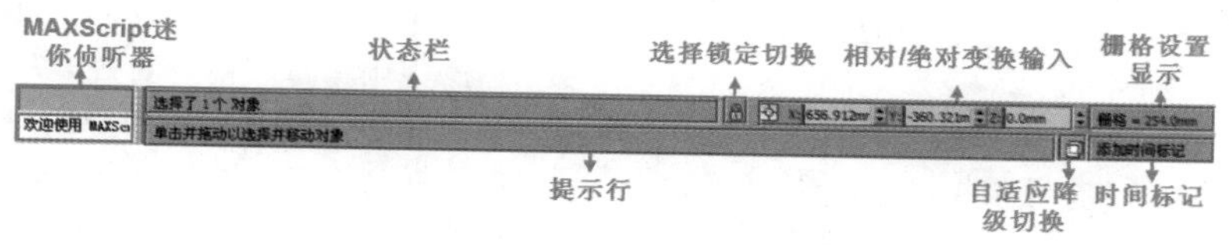

图2-74

2.1.8　时间控制按钮

时间控制按钮位于状态栏的右侧，主要用来控制动画的播放效果，包括关键点控制和时间控制等，如图 2-75 所示。

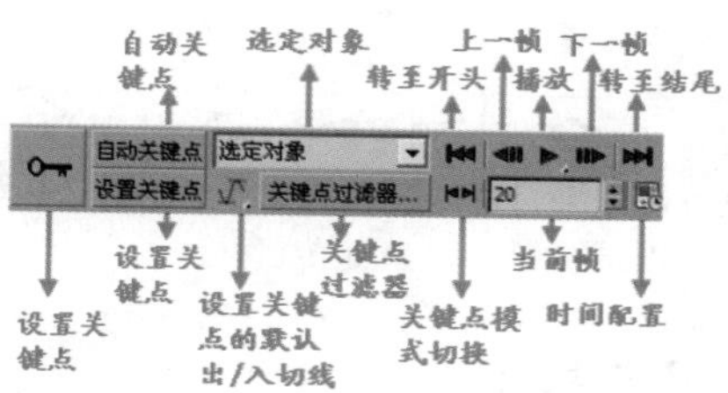

图2-75

技巧与提示

关键点控制主要用于创建动画关键点，有两种不同的模式，分别是【自动关键点】自动关键点和【设置关键点】设置关键点，快捷键分别为 N 键和 ‘ 键。时间控制提供了在各个动画帧和关键点之间移动的便捷方式。

2.1.9　视图导航控制按钮

视图导航控制按钮位于状态栏的最右侧，主要用来控制视图的显示和导航。使用这些按钮可以缩放、平移和旋转活动的视图，如图 2-76 所示。

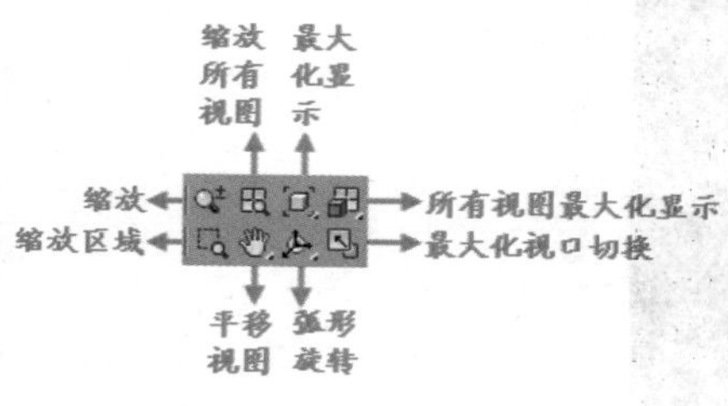

图2-76

1. 所有视图中可用的控件

所有视图中可用的控件包括【所有视图最大化显示】/【所有视图最大化显示选定对象】、【最大化视口切换】。

- 【所有视图最大化显示】/【所有视图最大化显示选定对象】：【所有视图最大化显示】可以将场景中的对象在所有视图中居中显示出来；【所有视图最大化显示选定对象】可以将所有可见的选定对象或对象集在所有视图中以居中最大化的方式显示出来。
- 【最大化视口切换】：可以在正常大小和全屏之间进行切换，其快捷键为 Alt+W。

技巧与提示

以上 3 个控件适用于所有视图，而有些控件只能在特定的视图中才能使用，下面将依次讲解。

2. 透视图和正交视图控件

透视图和正交视图控件包括【缩放】、【缩放所有】、【所有视图最大化显示】/【所有视图最大化显示选定对象】（适用于所有视图）、【视野】、【缩放区域】、【平移视图】、【环绕】/【选定的环绕】/【环绕子对象】和【最大化视口切换】（适用于所有视图），如图 2-77 所示。

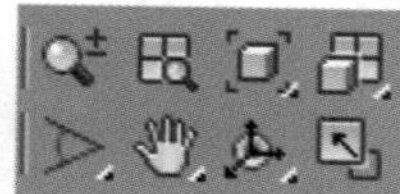

图2-77

- 【缩放】：使用该工具可以在透视图或正交视图中通过拖曳光标来调整对象的大小。

技巧与提示

正交视图包括顶视图、前视图和左视图。

- 【缩放所有】：使用该工具可以同时调整所有透视图和正交视图中的对象。
- 【视野】/【缩放区域】：【视野】工具可以用来调整视图中可见对象的数量和透视张角量。视野的效果与更改摄影机的镜头相关，视野越大，观察到的对象就越多（与广角镜头相关），而透视会扭曲；视野越小，观察到的对象就越少（与长焦镜头相关），而透视会展平。使用【缩放区域】工具可以放大选定的矩形区域，该工具适用于正交视图、透视和三向投影视图，但是不能用于摄影机视图。
- 【平移视图】：使用该工具可以将选定视图平移到任何位置。

技巧与提示

按住 Ctrl 键的同时可以随意移动对象；按住 Shift 键的同时可以将对象在垂直方向和水平方向进行移动。

- 【环绕】/【选定的环绕】/【环绕子对象】：使用这3个工具可以将视图围绕一个中心进行自由旋转。

3. 摄影机视图控件

创建摄影机后，按C键可以切换到摄影机视图，该视图中的控件包括【推拉摄影机】/【推拉目标】/【推拉摄影机和目标】、【透视】、【侧滚摄影机】、【所有视图最大化显示】/【所有视图最大化显示选定对象】（适用于所有视图）、【视野】、【平移摄影机】、【环绕摄影机】/【摇移摄影机】和【最大化视口切换】（适用于所有视图），如图2-78所示。

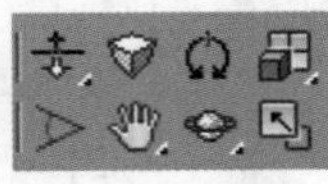

图2-78

> **技巧与提示**
>
> 在场景中创建摄影机后，按C键可以切换到摄影机视图，若想从摄影机视图切换回原来的视图，可以按相应视图名称的首字母键。

- 【推拉摄影机】/【推拉目标】/【推拉摄影机和目标】：这3个工具主要用来移动摄影机或其目标，同时也可以移向或移离摄影机所指的方向。
- 【透视】：使用该工具可以增加透视张角量，同时也可以保持场景的构图。
- 【侧滚摄影机】：使用该工具可以围绕摄影机的视线来旋转【目标】摄影机，同时也可以围绕摄影机局部的Z轴来旋转【自由】摄影机。
- 【视野】：使用该工具可以调整视图中可见对象的数量和透视张角量。视野的效果与更改摄影机的镜头相关，视野越大，观察到的对象就越多（与广角镜头相关），而透视会扭曲；视野越小，观察到的对象就越少（与长焦镜头相关），而透视会展平。
- 【平移摄影机】：使用该工具可以将摄影机移动到任何位置。

> **技巧与提示**
>
> 按住Ctrl键的同时可以随意移动摄影机；按住Shift键的同时可以将摄影机在垂直方向和水平方向进行移动。

- 【环绕摄影机】/【摇移摄影机】：使用【环绕摄影机】工具可以围绕目标来旋转摄影机；使用【摇移摄影机】工具可以围绕摄影机来旋转目标。

> **技巧与提示**
>
> 当一个场景已经有一台设置完成的摄影机，并且视图处于摄影机视图时，直接调整摄影机的位置很难达到预想的最佳效果，而使用摄影机视图控件来进行调整方便很多。

2.2 3ds Max 2014文件的基本操作

重点 小实例：打开场景文件

场景文件	01.max
案例文件	小实例：打开场景文件.max
视频教学	DVD/多媒体教学/Chapter02/小实例：打开场景文件.flv
难易指数	★☆☆☆☆
技术掌握	掌握打开场景文件的5种方法

实例介绍

打开场景文件的方法一般有以下5种。

（1）直接找到文件并双击，如图2-79所示。

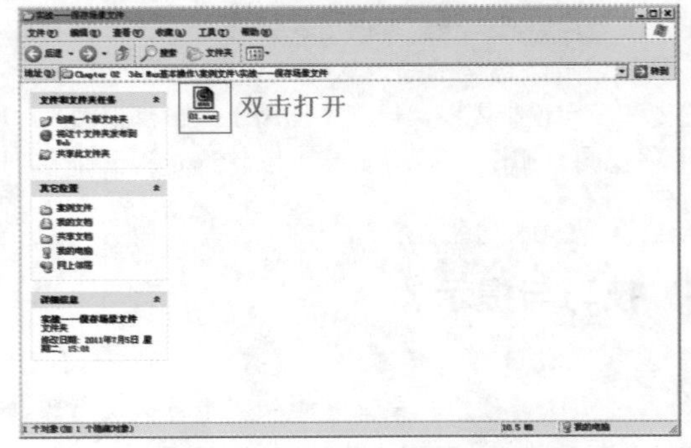

图2-79

（2）找到文件，单击选中并将其拖曳到3ds Max 2014的图标上，如图2-80所示。

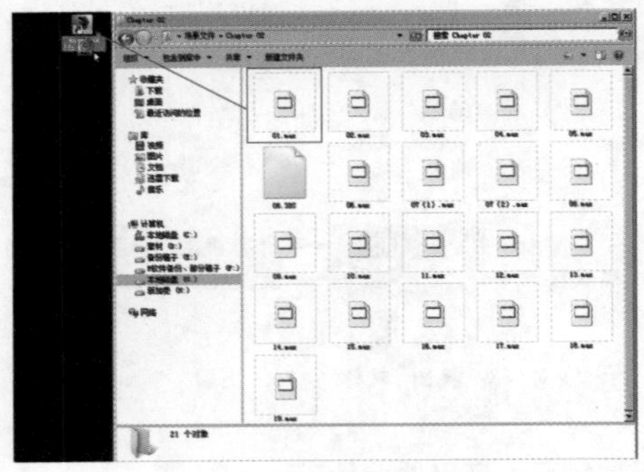

图2-80

（3）启动3ds Max 2014，然后单击界面左上角的软件图标，在弹出的下拉菜单中单击【打开】图标，接着在弹出的对话框中选择本书配套光盘中的【场景文件/Chapter02/01.max】文件，最后单击【打开】按钮，如图2-81所示，打开场景后的效果如图2-82所示。

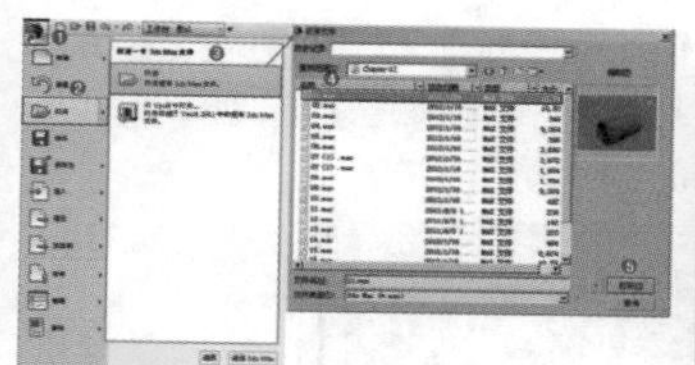
图2-81

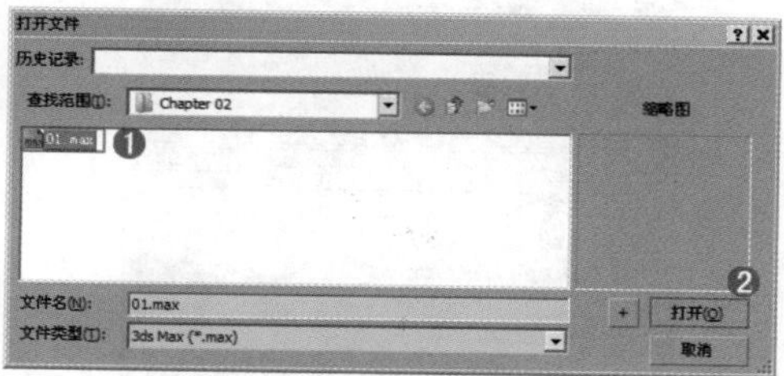
图2-82

（4）启动 3ds Max 2014，按 Ctrl+O 组合键打开【打开文件】对话框，然后选择本书配套光盘中的【场景文件 /Chapter02/01.max】文件，接着单击【打开】按钮 打开(O)，如图 2-83 所示。

图2-83

（5）启动 3ds Max 2014，选择本书配套光盘中的【场景文件 /Chapter02/01.max】文件，然后选择文件，按住鼠标左键将其拖曳到视口区域中，松开鼠标左键并在弹出的对话框中选择相应的操作方式，如图 2-84 所示。

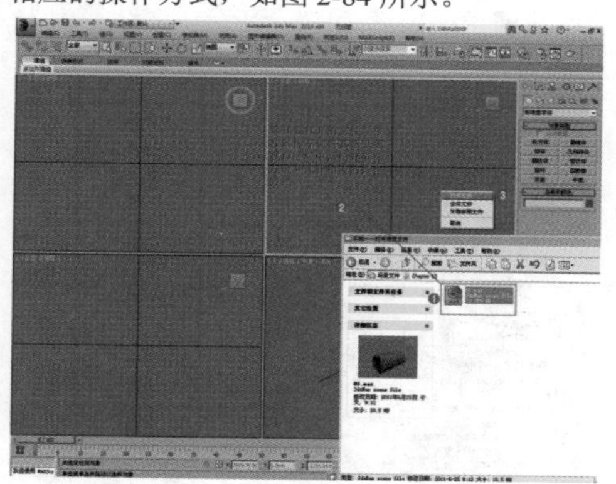
图2-84

重点 小实例：保存场景文件

场景文件	02.max
案例文件	小实例：保存场景文件 .max
视频教学	DVD/ 多媒体教学 /Chapter02/ 小实例：保存场景文件 .flv
难易指数	★☆☆☆☆
技术掌握	掌握保存场景文件的两种方法

实例介绍

当创建完一个场景后，需要对场景进行保存，保存场景文件的方法有以下两种。

（1）单击界面左上角的软件图标，然后在弹出的下拉菜单中单击【保存】图标，接着在弹出的对话框中为场景文件进行命名，最后单击【保存】按钮 保存(S)，如图 2-85 所示。

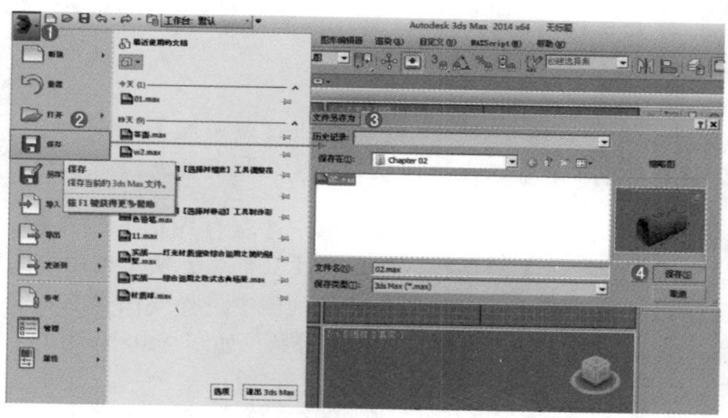
图2-85

（2）按 Ctrl+S 组合键打开【文件另存为】对话框，然后为场景文件命名，接着单击【保存】按钮 保存(S)，如图 2-86 所示。

图2-86

重点 小实例：保存渲染图像

场景文件	03.max
案例文件	小实例：保存渲染图像 .max
视频教学	DVD/ 多媒体教学 /Chapter02/ 小实例：保存渲染图像 .flv
难易指数	★☆☆☆☆
技术掌握	掌握保存渲染图像的方法

实例介绍

制作完成一个场景后需要对场景进行渲染，那么在渲染完成后就要将渲染完成的图像保存起来。

操作步骤

步骤 01 打开本书配套光盘中的【场景文件 /Chapter02/03.max】文件，如图 2-87 所示。

步骤 02 单击主工具栏中的【渲染产品】按钮或按 F9 键渲染场景，渲染完成后的图像效果如图 2-88 所示。

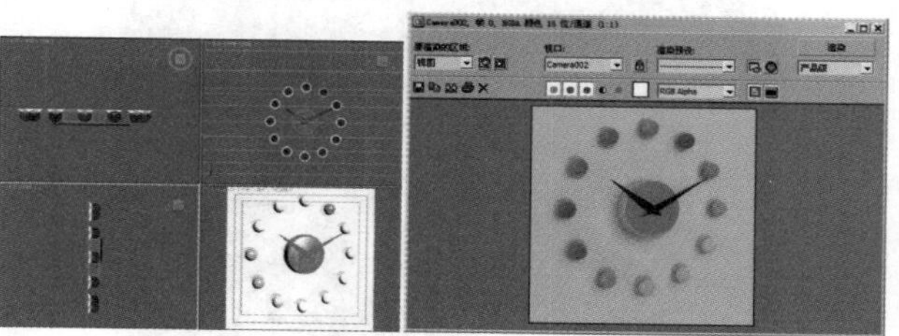
图2-87　图2-88

技巧与提示

当渲染场景时，系统会弹出【渲染帧】对话框，该对话框中会显示渲染图像的进度和相关信息。

步骤 03 在【渲染帧】对话框中单击【保存图像】按钮，弹出【保存图像】对话框，然后在【文件名】文本框中为图像命名，接着在【保存类型】下拉列表中选择要保存的文件格式，最后单击【保存】按钮 保存(S) ，如图 2-89 所示。

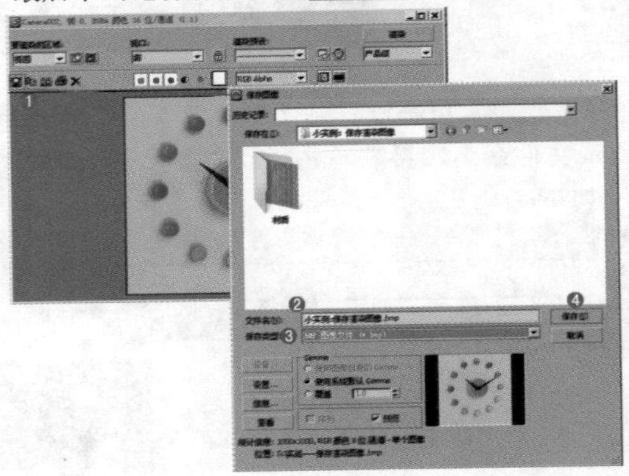

图2-89

重点 小实例：在渲染前保存要渲染的图像

场景文件	04.max
案例文件	小实例：在渲染前保存要渲染的图像 .max
视频教学	DVD/ 多媒体教学 /Chapter02/ 小实例：在渲染前保存要渲染的图像 .flv
难易指数	★☆☆☆☆
技术掌握	掌握如何在渲染场景之前保存要渲染的图像

实例介绍

上一实例介绍了渲染图像的保存方法，该保存方法比较常用。下面要介绍的保存渲染图像的方法是在渲染场景之前就设置好图像的保存路径、文件名和文件类型，适合于渲染师不在计算机旁时采用。

操作步骤

步骤 01 打开本书配套光盘中的【场景文件 /Chapter02/04.max】文件，如图 2-90 所示。

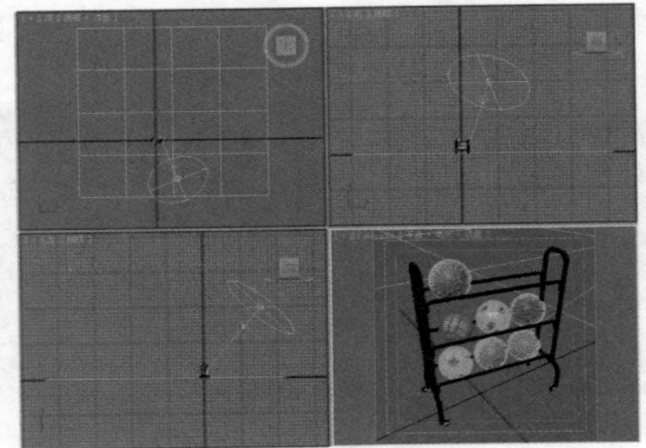

图2-90

步骤 02 在主工具栏中单击【渲染设置】按钮或按 F10 键打开【渲染设置】对话框，然后选择【公用】选项卡，接着展开【公用参数】卷展栏，如图 2-91 所示。

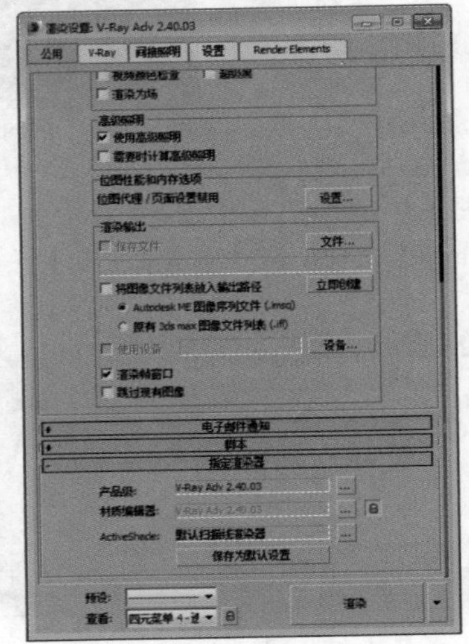

图2-91

步骤 03 在【渲染输出】选项组下选中【保存文件】复选框，并单击【文件】按钮 文件... ，然后在弹出的对话框中设置渲染图像的保存路径，接着将渲染图像命名为【小实例：在渲染前保存要渲染的图像 .jpg】，并在【保存类型】下拉列表中选择需要保存的文件格式，最后单击【保存】按钮 保存(S) ，如图 2-92 所示。

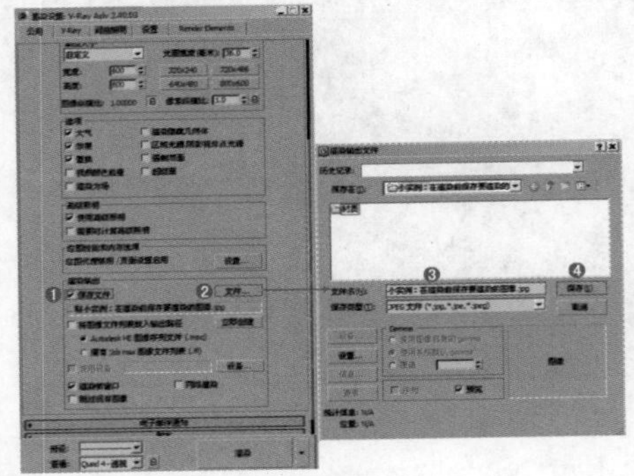

图2-92

步骤 04 此时按 F9 键进行渲染，如图 2-93 所示。

图2-93

步骤 05 按照上面保存的路径找到【小实例——在渲染前保存要渲染的图像】文件夹，可以看到【小实例——在渲染前保存要渲染的图像.jpg】文件已经被保存，如图 2-94 所示。

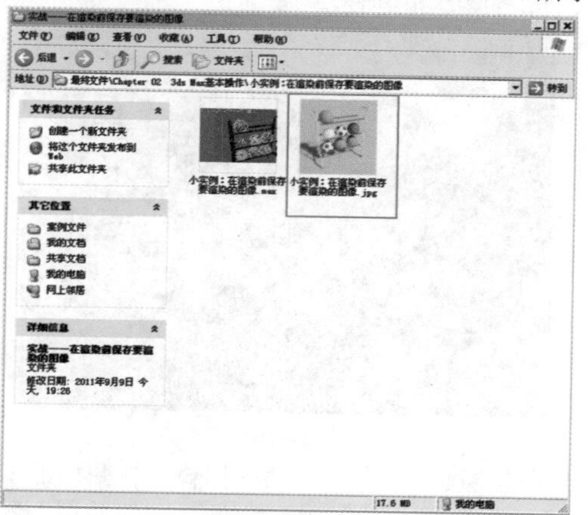

图2-94

重点 小实例：归档场景

场景文件	05.max
案例文件	小实例：归档场景.zip
视频教学	DVD/多媒体教学/Chapter02/小实例：归档场景.flv
难易指数	★☆☆☆☆
技术掌握	掌握如何归档场景文件

实例介绍

归档场景是将场景中的所有文件压缩成一个 .zip 压缩包，这样的操作可以防止丢失材质和光域网等文件。

操作步骤

步骤 01 打开本书配套光盘中的【场景文件/Chapter02/05.max】文件，如图 2-95 所示。

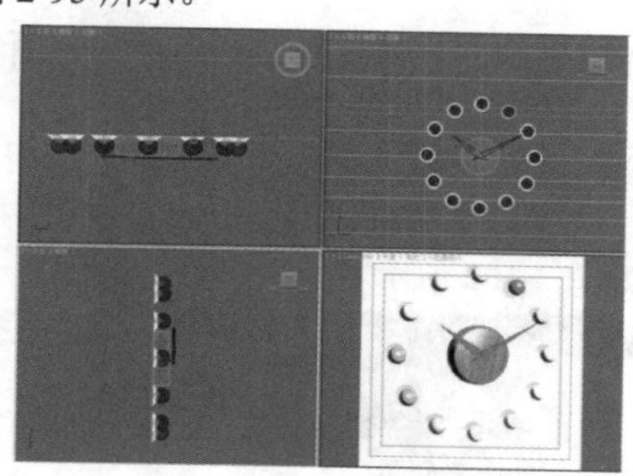

图2-95

步骤 02 单击界面左上角的软件图标，在弹出的下拉菜单中单击【另存为】图标，然后在右侧的列表中选择【归档】选项，接着在弹出的对话框中输入文件名，最后单击【保存】按钮 保存(S)，如图 2-96 所示，归档后的效果如图 2-97 所示。

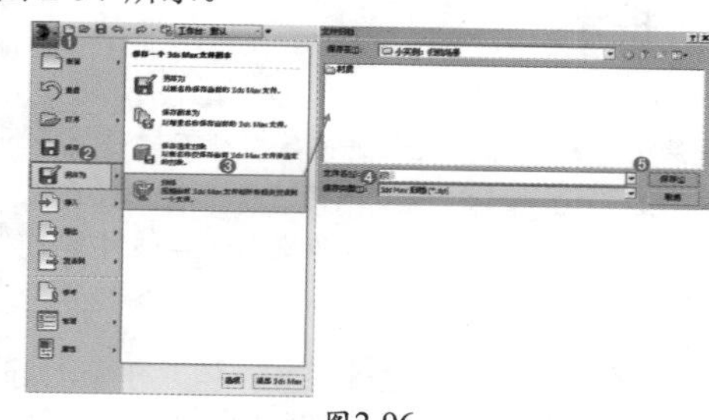

图2-96

图2-97

2.3 3ds Max 2014对象的基本操作

重点 小实例：导入外部文件

场景文件	06.3ds
案例文件	小实例：导入外部文件.max
视频教学	DVD/多媒体教学/Chapter02/小实例：导入外部文件.flv
难易指数	★☆☆☆☆
技术掌握	掌握如何导入外部文件

实例介绍

在效果图制作中，经常需要将外部文件（如 .3ds 和 .obj 文件）导入到场景中进行操作。

操作步骤

步骤 01 单击界面左上角的软件图标，然后在弹出的下拉菜单中单击【导入】图标，并在右侧的列表中选择【导入】选项，如图 2-98 所示。

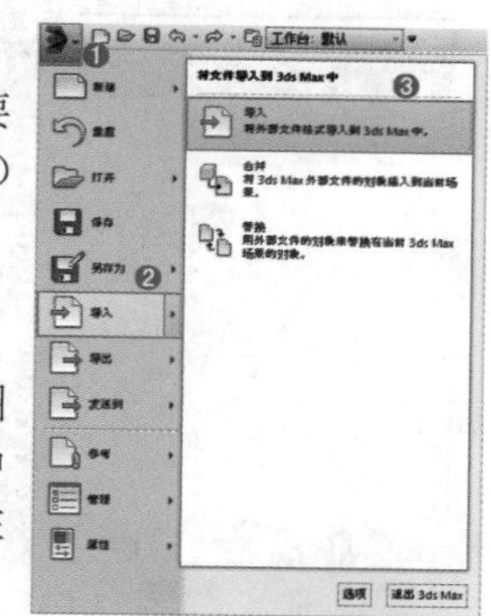

图2-98

步骤 02 此时，系统会弹出【选择要导入的文件】对话框，在该对话框中选择本书配套光盘中的【场景文件/Chapter02/06.3ds】文件，如图 2-99 所示，导入到场景后的效果如图 2-100 所示。

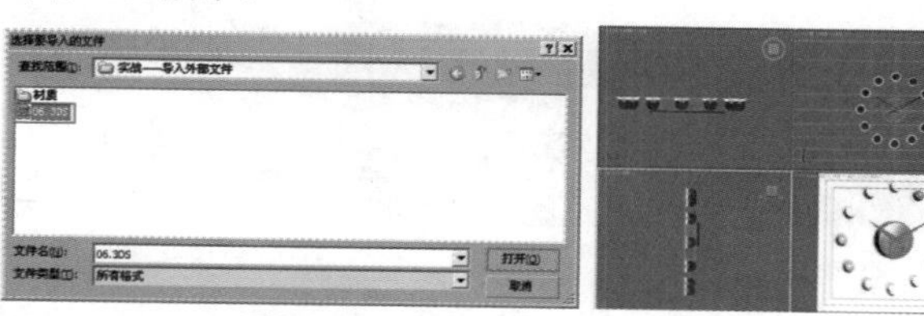

图2-99　　图2-100

重点 小实例：导出场景对象

场景文件	06.max
案例文件	小实例：导出场景对象.max
视频教学	DVD/多媒体教学/Chapter02/小实例：导出场景对象.flv
难易指数	★☆☆☆☆
技术掌握	掌握如何导出场景对象

实例介绍

创建完一个场景后，可以将场景中的所有对象导出为其他格式的文件，也可以将选定的对象导出为其他格式的文件。

操作步骤

步骤 01 打开本书配套光盘中的【场景文件 /Chapter02/06.max】文件，如图 2-101 所示。

步骤 02 选择场景中的抱枕模型，然后单击界面左上角的软件图标，在弹出的下拉菜单中单击【导出】按钮 后面的按钮，接着选择【导出选定对象】选项，并在弹出的对话框中为导出文件命名为 06.obj，最后单击【保存】按钮 保存(S)，如图 2-102 所示。

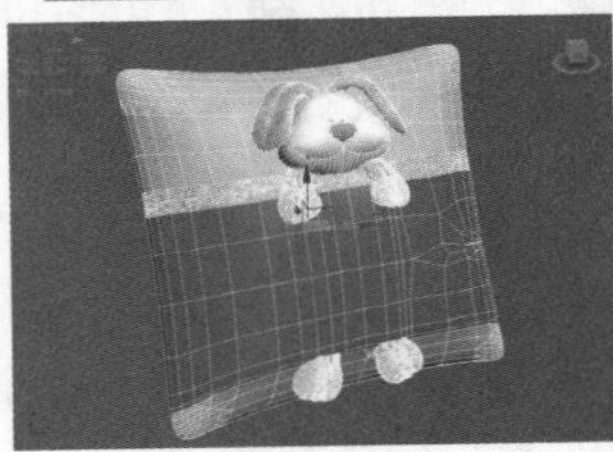

图2-101

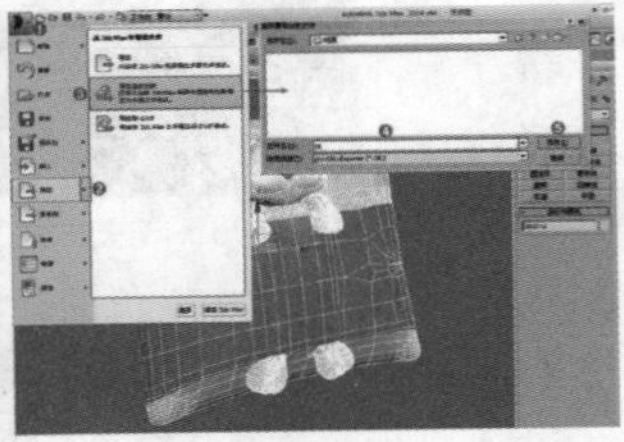

图2-102

技巧与提示

在进行导出时，若直接单击【导出】按钮 ，那么将会把场景中所有的对象全部进行导出。而单击【导出】按钮 后面的按钮，接着选择【导出选定对象】，只会将刚才选中的对象进行导出，而其他未选择的对象则不被导出。

步骤 03 此时会弹出【正在导出 OBJ】对话框，稍微等待一段时间，即可完成导出，最后单击【完成】按钮，如图 2-103 所示。

步骤 04 可以看到已经导出了 06.obj 文件，如图 2-104 所示。

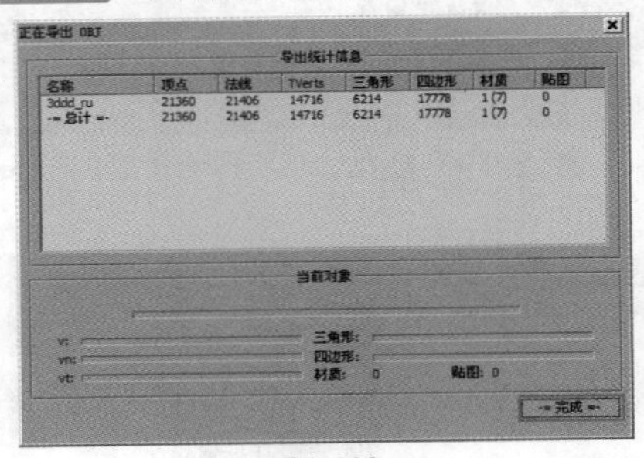

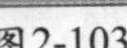

图2-103

图2-104

重点 小实例：合并场景文件

场景文件	07（1）.max 和 07（2）.max
案例文件	小实例：合并场景文件 .max
视频教学	DVD/ 多媒体教学 /Chapter02/ 小实例：合并场景文件 .flv
难易指数	★☆☆☆☆
技术掌握	掌握如何合并外部场景文件

实例介绍

合并文件就是将外部的文件合并到当前场景中。在合并的过程中可以根据需要选择要合并的几何体、图形、灯光、摄像机等。

操作步骤

步骤 01 打开本书配套光盘中的【场景文件 /Chapter02/07（1）.max】文件，如图 2-105 所示。

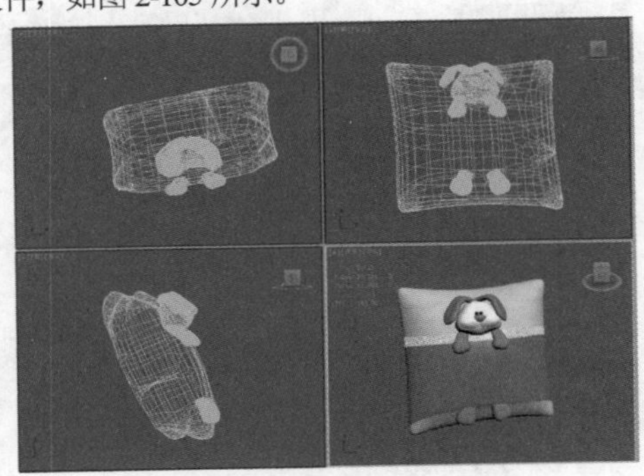

图2-105

步骤 02 单击界面左上角的软件图标，在弹出的下拉菜单中单击【导入】按钮 后面的按钮，并在右侧的列表中选择【合并】选项，接着在弹出的对话框中选择本书配套光盘中的【场景文件 /Chapter02/07（2）.max】文件，最后单击【打开】按钮，如图 2-106 所示。

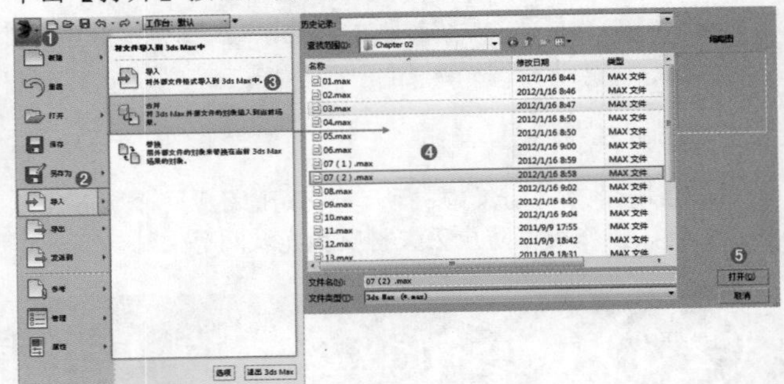

图2-106

步骤 03 执行上一步骤后，系统会弹出【合并】对话框，用户可以选择需要合并的文件类型，这里选择全部文件，然后单击【确定】按钮 确定，如图 2-107 所示，合并文件后的效果如图 2-108 所示。

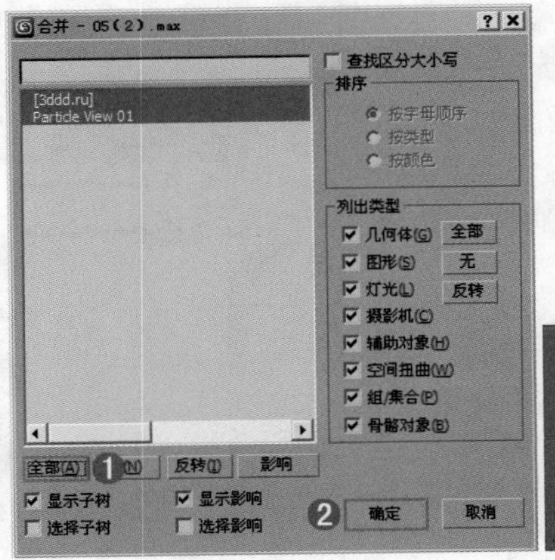

图2-107

图2-108

技巧与提示

在实际工作中，一般合并文件都是有选择性的。比如场景中创建好了灯光和摄影机，可以不将灯光和摄影机合并进来，只需要在【合并】对话框中取消选中相应的复选框即可。

重点 小实例：加载背景图像

场景文件	无
案例文件	小实例：加载背景图像 .max
视频教学	DVD/ 多媒体教学 /Chapter02/ 小实例：加载背景图像 .flv
难易指数	★☆☆☆☆
技术掌握	掌握加载与关闭背景图像的方法

实例介绍

在建模时经常会用到贴图文件来辅助用户进行操作，下面就来讲解如何加载背景图像，如图 2-109 所示是本例加载背景贴图后的前视图效果。

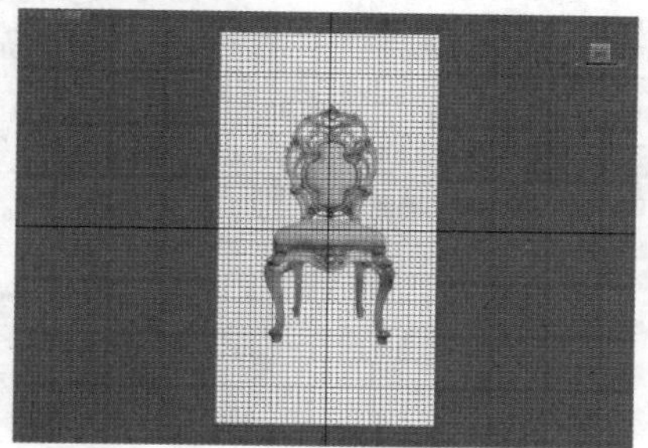

图2-109

操作步骤

步骤 01 打开 3ds Max 2014，单击并激活前视图，然后选择【视图】|【视口背景】|【配置视口背景】命令，如图 2-110 所示。

图2-110

步骤 02 在弹出的【视口配置】对话框中选择【背景】选项卡，并设置方式为【使用文件】，选中【锁定缩放 / 平移】，设置【纵横比】为【匹配位图】，然后单击【文件】按钮 文件... ，在弹出的【选择背景图像】对话框中选择本书配套光盘中的【案例文件 /Chapter02/ 小实例：加载背景图像 / 加载背景贴图 .jpg】文件，最后单击【打开】按钮 打开(O) ，如图 2-111 所示。

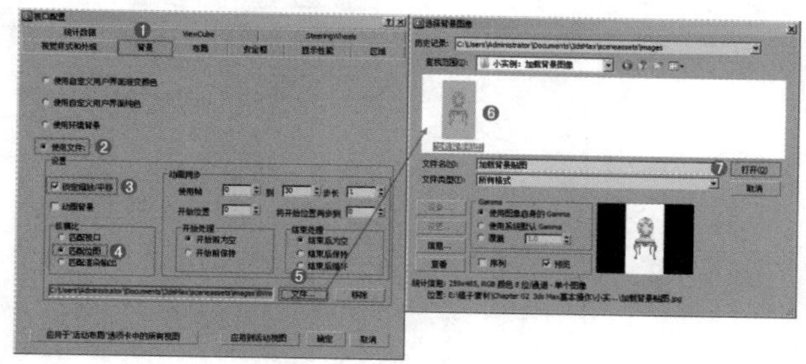

图2-111

技巧与提示

在加载背景图像时，需要特别注意以下两点。

（1）一定要明确需要在哪个视图中显示加载的贴图，否则贴图会加载到不合适的视图中。

（2）推荐用户设置【纵横比】为【匹配位图】，并选中【锁定缩放 / 平移】复选框，因为设置后，无论怎么平移、缩放前视图，加载的贴图都会被正常地平移、缩放，而不会出现类似视图缩放而加载的贴图不缩放的效果。

步骤 03 此时在前视图中已经有了刚才添加的参考图，而其他视图中则没有，如图 2-112 所示。

技巧与提示

打开【视口配置】对话框的快捷键是 Alt+B。

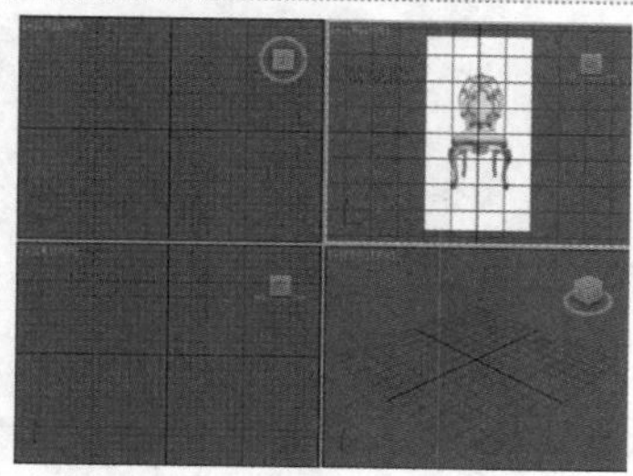

图2-112

步骤 04 当不需要该图片在前视图中显示时，可以在前视图左上角的【线框】字样位置 [+][前][线框] 上右击，然后在弹出的菜单中选择【视口背景】|【纯色】命令即可，如图 2-113 所示。

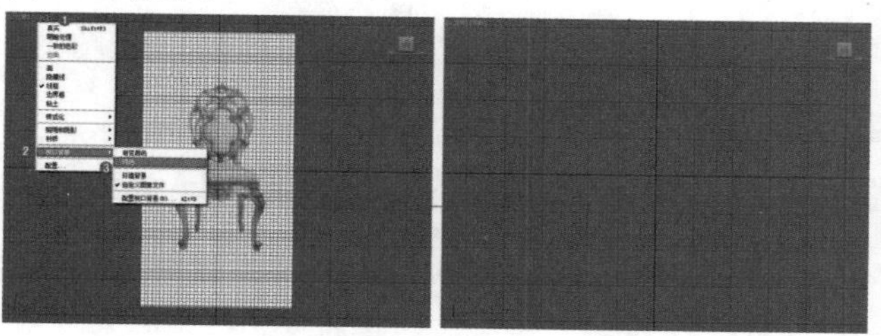

图2-113

重点 小实例：设置文件自动备份

场景文件	无
案例文件	无
视频教学	DVD/ 多媒体教学 /Chapter02/ 小实例：设置文件自动备份 .flv
难易指数	★☆☆☆☆
技术掌握	掌握自动备份文件的方法

实例介绍

3ds Max 2014 在运行过程中对计算机的配置要求比较高，占用系统资源也比较大。在运行 3ds Max 2014 时，较低的计算机配置和不稳定的系统性能等原因会导致文件关闭或发生死机现象。当进行较为复杂的计算（如光影追踪渲染）时，一旦出现无法恢复的故障，就会丢失所做的各项操作，造成无法弥补的损失。

解决这类问题除了提高计算机硬件的配置外，还可以通过增强系统稳定性来减少死机现象。一般情况下，可以通过以下 3 种方法来提高系统的稳定性。

（1）要养成经常保存场景的习惯。

（2）在运行 3ds Max 2014 时，尽量不要或少启动其他程序，而且硬盘也要留有足够的缓存空间。

（3）如果当前文件发生了不可恢复的错误，可以通过备份文件来打开前面自动保存的场景。

下面将重点讲解设置文件自动备份的方法。

具体方法为：执行【自定义】|【首选项】命令，然后在弹出的【首选项设置】对话框中选择【文件】选项卡，接着在【自动备份】选项组下选中【启用】复选框，再设置【Autobak 文件数】为 3，【备份间隔（分钟）】为 5，最后单击【确定】按钮 确定 ，具体参数设置如图 2-114 所示。

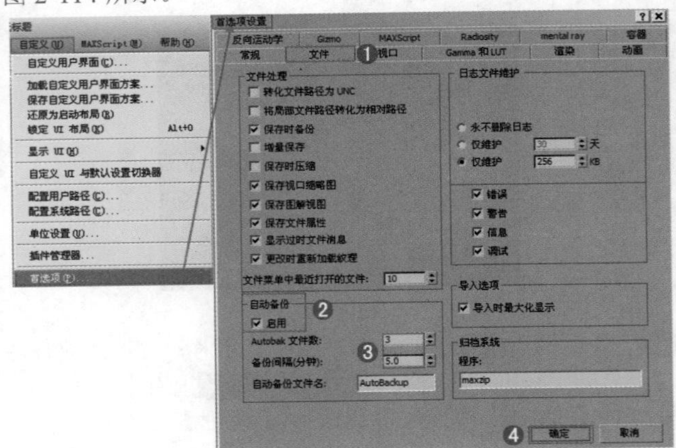

图2-114

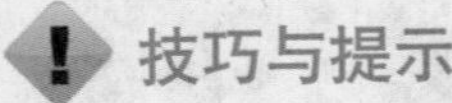

技巧与提示

如有特殊需要，可以适当增大或减小【Autobak 文件数】和【备份间隔（分钟）】的数值。

重点 小实例：调出隐藏的工具栏

场景文件	无
案例文件	无
视频教学	DVD/ 多媒体教学 /Chapter02/ 小实例：调出隐藏的工具栏 .flv
难易指数	★☆☆☆☆
技术掌握	掌握如何调出处于隐藏状态的工具栏

实例介绍

3ds Max 2014 中有很多隐藏的工具栏，用户可以根据实际需要来调出处于隐藏状态的工具栏。当然，将隐藏的工具栏调出来后，也可以将其关闭。

操作步骤

步骤 01 执行【自定义】|【显示 UI】|【显示浮动工具栏】命令，如图 2-115 所示，此时系统会弹出所有的浮动工具栏，如图 2-116 所示。

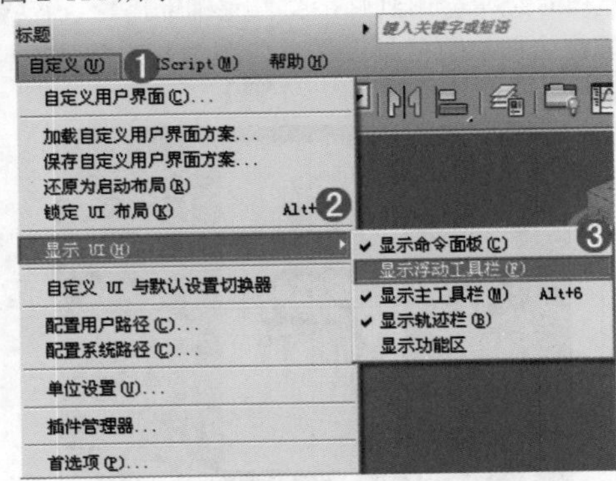

图2-115

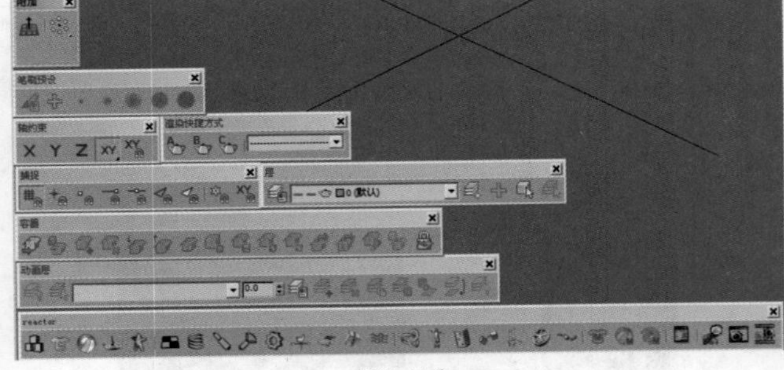

图2-116

步骤 02 使用步骤 01 的方法适合一次性调出所有的隐藏工具栏，但在很多情况下只需要用到其中某一个工具栏，这时可以在主工具栏的空白处右击，然后在弹出的菜单中选中需要的工具栏即可，如图 2-117 所示。

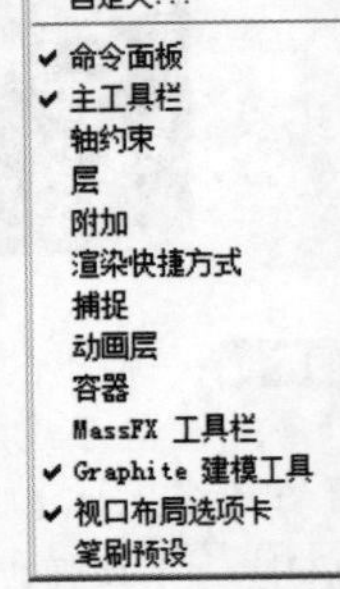

图2-117

技巧与提示

按 Alt+6 组合键可以隐藏主工具栏，再次按 Alt+6 组合键可以显示出主工具栏。

重点 小实例：使用过滤器选择场景中的灯光

场景文件	08.max
案例文件	无
视频教学	DVD/ 多媒体教学 /Chapter02/ 小实例：使用过滤器选择场景中的灯光 .flv
难易指数	★☆☆☆☆
技术掌握	掌握如何使用过滤器选择对象

实例介绍

在较大的场景中，物体的类型可能会非常多，这时要想选择处于隐藏位置的物体就会很困难，而使用过滤器过滤掉不需要选择的对象后，选择相应的物体就很方便了。

操作步骤

步骤 01 打开本书配套光盘中的【场景文件 /Chapter02/08.max】文件，从视图中可以观察到本场景包含 4 盏灯光，如图 2-118 所示。

图2-118

步骤 02 如果要选择灯光，可以在主工具栏中的【过滤器】下拉列表 全部 中选择【L-灯光】选项，如图 2-119 所示，然后使用【选择并移动】工具 框选视图中的灯光，框选完毕后可以发现只选择了灯光，而椅子模型并没有被选中，如图 2-120 所示。

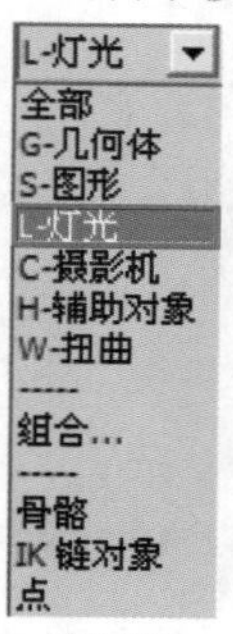

图2-119

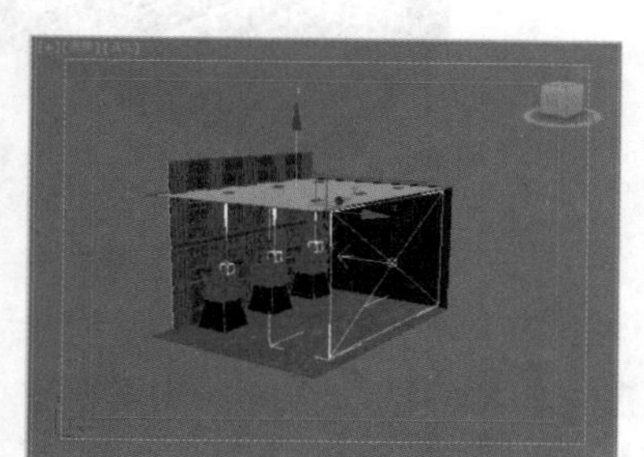

图2-120

步骤 03 如果要选择椅子模型，可以在主工具栏中的【过滤器】下拉列表 全部 中选择【G-几何体】选项，如图 2-121 所示，然后使用【选择并移动】工具 框选视图中的所有模型，框选完毕后可以发现只选中所有模型，而灯光并没有被选中，如图 2-122 所示。

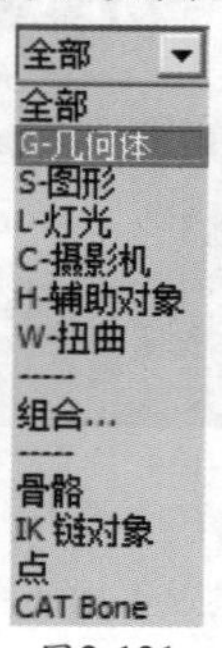

图2-121

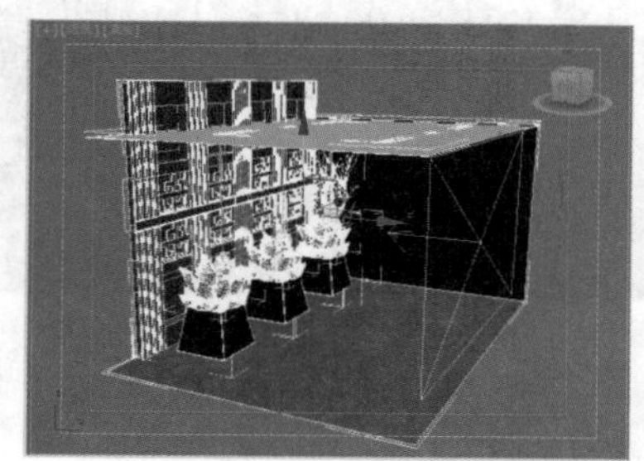

图2-122

重点 小实例：使用按名称选择工具选择对象

场景文件	09.max
案例文件	无
视频教学	DVD/ 多媒体教学 /Chapter02/ 小实例：使用按名称选择工具选择对象 .flv
难易指数	★☆☆☆☆
技术掌握	掌握如何使用【按名称选择】工具选择对象

实例介绍

【按名称选择】工具非常重要，它可以根据场景中的对象名称来选择对象。当场景中的对象比较多时，使用该工具选择对象相当方便。

操作步骤

步骤 01 打开本书配套光盘中的【场景文件 /Chapter02/09.max】文件，如图 2-123 所示。

步骤 02 在主工具栏中单击【按名称选择】按钮，打开【从场景选择】对话框，该对话框中显示了场景中的对象名称，如图 2-124 所示。

步骤 03 如果要选择单个对象，可以直接在【从场景选择】对话框中单击该对象的名称，然后单击【确定】按钮 确定 ，如图 2-125 所示。

图2-123

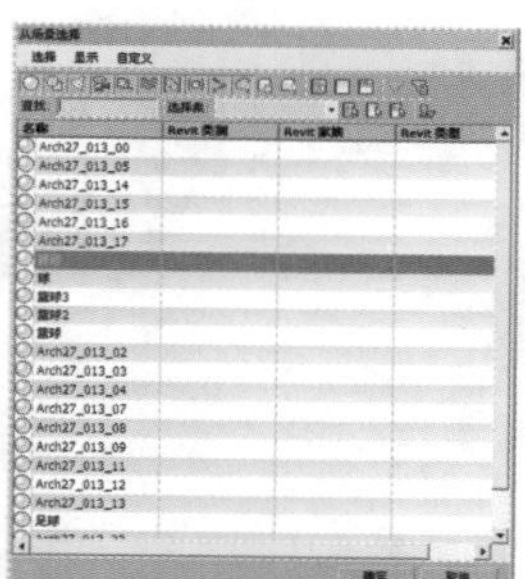

图2-124

步骤 04 如果要选择隔开的多个对象，可以按住 Ctrl 键的同时依次单击对象的名称，然后单击【确定】按钮 确定 ，如图 2-126 所示。

图2-125

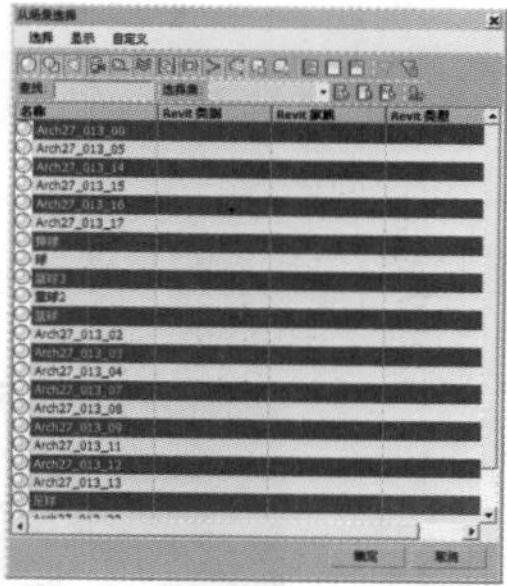

图2-126

> **技巧与提示**
>
> 如果当前已经选择了部分对象，那么按住 Ctrl 键的同时可以进行加选，按住 Alt 键的同时可以进行减选。

步骤 05 如果要选择连续的多个对象，可以按住 Shift 键的同时依次单击首尾两个对象的名称，然后单击【确定】按钮 确定 ，如图 2-127 所示。

图2-127

技巧与提示

【从场景选择】对话框中有一排按钮与【创建】面板中的部分按钮是相同的，这些按钮主要用来显示对象的类型，当激活相应的对象按钮后，在下面的对象列表中就会显示出与其相对应的对象，如图 2-128 所示。

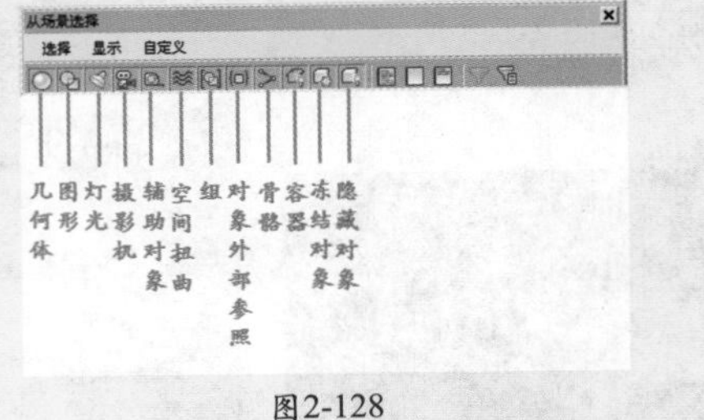

图2-128

重点 小实例：使用套索选择区域工具选择对象

场景文件	10.max
案例文件	无
视频教学	DVD/多媒体教学/Chapter02/小实例：使用套索选择区域工具选择对象.flv
难易指数	★☆☆☆☆
技术掌握	掌握如何使用套索选择区域工具选择场景中的对象

实例介绍

本例将利用【套索选择区域】工具来选择场景中的对象。

操作步骤

步骤 01 打开本书配套光盘中的【场景文件/Chapter02/10.max】文件，如图 2-129 所示。

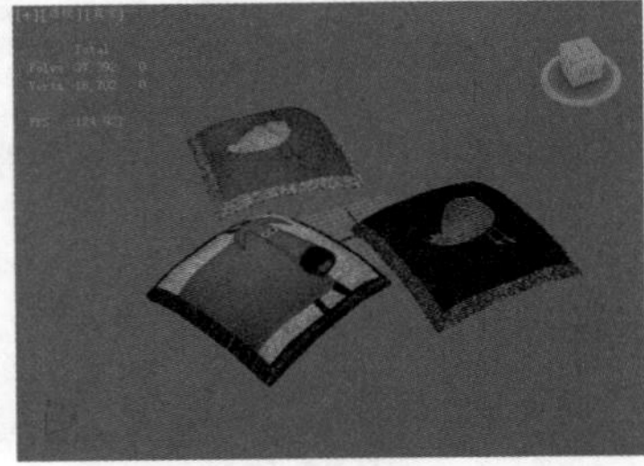

图2-129

步骤 02 在主工具栏中单击【套索选择区域】按钮，然后在视图中绘制一个形状区域，将左下角的抱枕模型框选在其中，如图 2-130 所示，这样就选中了左下角的抱枕模型，如图 2-131 所示。

图2-130

图2-131

重点 小实例：使用选择并移动工具制作彩色铅笔

场景文件	11.max
案例文件	小实例：使用选择并移动工具制作彩色铅笔.max
视频教学	DVD/多媒体教学/Chapter02/小实例：使用选择并移动工具制作彩色铅笔.flv
难易指数	★☆☆☆☆
技术掌握	掌握移动复制功能的运用

实例介绍

本例使用【选择并移动】工具的移动、复制功能制作彩色铅笔，效果如图 2-132 所示。

图2-132

操作步骤

步骤 01 打开本书配套光盘中的【场景文件/Chapter02/11.max】文件，如图 2-133 所示。

步骤 02 选择铅笔模型，在主工具栏中单击【选择并移动】按钮，然后按住 Shift 键的同时在顶视图中将铅笔沿 X 轴向右进行拖曳复制，接着在弹出的【克隆选项】对话框中设置【对象】为【复制】，最后单击【确定】按钮 确定 完成操作，如图 2-134 所示。

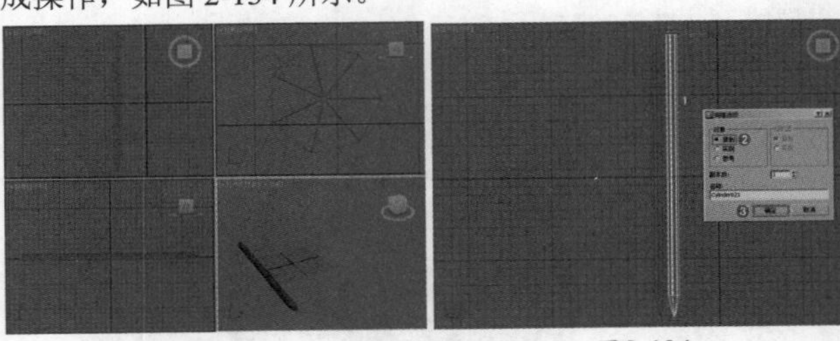

图2-133　　图2-134

步骤 03 复制后的效果如图 2-135 所示。

步骤 04 使用同样的方法再次在顶视图沿 X 轴方向移动复制多个铅笔，最终效果如图 2-136 所示。

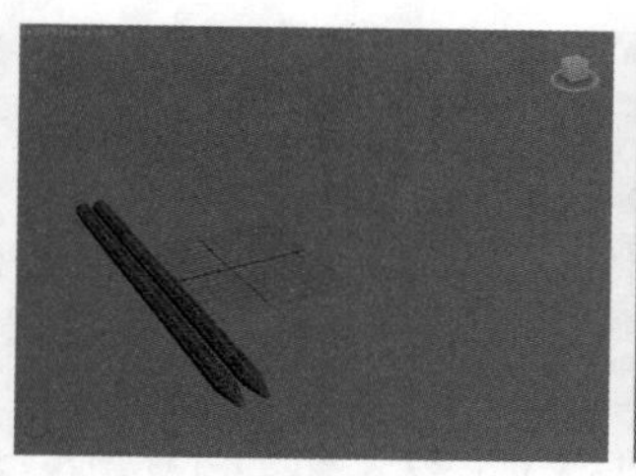
图2-135

图2-136

重点 小实例：使用选择并缩放工具调整花瓶的形状

场景文件	12.max
案例文件	小实例：使用选择并缩放工具调整花瓶的形状.max
视频教学	DVD/多媒体教学/Chapter02/小实例：使用选择并缩放工具调整花瓶的形状.flv
难易指数	★☆☆☆☆
技术掌握	掌握如何使用选择并缩放工具缩放和挤压对象

实例介绍

本例将使用选择并缩放工具中的3种工具来调整花瓶的形状，以熟练掌握该工具的使用。

操作步骤

步骤01 打开本书配套光盘中的【场景文件/Chapter02/12.max】文件，如图2-137所示。

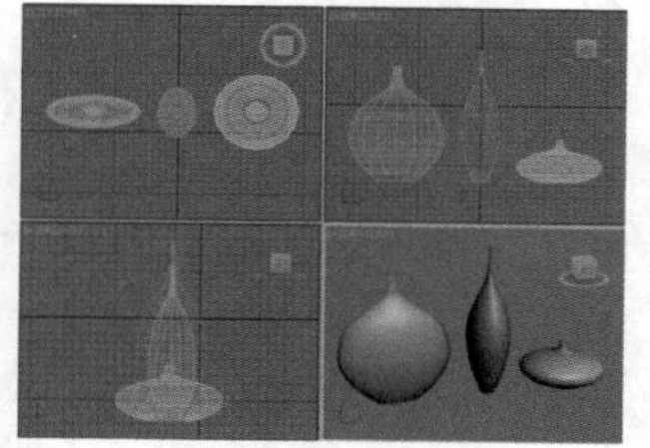
图2-137

步骤02 在主工具栏中单击【选择并均匀缩放】按钮，然后选择最右边的模型，接着在前视图中沿X轴正方向进行缩放，如图2-138所示，完成后的效果如图2-139所示。

步骤03 在主工具栏中单击【选择并非均匀缩放】按钮，然后选择中间的模型，接着在透视图中沿Y轴正方向进行缩放，如图2-140所示。

步骤04 在主工具栏中单击【选择并挤压】按钮，然后选择最左边的模型，接着在透视图中沿Z轴负方向进行挤压，如图2-141所示。

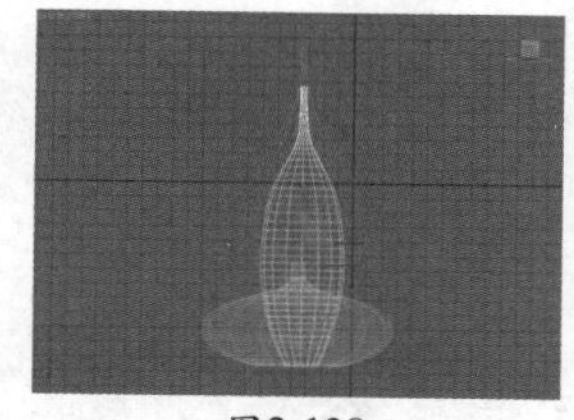
图2-138

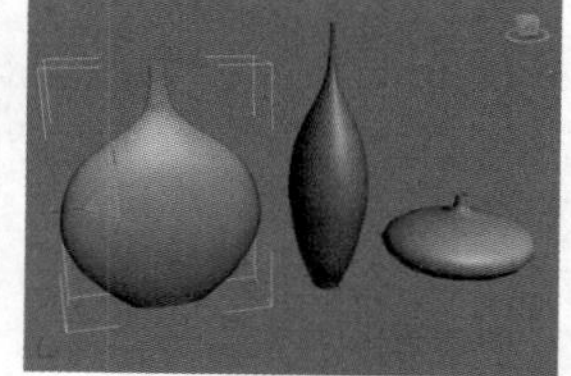
图2-139

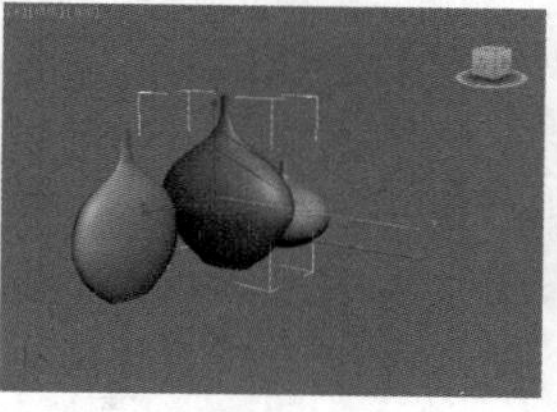
图2-140

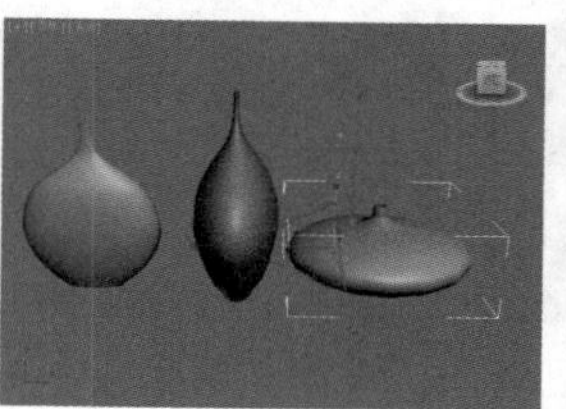
图2-141

技巧与提示

也可以为选择并缩放工具设定一个精确的缩放比例因子，具体操作方法是在相应的工具上右击，然后在弹出的【缩放变换输入】对话框中输入相应的缩放比例数值，如图2-142所示。

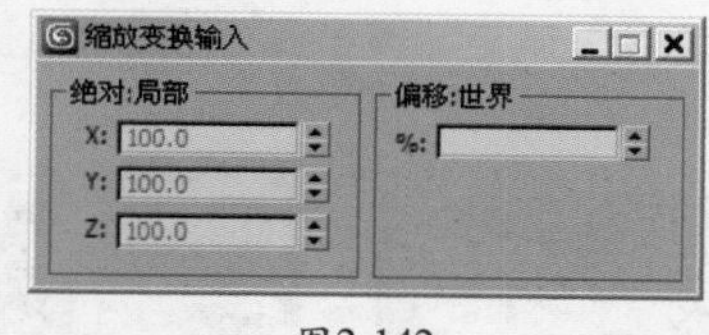

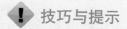

图2-142

重点 小实例：使用角度捕捉和切换工具制作创意时钟

场景文件	13.max
案例文件	小实例：使用角度捕捉和切换工具制作创意时钟.max
视频教学	DVD/多媒体教学/Chapter02/小实例：使用角度捕捉和切换工具制作创意时钟.flv
难易指数	★☆☆☆☆
技术掌握	掌握【角度捕捉和切换】工具的使用方法

实例介绍

使用【角度捕捉和切换】工具比使用【选择并旋转】工具时的结果更精确，本例使用【角度捕捉和切换】工具制作的挂钟效果如图2-143所示。

图2-143

操作步骤

步骤01 打开本书配套光盘中的【场景文件/Chapter02/13.max】文件，如图2-144所示。

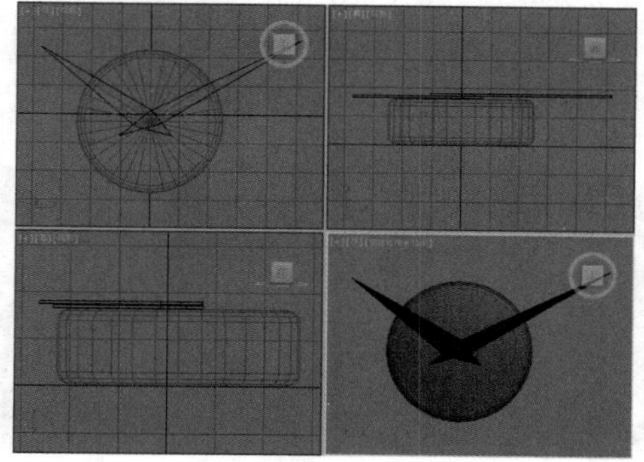
图2-144

技巧与提示

从场景中可以观察到挂钟没有指针刻度，下面就使用角度捕捉和切换工具来制作指针刻度。

步骤 02 在【创建】面板中单击【球体】按钮 球体 ，然后在场景中创建一个大小合适的球体，如图 2-145 所示。

步骤 03 使用【选择并移动】工具 将球体移动到表盘 12 点钟的位置，如图 2-146 所示。

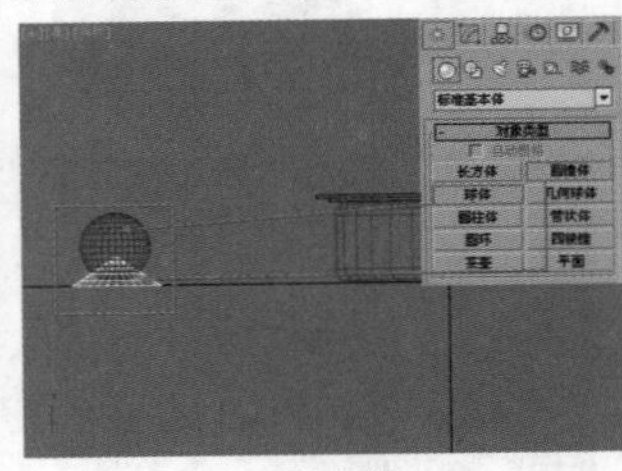

图2-145

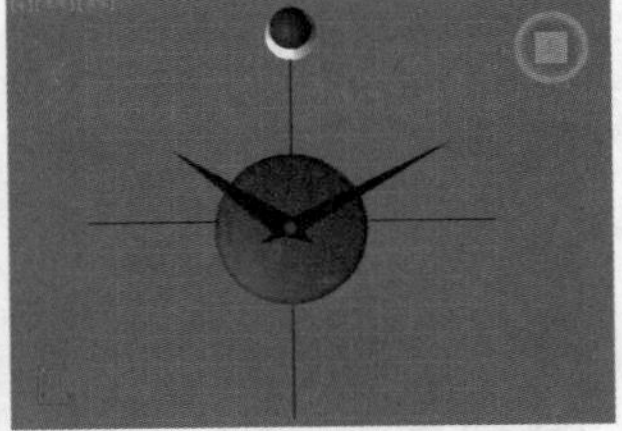

图2-146

步骤 04 在【命令】面板中单击【层次】按钮 ，进入【层次】面板，然后单击【仅影响轴】按钮 仅影响轴 （此时球体上会增加一个较粗的坐标轴，该坐标轴主要用来调整球体的中心点位置），接着使用【选择并移动】工具 将球体的中心点拖曳到表盘的中心位置，如图 2-147 所示。

步骤 05 单击【仅影响轴】按钮 仅影响轴 ，退出【仅影响轴】模式，然后在【角度捕捉和切换】工具 上右击（注意，要使该工具处于激活状态），在弹出的【栅格和捕捉设置】对话框中选择【选项】选项卡，设置【角度】为 30°，如图 2-148 所示。

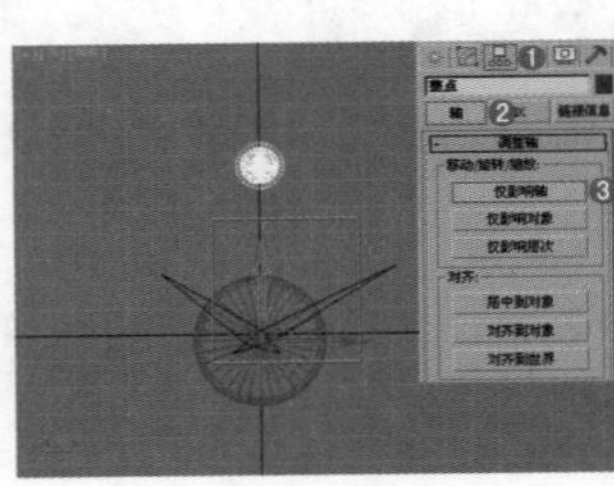

图2-147

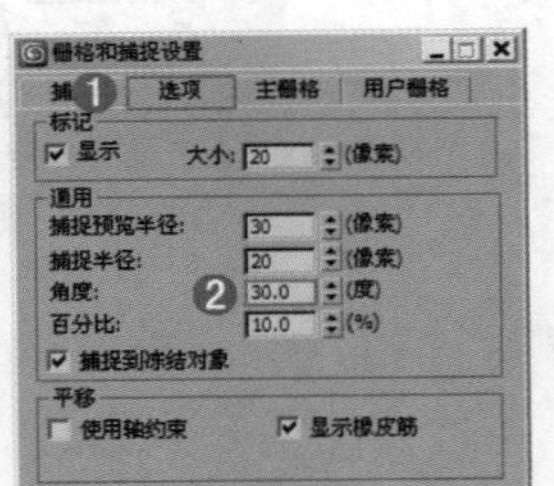

图2-148

步骤 06 在主工具栏中单击【选择并旋转】按钮 ，然后在前视图中按住 Shift 键的同时顺时针旋转 30°，接着在弹出的【克隆选项】对话框中设置【对象】为【实例】，【副本数】为 11，最后单击【确定】按钮 确定 ，如图 2-149 所示，最终效果如图 2-150 所示。

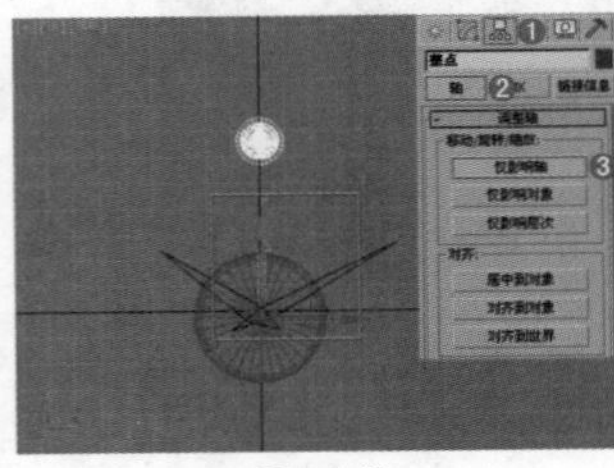

图2-149

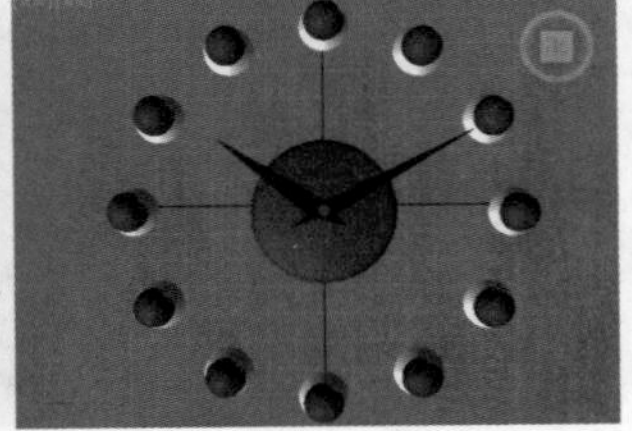

图2-150

重点 小实例：使用镜像工具镜像相框

场景文件	14.max
案例文件	小实例：使用镜像工具镜像相框.max
视频教学	DVD/多媒体教学/Chapter02/小实例：使用镜像工具镜像相框.flv
难易指数	★☆☆☆☆
技术掌握	掌握【镜像】工具的运用方法

实例介绍

本例使用【镜像】工具镜像相框，效果如图 2-151 所示。

图2-151

操作步骤

步骤 01 打开本书配套光盘中的【场景文件/Chapter02/14.max】文件，可以观察到场景中有一个相框模型，如图 2-152 所示。

步骤 02 选中相框模型，然后在主工具栏中单击【镜像】按钮 ，接着在弹出的【镜像】对话框中设置【镜像轴】为 X，【偏移】为 40cm，【克隆当前选择】为【复制】，最后单击【确定】按钮 确定 ，具体参数设置如图 2-153 所示。

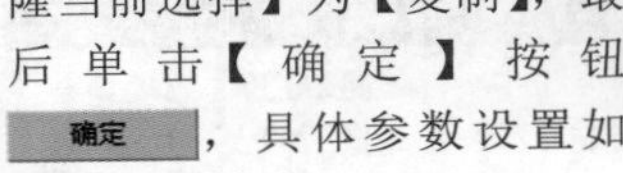

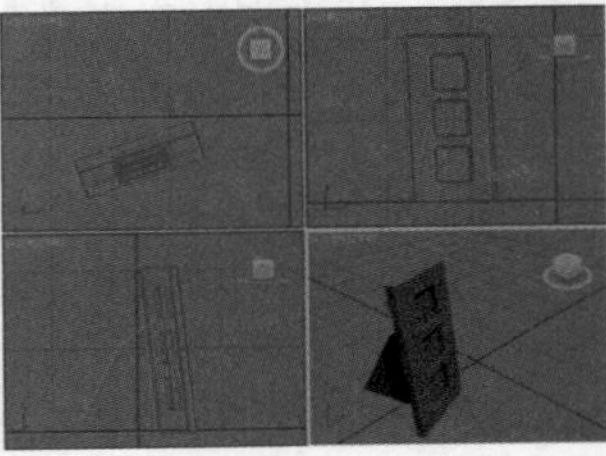

图2-152

步骤 03 最终效果如图 2-154 所示。

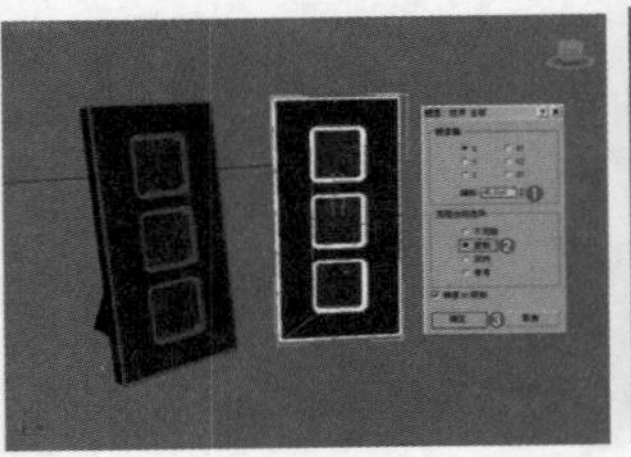

图2-153

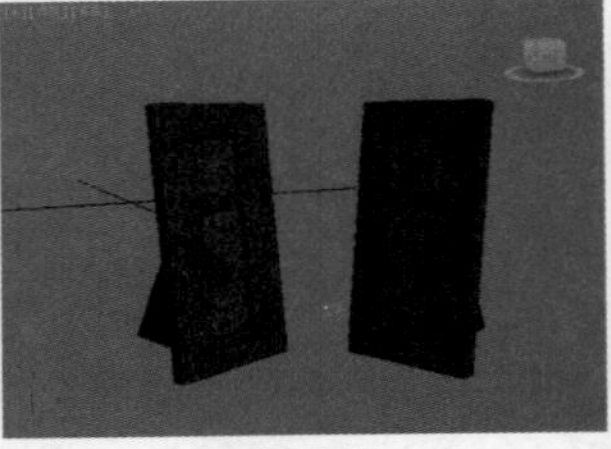

图2-154

重点 小实例：使用对齐工具使花盆对齐到地面

场景文件	15.max
案例文件	小实例：使用对齐工具使花盆对齐到地面.max
视频教学	DVD/多媒体教学/Chapter02/小实例：使用对齐工具使花盆对齐到地面.flv
难易指数	★☆☆☆☆
技术掌握	掌握【对齐】工具的使用方法

实例介绍

本例使用【对齐】工具将花盆和花对齐到地面，效果如图 2-155 所示。

图2-155

操作步骤

步骤 01 打开本书配套光盘中的【场景文件/Chapter02/15.max】文件，可以观察到场景中花盆和地面有一定的距离，没有进行对齐，如图 2-156 所示。

步骤 02 选中花盆和花，然后在主工具栏中单击【对齐】按钮，接着单击地面，在弹出的对话框中设置【对齐位置（世界）】为【Z 位置】，【当前对象】为【最小】，【目标对象】为【最小】，最后单击【确定】按钮 确定 ，如图 2-157 所示。

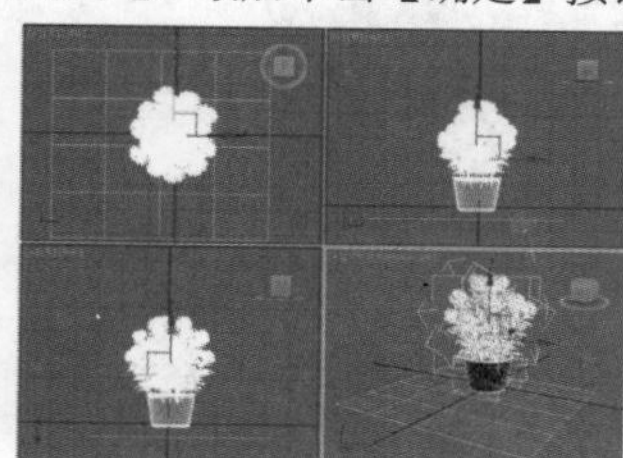

图2-156

图2-157

技术专题——对齐参数详解

X/Y/Z 位置：用来指定要执行对齐操作的一个或多个坐标轴。同时选中这 3 个选项可以将当前对象重叠到目标对象上。

最小：将具有最小 X/Y/Z 值对象边界框上的点与其他对象上选定的点对齐。

中心：将对象边界框的中心与其他对象上的选定点对齐。

轴点：将对象的轴点与其他对象上的选定点对齐。

最大：将具有最大 X/Y/Z 值对象边界框上的点与其他对象上选定的点对齐。

对齐方向（局部）：包括 X/Y/Z 轴 3 个选项，主要用来设置选择对象与目标对象以哪个坐标轴进行对齐。

匹配比例：包括 X/Y/Z 轴 3 个选项，可以匹配两个选定对象之间的缩放轴的值，该操作仅对变换输入中显示的缩放值进行匹配。

步骤 03 完成后的效果如图 2-158 所示。

图2-158

重点 小实例：视口布局设置

场景文件	16.max
案例文件	小实例：视口布局设置.max
视频教学	DVD/多媒体教学/Chapter02/小实例：视口布局设置.flv
难易指数	★☆☆☆☆
技术掌握	掌握如何设置视口的布局方式

实例介绍

初次启动 3ds Max 2014 时显示的是单一视图，可以通过单击界面右下角的【最大化视口显示】按钮将单一视图切换为四视图。但是视图的划分及显示在 3ds Max 2014 中是可以调整的，用户可以根据观察对象的需要来改变视图的大小或显示方式等。

操作步骤

步骤 01 打开本书配套光盘中的【场景文件/Chapter02/16.max】文件，如图 2-159 所示。

步骤 02 执行【视图】|【视口配置】命令，打开【视口配置】对话框，然后选择【布局】选项卡，在其中系统预设了一些视口的布局方式，如图 2-160 所示。

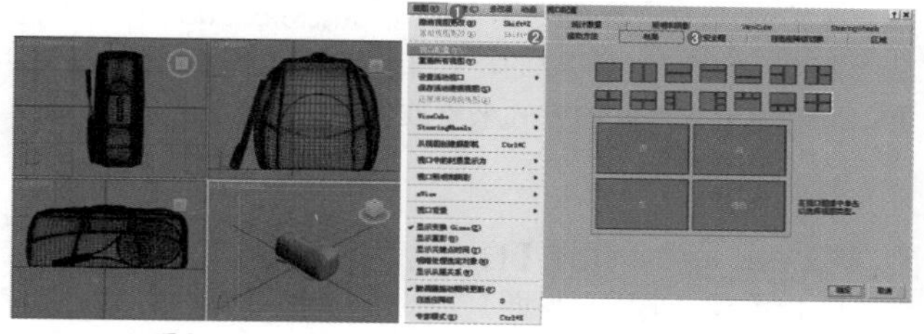

图2-159　　图2-160

步骤 03 选择第 6 个布局方式，此时在下面的缩略图中可以观察到这个视图布局的划分方式，如图 2-161 所示。

步骤 04 在大缩略图的左视图上右击，然后在弹出的菜单中选择【透视】命令，将该视图设置为透视图，接着单击【确定】按钮 确定 ，如图 2-162 所示，重新划分后的视图效果如图 2-163 所示。

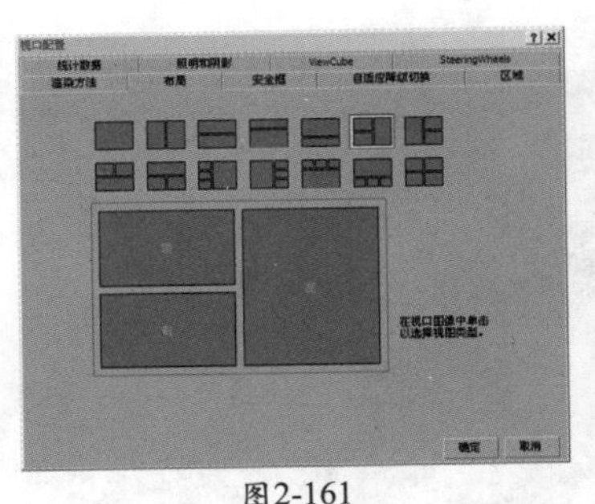
图2-161

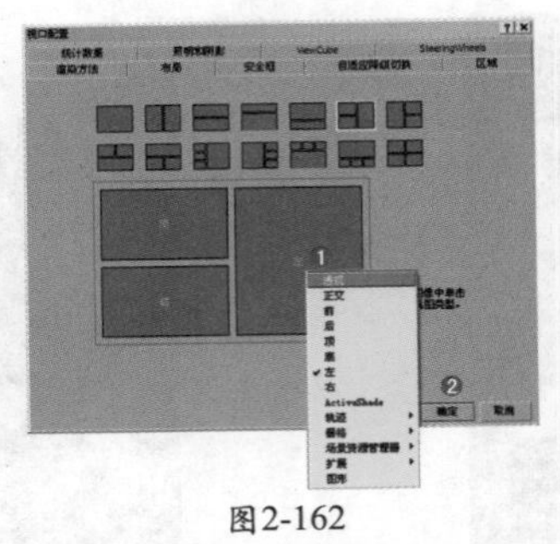
图2-162

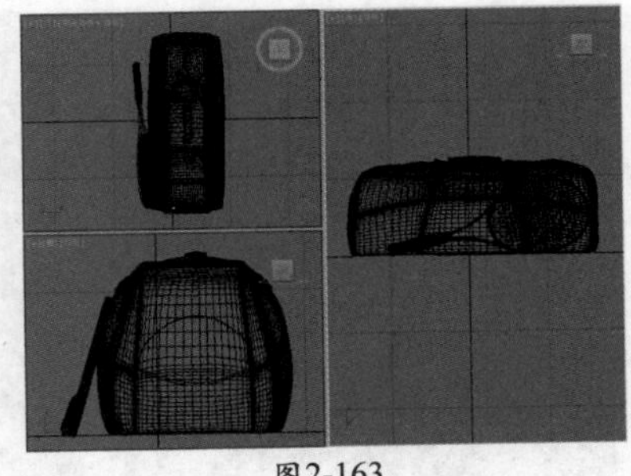
图2-163

 技巧与提示

将光标置于视图与视图的交界处，当光标变成双向箭头（）时，可以左右调整视图的大小；当光标变成十字箭头（）时，可以上下左右调整视图的大小，如图 2-164 所示。

如果要将视图恢复到原始的布局方式，可以在视图交界处右击，然后在弹出的菜单中选择【重置布局】命令，如图 2-165 所示。

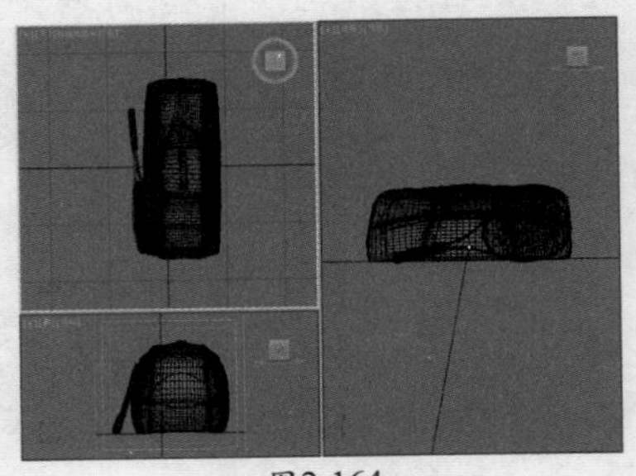
图2-164

图2-165

重点 小实例：自定义界面颜色

场景文件	无
案例文件	无
视频教学	DVD/ 多媒体教学 /Chapter02/ 小实例：自定义界面颜色 .flv
难易指数	★☆☆☆☆
技术掌握	掌握如何自定义用户界面的颜色

实例介绍

通常情况下，首次安装并启动 3ds Max 2014 时，界面是由多种不同的灰色构成的。如果用户不习惯系统预置的颜色，可以通过自定义的方式来更改界面的颜色。

操作步骤

步骤 01 在菜单栏中执行【自定义】|【自定义用户界面】命令，打开【自定义用户界面】对话框，然后选择【颜色】选项卡，如图 2-166 所示。

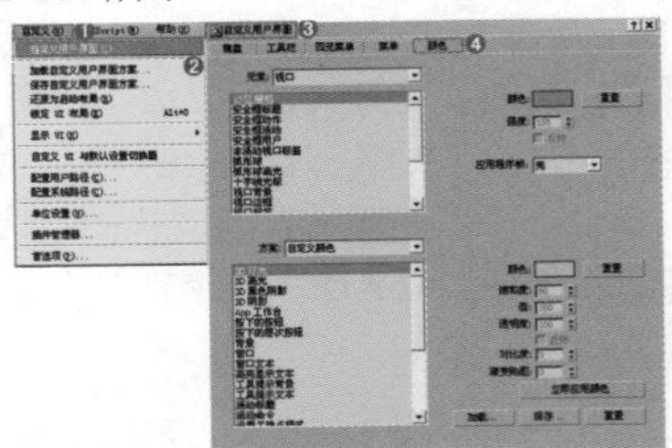
图2-166

步骤 02 设置【元素】为【视口】，然后在其下拉列表中选择【视口背景】选项，接着单击【颜色】选项旁边的色块，在弹出的【颜色选择器】对话框中可以观察到【视口背景】默认的颜色为灰色（红：125，绿：125，蓝：125），如图 2-167 所示。

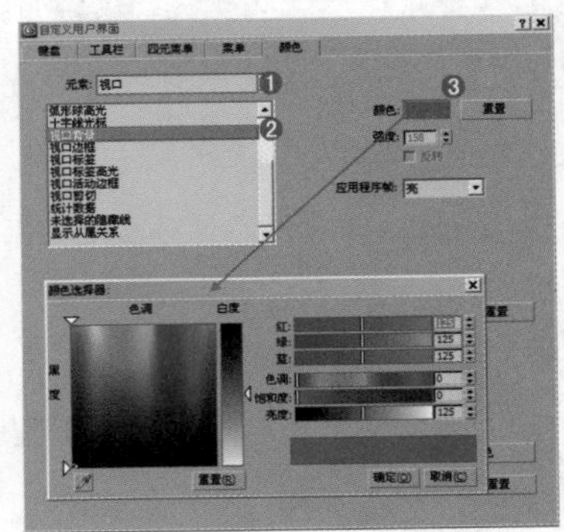
图2-167

步骤 03 在【颜色选择器】对话框中设置颜色为黑色（红：0，绿：0，蓝：0），然后单击【保存】按钮 保存... ，接着在弹出的【保存颜色文件为】对话框中为颜色文件进行命名，最后单击【保存】按钮 保存(S) ，如图 2-168 所示。

步骤 04 在【自定义用户界面】对话框中单击【加载】按钮

加载...，然后在弹出的【加载颜色文件】对话框中找到前面保存好的颜色文件，接着单击【打开】按钮，如图 2-169 所示。

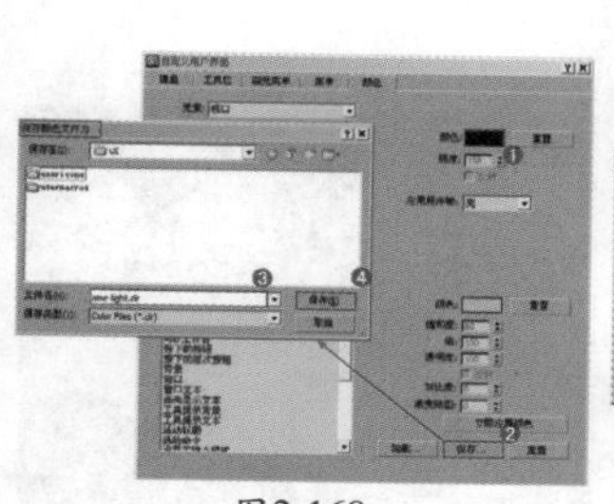
图2-168

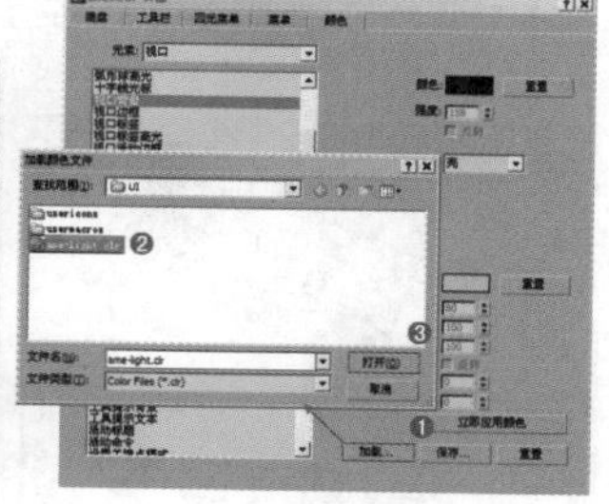
图2-169

步骤 05 加载颜色文件后，用户界面颜色就会发生相应的变化，如图 2-170 所示。

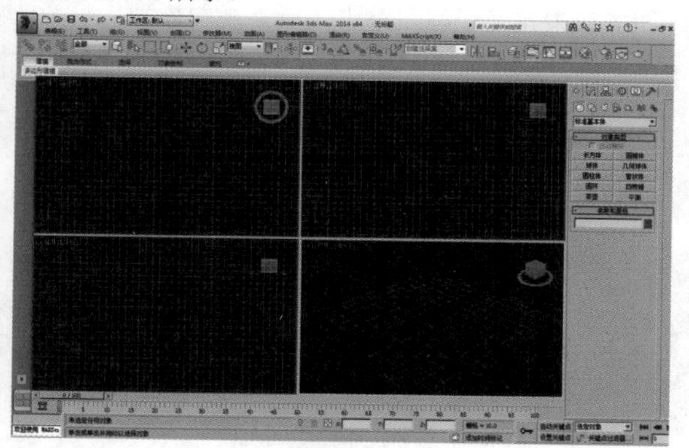
图2-170

技巧与提示

如果想要将自定义的用户界面颜色还原为默认的颜色，可以重复前面的步骤，将【视口背景】的颜色设置为灰色（红：125，绿：125，蓝：125）即可。

重点 小实例：设置纯色的透视图

场景文件	无
案例文件	无
视频教学	多媒体教学 /Chapter02/ 小实例：设置纯色的透视图 .flv
难易指数	★☆☆☆☆
技术掌握	掌握如何在 3ds Max 2014 中设置纯色的透视图

实例介绍

在 3ds Max 2014 中，默认情况下透视图背景显示为渐变的颜色，这是 3ds Max 2014 的一个新功能。当然这些小的功能对于 3ds Max 的老用户并不一定非常习惯，因此可以将其切换为以前的纯色背景颜色。

操作步骤

步骤 01 打开 3ds Max 2014，可以看到界面的透视图背景为渐变颜色，如图 2-171 所示。

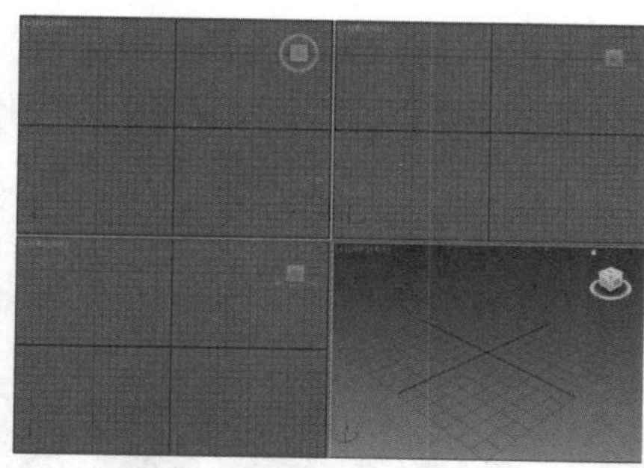
图2-171

步骤 02 此时将光标移动到透视图左上角的【真实】位置，并右击，选择【视口背景】|【纯色】命令，如图 2-172 所示。

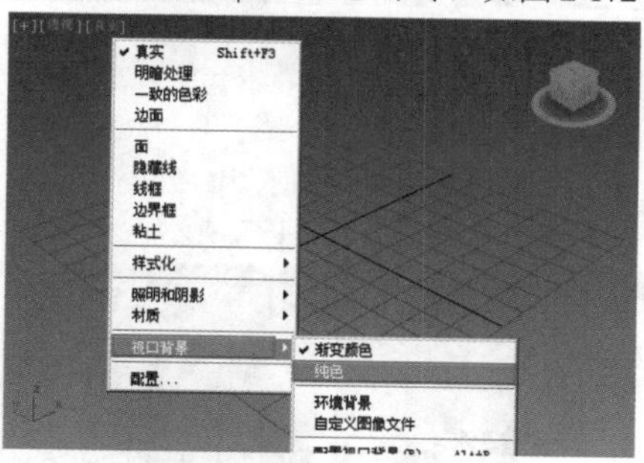

图2-172

步骤 03 此时发现，透视图已经被设置为纯色效果，如图 2-173 所示。

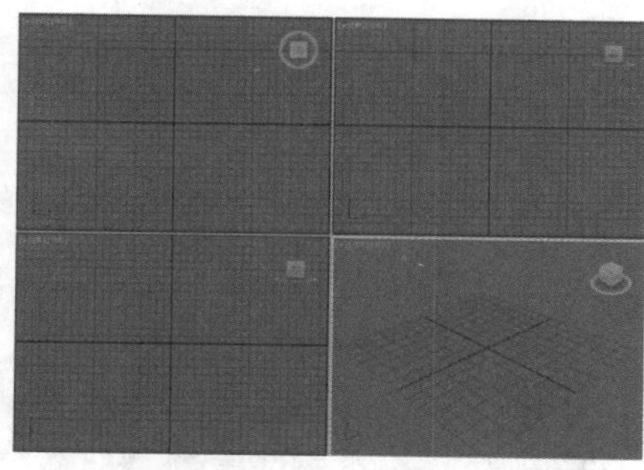
图2-173

重点 小实例：设置关闭视图中显示物体的阴影

场景文件	无
案例文件	无
视频教学	DVD/ 多媒体教学 /Chapter02/ 小实例：设置关闭视图中显示物体的阴影 .flv
难易指数	★☆☆☆☆
技术掌握	掌握如何在 3ds Max 2014 中设置关闭视图中显示物体的阴影

实例介绍

在 3ds Max 2014 中，默认情况下创建模型可以看到在视图中会显示出比较真实的光影效果，这是 3ds Max 一直在改进的一个功能，随着技术的发展，3ds Max 在以后的版本中会显示出更真实的光影效果，当然这对计算机的配置要求也会越来越高。

操作步骤

步骤 01 打开 3ds Max 2014，并随机创建几个物体，如图 2-174 所示已经可以看到有阴影效果产生。

步骤 02 随机创建一盏灯光，此时可以看到跟随灯光的照射产生了相应的阴影，但是并不算非常真实，如图 2-175 所示。

图2-174

图2-175

步骤 03 此时将光标移动到透视图左上角的【真实】位置，并单击右键，选择【照明和阴影】|【阴影】命令，如图 2-176 所示。

步骤 04 此时可以看到透视图中的阴影已经不显示了，但是仍然有部分软阴影效果，如图 2-177 所示。

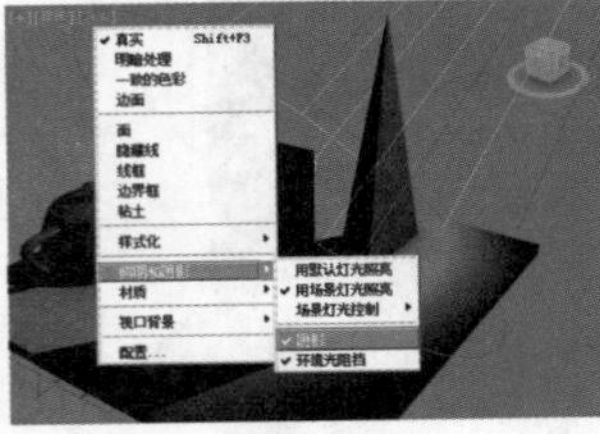
图2-176

图2-177

步骤 05 此时将光标移动到透视图左上角的【真实】位置，并单击右键，选择【照明和阴影】|【环境光阻挡】命令，如图 2-178 所示。

步骤 06 此时可以看到透视图中已经完全没有阴影了，如图 2-179 所示。

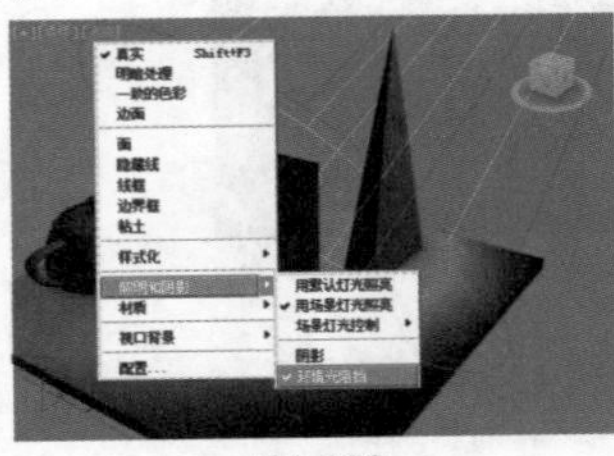
图2-178

图2-179

重点 小实例：使用所有视图中可用的控件

场景文件	17.max
案例文件	无
视频教学	DVD/ 多媒体教学 /Chapter02/ 小实例：使用所有视图中可用的控件 .flv
难易指数	★☆☆☆☆
技术掌握	掌握在所有视图中可用控件的使用方法

实例介绍

本例将学习所有视图中可用控件的使用方法。

操作步骤

步骤 01 打开本书配套光盘中的【场景文件 /Chapter02/17.max】文件，可以观察到场景中的物体在 4 个视图中并没有最大化显示，并且有些视图有些偏离，如图 2-180 所示。

步骤 02 如果想要整个场景的对象都最大化居中显示，可以单击【所有视图最大化显示】按钮，效果如图 2-181 所示。

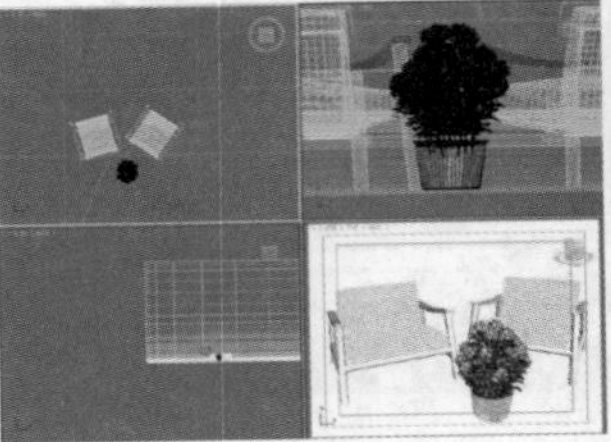
图2-180

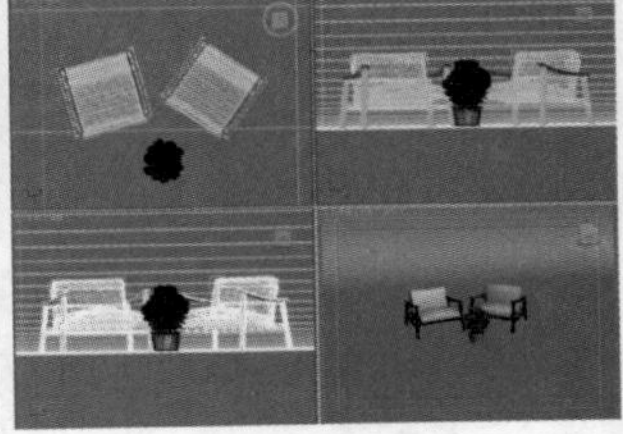
图2-181

步骤 03 如果想要中间的花盆单独最大化显示，可以在任意视图中选中花盆，然后单击【所有视图最大化显示选定对象】按钮（也可以按快捷键 Z），效果如图 2-182 所示。

步骤 04 如果想要在单个视图中最大化显示场景中的对象，可以单击【最大化视图切换】按钮（或按 Alt+W 组合键），效果如图 2-183 所示。

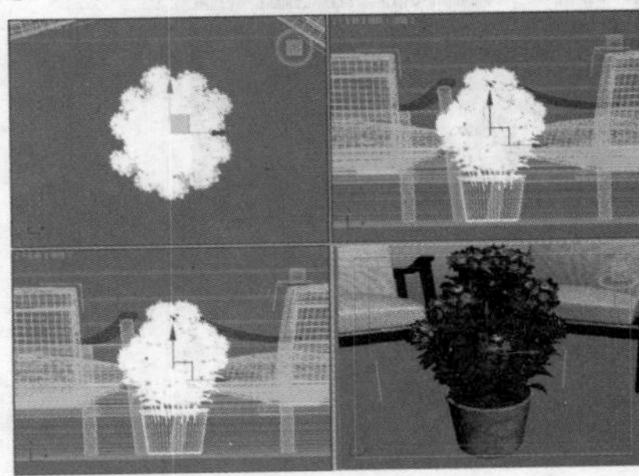
图2-182

图2-183

重点 小实例：使用透视图和正交视图控件

场景文件	18.max
案例文件	无
视频教学	DVD/ 多媒体教学 /Chapter02/ 小实例：使用透视图和正交视图控件 .flv
难易指数	★☆☆☆☆
技术掌握	掌握透视图和正交视图中可用控件的使用方法

实例介绍

本例将学习透视图和正交视图中可用控件的使用方法。

操作步骤

步骤 01 继续使用上一实例的场景。如果想要拉近视图中所显示的对象，可以单击【视野】按钮，然后按住鼠标左键的同时进行适当拖曳，如图 2-184 所示。

步骤 02 如果想要观看视图中未能显示出来的对象，可以单击【平移视图】按钮，然后按住 Ctrl 键的同时将未显示出来的部分拖曳到视图中，如图 2-185 所示。

图2-184

图2-185

重点 小实例：使用摄影机视图控件

场景文件	19.max
案例文件	无
视频教学	DVD/多媒体教学/Chapter02/小实例：使用摄影机视图控件.flv
难易指数	★☆☆☆☆
技术掌握	掌握摄影机视图中可用控件的使用方法

实例介绍

当一个场景已经有了一台设置完成的摄影机，并且视图处于摄影机视图时，如果直接调整摄影机的位置很难达到最佳效果，而使用摄影机视图控件来进行调整就方便多了。

操作步骤

步骤01 继续使用上一案例的场景，可以在顶视图、前视图和左视图中观察到摄影机的位置，如图2-186所示。

步骤02 如果想拉近摄影机镜头，可以单击【视野】按钮，然后按住鼠标左键的同时将光标向摄影机中心进行拖曳，如图2-187所示。

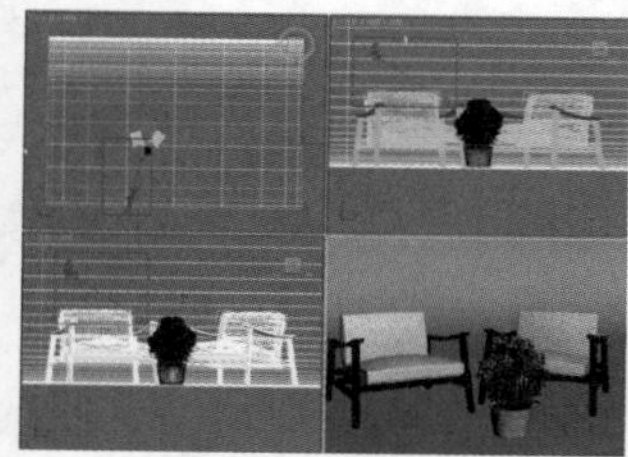

图2-186

图2-187

步骤03 如果想要查看画面的透视效果，可以单击【透视】按钮，然后按住鼠标左键的同时拖曳光标即可查看到对象的透视效果，如图2-188所示。

步骤04 如果想要一个倾斜的构图，可以单击【环绕摄影机】按钮，然后按住鼠标左键的同时拖曳光标，如图2-189所示。

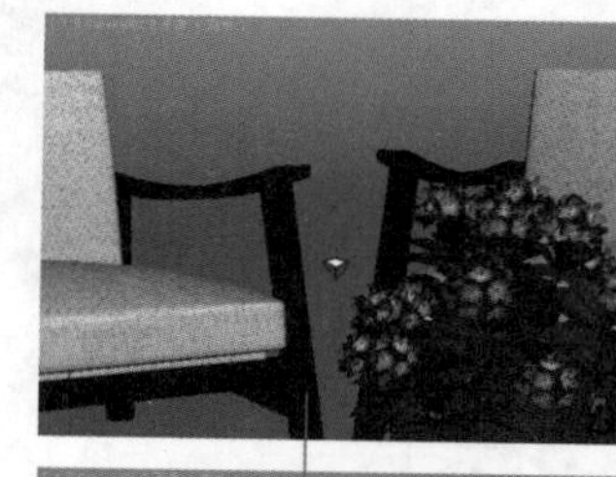

图2-188

图2-189

步骤05 通过使用摄影机视图控件调整出一个正常的角度，然后按Shift+F组合键打开安全框（安全框代表最终渲染的区域），如图2-190所示。

图2-190

读书笔记

Chapter 03

第03章

基础建模技术

建模就是建立模型。建模的方式有很多，而且知识点相对分散、琐碎，因此在学习时应多注意培养清晰的制作思路。建模的重要性犹如楼房的地基，只有地基打得牢，后面的操作才会进行得更加顺利。

本章学习要点：

- 建模常识
- 几何体建模的方法
- 复合对象建模的方法
- 建筑对象建模的方法
- mental ray对象的创建方法
- VRay对象的创建方法
- 二维图形的建模方法

3.1 建模常识

建模就是建立模型。建模的方式有很多，而且知识点相对分散、琐碎，因此在学习时应多注意培养清晰的制作思路。建模的重要性犹如楼房的地基，只有地基打得牢，后面的操作才会进行得更加顺利。

3.1.1 建模是什么

3ds Max 建模通俗来讲就是通过三维制作软件虚拟三维空间，构建出具有三维数据的模型，即建立模型的过程。常用建模方法分为几何体建模、复合对象建模、样条线建模、修改器建模、网格建模、NURBS 建模和多边形建模等，如图 3-1 所示为优秀的建模作品效果图。

图3-1

3.1.2 为什么要建模

对于 3ds Max 初学者来说，建模是学习中的第一个步骤，也是基础，只有模型做的扎实、准确，在后面渲染的步骤中才不会再去反复修改建模时的错误，从而可以节省大量的时间。

3.1.3 常用的建模思路

一般来说，制作模型大致分为 4 个步骤，分别为清晰化思路并确定建模方式、建立基础模型、细化模型和完成模型。如图 3-2 所示。

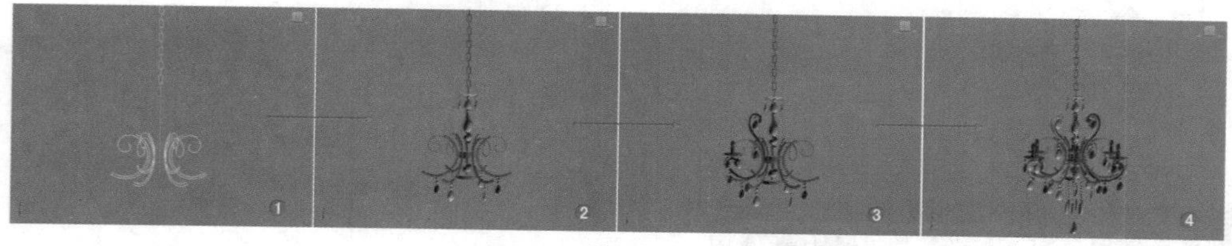

图3-2

（1）清晰化思路并确定建模方式。比如选择样条线建模和修改器建模方式进行制作，如图 3-3 所示。

（2）建立基础模型。将模型的大致效果制作出来，如图 3-4 所示。

（3）细化模型。将模型进行深入制作，如图 3-5 所示。

（4）完成模型。完成模型的制作，如图 3-6 所示。

图3-3

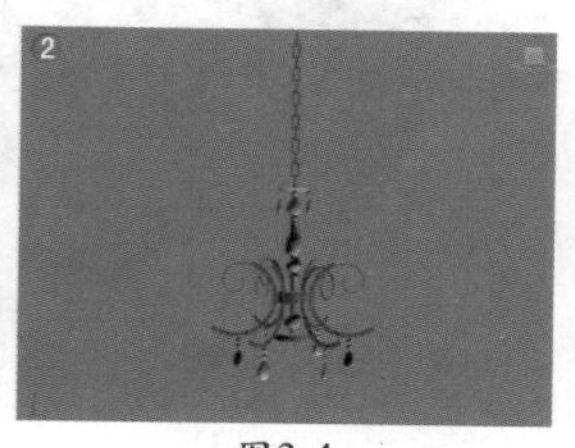

图3-4

图3-5

图3-6

3.1.4 常用的建模方法

建模的方法很多，主要包括几何体建模、复合对象建模、样条线建模、修改器建模、网格建模、面片建模、NURBS 建模、多边形建模、石墨建模等。其中几何体建模、复合对象建楷、样条线建模、修改器建模、网格建模、NURBS 建模和多边形建模应用最为广泛，下面分别进行简略的分析。

1. 几何体建模

几何体建模是利用 3ds Max 中自带的标准基本体、扩展基本体等模型建模，并将其参数进行合理的设置，最后调整模型的位置即可，如图 3-7 所示为使用几何体建模方式制作的模型。

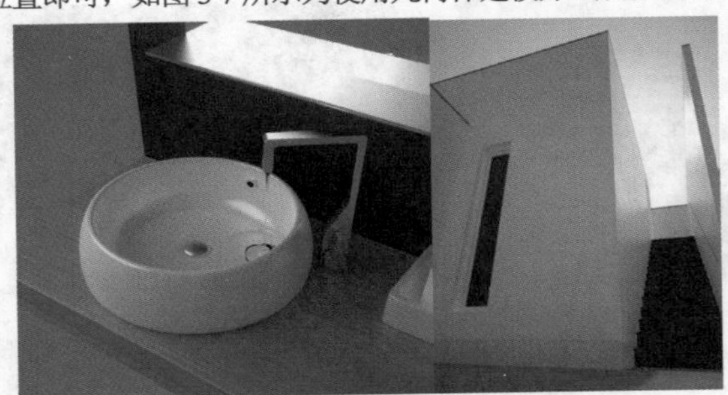

图3-7

2. 复合对象建模

复合对象建模是一种特殊的建模方法，使用复合对象可以快速制作出很多模型效果。复合对象包括【变形】 变形 、【散布】 散布 、【一致】 一致 、【连接】 连接 、【水滴网格】 水滴网格 、【图形合并】 图形合并 、【布尔】 布尔 、【地形】 地形 、【放样】 放样 、【网格化】 网格化 、ProBoolean ProBoolean 和 ProCutter ProCutter ，如图 3-8 所示。

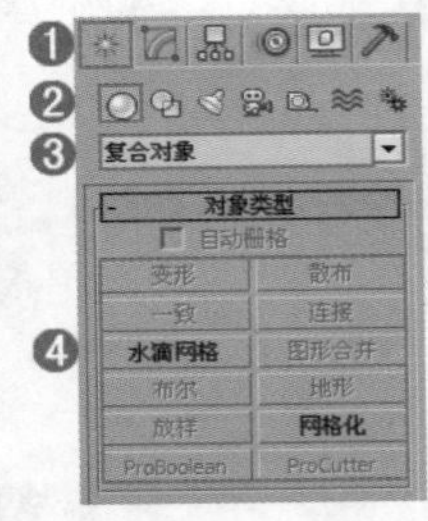

图3-8

使用【放样】工具 放样 ，通过绘制平面和剖面，就可以快速制作出三维油画框模型，如图 3-9 所示。

图3-9

使用【图形合并】工具 图形合并 可以制作出戒指表面的纹饰效果，如图 3-10 所示。

图3-10

3. 样条线建模

使用样条线可以快速地绘制复杂的图形。也可以使用绘制图形，并添加修改器的方法将其快速转化为复杂的三维模型效果，如图 3-11 所示为使用样条线建模制作的手链模型。

图3-11

4. 修改器建模

3ds Max 的修改器种类很多，使用修改器建模可以快速修改模型的整体效果，以达到所需要的模型效果，如图 3-12 所示为使用修改器建模制作的模型。

图3-12

5. 网格建模

网格建模是一种比较高级的建模方法，主要包括【顶点】、【边】、【面】、【多边形】和【元素】5 种级别，并可以通过调整某级别的参数，以达到调节模型的效果，如图 3-13 所示为使用网格建模制作的工业产品模型。

6. NURBS 建模

NURBS 是一种非常优秀的建模方式，在高级三维软件中都支持这种建模方式。NURBS 能够比传统的网格建模方式更好地控制物体表面的曲线度，从而能够创建出更逼真、生动的造型，如图 3-14 所示为使用 NURBS 建模制作的音响模型。

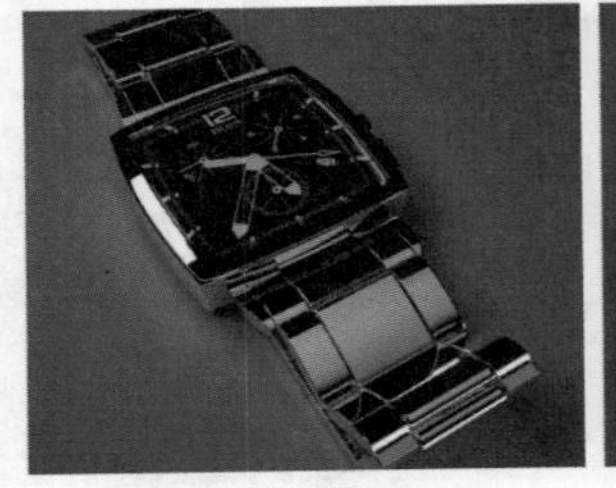

图3-13

图3-14

7. 多边形建模

【多边形建模】是最为常用的建模方式之一，主要包括【顶点】、【边】、【边界】、【多边形】和【元素】5个层级级别，参数比较多，因此可以制作出多种模型效果。也是后面章节中重点讲解的一种建模类型，如图3-15所示为使用多边形建模制作的摩托车模型。

图3-15

3.2 创建几何基本体

几何基本体共包括14种类型，分别为标准基本体、扩展基本体、复合对象、粒子系统、面片栅格、NURBS曲面、实体对象、门、窗、mental ray、AEC扩展、动力学对象、楼梯和VRay，如图3-16所示。

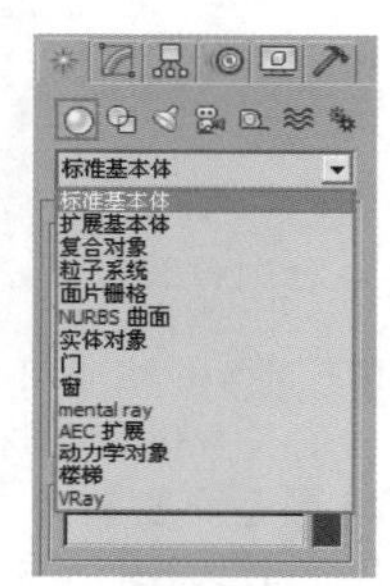

图3-16

3.2.1 标准基本体

标准基本体是3ds Max中自带的一些标准的模型，也是最常用的基本模型，如长方体、球体、圆柱体等。在3ds Max Design中，可以使用单个基本体对很多这样的对象建模，还可以将基本体结合到更复杂的对象中，并使用修改器进一步优化，如图3-17所示为标准基本体制作的作品。

图3-17

【标准基本体】包含10种对象类型，分别是长方体、圆锥体、球体、几何球体、圆柱体、管状体、圆环、四棱锥、茶壶和平面，如图3-18所示。

图3-18

1. 长方体

长方体是最常用的标准基本体。使用【长方体】工具可以制作长度、宽度、高度不同的长方体。【长方体】工具的参数比较简单，包括【长度】、【高度】、【宽度】以及相对应的【分段】等，如图3-19所示。

- 长度、宽度、高度：设置长方体对象的长度、宽度和高度。默认值为0，0，0。

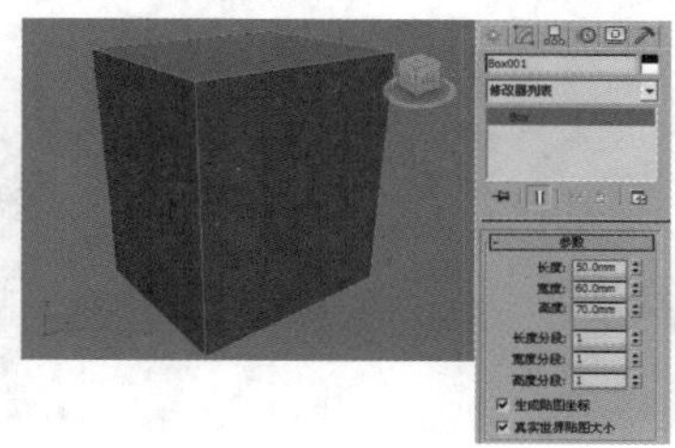

图3-19

- 长度分段、宽度分段、高度分段：设置沿着对象每个轴的分段数量。在创建前后设置均可。
- 生成贴图坐标：生成将贴图材质应用于长方体的坐标。默认设置为启用。
- 真实世界贴图大小：控制应用于该对象的纹理贴图材质所使用的缩放方法。

使用长方体可以快速创建出很多简易的模型，如书架等，如图3-20所示。

图3-20

重点 小实例：利用长方体制作储物柜

场景文件	无
案例文件	小实例：利用长方体制作储物柜 .max
视频教学	DVD/ 多媒体教学 /Chapter03/ 小实例：利用长方体制作储物柜 .flv
难易指数	★☆☆☆☆
技术掌握	掌握【长方体】工具的使用方法

实例介绍

本例将以一个储物柜为例来讲解【长方体】工具的使用方法，效果如图3-21所示。

图3-21

建模思路

❶ 使用长方体创建储物柜主体部分的模型。

❷ 使用圆柱体创建储物柜剩余部分的模型。

储物柜的建模流程如图 3-22 所示。

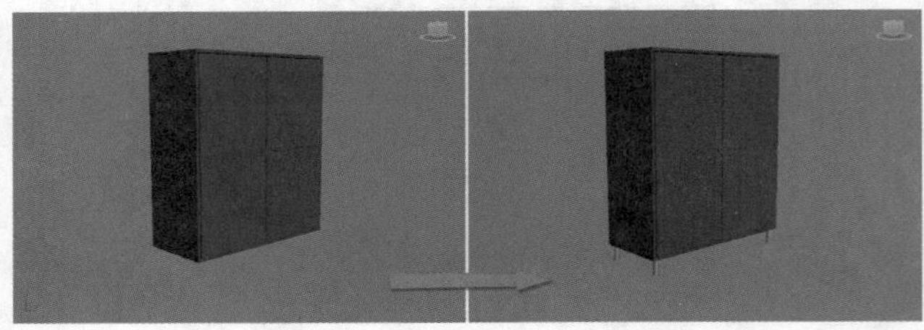

图3-22

操作步骤

Part 1 创建储物柜主体部分的模型

步骤 01 启动 3ds Max 2014 中文版，在菜单栏中选择【自定义/单位设置】命令，将弹出【单位设置】对话框，将【显示单位比例】和【系统单位比例】设置为【毫米】，如图 3-23 所示。

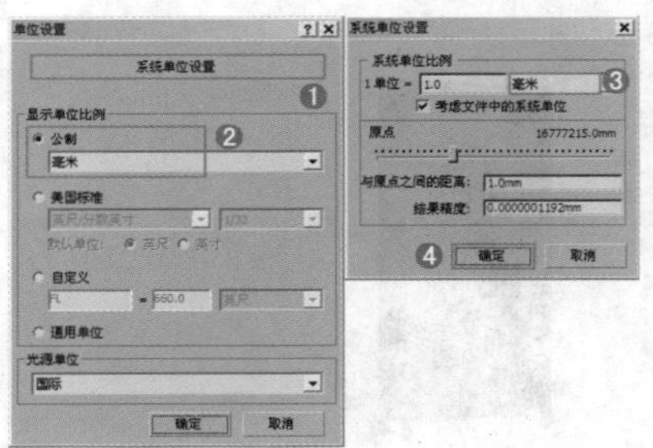

图3-23

技巧与提示

建模前一定要进行单位设置，这样才会制作出非常标准的模型。假如不设置单位直接创建模型，那么模型在外观上看起来没有任何问题，但是其实际的尺寸却不一定是正确的。一般来说，室内的模型制作常以毫米作为计量单位；室外的大型模型则可以用米作为计量单位。设置好单位后，再制作模型时，将默认使用之前设置的单位，所以后面再制作模型时不需要重复设置单位。

步骤 02 在【创建】面板中单击【几何体】按钮，然后设置几何体类型为【标准基本体】，接着单击【长方体】按钮 长方体 ，如图 3-24 所示。

步骤 03 在前视图中拖曳并创建一个长方体，然后单击进入【修改】面板，接着在【参数】卷展栏下设置【长度】为 1600mm，【宽度】为 1400mm，【高度】为 20mm，如图 3-25 所示。

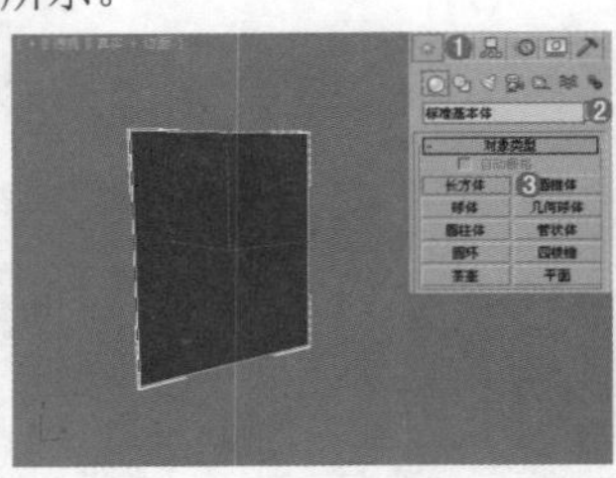

图3-24

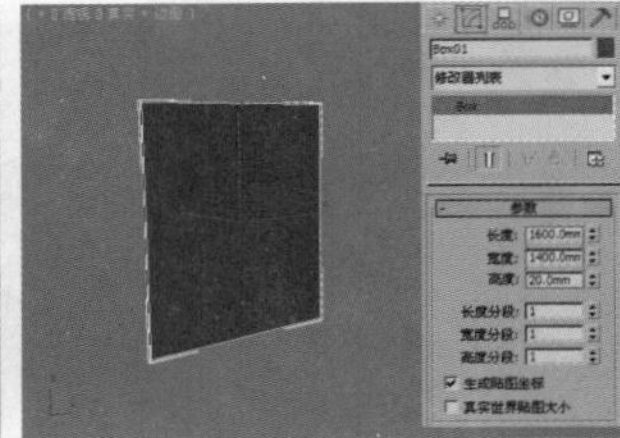

图3-25

技巧与提示

在这里将【长度分段】、【宽度分段】、【高度分段】分别设置为 1，可以有效减少场景中的模型面数。

步骤 04 继续使用【长方体】工具  ，在上一步创建的长方体侧面创建一个长方体，然后在【参数】卷展栏下设置【长度】为 1600mm，【宽度】为 600mm，【高度】为 20mm，如图 3-26 所示。

步骤 05 使用【选择并移动】工具，按住 Shift 键并拖曳所选择的模型，在弹出的【克隆选项】对话框中选中【实例】单选按钮，复制后的模型效果如图 3-27 所示。

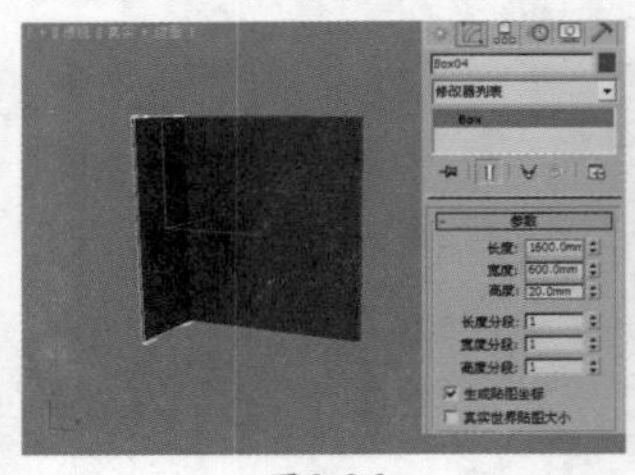

图3-26

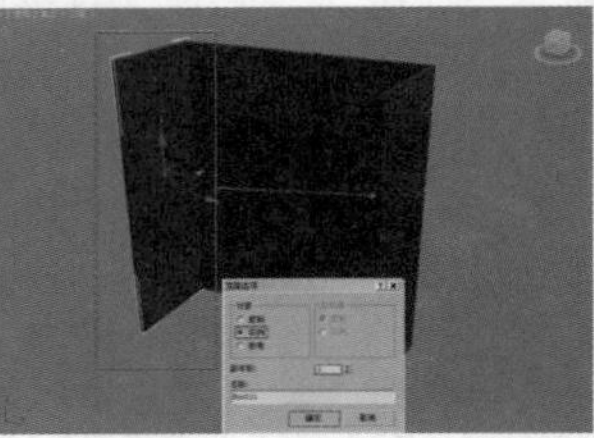

图3-27

步骤 06 继续使用【长方体】工具，在顶视图中创建一个长方体，然后在【修改】面板中设置【长度】为 600mm，【宽度】为 1400mm，【高度】为 20mm，如图 3-28 所示。使用【选择并移动】工具，选择刚创建的长方体，按住 Shift 键并拖曳如图 3-29 所选择的模型，将长方体复制一份。

图3-28

图3-29

技巧与提示

3ds Max 2014 有一个新功能，那就是可以在视口中实时显示灯光和阴影的效果，虽然效果并不真实，但是可以反映出场景灯光的基本情况，该功能还是不错的，希望在将来的新版本中会继续对该功能进行更新，以达到更真实的实时显示效果。

当然该功能在建模的过程中会显得有些多余，因为实时显示灯光和阴影会让用户对模型的观察产生错觉，因此在建模的过程中建议将该功能暂时关闭。如图 3-30 所示为默认状态，即没有关闭该功能的效果。

图3-30

在视图左上角的【真实 + 边面】真实 + 边面处单击鼠标右键，在【照明和阴影】子菜单中取消选中【阴影】时，效果如图 3-31 所示。

在视图左上角的【真实 + 边面】真实 + 边面处单击鼠标右键，在【照明和阴影】子菜单中取消选中【环境光阻挡】效果如图 3-32 所示。

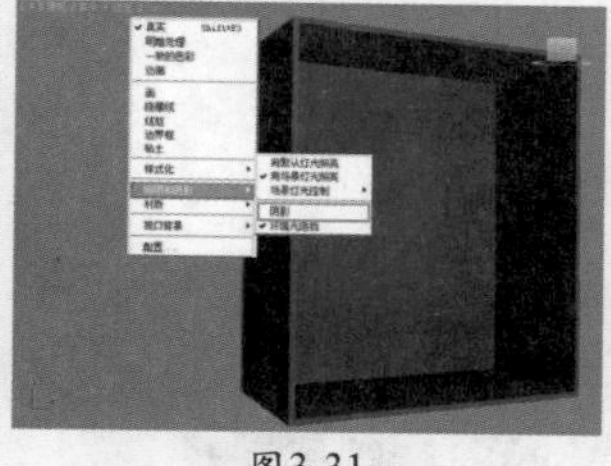
图3-31

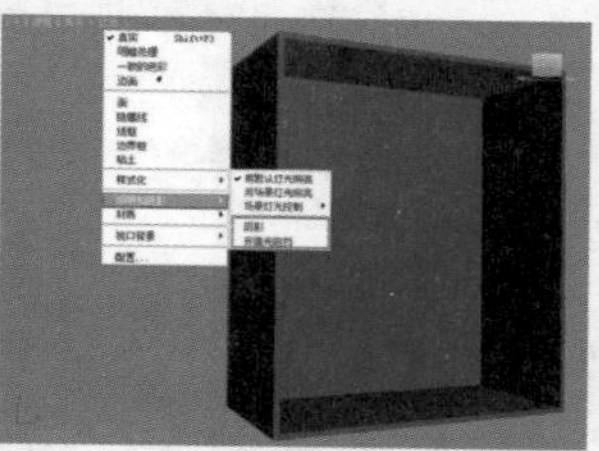
图3-32

步骤 07 使用【长方体】工具在视图中创建 4 个长方体，然后展开【参数】卷展栏，设置【长度】为 770mm，【宽度】为 670mm，【高度】为 20mm，如图 3-33 所示。

步骤 08 继续使用【长方体】工具在视图中创建 1 个长方体，然后设置【长度】为 50mm，【宽度】为 110mm，【高度】为 20mm，如图 3-34 所示。

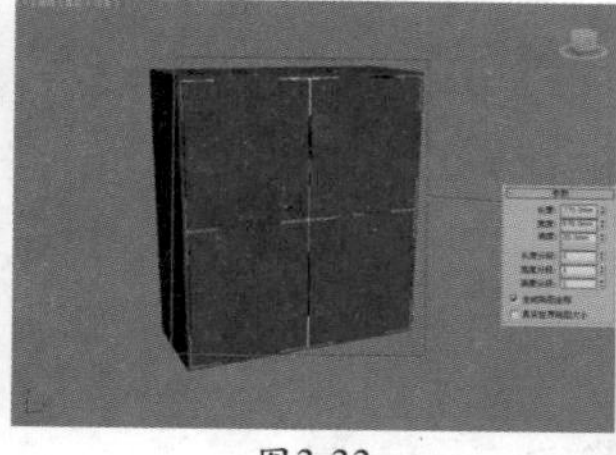
图3-33

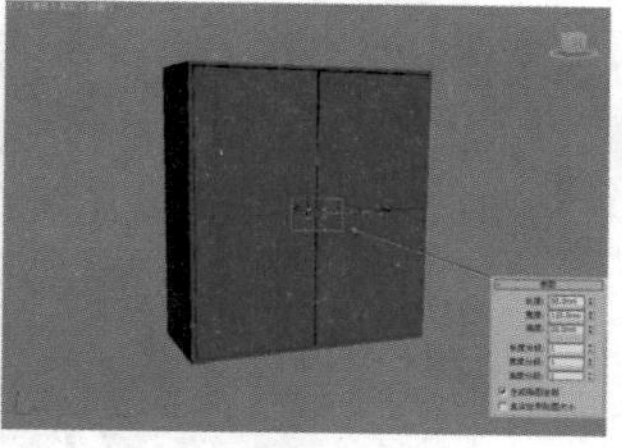
图3-34

Part 2 创建储物柜剩余部分的模型

步骤 01 使用【圆柱体】工具 圆柱体 在顶视图中创建模型，然后展开【参数】卷展栏，并设置【半径】为 20mm，【高度】为 120mm，【高度分段】为 1，如图 3-35 所示。

步骤 02 继续使用【圆柱体】工具 圆柱体 在顶视图中创建模型，然后展开【参数】卷展栏，并设置【半径】为 24mm，【高度】为 10mm，【高度分段】为 1，如图 3-36 所示。

图3-35

图3-36

步骤 03 使用【选择并移动】工具，选择如图 3-37 所示的模型，同时按住 Shift 键，拖曳并复制 3 份，放到合适的位置。最终模型效果如图 3-38 所示。

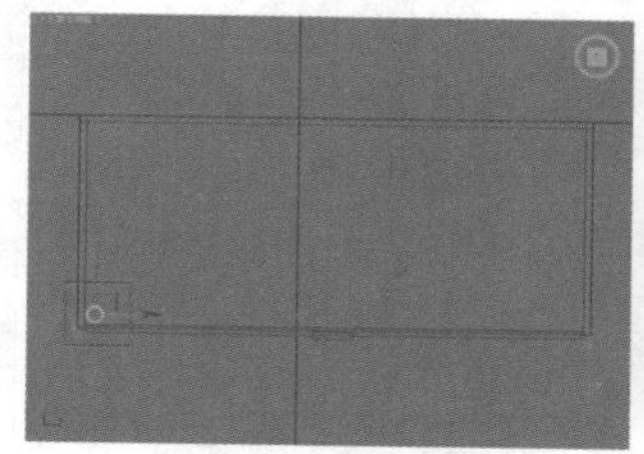
图3-37

图3-38

重点 小实例：利用长方体制作简约桌子

场景文件	无
案例文件	小实例：利用长方体制作简约桌子 .max
视频教学	DVD/ 多媒体教学 /Chapter03/ 小实例：利用长方体制作简约桌子 .flv
难易指数	★☆☆☆☆
建模方式	标准基本体建模
技术掌握	掌握【长方体】工具的使用方法

实例介绍

本例学习使用【标准基本体】中的【长方体】工具来完成模型的制作，最终渲染和线框效果如图 3-39 所示。

图3-39

建模思路

❶ 使用【标准基本体】中的【长方体】工具创建桌面。

❷ 使用【标准基本体】中的【长方体】和【圆柱体】工具创建桌腿。

简单桌子建模流程如图 3-40 所示。

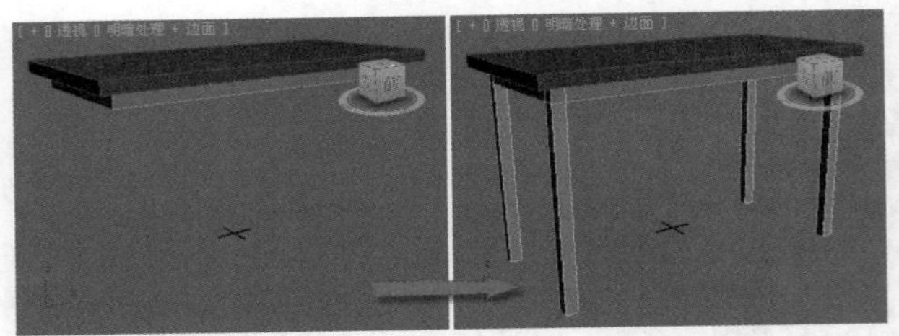
图3-40

操作步骤

Part 1 使用【长方体】工具创建桌面

步骤01 单击（创建）|（几何体）| 标准基本体 | 长方体（长方体）按钮，在顶视图中创建一个长方体，在【修改】面板【参数】卷展栏中设置【长度】为600mm，【宽度】为1200mm，【高度】为40mm，如图3-41所示。

步骤02 继续使用【长方体】工具 长方体 在视图中拖曳并创建一个长方体，然后单击进入【修改】面板，设置【长度】为500mm，【宽度】为1100mm，【高度】为50mm，如图3-42所示。

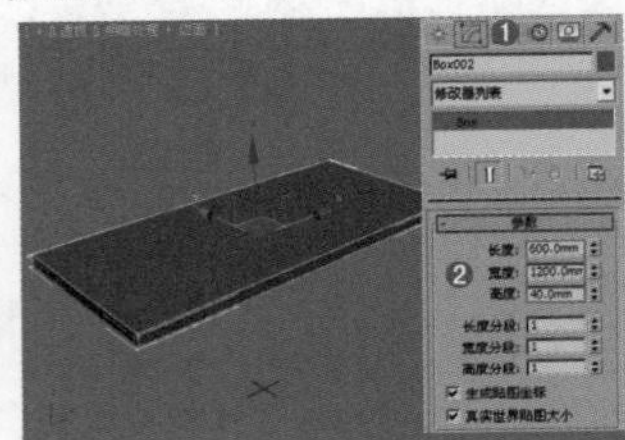
图3-41

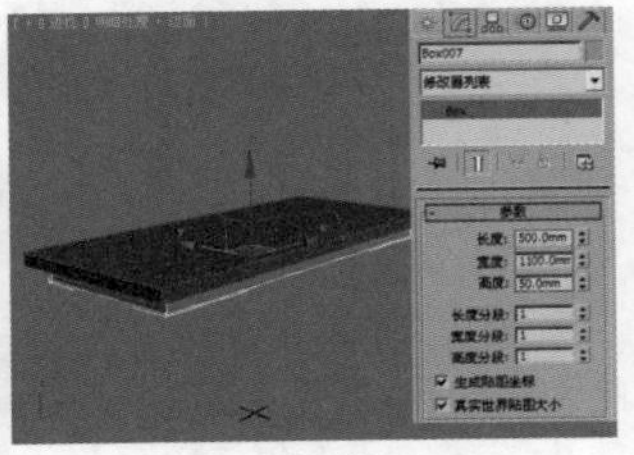
图3-42

Part 2 使用【长方体】和【圆柱体】工具创建桌腿

步骤01 继续使用【长方体】工具 长方体 在视图中拖曳并创建一个长方体，作为桌腿部分，然后单击进入【修改】面板，设置【长度】为40mm，【宽度】为40mm，【高度】为700mm，如图3-43所示。

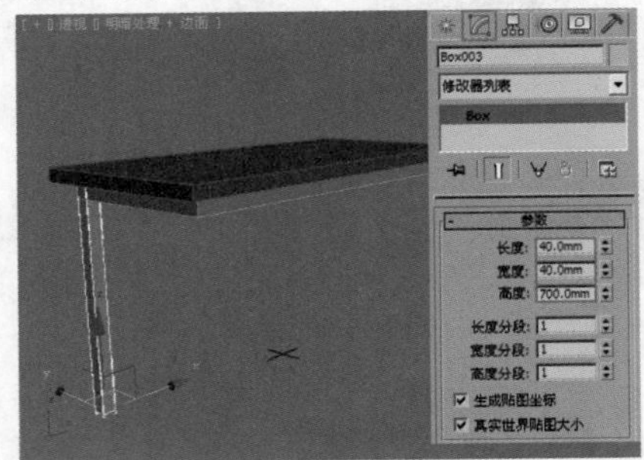
图3-43

步骤02 激活顶视图，确认上一步创建的长方体处于选中状态，按住Shift键拖曳并进行复制，释放鼠标会弹出【克隆选项】对话框，选中【实例】单选按钮，设置【副本数】为1，最后单击【确定】按钮，如图3-44所示。

步骤03 用同样的方法复制出另外两个桌子腿，此时场景效果如图3-45所示。

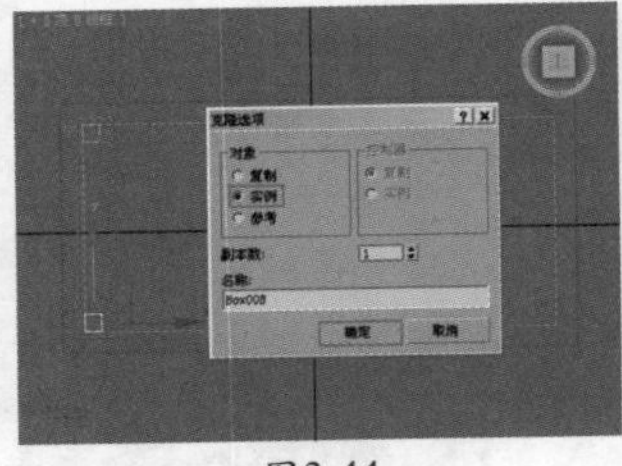
图3-44

图3-45

步骤04 使用【圆柱体】工具 圆柱体 创建4个圆柱体，分别放置到每一个桌子腿的下方，如图3-46所示。

图3-46

步骤05 进入【修改】面板，设置【半径】为20mm，【高度】为120mm，【边数】为18，如图3-47所示。

步骤06 最终模型效果如图3-48所示。

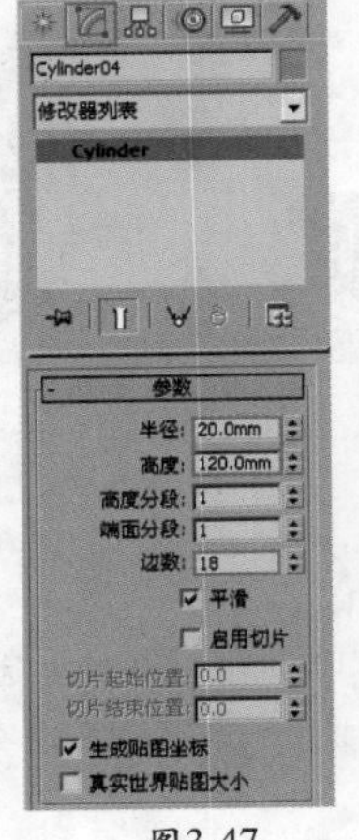
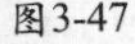
图3-47

图3-48

2. 圆锥体

使用【圆锥体】工具可以产生直立或倒立的完整或部分圆形圆锥体，如图3-49所示。

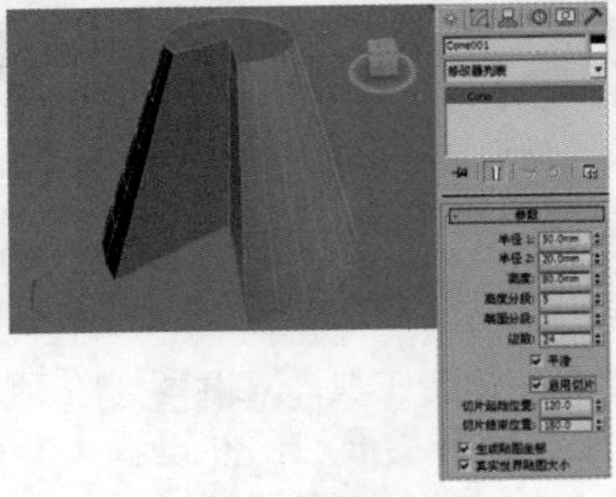
图3-49

- **半径 1、半径 2**：设置圆锥体的第一个半径和第二个半径。两个半径的最小值都是 0.0。如果输入负值，则 3ds Max Design 会将其转换为 0.0。可以组合这些设置以创建直立或倒立的尖顶圆锥体和平顶圆锥体。
- **高度**：设置沿着中心轴的维度。负值将在构造平面下面创建圆锥体。
- **高度分段、端面分段**：设置沿着圆锥体主轴的分段数、围绕圆锥体顶部和底部的中心的同心分段数。
- **边数**：设置圆锥体周围边数。
- **平滑**：混合圆锥体的面，从而在渲染视图中创建平滑的外观。
- **启用切片**：启用切片功能。默认设置为禁用状态。创建切片后，如果取消选中【启用切片】复选框，则将重新显示完整的圆锥体。
- **切片起始位置、切片结束位置**：设置从局部 X 轴的 0 点开始围绕局部 Z 轴的度数。
- **生成贴图坐标**：生成将贴图材质用于圆锥体的坐标。默认设置为启用。
- **真实世界贴图大小**：控制应用于该对象的纹理贴图材质所使用的缩放方法。

重点 小实例：利用圆锥体制作多种圆锥体模型

场景文件	无
案例文件	小实例：利用圆锥体制作多种圆锥体模型 .max
视频教学	DVD/ 多媒体教学 /Chapter03/ 小实例：利用圆锥体制作多种圆锥体模型 .flv
难易指数	★★☆☆☆
技术掌握	掌握【圆锥体】工具的使用

实例介绍

本例学习使用【标准基本体】中的【圆锥体】来完成模型的制作，最终渲染和线框效果如图 3-50 所示。

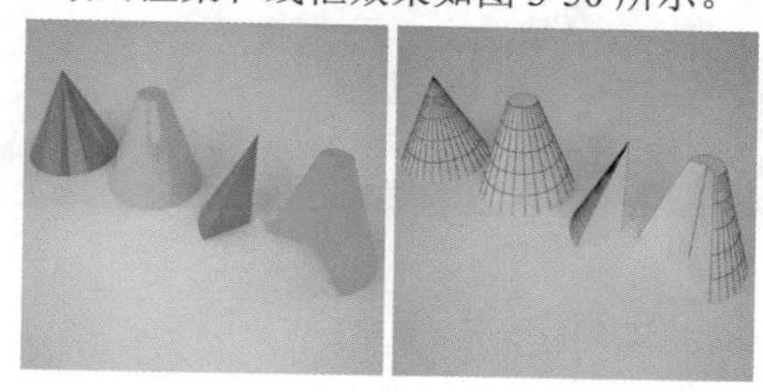

图3-50

建模思路

使用【圆锥体】工具制作各种圆锥体模型。

圆锥体建模流程如图 3-51 所示。

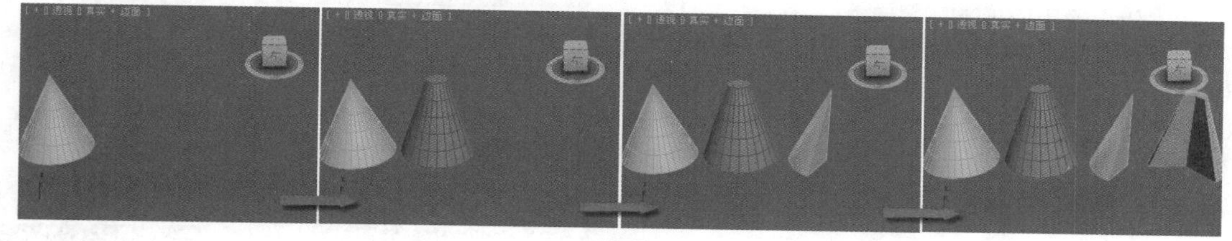

图3-51

操作步骤

步骤 01 单击 （创建）|（几何体）| 标准基本体 | 圆锥体 （圆锥体）按钮，在视图中创建一个圆锥体，修改参数，设置【半径 1】为 700mm，【半径 2】为 0mm，【高度】为 1500mm，如图 3-52 所示。

步骤 02 继续在视图中拖曳并创建一个圆锥体，修改参数，设置【半径 1】为 700mm，【半径 2】为 200mm，【高度】为 1500mm，【边数】为 24，如图 3-53 所示。

步骤 03 再次在视图中拖曳并创建一个圆锥体，修改参数，设置【半径 1】为 700mm，【半径 2】为 0mm，【高度】为 1500mm，【边数】为 24，选中【启用切片】复选框，设置【切片起始位置】为 90，如图 3-54 所示。

步骤 04 再次在视图中拖曳并创建一个圆锥体，修改参数，设置【半径 1】为 700mm，【半径 2】为 200mm，【高度】为 1500mm，【边数】为 24，选中【启用切片】复选框，设置【切片起始位置】为 90，【切片结束位置】为 -145，如图 3-55 所示。

步骤 05 最终模型效果如图 3-56 所示。

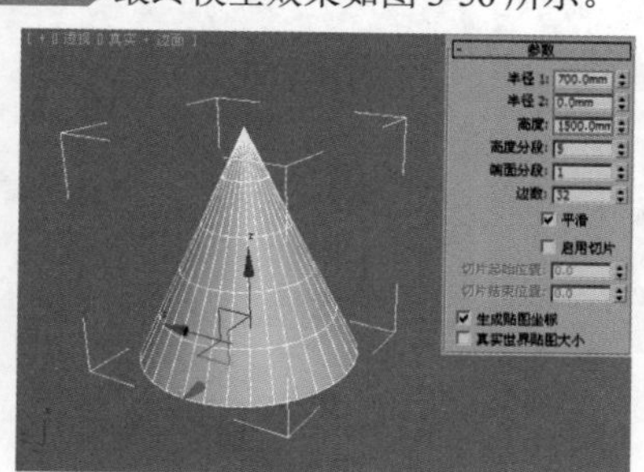

图3-52

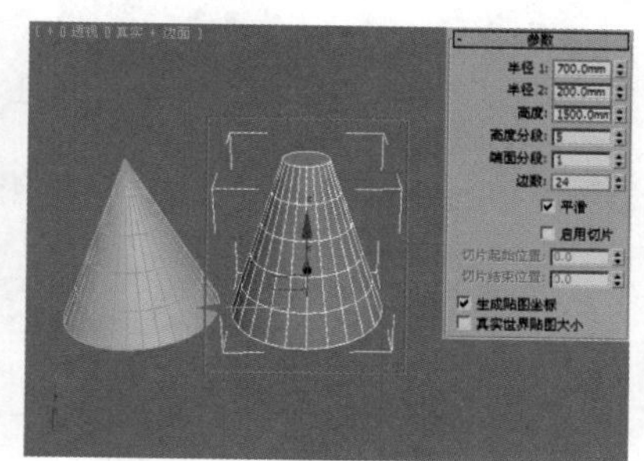

图3-53

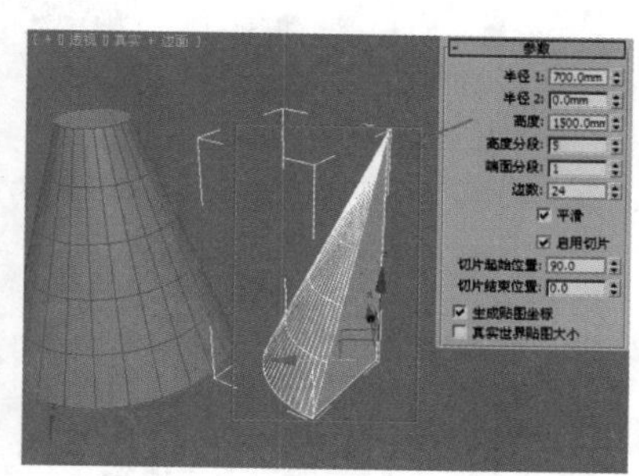

图3-54

3．球体

使用【球体】工具可以制作完整的球体、半球体或球体的其他部分，还可以围绕球体的垂直轴对其进行【切片】修改。如图 3-57 所示。

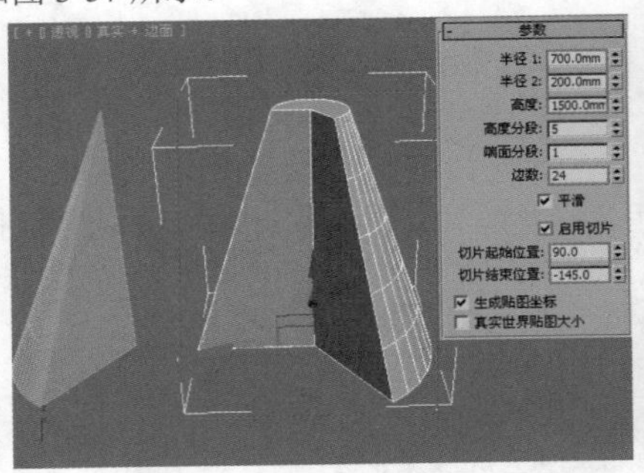
图3-55

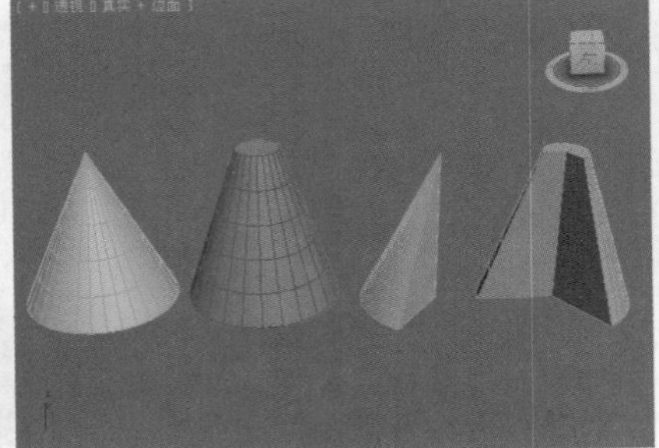
图3-56

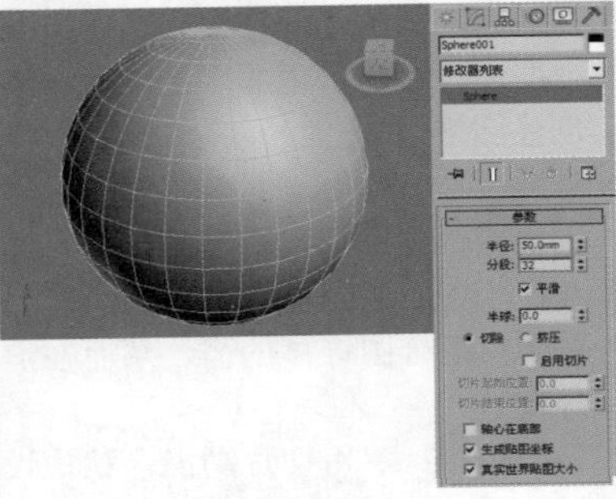
图3-57

- 半径：指定球体的半径。
- 分段：设置球体多边形分段的数目。
- 平滑：混合球体的面，从而在渲染视图中创建平滑的外观。
- 半球：过分增大该值将切断球体，如果从底部开始，将创建部分球体。
- 切除：通过在半球断开时将球体中的顶点和面切除来减少它们的数量。默认设置为启用。
- 挤压：保持原始球体中的顶点数和面数，将几何体向着球体的顶部挤压，直到体积越来越小。
- 启用切片：修改【切片起始位置】和【切片结束位置】的参数即可创建部分球体。
- 切片起始位置、切片结束位置：设置起始角度、停止角度。
- 轴心在底部：将球体沿着其局部 Z 轴向上移动，以便轴心位于其底部。

重点 小实例：利用球体制作手链模型

场景文件	无
案例文件	小实例：利用球体制作手链模型 .max
视频教学	DVD/ 多媒体教学 /Chapter03/ 小实例：利用球体制作手链模型 .flv
难易指数	★☆☆☆☆
技术掌握	掌握【球体】工具、【附加】工具的使用方法

实例介绍

本例学习使用【标准基本体】中的【球体】工具制作手链模型，最终渲染和线框效果如图 3-58 所示。

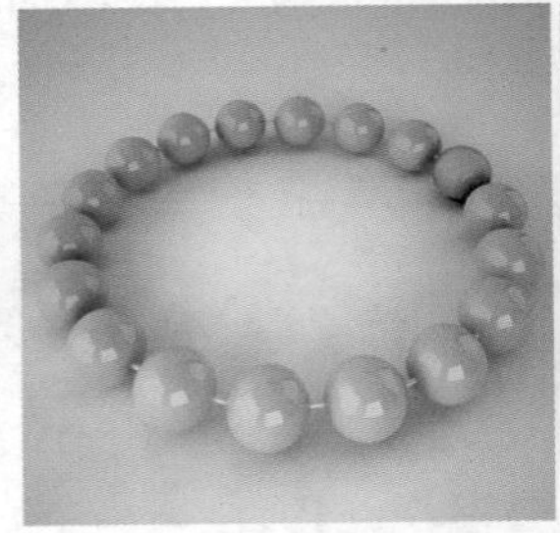

图3-58

建模思路

使用【球体】工具制作手链模型。

手链建模流程如图 3-59 所示。

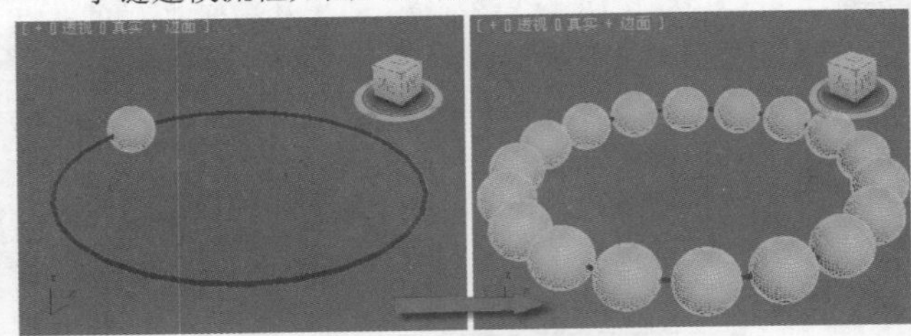
图3-59

操作步骤

步骤 01 单击 （创建）| （几何体）| 标准基本体 | 球体 （球体）按钮，在视图中拖曳并创建一个球体。然后单击进入【修改】面板 ，设置【半径】为 15mm，【分段】为 48，如图 3-60 所示。

步骤 02 单击 （创建）| （图形）| 样条线 | 圆 （圆）按钮，在视图中拖曳并创建一个圆，并命名为 Circle001，如图 3-61 所示。

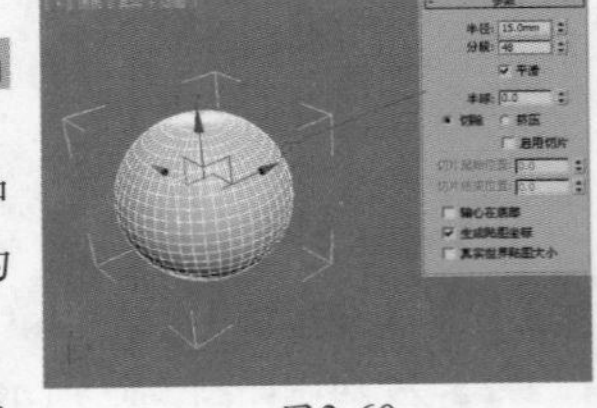
图3-60

步骤 03 进入【修改】面板 ，在【渲染】卷展栏下选中【在渲染中启用】和【在视口中启用】复选框，选中【径向】单选按钮，设置【厚度】为 2mm；在【参数】卷展栏下设置【半径】为 100mm，如图 3-62 所示。

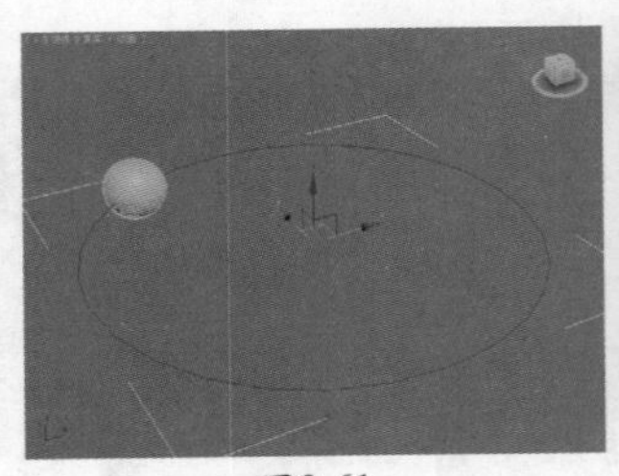
图3-61

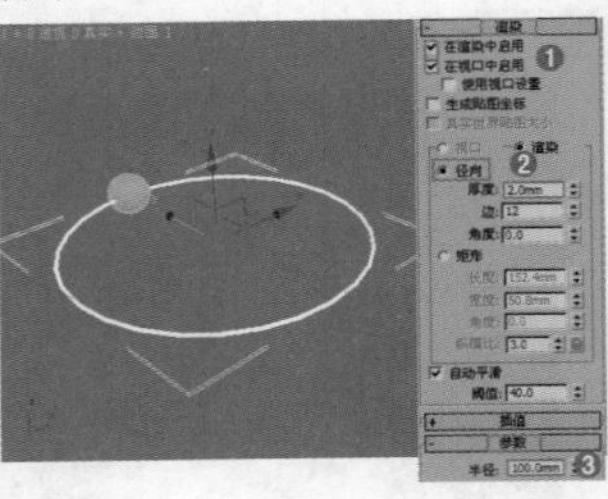
图3-62

技巧与提示

选中【在渲染中启用】和【在视口中启用】后，不仅仅在视图中看起来【圆】变成了三维的物体，而且在渲染时也会是三维的效果。

步骤04 选择刚才创建的球体，接着在主工具栏的空白处右击并选择【附加】命令，然后在弹出的对话框中选择【间隔工具】，如图3-63所示。

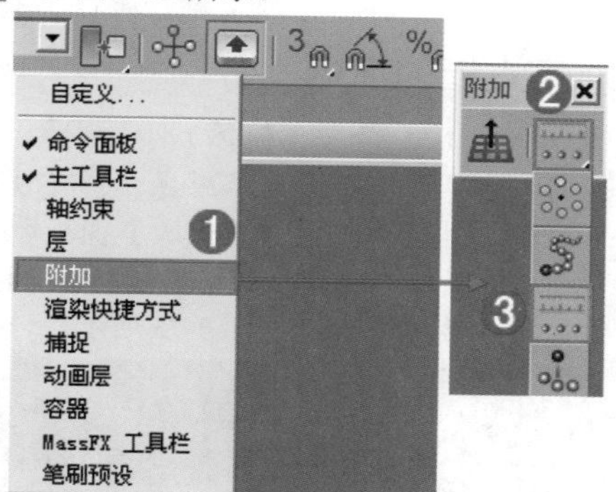

图3-63

技巧与提示

3ds Max中很多工具都是隐藏的，如【间隔工具】，需要长时间单击【阵列】工具，才可切换到【间隔工具】。

步骤05 单击【拾取路径】按钮 拾取路径 ，并在场景中单击拾取圆Circle001，然后设置【计数】为19，接着单击【应用】按钮 应用 ，最后单击【关闭】按钮 关闭 ，如图3-64所示。

步骤06 最终模型效果如图3-65所示。

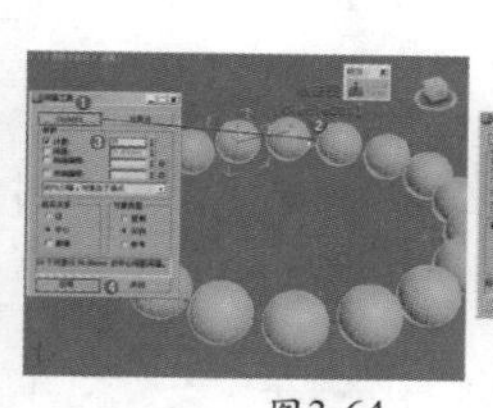

图3-64

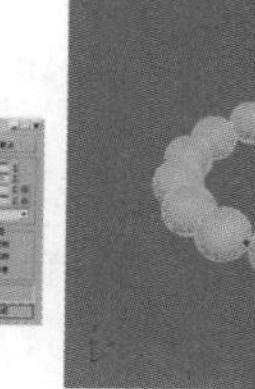

图3-65

4. 几何球体

使用【几何球体】工具可以创建3类规则多面体，制作球体和半球，如图3-66所示。

- 半径：设置几何球体的大小。
- 分段：设置几何球体中的总面数。
- 平滑：将平滑组应用于球体的曲面。
- 半球：创建半个球体。

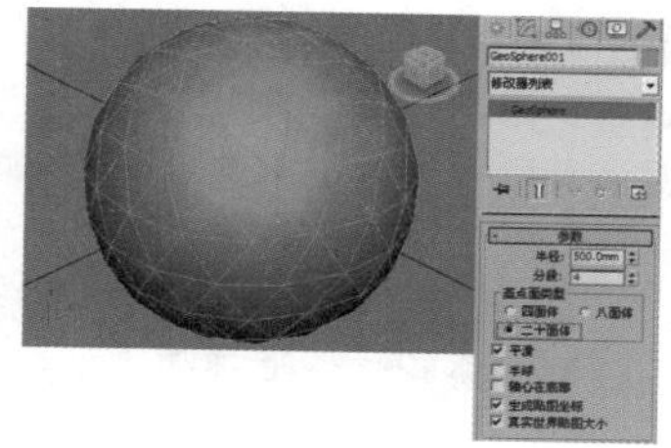

图3-66

5. 圆柱体

使用【圆柱体】工具可以创建完整或部分圆柱体，可以围绕其主轴进行【切片】修改，如图3-67所示。

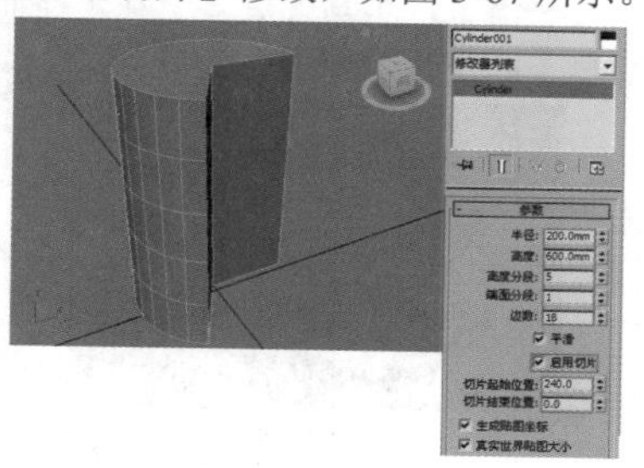

图3-67

- 半径：设置圆柱体的半径。
- 高度：设置沿着中心轴的维度。负数值将在构造平面下面创建圆柱体。
- 高度分段：设置沿着圆柱体主轴的分段数量。
- 端面分段：设置围绕圆柱体顶部和底部的中心的同心分段数量。
- 边数：设置圆柱体周围的边数。
- 平滑：将圆柱体的各个面混合在一起，从而在渲染视图中创建平滑的外观。

技巧与提示

由于每个标准基本体的参数中都会有重复的参数选项，而且这些参数的含义基本相同，如启用切片、切片起始位置、切片结束位置、生成贴图坐标、真实世界贴图大小等。在这里将不再重复讲解。

6. 管状体

使用【管状体】工具可以创建圆形和棱柱管道。管状体类似于中空的圆柱体，如图3-68所示。

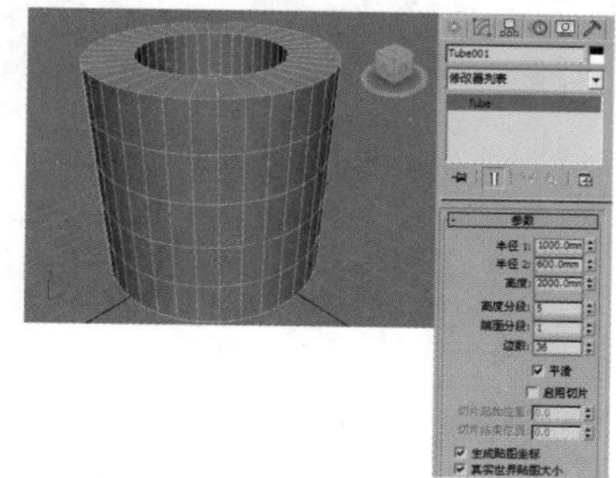

图3-68

- 半径 1、半径 2：较大的设置将指定管状体的外部半径，而较小的设置则指定管状体的内部半径。
- 高度：设置沿着中心轴的维度。负数值将在构造平面下面创建管状体。
- 高度分段：设置沿着管状体主轴的分段数量。
- 端面分段：设置围绕管状体顶部和底部中心的同心分段数量。
- 边数：设置管状体周围边数。

7．圆环

使用【圆环】工具可以创建一个圆环或具有圆形横截面的环。可以将【平滑】选项与【旋转】和【扭曲】设置组合使用，以创建复杂的变体，如图 3-69 所示。

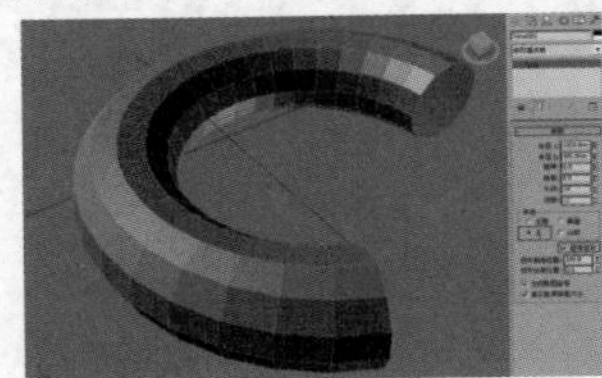

图3-69

- 半径 1：设置从环形的中心到横截面圆形的中心的距离。这是环形环的半径。
- 半径 2：设置横截面圆形的半径。每当创建环形时就会替换该值。默认设置为 10。
- 旋转、扭曲：设置旋转、扭曲的度数。
- 分段：设置围绕环形的分段数目。
- 边数：设置环形横截面圆形的边数。

重点 小实例：利用圆环和几何球体制作戒指

场景文件	无
案例文件	小实例：利用圆环和几何球体制作戒指.max
视频教学	DVD/多媒体教学/Chapter03/小实例：利用圆环和几何球体制作戒指.flv
难易指数	★★☆☆☆
技术掌握	掌握【圆环】和【几何球体】工具的使用方法

实例介绍

本例将以戒指模型的制作来讲解【圆环】和【几何球体】工具的使用方法，效果如图 3-70 所示。

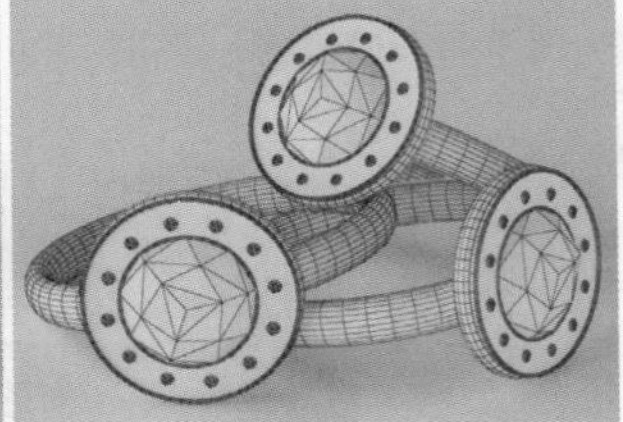

图3-70

建模思路

❶ 使用【圆环】工具创建戒指的环形部分。

❷ 使用【圆环】和【几何球体】工具创建戒指的其他部分。

戒指的建模流程如图 3-71 所示。

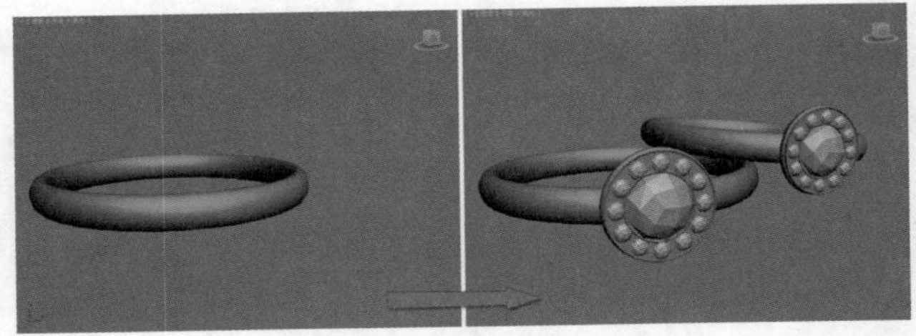

图3-71

操作步骤

Part 1 创建戒指的环形部分

单击（创建）|（几何体）| 标准基本体 | 圆环（圆环）按钮，如图 3-72 所示。在视图中拖曳并创建一个圆环，然后单击进入【修改】面板，在【参数】卷展栏下设置【半径 1】为 12mm，【半径 2】为 1mm，【分段】为 36，【边数】为 24，如图 3-73 所示。

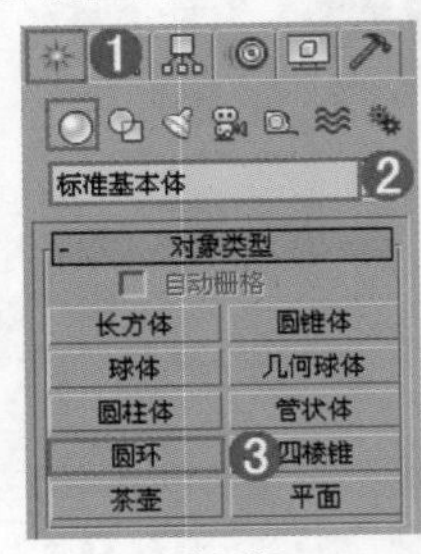

图3-72

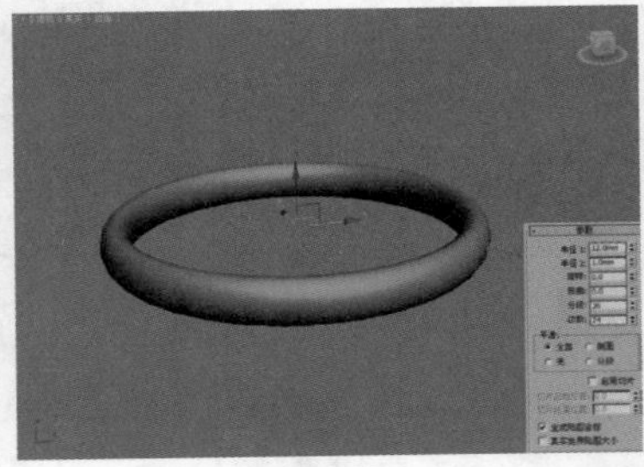

图3-73

Part 2 创建戒指的其他部分

步骤 01 继续使用【圆环】工具 圆环 在视图中拖曳并创建一个圆环，然后单击进入【修改】面板，设置【半径 1】为 4mm，【半径 2】为 0.4mm，【分段】为 36，【边数】为 12，如图 3-74 所示。

步骤 02 使用【圆柱体】工具 圆柱体 在视图中拖曳并创建一个圆柱体，然后单击进入【修改】面板，设置【半径】为 4.2mm，【高度】为 0.2mm，【高度分段】为 1，【边数】为 36，如图 3-75 所示。

步骤 03 再使用【圆环】工具 圆环 在视图中拖曳并创建两个圆环，然后单击进入【修改】面板，具体的参数设置如图 3-76 所示。

步骤 04 单击（创建）|（几何体）| 标准基本体 | 几何球体（几何球体）按钮，在视图中拖曳并创建一个几何球体，如图 3-77 所示。

步骤 05 单击进入【修改】面板，设置【半径】为 2.6mm，【分段】为 3，【基点面类型】为【四面体】，取消选中【平滑】复选框，选中【半球】复选框，如图 3-78 所示。

步骤 06 使用【几何球体】工具 几何球体 在视图中拖曳并创建 12 个几何球体，然后单击进入【修改】面板，设置【半径】为 0.7mm，【分段】为 3，【基点面类型】为【四面体】，取消选中【平滑】复选框，选中【半球】复选框，如

图 3-79 所示。

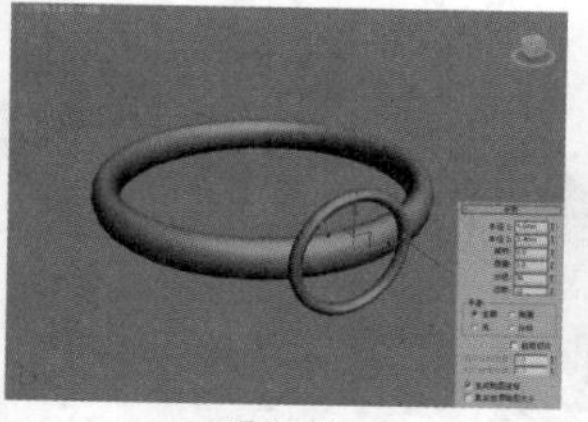

图3-74　　图3-75

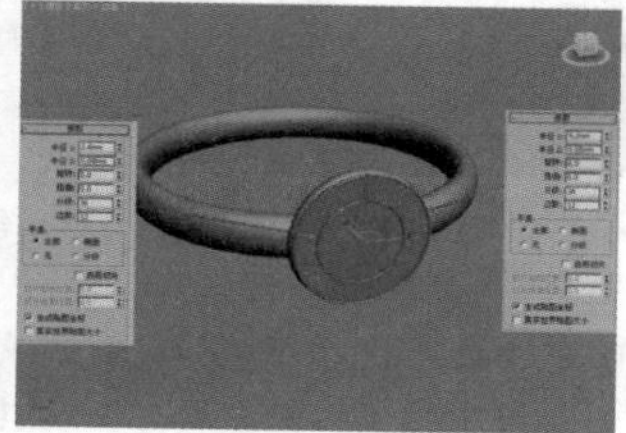

图3-76

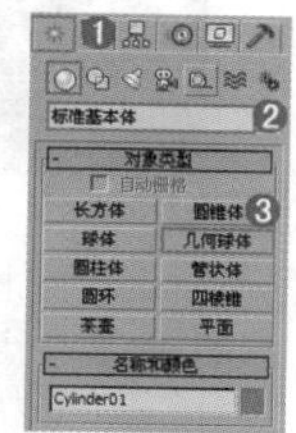

图3-77

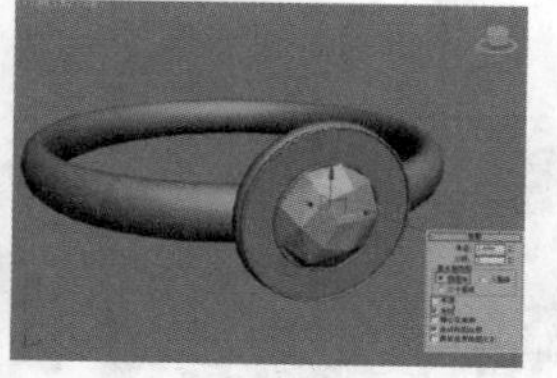

图3-78

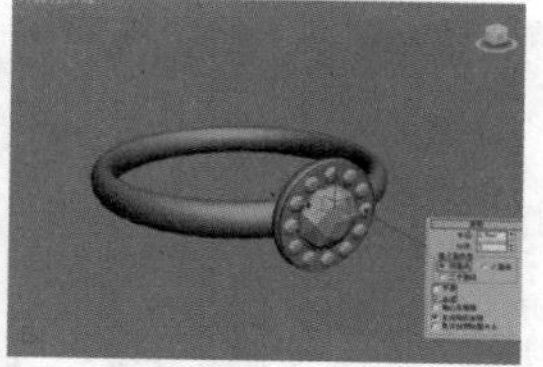

图3-79

步骤 07 将制作完成的戒指复制一份，并调节好位置，最终模型效果如图 3-80 所示。

8．四棱锥

使用【四棱锥】工具可以创建方形或矩形底部和三角形侧面，如图 3-81 所示。

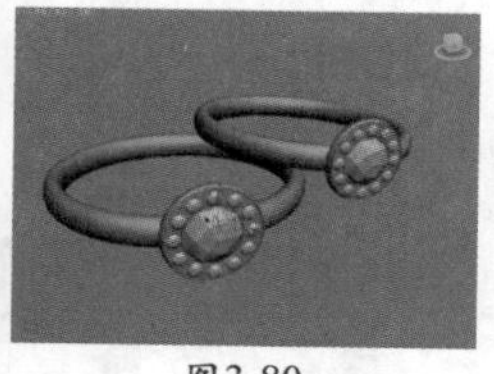

图3-80

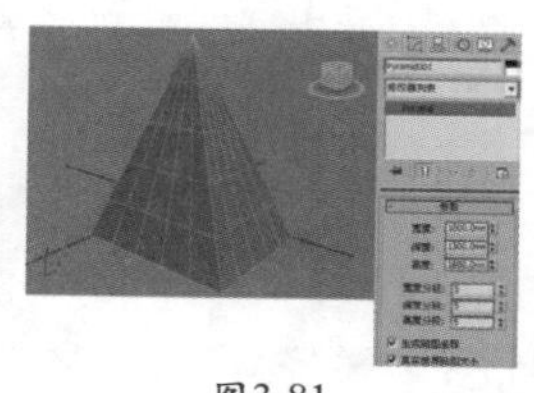

图3-81

- 宽度、深度和高度：设置四棱锥对应面的维度。
- 宽度分段、深度分段和高度分段：设置四棱锥对应面的分段数。

9．茶壶

茶壶在室内场景中经常使用，使用【茶壶】工具 茶壶 可以方便快捷地创建出一个精度较低的茶壶，其参数可以在【修改】面板中进行修改，如图 3-82 所示。

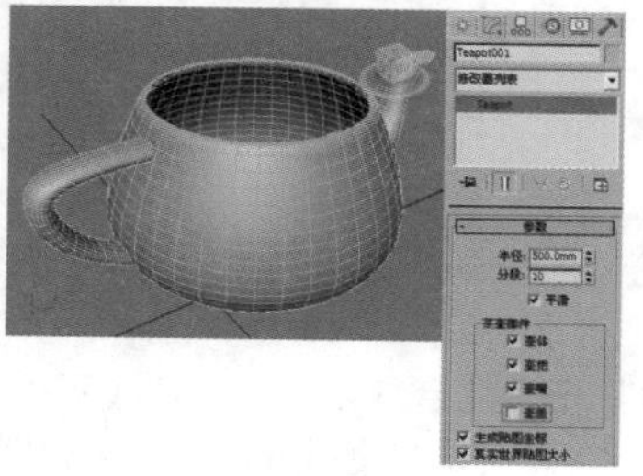

图3-82

10．平面

使用【平面】工具可以创建平面多边形网格，可在渲染时无限放大，如图 3-83 所示。

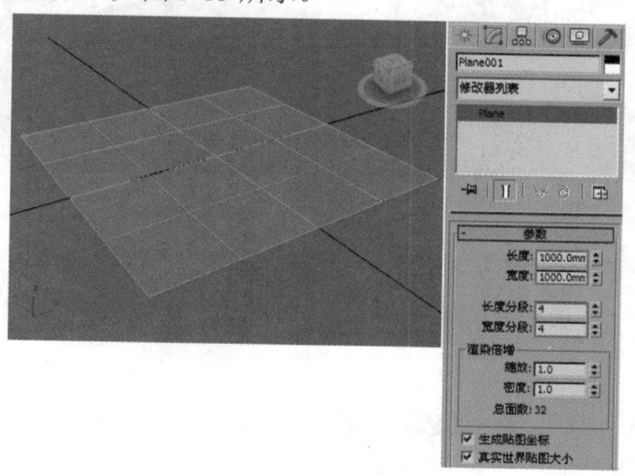

图3-83

- 长度、宽度：设置平面对象的长度和宽度。
- 长度分段、宽度分段：设置沿着对象每个轴的分段数量。
- 缩放：指定长度和宽度在渲染时的倍增因子。将从中心向外执行缩放。
- 密度：指定长度和宽度分段数在渲染时的密度。

重点 综合实例：利用标准基本体创建一组石膏

场景文件	无
案例文件	综合实例：利用标准基本体创建一组石膏 .max
视频教学	DVD/ 多媒体教学 /Chapter03/ 小实例：利用标准基本体创建一组石膏 .flv
难易指数	★★☆☆☆
技术掌握	掌握【平面】、【长方体】、【球体】、【圆锥体】、【圆柱体】、【四棱锥】工具的使用

实例介绍

本例学习使用【标准基本体】中的【平面】、【长方体】、【球体】、【圆锥体】、【圆柱体】、【四棱锥】工具来完成模型的制作，最终渲染和线框效果如图 3-84 所示。

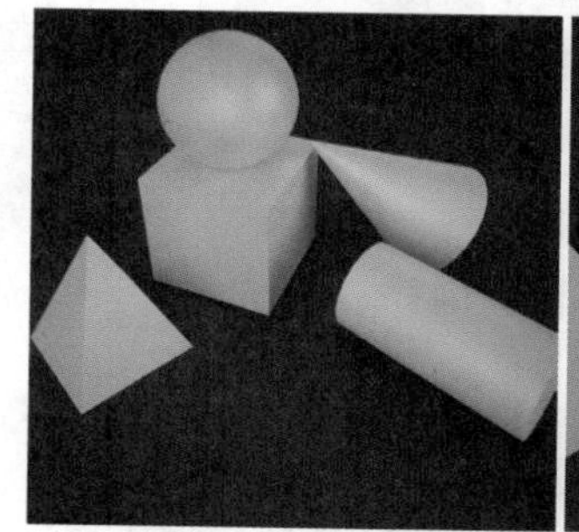

图3-84

建模思路

❶ 使用【平面】、【长方体】、【球体】工具制作石膏部分模型。

❷ 使用【圆锥体】、【圆柱体】、【四棱锥】工具制作石膏剩余模型。

石膏模型的建模流程如图 3-85 所示。

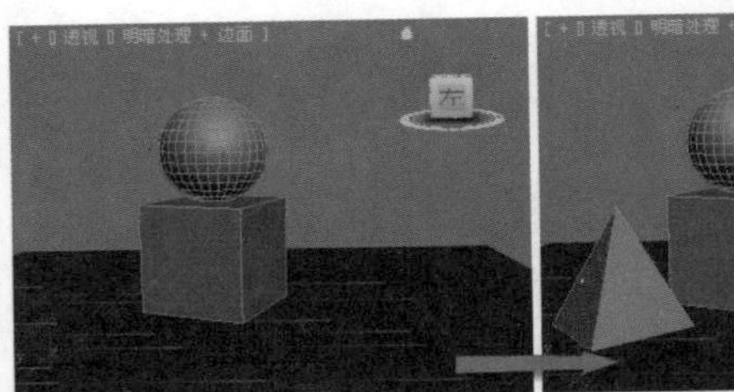

图3-85

操作步骤

Part 1 使用【平面】、【长方体】、【球体】工具制作石膏部分模型

步骤 01 单击（创建）|（几何体）| 标准基本体 | 平面（平面）按钮，在顶视图中创建一个平面，然后单击进入【修改】面板，设置【长度】为170mm，【宽度】为150mm，【长度分段】和【宽度分段】为1，如图3-86所示。

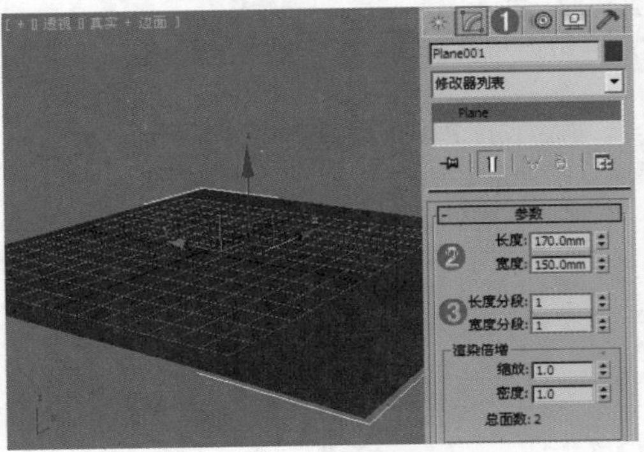

图3-86

步骤 02 使用【长方体】工具 长方体 在视图中拖曳并创建一个长方体，然后单击进入【修改】面板，设置【长度】、【宽度】、【高度】均为30mm，如图3-87所示。

步骤 03 使用【球体】工具 球体 在视图中拖曳并创建一个球体，然后单击进入【修改】面板，设置【半径】为15mm，如图3-88所示。

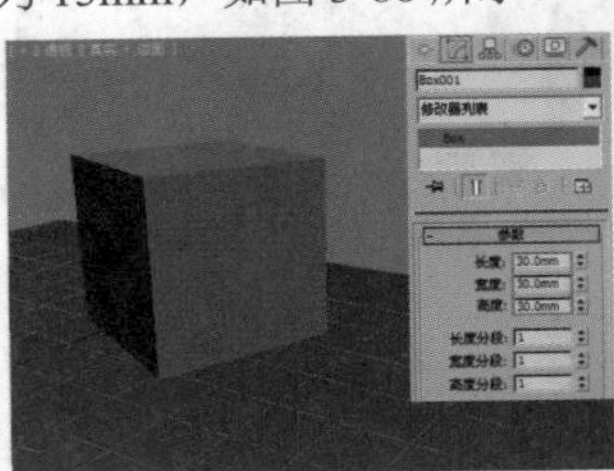

图3-87

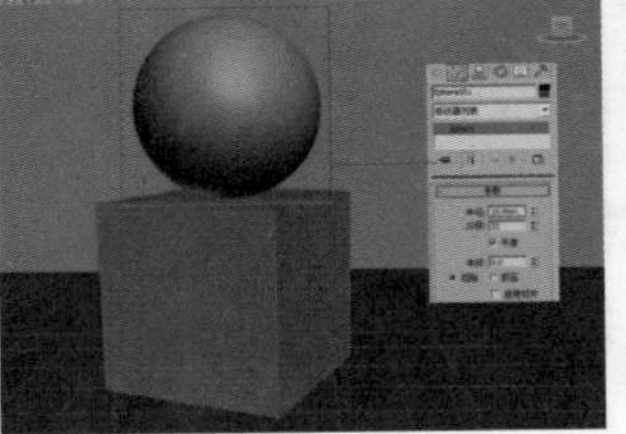

图3-88

Part 2 使用【圆锥体】、【圆柱体】、【四棱锥】工具制作石膏剩余模型

步骤 01 使用【圆锥体】工具 圆锥体 在视图中拖曳并创建一个圆锥体，然后单击进入【修改】面板，设置【半径1】为15mm，【半径2】为0mm，【高度】为40mm，如图3-89所示。

步骤 02 选择上一步创建的圆锥体，并使用【选择并旋转工具】，沿着X轴旋转-55°左右，最后使用【选择并移动】工具进行适当的移动，如图3-90所示。

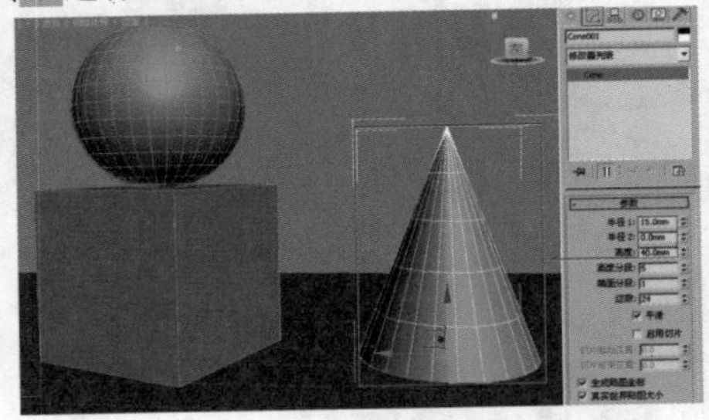

图3-89

步骤 03 使用【圆柱体】工具 圆柱体 在视图中拖曳并创建一个圆柱体，然后单击进入【修改】面板，设置【半径】为10mm，【高度】为40mm，同样最后使用【选择并旋转】工具进行适当的旋转，如图3-91所示。

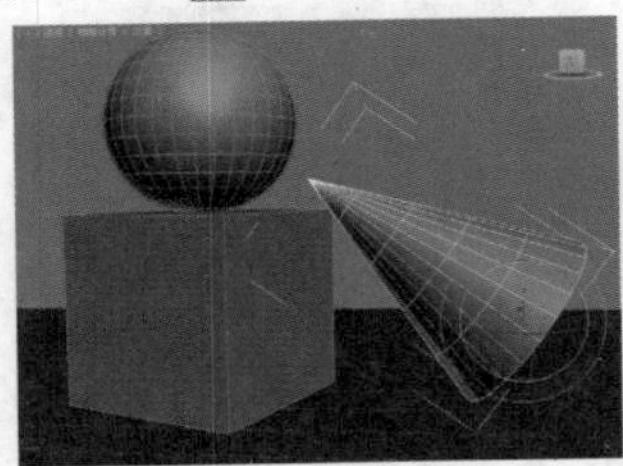

图3-90

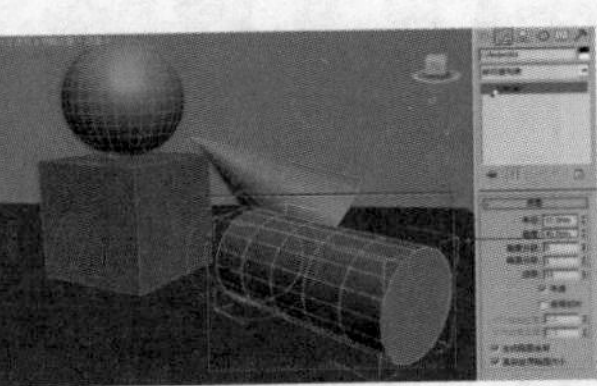

图3-91

步骤 04 使用【四棱锥】工具 四棱锥 在视图中拖曳并创建一个四棱锥，然后单击进入【修改】面板，设置【宽度】为25mm，【深度】为25mm，【高度】为30mm，同样最后使用【选择并旋转】工具进行适当的旋转，如图3-92所示。

步骤 05 最终模型效果如图3-93所示。

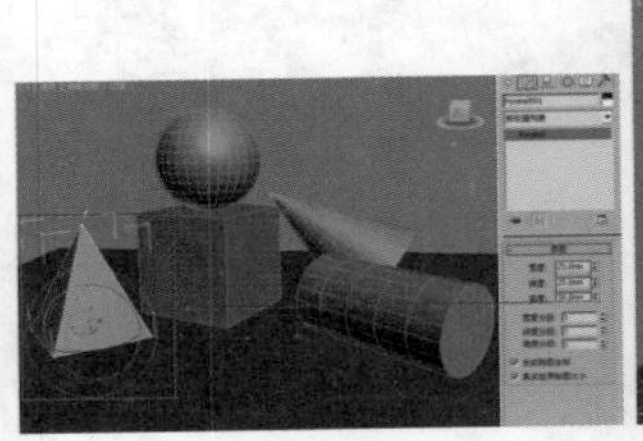

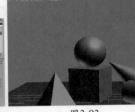

图3-92

图3-93

重点 综合实例：利用标准基本体制作水晶台灯

场景文件	无
案例文件	综合实例：利用标准基本体制作水晶台灯.max
视频教学	DVD/多媒体教学/Chapter03/综合实例：利用标准基本体制作水晶台灯.flv
难易指数	★★☆☆☆
技术掌握	掌握【圆柱体】、【球体】、【管状体】、【圆环】工具的使用方法

实例介绍

本例将以一个水晶台灯为例来讲解【圆柱体】、【球体】、【管状体】、【圆环】工具的使用方法，效果如图3-94所示。

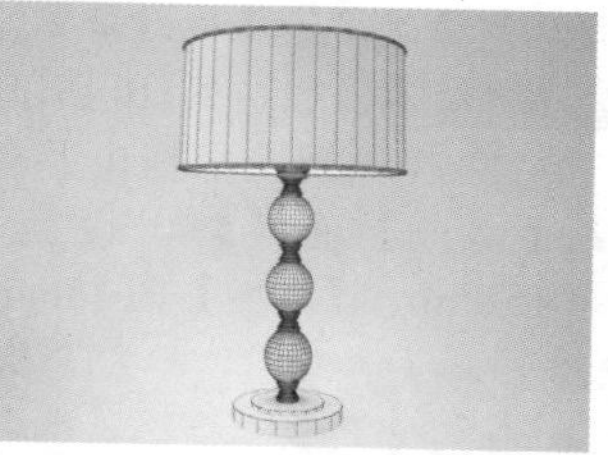

图3-94

建模思路

❶ 使用【球体】和【圆柱体】工具创建水晶台灯的底座和支柱部分。

❷ 使用【管状体】和【圆环】工具创建水晶台灯的灯罩部分。

水晶台灯的建模流程如图3-95所示。

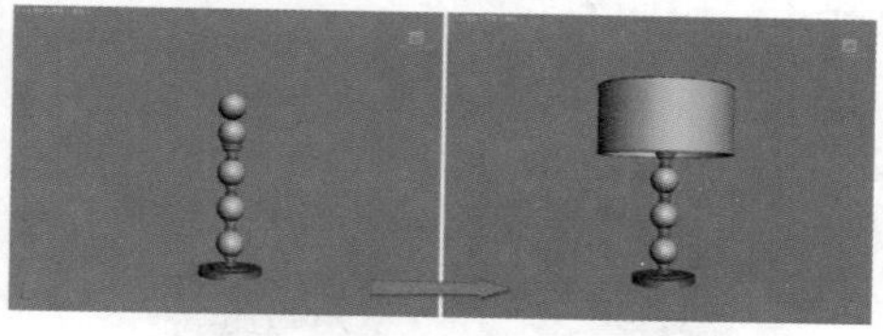

图3-95

操作步骤

Part 1 使用【球体】和【圆柱体】工具创建水晶台灯的底座和支柱部分

步骤01 使用【圆柱体】工具 圆柱体 在视图中拖曳并创建一个圆柱体，然后单击进入【修改】面板，设置【半径】为90mm，【高度】为20mm，【高度分段】为1，如图3-96所示。

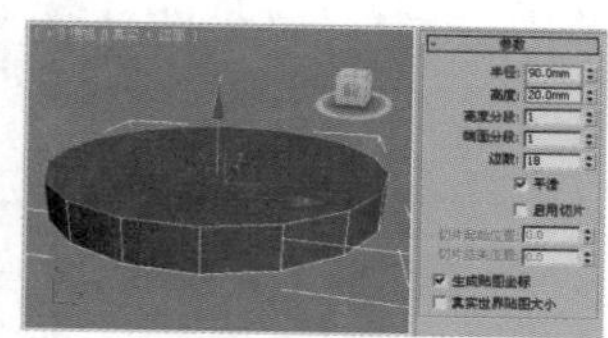

图3-96

步骤02 继续使用【圆柱体】工具 圆柱体 在视图中拖曳并创建一个圆柱体，然后单击进入【修改】面板，设置【半径】为60mm，【高度】为5mm，【高度分段】为1，如图3-97所示。

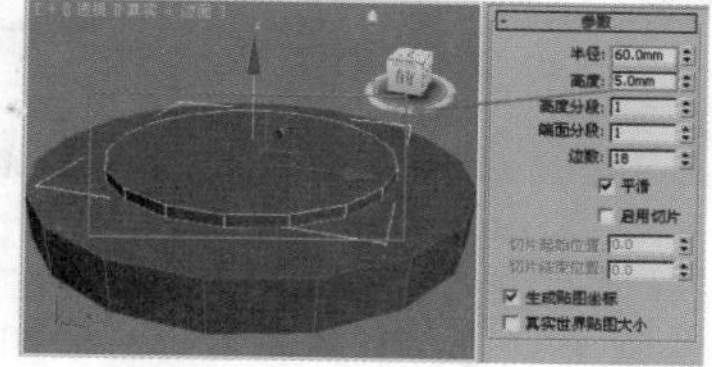

图3-97

步骤03 使用【圆环】工具 圆环 在视图中拖曳并创建一个圆环，然后单击进入【修改】面板，设置【半径1】为16mm，【半径2】为3mm，【分段】为36，如图3-98所示。

步骤04 继续使用【圆环】工具 圆环 在视图中创建4个半径不同的圆环，并将其分别拖曳到合适的位置，如图3-99所示。

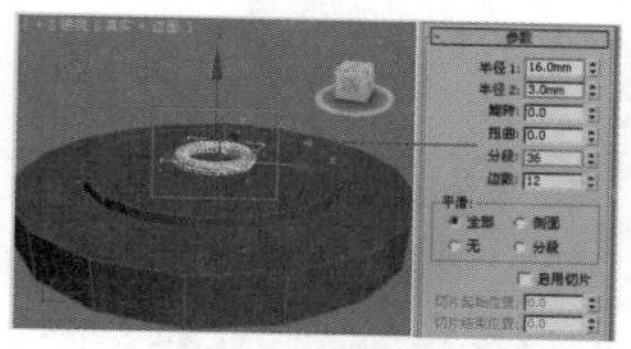

图3-98

图3-99

步骤05 使用【球体】工具 球体 在视图中拖曳并创建一个球体，然后单击进入【修改】面板，设置【半径】为40mm，【分段】为32，如图3-100所示。

步骤06 选择此时所有的球体和圆环，使用【选择并移动】工具并按住Shift键进行复制，然后设置【对象】为【实例】，【副本数】为3，最后单击【确定】按钮，如图3-101所示。

图3-100

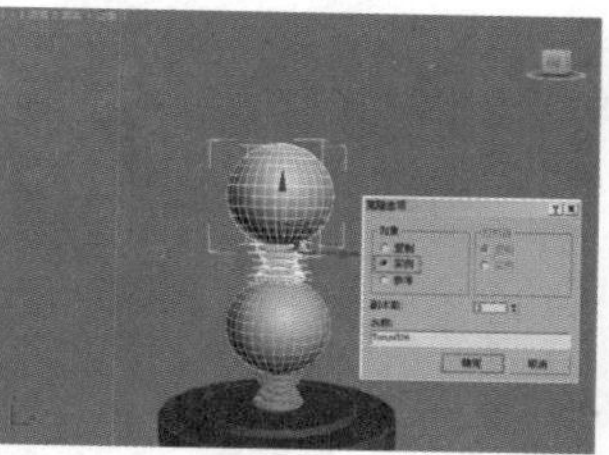

图3-101

步骤07 复制之后的模型效果如图3-102所示。用同样的方法再次复制一个球体，如图3-103所示。

图3-102

图3-103

Part 2 使用【管状体】和【圆环】工具创建水晶台灯的灯罩部分

步骤01 使用【管状体】工具 管状体 在视图中拖曳并创建一个管状体，然后单击进入【修改】面板，设置【半径1】为200mm，【半径2】为195mm，【高度】为200mm，【高度分段】为1，【边数】为36，如图3-104所示。

步骤02 使用【圆环】工具 圆环 在视图中拖曳并创建一个圆环，然后单击进入【修改】面板，设置【半径1】为200mm，【半径2】为3mm，【分段】为36，如图3-105所示。

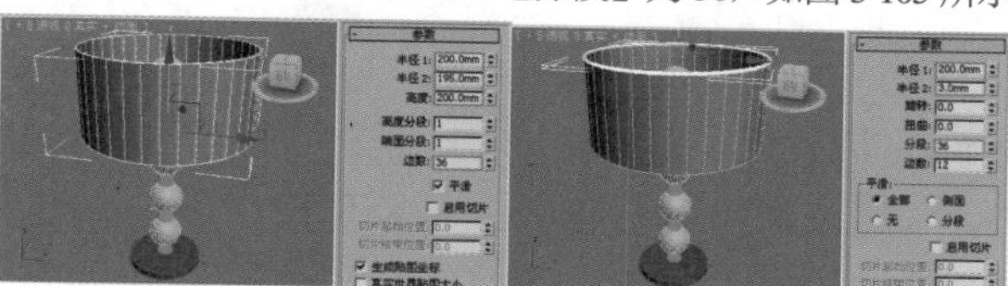

图3-104　　图3-105

步骤 03 选择步骤 02 中创建的圆环，使用【选择并移动】工具并按住 Shift 键进行复制，然后设置【对象】为【实例】，【副本数】为 1，最后单击【确定】按钮，如图 3-106 所示。

步骤 04 最终模型效果如图 3-107 所示。

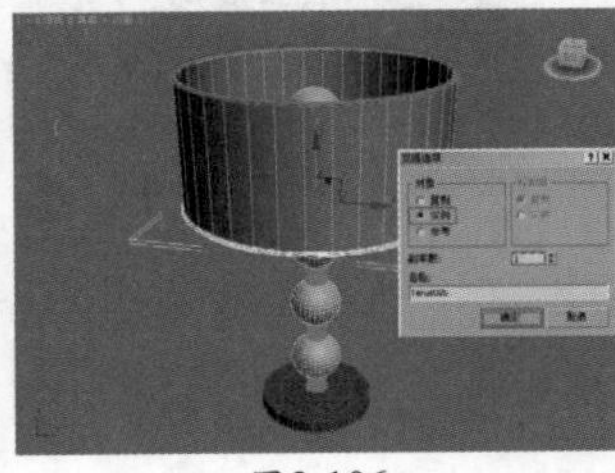
图3-106

图3-107

重点 综合实例：利用标准基本体制作现代台灯

场景文件	无
案例文件	综合实例：利用标准基本体制作现代台灯 .max
视频教学	DVD/ 多媒体教学 /Chapter03/ 综合实例：利用标准基本体制作现代台灯 .flv
难易指数	★★★☆☆
技术掌握	掌握【长方体】、【圆柱体】、【管状体】工具的使用方法

实例介绍

本例将以一个现代台灯为例来讲解【长方体】、【圆柱体】、【管状体】工具的使用方法，效果如图 3-108 所示。

图3-108

建模思路

① 使用【长方体】和【圆柱体】工具创建现代台灯的底座和支柱。

② 使用【管状体】工具创建现代台灯的灯罩。

现代台灯的建模流程如图 3-109 所示。

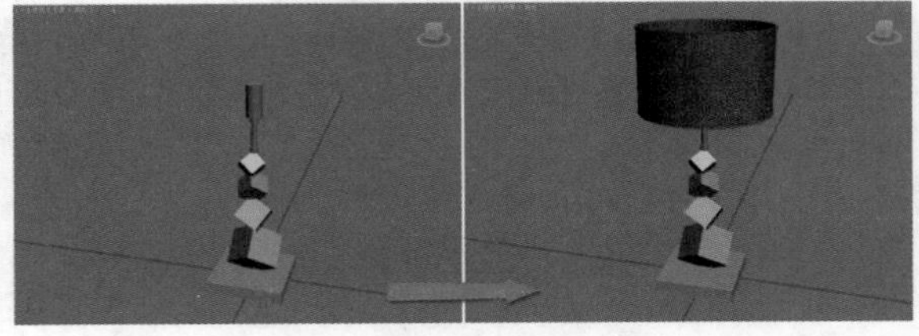
图3-109

操作步骤

Part 1 使用【长方体】和【圆柱体】工具创建现代台灯的底座和支柱

步骤 01 在【创建】面板中单击【几何体】按钮，然后设置几何体类型为【标准基本体】，接着单击【长方体】按钮 长方体 ，如图 3-110 所示。

步骤 02 在顶视图中拖曳并创建一个长方体，然后单击进入【修改】面板，设置【长度】为 150mm，【宽度】为 150mm，【高度】为 25mm，如图 3-111 所示。

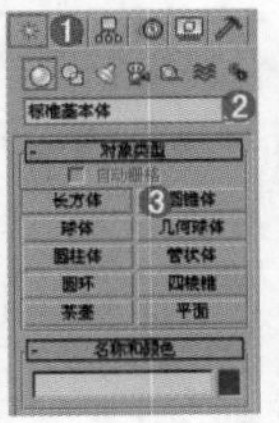
图3-110

图3-111

> **技巧与提示**
>
> 创建时一定要注意在哪个视图中创建，如果在前视图中创建并按步骤 02 中设置修改参数，将得到不同的长方体，如图 3-112 所示。
>
> 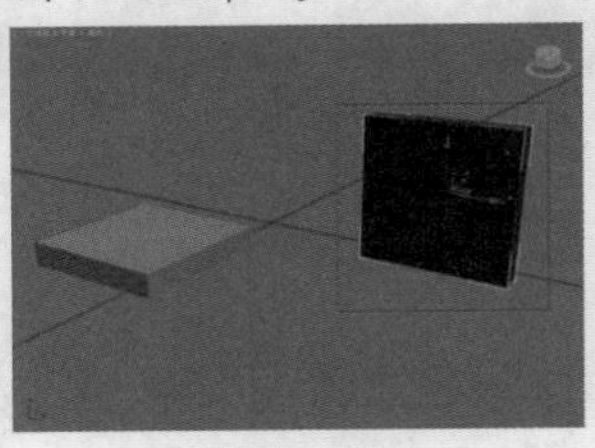
> 图3-112

步骤 03 使用【长方体】工具 长方体 在步骤 02 步创建的长方体顶部创建一个长方体，然后在【参数】卷展栏中设置【长度】为 70mm，【宽度】为 70mm，【高度】为 70mm，最后使用【选择并旋转】工具将其旋转一定的角度，如图 3-113 所示。

步骤 04 继续使用【长方体】工具 长方体 创建一个长方体作为支柱，然后在【参数】卷展栏中设置【长度】为 50mm，【宽度】为 50mm，【高度】为 50mm，最后使用【选择并旋转】工具将其旋转一定的角度，如图 3-114 所示。

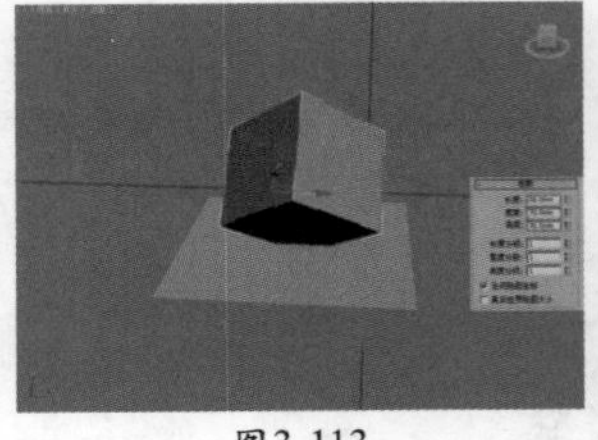
图3-113

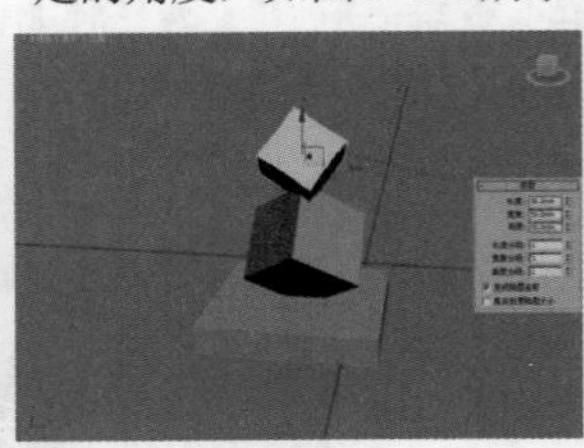
图3-114

步骤 05 继续使用【长方体】工具 长方体 在步骤 04 创建的长方体顶部创建长方体，具体参数设置如图 3-115 所示，最后使用【选择并旋转】工具将其旋转一定的角度，如图 3-116 所示。

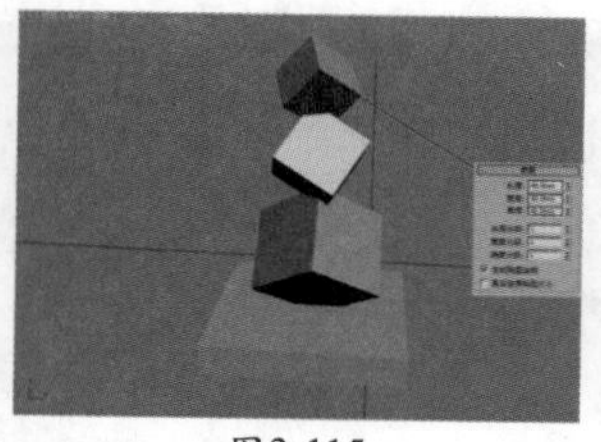

图3-115

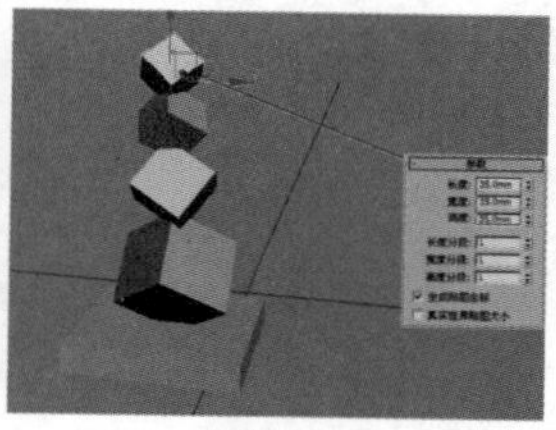

图3-116

步骤 06 使用【圆柱体】工具 圆柱体 在顶视图中创建 2 个圆柱体，然后在【修改】面板下展开【参数】卷展栏，并设置【半径】为 8mm，【高度】为 3mm，如图 3-117 所示。

图3-117

步骤 07 继续使用【圆柱体】工具 圆柱体 在场景中创建 2 个圆柱体，然后分别修改各自的参数，具体的参数设置如图 3-118 所示。

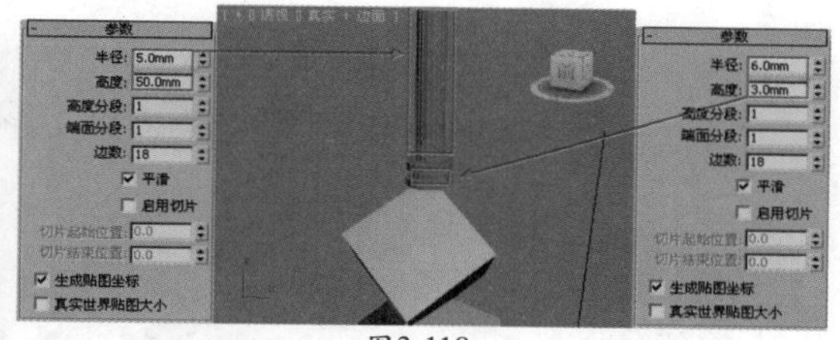

图3-118

步骤 08 使用【选择并移动】工具选择如图 3-119 的所示的 3 个圆柱体，然后按住 Shift 键复制 1 份，如图 3-119（右）所示。

步骤 09 使用【圆柱体】工具 圆柱体 在场景中创建 1 个圆柱体，然后在修改面板下设置【半径】为 15mm，【高度】为 60mm，【高度分段】为 1，如图 3-120 所示。

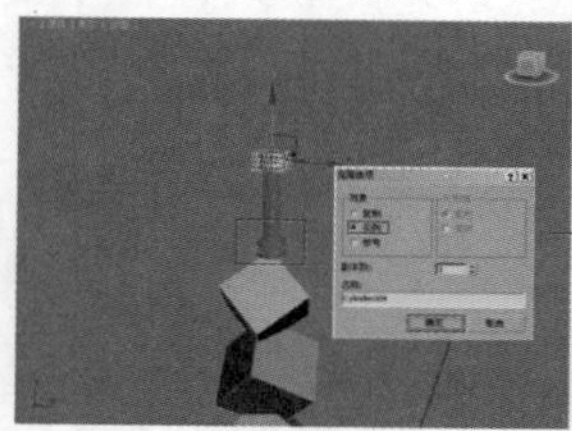

图3-119

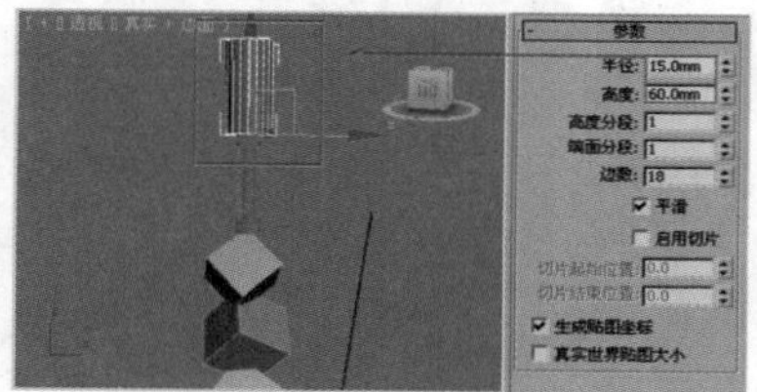

图3-120

Part 2 使用【管状体】工具创建现代台灯的灯罩

步骤 01 使用【管状体】工具 管状体 在顶视图中创建 1 个管状体，然后在【修改】面板下展开【参数】卷展栏，设置【半径 1】为 120mm，【半径 2】为 118mm，【高度】为 150mm，【边数】为 36，如图 3-121 所示。

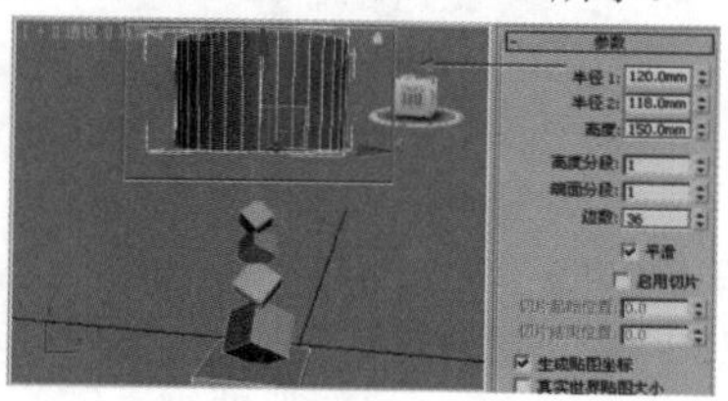

图3-121

步骤 02 继续使用【管状体】工具 管状体 在顶视图中创建 2 个管状体，在【修改】面板下设置【半径 1】为 122mm，【半径 2】为 118mm，【高度】为 4.5mm，【边数】为 36，如图 3-122 所示。

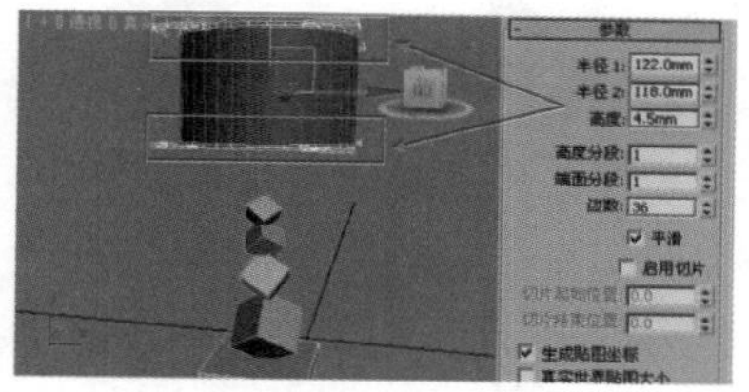

图3-122

步骤 03 最终模型效果如图 3-123 所示。

图3-123

3.2.2 扩展基本体

扩展基本体是 3ds Max Design 复杂基本体的集合，其中包括 13 种对象类型，分别是异面体、环形结、切角长方体、切角圆柱体、油罐、胶囊、纺锤、L-Ext、球棱柱、C-Ext、环形波、棱柱和软管，如图 3-124 所示。

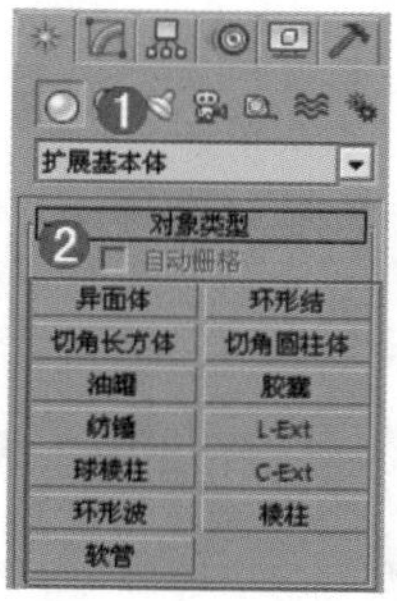

图3-124

1. 异面体

使用【异面体】工具可以创建出多面体的对象，如图 3-125 所示。

图3-125

- 系列：在该选项组中可选择要创建的多面体的类型。
- 系列参数 P、Q：为多面体顶点和面之间提供两种变换方式的关联参数。
- 轴向比率 P、Q、R：控制多面体一个面反射的轴。

使用【异面体】工具可以快速创建出很多复杂的模型，如水晶、饰品等，如图 3-126 所示。

图3-126

2. 切角长方体

使用【切角长方体】工具可以创建具有倒角或圆形边的长方体，如图 3-127 所示。

图3-127

- 圆角：用来控制切角长方体边上的圆角效果。
- 圆角分段：设置长方体圆角边上的分段数。

技巧与提示

【切角长方体】的参数比【长方体】增加了【圆角】参数，因此使用【切角长方体】同样可以创建出长方体。设置【圆角】为 0mm 和 20mm 的对比效果如图 3-128 所示。

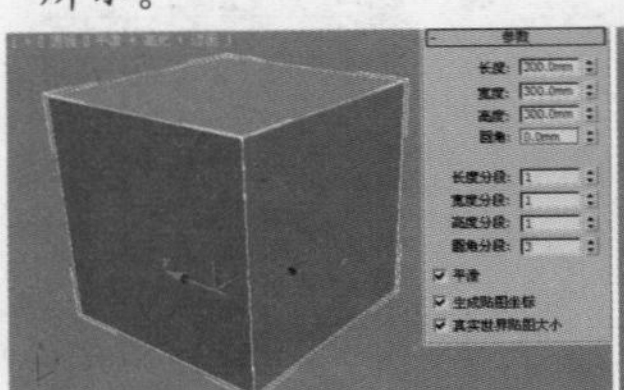

图3-128

重点 小实例：利用切角长方体制作简约沙发

场景文件	无
案例文件	小实例：利用切角长方体制作简约沙发.max
视频教学	DVD/多媒体教学/Chapter03/小实例：利用切角长方体制作简约沙发.flv
难易指数	★★☆☆☆
技术掌握	掌握【切角长方体】工具的使用方法

实例介绍

本例将以一个简约沙发来讲解【切角长方体】工具的使用方法，效果如图 3-129 所示。

图3-129

建模思路

❶ 使用【切角长方体】工具制作沙发主体模型。

❷ 使用【切角长方体】工具制作沙发剩余模型。

简约沙发的建模流程如图 3-130 所示。

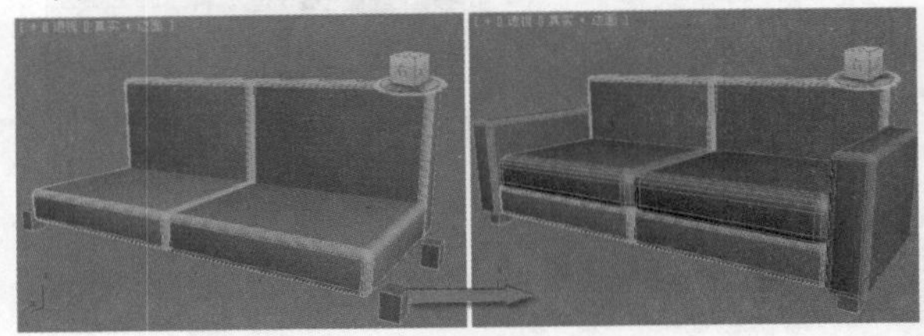

图3-130

操作步骤

Part 1 使用【切角长方体】工具制作沙发主体模型

步骤 01 单击（创建）|（几何体）| 扩展基本体 | 切角长方体（切角长方体）按钮，如图 3-131 所示。在视图中拖曳并创建一个切角长方体，作为沙发腿，然后单击进入【修改】面板，接着在【参数】卷展栏下设置【长度】为 25mm，【宽度】为 30mm，【高度】为 35mm，【圆角】为 0mm，如图 3-132 所示。

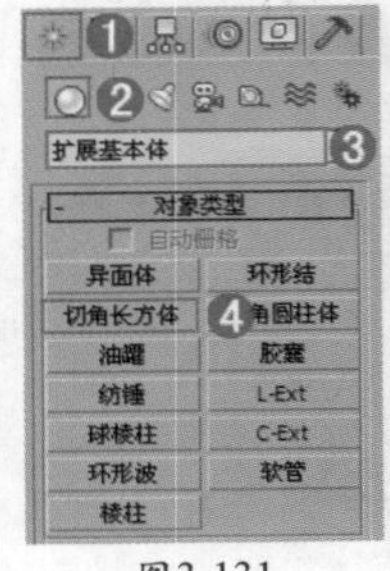

图3-131

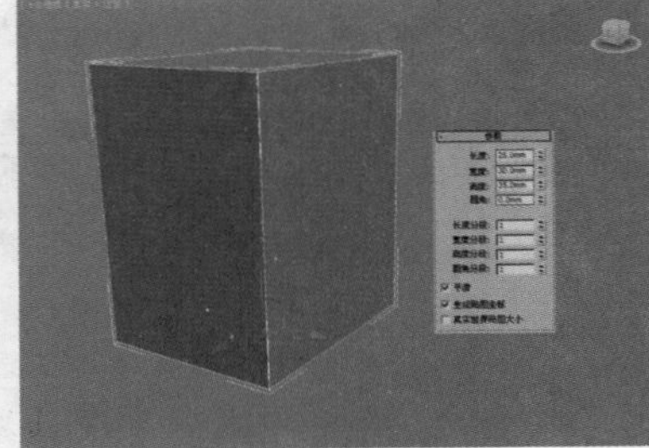

图3-132

步骤 02 将沙发腿复制 3 份，位置如图 3-133 所示。

步骤 03 继续在视图中拖曳并创建一个切角长方体，然后单击进入【修改】面板，接着在【参数】卷展栏下设置【长度】为 300mm，【宽度】为 250mm，【高度】为 60mm，【圆角】为 10mm，【圆角分段】为 5，如图 3-134 所示。

图3-133

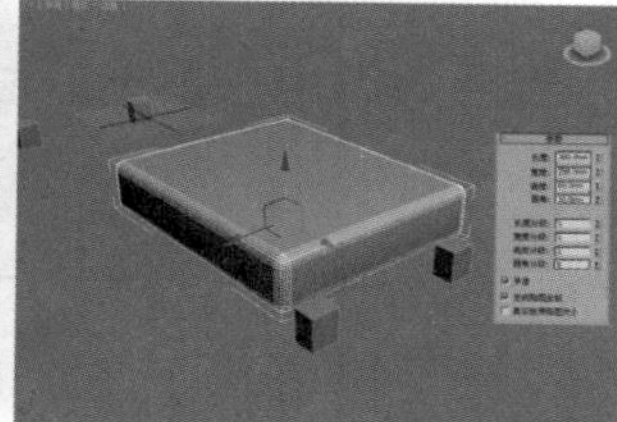
图3-134

步骤 04 选择步骤 03 中的模型并复制 1 份，位置如图 3-135 所示。

步骤 05 继续选择步骤 03 中创建的模型并复制 2 份，位置如图 3-136 所示。

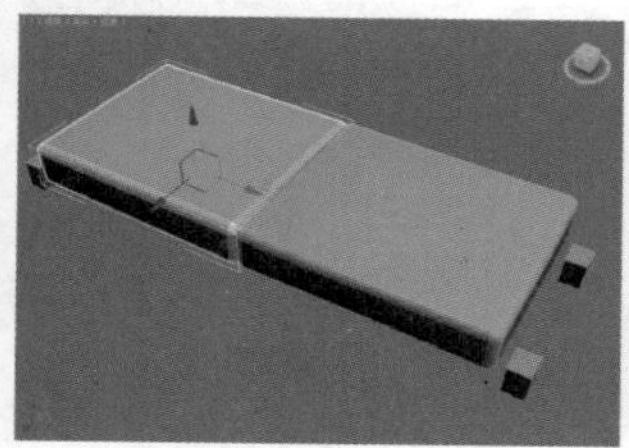
图3-135

图3-136

Part 2 使用【切角长方体】工具制作沙发剩余模型

步骤 01 在视图中拖曳并创建一个切角长方体，然后单击进入【修改】面板，接着在【参数】卷展栏下设置【长度】为 300mm，【宽度】为 250mm，【高度】为 70mm，【圆角】为 20mm，【圆角分段】为 4，如图 3-137 所示。

步骤 02 继续选择步骤 01 中创建的模型，并复制 1 份，位置如图 3-138 所示。

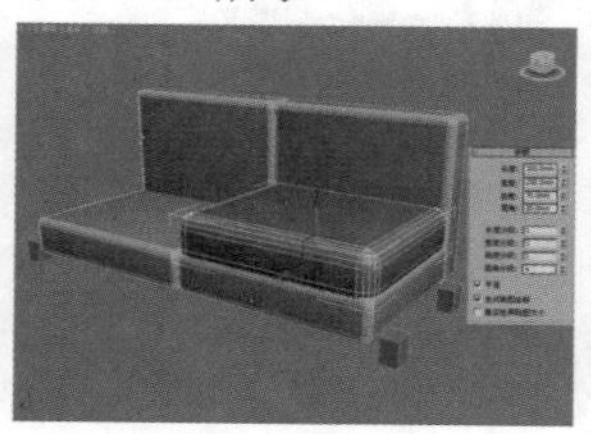
图3-137

图3-138

步骤 03 继续在视图中拖曳并创建一个切角长方体，然后单击进入【修改】面板，接着在【参数】卷展栏下设置【长度】为 250mm，【宽度】为 180mm，【高度】为 50mm，【圆角】为 8mm，【圆角分段】为 4，如图 3-139 所示。

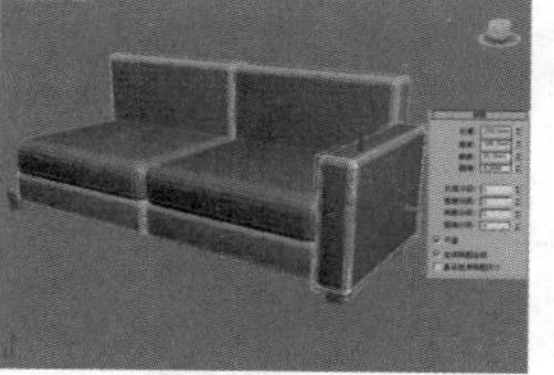
图3-139

步骤 04 选择步骤 03 中创建的模型并复制 1 份，如图 3-140 所示。

步骤 05 简约沙发的最终模型效果如图 3-141 所示。

图3-140

图3-141

3. 切角圆柱体

使用【切角圆柱体】工具可以创建具有倒角或圆形封口边的圆柱体，如图 3-142 所示。

图3-142

- 圆角：斜切切角圆柱体的顶部和底部封口边。
- 圆角分段：设置圆柱体圆角边上的分段数。

重点 小实例：利用切角圆柱体制作创意灯

场景文件	无
案例文件	小实例：利用切角圆柱体制作创意灯 .max
视频教学	DVD/ 多媒体教学 /Chapter03/ 小实例：利用切角圆柱体制作创意灯 .flv
难易指数	★★☆☆☆
技术掌握	掌握【切角圆柱体】工具的使用方法

实例介绍

本例将以一个创意灯来讲解【切角圆柱体】工具的使用方法，效果如图 3-143 所示。

图3-143

建模思路

① 使用【切角圆柱体】工具创建台灯模型。
② 使用【切角圆柱体】工具创建吊灯模型。

创意灯的建模流程如图 3-144 所示。

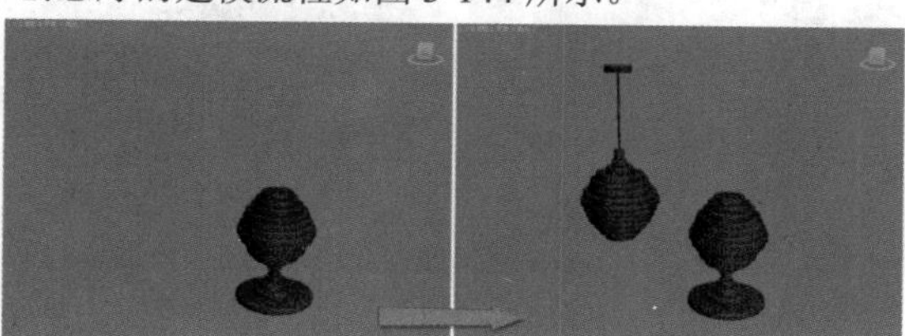
图3-144

操作步骤

Part 1 创建台灯模型

步骤 01 单击 （创建）| （几何体）| 扩展基本体 | 切角圆柱体 （切角圆柱体）按钮，如图3-145所示。在视图中拖曳并创建一个切角圆柱体，然后单击进入【修改】面板 ，接着在【参数】卷展栏下设置【半径】为150mm，【高度】为25mm，【圆角】为2mm，【高度分段】为1，【圆角分段】为3，【边数】为32，如图3-146所示。

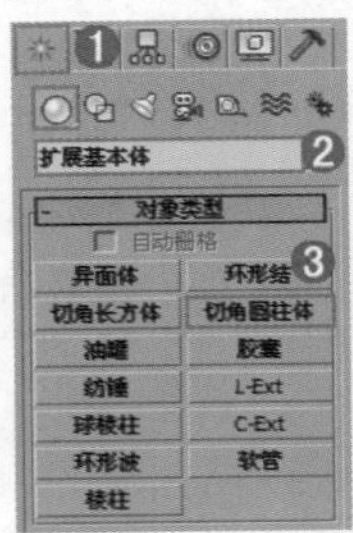

图3-145

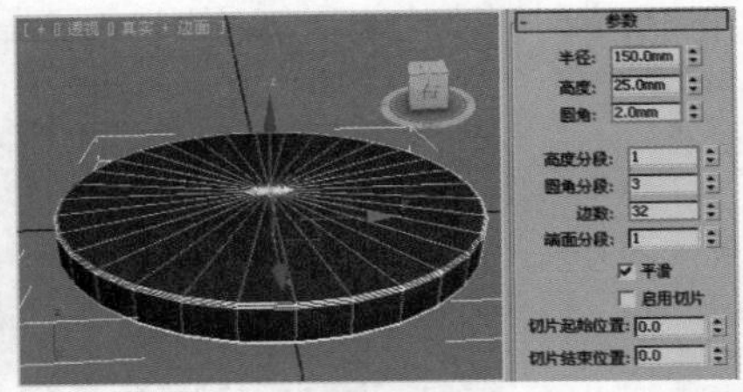

图3-146

技巧与提示

如图3-147所示分别为设置【圆角分段】分别为1和5时的分段效果。

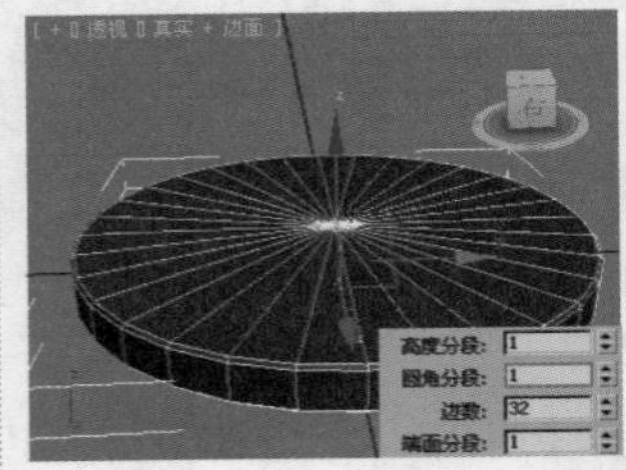

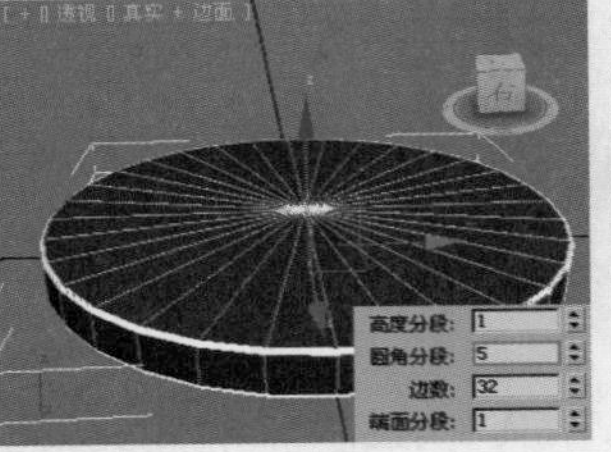

图3-147

步骤 02 继续使用【切角圆柱体】工具 切角圆柱体 在视图中拖曳并创建一个切角圆柱体，然后单击进入【修改】面板 ，设置【半径】为80mm，【高度】为25mm，【圆角】为2，【高度分段】为1，【圆角分段】为3，【边数】为32，如图3-148所示。

步骤 03 继续使用【切角圆柱体】工具 切角圆柱体 在视图中拖曳并创建2个切角圆柱体，然后设置其参数，如图3-149所示。

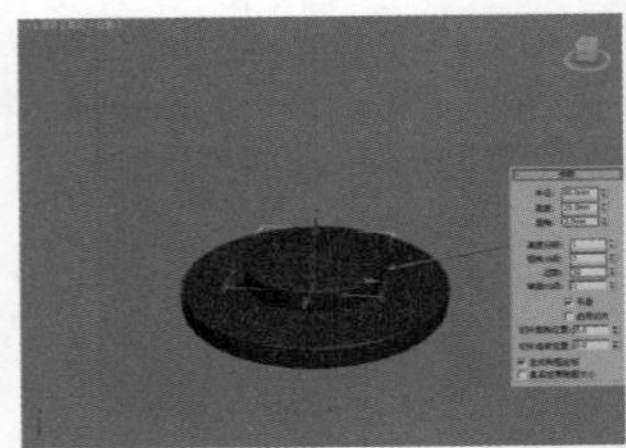

图3-148

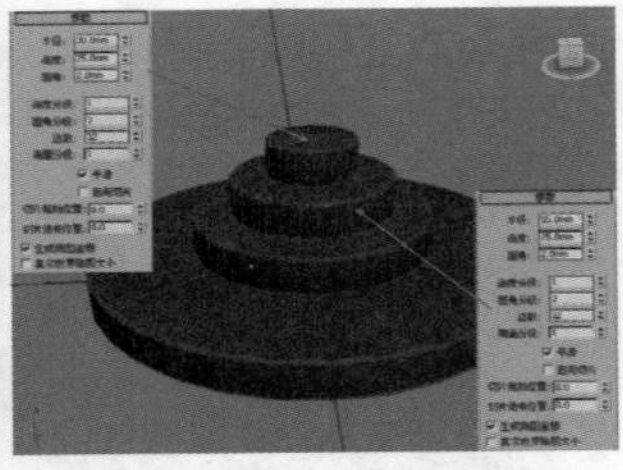

图3-149

步骤 04 继续使用【切角圆柱体】工具 切角圆柱体 在视图中拖曳并创建多个切角圆柱体，并且分别设置其参数，依次创建后的效果如图3-150所示。

图3-150

Part 2 创建吊灯模型

步骤 01 选择如图3-151所示的切角圆柱体，使用【选择并移动】工具 并按住【Shift】键进行复制，然后设置【对象】为【实例】，【副本数】为1，最后单击【确定】按钮，如图3-152所示。

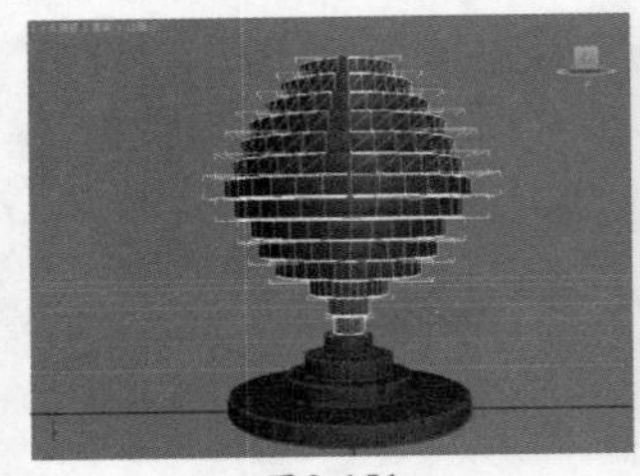

图3-151

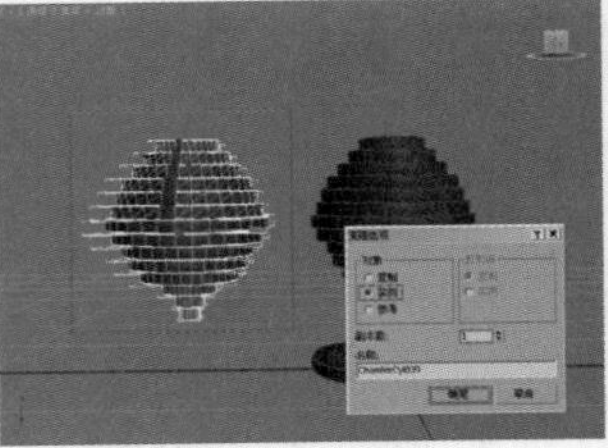

图3-152

步骤 02 保持对切角圆柱体的选择，然后单击【镜像】按钮 ，设置【镜像轴】为Z，【克隆当前选择】为【不克隆】，最后单击【确定】按钮，如图3-153所示。

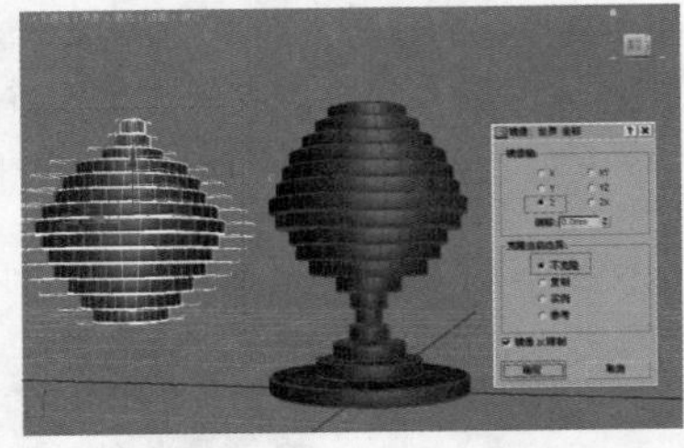

图3-153

步骤 03 使用【切角圆柱体】工具 切角圆柱体 在视图中拖曳并创建一个切角圆柱体，然后单击进入【修改】面板 ，设置【半径】为4mm，【高度】为300mm，【圆角】为0mm，【高度分段】为1，【圆角分段】为3，【边数】为32，如图3-154所示。

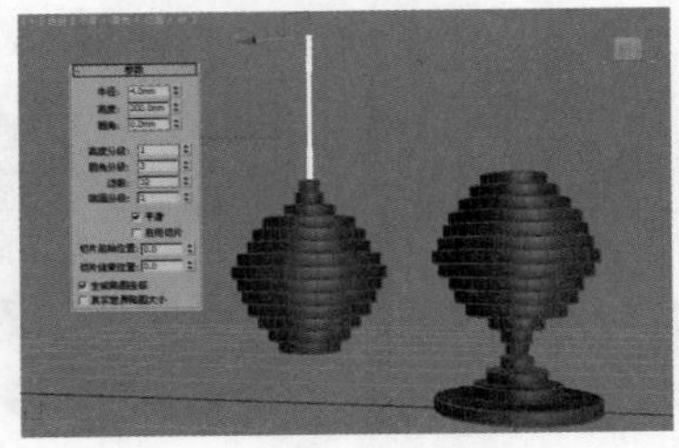

图3-154

步骤 04 用同样的方法制作出另外一个切角圆柱体。最终模型效果如图 3-155 所示。

4．油罐

使用【油罐】工具可以创建带有凸面封口的圆柱体，如图 3-156 所示。

图3-155

图3-156

- 半径：设置油罐的半径。
- 高度：设置沿着中心轴的维度。
- 封口高度：设置凸面封口的高度。
- 总体 / 中心：决定【高度】值指定的内容。
- 混合：大于 0 时将在封口的边缘创建倒角。
- 边数：设置油罐周围的边数。
- 高度分段：设置沿着油罐主轴的分段数量。
- 平滑：混合油罐的面，从而在渲染视图中创建平滑的外观。

5．胶囊

使用【胶囊】工具可以创建带有半球状封口的圆柱体，如图 3-157 所示。

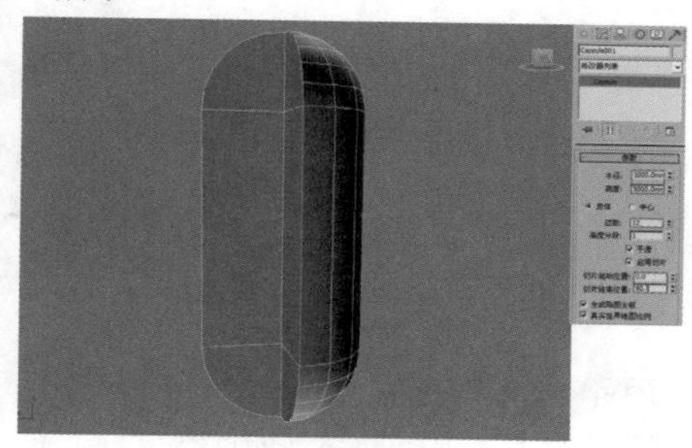
图3-157

6．纺锤

使用【纺锤】工具可以创建带有圆锥形封口的圆柱体，如图 3-158 所示。

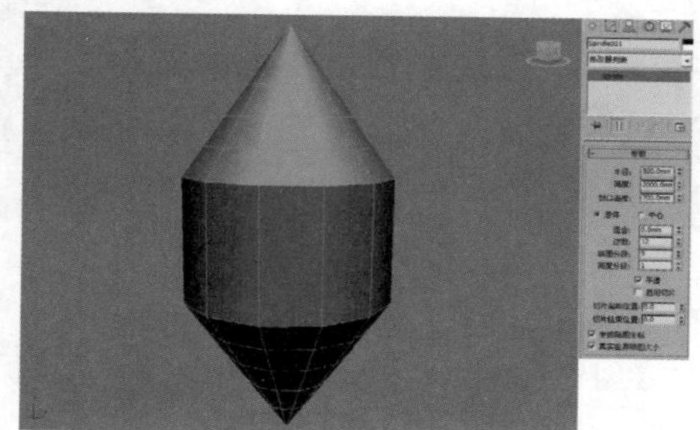
图3-158

7．L-Ext

使用 L-Ext 工具可以创建挤出的 L 形对象，如图 3-159 所示。

图3-159

- 侧面长度、前面长度：指定 L 每个【脚】的长度。
- 侧面宽度、前面宽度：指定 L 每个【脚】的宽度。
- 高度：指定对象的高度。
- 侧面分段、前面分段：指定该对象特定【脚】的分段数。
- 宽度分段、高度分段：指定整个宽度和高度的分段数。

8．球棱柱

使用【球棱柱】工具可以创建挤出的规则面多边形，如图 3-160 所示。

图3-160

9．C-Ext

使用 C-Ext 工具可以创建挤出的 C 形对象，如图 3-161 所示。

图3-161

- 背面长度、侧面长度、前面长度：指定 3 个侧面的每一个长度。
- 背面宽度、侧面宽度、前面宽度：指定 3 个侧面的每一个宽度。
- 高度：指定对象的总体高度。
- 背面分段、侧面分段、前面分段：指定对象特定侧面的分段数。
- 宽度分段、高度分段：设置该分段以指定对象的整个宽度和高度的分段数。

10．棱柱

使用【棱柱】工具可以创建带有独立分段面的三面棱柱，如图 3-162 所示。

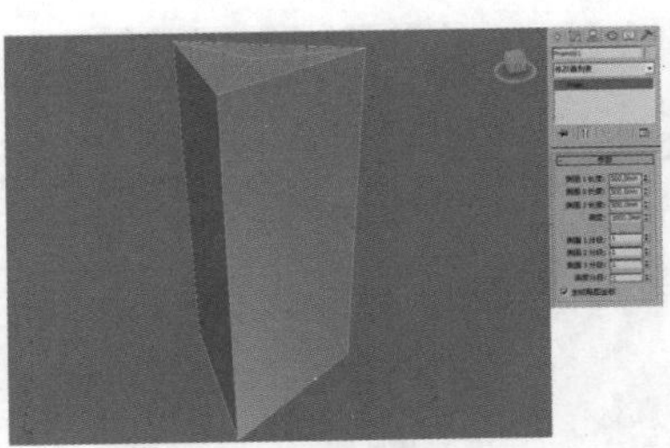

图3-162

- 侧面 1/2/3 长度：设置三角形对应面的长度（以及三角形的角度）。
- 高度：设置棱柱体中心轴的维度。
- 侧面 1/2/3 分段：指定棱柱体每个侧面的分段数。
- 高度分段：设置沿着棱柱体主轴的分段数量。

11．软管

使用【软管】工具可以创建类似管状结构的模型，如图 3-163 所示。

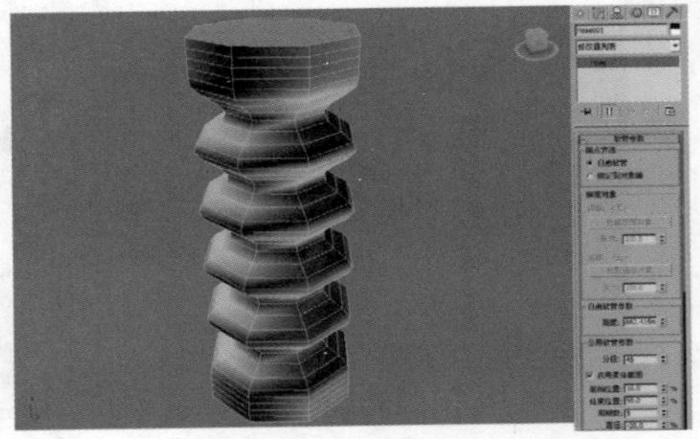

图3-163

（1）端点方法

- 自由软管：如果只是将软管作为一个简单的对象，而不绑定到其他对象，则需要选中该复选框。
- 绑定到对象轴：如果要把软管绑定到对象中，则必须选中该复选框。

（2）绑定对象

- 顶部 / 底部（标签）：显示顶 / 底绑定对象的名称。
- 拾取顶部对象：单击该按钮，然后选择顶对象。
- 张力：确定当软管靠近底部对象时顶部对象附近的软管曲线的张力。

（3）自由软管参数

- 高度：用于设置软管未绑定时的垂直高度或长度。

（4）公用软管参数

- 分段：软管长度中的总分段数。
- 启用柔体截面：如果启用，则可以为软管的中心柔体截面设置以下 4 个参数。
- 起始位置：从软管的始端到柔体截面开始处占软管长度的百分比。
- 结束位置：从软管的末端到柔体截面结束处占软管长度的百分比。
- 周期数：柔体截面中的起伏数目。可见周期的数目受限于分段的数目。

> **技巧与提示**
>
> 要设置合适的分段数目，首先应设置周期，然后增大分段数目，直到可见周期停止变化为止。

- 直径：周期【外部】的相对宽度。
- 平滑：定义要进行平滑处理的几何体。
- 可渲染：如果启用，则使用指定的设置对软管进行渲染。

（5）软管形状

- 圆形软管：设置为圆形的横截面。
- 长方形软管：可指定不同的宽度和深度设置。
- D 截面软管：与矩形软管类似，但一个边呈圆形，形成 D 状的横截面。

重点 小实例：利用环形结制作吊灯

场景文件	无
案例文件	小实例：利用环形结制作吊灯 .max
视频教学	DVD/ 多媒体教学 /Chapter03/ 小实例：利用环形结制作吊灯 .flv
难易指数	★★★☆☆
技术掌握	掌握【环形结】工具的使用方法

实例介绍

本例将以一个吊灯模型来讲解【环形结】工具的使用方法，效果如图 3-164 所示。

图3-164

建模思路

使用【环形结】工具创建吊灯的模型。

吊灯的建模流程如图 3-165 所示。

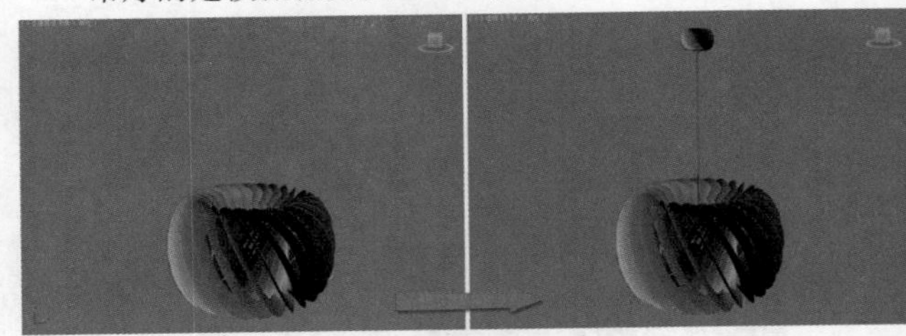

图3-165

操作步骤

步骤 01 在【创建】面板下设置【几何体类型】为【扩展基本体】，接着单击【环形结】按钮 环形结 ，如图 3-166 所示。

步骤 02 使用【环形结】工具在顶视图中创建一个环形结，展开【参数】卷展栏，设置【半径】为 280mm，【分段】为 800，P 为 12，Q 为 25；在【横截面】选项组下设置【半径】为 20mm，【边数】为 80，【偏心率】为 3，如图 3-167 所示。

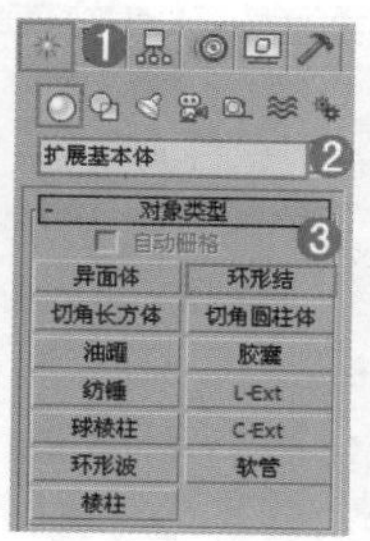

图3-166

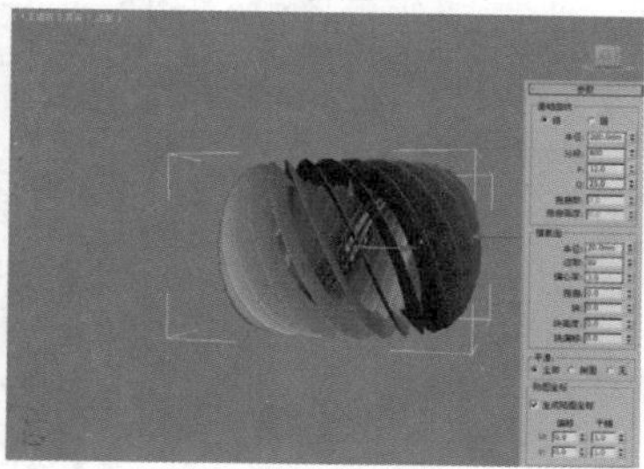

图3-167

步骤 03 继续使用【环形结】工具在视图中创建一个环形结，然后设置【半径】为 60mm，【分段】为 800，P 为 12，Q 为 25，接着在【横截面】选项组下设置【半径】为 5mm，【边数】为 80，【偏心率】为 3，如图 3-168 所示。

步骤 04 继续使用【环形结】工具在视图中创建一个环形结，然后设置【半径】为 40mm，【分段】为 800，P 为 12，Q 为 25，接着在【横截面】选项组下设置【半径】为 10mm，【边数】为 80，【偏心率】为 3，并放置到顶部，如图 3-169 所示。

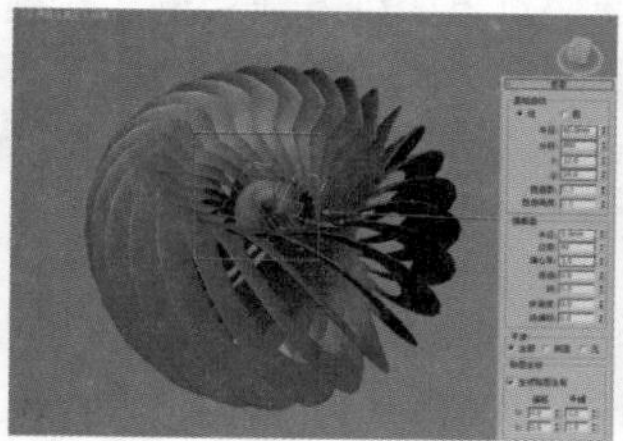

图3-168

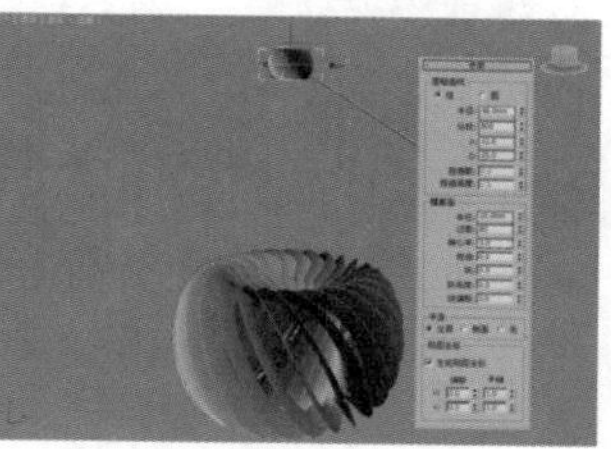

图3-169

步骤 05 使用【圆柱体】工具在顶视图中创建一个圆柱体，然后设置【半径】为 5mm，【高度】为 1200mm，【高度分段】为 1，如图 3-170 所示。

步骤 06 使用【球体】工具在顶视图中创建一个球体，然后设置【半径】为 30mm，【分段】为 32，如图 3-171 所示。

图3-170

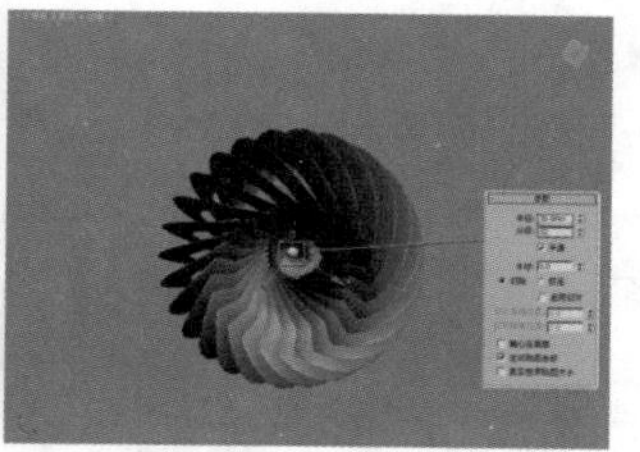

图3-171

步骤 07 最终模型效果如图 3-172 所示。

图3-172

技巧与提示

【环形结】工具只需要适当修改参数即可制作出非常特殊的物体效果，可见 3ds Max 是非常强大的，如图 3-173 所示。

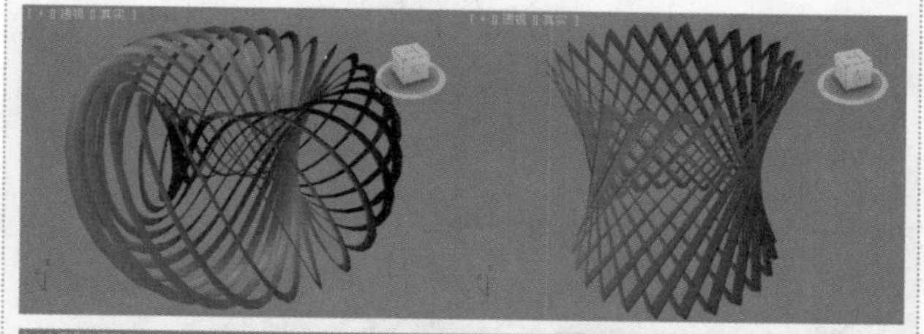

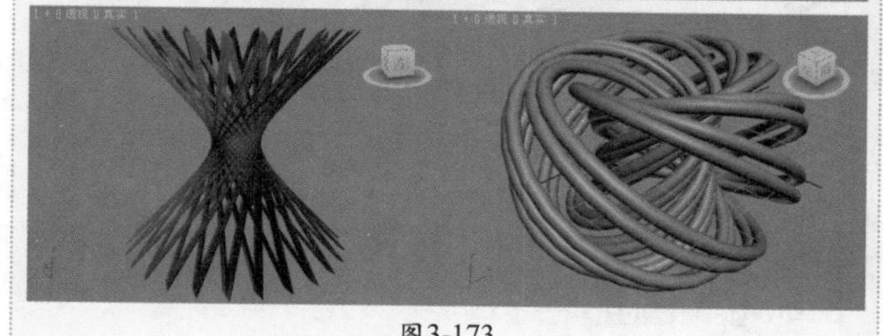

图3-173

3.3 创建复合对象

复合对象通常将两个或多个现有对象组合成单个对象，并可以快速地制作出很多特殊的模型，若使用其他建模方法可能会花费更多时间。复合对象包含 12 种类型，分别是变形、散布、一致、连接、水滴网格、图形合并、布尔、地形、放样、网格化、ProBoolean 和 ProCutter，如图 3-174 所示。

- **变形**：可以通过两个或多个物体间的形状来制作动画。
- **一致**：可以将一个物体的顶点投射到另一个物体上，使被投射的物体产生变形。
- **水滴网格**：水滴网格是一种实体球，它将近距离的水滴网格融合到一起，用来模拟液体。

- 布尔：运用布尔运算方法对物体进行运算。
- 放样：可以将二维的图形转化为三维物体。
- 散布：可以将对象散布在对象的表面，也可以将对象散布在指定的物体上。
- 连接：可以将两个物体连接成一个物体，同时也可以通过参数来控制这个物体的形状。
- 图形合并：可以将二维造型融合到三维网格物体上，还可以通过不同的参数来切掉三维网格物体的内部或外部对象。
- 地形：可以将一个或多个二维图形变成一个平面。
- 网格化：一般情况下都配合粒子系统一起使用。
- ProBoolean：可以将大量功能添加到传统的 3ds Max 布尔对象中。
- ProCutter：可以执行特殊的布尔运算，主要目的是分裂或细分体积。

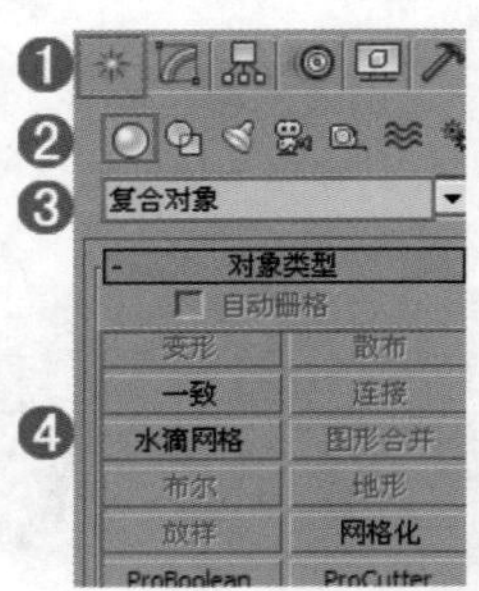

图3-174

技巧与提示

在效果图制作中，最常用到的是图形合并、布尔、ProBoolean、放样 4 种复合对象类型。下面将重点讲解这几种类型。

3.3.1 图形合并

使用【图形合并】工具可以创建包含网格对象和一个或多个图形的复合对象。这些图形嵌入在网格中（将更改边与面的模式），或从网格中消失。可以快速制作出物体表面带有花纹的效果，如图 3-175 所示。其参数面板如图 3-176 所示。

图3-175

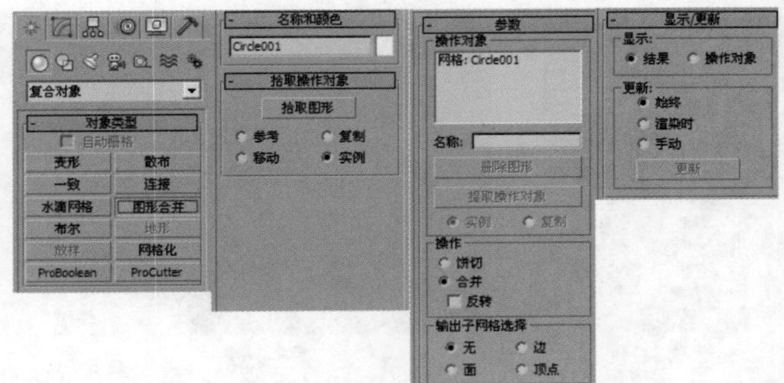

图3-176

- 拾取图形：单击该按钮，然后选择要嵌入网格对象中的图形。
- 参考 / 复制 / 移动 / 实例：指定如何将图形传输到复合对象中。
- 操作对象：列出所有操作对象。
- 删除图形：单击该按钮，从复合对象中删除选中图形。
- 提取操作对象：提取选中操作对象的副本或实例。在列表窗中选择操作对象时此按钮可用。
- 实例 / 复制：指定如何提取操作对象。可以作为实例或副本进行提取。
- 饼切：切去网格对象曲面外部的图形。
- 合并：将图形与网格对象曲面合并。
- 反转：反转【饼切】或【合并】效果。
- 更新：当选中除【始终】之外的任一选项时更新显示。

重点 小实例：利用图形合并制作戒指

场景文件	无
案例文件	小实例：利用图形合并制作戒指 .max
视频教学	DVD/ 多媒体教学 /Chapter03/ 小实例：利用图形合并制作戒指 .flv
难易指数	★★★☆☆
技术掌握	掌握【管状体】、【图形合并】工具的运用

实例介绍

本例学习使用【图形合并】工具来完成模型的制作，最终渲染和线框效果如图 3-177 所示。

图3-177

建模思路

① 使用【管状体】工具和【编辑多边形】修改器制作戒指的主体模型。

② 使用【样条线】中的【文本】工具创建文字，使用【复合对象】中的【图形合并】工具制作戒指的凸出文字。

创意戒指的建模流程如图 3-178 所示。

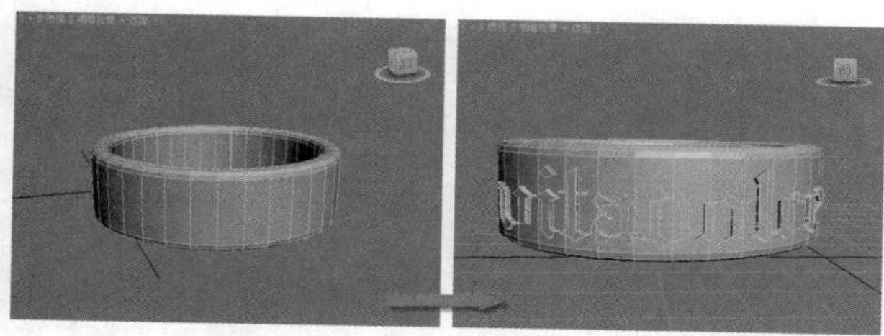
图3-178

操作步骤

Part 1 使用【管状体】工具和【编辑多边形】修改器制作戒指的主体模型

步骤 01 单击（创建）|（几何体）| 标准基本体 | 管状体（管状体）按钮，在顶视图中创建一个管状体。修改参数，设置【半径 1】为 35mm，【半径 2】为 30mm，【高度】为 20mm，【高度分段】为 1，【边数】为 36，如图 3-179 所示。

步骤 02 选择步骤 01 创建的管状体，然后单击进入【修改】面板，并为管状体加载【编辑多边形】修改器，如图 3-180 所示。

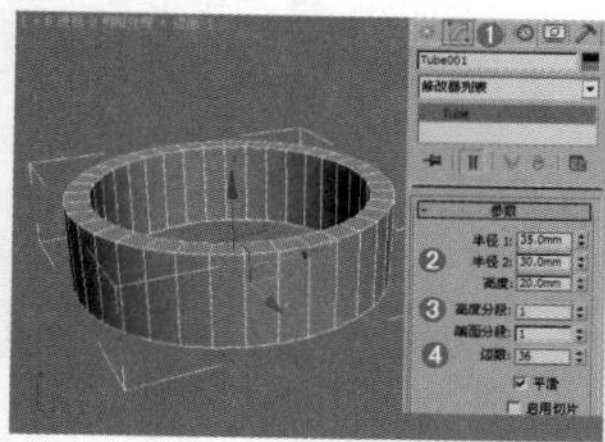
图3-179

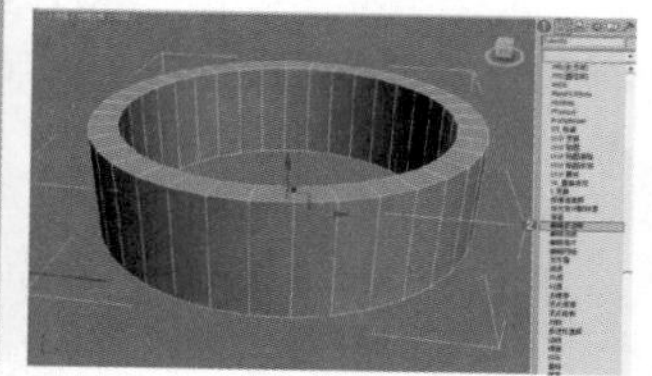
图3-180

步骤 03 进入【修改】面板，单击【边】按钮，然后选择如图 3-181 所示的边。

步骤 04 保持选择的边不变，然后单击【切角】按钮 切角 后的【设置】按钮，并设置【数量】为 2mm，【分段】为 3，最后单击【确定】按钮，如图 3-182 所示。

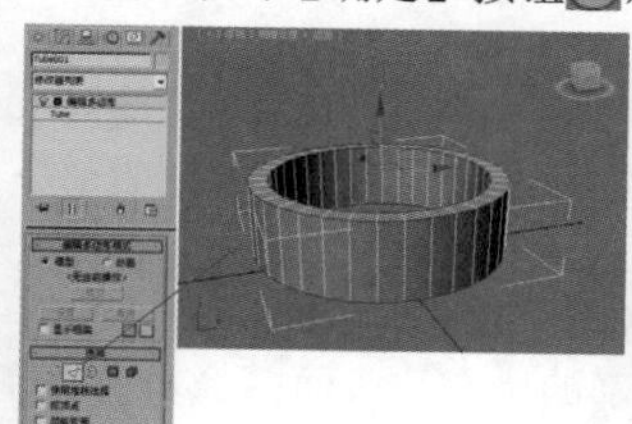
图3-181

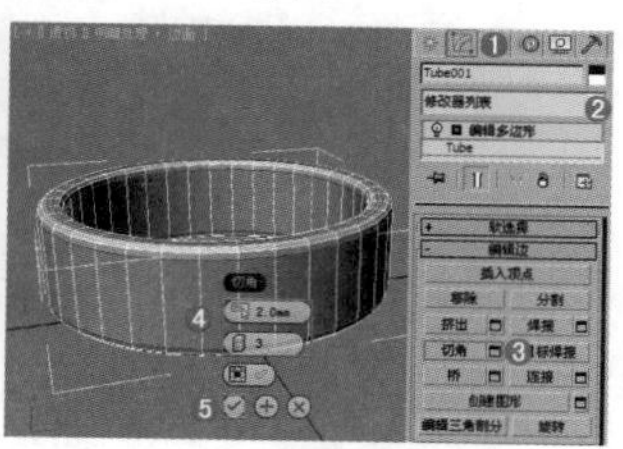
图3-182

Part 2 使用【文本】工具创建文字，使用【图形合并】工具制作戒指的凸出文字

步骤 01 单击（创建）|（图形）| 样条线 | 文本（文本）按钮，如图 3-183 所示。在前视图中单击创建文本，如图 3-184 所示。

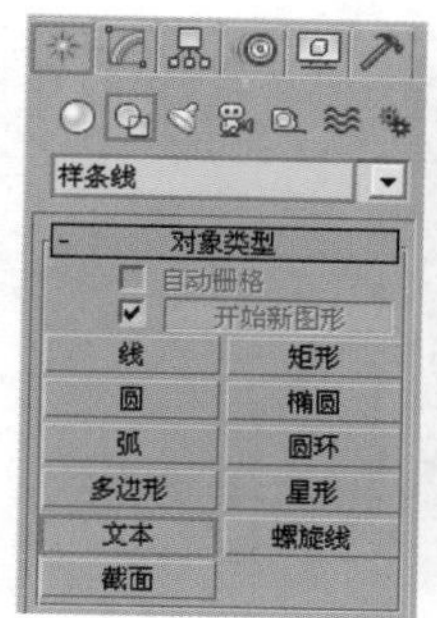

图3-183

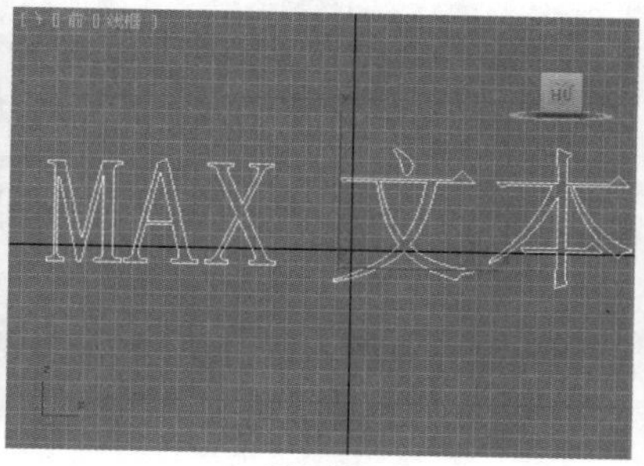

图3-184

步骤 02 进入【修改】面板，在【参数】卷展栏下设置字体为 GothicE，【大小】为 24mm，【字间距】为 –1.5mm，最后在【文本】文本框中输入 vitadolce，如图 3-185 所示。

> **技巧与提示**
>
> 本例中为了达到类似古罗马字体的效果而下载了罗马字体，若没有该字体可以使用其他字体代替，当然也可以在网上下载一些更合适的字体。

步骤 03 在前视图中将上面创建的文字移动到戒指模型的正前方，如图 3-186 所示。

图3-185

图3-186

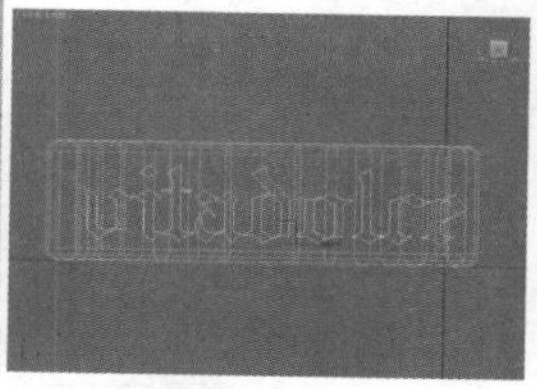

> **技巧与提示**
>
> 该步骤中将文字移动到了戒指的正前方，但是一定要注意，文字需要和戒指有一定的距离，这样在后面的步骤中才会正确操作，具体位置如图 3-187 所示。

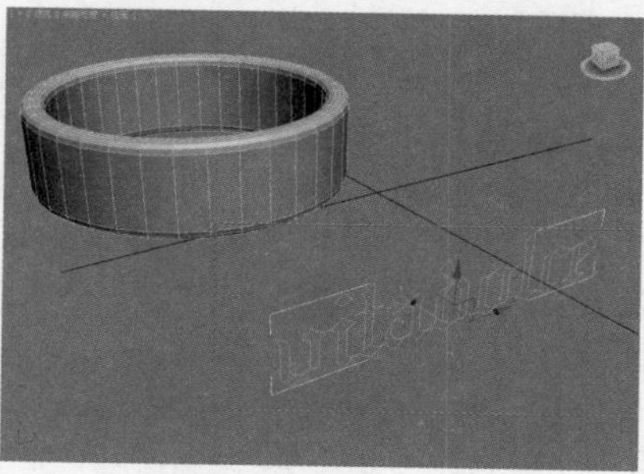
图3-187

步骤 04 选择戒指模型，选择【复合对象】中的【图形合并】工具 图形合并，接着单击【拾取图形】按钮 拾取图形，最后在场景中单击拾取刚才创建的文字，如图 3-188 所示。

步骤 05 【图形合并】操作后的效果如图 3-189 所示。

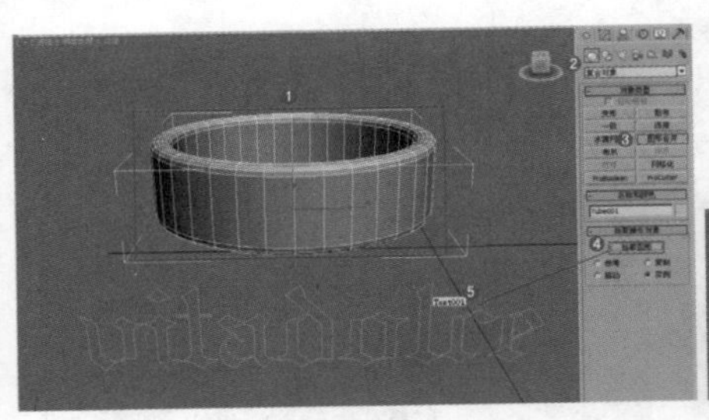
图3-188

图3-189

步骤 06 选择戒指模型并为其加载【编辑多边形】修改器，然后单击进入■（多边形）级别，选中文字部分的多边形，如图 3-190 所示。

步骤 07 单击【挤出】按钮 挤出 后的【设置】按钮■，并设置【数量】为 0.8mm，如图 3-191 所示。

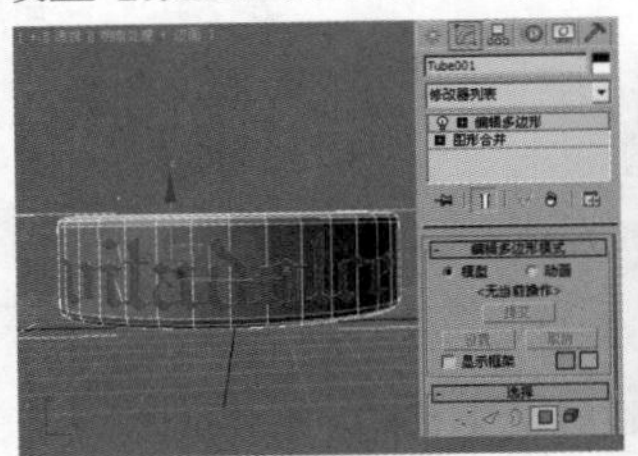
图3-190

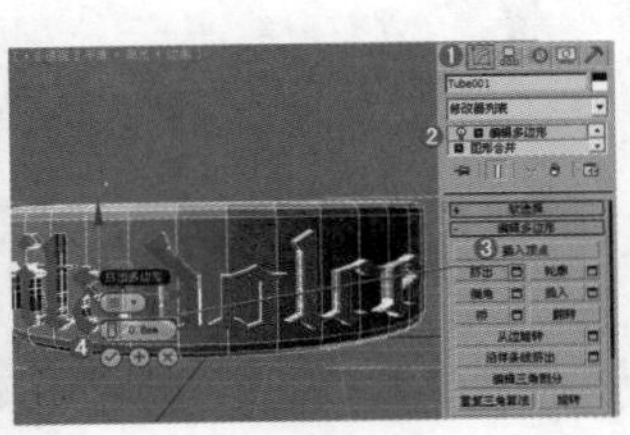
图3-191

步骤 08 单击【倒角】按钮 倒角 后的【设置】按钮■，并设置【高度】为 0.2mm【轮廓】为 -0.04mm，如图 3-192 所示。

步骤 09 戒指的最终模型效果如图 3-193 所示。

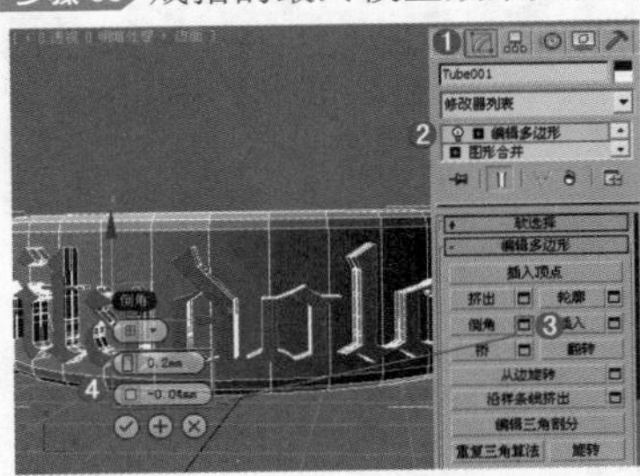
图3-192

图3-193

3.3.2 布尔

布尔是通过对两个以上的物体进行并集、差集、交集运算，从而得到新的物体形态。系统提供了 5 种布尔运算方式，分别是并集、交集和差集（A-B)、差集（B-A）和切割。

单击【布尔】按钮 布尔 可以展开【布尔】的参数设置面板，如图 3-194 所示。

- **拾取操作对象 B**：单击该按钮，可以在场景中选择另一个运算物体来完成布尔运算。以下 4 个选项用来控制运算对象 B 的属性，必须在拾取运算对象 B 之前确定采用哪种类型。
  - **参考**：将原始对象的参考复制品作为运算对象 B，若在以后改变原始对象，同时也会改变布尔物体中的运算对象 B，但改变运算对象 B 时，不会改变原始对象。

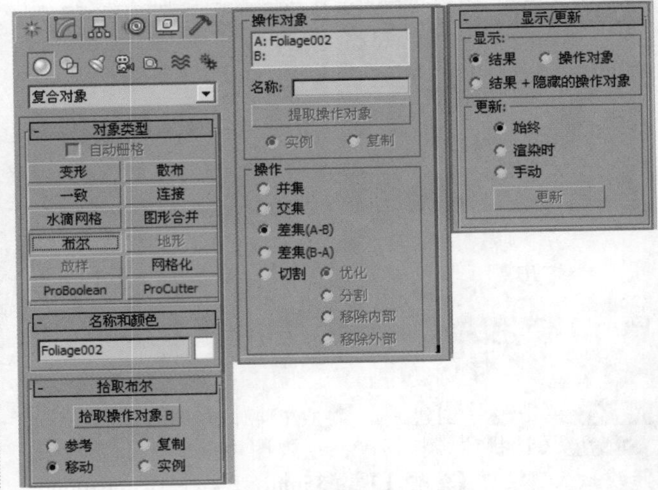

图3-194

  - **复制**：复制一个原始对象作为运算对象 B，而不改变原始对象（当原始对象还要用在其他地方时采用这种方式）。
  - **移动**：将原始对象直接作为运算对象 B，而原始对象本身不再存在（当原始对象无其他用途时采用这种方式）。
  - **实例**：将原始对象的关联复制品作为运算对象 B，在以后对两者的任意一个对象进行修改都会影响另一个。
- **操作对象**：主要用来显示当前运算对象的名称。
- **操作**：该选项组用于指定采用何种方式来进行布尔运算，共有以下 5 种。
  - **并集**：将两个对象合并，相交的部分将被删除。运算完成后，两个对象将合并为一个对象。
  - **交集**：将两个对象相交的部分保留下来，删除不相交的部分。
  - **差集（A-B）**：在 A 对象中减去与 B 对象重合的部分。
  - **差集（B-A）**：在 B 对象中减去与 A 对象重合的部分。
  - **切割**：用 B 对象切除 A 对象，但不在 A 对象上添加 B 对象的任何部分，共有【优化】、【分割】、【移除内部】和【移除外部】4 个选项。【优化】是在 A 对象上沿着 B 对象与 A 对象相交的面来增加顶点和边数，以优化 A 对象的表面；【分割】是在 B 对象上切割 A 对象的部分边缘，并且会增加一排顶点，利用这种方法可以根据其他物体的外形将一个对象分成两部分；【移除内部】是删除 A 对象在 B 对象内部的所有片段面；【移除外部】是删除 A 对象在 B 对象外部的所有片段面。
- **显示**：该选项组中的参数用来决定是否在视图中显示布尔运算的结果。
- **更新**：该选项组中的参数用来决定何时进行重新计算并显示布尔运算的结果，有以下 3 个选项。
  - **始终**：每一次操作后都立即显示布尔运算的结果。
  - **渲染时**：只有在最后渲染时才重新计算更新效果。
  - **手动**：选中该单选按钮可以激活下面的【更新】按钮 更新 。

 更新：当需要观察更新效果时，可以单击该按钮，系统将会重新进行计算。

技巧与提示

在使用【布尔】时，一定要注意操作步骤，否则极易出现错误，而且一旦执行【布尔】操作，对模型修改非常不利，因此不推荐经常使用【布尔】。当需要使用【布尔】时，需将模型制作到一定精度，并确定模型不再修改时再进行操作。同时，【布尔】与ProBoolean（超级布尔）十分类似，而且ProBoolean的布线要比【布尔】好很多，将在3.3.3节进行讲解。

重点 小实例：利用布尔运算制作胶囊

场景文件	无
案例文件	小实例：利用布尔运算制作胶囊.max
视频教学	DVD/多媒体教学/Chapter03/小实例：利用布尔运算制作胶囊.flv
难易指数	★★★☆☆
技术掌握	掌握【矩形】、【胶囊】、【布尔】工具的使用方法

实例介绍

本例学习使用布尔运算来完成模型的制作，最终渲染和线框效果如图3-195所示。

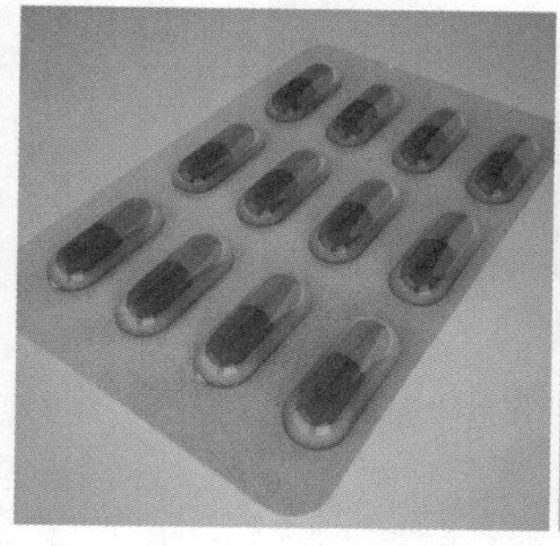
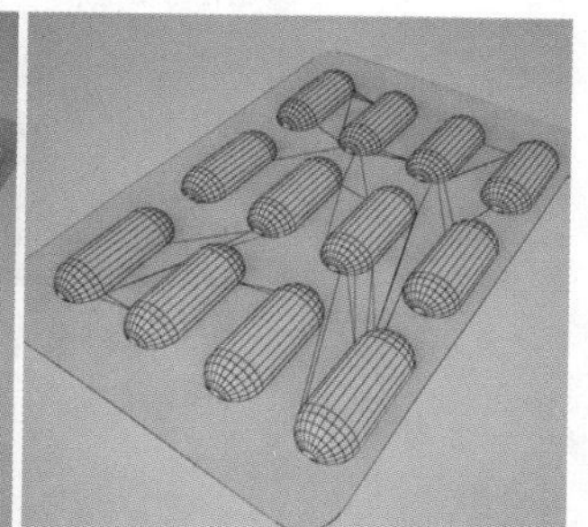

图3-195

建模思路

① 使用【布尔】工具制作胶囊盒模型。

② 使用【胶囊】工具制作胶囊模型。

胶囊的建模流程如图3-196所示。

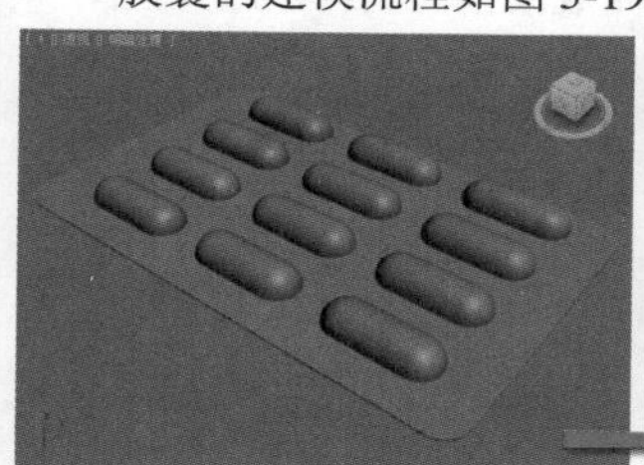

图3-196

操作步骤

Part 1 使用【布尔】工具制作胶囊盒模型

步骤01 单击（创建）|（图形）| 样条线 | 矩形（矩形）按钮，在顶视图中创建一个矩形，修改参数，设置【长度】为110mm，【宽度】为70mm，【角半径】为6mm，如图3-197所示。

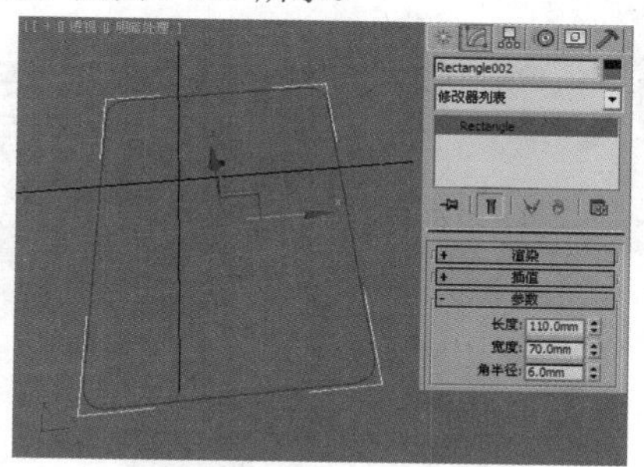

图3-197

步骤02 进入【修改】面板，为步骤01中创建的矩形添加【挤出】修改器，设置【数量】为0.3mm，如图3-198所示。

步骤03 在前视图中使用【扩展基本体】下的【胶囊】胶囊 创建模型，然后打开【修改】面板，并设置【半径】为5mm，【高度】为25mm，选中【启用切片】复选框，并设置【切片起始位置】为180，如图3-199所示。

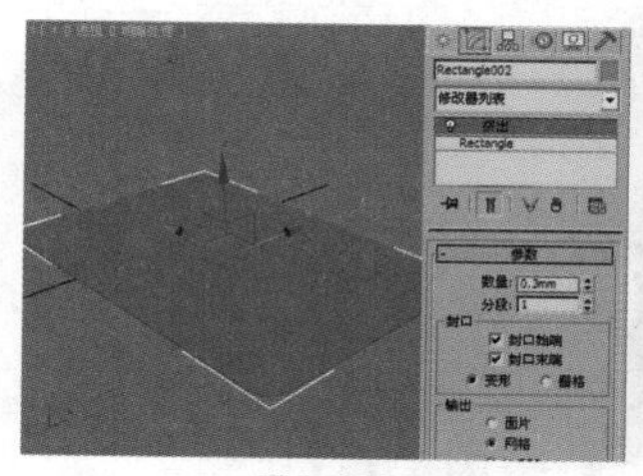

图3-198

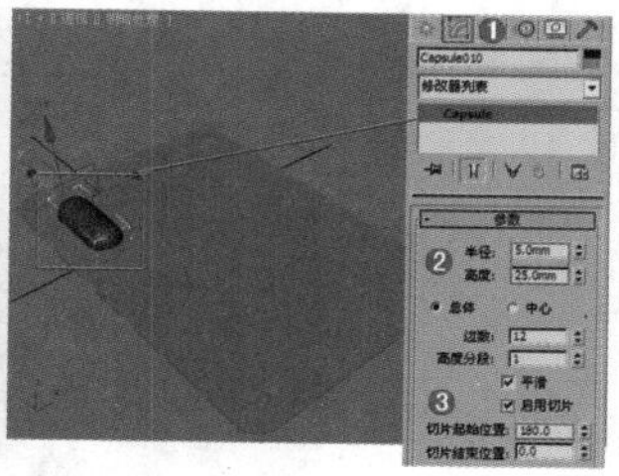

图3-199

步骤04 确认步骤03创建的胶囊处于选中状态，按住Shift键用鼠标左键对胶囊进行移动复制，释放鼠标会弹出【克隆选项】对话框，设置【对象】为【实例】，【副本数】为3，单击【确定】按钮，如图3-200所示。

步骤05 继续使用【选择并移动】工具进行移动复制，如图3-201所示。

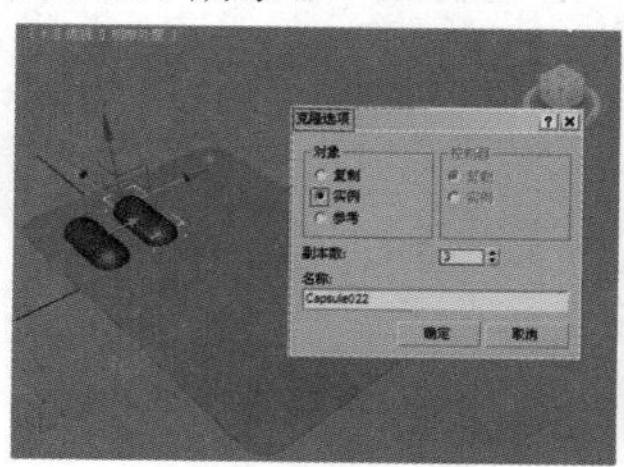

图3-200

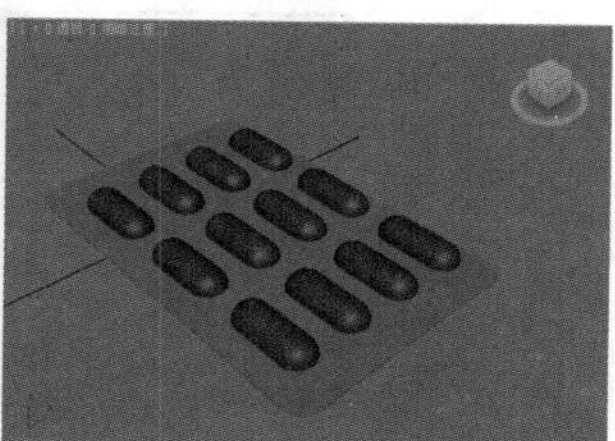

图3-201

步骤06 将所有胶囊选中，进入【实用程序】面板，选择【塌陷】工具，接着单击【塌陷选定对象】按钮，此时所有的胶囊对象变成了一个对象，如图 3-202 所示。

步骤 07 选择胶囊底部的矩形模型，然后单击【复合对象】中的【布尔】工具 布尔 ，接着在【操作】选项组下设置为【并集】，单击【拾取操作对象 B】按钮，最后在场景中单击刚才塌陷过的胶囊模型，如图 3-203 所示。

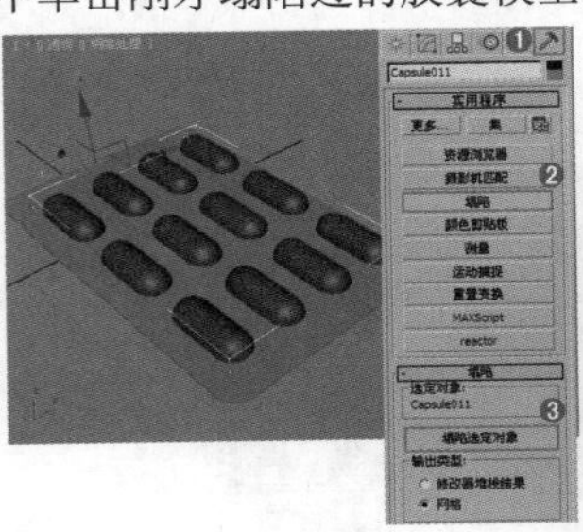

图3-202

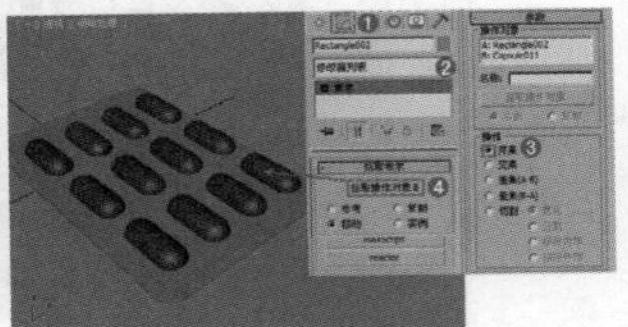

图3-203

步骤 08 执行【布尔】操作之后的模型效果如图 3-204 所示。

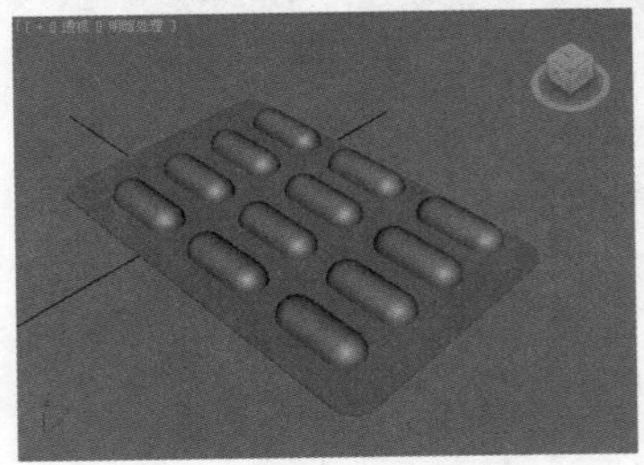

图3-204

Part 2 使用【胶囊】工具制作胶囊模型

步骤 01 在前视图中继续使用【胶囊】工具 胶囊 创建 12 个胶囊，并分别放置到合适的位置，如图 3-205 所示。

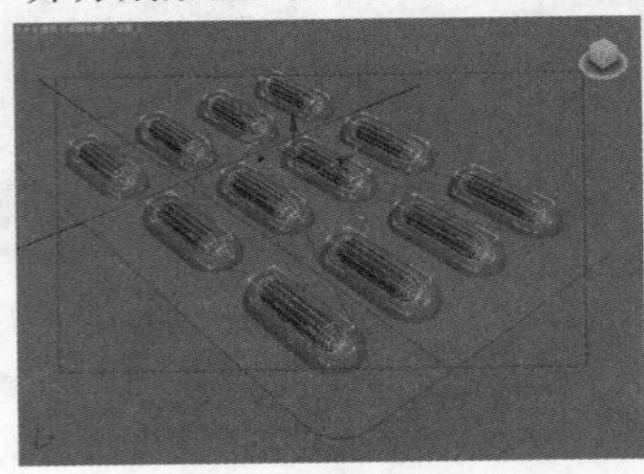

图3-205

步骤 02 进入【修改】面板，设置【半径】为 2.5mm，【高度】为 19mm，如图 3-206 所示。

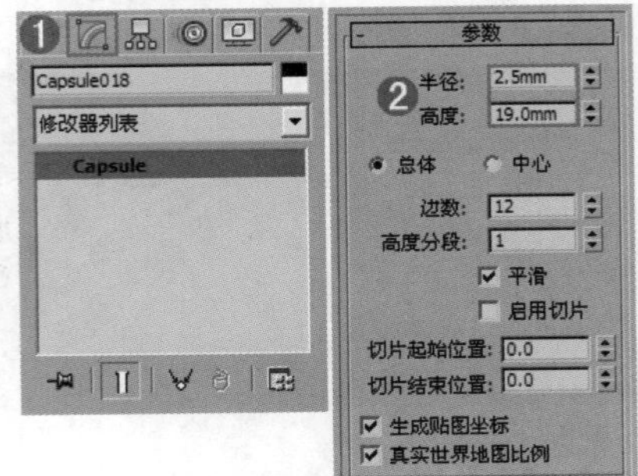

图3-206

技巧与提示

为了操作的方便，可以将模型调节为透明。方法是在模型上右击，选择【对象属性】命令，在弹出的对话框中选中【透明】复选框即可，快捷键为 Alt+X，如图 3-207 所示。

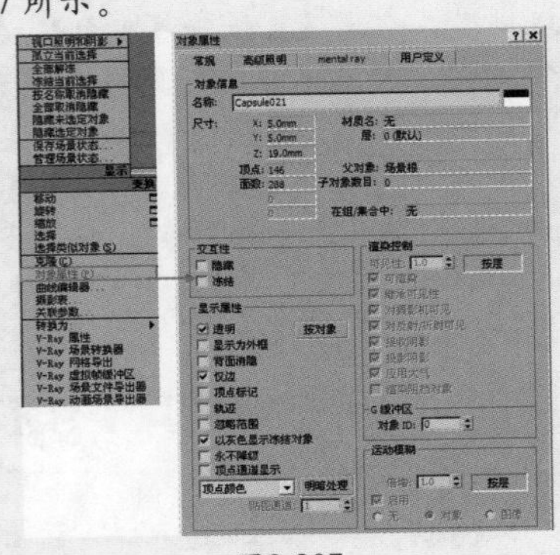

图3-207

步骤 03 胶囊模型的最终效果如图 3-208 所示。

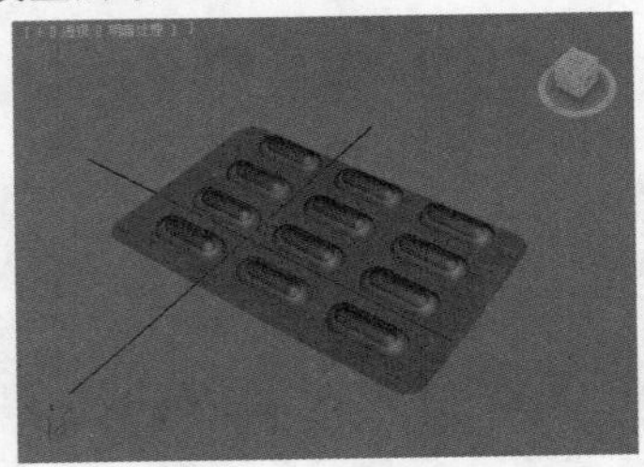

图3-208

重点 综合实例：利用布尔运算制作现代椅子

场景文件	无
案例文件	综合实例：利用布尔运算制作现代椅子.max
视频教学	DVD/多媒体教学/Chapter03/综合实例：利用布尔运算制作现代椅子.flv
难易指数	★★☆☆☆
建模方式	二维图形建模、复合对象
技术掌握	掌握布尔运算制作现代椅子的方法

实例介绍

本例学习使用布尔运算来完成模型的制作，最终渲染和线框效果如图 3-209 所示。

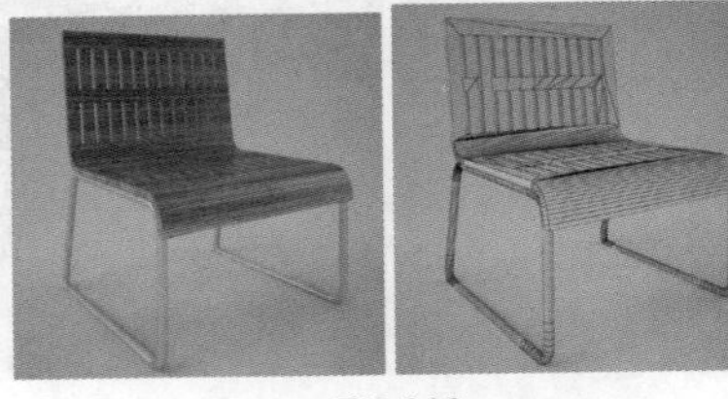

图3-209

建模思路

1. 使用【样条线】制作椅子的基本模型。
2. 使用【布尔】工具制作椅子的镂空效果。

现代椅子的建模流程如图 3-210 所示。

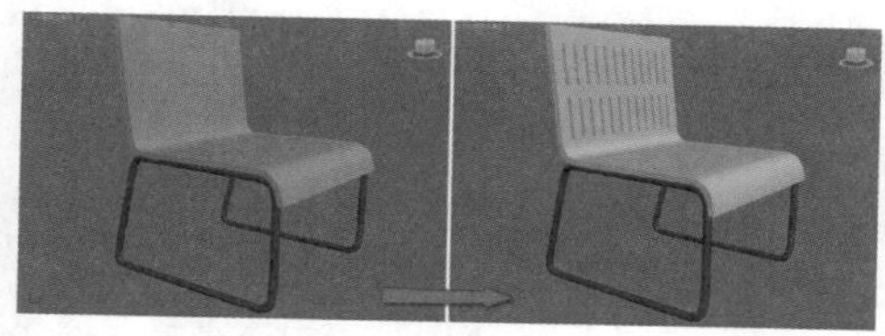
图3-210

操作步骤

Part 1 使用【样条线】制作椅子的基本模型

步骤01 单击（创建）|（图形）| 样条线（样条线）| 线（线）按钮，在前视图绘制如图3-211所示的形状。

步骤02 进入【修改】面板，展开【渲染】卷展栏，分别选中【在渲染中启用】和【在视口中启用】复选框，激活【矩形】选项，设置【长度】为400mm，【宽度】为13mm，如图3-212所示。

步骤03 激活前视图，继续单击（创建）|（图形）| 样条线（样条线）| 线（线）按钮，在前视图绘制如图3-213所示的形状。

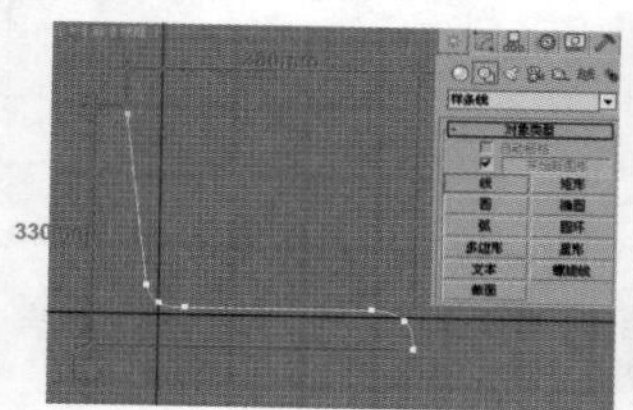
图3-211

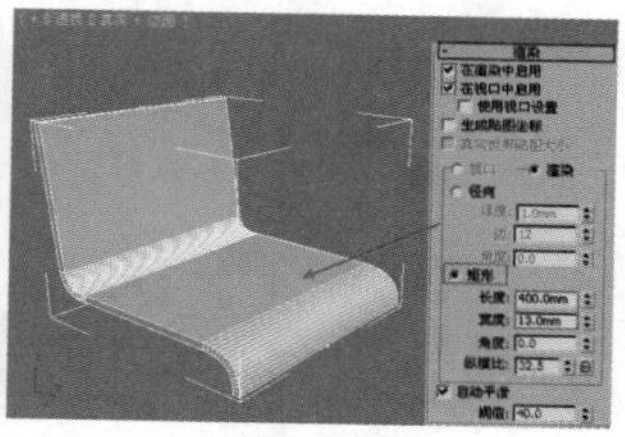

图3-212

步骤04 进入【修改】面板，展开【渲染】卷展栏，分别选中【在渲染中启用】和【在视口中启用】复选框，激活【径向】选项，设置【厚度】为15mm，如图3-214所示。

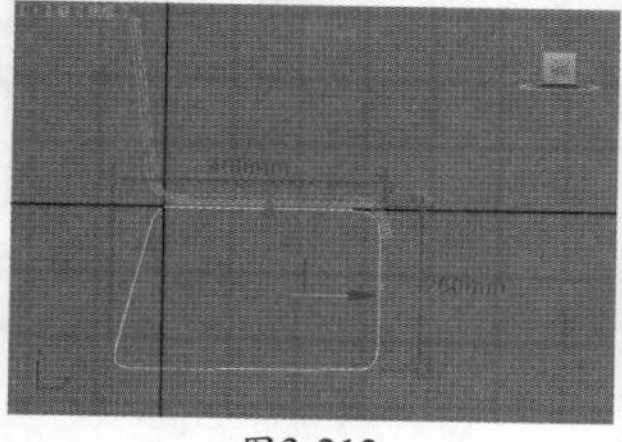
图3-213

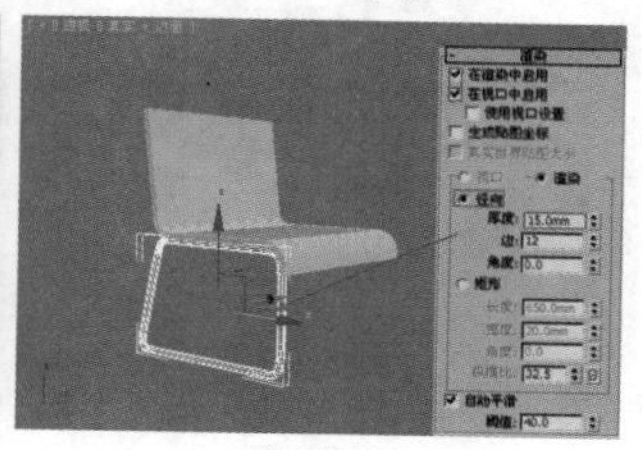
图3-214

步骤05 选择步骤04中创建的椅子腿，然后按住【Shift】键，使用【选择并移动】工具进行复制，并设置【对象】为【实例】，最后单击【确定】按钮，如图3-215所示。

步骤06 选择椅子靠背部分，并右击，选择【转换为】|【转换为可编辑多边形】命令，如图3-216所示。

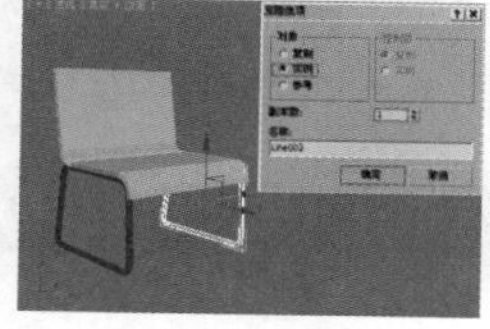
图3-215

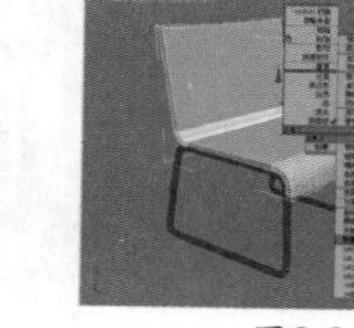
图3-216

> **技巧与提示**
>
> 执行【转换为/转换为可编辑多边形】命令后，椅子的靠背部分就由二维的线转换为了三维的模型。这样做的目的是为了后面使用布尔运算时，可以进行正确的操作，因为布尔运算无法拾取二维线，而只能拾取三维模型。

Part 2 使用【布尔】工具制作椅子的镂空效果

步骤01 在左视图创建长方体，然后进入【修改】面板，设置【长度】为85mm，【宽度】为8mm，【高度】为115mm，如图3-217所示。按住Shift键，移动复制47个，分别摆放在如图3-218所示的位置上。

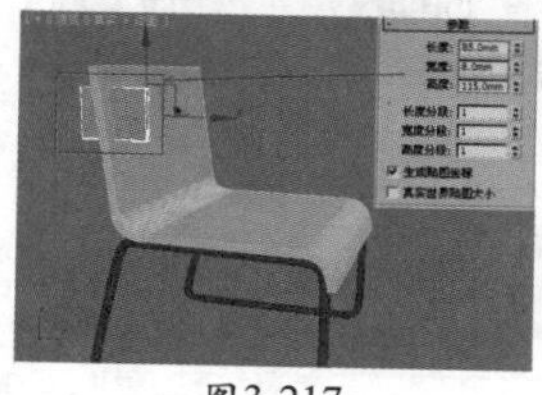
图3-217

图3-218

步骤02 选择步骤01创建的所有长方体，然后进入【实用程序】面板，单击【塌陷】按钮 塌陷 ，接着单击【塌陷选定对象】按钮 塌陷选定对象 ，如图3-219所示。

步骤03 选中塌陷后的长方体模型，单击【复合对象】下的【布尔】按钮，接着设置【操作】为【差集（B-A）】，然后单击【拾取操作对象B】按钮 拾取操作对象B ，最后在场景中单击拾取椅子靠背模型，如图3-320所示。布尔运算后的效果如图3-221所示。

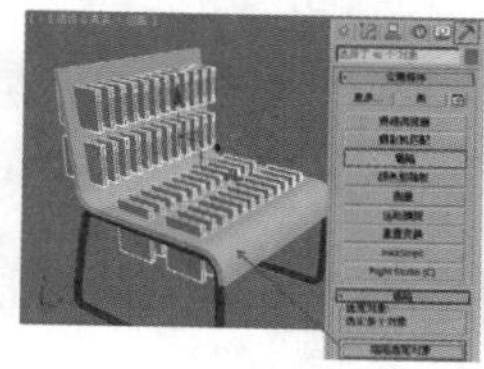
图3-219

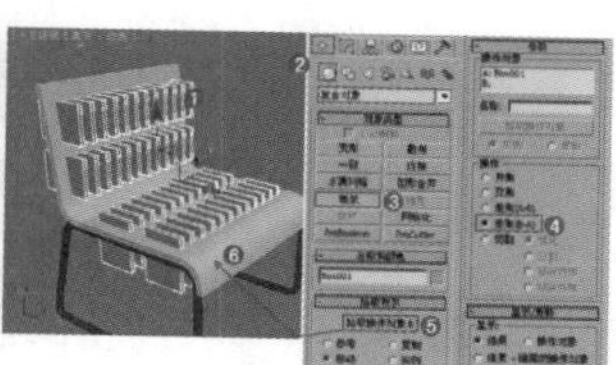
图3-220

步骤04 最终模型效果如图3-222所示。

图3-221

图3-222

3.3.3 ProBoolean

ProBoolean通过对两个或多个对象执行超级布尔运算将它们组合起来。ProBoolean将大量功能添加到传统的3ds Max Design布尔对象中，如每次使用不同的布尔运算、立刻组合多个对象的能力。这种计算方式比传统的布尔运算方式要好得多，具体步骤如图 3-223 所示。

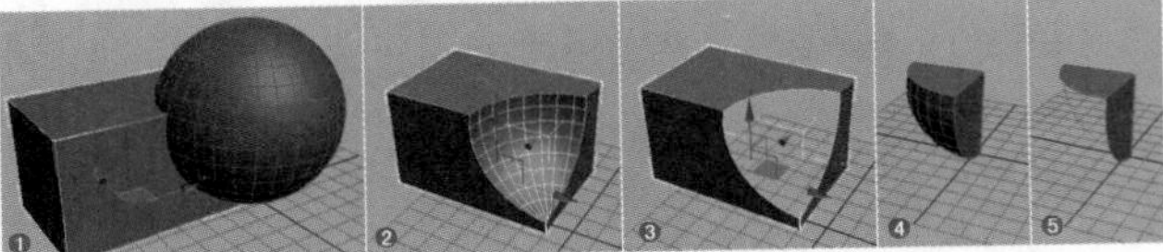

图3-223

ProBoolean 还可以自动将布尔结果细分为四边形面，这有助于网格平滑和涡轮平滑。同时，还可以从布尔对象中的多边形上移除边，从而减少多边形数目的边百分比，如图 3-224 所示。

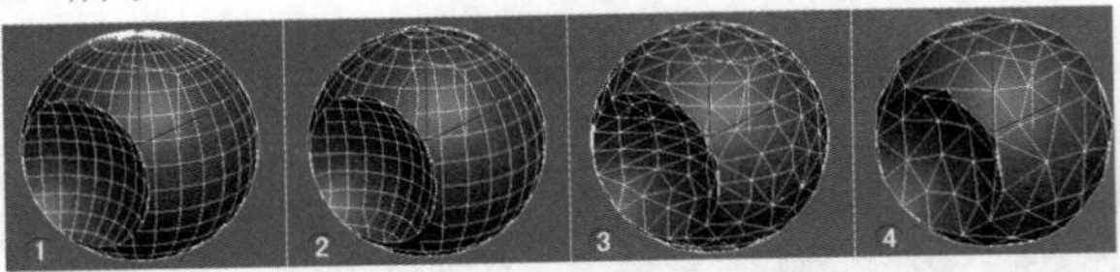

图3-224

ProBoolean 的参数面板如图 3-225 所示。

- **开始拾取**：单击该按钮，然后依次单击要传输至布尔对象的每个运算对象。在拾取每个运算对象之前，可以更改【参考 / 复制 / 移动 / 实例化】、【运算】和【应用材质】选项。
- **运算**：这些设置确定布尔运算对象实际如何交互。
  - **并集**：将两个或多个单独的实体组合到单个布尔对象中。
  - **交集**：从原始对象之间的物理交集中创建一个新对象，移除未相交的体积。

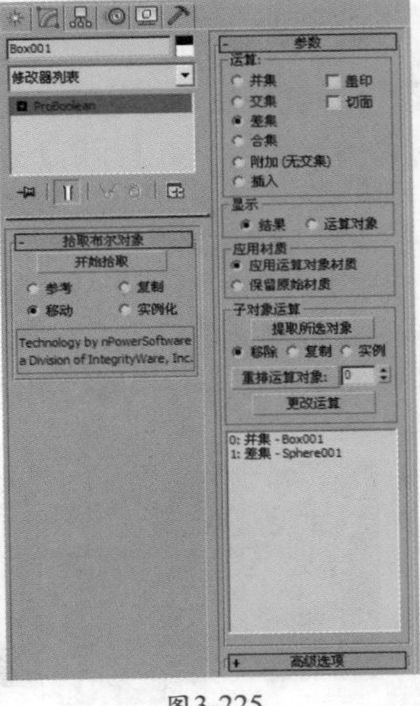

图3-225

  - **差集**：从原始对象中移除选定对象的体积。
  - **合集**：将对象组合到单个对象中，而不移除任何几何体。在相交对象的位置创建新边。
  - **附加（无交集）**：将两个或多个单独的实体合并成单个布尔型对象，而不更改各实体的拓扑。
  - **插入**：先从第一个操作对象减去第二个操作对象的边界体积，然后再组合这两个对象。
  - **切面**：切割原始网格图形的面，只影响这些面。
  - **盖印**：将图形轮廓（或相交边）打印到原始网格对象上。
- **显示**：可以选择显示的模式。
  - **结果**：只显示布尔运算而非单个运算对象的结果。
  - **运算对象**：定义布尔结果的运算对象。使用该模式编辑运算对象并修改结果。
- **应用材质**：可以选择一个材质的应用模式。
  - **应用运算对象材质**：布尔运算产生的新面获取运算对象的材质。
  - **保留原始材质**：布尔运算产生的新面保留原始对象的材质。
- **子对象运算**：对在层次视图列表中高亮显示的运算对象进行运算。
  - **提取所选对象**：有 3 种模式，分别为移除、复制和实例，在其下选中相应的单选项按钮即可。
  - **重排运算对象**：在层次视图列表中更改高亮显示的运算对象的顺序。
  - **更改运算**：为高亮显示的运算对象更改运算类型。
- **更新**：这些选项确定在进行更改后，何时在布尔对象上执行更新。可以选择始终、手动、仅限选定时、仅限渲染时的方式。
- **四边形镶嵌**：这些选项启用布尔对象的四边形镶嵌。
- **移除平面上的边**：此选项确定如何处理平面上的多边形。

重点 小实例：利用 ProBoolean 运算制作骰子

场景文件	无
案例文件	小实例：利用 ProBoolean 运算制作骰子 .max
视频教学	DVD/ 多媒体教学 /Chapter03/ 小实例：利用 ProBoolean 运算制作骰子 .flv
难易指数	★★★☆☆
技术掌握	掌握【切角长方体】、【球体】和 ProBoolean 工具的使用方法

实例介绍

本例学习使用 ProBoolean 工具完成模型的制作，最终渲染和线框效果如图 3-226 所示。

图3-226

建模思路

使用【复合对象】中的 ProBoolean 工具创建骰子模型。骰子的建模流程如图 3-227 所示。

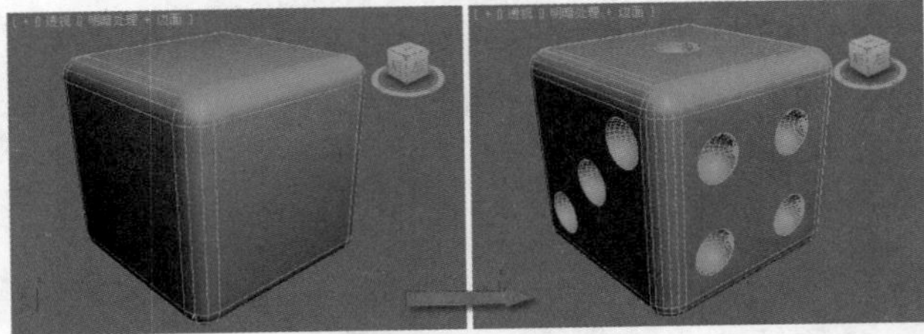

图3-227

操作步骤

步骤 01 单击（创建）|（几何体）| 扩展基本体 | 切角长方体（切角长方体）按钮，在顶视图中创建一个切角长方体。修改参数，设置【长度】、【宽度】、【高度】均为 80mm，【圆角】为 8.91mm，【圆角分段】为 3，如图 3-228 所示。

步骤 02 在视图中创建 1 个球体，然后进入【修改】面板，设置【半径】为 8mm，【分段】为 32，如图 3-229 所示。选择球体，按住 Shift 键移动复制 20 个，分别摆放在切角长方体的周围，具体摆放位置如图 3-230 所示。

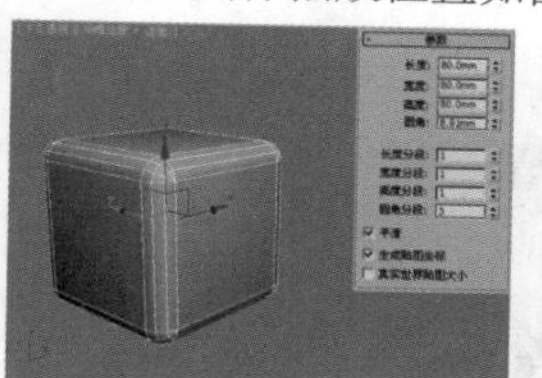
图 3-228

图 3-229

步骤 03 选择步骤 02 创建的全部球体，然后进入【实用程序】面板，单击【塌陷】按钮，接着单击【塌陷选定对象】按钮，最后在场景中单击切角长方体，如图 3-231 所示。

图 3-230

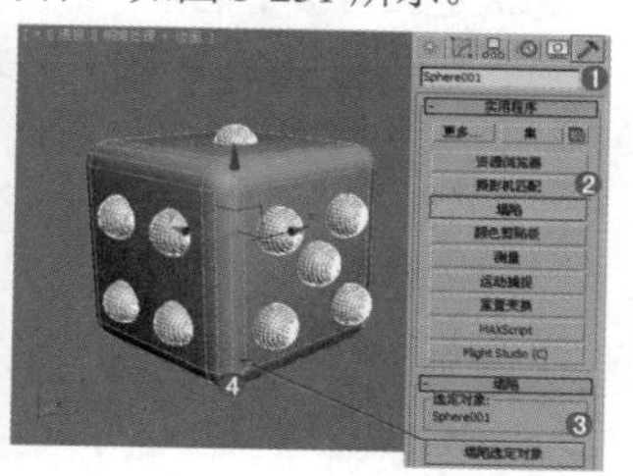
图 3-231

步骤 04 选中切角长方体，单击【复合对象】下的 ProBoolean 按钮 ProBoolean，接着单击【开始拾取】按钮 开始拾取，拾取刚才进行过塌陷处理的球体，具体效果如图 3-232 所示。

步骤 05 最终模型效果如图 3-233 所示。

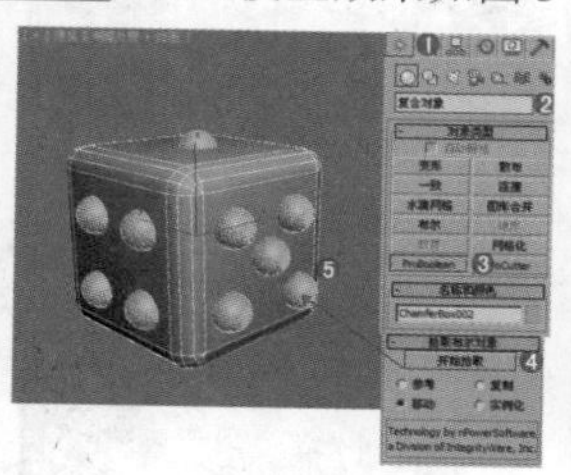
图 3-232

图 3-233

3.3.4 放样

放样对象是沿着第 3 个轴挤出的二维图形。从两个或多个现有样条线对象中创建放样对时，这些样条线之一会作为路径，其余的样条线会作为放样对象的横截面或图形。沿着路径排列图形时，3ds Max Design 会在图形之间生成曲面。【放样】是一种特殊的建模方法，能快速地创建出多种模型，如画框、石膏线、吊顶、踢脚线等，其参数面板如图 3-234 所示。

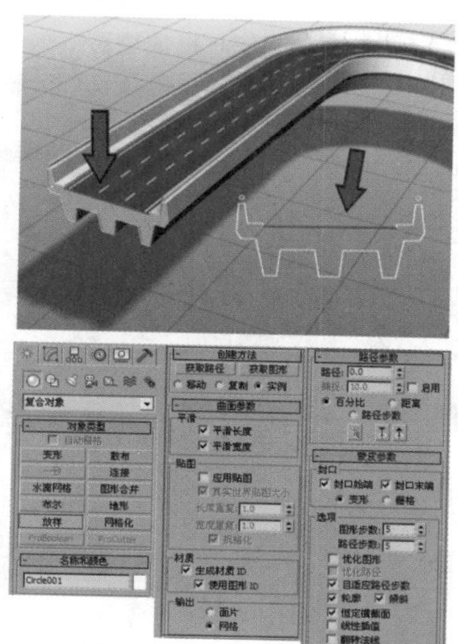
图 3-234

技巧与提示

【放样】建模是 3ds Max 的一种很强大的建模方法，在【放样】建模中可以对放样对象进行变形编辑，包括【缩放】、【旋转】、【倾斜】、【倒角】和【拟合】。

重点 小实例：利用放样制作画框

场景文件	无
案例文件	小实例：利用放样制作画框 .max
视频教学	DVD/ 多媒体教学 /Chapter03/ 小实例：利用放样制作画框 .flv
难易指数	★★★☆☆
技术掌握	掌握【放样】工具和【间隔】工具的使用方法

实例介绍

本例将以一个欧式画框模型为例来讲解复合对象中【放样】工具的使用方法，效果如图 3-235 所示。

图 3-235

建模思路

① 使用【放样】工具制作画框模型。

② 使用【间隔】工具制作画框的装饰部分模型。

欧式画框的建模流程如图 3-236 所示。

图3-236

操作步骤

Part 1 使用【放样】工具制作画框模型

步骤 01 使用【样条线】中的【矩形】工具 矩形 在顶视图创建一个矩形，并将其命名为【路径 01】，设置【长度】为 150mm，【宽度】为 100mm，如图 3-237 和图 3-238 所示。

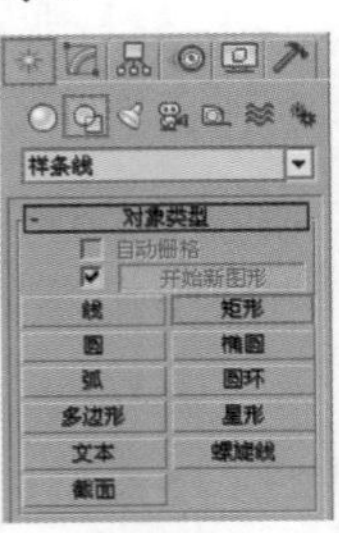

图3-237

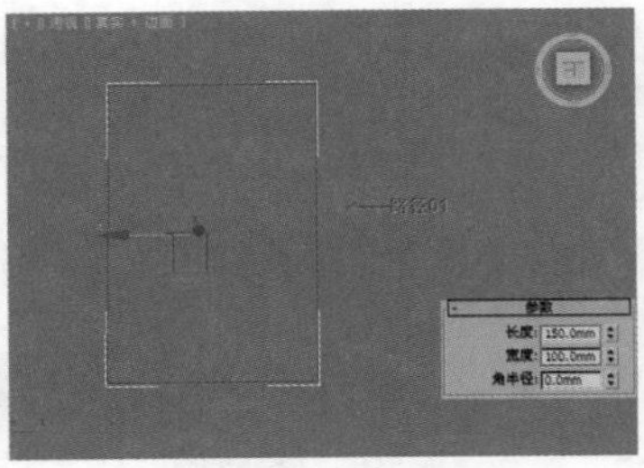

图3-238

步骤 02 在前视图使用【样条线】中的【线】工具 线 绘制一条闭合的线，并将其命名为【截面】，如图 3-239 所示。

步骤 03 选择【路径 01】，然后选择【复合对象】中的【放样】工具 放样 ，接着单击【获取图形】按钮 获取图形 ，并在场景中单击截面，如图 3-240 所示。

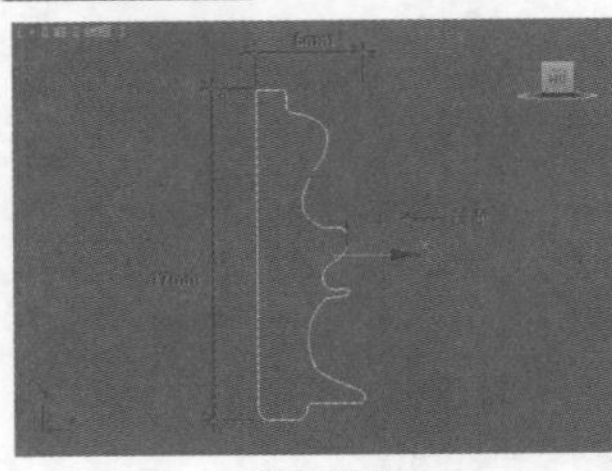

图3-239

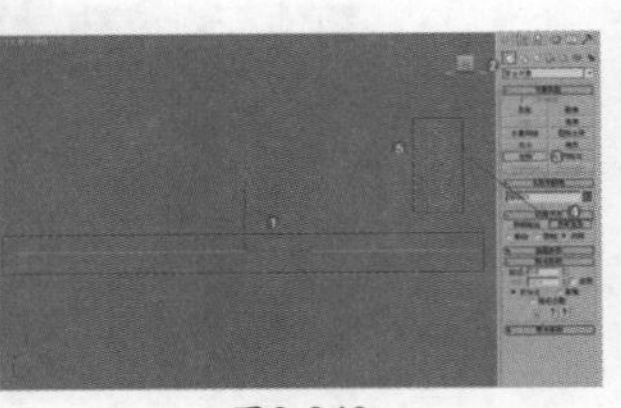

图3-240

步骤 04 执行【放样】操作后的模型效果如图 3-241 所示。

步骤 05 使用【平面】工具 平面 在顶视图中创建一个平面，进入【修改】面板，并设置【长度】为 160mm，【宽度】为 110mm，【长度分段】和【宽度分段】均为 1，如图 3-242 所示。

图3-241

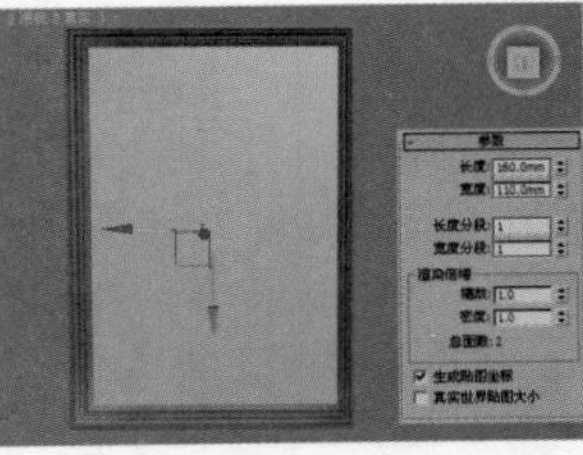

图3-242

技巧与提示

在本实例中使用【放样】工具制作画框模型，会看到默认情况下三维截面方向是向内的，如图 3-243 所示。

图3-243

当然也可以任意调整三维截面的朝向。在【修改】面板中单击 Loft 下的【图形】子级别，然后选择画框的【图形】子级别，并选择【选择并旋转】工具，打开【角度捕捉】切换工具，再沿 Z 轴将【图形】子级别旋转 90°，如图 3-244 所示。

当然也可以修改边框的厚度。在【修改】面板中单击 Loft 下的【图形】子级别，然后选择画框的【图形】子级别，并使用【选择并均匀缩放】工具，沿某一轴向或多个轴向进行缩放，如图 3-245 所示。

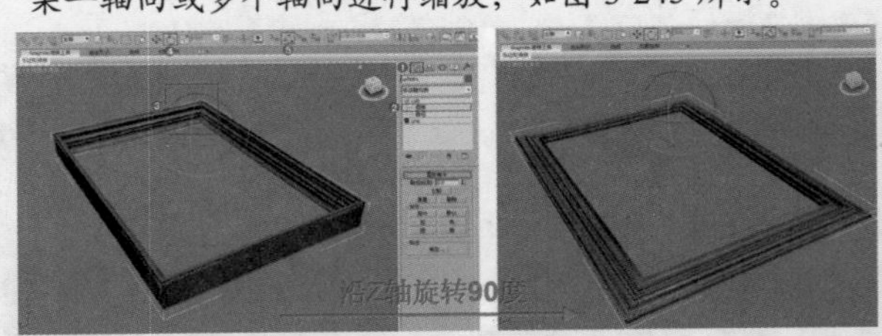

图3-244

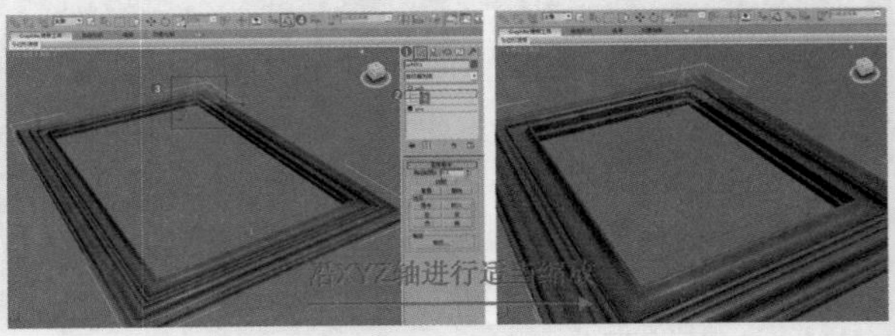

图3-245

Part 2 使用【间隔】工具制作画框的装饰部分模型

步骤 01 使用【球体】工具 球体 在画框左下角创建一个球体，进入【修改】面板，设置【半径】为 0.7mm，

【分段】为 32，如图 3-246 所示。

步骤 02 使用【样条线】中的【矩形】工具 矩形 在画框前方创建一个矩形，并命名为 Rectangle001。进入【修改】面板，设置【长度】为 153mm，【宽度】为 103mm，如图 3-247 所示。

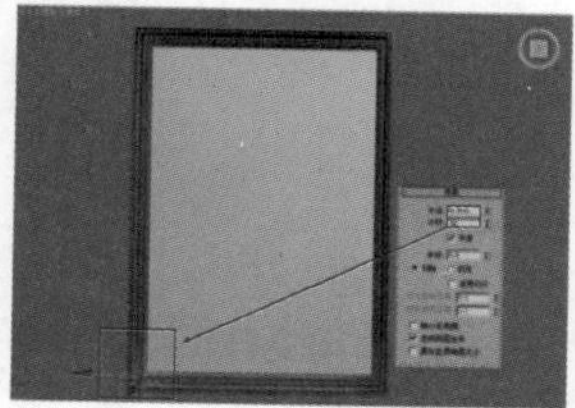
图3-246

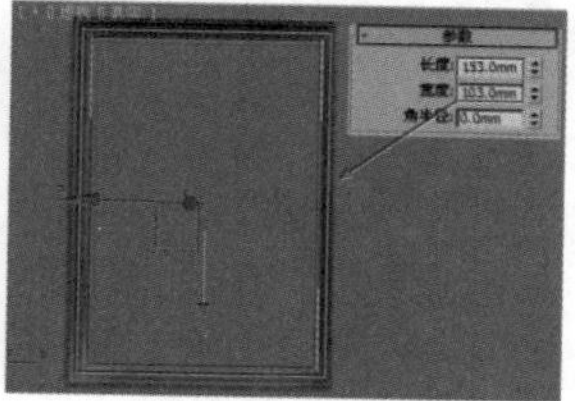
图3-247

步骤 03 确保球体为选中状态，在主工具栏空白处右击，选择【附加】，然后选择【间隔】工具，此时会弹出【间隔工具】对话框。单击【拾取路径】按钮 拾取路径 ，并在场景中单击步骤 02 中创建的矩形 Rectangle001，如图 3-248 所示。

步骤 04 此时【拾取路径】按钮 拾取路径 变为 Rectangle001 ，然后设置【计数】为 195，单击【应用】按钮 应用 ，如图 3-249 所示。

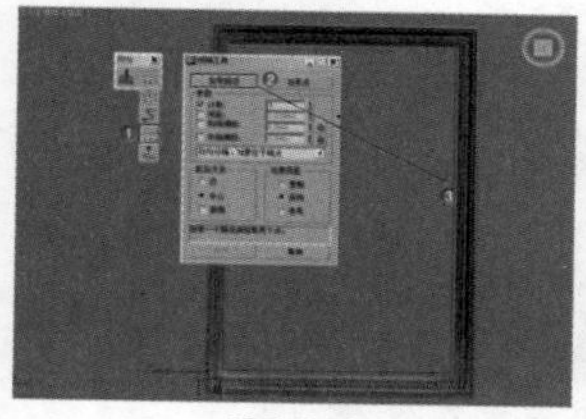
图3-248

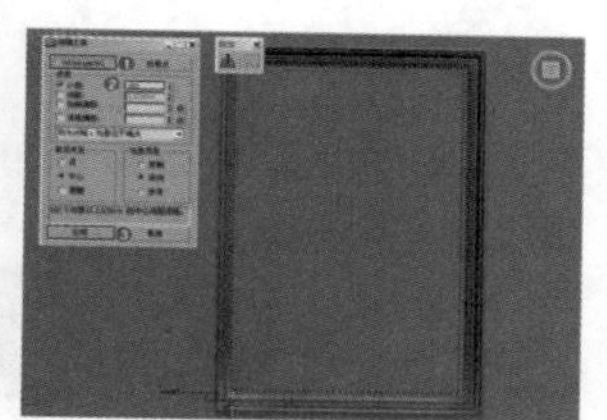
图3-249

步骤 05 最后单击【关闭】按钮 关闭 ，结束操作，如图 3-250 所示。

步骤 06 最终模型效果如图 3-251 所示。

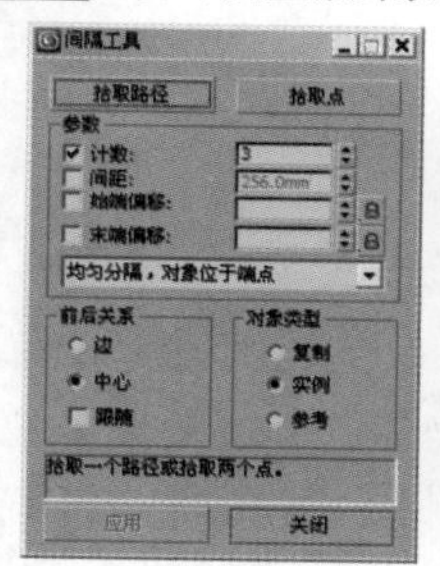

图3-250

图3-251

重点 小实例：利用连接制作哑铃

场景文件	无
案例文件	小实例：利用连接制作哑铃 .max
视频教学	DVD/ 多媒体教学 /Chapter03/ 小实例：利用连接制作哑铃 .flv
难易指数	★★★☆☆
技术掌握	掌握【连接】工具的使用方法

实例介绍

本例将以几个哑铃模型为例来讲解【连接】工具的使用方法，效果如图 3-252 所示。

图3-252

建模思路

使用【连接】工具制作哑铃模型。

哑铃的建模流程如图 3-253 所示。

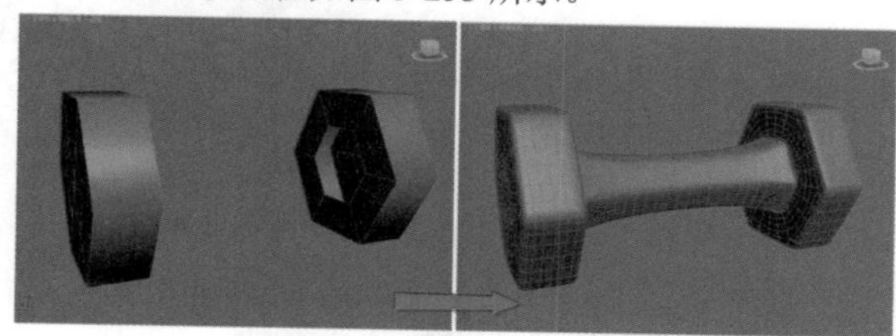
图3-253

操作步骤

步骤 01 使用【圆柱体】工具 圆柱体 在视图中创建一个圆柱体。进入【修改】面板，设置【半径】为 350mm，【高度】为 200mm，【高度分段】为 1，【端面分段】为 2，【边数】为 6，如图 3-254 所示。

步骤 02 选择圆柱体，然后单击右键，选择【转换为】|【转换为可编辑多边形】命令，如图 3-255 所示。

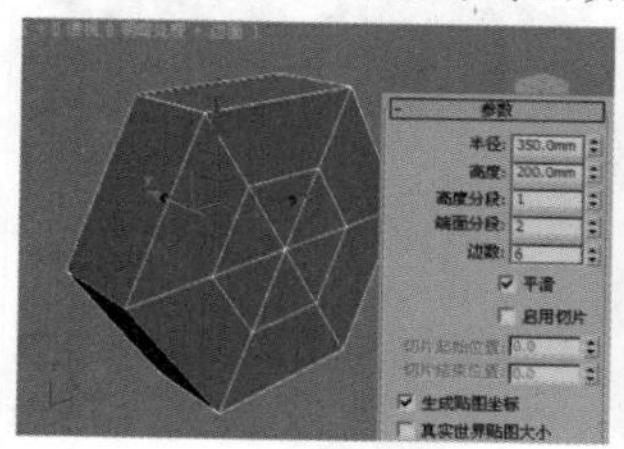
图3-254

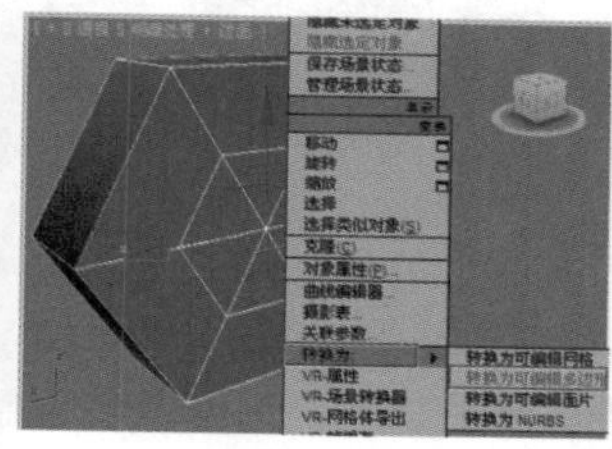
图3-255

步骤 03 进入【修改】面板，然后单击【多边形】级别按钮，并选择如图 3-256 所示的多边形，按 Delete 键将其删除，如图 3-257 所示。

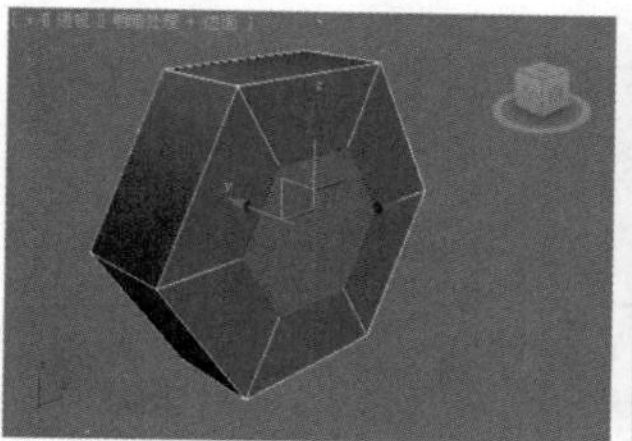
图3-256

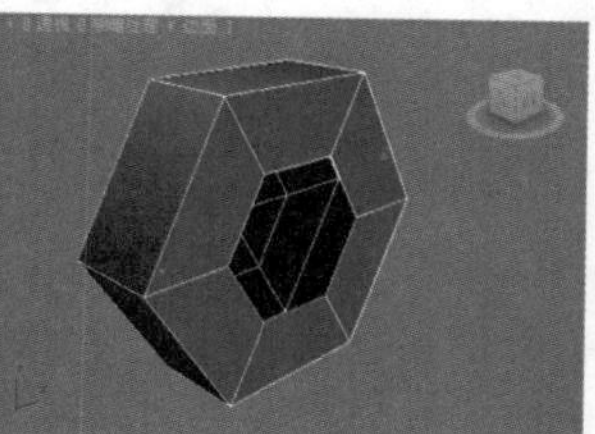
图3-257

步骤 04 选择圆柱体，然后单击【镜像】工具，在弹出的【镜像：世界坐标】对话框中设置【镜像轴】为 Y，【偏移】为 –1400mm，在【克隆当前选择】选项组下选择【实例】，最后单击【确定】按钮，如图 3-258 所示。此时效果如图 3-259 所示。

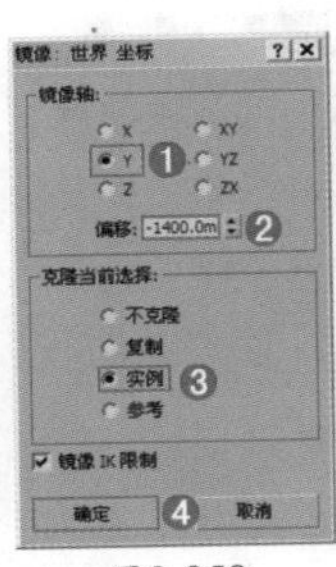
图3-258

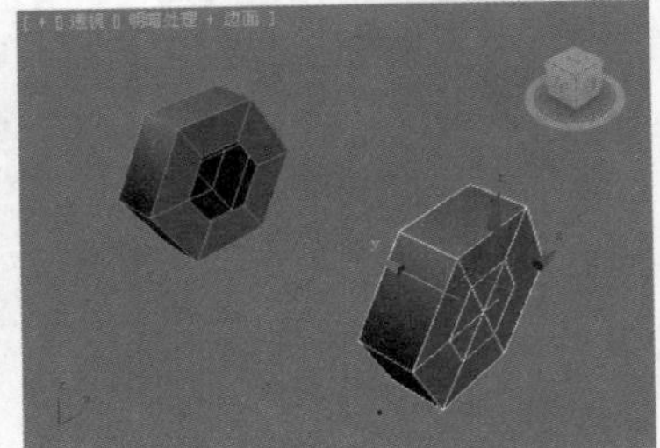
图3-259

步骤 05 选择左侧的圆柱体，然后在【创建】面板下单击【几何体】按钮，并设置【几何体类型】为【复合对象】，单击【连接】按钮 连接 ，如图3-260所示。

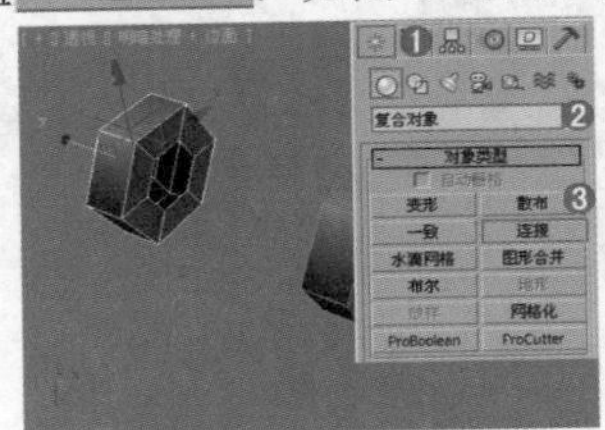
图3-260

步骤 06 单击【拾取操作对象】按钮 拾取操作对象 ，并单击拾取右侧的圆柱体，此时连接后效果如图3-261所示。接着设置【分段】为5，【张力】为0.15，如图3-262所示。

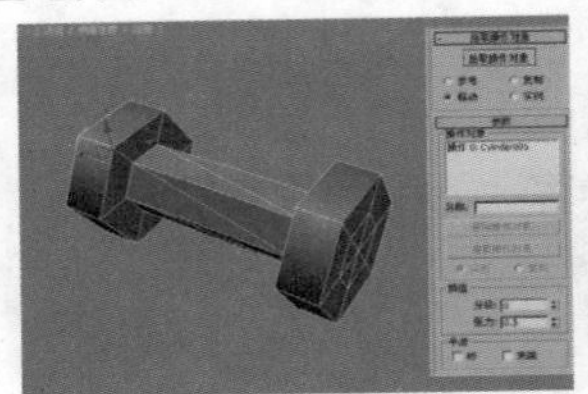
图3-261

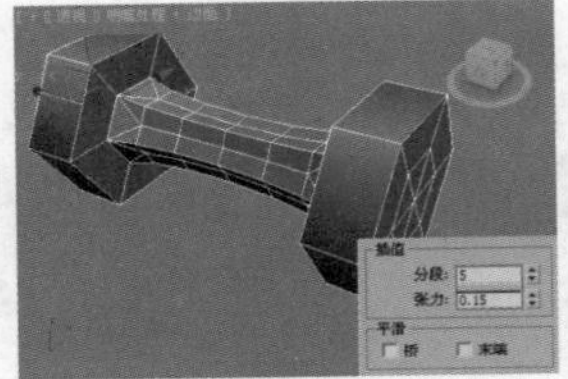
图3-262

步骤 07 右击，选择【转换为】|【转换为可编辑多边形】命令，将其转换为可编辑多边形。然后在【边】级别下选择如图3-263所示的边，接着单击【切角】按钮 切角 后面的【设置】按钮，并设置【边切角量】为10mm，如图3-264所示。

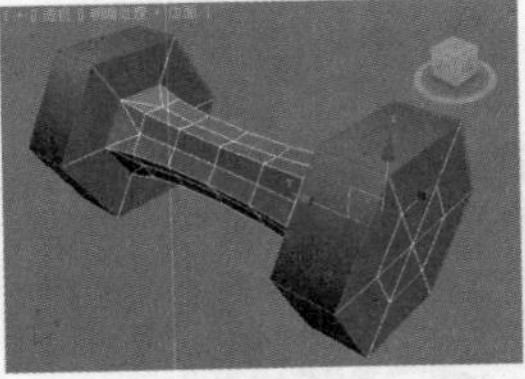
图3-263

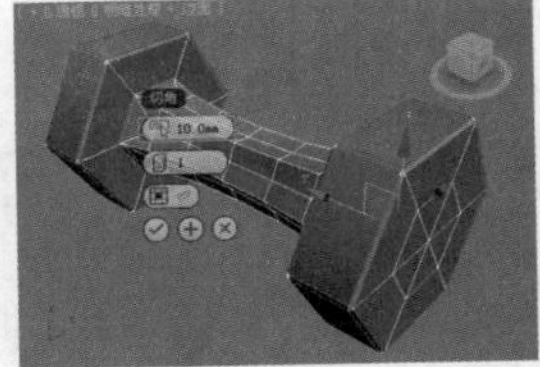
图3-264

步骤 08 选择场景中的模型，进入【修改】面板，为其加载【涡轮平滑】修改器，最后设置【迭代次数】为2，如图3-265所示。此时哑铃模型效果如图3-266所示。

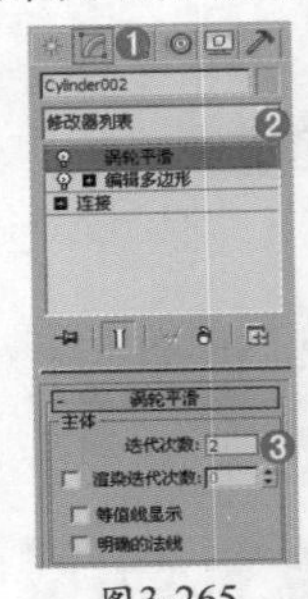
图3-265

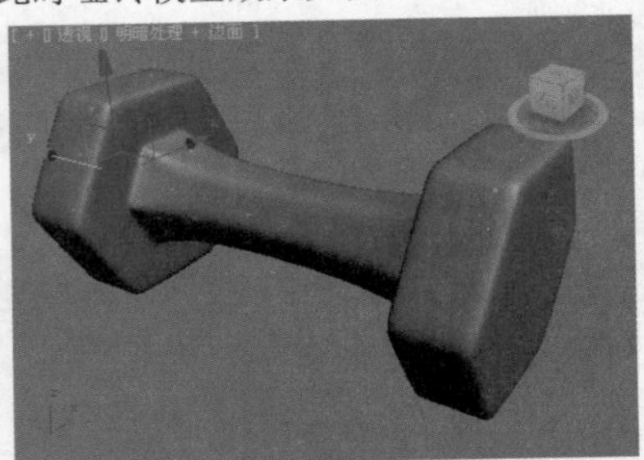
图3-266

步骤 09 继续制作两个哑铃模型，最终模型效果如图3-267所示。

图3-267

3.4 创建建筑对象

3.4.1 AEC扩展

【AEC扩展】专门用在建筑、工程和构造等领域，使用【AEC扩展】对象可以提高创建场景的效率。AEC扩展对象包括植物、栏杆和墙3种类型，如图3-268所示。

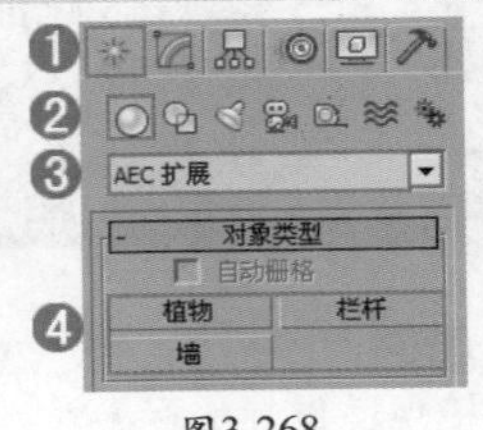

图3-268

1. 植物

使用【植物】工具 植物 可以快速创建出系统内置的植物模型。植物的创建方法很简单，首先将【几何体】类型切换为【AEC扩展】，然后单击【植物】按钮 植物 ，接着在【收藏的植物】卷展栏中选择树种，最后在视图中拖曳光标就可以创建出相应的植物，如图3-269所示。【植物】的参数面板如图3-270所示。

图3-269

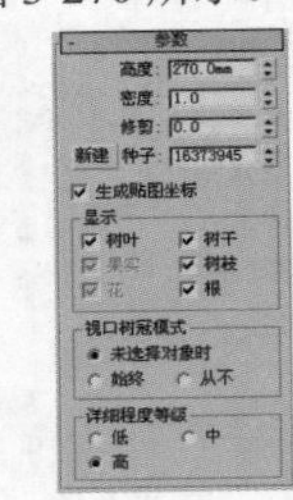
图3-270

- **高度**：控制植物的近似高度，它不一定是实际高度，只是一个近似值。
- **密度**：控制植物叶子和花朵的数量。值为 1 表示植物具有完整的叶子和花朵；值为 5 表示植物具有 1/2 的叶子和花朵；值为 0 表示植物没有叶子和花朵。
- **修剪**：只适用于具有树枝的植物，可以用来删除与构造平面平行的不可见平面下的树枝。值为 0 表示不进行修剪；值为 1 表示尽可能修剪植物上的所有树枝。

> **技巧与提示**
>
> 3ds Max 对植物的修剪取决于植物的种类，如果是树干，则永不进行修剪。

- **新建**：显示当前植物的随机变体，其旁边是【种子】的显示数值。
- **生成贴图坐标**：对植物应用默认的贴图坐标。
- **显示**：该选项组中的参数主要用来控制植物的树叶、果实、花、树干、树枝和根的显示情况，选中相应的复选框，与其对应的对象就会在视图中显示出来。
- **视口树冠模式**：该选项组用于设置树冠在视口中的显示模式。
  - **未选择对象时**：当没有选择任何对象时以树冠模式显示植物。
  - **始终**：始终以树冠模式显示植物。
  - **从不**：从不以树冠模式显示植物，但是会显示植物的所有特性。

> **技巧与提示**
>
> 为了节省计算机的资源，使得在对植物操作时比较流畅，可以选中【未选择对象时】或【始终】，计算机配置较高的情况下，可以选中【从不】，如图 3-271 所示。

图3-271

- **详细程度等级**：该选项组中的参数用于设置植物的渲染细腻程度。
  - **低**：用来渲染植物的树冠。
  - **中**：用来渲染减少了面的植物。
  - **高**：用来渲染植物的所有面。

重点 小实例：创建多种植物

场景文件	无
案例文件	小实例：创建多种植物 .max
视频教学	DVD/ 多媒体教学 /Chapter03/ 小实例：创建多种植物 .flv
难易指数	★★★☆☆
技术掌握	掌握【植物】工具的使用方法

实例介绍

本例学习使用【AEC 扩展】中的【植物】工具来完成模型的制作，最终渲染和线框效果如图 3-272 所示。

图3-272

建模思路

① 使用【平面】工具和 FFD 4×4×4 修改器制作地面。
② 使用【植物】工具制作各种植物模型。

植物的建模流程如图 3-273 所示。

图3-273

操作步骤

Part 1 使用【平面】工具和FFD 4×4×4修改器制作地面

步骤 01 使用【平面】工具 平面 在场景中创建一个平面。进入【修改】面板，设置【长度】为 15000mm，【宽度】为 15000mm，【长度分段】为 10，【宽度分段】为 10。如图 3-274 所示。

步骤 02 选择步骤 01 创建的平面，进入【修改】面板，为其加载 FFD 4×4×4 修改器，如图 3-275 所示。

步骤 03 进入到【控制点】级别，并适当调整控制点的位置，如图 3-276 所示。可以发现地面出现了起伏的效果。

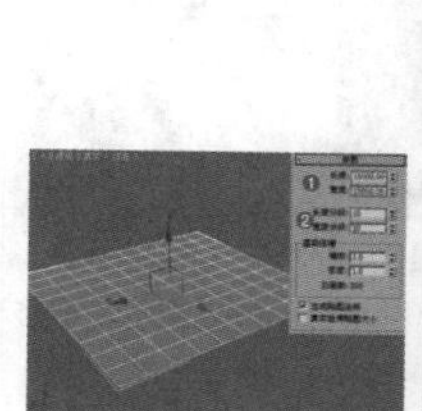

图3-274

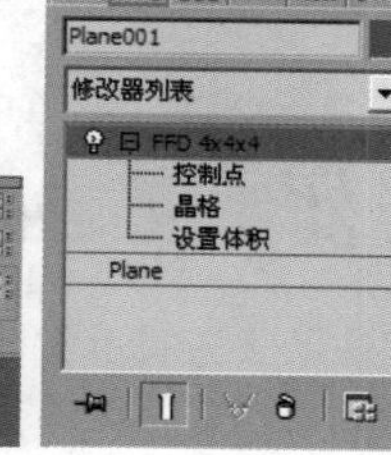

图3-275

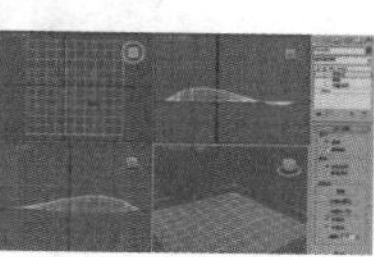

图3-276

Part 2 使用【植物】工具制作各种植物模型

步骤 01 在【创建】面板中选择【几何体】工具，设置【几何体类型】为【AEC 扩展】，然后单击【植物】按钮 植物 ，在【收藏的植物】卷展栏下选择【苏格兰松树】，如图 3-277 所示。在顶视图中单击创建一棵植物，如图 3-278 所示。

图3-277

图3-278

步骤 02 进入【修改】面板，在【参数】卷展栏下设置【高度】为 1500mm，【视口树冠模式】为【从不】，如图 3-279 所示。

步骤 03 继续在顶视图中创建一棵【苏格兰松树】，进入【修改】面板，设置【高度】为 1800，【密度】为 0.3，【视口树冠模式】为【从不】，如图 3-280 所示。

步骤 04 选择上面创建的两棵【苏格兰松树】，按住 Shift 键，使用【选择并移动】工具进行复制，如图 3-281 所示。

图3-279

图3-280

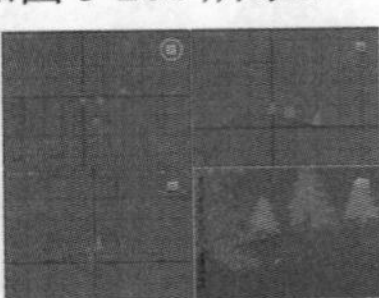

图3-281

步骤 05 在【创建】面板中选择【几何体】，设置【几何体类型】为【AEC 扩展】，然后单击【植物】按钮 植物 ，在【收藏的植物】卷展栏下选择【芳香蒜】，如图 3-282 所示。在顶视图中单击创建一棵芳香蒜，如图 3-283 所示。

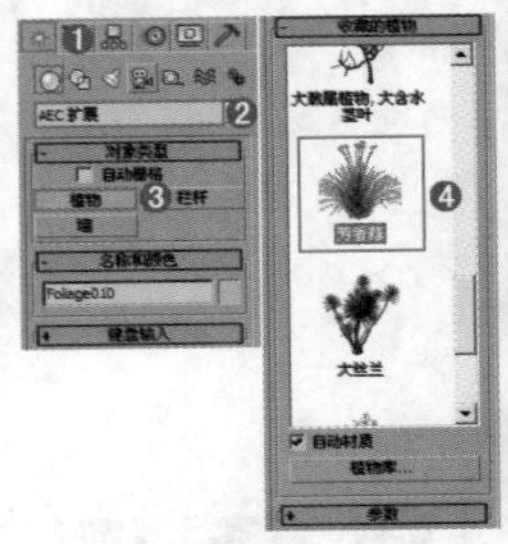

图3-282

图3-283

步骤 06 选择步骤 05 创建的【芳香蒜】，进入【修改】面板，设置【高度】为 200mm，【视口树冠模式】为【从不】，如图 3-284 所示。

步骤 07 选择步骤 06 创建的【芳香蒜】，按住 Shift 键，并使用【选择并移动】工具进行复制，如图 3-285 所示。

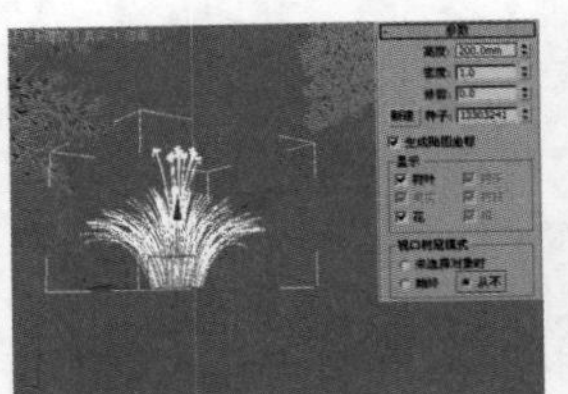

图3-284

图3-285

技巧与提示

在这里，【苏格兰松树】和【芳香蒜】的【高度】和【密度】等数值不是固定的，可以进行适当的调整，以达到美观的效果。

步骤 08 最终模型效果如图 3-286 所示。

图3-286

2. 栏杆

【栏杆】对象的组件包括栏杆、立柱和栅栏。栅栏包括支柱（栏杆）或实体填充材质，如玻璃或木条。如图 3-287 所示为使用【栏杆】工具制作的模型。

图3-287

栏杆的创建方法比较简单，首先将【几何体】类型切换为【AEC 扩展】，然后单击【栏杆】按钮 栏杆 ，接着在视图中拖曳光标即可创建出栏杆。栏杆的参数分为【栏杆】、【立柱】和【栅栏】3 个卷展栏，如图 3-288 所示。

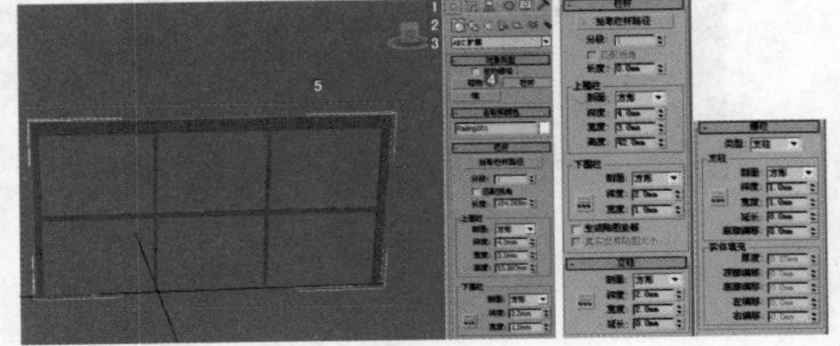

图3-288

（1）栏杆

- 拾取栏杆路径：单击该按钮，可以拾取视图中的样条线来作为栏杆的路径。
- 分段：设置栏杆对象的分段数（只有使用栏杆路径时才

能使用该选项）。

- **匹配拐角**：在栏杆中放置拐角，以匹配栏杆路径的拐角。
- **长度**：设置栏杆的长度。
- **上围栏**：该选项组用于设置栏杆上围栏部分的相关参数。
  - **剖面**：指定上栏杆的横截面形状。
  - **深度**：设置上栏杆的深度。
  - **宽度**：设置上栏杆的宽度。
  - **高度**：设置上栏杆的高度。
- **下围栏**：该选项组用于设置栏杆下围栏部分的相关参数。
  - **剖面**：指定下栏杆的横截面形状。
  - **深度**：设置下栏杆的深度。
  - **宽度**：设置下栏杆的宽度。
- **【下围栏间距】按钮**：设置下围栏之间的间距。单击该按钮可以打开【立柱间距】对话框，在该对话框中可设置下栏杆间距的一些参数。
- **生成贴图坐标**：为栏杆对象分配贴图坐标。
- **真实世界贴图大小**：控制应用于对象的纹理贴图材质所使用的缩放方法。

（2）立柱

- **剖面**：指定立柱的横截面形状。
- **深度**：设置立柱的深度。
- **宽度**：设置立柱的宽度。
- **延长**：设置立柱在上栏杆底部的延长量。
- **【立柱间距】按钮**：设置立柱的间距。单击该按钮可以打开【立柱间距】对话框，在该对话框中可设置立柱间距的一些参数。

> **技巧与提示**
>
> 如果将【剖面】设置为【无】，那么【立柱间距】按钮将不可用。

（3）栅栏

- **类型**：指定立柱之间的栅栏类型，有【无】、【支柱】和【实体填充】3 个选项，如图 3-289 所示。

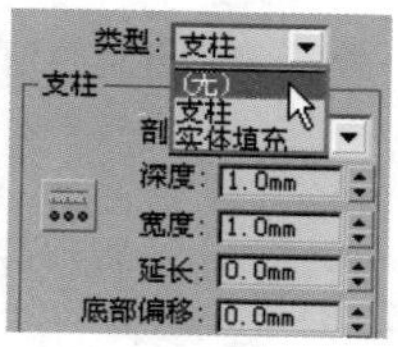

图3-289

- **支柱**：该选项组中的参数只有当栅栏类型设置为【支柱】时才可用。
  - **剖面**：设置支柱的横截面形状，有【方形】和【圆形】两个选项。
  - **深度**：设置支柱的深度。
  - **宽度**：设置支柱的宽度。
  - **延长**：设置支柱在上栏杆底部的延长量。
  - **底部偏移**：设置支柱与栏杆底部的偏移量。
  - **【支柱间距】按钮**：设置支柱的间距。单击该按钮可以打开【立柱间距】对话框，在该对话框中可设置支柱间距的一些参数。
- **实体填充**：该选项组中的参数只有当栅栏类型设置为【实体填充】时才可用。
  - **厚度**：设置实体填充的厚度。
  - **顶部偏移**：设置实体填充与上栏杆底部的偏移量。
  - **底偏移**：设置实体填充与栏杆底部的偏移量。
  - **左偏移**：设置实体填充与相邻左侧立柱之间的偏移量。
  - **右偏移**：设置实体填充与相邻右侧立柱之间的偏移量。

3. 墙

【墙】对象由 3 个子对象构成，这些对象类型可以在【修改】面板中进行修改。编辑墙的方法和样条线类似，可以分别对墙本身及其顶点、分段和轮廓进行调整。

创建墙模型的方法比较简单，首先将【几何体】类型切换为【AEC 扩展】，然后单击【墙】按钮 墙 ，接着在顶视图中拖曳光标即可创建一个墙体，如图 3-290 所示。【墙】的参数面板如图 3-291 所示。

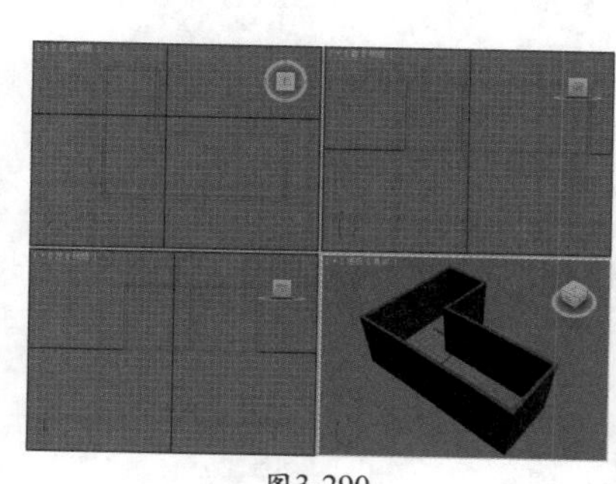

图3-290

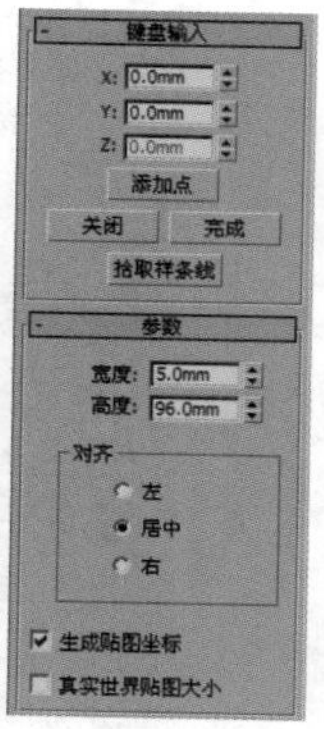

图3-291

- **X/Y/Z**：设置墙分段在活动构造平面中的起点的 X/Y/Z 轴坐标值。
- **添加点**：根据输入的 X/Y/Z 轴坐标值来添加点。
- **关闭**：结束墙对象的创建，并在最后一个分段的端点与第一个分段的起点之间创建分段，以形成闭合的墙。
- **完成**：结束墙对象的创建，使之呈端点开放状态。
- **拾取样条线**：单击该按钮可以拾取场景中的样条线，并将其作为墙对象的路径。
- **宽度 / 高度**：设置墙的厚度 / 高度，其范围为 0.01~100 mm。
- **对齐**：该选项组指定墙的对齐方式，共有以下 3 种。
  - **左**：根据墙基线的左侧边进行对齐。如果启用了【栅格捕捉】功能，则墙基线的左侧边将捕捉到栅格线。
  - **居中**：根据墙基线的中心进行对齐。如果启用了【栅格捕捉】功能，则墙基线的中心将捕捉到栅格线。
  - **右**：根据墙基线的右侧边进行对齐。如果启用了【栅格捕捉】功能，则墙基线的右侧边将捕捉到栅格线。
- **生成贴图坐标**：为墙对象应用贴图坐标。
- **真实世界贴图大小**：控制应用于对象的纹理贴图材质所使用的缩放方法。

3.4.2 楼梯

3ds Max 2014 中提供了 4 种内置的参数化楼梯模型，分别是直线楼梯、L 形楼梯、U 形楼梯和螺旋楼梯，如图 3-292 所示。这 4 种楼梯的参数面板都包括【参数】卷展栏、【支撑梁】卷展栏、【栏杆】卷展栏和【侧弦】卷展栏，而【螺旋楼梯】还包括【中柱】卷展栏如，图 3-293 所示。

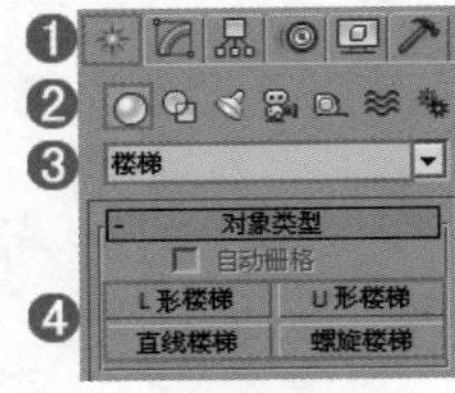

图3-292

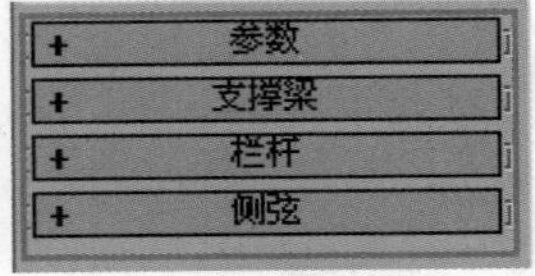

图3-293

【L 形楼梯】、【U 形楼梯】、【直线楼梯】和【螺旋楼梯】的参数卷展栏如图 3-294 所示。

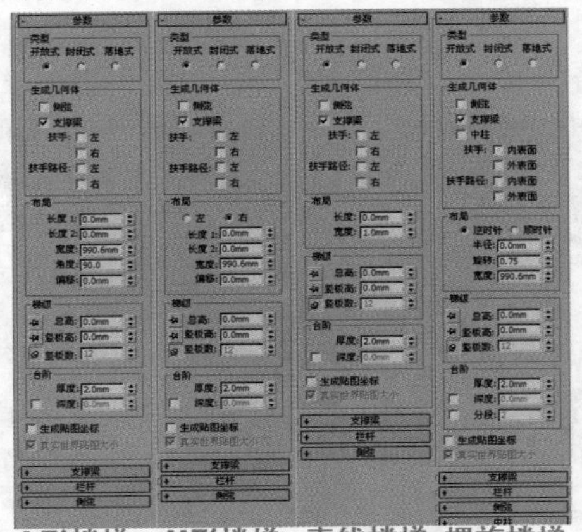

图3-294

1．参数

- 类型：该选项组主要用于设置楼梯的类型，包括以下 3 种。
  - 开放式：创建一个开放式的梯级竖板楼梯。
  - 封闭式：创建一个封闭式的梯级竖板楼梯。
  - 落地式：创建一个带有封闭式梯级竖板和两侧具有封闭式侧弦的楼梯。
- 生成几何体：该选项组主要用来设置楼梯生成哪种几何体。
  - 侧弦：沿楼梯梯级的端点创建侧弦。
  - 支撑梁：在梯级下创建一个倾斜的切口梁，该梁支撑着台阶。
  - 扶手：创建左扶手和右扶手。
  - 扶手路径：创建左扶手路径和右扶手路径。
- 布局：该选项组主要用于设置楼梯的布局参数。
  - 长度 1：设置第 1 段楼梯的长度。
  - 长度 2：设置第 2 段楼梯的长度。
  - 宽度：设置楼梯的宽度，包括台阶和平台。
  - 角度：设置平台与第 2 段楼梯之间的角度，范围为 -90°～90°。
  - 偏移：设置平台与第 2 段楼梯之间的距离。
- 梯级：该选项组主要用于设置楼梯的梯级参数。
  - 总高：设置楼梯级的高度。
  - 竖板高：设置梯级竖板的高度。
  - 竖板数：设置梯级竖板的数量（梯级竖板总是比台阶多一个，隐式梯级竖板位于上板和楼梯顶部的台阶之间）。

技巧与提示

当调整这 3 个选项中的两个选项时，必须锁定剩下的一个选项，要锁定该选项，单击该选项前面的按钮即可。

- 台阶：该选项组主要用于设置楼梯的台阶参数。
  - 厚度：设置台阶的厚度。
  - 深度：设置台阶的深度。
  - 生成贴图坐标：对楼梯应用默认的贴图坐标。
  - 真实世界贴图大小：控制应用于对象的纹理贴图材质所使用的缩放方法。

2．支撑梁

- 深度：设置支撑梁离地面的深度。
- 宽度：设置支撑梁的宽度。
- 【支撑梁间距】按钮：设置支撑梁的间距。单击该按钮可以打开【支撑梁间距】对话框，在该对话框中可设置支撑梁的一些参数。
- 从地面开始：控制支撑梁是从地面开始，还是与第 1 个梯级竖板的开始平齐，或是否将支撑梁延伸到地面以下。

技巧与提示

【支撑梁】卷展栏中的参数只有在【生成几何体】选项组中启用【支撑梁】功能时才可用。

3．栏杆

- 高度：设置栏杆离台阶的高度。
- 偏移：设置栏杆离台阶端点的偏移量。
- 分段：设置栏杆中的分段数目。值越大，栏杆越平滑。
- 半径：设置栏杆的厚度。

技巧与提示

【栏杆】卷展栏中的参数只有在【生成几何体】选项组中启用【扶手】功能时才可用。

4．侧弦

- 深度：设置侧弦离地板的深度。
- 宽度：设置侧弦的宽度。
- 偏移：设置地板与侧弦的垂直距离。
- 从地面开始：控制侧弦是从地面开始，还是与第 1 个梯级竖板的开始平齐，或是否将侧弦延伸到地面以下。

技巧与提示

【侧弦】卷展栏中的参数只有在【生成几何体】选项组中启用【侧弦】功能时才可用。

重点 小实例：创建多种楼梯模型

场景文件	无
案例文件	小实例：创建多种楼梯模型.max
视频教学	DVD/多媒体教学/Chapter03/小实例：创建多种楼梯模型.flv
难易指数	★★★☆☆
技术掌握	掌握【直线楼梯】、【螺旋楼梯】和【L形楼梯】工具的使用方法

实例介绍

本例学习使用内置几何体建模下的【直线楼梯】工具、【螺旋楼梯】工具和【L 形楼梯】工具来完成模型的制作，最终渲染和线框效果如图 3-295 所示。

图3-295

建模思路

利用【直线楼梯】工具、【螺旋楼梯】工具、【L 形楼梯】工具制作各种楼梯模型。

楼梯的建模流程如图 3-296 所示。

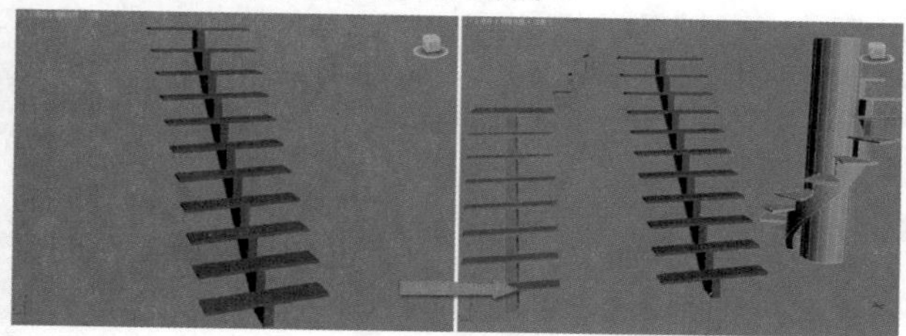

图3-296

操作步骤

步骤 01 单击（创建）|（几何体）| 楼梯 | 直线楼梯（直线楼梯）按钮，在顶视图中拖曳创建模型，如图 3-297 所示。

步骤 02 确认直线楼梯处于选中状态，进入【修改】面板，并设置【类型】为【开放式】，选中【支撑梁】复选框，接着在【布局】选项组下设置【长度】为 2400mm，【宽度】为 1000mm，在【梯级】选项组下设置【总高】为 2400mm，【竖板高】为 200mm；在【台阶】选项组下设置【厚度】为 20mm，最后设置【支撑梁】的【深度】为 200mm，【宽度】为 80mm，如图 3-298 所示。

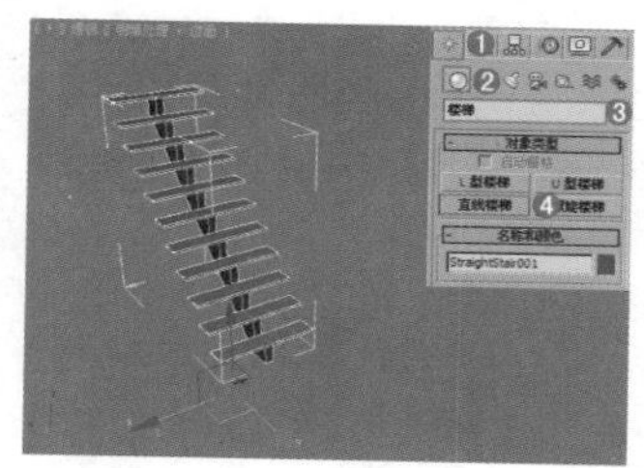

图3-297

步骤 03 此时直线楼梯的模型效果如图 3-299 所示。

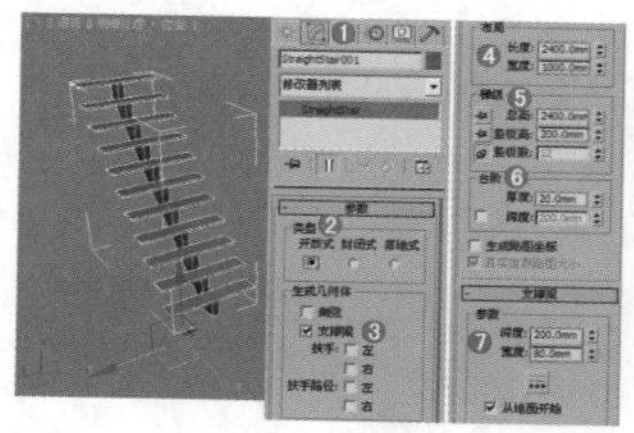

图3-298

图3-299

步骤 04 单击（创建）|（几何体）| 楼梯 | 螺旋楼梯（螺旋楼梯）按钮，在顶视图中拖曳创建模型，如图 3-300 所示。

步骤 05 进入【修改】面板，设置【类型】为【开放式】，在【生成几何体】选项组中选中【支撑梁】和【中柱】复选框，在【布局】选项组下设置【半径】为 700mm，【旋转】为 1，【宽度】为 650mm；在【梯级】选项组下设置【总高】为 2400mm，【竖板高】为 200mm；在【台阶】选项组下设置【厚度】为 20mm，最后设置【支撑梁】的【深度】为 200mm，【宽度】为 80mm，如图 3-301 所示。

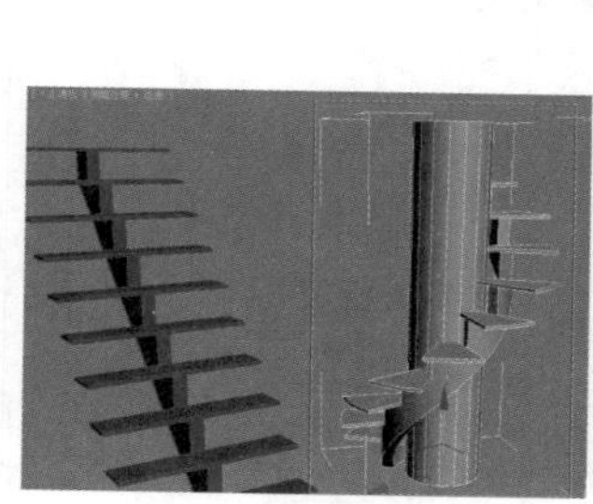

图3-300

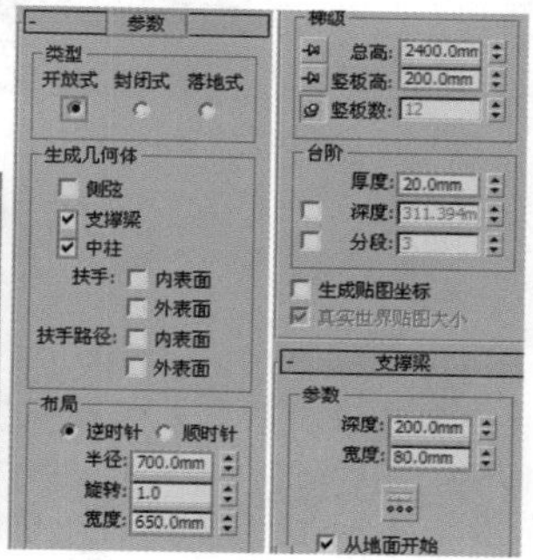

图3-301

步骤 06 此时螺旋楼梯的模型效果如图 3-302 所示。

步骤 07 单击（创建）|（几何体）| 楼梯 | L型楼梯（L 形楼梯）按钮，在顶视图中拖曳创建模型，如图 3-303 所示。

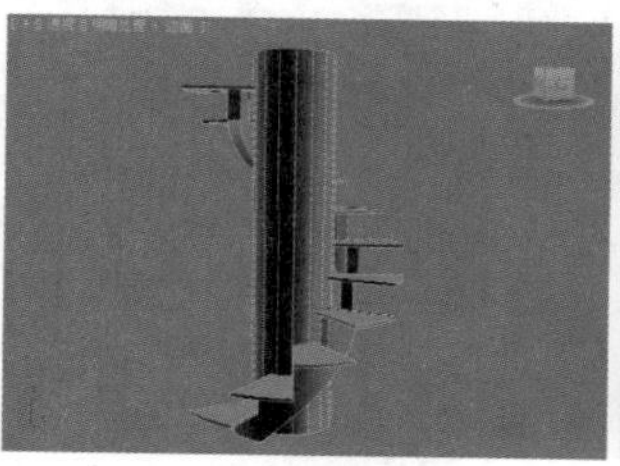

图3-302

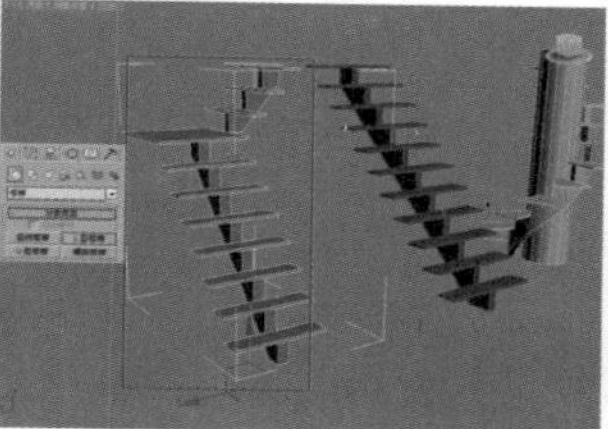

图3-303

步骤 08 进入【修改】面板，设置【类型】为【开放式】，在【生成几何体】选项组下选中【支撑梁】复选框，在【布局】选项组下设置【长度 1】为 1400mm，【长度 2】为 650mm，【宽度】为 800mm，【角度】为 90，【偏移】为 30mm；在【梯级】选项组下设置【总高】为 2400mm，【竖板高】为 200mm；在【台阶】选项组下的设置【厚度】为 20mm，最后设置【支撑梁】的【深度】为 130mm，【宽度】为 100mm，如图 3-304 所示。

步骤 09 此时 L 形楼梯的模型效果如图 3-305 所示。

步骤 10 最终模型效果如图 3-306 所示。

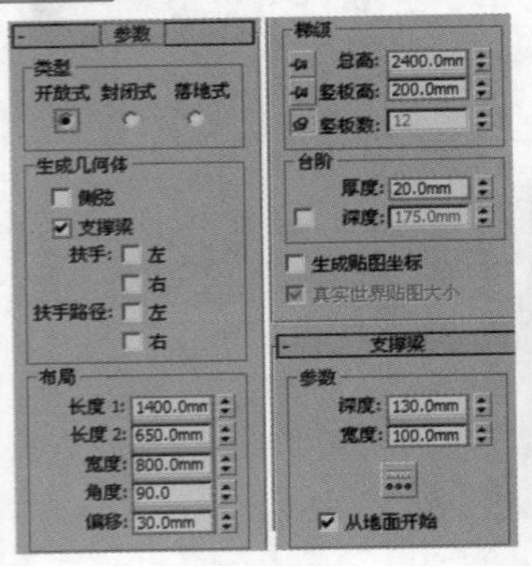

图3-304

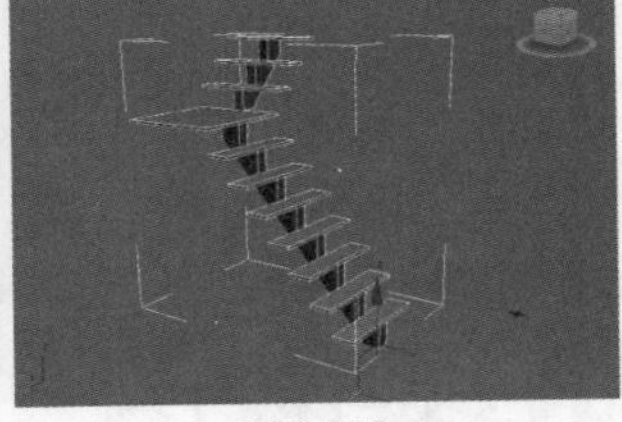

图3-305

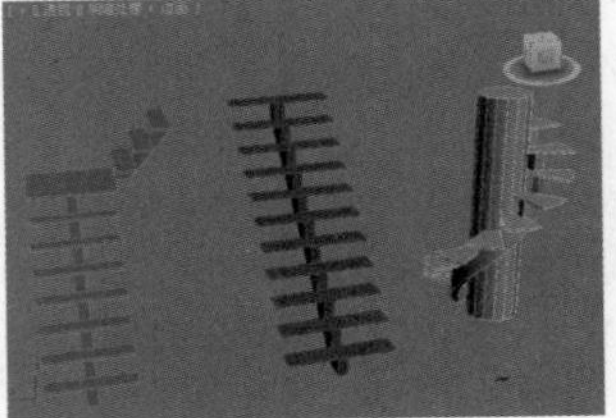

图3-306

3.4.3 门

3ds Max 2014 中提供了 3 种内置的门模型，分别是【枢轴门】、【推拉门】和【折叠门】，如图 3-307 所示。枢轴门是在一侧装有铰链的门；推拉门有一半是固定的，另一半可以推拉；折叠门的铰链装在中间以及侧端。这 3 种门的参数大部分都相同，下面先对其相同参数进行讲解，如图 3-308 所示。

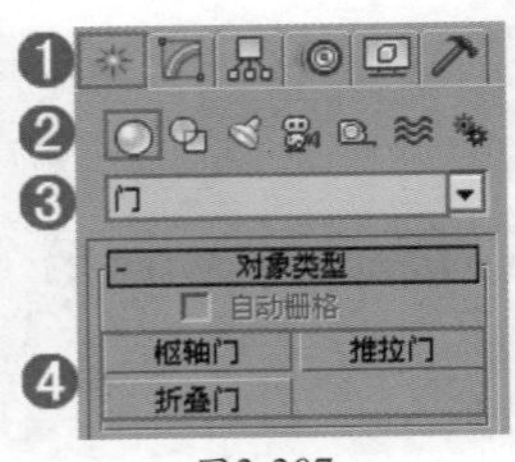

图3-307

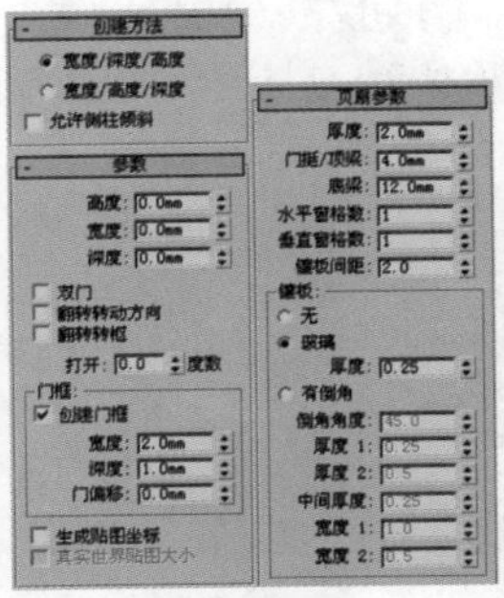

图3-308

- 宽度 / 深度 / 高度：首先创建门的宽度，然后创建门的深度，接着创建门的高度。
- 宽度 / 高度 / 深度：首先创建门的宽度，然后创建门的高，接着创建门的深度。

技巧与提示

所有的门都有高度、宽度和深度，所以在创建之前要先选择创建的顺序。

- 高度：设置门的总体高度。
- 宽度：设置门的总体宽度。
- 深度：设置门的总体深度。
- 打开：使用【枢轴门】时，指定以角度为单位的门打开的程度；使用【推拉门】和【折叠门】时，指定门打开的百分比。
- 门框：该选项组用于控制是否创建门框以及设置门框的宽度和深度。
  - 创建门框：控制是否创建门框。
  - 宽度：设置门框与墙平行方向的宽度（选中【创建门框】复选框时才可用）。
  - 深度：设置门框从墙投影的深度（选中【创建门框】复选框时才可用）。
  - 门偏移：设置门相对于门框的位置，该值可以为正，也可以为负（选中【创建门框】复选框时才可用）。
- 生成贴图坐标：为门指定贴图坐标。
- 真实世界贴图大小：控制应用于对象的纹理贴图材质所使用的缩放方法。
- 厚度：设置门的厚度。
- 门挺 / 顶梁：设置顶部和两侧的镶板框的宽度。
- 底梁：设置门脚处的镶板框的宽度。
- 水平窗格数：设置镶板沿水平轴划分的数量。
- 垂直窗格数：设置镶板沿垂直轴划分的数量。
- 镶板间距：设置镶板之间的间隔宽度。
- 镶板：指定在门中创建镶板的方式。
  - 无：不创建镶板。
  - 玻璃：创建不带倒角的玻璃镶板。
  - 厚度：设置玻璃镶板的厚度。
  - 有倒角：创建具有倒角的镶板。
  - 倒角角度：指定门的外部平面和镶板平面之间的倒角角度。
  - 厚度 1：设置镶板的外部厚度。
  - 厚度 2：设置倒角从起始处的厚度。
  - 中间厚度：设置镶板内的面部分的厚度。
  - 宽度 1：设置倒角从起始处的宽度。
  - 宽度 2：设置镶板内的面部分的宽度。

技巧与提示

除这些公共参数外，每种类型的门还有一些细微的差别，下面依次讲解。

1. 枢轴门

枢轴门只在一侧用铰链进行连接，也可以制作成双门，双门具有两个门元素，每个元素在其外边缘处用铰链进行连接。【枢轴门】包含3个特定的参数，参数设置及其效果如图3-309和图3-310所示。

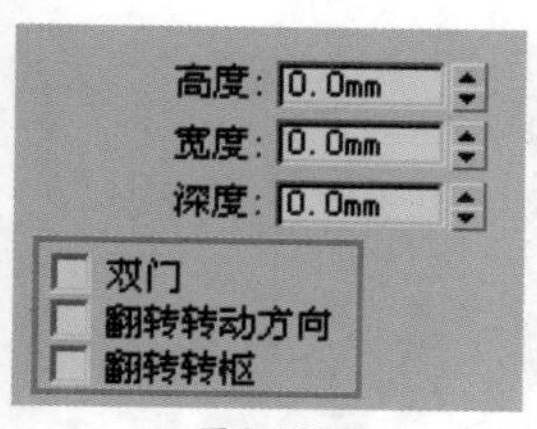

图3-309

图3-310

- 双门：制作一个双门。
- 翻转转动方向：更改门转动的方向。
- 翻转转枢：在与门面相对的位置上放置门转枢（不能用于双门）。

2. 推拉门

推拉门可以左右滑动，就像火车在轨道上前后移动一样。推拉门有两个门元素，一个保持固定，另一个可以左右滑动，【推拉门】包含2个特定的参数，参数设置及其效果如图3-311和图3-312所示。

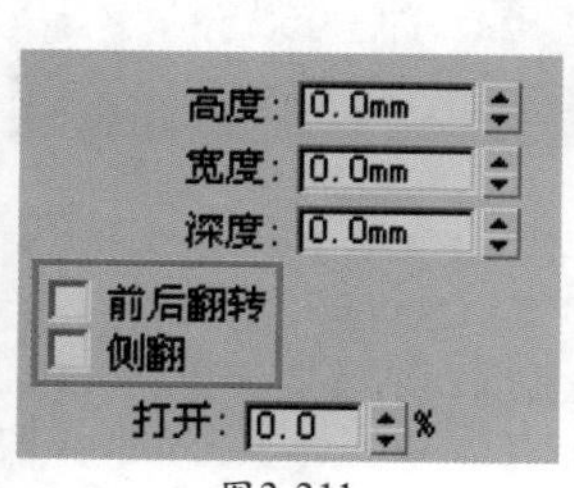

图3-311

图3-312

- 前后翻转：指定哪个门位于最前面。
- 侧翻：指定哪个门保持固定。

3. 折叠门

折叠门就是可以折叠起来的门，在门的中间和侧面有一个转枢装置，如果是双门，就有4个转枢装置。【折叠门】包含3个特定的参数，参数设置及其效果如图3-313和图3-314所示。

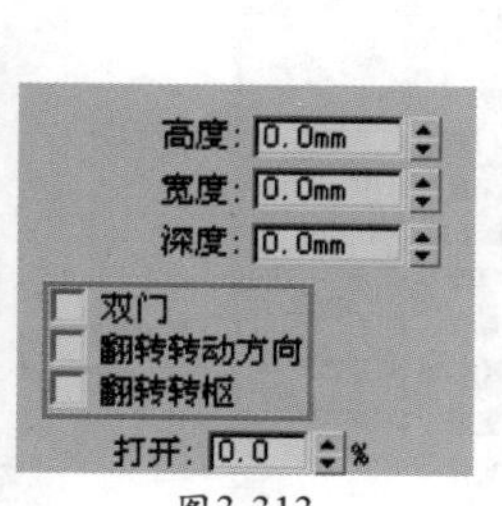

图3-313

图3-314

- 双门：制作一个双门。
- 翻转转动方向：翻转门的转动方向。
- 翻转转枢：翻转侧面的转枢装置（该选项不能用于双门）。

重点 小实例：创建多种门模型

场景文件	无
案例文件	小实例：创建多种门模型.max
视频教学	DVD/多媒体教学/Chapter03/小实例：创建多种门模型.flv
难易指数	★★★☆☆
技术掌握	掌握【门】工具的使用方法

实例介绍

本例将以几个门模型为例来讲解【门】工具的使用方法，效果如图3-315所示。

图3-315

建模思路

使用【门】工具创建门模型。

门的建模流程如图3-316所示。

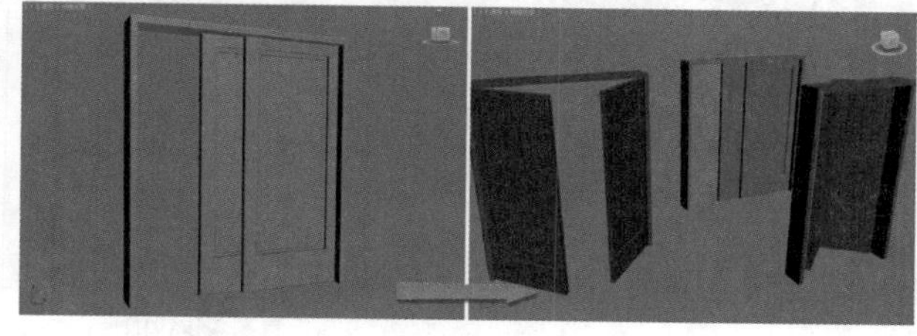

图3-316

操作步骤

步骤01 在【创建】面板下单击【几何体】按钮，设置【几何体类型】为【门】，选择【枢轴门】工具 枢轴门 ，如图3-317所示。在视图中拖曳创建模型，如图3-318所示。

图3-317

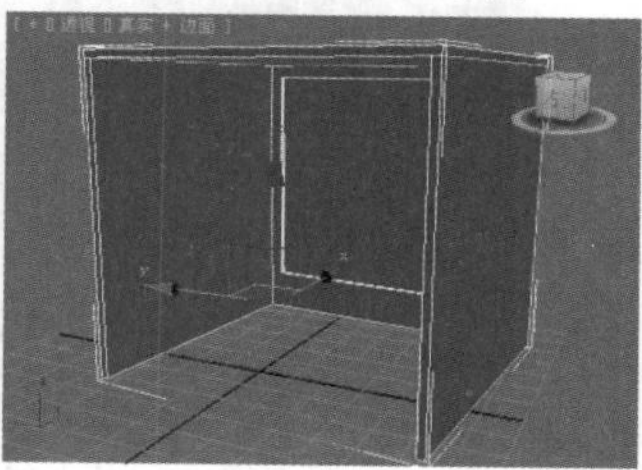

图3-318

步骤02 进入【修改】面板，展开【参数】卷展栏，设置【高度】为2200mm，【宽度】为1800mm，【深度】为200mm，选中【双门】和【翻转转动方向】复选框，设置【打开】数值为45，在【门框】选项组下选中【创建门框】复选框，设置【宽度】为50mm，【深度】为25mm。展开

【页扇参数】卷展栏，设置【厚度】为50mm，【门挺/顶梁】为100mm，【底梁】为300mm，选中【玻璃】单选按钮，设置【厚度】为0.25，如图3-319所示。此时门的模型效果如图3-320所示。

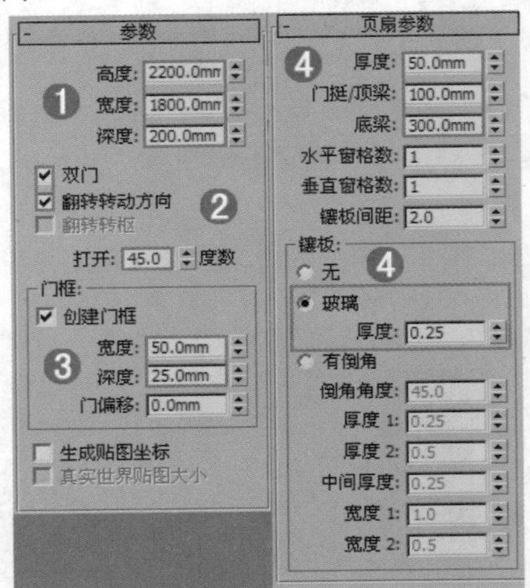

图3-319

图3-320

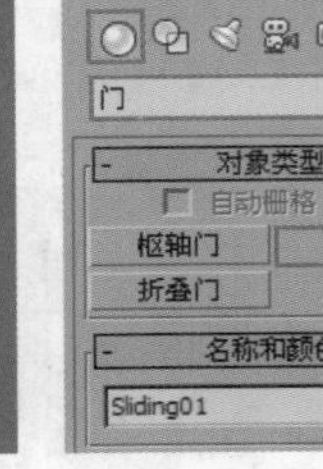

图3-321

步骤03 在【创建】面板下单击【几何体】按钮，设置【几何体类型】为【门】，选择【推拉门】工具 推拉门 ，如图3-321所示。在视图中拖曳创建模型，如图3-322所示。

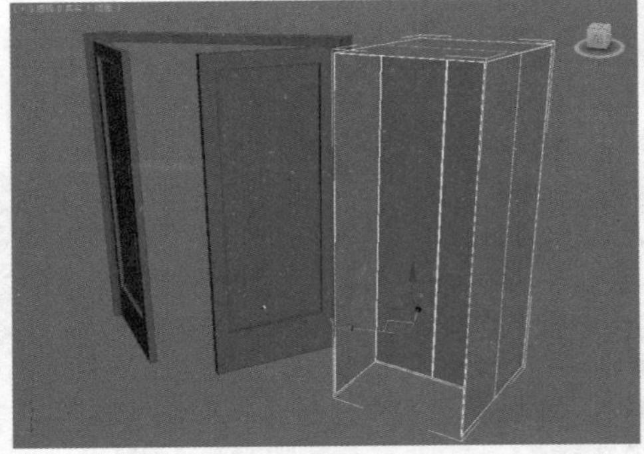

图3-322

步骤04 进入【修改】面板，展开【参数】卷展栏，设置【高度】为2200mm，【宽度】为1800mm，【深度】为200mm，选中【前后翻转】和【侧翻】复选框，设置【打开】为60%，在【门框】选项组下选中【创建门框】复选框，设置【宽度】为50mm，【深度】为25mm。展开【页扇参数】卷展栏，设置【厚度】为50mm，【门挺/顶梁】为100mm，【底梁】为300mm，选中【有倒角】单选按钮，其他参数不变，如图3-323所示。此时推拉门的模型效果如图3-324所示。

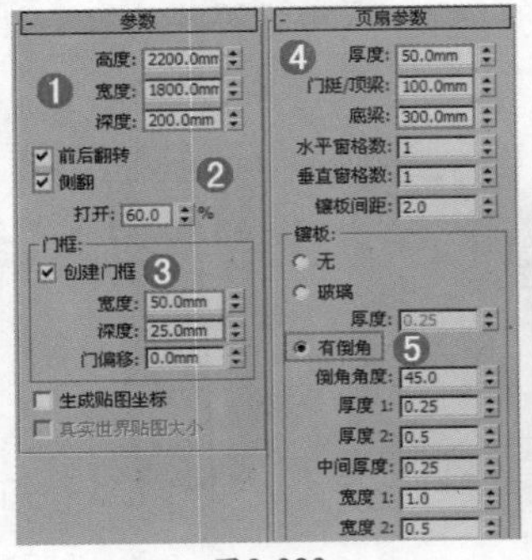

图3-323

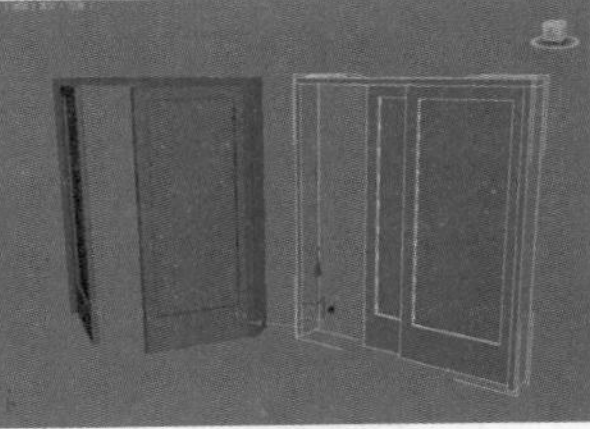

图3-324

步骤05 在【创建】面板下单击【几何体】按钮，设置【几何体类型】为【门】，选择【折叠门】工具 折叠门 ，如图3-325所示。在视图中拖曳创建模型，如图3-326所示。

图3-325

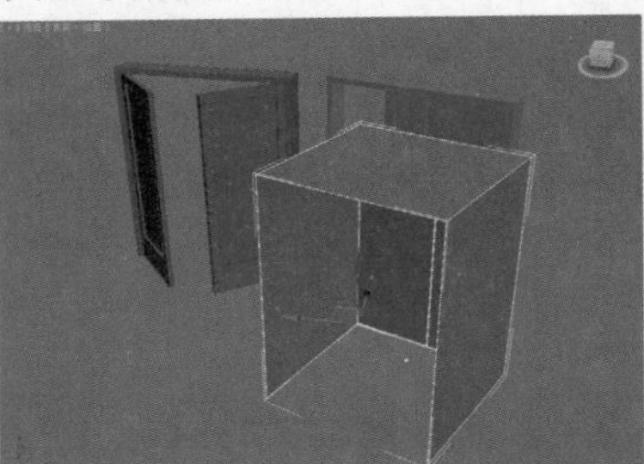

图3-326

步骤06 进入【修改】面板，展开【参数】卷展栏，设置【高度】为2200mm，【宽度】为1200mm，【深度】为200mm，选中【翻转转枢】复选框，设置【打开】为45%，选中【创建门框】复选框，设置【宽度】为50.8mm，【深度】为25.4mm。展开【页扇参数】卷展栏，设置【厚度】为60mm，【门挺/顶梁】为120mm，【底梁】为300mm，选中【有倒角】单选按钮，如图3-327所示。此时折叠门的模型效果如图3-328所示。

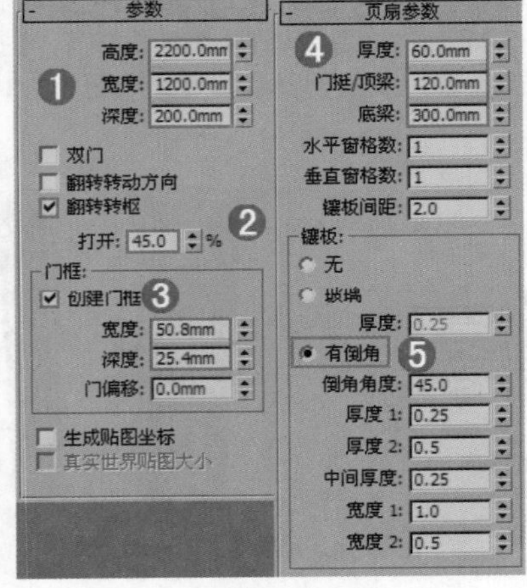

图3-327

步骤 07 最终模型效果如图 3-329 所示。

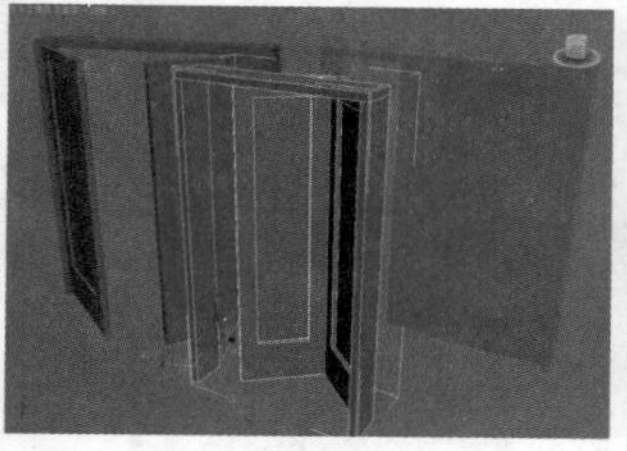
图3-328

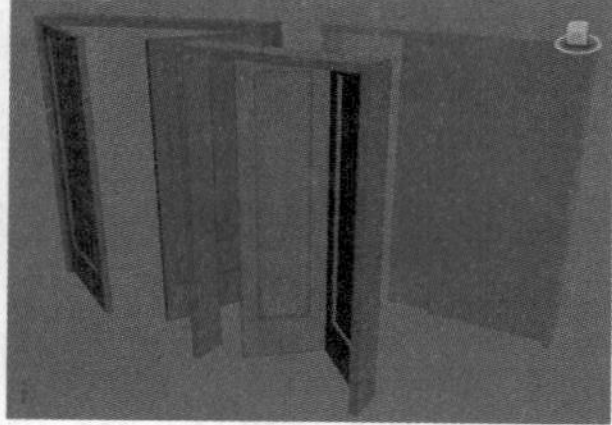
图3-329

3.4.4 窗

3ds Max 2014 中提供了 6 种内置的窗户模型，分别为遮篷式窗、平开窗、固定窗、旋开窗、伸出式窗和推拉窗，使用这些内置的窗户模型可以快速创建出所需要的窗户，如图 3-330 所示。

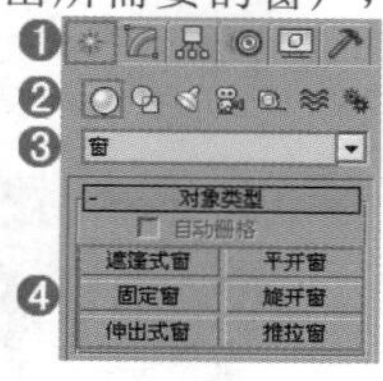

图3-330

遮篷式窗有一扇通过铰链与其顶部相连的窗框，如图 3-331 所示。平开窗有一到两扇像门一样的窗框，可以向内或向外转动，如图 3-332 所示。固定窗是固定的，不能打开，如图 3-333 所示。

图3-331

图3-332

旋开窗的轴垂直或水平地位于其窗框的中心，如图 3-334 所示。伸出式窗有 3 扇窗框，其中两扇窗框打开时像反向的遮蓬，如图 3-335 所示。推拉窗有两扇窗框，其中一扇窗框可以沿着垂直或水平方向滑动，如图 3-336 所示。

图3-333　图3-334　图3-335　图3-336

这 6 种窗户的参数基本相同，如图 3-337 所示。

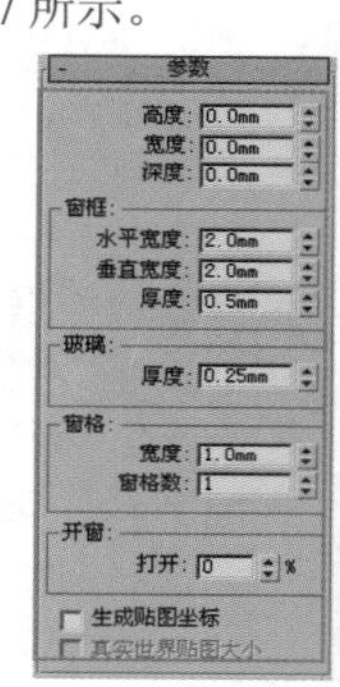

图3-337

- 高度：设置窗户的总体高度。
- 宽度：设置窗户的总体宽度。
- 深度：设置窗户的总体深度。
- 窗框：控制窗框的宽度和深度。
  - 水平宽度：设置窗口框架在水平方向的宽度（顶部和底部）。
  - 垂直宽度：设置窗口框架在垂直方向的宽度（两侧）。
  - 厚度：设置框架的厚度。
- 玻璃：用来指定玻璃的厚度等参数。
  - 厚度：指定玻璃的厚度。
- 窗格：用来设置窗格的相应参数。
  - 宽度：控制窗格的宽度数值。
  - 窗格数：控制窗格数的个数。
- 开窗：用来控制开窗的相应参数。
  - 打开：用来控制开窗的百分比。

3.5 创建mr代理对象

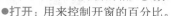

mr 代理对象用于要使用 mental ray 进行渲染的大型场景。

当场景包含某个对象的很多实例（例如，礼堂具有座位模型的成百上千个实例）时，此对象类型很有用。尤其是针对有大量多边形计数的对象更加有用，既可以避免将其转化为 mental ray 格式，又无须在渲染时显示源对象。因此，既节约时间，又释放渲染时占用的大量内存。唯一的缺陷是降低了代理对象在视口中的逼真度以及无法直接编辑代理对象。其参数面板如图 3-338 所示。

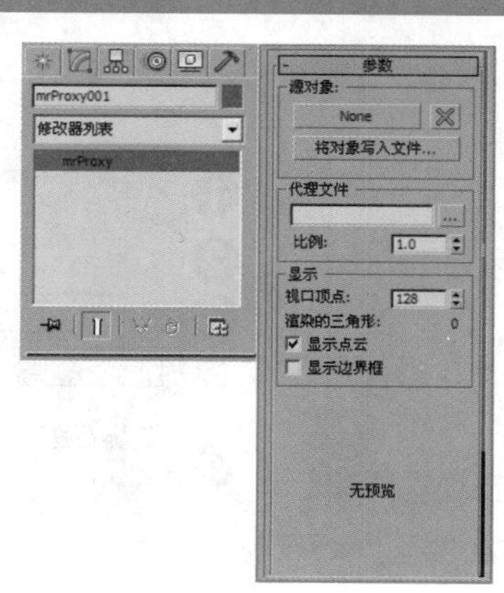

图3-338

- 源对象按钮 None：显示源对象的名称，如未指定，则显示None。要指定对象，单击按钮后选择源对象即可。
- 清除源对象：将源对象按钮标签恢复为None，但不会影响代理对象。
- 将对象写入文件：将对象保存为MIB文件，随后可以使用【代理文件】控件将该文件加载到其他mr代理对象中。
- 代理文件：显示使用【将对象写入文件】命令存储基础MIB文件的位置和名称。
- 浏览...：单击该按钮可选择要加载到代理对象的MIB文件。可以使用此按钮将现有MIB文件加载到新代理对象，并可以在不同的场景之间轻松转移对象。
- 比例：调整代理对象的大小。此外，还可以使用【缩放】工具重新调整对象的大小。
- 视口顶点：以代理对象时点云形式显示的顶点数。为表现最佳性能，仅显示足以看清对象的顶点数。
- 显示点云：启用时，代理对象在视口中以点云（一组顶点）的形式显示。
- 显示边界框：启用时，代理对象在视口中以边界框的形式显示。仅在启用【显示点云】时可用。如禁用【显示点云】，则将始终显示边界框。
- 预览窗口：显示为MIB文件的当前帧存储的缩略图。单击【将对象写入文件】按钮可生成缩略图。

技巧与提示

要使用mr代理对象，应遵循如下步骤：

(1) 确保mental ray为活动渲染器。

(2) 创建或加载源对象。应用任意必要的修改器和材质。请确保保存一份副本以备以后参考。

(3) 添加mr代理对象。定义源对象前，mr代理对象一直都以线框立方体的形式在场景中显示。

(4) 转至【修改】面板。需要从【修改】面板为mr代理对象指定源对象。

(5) 单击目前显示为None的源对象按钮，然后选择源对象。源对象的名称显示在此按钮上。

(6) 单击【将对象写入文件】按钮，输入文件名，然后单击【保存】按钮。保存文件后，显示组将显示代理几何体且视口显示对象，默认情况下显示为点云，即粗略定义对象图形的一组顶点，如图3-339所示。

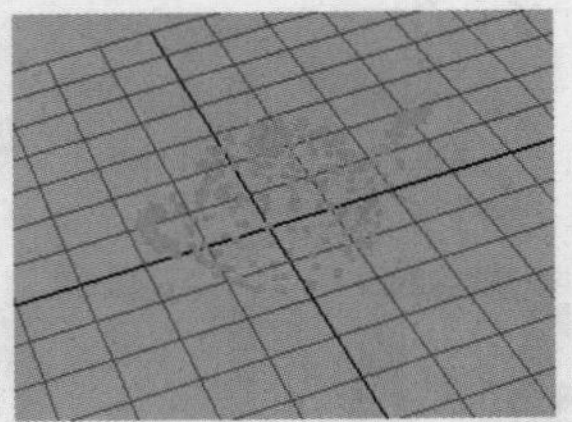

图3-339

3.6 创建VRay对象

成功安装VRay渲染器后，在【创建】面板的【几何体类型】列表中就会出现VRay选项，如图3-340所示。VRay的对象类型包括VR代理、VR皮毛、VR平面和VR球体4种，如图3-341所示。

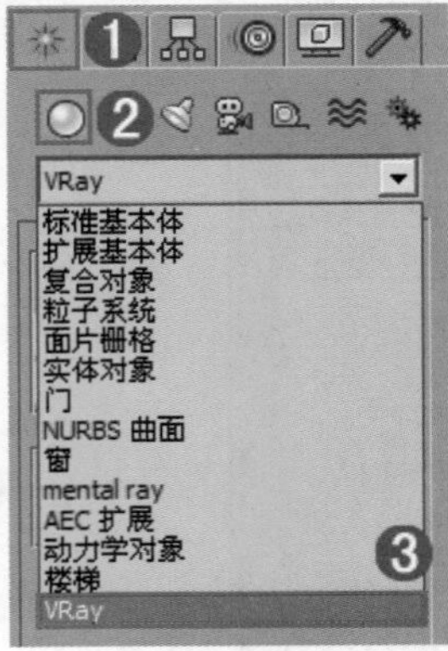

图3-340

图3-341

技术专题——加载VRay渲染器

按F10键打开【渲染设置】对话框，选择【公用】选项卡，展开【指定渲染器】卷展栏，接着单击第1个【选择渲染器】按钮...，在弹出的对话框中选择渲染器V-Ray Adv 2.30.1（本书的VRay渲染器均采用V-Ray Adv 2.3版本），如图3-342所示。

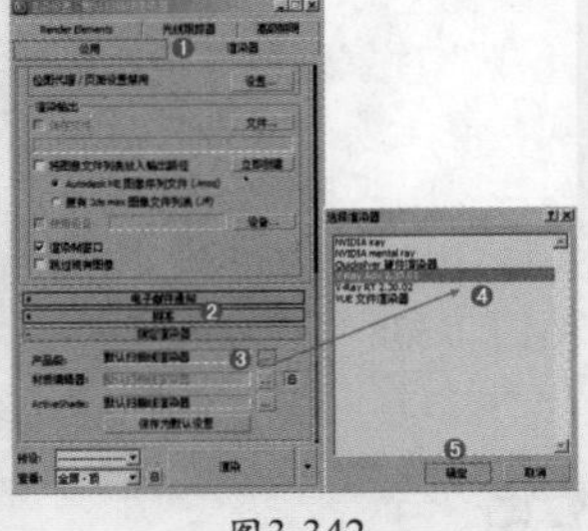

图3-342

3.6.1 VR代理

VR 代理物体在渲染时可以从硬盘中将文件（外部）导入到场景中的 VR 代理网格内，场景中代理物体的网格是一个低面物体，可以节省大量的内存以及显示内存，一般在物体面数较多或重复较多时使用，其使用方法是在物体上右击，然后在弹出的菜单中选择【V-Ray 网格导出】命令，接着在弹出的【VRay 网格导出】对话框中进行相应设置即可（该对话框主要用来保存 VRay 网格代理物体的路径），如图 3-343 所示。

- 文件夹：代理物体所保存的路径。
- 导出所有选中的对象在一个单一的文件上：可以将多个物体合并成一个代理物体进行导出。
- 导出每个选中的对象在一个单独的文件上：可以为每个物体创建一个文件来进行导出。
- 自动创建代理：是否自动完成代理物体的创建和导入，源物体将被删除。如果取消选中该复选框，则需要增加一个步骤，就是在 VRay 物体中选择 VR 代理物体，然后从网格文件中选择已导出的代理物体来实现代理物体的导入。

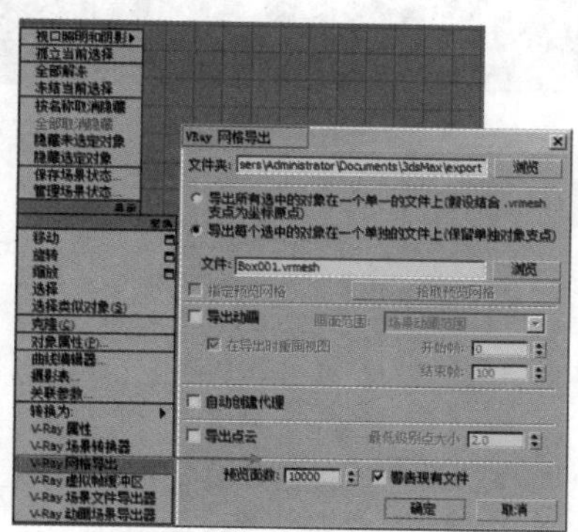
图3-343

技巧与提示

使用【VR 代理】可以非常流畅地制作出超大场景，如一个会议室、一座楼群、一片树林等，非常方便，且操作和渲染速度都非常快。

重点 小实例：利用 VR 代理制作会议室

场景文件	01.max
案例文件	小实例：利用 VR 代理制作会议室 .max
视频教学	DVD/ 多媒体教学 /Chapter03/ 小实例：利用 VR 代理制作会议室 .flv
难易指数	★★★☆☆
技术掌握	掌握【VR 代理】工具的使用方法

实例介绍

【VR 代理】是一种非常特殊的建模方式，应用非常广泛。本例将使用【VR 代理】模拟大场景中的物体，效果如图 3-344 所示。

图3-344

建模思路

① 将桌椅组合执行【VR- 网格体导出】。

② 使用【VR 代理】制作桌椅组合。

利用【VR 代理】制作会议室的流程如图 3-345 所示。

图3-345

操作步骤

Part 1 将桌椅组合执行【VR-网格体导出】

步骤 01 打开本书配套光盘中的【场景文件 /Chapter03/01.max】文件，如图 3-346 所示。

步骤 02 选择场景中的【桌椅组合】模型，然后右击，选择【V-Ray 网格体导出】命令，如图 3-347 所示。

图3-346

图3-347

步骤 03 在弹出的【VRay 网格导出】对话框中单击【浏览】按钮 浏览 并设置文件夹的路径，接着单击【文件】文本框后的【浏览】按钮 浏览，并设置文件的名称为【桌椅组合 .vrmesh】，最后单击【确定】按钮，如图 3-348 所示。

步骤 04 为了后面查看方便，这里需要将【桌椅组合】模型进行隐藏。选择【桌椅组合】模型，然后右击，选择【隐藏选定对象】命令即可，如图 3-349 所示。

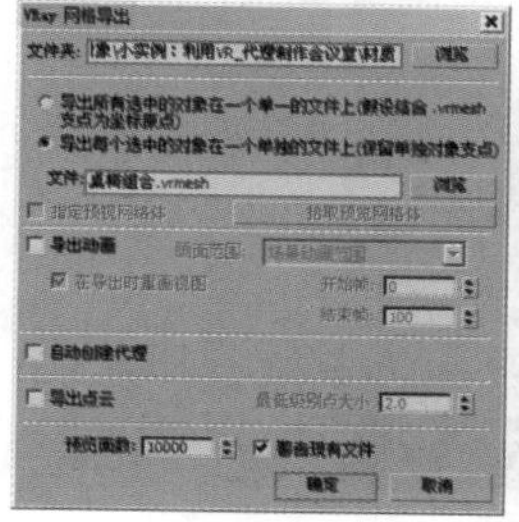
图3-348

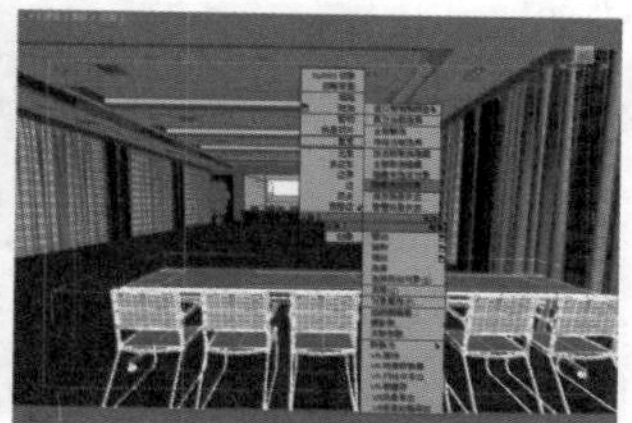
图3-349

步骤 05 此时场景如图 3-350 所示。

图3-350

Part 2 使用【VR代理】制作桌椅组合

步骤 01 在【创建】面板中单击【几何体】按钮，并设置【几何体类型】为【VRay】，接着单击【VR代理】按钮 VR代理 ，在弹出的对话框中选择【桌椅组合.vrmesh】，并单击【打开】按钮，如图3-351所示。

步骤 02 在场景中单击，可以看到已经创建出VR代理对象，如图3-352所示。

图3-351

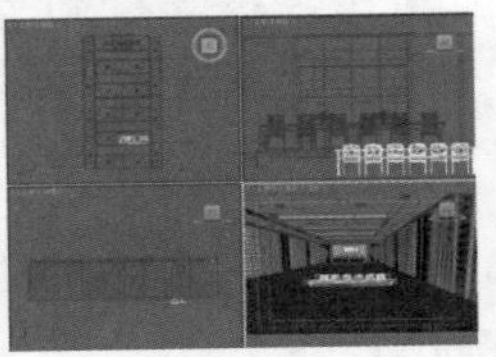
图3-352

步骤 03 选择刚创建出的VR代理对象，然后进入【修改】面板，并设置【比例】为3.6，【显示】为【从文件预览(边)】，如图3-353所示。

步骤 04 重新调整VR代理对象的位置，如图3-354所示。

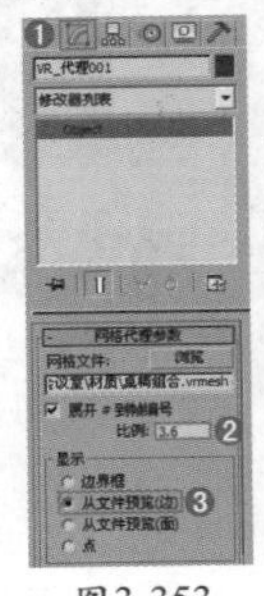
图3-353

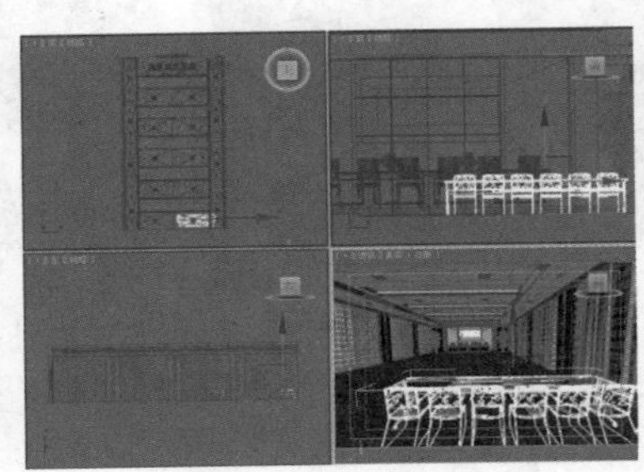
图3-354

步骤 05 按快捷键M，打开【材质编辑器】对话框，为VR代理对象赋予【桌椅组合】的材质，如图3-355所示。

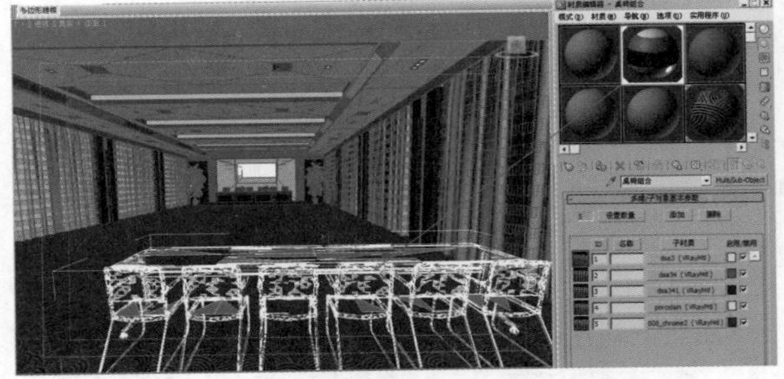
图3-355

步骤 06 选择VR代理对象，按住Shift键并使用【选择并移动】工具进行移动复制，在弹出的【克隆选项】对话框中设置【对象】为【实例】，【副本数】为7，最后单击【确定】按钮，此时模型效果如图3-356所示。

步骤 07 继续将剩余的桌椅组合进行复制，如图3-357所示。

步骤 08 桌椅组合复制完成后，场景效果如图3-358所示。

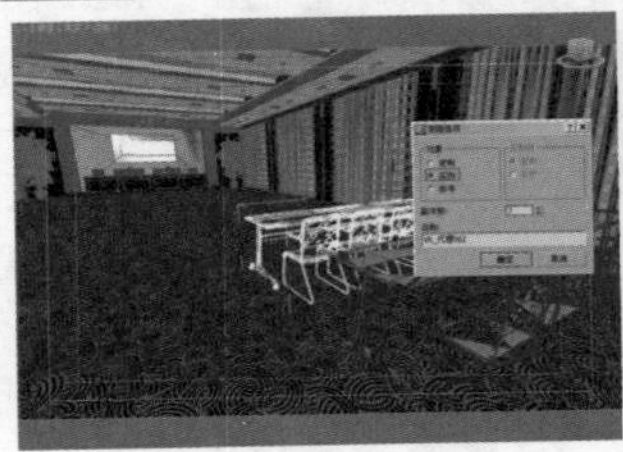
图3-356

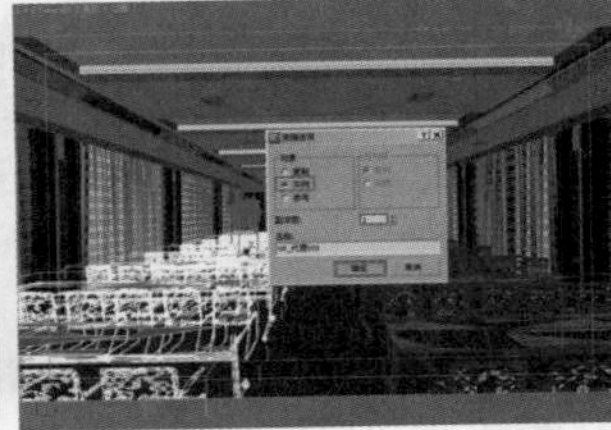
图3-357

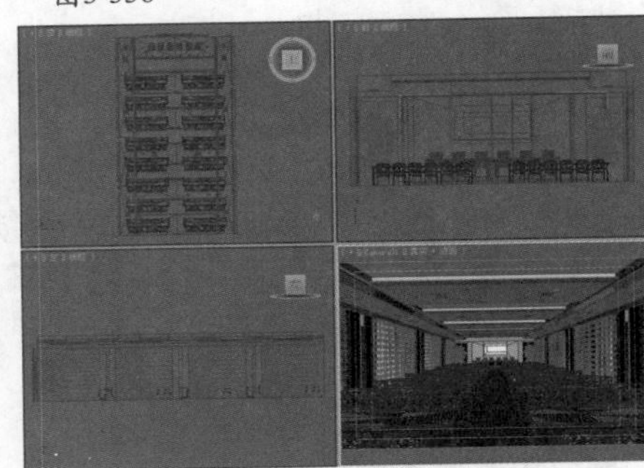
图3-358

技巧与提示

可能有些读者会有疑问，这样做转了一个大圈子，先把桌椅组合导出为VR-网格体，又创建VR代理对象，最后再复制，看似非常麻烦。为什么不直接将原始的桌椅组合模型进行复制呢？

答案其实很简单，那就是为了操作流畅。我们知道场景中物体多、多边形个数多会导致操作不顺畅，那么利用VR代理对象的方法就很好地解决了这一问题，经对比会发现，使用VR代理对象，该场景操作起来非常流畅，而假如直接复制桌椅组合的场景，操作起来会非常卡。

步骤 09 最终的渲染效果如图3-359所示。

图3-359

3.6.2 VR毛皮

【VR 毛皮】可以用来模拟物体数量较多的毛状物体效果，如地毯、皮草、毛巾、草地、动物毛发等，如图 3-360 所示，其参数设置面板如图 3-361 所示。

图3-360

图3-361

3.6.3 VR平面

【VR 平面】可以理解为无限延伸的、没有尽头的平面，可以为这个平面指定材质，并且可以对其进行渲染，在实际工作中一般用来模拟地面和水面等，如图 3-362 所示。VR 平面没有任何参数。

图3-362

技巧与提示

单击【VR 平面】按钮 VR平面，然后在视图中单击即可创建一个平面，如图 3-363 所示。

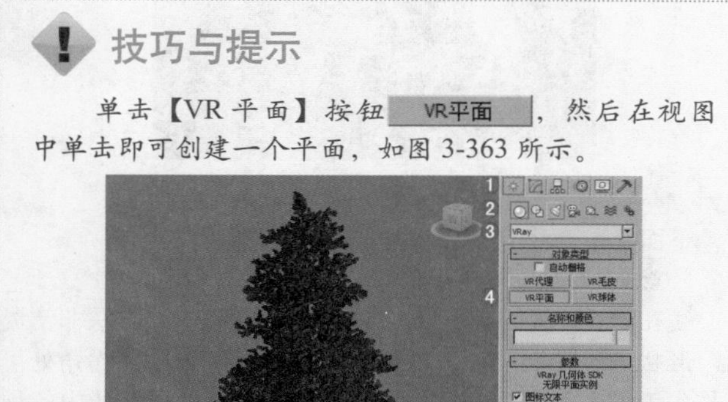

图3-363

重点 小实例：利用 VR 平面制作地面

场景文件	02.max
案例文件	小实例：利用 VR 平面制作地面 .max
视频教学	DVD/ 多媒体教学 /Chapter03/ 小实例：利用 VR 平面制作地面 .flv
难易指数	★★★☆☆
技术掌握	掌握【VR 平面】工具的使用方法

实例介绍

【VR 平面】可以制作无限延伸的地平面，没有任何参数。本例就来学习使用【VR 平面】来完成地面的制作，最终渲染和线框效果如图 3-364 所示。

图3-364

建模思路

利用【VR 平面】制作地面。

利用【VR 平面】制作地面的流程如图 3-365 所示。

图3-365

操作步骤

步骤 01 打开本书配套光盘中的【场景文件 /Chapter03/02.max】文件，如图 3-366 所示。

图3-366

步骤 02 单击（创建）|（几何体）| VRay | VR平面（VR 平面）按钮，如图 3-367 所示。接着在场景中单击创建模型，并放置到如图 3-368 所示的位置。

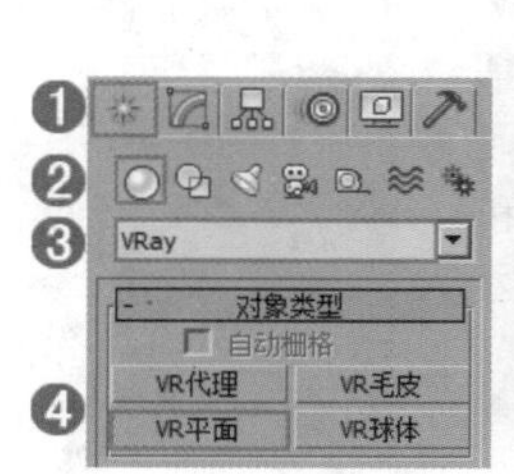

图3-367

图3-368

步骤 03 此时场景效果如图 3-369 所示。

步骤 04 最终渲染效果如图 3-370 所示。

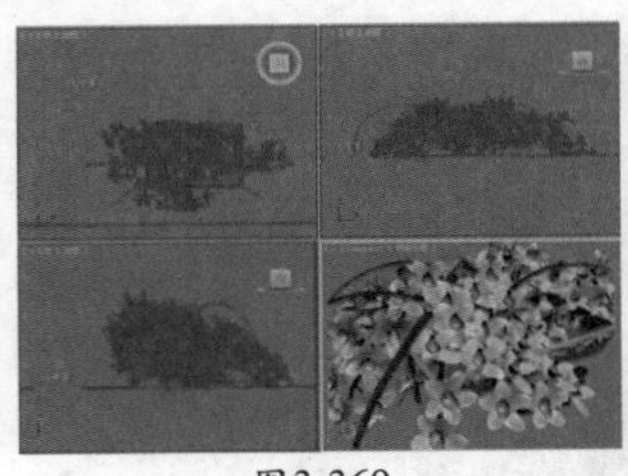
图3-369

图3-370

3.6.4 VR球体

【VR 球体】可以作为球来使用，但必须在 VRay 渲染器中才能渲染出来，如图 3-371 所示。

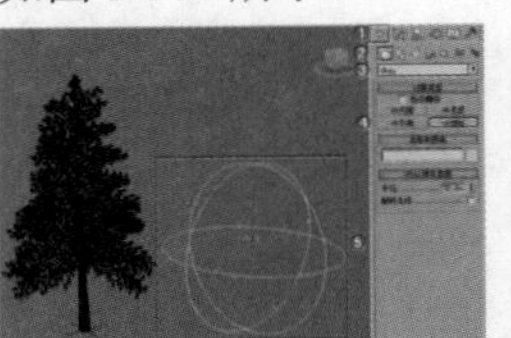
图3-371

3.7 图形

在通常情况下，3ds Max 需要制作三维而不是二维的物体，因此样条线被很多人忽略。使用样条线并借助相应的方法可以快速制作或转化出三维的模型，效率非常高。而且可以返回到之前的样条线级别下，通过调节顶点、线段、样条线来方便地调整最终的三维模型效果。如图 3-372 所示为优秀的样条线建模作品。

图3-372

3.7.1 样条线

在【创建】面板中单击【图形】按钮，然后设置图形类型为【样条线】，其下包括 12 种样条线，分别是线、矩形、圆、椭圆、弧、圆环、多边形、星形、文本、螺旋线、卵形和截面，如图 3-373 所示。

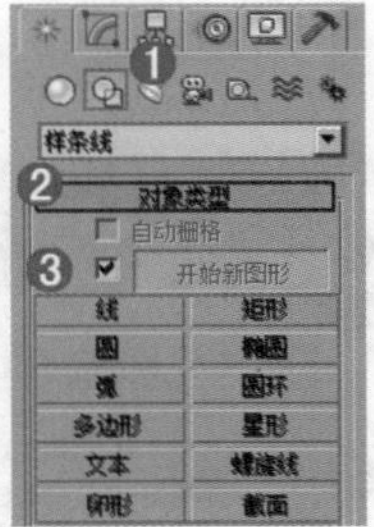

图3-373

技巧与提示

样条线的应用非常广泛，其建模速度相当快。在 3ds Max 2014 中，制作三维文字时可以直接使用【文本】工具 文本 输入文字，然后将其转换为三维模型。同时还可以导入 AI 矢量图形来生成三维物体。选择相应的样条线工具后，在视图中拖曳光标就可以绘制出相应的样条线，如图 3-374 所示。

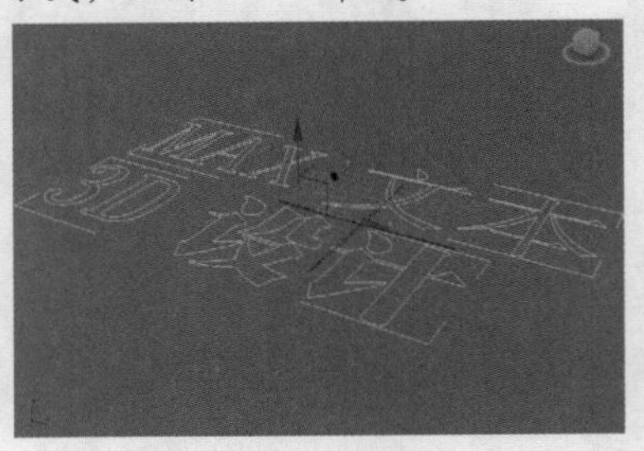
图3-374

下面简单介绍几种常用的样条线工具。

1. 线

线在建模中是最常用的一种样条线，其使用方法非常灵活，形状也不受约束，可以封闭，也可以不封闭；拐角处可以是尖锐的，也可以是圆滑的，如图 3-375 所示。线中的顶点有 4 种类型，分别是 Bezier 角点、Bezier、角点和平滑。

线的参数包括 5 个卷展栏，分别是【渲染】、【插值】、【选择】、【软选择】和【几何体】卷展栏，如图 3-376 所示。

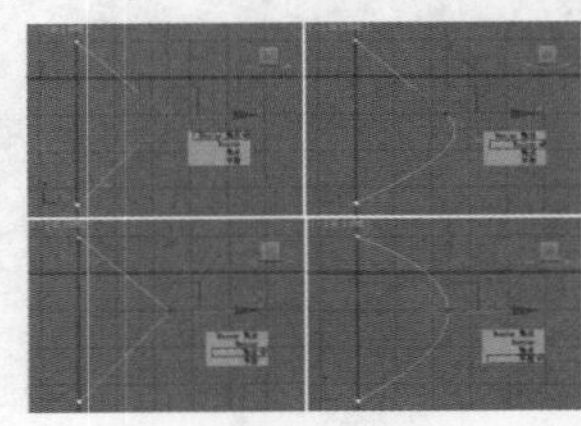
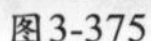
图3-375

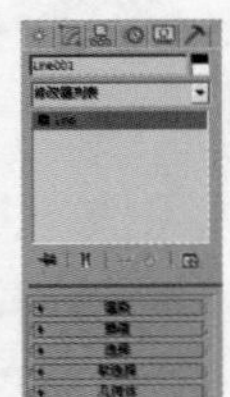
图3-376

（1）【渲染】卷展栏

展开【渲染】卷展栏，如图 3-377 所示。

- **在渲染中启用**：选中该复选框，才能渲染出样条线；否则，将不能渲染出样条线。
- **在视口中启用**：选中该复选框，样条线会以网格的形式显示在视图中。
- **使用视口设置**：该选项只有在选中【在视口中启用】复选框时才可用，主要用于设置不同的渲染参数。
- **生成贴图坐标**：控制是否应用贴图坐标。
- **真实世界贴图大小**：控制应用于对象的纹理贴图材质所使用的缩放方法。
- **视口 / 渲染**：当选中【在视口中启用】复选框时，样条线将显示在视图中；当同时选中【在视口中启用】和【渲染】时，样条线在视图中和渲染中都可以显示出来。
  - 径向：将 3D 网格显示为圆柱形对象，其参数包括【厚度】、【边】和【角度】。【厚度】选项用于指定视图或渲染样条线网格的直径，其默认值为 1，范围为 0~100；【边】选项用于在视图或渲染器中为样条线网格设置边数或面数（如值为 4 表示一个方形横截面）；【角度】选项用于调整视图或渲染器中的横截面的旋转位置。

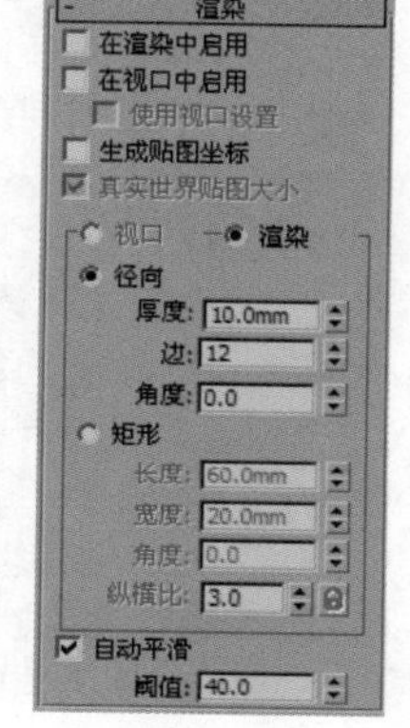

图3-377

  - 矩形：将 3D 网格显示为矩形对象，其参数包括【长度】、【宽度】、【角度】和【纵横比】。【长度】选项用于设置沿局部 Y 轴的横截面大小；【宽度】选项用于设置沿局部 X 轴的横截面大小；【角度】选项用于调整视图或渲染器中的横截面的旋转位置；【纵横比】选项用于设置矩形横截面的纵横比。
- **自动平滑**：选中该复选框可以激活下面的【阈值】选项，调整【阈值】数值可以自动平滑样条线。

（2）【插值】卷展栏

展开【插值】卷展栏，如图 3-378 所示。

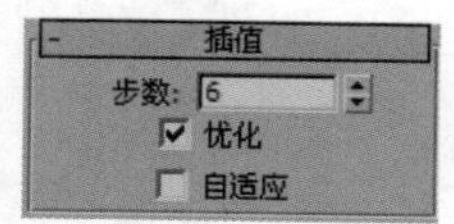

图3-378

- **步数**：手动设置每条样条线的步数。
- **优化**：选中该复选框，可以从样条线的直线线段中删除不需要的步数。
- **自适应**：选中该复选框，系统会自适应设置每条样条线的步数，以生成平滑的曲线。

（3）【选择】卷展栏

展开【选择】卷展栏，如图 3-379 所示。

- **【顶点】按钮**：定义点和曲线切线。
- **【分段】按钮**：连接顶点。
- **【样条线】按钮**：一个或多个相连线段的组合。
- **复制**：将命名选择放置到复制缓冲区。
- **粘贴**：从复制缓冲区中粘贴命名选择。
- **锁定控制柄**：通常，即使选择了多个顶点，每次也只能变换一个顶点的切线控制柄。
- **相似**：拖动传入向量的控制柄时，所选顶点的所有传入向量将同时移动。
- **全部**：移动的任何控制柄将影响选中的所有控制柄，无论它们是否已断裂。
- **区域选择**：允许用户自动选择所单击顶点的特定半径中的所有顶点。
- **线段端点**：通过单击线段选择顶点。

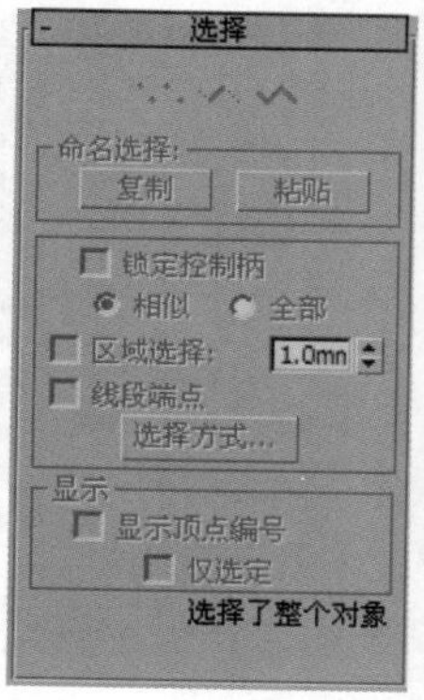

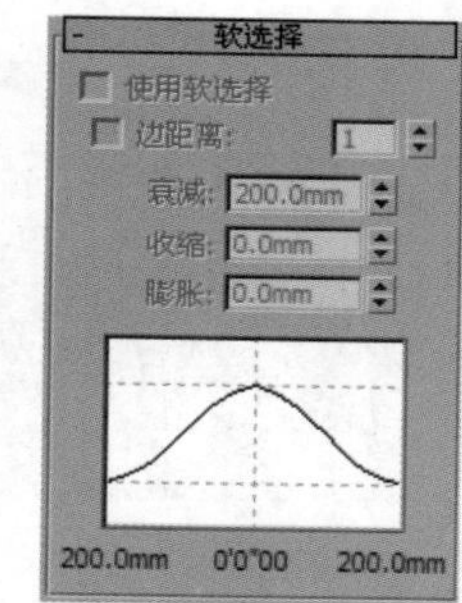

图3-379

- **选择方式**：选择所选样条线或线段上的顶点。
- **显示顶点编号**：选中该复选框，3ds Max Design 将在任何子对象层级的所选样条线的顶点旁边显示顶点编号。
- **仅选定**：选中该复选框，仅在所选顶点旁边显示顶点编号。

（4）【软选择】卷展栏

展开【软选择】卷展栏，如图 3-380 所示。

- **使用软选择**：在可编辑对象或【编辑】修改器的子对象层级上影响【移动】、【旋转】和【缩放】功能的操作。
- **边距离**：选中该复选框，将软选择限制到指定的面数，该选择在进行选择的区域和软选择的最大范围之间。
- **衰减**：用以定义影响区域的距离，它是用当前单位表示的从中心到球体的边的距离。

图3-380

- **收缩**：沿着垂直轴提高并降低曲线的顶点。
- **膨胀**：沿着垂直轴展开和收缩曲线。
  - 着色面切换：显示颜色渐变，它与软选择范围内面上的软选择权重相对应。
  - 锁定软选择：锁定软选择，以防止对按程序的选择进行更改。
- **使用软选择**：在可编辑对象或【编辑】修改器的子对象层级上影响【移动】、【旋转】和【缩放】功能的操作。
- **边距离**：启用该选项后，将软选择限制到指定的面数，该选择在进行选择的区域和软选择的最大范围之间。
- **衰减**：用以定义影响区域的距离。
- **收缩**：沿着垂直轴提高并降低曲线的顶点。
- **膨胀**：沿着垂直轴展开和收缩曲线。

（5）【几何体】卷展栏

展开【几何体】卷展栏，如图 3-381 所示。

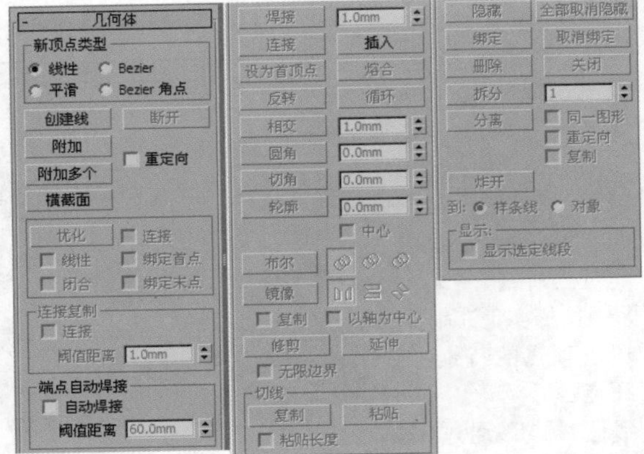

图3-381

- **创建线**：向所选对象添加更多样条线。
- **断开**：在选定的一个或多个顶点拆分样条线。
- **附加**：将场景中的其他样条线附加到所选样条线。
- **附加多个**：单击此按钮可以显示【附加多个】对话框，它包含场景中所有其他图形的列表。
- **横截面**：在横截面形状外面创建样条线框架。
- **优化**：允许添加顶点，而不更改样条线的曲率值，相当于添加点的工具，如图 3-382 所示。

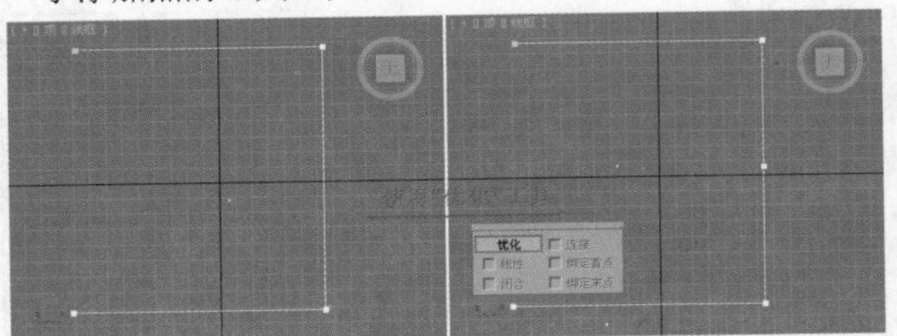
图3-382

- **连接**：选中该复选框，通过连接新顶点创建一个新的样条线子对象。
- **自动焊接**：选中该复选框，会自动焊接在一定阈值距离范围内的顶点。
- **阈值距离**：阈值距离微调器是一个近似设置，用于控制在自动焊接顶点之前，两个顶点接近的程度。
- **焊接**：将两个端点顶点或同一样条线中的两个相邻顶点转化为一个顶点，如图 3-383 所示。

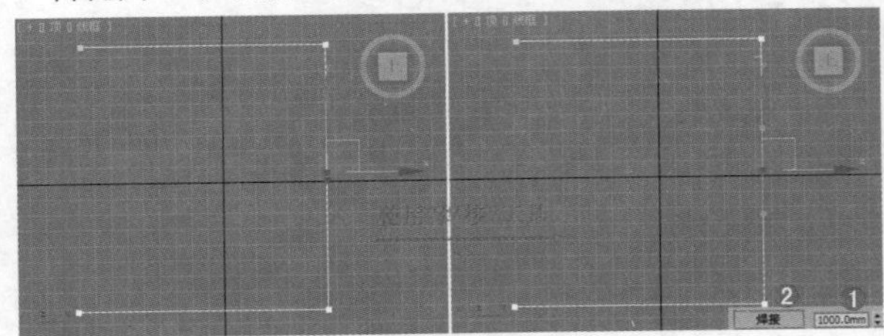
图3-383

- **连接**：连接两个端点顶点以生成一条线性线段，而无论端点顶点的切线值是多少。
- **设为首顶点**：指定所选形状中的哪个顶点是第一个顶点。
- **熔合**：将所有选定顶点移至它们的平均中心位置。
- **相交**：在属于同一个样条线对象的两个样条线的相交处添加顶点。
- **圆角**：允许在线段会合的地方设置圆角，添加新的控制点，如图 3-384 所示。

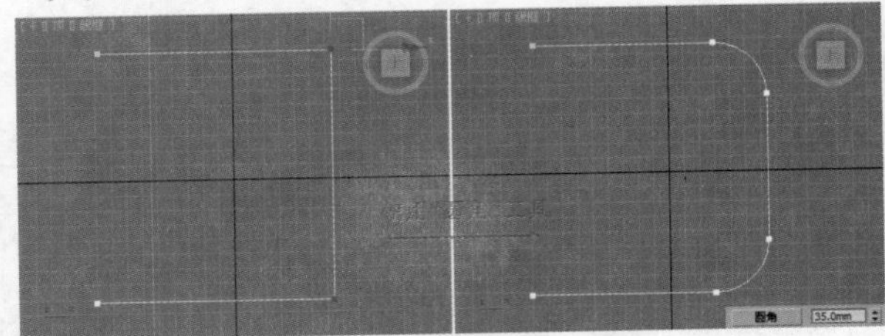
图3-384

- **切角**：允许使用【切角】功能设置形状角部的倒角。
- **复制**：单击此按钮，然后选择一个控制柄，将把所选控制柄切线复制到缓冲区。
- **粘贴**：单击此按钮，然后单击一个控制柄，将把控制柄切线粘贴到所选顶点。
- **粘贴长度**：选中该复选框，还会复制控制柄长度。
- **隐藏**：隐藏所选顶点和任何相连的线段。选择一个或多个顶点，然后单击【隐藏】按钮即可。
- **全部取消隐藏**：显示所有隐藏的子对象。
- **绑定**：允许创建绑定顶点。
- **取消绑定**：允许断开绑定顶点与所附加线段的连接。
- **删除**：删除所选的一个或多个顶点，以及与每个要删除的顶点相连的线段。
- **显示选定线段**：选中该复选框，顶点子对象层级的任何所选线段将高亮显示为红色。

2. 矩形

使用【矩形】工具可以创建方形和矩形样条线，其参数包括【渲染】、【插值】和【参数】3 个卷展栏，如图 3-385 所示。

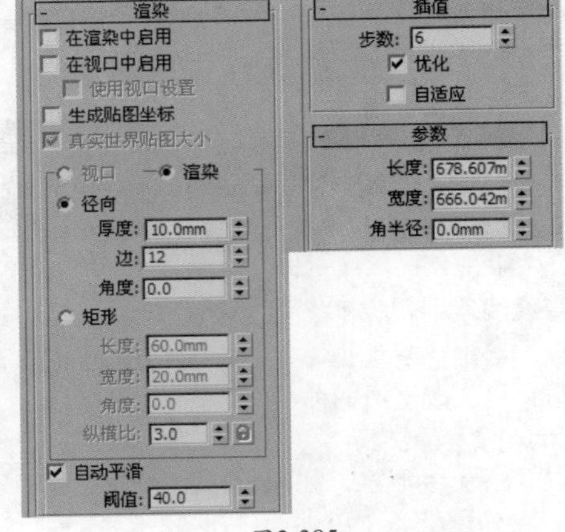

图3-385

3. 圆形

使用【圆形】工具可以创建由 4 个顶点组成的闭合圆形样条线，其参数包括【渲染】、【插值】和【参数】3 个卷展栏，如图 3-386 所示。

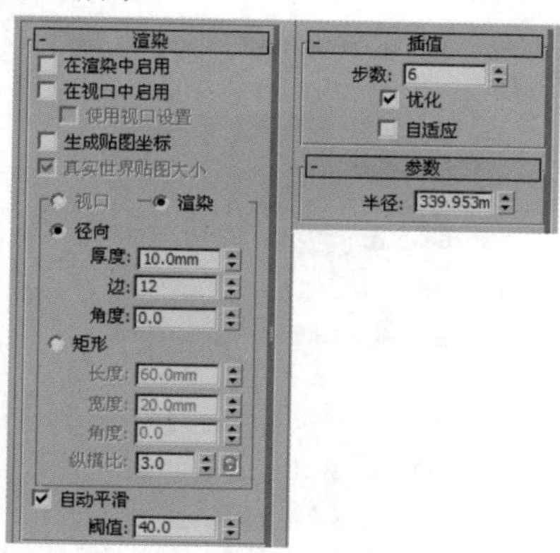

图3-386

4. 文本

使用【文本】工具可以快速创建文本图形的样条线，并且可以更改字体类型和大小，如图 3-387 所示，其参数设置面板如图 3-388 所示。

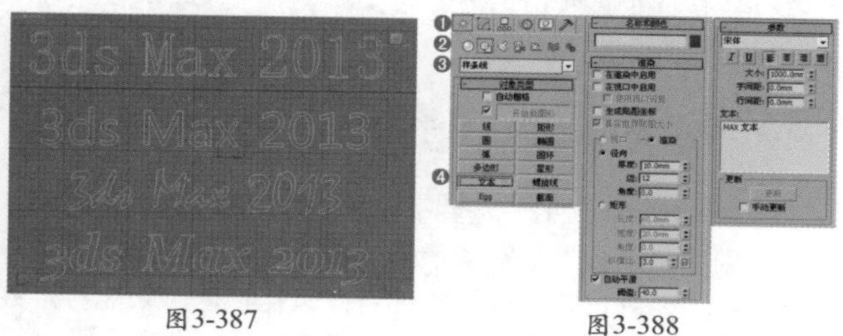

图3-387　　图3-388

- 【斜体样式】按钮：单击该按钮可将文本切换为斜体文本。
- 【下画线样式】按钮：单击该按钮可将文本切换为下画线文本。
- 【左对齐】按钮：单击该按钮可将文本对齐到边界框的左侧。
- 【居中】按钮：单击该按钮可将文本对齐到边界框的中心。
- 【右对齐】按钮：单击该按钮可将文本对齐到边界框的右侧。
- 【对正】按钮：分隔所有文本行以填充边界框的范围。
- 大小：设置文本高度。其默认值为 100mm。
- 字间距：设置文字间的间距。
- 行间距：调整字行间的间距（只对多行文本起作用）。
- 文本：在此可输入文本，若要输入多行文本，可以按 Enter 键切换到下一行。
- 更新：单击该按钮可以将文本编辑框中修改的文字显示在视图中。
- 手动更新：选中该复选框可以激活上面的【更新】按钮 更新 。

5. 卵形

卵形是 3ds Max 2014 新增的功能，可以模拟鸡蛋的形状，如图 3-389 所示。其参数设置面板如图 3-390 所示。

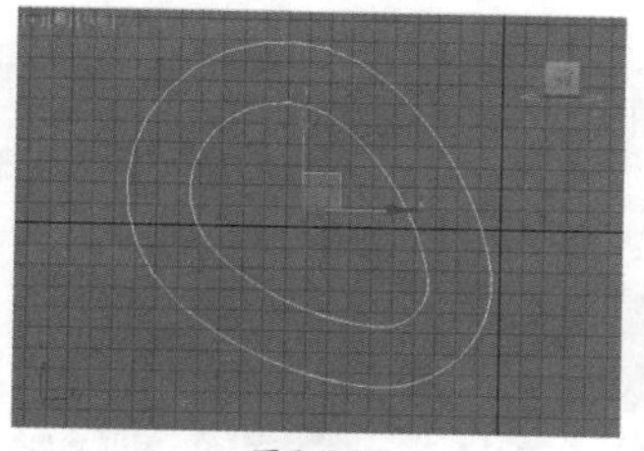

图3-389

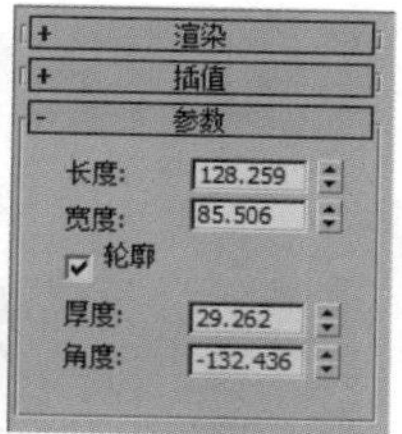

图3-390

技巧与提示

其他几种样条线类型与【线】和【文本】的使用方法基本相同，这里不再讲解。

3.7.2 扩展样条线

【扩展样条线】有 5 种类型，分别是【墙矩形】、【通道】、【角度】、【T 形】和【宽法兰】，如图 3-391 所示。

选择相应的【扩展样条线】工具后，在视图中拖曳光标就可以创建出不同的扩展样条线，如图 3-392 所示。

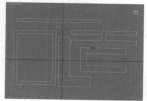

图3-391

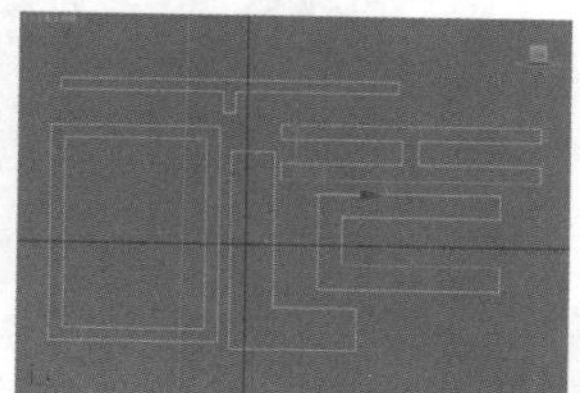

图3-392

技巧与提示

扩展样条线的创建方法和参数设置比较简单，与【样条线】的使用方法基本相同，这里不再讲解。

重点 小实例：利用通道制作各种通道模型

场景文件	无
案例文件	小实例：利用通道制作各种通道模型 .max
视频教学	DVD/ 多媒体教学 /Chapter03/ 小实例：利用通道制作各种通道模型 .flv
难易指数	★★☆☆☆
建模方式	二维图形扩展样条线建模
技术掌握	掌握【通道】工具的使用方法

实例介绍

本例学习使用【通道】工具来完成模型的制作，最终渲染和线框效果如图 3-393 所示。

图3-393

建模思路

利用【通道】工具制作各种通道模型。

利用【通道】工具制作各种通道模型的流程如图 3-394 所示。

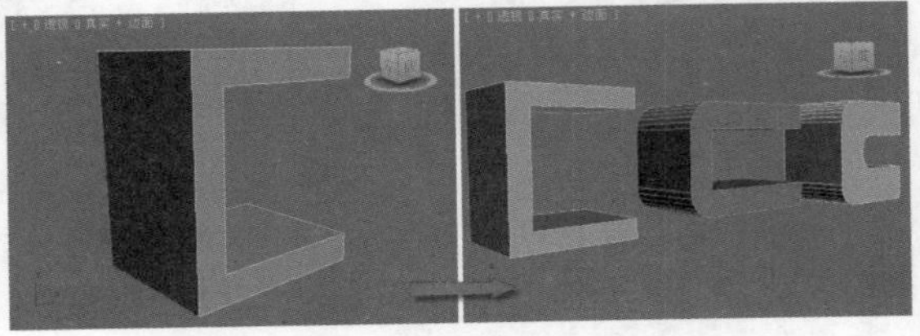

图3-394

操作步骤

步骤 01 单击 （创建）|（图形）| 扩展样条线 | 通道 （通道）按钮，在前视图中创建一个通道，进入【修改】面板修改参数，设置【长度】为 150mm，【宽度】为 125mm，【厚度】为 20mm，如图 3-395 所示。

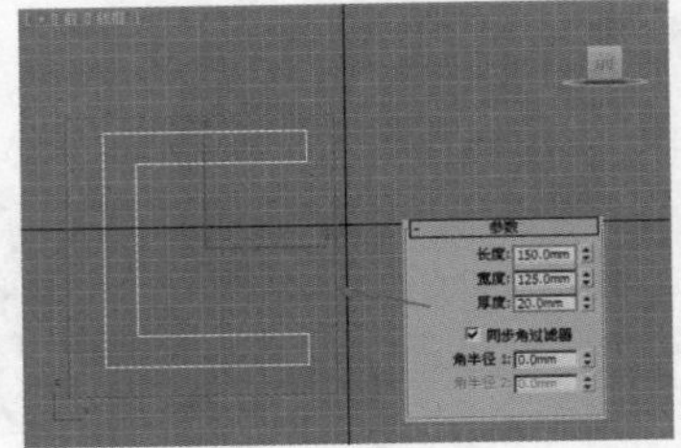

图3-395

步骤 02 为步骤 01 创建的通道加载【挤出】修改器，设置【数量】为 100mm，如图 3-396 所示。

步骤 03 继续在前视图创建通道并修改参数，设置【长度】为 130mm，【宽度】为 180mm，【厚度】为 30mm，【角半径 1】为 30mm，如图 3-397 所示。

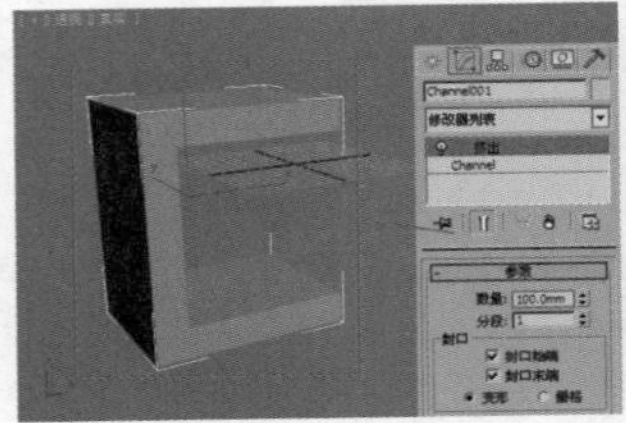

图3-396

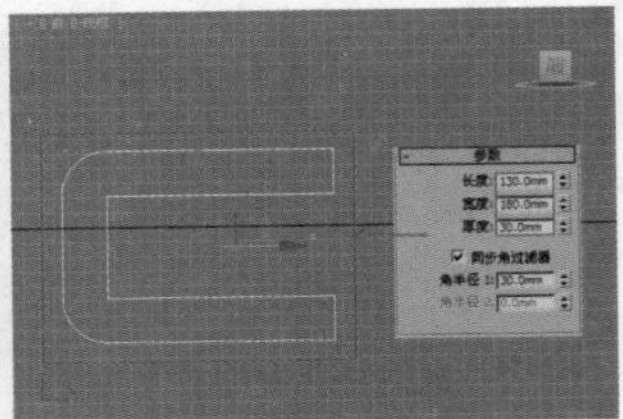

图3-397

步骤 04 为步骤 03 创建的通道加载【挤出】修改器，设置【数量】为 100mm，如图 3-398 所示。

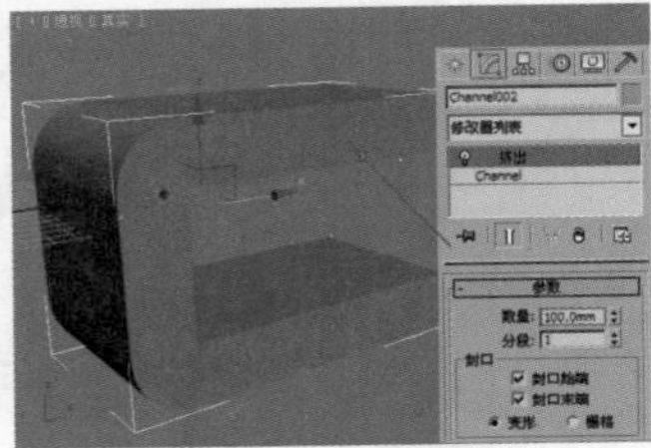

图3-398

步骤 05 继续创建通道，修改参数，设置【长度】为 150mm，【宽度】为 150mm，【厚度】为 50mm，选中【同步角过滤器】复选框，设置【角半径 1】为 30mm，【角半径 2】为 20mm，如图 3-399 所示。

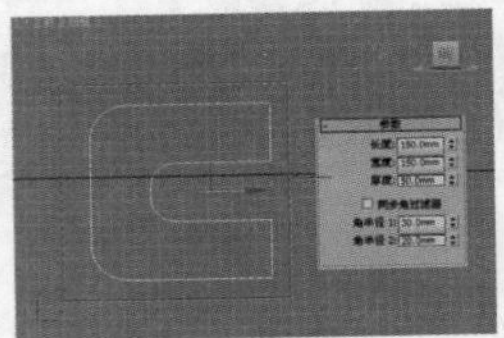

图3-399

步骤 06 为步骤 05 创建的通道加载【挤出】修改器，设置【数量】为 100mm，如图 3-400 所示。

步骤 07 最终模型效果如图 3-401 所示。

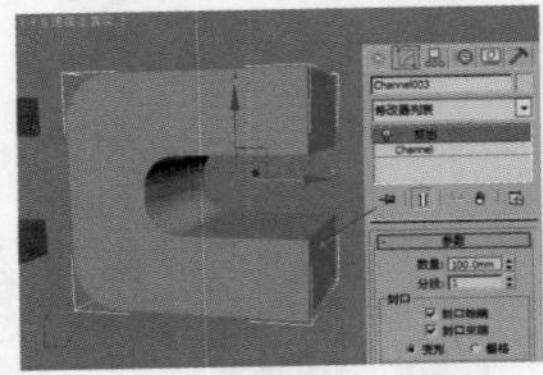

图3-400

图3-401

3.7.3 可编辑样条线

虽然 3ds Max 2014 提供了很多种二维图形，但是也不能满足创建复杂模型的需求，因此需要对样条线的形状进行修改。由于绘制出来的样条线都是参数化物体，只能对参数进行调整，所以这就需要将样条线转换为可编辑样条线。

1. 转换成可编辑样条线

将样条线转换成可编辑样条线的方法有两种。

（1）选择二维图形，然后单击鼠标右键，接着在弹出的菜单中选择【转换为】|【转换为可编辑样条线】命令，如图 3-402 所示。

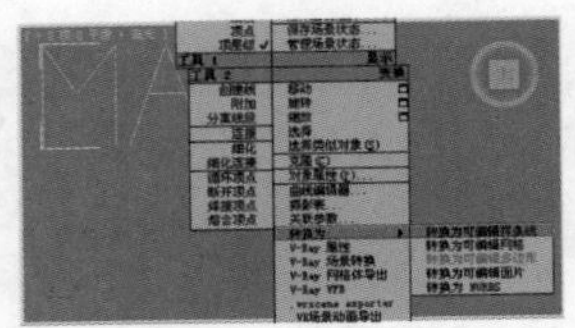

图3-402

技巧与提示

将二维图形转换为可编辑样条线后，在【修改】面板的【修改器列表】中就只剩下【可编辑样条线】选项，并且没有了【参数】卷展栏，增加了【选择】、【软选择】和【几何体】卷展栏，如图 3-403 所示。

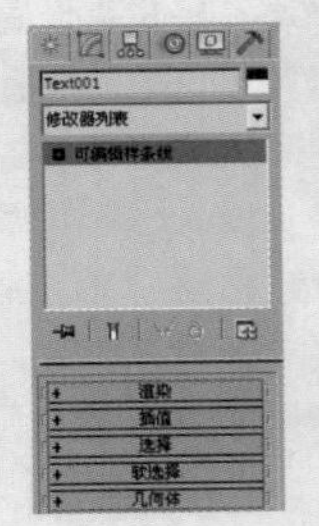

图3-403

（2）选择二维图形，然后在【修改器列表】中为其加载一个【编辑样条线】修改器，如图 3-404 所示。

图3-404

技巧与提示

与第 1 种方法相比，第 2 种方法的修改器堆栈中不只包括【编辑样条线】选项，同时还保留了原始的二维图形。当选择【编辑样条线】选项时，其卷展栏包括【选择】、【软选择】和【几何体】，如图 3-405 所示；当选择二维图形选项时，其卷展栏包括【渲染】、【插值】和【参数】，如图 3-406 所示。

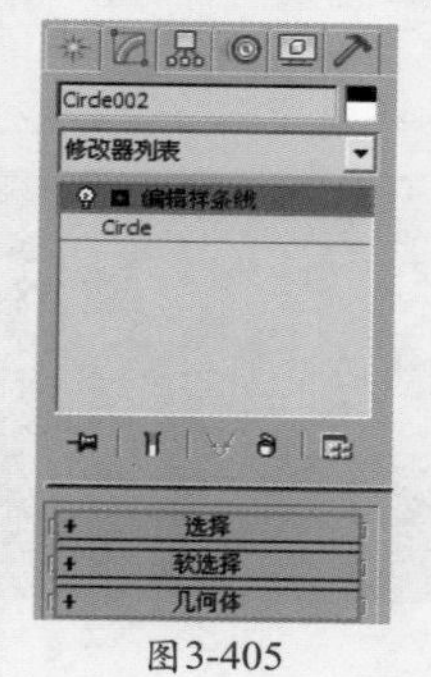

图3-405

图3-406

2. 调节可编辑样条线

将样条线转换为可编辑样条线后，在【修改器列表】中单击【可编辑样条线】前面的■按钮，可以展开样条线的子对象层次，包括【顶点】、【线段】和【样条线】，如图 3-407 所示。

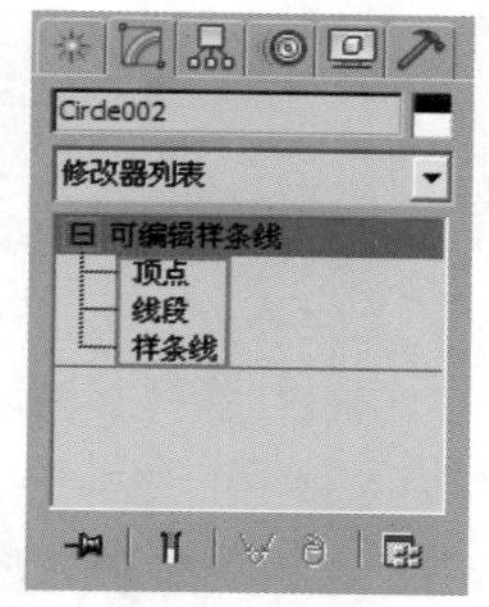

图3-407

通过【顶点】、【线段】和【样条线】子对象层级可以分别对顶点、线段和样条线进行编辑。下面以顶点层级为例来讲解可编辑样条线的调节方法。选择【顶点】层级后，在视图中就会出现图形的可控制点，如图 3-408 所示。

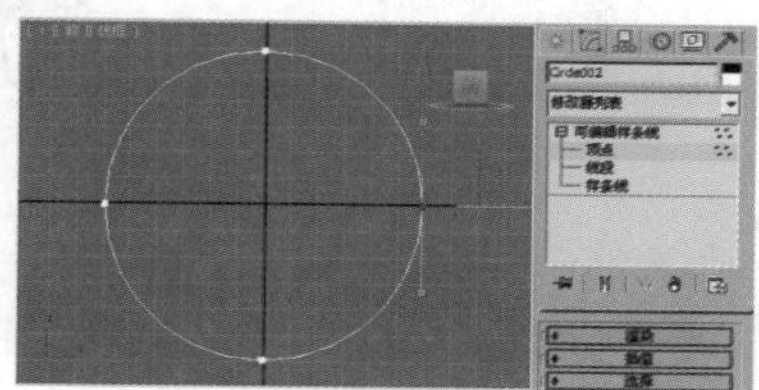

图3-408

使用【选择并移动】工具、【选择并旋转】工具和【选择并均匀缩放】工具可以对顶点进行移动、旋转和缩放调整，如图 3-409 所示。

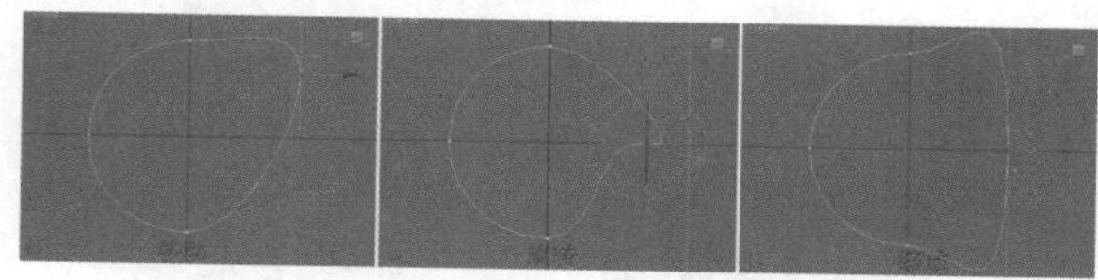

图3-409

顶点的类型有 4 种，分别是 Bezier 角点、Bezier、角点和平滑，可以通过四元菜单中的命令来转换顶点类型，其操作方法是在顶点上右击，然后在弹出的菜单中选择相应的类型即可，如图 3-410 所示。这 4 种不同类型的顶点如图 3-411 所示。

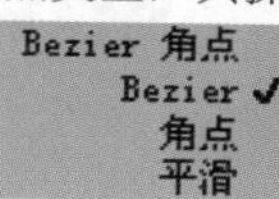

图3-410

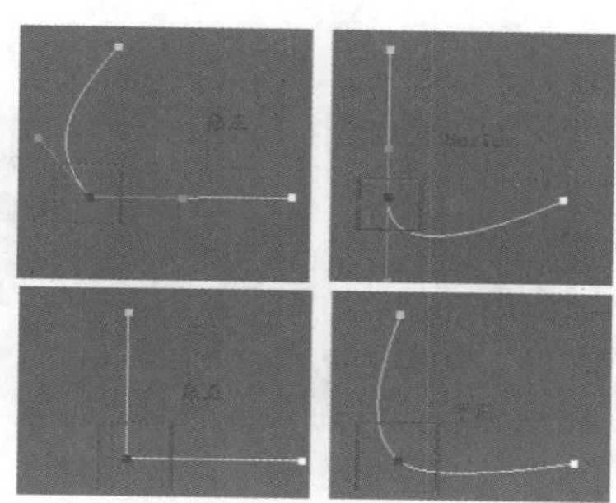

图3-411

- Bezier 角点：带有两个不连续的控制柄，通过这两个控制柄可以调节转角处的角度。
- Bezier：带有两个连续的控制柄，用于创建平滑的曲线，顶点处的曲率由控制柄的方向和量级确定。
- 角点：创建尖锐的转角，角度的大小不可以调节。
- 平滑：创建平滑的圆角，圆角的大小不可以调节。

3. 将二维图形转换成三维模型

将二维图形转换成三维模型有很多方法，常用的方法是为模型加载【挤出】、【倒角】或【车削】修改器，如图 3-412 所示是为二维文字加载【倒角】修改器后转换为三维文字的效果。

图3-412

重点 小实例：使用样条线制作书架

场景文件	无
案例文件	小实例：使用样条线制作书架 .max
视频教学	DVD/ 多媒体教学 /Chapter03/ 小实例：使用样条线制作书架 .flv
难易指数	★★★☆☆
技术掌握	掌握【线】工具的运用

实例介绍

本例学习使用【样条线】中的【线】工具来完成模型的制作，最终渲染和线框效果如图 3-413 所示。

图3-413

建模思路

使用【线】工具制作书架模型。

书架的建模流程如图 3-414 所示。

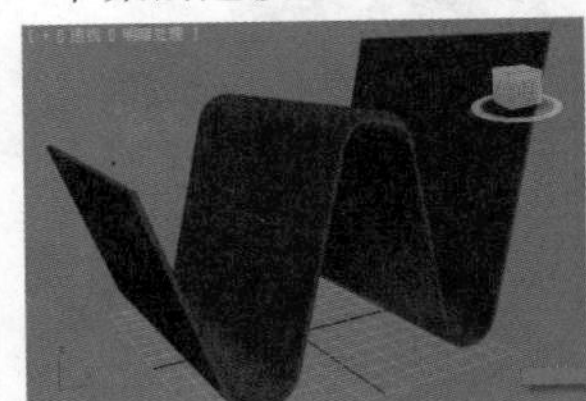

图3-414

操作步骤

步骤 01 单击（创建）|（图形）| 样条线 | 线 （线）按钮，在前视图中绘制如图 3-415 所示的形状。

步骤 02 选中步骤 01 绘制的线，进入【修改】面板，在【渲染】卷展栏下选中【在渲染中启用】和【在视口中启用】复选框，激活【矩形】选项组，设置【长度】为 130mm，【宽度】为 2mm，如图 3-416 所示。

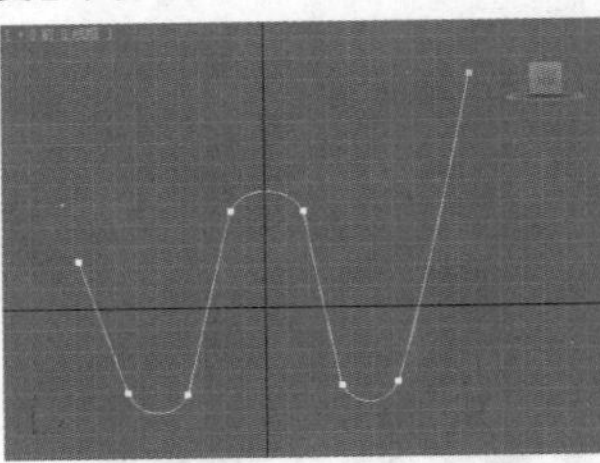

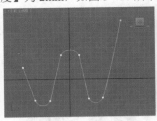

图3-415

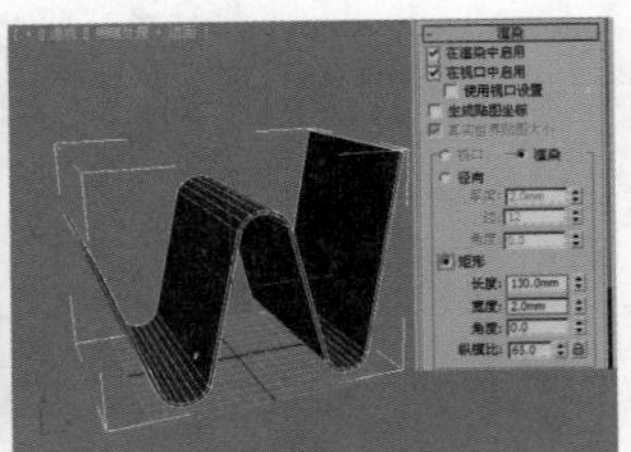

图3-416

步骤 03 在前视图沿书架位置绘制一条直线，如图 3-417 所示。修改参数，在【渲染】卷展栏下分别选中【在渲染中启用】和【在视口中启用】复选框，激活【矩形】选项组，并设置【长度】为 90mm，【宽度】为 0.12mm，如图 3-418 所示。

步骤 04 激活前视图，确认步骤 03 创建的线处于选中状态，按住 Shift 键，单击并对其进行移动复制，释放鼠标会弹出【克隆选项】对话框，如图 3-419 所示。

步骤 05 继续使用【选择并移动】工具移动，按住 Shift 键进行复制，并选择【对象】为【实例】，设置【副本数】为 7，效果如图 3-420 所示。

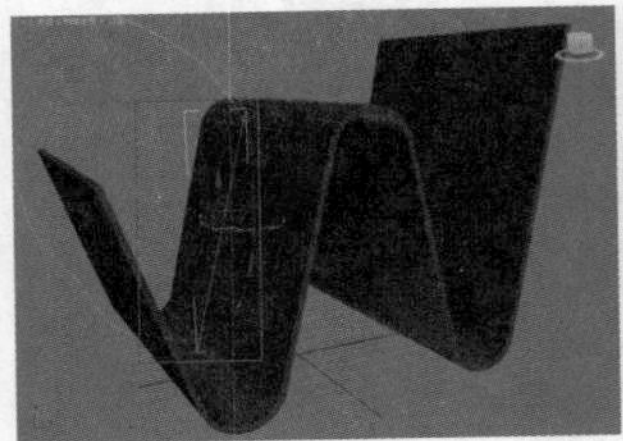

图3-417

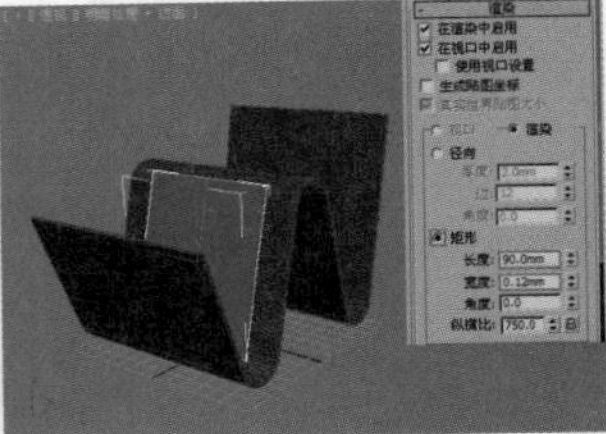

图3-418

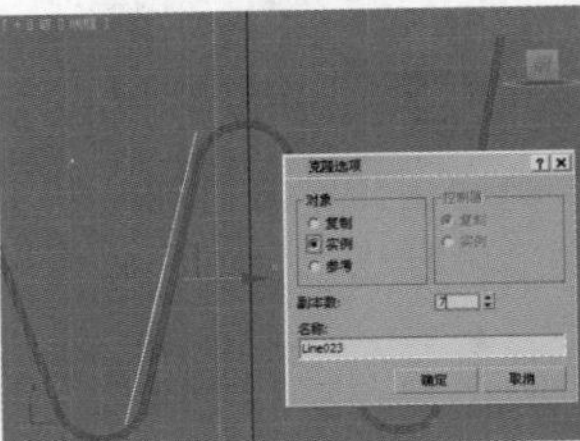

图3-419

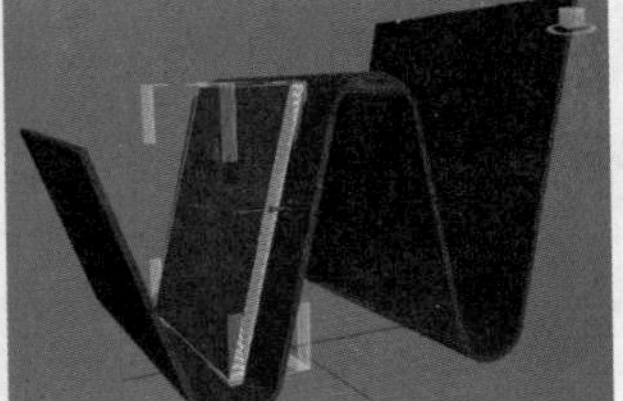

图3-420

步骤 06 继续使用【线】工具制作剩余的部分，如图 3-421 所示。

步骤 07 最终模型效果如图 3-422 所示。

图3-421

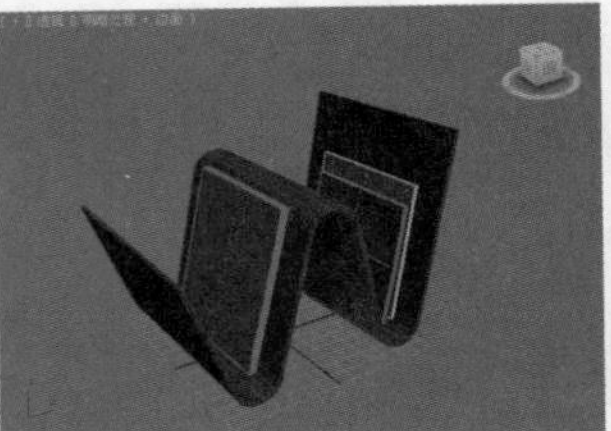

图3-422

重点 小实例：使用样条线制作铁艺墙挂

场景文件	无
案例文件	小实例：使用样条线制作铁艺墙挂 .max
视频教学	DVD/ 多媒体教学 /Chapter03/ 小实例：使用样条线制作铁艺墙挂 .flv
难易指数	★★★☆☆
技术掌握	掌握样条线可渲染功能的使用方法

实例介绍

本例将以一个铁艺墙挂模型为例来讲解样条线可渲染功能的使用方法，效果如图 3-423 所示。

图3-423

建模思路

1. 使用【样条线】创建墙挂的模型。
2. 导入植物模型。

铁艺墙挂的建模流程如图 3-424 所示。

图3-424

操作步骤

Part 1 使用【样条线】创建墙挂的模型

步骤 01 使用【线】工具在前视图中绘制一条如图 3-425 所示的样条线。

步骤 02 继续使用【线】工具在前视图中绘制一条如图 3-426 所示的样条线。

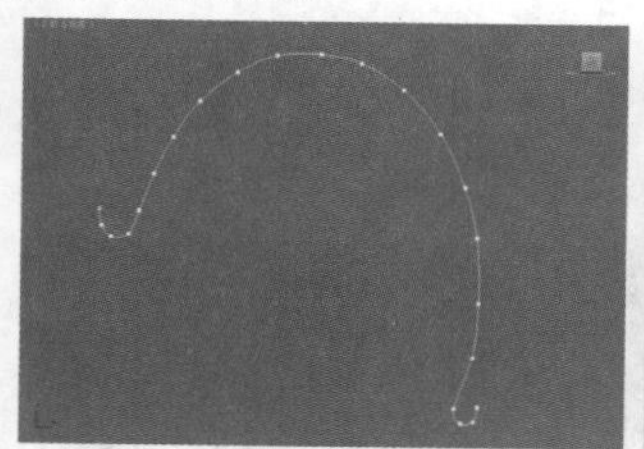

图3-425

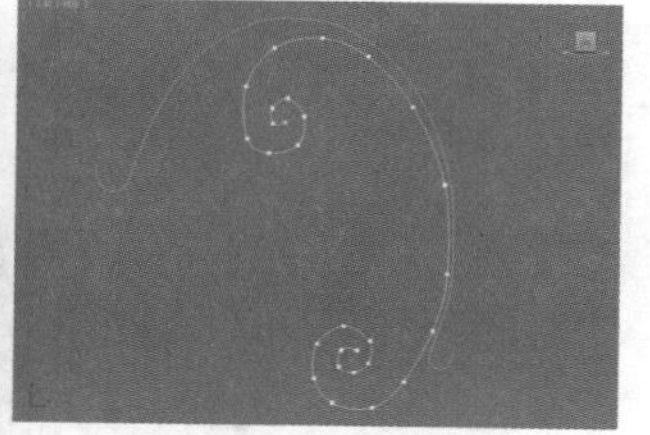

图3-426

步骤 03 用同样的方法在前视图中绘制几条如图 3-427 所示的线样条。

步骤 04 选择所有的线，并右击，选择【转换为】|【转换为可编辑样条线】命令，如图 3-428 所示。

图3-427

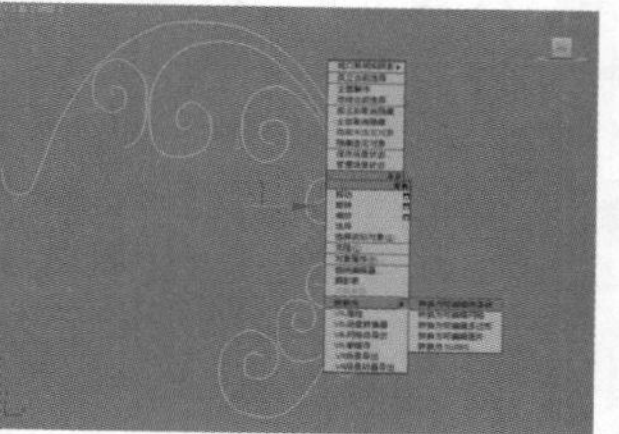

图3-428

步骤 05 选择其中一条线，然后进入【修改】面板，单击【附加】按钮 附加 ，并依次单击其他的线，如图 3-429 所示。

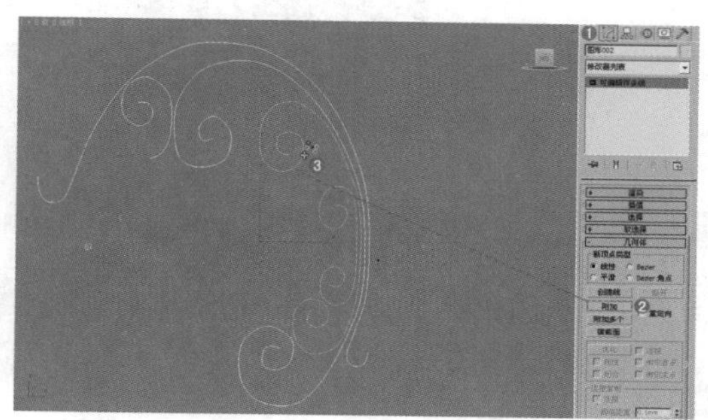

图3-429

技巧与提示

上面的步骤中依次将线进行附加，目的是使所有的线都变成一条线，这样方便对线的调节，如图 3-430 所示为附加之后和附加之前进行修改的对比效果。

附加之后进行修改的效果

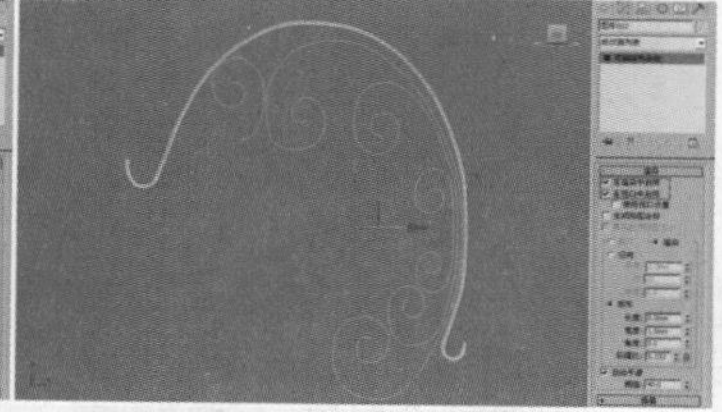

附加之前进行修改的效果

图3-430

步骤 06 将线全部附加后的效果如图 3-431 所示。

步骤 07 选择线，进入【修改】面板，在【顶点】级别下选择所有的顶点，然后右击，在弹出的快捷菜单中选择【平滑】命令，如图 3-432 所示。此时效果如图 3-433 所示。

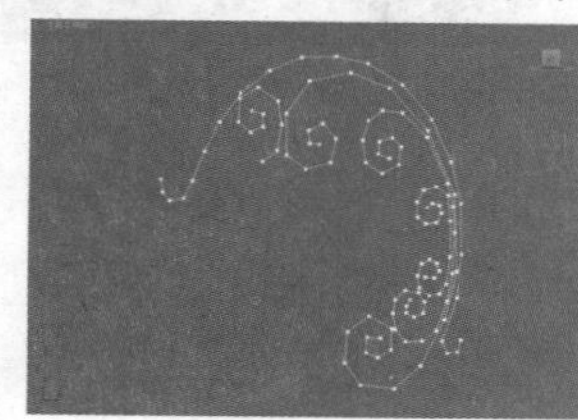

图3-431

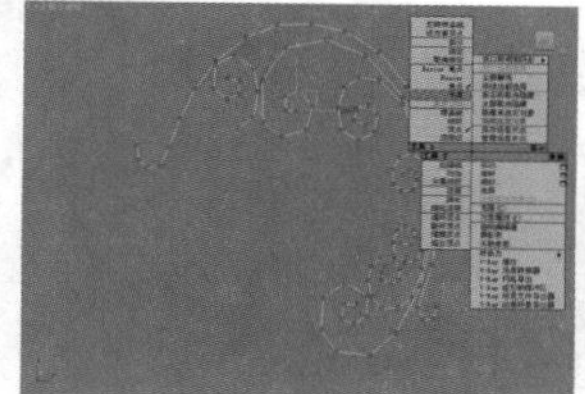

图3-432

图3-433

技巧与提示

当然，还有另外一个简捷的方法可以在创建线时将每一次创建的线都规定为同一条线，也就是说，无论创建多少次线，都是属于一条线的。在创建样条线时取消选中【开始新图形】复选框，创建出的样条线便会自动成为一个整体，如图3-434所示。

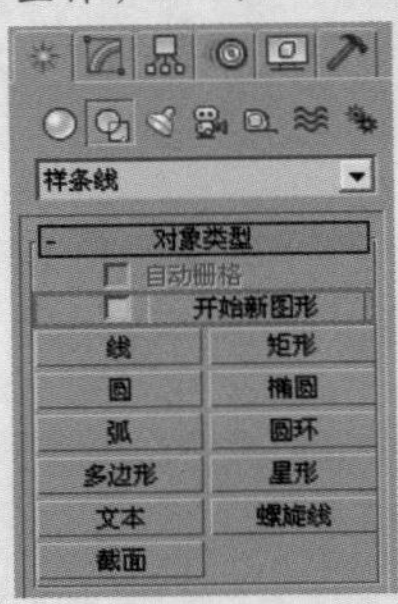

图3-434

步骤08 选择步骤07中绘制的线，进入【修改】面板，然后展开【渲染】卷展栏，选中【在渲染中启用】和【在视口中启用】复选框，激活【矩形】选项组，设置【长度】为8mm，【宽度】为1.5mm，如图3-435所示。

步骤09 继续使用【线】工具在场景中创建一条线，进入【修改】面板，然后展开【渲染】卷展栏，选中【在渲染中启用】和【在视口中启用】复选框，激活【矩形】选项组，设置【长度】为15mm，【宽度】为3mm，如图3-436所示。

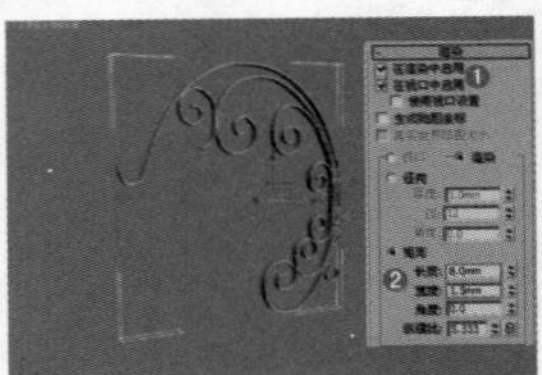

图3-435

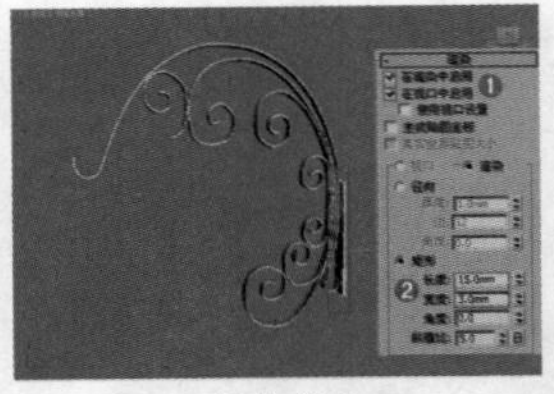

图3-436

步骤10 使用【矩形】工具 矩形 在场景中创建一个矩形，进入【修改】面板，设置【长度】为11mm，【宽度】为9mm。展开【渲染】卷展栏，选中【在渲染中启用】和【在视口中启用】复选框，激活【矩形】选项组，设置【长度】为6mm，【宽度】为2mm，如图3-437所示。

步骤11 使用【长方体】工具 长方体 在场景中创建一个长方体，进入【修改】面板，然后设置【长度】为600mm，【宽度】为2mm，【高度】为800mm，如图3-438所示。

图3-437

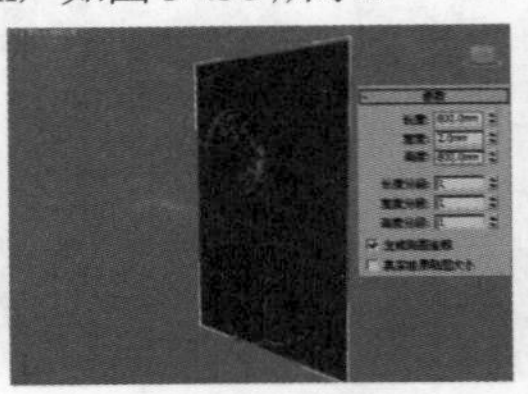

图3-438

Part 2 导入植物的模型

步骤01 单击图标，然后单击【导入】按钮后面的按钮，接着在弹出的【合并文件】对话框中选择【植物.max】，最后单击【打开】按钮，如图3-439所示。

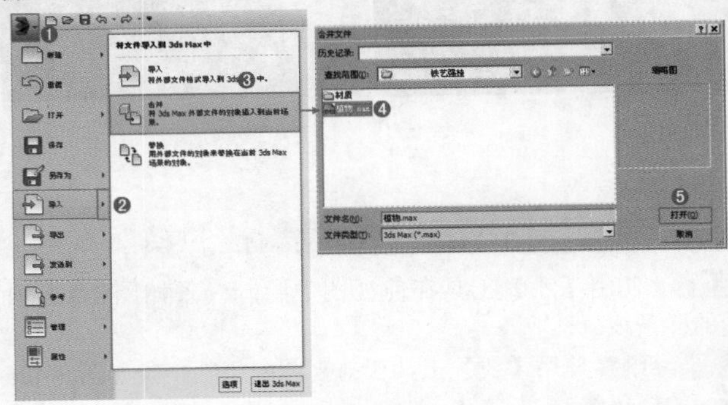

图3-439

步骤02 此时弹出【合并 - 植物.max】对话框，在此对话框中选中列表中的所有选项，单击【确定】按钮。即可将植物模型导入场景中，如图3-440所示。

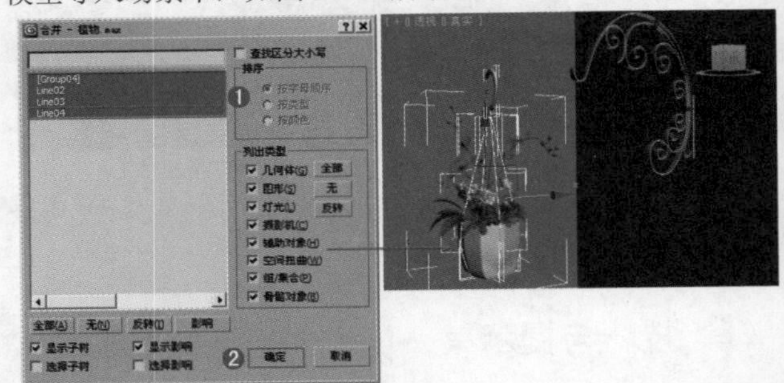

图3-440

步骤03 重新调整一下植物模型的位置，最终模型效果如图3-441所示。

图3-441

重点 小实例：使用样条线制作布酒架

场景文件	无
案例文件	小实例：使用样条线制作布酒架.max
视频教学	DVD/多媒体教学/Chapter03/小实例：使用样条线制作布酒架.flv
难易指数	★★★☆☆
技术掌握	掌握样条线可渲染功能的使用方法

实例介绍

本例将以一个布酒架模型来讲解样条线可渲染功能的使用方法，效果如图 3-442 所示。

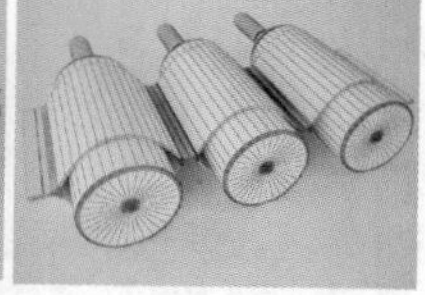

图3-442

建模思路

❶ 使用样条线可渲染功能创建布酒架模型。

❷ 使用【样条线】和【车削】修改器制作酒瓶模型。

布酒架的建模流程如图 3-443 所示。

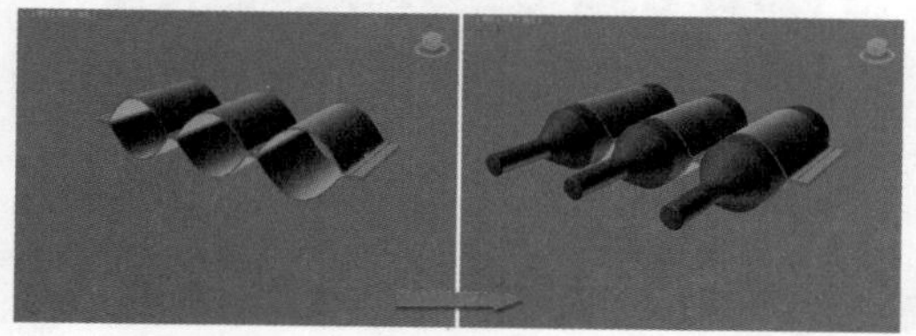

图3-443

操作步骤

Part 1 使用样条线可渲染功能创建布酒架模型

步骤 01 使用【线】工具 线 在前视图中绘制样条线，如图 3-444 所示。

步骤 02 选择刚创建的样条线，进入【修改】面板，然后展开【渲染】卷展栏，选中【在渲染中启用】和【在视口中启用】复选框，接着激活【矩形】选项组，设置【长度】为 70mm，【宽度】为 1.2mm，如图 3-445 所示。

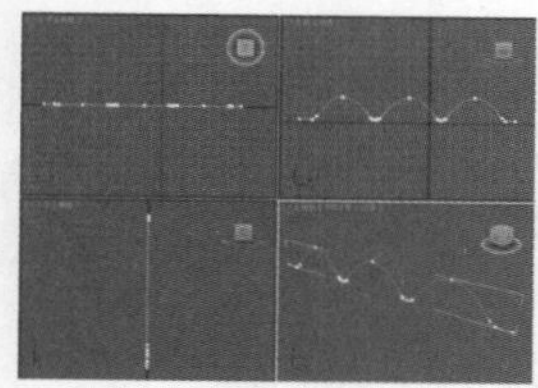

图3-444

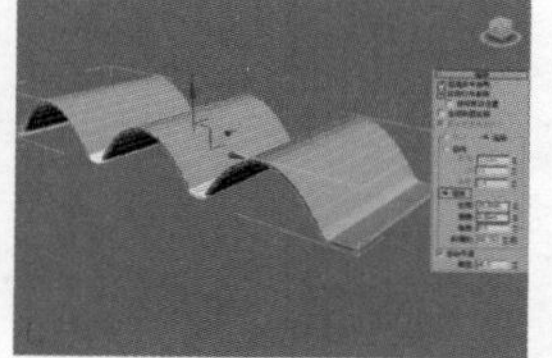

图3-445

步骤 03 选择刚创建的线，然后单击【镜像】按钮，接着在弹出的【镜像：世界 坐标】对话框中设置【镜像轴】为 Z，【偏移】为 –12mm，【克隆当前选择】为【实例】，最后单击【确定】按钮，如图 3-446 所示。

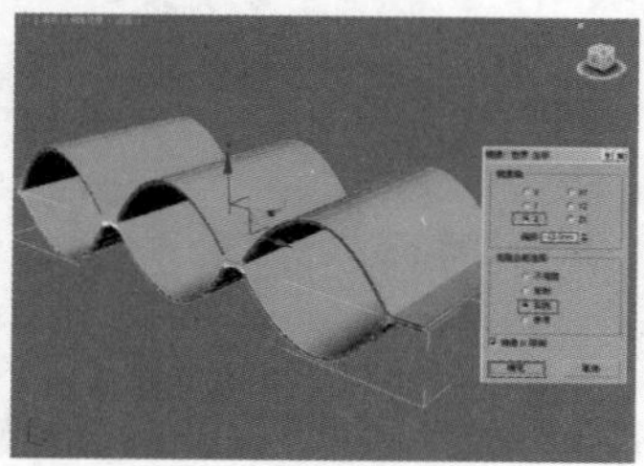

图3-446

Part 2 使用【样条线】和【车削】修改器制作酒瓶模型

步骤 01 使用【线】工具 线 在顶视图中绘制如图 3-447 所示的样条线，然后为其加载【车削】修改器，并设置【分段】为 32，【对齐】为【最大】，如图 3-448 所示。

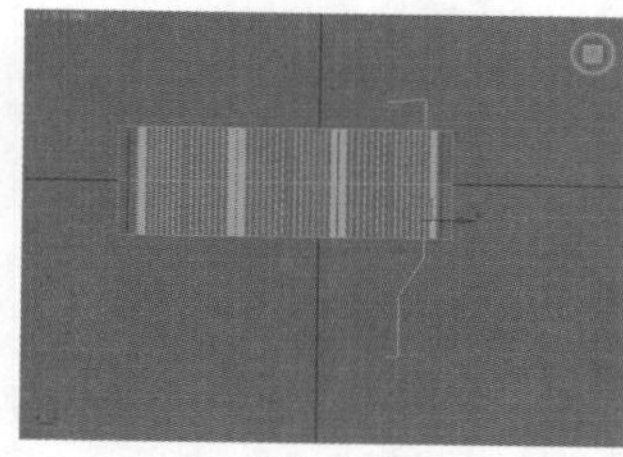

图3-447

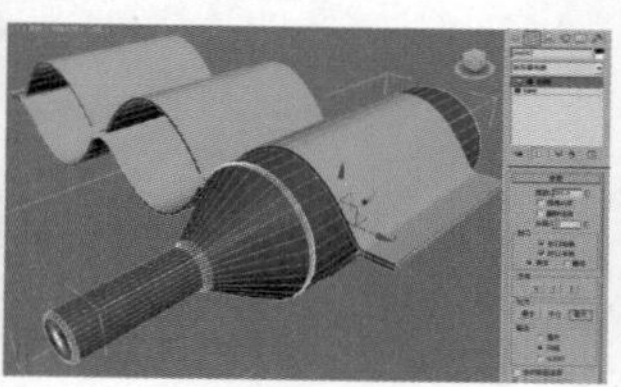

图3-448

步骤 02 选择步骤 01 中的酒瓶模型，并使用【选择并移动】工具，同时按下 Shift 键进行复制，然后拖曳到合适的位置，如图 3-449 所示。

步骤 03 使用【线】工具 线 创建一条线，作为连接部分，位置如图 3-450 所示。

图3-449

图3-450

步骤 04 进入【修改】面板，然后展开【渲染】卷展栏，选中【在渲染中启用】和【在视口中启用】复选框，接着选中【径向】单选按钮，设置【厚度】为 0.3mm，如图 3-451 所示。

步骤 05 使用【线】工具 线 制作出剩余的连接部分，最终模型效果如图 3-452 所示。

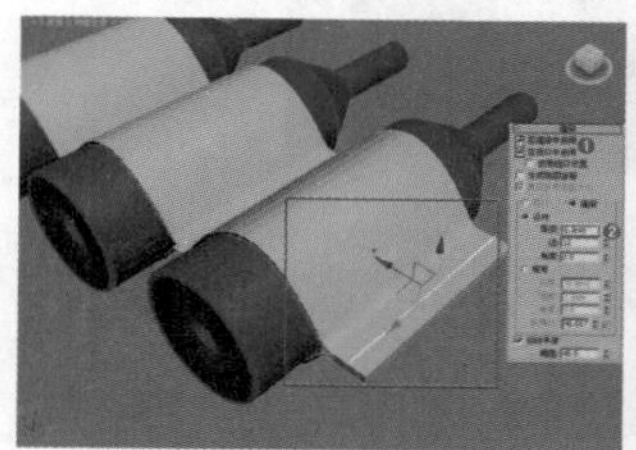

图3-451

图3-452

重点 小实例：使用样条线制作创意钟表

场景文件	无
案例文件	小实例：使用样条线制作创意钟表 .max
视频教学	DVD/ 多媒体教学 /Chapter03/ 小实例：使用样条线制作创意钟表 .flv
难易指数	★★★☆☆
技术掌握	掌握【样条线】和【挤出】修改器的使用方法

实例介绍

本例将以一个创意钟表模型为例来讲解【样条线】和

【挤出】修改器的使用方法，效果如图 3-453 所示。

图3-453

建模思路

① 使用【样条线】创建钟表数字的模型。

② 为样条线加载【挤出】修改器。

创意钟表的建模流程如图 3-454 所示。

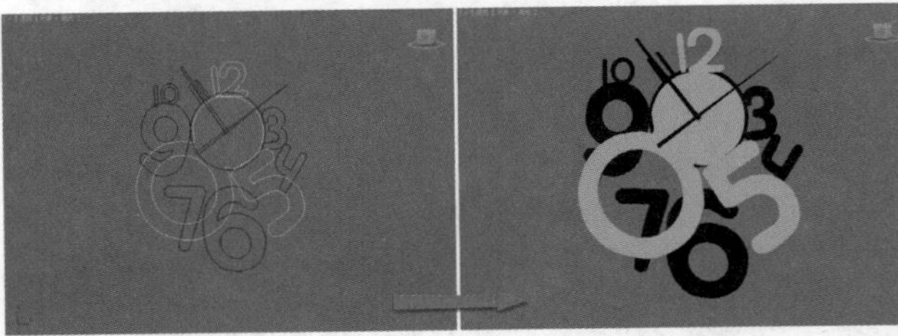

图3-454

操作步骤

Part 1 使用【样条线】创建钟表数字的模型

步骤 01 使用【线】工具 线 在前视图中绘制如图 3-455 所示的样条线。

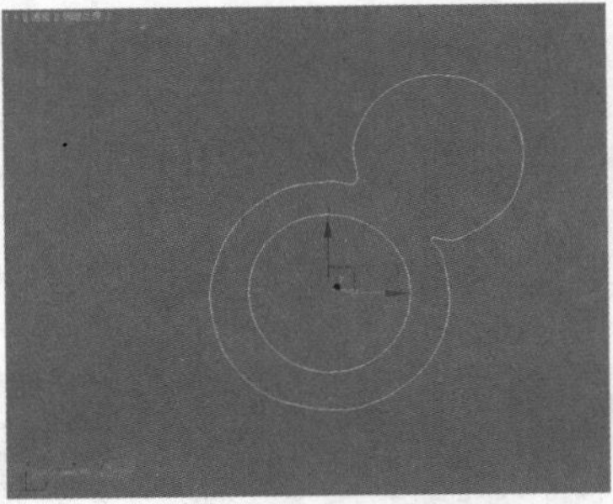

图3-455

步骤 02 继续使用【线】工具 线 在前视图中绘制出 12 和 5，如图 3-456 所示。

图3-456

> **技巧与提示**
>
> 创建完毕后需要将创建的图形合并到一起，以方便后面的操作。选择样条线，然后右击，在弹出的快捷菜单中选择【附加】命令，并依次单击其样条线，即可将创建的图形都合并成为一个整体，如图 3-457 所示。

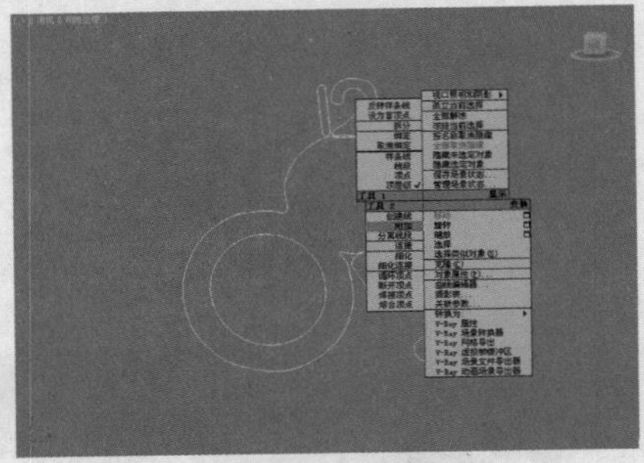

图3-457

步骤 03 继续使用【样条线】创建出剩余的数字，然后将刚创建的部分合并到一起，如图 3-458 所示。

图3-458

> **技巧与提示**
>
> 在这里可以使用【线】工具 线 创建文字，也可以使用【文本】工具 文本 进行创建。

Part 2 为样条线加载【挤出】修改器

步骤 01 选择数字 8、5、12，然后在【修改】面板下加载【挤出】修改器，并设置【数量】为 1mm，如图 3-459 所示。

图3-459

步骤 02 继续为剩余的数字加载【挤出】修改器，并设置【数量】为 1mm，如图 3-460 所示。最终模型效果如图 3-461 所示。

图3-460

图3-461

重点 小实例：使用样条线制作简约台灯

场景文件	无
案例文件	小实例：使用样条线制作简约台灯.max
视频教学	DVD/多媒体教学/Chapter03/小实例：使用样条线制作简约台灯.flv
难易指数	★★★☆☆
技术掌握	掌握【线】工具、【圆】工具、【车削】修改器的应用

实例介绍

本例将以一个台灯模型为例来讲解【样条线】和【车削】修改器的使用方法，效果如图3-462所示。

图3-462

建模思路

❶ 使用【样条线】和【车削】修改器创建台灯底座的模型。

❷ 使用样条线可渲染功能创建台灯灯罩的模型。

台灯的建模流程如图3-463所示。

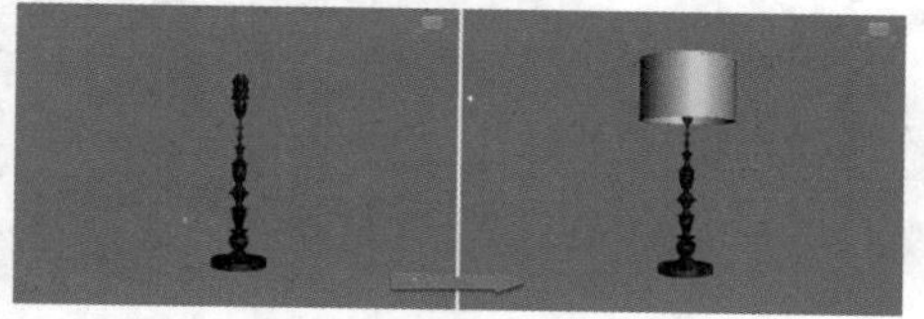
图3-463

操作步骤

Part 1 使用【样条线】和【车削】修改器创建台灯底座的模型

步骤01 使用【线】工具 线 在前视图中绘制出台灯底座和灯杆的外轮廓，具体的样条线形状如图3-464所示。

步骤02 选择刚创建的样条线，然后在【修改】面板下加载【车削】修改器，设置【分段】为32，【方向】为Y，【对齐】为【最大】，如图3-465所示。

图3-464

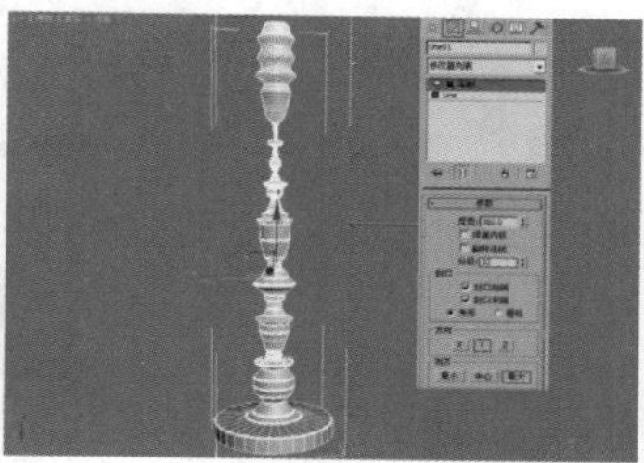
图3-465

技巧与提示

展开【参数】卷展栏，设置【分段】的数值，数值越大，车削后的模型越圆滑，如图3-466所示分别为设置【分段】为3和32时的效果。

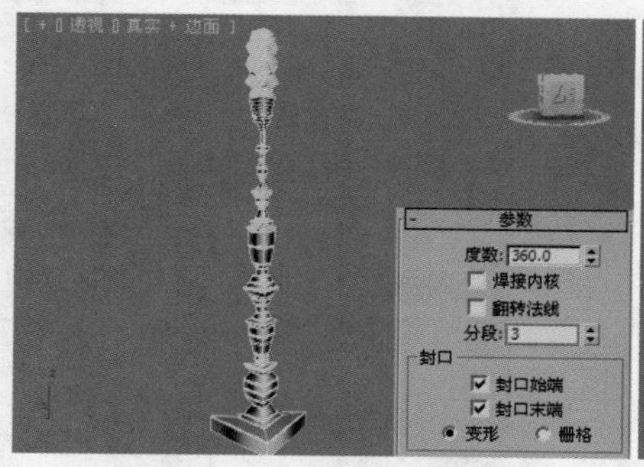

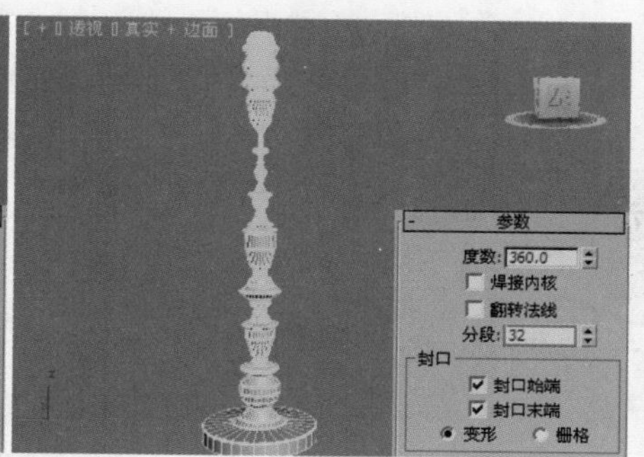

图3-466

Part 2 使用样条线可渲染功能创建台灯灯罩的模型

步骤01 在【创建】面板中单击【圆】工具 圆 ，并在顶视图中创建一个圆，然后在【参数】卷展栏中设置【半径】为80mm，如图3-467所示。

步骤02 选择步骤01中创建的圆，然后展开【渲染】卷展栏，选中【在渲染中启用】和【在视口中启用】复选框，接着选中【矩形】单选按钮，设置【长度】为4mm，【宽度】为2.5mm，如图3-468所示。

步骤 03 使用【选择并移动】工具，同时按下 Shift 键复制一份圆，并拖曳到合适的位置，模型效果如图 3-469 所示。

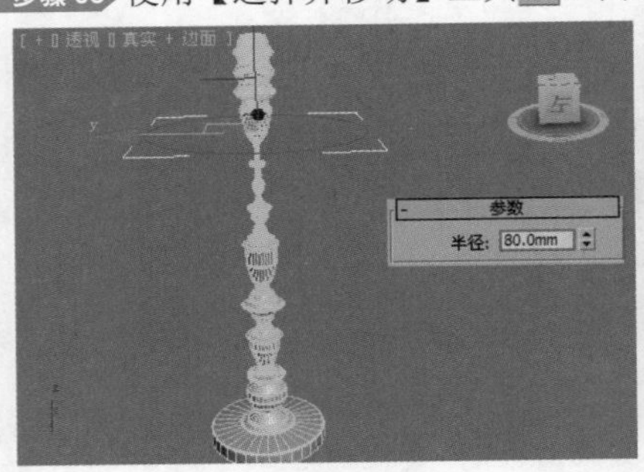

图3-467

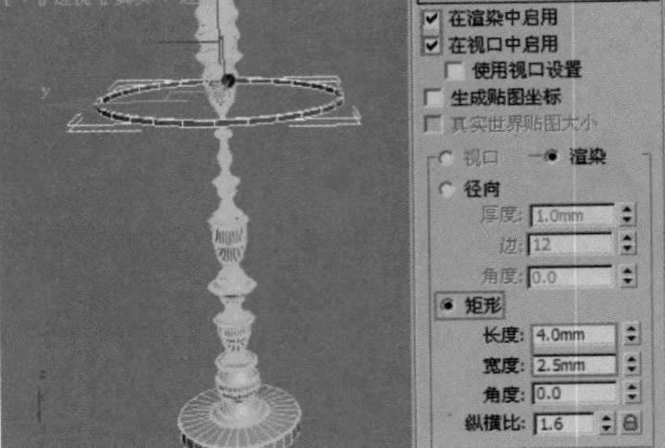

图3-468

图3-469

步骤 04 在【创建】面板中单击【圆】工具 圆 ，并在顶视图中创建一个圆，然后在【参数】卷展栏中设置【半径】为 80mm，如图 3-470 所示。

步骤 05 选择步骤 04 中创建的圆，然后展开【渲染】卷展栏，选中【在渲染中启用】和【在视口中启用】复选框，接着选中【矩形】单选按钮，设置【长度】为 110mm，【宽度】为 0.5mm，如图 3-471 所示。

步骤 06 简约台灯模型的最终效果如图 3-472 所示。

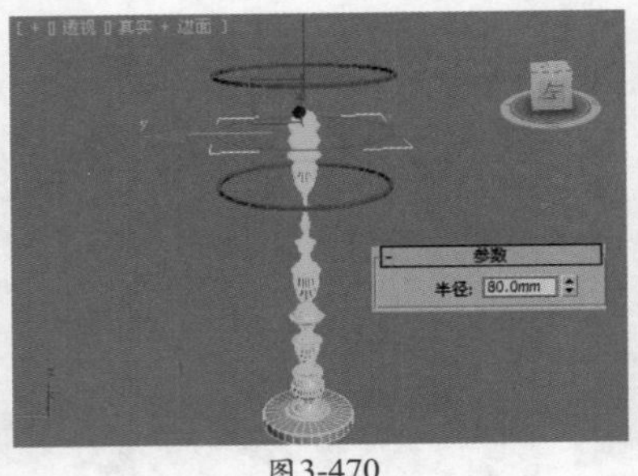

图3-470

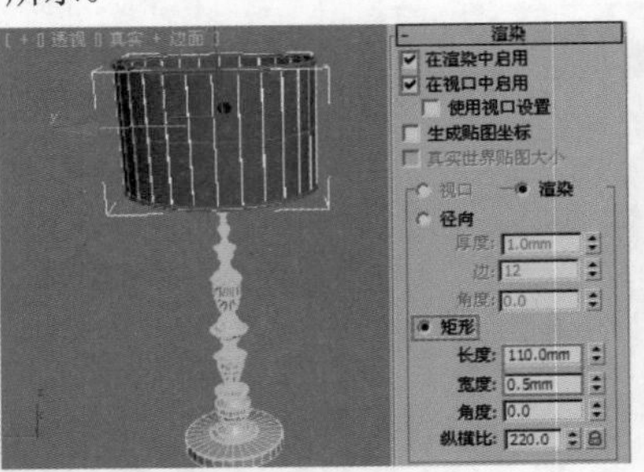

图3-471

图3-472

重点 小实例：使用样条线制作书籍

场景文件	无
案例文件	小实例：使用样条线制作书籍 .max
视频教学	DVD/ 多媒体教学 /Chapter03/ 小实例：使用样条线制作书籍 .flv
难易指数	★★★☆☆
技术掌握	掌握【线】工具、【矩形】工具的应用

实例介绍

书籍是装订成册的图书，在狭义上的理解是带有文字和图像的纸张的集合。广义上的理解则是一切传播信息的媒体，最终渲染和线框效果如图 3-473 所示。

图3-473

建模思路

① 使用【矩形】工具创建书内部纸张模型。

② 使用【线】工具创建书封皮、封底模型。

书的建模流程如图 3-474 所示。

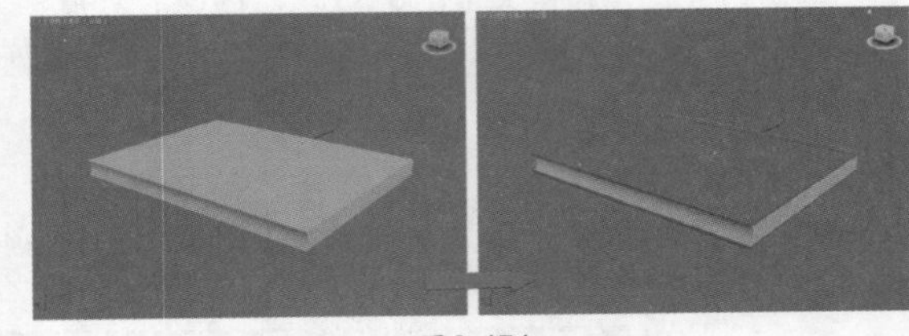

图3-474

操作步骤

Part 1 使用【矩形】工具创建书内部纸张模型

步骤 01 单击（创建）|（图形）| 样条线（样条线）| 矩形 （矩形）按钮，在左视图中绘制一个矩形，并设置【长度】为 10mm，【宽度】为 120mm，如图 3-475 所示。

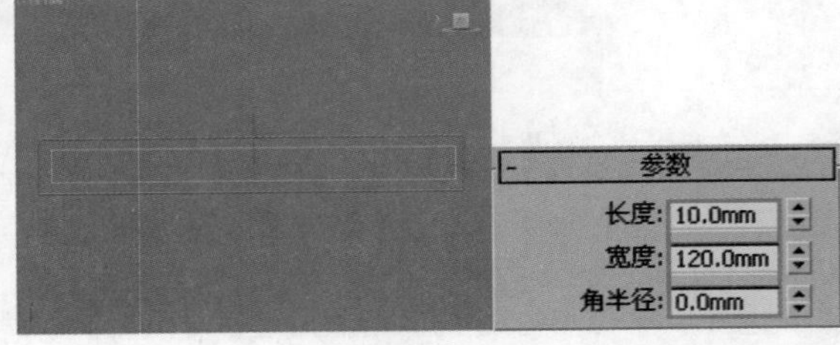

图3-475

步骤 02 选择上步骤 01 中的创建矩形，为其加载【编辑样条线】修改器，在【顶点】级别下，单击【优化】按钮 优化 ，添加一个点，如图 3-476 所示。

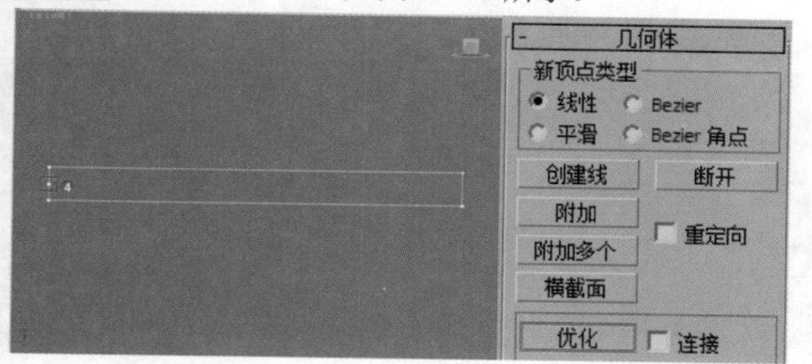

图3-476

步骤 03 使用【选择并移动】工具选择步骤 02 中创建的点，右击，选择 Bezier 命令，调节点的弧度，如图 3-477 所示。

步骤 04 加载【挤出】修改器，并设置数量为 160mm，如图 3-478 所示。

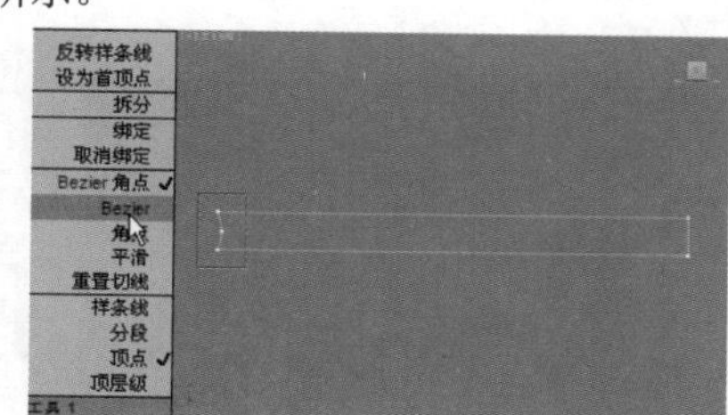

图3-477

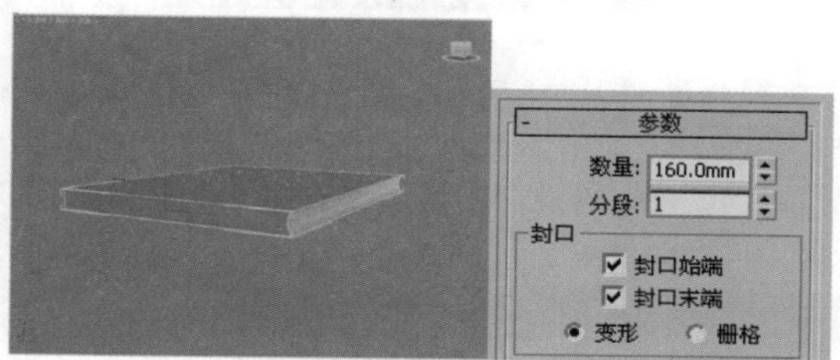

图3-478

Part 2 使用【线】工具创建书封皮、封底模型

步骤 01 利用【线】工具 线 ，在左视图中绘制如图 3-479 所示的形状。

图3-479

步骤 02 选择步骤 01 创建的样条线，在【渲染】卷展栏中选中【在渲染中启用】和【在视口中启用】复选框，激活【矩形】选项组，设置【长度】为 160mm，【宽度】为 1mm，如图 3-480 所示。

步骤 03 最终模型效果如图 3-481 所示。

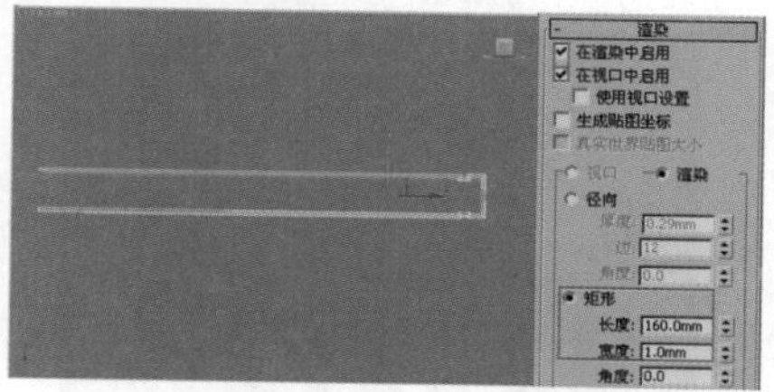

图3-480

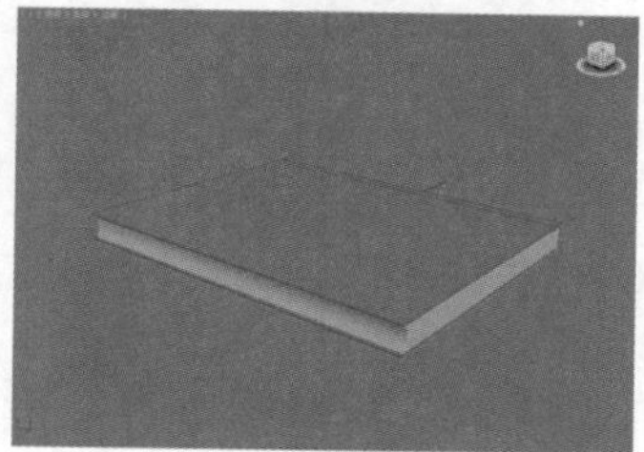

图3-481

重点 小实例：使用样条线制作创意桌子

场景文件	无
案例文件	小实例：使用样条线制作创意桌子.max
视频教学	DVD/多媒体教学/Chapter03/小实例：使用样条线制作创意桌子.flv
难易指数	★★★☆☆
技术掌握	掌握【矩形】工具的使用方法

实例介绍

本例将以一个创意桌子模型为例来讲解【矩形】工具的使用方法，效果如图 3-482 所示。

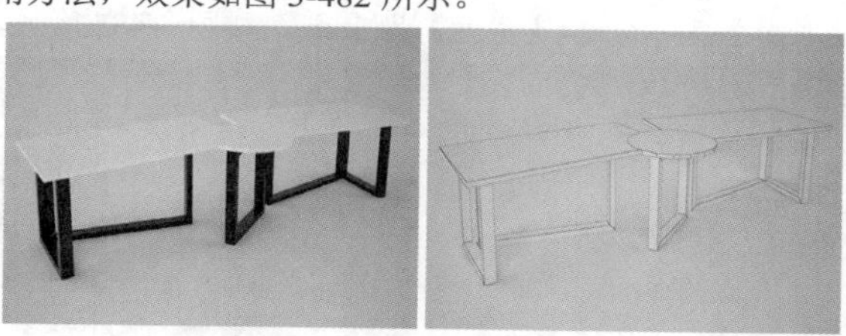

图3-482

建模思路

❶ 使用【样条线】工具创建桌子面模型。

❷ 使用【矩形】工具创建桌子腿模型。

创意桌子的建模流程如图 3-483 所示。

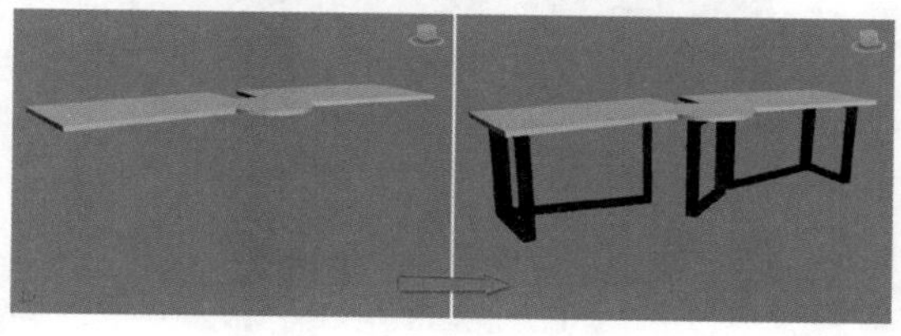

图3-483

操作步骤

Part 1 使用【样条线】工具创建桌子面模型

步骤 01 使用【线】工具 线 在前视图中创建一条直

线，如图 3-484 所示。

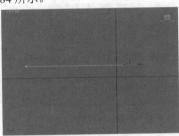

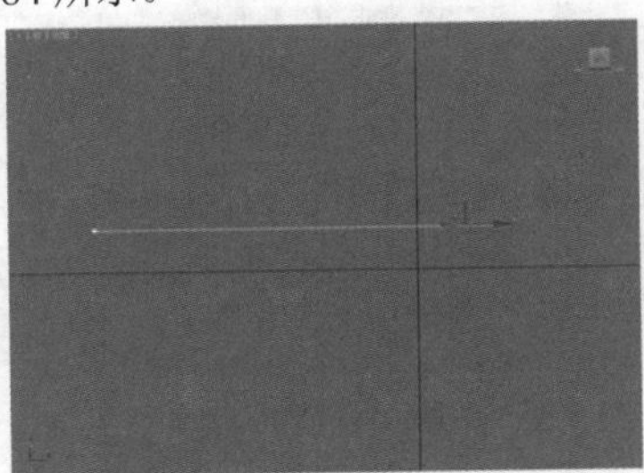
图3-484

技巧与提示

按住 Shift 键进行绘制，可以绘制直线；松开 Shift 键进行绘制，可以绘制任意的线。

步骤 02 选择步骤 01 创建的线，然后展开【渲染】卷展栏，选中【在渲染中启用】和【在视口中启用】复选框，接着选中【矩形】单选按钮，设置【长度】为 70mm，【宽度】为 3mm，如图 3-485 所示。

步骤 03 使用【圆柱体】工具 圆柱体 在顶视图中创建一个圆柱体，然后设置【半径】为 30mm，【高度】为 2.6mm，【高度分段】为 1，如图 3-486 所示。

步骤 04 使用【线】工具 线 在前视图中创建一条直线，然后展开【渲染】卷展栏，选中【在渲染中启用】和【在视口中启用】复选框，接着选中【矩形】单选按钮，设置【长度】为 70mm，【宽度】为 3mm，如图 3-487 所示。

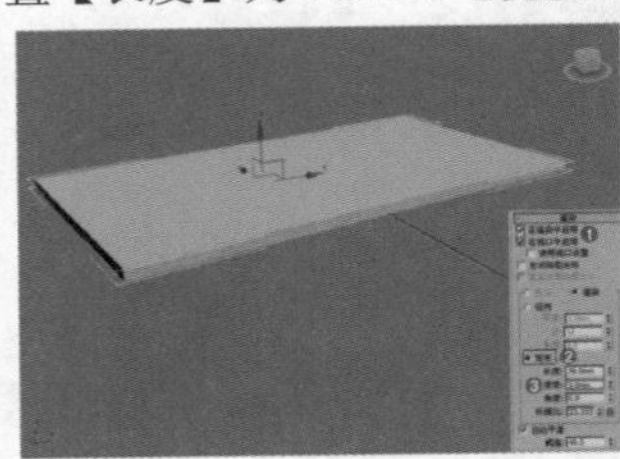
图3-485

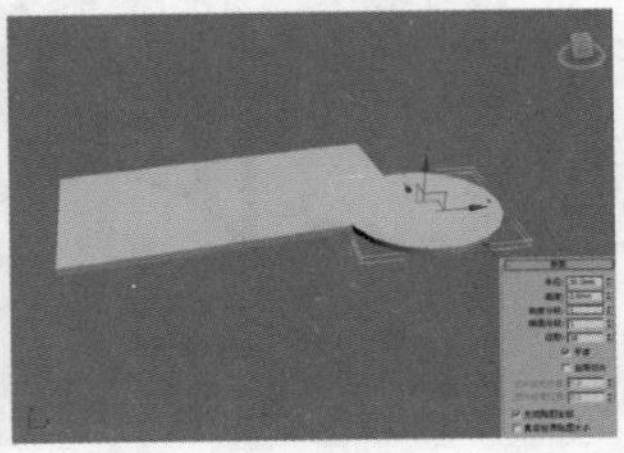

图3-486

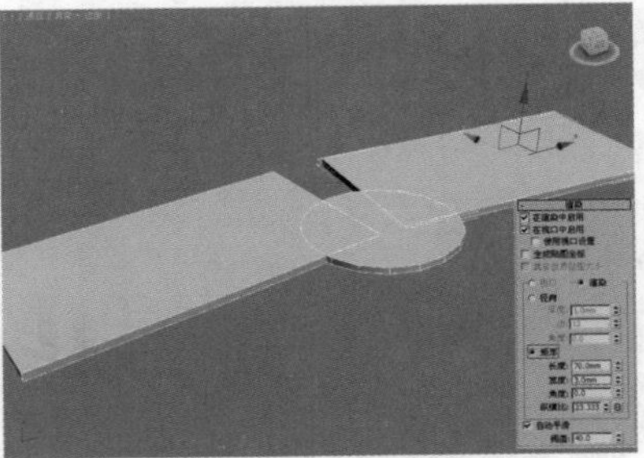
图3-487

Part 2 使用【矩形】工具创建桌子腿模型

步骤 01 使用【矩形】工具 矩形 在场景中创建一个矩形，然后展开【参数】卷展栏，并设置【长度】为 90mm，【宽度】为 60mm，如图 3-488 所示。

步骤 02 选择步骤 01 中创建的矩形，然后展开【渲染】卷展栏，选中【在渲染中启用】和【在视口中启用】复选框，接着选中【矩形】单选按钮，设置【长度】为 7mm，【宽度】为 4mm，如图 3-489 所示。

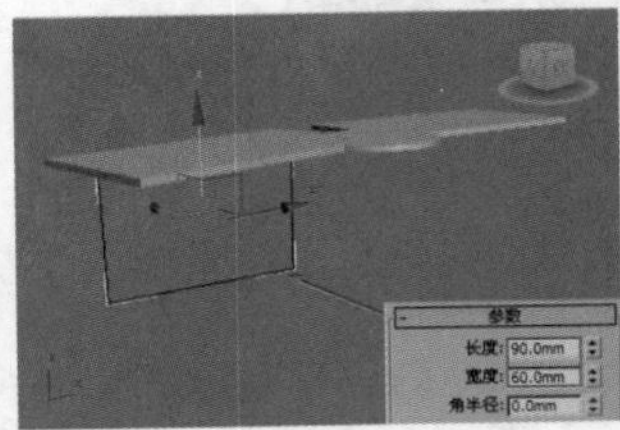
图3-488

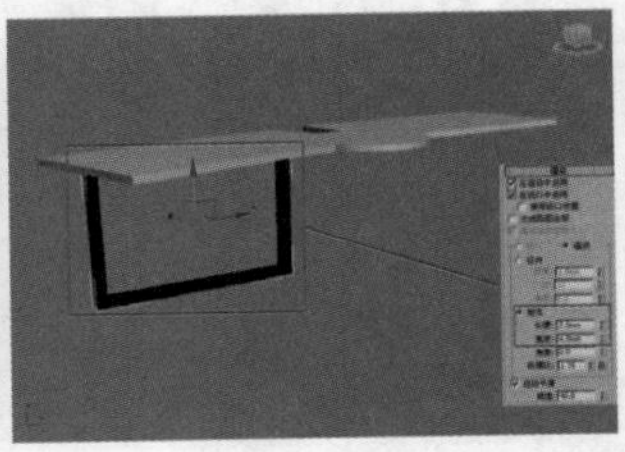

图3-489

步骤 03 继续使用【矩形】工具 矩形 在场景中创建一个矩形，然后展开【参数】卷展栏，设置【长度】为 48mm，【宽度】为 60mm，接着展开【渲染】卷展栏，选中【在渲染中启用】和【在视口中启用】复选框，激活【矩形】选项组，设置【长度】为 7mm，【宽度】为 4mm，如图 3-490 所示。

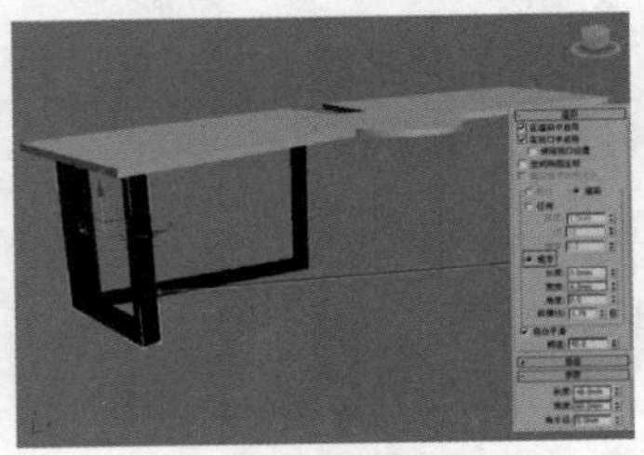
图3-490

步骤 04 选择如图 3-491 所示的桌子腿模型，然后单击【镜像】按钮，在弹出的【镜像：世界 坐标】对话框中设置【镜像轴】为 X 轴，【克隆当前选择】为【实例】，如图 3-492 所示。

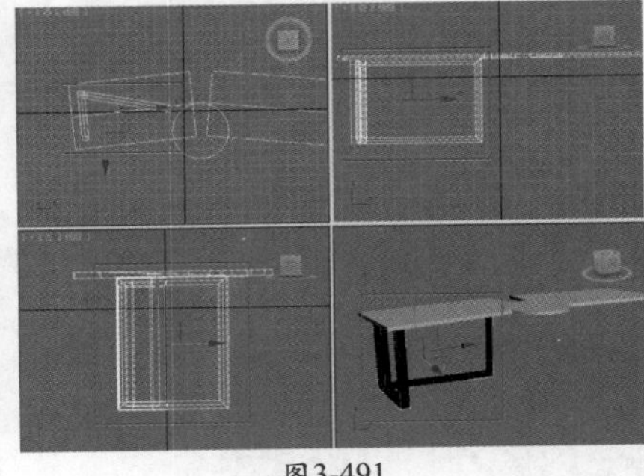
图3-491

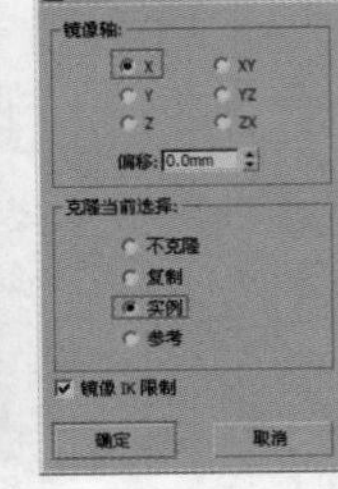

图3-492

步骤 05 镜像后的模型效果如图 3-493 所示。

步骤 06 最后使用【矩形】工具 矩形 在场景中创建一个矩形，然后展开【参数】卷展栏，设置【长度】为 60mm，【宽度】为 50mm，接着展开【渲染】卷展栏，选中【在渲染中启用】和【在视口中启用】复选框，激活【矩形】选项组，设置【长度】为 7mm，【宽度】为 4mm，如图 3-494 所示。

步骤 07 最终模型效果如图 3-495 所示。

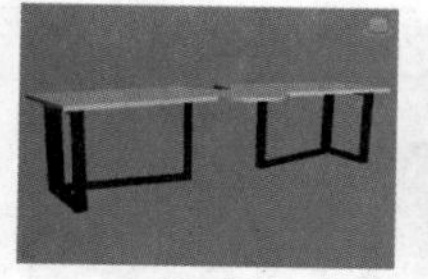
图3-493

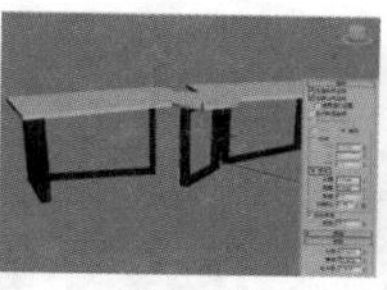
图3-494

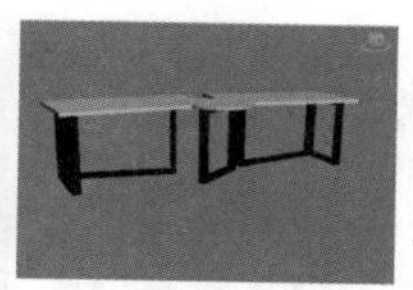
图3-494

重点 小实例：使用样条线制作藤椅

场景文件	无
案例文件	小实例：使用样条线制作藤椅.max
视频教学	DVD/多媒体教学/Chapter03/小实例：使用样条线制作藤椅.flv
难易指数	★★★☆☆
技术掌握	掌握【螺旋线】工具和样条线可渲染功能的使用方法

实例介绍

本例将以一个藤椅为例来讲解【螺旋线】工具和样条线可渲染功能的使用方法，效果如图3-496所示。

图3-496

建模思路

① 使用【样条线】创建藤椅的框架模型。

② 使用【螺旋线】和【线】创建藤椅剩余部分模型。

藤椅的建模流程如图3-497所示。

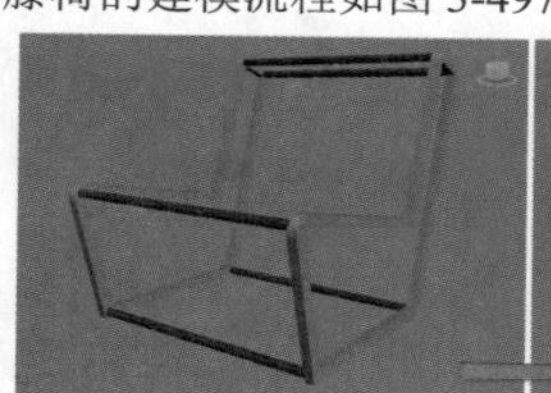
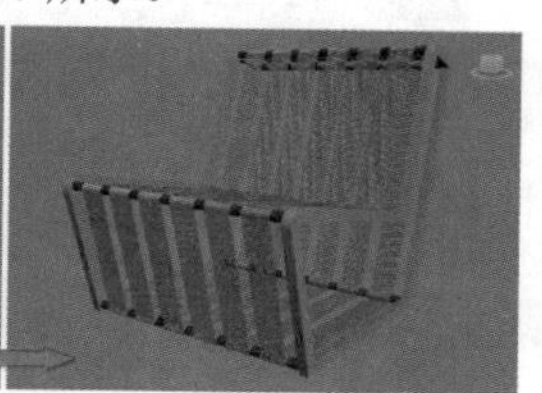
图3-497

操作步骤

Part 1 使用【样条线】创建藤椅的框架模型

步骤01 使用【线】工具 线 在左视图中绘制如图3-498所示的样条线。使用【选择并移动】工具，同时按下Shift键复制一份，位置如图3-499所示。

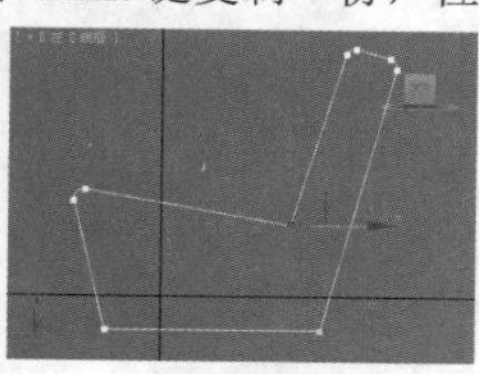
图3-498

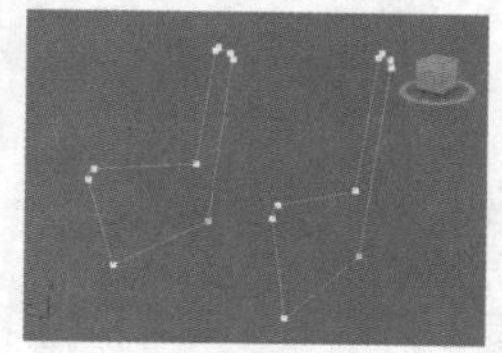
图3-499

步骤02 选择步骤01中创建的线，然后展开【渲染】卷展栏，选中【在渲染中启用】和【在视口中启用】复选框，接着选中【矩形】单选按钮，设置【长度】为16mm，【宽度】为20mm，如图3-500所示。

步骤03 继续使用【线】工具 线 在顶视图中绘制样条线，然后展开【渲染】卷展栏，选中【在渲染中启用】和【在视口中启用】复选框，接着选中【径向】单选按钮，设置【厚度】为16mm，如图3-501所示。

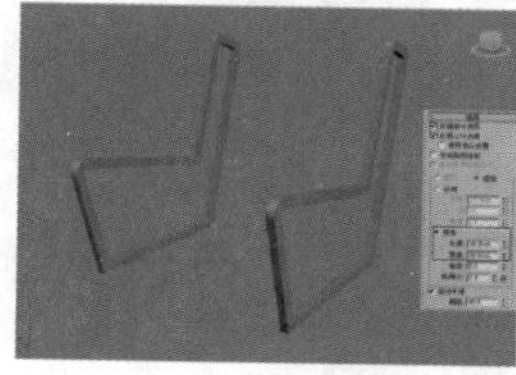
图3-500

图3-501

Part 2 使用【螺旋线】和【线】创建藤椅剩余部分模型

步骤01 使用【螺旋线】工具 螺旋线 在藤椅框架部分创建多个螺旋线图形，如图3-502所示。

步骤02 选择步骤01中创建的螺旋线，单击【修改】面板，然后设置【半径1】为8.5mm，【半径2】为8.5mm，【高度】为50mm，【圈数】为20，如图3-503所示。

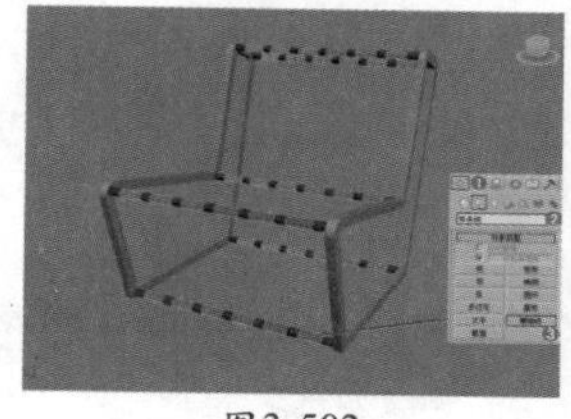
图3-502

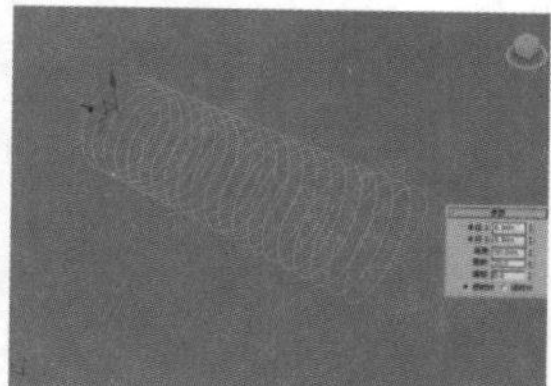
图3-503

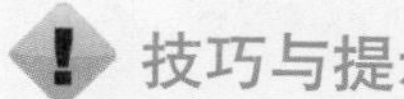
技巧与提示

将设置螺旋线的【半径1】为8.5mm，【半径2】为0mm，【高度】为0mm，【圈数】为7，这时的螺旋线在一个平面上，如果将高度设置为大于1的数值，螺旋线就不在一个平面上，可以根据需要进行设置，如图3-504所示。

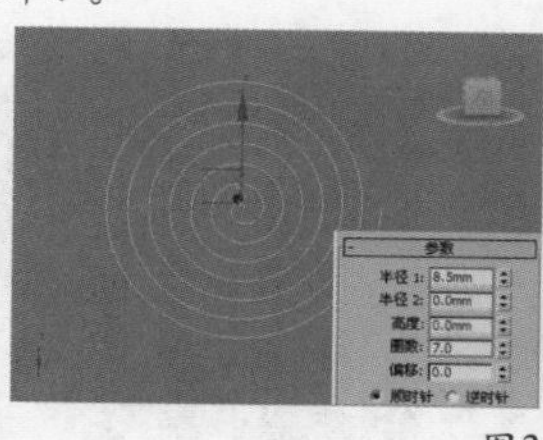
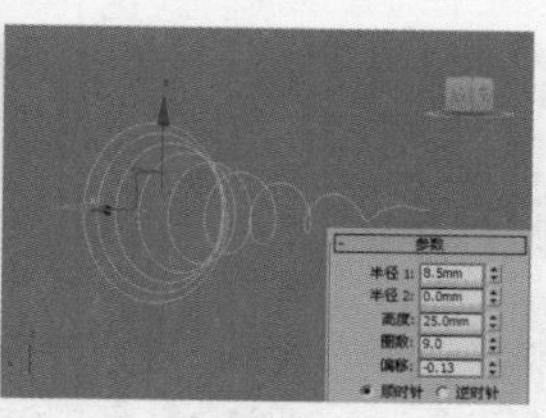
图3-504

步骤03 单击【修改】面板，展开【渲染】卷展栏，选中【在渲染中启用】和【在视口中启用】复选框，接选中【径向】单选按钮，设置【厚度】为1.5mm，如图3-505所示。

步骤04 使用【线】工具 线 在视图中继续创建多条线，然后展开【渲染】卷展栏，选中【在渲染中启用】和【在视口中启用】复选框，接着选中【径向】单选按钮，设置【厚度】为1.5mm，如图3-506所示。

步骤05 藤椅模型的最终效果如图3-507所示。

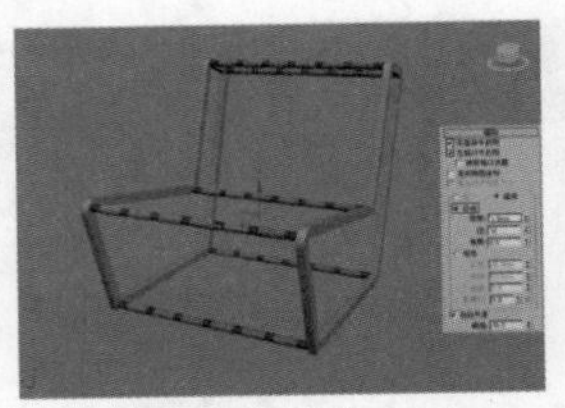
图3-505

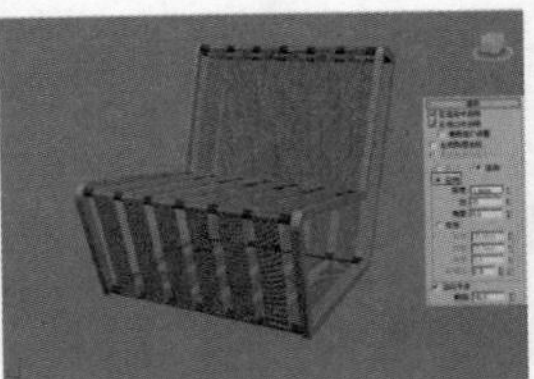
图3-506

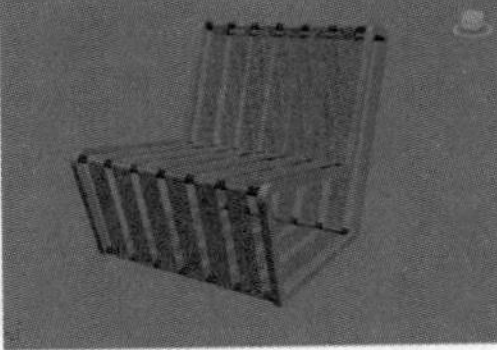
图3-507

重点 小实例：使用样条线制作文本

场景文件	无
案例文件	小实例：使用样条线制作文本.max
视频教学	DVD/多媒体教学/Chapter03/小实例：使用样条线制作文本.flv
难易指数	★★★☆☆
技术掌握	掌握【文本】工具和【挤出】修改器的使用方法

实例介绍

本例将以一文字模型为例来讲解【文本】工具和【挤出】修改器的使用方法，效果如图3-508所示。

图3-508

建模思路

① 使用【文本】工具创建英文文字。
② 使用【挤出】修改器创建字体模型。

文字的建模流程如图3-509所示。

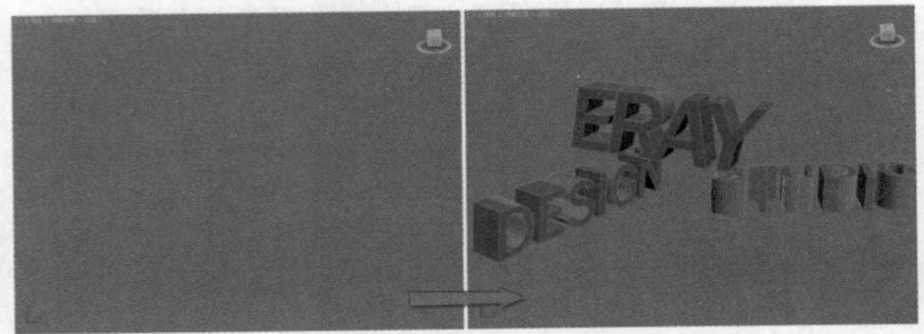
图3-509

操作步骤

Part 1 使用【文本】工具创建英文文字

步骤01 在【创建】面板下设置【图形】类型为【样条线】，接着单击【文本】工具 文本 ，如图3-510所示。

步骤02 展开【参数】卷展栏，设置字体类型为Fraklin Gothic Medium Italic，【大小】为160mm，【字间距】为–15mm，在【文本】文本框输入ERAY，如图3-511所示。

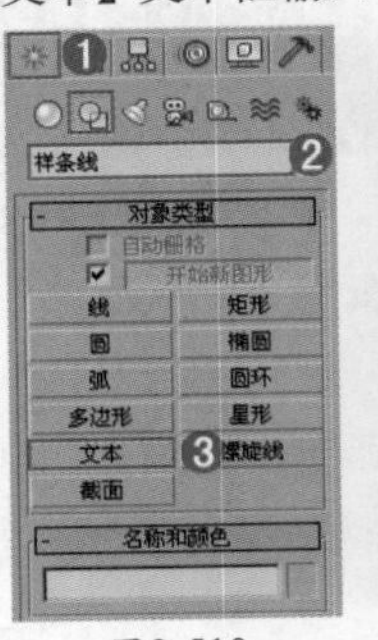

图3-510

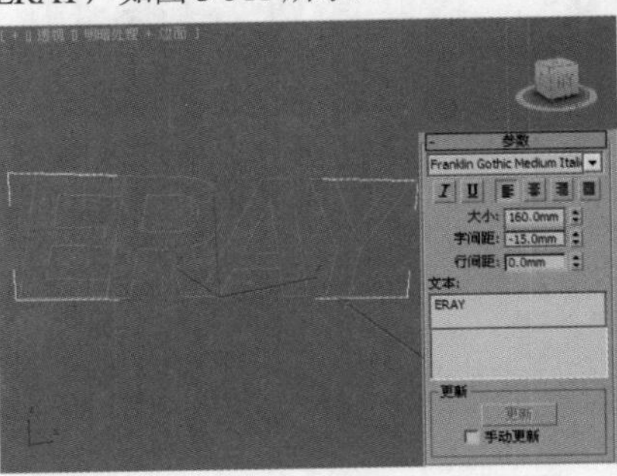

图3-511

技巧与提示

若找不到Fraklin Gothic Medium Italic字体类型，可以使用其他字体代替，当然也可以从网络上下载更合适的字体。下载的字体文件可以直接放到计算机中的【字体】文件夹中，具体位置如图3-512所示。

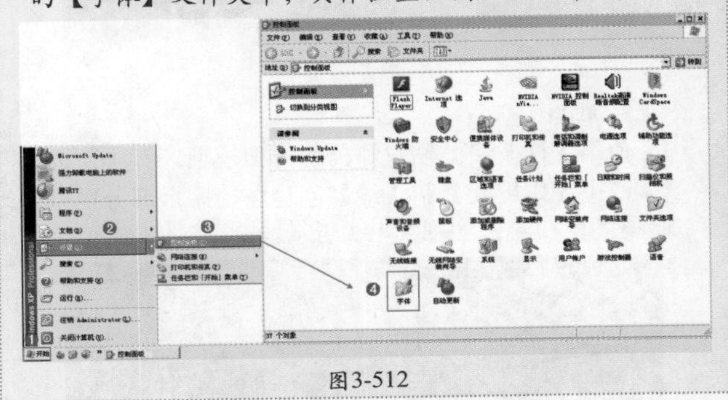
图3-512

步骤03 继续使用【文本】工具 文本 在前视图中创建模型，然后展开【参数】卷展栏，并设置字体类型为Fraklin Gothic Medium Italic，【大小】为100mm，最后在【文本】文本框中输入DESIGN，使用【选择并旋转】工具将字体旋转一定的角度，如图3-513所示。

步骤04 继续使用【文本】工具在视图中创建其他模型并设置一定的参数，最后使用【选择并旋转】工具旋转一定的角度，如图3-513和图3-514所示。

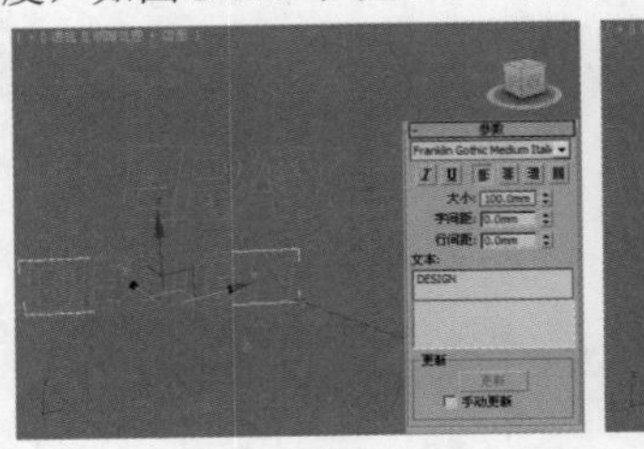
图3-513

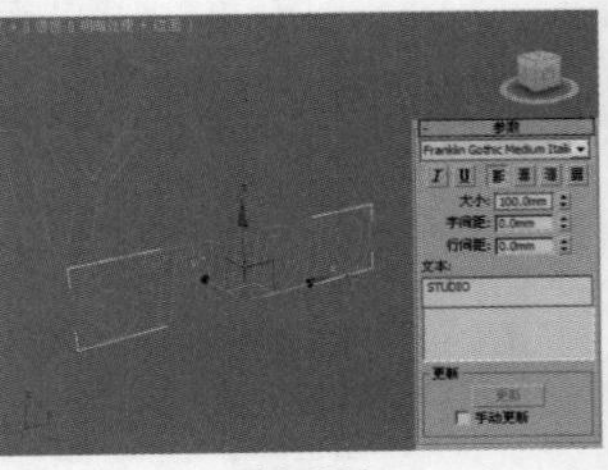
图3-514

Part 2 使用【挤出】修改器创建字体模型

步骤01 选中EARY，在【修改】面板中选择并加载【挤出】修改器，展开【参数】卷展栏，并设置【数量】为50mm，如图 3-515 所示。

步骤 02 分别为剩余的字体加载【挤出】修改器，然后展开【参数】卷展栏，设置【数量】为 50mm，如图 3-516 所示。

步骤 03 最终模型效果如图 3-517 所示。

图3-515

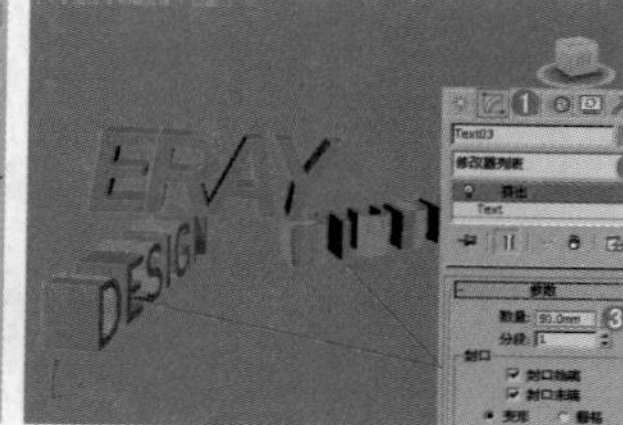
图3-516

图3-517

重点 小实例：使用样条线和车削修改器制作花瓶

场景文件	无
案例文件	小实例：使用样条线和车削修改器制作花瓶 .max
视频教学	DVD/ 多媒体教学 /Chapter03/ 小实例：使用样条线和车削修改器制作花瓶 .flv
难易指数	★★★☆☆
技术掌握	掌握【车削】修改器的使用方法

实例介绍

本例将以花瓶模型为例来讲解【样条线】工具和【车削】修改器功能的使用方法，效果如图 3-518 所示。

图3-518

建模思路

① 使用【样条线】工具和【车削】修改器创建花瓶的基本模型。

② 使用【选择并均匀缩放】工具缩放花瓶模型。

花瓶的建模流程如图 3-519 所示。

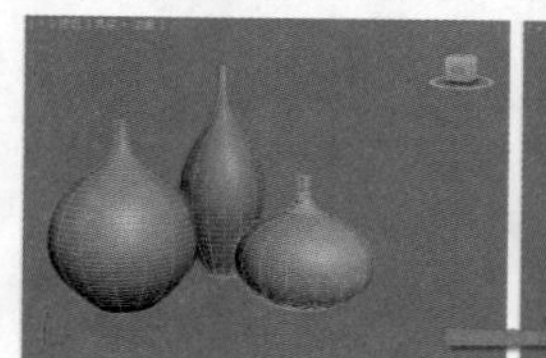

图3-519

操作步骤

Part 1 使用【样条线】工具和【车削】修改器创建花瓶的基本模型

步骤 01 使用【线】工具 线 在前视图中绘制 3 条如图 3-520 所示的样条线。

步骤 02 选择步骤 01 中创建的 3 条线，并为其加载【车削】修改器，展开【参数】卷展栏，设置【分段】为 32，【方向】为 Y 轴，【对齐】为【最大】，如图 3-521 所示。

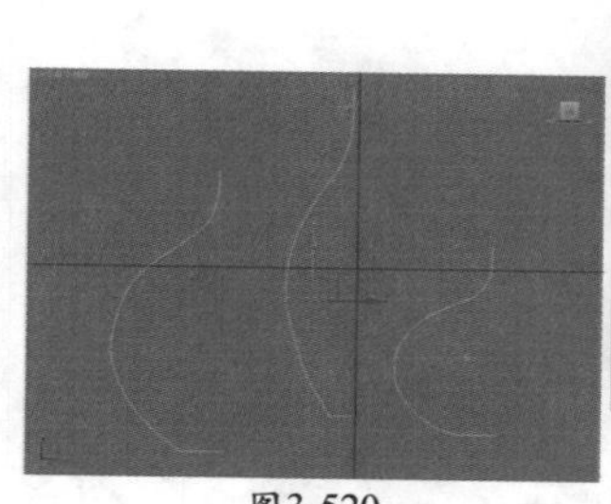
图3-520

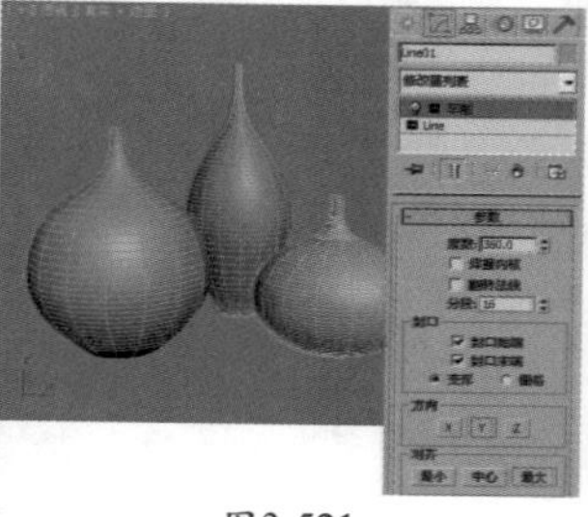
图3-521

Part 2 使用【选择并均匀缩放】工具缩放花瓶模型

步骤 01 选择场景中的第 1 个花瓶模型，然后使用【选择并均匀缩放】工具在顶视图中沿 Y 轴进行适当缩放，如图 3-522 所示。

步骤 02 选择场景中的第 2 个花瓶模型，然后使用【选择并均匀缩放】工具在顶视图中沿 Y 轴进行适当缩放，如图 3-523 所示。

图3-522

图3-523

步骤 03 选择场景中的第 3 个花瓶模型，然后使用【选择并均匀缩放】工具在顶视图中沿 Y 轴进行适当缩放，如图 3-524 所示。

步骤 04 花瓶模型的最终效果如图 3-525 所示。

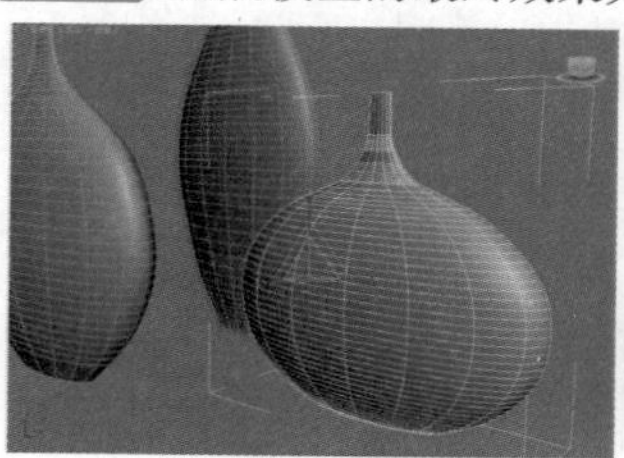
图3-524

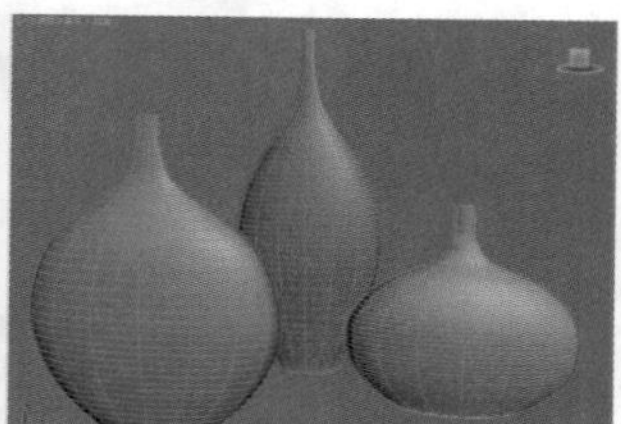
图3-525

Chapter 04

第04章

高级建模技术

高级建模包括修改器建模、石墨建模、多边形建模、NURBS 建模等，本章将详细介绍这些建模技术。

本章学习要点：

- 使用修改器建模制作模型
- 使用石墨建模制作模型
- 使用多边形建模制作模型
- 使用网格建模制作模型
- 使用面片建模制作模型
- 使用NURBS建模制作模型

4.1 修改器建模

修改器建模是在已有基本模型的基础上，在【修改】面板中添加相应的修改器，并将模型进行塑形或编辑。使用这种方法可以快速打造特殊的模型效果，如扭曲、晶格等。如图 4-1 所示为优秀的修改器建模作品。

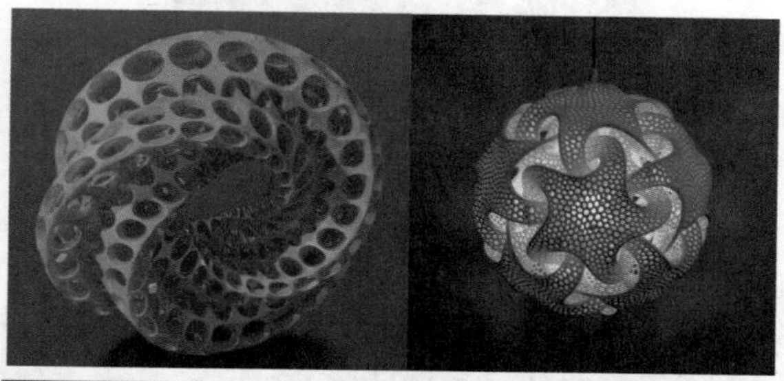

图4-1

4.1.1 修改器堆栈

从【创建】面板中添加对象到场景中之后，通常会进入到【修改】面板，在该面板中可以更改对象的原始创建参数，但是这种方法只可以调整物体的基本参数，如长度、宽度、高度等，无法对模型的本身做出大的改变。因此，可以使用【修改】面板下的修改器堆栈。

修改器列表是【修改】面板中的列表。它包含累积历史记录，其中有选定的对象以及应用于它的所有修改器。如图 4-2 所示为创建一个长方体 Box001，并进入【修改】面板，在【修改器列表】中添加 Bend（弯曲）和【晶格】修改器。

图4-2

- 【锁定堆栈】按钮：激活该按钮，可将堆栈和【修改】面板的所有控件锁定到选定对象的堆栈中。即使在选择了视图中的另一个对象之后，也可以继续对锁定堆栈的对象进行编辑。
- 【显示最终结果】按钮：激活该按钮，会在选定的对象上显示整个堆栈的效果。
- 【使唯一】按钮：激活该按钮，可将关联的对象修改成独立对象，这样可以对选择集中的对象单独进行编辑（只有在场景中拥有选择集时该按钮才可用）。
- 【从堆栈中移除修改器】按钮：若堆栈中存在修改器，单击该按钮可删除当前修改器，并清除该修改器引发的所有更改。

> **技巧与提示**
>
> 如果要删除某个修改器，不可以在选中某个修改器后按 Delete 键，那样会删除对象本身。

- 【配置修改器集】按钮：单击该按钮可弹出一个菜单，该菜单中的命令主要用于配置在【修改】面板中如何显示和选择修改器。

4.1.2 为对象加载修改器

（1）使用修改器之前，一定要有已创建好的基础对象，如几何体、图形、多边形模型等。如图 4-3 所示为创建的一个长方体模型，并设置了合适的分段数值。

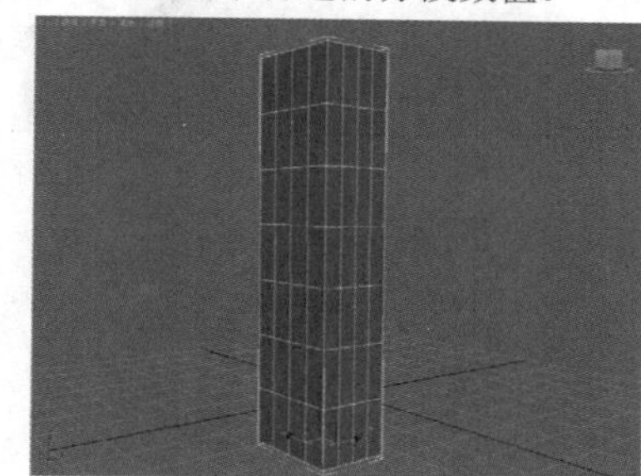

图4-3

（2）选择创建的长方体，然后单击【修改】面板，在【修改器列表】修改器列表中选择【弯曲】选项，如图 4-4 所示。

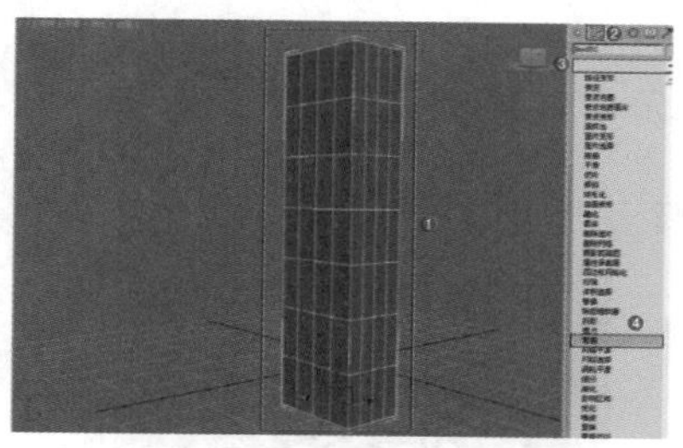

图4-4

（3）此时【弯曲】修改器已经添加给了长方体，然后单击【修改】面板，并将其参数进行适当设置，如图 4-5 所示。

（4）在【修改】面板的【修改器列表】修改器列表中选择【晶格】选项，如图 4-6 所示。

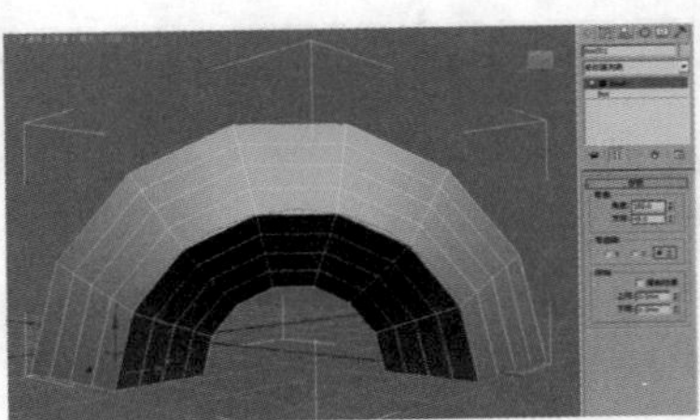

图4-5

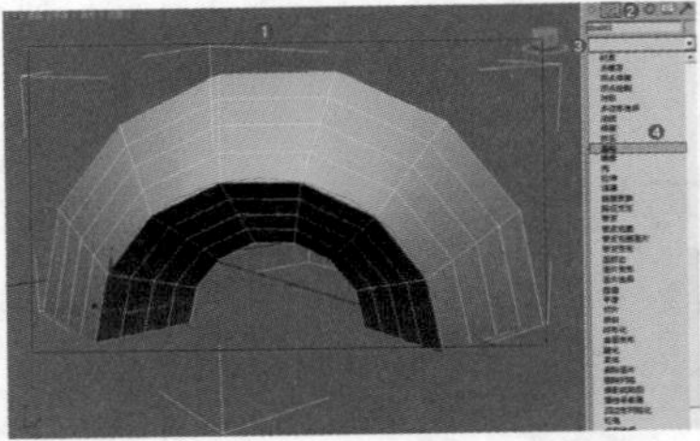

图4-6

（5）此时长方体上新增了一个【晶格】修改器，而且最后加载的修改器在最开始加载的修改器的上方。单击【修改】面板，对其参数进行适当设置，如图 4-7 所示。

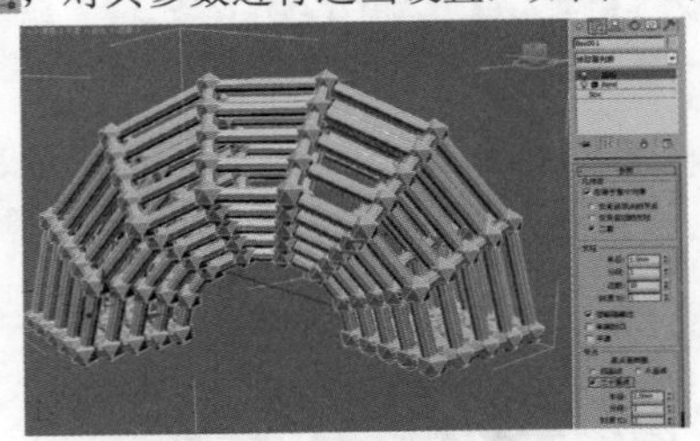

图4-7

> **技巧与提示**
>
> 在添加修改器时一定要注意添加的次序，添加次序不同将会出现不同的效果。

4.1.3 修改器的排序

修改器的排序遵循“据后”原则，即后添加的修改器在修改器堆栈的顶部，从而作用于它下方的所有修改器和原始模型；而最先添加的修改器在修改器堆栈的底部，从而只能作用于它下方的原始模型。如图 4-8 所示为创建模型后，先添加【弯曲】修改器，再添加【晶格】修改器的模型效果。

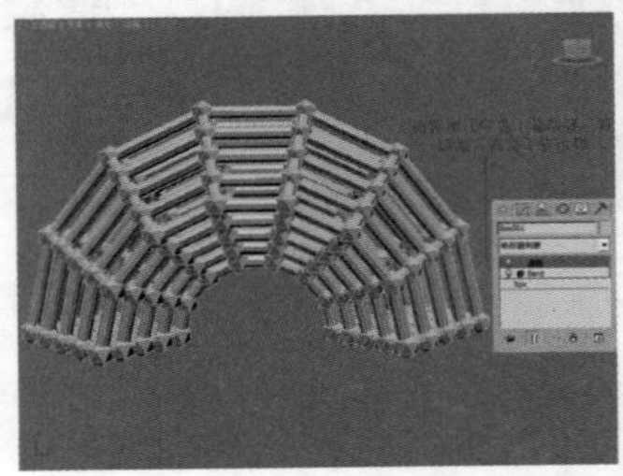

图4-8

如图 4-9 所示为创建模型后，先添加【晶格】修改器，再添加【弯曲】修改器的模型效果。

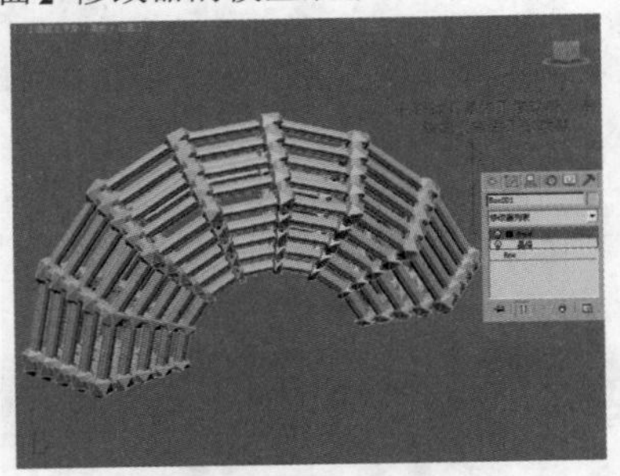

图4-9

不难发现，修改器的次序会对最终模型产生影响。但这不是绝对的，有些情况下，更改修改器次序不会对模型产生任何影响。

4.1.4 启用与禁用修改器

默认情况下，为物体加载修改器后，修改器是启用的状态，可以看到修改器名称前面有图标，如图 4-10 所示。

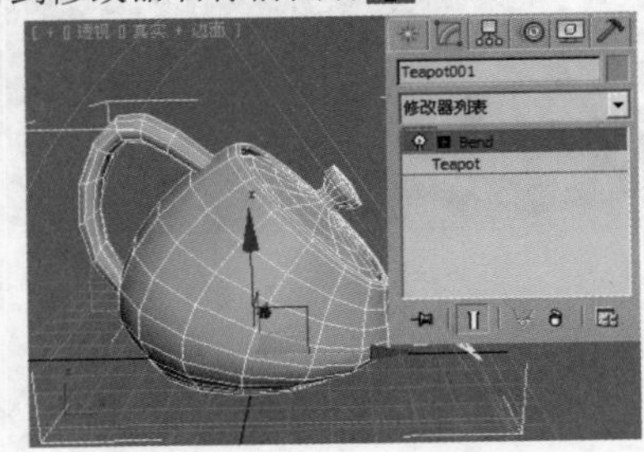

图4-10

当需要禁用修改器（与删除修改器不同）时，可以单击修改器名称前面的图标，此时图标如图 4-11 所示。

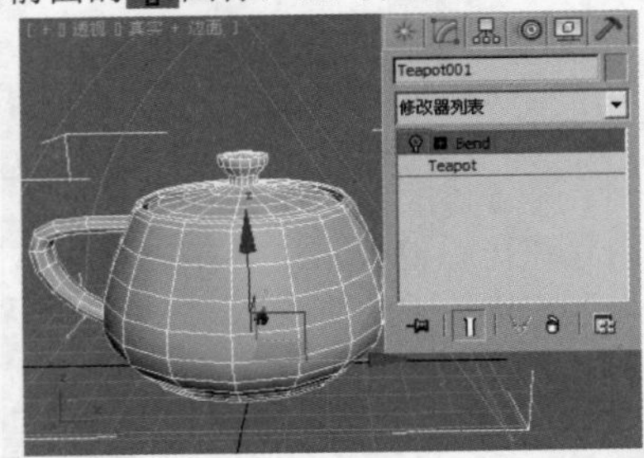

图4-11

再次单击图标，即可恢复修改器的正常启用状态。

4.1.5 编辑修改器

在修改器堆栈上右击，会弹出一个菜单，该菜单中的命令可以用来编辑修改器，如图 4-12 所示。

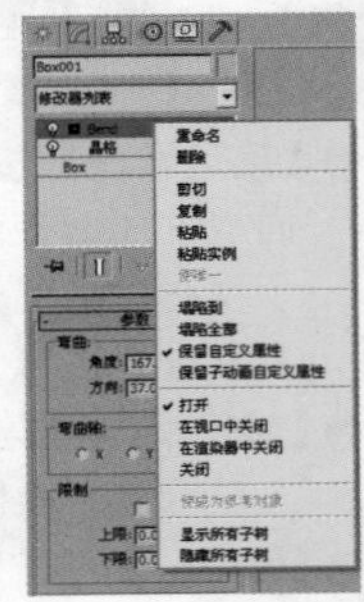

图4-12

技巧与提示

从修改器堆栈菜单中可以看出，修改器可以复制到另外的物体上，其操作方法有以下两种。

(1) 在修改器上右击，然后在弹出的菜单中选择【复制】命令，接着在另外的物体上右击，并在弹出的菜单中选择【粘贴】命令，如图 4-13 所示。

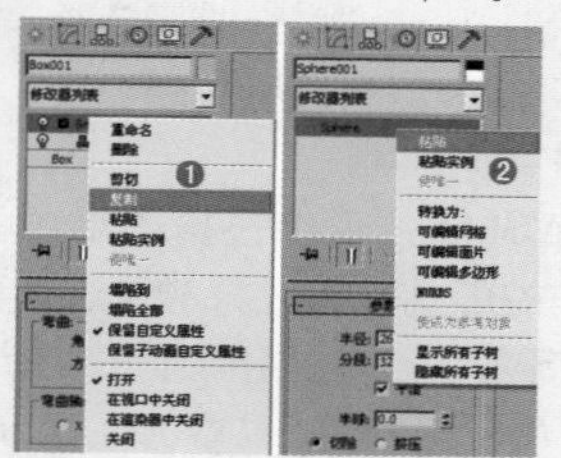

图4-13

(2) 使用鼠标左键将修改器拖曳到视图中的某一物体上。

按住 Ctrl 键的同时将修改器拖曳到其他对象上，可以将该修改器作为实例进行粘贴，也就相当于关联复制；按住 Shift 键的同时将修改器拖曳到其他对象上，可将源对象中的修改器剪切到其他对象上，如图 4-14 所示。

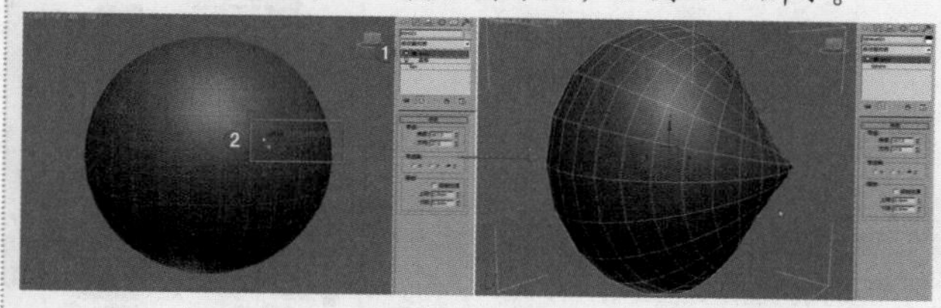

图4-14

4.1.6 塌陷修改器堆栈

可以使用【塌陷全部】或【塌陷到】命令来分别将对象堆栈的全部或部分塌陷为可编辑的对象，该对象可以保留基础对象上塌陷修改器的累加效果。通常塌陷修改器堆栈的原因有以下 3 种。

（1）完成修改对象并保持不变。

（2）要丢弃对象的动画轨迹。也可以按住 Alt 键右击选定的对象，然后选择【删除选定的动画】命令。

（3）要简化场景并保存内存。

技巧与提示

多数情况下，塌陷所有或部分堆栈将保存内存。然而，塌陷一些修改器，如【倒角】，将增加文件大小和内存。塌陷对象堆栈之后，不能再以参数方式调整其创建参数或受塌陷影响的单个修改器。指定给这些参数的动画堆栈将随之消失；塌陷堆栈并不影响对象的变换，它只在使用【塌陷到】命令时影响世界空间绑定；如果堆栈不含修改器，塌陷堆栈将不保存内存。

1．塌陷到

【塌陷到】命令可以将选择的修改器以下的修改器和基础物体进行塌陷。如图 4-15 所示，为一个球体，依次加载 Bend（弯曲）、Noise（噪波）、Twist（扭曲）和【网格平滑】修改器。

图4-15

此时右击 Noise 修改器，在弹出的菜单中选择【塌陷到】命令，会弹出一个警告对话框，提示是否对修改器进行【暂存 / 是】、【是】和【否】操作，这里单击【是】按钮，如图 4-16 所示。

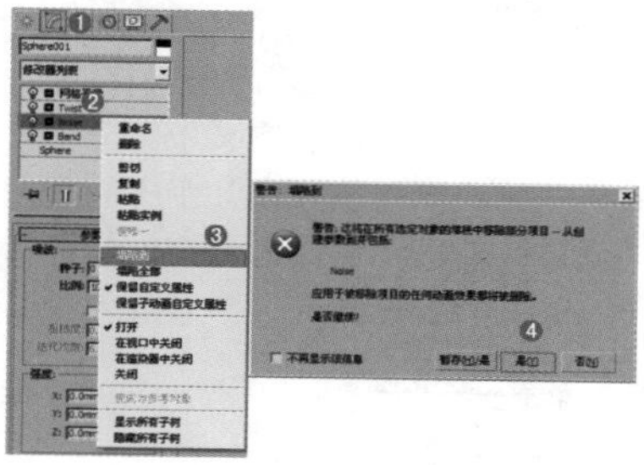

图4-16

- 【暂存 / 是】按钮 暂存(H)/是：单击该按钮可将当前对象的状态保存到【暂存】缓冲区，然后才应用【塌陷到】命令，如果要撤销刚才的操作，可执行【编辑】|【取回】命令，这样便可恢复到塌陷前的状态。
- 【是】按钮 是(Y)：单击该按钮可执行塌陷操作。
- 【否】按钮 否(N)：单击该按钮可取消塌陷操作。

当执行塌陷操作后，在修改器堆栈中只剩下位于 Noise 修改器上方的 Twist 和【网格平滑】修改器，而下方的修改器已经全部消失，并且基础物体变为【可编辑网格】物体，如图 4-17 所示。

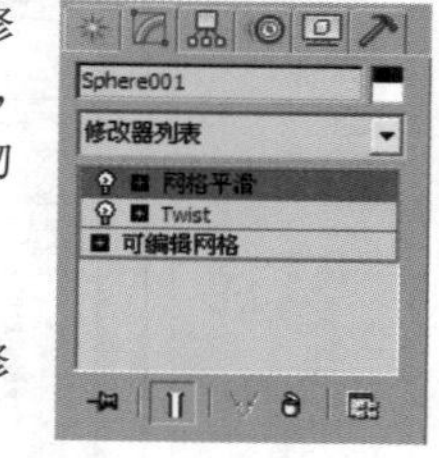

图4-17

2. 塌陷全部

【塌陷全部】命令可以将所有的修改器和基础物体全部塌陷。

若要塌陷全部修改器，可右击其中的任意一个修改器，然后在弹出的菜单中选择【塌陷全部】命令，如图 4-18 所示。

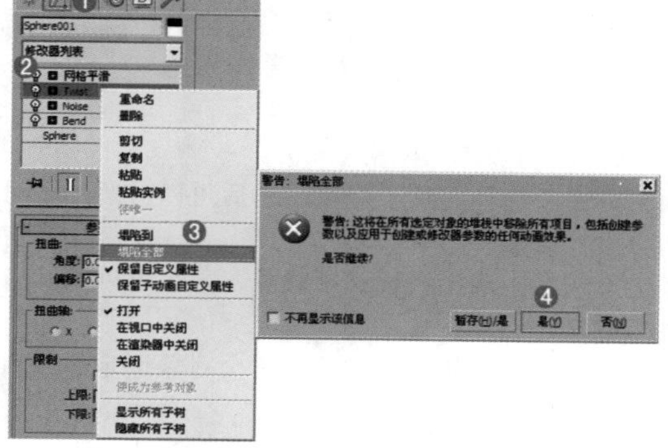

图4-18

当塌陷全部修改器后，修改器堆栈中就没有任何修改器，只剩下了【可编辑多边形】，如图 4-19 所示。因此，该操作与直接对该模型执行【转换为可编辑多边形】命令的最终结果是一样的。

图4-19

4.1.7 修改器的种类

选择二维图像或三维模型对象，然后单击【修改】面板，接着单击【修改器列表】右侧的下拉按钮，会看到很多种修改器，二者是不同的，如图 4-20 和图 4-21 所示。

修改器一般有几十余种，若安装了部分插件，数量可能会相应增加。这些修改器被放置在几个不同类型的修改器集合中，分别为【转化修改器】、【世界空间修改器】和【对象空间修改器】，如图 4-22 所示。

图4-20　　图4-21　　图4-22

1．选择修改器

【选择修改器】集合包括【网格选择】、【面片选择】、【多边形选择】和【体积选择】4 种修改器，如图 4-23 所示。

图4-23

- 网格选择：可以选择网格子对象。
- 面片选择：选择面片子对象，之后可以对面片子对象应用其他修改器。
- 多边形选择：选择多边形子对象，之后可以对其应用其他修改器。
- 体积选择：可以从一个对象或多个对象选定体积内的所有子对象。

2．世界空间修改器

【世界空间修改器】集合基于世界空间坐标，而不是基于单个对象的局部坐标系，如图 4-24 所示。当应用了一个世界空间修改器之后，无论物体是否发生了移动，它都不会受到任何影响。

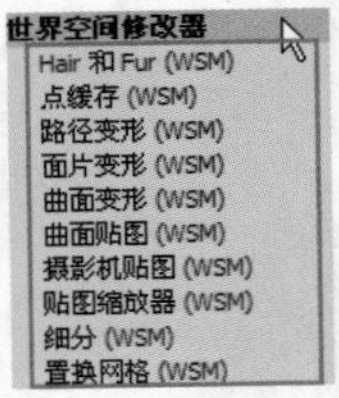

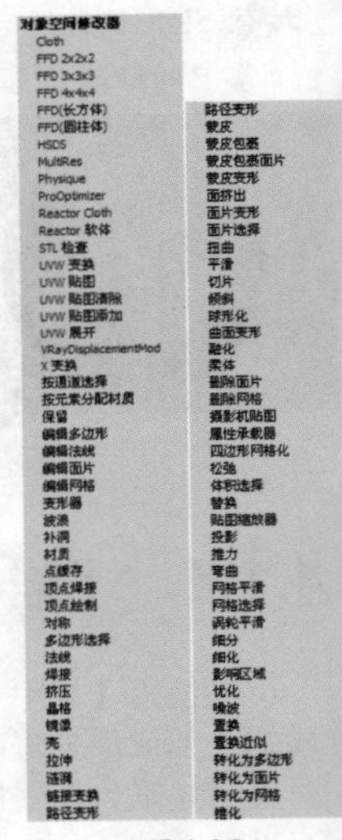

图4-24

- Hair 和 Fur（WSM）（头发和毛发（WSM））：用于为物体添加毛发。
- 点缓存（WSM）：可以将修改器动画存储到磁盘文件中，然后使用磁盘文件中的信息来播放动画。
- 路径变形（WSM）：可以根据图形、样条线或 NURBS 曲线路径将对象进行变形。
- 面片变形（WSM）：可以根据面片将对象进行变形。
- 曲面变形（WSM）：该修改器的工作方式与【路径变形（WSM）】修改器相同，只是它使用的是 NURBS 点或 CV 曲面，而不是曲线。
- 曲面贴图（WSM）：将贴图指定给 NURBS 曲面，并将其投射到修改的对象上。
- 摄影机贴图（WSM）：使用摄影机将 UVW 贴图坐标应用于对象。
- 贴图缩放器（WSM）：用于调整贴图的大小，并保持贴图比例不变。
- 细分（WSM）：提供用于光能传递处理创建网格的一种算法。处理光能传递需要网格的元素尽可能地接近等边三角形。
- 置换网格（WSM）：用于查看置换贴图的效果。

3. 对象空间修改器

【对象空间修改器】集合中的修改器非常多，如图 4-25 所示。该集合中的修改器主要应用于单独对象，使用的是对象的局部坐标系，因此当移动对象时，修改器也会跟着移动。

图4-25

4.1.8 常用修改器

1．【车削】修改器

【车削】修改器可以通过绕轴旋转一个图形或 NURBS 曲线来创建 3D 对象。其参数设置面板如图 4-26 所示。

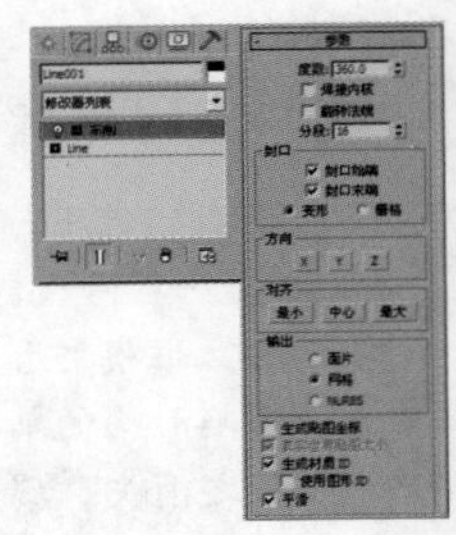

图4-26

- 度数：确定对象绕轴旋转多少度（范围为 0 ～ 360，默认值是 360）。可以给【度数】设置关键点，来设置车削对象圆环增强的动画。【车削】轴自动将尺寸调整到与要车削图形同样的高度。
- 焊接内核：通过将旋转轴中的顶点焊接来简化网格。如果要创建一个变形目标，禁用此选项。

- **翻转法线**：依赖图形上顶点的方向和旋转方向，旋转对象可能会内部外翻，可通过【翻转法线】复选框进行修正。
- **分段**：在起始点之间，确定在曲面上创建多少插补线段。此参数也可设置动画。默认值为 16。

【封口】组

- **封口始端**：封口设置的【度数】小于 360° 的车削对象的始点，并形成闭合图形。
- **封口末端**：封口设置的【度数】小于 360° 的车削对象的终点，并形成闭合图形。
- **变形**：按照创建变形目标所需的可预见且可重复的模式排列封口面。渐进封口可以产生细长的面，而不像栅格封口需要渲染或变形。如果要车削出多个渐进目标，主要使用渐进封口的方法。
- **栅格**：在图形边界上的方形修剪栅格中安排封口面。此方法产生尺寸均匀的曲面，可使用其他修改器容易地将这些曲面变形。

【方向】组

- **X/Y/Z**：相对对象轴点，设置轴的旋转方向。

【对齐】组

- **最小 / 中心 / 最大**：将旋转轴与图形的最小、中心或最大范围对齐。

【输出】组

- **面片**：产生一个可以折叠到面片对象中的对象。
- **网格**：产生一个可以折叠到网格对象中的对象。
- **NURBS**：产生一个可以折叠到NURBS 对象中的对象。
- **生成贴图坐标**：将贴图坐标应用到车削对象中。当【度数】的值小于 360 并选中该复选框时，将另外的贴图坐标应用到末端封口中，并在每一封口上放置一个 1×1 的平铺图案。
- **真实世界贴图大小**：控制应用于该对象的纹理贴图材质所使用的缩放方法。缩放值由位于应用材质的【坐标】卷展栏中的【使用真实世界比例】设置控制。默认设置为启用。
- **生成材质 ID**：将不同的材质 ID 指定给挤出对象侧面与封口。具体情况为，侧面接收 ID 3，封口（当【度数】小于 360 且车削图形闭合时）接收 ID 1 和 ID 2。默认设置为启用。
- **使用图形 ID**：将材质 ID 指定给在挤出产生的样条线中的线段或在 NURBS 挤出产生的曲线子对象。仅当启用【生成材质 ID】时，【使用图形 ID】可用。
- **平滑**：为车削图形就用平滑。

重点 小实例：利用车削修改器制作红酒瓶和高脚杯

场景文件	无
案例文件	小实例：利用车削修改器制作红瓶和高脚杯 .max
视频教学	DVD/ 多媒体教学 /Chapter04/ 小实例：利用车削修改器制作红酒瓶和高脚杯 .flv
难易指数	★★★☆☆
技术掌握	掌握【车削】修改器的使用方法

实例介绍

本例将以一组红酒瓶和高脚杯模型为例来讲解样条线和【车削】修改器的使用方法，效果如图 4-27 所示。

图4-27

建模思路

❶ 使用样条线创建高脚杯模型。

❷ 使用【车削】修改器创建红酒瓶模型。

红酒瓶和高脚杯的建模流程如图 4-28 所示。

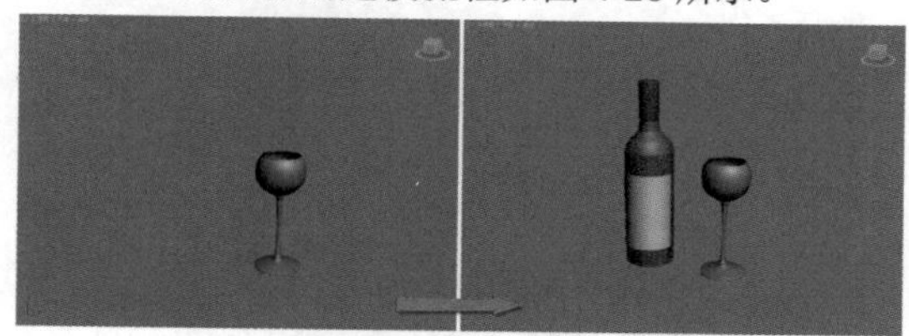

图4-28

操作步骤

Part 1 使用样条线创建高脚杯模型

步骤 01 使用【线】工具 线 在前视图中创建样条线，如图 4-29 所示。

图4-29

> **技巧与提示**
>
> 由于高脚杯有一定的厚度，所以需要将样条线绘制为一个闭合的图形，具体的样式犹如高脚杯立剖面的一半。如图 4-30 所示为样条线为高脚杯外轮廓形式车削后的效果。
>
> 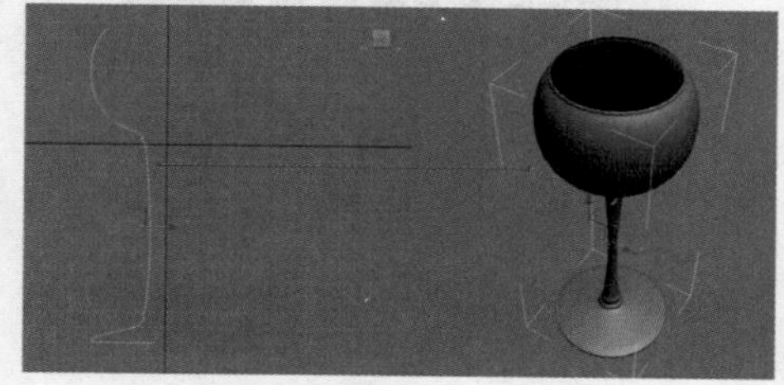
>
> 图4-30

步骤 02 选择步骤 01 中绘制的样条线，然后在【修改】面板中为其加载【车削】修改器，展开【参数】卷展栏，设置【度数】为 360，【分段】为 32，【方向】为 Y，对齐方式为【最大】，如图 4-31 所示。此时高脚杯模型如图 4-32 所示。

图4-31

图4-32

Part 2 使用【车削】修改器创建红酒瓶模型

步骤 01 使用【线】工具 线 绘制一条如图 4-33 所示的样条线。

步骤 02 选择步骤 01 绘制的样条线，然后在【修改】面板中为其加载【车削】修改器，展开【参数】卷展栏，设置【度数】为 360，【分段】为 32，【方向】为 Y，对齐方式为【最大】，如图 4-34 所示。

图4-33

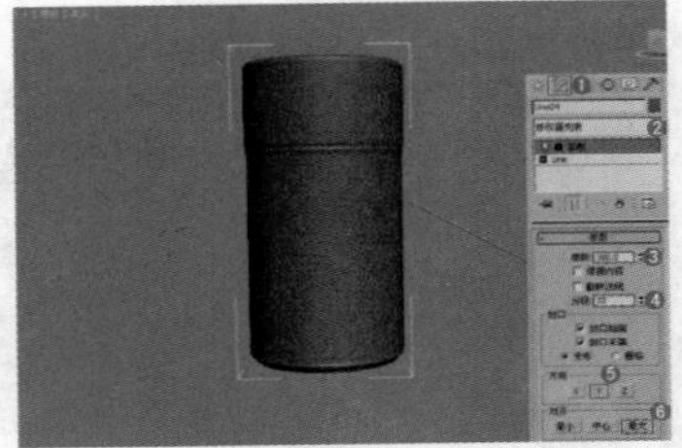

图4-34

步骤 03 继续使用【线】工具 线 在前视图中绘制如图 4-35 所示的样条线，然后为其加载【车削】修改器，并设置【度数】为 360，【分段】为 32，【方向】为 Y，对齐方式为【最大】，如图 4-36 所示。

图4-35

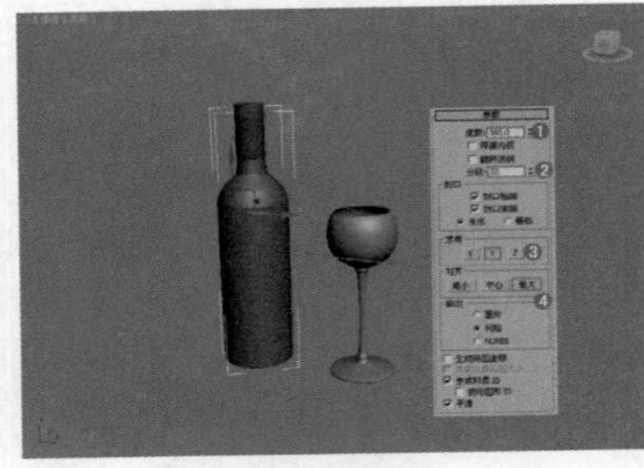

图4-36

技巧与提示

在为样条线加载【车削】修改器后，图形会变为三维的效果。可以进入【修改】面板，单击【车削】下的【轴】子层级，如图 4-37 所示。移动【轴】子层级的位置，可以调整模型的厚度，如图 4-38 所示。

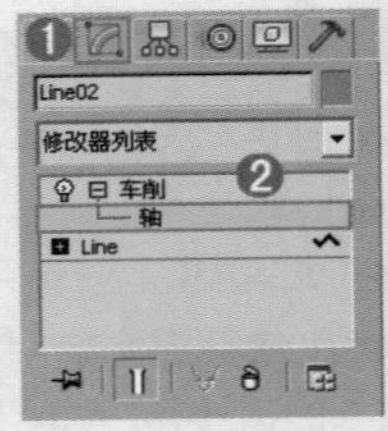

图4-37

图4-38

步骤 04 使用【线】工具 线 在前视图中绘制一条直线，如图 4-39 所示，然后为其加载【车削】修改器，并设置【度数】为 140，【分段】为 32，【方向】为 Y，对齐方式为【最大】，如图 4-40 所示。

图4-39

图4-40

步骤 05 最终模型效果如图 4-41 所示。

图4-41

重点 小实例：利用车削修改器制作烛台

场景文件	无
案例文件	小实例：利用车削修改器制作烛台 .max
视频教学	DVD/ 多媒体教学 /Chapter04/ 小实例：利用车削修改器制作烛台 .flv
难易指数	★★★☆☆
技术掌握	掌握【车削】修改器的运用

实例介绍

本例将以一组烛台模型为例来讲解样条线和【车削】修改器的使用方法，效果如图 4-42 所示。

图4-42

建模思路

使用【车削】修改器制作烛台模型。

烛台的建模流程如图 4-43 所示。

图4-43

操作步骤

步骤 01 单击 （创建）|（图形）| 线 （线）按钮，在前视图中绘制一条如图 4-44 所示的线。

步骤 02 进入【修改】面板，选择并加载【车削】修改器，在【参数】卷展栏下选中【翻转法线】复选框，设置【分段】为 50，【方向】为 Y 轴，【对齐】为【最大】，如图 4-45 所示。

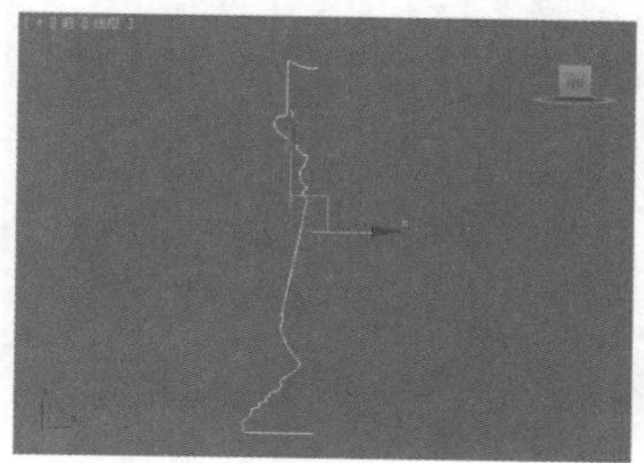
图4-44

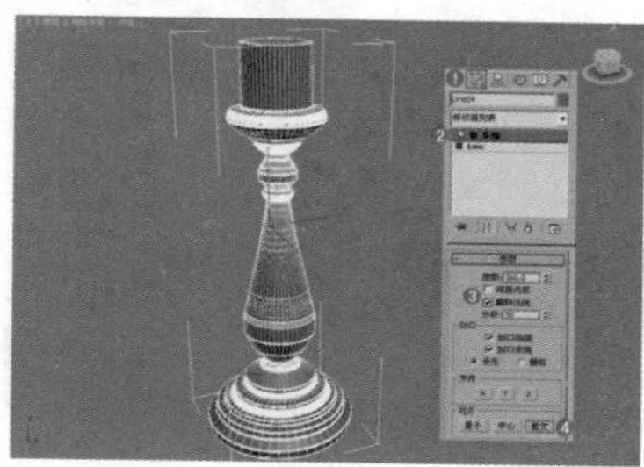
图4-45

步骤 03 用同样的方法，继续在前视图中绘制另一种形状的线，如图 4-46 所示。

步骤 04 选择步骤 03 创建的线，进入【修改】面板，选择并加载【车削】修改器，在【参数】卷展栏下选中【翻转法线】复选框，设置【分段】为 50，【方向】为 Y 轴，【对齐】为【最大】，如图 4-47 所示。

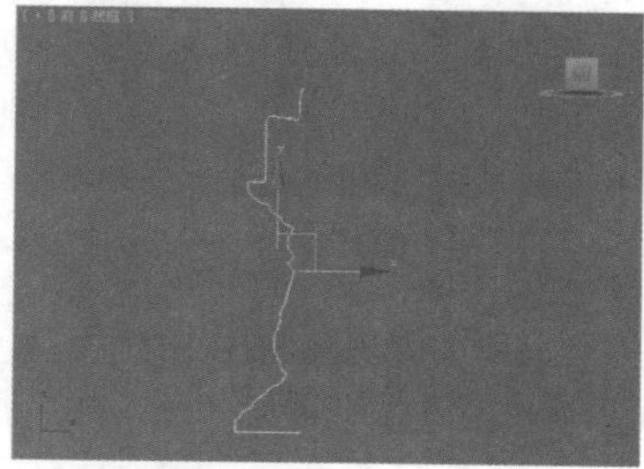
图4-46

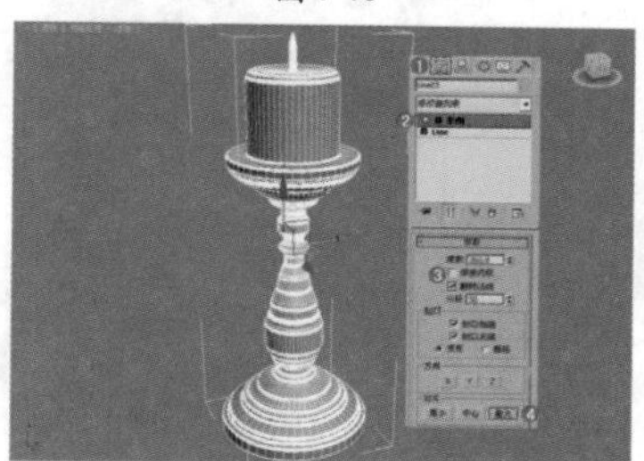
图4-47

步骤 05 再以同样的方法，在前视图中绘制另一种形状的线，如图 4-48 所示。

步骤 06 选择步骤 05 创建的线，进入【修改】面板，选择并加载【车削】修改器，在【参数】卷展栏下选中【翻转法线】复选框，设置【分段】为 50，【方向】为 Y 轴，【对齐】为【最大】，如图 4-49 所示。

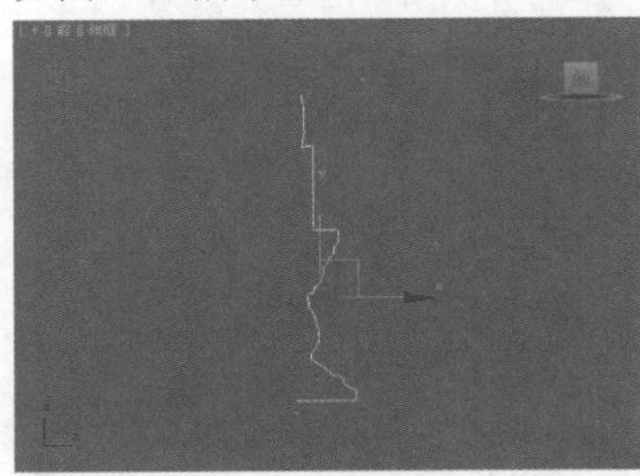

图4-48

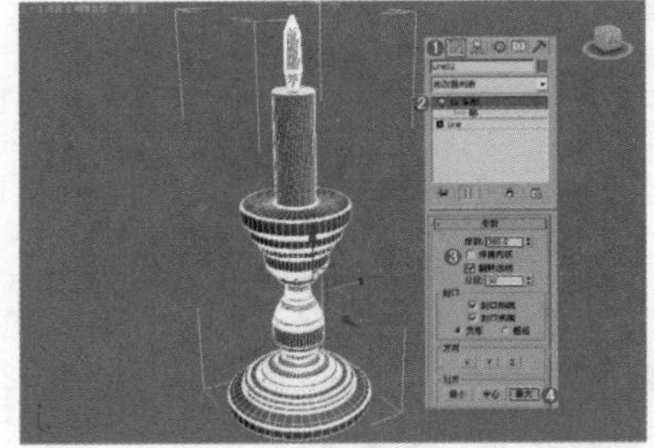

图4-49

步骤 07 将绿色烛台和蓝色烛台进行复制，并重新调整位置，最终模型效果如图 4-50 所示。

图4-50

2.【挤出】修改器

【挤出】修改器将深度添加到图形中，并使其成为一个参数对象。其参数设置面板如图 4-51 所示。

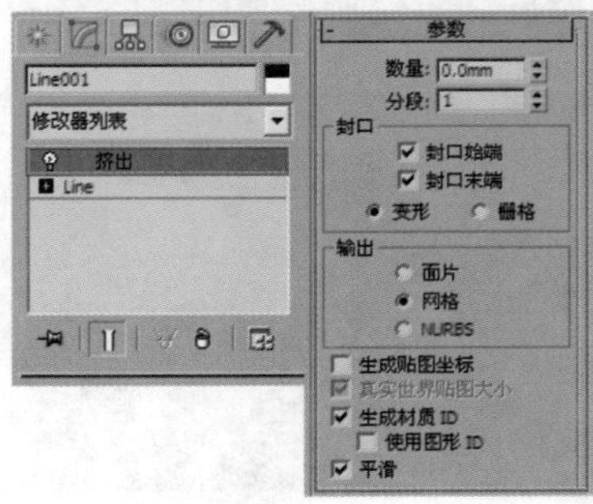

图4-51

- **数量**：设置挤出的深度。
- **分段**：指定将要在挤出对象中创建线段的数目。

技巧与提示

【挤出】修改器和【车削】修改器的参数大部分都一样，因此对该部分不再重复讲解。

重点 小实例：利用挤出修改器制作字母椅子

场景文件	无
案例文件	小实例：利用挤出修改器制作字母椅子 .max
视频教学	DVD/ 多媒体教学 /Chapter04/ 小实例：利用挤出修改器制作字母椅子 .flv
难易指数	★★★☆☆
技术掌握	掌握【挤出】修改器的使用方法

实例介绍

本例将以字母椅子模型为例来讲解样条线【挤出】修改器的使用方法，效果如图 4-52 所示。

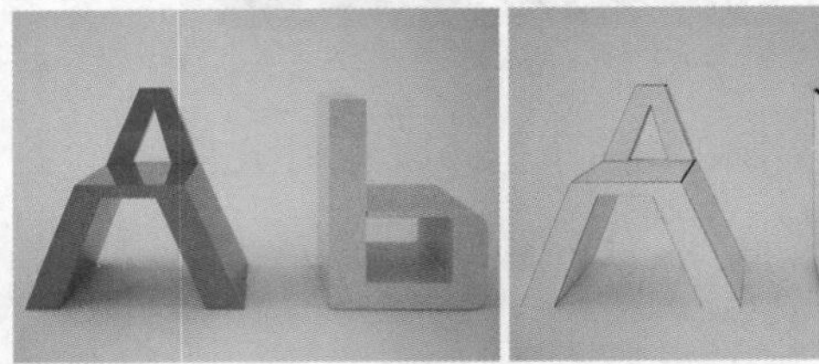

图4-52

建模思路

使用样条线并加载【挤出】修改器创建字母椅子的模型。

字母椅子的建模流程如图 4-53 所示。

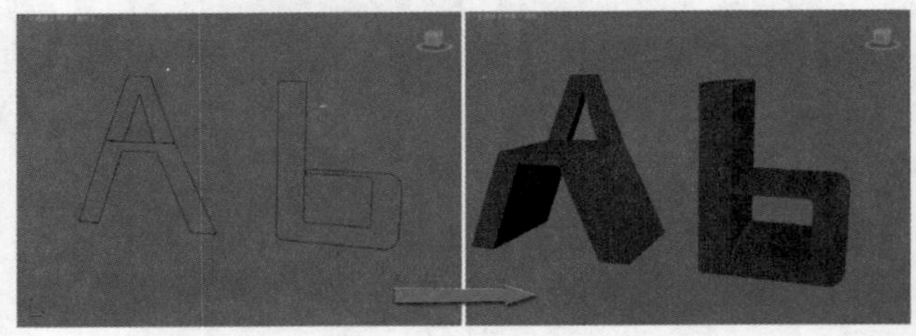

图4-53

操作步骤

步骤 01 使用【线】工具 线 在前视图中绘制如图 4-54 所示的样条线，并在【修改】面板中为其加载【挤出】修改器，设置【数量】为 50mm，如图 4-55 所示。

步骤 02 继续使用【线】工具 线 在前视图中绘制如图 4-56 所示的样条线，并在【修改】面板中为其加载【挤出】修改器，设置【数量】为 400mm，如图 4-57 所示。

步骤 03 继续使用【线】工具 线 在前视图中绘制如图 4-58 所示的样条线，并在【修改】面板中为其加载【挤出】修改器，设置【数量】为 400mm，如图 4-59 所示。

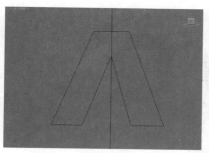

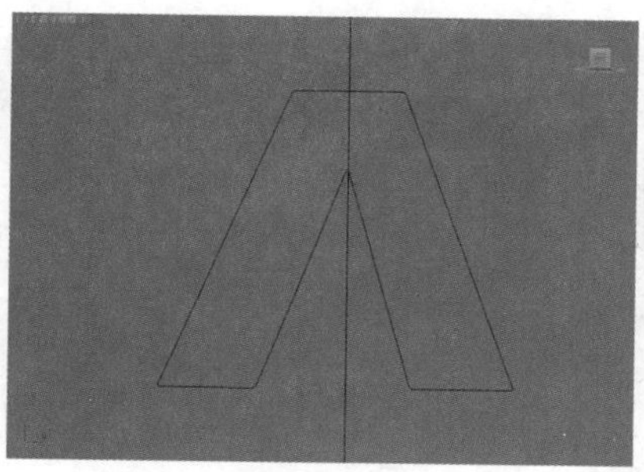
图4-54

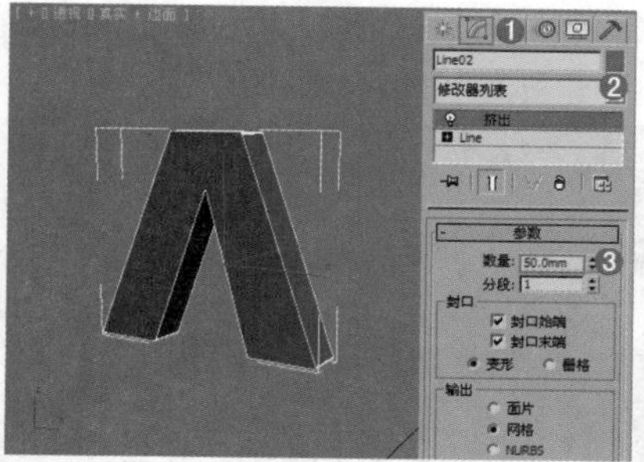
图4-55

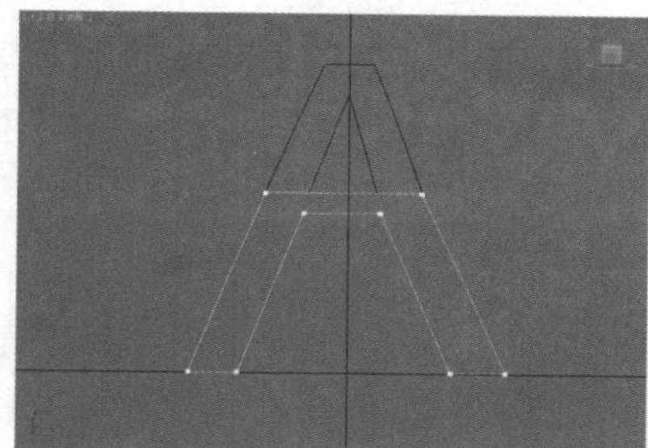
图4-56

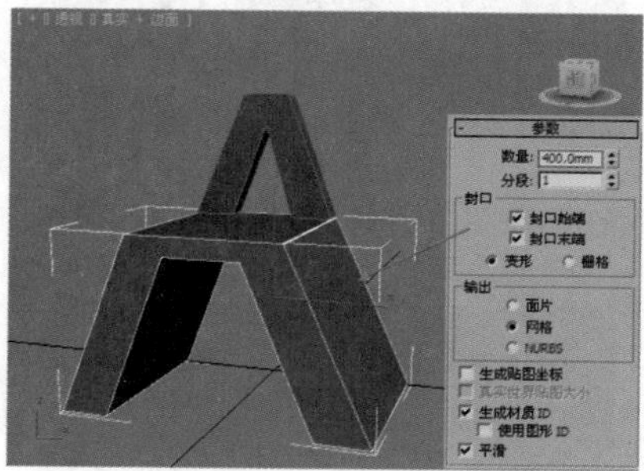
图4-57

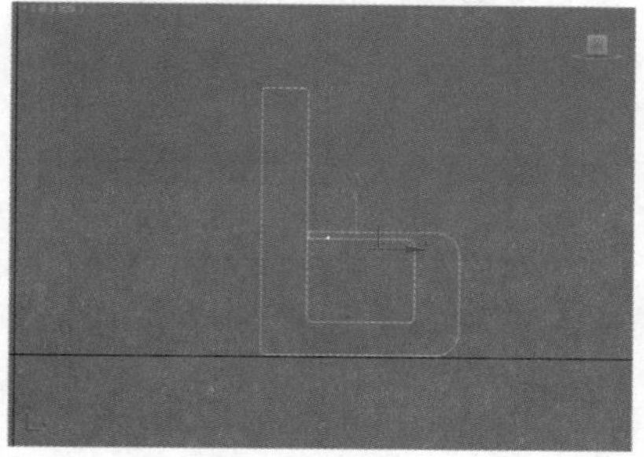
图4-58

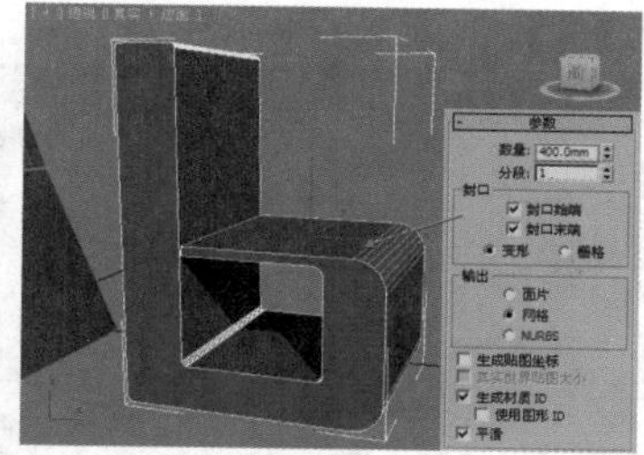
图4-59

技巧与提示

在【封口】选项组下取消选中【封口末端】复选框时，挤出后的模型末端端面消失，如图 4-60 和图 4-61 所示为对比效果。

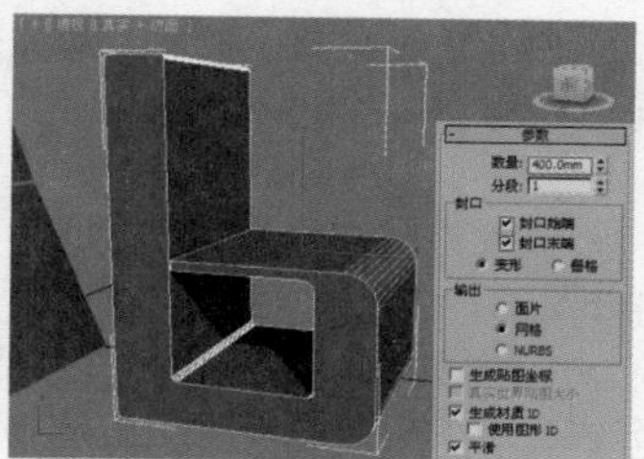
图4-60

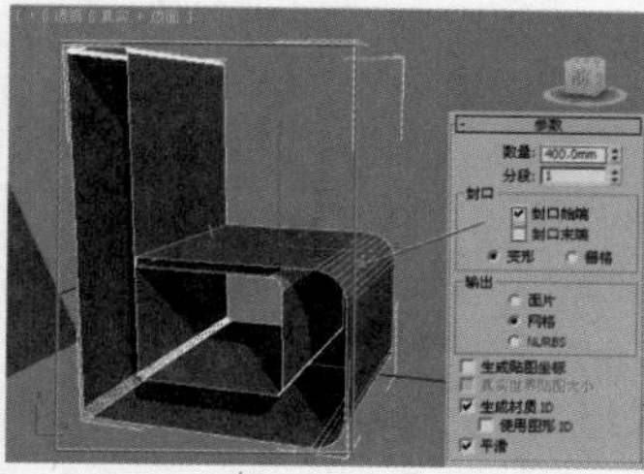
图4-61

步骤 04 最终模型效果如图 4-62 所示。

图4-62

3.【倒角】修改器

【倒角】修改器将图形挤出为 3D 对象并在边缘应用平或圆的倒角。其参数设置面板如图 4-63 所示。

【封口】组

- 始端：用对象的最低局部 Z 值（底部）对末端进行封口。禁用此项后，底部为打开状态。
- 末端：用对象的最高局部 Z 值（底部）对末端进行封口。

禁用此项后，底部不再打开。

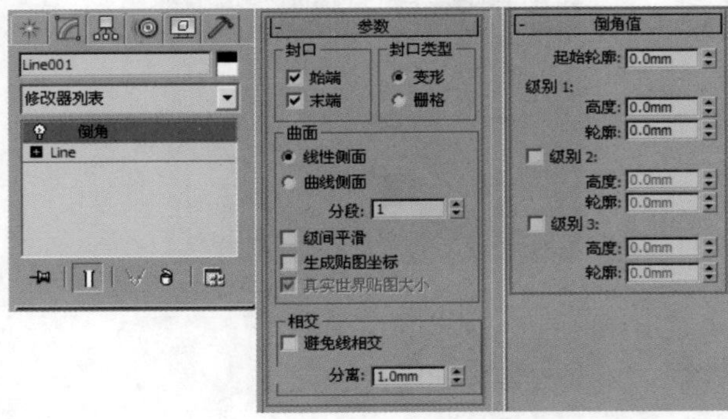

图4-63

【封口类型】组

- 变形：为变形创建适合的封口曲面。
- 栅格：在栅格图案中创建封口曲面。封装类型的变形和渲染要比渐进变形封装效果好。

【曲面】组

- 线性侧面：选中该单选按钮，级别之间会沿着一条直线进行分段插补。
- 曲线侧面：选中该单选按钮，级别之间会沿着一条 Bezier 曲线进行分段插补。对于可见曲率，使用曲线侧面的多个分段。
- 分段：在每个级别之间设置中级分段的数量。
- 级间平滑：选中该单选按钮，对侧面应用平滑组，侧面显示为弧状；取消选中该复选框，不应用平滑组，侧面显示为平面倒角。
- 生成贴图坐标：选中该单选按钮，将贴图坐标应用于倒角对象。
- 真实世界贴图大小：控制应用于对象的纹理贴图材质所使用的缩放方法。

【相交】组

- 避免线相交：防止轮廓彼此相交。它通过在轮廓中插入额外的顶点并用一条平直的线段覆盖锐角来实现。

【倒角值】卷展栏

- 起始轮廓：设置轮廓从原始图形的偏移距离。非 0 设置会改变原始图形的大小。
- 高度：设置级别 1 在起始级别之上的距离。
- 轮廓：设置级别 1 的轮廓到起始轮廓的偏移距离。

重点 小实例：利用倒角修改器制作装饰物

场景文件	无
案例文件	小实例：利用倒角修改器制作装饰物 .max
视频教学	DVD/ 多媒体教学 /Chapter04/ 小实例：利用倒角修改器制作装饰物 .flv
难易指数	★★★☆☆
技术掌握	掌握【倒角】修改器的使用方法

实例介绍

本例将以瓷器装饰物模型为例来讲解样条线和【倒角】修改器的使用方法，效果如图 4-64 所示。

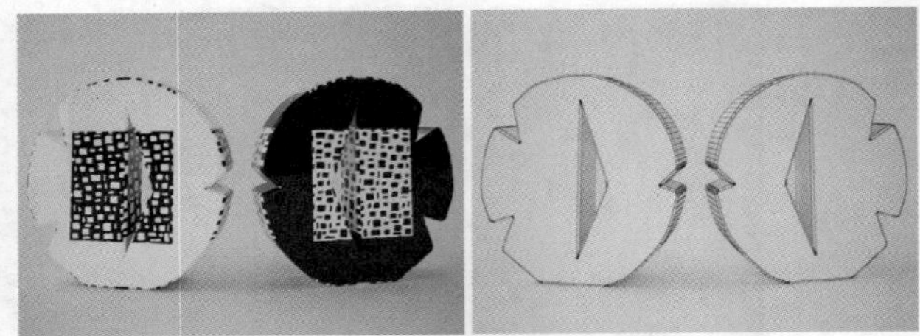

图4-64

建模思路

使用样条线绘制装饰物外轮廓，然后加载【倒角】修改器。装饰物的建模流程如图 4-65 所示。

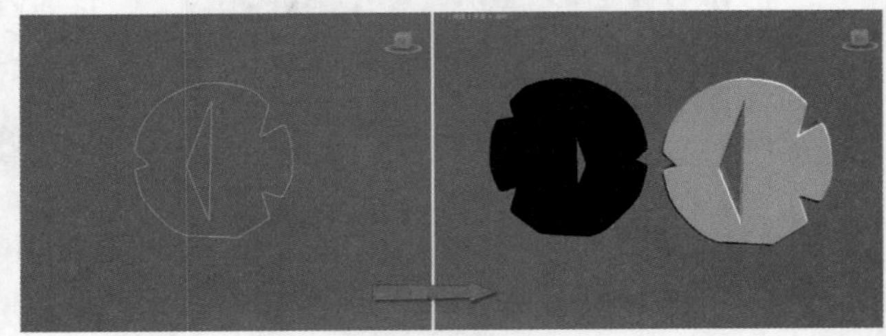

图4-65

操作步骤

步骤 01 使用【线】工具 线 在前视图中绘制一条装饰物外轮廓线，如图 4-66 所示。

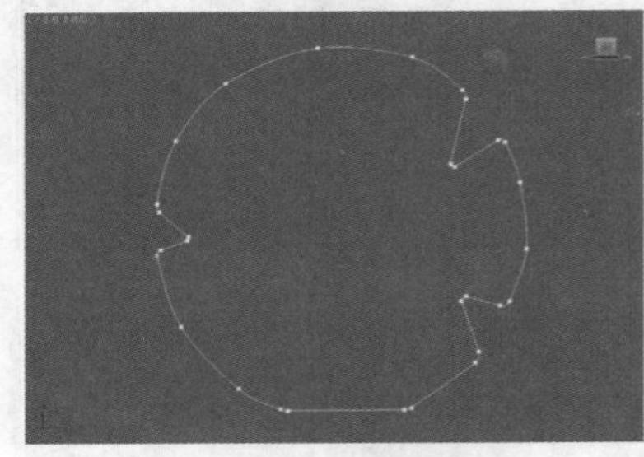

图4-66

步骤 02 继续在前视图中绘制一条线，如图 4-67 所示。

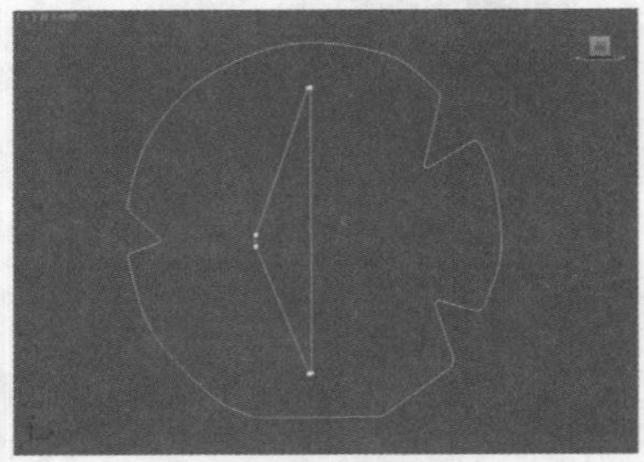

图4-67

步骤 03 选择步骤 01 创建的装饰物外轮廓线，进入【修改】面板，接着单击【附加】按钮 附加 ，最后单击步骤 02 创建的线，如图 4-68 所示。

步骤 04 此时的刚才的两条线已经被附加成了一条线，如图 4-69 所示。

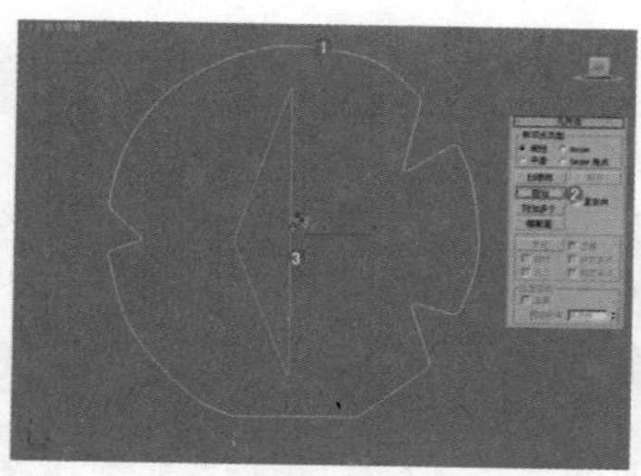

图4-68

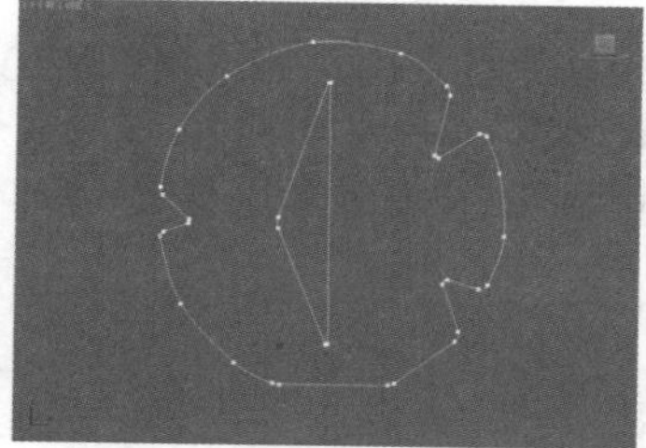

图4-69

步骤 05 选择步骤 04 创建的样条线，然后在【修改】面板下选择并加载【倒角】修改器，展开【倒角值】卷展栏，设置【级别 1】的【高度】为 2mm，【轮廓】为 2mm，选中【级别 2】，并设置【级别 2】的【高度】为 35mm，【轮廓】为 0mm，最后选中【级别 3】，并设置【级别 3】的【高度】为 2mm，【轮廓】为 –2mm，如图 4-70 所示。

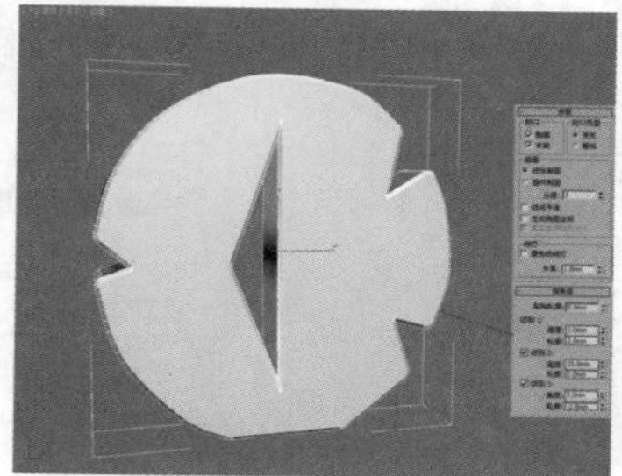

图4-70

技巧与提示

【倒角】修改器与【挤出】修改器的效果类似。【挤出】后的模型边角部分为直角，而【倒角】后的模型边角为切角，这样比前者更加圆滑，如图 4-71 所示分别为使用【挤出】修改器和【倒角】修改器的效果比较。

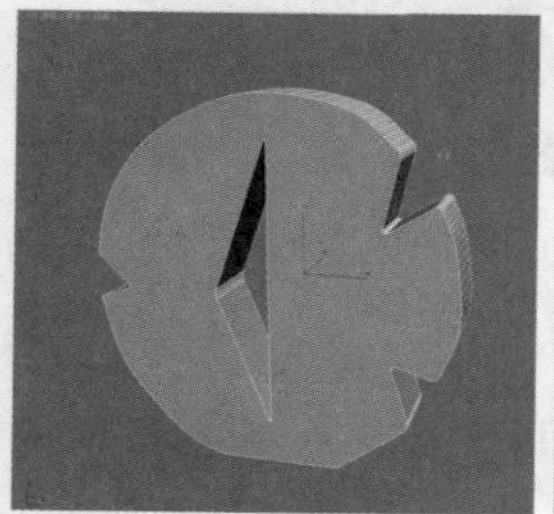

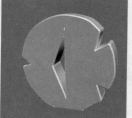

【挤出】后的效果　　【倒角】后的效果

图4-71

步骤 06 选择倒角后的模型，然后单击【镜像】按钮，并在弹出的【镜像：世界 坐标】对话框中设置【镜像轴】为 X，【偏移】为 –225mm，【克隆当前选择】为【实例】，如图 4-72 所示。最终模型效果，如图 4-73 所示。

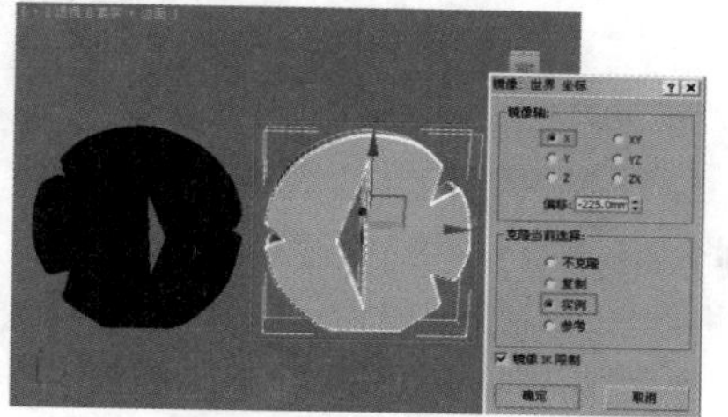

图4-72

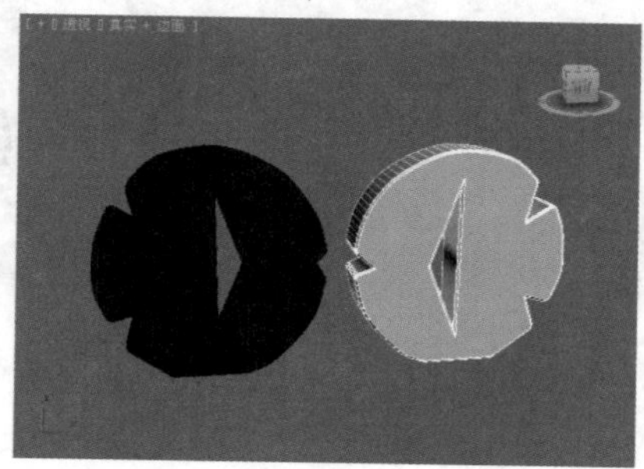

图4-73

4.【倒角剖面】修改器

【倒角剖面】修改器使用另一个图形路径作为倒角截剖面来挤出一个图形。它是【倒角】修改器的一种变量，如图 4-74 所示。

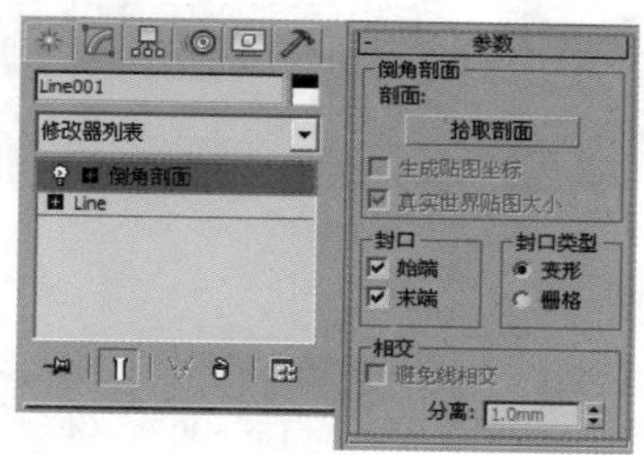

图4-74

- **拾取剖面**：选中一个图形或 NURBS 曲线来用于剖面路径。
- **生成贴图坐标**：指定 UV 坐标。
- **真实世界贴图大小**：控制应用于对象的纹理贴图材质所使用的缩放方法。缩放值由位于应用材质的【坐标】卷展栏中的【使用真实世界比例】设置控制。默认设置为启用。

【封口】组

- **始端**：对挤出图形的底部进行封口。
- **末端**：对挤出图形的顶部进行封口。

【封口类型】组

- **变形**：选中一个确定性的封口方法，它为对象间的变形提供相等数量的顶点。
- **栅格**：创建更适合封口变形的栅格封口。

【相交】组

- **避免线相交**：防止倒角曲面自相交。这需要更多的处理器计算，而且在复杂几何体中耗时较长。

● 分离：设定侧面为防止相交而分开的距离。

重点 小实例：利用倒角剖面修改器制作欧式镜子

场景文件	无
案例文件	小实例：利用倒角剖面修改器制作欧式镜子 .max
视频教学	DVD/ 多媒体教学 /Chapter04/ 小实例：利用倒角剖面修改器制作欧式镜子 .flv
难易指数	★★★☆☆
技术掌握	掌握【倒角剖面】修改器的使用方法

实例介绍

本例将以一个镜子模型为例来讲解样条线和【倒角剖面】修改器的使用方法，效果如图 4-75 所示。

图4-75

建模思路

使用样条线并加载【倒角剖面】修改器创建镜子模型。

镜子的建模流程如图 4-76 所示。

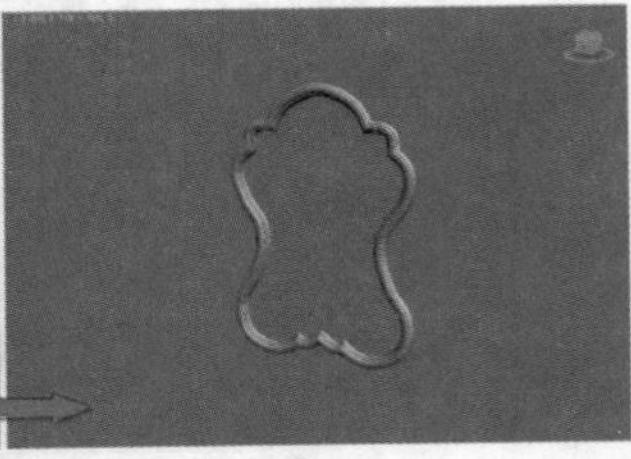

图4-76

操作步骤

步骤 01 使用【线】工具 线 在前视图中绘制一条如图 4-77 所示的样条线，命名为 Line003。继续在顶视图中绘制一条样条线，并命名为 Line001，如图 4-78 所示。

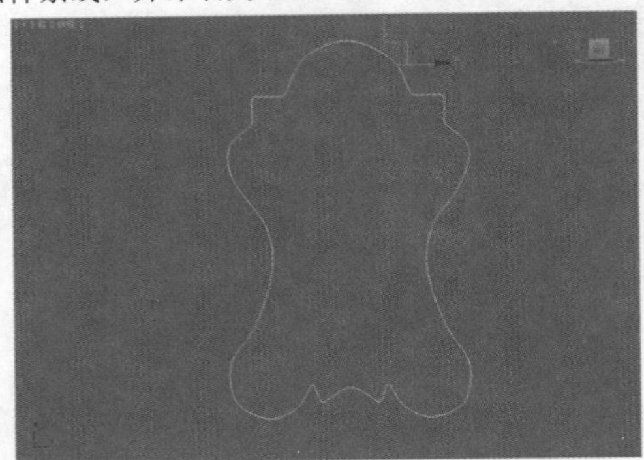

图4-77

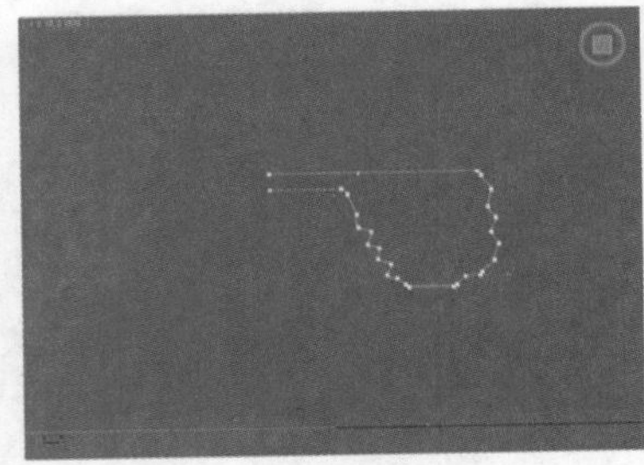

图4-78

步骤 02 选择样条线 Line003，然后在【修改】面板下加载【倒角剖面】修改器，如图 4-79 所示。单击【拾取剖面】按钮 拾取剖面 ，并单击拾取样条线 Line001，此时效果如图 4-80 所示。

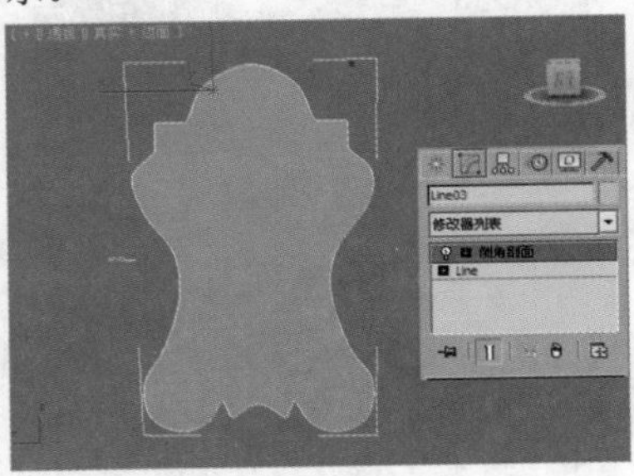

图4-79

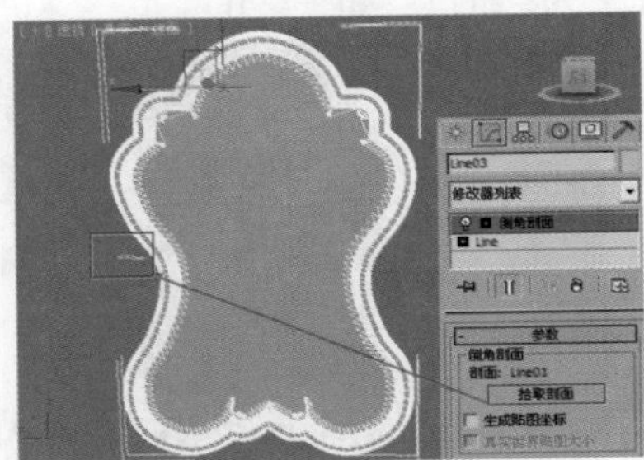

图4-80

步骤 03 最终模型效果如图 4-81 所示。

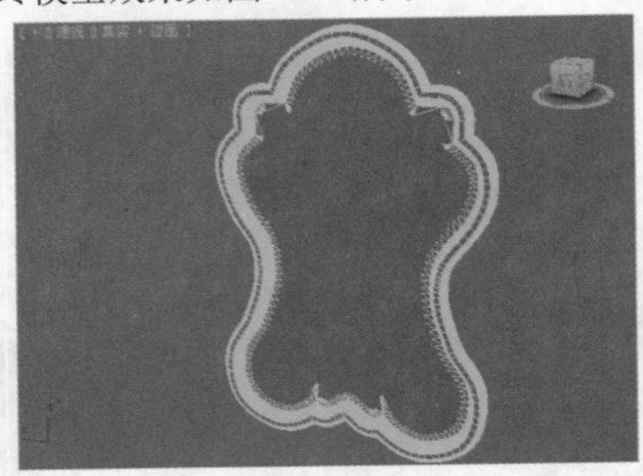

图4-81

技巧与提示

在加载【倒角剖面】修改器后不要将样条线 Line001 删除，如图 4-82 所示。否则，倒角剖面后的模型就会失去效果，如图 4-83 所示。

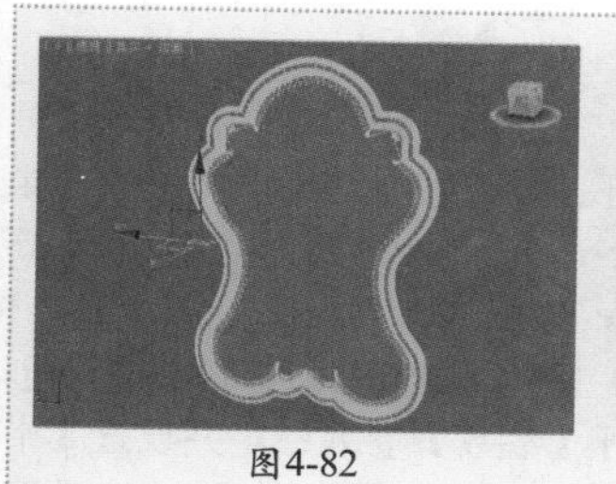

图4-82

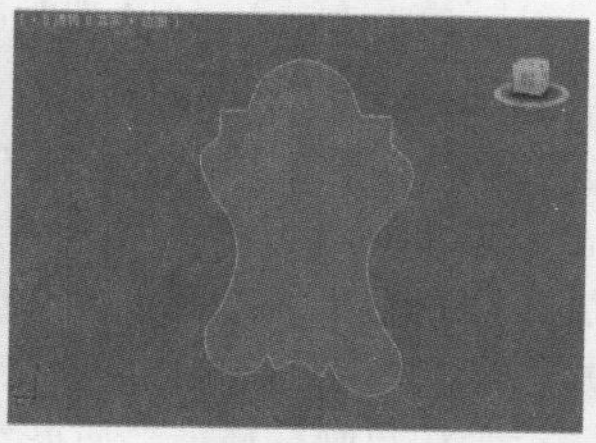

图4-83

5.【弯曲】修改器

【弯曲】修改器可以将物体在任意 3 个轴上进行弯曲处理，可以调节弯曲的角度和方向，以及限制对象在一定区域内的弯曲程度。其参数设置面板如图 4-84 所示。

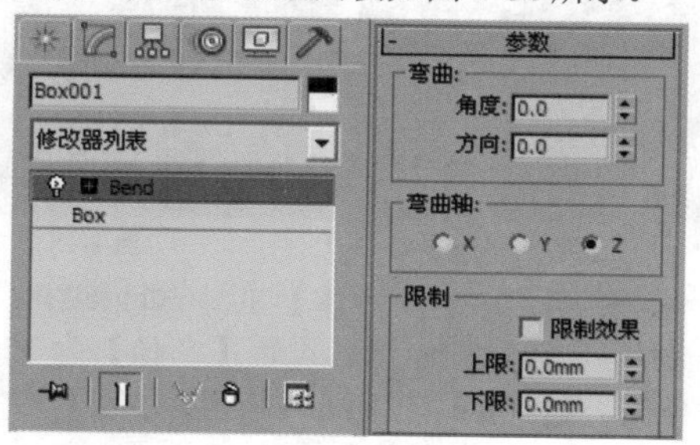

图4-84

- 角度：设置围绕垂直于坐标轴方向的弯曲量。
- 方向：使弯曲物体的任意一端相互靠近。数值为负时，对象弯曲会与 Gizmo 中心相邻；数值为正时，对象弯曲会远离 Gizmo 中心；数值为 0 时，对象将进行均匀弯曲。
- 弯曲轴 X/Y/Z：指定弯曲所沿的坐标轴。
- 限制效果：对弯曲效果应用限制约束。
- 上限：设置弯曲效果的上限。
- 下限：设置弯曲效果的下限。

重点 小实例：利用弯曲修改器制作水龙头

场景文件	无
案例文件	小实例：利用弯曲修改器制作水龙头.max
视频教学	DVD/多媒体教学/Chapter04/小实例：利用弯曲修改器制作水龙头.flv
难易指数	★★★☆☆
技术掌握	掌握【弯曲】修改器的使用方法

实例介绍

本例将以一个水龙头模型为例来讲解样条线和【弯曲】修改器的使用方法，效果如图 4-85 所示。

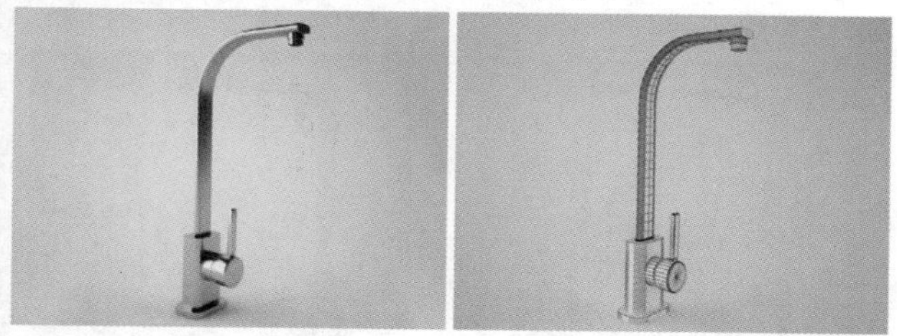

图4-85

建模思路

❶ 使用【挤出】和【弯曲】修改器制作水龙头的主体部分模型。

❷ 使用【标准基本体】和【扩展基本体】创建剩余部分的模型。

水龙头的建模流程如图 4-86 所示。

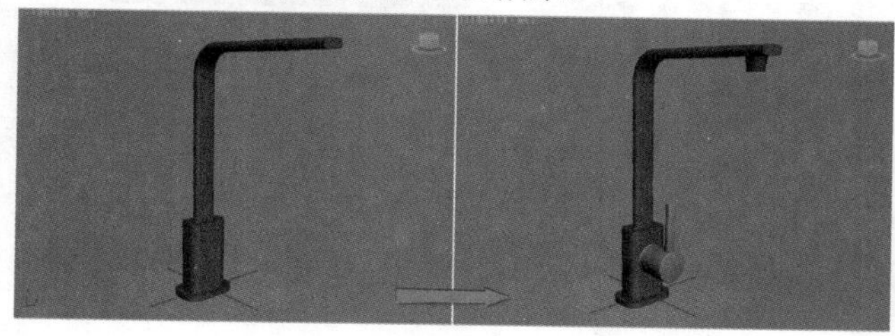

图4-86

操作步骤

Part 1 创建水龙头主体部分模型

步骤 01 使用【矩形】工具 矩形 在顶视图中创建一个矩形，然后展开【参数】卷展栏，并设置【长度】为 35mm，【宽度】为 53mm，【角半径】为 12mm，如图 4-87 所示。

步骤 02 选择步骤 01 中创建的矩形，然后在【修改】面板下选择并加载【挤出】修改器，展开【参数】卷展栏，设置【数量】为 6mm，如图 4-88 所示。

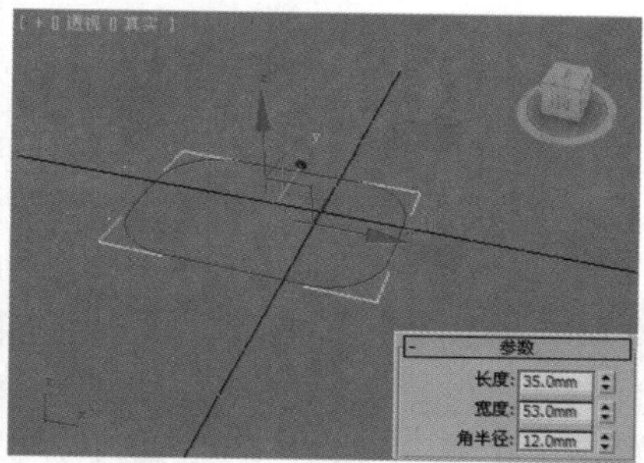

图4-87

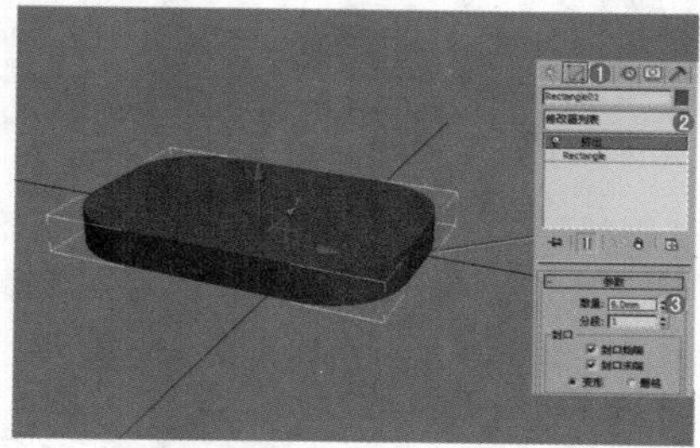

图4-88

步骤 03 继续使用【矩形】工具 矩形 在顶视图中创建一个矩形，然后设置【长度】为 24mm，【宽度】为 40mm，【角半径】为 8mm，如图 4-89 所示。接着加载【挤出】修改器，展开【参数】卷展栏，设置【数量】为 70mm，如图 4-90 所示。

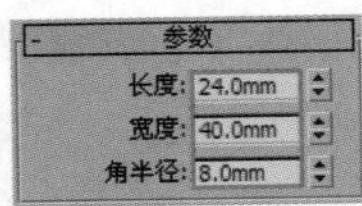

图4-89

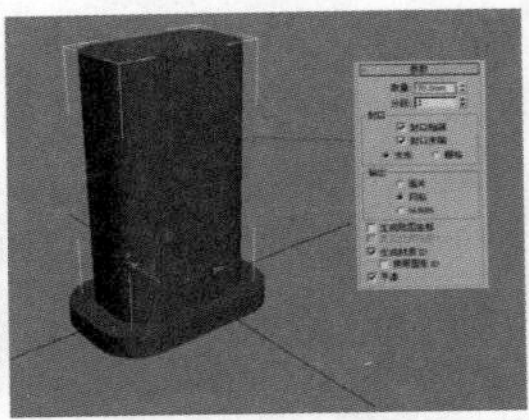

图4-90

步骤 04 继续使用【矩形】工具 矩形 在顶视图中创建一个矩形，然后加载【挤出】修改器，展开【参数】卷展栏，设置【数量】为300mm，【分段】为34，如图4-91所示。

步骤 05 选择步骤04创建的模型，然后在【修改】面板下加载【弯曲】修改器，设置【角度】为–90，【弯曲轴】为Z轴，如图4-92所示。

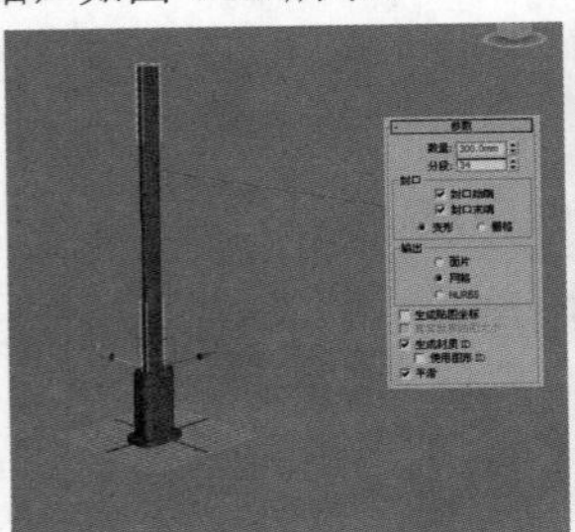

图4-91

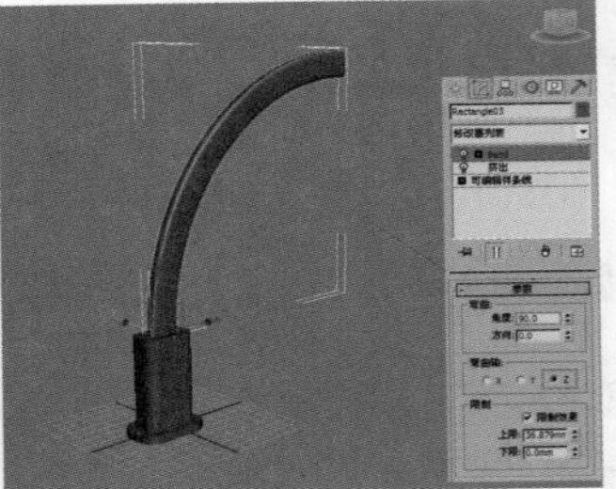

图4-92

技巧与提示

从图4-92中发现，水龙头的弯曲方向不是我们所需要的，可以在【修改器列表】下单击Gizmo，然后使用【选择并旋转】工具将弯曲的方向旋转90°，如图4-93和图4-94所示。

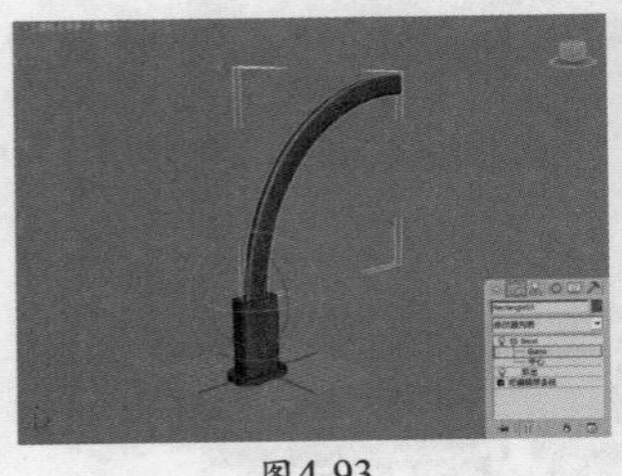

图4-93

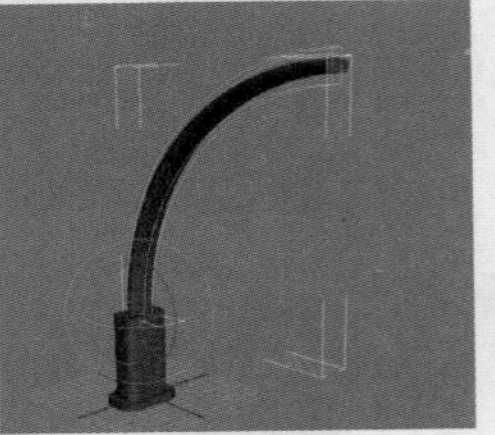

图4-94

步骤 06 在【限制】选项组下选中【限制效果】复选框，并设置【上限】为37mm，【下限】为0mm，接着在【修改器列表】下单击Gizmo，并使用【选择并移动】工具移动Gizmo的位置，如图4-95所示。此时水龙头的效果如图4-96所示。

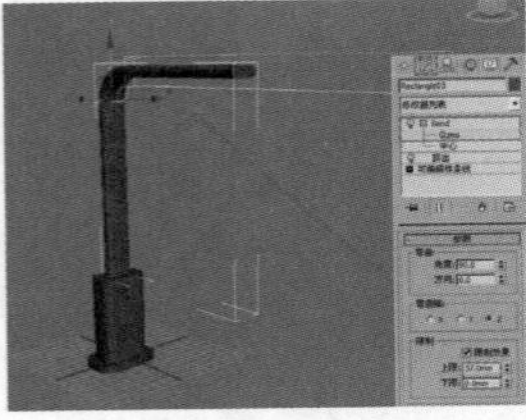

图4-95

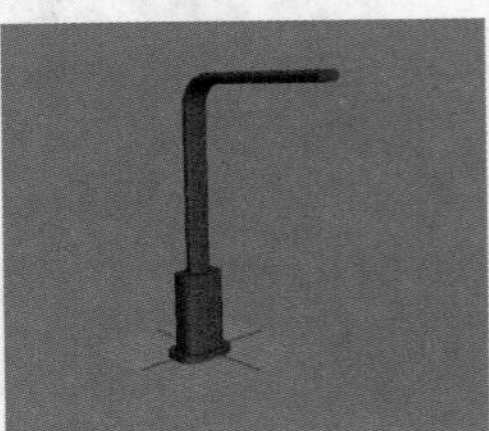

图4-96

Part 2 创建水龙头剩余部分模型

步骤 01 使用【切角圆柱体】工具 切角圆柱体 在前视图中创建一个切角圆柱体，然后展开【参数】卷展栏，并设置【半径】为14mm，【高度】为3.3mm，【圆角】为0.4mm，【高度分段】为1，【边数】为24，如图4-97所示。

步骤 02 使用【切角圆柱体】工具 切角圆柱体 在前视图中创建一个切角圆柱体，然后展开【参数】卷展栏，并设置【半径】为14mm，【高度】为15mm，【圆角】为0.4mm，【高度分段】为1，【边数】为24，如图4-98所示。

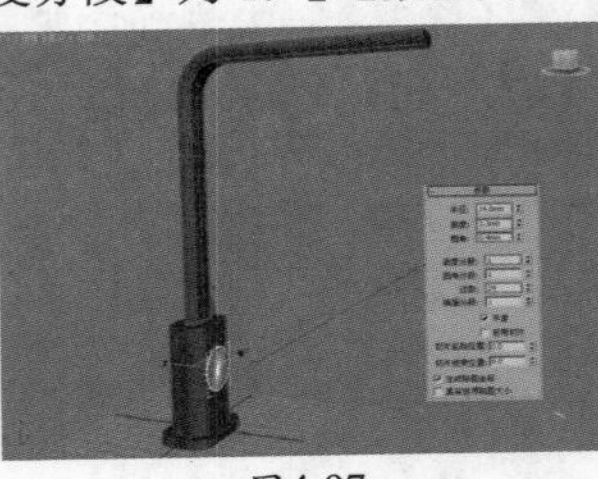

图4-97

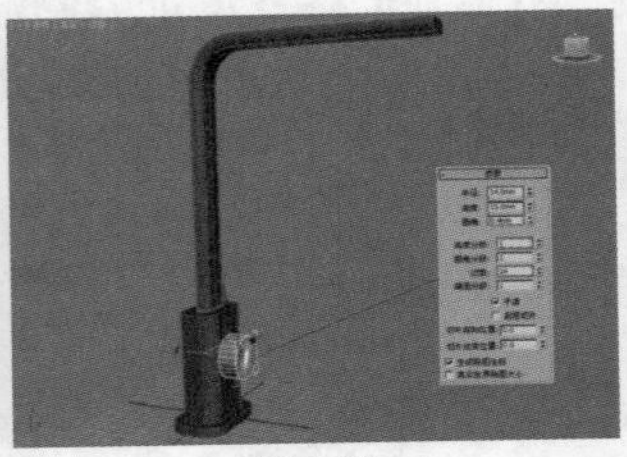

图4-98

步骤 03 继续使用【切角圆柱体】工具 切角圆柱体 在前视图中创建一个切角圆柱体，然后设置【半径】为15mm，【高度】为18mm，【圆角】为1mm，【高度分段】为1，【圆角分段】为3，【边数】为25，如图4-99所示。

步骤 04 使用【切角长方体】工具 切角长方体 在视图中创建一个切角长方体，然后设置【长度】为4mm，【宽度】为7mm，【高度】为8mm，【圆角】为0.6mm，如图4-100所示。

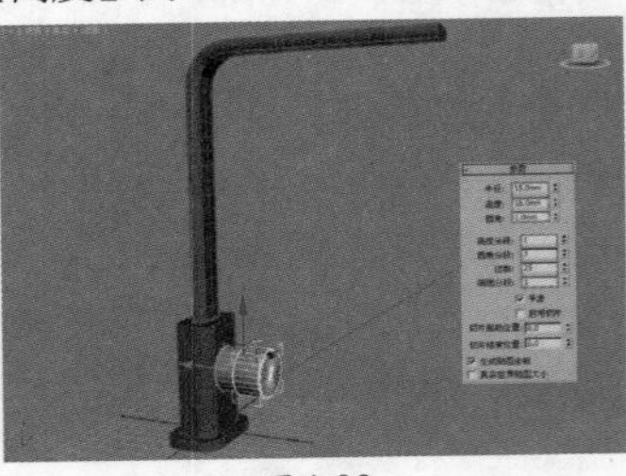

图4-99

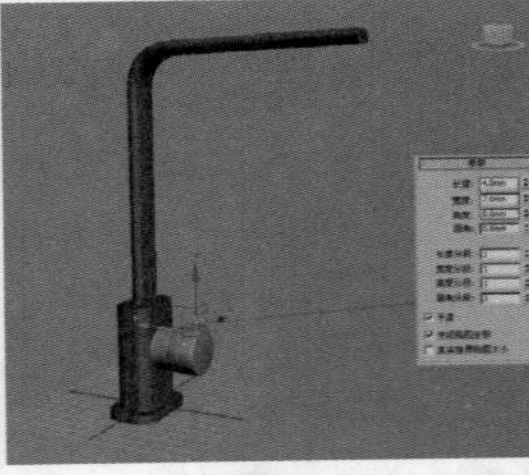

图4-100

步骤 05 继续使用【切角长方体】工具 切角长方体 在视图中创建一个切角长方体，然后设置【长度】为5mm，【宽度】为8mm，【高度】为45mm，【圆角】为1mm，如图4-101所示。

步骤 06 使用【管状体】工具 管状体 在视图中创建一个管状体，然后展开【参数】卷展栏，设置【半径1】为8mm，【半径2】为7mm，【高度】为6.4mm，【高度分段】为1，如图4-102所示。

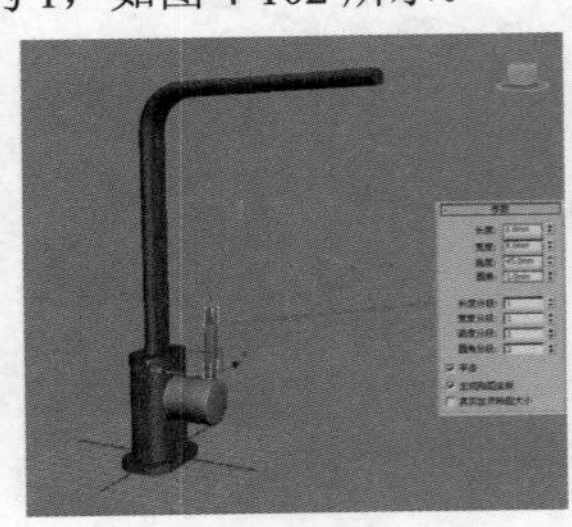

图4-101

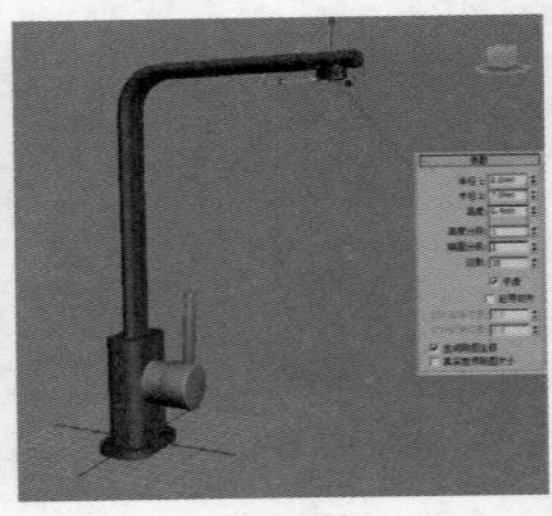

图4-102

步骤 07 继续使用【管状体】工具 管状体 在视图中创建一个管状体，设置【半径 1】为 7mm，【半径 2】为 6mm，【高度】为 5mm，【高度分段】为 1，如图 4-103 所示。

步骤 08 最终模型效果，如图 4-104 所示。

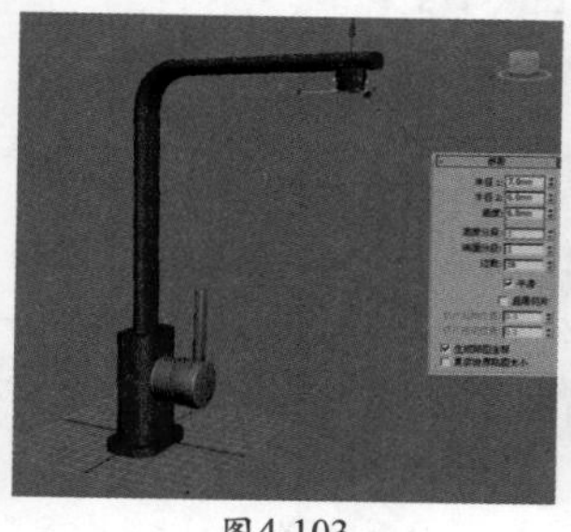
图4-103

图4-104

6.【扭曲】修改器

【扭曲】修改器可在对象的几何体中心产生旋转效果，其参数设置面板与【弯曲】修改器基本相同，如图 4-105 所示。

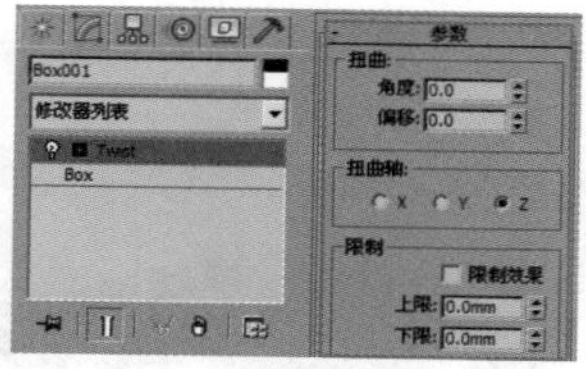
图4-105

- 角度：设置围绕垂直于坐标轴方向的扭曲量。
- 偏移：使扭曲物体的任意一端相互靠近。数值为负时，对象扭曲会与 Gizmo 中心相邻；数值为正时，对象扭曲会远离 Gizmo 中心；数值为 0 时，对象将进行均匀扭曲。
- 扭曲轴 X/Y/Z：指定扭曲所沿的坐标轴。
- 限制效果：对扭曲效果应用限制约束。
- 上限：设置扭曲效果的上限。
- 下限：设置扭曲效果的下限。

重点 小实例：利用弯曲和扭曲修改器制作戒指

场景文件	无
案例文件	小实例：利用弯曲和扭曲修改器制作戒指 .max
视频教学	DVD/ 多媒体教学 /Chapter04/ 小实例：利用弯曲和扭曲修改器制作戒指 .flv
难易指数	★★★☆☆
技术掌握	掌握【扭曲】和【弯曲】修改器的运用

实例介绍

本例学习使用【扭曲】和【弯曲】修改器来完成模型的制作，最终渲染和线框效果如图 4-106 所示。

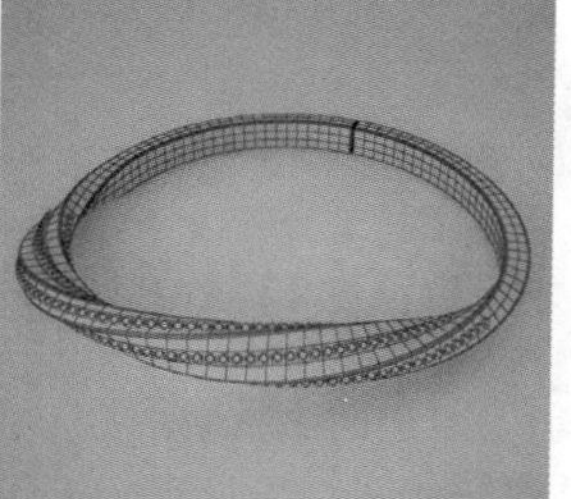
图4-106

建模思路

❶ 使用【扭曲】和【弯曲】修改器制作戒指。

❷ 使用【间隔工具】制作戒指装饰

戒指的建模流程如图 4-107 所示。

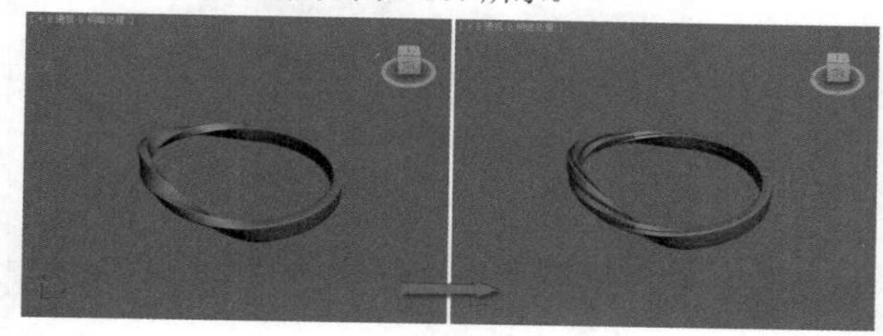
图4-107

操作步骤

Part 1 使用【扭曲】和【弯曲】修改器制作戒指

步骤 01 单击（创建）|（几何体）| 扩展基本体 | 切角长方体（切角长方体）按钮，在顶视图中创建一个切角长方体，并设置【长度】为 3300mm，【宽度】为 55mm，【高度】为 96mm，【圆角】为 6mm，【长度分段】为 97，【宽度分段】为 2，【高度分段】为 3，【圆角分段】为 3，如图 4-108 所示。

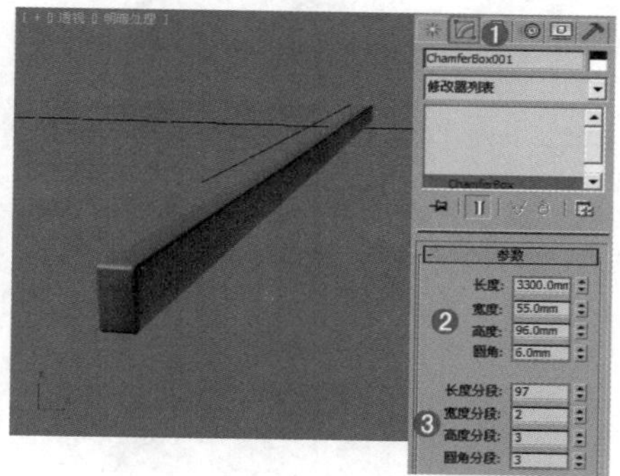
图4-108

步骤 02 选择步骤 01 中创建的切角长方体，然后在【修改】面板下选择并加载【扭曲】修改器，设置【角度】为 680，【扭曲轴】为 Y 轴，接着在【限制】选项组下选中【限制效果】复选框，设置【上限】为 880mm，【下限】为 –880mm，如图 4-109 所示。

图4-109

步骤 03 继续为切角长方体加载【弯曲】修改器，设置【角度】为 360，【弯曲轴】为 Y 轴，如图 4-110 所示。

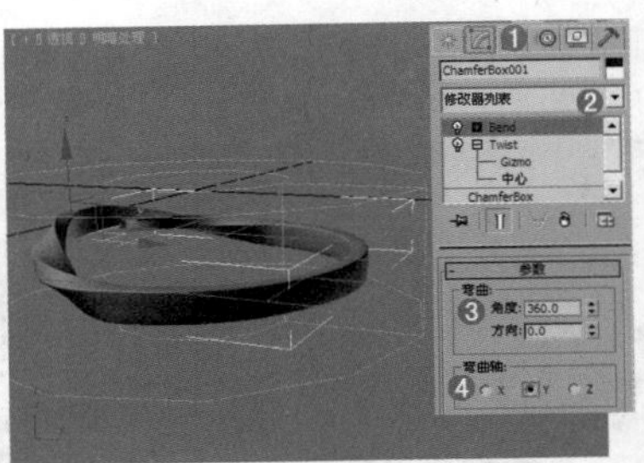

图4-110

Part 2 使用【间隔工具】制作戒指装饰

步骤 01 在戒指周围绘制4条样条线，使其均匀的围绕在模型周围，如图4-111所示。

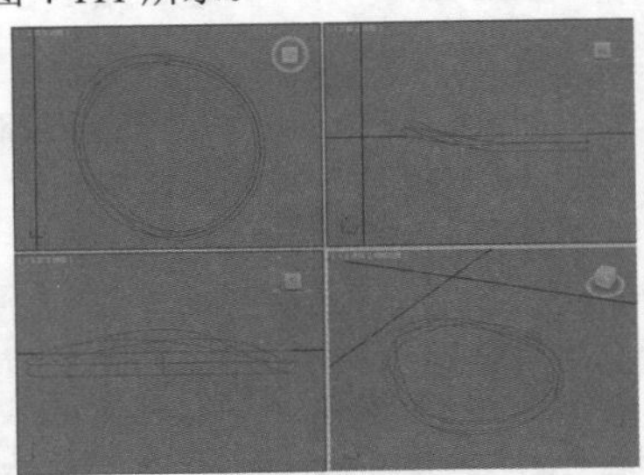

图4-111

技巧与提示

在该步骤中绘制了4条线，当然这个方法非常烦琐，而且很难进行对位，因此我们可以考虑其他方法。

(1) 选择戒指模型，右击，选择【转换为】|【转换为可编辑多边形】命令，如图4-112所示。

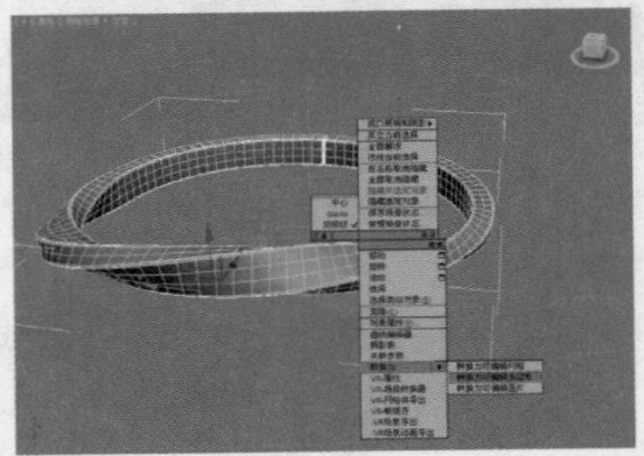

图4-112

(2) 单击【修改】面板，并单击【边】按钮，进入边级别，然后选择如图4-113所示的边。

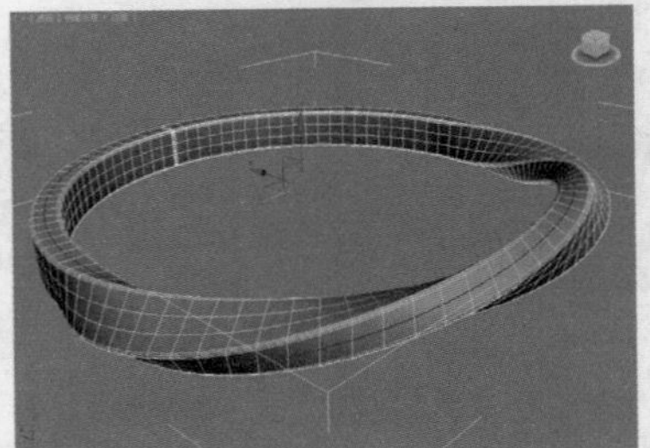

图4-113

(3) 保持上一步中选择的边，然后单击【利用所选内容创建图形】按钮 利用所选内容创建图形，并在弹出的【创建图形】对话框中选择【图形类型】为【线性】，最后单击【确定】按钮，如图4-114所示。

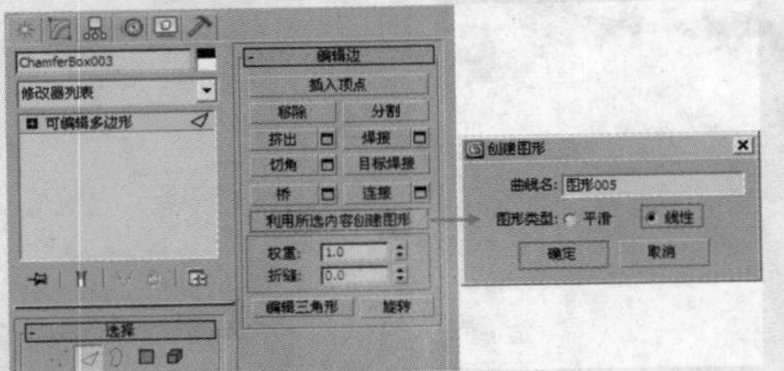

图4-114

(4) 此时刚才选中的线已经被分离出来，如图4-115所示。

(5) 用同样的方法将剩余3条线进行分离如图4-116所示。

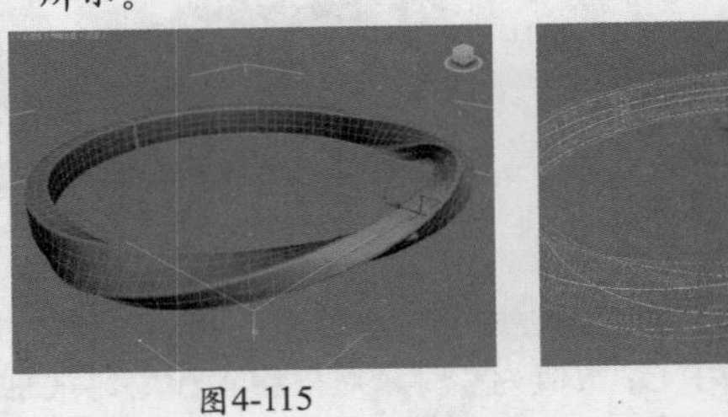

图4-115 图4-116

步骤 02 单击（创建）|（几何体）| 扩展基本体 | 异面体（异面体）按钮，在顶视图中创建一个半径为12mm的异面体，如图4-117所示。

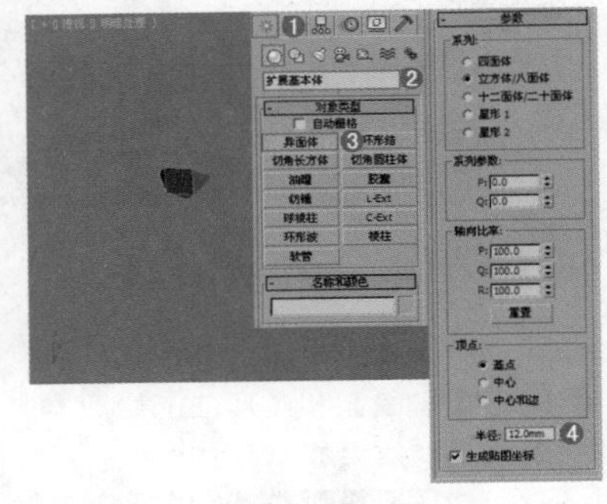

图4-117

步骤 03 确保步骤02中创建的异面体为选中状态，然后在工具栏空白处右击，选择【附加】工具，单击【间隔工具】，并单击【拾取路径】按钮，接着单击拾取刚才分离出来的线，然后设置【计数】为300，最后依次单击【应用】按钮 应用 和【关闭】按钮 关闭，如图4-118所示。此时效果如图4-119所示。

步骤 04 由于戒指只有一部分带有异面体，因此需要进行删除。选择不需要的部分，按Delete键将其删除，此时效果如图4-120所示。

步骤 05 最终模型效果如图4-121所示。

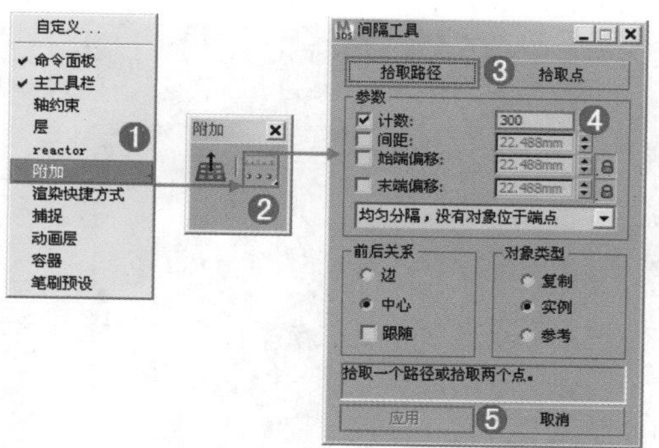

图4-118

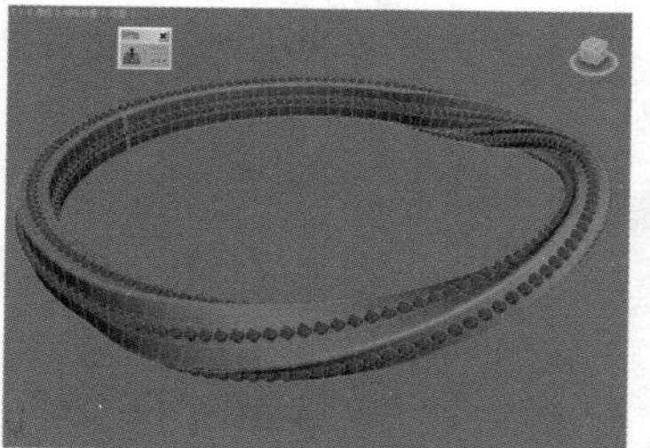

图4-119

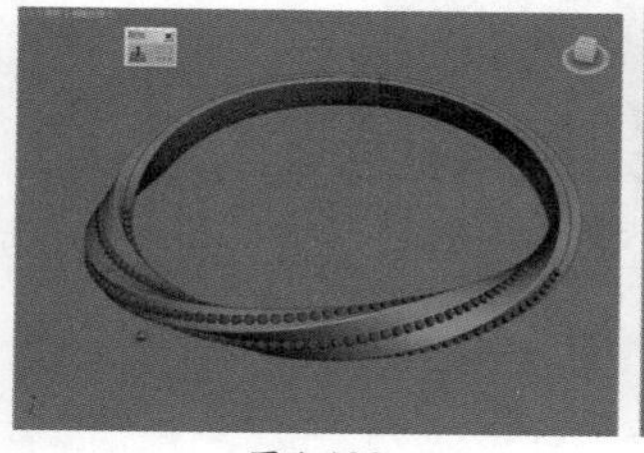

图4-120

图4-121

重点 小实例：利用扭曲修改器制作创意花瓶

场景文件	无
案例文件	小实例：利用扭曲修改器制作创意花瓶.max
视频教学	DVD/多媒体教学/Chapter04/小实例：利用扭曲修改器制作创意花瓶.flv
难易指数	★★★☆☆
技术掌握	掌握【扭曲】修改器的运用

实例介绍

创意花瓶是一种器皿，多为陶瓷或玻璃制成，其外表美观光滑，造型多样，是居住空间具有特色的装饰品。本例最终渲染和线框效果如图 4-122 所示。

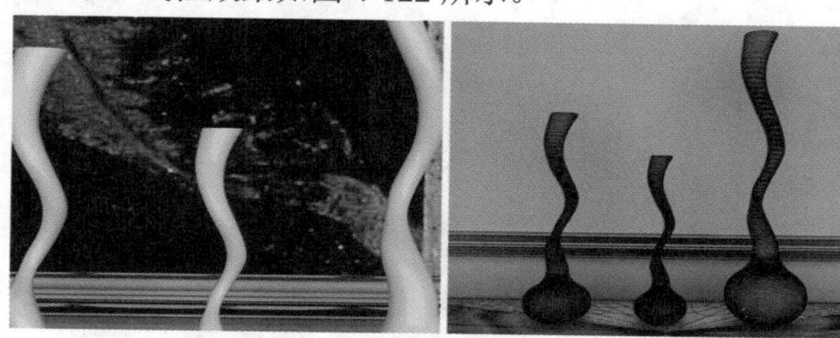

图4-122

建模思路

使用【车削】、【扭曲】和【网格平滑】修改器创建创意花瓶模型。

创意花瓶的建模流程如图 4-123 所示。

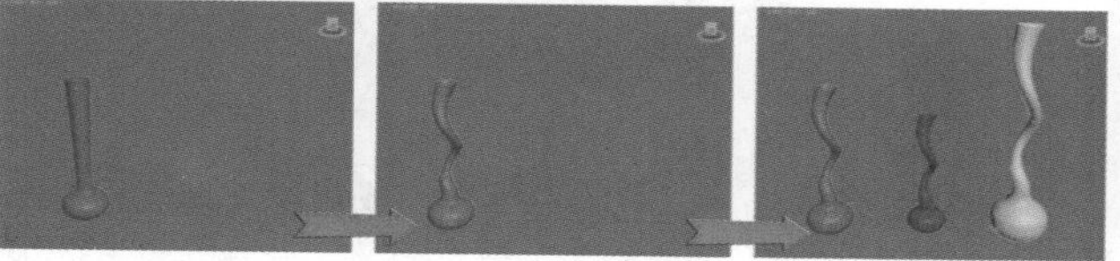

图4-123

操作步骤

步骤 01 利用【线】工具 线 在前视图中绘制一条线，如图 4-124 所示。

步骤 02 单击【修改】面板，进入 line 下的【样条线】级别，在【轮廓】按钮 轮廓 后面输入 3mm，并按 Enter 键结束操作，如图 4-125 所示。

步骤 03 进入 line 下的【线段】级别，删除如图 4-126 所示线段。

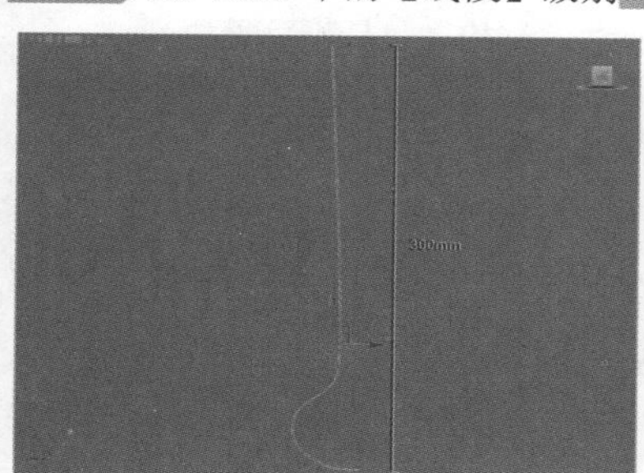

图4-124

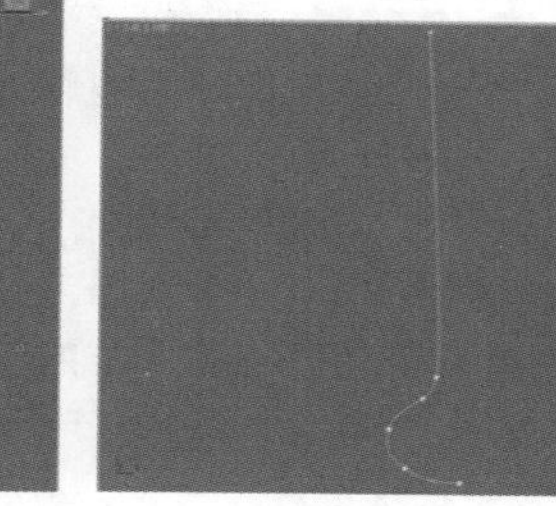

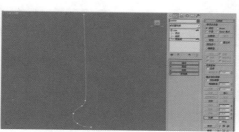

图4-125

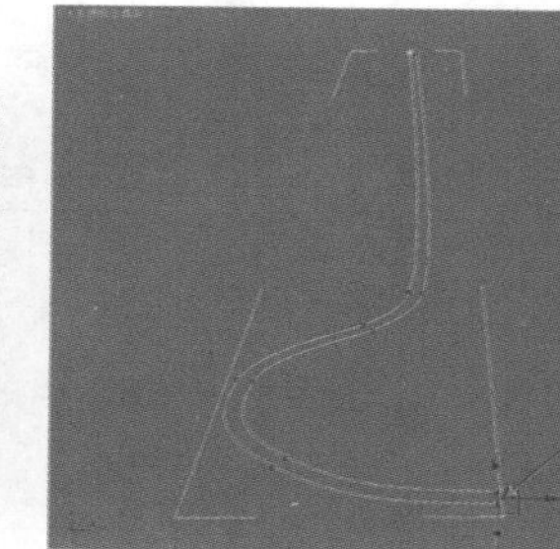

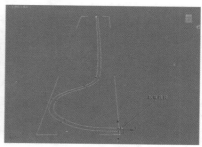

图4-126

步骤 04 选择步骤 03 中的样条线，为其加载【车削】修改器，并单击【最大】按钮 最大，设置【分段】为 50，如图 4-127 所示。

步骤 05 保持选择步骤 04 中的模型，为其加载【扭曲】修改器，并设置【角度】为 800，【偏移】为 –30，【扭曲轴】为 Y 轴，选中【限制效果】复选框，设置【上限】为 200mm，【下限】为 10mm，如图 4-128 所示。

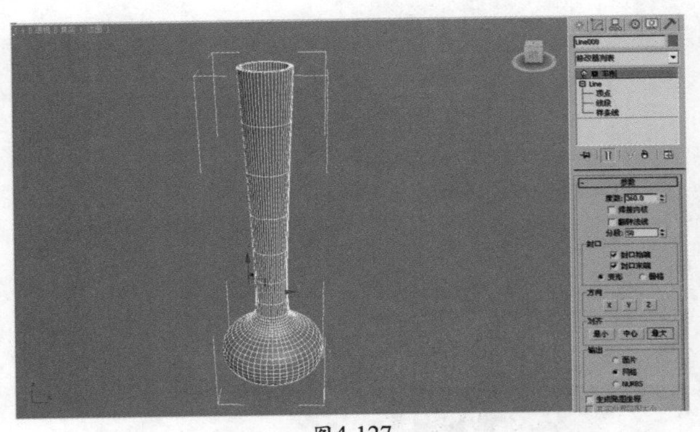

图4-127

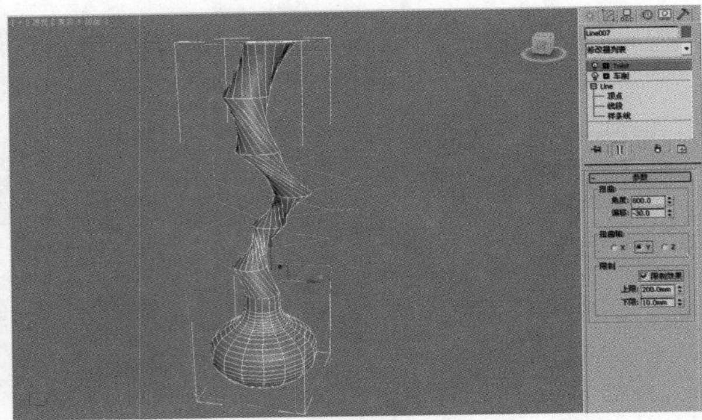

图4-128

步骤 06 再为其加载【扭曲】修改器，并设置【迭代次数】为 2，如图 4-129 所示。

步骤 07 按照以上方法制作其他花瓶模型，最终模型效果如图 4-130 所示。

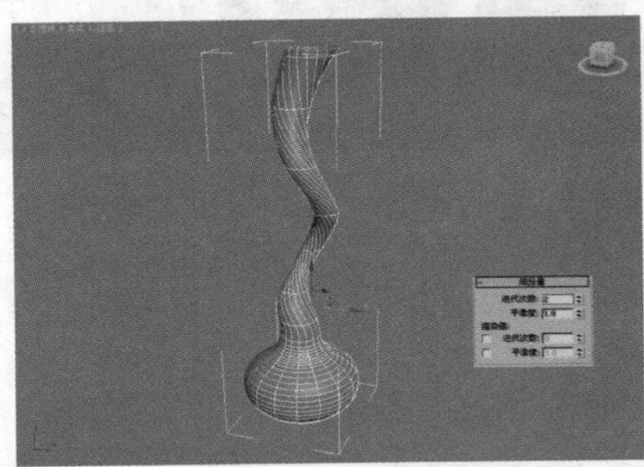

图4-129

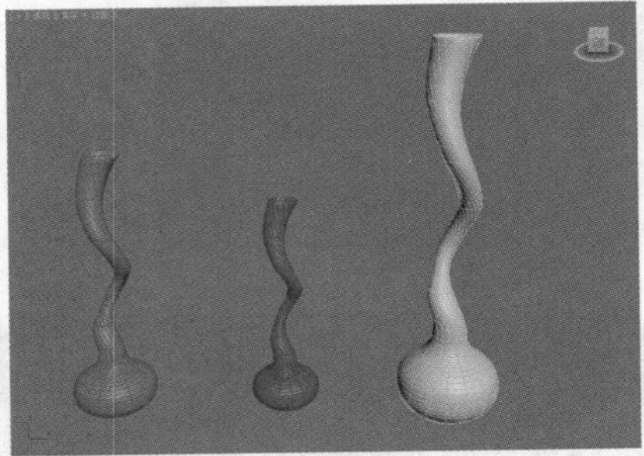

图4-130

7.【晶格】修改器

【晶格】修改器可以将图形的线段或边转化为圆柱形结构，并在顶点上产生可选择的关节多面体。其参数设置面板如图 4-131 所示。

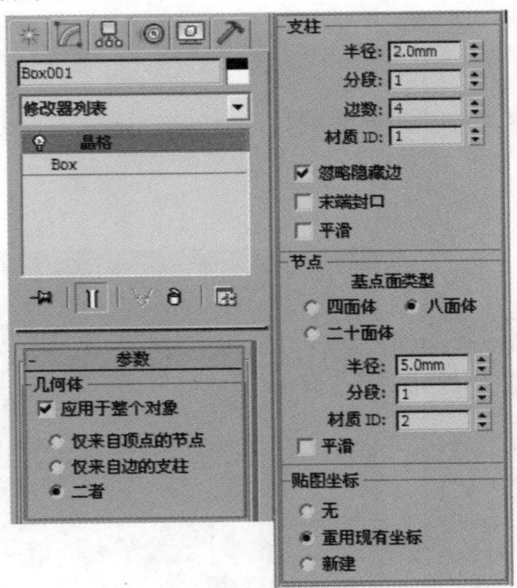

图4-131

【几何体】组

- 【应用于整个对象】：将【晶格】修改器应用到对象的所有边或线段上。
- 【仅来自顶点的节点】：仅显示由原始网格顶点产生的关节（多面体）。
- 【仅来自边的支柱】：仅显示由原始网格线段产生的支柱（多面体）。
- 【二者】：显示支柱和关节。

【支柱】组

- 【半径】：指定结构半径。
- 【分段】：指定沿结构的分段数目。
- 【边数】：指定结构边界的边数目。
- 【材质 ID】：指定用于结构的材质 ID，使结构和关节具有不同的材质 ID。
- 【忽略隐藏边】：仅生成可视边的结构。如果取消选中该复选框，将生成所有边的结构，包括不可见边。
- 【末端封口】：将末端封口应用于结构。
- 【平滑】：将平滑应用于结构。

【节点】组

- 【基点面类型】：指定用于关节的多面体类型，包括【四面体】、【八面体】和【二十面体】3 种类型。
- 【半径】：设置关节的半径。
- 【分段】：指定关节中的分段数目。分段数越多，关节形状越接近球形。
- 【材质 ID】：指定用于结构的材质 ID。
- 【平滑】：将平滑应用于关节。

【贴图坐标】组

- 【无】：不指定贴图。
- 【重用现有坐标】：将当前贴图指定给对象。
- 【新建】：将圆柱形贴图应用于每个结构和关节。

重点 小实例：利用晶格修改器制作水晶吊线灯

场景文件	无
案例文件	小实例：利用晶格修改器制作水晶吊线灯 .max
视频教学	DVD/ 多媒体教学 /Chapter04/ 小实例：利用晶格修改器制作水晶吊线灯 .flv
难易指数	★★★☆☆
技术掌握	掌握【挤出】和【晶格】修改器的使用方法

实例介绍

本例将以一个水晶吊线灯模型为例来讲解【螺旋线】工具及【挤出】和【晶格】修改器的使用方法，效果如图 4-132 所示。

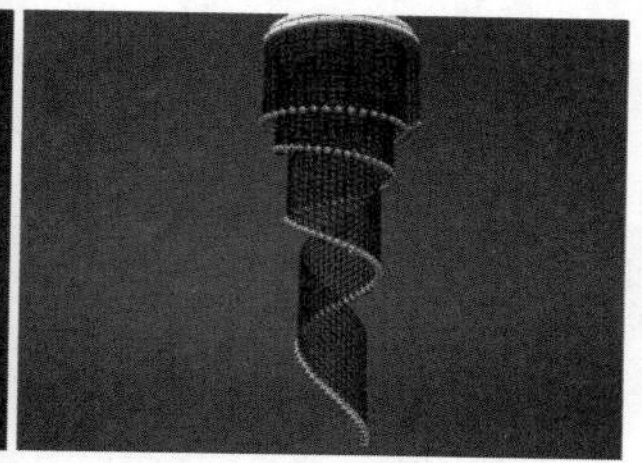

图4-132

建模思路

使用螺旋线然后加载【挤出】和【晶格】修改器创建模型。

水晶吊线灯的建模流程如图 4-133 所示。

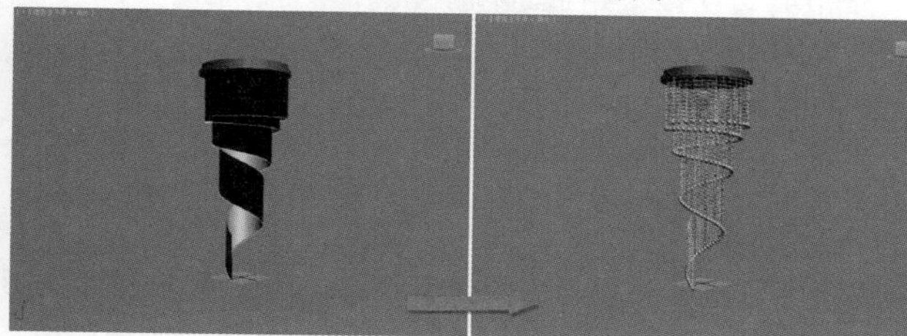

图4-133

操作步骤

步骤 01 使用【螺旋线】工具 螺旋线 在顶视图中创建一条螺旋线，并设置【半径 1】为 50mm，【半径 2】为 150mm，【高度】为 550mm，【圈数】为 4，【偏移】为 0.15，如图 4-134 所示。

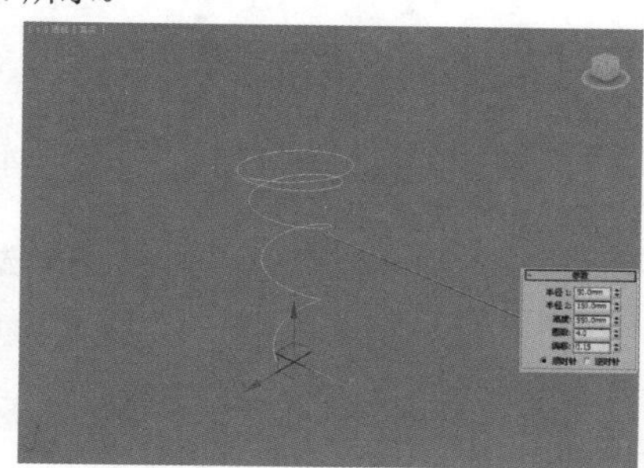

图4-134

步骤 02 选择步骤 01 创建的螺旋线，然后在【修改】面板下选择并加载【挤出】修改器，并设置【数量】为 150mm，【分段】为 12，如图 4-135 所示。

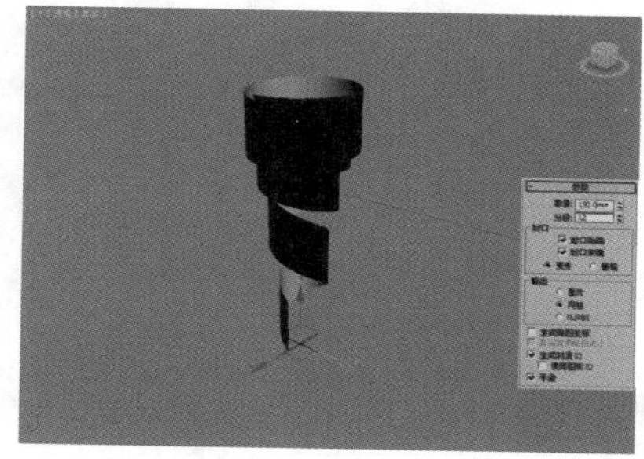

图4-135

步骤 03 选择挤出后的模型，然后在【修改】面板下加载【晶格】修改器，并在【几何体】选项组下选中【二者】，在【支柱】选项组下设置【半径】为 0.8mm，【分段】为 1，【边数】为 14，在【节点】选项组下选中【二十面体】，设置【半径】为 3mm，如图 4-136 所示。

步骤 04 继续使用【螺旋线】工具 螺旋线 在顶视图中创建一条螺旋线，然后加载【晶格】修改器，在【几何体】选项组下选中【二者】，在【支柱】选项组下设置【半径】为 2mm，【分段】为 1，【边数】为 4，在【节点】选项组下选中【二十面体】，设置【半径】为 8mm，【分段】为 1，如图 4-137 所示。

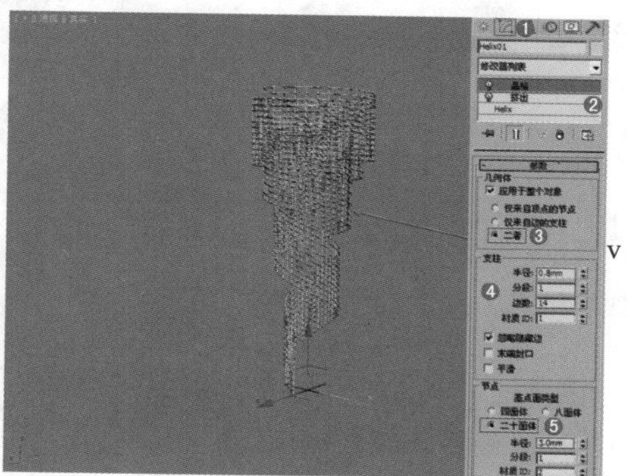

图4-136

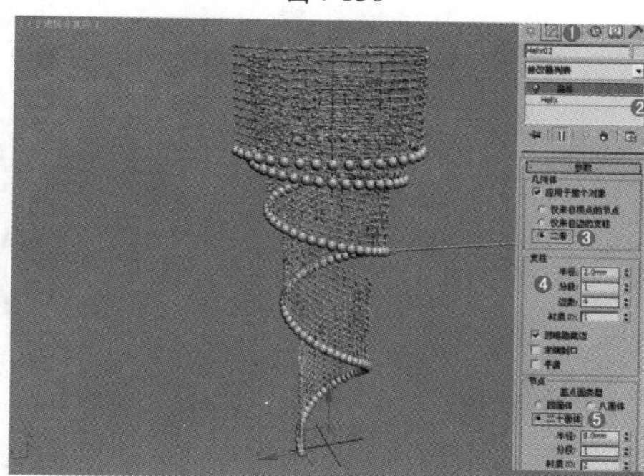

图4-137

步骤 05 使用【切角圆柱体】工具 切角圆柱体 在顶视图中创建一个切角圆柱体，然后设置【半径】为 150mm，【高度】为 15mm，【圆角】为 2mm，【高度分段】为 1，【圆角分段】为 1，【边数】为 24，如图 4-138 所示。

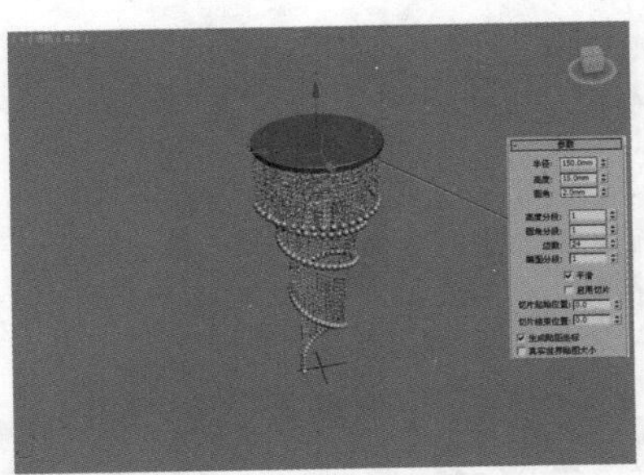

图4-138

步骤 06 继续使用【切角圆柱体】工具 切角圆柱体 在顶视图中创建一个切角圆柱体，然后设置【半径】为 140mm，【高度】为 20mm，【圆角】为 1mm，【高度分段】为 1，【圆角分段】为 1，【边数】为 24，如图 4-139 所示。

步骤 07 最终模型效果如图 4-140 所示。

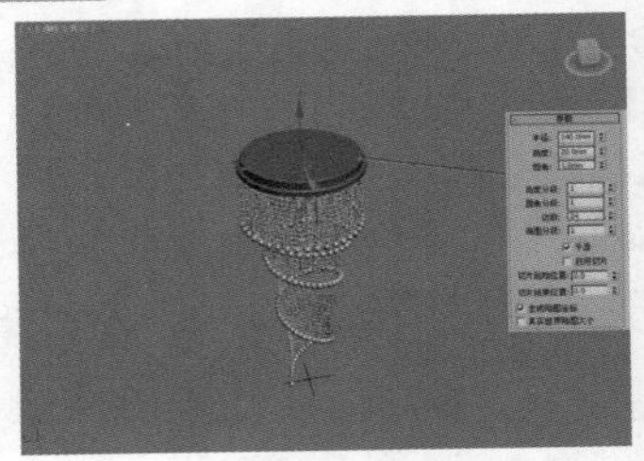

图4-139

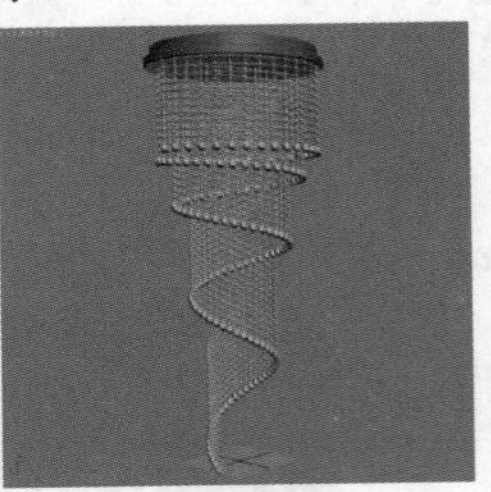

图4-140

8.【壳】修改器

【壳】修改器通过添加一组朝向现有面相反方向的额外面而产生厚度，无论曲面在原始对象中的什么地方消失，边将连接内部和外部曲面。可以为内部和外部曲面、边的特性、材质 ID 以及边的贴图类型指定偏移距离。其参数设置面板如图 4-141 所示。

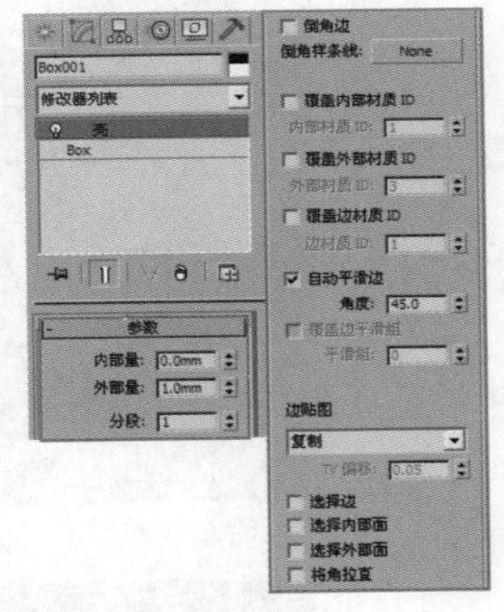

图4-141

如图 4-142 所示为对象加载【壳】修改器前后的对比效果。

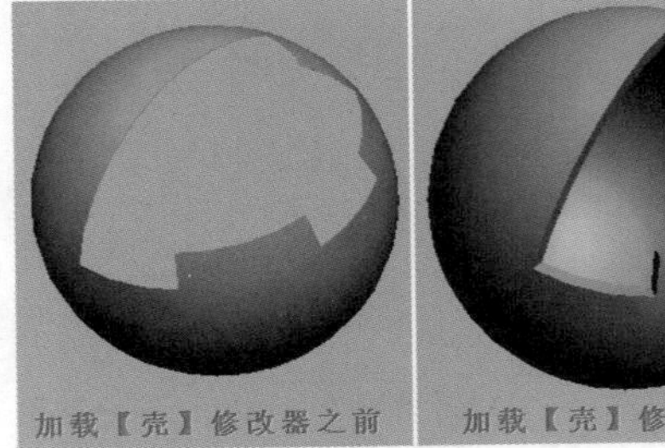

图4-142

- **内部量 / 外部量**：通过使用 3ds Max Design 通用单位的距离，将内部曲面从原始位置向内移动，将外曲面从原始位置向外移动。默认设置为 0.0mm/1.0mm。
- **分段**：每一边的细分值。默认值为 1。
- **倒角边**：选中该复选框，并指定【倒角样条线】，3ds Max Design 会使用样条线定义边的剖面和分辨率。默认设置为禁用状态。
- **倒角样条线**：单击该按钮，然后选择打开样条线定义边的形状和分辨率。但对于圆形或星形这样闭合的形状将不起作用。
- **覆盖内部材质 ID**：选中该复选框，使用【内部材质 ID】参数，为所有的内部曲面多边形指定材质 ID。默认设置为禁用状态。如果没有指定材质 ID，曲面会使用同一材质 ID 或者和原始面一样的 ID。
- **内部材质 ID**：为内部面指定材质 ID。只在选中【覆盖内部材质 ID】复选框后可用。
- **覆盖外部材质 ID**：选中该复选框，使用【外部材质 ID】参数，为所有的外部曲面多边形指定材质 ID。默认设置为禁用状态。
- **外部材质 ID**：为外部面指定材质 ID。只在选中【覆盖外部材质 ID】复选框后可用。
- **覆盖边材质 ID**：选中该复选框，使用【边材质 ID】参数，为所有的新边多边形指定材质 ID。默认设置为禁用状态。
- **边材质 ID**：为边的面指定材质 ID。只在选中【覆盖边材质 ID】复选框后可用。
- **自动平滑边**：使用【角度】参数，应用自动、基于角平滑到边面。禁用此选项后，不再应用平滑。默认设置为启用。这不适用于平滑到边面与外部 / 内部曲面之间的连接。
- **角度**：在边面之间指定最大角，该边面由【自动平滑边】平滑。只在选中【自动平滑边】复选框之后可用。默认设置为 45.0。
- **覆盖平滑组**：使用【平滑组】设置，用于为新边多边形指定平滑组。只在禁用【自动平滑边】选项之后可用。默认设置为禁用状态。
- **平滑组**：为边多边形设置平滑组。只在选中【覆盖平滑组】复选框后可用。默认值为 0。
- **边贴图**：指定应用于新边的纹理贴图类型。
- **TV 偏移**：确定边的纹理顶点间隔。只在选中【边贴图】为【剥离】和【插补】时才可用。默认设置为 0.05。
- **选择边**：从其他修改器的堆栈上传递此选择。默认设置为禁用状态。
- **选择内部面**：从其他修改器的堆栈上传递此选择。默认设置为禁用状态。
- **选择外部面**：从其他修改器的堆栈上传递此选择。默认设置为禁用状态。
- **将角拉直**：调整角顶点以维持直线边。

重点 小实例：利用壳修改器制作蛋壳

场景文件	无
案例文件	小实例：利用壳修改器制作蛋壳 .max
视频教学	DVD/ 多媒体教学 /Chapter04/ 小实例：利用壳修改器制作蛋壳 .flv
难易指数	★★★☆☆
技术掌握	掌握【图形合并】工具、【编辑多边形】和【壳】修改器的使用

实例介绍

本例以蛋壳雕刻模型为例讲解【图形合并】工具、【编辑多边形】和【壳】修改器的使用，效果如图 4-143 所示。

图4-143

建模思路

为球体加载【壳】修改器。

蛋壳雕刻模型的制作流程，如图 4-144 所示。

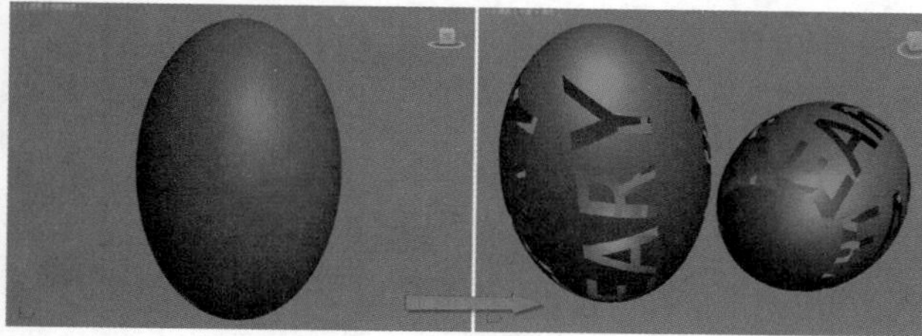

图4-144

操作步骤

步骤 01 使用【球体】工具 球体 在顶视图中创建一个球体，然后设置【半径】为 60mm，【分段】为 80，如图 4-145 所示。

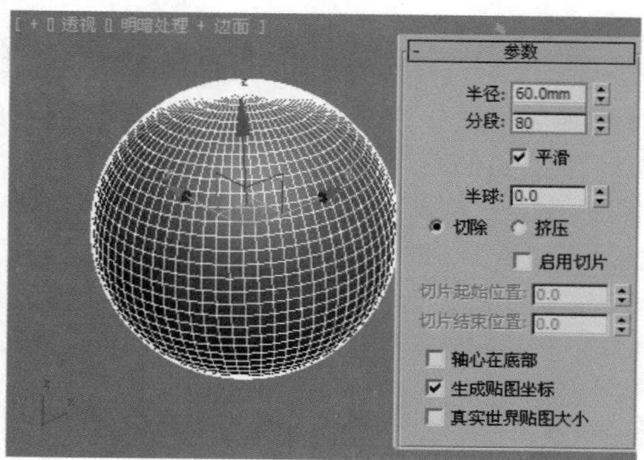

图4-145

步骤 02 使用【选择并均匀缩放】工具在前视图中将球体按 Y 轴的正方向缩放，使其变成椭圆形体，如图 4-146 所示。

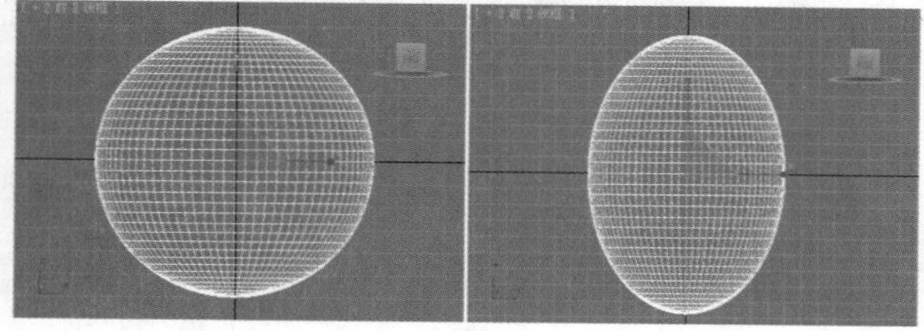

图4-146

步骤 03 使用【文本】工具 文本 在前视图中创建文字，然后展开【参数】卷展栏，设置【大小】为 60mm，并在【文本】文本框中输入 EARY，如图 4-147 所示。

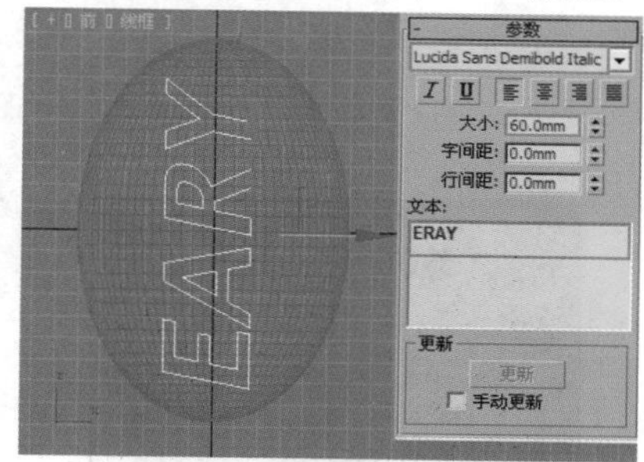

图4-147

步骤 04 选择鸡蛋模型，然后单击（创建）|（几何体）| 复合对象 | 图形合并（图形合并）按钮，接着单击【拾取图形】按钮 拾取图形，最后单击并拾取刚才创建的文本图形，如图 4-148 所示。

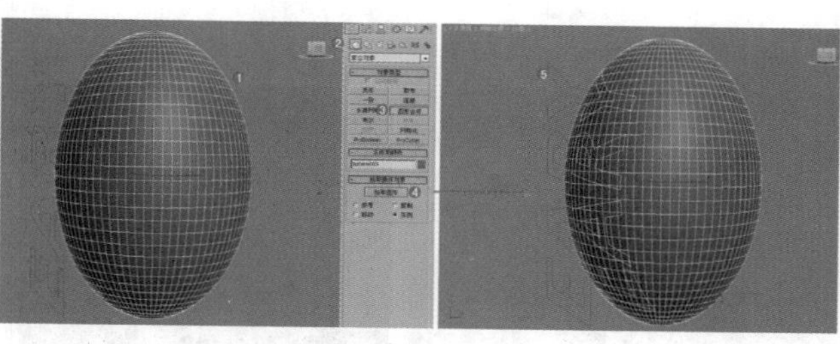

图4-148

步骤 05 选择图形合并后的模型，然后在【修改】面板下为其加载【编辑多边形】修改器，接着展开【选择】卷展栏，并单击【多边形】按钮，进入多边形级别，然后选择如图 4-149 所示的多边形，接着按 Delete 键将选择的多边形删除，如图 4-150 所示。

图4-149

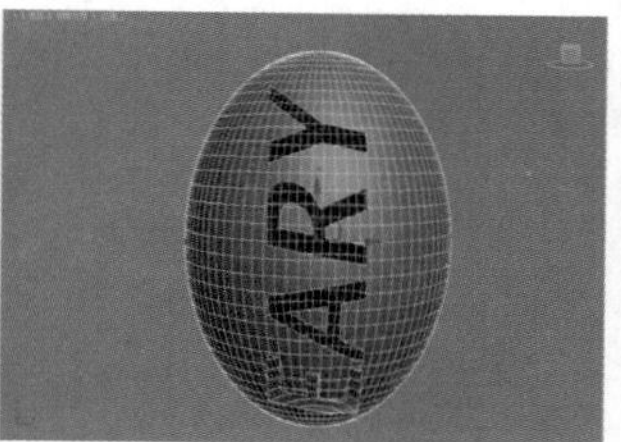

图4-150

步骤 06 使用同样的方法继续调整鸡蛋模型，如图 4-151 所示。

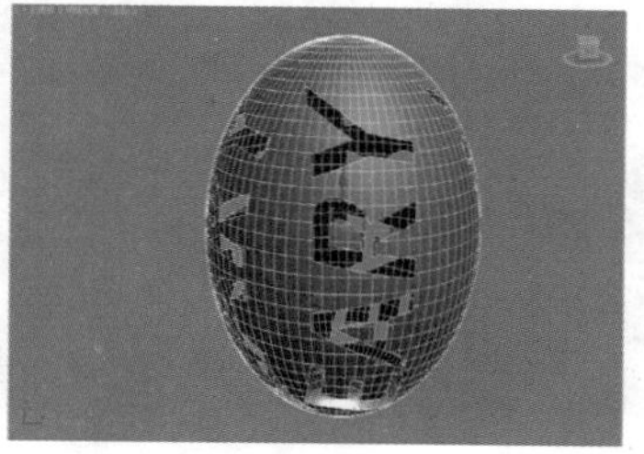

图4-151

技巧与提示

此时可以看到，模型内部是黑色的，当进行模型渲染时，该模型的内部是渲染不出图像的，因此可以为模型加载【壳】修改器，使其产生厚度，如图 4-152 所示。

图4-152

步骤 07 选择球体模型，然后在【修改】面板下为其加载【壳】修改器，展开【参数】卷展栏，设置【外部量】为 0.1mm，如图 4-153 所示。此时按 F9 键渲染当前场景，可以看到已经产生了厚度，如图 4-154 所示。

图4-153

图4-154

步骤 08 最终模型效果如图 4-155 所示。

9．FFD 修改器

FFD 修改器即自由变形修改器，它使用晶格框包围住选中的几何体，然后通过调整晶格的控制点来改变封闭几何体的形状，其参数设置面板如图 4-156 所示。

图4-155

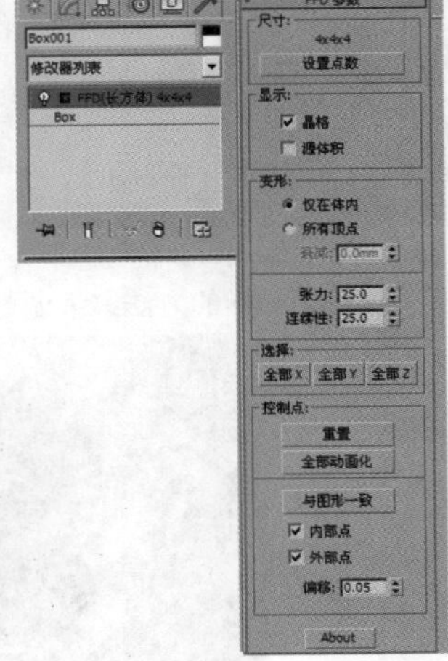

图4-156

技巧与提示

在修改器列表中共有 5 个 FFD 修改器，分别为 FFD2×2×2（自由变形 2×2×2）、FFD3×3×3（自由变形 3×3×3）、FFD 4×4×4（自由变形 4×4×4）、FFD（长方体）和 FFD（圆柱体）修改器，这些都是自由变形修改器，都可以通过调节晶格控制点的位置来改变几何体的形状。

【尺寸】组

- 晶格尺寸：显示晶格中当前的控制点数目，如 4×4×4。
- 设置点数：单击该按钮，可打开【设置 FFD 尺寸】对话框，在该对话框中可以设置晶格中所需控制点的数目。

【显示】组

- 晶格：控制是否让连接控制点的线条形成栅格。
- 源体积：选中该复选框，可将控制点和晶格以未修改的状态显示出来。

【变形】组

- 仅在体内：只有位于源体积内的顶点会变形。
- 所有顶点：所有顶点都会变形。
- 衰减：决定 FFD 的效果减为 0 时离晶格的距离。
- 张力 / 连续性：调整变形样条线的张力和连续性。

【选择】组

- 全部 X/ 全部 Y/ 全部 Z：激活由这 3 个按钮指定的轴向的所有控制点。

【控制点】组

- 重置：将所有控制点恢复到原始位置。
- 全部动画化：单击该按钮，可将控制器指定给所有的控制点，使它们在轨迹视图中可见。
- 与图形一致：在对象中心控制点位置之间沿直线方向来延长线条，可将每一个 FFD 控制点移到修改对象的交叉点上。
- 内部点：仅控制受【与图形一致】影响的对象内部的点。
- 外部点：仅控制受【与图形一致】影响的对象外部的点。
- 偏移：设置控制点偏移对象曲面的距离。
- Abort：单击该按钮，显示版权和许可信息。

重点 小实例：利用 FFD 修改器制作椅子

场景文件	无
案例文件	小实例：利用 FFD 修改器制作椅子 .max
视频教学	DVD/ 多媒体教学 /Chapter04/ 小实例：利用 FFD 修改器制作椅子 .flv
难易指数	★★★☆☆
技术掌握	掌握 FFD 修改器的使用方法

实例介绍

本例主要通过使用 FFD 修改器调节控制点的位置来调节模型的效果，如图 4-157 所示。

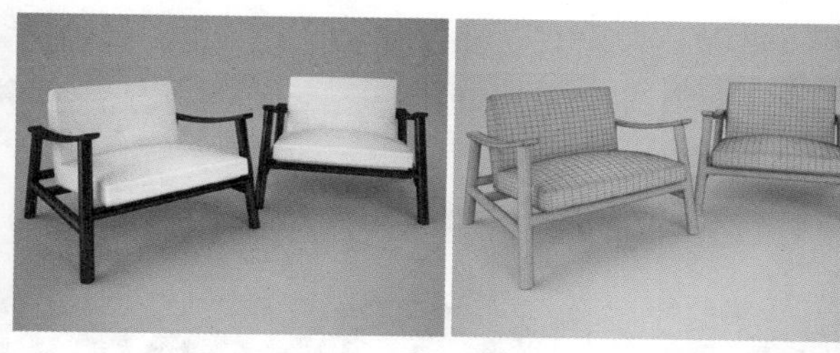

图4-157

建模思路

❶ 使用可编辑多边形调节点的位置创建沙发腿部分的模型。

❷ 使用 FFD 修改器创建沙发坐垫和靠背部分的模型。沙发的建模流程如图 4-158 所示。

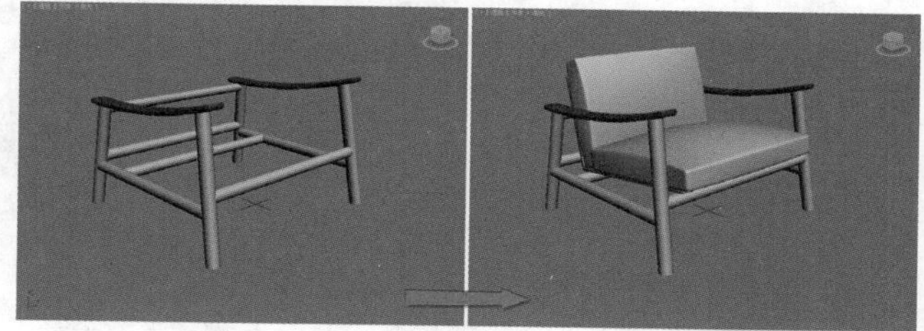

图4-158

操作步骤

Part 1 使用可编辑多边形调节点的位置创建沙发腿部分的模型

步骤 01 使用【圆柱体】工具 圆柱体 在顶视图中创建一个圆柱体，并设置【半径】为 20mm，【高度】为 420mm，【高度分段】为 1，如图 4-159 所示。

步骤 02 选择步骤 01 创建的圆柱体，然后为其添加【编辑多边形】修改器，接着单击【顶点】按钮，进入顶点级别，如图 4-160 所示。使用【选择并移动】工具选择模型顶部的顶点，并将点进行拖曳，调节后的效果如图 4-161 所示。

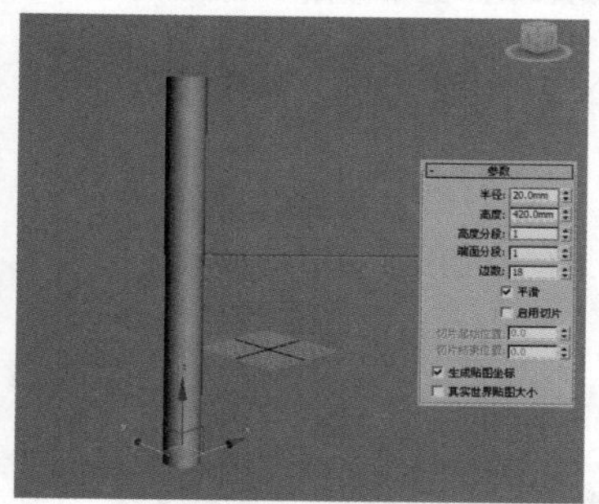

图4-159

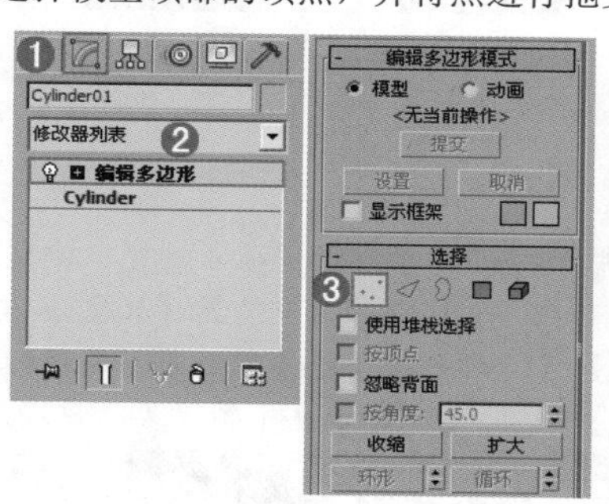

图4-160

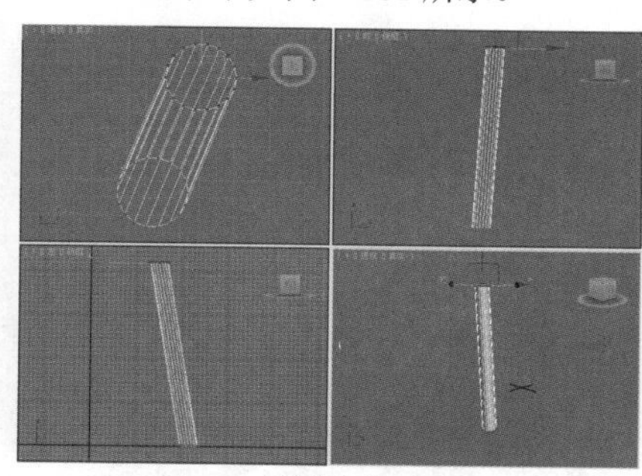

图4-161

步骤 03 选择步骤 02 创建的模型，然后使用【选择并移动】工具，同时按下 Shift 键复制一份，此时模型效果如图 4-162 所示。

步骤 04 用同样的方法制作出剩余的沙发腿模型，如图 4-163 所示。

步骤 05 使用【圆柱体】工具 圆柱体 在前视图中创建一个圆柱体，并设置【半径】为 18mm，【高度】为 530mm，【高度分段】为 1，如图 4-164 所示。

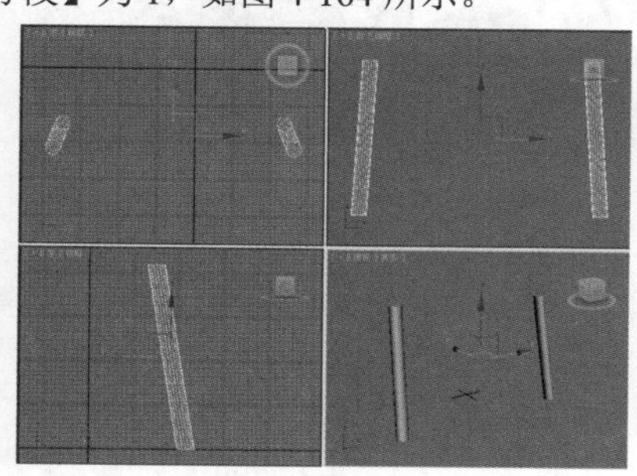

图4-162

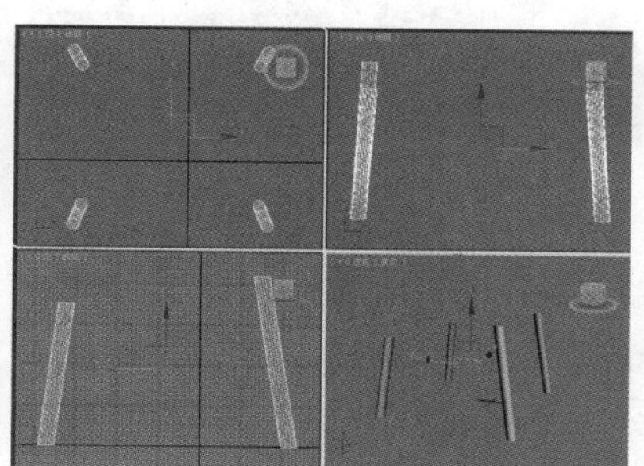

图4-163

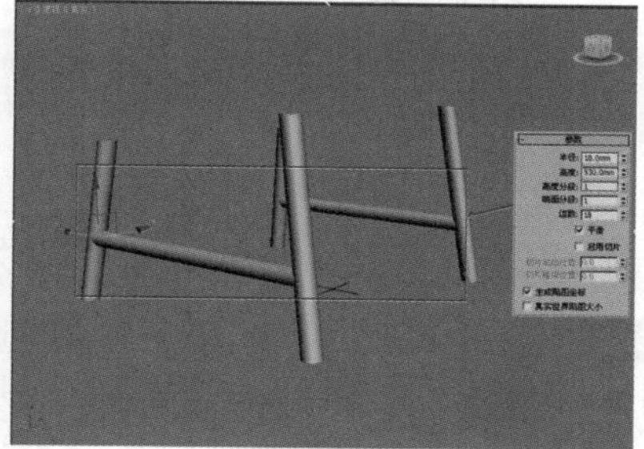

图4-164

步骤 06 使用【圆柱体】工具 圆柱体 在左视图中创建一个圆柱体，并设置【半径】为 18mm，【高度】为 615mm，【高度分段】为 1，如图 4-165 所示。

步骤 07 使用【圆柱体】工具 圆柱体 在左视图中创建一个圆柱体，并设置【半径】为 15mm，【高度】为 615mm，【高度分段】为 1，如图 4-166 所示。

步骤 08 使用【切角长方体】工具 切角长方体 在顶视图中创建一个切角长方体，并设置【长度】为 550mm，【宽度】为

50mm，【高度】为 17mm，【圆角】为 6mm，【长度分段】为 10，如图 4-167 所示。

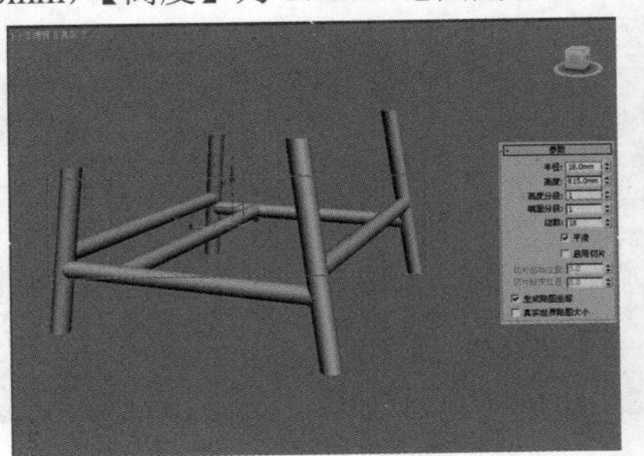

图4-165

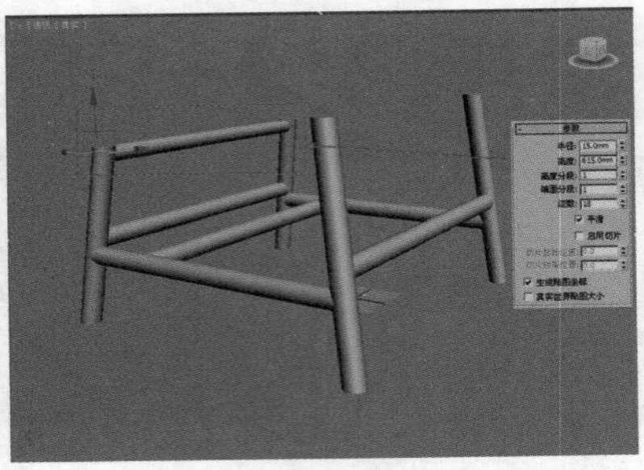

图4-166

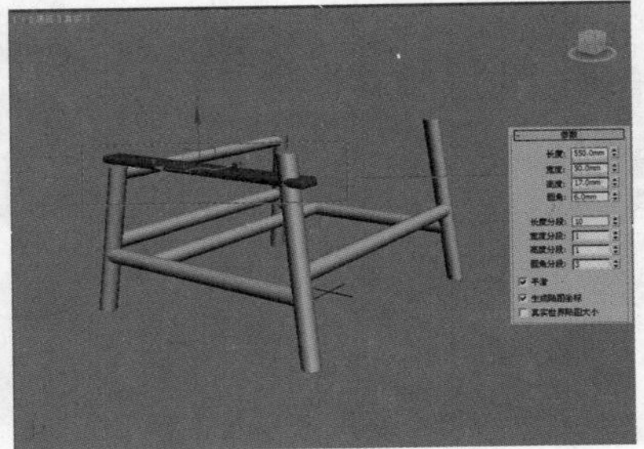

图4-167

步骤 09 选择步骤 08 创建的切角长方体，然后加载 FFD 3×3×3 修改器，并在【修改器列表】下单击【控制点】，选择如图 4-168 所示的控制点进行适当拖曳。

步骤 10 选择步骤 09 创建的扶手部分模型，然后按住 Shift 键，并使用【选择并移动】工具将其复制一份，此时场景中的沙发扶手和沙发腿部分的模型创建完毕，模型效果如图 4-169 所示。

图4-168

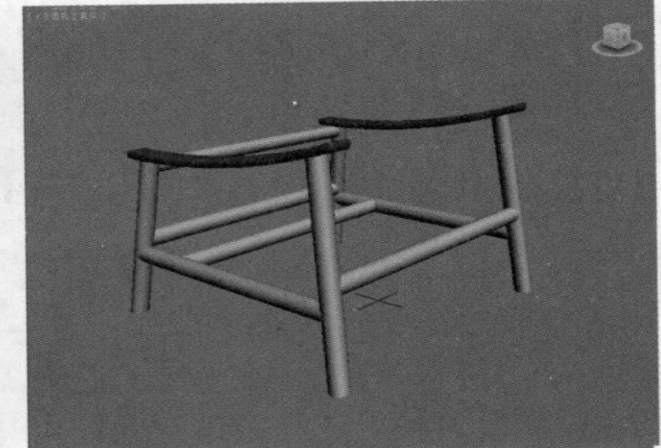

图4-169

技巧与提示

使用 FFD 修改器时，一定要注意模型的分段是否合适，很多情况下加载 FFD 修改器并调节控制点后，模型未发生任何变化，就是因为分段太少导致的。如图 4-170 所示为当设置【长度分段】为 1 时，没有出现正确的效果。

如图 4-171 所示为当设置【长度分段】为 2 时，椅子扶手的效果不是很好。

如图 4-172 所示为当设置【长度分段】为 10 时，椅子扶手的效果非常好。

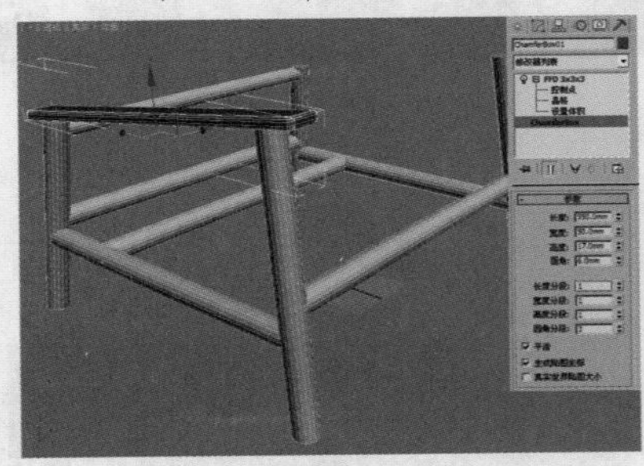

图4-170

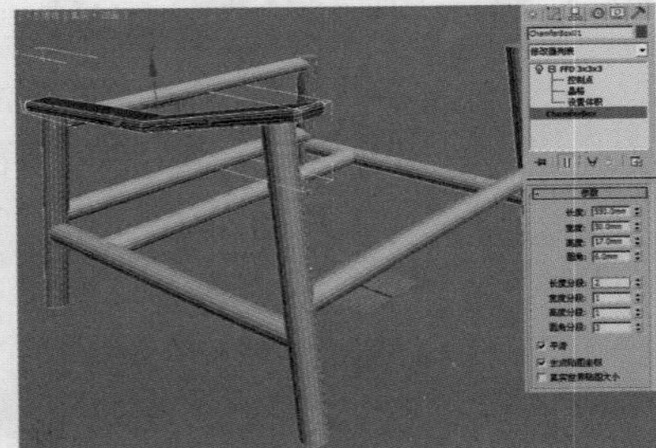

图4-171

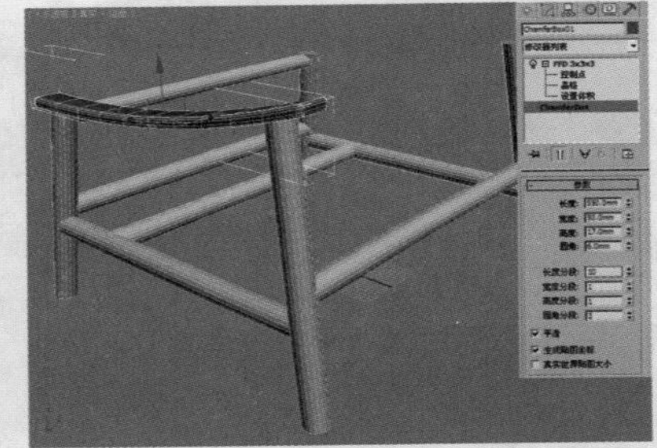

图4-172

Part 2 使用FFD修改器创建沙发坐垫和靠背部分的模型

步骤 01 使用【切角长方体】工具 切角长方体 在顶视图中创建一个切角长方体，然后设置【长度】为 480mm，【宽度】为 510mm，【高度】为 15mm，【圆角】为 4mm，最后使用【选择并旋转】工具将其旋转一定的角度，如图 4-173 所示。

步骤 02 使用【切角长方体】工具 切角长方体 在场景中创建一个切角长方体，然后设置【长度】为 300mm，【宽度】为 510mm，【高度】为 15mm，【圆角】为 4mm，最后将其旋转一定的角度，如图 4-174 所示。

步骤 03 使用【切角长方体】工具 切角长方体 在视图中创建一个切角长方体，然后设置【长度】为 430mm，【宽度】为 510mm，【高度】为 65mm，【圆角】为 0mm，【长度分段】为 4，【宽度分段】为 5，如图 4-175 所示。

步骤 04 选择步骤 03 中创建的切角长方体，然后在【修改】面板下为其加载【涡轮平滑】修改器，然后设置【迭代次数】为 2，如图 4-176 所示。

步骤 05 选择步骤 04 中的切角长方体，然后加载 FFD 3×3×3 修改器，并在修改器列表下单击【控制点】，并调节控制点的位置，效果如图 4-177 所示。

步骤 06 使用同样的方法创建出靠背部分的模型，最终模型效果如图 4-178 所示。

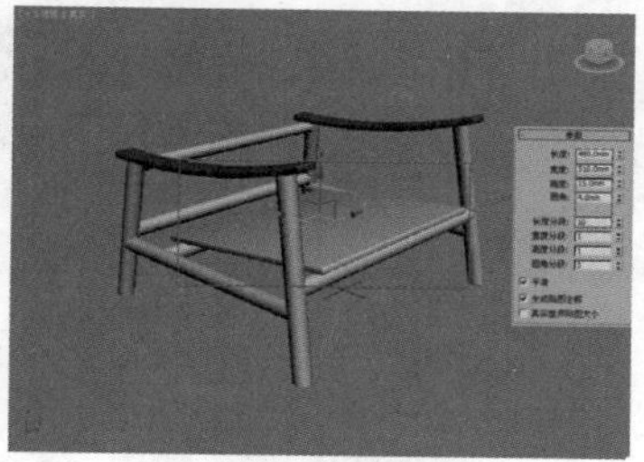
图4-173

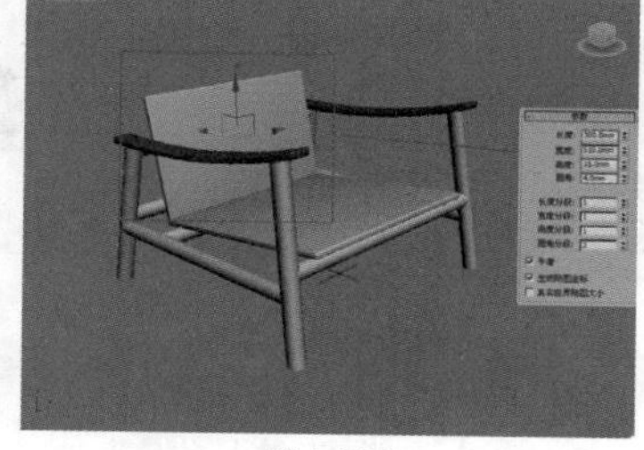
图4-174

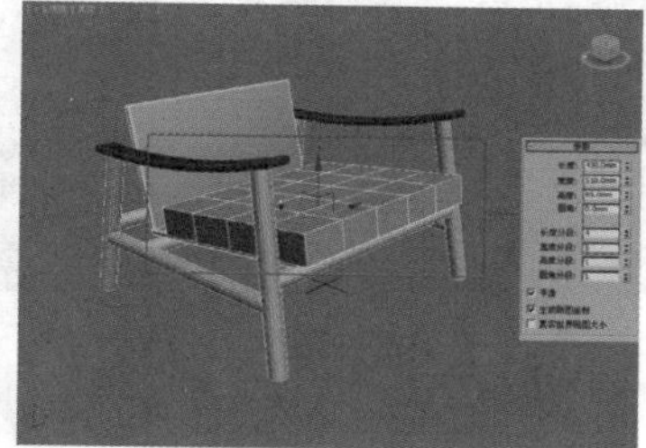
图4-175

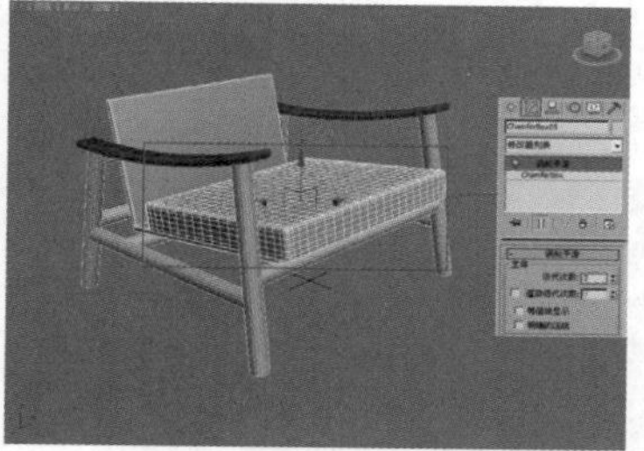
图4-176

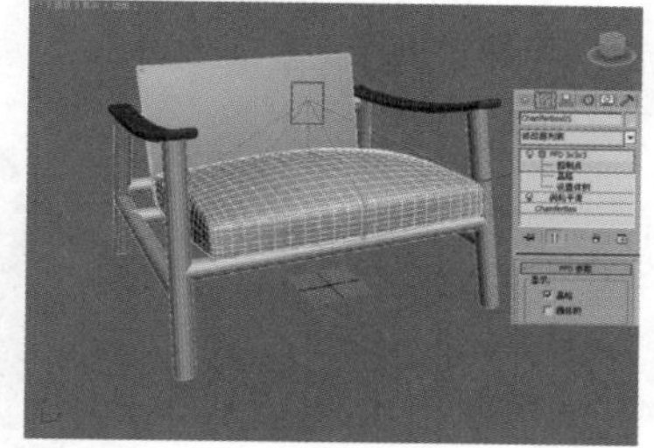
图4-177

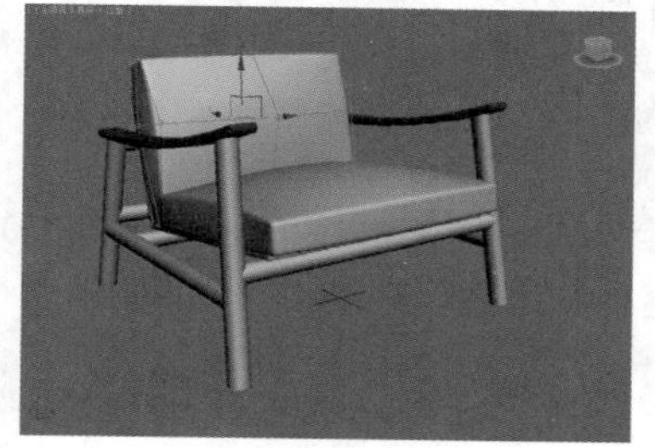
图4-178

10.【编辑多边形】和【编辑网格】修改器

【编辑多边形】修改器为选定的对象（顶点、边、边界、多边形和元素）提供显式编辑工具。【编辑多边形】修改器包括基础【可编辑多边形】对象的大多数功能，但【顶点颜色】信息、【细分曲面】卷展栏、【权重和折逢】设置和【细分置换】卷展栏除外。

【编辑网格】修改器为选定的对象（顶点、边和面/多边形/元素）提供显式编辑工具。【编辑网格】修改器与基础可编辑网格对象的所有功能相匹配，只是不能在【编辑网格】设置子对象动画。二者的参数设置面板如图 4-179 所示。

图4-179

技巧与提示

【编辑多边形】、【编辑网格】修改器的参数与【可编辑多边形】、【可编辑网格】修改器的参数基本一致，会在后面的章节中进行重点讲解。

使用【编辑多边形】或【编辑网格】修改器，同样可以达到使用多边形建模或网格建模的作用，而且不会将原始模型破坏，即使模型出现制作错误，也可以及时通过删除该修改器，而返回到原始模型的步骤，因此习惯使用【多边形建模】或【网格建模】的用户，不妨尝试一下使用【编辑多边形】或【编辑网格】修改器。

如图 4-180 所示为将模型直接执行【转换为可编辑多边形】命令并进行【挤出】，但是此时会发现原始模型的信息在执行【转换为可编辑多边形】命令后都没有了，如图 4-181 所示。

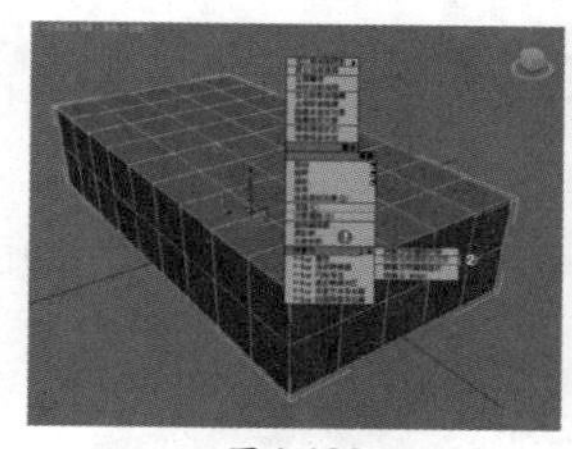
图4-180

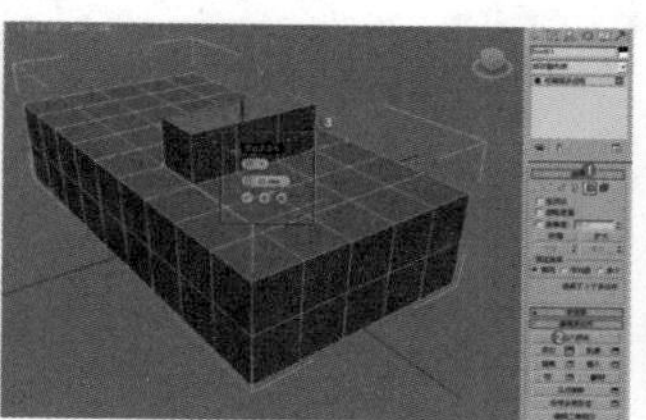
图4-181

下面使用另外一个方法，那为模型加载【编辑多边形】修改器，如图 4-182 所示，然后进行【挤出】，此时原始的模型信息都没有被破坏，如图 4-183 所示。

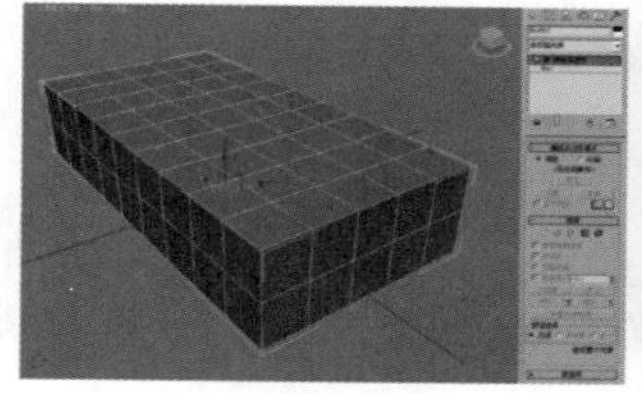
图4-182

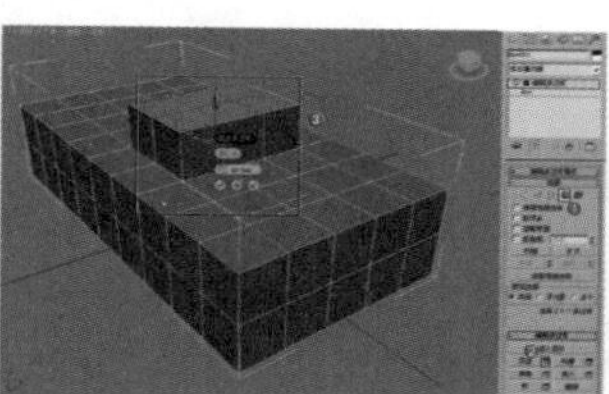
图4-183

而且采用第 2 种方法，当发现操作有错误时还可以删除该修改器，恢复原来的模型，如图 4-184 所示。

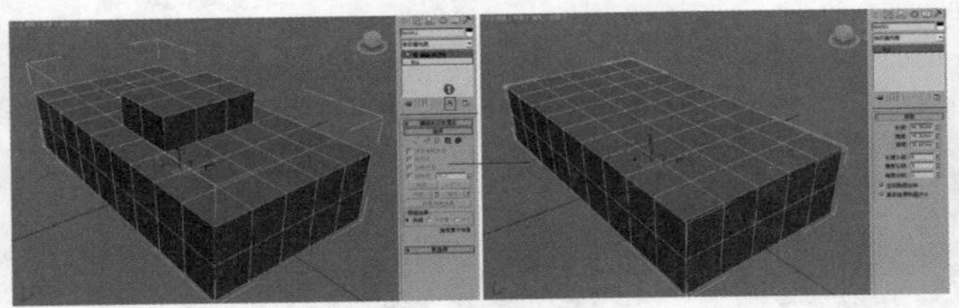

图4-184

技巧与提示

为了在制作模型时避免因为误操作产生制作的错误，养成好的习惯完全可以避免重新制作的烦恼，下面总结了 4 点供读者参考。

(1) 一定要记得保存正在使用的 3ds Max 文件。

(2) 当遇到突然停电、3ds Max 严重出错等问题时，记得马上找到自动保存的文件，并将其复制。自动保存的文件路径为【我的文档 \3dsMaxDesign\autoback】。

(3) 在制作模型时，注意要养成多复制的好习惯，即确认该步骤之前没有模型错误，最好可以将该文件复制，也可以在该文件中按住 Shift 键进行复制，这样可以随时找到对的模型，而不用重新再做。

(4) 可以使用为模型添加【编辑多边形】修改器的方法，并且可以多次为模型添加【编辑多边形】修改器，这样方便随时对模型的某一步骤进行调整。

重点 小实例：利用编辑多边形修改器制作铅笔

场景文件	无
案例文件	小实例：利用编辑多边形修改器制作铅笔 .max
视频教学	DVD/ 多媒体教学 /Chapter04/ 小实例：利用编辑多边形修改器制作铅笔 .flv
难易指数	★★★☆☆
技术掌握	掌握【编辑多边形】修改器的使用方法

实例介绍

本例以铅笔模型为例讲解【编辑多边形】修改器的使用方法，效果如图 4-185 所示。

图4-185

建模思路

为圆柱体加载【编辑多边形】修改器制作铅笔模型。

铅笔模型的制作流程，如图 4-186 所示。

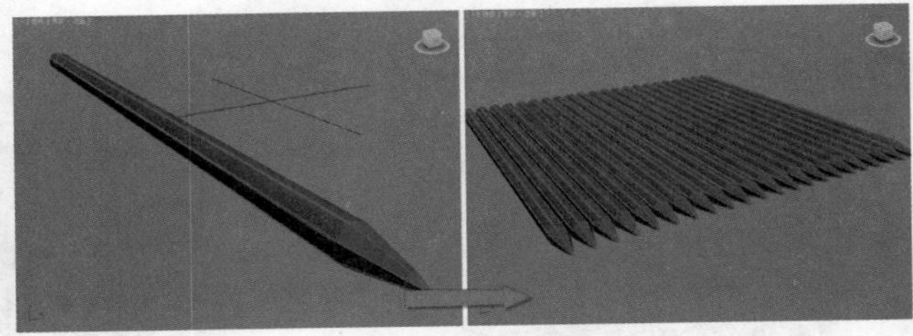

图4-186

操作步骤

步骤 01 使用【圆柱体】工具 圆柱体 在前视图中创建一个圆柱体，然后设置【半径】为 7mm，【高度】为 320mm，【高度分段】为 1，【端面分段】为 1，【边数】为 7，如图 4-187 所示。

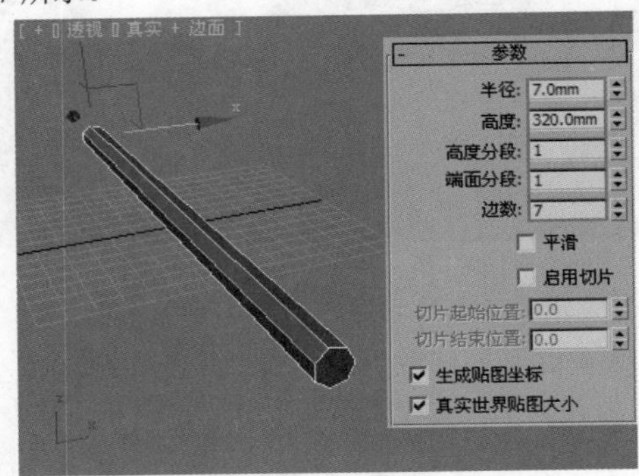

图4-187

步骤 02 选择步骤 01 中创建的圆柱体，然后在【修改】面板下加载【编辑多边形】修改器，如图 4-188 所示。

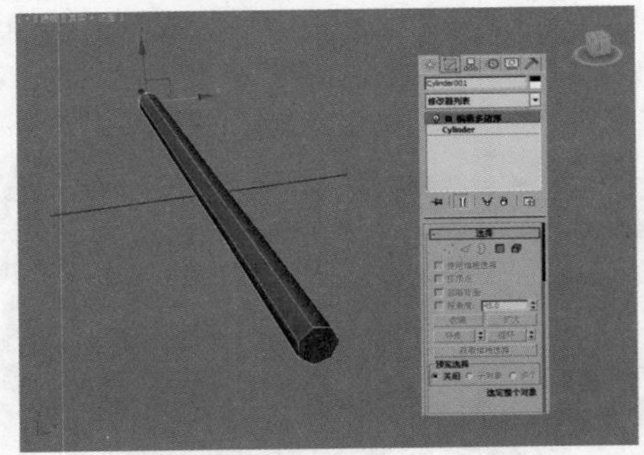

图4-188

技巧与提示

在【修改】面板下加载编辑多边形修改器命令，同样也可以使用加载【编辑网格】修改器或加载【编辑面片】修改器进行模型的制作。

步骤 03 单击【修改】面板，并单击【多边形】按钮，进入多边形级别，然后选择如图 4-189 所示的多边形。单击【倒角】按钮 倒角 后面的【设置】按钮，并设置【高度】为 20mm，【轮廓】为 -4mm，如图 4-190 所示。

步骤 04 保持对多边形的选择，然后单击【倒角】按钮 倒角 后面的【设置】按钮，并设置【高度】为 6mm，【轮廓】为 –2mm，如图 4-191 所示。

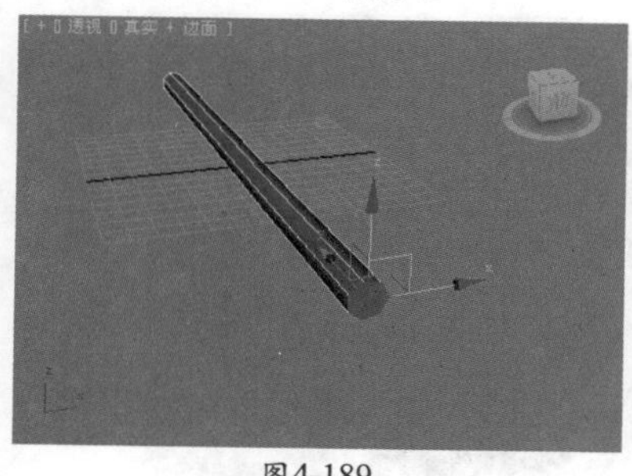
图4-189

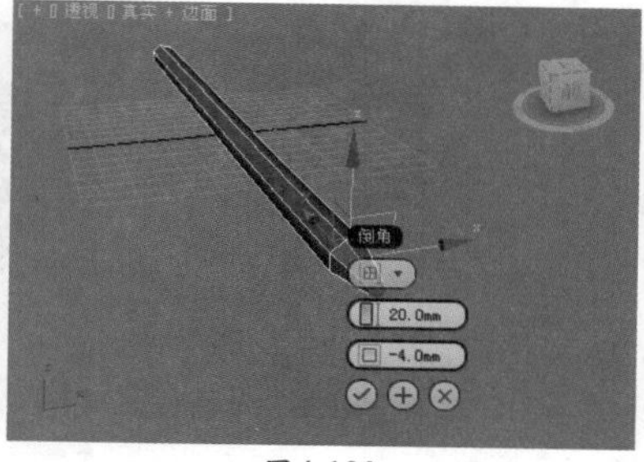

图4-190

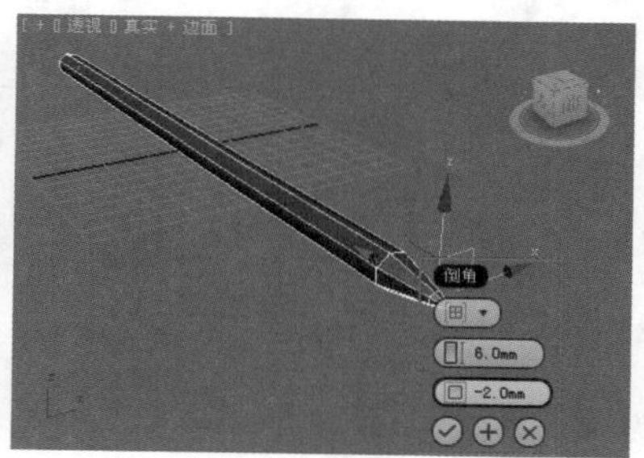

图4-191

步骤 05 单击【边】按钮，进入边级别，选择如图 4-192 所示的边。然后单击【切角】按钮 切角 后面的【设置】按钮，并设置【数量】为 0.5mm，【分段】为 5，如图 4-193 所示。

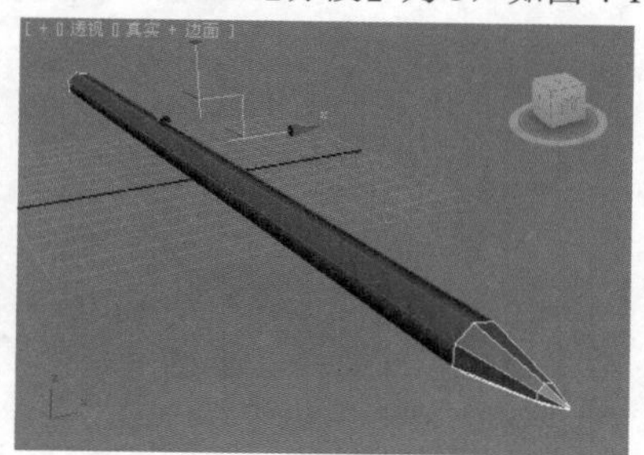
图4-192

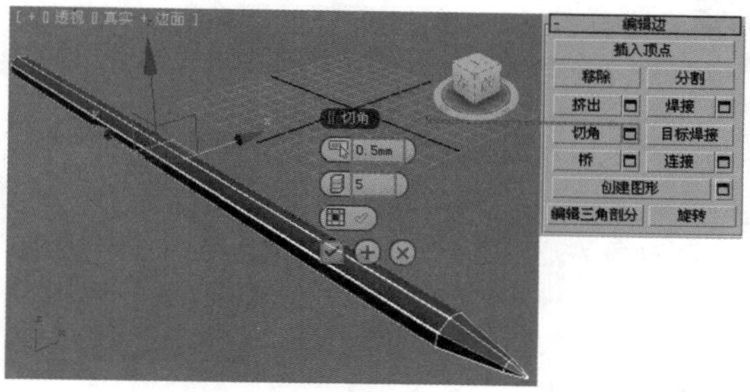

图4-193

步骤 06 此时的铅笔模型如图 4-194 所示。

步骤 07 将铅笔模型进行复制并调整位置，如图 4-195 所示。

11.【UVW 贴图】修改器

通过将贴图坐标应用于对象，【UVW 贴图】修改器控制在对象曲面上如何显示贴图材质和程序材质。贴图坐标指定如何将位图投影到对象上。UVW 坐标系与 XYZ 坐标系相似，位图的 U 和 V 轴对应于 X 和 Y 轴；对应于 Z 轴的 W 轴一般仅用于程序贴图。可在【材质编辑器】中将位图坐标系切换到 VW 或 WU，在这些情况下，位图被旋转和投影，以使其与该曲面垂直。其参数设置面板如图 4-196 所示。

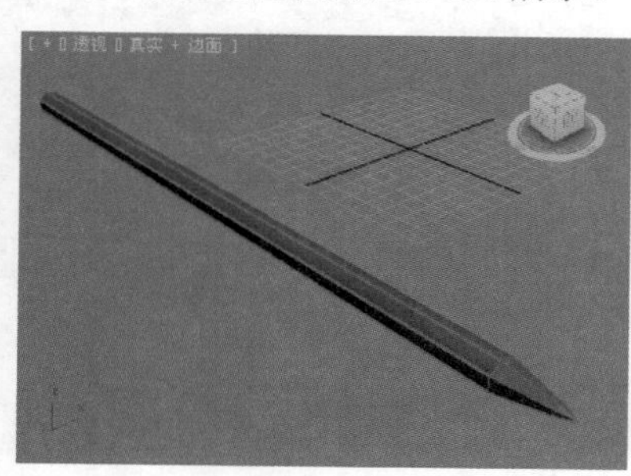
图4-194

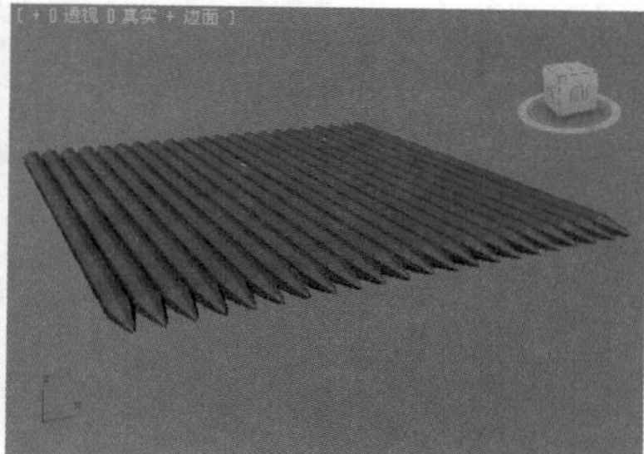
图4-195

图4-196

【贴图】组

- 贴图方式：确定所使用的贴图坐标的类型。通过贴图在几何上投影到对象上的方式以及投影与对象表面交互的方式，来区分不同种类的贴图。其中包括【平面】、【柱形】、【球形】、【收缩包裹】、【长方体】、【面】、【XYZ 到 UVW】，如图 4-197 所示。
- 长度 / 宽度 / 高度：指定【UVW 贴图】Gizmo 的尺寸。在应用修改器时，贴图图标的默认缩放由对象的最大尺寸定义。
- U 向平铺 /V 向平铺、Wtm 平铺：用于指定 UVW 贴图的尺寸以便平铺图像，都是浮点值。可设置动画以便随时间移动贴图的平铺。
- 翻转：绕给定轴反转图像。
- 真实世界贴图大小：选中该复选框，对应用于对象上的纹理贴图材质使用真实世界贴图。

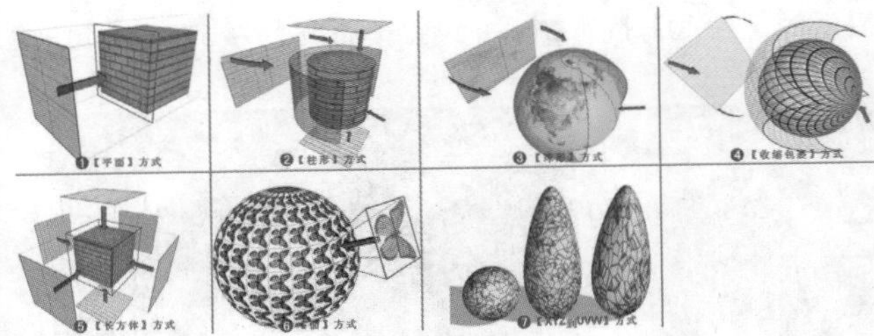

图4-197

【通道】组

- 贴图通道：设置贴图通道。
- 顶点颜色通道：选中该单选按钮，可将通道定义为顶点颜色通道。

【对齐】组

- X/Y/Z：选择其中之一，可翻转贴图 Gizmo 的对齐。每项指定 Gizmo 的哪个轴与对象的局部 Z 轴对齐。
- 操纵：单击该按钮，Gizmo 出现在能让用改变视口中的参数的对象上。
- 适配：将 Gizmo 适配到对象的范围并使其居中，以使其锁定到对象的范围。
- 中心：移动 Gizmo，使其中心与对象的中心一致。
- 位图适配：显示标准的位图文件浏览器，可以拾取图像。在启用【真实世界贴图大小】时不可用。
- 法线对齐：单击并在要应用修改器的对象曲面上拖动。
- 视图对齐：将贴图 Gizmo 重定向为面向活动视口。图标大小不变。
- 区域适配：激活一个模式，从中可在视口中拖动以定义贴图 Gizmo 的区域。
- 重置：删除控制 Gizmo 的当前控制器，并插入使用【拟合】功能初始化的新控制器。
- 获取：在拾取对象以从中获得 UVW 时，从其他对象有效复制 UVW 坐标，一个对话框会提示选择是以绝对方式还是相对方式完成获得。

【显示】组

- 不显示接缝：视口中不显示贴图边界。这是默认选择。
- 显示薄的接缝：使用相对细的线条，在视口中显示对象曲面上的贴图边界。
- 显示厚的接缝：使用相对粗的线条，在视口中显示对象曲面上的贴图边界。

通过变换 UVW 贴图的 Gizmo 可以产生不同的贴图效果，如图 4-198 所示。

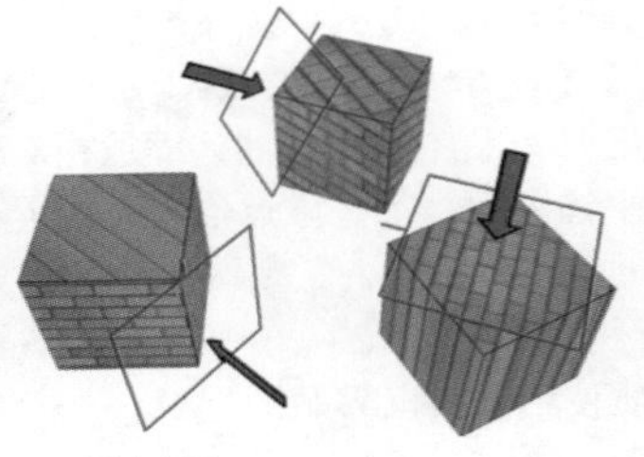

图4-198

未添加【UVW 贴图】修改器和正确添加【UVW 贴图】修改器的对比效果，如图 4-199 和图 4-200 所示。

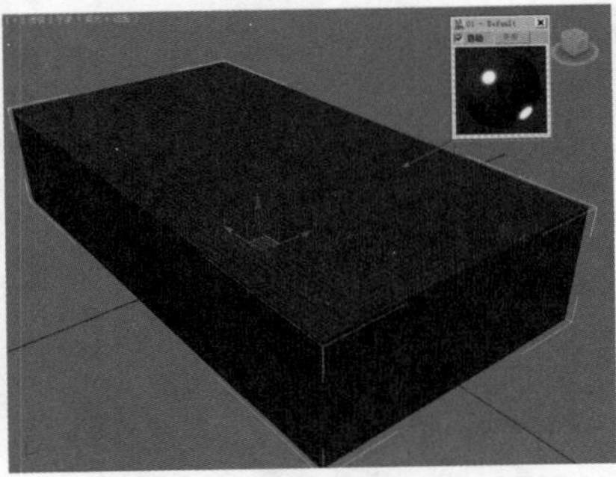

图4-199

图4-200

12.【平滑】、【网格平滑】、【涡轮平滑】修改器

【平滑】、【网格平滑】和【涡轮平滑】修改器都可以用于平滑几何体，但是在平滑效果和可调性上有所差别。对于相同物体来说，【平滑】修改器的参数比较简单，但是平滑的程度不强；【网格平滑】与【涡轮平滑】修改器的使用方法比较相似，但是后者能够更快并更有效率地利用内存。其参数设置面板如图 4-201 所示。

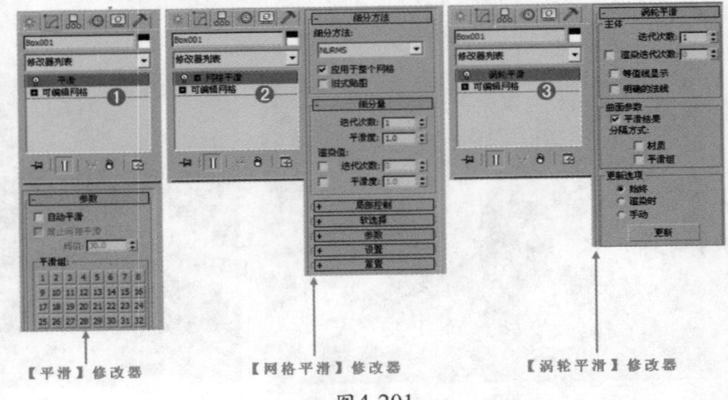

图4-201

- 【平滑】修改器：基于相邻面的角提供自动平滑，可以将新的平滑效果应用到对象上。
- 【网格平滑】修改器：使用该修改器会使对象的角和边变得圆滑，变圆滑后的角和边就像被锉平或刨平一样。
- 【涡轮平滑】修改器：该修改器是一种使用高分辨率模式来提高性能的极端优化平滑算法，可以大大提升高精度模型的平滑效果。

13.【对称】修改器

【对称】修改器可以快速创建出模型的另外一部分，因此在制作角色模型、人物模型、家具模型等对称模型时，可以先制作模型的一半，然后使用【对称】修改器制作另外一半。其参数设置面板如图 4-202 所示。

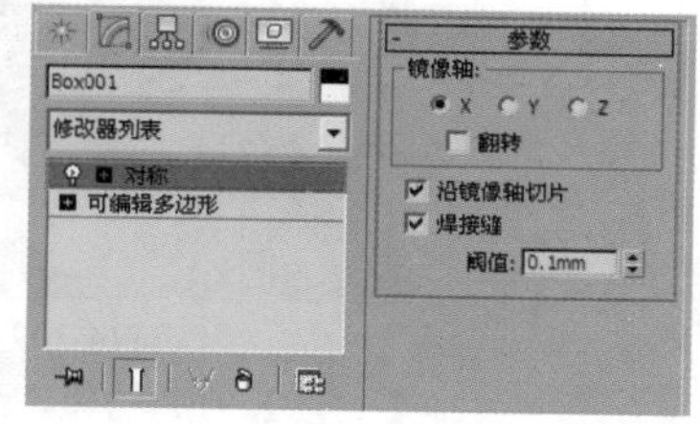
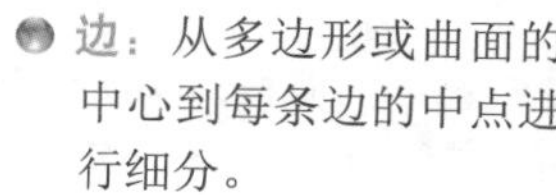
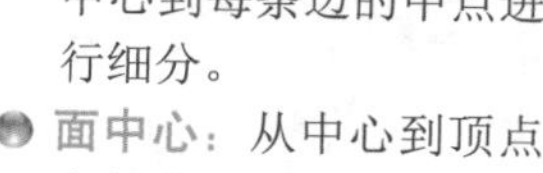

图4-202

【镜像轴】组

- X/Y/Z：指定执行对称所围绕的轴。可以在选中轴的同时在视口中观察效果。
- 翻转：翻转对称效果的方向。默认设置为禁用状态。
- 沿镜像轴切片：启用该选项使镜像 Gizmo 在定位于网格边界内部时作为一个切片平面。当 Gizmo 位于网格边界外部时，对称反射仍然作为原始网格的一部分来处理。如果禁用该选项，对称反射会作为原始网格的单独元素来进行处理。默认设置为启用。
- 焊接缝：启用该选项，确保沿镜像轴的顶点在阈值以内时会自动焊接。默认设置为启用。
- 阈值：设置的值代表顶点在自动焊接起来之前的接近程度。默认设置是 0.1mm。

14.【细化】修改器

【细化】修改器会对当前选择的曲面进行细分。它在渲染曲面时特别有用，并为其他修改器创建附加的网格分辨率。如果子对象选择拒绝了堆栈，那么整个对象会被细化。其参数设置面板如图 4-203 所示。

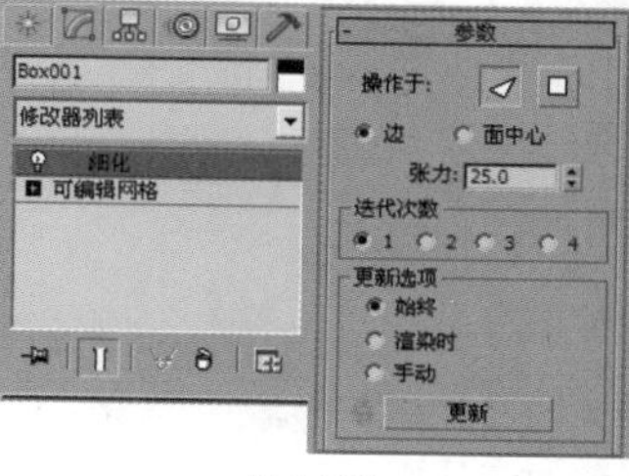

图4-203

- 操作于：指定将细化操作于三角形面还是多边形面（可见边包围的区域）。
- 边：从多边形或曲面的中心到每条边的中点进行细分。
- 面中心：从中心到顶点角的曲面进行细分。
- 张力：决定新曲面在经过边缘细化后是平面、凹面或凸面。
- 迭代次数：指定应用细化的次数，数值越大，模型面数越多，但是会占用较大的内存。
- 始终：无论何时改变了基本几何体都对细化进行更新。
- 渲染时：仅在对象渲染后进行细化的更新。
- 手动：仅在单击【更新】按钮时对细化进行更新。
- 更新：单击该按钮可更新细化。如果未启用【手动】为活动更新选项，该选项无效。

为模型添加【细化】修改器后，也就是为模型增加了网格的面数，使得模型可以进行更加细致的调节，如图 4-204 所示。

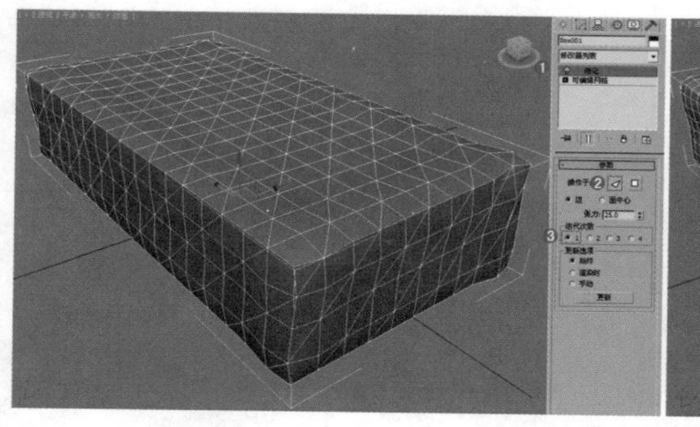

图4-204

15.【优化】修改器

【优化】修改器可以减少对象的面和顶点的数目。其参数设置面板如图 4-205 所示。

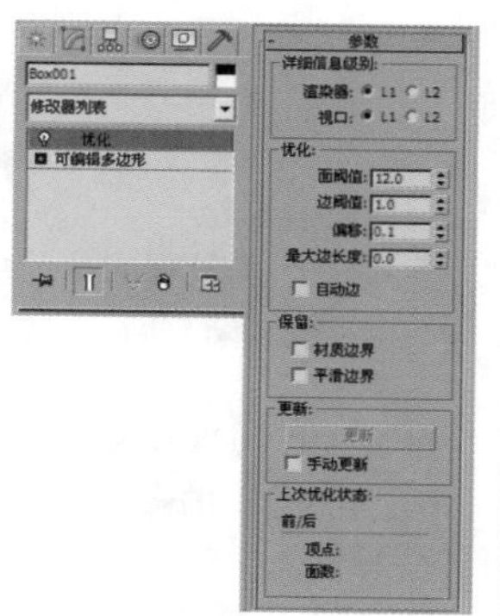

图4-205

【详细信息级别】组

- 渲染器：设置默认扫描线渲染器的显示级别。
- 视口：同时为视口和渲染器设置优化级别。

【优化】组

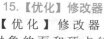

- 面阈值：设置用于决定哪些面会塌陷的阈值角度。
- 边阈值：为开放边（只绑定了一个面的边）设置不同的阈值角度。
- 偏移：帮助减少优化过程中产生的三角形，从而避免模型产生错误。
- 最大边长度：指定边的最大长度。
- 自动边：控制是否启用任何开放边。

【保留】组

- 材质边界：保留跨越材质边界的面塌陷。
- 平滑边界：优化对象并保持平滑效果。

【更新】组

- 更新：单击该按钮可使用当前优化设置来更新视图。
- 手动更新：选中该复选框后【更新】按钮才可用。

重点 小实例：利用优化修改器减少模型面数

场景文件	01.max
案例文件	小实例：利用优化修改器减少模型面数.max
视频教学	DVD/多媒体教学/Chapter04/小实例：利用优化修改器减少模型面数.flv
难易指数	★★★☆☆
技术掌握	掌握【优化】修改器的使用方法

实例介绍

【优化】修改器可以很好地优化模型的面数，从而大大节省计算机资源，使得3ds Max运行起来更加流畅。本例讲解如何使用【优化】修改器来优化模型的面数，优化前后的对比效果如图4-206所示。

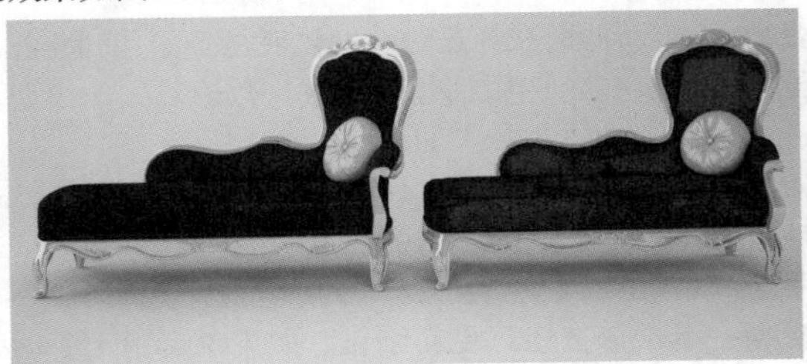

图4-206

建模思路

使用【优化】修改器减少模型的面数。

操作步骤

步骤 01 打开本书配套光盘中的【场景文件/Chapter04/01.max】文件，然后按数字键7，可以看到在视图的左上角显示出多边形和顶点的数量，目前的多边形数量为264160个，如图4-207所示。

步骤 02 为模型加载一个【优化】修改器，并设置【面阈值】为4，如图4-208所示。

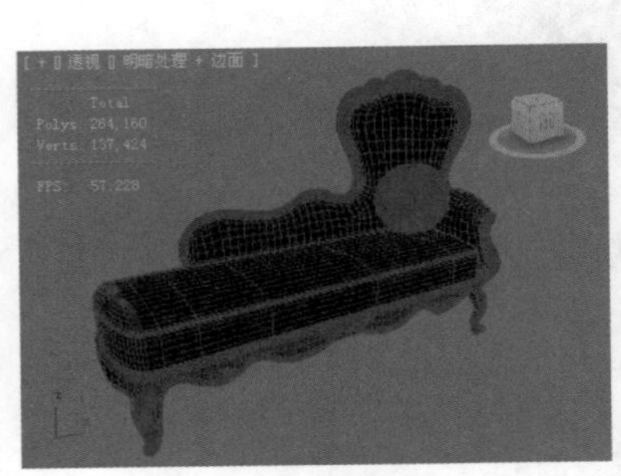

图4-207

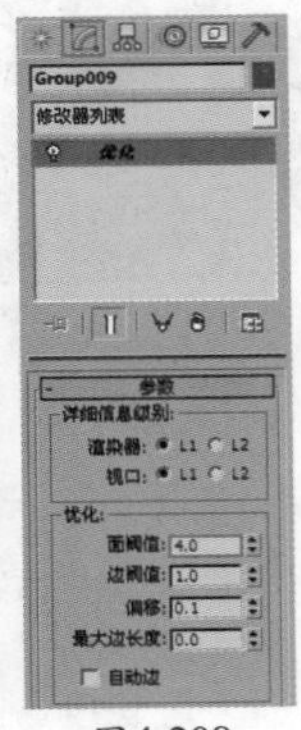

图4-208

技巧与提示

如果在一个很大的场景中每个物体都有很多面，那么系统在运行时将会非常缓慢，因此在保证模型没有太大更改的情况下可以适当地将物体进行优化。

步骤 03 这时可以从网格中观察到面数已经明显减少，目前的多边形数量为137910个，模型效果如图4-209所示。

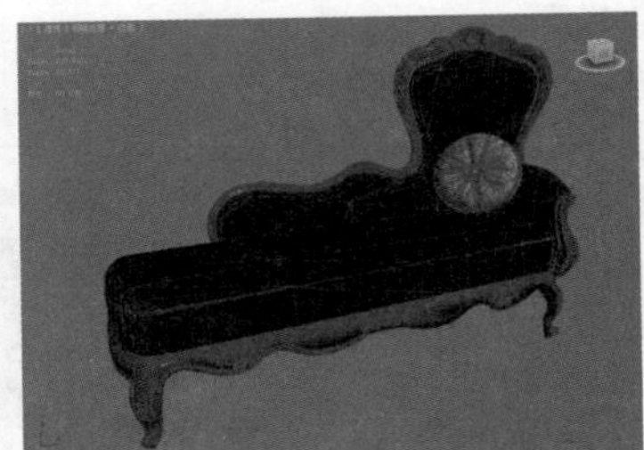

图4-209

步骤 04 对比【优化】前后的模型效果，如图4-210所示。

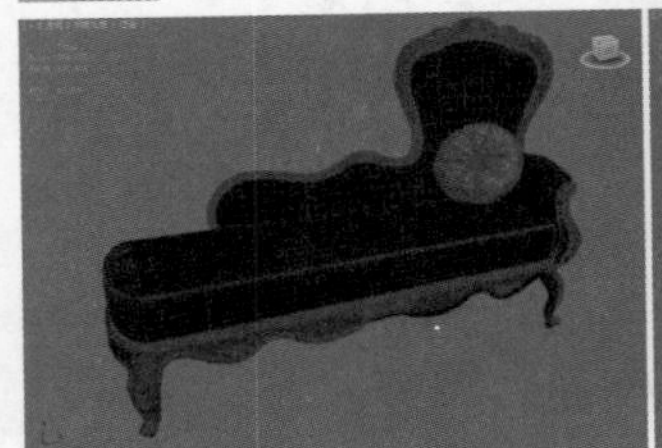

优化前面数：264 160个　　优化后面数：137 910个

图4-210

16.【噪波】修改器

【噪波】修改器可以使对象表面的顶点进行随机变动，从而让表面变得起伏不规则，常用于制作复杂的地形、地面和水面效果，并且【噪波】修改器可以应用在任何类型的对象上，其参数设置面板如图4-211所示。

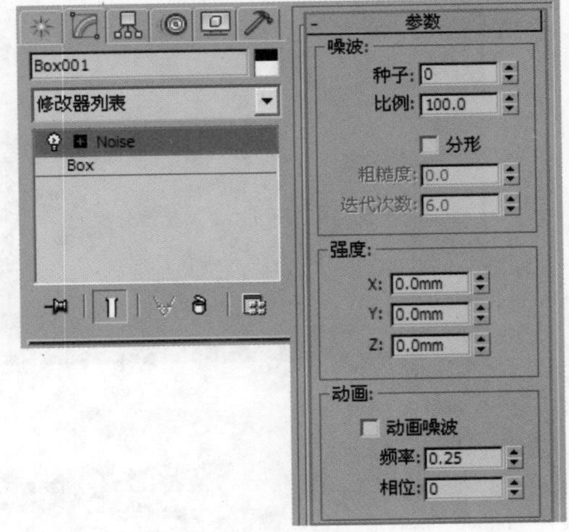

图4-211

【噪波】组

- 种子：从设置的数值中生成一个随机起始点。该参数在创建地形时非常有用，因为每种设置都可以生成不同的效果。
- 比例：设置噪波影响（不是强度）的大小。较大的值可产生平滑的噪波；较小的值可产生锯齿现象非常严重的噪波。
- 分形：控制是否产生分形效果。
- 粗糙度：决定分形变化的程度。

- **迭代次数**：控制分形功能所使用的迭代数目。

【强度】组

- **X/Y/Z 轴**：设置噪波在 X/Y/Z 坐标轴上的强度（至少为其中一个坐标轴输入强度数值）。

【动画】组

- **动画噪波**：调节噪波和强度参数的组合效果。
- **频率**：调节噪波效果的速度。较高的频率可使噪波振动的更快；较低的频率可产生较为平滑或更温和的噪波。
- **相位**：移动基本波形的开始和结束点。

重点 小实例：利用噪波修改器制作冰块

场景文件	无
案例文件	小实例：利用噪波修改器制作冰块 .max
视频教学	DVD/ 多媒体教学 /Chapter04/ 小实例：利用噪波修改器制作冰块 .flv
难易指数	★★★☆☆
技术掌握	掌握【噪波】修改器的使用方法

实例介绍

本例使用【噪波】修改器制作冰块模型，效果如图 4-212 所示。

图4-212

建模思路

为切角长方体加载【噪波】修改器。

冰块模型的制作流程如图 4-213 所示。

图4-213

操作步骤

步骤 01 使用【切角长方体】工具 切角长方体 在顶视图中创建一个切角长方体，然后设置【长度】为 100mm，【宽度】为 100mm，【高度】为 80mm，【圆角】为 8mm，【长度分段】为 6，【宽度分段】为 6，【高度分段】为 6，【圆角分段】为 3，如图 4-214 所示。

步骤 02 选择步骤 01 中创建的切角长方体，然后在【修改】面板下为其加载【噪波】修改器，展开【参数】卷展栏，选中【分形】复选框，在【强度】选项组下设置 X、Y、Z 为 20mm，如图 4-215 所示。

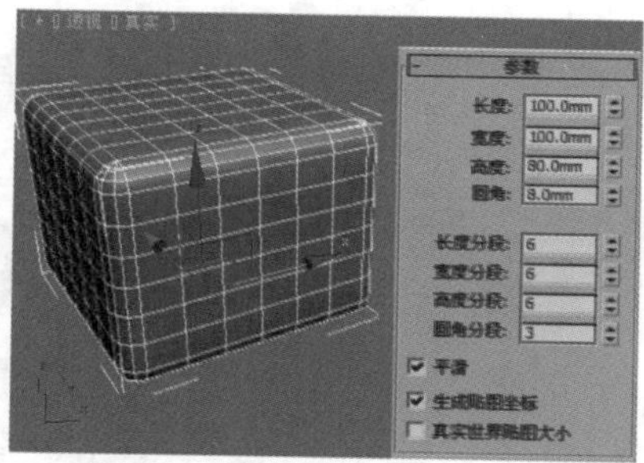

图4-214

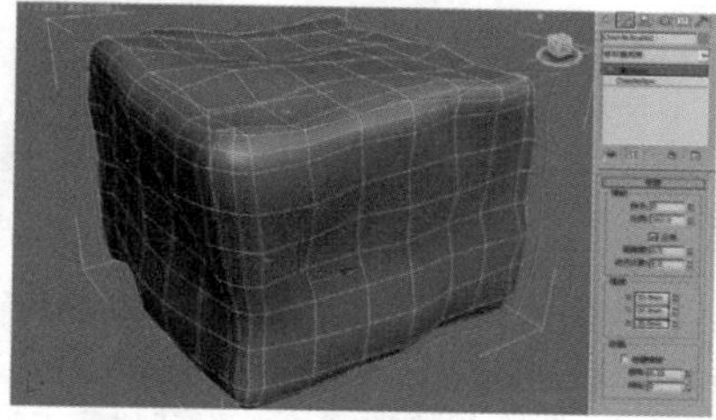

图4-215

步骤 03 使用【平面】工具 平面 在顶视图中创建一个平面，然后设置【长度】为 600mm，【宽度】为 700mm，如图 4-216 所示。

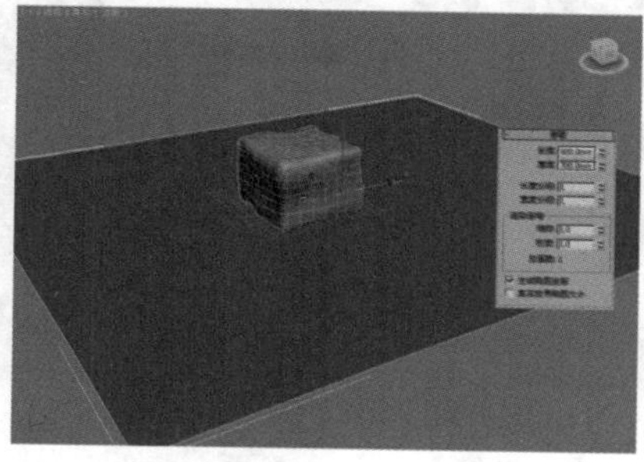

图4-216

步骤 04 继续使用【噪波】修改器制作出剩余部分的冰块模型，最终模型效果如图 4-217 所示。

图4-217

重点 小实例：利用噪波和 FFD 修改器制作气球

场景文件	无
案例文件	小实例：利用噪波和 FFD 修改器制作气球 .max
视频教学	DVD/ 多媒体教学 /Chapter04/ 小实例：利用噪波和 FFD 修改器制作气球 .flv
难易指数	★★★☆☆
技术掌握	掌握【噪波】和 FFD 修改器的使用方法

实例介绍

本例学习使用一些常用修改器来完成气球模型的制作，最终渲染和线框效果如图 4-218 所示。

图4-218

建模思路

使用【噪波】和 FFD 修改器制作气球模型。

气球的建模流程如图 4-219 所示。

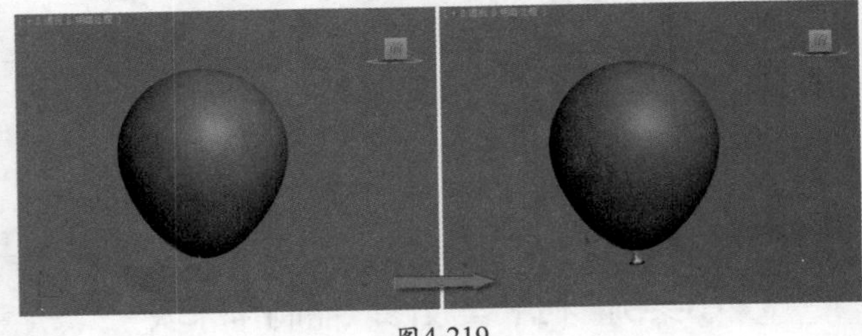
图4-219

操作步骤

步骤 01 单击 （创建）|（几何体）| 标准基本体 | 球体 （球体）按钮，在顶视图中创建一个球体，并设置【半径】为 100mm，【分段】为 100，如图 4-220 所示。

步骤 02 选择步骤 01 中创建的球体，为其加载 FFD 3×3×3 修改器，如图 4-221 所示。

步骤 03 单击【修改】面板 ，并进入【控制点】级别，接着在前视图向下拖曳控制点，调整球体的形态，具体效果如图 4-222 所示。

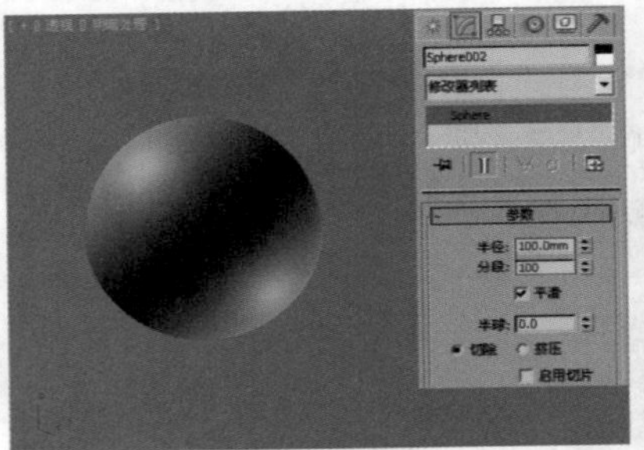
图4-220

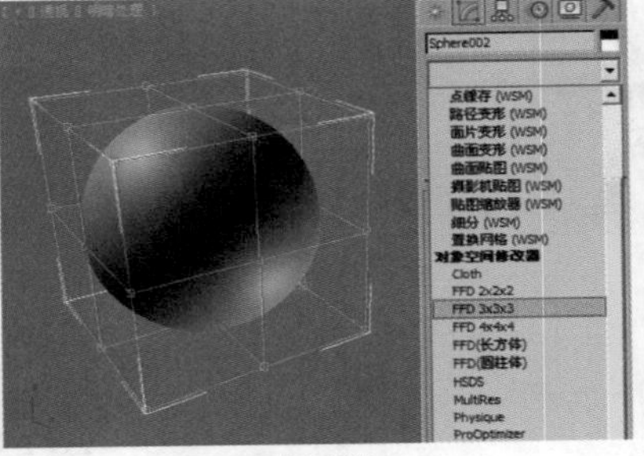
图4-221

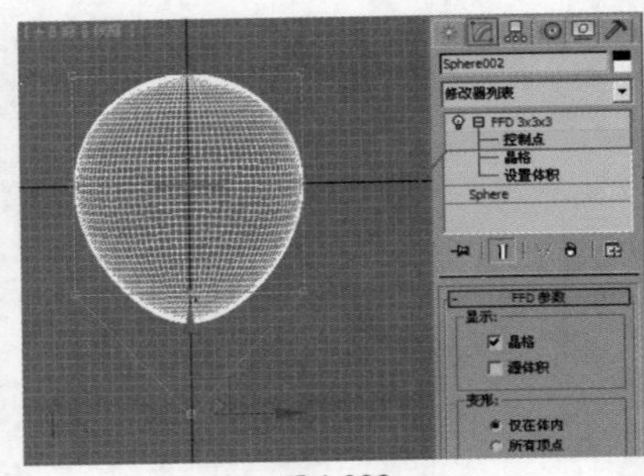
图4-222

步骤 04 使用【环形结】工具 环形结 在顶视图中创建一个环形结。单击【修改】面板 ，在【基础曲线】选项组下设置【半径】为 1.3mm，【分段】为 200，P 为 3，Q 为 1.5。在【横截面】选项组下设置【半径】为 1.2mm，如图 4-223 所示。

步骤 05 使用【选择并移动】工具将环形结沿 Y 轴的反方向移动到球体下方，如图 4-224 所示。

步骤 06 使用【圆锥体】工具 圆锥体 在顶视图中创建一个圆锥体。向下移动至环形结下方，设置【半径 1】为 6mm，【半径 2】为 1mm，【高度】为 8.5mm，【高度分段】为 20，【端面分段】为 1，【边数】为 50, 如图 4-225 所示。

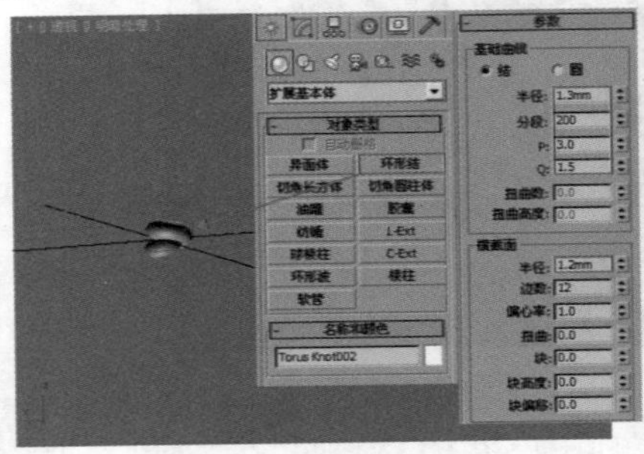
图4-223

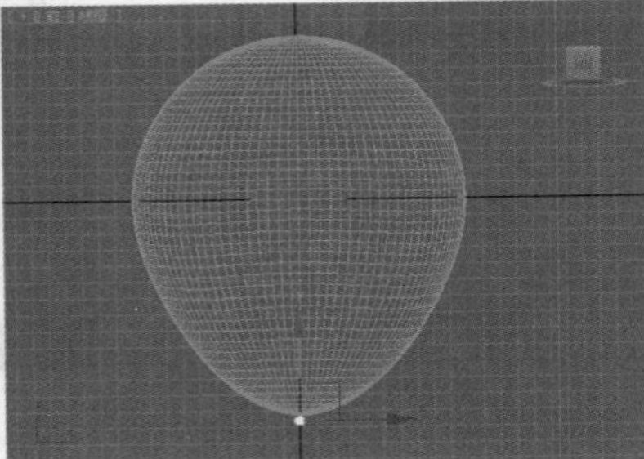
图4-224

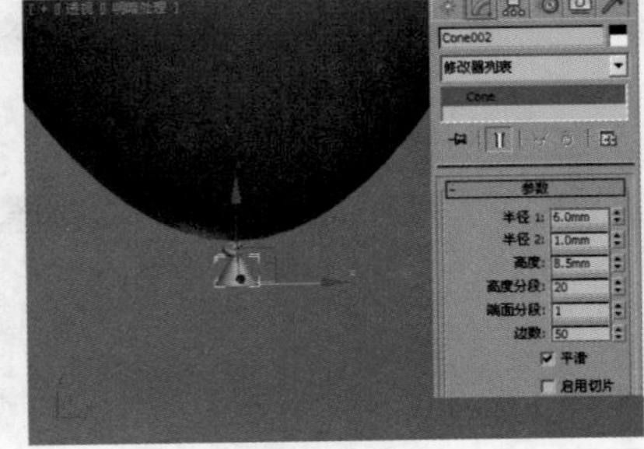
图4-225

步骤 07 使用【圆环】工具 圆环 在顶视图中创建一个圆环。向下移动至圆锥下方，设置【半径 1】为 6.4mm，【半径 2】为 0.8mm，【分段】为 50，【边数】为 40, 如图 4-226 所示。

步骤 08 选择刚才创建的圆锥体和圆环，为其加载【噪波】修改器。单击【修改】面板 ，在【噪波】选项组下设置【比例】为 60，选中【分形】复选框，在【强度】选项组下设置 X 为 10mm，Y 为 10mm，Z 为 4mm，如图 4-227 所示。

步骤 09 气球模型的最终效果如图 4-228 所示。

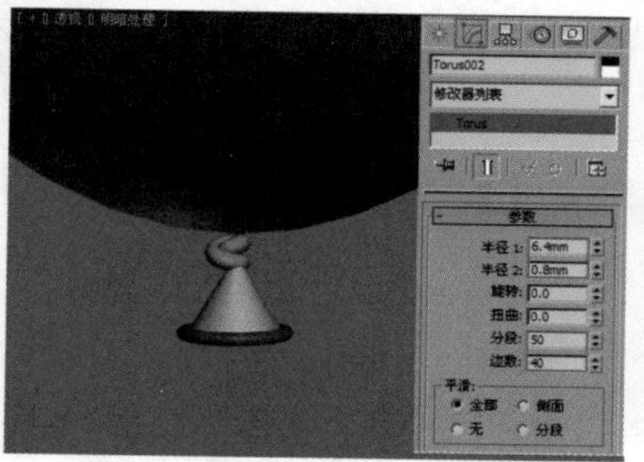

图4-226

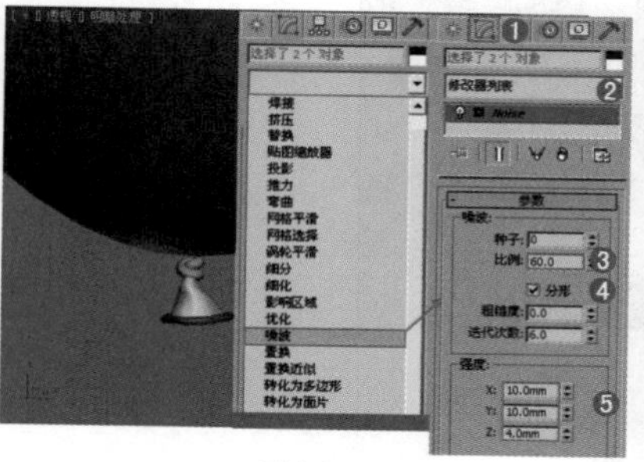

图4-227

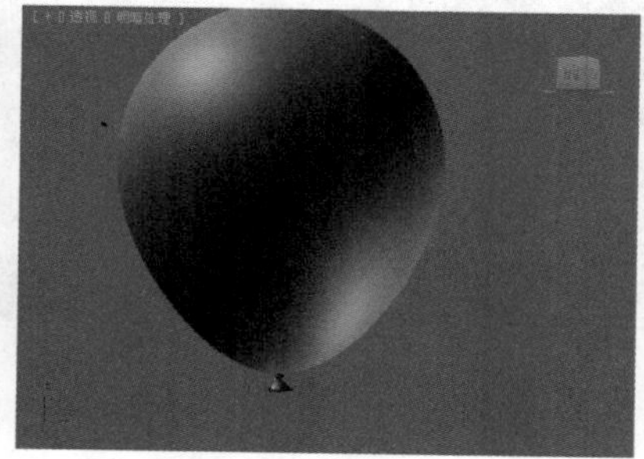

图4-228

17.【置换】修改器

【置换】修改器以力场的形式推动和重塑对象的几何外形，可以直接从修改器 Gizmo 或位图图像应用其变量力。其参数设置面板如图 4-229 所示。

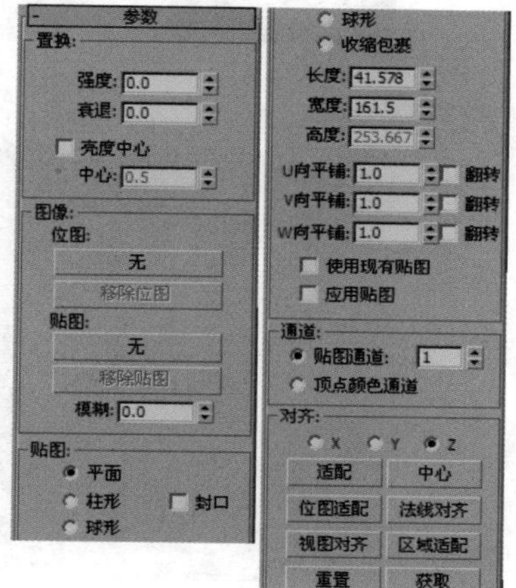

图4-229

- 强度：设置为 0.0 时，置换没有任何效果。
- 衰退：根据距离变化置换强度。
- 亮度中心：决定置换使用什么层级的灰度作为 0 置换值。
- 位图按钮：从选择对话框中指定位图或贴图。
- 移除位图 / 贴图：移除指定的位图或贴图。
- 模糊：增加该值可以模糊或柔化位图置换的效果。
- 平面：从单独的平面对贴图进行投影。
- 柱形：像将其环绕在圆柱体上那样对贴图进行投影。选中【封口】复选框可以从圆柱体的末端投影贴图副本。
- 球形：从球体出发对贴图进行投影，球体的顶部和底部，即位图边缘在球体两极的交汇处均为奇点。
- 收缩包裹：从球体投影贴图，像【球形】所作的那样，但是它会截去贴图的各个角，然后在一个单独的极点将它们全部结合在一起，在底部创建一个奇点。
- 长度 / 宽度 / 高度：指定置换 Gizmo 的边界框尺寸。高度对平面贴图没有任何影响。
- U 向平铺 /V 向平铺 /W 向平铺：设置位图沿指定尺寸重复的次数。
- 翻转：沿相应的 U、V 或 W 轴反转贴图的方向。
- 使用现有贴图：让置换使用堆栈中较早的贴图设置。如果没有对对象贴图，该功能就没有效果。
- 应用贴图：将置换 UV 贴图应用到绑定对象。
- 贴图通道：选择该功能可以指定 UVW 通道用来贴图，其右侧的微调器用于设置通道数目。
- 顶点颜色通道：选择该功能可以对贴图使用顶点颜色通道。
- X/Y/Z：沿 3 个轴翻转贴图 Gizmo 的对齐。
- 适配：缩放 Gizmo 以适配对象的边界框。
- 中心：相对于对象的中心调整 Gizmo 的中心。
- 位图适配：打开【选择位图】对话框。缩放 Gizmo 以适配选定位图的纵横比。
- 法线对齐：启用【拾取】模式可以选择曲面。Gizmo 对齐于所选曲面的法线。
- 视图对齐：使 Gizmo 指向视图的方向。
- 区域适配：启用【拾取】模式可以拖动两个点。缩放 Gizmo 以适配指定区域。
- 重置：将 Gizmo 返回到默认值。
- 获取：启用【拾取】模式可以选择另一个对象并获得它的【置换】Gizmo 设置。

重点 小实例：利用置换修改器制作针幕人像

场景文件	无
案例文件	小实例：利用置换修改器制作针幕人像 .max
视频教学	DVD/ 多媒体教学 /Chapter06/ 小实例：利用置换修改器制作针幕人像 .flv
难易指数	★★★☆☆
技术掌握	掌握【置换】修改器的使用方法

实例介绍

本例将以一个针幕人像模型为例来讲解【置换】修改器的使用方法，效果如图 4-230 所示。

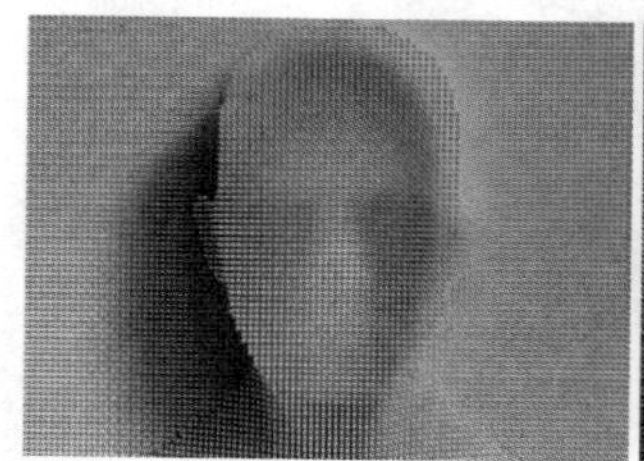
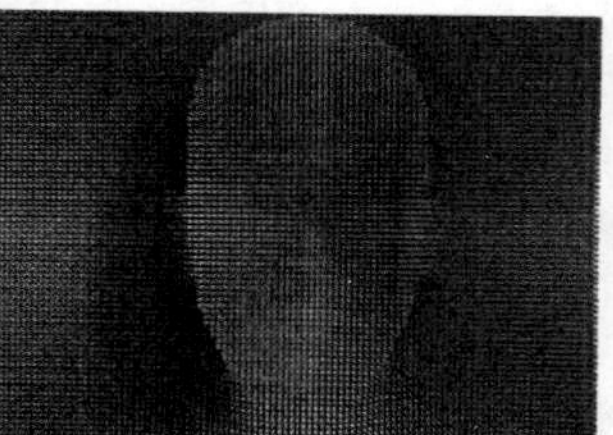

图4-230

建模思路

创建平面并加载【置换】修改器制作针幕人像。

针幕人像的建模流程如图 4-231 所示。

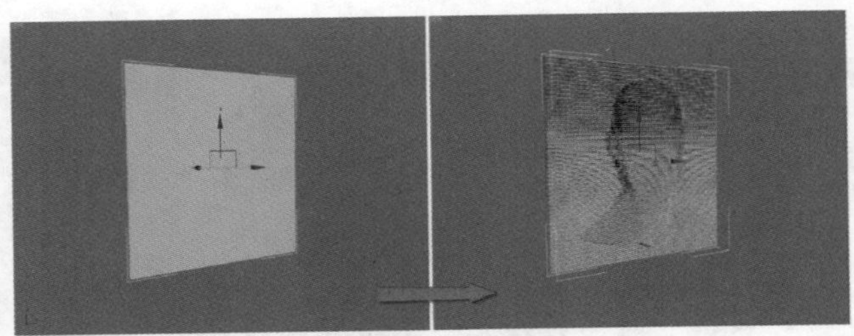

图4-231

操作步骤

步骤 01 使用【平面】工具 平面 在场景中创建一个平面，然后单击【修改】面板，设置【长度】为 100mm，【宽度】为 100mm，【长度分段】为 1000，【宽度分段】为 1000，如图 4-232 所示。

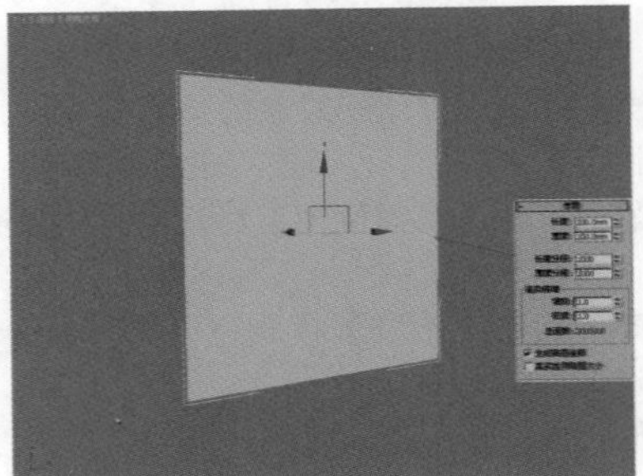

图4-232

> **技巧与提示**
>
> 将平面的段值设置为 1000 是为了在添加【置换】修改器后的效果更加明显，可以根据计算机的配置适当设置。

步骤 02 选择刚创建的平面，然后在【修改】面板下加载【置换】修改器，接着展开【参数】卷展栏，设置【强度】为 5mm，并在【图像】选项组下加载贴图文件【针模 .jpg】，在【贴图】选项组下选中【平面】单选按钮，如图 4-233 所示。

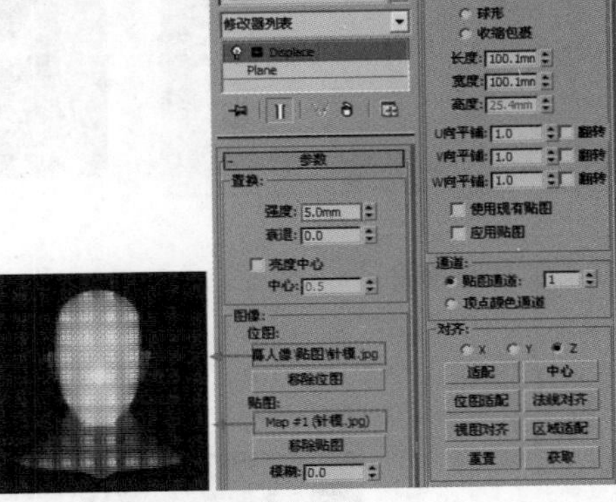

图4-233

步骤 03 最终模型效果如图 4-234 所示。

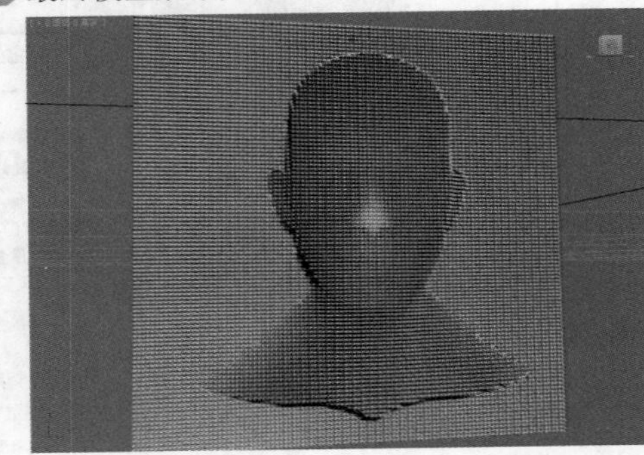

图4-234

4.2 石墨建模工具

在 3ds Max 2010 版本以后，石墨建模工具被整合成为 3ds Max 内置的工具，不需要安装即可使用。从而使多边形建模变得更加强大，其参数和应用方法与【多边形建模】基本一致，而【石墨工具】相对更加灵活、方便。如图 4-235 所示为石墨建模的优秀作品。

图4-235

4.2.1 调出石墨建模工具

石墨建模工具包含【建模】、【自由形式】、【选择】、【对象绘制】、【填充】5 大选项卡，其中每个选项卡下都包含许多工具（这些工具的显示与否取决于当前建模的对象及需要），如图 4-236 所示。

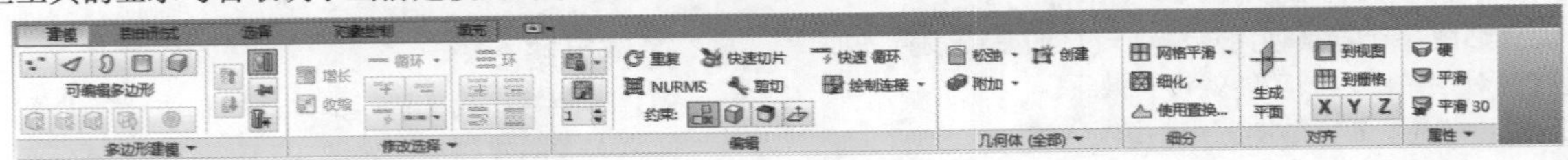

图4-236

在默认情况下，首次启动 3ds Max 2014 时，石墨建模工具工具栏会自动出现在操作界面中，位于【主工具栏】的下方。在【主工具栏】上单击【切换功能区】按钮，即可切换打开和关闭其窗口，如图 4-237 所示。

图4-237

4.2.2 切换石墨建模工具的显示状态

【石墨建模工具】界面具有 3 种不同的状态，切换这 3 种状态的方法主要有以下两种。

（1）在【石墨建模工具】工具栏中单击【最小化为面板标题】按钮，如图 4-238 所示，此时该工具栏会变成面板标题工具栏，如图 4-239 所示。

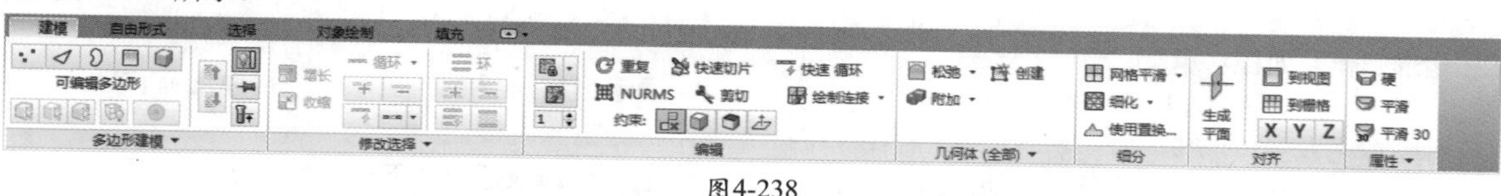

图4-238

图4-239

（2）在【石墨建模工具】工具栏中单击【最小化为面板标题】按钮后面的按钮，在弹出的菜单中即可选择相应的显示方式，如图 4-240 所示。

图4-240

4.2.3 建模工具界面

【建模】选项卡下包含了大部分多边形建模的常用工具，它被分成若干不同的面板，如图 4-241 所示。

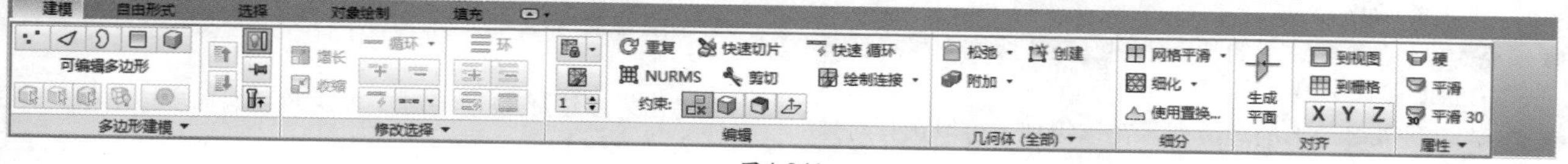

图4-241

当切换不同的级别时，【建模】选项卡下的参数面板也会跟着发生相应的变化，如图 4-242 ～图 4-246 所示分别是【顶点】级别、【边】级别、【边界】级别、【多边形】级别和【元素】级别下的面板。

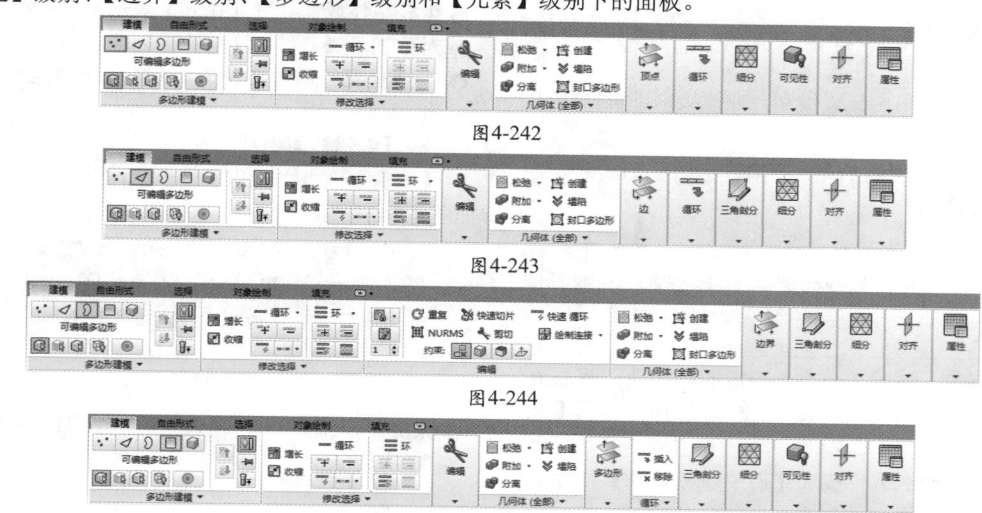

图4-242

图4-243

图4-244

图4-245

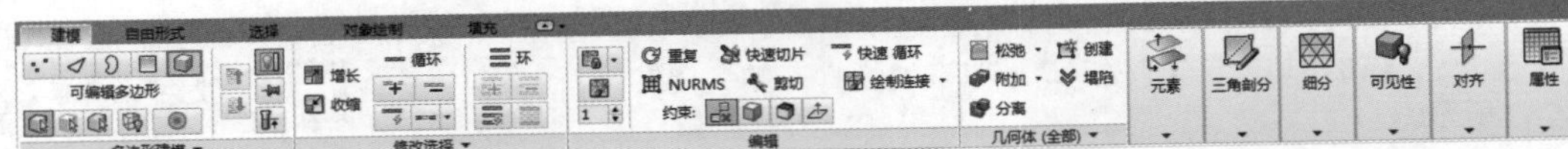

图4-246

4.2.4 【建模】选项卡

【建模】选项卡包含最常用于多边形建模的工具，它分成若干不同的面板，方便用户访问。

1.【多边形建模】面板

【多边形建模】面板中包含用于切换子对象级别、修改器堆栈、将对象转化为多边形和编辑多边形的常用工具和命令，如图4-247所示。由于该面板是最常用的面板，因此建议用户将其切换为浮动面板（拖曳该面板即可将其切换为浮动状态），这样使用起来会更加方便，如图4-248所示。

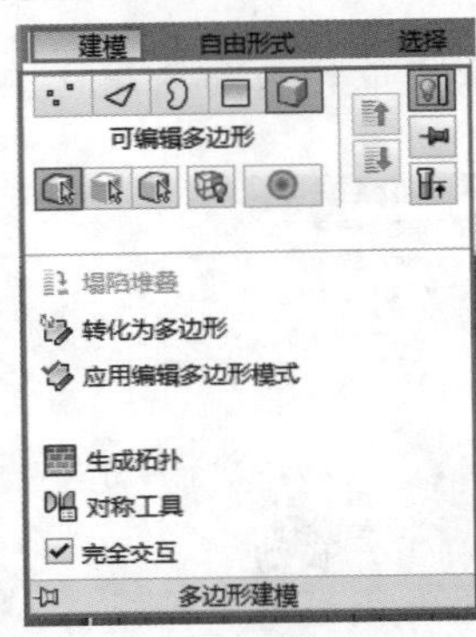

图4-247

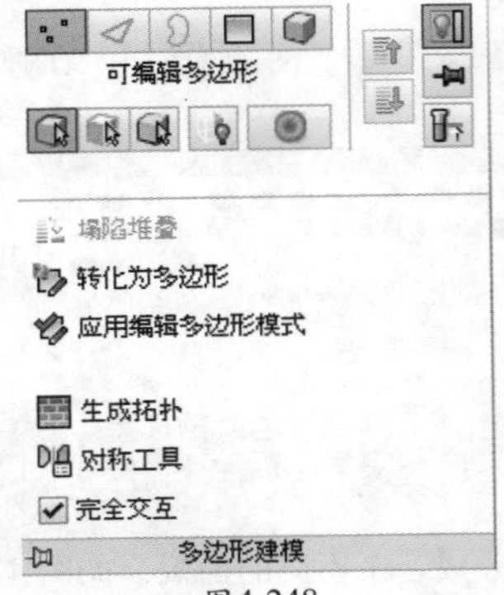

图4-248

- 顶点：进入多边形的顶点级别，在该级别下可以选择对象的顶点。
- 边：进入多边形的边级别，在该级别下可以选择对象的边。
- 边界：进入多边形的边界级别，在该级别下可以选择对象的边界。
- 多边形：进入多边形的多边形级别，在该级别下可以选择对象的多边形。
- 元素：进入多边形的元素级别，在该级别下可以选择对象中相邻的多边形。

技巧与提示

边与边界级别是兼容的，所以可以在二者之间进行切换，并且切换时会保留现有的选择对象。同样，多边形与元素级别也是兼容的。

- 切换命令面板：控制【命令】面板的可见性。单击该按钮可以关闭【命令】面板，再次单击该按钮可以显示【命令】面板。
- 锁定堆栈：将修改器堆栈和【石墨建模工具】控件锁定到当前选定的对象。

技巧与提示

【锁定堆栈】工具非常适用于在保持已修改对象的堆栈不变的情况下变换其他对象。

- 显示最终结果：显示在堆栈中所有修改完毕后出现的选定对象功能。
- 上一个修改器/下一个修改器：通过上移或下移堆栈改变修改器的先后顺序。
- 预览关闭：关闭预览功能。
- 预览子对象：仅在当前子对象层级启用预览。

技巧与提示

若要在当前层级取消选择多个子对象，可以按住Ctrl+Alt组合键的同时将光标拖曳到高亮显示的子对象处，然后单击选定的子对象，这样就可以取消选择所有高亮显示的子对象。

- 预览多个：开启预览多个对象功能。
- 忽略背面：开启忽略对背面对象的选择。
- 使用软选择：在软选择和【软选择】面板之间切换。
- 塌陷堆叠：将选定对象的整个堆栈塌陷为可编辑多边形。
- 转化为多边形：将对象转换为可编辑多边形格式并进入【修改】模式。
- 应用编辑多边形模式：为对象加载【编辑多边形】修改器并切换到【修改】模式。
- 生成拓扑：打开【拓扑】对话框。
- 对称工具：打开【对称工具】对话框。
- 完全交互：切换【快速切片】工具和【切割】工具的反馈层级以及所有的设置对话框。

2.【编辑】面板

【编辑】面板中提供了用于修改多边形对象的各种工具，如图4-249所示。

图4-249

- 保留UV：启用该选项后，可以编辑子对象，而不影响对象的UV贴图，如图4-250所示。

图4-250

- 扭曲：启用该选项后，可以通过鼠标操作来扭曲 UV，如图 4-251 所示。

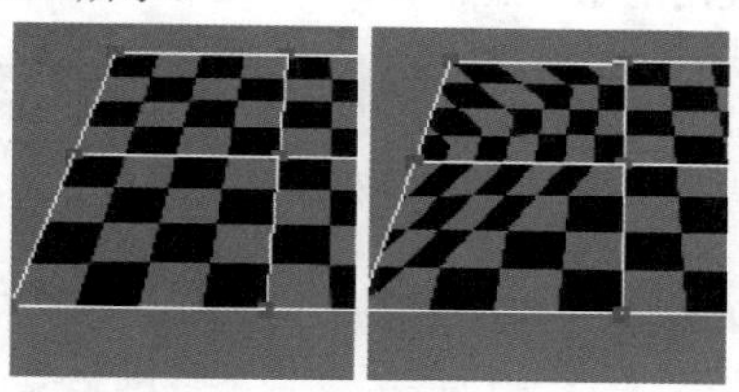
图4-251

- 重复：重复最近使用的命令。

> **技巧与提示**
>
> 【重复上一个】工具不会重复执行所有操作，如不能重复变换。使用该工具时，若要确定重复执行哪个命令，可以将光标指向该按钮，在弹出的工具提示上会显示可重复执行的操作名称。

- 快速切片：可以将对象快速切片，单击右键可以停止切片操作。

> **技巧与提示**
>
> 在对象层级中，使用【快速切片】工具会影响整个对象。

- 快速循环：通过单击来放置边循环。按住 Shift 键的同时单击可以插入边循环，并调整新循环以匹配周围的曲面流。
- NURMS：通过 NURMS 方法应用平滑并打开使用 NURMS 面板。
- 剪切：用于创建一个多边形到另一个多边形的边，或在多边形内创建边。
- P 连接：可以以交互的方式绘制边和顶点之间的连接线。
- 设置流：启用该选项时，可以使用【P 连接】工具自动重新定位新边，以适合周围网格内的图形。
- 约束：可以使用现有的几何体来约束子对象的变换。

3.【修改选择】面板

修改选择面板中提供了用于调整对象的多种工具，如图 4-252 所示。

图4-252

- 增长：向所有可用方向外侧扩展选择区域。
- 收缩：通过取消选择最外部的子对象来缩小子对象的选择区域。
- 循环：根据当前选择的子对象来选择一个或多个循环。
  - 在圆柱体末端循环：沿圆柱体的顶边和底边选择顶点和边循环。
- 增长循环：根据当前选择的子对象来增长循环。
- 收缩循环：通过从末端移除子对象来减小选定循环的范围。
- 循环模式：单击该按钮，则选择子对象时也会自动选择关联循环。
- 点循环：选择有间距的循环。
  - 点循环圆柱体：选择环绕圆柱体顶边和底边的非连续循环中的边或顶点。
- 环：根据当前选择的子对象来选择一个或多个环。
- 增长环：分步扩大一个或多个边环，只能用在【边】和【边界】级别中。
- 收缩环：通过从末端移除边来减小选定边循环的范围，不适用于圆环，只能用在【边】和【边界】级别中。
- 环模式：单击该按钮，系统会自动选择环。
- 点环：基于当前选择，选择有间距的边环。
- 轮廓：选择当前子对象的边界，并取消选择其余部分。
- 相似：根据选定的子对象特性来选择其他类似的元素。
- 填充：选择两个选定子对象之间的所有子对象。
- 填充孔洞：选择由轮廓选择和轮廓内的独立选择指定的闭合区域中的所有子对象。
- 步循环：在同一循环上的两个选定子对象之间选择循环。
  - StepLoop 最长距离：使用最长距离在同一循环中的两个选定子对象之间选择循环。
- 步模式：使用【步模式】来分步选择循环。
- 点间距：指定用【点循环】选择循环中的子对象之间的间距范围，或用【点环】选择的环中边之间的间距范围。

4.【几何体（全部）】面板

【几何体（全部）】面板中提供了编辑几何体的工具，如图 4-253 所示。

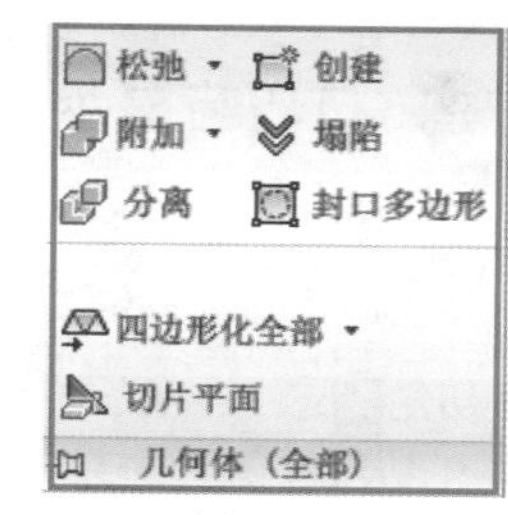

图4-253

- 松弛：使用该工具可以将松弛效果应用于当前选定的对象。
  - 松弛设置：打开【松弛】对话框，在对话框中可以设置松弛的相关参数。
- 创建：创建新的几何体。
- 附加：用于将场景中的其他对象附加到选定的多边形对象。
- 从列表中附加：打开【附加列表】对话框，在对话框中可以将场景中的其他对象附加到选定对象。

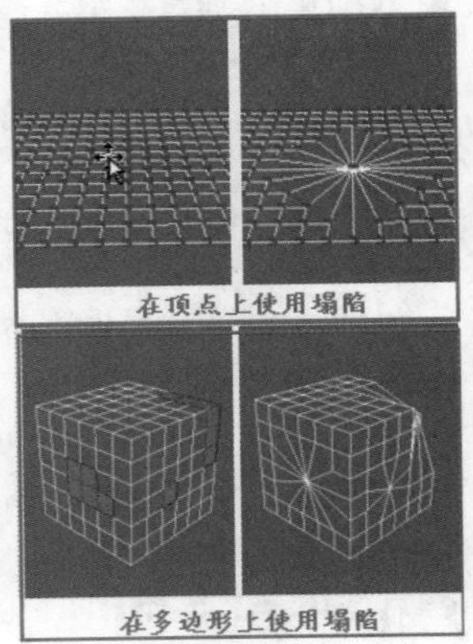

在顶点上使用塌陷
在多边形上使用塌陷

图4-254

- 塌陷：通过将其顶点与选择中心的顶点焊接起来，使连续选定的子对象组产生塌陷效果，如图4-254所示。
- 分离：将选定的子对象和附加到子对象的多边形作为单独的对象或元素分离出来。
- 封口多边形：从顶点或边选择创建一个多边形并选择该多边形。
- 四边形化全部：一组用于将三角形转化为四边形的工具。
- 切片平面：为切片平面创建Gizmo，可以通过定位和旋转来指定切片位置。

> **技巧与提示**
>
> 在【多边形】或【元素】级别中，使用【切片平面】工具只能影响选定的多边形。如果要对整个对象执行切片操作，可以在其他子对象级别或对象级别中使用【切片平面】工具。

5.【子对象】面板

在不同的子对象级别中，子对象面板的显示状态也不一样。下面依次讲解各个子对象的面板。

（1）【顶点】面板中提供了编辑顶点的相应工具，如图4-255所示。

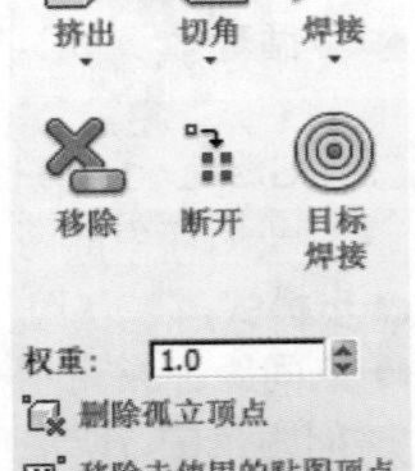

图4-255

- 挤出：可以对选中的顶点进行挤出。
  - 挤出设置：打开【挤出顶点】对话框，在该对话框中可以设置挤出顶点的相关参数。

> **技巧与提示**
>
> 按住Shift键的同时单击【挤出】按钮也可以打开【挤出顶点】对话框。

- 切角：可以对当前所选的顶点进行切角操作。
  - 切角设置：打开【切角顶点】对话框，在该对话框中可以设置切角顶点的相关参数。
- 焊接：对阈值范围内选中的顶点进行合并。
  - 焊接设置：打开【焊接顶点】对话框，在该对话框中可以设置焊接预置参数。
- 移除：删除选中的顶点。
- 断开：在与选定顶点相连的每个多边形上都创建一个新顶点，使多边形的转角相互分开。
- 目标焊接：可以选择一个顶点，并将它焊接到相邻目标顶点。
- 权重：设置选定顶点的权重。
- 删除孤立顶点：删除不属于任何多边形的所有顶点。
- 移除未使用的贴图顶点：自动删除某些建模操作留下的未使用过的孤立贴图顶点。

（2）【边】面板中提供了对边进行操作的相关工具，如图4-256所示。

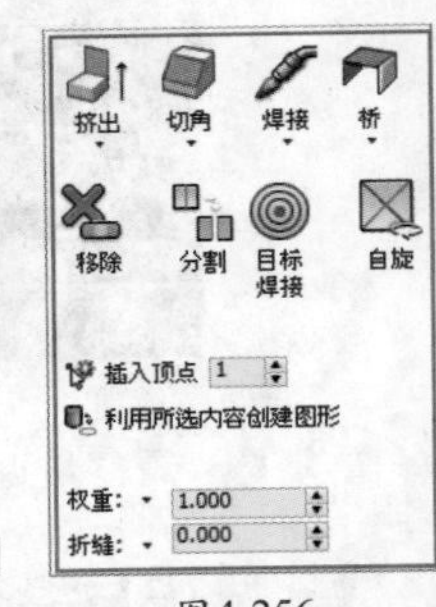

图4-256

- 挤出：对边进行挤出。
  - 挤出设置：打开【挤出边】对话框，在该对话框中可以设置挤出边的相关参数。
- 切角：对边进行切角。
  - 切角设置：打开【切角边】对话框，在该对话框中可以设置切角边的相关参数。
- 焊接：对阈值范围内选中的边进行合并。
  - 焊接设置：打开【焊接边】对话框，在该对话框中可以设置焊接参数。
- 桥：连接多边形对象的边。
  - 桥设置：打开【跨越边】对话框，在该对话框中可以设置桥接边的相关参数。
- 移除：删除选定的边。
- 分割：沿着选定的边分割网格。
- 目标焊接：用于选择边并将其焊接到目标边。
- 自旋：旋转多边形中的一个或多个选定边，从而更改方向。
- 插入顶点：在选定的边内插入顶点。
- 利用所选内容创建图形：选择一个或多个边后，单击该按钮可以创建一个新图形。
- 权重：设置选定边的权重，以供NURMS进行细分或供【网格平滑】修改器使用。
- 折缝：对选定的边指定折缝操作量。

（3）【边界】面板中提供了对边界进行操作的相关工具，如图4-257所示。

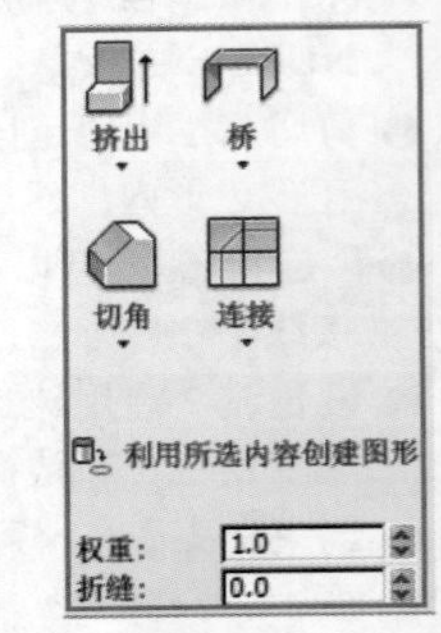

图4-257

- 挤出：对边界进行挤出。
  - 挤出设置：打开【挤出边界】对话框，在该对话框中可以设置挤出边界的相关参数。
- 桥：连接多边形对象上的边界。
  - 桥设置：打开【跨越边界】对话框，在该对话框中可以可以设置桥接边界的相关参数。
- 切角：对边界进行切角操作。
  - 切角设置：打开【切角边界】对话框，在该对话框中可以设置切角边的相关参数。

- 连接：在选定的边界之间创建新边。
  - 连接设置：打开【连接边界】对话框，在该对话框中可以设置连接边界的相关参数。
- 利用所选内容创建图形：选择一个或多个边界后，单击该按钮可以创建一个新图形。
- 权重：设置选定边界的权重。
- 折缝：对选定的边界指定折缝操作量。

（4）【多边形】面板中提供了对多边形进行操作的相关工具，如图 4-258 所示。

图4-258

- 挤出：对多边形进行挤出操作。
  - 挤出设置：打开【挤出多边形】对话框，在该对话框中可以设置挤出多边形的相关参数。
- 倒角：对多边形进行倒角操作。
  - 倒角设置：打开【倒角多边形】对话框，在该对话框中可以设置倒角多边形的相关参数。
- 桥：连接对象上的两个多边形或选定多边形。
  - 桥设置：打开【跨越多边形】对话框，在该对话框中可以设置桥接多边形的相关参数。
- 几何多边形：解开多边形并对顶点进行组织，以形成完美的几何形状。
- 翻转：反转选定多边形的法线方向。
- 转枢：对多边形进行旋转操作。
  - 转枢设置：打开【从边旋转多边形】对话框，在该对话框中可以设置从边旋转多边形的相关参数。
- 插入：对多边形进行插入操作。
  - 插入设置：打开【插入多边形】对话框，在该对话框中可以设置插入多边形的相关参数。
- 轮廓：用于增加或减小每组连续的选定多边形的外边。
  - 轮廓设置：打开【多边形加轮廓】对话框，在该对话框中可以设置【轮廓量】参数。
- 样条线上挤出：沿样条线挤出当前的选定内容。
  - 样条线上挤出设置：打开【沿样条线挤出多边形】对话框，在该对话框中可以拾取样条线的路径以及其他相关参数。
- 插入顶点：手动在多边形上插入顶点，以细分多边形。

（5）【元素】面板中提供了对元素进行操作的相关工具，如图 4-259 所示。

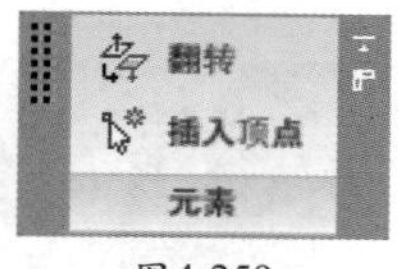

图4-259

- 翻转：反转选定多边形的法线方向。
- 插入顶点：手动在多边形元素上插入顶点，以细分多边形。

6.【循环】面板

【循环】面板的工具和参数主要用于处理边循环，如图 4-260 所示。

- 连接：在选中的对象之间创建新边。
  - 连接设置：打开【连接边】对话框，只有在【边】级别下才可用。
- 距离连接：在跨越一定距离和其他拓扑的顶点和边之间创建边循环。
- 流连接：跨越一个或多个边环来连接选定边。
  - 自动循环：启用该选项并使用【流连接】工具后，系统会自动创建完全边循环。
- 插入循环：根据当前子对象选择创建一个或多个边循环。

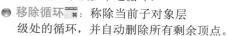

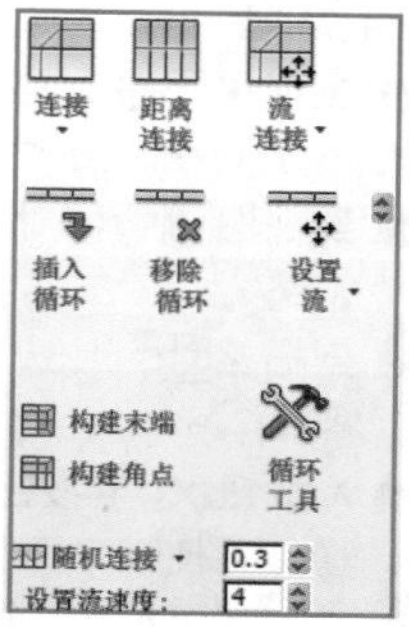

图4-260

- 移除循环：称除当前子对象层级处的循环，并自动删除所有剩余顶点。
- 设置流：调整选定边以适合周围网格的图形。
  - 自动循环：启用该选项后，使用【设置流】工具可以自动为选定的边选择循环。
- 构建末端：根据选择的顶点或边来构建四边形。
- 构建角点：根据选择的顶点或边来构建四边形的角点，以翻转边循环。
- 循环工具：打开【循环工具】对话框，该对话框中包含用于调整循环的相关工具。
- 随机连接：连接选定的边，并随机定位所创建的边。
  - 自动循环：启用该选项后，应用的【随机连接】可以使循环尽可能完整。
- 设置流速度：调整选定边的流的速度。

7.【细分】面板

【细分】面板中的工具可以用来增加网格数量，如图 4-261 所示。

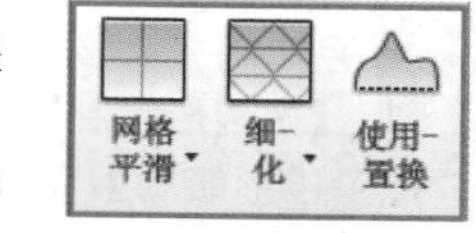

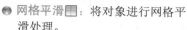

图4-261

- 网格平滑：将对象进行网格平滑处理。
  - 网格平滑设置：打开【网格平滑选择】对话框，在该对话框中可以指定平滑的应用方式。
- 细化：对所有多边形进行细化操作。
  - 细化设置：打开【细化选择】对话框，在该对话框中可以指定细化的方式。
- 使用置换：打开【置换】面板，在该面板中可以为置换指定细分网格的方式。

8.【三角剖分】面板

【三角剖分】面板中提供了用于将多边形细分为三角形的一些方式，如图 4-262 所示。

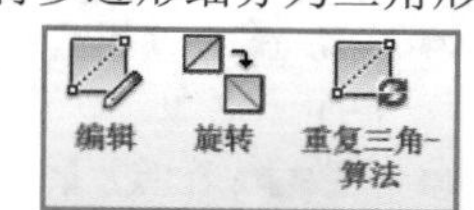

图4-262

- 编辑：在修改内边或对角线时，将多边形细分为三角形的方式。
- 旋转：通过单击对角线将多边形细分为三角形。
- 重复三角算法：对当前选定的多边形自动执行最佳的三角剖分操作。

9.【对齐】面板

【对齐】面板可以用在对象级别及所有子对象级别中，如图4-263所示。

图4-263

- 生成平面：强制所有选定的子对象共面。
- 到视图：使对象中的所有顶点与活动视图所在的平面对齐。
- 到栅格：使选定对象中的所有顶点与活动视图所在的平面对齐。
- X按钮 X /Y按钮 Y /Z Z 按钮：平面化选定的所有子对象，并使该平面与对象的局部坐标系中的相应平面对齐。

10.【可见性】面板

使用【可见性】面板中的工具可以隐藏和取消隐藏对象，如图4-264所示。

图4-264

- 隐藏当前选择：隐藏当前选定的对象。
- 隐藏未选定对象：隐藏未选定的对象。
- 全部取消隐藏：将隐藏的对象恢复为可见。

11.【属性】面板

使用【属性】面板中的工具可以调整网格平滑、顶点颜色和材质ID，如图4-265所示。

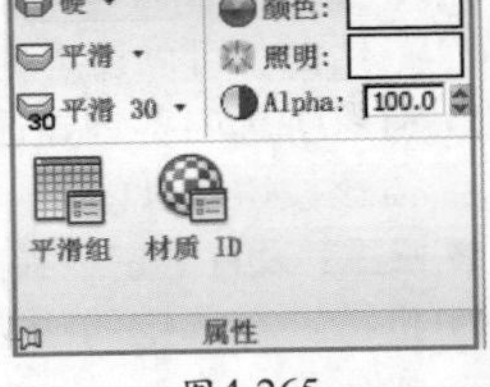

图4-265

- 硬：对整个模型禁用平滑。
  - 选定硬的：对选定的多边形禁用平滑。
- 平滑：对整个对象启用平滑。
  - 平滑选定项：对选定的多边形启用平滑。
- 平滑30：对整个对象启用适度平滑。
  - 已选定平滑30：对选定的多边形启用适度平滑。
- 颜色：设置选定顶点或多边形的颜色。
- 照明：设置选定顶点或多边形的照明颜色。
- Alpha：为选定的顶点或多边形分配Alpha值。
- 平滑组：打开用于处理平滑组的对话框。
- 材质ID：打开用于设置材质ID、按ID和子材质名称选择的【材质ID】对话框。

4.2.5 【自由形式】选项卡

【自由形式】选项卡包含在视口中通过绘制创建和修改多边形几何体的工具。另外，【默认】面板还提供了用于保存和加载画笔的设置，如图4-266所示。

图4-266

1.【多边形绘制】面板

【多边形绘制】面板提供用于快速地在主栅格上绘制和编辑网格的工具，根据【绘制于】设置，网格将投影到其他对象的曲面或选定对象本身，如图4-267所示。

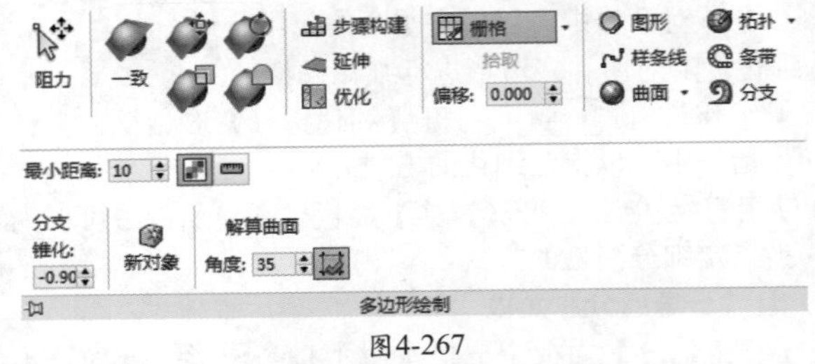

图4-267

- 拖动：使用【拖动】工具，可以在曲面或网格上移动各个子对象。
- 一致：通过【一致】笔刷，可以在将一致对象的顶点朝着目标对象移动时，将该一致对象塑造为目标对象的图形。
- 步骤构建：使用【步骤构建】，可以逐个顶点及逐个多边形地构建和编辑曲面。
- 扩展：使用【扩展】工具，可以处理对象的开放边。位于曲面的边界上的开放边仅附有一个多边形。
- 优化：通过省略详细信息来快速优化网格。
- 绘制于：用于选择要绘制实体类型的位置，包括（栅格）、（曲面）、（选择）。
- 图形：在网格或曲面上绘制多边形图形。
- 拓扑：绘制构成四边形栅格的线。在绘制合适的四边形时，【拓扑】会将多边形填充到其中，从而从栅格创建网格，如图4-268所示。

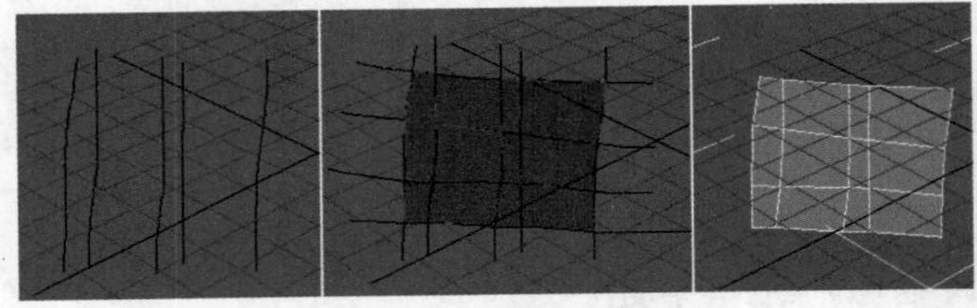
图4-268

- 样条线：在曲面或网格上绘制样条线。
- 条带：绘制呈曲线沿伸的多边形的条带以与鼠标方向保持一致。

- **曲面**：拖动以在对象或网格上绘制曲面。
- **分支**：根据带有可选锥体的多边形绘制多个分段挤出，以形成分支。
- **新对象**：创建新的空白可编辑多边形对象，并访问【顶点】子对象层级，同时保持当前的多边形绘制工具处于活动状态。
- **解算曲面**：获取一个多边形（如使用【图形】工具绘制的多边形）并尝试创建一个可用网格，添加边，以生成一个主要由四边形组成的规则图形。
- **解算到四边形**：如果启动该选项，则使用【解算曲面】时生成的图形通常是四边形。

2.【绘制变形】面板

【绘制变形】面板中提供的工具可用于通过在对象曲面上拖动鼠标，以交互方式直观地变形网格几何体，如图 4-269 所示。

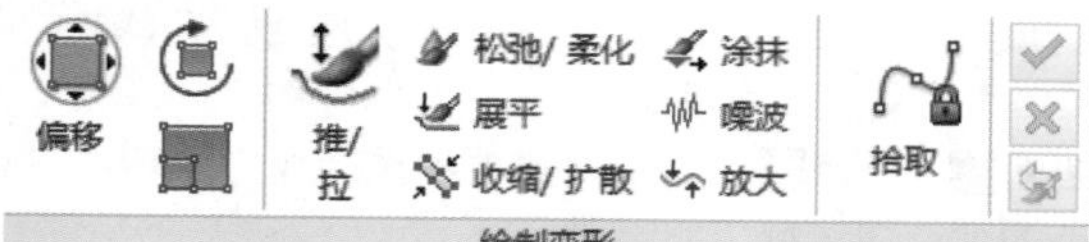

图4-269

- **偏移**/**旋转**/**缩放**：在屏幕空间中移动、旋转或缩放子对象（与查看方向垂直）将会产生可调整的衰减效果。【偏移】工具大致等效于使用【软选择】进行变换，但不需要进行初始选择。
- **推/拉**：拖动笔刷以向外移动顶点；按 Alt 键并拖动可向内移动顶点，如图 4-270 所示。

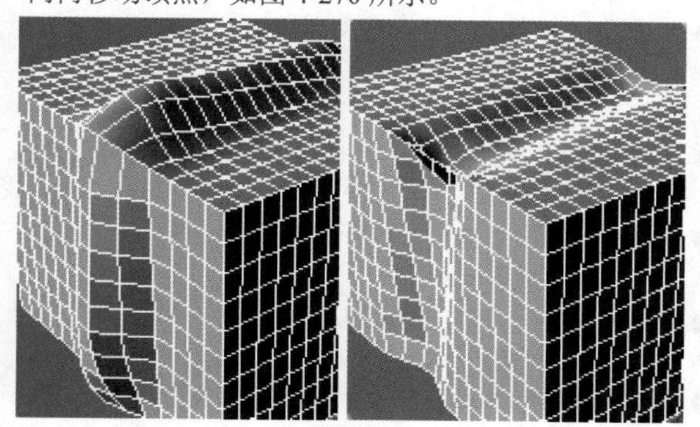

图4-270

- **松弛/柔化**：拖动笔刷使曲面更加平滑，如去除角，如图 4-271 所示。

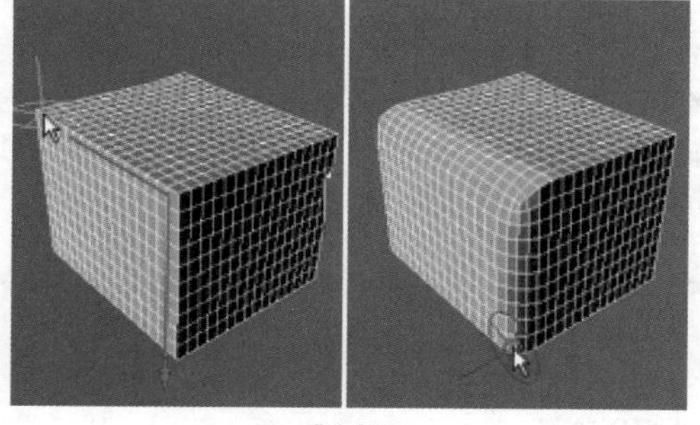

图4-271

- **涂抹**：拖动以移动顶点。该工具与【偏移】工具大致相同，但在拖动时会连续更新效果区域，而且不会使用衰减，如图 4-272 所示。

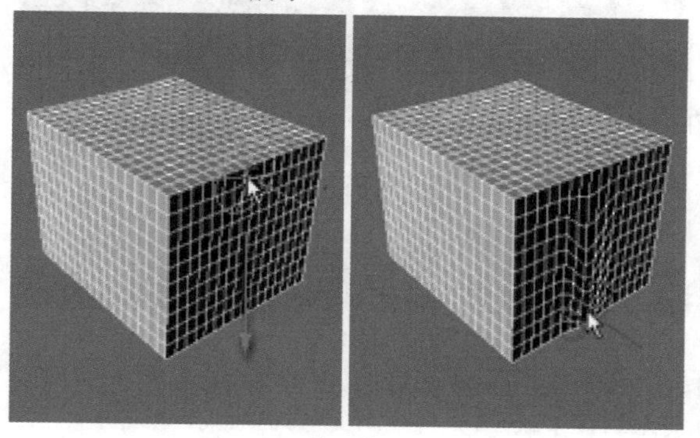

图4-272

- **展平**：拖动笔刷以把凸面和凹面区域展平，如图 4-273 所示。

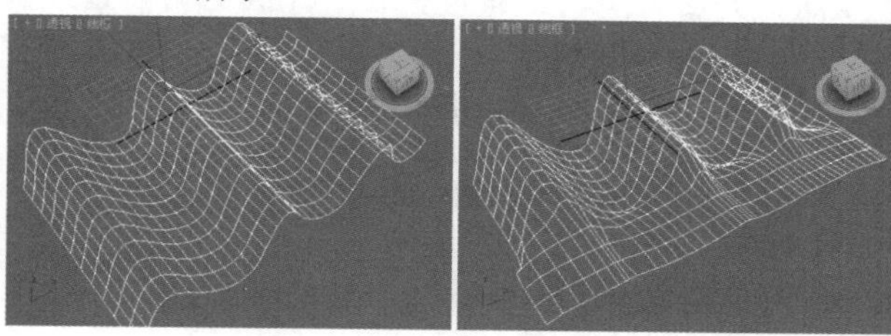

图4-273

- **收缩/扩散**：通过拖动来移动顶点，使其彼此相隔更近；按 Alt 键并拖动可将顶点分散，如图 4-274 所示。

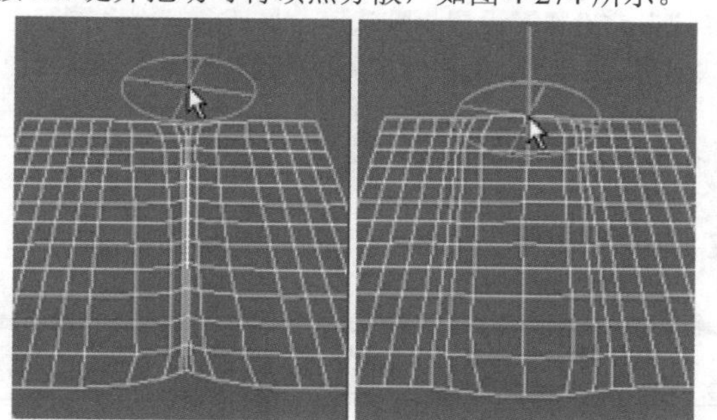

图4-274

- **噪波**：拖动以将凸面噪波添加到曲面中；按 Alt 键拖动可添加凹面噪波，如图 4-275 所示。

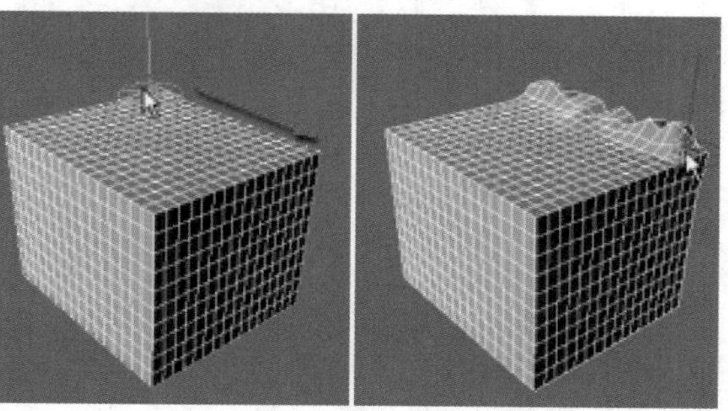

图4-275

- **放大**：通过向外移动凸面区域或向内移动凹面区域，使绘制的曲面的特征更加鲜明，如图 4-276 所示。

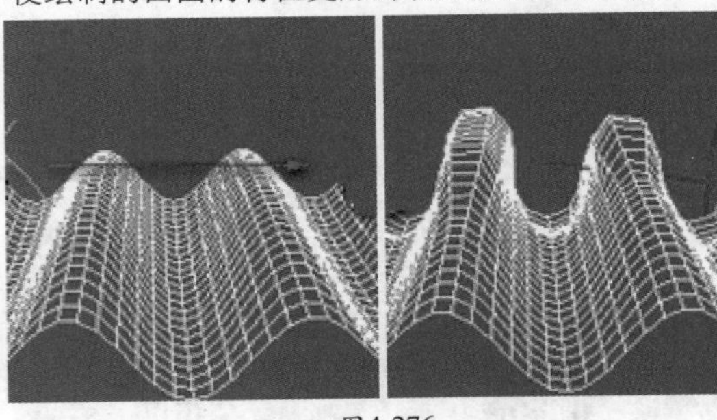

图4-276

- **还原**：将网格进行还原。
- **约束到样条线**：将绘制变形约束到样条线。
- **拾取**：单击该按钮可以进行拾取。

3.【默认】面板

【默认】面板中的工具可保存和加载笔刷设置，如图 4-277 所示。

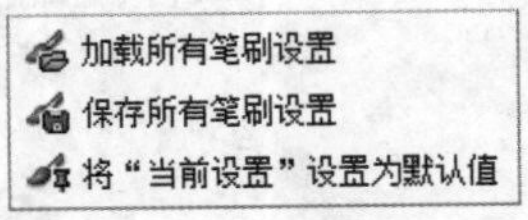

加载所有笔刷设置
保存所有笔刷设置
将"当前设置"设置为默认值

图4-277

- **加载所有笔刷设置**：打开一个对话框，以便从现有文件加载笔刷设置。
- **保存所有笔刷设置**：打开一个对话框，以便将笔刷设置存储在一个文件中。
- **将"当前设置"设置为默认值**：将活动笔刷设置保存为默认设置，使其从此始终保持活动状态。提示时确认此操作。

4.2.6 【选择】选项卡

【选择】选项卡提供了专门用于进行子对象选择的各种工具，如图 4-278 所示。

图4-278

1.【常规选择】面板

【常规选择】面板包括【选择】面板（用于根据某些拓扑选择子对象）、【存储选择】面板（用于存储、还原和合并子对象选择）和【集】面板（用于复制并粘贴命名的子对象选择集）。

- **顶部**：选择模型挤出部分的顶部。
- **打开**：选择所有打开的子对象。
- **图案**：增大当前选择并将其变为依赖于初始选择的图案。
- **复制存储 1** / **复制存储 2**：将当前子对象选择放入存储 1 或存储 2 缓冲区。
- **粘贴存储 1** / **粘贴存储 2**：根据相应存储缓冲区的内容在当前层级选择子对象，这会替换当前选择。
- **相加 1+2**：合并两个存储的选择并在当前子对象层级应用这些选择，然后清空这两个存储缓冲区。
- **相减 1-2**：选择【存储 1】，除非它与【存储 2】重叠，然后清除两个缓冲区。
- **相交**：选择【存储 1】和【存储 2】中子对象选择的重叠（如果有）。
- **清除**：清除存储的选择，从而清空两个缓冲区。
- **复制**：打开一个对话框，在该对话框中，可以指定要放置在复制缓冲区中的命名选择集。
- **粘贴**：从复制缓冲区中粘贴命名选择。

2.【选择方式】面板

【选择方式】面板提供了从不同方式出发进行子对象选择的多种方法。例如，用户可以使用【按曲面】选择模型的凹面或凸面区域，也可以使用【按透视】选择模型的外部区域。

（1）【按曲面】面板

- **凹面** / **凸面**：从下拉菜单中选择相应选项，以选择凹面或凸面区域中的子对象。

（2）【按法线】面板

- **角度**：子对象的法线方向可以偏离指定轴且仍旧被选定的量。此值越大，选定的子对象越多。
- **X/Y/Z**：要选择的子对象的法线必须在世界坐标系中指向的方向。
- **反转**：反转选定法线的方向。

（3）【按透视】面板

- **角度**：子对象的法线方向偏离视图轴（视点与子对象之间的虚线）时达到的数量，并且仍被选择。此值越大，则选择的子对象越多。
- **轮廓**：启用该选项后，【按透视】将仅选择【角度】设置定义的最外面的子对象。
- **选择**：根据当前设置进行选择。

（4）【按随机】面板

- **数量** #：启用按数量的随机选择。
- **百分比** %：启用按百分比的随机选择。
- **选择**：基于当前设置从所有子对象中选择。
- **从当前选择中选择**：位于【选择】下拉菜单中。
- **随机增长**：通过选择当前选择附近随机取消选择的子对象扩大选择。
- **随机收缩**：通过取消选择随机子对象来收缩选择。

（5）【按一半】面板

- **X/Y/Z**：选择要在其上选择半个网格的轴。
- **反转轴**：切换还原【按一半选择】选择，并进行选择。
- **选择**：根据当前设置进行选择。

（6）【按轴距离】面板

- **从轴 %**：在该范围之外（表示为对象大小的百分比）选择子对象。

（7）【按视图】面板

- **从透视图增长**：选择子对象的距离范围，从最靠近相应对象的部分开始到视图。

(8)【按对称】面板

- X/Y/Z：选择镜像当前子对象选择时要使用的局部轴。

(9)【按颜色】面板

- 颜色 / 照明：按【颜色】或【照明】选择顶点。
- R/G/B【范围】：指定颜色匹配的范围。
- 选择：根据当前设置进行选择。

(10)【按数值】面板

- =/</>：根据限定子对象是等于(=)、小于(<)还是大于(>)指定值来进行选择。
- 边：选择具有（等于 / 少于 / 多于）【边】指定的连接边数的顶点。只有在【顶点】子对象层级时可用。
- 边数：选择具有（等于 / 少于 / 多于）【边】所指定的边数的多边形。仅在【多边形】子对象层级可用。
- 选择：根据当前设置进行选择。

4.2.7 【对象绘制】选项卡

通过【对象绘制】工具，用户可以在场景中的任何位置或特定对象曲面上徒手绘制对象。其参数面板如图 4-279 所示。

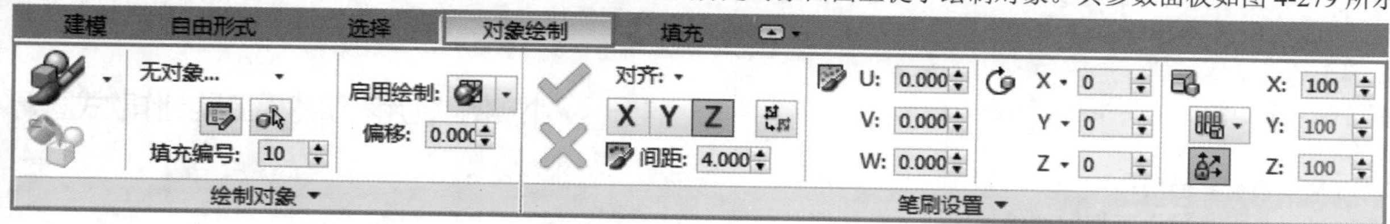

图 4-279

1.【绘制对象】面板

使用【绘制对象】面板中的工具可以徒手或沿着选定的边圈在场景中或特定对象上绘制对象。通过绘制添加到场景中的对象称为绘制对象。【绘制对象】面板如图 4-280 所示。

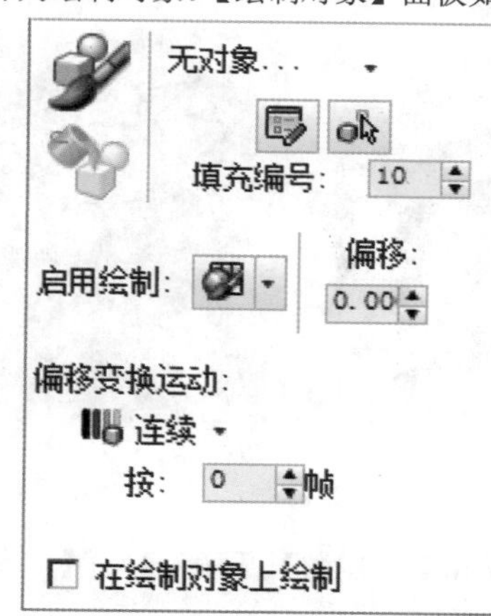

图 4-280

- 绘制：指定一个或多个绘制对象以及要在其上进行绘制的曲面后单击此按钮，然后在视口中拖动以绘制对象。
- 填充：仅在可编辑多边形或编辑多边形对象上沿连续循环中的选定边放置绘制对象。
- 拾取对象：指定一个绘制对象。单击【拾取对象】按钮，然后选择一个对象即可。
- 填充编号：使用【填充】工具在选定边上绘制的对象数。
- 绘制于：选择接收绘制对象的曲面。
- 栅格：仅将对象绘制到活动栅格，而与场景中的任何对象无关，如图 4-281 所示。

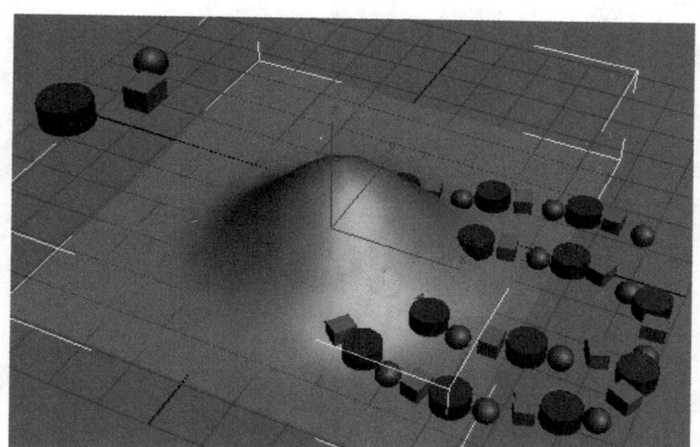

图 4-281

- 选定对象：仅在选定对象上绘制，如图 4-282 所示。

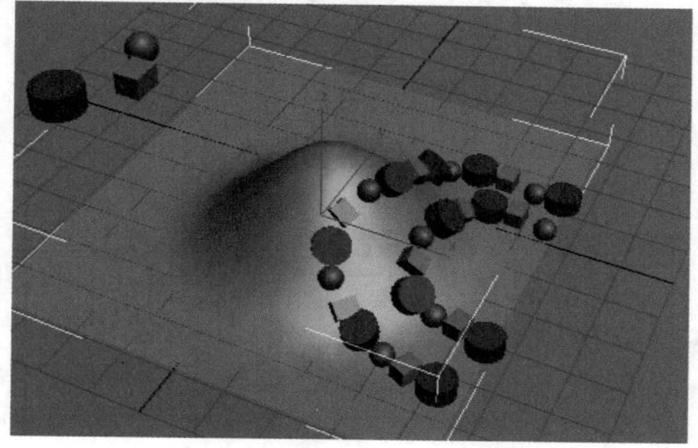

图 4-282

- 场景：在对象曲面上的光标下方绘制对象，如果光标不在对象上，则在栅格上绘制对象，如图 4-283 所示。

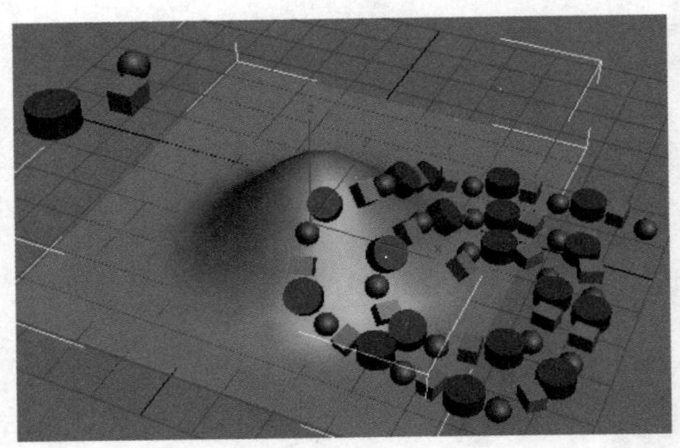

图4-283

- 偏移：与其上放置有绘制对象的已绘制曲面之间的距离。
- 偏移变换运动：使用动画变换对象进行绘制时，结果绘制对象将继承该运动。
- 在绘制对象上绘制：将绘制笔画放在层上，而不是并置对象。

2.【笔刷设置】面板

笔刷设置将在当前会话期间持续保留，并在软件重置后继续存在。重新启动 3ds Max 2014 后将还原默认设置。【笔刷设置】面板如图 4-284 所示。

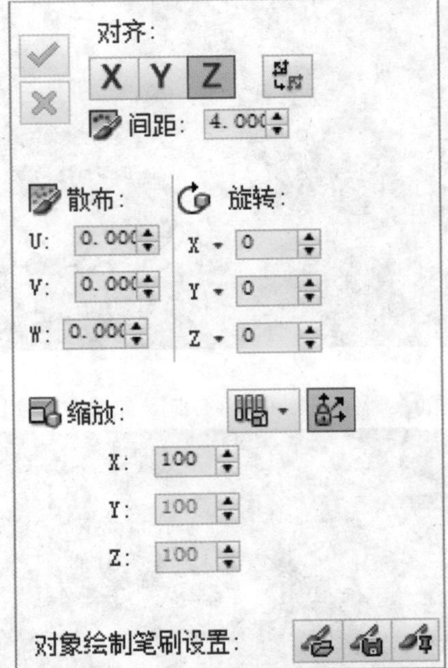

图4-284

- 提交：将当前设置应用到活动绘制对象。
- 取消：删除活动绘制对象，即自上一次使用【提交】或【取消】后创建的对象或自开始绘制后创建的对象。
- 对齐到法线：启用时，系统将每个已绘制对象的指定轴与已绘制曲面的法线对齐。
- 跟随笔画：启用时，系统将每个已绘制对象的指定轴与绘制笔画的方向对齐。
- X/Y/Z：选择已绘制对象用于对齐的轴。
- 翻转轴：启用时，系统将翻转对齐轴。
- 间距：笔画中的对象之间以世界单位表示的距离。【间距】值越大，绘制对象的数量越少。
- 散布：对每个绘制对象应用已绘制笔划的随机偏移。
- 旋转：围绕每个绘制对象的各个局部轴的旋转。
- 缩放：设置绘制对象的缩放选项。
  - 均等 / 随机 / 渐变：选择对绘制对象应用的缩放方式。
- 锁定（均匀缩放）：启用时，系统将已绘制对象的任意缩放均等地应用到所有 3 个轴，这样对象就会保持其原始比例。
- X/Y/Z：绘制对象在每个轴上的缩放。
- 对象绘制笔刷设置：使用这些按钮可加载和保存【笔刷设置】。

重点 小实例：使用石墨建模工具制作欧式圆桌

场景文件	无
案例文件	小实例：使用石墨建模工具制作欧式圆桌 .max
视频教学	DVD/ 多媒体教学 /Chapter04/ 小实例：使用 Ribbon 建模工具制作欧式圆桌 .flv
难易指数	★★★☆☆
技术掌握	掌握【倒角】、【插入】、【挤出】、【切角】工具的使用方法

实例介绍

本例主要使用【石墨建模工具】中的【倒角】、【插入】、【挤出】和【切角】工具来制作一个欧式圆桌模型，效果如图 4-285 所示。

图4-285

建模思路

❶ 使用【挤出】、【倒角】、【插入】和【切角】工具创建圆桌的主体模型。

❷ 使用【切角】工具和【网格平滑】修改器制作圆桌的剩余模型。

欧式圆桌建的模流程如图 4-286 所示。

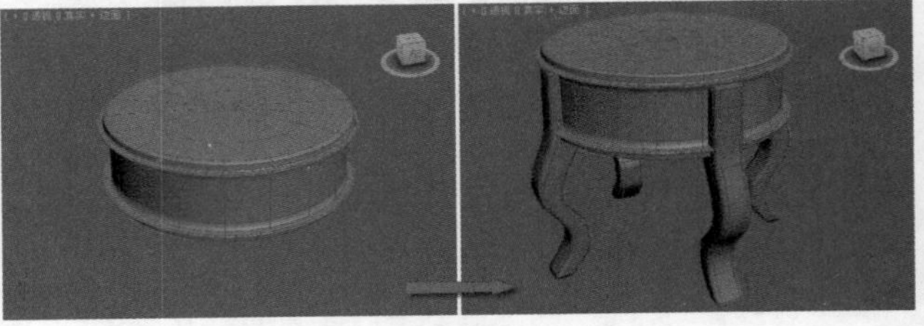

图4-286

操作步骤

Part 1 使用【挤出】、【倒角】、【插入】和【切角】工具创建圆桌的主体模型

步骤 01 首先创建桌面模型。使用【圆柱体】工具 圆柱体 在场景中创建一个圆柱体，然后在【参数】卷展栏下设置【半径】为 60mm，【高度】为 30mm，【高度分段】为 1，如图 4-287 所示。

步骤 02 选择圆柱体，在【建模】选项卡下单击【多边形建模】面板，然后单击【转化为多边形】按钮，如图 4-288 所示。

步骤 03 单击【多边形】按钮，进入多边形级别，然后选择如图 4-289 所示的多边形。接着在【多边形】面板中单击【倒角】按钮下面的【倒角设置】按钮 倒角设置，在弹出的对话框中设置【高度】为 0mm，【轮廓】为 5mm，如图 4-290 所示。

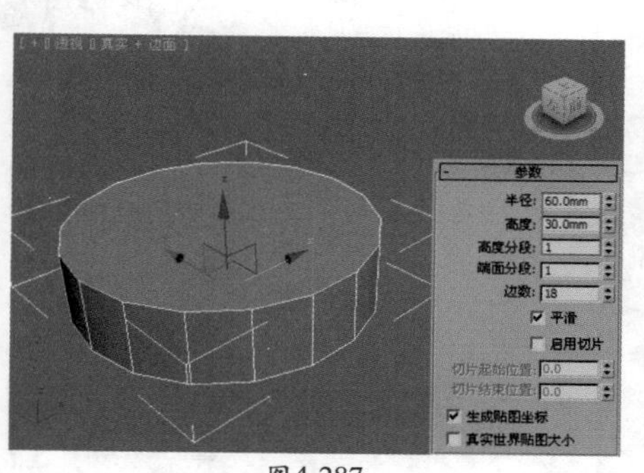

图4-287

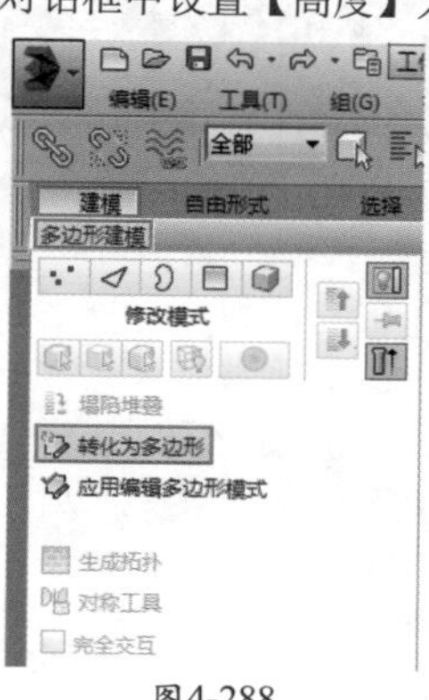

图4-288

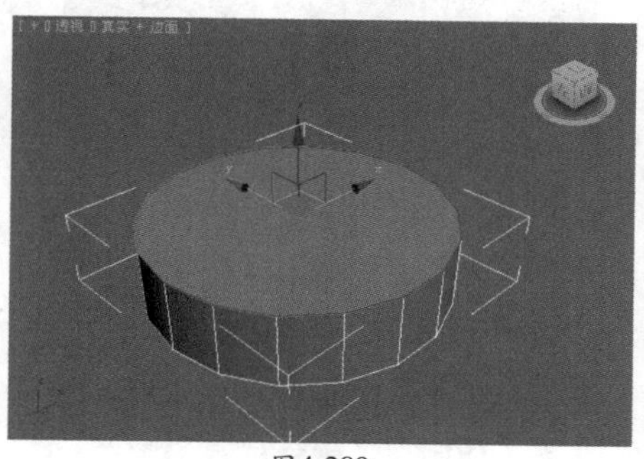

图4-289

步骤 04 保持对多边形的选择，在【多边形】面板中单击【挤出】按钮下面的【挤出设置】按钮 挤出设置，然后在弹出的对话框中设置【高度】为 1.5mm，如图 4-291 所示。

步骤 05 保持对多边形的选择，在【多边形】面板中单击【插入】按钮下面的【插入设置】按钮 插入设置，然后在弹出的对话框中设置【数量】为 3mm，如图 4-292 所示。

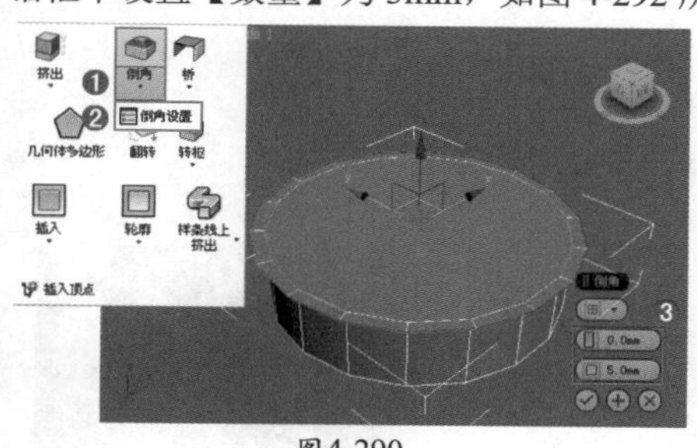

图4-290

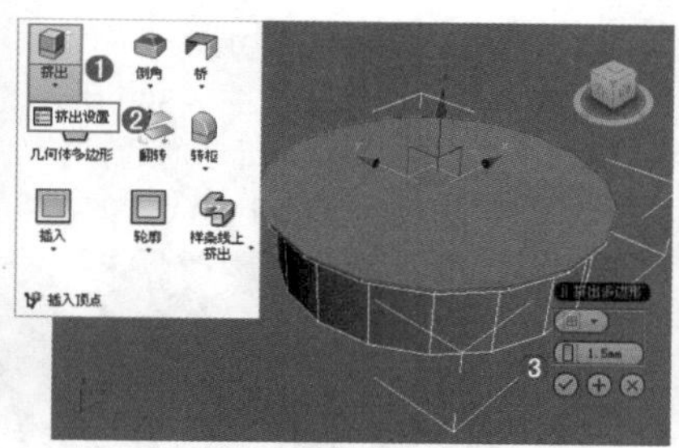

图4-291

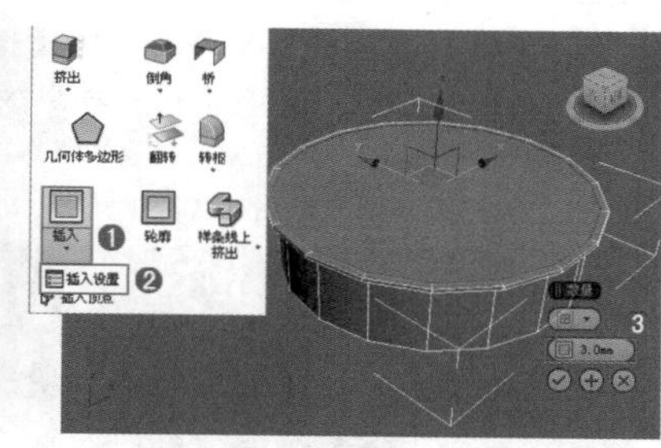

图4-292

步骤 06 保持对多边形的选择，在【多边形】面板中单击【挤出】按钮下面的【挤出设置】按钮 挤出设置，然后在弹出的对话框中设置【高度】为 4mm，如图 4-293 所示。

步骤 07 采用相同的方法创建底部的模型，如图 4-294 所示。

步骤 08 单击【边】按钮，进入边级别，然后选择如图 4-295 所示的边。接着在【边】面板中单击【切角】按钮下面的【切角设置】按钮 切角设置，在弹出的对话框中设置【边切角量】为 0.5mm，如图 4-296 所示。

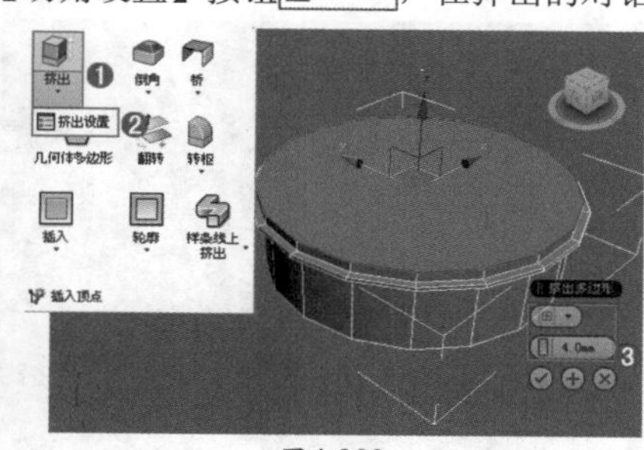

图4-293

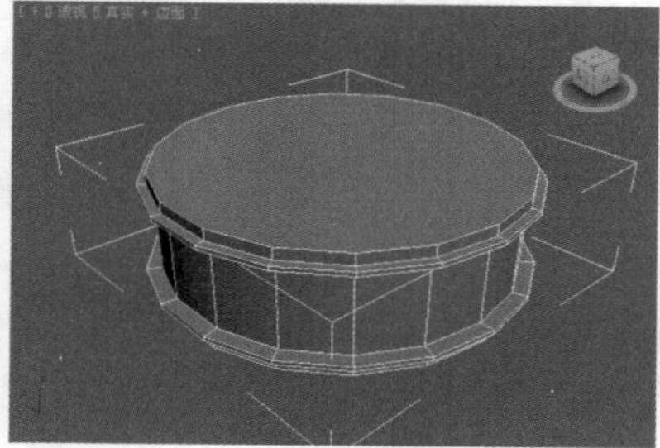

图4-294

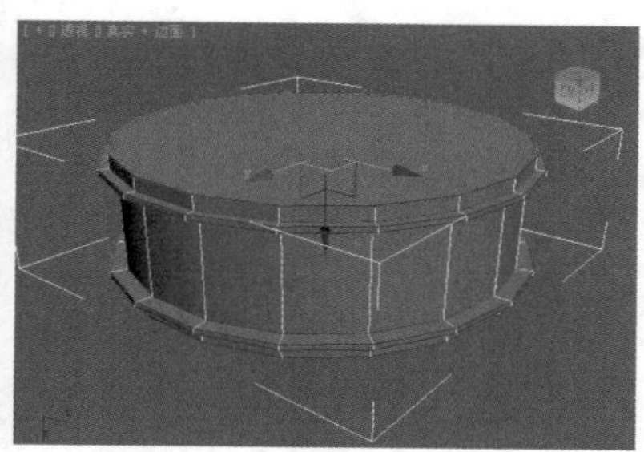

图4-295

步骤 09 单击【多边形】按钮，进入多边形级别，然后选择如图 4-297 所示的多边形。接着在【多边形】面板中单击

【插入】按钮下面的【插入设置】按钮，然后在弹出的对话框中设置【数量】为20mm，然后单击两次【应用并继续】按钮，最后单击【确定】按钮，完成后的模型效果如图4-298所示。

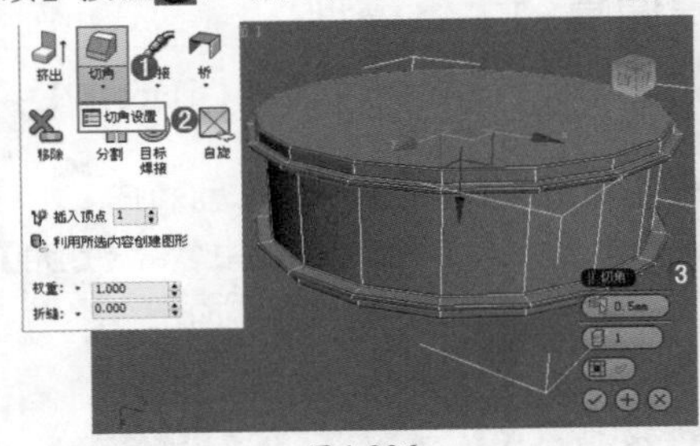
图4-296

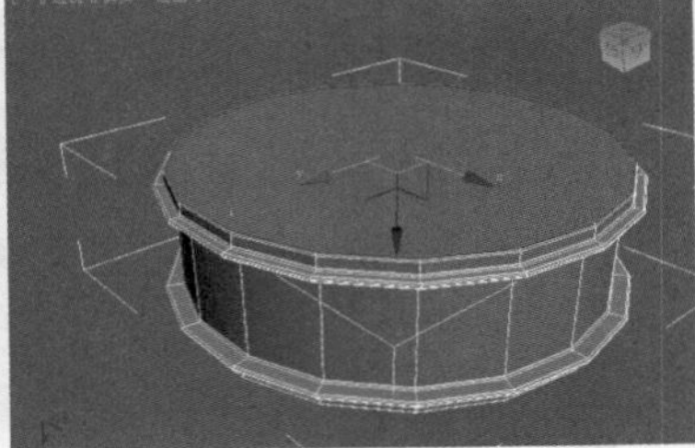
图4-297

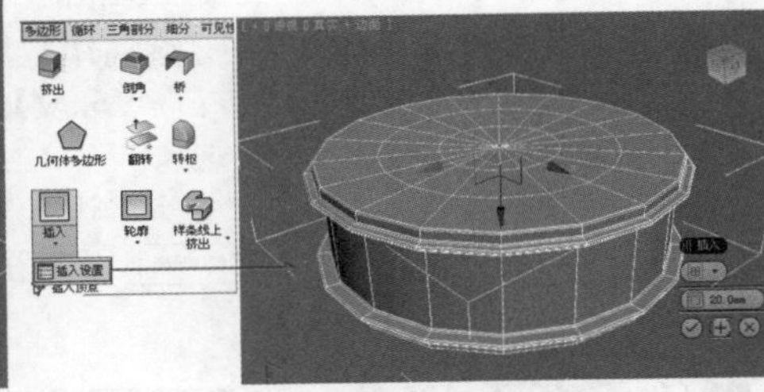
图4-298

技巧与提示

可以发现，在【挤出】、【插入】、【切角】等工具的参数对话框中都有3个按钮，分别是【确定】按钮、【应用并继续】按钮和【取消】按钮。当单击【确定】按钮时，表示完成该操作；当单击【应用并继续】按钮时，表示应用该次操作，但是并不关闭对话框，继续多次单击【应用并继续】按钮即可多次重复相同的操作；当单击【取消】按钮时，表示放弃该次操作。

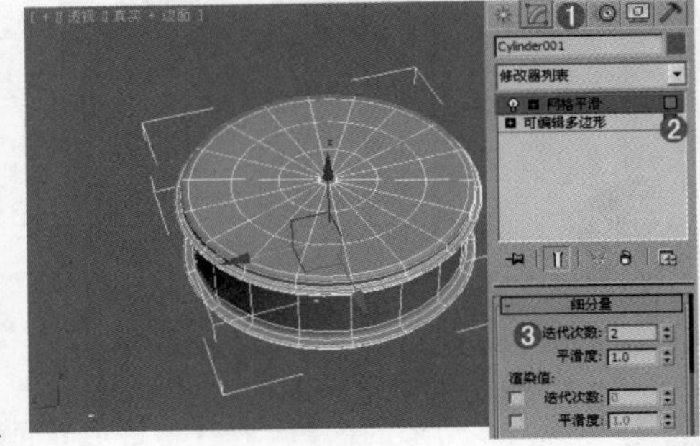
图4-299

步骤10 为模型加载一个【网格平滑】修改器，然后在【细分量】卷展栏下设置【迭代次数】为2，模型效果如图4-299所示。

Part 2 使用【切角】工具和【网格平滑】修改器制作圆桌的剩余模型

步骤01 创建圆桌的腿部模型。使用【长方体】工具 长方体 在场景中创建一个大小合适的长方体，然后将其转化为多边形，单击【顶点】按钮，进入顶点级别，然后将模型调整成如图4-300所示的效果。

步骤02 单击【边】按钮，进入边级别，然后选择如图4-301所示的边，接着在【边】面板中单击【切角】按钮下面的【切角设置】按钮，在弹出的对话框中设置【边切角量】为1mm，如图4-302所示。

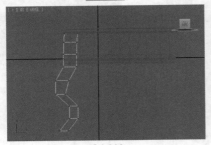

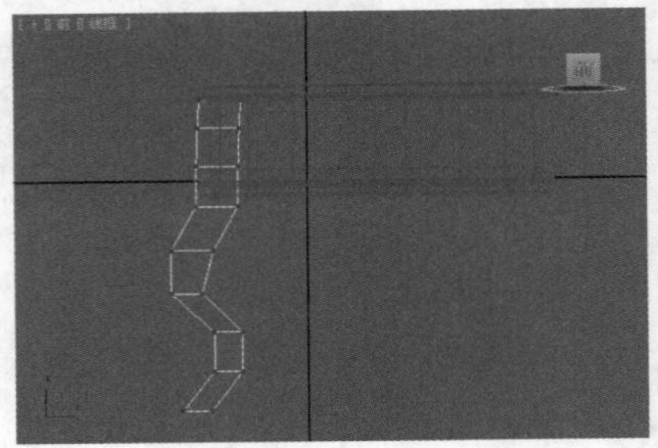
图4-300

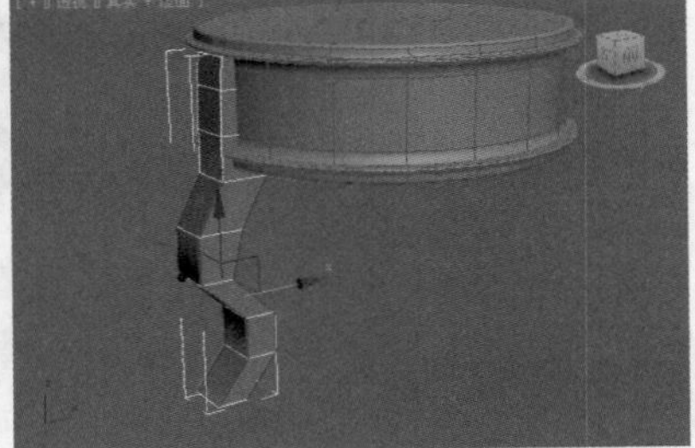
图4-301

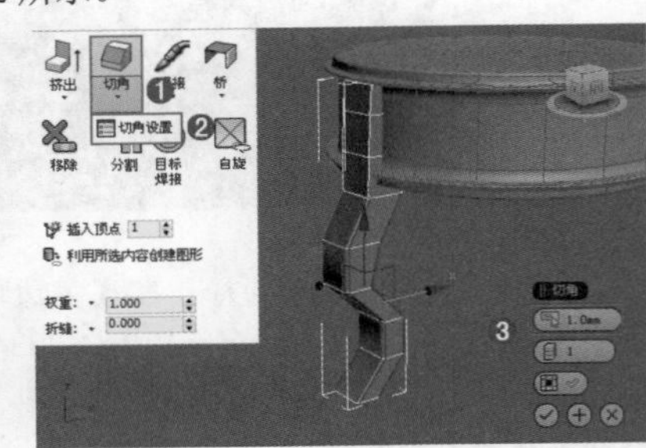
图4-302

步骤03 选择腿部模型，为其加载一个【网格平滑】修改器，然后在【细分量】卷展栏下设置【迭代次数】为2，模型效果如图4-303所示。

步骤04 使用【镜像】工具镜像出剩余3个腿部模型，并放置到相应的位置，最终效果如图4-304所示。

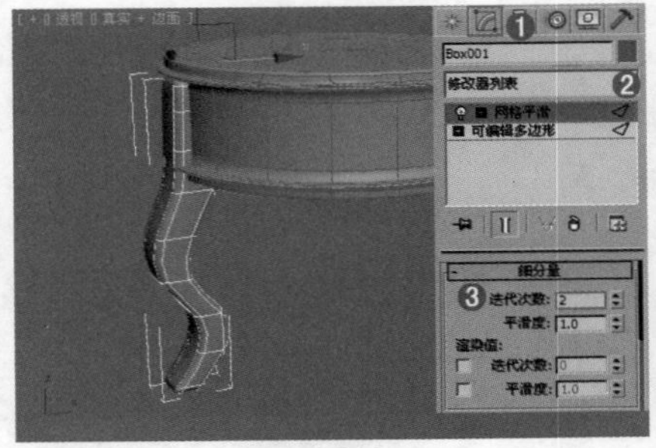
图4-303

图4-304

重点 小实例：利用石墨建模工具制作床头柜

场景文件	无
案例文件	小实例：利用石墨建模工具制作床头柜 .max
视频教学	DVD/ 多媒体教学 /Chapter04/ 小实例：利用石墨建模工具制作床头柜 .flv
难易指数	★★★☆☆
技术掌握	掌握【倒角】、【插入】、【挤出】和【切角】工具的使用方法

实例介绍

本例主要使用【石墨建模工具】中的【倒角】、【插入】、【挤出】和【切角】工具来制作一个欧式床头柜模型，效果如图 4-305 所示。

建模思路

① 使用【挤出】、【倒角】、【插入】和【切角】工具制作床头柜主体模型。

② 使用【放样】和【车削】工具制作床头柜腿部模型。

欧式床头柜的建模流程如图 4-306 所示。

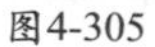

图4-305

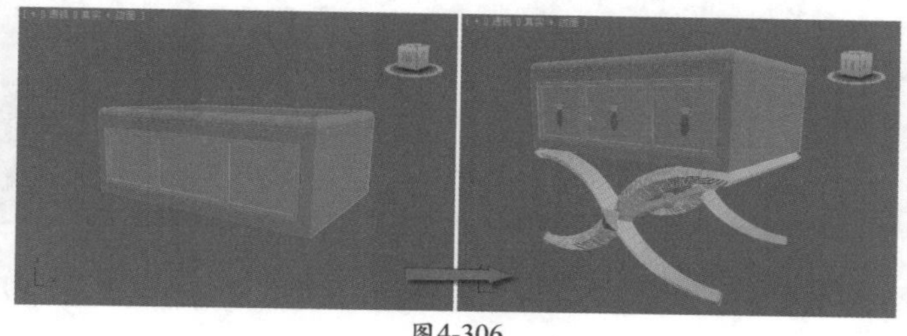

图4-306

操作步骤

Part 1 使用【挤出】、【倒角】、【插入】和【切角】工具制作床头柜主体模型

步骤 01 创建床头柜模型。使用【长方体】工具 长方体 在场景中创建一个长方体，然后在【参数】卷展栏下设置【长度】为 450mm，【宽度】为 650mm，【高度】为 220mm，并命名为 Box001，如图 4-307 所示。

步骤 02 在步骤 01 创建的长方体上方继续创建长方体，进入【修改】面板，在【参数】卷展栏下设置【长度】为 450mm，【宽度】为 650mm，【高度】为 30mm，并命名为 Box002，如图 4-308 所示。

步骤 03 将 Box002 转化为多边形，单击【边】按钮，进入边级别，然后选择如图 4-309 所示的边，接着在【边】面板中单击【切角】按钮下面的【切角设置】按钮，在弹出的对话框中设置【边切角量】为 18mm，【连接边分段】为 8，如图 4-310 所示。

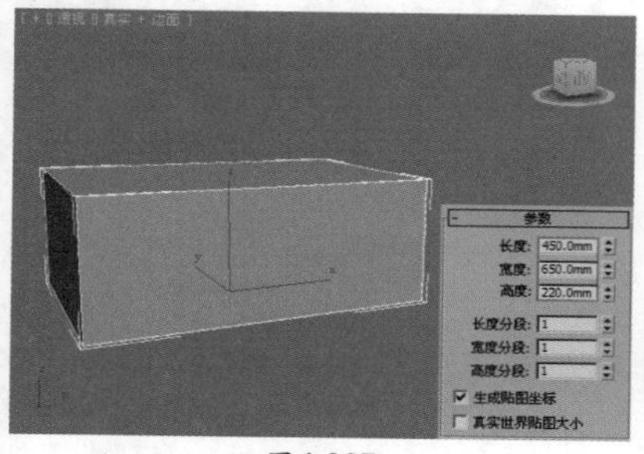

图4-307

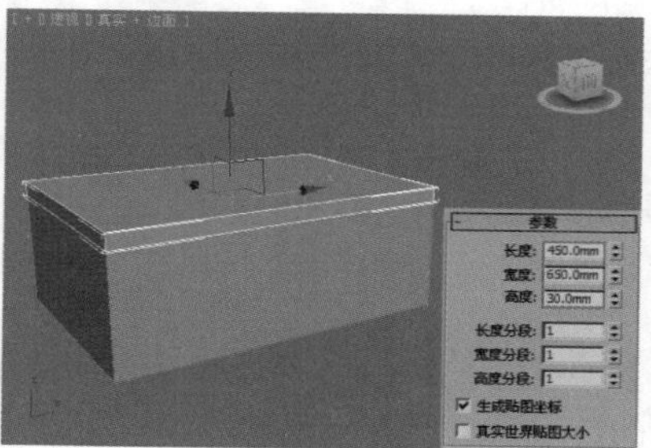

图4-308

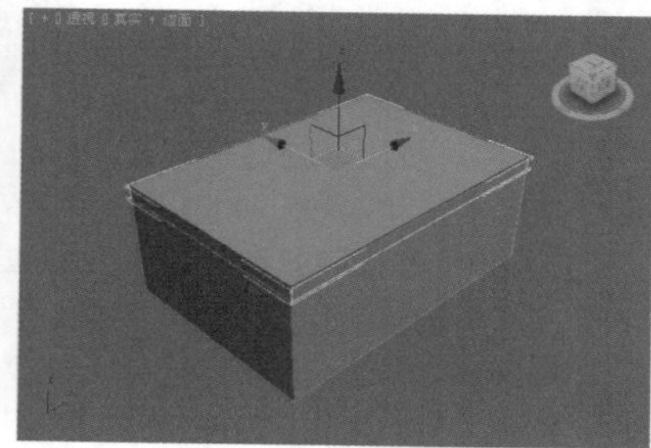

图4-309

步骤 04 选择如图 4-311 所示的边，接着在【边】面板中单击【切角】按钮下面的【切角设置】按钮，在弹出的对话框中设置【边切角量】为 1.5mm，【连接边分段】为 3，如图 4-312 所示。

步骤 05 将 Box001 转化为多边形，单击【多边形】按钮，进入多边形级别，然后选择如图 4-313 所示的多边形，接着在【多边形】面板中单击【插入】按钮下面的【插入设置】按钮，在弹出的对话框中设置【数量】为 25mm，如图 4-314 所示。

步骤 06 保持对多边形的选择，在【多边形】面板中单击【挤出】按钮下面的【挤出设置】按钮，然后在弹出的对话框中设置【高度】为 –430mm，如图 4-315 所示。

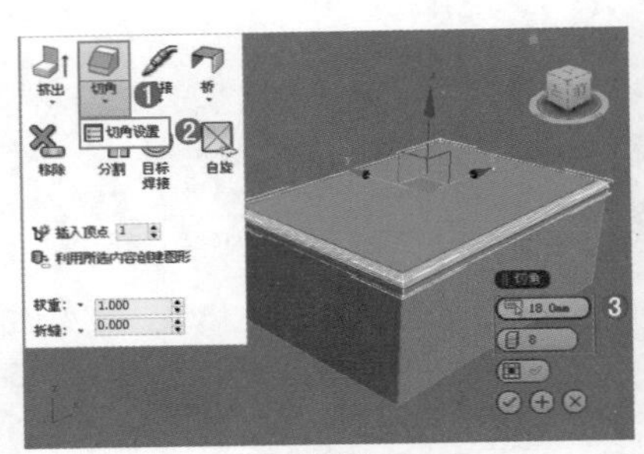

图4-310

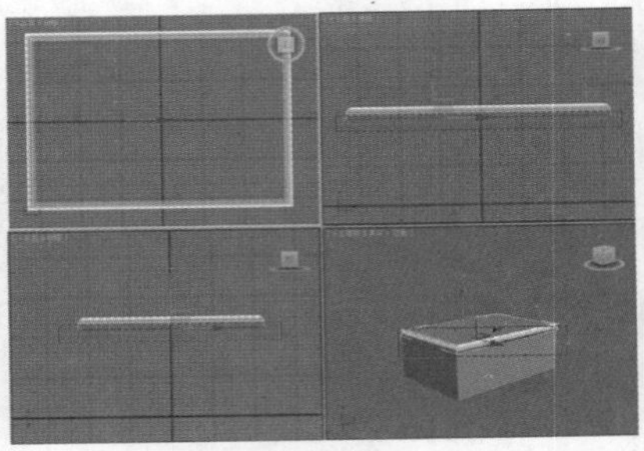

图4-311

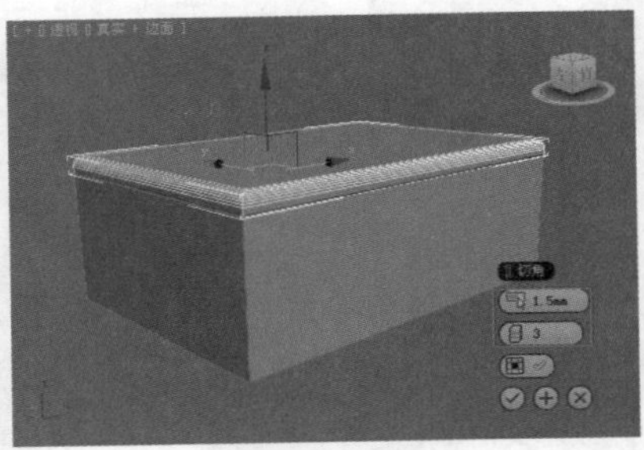

图4-312

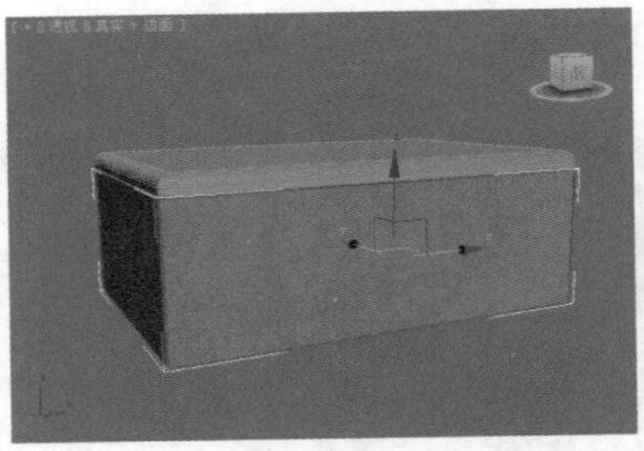

图4-313

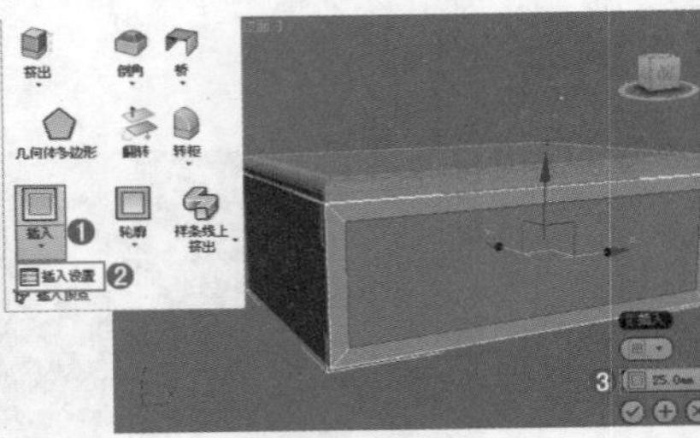

图4-314

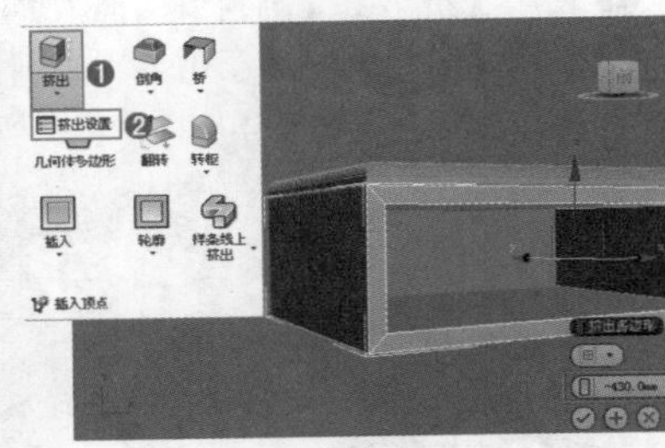

图4-315

步骤 07 再次创建长方体，作为床头柜的抽屉，进入【修改】面板，设置【长度】为165mm，【宽度】为185mm，【高度】为430mm，并将其摆放在合适的位置，如图4-316所示。

步骤 08 在视图中右击，单击【孤立当前选择】按钮，单独编辑步骤07创建的长方体。将长方体转化为多边形，单击【多边形】按钮□，进入多边形级别，然后选择如图4-317所示的多边形，接着在【多边形】面板中单击【插入】按钮下面的【插入设置】按钮 插入设置 ，在弹出的对话框中设置【数量】为10mm，如图4-318所示。

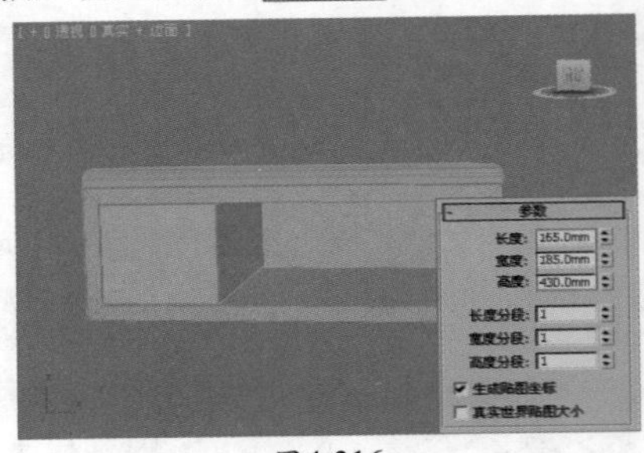

图4-316

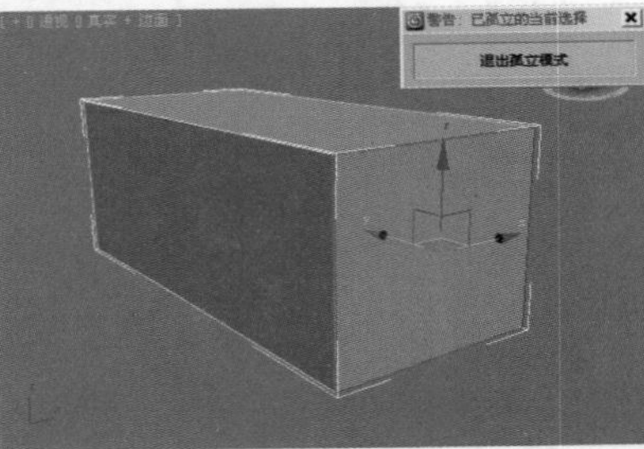

图4-317

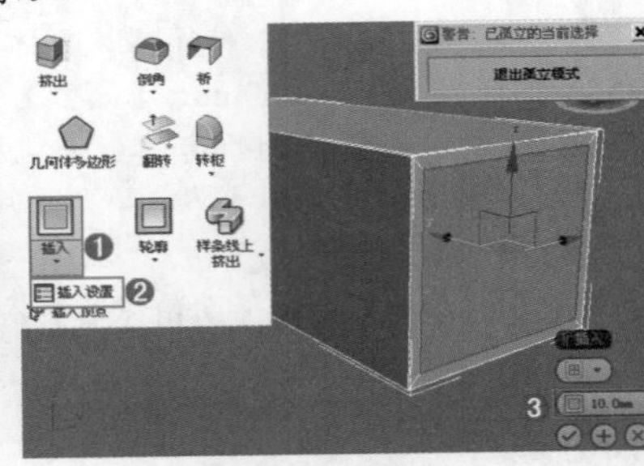

图4-318

步骤 09 保持对多边形的选择，在【多边形】面板中单击【倒角】按钮下面的【倒角设置】按钮 倒角设置 ，然后在弹出的对话框中设置【高度】为–7mm，【轮廓】为–1mm，如图4-319所示。

步骤 10 保持对多边形的选择，在【多边形】面板中单击【挤出】按钮下面的【挤出设置】按钮 挤出设置 ，然后在弹出的对话框中设置【高度】为–70mm，如图4-320所示。

步骤 11 保持对多边形的选择，在【多边形】面板中单击【插入】按钮下面的【插入设置】按钮 插入设置 ，然后在弹出的对话框中设置【数量】为2mm，如图4-321所示。

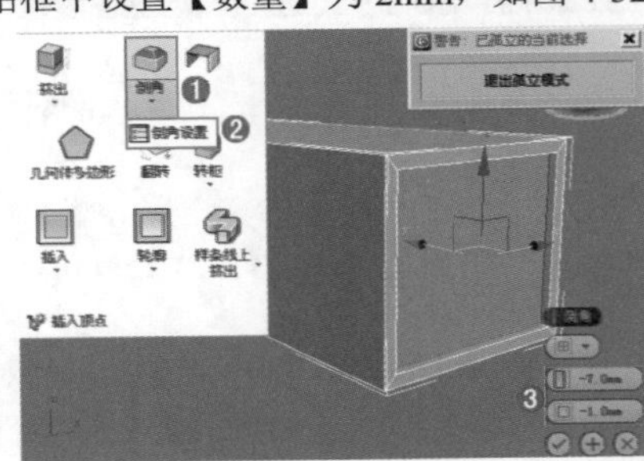

图4-319

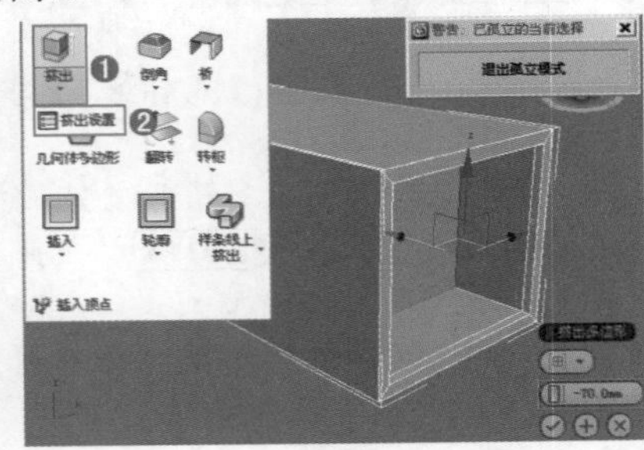

图4-320

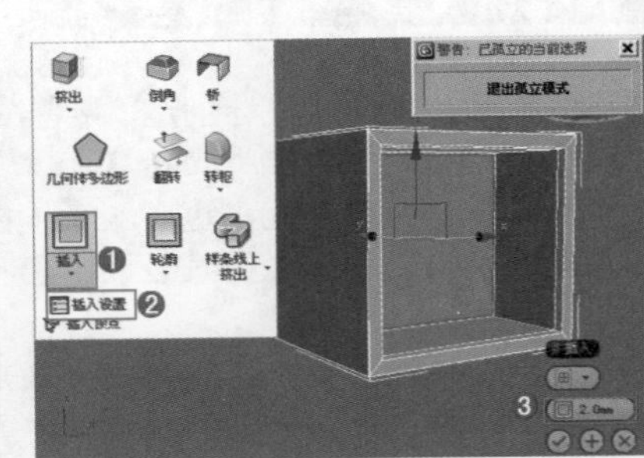

图4-321

步骤 12 保持对多边形的选择，在【多边形】面板中单击【挤出】按钮下面的【挤出设置】按钮 挤出设置 ，然后在弹出的对话框中设置【高度】为70mm，如图4-322所示。

步骤 13 单击【边】按钮 ，进入边级别，然后选择如图4-323所示的边，接着在【边】面板中单击【切角】按钮下面的【切角设置】按钮 切角设置 ，在弹出的对话框中设置【边切角量】为2mm，【连接边分段】为4，如图4-324所示。

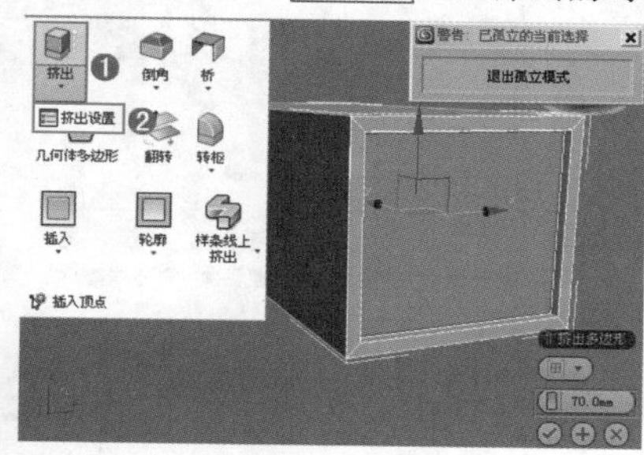

图4-322

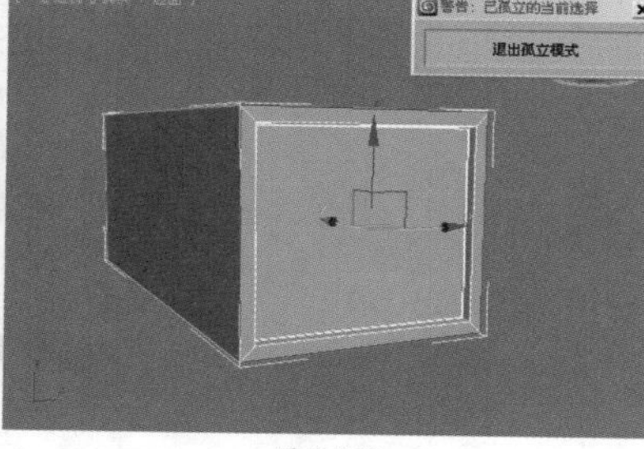

图4-323

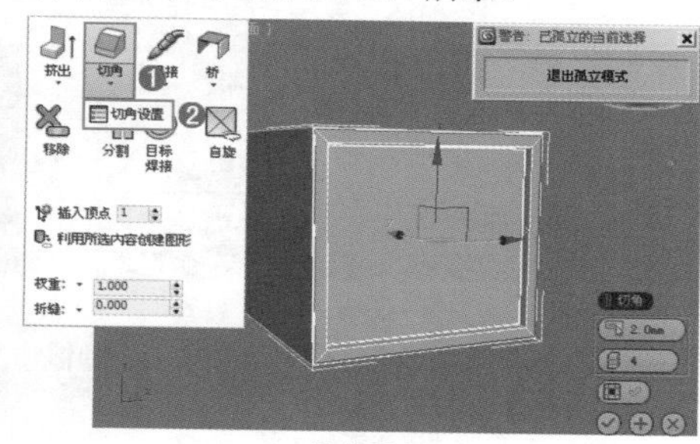

图4-324

步骤 14 单击【边】按钮 ，进入边级别，然后选择如图4-325所示的边，接着在【边】面板中单击【切角】按钮下面的【切角设置】按钮 切角设置 ，在弹出的对话框中设置【边切角量】为2mm，【连接边分段】为4，如图4-326所示。

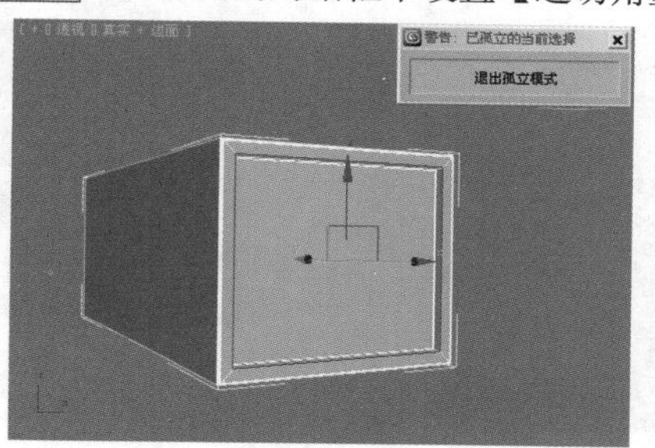

图4-325

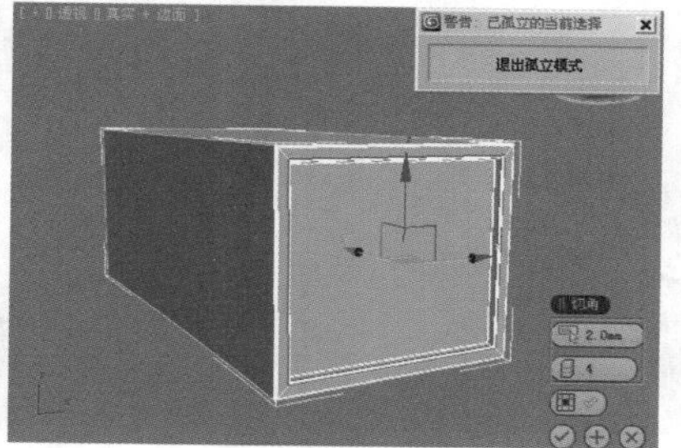

图4-326

步骤 15 将长方体移动复制2个，使用【选择并移动】工具将其摆放在合适的位置，如图4-327所示。单击【顶点】按钮 ，进入顶点级别，调节顶点的位置，如图4-328所示。

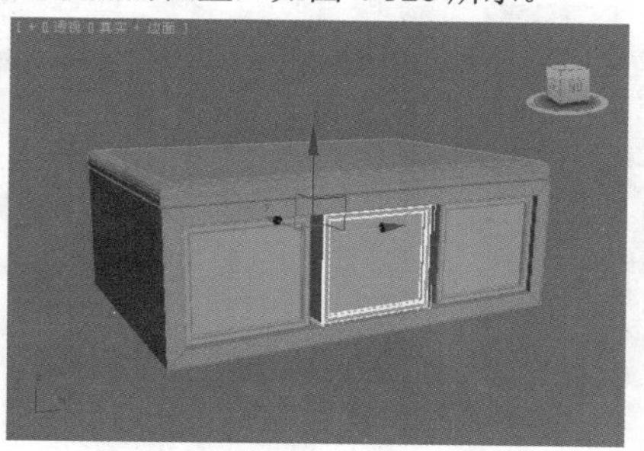

图4-327

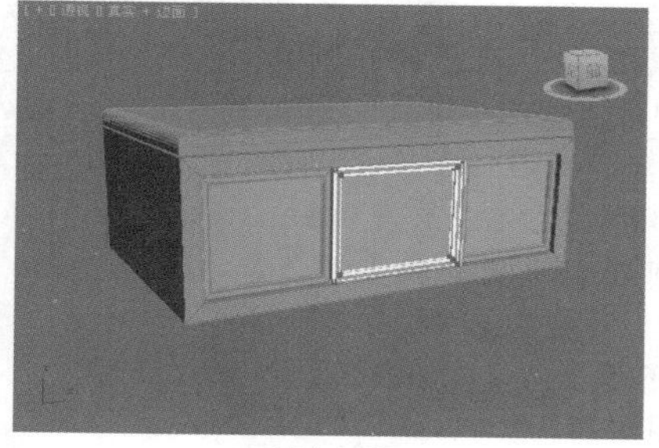

图4-328

Part 2 使用【放样】和【车削】工具制作床头柜腿部模型

步骤 01 下面创建腿部模型。使用【样条线】下的【线】工具 线 在场景中创建两个图形，并分别命名为【截面】和【路径】，如图4-329所示。然后在各个视图中调整成如图4-330所示的效果。

步骤 02 选择【路径】图形，然后选择【复合对象】下的【放样】工具 放样 ，接着单击【获取图形】按钮 获取图形 ，最后在视图中单击拾取【截面】图形，这样就完成了放样操作，如图4-331所示。放样后的模型效果如图4-332所示。

步骤 03 进入【修改】面板，展开【变形】卷展栏，然后

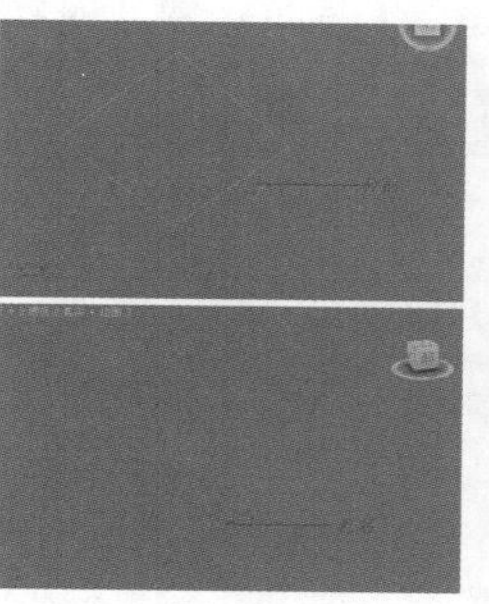

图4-329

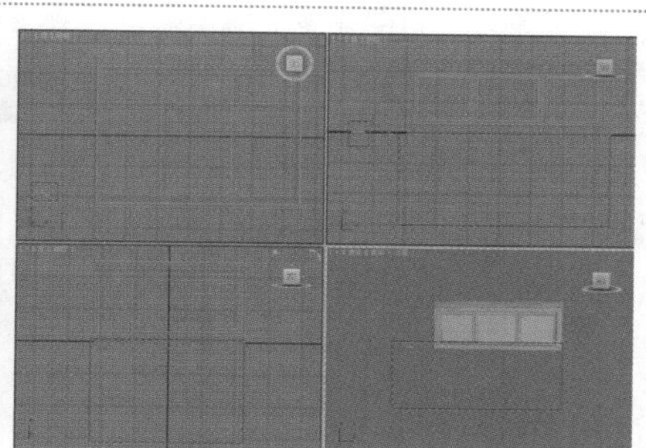

图4-330

单击【缩放】按钮，在弹出的【缩放变形】对话框中单击【插入角点】按钮，并按照图 4-333 中数字的顺序依次插入角点，并单击【移动控制点】按钮移动控制点的位置，调节曲线形态。随着曲线的变化，模型的形状也随之改变，如图 4-334 所示。

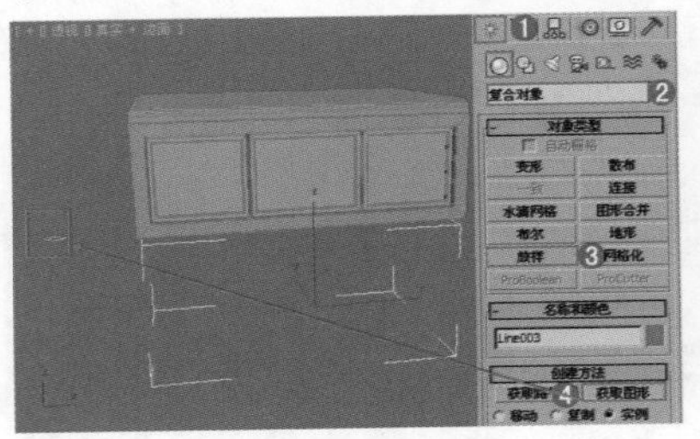

图4-331

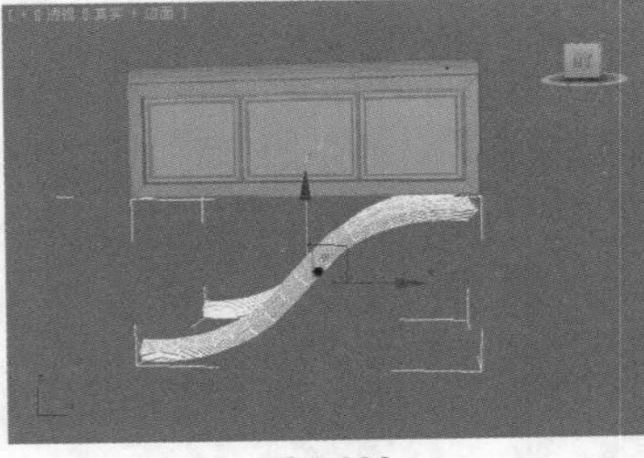

图4-332

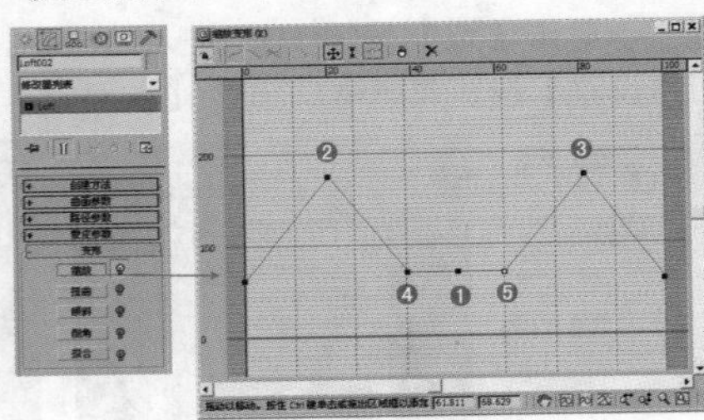

图4-333

步骤 04 选择床头柜腿部模型，单击【镜像】工具，设置【镜像轴】为 X，【偏移】为 -36.52mm，【克隆当前选择】为【实例】，如图 4-335 所示。

步骤 05 在前视图床头柜腿部模型交叉处创建一个【扩展基本体】下的【异面体】 异面体 ，进入【修改】面板，设置【系列】为【四面体】，【半径】为 40mm，最后使用【选择并均匀缩放】工具将创建的异面体沿 Y 轴缩放一定的距离，如图 4-336 所示。

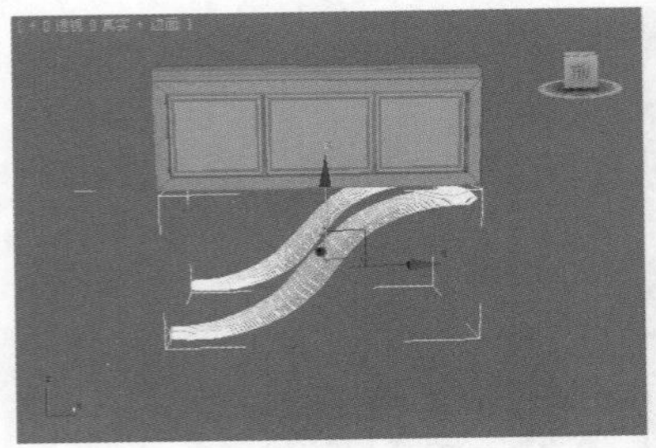

图4-334

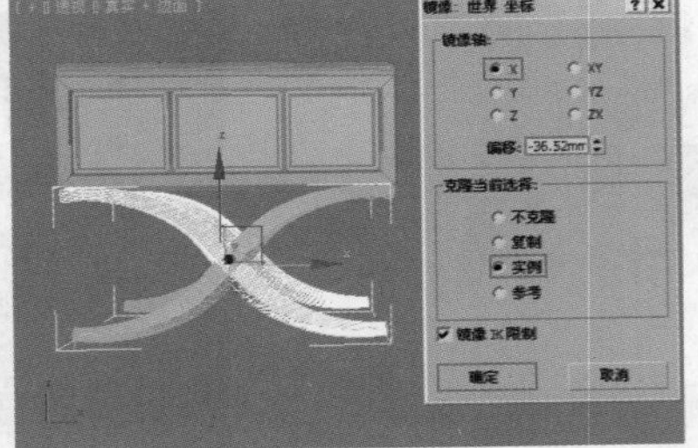

图4-335

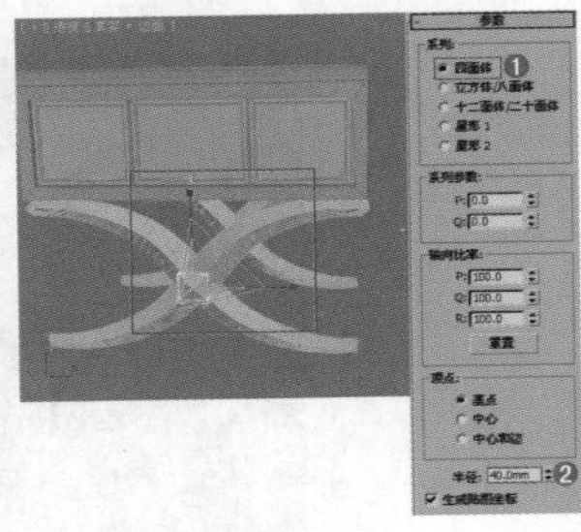

图4-336

步骤 06 使用【线】工具 线 在顶视图中绘制如图 4-337 所示的线。进入【修改】面板，为线加载【车削】修改器，设置【方向】为 Y，【对齐】为【最小】，如图 4-338 所示。

步骤 07 下面创建把手。在抽屉正前方分别创建一个圆锥体和一个球体。进入【修改】面板，修改圆锥体参数，设置【半径 1】为 10mm，【半径 2】为 0mm，【高度】为 10mm，【高度分段】为 1，【端面分段】为 1，【边数】为 24；修改球体参数，设置【半径】为 8mm【分段】为 32，如图 4-339 所示。

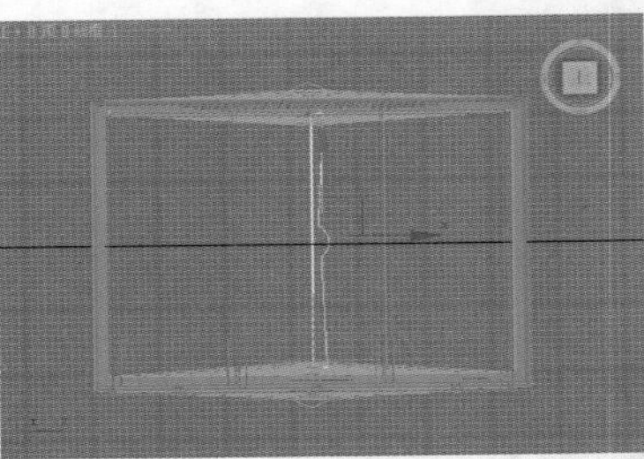

图4-337

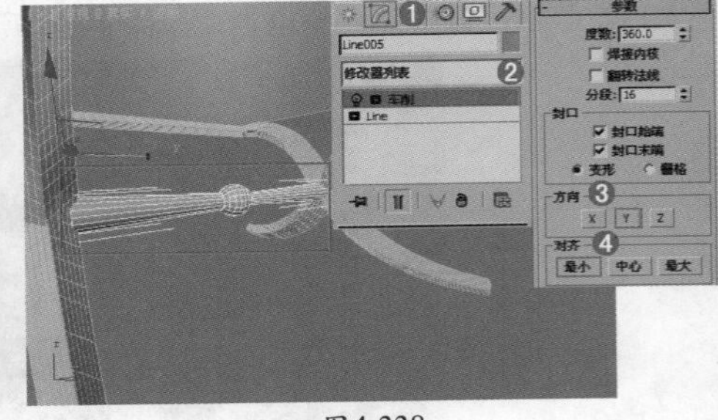

图4-338

步骤 08 使用【选择并移动】工具将球体和圆锥体移动到如图 4-340 所示的位置。

步骤 09 在球体的下方创建一个【几何球体】 几何球体 ，进入【修改】面板，设置【半径】为 4mm，【基本面类型】为【二十面体】，如图 4-341 所示。然后在【修改】面板，为其加载 FFD 2×2×2 修改器，进入控制点级别，调节控制点到如图 4-342 所示位置。

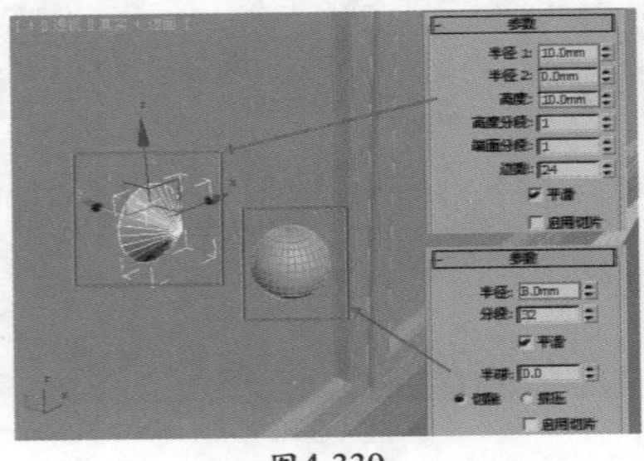

图4-339

图4-340

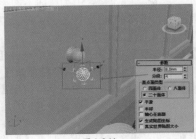

图4-341

步骤 10 将制作好的把手移动复制 2 个，分别放置在适当的位置，如图 4-343 所示。

步骤 11 最终模型效果如图 4-344 所示。

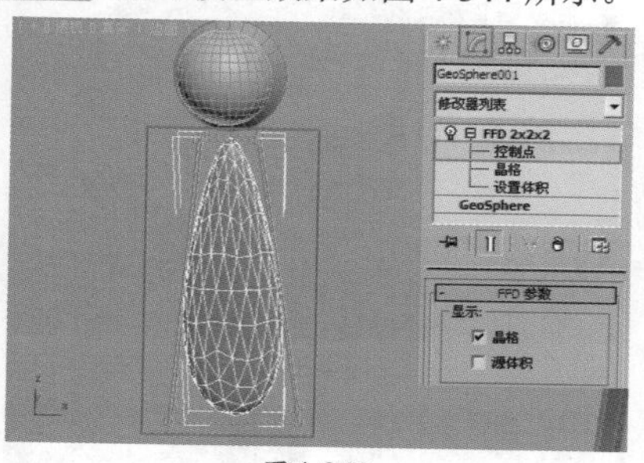

图4-342

图4-343

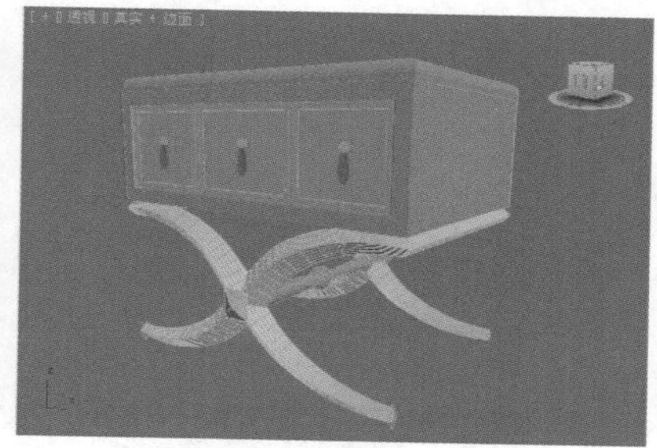

图4-344

重点 小实例：利用石墨建模工具制作新古典椅子

场景文件	无
案例文件	小实例：利用石墨建模工具制作新古典椅子 .max
视频教学	DVD/ 多媒体教学 /Chapter04/ 小实例：利用石墨建模工具制作新古典椅子 .flv
难易指数	★★★☆☆
技术掌握	掌握【切角】工具、【创建图形】工具、【壳】修改器、【镜像】工具的使用方法

实例介绍

本例主要使用【石墨建模工具】中的【切角】和【创建图形】工具、【壳】修改器以及【镜像】工具来制作一个新古典椅子模型，效果如图 4-345 所示。

建模思路

① 使用【切角】和【创建图形】工具以及【壳】修改器制作椅子主体模型。

② 使用【切角】和【镜像】工具制作椅子腿模型。

新古典椅子的建模流程如图 4-346 所示。

图4-345

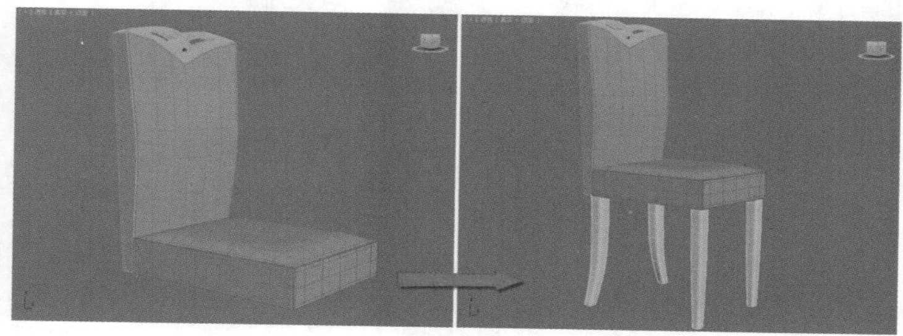

图4-346

操作步骤

Part 1 使用【切角】和【创建图形】工具以及【壳】修改器制作椅子主体模型

步骤 01 首先创建椅垫模型。使用【长方体】工具 长方体 在场景中创建一个长方体，然后在【参数】卷展栏下设置【长度】为 500mm，【宽度】为 500mm，【高度】为 100mm，【长度分段】为 8，【宽度分段】为 6，【高度分段】为 2，如图 4-347 所示。

步骤 02 将长方体转化为多边形，单击【边】按钮，进入边级别，然后选择如图 4-348 所示的边，接着在【边】面板中单击【切角】按钮下面的【切角设置】按钮 切角设置，在弹出的对话框中设置【边切角量】为 5mm，【连接边分段】为 5，如图 4-349 所示。

步骤 03 单击【多边形】按钮，进入多边形级别，然后进入【修改】面板，展开【软选择】卷展栏，选中【使用软选择】复选框，在视图中选择如图 4-350 所示的多边形。

步骤 04 将选中的多边形沿 Z 轴向上拖曳一定距离，如图 4-351 所示。

步骤 05 为椅垫模型加载【网格平滑】修改器，并设置【迭代次数】为 2，如图 4-352 所示。

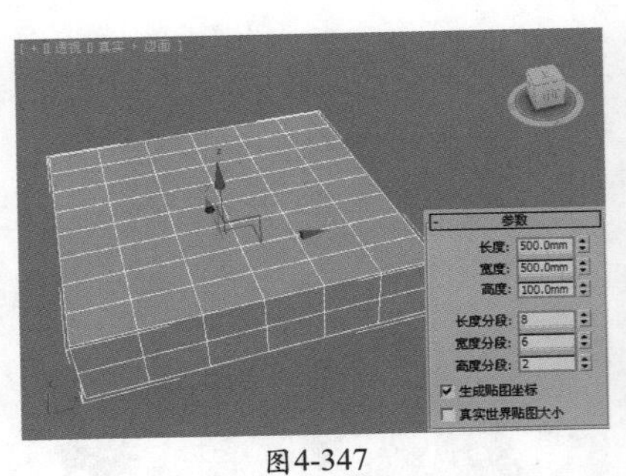

图4-347

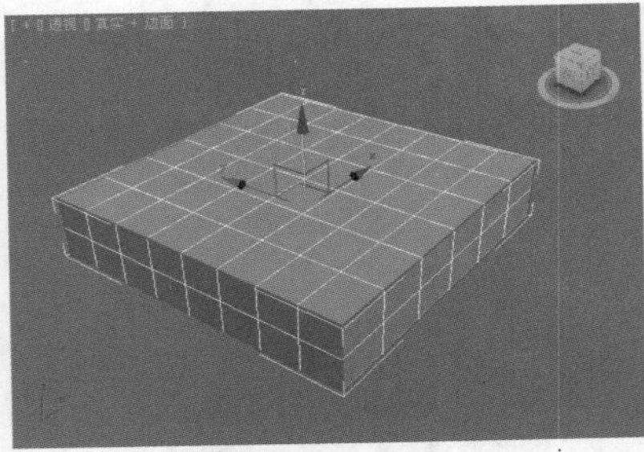
图4-348

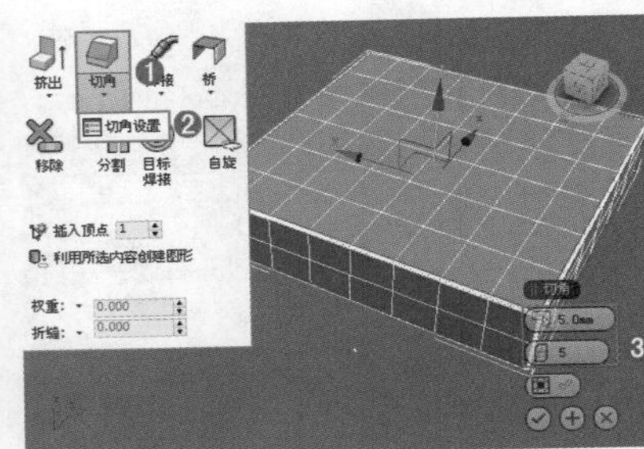

图4-349

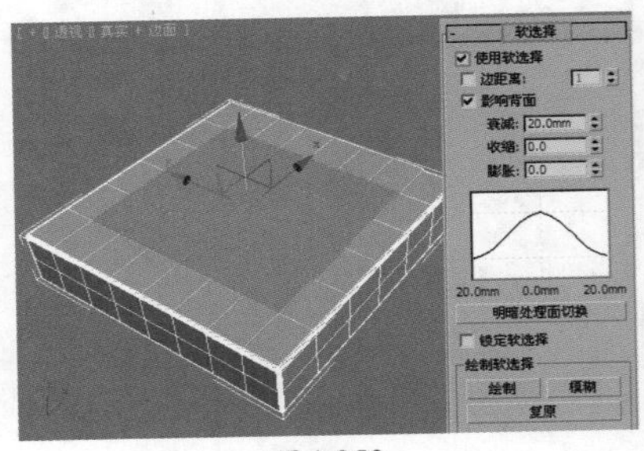

图4-350

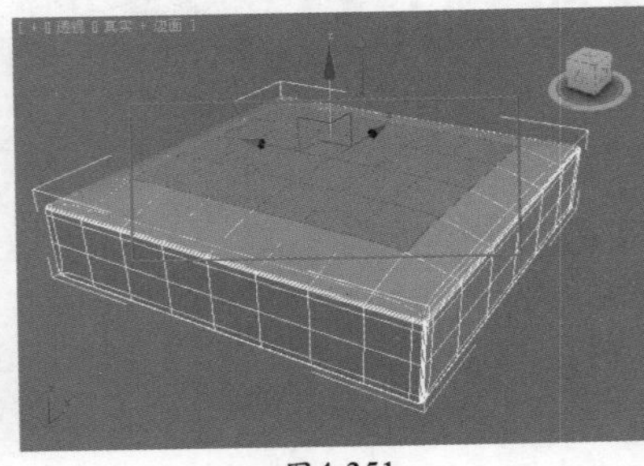
图4-351

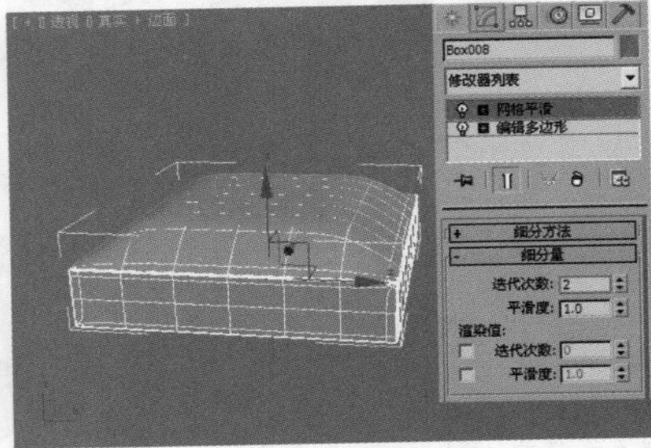

图4-352

步骤 06 单击【边】按钮，进入边级别，然后选择如图 4-353 所示的边。

步骤 07 单击【边】面板下的【利用所选内容创建图形】按钮，然后在弹出的【创建图形】对话框中设置【图形类型】为【线性】，最后单击【确定】按钮，如图 4-354 所示。

步骤 08 选择步骤 07 中创建出的图形，然后展开【渲染】卷展栏，选中【在渲染中启用】和【在视口中启用】复选框，激活【径向】选项，设置【厚度】为 2.5mm，【边】为 12，【角度】为 0°，如图 4-355 所示。

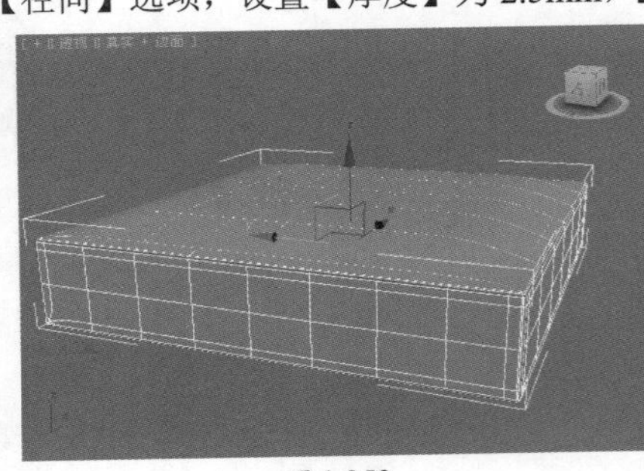
图4-353

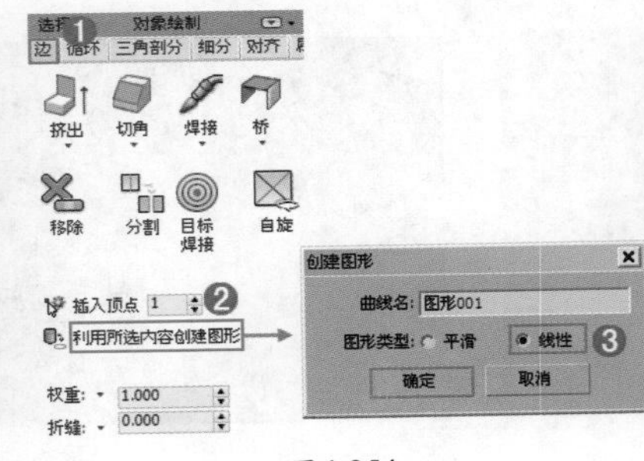

图4-354

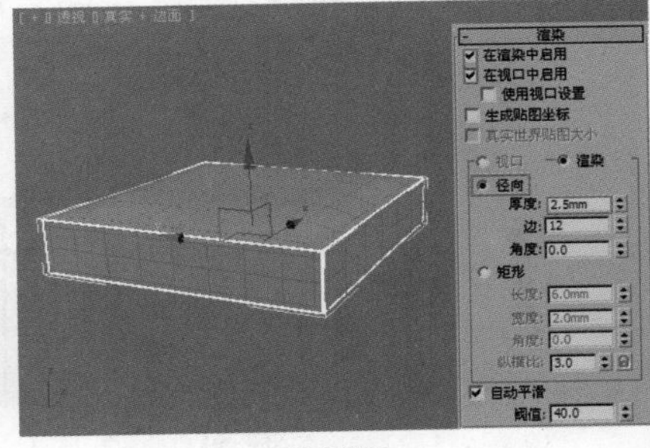

图4-355

步骤 09 下面创建椅背模型。使用【长方体】工具创建一个长方体，设置【长度】为 50mm，【宽度】为 400mm，【高度】为 570mm，【长度分段】为 1，【宽度分段】为 6，【高度分段】为 4，如图 4-356 所示。

步骤 10 将长方体转化为多边形，单击【顶点】按钮，进入顶点级别，将长方体的顶点进行调节，如图 4-357 所示。单击【边】按钮，进入边级别，然后选择如图 4-358 所示的边。

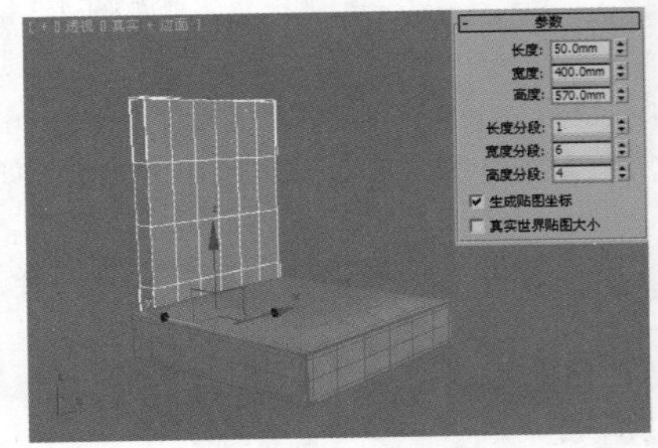

图4-356

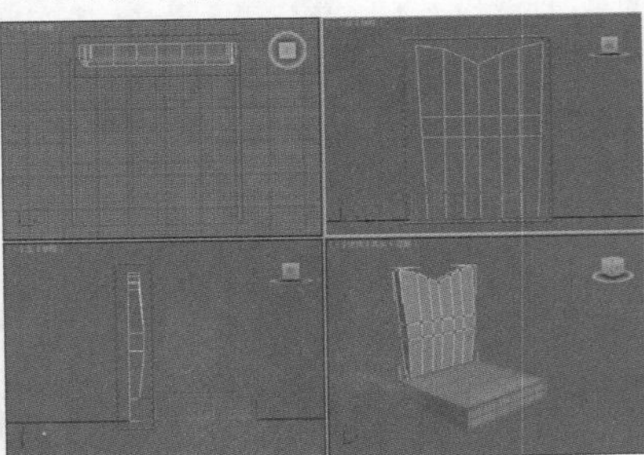
图4-357

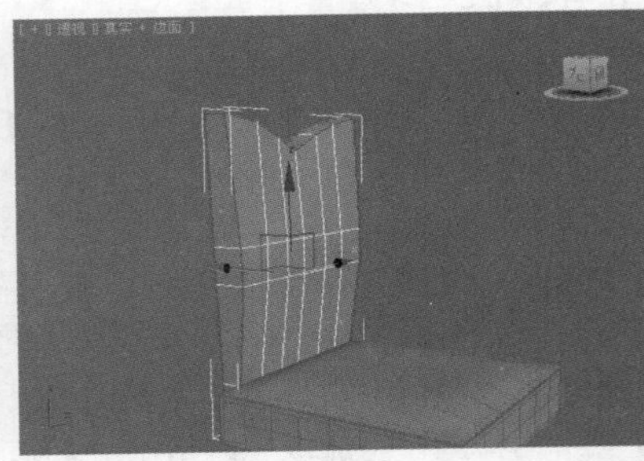
图4-358

步骤 11 在【边】面板中单击【切角】按钮下面的【切角设置】按钮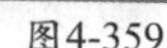，然后在弹出的对话框中设置【边切角量】为5mm，【连接边分段】为5，如图4-359所示。

步骤 12 选择椅背模型，并按Alt+Q组合键，将椅背模型单独孤立。单击【边】按钮，进入边级别，然后选择如图4-360所示的边。

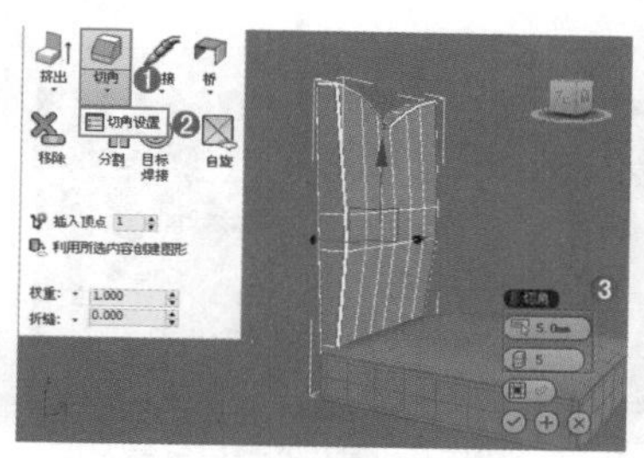

图4-359

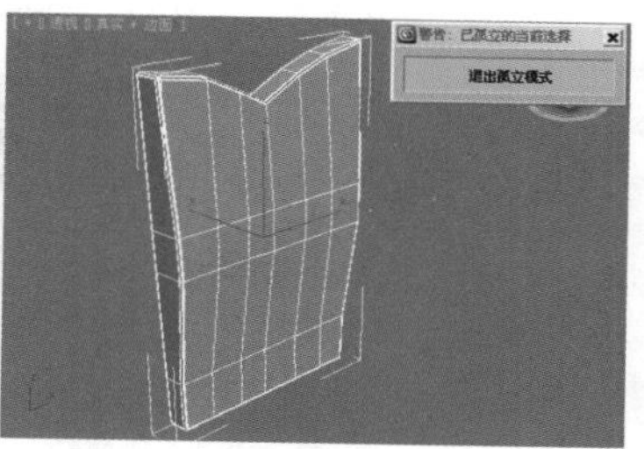

图4-360

技巧与提示

选择椅背模型并按快捷键Alt+Q后会弹出【警告：已孤立当前选择】对话框，这代表只会显示刚才选择的椅背物体，而不显示其他物体，这样不仅操作起来便于观察，而且计算机运行速度也会很快。而当不需要孤立物体时，只需要单击对话框右上角的【关闭】按钮即可恢复正常。

步骤 13 单击【边】面板下的【利用所选内容创建图形】按钮，然后在弹出的【创建图形】对话框中设置【图形类型】为【线性】，最后单击【确定】按钮，如图4-361所示。

步骤 14 选择创建的【图形001】，展开【渲染】卷展栏，选中【在渲染中启用】和【在视口中启用】复选框，激活【径向】选项，设置【厚度】为2.5mm，如图4-362所示。

步骤 15 使用【平面】工具 平面 在前视图中创建一个平面，然后进入【修改】面板，设置【长度】为5.5mm，【宽度】为5mm，并使用【选择并旋转】工具将其旋转一定的角度，如图4-363所示。

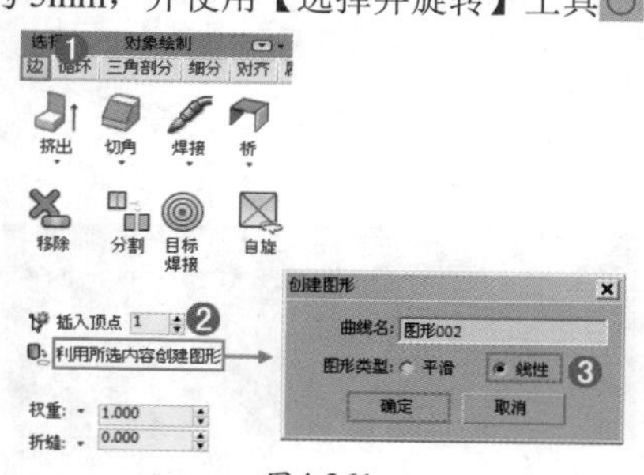

图4-361

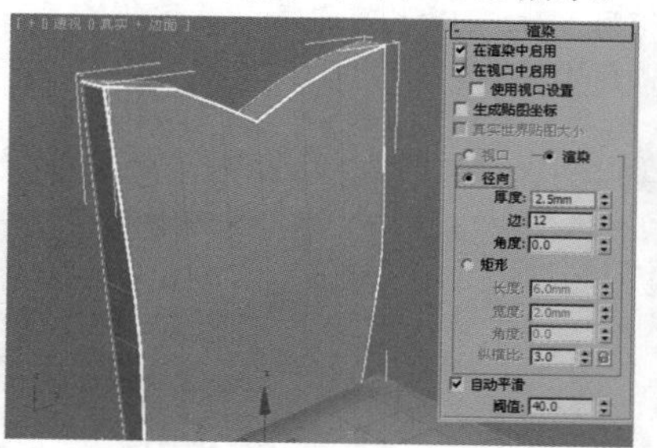

图4-362

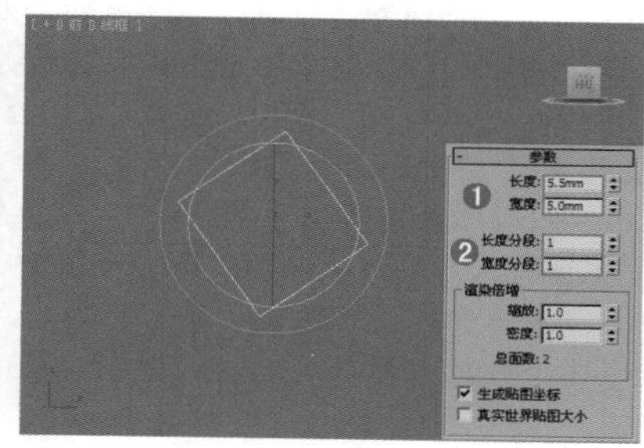

图4-363

步骤 16 将平面转化为多边形，然后单击【边】按钮，进入边级别，选择如图4-364所示的边。

步骤 17 按住Shift键的同时使用鼠标左键拖曳步骤16中选择的边，如图4-365所示。

步骤 18 在复制线的过程中，需要适当调节顶点的位置，从而细致地调节模型的形状，如图4-366所示。

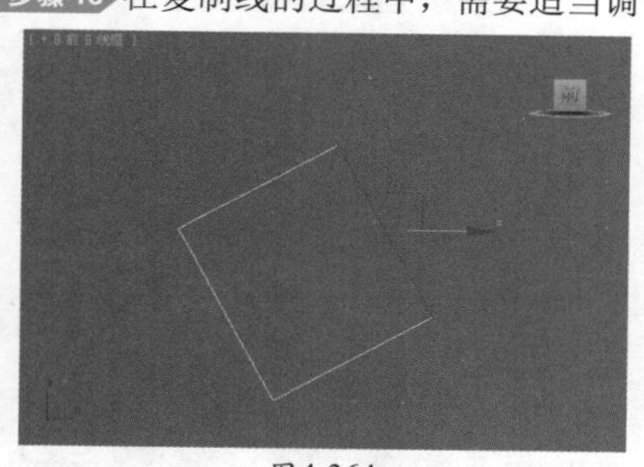

图4-364

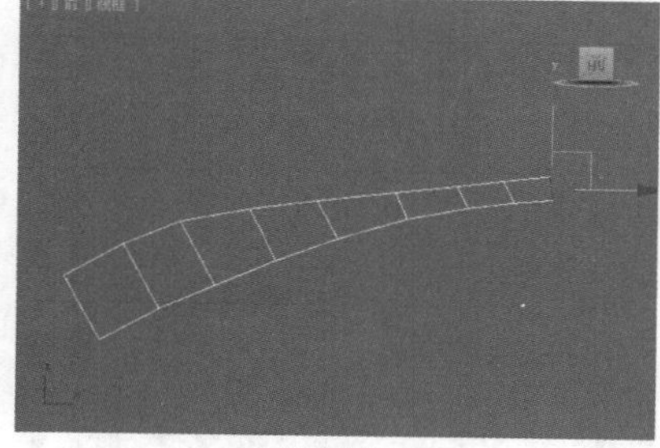

图4-365

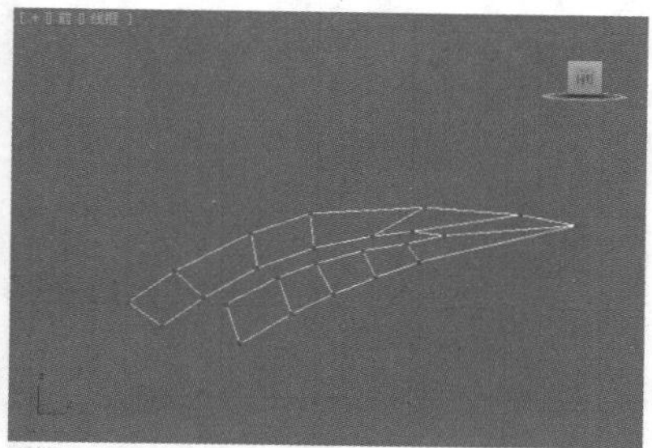

图4-366

技巧与提示

在多边形建模中有很多实用的小技巧，下面介绍其中的一种——巧用Shift键：如图4-367所示，选择边后，沿Z轴按住Shift键并使用鼠标左键进行拖曳即可改变模型。

因此可以方便地继续制作，如图4-368所示。

按住Shift键，并使用鼠标左键进行拖曳

图4-367

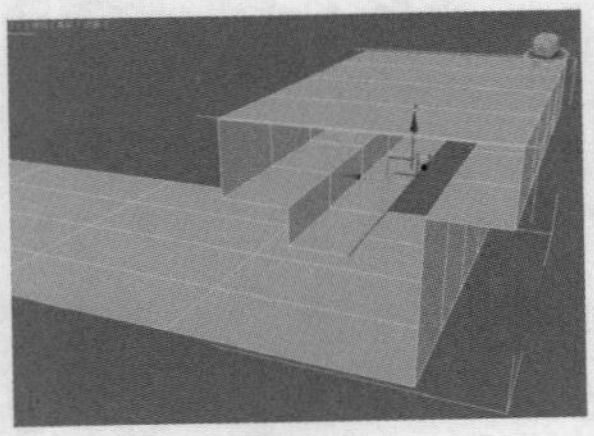

图4-368

当然，不仅仅可对平面进行此操作，还可对没有进行封口的物体执行该操作，如图 4-369 所示。但是对于已封口的物体，却无法执行此操作，如图 4-370 所示。

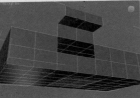

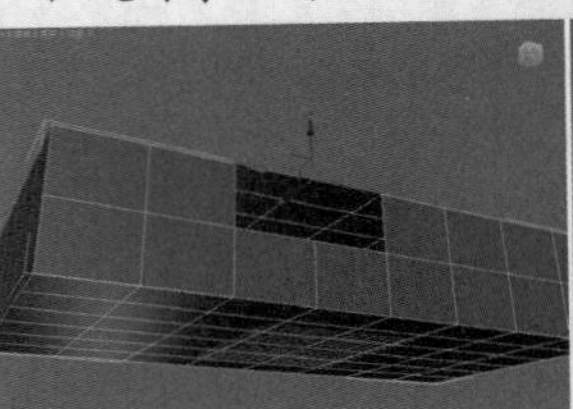

按住Shift键，并使用鼠标左键进行拖曳

图4-369

选择边

图4-370

因此可以得出这样一个小结论：在巧用 Shift 键时，一定要注意该物体是否为封口的物体，若是封口的物体则无法使用该操作，若不是封口的物体则可以使用该操作。

步骤 19 继续按住 Shift 键的同时使用鼠标左键拖曳选择的边，并继续在各个视图调节各个点的位置，前视图效果如图 4-371 所示。四视图效果如图 4-372 所示。

步骤 20 进入【修改】面板，选择步骤 19 中创建的模型，为其加载【壳】修改器，并设置【外部量】为 43mm，如图 4-373 所示。

步骤 21 再次将模型转化为多边形，并选择如图 4-374 所示的边。

步骤 22 在【边】面板中单击【切角】按钮下面的【切角设置】按钮，在弹出的对话框中设置【边切角量】为 4mm，【连接边分段】为 8，如图 4-375 所示。

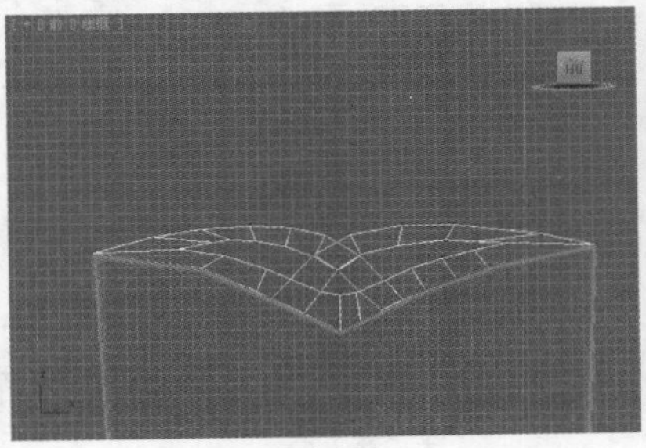

图4-371

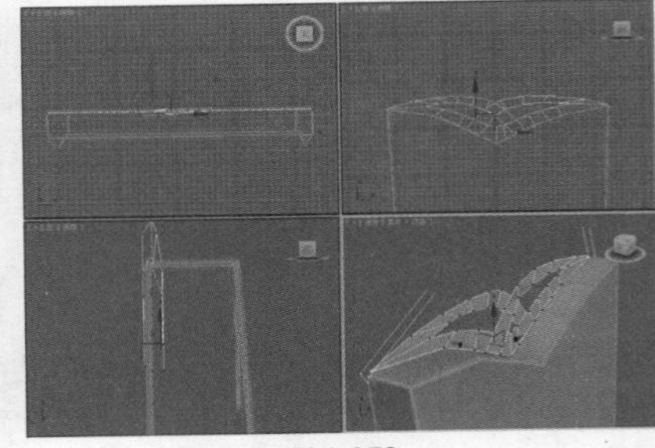

图4-372

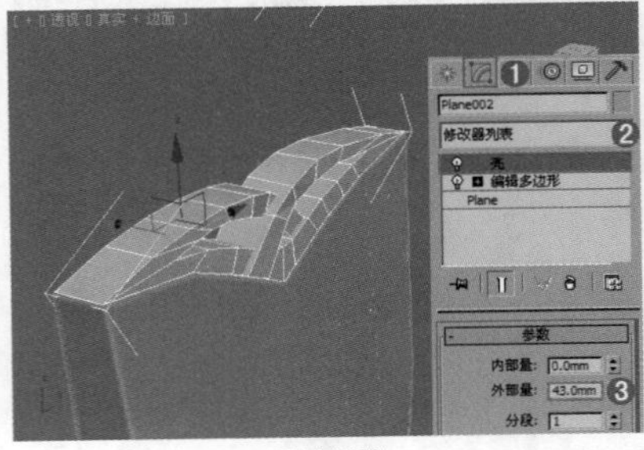

图4-373

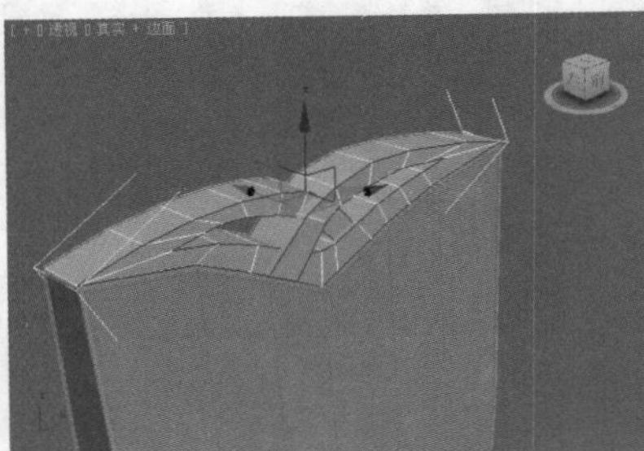

图4-374

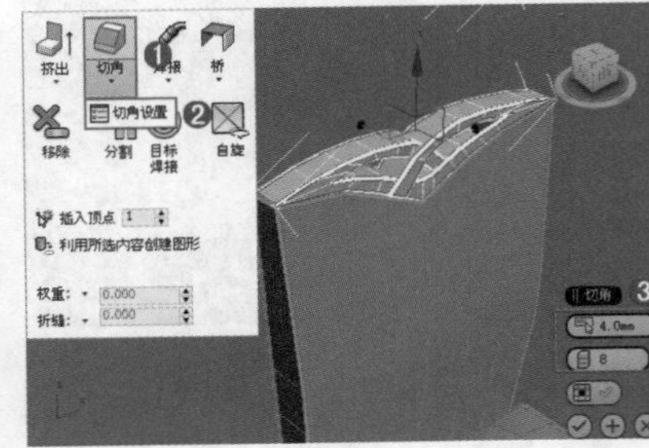

图4-375

Part 2 使用【切角】和【镜像】工具制作椅子腿模型

步骤 01 下面制作椅子腿模型。使用【长方体】工具 长方体 在顶视图中创建一个长方体，然后进入【修改】面板，设置【长度】为 50mm，【宽度】为 50mm，【高度】为 –420mm，【长度分段】为 1，【宽度分段】为 1，【高度分段】为 4，如

图 4-376 所示。

步骤 02 将长方体转化为多边形，单击【顶点】按钮，进入顶点级别，调节顶点的位置，如图 4-377 所示。

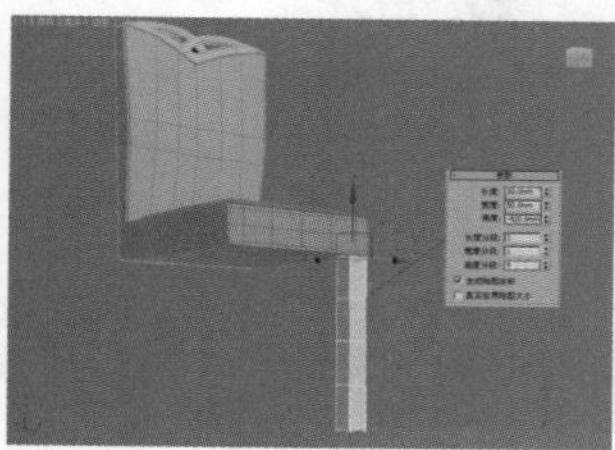
图4-376

图4-377

技巧与提示

巧用【选择并移动】工具和【选择并均匀缩放】工具调节顶点。

如图 4-378 所示，可以通过使用【选择并移动】工具调整顶点的位置。

如图 4-379 所示，可以通过使用【选择并均匀缩放】工具调整顶点的位置。

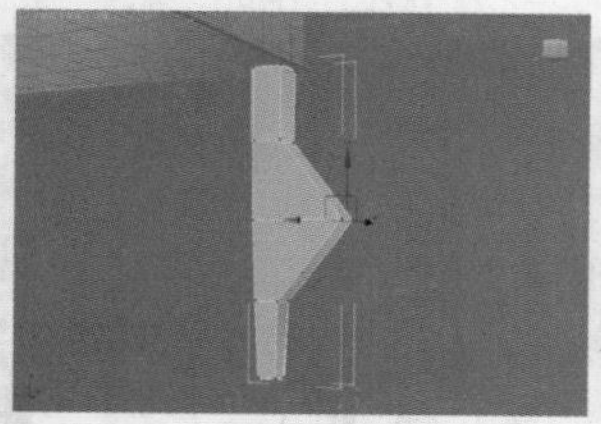
图4-378

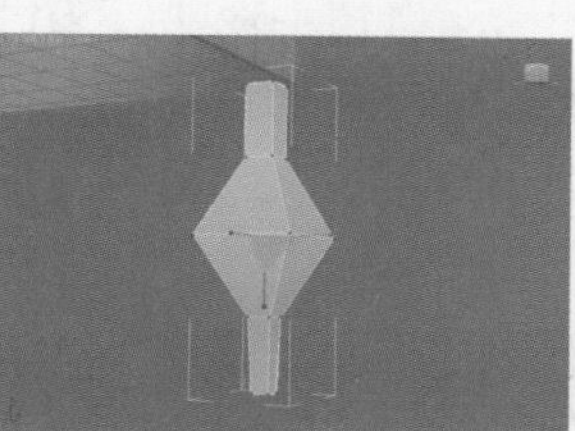
图4-379

若选择一个起伏平面上的所有顶点，并使用【选择并均匀缩放】工具沿某一个轴向进行多次拖曳，原来起伏的顶点将在一个水平面上，如图 4-380 所示。

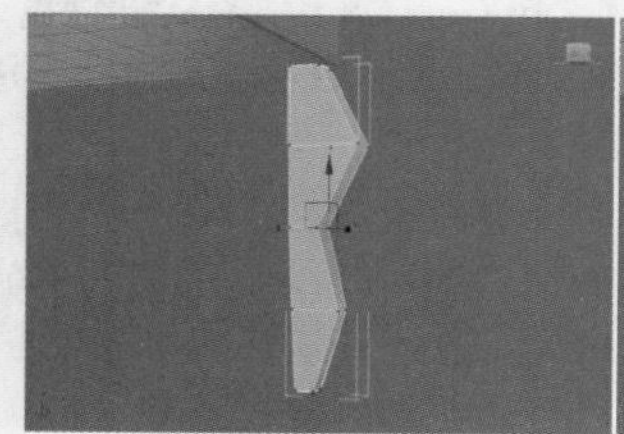
选择一个起伏
平面上的所有的顶点

使用【选择并均匀缩放】
工具沿Y轴拖曳多次

图4-380

步骤 03 进入边级别，选择如图 4-381 所示的边，然后在【边】面板中单击【切角】按钮下面的【切角设置】按钮。

步骤 04 在弹出的对话框中设置【边切角量】为 4mm，【连接边分段】为 4，如图 4-382 所示。

步骤 05 选择椅子腿模型并单击【修改】面板，为其添加【网格平滑】修改器，如图 4-383 所示。

步骤 06 选择步骤 05 制作的椅子腿，然后单击【镜像】按钮，并设置【偏移】为 –345mm，【克隆当前选择】为【复制】，最后单击【确定】按钮，如图 4-384 所示。

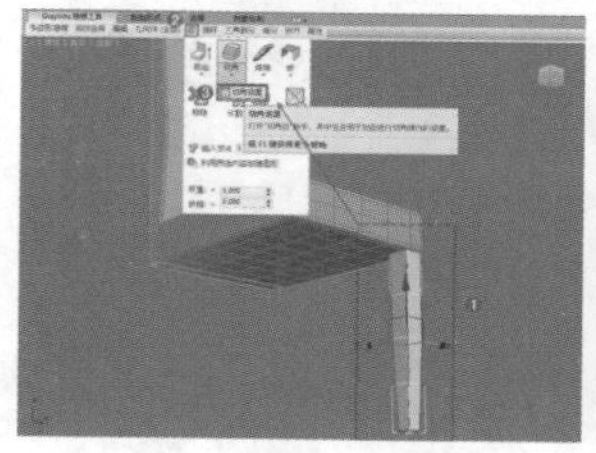
图4-381

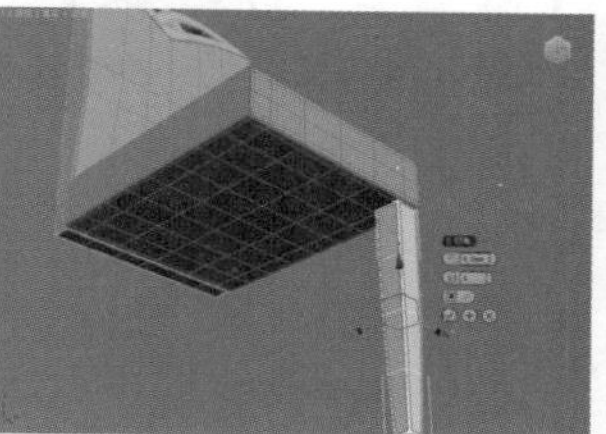
图4-382

图4-383

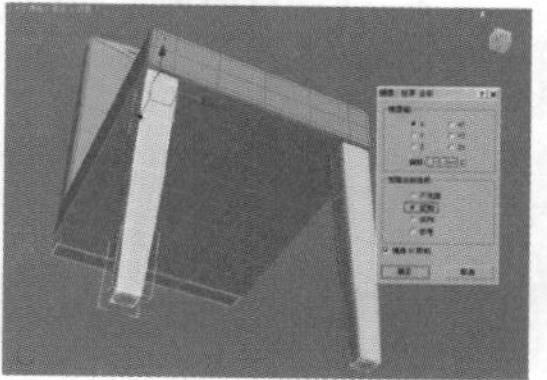
图4-384

步骤 07 选择的椅子腿模型，然后按住 Shift 键并使用【选择并移动】工具进行复制，如图 4-385 所示。

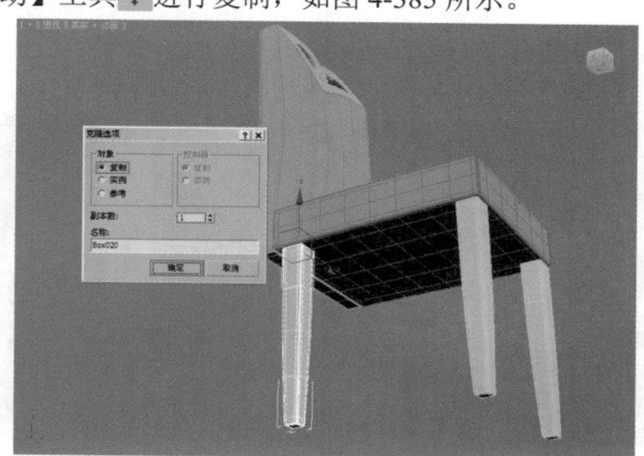
图4-385

步骤 08 单击【修改】面板，并选择【网格平滑】下的【顶点】级别，将顶点的位置适当调整，使其产生弯曲的效果，如图 4-386 所示。

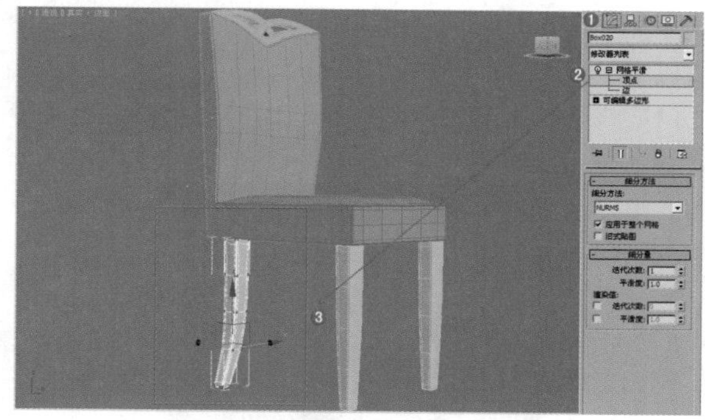
图4-386

步骤 09 选择步骤 08 调节的模型，单击【镜像】按钮，并【镜像轴】为 X，【偏移】为 345mm，【克隆当前选择】为【复制】，最后单击【确定】按钮，如图 4-387 所示。

步骤 10 最终模型效果如图 4-388 所示。

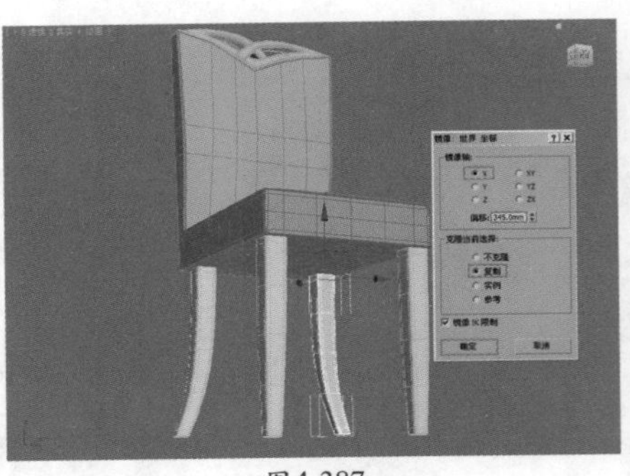
图4-387

图4-388

4.3 多边形建模

4.3.1 多边形建模的应用领域

多边形建模即 Polygon 建模，是目前三维软件两大流行建模方法之一（另一个方法是曲面建模）。用这种方法创建的物体表面由直线组成，在建筑方面应用较多，如室内设计、环境艺术设计等。如图 4-389 所示为优秀的多边形建模作品。

图4-389

4.3.2 塌陷多边形对象

在编辑多边形对象之前，首先要明确多边形物体不是创建出来的，而是塌陷出来的。将物体塌陷为多边形的方法主要有以下 4 种。

（1）在物体上右击，然后在弹出的菜单中选择【转换为】|【转换为可编辑多边形】命令，如图 4-390 所示。

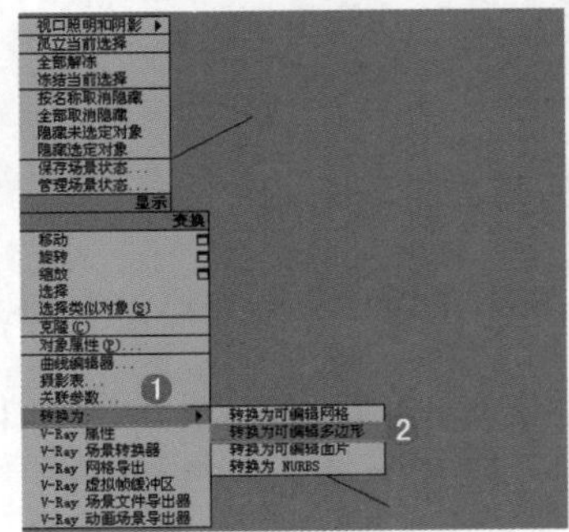
图4-390

（2）选中物体，然后在【石墨建模工具】工具栏中单击【建模】按钮 建模 ，接着单击【多边形建模】按钮 多边形建模 ，最后在弹出的菜单中选择【转化为多边形】命令，如图 4-391 所示。

（3）为物体加载【编辑多边形】修改器，如图 4-392 所示。

（4）在修改器列表中选中物体，然后右击，在弹出的菜单中选择【可编辑多边形】命令，如图 4-393 所示。

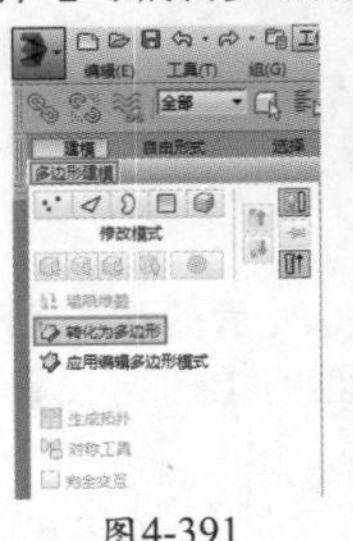
图4-391

图4-392

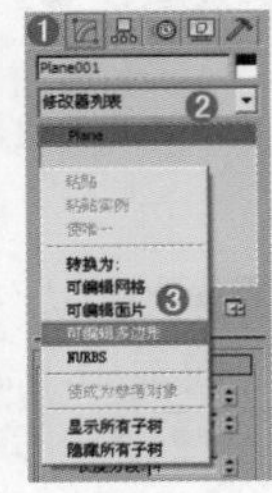
图4-393

4.3.3 编辑多边形对象

当物体变成可编辑多边形对象后，可以观察到可编辑多边形对象有【顶点】、【边】、【边界】、【多边形】和【元素】5 种子对象，如图4-394所示。多边形参数设置面板包括6个卷展栏，分别是【选择】卷展栏、【软选择】卷展栏、【编辑几何体】卷展栏、【细分曲面】卷展栏、【细分置换】卷展栏和【绘制变形】卷展栏，如图4-395和图4-396所示。

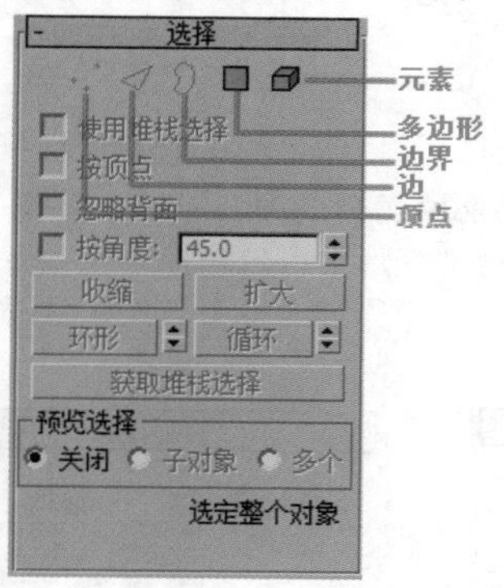

图4-394

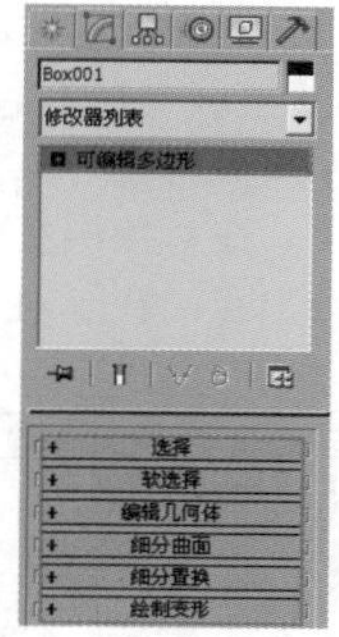

图4-395

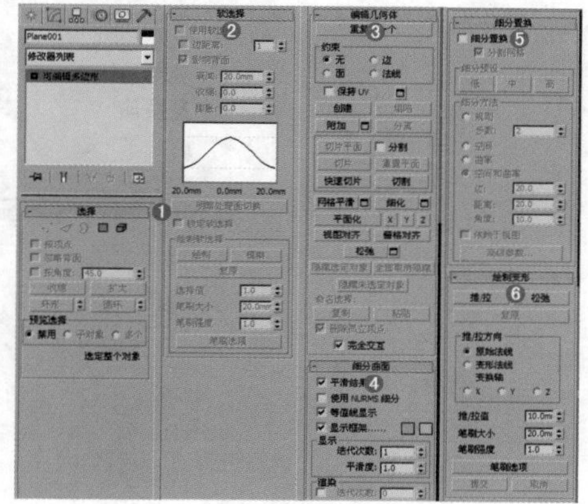

图4-396

1．选择

【选择】卷展栏中的参数主要用来选择对象和子对象，如图4-397所示。

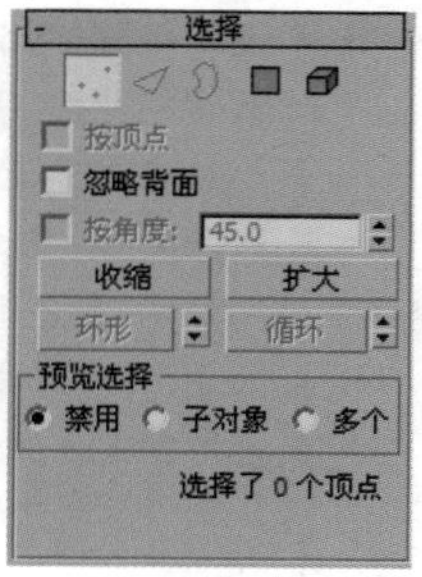

图4-397

- 子对象级别：包括【顶点】、【边】、【边界】、【多边形】和【元素】5种级别。
- 按顶点：除了【顶点】级别外，该选项可以在其他4种级别中使用。选中该复选框，只有选择所用的顶点才能选择子对象。
- 忽略背面：选中该复选框，只能选中法线指向当前视图的子对象。
- 按角度：选中该复选框，可以根据面的转折度数来选择子对象。
- 【收缩】按钮 收缩 ：单击该按钮可以在当前选择范围中向内减少一圈对象。
- 【扩大】按钮 扩大 ：与【收缩】相反，单击该按钮可以在当前选择范围中向外增加一圈对象。
- 【环形】按钮 环形 ：该按钮只能在【边】和【边界】级别中使用。在选中一部分子对象后，单击该按钮可以自动选择平行于当前对象的其他对象。
- 【循环】按钮 循环 ：该按钮只能在【边】和【边界】级别中使用。在选中一部分子对象后，单击该按钮可以自动选择与当前对象在同一曲线上的其他对象。
- 预览选择：选择对象之前，通过【预览选择】可以预览光标滑过位置的子对象，有【禁用】、【子对象】和【多个】3个选项可供选择。

2．软选择

【软选择】是以选中的子对象为中心向四周扩散，可以通过控制【衰减】、【收缩】和【膨胀】的数值来控制所选子对象区域的大小及对子对象控制力的强弱，并且【软选择】卷展栏还包括了绘制软选择的工具，这一部分与【绘制变形】卷展栏的用法接近，如图4-398所示。

3．编辑几何体

【编辑几何体】卷展栏中提供了多种用于编辑多边形的工具，这些工具在所有子对象级别下都可用，如图4-399所示。

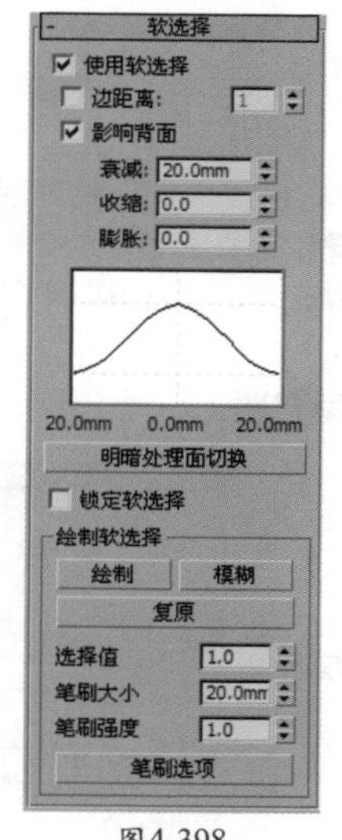

图4-398

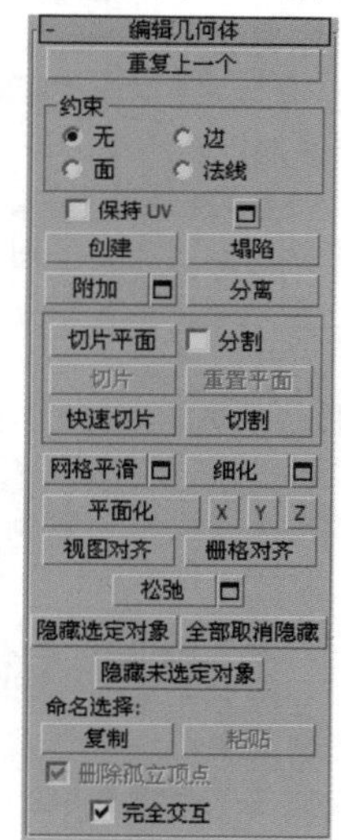

图4-399

- 【重复上一个】按钮 重复上一个 ：单击该按钮可以重复使用上一次使用的命令。
- 约束：使用现有的几何体来约束子对象的变换效果，共有【无】、【边】、【面】和【法线】4种方式可供选择。
- 保持UV：选中该复选框，可以在编辑子对象的同时不影响该对象的UV贴图。
- 【创建】按钮 创建 ：创建新的几何体。
- 【塌陷】按钮 塌陷 ：类似于【焊接】工具 焊接 ，但是不需要设置【阈值】参数就可以直接塌陷在一起。
- 【附加】按钮 附加 ：可以将场景中的其他对象附加到选定的可编辑多边形中。
- 【分离】按钮 分离 ：将选定的子对象作为单独的对象或元素分离出来。
- 【切片平面】按钮 切片平面 ：可以沿某一平面分开网格

对象。

- 分割：选中该复选框，可以通过【快速切片】工具 快速切片 和【切割】工具 切割 在划分边的位置创建出两个顶点集合。
- 【切片】按钮 切片 ：可以在切片平面位置处执行切割操作。
- 【重置平面】按钮 重置平面 ：将执行过【切片】的平面恢复到之前的状态。
- 【快速切片】按钮 快速切片 ：可以将对象进行快速切片，切片线沿着对象表面，所以可以更加准确地进行切片。
- 【切割】按钮 切割 ：可以在一个或多个多边形上创建出新的边。
- 【网格平滑】按钮 网格平滑 ：使选定的对象产生平滑效果。
- 【细化】按钮 细化 ：增加局部网格的密度，从而方便处理对象的细节。
- 【平面化】按钮 平面化 ：强制所有选定的子对象共面。
- 【视图对齐】按钮 视图对齐 ：使对象中的所有顶点与活动视图所在的平面对齐。
- 【栅格对齐】按钮 栅格对齐 ：使选定对象中的所有顶点与活动视图所在的平面对齐。
- 【松弛】按钮 松弛 ：使当前选定的对象产生松弛现象。
- 【隐藏选定对象】按钮 隐藏选定对象 ：隐藏所选定的子对象。
- 【全部取消隐藏】按钮 全部取消隐藏 ：将所有的隐藏对象还原为可见对象。
- 【隐藏未选定对象】按钮 隐藏未选定对象 ：隐藏未选定的子对象。
- 命名选择：用于复制和粘贴子对象的命名选择集。
- 删除孤立顶点：选中该复选框，选择连续子对象时会删除孤立顶点。
- 完全交互：选中该复选框，如果更改数值，将直接在视图中显示最终的结果。

4．细分曲面

【细分曲面】卷展栏中的参数可以将细分效果应用于多边形对象，以便对分辨率较低的【框架】网格进行操作，同时还可以查看更为平滑的细分结果，如图 4-400 所示。

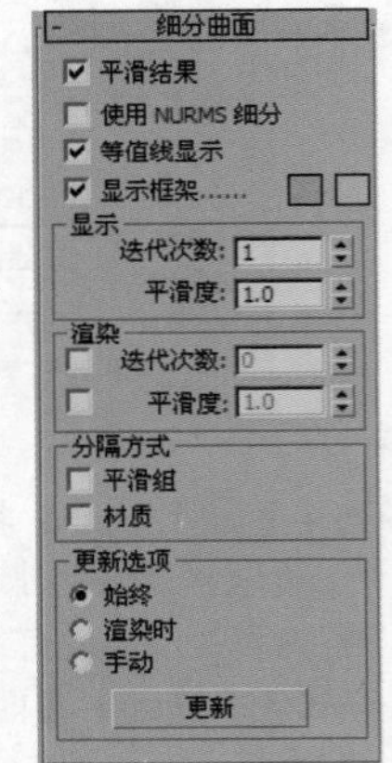

图4-400

- 平滑结果：对所有的多边形应用相同的平滑组。
- 使用 NURMS 细分：通过 NURMS 方法应用平滑效果。
- 等值线显示：选中该复选框，只显示等值线。
- 显示框架：在修改或细分之前，切换可编辑多边形对象的两种颜色线框的显示方式。
- 显示：包括【迭代次数】和【平滑度】两个选项。
  - 迭代次数：用于控制平滑多边形对象时所用的迭代次数。
  - 平滑度：用于控制多边形的平滑程度。
- 渲染：用于控制渲染时的迭代次数与平滑度。
- 分隔方式：包括【平滑组】与【材质】两个选项。
- 更新选项：设置手动或渲染时的更新选项。

5．细分置换

【细分置换】卷展栏中的参数主要用于细分可编辑的多边形，如图 4-401 所示。

6．绘制变形

【绘制变形】卷展栏可以对物体上的子对象进行推、拉操作，或者在对象曲面上拖曳光标来影响顶点，如图 4-402 所示。在对象层级中，【绘制变形】可以影响选定对象中的所有顶点；在子对象层级中，【绘制变形】仅影响所选定的顶点。

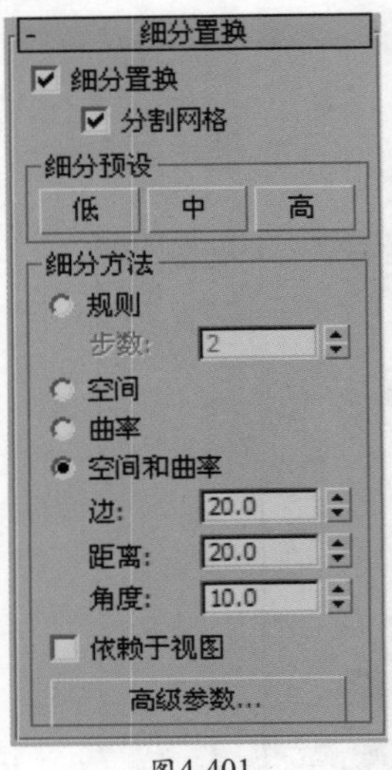

图4-401

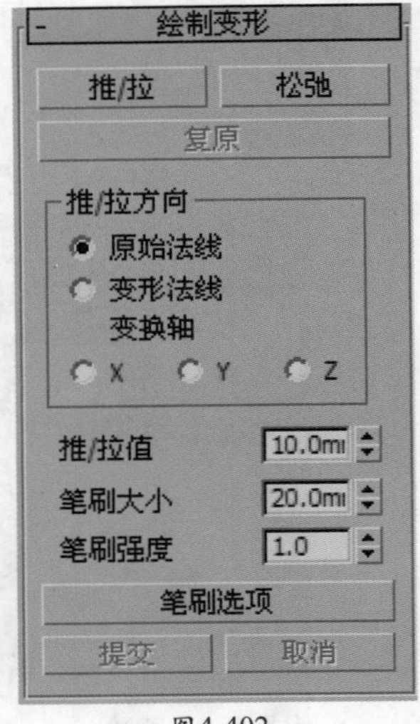

图4-402

技巧与提示

上面所讲的 6 个卷展栏在任何子对象级别中都存在，而选择任何一个子对象级别后都会增加相应的卷展栏，如选择顶点级别会出现【编辑顶点】和【顶点属性】两个卷展栏。如图 4-403 所示为切换到顶点和多边形级别的效果。

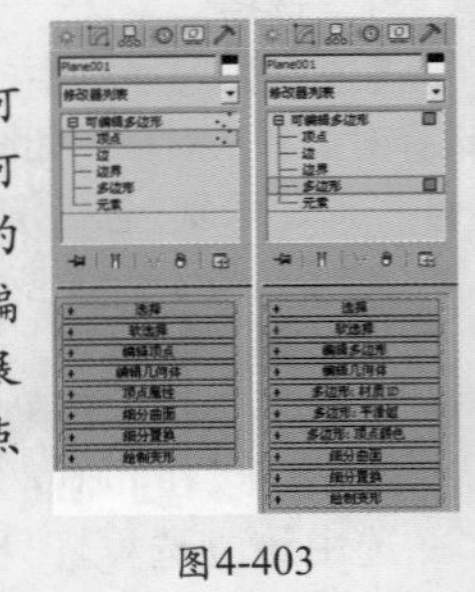

图4-403

重点 小实例：利用多边形建模制作创意水杯

场景文件	无
案例文件	小实例：利用多边形建模制作创意水杯 .max
视频教学	DVD/ 多媒体教学 /Chapter04/ 小实例：利用多边形建模制作创意水杯 .flv
难易指数	★★★☆☆
技术掌握	掌握可编辑多边形下的【切角】、【倒角】、【挤出】、【插入】工具的使用方法

实例介绍

本例制作一个创意水杯的模型，主要使用可编辑多边形下的【切角】、【倒角】、【挤出】、【插入】工具，然后加载

【涡轮平滑】修改器，效果如图 4-404 所示。

建模思路

使用可编辑多边形下的【切角】、【倒角】、【挤出】、【插入】工具制作创意水杯。

创意水杯的建模流程如图 4-405 所示。

图4-404

图4-405

操作步骤

步骤 01 使用【圆柱体】工具在顶视图中创建一个圆柱体，然后设置【半径】为 50mm，【高度】为 150mm，【高度分段】为 2，如图 4-406 所示。

步骤 02 选择刚创建的圆柱体，然后将其转换为可编辑多边形。单击【修改】面板，并单击【顶点】按钮，进入顶点级别，然后调节部分顶点的位置，调节后的效果如图 4-407 所示。

步骤 03 单击【多边形】按钮，进入多边形级别，然后选择如图 4-408 所示的多边形。单击【倒角】按钮 倒角 后的【设置】按钮，并设置【高度】为 4mm，【轮廓】为 –5mm，如图 4-409 所示。

步骤 04 选择如图 4-410 所示的多边形，然后单击【插入】按钮 插入 后的【设置】按钮，并设置【数值】为 4mm，如图 4-411 所示。

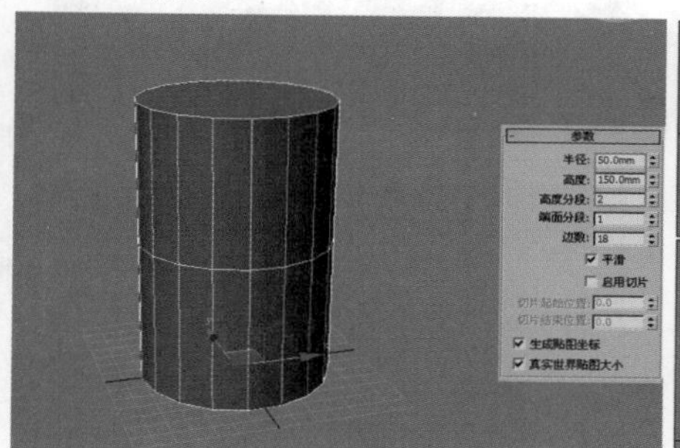

图4-406

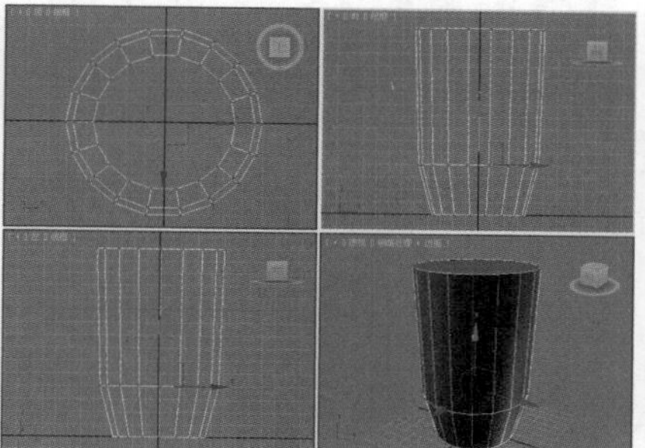

图4-407

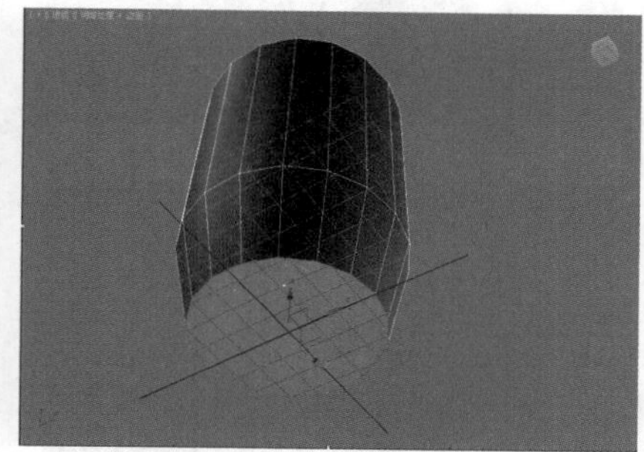

图4-408

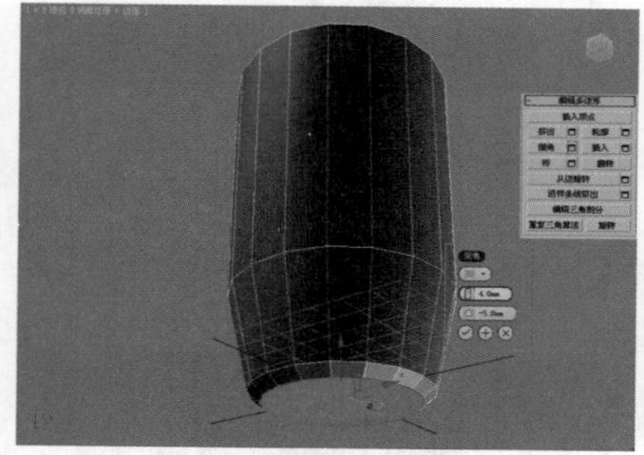

图4-409

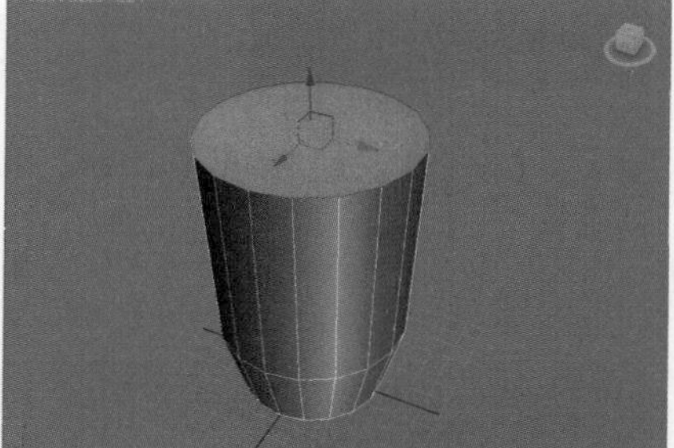

图4-410

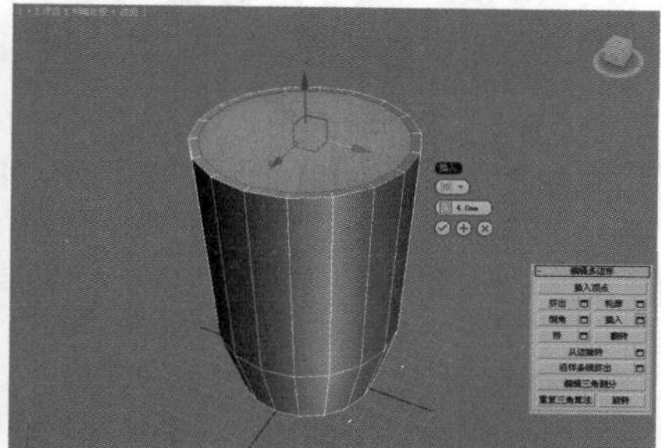

图4-411

步骤 05 选择如图 4-412 所示的多边形，然后单击【挤出】按钮 挤出 后的【设置】按钮，并设置【高度】为 4mm，如图 4-413 所示。

步骤 06 保持对多边形的选择，然后单击【挤出】按钮 挤出 后的【设置】按钮，并设置【高度】为 4mm，如图 4-414 所示。

图4-412

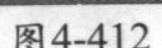

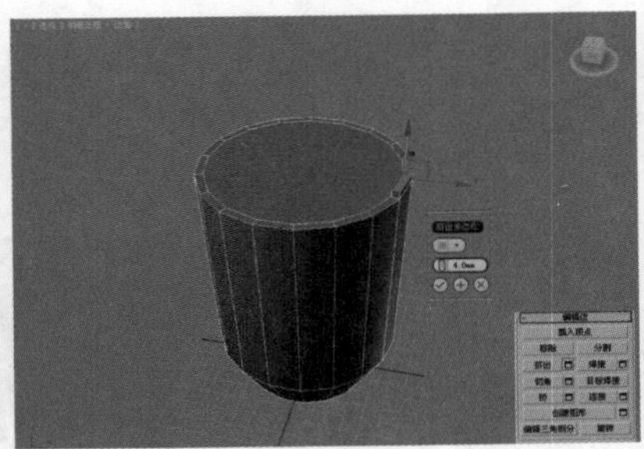

图4-413

图4-414

步骤 07 选择如图 4-415 所示的多边形，然后单击【挤出】按钮 挤出 后的【设置】按钮，并设置【高度】为 10mm，如图 4-416 所示。

步骤 08 继续多次使用【挤出】命令重复上一步的操作，如图 4-417 所示。然后单击【顶点】按钮，进入顶点级别，并调整顶点的位置，如图 4-418 所示。

步骤 09 单击【多边形】按钮，进入多边形级别。选择如图 4-419 所示的多边形，然后单击【倒角】按钮 倒角 后的【设置】按钮，并设置【高度】为 12mm，【轮廓】为 –3mm，如图 4-420 所示。

图4-415

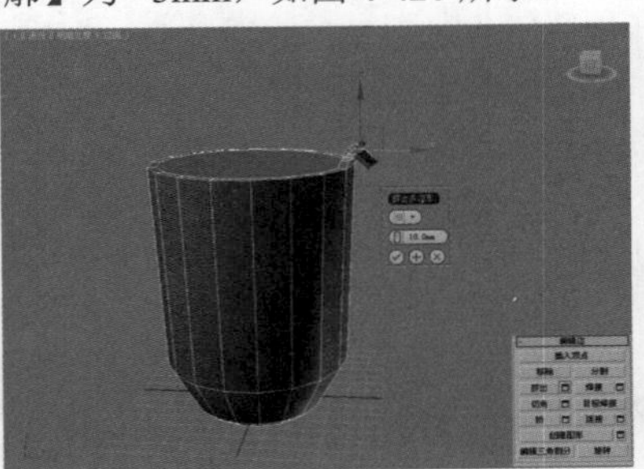

图4-416

图4-417

图4-418

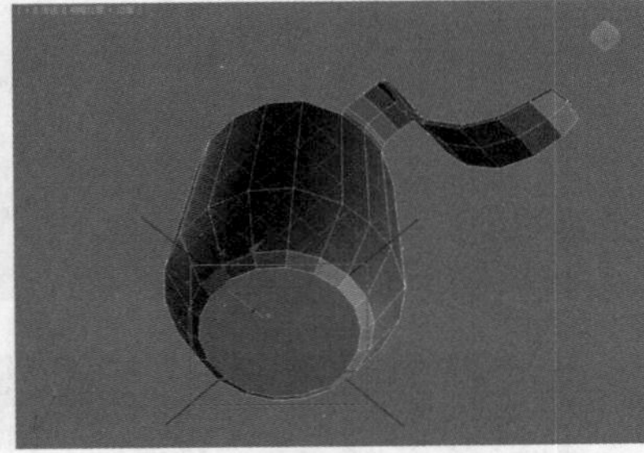

图4-419

图4-420

步骤 10 选择如图 4-421 所示的多边形，然后单击【挤出】按钮 挤出 后的【设置】按钮，并设置【高度】为 –130mm，如图 4-422 所示。

步骤 11 单击【顶点】按钮，进入顶点级别，选择如图 4-423 所示的点，然后使用【选择并均匀缩放】工具调节点的位置，调节后的效果如图 4-424 所示。

图4-421

图4-422

图4-423

步骤 12 继续调整顶点的位置，调节后的效果如图 4-425 所示。

步骤 13 单击【边】按钮，进入边级别，选择如图 4-426 所示的边。单击【修改】面板，然后单击【切角】按钮 切角 后的【设置】按钮，并设置【边切角量】为 0.5mm，如图 4-427 所示。

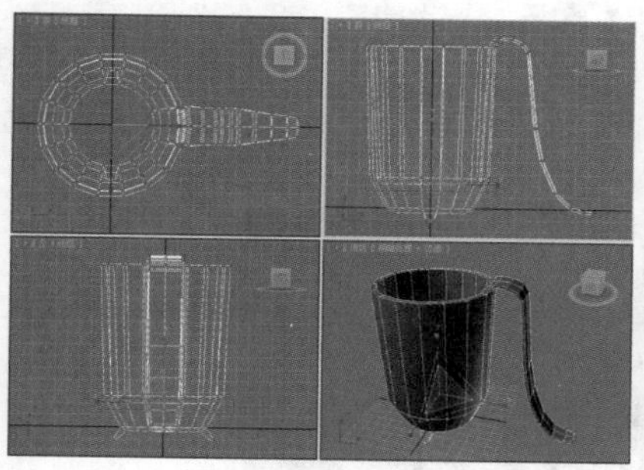
图4-424

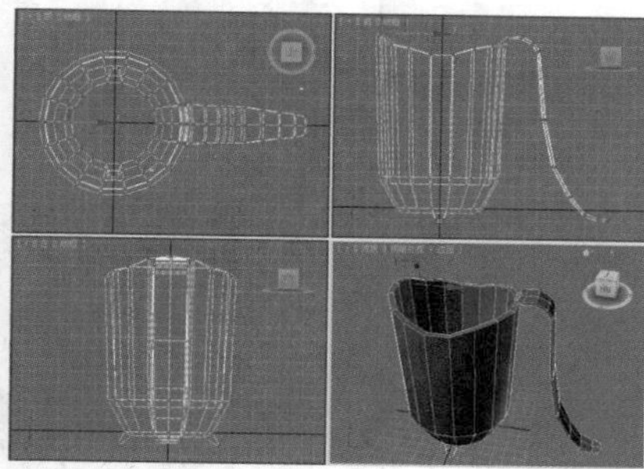
图4-425

图4-426

步骤 14 选择切角后的模型，然后在【修改】面板下加载【涡轮平滑】修改器，并设置【迭代次数】为 2，如图 4-428 所示。创意水杯的最终模型效果如图 4-429 所示。

图4-427

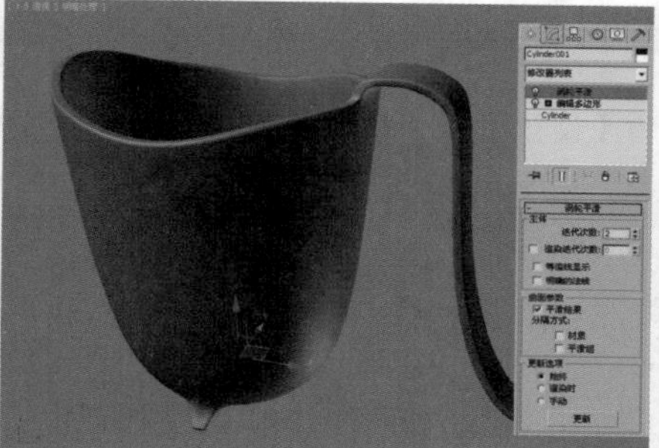
图4-428

图4-429

重点 小实例：利用多边形建模制作床头柜

场景文件	无
案例文件	小实例：利用多边形建模制作床头柜 .max
视频教学	DVD/ 多媒体教学 /Chapter04/ 小实例：利用多边形建模制作床头柜 .flv
难易指数	★★★☆☆
技术掌握	掌握可编辑多边形下的【切角】、【连接】、【挤出】、【分离】工具的运用

实例介绍

本例是一个床头柜的模型，主要使用可编辑多边形下的【切角】、【连接】、【挤出】、【分离】工具，效果如图 4-430 所示。

建模思路

1. 使用可编辑多边形下的【切角】、【连接】、【挤出】、【插入】、【分离】工具制作床头柜模型。
2. 使用【切角长方体】工具制作床头柜腿模型。

床头柜的建模流程如图 4-431 所示。

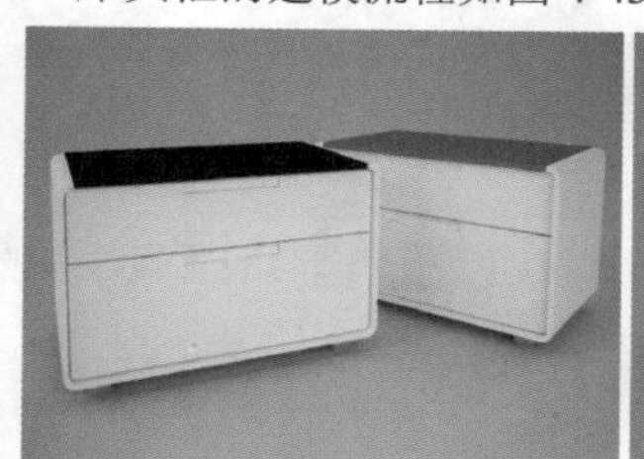

图4-430

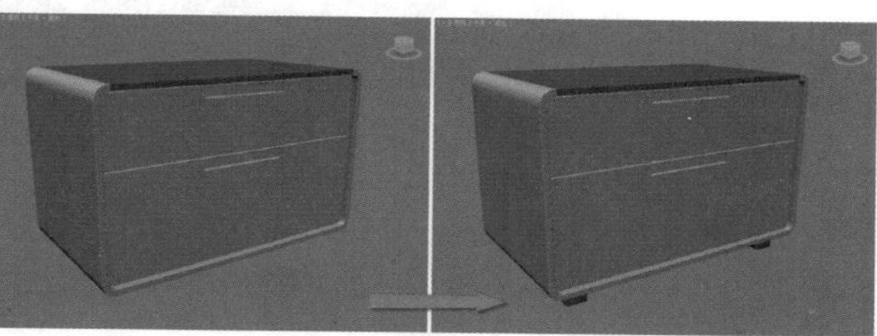
图4-431

操作步骤

Part 1 使用【切角】、【连接】、【挤出】、【插入】、【分离】工具制作床头柜模型

步骤 01 使用【长方体】工具 长方体 在顶视图中创建一个长方体，然后单击【修改】面板，并设置【长度】为300mm，【宽度】为520mm，【高度】为320mm，如图4-432所示。

步骤 02 选择长方体，然后将其转换为可编辑多边形，如图4-433所示。接着单击【边】按钮，进入边级别，选择如图4-434所示的边。

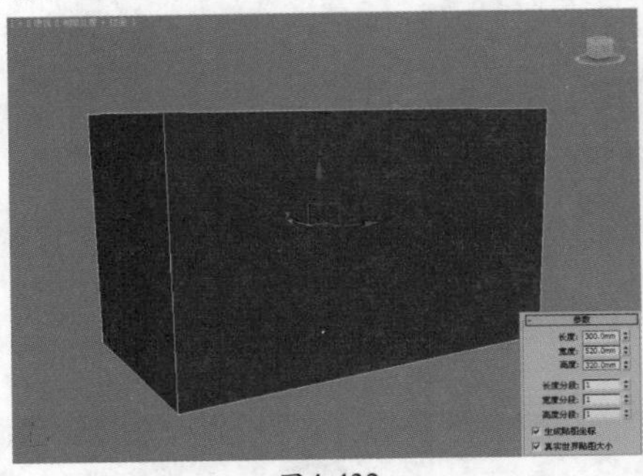
图4-432

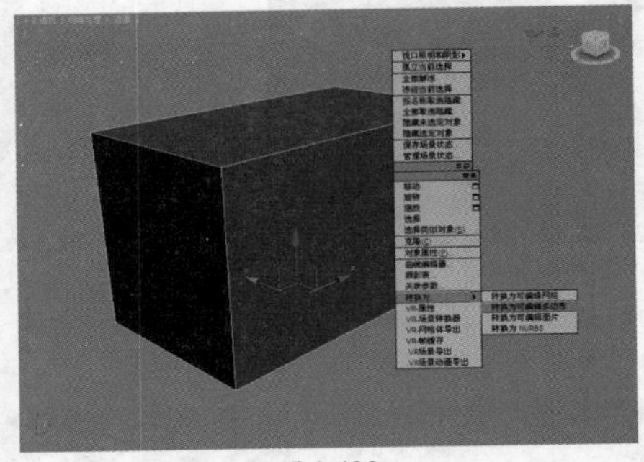
图4-433

步骤 03 接着单击【切角】按钮 切角 后的【设置】按钮，并设置【边切角量】为25mm，【连接边分段】为15，如图4-435所示。

图4-434

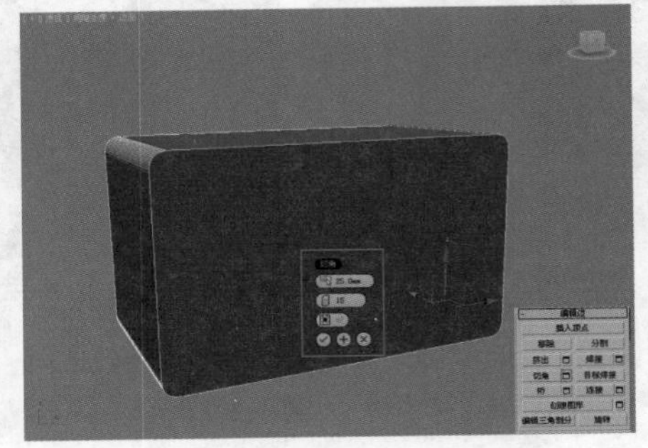
图4-435

技巧与提示

在【边切角量】不变的情况下，【连接边分段】越大，切角处越圆滑，如图4-436所示。

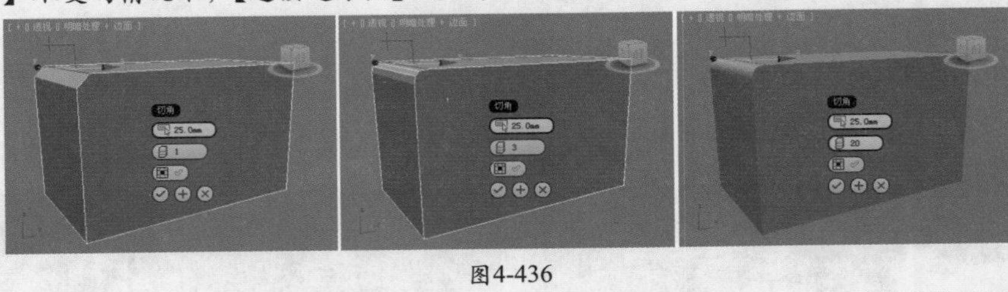
图4-436

步骤 04 在多边形级别下选择如图4-437所示的多边形（包含背面的多边形），然后单击【插入】按钮 插入 后的【设置】按钮，并设置【数量】为10mm，如图4-438所示。

步骤 05 在多边形级别下选择如图4-439所示的多边形（只选择正面的多边形），然后单击【挤出】按钮 挤出 后的【设置】按钮，并设置【高度】为–280mm，如图4-440所示。

步骤 06 保持对多边形的选择，然后单击【插入】按钮 插入 后的【设置】按钮，并设置【数量】为2mm，如图4-441所示。

步骤 07 保持对多边形的选择，然后单击【挤出】按钮 挤出 后的【设置】按钮，并设置【高度】为270mm，如图4-442

所示。

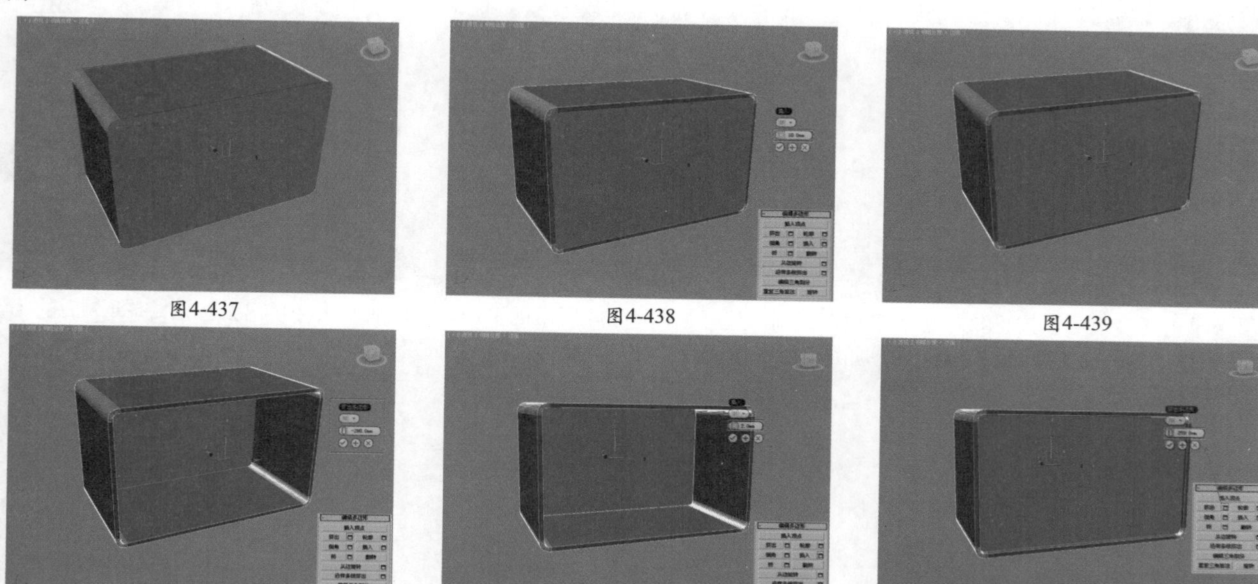

图4-437 图4-438 图4-439

图4-440 图4-441 图4-442

步骤 08 单击【边】按钮，进入边级别。选择如图 4-443 所示的边，然后单击【连接】按钮 连接 后的【设置】按钮，并设置【分段】为 1，如图 4-444 所示。

步骤 09 选择如图 4-445 所示的边，再次单击【连接】按钮 连接 后的【设置】按钮，并设置【分段】为 2，如图 4-446 所示。

步骤 10 选择如图 4-447 所示的边，然后单击【切角】按钮 切角 后的【设置】按钮，并设置【边切角量】为 1mm，如图 4-448 所示。

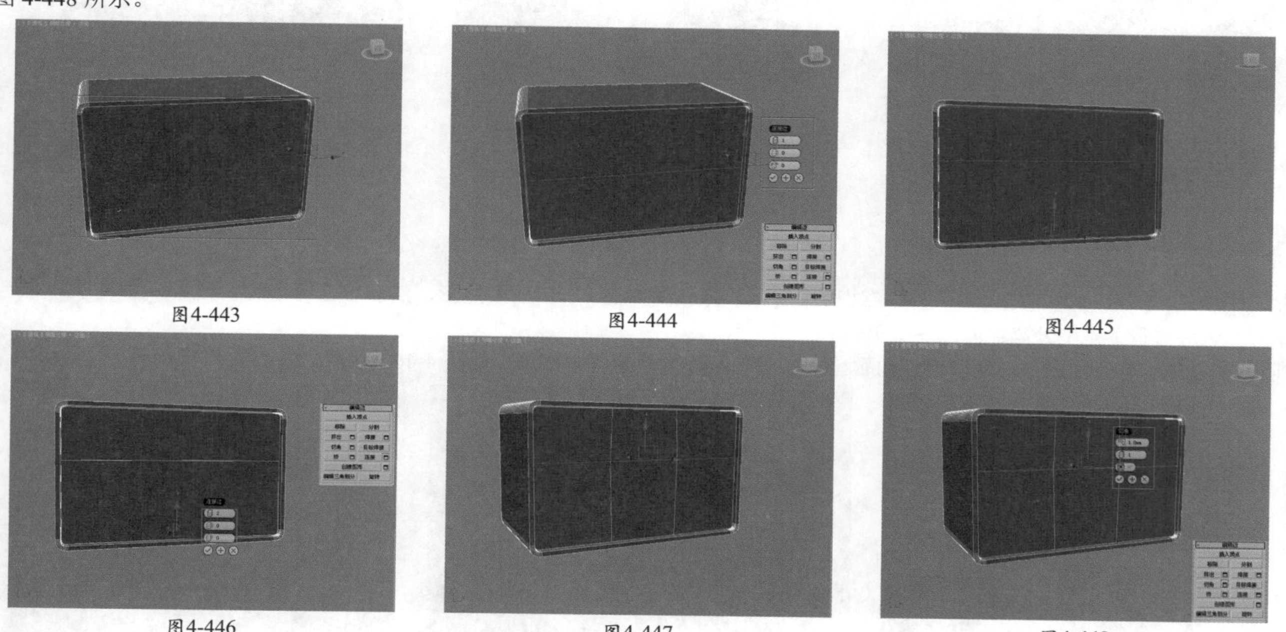

图4-443 图4-444 图4-445

图4-446 图4-447 图4-448

步骤 11 单击【多边形】按钮，进入多边形级别。选择如图 4-449 所示的多边形，然后单击【挤出】按钮 挤出 后的【设置】按钮，并设置【高度】为 –260mm，如图 4-450 所示。

步骤 12 单击【边】按钮，进入边级别。选择如图 4-451 所示的边，然后单击【连接】按钮 连接 后的【设置】按钮，并设置【分段】为 2，如图 4-452 所示。

步骤 13 选择如图 4-453 所示的边，然后调节边的位置。

图4-449

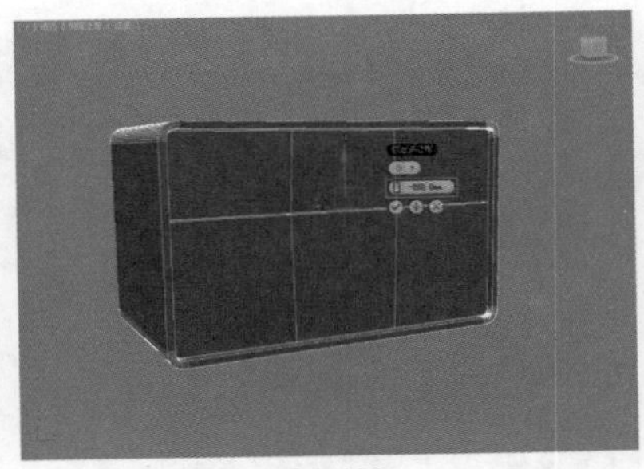
图4-450

图4-451

步骤 14 单击【多边形】按钮，进入多边形级别。选择如图 4-454 所示的多边形，然后单击【挤出】按钮 挤出 后的【设置】按钮，并设置【高度】为 –6mm，如图 4-455 所示。

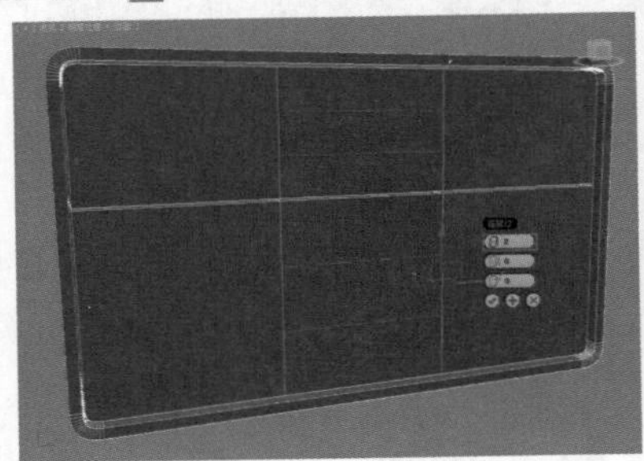
图4-452

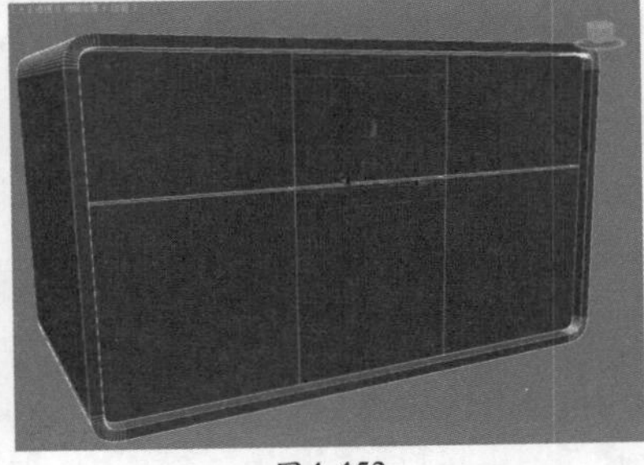
图4-453

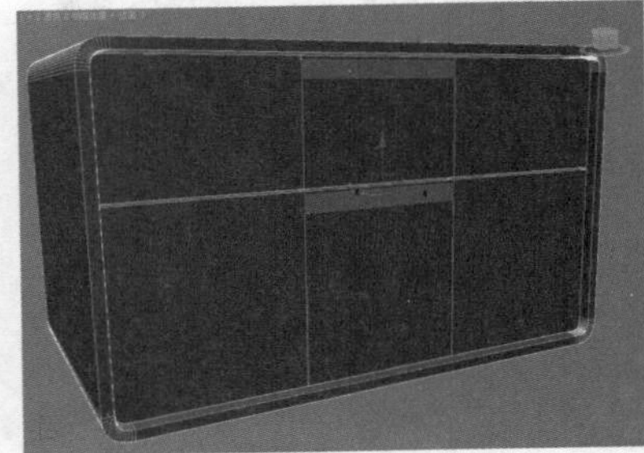
图4-454

步骤 15 单击【边】按钮，进入边级别。选择如图 4-456 所示的边，然后单击【切角】按钮 切角 后的【设置】按钮，并设置【边切角量】为 0.6mm，【连接边分段】为 3，如图 4-457 所示。

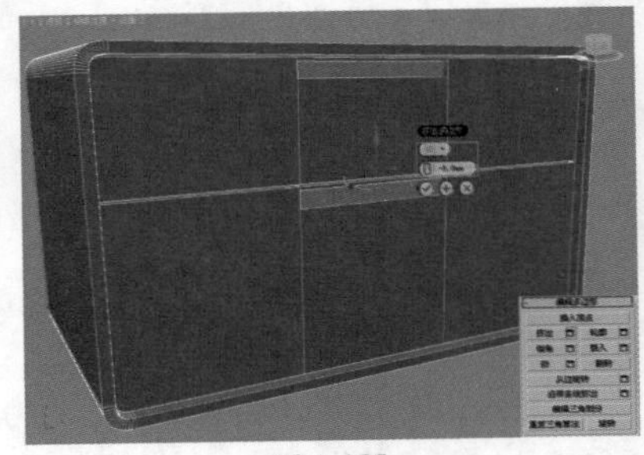
图4-455

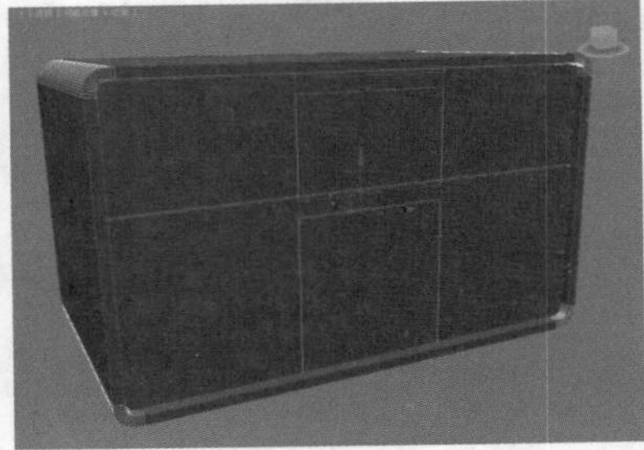
图4-456

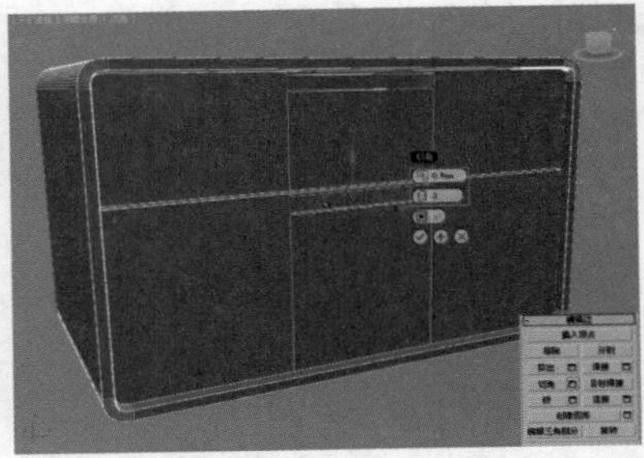
图4-457

步骤 16 单击【多边形】按钮，进入多边形级别。选择如图 4-458 所示的多边形，然后单击【分离】按钮 分离 ，将选择的多边形与整个模型分离，如图 4-459 所示。

步骤 17 分离后可分别调节这两个模型的颜色，以明确区分模型的各个部位，如图 4-460 所示。

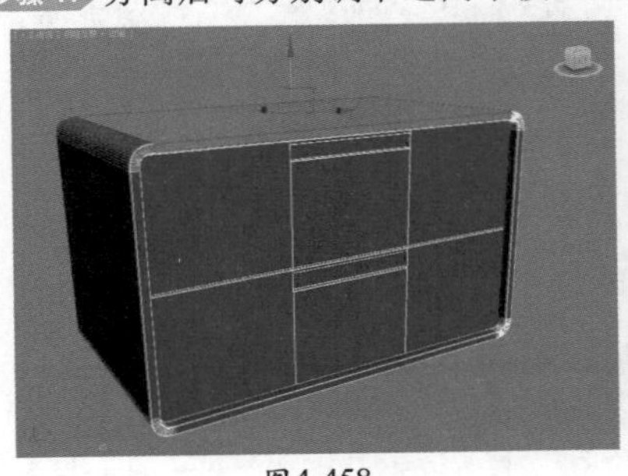
图4-458

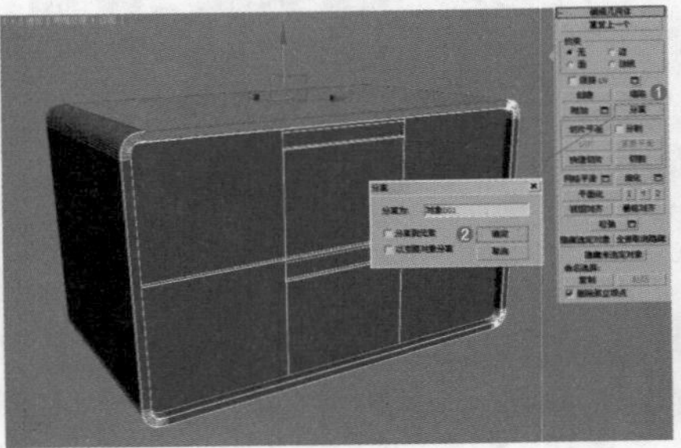
图4-459

图4-460

Part 2 使用【切角长方体】工具制作床头柜腿模型

步骤 01 使用【切角长方体】工具 切角长方体 在顶视图中创建一个切角长方体，然后展开【参数】卷展栏，设置【长度】为

25mm，【宽度】为 35mm，【高度】为 30mm，【圆角】为 0.5mm，如图 4-461 所示。

步骤 02 将床头柜腿部模型复制 3 份，然后拖曳到合适的位置，最终的模型效果如图 4-462 所示。

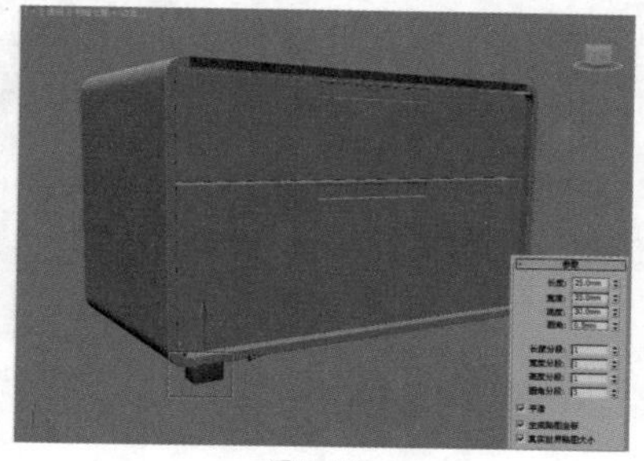
图4-461

图4-462

重点 小实例：利用多边形建模制作椅子

场景文件	无
案例文件	小实例：利用多边形建模制作椅子 .max
视频教学	DVD/ 多媒体教学 /Chapter04/ 小实例：利用多边形建模制作椅子 .flv
难易指数	★★★☆☆
技术掌握	掌握样条线可渲染功能，【切角】工具，【细化】修改器的运用

实例介绍

本例主要使用样条线可渲染功能、【切角】工具和【细化】修改器来制作一个躺椅模型，最终模型效果如图 4-463 所示。

建模思路

① 使用样条线可渲染功能和可编辑多边形建模制作躺椅支撑部分的模型。

② 使用可编辑多边形和【细化】修改器制作躺椅靠垫部分的模型。

躺椅的建模流程如图 4-464 所示。

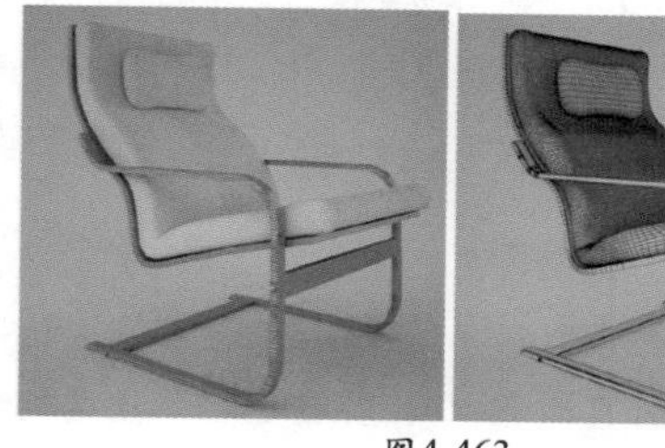
图4-463

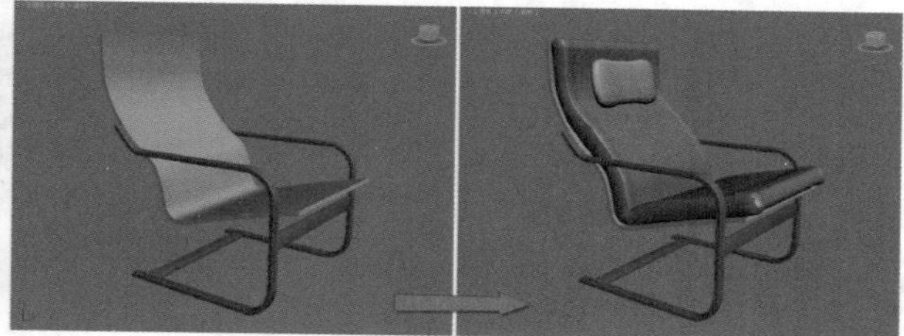
图4-464

操作步骤

Part 1 创建躺椅支撑部分的模型

步骤 01 使用【线】工具 线 在前视图中绘制如图 4-465 所示的样条线。

步骤 02 在【顶点】级别下选择如图 4-466 所示的点，然后单击右键，在弹出的菜单中选择【平滑】命令，将选择的顶点变圆滑。

步骤 03 选择刚创建的样条线，然后展开【渲染】卷展栏，选中【在渲染中启用】和【在视口中启用】复选框，接着选中【矩形】单选按钮，设置【长度】为 25mm，【宽度】为 12mm，如图 4-467 所示。

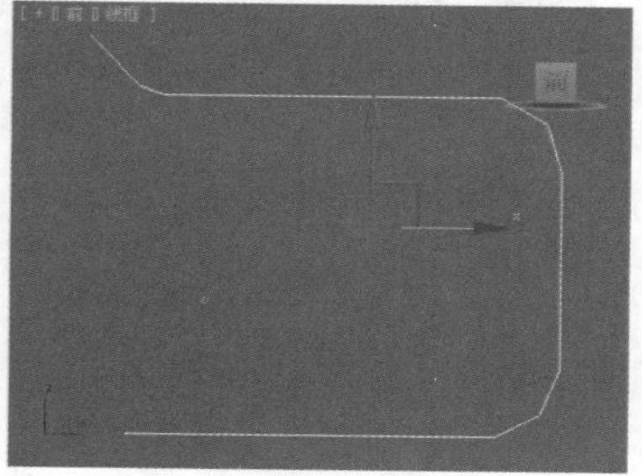
图4-465

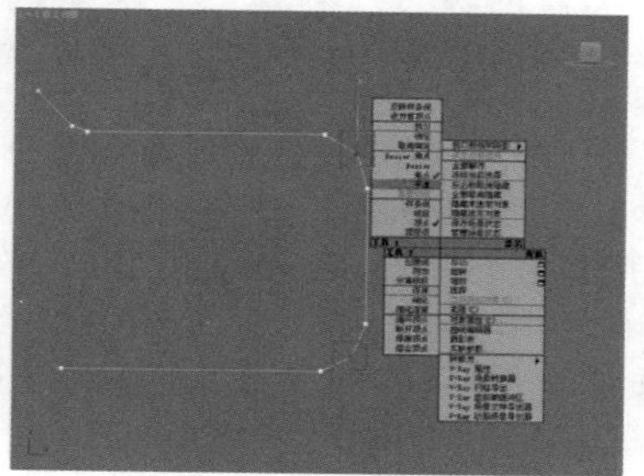
图4-466

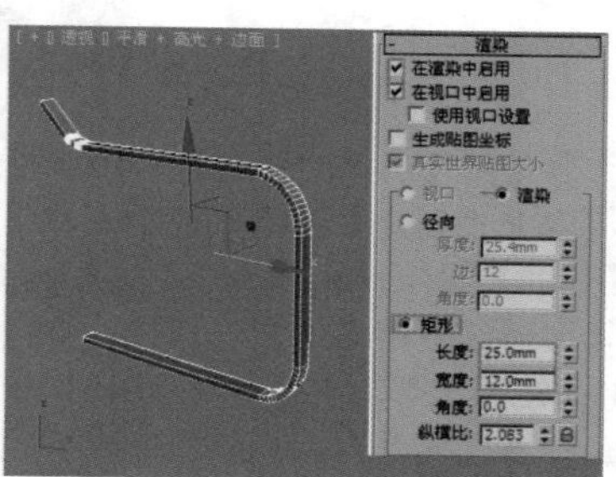

图4-467

技巧与提示

将图形转换为三维模型主要有两种方式，一是加载修改器命令；二是在【渲染】卷展栏下选中【在渲染中启用】和【在视口中启用】复选框，这两种方法都非常实用，也比较简单。

步骤 04 选择场景中的模型，然后单击右键，将其转换为可编辑多边形，如图 4-468 所示。

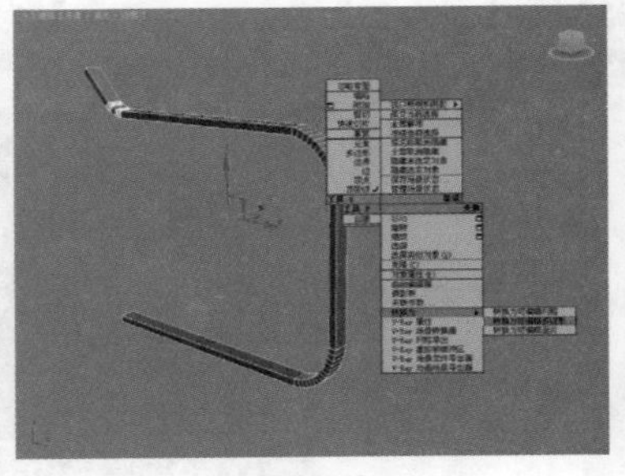

图4-468

技巧与提示

将模型转换为可编辑多边形有 3 种方式，第 1 种方式为加载【编辑多边形】修改器，如图 4-469 所示；第 2 种方式为单击右键，选择【转换为可编辑多边形】命令，如图 4-470 所示；第 3 种方式为应用石墨工具进行编辑，如图 4-471 所示。

图4-469

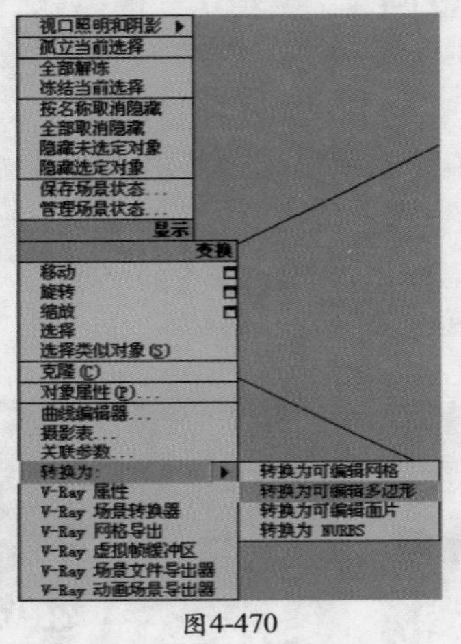

图4-470

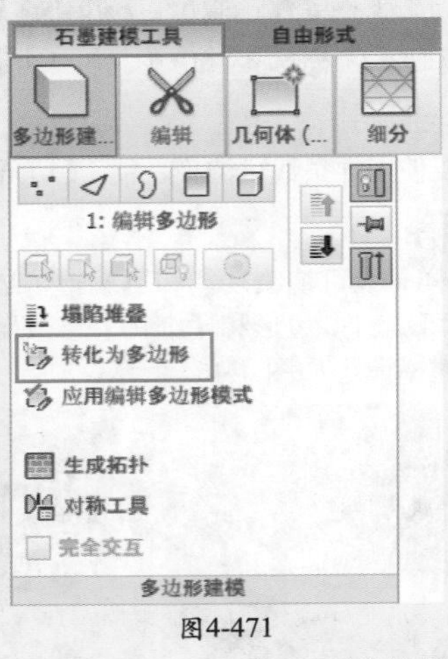

图4-471

步骤 05 单击【边】按钮，进入边级别，选择如图 4-472 所示的边。然后展开【编辑边】卷展栏，单击【切角】按钮 切角 后面的【设置】按钮，并设置【切角数量】为 2mm，【切角分段】为 3，如图 4-473 所示。

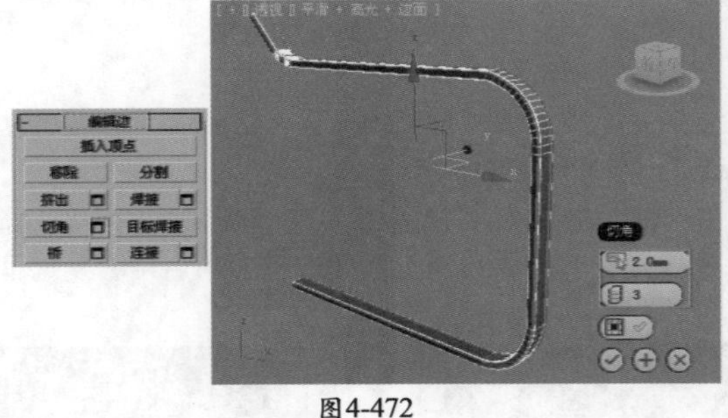

图4-472

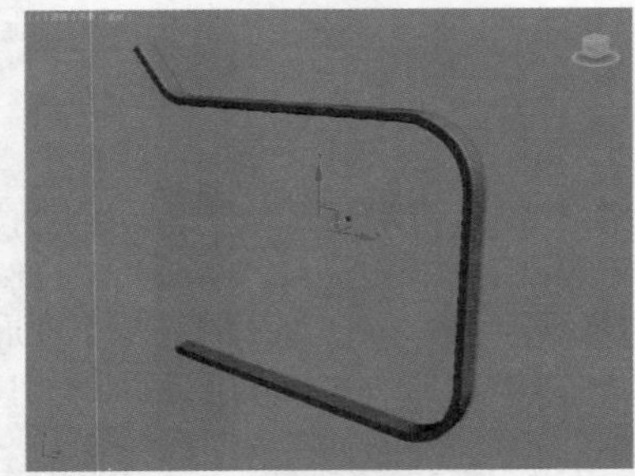

图4-473

步骤 06 使用【选择并移动】工具将模型复制一份，然后将其拖曳到另一侧，此时场景效果如图 4-474 所示。

步骤 07 在【创建】面板下使用【切角长方体】工具 切角长方体 在前视图中创建一个切角长方体。展开【参数】卷展栏，设置【长度】为 40mm，【宽度】为 13mm，【高度】为 450mm，【圆角】为 1mm，如图 4-475 所示。

步骤 08 继续使用【线】工具 线 在前视图中绘制如图 4-476 所示的样条线，在【修改】面板下展开【渲染】卷展栏，选中【在渲染中启用】和【在视口中启用】复选框，接着选中【矩形】单选按钮，设置【长度】为 450mm，【宽度】为 13mm，如图 4-477 所示。

步骤 09 选择步骤 06 创建的模型，然后将其转换为可编辑多边形，单击【边】按钮，进入边级别，选择如图 4-478 所示的边。

接着单击【切角】按钮 切角 后面的【设置】按钮，并设置【切角数量】为4mm，【切角分段】为3，如图4-479所示。

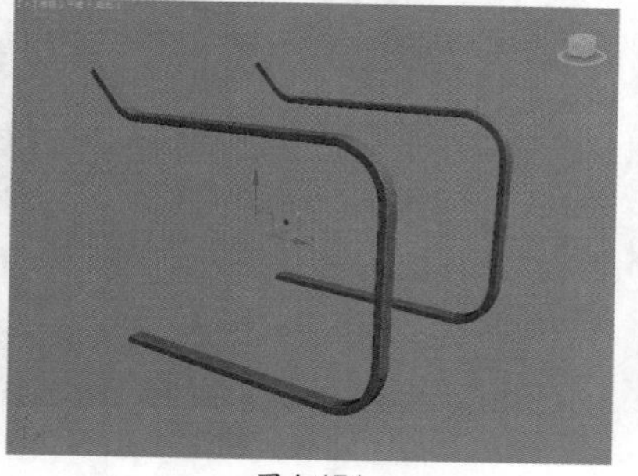
图4-474

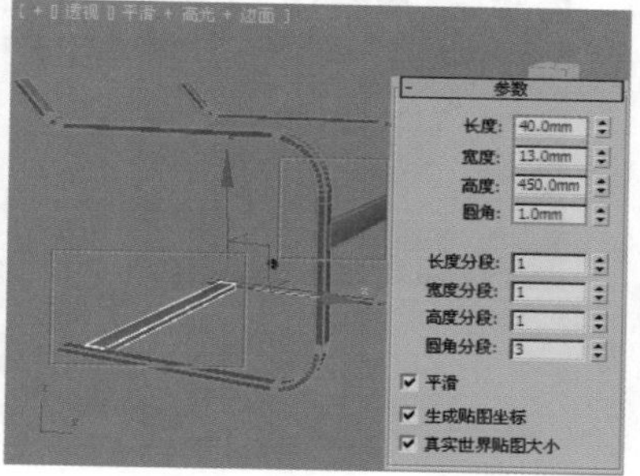
图4-475

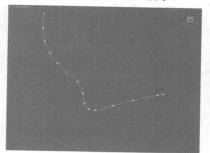

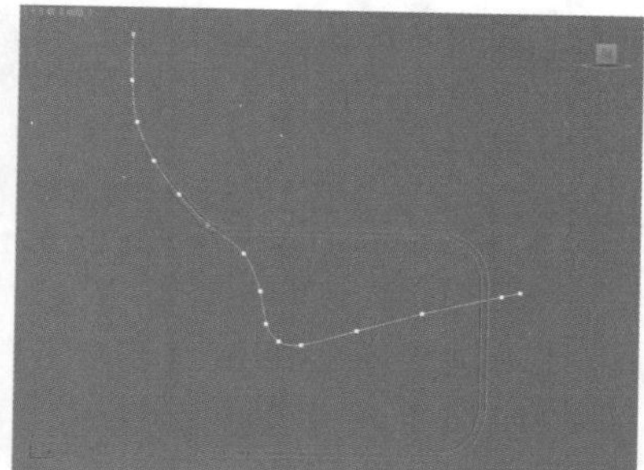
图4-476

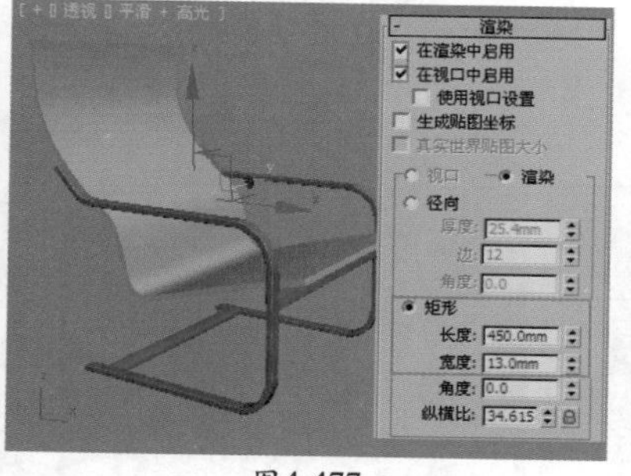
图4-477

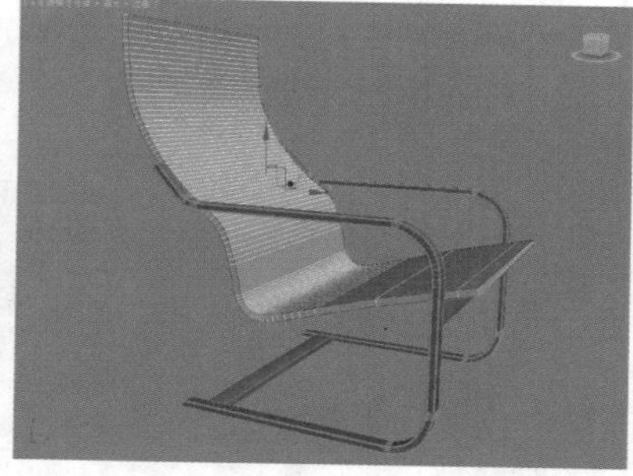
图4-478

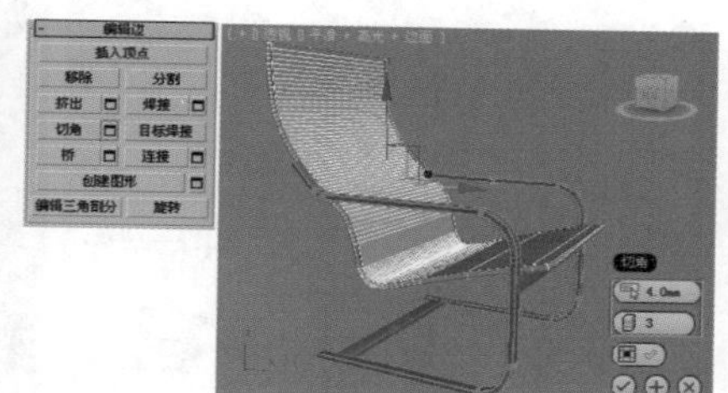
图4-479

步骤10 此时场景效果如图4-480所示。

步骤11 在【创建】面板下使用【油罐】工具 油罐 在前视图中创建一个油罐，接着在【修改】面板下展开【参数】卷展栏，设置【半径】为4.2mm，【高度】为35mm，【封口高度】为2.54mm，并分别将其拖曳到如图4-481所示的位置。此时躺椅支持部分的模型效果如图4-482所示。

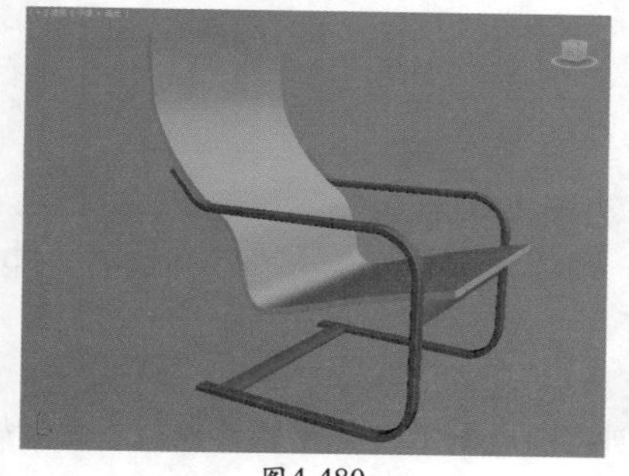
图4-480

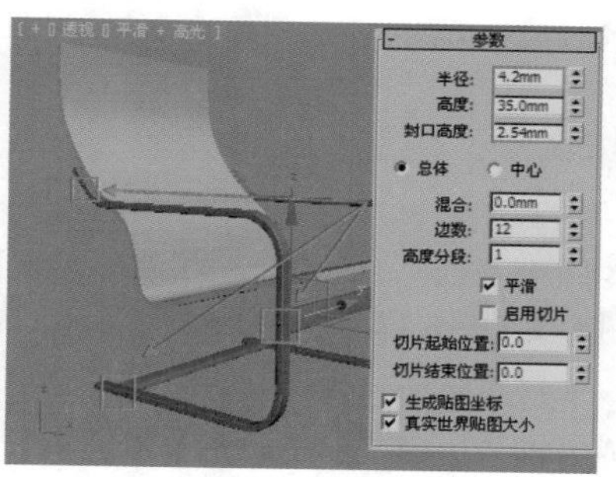
图4-481

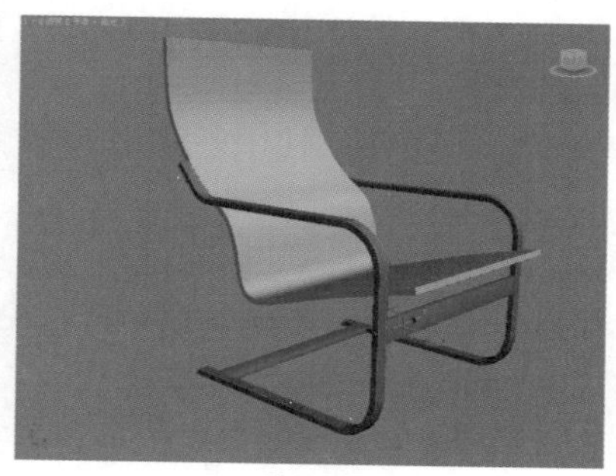
图4-482

Part 2 创建躺椅靠垫部分的模型

步骤01 使用【线】工具 线 在前视图中绘制如图4-483所示的样条线，接着选择刚绘制的样条线，在【修改】面板下加载【挤出】修改器，展开【参数】卷展栏，设置【数量】为440mm，【分段】为12，如图4-484所示。

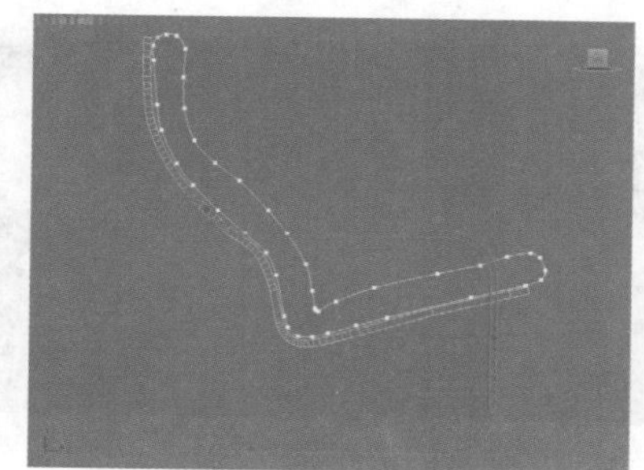
图4-483

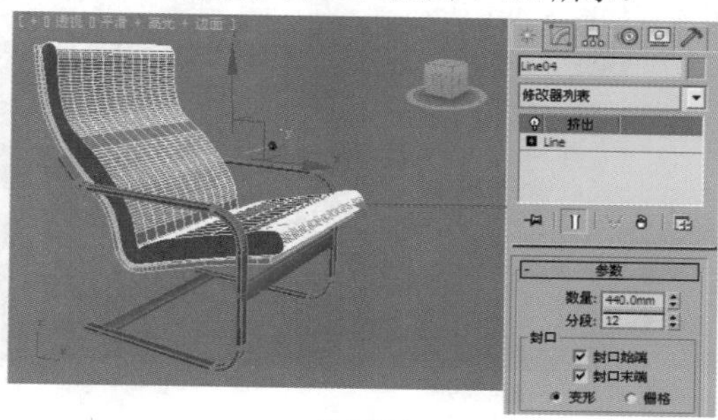
图4-484

步骤 02 选择步骤 01 中的模型并加载【细化】修改器，设置【操作于】为四边形，【迭代次数】为 2，如图 4-485 所示。此时场景效果如图 4-486 所示。

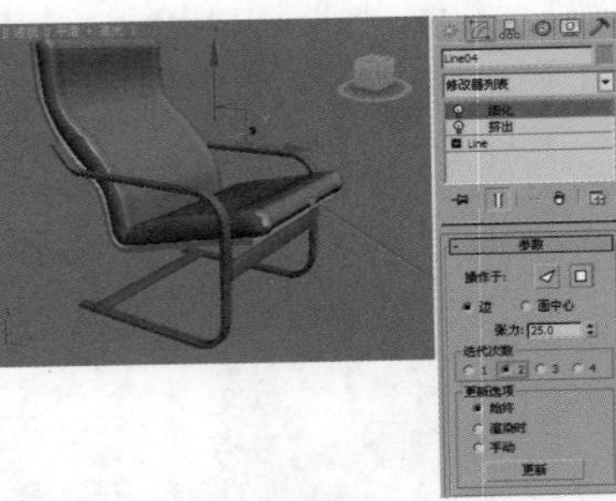

图4-485

图4-486

步骤 03 使用【长方体】工具 长方体 在前视图中创建一个长方体。展开【参数】卷展栏，设置【长度】为 110mm，【宽度】为 30mm，【高度】为 250mm，【长度分段】为 1，【宽度分段】为 1，【高度分段】为 3，如图 4-487 所示。

步骤 04 选择刚创建的长方体模型，然后在【修改】面板下加载【细化】修改器，并设置【操作于】为四边形，【迭代次数】为 3，如图 4-488 所示。躺椅最终模型效果如图 4-489 所示。

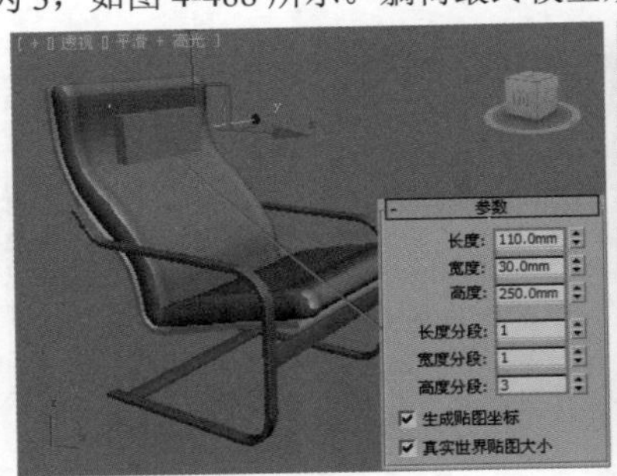

图4-487

图4-488

图4-489

> **技巧与提示**
>
> 为模型加载【细化】修改器，可以使模型的面数增加，以便于进一步对模型进行调节。

重点 小实例：利用多边形建模制作躺椅

场景文件	无
案例文件	小实例：利用多边形建模制作躺椅 .max
视频教学	DVD/ 多媒体教学 /Chapter04/ 小实例：利用多边形建模制作躺椅 .flv
难易指数	★★★☆☆
技术掌握	掌握样条线可渲染功能，掌握可编辑多边形下的【切角】、【倒角】、【创建图形工具】的应用

实例介绍

本例主要使用样条线可渲染功能及可编辑多边形下的【切角】、【倒角】、【创建图形】工具制作躺椅模型，效果如图 4-490 所示。

建模思路

❶ 使用样条线可渲染制作躺椅支架模型。

❷ 使用可编辑多边形下的【切角】、【倒角】、【创建图形】工具制作躺椅靠背模型。

躺椅的建模流程如图 4-491 所示。

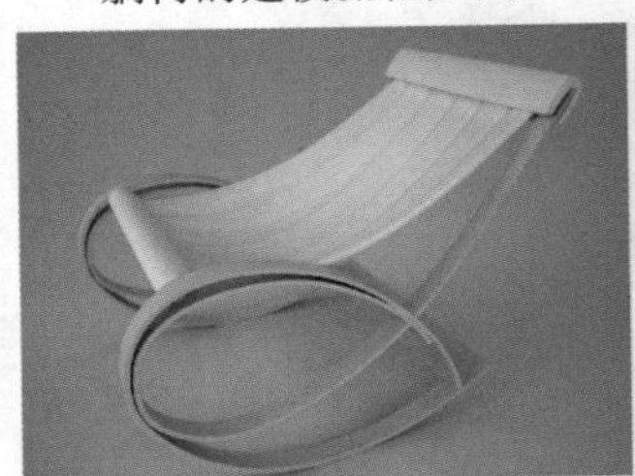

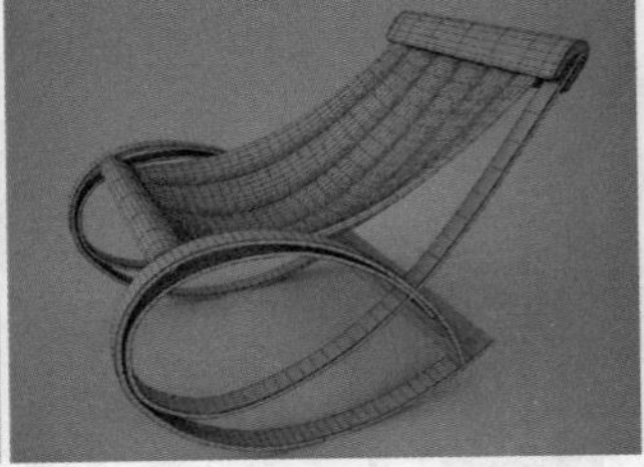

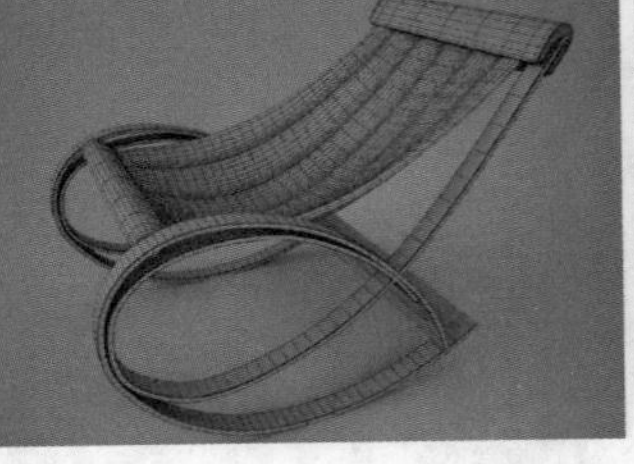

图4-490

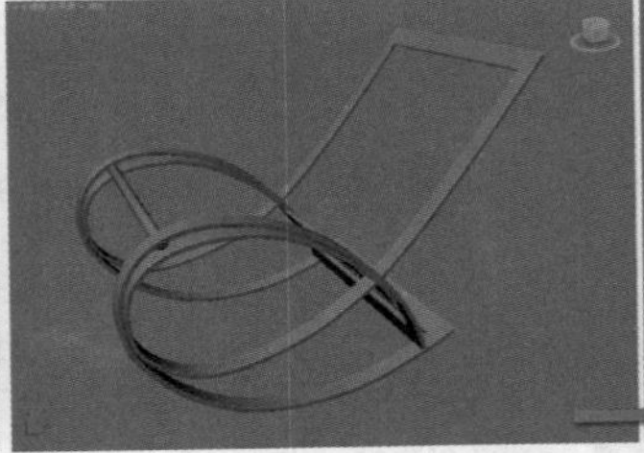

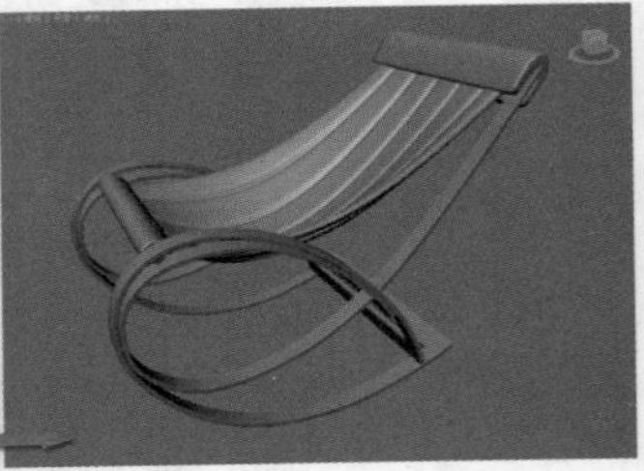

图4-491

操作步骤

Part 1 使用样条线可渲染制作躺椅支架模型

步骤 01 使用【线】工具 线 在前视图中绘制一条如图 4-492 所示的样条线，然后单击【修改】面板，展开【渲染】卷展栏，选中【在渲染中启用】和【在视口中启用】复选框，接着选中【矩形】单选按钮，设置【长度】为 18mm，【宽度】为 4mm，如图 4-493 所示。

步骤 02 选择步骤 01 创建的样条线，然后使用【选择并移动】工具同时按下 Shift 键复制一份并拖曳到另一侧，此时模型效果如图 4-494 所示。

步骤 03 使用【线】工具 线 在左视图中绘制 4 条样条线，然后单击【修改】面板，展开【渲染】卷展栏，选中【在渲染中启用】和【在视口中启用】复选框，接着选中【矩形】单选按钮，设置【长度】为 18mm，【宽度】为 4mm，如图 4-495 所示。

步骤 04 使用【切角圆柱体】工具 切角圆柱体 在前视图中创建一个切角圆柱体，然后展开【参数】卷展栏，设置【半径】为 5mm，【高度】为 230mm，【圆角】为 0.6mm，【高度分段】为 1，【圆角分段】为 2，【边数】为 24，如图 4-496 所示。此时躺椅支撑架部分的模型效果如图 4-497 所示。

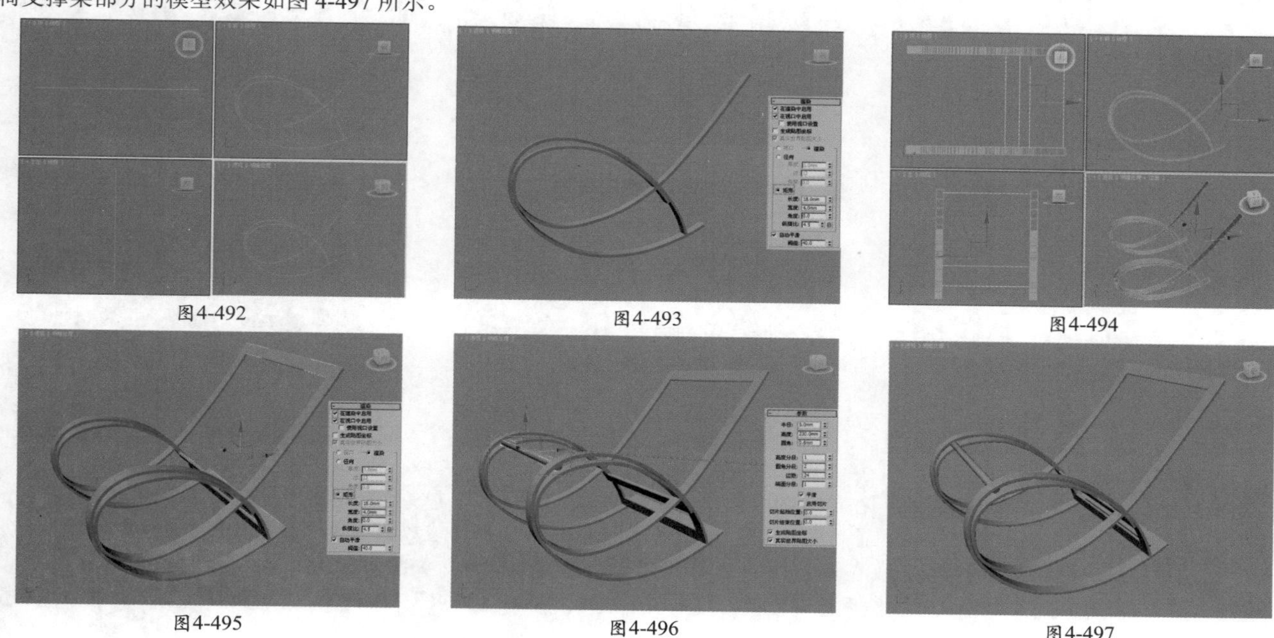
图4-492　图4-493　图4-494

图4-495　图4-496　图4-497

Part 2 使用可编辑多边形下的【切角】、【倒角】、【创建图形】工具制作躺椅靠背模型

步骤 01 使用【平面】工具 平面 在顶视图中创建一个平面，然后展开【参数】卷展栏，并设置【长度】为 210mm，【宽度】为 330mm，【长度分段】为 4，【宽度分段】为 4，如图 4-498 所示。

步骤 02 选择平面，然后将其转换为可编辑多边形，单击【顶点】按钮，进入顶点级别，然后调节顶点的位置，调节后的效果如图 4-499 所示。

步骤 03 选择调节后的平面，然后在【修改】面板下为其加载【涡轮平滑】修改器，展开【涡轮平滑】卷展栏，设置【迭代次数】为 2，如图 4-500 所示。

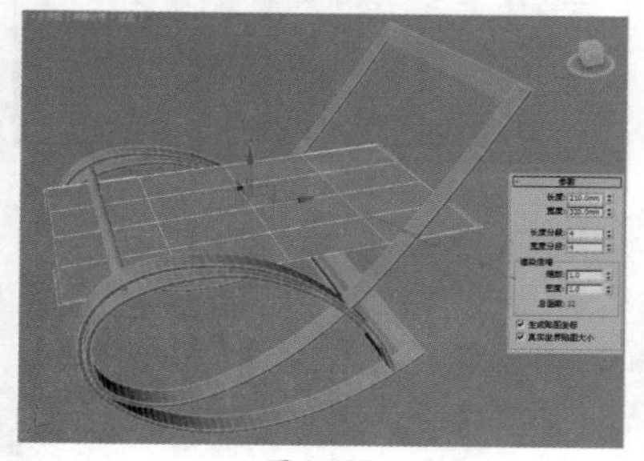
图4-498

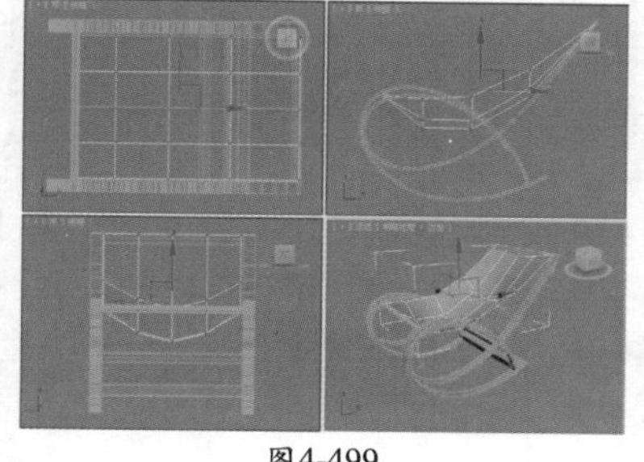
图4-499

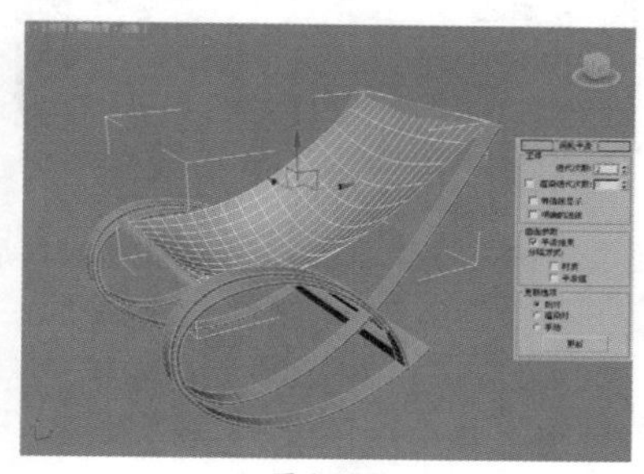
图4-500

步骤 04 选择步骤 04 创建的模型，然后再次将其转换为可编辑多边形。单击【边】按钮，进入边级别，然后选择如图 4-501 所示的边。接着单击【切角】按钮 切角 后的【设置】按钮，并设置【边切角量】为 4mm，如图 4-502 所示。

步骤 05 单击【多边形】按钮，进入多边形级别。选择如图 4-503 所示的多边形，然后单击【倒角】按钮 倒角 后面的【设置】按钮，并设置【高度】为 –3mm，【轮廓】为 –2mm，如图 4-504 所示。

步骤 06 选择步骤 05 中制作的模型，然后在【修改】面板下为其加载【壳】修改器，并设置【内部量】为 7mm，如图 4-505 所示。

步骤 07 选择步骤 06 中制作的模型，然后在【修改】面板下为其加载【涡轮平滑】修改器，并设置【迭代次数】为 1，如图 4-506 所示。

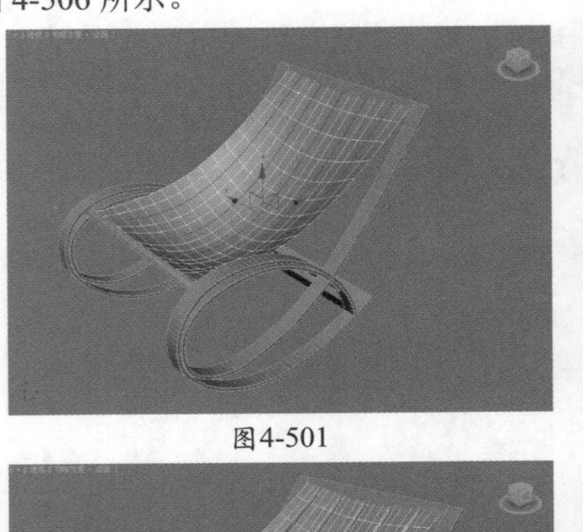
图4-501

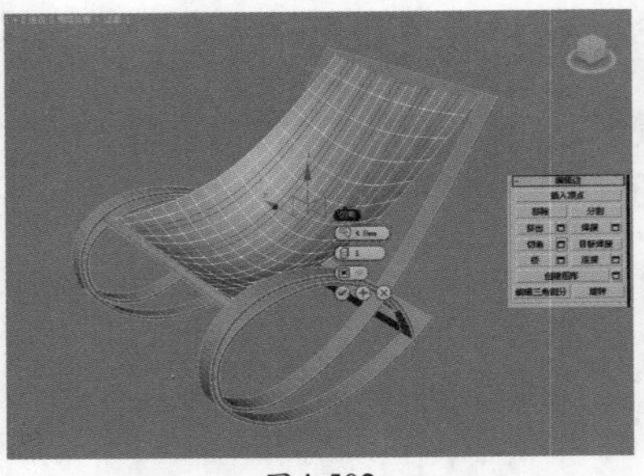
图4-502

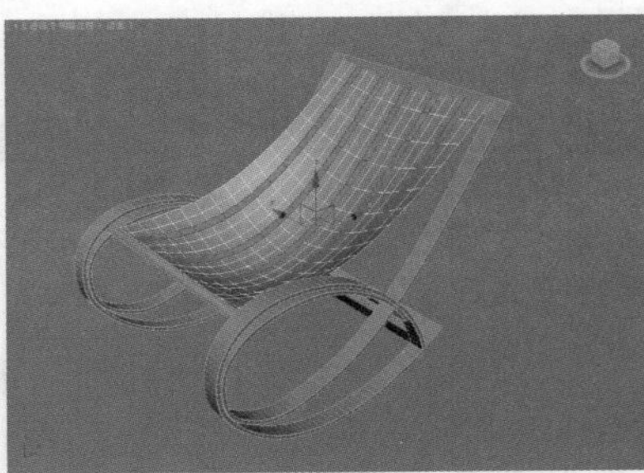
图4-503

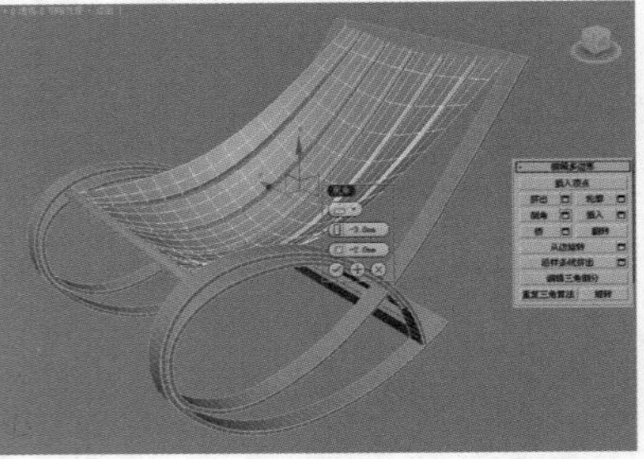
图4-504

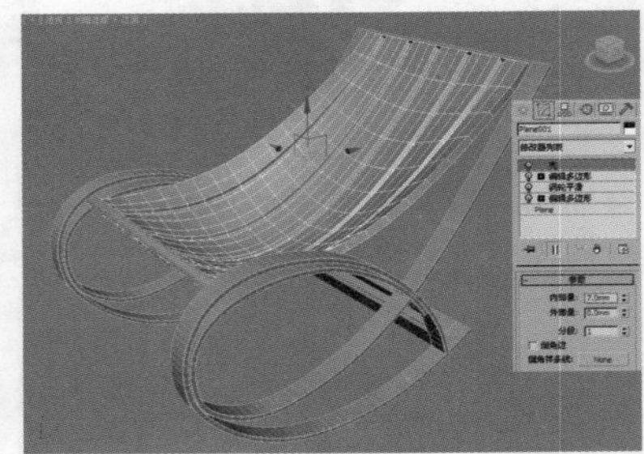
图4-505

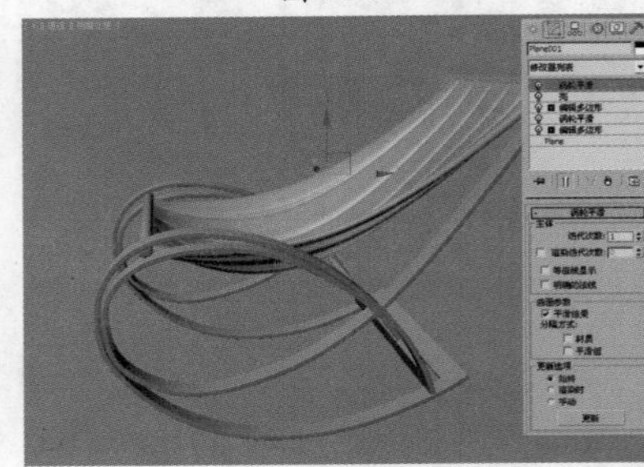
图4-506

步骤 08 使用【管状体】工具 管状体 在前视图中创建一个管状体，然后展开【参数】卷展栏，设置【半径 1】为 35mm，【半径 2】为 10mm，【高度】为 250mm，【高度分段】为 1，【端面分段】为 1，【边数】为 3，取消选中【平滑】复选框，选中【启用切片】复选框，设置【切片起始位置】为 112，【切片结束位置】为 190，如图 4-507 所示。

步骤 09 选择步骤 08 中制作的管状体，然后将其转换为可编辑多边形，单击【顶点】按钮，进入顶点级别，并调节点的位置，调节后的效果如图 4-508 所示。

步骤 10 单击【边】按钮，进入边级别。选择如图 4-509 所示的边，然后单击【切角】按钮 切角 后面的【设置】按钮，并设置【边切角量】为 1mm，如图 4-510 所示。

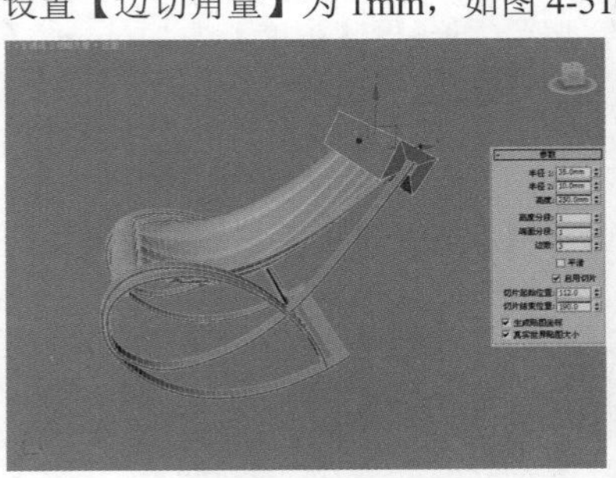
图4-507

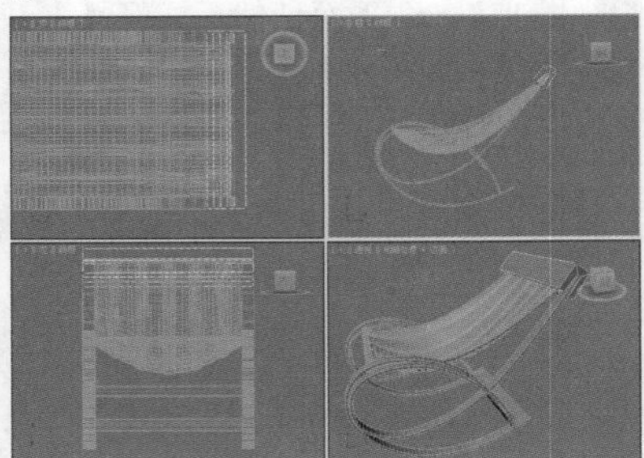
图4-508

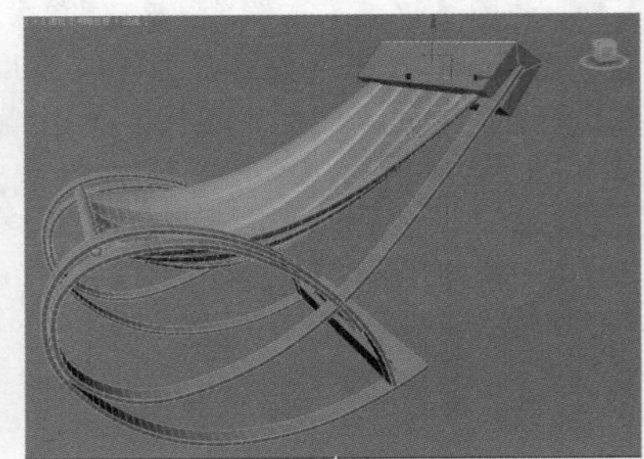
图4-509

步骤 11 选择步骤 10 中制作的模型，然后为其加载【涡轮平滑】修改器，并设置【迭代次数】为 2，如图 4-511 所示。

步骤 12 选择步骤 11 中制作的模型，再次将其转换为可编辑多边形，单击【边】按钮，进入边级别，选择如图 4-512 所示的边，然后单击【创建图形】按钮 创建图形 后的【设置】按钮，并设置【图形类型】为【线性】。

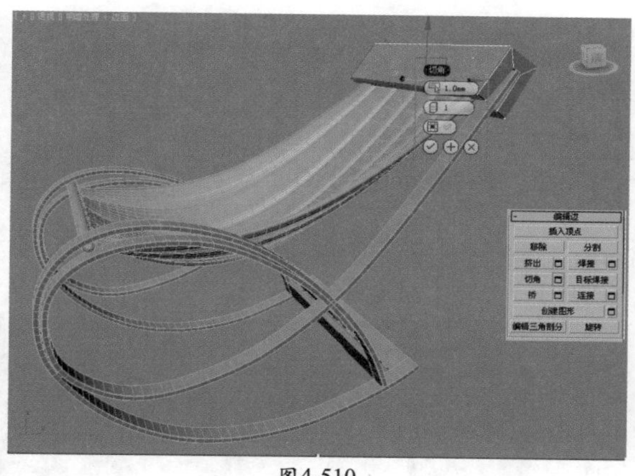
图4-510

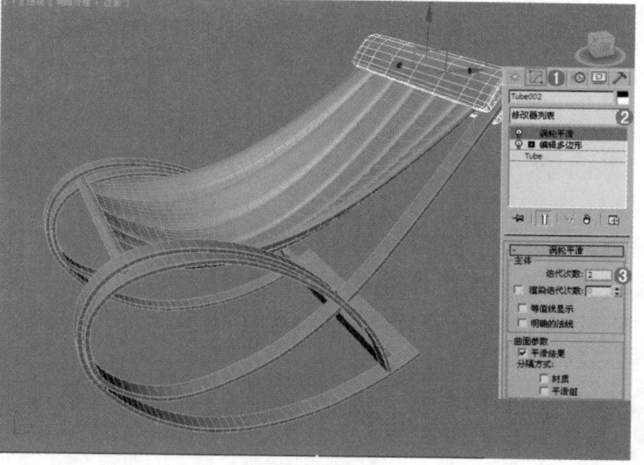
图4-511

步骤13 选择步骤12创建的图形模型。单击【修改】面板，选中【在渲染中启用】和【在视口中启用】复选框，接着选中【径向】单选按钮，设置【厚度】为0.6mm，如图4-513所示。

步骤14 使用同样的方法创建剩余的模型。最终模型效果如图4-514所示。

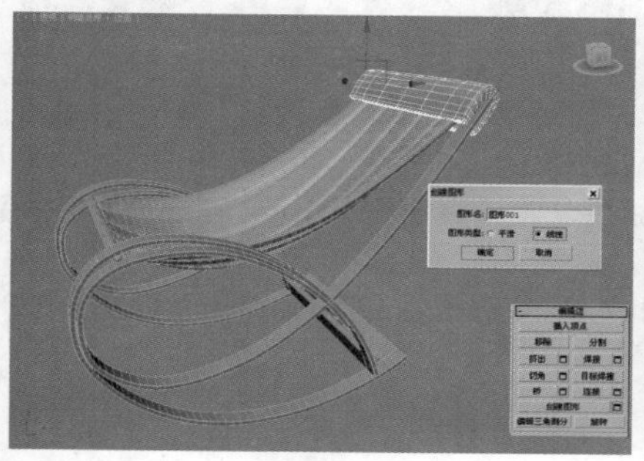
图4-512

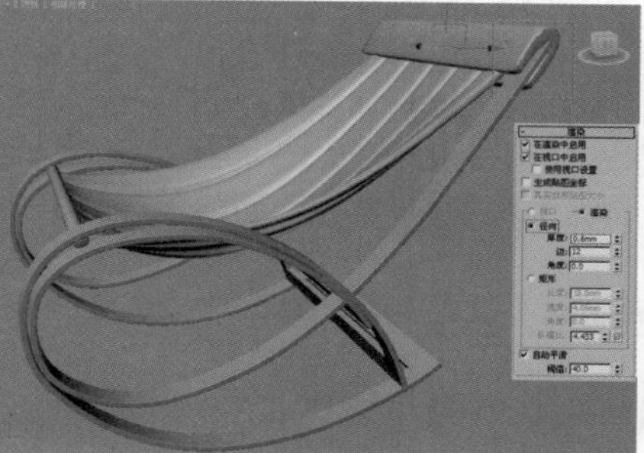
图4-513

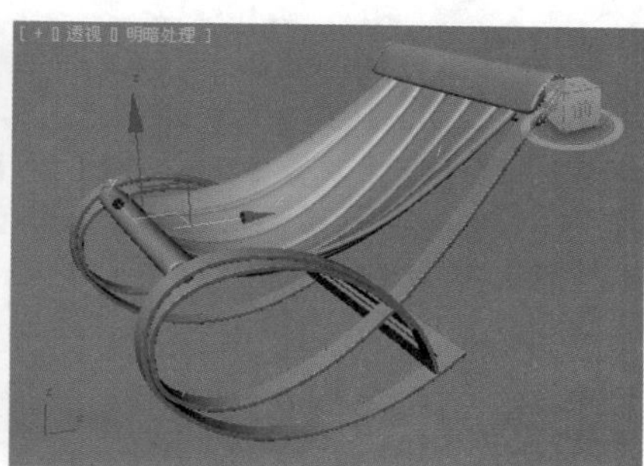
图4-514

重点 小实例：利用多边形建模制作斗柜

场景文件	无
案例文件	小实例：利用多边形建模制作斗柜.max
视频教学	DVD/多媒体教学/Chapter04/小实例：利用多边形建模制作斗柜.flv
难易指数	★★☆☆☆
技术掌握	掌握【连接】、【插入】、【倒角】、【切角】工具和【倒角】修改器的使用方法

实例介绍

本例主要使用【连接】、【插入】、【倒角】、【切角】工具和【倒角】修改器制作斗柜模型，效果如图4-515所示。

建模思路

❶ 使用可编辑多边形下的【连接】、【插入】、【倒角】、【切角】工具制作斗柜主体部分。

❷ 使用可编辑多边形下的【倒角】、【切角】工具和【挤出】修改器制作斗柜剩余部分。

斗柜的建模流程如图4-516所示。

图4-515

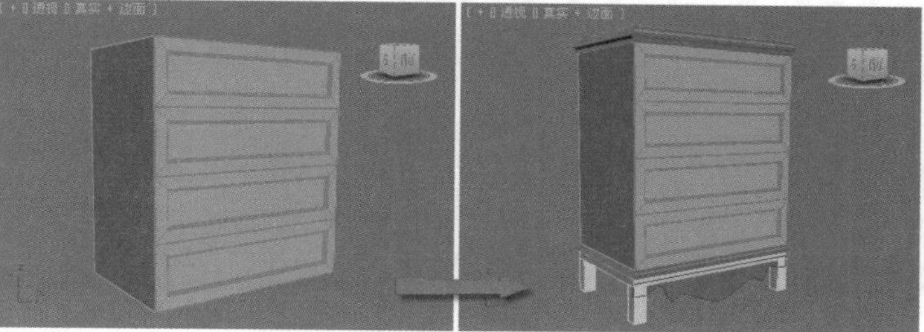
图4-516

操作步骤

Part 1 使用【连接】、【插入】、【倒角】、【切角】工具制作斗柜主体部分

步骤 01 单击 （创建）|（几何体）| 标准基本体 | 长方体 （长方体）按钮，在顶视图中创建一个长方体，进入【修改】面板，设置【长度】为 450mm，【宽度】为 700mm，【高度】为 780mm，【长度分段】为 1，【宽度分段】为 1，【高度分段】为 1，如图 4-517 所示。

步骤 02 选择刚创建的长方体，将其转换为可编辑多边形，接着单击【边】按钮 ，进入边级别。选择如图 4-518 所示的边，然后单击【连接】按钮 连接 后面的【设置】按钮 ，并设置【分段】为 3，如图 4-519 所示。

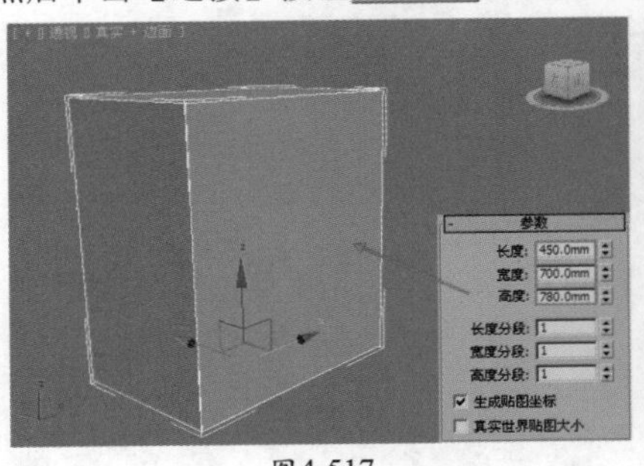
图4-517

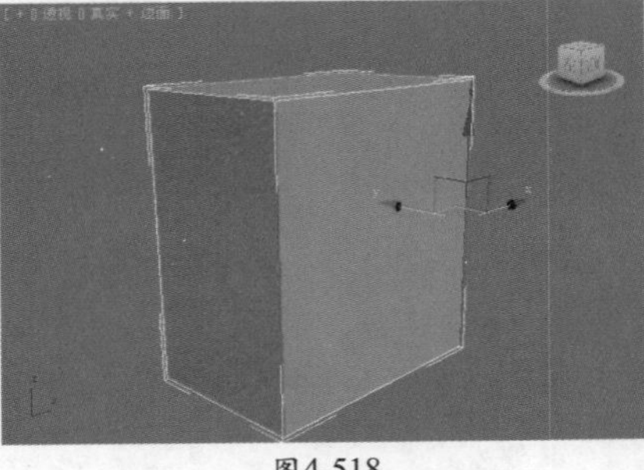
图4-518

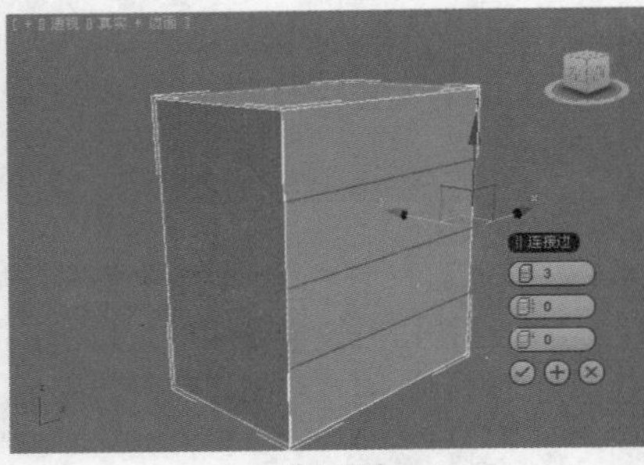
图4-519

步骤 03 单击【多边形】按钮 ，进入多边形级别。选择如图 4-520 所示的多边形，然后单击【插入】按钮 插入 后面的【设置】按钮 ，并设置【插入方式】为【按多边形】，【数量】为 40mm，如图 4-521 所示。

步骤 04 保持选择的多边形不变，单击【倒角】按钮 倒角 后面的【设置】按钮 ，并设置【高度】为 –5mm，【轮廓】为 –3mm，如图 4-522 所示。

步骤 05 接着单击【倒角】按钮 倒角 后面的【设置】按钮 ，并设置【高度】为 –5mm，【轮廓】为 1mm，如图 4-523 所示。

步骤 06 再次单击【倒角】按钮 倒角 后面的【设置】按钮 ，并设置【高度】为 –1.5mm，【轮廓】为 –3mm，如图 4-524 所示。

步骤 07 执行 3 次倒角之后的模型效果如图 4-525 所示。

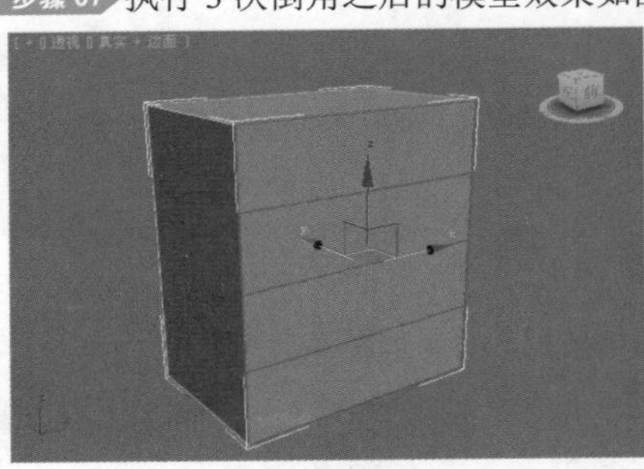
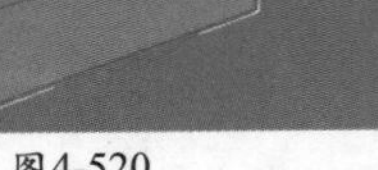
图4-520

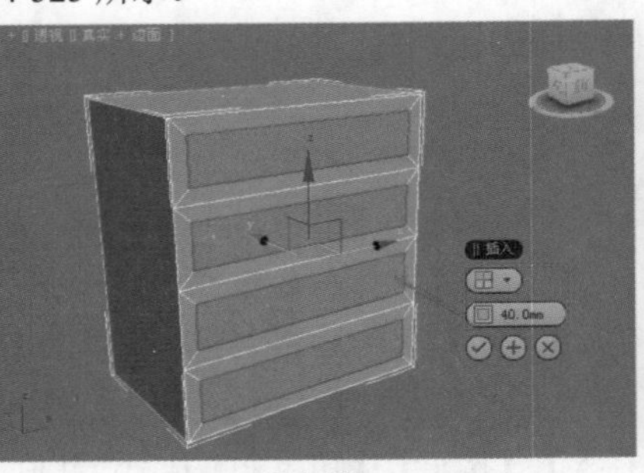
图4-521

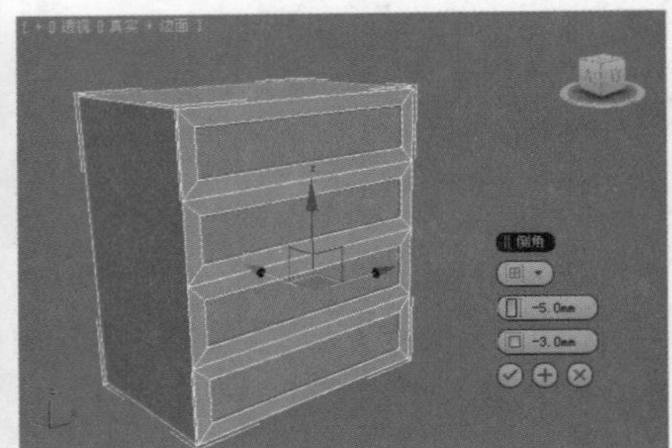
图4-522

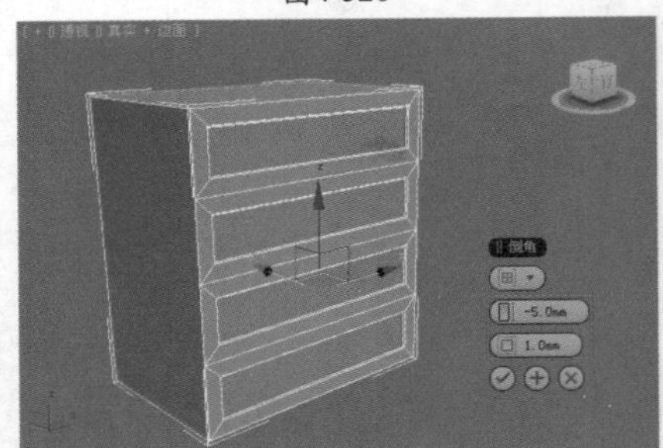
图4-523

图4-524

图4-525

步骤 08 单击【边】按钮 ，进入边级别，然后选择如图 4-526 所示的边。单击【切角】按钮 切角 后面的【设置】按钮 ，并设置【数量】为 2mm，【分段】为 3，如图 4-527 所示。

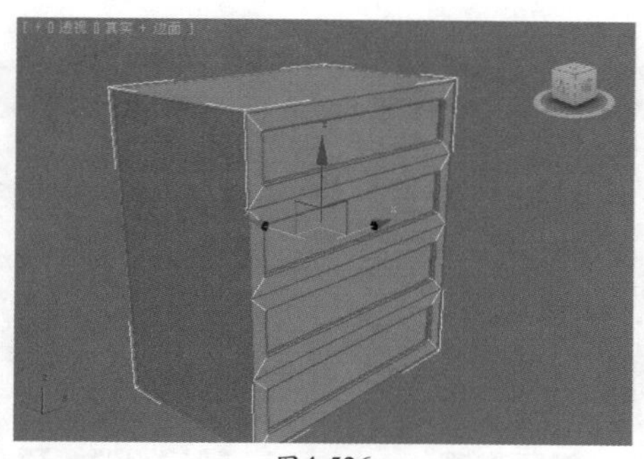

图4-526

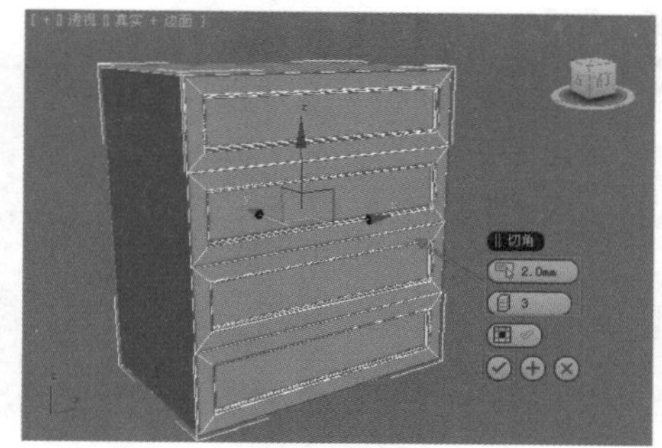

图4-527

Part 2 使用【倒角】、【切角】工具和【挤出】修改器制作斗柜剩余部分

步骤 01 创建一个长方体，并设置【长度】为 480mm，【宽度】为 720mm，【高度】为 5mm，如图 4-528 所示。

步骤 02 选择刚创建的长方体，将其转换为可编辑多边形，然后单击【多边形】按钮，进入多边形级别，选择如图 4-529 所示的多边形。

步骤 03 单击【倒角】按钮 倒角 后面的【设置】按钮，并设置【高度】为 15mm，【轮廓】为 –10mm，如图 4-530 所示。继续单击【倒角】按钮 倒角 后面的【设置】按钮，并设置【高度】为 5mm，【轮廓】为 –0.5mm，如图 4-531 所示。

步骤 04 再次单击【倒角】按钮 倒角 后面的【设置】按钮，并设置【高度】为 2mm，【轮廓】为 –1.5mm，如图 4-532 所示。

步骤 05 选择如图 4-533 所示的多边形。

图4-528

图4-529

图4-530

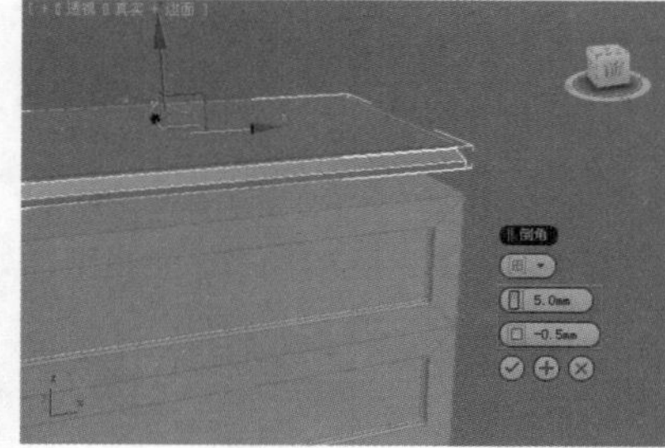

图4-531

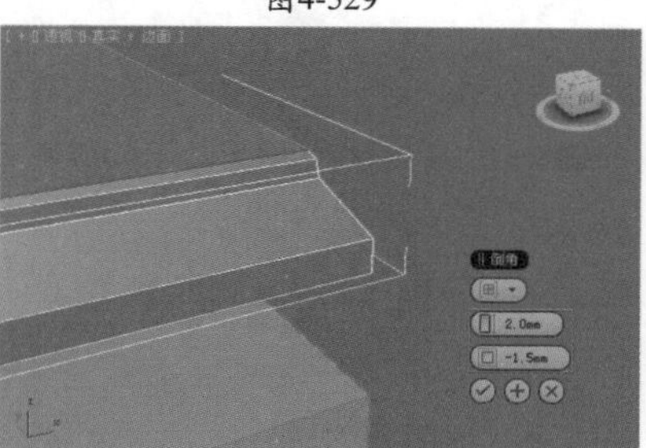

图4-532

图4-533

步骤 06 再次执行与上面方法相同的 3 次倒角操作，制作出如图 4-534 所示的模型。

步骤 07 单击【边】按钮，进入边级别。选择如图 4-535 所示的边，然后单击【切角】按钮 切角 后面的【设置】按钮，并设置【数量】为 1.5mm，【分段】为 3。

步骤 08 选择制作好的长方体，使用【选择并移动】工具并按住 Shift 键进行复制，如图 4-536 所示。将其放置到柜子下方，如图 4-537 所示。

步骤 09 继续创建一个长方体，设置【长度】为 450mm，【宽度】为 700mm，【高度】为 30mm，如图 4-538 所示。

步骤 10 使用【线】工具 线 在前视图绘制如图 4-539 所示的形状。

步骤 11 为步骤 10 创建的图形加载【挤出】修改器，设置【数量】为 10mm，如图 4-540 所示。

步骤 12 下面制作柜子腿。创建一个长方体，设置【长度】为 130mm，【宽度】为 45mm，【高度】为 45mm，使用【选择并移动】工具复制 3 个放置在柜子的下面，如图 4-541 所示。

步骤 13 最终模型效果如图 4-542 所示。

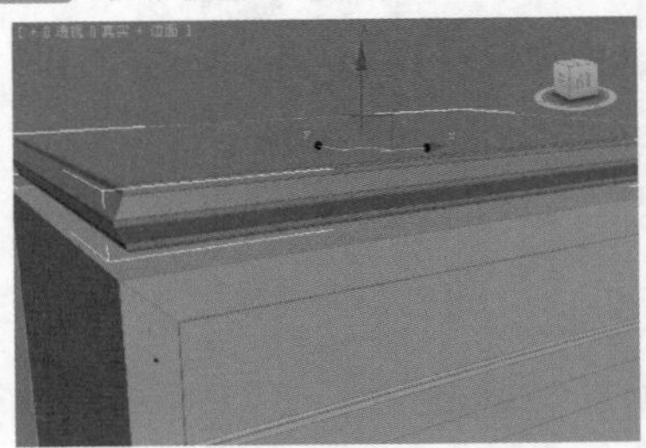
图4-534

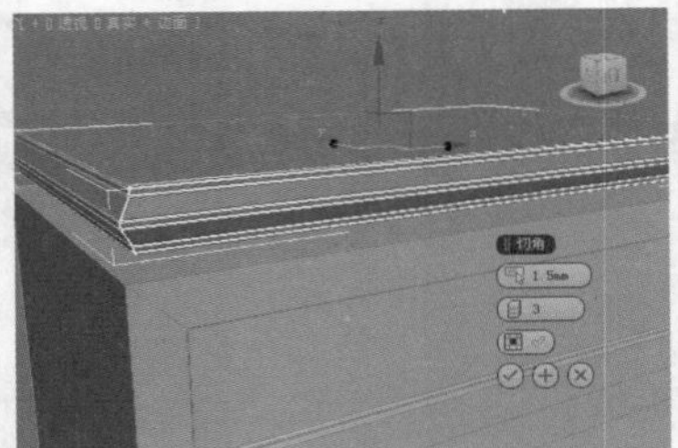
图4-535

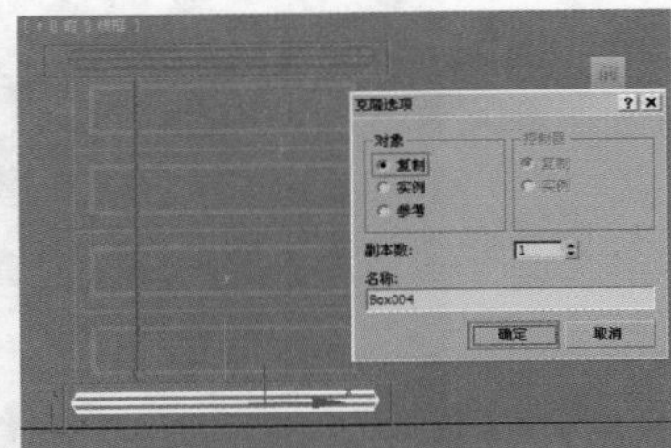
图4-536

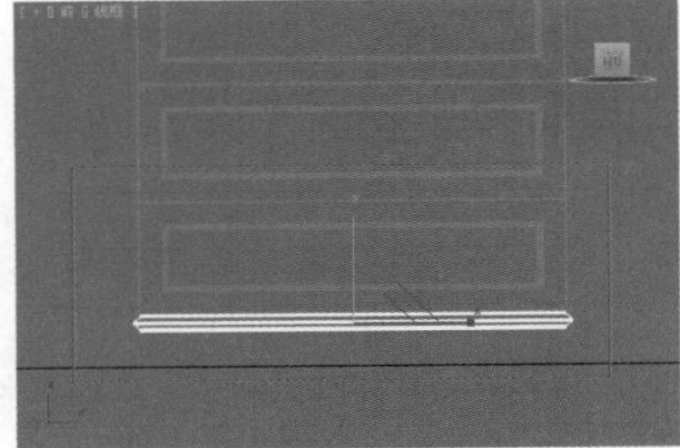
图4-537

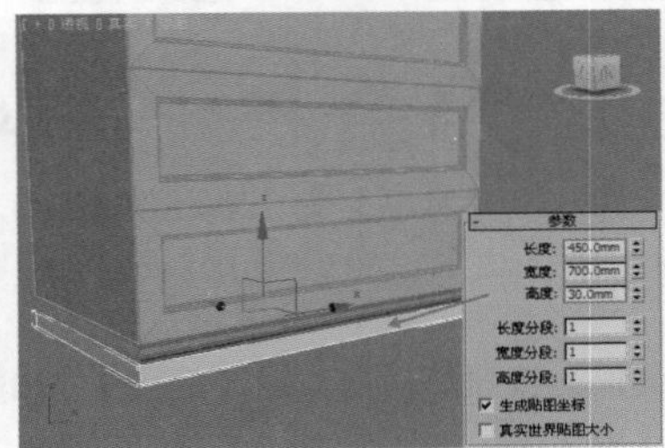
图4-538

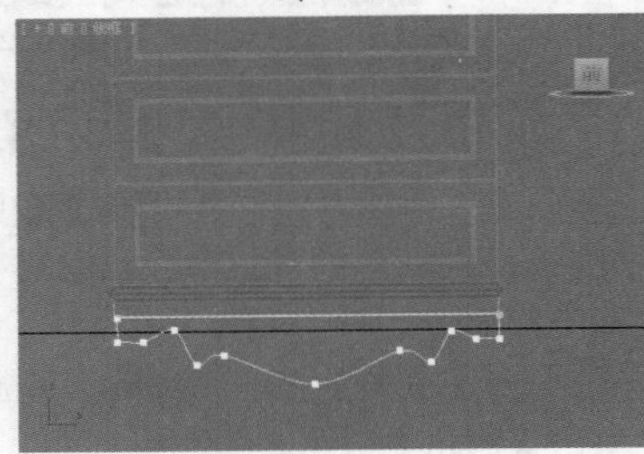
图4-539

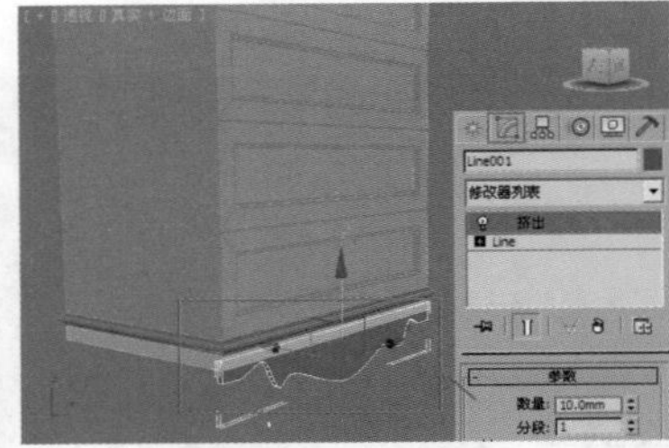
图4-540

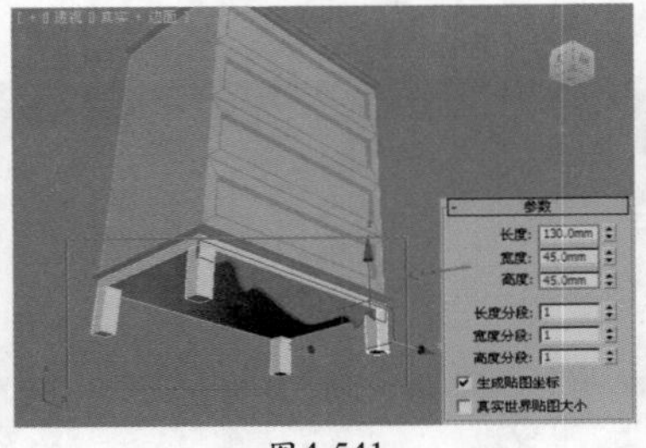
图4-541

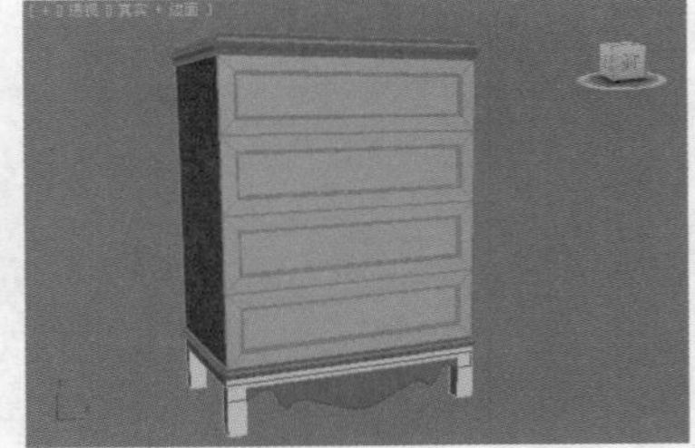
图4-542

重点 小实例：利用多边形建模制作脚凳

场景文件	无
案例文件	小实例：利用多边形建模制作脚凳 .max
视频教学	DVD/ 多媒体教学 /Chapter04/ 小实例：利用多边形建模制作脚凳 .flv
难易指数	★★★☆☆
技术掌握	掌握样条线可渲染功能以及多边形建模下【切角】、【连接】、【创建图形】、【倒角】工具的使用方法

实例介绍

本例主要使用样条线可渲染功能以及多边形建模下的【切角】、【连接】、【创建图形】、【倒角】工具制作脚铪凳模型，如图 4-543 所示。

建模思路

❶ 使用样条线可渲染功能创建脚凳支撑架部分模型。

❷ 使用可编辑多边形下的【切角】、【连接】、【倒角】、【创建图形】工具制作坐垫和靠背模型。

脚凳的建模流程如图 4-544 所示。

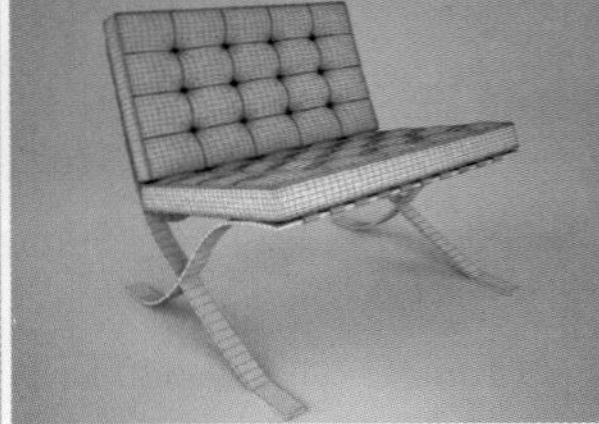
图4-543

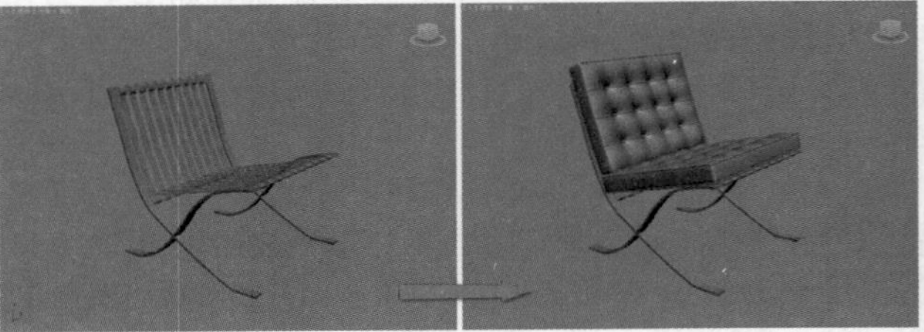
图4-544

操作步骤

Part 1 创建脚凳支撑架部分模型

步骤 01 使用【线】工具 线 在左视图中绘制如图 4-545 所示的样条线，然后使用【选择并移动】工具 并按住 Shift 键进行复制，设置【对象】为【实例】，如图 4-556 所示。

步骤 02 选择步骤 01 中创建的样条线，然后单击【修改】面板 ，选中【在渲染中启用】和【在视口中启用】复选框，接着选中【矩形】单选按钮，设置【长度】为 30mm，【宽度】为 8mm，如图 4-547 所示。

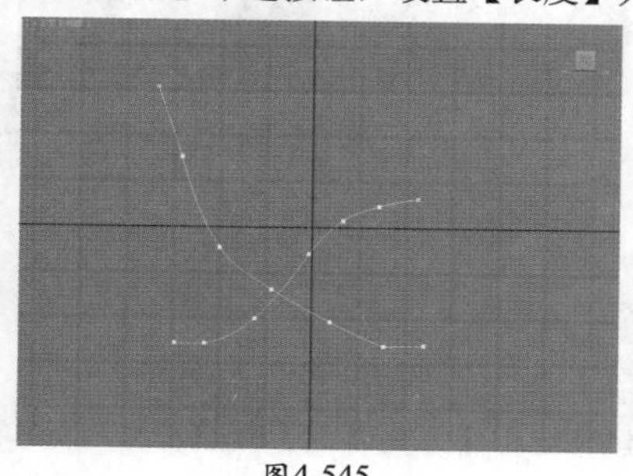

图4-545

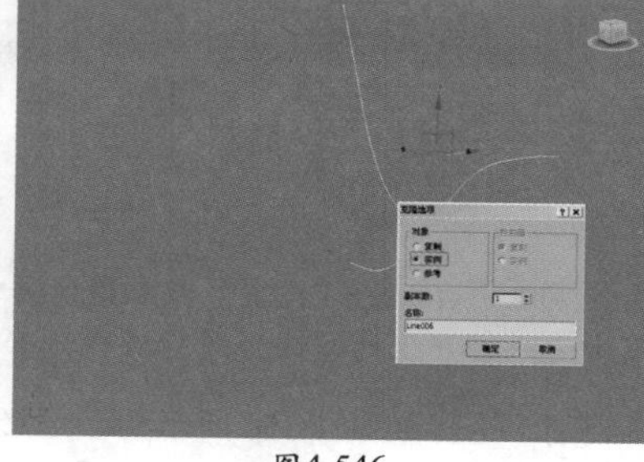

图4-546

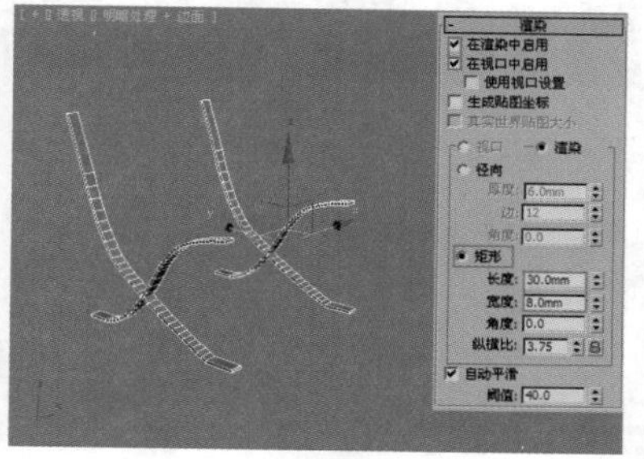

图4-547

步骤 03 使用【线】工具 线 在前视图中绘制 3 条如图 4-548 所示的样条线，然后展开【渲染】卷展栏，选中【在渲染中启用】和【在视口中启用】复选框，接着选中【矩形】单选按钮，设置【长度】为 30mm，【宽度】为 8mm。

步骤 04 使用【椭圆】工具 椭圆 在场景中创建多个椭圆。展开【参数】卷展栏，设置【长度】为 16mm，【宽度】为 35mm，然后展开【渲染】卷展栏，选中【在渲染中启用】和【在视口中启用】复选框，接着选中【矩形】单选按钮，设置【长度】为 24mm，【宽度】为 1mm，如图 4-549 所示。

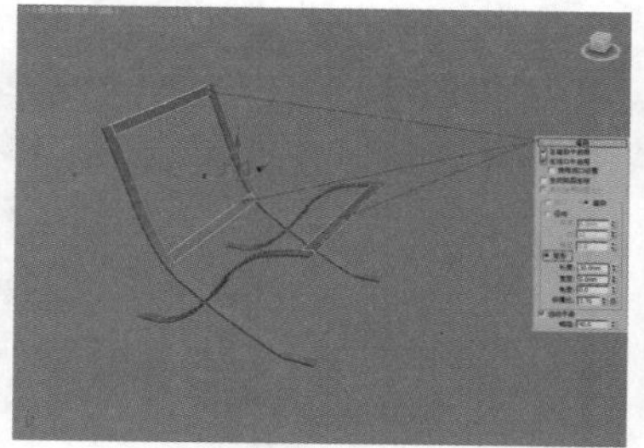

图4-548

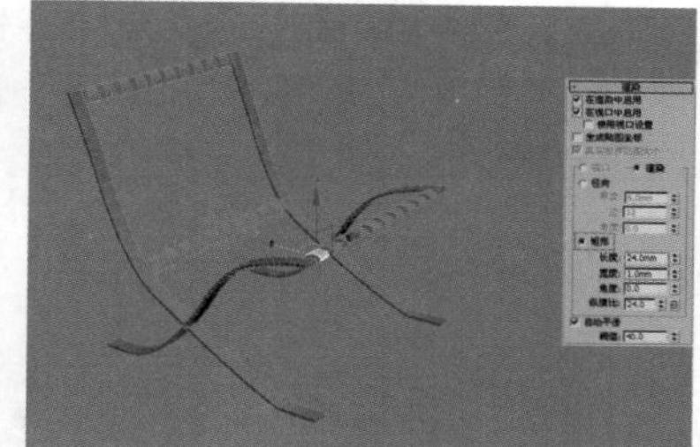

图4-549

步骤 05 使用【线】工具 线 在视图中绘制多条如图 4-550 所示的样条线。展开【渲染】卷展栏，选中【在渲染中启用】和【在视口中启用】复选框，接着选中【矩形】单选按钮，设置【长度】为 24mm，【宽度】为 1mm，如图 4-551 所示。

步骤 06 此时脚登的支撑架模型如图 4-552 所示。

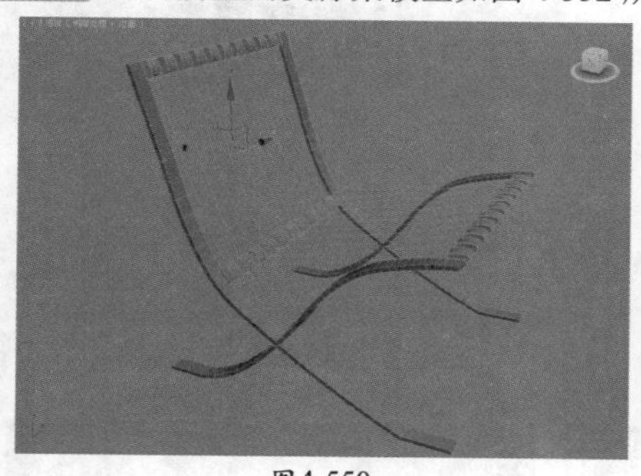

图4-550

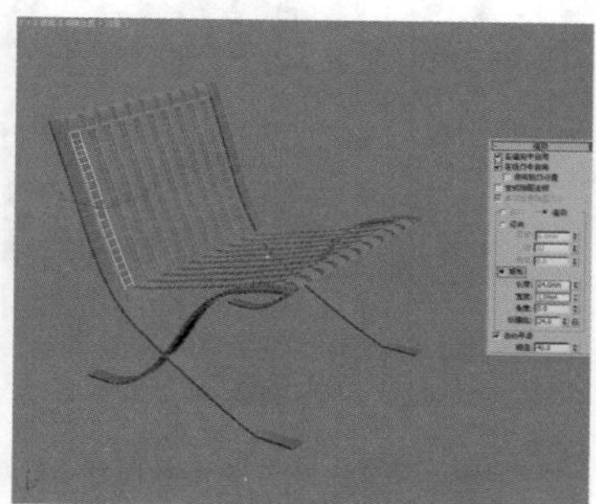

图4-551

图4-552

Part 2 使用【切角】、【连接】、【倒角】、【创建图形】工具制作坐垫和靠背模型

步骤 01 使用【长方体】工具 长方体 在顶视图中创建一个长方体。单击【修改】面板 ，设置【长度】为 450mm，【宽度】为 520mm，【高度】为 60mm，【长度分段】为 4，【宽度分段】为 5，如图 4-553 所示。

步骤 02 选择步骤 01 创建的长方体，将其转换为可编辑多边形。接着单击【修改】面板 ，单击【顶点】按钮 ，进入顶点级别，然后选中【忽略背面】复选框，选择如图 4-554 所示的顶点。单击【切角】按钮 切角 后面的【设置】按钮 ，并设置【边切角量】为 12mm，如图 4-555 所示。

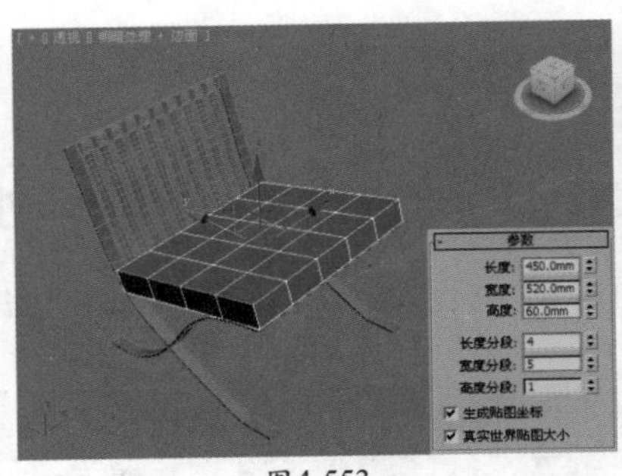
图4-553

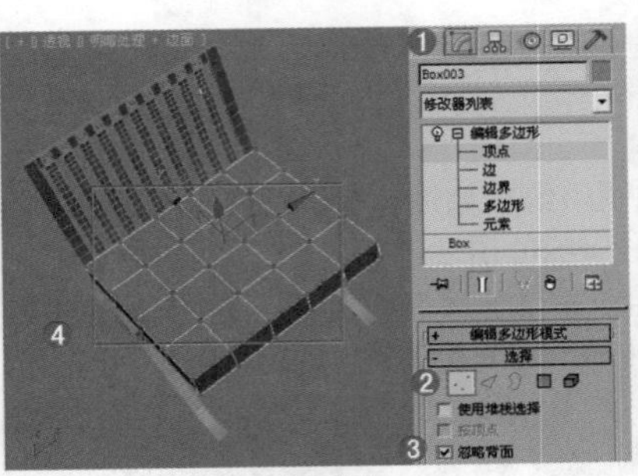
图4-554

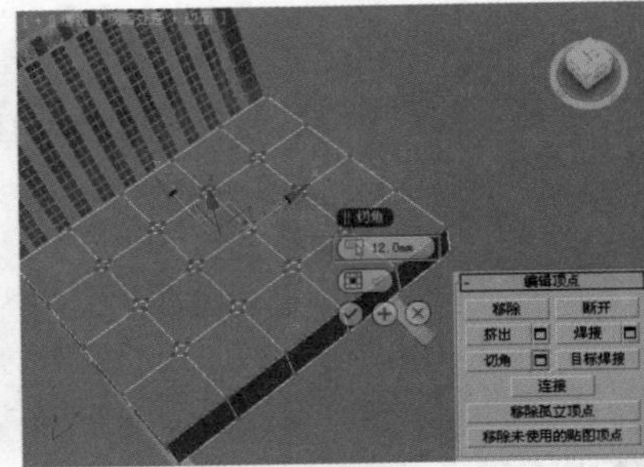
图4-555

技巧与提示

选择一个顶点，然后单击【切角】按钮 切角 后面的【设置】按钮，并设置合适的数值，可以方便地将1个点变成4个点，即产生了一个多边形，这样可以对这个新产生的多边形进行操作，如可以制作电子产品上的按钮、凹槽等。

步骤 03 单击【多边形】按钮，进入多边形级别。选择如图4-556所示的多边形（建议选中【忽略背面】复选框），然后单击【倒角】按钮 倒角 后面的【设置】按钮，并设置【高度】为–6mm，【轮廓】为–4mm，如图4-557所示。

步骤 04 单击【边】按钮，进入边级别。然后选择如图4-558所示的边，单击【连接】按钮 连接 后面的【设置】按钮，并设置【分段】为1，如图4-559所示。

步骤 05 选择如图4-560所示的边，然后单击【连接】按钮 连接 后面的【设置】按钮，并设置【分段】为1，如图4-561所示。

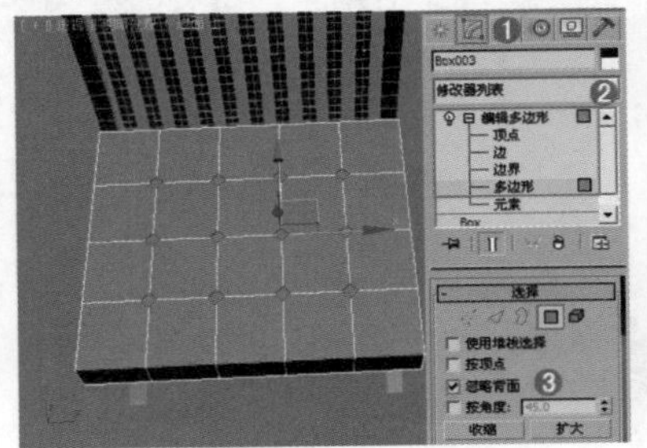
图4-556

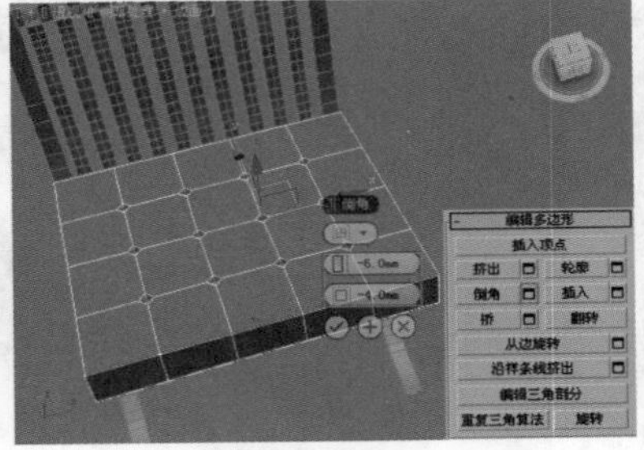
图4-557

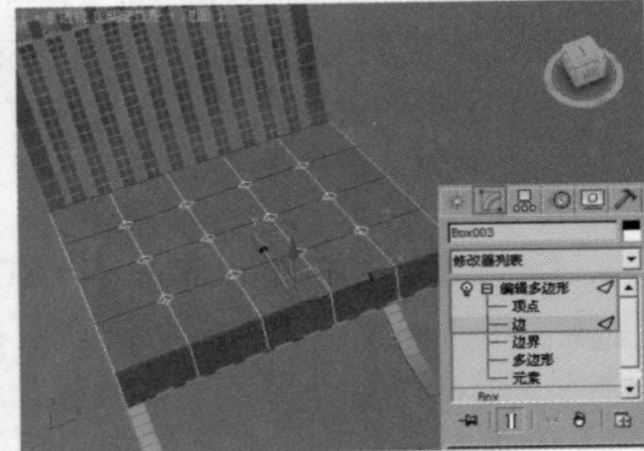
图4-558

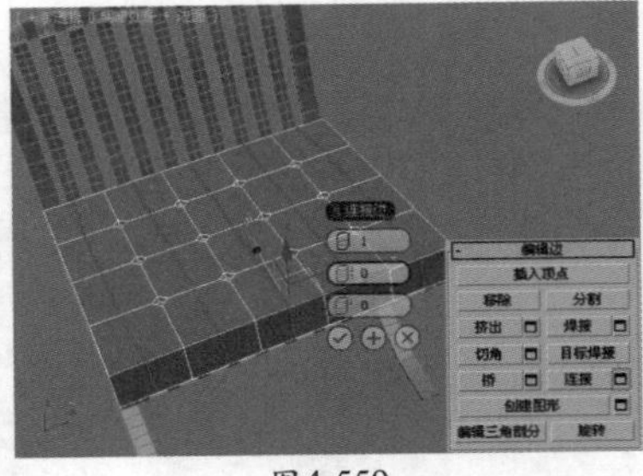
图4-559

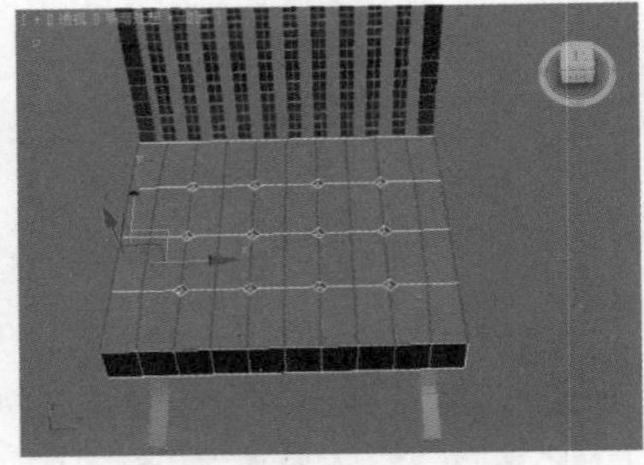
图4-560

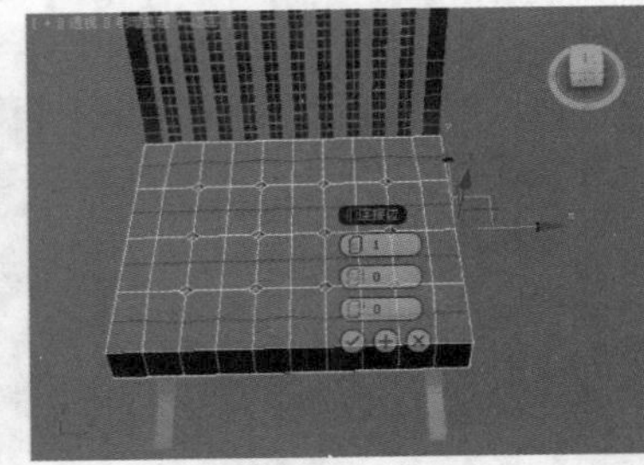
图4-561

步骤 06 单击【顶点】按钮，进入顶点级别。选择如图4-562所示的顶点。然后调节点的位置，调节后的效果，如图4-563所示。

步骤 07 单击【边】按钮，进入边级别。选择如图4-564所示的边，然后单击【切角】按钮 切角 后面的【设置】按钮，并设置【边切角量】为5mm，如图4-565所示。

步骤 08 选择切角后的模型，然后在【修改】面板下为其加载【涡轮平滑】修改器，并设置【迭代次数】为2，如图4-566所示。

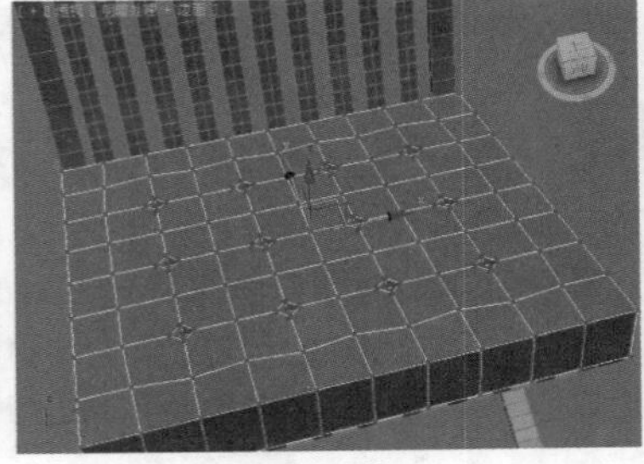
图4-562

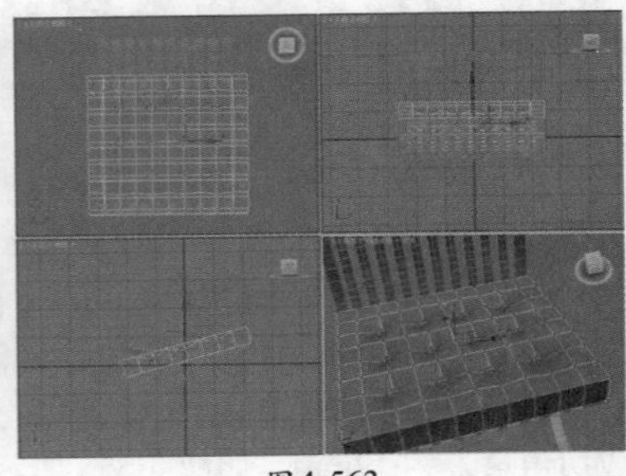
图4-563

图4-564

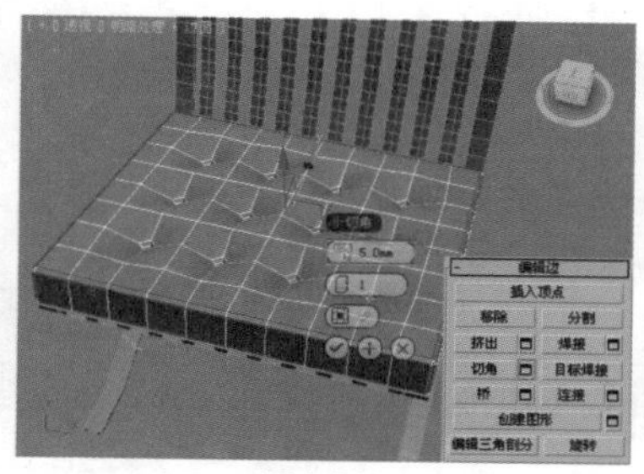
图4-565

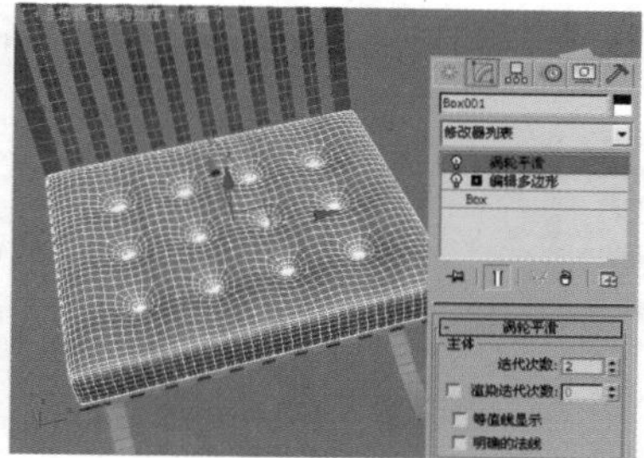
图4-566

步骤 09 选择涡轮平滑后的模型，将其转换为可编辑多边形，单击【边】按钮，进入边级别。选择如图4-567所示的边，然后单击【利用所选内容创建图形】按钮 利用所选内容创建图形 ，并设置【图形类型】为【线性】，如图4-568所示。

步骤 10 选择刚创建的图形，单击【修改】面板，然后选中【在渲染中启用】和【在视口中启用】复选框，接着选中【径向】单选按钮，设置【厚度】为4.5mm，如图4-569所示。同样创建边缘的线条，如图4-570所示。

步骤 11 使用【球体】工具 球体 在顶视图中创建一个球体，设置其【半径】为5mm，【分段】为32，如图4-571所示。

步骤 12 使用【选择并均匀缩放】工具将球体进行适当的缩放，然后将该球体复制几份，并拖曳到合适位置，此时模型效果如图4-572所示。

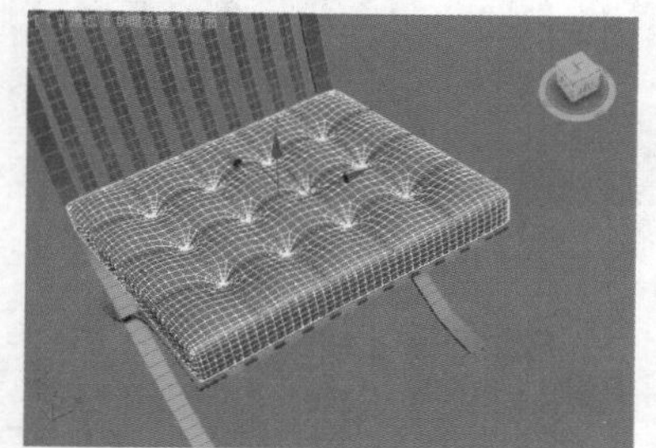
图4-567

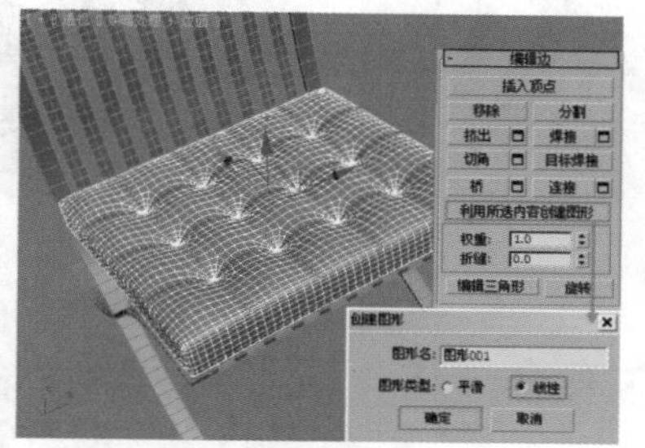
图4-568

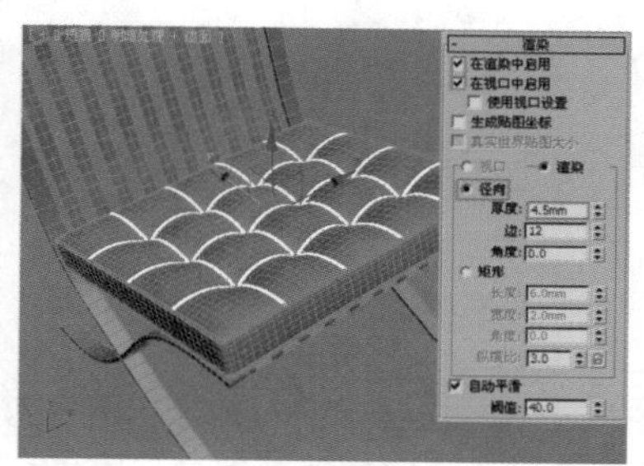
图4-569

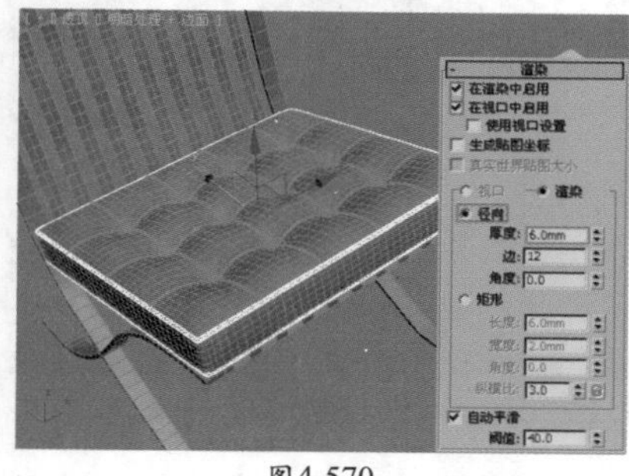
图4-570

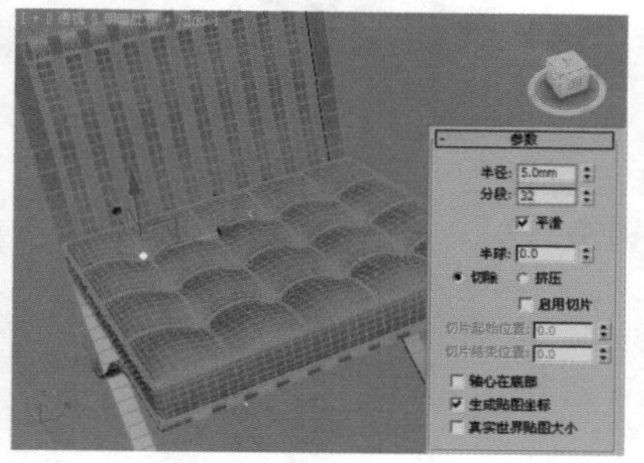
图4-571

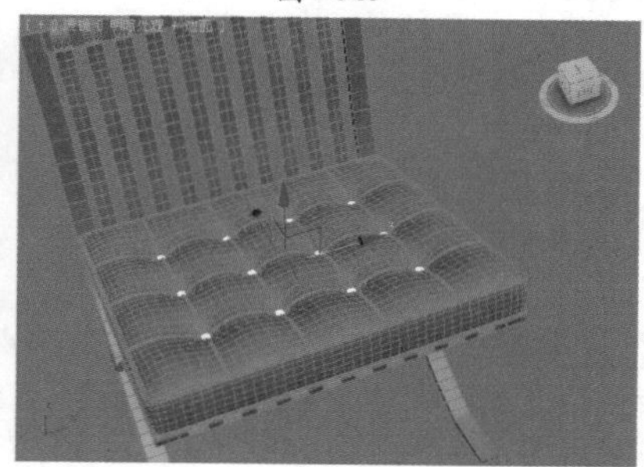
图4-572

步骤 13 使用同样的方法创建靠背模型，然后将靠背和坐垫旋转一定的角度拼合到一起，模型效果如图4-573所示。

步骤 14 选择步骤13创建的靠背模型，单击【修改】面板，为其添加FFD 3×3×3修改器，并选择【控制点】级别，调节控制点的位置，如图4-574所示。

步骤 15 最终模型效果如图4-575所示。

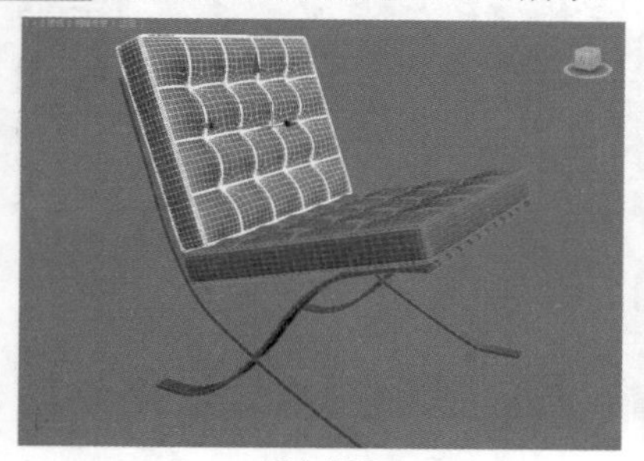
图4-573

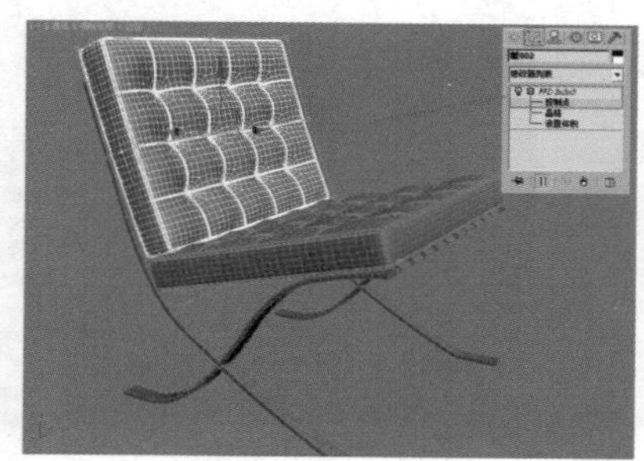
图4-574

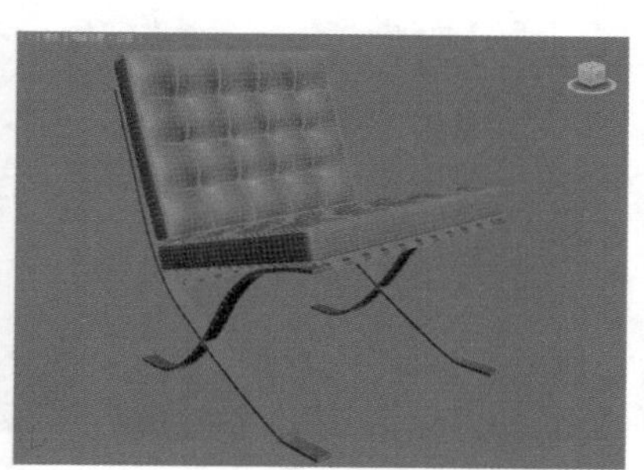
图4-575

重点 小实例：利用多边形建模制作饰品组合

场景文件	无
案例文件	小实例：利用多边形建模制作饰品组合 .max
视频教学	DVD/ 多媒体教学 /Chapter04/ 小实例：利用多边形建模制作饰品组合 .flv
难易指数	★★★☆☆
技术掌握	掌握可编辑多边形下的【切角】、【倒角】工具和【优化】修改器的使用方法

实例介绍

本例主要使用可编辑多边形下的【切角】、【倒角】工具和【优化】修改器制作印刷品组合模型，最终的模型效果如图 4-576 所示。

建模思路

① 使用可编辑多边形下的【切角】、【倒角】工具和【优化】修改器制作饰品花瓶。

② 使用【圆环】、【管状体】工具创建其他饰品模型。

饰品组合的建模流程如图 4-577 所示。

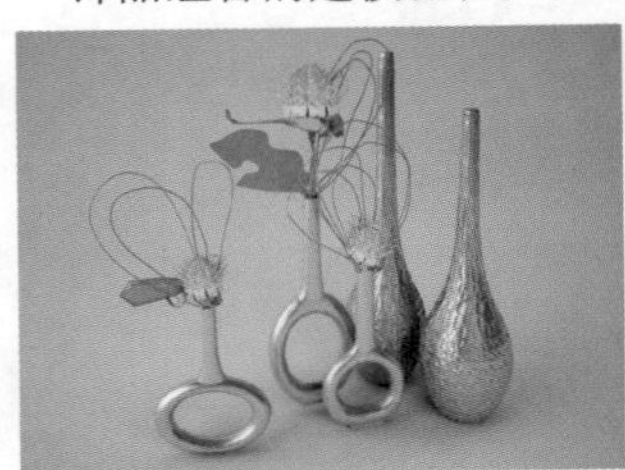

图4-576

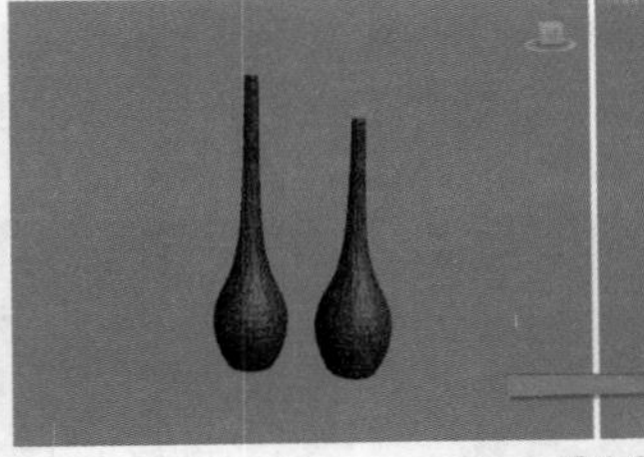
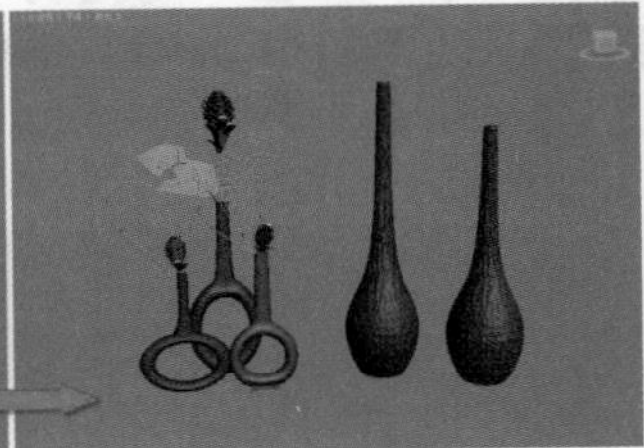

图4-577

操作步骤

Part 1 使用【切角】、【倒角】工具和【优化】修改器制作饰品花瓶

步骤 01 使用【圆柱体】工具 圆柱体 在顶视图中创建一个圆柱体，然后设置【半径】为 40mm，【高度】为 250mm，【高度分段】为 5，如图 4-578 所示。

步骤 02 单击【修改】面板，为步骤 01 创建的圆柱体加载【编辑多边形】修改器，如图 4-579 所示。

步骤 03 单击【顶点】按钮，进入顶点级别，然后使用【选择并均匀缩放】工具将点进行调节，调节后的效果如图 4-580 所示。

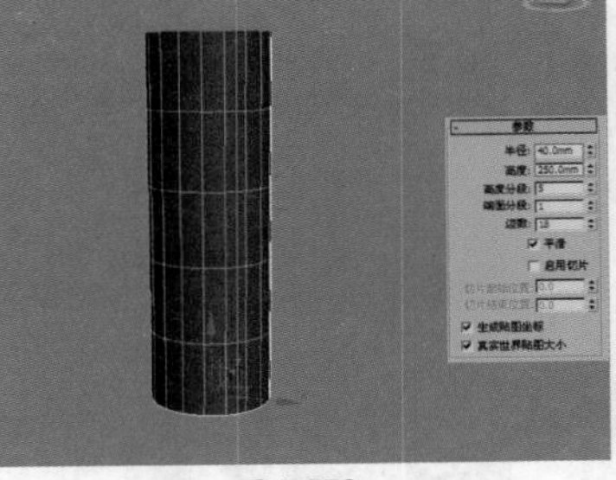
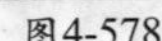

图4-578

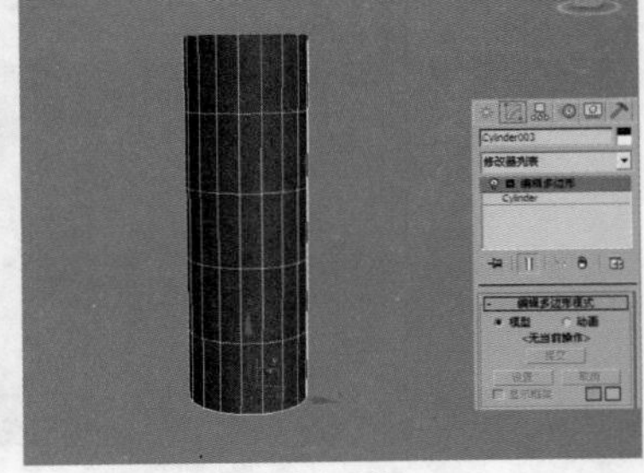

图4-579

步骤 04 单击【边】按钮，进入边级别。选择如图 4-581 所示的边，然后单击【切角】按钮 切角 后面的【设置】按钮，并设置【边切角量】为 1mm，如图 4-582 所示。

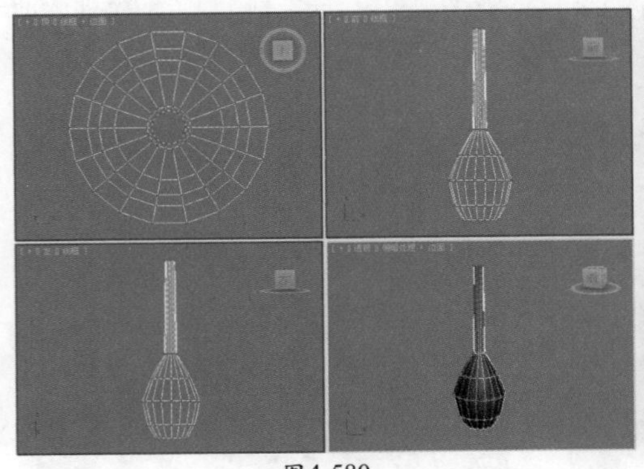

图4-580

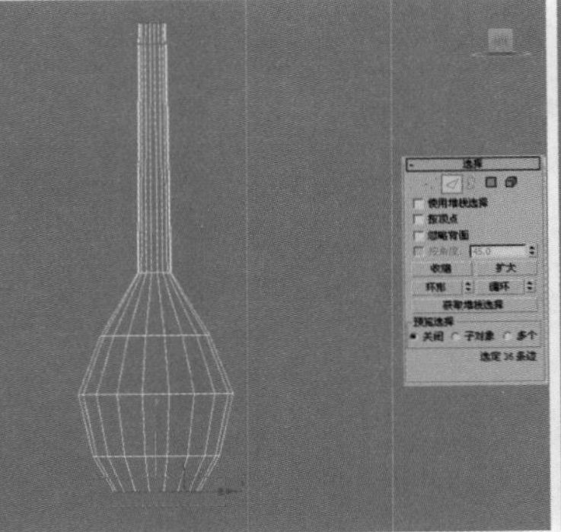

图4-581

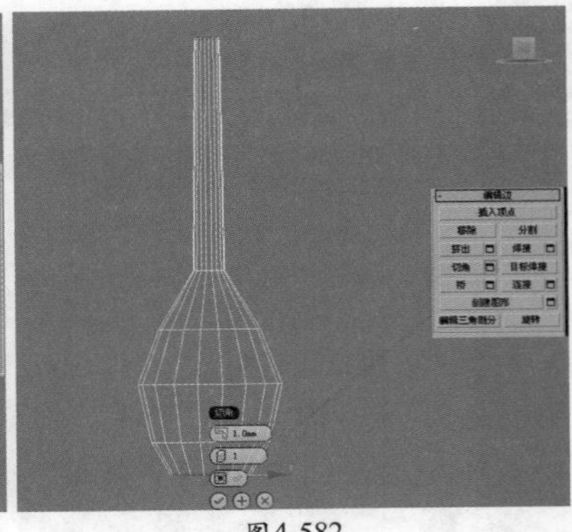

图4-582

步骤05 选择切角后的模型，然后在【修改】面板下为其加载【网格平滑】修改器，并设置【迭代次数】为2，如图4-583所示。

步骤06 选择网格平滑后的模型，然后在【修改】面板下为其加载【优化】修改器，并设置【面阈值】为3，如图4-584所示。

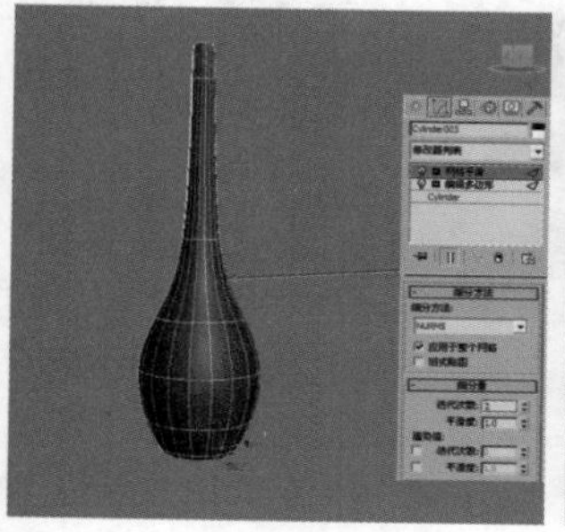

图4-583

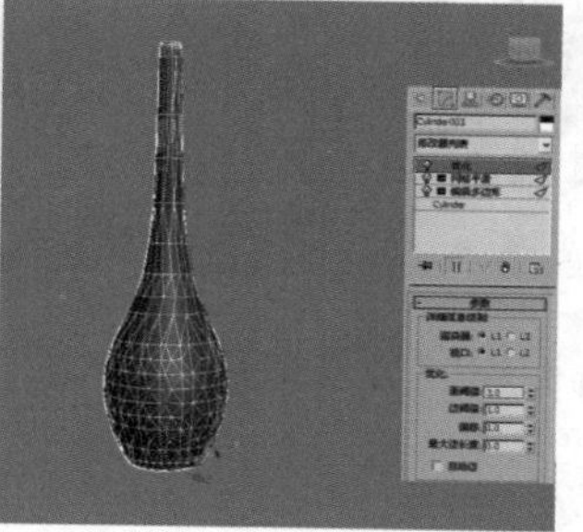

图4-584

技巧与提示

由于花瓶模型表面有很多不规则的凹凸效果，需要模型表面拥有不规则的多边形，所以为模型加载了一个【优化】修改器，这样可以破坏原有的规则多边形，如图4-585所示为优化前后的模型对比效果。

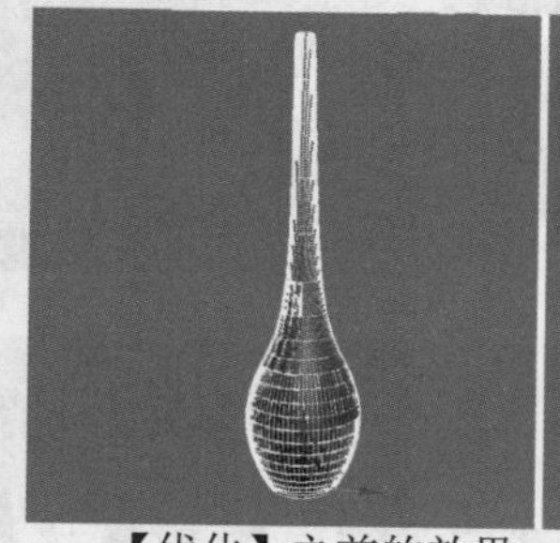

【优化】之前的效果

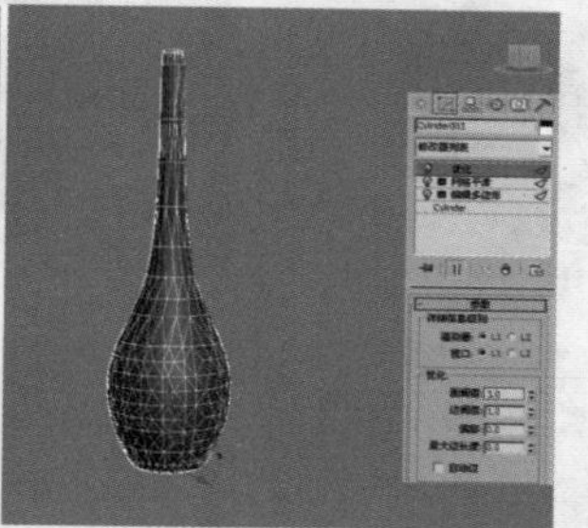

【优化】之后的效果

图4-585

步骤07 将优化后的模型转换为可编辑多边形，接着单击【多边形】按钮，进入多边形级别，然后选择如图4-586所示的多边形。

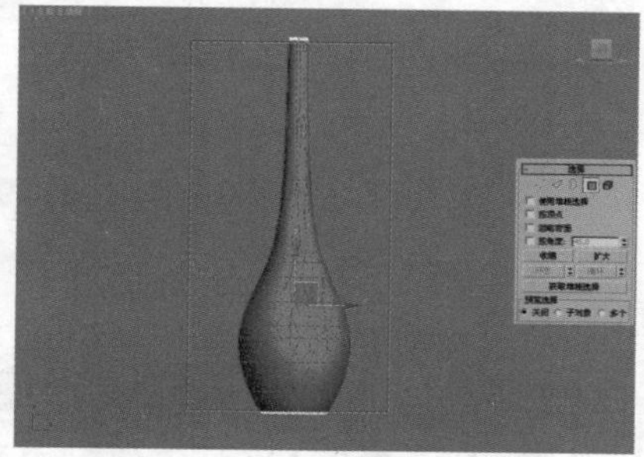

图4-586

步骤08 保持对多边形的选择，然后单击【倒角】按钮 倒角 后面的【设置】按钮，并在弹出的对话框中设置【倒角类型】为【按多边形】，设置【高度】为-0.5mm，【轮廓】为-0.3mm，如图4-587所示。

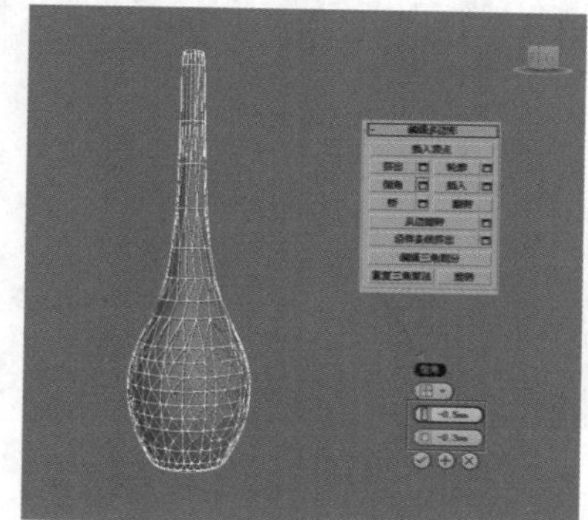

图4-587

步骤09 选择倒角后的模型，然后在【修改】面板下为其加载【涡轮平滑】修改器，并设置【迭代次数】为2，如图4-588所示。

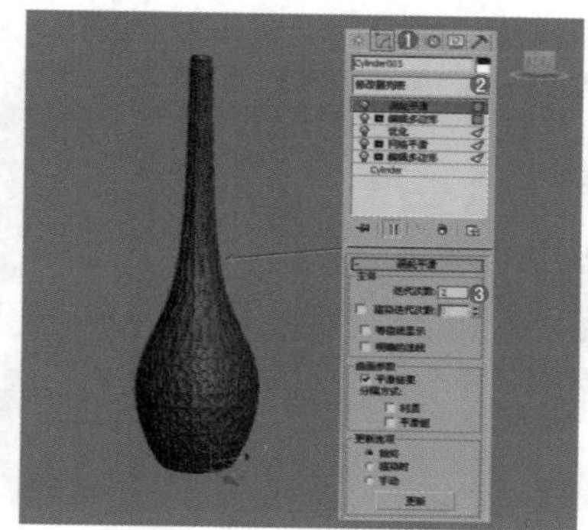

图4-588

步骤10 使用同样的方法制作另外一个饰品花瓶的模型，如图4-589所示。

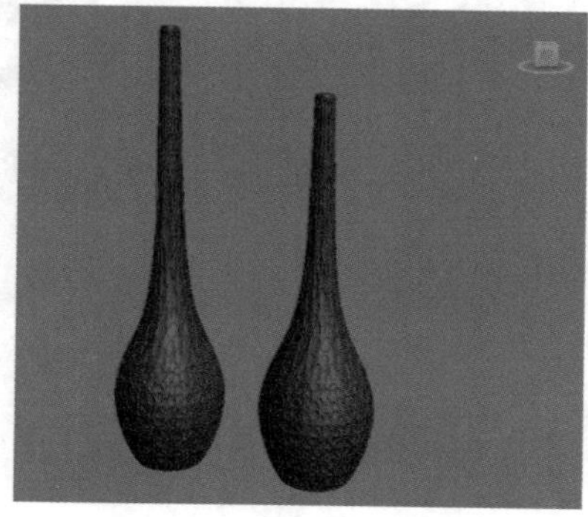

图4-589

Part 2 使用【圆环】、【管状体】工具创建其他饰品模型

步骤01 使用【圆环】工具 圆环 在前视图中创建一个圆环，然后展开【参数】卷展栏，并设置【半径1】为35mm，【半径2】为7mm，如图4-590所示。

步骤02 使用【选择并均匀缩放】工具在前视图中沿Z

轴将圆环进行适当的缩放，使其变成椭圆形，如图 4-591 所示。

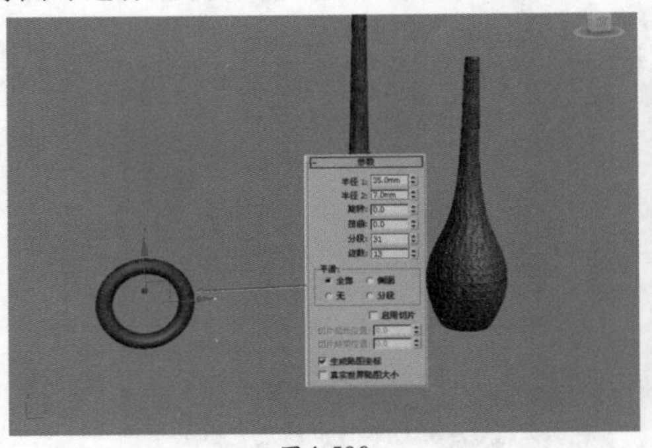

图4-590

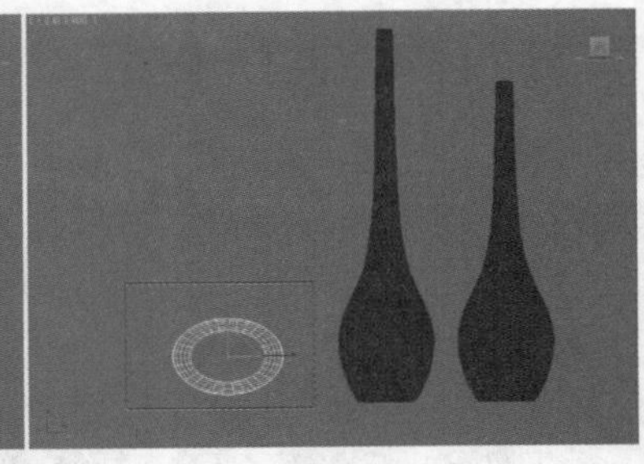

图4-591

步骤 03 将步骤 02 中创建的圆环转化为可编辑多边形，然后单击【多边形】按钮，进入多边形级别，选择如图 4-592 所示的多边形，并按 Delete 键将其删除，如图 4-593 所示。

步骤 04 单击【边】按钮，进入边级别。然后选择如图 4-594 所示的边，使用【选择并移动】工具并按住 Shift 键沿 Z 轴向上进行拖曳，然后使用【选择并均匀缩放】工具进行适当的缩放，如图 4-595 所示。

步骤 05 继续重复这样的操作，如图 4-596 所示。

步骤 06 单击【顶点】按钮，进入顶点级别，调整顶点的位置，如图 4-597 所示。

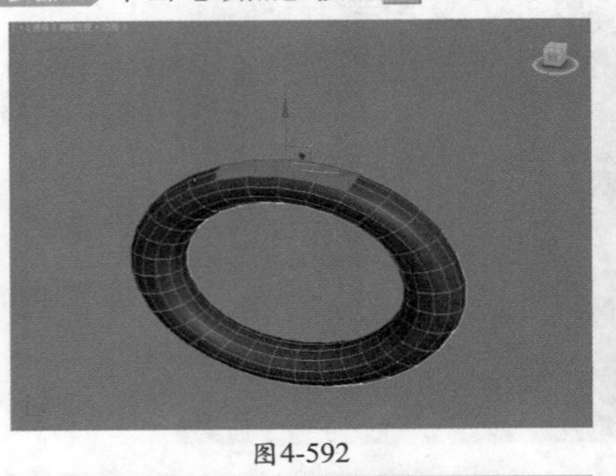

图4-592

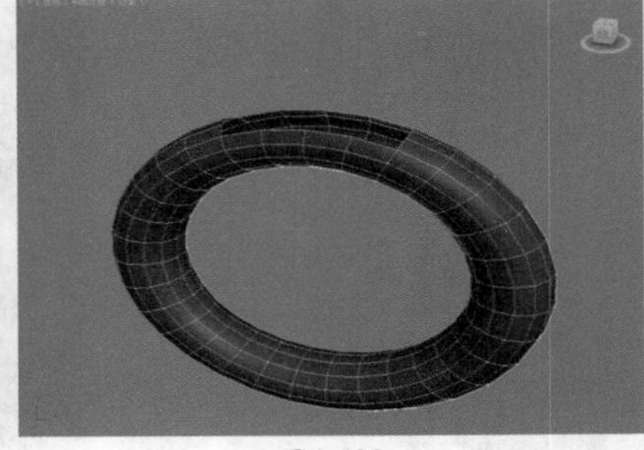

图4-593

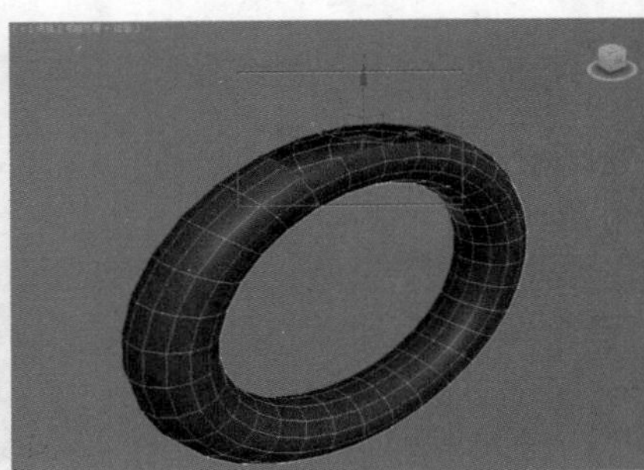

图4-594

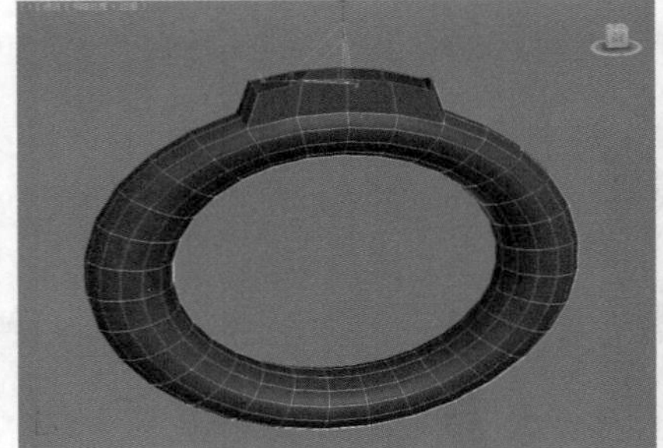

图4-595

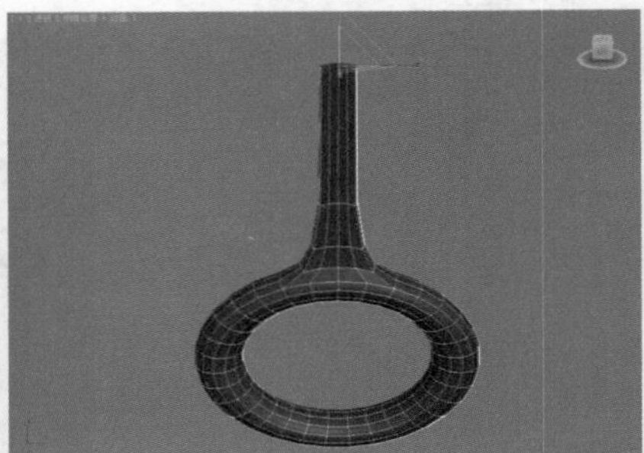

图4-596

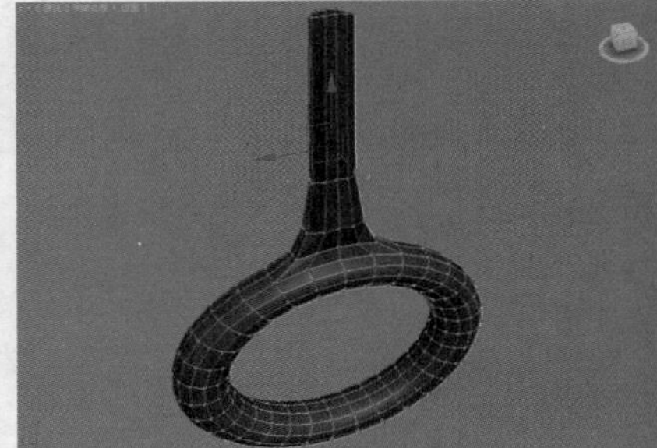

图4-597

步骤 07 选择步骤 06 中的模型，单击【修改】面板，为其添加【壳】修改器，并设置【外部量】为 1mm，如图 4-598 所示。

步骤 08 将模型转化为可编辑多边形，然后单击【边】按钮，进入边级别。选择如图 4-599 所示的边，单击【切角】按钮 切角 后面的【设置】按钮，并设置【边切角量】为 1mm，如图 4-600 所示。

步骤 09 选择步骤 08 中的模型，为其添加【网格平滑】修改器，并设置【迭代次数】为 2，如图 4-601 所示。此时的模型效果如图 4-602 所示。

步骤 10 使用同样的方法将其他模型创建出来，如图 4-603 所示。然后使用多边形建模的方法创建出花朵模型，最终模型效果如图 4-604 所示。

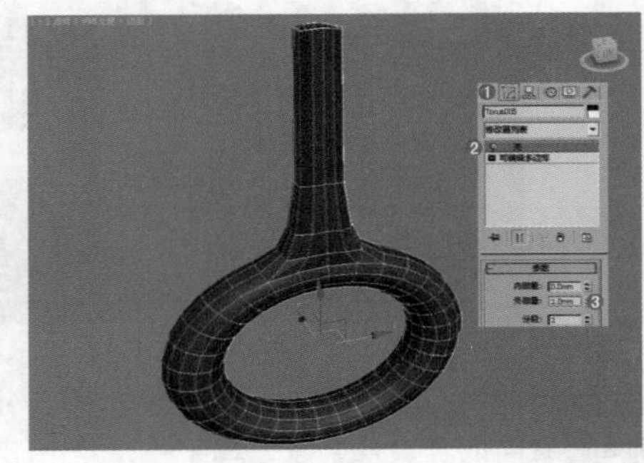

图4-598

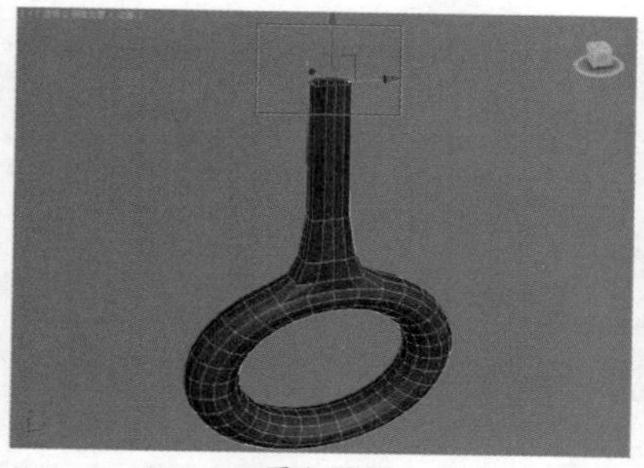
图4-599

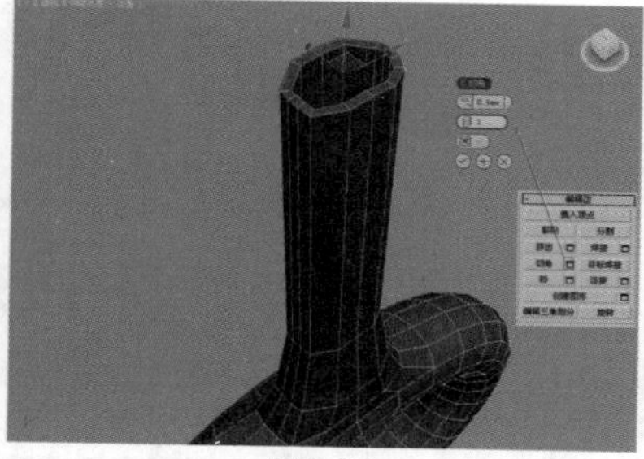
图4-600

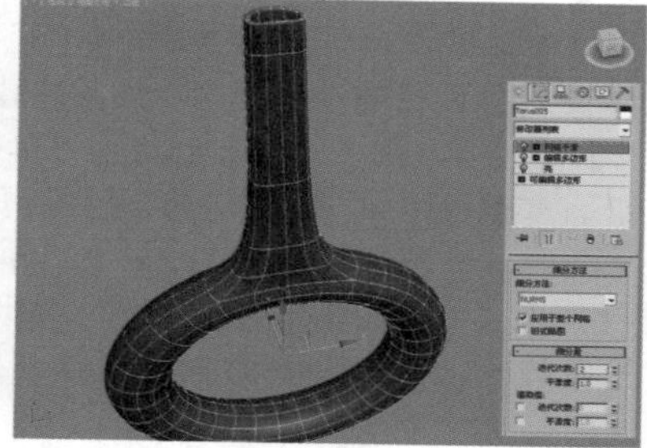
图4-601

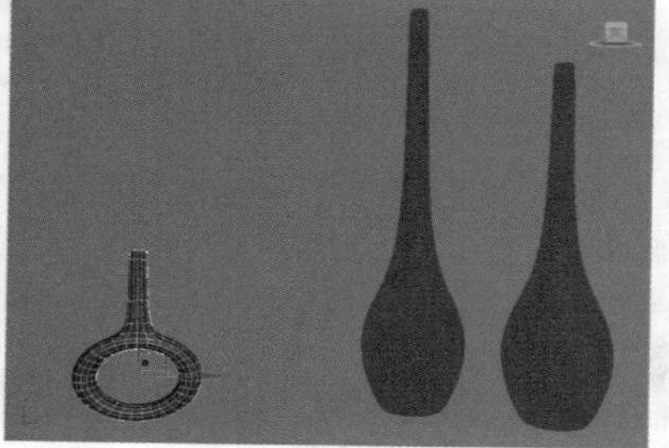
图4-602

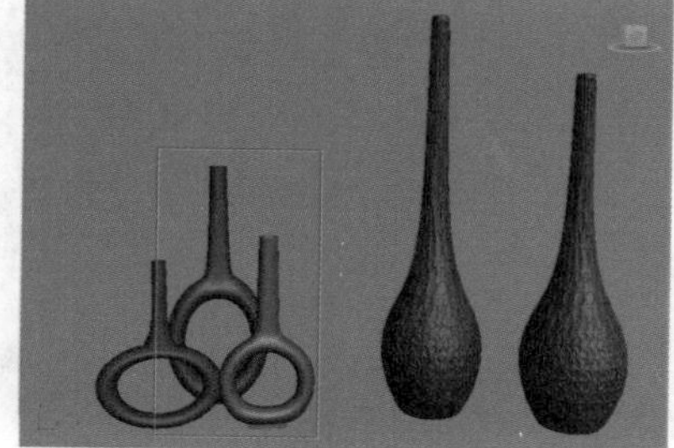
图4-603

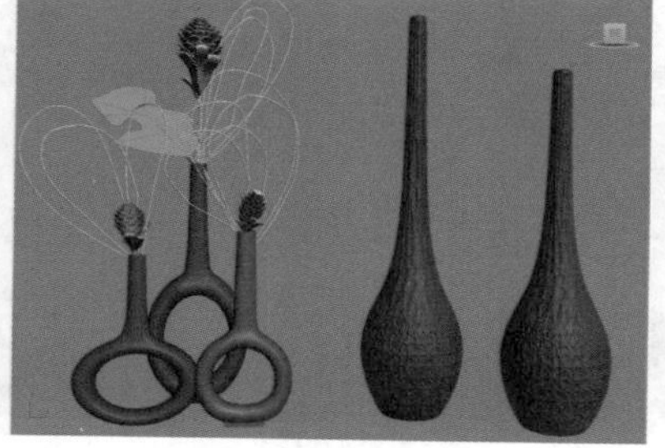
图4-604

重点 小实例：利用多边形建模制作艺术花瓶

场景文件	无
案例文件	小实例：利用多边形建模制作艺术花瓶.max
视频教学	DVD/多媒体教学/Chapter04/小实例：利用多边形建模制作艺术花瓶.flv
难易指数	★★★☆☆
技术掌握	掌握多边形建模下【圆柱体】工具、【管状体】工具、【编辑多边形】修改器、【对称】修改器、【优化】修改器、【优化】修改器、【细化】修改器的运用

实例介绍

艺术花瓶是用来盛放花枝的器皿，最终渲染和线框效果如图 4-605 所示。

图4-605

建模思路

❶ 使用【圆柱体】工具、【编辑多边形】修改器制作艺术花瓶基本模型。

❷ 使用【管状体】工具以及【编辑多边形】、【对称】、【优化】、【细化】修改器制作艺术花瓶修饰部分模型。

艺术花瓶的建模流程如图 4-606 所示。

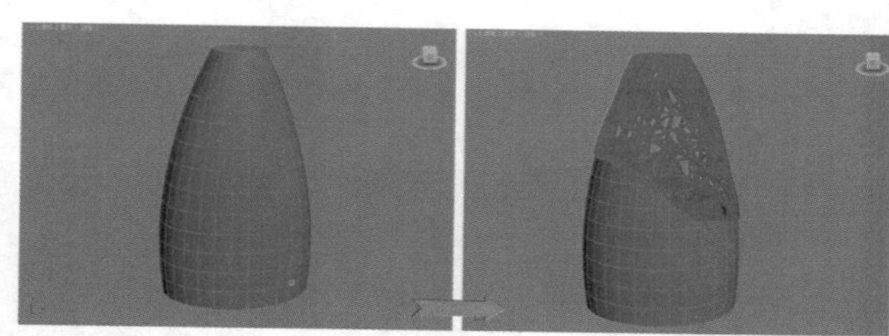
图4-606

操作步骤

Part 1 制作艺术花瓶基本模型

步骤 01 利用【圆柱体】工具 圆柱体 在顶视图中创建一个圆柱体，如图 4-607 所示。设置【半径】为 50mm，【高度】为 170mm，【高度分段】为 12，【边数】为 30，如图 4-608 所示。

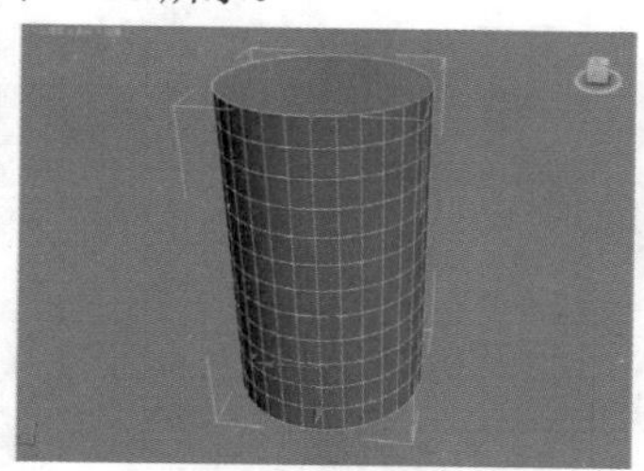
图4-607

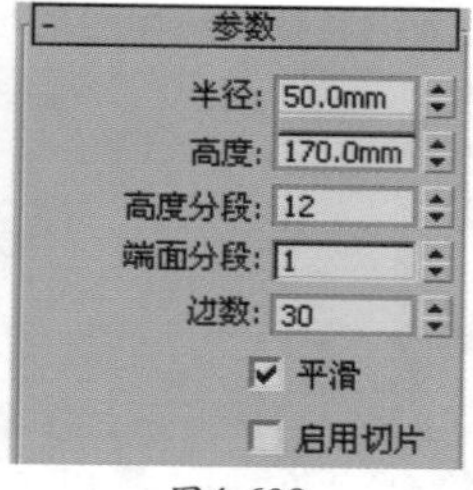

图4-608

步骤 02 为圆柱体其加载【编辑多边形】修改器，接着在【顶点】级别下使用【选择并均匀缩放】工具调节顶点的位置，如图 4-609 所示。

步骤 03 再为圆柱体加载 FDD 3×3×3 修改器，然后在【控制点】级别下调节点的位置，如图 4-610 所示。

Part 2 制作艺术花瓶修饰部分模型

图4-609

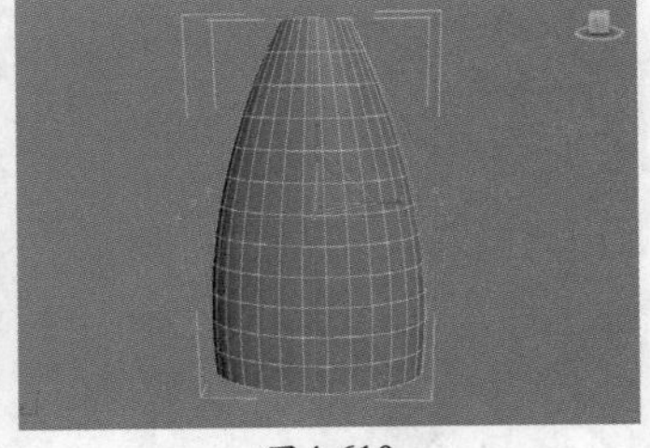
图4-610

步骤 01 选择创建的基本模型，为其加载【编辑多边形】修改器，在【顶点】级别下单击【切割】按钮 切割，对模型进行切割，如图 4-611 所示。

步骤 02 在【多边形】级别下选择如图 4-612 所示的多边形，按 Delete 键将其删除，如图 4-613 所示。

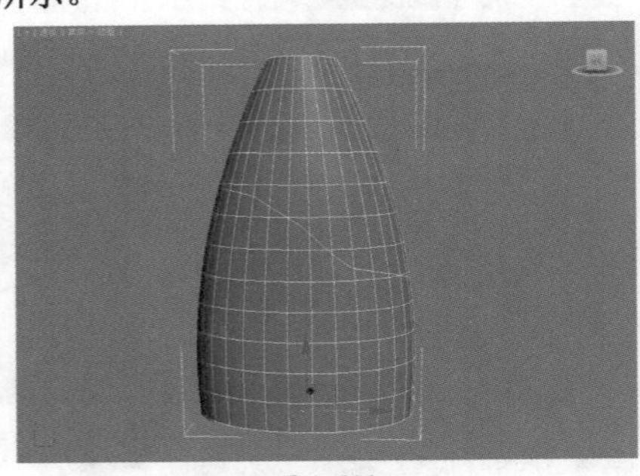
图4-611

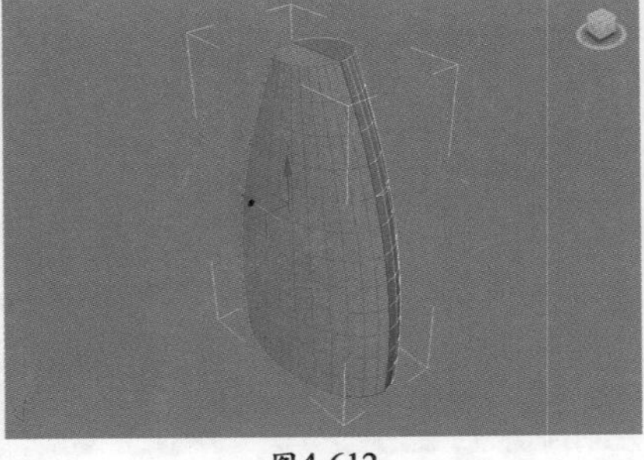
图4-612

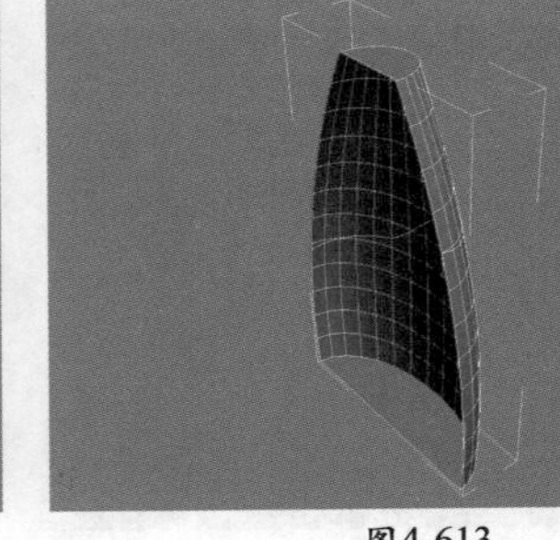
图4-613

步骤 03 为制作的模型加载【对称】修改器，设置【镜像轴】为 Y 轴，取消选中【沿镜像轴切片】复选框，如图 4-614 所示。

步骤 04 再为其加载【编辑多边形】修改器，在【多边形】级别下选择如图 4-615 所示的多边形，按 Delete 键将其删除，如图 4-616 所示。

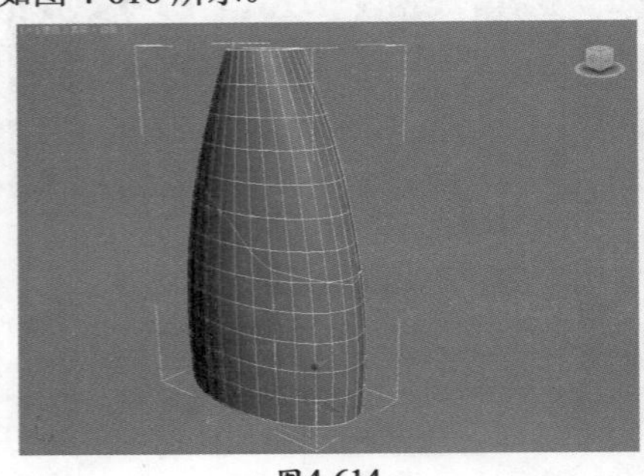

图4-614

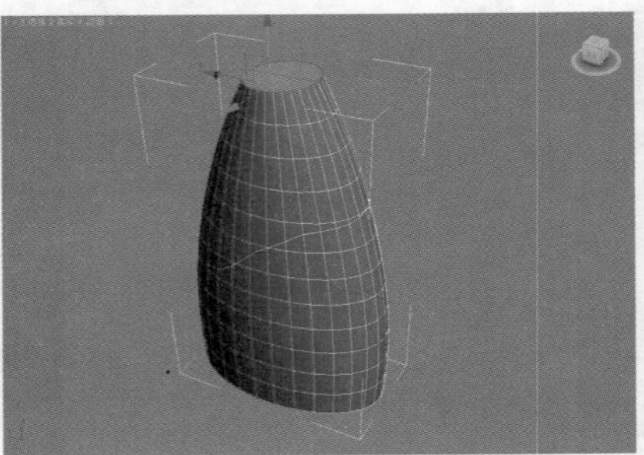
图4-615

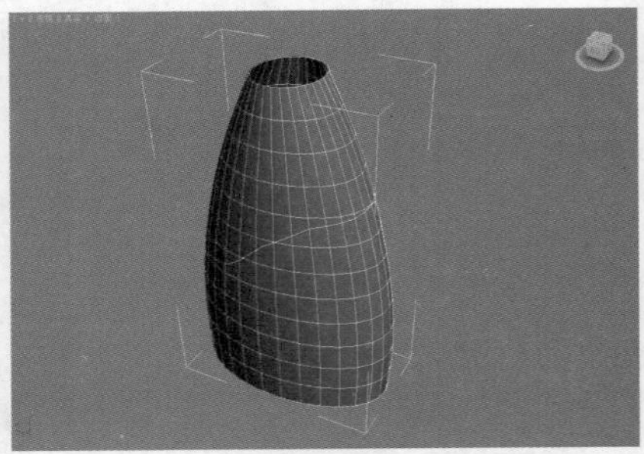
图4-616

步骤 05 选择如图 4-617 所示的多边形，单击【分离】按钮 分离 后面的【设置】按钮，取消选中【分离到元素】复选框，如图 4-618 所示。

步骤 06 选择分离出来的模型，如图 4-619 所示。为其加载【细化】修改器，设置【迭代次数】为 2，如图 4-620 所示。

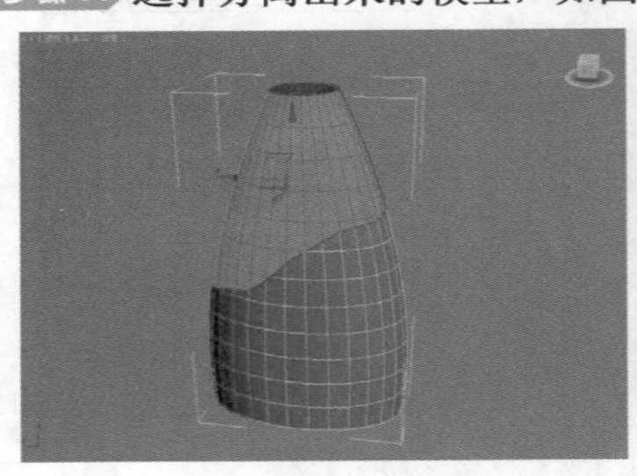
图4-617

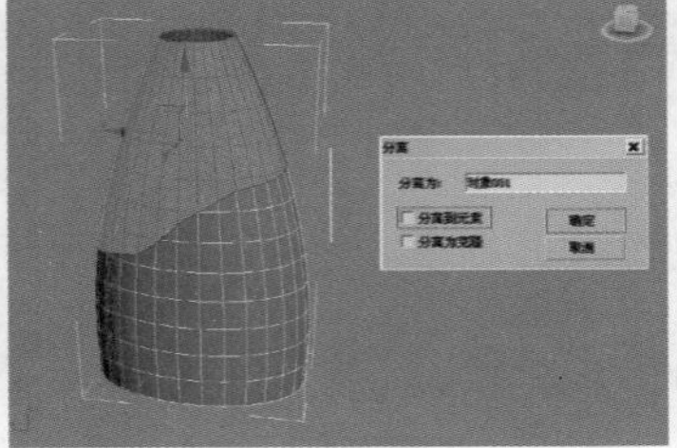
图4-618

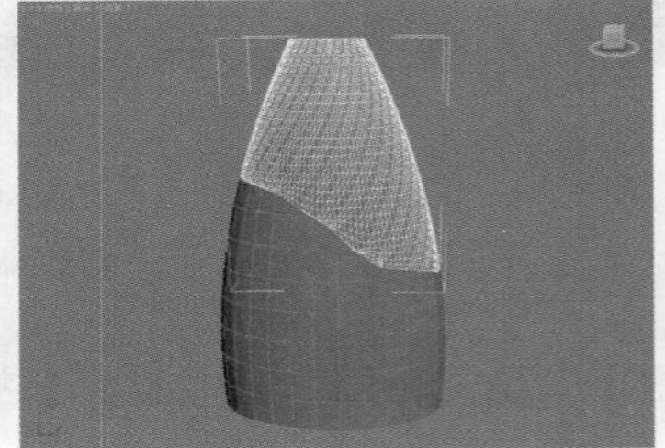
图4-619

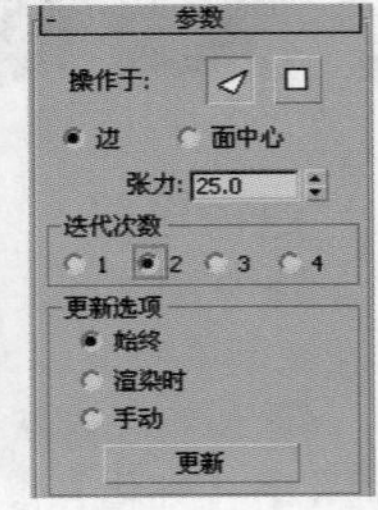

图4-620

步骤 07 再为其加载【噪波】修改器，设置【比例】为 20，X 为 3mm，Y 为 3mm，Z 为 3mm，如图 4-621 所示。此时模型如图 4-622 所示。

步骤 08 为其加载【优化】修改器，设置【面阈值】为 4.0，【偏移】为 0.03，如图 4-623 所示。此时模型如图 4-624 所示。

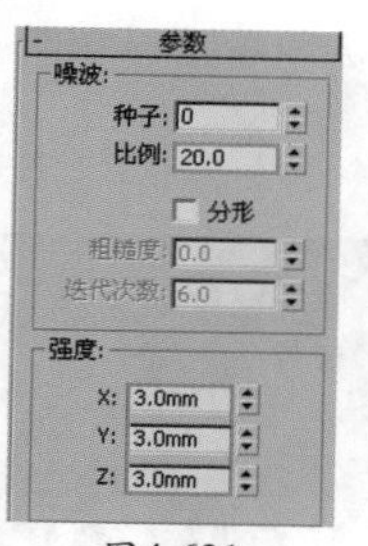

图4-621

图4-622

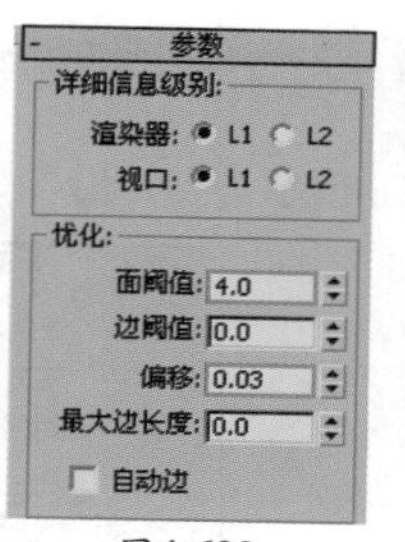

图4-623

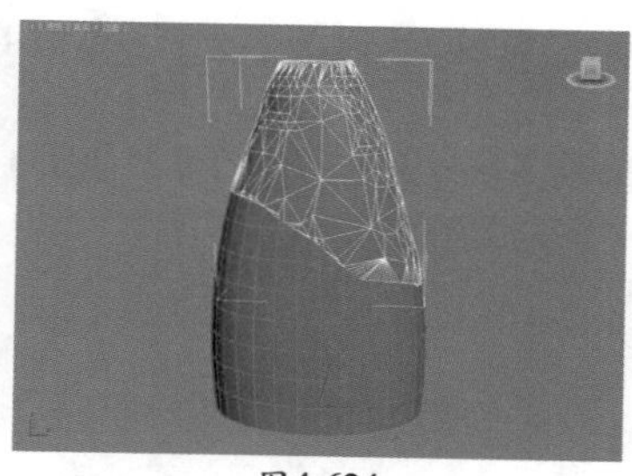

图4-624

步骤 09 选择步骤 08 创建的模型，为其加载【编辑多边形】修改器，在【边】级别下选择如图 4-625 所示的边，单击【创建图形】按钮 创建图形 后面的【设置】按钮，设置【图形类型】为【平滑】，如图 4-626 所示。

步骤 10 选择步骤 09 中创建的线，进入【修改】面板，然后在【渲染】卷展栏下选中【在渲染中启用】和【在视口中启用】复选框，接着选中【径向】单选按钮，设置【厚度】为 1.5mm，【边】为 12，如图 4-627 所示。删除多余模型，效果如图 4-628 所示。

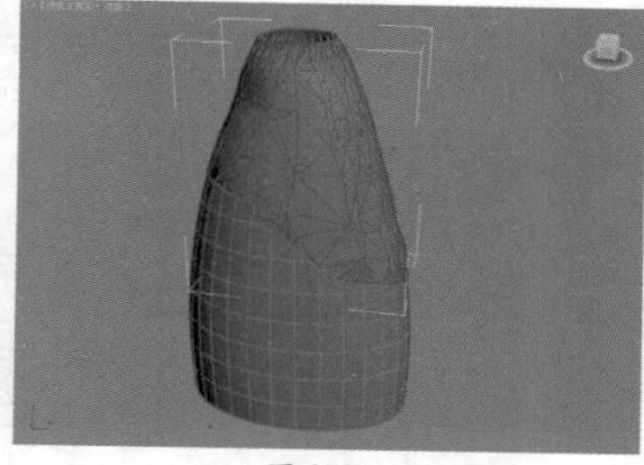

图4-625

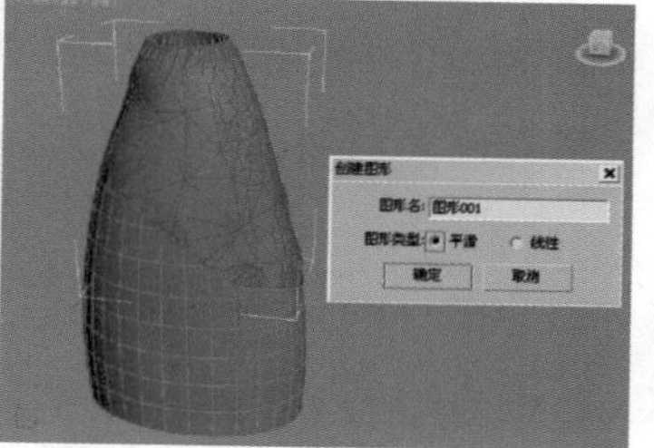

图4-626

步骤 11 最终模型效果如图 4-629 所示。

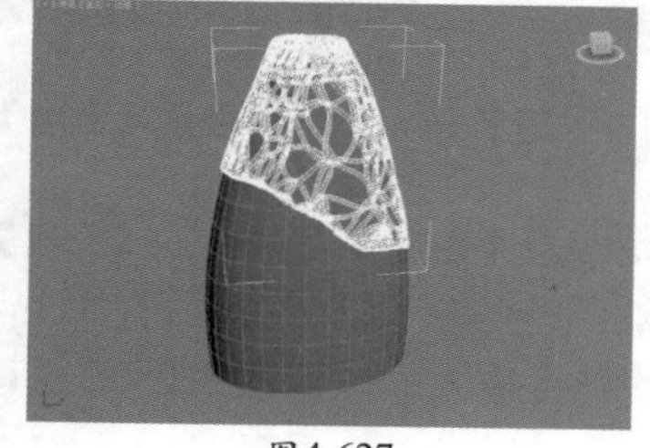

图4-627

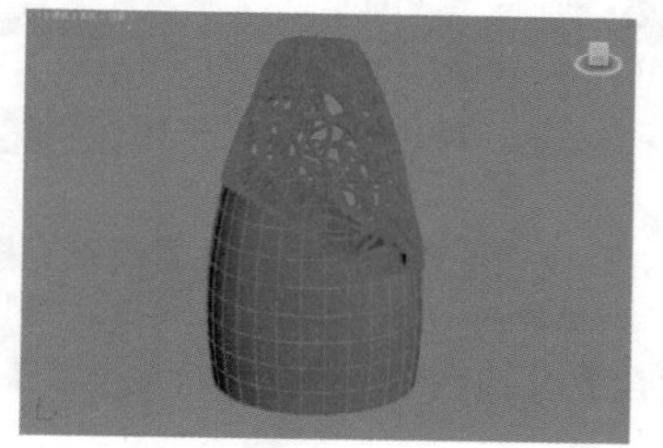

图4-628

图4-629

重点 小实例：利用多边形建模制作布艺沙发

场景文件	无
案例文件	小实例：利用多边形建模制作布艺沙发 .max
视频教学	DVD/ 多媒体教学 /Chapter04/ 小实例：利用多边形建模制作布艺沙发 .flv
难易指数	★★★☆☆
技术掌握	掌握【长方体】、【切角长方体】工具和【编辑多边形】修改器的运用

实例介绍

布艺沙发是指主料是布的沙发，经过艺术加工，达到一定的艺术效果，满足人们的生活需求，本例制作一个布艺沙发模型，最终渲染和线框效果如图 4-630 所示。

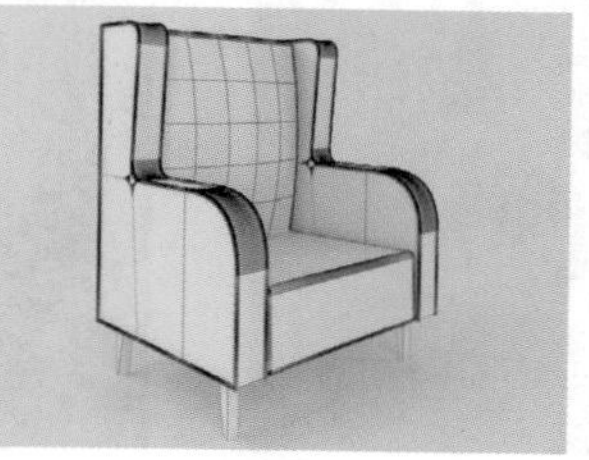

图4-630

建模思路

❶ 使用【长方体】工具、【编辑多边形】修改器制作布艺沙发扶手模型。

❷ 使用【长方体】工具、【切角长方体】工具、【编辑多边形】修改器制作布艺沙发其他部分模型。

布艺沙发的建模流程如图 4-631 所示。

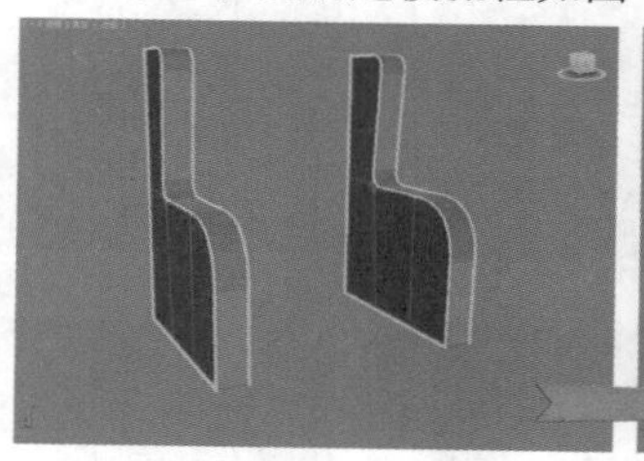

图4-631

操作步骤

Part 1 制作布艺沙发扶手模型

步骤 01 利用【长方体】工具 长方体 在前视图中创建一个长方体，如图 4-632 所示。设置【长度】为 500mm，【宽度】为 700mm，【高度】为 100mm，【宽度分段】为 3，如图 4-633 所示。

步骤 02 加载【编辑多边形】修改器，在【多边形】级别下选择如图 4-634 所示的多边形，单击【挤出】按钮 挤出 后面的【设置】按钮▣，并设置【高度】为 500mm，如图 4-635 所示。

步骤 03 在【顶点】⁘级别下选择如图 4-636 所示的点，沿 X 轴调节点到如图 4-637 所示的位置。

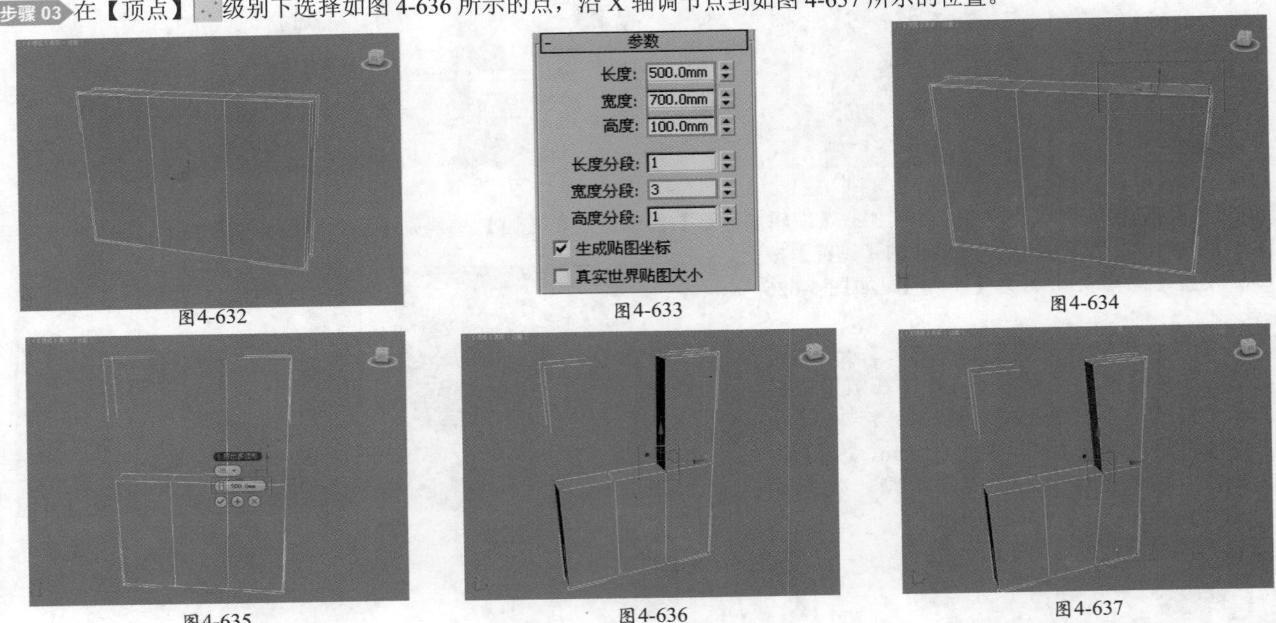

图4-632 图4-633 图4-634

图4-635 图4-636 图4-637

步骤 04 在【边】◁级别下选择如图 4-638 所示的边，单击【切角】按钮 切角 后面的【设置】按钮▣，并设置【数量】为 70mm，【分段】为 30，如图 4-639 所示。

步骤 05 选择如图 4-640 所示的边，单击【切角】按钮 切角 后面的【设置】按钮▣，并设置【数量】为 60mm，【分段】为 30，如图 4-641 所示。

步骤 06 选择如图 4-642 所示的边，单击【切角】按钮 切角 后面的【设置】按钮▣，并设置【数量】为 200mm，【分段】为 100，如图 4-643 所示。

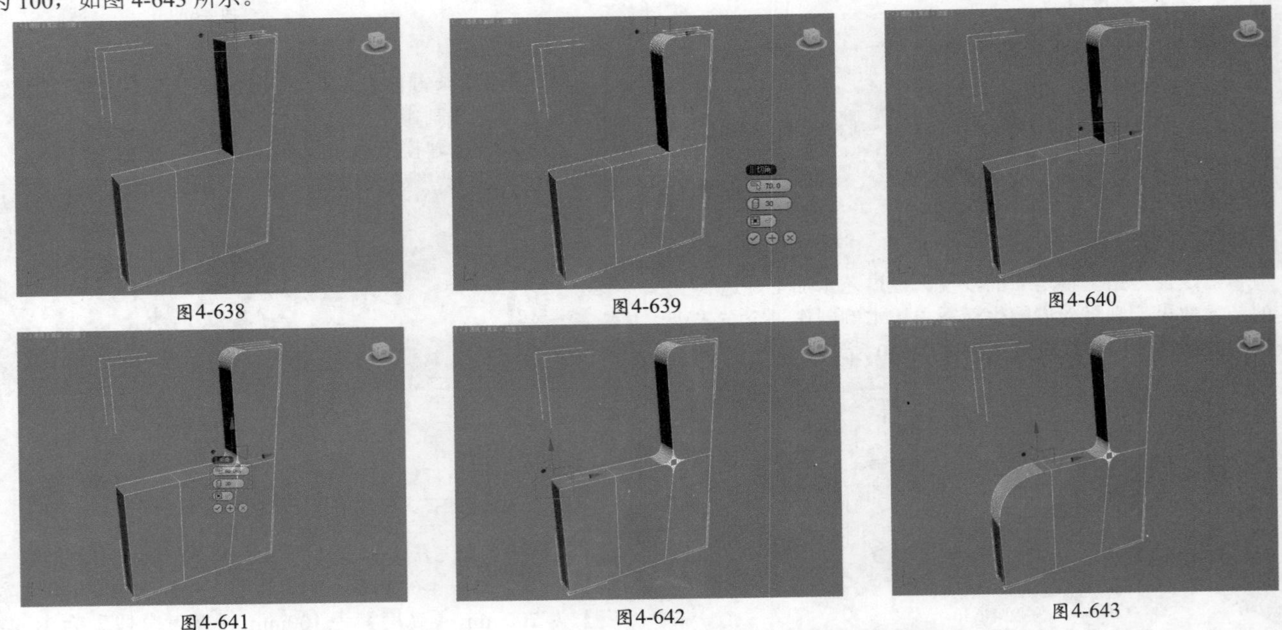

图4-638 图4-639 图4-640

图4-641 图4-642 图4-643

步骤 07 选择如图 4-644 所示的边，单击【利用所选内容创建图形】按钮 利用所选内容创建图形 ，设置【图形类型】为【线性】，如图 4-645 所示。

步骤 08 选择边缘，进入【修改】面板，然后在【渲染】卷展栏下选中【在渲染中启用】和【在视口中启用】复选框，接着选中【径向】单选按钮，设置【厚度】为 10mm，【边】为 20，如图 4-646 所示。模型效果如图 4-647 所示。

步骤 09 最后把线复制一条，如图 4-648 所示。

步骤 10 把图中的模型复制一份，如图 4-649 所示。

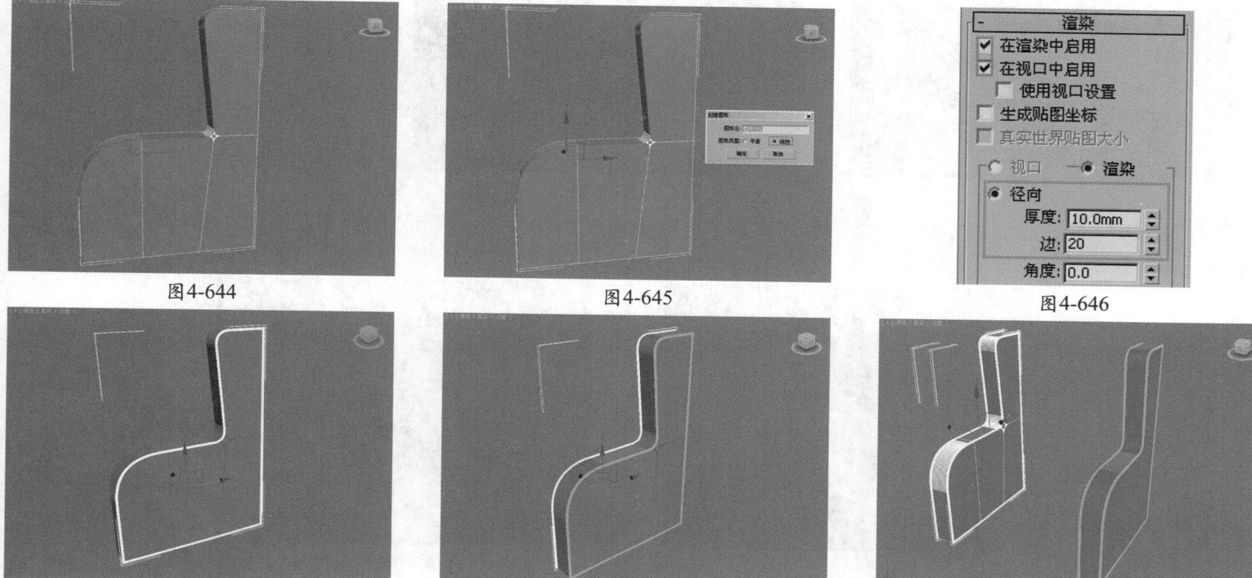

图4-644　图4-645　图4-646

图4-647　图4-648　图4-649

Part 2 制作布艺沙发其他部分模型

步骤 01 利用【切角长方体】工具在顶视图创建一个切角长方体，如图 4-650 所示。设置其【长度】为 700mm，【宽度】为 700mm，【高度】为 250mm，【圆角】为 20mm，【圆角分段】为 10，如图 4-651 所示。

步骤 02 再次利用【切角长方体】工具在顶视图创建一个切角长方体，如图 4-652 所示。设置其【长度】为 800mm，【宽度】为 700mm，【高度】为 100mm，【圆角】为 20mm，【长度分段】为 5，【宽度分段】为 5，【高度分段】为 2，【圆角分段】为 10，如图 4-653 所示。

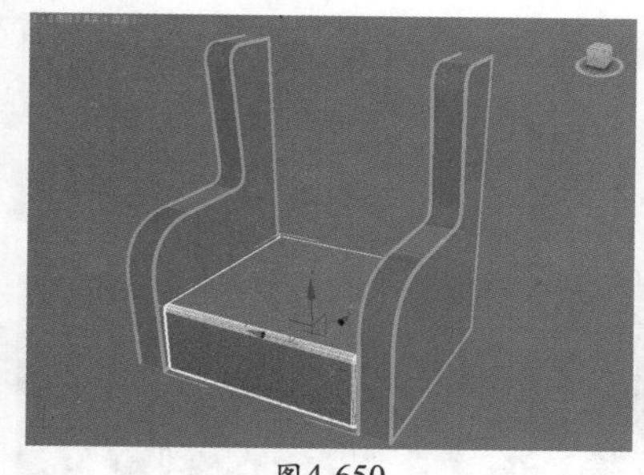

图4-650

图4-651

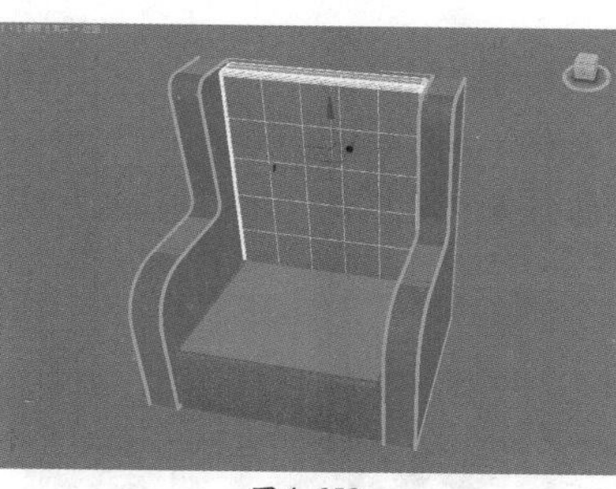

图4-652

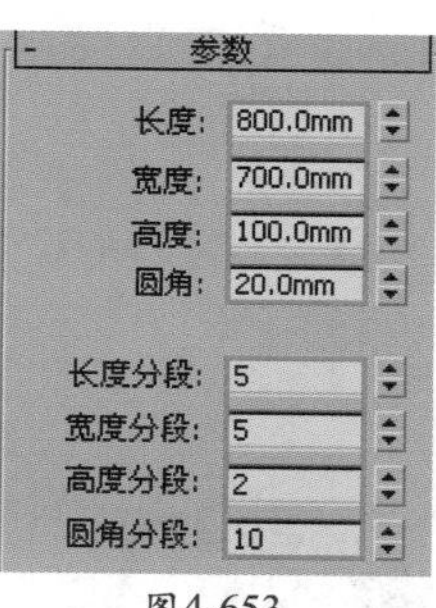

图4-653

步骤 03 保持选择步骤 02 中的切角长方体，如图 4-654 所示。为其加载【编辑多边形】修改器，在【顶点】级别下展开【软选择】卷展栏，选中【使用软选择】复选框，取消选中【影响背面】复选框，设置【衰减】为 500mm，如图 4-655 所示。

步骤 04 选择如图 4-656 所示的点，沿着 X 轴移动点的位置，使其产生如图 4-656 所示效果。

步骤 05 利用【长方体】工具 长方体 在顶视图中创建 4

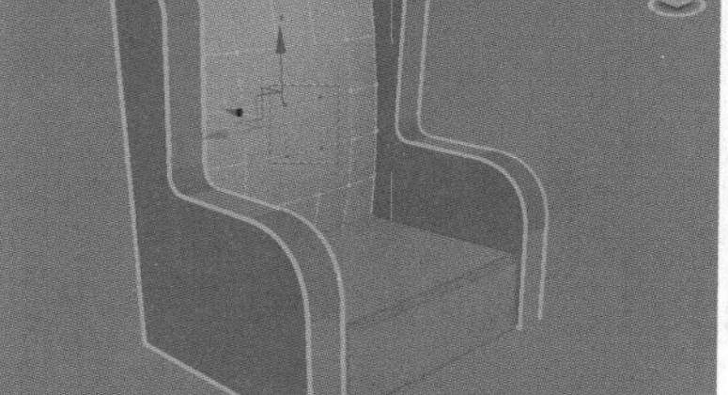

图4-654

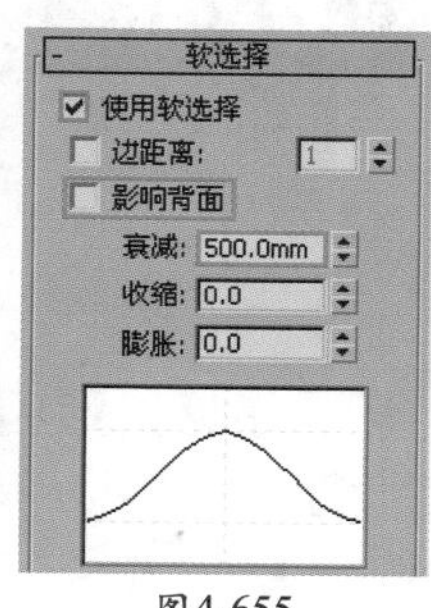

图4-655

个长方体，如图 4-657 所示。设置其【长度】为 40mm，【宽度】为 40mm，【高度】为 180mm，如图 4-658 所示。

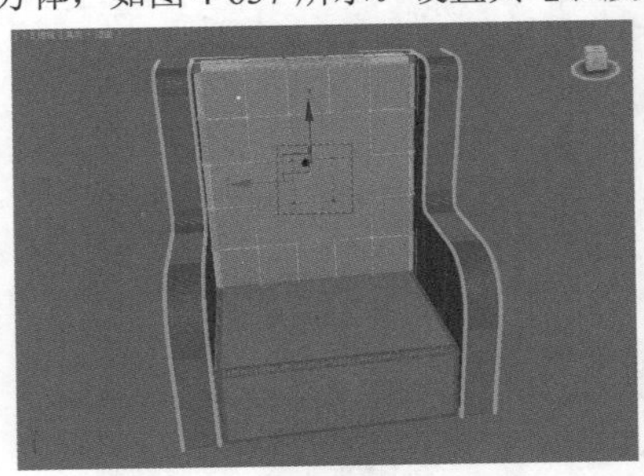
图4-656

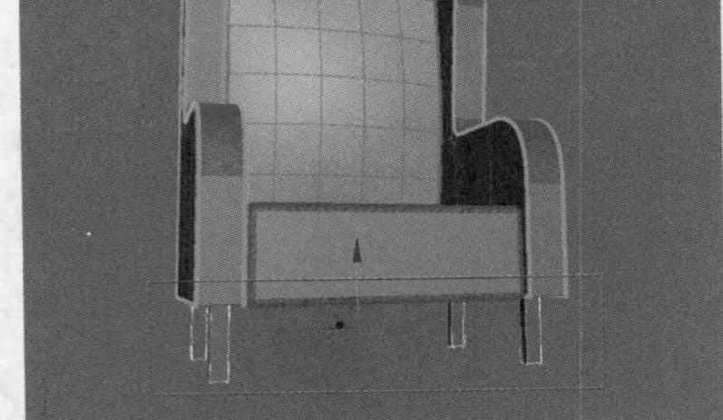
图4-657

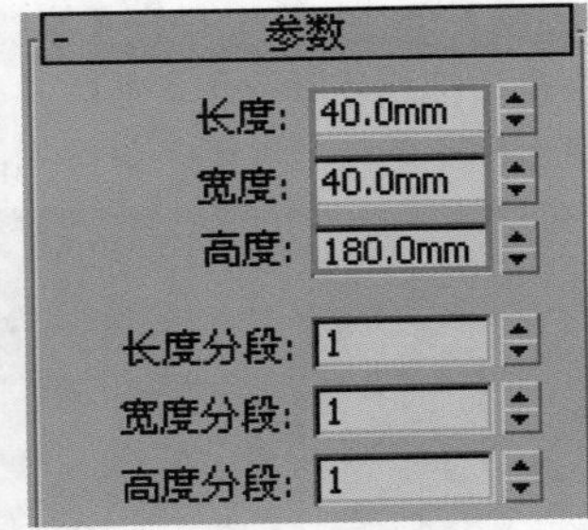

图4-658

步骤 06 分别为 4 个长方体加载【编辑多边形】修改器，并在【顶点】级别下调节点的位置，如图 4-659 所示。

步骤 07 最终模型效果如图 4-660 所示。

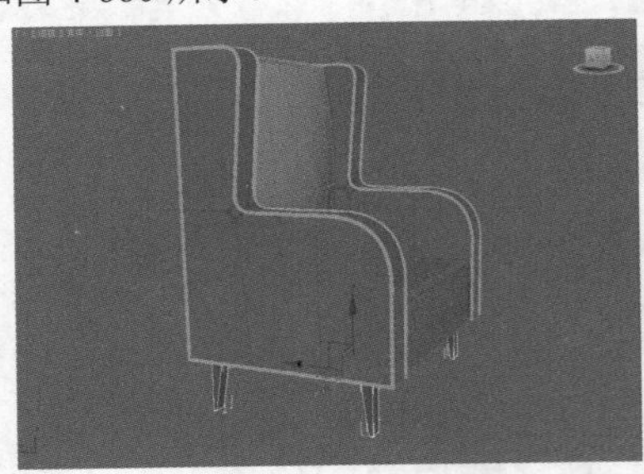
图4-659

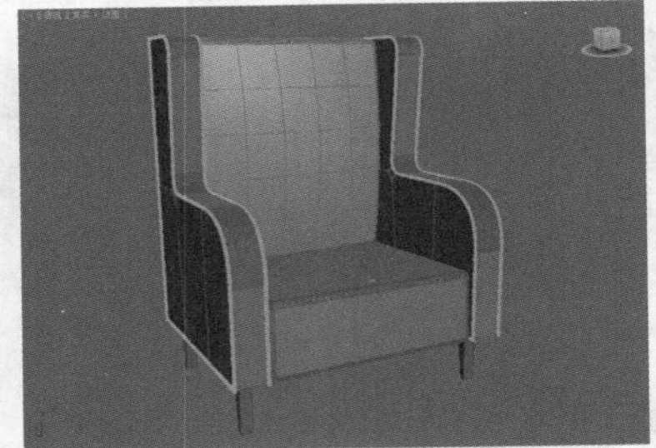
图4-660

重点 小实例：利用多边形建模制作单人沙发

场景文件	无
案例文件	小实例：利用多边形建模制作单人沙发 .max
视频教学	DVD/ 多媒体教学 /Chapter04/ 小实例：利用多边形建模制作单人沙发 .flv
难易指数	★★★☆☆
技术掌握	掌握多边形建模下的【挤出】、【切角】、【倒角】、【创建图形】工具的使用

实例介绍

本例主要使用多边形建模下的【挤出】、【切角】、【倒角】、【创建图形】工具制作休闲单人沙发模型，最终的效果如图 4-661 所示。

建模思路

1. 使用【挤出】、【切角】工具制作沙发腿。
2. 使用【切角】、【倒角】、【创建图形】工具制作沙发坐垫和靠背。

单人沙发的建模流程如图 4-662 所示。

图4-661

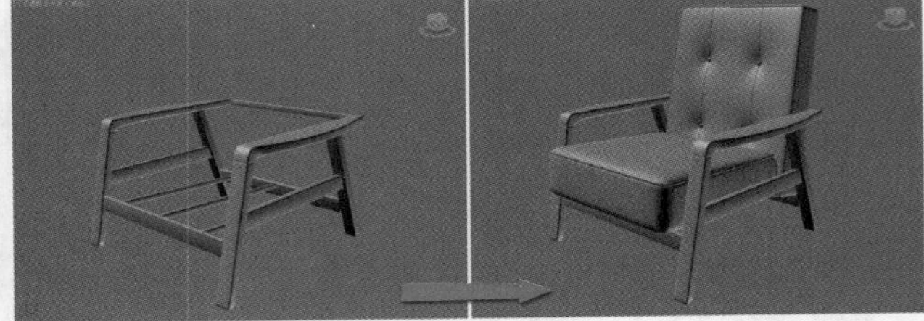
图4-662

操作步骤

Part 1 使用【挤出】、【切角】工具制作沙发腿

步骤 01 使用【长方体】工具在顶视图中创建一个长方体，然后展开【参数】卷展栏，并设置【长度】为 600mm，【宽度】为 50mm，【高度】为 20mm，【长度分段】为 8，如图 4-663 所示。

步骤 02 选择步骤 01 创建的长方体，将其转换为可编辑多边形，接着单击【顶点】按钮，进入顶点级别，并调节点的位置，如图 4-664 所示。

步骤 03 单击【多边形】按钮，进入多边形级别。选择如图 4-665 所示的多边形，然后单击【挤出】按钮 挤出 后面的【设置】按钮，并在弹出的对话框中设置【高度】为 30mm，如图 4-666 所示。

步骤 04 再次单击【挤出】按钮 挤出 后面的【设置】按钮，并在弹出的对话框中设置【高度】为 350mm，如图 4-667 所示。

步骤 05 单击【顶点】按钮，进入顶点级别，调节顶点的位置，如图 4-668 所示。

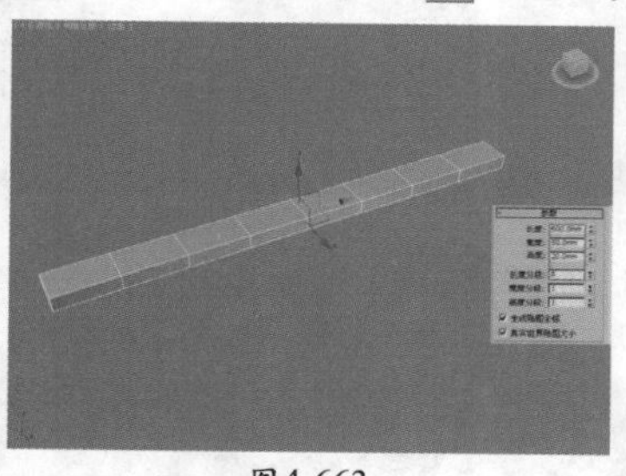
图4-663

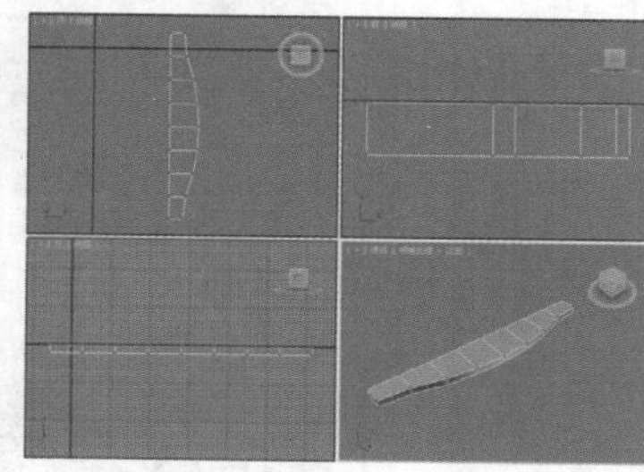
图4-664

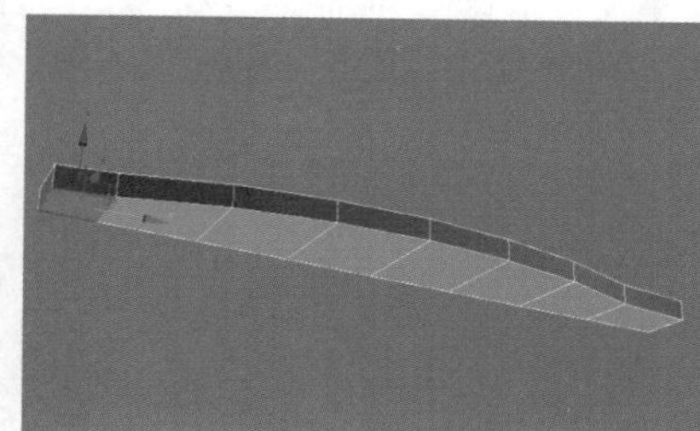
图4-665

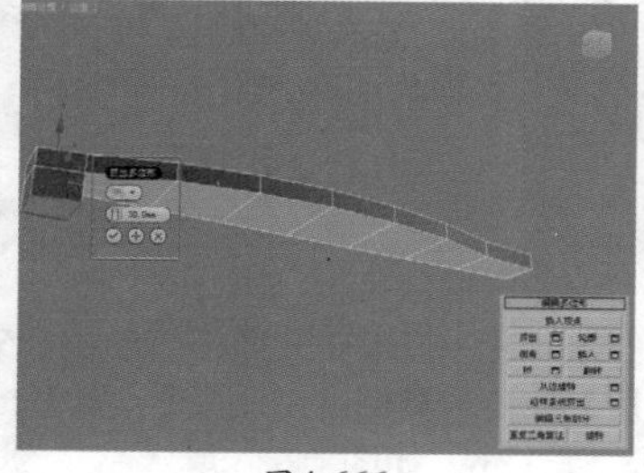
图4-666

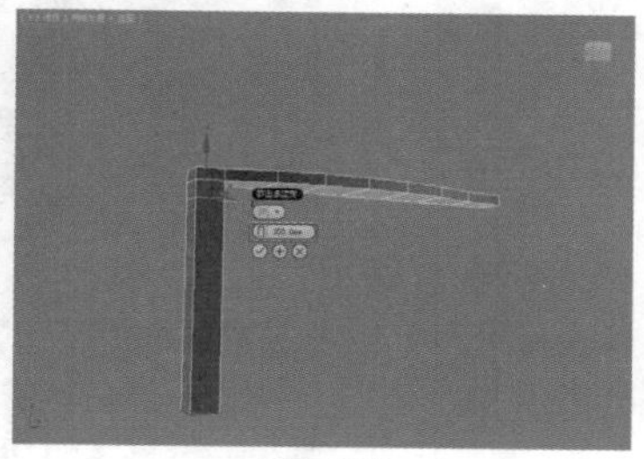
图4-667

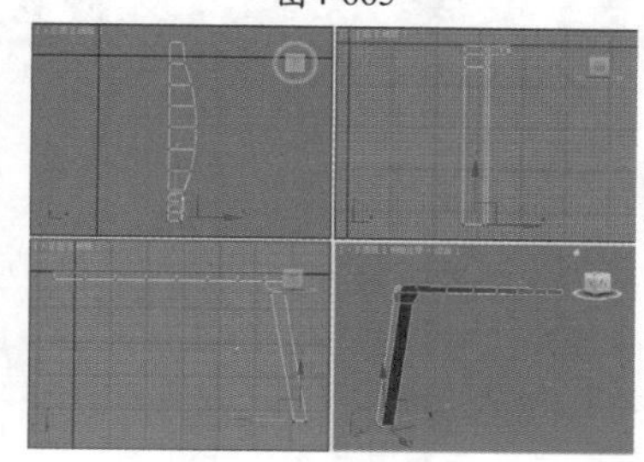
图4-668

步骤 06 单击【边】按钮，进入边级别，然后选择如图 4-669 所示的边。然后单击【切角】按钮 切角 后面的【设置】按钮，并设置【边切角量】为 1mm，如图 4-670 所示。

步骤 07 选择切角后的模型，然后在【修改】面板下为其加载【网格平滑】修改器，然后设置【迭代次数】为 2，如图 4-671 所示。

步骤 08 使用【切角长方体】工具 切角长方体 在视图中创建一个切角长方体，然后设置【长度】为 40mm，【宽度】为 400mm，【高度】为 25mm，【圆角】为 2.6mm，最后使用【选择并旋转】工具将其旋转一定的角度，如图 4-672 所示。

步骤 09 继续在场景中创建切角长方体，具体的参数如图 4-673 所示。

步骤 10 将左侧的沙发腿复制一份并拖曳到右侧，此时沙发腿最终模型效果如图 4-674 所示。

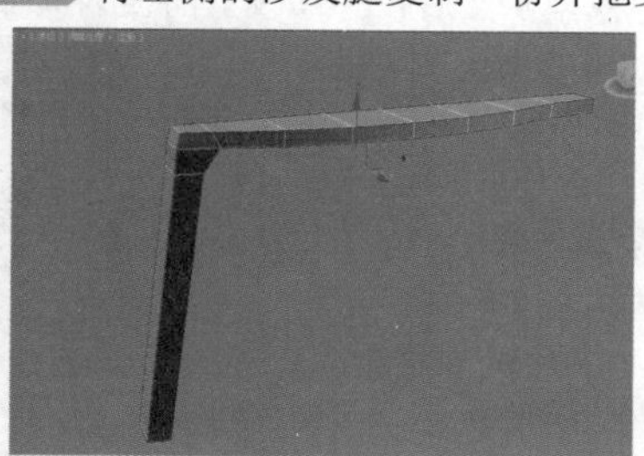
图4-669

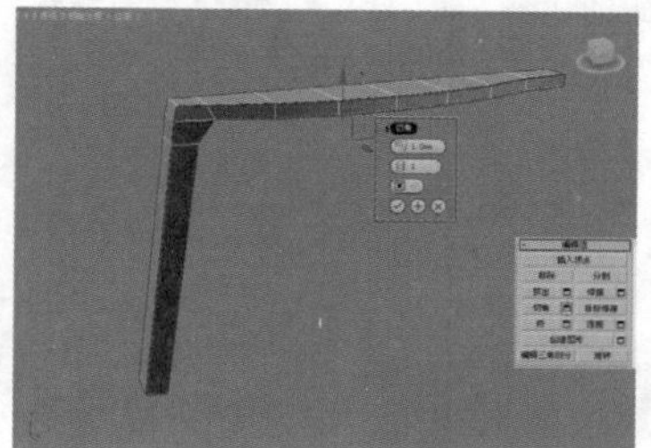
图4-670

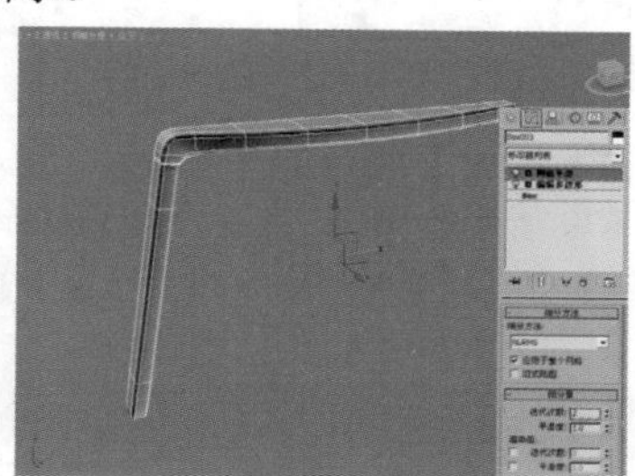
图4-671

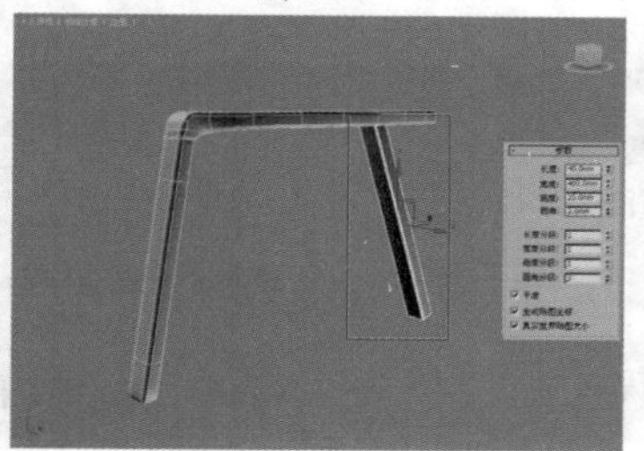
图4-672

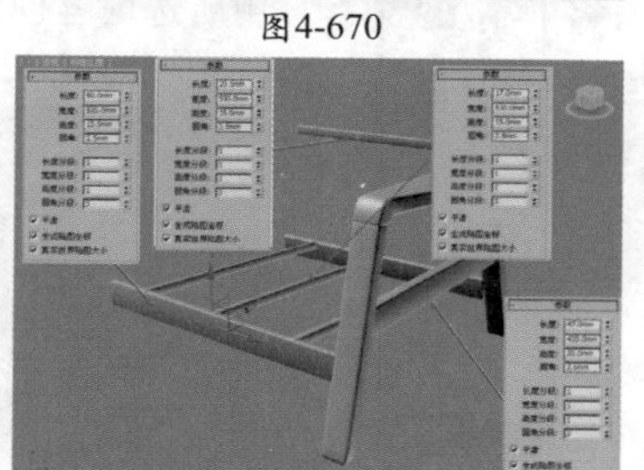
图4-673

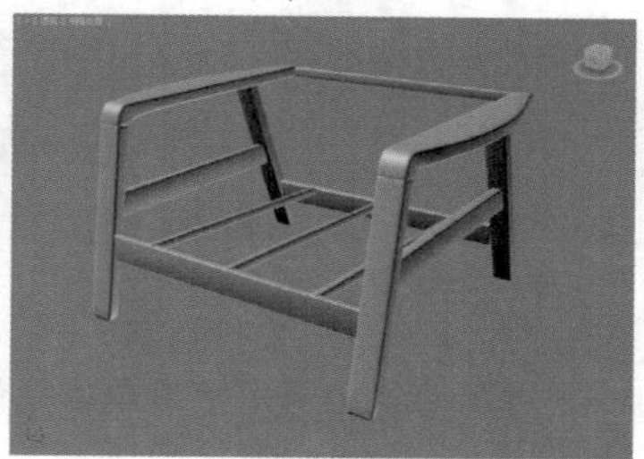
图4-674

Part 2 使用【切角】、【倒角】、【创建图形】工具制作沙发坐垫和靠背

步骤 01 使用【长方体】工具 长方体 在前视图中创建一个长方体，然后设置【长度】为600mm，【宽度】为550mm，【高度】为150mm，【长度分段】为6，【宽度分段】为6，【高度分段】为1，如图4-675所示。

步骤 02 选择步骤01中的长方体，将其转换为可编辑多边形，然后单击【顶点】按钮，进入顶点级别，调节其位置，如图4-676所示。

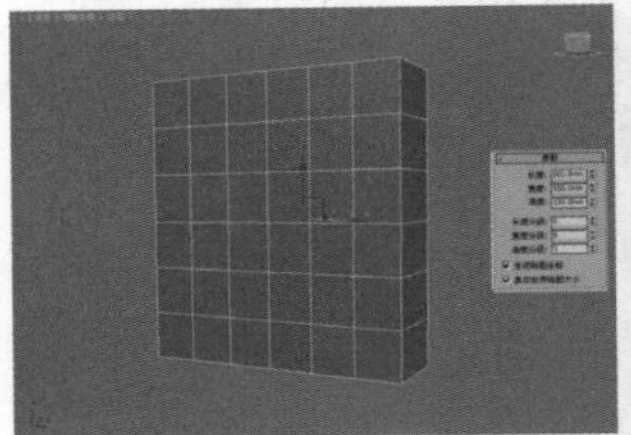

图4-675

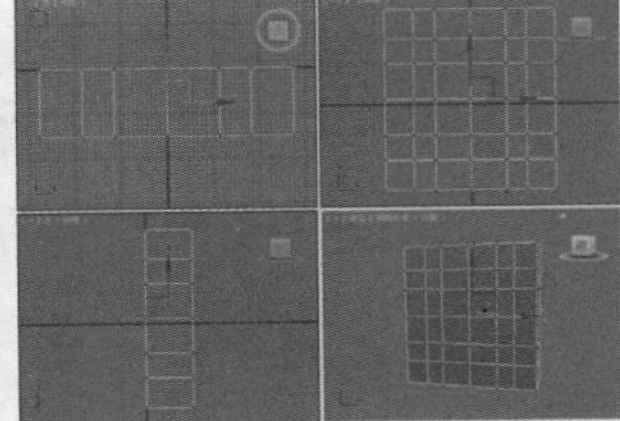

图4-676

技巧与提示

由于场景中有多个模型，有时其他模型会阻碍操作的进行，所以可以在场景中右击，选择【孤立当前选择】命令，如图4-677所示。即可只在视图中显示选择的模型，如图4-678所示。

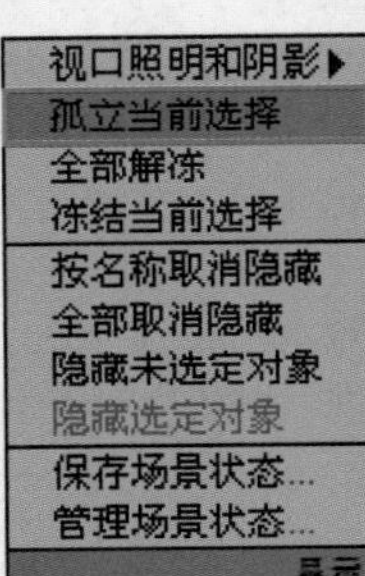

图4-677

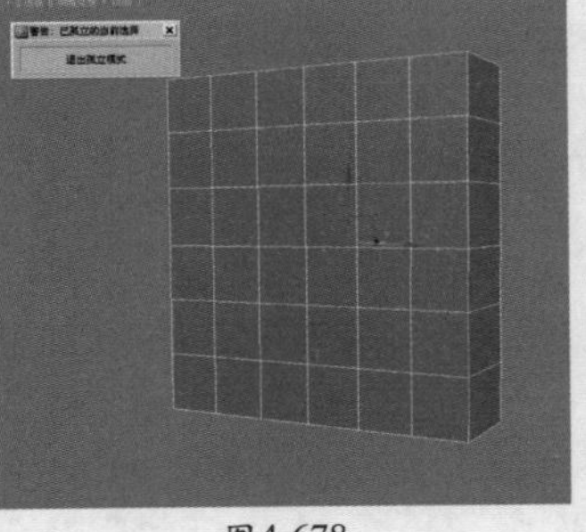

图4-678

步骤 03 单击【顶点】按钮，进入顶点级别，选择如图4-679所示的顶点。然后展开【编辑顶点】卷展栏，单击【切角】按钮 切角 后面的【设置】按钮，并设置【边切角量】为20mm，如图4-680所示。

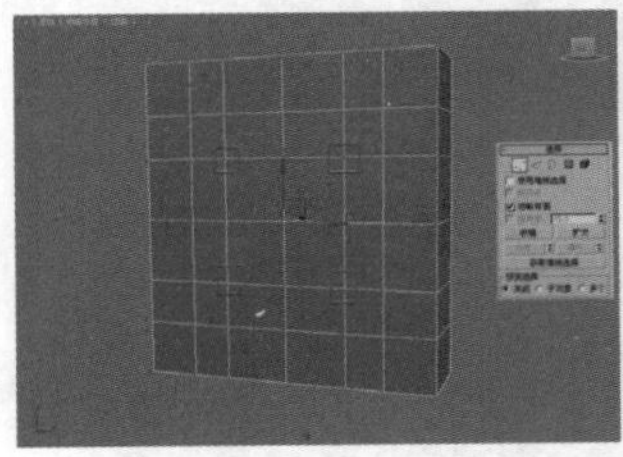

图4-679

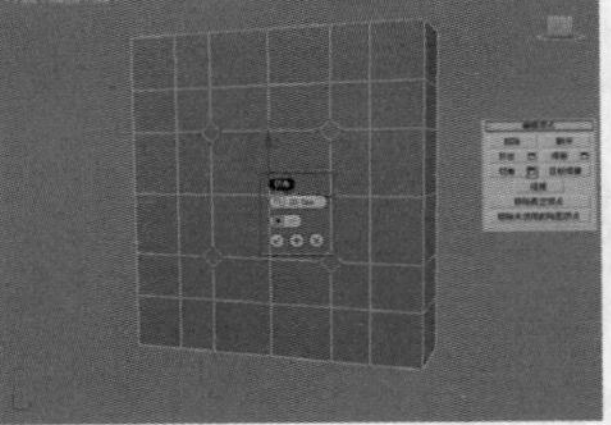

图4-680

步骤 04 单击【多边形】按钮，进入多边形级别。选择如图4-681所示的多边形，然后单击【倒角】按钮 倒角 后的【设置】按钮，并设置【高度】为–4mm，【轮廓】为–4mm，如图4-682所示。

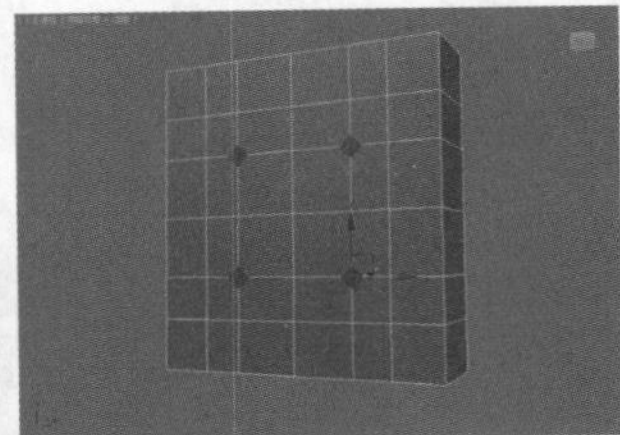

图4-681

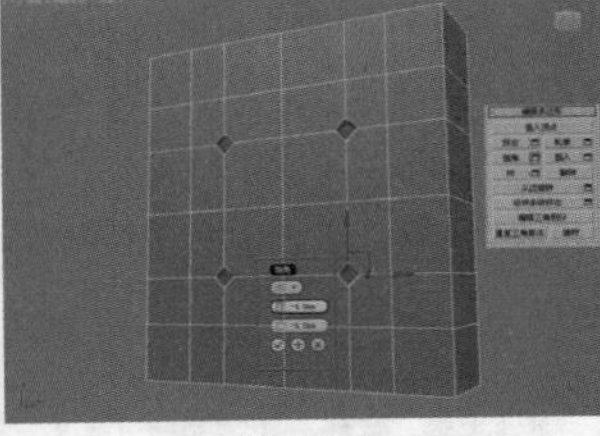

图4-682

步骤 05 单击【顶点】按钮，进入顶点级别，选择如图4-683所示的顶点，然后调节顶点的位置，如图4-684所示。

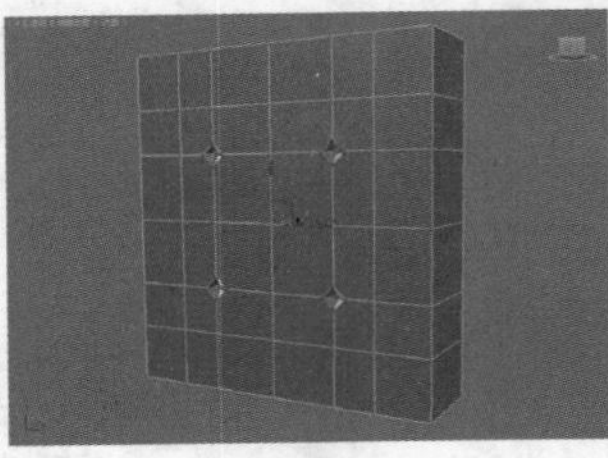

图4-683

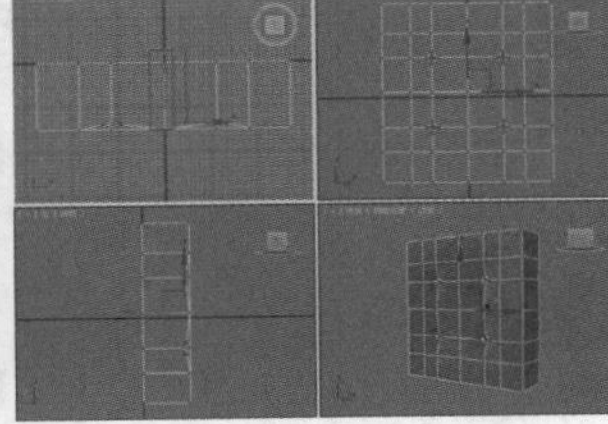

图4-684

步骤 06 单击【边】按钮，进入边级别。选择如图4-685所示的边，然后单击【切角】按钮 切角 后面的【设置】按钮，并设置【边切角量】为5mm，如图4-686所示。

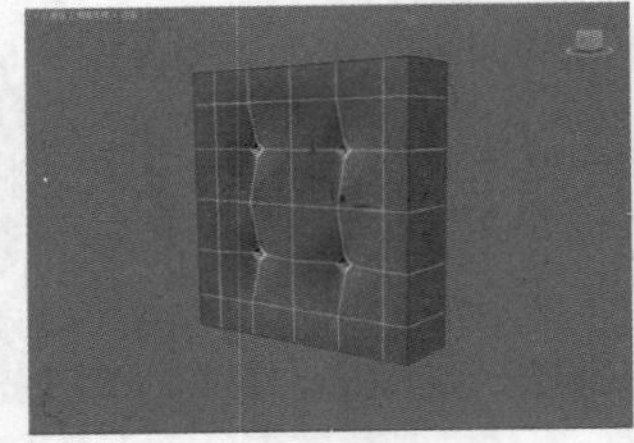

图4-685

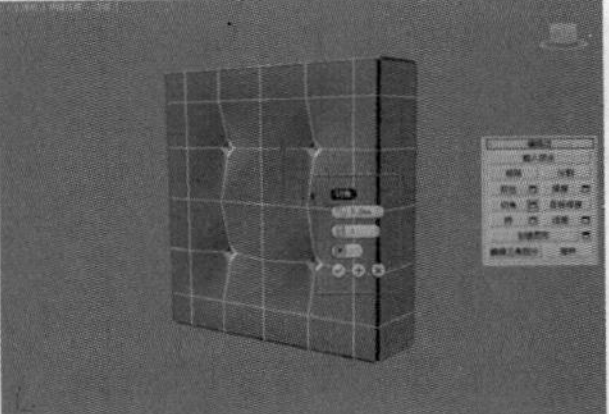

图4-686

步骤 07 选择切角后的模型，然后在【修改】面板为其加载【涡轮平滑】修改器，并设置【迭代次数】为2，如图4-687所示。

图4-687

步骤 08 再次将模型转换为可编辑多边形，然后单击【边】按钮，进入边级别，选择如图4-688所示的边。单击【利用所选内容创建图形】按钮 利用所选内容创建图形，并设置【图形类型】为【线性】，如图4-689所示。

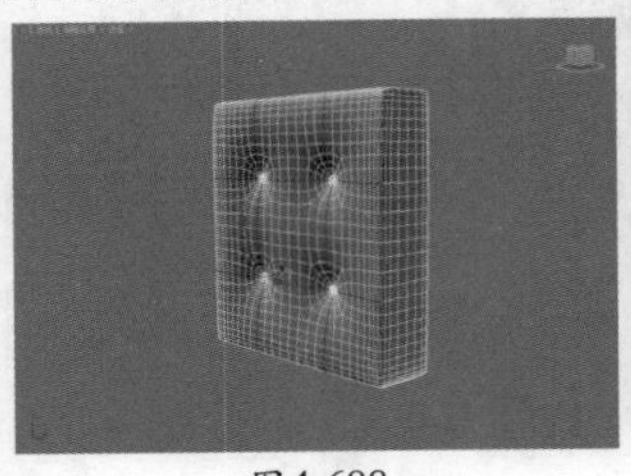

图4-688

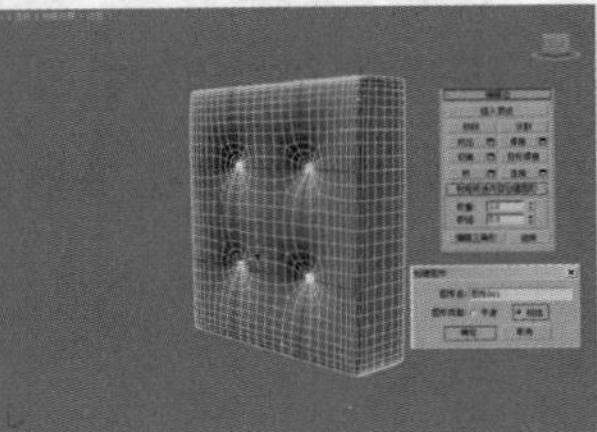

图4-689

步骤 09 选择刚创建的图形，单击【修改】面板，然后选中【在渲染中启用】和【在视口中启用】复选框，接着选中【径向】单选按钮，设置【厚度】为 2.5mm，如图 4-690 所示。

步骤 10 使用同样的方法继续创建边缘部分的图形，并设置【厚度】为 7mm，如图 4-691 所示。

图4-690

图4-691

步骤 11 使用【球体】工具 球体 在前视图中创建一个球体，然后展开【参数】卷展栏，设置【半径】为 8mm，如图 4-692 所示。

步骤 12 选择刚创建的球体模型，使用【选择并均匀缩放】工具，在顶视图中将其按 Y 轴的方向进行缩放，然后复制 3 份，并将其拖曳到如图 4-693 所示的位置。

图4-692

图4-693

步骤 13 使用同样的方法创建沙发坐垫部分的模型。最终模型效果，如图 4-694 所示。

图4-694

重点 小实例：利用多边形建模制作衣柜

场景文件	无
案例文件	小实例：利用多边形建模制作衣柜 .max
视频教学	DVD/ 多媒体教学 /Chapter04/ 小实例：利用多边形建模制作衣柜 .flv
难易指数	★★★☆☆
技术掌握	掌握【连接】、【插入】、【倒角】、【挤出】、【切角】工具以及【倒角剖面】修改器的运用

实例介绍

本例学习使用多边形建模下的【连接】、【插入】、【倒角】、【挤出】、【切角】工具以及【倒角剖面】修改器来完成模型的制作，最终渲染和线框效果如图 4-695 所示。

建模思路

❶ 使用【连接】、【插入】、【倒角】、【挤出】、【切角】工具制作衣柜主体的模型。

❷ 使用样条线和【倒角剖面】修改器制作衣柜顶部和底部的模型。

衣柜的建模流程如图 4-696 所示。

图4-695

图4-696

操作步骤

Part 1 使用【连接】、【插入】、【倒角】、【挤出】、【切角】工具制作衣柜主体

步骤 01 使用【长方体】工具 长方体 在顶视图中创建一个长方体，并设置【长度】为 550mm，【宽度】为 1200mm，【高度】为 2000mm，【长度分段】为 1，【宽度分段】为 2，【高度分段】为 3，如图 4-697 所示。

步骤 02 选择步骤 01 创建的长方体，并为其加载【编辑多边形】修改器，如图 4-698 所示。

步骤 03 单击【边】按钮，进入边级别，然后选择如图 4-699 所示的边，并将边的位置进行调整。

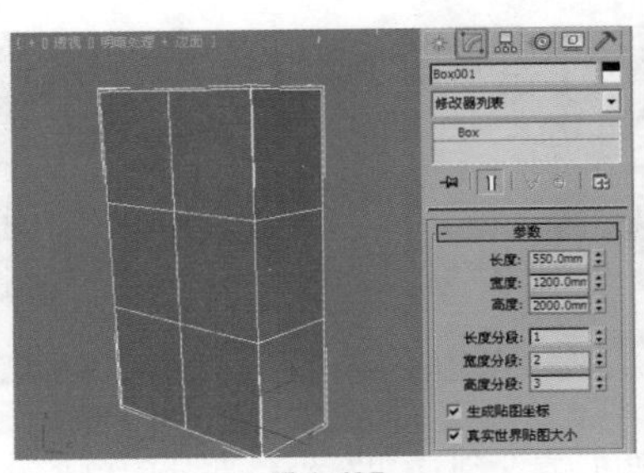

图4-697

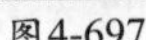

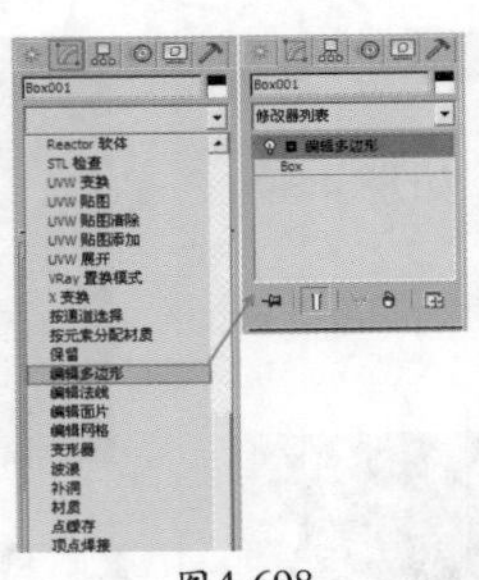

图4-698

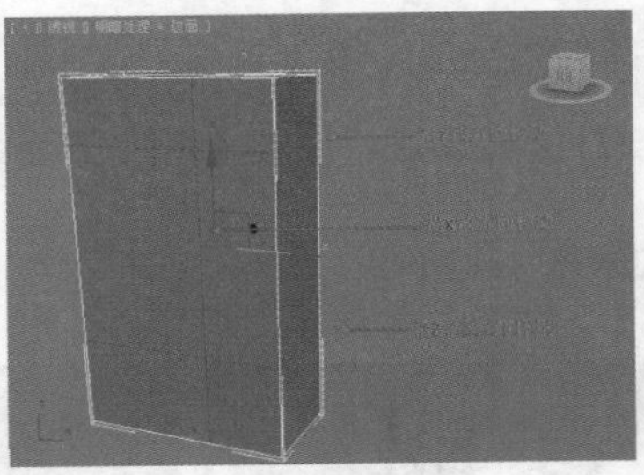

图4-699

步骤 04 选择如图 4-700 所示的边，然后单击【连接】按钮 连接 。此时效果如图 4-701 所示。

步骤 05 单击【多边形】按钮，进入多边形级别。选择如图 4-702 所示的多边形，然后单击【插入】按钮 插入 后面的【设置】按钮，并设置【插入类型】为【按多边形】,【数量】为 50mm，如图 4-703 所示。

步骤 06 保持选择的多边形不变，单击【倒角】按钮 倒角 后面的【设置】按钮，并设置【高度】为 –6mm,【轮廓】为 –6mm，如图 4-704 所示。接着单击【插入】按钮 插入 后面的【设置】按钮，并设置【数量】为 15mm，如图 4-705 所示。

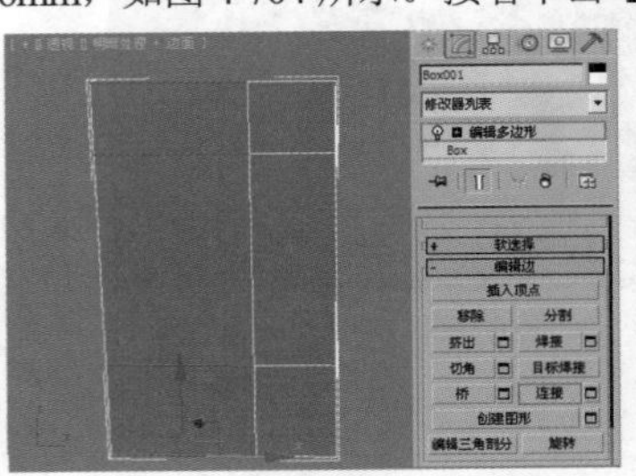

图4-700

图4-701

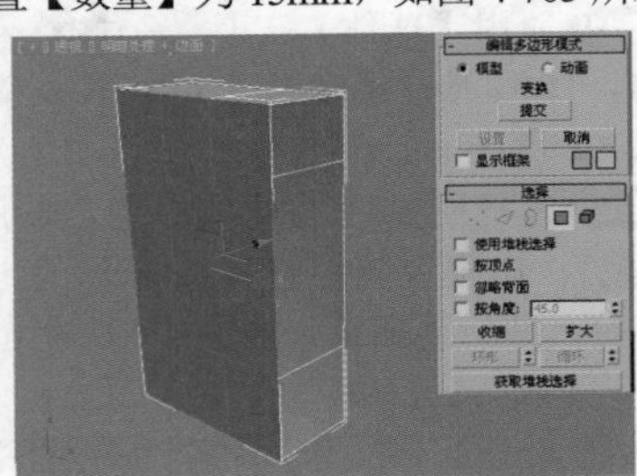

图4-702

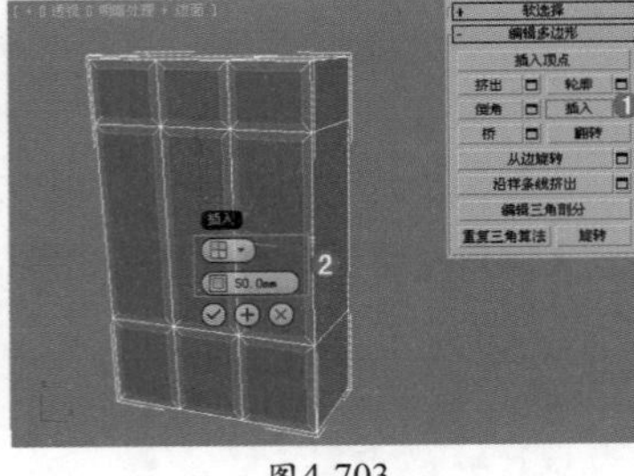

图4-703

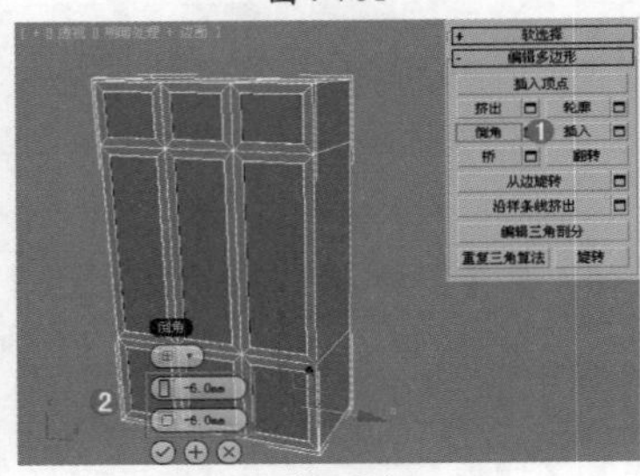

图4-704

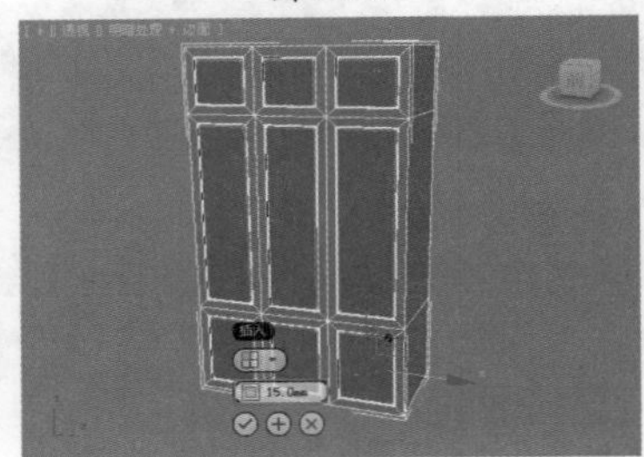

图4-705

步骤 07 单击【倒角】按钮 倒角 后面的【设置】按钮，并设置【高度】为 –6mm,【轮廓】为 –6mm，如图 4-706 所示。

步骤 08 再次进行倒角操作，此时效果如图 4-707 所示。

步骤 09 单击【边】按钮，进入边级别，然后选择如图 4-708 所示的边。

图4-706

图4-707

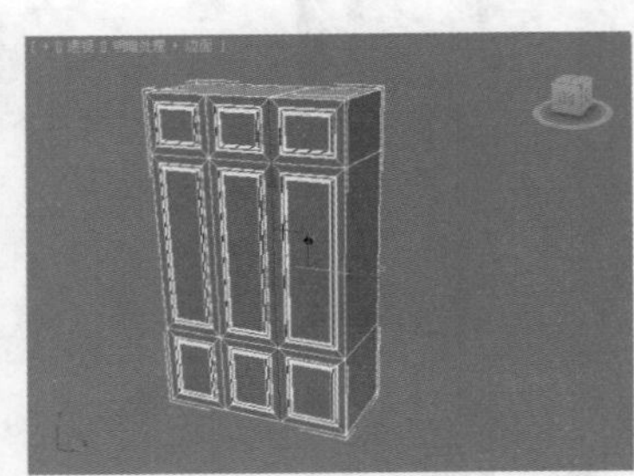

图4-708

步骤 10 保持选择的边不变，单击【切角】按钮 切角 后面的【设置】按钮，并设置【数量】为 5mm，如图 4-709 所示。

步骤 11 单击【多边形】按钮，进入多边形级别，然后选择如图 4-710 所示的多边形。接着单击【挤出】按钮 挤出 后面的【设置】按钮，并设置【高度】为 –50mm。

步骤 12 单击【边】按钮，进入边级别，然后选择如图 4-711 所示的边。接着单击【切角】按钮 切角 后面的【设置】按钮，并设置【数量】为 1mm,【分段】为 4，如图 4-712 所示。

步骤 13 此时模型效果，如图 4-713 所示。

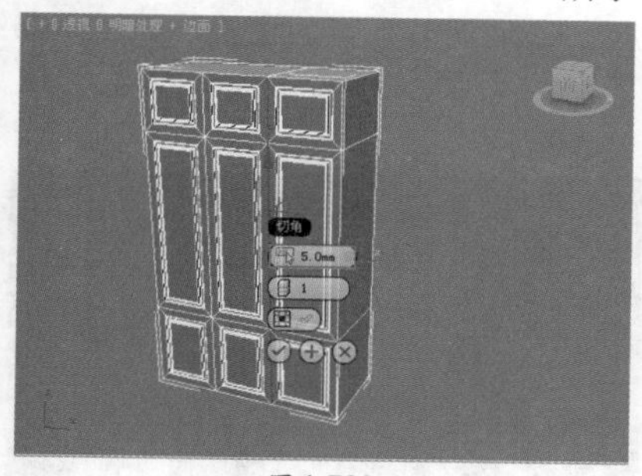

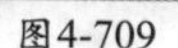

图 4-709

图 4-710

图 4-711

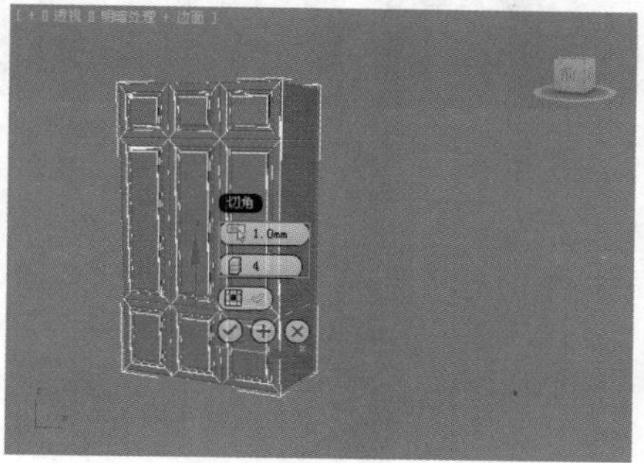

图 4-712

图 4-713

Part 2 使用样条线和【倒角剖面】修改器制作衣柜的顶部和底部模型

步骤 01 使用【线】工具 线 在前视图中绘制衣柜上方的剖面图形，接着使用【矩形】工具 矩形 在顶视图中绘制一个矩形，如图 4-714 所示。

图 4-714

技巧与提示

【倒角剖面】修改器可以使用一个平面图形和一个剖面生成一个三维模型。当然也可以继续使用多边形建模中的【倒角】工具制作出同样的效果，但是可能会比较麻烦。

步骤 02 选择矩形，然后在【修改】面板下为其加载【倒角剖面】修改器，接着单击【拾取剖面】按钮 拾取剖面 拾取剖面，如图 4-715 所示。

步骤 03 使用【切角长方体】工具 切角长方体 在顶视图中创建一个切角长方体，将其作为衣柜最低部分的模型，并设置其【长度】为 550mm，【宽度】为 1200mm，【高度】为 –100mm，【圆角】为 4mm，如图 4-716 所示。

步骤 04 使用【切角长方体】工具 切角长方体 在顶视图中创建一个切角长方体，将其作为衣柜腿的模型，然后设置【长度】为 60mm，【宽度】为 100mm，【高度】为 60mm，【圆角】为 2mm，如图 4-717 所示。

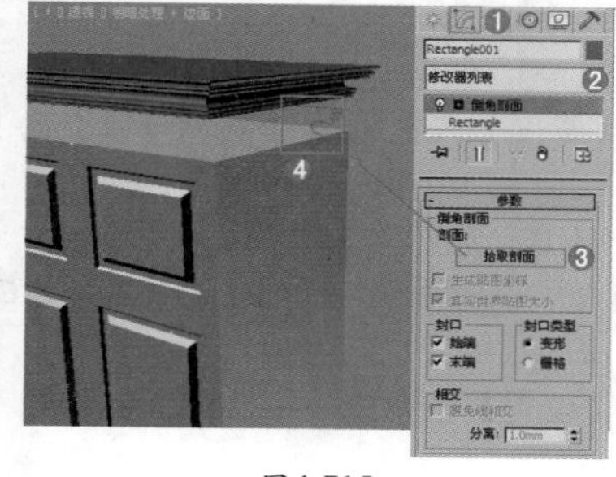

图 4-715

图 4-716

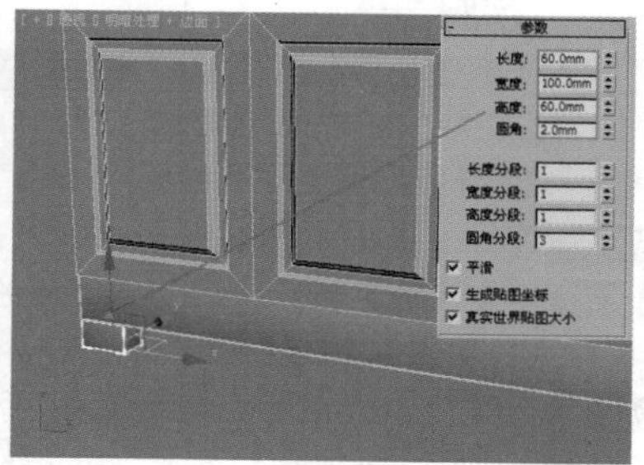

图 4-717

步骤 05 激活顶视图，确认步骤 04 中创建的切角长方体处于选择状态，使用【选择并移动】工具 移动复制 5 份，如

图 4-718 所示。

步骤 06 使用样条线的可渲染功能创建出把手部分模型，并将其转化为可编辑多边形，最后调节顶点的位置，如图 4-719 所示。

步骤 07 最终模型效果如图 4-720 所示。

图4-718

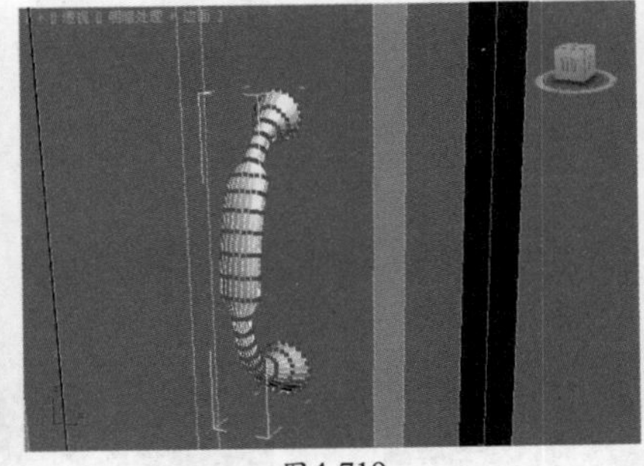
图4-719

图4-720

重点 综合实例：利用多边形建模制作 iPad 2

场景文件	无
案例文件	综合实例：利用多边形建模制作 iPad 2.max
视频教学	DVD/ 多媒体教学 /Chapter04/ 综合实例：利用多边形建模制作 iPad 2.flv
难易指数	★★★★☆
技术掌握	掌握【切角】、【连接】、【挤出】、【分离】工具的使用方法

实例介绍

本例将以一个 iPad 2 平板电脑模型为例来讲解多边形建模下【切角】、【连接】工具的使用方法，效果如图 4-721 所示。

建模思路

❶ 使用【切角】、【连接】、【挤出】、【分离】工具以及【壳】修改器制作 iPad 2 的正面模型。

❷ 使用 ProBoolean 工具制作 iPad 2 的背面模型。

iPad 2 平板电脑的建模流程如图 4-722 所示。

图4-721

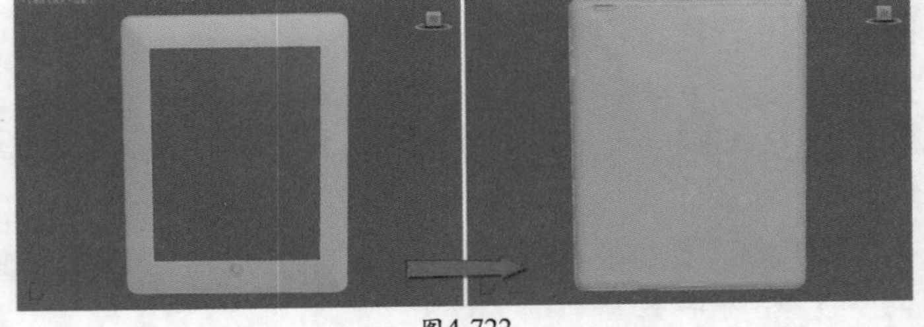
图4-722

操作步骤

Part 1 使用【切角】、【连接】、【挤出】、【分离】工具以及【壳】修改器制作iPad 2的正面模型

步骤 01 使用【长方体】工具 长方体 在顶视图中创建一个长方体。单击【修改】面板，然后展开【参数】卷展栏，设置【长度】为 241.2mm，【宽度】为 185.7mm，【高度】为 8.8mm，【长度分段】为 1，【宽度分段】为 1，【高度分段】为 1，如图 4-723 所示。

步骤 02 选择步骤 01 创建的长方体，单击【修改】面板，为其加载【编辑多边形】修改器，如图 4-724 所示。

步骤 03 单击【边】按钮，进入边级别，然后选择如图 4-725 所示的边。单击【切角】按钮 切角 后面的【设置】按钮，并设置【边切角量】为 8mm，【连接边分段】为 10，如图 4-726 所示。

步骤 04 在【边】级别下选择如图 4-727 所示的边，单击【切角】按钮 切角 后面的【设置】按钮，并设置【边切角量】为 10mm，【连接边分段】为 5，如图 4-728 所示。

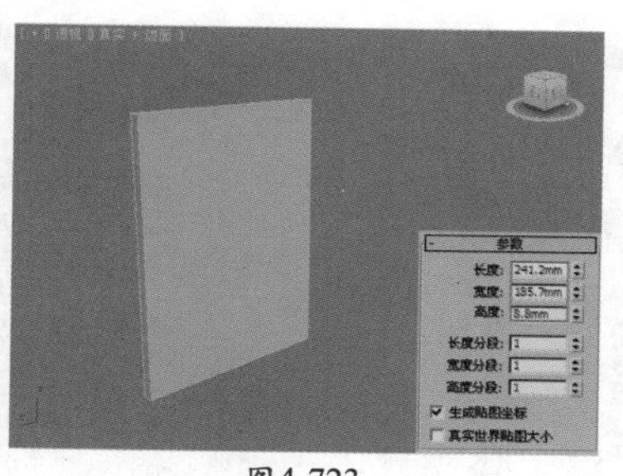
图4-723

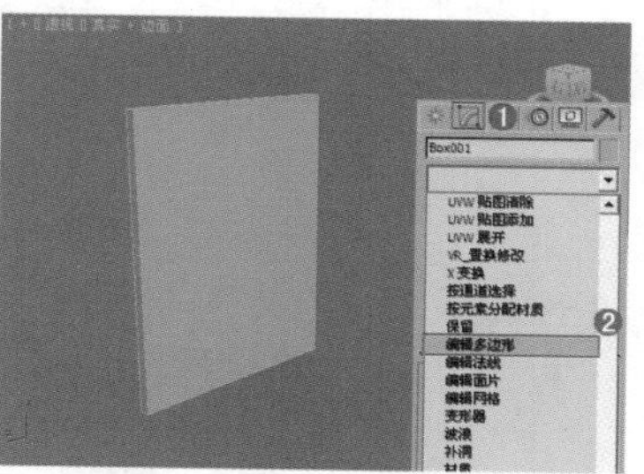
图4-724

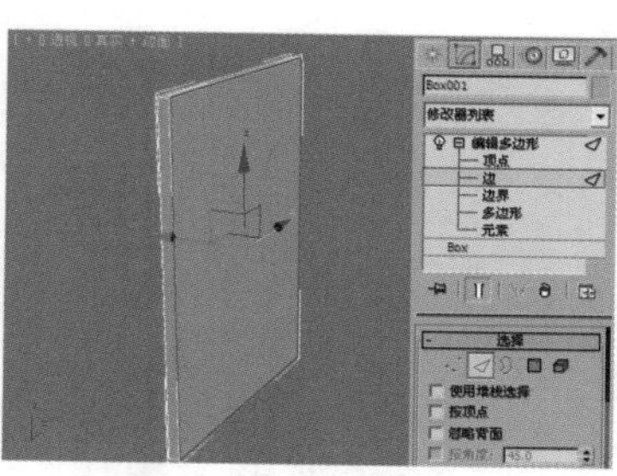
图4-725

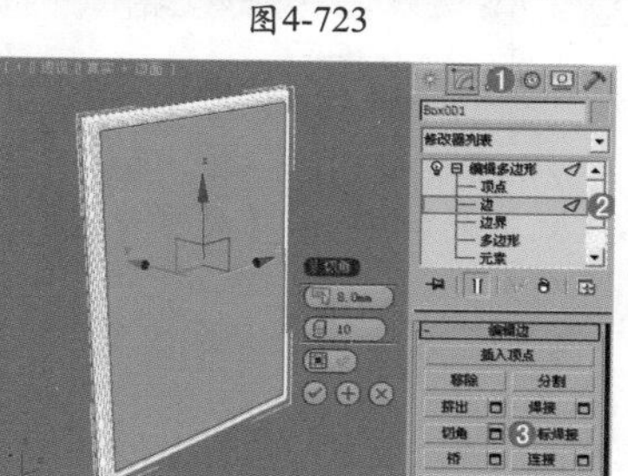
图4-726

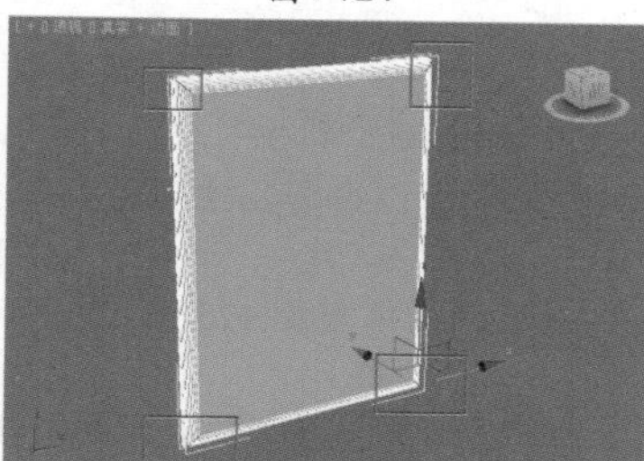
图4-727

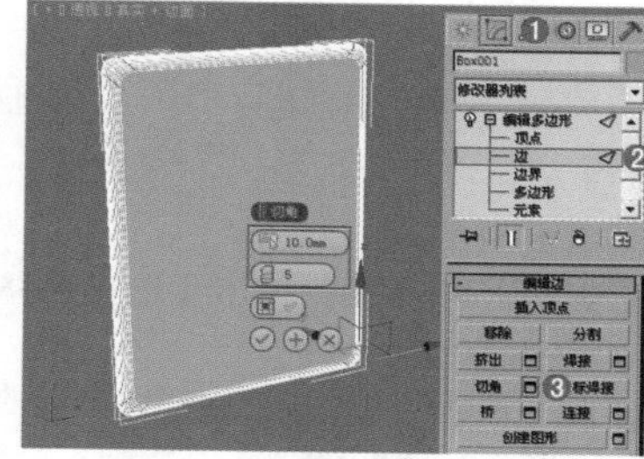
图4-728

步骤 05 在【边】级别下选择如图 4-729 所示的边，单击【切角】按钮 切角 后面的【设置】按钮，并设置【边切角量】为 1mm，【连接边分段】为 2，如图 4-730 所示。

步骤 06 在【边】级别下选择如图 4-731 所示的边，单击【连接】按钮 连接 后面的【设置】按钮，并设置【分段】为 2，【收缩】为 80，如图 4-732 所示。

步骤 07 在【边】级别下选择如图 4-733 所示的边，单击【连接】按钮 连接 后面的【设置】按钮，并设置【分段】为 2，【收缩】为 70，如图 4-734 所示。

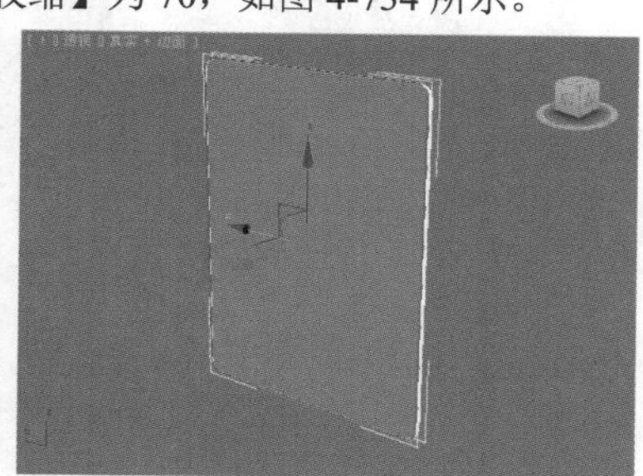
图4-729

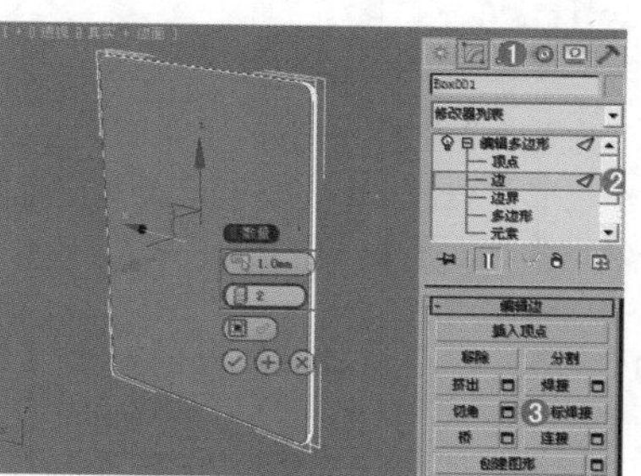
图4-730

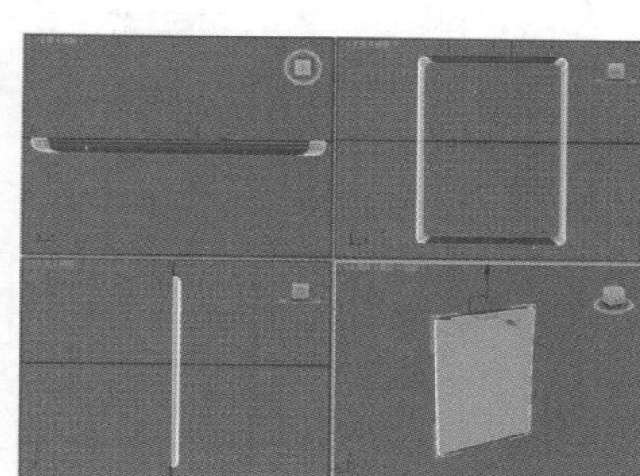
图4-731

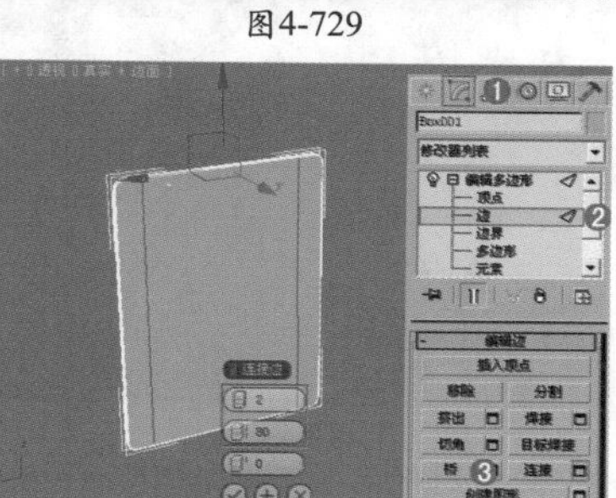
图4-732

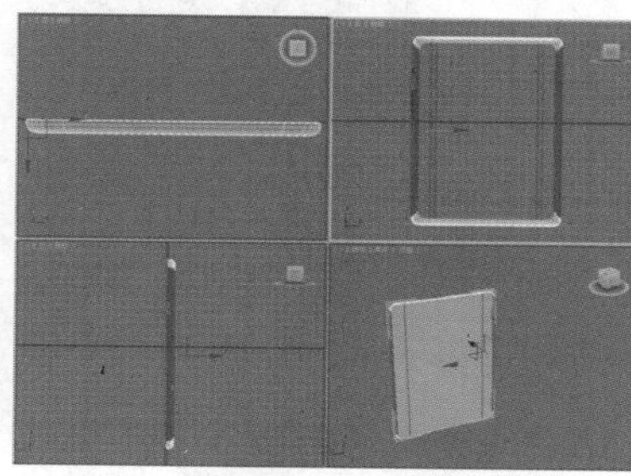
图4-733

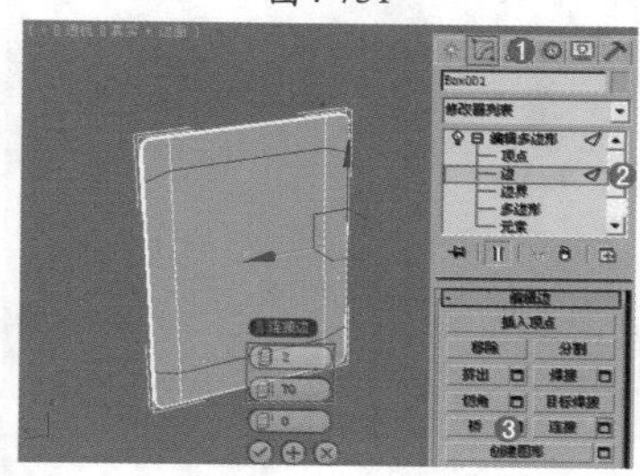
图4-734

步骤 08 单击【多边形】按钮，进入多边形级别，然后选择如图 4-735 所示的多边形。接着单击【挤出】按钮 挤出 后面的【设置】按钮，并设置【高度】为 –2mm。

步骤 09 保持选择的面不变，单击【分离】按钮 分离 后面的【设置】按钮，并【分离】对话框中命名为【对象 001】，选中【分离为克隆】复选框，最后单击【确定】按钮，如图 4-736 所示。

步骤 10 为了查看方便，选择分离出的【对象 001】，为其更改颜色，然后为其加载【壳】修改器，并设置【外部量】为 2mm，如图 4-737 所示。

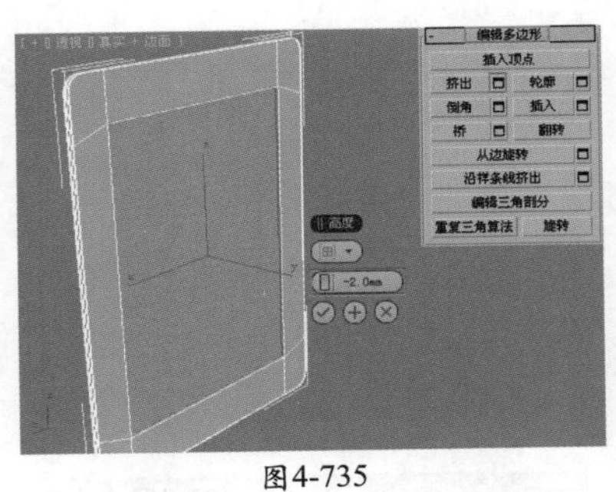

图4-735

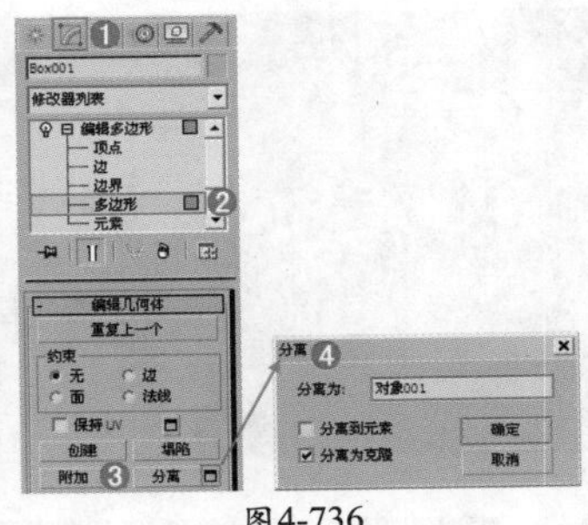

图4-736

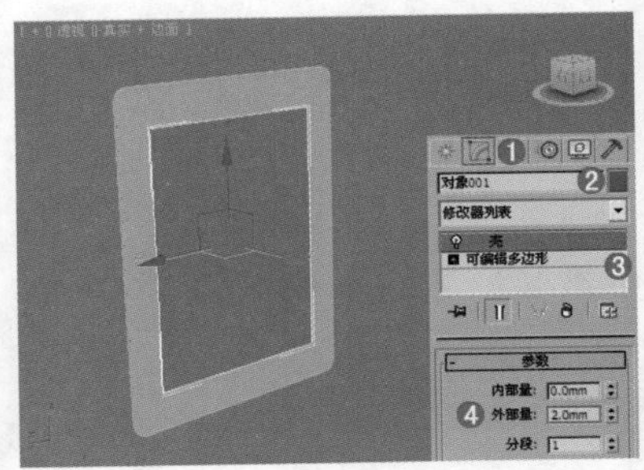

图4-737

Part 2 使用ProBoolean工具制作iPad 2的背面模型

步骤 01 在前视图中创建一个圆柱体，进入【修改】面板，设置其【半径】为 0.5mm，【高度】为 4mm，【高度分段】为 1，如图 4-738 所示。

步骤 02 按住 Shift 键，使用【选择并移动】工具将圆柱体复制 125 个（复制时要选中实例方式），并将其摆放至合适的位置，如图 4-739 所示。

步骤 03 使用同样的方法分别创建不同的模型，并使用【选择并移动】工具放置在模型背面的合适位置，如图 4-740 所示。

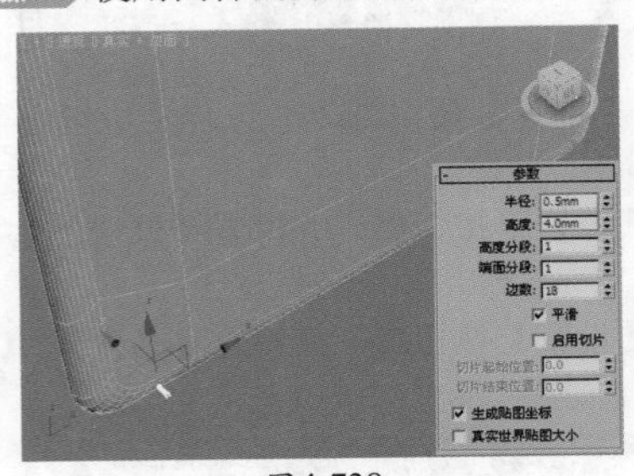

图4-738

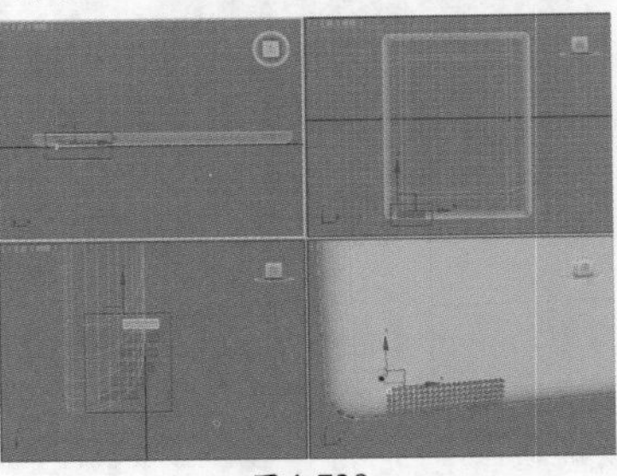
图4-739

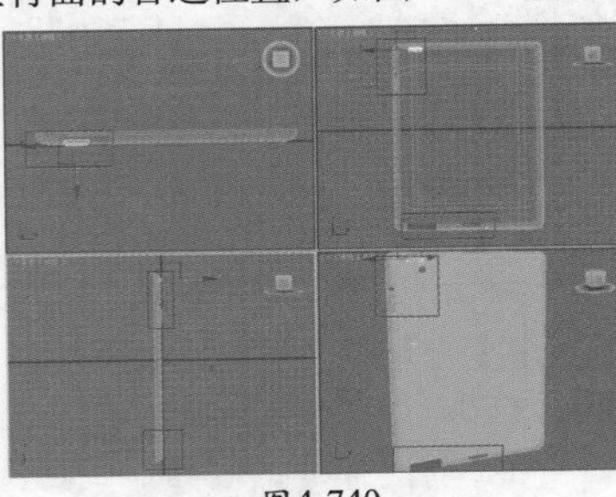
图4-740

步骤 04 再次创建圆柱体，进入【修改】面板，设置【半径】为 6mm，【高度】为 30mm，【高度分段】为 1，如图 4-741 所示。

步骤 05 为步骤 04 创建的圆柱体加载【编辑多边形】修改器，进入【边】级别，选择如图 4-742 所示的边。

步骤 06 单击【切角】工具后面的【设置】按钮，设置【边切角量】为 3mm，【连接边分段】为 7，如图 4-743 所示。进入【多边形】级别，选择如图 4-744 所示的多边形。

步骤 07 单击【倒角】工具后面的【设置】按纽，设置【高度】为 –1mm，【轮廓】为 –1mm，如图 4-745 所示。此时的圆柱体模型如图 4-746 所示。

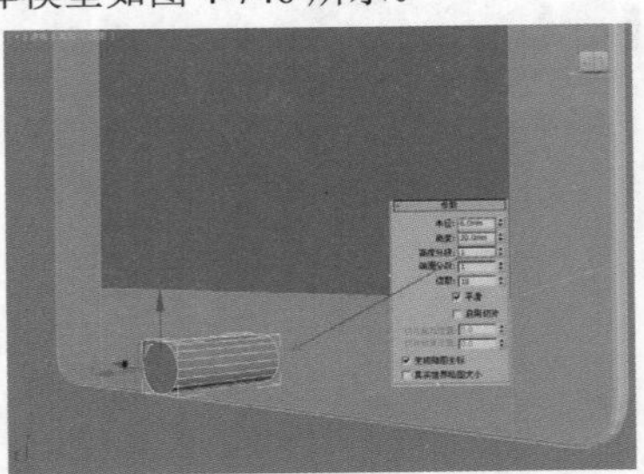
图4-741

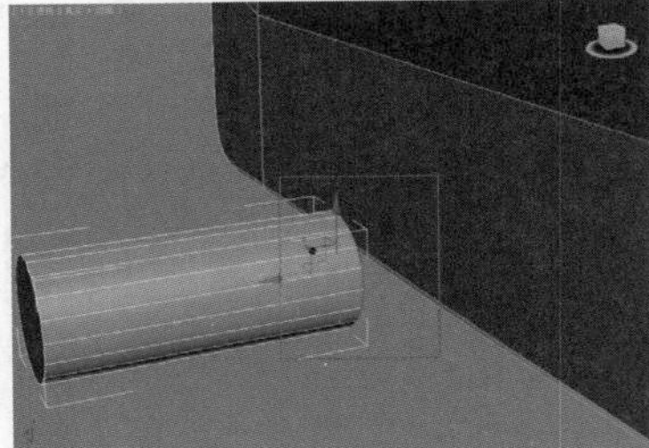
图4-742

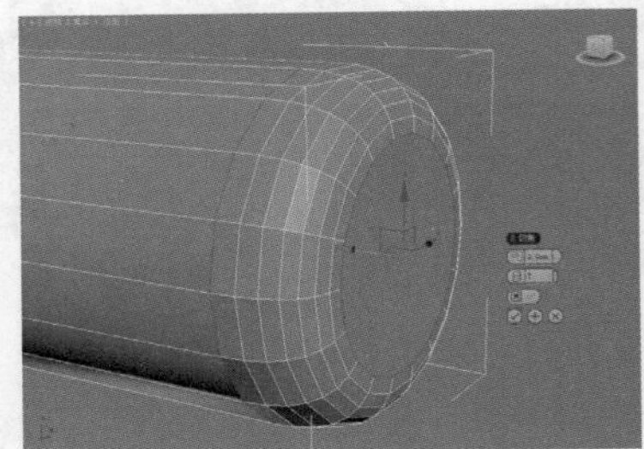
图4-743

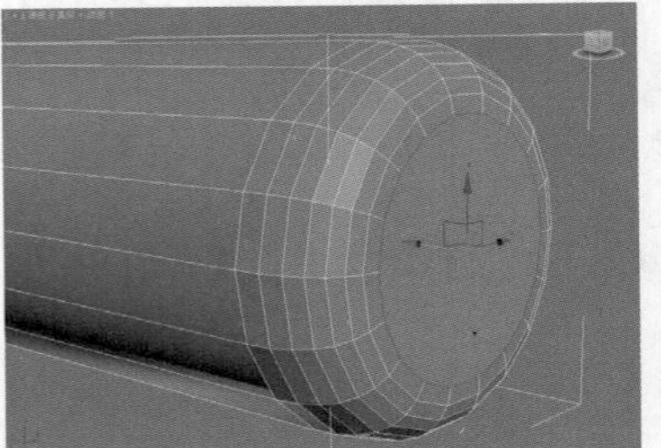
图4-744

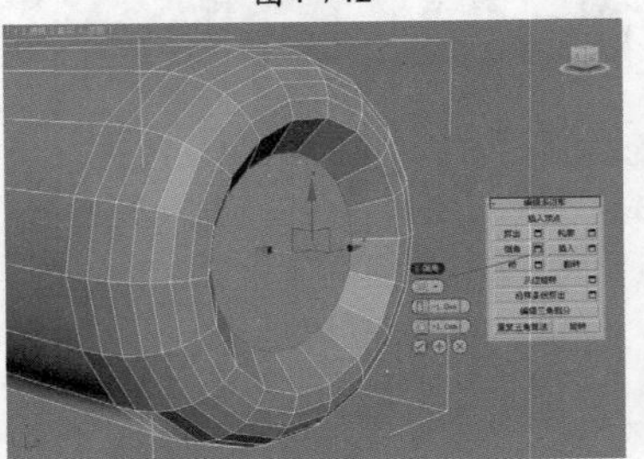
图4-745

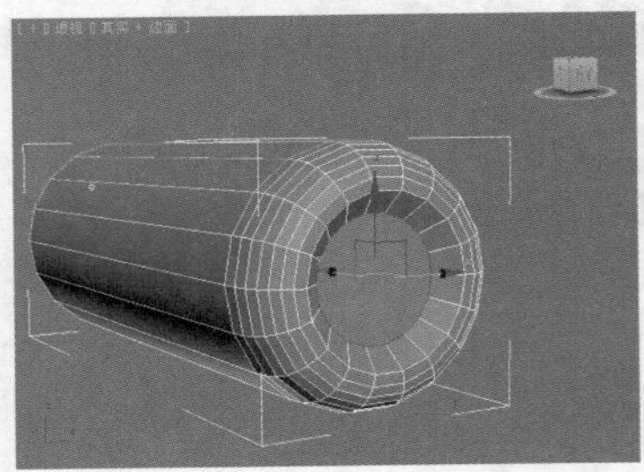
图4-746

步骤 08 使用【选择并移动】工具将圆柱体放置在模型正面，具体位置如图 4-747 所示。

步骤 09 使用【线】工具 线 在前视图中绘制苹果标志，并为其加载【挤出】修改器，设置【数量】为 5mm，如图 4-748 所示。

步骤 10 选择除了机身模型和屏幕模型以外的所有模型，单击【实用程序】面板，然后单击【塌陷】按钮 塌陷 ，接着单击【塌陷选定对象】按钮 塌陷选定对象 ，如图 4-749 所示。

图4-747

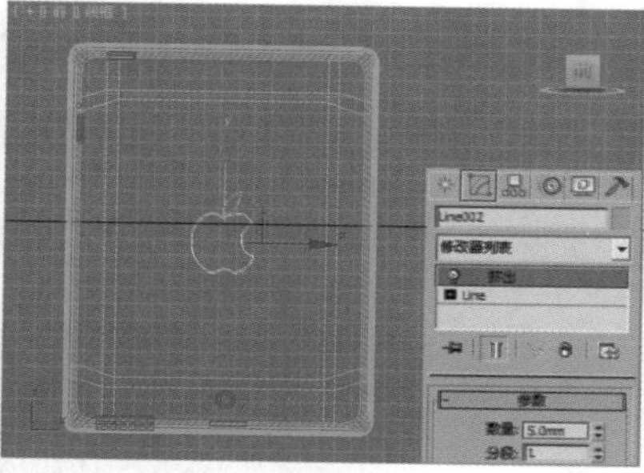

图4-748

步骤 11 选择机身模型，单击【复合对象】下的 ProBoolean 按钮 ProBoolean ，然后单击【开始拾取】按钮 开始拾取 ，最后在视图中单击拾取刚才【塌陷】过的模型，如图 4-750 所示。

步骤 12 最终模型效果如图 4-751 所示。

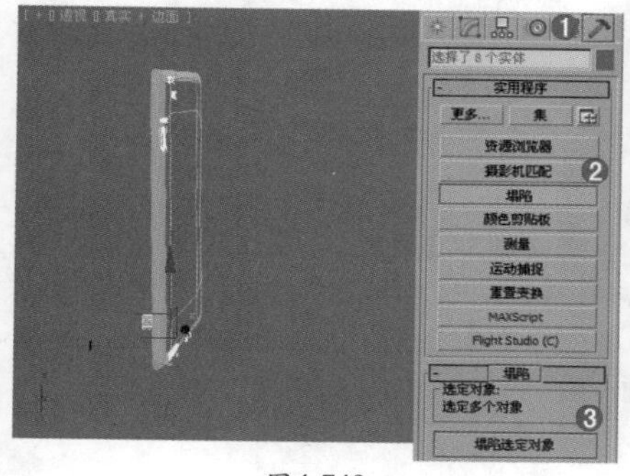

图4-749

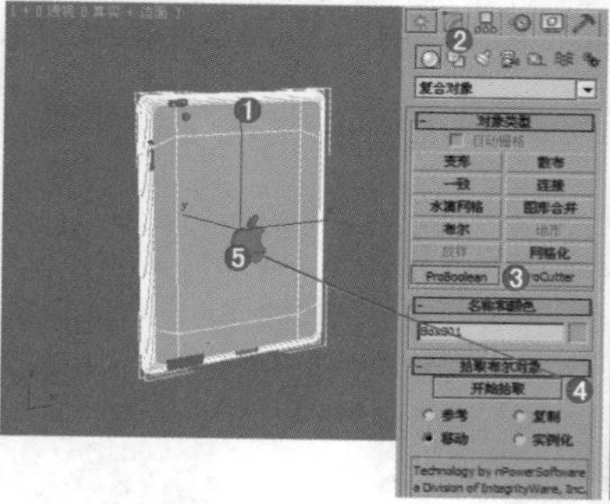

图4-750

图4-751

重点 综合实例：利用多边形建模制作欧式床

场景文件	无
案例文件	综合实例：利用多边形建模制作欧式床 .max
视频教学	DVD/ 多媒体教学 /Chapter04/ 综合实例：利用多边形建模制作欧式床 .flv
难易指数	★★★★☆
技术掌握	掌握【快速切片】、【切角】、【倒角】工具以及 FFD、【涡轮平滑】、【壳】、【细化】修改器的使用

实例介绍

本例主要使用可编辑多边形下的【快速切片】、【切角】、【倒角】工具以及 FFD、【涡轮平滑】、【壳】、【细化】修改器制作欧式床模型，效果如图 4-752 所示。

建模思路

❶ 使用【快速切片】、【切角】、【倒角】工具及 FFD 修改器制作床头软包。

❷ 使用【涡轮平滑】、【壳】、【细化】修改器制作床剩余部分的模型。

欧式床的建模流程如图 4-753 所示。

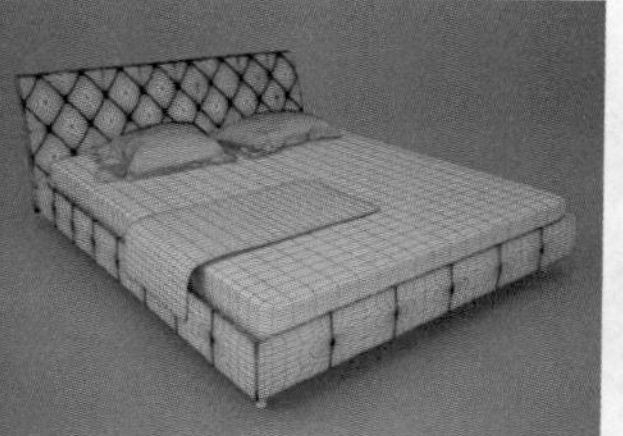

图4-752

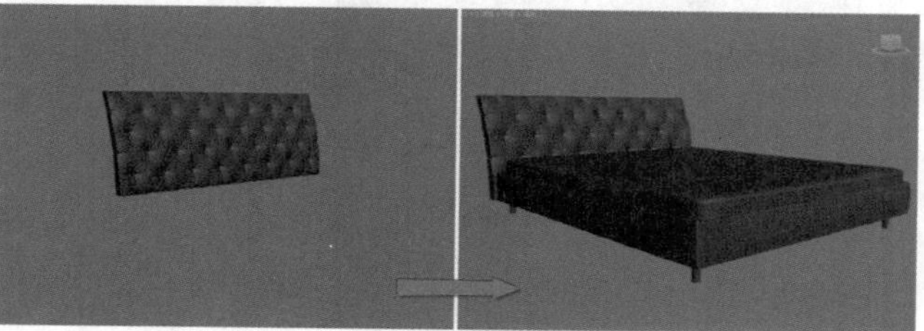

图4-753

操作步骤

Part 1 使用【快速切片】、【切角】、【倒角】工具及FFD修改器制作床头软包

步骤 01 使用【长方体】工具 长方体 在前视图中创建一个长方体，然后展开【参数】卷展栏，设置【长度】为 730mm，【宽度】为 2 000mm，【高度】为 100mm，【长度分段】为 5，【宽度分段】为 16，如图 4-754 所示。

步骤 02 将长方体转换为可编辑多边形，并单击【顶点】按钮，进入顶点级别，接着单击【快速切片】按钮 快速切片 ，然后单击【捕捉开关】按钮，如图 4-755 所示。最后在前视图中单击两次创建分段，如图 4-756 所示。

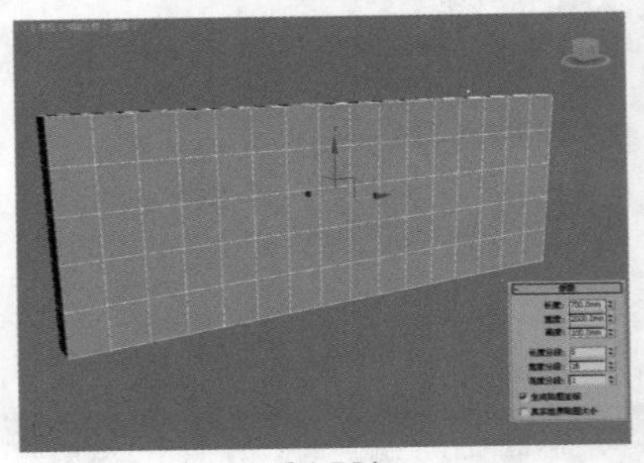

图4-754

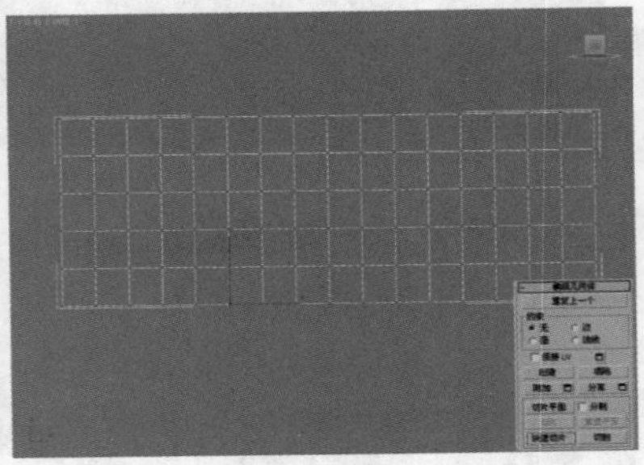

图4-755

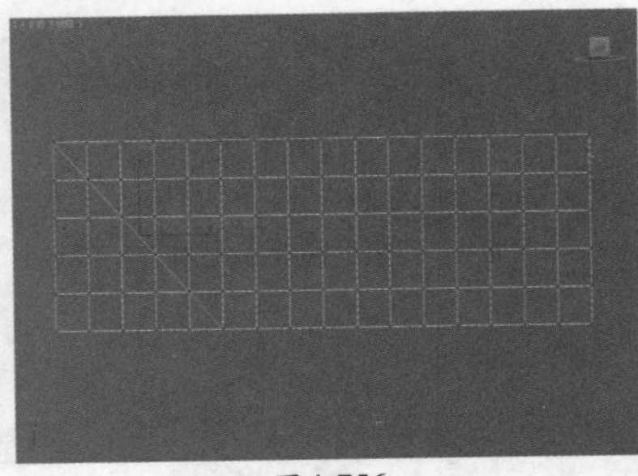

图4-756

技巧与提示

在 3ds Max 建模中，制作软包是比较特殊的一种思路。首先需要将模型的布线调整为【斜线】，在这里有很多种方法可以实现。比如本案例中用到的【快速切片】工具 快速切片 ，可以快速增加一条线，如图 4-757 所示。当然也可以使用其他方法，如【切割】工具 切割 ，也可以增加线，但是该方法比较繁琐，需要多次执行，如图 4-758 所示。

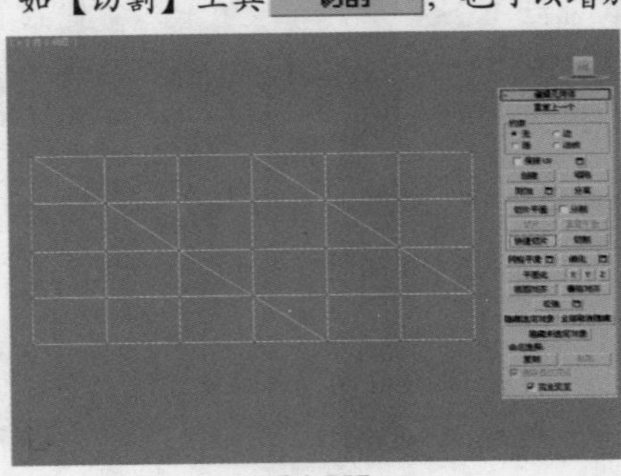

图4-757

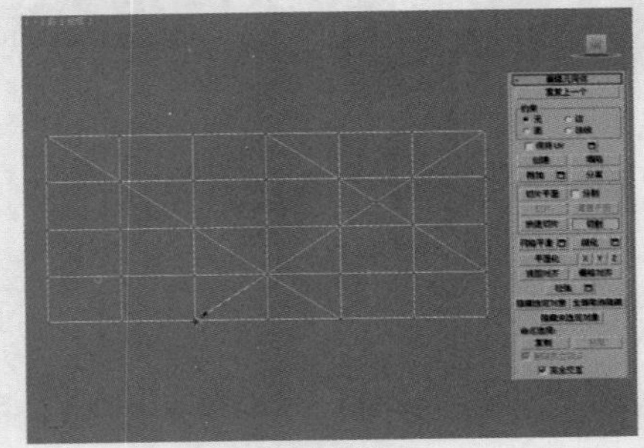

图4-758

步骤 03 使用【快速切片】工具 快速切片 重复步骤 02 的操作，以生成规则的斜线，如图 4-759 所示。模型效果如图 4-760 所示。

步骤 04 单击【顶点】按钮，进入顶点级别，选择如图 4-761 所示的点。展开【编辑顶点】卷展栏，单击【切角】按钮 切角 后的【设置】按钮，并设置【顶点切角量】为 15mm，如图 4-762 所示。

步骤 05 单击【多边形】按钮，进入多边形级别，选择如图 4-763 所示的多边形，然后单击【倒角】按钮 倒角 后的【设置】按钮，并设置【高度】为 –12mm，【轮廓】为 –8mm，如图 4-764 所示。

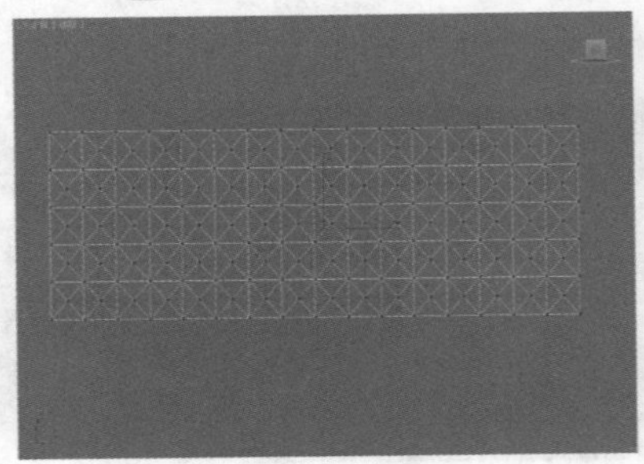

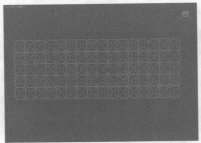

图4-759

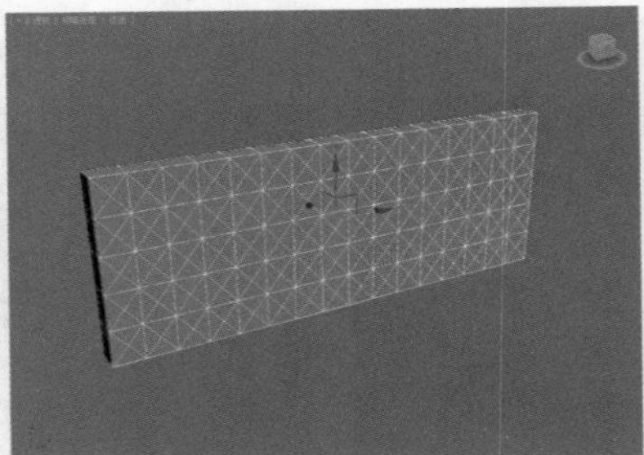

图4-760

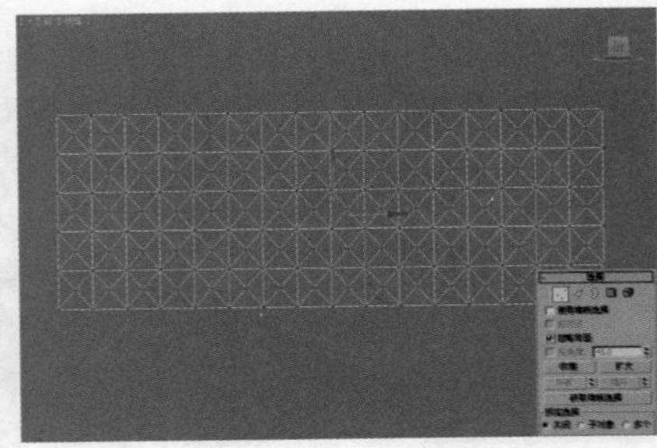

图4-761

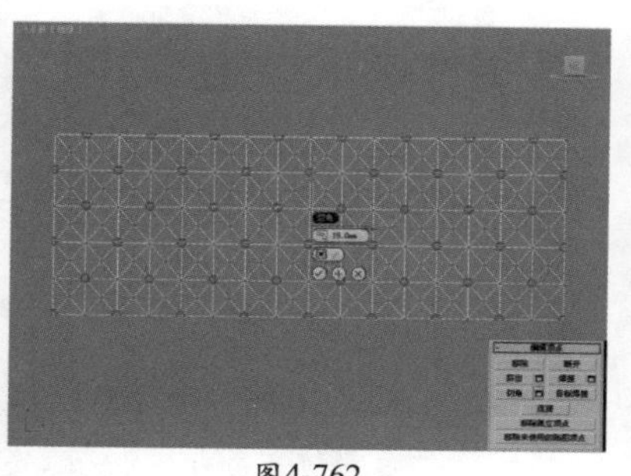
图4-762

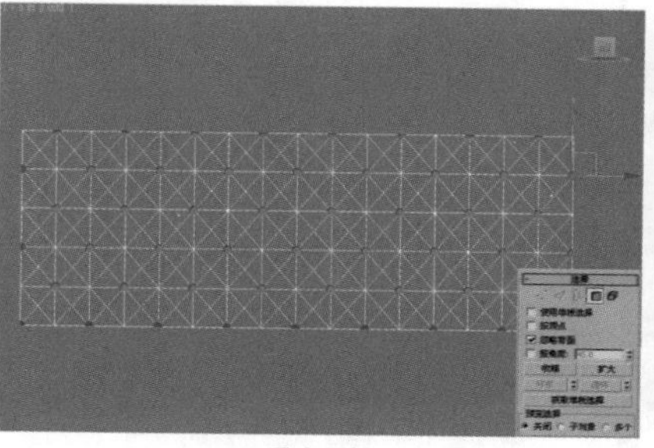
图4-763

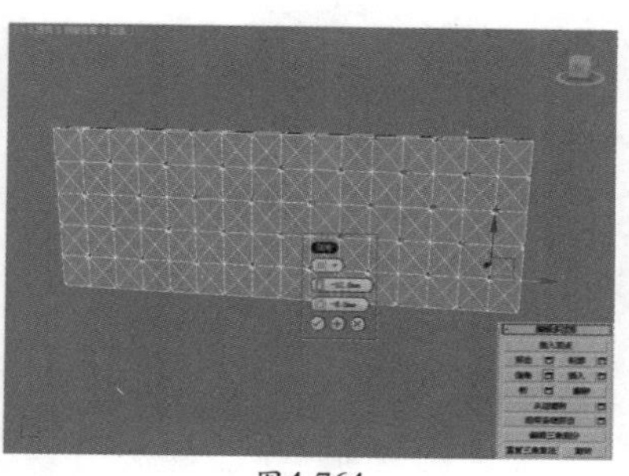
图4-764

步骤 06 单击【顶点】按钮，进入顶点级别，选择如图 4-765 所示的点。然后使用【选择并移动】工具在顶视图或左视图中调节点的位置，调节后的效果如图 4-766 所示。

步骤 07 单击【边】按钮，进入边级别，选择如图 4-767 所示的边。展开【编辑边】卷展栏，然后单击【切角】按钮 切角 后的【设置】按钮，并设置【边切角量】为 2.5mm，如图 4-768 所示。

步骤 08 单击【多边形】按钮，进入多边形级别，选择如图 4-769 所示的多边形，然后单击【倒角】按钮 倒角 后的【设置】按钮，并设置【高度】为 –3mm，【轮廓】为 –2mm，如图 4-770 所示。

图4-765

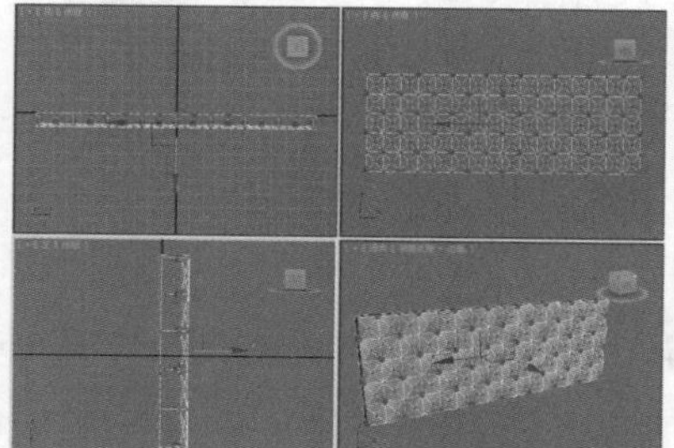
图4-766

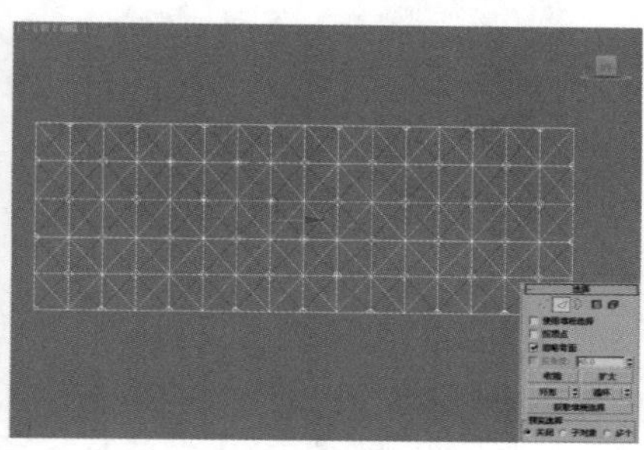
图4-767

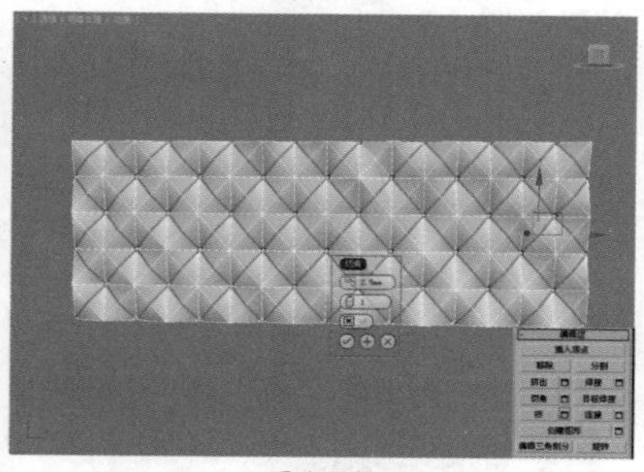
图4-768

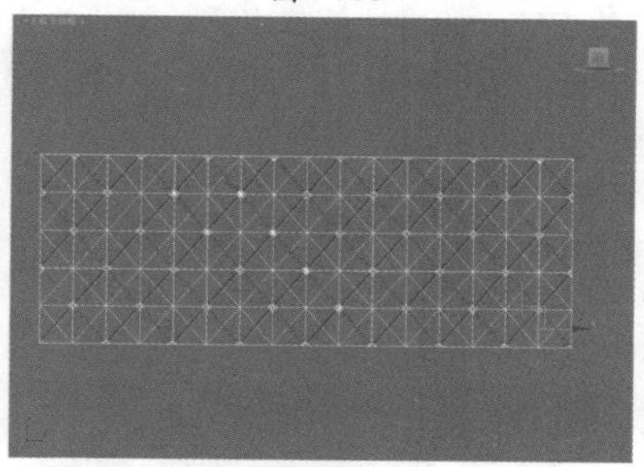
图4-769

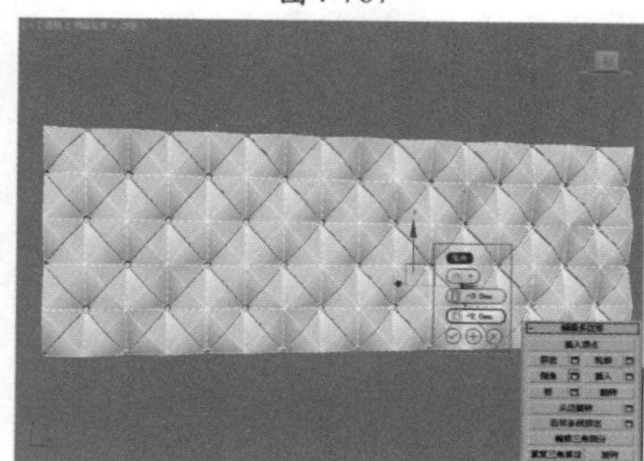
图4-770

步骤 09 单击【边】按钮，进入边级别，选择如图 4-771 所示的边。展开【编辑边】卷展栏，然后单击【切角】按钮 切角 后的【设置】按钮，并设置【边切角量】为 1mm，如图 4-772 所示。

步骤 10 选择切角后的模型，为其加载【涡轮平滑】修改器，并设置【迭代次数】为 2，如图 4-773 所示。

步骤 11 使用【球体】工具 球体 在场景中创建一个球体，然后展开【参数】卷展栏，设置【半径】为 8mm，如图 4-774 所示。

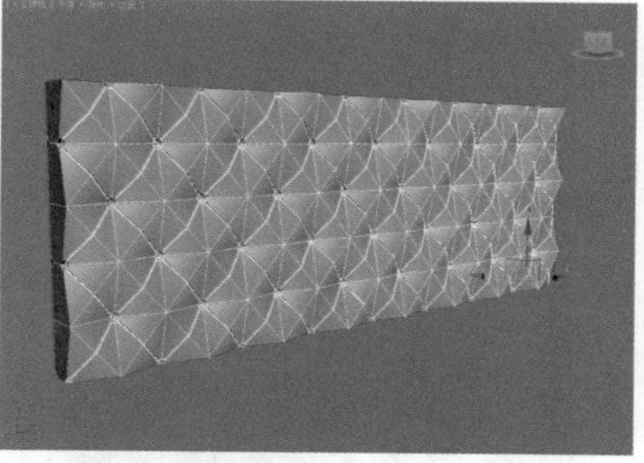
图4-771

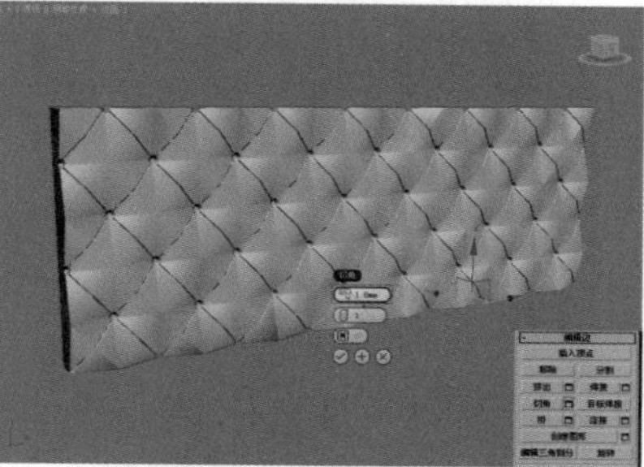
图4-772

步骤 12 使用【选择并移动】工具，同时按下 Shift 键进行复制，如图 4-775 所示。

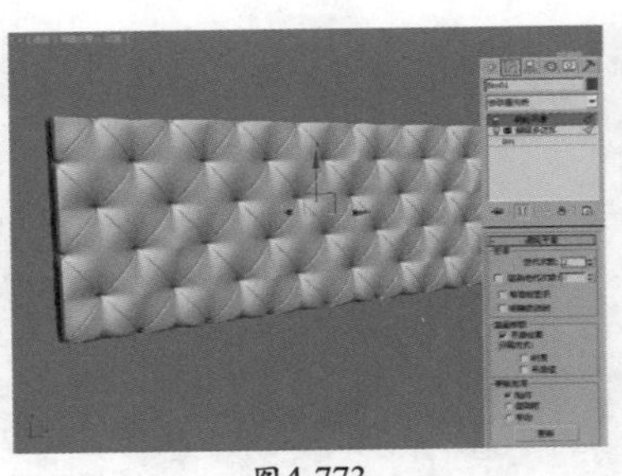
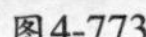
图4-773

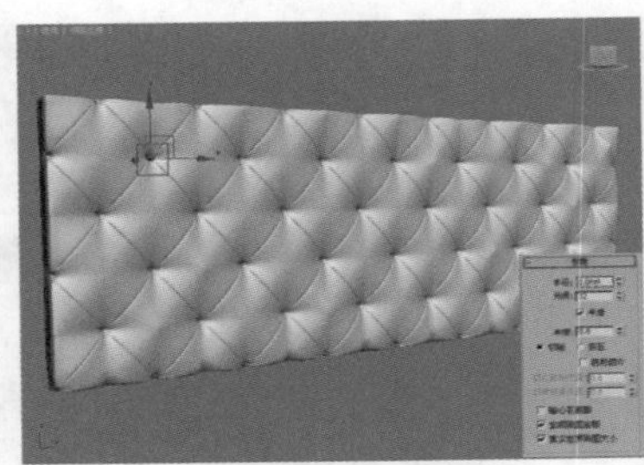
图4-774

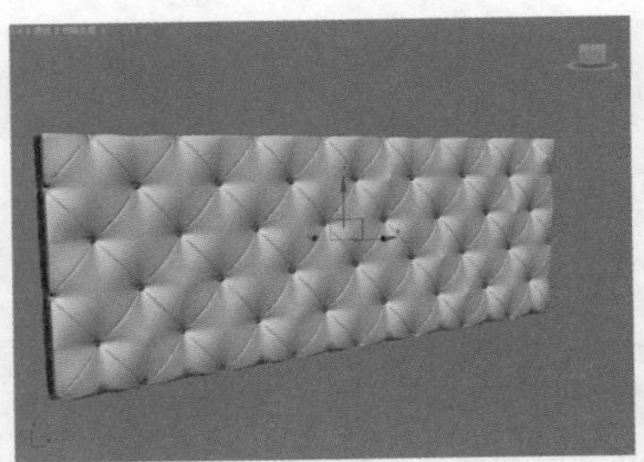
图4-775

步骤 13 选择刚才制作的所有模型，执行【组 / 成组】命令，将所有物体成组，如图 4-776 所示。接着在【修改】面板下为刚成组的物体加载 FFD 3×3×3 修改器，并单击【控制点】级别，调节控制点的位置，如图 4-777 所示。

步骤 14 此时床头模型效果如图 4-778 所示。

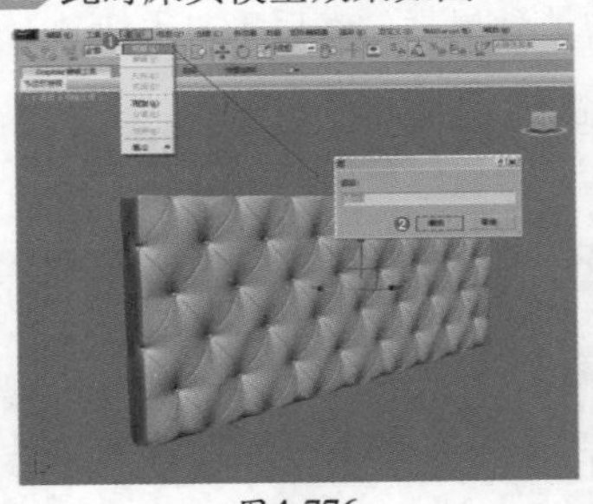
图4-776

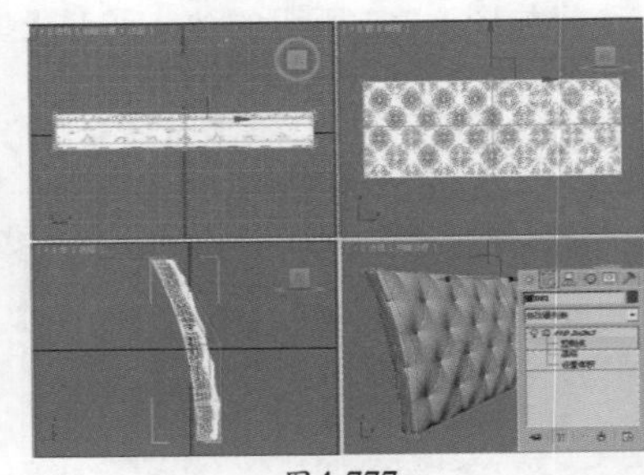
图4-777

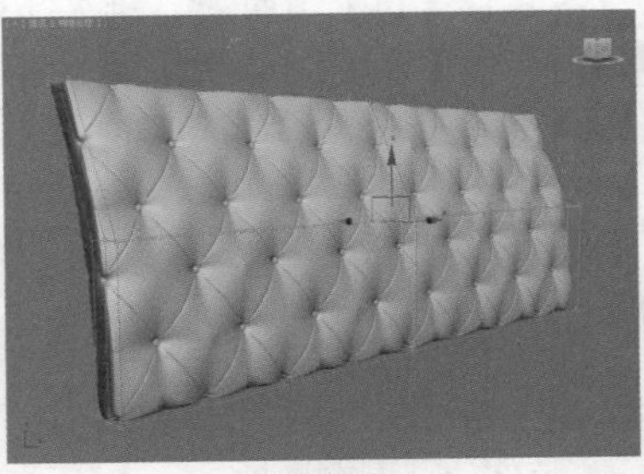
图4-778

Part 2 使用【涡轮平滑】、【壳】、【细化】修改器制作床剩余部分的模型

步骤 01 使用【长方体】工具 长方体 在顶视图中创建一个长方体，然后展开【参数】卷展栏，设置【长度】为 2100mm，【宽度】为 1900mm，【高度】为 220mm，【长度分段】为 8，【宽度分段】为 6，【高度分段】为 2，如图 4-779 所示。

步骤 02 将长方体转换为可编辑多边形，然后使用同样的方法创建出床垫部分的模型，效果如图 4-780 所示。

步骤 03 继续创建一个长方体，并设置【长度】为 2000mm，【宽度】为 1800mm，【高度】为 150mm，【长度分段】为 18，【宽度分段】为 9，【高度分段】为 5，如图 4-781 所示。

步骤 04 选择刚创建的长方体，然后加载【涡轮平滑】修改器，设置【迭代次数】为 1，如图 4-782 所示。

步骤 05 使用【平面】工具 平面 在顶视图中创建一个平面，然后展开【参数】卷展栏，设置【长度】为 500mm，【宽度】为 1200mm，【长度分段】为 4，【宽度分段】为 6，如图 4-783 所示。

步骤 06 选择平面，将其转换为可编辑多边形，然后单击【顶点】按钮，进入顶点级别，调节点的位置，如图 4-784 所示。

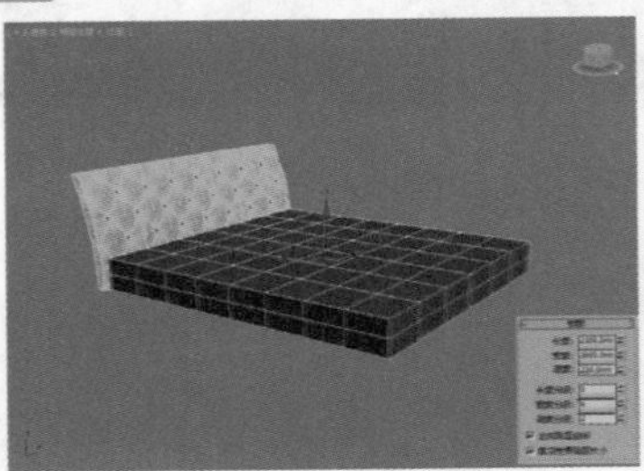
图4-779

图4-780

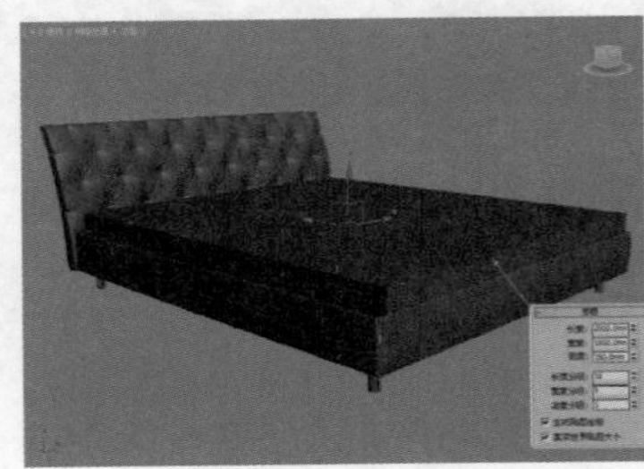
图4-781

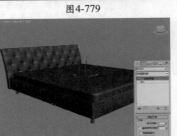

图4-782

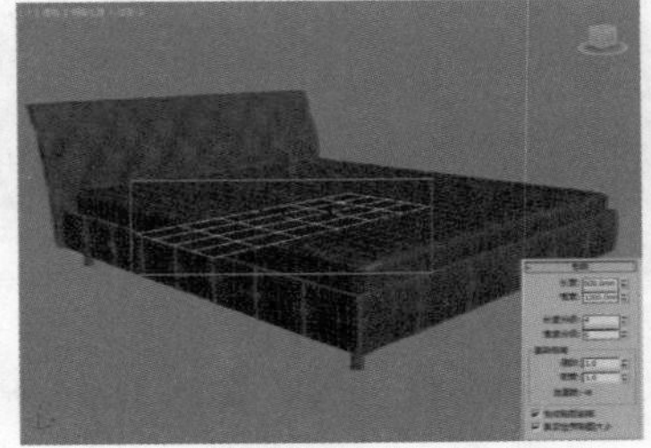
图4-783

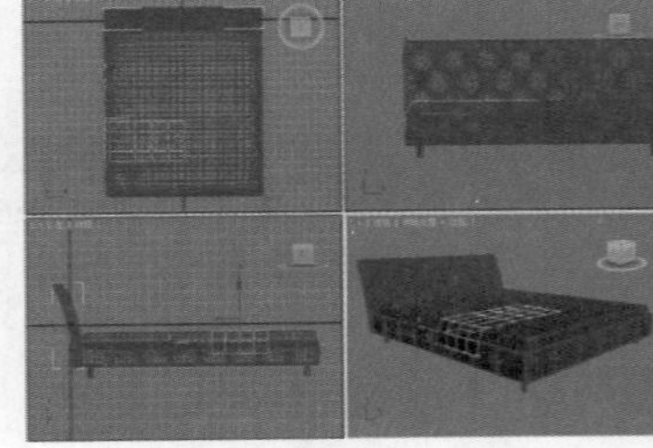
图4-784

步骤07 选择步骤06中的平面，为其加载【壳】修改器，展开【参数】卷展栏，设置【外部量】为5mm，如图4-785所示。

步骤08 选择步骤07创建的模型，为其加载【细化】修改器，设置【操作于】为□，【迭代次数】为2，如图4-786所示。

步骤09 最后使用多边形建模的方法创建枕头的模型，欧式床最终模型效果如图4-787所示。

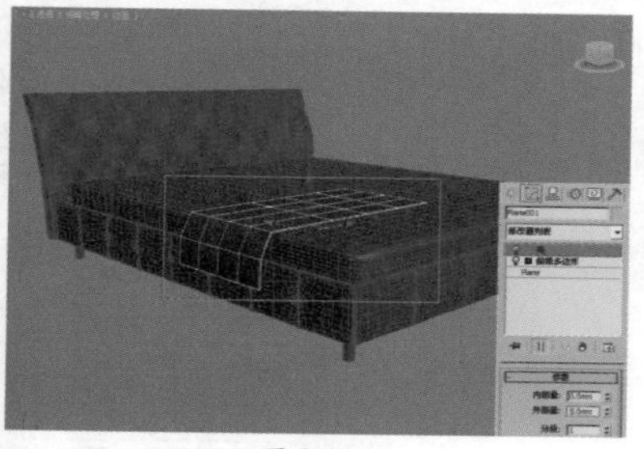

图4-785

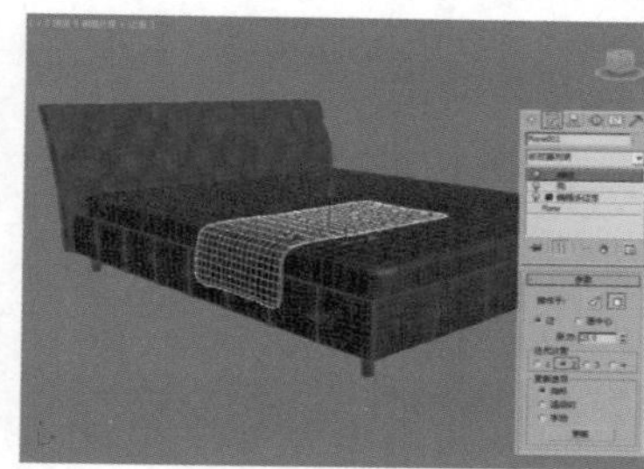

图4-786

图4-787

4.4 网格建模

网格建模是3ds Max高级建模中非常重要的一种，与多边形建模的制作思路比较类似。使用网格建模可以进入到网格对象的【顶点】、【边】、【面】、【多边形】和【元素】级别下编辑对象，如图4-788所示为网格建模中比较优秀的作品。

图4-788

4.4.1 转换网格对象

与多边形对象一样，网格对象也不是创建出来的，而是经过转换而成的。将物体转换为网格对象的方法主要有以下4种。

（1）在物体上右击，然后在弹出的菜单中选择【转换为】|【转换为可编辑网格】命令，如图4-789所示。转换为可编辑网格对象后，在【修改器列表】中可以观察到物体已经变成了【可编辑网格】对象，如图4-790所示。通过这种方法转换成的可编辑网格对象的创建参数将全部丢失。

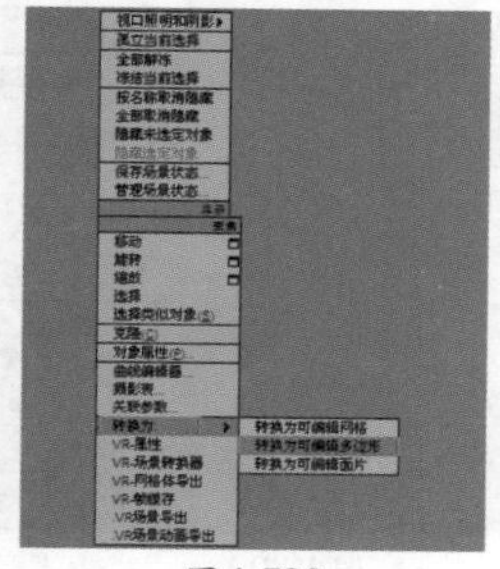

图4-789

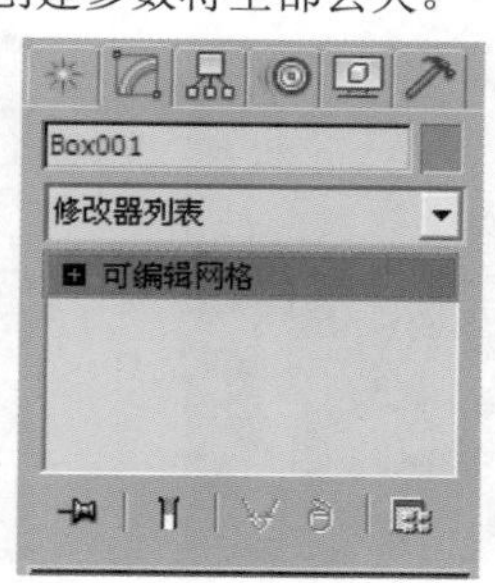

图4-790

（2）选中对象，然后进入【修改】面板，接着在【修改器列表】中的对象上右击，在弹出的菜单中选择【可编辑网格】命令，如图4-791所示。这种方法与第（1）种方法一样，转换成的可编辑网格对象的创建参数将全部丢失。

（3）选中对象，然后为其加载一个【编辑网格】修改器，如图4-792所示。通过这种方法转换成的可编辑网格对象的创建参数不会丢失，仍然可以调整。

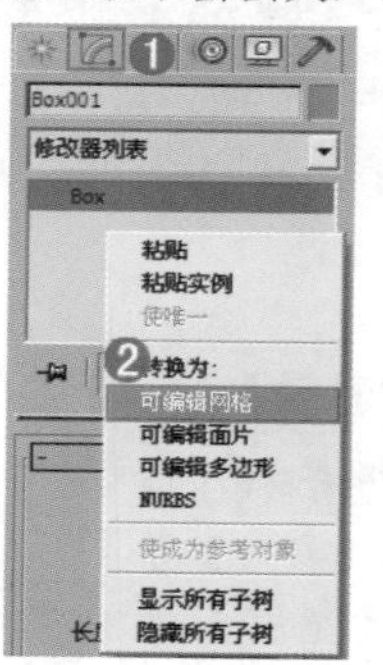

图4-791

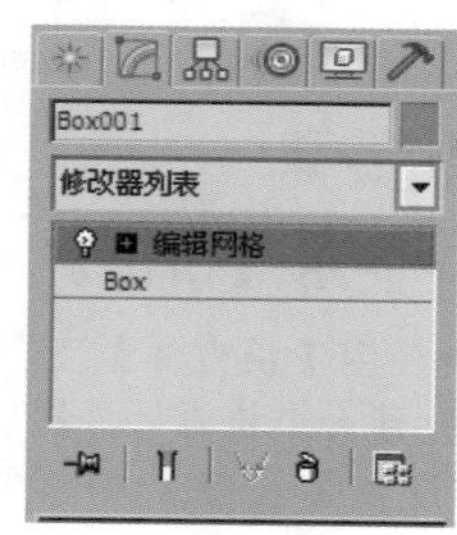

图4-792

（4）单击【创建】面板中的【工具】按钮，然后单击【塌陷】按钮 塌陷 ，接着在【塌陷】卷展栏下设置【输出类型】为【网格】，再选择需要塌陷的物体，最后单击【塌陷选定对象】按钮 塌陷选定对象 ，如图4-793所示。

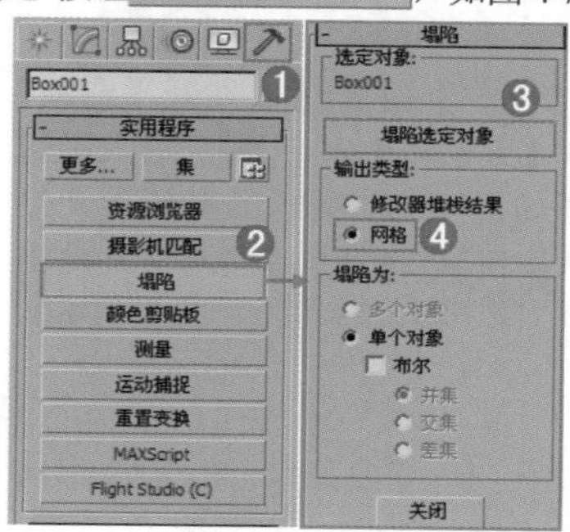

图4-793

4.4.2 编辑网格对象

网格建模是一种能够基于子对象进行编辑的建模方法，网格子对象包含顶点、边、面、多边形和元素 5 种。网格对象的参数设置面板共有 4 个卷展栏，分别是【选择】、【软选择】、【编辑几何体】和【曲面属性】卷展栏，如图 4-794 所示。

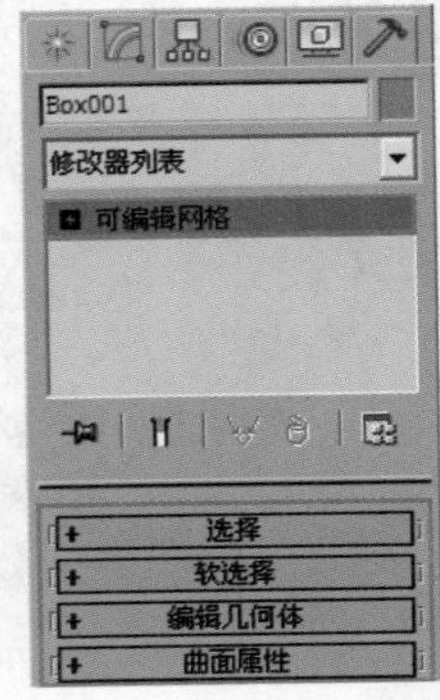

图4-794

重点 小实例：利用网格建模制作单人沙发

场景文件	无
案例文件	小实例：利用网格建模制作单人沙发 .max
视频教学	DVD/ 多媒体教学 /Chapter04/ 小实例：利用网格建模制作单人沙发 .flv
难易指数	★★★☆☆
技术掌握	掌握网格建模下的【挤出】、【切角】、【由边创建图形】工具的使用方法

实例介绍

本例将以一个简约单人沙发模型为例来讲解网格建模下的【挤出】、【切角】、【由边创建图形】工具的使用方法，效果如图 4-795 所示。

建模思路

① 使用网格建模下的【挤出】、【切角】、【由边创建图形】工具制作沙发的主体模型。

② 使用样条线的可渲染功能创建沙发腿部分模型。

简约单人沙发的建模流程如图 4-796 所示。

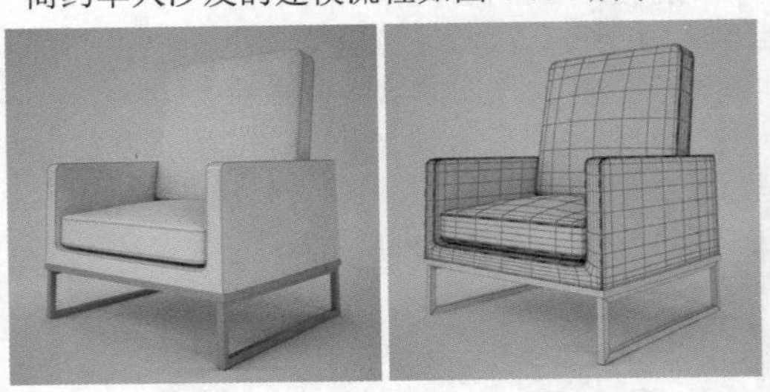
图4-795

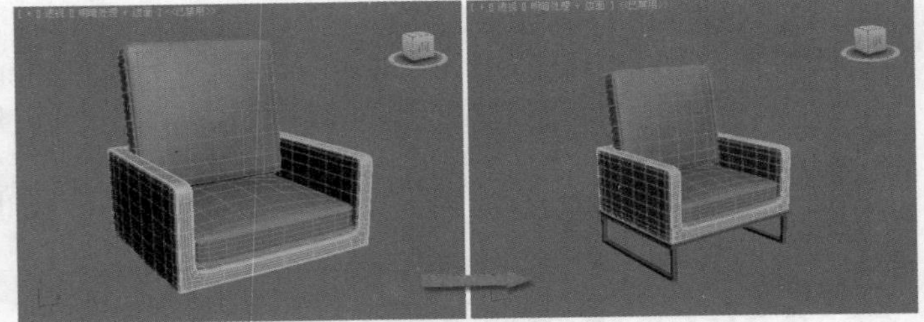
图4-796

操作步骤

Part 1 使用【挤出】、【切角】、【由边创建图形】工具制作沙发的主体模型

步骤 01 使用【长方体】工具 长方体 在顶视图中创建一个长方体，然后展开【参数】卷展栏，设置【长度】为 600mm，【宽度】为 650mm，【高度】为 60mm，【长度分段】为 1，【宽度分段】为 1，【高度分段】为 1，如图 4-797 所示。

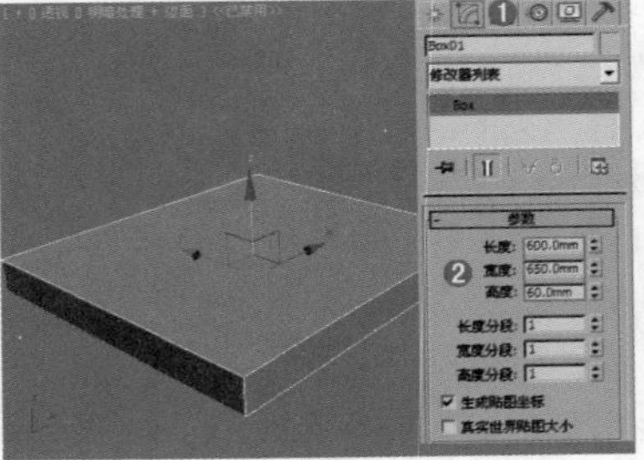
图4-797

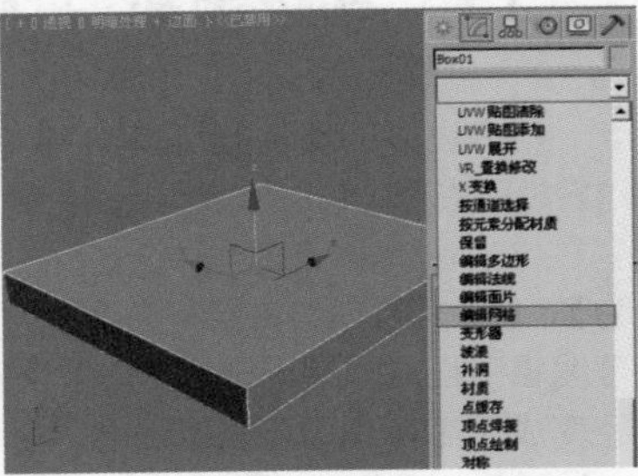
图4-798

步骤 02 单击【修改】面板，为步骤 01 创建的长方体加载【编辑网格】修改器，如图 4-798 所示。

步骤 03 单击【修改】面板，展开【选项】卷展栏，单击【多边形】按钮，进入多边形级别，选择如图 4-799 所示的多边形，然后在【挤出】按钮 挤出 后面的文本框中输入 60mm，并按 Enter 键，如图 4-800 所示。

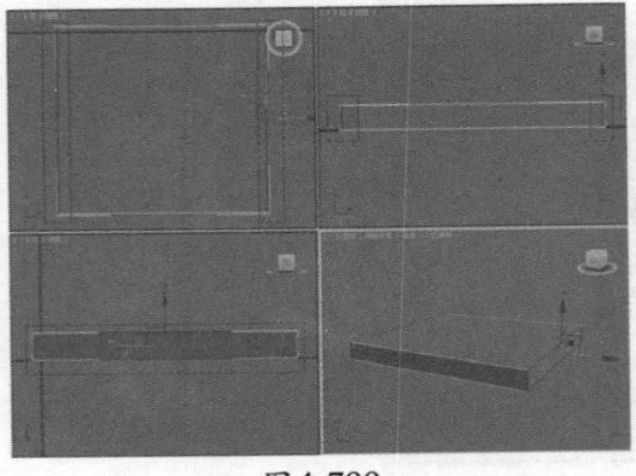
图4-799

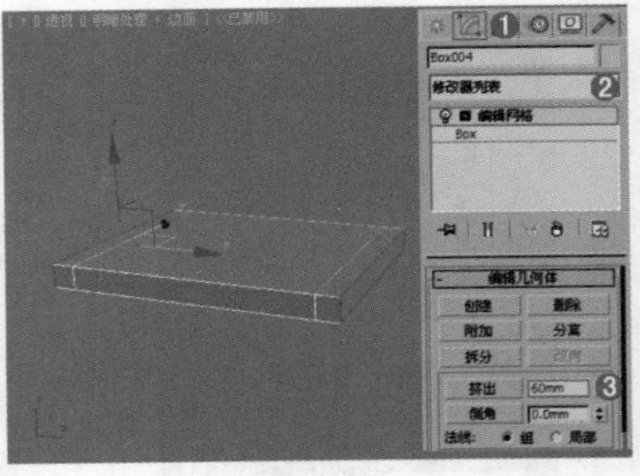
图4-800

技巧与提示

在多边形建模中，工具后面一般都会有【设置】按钮，而在网格建模中却没有，因此只能通过输入数值并按Enter键来实现操作。这样会有个弊端，若在【挤出】后面输入50mm，然后按Enter键或在场景中单击，都会出现挤出50mm的效果，但是此时【挤出】后面的文本框中却显示0mm，容易让用户误以为未实现【挤出】，如图4-801所示。

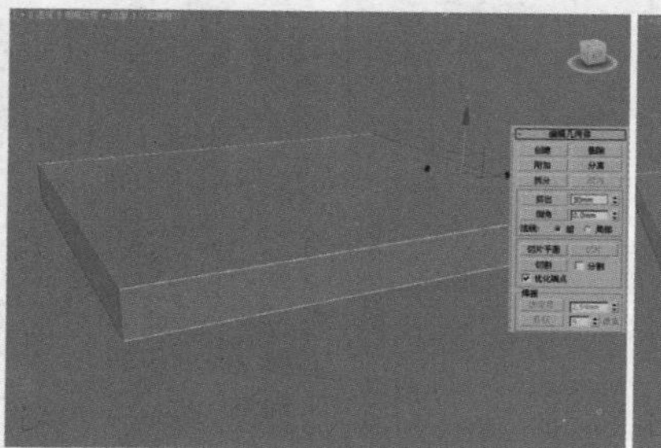

在【挤出】后面输入50mm

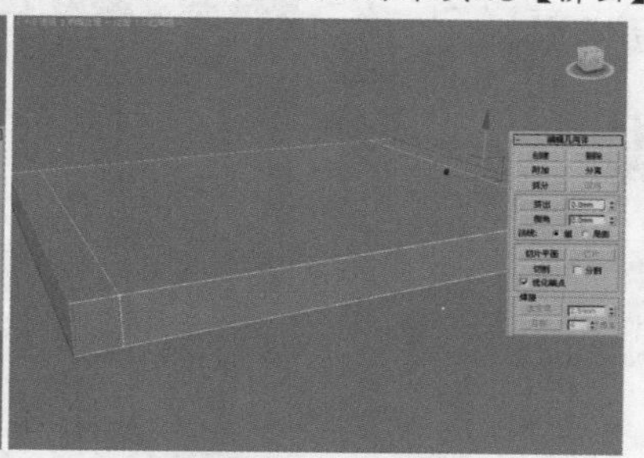

按键盘上的Enter键

图4-801

步骤04 选择如图4-802所示的多边形，然后在【挤出】按钮 挤出 后面的文本框中输入60mm，并按Enter键，如图4-803所示。

步骤05 选择如图4-804所示的多边形，然后在【挤出】按钮 挤出 后面的文本框中输入280mm，并按Enter键，如图4-805所示。

步骤06 单击【边】按钮，进入边级别，选择如图4-806所示的边，然后在【切角】按钮 切角 后面的文本框中输入3mm，并按Enter键，如图4-807所示。

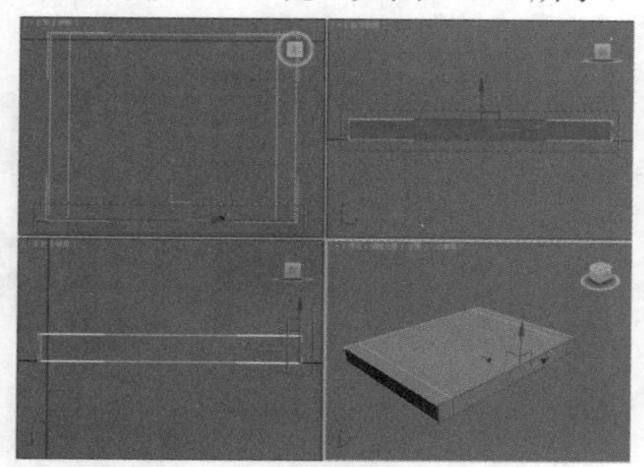

图4-802

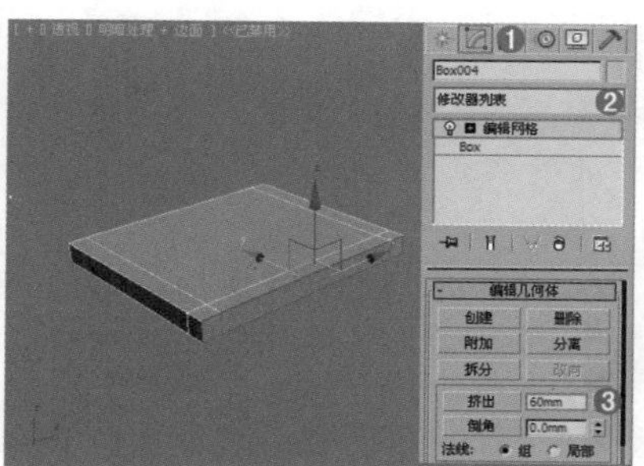

图4-803

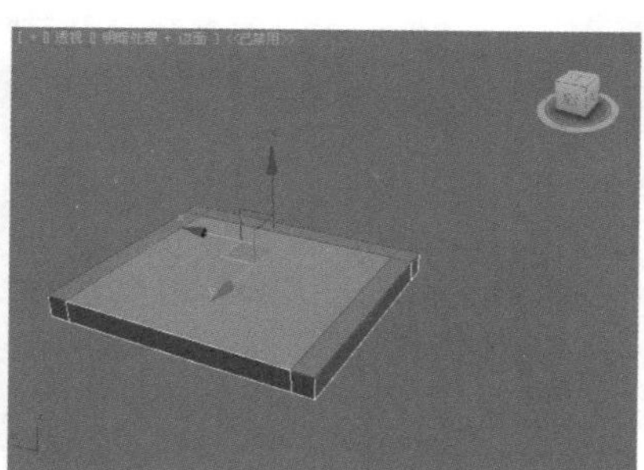

图4-804

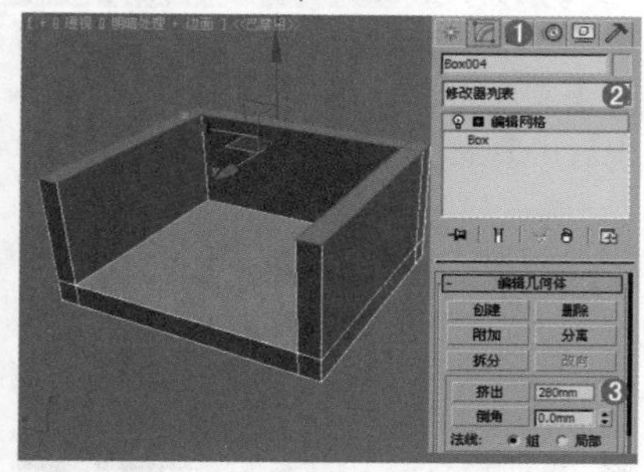

图4-805

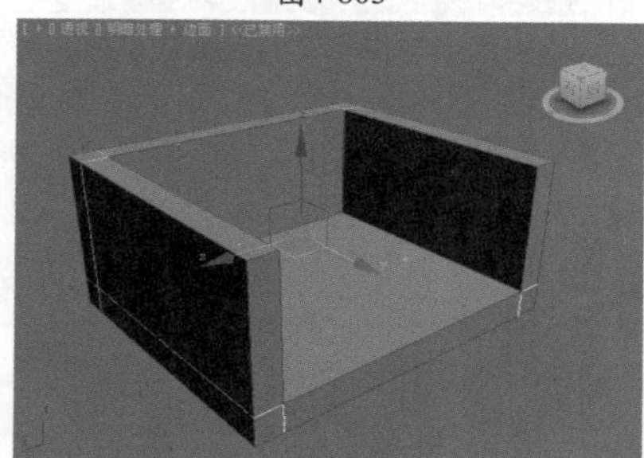

图4-806

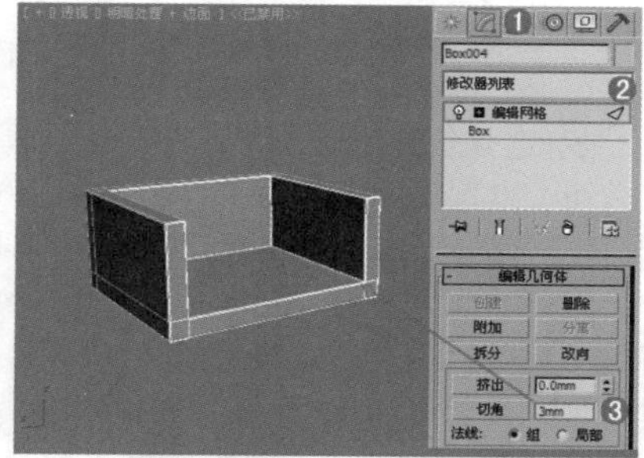

图4-807

步骤07 选择步骤06中的模型，然后在【修改】面板下加载【涡轮平滑】修改器，并设置【迭代次数】为2，如图4-808所示。

步骤08 选择涡轮平滑后的模型，再次将其转换为可编辑网格。单击【边】按钮，进入边级别，然后选择如图4-809所示的边，接着单击【由边创建图形】按钮 由边创建图形 ，并在弹出的对话框中设置【图形类型】为【线性】。

步骤09 选择步骤08创建出的图形，然后在【修改】面板下展开【渲染】卷展栏，选中【在渲染中启用】和【在视口中启用】复选框，接着选中【径向】单选按钮，设置【厚度】为4mm，如图4-810所示。

步骤 10 继续使用【长方体】工具 长方体 在顶视图中创建一个长方体，然后展开【参数】卷展栏，并设置【长度】为580mm，【宽度】为640mm，【高度】为90mm，如图4-811所示。

步骤 11 将刚创建的长方体转换为可编辑网格，单击【边】按钮，进入边级别，然后选择如图4-812所示的边。在【切角】按钮 切角 后面的文本框中输入3mm，并按Enter键，如图4-813所示。

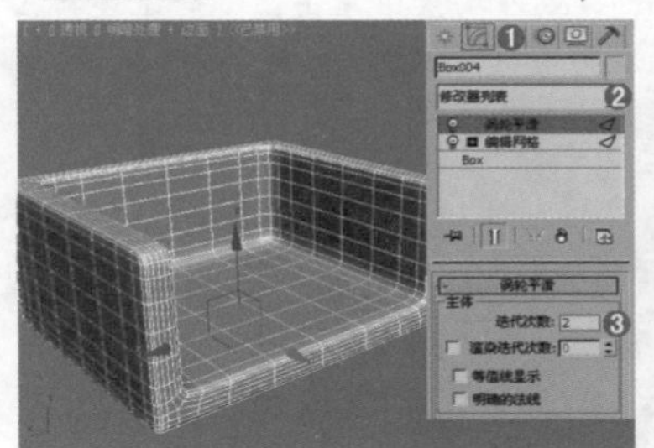

图4-808

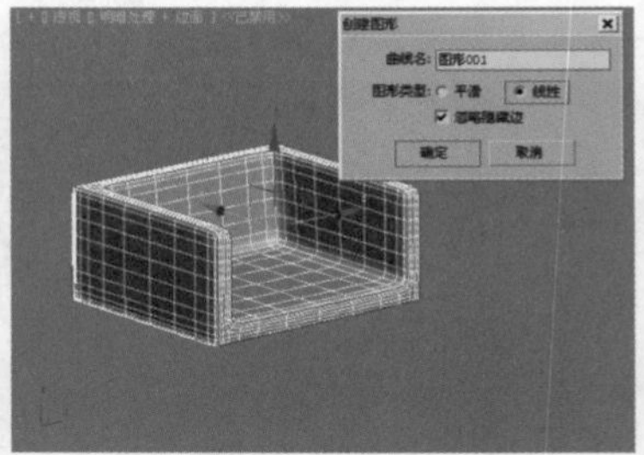

图4-809

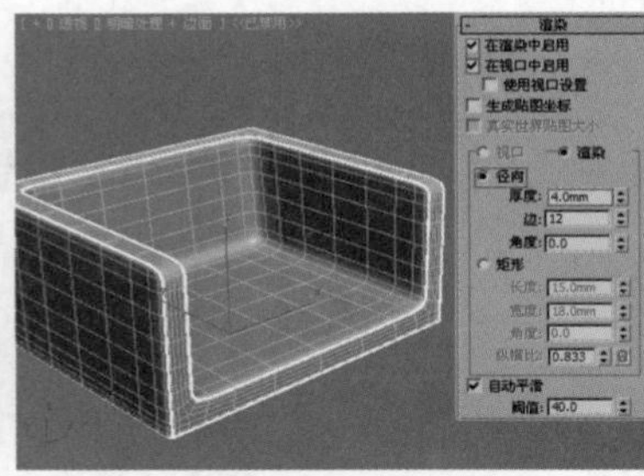

图4-810

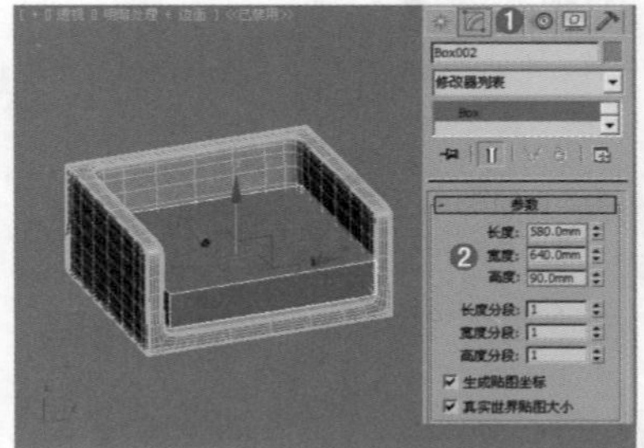

图4-811

图4-812

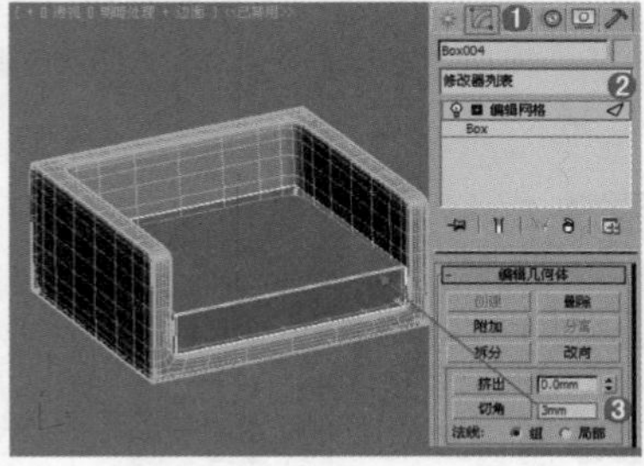

图4-813

步骤 12 选择切角后的模型，然后在【修改】面板下为其加载【涡轮平滑】修改器，并设置【迭代次数】为2，如图4-814所示。

步骤 13 选择步骤12创建的模型，然后在【修改】面板下加载FFD 3×3×3修改器，并在【修改器列表】下选择【控制点】级别，选择中间部分的控制点并将其沿Z轴向上拖曳一段距离，使其中间部分凸起，此时效果如图4-815所示。

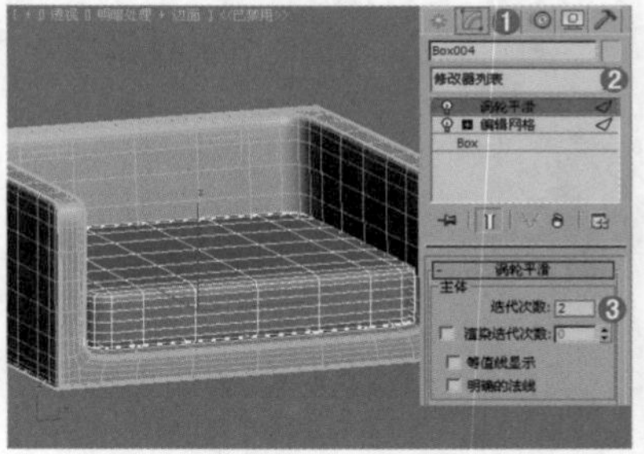

图4-814

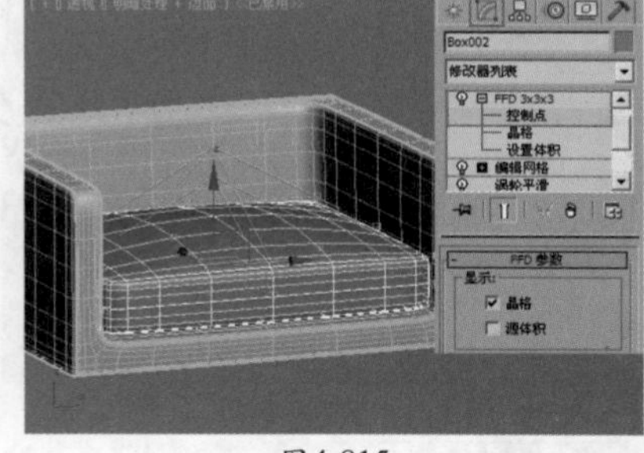

图4-815

步骤 14 选择步骤13创建的模型，再次为其加载【编辑网格】修改器。单击【边】按钮，进入边级别，然后选择如图4-816所示的边，接着单击【由边创建图形】按钮 由边创建图形 ，并在弹出的对话框中设置【图形类型】为【线性】。

步骤 15 选择创建出的图形，并在【修改】面板下选中【在渲染中启用】和【在视口中启用】复选框，接着选中【径向】单选按钮，设置【厚度】为4mm，如图4-817所示。

步骤 16 选中步骤15制作的沙发坐垫部分，使用【选择并移动】工具将其移动复制一个作为沙发靠垫，并使用【选择并旋转】工具将其旋转一定的角度，如图4-818所示。

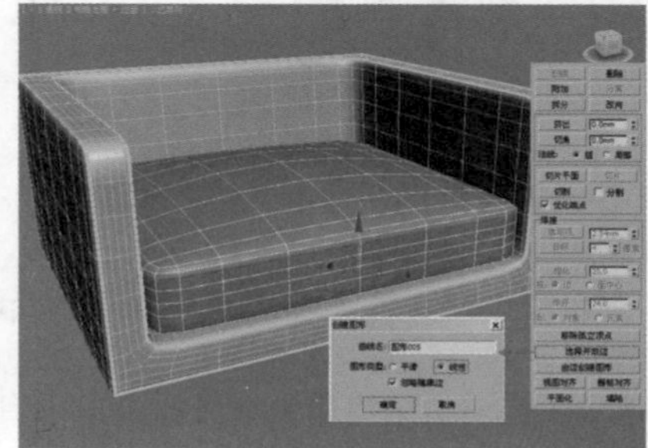

图4-816

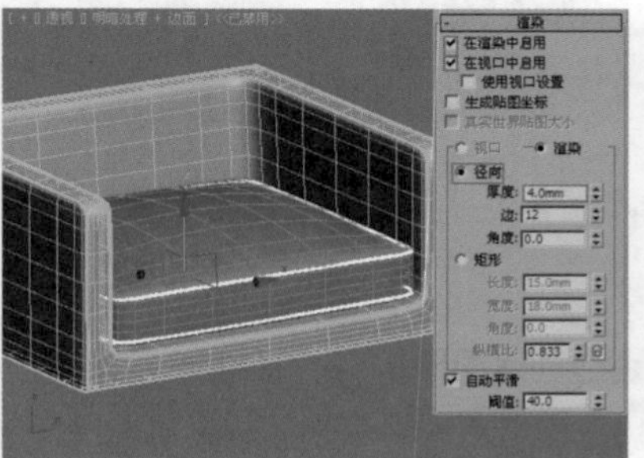

图4-817

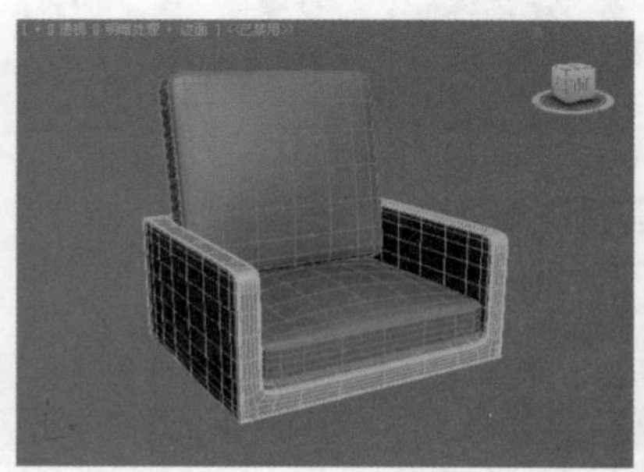

图4-818

Part 2 使用样条线的可渲染功能创建沙发腿部分模型

步骤 01 使用【矩形】工具 矩形 在顶视图中创建一个矩形，然后单击进入【修改】面板，设置【长度】为 600mm，【宽度】为 700mm，接着展开【渲染】卷展栏，选中【在渲染中启用】和【在视口中启用】复选框，接着选中【矩形】单选按钮，最后设置【长度】为 20mm，【宽度】为 30mm，如图 4-819 所示。

步骤 02 继续使用样条线可渲染的方法创建两个矩形，具体的参数如图 4-820 所示。

步骤 03 最终模型效果如图 4-821 所示。

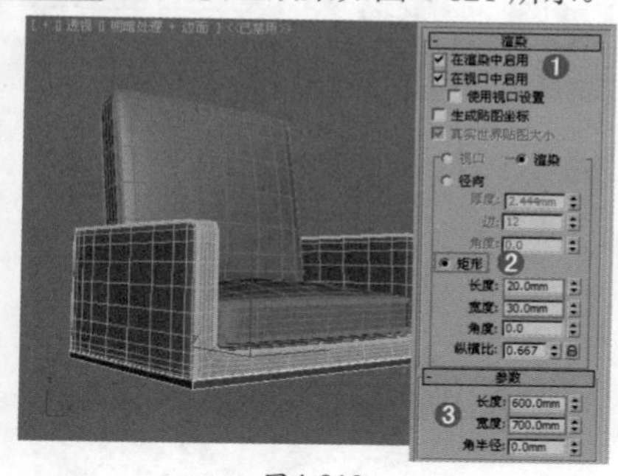

图4-819

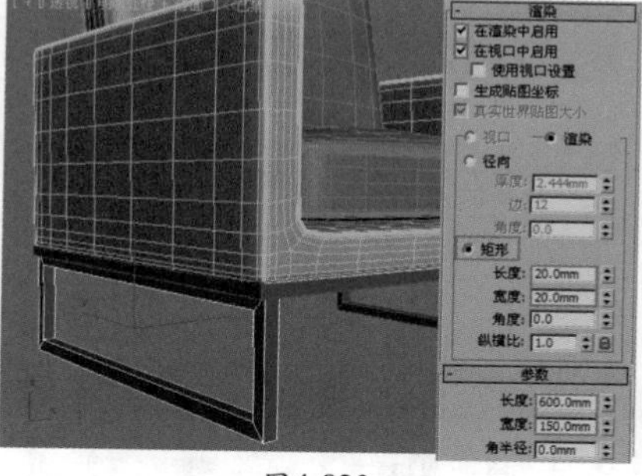

图4-820

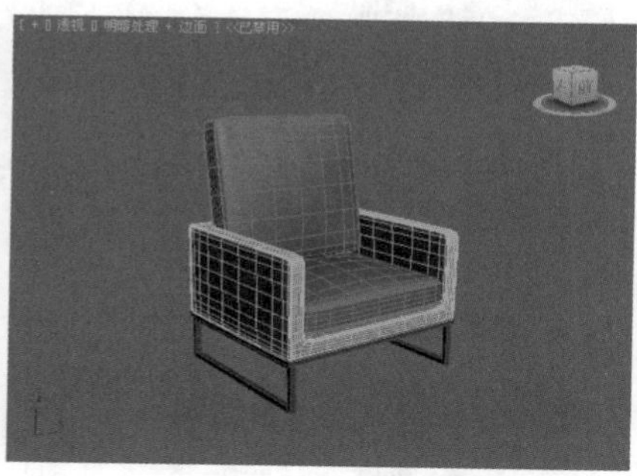

图4-821

重点 小实例：利用网格建模制作钢笔

场景文件	无
案例文件	小实例：利用网格建模制作钢笔 .max
视频教学	DVD/ 多媒体教学 /Chapter04/ 小实例：利用网格建模制作钢笔 .flv
难易指数	★★★☆☆
技术掌握	掌握网格建模下的【挤出】、【倒角】、【切角】、【分离】工具的使用方法

实例介绍

本例主要使用网格建模下的【挤出】、【倒角】、【切角】、【分离】工具制作钢笔模型，效果如图 4-822 所示。

建模思路

使用网格建模下的【挤出】、【倒角】、【切角】、【分离】工具制作钢笔模型。

钢笔模型的制作流程如图 4-823 所示。

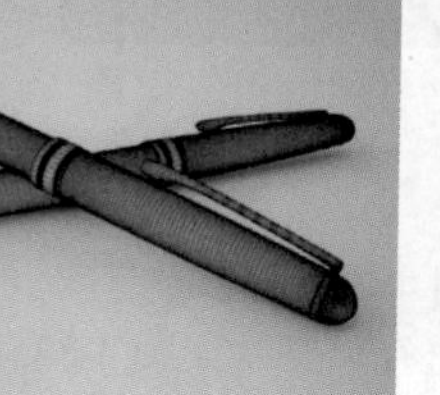

图4-822

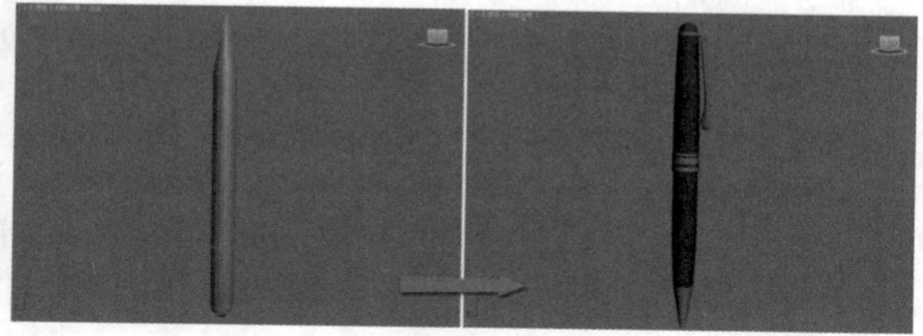

图4-823

操作步骤

步骤 01 使用【圆柱体】工具 圆柱体 在场景中创建一个圆柱体，然后设置【半径】为 30mm，【高度】为 280mm，【高度分段】为 1，如图 4-824 所示。

步骤 02 进入【修改】面板，为步骤 01 创建的圆柱体加载【编辑网格】修改器，如图 4-825 所示。

步骤 03 单击【多边形】按钮，进入多边形级别，然后选择如图 4-826 所示的多边形。在【挤出】按钮 挤出 后面输入 40mm，并按 Enter 键，如图 4-827 所示。

步骤 04 保持对多边形的选择，展开【编辑几何体】卷展栏，并在【倒角】按钮 倒角 后面输入 -4mm，并按 Enter 键，如图 4-828 所示。

步骤 05 保持对多边形的选择，然后展开【编辑几何体】卷展栏，在【挤出】按钮 挤出 后面输入 45mm，并按 Enter 键，如图 4-829 所示。接着在【倒角】按钮 倒角 后面输入 -24mm，并按 Enter 键，如图 4-830 所示。

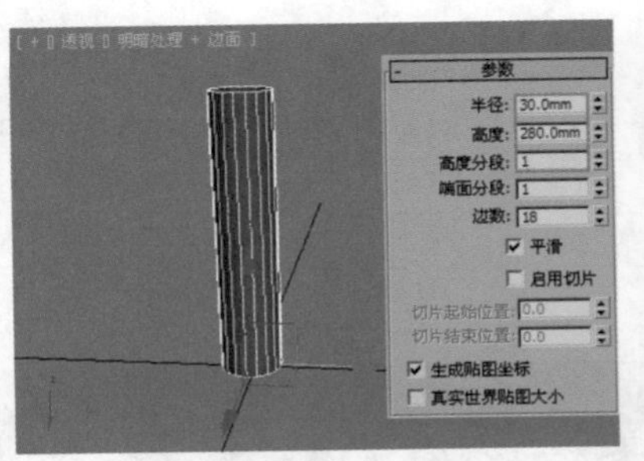

图4-824

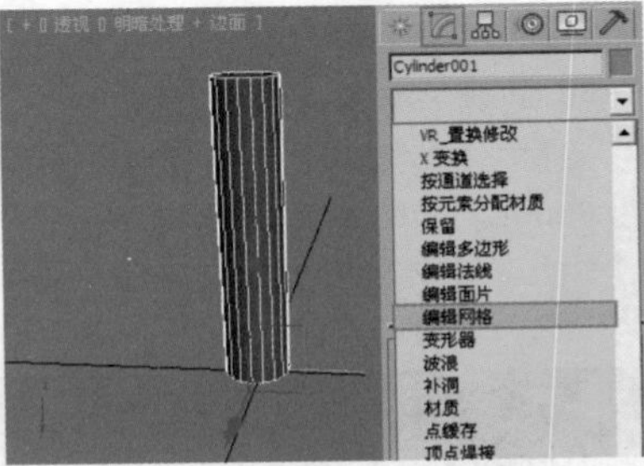

图4-825

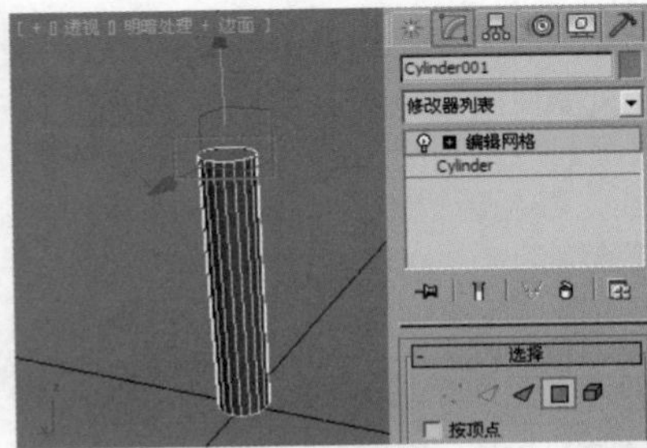

图4-826

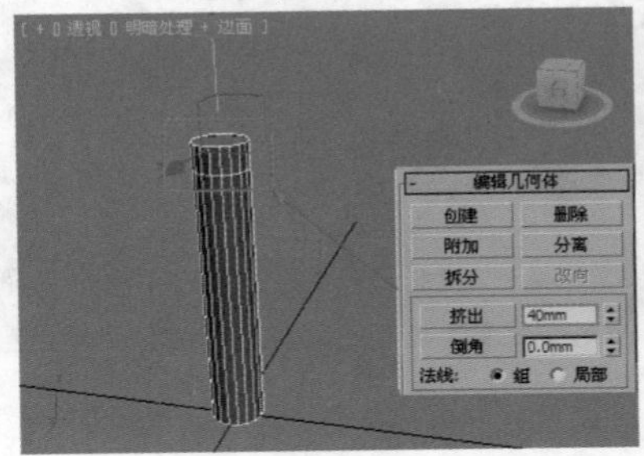

图4-827

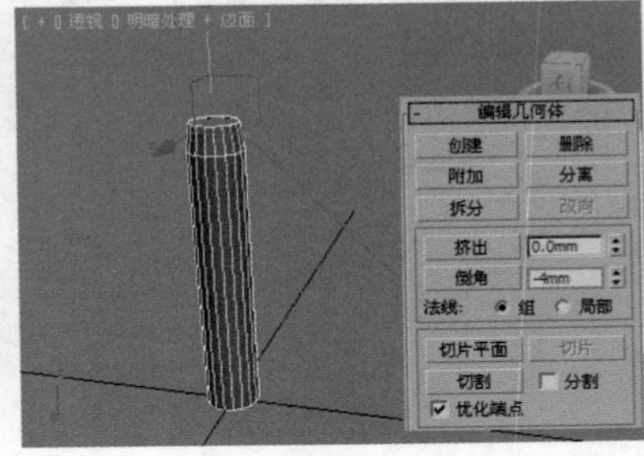

图4-828

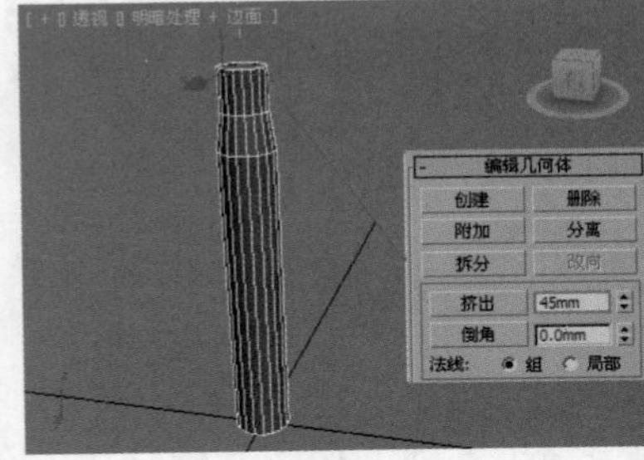

图4-829

步骤 06 在多边形级别下选择如图 4-831 所示的多边形，然后在【挤出】按钮 挤出 后面输入 150mm，并按 Enter 键，如图 4-832 所示。

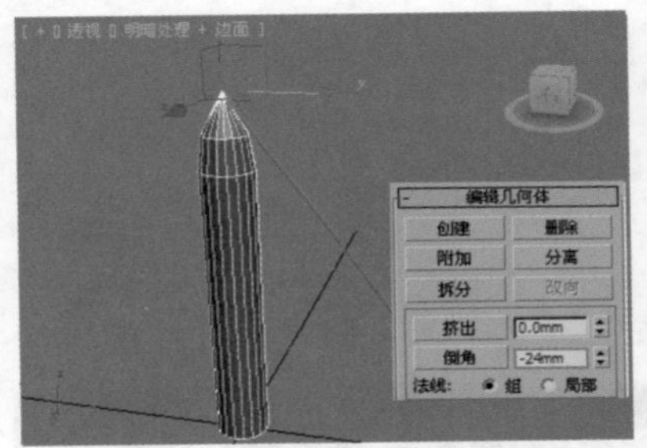

图4-830

图4-831

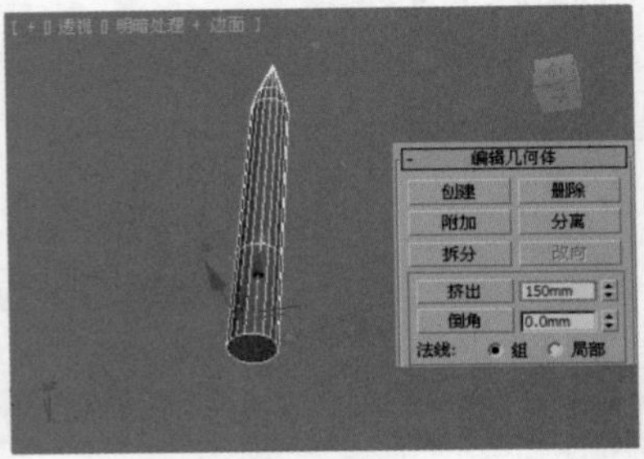

图4-832

步骤 07 保持对多边形的选择，然后展开【编辑几何体】卷展栏，在【挤出】按钮 挤出 后面输入 150mm，并按 Enter 键，如图 4-833 所示。

步骤 08 继续使用【挤出】和【倒角】工具进行操作，效果如图 4-834 所示。

步骤 09 单击【顶点】按钮 ，进入顶点级别，将顶点的位置进行调整，如图 4-835 所示。

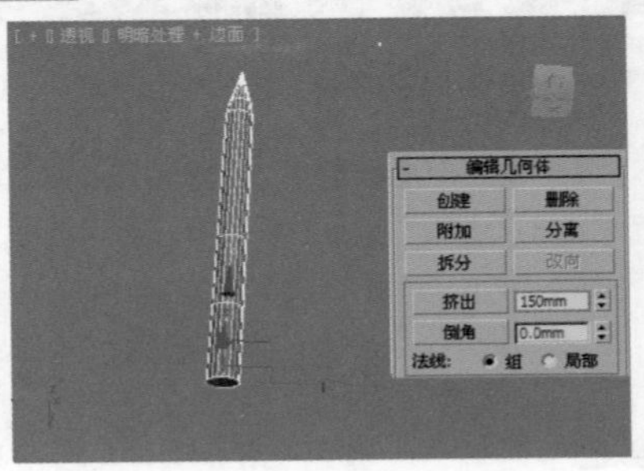

图4-833

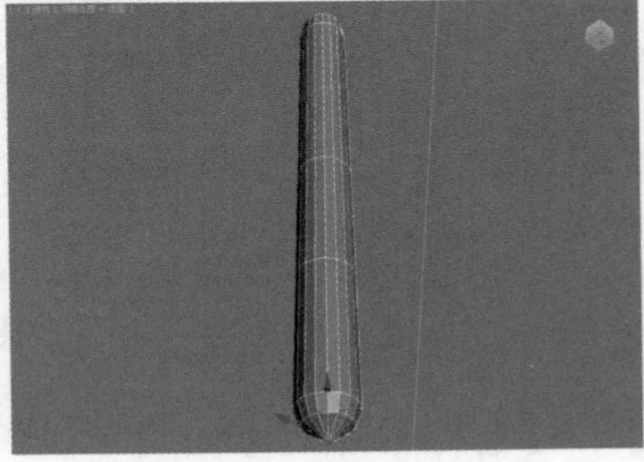

图4-834

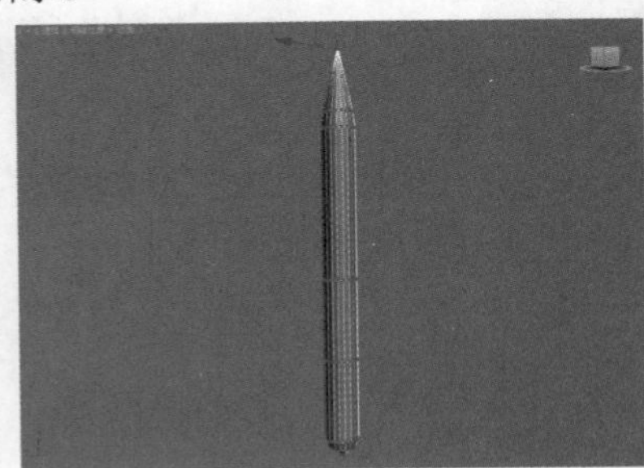

图4-835

步骤 10 单击【多边形】按钮 ，进入多边形级别，选择如图 4-836 所示的多边形，然后在【挤出】按钮 挤出 后面输入 4mm，并按 Enter 键，如图 4-837 所示。

步骤 11 单击【边】按钮 ，进入边级别，选择如图 4-838 所示的边。展开【编辑几何体】卷展栏，在【切角】按钮 切角 后面输入 0.3mm，并按 Enter 键，如图 4-839 所示。

步骤 12 继续为模型增加分段，并单击【多边形】按钮，进入多边形级别，选择如图 4-840 所示的多边形。然后单击【分离】按钮 分离 ，并在弹出的对话框中单击【确定】按钮，如图 4-841 所示。

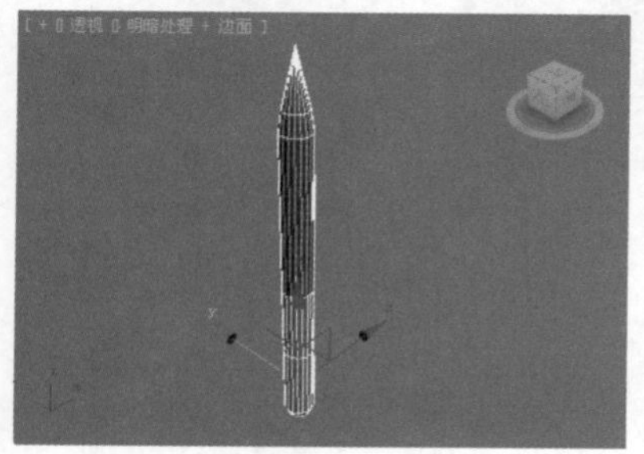
图4-836

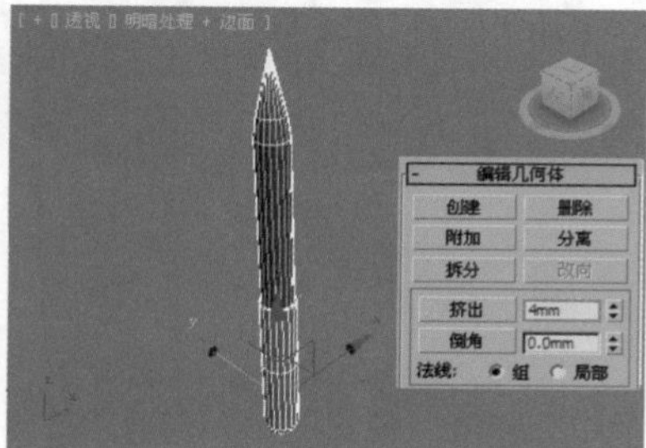
图4-837

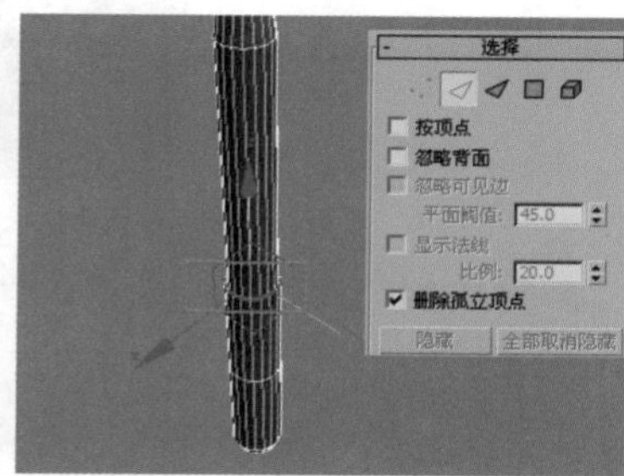
图4-838

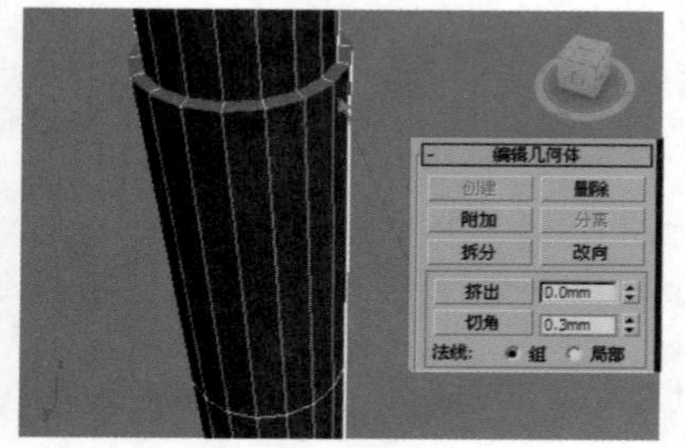
图4-839

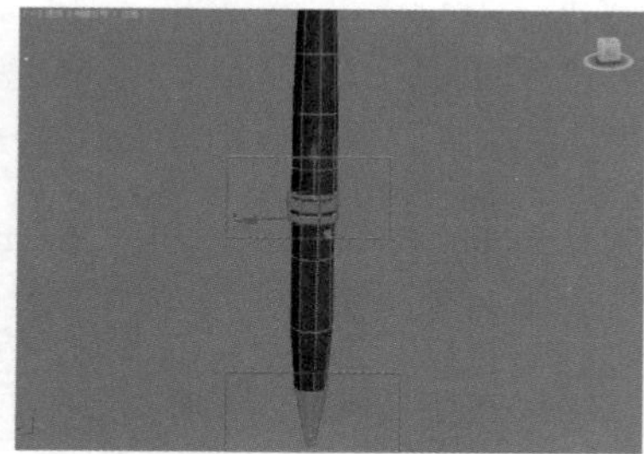
图4-840

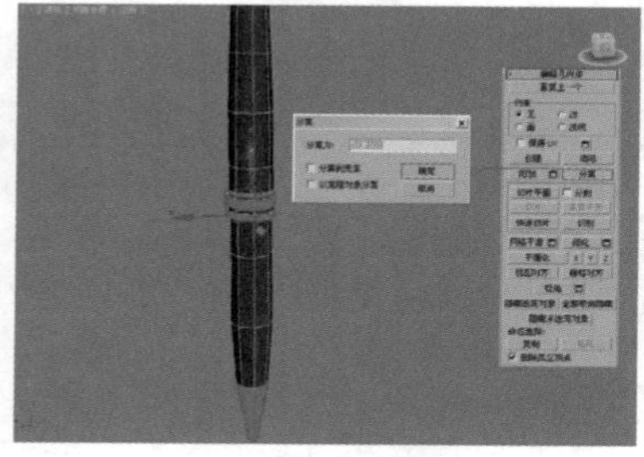
图4-841

步骤 13 选择此时的所有模型，并在【修改】面板下加载【涡轮平滑】修改器。展开【涡轮平滑】卷展栏，设置【迭代次数】为 2，如图 4-842 所示。

步骤 14 继续使用网格建模制作出剩余的模型，如图 4-843 所示。最终模型效果如图 4-844 所示。

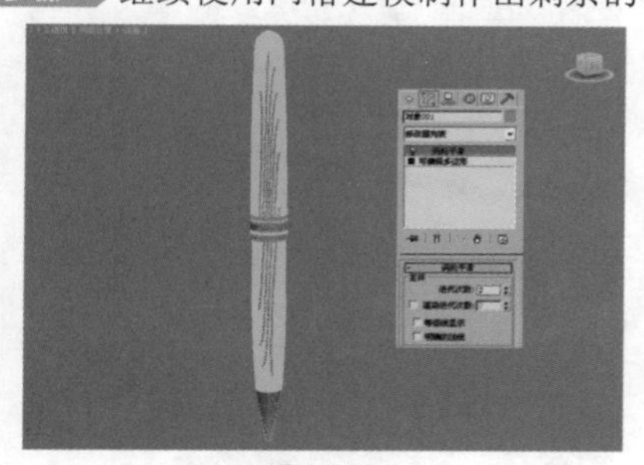
图4-842

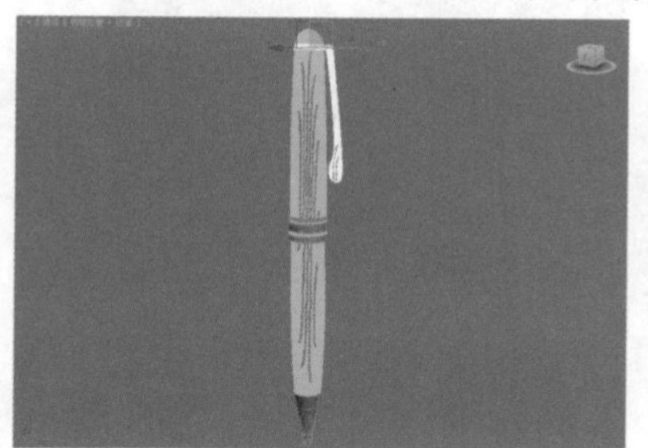
图4-843

图4-844

重点 综合实例：利用网格建模制作椅子

场景文件	无
案例文件	综合实例：利用网格建模制作椅子 .max
视频教学	DVD/ 多媒体教学 /Chapter04/ 综合实例：利用网格建模制作椅子 .flv
难易指数	★★★★☆
技术掌握	掌握【挤出】工具、【切角】工具以及【网格平滑】修改器的运用

实例介绍

本例的制作方法比较简单，同样还是使用【挤出】工具、【切角】工具来进行制作，效果如图 4-845 所示。

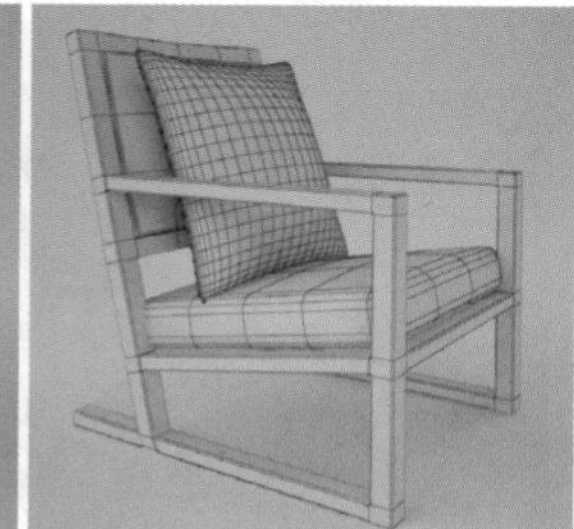
图4-845

建模思路

❶ 使用【挤出】工具和【切角】工具创建椅子框架模型。

❷ 使用【切角长方体】工具和【长方体】工具制作坐垫和靠垫模型。

椅子的建模流程如图 4-846 所示。

图4-846

操作步骤

Part 1 使用【挤出】工具和【切角】工具创建椅子框架模型

步骤 01 使用【长方体】工具 长方体 在场景中创建一个长方体，然后在【参数】卷展栏下设置【长度】为450mm、【宽度】为600mm，【高度】为40mm，【长度分段】为6，【宽度分段】为6，【高度分段】为1，如图4-847所示。

步骤 02 将长方体转换为可编辑网格，单击【顶点】按钮，进入顶点级别，接着调整好各个顶点的位置，如图4-848所示。

步骤 03 单击【多边形】按钮，进入多边形级别，然后选择如图4-849所示的多边形。接着在【编辑几何体】卷展栏下的【挤出】按钮 挤出 后面输入250mm，并按Enter键，如图4-850所示。

步骤 04 连续使用【挤出】工具，分别设置数值为50mm、200mm、50mm、20mm，如图4-851～图4-854所示。

步骤 05 单击【边】按钮，进入边级别，然后选择如图4-855所示的边。接着在【编辑几何体】卷展栏下的【切角】按钮 切角 后面输入3mm，并按Enter键，如图4-856所示。

步骤 06 单击【多边形】按钮，进入多边形级别，然后选择如图4-857所示的多边形。接着在【编辑几何体】卷展栏下的【挤出】按钮 挤出 后面输入3mm，并按Enter键，如图4-858所示。

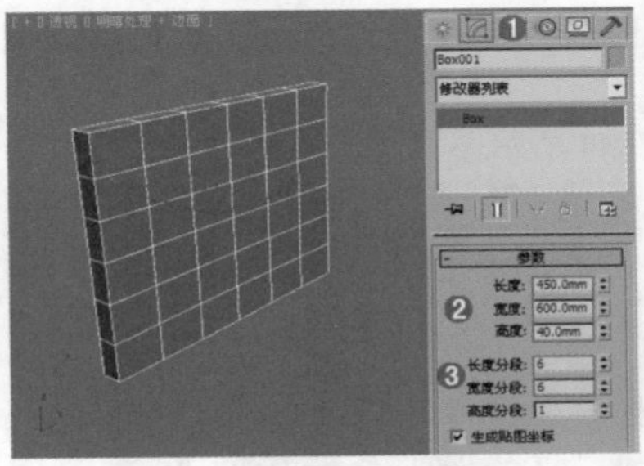

图4-847

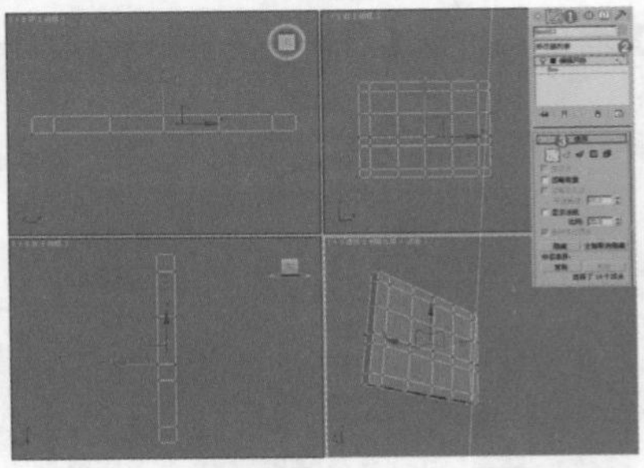

图4-848

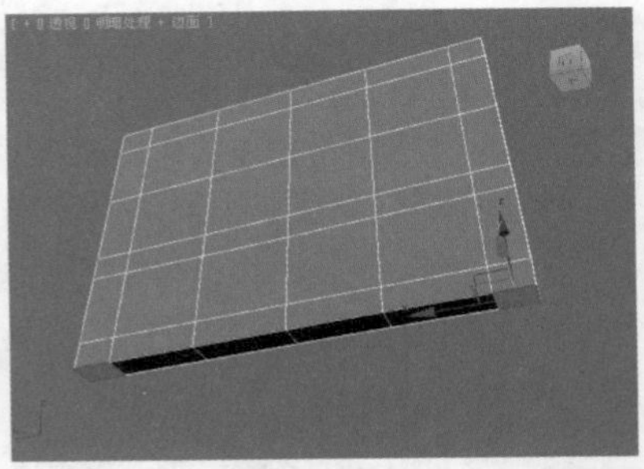

图4-849

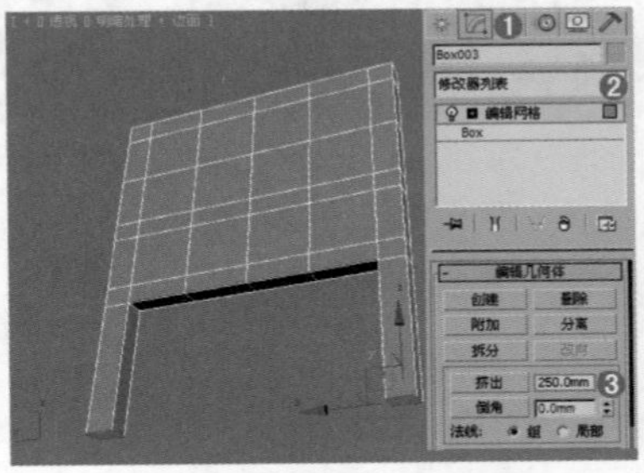

图4-850

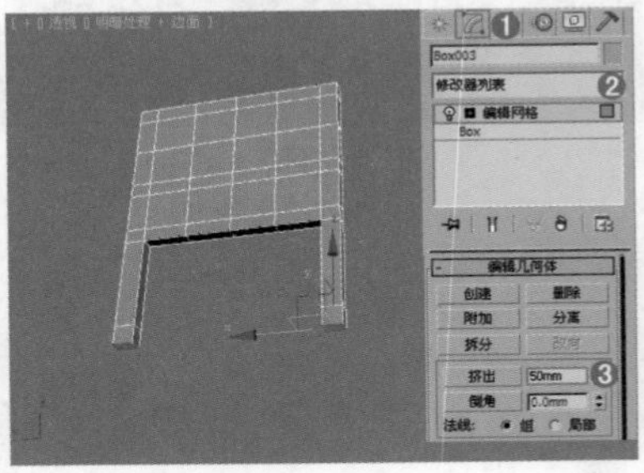

图4-851

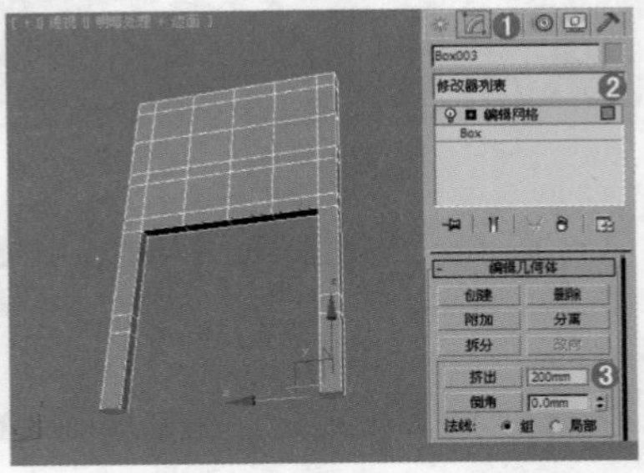

图4-852

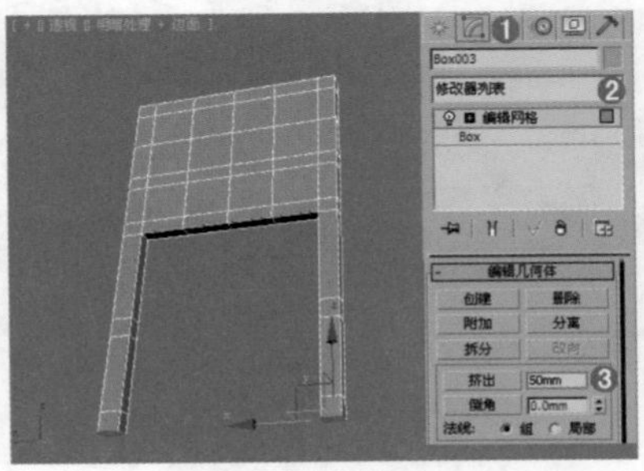

图4-853

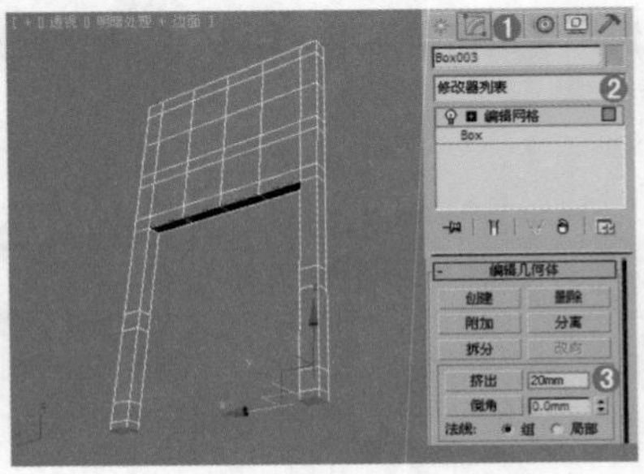

图4-854

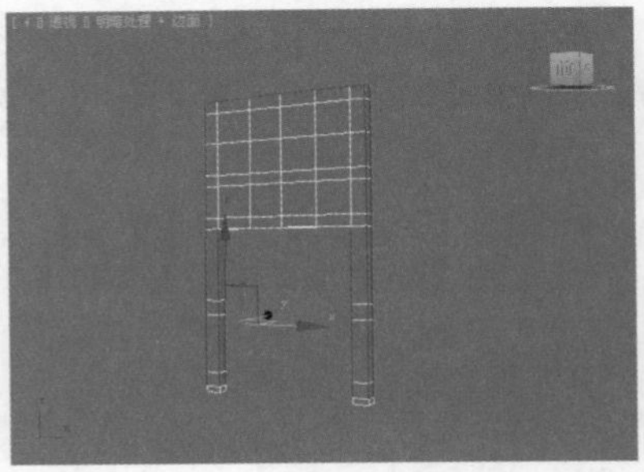

图4-855

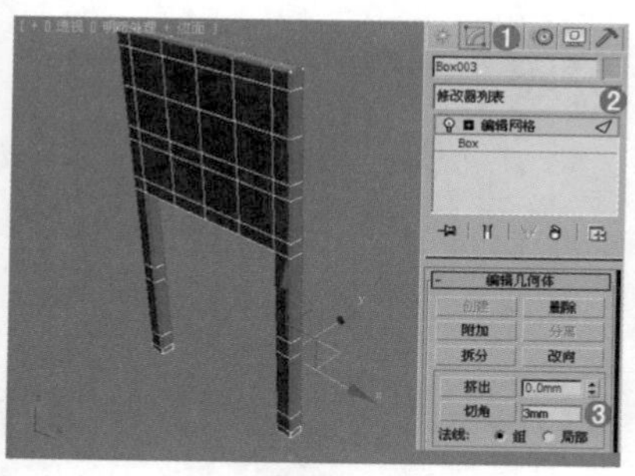

图4-856

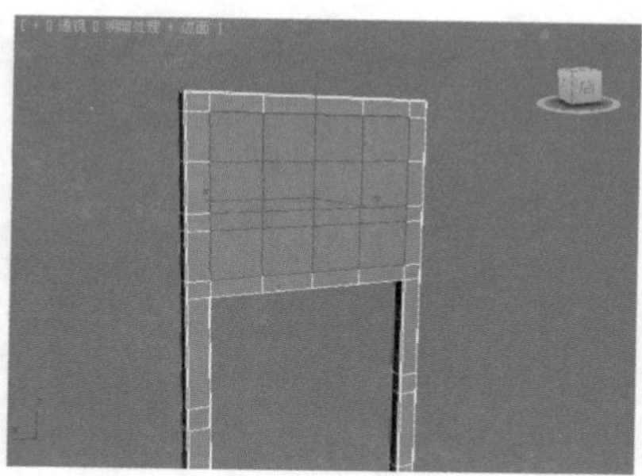

图4-857

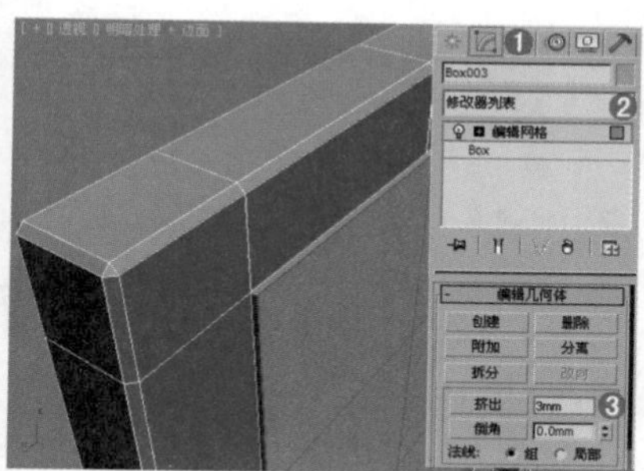

图4-858

步骤 07 单击【边】按钮，进入边级别，选择如图 4-859 所示的边。接着在【编辑几何体】卷展栏下的【切角】按钮  后面输入 3mm，并按 Enter 键，然后再重复一次操作，模型效果如图 4-860 所示。

步骤 08 单击【顶点】按钮，进入顶点级别，调整好各个顶点的位置，如图 4-861 所示。

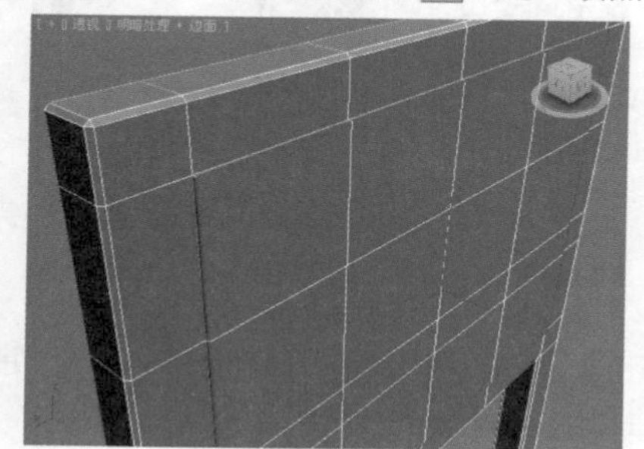

图4-859

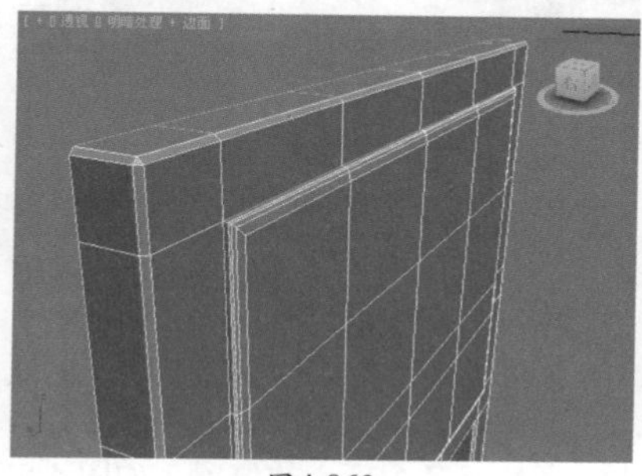

图4-860

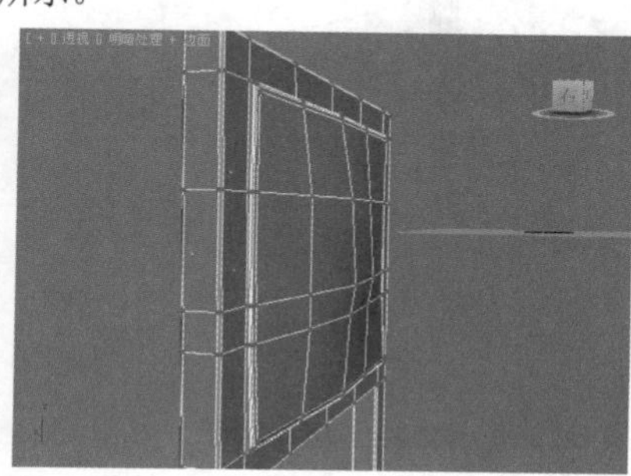

图4-861

步骤 09 单击【多边形】按钮，进入多边形级别，选择如图 4-862 所示的多边形。接着在【编辑几何体】卷展栏下的【挤出】按钮 挤出 后面输入 600mm，并按 Enter 键，然后再进行一次【挤出】操作，输入数值为 70mm，如图 4-863 所示。

步骤 10 选择如图 4-864 所示的多边形，接着在【编辑几何体】卷展栏下的【挤出】按钮 挤出 后面输入 410mm，并按 Enter 键，然后再进行 4 次【挤出】操作，数值分别设置为 50mm、200mm、50mm、20mm，如图 4-865 ～图 4-868 所示。

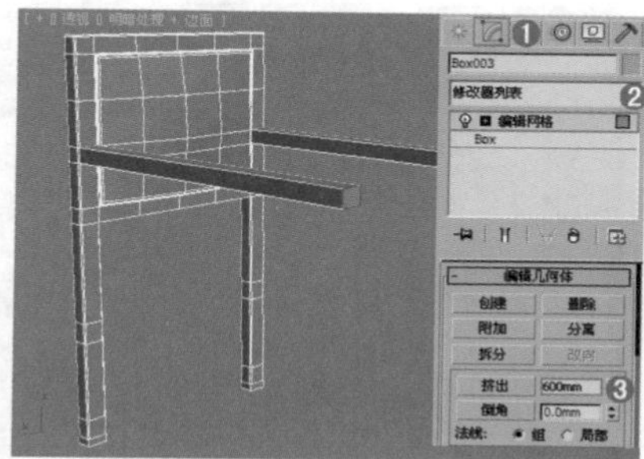

图4-862

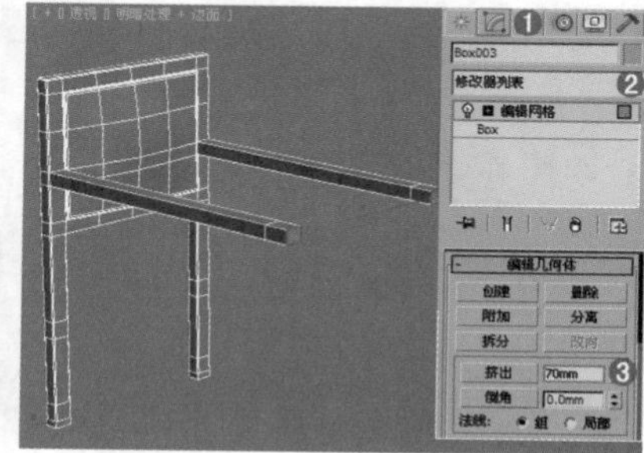

图4-863

步骤 11 选择如图 4-869 所示的多边形，接着在【编辑几何体】卷展栏下的【挤出】按钮 挤出 后面输入 500mm，并按 Enter 键，如图 4-870 所示。

步骤 12 继续选择如图 4-871 所示的多边形，接着在【编辑几何体】卷展栏下的【挤出】按钮 挤出 后面输入 500mm，并按 Enter 键，如图 4-872 所示。

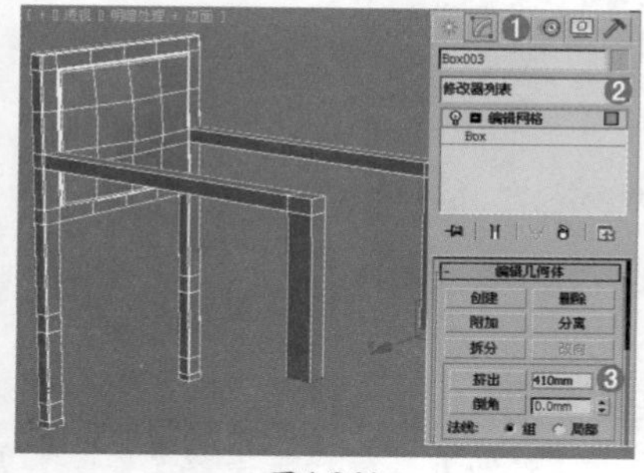

图4-864

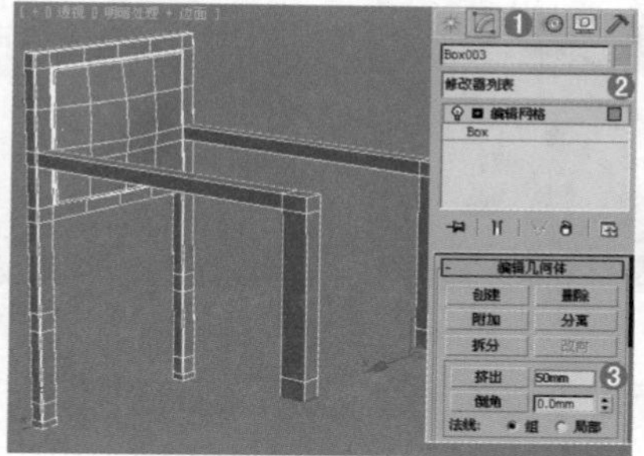

图4-865

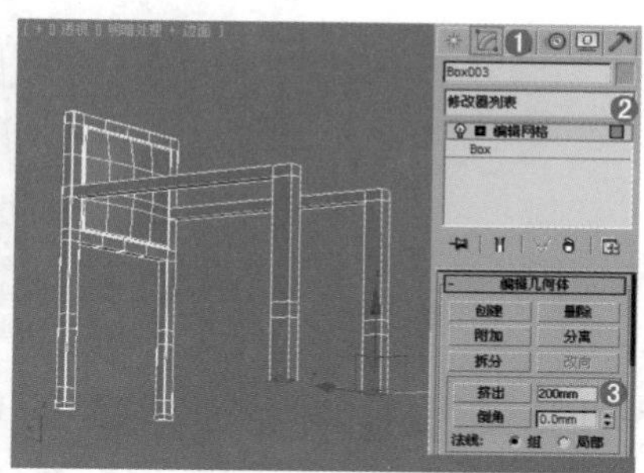

图4-866

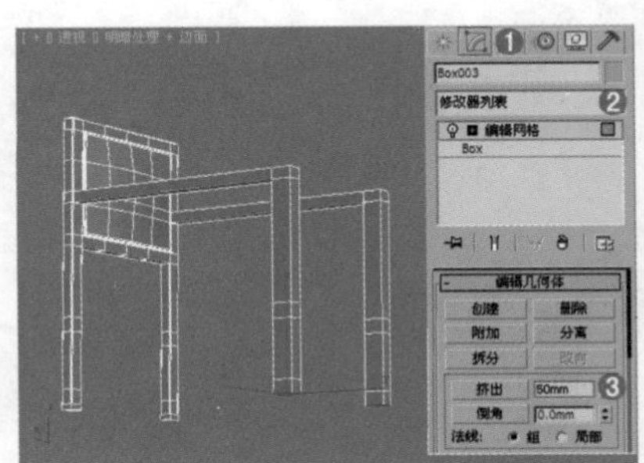

图4-867

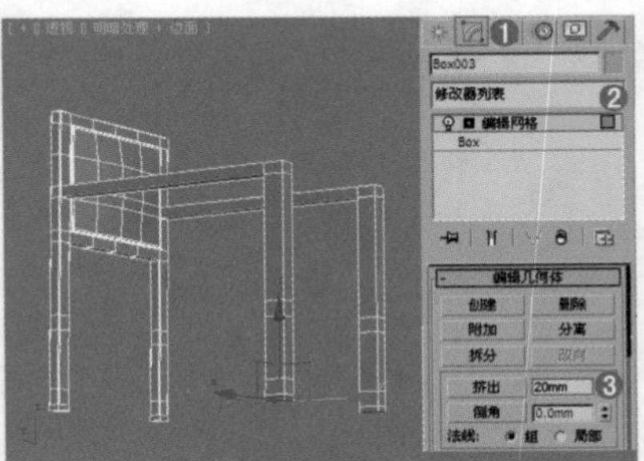

图4-868

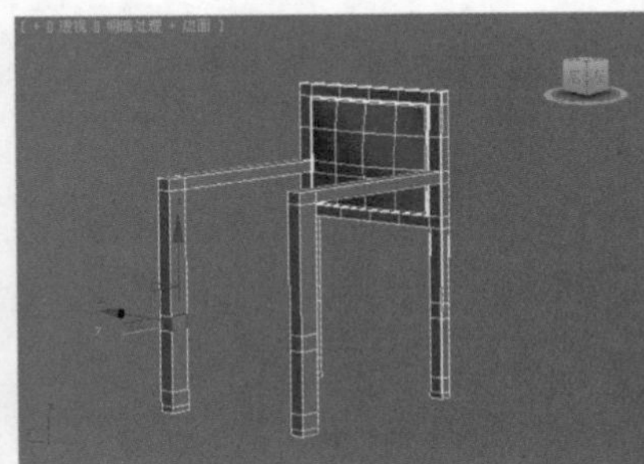
图4-869

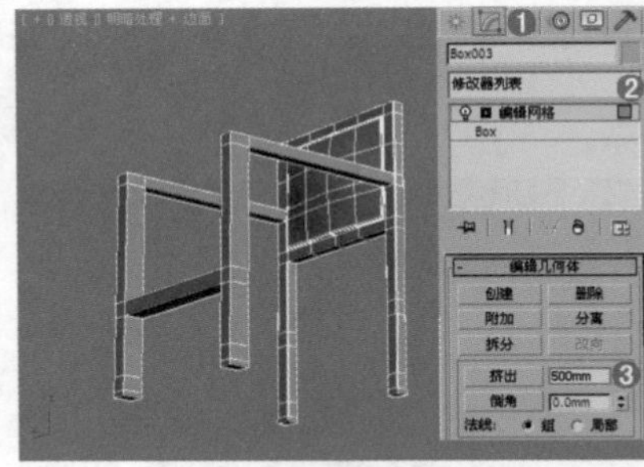

图4-870

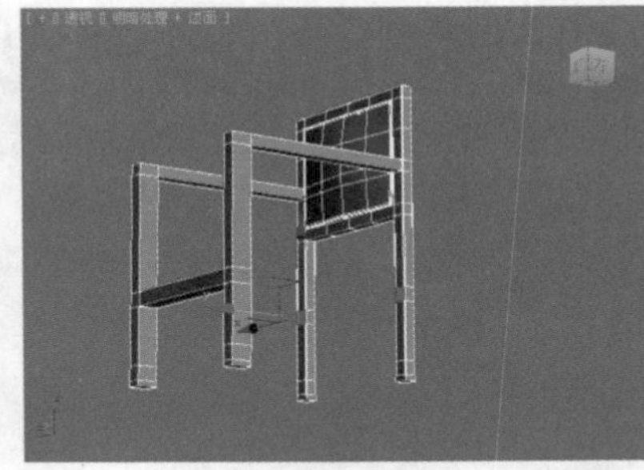
图4-871

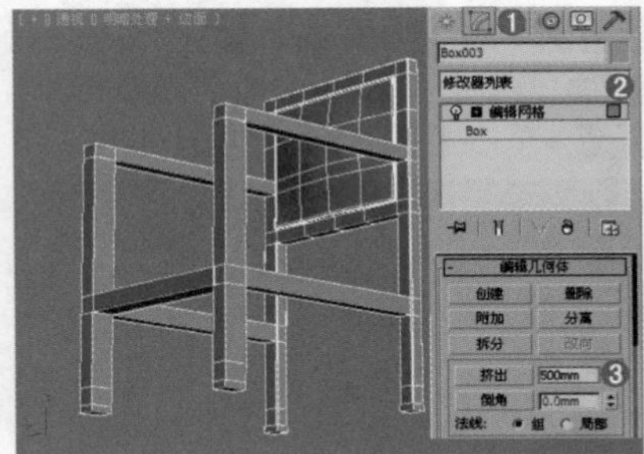

图4-872

步骤 13 继续选择如图4-873所示的多边形，接着在【编辑几何体】卷展栏下的【挤出】按钮 挤出 后面输入750mm，并按Enter键，如图4-874所示。

步骤 14 单击【顶点】按钮，进入顶点级别，调整好各个顶点的位置，如图4-875所示。

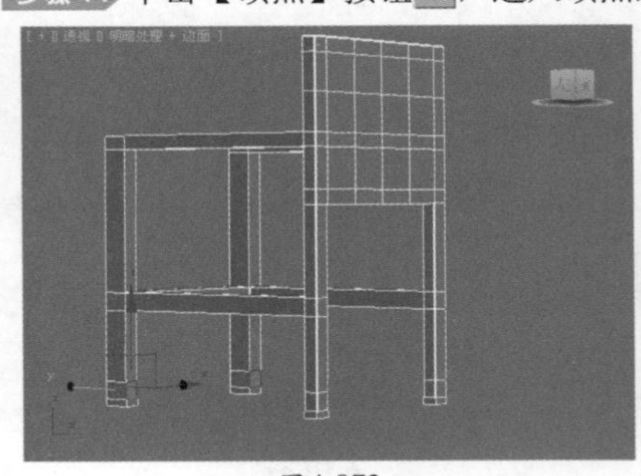
图4-873

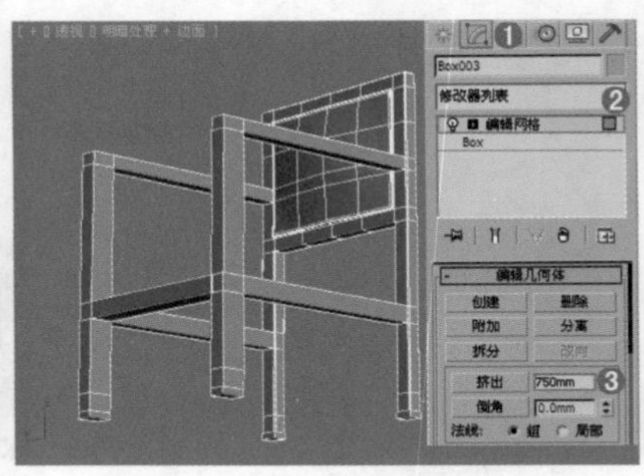

图4-874

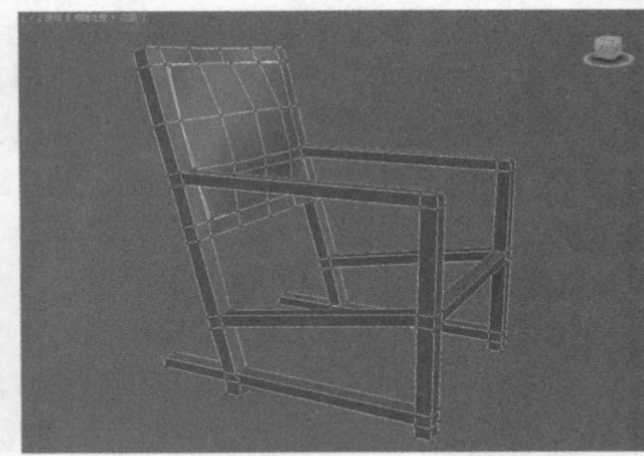
图4-875

步骤 15 单击【边】按钮，进入边级别，然后选择如图4-876所示的边。接着在【编辑几何体】卷展栏下的【切角】按钮 切角 后面输入3mm，并按Enter键，如图4-877所示。

图4-876

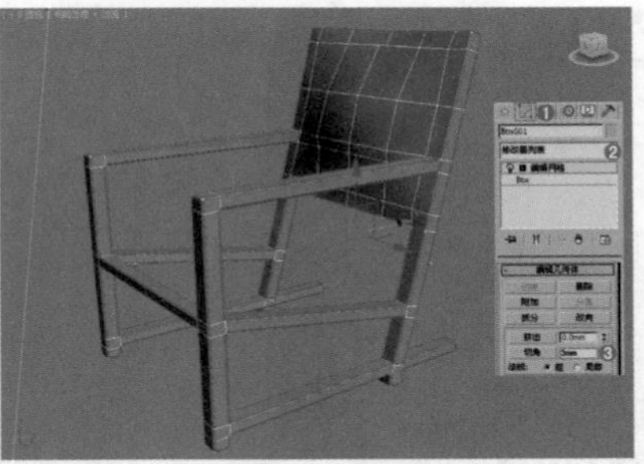
图4-877

Part 2 使用【切角长方体】工具和【长方体】工具制作坐垫和靠垫模型

步骤 01 使用【切角长方体】工具 切角长方体 在场景中创建一个切角长方体，然后在【参数】卷展栏下设置【长度】为560mm，【宽度】为540mm，【高度】为100mm，【圆角】为30mm，设置【长度分段】为4，【宽度分段】为3，【高度分段】

为1，【圆角分段】为3，如图4-878所示。

步骤02 使用【切角长方体】工具 切角长方体 在场景中创建一个切角长方体，然后在【参数】卷展栏下设置【长度】为450mm，【宽度】为450mm，【高度】为50mm，设置【长度分段】为6，【宽度分段】为6，【高度分段】为1，如图4-879所示。

步骤03 将步骤02中的长方体转换为可编辑网格，单击【顶点】按钮，进入顶点级别，接着将其调整成如图4-880所示的效果。

步骤04 为模型加载一个【网格平滑】修改器，然后设置【迭代次数】为2，如图4-881所示。

步骤05 模型最终效果如图4-882所示。

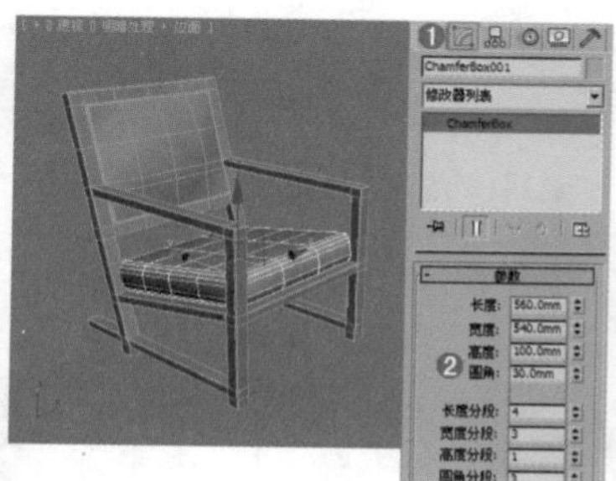

图4-878

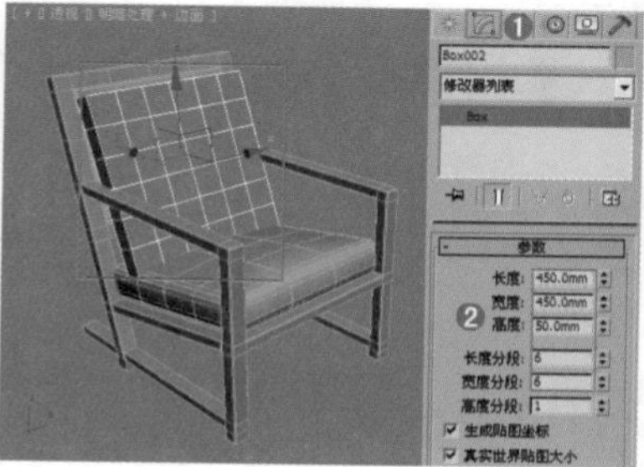

图4-879

图4-880

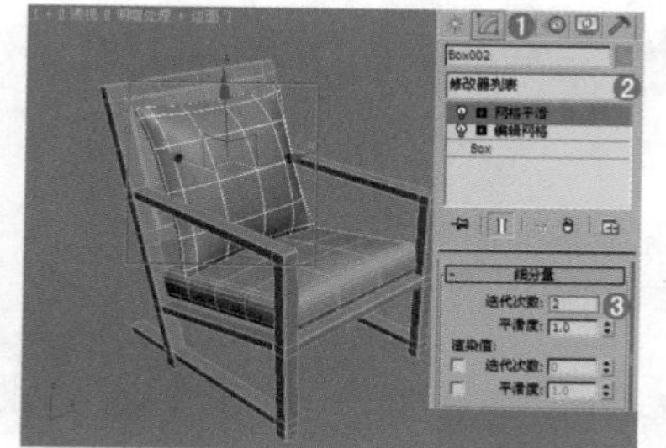

图4-881

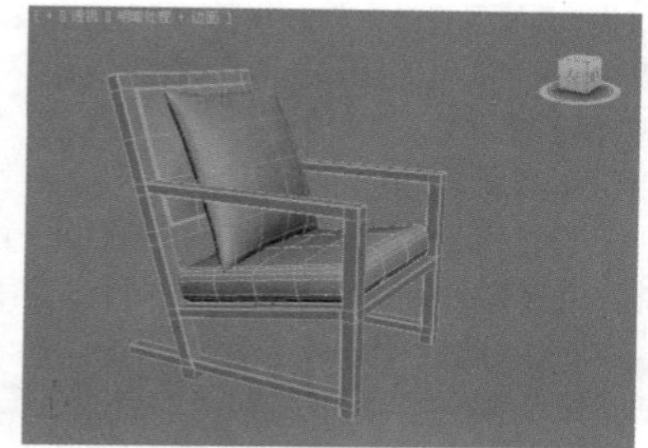

图4-882

4.5 面片建模

面片建模可以创建外观类似于网格，但可通过控制柄（如微调器）控制其曲面曲率的对象。可以使用内置面片栅格创建面片模型，多数对象都可以转化为面片格式，如图4-883所示为优秀的面片建模作品。

图4-883

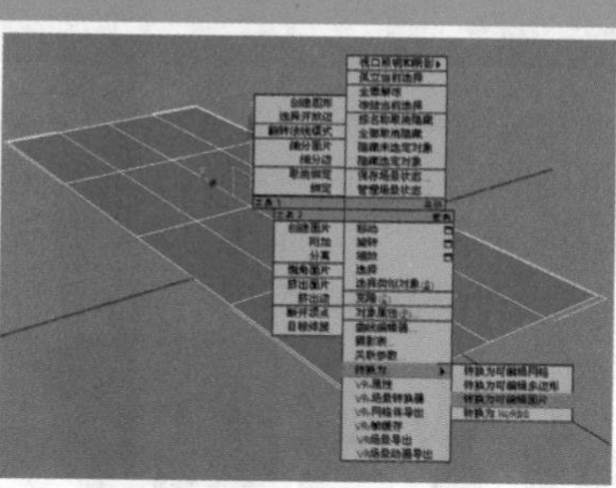

图4-884

4.5.1 可编辑面片曲面

与多边形建模一样，面片建模也需要将模型转换为可编辑片面，如图4-884所示。

【可编辑面片】提供了各种控件，不仅可以将对象作为面片对象进行操纵，而且可以在顶点、控制柄、边、面片和元素5个子对象层级进行操纵，其参数面板如图4-885所示。

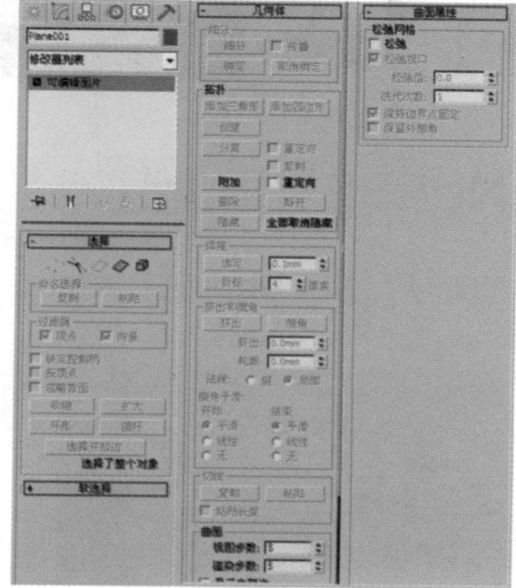

图4-885

技巧与提示

【可编辑面片】的参数面板与【可编辑多边形】、【可编辑网格】的面板基本一致，因此不再做过多的介绍。

4.5.2 面片栅格

在【面片栅格】中创建【四边形面片和三角形面片】两种面片表面。面片栅格以平面对象开始，但通过使用【编辑面片】修改器或将栅格的修改器列表塌陷到【修改】面板的【可编辑面片】中，可以在任意 3D 曲面中修改，如图 4-886 所示。

图4-886

【四边形面片】创建带有默认 36 个可见矩形面的平面栅格。隐藏线将每个面划分为两个三角形面，如图 4-887 所示。其参数面板如图 4-888 所示。

【三角形面片】将创建具有 72 个三角形面的平面栅格。该面数保留 72 个，不必考虑其大小。当增加栅格大小时，面会变大以填充该区域，如图 4-889 所示。其参数面板如图 4-890 所示。

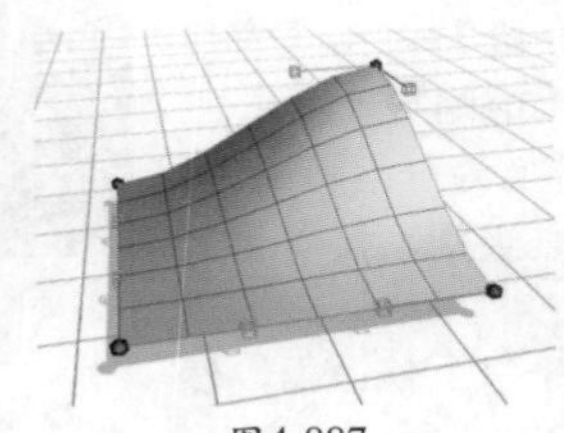
图4-887

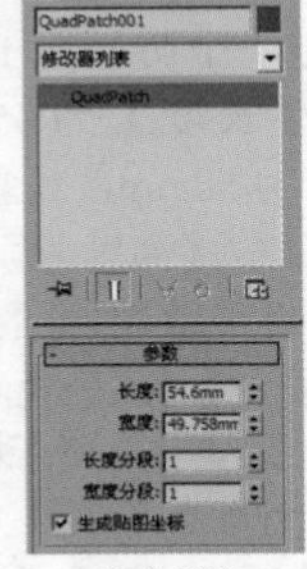

图4-888

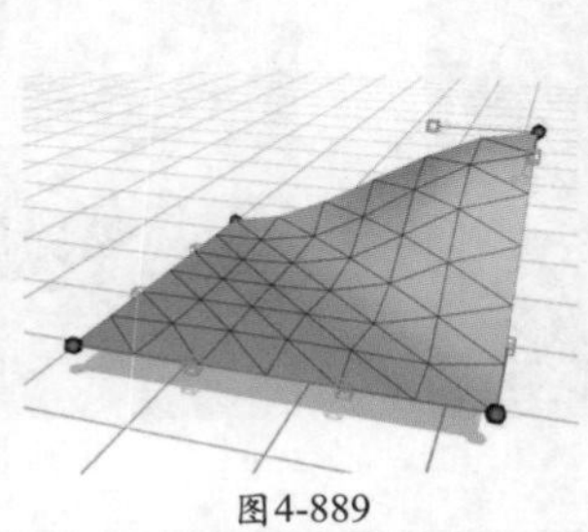
图4-889

图4-890

4.6 NURBS建模

NURBS 建模是一种高级建模方法。所谓 NURBS，是指 Non-Uniform Rational B-Spline（非均匀有理 B 样条曲线）。NURBS 建模适合于创建一些复杂的弯曲曲面，如图 4-891 所示是比较优秀的 NURBS 建模作品。

图4-891

4.6.1 NURBS对象类型

NURBS 对象包含 NURBS 曲面和 NURBS 曲线两种，如图 4-892 所示。

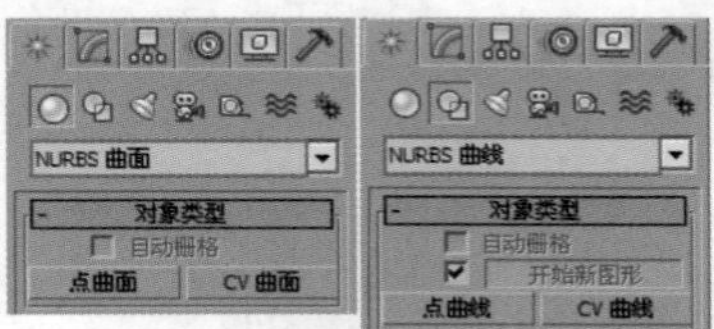

图4-892

1. NURBS 曲面

NURBS 曲面包含点曲面和 CV 曲面两种，如图 4-893 所示。

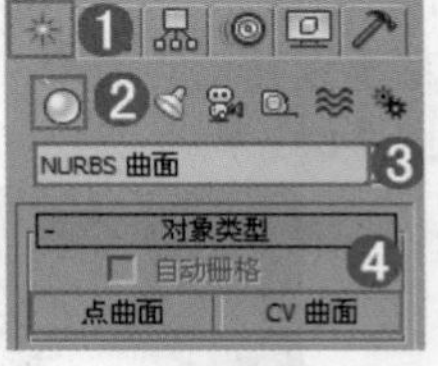

图4-893

（1）点曲面

点曲面由点来控制模型的形状，每个点始终位于曲面的表面上，如图 4-894 所示。

（2）CV 曲面

CV 曲面由控制顶点（CV）来控制模型的形状，CV 形成围绕曲面的控制晶格，而不是位于曲面上，如图 4-895 所示。

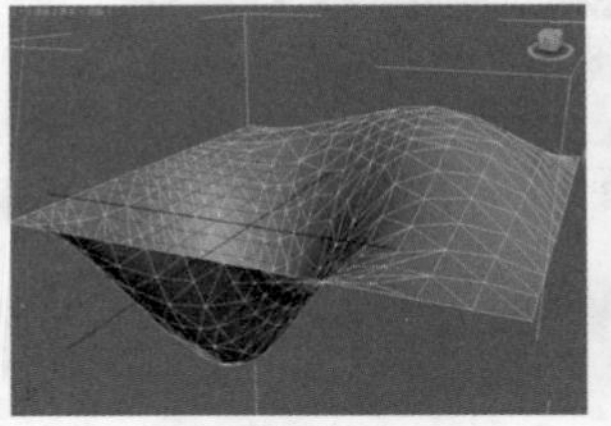
图4-894

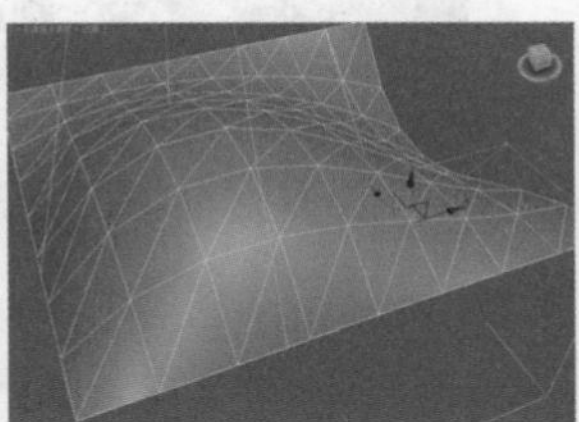
图4-895

2. NURBS 曲线

NURBS 曲线包含点曲线和 CV 曲线两种，如图 4-896 所示。

(1) 点曲线

点曲线由点来控制曲线的形状，每个点始终位于曲线上，如图 4-897 所示。

(2) CV 曲线

CV 曲线由控制顶点（CV）来控制曲线的形状，这些控制顶点不必位于曲线上，如图 4-898 所示。

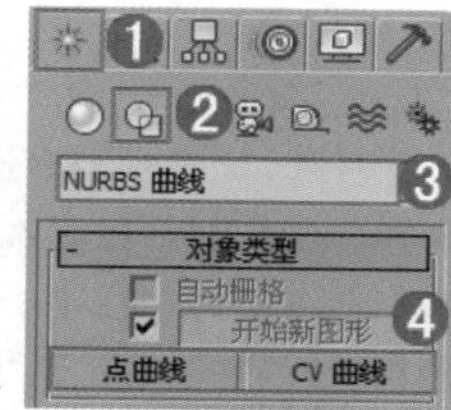

图4-896

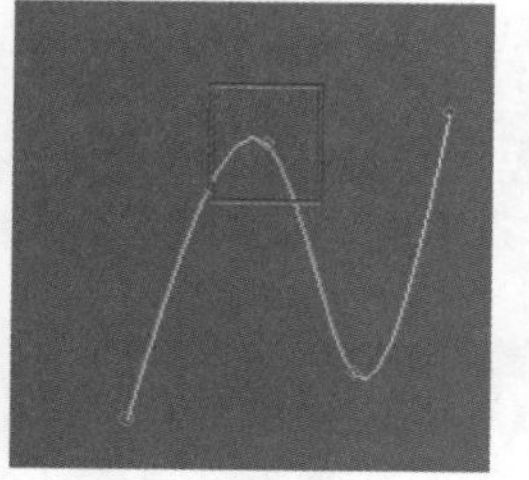
图4-897

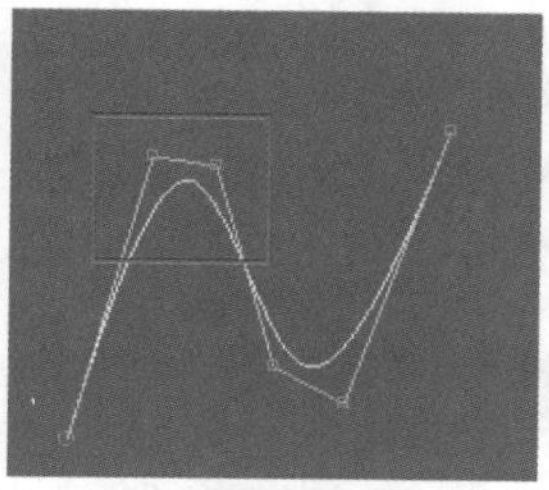

图4-898

4.6.2 创建NURBS对象

创建 NURBS 对象的方法很简单，如果要创建 NURBS 曲面，可以将几何体类型切换为【NURBS 曲面】，然后使用【点曲面】工具 点曲面 和【CV 曲面】工具 CV 曲面 创建出相应的曲面对象；如果要创建 NURBS 曲线，可以将图形类型切换为【NURBS 曲线】，然后使用【点曲线】工具 点曲线 和【CV 曲线】工具 CV 曲线 创建出相应的曲线对象。

4.6.3 转换NURBS对象

NURBS 对象可以直接创建出来，也可以通过转换的方法将对象转换为 NURBS 对象。将对象转换为 NURBS 对象的方法主要有以下 3 种。

(1) 选择对象，然后右击，接着在弹出的菜单中选择【转换为】|【转换为 NURBS】命令，如图 4-899 所示。

(2) 选择对象，然后进入【修改】面板，接着在【修改器列表】中的对象上右击，最后在弹出的菜单中选择 NURBS 命令，如图 4-900 所示。

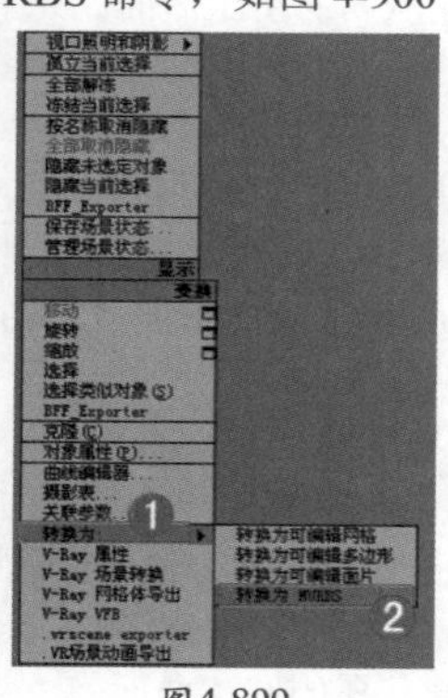
图4-899

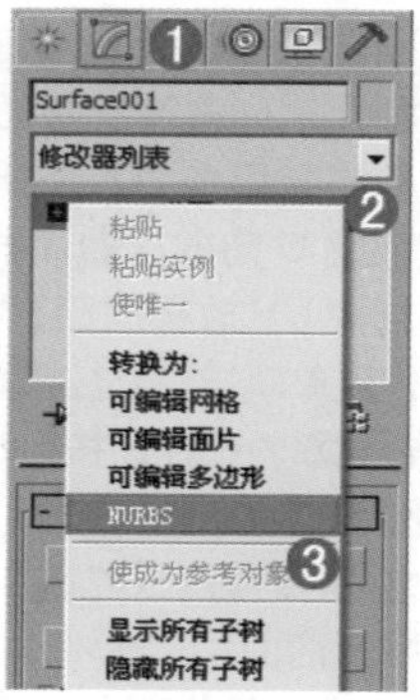

图4-900

(3) 为对象加载【挤出】或【车削】修改器，然后设置【输出】为 NURBS，如图 4-901 所示。

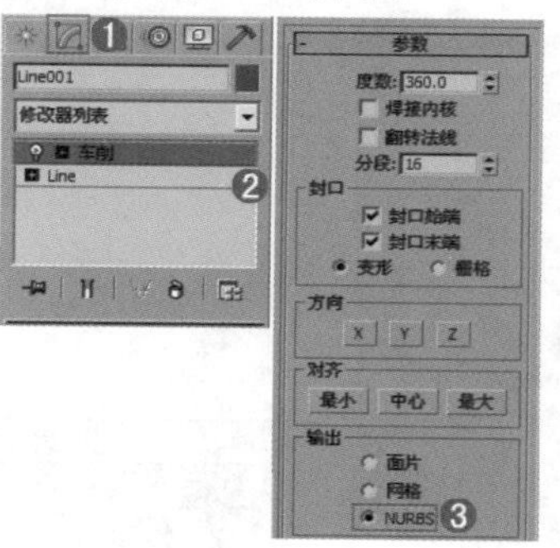

图4-901

4.6.4 编辑NURBS对象

在 NURBS 对象的参数设置面板中共有 7 个卷展栏（以【NURBS 曲面】对象为例），分别是【常规】、【显示线参数】、【曲面近似】、【曲线近似】、【创建点】、【创建曲线】和【创建曲面】卷展栏，如图 4-902 所示。

图4-902

1. 常规

【常规】卷展栏中包含【附加】工具、【导入】工具、【显示】方式以及 NURBS 工具箱等，如图 4-903 所示。

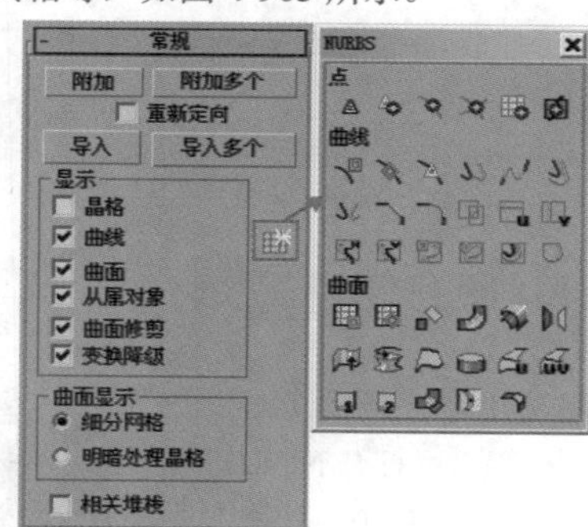

图4-903

2. 显示线参数

【显示线参数】卷展栏下的参数主要用来指定显示 NURBS 曲面所用的【U 向线数】和【V 向线数】数值，如图 4-904 所示。

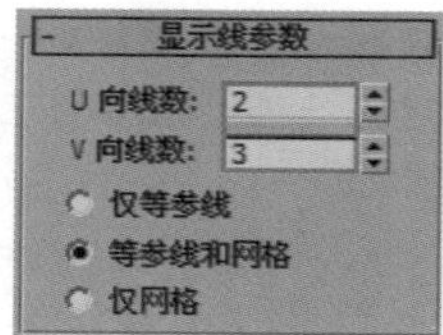

图4-904

3. 曲面近似

【曲面近似】卷展栏下的参数主要用于控制视图和渲染器的曲面细分，可以根据不同的需要来选择【高】、【中】、【低】3 种不同的细分预设，如图 4-905 所示。

4. 曲线近似

【曲线近似】卷展栏与【曲面近似】卷展栏相似，主要用于控制曲线的步数及曲线细分的级别，如图 4-906 所示。

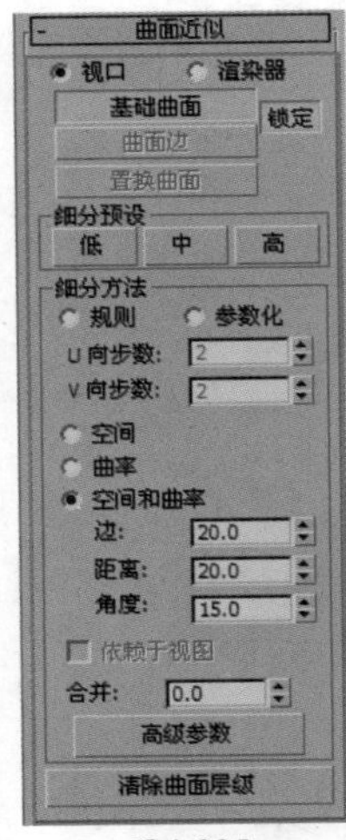

图4-905

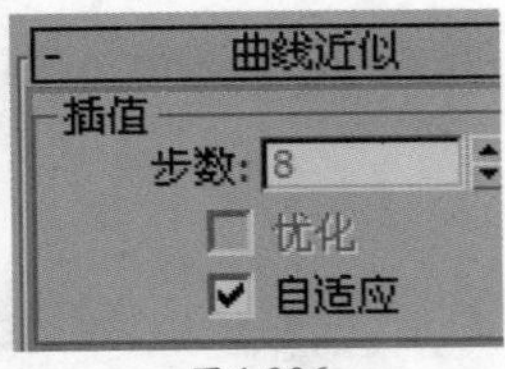

图4-906

5．创建点/曲线/曲面

【创建点】、【创建曲线】和【创建曲面】卷展栏中的工具与【NURBS工具箱】中的工具相对应，主要用来创建点、曲线和曲面对象，如图4-907所示。

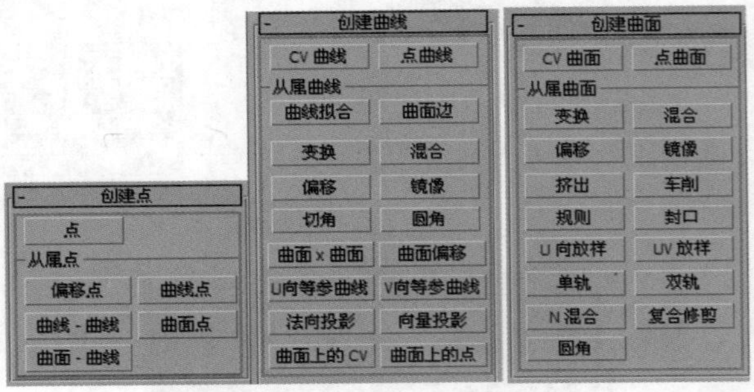

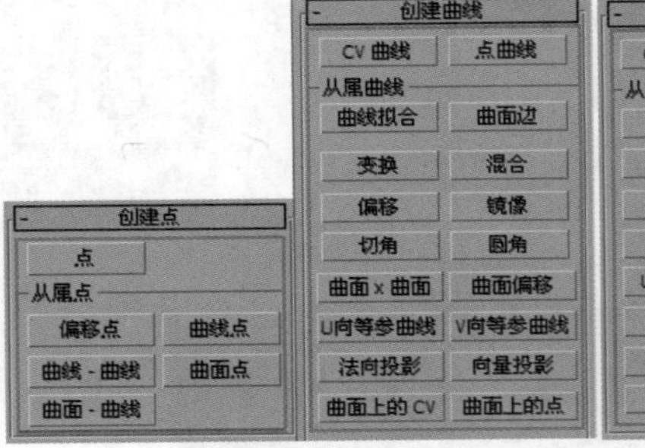

图4-907

4.6.5 NURBS工具箱

在【常规】卷展栏下单击【NURBS创建工具箱】按钮可打开NURBS工具箱，如图4-908所示。NURBS工具箱中包含用于创建NURBS对象的所有工具，主要分为3个功能区，分别是【点】功能区、【曲线】功能区和【曲面】功能区。

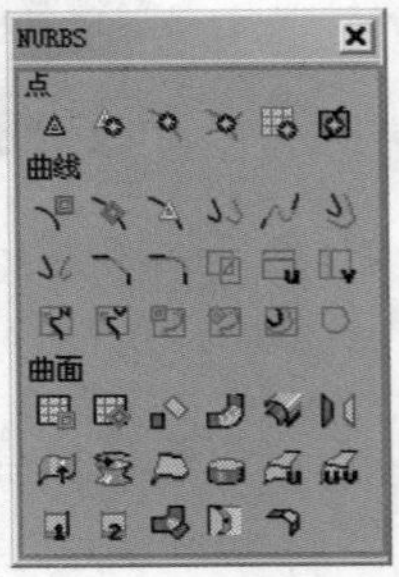

图4-908

1．点

- 【创建点】按钮：创建单独的点。
- 【创建偏移点】按钮：根据一个偏移量创建一个点。
- 【创建曲线点】：创建从属曲线上的点。
- 【创建曲线-曲线点】按钮：创建一个从属于曲线-曲线的相交点。
- 【创建曲面点】按钮：创建从属于曲面上的点。
- 【创建曲面-曲线点】按钮：创建从属于曲面-曲线的相交点。

2．曲线

- 【创建CV曲线】按钮：创建一条独立的CV曲线子对象。
- 【创建点曲线】按钮：创建一条独立的点曲线子对象。
- 【创建拟合曲线】按钮：创建一条从属的拟合曲线。
- 【创建变换曲线】按钮：创建一条从属的变换曲线。
- 【创建混合曲线】按钮：创建一条从属的混合曲线。
- 【创建偏移曲线】按钮：创建一条从属的偏移曲线。
- 【创建镜像曲线】按钮：创建一条从属的镜像曲线。
- 【创建切角曲线】按钮：创建一条从属的切角曲线。
- 【创建圆角曲线】按钮：创建一条从属的圆角曲线。
- 【创建曲面-曲面相交曲线】按钮：创建一条从属于曲面-曲面的相交曲线。
- 【创建U向等参曲线】按钮：创建一条从属的U向等参曲线。
- 【创建V向等参曲线】按钮：创建一条从属的V向等参曲线。
- 【创建法线投影曲线】按钮：创建一条从属于法线方向的投影曲线。
- 【创建向量投影曲线】按钮：创建一条从属于向量方向的投影曲线。
- 【创建曲面上的CV曲线】按钮：创建一条从属于曲面上的CV曲线。
- 【创建曲面上的点曲线】按钮：创建一条从属于曲面上的点曲线。
- 【创建曲面偏移曲线】按钮：创建一条从属于曲面上的偏移曲线。
- 【创建曲面边曲线】按钮：创建一条从属于曲面上的边曲线。

3．曲面

- 【创建CV曲面】按钮：创建独立的CV曲面子对象。
- 【创建点曲面】按钮：创建独立的点曲面子对象。
- 【创建变换曲面】按钮：创建从属的变换曲面。
- 【创建混合曲面】按钮：创建从属的混合曲面。
- 【创建偏移曲面】按钮：创建从属的偏移曲面。
- 【创建镜像曲面】按钮：创建从属的镜像曲面。
- 【创建挤出曲面】按钮：创建从属的挤出曲面。
- 【创建车削曲面】按钮：创建从属的车削曲面。
- 【创建规则曲面】按钮：创建从属的规则曲面。
- 【创建封口曲面】按钮：创建从属的封口曲面。
- 【创建U向放样曲面】按钮：创建从属的U向放样曲面。
- 【创建UV放样曲面】按钮：创建从属的UV向放样曲面。
- 【创建单轨扫描】按钮：创建从属的单轨扫描曲面。
- 【创建双轨扫描】按钮：创建从属的双轨扫描曲面。
- 【创建多边混合曲面】按钮：创建从属的多边混合曲面。
- 【创建多重曲线修剪曲面】按钮：创建从属的多重曲线修剪曲面。
- 【创建圆角曲面】按钮：创建从属的圆角曲面。

重点 小实例：利用 NURBS 建模制作花瓶

场景文件	无
案例文件	小实例：利用 NURBS 建模制作花瓶 .max
视频教学	DVD/ 多媒体教学 /Chapter04/ 小实例：利用 NURBS 建模制作花瓶 .flv
难易指数	★★★☆☆
技术掌握	掌握【创建 U 向放样曲面】和【创建封口曲面】工具的使用方法

实例介绍

本例主要使用 NURBS 建模中的【创建 U 向放样曲面】和【创建封口曲面】工具来制作花瓶模型，效果如图 4-909 所示。

建模思路

❶ 使用 NURBS 建模下的【创建 U 向放样曲面】、【创建封口曲面】工具制作花瓶 1。

❷ 使用 NURBS 建模下的【创建 U 向放样曲面】、【创建封口曲面】工具制作花瓶 2。

花瓶的建模流程如图 4-910 所示。

图4-909

图4-910

操作步骤

Part 1 使用NURBS建模下的【创建U向放样曲面】、【创建封口曲面】工具制作花瓶1

步骤 01 在【创建】面板中单击【图形】按钮，然后设置图形类型为【样条线】，接着单击【圆】按钮 圆 ，如图 4-911 所示。最后在视图中绘制一个圆，如图 4-912 所示。

步骤 02 继续使用【圆】工具 圆 在视图中绘制如图 4-913 所示的圆。

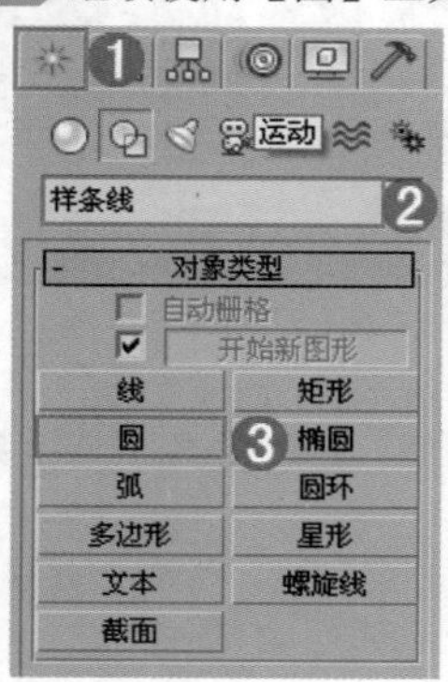

图4-911

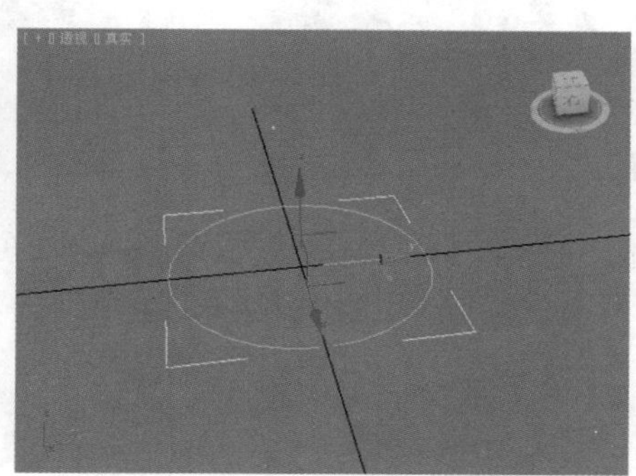

图4-912

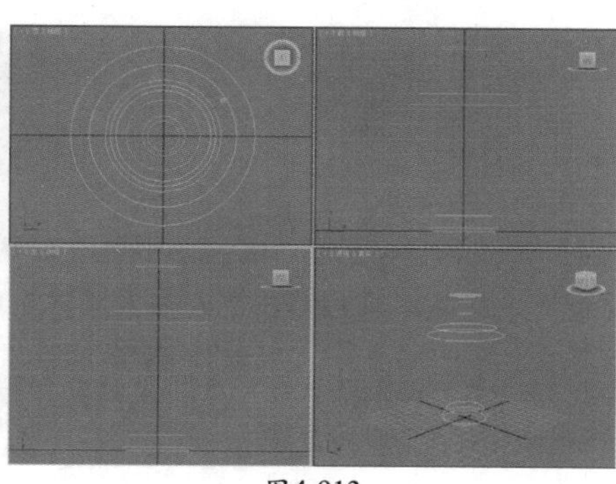

图4-913

步骤 03 选中视图内所有的圆，在视图中单击右键，选择【转换为 NURBS】命令，如图 4-914 所示。

步骤 04 单击【修改】面板，然后在【常规】卷展栏下单击【NURBS 创建工具箱】按钮，打开【NURBS 工具箱】，如图 4-915 所示。

步骤 05 在 NURBS 工具箱中单击【创建 U 向放样曲面】按钮，然后在视图中从上到下依次单击点曲线，拾取点曲线完毕后单击鼠标右键完成操作，如图 4-916 所示。

步骤 06 放样完成后的模型效果如图 4-917 所示。

步骤 07 在 NURBS 工具箱中单击【创建封口曲面】按钮，然后在视图中单击底部的截面，如图 4-918 所示。

步骤 08 最终效果如图 4-919 所示。

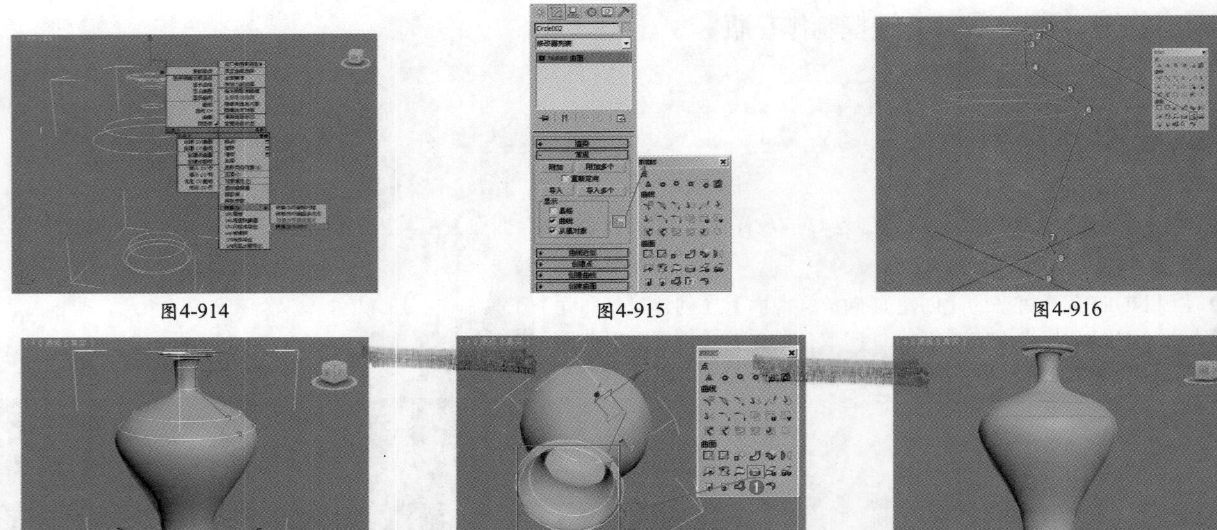
图4-914　图4-915　图4-916
图4-917　图4-918　图4-919

Part 2 使用NURBS建模下的【创建U向放样曲面】、【创建封口曲面】工具制作花瓶2

步骤 01 在【创建】面板中单击【图形】按钮，然后设置图形类型为【样条线】，接着单击【圆】按钮 圆 ，如图 4-920 所示。最后在视图中绘制如图 4-921 所示的圆。

步骤 02 继续使用【圆】工具 圆 在视图中绘制出如图 4-922 所示的圆。

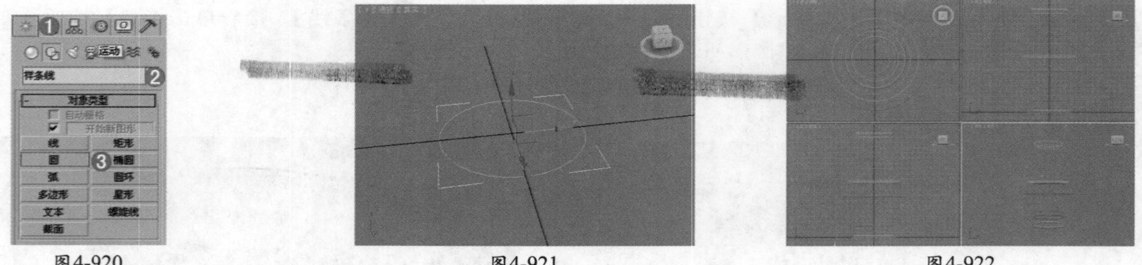
图4-920　图4-921　图4-922

步骤 03 选中视图内所有的圆，在视图中单击右键，选择【转换为 NURBS】命令，如图 4-923 所示。

步骤 04 单击【修改】面板，然后在【常规】卷展栏下单击【NURBS 创建工具箱】按钮，打开【NURBS 工具箱】，如图 4-924 所示。

步骤 05 在 NURBS 工具箱中单击【创建 U 向放样曲面】按钮，然后在视图中从上到下依次单击点曲线，拾取点曲线完毕后右击完成操作，如图 4-925 所示。

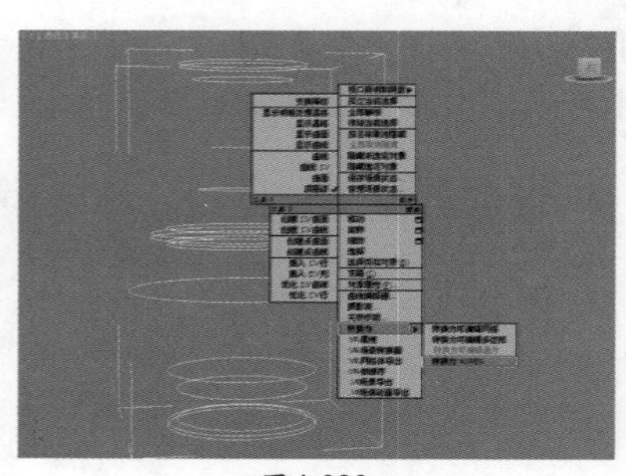
图4-923

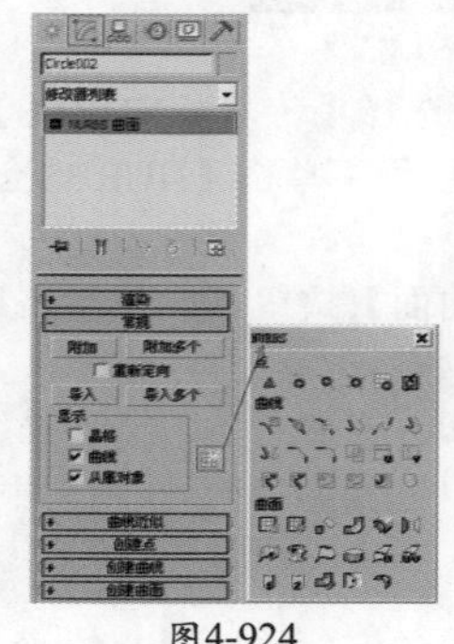
图4-924

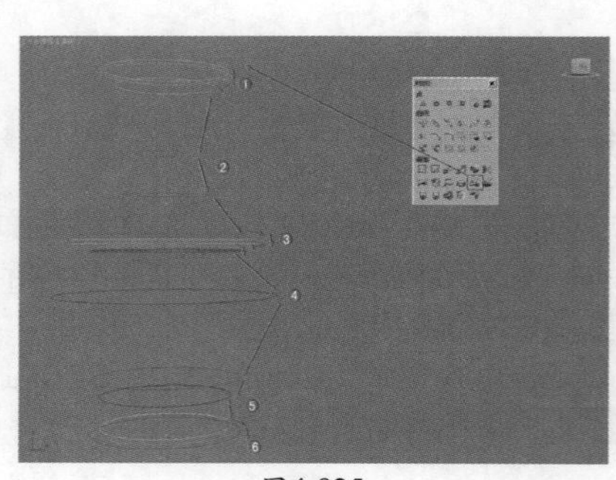
图4-925

（1）点曲线

点曲线由点来控制曲线的形状，每个点始终位于曲线上，如图 4-897 所示。

（2）CV 曲线

CV 曲线由控制顶点（CV）来控制曲线的形状，这些控制顶点不必位于曲线上，如图 4-898 所示。

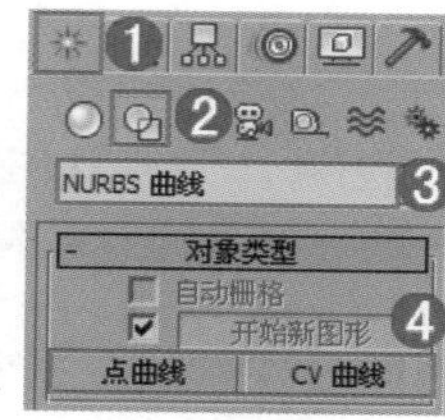

图4-896

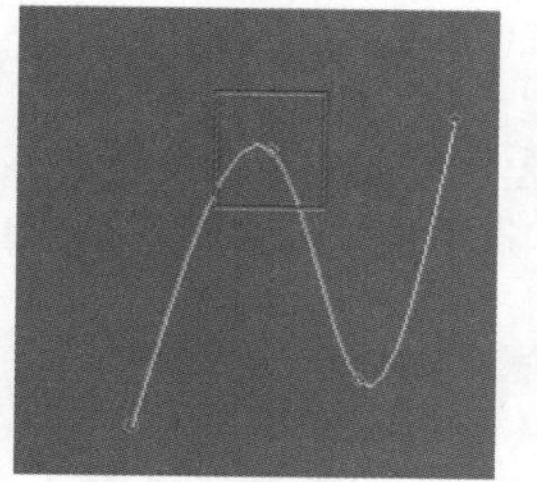
图4-897

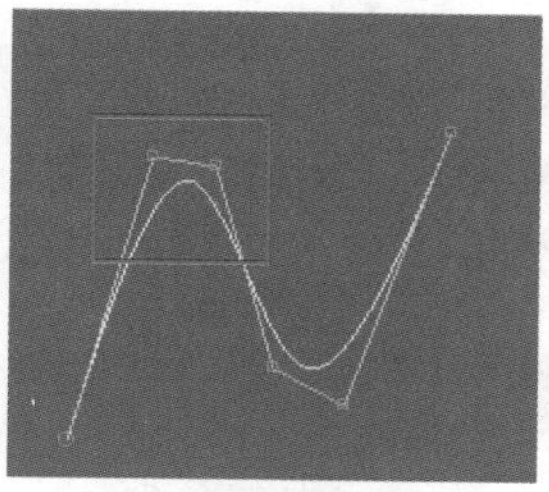

图4-898

4.6.2 创建NURBS对象

创建 NURBS 对象的方法很简单，如果要创建 NURBS 曲面，可以将几何体类型切换为【NURBS 曲面】，然后使用【点曲面】工具 点曲面 和【CV 曲面】工具 CV 曲面 创建出相应的曲面对象；如果要创建 NURBS 曲线，可以将图形类型切换为【NURBS 曲线】，然后使用【点曲线】工具 点曲线 和【CV 曲线】工具 CV 曲线 创建出相应的曲线对象。

4.6.3 转换NURBS对象

NURBS 对象可以直接创建出来，也可以通过转换的方法将对象转换为 NURBS 对象。将对象转换为 NURBS 对象的方法主要有以下 3 种。

（1）选择对象，然后右击，接着在弹出的菜单中选择【转换为】|【转换为 NURBS】命令，如图 4-899 所示。

（2）选择对象，然后进入【修改】面板，接着在【修改器列表】中的对象上右击，最后在弹出的菜单中选择 NURBS 命令，如图 4-900 所示。

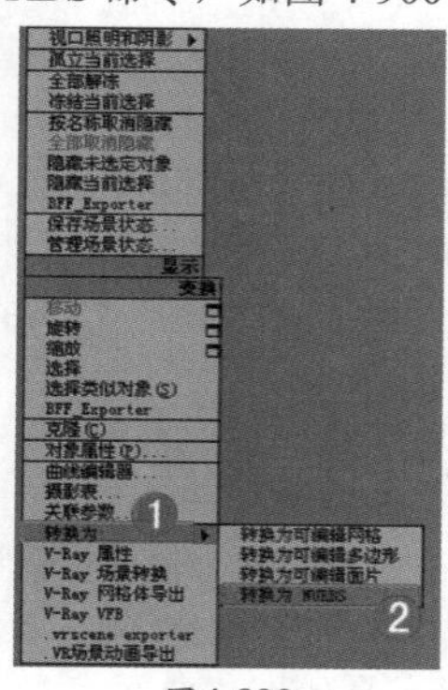
图4-899

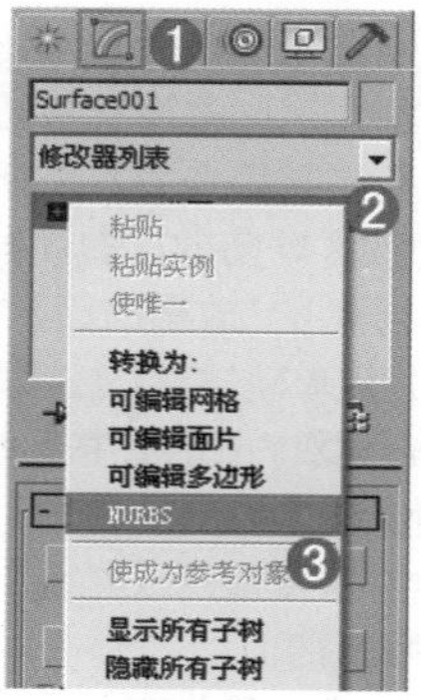

图4-900

（3）为对象加载【挤出】或【车削】修改器，然后设置【输出】为 NURBS，如图 4-901 所示。

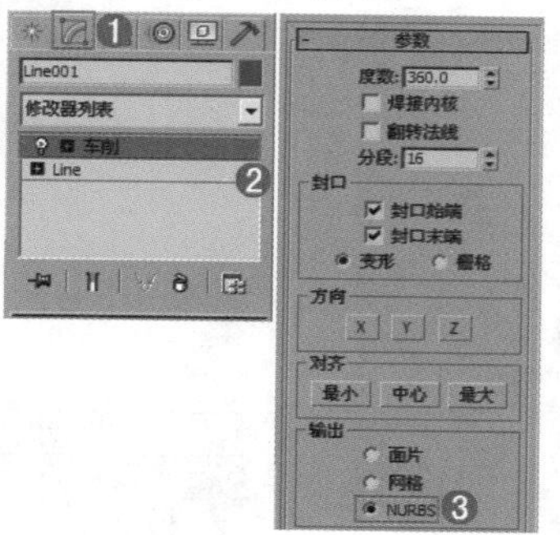

图4-901

4.6.4 编辑NURBS对象

在 NURBS 对象的参数设置面板中共有 7 个卷展栏（以【NURBS 曲面】对象为例），分别是【常规】、【显示线参数】、【曲面近似】、【曲线近似】、【创建点】、【创建曲线】和【创建曲面】卷展栏，如图 4-902 所示。

图4-902

1．常规

【常规】卷展栏中包含【附加】工具、【导入】工具、【显示】方式以及 NURBS 工具箱等，如图 4-903 所示。

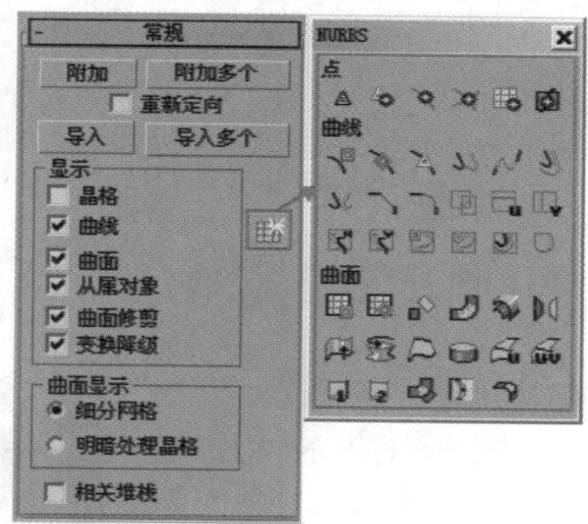

图4-903

2．显示线参数

【显示线参数】卷展栏下的参数主要用来指定显示 NURBS 曲面所用的【U 向线数】和【V 向线数】数值，如图 4-904 所示。

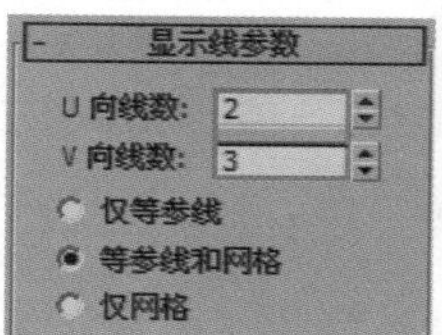

图4-904

3．曲面近似

【曲面近似】卷展栏下的参数主要用于控制视图和渲染器的曲面细分，可以根据不同的需要来选择【高】、【中】、【低】3 种不同的细分预设，如图 4-905 所示。

4．曲线近似

【曲线近似】卷展栏与【曲面近似】卷展栏相似，主要用于控制曲线的步数及曲线细分的级别，如图 4-906 所示。

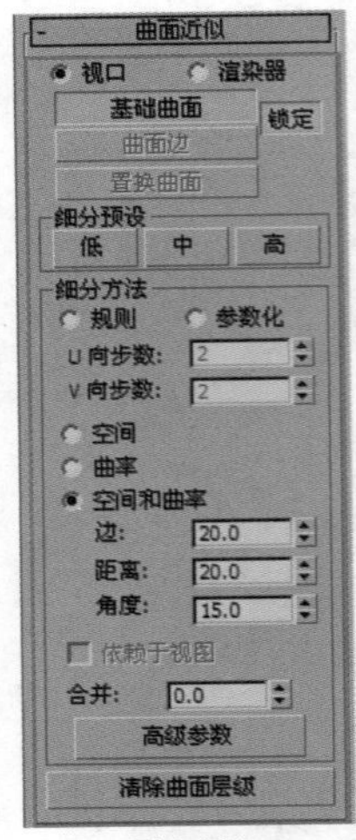

图4-905

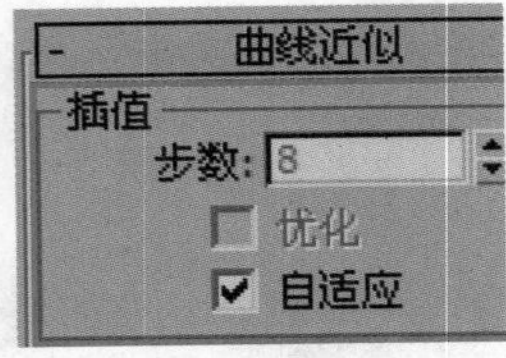

图4-906

5．创建点 / 曲线 / 曲面

【创建点】、【创建曲线】和【创建曲面】卷展栏中的工具与【NURBS 工具箱】中的工具相对应，主要用来创建点、曲线和曲面对象，如图 4-907 所示。

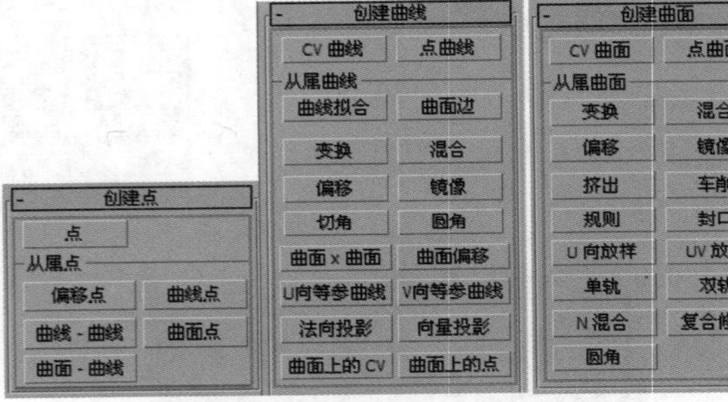

图4-907

4.6.5 NURBS工具箱

在【常规】卷展栏下单击【NURBS 创建工具箱】按钮可打开 NURBS 工具箱，如图 4-908 所示。NURBS 工具箱中包含用于创建 NURBS 对象的所有工具，主要分为 3 个功能区，分别是【点】功能区、【曲线】功能区和【曲面】功能区。

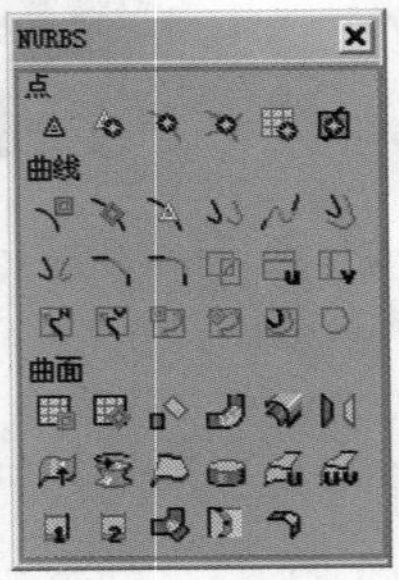

图4-908

1．点

- 【创建点】按钮：创建单独的点。
- 【创建偏移点】按钮：根据一个偏移量创建一个点。
- 【创建曲线点】：创建从属曲线上的点。
- 【创建曲线 - 曲线点】按钮：创建一个从属于曲线 - 曲线的相交点。
- 【创建曲面点】按钮：创建从属于曲面上的点。
- 【创建曲面 - 曲线点】按钮：创建从属于曲面 - 曲线的相交点。

2．曲线

- 【创建 CV 曲线】按钮：创建一条独立的 CV 曲线子对象。
- 【创建点曲线】按钮：创建一条独立的点曲线子对象。
- 【创建拟合曲线】按钮：创建一条从属的拟合曲线。
- 【创建变换曲线】按钮：创建一条从属的变换曲线。
- 【创建混合曲线】按钮：创建一条从属的混合曲线。
- 【创建偏移曲线】按钮：创建一条从属的偏移曲线。
- 【创建镜像曲线】按钮：创建一条从属的镜像曲线。
- 【创建切角曲线】按钮：创建一条从属的切角曲线。
- 【创建圆角曲线】按钮：创建一条从属的圆角曲线。
- 【创建曲面 - 曲面相交曲线】按钮：创建一条从属于曲面 - 曲面的相交曲线。
- 【创建 U 向等参曲线】按钮：创建一条从属的 U 向等参曲线。
- 【创建 V 向等参曲线】按钮：创建一条从属的 V 向等参曲线。
- 【创建法线投影曲线】按钮：创建一条从属于法线方向的投影曲线。
- 【创建向量投影曲线】按钮：创建一条从属于向量方向的投影曲线。
- 【创建曲面上的 CV 曲线】按钮：创建一条从属于曲面上的 CV 曲线。
- 【创建曲面上的点曲线】按钮：创建一条从属于曲面上的点曲线。
- 【创建曲面偏移曲线】按钮：创建一条从属于曲面上的偏移曲线。
- 【创建曲面边曲线】按钮：创建一条从属于曲面上的边曲线。

3．曲面

- 【创建 CV 曲面】按钮：创建独立的 CV 曲面子对象。
- 【创建点曲面】按钮：创建独立的点曲面子对象。
- 【创建变换曲面】按钮：创建从属的变换曲面。
- 【创建混合曲面】按钮：创建从属的混合曲面。
- 【创建偏移曲面】按钮：创建从属的偏移曲面。
- 【创建镜像曲面】按钮：创建从属的镜像曲面。
- 【创建挤出曲面】按钮：创建从属的挤出曲面。
- 【创建车削曲面】按钮：创建从属的车削曲面。
- 【创建规则曲面】按钮：创建从属的规则曲面。
- 【创建封口曲面】按钮：创建从属的封口曲面。
- 【创建 U 向放样曲面】按钮：创建从属的 U 向放样曲面。
- 【创建 UV 放样曲面】按钮：创建从属的 UV 向放样曲面。
- 【创建单轨扫描】按钮：创建从属的单轨扫描曲面。
- 【创建双轨扫描】按钮：创建从属的双轨扫描曲面。
- 【创建多边混合曲面】按钮：创建从属的多边混合曲面。
- 【创建多重曲线修剪曲面】按钮：创建从属的多重曲线修剪曲面。
- 【创建圆角曲面】按钮：创建从属的圆角曲面。

步骤 06 放样完成后的模型效果如图 4-926 所示。

步骤 07 在【NURBS 工具箱】中单击【创建封口曲面】按钮，然后在视图中单击底部的截面，如图 4-927 所示。

步骤 08 最终效果如图 4-928 所示。

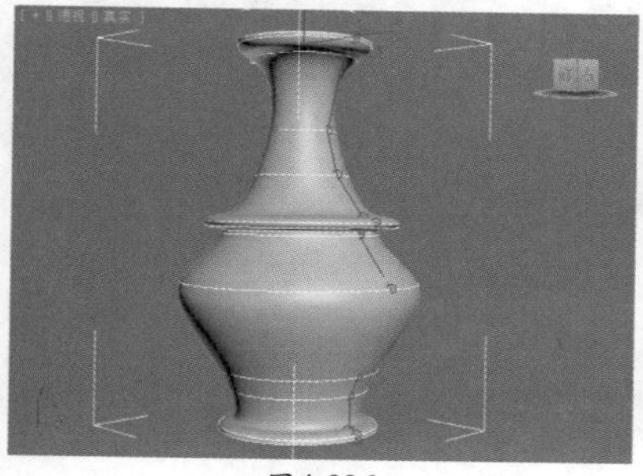

图4-926

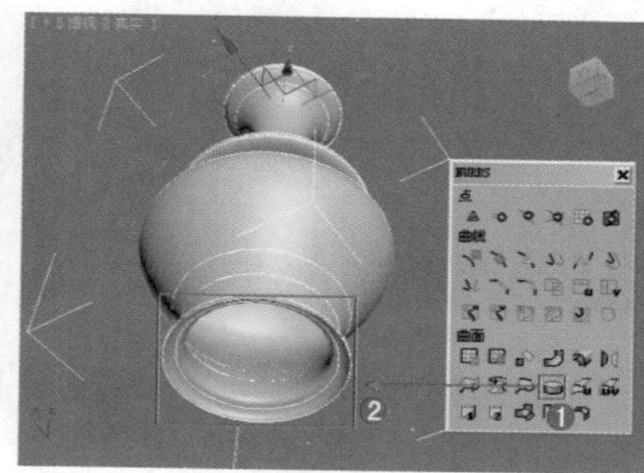

图4-927

图4-928

重点 小实例：利用 NURBS 建模制作藤艺灯

场景文件	无
案例文件	小实例：利用 NURBS 建模制作藤艺灯 .max
视频教学	DVD/ 多媒体教学 /Chapter04/ 小实例：利用 NURBS 建模制作藤艺灯 .flv
难易指数	★★★☆☆
技术掌握	掌握【创建曲面上的点曲线】工具、【分离】工具的运用

实例介绍

本例主要使用 NURBS 建模中的【创建曲面上的点曲线】和【分离】工具来制作藤艺灯模型，效果如图 4-929 所示。

建模思路

使用 NURBS 建模下的【创建曲面上的点曲线】和【分离】工具制作藤艺灯。

藤艺灯的建模流程如图 4-930 所示。

图4-929

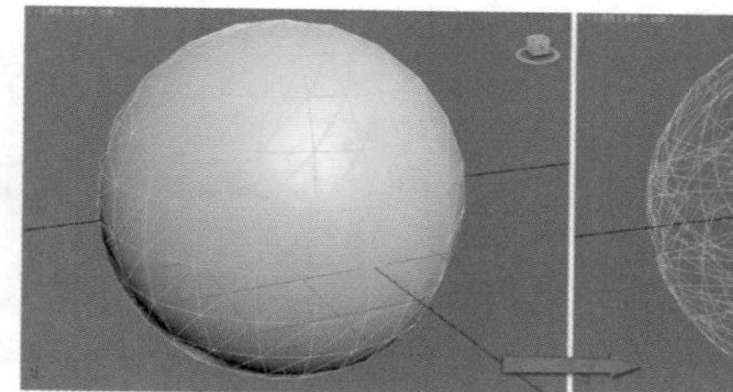

图4-930

操作步骤

步骤 01 使用【球体】工具 球体 在场景中创建一个球体，并设置【半径】为 30mm，【分段】为 32，如图 4-931 所示。

步骤 02 在球体上右击，接着在弹出的菜单中选择【转换为】|【转换为 NUBRS】命令，如图 4-932 所示。

步骤 03 单击【NURBS 创建工具箱】按钮，打开【NURBS 工具箱】，如图 4-933 所示。

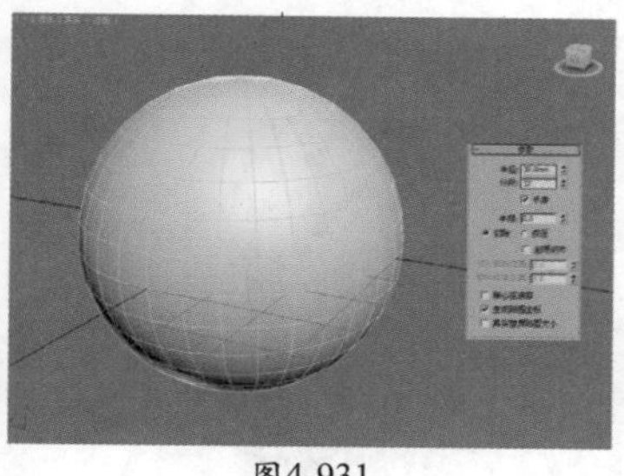

图4-931

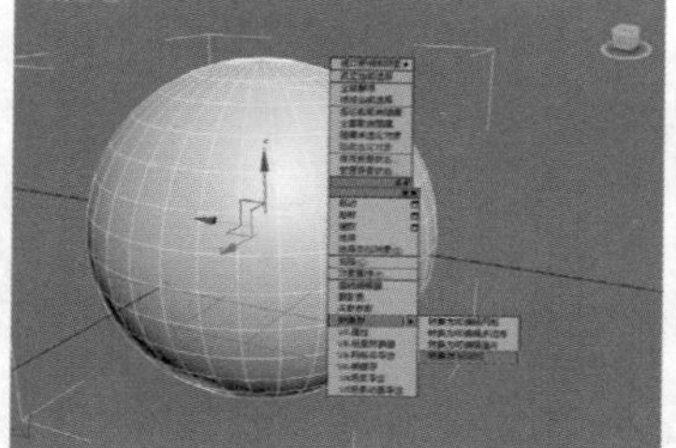

图4-932

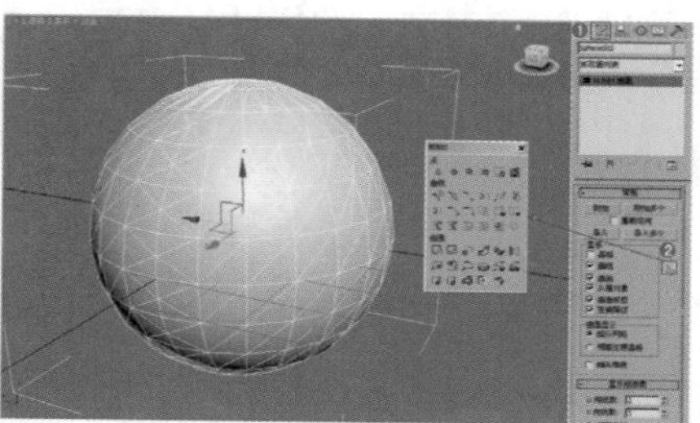

图4-933

步骤 04 单击【创建曲面上的点曲线】按钮，再在球体上单击，可以看到球体上出现了曲线，同时可以结合 Alt 键将视图进行旋转，继续多次单击，如图 4-934 所示。

步骤 05 右击结束操作。此时出现了绿色的线，就是刚才在球体表面绘制的点曲线，如图 4-935 所示。

步骤 06 进入【修改】面板，单击 NURBS 曲面下的【曲线】级别，并在球体表面单击刚才绘制的曲线，如图 4-936 所示。

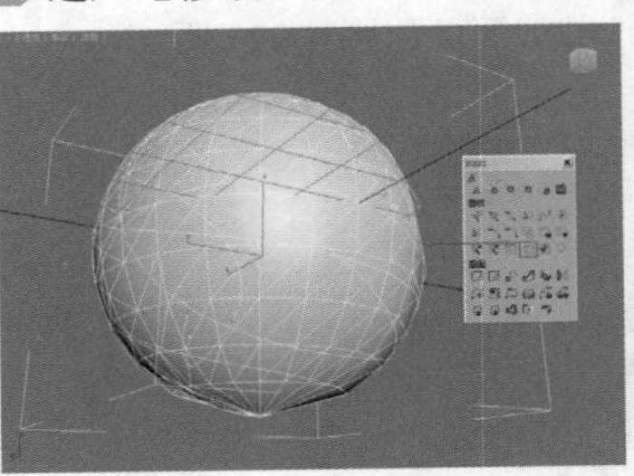

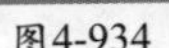
图4-934

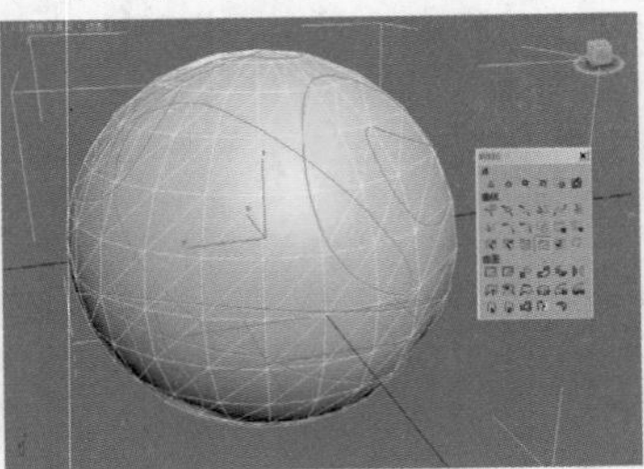
图4-935

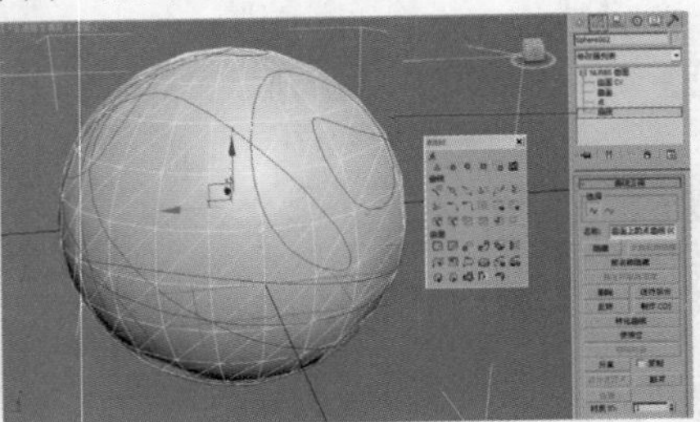
图4-936

步骤 07 接着单击【分离】按钮 分离 ，并在弹出的【分离】对话框中取消选中【相关】复选框，并单击【确定】按钮，如图 4-937 所示。

步骤 08 选择之前的球体，并右击选择【隐藏选定对象】命令，此时球体被隐藏，如图 4-938 所示。

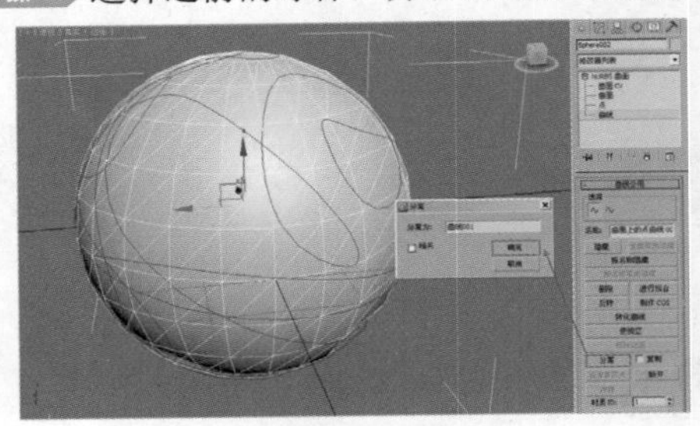
图4-937

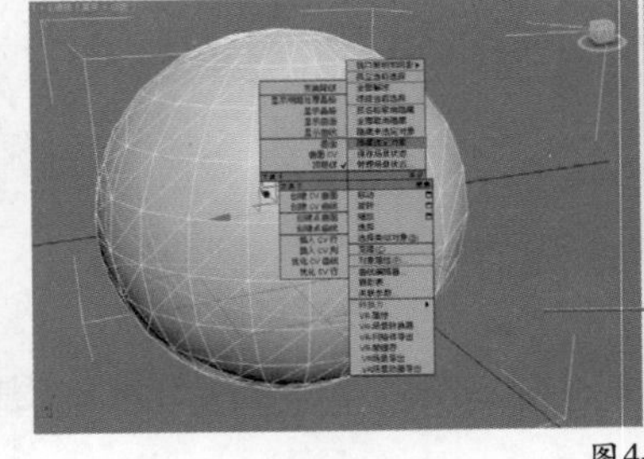
图4-938

步骤 09 选择此时的曲线，单击【修改】面板，选中【在渲染中启用】和【在视口中启用】复选框，并设置【厚度】为 1mm，如图 4-939 所示。

步骤 10 单击【选择并旋转】工具，并按住 Shift 键进行旋转复制，设置【对象】为【实例】，【副本数】为 2，最后单击【确定】按钮，如图 4-940 所示。

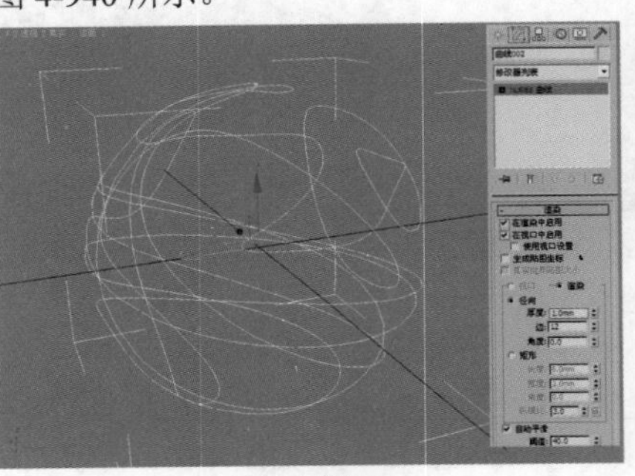
图4-939

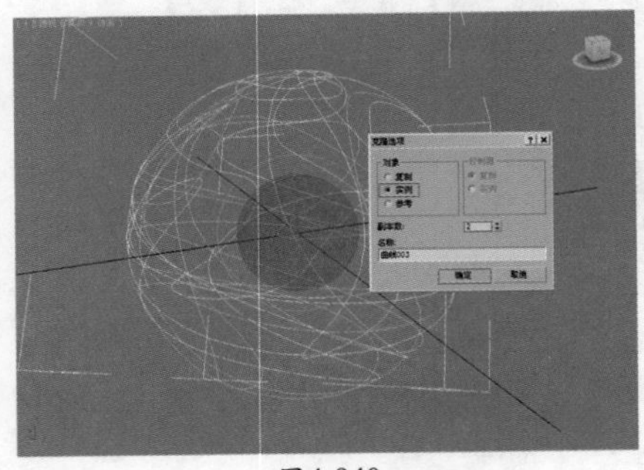
图4-940

步骤 11 继续进行复制，如图 4-941 所示。

步骤 12 此时模型效果如图 4-942 所示。

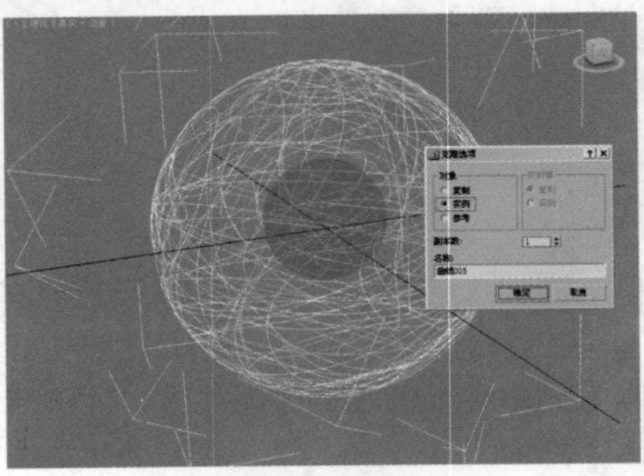
图4-941

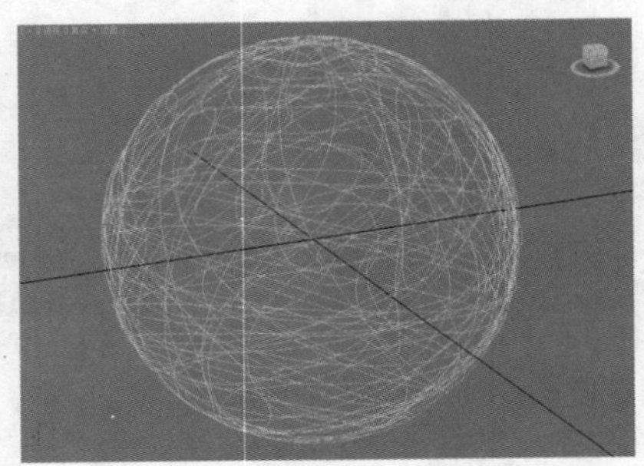
图4-942

Chapter 05

第05章

灯光技术

光是我们能看见绚丽世界的前提条件，假若没有光的存在，一切将不再美好。而在摄影中，最难把握的也是光的表现。在现在的设计工程中，不难发现各式各样的灯光主题贯穿于其中，光影交集处处皆是，缔造出不同的气氛及多重的意境。

本章学习要点：

- 效果图常用灯光的类型
- 常用灯光的使用方法
- 灯光的高级综合运用

5.1 灯光常识

光是我们能看见绚丽世界的前提条件，假若没有光的存在，一切将不再美好。而在摄影中，最难把握的也是光的表现。在现在的设计工程中，不难发现各式各样的灯光主题贯穿于其中，光影交集处处皆是，缔造出不同的气氛及多重的意境。灯光可以说是一个较灵活及富有趣味的设计元素，可以成为气氛的催化剂，也能加强现有装潢的层次感，如图 5-1 所示。

图5-1

5.1.1 什么是灯光

灯光主要分为两种：直接灯光和间接灯光。

直接灯光泛指那些直射式的光线，如太阳光等。光线直接散落在指定的位置上并产生投射，直接而简单，如图 5-2 所示。

间接灯光在气氛营造上则能发挥独特的功能性，营造出不同的意境。它的光线不会直射至地面，而是被置于灯罩、天花板后，光线被投射至墙上再反射至沙发和地面，柔和的灯光仿佛轻轻地洗刷整个空间，温柔而浪漫，如图 5-3 所示。

这两种灯光适当配合才能缔造出完美的空间意境。有一些明亮活泼，又有一些柔和蕴藉，才能透过当中的对比表现出灯光的特殊魅力，散发出不凡的意韵，如图 5-4 所示。

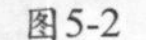

图5-2

图5-3

图5-4

所有的光，无论是自然光或人工室内光，都有其共同属性。

（1）强度：表示光的强弱，随光源能量和距离的变化而变化。

（2）方向：光的方向决定物体的受光、背光以及阴影的效果。

（3）色彩：灯光由不同的颜色组成，多种灯光搭配到一起会产生多种变化和气氛。

5.1.2 为什么要使用灯光

灯光的使用主要有以下作用。

（1）用光渲染环境气氛。在 3ds Max 中使用灯光不仅仅是为了照明，更多的是为了渲染环境气氛，如图 5-5 所示。

（2）刻画主体物形象。使用合理的灯光搭配和设置可以将灯光锁定到某个主体物上，起到凸显主体物的作用，如图 5-6 所示。

（3）表达作品的情感。作品的最高境界不是技术多么娴熟，而是可以通过技术手法去传达作品的情感，如图 5-7 所示。

图5-5

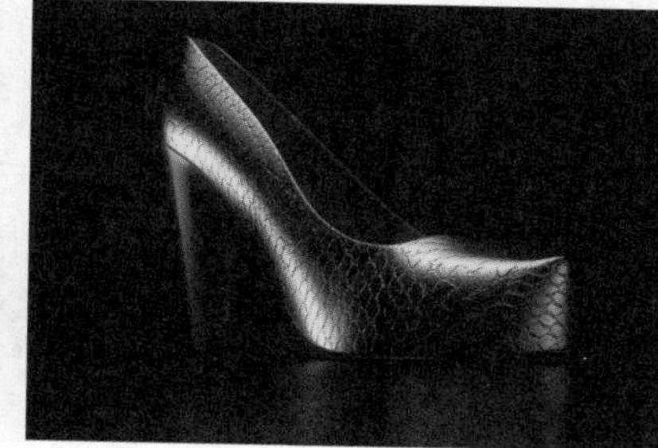
图5-6

图5-7

5.1.3 灯光的常用思路

3ds Max 灯光的设置需要有合理的步骤，这样才会节省时间、提高效率。根据经验，灯光的设置可分为以下 3 个步骤。

（1）先定主体光的位置与强度，如图 5-8 所示。效果如图 5-9 所示。

（2）决定辅助光的强度与角度，如图 5-10 所示。效果如图 5-11 所示。

（3）分配背景光与装饰光。这样产生的布光效果主次分明，互相补充，如图 5-12 所示。效果如图 5-13 所示。

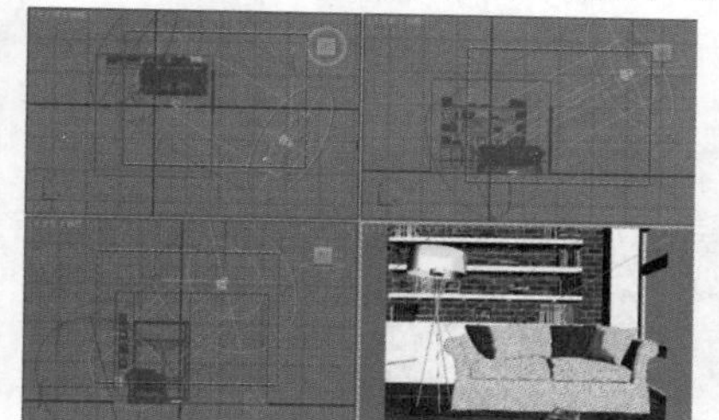
图5-8

图5-9

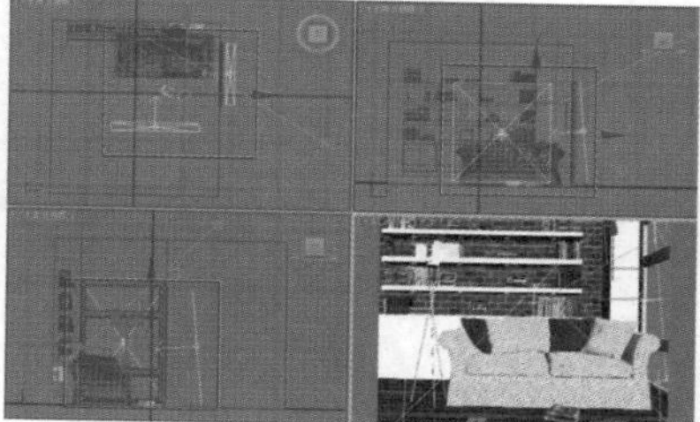
图5-10

图5-11

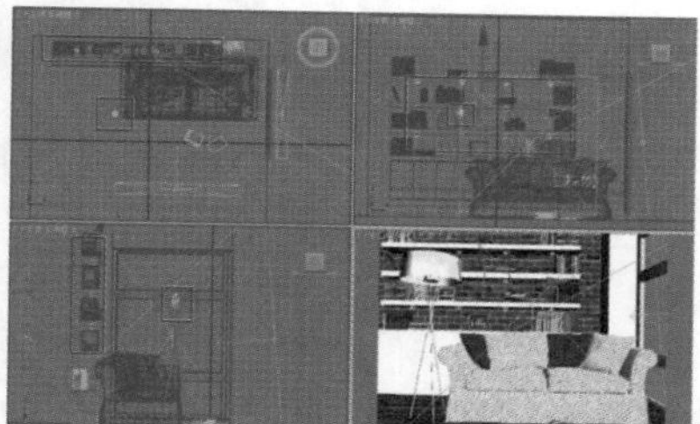
图5-12

图5-13

5.2 光度学灯光

【光度学】灯光是系统默认的灯光，共有 3 种类型，分别是【目标灯光】、【自由灯光】和【mr 天空门户】，如图 5-14 所示。

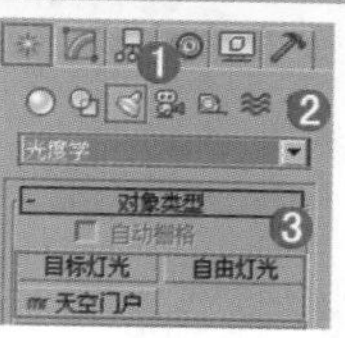

图5-14

5.2.1 目标灯光

【目标灯光】具有可以用于指向灯光的目标子对象，如图 5-15 和图 5-16 所示为使用【目标灯光】制作的作品。

图5-15

图5-16

技巧与提示

【目标灯光】是 3ds Max 中最为常用的灯光类型之一，主要用来模拟室内外的光照效果。我们常会听到很多名词，如【光域网】、【射灯】等就是描述该灯光的。

单击【目标灯光】按钮 目标灯光 ，可在视图中创建一盏【目标灯光】，其参数设置面板如图 5-17 所示。

图5-17

技巧与提示

第一次使用光度学灯光时会自动弹出【创建光度学灯光】对话框，此时直接单击【否】按钮即可。因为在效果图制作中使用最多的是 VRay 渲染器，所以不需要设置关于 mr 渲染器的选项，如图 5-18 所示。

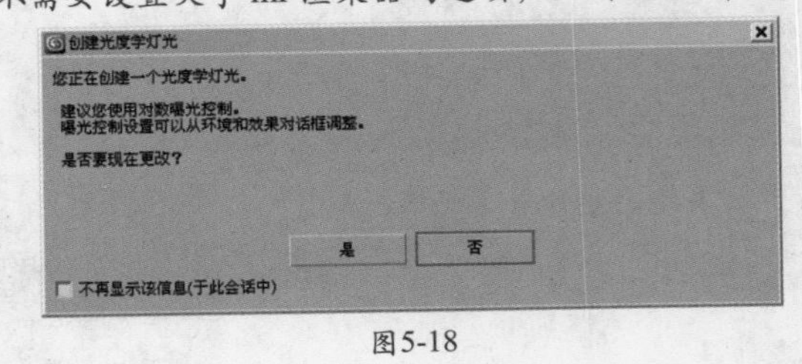

图5-18

修改【阴影】类型和【灯光分布（类型）】，会发现参数面板发生了相应的变化，如图 5-19 所示。

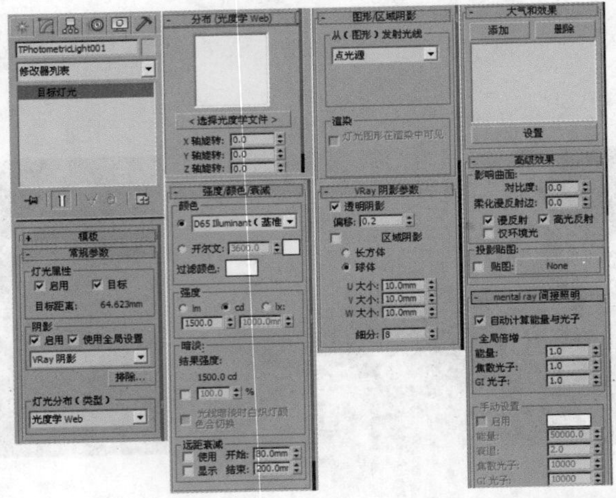

图5-19

1. 常规参数

展开【常规参数】卷展栏，如图 5-20 所示。

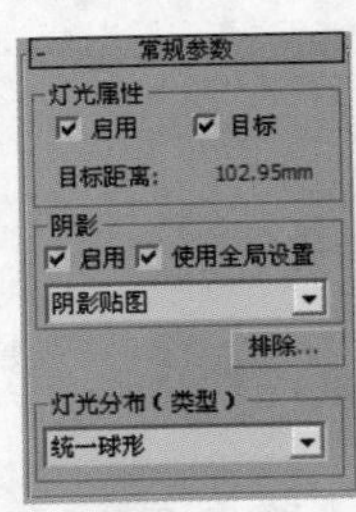

图5-20

（1）灯光属性

- 启用：控制是否开启灯光。
- 目标：选中该复选框，目标灯光才有目标点；取消选中该复选框，目标灯光将变成自由灯光，如图 5-21 所示。

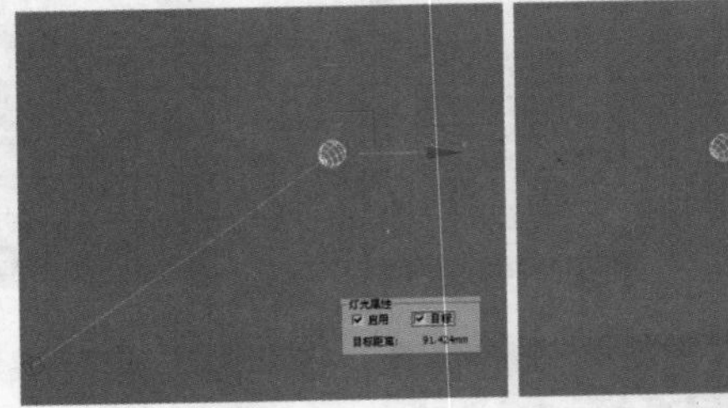

图5-21

- 目标距离：用来显示目标的距离。

（2）阴影

- 启用：控制是否开启灯光的阴影效果。
- 使用全局设置：如果选中该复选框，该灯光投射的阴影将影响整个场景的阴影效果；如果取消选中该复选框，则必须选择渲染器使用哪种方式来生成特定的灯光阴影。
- 阴影类型：设置渲染器渲染场景时使用的阴影类型，包括【mental ray 阴影贴图】、【高级光线跟踪】、【区域阴影】、【阴影贴图】、【光线跟踪阴影】、【VRay 阴影】和【VRay 阴影贴图】，如图 5-22 所示。

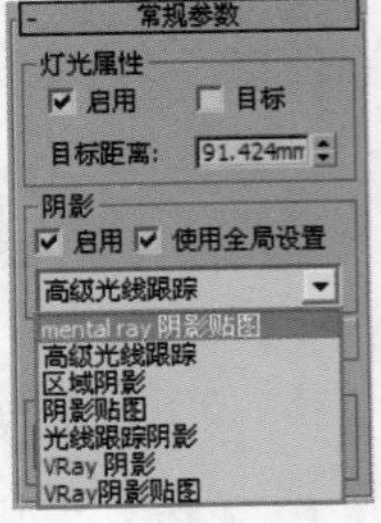

图5-22

- 【排除】按钮 ：将选定的对象排除于灯光效果之外。

（3）灯光分布（类型）

- 灯光分布（类型）：设置灯光的分布类型，包括【光度学 Web】、【聚光灯】、【统一漫反射】和【统一球形】4 种类型。

2．强度 / 颜色 / 衰减

展开【强度 / 颜色 / 衰减】卷展栏，如图 5-23 所示。

- 灯光：挑选公用灯光，以近似灯光的光谱特征。
- 开尔文：通过调整色温微调器来设置灯光的颜色。
- 过滤颜色：使用颜色过滤器来模拟置于光源上的过滤色效果。
- 强度：控制灯光的强弱程度。
- 结果强度：用于显示暗淡所产生的强度。
- 暗淡百分比：启用该选项后，该值会指定用于降低灯光强度的【倍增】。
- 光线暗淡时白炽灯颜色会切换：启用该选项之后，灯光可以在暗淡时通过产生更多的黄色来模拟白炽灯。
- 使用：启用灯光的远距衰减。
- 显示：在视口中显示远距衰减的范围设置。
- 开始：设置灯光开始淡出的距离。
- 结束：设置灯光减为 0 时的距离。

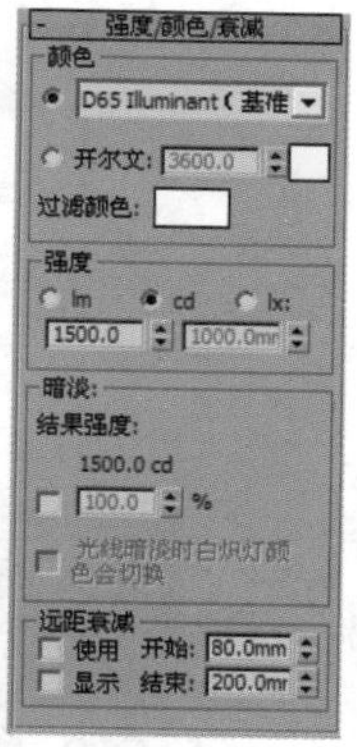

图5-23

3. 图形 / 区域阴影

展开【图形 / 区域阴影】卷展栏，如图 5-24 所示。

- 从（图形）发射光线：选择阴影生成的图形类型，包括【点光源】、【线】、【矩形】、【圆形】、【球体】和【圆柱体】6 种类型。
- 灯光图形在渲染中可见：选中该复选框，如果灯光对象位于视野之内，那么灯光图形在渲染中会显示为自供照明（发光）的图形。

4．阴影贴图参数

展开【阴影贴图参数】卷展栏，如图 5-25 所示。

- 偏移：将阴影移向或移离投射阴影的对象。
- 大小：设置用于计算灯光的阴影贴图的大小。
- 采样范围：决定阴影内平均有多少个区域。
- 绝对贴图偏移：选中该复选框，阴影贴图的偏移是不标准化的，但是该偏移在固定比例的基础上会以 3ds Max 为单位来表示。
- 双面阴影：选中该复选框，计算阴影时物体的背面也将产生阴影。

5．VRay 阴影参数

展开【VRay 阴影参数】卷展栏，如图 5-26 所示。

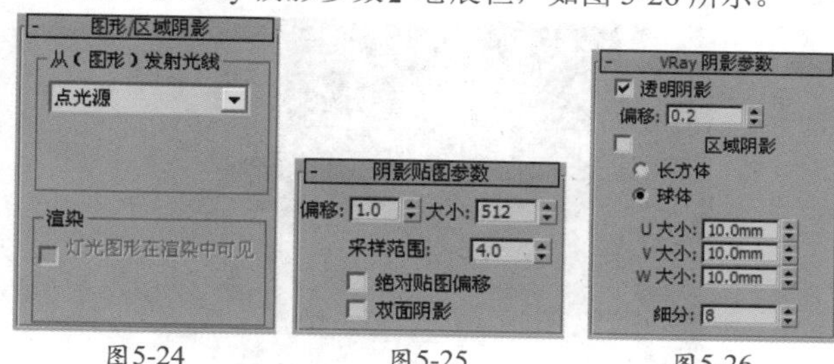

图5-24　图5-25　图5-26

- 透明阴影：控制透明物体的阴影，必须使用 VRay 材质并选择材质中的【影响阴影】才能产生效果。
- 偏移：控制阴影与物体的偏移距离，一般可保持默认值。
- 区域阴影：控制物体阴影效果，使用时会降低渲染速度，有【长方体】和【球体】两种模式。
- 长方体 / 球体：用来控制阴影的方式，一般默认设置为球体即可。
- U/V/W 大小：值越大，阴影越模糊，并且还会产生杂点，降低渲染速度。
- 细分：值越大，阴影越细腻，噪点越少，渲染速度越慢。

技巧与提示

光域网（射灯或筒灯）的高级设置方法如下。

(1) 创建灯光，并调节灯光的位置，如图 5-27 所示。

(2) 选择灯光，并单击【修改】面板。设置【阴影】方式为【VRay 阴影】，【灯光分布（类型）】为【光度学 Web】，最后在【分布（光度学）Web】下面添加一个 .ies 光域网文件，如图 5-28 所示。

(3) 设置【过滤颜色】和【强度】，然后选中【区域阴影】，最后设置【U/V/W 大小】和【细分】，如图 5-29 所示。

(4) 此时得到最终效果，如图 5-30 所示。

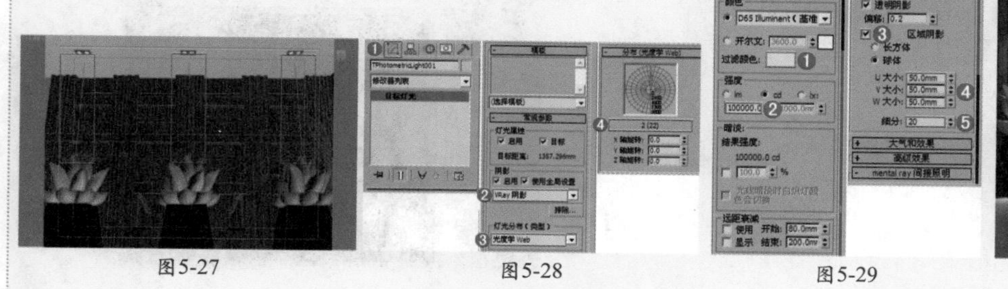

图5-27　图5-28　图5-29

图5-30

重点 小实例：利用目标灯光制作室外射灯效果

场景文件	01.max
案例文件	小实例：利用目标灯光制作室外射灯效果.max
视频教学	DVD/多媒体教学/Chapter05/小实例：利用目标灯光制作室外射灯效果.flv
难易指数	★★☆☆☆
灯光方式	目标灯光
技术掌握	掌握【目标灯光】的运用

实例介绍

本实例主要使用【目标灯光】制作室外射灯效果，场景的最终渲染效果如图5-31所示。

图5-31

操作步骤

Part 1 创建室外夜晚效果

步骤01 打开本书配套光盘中的【场景文件/Chapter05/01.max】文件，如图5-32所示。

步骤02 在【创建】面板下单击【灯光】按钮，并设置【灯光类型】为VRay，最后单击【VR灯光】按钮 VR灯光，如图5-33所示。

图5-32

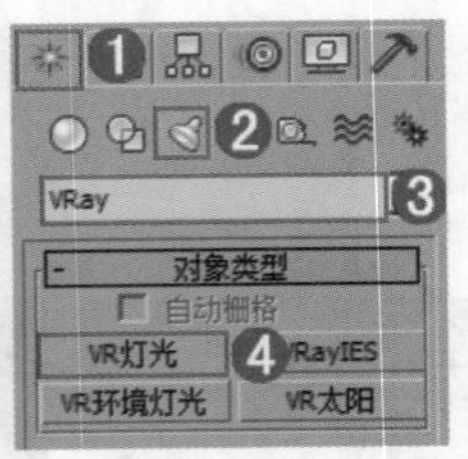

图5-33

步骤03 在顶视图中拖曳并创建一盏VR灯光，此时VR灯光的位置如图5-34所示。

步骤04 选择步骤03创建的VR灯光，在【修改】面板下设置其具体参数，如图5-35所示。

在【常规】选项组下设置【类型】为【穹顶】；在【强度】选项组下设置【倍增】为2，【颜色】为蓝色（红：83，绿：112，蓝：165）；在【选项】选项组下选中【不可见】，取消选中【影响高光】和【影响反射】；在【采样】选项组下设置【细分】为15。

图5-34

图5-35

步骤05 在左视图创建一盏VR灯光，并使用【选择并移动】工具将其移动至合适位置，该灯光作为室内发出的灯光，具体灯光位置如图5-36所示。

步骤06 选择步骤05创建的VR灯光，在【修改】面板下设置其具体参数，如图5-37所示。

在【常规】选项组下设置【类型】为【平面】；在【强度】选项组下设置【倍增】为50，【颜色】为黄色（红：221，绿：134，蓝：76）；在【大小】选项组下设置【1/2长】为1070mm，【1/2宽】为2000mm；在【选项】选项组下选中【不可见】。

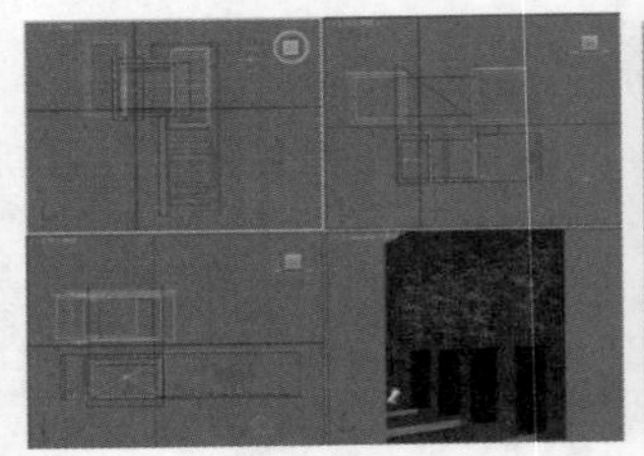

图5-36

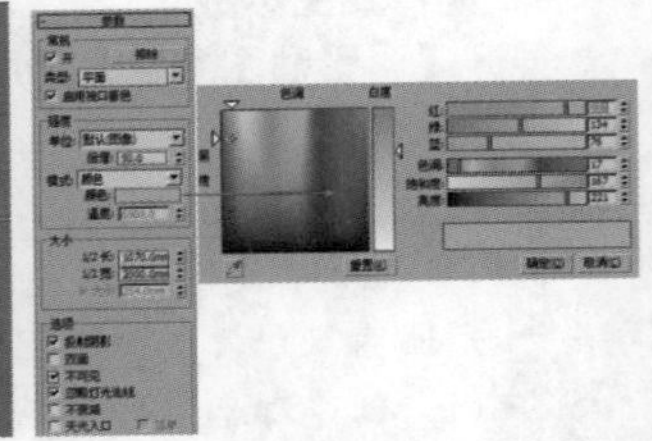

图5-37

步骤07 按Shift+Q组合键，快速渲染摄影机视图，其渲染效果如图5-38所示。

图5-38

Part 2 创建室外射灯

步骤01 使用【目标灯光】工具 目标灯光 在左视图中创建一盏目标灯光，使用【选择并移动】工具将其放置在合适的位置，如图5-39所示。然后在【修改】面板下设置其具体的参数，如图5-40所示。

展开【常规参数】卷展栏，在【灯光属性】选项组下选中【目标】；在【阴影】选项组下选中【启用】和【使用全局设置】，并设置阴影类型为VRay阴影】；设置【灯光分布（类型）】为【光度学Web】。

展开【分布（光度学Web）】卷展栏，在通道上加载7.ies。

展开【强度/颜色/衰减】卷展栏，调节颜色为黄色（红：208，绿：150，蓝：87），设置【强度】为40000。

展开【VRay阴影参数】卷展栏，选中【区域阴影】，设置【U/V/W大小】为30mm。

图5-39

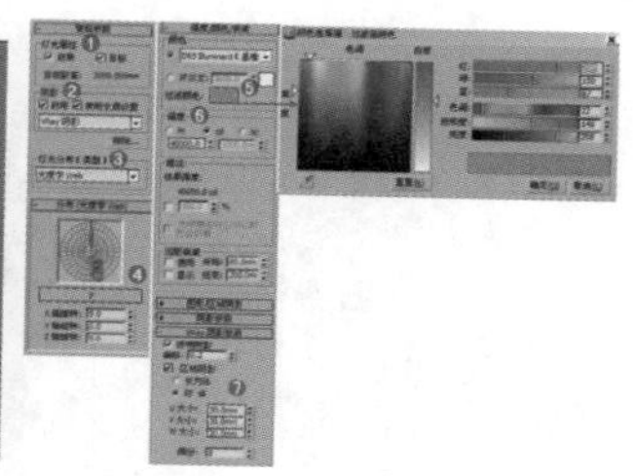

图5-40

步骤02 在左视图中拖曳并创建一盏目标灯光，并使用【选择并移动】工具移动复制一盏，将两盏灯放置到灯罩上方，此时目标灯光的位置如图5-41所示。然后在【修改】面板下设置其具体的参数，如图5-42所示。

展开【常规参数】卷展栏，在【灯光属性】选项组下选中【目标】；在【阴影】选项组下选中【启用】，并设置阴影类型为【VRay阴影】；设置【灯光分布（类型）】为【光度学Web】。

展开【分布（光度学Web）】卷展栏，在通道上加载16.ies。

展开【强度/颜色/衰减】卷展栏，调节颜色为黄色（红：239，绿：204，蓝：166），【强度】为3000。

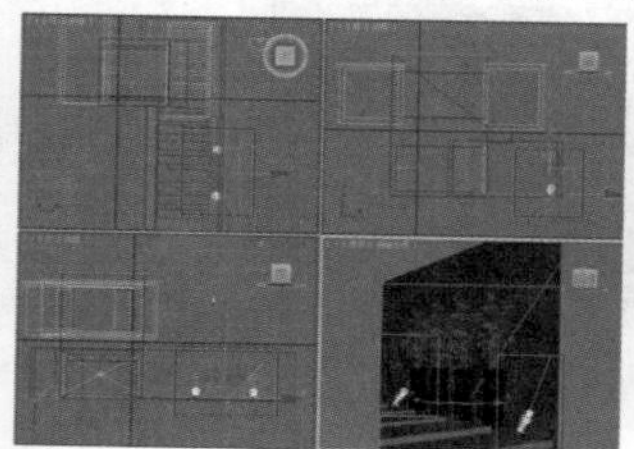

图5-41

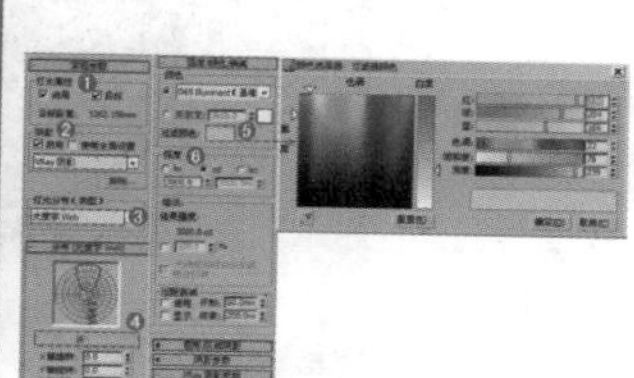

图5-42

步骤03 选择步骤02中创建的灯光，继续在左视图中拖曳并创建一盏目标灯光，并使用【选择并移动】工具移动复制2盏，将3盏灯放置到射灯灯罩上方，此时灯光的位置如图5-43所示。然后在【修改】面板下设置其具体参数，如图5-44所示。

展开【常规参数】卷展栏，在【灯光属性】选项组下选中【目标】；在【阴影】选项组下选中【启用】和【使用全局设置】，并设置阴影类型为【VRay阴影】；设置【灯光分布（类型）】为【光度学Web】。

展开【分布（光度学Web）】卷展栏，在通道上加载16.ies。

展开【强度/颜色/衰减】卷展栏，调节颜色为蓝色（红：117，绿：152，蓝：239），设置【强度】为3000。

展开【VRay阴影参数】卷展栏，设置【U/V/W大小】为30mm。

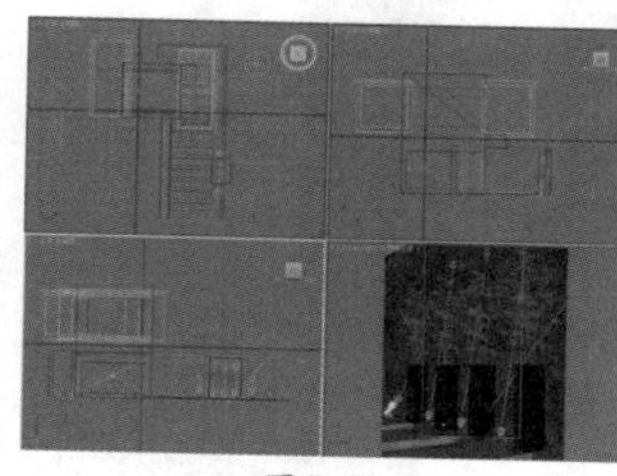

图5-43

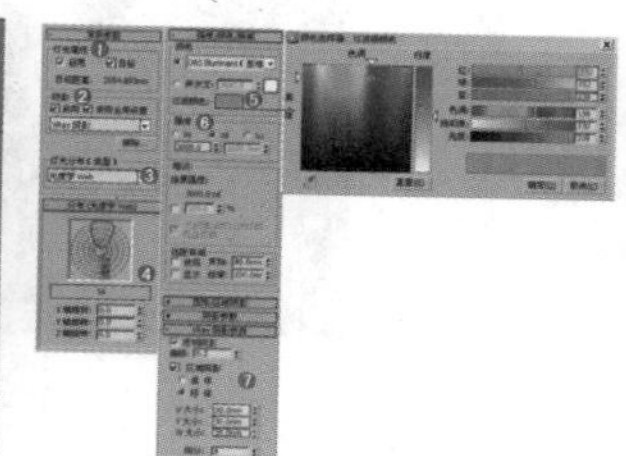

图5-44

步骤04 按Shift+Q组合键，快速渲染摄影机视图，其渲染效果如图5-45所示。

图5-45

步骤05 继续在左视图中拖曳并创建1盏目标灯光，并使用【选择并移动】工具移动复制3盏，将4盏灯放置到植物下方，此时目标灯光的位置如图5-46所示。然后在【修改】面板下设置其具体参数，如图5-47所示。

展开【常规参数】卷展栏，在【灯光属性】选项组下选中【目标】；在【阴影】选项栏下选中【启用】和【使用全局设置】，并设置阴影类型为【VRay阴影】；设置【灯光分布（类型）】为【光度学Web】。

展开【分布（光度学Web）】卷展栏，在通道上加载7.ies。

展开【强度/颜色/衰减】卷展栏，调节颜色为蓝色（红：198，绿：217，蓝：255），设置【强度】为50000。

展开【VRay阴影参数】卷展栏，选中【区域阴影】，设置【U/V/W大小】为30mm。

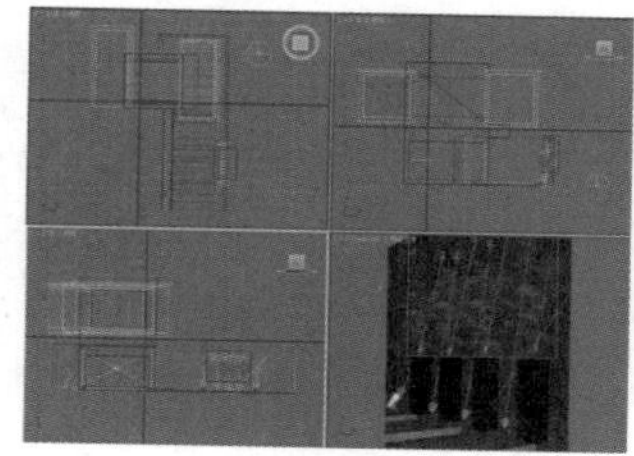

图5-46

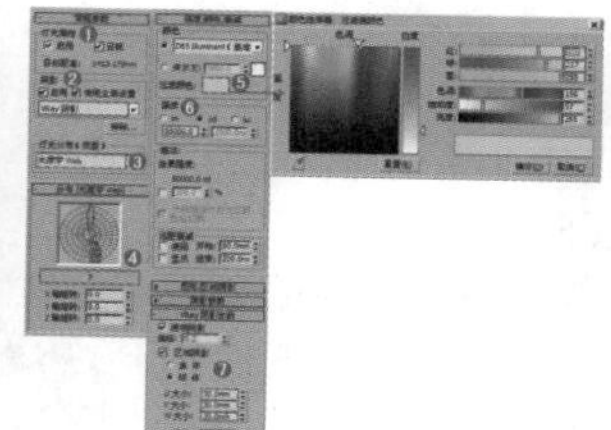

图5-47

步骤06 按 Shift+Q 组合键，快速渲染摄影机视图，其渲染效果如图 5-48 所示。

图5-48

重点 小实例：利用VR灯光和目标灯光制作射灯效果

场景文件	02.max
案例文件	小实例：利用 VR 灯光和目标灯光制作射灯效果.max
视频教学	DVD/多媒体教学/Chapter05/小实例：利用 VR 灯光和目标灯光制作射灯效果.flv
难易指数	★★☆☆☆
灯光方式	目标灯光、VR 灯光
技术掌握	掌握【目标灯光】、【VR 灯光】的运用

实例介绍

本例主要使用【目标灯光】制作射灯，并使用【VR 灯光】作为辅助光源增加场景的真实性，场景的最终渲染效果如图 5-49 所示。

图5-49

操作步骤

Part 1 创建环境灯光

步骤01 打开本书配套光盘中的【场景文件/Chapter05/02.max】文件，如图5-50所示。

步骤02 在【创建】面板下单击【灯光】按钮，并设置灯光类型为VRay，最后单击【VR灯光】按钮 VR灯光，如图5-51所示。

步骤03 在前视图中拖曳并创建一盏VR灯光，并使用【选择并移动】工具放置到窗户外面，此时VR灯光的位置如图5-52所示。

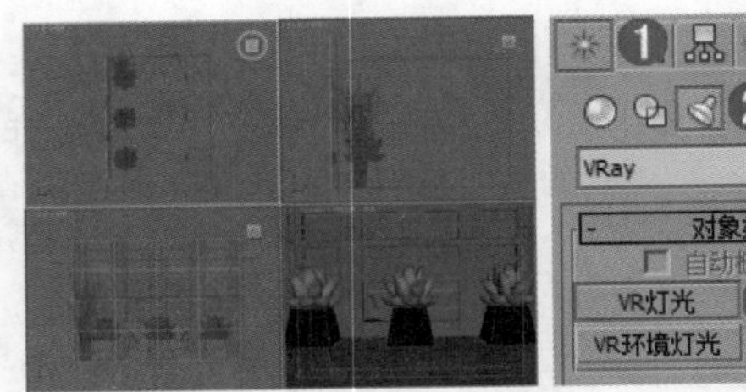

图5-50　图5-51

步骤04 选择步骤03创建的VR灯光，然后在【修改】面板下设置其具体参数，如图5-53所示。

在【常规】选项组下设置【类型】为【平面】；在【强度】选项组下调节【倍增】为1；在【大小】选项组下设置【1/2 长】为2000mm，【1/2 宽】为1200mm；在【选项】选项组下选中【不可见】。

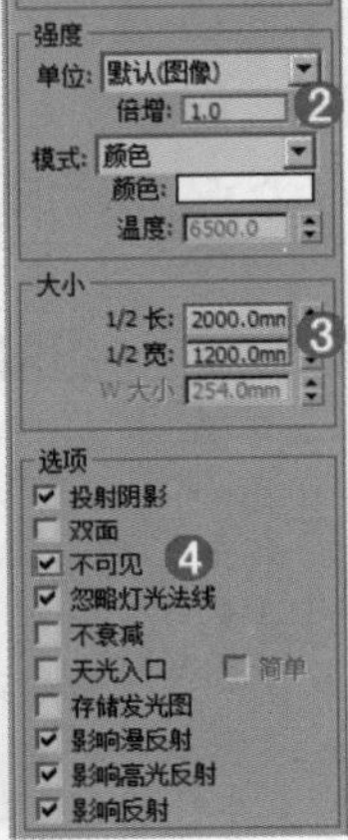

图5-52　图5-53

步骤05 按Shift+Q组合键，快速渲染摄影机视图，其渲染效果如图5-54所示。

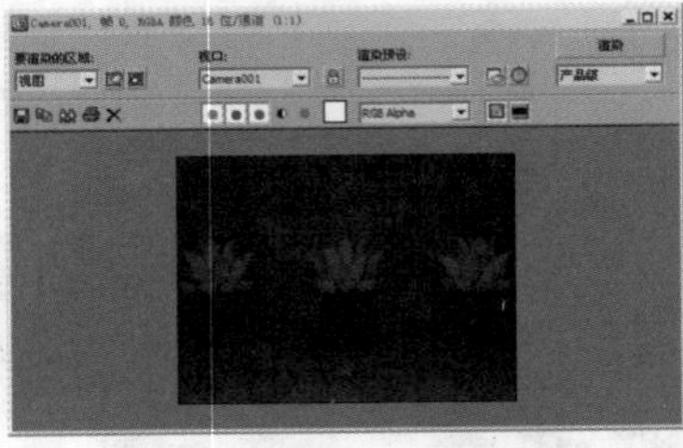

图5-54

Part 2 创建射灯

步骤01 使用【目标灯光】工具 目标灯光 在左视图中创建一盏目标灯光，使用【选择并移动】工具将其移动复制2盏，并放置在模型上方，如图5-55所示。然后在【修改】面板下设置其具体参数，如图5-56所示。

展开【常规参数】卷展栏，在【灯光属性】选项组下选中【目标】；在【阴影】选项组下选中【启用】和【使用全局设置】，并设置阴影类型为【VRay 阴影】；设置【灯光分布（类型）】为【光度学 Web】。

展开【分布（光度学 Web）】卷展栏，并在通道上加载 2（22）.ies。

展开【强度 / 颜色 / 衰减】卷展栏，调节颜色为浅黄色（红：255，绿：226，蓝：201），设置【强度】为 100000。

展开【VRay 阴影参数】卷展栏，选中【区域阴影】，设置【U/V/W 大小】为 50mm，【细分】为 20。

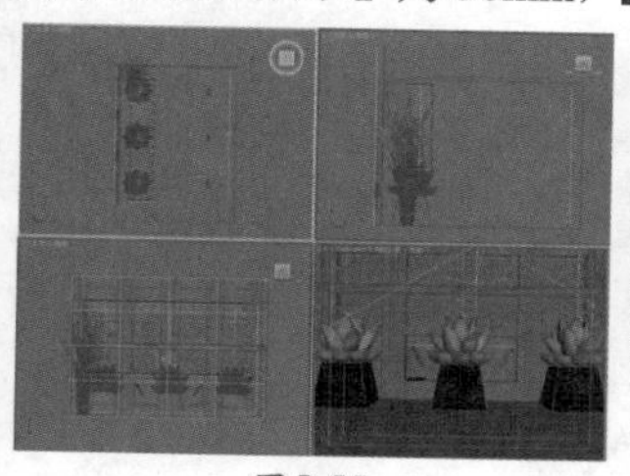

图5-55

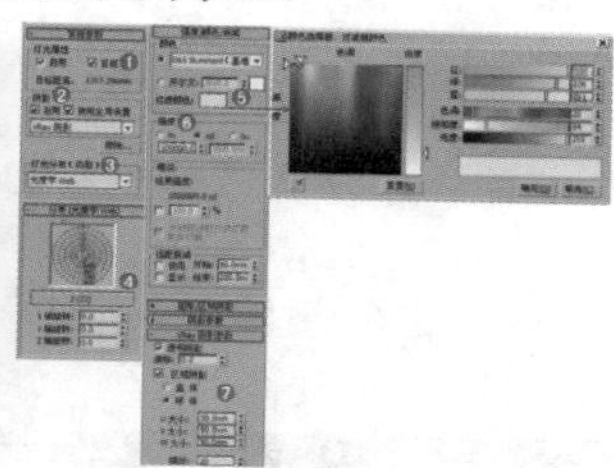

图5-56

步骤02 按Shift+Q组合键，快速渲染摄影机视图，其渲染效果如图5-57所示。

图5-57

重点 综合实例：制作玄关夜晚效果

场景文件	03.max
案例文件	综合实例：制作玄关夜晚效果.max
视频教学	DVD/ 多媒体教学 /Chapter05/ 综合实例：制作玄关夜晚效果.flv
难易指数	★★☆☆☆
灯光方式	目标灯光、VR 灯光
技术掌握	掌握【目标灯光】、【VR 灯光】的运用

实例介绍

本实例主要使用【目标灯光】制作室内光源，并使用【VR 灯光】作为辅助光源增加场景的真实性，场景的最终渲染效果如图 5-58 所示。

图5-58

操作步骤

Part 1 创建环境灯光

步骤01 打开本书配套光盘中的【场景文件/Chapter05/03.max】文件，如图5-59所示。

步骤02 在【创建】面板下单击【灯光】按钮，并设置灯光类型为VRay，最后单击【VR灯光】按钮 VR灯光 ，如图5-60所示。

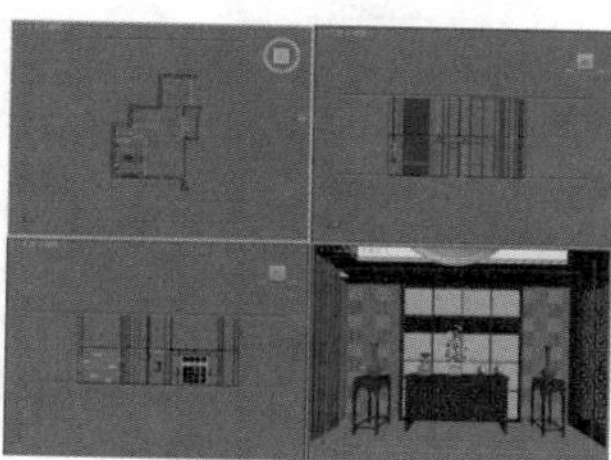

图5-59

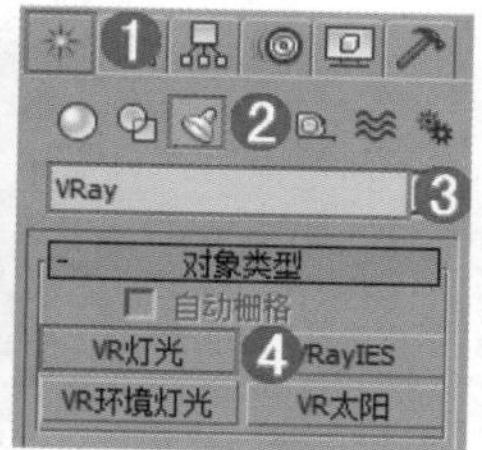

图5-60

步骤03 在前视图中拖曳并创建一盏VR灯光，使用【选择并移动】工具将其放置到窗户外面，此时VR灯光的位置如图5-61所示。

步骤04 选择步骤03创建的VR灯光，然后在【修改】面板下设置其具体参数，如图5-62所示。

在【常规】选项组下设置【类型】为【平面】；在【强度】选项组下调节【倍增】为 40；在【大小】选项组下设置【1/2 长】为 910mm，【1/2 宽】为 740mm；在【选项】选项组下选中【不可见】。

图5-61　图5-62

步骤05 按快捷键8打开【环境和效果】对话框，然后在【环境贴图】后面的通道上加载【VR天空】程序贴图，接着使用鼠标左键拖曳该通道到材质编辑器的一个空白材质球上，并选择【实例】方式，最后设置【太阳强度倍增】为0.4，如图5-63所示。

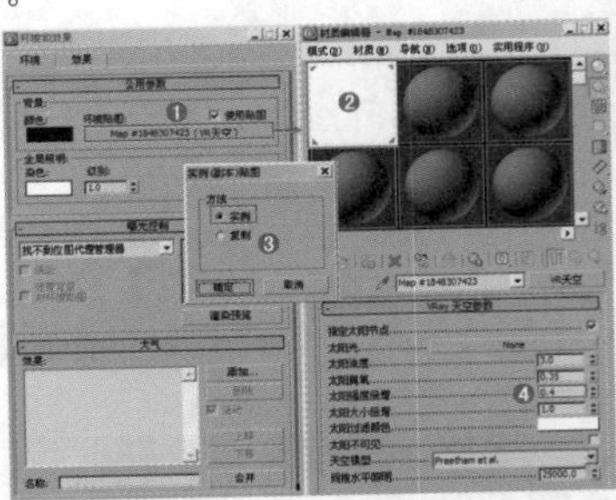

图5-63

技巧与提示

在制作灯光时，很多时候需要有一个非常真实的环境对室内进行影响，此时我们会想到可以在【环境贴图】中加载贴图，只需要在【环境贴图】通道上加载【VR天空】程序贴图，并将其与一个材质球进行关联，即可通过调节该材质球的参数来控制环境的效果了。当然有的读者会问为什么在使用VR太阳时，会自动在【环境贴图】通道上加载【VR天空】程序贴图。通过本案例的制作，读者更要知道在不需要创建VR太阳时，也可以只使用【VR天空】程序贴图。

步骤06 按Shift+Q组合键，快速渲染摄影机视图，其渲染效果如图5-64所示。

图5-64

Part 2 创建室内灯光

步骤01 使用【目标灯光】工具 目标灯光 在左视图中创建一盏目标灯光，使用【选择并移动】工具将其移动复制5盏，并放置在射灯模型下面，灯光放置位置如图5-65所示。然后在【修改】面板下设置其具体参数，如图5-66所示。

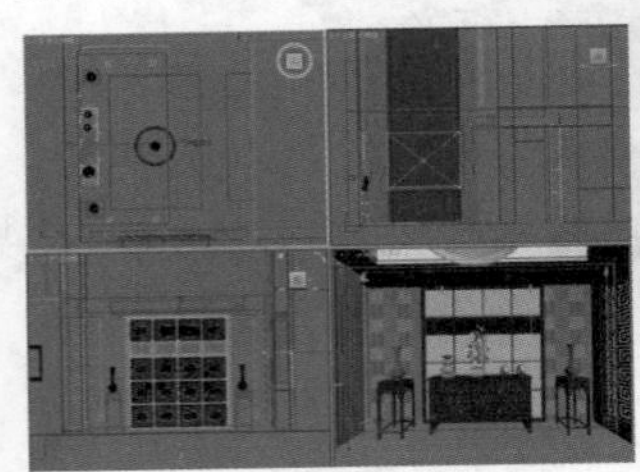

图5-65

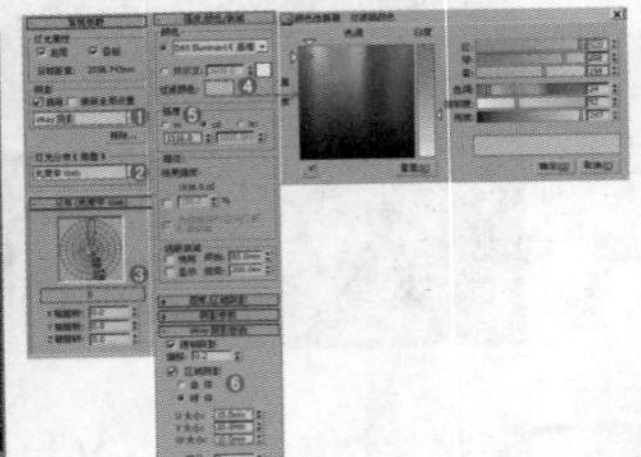

图5-66

展开【常规参数】卷展栏，选中【启用】，设置阴影类型为【VRay阴影】，设置【灯光分布（类型）】为【光度学Web】。

展开【分布（光度学Web）】卷展栏，并在通道上加载0.ies。

展开【强度/颜色/衰减】卷展栏，调节颜色为浅黄色（红：247，绿：208，蓝：158），设置【强度】为10000。

展开【VRay阴影参数】卷展栏，选中【区域阴影】，设置【U/V/W大小】为10mm。

步骤02 在顶视图中拖曳并创建一盏VR灯光，并使用【选择并移动】工具将其放置到灯罩里面，此时VR灯光的位置如图5-67所示。然后在【修改】面板下设置其具体参数，如图5-68所示。

在【常规】选项组下设置【类型】为【球体】；在【强度】选项组下调节【倍增】为300，【颜色】为浅黄色（红：244，绿：193，蓝：126）；在【大小】选项组下设置【半径】为28mm。

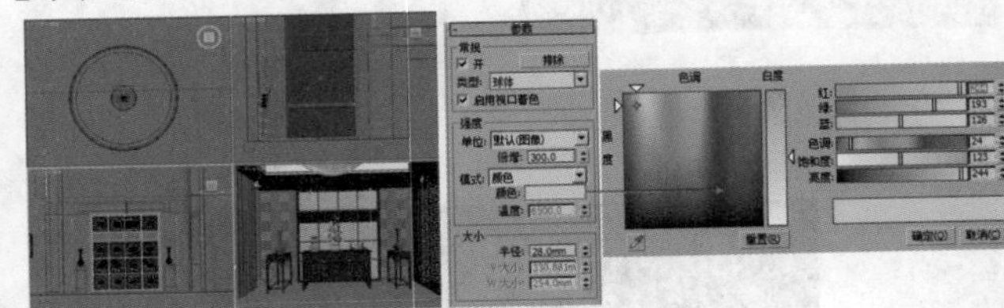

图5-67　　图5-68

步骤03 接着在顶视图中拖曳并创建一盏VR灯光，并使用【选择并移动】工具将其放置到灯罩下面，此时VR灯光的位置如图5-69所示。然后在【修改】面板下设置其具体的参数，如图5-70所示。

在【常规】选项组下设置【类型】为【平面】；在【强度】选项组下调节【倍增】为8，【颜色】为浅黄色（红：244，绿：193，蓝：126）；在【大小】选项组下设置【1/2长】为260mm，【1/2宽】为260mm；在【选项】选项组下选中【不可见】。

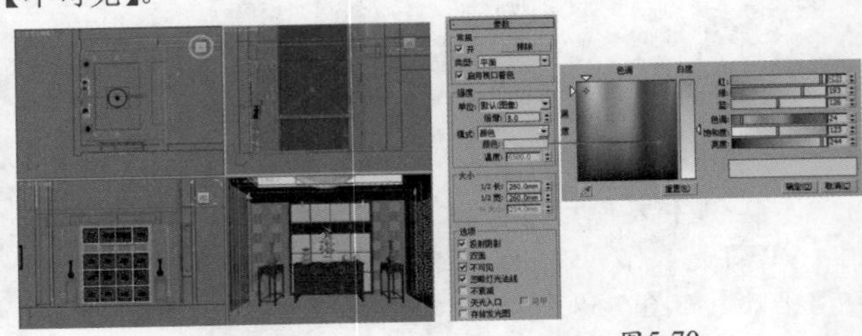

图5-69　　图5-70

步骤04 按Shift+Q组合键，快速渲染摄影机视图，其渲染效果如图5-71所示。

图5-71

Part 3 创建室内辅助灯带

步骤01 使用【VR灯光】在顶视图中创建4盏VR灯光，并分别放置到顶棚如图5-72所示的位置，从下向上进行照射。然后在【修改】面板下设置其具体参数，如图5-73所示。

在【常规】选项组下设置【类型】为【平面】；在【强度】选项组下调节【倍增】为4，【颜色】为浅黄色（红：244，绿：193，蓝：126）；在【大小】选项组下设置【1/2长】为900mm，【1/2宽】为35mm；在【选项】选项组下选中【不可见】。

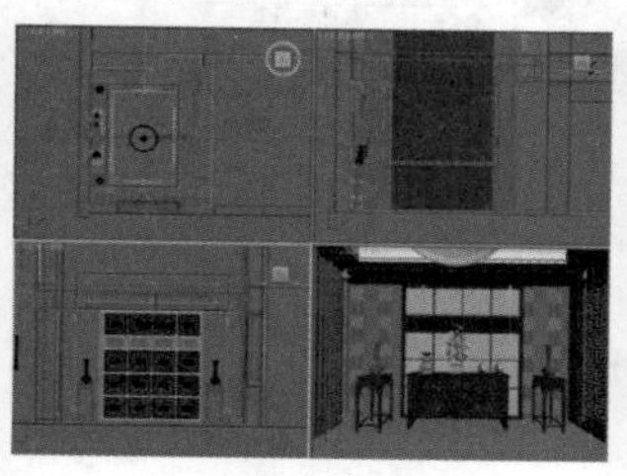

图5-72

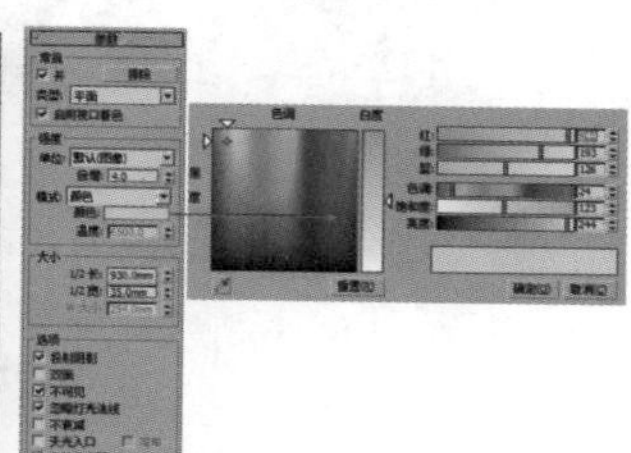

图5-73

步骤02 继续使用【VR灯光】在顶视图中创建一盏VR灯光，并将其拖曳到窗帘上方的灯槽内，从上向下进行照射，具体放置位置如图5-74所示。然后在【修改】面板下设置其具体参数，如图5-75所示。

在【常规】选项组下设置【类型】为【平面】；在【强度】选项组下调节【倍增】为40，【颜色】为浅黄色（红244，绿：193，蓝：126）；在【大小】选项组下设置【1/2长】为1500mm，【1/2宽】为45mm；在【选项】选项组下选中【不可见】。

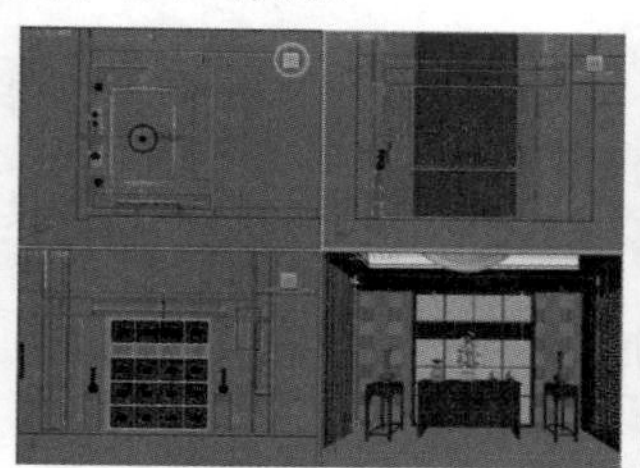

图5-74

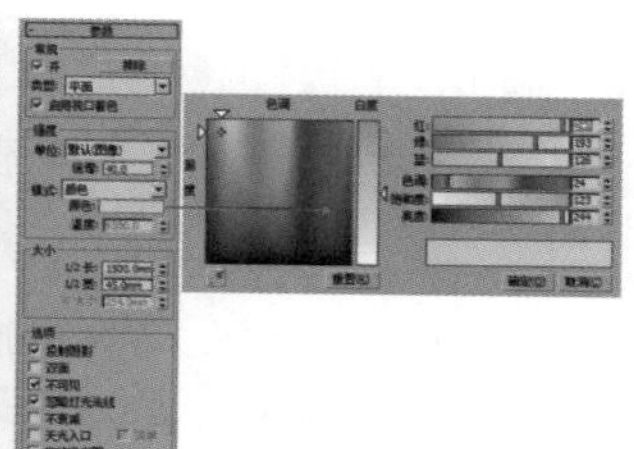

图5-75

步骤03 按Shift+Q组合键，快速渲染摄影机视图，其渲染效果如图5-76所示。最终渲染效果如图5-77所示。

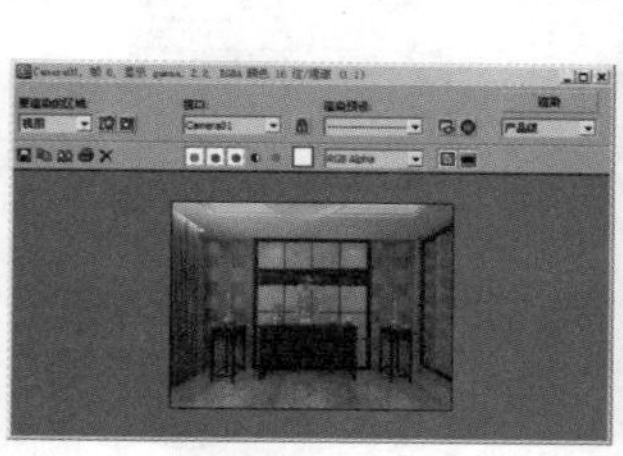

图5-76

图5-77

5.2.2 自由灯光

【自由灯光】没有目标对象，参数与【目标灯光】基本一致，如图5-78所示。

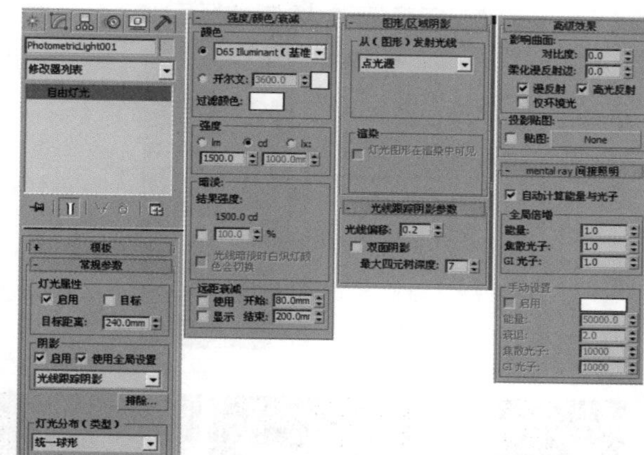

图5-78

技巧与提示

默认创建的自由灯光没有照明方向，但是可以指定照明方向，其操作方法是在【修改】面板的【常规参数】卷展栏下选中【目标】复选框，开启照明方向后，可以通过目标点来调节灯光的照明方向，如图5-79所示。

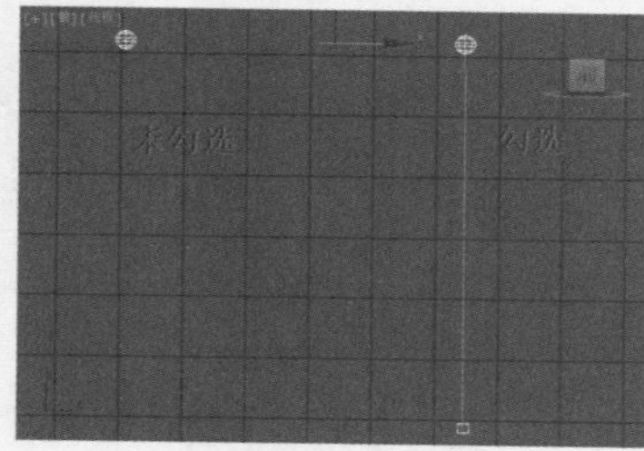

图5-79

如果自由灯光没有目标点，可以使用【选择并移动】工具和【选择并旋转】工具将其进行任意移动或旋转，如图5-80所示。

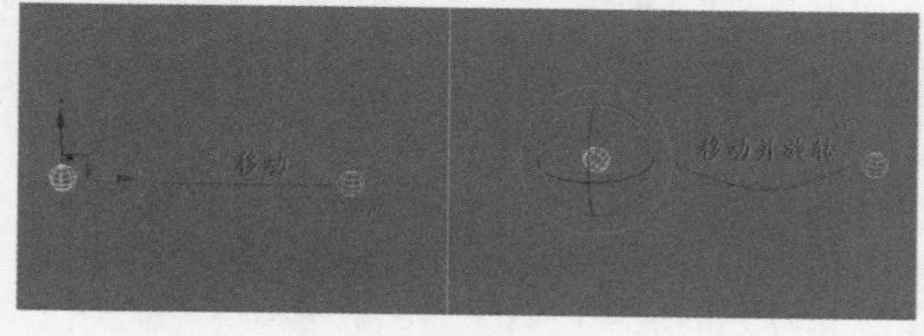

图5-80

5.2.3 mr天空门户

【mr天空门户】提供了一种聚集内部场景中的现有天空照明的有效方法，无须高度最终聚集或全局照明设置（这会使渲染时间过长）。实际上，门户就是一个区域灯光，从环境中导出其亮度和颜色。其参数面板如图5-81所示。

如图5-82所示为使用【mr天空门户】制作的窗口光效果。

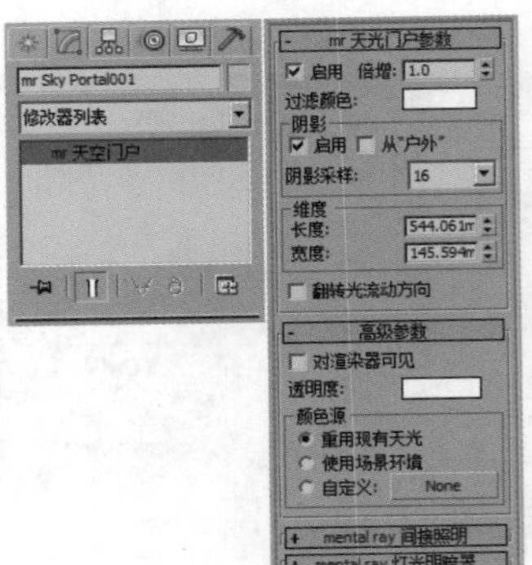

图5-81

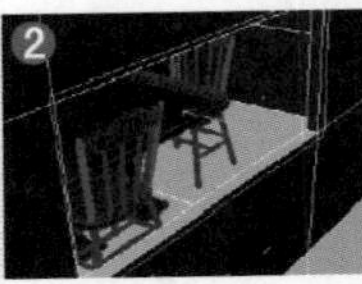

图5-82

- 启用：切换来自门户的照明。禁用时，门户对场景照明没有任何效果。
- 倍增：增加灯光功率。例如，如果将该值设置为2.0，灯光将亮两倍。
- 过滤颜色：渲染来自外部的颜色。
- 启用：切换由门户灯光投影的阴影。
- 从“户外”：选中该复选框时，从门户外部的对象投影阴影，即在远离箭头图标的一侧投影阴影。
- 阴影采样：由门户投影的阴影的总体质量。如果渲染的图像呈颗粒状，需增加此值。
- 维度：设置长度和宽度。
- 翻转光流动方向：确定灯光穿过门户方向。

重点 小实例：利用mr天空门户制作灯光效果

场景文件	04.max
案例文件	小实例：利用mr 天空门户制作灯光效果.max
视频教学	DVD/多媒体教学/Chapter05/小实例：利用mr 天空门户制作灯光效果.flv
难易指数	★★☆☆☆
灯光方式	mr 天空门户灯光
技术掌握	mr 天空门户灯光的使用

实例介绍

本例制作一个文具商品展示场景，主要使用【mr 天空门户】模拟灯光的效果，如图5-83所示。

图5-83

操作步骤

步骤01 打开本书配套光盘中的【场景文件/Chapter05/04.max】文件，如图5-84所示。

步骤02 在【创建】面板下单击【灯光】按钮，并设置灯光类型为【光度学】，最后单击【mr 天空门户】按钮 mr天空门户，如图5-85所示。

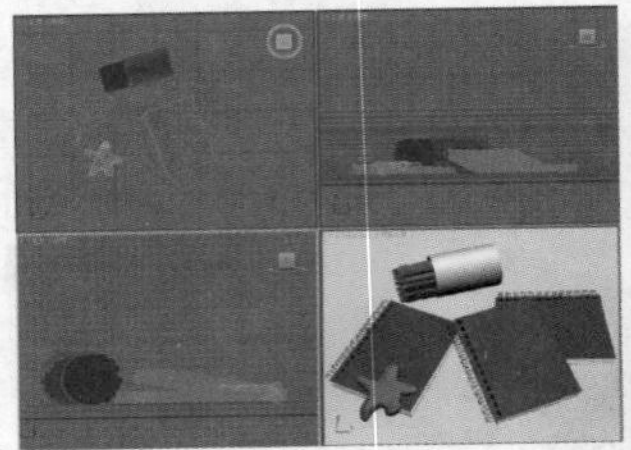

图5-84

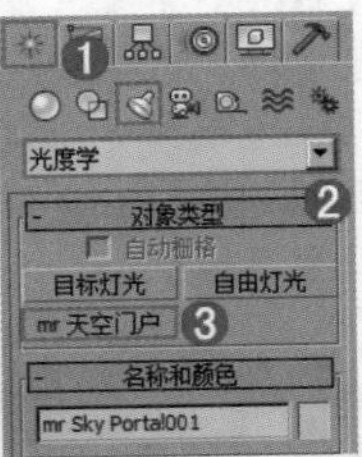

图5-85

技巧与提示

在创建mr 天空门户前，首先将渲染器设置为NVIDIA mental ray，如图5-86所示。

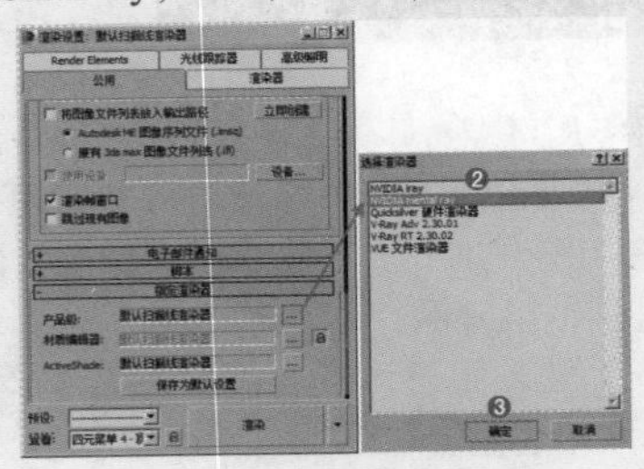

图5-86

步骤03 在左视图中拖曳并创建一盏mr 天空门户灯光，位置如图5-87所示。

步骤04 选择步骤03创建的mr 天空门户灯光，然后进入【修改】面板，具体参数设置如图5-88所示。

展开【mr 天空门户】参数卷展栏，选中【启用】，设置【倍增】为8，在【阴影】选项组下选中【启用】，设置【阴影采样】为256，在【维度】选项组下设置【长度】为4500mm，【宽度】为4500mm。

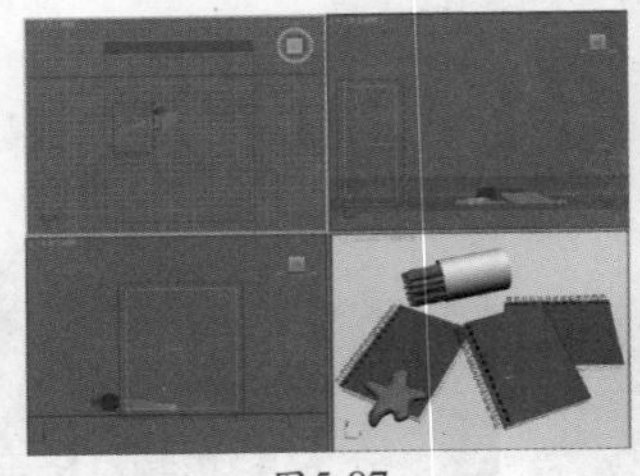

图5-87

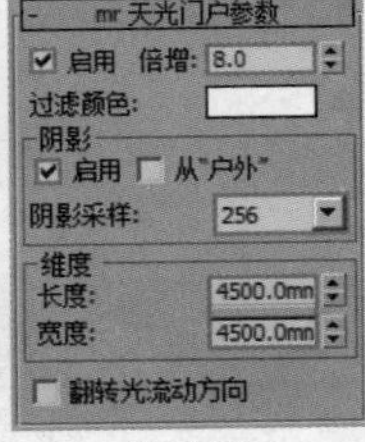

图5-88

技巧与提示

此时按F9键渲染当前场景，发现渲染的视图中只是黑色，这是因为mr 天空门户灯光的特殊性，该灯光需要配合【天光】使用，才会渲染出正常的效果。

步骤05 在【创建】面板下将灯光类型设置为【标准】，接着单击【天光】按钮 天光，并在顶视图中创建一盏天光，如图5-89所示。进入【修改】面板，设置【倍增】为0.3，如图5-90所示。

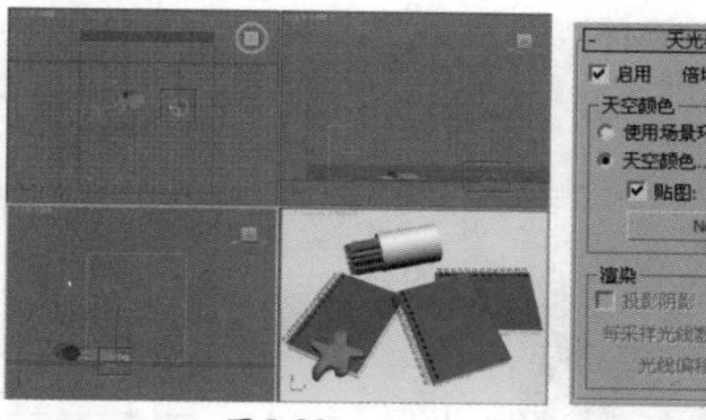

图5-89　　图5-90

步骤06 按Shift+Q组合键，快速渲染摄影机视图，其渲染效果如图5-91所示。

图5-91

步骤07 继续在场景中拖曳并创建2盏mr 天空门户灯光，位置如图5-92所示。

步骤08 分别选择步骤07创建的两盏mr 天空门户灯光，然后进入【修改】面板，具体参数设置如图5-93所示。

展开【mr 天空门户】参数卷展栏，选中【启用】，设置【倍增】为4，在【阴影】选项组下选中【启用】，设置【阴影采样】为128，在【维度】选项组下设置【长度】为4500mm，【宽度】为4500mm。

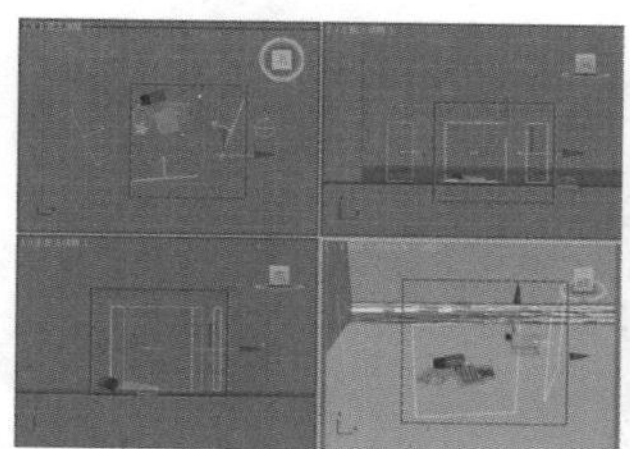

图5-92　　图5-93

步骤09 再在场景中拖曳并创建一盏mr 天空门户灯光，位置如图5-94所示。

步骤10 选择步骤09创建的mr 天空门户灯光，然后进入【修改】面板，具体参数设置如图5-95所示。

展开【mr 天空门户】参数卷展栏，选中【启用】，设置【倍增】为2，在【阴影】选项组下选中【启用】，设置【阴影采样】为128，在【维度】选项组下设置【长度】为1300mm，【宽度】为1300mm。

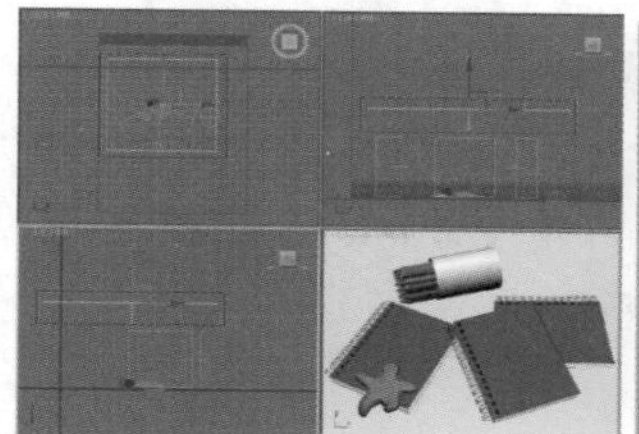

图5-94　　图5-95

步骤11 按F9键渲染当前场景，此时渲染效果如图5-96所示。

图5-96

5.3 标准灯光

【标准】灯光有8种类型，分别是【目标聚光灯】、【自由聚光灯】、【目标平行光】、【自由平行光】、【泛光】、【天光】、mr Area Omni和mr Area Spot，如图5-97所示。

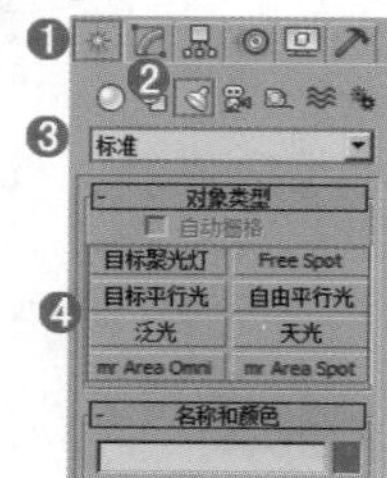

图5-97

5.3.1 目标聚光灯

【目标聚光灯】可以产生一个锥形照射区域，区域以外的对象不会受到灯光的影响。目标聚光灯由透射点和目标点组成，其方向性非常好，对阴影的塑造能力也很强，是标准灯光中最为常用的一种，如图5-98所示。

图5-98

（1）常规参数

【常规参数】卷展栏的参数如图 5-99 所示。

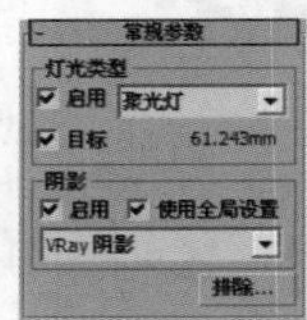

图5-99

- 灯光类型：设置灯光的类型，共有 3 种类型可供选择，分别是【聚光灯】、【平行光】和【泛光灯】，如图 5-100 示。

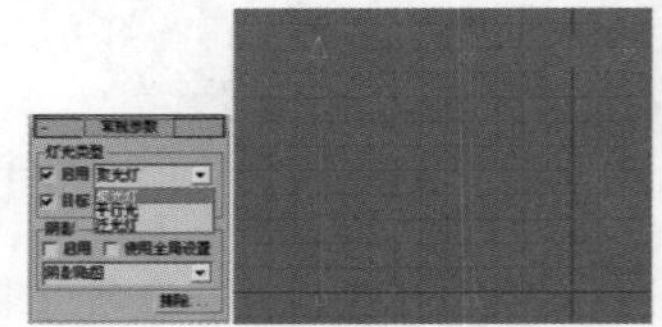

图5-100

> **技巧与提示**
>
> 切换不同的灯光类型可以很直接地观察到灯光外观的变化，但是切换灯光类型后，场景中的灯光就会变成当前所选择的灯光。

- 启用：是否开启灯光。
- 目标：选中该复选框，灯光将成为目标灯光；否则，成为自由灯光。

> **技巧与提示**
>
> 当选中【目标】复选框后，灯光为【目标聚光灯】；而取消选中该复选框，原来创建的【目标聚光灯】会变成【自由聚光灯】。

- 阴影：控制是否开启灯光阴影以及设置阴影的相关参数。
  - 使用全局设置：选中该复选框可以使用灯光投射阴影的全局设置。如果未使用全局设置，则必须选择渲染器使用哪种方式来生成特定的灯光阴影。
  - 阴影贴图：用切换阴影的方式得到不同的阴影效果。
- 【排除】按钮 ：可以将选定的对象排除于灯光效果之外。

（2）强度 / 颜色 / 衰减

【强度 / 颜色 / 衰减】卷展栏中的参数如图 5-101 所示。

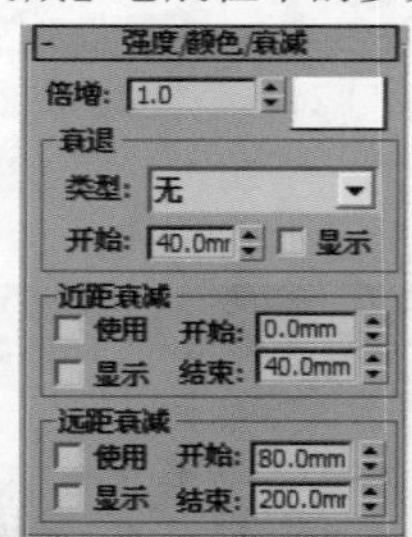

图5-101

- 倍增：控制灯光的强弱程度。
- 颜色：用来设置灯光的颜色，如图 5-102 所示。

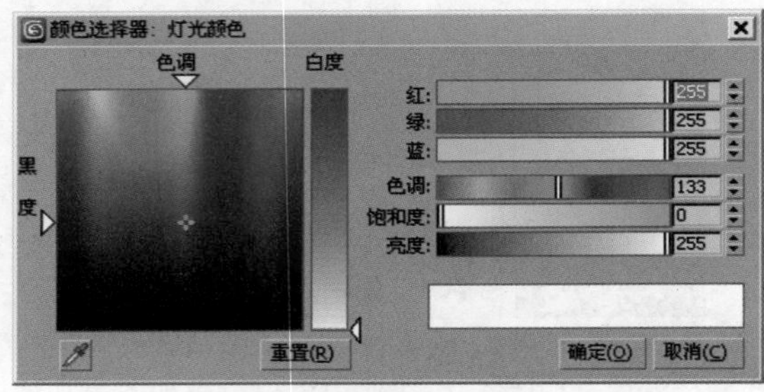

图5-102

- 衰退：该选项组中的参数用来设置灯光衰退的类型和起始距离。
  - 类型：指定灯光的衰退方式。【无】为不衰退；【倒数】为反向衰退；【平方反比】为以平方反比的方式进行衰退。

> **技巧与提示**
>
> 如果【平方反比】衰退方式使场景太暗，可以尝试在【环境和效果】对话框中增加【全局照明级别】数值。

  - 开始：设置灯光开始衰减的距离。
  - 显示：在视图中显示灯光衰减的效果。
- 近距衰减：该选项组用来设置灯光近距离衰减的参数。
  - 使用：启用灯光近距离衰减。
  - 显示：在视图中显示近距离衰减的范围。
  - 开始：设置灯光开始淡出的距离。
  - 结束：设置灯光达到衰减最远处的距离。
- 远距衰减：该选项组用来设置灯光远距离衰减的参数。
  - 使用：启用灯光远距离衰减。
  - 显示：在视图中显示远距离衰减的范围。
  - 开始：设置灯光开始淡出的距离。
  - 结束：设置灯光衰减为 0 时的距离。

（3）聚光灯参数

【聚光灯参数】卷展栏中的参数如图 5-103 所示。

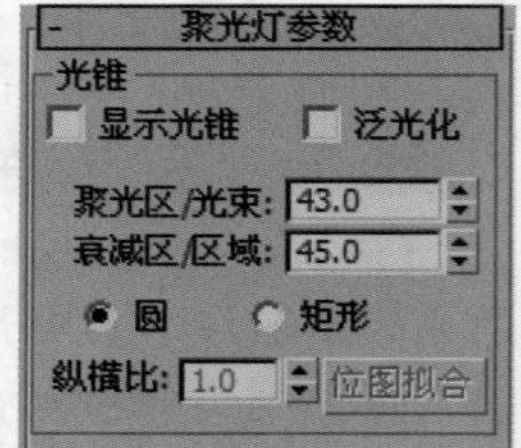

图5-103

- 显示光锥：是否开启圆锥体显示效果。
- 泛光化：选中该复选框，灯光将在各个方向投射光线。
- 聚光区 / 光束：用来调整圆锥体灯光的角度。
- 衰减区 / 区域：设置灯光衰减区的角度。
- 圆 / 矩形：指定聚光区和衰减区的形状。
- 纵横比：设置矩形光束的纵横比。
- 【位图拟合】按钮 位图拟合：若灯光阴影的纵横比为矩形，可以用该按钮来设置纵横比，以匹配特定的位图。

（4）高级效果

【高级效果】卷展栏中的参数如图5-104所示。

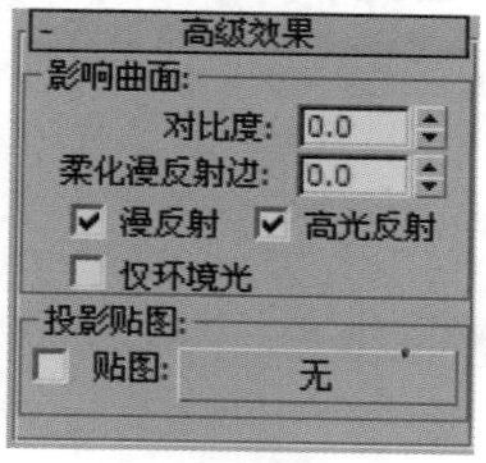

- 对比度：调整漫反射区域和环境光区域的对比度。
- 柔化漫反射边：增加该数值可以柔化曲面的漫反射区域和环境光区域的边缘。
- 漫反射：选中该复选框，灯光将影响曲面的漫反射属性。
- 高光反射：选中该复选框，灯光将影响曲面的高光属性。
- 仅环境光：选中该复选框，灯光只影响照明的环境光。
- 贴图：为阴影添加贴图。

图5-104

（5）阴影参数

【阴影参数】卷展栏中的参数如图5-105所示。

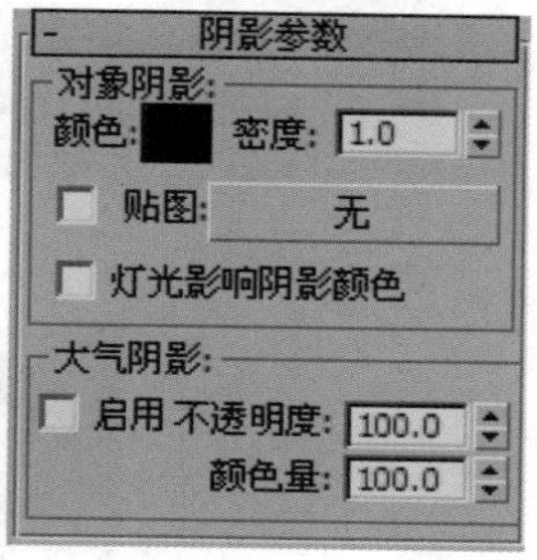

- 颜色：设置阴影的颜色，默认为黑色。
- 密度：设置阴影的密度。
- 贴图：为阴影指定贴图。
- 灯光影响阴影颜色：选中该复选框，灯光颜色将与阴影颜色混合在一起。
- 启用：选中该复选框，大气可以穿过灯光投射阴影。
- 不透明度：调节阴影的不透明度。
- 颜色量：调整颜色和阴影颜色的混合量。

图5-105

（6）VRay阴影参数

【VRay阴影参数】卷展栏中的参数如图5-106所示。

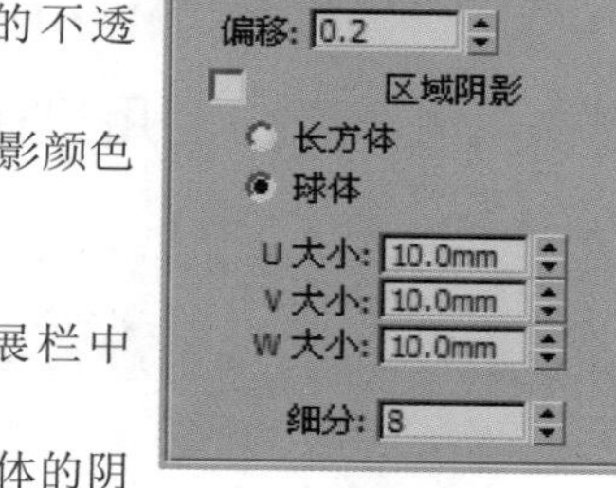

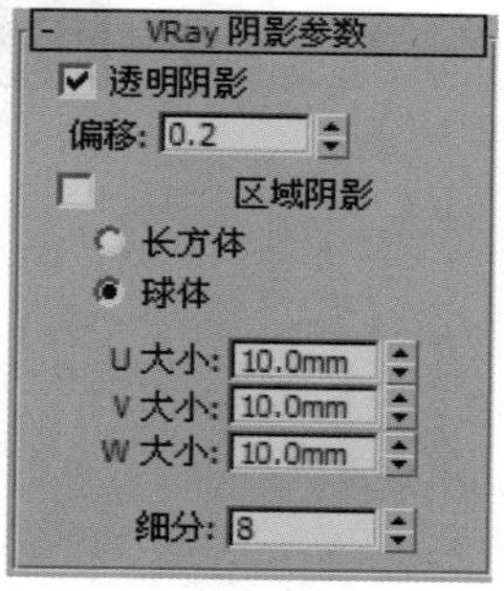

图5-106

- 透明阴影：控制透明物体的阴影，必须使用VRay材质并选择材质中的【影响阴影】才能产生效果。
- 偏移：控制阴影与物体的偏移距离，一般可保持默认值。
- 区域阴影：控制物体阴影效果，使用时会降低渲染速度，有【长方体】和【球体】两种模式。
- 长方体/球体：用来控制阴影的方式，一般默认设置为【球体】即可。
- U/V/W大小：值越大，阴影越模糊，并且还会产生杂点，降低渲染速度。
- 细分：该数值越大，阴影越细腻，噪点越少，渲染速度越慢。

（7）大气和效果

【大气和效果】卷展栏中的参数如图5-107所示。

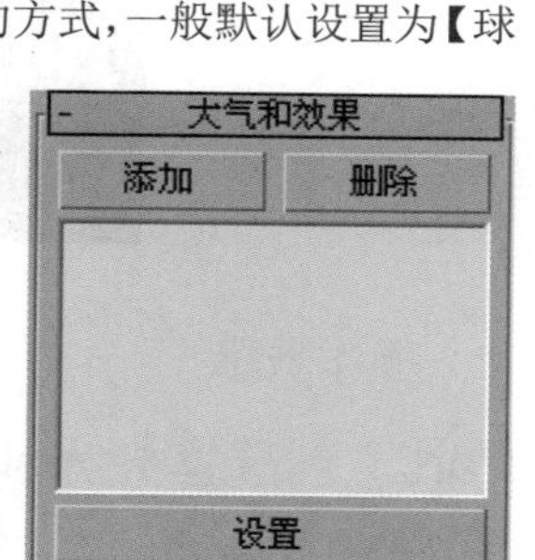

图5-107

- 【添加】按钮：为场景加载【体积光】或【镜头效果】。
- 【删除】按钮：删除加载的特效。
- 【设置】按钮：创建特效后，单击该按钮可以在弹出的对话框中设置特效的特性。

技巧与提示

在3ds Max 2014中，使用灯光时可以在视图中进行实时预览，可以看到基本的灯光和阴影效果，如图5-108所示。

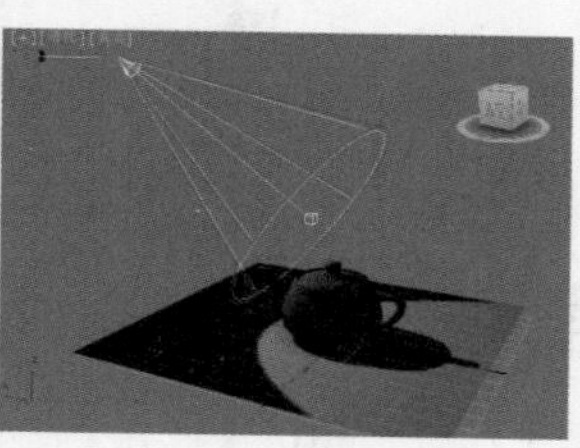
图5-108

在视图左上角[+][透视][真实]处右击，然后取消选中【照明和阴影】下的【阴影】选项，如图5-109所示。此时阴影效果如图5-110所示。

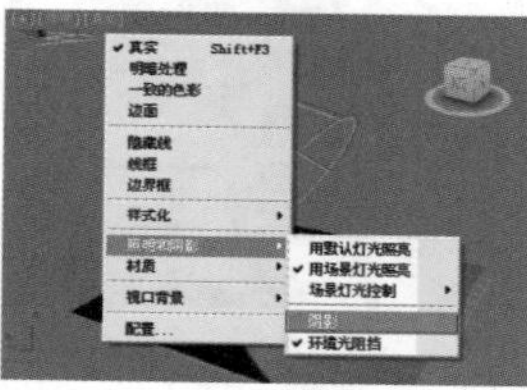
图5-109

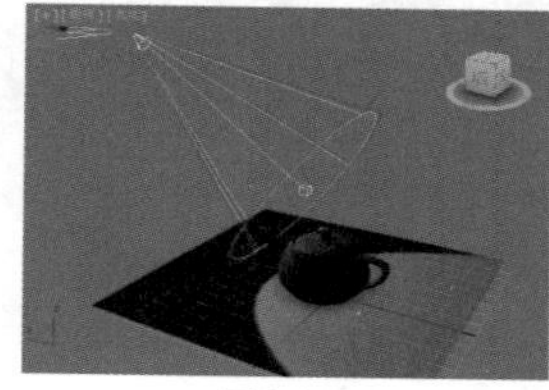
图5-110

在视图左上角[+][透视][真实]处右击，然后取消选中【照明和阴影】下的【环境光阻挡】选项，如图5-111所示。此时阴影效果如图5-112所示。

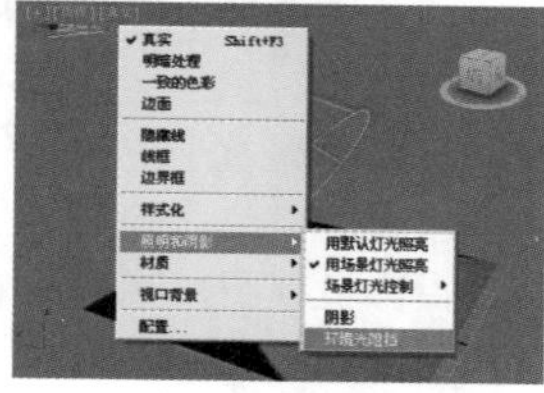
图5-111

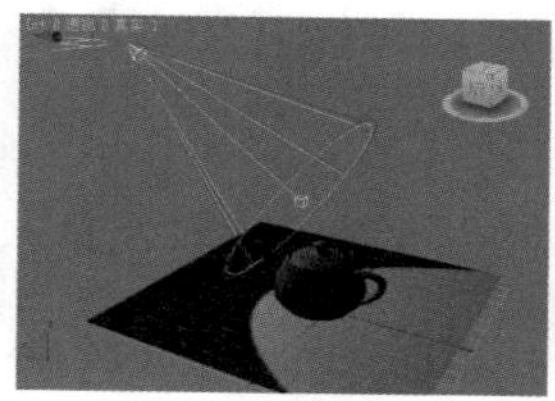
图5-112

重点 综合实例：利用目标聚光灯制作书房阴影效果

场景文件	05.max
案例文件	综合实例：利用目标聚光灯制作书房阴影效果.max
视频教学	DVD/多媒体教学/Chapter05/综合实例：利用目标聚光灯制作书房阴影效果.flv
难易指数	★★☆☆☆
灯光方式	目标聚光灯
技术掌握	掌握【目标聚光灯】的运用

实例介绍

本实例主要使用目标聚光灯阴影贴图来制作有阴影感觉的灯光照射效果，最终渲染效果如图5-113所示。

图5-113

操作步骤

Part 1 创建书房中目标聚光灯的光源

步骤01 打开本书配套光盘中的【场景文件/Chapter05/05.max】文件，如图5-114所示。

步骤02 在【创建】面板下单击【灯光】按钮，并设置灯光类型为【标准】，最后单击【目标聚光灯】按钮 目标聚光灯 ，在顶视图中拖曳并创建一盏目标聚光灯，灯光位置如图5-115所示。

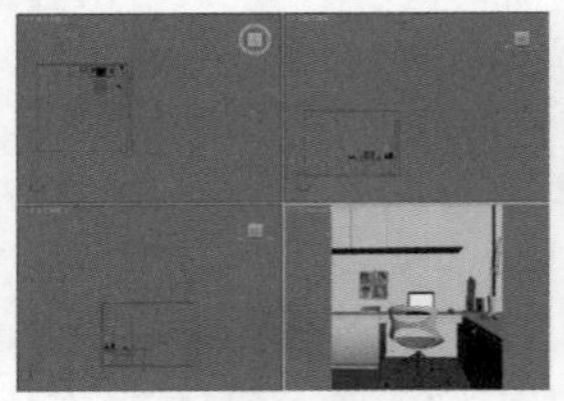

图5-114　图5-115

步骤03 选择步骤02创建的目标聚光灯，然后在【修改】面板下设置其具体参数，如图5-116所示。

选中【阴影】选项组下的【启用】，设置方式为【阴影贴图】，然后在【强度/颜色/衰减】卷展栏下设置【倍增】为8，选中【远距衰减】选项组下的【使用】，并设置【开始】为3000mm，【结束】为15000mm。

在【聚光灯参数】卷展栏下设置【聚光区/光束】为43，【衰减区/光束】为45。

步骤04 按Shift+Q组合键，快速渲染摄影机视图，其渲染效果如图5-117所示。

图5-116　图5-117

通过图5-117看到，射灯的光照效果还可以，但是没有出现我们想要的百叶窗阴影，这时，可以创建一个百叶窗模型，光投射到百叶窗上自然会产生百叶窗阴影，也可以使用另外一个方法模拟，即使用【投影贴图】进行阴影的制作。

Part 2 使用【阴影贴图】模拟百叶窗阴影效果

步骤01 选择Part 1中创建的目标聚光灯，然后在【修改】面板下设置其具体参数，如图5-118所示。

在【高级效果】卷展栏下设置【投影贴图】选中【贴图】并在通道上加载【投影贴图.jpg】，其他参数保持不变。

步骤02 按Shift+Q组合键，快速渲染摄影机视图，其渲染效果如图5-119所示。

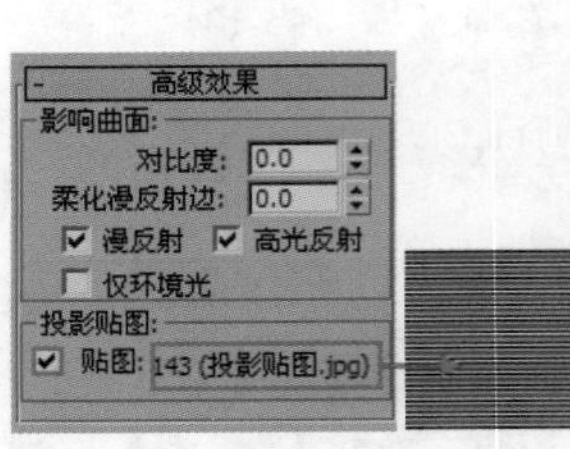

图5-118　图5-119

步骤03 最终的渲染效果如图5-120所示。

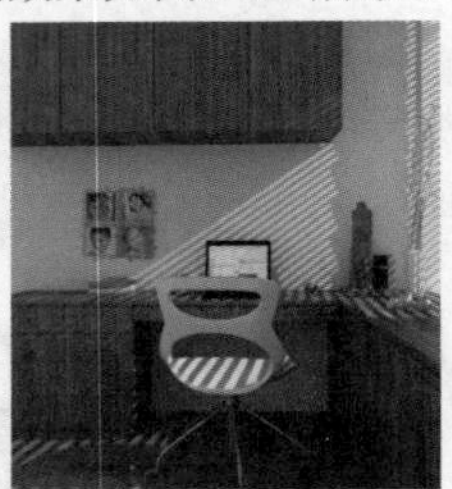

图5-120

重点 小实例：利用目标聚光灯制作台灯

场景文件	06.max
案例文件	小实例：利用目标聚光灯制作台灯.max
视频教学	DVD/多媒体教学/Chapter05/小实例：利用目标聚光灯制作台灯.flv
难易指数	★★☆☆☆
灯光方式	目标聚光灯、VR灯光
技术掌握	掌握【目标聚光灯】、【VR灯光】的运用

实例介绍

本实例主要使用目标聚光灯和泛光灯制作台灯的效果，并使用VR灯光模拟室内外夜晚效果，如图5-121所示。

图5-121

操作步骤

Part 1 创建室外光和室内光

步骤01 打开本书配套光盘中的【场景文件/Chapter05/06.max】

文件，如图5-122所示。

步骤02 在【创建】面板下单击【灯光】按钮，并设置灯光类型为VRay，最后单击【VR灯光】按钮 VR灯光 ，如图5-123所示。

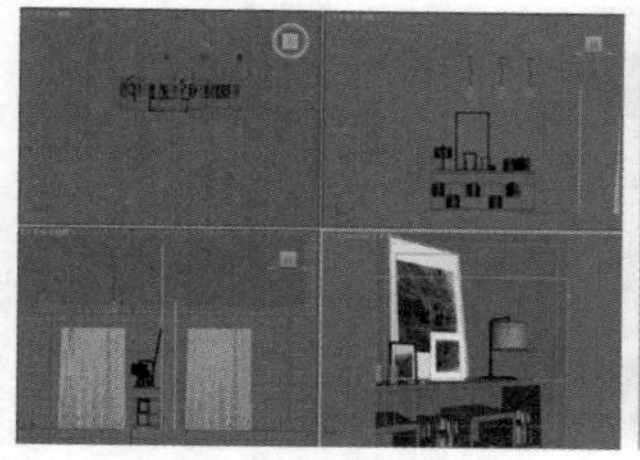

图5-122

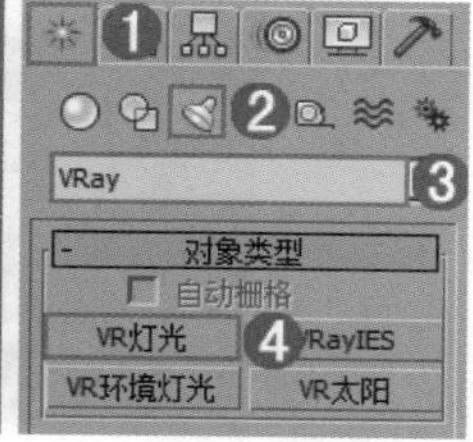

图5-123

步骤03 在顶视图中拖曳并创建一盏VR灯光，此时VR灯光的位置如图5-124所示。

步骤04 选择步骤03创建的VR灯光，在【修改】面板下设置其具体参数，如图5-125所示。

在【常规】选项组下设置【类型】为【穹顶】；在【强度】选项组下调节【倍增】为25，【颜色】为蓝色（红：67，绿：73，蓝：124）；在【选项】选项组下选中【不可见】；在【采样】选项组下设置【细分】为25。

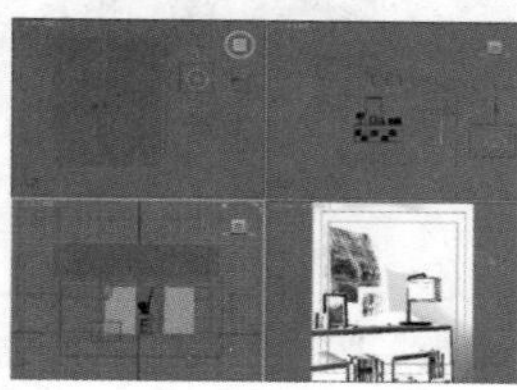

图5-124

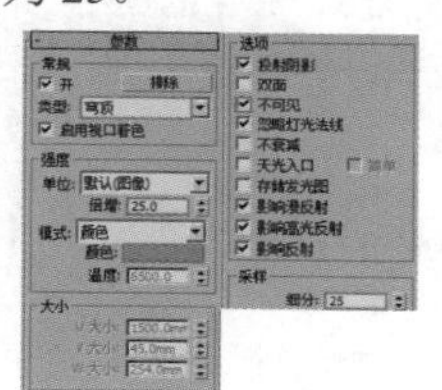

图5-125

步骤05 接着在左视图创建一盏VR灯光，使用【选择并移动】工具，将其移动至窗户外面，从外向内进行照射，具体灯光放置位置如图5-126所示。

步骤06 选择步骤05创建的VR灯光，在【修改】面板下设置其具体参数，如图5-127所示。

在【常规】选项组下设置【类型】为【平面】；在【强度】选项组下调节【倍增】为25，【颜色】为蓝色（红：90，绿：110，蓝：162）；在【大小】选项组下设置【1/2 长】为68mm，【1/2 宽】为 190mm；在【选项】选项组下选中【不可见】，在【采样】选项组下设置【细分】为20。

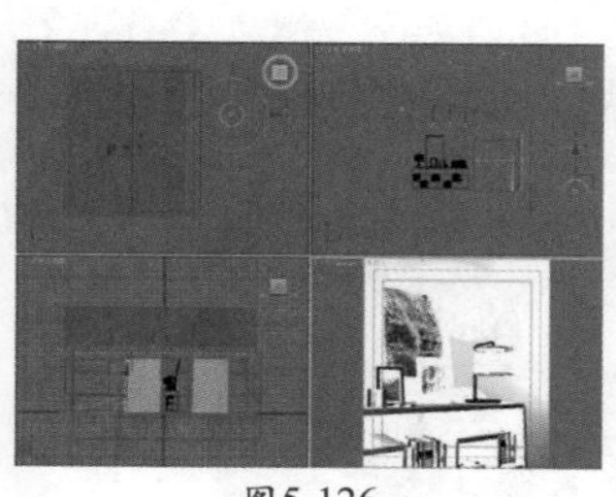

图5-126

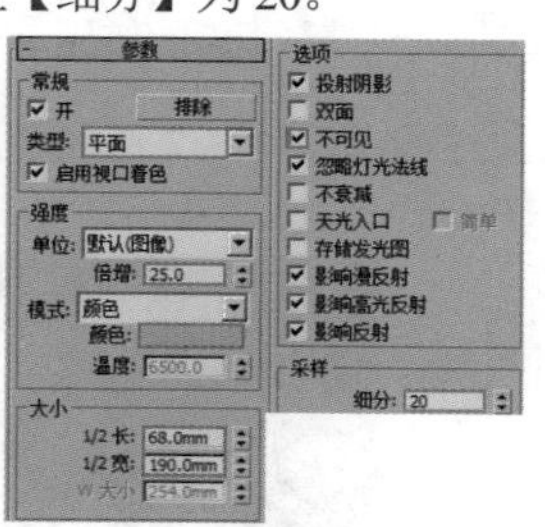

图5-127

步骤07 按Shift+Q组合键，快速渲染摄影机视图，其渲染效果如图5-128所示。

图5-128

步骤08 在前视图中拖曳并创建一盏VR灯光，具体放置位置如图5-129所示。在【修改】面板下设置其具体参数，如图5-130所示。

在【常规】选项组下设置【类型】为【平面】；在【强度】选项组下调节【倍增】为 0.8，【颜色】为浅蓝色（红：144，绿：157，蓝：192）；在【大小】选项组下设置【1/2 长】为 68mm，【1/2 宽】为 190mm；在【选项】选项组下选中【不可见】；在【采样】选项组下设置【细分】为 20。

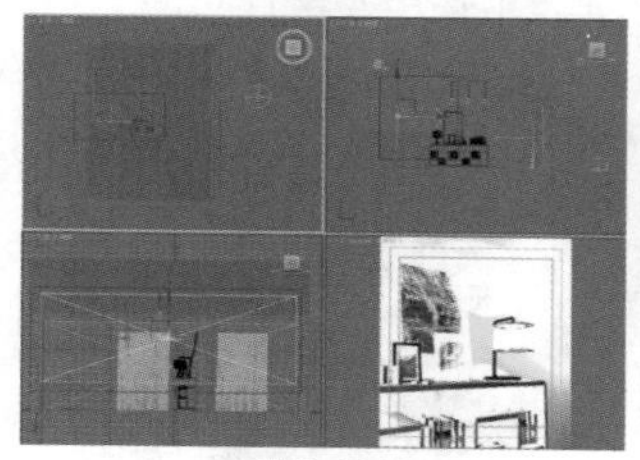

图5-129

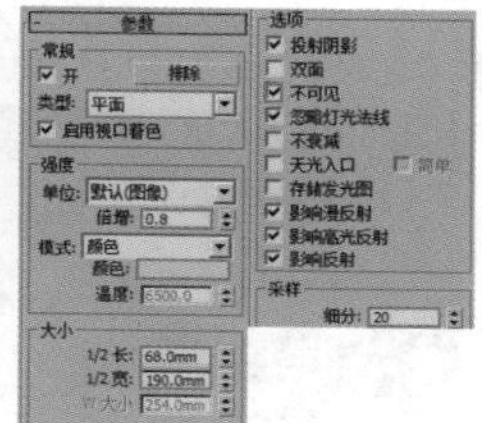

图5-130

Part 2 创建台灯灯光

步骤01 在顶视图中拖曳并创建一盏泛光灯，并放置到灯罩里面，此时灯光的位置如图5-131所示。然后在【修改】面板下设置其具体参数，如图5-132所示。

在【常规参数】卷展栏下选中【启用】，设置阴影类型为【VRay 阴影】。

在【强度 / 颜色 / 衰减】卷展栏下设置【倍增】为 80，【颜色】为浅黄色（红：220，绿：183，蓝：144），选中【远距衰减】下的【使用】，并设置【开始】为 0mm，【结束】为 24mm。

在【VRay 阴影参数】卷展栏下选中【区域阴影】，并设置【U/V/W 大小】为 30mm。

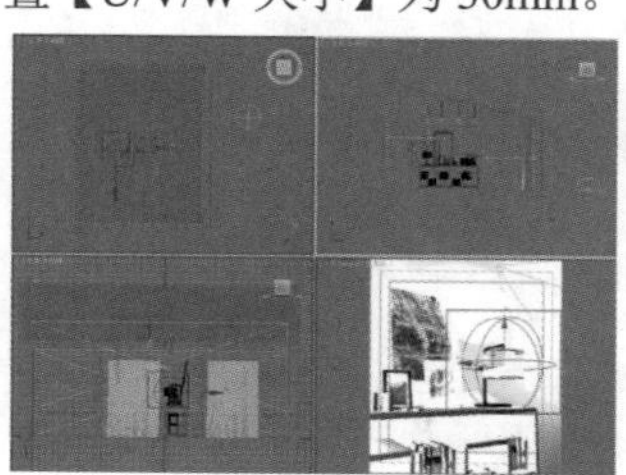

图5-131

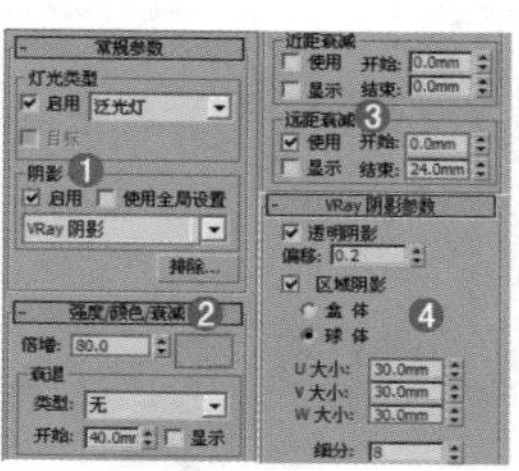

图5-132

步骤02 按Shift+Q组合键，快速渲染摄影机视图，其渲染的效果如图5-133所示。

图5-133

步骤03 在台灯上方和下方分别拖曳并创建一盏目标聚光灯，具体位置如图5-134所示。

步骤04 分别选择步骤03创建的目标聚光灯，然后在【修改】面板下设置其具体参数，如图5-135所示。

在【常规参数】卷展栏下选中【启用】，设置阴影类型为【VRay 阴影】。

在【强度 / 颜色 / 衰减】卷展栏下调节【倍增】为 18，【颜色】为浅黄色（红：227，绿：158，蓝：117），选中【远距衰减】下的【使用】，并设置【开始】为 23mm，【结束】为 72mm。

在【VRay 阴影参数】卷展栏下选中【区域阴影】，并设置【U/V/W 大小】均为 20mm，【细分】为 15。

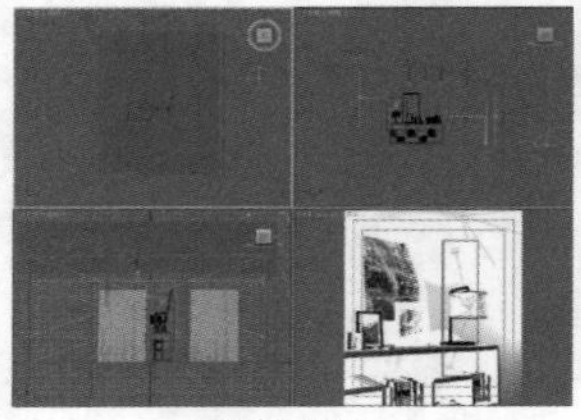

图5-134

图5-135

步骤05 按Shift+Q组合键，快速渲染摄影机视图，其渲染效果如图5-136所示。最终渲染效果如图5-137所示。

图5-136

图5-137

5.3.2 自由聚光灯

【自由聚光灯】与【目标聚光灯】相似，只是它无法对发射点和目标点分别进行调节，如图 5-138 所示。【自由聚光灯】特别适合于模仿一些动画灯光，如舞台上的射灯等。

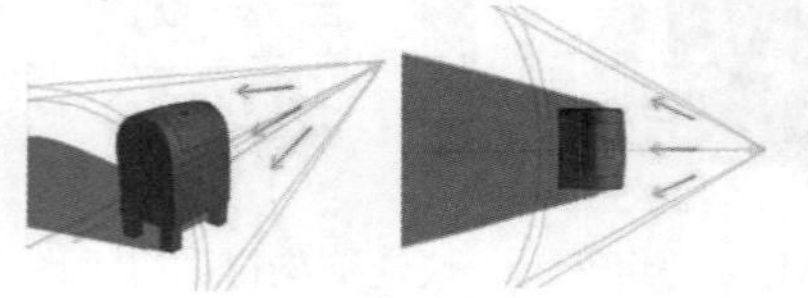

图5-138

技巧与提示

自由聚光灯的参数和目标聚光灯类似，只是自由聚光灯没有目标点，如图 5-139 所示。

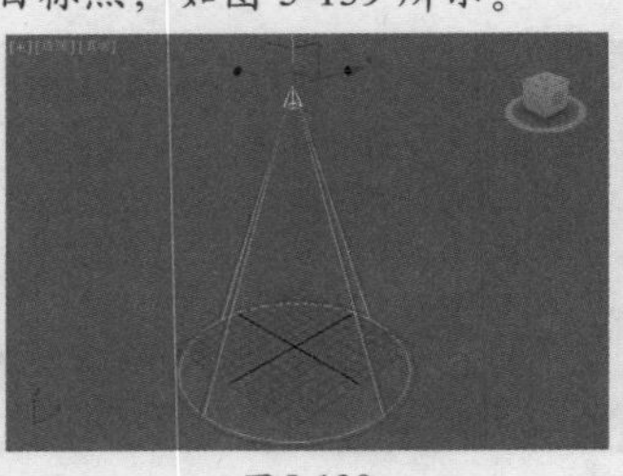

图5-139

可以使用【选择并移动】工具和【选择并旋转】工具对自由聚光灯进行移动和旋转操作，如图 5-140 所示。

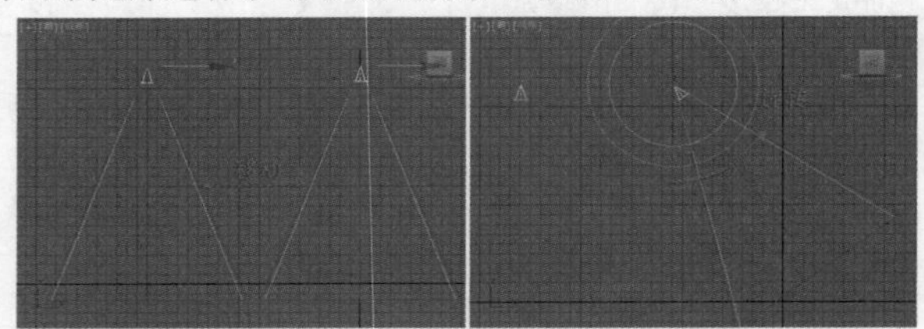

图5-140

5.3.3 目标平行光

【目标平行光】可以产生一个照射区域，主要用来模拟自然光线的照射效果，常用该灯光模拟室内外日光效果，如图 5-141 所示。

图5-141

虽然【目标平行光】可以用来模拟太阳光，但是它与【目标聚光灯】的灯光类型却不相同。【目标聚光灯】的灯光类型是【聚光灯】，而【目标平行光】的灯光类型是【平行光】，从外形上看，【目标聚光灯】更像锥形，【目标平行光】更像筒形，如图 5-142 所示。

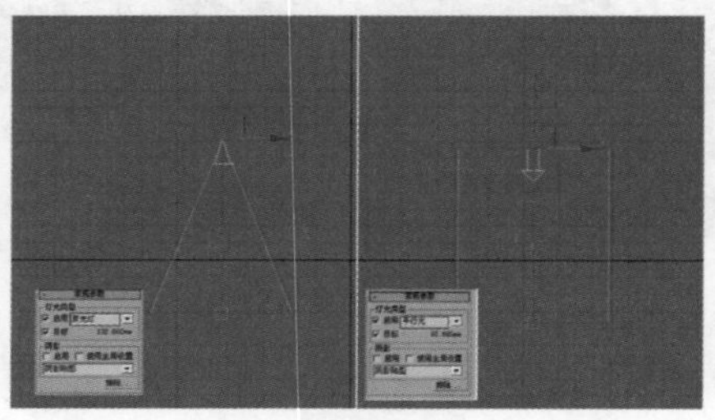

图5-142

【目标平行光】的参数面板如图 5-143 所示。

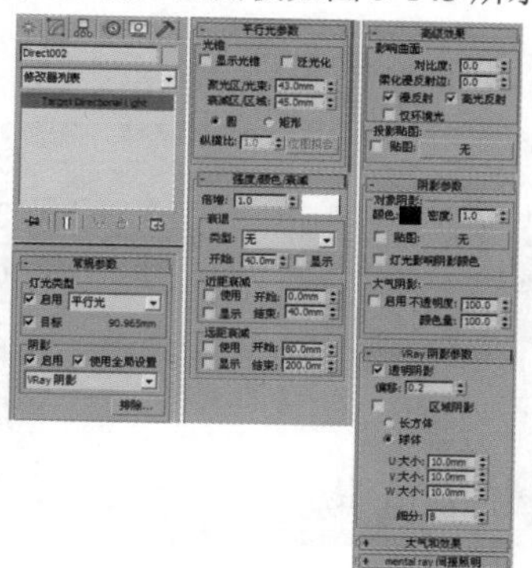

图5-143

重点 小实例：利用目标平行光阴影贴图制作阴影效果

场景文件	07.max
案例文件	小实例：利用目标平行光阴影贴图制作阴影效果 .max
视频教学	DVD/ 多媒体教学 /Chapter05/ 小实例：利用目标平行光阴影贴图制作阴影效果 .flv
难易指数	★★☆☆☆
灯光方式	目标平行光
技术掌握	掌握【目标平行光】下【阴影贴】图参数的运用

实例介绍

本实例主要使用【目标平行光】下的【阴影贴图】制作阴影的效果，如图 5-144 所示。

图5-144

操作步骤

步骤01 打开本书配套光盘中的【场景文件/Chapter05/07.max】文件，如图5-145所示。

步骤02 在【创建】面板下单击【灯光】按钮，并设置灯光类型为【标准】，最后单击【目标平行光】按钮 目标平行光 ，如图5-146所示。

图5-145 图5-146

步骤03 在前视图中拖曳并创建一盏目标平行光，灯光的位置如图5-147所示。

步骤04 选择步骤03创建的目标平行光，然后在【修改】面板下设置其具体参数，如图5-148所示。

展开【常规参数】卷展栏，然后在【阴影】选项组下选中【启用】复选框，接着设置阴影类型为【VRay 阴影】。

展开【强度 / 颜色 / 衰减】卷展栏，然后设置【倍增】为 2.6。

展开【平行光参数】卷展栏，然后设置【聚光区 / 光束】为 3000mm，【衰减区 / 区域】为 60000mm。

展开【高级效果】卷展栏，然后在【投影贴图】选项组下选中【贴图】复选框，接着在贴图后面的通道上加载【阴影贴图 .jpg】贴图文件。

展开【VRay 阴影参数】卷展栏，然后选中【球体】单选按钮，接着设置【U/V/W 大小】为 254mm。

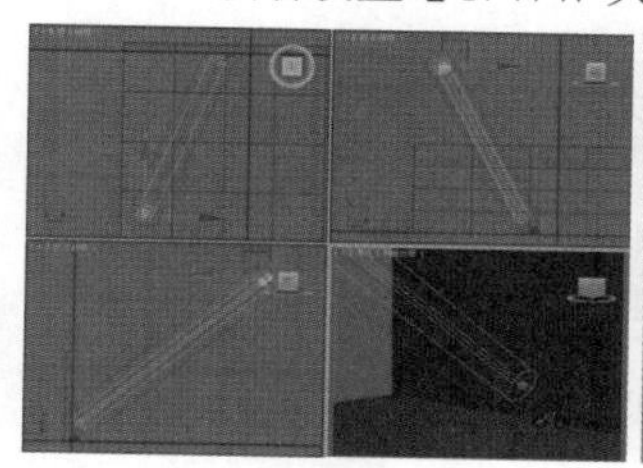

图5-147

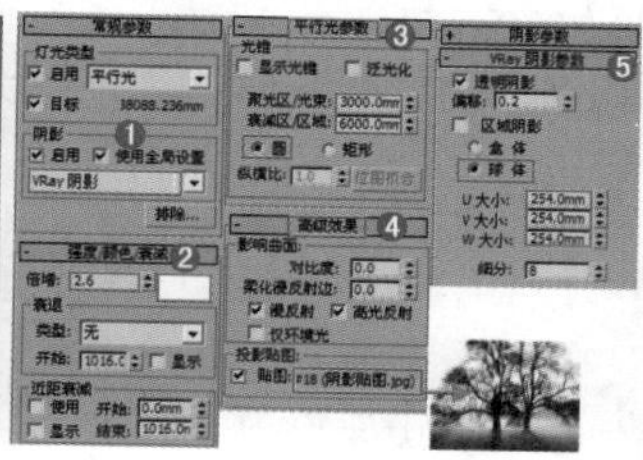

图5-148

步骤05 最终渲染效果如图5-149所示。

图5-149

重点 小实例：利用目标平行光和 VR 灯光制作正午阳光效果

场景文件	08.max
案例文件	小实例：利用目标平行光和 VR 灯光制作正午阳光效果 .max
视频教学	DVD/ 多媒体教学 /Chapter05/ 小实例：利用目标平行光和 VR 灯光制作正午阳光效果 .flv
难易指数	★★☆☆☆
灯光方式	目标平行光、VR 灯光
技术掌握	掌握【目标平行光】下【阴影贴图】参数的运用

实例介绍

本例是一个休息室场景，主要使用【目标平行光】模拟正午阳光的效果，如图 5-150 所示。

图5-150

操作步骤

步骤01 打开本书配套光盘中的【场景文件/Chapter05/08.max】文件，如图5-151所示。

步骤02 在【创建】面板下单击【灯光】按钮，并设置灯光类型为【标准】，最后单击【目标平行光】按钮 目标平行光 ，如图5-152所示。

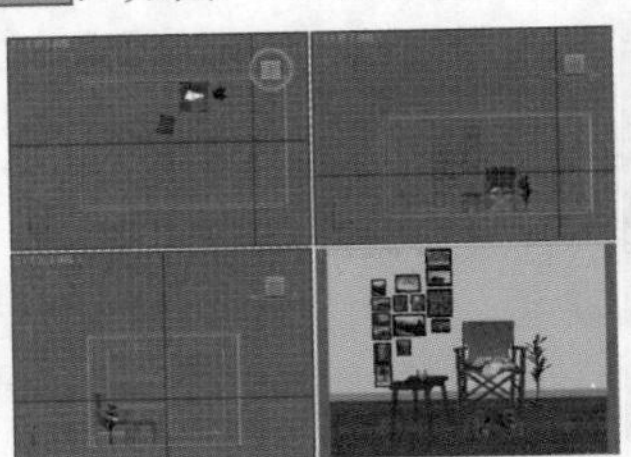
图5-151

图5-152

步骤03 在前视图中拖曳并创建一盏目标平行光，灯光的位置如图5-153所示。

步骤04 选择步骤03创建的目标平行光，然后在【修改】面板下设置其具体参数，如图5-154所示。

展开【常规参数】卷展栏，在【阴影】选项组下选中【启用】，并设置阴影类型为【VRay 阴影】。

展开【强度/颜色/衰减】卷展栏，设置【倍增】为4.5，调节颜色为蓝色（红：149，绿：168，蓝：250）。

展开【VRay 阴影参数】卷展栏，设置【U/V/W 大小】为254mm。

展开【平行光参数】卷展栏，设置【聚光区/光束】为2032mm，【衰减区/区域】为2082mm，并选中【矩形】单选按钮。

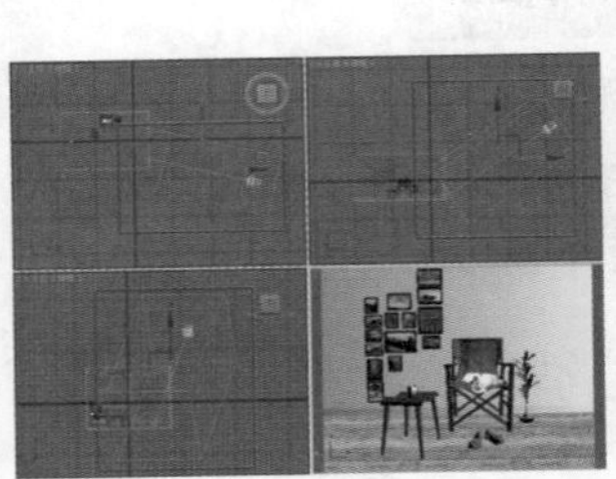
图5-153

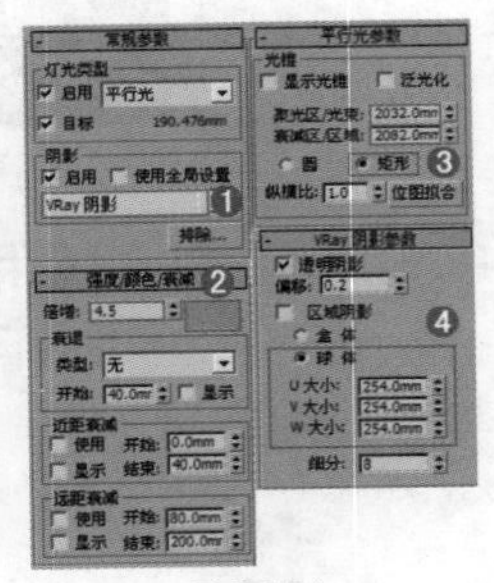
图5-154

步骤05 按下F9键渲染当前场景，此时渲染效果如图5-155所示。

图5-155

步骤06 在左视图中拖曳并创建一盏VR灯光，灯光位置如图5-156所示。

步骤07 选择步骤06创建的VR灯光，然后进入【修改】面板，具体参数设置如图5-157所示。

在【常规】选项组下设置【类型】为【平面】；在【强度】选项组下设置【倍增】为10，调节颜色为蓝色（红：120，绿：132，蓝：221）；在【大小】选项组下设置【1/2长】为1700mm，【1/2宽】为1300mm；在【选项】选项组下选中【不可见】，设置【细分】为10。

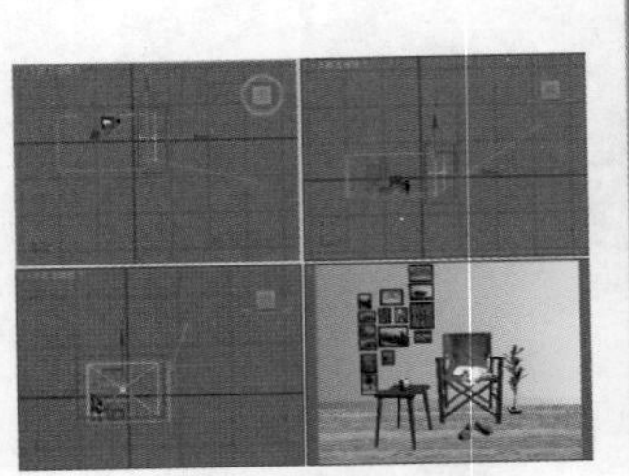
图5-156

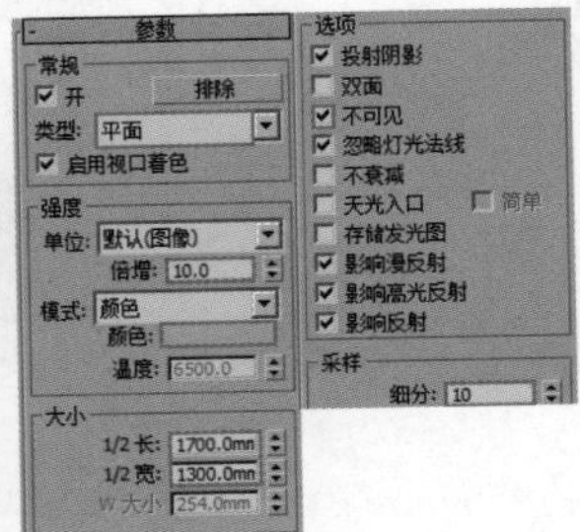
图5-157

步骤08 按F9键渲染当前场景，此时渲染效果如图5-158所示。

图5-158

重点 小实例：利用目标平行光制作日光

场景文件	09.max
案例文件	小实例：利用目标平行光制作日光.max
视频教学	DVD/多媒体教学/Chapter05/小实例：利用目标平行光制作日光.flv
难易指数	★★☆☆☆
灯光方式	目标平行光、VR灯光
技术掌握	掌握【目标平行光】、【VR灯光】的运用

实例介绍

本实例主要使用【目标平行光】和【VR灯光】模拟日光和窗口处光源，使用【VR灯光】模拟室内辅助光源、灯罩灯光和书架处灯光，效果如图5-159所示。

图5-159

操作步骤

Part 1 使用【目标平行光】和【VR灯光】模拟日光和窗口处光源

步骤01 打开本书配套光盘中的【场景文件/Chapter05/09.max】文件，如图5-160所示。

步骤02 单击 （创建）|（灯光）| 标准 | 目标平行光 （目标平行光），如图5-161所示。

步骤03 在前视图中拖曳并创建一盏目标平行光，其位置如图5-162所示。

步骤04 选择步骤03创建的目标平行光，然后在【修改】面板下设置其具体参数，如图5-163所示。

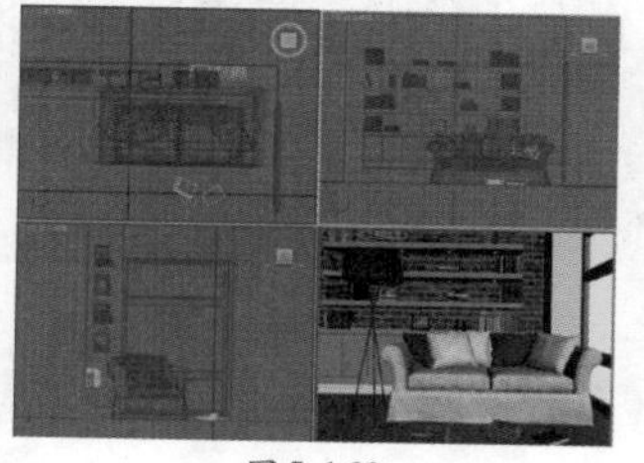
图5-160

图5-161

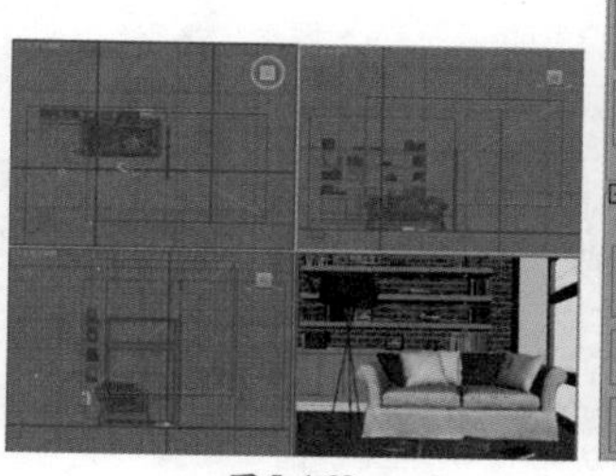
图5-162

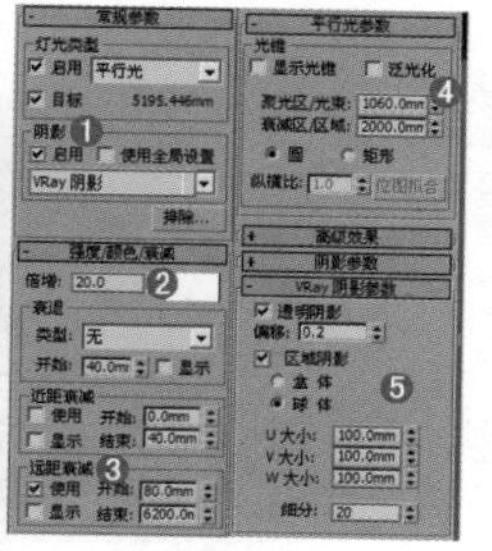
图5-163

在【常规参数】卷展栏下选中【启用】，设置阴影类型为【VRay 阴影】。

在【强度/颜色/衰减】卷展栏下调节【倍增】为20，选中【远距衰减】中的【使用】。

在【平行光参数】卷展栏下设置【聚光区/光束】为1060mm，【衰减区/区域】为2000mm。

在【VRay 阴影参数】卷展栏下选中【区域阴影】，设置【U/V/W 大小】均为100mm，【细分】为20。

步骤05 按Shift+Q组合键，快速渲染摄影机视图，其渲染效果如图5-164所示。

图5-164

步骤06 接着在左视图创建一盏VR灯光，使用【选择并移动】工具将其移动至窗户外面，方向为从窗外向窗内照射，具体放置位置如图5-165所示。

步骤07 选择步骤06创建的VR灯光，在【修改】面板下设置其具体参数，如图5-166所示。

在【常规】选项组下设置【类型】为【平面】；在【强度】选项组下调节【倍增】为4，【颜色】为浅黄色（红：236，绿：220，蓝：195）；在【大小】选项组下设置【1/2 长】为970mm，【1/2 宽】为680mm；在【选项】选项组下选中【不可见】；在【采样】选项组下设置【细分】为20。

步骤08 按Shift+Q组合键，快速渲染摄影机视图，其渲染效果如图5-167所示。

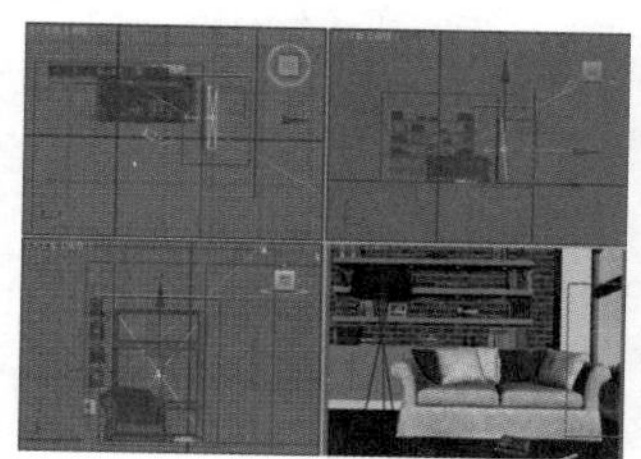
图5-165

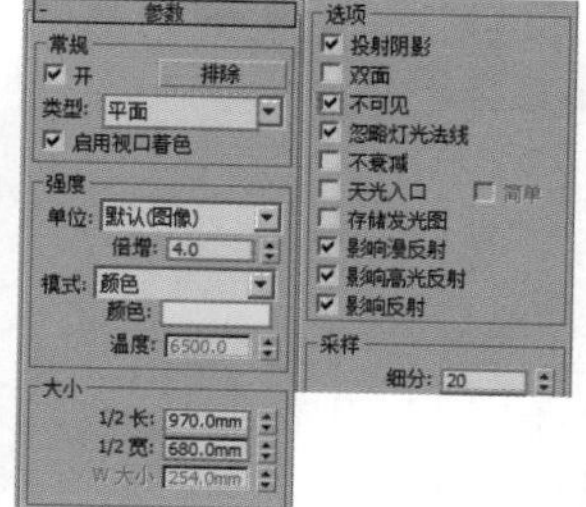
图5-166

图5-167

Part 2 使用【VR灯光】制作室内辅助光源

步骤01 在前视图中拖曳并创建一盏VR灯光，具体放置位置如图5-168所示。在【修改】面板下设置其具体参数，如图5-169所示。

在【常规】选项组下设置【类型】为【平面】；在【强度】选项组下调节【倍增】为1.6，【颜色】为（红：213，绿：223，蓝：243）；在【大小】选项组下设置【1/2 长】为970mm，【1/2 宽】为920mm；在【选项】选项组下选中【不可见】；在【采样】选项组下设置【细分】为15。

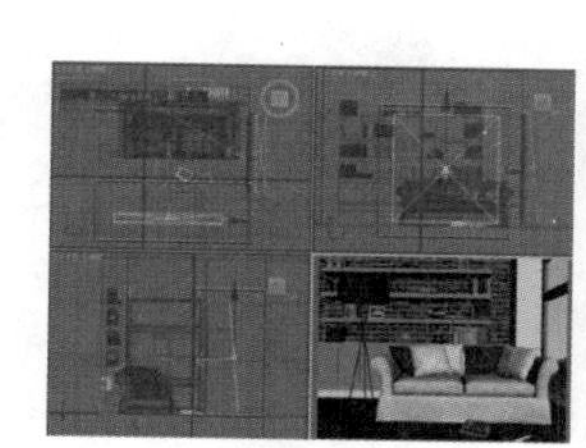
图5-168

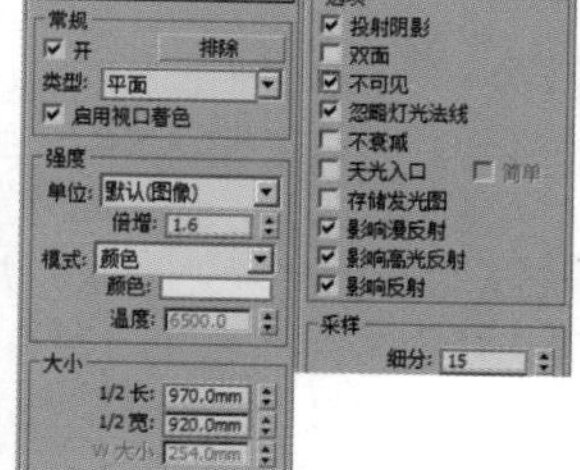
图5-169

步骤02 按Shift+Q组合键，快速渲染摄影机视图，其渲染效果如图5-170所示。

图5-170

Part 3 使用【VR灯光】制作灯罩灯光和书架处灯光

步骤01 在前视图中拖曳并创建一盏VR灯光，并使用【选择并移动】工具将其放置到灯罩里面，此时VR灯光的位置如图5-171所示。

步骤02 选择步骤01创建的VR灯光，然后在【修改】面板下设置其具体参数，如图5-172所示。

在【常规】选项组下设置【类型】为【球体】；在【强度】选项组下调节【倍增】为1200，【颜色】为浅黄色（红：241，绿：210，蓝：169），在【大小】选项组下设置【半径】为38mm；在【选项】选项组下选中【不可见】；在【采样】选项组下设置【细分】为15。

图5-171

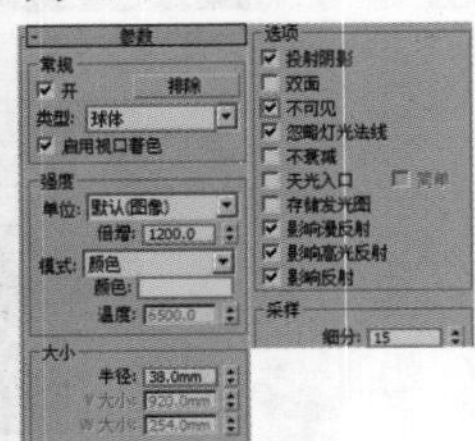

图5-172

步骤03 按Shift+Q组合键，快速渲染摄影机视图，其渲染效果如图5-173所示。

图5-173

步骤04 在书架隔断上方拖曳并创建一盏VR灯光，接着使用【选择并移动】工具复制11盏VR灯光（复制时需要选中【实例】方式），具体的位置如图5-174所示。

步骤05 选择步骤04创建的VR灯光，然后在【修改】面板下设置其具体参数，如图5-174所示。

在【常规】选项组下设置【类型】为【平面】；在【强度】选项组下调节【倍增】为2，【颜色】为浅黄色（红：241，绿：210，蓝：169）；在【大小】选项组下设置【1/2长】为20mm，【1/2宽】为20mm；在【选项】选项组下选中【不可见】；在【采样】选项组下设置【细分】为15。

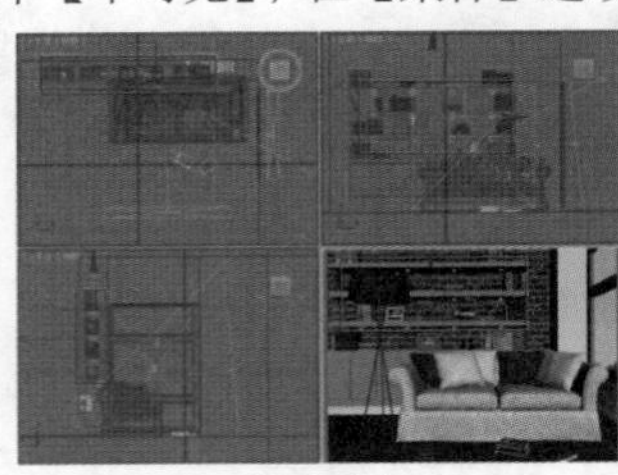

图5-174

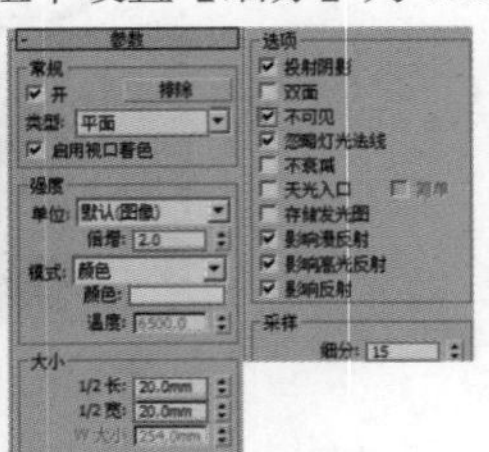

图5-175

步骤06 按Shift+Q组合键，快速渲染摄影机视图，其渲染效果如图5-176所示。最终渲染效果如图5-177所示。

图5-176

图5-177

5.3.4 自由平行光

【自由平行光】没有目标点，其参数与【目标平行光】的参数基本一致，如图5-178所示。

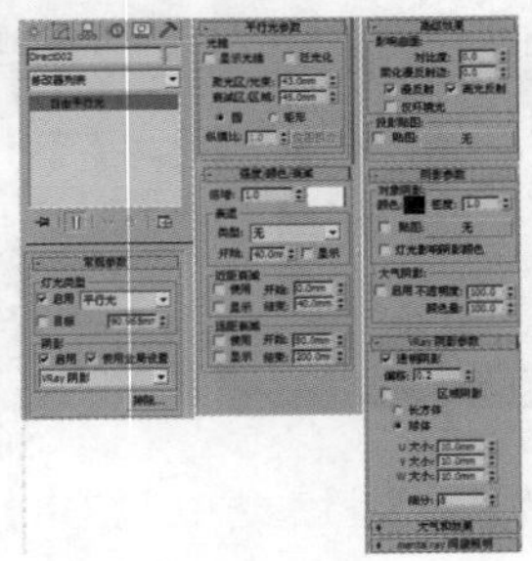

图5-178

技巧与提示

当选中【目标】复选框时，【自由平行光】会自动切换为【目标平行光】，因此这两种灯光之间是相关联的。

5.3.5 泛光

【泛光】可以向周围发散光线，其光线可以到达场景中无限远的地方，如图5-179所示。泛光灯比较容易创建和调节，能够均匀地照射场景，但是在一个场景中如果使用太多泛光灯可能会导致场景明暗层次变暗，缺乏对比。

图5-179

重点 小实例：利用泛光制作烛光效果

场景文件	10.max
案例文件	小实例：利用泛光制作烛光效果.max
视频教学	DVD/多媒体教学/Chapter05/小实例：利用泛光制作烛光效果.flv
难易指数	★★☆☆☆
灯光方式	泛光
技术掌握	掌握【环境和效果】中Glow的运用

实例介绍

本实例主要利用【泛光】制作烛光效果，如图5-180所示。

图5-180

操作步骤

步骤 01 打开本书配套光盘中的【场景文件/Chapter05/10.max】文件，如图5-181所示。

步骤 02 在【创建】面板下单击【灯光】按钮，并设置灯光类型为【标准】，最后单击【泛光】按钮 泛光 ，如图5-182所示。

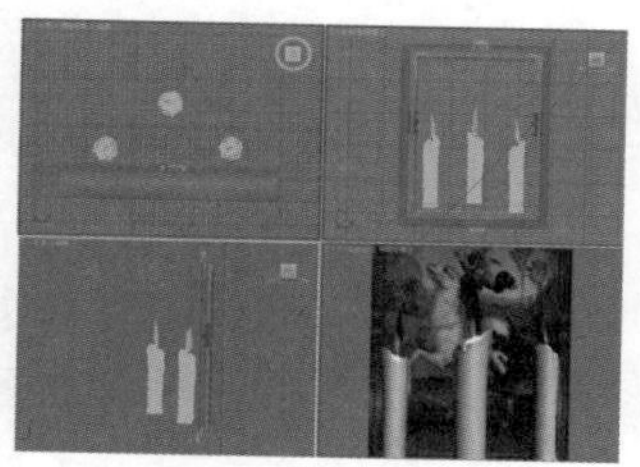

图5-181

图5-182

步骤 03 使用【泛光】工具在顶视图中创建18盏泛光灯，并将其拖曳到烛光的火焰部分，用来照亮火焰部分，具体的位置如图5-183所示。

步骤 04 选择步骤03创建的泛光灯，然后在【修改】面板下设置其具体参数如图5-184所示。

图5-183

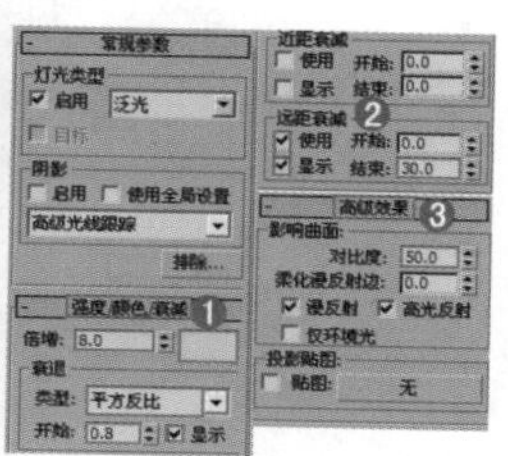

图5-184

展开【强度/颜色/衰减】卷展栏，设置【倍增】为8，调节颜色为浅黄色（红：255，绿：222，蓝：158）；在【衰退】选项组下设置【类型】为【平方反比】，【开始】为0.8，并选中【显示】；在【远距衰减】选项组下选中【使用】和【显示】，设置【结束】为30。

展开【高级效果】卷展栏，设置【对比度】为50。

步骤 05 按快捷键8，打开【环境和效果】对话框，然后在【效果】选项卡下单击【添加】按钮 添加... ，并添加【镜头效果】。展开【镜头效果参数】卷展栏，选择左侧的Glow并单击两次【向右】按钮 > ，如图5-185所示。按Shift+Q组合键，快速渲染摄影机视图，其渲染效果如图5-186所示。

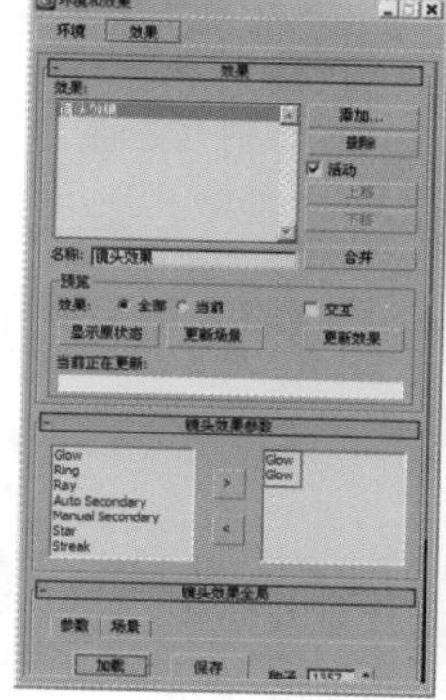

图5-185

图5-186

步骤 06 单击展开【光晕元素】卷展栏，然后选择【参数】选项卡，并设置【大小】为1，【强度】为65，【使用源色】为100，如图5-187所示。

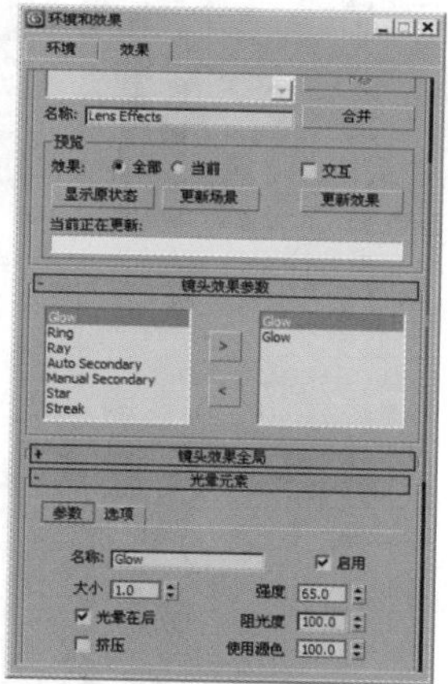

图5-187

步骤 07 按快捷键M打开【材质编辑器】对话框，单击huoyan材质球，并将该材质的ID设置为1，接着回到【环境和效果】对话框，然后选择【选项】选项卡，选中【材质ID】选项，设置其数值为1，如图5-188所示。

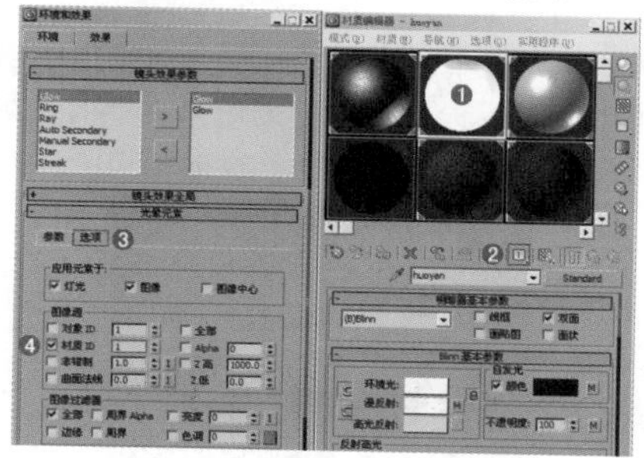

图5-188

技巧与提示

上面几个步骤的目的是在渲染时营造一种火光周围朦胧的模糊感觉，因此在【环境和效果】对话框中使用了镜头效果。要特别注意的是，只需要设置 huoyan 材质的 ID 为 1，这样与【环境和效果】对话框中的材质 ID 相匹配，因此在渲染时，只有材质 ID 为 1 的物体会产生模糊效果，而其他物体则显示正常。具体内容将在第 9 章详细讲解。

步骤 08 再次在场景中拖曳并创建12盏泛光灯，用来照亮蜡烛本身，具体的位置如图5-189所示。

步骤 09 依次选择步骤08创建的泛光灯，然后在【修改】面板下设置其参数，如图5-190所示。

展开【强度/颜色/衰减】卷展栏，设置【倍增】为 0.2，调节颜色为浅黄色（红：255，绿：222，蓝：158），在【远距衰减】选项组下选中【使用】和【显示】，设置【开始】为 20，【结束】为 100。

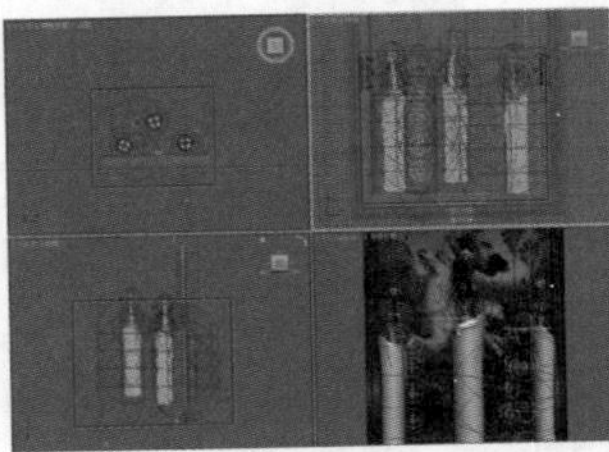

图5-189　　图5-190

步骤 10 按F9键测试渲染当前场景，效果如图5-191所示。

图5-191

5.3.6 天光

【天光】用于模拟天空光，它以穹顶方式发光，如图 5-192 所示。天光不是基于物理学，可以用于所有需要基于物理数值的场景。天光可以作为场景唯一的光源，也可以与其他灯光配合使用，实现高光和投射锐边阴影。

图5-192

【天光】的参数比较简单，只有一个【天光参数】卷展栏，如图 5-193 所示。

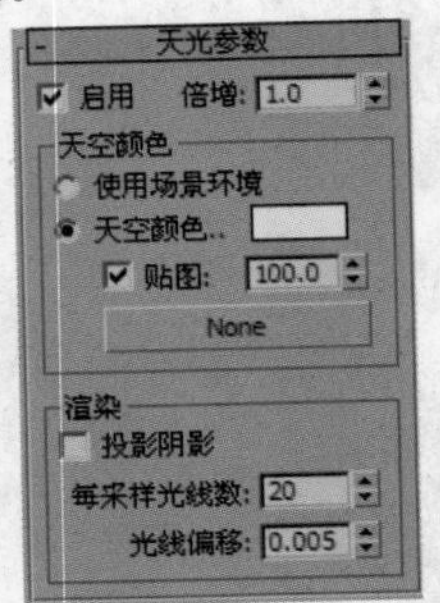

图5-193

- 启用：是否开启天光。
- 倍增：控制天光的强弱程度。
- 使用场景环境：使用【环境与特效】对话框中设置的灯光颜色。
- 天空颜色：设置天光的颜色。
- 贴图：指定贴图来影响天光颜色。
- 投影阴影：控制天光是否投影阴影。
- 每采样光线数：计算落在场景中每个点的光子数目。
- 光线偏移：设置光线产生的偏移距离。

5.3.7 mr Area Omni

当使用 mental ray 渲染器渲染场景时，区域泛光灯从球体或圆柱体体积发射光线，而不是从点源发射光线。使用默认的扫描线渲染器，区域泛光灯像其他标准的泛光灯一样发射光线，其参数面板如图 5-194 所示。

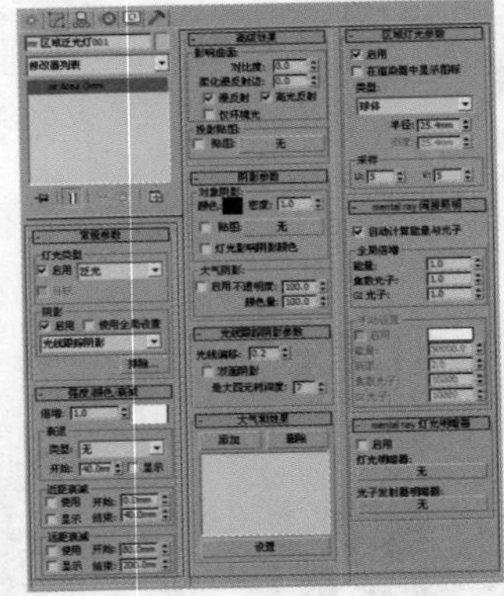

图5-194

技巧与提示

需要特别注意的是，使用 mr Area Omni 和 mr Area Spot 的前提条件是必须要使用 mental ray 渲染器，否则这两种灯光将不会产生任何作用。因此需要知道，很多灯光是需要配合相应的渲染器才能使用的，如 VR 灯光只有在 VRay 渲染器下才可以使用。

5.3.8 mr Area Spot

当使用 mental ray 渲染器渲染场景时，区域聚光灯是从矩形或碟形区域发射光线，而不是从点源发射光线。使用默认的扫描线渲染器，区域聚光灯像其他标准的聚光灯一样发射光线，其参数面板如图 5-195 所示。

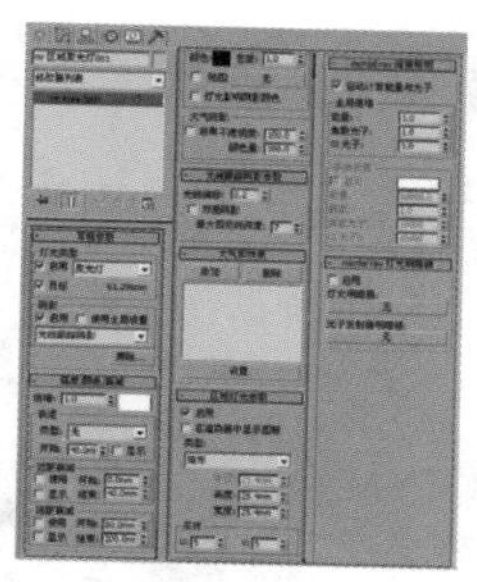
图5-195

5.4 VRay

安装好 VRay 渲染器后，在【创建】面板中就可以选择 VRay 类型。VRay 灯光包括 4 种类型，分别是【VR 灯光】、VRayIES、【VR 环境灯光】和【VR 太阳】，如图 5-196 所示。

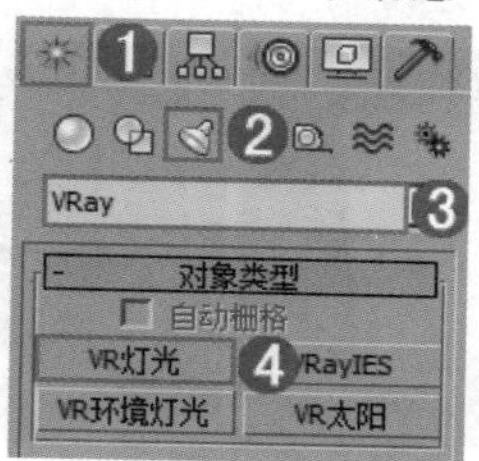

图5-196

- VR 灯光：主要用来模拟室内光源。
- VRayIES：是一个 V 型的射线光源插件，可以用来加载 IES 灯光，能使现实中的灯光分布更加逼真。
- VR 环境灯光：与【标准】灯光下的【天光】类似，主要用来控制整体环境的效果。
- VR 太阳：主要用来模拟真实的室外太阳光。

技巧与提示

要想正常使用 VRay 灯光，需要设置渲染器为 VRay 渲染器。具体设置方法如图 5-197 所示。

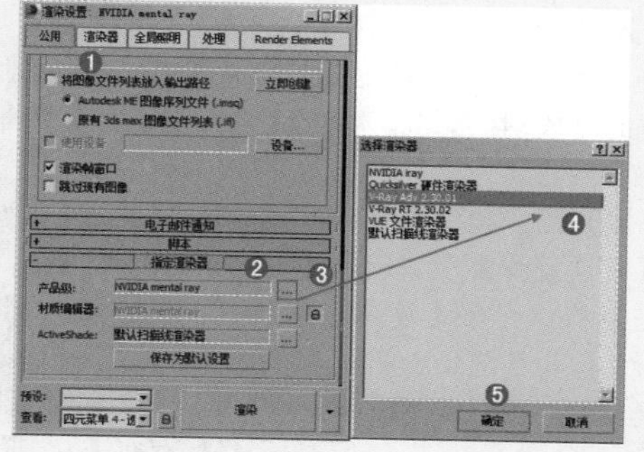
图5-197

具体参数会在后面渲染章节中详细讲解，在这里不做过多介绍。

5.4.1 VR灯光

【VR 灯光】是最常用的灯光之一，参数比较简单，但是效果非常真实。一般常用来模拟柔和的灯光、灯带、台灯灯光、补光灯。其参数面板如图 5-198 所示。

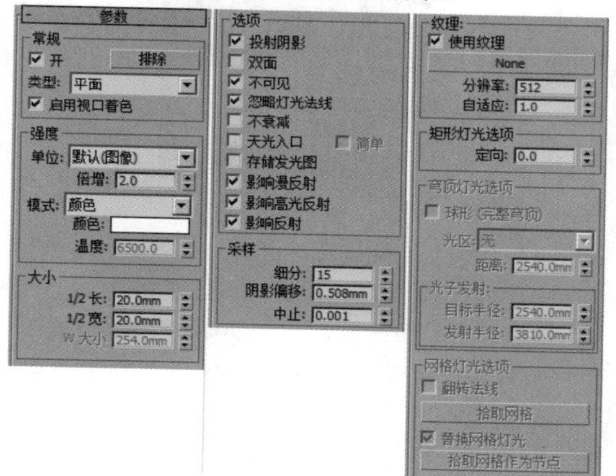

图5-198

（1）常规

- 开：控制是否开启 VR 灯光。
- 【排除】按钮 排除 ：用来排除灯光对物体的影响。
- 类型：指定 VR 灯光的类型，包括【平面】、【穹顶】、【球体】和【网格】4 种类型，如图 5-199 所示。

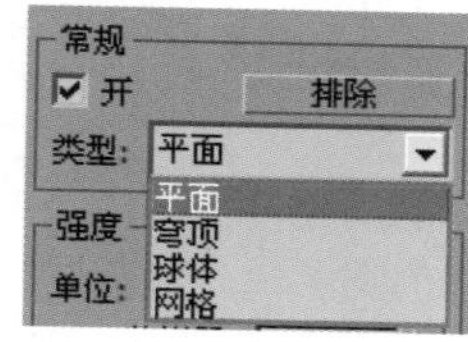

图5-199

- 平面：将 VR 灯光设置成平面形状。
- 穹顶：将 VR 灯光设置成边界盒形状。
- 球体：将 VR 灯光设置成穹顶状，类似于 3ds Max 的天光物体，光线来自于位于光源 Z 轴的半球体状圆顶。
- 网格：是一种以网格为基础的灯光。

技巧与提示

设置【类型】为【平面】时比较适合于模拟室内灯带等光照效果，设置为【球体】时比较适合于模拟灯罩内的光照效果，如图 5-200 所示。

图 5-200

- 启用视口着色：选中该复选框可以启用视口着色功能。

（2）强度

- 单位：指定 VR 灯光的发光单位，共有【默认（图像）】、【发光率（lm）】、【亮度（lm/m2/sr）】、【辐射率（W）】和【辐射（W/m2/sr）】5 种，如图 5-201 所示。

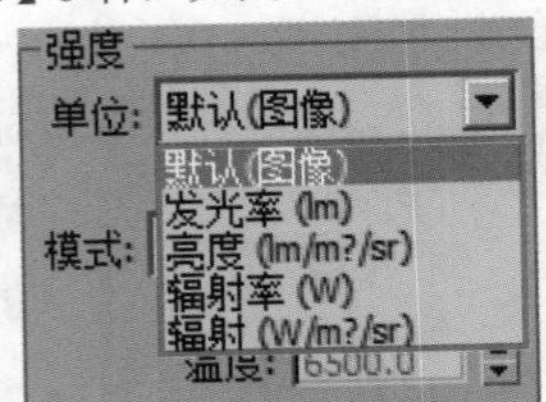

图 5-201

  - 默认（图像）：VRay 默认单位，依靠灯光的颜色和亮度来控制灯光的最后强弱，如果忽略曝光类型的因素，灯光色彩将是物体表面受光的最终色彩。
  - 发光率（lm）：当选择该单位时，灯光的亮度将和其大小无关（100W 的亮度大约等于 1500lm）。
  - 亮度（lm/m2/sr）：当选择该单位时，灯光的亮度和其大小有关系。
  - 辐射率（W）：当选择该单位时，灯光的亮度和其大小无关。注意，这里的“瓦特”和物理上的“瓦特”不一样，比如这里的 100W 大约等于物理上的 2 ～ 3W。
  - 辐射（W/m2/sr）：当选择该单位时，灯光的亮度和其大小有关系。
- 颜色：指定灯光的颜色。
- 倍增：设置灯光的强度。

（3）大小

- 1/2 长：设置灯光的长度。
- 1/2 宽：设置灯光的宽度。
- U/V/W 大小：当前该参数还没有被激活。

（4）选项

- 投射阴影：控制是否对物体的光照产生阴影，如图 5-202 所示。
- 双面：用来控制灯光的双面都产生照明效果，对比效果如图 5-203 所示。

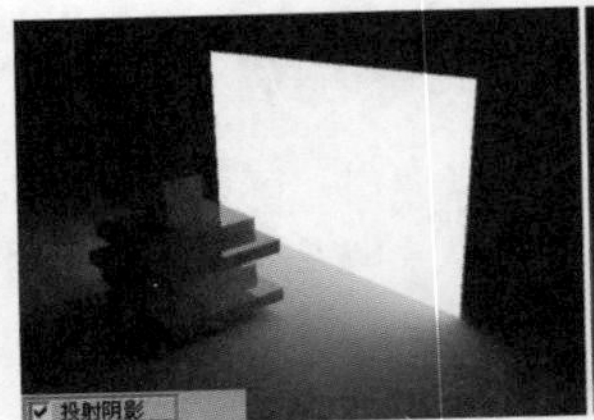

图 5-202

图 5-203

- 不可见：用来控制最终渲染时是否显示 VR 灯光的形状，对比效果如图 5-204 所示。

图 5-204

- 忽略灯光法线：控制灯光是否按照光源的法线进行发射。
- 不衰减：在物理世界中，所有的光线都是有衰减的。如果选中该复选框，VRay 将不计算灯光的衰减效果，对比效果如图 5-205 所示。

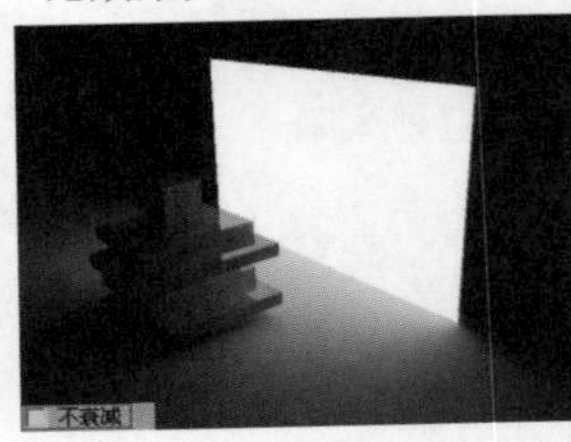

图 5-205

- 天光入口：把 VRay 灯转换为天光，这时的 VR 灯光就变成了【间接照明（GI）】，失去了直接照明。当选中该复选框时，【投射阴影】、【双面】、【不可见】等参数将不可用，这些参数将被 VRay 的天光参数所取代。
- 存储发光图：选中该复选框，同时【间接照明（GI）】里的【首次反弹】引擎选择【发光贴图】时，VR 灯光的光照信息将保存在【发光贴图】中。在渲染光子时将变得更慢，但是在渲染出图时，渲染速度会提高很多。当渲染完光子时，可以关闭或删除该 VR 灯光，对最后的渲染效果没有影响，因为其光照信息已经保存在【发光贴图】中。
- 影响漫反射：决定灯光是否影响物体材质属性的漫反射。
- 影响高光反射：决定灯光是否影响物体材质属性的高光反射。

- **影响反射**：选中该复选框，灯光将对物体的反射区进行光照，物体可以将光源进行反射，如图 5-206 所示。

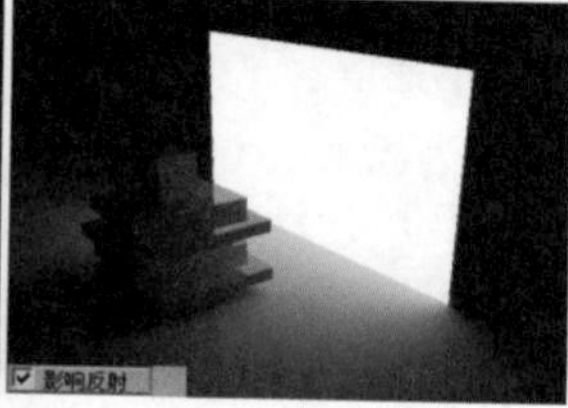

图5-206

（5）采样

- **细分**：该参数控制 VR 灯光的采样细分。数值越小，渲染杂点越多，渲染速度越快；数值越大，渲染杂点越少，渲染速度越慢，如图 5-207 所示。

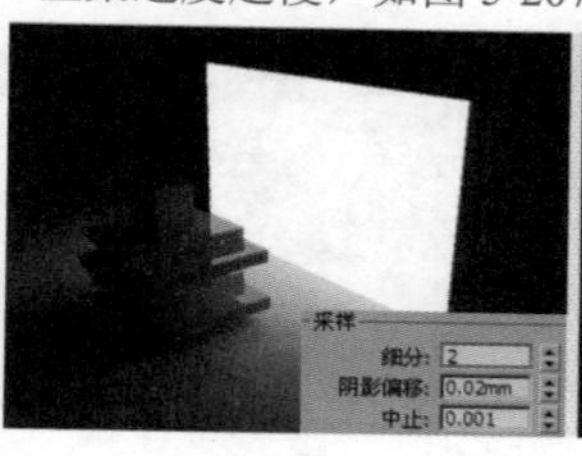

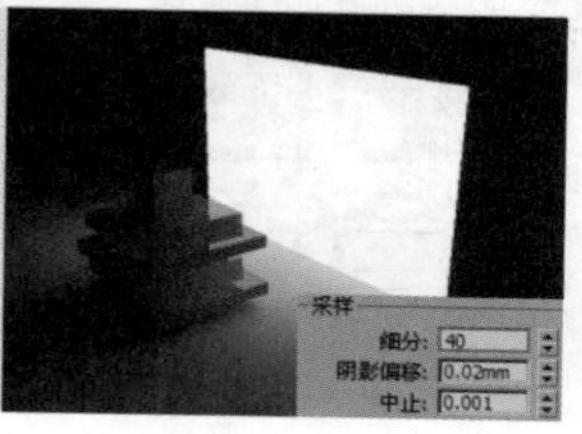

图5-207

- **阴影偏移**：用来控制物体与阴影的偏移距离，较高的值会使阴影向灯光的方向偏移。对比效果如图 5-208 所示。

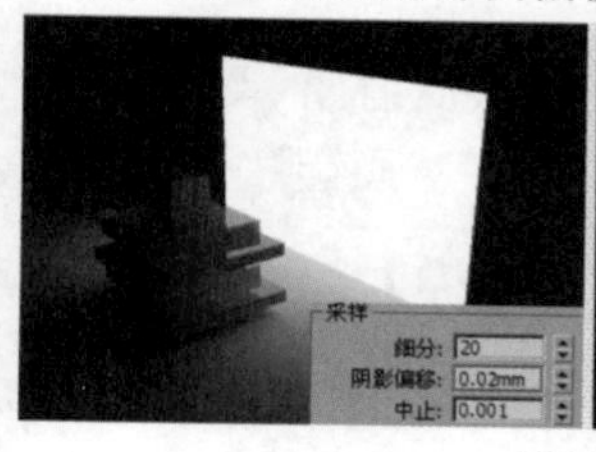

图5-208

- **中止**：设置采样的最小阈值。

（6）纹理

- **使用纹理**：控制是否用纹理贴图作为半球光源。
- **None（无）**：选择贴图通道。
- **分辨率**：设置纹理贴图的分辨率，最高为 2048。

重点 小实例：测试 VR 灯光排除

场景文件	11.max
案例文件	小实例：测试 VR 灯光排除 .max
视频教学	DVD/ 多媒体教学 /Chapter05/ 小实例：测试 VR 灯光排除 .flv
难易指数	★★☆☆☆
灯光类型	VR 灯光
技术掌握	掌握如何将物体排除于光照之外

实例介绍

灯光排除就是将选定的对象排除于灯光效果之外，使其不受灯光的照射，因此可以方便地控制灯光的照射效果，这在现实中做不到，但是在 3ds Max 中可以轻易实现。

本例主要使用【VR 灯光】来测试灯光的排除效果，如图 5-209 所示。

图5-209

操作步骤

步骤 01 打开本书配套光盘中的【场景文件/Chapter05/11.max】文件，如图5-210所示。

步骤 02 单击（创建）|（灯光）| VRay | VR灯光（VR灯光），在左视图中拖曳并创建一盏VR灯光，并将其命名为VRayLight01，如图5-211所示。

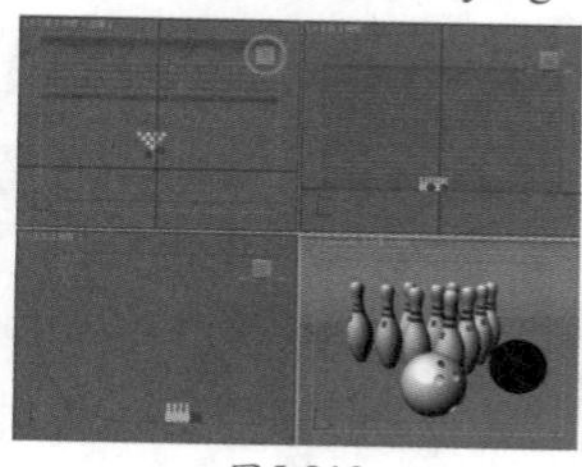

图5-210

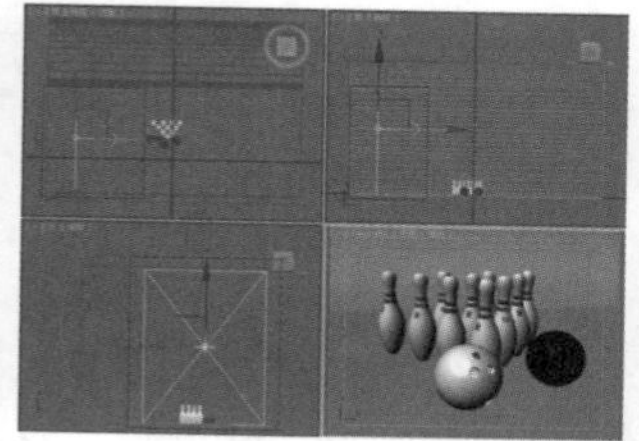

图5-211

步骤 03 选择VRayLight01，然后进入【修改】面板，展开【参数】卷展栏，具体参数设置如图5-212所示。

在【常规】选项组下设置【类型】为【平面】。

在【强度】选项组下设置【倍增器】为 8，调节【颜色】为浅黄色（红：245，绿：201，蓝：143）。

在【大小】选项组下设置【1/2 长】为 245mm，【1/2 宽】为 320mm。

在【选项】选项组下选中【不可见】。

在【采样】选项组下设置【细分】为 25。

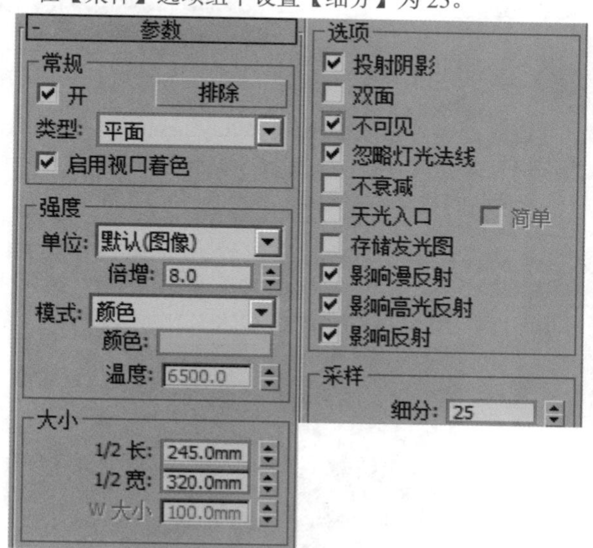

图5-212

步骤 04 继续单击（创建）|（灯光）| VRay | VR灯光（VR灯光），在左视图中拖曳并创建一盏VR灯光，并将其命名为VRayLight02，如图5-213所示。

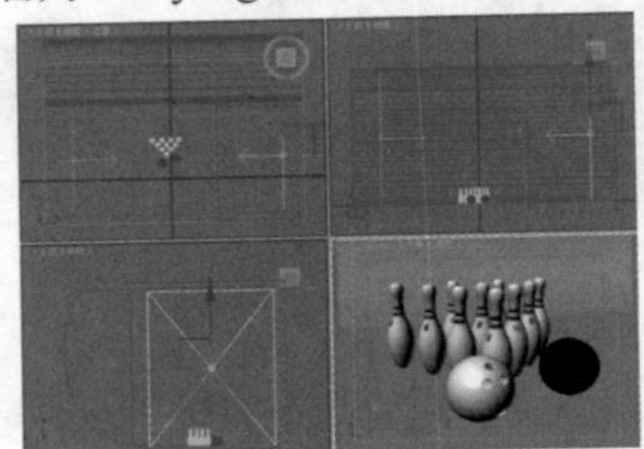

图5-213

步骤 05 选择VRayLight02，然后进入【修改】面板，展开【参数】卷展栏，具体参数设置如图5-214所示。

在【常规】选项组下设置【类型】为【平面】。

在【强度】选项组下设置【倍增器】为6，调节【颜色】为浅蓝色（红：180，绿：199，蓝：238）。

在【大小】选项组下设置【1/2 长】为250mm，【1/2 宽】为320mm。

在【选项】选项组下选中【不可见】。

在【采样】选项组下设置【细分】为25。

步骤 06 按Shift+Q组合键，快速渲染摄影机视图，其渲染效果如图5-215所示。

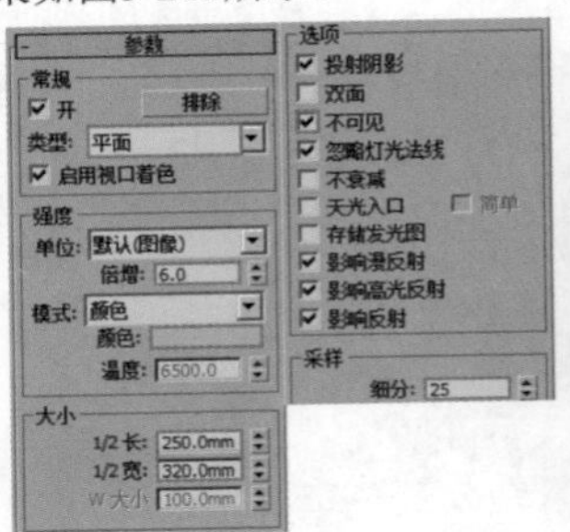

图5-214　图5-215

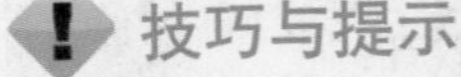

技巧与提示

在这里将VRayLight01和VRayLight02的灯光颜色分别设置为浅黄色和浅蓝色，目的是产生冷暖对比色彩效果，以增强画面效果。

步骤 07 再次单击（创建）|（灯光）| VRay | VR灯光（VR灯光），在左视图中拖曳并创建一盏VR灯光，并将其命名为VRayLight03，如 图5-216所示。

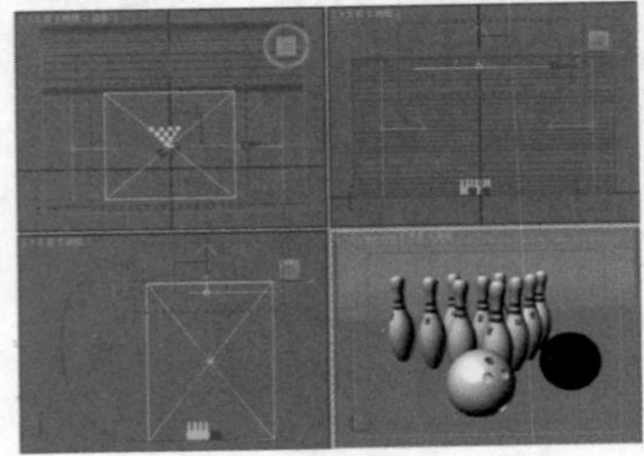

图5-216

步骤 08 选择VRayLight03，然后进入【修改】面板，展开【参数】卷展栏，具体参数设置如图5-217所示。

在【常规】选项组下设置【类型】为【平面】。

在【亮度强】选项组下设置【倍增器】为10，调节【颜色】为浅蓝色（红：190，绿：203，蓝：247）。

在【大小】选项组下设置【1/2 长】为250mm，【1/2 宽】为300mm。

在【选项】选项组下选中【不可见】。

在【采样】选项组下设置【细分】为25。

步骤 09 按Shift+Q组合键，快速渲染摄影机视图，其渲染效果如图5-218所示。

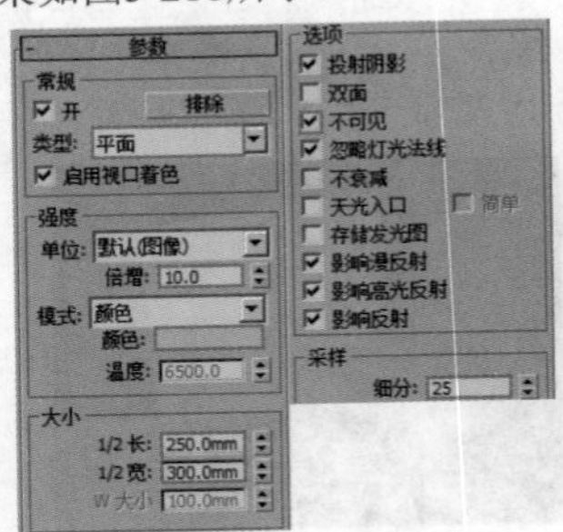

图5-217

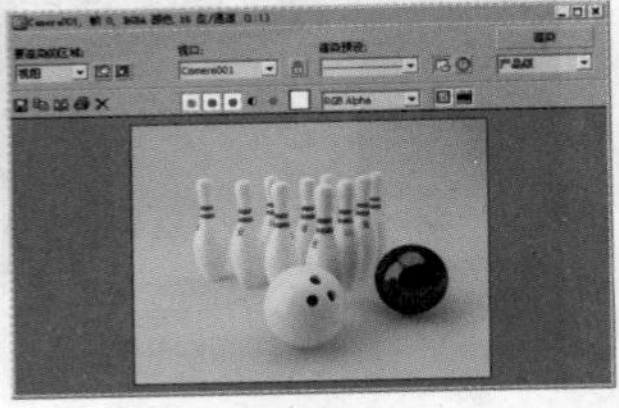

图5-218

技巧与提示

从图5-218中可以观察到，VRayLight01、VRayLight02和VRayLight03都对场景中的模型产生了光照。

步骤 10 选择VRayLight01，在【参数】卷展栏下单击【排除】按钮 排除 ，然后在弹出的对话框中的【场景对象】列表中选择【保龄球】和【保龄球001】，接着单击 >> 按钮，最后选中【排除】单选按钮，如图5-219所示，这样就将【保龄球】和【保龄球001】移动到了右侧的列表中，如图5-220所示。

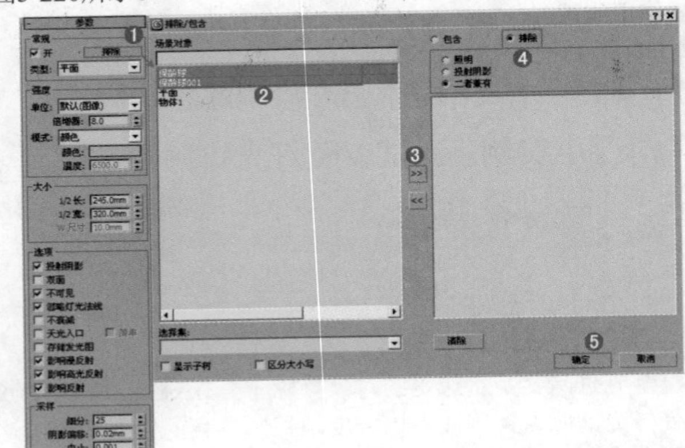

图5-219

步骤 11 采用相同的方法将【保龄球】和【保龄球001】排除于VRayLight02的光照范围之外，如图5-221所示。

步骤 12 按Shift+Q组合键，快速渲染摄影机视图，其渲染效果果如图5-222所示。

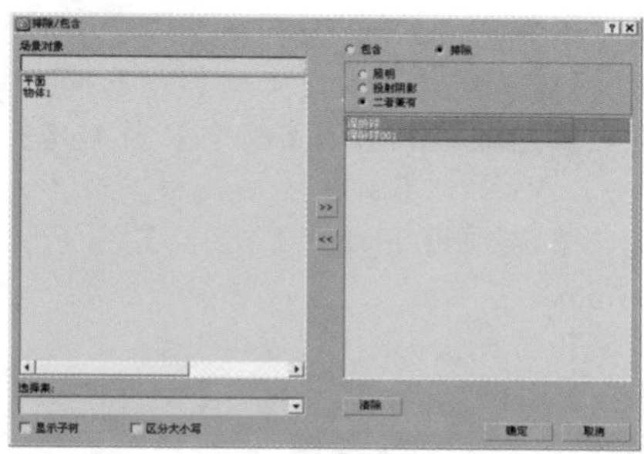

图5-220

技巧与提示

从图 5-222 中可以观察到，将【保龄球】和【保龄球 001】排除于 VRayLight01 和 VRayLight02 的光照范围之外后，这两个对象就不会再接收 VRayLight01 和 VRayLight02 的光照。

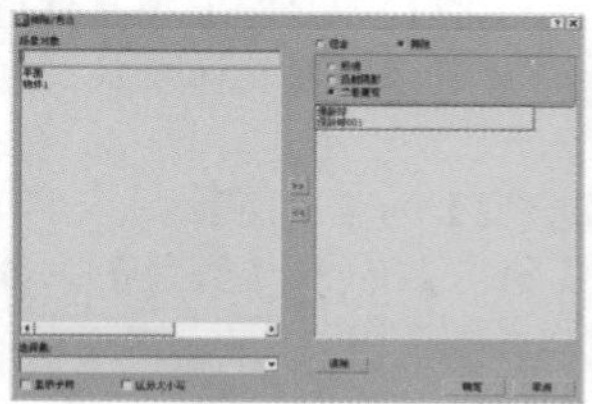

图5-221

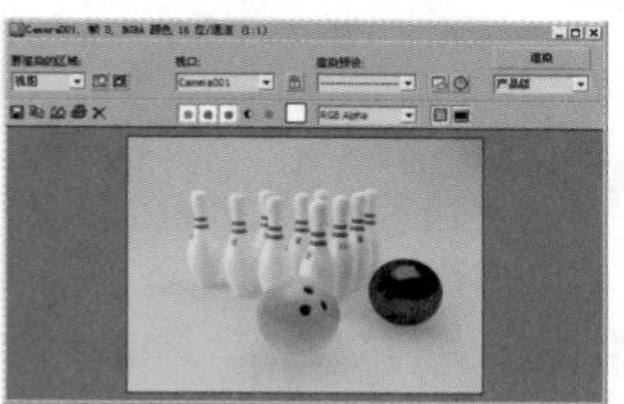

图5-222

步骤 13 采用相同的方法将【保龄球】和【保龄球001】排除于VRayLight03的光照范围之外，如图5-223所示。

步骤 14 按Shift+Q组合键，快速渲染摄影机视图，其渲染效果如图5-224所示。

技巧与提示

从图 5-224 中可以观察到，场景中只有物体 1 接受到 3 盏灯光的光照，且只有物体 1 的光照效果最佳，而其他物体的光照效果比较差。

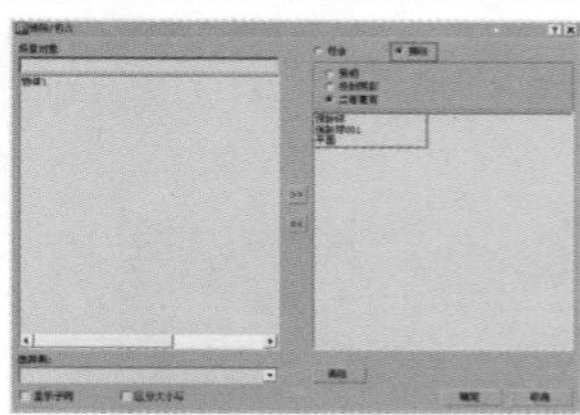

图5-223

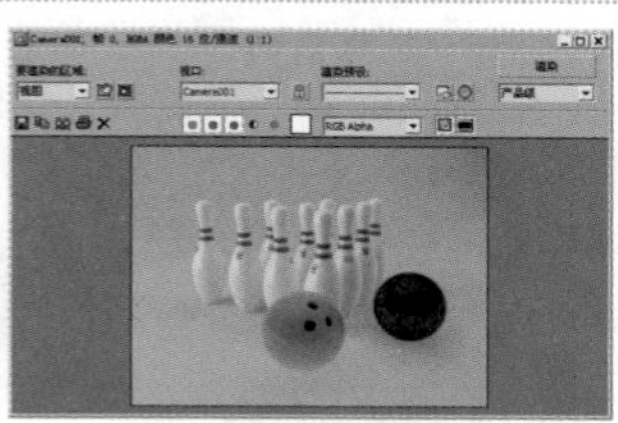

图5-224

步骤 15 最终的渲染效果如图5-225所示。

图5-225

重点 小实例：利用 VR 灯光制作奇幻空间

场景文件	12.max
案例文件	小实例：利用 VR 灯光制作奇幻空间 .max
视频教学	DVD/ 多媒体教学 /Chapter05/ 小实例：利用 VR 灯光制作奇幻空间 .flv
难易指数	★★☆☆☆
灯光方式	VR 灯光
技术掌握	掌握 VR 灯光下参数的运用

实例介绍

本实例主要使用【VR 灯光】制作奇幻空间效果，如图 5-226 所示。

图5-226

操作步骤

步骤 01 打开本书配套光盘中的【场景文件/Chapter05/12.max】文件，如图5-227所示。

步骤 02 在【创建】面板下单击【灯光】按钮，并设置灯光类型为VRay，然后单击【VR灯光】按钮 VR灯光 ，如图5-228所示。

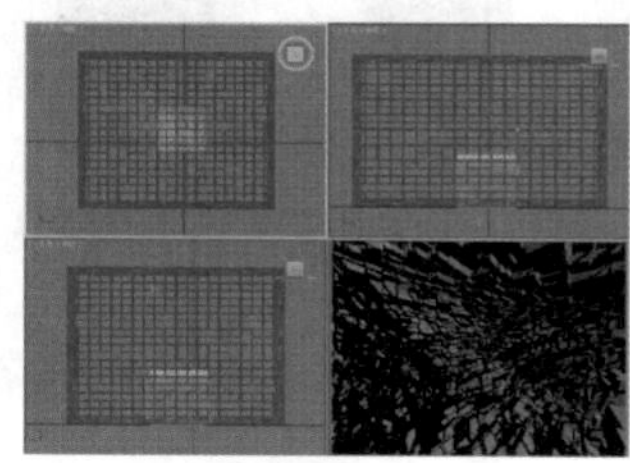

图5-227

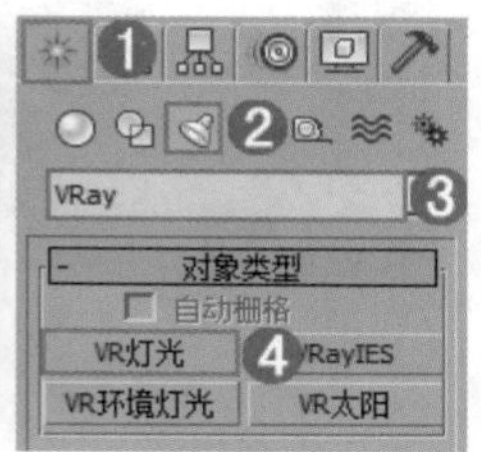

图5-228

步骤 03 在视图中拖曳并创建4盏VR灯光，然后使用【选择并旋转】工具将VR灯光旋转一定的角度，使其各自背对背的放置，如图5-229所示。

步骤 04 选择创建的VR灯光，然后展开【参数】卷展栏，具体参数设置如图5-230所示。

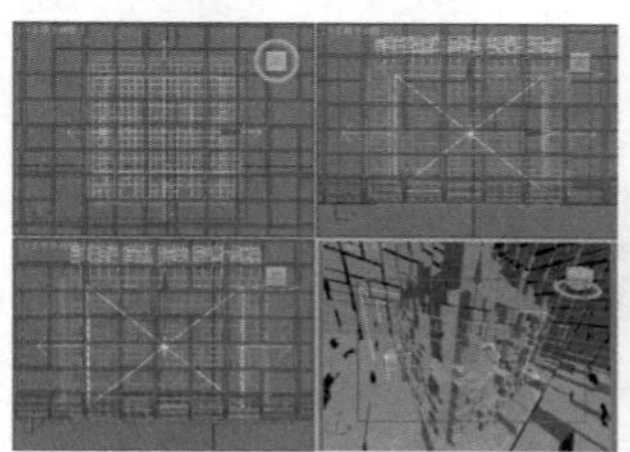

图5-229

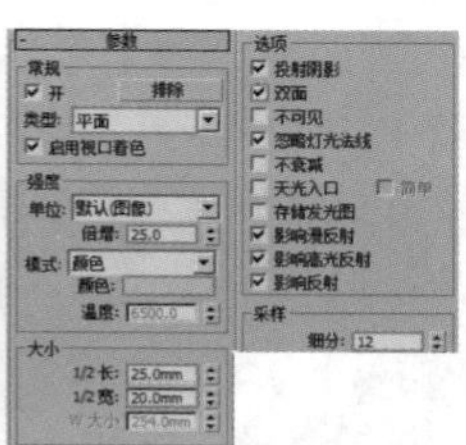

图5-230

在【常规】选项组下设置【类型】为【平面】。

在【强度】选项组下设置【颜色】为浅蓝色（红：1213，绿：144，蓝：251），然后设置【倍增】为 25。

在【大小】选项组下设置【1/2 长】为 25mm，【1/2 宽】

为 20mm。

在【选项】选项组下选中【双面】选项。

在【采样】选项组下设置【细分】为 12。

步骤 05 最终渲染效果如图5-231所示。

图5-231

重点 小实例：利用 VR 灯光制作台灯

场景文件	13.max
案例文件	小实例：利用 VR 灯光制作台灯 .max
视频教学	DVD/ 多媒体教学 /Chapter05/ 小实例：利用 VR 灯光制作台灯 .flv
难易指数	★★☆☆☆
灯光方式	VR 灯光
技术掌握	掌握 VR 灯光的运用

实例介绍

本实例主要使用【VR 灯光】制作台灯，灯光效果如图 5-232 所示。

图5-232

操作步骤

Part 1 创建环境灯光

步骤 01 打开本书配套光盘中的【场景文件/Chapter05/13.max】文件，如图5-233所示。

步骤 02 在【创建】面板下单击【灯光】按钮，并设置灯光类型为VRay，然后单击【VR灯光】按钮 VR灯光，如图5-234所示。

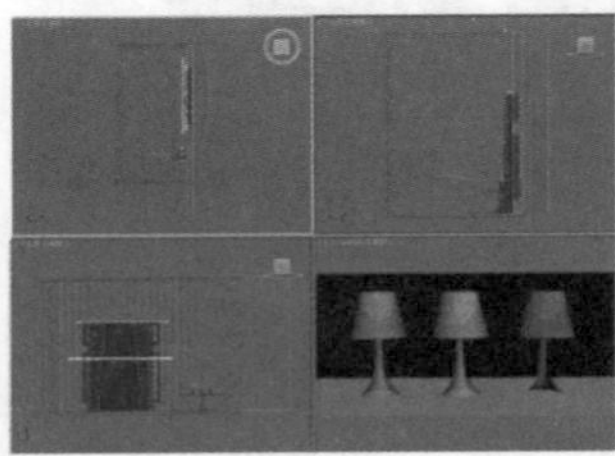

图5-233　图5-234

步骤 03 在前视图中拖曳并创建一盏VR灯光，此时灯光的位置如图5-235所示。

步骤 04 选择步骤03创建的VR灯光，在【修改】面板下设置其具体参数，如图5-236所示。

在【常规】选项组下设置【类型】为【平面】。

在【强度】选项组下调节【倍增】为 4，【颜色】为浅蓝色（红：93，绿：97，蓝：132）。

在【大小】选项组下设置【1/2 长】为 1700mm，【1/2 宽】为 1500mm。

在【选项】选项组下选中【不可见】。

在【采样】选项组下设置【细分】为 15。

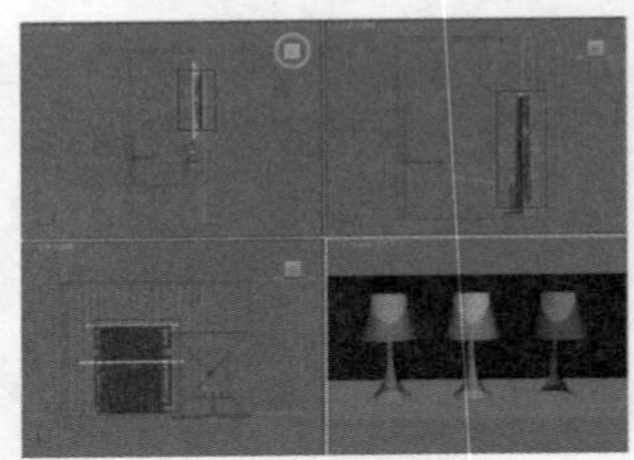

图5-235

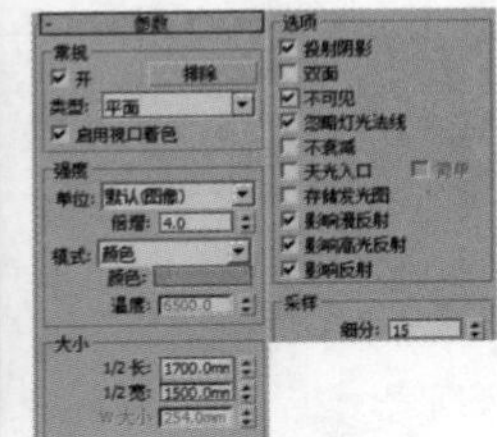

图5-236

步骤 05 接着在顶视图拖曳并创建一盏【VR灯光】，具体位置如图5-237所示。在【修改】面板下设置其具体参数，如图5-238所示。

在【常规】选项组下设置【类型】为【平面】。

在【强度】选项组下调节【倍增】为 3，【颜色】为浅蓝色（红：244，绿：244，蓝：254）。

在【大小】选项组下设置【1/2 长】为 360mm，【1/2 宽】为 1200mm。

在【选项】选项组下选中【不可见】。

在【采样】选项组下设置【细分】为 15。

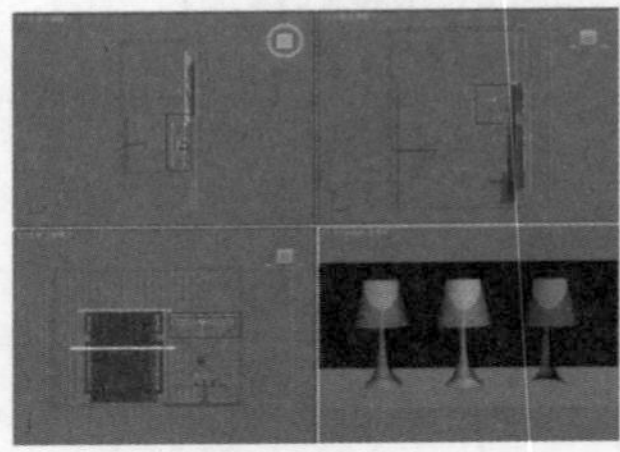

图5-237

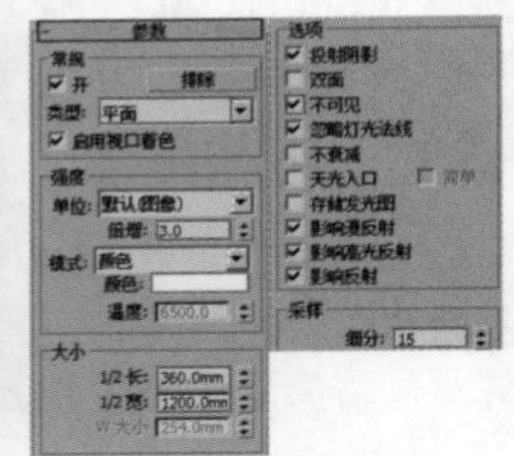

图5-238

步骤 06 按Shift+Q组合键，快速渲染摄影机视图，其渲染效果如图5-239所示。

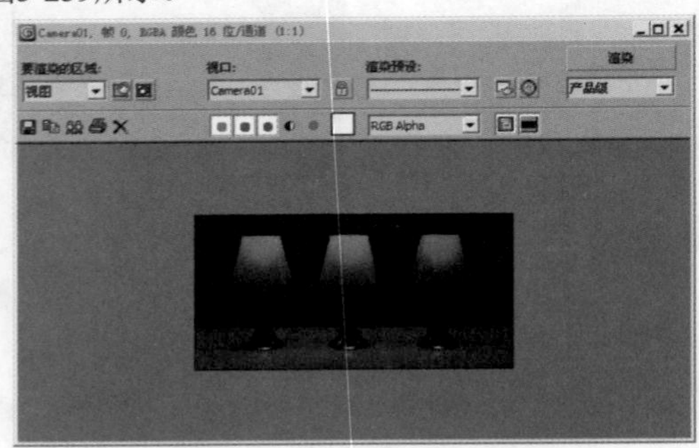

图5-239

Part 2 创建灯罩灯光

步骤 01 在顶视图中拖曳并创建3盏VR灯光，并分别放置到每一个灯罩内，此时VR灯光的位置如图5-240所示。

步骤 02 选择步骤01创建的VR灯光，然后在【修改】面板下设置其具体参数，如图5-241所示。

在【常规】选项组下设置【类型】为【球体】。

在【强度】选项组下调节【倍增】为120，【颜色】为浅黄色（红：221，绿：171，蓝：84）。

在【大小】选项组下设置【半径】为38mm。

在【选项】选项组下选中【不可见】，取消选中【影响高光反射】和【影响反射】。

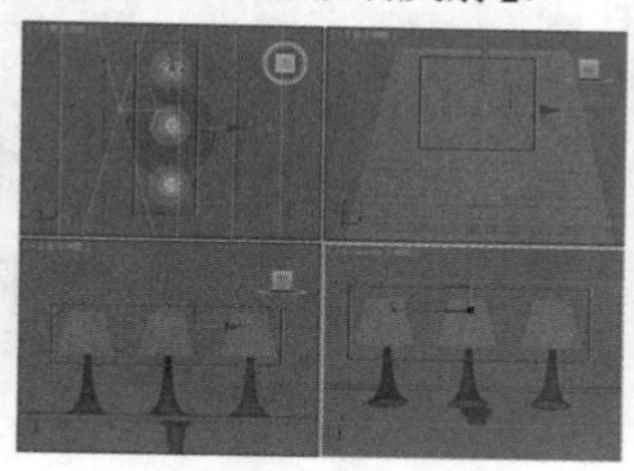

图5-240

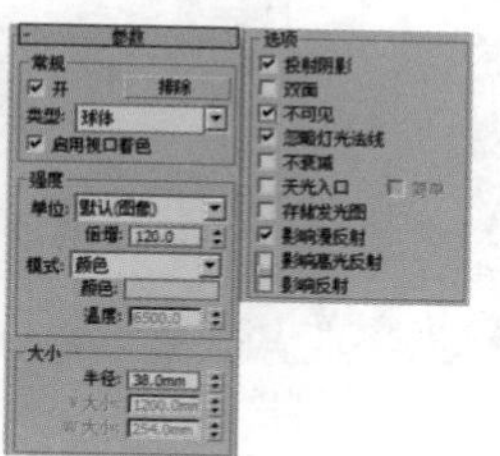

图5-241

步骤 03 在顶视图拖曳并创建一盏VR灯光，将其放置在黄色台灯内部，从上向下进行照射，具体位置如图5-242所示。在【修改】面板下设置其具体参数，如图5-243所示。

在【常规】选项组下设置【类型】为【平面】。

在【强度】选项组下调节【倍增】为50，【颜色】为黄色（红：243，绿：216，蓝：123）。

在【大小】选项组下设置【1/2 长】为40mm，【1/2 宽】为40mm。

在【选项】选项组下选中【不可见】，取消选中【影响高光反射】和【影响反射】复选框。

在【采样】选项组下设置【细分】为15。

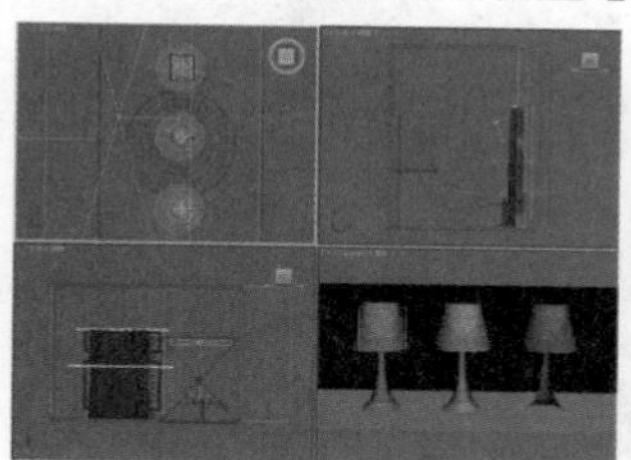

图5-242

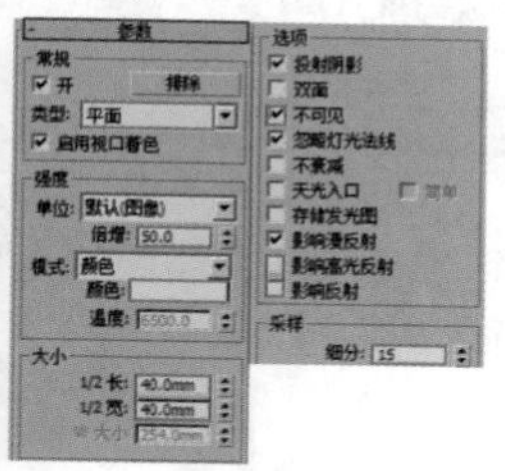

图5-243

步骤 04 接着在顶视图拖曳并创建一盏VR灯光，将其放置在绿色台灯内部，从上向下进行照射，具体位置如图5-244所示。在【修改】面板下设置其具体参数，如图5-245所示。

在【常规】选项组下设置【类型】为【平面】。

在【强度】选项组下调节【倍增】为50，【颜色】为绿色（红：187，绿：243，蓝：121）。

在【大小】选项组下设置【1/2 长】为40mm，【1/2 宽】为40mm。

在【选项】选项组下选中【不可见】，取消选中【影响高光反射】和【影响反射】复选框。

在【采样】选项组下设置【细分】为15。

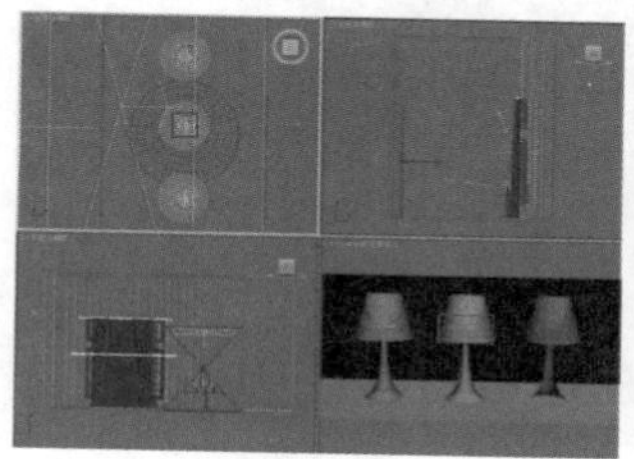

图5-244

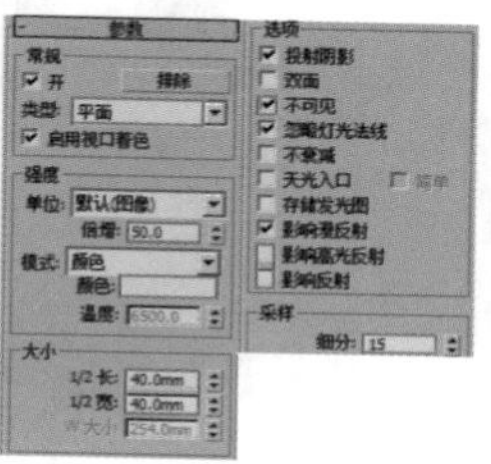

图5-245

步骤 05 继续在顶视图拖曳并创建一盏VR灯光，将其放置在蓝色台灯内部，从上向下进行照射，具体位置如图5-246所示。在【修改】面板下设置其具体参数，如图5-247所示。

在【常规】选项组下设置【类型】为【平面】。

在【强度】选项组下调节【倍增】为50，【颜色】为蓝色（红：136，绿：154，蓝：244）。

在【大小】选项组下设置【1/2 长】为40mm，【1/2 宽】为40mm。

在【选项】选项组下选中【不可见】，取消选中【影响高光反射】和【影响反射】。

在【采样】选项组下设置【细分】为15。

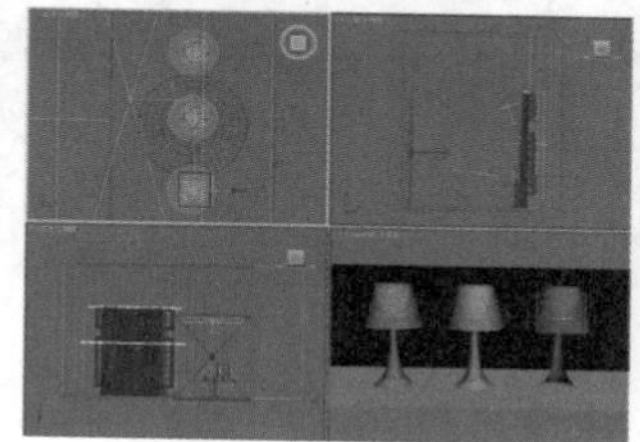

图5-246

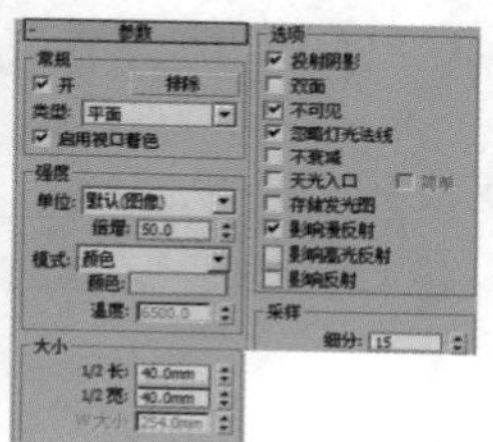

图5-247

步骤 06 按Shift+Q组合键，快速渲染摄影机视图，其渲染效果如图5-248所示。

图5-248

重点 小实例：利用 VR 灯光制作灯带

场景文件	14.max
案例文件	小实例：利用 VR 灯光制作灯带.max
视频教学	DVD/多媒体教学/Chapter05/小实例：利用 VR 灯光制作灯带.flv
难易指数	★★★☆☆
灯光方式	VR 灯光（平面）、VR 灯光（球体）、目标聚光灯
技术掌握	掌握使用【VR 灯光】制作灯带的方法

实例介绍

本实例主要使用 VR 灯光制作外侧、内侧灯带效果，使用 VR 灯光（球体）制作灯泡灯光，使用目标平行光制作吊灯向下照射的效果，最终渲染效果如图 5-249 所示。

图5-249

操作步骤

Part 1 使用VR灯光制作外侧灯带效果

步骤 01 打开本书配套光盘中的【场景文件/Chapter05/14.max】文件，如图5-250所示。

步骤 02 在【创建】面板下单击【灯光】按钮，并设置灯光类型为VRay，然后单击【VR灯光】按钮 VR灯光 ，在前视图中拖曳并创建1盏VR灯光，并使用【选择并移动】工具复制29盏，此时位置如图5-251所示。

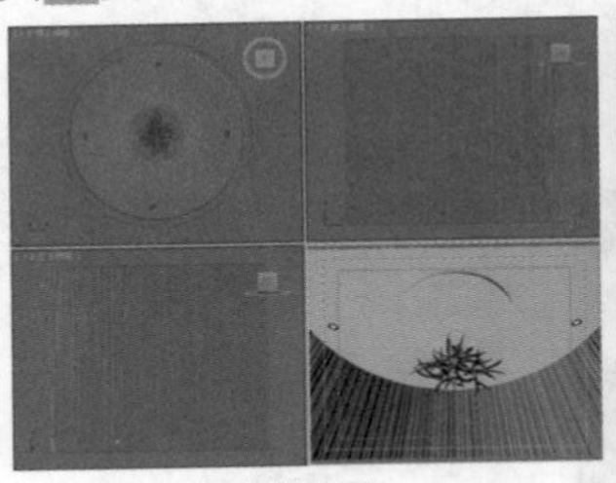

图5-250

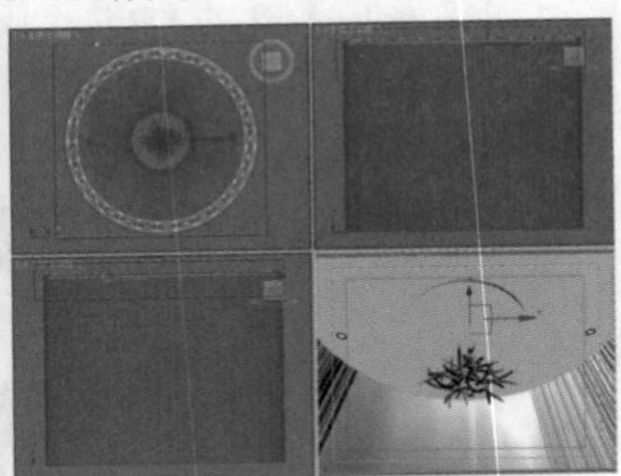

图5-251

技巧与提示

对于带有形状的灯光分布，需要考虑使用一些特殊的方法进行复制，否则既麻烦又不准确。在这里给读者提供两个非常好的方法。

方法 1：

步骤 01 在顶视图中创建一盏VR灯光，并使用【圆】工具 圆 绘制一个圆，如图5-252所示。

步骤 02 选择VR灯光，单击【修改】面板，接着单击【仅影响轴】按钮 仅影响轴 ，如图5-253所示。

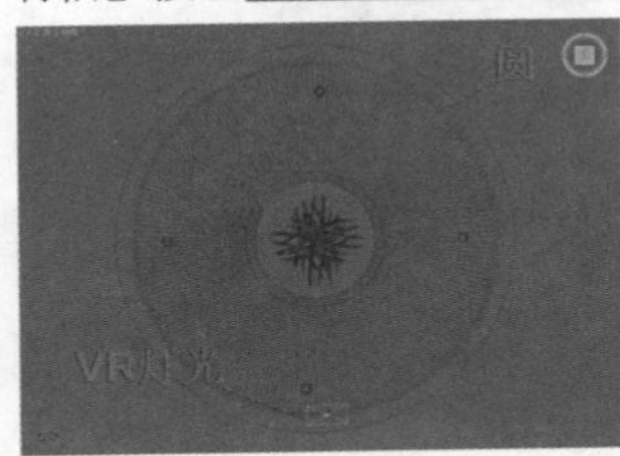

图5-252

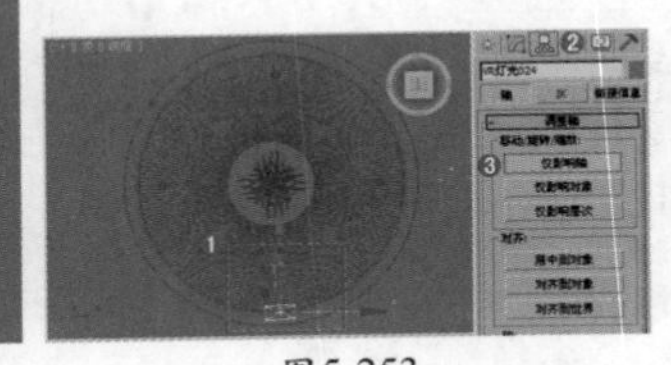

图5-253

步骤 03 使用【选择并移动】工具将轴移动到吊灯的中心位置，并再次单击【仅影响轴】按钮 仅影响轴 ，如图5-254所示。

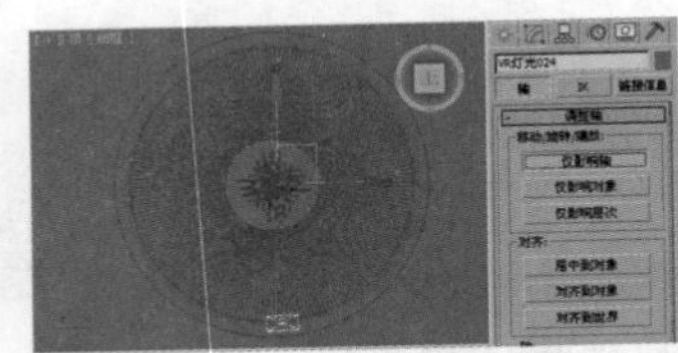

图5-254

步骤 04 单击【选择并旋转】工具，再单击【角度捕捉切换】工具，接着按住Shift键进行复制，设置【对象】为【实例】，【副本数】为30，最后单击【确定】按钮，如图5-255所示。复制完成的效果如图5-256所示。

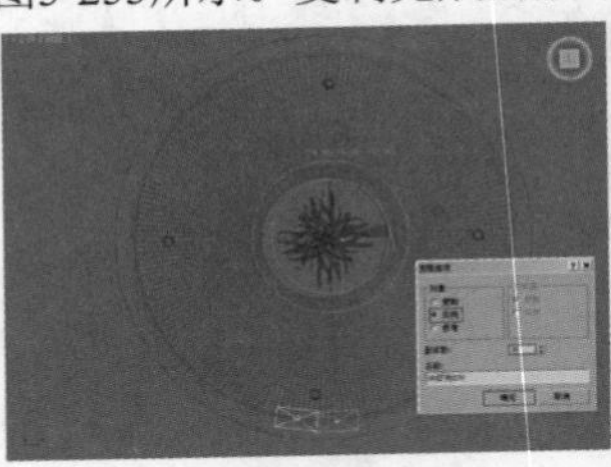

图5-255

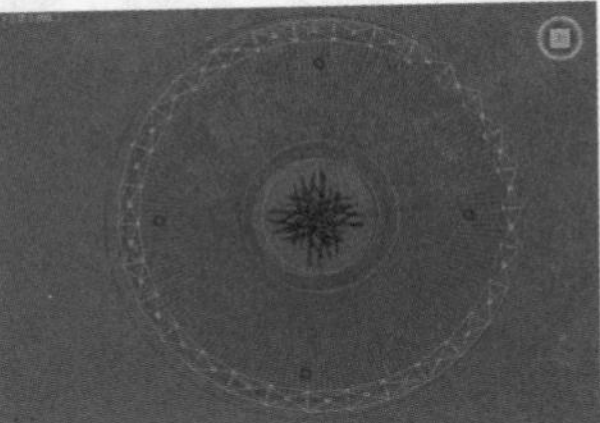

图5-256

方法 2：

步骤 01 在顶视图中创建一盏VR灯光，并使用【圆】工具 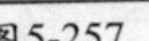 绘制一个圆。接着在主工具栏空白处右击，选择【附加】命令，如图5-257所示。

步骤 02 选择VR灯光，并单击【间隔工具】按钮，如图5-258所示。

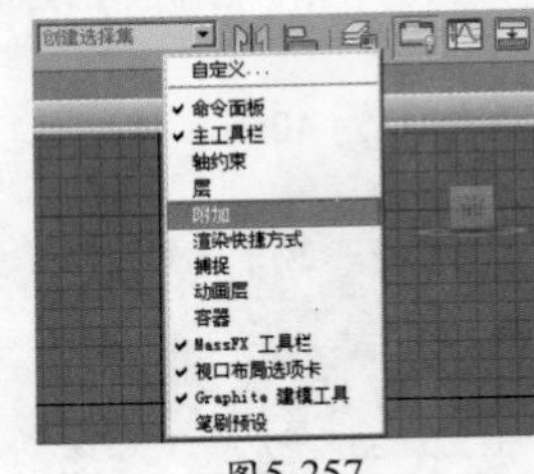

图5-257

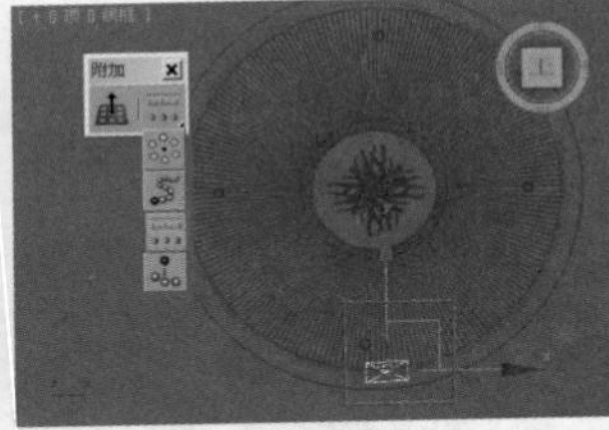

图5-258

步骤 03 单击【拾取路径】按钮 拾取路径 ，拾取场景中的圆，并设置【计数】为30，选中【跟随】，然后依次单击【应用】按钮 应用 和【关闭】按钮 关闭 ，如图5-259所示。

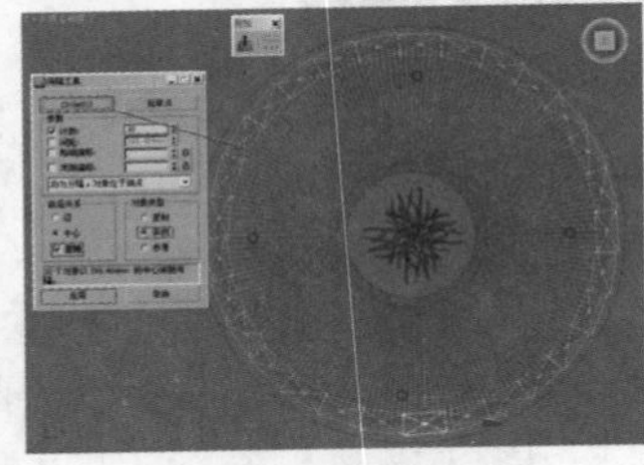

图5-259

步骤 04 选择步骤02创建的VR灯光，然后在【修改】面板下设置其具体参数，如图5-260所示。

在【常规】选项组下设置【类型】为【平面】。

在【强度】选项组下调节【倍增】为200，【颜色】为蓝色（红：44，绿：114，蓝：255）。

在【大小】选项组下设置【1/2 长】为 200mm，【1/2 宽】为 100mm。

在【选项】选项组下选中【不可见】。

在【采样】选项组下设置【细分】为 30。

步骤 05 按Shift+Q组合键，快速渲染摄影机视图，其渲染效果如图5-261所示。

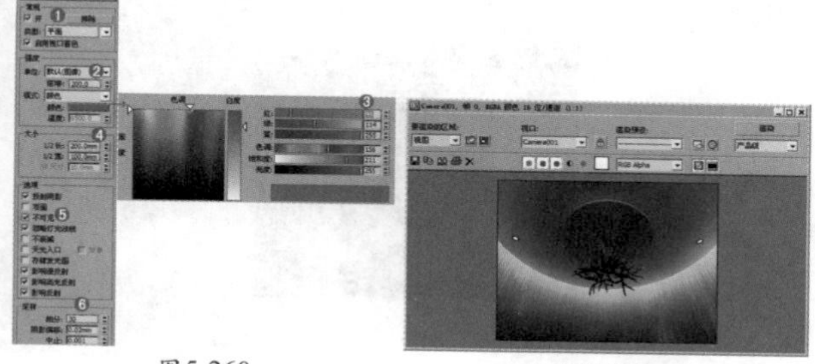

图5-260　　图5-261

Part 2 使用VR灯光制作内侧灯带效果

步骤 01 在【创建】面板下单击【灯光】按钮，设置灯光类型为VRay，然后单击【VR灯光】按钮 VR灯光 ，在前视图中拖曳并创建1盏VR灯光，并使用【选择并移动】工具复制11盏，此时位置如图5-262所示。

步骤 02 选择步骤01创建的VR灯光，然后在【修改】面板下设置其具体参数，如图5-263所示。

在【常规】选项组下设置【类型】为【平面】。

在【强度】选项组下调节【倍增】为 20，【颜色】为蓝色（红：173，绿：200，蓝：255）。

在【大小】选项组下设置【1/2 长】为 20mm，【1/2 宽】为 200mm。

在【选项】选项组下选中【不可见】。

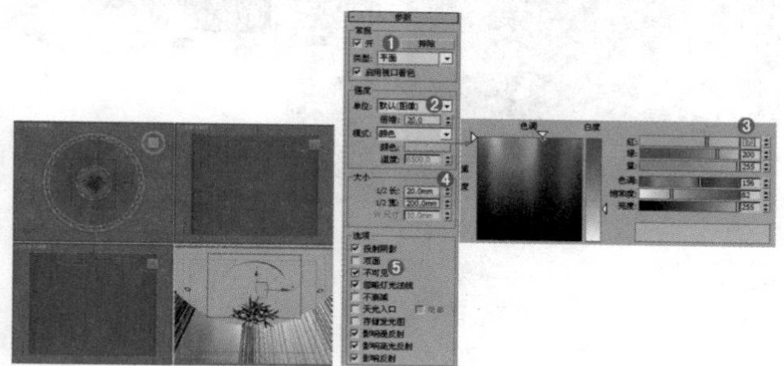

图5-262　　图5-263

步骤 03 按Shift+Q组合键，快速渲染摄影机视图，其渲染效果如图5-264所示。

图5-264

Part 3 使用VR灯光（球体）制作灯泡灯光，使用目标平行光制作吊灯向下照射的效果

步骤 01 在【创建】面板下单击【灯光】，并设置灯光类型为VRay，然后单击【VR灯光】按钮 VR灯光 ，在前视图中拖曳并创建1盏VR灯光，并使用【选择并移动】工具复制23盏，此时位置如图5-265所示。

步骤 02 选择步骤01创建的VR灯光，然后在【修改】面板下设置其具体参数，如图5-266所示。

在【常规】选项组下设置【类型】为【球体】。

在【强度】选项组下调节【倍增】为 300，【颜色】为蓝色（红：44，绿：114，蓝：255）。

在【大小】选项组下设置【半径】为 11mm。

在【选项】选项组下选中【不可见】，最后设置【细分】为20。

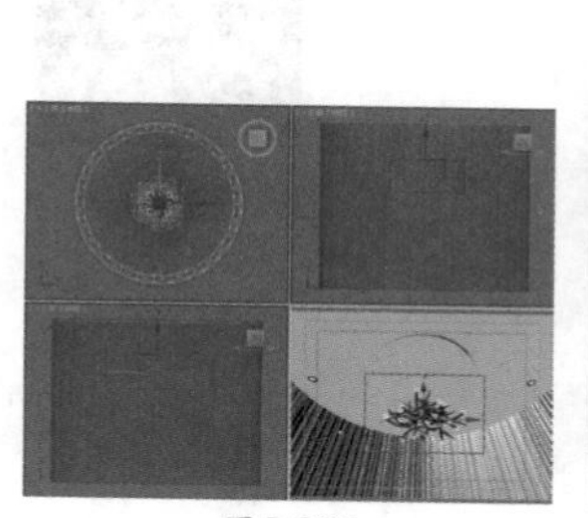

图5-265　　图5-266

步骤 03 在【创建】面板下单击【灯光】，并设置灯光类型为【标准】，然后单击【目标聚光灯】按钮 目标聚光灯 ，在视图中拖曳并创建一盏目标聚光灯，如图5-267所示。选择目标聚光灯，然后在【修改】面板下设置其具体参数，如图5-268所示。

展开【常规参数】卷展栏，在【阴影】选项组下选中【启用】，设置阴影类型为【VRay 阴影】。

展开【强度 / 颜色 / 衰减】卷展栏，设置【倍增】为 0.8。

展开【聚光灯参数】卷展栏，设置【聚光区 / 光束】为 43，【衰减区 / 区域】为 80。

展开【VRay 阴影参数】卷展栏，选中【区域阴影】，设置【U/V/W 大小】为 100mm，【细分】为 20。

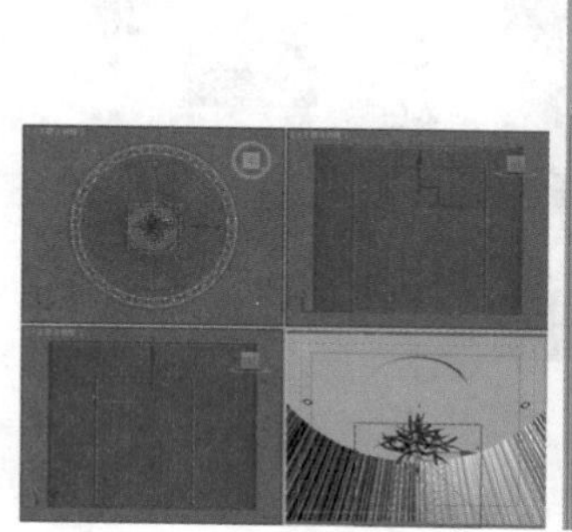

图5-267　　图5-268

步骤 04 最终的渲染效果如图5-269所示。

图5-269

重点 小实例：利用 VR 灯光制作创意灯光照效果

场景文件	15.max
案例文件	小实例：利用 VR 灯光制作创意灯光照效果 .max
视频教学	DVD/ 多媒体教学 /Chapter05/ 小实例：利用 VR 灯光制作创意灯光照效果 .flv
难易指数	★★☆☆☆
灯光方式	VR 灯光
技术掌握	掌握 VR 灯光中颜色调节的运用

实例介绍

本实例主要使用【VR 灯光】制作创意灯光照效果，如图 5-270 所示。

图5-270

操作步骤

Part 1 创建环境灯光

步骤 01 打开本书配套光盘中的【场景文件/Chapter05/15.max】文件，如图5-271所示。

步骤 02 在【创建】面板下单击【灯光】，并设置灯光类型为VRay，然后单击【VR灯光】按钮 VR灯光，如图5-272所示。

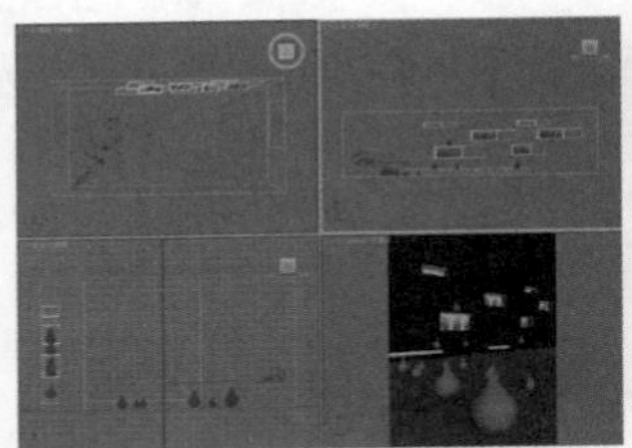

图5-271

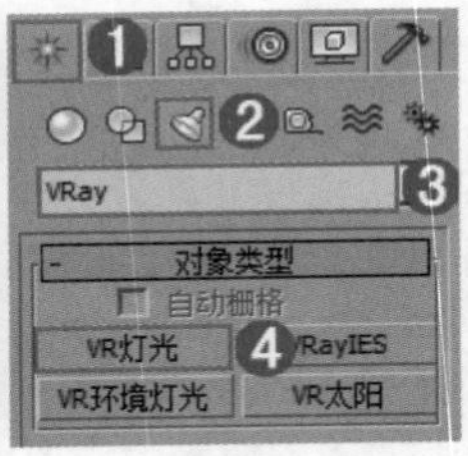

图5-272

步骤 03 在左视图中拖曳并创建一盏VR灯光（平面），此时灯光的位置如图5-273所示。

步骤 04 选择步骤03创建的VR灯光，在【修改】面板下设置其具体参数，如图5-274所示。

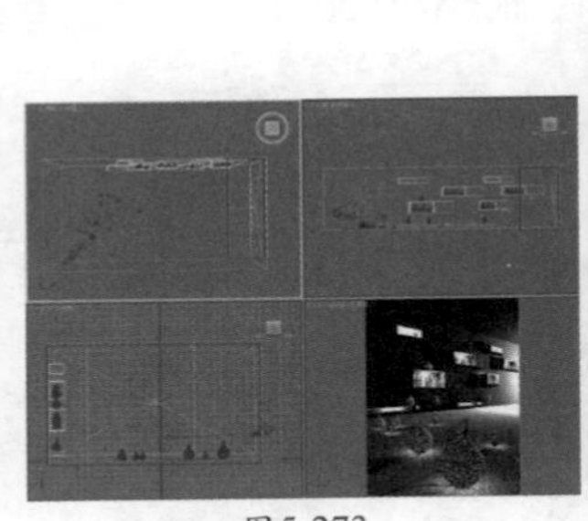

图5-273

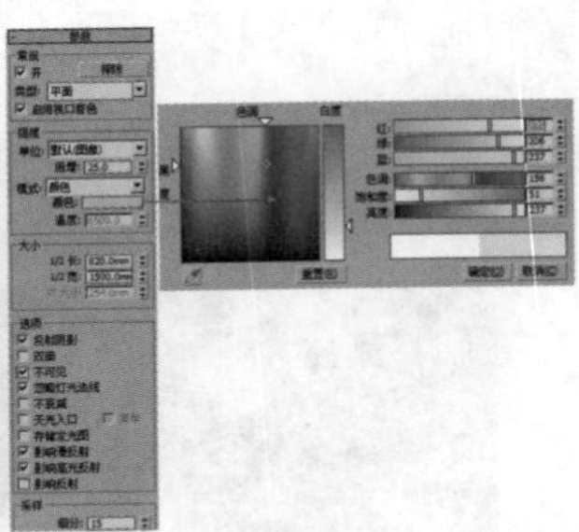

图5-274

在【常规】选项组下设置【类型】为【平面】。

在【强度】选项组下调节【倍增】25，【颜色】为浅蓝色（红：190，绿：206，蓝：237）。

在【大小】选项组下设置【1/2 长】为 820mm，【1/2 宽】为 1500mm。

在【选项】选项组下选中【不可见】，取消选中【影响反射】。

在【采样】选项组下设置【细分】为 15。

步骤 05 按Shift+Q组合键，快速渲染摄影机视图，其渲染效果如图5-275所示。

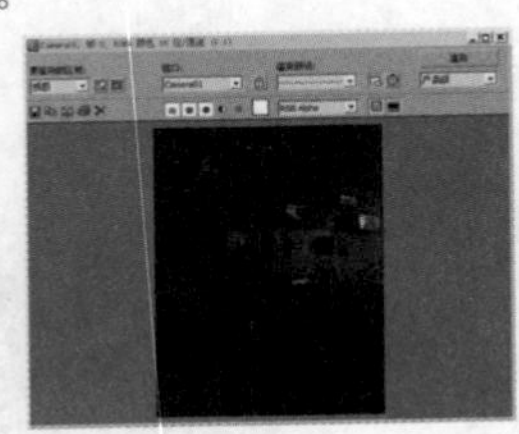

图5-275

Part 2 创建灯带效果

步骤 01 接着在前视图拖曳并创建一盏VR灯光（平面），具体放置位置如图5-276所示。在【修改】面板下设置其具体参数，如图5-277所示。

在【常规】选项组下设置【类型】为【平面】。

在【强度】选项组下调节【倍增】为 3，【颜色】为浅蓝色（红：182，绿：189，蓝：225）。

在【大小】选项组下设置【1/2 长】为 340mm，【1/2 宽】为 150mm。

在【选项】选项组下选中【双面】和【不可见】。

在【采样】选项组下设置【细分】为 15。

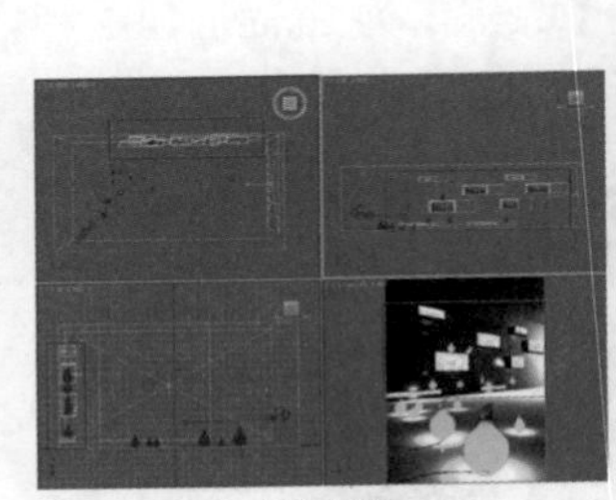

图5-276

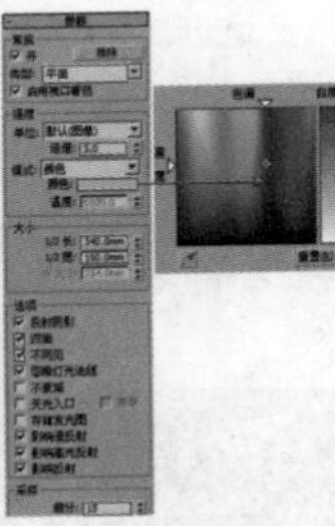

图5-277

步骤 02 用同样的方法继续创建VR灯光，在【修改】面板下根据实际情况适当设置【倍增】、【颜色】、【1/2长】、【1/2宽】等数值。

步骤 03 按Shift+Q组合键，快速渲染摄影机视图，其渲染效果如图5-278所示。

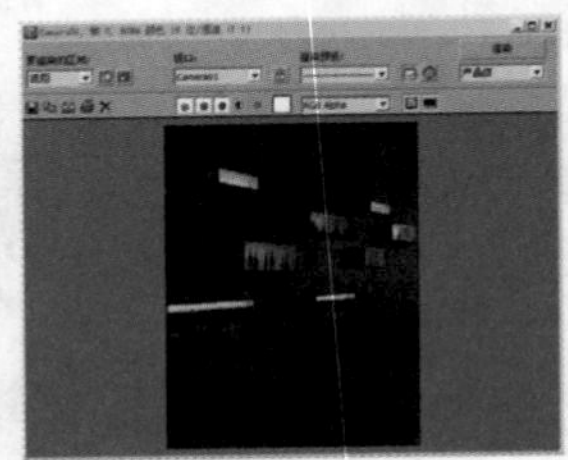

图5-278

Part 3 创建创意灯的光照

步骤 01 在顶视图中拖曳并创建1盏VR灯光（球体），并使用【选择并移动】工具移动复制34盏放置到灯罩里面，此时VR灯光的位置如图5-279所示。

步骤 02 选择步骤01创建的VR灯光，然后在【修改】面板下设置其具体参数，如图5-280所示。

在【常规】选项组下设置【类型】为【球体】。

在【强度】选项组下调节【倍增】为30，【颜色】为浅黄色（红：213，绿：189，蓝：74）。

在【大小】选项组下设置【半径】为30mm。

在【选项】选项组下选中【不可见】。

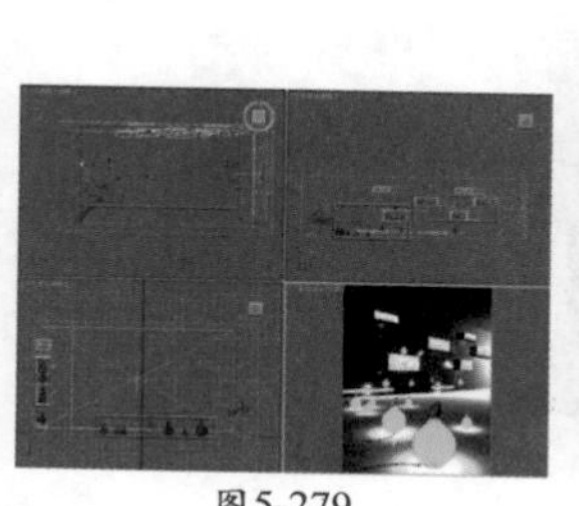

图5-279

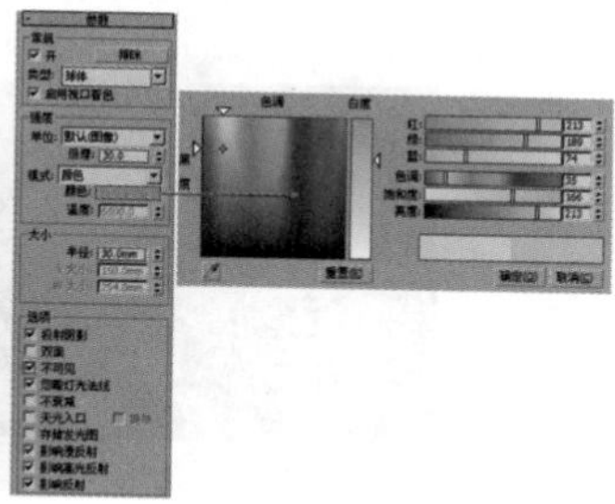

图5-280

步骤 03 按Shift+Q组合键，快速渲染摄影机视图，其渲染效果如图5-281所示。

图5-281

重点 小实例：使用 VR 灯光制作柔和日光

场景文件	16.max
案例文件	小实例：使用 VR 灯光制作柔和日光 .max
视频教学	DVD/ 多媒体教学 /Chapter05/ 小实例：使用 VR 灯光制作柔和日光 .flv
难易指数	★★☆☆☆
灯光方式	VR 灯光
技术掌握	掌握 VR 灯光的运用

实例介绍

本实例主要使用【VR 灯光】制作柔和的光照效果，如图 5-282 所示。

图5-282

操作步骤

步骤 01 打开本书配套光盘中的【场景文件/Chapter05/16.max】文件，如图5-283所示。

步骤 02 在【创建】面板下单击【灯光】按钮，并设置灯光类型为VRay，然后单击【VR灯光】按钮 VR灯光 ，如图5-284所示。

步骤 03 在左视图中拖曳并创建一盏VR灯光，并放置到合适位置，如图5-285所示。

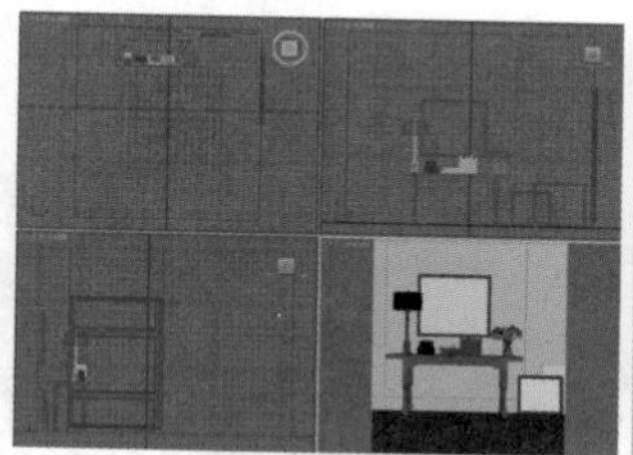

图5-283

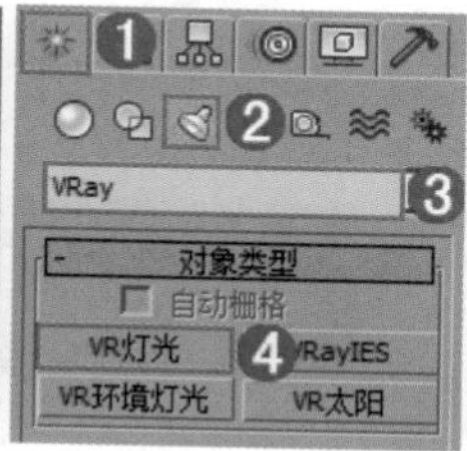

图5-284

步骤 04 选择步骤03创建的VR灯光，然后在【修改】面板下设置其具体参数，如图5-286所示。

在【常规】选项组下设置【类型】为【平面】。

在【强度】选项组下调节【倍增】为10，【颜色】为黄色（红：255，绿：194，蓝：144）。

在【大小】选项组下设置【1/2长】为970mm，【1/2宽】为920mm。

在【选项】选项组下选中【不可见】。

在【采样】选项组下设置【细分】为15。

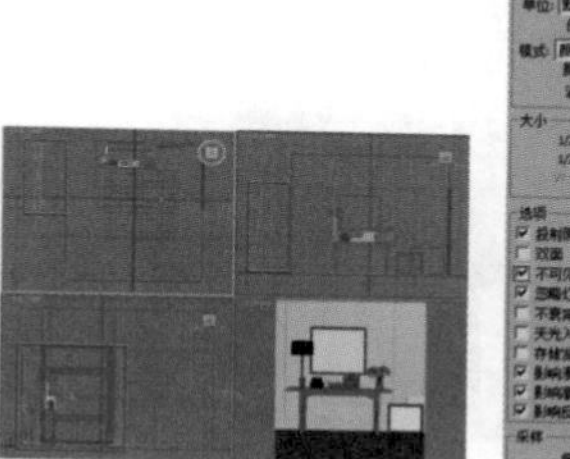

图5-285

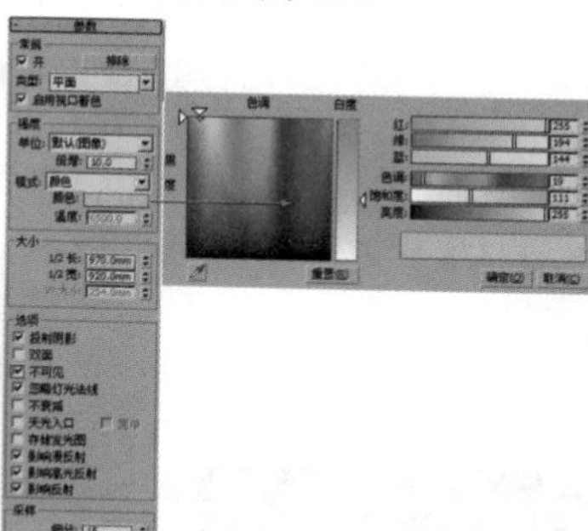

图5-286

步骤 05 按Shift+Q组合键，快速渲染摄影机视图，其渲染效果如图5-287所示。

步骤 06 继续在左视图创建一盏VR灯光，并放置到右侧窗户的外面，如图5-288所示。

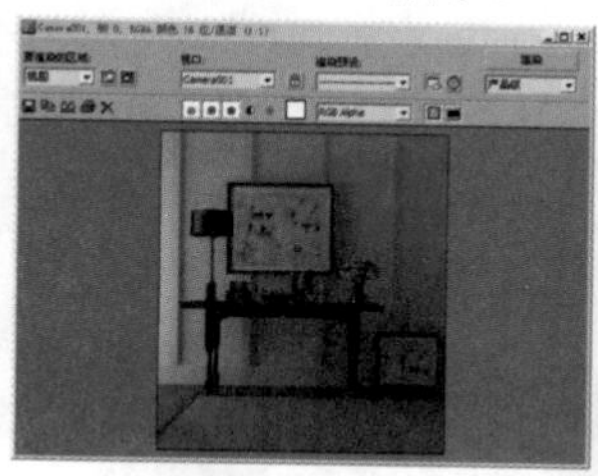

图5-287

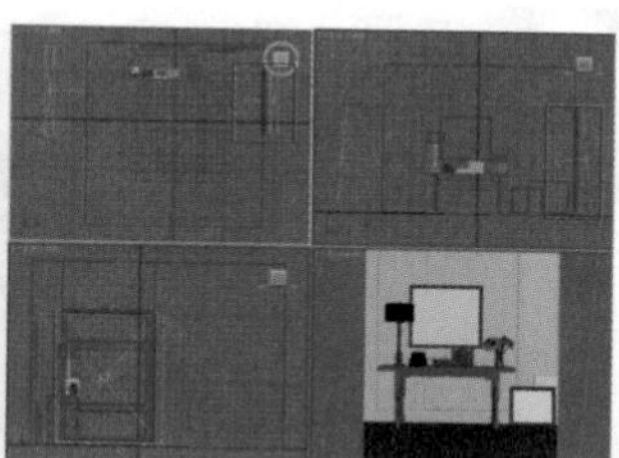

图5-288

步骤 07 选择步骤06创建的VR灯光，然后在【修改】面板下设置其具体的参数，如图5-289所示。

在【常规】选项组下设置【类型】为【平面】。

在【强度】选项组下调节【倍增】6，【颜色】为蓝色（红：126，绿：161，蓝：226）。

在【大小】选项组下设置【1/2长】为970mm，【1/2宽】为680mm。

在【选项】选项组下选中【不可见】。

在【采样】选项组下设置【细分】为20。

步骤08 按Shift+Q组合键，快速渲染摄影机视图，其渲染效果如图5-290所示。

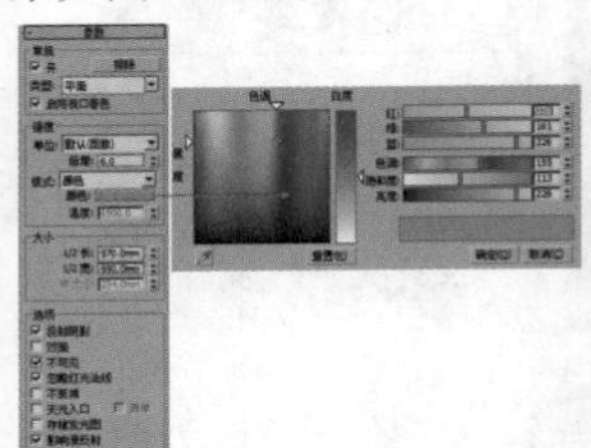
图5-289

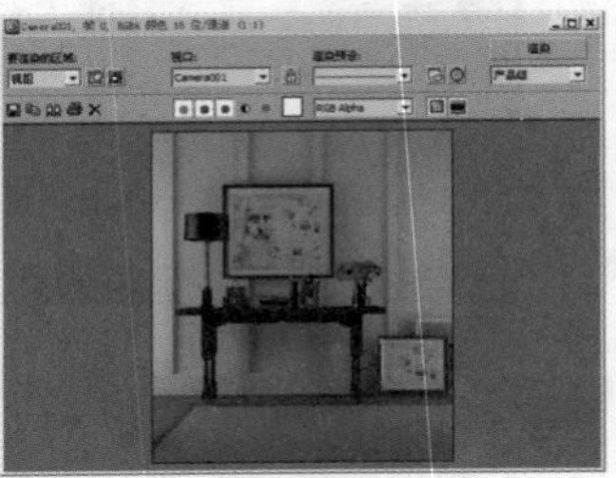
图5-290

步骤09 接着在前视图创建一盏VR灯光，并放置到合适位置，如图5-291所示。

步骤10 选择步骤09创建的VR灯光，然后在【修改】面板下设置其具体参数，如图5-292所示。

在【常规】选项组下设置【类型】为【平面】。

在【强度】选项组下调节【倍增】2，【颜色】为浅蓝色（红：213，绿：223，蓝：243）。

在【大小】选项组下设置【1/2长】为970mm，【1/2宽】920mm。

在【选项】选项组下选中【不可见】。

在【采样】选项组下设置【细分】为15。

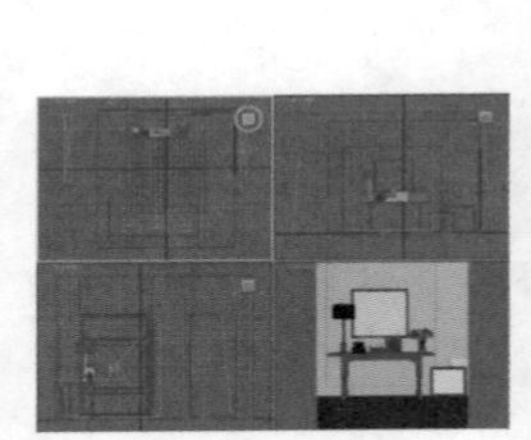
图5-291

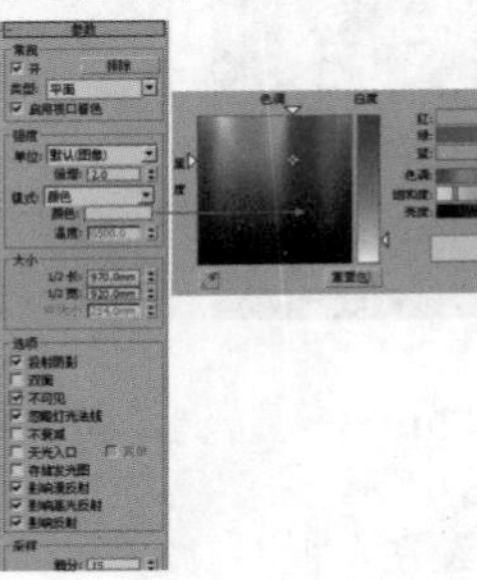
图5-292

步骤11 按Shift+Q组合键，快速渲染摄影机视图，其渲染效果如图5-293所示。最终渲染效果如图5-294所示。

图5-293

图5-294

重点 综合实例：利用目标平行光和VR灯光制作书房夜景效果

场景文件	17.max
案例文件	综合实例：利用目标平行光和VR灯光制作书房夜景效果.max
视频教学	DVD/多媒体教学/Chapter05/综合实例：利用目标平行光和VR灯光制作书房夜景效果.flv
难易指数	★★☆☆☆
灯光方式	目标平行光、VR灯光
技术掌握	掌握目标平行光、VR灯光的运用

实例介绍

本实例主要使用目标平行光模拟夜晚的环境光，然后使用VR灯光模拟室内的灯光，灯光效果如图5-295所示。

图5-295

操作步骤

Part 1 创建夜景灯光

步骤01 打开本书配套光盘中的【场景文件/Chapter05/17.max】文件，如图5-296所示。

步骤02 单击（创建）|（灯光）| 标准 | 目标平行光（目标平行光），如图5-297所示。

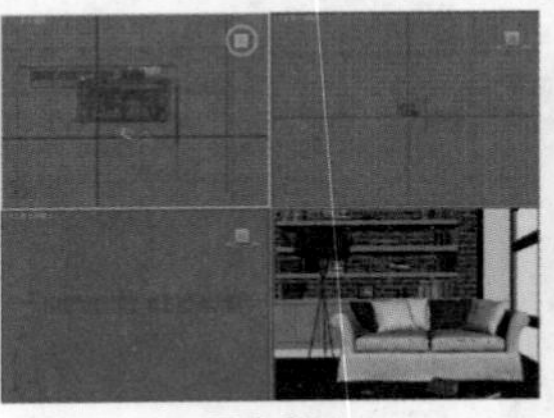
图5-296

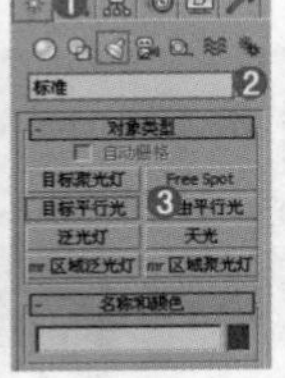
图5-297

步骤03 在前视图中拖曳并创建一盏目标平行光，位置如图5-298所示。

步骤04 选择步骤03创建的目标平行光，然后在【修改】面板下设置其具体参数，如图5-299所示。

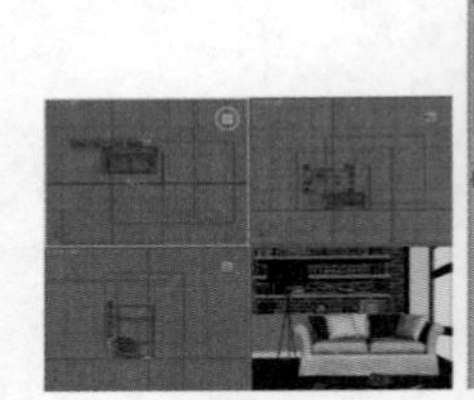
图5-298

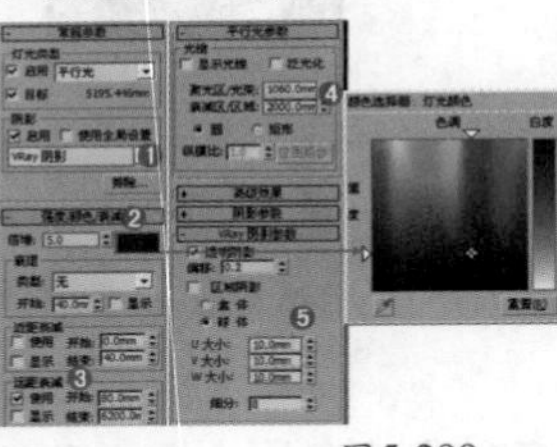
图5-299

在【常规参数】卷展栏下选中【阴影】下的【启用】，并设置方式为【VRay阴影】。

在【强度/颜色/衰减】卷展栏下调节【倍增】为5，【颜色】为深蓝色（红：0，绿：12，蓝：65）。

选中【远距衰减】下的【使用】，并设置【开始】为80mm，【结束】为6200mm。

在【平行光参数】卷展栏下设置【聚光区/光束】为1060mm，【衰减区/区域】为2000mm。

在【VRay阴影参数】卷展栏下选中【透明阴影】，设置【U/V/W大小】均为100.0mm，【细分】为8。

步骤05 接着在左视图创建一盏VR灯光，并放置到窗户外面，方向为从窗外向窗内照射，具体位置如图5-300所示。

步骤06 选择步骤05创建的VR灯光，在【修改】面板下设置其具体参数，如图5-301所示。

在【常规】选项组下设置【类型】为【平面】。

在【强度】选项组下调节【倍增】为4，【颜色】为深蓝色（红：0，绿：12，蓝：65）。

在【大小】选项组下设置【1/2长】为970mm，【1/2宽】为680mm。

在【选项】选项组下选中【不可见】。

在【采样】选项组下设置【细分】为20。

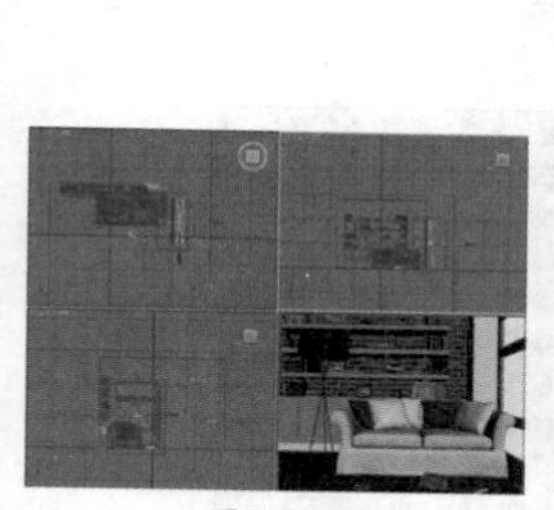

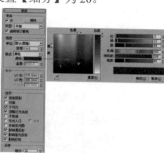

图5-300

图5-301

步骤07 按Shift+Q组合键，快速渲染摄影机视图，其渲染效果如图5-302所示。

图5-302

Part 2 创建室内灯光

步骤01 在前视图创建一盏VR灯光，并放置到合适位置，如图5-303所示。在【修改】面板下设置其具体参数，如图5-304所示。

在【常规】选项组下设置【类型】为【平面】。

在【强度】选项组下调节【倍增】为1.6，【颜色】为浅蓝色（红：213，绿：223，蓝：243）。

在【大小】选项组下设置【1/2长】为970mm，【1/2宽】为920mm。

在【选项】选项组下选中【不可见】。

在【采样】选项组下设置【细分】为15。

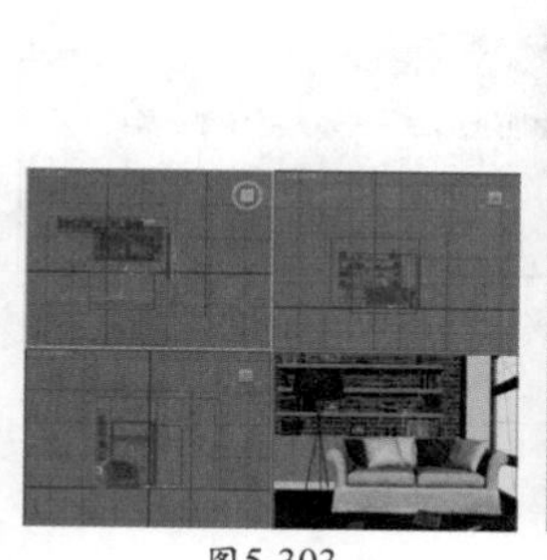

图5-303

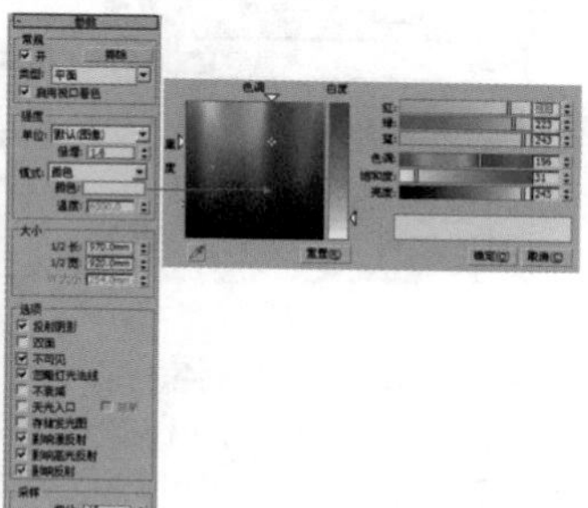

图5-304

步骤02 接着在前视图创建一盏VR灯光，并放置到灯罩里面，如图5-305所示。

步骤03 选择步骤02创建的VR灯光，然后在【修改】面板下设置其具体的参数，如图5-306所示。

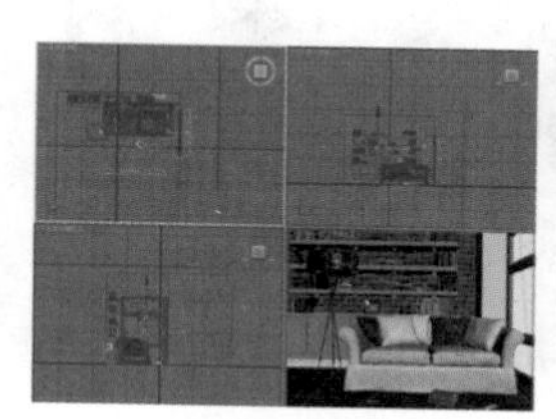

图5-305

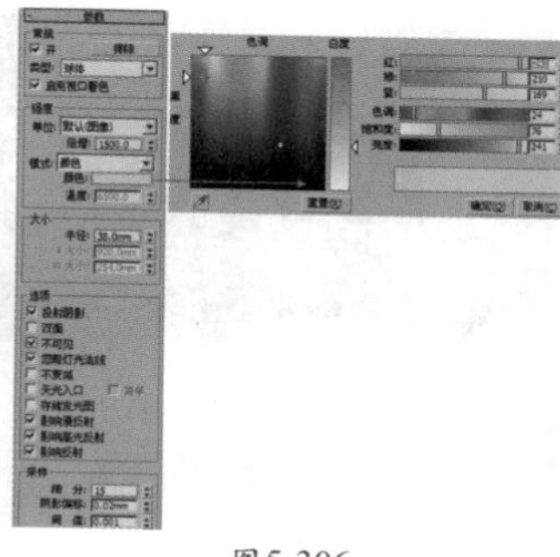

图5-306

在【常规】选项组下设置【类型】为【球体】。

在【强度】选项组下调节【倍增】为1500，【颜色】为浅黄色（红：241，绿：210，蓝：169）。

在【大小】选项组下设置【半径】为38mm。

在【选项】选项组下选中【不可见】。

在【采样】选项组下设置【细分】为15。

步骤04 按Shift+Q组合键，快速渲染摄影机视图，其渲染效果如图5-307所示。

图5-307

Part 3 创建书架光源

步骤01 单击（创建）|（灯光）| VRay | VR灯光（VR灯光），并在书架位置拖曳创建VR灯光，然后使用【选择并移动】工具，将其复制11盏（复制时需要选中【实例】方式），具体的位置如图5-308所示。

步骤02 选择步骤01创建的VR灯光，然后在【修改】面板下设置其具体参数，如图5-309所示。

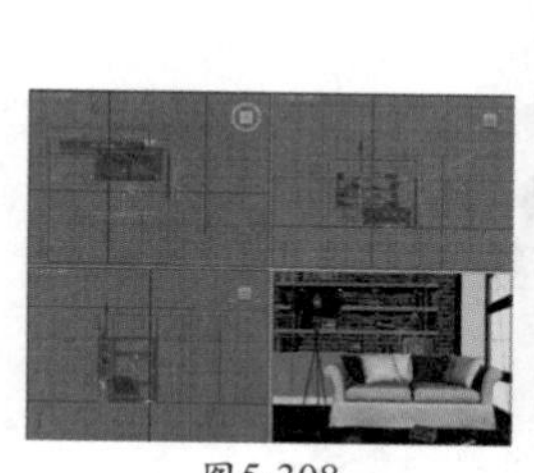

图5-308

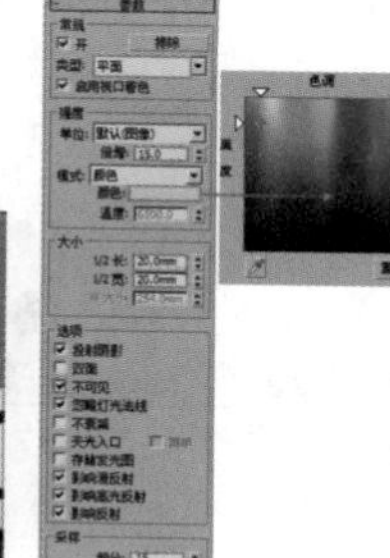

图5-309

在【常规】选项组下设置【类型】为【平面】。

在【强度】选项组下调节【倍增】为15，【颜色】为浅黄色（红：241，绿：210，蓝：169）。

在【大小】选项组下设置【1/2长】为20mm，【1/2宽】为20mm。

在【选项】选项组下选中【不可见】。

在【采样】选项组下设置【细分】为15。

步骤03 按Shift+Q组合键，快速渲染摄影机视图，其渲染效果如图5-310所示。最终渲染效果如图5-311所示。

图5-310

图5-311

5.4.2 VRayIES

VRayIES 是一个 V 型射线特定光源插件，可用来加载 IES 灯光，能使现实世界的光分布更加逼真（IES 文件）。VRayIES 和【光度学】灯光类似，而专门优化的 V- 射线渲染比通常的要快，如图 5-312 所示。其参数面板如图 5-313 所示。

图5-312

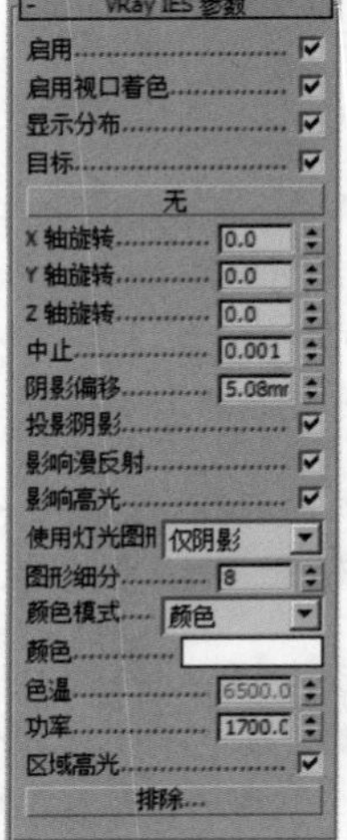

图5-313

- 启用：打开和关闭 VRayIES 光。
- 启用视口着色：选中该复选框，可以启用视口的着色功能。
- 显示分布：选中该复选框，可以显示灯光的分布情况。
- 目标：控制 VRayIES 灯光是否具有目标点。
- 【IES 文件】按钮 None ：指定定义的光分布。
- X/Y/Z 轴旋转：用来设置 X/Y/Z 3 个轴向的旋转数值。
- 中止：指定光强度最小阈值。
- 阴影偏移：控制阴影偏离投射对象的距离。
- 颜色模式：控制颜色模式，分为颜色和温度两种。
- 颜色：控制光的颜色。
- 色温：当色彩模式设置为温度时，该参数决定了光的颜色温度（开尔文）。
- 功率：控制灯光功率的强度。
- 区域高光：默认为选中状态，取消选中该复选框时，光将呈现出一个点光源在镜面反射的效果。
- 【排除】按钮 排除... ：该选项可以将任意一个或多个物体进行排除处理，使其不受到该灯光的照射影响。

5.4.3 VR环境灯光

VR 环境灯光与【标准】灯光下的【天光】类似，主要用来控制整体环境的效果，如图 5-314 所示。其参数面板如图 5-315 所示。

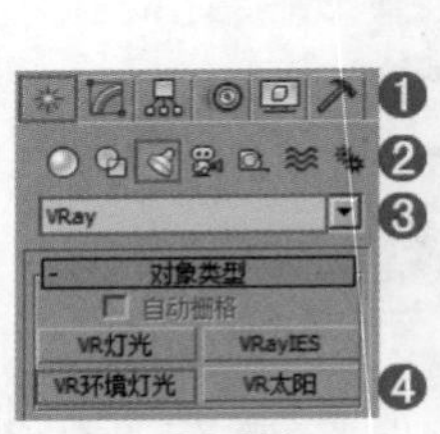

图5-314

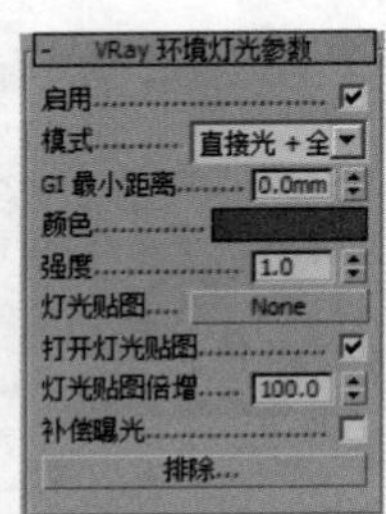

图5-315

- 启用：打开和关闭 VR 环境灯光。
- 模式：控制选择的模式。
- GI 最小距离：用来控制 GI 的最小距离数值。
- 颜色：指定哪些射线由 VR 环境灯光影响。
- 强度：控制 VR 环境灯光的强度。
- 灯光贴图：指定 VR 环境灯光的贴图。
- 打开灯光贴图：用来控制是否开启灯光贴图功能。
- 灯光贴图倍增：控制灯光贴图倍增的强度。
- 补偿曝光：VR 环境灯光和 VR_ 物理摄影机一起使用时，此选项生效。

5.4.4 VR太阳

【VR 太阳】是 VR 灯光中非常重要的灯光类型，主要用来模拟日光的效果，参数较少、调节方便，但是效果非常逼真，如图 5-316 所示。单击【VR 太阳】时会弹出【VR 太阳】对话框，此时单击【是】按钮即可，如图 5-317 所示。

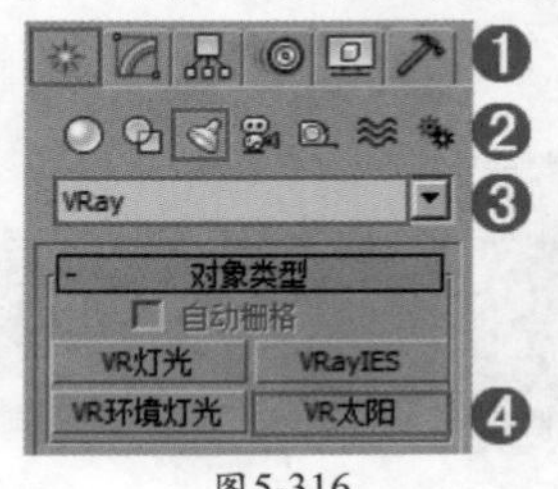

图5-316

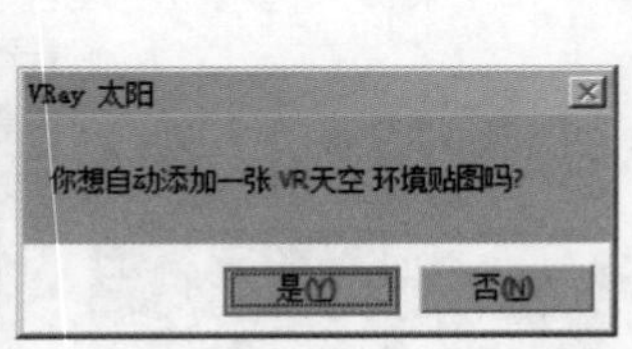

图5-317

【VR 太阳】的具体参数如图 5-318 所示。

- 启用：控制灯光的开启与关闭。
- 不可见：控制灯光的可见与不可见，对比效果如图 5-319 所示。
- 影响漫反射：控制是否影响漫反射。
- 影响高光：控制是否影响高光。
- 投射大气阴影：控制是否投射大气阴影效果。
- 浊度：控制空气的清洁度，数值越大，阳光就越偏向暖色。

一般情况下，白天正午时数值为3~5，下午时为6~9，傍晚时可以为15。当然阳光的冷暖色也与自身与地面的角度有关，角度越垂直，越偏向冷色；角度越小，越偏向暖色，如图5-320所示。

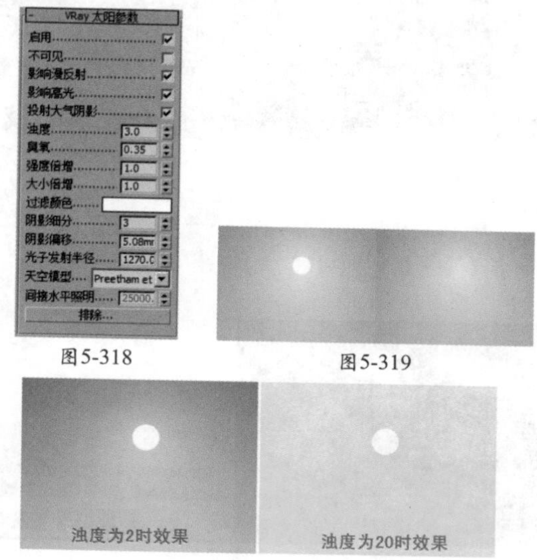

图5-318　　图5-319

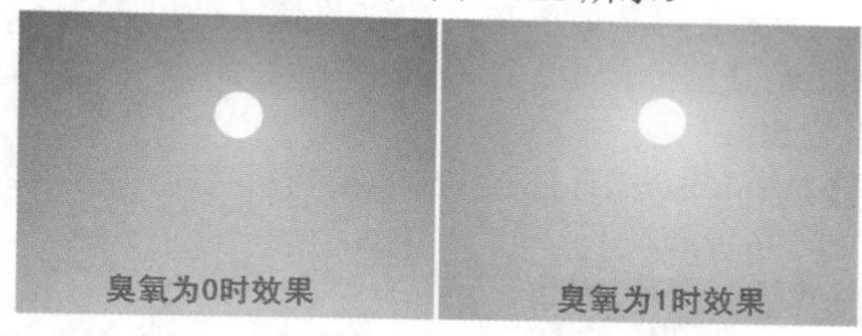

图5-320

- **臭氧**：用来控制大气臭氧层的厚度，数值越大，颜色越浅；数值越小，颜色越深，如图5-321所示。

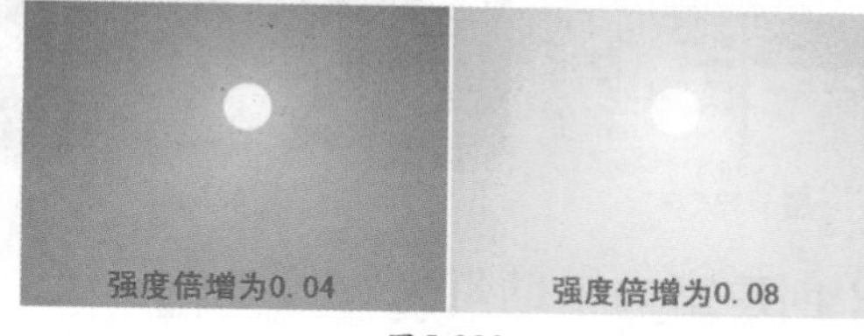

图5-321

- **强度倍增**：用来控制灯光的强度，数值越大，灯光越亮；数值越小，灯光越暗，如图5-322所示。

图5-322

- **大小倍增**：用来控制太阳的大小，数值越大，太阳就越大，就会产生越虚的阴影效果，如图5-323所示。

大小倍增为0　　大小倍增为30

图5-323

- **过滤颜色**：用来控制灯光的颜色，这也是VRay 2.30版本的一个新增功能，如图5-324所示为不同过滤颜色的效果。

图5-324

- **阴影细分**：该数值控制阴影的细腻程度，数值越大，阴影噪点越少；数值越小，阴影噪点越多，如图5-325所示。

图5-325

- **阴影偏移**：用来控制阴影的偏移位置，如图5-326所示。

图5-326

- **光子发射半径**：用来控制光子发射的半径大小。
- **天空模型**：用来控制天空模型的方式，包括Preetham et al.、CIE清晰和CIE阴天3种方式。
- **间接水平照明**：该选项只有在【天空模型】方式选择【CIE清晰】、【CIE阴天】时才可用。

技巧与提示

在【VR太阳】中会涉及到一个知识点——【VR天空】贴图。在第一次创建【VR太阳】时，会提醒用户是否添加VR天空环境贴图，如图5-327所示。

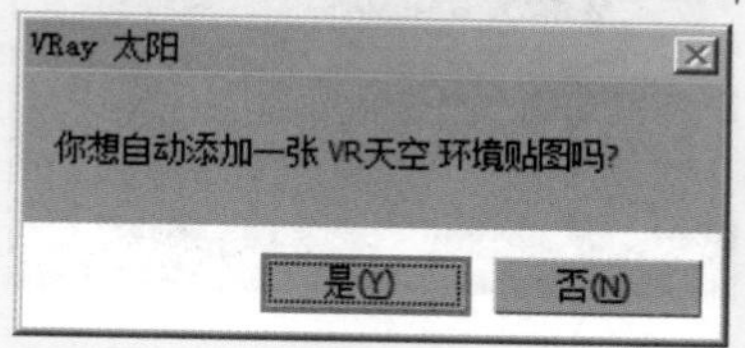

图5-327

单击【是】按钮，在改变【VR太阳】中的参数时，【VR天空】的参数会自动随之发生变化。此时按数字键8可以打开【环境和效果】对话框，然后单击【VR天空】贴图拖曳到一个空白材质球上，并选择【方法】为【实例】，最后单击【确定】按钮，如图5-328所示。

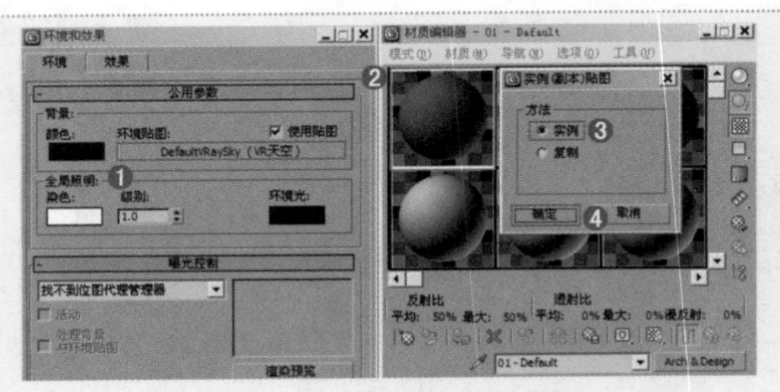

图5-328

此时可以选中【指定太阳节点】复选框，并设置相应的参数，就可以单独控制【VR天空】的效果，如图5-329所示。

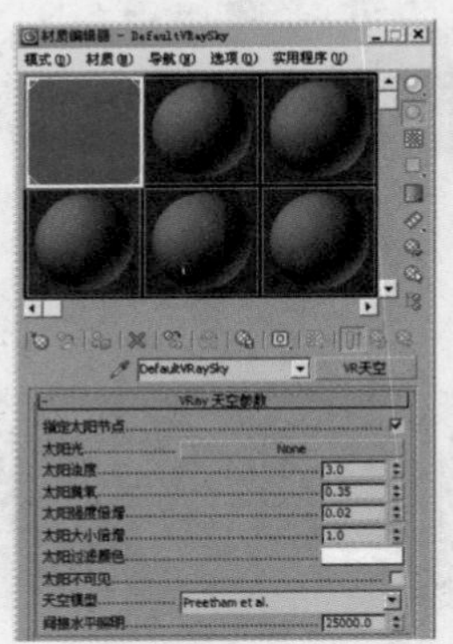

图5-329

重点 小实例：利用VR太阳制作黄昏日照

场景文件	18.max
案例文件	小实例：利用VR太阳制作黄昏日照.max
视频教学	DVD/多媒体教学/Chapter05/小实例：利用VR太阳制作黄昏日照.flv
难易指数	★★☆☆☆
灯光方式	VR太阳、VR灯光
技术掌握	掌握【VR太阳】中参数的运用

实例介绍

本实例主要使用【VR太阳】制作黄昏日照，最终渲染效果如图5-330所示。

图5-330

操作步骤

Part 1 创建VR太阳灯光

步骤01 打开本书配套光盘中的【场景文件/Chapter05/18.max】文件，如图5-331所示。

步骤02 单击（创建）|（灯光）| VRay | VR_太阳（VR太阳），如图5-332所示。

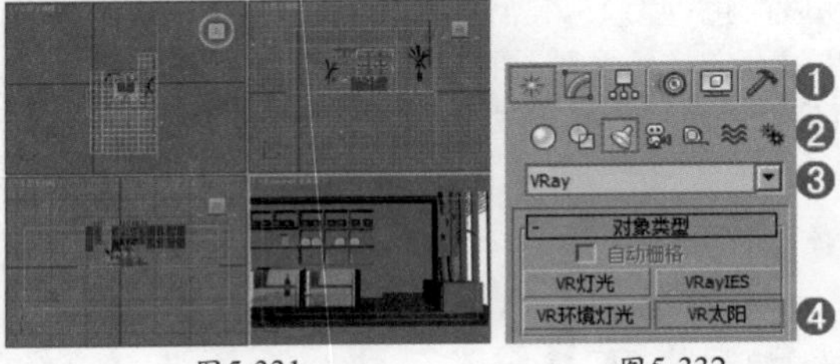

图5-331　图5-332

步骤03 在顶视图中拖曳并创建一盏VR太阳，位置如图5-333所示，在拖曳时会弹出一个对话框，如图5-334所示，单击【是】按钮即可。

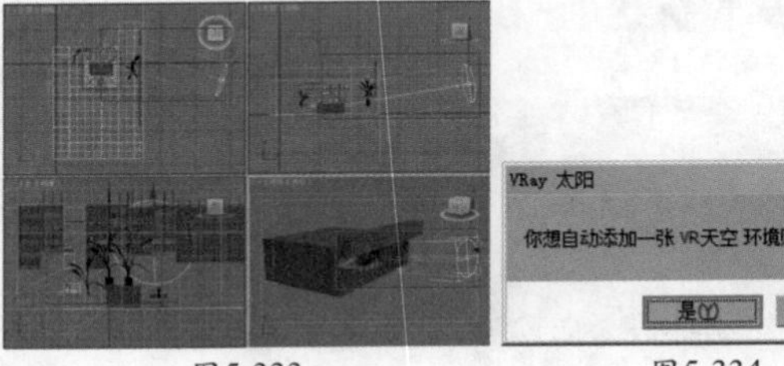

图5-333　图5-334

步骤04 选择步骤03创建的VR太阳，然后在【修改】面板下设置其具体的参数，如图5-335所示。

在【VR太阳参数】选项组下设置【浊度】为6，【臭氧】为0.6，【强度倍增】为0.02，【大小倍增】为3，【阴影细分】为20。

步骤05 按Shift+Q组合键，快速渲染摄影机视图，其渲染效果如图5-336所示。

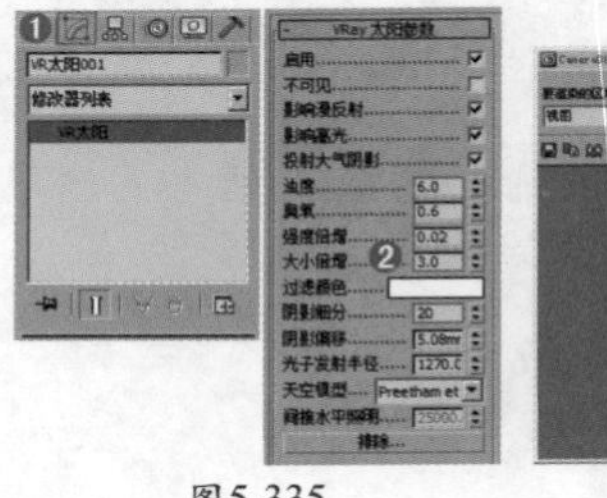

图5-335　图5-336

Part 2 创建室内辅助灯光

步骤01 在左视图中拖曳并创建一盏VR灯光，并将其放置到客厅窗户外面，具体位置如图5-337所示。

步骤02 选择步骤01创建的VR灯光（平面），然后在【修改】面板下设置其具体参数，如图5-338所示。

在【常规】选项组下设置【类型】为【平面】。

在【强度】选项组下调节【倍增】为6，【颜色】为浅黄色（红：240，绿：192，蓝：130）。

在【大小】选项组下设置【1/2长】为147mm，【1/2宽】为64mm。

在【选项】选项组下选中【不可见】。

步骤03 在前视图中拖曳并创建一盏VR灯光，具体位置如

图5-339所示。

图5-337

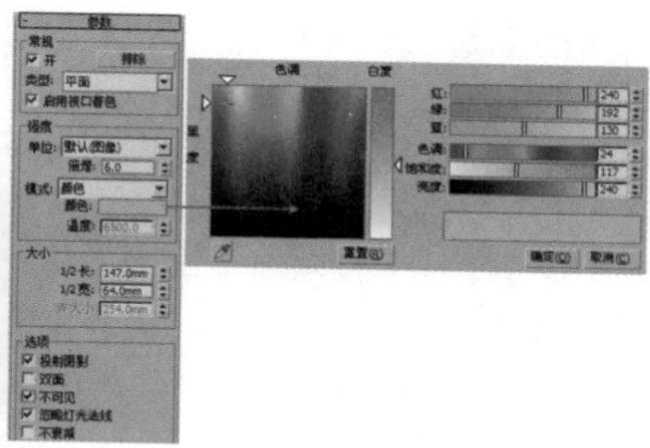
图5-338

步骤 04 选择步骤03创建的VR灯光（平面），然后在【修改】面板下设置其具体参数，如图5-340所示。

在【常规】选项组下设置【类型】为【平面】。

在【强度】选项组下调节【倍增】为1.5，【颜色】为浅黄色（红：236，绿：204，蓝：148）。

在【大小】选项组下设置【1/2长】为121mm，【1/2宽】为64mm。

在【选项】选项组下选中【不可见】。

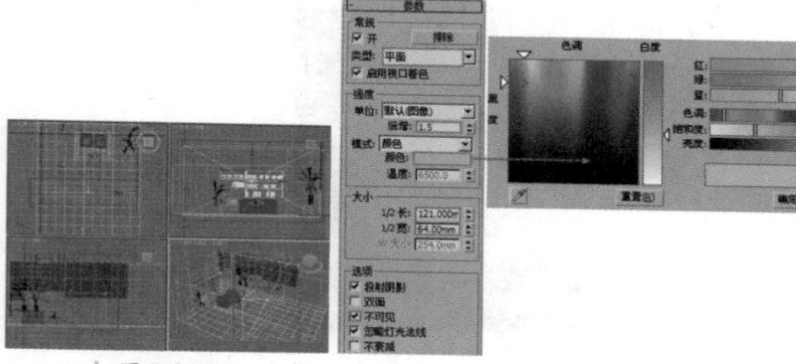
图5-339　　图5-340

步骤 05 在左视图中拖曳并创建一盏VR灯光，具体位置如图5-341所示。

步骤 06 选择步骤05创建的VR灯光（平面），然后在【修改】面板下设置其具体参数，如图5-342所示。

在【常规】选项组下设置【类型】为【平面】。

在【强度】选项组下调节【倍增】为6，【颜色】为浅蓝色（红：221，绿：237，蓝：255）。

在【大小】选项组下设置【1/2长】为46mm，【1/2宽】为56mm。

在【选项】选项组下选中【不可见】。

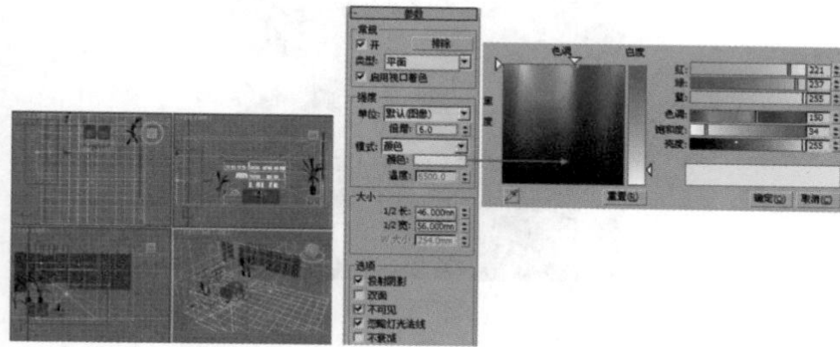
图5-341　　图5-342

步骤 07 按Shift+Q组合键，快速渲染摄影机视图，其渲染效果如图5-343所示。最终渲染效果如图5-344所示。

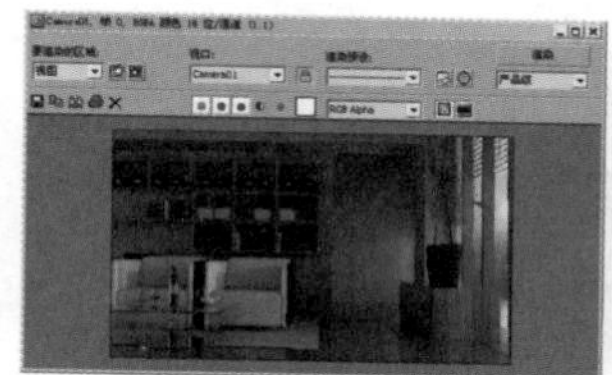
图5-343

图5-344

重点 小实例：利用VR太阳制作日光

场景文件	19.max
案例文件	小实例：利用VR太阳制作日光.max
视频教学	DVD/多媒体教学/Chapter05/小实例：利用VR太阳制作日光.flv
难易指数	★★☆☆☆
灯光方式	VR太阳、VR灯光
技术掌握	掌握VR太阳、VR灯光的运用

实例介绍

本实例主要使用【VR太阳】进行制作，并使用【VR灯光】创建辅助光源，效果如图5-345所示。

图5-345

操作步骤

Part 1 创建VR太阳灯光

步骤 01 打开本书配套光盘中的【场景文件/Chapter05/19.max】文件，如图5-346所示。

步骤 02 单击（创建）|（灯光）| VRay | VR太阳（VR太阳），如图5-347所示。

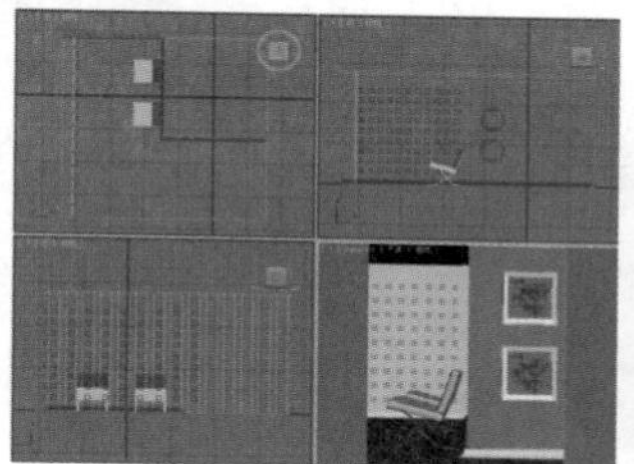
图5-346

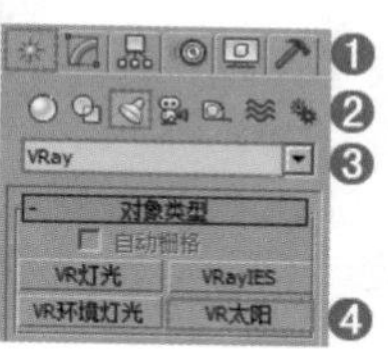

图5-347

步骤 03 在视图中拖曳并创建一盏VR太阳，如图5-348所示。在弹出的【VRay太阳】对话框中单击【是】按钮，如图5-349所示。

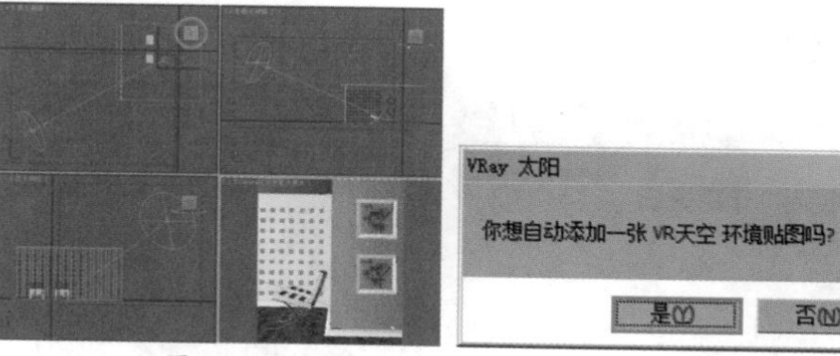

图5-348　　图5-349

步骤 04 选择步骤03创建的VR太阳灯光，然后在【修改】面板下设置【浊度】为4，【强度倍增】为0.08，【大小倍增】为3，【阴影细分】为15，如图5-350所示。

步骤 05 按Shift+Q组合键，快速渲染摄影机视图，其渲染效果果如图5-351所示。

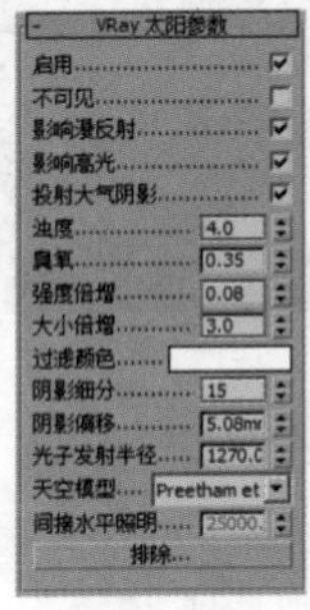

图5-350　图5-351

Part 2 创建辅助光源

步骤 01 单击（创建）|（灯光）| VRay | VR灯光（VR灯光），如图5-352所示。在左视图中拖曳并创建一盏VR灯光，具体的位置如图5-353所示。

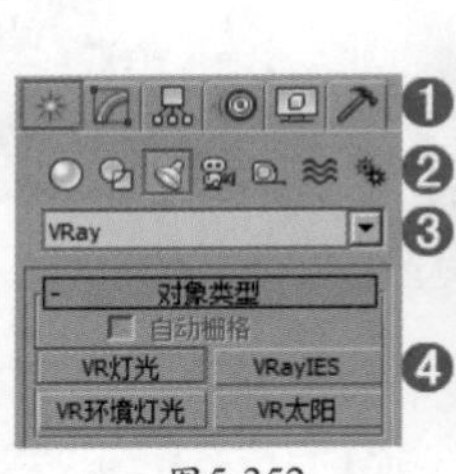

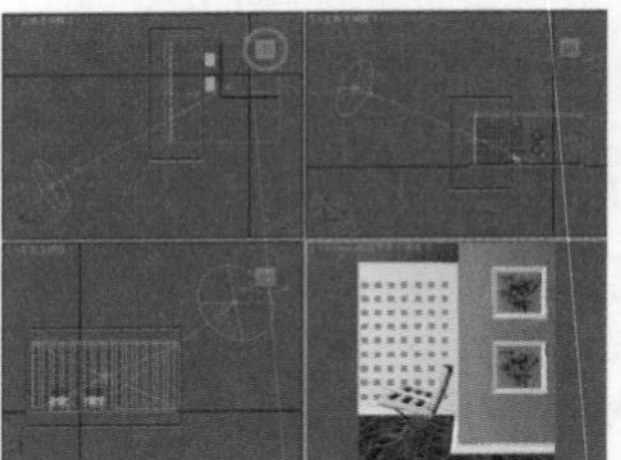

图5-352　图5-353

步骤 02 选择步骤01创建的VR灯光，然后在【修改】面板下设置其具体参数，如图5-354所示。

在【常规】选项组下设置【类型】为【平面】。

在【强度】选项组下调节【倍增】为6，【颜色】为橙色（红：238，绿：137，蓝：61）。

在【大小】选项组下设置【1/2长】为1300mm，【1/2宽】为2800mm。

在【选项】选项组下选中【不可见】复选框。

在【采样】选项组下设置【细分】为15。

步骤 03 继续在前视图中创建VR灯光，具体位置如图5-355所示。

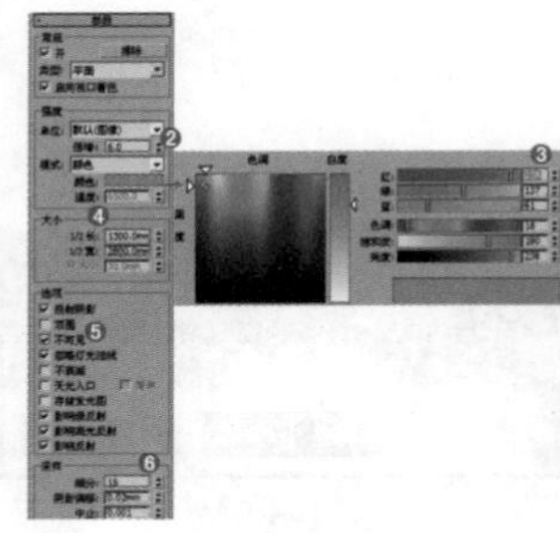

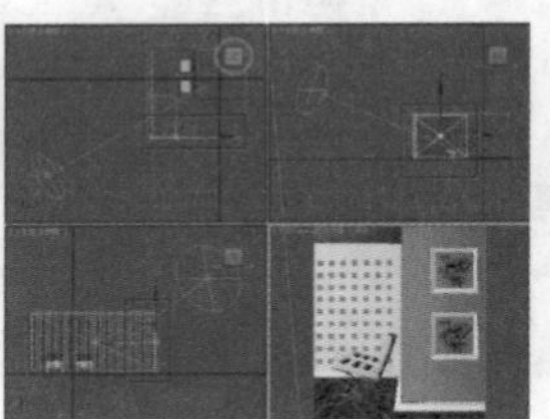

图5-354　图5-355

步骤 04 选择步骤02创建的VR灯光，然后在【修改】面板下设置其具体参数，如图5-356所示。

在【常规】选项组下设置【类型】为【平面】。

在【强度】选项组下调节【倍增】为3，【颜色】为橙色（红：235，绿：152，蓝：107）。

在【大小】选项组下设置【1/2长】为1300mm，【1/2宽】为1650mm。

在【选项】选项组下选中【不可见】，取消选中【影响高光反射】和【影响反射】复选框。

在【采样】选项组下设置【细分】为15。

步骤 05 按Shift+Q组合键，快速渲染摄影机视图，其渲染效果如图5-357所示。

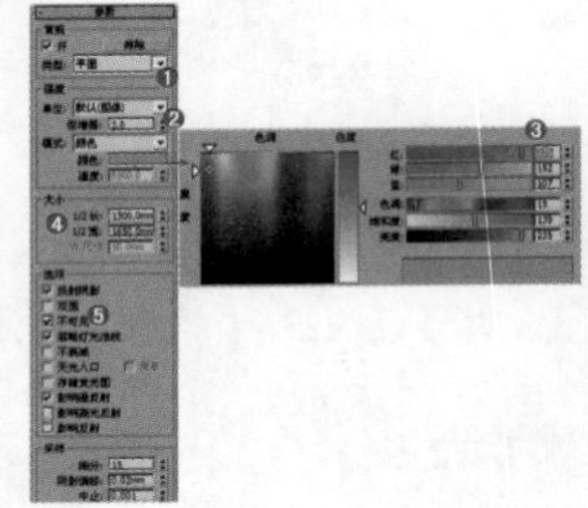

图5-356　图5-357

步骤 06 最终的渲染效果如图5-358所示。

图5-358

重点 综合实例：利用VR太阳综合制作阳光客厅

场景文件	20.max
案例文件	综合实例：利用VR太阳综合制作阳光客厅.max
视频教学	DVD/多媒体教学/Chapter05/综合实例：利用VR太阳综合制作阳光客厅.flv
难易指数	★★☆☆☆
灯光方式	VR太阳、目标灯光、VR灯光、
技术掌握	掌握VR太阳、目标灯光、VR灯光的运用

实例介绍

本实例主要使用【VR太阳】进行制作，并使用【目标灯光】模拟室内的射灯，利用【VR灯光】制作辅助光源，使灯光效果更加完善，如图5-359所示。

图5-359

操作步骤

Part 1 创建正午太阳光

步骤 01 打开本书配套光盘中的【场景文件/Chapter05/20.max】

文件，如图5-360所示。

步骤02 在【创建】面板下单击【灯光】，并设置灯光类型为VRay，然后单击【VR太阳】按钮 VR灯光，如图5-361所示。

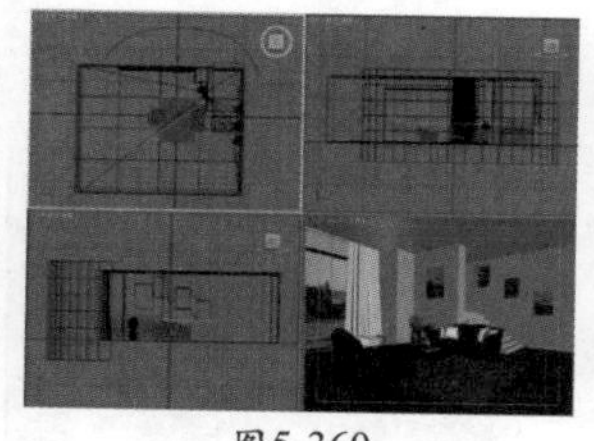
图5-360

图5-361

步骤03 在顶视图中拖曳并创建一盏VR太阳，具体放置位置如图5-362所示，在拖曳时会弹出一个对话框，如图5-363所示，单击【是】按钮即可。

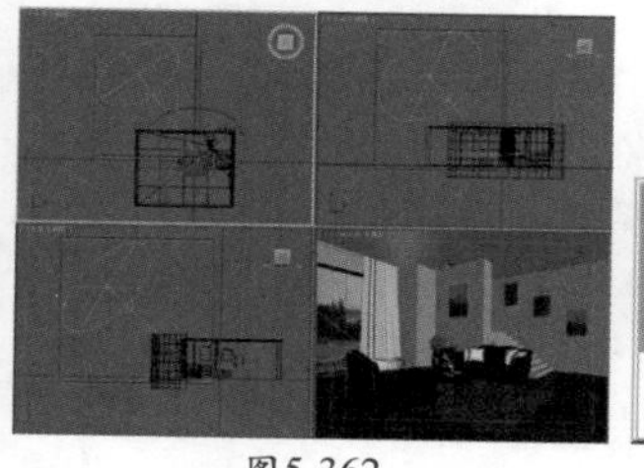
图5-362

图5-363

步骤04 选择步骤03创建的VR太阳，然后在【修改】面板下设置其具体参数，如图5-364所示。

在【VRay太阳参数】卷展栏下设置【强度倍增】为0.05，【大小倍增】为8，【阴影细分】为8，其他选项保持默认设置。

步骤05 按Shift+Q组合键，快速渲染摄影机视图，其渲染效果如图5-365所示。

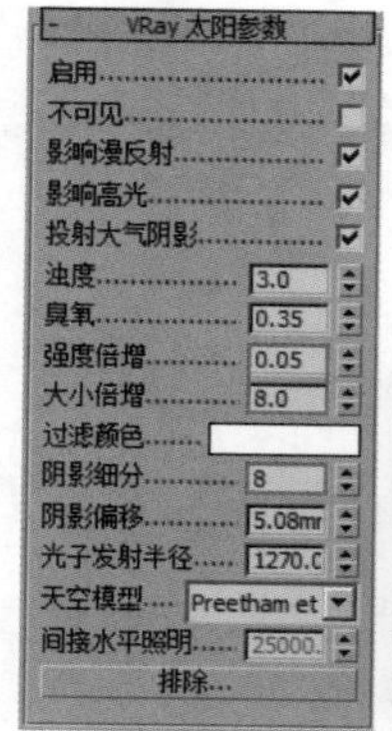

图5-364

图5-365

Part 2 创建室内灯光

步骤01 在前视图中拖曳并创建一盏VR灯光，并使用【选择并移动】工具放置到窗户外面，此时VR灯光的位置如图5-366所示。在【修改】面板下设置其具体参数，如图5-367所示。

在【常规】选项组下设置【类型】为【平面】。

在【强度】选项组下调节【倍增】为7，【颜色】为浅蓝色（红：197，绿：219，蓝：251）。

在【大小】选项组下设置【1/2长】为3700mm，【1/2宽】为5000mm。

在【选项】选项组下选中【不可见】复选框，取消选中【影响反射】复选框。

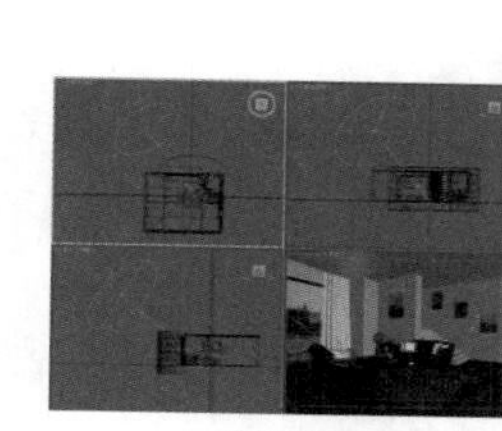
图5-366

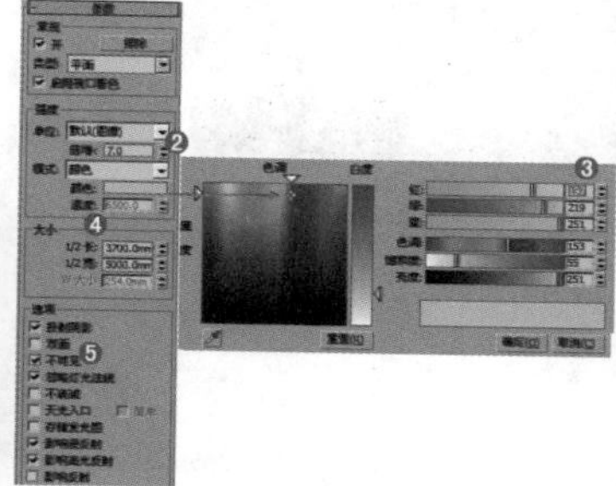
图5-367

步骤02 接着在左视图中拖曳并创建一盏VR灯光，此时VR灯光的位置如图5-368所示。在【修改】面板下设置其具体参数，如图5-369所示。

在【常规】选项组下设置【类型】为【平面】。

在【强度】选项组下调节【倍增】为4。

在【大小】选项组下设置【1/2长】为3700mm，【1/2宽】为6500mm。

在【选项】选项组下选中【不可见】复选框。

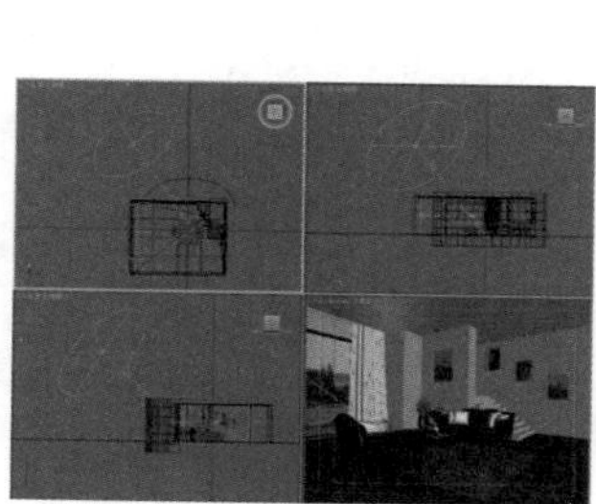
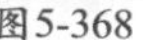
图5-368

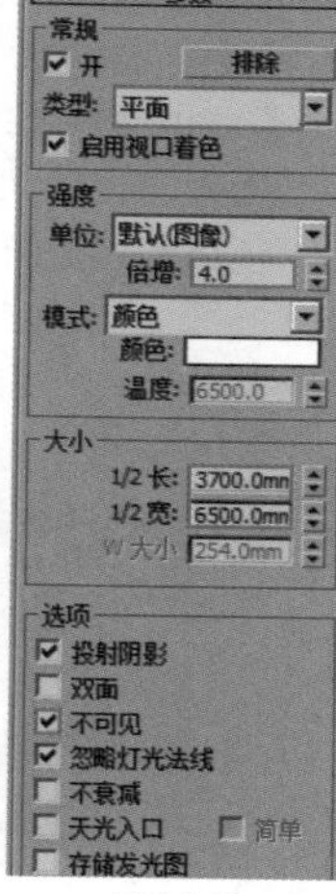

图5-369

步骤03 继续在前视图中拖曳并创建一盏VR灯光，此时VR灯光的位置如图5-370所示。在【修改】面板下设置其具体参数，如图5-371所示。

在【常规】选项组下设置【类型】为【平面】。

在【强度】选项组下调节【倍增】1.5。

在【大小】选项组下设置【1/2长】为3800mm，【1/2宽】为6700mm。

在【选项】选项组下选中【不可见】复选框，取消选中【影响反射】复选框。

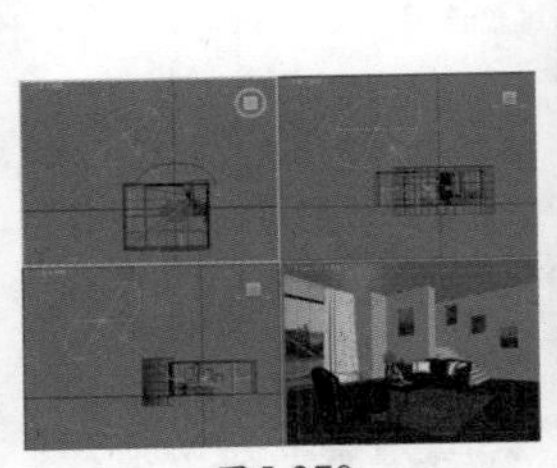

图5-370

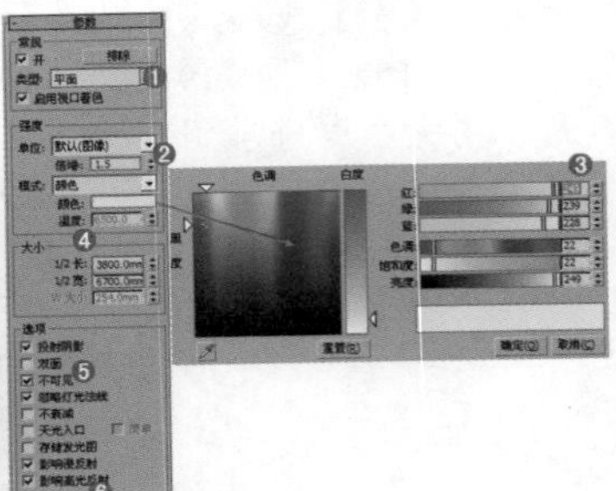

图5-371

步骤 04 按Shift+Q组合键，快速渲染摄影机视图，其渲染效果如图5-372所示。

图5-372

Part 3 创建室内射灯

步骤 01 使用【目标灯光】 目标灯光 在左视图中创建一盏目标灯光，使用【选择并移动】工具 将其移动复制7盏，并放置在射灯模型下面，如图5-373所示。然后在【修改】面板下设置其具体参数，如图5-374所示。

展开【常规参数】卷展栏，在【阴影】选项组下选中【启用】复选框，设置阴影类型为【VRay 阴影】；设置【灯光分布（类型）】为【光度学 Web】。

展开【分布（光度学 Web）】卷展栏，并在通道上加载 19.ies。

展开【强度 / 颜色 / 衰减】卷展栏，设置【强度】为 50 000。

展开【VRay 阴影参数】卷展栏，选中【区域阴影】，设置【U/V/W 大小】为 10mm。

图5-373

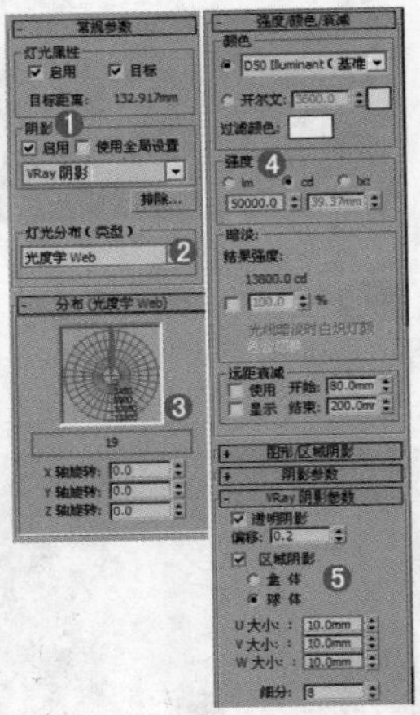

图5-374

步骤 02 按Shift+Q组合键，快速渲染摄影机视图，其渲染效果如图5-375所示。最终渲染效果如图5-376所示。

图5-375

图5-376

读书笔记

Chapter 06

第06章

摄影机技术

数码单反相机的构造比较复杂，适当的了解对我们要学习的摄影机内容有一定的帮助。镜头的主要功能为收集被照物体反射光并将其聚焦于CCD上，其投影至CCD上的图像是倒立的，摄像机电路具有将其反转功能，其成像原理与人眼相同。

本章学习要点：

- 真实相机的结构
- 目标摄影机的使用
- 自由摄影机的使用
- VR穹顶摄影机的使用
- VR物理摄影机的使用
- 景深和运动模糊的制作方法

6.1 初识摄影机

6.1.1 摄影基础

数码单反相机的构造比较复杂，但适当的了解有助于我们学习摄影机的内容，如图 6-1 所示。

镜头的主要功能为收集被摄物体反射光并将其聚焦于 CCD（电荷耦合元件）上。投影至 CCD 上的图像是倒立的，摄像机电路具有将其反转功能，其成像原理与人眼相同。镜头的结构如图 6-2 所示。

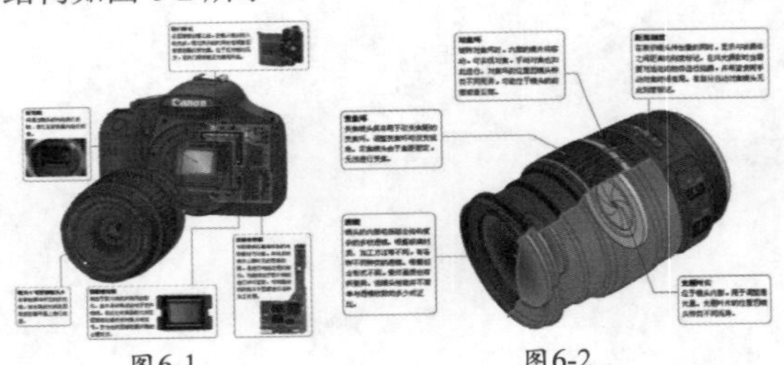

图6-1　　图6-2

镜头的种类很多，主要包括标准镜头、长焦镜头、广角镜头、鱼眼镜头、微距镜头、增距镜头、变焦镜头、柔焦镜头、防抖镜头、折返镜头、移轴镜头、UV 镜头、偏振镜头、滤色镜头等，如图 6-3 所示。

相机的成像原理为：在按下快门按钮之前，通过镜头的光线由反光镜反射至取景器内部。在按下快门按钮的同时，反光镜弹起，镜头所收集的光线通过快门帘幕到达图像感应器，如图 6-4 所示。

图6-3　　图6-4

下面介绍一些常用的术语。

- 焦距：从镜头的中心点到胶片平面（其他感光材料）上所形成的清晰影像之间的距离。焦距通常以 mm 毫米为单位，一般会标在镜头前面，如最常用的是 27~30mm、50mm（也是我们所说的【标准镜头】，相对于 35mm 的胶片）、70mm 等（长焦镜头）。
- 光圈：控制镜头通光量大小的装置。开大一档光圈，进入相机的光量就会增加一倍；缩小一档光圈，光量将减半。光圈大小用 F 值来表示，序列为 F/1，F/1.4，F/2，F/2.8，F/4，F/5.6，F/8，F/11，F/16，F/22，F/32，F/44，F/64（F 值越小，光圈越大）。
- 快门：控制曝光时间长短的装置。一般可分为镜间快门和点焦平面快门。
- 快门速度：快门开启的时间。它是指光线扫过胶片（CCD）的时间（曝光时间）。例如，1/30 是指曝光时间为 1/30s，1/60s 的快门是 1/30s 快门速度的两倍。其余以此类推。
- 景深：影像相对清晰的范围。景深的长短取决于 3 个因素：焦距、摄距和光圈大小。焦距越长，景深越短；焦距越短，景深越长；摄距越长，景深越长；光圈越大，景深越小。
- 景深预览：为了看到实际的景深，有的相机提供了景深预览功能，按下按钮，把光圈收缩到选定的大小，就能看到与拍摄后胶片（记忆卡）记录一样的场景。
- 感光度（ISO）：表示感光材料感光的快慢程度，单位用度或定来表示，如 ISO100/21 表示感光度为 100 度 /21 定的胶卷。感光度越高，胶片越灵敏（就是在同样的拍摄环境下正常拍摄同一张照片所需要的光线越少，其表现为能用更高的快门或更小的光圈）。
- 色温：各种不同的光所含的不同色素称为色温。单位为 K。通常所用的日光型彩色负片所能适应的色温为 5400~5600K；灯光型 A 型、B 型所能适应的色温分别为 3400K 和 3200K。所以，应根据拍摄对象、环境来选择不同类型的胶卷，否则就会出现偏色现象（除非用滤色镜校正色温）。
- 白平衡：由于不同光照条件的光谱特性不同，拍出的照片常常会偏色，例如，在日光灯下会偏蓝、在白炽灯下会偏黄等。为了消除或减轻这种色偏，数码相机可根据不同的光线条件调节色彩设置，使照片颜色尽量不失真。因为这种调节常常以白色为基准，故称白平衡。
- 曝光：光到达胶片表面使胶片感光的过程。需注意的是，我们说的曝光是指胶片感光，这是要得到照片所必需经过的一个过程。它常取决于光圈和快门的组合，因此又有“曝光组合”一词。比如，用测光表测得快门为 1/30s 时，光圈应用 5.6，这样，F5.6、1/30s 就是一个曝光组合。
- 曝光补偿：用于调节曝光不足或曝光过度。

6.1.2 为什么需要使用摄影机

现实中的照相机、摄像机都是为了将一些画面以当时的视角记录下来，方便以后观看。当然 3ds Max 中的摄影机也是一样的，创建摄影机后，可以快速切换到摄影机角度进行渲染，而不必每次渲染时都困难地寻找与上次渲染重合的角度，如图 6-5 所示。

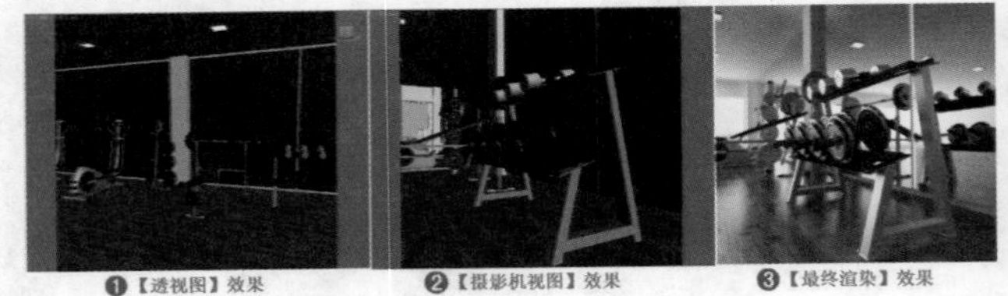

图6-5

6.1.3 创建摄影机的思路

摄影机的创建大致有两种思路。

（1）在【创建】面板下单击【摄影机】按钮，然后单击【目标】按钮 目标 ，最后在视图中拖曳进行创建，如图 6-6 所示。

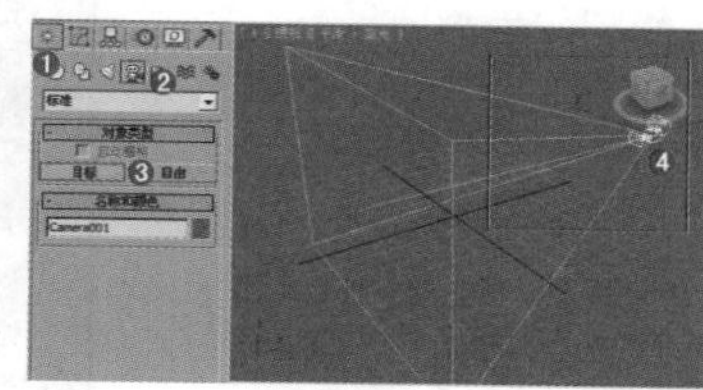

图6-6

（2）在【透视图】中选择好角度（可以按住 Alt+ 鼠标中键旋转视图选择合适的角度），然后按快捷键 Ctrl+C 创建该角度的摄影机，如图 6-7 所示。

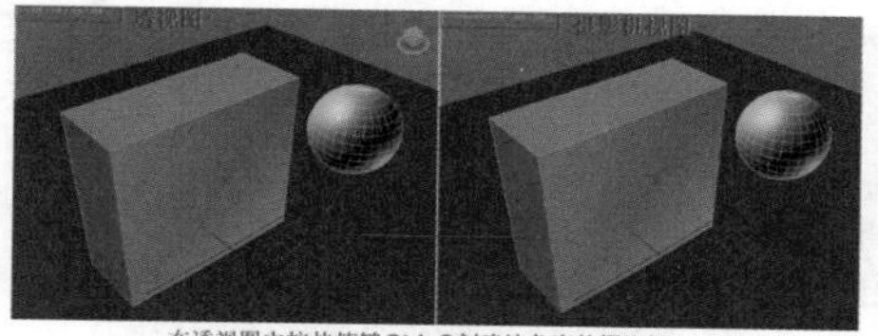

图6-7

使用以上两种方法都可以创建摄影机，此时在视图中按快捷键 C 即可切换到【摄影机视图】，按快捷键 P 即可切换到【透视图】，如图 6-8 所示。

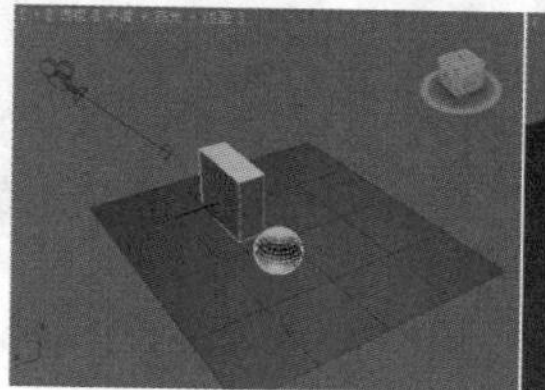

图6-8

在【摄影机视图】状态下，可以使用 3ds Max 界面右下方的 6 个按钮，进行【推拉摄影机】、【透视】、【侧滚摄影机】、【视野】、【平移摄影机】、【环游摄影机】调节，如图 6-9 所示。

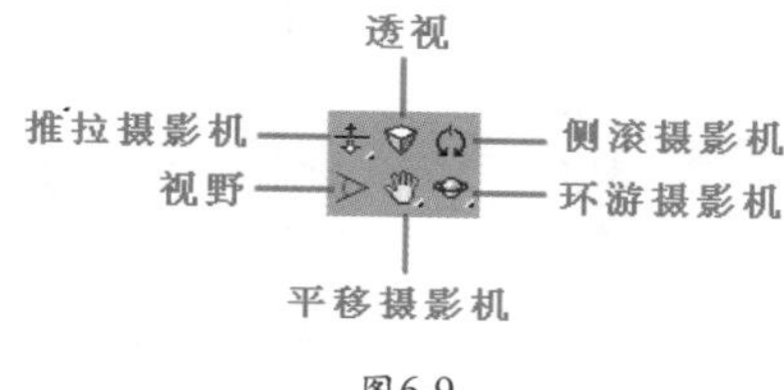

图6-9

6.2 3ds Max 2014中的摄影机

6.2.1 目标摄影机

在【创建】面板下，单击【摄影机】按钮，并设置摄影机类型为【标准】，然后单击【目标】按钮 目标 ，如图 6-10 所示。在场景中拖曳光标可以创建一台目标摄影机，可以观察到目标摄影机包含【目标点】和【摄影机】两个部件，如图 6-11 所示。

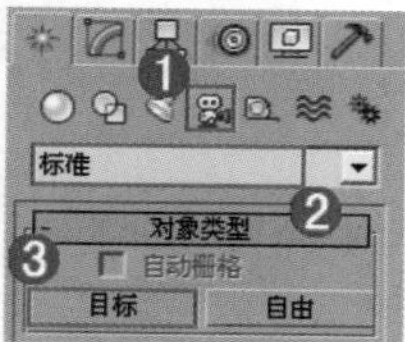

图6-10

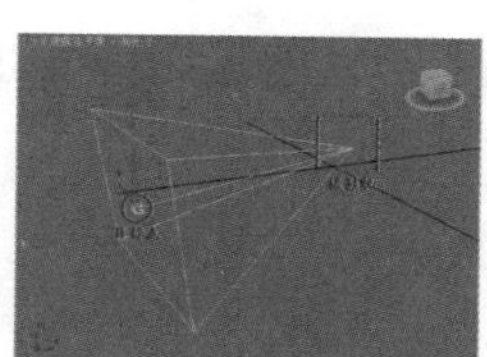

图6-11

目标摄影机可以通过调节【目标点】和【摄影机】来控制角度，非常方便，如图 6-12 所示。

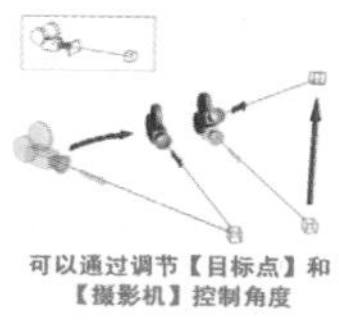

图6-12

下面讲解目标摄影机的相关参数。

1．参数

展开【参数】卷展栏，如图 6-13 所示。

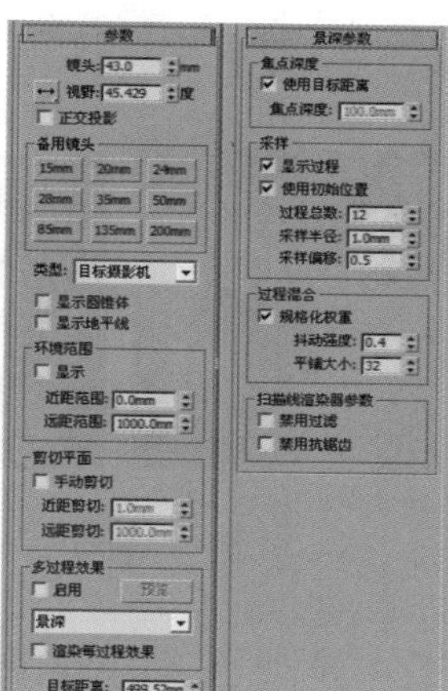

图6-13

- 镜头：以 mm 为单位来设置摄影机的焦距。
- 视野：设置摄影机查看区域的宽度视野，有【水平】、【垂直】和【对角线】3 种方式。
- 正交投影：选中该复选框，摄影机视图为用户视图；取消选中该复选框，摄影机视图为标准的透视图。
- 备用镜头：系统预置的摄影机镜头包括 15mm、20mm、24mm、28mm、35mm、50mm、85mm、135mm 和 200mm 9 种，如图 6-14 和图 6-15 所示为设置【备用镜头】为 35mm 和 15mm 的对比效果。

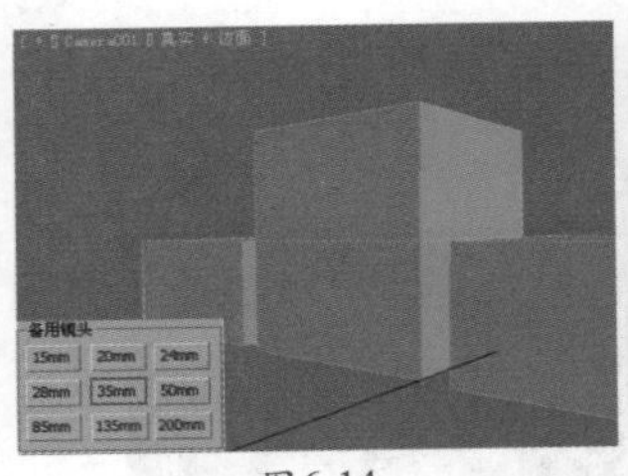

图6-14

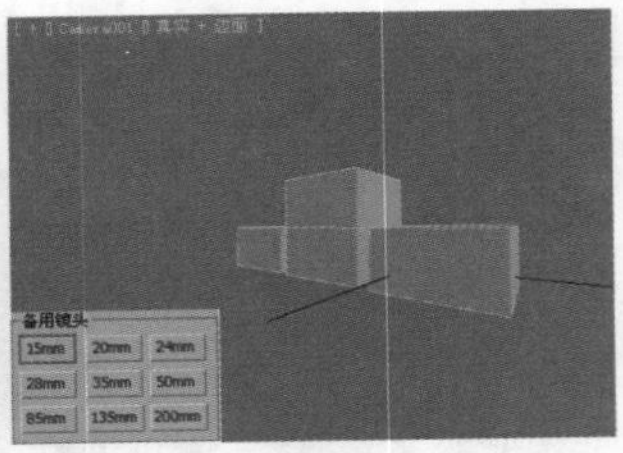

图6-15

- 类型：切换摄影机的类型，包括【目标摄影机】和【自由摄影机】两种。
- 显示圆锥体：显示摄影机视野定义的锥形光线（实际上是一个四棱锥）。锥形光线出现在其他视口，但是显示在摄影机视口中。
- 显示地平线：在摄影机视图中的地平线上显示一条深灰色的线条。
- 显示：显示出在摄影机锥形光线内的矩形。
- 近距 / 远距范围：设置大气效果的近距范围和远距范围。
- 手动剪切：选中该复选框可定义剪切的平面。
- 近距 / 远距剪切：设置近距和远距平面。
- 多过程效果：该选项组中的参数主要用来设置摄影机的景深和运动模糊效果。
- 启用：选中该复选框，可以预览渲染效果。
- 多过程效果类型：共有【景深（mental ray）】、【景深】和【运动模糊】3 个选项，系统默认为【景深】。
- 渲染每过程效果：选中该复选框，系统会将渲染效果应用于多重过滤效果的每个过程（景深或运动模糊）。
- 目标距离：当使用【目标摄影机】时，该选项用来设置摄影机与其目标之间的距离。

2．景深参数

景深是摄影机的一个非常重要的功能，在实际工作中的使用频率也非常高，常用于表现画面的中心点，如图 6-16 和图 6-17 所示。

图6-16

图6-17

当设置多过程效果类型为【景深】时，系统会自动显示出【景深参数】卷展栏，如图 6-18 所示。

- 使用目标距离：选中该复选框，系统会将摄影机的目标距离用作每个过程偏移摄影机的点。
- 焦点深度：当取消选中【使用目标距离】复选框时，该选项可以用来设置摄影机的偏移深度，其取值范围为 0~100。
- 显示过程：选中该复选框，【渲染帧窗口】对话框中将显示多个渲染通道。
- 使用初始位置：选中该复选框，第 1 个渲染过程将位于摄影机的初始位置。
- 过程总数：设置生成景深效果的过程数。增大该值可以提高效果的真实度，但是会增加渲染时间。
- 采样半径：设置场景生成的模糊半径。数值越大，模糊效果越明显。
- 采样偏移：设置模糊靠近或远离【采样半径】的权重。增大该值将增加景深模糊的数量级，从而得到更均匀的景深效果。
- 规格化权重：选中该复选框可以将权重规格化，以获得平滑的结果；取消选中该复选框，效果会变得更加清晰，但颗粒效果也更明显。

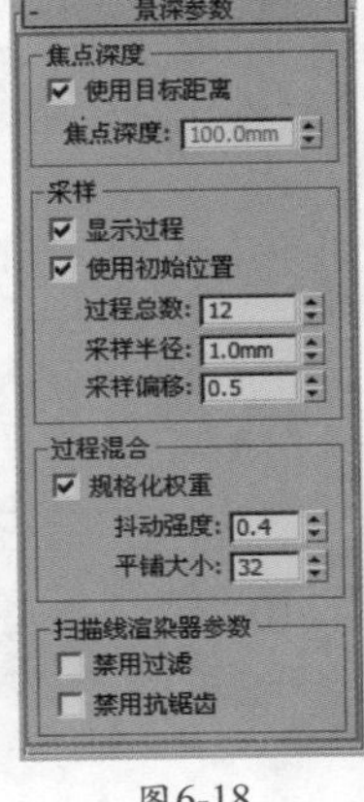

图6-18

- 抖动强度：设置应用于渲染通道的抖动程度。增大该值会增加抖动量，并且会生成颗粒状效果，尤其在对象的边缘上最为明显。
- 平铺大小：设置图案的大小。0 表示以最小的方式进行平铺；100 表示以最大的方式进行平铺。
- 禁用过滤：选中该复选框，系统将禁用过滤的整个过程。
- 禁用抗锯齿：选中该复选框，可以禁用抗锯齿功能。

3．运动模糊参数

运动模糊一般运用在动画中，常用于表现运动对象高速运动时产生的模糊效果，如图 6-19 和图 6-20 所示。

图6-19

图6-20

当设置多过程效果类型为【运动模糊】时，系统会自动显示出【运动模糊参数】卷展栏，如图 6-21 所示。

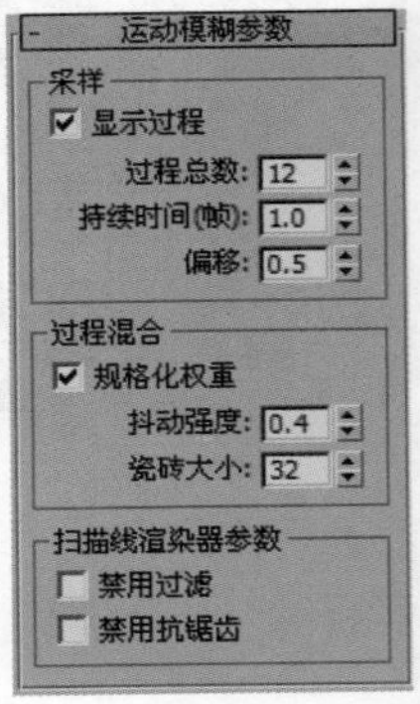

运动模糊参数
采样
显示过程
过程总数: 12
持续时间(帧): 1.0
偏移: 0.5
过程混合
规格化权重
抖动强度: 0.4
瓷砖大小: 32
扫描线渲染器参数
禁用过滤
禁用抗锯齿

图6-21

- 显示过程：选中该复选框，【渲染帧窗口】对话框中将显示多个渲染通道。
- 过程总数：设置生成效果的过程数。增大该值可以提高效果的真实度，但是会增加渲染时间。
- 持续时间（帧）：在制作动画时，该选项用来设置应用运动模糊的帧数。
- 偏移：设置模糊的偏移距离。
- 规格化权重：选中该复选框，可以将权重规格化，以获得平滑的结果；取消选中该复选框，效果会变得更加清晰，但颗粒效果也更明显。
- 抖动强度：设置应用于渲染通道的抖动程度。增大该值会增加抖动量，并且会生成颗粒状的效果，尤其在对象的边缘上最为明显。

- 瓷砖大小：设置图案的大小。0 表示以最小的方式进行平铺；100 表示以最大的方式进行平铺。
- 禁用过滤：选中该复选框，系统将禁用过滤的整个过程。

4．剪切平面参数

使用剪切平面可以排除场景的一些几何体，以只查看或渲染场景的某些部分。每部摄影机都具有近端和远端剪切平面。对于摄影机，比近距剪切平面近或比远距剪切平面远的对象是不可视的。

如果场景中拥有许多复杂几何体，那么剪切平面对于渲染其中所选的部分场景非常有用。它们还可以帮助用户创建剖面视图。剪切平面设置是摄影机创建参数的一部分。每个剪切平面的位置是以场景的当前单位，沿着摄影机的视线（其局部 Z 轴）测量的。剪切平面是摄影机常规参数的一部分，如图 6-22 所示。

剪切平面
☑ 手动剪切
近距剪切: 1.0mm
远距剪切: 1000.0mm

图6-22

5．摄影机校正

选择目标摄影机，然后右击，在弹出的菜单中选择【应用摄影机校正修改器】命令，如图 6-23 所示。也可以为摄影机加载【摄影机校正】修改器，如图 6-24 所示。对比效果如图 6-25 所示。

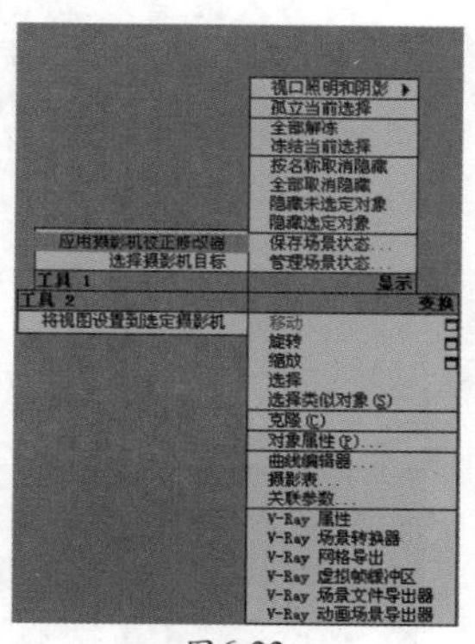

图6-23

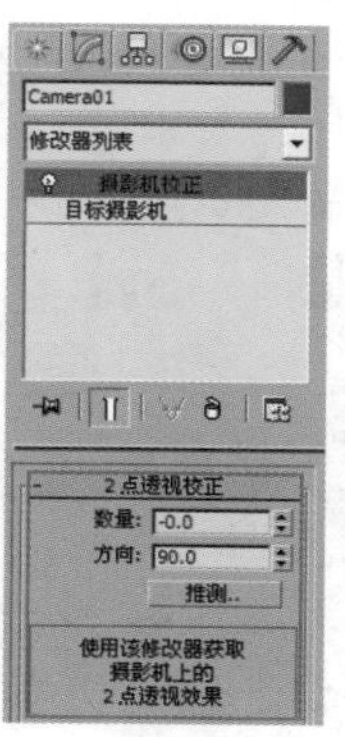

图6-24

图6-25

- 数量：设置两点透视的校正数量。默认值为是 0.0。
- 方向：偏移方向。默认值为 90.0；大于 90.0，设置方向向左偏移校正；小于 90.0，设置方向向右偏移校正。
- 推测：单击以使【摄影机校正】修改器设置第一次推测数量值。

重点 小实例：利用目标摄影机制作景深效果

场景文件	01.max
案例文件	小实例：利用目标摄影机制作景深效果.max
视频教学	DVD/多媒体教学/Chapter06/小实例：利用目标摄影机制作景深效果.flv
难易指数	★★★☆☆
技术掌握	掌握目标摄影机和渲染器的调节

实例介绍

在渲染设置中，VRay 选项卡的【V-Ray:: 摄像机】卷展栏对于设置景深效果非常重要，渲染效果如图 6-26 所示。

图6-26

操作步骤

步骤 01 打开本书配套光盘中的【场景文件 /Chapter06/01.max】文件，如图 6-27 所示。

步骤 02 在【创建】面板下，单击【摄影机】按钮，并设置摄影机类型为【标准】，然后单击【目标】按钮 目标，如图 6-28 所示。

图6-27

图6-28

步骤 03 在顶视图中拖曳创建目标摄像机，具体放置位置如图 6-29 所示。

步骤 04 进入【修改】面板，在【参数】卷展栏下设置【镜头】为 43.456mm，【视野】为 45 度，【目标距离】为 12.5；在【景深】卷展栏下设置【采样半径】为 1.0，如图 6-30 所示。

图6-29

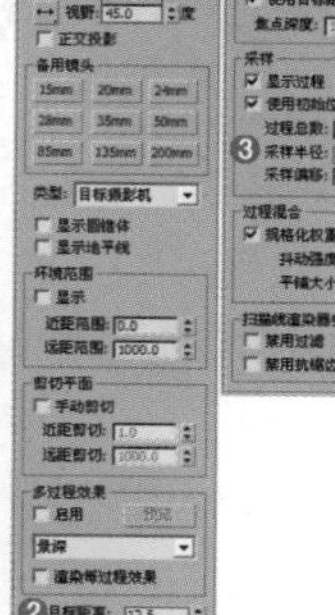
图6-30

技巧与提示

创建目标摄像机的方法主要有两种，一种就是上面的方法，即直接单击【摄影机】按钮，设置摄影机类型为【标准】，然后单击【目标】按钮目标，并在视图中拖曳进行创建。另外一种是在透视图中找到需要的角度，并按快捷键 Ctrl+C 进行创建，如图 6-31 所示。

图6-31

步骤 05 为了使最终的景深效果较好，需要将摄影机的目标点落在苹果上面，也就是说，目标点落的地方是最清晰的，远离目标点的地方会出现不同程度的景深，如图 6-32 所示。

步骤 06 按快捷键 C 切换到摄影机视图，如图 6-33 所示。

图6-32

图6-33

步骤 07 按 F10 键打开【渲染设置】对话框，进入 V-Ray 选项卡，展开【V-Ray:: 摄像机】卷展栏，在【景深】选项组下选中【开】复选框，并设置【光圈】为 0.6mm，【焦距】为 200mm，最后选中【从相机获取】复选框，如图 6-34 所示。

步骤 08 按 F9 键渲染当前场景，最终渲染效果如图 6-35 所示。

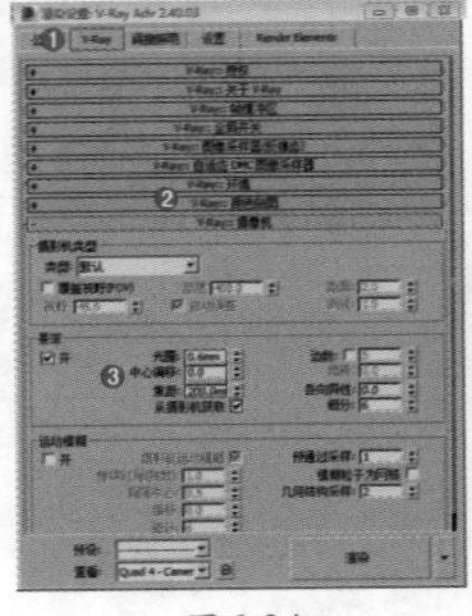

图6-34

图6-35

重点 小实例：利用目标摄影机制作飞机运动模糊效果

场景文件	02.max
案例文件	小实例：利用目标摄影机制作飞机运动模糊效果.max
视频教学	多媒体教学/Chapter06/小实例：利用目标摄影机制作飞机运动模糊效果.flv
难易指数	★★☆☆☆
技术掌握	掌握目标摄影机和 VRay 渲染器的调节

实例介绍

本例将使用目标摄影机配合 V-Ray 渲染器来制作运动模糊效果，如图 6-36 所示。

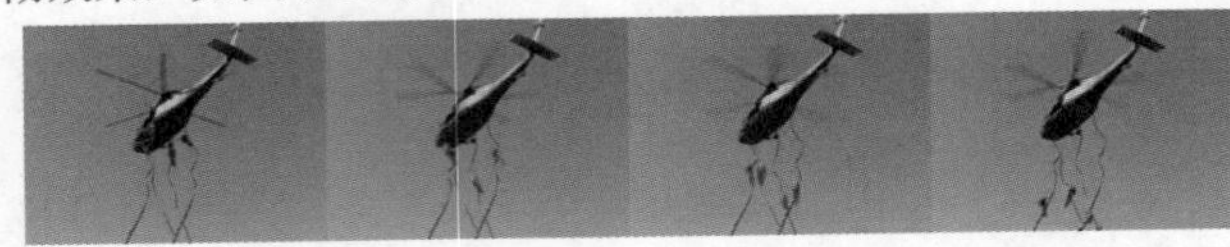

图6-36

操作步骤

步骤 01 打开本书配套光盘中的【场景文件/Chapter06/02.max】文件，如图 6-37 所示。

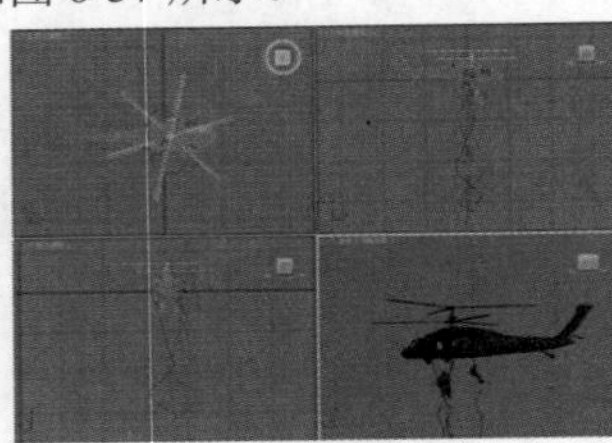

图6-37

步骤 02 在界面的右下角单击【时间配置】按钮，在弹出的参数栏设置【结束时间】为 15，详细参数如图 6-38 所示。

步骤 03 在界面的左下角单击【自动关键点】按钮自动关键点，开启【自动关键点】功能，然后将时间滑块从第 0 帧拖到第 15 帧，接着使用【选择并旋转】工具将螺旋桨旋转 360° 左右，如图 6-39 所示。

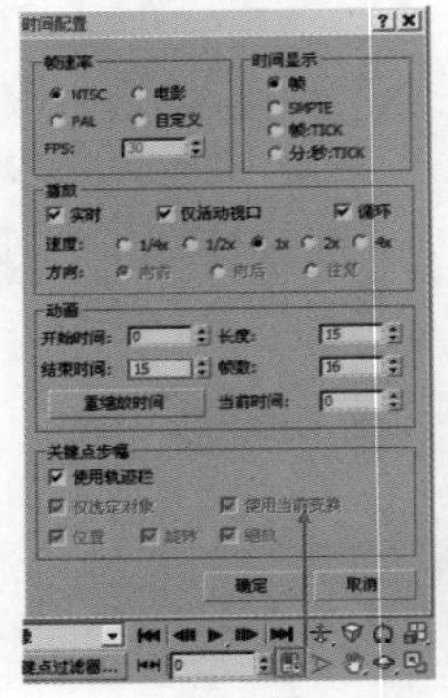

图6-38

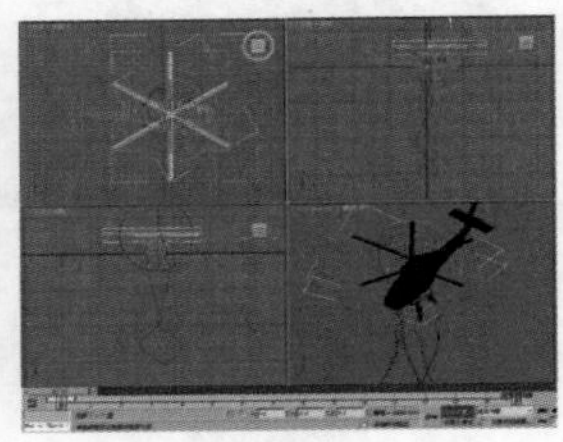

图6-39

步骤 04 拖曳时间线滑块，观察螺旋桨的运动效果，如图 6-40 所示。

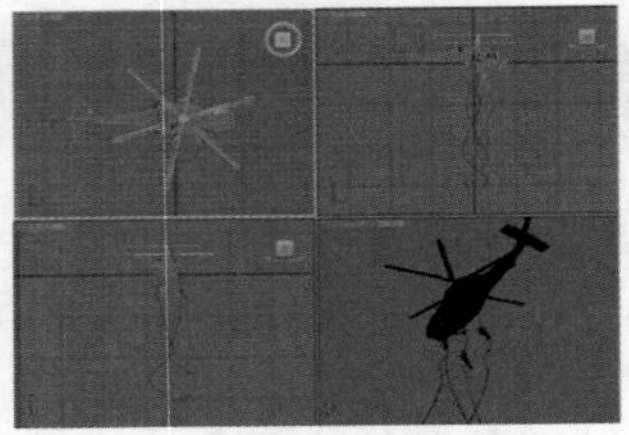

图6-40

步骤 05 在【创建】面板下单击【摄影机】按钮，并设置摄影机类型为【标准】，接着单击【目标】按钮 目标 ，如图 6-41 所示。在场景中拖曳并创建一台目标摄影机，如图 6-42 所示。

图6-41

图6-42

步骤 06 接着使用同样的方法，为飞机下方的 4 个人做一个从上而下的动画，如图 6-43 所示。

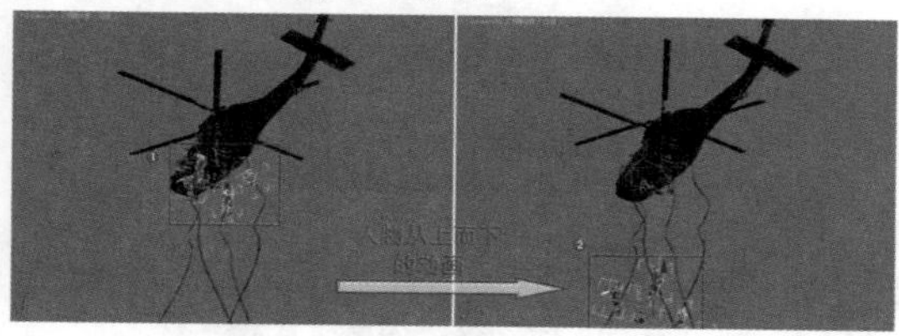
图6-43

步骤 07 选择刚才创建的目标摄影机，然后在【参数】卷展栏下设置【镜头】为 43.456mm，【视野】为 45 度，最后设置【目标距离】为 100 000mm，具体参数设置如图 6-44 所示。

步骤 08 按 F10 键打开【渲染设置】对话框，设置渲染器为 V-Ray 渲染器，然后选择 V-Ray 选项卡，接着展开【V-Ray:: 摄像机】卷展栏，在【运动模糊】选项组下选中【开】复选框，并设置【持续时间（帧数）】为 1，【间隔中心】为 0.5，【细分】为 6，如图 6-45 所示。

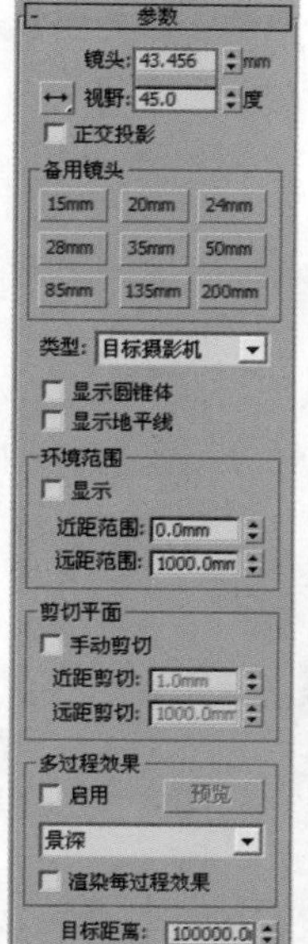

图6-44

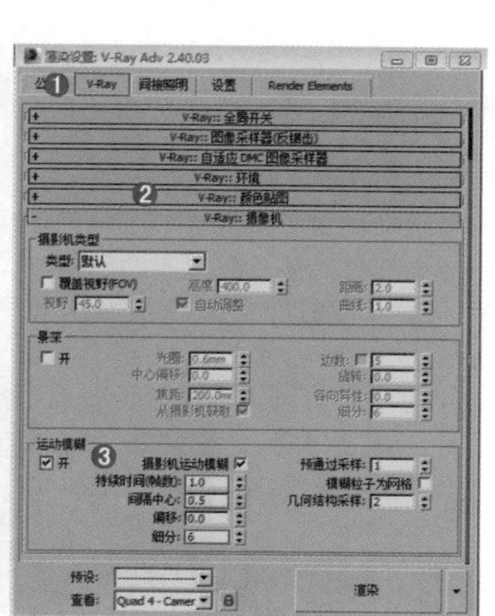

图6-45

步骤 09 按快捷键 C 切换到摄影机视图，然后分别将时间滑块拖曳到第 0、4、10、15 帧的位置，然后按 F9 键渲染当前场景，此时渲染出来的图像就产生了运动模糊效果，如图 6-46 所示。

图6-46

重点 小实例：利用目标摄影机修改透视角度

场景文件	03.max
案例文件	利用目标摄影机修改透视角度 .max
视频教学	DVD/ 多媒体教学 /Chapter06/ 小实例：利用目标摄影机修改透视角度 .flv
难易指数	★★★☆☆
技术掌握	掌握摄影机的【摄影机校正修改器】功能

实例介绍

摄影机透视效果对于场景物体的表现非常重要，可以形成夸大高度、长度等效果，如图 6-47 所示。

图6-47

操作步骤

步骤 01 打开本书配套光盘中的【场景文件 /Chapter06/03.max】文件，如图 6-48 所示。

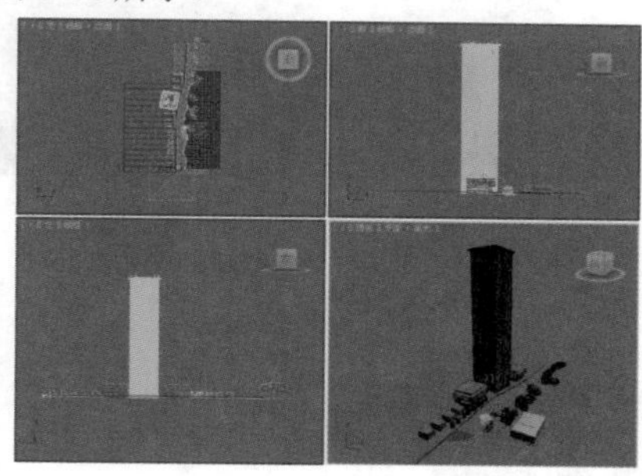
图6-48

步骤 02 在【创建】面板下，单击【摄影机】按钮，设置摄影机类型为【标准】，然后单击【目标】按钮 目标 ，如图 6-49 所示。在视图中拖曳创建一台目标摄影机，如图 6-50 所示。

图6-49

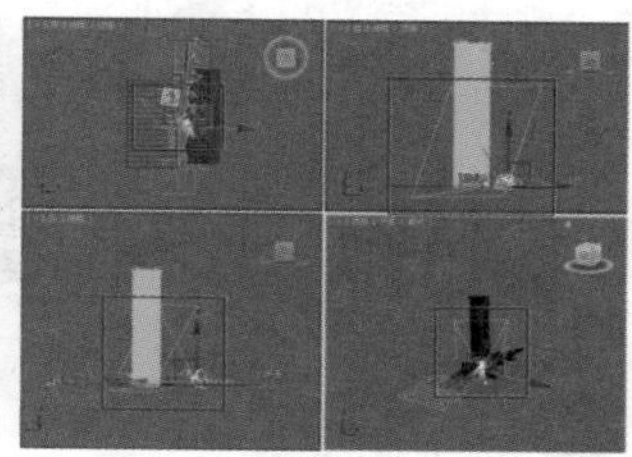
图6-50

步骤 03 在【透视图】中按快捷键 C，此时会自动切换到摄影机视图，如图 6-51 所示。接着单击【修改】面板，并展开【参数】卷展栏，设置【镜头】为25.707mm，【视野】为70度，如图6-52所示。

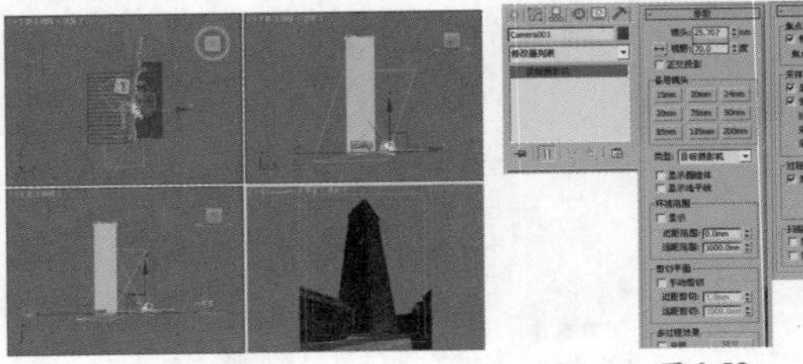
图6-51　图6-52

步骤04 按F9键渲染当前场景，渲染效果如图6-53所示。

图6-53

步骤05 选择摄影机，然后右击，并在弹出的菜单中选择【应用摄影机校正修改器】命令，如图6-54所示。此时发现透视图中发生了很大的变化，如图6-55所示。

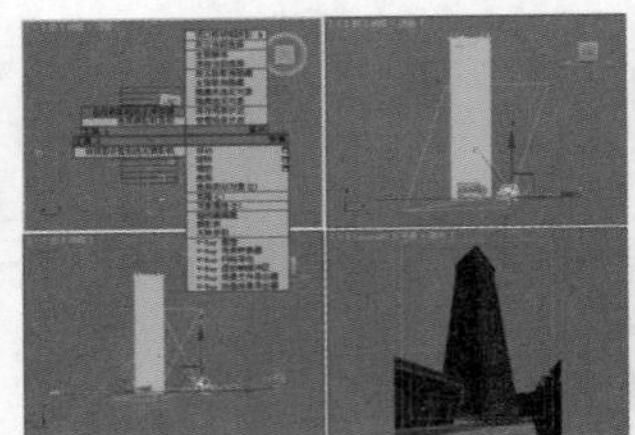
图6-54

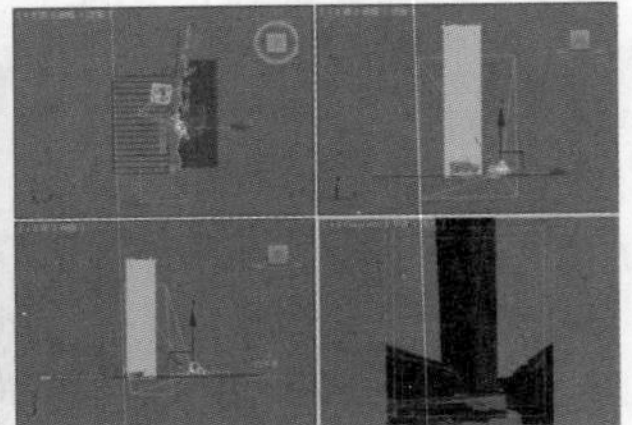
图6-55

步骤06 选择摄影机，然后在【修改】面板下设置【数量】为-15，如图6-56所示。此时效果如图6-57所示。

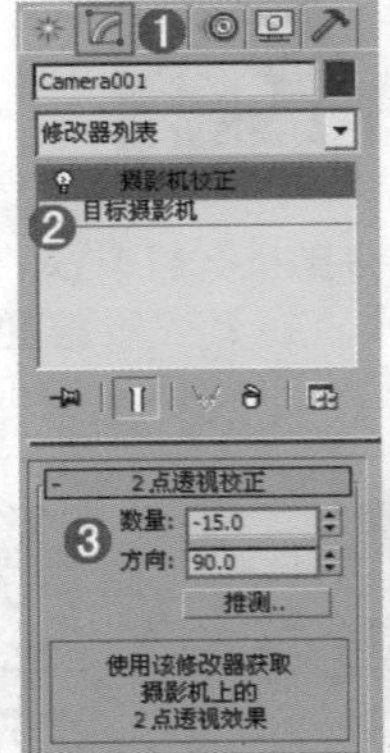

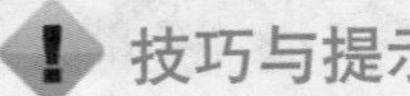
图6-56

图6-57

技巧与提示

设置不同的【数量】会得到不同的透视效果，如图6-58所示。

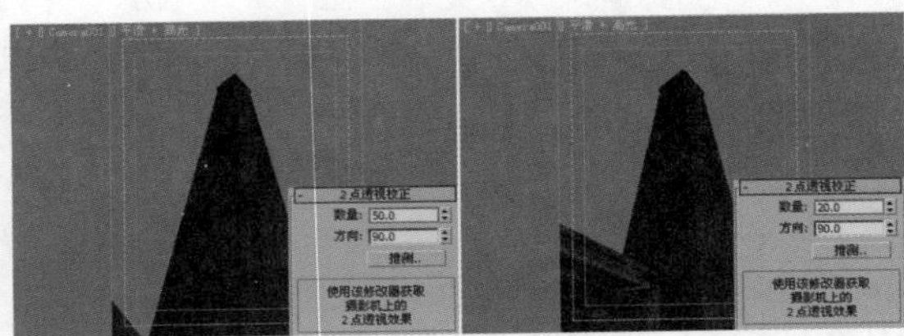

图6-58

步骤07 按F9键渲染当前场景，渲染效果如图6-59所示。

图6-59

步骤08 将渲染出来的图像合并到一起可以清晰地看出使用摄影机校正对场景角度的影响，如图6-60所示。

图6-60

重点 小实例：使用剪切设置渲染特殊视角

场景文件	04.max
案例文件	小实例：使用剪切设置渲染特殊视角.max
视频教学	DVD/多媒体教学/Chapter06/小实例：使用剪切设置渲染特殊视角.flv
难易指数	★★★★☆
摄影机方式	目标摄影机
技术掌握	掌握剪切参数的应用，解决摄影机视图在墙外无法渲染室内的问题

实例介绍

在这个场景中主要讲解了如何使用剪切设置渲染特殊视角，最终渲染效果，如图6-61所示。

图6-61

操作步骤

步骤 01 打开本书配套光盘中的【场景文件 /Chapter06/04.max】文件，此时场景效果如图 6-62 所示。

步骤 02 在创建面板下，单击【摄影机】按钮，设置摄影机类型为【标准】，最后单击【目标】按钮 目标 ，并在视图中拖曳创建一台目标摄影机，如图 6-63 所示。

图6-62

图6-63

技巧与提示

很多情况下，由于制作的场景空间比较小，为了充分夸大空间，必须将摄影机的角度拉得更广一些，但是很有可能摄影机被拽到了墙体以外，因此在切换到摄影机角度后，我们发现空间不但没变大，反而只剩一个墙体。在不能删除墙体的前提下，我们需要使用【剪切平面】功能，并进行正确设置，这样不但可使空间变大了，而且也不会有墙体遮挡视线。因此摄影机恰巧被墙体或家具遮挡时，首先要记得【剪切平面】功能。

步骤 03 此时选择摄影机，然后单击【修改】面板，会发现在摄影机视图中，完全被墙体遮挡住了，无法看到室内的任何物体，如图 6-64 所示。顶视图中的摄影机位置如图 6-65 所示。

图6-64

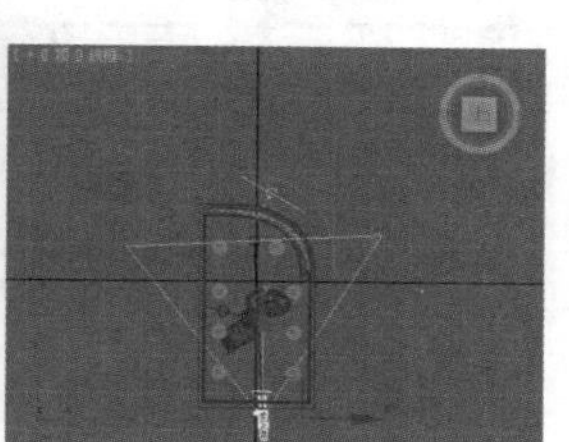

图6-65

步骤 04 选择摄影机，然后单击【修改】面板，选中【剪切平面】下的【手动剪切】复选框，并设置【近距剪切】为 500mm，【远距剪切】为 4500mm，如图 6-66 所示。此时摄影机的位置如图 6-67 所示。

图6-66

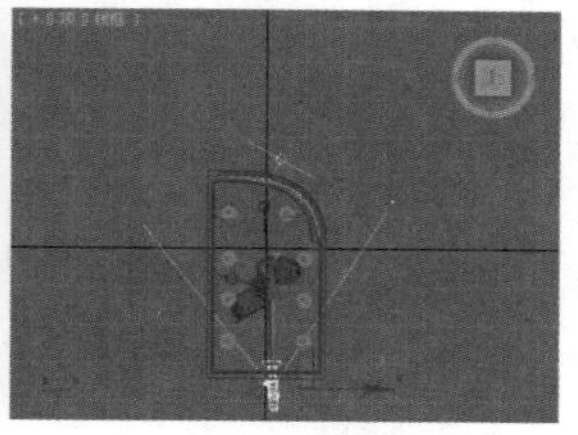

图6-67

技巧与提示

此时，摄影机视图中最远位置处仍然有部分没有显示正确，可以尝试将【远距剪切】数值设置得更大一些。

步骤 05 选择摄影机，然后单击【修改】面板，选中【剪切平面】下的【手动剪切】，并设置【近距剪切】为 500mm，【远距剪切】为 9000mm，如图 6-68 所示。此时摄影机的位置如图 6-69 所示。

图6-68

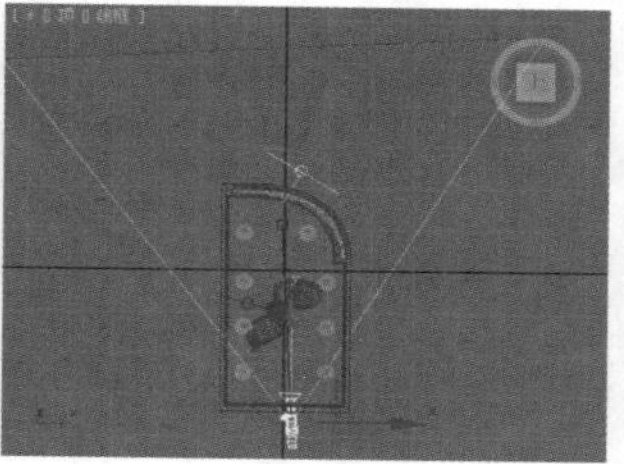

图6-69

步骤 06 此时，在摄影机视图中显示的空间已经完全正确，因此可以得出如图 6-70 所示的一张理论性的参考图，图中斜线所组成的区域中，任何物体都会在摄影机视图中显示出来，而斜线区域以外的部分，任何物体都不会在摄影机视图中显示出来。

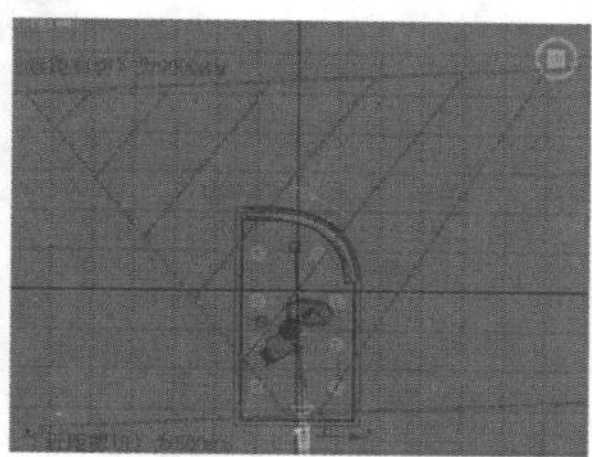

图6-70

步骤 07 如图 6-71 和图 6-72 所示为设置【近距剪切】为 500mm、【远距剪切】为 4500mm 和设置【近距剪切】为 500mm、【远距剪切】为 9000mm 时的渲染对比效果。

图6-71

图6-72

6.2.2 自由摄影机

在创建面板下，单击【摄影机】按钮，并设置摄影机类型为【标准】，然后单击【自由】按钮 自由 ，如图 6-73 所示。在场景中拖曳光标可以创建一台自由摄影机。

可以观察到，自由摄影机只包含【摄影机】一个部件，如图 6-74 所示。

图6-73

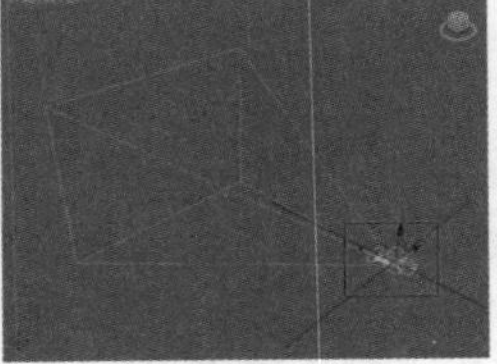

图6-74

因为自由摄影机没有目标点，所有只能通过使用【选择并移动】工具和【选择并旋转】工具对摄影机进行位置的调整，如图 6-75 所示。

其具体的参数与目标摄影机一致，如图 6-76 所示。

只可以通过【移动】和【旋转】控制摄影机位置

图6-75

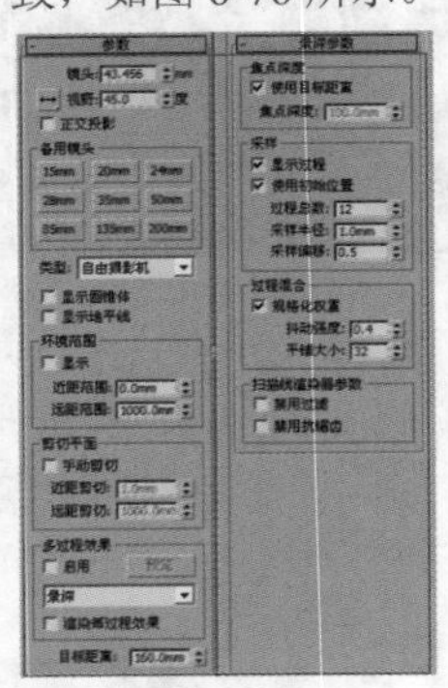

图6-76

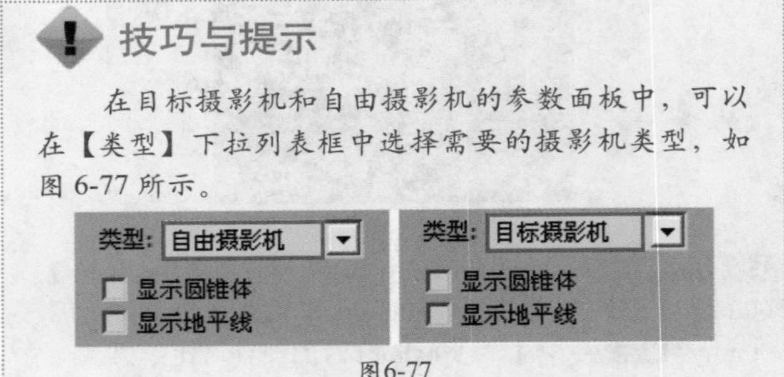

技巧与提示

在目标摄影机和自由摄影机的参数面板中，可以在【类型】下拉列表框中选择需要的摄影机类型，如图 6-77 所示。

图6-77

6.2.3 VR穹顶摄影机

VR 穹顶摄影机常用于渲染半球圆顶效果，其参数面板如图 6-78 所示。

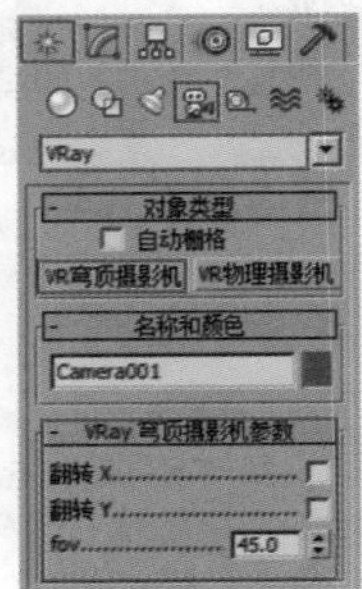

图6-78

- 翻转 X：让渲染的图像在 X 轴上翻转，如图 6-79 所示。
- 翻转 Y：让渲染的图像在 Y 轴上翻转，如图 6-80 所示。

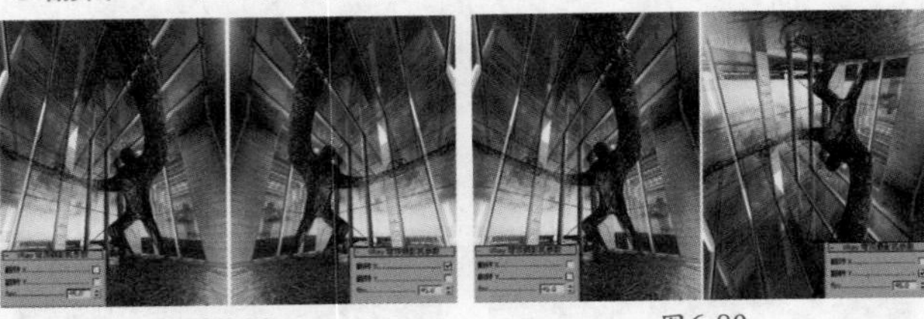

图6-79　　图6-80

- fov：设置视角的大小。

6.2.4 VR物理摄影机

在【创建】面板下，单击【摄影机】按钮，并设置摄影机类型为 VRay，然后单击【VR 物理摄影机】按钮 VR物理摄影机，如图 6-81 所示，即可在视图中创建 VR 物理摄影机。VR 物理摄影机的功能与现实中的相机功能相似，都有光圈、快门、曝光、ISO 等调节功能，用户通过 VR 物理摄影机能制作出更真实的效果图，其参数面板如图 6-82 所示。

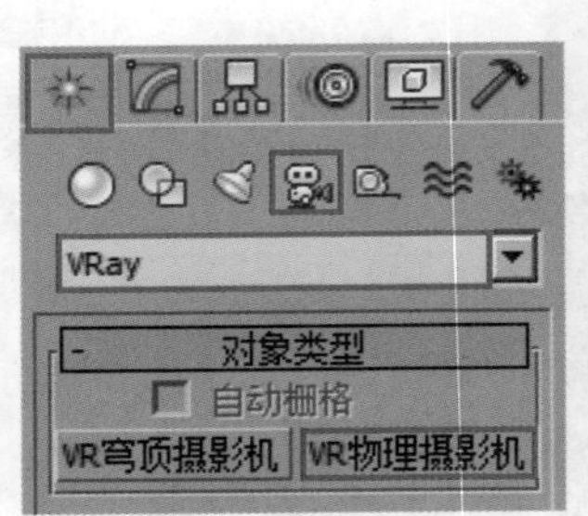

图6-81

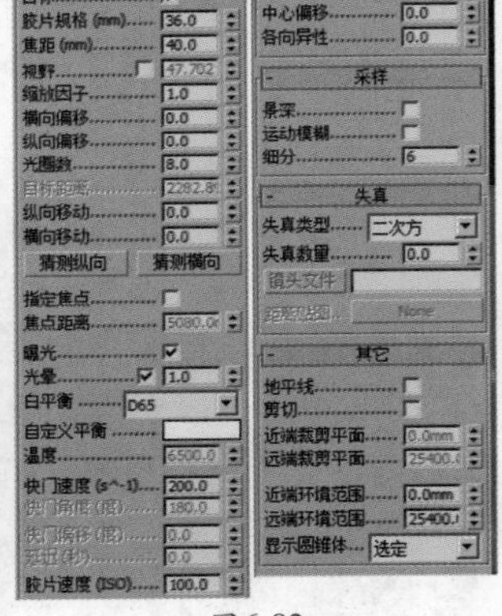

图6-82

1. 基本参数

- 类型：VR 物理摄影机内置了以下 3 种类型的摄影机。
  - 照相机：用来模拟一台常规快门的静态画面照相机。
  - 摄影机（电影）：用来模拟一台圆形快门的电影摄影机。
  - 摄像机（DV）：用来模拟带 CCD 矩阵的快门摄像机。
- 目标：选中该复选框，摄影机的目标点将放在焦平面上；取消选中该复选框，可以通过下面的【目标距离】选项来控制摄影机到目标点的位置。
- 胶片规格（mm）：控制摄影机所看到的景色范围。值越大，看到的景越多。
- 焦距（mm）：控制摄影机的焦长。
- 视野：控制视野的数值。
- 缩放因子：控制摄影机视图的缩放。值越大，摄影机视图拉得越近。

- **横向 / 纵向偏移**：控制摄影机产生横向 / 纵向的偏移效果。
- **光圈数**：设置摄影机的光圈大小，主要用来控制最终渲染的亮度。数值越小，图像越亮；数值越大，图像越暗，如图 6-83 所示。

图6-83

- **目标距离**：控制摄影机到目标点的距离，默认情况下不可用。当取消选中【目标】复选框时，变为可用。
- **纵向 / 横向移动**：控制摄影机的扭曲变形系数。
- **指定焦点**：选中该复选框，可以手动控制焦点。
- **焦点距离**：控制焦距的大小。
- **曝光**：选中该复选框，VR 物理摄影机中的【光圈】、【快门速度】和【胶片感光度】设置才会起作用。
- **光晕**：模拟真实摄影机里的光晕效果，选中【光晕】可以模拟图像四周黑色光晕效果，如图 6-84 所示。

图6-84

- **白平衡**：与真实摄影机的功能一样，控制图像的色偏。
- **自定义平衡**：控制自定义摄影机的白平衡颜色。
- **温度**：该选项只有在设置白平衡为温度方式时才可以使用，用于控制温度的数值。
- **快门速度（s^-1）**：控制光的进光时间，值越小，进光时间越长，图像越亮；值越大，进光时间越短。
- **快门角度（度）**：当摄影机选择【摄影机（电影）】类型时，该选项才被激活，其作用与【快门速度】一样，主要用来控制图像的亮暗。
- **快门偏移（度）**：当摄影机选择【摄影机（电影）】类型时，该选项才被激活，主要用来控制快门角度的偏移。
- **延迟（秒）**：当摄影机选择【摄像机（DV）】类型时，该选项才被激活，作用与【快门速度】一样，主要用来控制图像的亮暗，值越大，表示光线越充足，图像也越亮。
- **底片感光度（ISO）**：控制图像的亮暗，值越大，表示 ISO 的感光系数越强，图像也越亮。一般白天效果比较适合用较小的 ISO，而晚上效果比较适合用较大的 ISO。
- **胶片速度（ISO）**：控制摄影机 ISO 的数值。

2．散景特效

【散景特效】卷展栏下的参数主要用于控制散景效果，当渲染景深时，或多或少都会产生一些散景效果，这主要和散景到摄影机的距离有关，如图 6-85 所示是使用真实摄影机拍摄的散景效果。

图6-85

- **叶片数**：控制散景产生的小圆圈的边，默认值为 5，表示散景的小圆圈为正五边形。
- **旋转（度）**：散景小圆圈的旋转角度。
- **中心偏移**：散景偏移源物体的距离。
- **各向异性**：控制散景的各向异性，值越大，散景的小圆圈拉得越长，即变成椭圆。

3．采样

- **景深**：控制是否产生景深。如果想要得到景深，就需要选中该复选框。
- **运动模糊**：控制是否产生动态模糊效果。
- **细分**：控制景深和动态模糊的采样细分，值越大，杂点越大，图的品质就越高，但是会减慢渲染时间。

4．失真

- **失真类型**：控制失真的类型，包括【二次方】、【三次方】、【镜头文件】和【纹理】4 种方式。
- **失真数量**：可以控制摄影机产生失真的强度，如图 6-86 所示。

图6-86

- **镜头文件**：当【失真类型】切换为【镜头文件】时，该选项可用。可以在此处添加镜头的文件。
- **距离贴图**：当【失真类型】切换为【纹理】时，该选项可用。

5．其他

- **地平线**：选中该复选框，可以使用地平线功能。
- **剪切**：选中该复选框，可以使用摄影机剪切功能，从而解决摄影机由于位置原因而无法正常显示的问题。
- **近端 / 远端裁剪平面**：可以设置近端 / 远端剪切平面的数值，控制近端 / 远端的数值。
- **近端 / 远端环境范围**：可以设置近端 / 远端环境范围的数值，控制近端 / 远端的数值，多用来模拟雾效。
- **显示圆锥体**：控制显示圆锥体的方式，包括【选定】、【始终】、【从不】3 个选项。

重点 小实例：利用 VR 物理摄影机测试光晕

场景文件	05.max
案例文件	小实例：利用 VR 物理摄影机测试光晕 .max
视频教学	多媒体教学 /Chapter06/ 小实例：利用 VR 物理摄影机测试光晕 .flv
难易指数	★★☆☆☆
技术掌握	掌握 VR 物理摄影机的【光晕】功能

实例介绍

本实例主要使用 VR 物理摄影机的【光晕】功能渲染一个客厅空间，最终渲染效果如图 6-87 所示。

图6-87

操作步骤

步骤 01 打开本书配套光盘中的【场景文件 /Chapter06/05.max】文件，如图 6-88 所示。

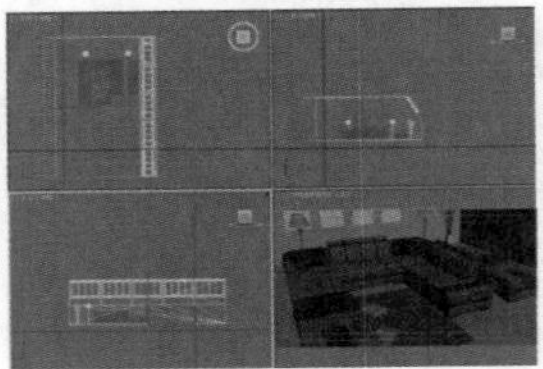

图6-88

步骤 02 在【创建】面板下，单击【摄影机】按钮，并设置摄影机类型为 VRay，然后单击【VR 物理摄影机】按钮 VR物理摄影机，如图 6-89 所示。在场景中拖曳并创建一台 VR 物理摄影机，其位置如图 6-90 所示。

图6-89

图6-90

步骤 03 选择步骤 02 创建的 VR 物理摄影机，然后单击【修改】面板，并设置【基本参数】卷展栏下的【胶片规格（mm）】为 36，【焦距（mm）】为 40，【缩放因子】为 1，【光圈数】为 1.6，【光晕】为 1，如图 6-91 所示。

步骤 04 按快捷键 C 切换到摄影机视图，然后按 F9 键测试渲染当前场景，效果如图 6-92 所示。

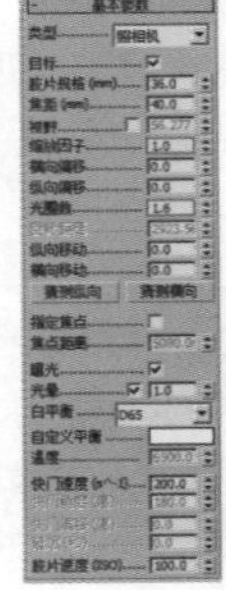

图6-91

图6-92

步骤 05 选择 VR 物理摄影机，然后单击【修改】面板，在【基本参数】卷展栏下选中【光晕】复选框，并设置为 2，如图 6-93 所示。

步骤 06 按 F9 键测试渲染当前场景，效果如图 6-94 所示。

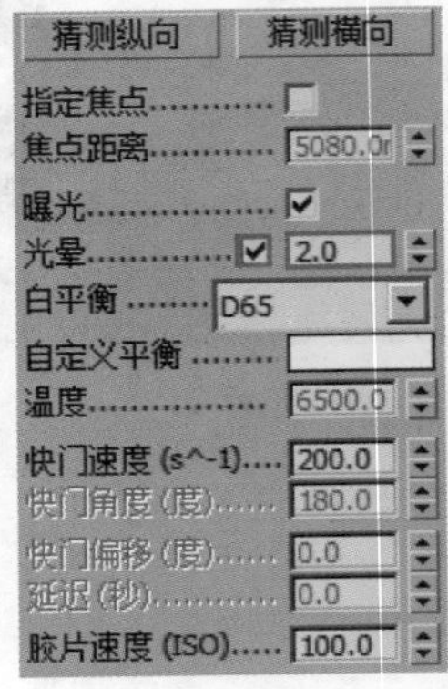

图6-93

图6-94

步骤 07 选择 VR 物理摄影机，然后单击【修改】面板，在【基本参数】卷展栏下选中【光晕】，并设置为 4，如图 6-95 所示。接着按 F9 键测试渲染当前场景，效果如图 6-96 所示。

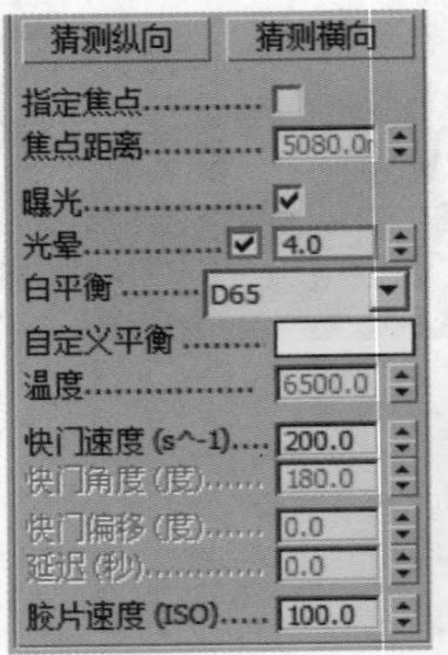

图6-95

图6-96

步骤 08 将渲染出的图像合成，可以清晰地看到，光晕数值越大，图像四周越黑，如图 6-97 所示。

图6-97

重点 小实例：利用 VR 物理摄影机测试快门速度

场景文件	06.max
案例文件	小实例：利用 VR 物理摄影机测试快门速度 .max
视频教学	DVD 多媒体教学 /Chapter06/ 小实例：利用 VR 物理摄影机测试快门速度 .flv
难易指数	★★★☆☆
技术掌握	掌握 VR 物理摄影机的【快门速度（s^-1）】参数的运用

实例介绍

VR 物理摄影机的【快门速度】参数非常重要，因为它可以改变渲染图像的明暗度，如图 6-98 所示。

图6-98

操作步骤

步骤 01 打开本书配套光盘中的【场景文件 /Chapter06/06.max】文件，如图 6-99 所示。

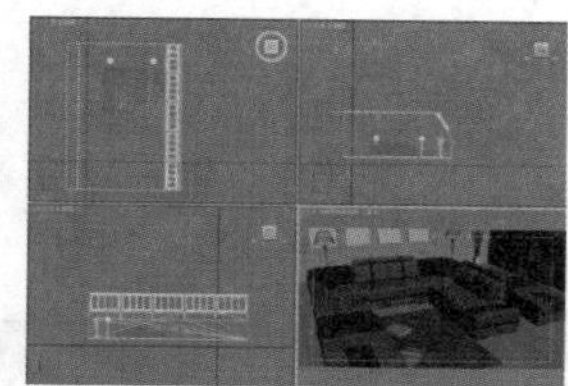

图6-99

步骤 02 在【创建】面板下，单击【摄影机】按钮，并设置摄影机类型为 VRay，然后单击【VR 物理摄影机】按钮 VR物理摄影机，如图 6-100 所示。在场景中拖曳并创建一台 VR 物理摄影机，其位置如图 6-101 所示。

图6-100

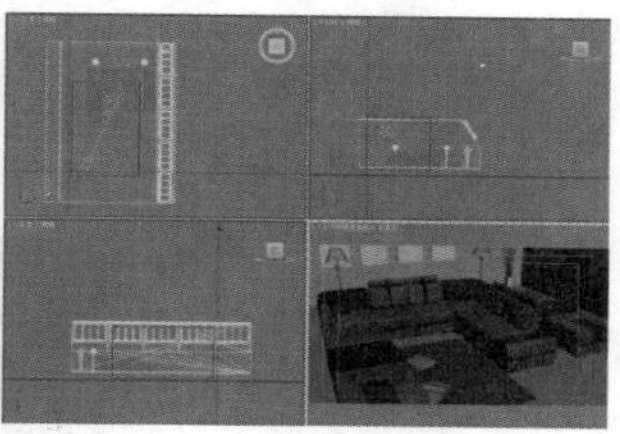

图6-101

步骤 03 选择步骤 02 创建的 VR 物理摄影机，然后单击【修改】面板，并设置【基本参数】卷展栏下的【胶片规格（mm）】为 36，【焦距（mm）】为 40，【缩放因子】为 1，【光圈数】为 1.6，【快门速度】为 200，如图 6-102 所示。

步骤 04 按快捷键 C 切换到摄影机视图，然后按 F9 键测试渲染当前场景，效果如图 6-103 所示。

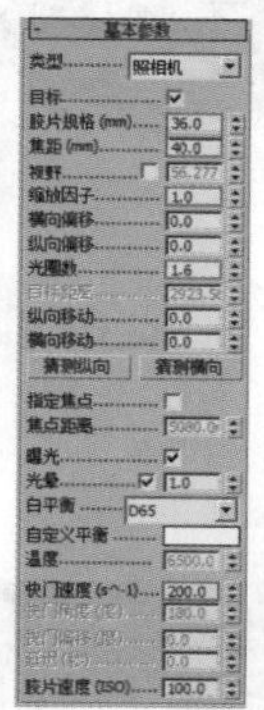

图6-102

图6-103

步骤 05 选择 VR 物理摄影机，然后单击【修改】面板，并设置【基本参数】卷展栏下的【快门速度】为 130，接着按 F9 键测试渲染当前场景，效果如图 6-104 所示。

步骤 06 选择 VR 物理摄影机，然后单击【修改】面板，并设置【基本参数】卷展栏下的【快门速度】为 300，接着按 F9 键测试渲染当前场景，效果如图 6-105 所示。

图6-104

图6-105

步骤 07 将渲染出的图像合成一起，可以发现调节快门速度可以控制渲染图像的亮度，如图 6-106 所示。

图6-106

重点 小实例：利用 VR 物理摄影机测试缩放因子

场景文件	07.max
案例文件	小实例：利用 VR 物理摄影机测试缩放因子 .max
视频教学	DVD/ 多媒体教学 /Chapter06/ 小实例：利用 VR 物理摄影机测试缩放因子 .flv
难易指数	★★★☆☆
技术掌握	掌握 VR 物理摄影机的【缩放因子】参数的运用

实例介绍

VR 物理摄影机的【缩放因子】参数非常重要，因为它可以改变摄影机视图的远近范围，从而改变物体的远近关系，如图 6-107 所示。

图6-107

操作步骤

步骤 01 打开本书配套光盘中的【场景文件 /Chapter06/07.max】文件，如图 6-108 所示。

步骤 02 在【创建】面板下，单击【摄影机】按钮，并设置摄影机类型为 VRay，然后单击【VR 物理摄影机】按钮 VR物理摄影机，如图 6-109 所示。在场景中拖曳并创建一台 VR 物理摄影机，其位置如图 6-110 所示。

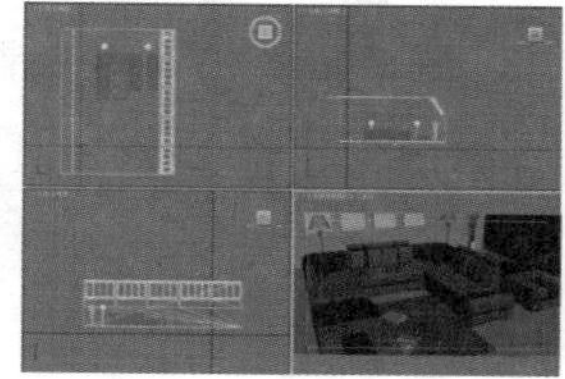

图6-108

图6-109

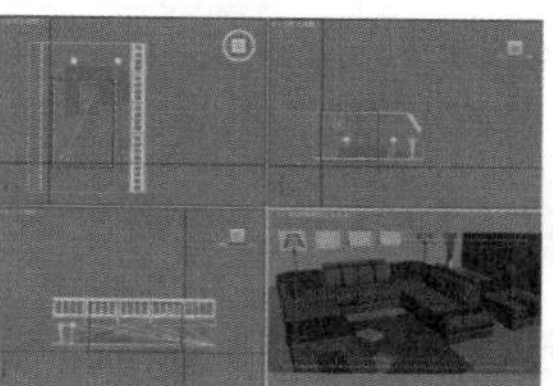

图6-110

步骤 03 选择步骤 02 创建的 VR 物理摄影机，然后单击【修改】面板，并设置【基本参数】卷展栏下的【胶片规格

（mm）】为 36，【焦距（mm）】为 40，【缩放因子】为 1，【光圈数】为 1.6，如图 6-111 所示。

步骤 04 按快捷键 C 切换到摄影机视图，然后按 F9 键测试渲染当前场景，效果如图 6-112 所示。

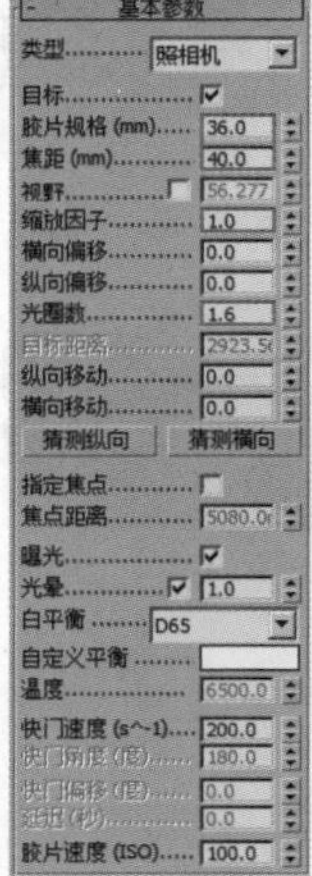

图6-111

图6-112

步骤 05 选择 VR 物理摄影机，然后单击【修改】面板，并设置【基本参数】卷展栏下的【缩放因子】为 1.6，接着按 F9 键测试渲染当前场景，效果如图 6-113 所示。

步骤 06 选择 VR 物理摄影机，然后单击【修改】面板，并设置【基本参数】卷展栏下的【缩放因子】为 0.8，接着按 F9 键测试渲染当前场景，效果如图 6-114 所示。

图6-113

图6-114

重点 小实例：利用 VR 物理摄影机制作景深效果

场景文件	08.max
案例文件	小实例：利用 VR 物理摄影机制作景深效果.max
视频教学	DVD/多媒体教学/Chapter06/小实例：利用 VR 物理摄影机制作景深效果.flv
难易指数	★★★☆☆
技术掌握	掌握 VR 物理摄影机的【景深】功能

实例介绍

利用 VR 物理摄影机的【景深】功能可以制作出非常真实的景深效果。本例最终渲染效果如图 6-115 所示。

图6-115

操作步骤

步骤 01 打开本书配套光盘中的【场景文件/Chapter06/08.max】文件，如图 6-116 所示。

步骤 02 在【创建】面板下，单击【摄影机】按钮，设置摄影机类型为 VRay，然后单击【VR 物理摄影机】按钮 VR物理摄影机，如图 6-117 所示。在场景中拖曳并创建一台 VR 物理摄影机，其位置如图 6-118 所示。

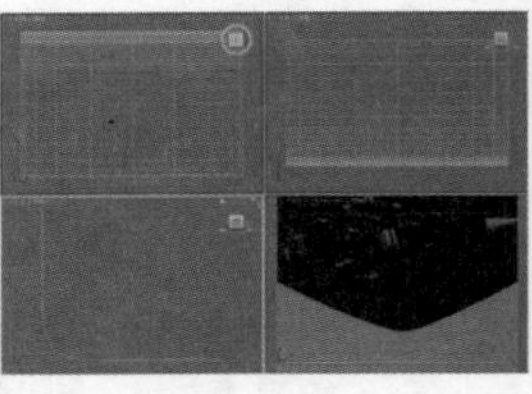
图6-116

步骤 03 在顶视图中创建 VR 物理摄影机，展开【基本参数】卷展栏，设置【胶片规格（mm）】为 100，【焦距（mm）】为 250，【光圈数】为 6，【纵向移动】为 0.22，【快门速度】为 1.4，【胶片速度】为 400，如图 6-119 所示。按快捷键 C 切换到摄影机视图，如图 6-120 所示。

图6-117

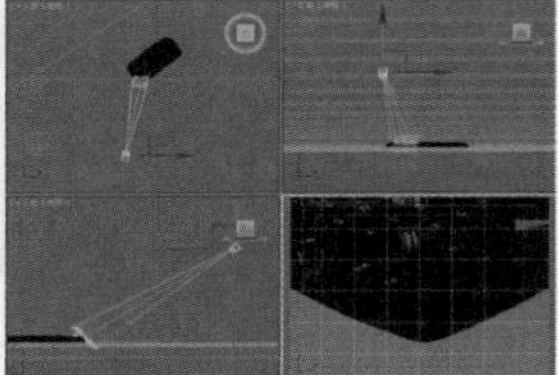
图6-118

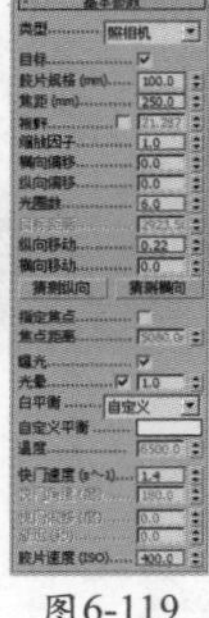
图6-119

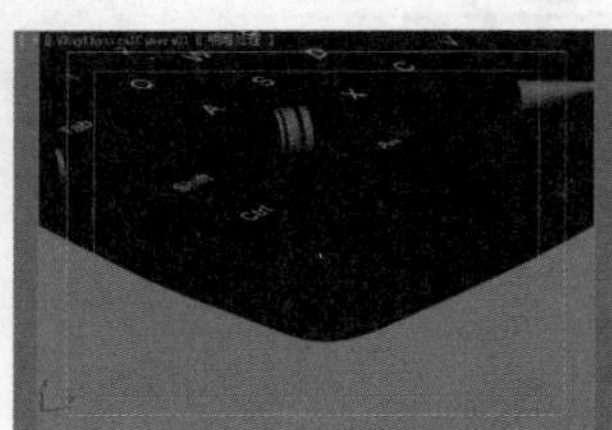
图6-120

步骤 04 此时按 F9 键渲染当前场景，渲染效果中没有任何景深效果，如图 6-121 所示。

图6-121

步骤 05 选择 VR 物理摄影机，单击【修改】面板，并展开【散景特效】卷展栏，选中【叶片数】，然后展开【采样】卷展栏，选中【景深】，设置【细分】为 10，如图 6-122 所示。按 F9 键渲染当前场景，最终渲染效果如图 6-123 所示。

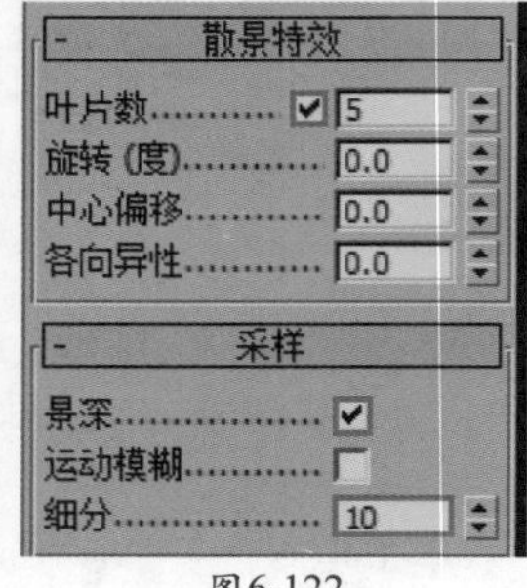

图6-122

图6-123

Chapter 07

第07章

材质和贴图技术

简单地说，材质就是物体的质地，它可以看成是材料和质感的结合。在渲染过程中，材质是表面各可视属性的结合，这些可视属性是指表面的色彩、纹理、光滑度、透明度、反射率、折射率和发光度等。正是有了这些属性，模型才更加真实，也正是有了这些属性，三维的虚拟世界才会和真实世界一样缤纷多彩。

本章学习要点：

- 材质和贴图的基本知识
- 各类材质的参数详解
- 常用材质的设置方法
- 各类贴图的参数详解
- 常用贴图的设置方法

7.1 初识材质

简单地说，材质就是物体的质地，它可以看成是材料和质感的结合。在渲染过程中，材质是表面各可视属性的结合，这些可视属性是指表面的色彩、纹理、光滑度、透明度、反射率、折射率和发光度等。正是有了这些属性，模型才更加真实，也正是有了这些属性，三维的虚拟世界才会和真实世界一样缤纷多彩，如图 7-1 所示。

图7-1

7.1.1 什么是材质

在 3ds Max 制作效果图的过程中，常需要制作很多种材质，如玻璃材质、金属材质、地砖材质和木纹材质等。通过设置这些材质，可以完美地诠释空间的设计感、色彩感和质感，如图 7-2 所示。

图7-2

7.1.2 为什么要设置材质

材质主要有以下用途。

（1）突出质感。这是材质最主要的用途。设置合适的材质，可以清楚地体现物体是什么材料做的，如图 7-3 所示。

（2）刻画模型细节。很多情况下，材质可以使最终渲染时的模型看起来更有细节，如图 7-4 所示。

图7-3

图7-4

（3）表达作品的情感。作品的最高境界，不是技术多么娴熟，而是可以通过技术和手法去传达作品的情感，如图 7-5 所示。

图7-5

7.1.3 材质的设置思路

3ds Max 材质的设置需要合理的步骤，这样才会节省时间，提高效率。通常，在制作新材质并将其应用于对象时，应该遵循以下步骤。

（1）指定材质的名称。

（2）选择材质的类型。

（3）对于标准或光线追踪材质，应选择着色类型。

（4）设置漫反射颜色、光泽度和不透明度等各种参数。

（5）将贴图指定给要设置贴图的材质通道，并调整参数。

（6）将材质应用于对象。

（7）如有必要，应调整 UV 贴图坐标，以便正确定位对象的贴图。

（8）保存材质。

如图 7-6 所示为从模型制作到赋予材质到渲染的过程示意图。

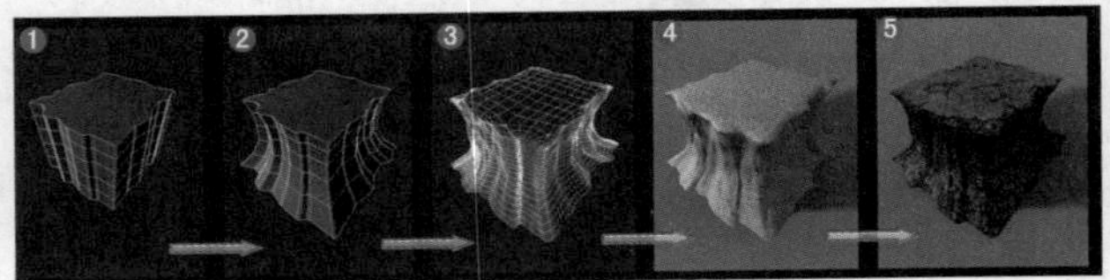

图7-6

7.2 材质编辑器

3ds Max 中设置材质的过程都是在【材质编辑器】中进行的。【材质编辑器】是用于创建、改变和应用场景中的材质的对话框。

7.2.1 精简材质编辑器

1. 菜单栏

菜单栏可以控制模式、材质、导航、选项和实用程序的相关参数，如图 7-7 所示。

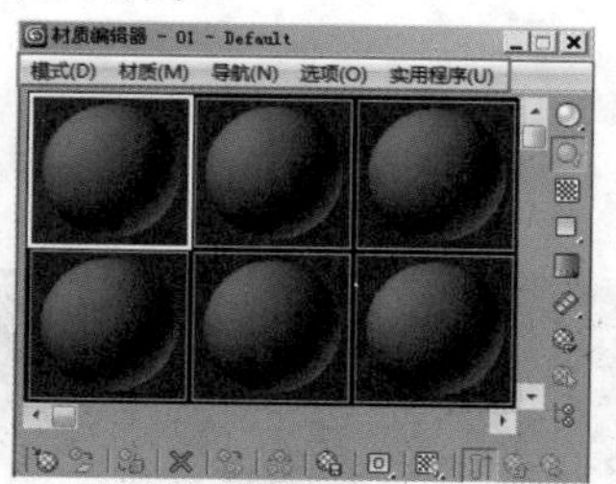

图 7-7

（1）【模式】菜单

【模式】菜单主要用于切换材质编辑器的方式，包括【精简材质编辑器】和【Slate 材质编辑器】两种，并且可以相互切换，如图 7-8 和图 7-9 所示。

图 7-8

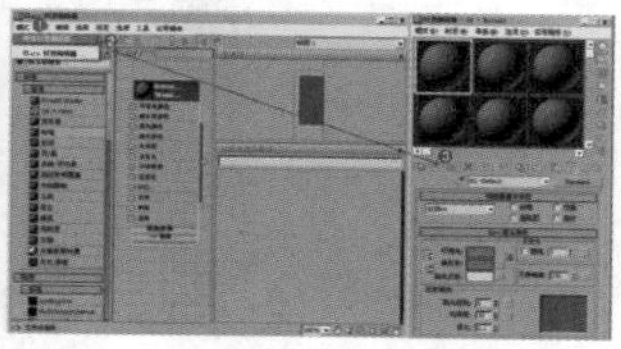

图 7-9

> **技巧与提示**
>
> 【Slate 材质编辑器】是新增的一个材质编辑器工具，对于 3ds Max 的老用户来说，使用该工具不太方便，因为【Slate 材质编辑器】是一种节点式的调节方式，而之前版本中的材质编辑器都是层级式的调节方式。但是对于习惯节点式软件的用户来说，使用该工具非常方便，因为节点式方式调节速度较快，设置较为灵活。

（2）【材质】菜单

展开【材质】菜单，如图 7-10 所示。

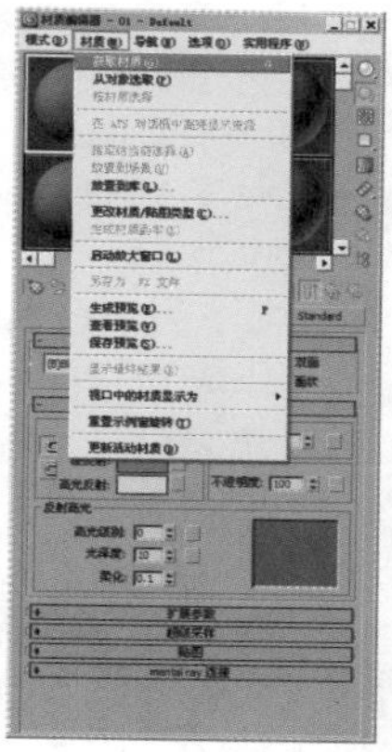

- **获取材质**：执行该命令可打开【材质 / 贴图浏览器】面板，在该面板中可以选择材质或贴图。
- **从对象选取**：执行该命令可以从场景对象中选择材质。
- **按材质选择**：执行该命令可以基于【材质编辑器】对话框中的活动材质来选择对象。
- **在 ATS 对话框中高亮显示资源**：如果材质使用的是已跟踪资源的贴图，执行该命令可以打开【跟踪资源】对话框，同时资源会高亮显示。
- **指定给当前选择**：执行该命令可将活动示例窗中的材质应用于场景中的选定对象。
- **放置到场景**：在编辑完成材质后，执行该命令可更新场景中的材质。
- **放置到库**：执行该命令可将选定的材质添加到当前的库中。
- **更改材质 / 贴图类型**：执行该命令可更改材质 / 贴图的类型。
- **生成材质副本**：通过复制自身的材质来生成材质副本。

图 7-10

- **启动放大窗口**：将材质示例窗口放大并在一个单独的窗口中进行显示（双击材质球也可以放大窗口）。
- **另存为 FX 文件**：将材质另存为 FX 文件。
- **生成预览**：使用动画贴图为场景添加运动，并生成预览。
- **查看预览**：使用动画贴图为场景添加运动，并查看预览。
- **保存预览**：使用动画贴图为场景添加运动，并保存预览。
- **显示最终结果**：查看所在级别的材质。
- **视口中的材质显示为**：执行该命令可在视图中显示物体表面的材质效果。
- **重置示例窗旋转**：使活动的示例窗对象恢复到默认方向。
- **更新活动材质**：更新示例窗中的活动材质。

（3）【导航】菜单

展开【导航】菜单，如图 7-11 所示。

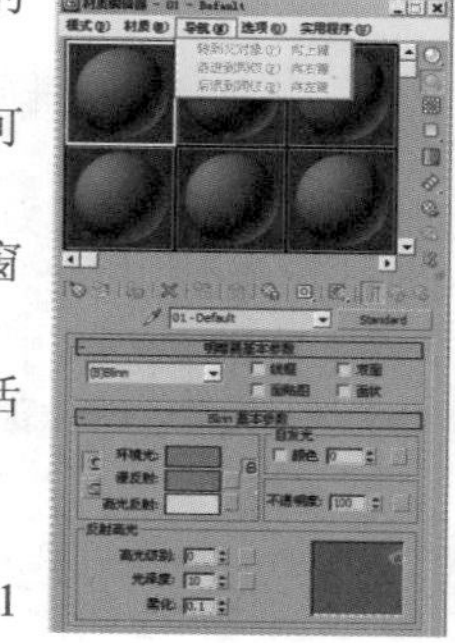
图 7-11

- **转到父对象（P）向上键**：在当前材质中向上移动一个层级。
- **前进到同级（F）向右键**：移动到当前材质中相同层级的下一个贴图或材质。
- **后退到同级（B）向左键**：与【前进到同级（F）向右键】命令类似，只是导航到前一个同级贴图，而不是导航到后一个同级贴图。

（4）【选项】菜单

展开【选项】菜单，如图 7-12 所示。

- **将材质传播到实例**：将指定的任何材质传播到场景对象中的所有实例。

- **手动更新切换**：使用手动的方式进行更新切换。
- **复制/旋转拖动模式切换**：切换复制/旋转阻力的模式。
- **背景**：将多颜色的方格背景添加到活动示例窗中。
- **自定义背景切换**：如果已指定了自定义背景，该命令可切换背景的显示效果。
- **背光**：将背光添加到活动示例窗中。
- **循环3×2、5×3、6×4示例窗**：切换材质球显示的3种方式。
- **选项**：打开【材质编辑器选项】对话框。

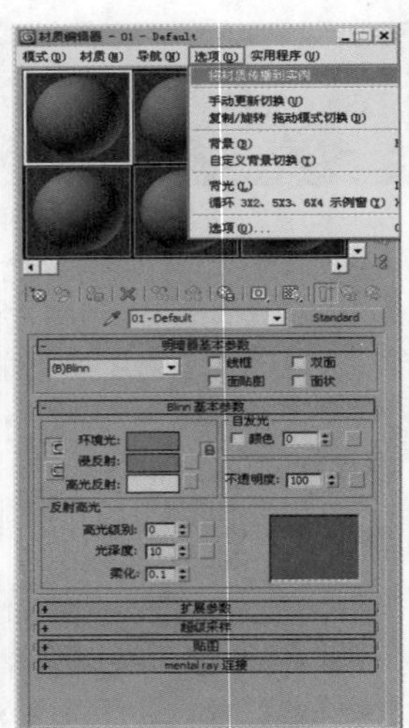

图7-12

（5）【实用程序】菜单

展开【实用程序】菜单，如图7-13所示。

- **渲染贴图**：对贴图进行渲染。
- **按材质选择对象**：可以基于【材质编辑器】对话框中的活动材质来选择对象。
- **清理多维材质**：对【多维/子对象】材质进行分析，然后在场景中显示所有包含未分配任何材质ID的材质。
- **实例化重复的贴图**：在整个场景中查找具有重复【位图】贴图的材质，并提供将它们关联化的选项。
- **重置材质编辑器窗口**：用默认的材质类型替换【材质编辑器】对话框中的所有材质。
- **精简材质编辑器窗口**：将【材质编辑器】对话框中所有未使用的材质设置为默认类型。
- **还原材质编辑器窗口**：利用缓冲区的内容还原编辑器的状态。

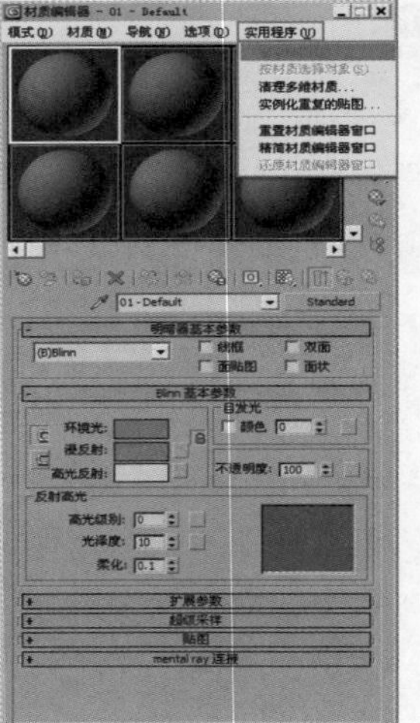

图7-13

2．材质球示例窗

材质球示例窗用来显示材质效果，它可以很直观地显示出材质的基本属性，如反光、纹理和凹凸等，如图7-14所示。

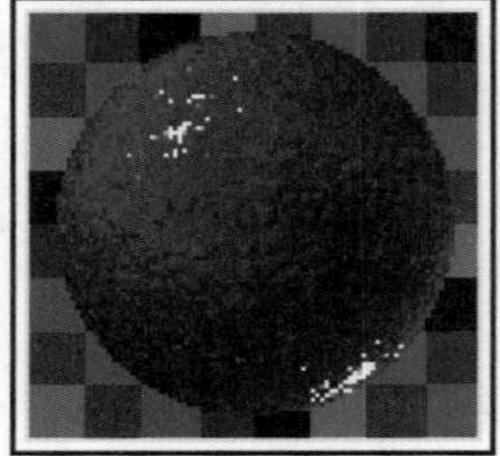

图7-14

技巧与提示

双击材质球弹出一个独立的材质球显示对话框，可以将该对话框进行放大或缩小来观察当前设置的材质，如图7-15所示，同时也可以在材质球上右击，然后在弹出的菜单中选择【放大】命令。

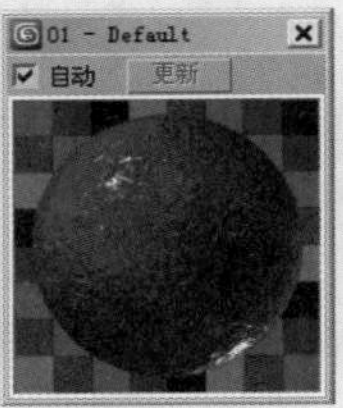

图7-15

材质球示例窗中一共有24个材质球，可以设置3种显示方式，但是无论哪种显示方式，材质球总数都为24个，如图7-16所示。

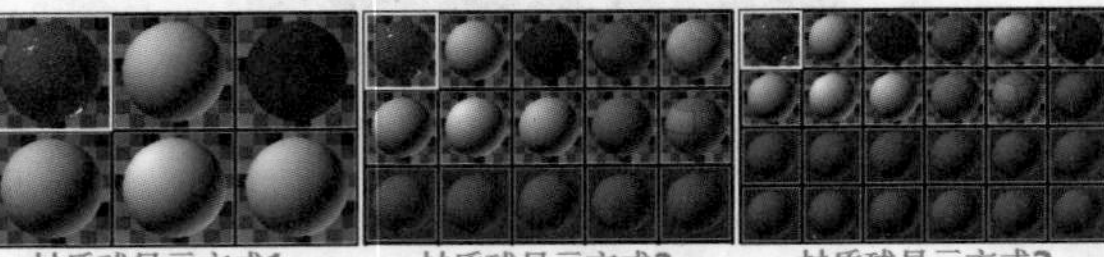

图7-16

右击材质球，可以调节多种参数，如图7-17所示。

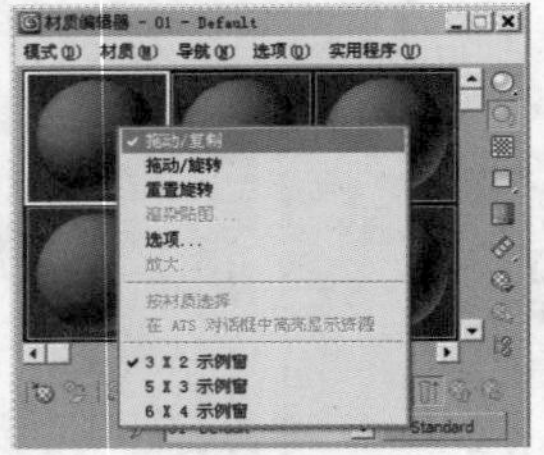

图7-17

使用鼠标左键可以将材质球中的材质拖曳到场景中的物体上。当材质赋予物体后，材质球上会显示出4个缺角的符号，如图7-18所示。

图7-18

技巧与提示

当示例窗中的材质指定给场景中的一个或多个曲面时，示例窗是"热"的。当使用【精简材质编辑器】调整热示例窗时，场景中的材质也会同时更改。

示例窗的拐角处表明材质是否是热材质，如图7-19所示。

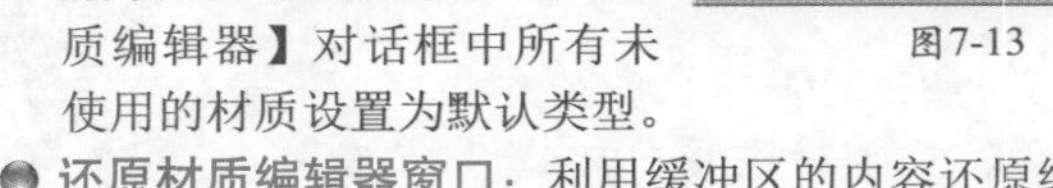

- 没有三角形：场景中没有使用的材质。
- 轮廓为白色的三角形：此材质是热的，即该材质已经在场景中实例化。在示例窗中对材质进行更改，同时也会更改场景中显示的材质。
- 实心白色三角形：材质不仅是热的，而且已经应用到当前选定的对象上。

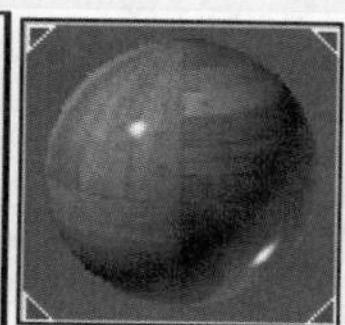

图7-19

3．工具按钮栏

下面讲解【材质编辑器】对话框中的两排材质工具按钮，如图 7-20 所示。

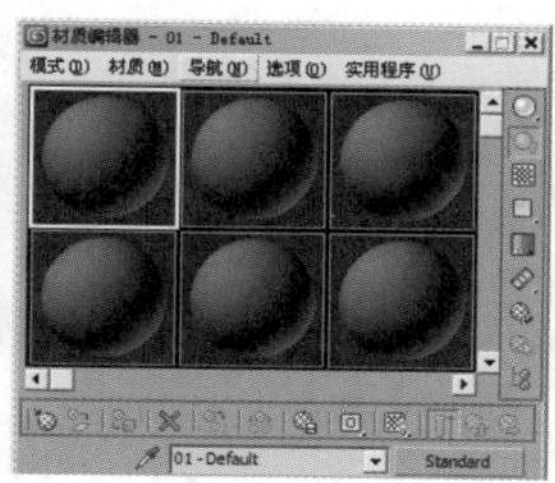

图7-20

- 【获取材质】按钮：为选定的材质打开【材质 / 贴图浏览器】面板。
- 【将材质放入场景】按钮：在编辑好材质后，单击该按钮可更新已应用于对象的材质。
- 【将材质指定给选定对象】按钮：将材质赋予选定的对象。
- 【重置贴图 / 材质为默认设置】按钮：删除修改的所有属性，将材质属性恢复到默认值。
- 【生成材质副本】按钮：在选定的示例图中创建当前材质的副本。
- 【使唯一】按钮：将实例化的材质设置为独立的材质。
- 【放入库】按钮：重新命名材质并将其保存到当前打开的库中。
- 【材质 ID 通道】按钮：为应用后期制作效果设置唯一的通道 ID。
- 【视口中显示明暗处理材质】按钮：在视口的对象上显示 2D 材质贴图。
- 【显示最终结果】按钮：在实例图中显示材质以及应用的所有层次。
- 【转到父对象】按钮：将当前材质上移一层级。
- 【转到下一个同级项】按钮：选定同一层级的下一贴图或材质。
- 【采样类型】按钮：控制示例窗显示的对象类型，默认为球体类型，还有圆柱体和立方体类型。
- 【背光】按钮：打开或关闭选定示例窗中的背景灯光。
- 【背景】按钮：在材质后面显示方格背景图像，在观察透明材质时非常有用。
- 【采样 UV 平铺】按钮：为示例窗中的贴图设置 UV 平铺显示。
- 【视频颜色检查】按钮：检查当前材质中 NTSC 制式和 PAL 制式不支持的颜色。
- 【生成预览】按钮：用于产生、浏览和保存材质预览渲染。
- 【选项】按钮：打开【材质编辑器选项】对话框，该对话框中包含启用材质动画、加载自定义背景、定义灯光亮度或颜色以及设置示例窗数目的一些参数。
- 【按材质选择】按钮：选定使用当前材质的所有对象。
- 【材质 / 贴图导航器】按钮：单击该按钮可以打开【材质 / 贴图导航器】对话框，在该对话框会显示当前材质的所有层级。

4．参数控制区

（1）明暗器基本参数

展开【明暗器基本参数】卷展栏，共有 8 种明暗器类型可以选择，还可以设置线框、双面、面贴图和面状等参数，如图 7-21 所示。

- 明暗器列表：包含 8 种明暗器类型。
- （A）各向异性：这种明暗器用于产生磨沙金属或头发的效果，可创建拉伸并成角的高光，而不是标准的圆形高光，如图 7-22 所示。

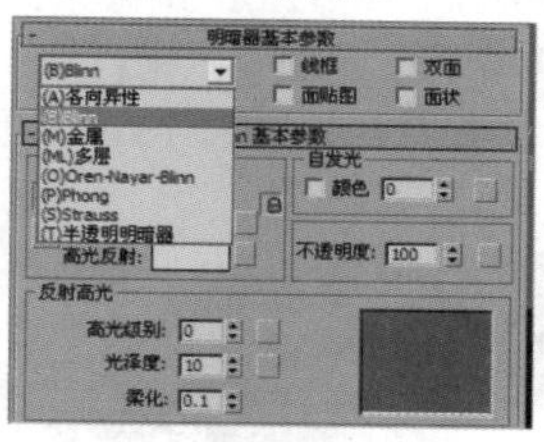

图7-21

图7-22

- （B）Blinn：这种明暗器以光滑的方式渲染物体表面，它是最常用的一种明暗器，如图 7-23 所示。
- （M）金属：这种明暗器适用于金属表面，它能提供金属所需的强烈反光，如图 7-24 所示。

图7-23

图7-24

- （ML）多层：（ML）多层明暗器与（A）各向异性明暗器相似，但（ML）多层明暗器可以控制两个高亮区，因此（ML）多层明暗器拥有对材质更多的控制，第 1 高光反射层和第 2 高光反射层具有相同的参数控制，可以对这些参数使用不同的设置，如图 7-25 所示。
- （O）Oren-Nayar-Blinn：这种明暗器适用于无光表面（如

纤维或陶土)，与（B）Blinn 明暗器几乎相同，通过附加的【漫反射级别】和【粗糙度】两个参数可以实现无光效果，如图 7-26 所示。

图7-25

图7-26

- (P) Phong：这种明暗器可以用于平滑面与面之间的边缘，适用于具有强度很高的表面和具有圆形高光的表面，如图 7-27 所示。
- (S) Strauss：这种明暗器适用于金属和非金属表面，与（M）金属明暗器十分相似，如图 7-28 所示。

图7-27

图7-28

- (T) **半透明明暗器**：这种明暗器与（B）Blinn 明暗器类似，二者最大的区别在于它能够设置半透明效果，使光线能够穿透这些半透明的物体，并且在穿过物体内部时离散，如图 7-29 所示。
- **线框**：以线框模式渲染材质，用户可以在扩展参数上设置线框的大小，如图 7-30 所示。

图7-29

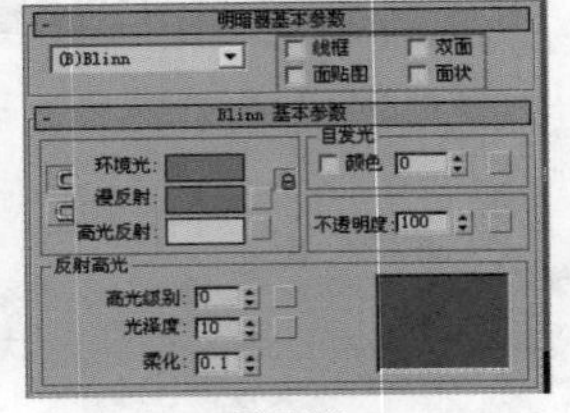

图7-30

- **双面**：将材质应用到选定的面，使材质成为双面。
- **面贴图**：将材质应用到几何体的各个面。如果材质是贴图材质，则不需要贴图坐标，因为贴图会自动应用到对象的每一个面。
- **面状**：使对象产生不光滑的明暗效果，把对象的每个面作为平面来渲染，可以用于制作加工过的钻石、宝石或任何带有硬边的表面。

（2）Blinn 基本参数

下面以（B）Blinn 明暗器为例来讲解明暗器的基本参数。展开【Blinn 基本参数】卷展栏，在这里可以设置【环境光】、【漫反射】、【高光反射】、【自发光】、【不透明度】、【高光级别】、【光泽度】和【柔化】等属性，如图 7-31 所示。

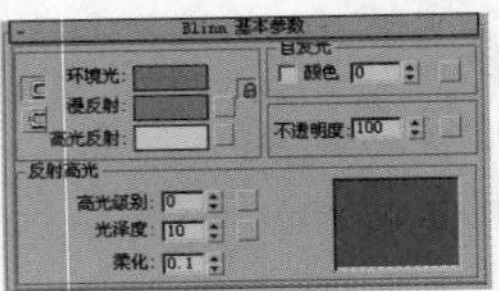

图7-31

- **环境光**：用于模拟间接光，如室外场景的大气光线，也可以用来模拟光能传递。
- **漫反射**：漫反射是在光照条件较好的情况下（如太阳光和人工光直射时），物体反射出来的颜色，又被称作物体的固有色，即物体本身的颜色。
- **高光反射**：物体发光表面高亮显示部分的颜色。
- **自发光**：使用【漫反射】颜色替换曲面上的任何阴影，从而创建出白炽效果。
- **不透明度**：控制材质的不透明度。
- **高光级别**：控制反射高光的强度。数值越大，反射强度越高。
- **光泽度**：控制镜面高亮区域的大小，即反光区域的尺寸。数值越大，反光区域越小。
- **柔化**：影响反光区和不反光区衔接的柔和度。0 表示没有柔化；1 表示应用最大量的柔化效果。

7.2.2　Slate材质编辑器

【Slate 材质编辑器】是一个材质编辑器界面，它在设计和编辑材质时使用节点和关联以图形方式显示材质的结构。

【Slate 材质编辑器】界面是具有多个元素的图形界面，其最突出的特点包括材质 / 贴图浏览器，可以在其中浏览材质、贴图及基础材质和贴图类型；当前活动视图，可以在其中组合材质和贴图；参数编辑器，可以在其中更改材质和贴图设置。如图 7-32 所示为其参数面板。

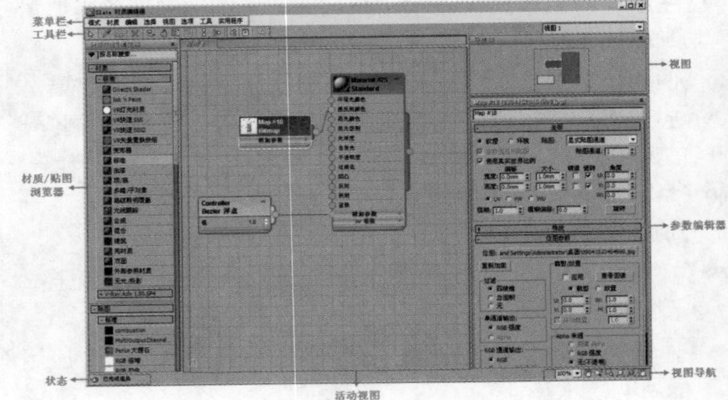

图7-32

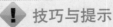

技巧与提示

【Slate 材质编辑器】的参数与【精简材质编辑器】基本一致，这里不再详细讲解。

7.3 材质/贴图浏览器

【材质 / 贴图浏览器】菜单提供用于管理库、组和浏览器自身的多数选项。通过单击【材质 / 贴图浏览器选项】按钮▼或右击【材质 / 贴图浏览器】的一个空白部分，即可访问【材质 / 贴图浏览器】主菜单，如图 7-33 所示。在浏览器中右击组的标题栏时，即会显示该特定类型组的选项，如图 7-34 所示。

图7-33

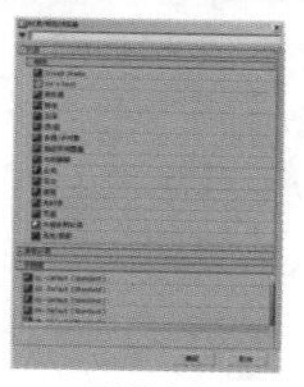
图7-34

7.4 材质管理器

【材质资源管理器】是从 3ds Max 2010 版本后的一个新增功能，主要用来浏览和管理场景中的所有材质。选择【渲染 / 材质资源管理器】命令即可打开【材质管理器】窗口，如图 7-35 所示。

【材质管理器】窗口分为【场景】面板和【材质】面板两大部分，【场景】面板主要用来显示场景对象的材质，而【材质】面板主要用来显示当前材质的属性和纹理大小，如图 7-36 所示。

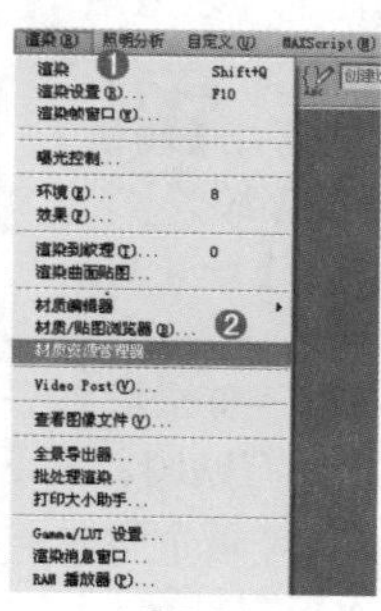
图7-35

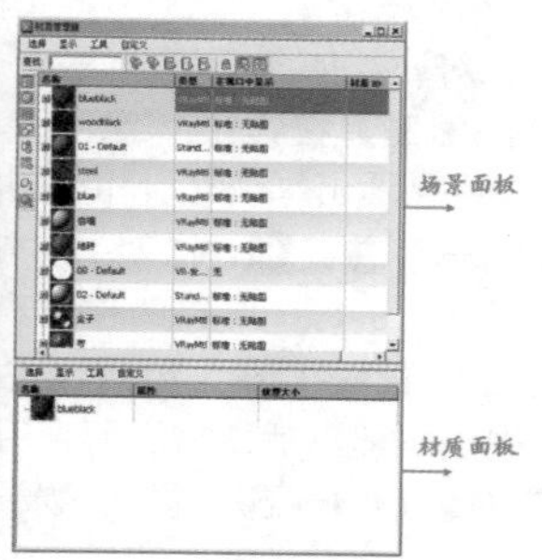

图7-36

技巧与提示

【材质管理器】窗口非常有用，使用它可以直观地观察到场景中对象的所有材质，在图 7-37 中，可以观察到场景中的对象包含两个材质。在【场景】面板中选择一个材质以后，在下面的【材质】面板中就会显示出该材质的相关属性以及加载的外部纹理（即贴图）的大小，如图 7-38 所示。

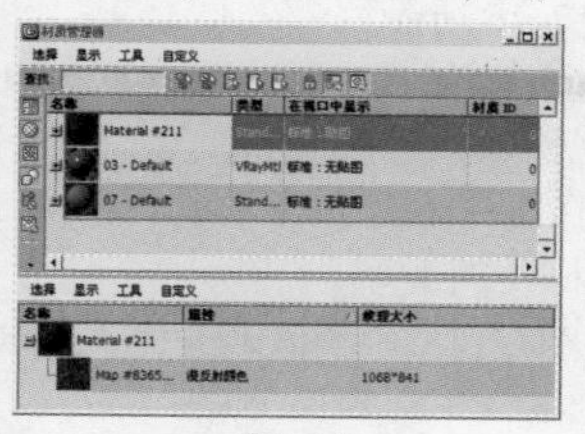
图7-37

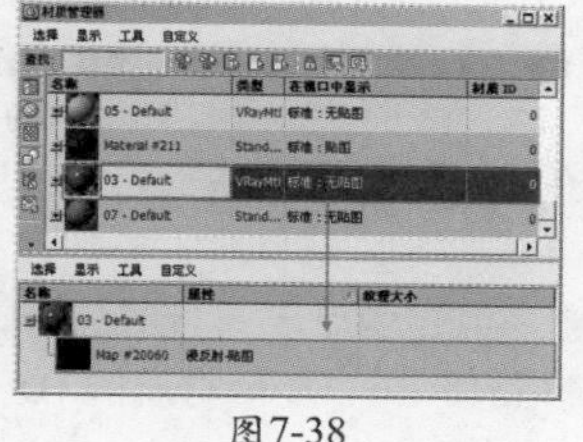
图7-38

7.4.1 【场景】面板

【场景】面板包括为菜单栏、工具栏、显示按钮和列 4 大部分，如图 7-39 所示。

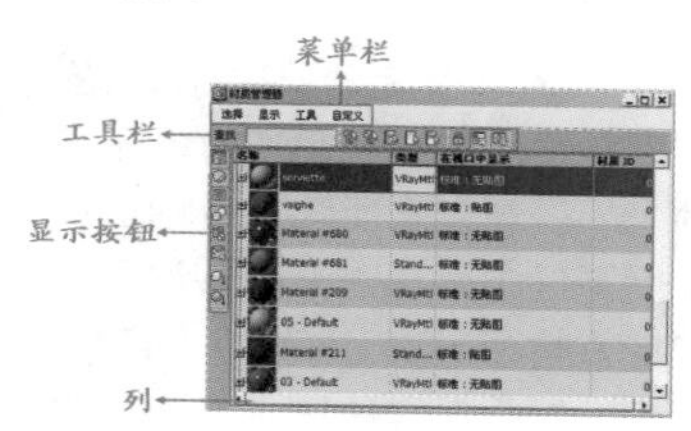

图7-39

1．菜单栏

（1）【选择】菜单

展开【选择】菜单，如图 7-40 所示。

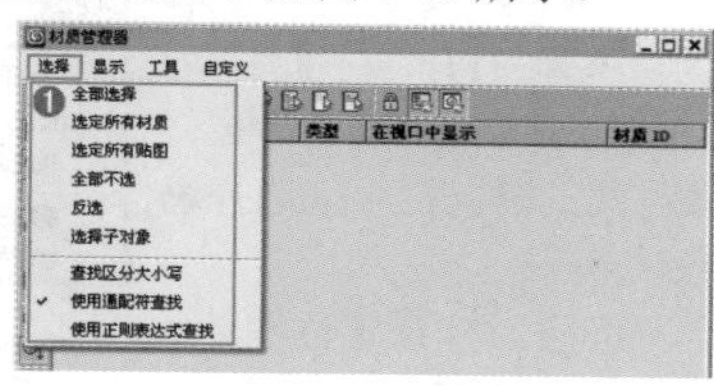
图7-40

- 全部选择：选择场景中的所有材质和贴图。
- 选定所有材质：选择场景中的所有材质。
- 选定所有贴图：选择场景中的所有贴图。
- 全部不选：取消选择的所有材质和贴图。
- 反选：颠倒当前选择，即取消当前选择的所有对象，而选择前面未选择的对象。
- 选择子对象：该命令只起到切换的作用。
- 查找区分大小写：通过搜索字符串中的大小写来查找对象，如 house 与 House。
- 使用通配符查找：通过搜索字符串中的字符来查找对象，如 * 和 ? 等。
- 使用正则表达式查找：通过搜索正则表达式的方式来查找对象。

（2）【显示】菜单

展开【显示】菜单，如图 7-41 所示。

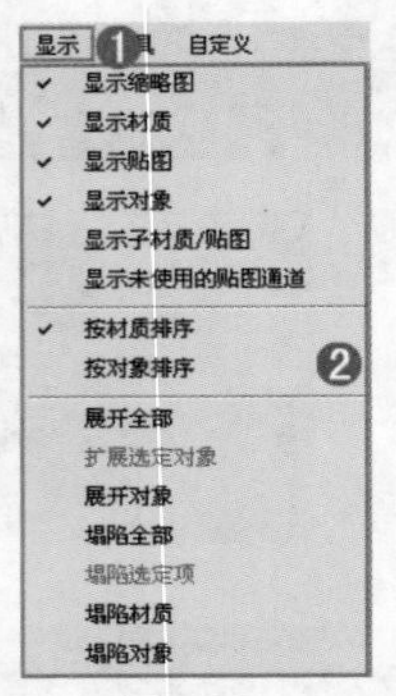

图7-41

- 显示缩略图：选中该选项之后，【场景】面板中将显示出每个材质和贴图的缩略图。
- 显示材质：选中该选项之后，【场景】面板中将显示出每个对象的材质。
- 显示贴图：选中该选项之后，每个材质的层次下面都包括该材质所使用到的所有贴图。
- 显示对象：选中该选项之后，每个材质的层次下面都会显示出该材质所应用到的对象。
- 显示子材质 / 贴图：选中该选项之后，每个材质的层次下面都会显示用于材质通道的子材质和贴图。
- 显示未使用的贴图通道：选中该选项之后，每个材质的层次下面还会显示出未使用的贴图通道。
- 按材质排序：选中该选项之后，层次将按材质名称进行排序。
- 按对象排序：选中该选项之后，层次将按对象进行排序。
- 展开全部：展开层次以显示出所有的条目。
- 为展选定对象：展开包含所选条目的层次。
- 展开对象：展开包含所有对象的层次。
- 塌陷全部：折叠整个层次。
- 塌陷选定对象：折叠包含所选条目的层次。
- 塌陷材质：折叠包含所有材质的层次。
- 塌陷对象：折叠包含所有对象的层次。

（3）【工具】菜单

展开【工具】菜单，如图 7-42 所示。

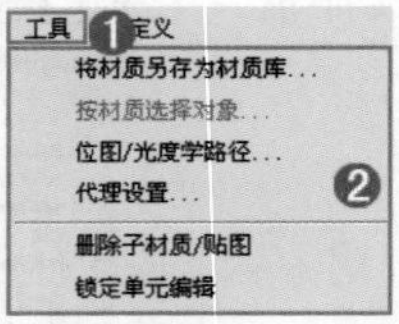

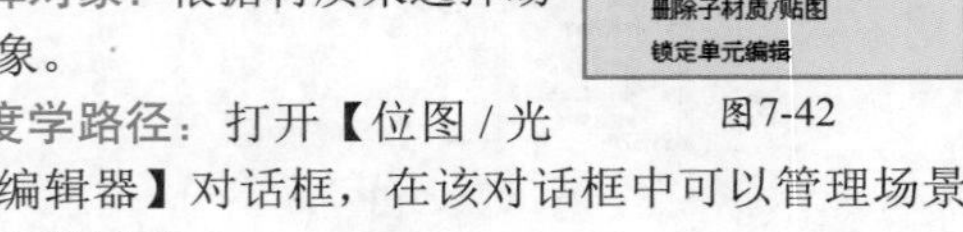

图7-42

- 将材质另存为材质库：打开将材质另存为材质库文件（即.mat 文件）的对话框。
- 按材质选择对象：根据材质来选择场景中的对象。
- 位图 / 光度学路径：打开【位图 / 光度学路径编辑器】对话框，在该对话框中可以管理场景对象的位图的路径。
- 代理设置：打开【全局设置和位图代理的默认】对话框，可以使用该对话框来管理 3ds Max 如何创建和并入到材质中的位图的代理版本。
- 删除子材质 / 贴图：删除所选材质的子材质或贴图。
- 锁定单元编辑：选中该选项之后，可以禁止在【资源管理器】中编辑单元。

（4）【自定义】菜单

展开【自定义】菜单，如图 7-43 所示。

图7-43

- 配置行：打开【配置行】对话框，在该对话框中可以为【场景】面板添加队列。
- 工具栏：选择要显示的工具栏。
- 将当前布局保存为默认设置：保存当前【资源管理器】对话框中的布局方式，并将其设置为默认设置。

2．工具栏

工具栏中主要是一些对材质进行基本操作的工具，如图 7-44 所示。

图7-44

- 【查找】文本框：输入文本来查找对象。
- 【选择所有材质】按钮：选择场景中的所有材质。
- 【选择所有贴图】按钮：选择场景中的所有贴图。
- 【全选】按钮：选择场景中的所有材质和贴图。
- 【全部不选】按钮：取消选择场景中的所有材质和贴图。
- 【反选】按钮：颠倒当前选择。
- 【锁定单元编辑】按钮：激活该按钮后，可以禁止在【资源管理器】中编辑单元。
- 【同步到材质资源管理器】按钮：激活该按钮后，【材质】面板中的所有材质操作将与【场景】面板保持同步。
- 【同步到材质级别】按钮：激活该按钮后，【材质】面板中的所有子材质操作将与【场景】面板保持同步。

3．显示按钮

显示按钮主要用来控制材质和贴图的显示方法，与【显示】菜单相对应，如图 7-45 所示。

- 【显示缩略图】按钮：激活该按钮后，【场景】面板中将显示出每个材质和贴图的缩略图。
- 【显示材质】按钮：激活该按钮后，【场景】面板中将显示出每个对象的材质。
- 【显示贴图】按钮：激活该按钮后，每个材质的层次下面都包括该材质所使用的所有贴图。
- 【显示对象】按钮：激活该按钮后，每个材质的层次下面都会显示出该材质所应用的对象。
- 【显示子材质 / 贴图】按钮：激活该按钮后，每个材质的层次下面都会显示用于材质通道的子材质和贴图。

图7-45

- 【显示未使用的贴图通道】按钮：激活该按钮后，每个材质的层次下面还会显示出未使用的贴图通道。
- 【按对象排序】按钮 /【按材质排序】按钮：让层次以对象或材质的方式来进行排序。

4．列

列主要用来显示场景材质的名称、类型、在视口中的显示方式以及材质的 ID 号，如图 7-46 所示。

图7-46

- 名称：显示材质、对象、贴图和子材质的名称。
- 类型：显示材质、贴图或子材质的类型。
- 在视口中显示：注明材质和贴图在视口中的显示方式。
- 材质 ID：显示材质的 ID 号。

7.4.2 【材质】面板

【材质】面板包括菜单栏和列两大部分，如图 7-47 所示。

技巧与提示

【材质】面板中的命令含义可以参考【场景】面板中的命令。

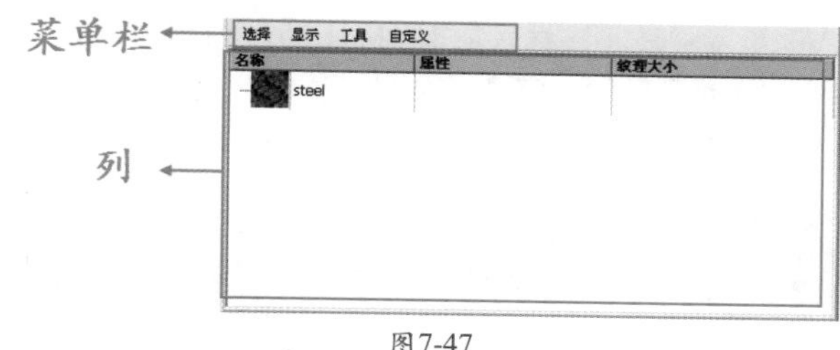

图 7-47

7.5 材质类型

材质详细描述对象如何反射或透射灯光。可以将材质指定给单独的对象或选择集；单独场景也能够包含很多不同材质。不同的材质有不同的用途。安装 VRay 渲染器后，材质类型大致可分为 27 种。单击【材质类型】按钮 Standard ，然后在弹出的【材质 / 贴图浏览器】对话框中可以观察到这 27 种材质类型，如图 7-48 所示。

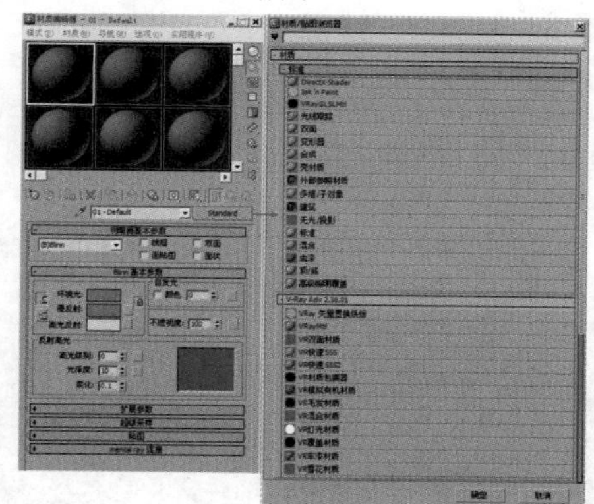
图 7-48

- DirectX Shader：该材质可以保存为 .fx 文件，并且在启用了 Directx3D 显示驱动程序后才可用。
- Ink'n Paint：通常用于制作卡通效果。
- VR 发光材质：可以制作发光物体的材质效果。
- VR 快速 SSS：可以制作半透明的 SSS 物体材质效果，如玉石。
- VR 快速 SSS2：可以制作半透明的 SSS2 物体材质效果，如皮肤。
- VRay 矢量置换烘焙：可以制作矢量的材质效果。
- 变形器：配合【变形器】修改器一起使用，能产生材质融合的变形动画效果。
- 标准：系统默认的材质。
- 虫漆：用来控制两种材质混合的数量比例。
- 顶 / 底：为一个物体指定不同的材质，一个在顶端，一个在底端，中间交互处可以产生过渡效果，并且可以调节这两种材质的比例。
- 多维 / 子对象：将多个子材质应用到单个对象的子对象。
- 高级照明覆盖：配合光能传递使用的一种材质，能很好地控制光能传递和物体之间的反射比。
- 光线跟踪：可以创建真实的反射和折射效果，并且支持雾、颜色浓度、半透明和荧光等效果。
- 合成：将多个不同的材质叠加在一起，包括一个基本材质和 10 个附加材质，通过添加排除和混合能够创造出复杂多样的物体材质，常用来制作动物和人体皮肤、生锈的金属以及复杂的岩石等物体。
- 混合：将两个不同的材质融合在一起，根据融合度的不同来控制两种材质的显示程度，可以利用这种特性来制作材质变形动画，也可以用来制作一些质感要求较高的物体，如打磨的大理石、上蜡的地板等。
- 建筑：主要用于表现建筑外观的材质。
- 壳材质：专门配合【渲染到贴图】命令使用，其作用是将【渲染到贴图】命令产生的贴图贴回物体造型中。
- 双面：可以为物体内外或正反表面分别指定两种不同的材质，并且可以通过控制它们彼此间的透明度来产生特殊效果，经常用在一些需要在双面显示不同材质的动画中，如纸牌和杯子等。
- 外部参照材质：参考外部对象或场景相关运用资料。
- 无光 / 投影：主要作用是隐藏场景中的物体，渲染时也观察不到，不会对背景进行遮挡，但可遮挡其他物体，并且能产生自身投影和接受投影的效果。
- VR 模拟有机材质：该材质可以呈现出 V-Ray 程序的 DarkTree 着色器效果。
- VR 材质包裹器：该材质可以有效地避免色溢现象。
- VR 车漆材质：用于模拟金属汽车漆，是一种复合材料包含基地扩散层、基地光泽层、金属薄片层和清漆层。
- VR 覆盖材质：可以更广范地控制场景的色彩融合、反射和折射等。
- VR 混合材质：常用来制作两种材质混合在一起的效果，如带有花纹的玻璃等。
- VR 双面材质：可以模拟带有双面属性的材质效果。
- VRayMtl：VRayMtl 材质是使用范围最广泛的一种材质，常用于制作室内外效果图。其中用来制作反射和折射的材质非常出色。

- **VR 毛发材质**：该材质是 3ds Max 2014 新增的材质，主要用来模拟制作毛发材质效果。
- **VR 雪花材质**：该材质是 3ds Max 2014 新增的材质，主要用来模拟制作雪花材质效果。

7.5.1 Ink'n Paint材质

Ink'n Paint（墨水油漆）材质可以用来制作卡通效果，其参数面板包括【基本材质扩展】卷展栏、【绘制控制】卷展栏和【墨水控制】卷展栏等，如图 7-49 所示。

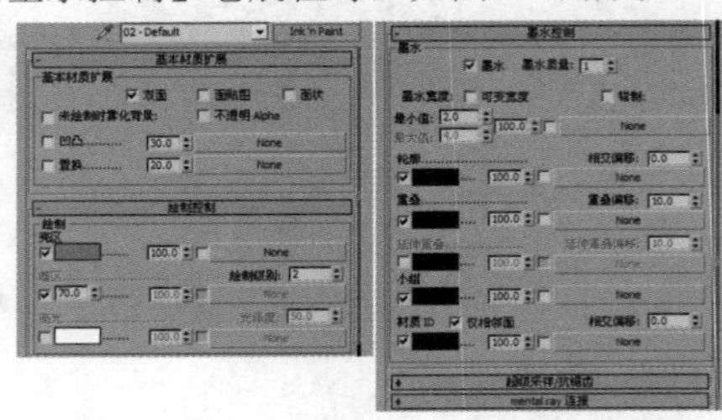

图7-49

- **亮区**：用来调节材质的固有颜色，可以在后面的贴图通道中加载贴图。
- **暗区**：用来控制材质的明暗度，可以在后面的贴图通道中加载贴图。
- **绘制级别**：用来调整颜色的色阶。
- **高光**：控制材质的高光区域。
- **墨水**：控制是否开启描边效果。
- **墨水质量**：控制边缘形状和采样值。
- **墨水宽度**：设置描边的宽度。
- **最小值**：设置墨水宽度的最小像素值。
- **最大值**：设置墨水宽度的最大像素值。
- **可变宽度**：选中该复选框，可以使描边宽度的变化范围限制在最大值和最小值之间。
- **钳制**：选中该复选框，可以使描边宽度的变化范围限制在最大值与最小值之间。
- **轮廓**：选中该复选框，可以使物体外侧产生轮廓线。
- **重叠**：当物体与自身的一部分相交迭时使用。
- **延伸重叠**：与【重叠】类似，但多用在较远的表面上。
- **小组**：用于勾画物体表面光滑组部分的边缘。
- **材质 ID**：用于勾画不同材质 ID 之间的边界。

重点 小实例：利用 Ink'n Paint 材质制作卡通效果

场景文件	01.max
案例文件	小实例：利用 Ink'n Paint 材质制作卡通效果 .max
视频教学	DVD/ 多媒体教学 /Chapter07/ 小实例：利用 Ink'n Paint 材质制作卡通效果 .flv
难易指数	★★★☆☆
材质类型	Ink'n Paint 材质
技术掌握	掌握 Ink'n Paint 材质的运用

实例介绍

本例主要利用 Ink'n Paint 材质制作卡通效果，最终渲染效果如图 7-50 所示。

图7-50

本例的卡通材质模拟效果如图 7-51 所示，其基本属性主要有以下两点。

❶带有颜色。

❷带有边缘描边效果。

图7-51

操作步骤

步骤 01 打开本书配套光盘中的【场景文件 /Chapter07/01.max】文件，如图 7-52 所示。

步骤 02 按 M 键打开【材质编辑器】对话框，然后选择一个空白材质球，将材质球类型设置为 Ink'n Paint，并命名为【地面】，具体参数设置如图 7-53 所示。

展开【绘制控制】卷展栏，调节【亮区】的颜色为草绿色（红：8，绿：137，蓝：14），设置【绘制级别】为 5。

图7-52

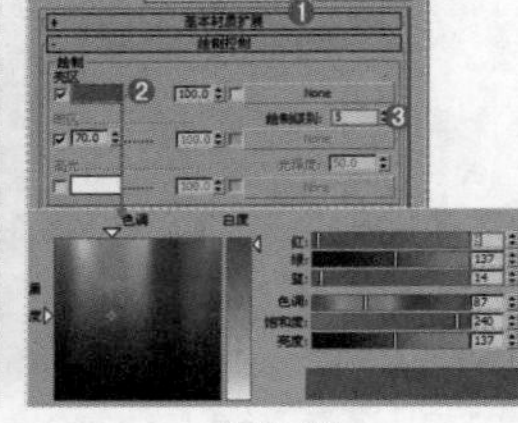

图7-53

> **技巧与提示**
>
> 3ds Max 2014 默认的材质编辑器为【Slate 材质编辑器】，也可以方便地切换为【精简材质编辑器】，如图 7-54 所示。
>
> 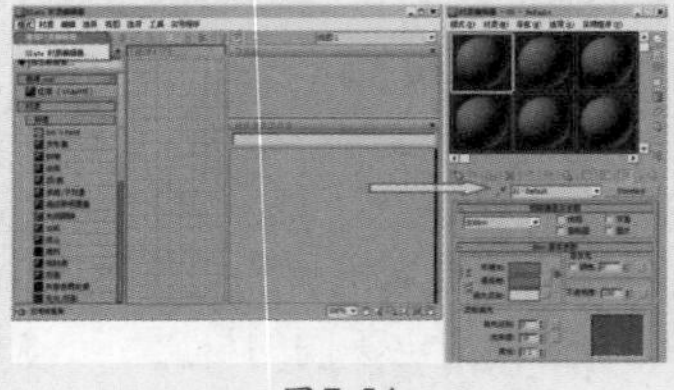
>
> 图7-54

步骤 03 将制作好的材质赋给场景中地面的模型，如图 7-55 所示。

步骤 04 按 M 键打开【材质编辑器】对话框，然后选择一个空白材质球，将材质球类型设置为 Ink'n Paint，并命名为【蛇】，具体参数设置如图 7-56 所示。

展开【绘制控制】卷展栏，调节【亮区】的颜色为黄绿色（红：141，绿：153，蓝：12），设置【绘制级别】为 5。

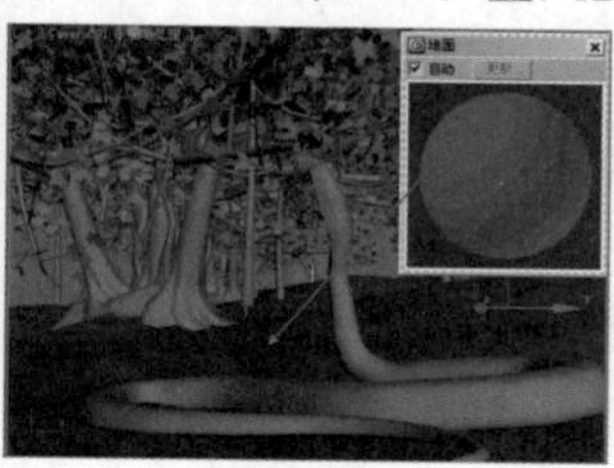

图7-55

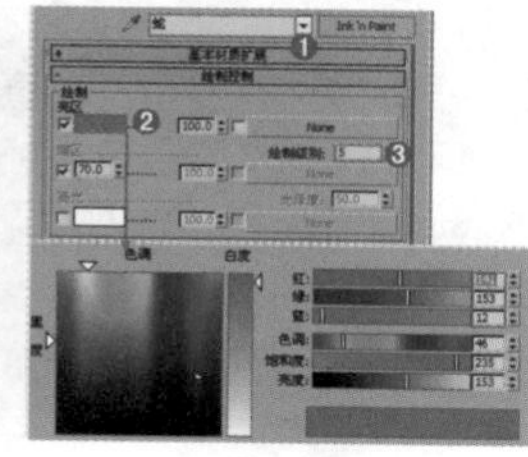

图7-56

步骤 05 将制作好的材质分别赋给场景中的模型，如图 7-57 所示。然后按 F9 键渲染当前场景，最终效果如图 7-58 所示。

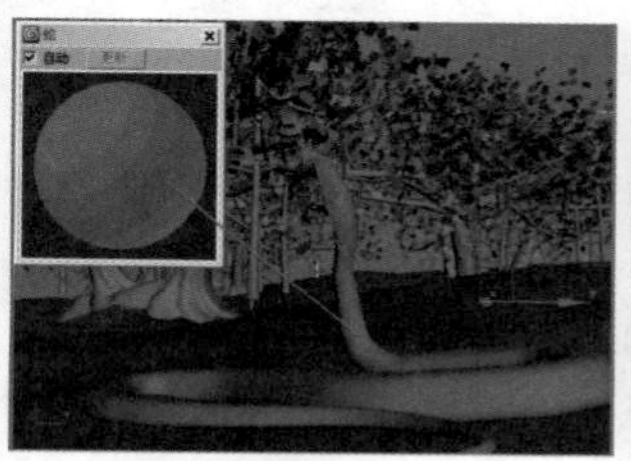

图7-57

图7-58

技巧与提示

在材质制作过程中，有时需要将制作好的材质保存起来，下次需要使用时直接调用即可。在 3ds Max 2014 中完全可以实现，下面进行讲解。

1. 如何保存材质

（1）单击制作好的材质球，并命名为【红漆】，如图 7-59 所示。

（2）在菜单栏中选择【材质】|【获取材质】命令，此时会弹出【材质】|【贴图浏览器】对话框，如图 7-60 所示。

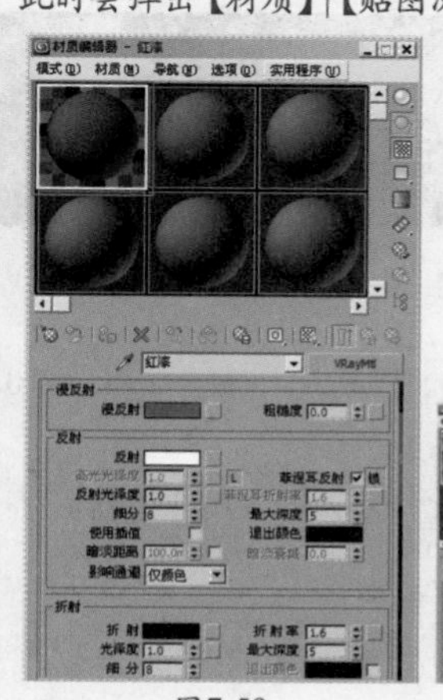

图7-59

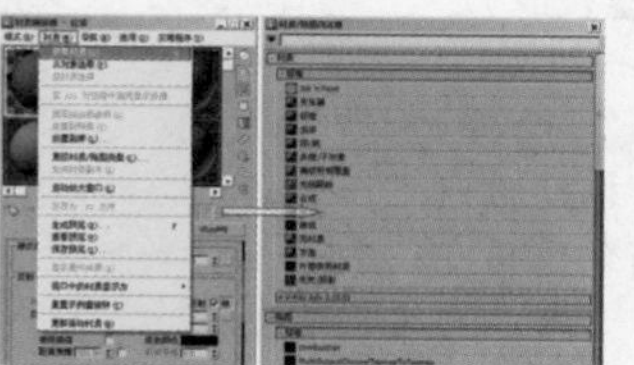

图7-60

（3）单击▼图标，然后选择【新材质库】命令，将其命名为【新库 .mat】，最后单击【保存】按钮，如图 7-61 所示。

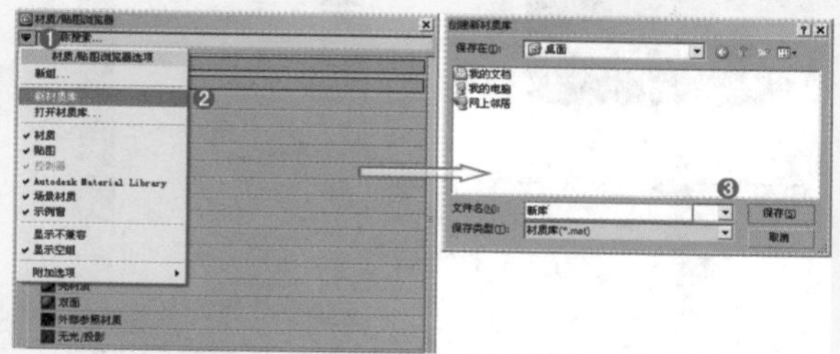

图7-61

（4）单击该材质球，用鼠标左键将其拖曳到【新库】下方，如图 7-62 所示。

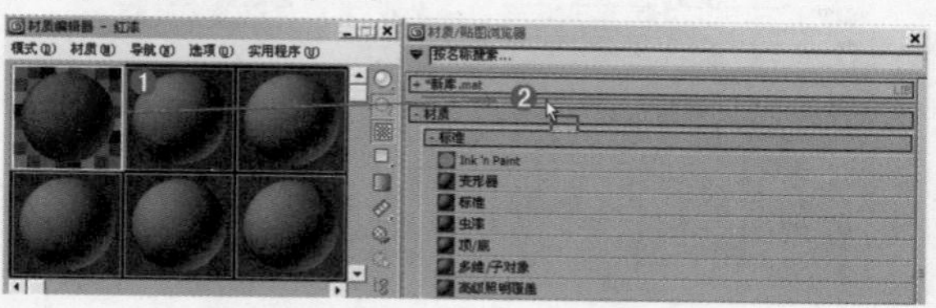

图7-62

（5）此时【新库】下方出现了【红漆】材质，如图 7-63 所示。

（6）在【新库】上右击，选择【保存】命令，如图 7-64 所示。

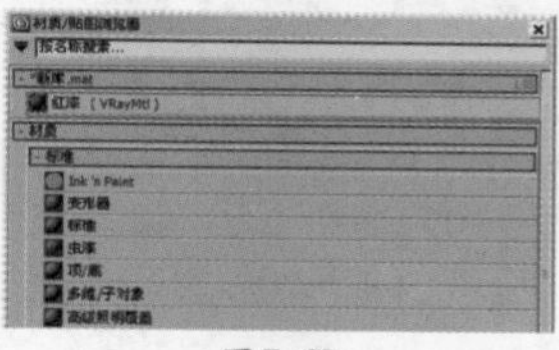

图7-63

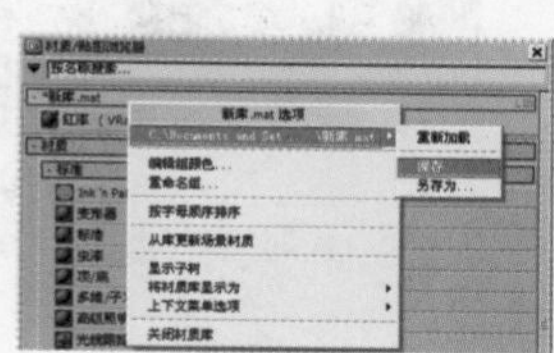

图7-64

（7）此时材质球的文件已保存成功，如图 7-65 所示。

图7-65

2. 如何调用材质

（1）当需要使用刚才保存的材质文件时，单击一个空白的材质球，如图 7-66 所示。

（2）在菜单栏中选择【材质】|【获取材质】命令，如图 7-67 所示。

（3）单击▼图标，然后选择【打开材质库】命令，并选择刚才保存的【新库 .mat】文件，最后单击【打开】按钮，如图 7-68 所示。

（4）此时【新库】中出现了【红漆】选项，将其拖曳到一个空白的材质球上，如图 7-69 所示。

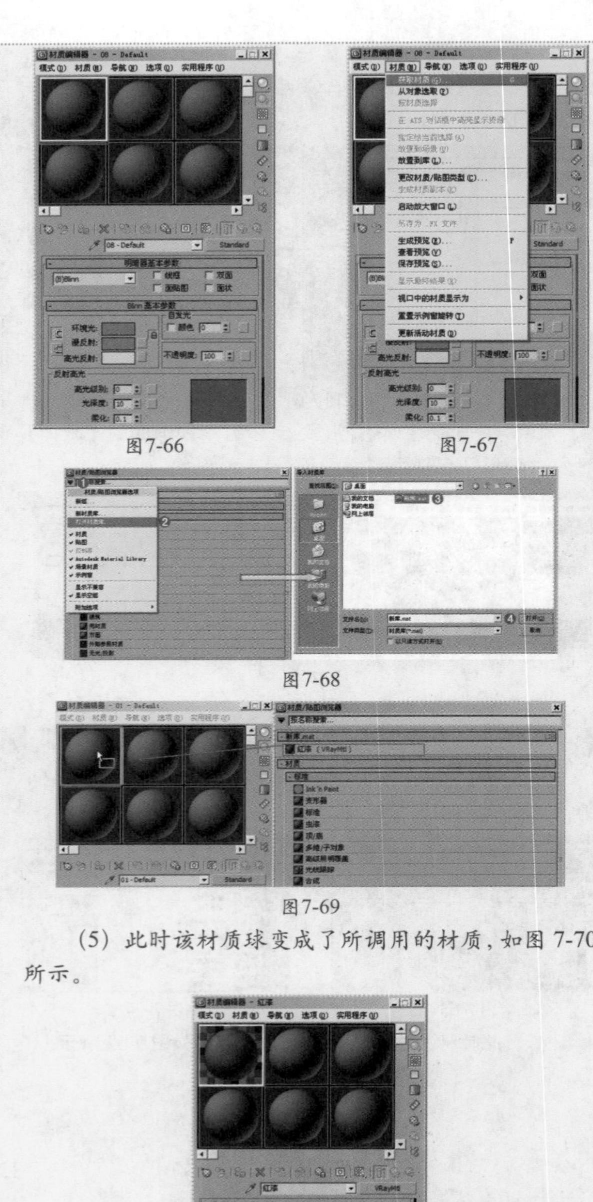

图7-66　图7-67

图7-68

图7-69

（5）此时该材质球变成了所调用的材质，如图 7-70 所示。

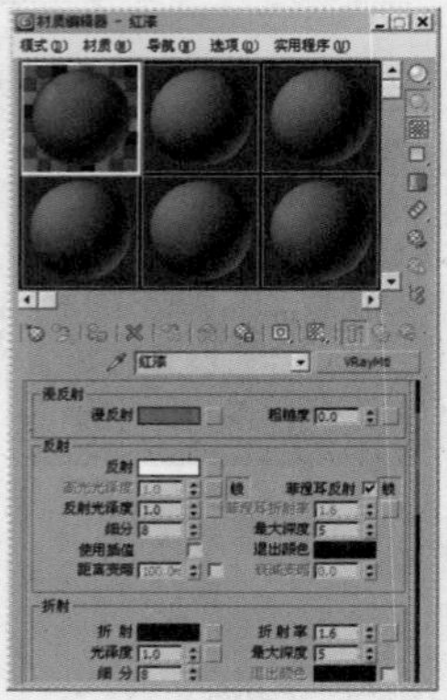

图7-70

7.5.2　VR灯光材质

当设置渲染器为 VRay 渲染器后，在【材质 / 贴图浏览器】对话框中可以找到【VR 灯光材质】，其参数设置面板，如图 7-71 所示。

图7-71

- **颜色**：设置对象自发光的颜色，后面的文本框用设置自发光的强度。
- **不透明度**：可以在后面的通道中加载贴图。
- **背面发光**：选中该复选框，物体会双面发光。
- **补偿摄影机曝光**：控制相机曝光补偿的数值。
- **按不透明度倍增颜色**：在选中该复选框后，将按照不透明度与颜色相乘的方式进行计算。
- **置换**：控制置换的参数。
- **直接照明**：控制间接照明的参数，包括【开启】、【细分】和【中止】。

重点 小实例：利用 VR 灯光材质制作发光物体

场景文件	02.max
案例文件	小实例：利用 VR 灯光材质制作发光物体 .max
视频教学	DVD/ 多媒体教学 /Chapter07/ 小实例：利用 VR 灯光材质制作发光物体 .flv
难易指数	★★★☆☆
材质类型	VR 灯光材质
技术掌握	掌握 VR 灯光材质的运用

实例介绍

本例主要讲解利用 VR 灯光材质制作发光物体，最终渲染效果如图 7-72 所示。

本例的发光材质模拟效果如图 7-73 所示，其基本属性为自发光效果。

图7-72 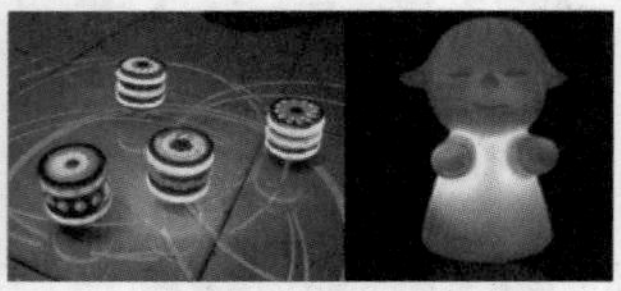　图7-73

操作步骤

步骤 01 打开本书配套光盘中的【场景文件 /Chapter07/02.max】文件，如图 7-74 所示。

步骤 02 按 M 键打开【材质编辑器】对话框，然后选择一个空白材质球，并将材质球类型设置为【VR 灯光材质】，然后命名为【发光 1】，具体参数设置如图 7-75 所示。

展开【参数】卷展栏，调节【颜色】为蓝色（红：74，绿：155，蓝：201），设置数值为 2。

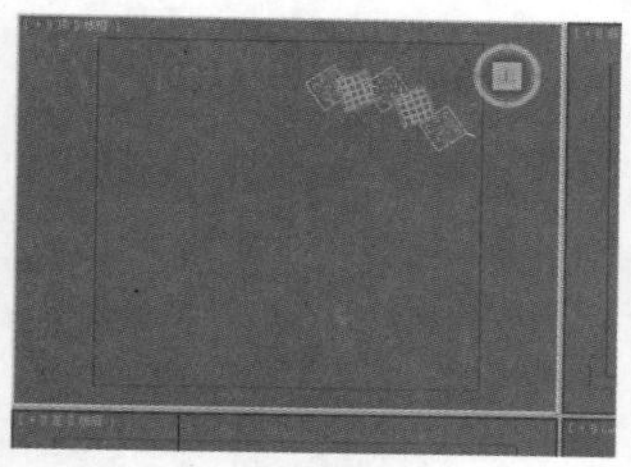

图7-74

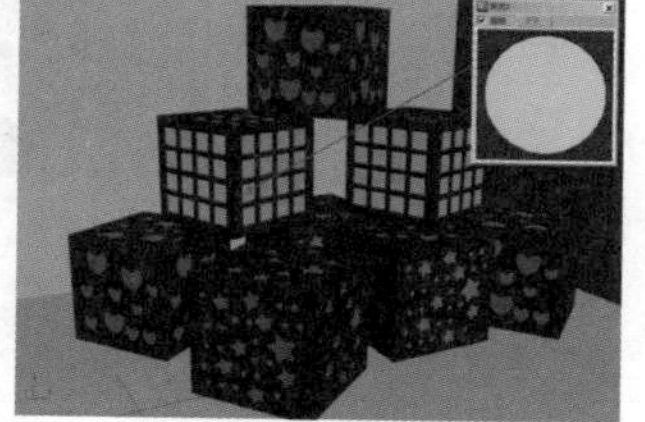

图7-75

步骤 03 将制作好的材质赋给场景中的模型，如图 7-76 所示。

步骤 04 按 M 键打开【材质编辑器】对话框，然后选择一个空白材质球，并将材质球类型设置为【VR 灯光材质】，然后命名为【发光 2】，具体参数设置如图 7-77 所示。

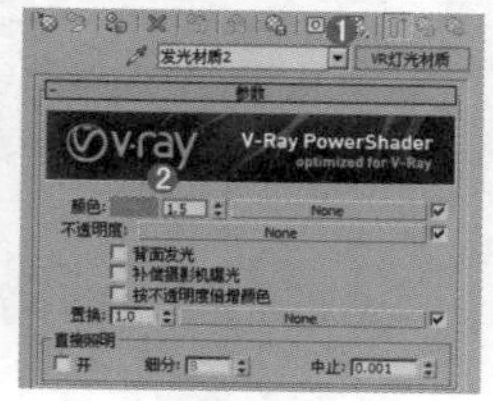

图7-76

展开【参数】卷展栏，调节【颜色】为红色（红：255，绿：70，蓝：70），设置数值为 1.5。

步骤 05 将制作好的材质赋给场景中的模型，如图 7-78 所示。

图7-77

图7-78

步骤 06 将剩余的材质制作完成，并赋给相应的物体，如图 7-79 所示。最终效果如图 7-80 所示。

图7-79

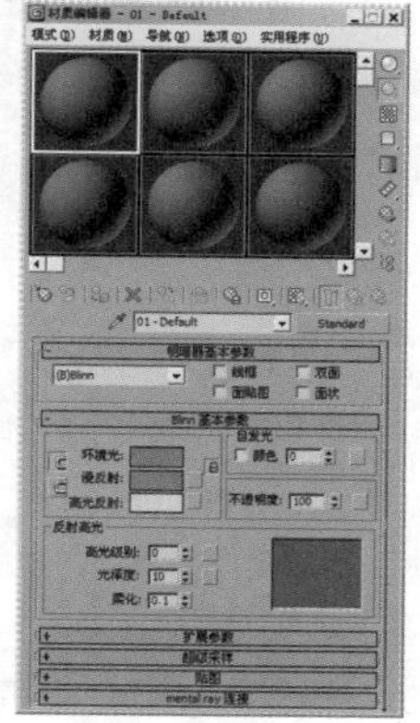

图7-80

7.5.3 标准材质

【标准材质】是作为默认的材质类型出现的，如图 7-81 所示。

图7-81

重点 小实例：利用标准材质制作金属材质

场景文件	03.max
案例文件	小实例：利用标准材质制作金属材质 .max
视频教学	DVD/ 多媒体教学 /Chapter07/ 小实例：利用标准材质制作金属材质 .flv
难易指数	★★★☆☆
材质类型	标准材质
技术掌握	掌握【衰减】、【噪波】和【斑点】程序贴图的应用

实例介绍

本例主要讲解利用标准材质制作金属材质，最终渲染效果如图 7-82 所示。

图7-82

本例的金属材质模拟效果如图 7-83 所示，其基本属性主要有以下 3 点。

1. 有锈状的纹理效果。
2. 有一定的反射。
3. 有一定的凹凸效果。

图7-83

操作步骤

步骤 01 打开本书配套光盘中的【场景文件 /Chapter07/03.max】文件，如图 7-84 所示。

步骤 02 下面制作铜锈材质。选择一个空白材质球，将其命名为【铜锈】。

图7-84

在【漫反射】后面的通道上加载【衰减】程序贴图，设置【衰减类型】为【垂直 / 平行】，【颜色 2】为黄色（红：236，绿：157，蓝：72），并在【颜色 1】的通道上加载【混合】程序贴图，设置【颜色 1】为褐色（红：32，绿：15，蓝：0），【颜色 2】为绿色（红：46，绿：73，蓝：45），如图 7-85 所示。

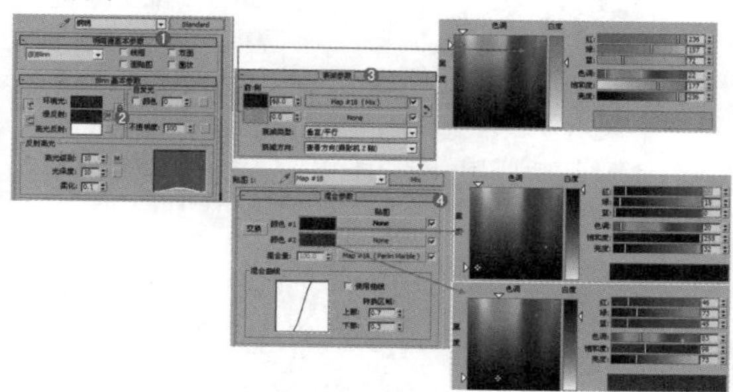

图7-85

在【混合量】通道上加载【大理石】程序贴图，并设置【大小】为 1000，【级别】为 8，【颜色 1】为淡绿色（红：190，绿：190，蓝：161），【颜色 2】为绿色（红：60，绿：89，蓝：60），如图 7-86 所示。

在【高光级别】通道上加载【斑点】程序贴图，并设置【颜色 1】为灰色（红：133，绿：133，蓝：133），【颜色 2】为灰色（红：225，绿：225，蓝：225），【大小】为0.01，【光泽度】为 10，如图 7-87 所示。

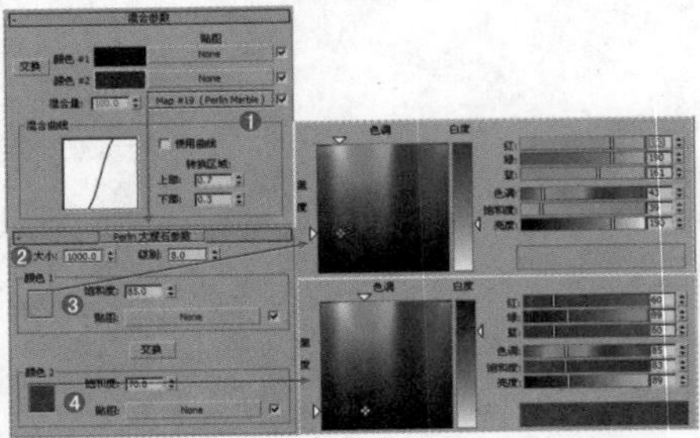

图7-86

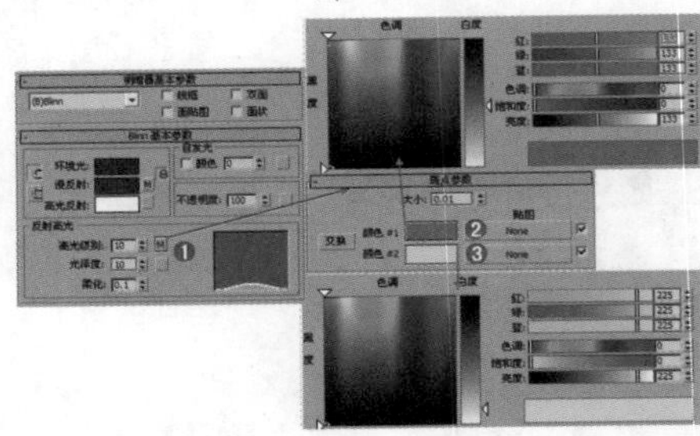

图7-87

展开【贴图】卷展栏，设置【凹凸】为 80，然后在【凹凸】通道上加载【混合】程序贴图。单击进入【混合参数】卷展栏，在【颜色 1】和【颜色 2】通道上分别加载【噪波】程序贴图，在【混合量】通道上加载【大理石】程序贴图，如图 7-88 所示。

在【噪波参数】卷展栏下，设置【大小】为 3，然后单击【转到父对象】，将【颜色 1】通道上的【噪波】程序贴图拖曳到【颜色 2】通道上，最后单击进入【大理石参数】卷展栏，设置【大小】为 20，【级别】为 8，【颜色 1】为淡绿色（红：190，绿：190，蓝：161），【颜色 2】为绿色（红：60，绿：89，蓝：60），如图 7-89 所示。

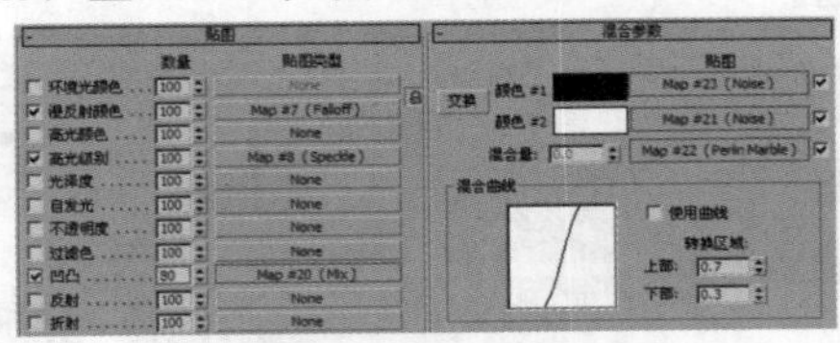

图7-88

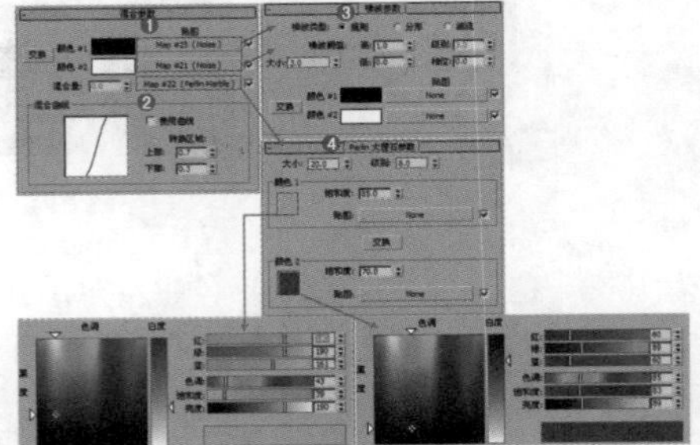

图7-89

步骤 03 将制作好的材质赋给场景中的油画框，如图 7-90 所示。

步骤 04 将剩余的材质制作完成，并赋给相应的物体，如图 7-91 所示。

步骤 05 最终渲染效果如图 7-92 所示。

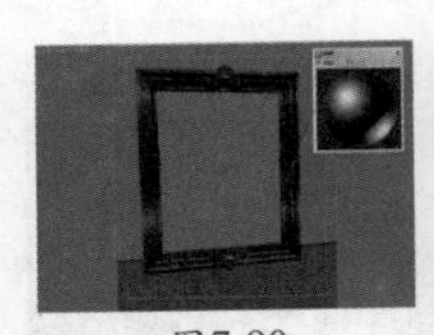

图7-90

图7-91

图7-92

7.5.4 顶/底材质

【顶 / 底】材质可以为对象的顶部和底部指定两个不同的材质，常用来制作带有上下两种不同效果的材质，其参数设置面板如图 7-93 所示。

图7-93

- **顶材质 / 底材质**：设置顶部与底部材质。
- **交换**：交换【顶材质】与【底材质】的位置。
- **世界**：按照场景的世界坐标让各个面朝上或朝下。旋转对象时，顶面和底面之间的边界仍然保持不变。
- **局部**：按照场景的局部坐标让各个面朝上或朝下。旋转对象时，材质将随着对象旋转。
- **混合**：混合顶部子材质和底部子材质之间的边缘。
- **位置**：设置两种材质在对象上划分的位置。

如图 7-94 所示为使用顶 / 底材质制作的作品效果。

图7-94

重点 小实例：利用顶 / 底材质制作雪材质

场景文件	04.max
案例文件	小实例：利用顶 / 底材质制作雪材质 .max
视频教学	DVD/ 多媒体教学 /Chapter07/ 小实例：利用顶 / 底材质制作雪材质 .flv
难易指数	★★★☆☆
材质类型	顶 / 底材质
技术掌握	掌握顶 / 底材质制作雪材质

实例介绍

本例主要讲解利用顶 / 底材质制作雪材质，最终渲染效果如图 7-95 所示。

图7-95

本例的雪材质模拟效果如图 7-96 所示。其基本属性主要有以下两点。

❶材质分为顶和底两部分。
❷带有一定的凹凸。

图7-96

操作步骤

步骤01 打开本书配套光盘中的【场景文件/Chapter07/04.max】文件，如图7-97所示。

步骤02 按M键打开【材质编辑器】对话框，选择第一个材质球，单击 Standard 按钮，在弹出的【材质/贴图浏览器】对话框中选择【顶/底】材质，如图7-98所示。

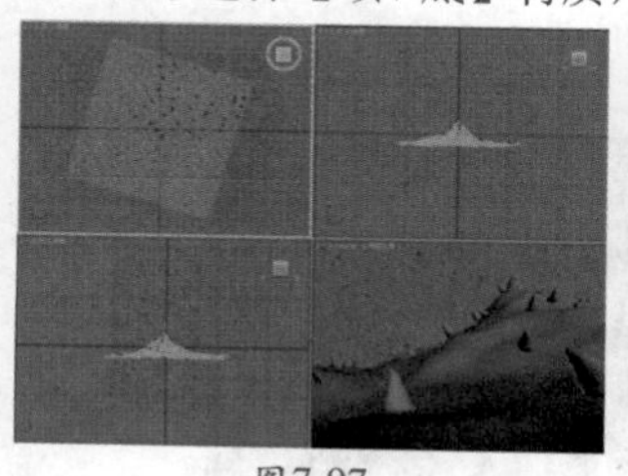
图7-97

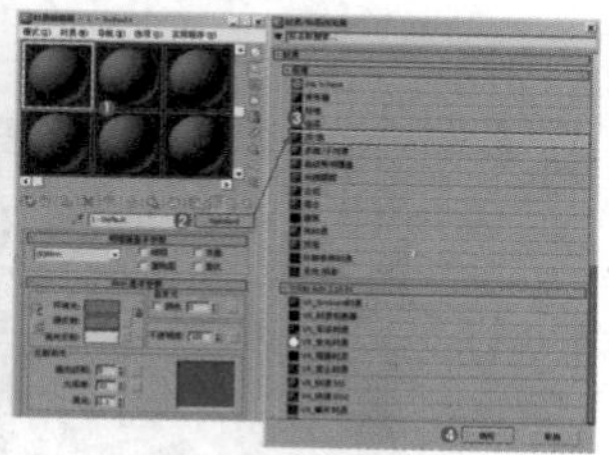
图7-98

步骤03 将材质命名为Mountain，展开【顶/底基本参数】卷展栏，分别在【顶材质】和【底材质】后面的通道上加载Standard材质，并设置【混合】为10，【位置】为88，如图7-99所示。

步骤04 单击进入【顶材质】的通道中，并调节【雪材质】，具体参数如图7-100所示。

在【Blinn基本参数】卷展栏，调节【漫反射】颜色为白色（红：255，绿：255，蓝：255）。

在【贴图】卷展栏，选中【凹凸】，设置数量为50，在【凹凸】后面的通道上加载【噪波】程序贴图。

单击进入【凹凸】的通道中，在【噪波参数】卷展栏下设置【噪波类型】为【规则】，【大小】为6。

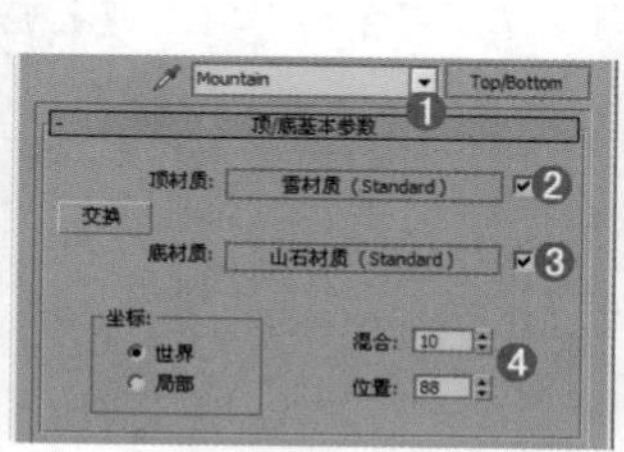

图7-99

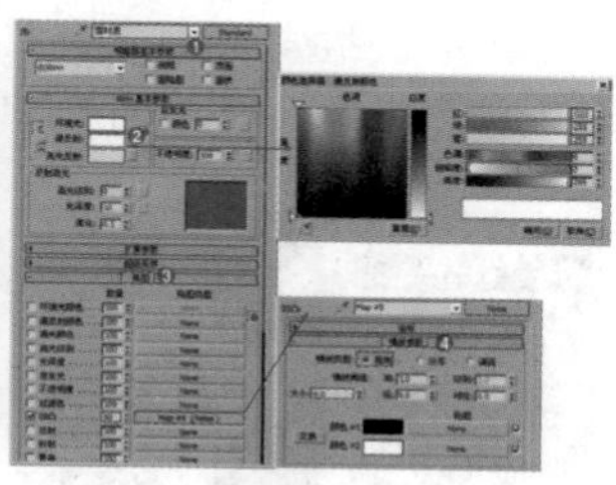
图7-100

步骤05 单击进入【底材质】的通道中，并调节【山石材质】，具体参数如图7-101所示。

在【Blinn基本参数】卷展栏，调节【漫反射】颜色为深灰色（红：35，绿：35，蓝：35）。

在【贴图】卷展栏，选中【凹凸】，设置数量为600，并在【凹凸】后面的通道上加载【噪波】程序贴图。

单击进入【凹凸】的通道中，在【噪波参数】卷展栏下设置【噪波类型】为【分形】，【大小】为0.1，【噪波阈值】的【高】和【低】分别为0.7和0.3，【级别】为10。

步骤06 将制作好的材质赋给场景中雪山的模型，如图7-102所示。

步骤07 最终渲染效果如图7-103所示。

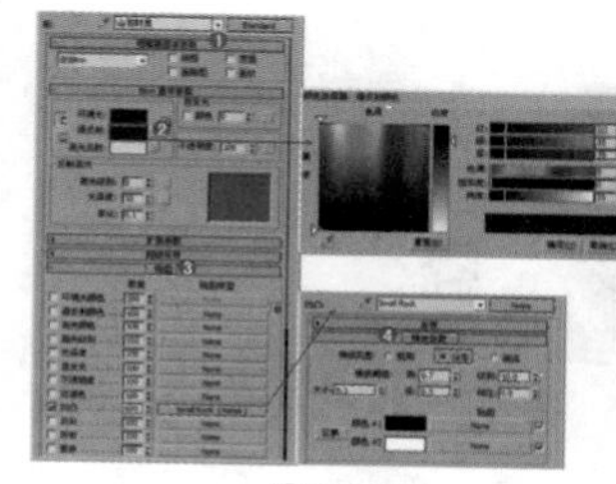
图7-101

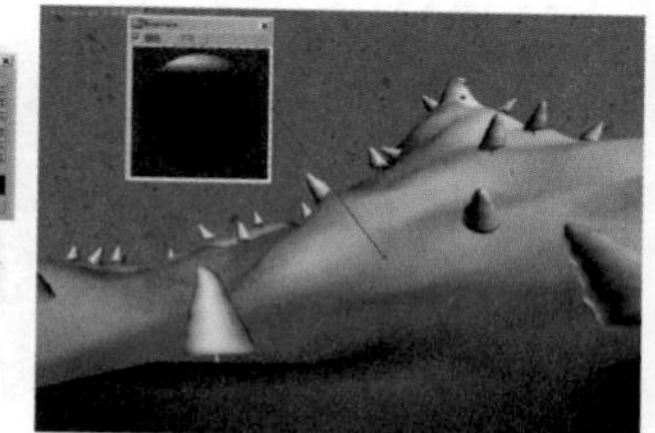
图7-102

图7-103

7.5.5 混合材质

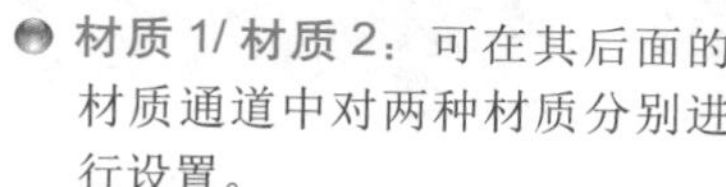

【混合】材质可以在模型的单个面上将两种材质通过一定的百分比进行混合，其参数设置面板如图7-104所示。

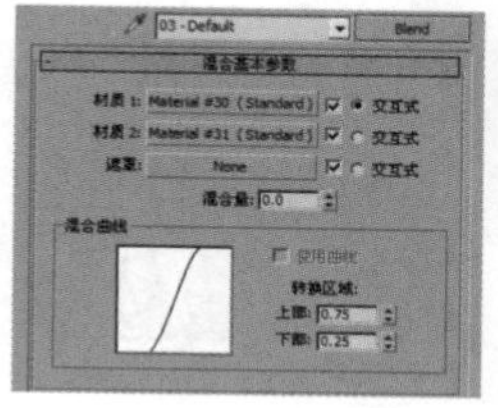
图7-104

- **材质1/材质2**：可在其后面的材质通道中对两种材质分别进行设置。
- **遮罩**：可以选择一张贴图作为遮罩。利用贴图的灰度值可以决定【材质1】和【材质2】的混合情况。
- **混合量**：控制两种材质混合百分比。如果使用遮罩，则【混合量】选项将不起作用。
- **交互式**：用来选择哪种材质在视图中以实体着色方式显示在物体的表面。
- **混合曲线**：对遮罩贴图中的黑白色过渡区进行调节。
- **使用曲线**：控制是否使用【混合曲线】来调节混合效果。
- **上部**：用于调节【混合曲线】的上部。
- **下部**：用于调节【混合曲线】的下部。

重点 小实例：利用混合材质制作灯罩材质

场景文件	05.max
案例文件	小实例：利用混合材质制作灯罩材质.max
视频教学	DVD/多媒体教学/Chapter07/小实例：利用混合材质制作灯罩材质.flv
难易指数	★★★☆☆
材质类型	VRayMtl、混合材质
技术掌握	掌握VRayMtl、混合材质的运用

实例介绍

本例主要使用VRayMt1和混合材质制作灯罩材质，最终渲染效果如图 7-105 所示。

图 7-105

本例的材质模拟效果如图 7-106 所示，其基本属性主要有以下两点。

❶带有花纹。

❷带有半透明属性。

图 7-106

操作步骤

Part 1【花纹灯罩】材质的制作

步骤 01 打开本书配套光盘中的【场景文件 /Chapter07/05.max】文件，此时场景效果如图 7-107 所示。

步骤 02 按 M 键打开【材质编辑器】对话框，选择第 1 个材质球，单击 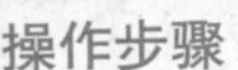 按钮，在弹出的【材质 / 贴图浏览器】对话框中选择【混合】材质，如图 7-108 所示。

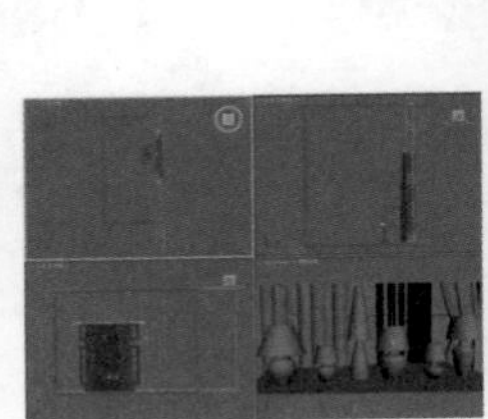

图 7-107

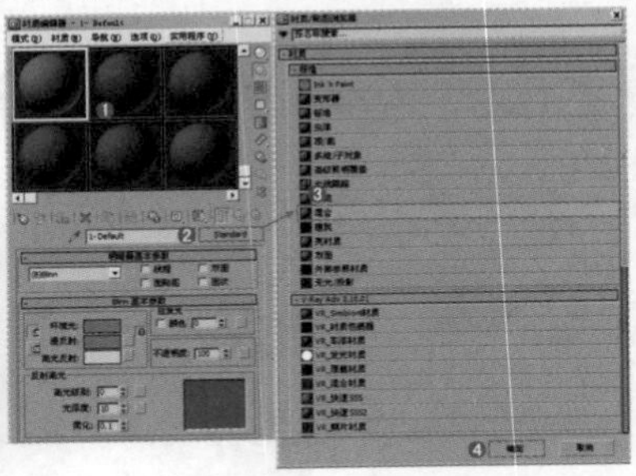

图 7-108

步骤 03 将材质命名为【花纹灯罩】，下面调节其具体的参数，如图 7-109 所示。

步骤 04 展开【混合基本参数】卷展栏，将【材质 1】命名为 1，并设置材质为 VRayMtl，具体参数设置如图 7-110 所示。

在【漫反射】选项组下调节颜色为灰色（红：128，绿：128，蓝：128）。

在【折射】选项组下调节颜色为灰色（红：148，绿：148，蓝：148），设置【光泽度】为 0.8，【细分】为 20。

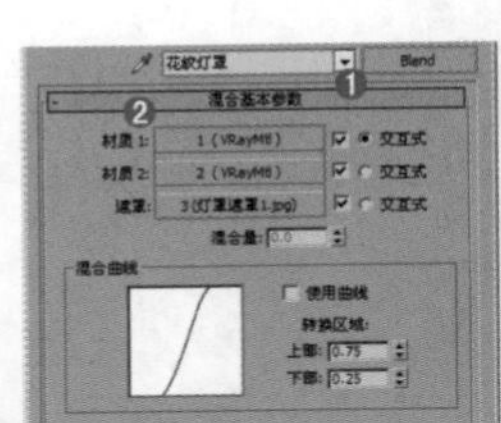

图 7-109

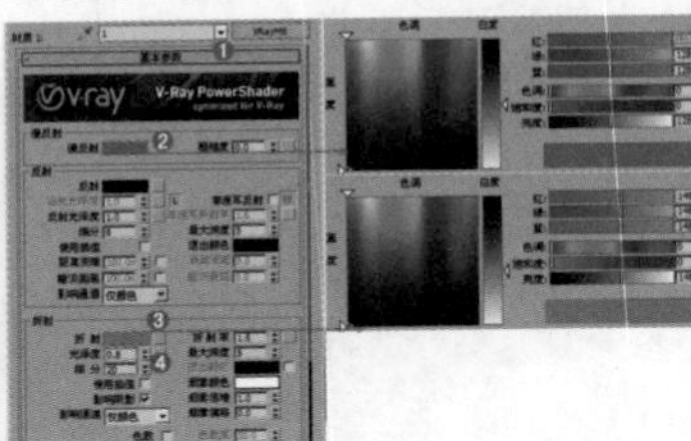

图 7-110

步骤 05 在【混合基本参数】卷展栏将【材质 2】命名为 2，并设置材质为 VRayMtl，具体参数设置如图 7-111 所示。

在【漫反射】选项组下调节颜色为红色（红：186，绿：22，蓝：22）。

在【折射】选项组下调节颜色为深灰色（红：61，绿：61，蓝：61），设置【光泽度】为 0.6，【细分】为 20。

步骤 06 在【混合基本参数】卷展栏中将【遮罩】命名为 3，并在其通道上加载一个【灯罩遮罩 .jpg】贴图文件，如图 7-112 所示。

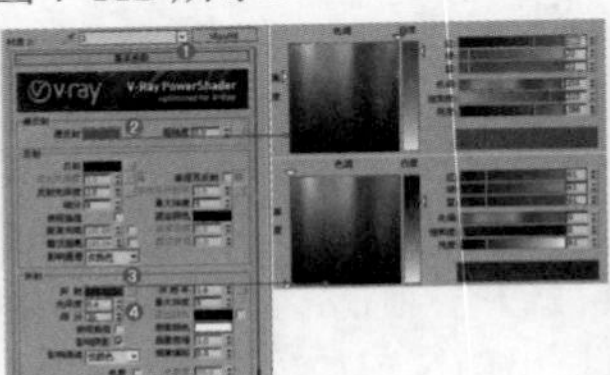

图 7-111

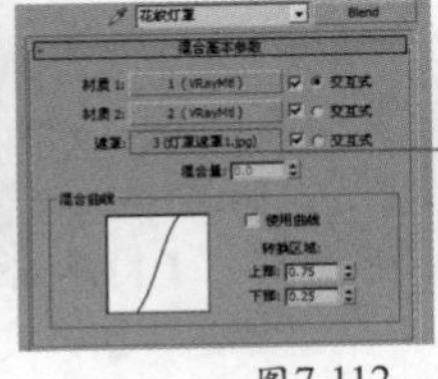

图 7-112

步骤 07 将制作完毕的花纹灯罩材质赋给场景中第 3 个模型，如图 7-113 所示。

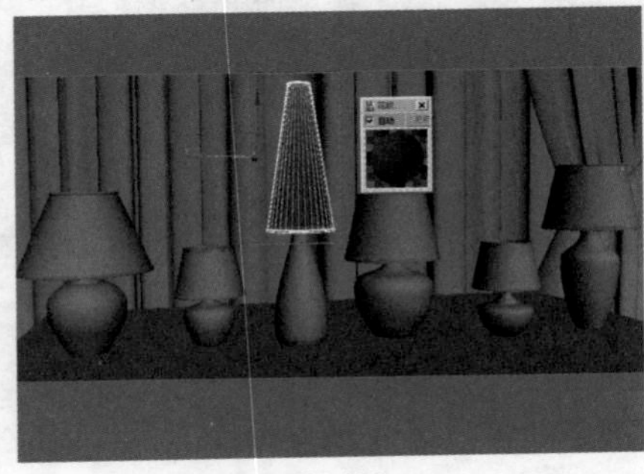

图 7-113

Part 2 【镂空灯罩】材质的制作

步骤 01 选择一个空白材质球，然后将【材质球类型】设置为 VRayMtl，并命名为【镂空灯罩】。

在【漫反射】选项组下调节颜色为浅黄色（红：211，绿：206，蓝：181），在【折射】选项组下调节颜色为深灰色（红：56，绿：56，蓝：56），设置【光泽度】为 0.6，【细分】为 20，如图 7-114 所示。

展开【贴图】卷展栏，在【不透明度】后面的通道上加载【遮罩 .jpg】贴图文件，如图 7-115 所示。

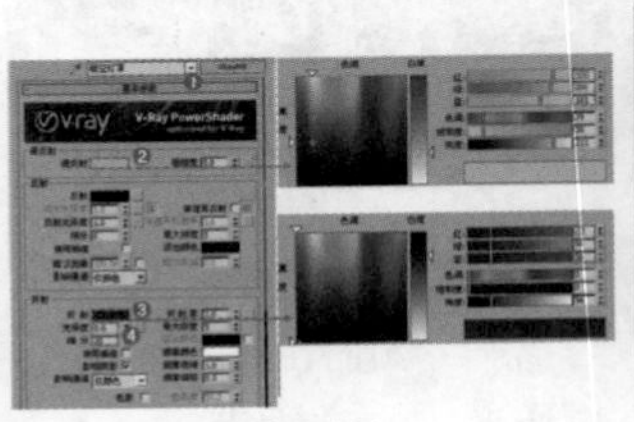

图 7-114

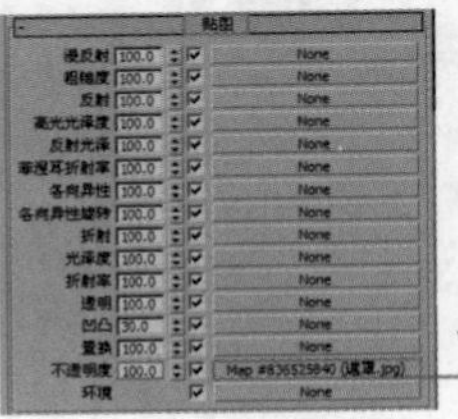

图 7-115

同时为模型添加一个【UVW 贴图】修改器，并设置【贴图】为【长方体】，【长度】为 30mm，【宽度】为 50mm，【高度】为 50mm，【对齐】为 Z，如图 7-116 所示。

步骤 02 将制作完毕的【镂空灯罩】材质赋给场景中的第 1 个模型，如图 7-117 所示。

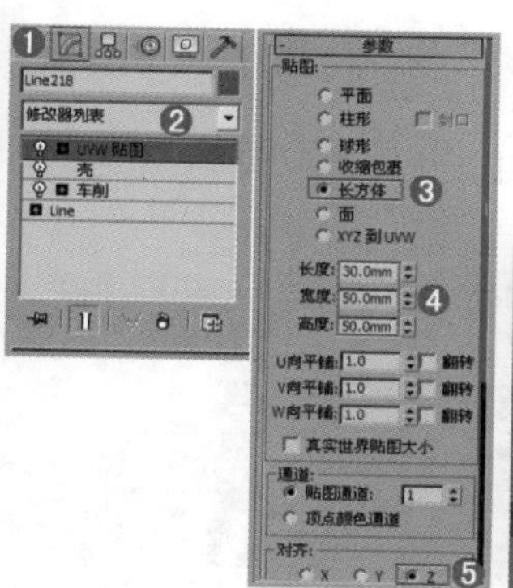

图7-116

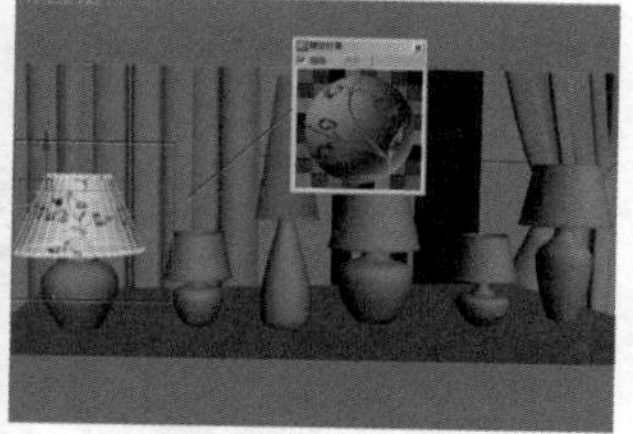

图7-117

Part 3【灯罩】材质的制作

步骤 01 选择一个空白材质球，然后将【材质球类型】设置为VRayMtl，并命名为【灯罩】。

在【漫反射】选项组下调节颜色为浅黄色（红：215，绿：211，蓝：188）；在【折射】选项组下的通道中加载【灯罩.jpg】贴图，设置【光泽度】为0.6，【细分】为20，如图7-118所示。

图7-118

同时为模型添加一个【UVW贴图】修改器，并设置【贴图】为【柱形】，【长度】为60mm，【宽度】为60mm，【高度】为20mm，【对齐】为Z，如图7-119所示。

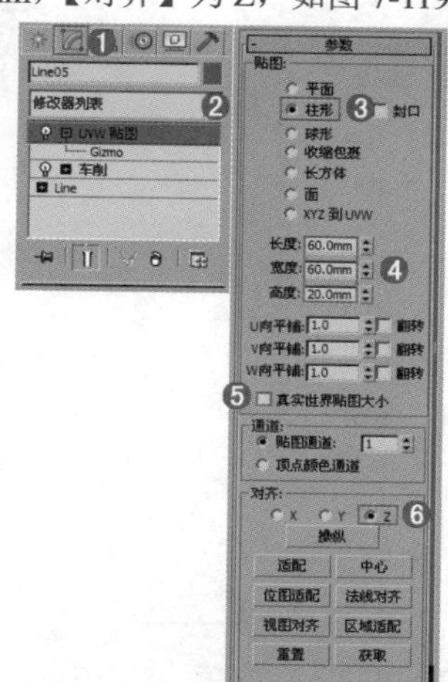

图7-119

步骤 02 将制作完毕的灯罩材质赋给场景中剩余的灯罩模型，如图7-120所示。

步骤 03 最终渲染效果如图7-121所示。

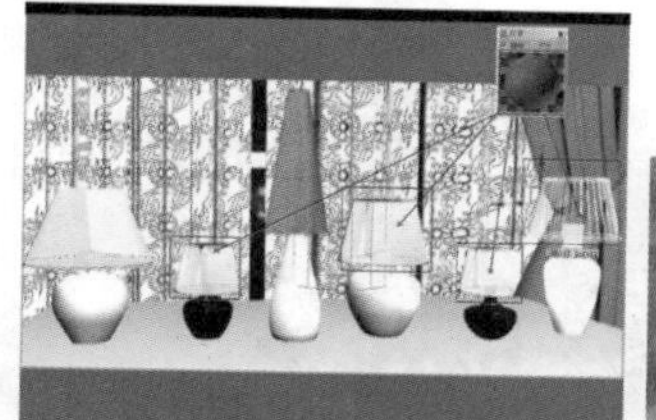

图7-120

图7-121

7.5.6 双面材质

【双面】材质可以使对象的外表面和内表面同时被渲染，并且可以使内外表面有不同的纹理贴图，其参数设置面板如图7-122所示。

图7-122

- 半透明：用来设置【正面材质】和【背面材质】的混合程度。值为0时，【正面材质】在外表面，【背面材质】在内表面；值在0~100之间时，两面材质可以相互混合；值为100时，【背面材质】在外表面，【正面材质】在内表面。
- 正面材质：用来设置物体外表面的材质。
- 背面材质：用来设置物体内表面的材质。

重点 小实例：利用VR双面材质制作扑克牌

场景文件	06.max
案例文件	小实例：利用VR双面材质制作扑克牌.max
视频教学	DVD/多媒体教学/Chapter07/小实例：利用VR双面材质制作扑克牌.flv
难易指数	★★☆☆☆
材质类型	VR双面材质
技术掌握	掌握VR双面材质的运用

实例介绍

本例主要讲解使用VR双面材质制作扑克牌的材质，最终渲染效果如图7-123所示。

图7-123

本例的扑克材质模拟效果如图7-124所示，其基本属性主要有以下两点。

①正面和反面为不同的贴图。

②略带有模糊反射。

图7-124

操作步骤

步骤 01 打开本书配套光盘中的【场景文件 /Chapter07/06.max】文件，此时场景效果如图 7-125 所示。

步骤 02 按 M 键打开【材质编辑器】对话框，选择第 1 个材质球，单击 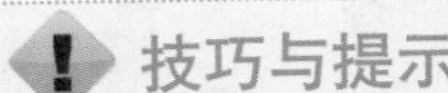

按钮，在弹出的【材质 / 贴图浏览器】对话框中选择【VR 双面材质】，如图 7-126 所示。

图7-125

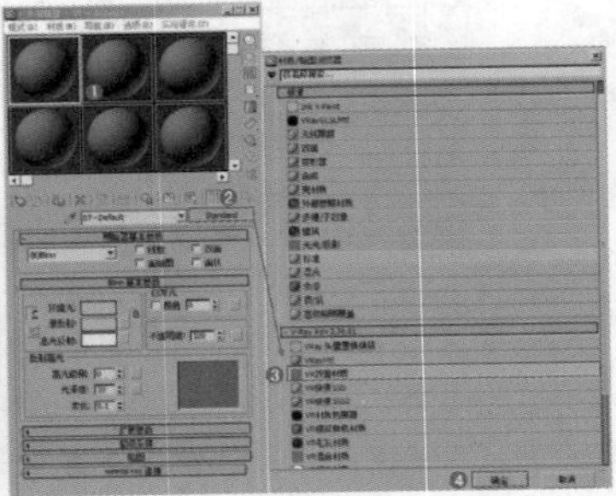

图7-126

技巧与提示

【VR 双面材质】中的【正面材质】也可以不应用在几何体的正面部分，可以交换正面和背面材质来得到需要的效果。

步骤 03 将材质命名为【扑克牌 1】，下面调节其具体参数，如图 7-127 所示。

展开【参数】卷展栏，在【正面材质】通道上加载 VRayMtl，接着在【背面材质】通道上加载 VRayMtl。

步骤 04 单击进入【正面材质】后面的通道中，并进行调节，如图 7-128 所示。

在【漫反射】后面的通道上加载 K.jpg 贴图文件，设置【模糊】为 0.01。

在【反射】选项组下调节颜色为深灰色（红：36，绿：36，蓝：36），设置【高光光泽度】为 0.8，【反射光泽度】为 0.85，【细分】为 15。

图7-127

图7-128

技巧与提示

要在【正面材质】和【背面材质】后面的通道中使用 VRayMtl 材质，否则渲染后得不到需要的效果。

步骤 05 单击进入【背面材质】后面的通道中，并进行调节，如图 7-129 所示。

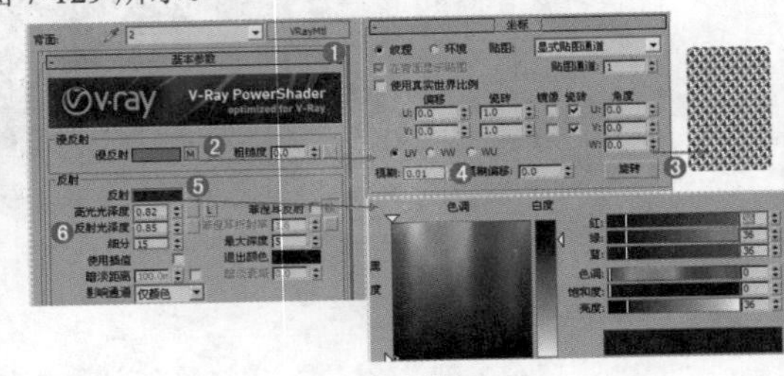

图7-129

在【漫反射】选项组下的通道上加载【背面 .jpg】贴图文件，设置【模糊】为 0.01。

在【反射】选项组下调节颜色为深灰色（红：36，绿：36，蓝：36），设置【高光光泽度】为 0.82，【反射光泽度】为 0.85，【细分】为 15。

图7-130

步骤 06 将调节好的材质赋给场景中扑克牌的模型，此时场景效果如图 7-130 所示。

步骤 07 将剩余的材质制作完成，并赋给相应的物体，如图 7-131 所示。最终渲染效果如图 7-132 所示。

图7-131

图7-132

7.5.7 VRayMtl

VRayMtl 是使用范围最广泛的一种材质，常用于制作室内外效果图。它除了能完成一些反射和折射效果外，还能出色地表现出 SSS 以及 BRDF 等效果，其参数设置面板如图 7-133 所示。

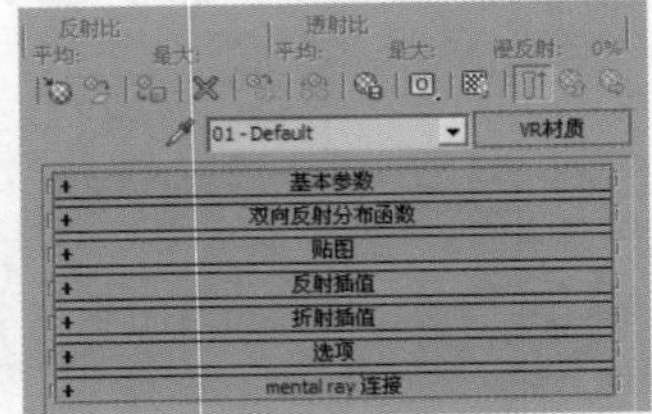

图7-133

1．基本参数

展开【基本参数】卷展栏，如图 7-134 所示。

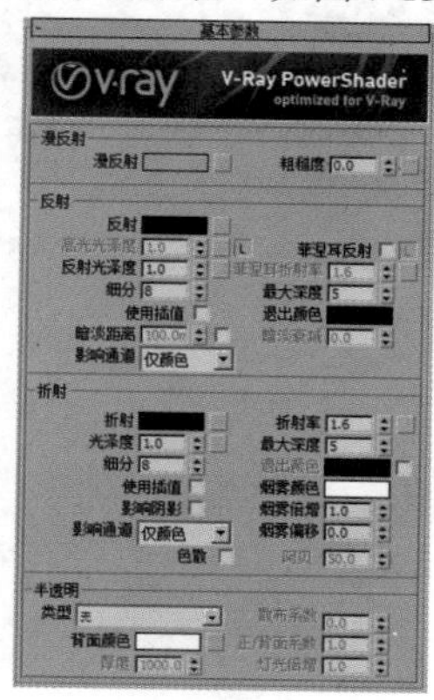

图7-134

（1）漫反射

- 漫反射：物体的漫反射用来决定物体的表面颜色。通过单击其色块，可以调整自身的颜色。单击右边的▇按钮可以选择不同的贴图类型。
- 粗糙度：数值越大，粗糙效果越明显，可以用该选项来模拟绒布的效果。

技巧与提示

漫反射被称为固有色，用来控制物体的基本颜色，当单击漫反射右边的▇按钮添加贴图时，漫反射颜色将不再起作用。

（2）反射

- 反射：这里的反射是靠颜色的灰度来控制的，颜色越白，反射越亮；越黑，反射越弱。而这里选择的颜色则是反射出来的颜色，与反射的强度是分开计算的。单击旁边的▇按钮，可以使用贴图的灰度来控制反射的强弱。
- 菲涅耳反射：选中该复选框，反射强度会与物体的入射角度有关系，入射角度越小，反射越强烈；当垂直入射时，反射强度最弱。同时，菲涅耳反射的效果也和下面的【菲涅耳折射率】有关。当【菲涅耳折射率】为 0 或 100 时，将产生完全反射；而当【菲涅耳折射率】从 1 变化到 0 或从 1 变化到 100 时，反射也越强烈。

技巧与提示

【菲涅耳反射】是模拟真实世界中的一种反射现象，反射的强度与摄影机的视点和具有反射功能的物体的角度有关。角度值接近 0 时，反射最强；当光线垂直于表面时，反射功能最弱，这也是物理世界中的现象。

- 菲涅耳折射率：在【菲涅耳反射】中，菲涅耳现象的强弱衰减率可以用该选项来调节。
- 高光光泽度：控制材质的高光大小，默认情况下和【反射光泽度】一起关联控制，可以通过单击旁边的【锁】按钮▇来解除锁定，从而可以单独调整高光的大小。
- 反射光泽度：通常也被称为【反射模糊】。物理世界中所有的物体都有反射光泽度，只是或多或少而已。默认值 1 表示没有模糊效果，而比较小的值表示模糊效果越强烈。单击右边的▇按钮，可以通过贴图的灰度来控制反射模糊的强弱。
- 细分：用来控制【反射光泽度】的品质，较大的值可以取得较平滑的效果；而较小的值可以让模糊区域产生颗粒效果。注意，细分值越大，渲染速度越慢。
- 使用插值：当选中该复选框时，VRay 能够使用类似于【发光贴图】的缓存方式来加快反射模糊的计算。
- 最大深度：是指反射的次数，数值越高效果越真实，但渲染时间也更长。
- 退出颜色：当物体的反射次数达到最大次数时就会停止计算反射，这时由于反射次数不够造成的反射区域的颜色就用退出颜色来代替。
- 暗淡距离：该选项用来控制暗淡距离的数值。
- 暗淡衰减：该选项用来控制暗淡衰减的数值。
- 影响通道：该选项用来控制是否影响通道。

（3）折射

- 折射：与反射的原理一样，颜色越白，物体越透明，进入物体内部产生折射的光线也就越多；颜色越黑，物体越不透明，产生折射的光线也就越少。单击右边的▇按钮，可以通过贴图的灰度来控制折射的强弱。
- 折射率：设置透明物体的折射率。

技巧与提示

真空的折射率是 1，水的折射率是 1.33，玻璃的折射率是 1.5，水晶的折射率是 2，钻石的折射率是 2.4，这些都是制作效果图常用的折射率。

- 光泽度：用来控制物体的折射模糊程度。值越小，模糊程度越明显；默认值为 1，不产生折射模糊。单击右边的▇按钮，可以通过贴图的灰度来控制折射模糊的强弱。
- 细分：用来控制折射模糊的品质，较高的值可以得到比较光滑的效果，但是渲染速度会变慢；而较低的值可以使模糊区域产生杂点，但是渲染速度会变快。
- 使用插值：当选中该复选框时，VRay 能够使用类似于【发光贴图】的缓存方式来加快【光泽度】的计算。
- 影响阴影：该选项用来控制透明物体产生的阴影。选中该复选框时，透明物体将产生真实的阴影（注意，该选项仅对【VRay 光源】和【VRay 阴影】有效）。
- 烟雾颜色：该选项可以让光线通过透明物体后变少，与物理世界中的半透明物体一样。该选项颜色值和物体的尺寸有关，厚的物体颜色需要设置淡一点才有效果。
- 烟雾倍增：可以理解为烟雾的浓度。值越大，雾越浓，光线穿透物体的能力越差。不推荐使用大于 1 的值。

- **烟雾偏移**：控制烟雾的偏移，较小的值会使烟雾向摄影机的方向偏移。
- **色散**：选中该选项后将开启折射的色散效果。
- **阿贝**：该选项只有在开启色散选项时才可以修改，主要用来控制色散的强度。

（4）半透明

- **类型**：半透明效果（也叫3S效果）的类型有3种，一种是【硬（腊）模型】，如蜡烛；一种是【软（水）模型】，如海水；还有一种是【混合模型】。
- **背面颜色**：用来控制半透明效果的颜色。
- **厚度**：用来控制光线在物体内部被追踪的深度，也可以理解为光线的最大穿透能力。较大的值，会让整个物体都被光线穿透；较小的值，可以让物体比较薄的地方产生半透明现象。
- **散射系数**：物体内部的散射总量。0表示光线在所有方向被物体内部散射；1表示光线在一个方向被物体内部散射，而不考虑物体内部的曲面。
- **正/背面系数**：控制光线在物体内部的散射方向。0表示光线沿着灯光发射的方向向前散射；1表示光线沿着灯光发射的方向向后散射；0.5表示这两种情况各占一半。
- **灯光倍增**：设置光线穿透能力的倍增值。值越大，散射效果越强。

2．双向反射分布函数

展开【双向反射分布函数】卷展栏，如图7-135所示。

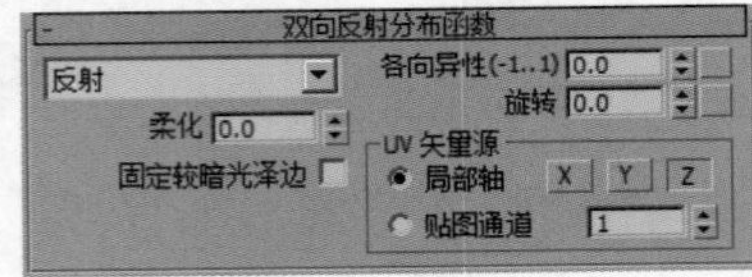

图7-135

- **明暗器列表**：包含3种明暗器类型，分别是多面、反射和沃德。多面适合硬度很高的物体，高光区很小；反射适合大多数物体，高光区适中；沃德适合表面柔软或粗糙的物体，高光区最大。
- **各向异性**：控制高光区域的形状，可以用该参数来设置拉丝效果。
- **旋转**：控制高光区的旋转方向。
- **UV矢量源**：控制高光形状的轴向，也可以通过贴图通道来设置。
- **局部轴**：有X、Y、Z 3个轴可供选择。
- **贴图通道**：可以使用不同的贴图通道与UVW贴图进行关联，从而实现一个物体在多个贴图通道中使用不同的UVW贴图，这样可以得到各自相对应的贴图坐标。

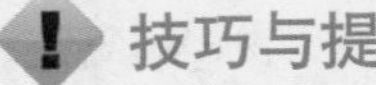

双向反射在物理世界中随处可见，主要可以控制高光的形状和方向，常在金属、玻璃和陶瓷等制品中看到。如图7-136所示为不同双向反射参数的对比效果。

图7-136

3．选项

展开【选项】卷展栏，如图7-137所示。

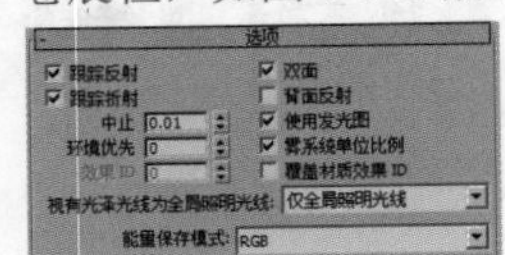

图7-137

- **跟踪反射**：控制光线是否追踪反射。取消选中该复选框，VRay将不渲染反射效果。
- **跟踪折射**：控制光线是否追踪折射。取消选中该复选框，VRay将不渲染折射效果。
- **中止**：中止选定材质的反射和折射的最小阈值。
- **环境优先**：控制【环境优先】的数值。
- **效果ID**：该选项控制设置效果的ID。
- **双面**：控制VRay渲染的面是否为双面。
- **背面反射**：选中该复选框，将强制VRay计算反射物体的背面产生反射效果。
- **使用发光图**：控制选定的材质是否使用【发光图】。
- **雾系统单位比例**：控制是否启用雾系统的单位比例。
- **覆盖材质效果ID**：控制是否启用覆盖材质效果的ID。
- **视有光泽光线为全局照明光线**：该选项在效果图制作中一般都默认设置为【仅全局光线】。
- **能量保存模式**：该选项在效果图制作中一般都默认设置为RGB模型，因为这样可以得到彩色效果。

4．贴图

展开【贴图】卷展栏，如图7-138所示。

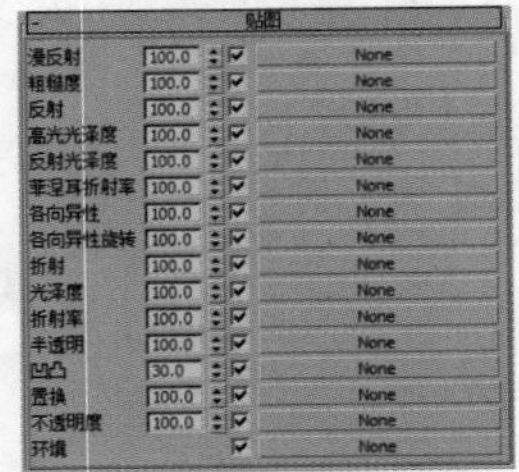

图7-138

- **凹凸**：主要用于制作物体的凹凸效果，在后面的通道中可以加载凹凸贴图。
- **置换**：主要用于制作物体的置换效果，在后面的通道中可以加载置换贴图。
- **半透明**：主要用于制作透明物体，如窗帘、灯罩等。
- **环境**：主要是针对上面的一些贴图而设定的，如反射、折射等，只是在其贴图的效果上加入了环境贴图效果。

5．反射插值 / 折射插值

展开【反射插值】和【折射插值】卷展栏，如图 7-139 所示。这两个卷展栏下的参数只有在【基本参数】卷展栏中的【反射】或【折射】选项组下选中【使用插值】复选框时才起作用。

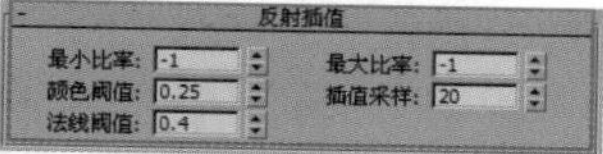

图 7-139

- **最小比率**：在反射对象不丰富（颜色单一）的区域使用该参数所设置的数值进行插补。值越大，精度就越高，反之精度就越低。
- **最大比率**：在反射对象比较丰富（图像复杂）的区域使用该参数所设置的数值进行插补。值越大，精度就越高，反之精度就越低。
- **颜色阈值**：指的是插值算法的颜色敏感度。值越大，敏感度就越低。
- **法线阈值**：指的是物体的交接面或细小的表面的敏感度。值越大，敏感度就越低。
- **插值采样**：用于设置反射插值时所用的样本数量。值越大，效果越平滑模糊。

技巧与提示

由于【折射插值】卷展栏中的参数与【反射插值】卷展栏中的参数相似，因此这里不再进行讲解。

重点 小实例：利用 VRayMtl 材质制作玻璃材质

场景文件	07.max
案例文件	小实例：利用 VRayMtl 材质制作玻璃材质 .max
视频教学	DVD/ 多媒体教学 /Chapter07/ 小实例：利用 VRayMtl 材质制作玻璃材质 .flv
难易指数	★★★★★
材质类型	VRayMtl 材质
程序贴图	【衰减】程序贴图
技术掌握	掌握【折射】选项组中【烟雾倍增】参数的运用

实例介绍

本例最终渲染效果如图 7-140 所示。

图 7-140

本例的玻璃材质模拟效果如图 7-141 所示，其基本属性主要有以下 3 点。

❶颜色为无色。

❷完全透明。

❸带有一定的反射。

图 7-141

本例的酒瓶材质模拟效果如图 7-142 所示，其基本属性主要有以下两点。

❶带有一定的折射。

❷带有颜色。

图 7-142

操作步骤

Part 1【玻璃】材质的制作

步骤 01 打开本书配套光盘中的【场景文件 /Chapter07/07.max】文件，此时场景效果如图 7-143 所示。

步骤 02 按 M 键打开【材质编辑器】对话框，选择第 1 个材质球，单击 Standard 按钮，在弹出的【材质 / 贴图浏览器】对话框中选择 VRayMtl，如图 7-144 所示。

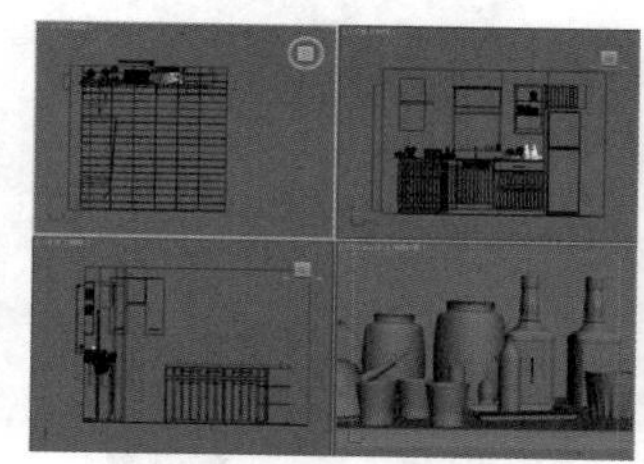

图 7-143

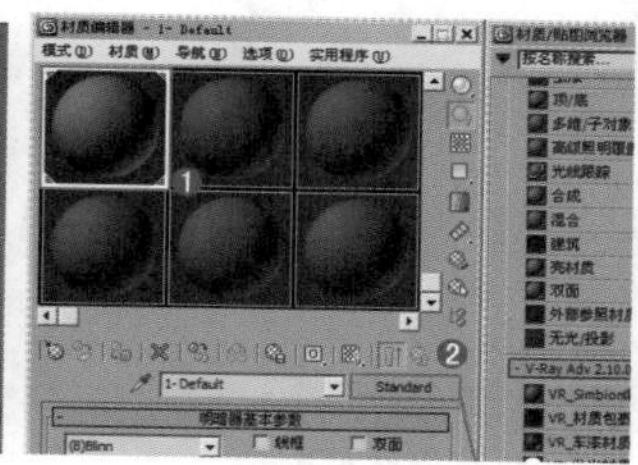

图 7-144

步骤 03 将材质命名为【玻璃】，下面调节其具体的参数，如图 7-145 所示。

在【漫反射】选项组下调节颜色为土黄色（红：135，绿：89，蓝：40）。

在【反射】选项组下调节颜色为深灰色（红：72，绿：72，蓝：72），设置【高光光泽度】为 0.8，【反射光泽度】为 0.95，【细分】为 10。

在【折射】选项组下调节颜色为白色（红：255，绿：255，蓝：255），设置【折射率】为 1.57，【细分】为 10，选中【影响阴影】复选框。

步骤 04 将制作完毕的【玻璃】材质赋给场景中的模型，如图 7-146 所示。

图 7-145

图 7-146

Part 2【酒瓶】材质的制作

步骤 01 选择一个空白材质球，将材质球类型设置为VRayMtl，并命名为【酒瓶】，然后进行参数设置。

在【漫反射】选项组下调节颜色为咖啡色（红：67，绿：35，蓝：9）。

在【折射】选项组下调节颜色为白色（红：244，绿：244，蓝：244），设置【细分】为24，选中【影响阴影】，设置【折射率】为1.5，【最大深度】为10，调节【烟雾颜色】为黄色（红：234，绿：181，蓝：29），设置【烟雾倍增】为0.4，如图7-147所示。

在【反射】后面的通道上加载【衰减】程序贴图，调节【颜色1】为深灰色（红：8，绿：8，蓝：8），【颜色2】为浅灰色（红：206，绿：206，蓝：206），设置【衰减类型】为【垂直/平行】，【最大深度】为10，如图7-148所示。

展开【贴图】卷展栏，并在【凹凸】后面的通道上加载【酒瓶凹凸.jpg】贴图文件，如图7-149所示。

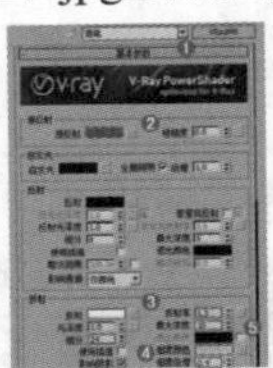
图7-147

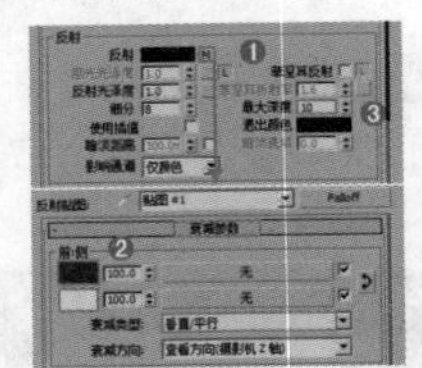
图7-148

步骤 02 将制作完毕的【酒瓶】材质赋给场景中酒瓶的模型，如图7-150所示。

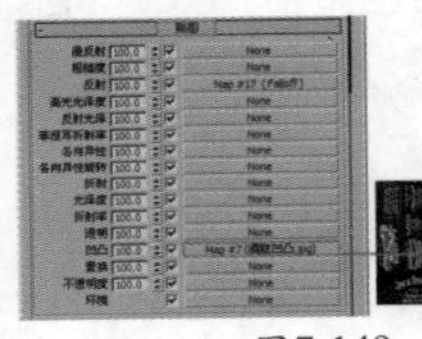

图7-149

图7-150

技巧与提示

调节【折射】选项组下的【烟雾颜色】可以设置折射的颜色，设置【烟雾倍增】的数值可以控制折射的程度，值越小，折射的颜色越浅。

步骤 03 将剩余的材质制作完成，并赋给相应的物体，如图7-151所示。

步骤 04 最终渲染效果如图7-152所示。

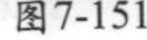
图7-151

图7-152

重点 小实例：利用VRayMtl材质制作木地板材质

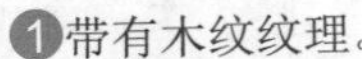

场景文件	08.max
案例文件	小实例：利用VRayMtl材质制作木地板材质.max
视频教学	DVD/多媒体教学/Chapter07/小实例：利用VRayMtl材质制作木地板材质.flv
难易指数	★★★☆☆
材质类型	VRayMtl材质
技术掌握	掌握VRayMtl材质的运用

实例介绍

本例主要讲解利用VRayMtl材质制作木地板材质。最终渲染效果如图7-153所示。

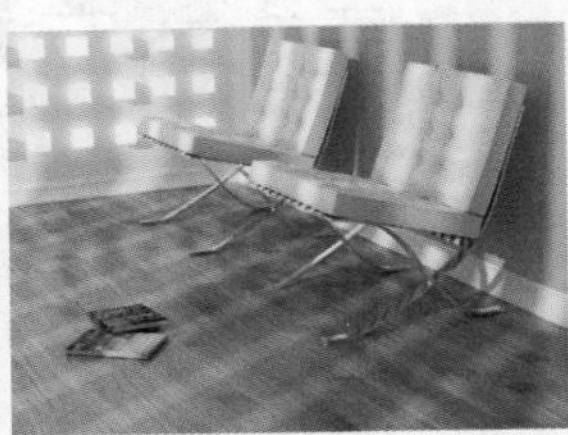
图7-153

本例的木地板材质模拟效果如图7-154所示，其基本属性主要有以下两点。

❶带有木纹纹理。

❷带有模糊反射。

图7-154

操作步骤

步骤 01 打开本书配套光盘中的【场景文件/Chapter07/08.max】文件，如图7-155所示。

步骤 02 按M键打开【材质编辑器】对话框，然后选择一个空白材质球，并将材质球类型设置为VRayMtl，然后命名为【木地板】，下面调节其具体的参数，如图7-156所示。

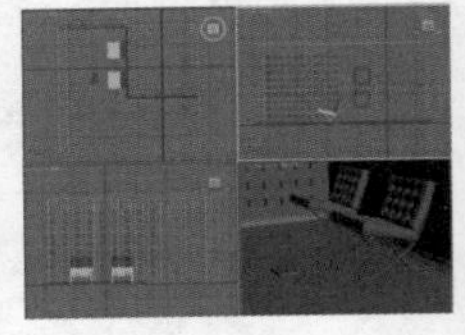
图7-155

在【漫反射】后面的通道上加载【木地板.jpg】贴图文件，在【坐标】卷展栏下设置平【瓷砖】的U和V分别为5和3，设置【模糊】为0.01。

在【反射】选项组下调节颜色为深灰色（红：49，绿：49，蓝：49），设置【高光光泽度】为0.88，【反射光泽度】为0.88，【细分】为20。

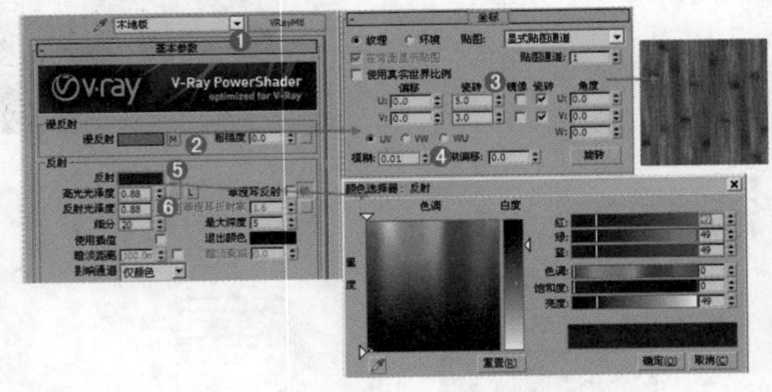
图7-156

步骤 03 将制作好的材质赋给场景中的地面模型，如图7-157所示。

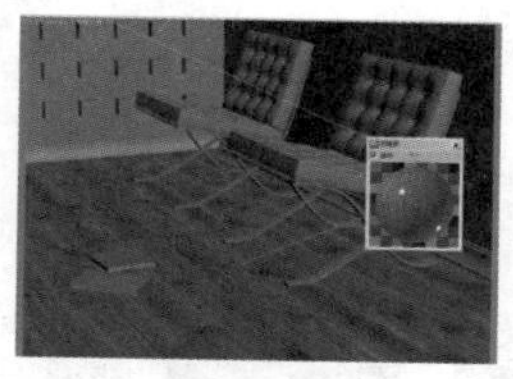
图7-157

步骤04 将剩余的材质制作完成，并赋给相应的物体，如图7-158所示。然后按F9键渲染当前场景，最终效果如图7-159所示。

图7-158

图7-159

重点 综合实例：利用VRayMtl材质制作沙发皮革

场景文件	09.max
案例文件	综合实例：利用VRayMtl材质制作沙发皮革.max
视频教学	DVD/多媒体教学/Chapter07/综合实例：利用VRayMtl材质制作沙发皮革.flv
难易指数	★★★☆☆
材质类型	VRayMtl
技术掌握	掌握VRayMtl的运用

实例介绍

本例主要讲解使用VRayMtl材质制作沙发皮的材质，最终渲染效果如图7-160所示。

图7-160

本例的沙发皮革材质模拟效果如图7-161所示。其基本属性主要有以下三点。

❶带有皮革纹理。

❷带有一定的反射。

❸带有凹凸。

本例的木纹材质模拟效果，如图7-162所示。其基本属性主要有以下两点。

❶带有木纹纹理。

❷带有一定的反射。

图7-161

图7-162

操作步骤

Part 1【沙发皮革】材质的制作

步骤01 打开本书配套光盘中的【场景文件/Chapter07/09.max】文件，此时场景效果如图7-163所示。

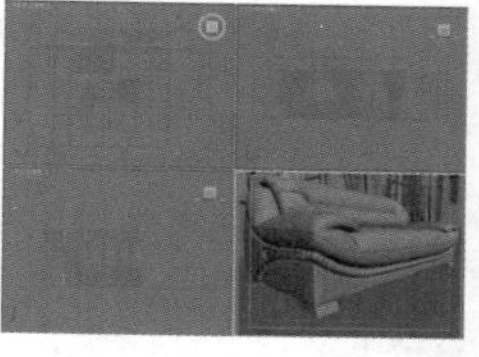
图7-163

步骤02 按M键打开【材质编辑器】对话框，选择第1个材质球，单击 Arch & Design 按钮，在弹出的【材质/贴图浏览器】对话框中选择VRayMtl材质，如图7-164所示。

图7-164

步骤03 将材质命名为【沙发皮革】，下面调节其具体的参数，如图7-165所示。

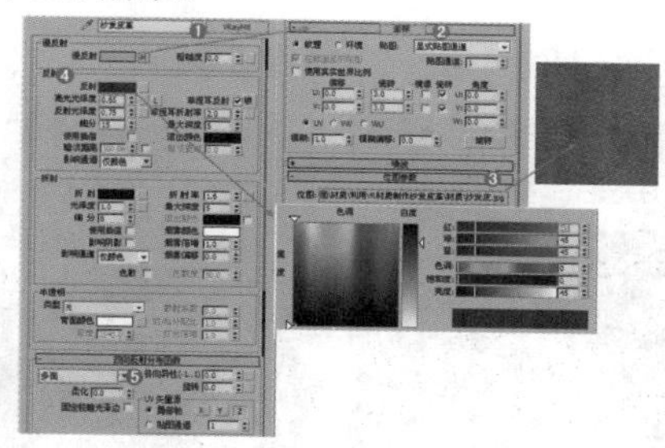
图7-165

在【漫反射】选项组下后面的通道上加载【沙发皮.jpg】贴图文件，设置【瓷砖】的U和V分别为3.0；在【反射】选项组下设置颜色为深灰色（红：45，绿：45，蓝：45），【高光光泽度】为0.65，【反射光泽度】为0.75，并选中【菲涅耳反射】，设置【菲涅耳折射率】为2.0。

在【双向反射分布函数】卷展栏里选择【多面】选项。

步骤04 展开【贴图】卷展栏，并在【凹凸】后面的通道上加载【沙发皮凹凸.jpg】贴图文件，最后设置【凹凸数量】为150，如图7-166所示。

步骤05 将制作完毕的【沙发皮革】材质赋给场景中的模型，如图7-167所示。

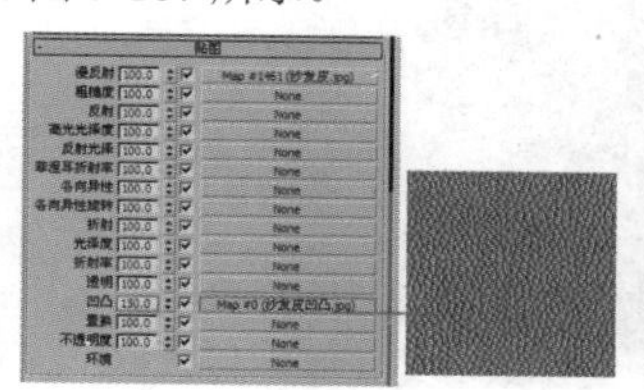
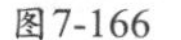
图7-166

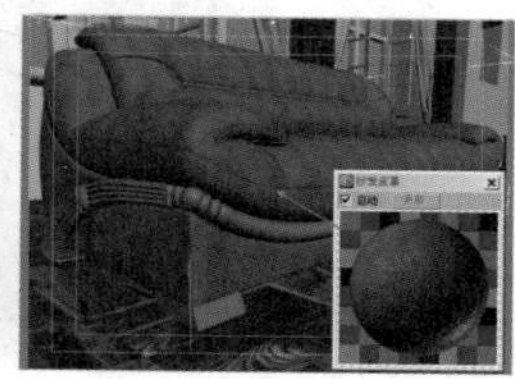
图7-167

Part 2【木纹】材质的制作

步骤 01 选择一个材质球，然后将材质命名为【木纹】，下面调节其具体的参数，如图 7-168 所示。

在【漫反射】选项组下后面的通道上加载【木纹 .jpg】贴图文件，接着在【反射】选项组下调节颜色为浅灰色（红：154，绿：154，蓝：154），设置【高光光泽度】为 0.81，【反射光泽度】为 0.96，【细分】为 15，选中【菲涅耳反射】复选框。

步骤 02 将制作完毕的【木纹】材质赋给场景的模型，如图 7-169 所示。

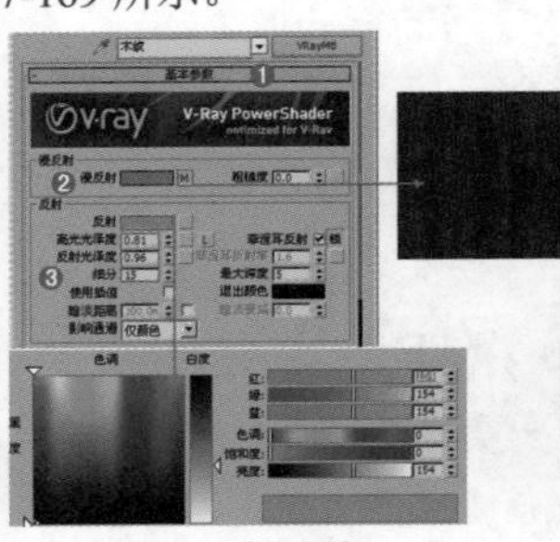

图7-168

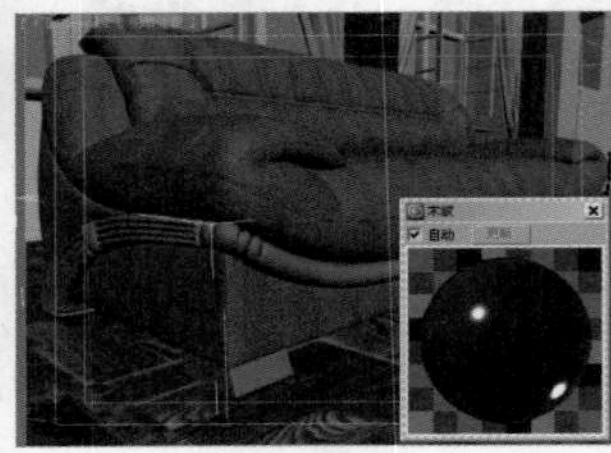

图7-169

步骤 03 将剩余的材质制作完成，并赋给相应的物体，如图 7-170 所示。

步骤 04 最终渲染效果如图 7-171 所示。

图7-170

图7-171

重点 小实例：利用 VRayMtl 材质制作水材质

场景文件	10.max
案例文件	小实例：利用 VRayMtl 材质制作水材质 .max
视频教学	DVD/ 多媒体教学 /Chapter07/ 小实例：利用 VRayMtl 材质制作水材质 .flv
难易指数	★★★☆☆
材质类型	VRayMtl 材质
技术掌握	掌握水材质反射、折射、凹凸的制作

实例介绍

本例主要讲解利用 VRayMtl 材质制作水材质，最终渲染效果如图 7-172 所示。

图7-172

本例的水材质模拟效果如图 7-173 所示。其基本属性主要有以下三点。

❶一定的菲涅耳反射效果。

❷很强的折射效果。

❸有凹凸波纹。

图7-173

操作步骤

Part 1【水】材质的制作

步骤 01 打开本书配套光盘中的【场景文件 /Chapter07/10.max】文件，如图 7-174 所示。

步骤 02 下面制作水材质。选择一个空白材质球，然后设置材质球类型为 VRayMtl，接着将其命名为【水】，并进行参数设置。

在【漫反射】选项组下调节颜色为白色（红：255，绿：255，蓝：255）。

在【反射】选项组下调节颜色为浅灰色（红：193，绿：193，蓝：193），选中【菲涅耳反射】，设置【细分】为 30，【最大深度】为 12。

在【折射】选项组下调节颜色为白色（红：255，绿：255，蓝：255），设置【最大深度】为 12，【细分】为 30，【烟雾颜色】为浅绿色（红：242，绿：255，蓝：245），最后设置【烟雾倍增】为 0.2，如图 7-175 所示。

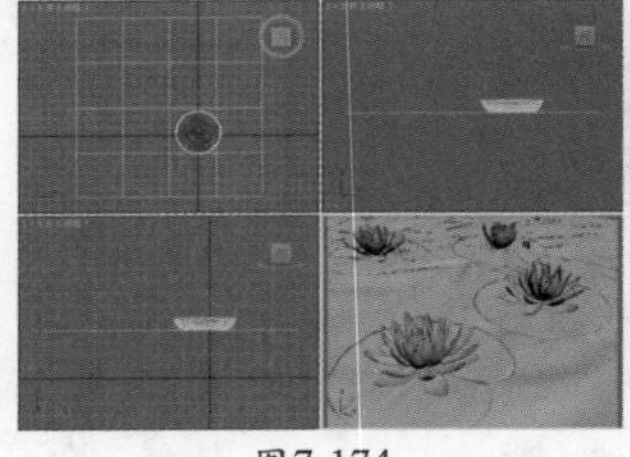

图7-174

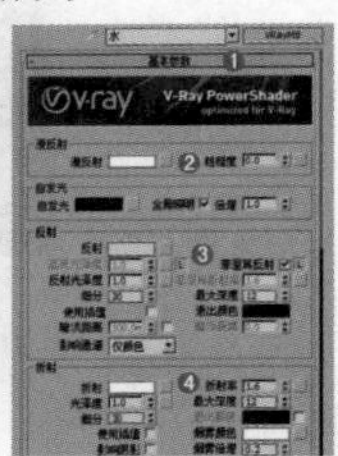

图7-175

展开【贴图】卷展栏，在【凹凸】后面的通道上加载【噪波】程序贴图，展开【噪波参数】卷展栏，设置【噪波类型】为【规则】，【大小】为 48，最后设置【凹凸】的数值为 12，如图 7-176 所示。

步骤 03 将制作完毕的【水】材质赋给场景中的模型，如图 7-177 所示。

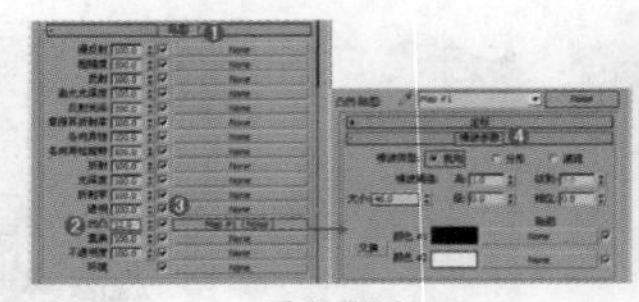

图7-176

图7-177

Part 2【荷叶】材质的制作

步骤 01 下面制作荷叶材质。选择一个空白材质球，然后设置材质球类型为 VRayMtl，接着将其命名为【荷叶】，并进行参数设置。

在【漫反射】选项组下单击颜色后面的通道按钮，并在通道上加载【荷叶 .jpg】贴图文件。

在【反射】选项组下单击【反射光泽度】后面的通道按钮，并在通道上加载【荷叶黑白 .jpg】贴图文件，如图 7-178 所示。

展开【贴图】卷展栏，单击【反射光泽】后面通道上的贴图并将其拖曳到【凹凸】通道上，然后设置【凹凸】数值为 69，如图 7-179 所示。

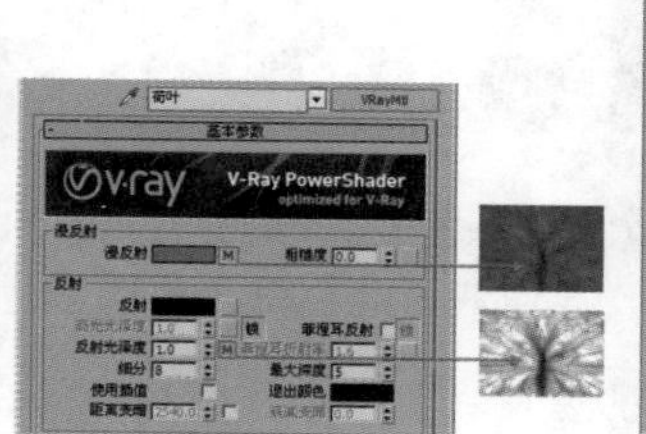

图 7-178

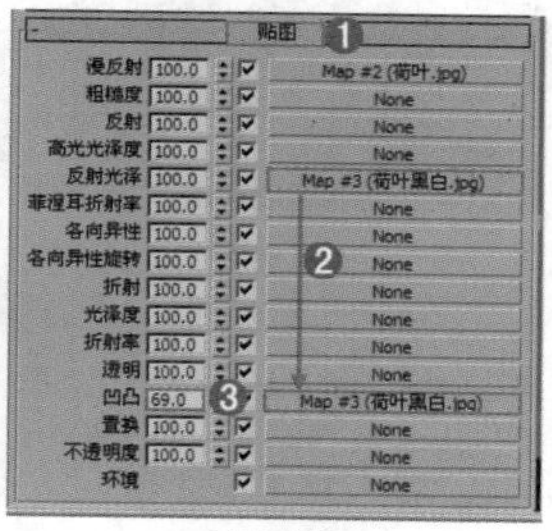

图 7-179

步骤 02 将制作完毕的【荷叶】材质赋给场景中的荷叶模型，如图 7-180 所示。

步骤 03 将剩余的材质制作完成，并赋给相应的物体，如图 7-181 所示。

图 7-180

图 7-181

步骤 04 最终渲染效果如图 7-182 所示。

图 7-182

重点 小实例：利用 VRayMtl 材质制作大理石材质

场景文件	11.max
案例文件	小实例：利用 VRayMtl 材质制作大理石材质 .max
视频教学	DVD/ 多媒体教学 /Chapter07/ 小实例：利用 VRayMtl 材质制作大理石材质 .flv
难易指数	★★★☆☆
材质类型	VRayMtl 材质
技术掌握	掌握 VRayMtl 材质制作大理石材质的方法

实例介绍

本例最终渲染效果如图 7-183 所示。

本例的黑色拼花材质和白色拼花材质模拟效果如图 7-184 所示，其基本属性主要有以下两点。

❶带有大理石贴图纹理。

❷带有一定的模糊反射。

图 7-183

图 7-184

操作步骤

Part 1【黑色拼花】材质的制作

步骤 01 打开本书配套光盘中的【场景文件 /Chapter07/11.max】文件，此时场景效果如图 7-185 所示。

图 7-185

步骤 02 按 M 键打开【材质编辑器】对话框，选择第 1 个材质球，单击 Standard 按钮，在弹出的【材质 / 贴图浏览器】对话框中选择 VRayMtl 材质，如图 7-186 所示。

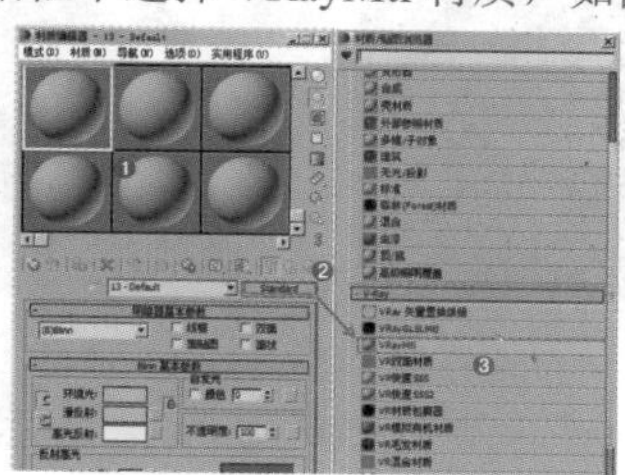

图 7-186

步骤 03 选择一个空白材质球，然后设置材质球类型为 VRayMtl，接着将其命名为【黑色拼花】，具体参数设置如图 7-187 所示。

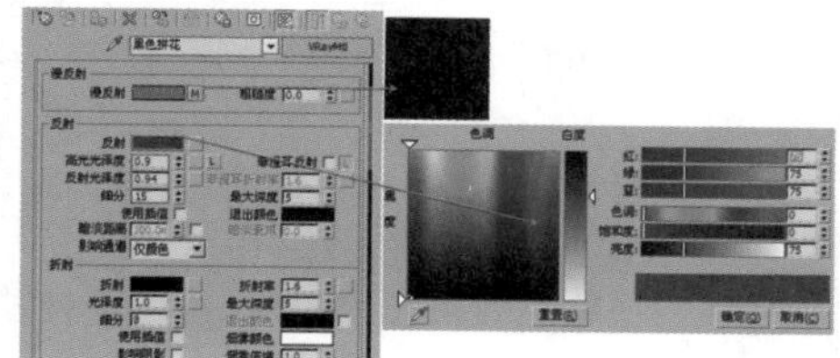

图 7-187

在【漫反射】选项组下单击颜色后面的通道按钮，并在通道上加载【黑色拼花 .jpg】贴图文件。

在【反射】选项组下调节颜色为深灰色（红：75，绿：75，蓝：75），设置【高光光泽度】为 0.9，【反射光泽度】为 0.94，【细分】为 15。

步骤 04 将制作完毕的【黑色拼花】材质赋给场景中的模型，如图 7-188 所示。

图 7-188

Part 2【白色拼花】材质的制作

步骤 01 选择一个空白材质球，然后设置材质球类型为VRayMtl，接着将其命名为【白色拼花】，具体参数设置如图 7-189 所示。

在【漫反射】选项组下单击颜色后面的通道按钮，并在通道上加载【白色拼花 .jpg】贴图文件。

在【反射】选项组下调节颜色为深灰色（红：67，绿：67，蓝：67），设置【高光光泽度】为 0.85，【反射光泽度】为 0.8。

步骤 02 将制作完毕的【白色拼花】材质赋给场景中的模型，如图 7-190 所示。

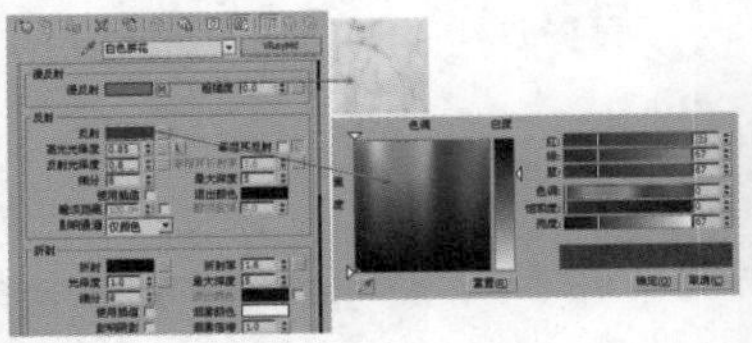

图7-189

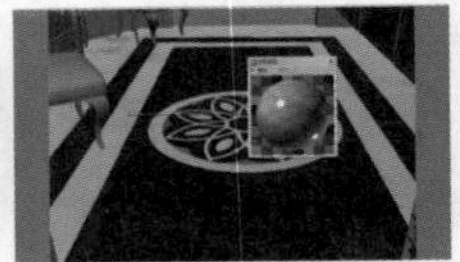

图7-190

步骤 03 将剩余的材质制作完成，并赋给相应的物体，如图 7-191 所示。

步骤 04 最终渲染效果如图 7-192 所示。

图7-191

图7-192

重点 小实例：利用 VRayMtl 材质制作陶瓷材质

场景文件	12.max
案例文件	小实例：利用 VRayMtl 材质制作陶瓷材质 .max
视频教学	DVD/ 多媒体教学 /Chapter07/ 小实例：利用 VRayMtl 材质制作陶瓷材质 .flv
难易指数	★★★☆☆
材质类型	VRayMtl 材质
技术掌握	掌握多维 / 子对象材质、VRayMtl 材质的运用

实例介绍

本例主要讲解利用多维 / 子对象材质和 VRayMtl 材质制作陶瓷材质，最终渲染效果如图 7-193 所示。

本例的陶瓷材质模拟效果如图 7-194 所示，其基本属性主要有以下两点。

❶一定的反射光泽度效果。

❷陶瓷图案贴图。

图7-193

图7-194

操作步骤

Part 1【陶瓷盆】的制作

步骤 01 打开本书配套光盘中的【场景文件 /Chapter07/12.max】文件，此时场景效果如图 7-195 所示。

步骤 02 按 M 键打开【材质编辑器】对话框，选择第 1 个材质球，单击 Standard 按钮，在弹出的【材质 / 贴图浏览器】对话框中选择【多维 / 子对象】材质，并命名为【陶瓷盆】，如图 7-196 所示。

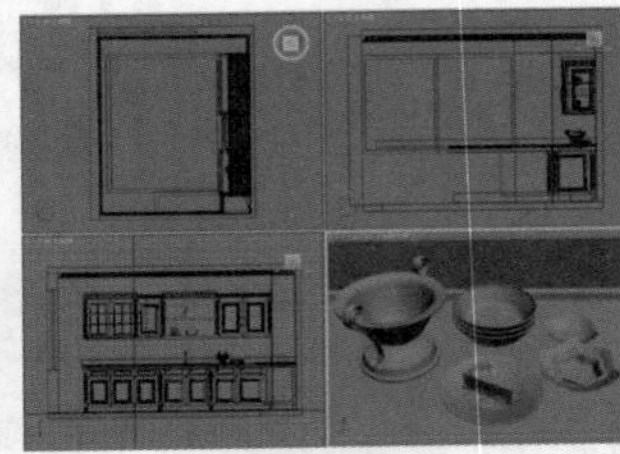

图7-195

图7-196

步骤 03 展开【多维 / 子对象基本参数】卷展栏，设置【设置数量】为 2，分别在通道上加载 VRayMtl，如图 7-197 所示。

步骤 04 单击进入 ID 号为 1 的通道中，并对【盆身】材质进行调节，具体参数如图 7-198 所示。

在【漫反射】选项组下调节颜色为白色（红：250，绿：250，蓝：250）。

在【反射】选项组下后面的通道上加载【衰减】程序贴图，设置【衰减类型】为 Fresnel，【反射光泽度】为 0.9。

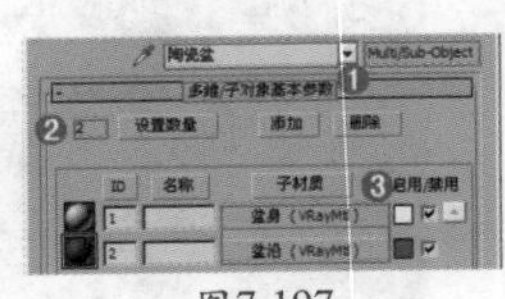

图7-197

图7-198

步骤 05 单击进入 ID 号为 2 的通道中，并对【盆沿】材质进行调节，具体参数如图 7-199 所示。

在【漫反射】选项组下调节颜色为绿色（红：56，绿：117，蓝：54）。

在【反射】选项组下后面的通道上加载【衰减】程序贴图，设置【衰减类型】为 Fresnel，【反射光泽度】为 0.9。

步骤 06 将制作完毕的【陶瓷盆】材质赋给场景中的模型，如图 7-200 所示。

图7-199

图7-200

Part 2 【装饰瓶】材质的制作

步骤 01 选择一个空白材质球，然后将材质球类型设置为

【多维 / 子对象】，并命名为【装饰瓶】。展开【多维 / 子对象基本参数】卷展栏，设置【设置数量】为 2，分别在通道上加载 VRayMtl，如图 7-201 所示。

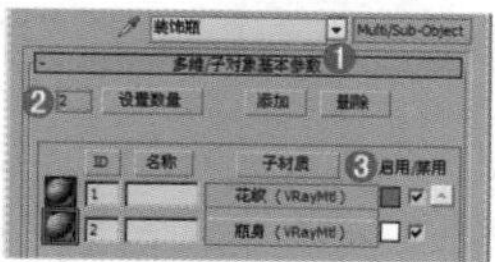
图 7-201

步骤 02 单击进入 ID 号为 1 的通道中，并对【花纹】材质进行调节，具体参数如图 7-202 所示。

在【漫反射】选项组下后面的通道上加载【花纹 .jpg】贴图文件。

在【反射】选项组下后面的通道上加载【衰减】程序贴图，设置【衰减类型】为 Fresnel，【反射光泽度】为 0.9，【细分】为 15。

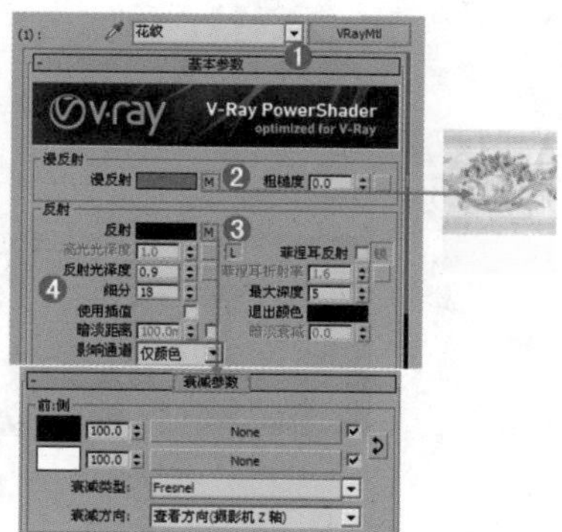
图 7-202

步骤 03 单击进入 ID 号为 2 的通道中，并进行调节【瓶身】材质，调节的具体参数如图 7-203 所示。

在【漫反射】选项组下，调节颜色为白色（红：255，绿：255，蓝：255）。

在【反射】选项组下，调节颜色为深灰色（红：67，绿：67，蓝：67），设置【反射光泽度】为 0.95，【细分】为 15。

图 7-203

步骤 04 选中场景中的装饰瓶模型，在【修改】面板中为其添加【UVW 贴图】修改器，并调节其具体参数，如图 7-204 所示。

在【参数】卷展栏下设置【贴图】为【柱形】，【长度】为 400mm，【宽度】为 400mm，【高度】为 290mm，【对齐】为 Z。

步骤 05 将制作完毕的【装饰瓶】材质赋给场景中的模型，如图 7-205 所示。

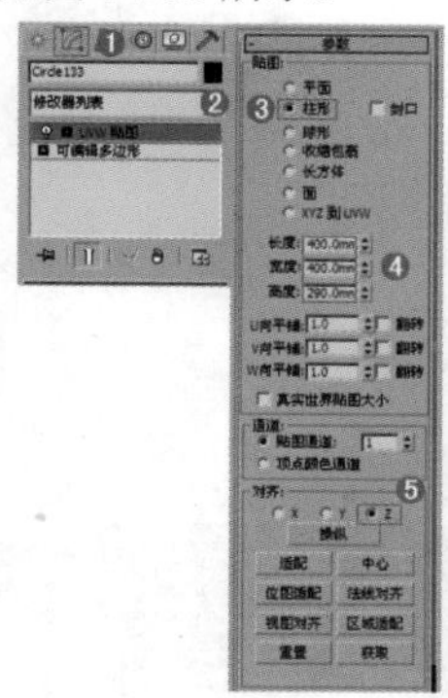
图 7-204

图 7-205

Part 3 【花纹盘子】材质的制作

步骤 01 选择一个空白材质球，然后将材质球类型设置为【多维 / 子对象】，并命名为【花纹盘子】。展开【多维 / 子对象基本参数】卷展栏，设置【设置数量】为 2，分别在通道上加载 Blend 和 VRayMtl 材质，如图 7-206 所示。

步骤 02 单击进入 ID 号为 1 的通道中，并将其命名为【蓝色花纹】，如图 7-207 所示。

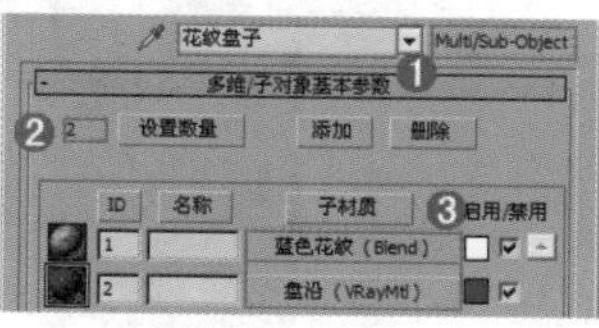
图 7-206

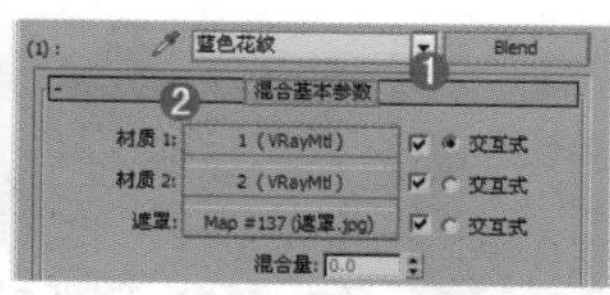
图 7-207

在【材质 1】后面的通道上加载 VRayMtl，在【漫反射】选项组下调节颜色为白色（红：255，绿：255，蓝：255），在【反射】选项组下调节颜色为白色（红：250，绿：250，蓝：250），设置【细分】为 15，并选中【菲涅耳反射】，如图 7-208 所示。

在【材质 2】后面的通道上加载 VRayMtl，在【漫反射】选项组下调节颜色为蓝色（红：24，绿：82，蓝：201），在【反射】选项组下调节颜色为白色（红：255，绿：255，蓝：255），并选中【菲涅耳反射】，如图 7-209 所示。

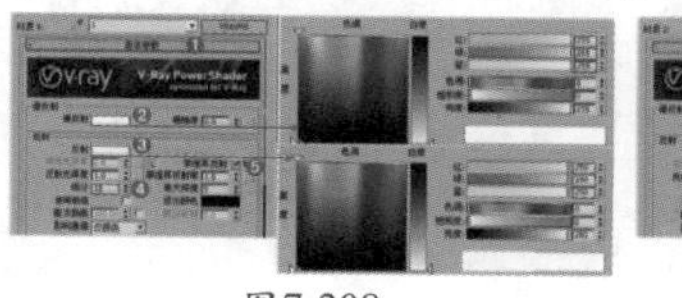
图 7-208

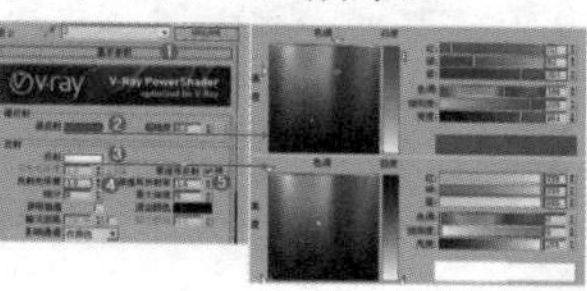
图 7-209

在【遮罩】后面的通道上加载【古典花纹 .jpg】贴图文件，如图 7-210 所示。

步骤 03 单击进入 ID 号为 2 的通道中，并对【盘沿】材质进行调节，具体参数如图 7-211 所示。

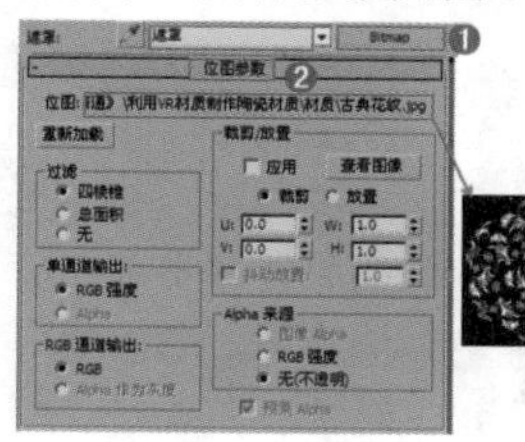

图 7-210

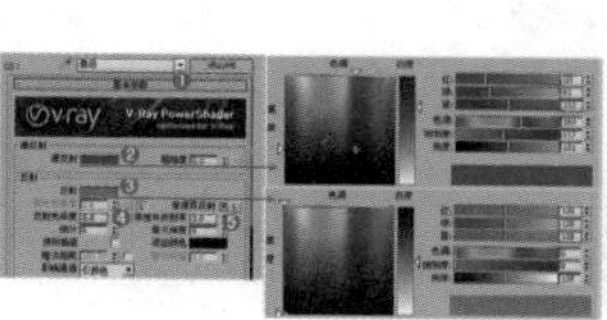
图 7-211

在【漫反射】选项组下调节颜色为深蓝色（红：71，绿：81，蓝：131）。

在【反射】选项组下调节颜色为灰色（红：128，绿：128，蓝：128），设置【反射光泽度】为 0.8，选中【菲涅耳反射】，并设置【菲涅耳折射率】为 3.0。

步骤 04 将制作完毕的【花纹盘子】材质赋给场景中的模型，如图 7-212 所示。

步骤 05 选中场景中的装饰瓶模型，在【修改】面板中为其添加【UVW 贴图】修改器，并调节其具体参数，如图 7-213 所示。

在【参数】卷展栏下设置【贴图】为【长方体】，【长度】为685mm，【宽度】为514mm，【高度】为75mm，【对齐】为Z。

图7-212

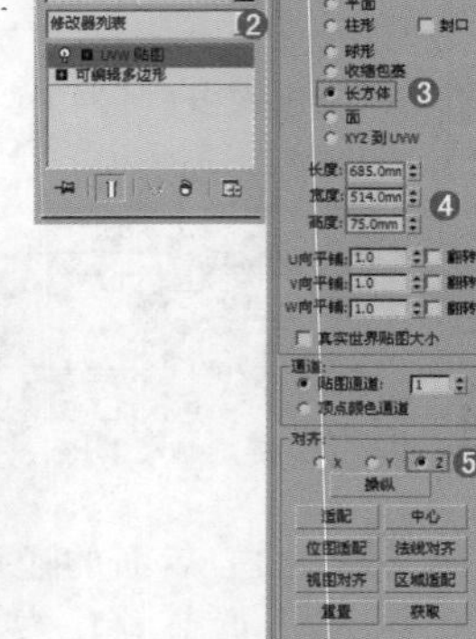

图7-213

步骤 06 将剩余的材质制作完成，并赋给相应的物体，如图7-214所示。

步骤 07 最终渲染效果如图7-215所示。

图7-214

图7-215

重点 小实例：利用VRayMtl材质制作金属材质

场景文件	13.max
案例文件	小实例：利用VRayMtl材质制作金属材质.max
视频教学	DVD/多媒体教学/Chapter07/小实例：利用VRayMtl材质制作金属材质.flv
难易指数	★★★★☆
材质类型	VRayMtl材质
技术掌握	掌握各种金属材质的设置方法

实例介绍

在这个厨房场景中，主要由金属材质构成。其中包括使用VRayMtl材质制作的金属、金属2、磨砂金属、水池金属的材质，最终渲染效果如图7-216所示。

图7-216

不锈钢不会产生腐蚀、点蚀、锈蚀或磨损。不锈钢还是建筑用金属材料中强度最高的材料之一。由于不锈钢具有良好的耐腐蚀性，所以它能使结构部件永久地保持工程设计的完整性。含铬不锈钢还集机械强度和高延伸性于一身，易于部件的加工制造，可满足建筑师和结构设计人员的需要。本例的金属材质模拟效果如图7-217所示。其基本属性为具有强烈的反射效果。

图7-217

本例的磨砂金属材质模拟效果如图7-218所示，其基本属性主要为带有模糊反射。

图7-218

操作步骤

Part 1【金属】材质的制作

步骤 01 打开本书配套光盘中的【场景文件/Chapter07/13.max】文件，此时场景效果如图7-219所示。

步骤 02 按M键打开【材质编辑器】对话框，选择第1个材质球，单击 Arch & Design 按钮，在弹出的【材质/贴图浏览器】对话框中选择VRayMtl材质，如图7-220所示。

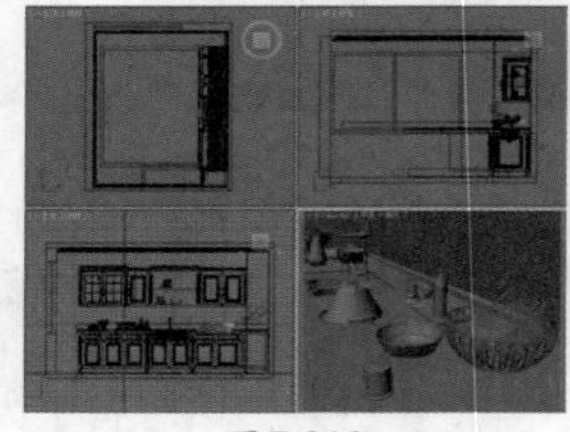

图7-219

图7-220

步骤 03 将材质命名为【金属】，下面调节其具体参数，如图7-221所示。

在【漫反射】选项组下调节颜色为深灰色（红：65，绿：65，蓝：65）。

在【反射】选项组下调节颜色为浅灰色（红：201，绿：201，蓝：201），设置【反射光泽度】为0.95。

步骤 04 展开【双向反射分布函数】卷展栏，设置【各向异性】为0.7，如图7-222所示。

图7-221

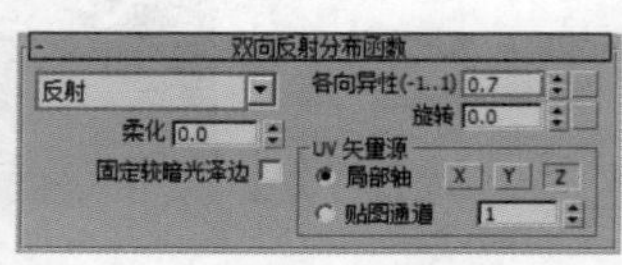

图7-222

步骤 05 双击查看此时的材质球效果，如图 7-223 所示。

步骤 06 将制作完毕的材质赋给场景中茶壶的模型，如图 7-224 所示。

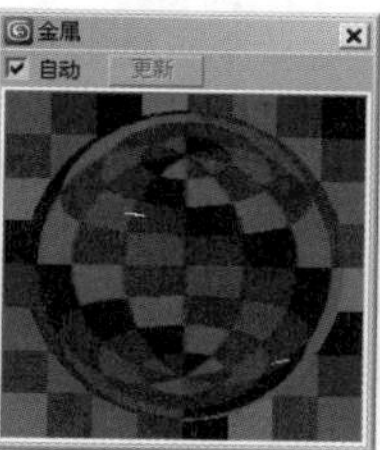

图7-223

图7-224

Part 2 【金属2】材质的制作

步骤 01 将材质球类型设置为 VRayMtl，然后将材质命名为【金属 2】，下面调节其具体参数，如图 7-225 所示。

在【漫反射】选项组下调节颜色为深灰色（红：51，绿：51，蓝：51）。

在【反射】选项组下调节颜色为浅灰色（红：151，绿：155，蓝：157），设置【高光光泽度】为 0.82，【反射光泽度】为 0.98，【细分】为 12。

步骤 02 双击查看此时的材质球效果，如图 7-226 所示。

图7-225

图7-226

步骤 03 将制作完毕的材质赋给场景中金属筐的模型，如图 7-227 所示。

图7-227

Part 3 【磨砂金属】材质的制作

步骤 01 将材质球类型设置为 VRayMtl，然后将材质命名为【磨砂金属】，下面调节其具体参数，如图 7-228 所示。

在【漫反射】选项组下调节颜色为深灰色（红：31，绿：31，蓝：31）。

在【反射】选项组下调节颜色为浅灰色（红：161，绿：165，蓝：168），设置【高光光泽度】为 0.82，【反射光泽度】为 0.98，【细分】为 12，【最大深度】为 8。

步骤 02 双击查看此时的材质球效果，如图 7-229 所示。

图7-228

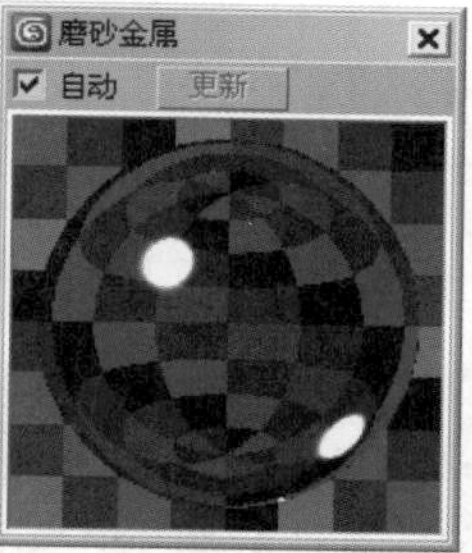

图7-229

步骤 03 将制作完毕的材质赋给场景中托盘的模型，如图 7-230 所示。

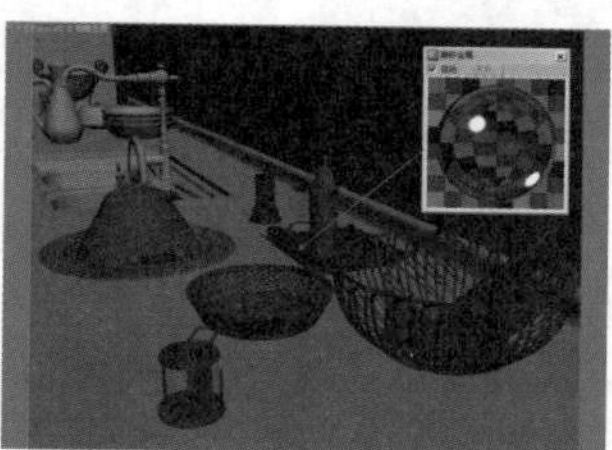

图7-230

Part 4 【水池金属】材质的制作

步骤 01 将材质球类型设置为 VRayMtl，然后将材质命名为【水池金属】，下面调节其具体参数，如图 7-231 所示。

在【漫反射】选项组下调节颜色为深灰色（红：67，绿：67，蓝：67）。

在【反射】选项组下调节颜色为浅灰色（红：180，绿：180，蓝：180），设置【高光光泽度】为 0.85，【反射光泽度】为 0.88，【细分】为 20。

步骤 02 双击查看此时的材质球效果，如图 7-232 所示。

图7-231

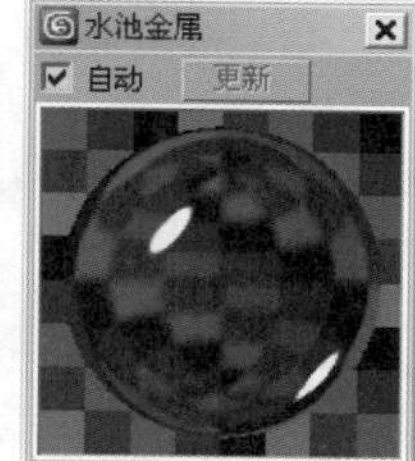

图7-232

步骤 03 将制作完毕的材质赋给场景中水池的模型，如图 7-233 所示。

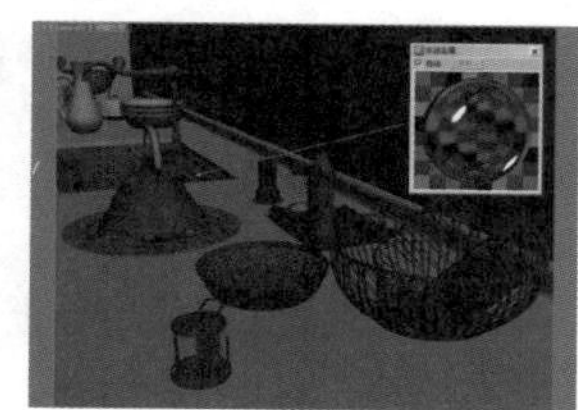

图7-233

> **技巧与提示**
>
> 在【反射】选项组下调节【高光光泽度】和【反射光泽度】数值小于 0.9 时，材质的反射产生模糊反射效果。

步骤 04 将剩余的材质制作完成，并赋给相应的物体，如图 7-234 所示。最终渲染效果如图 7-235 所示。

图7-234

图7-235

7.5.8 VR材质包裹器

【VRay 材质包裹器】主要用来控制材质的全局光照、焦散和物体的不可见等特殊属性，其参数面板如图 7-236 所示。

图7-236

- 基本材质：用来设置【VR 材质包裹器】中使用的基础材质参数，此材质必须是 VRay 渲染器支持的材质类型。
- 附加曲面属性：主要用来控制赋有材质包裹器物体的接收、产生 GI 属性以及接收、产生焦散属性。
  - 生成全局照明：控制当前赋予材质包裹器的物体是否计算 GI 光照的产生，后面的数值框用来控制 GI 的倍增数量。
  - 接收全局照明：控制当前赋予材质包裹器的物体是否计算 GI 光照的接收，后面的数值框用来控制 GI 的倍增数量。
  - 生成焦散：控制当前赋予材质包裹器的物体是否产生焦散。
  - 接收焦散：控制当前赋予材质包裹器的物体是否接收焦散，后面的数值框用于控制当前赋予材质包裹器的物体的焦散倍增值。
- 无光属性：目前 VRay 还没有独立的【不可见 / 阴影】材质，但【VR 包裹器】的【无光属性】可以模拟【不可见 / 阴影】材质效果。
  - 无光曲面：控制当前赋予材质包裹器的物体是否可见，选中该复选框后，物体将不可见。
  - Alpha 基值：控制当前赋予材质包裹器的物体在 Alpha 通道的状态。1 表示物体产生 Alpha 通道；0 表示物体不产生 Alpha 通道；–1 表示会影响其他物体的 Alpha 通道。
  - 无光反射 / 折射：该选项需要在选中【无光曲面】后才可以使用。
  - 阴影：控制当前赋予材质包裹器的物体是否产生阴影效果。选中该复选框后，物体将产生阴影。
  - 影响 Alpha：选中该复选框后，渲染出来的阴影将带 Alpha 通道。
  - 颜色：用来设置赋予材质包裹器的物体产生的阴影颜色。
  - 亮度：控制阴影的亮度。
  - 反射量：控制当前赋予材质包裹器的物体的反射数量。
  - 折射量：控制当前赋予材质包裹器的物体的折射数量。
  - 全局照明量：控制当前赋予材质包裹器的物体的间接照明总量。
  - 在其他无光面禁用全局照明：
- 杂项：用来设置全局照明曲面 ID 的参数。
  - 全局照明曲面 ID：该选项用来设置全局照明的曲面 ID。

7.5.9 VR混合材质

【VR 混合材质】可以让多个材质以层的方式混合来模拟物理世界中的复杂材质，与 3ds Max 中混合材质的效果比较类似，但是其渲染速度比 3ds Max 的快很多，其参数面板如图 7-237 所示。

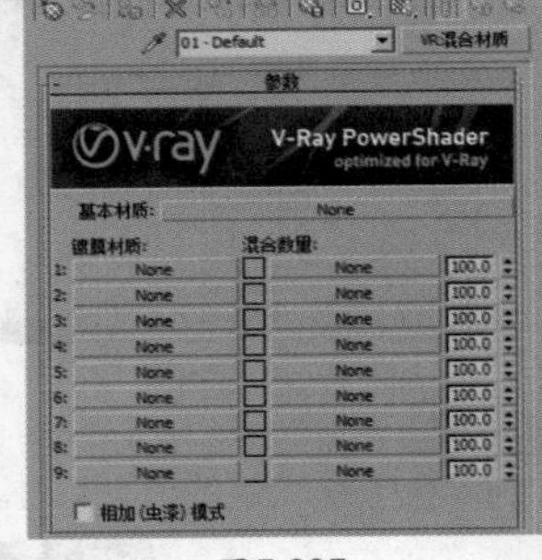

图7-237

- 基本材质：可以理解为最基层的材质。
- 镀膜材质：表面材质，可以理解为基本材质上面的材质。
- 混合数量：表示【镀膜材质】混合多少到【基本材质】上面，如果颜色为白色，那么【镀膜材质】将全部混合上去，而下面的【基本材质】将不起作用；如果颜色为黑色，那么【镀膜材质】自身就没什么效果。混合数量也可以由后面的贴图通道来代替。

重点 小实例：利用 VR 混合材质制作铜锈效果

场景文件	14.max
案例文件	小实例：利用 VR 混合材质制作铜锈效果 .max
视频教学	DVD/ 多媒体教学 /Chapter07/ 小实例：利用 VR 混合材质制作铜锈效果 .flv
难易指数	★★★★☆
材质类型	【VR 混合材质】和 VRayMtl 材质
技术掌握	掌握 VR 混合材质的应用

实例介绍

本例主要讲解利用 VR 混合材质制作铜锈效果，最终渲染效果如图 7-238 所示。

本例的铜锈材质模拟效果如图 7-239 所示，其基本属性主要有以下 3 点。

❶带有真实的铜锈纹理。
❷带有一定的模糊反射。
❸带有一定的凹凸。

图7-238

图7-239

操作步骤

步骤 01 打开本书配套光盘中的【场景文件/Chapter07/14.max】文件，如图7-240所示。

步骤 02 按M键打开【材质编辑器】对话框，然后选择一个空白材质球，并将材质球类型设置为【VR混合材质】，然后命名为【铜锈】，接着在【基本材质】通道上加载VRayMtl材质，如图7-241所示。

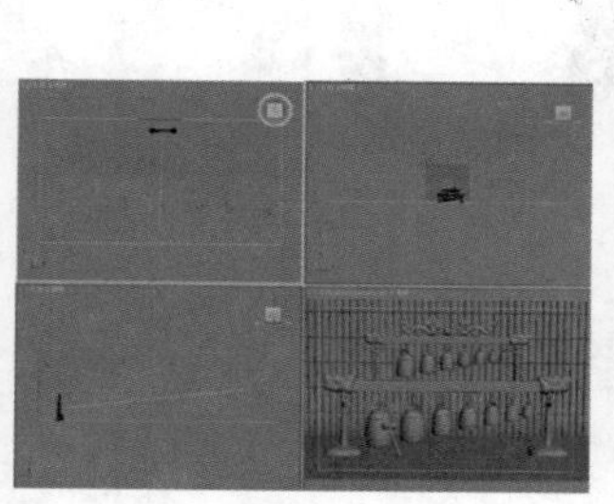
图7-240

图7-241

步骤 03 单击进入【基本材质】通道中，对材质1进行调节。

在【漫反射】后面的通道上加载【铜锈1.jpg】贴图文件。

在【反射】后面的通道上加载【铜锈1.jpg】贴图文件，并设置【反射光泽度】为0.8，【细分】为25，选中【菲涅耳反射】复选框。

展开【贴图】卷展栏，在【凹凸】后面的通道上加载【法线凹凸】程序贴图。

展开【参数】卷展栏，在【法线】后面的通道上加载【法线凹凸.jpg】贴图文件，并设置数值为4，在【附加凹凸】后面的通道上加载【噪波】程序贴图，如图7-242所示。

单击进入【附加凹凸】后面的通道，展开【坐标】卷展栏，设置【瓷砖】的X、Y和Z分别为394、394和0.4，【模糊】为0.01。

展开【噪波参数】卷展栏，设置【噪波类型】为【分形】，【大小】为9.9，如图7-243所示。

步骤 04 单击【转到父对象】按钮，返回【VR混合材质】选项卡，分别为【镀膜材质】和【混合数量】下面的通道1加载VRayMtl材质和【VR污垢】程序贴图，并分别命名为2和3，如图7-244所示。

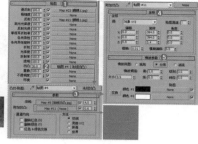

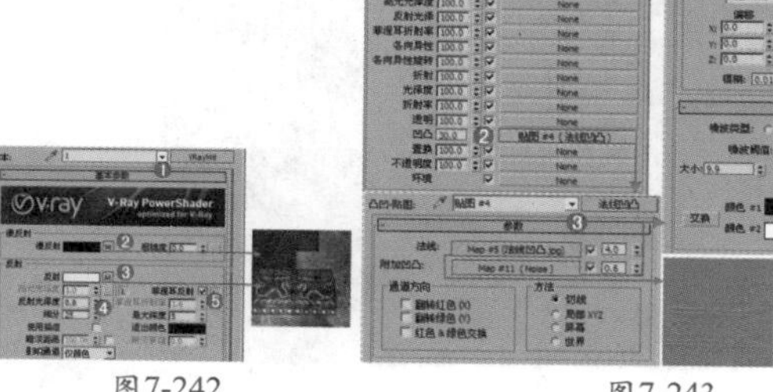
图7-242　图7-243

步骤 05 单击进入【镀膜材质】通道，对材质2进行调节，具体参数如图7-245所示。

在【漫反射】选项组下调节颜色为黑色（红：0，绿：0，蓝：0）。

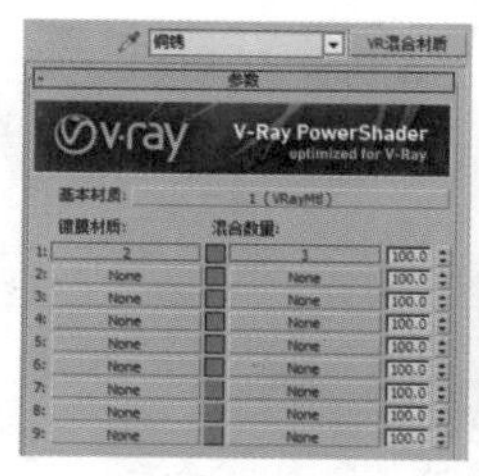
图7-244

图7-245

步骤 06 单击进入【混合数量】的通道，并对材质3进行调节，具体参数如图7-246所示。

展开【VR污垢参数】卷展栏，设置【半径】为4mm，调节【阻光 颜色】为白色（红：255，绿：255，蓝：255），【非阻光 颜色】为黑色（红：0，绿：0，蓝：0），设置【细分】为16。

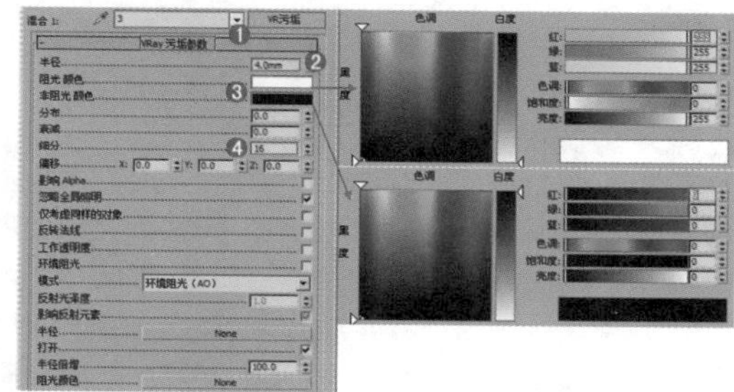
图7-246

步骤 07 将制作好的材质赋给场景中的模型，如图7-247所示。

步骤 08 将剩余的材质制作完成，并赋给相应的物体，如图7-248所示。

图7-247

图7-248

步骤 09 最终渲染效果如图 7-249 所示。

图7-249

7.5.10 VR快速SSS2

【VR 快速 SSS2】是用来计算次表面散射效果的材质，这是一个内部计算简化了的材质，比用 VRayMtl 材质里的半透明参数的渲染速度更快，其参数面板，如图 7-250 所示。

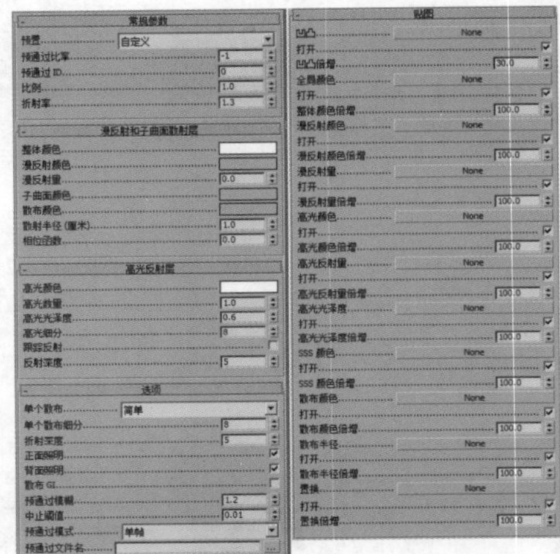

图7-250

- 常规参数：控制该材质的综合参数，如预置、预处理等。
- 漫反射和子曲面散射层：控制该材质的基本参数，如整体颜色、漫反射颜色等。
- 高光反射层：控制该材质关于高光的参数。
- 选项：控制该材质的散射、折射等参数。
- 贴图：可以在该卷展栏下的通道上加载贴图。

如图 7-251 所示为使用【VR 快速 SSS2】材质制作的作品效果。

图7-251

重点 小实例：利用 VR 快速 SSS2 材质制作玉石材质

场景文件	15.max
案例文件	小实例：利用 VR 快速 SSS2 材质制作玉石材质 .max
视频教学	DVD/ 多媒体教学 /Chapter07/ 小实例：利用 VR 快速 SSS2 材质制作玉石材质 .flv
难易指数	★★★★☆
材质类型	VR 快速 SSS2
技术掌握	掌握 VR 快速 SSS2 材质的运用

实例介绍

本例主要是利用 VR 快速 SSS2 材质制作玉石效果，最终渲染效果如图 7-252 所示。

本例的玉石材质模拟效果如图 7-253 所示，其基本属性主要有以下 3 点。

①带有玉石纹理。

②带有半透明属性。

③带有一定的反射。

图7-252

图7-253

操作步骤

步骤 01 打开本书配套光盘中的【场景文件 /Chapter07/15.max】文件，此时场景效果如图 7-254 所示。

步骤 02 按 M 键打开【材质编辑器】对话框，选择第 1 个材质球，单击 Arch & Design 按钮，在弹出的【材质 / 贴图浏览器】对话框中选择【VR 快速 SSS2】材质，如图 7-255 所示。

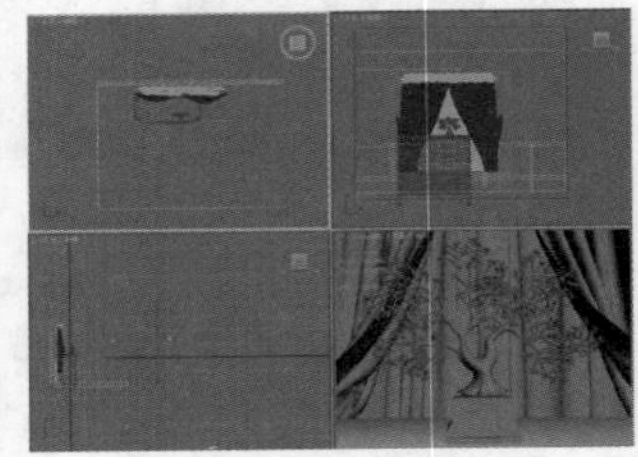

图7-254

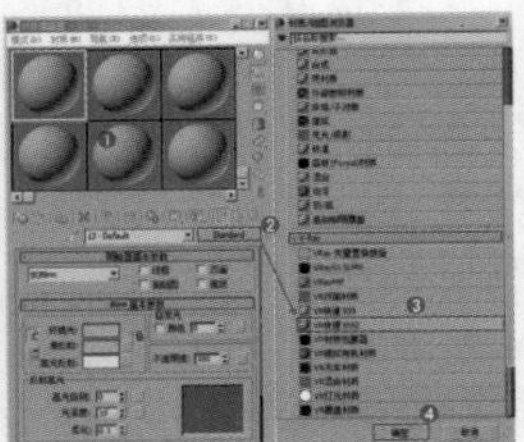

图7-255

步骤 03 将材质命名为【玉石】，下面调节其具体参数，如图 7-256 ～图 7-258 所示。

打开【漫反射和子曲面散射层】卷展栏，调节【整体颜色】为绿色（红：104，绿：145，蓝：60），【漫反射颜色】为绿色（红：85，绿：131，蓝：35），设置【漫反射量】为 0.3，【相位函数】为 0.1。

打开【高光反射层】卷展栏，调节【高光颜色】为浅绿色（红：217，绿：241，蓝：198），设置【高光光泽度】为 1，【高光细分】为 10，选中【跟踪反射】复选框，设置【反射深度】为 30。打开【选项】卷展栏，设置【单层散射】为【光线跟踪（实体）】，【折射深度】为 30。

打开【贴图】卷展栏，在【凹凸】贴图后面的通道上加载【噪波】程序贴图，设置【大小】为 60，调节【颜色 #1】为绿色（红：52，绿：125，蓝：42），【颜色 #2】为浅绿色（红：226，绿：234，蓝：217），接着在【全局颜色】后面的通道上加载【噪波】程序贴图，设置【大小】为 20，调节【颜色 #1】为绿色（红：12，绿：99，蓝：0），【颜色 #2】为浅绿色（红：226，绿：234，蓝：217）。

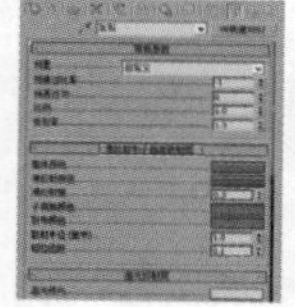
图7-256

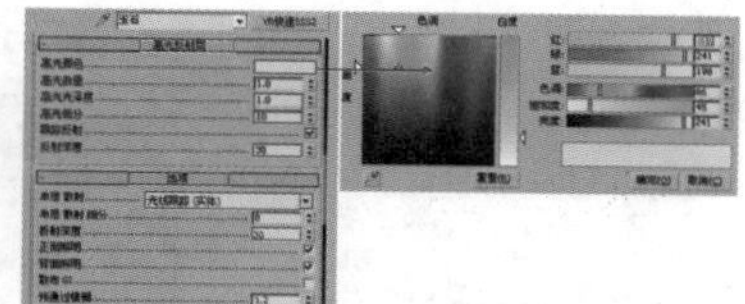
图7-257

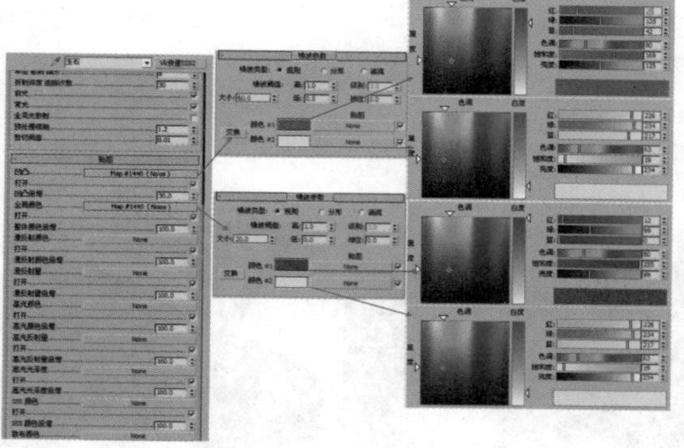
图7-258

步骤 04 将制作好的材质赋给场景中的玉石模型，如图 7-259 所示。

步骤 05 将剩余的材质制作完成，并赋给相应的物体，如图 7-260 所示。

步骤 06 最终渲染效果如图 7-261 所示。

图7-259

图7-260

图7-261

7.5.11 虫漆材质

【虫漆材质】可以通过叠加将两种材质混合。其参数面板如图 7-262 所示。

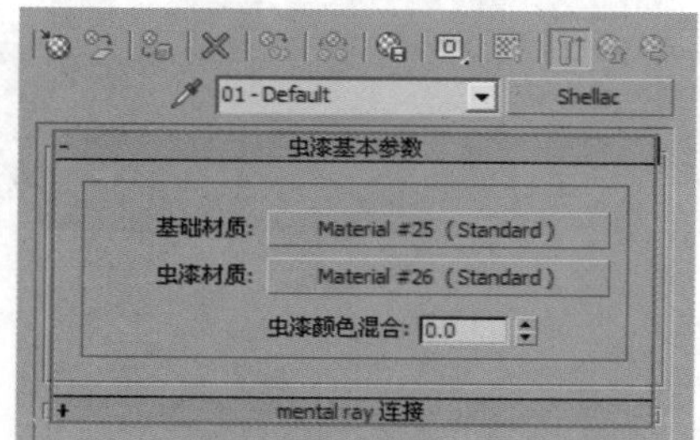

图7-262

- **基础材质**：单击可选择或编辑基础子材质。默认情况下，基础材质是带有 Blinn 明暗处理的【标准】材质。
- **虫漆材质**：单击可选择或编辑虫漆材质。默认情况下，虫漆材质是带有 Blinn 明暗处理的【标准】材质。
- **虫漆颜色混合**：控制颜色混合的量。值为 0.0 时，虫漆材质没有效果。增加【虫漆颜色混合】的值将增加混合到基础材质颜色中的虫漆材质颜色量。该参数没有上限。较大的值将使虫漆材质颜色过饱和。默认设置为 0.0。

重点 小实例：利用虫漆材质制作车漆材质

场景文件	16.max
案例文件	小实例：利用虫漆材质制作车漆材质 .max
视频教学	DVD/ 多媒体教学 /Chapter07/ 小实例：利用虫漆材质制作车漆材质 .flv
难易指数	★★★☆☆
材质类型	虫漆材质
技术掌握	掌握虫漆材质和 VRayHDRI 贴图的运用

实例介绍

本例主要讲解使用虫漆材质和 VRayHDRI 贴图制作汽车车漆的材质，最终渲染效果如图 7-263 所示。

本例的材质模拟效果如图 7-264 所示，其基本属性主要有以下两点。

1. 一定的反射效果。
2. 真实的车漆质感。

图7-263

图7-264

操作步骤

步骤 01 打开本书配套光盘中的【场景文件 /Chapter07/16.max】文件，此时场景效果如图 7-265 所示。

步骤 02 按 M 键打开【材质编辑器】对话框，选择第 1 个材质球，单击 Standard 按钮，在弹出的【材质 / 贴图浏览器】对话框中选择【多维 / 子对象】材质，如图 7-266 所示。

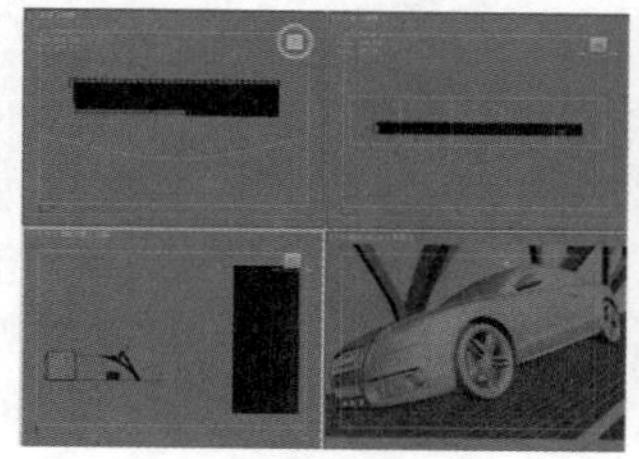
图7-265

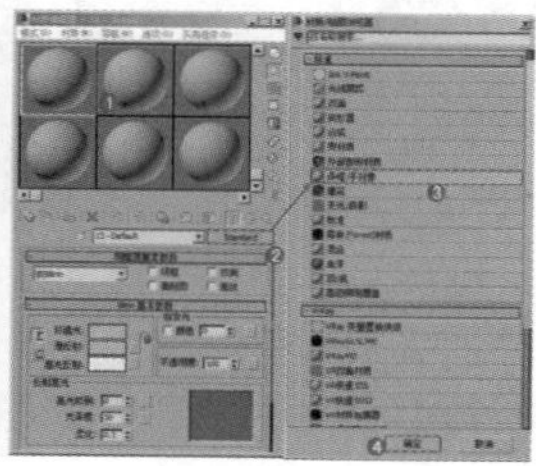
图7-266

步骤 03 将材质命名为【车漆】，展开【多维 / 子对象基本参数】卷展栏，设置【设置数量】为 3，分别在通道上加载【虫漆】和 VRayMtl 材质，如图 7-267 所示。

步骤 04 单击进入 ID 号为 1 的通道中，并对材质 1 进行调节，具体参数如图 7-268 ～图 7-270 所示。

展开【虫漆基本参数】卷展栏，在【基础材质】和【虫漆材质】后面的通道上加载 VRayMt1 材质。

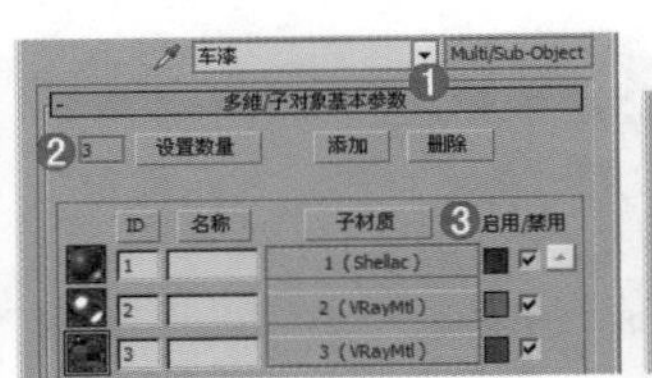
图7-267

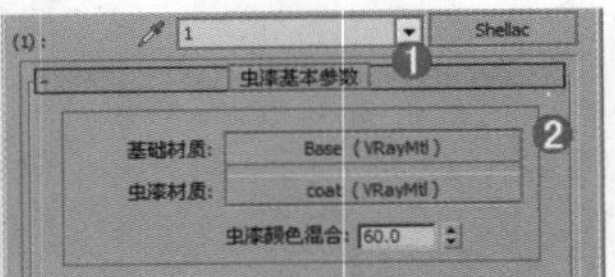
图7-268

图7-269

图7-270

进入【基础材质】后面的通道中，在【漫反射】选项组下后面的通道上加载【衰减】程序贴图，并展开【衰减参数】卷展栏，调节【颜色 1】为暗红色（红：163，绿：9，蓝：9），【颜色 2】为橘红色（红：222，绿：67，蓝：67），设置【衰减类型】为【垂直 / 平行】；在【反射】选项组下调节颜色为灰色（红：123，绿：123，蓝：123），设置【高光光泽度】为 0.6，【反射光泽度】为 0.75，选中【菲涅耳反射】，设置【菲涅耳折射率】为 3。

进入【虫漆材质】的通道中，在【漫反射】选项组下调节颜色为深灰色（红：4，绿：4，蓝：4）；在【反射】选项组下调节颜色为浅灰色（红：240，绿：240，蓝：240），选中【菲涅耳反射】，设置【菲涅耳折射率】为 2。

步骤 05 单击进入 ID 号为 2 的通道中，并对材质 2 进行调节，具体参数如图 7-271 所示。

在【漫反射】选项组下调节颜色为灰色（红：127，绿：127，蓝：127）；在【反射】选项组下调节颜色为浅灰色（红：205，绿：205，蓝：205），设置【高光光泽度】为 0.7，【反射光泽度】为 0.85，【细分】为 20。

步骤 06 单击进入 ID 号为 3 的通道中，并对材质 3 进行调节，具体参数如图 7-272 所示。

在【漫反射】选项组下调节颜色为灰色（红：128，绿：128，蓝：128）。

在【反射】选项组下加载【衰减】程序贴图，调节【颜色 1】为深灰色（红：60 绿：60 蓝：60），【颜色 2】为浅灰色（红：203，绿：203，蓝：203），设置【衰减类型】为 Fresnel。

在【折射】选项组下调节颜色为白色（红：254，绿：254，蓝：254），选中【影响阴影】复选框。

图7-271

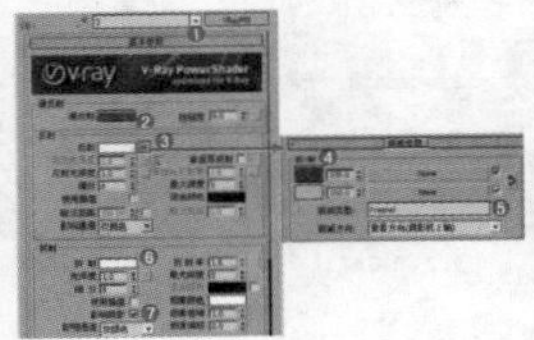
图7-272

步骤 07 将制作好的材质赋给场景中的汽车模型，如图 7-273 所示。

步骤 08 将剩余的材质制作完成，并赋给相应的物体，如图 7-274 所示。

图7-273

图7-274

步骤 09 最终渲染效果如图 7-275 所示。

图7-275

7.6 贴图类型

贴图可以增强材质的质感，通过对贴图的设置可以制作出更加真实的材质效果，如制作麻布材质、地面材质和水波材质等都会用到贴图，如图 7-276 和图 7-277 所示为优秀的贴图作品。

图7-276

图7-277

1. 什么是贴图

在 3ds Max 中制作效果图的过程中，常会需要制作很多种贴图，如木纹花纹和壁纸等，这些贴图可以用来呈现物体的纹理效果。设置贴图的前后对比效果如图 7-278 所示。

图7-278

2．贴图与材质的区别

在本章前面重点讲解了材质技术的应用，可能读者会发现其中出现了大量的贴图知识，这是因为贴图和材质是密不可分的，虽然二者是不同的概念，但是却息息相关。

（1）贴图的概念

顾名思义，贴图即材质表面的纹理。比如该材质的【漫反射】通道上用了哪些贴图，如位图贴图、噪波贴图、衰减贴图、平铺贴图等。

（2）材质的概念

材质在 3ds Max 中代表某个物体应用了什么类型的质地，如标准材质、VRayMtl 和混合材质等。

（3）贴图和材质的关系

很简单，可以通俗地理解为材质的级别要比贴图大，也就是说先有材质，才会出现贴图。如图 7-279 所示，如果要设置一个木纹材质，首先需要设置材质球类型为 VRayMtl，然后设置【反射】等参数，最后如果要需要在【漫反射】通道上加载【位图】贴图。

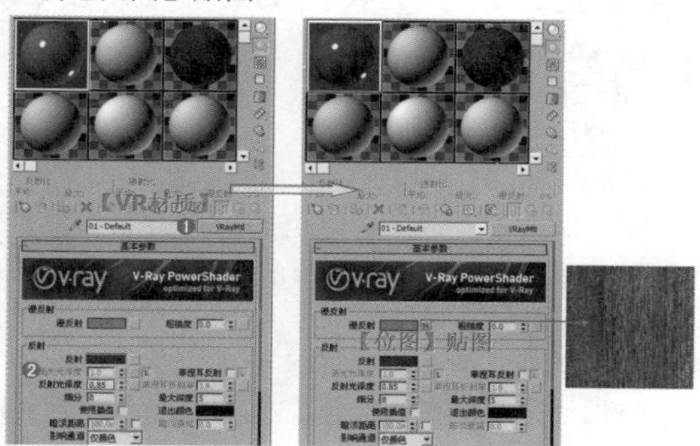

图7-279

因此可以简单地理解为材质大于贴图，贴图需要在材质下面的某一个通道上加载。

3．为什么要设置贴图

（1）在效果图制作中，一般情况下设置贴图是为了让材质出现贴图纹理效果。如图 7-280 所示为未加载任何贴图的金属材质和加载【位图】贴图的金属材质对比效果。

未加载任何贴图的金属材质效果　　加载【位图】贴图的金属材质效果

图7-280

很明显，未加载贴图的金属材质非常干净，但是缺少变化。当然，也可以在【反射】、【折射】等通道上加载贴图，也会产生相应的效果。读者可以尝试在任何通道上加载贴图，并测试产生的效果。

（2）设置贴图可以产生真实的凹凸纹理效果，如图 7-281 所示为加载【凹凸】贴图的木纹和未加载【凹凸】贴图的车漆对比效果。

加载【凹凸】贴图的木纹效果　　未加载【凹凸】贴图的车漆效果

图7-281

4．贴图的设置思路

贴图的设置思路相对【材质】而言要简单一些，具体如下。

（1）在确认设置哪种材质并设置完成材质类型的情况下，考虑【漫反射】通道是否需要加载贴图。

（2）考虑【反射】、【折射】等通道是否需要加载贴图，常用的如【衰减】、【位图】等。

（3）考虑【凹凸】通道上是否需要加载贴图，常用的如【位图】、【噪波】和【凹痕】等。

5.【贴图】卷层栏

展开【贴图】卷展栏，可以在任意一个通道上加载贴图。贴图通道面板如图 7-282 所示。

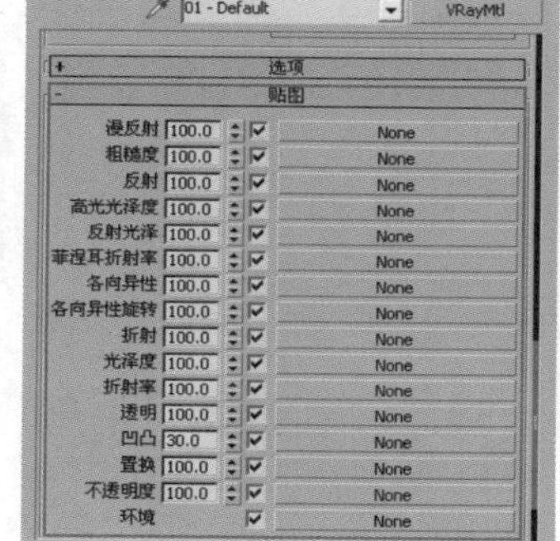

图7-282

当需要为模型制作凹凸纹理效果时，可以在【凹凸】通道上添加贴图。如图 7-283 所示为平静水面材质的制作。如图 7-284 所示为波纹水面材质的制作。

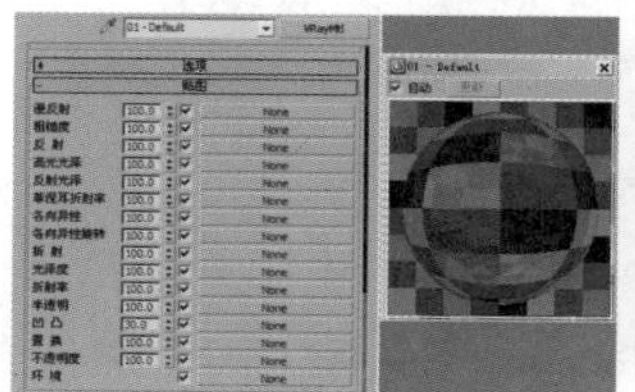

图7-283

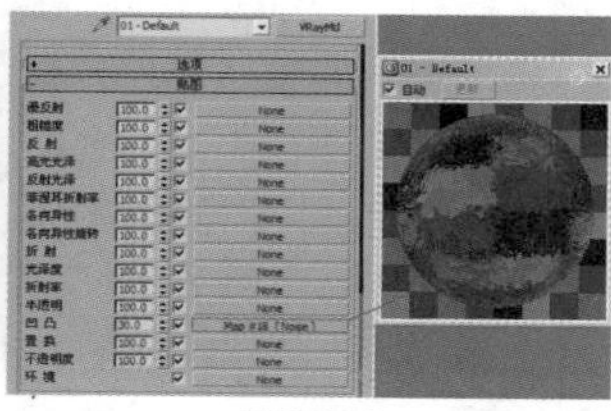

图7-284

技巧与提示

若对于通道知识理解不完全，是非常容易出错的。比如误把【噪波】贴图加载到【漫反射】通道上，会发现没有制作出来的效果并没有凹凸效果，如图 7-285 所示。

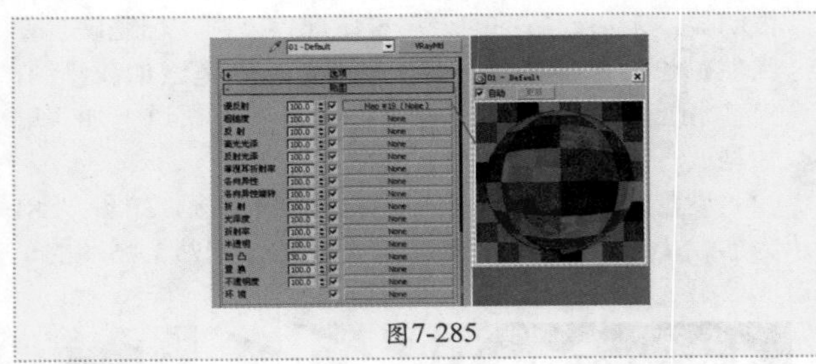

图7-285

6．3ds Max 2014中贴图的种类

展开【标准】材质的【贴图】卷展栏，在该卷展栏下有很多贴图通道，在这些贴图通道中可以加载贴图来表现物体的属性，如图 7-286 所示。

单击任意一个通道，在弹出的【材质 / 贴图浏览器】对话框中可以观察到很多贴图类型，主要包括 2D 贴图、3D 贴图、合成器贴图、颜色修改器贴图以及其他贴图，如图 7-287 所示。

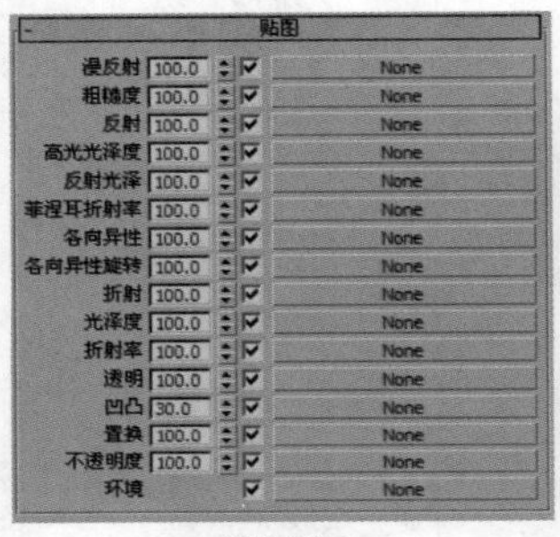

图7-286

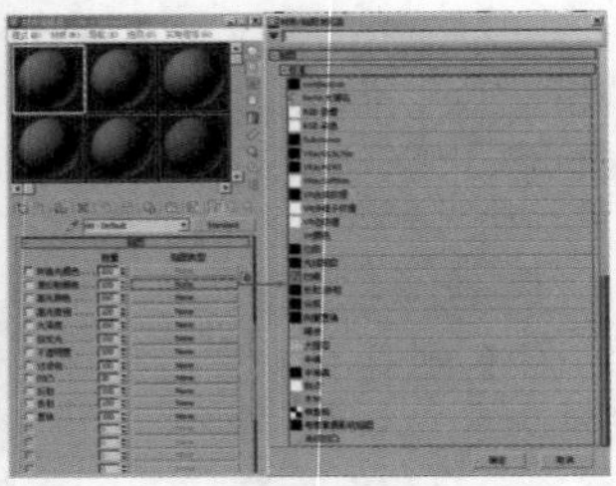

图7-287

- Cmbustion（合成）：将多个贴图组合在一起。
- 渐变：使用 3 种颜色创建渐变图像。
- 渐变坡度：可以产生多色渐变效果。
- 平铺：可以用来制作平铺图像，如地砖。
- 棋盘格：可以产生黑白交错的棋盘格图案。
- 位图：通常在这里加载位图贴图，这是一种最常用的贴图。
- 漩涡：可以创建两种颜色的漩涡形图形。
- Perlin 大理石：通过两种颜色混合，产生类似于珍珠岩的纹理。
- 凹痕：可以作为凹凸贴图，产生一种风化和腐蚀的效果。
- 斑点：产生两色杂斑纹理效果。
- 波浪：可以创建波状的、类似波纹的贴图。
- 大理石：产生类似于岩石断层的效果。
- 灰泥：用于制作腐蚀生锈的金属和破败的物体。
- 粒子年龄：专门用于粒子系统，通常用来制作彩色粒子流动的效果。
- 粒子运动模糊：根据粒子速度产生模糊效果。
- 木材：用于制作木材效果。
- 泼溅：产生类似油彩飞溅的效果。
- 衰减：产生两色过渡效果。
- 细胞：可以用来模拟细胞图案。
- 烟雾：产生丝状、雾状或絮状等无序的纹理效果。
- 噪波：通过两种颜色或贴图的随机混合，产生一种无序的杂点效果。
- RGB 相乘：主要配合凹凸贴图一起使用，允许将两种颜色或贴图的颜色进行相乘处理，从而提高图像的对比度。
- 合成：可以将两个或两个以上的子材质合成在一起。
- 混合：将两种贴图混合在一起，通常用来制作一些多个材质渐变融合或覆盖的效果。
- 遮罩：使用一张贴图作为遮罩。
- 顶点颜色：根据材质或原始顶点的颜色来调整 RGB 或 RGBA 纹理。
- 输出：专门用来弥补某些无输出设置的贴图。
- 颜色修正：用来调节材质的色调、饱和度、亮度和对比度。
- VRayHDRI：可以翻译为高动态范围贴图，主要用来设置场景的环境贴图，即把 HDRI 当作光源来使用。
- VR 法线贴图：可以用来制作真实的凹凸纹理效果。
- VR 合成纹理：可以通过两个通道里贴图色度、灰度的不同来进行加、减、乘、除等操作。
- VR 天空：是一种环境贴图，用来模拟天空效果。
- VR 贴图：因为 VRay 不支持 3ds Max 里的光线追踪贴图类型，所以在使用 3ds Max【标准】材质时的反射和折射就用【VRay 贴图】来代替。
- VR 位图过滤器：是一个非常简单的程序贴图，它可以编辑贴图纹理的 X、Y 轴向。
- VR- 污垢：可以用来模拟真实物理世界中的物体上的污垢效果，如墙角上的污垢、铁板上的铁锈等效果。
- VR 边纹理：是一个非常简单的程序贴图，效果和 3ds Max 里的线框材质类似。
- VR 颜色：可以用来设置任何颜色。
- 薄壁折射：配合【折射】贴图一起使用，能产生透镜变形的折射效果。
- 法线凹凸：可以改变曲面上的细节和外观。
- 反射 / 折射：可以产生反射与折射效果。
- 光线追踪：可以模拟真实的完全反射与折射效果。
- 每像素的摄影机贴图：将渲染后的图像作为物体的纹理贴图，以当前摄影机的方向贴在物体上，可以进行快速渲染。
- 平面镜：使共平面的表面产生类似于镜面反射的效果。

7.6.1 位图贴图

位图是由彩色像素的固定矩阵生成的图像，是最常用的贴图。可以使用一张位图图像来作为贴图。位图贴图支持很多种格式，包括 FLC、AVI、BMP、GIF、JPEG、PNG、PSD 和 TIFF 等主流图像格式，如图 7-288 所示是效果图制作中经常使用的几种位图贴图。

图7-288

位图贴图的参数面板如图7-289所示。

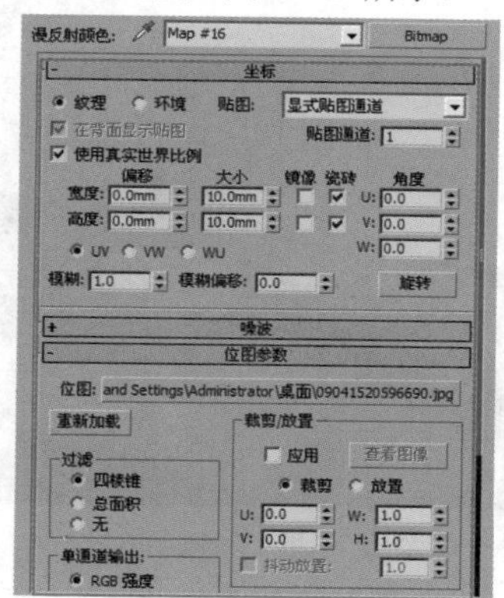

图7-289

● **偏移**：用来控制贴图的偏移效果，如图7-290所示。

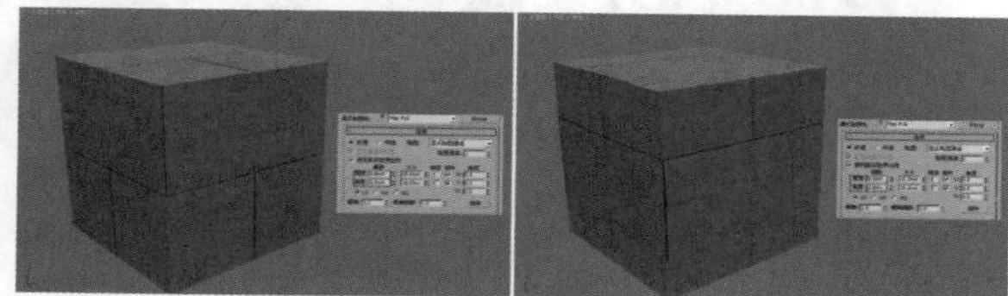

图7-290

● **大小**：用来控制贴图平铺重复的程度，如图7-291所示。

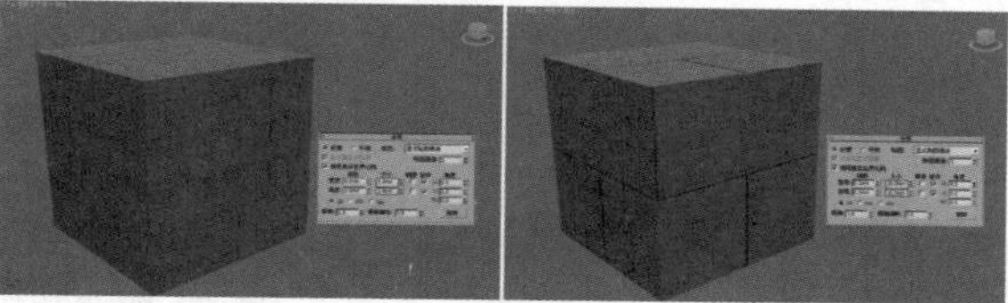

图7-291

● **角度**：用来控制贴图的角度旋转效果，如图7-292所示。

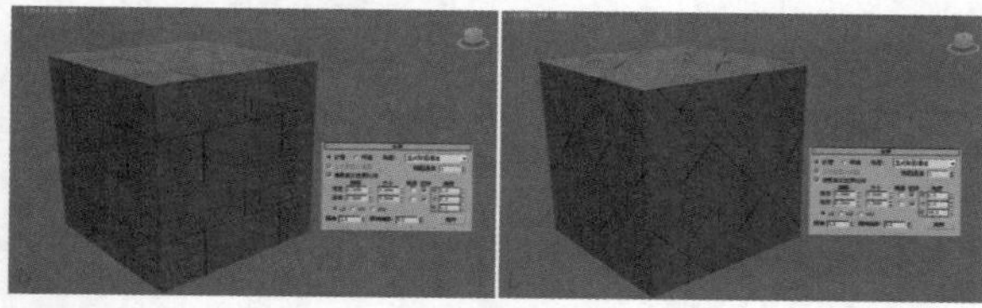

图7-292

● **模糊**：用来控制贴图的模糊程度，数值越大，贴图越模糊，渲染速度越快。

● **剪裁/放置**：在【位图参数】卷展栏下选中【应用】复选框，然后单击后面的【查看图像】按钮 查看图像 ，接着在弹出的对话框中可以框选出一个区域，该区域表示贴图只应用于框选的这部分区域，如图7-293所示。

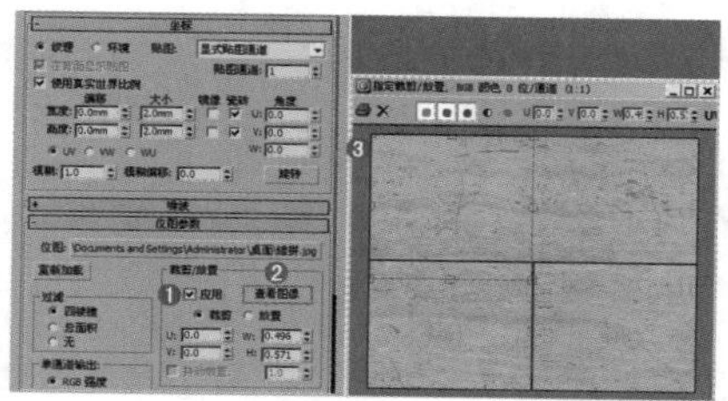

图7-293

技术专题——【UVW贴图】修改器

通过将贴图坐标应用于对象，【UVW贴图】修改器控制在对象曲面上如何显示贴图材质和程序材质。贴图坐标指定如何将位图投影到对象上。UVW坐标系与XYZ坐标系相似。位图的U和V轴对应于X和Y轴。对应于Z轴的W轴一般仅用于程序贴图。可在【材质编辑器】中将位图坐标系切换到VW或WU，在这些情况下，位图被旋转和投影，以使其与该曲面垂直。其参数面板如图7-294所示。

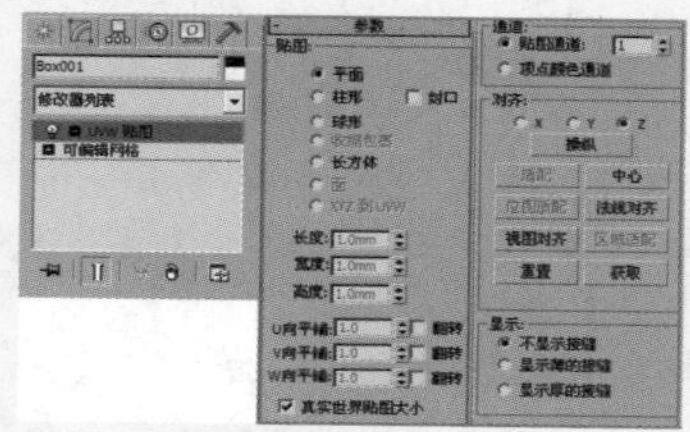

图7-294

(1)【贴图】选项组

● **贴图方式**：确定所使用的贴图坐标的类型。通过贴图在几何上投影到对象上的方式以及投影与对象表面交互的方式，来区分不同种类的贴图。其中包括【平面】、【柱形】、【球形】、【收缩包裹】、【长方体】、【面】和【XYZ到UVW】方式，如图7-295所示。

图7-295

● **长度/宽度/高度**：指定【UVW贴图】Gizmo的尺寸。在应用修改器时，贴图图标的默认缩放由对象的最大尺寸定义。

● **U向平铺/V向平铺/W向平铺**：用于指定UVW贴图的尺寸以便平铺图像。这些是浮点值；可设置动画以便随时间移动贴图的平铺。

● **翻转**：绕给定轴反转图像。

● **真实世界贴图大小**：选中该复选框后，对应用于对象上的纹理贴图材质使用真实世界贴图。

(2)【通道】选项组

● **贴图通道**：设置贴图通道。

- 顶点颜色通道：选中该单选按钮，可将通道定义为顶点颜色通道。

(3)【对齐】选组

- X/Y/Z：选择其中之一，可翻转贴图 Gizmo 的对齐。每项指定 Gizmo 的哪个轴与对象的局部 Z 轴对齐。
- 操纵：启用时，Gizmo 出现在能让用户改变视口中的参数的对象上。
- 适配：将 Gizmo 适配到对象的范围并使其居中，以使其锁定到对象的范围。
- 中心：移动 Gizmo，使其中心与对象的中心一致。
- 位图适配：显示标准的位图文件浏览器，可以拾取图像。在启用【真实世界贴图大小】时不可用。
- 法线对齐：单击并在要应用修改器的对象曲面上拖动即可。
- 视图对齐：将贴图 Gizmo 重定向为面向活动视口。图标大小不变。
- 区域适配：激活一个模式，从中可在视口中拖动以定义贴图 Gizmo 的区域。
- 重置：删除控制 Gizmo 的当前控制器，并插入使用【拟合】功能初始化的新控制器。
- 获取：在拾取对象以从中获得 UVW 时，从其他对象有效复制 UVW 坐标，会弹出一个对话框，提示选择以绝对方式还是相对方式完成获得。

(4)【显示】选项组

- 不显示接缝：视口中不显示贴图边界。这是默认选择。
- 显示薄的接缝：使用相对细的线条，在视口中显示对象曲面上的贴图边界。
- 显示厚的接缝：使用相对粗的线条，在视口中显示对象曲面上的贴图边界。

通过变换 UVW 贴图，Gizmo 可以产生不同的贴图效果，如图 7-296 所示。

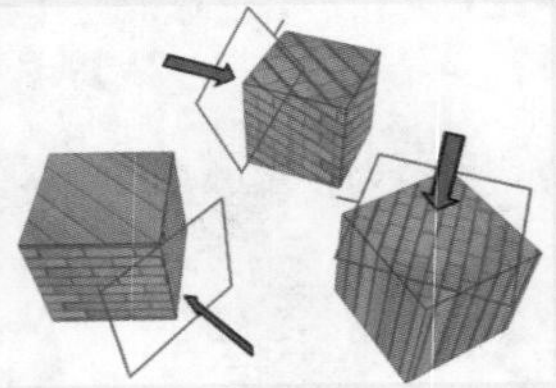

图7-296

材质和贴图设置完成后，肯定会遇到一个烦恼的问题，那就是贴图贴到物体上后感觉很奇怪，可能会出现拉伸等错误现象，如图 7-297 所示。正确添加【UVW 贴图】修改器后的效果，如图 7-298 所示。

图7-297

图7-298

重点 小实例：利用位图贴图制作杂志材质

场景文件	17.max
案例文件	小实例：利用位图贴图制作杂志材质.max
视频教学	DVD/多媒体教学/Chapter07/小实例：利用位图贴图制作杂志材质.flv
难易指数	★★☆☆☆
材质类型	VRayMtl 材质
技术掌握	掌握位图贴图的运用

实例介绍

本实例主要讲解利用位图贴图制作杂志材质，最终渲染效果如图 7-299 所示。

图7-299

本例的书材质模拟效果如图 7-300 所示，其基本属性主要有以下两点。

图7-300

1 书本带有多个材质。
2 带有杂志的贴图。

操作步骤

步骤 01 打开本书配套光盘中的【场景文件/Chapter07/17.max】文件，如图 7-301 所示。

步骤 02 按 M 键打开【材质编辑器】对话框，选择第 1 个材质球，单击  按钮，在弹出的【材质/贴图浏览器】对话框中选择【多维/子对象】材质，如图 7-302 所示。

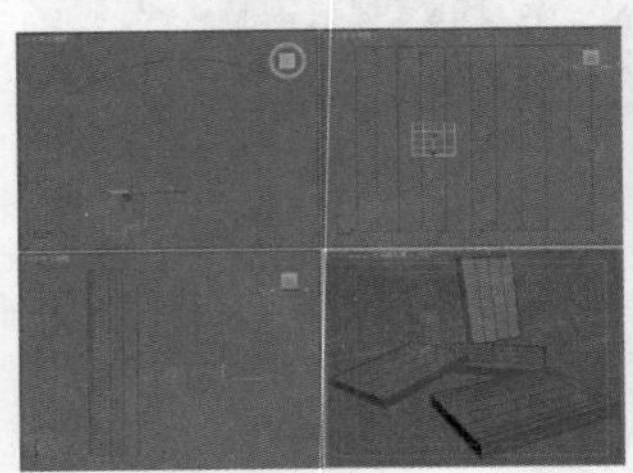

图7-301

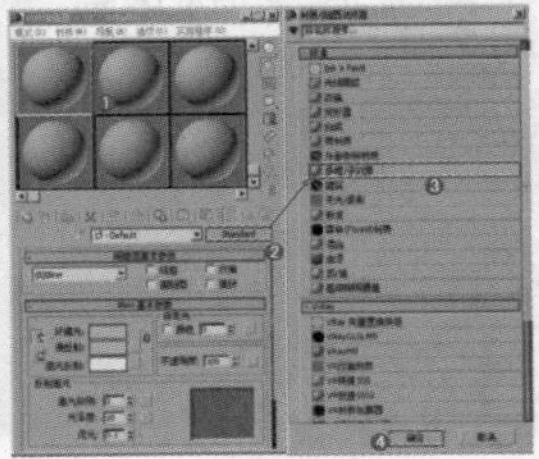

图7-302

步骤 03 将材质命名为【书籍 1】，展开【多维/子对象基本参数】卷展栏，设置【设置数量】为 6，分别在通道上加载

VRayMtl材质，如图7-303所示。

步骤04 单击进入ID号为1的通道中，并调节top材质，具体参数如图7-304所示。

在【漫反射】后面的通道上加载top1.jpg贴图文件，并在【坐标】卷展栏下设置【模糊】为0.1。

在【反射】选项组下设置【反射光泽度】为0.8，【细分】为16，选中【菲涅耳反射】复选框。

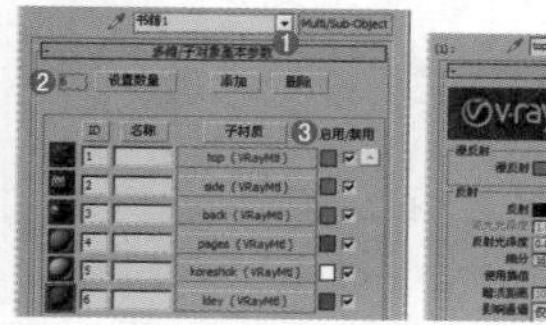

图7-303

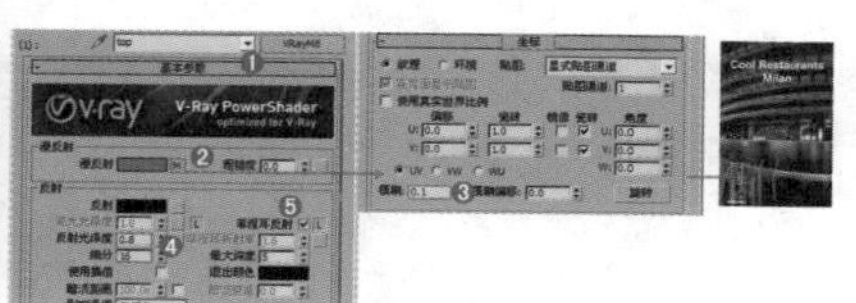

图7-304

步骤05 单击进入ID号为2的通道中，并调节side材质，具体参数如图7-305所示。

在【漫反射】后面的通道上加载side1.jpg贴图文件，并在【坐标】卷展栏下设置【模糊】为0.1。

在【反射】选项组下设置【反射光泽度】为0.8，【细分】为16，选中【菲涅耳反射】复选框。

步骤06 单击进入ID号为3的通道中，并调节back材质，具体参数如图7-306所示。

在【漫反射】后面的通道上加载back1.jpg贴图文件，并在【坐标】卷展栏下设置【模糊】为0.1。

在【反射】选项组下设置【反射光泽度】为0.8，【细分】为16，选中【菲涅耳反射】复选框。

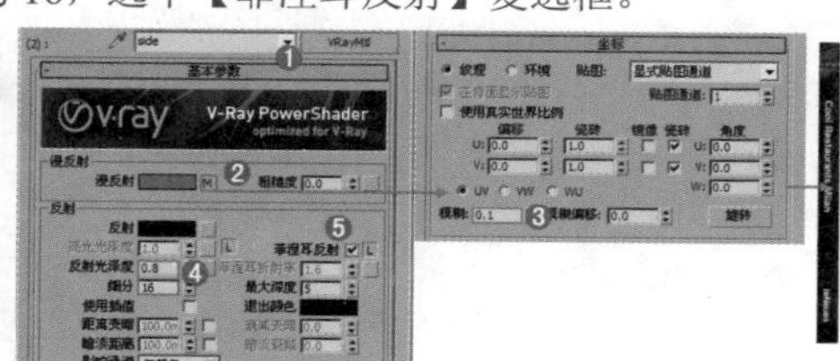

图7-305

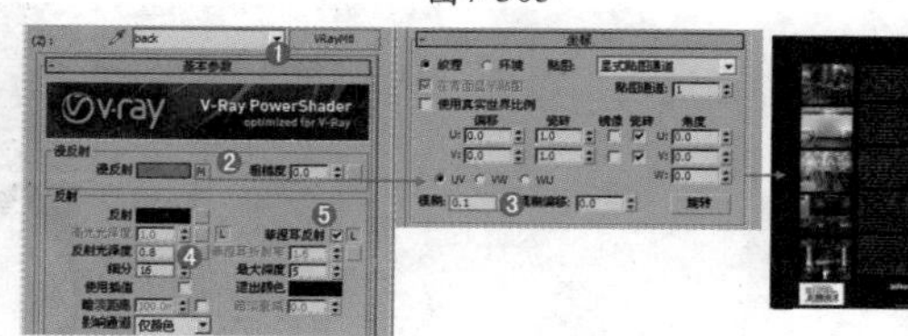

图7-306

步骤07 单击进入ID号为4的通道中，并调节pages材质，具体参数如图7-307所示。

在【漫反射】后面的通道上加载【混合】程序贴图，分别在【颜色#1】和【颜色#2】后面的通道上加载【噪波】程序贴图，并设置【混合量】为50。

单击进入【颜色#1】通道，展开【坐标】卷展栏，设置【瓷砖】的X、Y和Z分别为0.001、0.001和0.1，设置【模糊】为0.2；展开【噪波参数】卷展栏，设置【大小】为0.03，【颜色#1】为深灰色（红：49，绿：49，蓝：49）。

单击进入【颜色#2】通道，展开【坐标】卷展栏，设置【瓷砖】的X、Y和Z分别为0.001、0.001和0.1，设置【模糊】为0.1；展开【噪波参数】卷展栏，设置【大小】为0.05，【颜色#1】为深蓝色（红：49，绿：62，蓝：97）。

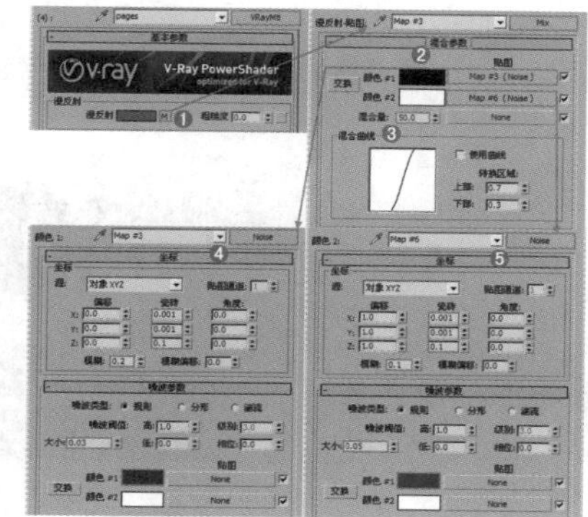

图7-307

技巧与提示

在这里，为了模拟出纸张的真实质感，我们加载了【噪波】程序贴图。当然有读者会问，【噪波】程序贴图可以制作出随机的黑白波纹，但是不会产生拉伸效果。只需要设置合理的【瓷砖】的X、Y、Z数值就可以达到一个拉伸的效果，如图7-308所示。

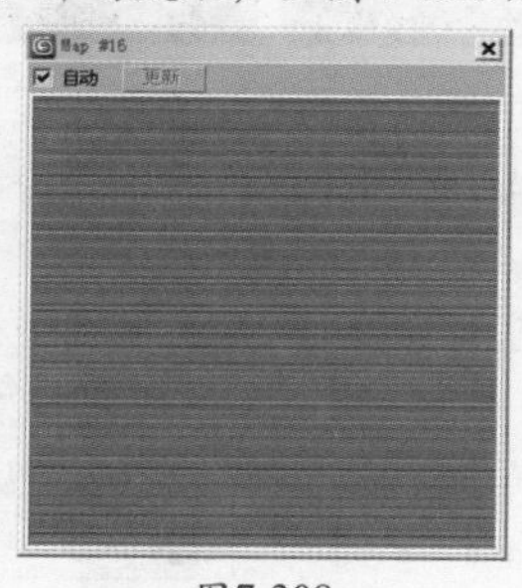

图7-308

步骤08 单击进入ID号为5的通道中，并调节koreshok材质，具体参数如图7-309所示。

在【漫反射】后面的通道上加载【噪波】程序贴图，并设置【瓷砖】的X、Y和Z分别为0.03、0.03和0.1，【大小】为0.03，调节【颜色#1】为浅灰色（红：161，绿：161，蓝：161）。

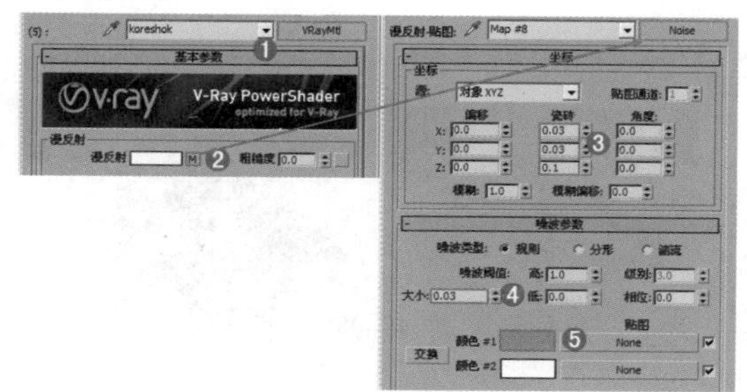

图7-309

步骤 09 单击进入 ID 号为 6 的通道中，并调节 kley 材质，具体参数如图 7-310 所示。

在【漫反射】选项组下调节【颜色】为深灰色（红：96，绿：96，蓝：96）。

步骤 10 将制作好的材质赋给场景中的杂志模型，如图 7-311 所示。

图7-310

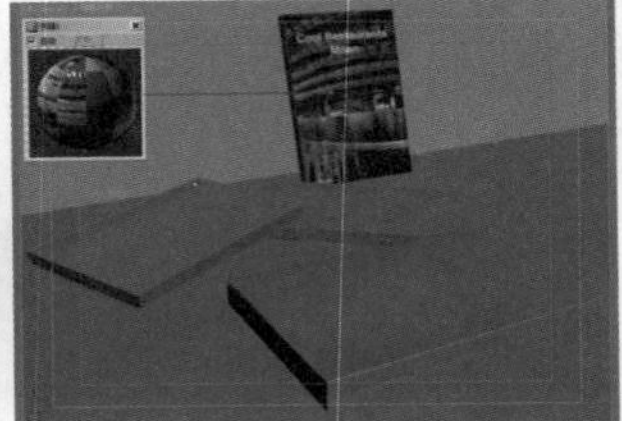
图7-311

步骤 11 将剩余的材质制作完成，并赋给相应的物体，如图 7-312 所示。

步骤 12 最终渲染效果如图 7-313 所示。

图7-312

图7-313

7.6.2 不透明度贴图通道

【不透明度】贴图通道主要用于控制材质的透明属性，并根据黑白贴图（黑透白不透原理）来计算具体的透明、半透明和不透明效果，其原理如图 7-314 所示。

图7-314

如图 7-315 所示为使用不透明度贴图的方法制作的草地效果。

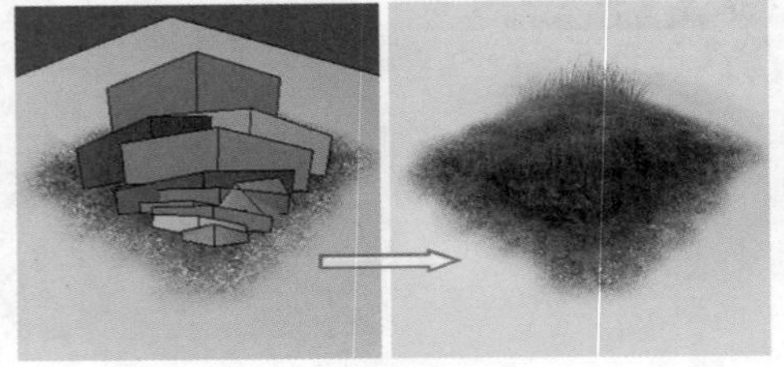
图7-315

技术专题——不透明度贴图的原理

【不透明度】贴图通道利用图像的明暗度在物体表面产生透明效果，纯黑色的区域完全透明，纯白色的区域完全不透明，这是一种非常重要的贴图方式。如果配合漫反射颜色贴图，可以产生镂空的纹理，这种技巧常被制用来作一些遮挡物体。例如，将一个人物的彩色图转化为黑白剪影图，可将彩色图作用漫反射颜色通道贴图，而剪影图用作不透明度贴图，在三维空间中将它指定给一个薄片物体，从而产生一个立体的镂空人像，将其放置于室内外建筑的地面上，可以产生真实的反射与投影效果，这种方法在建筑效果图中应用非常广泛，如图 7-316 所示。

图7-316

下面详细讲解使用【不透明度】贴图制作树叶的流程。

(1) 在场景中创建一个平面，如图 7-317 所示。

(2) 打开【材质编辑器】对话框，然后设置材质类型为【标准】，接着在【贴图】卷展栏下的【漫反射颜色】贴图通道中加载一张树叶的彩色贴图，最后在【不透明度】贴图通道中加载一张树叶的黑白贴图，如图 7-318 所示。

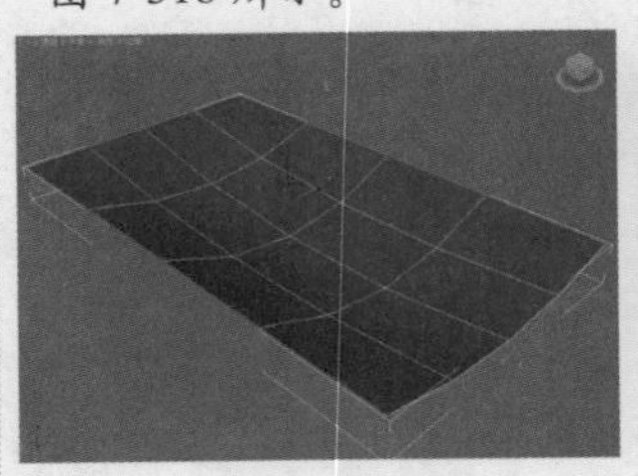
图7-317

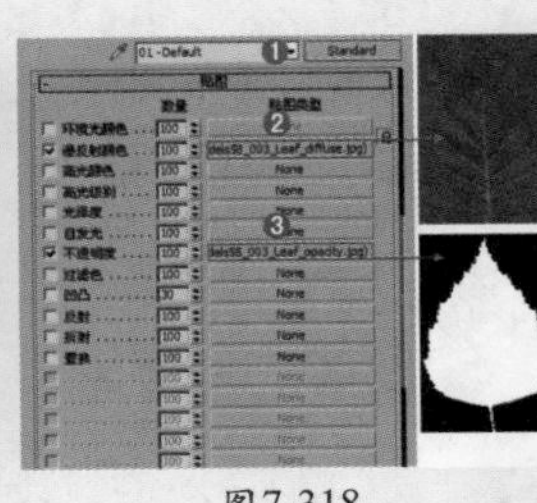
图7-318

(3) 将制作好的材质赋给平面，如图 7-319 所示。

(4) 将制作好的树叶进行复制，如图 7-320 所示。

(5) 最终渲染效果如图 7-321 所示。

图7-319

图7-320

图7-321

重点 小实例：利用不透明度贴图制作藤椅材质

场景文件	18.max
案例文件	小实例：利用不透明度贴图制作藤椅材质 .max
视频教学	DVD/ 多媒体教学 /Chapter07/ 小实例：利用不透明度贴图制作藤椅材质 .flv
难易指数	★★★☆☆
材质类型	VRayMtl 材质
技术掌握	掌握不透明度贴图通道的应用

实例介绍

本例主要讲解利用不透明度贴图制作藤椅材质，最终渲染效果如图 7-322 所示。

本例的藤椅材质模拟效果如图 7-323 所示，其基本属性主要有以下两点。

①模糊反射。

②一定的镂空效果。

图 7-322

图 7-323

操作步骤

步骤 01 打开本书配套光盘中的【场景文件 /Chapter07/18.max】文件，如图 7-324 所示。

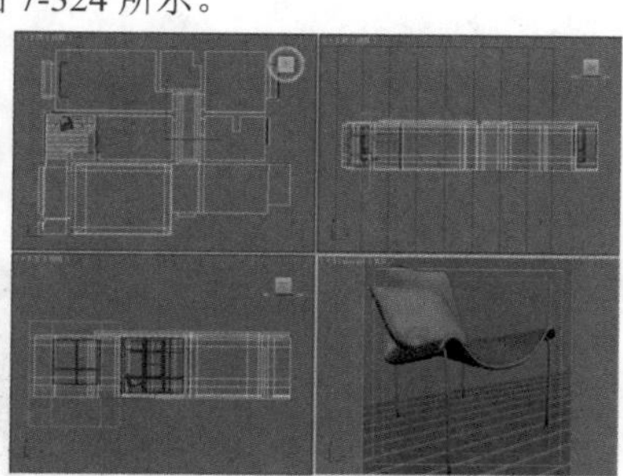

图 7-324

步骤 02 下面制作藤椅材质。选择一个空白材质球，然后设置材质球类型为【标准】，接着将其命名为【藤椅】，具体参数设置如图 7-325 和图 7-326 所示。

展开【Blinn 基本参数】卷展栏，单击【漫反射】后面的通道按钮，并加载贴图文件【藤编 .jpg】，设置【瓷砖】的 U 为 1.6。

展开【Blinn 基本参数】卷展栏，在【不透明度】后面的通道上加载贴图文件【藤编黑白 .jpg】，并设置【瓷砖】的 U 为 1.6，最后在【反射高光】选项组下设置【高光级别】为 61，【光泽度】为 10。

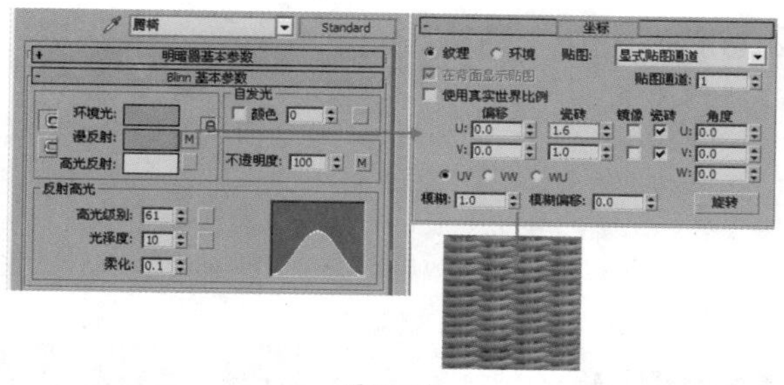

图 7-325

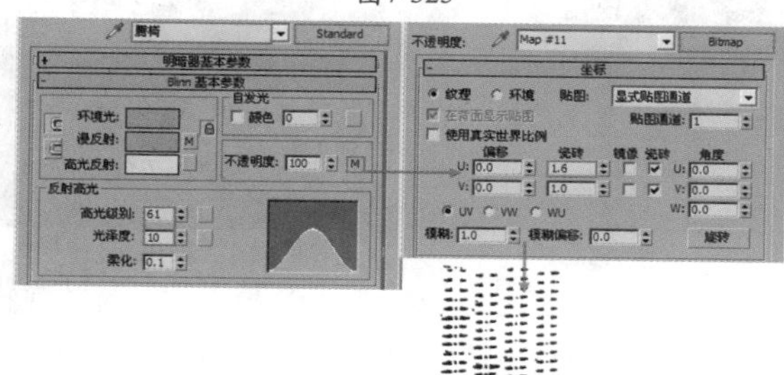

图 7-326

步骤 03 将制作好的材质赋给场景中的藤椅模型，如图 7-327 所示。

步骤 04 将剩余的材质制作完成，并赋给相应的物体，如图 7-328 所示。

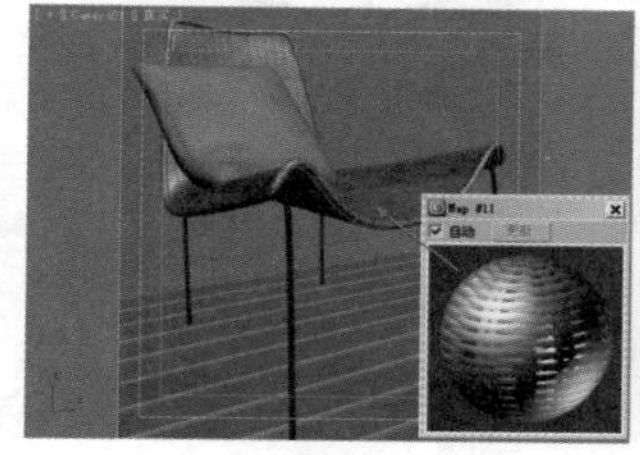

图 7-327

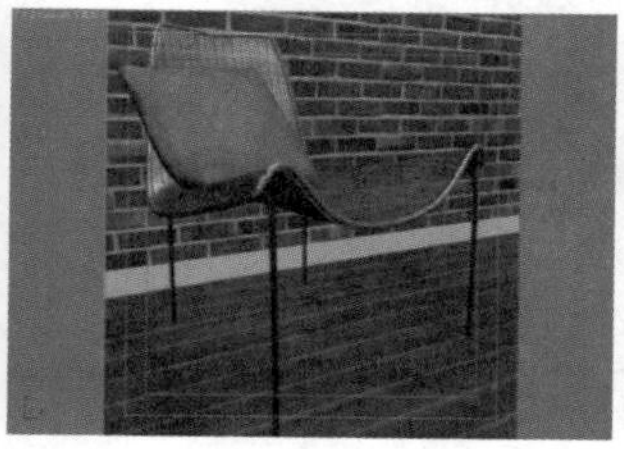

图 7-328

步骤 05 最终渲染效果如图 7-329 所示。

图 7-329

7.6.3 凹凸贴图通道

为了使模拟的材质更加真实，很多时候需要为材质设置凹凸效果。展开【贴图】卷展栏，并在【凹凸】通道上加载贴图即可。比如，可以在【凹凸】通道上加载【噪波】程序贴图，用来模拟水的凹凸效果，如图 7-330 所示。渲染效果如图 7-331 所示。

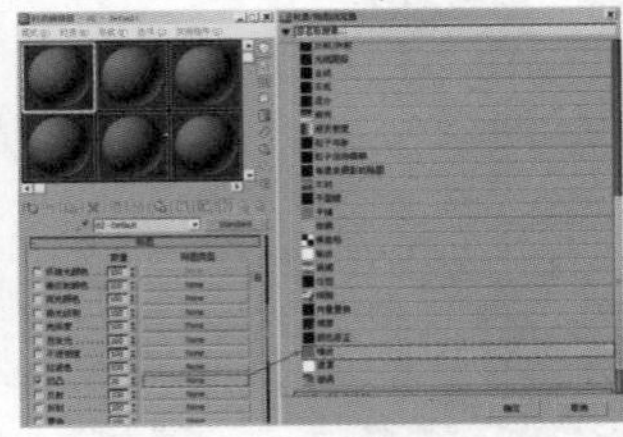
图7-330

图7-331

也可以在【凹凸】通道上加载一张黑白的位图，用来模拟饼干的凹凸效果，如图 7-332 所示。渲染效果如图 7-333 所示。

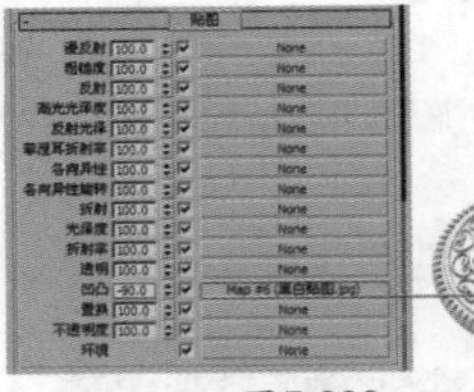

图7-332

图7-333

重点 小实例：利用凹凸贴图制作夹心饼干效果

场景文件	19.max
案例文件	小实例：利用凹凸贴图制作夹心饼干效果.max
视频教学	DVD/多媒体教学/Chapter07/小实例：利用凹凸贴图制作夹心饼干效果.flv
难易指数	★★★☆☆
材质类型	VRayMtl 材质
技术掌握	掌握凹凸贴图的使用方法

实例介绍

本例主要讲解利用凹凸贴图制作夹心饼干，最终渲染效果如图 7-334 所示。

本例的夹心饼干材质模拟效果如图 7-335 所示，其基本属性主要为有很强的凹凸效果。

图7-334

图7-335

操作步骤

步骤 01 打开本书配套光盘中的【场景文件/Chapter07/19.max】文件，如图 7-336 所示。

步骤 02 下面制作饼干材质。选择一个空白材质球，然后设置材质球类型为 VRayMtl，接着将其命名为【饼干材质 1】，具体参数设置如图 7-337 所示。

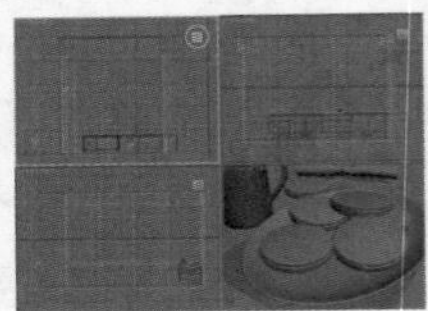
图7-336

图7-337

在【漫反射】选项组下调节颜色为红褐色（红：84，绿：37，蓝：37），在【反射】选项组下调节反射颜色为深灰色（红：27，绿：27，蓝：27），设置【高光光泽度】为 0.6，【反射光泽度】为 0.7，【细分】为 15。

展开【贴图】卷展栏，在【凹凸】后面的通道上加载贴图文件【黑白贴图.jpg】；展开【坐标】卷展栏，设置【模糊】为 0.01，最后设置【凹凸】数值为 –90，如图 7-338 所示。

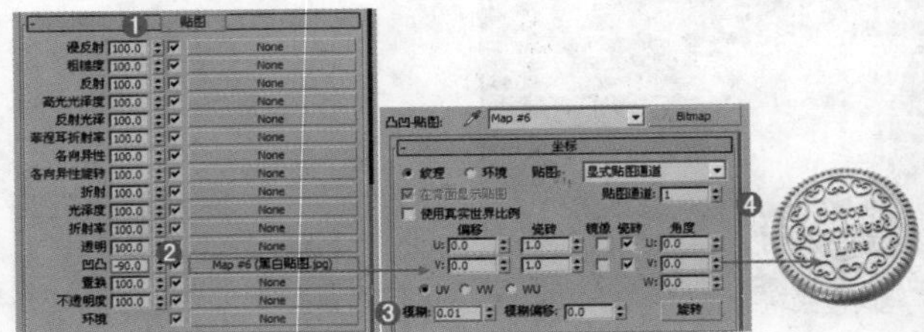
图7-338

步骤 03 选中场景中的饼干模型，在【修改】面板中为其添加【UVW 贴图】修改器，并调节其具体参数，如图 7-339 所示。

在【参数】卷展栏下设置【贴图】类型为【平面】，【长度】为 200mm，【宽度】为 200mm，【对齐】为 Z。

步骤 04 将制作好的材质赋予场景中的模型，如图 7-340 所示。

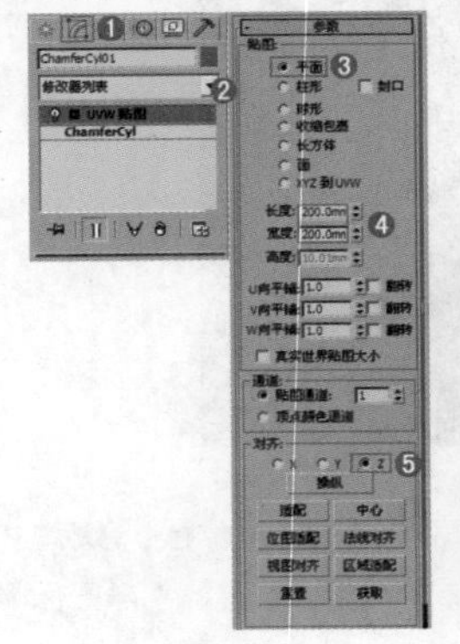
图7-339

图7-340

> **技巧与提示**
>
> 在【凹凸】后面的通道上最好加载黑白灰贴图文件，黑色部分凹陷，白色部分凸起，如果要让其相反，可以调节【凹凸】的数值为负值，这样黑色部分凸起，白色部分凹陷。

步骤 05 下面制作饼干夹心部分的材质。选择一个空白材质球，然后设置材质球类型为 VRayMtl，接着将其命名为【饼干夹心材质】，具体参数设置如图 7-341 所示。

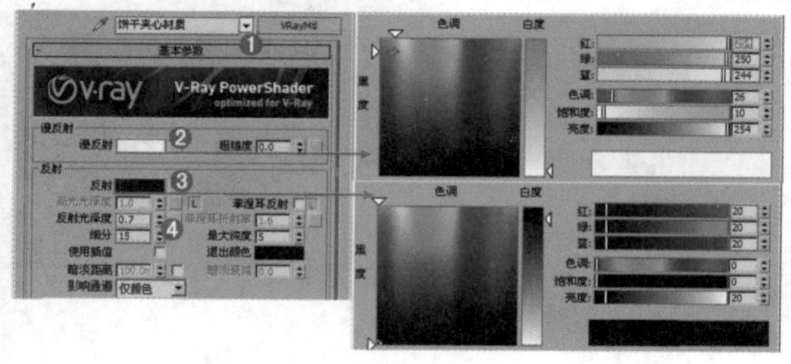

图7-341

在【漫反射】选项组下调节颜色为白色（红：254，绿：250，蓝：244）。在【反射】选项组下调节反射颜色为深灰色（红：20，绿：20，蓝：20），设置【反射光泽度】为 0.7，【细分】为 15。

步骤 06 将制作好的材质赋给场景中的饼干夹心部分模型，如图 7-342 所示。

步骤 07 将剩余的材质制作完成，并赋给相应的物体。如图 7-343 所示。

图7-342

图7-343

步骤 08 最终渲染效果如图 7-344 所示。

图7-344

7.6.4 VRayHDRI贴图

VRayHDRI 贴图可以翻译为高动态范围贴图，主要用来设置场景的环境贴图，即把 HDRI 当作光源来使用，其参数面板如图 7-345 所示。

- **位图**：单击后面的【浏览】按钮 浏览 可以指定一张 HDR 贴图。
- **贴图类型**：控制 HDRI 的贴图方式，主要分为以下 5 类。
  - **成角贴图**：主要用于使用了对角拉伸坐标方式的 HDRI。
  - **立方环境贴图**：主要用于使用了立方体坐标方式的 HDRI。
  - **球状环境贴图**：主要用于使用了球形坐标方式的 HDRI。
  - **球体反射**：主要用于使用了镜像球形坐标方式的 HDRI。
  - **直接贴图通道**：主要用于对单个物体指定环境贴图。

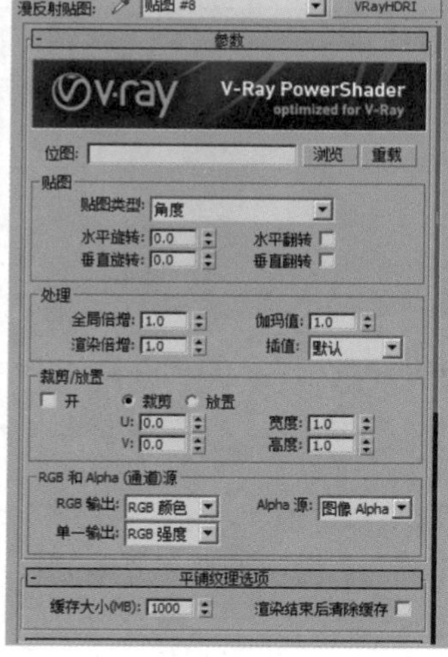

图7-345

- **水平旋转**：控制 HDRI 在水平方向的旋转角度。
- **水平翻转**：让 HDRI 在水平方向上反转。
- **垂直旋转**：控制 HDRI 在垂直方向的旋转角度。
- **垂直翻转**：让 HDRI 在垂直方向上反转。
- **全局倍增**：用来控制 HDRI 的亮度。
- **渲染倍增**：设置渲染时的光强度倍增。
- **伽玛值**：设置贴图的伽玛值。
- **插值**：可以选择插值的方式，包括【双线性】、【双立体】、【四次幂】和【默认】4 种方式。

重点 小实例：利用 VRayHDRI 贴图制作汽车场景

场景文件	20.max
案例文件	小实例：利用 VRayHDRI 贴图制作汽车场景.max
视频教学	DVD/多媒体教学/Chapter07/小实例：利用 VRayHDRI 贴图制作汽车场景.flv
难易指数	★★★☆☆
材质类型	虫漆材质
技术掌握	掌握 VRayHDRI 贴图的运用

实例介绍

本例主要讲解使用虫漆材质和 VRayHDRI 贴图制作汽车车漆的材质，最终渲染效果如图 7-346 所示。

图7-346

本例的车漆材质模拟效果如图 7-347 所示，其基本属性主要有以下两点。

❶一定的反射效果。

❷车漆贴图效果。

图7-347

操作步骤

步骤 01 打开本书配套光盘中的【场景文件/Chapter07/20.max】

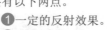

文件，此时场景效果如图 7-348 所示。

步骤 02 按 M 键打开【材质编辑器】对话框，选择第 1 个材质球，单击 Standard 按钮，在弹出的【材质 / 贴图浏览器】对话框中选择【虫漆】材质，如图 7-349 所示。

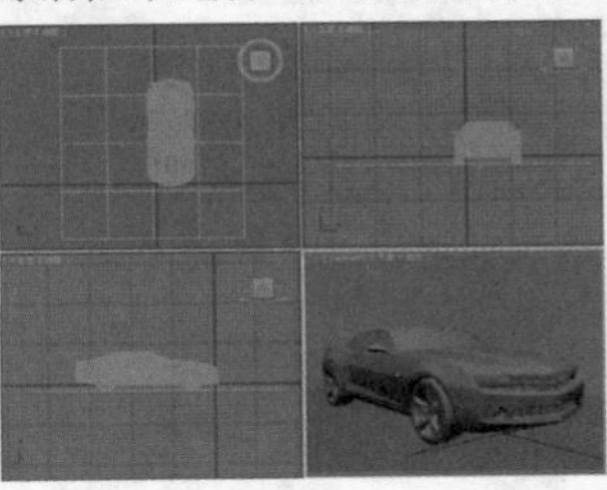

图7-348

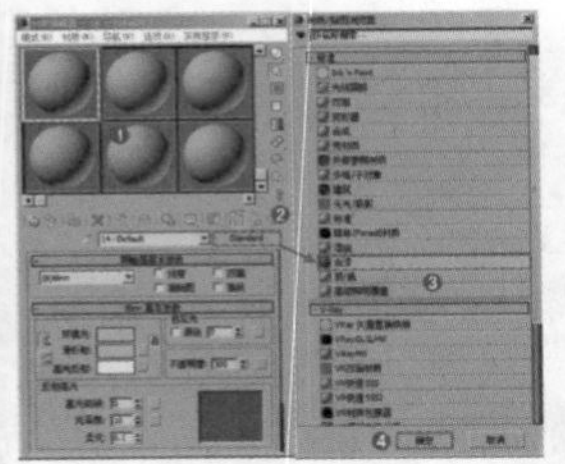

图7-349

步骤 03 将材质命名为【车漆】，下面调节其具体参数，如图 7-350 所示。在【虫漆基本参数】卷展栏中，在【基础质】和【虫漆材质】后面的通道上加载 VRayMt 材质。

步骤 04 单击进入【基础材质】后面的通道中，具体参数设置如图 7-351 所示。

在【漫反射】选项组下后面的通道上加载【衰减】程序贴图，并在第 1 个颜色通道上加载【车漆 1.png】贴图文件，在第 2 个颜色通道上加载【车漆 1.png】贴图文件，设置【衰减类型】为【垂直 / 平行】。

在【反射】选项组下调节颜色为深灰色（红：33，绿：33，蓝：33），设置【高光光泽度】为 0.96，【反射光泽度】为 0.75，【细分】为 32，选中【菲涅耳反射】复选框，设置【菲涅耳折射率】为 4。

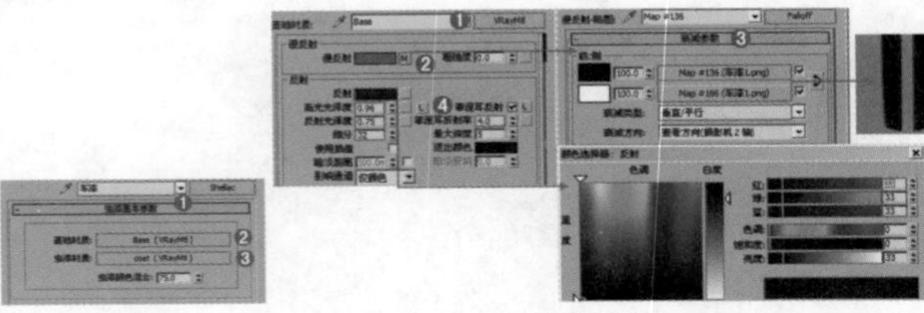

图7-350 图7-351

步骤 05 单击进入【虫漆材质】的通道中，调节其具体参数，如图 7-352 所示。

在【漫反射】选项组下调节颜色为黑色（红：0，绿：0，蓝：0），在【反射】选项组下调节颜色为白色（红：255，绿：255，蓝：255），设置【反射光泽度】为 0.99，选中【菲涅耳反射】，设置【菲涅耳折射率】为 1.7。

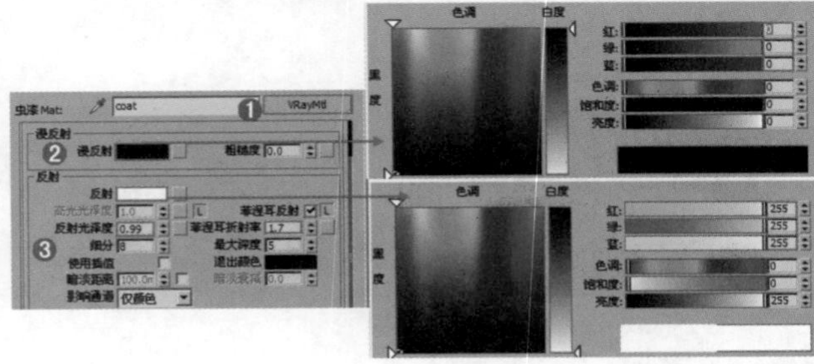

图7-352

步骤 06 将制作好的材质赋给场景中的模型，如图 7-353 所示。

步骤 07 下面制作车表面的真实反射效果。打开【渲染设置】对话框，进入 V-Ray 选项卡，打开【V-Ray:: 环境】卷展栏，在【全局照明环境（天光）覆盖】选线组下选中【开】，在后面的通道上加载 VRayHDRI 程序贴图，将通道拖曳到材质编辑器任意一个材质球上面，将其命名为【控制车身】。单击【位图】后面的【浏览】按钮，加载 18.hdr 贴图，设置【贴图类型】为【球体】，【水平旋转】为 110，【垂直旋转】为 -8，【全局倍增】为 3，【渲染倍增】为 3，如图 7-354 所示。

图7-353

步骤 08 接着在【反射 / 折射环境覆盖】选项组下选中【开】，在后面的通道上加载 VRayHDRI 程序贴图，将通道拖曳到材质编辑器任意一个材质球上面，将其命名为【控制背景】。单击位图后面的【浏览】按钮，加载 18.hdr 贴图，设置【贴图类型】为【球形】，【水平旋转】为 110，【垂直旋转】为 –8，【全局倍增】为 2，【渲染倍增】为 2，如图 7-355 所示。

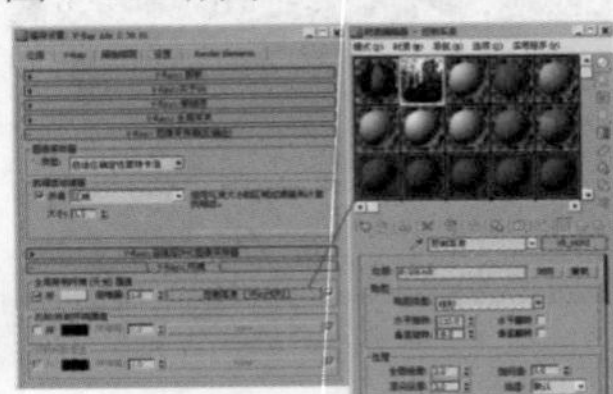

图7-354

图7-355

步骤 09 按 8 键，弹出【环境和效果】对话框，按住【控制背景】材质球，将其拖曳到【环境贴图】下面的通道上，如图 7-356 所示。

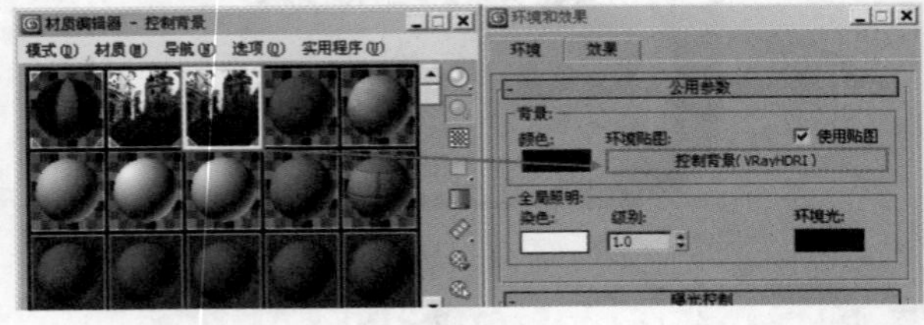

图7-356

技巧与提示

使用 VRayHDRI 贴图可以模拟出真实的环境背景，并且在车漆的表面带有真实的反射信息。因为不需要制作场景四周的模型，所以使用该方法可以大大节省计算机的资源，并且也会得到非常真实的渲染效果。

步骤 10 最终渲染效果如图 7-357 所示。

图7-357

7.6.5 VR天空贴图

【VR 天空】贴图可以用来控制场景背景的天空贴图效果，还可以用来模拟真实的天空效果，其参数面板如图 7-358 所示。

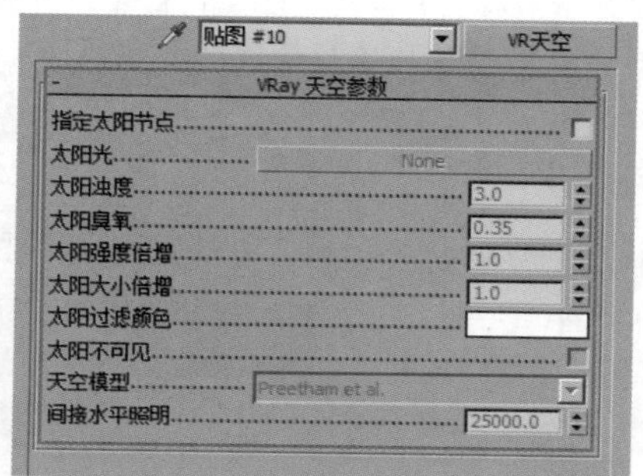

图7-358

- **指定太阳节点**：取消选中该复选框，【VR 天空】的参数将从场景中的【VR 太阳】的参数里自动匹配；选中该复选框，用户可以从场景中选择不同的光源，在这种情况下，【VR 太阳】将不再控制【VR 天空】的效果，【VR 天空】将用它自身的参数来改变天空的效果。
- **太阳光**：单击后面的按钮可以选择太阳光源，这里除了可以选择【VR 太阳】之外，还可以选择其他的光源。

7.6.6 VR边纹理贴图

【VR 边纹理】贴图是一个非常简单的材质，效果和 3ds Max 里的线框材质类似，其参数面板如图 7-359 所示。

图7-359

- **颜色**：设置边线的颜色。
- **隐藏边**：选中该复选框，物体背面的边线也将被渲染出来。
- **厚度**：决定边线的厚度，主要分为以下两个单位。
  - **世界单位**：厚度单位为场景尺寸单位。
  - **像素**：厚度单位为像素。

重点 小实例：利用 VR 边纹理贴图制作线框效果

场景文件	21.max
案例文件	小实例：利用 VR 边纹理贴图制作线框效果 .max
视频教学	DVD/ 多媒体教学 /Chapter07/ 小实例：利用 VR 边纹理贴图制作线框效果 .flv
难易指数	★★☆☆☆
材质类型	VRayMtl 材质
技术掌握	掌握 VR 边纹理贴图的运用

实例介绍

本例主要讲解利用 VR 边纹理贴图制作线框效果最终渲染效果如图 7-360 所示。

本例的线框材质模拟效果如图 7-361 所示，其基本属性主要有以下两点。

❶颜色为单色。

❷边缘带有线框。

图7-360

图7-361

操作步骤

步骤 01 打开本书配套光盘中的【场景文件 /Chapter07/21.max】文件，如图 7-362 所示。

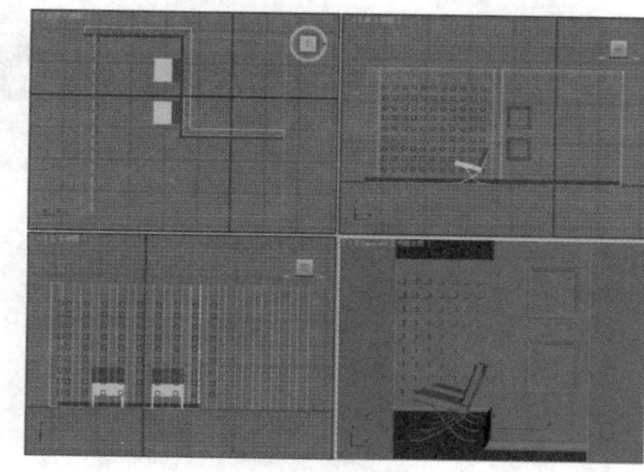

图7-362

步骤 02 按 M 键打开【材质编辑器】对话框，然后选择一个空白材质球，并将材质球类型设置为 VRayMtl，然后将其命名为【线框】，具体参数设置如图 7-363 和图 7-364 所示。

设置【漫反射】颜色为浅灰色（红：198，绿：198，蓝：198）。

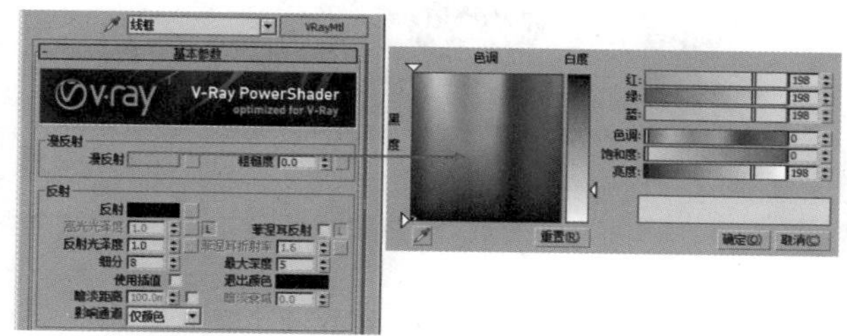

图7-363

展开【VR边纹理参数】卷展栏，调节【颜色】为黑色（红：0，绿：0，蓝：0），设置【像素】为0.7。

图7-364

> **技巧与提示**
>
> 一般情况下，在【漫反射】通道上加载了贴图后，漫反射颜色将失去其作用，而【VR边纹理】是一个特例。在【漫反射】通道上加载【VR边纹理】后，漫反射颜色控制物体的基本颜色，而【VR边纹理参数】卷展栏中的颜色控制物体的边框颜色，如图7-365所示，当设置漫反射颜色为浅绿色，【VR边纹理参数】卷展栏中的颜色为蓝色时，渲染效果如图7-366所示。
>
> 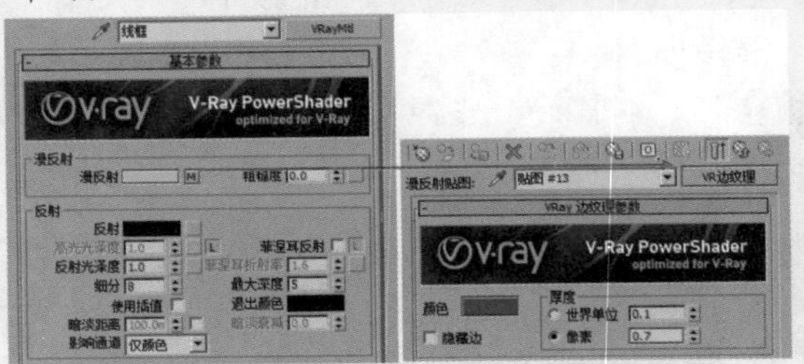
>
> 图7-365
>
> 
>
> 图7-366

步骤03 将制作好的材质赋给场景中的模型，如图7-367所示。

步骤04 最终渲染效果如图7-368所示。

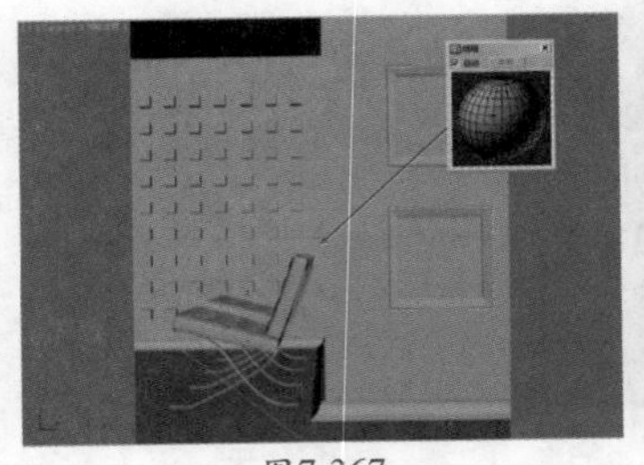

图7-367

图7-368

7.6.7 渐变坡度贴图

【渐变坡度】贴图是与【渐变】贴图相似的2D贴图，它从一种颜色到另一种颜色进行着色。在这个贴图中，可以为渐变指定任意数量的颜色或贴图。它有许多用于高度自定义渐变的控件，几乎任何【渐变坡度】参数都可以设置动画。其参数面板如图7-369所示。

图7-369

- 渐变栏：展示正被创建的渐变的可编辑表示。渐变的效果从左（始点）移到右（终点）。
- 渐变类型：选择渐变的类型。
- 插值：选择插值的类型。
- 数量：当为非0值时，将基于渐变坡度颜色（还有贴图，如果出现的话）的交互，而将随机噪波效果应用于渐变。该数值越大，效果越明显。范围为0~1。
- 规则：生成普通噪波。基本上与禁用级别的分形噪波相同（因为【规则】不是一个分形函数）。
- 分形：使用分形算法生成噪波。【级别】选项设置分形噪波的迭代数。
- 湍流：生成应用绝对值函数来制作故障线条的分形噪波。注意，要查看湍流效果，噪波量必须要大于0。
- 大小：设置噪波功能的比例。此值越小，噪波碎片就越小。
- 相位：控制噪波函数的动画速度。对噪波使用3D噪波函数，第1个和第2个参数是U和V，而第3个参数是相位。
- 级别：设置湍流（作为一个连续函数）的分形迭代次数。
- 高：设置高阈值。
- 低：设置低阈值。
- 平滑：用以生成从阈值到噪波值较为平滑的变换。当【平滑】为0时，没有应用平滑；当【平滑】为1时，应用了最大数量的平滑。

重点 小实例：利用渐变坡度贴图制作彩色泡泡

场景文件	22.max
案例文件	小实例：利用渐变坡度贴图制作彩色泡泡.max
视频教学	DVD/多媒体教学/Chapter07/小实例：利用渐变坡度贴图制作彩色泡泡.flv
难易指数	★★★☆☆
材质类型	VRayMtl 材质
技术掌握	掌握渐变坡度贴图的应用

实例介绍

本例主要讲解利用渐变坡度贴图制作彩色泡泡，最终渲染效果如图 7-370 所示。

图 7-370

本例的彩色泡泡材质模拟效果如图 7-371 所示，其基本属性主要有以下两点。

❶带有七彩的反射。

❷高度透明效果。

图 7-371

操作步骤

步骤 01 打开本书配套光盘中的【场景文件/Chapter07/22.max】文件，如图 7-372 所示。

步骤 02 按 M 键打开【材质编辑器】对话框，然后选择一个空白材质球，并将材质球类型设置为 VRayMtl，然后命名为【彩色泡泡材质】。具体参数设置如图 7-373 所示。

在【漫反射】选项组下调节颜色为白色（红：255，绿：255，蓝：255）。

在【折射】选项组下调节颜色为白色（红：255，绿：255，蓝：255），设置【细分】为 20。

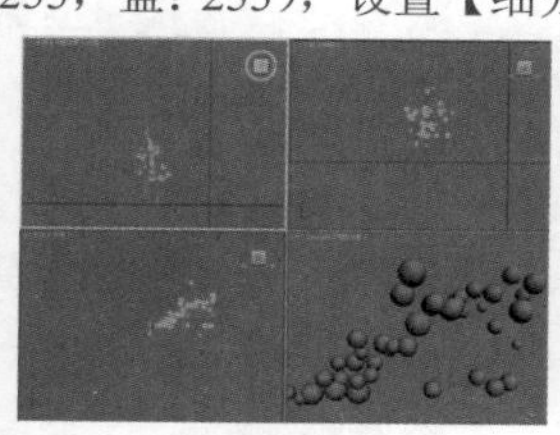

图 7-372

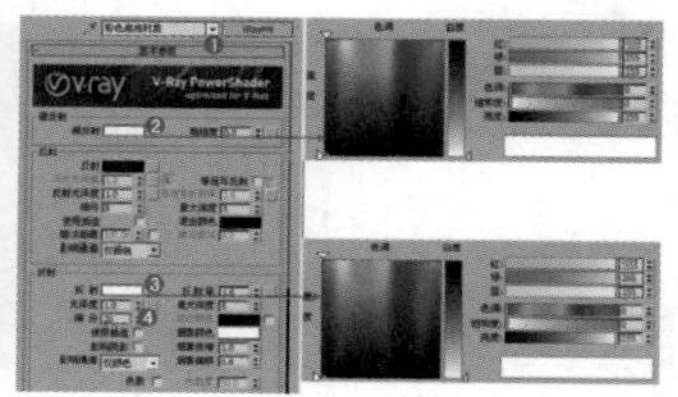

图 7-373

在【反射】选项组下后面的通道上加载【渐变坡度】程序贴图，设置【细分】为 20，如图 7-374 所示。展开【渐变坡度参数】卷展栏，在渐变条上单击添加色块，并调节色块的位置，如图 7-375 所示。

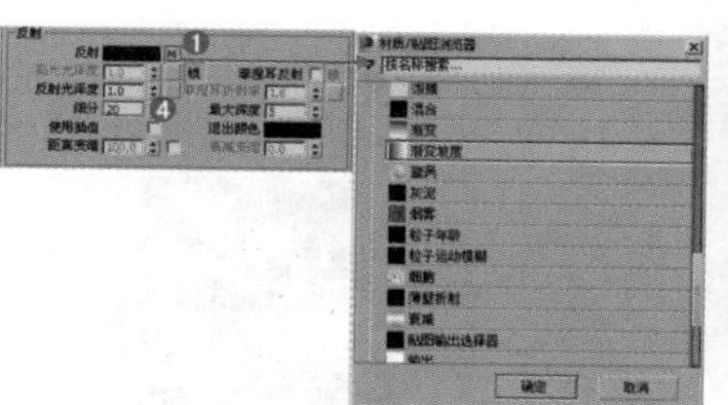

图 7-374

图 7-375

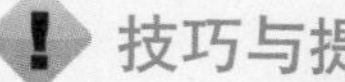

技巧与提示

添加【渐变坡度】程序贴图后，可以通过单击并移动滑块来控制颜色的偏移，如图 7-376 所示。在滑块上右击，选择【删除】命令，可将其删除，如图 7-377 所示。

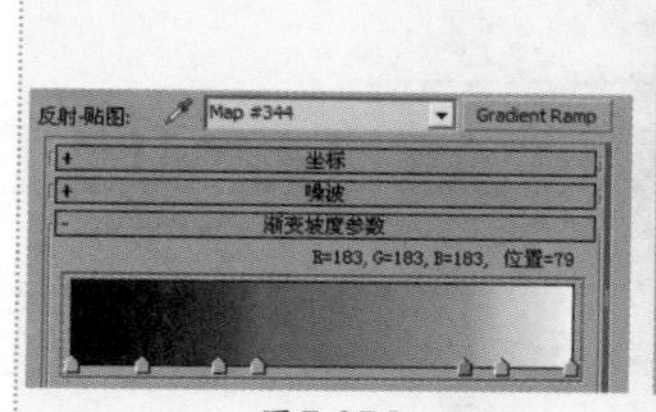

图 7-376

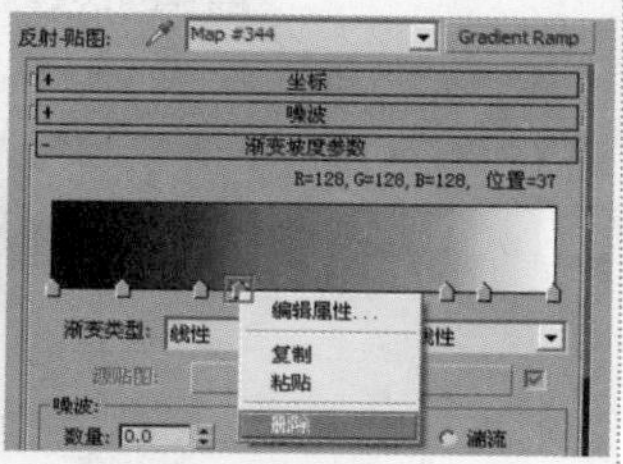

图 7-377

在色块上双击，弹出【颜色选择器】，将 7 个色块的颜色分别设置为红、橙、黄、绿、青、蓝、紫，如图 7-378 所示。

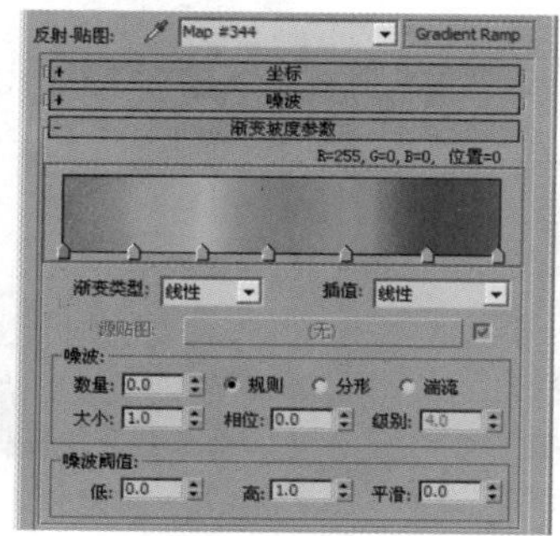

图 7-378

技巧与提示

为了场景的真实性，可以制作 HDRI 贴图模拟真实的环境效果。

按 8 键打开【环境和效果】对话框，在【环境贴图】下面的通道上加载 VRayHDRI 程序贴图，如图 7-379 所示。接着打开【材质编辑器】，将 VRayHDRI 程序贴图拖曳到一个空白的材质球上面，在【参数】卷展栏下单击【浏览】按钮，加载【背景.hdri】贴图，如图 7-380 所示。最后设置【贴图类型】为【球形】，【全局倍增】和【渲染倍增】均为 2，如图 7-381 所示。

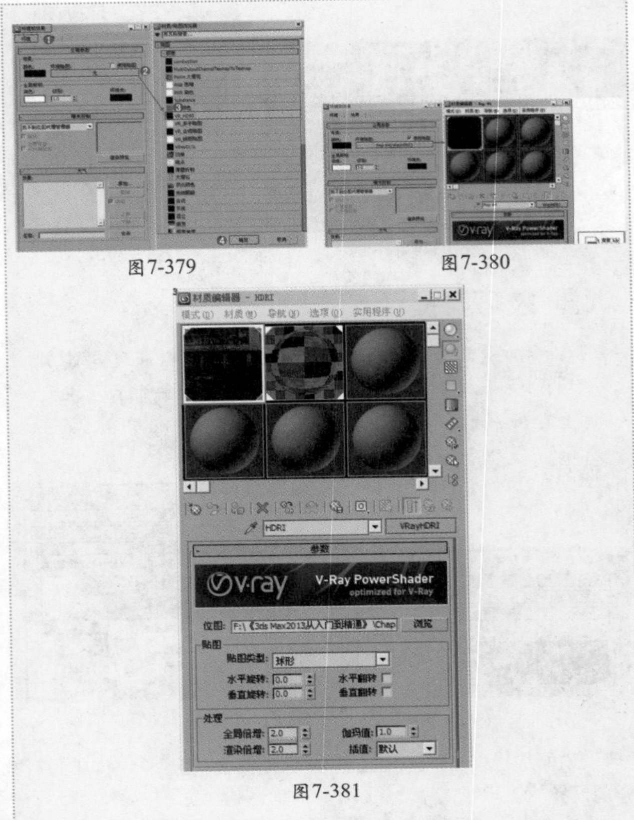

图7-379　图7-380

图7-381

步骤 03 将制作好的材质赋给场景中的泡泡模型，如图 7-382 所示。最终渲染效果如图 7-383 所示。

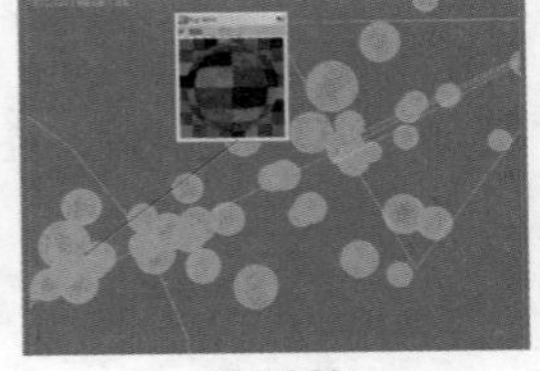

图7-382

图7-383

7.6.8　平铺贴图

使用【瓷砖】程序贴图可以创建砖、彩色瓷砖或材质贴图。通常，有很多定义的建筑砖块图案可以使用，但也可以设计一些自定义的图案，其参数面板如图 7-384 所示。

图7-384

1.【标准控制】卷展栏

- 预设类型：列出定义的建筑瓷砖砌合、图案和自定义图案，这样可以通过选择【高级控制】卷展栏和【堆垛布局】选项组中的选项来设计自定义的图案。如图 7-385 所示为几种不同的砌合。

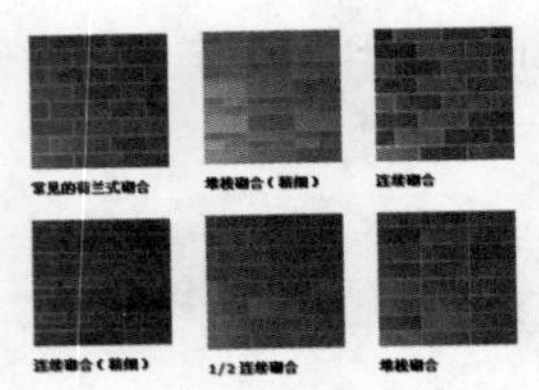

图7-385

2.【高级控制】卷展栏

- 显示纹理样例：更新并显示贴图指定给【瓷砖】或【砖缝】的纹理。

平铺设置

- 纹理：控制用于瓷砖的当前纹理贴图的显示。
- Nonel（无）：充当一个目标，可以为瓷砖拖放贴图。
- 水平数：控制行的瓷砖数。
- 垂直数：控制列的瓷砖数。
- 颜色变化：控制瓷砖的颜色变化。
- 淡出变化：控制瓷砖的淡出变化。

砖缝设置

- 纹理：控制砖缝的当前纹理贴图的显示。
- Nonel（无）：充当一个目标，可以为砖缝拖放贴图。
- 水平间距：控制瓷砖间的水平砖缝的大小。
- 垂直间距：控制瓷砖间的垂直砖缝的大小。
- % 孔：设置由丢失的瓷砖所形成的孔占瓷砖表面的百分比。
- 粗糙度：控制砖缝边缘的粗糙度。

杂项

- 随机种子：对瓷砖应用颜色变化的随机图案。不用进行其他设置就能创建完全不同的图案。
- 交换纹理条目：在瓷砖间和砖缝间交换纹理贴图或颜色。

堆垛布局

- 线性移动：每隔两行将瓷砖移动一个单位。
- 随机移动：将瓷砖的所有行随机移动一个单位。

行和列编辑

- 行修改：选中该复选框后，将根据每行的值和改变值，为行创建一个自定义的图案。
- 列修改：选中该复选框后，将根据每列的值和更改值，为列创建一个自定义的图案。

重点 小实例：利用平铺贴图制作地砖效果

场景文件	23.max
案例文件	小实例：利用平铺贴图制作地砖效果.max
视频教学	DVD/多媒体教学/Chapter07/小实例：利用平铺贴图制作地砖效果.flv
难易指数	★★★☆☆
材质类型	多维/子对象材质、VRayMtl 材质、VR 灯光材质、标准材质
技术掌握	掌握平铺贴图的运用

实例介绍

本例主要讲解利用平铺贴图制作地砖效果，最终渲染效果如图 7-386 所示。

本例的瓷砖材质模拟效果如图 7-387 所示，其基本属性主要有以下两点。

❶一定的漫反射和反射效果。

❷地砖图案贴图。

图7-386

图7-387

操作步骤

Part 1【地面瓷砖】材质的制作

步骤 01 打开本书配套光盘中的【场景文件 /Chapter07/23.max】文件，此时场景效果如图 7-388 所示。

步骤 02 按 M 键打开【材质编辑器】对话框，选择第 1 个材质球，单击 Arch & Design 按钮，在弹出的【材质 / 贴图浏览器】对话框中选择 VRayMtl 材质，如图 7-389 所示。

图7-388

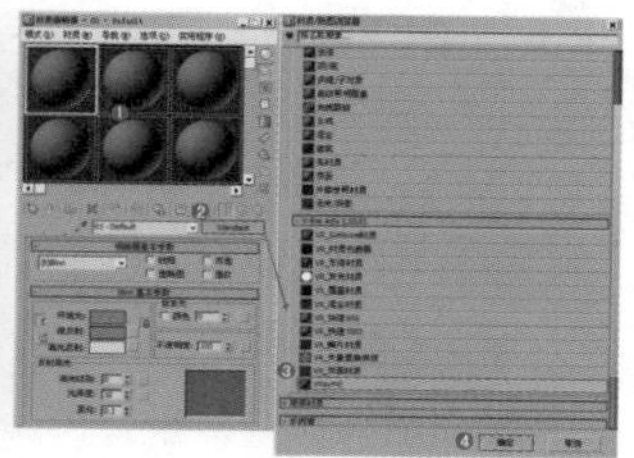
图7-389

步骤 03 将材质命名为【地面】，下面调节其具体参数，如图 7-390 ～图 7-392 所示。

在【漫反射】选项组下后面的通道上加载【平铺】程序贴图，接着在【高级控制】选项组下后面的通道上加载【理石 .jpg】贴图文件。

设置【水平数】和【垂直数】均为 1，在【砖缝设置】选项组下设置【水平间距】和【垂直间距】均为 0.1。

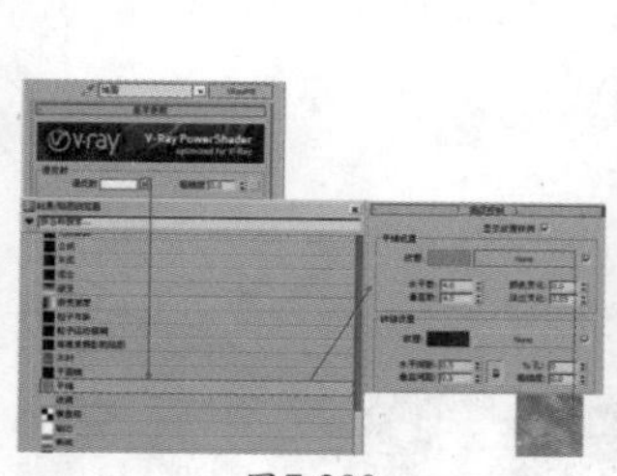
图7-390

图7-391

单击（转到父对象）按钮，并在【反射】选项组下调节颜色为深灰色（红：40，绿：40，蓝：40），设置【高光光泽度】为 0.86，【反射光泽度】为 0.85，【细分】为 15。

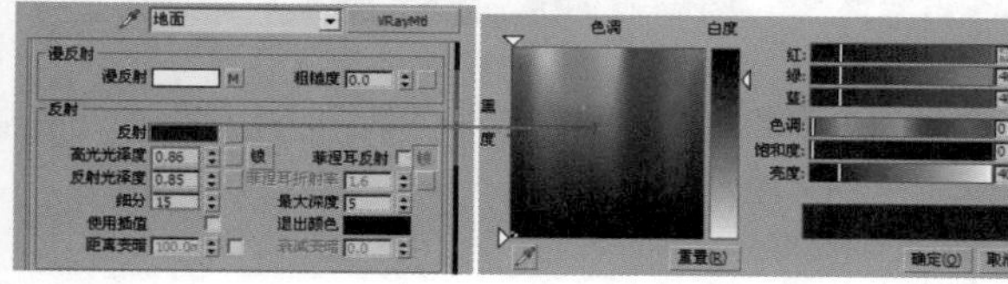
图7-392

步骤 04 将制作完毕的瓷砖材质赋给场景中的地面模型，如图 7-393 所示。

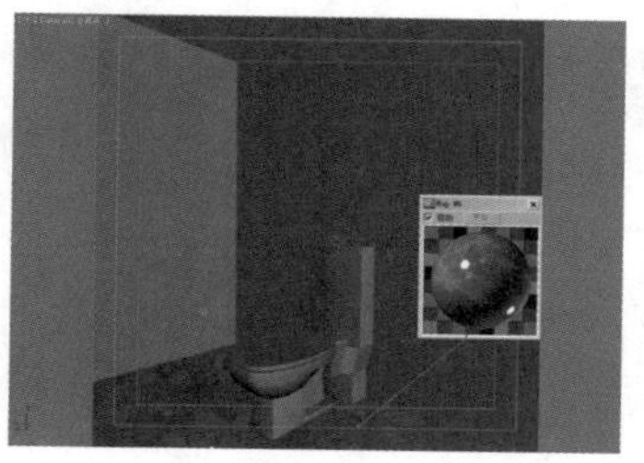
图7-393

Part 2【墙面瓷砖】材质的制作

步骤 01 选择一个空白材质球，然后将材质球类型设置为 VRayMtl，将材质命名为【墙面瓷砖】，具体参数如图 7-394 ～图 7-396 所示。

在【漫反射】选项组下后面的通道上加载【平铺】程序贴图，接着展开【标准控制】卷展栏，并设置【预设类型】为【堆栈砌合】。

展开【高级控制】卷展栏，并在【平铺设置】选项组下【纹理】通道上加载【理石 .jpg】贴图文件，设置【水平数】为 2，【垂直数】为 4，在【砖缝设置】选项组下设置【水平间距】为 0.1，【垂直间距】为 0.1。

在【反射】选项组下后面的通道上加载【衰减】程序贴图，并设置【衰减类型】为 Fresnel，设置【高光光泽度】为 0.8，【反射光泽度】为 0.8，【细分】为 15。

图7-394

图7-395

展开【贴图】卷展栏，并在【凹凸】后面的通道上加载【平铺】程序贴图，其参数设置与【漫反射】通道后面的【平铺】程序贴图的参数一致，并设置【凹凸数量】为 -50。

步骤 02 将制作完毕的瓷砖材质赋给场景中的墙面模型，如图 7-397 所示。

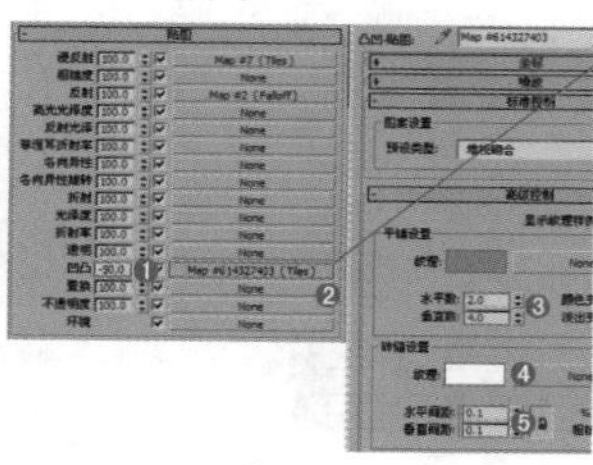
图7-396

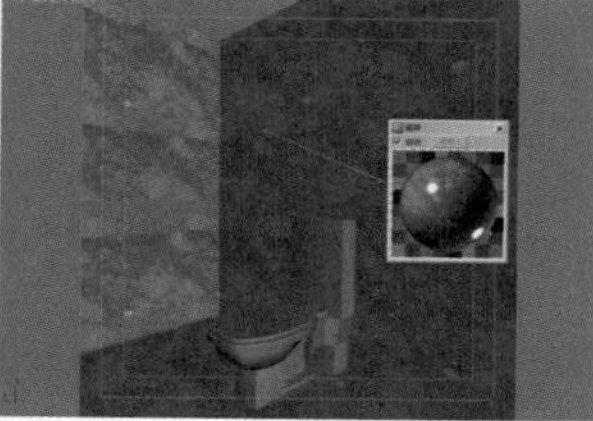
图7-397

第07章 材质和贴图技术

Part 3【装饰瓷砖】材质的制作

步骤 01 选择一个空白材质球，然后将材质球类型设置为 VRayMtl，将材质命名为【装饰瓷砖】，具体参数如图 7-398 和图 7-399 所示。

在【漫反射】选项组下后面的通道上加载【装饰瓷砖 .jpg】贴图文件。

在【反射】选项组下调节颜色为深灰色（红：34，绿：34，蓝：34），设置【高光光泽度】为 0.8，【反射光泽度】为 0.8，【细分】为 15。

展开【贴图】卷展栏，单击【漫反射】后面通道上的贴图并将其拖曳到【凹凸】通道上，最后设置【凹凸】数量为 100。

图 7-398　　图 7-399

步骤 02 将制作完毕的装饰瓷砖材质赋给场景中的中间部分模型，如图 7-400 所示。

步骤 03 制作剩余部分的材质并赋给相应物体。最终渲染效果如图 7-401 所示。

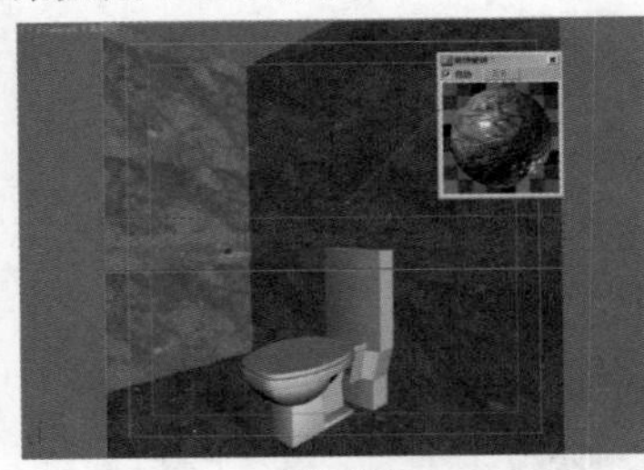

图 7-400

图 7-401

7.6.9　衰减贴图

【衰减】贴图基于几何体曲面上面法线的角度衰减来生成从白到黑的值，其参数设置面板如图 7-402 所示。

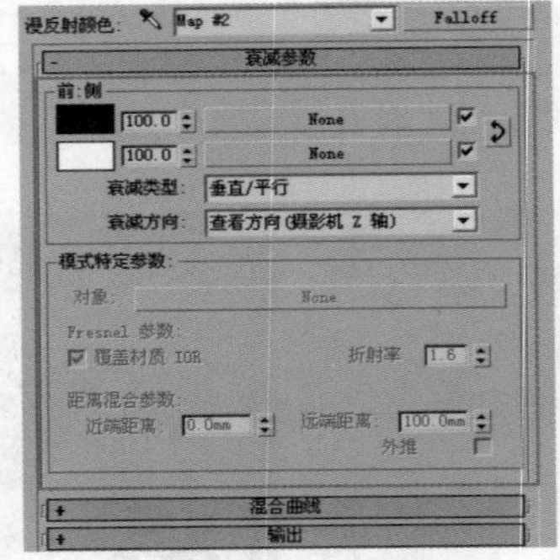

图 7-402

- **前侧**：用来设置【衰减】贴图的【前】和【侧】通道参数。
- **衰减类型**：设置衰减的方式，共有以下 5 个选项。
  - **垂直 / 平行**：在与衰减方向相垂直的面法线和与衰减方向相平行的法线之间设置角度衰减的范围。
  - **朝向 / 背离**：在面向衰减方向的面法线和背离衰减方向的法线之间设置角度衰减的范围。
  - **Fresnel**：基于【折射率】在面向视图的曲面上产生暗淡反射，而在有角的面上产生较明亮的反射。
  - **阴影 / 灯光**：基于落在对象上的灯光，在两个子纹理之间进行调节。
  - **距离混合**：基于【近端距离】值和【远端距离】值，在两个子纹理之间进行调节。
- **衰减方向**：设置衰减的方向，包括【查看方向（摄影机 Z 轴）】、【摄影机 X/Y 轴】、【对象】、【局部 X/Y/Z 轴】和【世界 X/Y/Z 轴】5 个选项。

重点 小实例：利用衰减贴图制作抱枕材质

场景文件	24.max
案例文件	小实例：利用衰减贴图制作抱枕材质 .max
视频教学	DVD/ 多媒体教学 /Chapter07/ 小实例：利用衰减贴图制作抱枕材质 .flv
难易指数	★★★★★
材质类型	VRayMtl 材质
技术掌握	掌握衰减贴图的应用

实例介绍

本例最终渲染效果如图 7-403 所示。

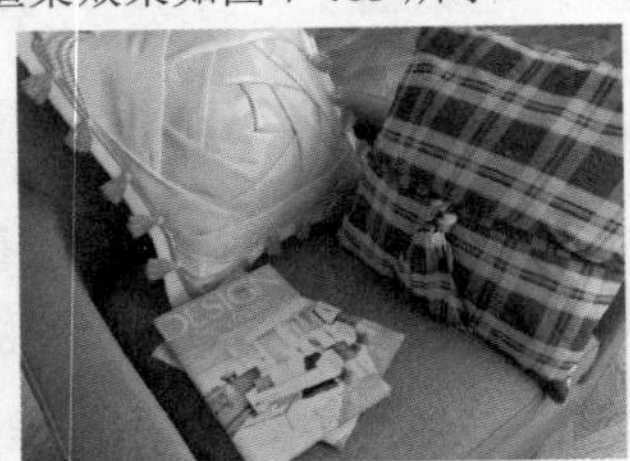

图 7-403

本例的丝绸抱枕材质模拟效果如图 7-404 所示，其基本属性主要有以下 3 点。

❶带有花纹。
❷带有一定的反射。
❸带有一定的凹凸。

图 7-404

本例的麻布抱枕材质模拟效果如图 7-405 所示，其基本属性主要有以下两点。

❶带有花纹。
❷带有一定的凹凸。

图7-405

操作步骤

Part 1【丝绸抱枕】材质的制作

步骤 01 打开本书配套光盘中的【场景文件/Chapter07/24.max】文件，此时场景效果如图7-406所示。

步骤 02 按M键打开【材质编辑器】对话框，选择第1个材质球，单击 Standard 按钮，在弹出的【材质/贴图浏览器】对话框中选择VRayMtl材质，如图7-407所示。

图7-406

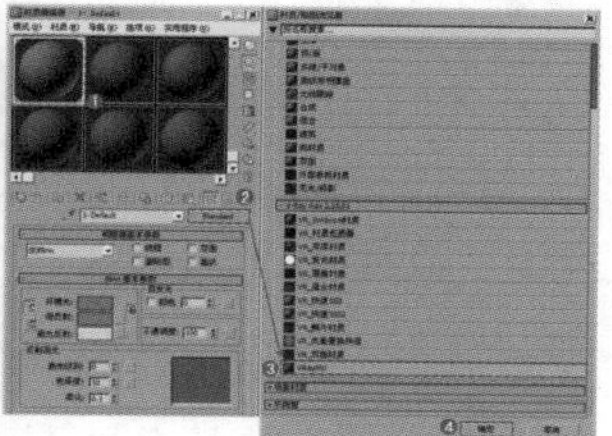
图7-407

步骤 03 将材质命名为【丝绸抱枕】，下面调节其具体参数，如图7-408和图7-409所示。

在【漫反射】选项组下单击颜色后面的通道按钮，并在通道上加载【丝绸.jpg】贴图文件。

在【反射】选项组下单击颜色后面的通道按钮，并在通道上加载【衰减】程序贴图，设置第1个颜色为黑色（红：0，绿：0，蓝：0），【高光光泽度】为0.55，【反射光泽度】为1。

展开【贴图】卷展栏，在【凹凸】后面通道上加载【丝绸.jpg】贴图文件，最后设置【凹凸】数值为15。

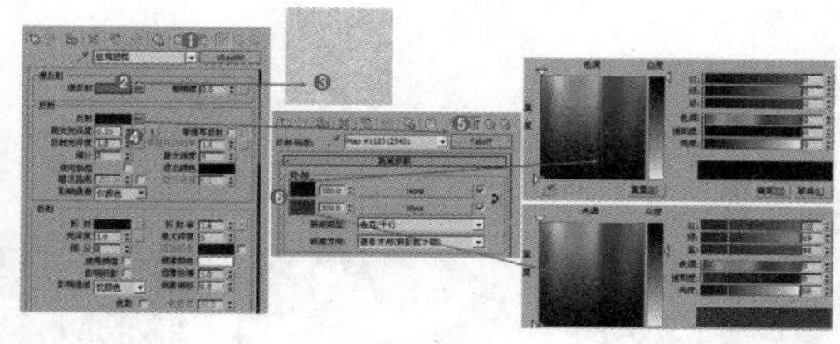
图7-408

步骤 04 将制作完毕的【丝绸抱枕】材质赋给场景中的模型，如图7-410所示。

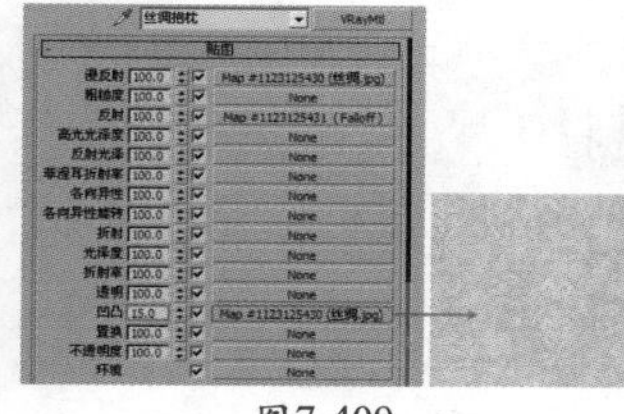
图7-409

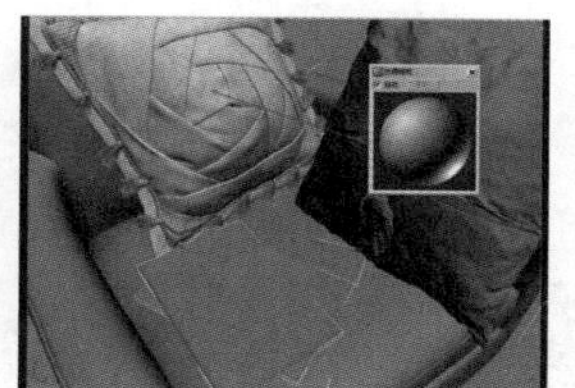
图7-410

Part 2【麻布抱枕】材质的制作

步骤 01 单击一个空白材质球，并命名为【麻布抱枕】，下面调节其具体参数，如图7-411和图7-412所示。

在【漫反射】选项组下单击颜色后面的通道按钮，并在通道上加载【衰减】程序贴图，在第1个颜色通道上加载【麻布.jpg】贴图文件，在第2个颜色通道上加载【麻布.jpg】贴图文件，并分别设置【瓷砖】的U和V的为40，【模糊】为0.01。

展开【贴图】卷展栏，在【凹凸】后面通道上加载【麻布.jpg】贴图文件，并设置【瓷砖】的U和V均为20，【模糊】为0.01，最后设置【凹凸】数值为9。

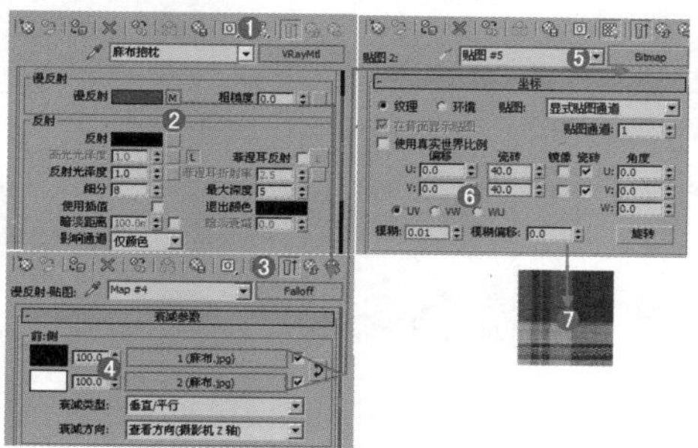
图7-411

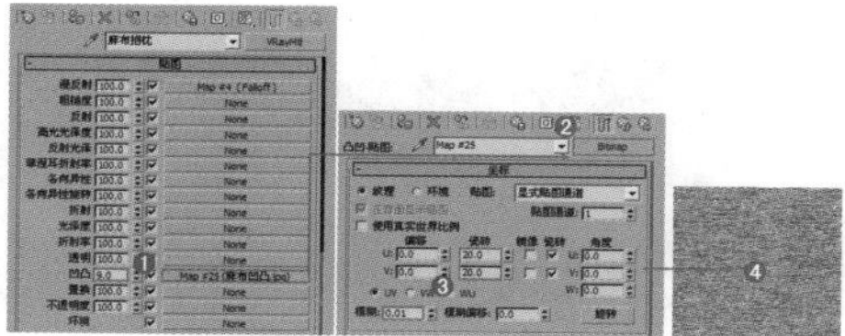
图7-412

步骤 02 将制作完毕的【麻布抱枕】材质赋给场景中的模型，如图7-413所示。

步骤 03 将剩余的材质制作完成，并赋给相应的物体，如图7-414所示。

图7-413

图7-414

步骤 04 最终渲染效果如图7-415所示。

图7-415

7.6.10 噪波贴图

噪波贴图基于两种颜色或材质的交互创建曲面的随机扰动，其参数设置面板如图 7-416 所示。

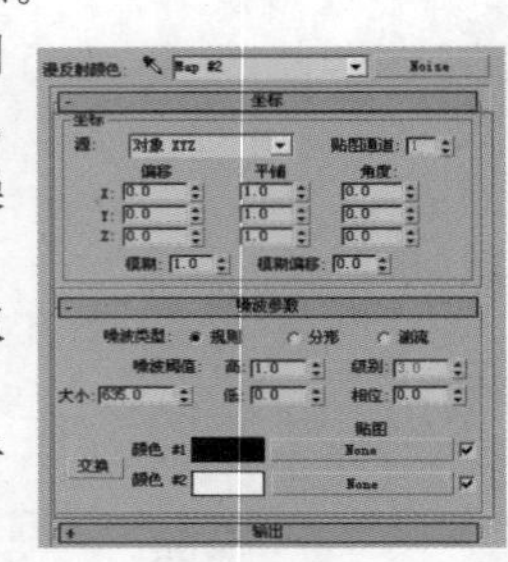
图7-416

- 噪波类型：共有 3 种类型，分别是【规则】、【分形】和【湍流】。
- 大小：以 3ds Max 为单位设置噪波函数的比例。
- 噪波阈值：控制噪波的效果，取值范围为 0~1。
- 级别：决定有多少分形能量用于【分形】和【湍流】噪波函数。
- 相位：控制噪波函数的动画速度。
- 交换：交换两个颜色或贴图的位置。
- 颜色 #1/ 颜色 #2：可以从这两个主要噪波颜色中进行选择，并通过所选的两种颜色来生成中间颜色值。

7.6.11 棋盘格贴图

【棋盘格】贴图可以用来制作双色棋盘效果，也可以用来检测模型的 UV 是否合理。如果棋盘格有拉伸现象，那么拉伸处的 UV 也有拉伸现象，如图 7-417 所示。

图7-417

技巧与提示

在【棋盘格】程序贴图参数中，设置【瓷砖】的数值可以控制棋盘格的平铺数量。当设置【瓷砖】的 U 和 V 均为 1 时，如图 7-418 所示。材质球效果。如图 7-419 所示。

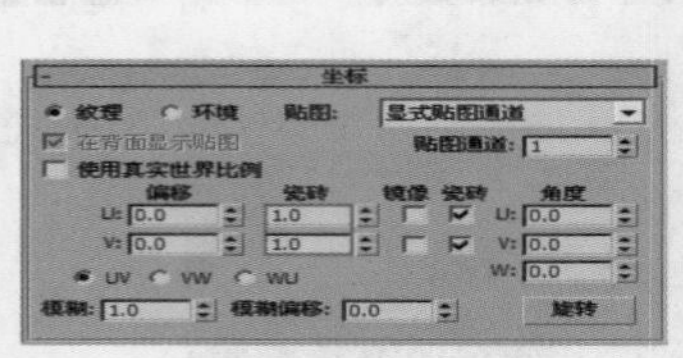
图7-418

图7-419

当设置【瓷砖】的 U 和 V 均为 10 时，如图 7-420 所示。材质球效果，如图 7-421 所示。

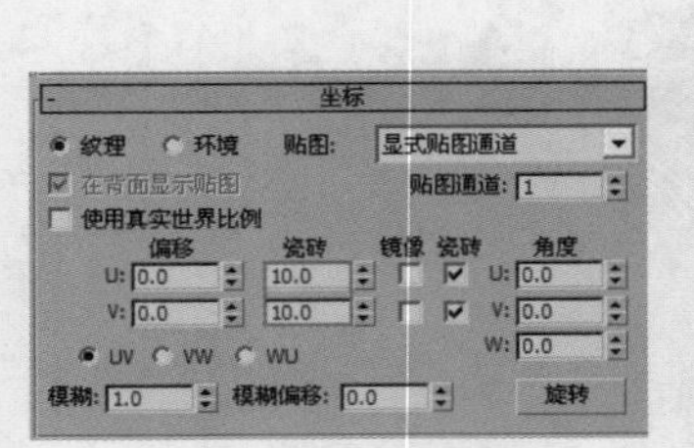
图7-420

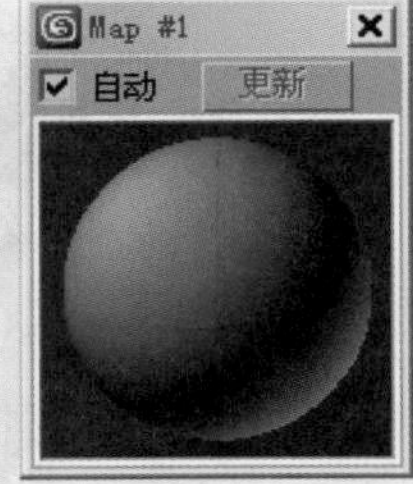

图7-421

设置【颜色 #1】和【颜色 #2】可以控制棋盘格的两个颜色，如图 7-422 所示。材质球效果，如图 7-423 所示。

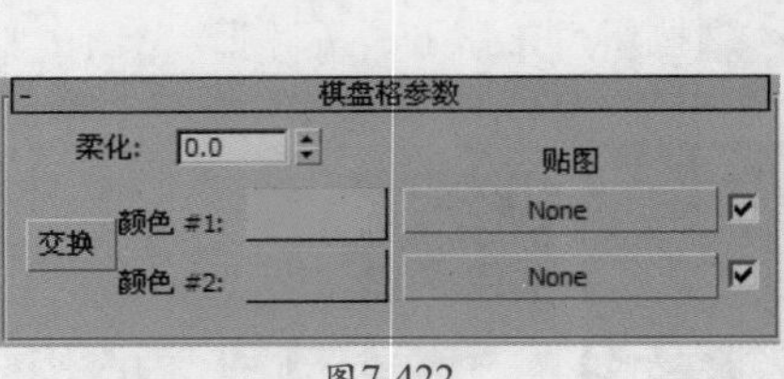

图7-422

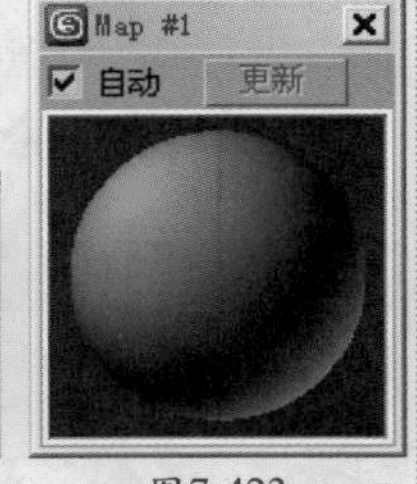

图7-423

重点 小实例：利用棋盘格贴图制作皮包材质

场景文件	25.max
案例文件	小实例：利用棋盘格贴图制作皮包材质 .max
视频教学	DVD/ 多媒体教学 /Chapter07/ 小实例：利用棋盘格贴图制作皮包材质 .flv
难易指数	★★★☆☆
材质类型	VRayMtl 材质
技术掌握	掌握棋盘格贴图的运用

实例介绍

本例主要讲解利用棋盘格贴图制作皮包材质，最终渲染效果如图 7-424 所示。

本例的皮包材质模拟效果如图 7-425 所示。其基本属性主要有以下三点。

❶带有棋盘格纹理。
❷带有一定的反射。
❸带有一定的凹凸。

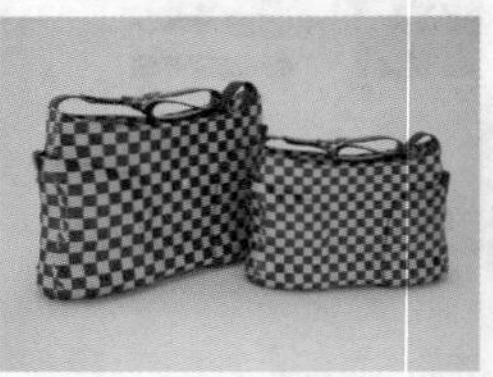
图7-424

图7-425

操作步骤

Part 1【皮包】材质的制作

步骤 01 打开本书配套光盘中的【场景文件 /Chapter07/25.max】文件，如图 7-426 所示。

步骤 02 下面制作皮包材质。选择一个空白材质球，将材质球类型设置为 VRayMtl，接着将其命名为【皮包】。

在【漫反射】通道上加载【棋盘格】程序贴图，设置【瓷砖】的 U 和 V 均为 20，展开【棋盘格参数】卷展栏，调节【颜色 #1】为深咖啡色（红：18，绿：10，蓝：6），【颜色 #2】为咖啡色（红：111，绿：91，蓝：65），如图 7-427 所示。

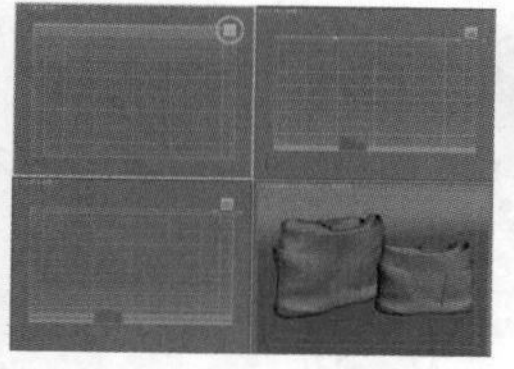

图 7-426

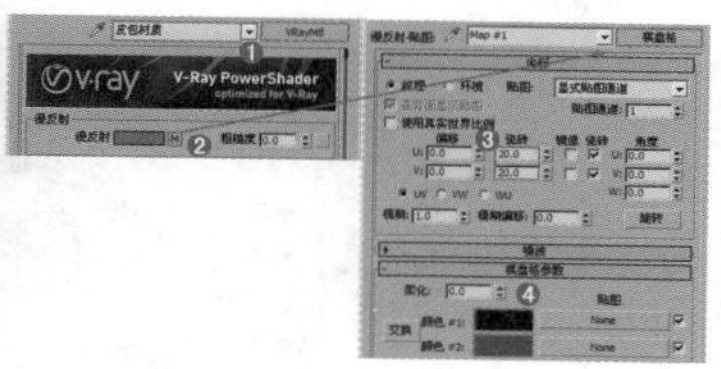

图 7-427

在【反射】选项组下调节【反射】颜色为深灰色（红：30，绿：30，蓝：30），设置【高光光泽度】为 0.8，【反射光泽度】为 0.7，【细分】为 20，如图 7-428 所示。

展开【贴图】卷展栏，在【凹凸】后面的通道上加载【噪波】程序贴图。展开【坐标】卷展栏，设置【瓷砖】的 X、Y、Z 均为 0.394。展开【噪波参数】卷展栏，设置【噪波类型】为【分形】，【噪波阈值 / 低】为 0.08，【大小】为 0.08，最后设置【凹凸】数值为 30，如图 7-429 所示。

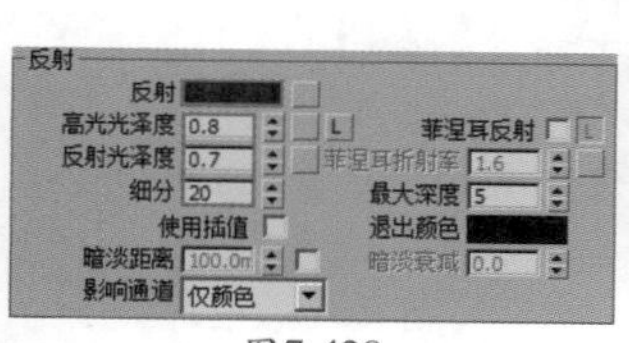

图 7-428

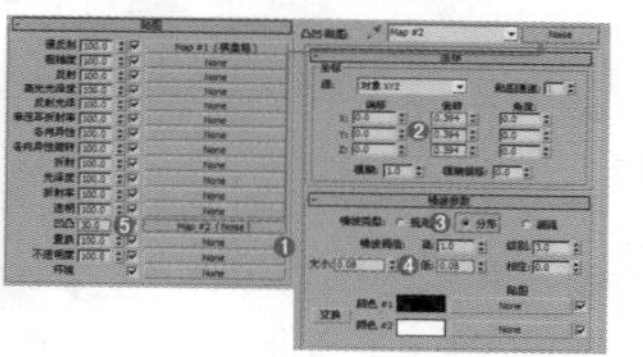

图 7-429

步骤 03 将制作好的材质赋予场景中的皮包模型，如图 7-430 所示。

图 7-430

Part 2【皮包带】材质的制作

步骤 01 下面制作皮包带材质。选择一个空白材质球，将材质球类型设置为 VRayMtl，接着将其命名为【皮包带】。具体参数设置如图 7-431 所示。

在【漫反射】选项组下调节【漫反射】颜色为深咖啡色（红：20，绿：6，蓝：0）。

在【反射】选项组下调节【反射】颜色为浅灰色（红：240，绿：240，蓝：240），设置【反射光泽度】为 0.8，【细分】为 20，选中【菲涅耳反射】复选框。

步骤 02 将制作好的材质赋给场景中的皮包带模型，如图 7-432 所示。

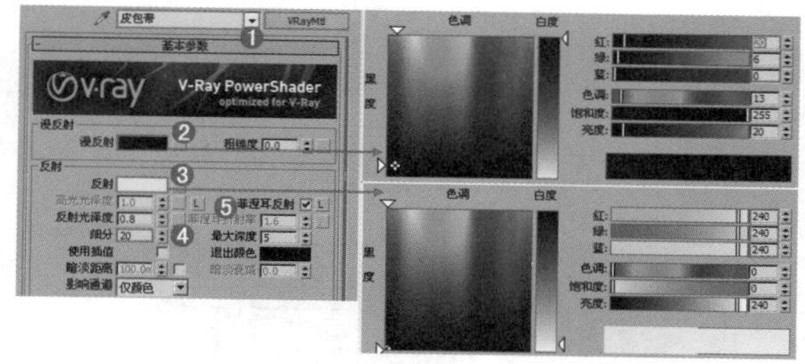

图 7-431

步骤 03 将剩余的材质制作完成，并赋给相应的物体，如图 7-433 所示。

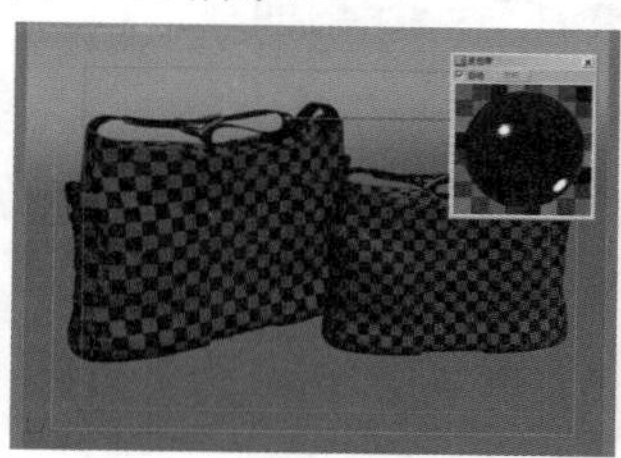

图 7-432

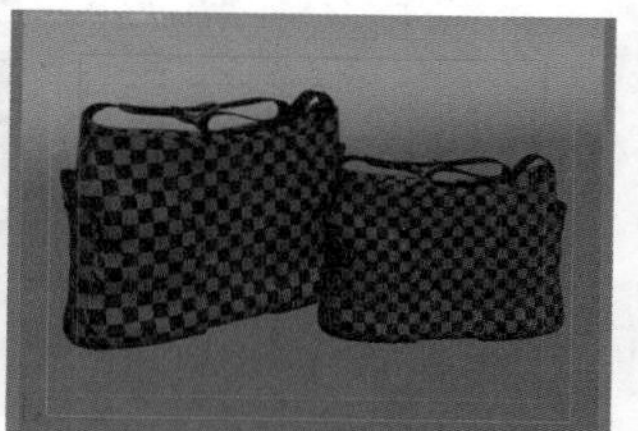

图 7-433

步骤 04 最终渲染效果如图 7-434 所示。

图 7-434

7.6.12 斑点贴图

【斑点】贴图常用来制作具有斑点的物体，其参数设置面板如图 7-435 所示。

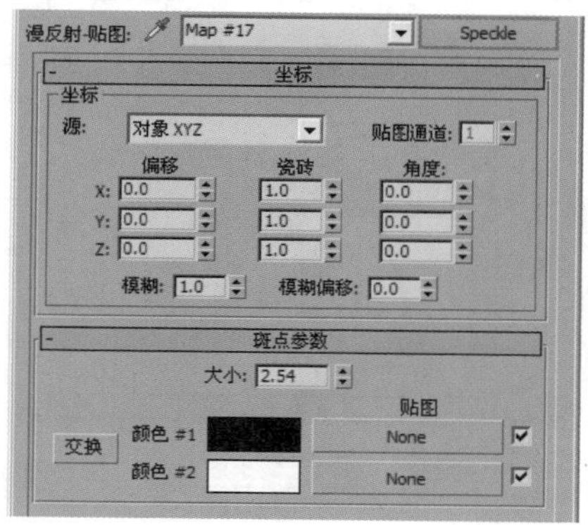

图 7-435

- **大小**：调整斑点的大小。
- **交换**：交换两个颜色或贴图的位置。
- **颜色 #1**：设置斑点的颜色。

- 颜色 #2：设置背景的颜色。

7.6.13　泼溅贴图

【泼溅】贴图可以用来制作油彩泼溅的效果，其参数设置面板如图 7-436 所示。

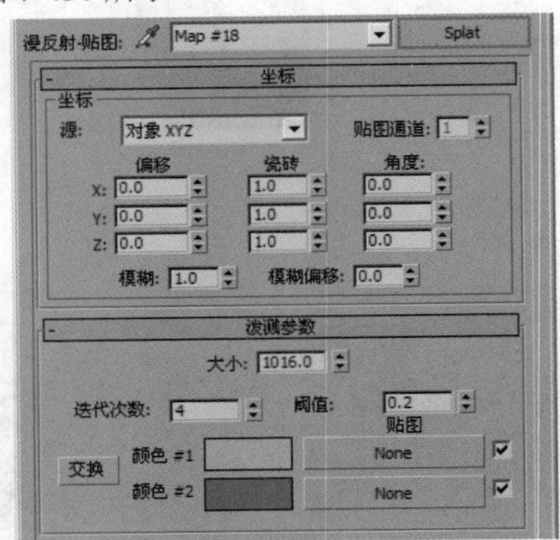

图 7-436

- 大小：设置泼溅的大小。
- 迭代次数：设置计算分形函数的次数。值越大，泼溅效果越细腻，但是会增加计算时间。
- 阈值：确定【颜色 #1】与【颜色 #2】的混合量。值为 0 时，仅显示【颜色 #1】；值为 1 时，仅显示【颜色 #2】。
- 交换：交换两个颜色或贴图的位置。
- 颜色 #1：设置背景的颜色。
- 颜色 #2：设置泼溅的颜色。

7.6.14　混合贴图

【混合】贴图可以用来制作材质之间的混合效果，其参数设置面板如图 7-437 所示。

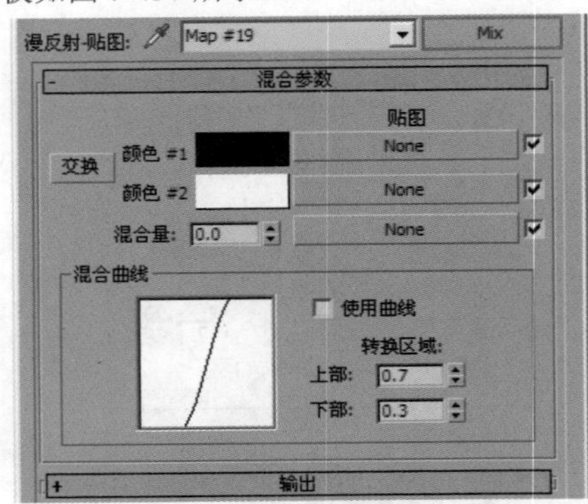

图 7-437

- 交换：交换两个颜色或贴图的位置。
- 颜色 #1/ 颜色 #2：设置混合的两种颜色。
- 混合量：设置混合的比例。
- 使用曲线：确定曲线对混合效果的影响。
- 转换区域：调整【上部】和【下部】的级别。

7.6.15　细胞贴图

【细胞】贴图是一种程序贴图，主要用于生成各种视觉效果的细胞图案，包括马赛克、瓷砖、鹅卵石和海洋表面等，其参数设置面板如图 7-438 所示。

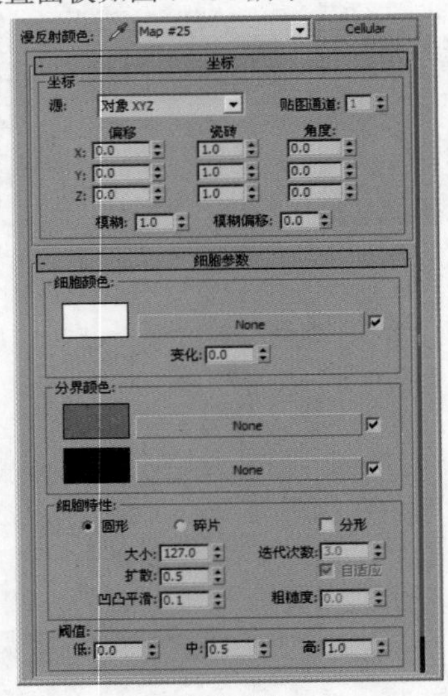

图 7-438

- 细胞颜色：该选项组中的参数主要用来设置细胞的颜色。
- 颜色：为细胞选择一种颜色。
- None ：将贴图指定给细胞，而不使用实心颜色。
- 变化：通过随机改变红、绿、蓝颜色值来更改细胞的颜色。值越大，随机效果越明显。
- 分界颜色：显示【颜色选择器】对话框，选择一种细胞分界颜色，也可以利用贴图来设置分界的颜色。
- 细胞特征：该选项组中的参数主要用来设置细胞的一些特征属性。
- 圆形 / 碎片：用于选择细胞边缘的外观。
- 大小：更改贴图的总体尺寸。
- 扩散：更改单个细胞的大小。
- 凹凸平滑：将细胞贴图用作凹凸贴图时，在细胞边界处可能会出现锯齿效果。如果发生这种情况，可以适当增大该值。
- 分形：将细胞图案定义为不规则的碎片图案。
- 迭代次数：设置应用分形函数的次数。
- 自适应：选中该复选框，分形迭代次数将自适应地进行设置。
- 粗糙度：将细胞贴图用作凹凸贴图时，该参数用来控制凹凸的粗糙程度。
- 阈值：该选项组中的参数用来限制细胞和分解颜色的大小。
- 低：调整细胞最低大小。
- 中：相对于第 2 分界颜色，调整最初分界颜色的大小。
- 高：调整分界的总体大小。

7.6.16 凹痕贴图

【凹痕】贴图是 3D 程序贴图。扫描线渲染过程中，【凹痕】根据分形噪波产生随机图案。图案的效果取决于贴图类型，其参数设置面板如图 7-439 所示。

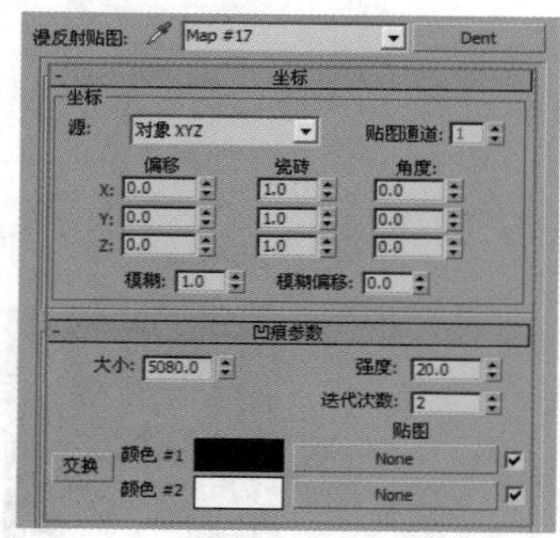

图 7-439

- 大小：设置凹痕的相对大小。随着数值的增大，其他设置不变时凹痕的数量将减少。
- 强度：决定两种颜色的相对覆盖范围。值越大，【颜色 #2】的覆盖范围越大；而值越小，【颜色 #1】的覆盖范围越大。
- 迭代次数：设置用来创建凹痕的计算次数。默认设置为 2。
- 交换：反转颜色或贴图的位置。
- 颜色：在相应的颜色组件（如【漫反射】）中允许选择两种颜色。
- 贴图：在凹痕图案中用贴图替换颜色。使用复选框可启用或禁用相关贴图。

7.6.17 颜色修正贴图

【颜色修正】贴图可以用来调节贴图的色调、饱和度、亮度和对比度等，其参数设置面板如图 7-440 所示。

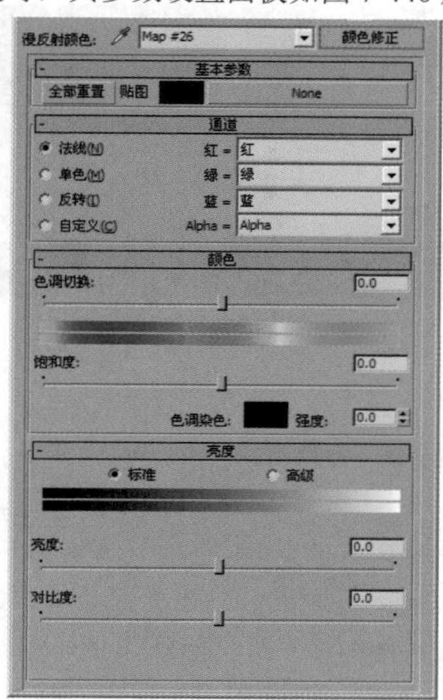

图 7-440

- 法线：将未经改变的颜色通道传递到【颜色】卷展栏下的参数中。
- 单色：将所有的颜色通道转换为灰度图。
- 反转：使用红、绿、蓝颜色通道的反向通道来替换各个通道。
- 自定义：使用其他选项将不同的设置应用到每一个通道中。
- 色调切换：使用标准色调谱更改颜色。
- 饱和度：调整贴图颜色的强度或纯度。
- 色调染色：根据色样值来色化所有非白色的贴图像素（对灰度图无效）。
- 强度：调整色调染色对贴图像素的影响程度。

7.6.18 法线凹凸贴图

【法线凹凸】贴图多用于表现高精度模型的材质效果，其参数设置面板如图 7-441 所示。

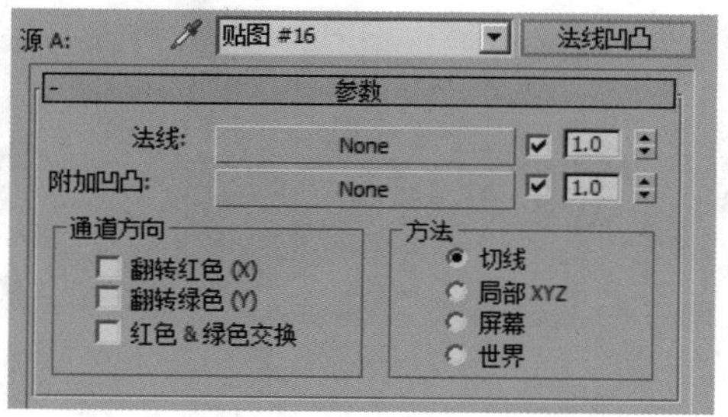

图 7-441

- 法线：可以在其后面的通道中加载法线贴图。
- 附加凹凸：包含其他用于修改凹凸或位移的贴图。
- 翻转红色（X）：翻转红色通道。
- 翻转绿色（Y）：翻转绿色通道。
- 红色 & 绿色交换：交换红色和绿色通道，这样可使法线贴图旋转 90°。
- 切线：从切线方向投射到目标对象的曲面上。
- 局部 XYZ：使用对象局部坐标进行投影。
- 屏幕：使用屏幕坐标进行投影，即在 Z 轴方向上的平面进行投影。
- 世界：使用世界坐标进行投影。

重点 综合实例：利用多种材质制作餐桌上的材质

场景文件	26.max
案例文件	综合实例：利用多种材质制作餐桌上的材质.max
视频教学	DVD/ 多媒体教学 /Chapter07/ 综合实例：利用多种材质制作餐桌上的材质.flv
难易指数	★★★★★
材质类型	多维 / 子对象材质、VRayMtl 材质、VR 灯光材质、标准材质
技术掌握	掌握多维 / 子对象材质、VRayMtl 材质、VR 灯光材质、标准材质的运用

实例介绍

在本实例场景中，主要有 4 种材质类型，第 1 种是使用 VRayMtl 材质制作布纹、窗纱、面包、椅子材质；第 2 种是使用多维 / 子对象材质制作玻璃杯材质；第 3 种是使用标准材质制作墙面乳胶漆的材质；第 4 种是使用 VR 灯光材质制作环境材质，最终渲染效果如图 7-442 所示。

图7-442

本例的布纹材质模拟效果如图 7-443 所示，其基本属性主要有以下两点。

❶带有布纹纹理。

❷带有凹凸。

图7-443

本例的玻璃杯材质模拟效果如图 7-444 所示，其基本属性主要有以下两点。

❶带有一定的反射。

❷带有强烈的折射。

图7-444

本例的窗纱材质模拟效果如图 7-445 所示，其基本属性主要有以下两点。

❶带有半透明属性。

❷带有花纹纹理。

图7-445

本例的墙面乳胶漆材质模拟效果如图 7-446 所示，其基本属性主要是颜色为浅黄色。

图7-446

本例的椅子材质模拟效果如图 7-447 所示，其基本属性主要有以下两点。

❶带有一定的模糊反射。

❷带有凹凸。

图7-447

本例的面包材质模拟效果如图 7-448 所示，其基本属性主要有以下两点。

❶带有面包纹理。

❷带有凹凸纹理。

图7-448

本例的环境材质模拟效果如图 7-449 所示，其基本属性主要为带有环境贴图。

图7-449

操作步骤

Part 1【布纹】材质的制作

步骤 01 打开本书配套光盘中的【场景文件 /Chapter07/26.max】文件，此时场景效果如图 7-450 所示。

步骤 02 按 M 键打开【材质编辑器】对话框，选择第 1 个材质球，单击 Standard 按钮，在弹出的【材质 / 贴图浏览器】对话框中选择 VRayMtl 材质，如图 7-451 所示。

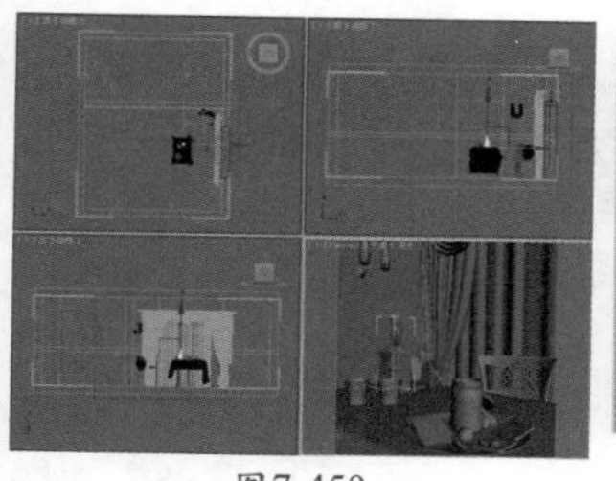

图7-450

图7-451

步骤 03 将材质命名为【布纹】，下面调节其具体参数，如图 7-452 和和 7-453 所示。

在【漫反射】选项组下后面的通道上加载【衰减】程序贴图，展开【衰减参数】卷展栏，并在第 1 个颜色通道上加载【布纹.jpg】贴图文件，设置第 2 个颜色为浅灰色（红：211，绿：211，蓝：211），设置【衰减类型】为 Fresnel。在【反射】选项组下调节颜色为深灰色（红：14，绿：14，蓝：14），设置【高光光泽度】为 0.15，【细分】为 12。

展开【贴图】卷展栏，并在【凹凸】后面的通道上加载【布纹凹凸.jpg】贴图文件，最后设置【凹凸数量】为 80。

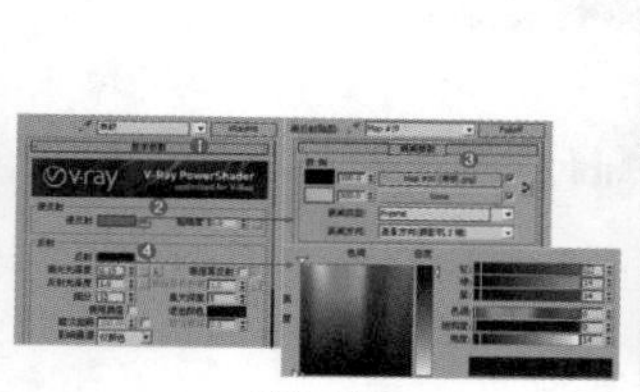

图7-452

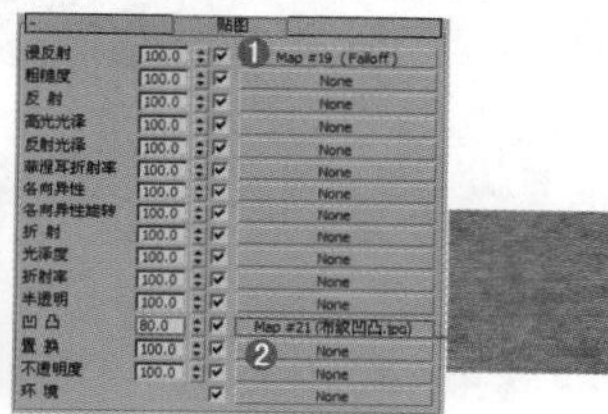

图7-453

步骤 04 双击查看此时的材质球效果，如图 7-454 所示。

步骤 05 将制作完毕的【布纹】材质赋给场景中的餐桌布纹模型，如图 7-455 所示。

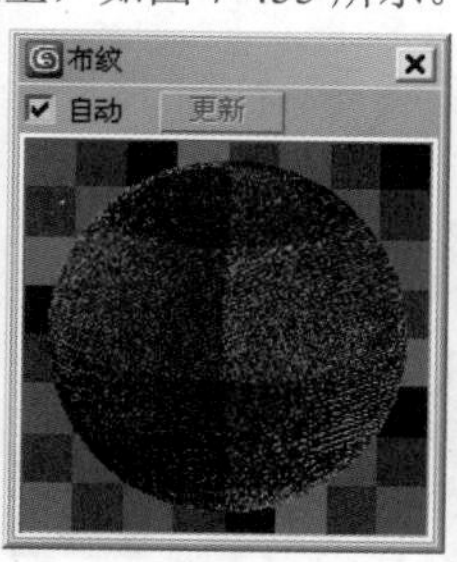

图7-454

图7-455

Part 2 【玻璃杯】材质的制作

步骤 01 选择一个空白材质球，然后将材质球类型设置为【多维 / 子对象】，并命名为【玻璃杯】，如图 7-456 所示。

步骤 02 展开【多维 / 子对象基本参数】卷展栏，设置【设置数量】为 3，分别在通道上加载 VRayMtl 材质，如图 7-457 所示。

步骤 03 单击进入 ID 号为 1 的通道中，并调节【杯子】材质，具体参数如图 7-458 和图 7-459 所示。

在【漫反射】选项组下调节颜色为灰色（红：128，绿：128，蓝：128）；在【反射】选项组下后面的通道上加载【衰减】程序贴图，并设置两个颜色分别为黑色（红：8，绿：8，蓝：8）和灰色（红：96，绿：96，蓝：96），设置【衰减类型】为【垂直 / 平行】。

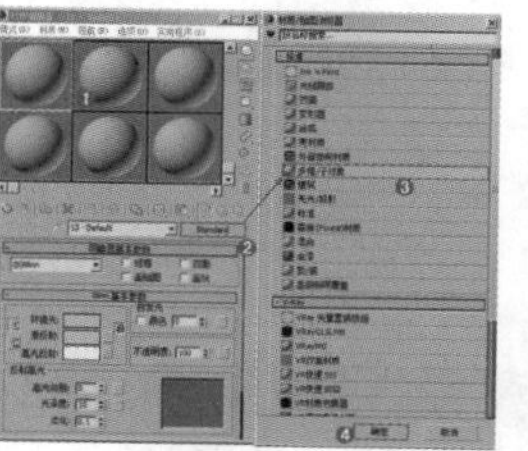

图7-456

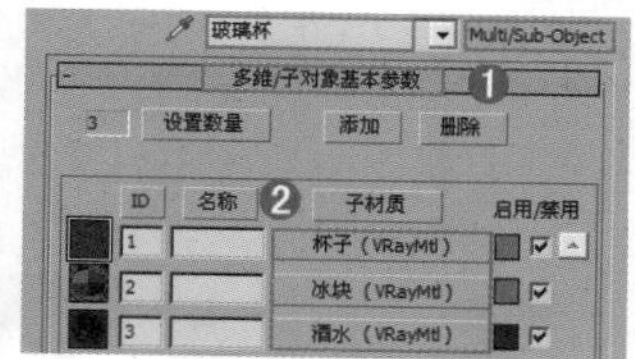

图7-457

在【折射】选项组下调节颜色为白色（红：255，绿：255，蓝：255），设置【细分】为 15，选中【影响阴影】复选框，设置【烟雾颜色】为灰色（红：128，绿：128，蓝：128）。

图7-458

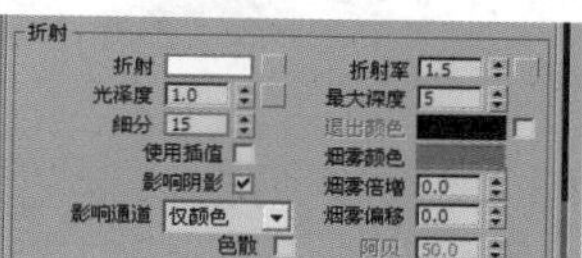

图7-459

步骤 04 单击进入 ID 号为 2 的通道中，并调节【冰块】材质，具体参数如图 7-460 所示。

在【漫反射】选项组下调节颜色为灰色（红：128，绿：128，蓝：128）；在【反射】选项组下调节颜色为深灰色（红：39，绿：39，蓝：39）。

在【折射】选项组下调节颜色为白色（红：255，绿：255，蓝：255），选中【影响阴影】复选框，设置【折射率】为 1.25。

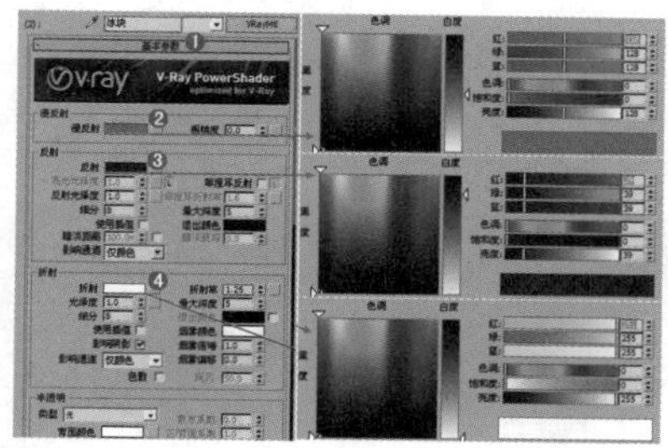

图7-460

步骤 05 单击进入 ID 号为 3 的通道中，并进行调节【酒水】材质，调节具体参数如图 7-461 和图 7-462 所示。

在【漫反射】选项组下调节颜色为咖啡色（红：67，绿：35，蓝：9）；在【反射】选项组下加载【衰减】程序贴图，并设置两个颜色分别为黑色（红：8，绿：8，蓝：8）和灰色（红：206，绿：206，蓝：206），设置【衰减类型】为【垂直 / 平行】。

在【折射】选项组下调节颜色为白色（红：244，绿：244，蓝：244），设置【细分】为 24，选中【影响阴影】复选框，设置【最大深度】为 10，【烟雾颜色】为黄色（红：234，绿：181，蓝：29），【烟雾倍增】为 0.1。

图7-461

图7-462

步骤 06 双击查看此时的材质球效果，如图 7-463 所示。

步骤 07 将制作完毕的【玻璃杯】材质赋给场景中的玻璃杯模型，如图 7-464 所示。

图7-463

图7-464

Part 3【窗纱】材质的制作

步骤 01 选择一个空白材质球，然后将材质球类型设置为 VRayMtl，并命名为【窗纱】，具体参数如图 7-465 和图 7-466 所示。

在【漫反射】选项组下后面的通道上加载【衰减】程序贴图，并设置两个颜色分别为白色（红：250，绿：250，蓝：250）和浅灰色（红：237，绿：237，蓝：237），设置【衰减类型】为【垂直 / 平行】；在【反射】选项组下调节颜色为深灰色（红：13，绿：13，蓝：13），设置【反射光泽度】为 0.65，【细分】为 12，选中【菲涅耳反射】复选框；在【折射】选项组下调节颜色为深灰色（红：81，绿：81，蓝：81），选中【影响阴影】复选框。

展开【贴图】卷展栏，并在【不透明度】后面的通道上加载【窗纱 .jpg】贴图文件。

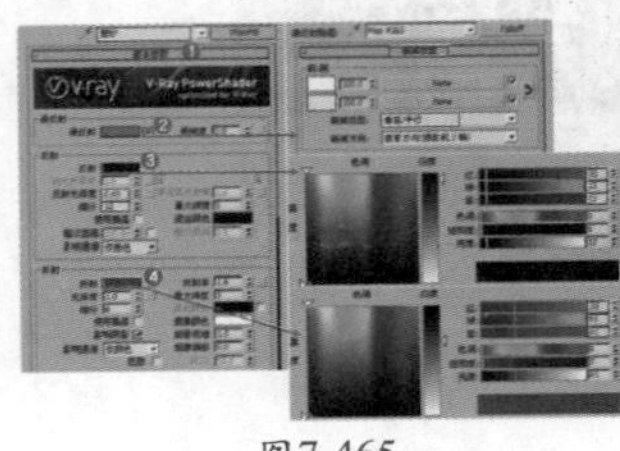

图7-465

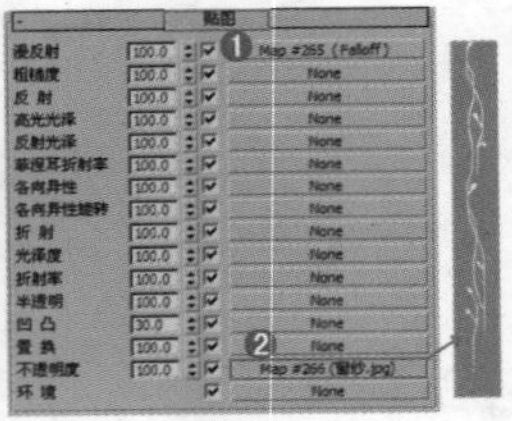

图7-466

步骤 02 双击查看此时的材质球效果，如图 7-467 所示。

步骤 03 将制作完毕的【窗纱】材质赋给场景中的窗帘模型，如图 7-468 所示。

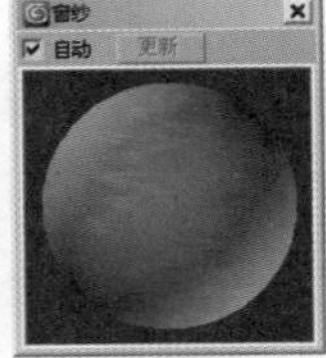

图7-467

图7-468

Part 4 【墙面乳胶漆】材质的制作

步骤 01 选择一个空白材质球，然后将材质球类型设置为【标准】，并命名为【墙面】，具体参数如图 7-469 所示。

展开【Blinn 基本参数】卷展栏，调节【漫反射】颜色为浅黄色（红：250，绿：237，蓝：203）。

步骤 02 双击查看此时的材质球效果，如图 7-470 所示。

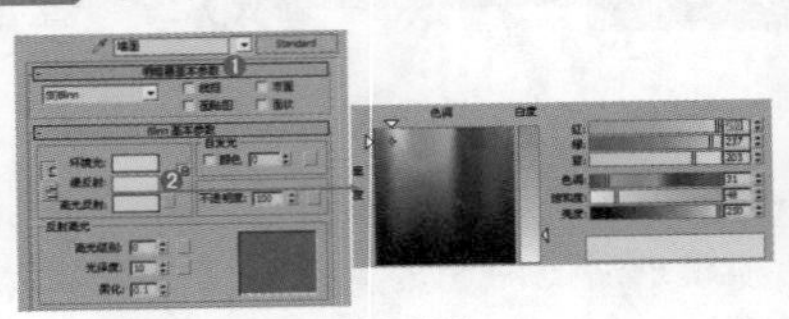

图7-469

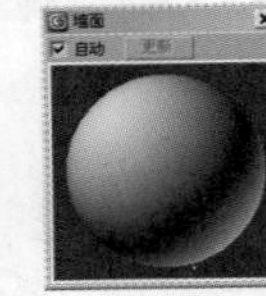

图7-470

步骤 03 将制作完毕的【墙面】材质赋给场景中的墙面乳胶漆模型，如图 7-471 所示。

图7-471

Part 5【椅子】材质的制作

步骤 01 选择一个空白材质球，然后将材质球类型设置为 VRayMtl，并命名为【椅子】，具体参数如图 7-472 和图 7-473 所示。

在【漫反射】选项组下后面的通道上加载【椅子 .jpg】贴图文件；在【反射】选项组下后面的通道上加载【椅子黑白 .jpg】贴图文件，设置【高光光泽度】为 0.65，【反射光泽度】为 0.88，【细分】为 20。

展开【贴图】卷展栏，并在【凹凸】后面的通道上加载【椅子黑白 .jpg】贴图文件，最后设置【凹凸】数量为 40。

图7-472

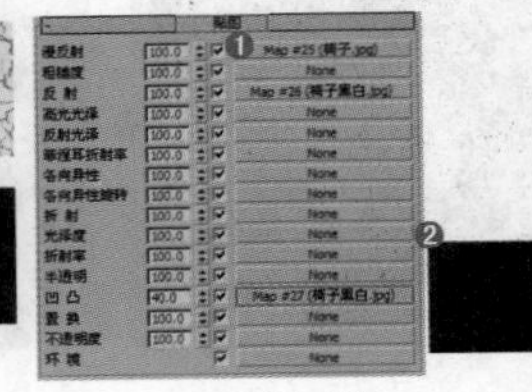

图7-473

步骤 02 双击查看此时的材质球效果，如图 7-474 所示。

步骤 03 将制作完毕的【椅子】材质赋给场景中的椅子模型，如图 7-475 所示。

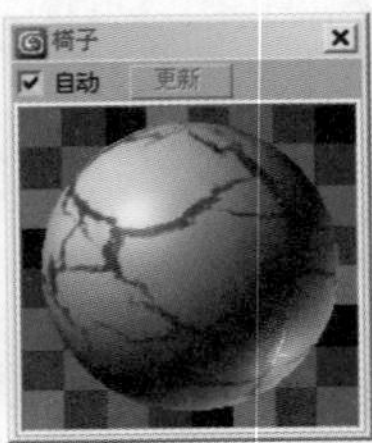

图7-474

图7-475

Part 6【面包】材质的制作

步骤 01 选择一个空白材质球，然后将材质球类型设置为VRayMtl，并命名为【面包】，具体参数如图 7-476 和图 7-477 所示。

在【漫反射】选项组下后面的通道上加载【面包 .jpg】贴图文件。

展开【贴图】卷展栏，在【凹凸】后面的通道上加载【面包黑白 .jpg】贴图文件，并设置【模糊】为 0.01，最后设置【凹凸】数量为 30。

图 7-476

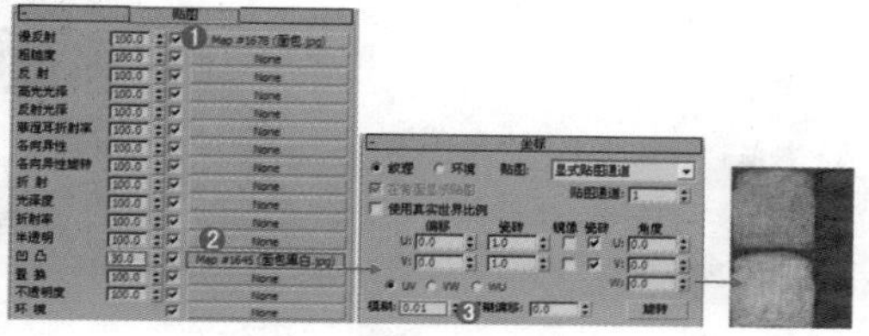
图 7-477

步骤 02 双击查看此时的材质球效果，如图 7-478 所示。

步骤 03 将制作完毕的【面包】材质赋给场景中的面包片模型，如图 7-479 所示。

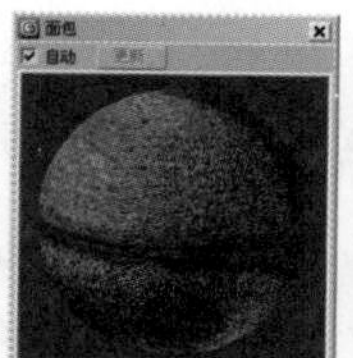
图 7-478

图 7-479

Part 7【环境】材质的制作

步骤 01 选择一个空白材质球，然后将材质球类型设置为【VR 发光材质】，如图 7-480 所示，并命名为【环境】，具体参数如图 7-481 所示。

展开【参数】卷展栏，在通道上加载【环境 .jpg】贴图文件，最后设置其数值为 4。

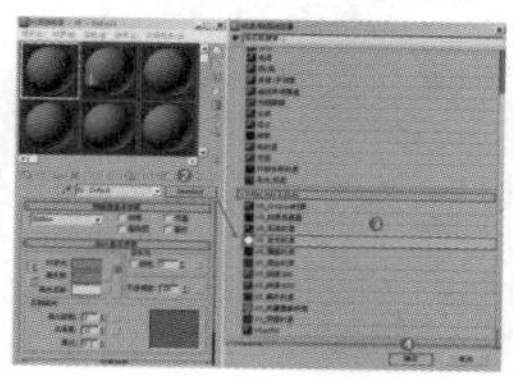
图 7-480

图 7-481

步骤 02 选择【环境】模型，然后为其加载【UVW 贴图】修改器，并设置【贴图】为【长方体】，【长度】为 1948mm，【宽度】为 2105mm，【高度】为 1mm，最后设置【对齐】为 Z，如图 7-482 所示。

步骤 03 双击查看此时的材质球效果，如图 7-483 所示。

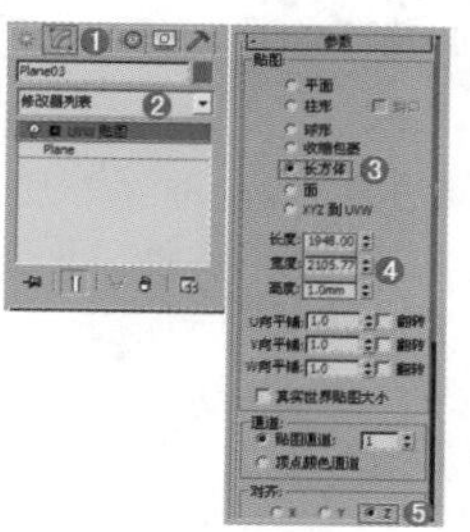
图 7-482

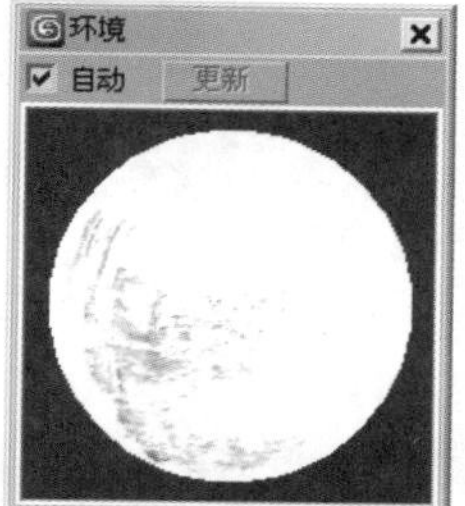

图 7-483

步骤 04 将制作完毕的【环境】材质赋给场景中的窗户外平面模型，如图 7-484 所示。继续创建出其他部分的材质，最终场景效果如图 7-485 所示。

图 7-484

图 7-485

步骤 05 最终渲染效果如图 7-486 所示。

图 7-486

7.7 视口画布

【视口画布】提供将颜色和图案绘制到视口中对象的材质中任何贴图上的工具，可以将多层的 3D 直接绘制到对象上，或绘制到叠加到视口上的可移动 2D 画布上。【视口画布】可以以 PSD 格式导出绘制，以便用户在 Photoshop 中进行修改，然后保存文件并在 3ds Max 中更新纹理，如图 7-487 所示。

图 7-487

7.7.1 视口画布

视口画布允许用户在视口中为物体绘制材质贴图，是一个非常强大的功能，其参数面板如图 7-488 所示。

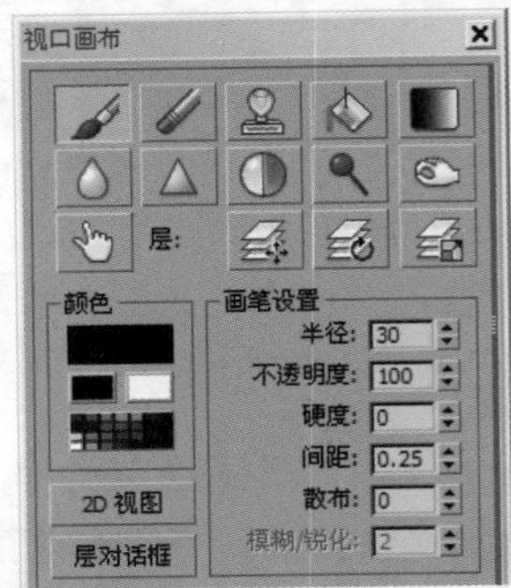

图7-488

- **绘制**：启动【绘制】工具，以便向对象曲面添加颜色。可以使用纯色绘制，或使用笔刷图像形式的位图。可以在模型的任意位置绘制，更改颜色、不透明度、笔刷图像和其他设置并在视口内导航至任何位置。
- **擦除**：激活后，可以删除使用当前笔刷设置绘制的层的内容。使用其他绘制工具时，按住 Shift 键可以临时激活【擦除】工具。松开 Shift 键后，工具恢复其原始功能。
- **克隆**：该工具可用来复制对象上或视口中任意位置的图像部分。若要使用【克隆】工具，需先按住 Alt 键，同时单击要从中克隆的屏幕上的一点，然后松开 Alt 键并在所选对象上进行绘制。绘制内容是从首先单击的区域采样得到的。
- **填充**：绘制 3D 曲面时，将当前颜色或笔刷图像应用于单击的整个元素。这可能还会影响其他元素，具体取决于对象的 UVW 贴图。绘制 2D 视图画布时，使用当前颜色或笔刷图像填充整层。使用笔画图像填充时，可使用填充工具笔刷图像指定填充的图像是平铺还是简单的环绕一次。
- **渐变**：将颜色或笔刷图像以渐变方式应用。实际上，【渐变】是带有使用鼠标设置的边缘衰减的部分填充。要使用该工具，需单击渐变的起始点，并拖动到端点。填充在拖动方向后面的对象部分上执行，且垂直于视平面，然后在设置的端点下落以获得完全透明。
- **模糊**：通过绘制应用模糊效果。要调整模糊量，可使用【模糊 / 锐化】设置。
- **锐化**：锐化模糊的边缘。要调整锐化程度，可使用【模糊 / 锐化】设置。
- **对比度**：增加绘制区域的对比度，有助于强调纹理中的细微特征。
- **减淡**：亮化绘制区域。主要作用于中间色调，不影响纯黑像素。
- **加深**：暗化绘制区域。主要作用于中间色调，不影响纯白像素。
- **涂抹**：在屏幕上推动像素，有些像用手指画画。为获得更粗糙的模糊效果，可使用笔刷图像遮罩代替纯色。
- **移动层**：启用此工具后，可通过在视口中的任意位置拖动移动活动层。拖动时，鼠标指针旁边的消息会显示在 U 和 V 纹理轴上的偏移量。【移动层】不可用于背景层。
- **旋转层**：启用此工具后，通过在视口中的任意位置拖动可旋转活动层。拖动时，鼠标指针旁边的消息会显示旋转角度。【旋转层】不可用于背景层。
- **缩放层**：启用此工具后，通过在视口中的任意位置拖动可缩放活动层。拖动时，鼠标指针旁边的消息会显示缩放百分比。【缩放层】不可用于背景层。

7.7.2 颜色组

颜色组主要用来设置绘制的颜色，并且有黑 / 白、调色板等功能，如图 7-489 所示。

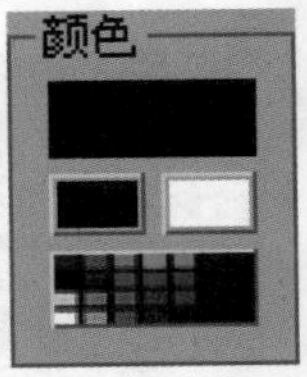

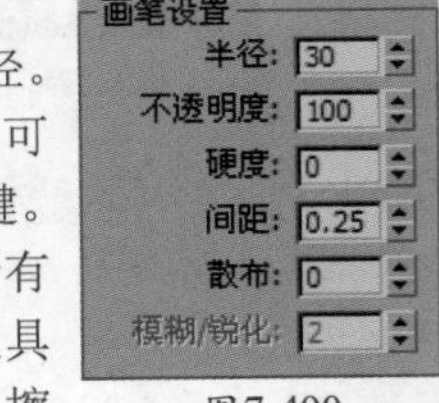

图7-489

- **颜色**：单击色样以打开颜色选择器，可在其中更改绘制颜色。
- **黑 / 白** ：通过单击相应的按钮，将绘制颜色设置为黑或白。
- **调色板**：打开带色样阵列的自定义【调色板】对话框，单击色样可使用相应颜色。要自定义色样，可右击，然后使用打开的【颜色选择器】调整颜色。使用对话框底部的按钮可加载自定义调色板，保存当前调色板或将当前调色板保存为默认设置。

7.7.3 笔刷设置组

笔刷设置组主要用来控制笔刷的半径、不透明度和硬度等基本的属性，如图 7-490 所示。

画笔设置

半径:	30
不透明度:	100
硬度:	0
间距:	0.25
散布:	0
模糊/锐化:	2

图7-490

- **半径**：以像素表示的笔刷球体的半径。要在视口中以交互方式更改半径，可在垂直拖动的同时按住 Ctrl+Shift 键。
- **不透明度**：为除【擦除】之外的所有工具设置不透明度。当【擦除】工具处于活动状态时，此字段仅设置【擦除】工具的值。值为 100 表示完全不透明。
- **硬度**：在笔刷边缘的衰减。值越大，笔刷边缘越清晰；值越小，边缘越柔和。
- **间距**：是指通过拖动绘制连续的笔划时，沿笔画放置的每个笔刷副本之间的距离。该距离是相对于笔刷半径而言的，默认值为 0.25，表示副本放置的间隔距离为笔刷半径的四分之一。要边缘对边缘地放置副本，可将【间距】设置为 2.0。
- **散布**：在笔画中随机放置笔刷的每个副本。【散布】值越大，随机性越大。

- **模糊/锐化**：【模糊】或【锐化】工具应用的模糊或锐化的量。仅可用于这些工具。

重点 小实例：利用视口画布在窗口中绘制贴图

场景文件	27.max
案例文件	小实例：利用视口画布在窗口中绘制贴图 .max
视频教学	DVD/ 多媒体教学 /Chapter07/ 小实例：利用视口画布在窗口中绘制贴图 .flv
难易指数	★★★★☆
材质类型	VRayMtl 材质
技术掌握	掌握视口画布的应用

实例介绍

本例主要讲解利用视口画布在物体上绘制纹理，最终渲染效果如图 7-491 所示。

图7-491

本例的材质模拟效果如图 7-492 所示，其基本属性主要有以下两点。

❶基础色为单色。

❷基础色表面有绘制的效果。

图7-492

操作步骤

步骤 01 打开本书配套光盘中的【场景文件 /Chapter07/27.max】文件，如图 7-493 所示。

步骤 02 按 M 键打开【材质编辑器】对话框，选择第 1 个材质球，单击 Arch & Design 按钮，在弹出的【材质 / 贴图浏览器】对话框中选择 VRayMtl 材质，如图 7-494 所示。

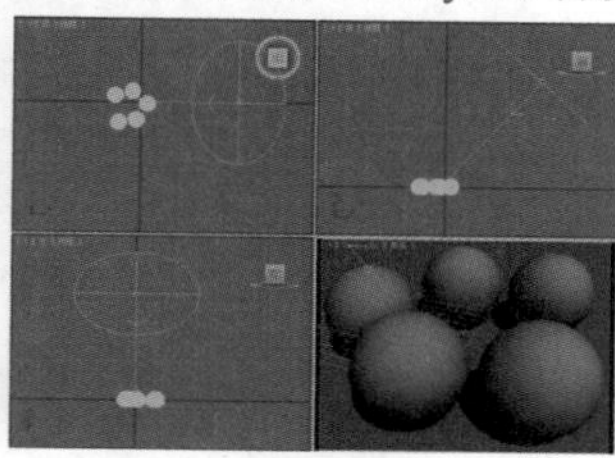

图7-493

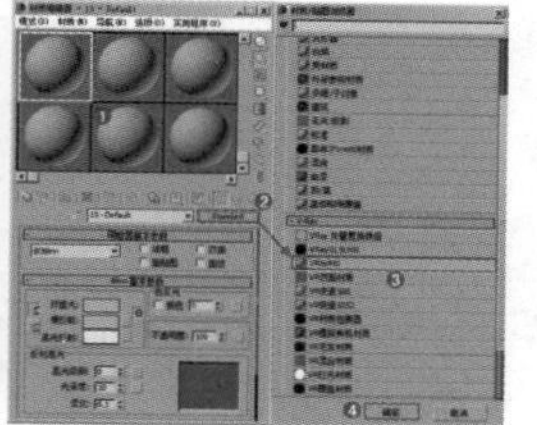

图7-494

步骤 03 将材质命名为【黄色】，下面调节其具体参数，如图 7-495 所示。

在【漫反射】选项组下后面的通道上加载一张【黄色 .jpg】贴图文件，设置【模糊】为 0.01。

在【反射】选项组下调节颜色为白色（红：255，绿：255，蓝：255），选中【菲涅耳反射】复选框，设置【细分】为 20。

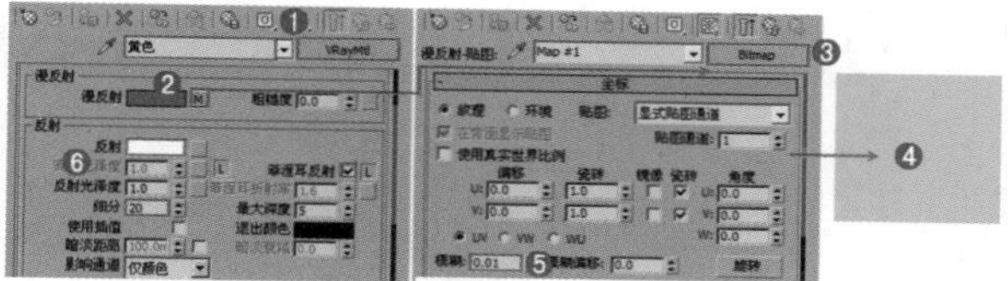

图7-495

步骤 04 再次单击一个空白材质球，并将材质球命名为【蓝色】，下面调节其具体参数，如图 7-496 所示。

在【漫反射】选项组下后面的通道上加载一张【蓝色 .jpg】贴图文件，设置【模糊】为 0.01。

在【反射】选项组下调节颜色为白色（红：255，绿：255，蓝：255），选中【菲涅耳反射】复选框，设置【细分】为 20。

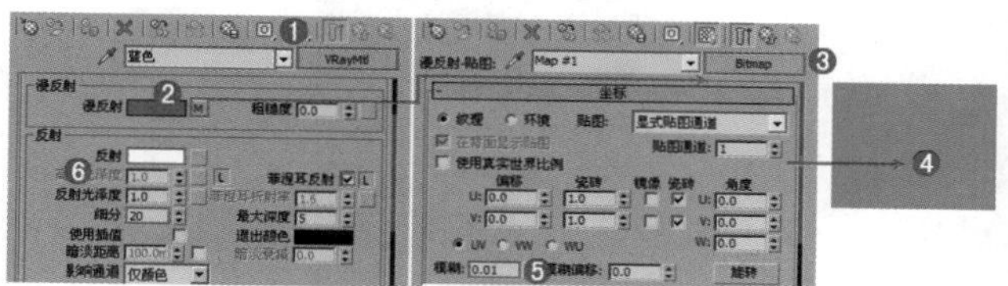

图7-496

步骤 05 将制作完毕的【黄色】材质和【蓝色】材质分别赋给场景中的球体模型，如图 7-497 所示。

步骤 06 在菜单栏中选择【工具 / 视口画布】命令，如图 7-498 所示。

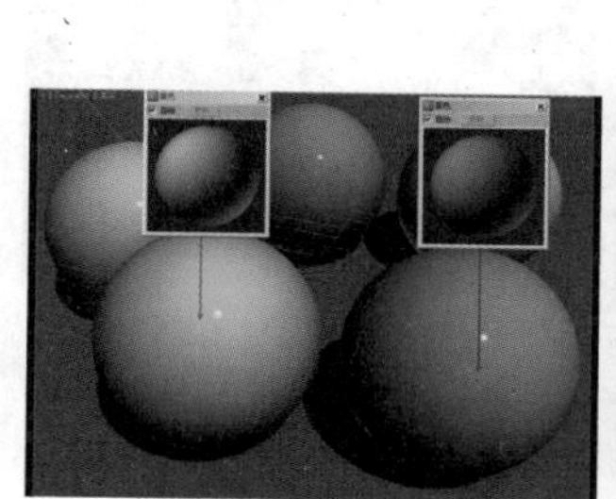

图7-497

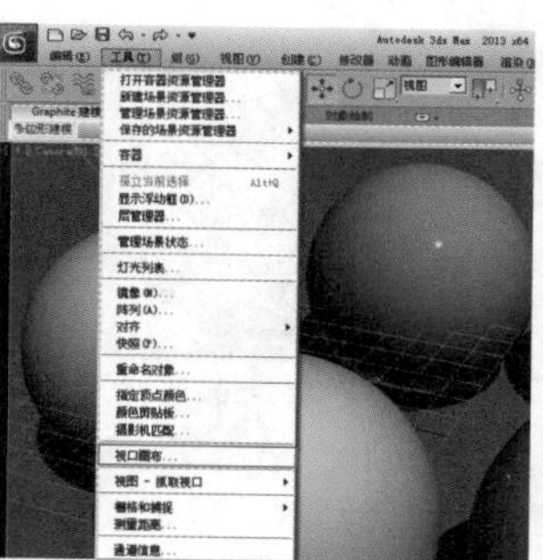

图7-498

步骤 07 选择一个黄色的球体，并单击【绘制】按钮，接着选择如图 7-499 所示的第 1 个选项。

步骤 08 单击【层对话框】按钮 层对话框 ，此时会弹出【层】对话框，然后单击【添加新层】按钮，此时会增加一个层，如图 7-500 所示。

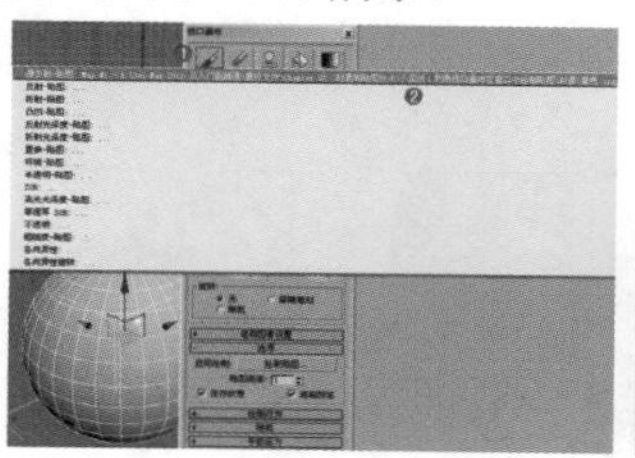

图7-499

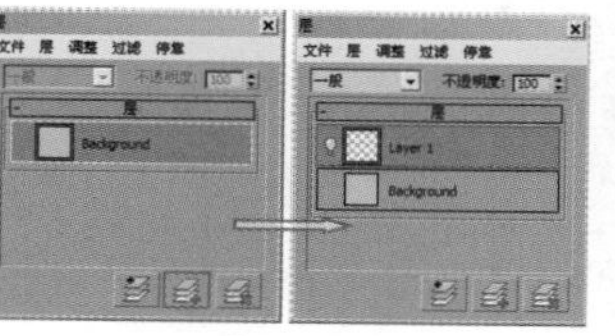

图7-500

步骤 09 再次单击【绘制】按钮，并设置【颜色】为黑色，【半径】为 10，【硬度】为 25，取消选中【使用】复选框，设置【遮罩】为，如图 7-501 所示。

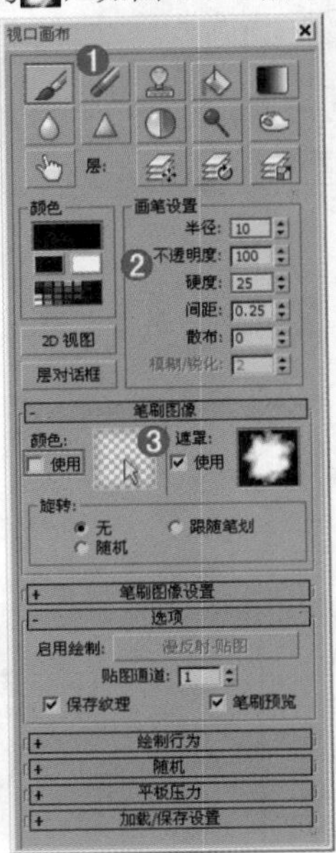

图 7-501

步骤 10 此时在球体上单击进行细致的绘制，会看到球体上出现了黑色的绘制效果，如图 7-502 所示。

步骤 11 继续进行绘制，绘制完成效果如图 7-503 所示。

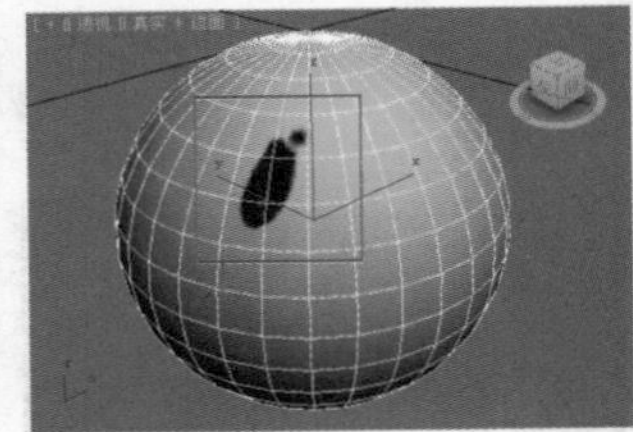

图 7-502

图 7-503

步骤 12 此时单击【选择并移动】工具，会打开【保存纹理层】对话框，单击【另存为 PSD 文件】按钮，将文件保存为【黄色 .psd】，如图 7-504 所示。

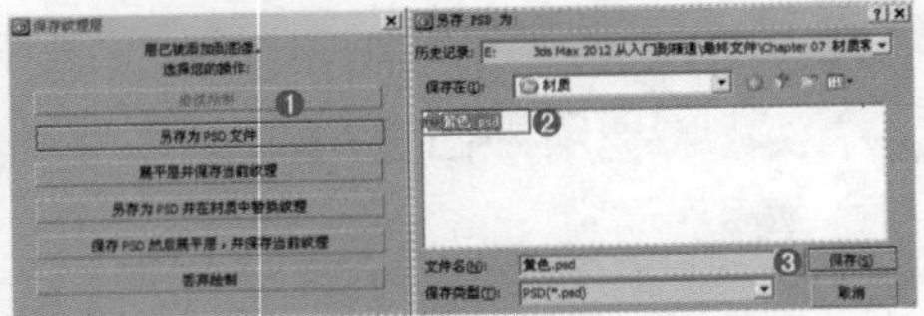

图 7-504

步骤 13 用同样的方法为蓝色球体绘制表情，如图 7-505 所示。

图 7-505

步骤 14 此时单击【选择并移动】工具，打开【保存纹理层】对话框，单击【另存为 PSD 文件】按钮，将文件保存为【蓝色 .psd】，如图 7-506 所示。

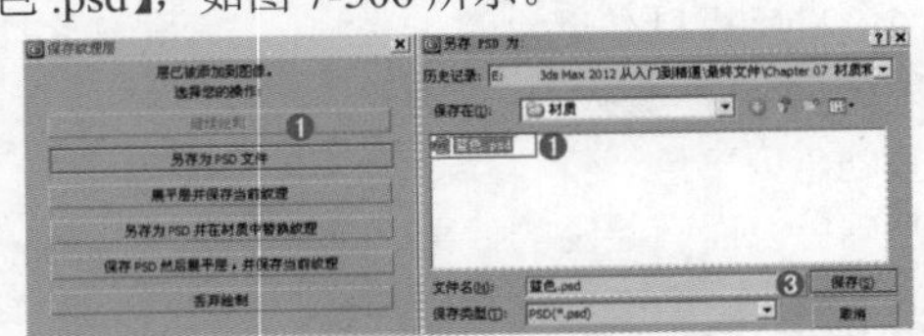

图 7-506

步骤 15 此时场景效果如图 7-507 所示。最终渲染效果如图 7-508 所示。

图 7-507

图 7-508

Chapter 08

第08章

灯光/材质/渲染综合运用

渲染，英文为Render，也称为着色，通过渲染这个步骤，可以将我们在3ds Max中制作的作品真实地呈现出来，所以我们就需要使用到渲染器。不过不同的渲染器的渲染质量、效果和渲染速度也不同，因此根据自己的要求合理地选择合适的渲染器十分重要。

本章学习要点：

- 了解默认扫描线渲染器
- 了解NVIDIA iray渲染器和NVIDIA mental ray渲染器的使用方法
- 掌握VRay渲染器的使用方法
- 掌握室内外效果图的制作思路及相关技巧
- 掌握CG场景的制作思路及相关技巧

8.1 初识渲染

8.1.1 什么是渲染

渲染，英文为Render，也称为着色，通过渲染这个步骤，可以将我们在3ds Max中制作的作品真实地呈现出来，所以我们就需要使用到渲染器。不过不同的渲染器的渲染质量、效果和渲染速度也不同，因此根据自己的要求合理地选择合适的渲染器十分重要。如图8-1所示为优秀的渲染作品。

图8-1

8.1.2 为什么要渲染

使用3ds Max制作作品，最终是要展示给别人看的。通俗地说，如果我们想要将3ds Max作品打印出来，我们不可能直接将3ds Max文件进行打印，因此必须要经过一定的步骤将制作完成的文件表现出来，这个过程就是渲染。这也是为什么必须要经过渲染的原因。

日常生活中我们经常会看到很多使用3ds Max制作的楼盘动画、产品广告等，不过我们看到的都是带有真实材质、真实灯光的渲染文件，而不是3ds Max文件，因此必须要输出以后，才可以在传媒上使用。如图8-2所示为未渲染和渲染的对比效果。

图8-2

8.1.3 渲染的常用思路

一般来说，制作3ds Max作品需要遵循一定的步骤，这样才能节约时间，建议大家遵循：建模—灯光—材质—摄影机—渲染的步骤进行操作。如图8-3所示为一幅作品的过程示意图。

图8-3

8.1.4 渲染器类型

渲染场景的引擎有很多种，比如VRay渲染器、Renderman渲染器、NVIDIA mental ray渲染器、Brazil渲染器、FinalRender渲染器、Maxwell渲染器和Lightscape渲染器等。

3ds Max 2014默认的渲染器有NVIDIA iray渲染器、NVIDIA mental ray渲染器、Quicksilver硬件渲染器、默认扫描线渲染器和VUE文件渲染器，在安装好VRay渲染器之后可以使用VRay渲染器来渲染场景。当然也可以安装一些其他的渲染插件，如Renderman、Brazil、FinalRender、Maxwell和Lightscape渲染器等。

8.1.5 渲染工具

在主工具栏右侧提供了多个渲染工具，如图8-4所示。

- 【渲染设置】按钮：单击该按钮可以打开【渲染设置】对话框，基本上所有的渲染参数都在该对话框中完成。
- 【渲染帧窗口】按钮：单击该按钮可以打开【渲染帧窗口】对话框，在该对话框中可以选择渲染区域、切换通道和存储渲染图像等任务。
- 【渲染产品】按钮：单击该按钮可以使用当前的产品级渲染设置来渲染场景。
- 【渲染迭代】按钮：单击该按钮可以在迭代模式下渲染场景。
- ActiveShade（动态着色）按钮：单击该按钮可以在浮动的窗口中执行【动态着色】渲染。

图8-4

8.2 默认扫描线渲染器

【默认扫描线渲染器】的渲染速度特别快，但是渲染功能不强。按 F10 键打开【渲染设置】对话框，然后设置渲染器类型为【默认扫描线渲染器】，如图 8-5 所示。

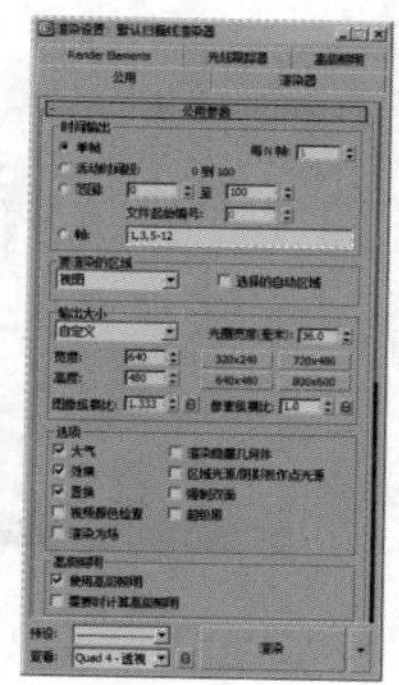

图8-5

技巧与提示

【默认扫描线渲染器】的参数共有【公用】、【渲染器】、Render Elements（渲染元素）、【光线跟踪器】和【高级照明】5 个选项卡。在一般情况下，都不会使用默认的扫描线渲染器，因为其渲染质量不高，并且渲染参数也特别复杂，因此此处不讲解其参数。

重点 综合实例：利用默认扫描线渲染器渲染水墨画

场景文件	01.max
案例文件	综合实例：利用默认扫描线渲染器渲染水墨画.max
视频教学	DVD/多媒体教学/Chapter08/综合实例：利用默认扫描线渲染器渲染水墨画.flv
难易指数	★★☆☆☆
技术掌握	掌握【默认扫描线渲染器】的使用方法

实例介绍

本例主要使用【默认扫描线渲染器】渲染水墨画，效果如图 8-6 所示。

图8-6

操作步骤

Part 1 制作水墨材质

步骤 01 打开本书配套光盘中的【场景文件/Chapter08/01.max】文件，此时场景效果如图 8-7 所示。

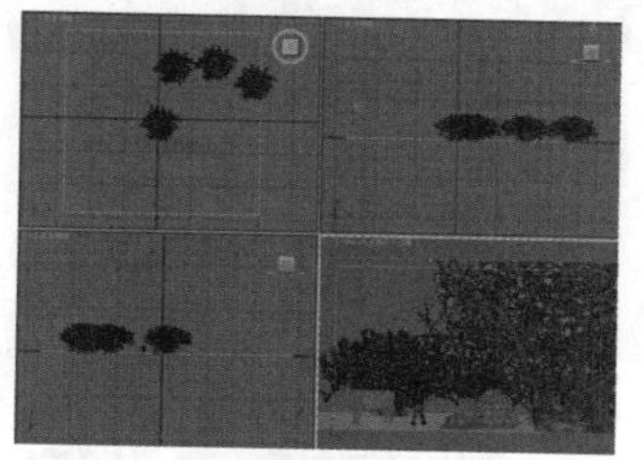

图8-7

步骤 02 按 M 键打开【材质编辑器】对话框，然后选择一个空白材质球，设置材质球类型为【标准】，具体参数设置如下。

在【漫反射】贴图通道中加载【衰减】贴图，然后在【衰减参数】卷展栏下设置【衰减类型】为垂直/平行，并设置混合曲线的样式，接着在第 1 个颜色后面的通道上加载【衰减】贴图，设置【衰减类型】为阴影/灯光，并设置缓和曲线的样式，最后在第 2 个颜色后面的通道上加载【衰减】贴图，设置第 1 个颜色为绿色（红：135，绿：141，蓝：93），【衰减类型】为垂直/平行，【衰减方向】为局部 X 轴，并设置混合曲线的样式，如图 8-8 所示。

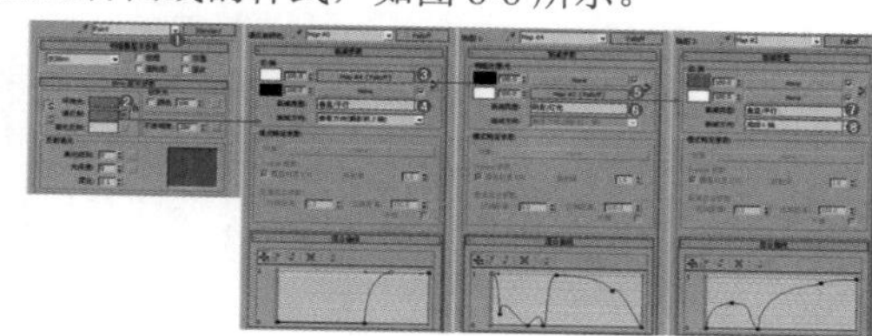

图8-8

在【不透明度】后面的通道上加载【Perlin 大理石】程序贴图，并设置【大小】为 100，【级别】为 8，【颜色 1】的【饱和度】为 100，【颜色 2】的【饱和度】为 70，如图 8-9 所示。

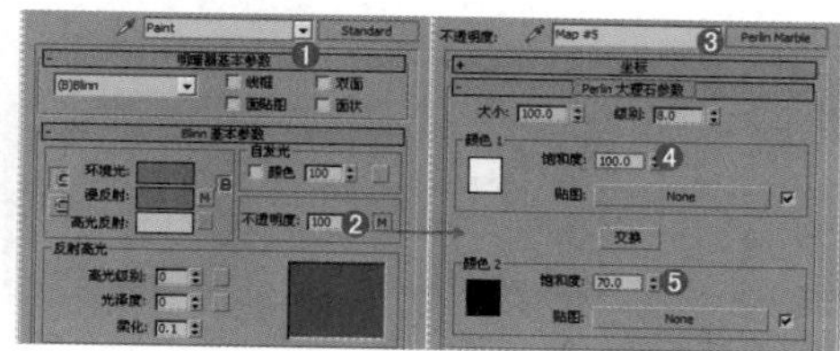

图8-9

展开【贴图】卷展栏，然后在【凹凸】后面的通道上加载【混合】程序贴图，在【颜色 #1】和【颜色 #2】后面的通道上分别加载【Perlin 大理石】程序贴图，接着设置【大小】为 50，【级别】为 8，调节【颜色 #1】为浅绿色（红：190，绿：190，蓝：161），【饱和度】为 85，【颜色 #2】为深绿色（红：60，绿：89，蓝：60），【饱和度】为 70，最后在【混合量】后面的通道上加载【噪波】程序贴图，设置【噪波类型】为【湍流】，【大小】为 8.5，【凹凸】为 15，如图 8-10 所示。

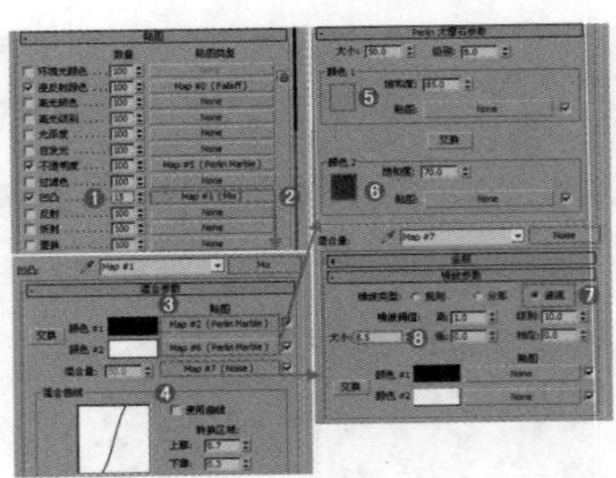

图8-10

步骤 03 将制作好的水墨材质赋给场景中的模型，如图 8-11 所示。

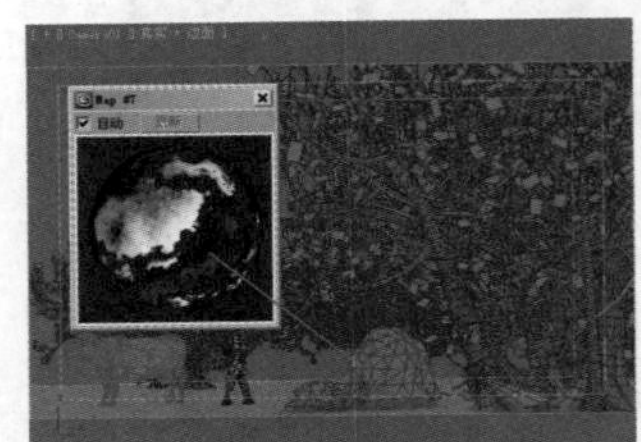

图8-11

Part 2 渲染设置

步骤 01 按 F10 键打开【渲染设置】对话框，然后设置渲染器类型为【默认扫描线渲染器】，接着在【公用参数】卷展栏下设置【宽度】为 1500；【高度】为 900，最后单击【图像纵横比】选项后面的【锁定】按钮，如图 8-12 所示。

步骤 02 按 F9 键渲染当前场景，效果如图 8-13 所示。

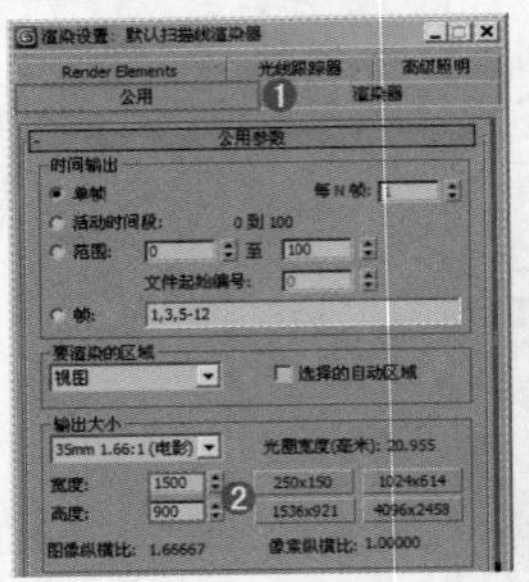

图8-12

图8-13

8.3 NVIDIA iray渲染器

mental images® 的 NVIDIA iray® 渲染器通过追踪灯光路径创建物理精确的渲染。与其他渲染器相比，它几乎不需要进行设置。NVIDIA iray 渲染器的主要处理方法是基于时间的，用户可以指定要渲染的时间长度、要计算的迭代次数，或者只需启动渲染一段不确定的时间，然后在对结果外观满意时将渲染停止。

与其他渲染器渲染的结果相比，NVIDIA iray 渲染器的前几次迭代渲染的颗粒更多一些（颗粒越不明显，渲染的遍数就越多）。NVIDIA iray 渲染器特别擅长渲染反射，包括光泽反射；同时也擅长渲染在其他渲染器中无法精确渲染的自发光对象和图形。如图 8-14 所示为花费不同时间对图像的渲染效果。

图8-14

NVIDIA iray 渲染器选项卡参数，如图 8-15 所示。

- **每帧的渲染时间**：允许指定如何控制渲染过程。
- **时间**：以小时、分钟和秒为单位设置渲染持续时间。默认设置为 1 分钟。
- **迭代（通过的数量）**：设置要运行的迭代次数。默认设置为 500。
- **无限制**：选中该单选按钮，可以使渲染器不限时间地运行。如果对结果满意，可以在【渲染进度】对话框中单击【取消】按钮。
- **物理校正（无限制）**：（默认设置）。选中该单选按钮，灯光反弹无限制，只要渲染器继续运行，就会计算灯光反弹。
- **最大灯光反弹次数**：选择后，会将灯光反弹数限制为您设置的值。默认设置为 4。
- **类型**：控制图像过滤（抗锯齿）的类型。
- **长方体**：将过滤区域中权重相等的所有采样进行求和。这是最快速的采样方法。
- **高斯**：（默认设置）。采用位于像素中心的高斯（贝尔）曲线对采样进行加权。

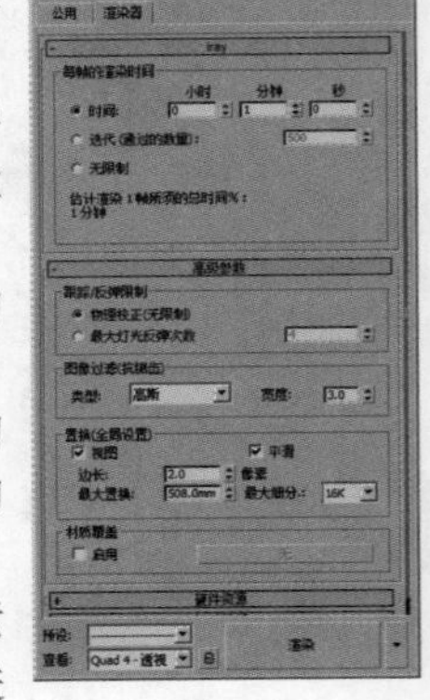

图8-15

- **三角形**：采用位于像素中心的四棱锥对采样进行加权。
- **宽度**：指定采样区域的宽度和高度。增加宽度值会软化图像，但是会增加渲染时间。默认设置为 3.0。
- **视图**：定义置换的空间。启用【视图】之后，边长将以像素为单位指定长度。
- **平滑**：取消选中该复选框，可以使 NVIDIA iray 渲染器正确渲染高度贴图。高度贴图可以由法线凹凸贴图生成。
- **边长**：定义由于细分可能生成的最小边长。NVIDIA iray 渲染器一旦达到此大小后，就会停止细分边。
- **最大置换**：控制在置换顶点时向其指定的最大偏移，采用世界单位。该值可以影响对象的边界框。

- **最大细分**：控制 NVIDIA iray 渲染器可以对要置换的每个原始网格三角形进行递归细分的范围。
- **启用**：选中该复选框，渲染对所有曲面使用覆盖材质。取消选中该复选框，渲染场景中的曲面使用应用到曲面上的材质。
- **材质**：选中该复选框，可显示材质 / 贴图浏览器并选择要用作覆盖取消材质的材质。选定覆盖材质后，此按钮显示示材质名称。

重点 综合实例：利用NVIDIA iray渲染器制作奇幻场景

场景文件	02.max
案例文件	综合实例：利用 NVIDIA iray 渲染器制作奇幻场景 .max
视频教学	DVD/ 多媒体教学 /Chapter08/ 综合实例：利用 NVIDIA iray 渲染器制作奇幻场景 .flv
难易指数	★★★☆☆
灯光类型	目标灯光
材质类型	Autodesk 常规
程序贴图	无
技术掌握	掌握 NVIDIA iray 渲染器的使用方法

实例介绍

本例是一个奇幻场景效果，对于 NVIDIA iray 渲染器的设置是本例的重点，效果如图 8-16 所示。

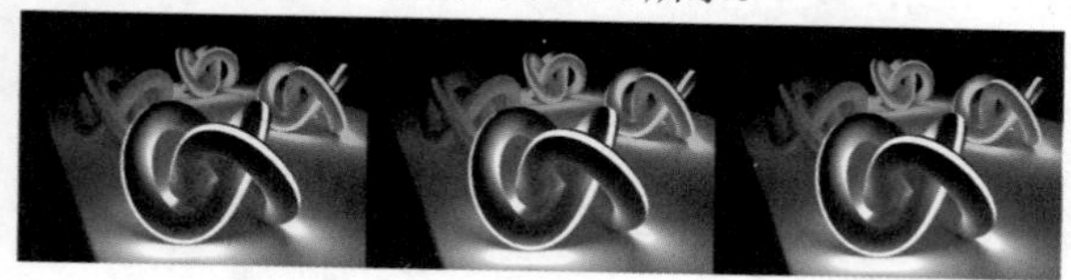

图8-16

操作步骤

Part 1 设置NVIDIA iray渲染器

步骤 01 打开本书配套光盘中的【场景文件 /Chapter08/02.max】文件，此时场景效果如图 8-17 所示。

步骤 02 按 F10 键打开【渲染设置】对话框，在【公用】选项卡下展开【指定渲染器】卷展栏，单击按钮 ...，然后在弹出的【选择渲染器】对话框中选择 NVIDIA iray 渲染器，如图 8-18 所示。

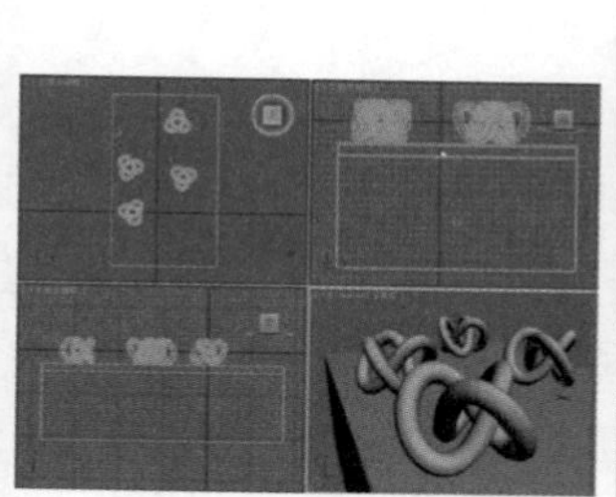

图8-17

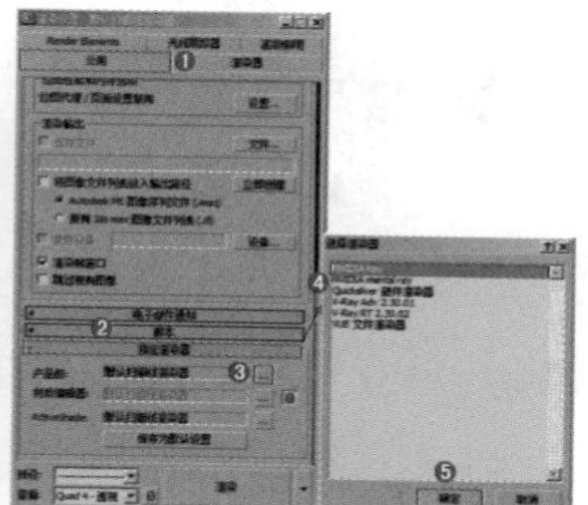

图8-18

步骤 03 此时在【渲染设置】对话框中出现了【渲染器】选项卡，并在【指定渲染器】卷展栏下，【产品级】后面显示了 NVIDIA iray 渲染器，如图 8-19 所示。

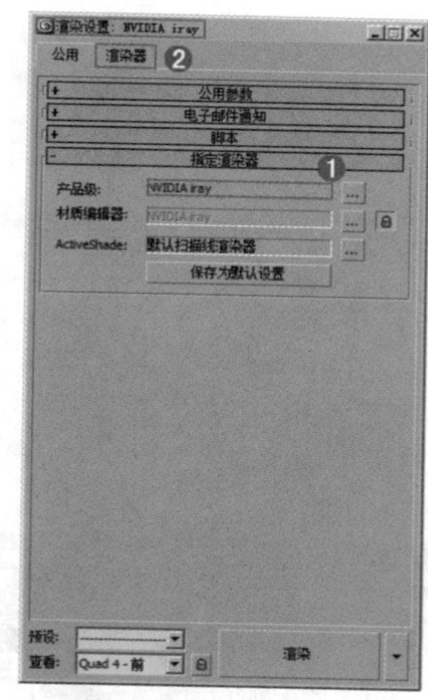

图8-19

Part 2 材质的制作

本例的场景主要使用 Autodesk 常规材质制作。

1. 白色发光材质的制作

步骤 01 按 M 键打开【材质编辑器】对话框，选择第 1 个材质球，单击 Standard 按钮 Standard ，在弹出的【材质 / 贴图浏览器】对话框中选中 Autodesk 常规材质，如图 8-20 所示。

步骤 02 将其命名为【白色发光】，具体的参数调节如图 8-21 所示。

在【常规】卷展栏下调节【颜色】为深灰色（红：0.315，绿：0.315，蓝：0.315）。

在【自发光】卷展栏下调节【过滤颜色】为白色（红：1，绿：1，蓝：1），设置【色温】为自定义，数量为 6500。

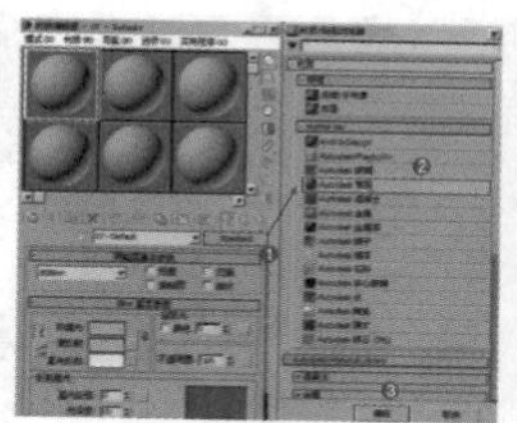

图8-20

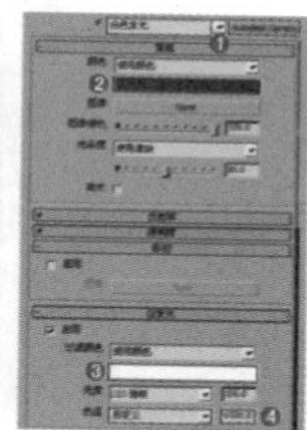

图8-21

步骤 03 将调节完毕的材质赋给场景中的模型，如图 8-22 所示。

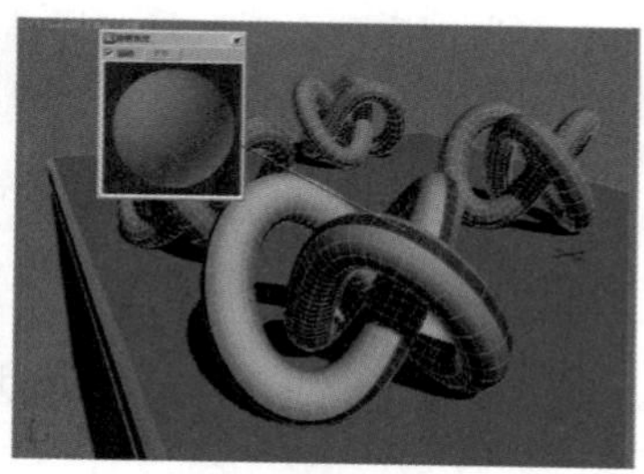

图8-22

2．蓝色发光材质的制作

步骤 01 选择一个空白材质球，然后将材质球类型设置为Autodesk常规，并命名为【蓝色发光】，具体的参数调节如图8-23所示。

在【常规】卷展栏下调节【颜色】为深蓝色（红：0.02，绿：0，蓝：0.878）。

在【自发光】卷展栏下调节【过滤颜色】为深蓝色（红：0.02，绿：0，蓝：0.878），设置【亮度】为200，【色温】为自定义，数量为6500。

步骤 02 将调节完毕的材质赋给场景中的模型，如图8-24所示。

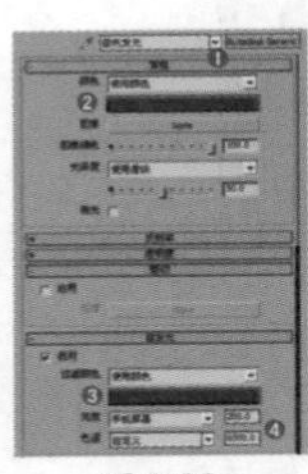

图8-23

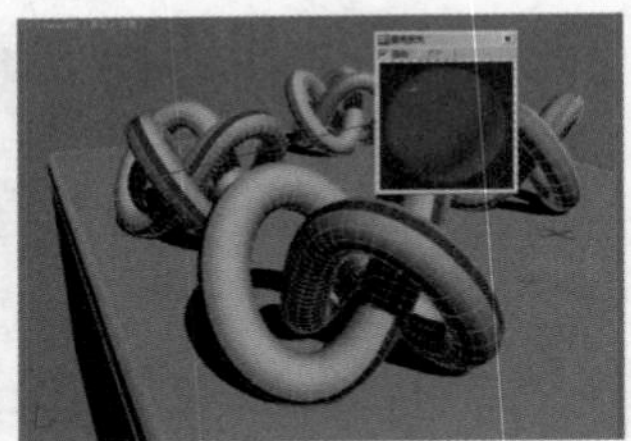

图8-24

3．绿色发光材质的制作

步骤 01 选择一个空白材质球，然后将材质球类型设置为Autodesk常规，并命名为【蓝色发光】，具体的参数调节如图8-25所示。

在【常规】卷展栏下调节【颜色】为绿色（红：0.992，绿：0.702，蓝：0.004）。

在【自发光】卷展栏下调节【过滤颜色】为绿色（红：0.992，绿：0.702，蓝：0.004），设置【亮度】为200，【色温】为自定义，数量为6500。

步骤 02 将调节完毕的材质赋给场景中的模型，如图8-26所示。

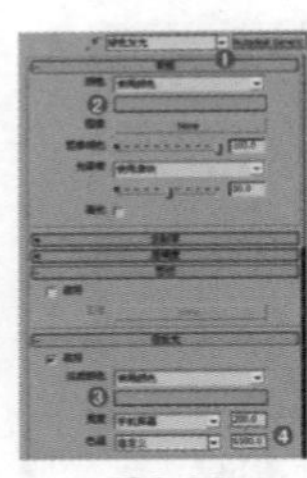

图8-25

图8-26

4．黄色发光材质的制作

步骤 01 选择一个空白材质球，然后将材质球类型设置为Autodesk常规，并命名为【蓝色发光】，具体的参数调节如图8-27所示。

在【常规】卷展栏下调节【颜色】为黄色（红：0，绿：0.867，蓝：0.816）。

在【自发光】卷展栏下调节【过滤颜色】为黄色（红：0，绿：0.867，蓝：0.816），设置【亮度】为200，【色温】为自定义，数量为6500。

步骤 02 将调节完毕的材质赋给场景中的模型，如图8-28所示。

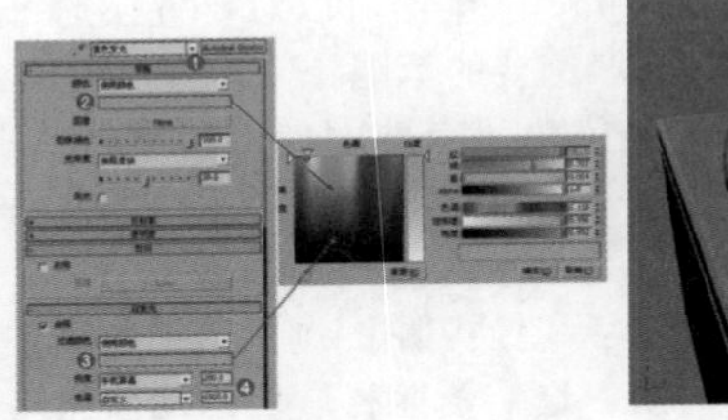

图8-27

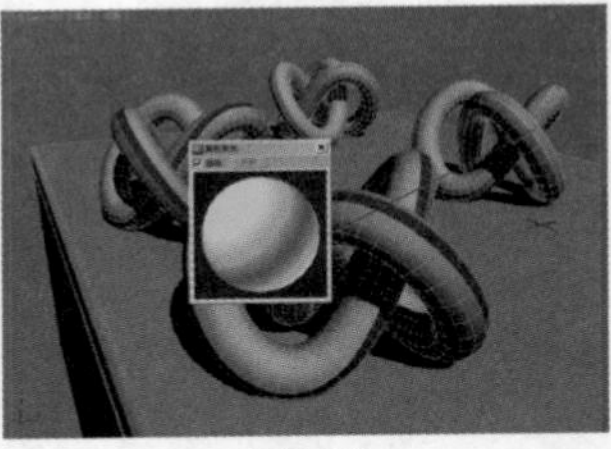

图8-28

Part 3 设置灯光并进行草图渲染

本例主要使用【光度学】下的【目标灯光】来制作灯光效果，但是本例比较特殊，因为我们需要使用Autodesk常规材质制作物体的自发光效果，因此我们需要创建灯光后，取消选中【启用】。

步骤 01 单击（创建）|（灯光）| 光度学 | 目标灯光 按钮，在左视图中单击并拖曳鼠标，创建一盏目标灯光，接着在各个视图中调整它的位置，如图8-29所示。

步骤 02 选择步骤01创建的目标灯光，进入【修改】面板，在【灯光属性】选项组下取消选中【启用】复选框，如图8-30所示。

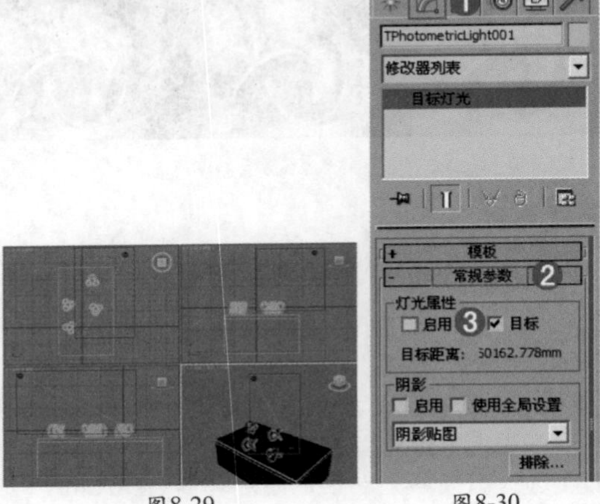

图8-29　图8-30

> **技巧与提示**
>
> 本例制作的奇幻场景，需要将创建的灯光取消启用，目的是突出模型自发光材质的效果。

Part 4 设置成图渲染参数

经过了前面的操作，已经将大量的工作做完了，下面需要做的就是把渲染的参数设置高一些，再进行渲染输出。

步骤 01 按F10键打开【渲染设置】对话框，然后在【公用】选项卡下展开【公用参数】卷展栏，设置【宽度】为900，【高度】为675，如图8-31所示。

步骤 02 单击【渲染器】选项卡，然后展开iray卷展栏，在

【每帧的渲染时间】选项组下激活【时间】选项，设置【小时】为0，【分钟】为1，【秒】为0，如图8-32所示。

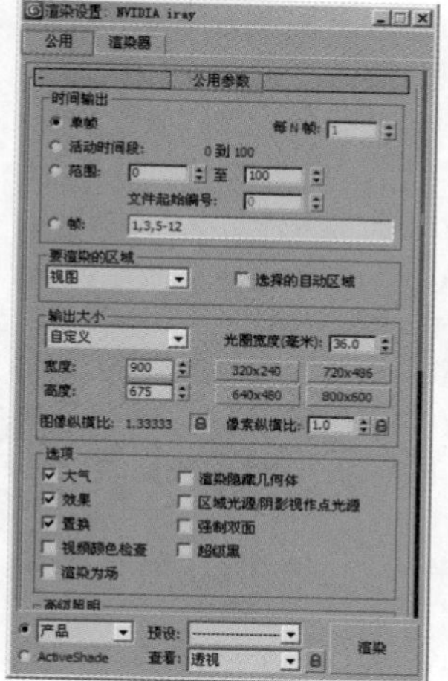
图8-31

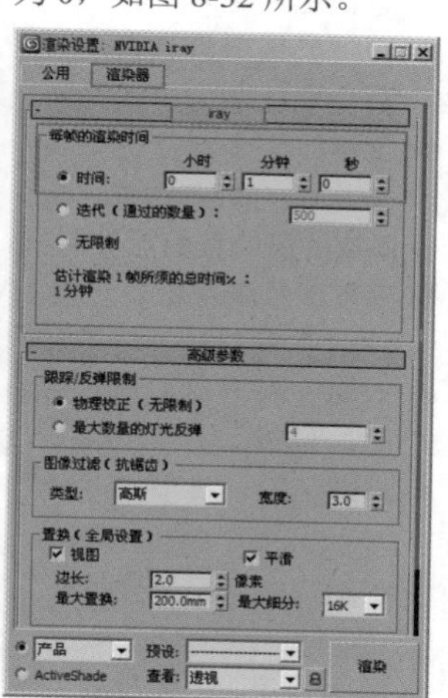
图8-32

步骤03 单击【渲染】按钮，渲染效果如图8-33所示。

图8-33

步骤04 单击【渲染器】选项卡，然后展开iray卷展栏，在【每帧的渲染时间】选项组下激活【时间】选项，设置【小时】为0，【分钟】为5，【秒】为0，如图8-34所示。

步骤05 单击【渲染】按钮，查看渲染效果如图8-35所示。

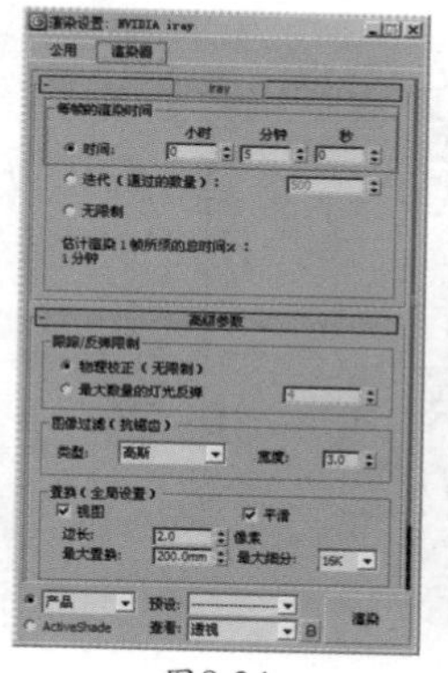
图8-34

图8-35

技巧与提示

NVIDIA iray渲染器可以对渲染的时间进行具体的控制，除了上面介绍的具体调节渲染时间以外，还可以通过设置【迭代（通过的数量）】的大小来控制渲染的时间，如图8-36所示。也可以选择【物理校正无限制】，那么选定的帧将提供无限量的时间的渲染，如果我们在某一时刻取消渲染，该时刻的状态即是此时的渲染效果，如图8-37所示。

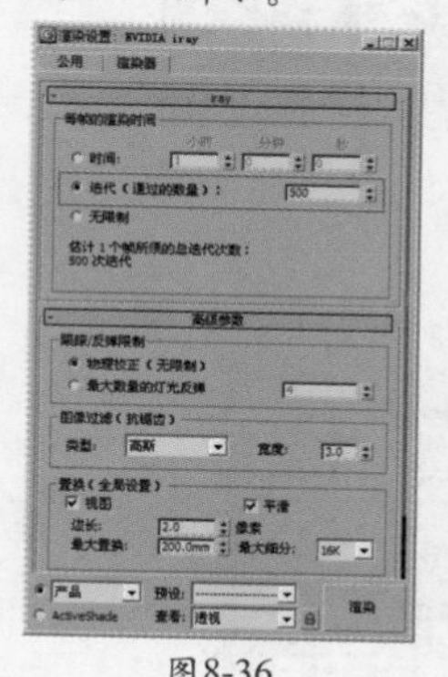
图8-36

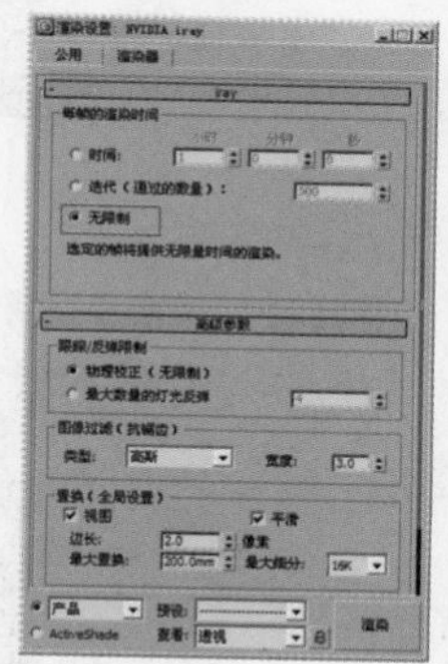
图8-37

8.4 NVIDIA mental ray渲染器

NVIDIA mental ray是早期出现的两个重量级的渲染器之一（另外一个是Renderman），其为德国Mental Images公司的产品。在刚推出的时候，集成在著名的3D动画软件Softimage3D中作为内置的渲染引擎。正是凭借着NVIDIA mental ray高效的速度和质量，Softimage3D一直为好莱坞电影制作中的首选制作软件。

相对于Renderman而言，NVIDIA mental ray的操作更加简便，效率也更高，因为Renderman渲染系统需要使用编程技术来渲染场景，而NVIDIA mental ray只需要在程序中设定好参数，便会智能地对需要渲染的场景自动进行计算，所以NVIDIA mental ray渲染器也叫智能渲染器。

自NVIDIA mental ray渲染器诞生以来，CG艺术家就利用它制作出了很多令人惊讶的作品，其中比较优秀的作品如图8-38所示。

图8-38

按F10键打开【渲染设置】对话框，然后在【公用】选项卡下展开【指定渲染器】卷展栏，接着单击【产品级】选项后面的按钮...，最后在弹出的【选择渲染器】对话框中选择 NVIDIA mental ray 渲染器，如图 8-39 所示。

将渲染器设置为 NVIDIA mental ray 渲染器后，在【渲染设置】对话框中将会出现【处理】、Render Elements（渲染元素）、【公用】、【渲染器】和【间接照明】5 个选项卡，下面将对【间接照明】和【渲染器】两个选项卡中的参数进行讲解。

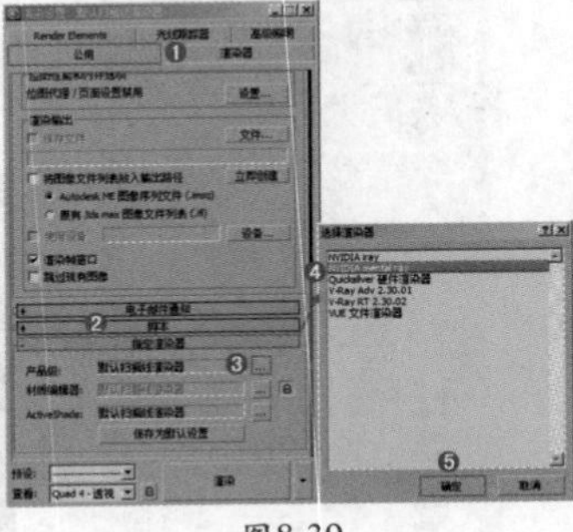

图 8-39

8.4.1 间接照明

【间接照明】选项卡下的参数可以用来控制焦散、全局照明和最终聚集等，如图 8-40 所示。

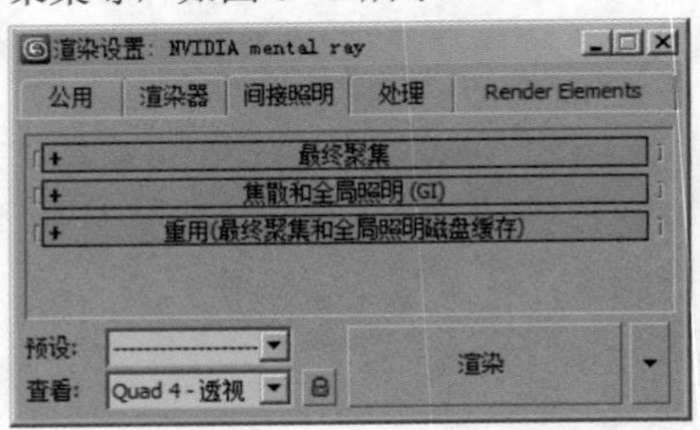

图 8-40

1.最终聚集

展开【最终聚集】卷展栏，如图 8-41 所示。

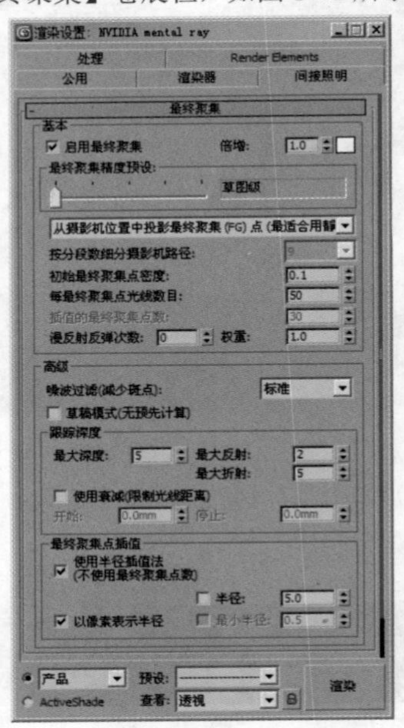

图 8-41

- **启用最终聚集**：选中该复选框，NVIDIA mental ray 渲染器会使用最终聚集来创建全局照明或提高渲染质量。
- **倍增**：控制累积的间接光的强度和颜色。
- **最终聚集精度预设**：为最终聚集提供快速、轻松的解决方案，包括【草图级】、【低】、【中】、【高】及【很高】5 个选项。
- **初始最终聚集点密度**：最终聚集点密度的倍增。增加该值会增加图像中最终聚集点的密度。
- **每最终聚集点光线数目**：设置使用多少光线来计算最终聚集中的间接照明。
- **插值的最终聚集点数**：控制用于图像采样的最终聚集点数。
- **漫反射反弹次数**：设置 NVIDIA mental ray 为单个漫反射光线计算的漫反射光反弹的次数。
- **权重**：控制漫反射反弹有多少间接光照影响最终聚集的解决方案。
- **噪波过滤（减少斑点）**：使用从同一点发射的相邻最终聚集光线的中间过滤器。
- **草图模式（无预先计算）**：选中该复选框，最终聚集将跳过预先计算阶段。
- **最大深度 / 最大反射 / 最大折射**：设置光线的最大深度、反射和折射。
- **使用衰减（限制光线距离）**：选中该复选框，利用【开始】和【停止】参数可以限制使用环境颜色前用于重新聚集的光线的长度。
- **使用半径插值法（不使用最终聚集点数）**：选中该复选框，其下面的选项才可用。

2.焦散和全局照明（GI）

展开【焦散和全局照明（GI）】卷展栏，如图 8-42 所示。

- **焦散**：该选项组下的参数主要用于设置焦散效果。
  - **启用**：选中该复选框，NVIDIA mental ray 渲染器会计算焦散效果。
  - **每采样最大光子数**：设置用于计算焦散强度的光子个数。增大该值可以使焦散产生较少的噪点，但图像会变得模糊。
  - **最大采样半径**：选中该复选框，可以使用微调器来设置光子大小。
  - **过滤器**：指定锐化焦散的过滤器，包括【长方体】、【圆锥体】和【Gauss（高斯）】3 种过滤器。

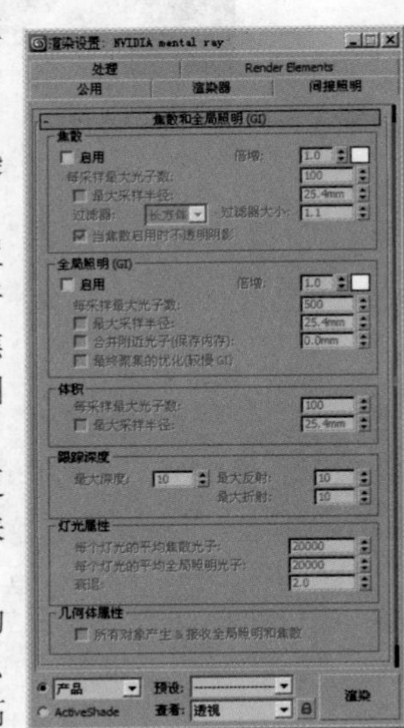

图 8-42

  - **过滤器大小**：选择【圆锥体】作为焦散过滤器时，该选项用来控制焦散的锐化程度。
  - **当焦散启用时不透明阴影**：选中该复选框，阴影为不透明。
- **全局照明（CI）**：该选项组下的参数主要用于设置全局照明效果。

- **启用**：选中该复选框后，NVIDIA mental ray 渲染器会计算全局照明。
- **合并附近光子（保存内存）**：选中该复选框，可以减少光子贴图的内存使用量。
- **最终聚集的优化（较慢 GI）**：如果在渲染场景之前选中该复选框，那么 NVIDIA mental ray 渲染器将计算信息，以加速重新聚集的进程。

灯光属性：该选项组下的参数主要用于设置灯光与焦散和全局照明的关系。

- **每个灯光的平均焦散光子**：设置用于焦散的每束光线所产生的光子数量。
- **每个灯光的平均全局照明光子**：设置用于全局照明的每束光线产生的光子数量。
- **衰退**：当光子移离光源时，该选项用于设置光子能量的衰减方式。

几何体属性：该选项组下只有一个【所有对象产生 & 接收全局照明和焦散】选项，选中该复选框，在渲染场景时，场景中的所有对象都会产生并接收焦散和全局照明。

8.4.2 渲染器

【渲染器】选项卡下的参数可以用来设置采样质量、渲染算法、摄影机效果、阴影与置换等，在这里将重点讲解【采样质量】卷展栏下的参数，如图 8-43 所示。

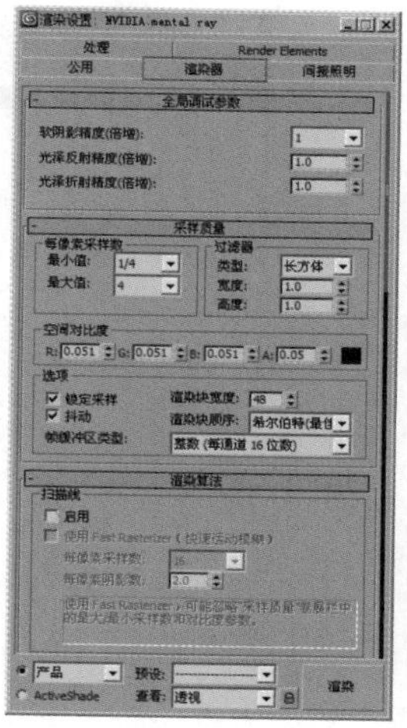

- **最小值**：设置最小采样率。该值代表每个像素的采样数量，大于或等于 1 时表示对每个像素进行一次或多次采样；分数值代表对 *n* 个像素进行一次采样（例如，对于每 4 个像素，1/4 就是最小的采样数）。
- **最大值**：设置最大采样率。
- **类型**：指定采样器的类型。
- **宽度 / 高度**：设置过滤区域的大小。
- **锁定采样**：选中该复选框，NVIDIA mental ray 渲染器对于动画的每一帧都使用同样的采样模式。
- **抖动**：选中该复选框，可以避免出现锯齿现象。
- **渲染块宽度顺序**：设置每个渲染块的大小 / 顺序。
- **帧缓冲区类型**：选择输出帧缓冲区的位深的类型。

图8-43

8.5 Quicksilver 硬件渲染器

Quicksilver 硬件渲染器使用图形硬件生成渲染，该渲染器的一个优点是速度很快。默认设置提供快速渲染。 如图 8-44 所示为使用 Quicksilver 硬件渲染器和 NVIDIA mental ray 渲染器的对比效果。

图8-44

Quicksilver 硬件渲染器同时使用 CPU（中央处理器）和 GPU（图形处理器）加速渲染。这有点像是在 3ds Max 内具有游戏引擎渲染器。CPU 的主要作用是转换场景数据来进行渲染，包括为使用中的特定图形卡编译明暗器。因此，渲染第 1 帧要花费一段时间，直到明暗器编译完成。这在每个明暗器上只发生一次：越频繁使用 Quicksilver 渲染器，其速度越快。

在 Autodesk 3ds Max 2014 中，可以渲染多个透明曲面。如图 8-45 所示为将汽车渲染为透明实体以显示内部零件，而且阴影也显示为透明。

图8-45

Quicksilver 硬件渲染器的主卷展栏如同 NVIDIA iray 渲染器的主卷展栏，可以用于通过设置渲染时要花费的时间或要执行的迭代次数来调整渲染质量。其参数面板如图 8-46 所示。

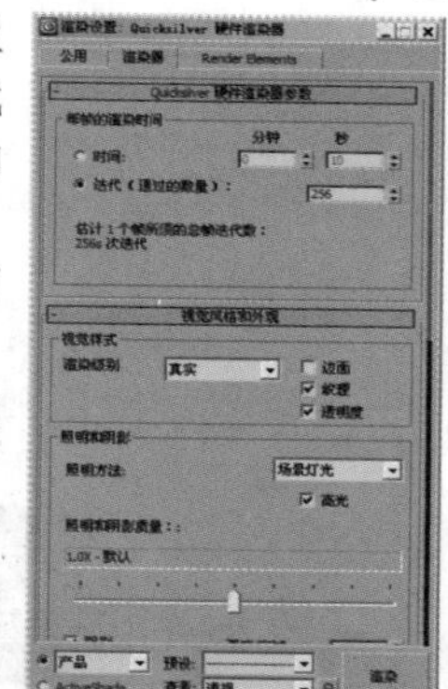

图8-46

- **每帧的渲染时间**：允许指定如何控制渲染过程。
- **时间**：以分钟和秒为单位设置渲染持续时间。默认值为 10 秒。
- **迭代（通过的数量）**：设置要运行的迭代次数。默认设置为 256。
- **渲染级别**：选择渲染的样式。如非照片级真实感选项，其中包括真实、明暗处理、一致的色彩、隐藏线、线框、涂墨、彩色墨水、压克力、Tech、Graphite、彩色铅笔和彩色蜡笔，如图 8-47 所示。

图8-47

- 边面：选中该复选框，渲染会显示边面。默认设置为禁用。
- 纹理：选中该复选框，渲染会显示纹理贴图。默认设置为禁用。
- 透明度：选中该复选框，具有透明材质的对象被渲染为透明。默认设置为启用。
- 照亮方法：选择照亮渲染的方式：使用【场景灯光】或【默认灯光】（即视口照明）。默认设置为场景灯光。
- 高光：选中该复选框，渲染将包含来自照明的高光。默认设置为禁用。
- 间接照明：选中该复选框，其控件变为可用，通过将反射光线计算在内，提高照明的质量。默认设置为禁用状态。包括倍增、采样分布区域、衰退和启用间接照明阴影。
- 阴影：选中该复选框，将使用阴影渲染场景。默认设置为启用。
  - 强度/衰减：控制阴影的强度。值越大，阴影越暗。
  - 软阴影精度：缩放场景中区域灯光的采样值。
- Ambient Occlusion：其控件变为可用，通过将对象的接近度计算在内，提高阴影质量。当AO启用时。默认设置为禁用状态。
  - 强度/衰减：控制AO效果的强度。值越大，阴影越暗。
  - 半径：以3ds Max单位定义半径，Quicksilver渲染器在该半径中查找阻挡对象。值越大，覆盖的区域越大。

重点 综合实例：利用Quicksilver硬件渲染器渲染风格化效果

场景文件	03.max
案例文件	综合实例：利用Quicksilver硬件渲染器渲染风格化效果.max
视频教学	DVD/多媒体教学/Chapter08/综合实例：利用Quicksilver硬件渲染器渲染风格化效果.flv
难易指数	★★★☆☆
灯光类型	VR灯光
材质类型	VRayMtl材质
程序贴图	无
技术掌握	掌握使用Quicksilver硬件渲染器渲染风格化效果的方法

实例介绍

本例主要使用Quicksilver硬件渲染器将原有的正常效果图渲染为风格化效果制作一个客厅空间，最终效果如图8-48所示。

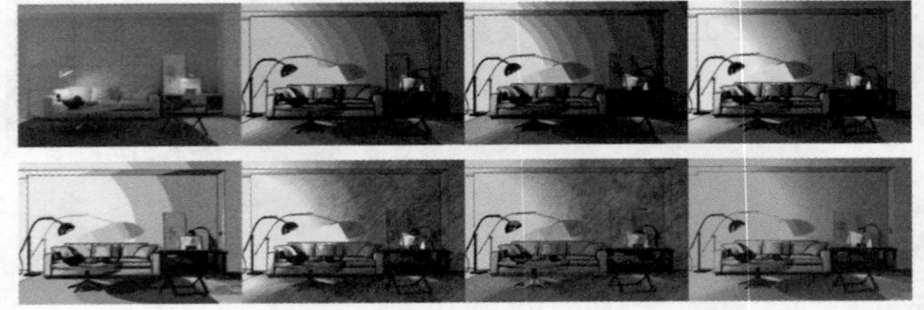

图8-48

操作步骤

Part 1 设置灯光并进行草图渲染

打开本书配套光盘中的【场景文件/Chapter08/03.max】文件，此时场景效果如图8-49所示。

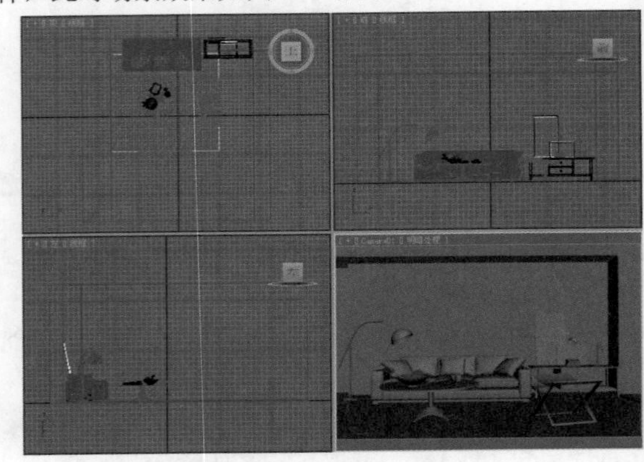

图8-49

本例创建的光源主要有两种，第一种是使用VR灯光制作的主光源，第二种是使用VR灯光制作的辅助光源。

1. 创建主光源

步骤01 单击（创建）|（灯光）| VR灯光（VR灯光）按钮，在左视图中单击并拖曳鼠标，创建一盏VR灯光，接着使用【选择并移动】工具将其放置在合适的位置，其具体的位置如图8-50所示。

步骤02 选择步骤01创建的VR灯光，并在【修改】面板下调节其具体参数，如图8-51所示。

在【常规】选项组下设置【类型】为平面；在【强度】选项组下设置【倍增】为3.8，颜色为浅黄色（红：249，绿：238，蓝：224）。

在【大小】选项组下设置【1/2长】为880mm，【1/2宽】为1400mm。

在【选项】选项组下选中【不可见】；在【采样】选项组下设置【细分】为20。

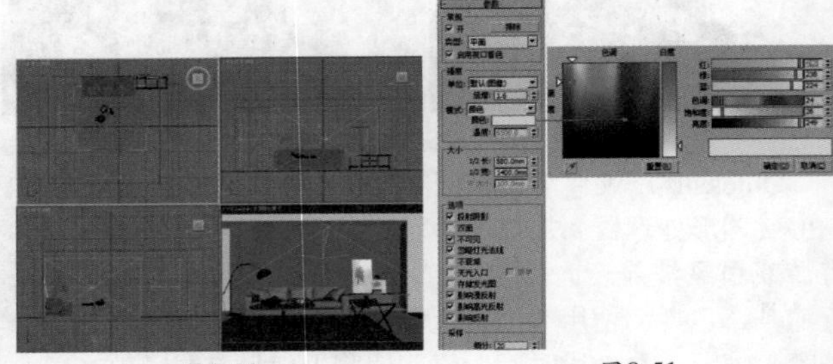

图8-50　　图8-51

步骤03 按F10键打开【渲染设置】对话框，然后设置一下V-Ray和【间接照明】选项卡下的参数，刚开始设置的是一个草图设置，目的是进行快速渲染，具体参数设置如图8-52所示。

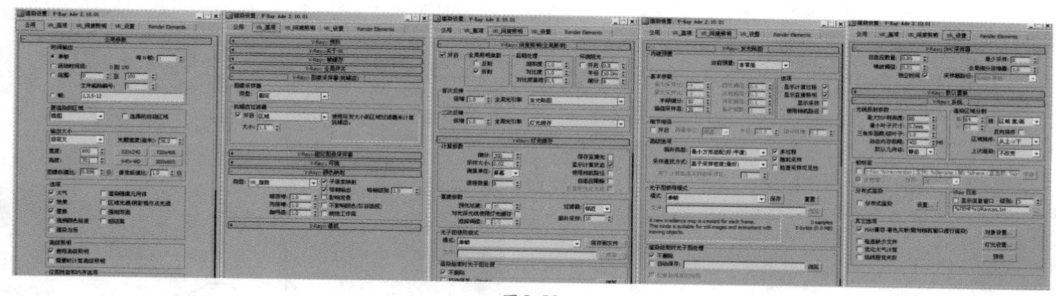

图8-52

步骤 04 按 Shift+Q 组合键，快速渲染摄影机视图，其渲染效果如图 8-53 所示。

通过上面的渲染效果来看，客厅场景中的基本亮度还可以，接下来需要制作客厅场景中的辅助光源。

图8-53

2. 创建辅助光源

步骤 01 单击（创建）|（灯光）| （VR 灯光）按钮，在顶视图中创建一盏 VR 灯光，灯光的位置如图 8-54 所示。

步骤 02 选择步骤 01 创建的 VR 灯光，然后在【修改】面板下设置其具体参数，如图 8-55 所示。

在【常规】选项组下设置【类型】为球体；在【强度】选项组下设置【倍增】为 50，颜色为浅黄色（红：240，绿：202，蓝：153）。

在【大小】选项组下设置【半径】为 60mm，选中【不可见】复选框；在【采样】选项组下设置【细分】为 20。

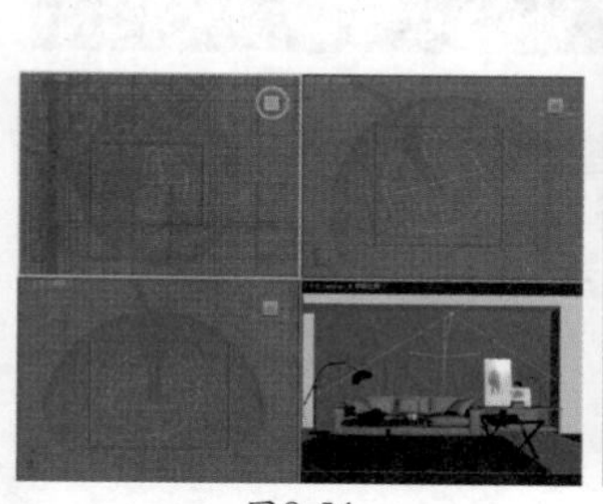

图8-54

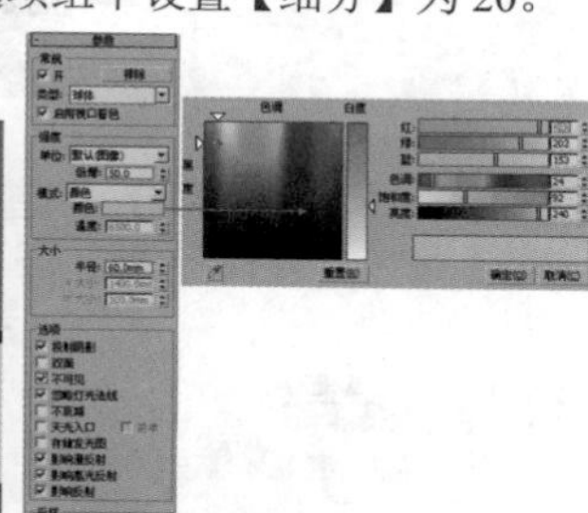

图8-55

步骤 03 接着创建一盏 VR 灯光，并使用【选择并移动】工具，将其移动到落地灯灯罩内，具体灯光位置如图 8-56 所示。然后在【修改】面板下设置其具体参数，如图 8-57 所示。

在【常规】选项组下设置【类型】为【平面】；在【强度】选项组下设置【倍增】为 120，调节颜色为浅黄色（红：236，绿：188，蓝：127）。

在【大小】选项组下设置【1/2 长】和【1/2 宽】均为 90mm，选中【不可见】复选框；在【采样】选项组下设置【细分】为 20。

步骤 04 选择上面创建的两盏灯光，使用【选择并移动】工具移动并复制到另一盏落地灯的灯罩内，此时灯光的位置如图 8-58 所示。

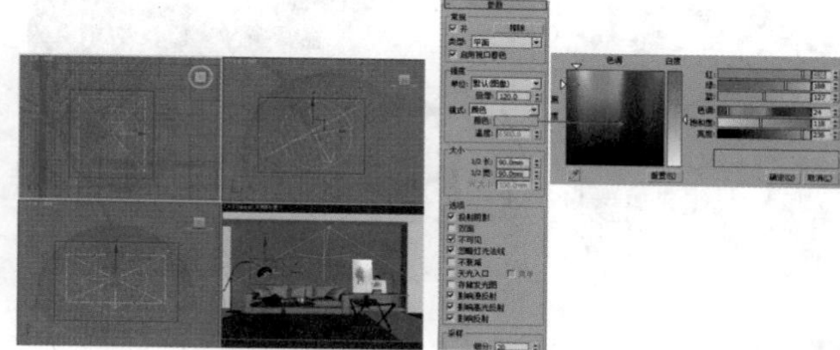

图8-56　　图8-57

步骤 05 按 Shift+Q 组合键，快速渲染摄影机视图，其渲染效果如图 8-59 所示。

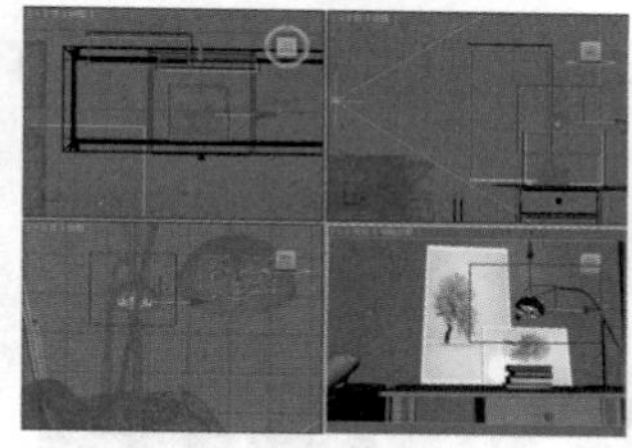

图8-58

图8-59

以上是使用 VRay 渲染器渲染的图像，接下来我们需要将渲染器设置为 Quicksilver 硬件渲染器，并渲染风格化的效果。

Part 2 设置Quicksilver硬件渲染器

按 F10 键打开【渲染设置】对话框，在【公用】选项卡下展开【指定渲染器】卷展栏，单击按钮；然后在弹出的【选择渲染器】对话框中选择 Quicksilver 硬件渲染器，如图 8-60 所示。

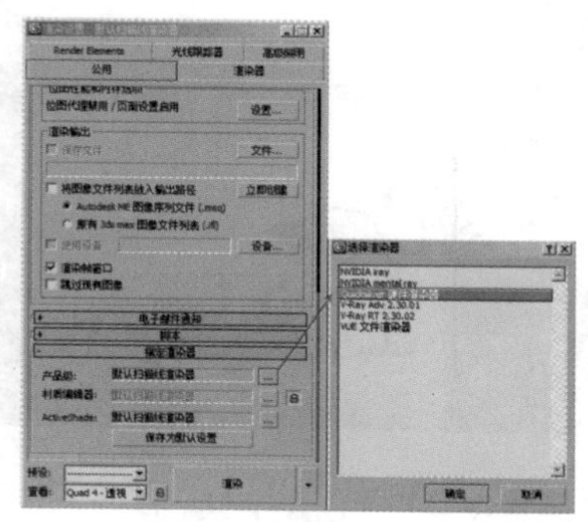

图8-60

Part 3 渲染风格化效果

步骤 01 按 F10 键打开【渲染设置】对话框，在【渲染器】选项卡下展开【视觉风格和外观】卷展栏；然后在【渲染级别】下拉菜单中选择【墨水】，接着单击【渲染】按钮，如图 8-61 所示。此时渲染效果如图 8-62 所示。

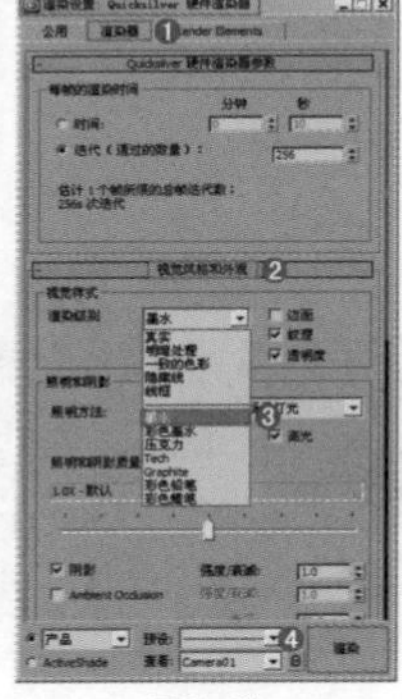

图8-61

图8-62

步骤 02 在【渲染级别】下选择【彩色墨水】选项，单击【渲染】按钮，如图 8-63 所示。此时渲染效果如图 8-64 所示。

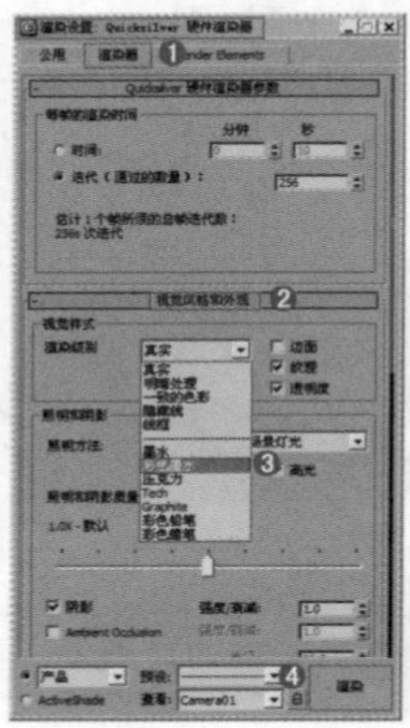

图8-63

图8-64

步骤 03 在【渲染级别】下选择【压克力】选项，单击【渲染】按钮，如图 8-65 所示。此时渲染效果如图 8-66 所示。

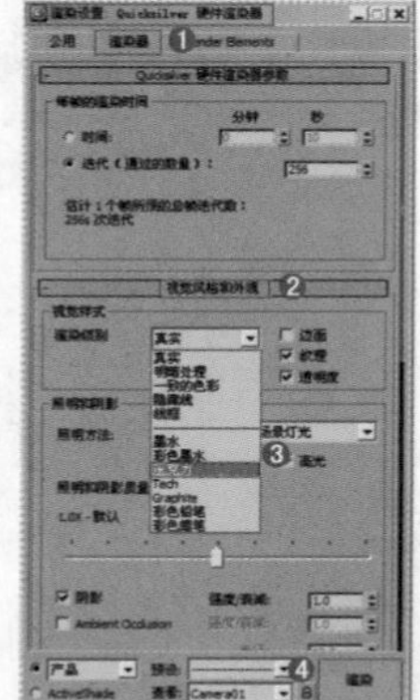

图8-65

图8-66

步骤 04 在【渲染级别】下选择 Tech 选项，单击【渲染】按钮，如图 8-67 所示。此时渲染效果如图 8-68 所示。

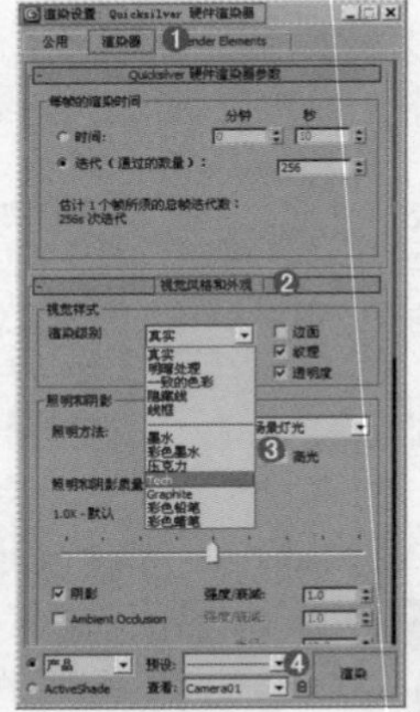

图8-67

图8-68

步骤 05 在【渲染级别】下选择 Graphite 选项，单击【渲染】按钮，如图 8-69 所示。此时渲染效果如图 8-70 所示。

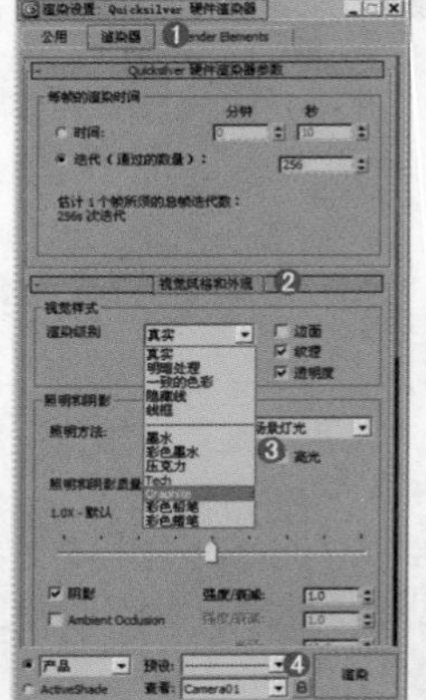

图8-69

图8-70

步骤 06 在【渲染级别】下选择【彩色铅笔】选项，单击【渲染】按钮，对视图进行渲染，如图 8-71 所示。此时渲染效果如图 8-72 所示。

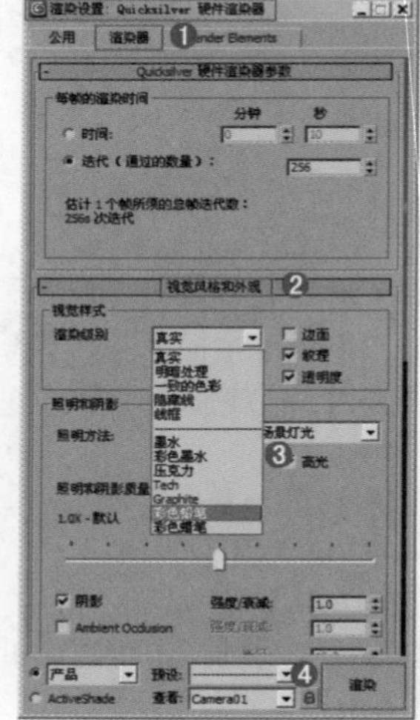

图8-71

图8-72

步骤 07 在【渲染级别】下选择【彩色蜡笔】选项，单击【渲染】按钮，如图 8-73 所示。此时渲染效果如图 8-74 所示。

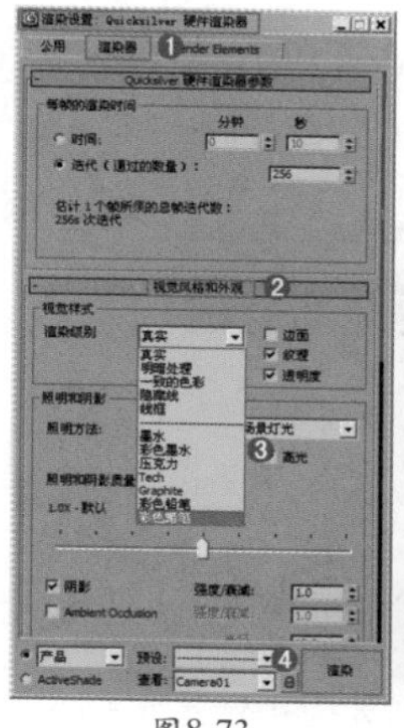

图8-73

图8-74

8.6 VRay渲染器

VRay 渲染器是由 chaosgroup 和 asgvis 公司出品，由中国的曼恒公司负责推广的一款高质量渲染软件。VRay 是目前业界最受欢迎的渲染引擎，由于 VRay 渲染器的高质量渲染，无论在图像的质感、光照和细致度都是最优秀的，对于效果图、建筑、CG 和影视方面都广泛应用，但渲染速度略微有些慢。因此我们也会重点对 VRay 渲染器进行讲解，如图 8-75 所示为 VRay 渲染器制作的优秀作品。

图8-75

安装好 VRay 渲染器，若想使用该渲染器来渲染场景，可以按 F10 键打开【渲染设置】对话框，然后在【公用】选项卡下展开【指定渲染器】卷展栏，接着单击【产品级】选项后面的【选择渲染器】按钮...，最后在弹出的【选择渲染器】对话框中选择 VRay 渲染器即可，如图 8-76 所示。

VRay 渲染器参数主要包括【公用】、V-Ray、【间接照明】、【设置】和 Render Elements（渲染元素）5 个选项卡，如图 8-77 所示。

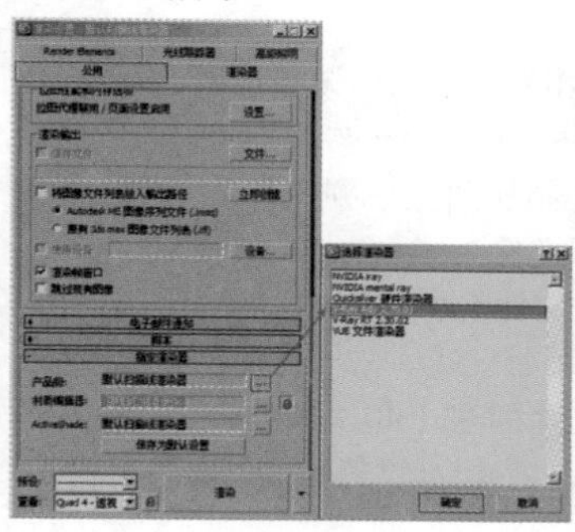

图8-76

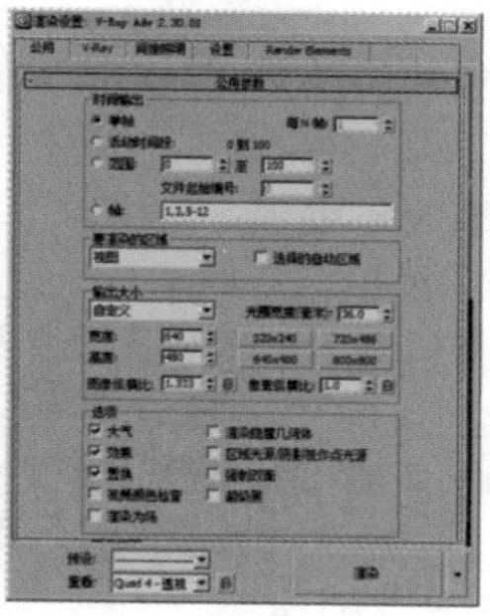

图8-77

8.6.1 公用

1. 公用参数

【公用参数】卷展栏用来设置所有渲染器的公用参数，其参数面板如图 8-78 所示。

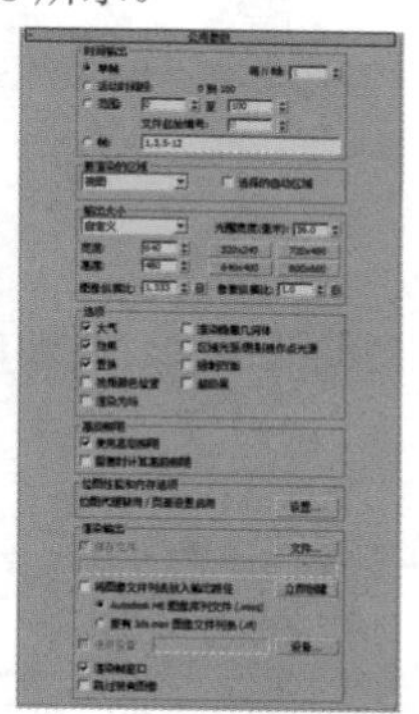

图8-78

(1) 时间输出

时间输出控制要渲染的帧，其参数面板如图 8-79 所示。

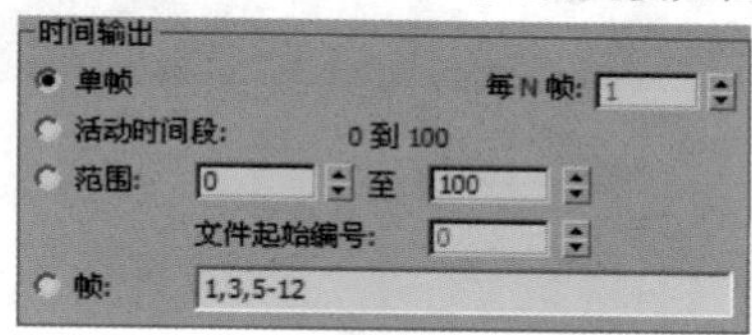

图8-79

- **单帧**：仅当前帧。
- **活动时间段**：活动时间段为显示在时间滑块内的当前帧范围。
- **范围**：指定两个数字之间（包括这两个数）的所有帧。
- **帧**：可以指定非连续帧，帧与帧之间用逗号隔开（例如

2,5）或连续的帧范围，用连字符相连（例如 0~5）。

（2）要渲染的区域

要渲染的区域控制渲染的区域部分，其参数面板如图 8-80 所示。

图8-80

- **要渲染的区域**：分为视图、选定对象、区域、裁剪和放大。
- **选择的自动区域**：该选项控制选择的自动渲染区域。

（3）输出大小

输出大小控制一个自定义的大小或在【宽度】和【高度】字段（像素为单位）中输出的另一个自定义的大小。这些控件影响图像的纵横比，其参数面板如图 8-81 所示。

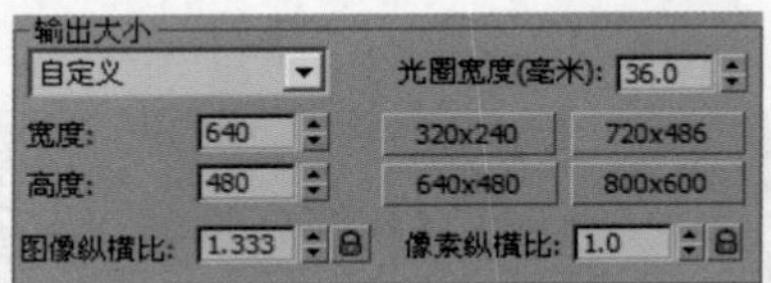

图8-81

- **下拉列表**：【输出大小】下拉列表中可以选择几个标准的电影和视频分辨率以及纵横比。
- **光圈宽度（毫米）**：指定用于创建渲染输出的摄影机光圈宽度。
- **宽度和高度**：以像素为单位指定图像的宽度和高度，从而设置输出图像的分辨率。
- **预设分辨率按钮（320x240、640x480 等）**：单击这些按钮之一，选择一个预设分辨率。
- **图像纵横比**：设置图像的纵横比。
- **像素纵横比**：设置显示在其他设备上的像素纵横比。
- **【像素纵横比】左边的【锁定】按钮**：可以锁定像素纵横比。

（4）选项

选项控制渲染的 9 种选项的开关，其参数面板如图 8-82 所示。

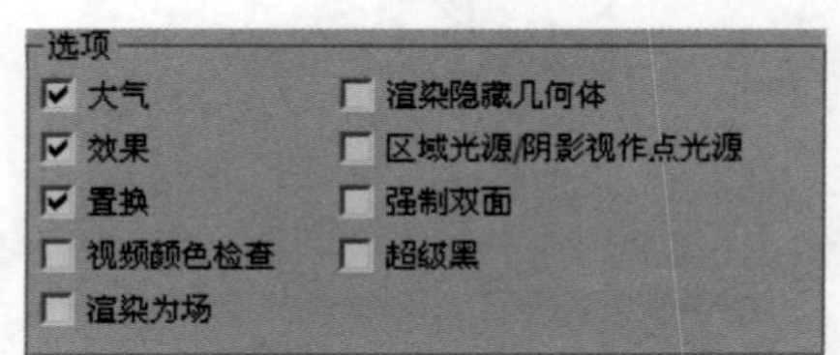

图8-82

- **大气**：选中该复选框，渲染任何应用的大气效果，如体积雾。
- **效果**：选中该复选框，渲染任何应用的渲染效果，如模糊。
- **置换**：渲染任何应用的置换贴图。
- **视频颜色检查**：检查超出 NTSC 或 PAL 安全阈值的像素颜色，标记这些像素颜色并将其改为可接受的值。
- **渲染为场**：为视频创建动画时，将视频渲染为场，而不是渲染为帧。
- **渲染隐藏几何体**：渲染场景中所有的几何体对象，包括隐藏的对象。
- **区域光源 / 阴影视作点光源**：将所有的区域光源或阴影当作从点对象发出的进行渲染，这样可以加快渲染速度。
- **强制双面**：双面材质渲染可渲染所有曲面的两个面。
- **超级黑**：超级黑渲染限制用于视频组合的渲染几何体的暗度。除非确实需要此选项，否则将其禁用。

（5）高级照明

高级照明控制是否使用高级照明，其参数面板如图 8-83 所示。

图8-83

- **使用高级照明**：选中该复选框，3ds Max 在渲染过程中提供光能传递解决方案或光跟踪。
- **需要时计算高级照明**：选中该复选框，当需要逐帧处理时，3ds Max 计算光能传递。

（6）位图性能和内存选项

位图性能和内存选项控制全局设置和位图代理的数值，其参数面板如图 8-84 所示。

图8-84

- **设置**：单击以打开【位图代理】对话框的全局设置和默认值。

（7）渲染输出

渲染输出控制最终渲染输出的参数，其参数面板如图 8-85 所示。

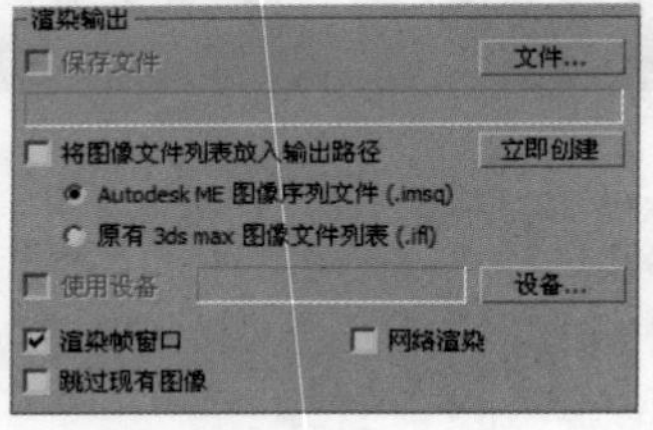

图8-85

- **保存文件**：选中该复选框，进行渲染时，3ds Max 会将渲染后的图像或动画保存到磁盘。
- **文件**：打开【渲染输出文件】对话框，指定输出文件名、格式以及路径。
- **将图像文件列表放入输出路径**：选中该复选框，可创建图像序列（IMSQ）文件，并将其保存在与渲染相同的目录中。
- **立即创建**：单击以手动创建图像序列文件。首先必须为渲染自身选择一个输出文件。
- **Autodesk ME 图像序列文件 (.imsq)**：选中此单选按钮（默认值），可创建图像序列（IMSQ）文件。
- **原有 3ds max 图像文件列表 (.ifl)**：选中此单选按钮，可创建由 3ds Max 的旧版本创建的各种图像文件列表（IFL）文件。

- **使用设备**：将渲染的输出发送到录像机这样的设备上。首先单击【设备】按钮指定设备，设备上必须安装相应的驱动程序。
- **渲染帧窗口**：在渲染帧窗口中显示渲染输出。
- **网络渲染**：启用网络渲染。如果选中该复选框，在渲染时将看到【网络作业分配】对话框。
- **跳过现有图像**：选中该复选框且选中【保存文件】复选框，渲染器将跳过序列中已经渲染到磁盘中的图像。

2. 电子邮件通知

使用【电子邮件通知】卷展栏可使渲染作业发送电子邮件通知，如网络渲染。如果启动冗长的渲染（如动画），并且不需要在系统上花费所有时间，这种通知非常有用，其参数面板如图 8-86 所示。

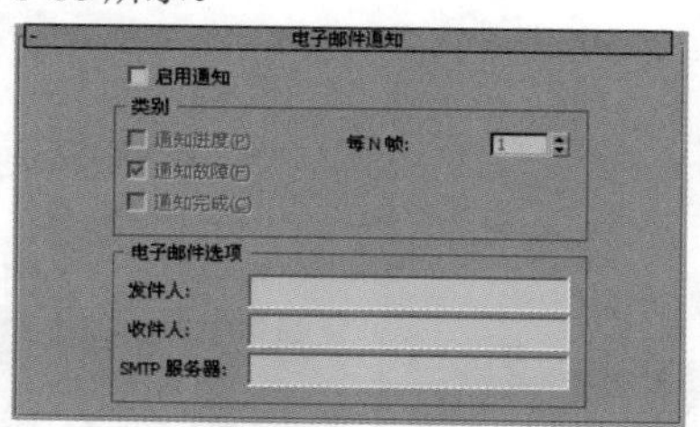

图 8-86

- **启用通知**：选中该复选框，渲染器将在某些事件发生时发送电子邮件通知。默认设置为禁用状态。
- **通知进度**：发送电子邮件以表明渲染进度。每当【每 N 帧】中指定的帧数完成渲染时，将发送一个电子邮件。默认设置为禁用状态。
- **通知故障**：只有在出现阻止渲染完成的情况时才发送电子邮件通知。默认设置为启用状态。
- **通知完成**：当渲染作业完成时，发送电子邮件通知。默认设置为禁用状态。
- **发件人**：输入启动渲染作业的用户的电子邮件地址。
- **收件人**：输入需要了解渲染状态的用户的电子邮件地址。
- **SMTP 服务器**：输入作为邮件服务器使用的系统的数字 IP 地址。

3. 脚本

使用【脚本】卷展栏可以指定在渲染之前和之后要运行的脚本，其参数面板如图 8-87 所示。

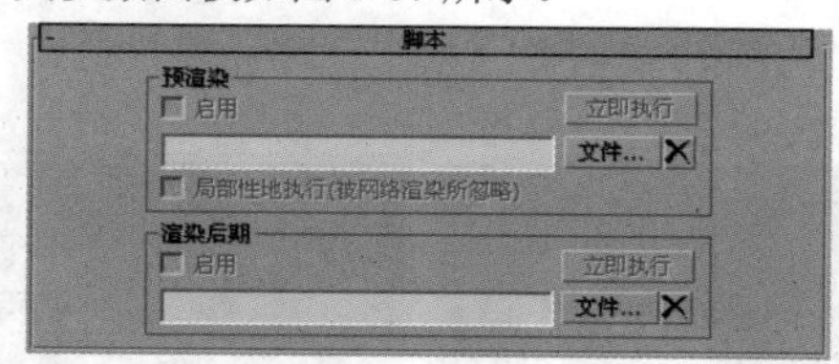

图 8-87

（1）预渲染

- **启用**：启用脚本。
- **立即执行**：单击可手动执行脚本。
- **文件名字段**：选定脚本之后，该字段显示其路径和名称。可以编辑该字段。
- **文件**：单击可打开【文件】对话框，并且选择要运行的预渲染脚本。
- **☒删除文件**：单击可删除脚本。
- **局部性地执行（被网络渲染忽略）**：启用之后，必须本地运行脚本。如果使用网络渲染，则忽略脚本。默认设置为禁用状态。

（2）渲染后期

- **启用**：启用脚本。
- **立即执行**：单击可手动执行脚本。
- **文件名字段**：选定脚本之后，该字段显示其路径和名称。可以编辑该字段。
- **文件**：单击可打开【文件】对话框，并且选择要运行的后期渲染脚本。
- **☒删除文件**：单击可删除脚本。

4.指定渲染器

【指定渲染器】卷展栏对于每个渲染类别，可以显示当前指定的渲染器名称和更改该指定的按钮，其参数面板，如图 8-88 所示。

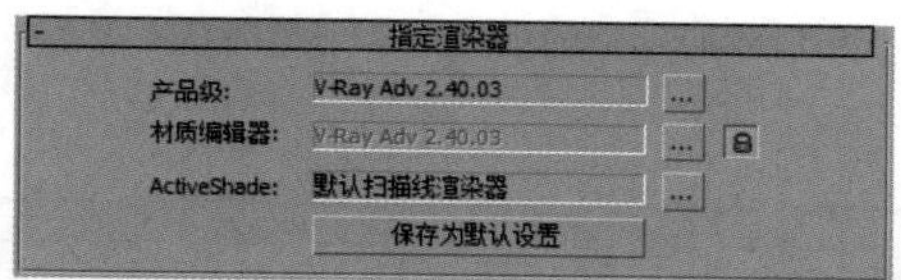

图 8-88

- **【选择渲染器】按钮...**：单击此按钮会显示【选择渲染器】对话框，可更改渲染器指定。如图 8-89 所示为指定渲染器为 VRay 渲染器的方法。

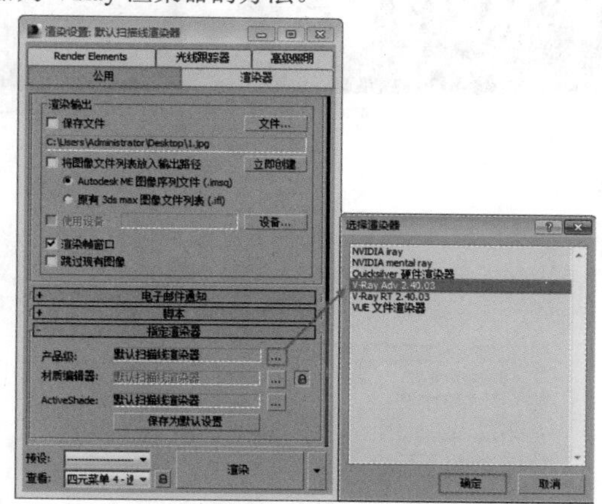

图 8-89

- **产品级**：用于渲染图形输出的渲染器。
- **材质编辑器**：用于渲染【材质编辑器】中示例的渲染器。
- **【锁定】按钮**：默认情况下，示例窗渲染器被锁定为与产品级渲染器相同的渲染器。可以禁用【锁定】按钮来为示例窗指定另一个渲染器。
- **ActiveShade**：用于预览场景中照明和材质更改效果的 ActiveShade 渲染器。

- **保存为默认设置**：单击该复选框可将当前渲染器指定保存为默认设置，以便下次重新启动 3ds Max 时它们处于活动状态。

8.6.2 V-Ray

1. 授权

【V-Ray:: 授权】卷展栏下主要呈现的是 V-Ray 的注册信息，注册文件一般都放置在 C:\Program Files\Common Files\ChaosGroup\vrlclient.xml 中，如果以前装过低版本的 V-Ray，在安装 VRay 2.40.03 的过程中出现问题，可以把这个文件删除以后再进行安装，其参数面板如图 8-90 所示。

图8-90

2. 关于VR

在【V-Ray:: 关于 V-Ray】卷展栏下，用户可以看到关于 VRay 的官方网站地址，以及当前渲染器的版本号、Logo 等，如图 8-91 所示。

图8-91

3. 帧缓存

【V-Ray:: 帧缓冲区】卷展栏下的参数可以代替 3ds Max 自身的帧缓冲区窗口，还可以设置渲染图像的大小以及保存渲染图像等，其参数设置面板如图 8-92 所示。

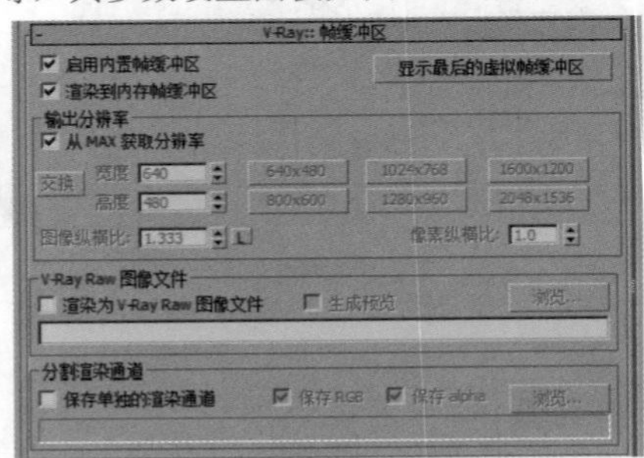

图8-92

- **启用内置帧缓冲区**：选中该复选框，用户就可以使用 VRay 自身的渲染窗口，同时需要注意，应该关闭 3ds Max 默认的渲染窗口，这样可以节约一些内存资源，如图 8-93 所示。

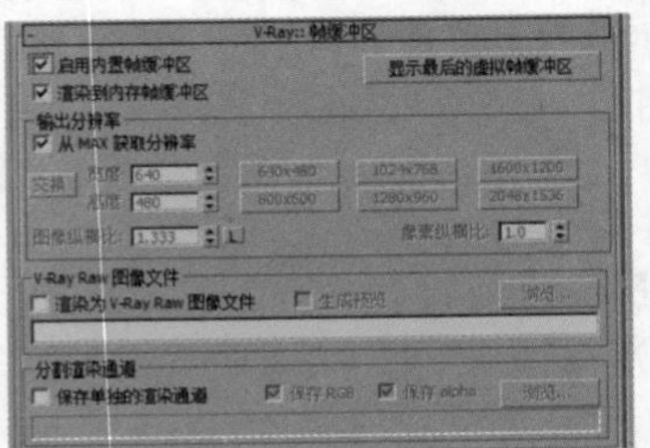

图8-93

技巧与提示

默认情况下进行渲染，使用的是 3ds Max 自身的帧缓冲区窗口，如图 8-94 所示。而选中【启用内置帧缓冲区】复选框后，使用的是 V-Ray 渲染器内置的帧缓冲器，如图 8-95 所示。

图8-94

图8-95

【切换颜色显示模式】按钮：分别为【切换到 RGB 通道】、【查看红色通道】、【查看绿色通道】、【查看蓝色通道】、【切换到 alpha 通道】和【单色模式】。

【保存图像】按钮：将渲染后的图像保存到指定的路径中。

【载入图像】按钮：单击该按钮可以将图像进行载入。

【清除图像】按钮：清除帧缓存中的图像。

【复制到 Max 中的帧缓存】按钮：单击该按钮可以将 V-Ray 帧缓存区中的图像复制到 3ds Max 中的帧缓存中，会自动弹出 3ds Max 中的帧缓存区窗口，如图 8-96 所示。

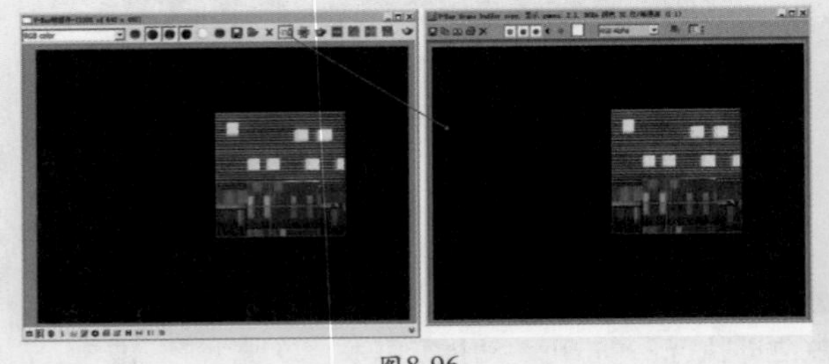

图8-96

【跟踪鼠标渲染】按钮：强制渲染鼠标所指定的区域，这样可以快速观察到指定的渲染区域，如图 8-97 所示。

【区域渲染】按钮：可以划定需要进行渲染的部分区域进行局部渲染，如图 8-98 所示。

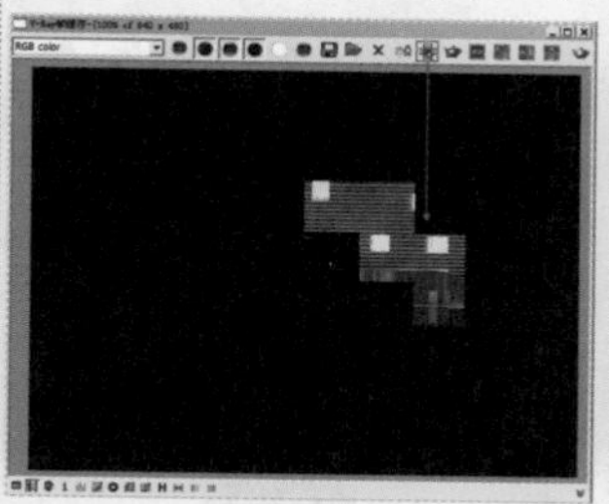
图8-97

图8-98

【连接 V-Ray 帧缓存到 PD 播放器】按钮：单击该按钮可以将 VR 帧缓存连接到 PD 播放器。

【交换 A/B】按钮：单击该按钮可以将 A/B 位置进行交换。

【水平比较】按钮：单击该按钮可以将 A/B 进行水平左右对比。

【垂直比较】按钮：单击该按钮可以将 A/B 进行垂直上下对比。

【渲染上次】按钮：单击该按钮可以渲染上次的图像。

【显示校正控制器】按钮：单击该按钮会弹出【颜色校正】对话框，在该对话框中可以校正渲染图像的颜色。

【强制颜色箝位】按钮：单击该按钮可以对渲染图像中超出显示范围的色彩不进行警告。

【查看钳制颜色】按钮：单击该按钮可以查看钳制区域中的颜色。

【显示像素通知】按钮：单击该按钮会弹出一个与像素相关的信息通知对话框，如图 8-99 所示。

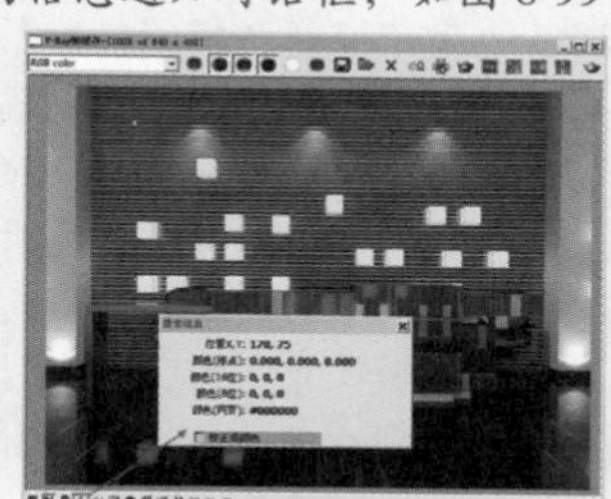
图8-99

【使用色阶校正】按钮：在【颜色校正】对话框中调整明度的阈值后，单击该按钮可以将最后调整的结果显示/不显示在渲染的图像中。

【使用颜色曲线校正】按钮：在【颜色校正】对话框中调整好曲线的阈值后，单击该按钮可以将最后调整的结果显示或不显示在渲染的图像中。

【使用曝光校正】按钮：控制是否对曝光进行修正。

【显示 SRGB 颜色空间】按钮：SRGB 是国际通用的一种 RGB 颜色模式，还有 Adobe RGB 和 ColorMatch RGB 模式，这些 RGB 模式主要的区别就在于 Gamma 值的不同。

【使用 LUT 校正】按钮：单击该按钮可以使用 LUT 颜色较正。

【打开帧缓冲历史对话框】按钮：单击该按钮可以打开曾经渲染过的帧缓冲对话框。

【使用像素长宽比】按钮：单击该按钮可以允许使用像素的长宽比。

【立体图像红/青】按钮：单击该按钮可以显示立体的红/青图像。

【立体图像绿/品红】按钮：单击该按钮可以显示立体的绿/品红图像。

- **渲染到内存帧缓存**：当选中该复选框时，可以将图像渲染到内存中，然后再由帧缓存窗口显示出来，这样可以方便用户观察渲染的过程；当取消选中该复选框时，不会出现渲染框，而直接保存到指定的硬盘文件夹中，这样的好处是可以节约内存资源。
- **从 MAX 获取分辨率**：当选中该复选框时，将从 3ds Max 的【渲染设置】对话框的【公用】选项卡下的【输出大小】选项组中获取渲染尺寸；当取消选中该复选框时，将从 VRay 渲染器的【输出分辨率】选项组中获取渲染尺寸。
- **像素长宽比**：控制渲染图像的长宽比。
- **宽度**：设置像素的宽度。
- **长度**：设置像素的长度。
- **渲染为 V-Ray Raw 格式图像**：控制是否将渲染后的文件保存到所指定的路径中，选中该复选框后渲染的图像将以 .vrimg 的文件格式进行保存。

技巧与提示

在渲染较大的场景时，计算机会负担很大的渲染压力，而选中【渲染为 V-Ray Raw 图像文件】选项后（需要设置好渲染图像的保存路径），渲染图像会自动保存到设置的路径中，这时就可以观察 V-Ray 的帧缓存窗口，如图 8-100 所示。

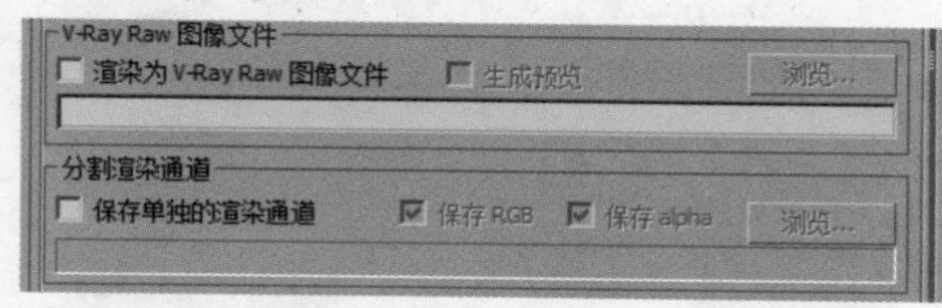

图8-100

- **保存单独的渲染通道**：控制是否单独保存渲染通道。
- **保存 RGB**：控制是否保存 RGB 色彩。
- **保存 alpha**：控制是否保存 alpha 通道。
- **【浏览】按钮**：单击该按钮可以保存 RGB 和 alpha 文件。

4．全局开关

【V-Ray:: 全局开关】卷展栏下的参数主要用来对场景中的灯光、材质和置换等进行全局设置，如是否使用默认灯光、是否开启阴影和是否开启模糊等，其参数面板如图 8-101 所示。

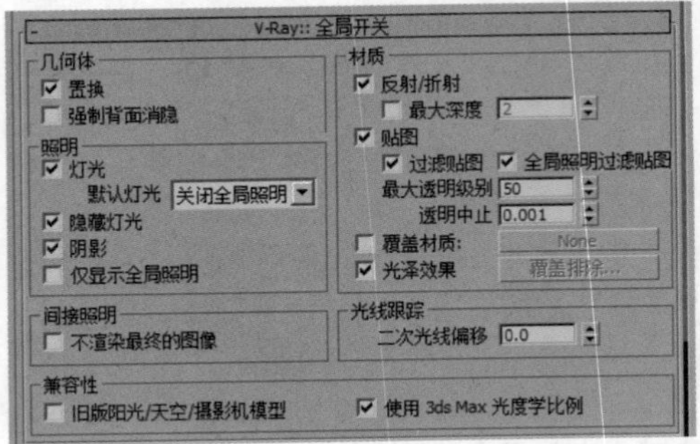

图8-101

（1）几何体

- 置换：控制是否开启场景中的置换效果。在 VR_ 的置换系统中，一共有两种置换方式，分别是材质置换方式和 VRay 置换修改器方式，如图 8-102 所示。当关闭该选项时，场景中的两种置换都不会有其作用。

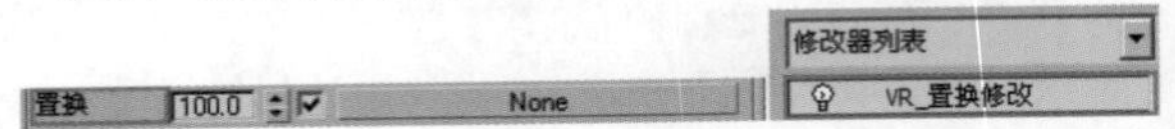

图8-102

- 背面强制隐藏：执行 3ds Max 中的【自定义 / 首选项】菜单命令，在弹出的对话框中的【视口】选项卡下有一个【创建对象时背面消隐】选项，如图 8-103 所示。【背面强制隐藏】与【创建对象时背面消隐】选项相似，但【创建对象时背面消隐】只用于视图，对渲染没有影响，而【强制背面隐藏】是针对渲染而言的，选中该复选框后反法线的物体将不可见。

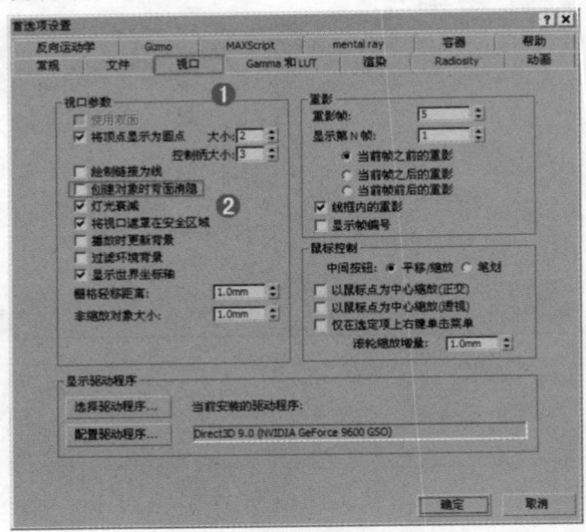

图8-103

（2）照明

- 灯光：控制是否开启场景中的光照效果。当取消选中该复选框时，场景中放置的灯光将不起作用。如图 8-104 所示为取消选中灯光选项时的效果。
- 默认灯光：控制场景是否使用 3ds Max 系统中的默认光照，一般情况下都不选中它。
- 隐藏灯光：控制场景是否让隐藏的灯光产生光照。该选项对于调节场景中的光照非常方便。
- 阴影：控制场景是否产生阴影。如图 8-105 所示为取消选中该复选框的效果。

图8-104

图8-105

- 仅显示全局照明：当选中该复选框时，场景渲染结果只显示全局照明的光照效果。虽然如此，渲染过程中也是计算了直接光照的，如图 8-106 所示。

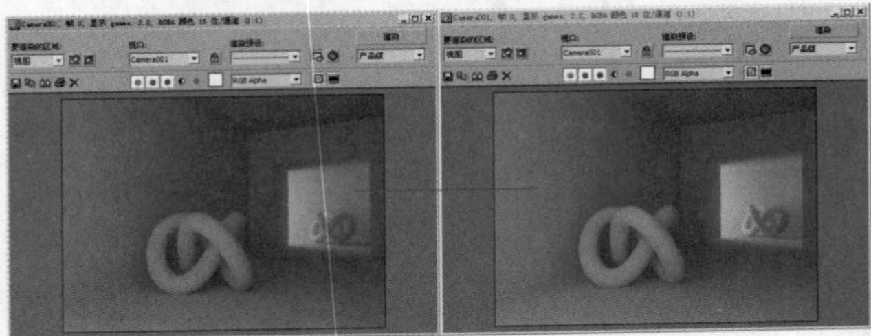

图8-106

（3）间接照明

不渲染最终图像：控制是否渲染最终图像。如果选中该复选框，V-Ray 将在计算完光子以后，不再渲染最终图像，这种方法非常适合于渲染光子图，并使用光子图渲染大尺寸图。

（4）材质

- 反射 / 折射：控制是否开启场景中的材质的反射和折射效果。
- 最大深度：控制整个场景中的反射、折射的最大深度，后面的输入框数值表示反射、折射的次数。
- 贴图：控制是否让场景中的物体的程序贴图和纹理贴图渲染出来。如果取消选中该复选框，那么渲染出来的图像就不会显示贴图，取而代之的是漫反射通道里的颜色。
- 过滤贴图：这个选项用来控制 V-Ray 渲染时是否使用贴图纹理过滤。如果选中该复选框，V-Ray 将用自身的【抗锯齿过滤器】来对贴图纹理进行过滤，如图 8-107 所示；反之，将以原始图像进行渲染。

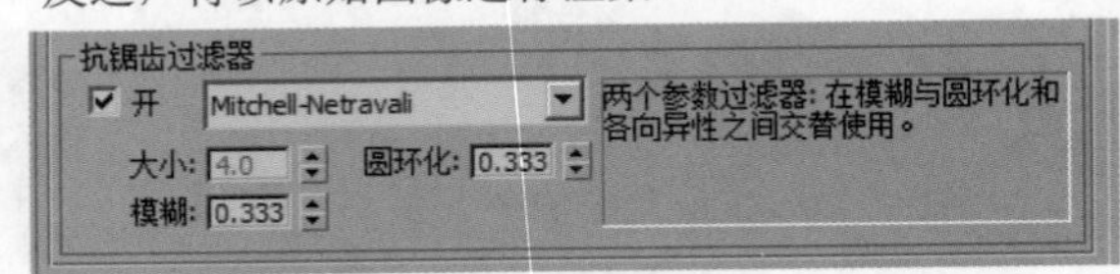

图8-107

- 全局照明过滤贴图：控制是否在全局照明中过滤贴图。
- 最大透明级别：控制透明材质被光线追踪的最大深度。值越大，被光线追踪的深度越深，效果越好，但渲染速度会变慢。

- 透明中止阈值：控制 VRay 渲染器对透明材质的追踪终止值。当光线透明度的累计比当前设定的阀值低时，将停止光线透明追踪。
- 覆盖材质：是否给场景赋予一个全局材质。当在后面的通道中设置了一个材质后，那么场景中所有的物体都将使用该材质进行渲染，这在测试阳光的方向时非常有用，如图 8-108 所示。我们可以在【覆盖材质】的通道上加载一个【标准材质】，并在其【漫反射】通道上加载一个【VR 边纹理】。渲染效果如图 8-109 所示。

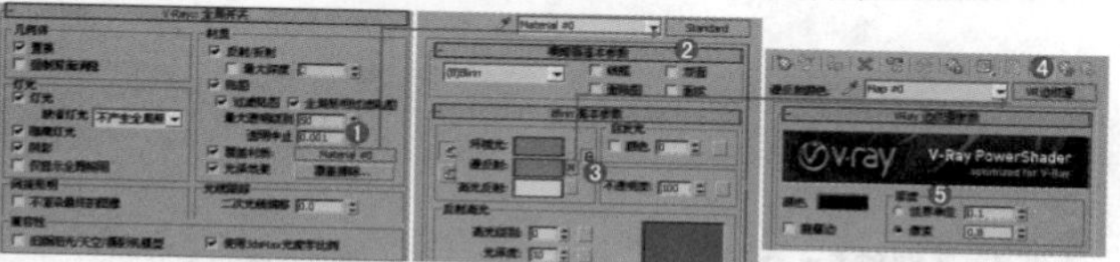

图8-108

图8-109

- 光泽效果：是否开启反射或折射模糊效果。当取消选中该复选框时，场景中带模糊的材质将不会渲染出反射或折射模糊效果。

（5）光线跟踪

二次光线偏移：设置光线发生二次反弹的时候的偏移距离，主要用于检查建模时有无重面，并且纠正其反射出现的错误，在默认的情况下将产生黑斑，一般设为 0.001。如在图 8-110 中，地面上放了一个长方体，它的位置刚好和地面重合，当【二次光线偏移】数值为 0 的时候渲染结果不正确，出现黑块；当【二次光线偏移】数值为 0.001 的时候，渲染结果正确，没有黑块。

图8-110

（6）兼容性

- 旧版阳光 / 天空 / 摄影机模式：由于 3ds Max 存在版本问题，因此该复选框可以选择是否启用旧版阳光 / 天空 / 摄影机的模式。
- 使用 3ds Max 光度学比例：默认情况下是选中该复选框的，也就是默认是使用 3ds Max 光度学比例的。

5.图像采样器（反锯齿）

抗锯齿在渲染设置中是一个必须调整的参数，其数值的大小决定了图像的渲染精度和渲染时间，但抗锯齿与全局照明精度的高低没有关系，只作用于场景物体的图像和物体的边缘精度，其参数设置面板如图 8-111 所示。

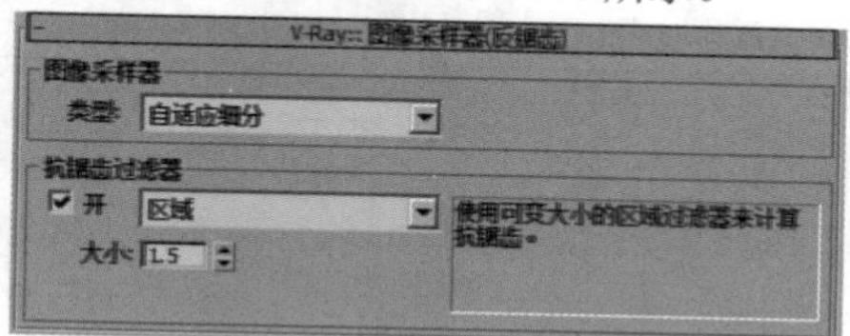

图8-111

- 类型：用来设置图像采样器的类型，包括【固定】、【自适应确定性蒙特卡洛】和【自适应细分】3 种类型。选择某一类型，系统会增加相应类型的卷展栏。
  - V-Ray:: 固定图像采样器：对每个像素使用一个固定的细分值。该采样方式适合拥有大量的模糊效果（比如运动模糊、景深模糊、反射模糊和折射模糊等）或者具有高细节纹理贴图的场景，渲染速度比较快，其参数面板如图 8-112 所示。【细分】值越大，采样品质越高，渲染时间也越长。这 3 种采样类型中，此种类型所占内存资源最少。

图8-112

  - V-Ray:: 自适应 DMC 图像采样器：这种采样方式可以根据每个像素以及与它相邻像素的明暗差异，来使不同像素使用不同的样本数量。在角落部分使用较高的样本数量，在平坦部分使用较低的样本数量。该采样方式适合拥有少量的模糊效果或者具有高细节的纹理贴图以及具有大量几何体面的场景，其参数面板如图 8-113 所示。

图8-113

  - 最小细分：定义每个像素使用样本的最小数量。
  - 最大细分：定义每个像素使用样本的最大数量。
  - 颜色阈值：色彩的最小判断值，当色彩的判断达到这个值以后，就停止对色彩的判断。具体一点就是分辨哪些是平坦区域，哪些是角落区域。这里的色彩应该理解为色彩的灰度。
  - 使用确定性蒙特卡洛采样器阈值：如果选中该复选框，【颜色阈值】选项将不起作用，取而代之的是采用【DMC 采样器】里的阈值。
  - 显示采样：选中该复选框，可以看到【自适应确定性蒙特卡洛】的样本分布情况。

- V-Ray:: 自适应细分图像采样器：这个采样器具有负值采样的高级抗锯齿功能，适用在没有或者有少量的模糊效果的场景中，在这种情况下，它的渲染速度最快，但是在具有大量细节和模糊效果的场景中，它的渲染速度会非常慢，渲染品质也不高，这是因为它需要去优化模糊和大量的细节，这样就需要对模糊和大量细节进行预计算，从而把渲染速度降低。同时该采样方式是 3 种采样类型中最占内存资源的一种，其参数面板如图 8-14 所示。

V-Ray:: 自适应细分图像采样器
最小比率: -1　颜色阈值: 0.1　随机采样 ☑
最大比率: 2　对象轮廓 ☐　显示采样 ☐
法线阈值: ☐ 0.05

图8-114

- 对象轮廓：选中该复选框使得采样器强制在物体的边进行超级采样，而不管它是否需要进行超级采样。
- 法线阈值：选中该复选框将使超级采样沿法线方向急剧变化。
- 随机采样：该选项默认为选中，可以控制随机的采样。

技巧与提示

一般情况下【固定】方式由于其速度较快而用于测试，细分值保持默认，在最终出图时选用【自适应确定性蒙特卡洛】或者【自适应细分】。对于具有大量模糊特效（比如运动模糊、景深模糊、反射模糊和折射模糊）或高细节的纹理贴图场景，使用【固定】方式是兼顾图像品质与渲染时间的最好选择。

- 开：当关闭抗锯齿过滤器时，常用于测试渲染，渲染速度非常快、质量较差，如图 8-115 所示。
- 抗锯齿过滤器：设置渲染场景的抗锯齿过滤器。当选中【开】复选框以后，可以从后面的下拉列表中选择一个抗锯齿方式来对场景进行抗锯齿处理；如果取消选中【开】复选框，那么渲染时将使用纹理抗锯齿过滤型。
- 区域：用区域大小来计算抗锯齿，如图 8-116 所示。

图8-115

图8-116

- 清晰四方形：来自 Neslon Max 算法的清晰 9 像素重组过滤器，如图 8-117 所示。
- Catmull-Rom：一种具有边缘增强的过滤器，可以产生较清晰的图像，如图 8-118 所示。
- 图版匹配 /MAX R2：使用 3ds Max R2 的方法（无贴图过滤）将摄影机和场景或【无光 / 投影】元素与未过滤的背景图像相匹配，如图 8-119 所示。
- 四方形：和【清晰四方形】相似，能产生一定的模糊效果，如图 8-120 所示。

图8-117

图8-118

图8-119

图8-120

- 立方体：基于立方体的 25 像素过滤器，能产生一定的模糊效果，如图 8-121 所示。
- 视频：适合于制作视频动画的一种抗锯齿过滤器，如图 8-122 所示。

图8-121

图8-122

- 柔化：用于程度模糊效果的一种抗锯齿过滤器，如图 8-123 所示。
- Cook 变量：一种通用过滤器，较小的数值可以得到清晰的图像效果，如图 8-124 所示。

图8-123

图8-124

- 混合：一种用混合值来确定图像清晰或模糊的抗锯齿过滤器，如图 8-125 所示。
- Blackman：一种没有边缘增强效果的抗锯齿过滤器，如图 8-126 所示。
- Mitchell-Netravali：一种常用的过滤器，能产生微量模糊的图像效果，如图 8-127 所示。
- VRayLanczos/VRaySincFilter：VRay 新版本中的两个

新抗锯齿过滤器，可以很好地平衡渲染速度和渲染质量，如图 8-128 所示。

图8-125

图8-126

图8-127

图8-128

- VRayBox/VRayTriangleFilter：这也是 VRay 新版本中的抗锯齿过滤器，以【盒子】和【三角形】的方式进行抗锯齿，如图 8-129 所示。

图8-129

技巧与提示

考虑到渲染的质量和速度，通常是测试渲染时关闭抗锯齿过滤器，而最终渲染选用 Mitchell-Netravali 或 Catmull Rom。

6. 环境

【V-Ray:: 环境】卷展栏分为【全局照明环境（天光）覆盖】、【反射 / 折射环境覆盖】和【折射环境覆盖】3 个选项组，如图 8-130 所示。

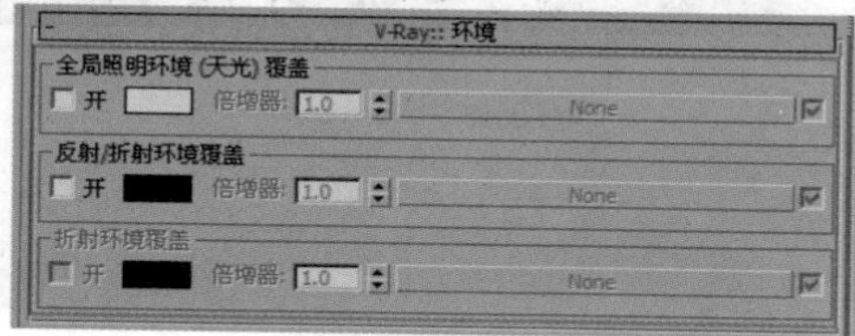

图8-130

（1）全局照明环境（天光）覆盖

- 开：控制是否开启 VRay 的天光。当选中该复选框，3ds Max 默认的天光效果将不起光照作用，如图 8-131 和图 8-132 所示为取消选中【开】和选中【开】复选框，并设置【倍增】为 1.5 的对比效果。

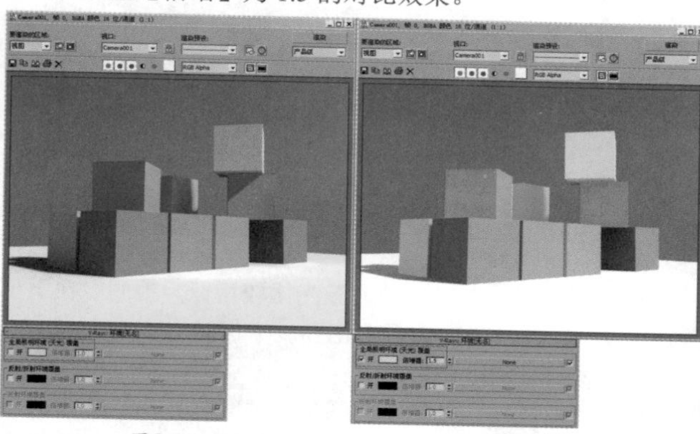

图8-131　　图8-132

- 颜色：设置天光的颜色。
- 倍增：设置天光亮度的【倍增】。值越大，天光的亮度越高。
- 【None（无）】按钮 None ：选择贴图来作为天光的光照。

（2）反射 / 折射环境覆盖

- 开：选中该复选框，当前场景中的反射环境将由它来控制。
- 颜色：设置反射环境的颜色。
- 倍增：设置反射环境亮度的倍增。值越大，反射环境的亮度越高。
- 【None（无）】按钮 None ：选择贴图来作为反射环境。

（3）折射环境覆盖

- 开：选中该复选框，当前场景中的折射环境由它来控制。
- 颜色：设置折射环境的颜色。
- 倍增：设置折射环境亮度的倍增。值越大，折射环境的亮度越高。
- 【None（无）】按钮 None ：选择贴图来作为折射环境。

7. 颜色贴图

【V-Ray:: 颜色贴图】卷展栏下的参数用来控制整个场景的色彩和曝光方式，其参数设置面板如图 8-133 所示。

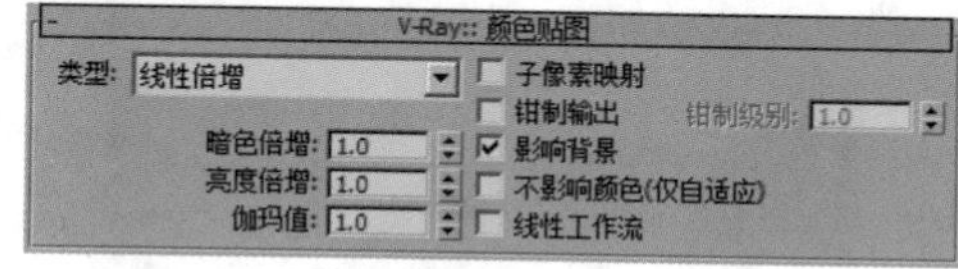

图8-133

- 类型：提供不同的曝光模式，包括【线性倍增】、【指数】、【HSV 指数】、【强度指数】、【伽玛校正】、【强度伽玛】和【莱因哈德】7 种模式。
  - 线性倍增：这种曝光模式将基于最终色彩亮度来进行

线性的倍增，可能会导致靠近光源的点过分明亮，容易产生曝光效果，如图 8-134 所示。

- 指数：这种曝光模式是采用指数模式，可以降低靠近光源处表面的曝光效果，同时场景颜色的饱和度会降低，易产生柔和效果，如图 8-135 所示。

图 8-134

图 8-135

- HSV 指数：与【指数】曝光比较相似，不同点在于可以保持场景物体的颜色饱和度，但是会取消高光的计算，如图 8-136 所示。
- 强度指数：这种曝光模式是对上面两种指数曝光的结合，既抑制了光源附近的曝光效果，又保持了场景物体的颜色饱和度，如图 8-137 所示。

图 8-136

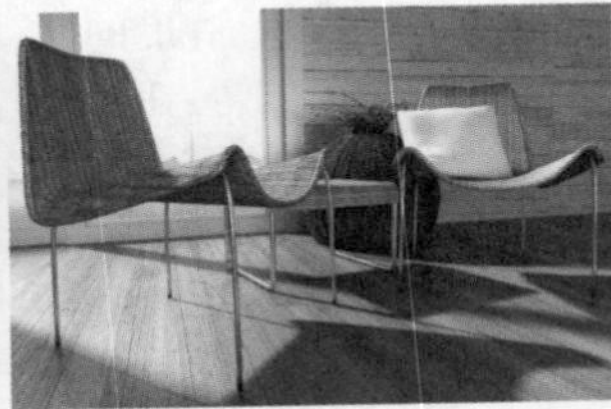
图 8-137

- 伽玛校正：采用伽玛来校正场景中的灯光衰减和贴图色彩，其效果和【线性倍增】曝光模式类似，如图 8-138 所示。
- 强度伽玛：这种曝光模式不仅拥有【伽玛校正】的优点，同时还可以修正场景灯光的亮度，如图 8-139 所示。

图 8-138

图 8-139

- 莱因哈德：这种曝光方式可以把【线性倍增】和【指数】曝光混合起来，如图 8-140 所示。

图 8-140

- 子像素映射：在实际渲染时，物体的高光区与非高光区的界限处会有明显的黑边，而选中该复选框就可以缓解这种现象，选中与取消选中该复选框时的对比如图 8-141 和图 8-142 所示。

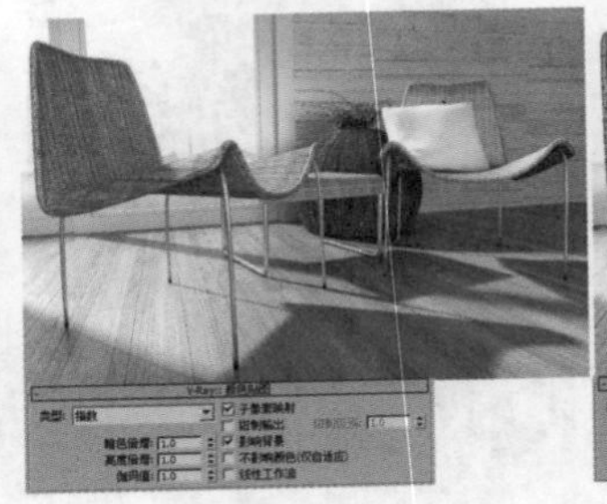
图 8-141

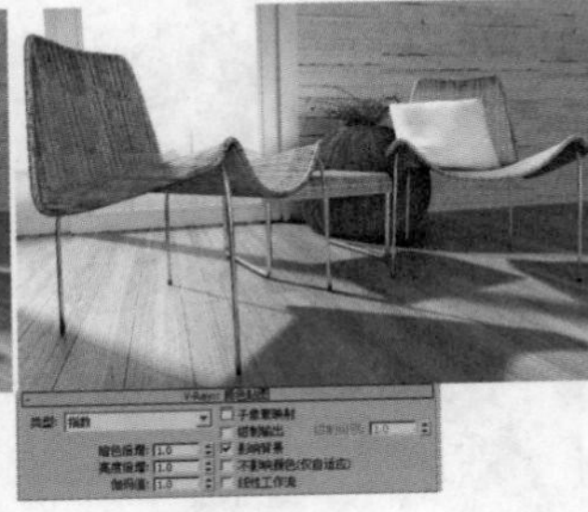
图 8-142

- 钳制输出：当选中该复选框后，在渲染图中有些无法表现出来的色彩会通过限制来自动纠正。但是当使用 HDRI（高动态范围贴图）的时候，如果限制了色彩的输出会出现一些问题。
- 影响背景：控制是否让曝光模式影响背景。当取消该复选框时，背景不受曝光模式的影响，如图 8-143 所示。

图 8-143

- 不影响颜色（仅自适应）：在使用 HDRI（高动态范围贴图）和 VR 灯光材质时，若取消选中该复选框，【颜色映射】卷展栏下的参数将对这些具有发光功能的材质或贴图产生影响。
- 线性工作流：该选项就是一种通过调整图像的灰度值，来使得图像得到线性化显示的技术流程，而线性化的本意就是让图像得到正确的显示结果，如图 8-144 所示。

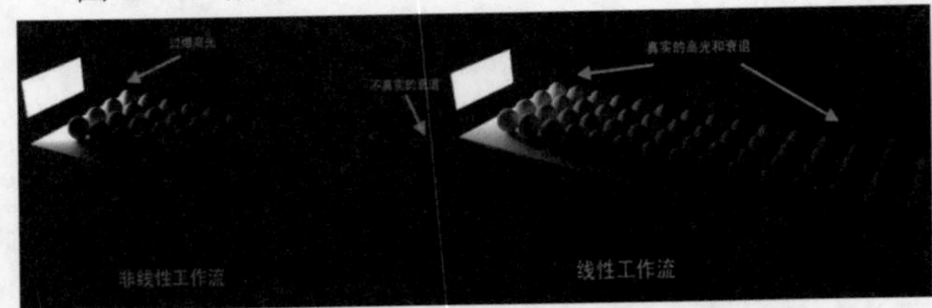

图 8-144

8. 摄影机

【V-Ray:: 摄影机】是 VRay 系统里的一个可以制作景深和运动模糊等效果的特效功能，其参数面板如图 8-145 所示。

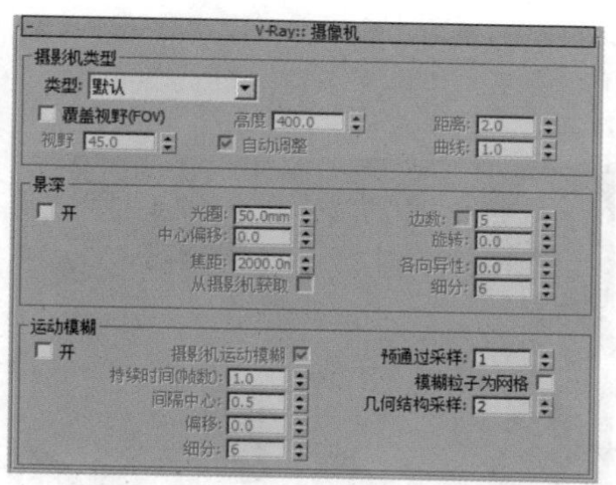

图8-145

（1）摄影机类型

【摄影机类型】选项组主要用来定义三维场景投射到平面的不同方式，其具体参数如图 8-146 所示。

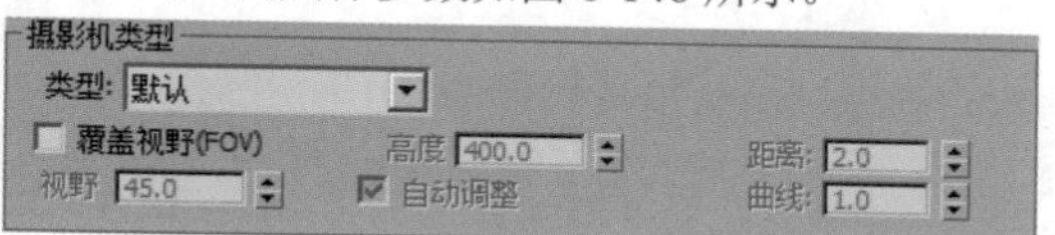

图8-146

- 类型：VRay 支持 7 种摄影机类型，分别是【默认】、【球形】、【圆柱（点）】、【圆柱（正交）】、【盒】、【鱼眼】和【变形球（旧式）】。
  - 默认：是标准摄影机类型，和 3ds Max 里默认的摄影机效果一样，把三维场景投射到一个平面上，如图 8-147 所示。
  - 球形：将三维场景投射到一个球面上，如图 8-148 所示。

图8-147

图8-148

  - 圆柱（点）：由【默认】摄影机和【球形】摄影机叠加而成的效果，在水平方向采用【球形】摄影机的计算方式，而在垂直方向上采用【默认】摄影机的计算方式，如图 8-149 所示。
  - 圆柱（正交）：这种摄影机类型也是个混合模式，在水平方向采用【球形】摄影机的计算方式，而在垂直方向上采用视线平行排列，如图 8-150 所示。
  - 盒：这种摄影机类型是把场景按照盒子的方式进行展开，如图 8-151 所示。
  - 鱼眼：这种摄影机类型就是常说的环境球拍摄摄影机类型，如图 8-152 所示。

图8-149

图8-150

图8-151

图8-152

  - 变形球（旧式）：是一种非完全球面摄影机类型，如图 8-153 所示。

图8-153

- 覆盖视野（FOV）：用来替代 3ds Max 默认摄影机的视角，3ds Max 默认摄影机的最大视角为 180°，而这里的视角最大可以设定为 360°。
- 视野：这个值可以替换 3ds Max 默认的视角值，最大值为 360°。

- 高度：当仅使用【圆柱（正交）】摄影机时，该选项才可用，用于设定摄影机高度。
- 自动调整：当使用【鱼眼】和【变形球（旧式）】摄影机时，该选项才可用。当选中该复选框时，系统会自动匹配歪曲直径到渲染图像的宽度上。
- 距离：当使用【鱼眼】摄影机时，该选项才可用。在取消选择【自动调整】的情况下，该选项用来控制摄影机到反射球之间的距离，值越大，表示摄影机到反射球之间的距离越大。
- 曲线：当使用【鱼眼】摄影机时，该选项才可用，主要用来控制渲染图形的扭曲程度。值越小，扭曲程度越大。

（2）景深

【景深】选项组主要用来模拟摄影中的景深效果，其参数面板如图 8-154 所示。

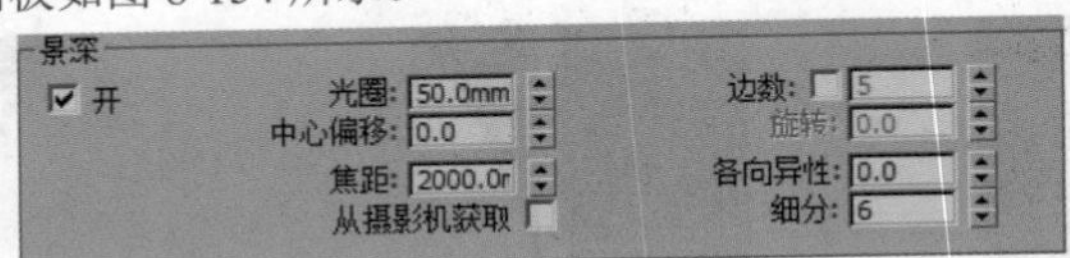

图8-154

- 开：控制是否开启景深。
- 光圈：【光圈】值越小，景深越大；【光圈】值越大，景深越小，模糊程度越高，如图 8-155 所示是【光圈】值分别为 20mm 和 40mm 时的渲染效果。

图8-155

- 中心偏移：这个参数主要用来控制模糊效果的中心位置，值为 0 表示以物体边缘均匀向两边模糊；正值表示模糊中心向物体内部偏移；负值则表示模糊中心向物体外部偏移，如图 8-156 所示是【中心偏移】值分别为 -6 和 6 时的渲染效果。

图8-156

- 焦距：摄影机到焦点的距离，焦点处的物体最清晰，如图 8-157 所示是【焦距】值分别为 50mm 和 100mm 时的渲染效果。

图8-157

- 从摄影机获取：选中该复选框，焦点由摄影机的目标点确定。
- 边数：该选项用来模拟物理世界中的摄影机光圈的多边形形状。比如 5 就代表五边形。
- 旋转：光圈多边形形状的旋转。
- 各向异性：控制多边形形状的各向异性，值越大，形状越扁。
- 细分：用于控制景深效果的品质。

（3）运动模糊

【运动模糊】选项组中的参数用来模拟真实摄影机拍摄运动物体所产生的模糊效果，仅对运动的物体有效，其参数面板如图 8-158 所示。

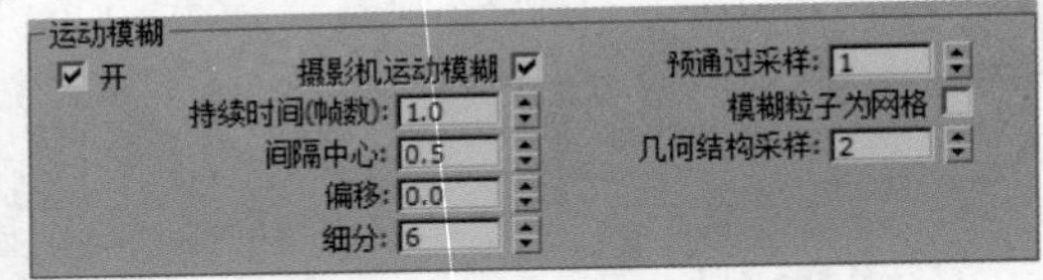

图8-158

- 开：选中该复选框，可以开启运动模糊特效。
- 持续时间（帧数）：控制运动模糊每一帧的持续时间，值越大，模糊程度越强。
- 间隔中心：用来控制运动模糊的时间间隔中心，0 表示间隔中心位于运动方向的后面；0.5 表示间隔中心位于模糊的中心；1 表示间隔中心位于运动方向的前面。
- 偏移：用来控制运动模糊的偏移，0 表示不偏移；负值表示沿着运动方向的反方向偏移；正值表示沿着运动方向偏移。
- 细分：控制模糊的细分，较小的值容易产生杂点，较大的值模糊效果的品质较高。
- 预通过采样：控制在不同时间段上的模糊样本数量。
- 模糊粒子为网格：选中该复选框，系统会把模糊粒子转换为网格物体来计算。
- 几何结构采样：常用在制作物体的旋转动画上。如果使用默认值 2 时，那么模糊的边将是一条直线；如果取值为 8，那么模糊的边将是一个 8 段细分的弧形，通常为了得到比较精确的效果，需要把这个值设定在 5 以上。

8.6.3 间接照明

间接照明从字面意思我们可以知道照明不是直接进行的，比如一个房间内有一盏吊灯，吊灯为什么会照射出真实的光感，那就是通过间接照明，吊灯照射到地面和墙面，而地面和墙面互相反弹光，包括房间内的所有物体都会进行多次反弹光，这样所有的物体看起来都是受光的，只是受光的多少不同。这也就是为什么我们在使用 3ds Max 制作作品时，开启了【间接照明】后会看起来更加真实的原因。原理示意图如图 8-159 所示。

图8-159

1．间接照明（全局照明）

在 VRay 渲染器中，如果没有开启 VRay 间接照明时的效果就是直接照明效果，开启后就可以得到间接照明效果。开启 VRay 间接照明后，光线会在物体与物体间互相反弹，因此光线计算会更准确，图像也更加真实，其参数设置面板如图 8-160 所示。

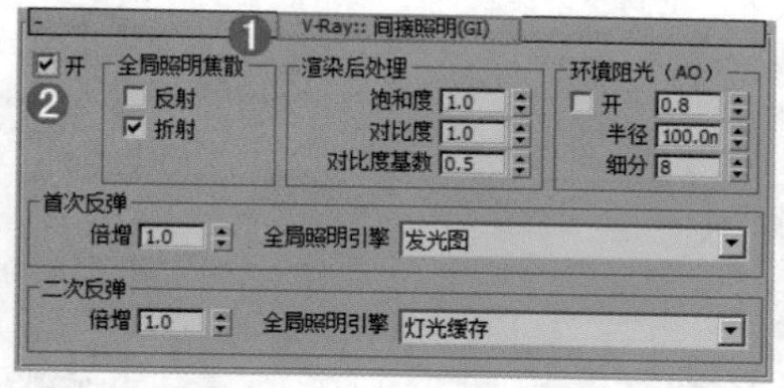

图8-160

- **开**：选中该复选框，将开启间接照明效果。一般来说，为了模拟真实的效果，我们都需要选中该复选框，如图 8-161 所示为选中和取消该复选框时的对比效果。

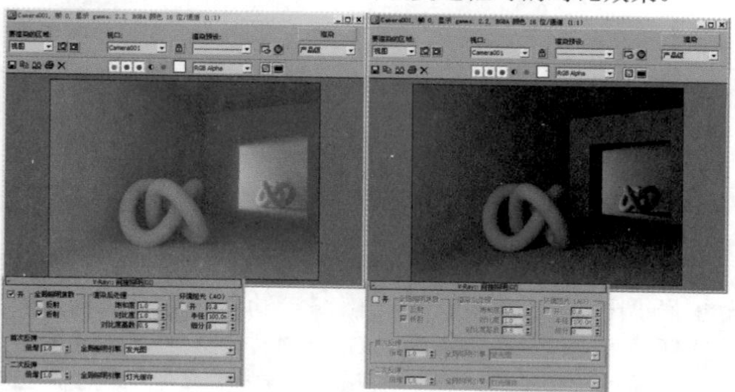

图8-161

- **全局照明焦散**：只有在【焦散】卷展栏下选中【开】后该功能才可用。
  - **反射**：控制是否开启反射焦散效果。
  - **折射**：控制是否开启折射焦散效果。
- **渲染后处理**：控制场景中的饱和度和对比度。
  - **饱和度**：可以用来控制色溢，降低该数值可以降低色溢效果，如图 8-162 所示为设置【饱和度】分别为 1 和 0 的对比效果。

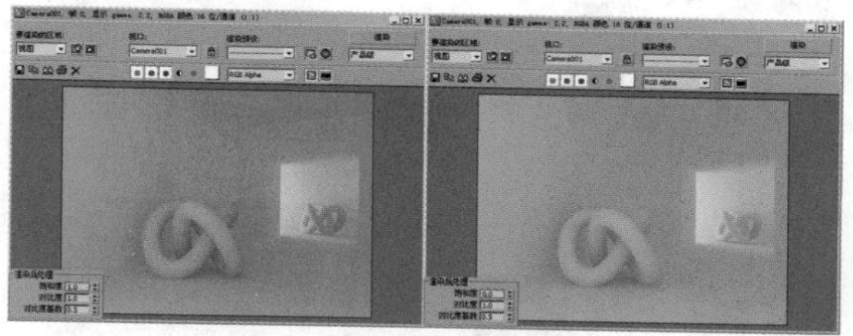

图8-162

  - **对比度**：控制色彩的对比度。数值越大，色彩对比越强；数值越小，色彩对比越弱，如图 8-163 所示为设置【对比度】分别为 1 和 5 时的对比效果。

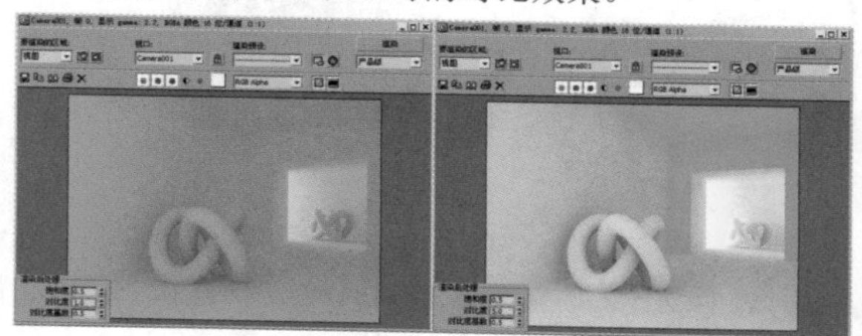

图8-163

  - **对比度基准**：控制【饱和度】和【对比度】的基数。数值越大，【饱和度】和【对比度】效果越明显。
- **环境阻光（AO）**：该选项可以控制 AO 贴图的效果。
  - **开**：控制是否开启环境阻光（AO）。
  - **半径**：控制环境阻光（AO）的半径。
  - **细分**：环境阻光（AO）的细分。
- **首次反弹 / 二次反弹**：在真实世界中，光线的反弹一次比一次减弱。VRay 渲染器中的全局照明有【首次反弹】和【二次反弹】，但并不是说光线只反射两次，【首次反弹】可以理解为直接照明的反弹，光线照射到 A 物体后反射到 B 物体，B 物体所接收到的光就是【首次反弹】，B 物体再将光线反射到 D 物体，D 物体再将光线反射到 E 物体……D 物体以后的物体所得到的光的反射就是【二次反弹】。
  - **倍增**：控制【首次反弹】和【二次反弹】的光的倍增值。值越大，【首次反弹】和【二次反弹】的光的能量越强，渲染场景越亮，默认情况下为 1。如图 8-164 所示为设置【首次反弹】分别为 1 和 2 时的对比效果。
  - **全局光引擎**：设置【首次反弹】和【二次反弹】的全局照明引擎。一般最常用的搭配是设置【首次反弹】为【发光图】，【二次反弹】为【灯光缓存】，如图 8-165 所示为设置【首次反弹】为【发光图】，【二次反弹】

为【灯光缓存】和设置【首次反弹】为【BF 算法】,【二次反弹】为【BF 算法】的对比效果。

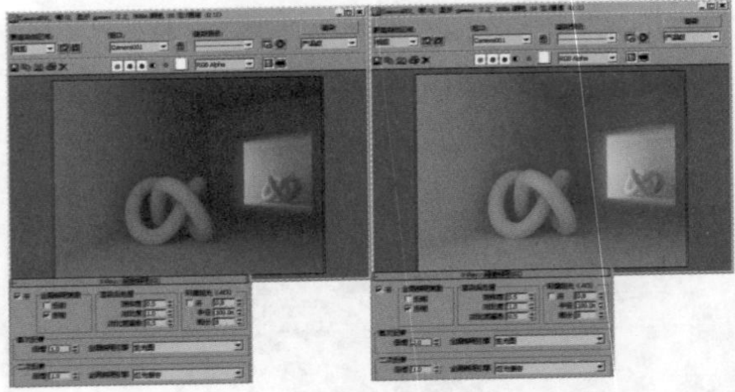

图8-164

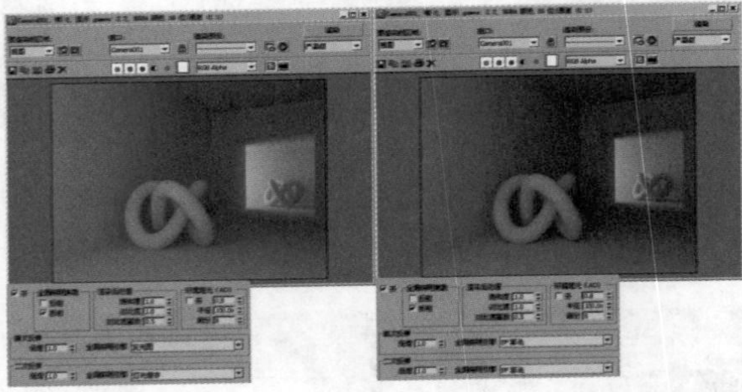

图8-165

2．发光图

在 VRay 渲染器中，发光图这个术语是计算场景中物体的漫反射表面发光的时候会采取的一种有效的方法。因此在计算间接照明的时候，并不是场景的每一个部分都需要同样的细节表现，它会自动判断在重要的部分进行更加准确的计算，而在不重要的部分进行粗略的计算。发光图是计算 3D 空间点的集合的间接照明光。当光线发射到物体表面，VRay 会在发光图中寻找是否具有与当前点类似的方向和位置的点，从这些被计算过的点中提取信息。

【发光图】是一种常用的全局照明引擎，只存在于【首次反弹】引擎中，其参数设置面板如图 8-166 所示。

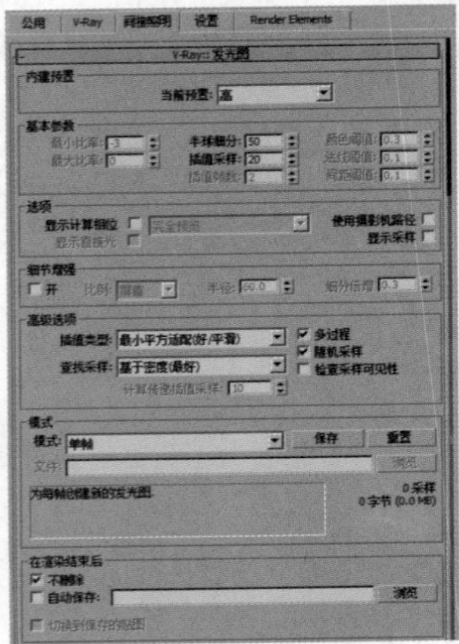

图8-166

（1）内建预置

【内建预置】选项组下的参数主要用来选择当前预置的类型，其具体参数如图 8-167 所示。

图8-167

当前预置：设置发光图的预设类型，共有以下 8 种，如图 8-168 所示。

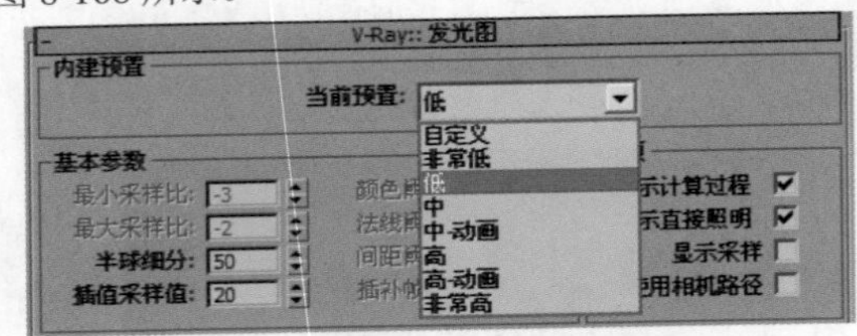

图8-168

- 自定义：选择该模式时，可以手动调节参数。
- 非常低：一种非常低的精度模式，主要用于测试阶段。
- 低：一种比较低的精度模式，不适合用于保存光子图。
- 中：一种中级品质的预设模式。
- 中 - 动画：用于渲染动画效果，可以解决动画闪烁的问题。
- 高：一种高精度模式，一般用在光子图中。
- 高 - 动画：比中等品质效果更好的一种动画渲染预设模式。
- 非常高：是预设模式中精度最高的一种，可以用来渲染高品质的效果图。

如图 8-169 所示为设置【当前预置】为【非常低】和【高】的对比效果。我们发现设置为【非常低】时，渲染速度快，但是质量差；设置为【高】时，渲染速度慢，但是质量高。

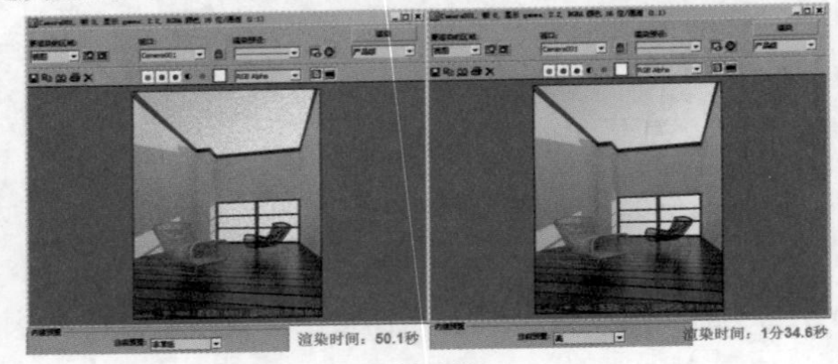

图8-169

（2）基本参数

【基本参数】选项组下的参数主要用来控制样本的数量、采样的分布以及物体边缘的查找精度，其具体参数如图 8-170 所示。

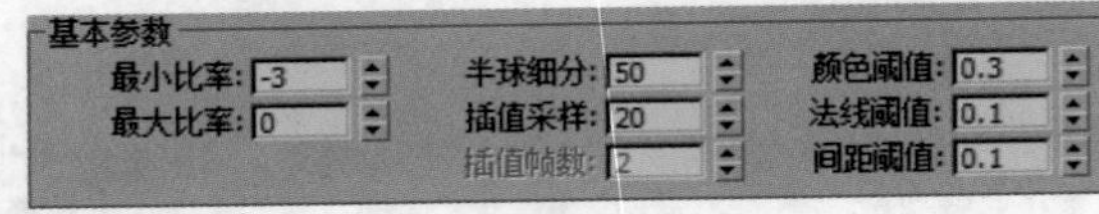

图8-170

- 最小比率：主要控制场景中比较平坦面积比较大的面的质量受光，这个参数确定 GI 首次传递的分辨率。【最小比率】比较小时，样本在平坦区域的数量也比较小，当然渲染时间也比较少；当【最小比率】比较大时，样本在平坦区域的样本数量比较多，同时渲染时间会增加，如图 8-171 所示为设置【最小比率】分别为 –2 和 –5 的对比效果。

图 8-171

- **最大比率**：主要控制场景中细节比较多、弯曲较大的物体表面或物体相交处的质量。测试时可以给到 –5 或 –4，最终出图时可以给到 –2 或 –1 或 0。光子图可设为 –1。【最大比率】越大，转折部分的样本数量越多，渲染时间越长；【最大比率】越小，转折部分的样本数量越少，渲染时间越快，如图 8-172 所示。

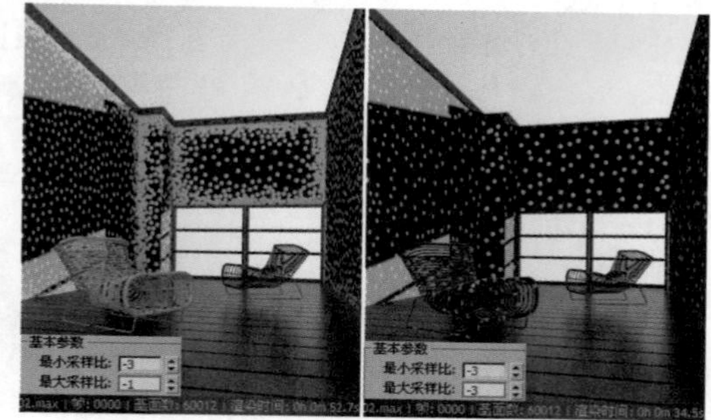

图 8-172

- **半球细分**：为 VRay 采用的是几何光学，它可以模拟光线的条数。这个参数就是用来模拟光线的数量，半球细分数值越大，表现光线越多，那么样本精度也就越高，渲染的品质也越好，同时渲染时间也会增加，如图 8-173 所示为设置半球细分分别为 50 和 5 时的对比效果。

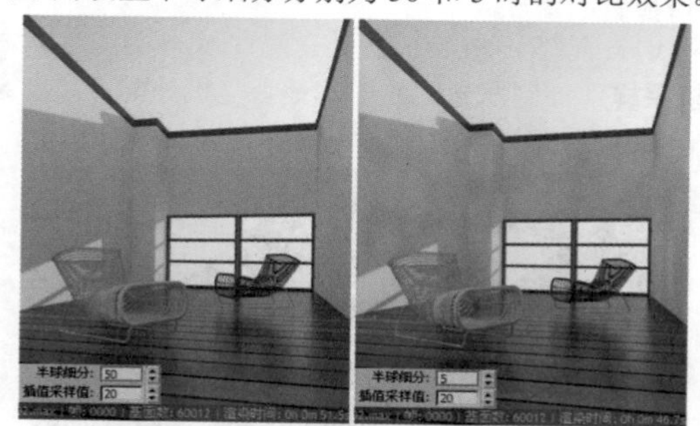

图 8-173

- **插值采样**：这个参数是对样本进行模糊处理，较大的值可以得到比较模糊的效果，较小的值可以得到比较锐利的效果，如图 8-174 所示为设置【半球细分】为 50，【插值采样】为 20 和设置【半球细分】为 20，【插值采样】为 10 的对比效果。我们发现设置为【半球细分】和【插值采样】的数值越大，渲染越精细，速度越慢。

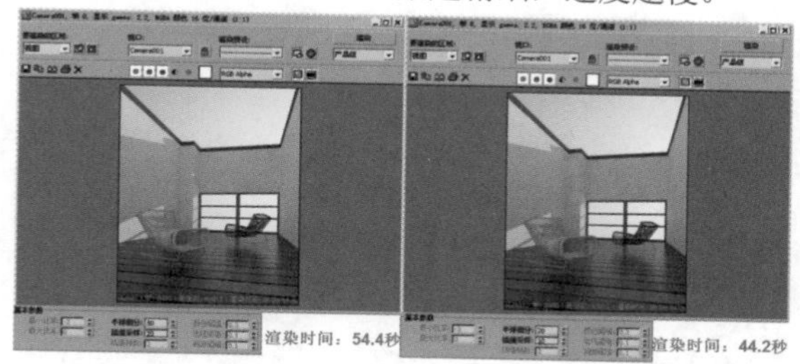

图 8-174

- **插值帧数**：该数值用于控制插补的帧数。默认值为 2。
- **颜色阈值**：这个值主要是让渲染器分辨哪些是平坦区域，哪些不是平坦区域，它是按照颜色的灰度来区分的。值越小，对灰度的敏感度越高，区分能力越强。
- **法线阈值**：这个值主要是让渲染器分辨哪些是交叉区域，哪些不是交叉区域，它是按照法线的方向来区分的。值越小，对法线方向的敏感度越高，区分能力越强。
- **间距阈值**：这个值主要是让渲染器分辨哪些是弯曲表面区域，哪些不是弯曲表面区域，它是按照表面距离和表面弧度的比较来区分的。值越大，表示弯曲表面的样本越多，区分能力越强。

（3）选项

【选项】选项组下的参数主要用来控制渲染过程的显示方式和样本是否可见，其参数面板如图 8-175 所示。

图 8-175

- **显示计算相位**：选中该复选框，用户可以看到渲染帧里的 GI 预计算过程，同时会占用一定的内存资源，如图 8-176 所示。

图 8-176

- **显示直接光**：在预计算的时候显示直接光，以方便用户观察直接光照的位置。
- **显示采样**：显示采样的分布以及分布的密度，以帮助用户分析 GI 的精度够不够。
- **使用摄影机路径**：选中该复选框将会使用相机的路径。

（4）细节增强

【细节增强】是使用【高蒙特卡洛积分计算方式】来单独计算场景物体的边线、角落等细节地方，这样就可以在平坦区域不需要很高的GI，总的来说不但节约了渲染时间，并且提高了图像的品质，其参数面板如图8-177所示。

图8-177

- **开**：是否开启【细部增强】功能。如图8-178所示为选中和取消该复选框时的对比效果。

图8-178

- **比例**：细分半径的单位依据，有【屏幕】和【世界】两个单位选项。【屏幕】是指用渲染图的最后尺寸来作为单位；【世界】是用3ds Max系统中的单位来定义的。
- **半径**：表示细节部分有多大区域使用【细节增强】功能。值越大，使用【细部增强】功能的区域也就越大，同时渲染时间也越慢。
- **细分倍增**：控制细部的细分，但是这个值和【Vray::发光图】卷展栏里的【半球细分】有关系，0.3代表细分是【半球细分】的30%；1代表和【半球细分】的值一样。值越小，细部就会产生杂点，渲染速度比较快；值越大，细部就可以避免产生杂点，同时渲染速度会变慢。

（5）高级选项

【高级选项】选项组下的参数主要是对样本的相似点进行插值、查找，其参数面板如图8-179所示。

图8-179

- **插值类型**：VRay提供了4种样本插值方式，为【发光图】的样本的相似点进行插值。
  - **权重平均值（好/强）**：这个插值方式是VRay早期采用的方式，它根据采样点到插值点的距离和法线差异进行简单的混合而得到最后的样本，从而进行渲染。这个方式渲染出来的结果是4种插值方式中最差的一个。
  - **最小平方适配（好/平滑）**：这个插值方式和【Delone三角剖分（好/精确）】比较类似，但是它的算法会比【Delone三角剖分（好/精确）】在物理边缘上要模糊点。它的主要优势在于更适合计算物体表面过渡区的插值，效果不是最好的。
  - **Delone三角剖分（好/精确）**：这个方式与上面两种不同之处在于，它尽量避免采用模糊的方式去计算物体的边缘，所以计算的结果相当精确，主要体现在阴影比较实，其效果也是比较好的。
  - **最小平方权重/泰森多边形权重（测试）**：它采用类似于【最小平方适配（好/平滑）】的计算方式，但同时又结合【Delone三角剖分（好/精确）】的一些算法，让物体的表面过渡区域和阴影双方都得到比较好的控制，是4种插值方式中最好的一种，但是速度也是最慢的一种。
- **查找采样**：它主要控制哪些位置的采样点是适合用来作为基础插补的采样点。VRay内部提供了以下4种样本查找方式。
  - **平衡嵌块（好）**：它将插值点的空间划分为4个区域，然后尽量在它们中寻找相等数量的样本，其渲染效果比【最近（草稿）】效果好，但是渲染速度比【最近（草稿）】慢。
  - **最近（草稿）**：这种方式是一种草图方式，简单地使用发光图里的最靠近的插值点样本来渲染图形，渲染速度比较快。
  - **重叠（很好/快速）**：这种查找方式需要对发光图进行预处理，然后对每个样本半径进行计算。低密度区域样本半径比较大，而高密度区域样本半径比较小。渲染速度比其他3种都快。
  - **基于密度（最好）**：它基于总体密度来进行样本查找，不但物体边缘处理得非常好，而且在物体表面也处理得十分均匀。其效果比【重叠（很好/快速）】更好，速度也是4种查找方式中最慢的一个。
- **计算传递差值采样**：用在计算发光图过程中，主要计算已经被查找后的插补样本的使用数量。较小的数值可以加速计算过程，但是会导致信息不足；较大的值计算速度会减慢，但是所利用的样本数量比较多，所以渲染质量也比较好。官方推荐使用10~25之间的数值。
- **多过程**：选中该复选框，VRay会根据【最大比率】和【最小比率】进行多次计算。如果取消选中该复选框，那么就强制一次性计算完。一般根据多次计算以后的样本分布会均匀合理一些。
- **随机采样**：控制发光图的样本是否随机分配。如图8-180所示为选中和取消选中该复选框时的对比效果。

图8-180

- **检查采样可见性**：在灯光通过比较薄的物体时，很有可能会产生漏光现象，选中该复选框可以解决这个问题，但是渲染时间会长一些。通常在比较高的 GI 情况下，也不会漏光，所以一般情况下不选中该复选框。如图 8-181 所示为选中和取消选中该复选的对比效果。

图8-181

（6）模式

【模式】选项组下的参数主要是提供发光图的使用模式，其参数面板如图 8-182 所示。

图8-182

- **模式**：一共有以下 8 种模式，如图 8-183 所示。

图8-183

- **单帧**：一般用来渲染静帧图像。在渲染完图像后，可以单击【保存】按钮，将光子保存到硬盘中，如图 8-184 所示。

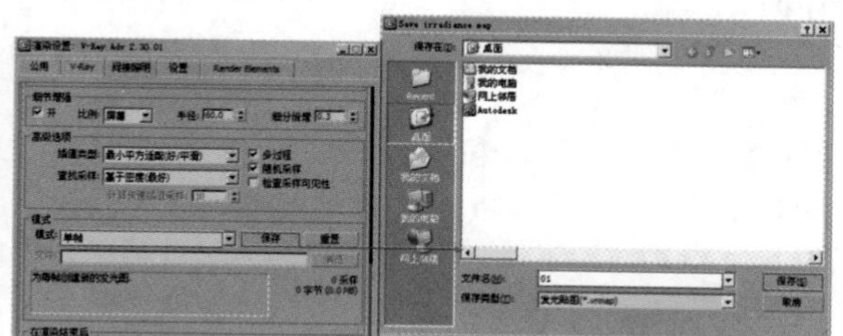

图8-184

- **多帧增量**：这个模式用于渲染仅有摄影机移动的动画。当 VRay 计算完第 1 帧的光子以后，在后面的帧根据第 1 帧里没有的光子信息进行新计算，这样就节约了渲染时间。
- **从文件**：当渲染完光子以后，可以将其保存起来，该选项就是调用保存的光子图进行动画计算（静帧同样也可以这样）。将【模式】切换到【从文件】，然后单击【浏览】按钮，就可以从硬盘中调用需要的光子图进行渲染，如图 8-185 所示。不过这种方法非常适合渲染大尺寸图像。

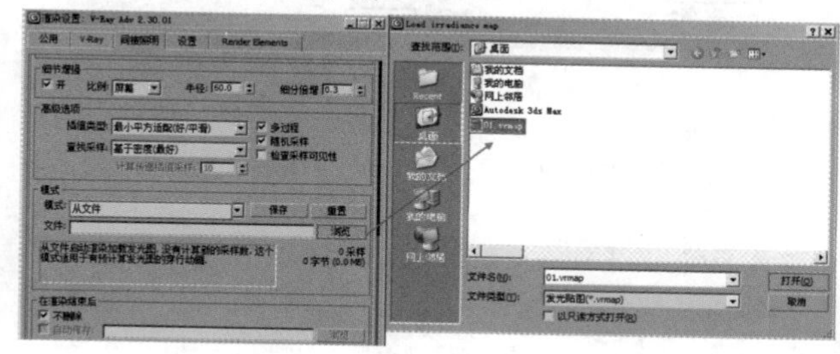

图8-185

- **添加到当前贴图**：当渲染完一个角度的时候，可以把摄影机转一个角度再全新计算新角度的光子，最后把这两次的光子叠加起来，这样的光子信息更丰富、更准确，同时也可以进行多次叠加。
- **增量添加到当前贴图**：这个模式和【添加到当前贴图】相似，只不过它不是全新计算新角度的光子，而是只对没有计算过的区域进行新的计算。
- **块模式**：把整个图分成块来计算，渲染完一个块再进行下一个块的计算，但是在低 GI 的情况下，渲染出来的块会出现错位的情况。它主要用于网络渲染，速度比其他方式快。
- **动画（预通过）**：适合动画预览，使用这种模式要预先保存好光子图。
- **动画（渲染）**：适合最终动画渲染，这种模式要预先保存好光子图。

- **【保存】按钮**：将光子图保存到硬盘。
- **【重置】按钮**：将光子图从内存中清除。
- **文件**：设置光子图所保存的路径。
- **【浏览】按钮**：从硬盘中调用需要的光子图进行渲染。

（7）在渲染结束后

【在渲染结束后】选项组下的参数主要用来控制光子图在渲染完以后如何处理，其参数面板如图 8-186 所示。

图8-186

- **不删除**：当光子渲染完以后，不把光子从内存中删掉。
- **自动保存**：当光子渲染完以后，自动保存在硬盘中，单击【浏览】按钮就可以选择保存位置。
- **切换到保存的贴图**：当选中【自动保存】后，在渲染结束时会自动进入【从文件】模式并调用光子贴图。

3．BF 强算全局光

【BF 强算全局光】的计算方式是由蒙特卡洛积分方式演变过来的，和蒙特卡洛不同的是多了细分和反弹控制，并且内部计算方式采用了一些优化方式。因此其计算精度还是相当精确的，不过渲染速度比较慢，在【细分】比较小时，会有杂点产生，其参数面板如图 8-187 所示。

图8-187

- 细分：定义【强算全局照明】的样本数量，值越大，效果越好，速度越慢；值越小，产生的杂点越多，渲染速度相对快一些。
- 二次反弹：当【二次反弹】也选择【强算全局照明】以后，该选项才被激活，它控制【二次反弹】的次数，值越小，【二次反弹】越不充分，场景越暗。通常在值达到 8 以后，更高值的渲染效果区别不是很大，同时值越大，渲染速度越慢。

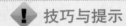

技巧与提示

【V-Ray::BF 强算全局光】卷展栏只有在设置【全局光引擎】为 BF 算法时才会出现，如图 8-188 所示。

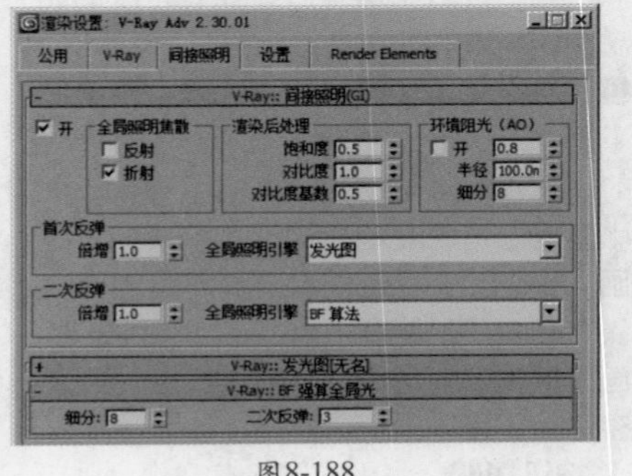

图8-188

4．灯光缓存

灯光缓存与发光图比较相似，都是将最后的光发散到摄影机后得到最终图像，只是灯光缓存与发光图的光线路径是相反的，发光图的光线追踪方向是从光源发射到场景的模型中，最后再反弹到摄影机，而灯光缓存是从摄影机开始追踪光线到光源，摄影机追踪光线的数量就是灯光缓存的最后精度。由于灯光缓存是从摄影机方向开始追踪的光线的，所以最后的渲染时间与渲染的图像像素没有关系，只与其中的参数有关，一般适用于二次反弹，其参数设置面板如图 8-189 所示。

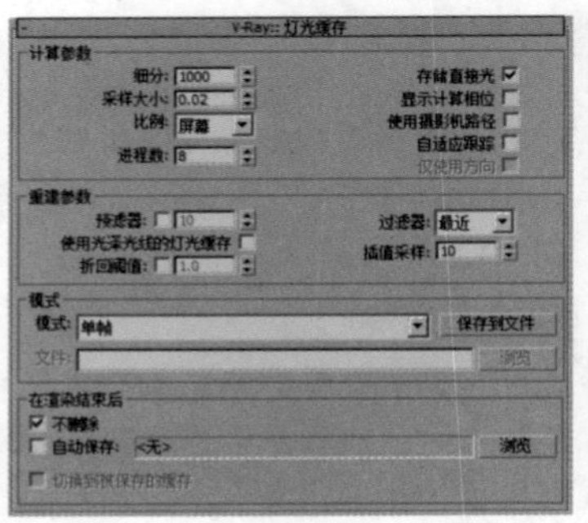

图8-189

（1）计算参数

【计算参数】选项组用来设置灯光缓存的基本参数，比如细分、采样大小和单位依据等，其参数面板如图 8-190 所示。

图8-190

- 细分：用来决定灯光缓存的样本数量。值越大，样本总量越多，渲染效果越好，渲染时间越慢，如图 8-191 所示。

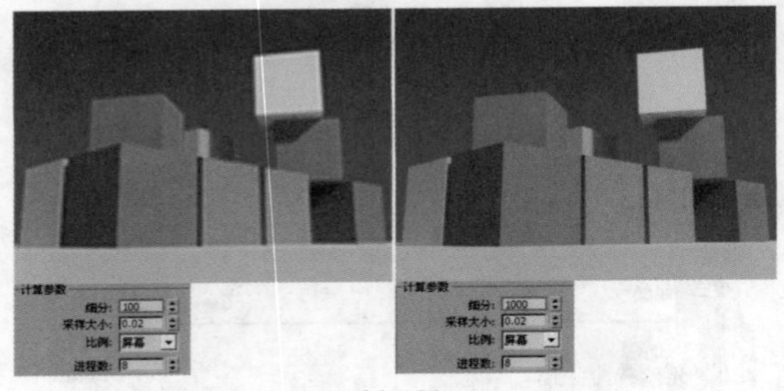

图8-191

- 采样大小：用来控制灯光缓存的样本大小，比较小的样本可以得到更多的细节，但是同时需要更多的样本，如图 8-192 所示。

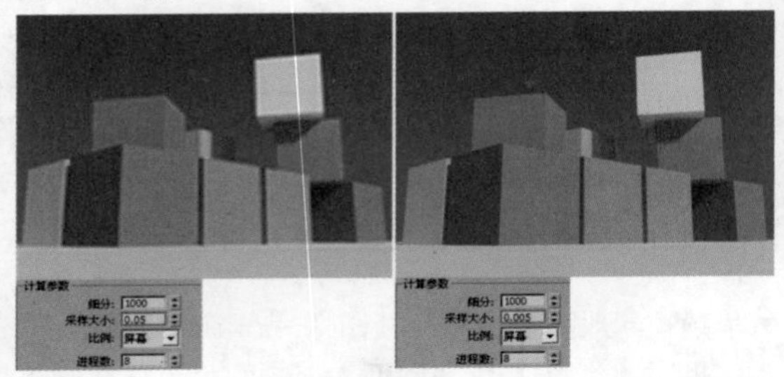

图8-192

- 比例：主要用来确定样本的大小依据什么单位，这里提供了以下两种单位。一般在效果图中使用【屏幕】选项，在动画中使用【世界】选项。
- 进程数：这个参数由 CPU 的个数来确定，如果是单 CUP 单核单线程，那么就可以设定为 1；如果是双核，就可以设定为 2。注意，这个值设定得太大会让渲染的图像有点模糊。
- 存储直接光：选中该复选框，灯光缓存将存储直接光照信息。当场景中有很多灯光时，使用这个选项会提高渲染速度。因为它已经把直接光照信息保存到灯光缓存里，在渲染出图的时候，不需要对直接光照再进行采样计算。
- 显示计算相位：选中该复选框，可以显示灯光缓存的计算过程，方便观察。
- 自适应跟踪：这个选项的作用在于记录场景中的灯光位置，并在光的位置上采用更多的样本，同时模糊特效也会处理得更快，但是会占用更多的内存资源。

- **仅使用方向**：当选中【自适应跟踪】复选框后，该选项才被激活。它的作用在于只记录直接光照的信息，而不考虑间接照明，可以加快渲染速度。

（2）重建参数

【重建参数】选项组主要是对灯光缓存的样本以不同的方式进行模糊处理，其参数面板如图 8-193 所示。

图8-193

- **预滤器**：选中该复选框，可以对灯光缓存样本进行提前过滤，它主要是查找样本边界，然后对其进行模糊处理。后面的值越大，对样本进行模糊处理的程度越深。
- **使用光泽光线的灯光缓存**：是否使用平滑的灯光缓存，开启该功能后会使渲染效果更加平滑，但会影响到细节效果。
- **过滤器**：该选项是在渲染最后成图时，对样本进行过滤，其下拉列表中共有以下 3 个选项。
  - **无**：对样本不进行过滤。
  - **邻近**：当使用这个过滤方式时，过滤器会对样本的边界进行查找，然后对色彩进行均化处理，从而得到一个模糊效果。
  - **固定**：这个方式和【邻近】方式的不同点在于，它采用距离的判断来对样本进行模糊处理。
- **插值采样**：这个参数是对样本进行模糊处理，较大的值可以得到比较模糊的效果，而较小的值可以得到比较锐利的效果。
- **折回阈值**：控制折回的阈值。

（3）模式

该参数与发光图中的光子图使用模式基本一致，其参数面板如图 8-194 所示。

图8-194

- **模式**：设置光子图的使用模式，共有以下 4 种。
  - **单帧**：一般用来渲染静帧图像。
  - **穿行**：这个模式用在动画方面，它把第 1 帧到最后 1 帧的所有样本都融合在一起。
  - **从文件**：使用这种模式，VRay 要导入一个预先渲染好的光子图，该功能只渲染光影追踪。
  - **渐进路径跟踪**：这个模式就是常说的 PPT，它是一种新的计算方式，和自适应确定性蒙特卡洛一样是一个精确的计算方式。不同的是，它不停地去计算样本，不对任何样本进行优化，直到样本计算完毕为止。
- **【保存到文件】按钮** 保存到文件：将保存在内存中的光子贴图再次进行保存。
- **【浏览】按钮** 浏览：从硬盘中浏览保存好的光子图。

（4）在渲染结束后

【在渲染结束后】主要用来控制光子图在渲染完以后如何处理，其参数面板如图 8-195 所示。

图8-195

- **不删除**：当光子渲染完以后，不把光子从内存中删掉。
- **自动保存**：当光子渲染完以后，自动保存在硬盘中，单击【浏览】按钮 浏览 可以选择保存位置。
- **切换到被保存的缓存**：当选中【自动保存】复选框以后，这个选项才被激活。选中该复选框，系统会自动使用最新渲染的光子图来进行大图渲染。

8.6.4 设置

1. DMC采样器

【V-Ray::DMC 采样器】卷展栏下的参数可以用来控制整体的渲染质量和速度，其参数设置面板如图 8-196 所示。

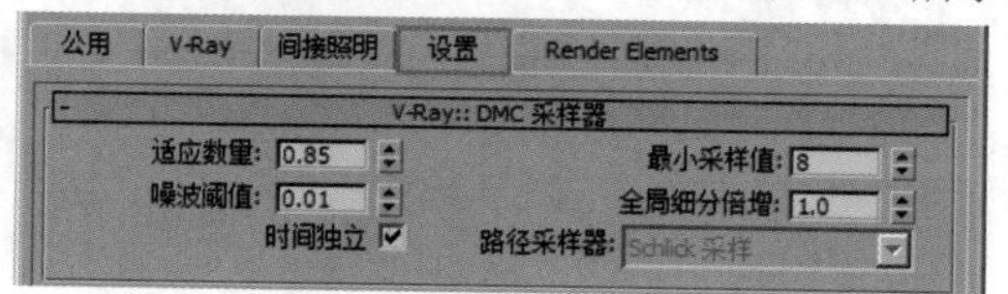

图8-196

- **适应数量**：主要用来控制自适应的百分比。
- **噪波阈值**：控制渲染中所有产生噪点的极限值，包括灯光细分、抗锯齿等。数值越小，渲染品质越高，渲染速度就越慢。
- **时间独立**：控制是否在渲染动画时对每一帧都使用相同的 DMC 采样器参数设置。
- **最小采样值**：设置样本及样本插补中使用的最小样本数量。数值越小，渲染品质越低，速度就越快。
- **全局细分倍增**：VRay 渲染器有很多【细分】，该选项是用来控制所有细分的百分比。
- **路径采样器**：设置样本路径的选择方式，每种方式都会影响渲染速度和品质，在一般情况下选择默认方式即可。

2. 默认置换

【V-Ray:: 默认置换】卷展栏下的参数是用灰度贴图来实现物体表面的凸凹效果，它对材质中的置换起作用，而不作用于物体表面，其参数设置面板如图 8-197 所示。

图8-197

- **覆盖 MAX 设置**：控制是否用【默认置换】卷展栏下的参数来替代 3ds Max 中的置换参数。

- **边长**：设置 3D 置换中产生最小的三角面长度。数值越小，精度越高，渲染速度越慢。
- **依赖于视图**：控制是否将渲染图像中的像素长度设置为【边长度】的单位。若不选中该复选框，系统将以 3ds Max 中的单位为准。
- **最大细分**：设置物体表面置换后可产生的最大细分值。
- **数量**：设置置换的强度总量。数值越大，置换效果越明显。
- **相对于边界框**：控制是否在置换时关联（缝合）边界。若不选中该复选框，在物体的转角处可能会产生裂面现象。
- **紧密边界**：控制是否对置换进行预先计算。

3．系统

【V-Ray:: 系统】卷展栏下的参数不仅对渲染速度有影响，而且还会影响渲染的显示和提示功能，同时还可以完成联机渲染，其参数设置面板如图 8-198 所示。

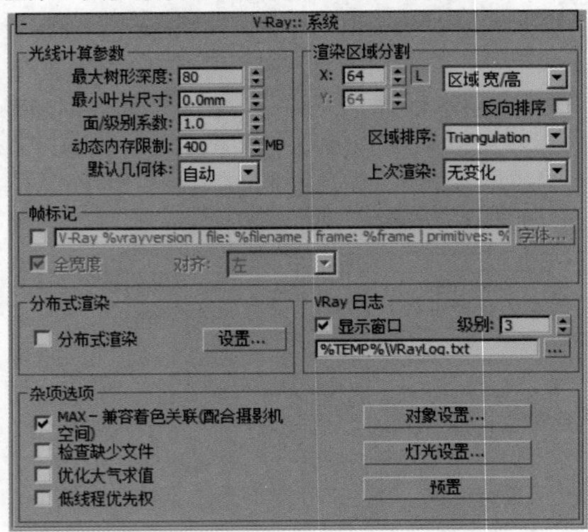

图8-198

（1）光线计算参数

- **最大树形深度**：控制根节点的最大分支数量。较大的值会加快渲染速度，同时会占用较多的内存。
- **最小叶片尺寸**：控制叶节点的最小尺寸，当达到叶节点尺寸以后，系统停止计算场景。0 表示考虑计算所有的叶节点，这个参数对速度的影响不大。
- **面 / 级别系数**：控制一个节点中的最大三角面数量，当未超过临近点时计算速度较快；超过临近点以后，渲染速度会减慢。所以，这个值要根据不同的场景来设定，进而提高渲染速度。
- **动态内存限制**：控制动态内存的总量。注意，这里的动态内存被分配给每个线程，如果是双线程，那么每个线程各占一半的动态内存。如果这个值较小，那么系统经常在内存中加载并释放一些信息，这样就减慢了渲染速度。用户应该根据自己的内存情况来确定该值。
- **默认几何体**：控制内存的使用方式，共有以下 3 种方式。
  - **自动**：VRay 会根据使用内存的情况自动调整使用静态或动态的方式。
  - **静态**：在渲染过程中采用静态内存会加快渲染速度，同时在复杂场景中，由于需要的内存资源较多，经常会出现 3ds Max 跳出的情况。这是因为系统需要更多的内存资源，这时应该选择动态内存。
  - **动态**：使用内存资源交换技术，当渲染完一个块后就会释放占用的内存资源，同时开始下一个块的计算，这样就有效地扩展了内存的使用。注意，动态内存的渲染速度比静态内存慢。

（2）渲染区域分割

- **X**：当在后面的选择框里选择【区域 宽 / 高】时，它表示渲染块的像素宽度；当后面的选择框里选择【区域数量】时，它表示水平方向一共有多少个渲染块。
- **Y**：当后面的选择框里选择【区域 宽 / 高】时，它表示渲染块的像素高度；当后面的选择框里选择【区域数量】时，它表示垂直方向一共有多少个渲染块。
- **【锁】按钮** L：当单击该按钮使其凹陷后，将强制 X 和 Y 的值相同。
- **反向排序**：选中该复选框，渲染顺序将和设定的顺序相反。
- **区域排序**：控制渲染块的渲染顺序，共有以下 6 种方式。
  - Top->Bottom：渲染块将按照从上到下的渲染顺序渲染。
  - Left->Right：渲染块将按照从左到右的渲染顺序渲染。
  - Checker：渲染块将按照棋格方式的渲染顺序渲染。
  - Spiral：渲染块将按照从里到外的渲染顺序渲染。
  - Triangulation：这是 VRay 默认的渲染方式，它将图形分为两个三角形依次进行渲染。
  - Hilbert curve：渲染块将按照希耳伯特曲线方式的渲染顺序渲染。
- **上次渲染**：这个参数确定在渲染开始的时候，在 3ds Max 默认的帧缓存框中以什么样的方式处理先前的渲染图像。这些参数的设置不会影响最终渲染效果，系统提供了以下 5 种方式。
  - **无变化**：与前一次渲染的图像保持一致。
  - **交叉**：每隔 2 个像素图像被设置为黑色。
  - **区域**：每隔一条线设置为黑色。
  - **暗色**：图像的颜色设置为黑色。
  - **蓝色**：图像的颜色设置为蓝色。

（3）帧标记

- ☑ V-Ray %vrayversion | 文件: %filename | 帧: %frame | 基面数: %pri：当选中该复选框后，就可以显示水印。
- **【字体】按钮** 字体：修改水印里的字体属性。
- **全宽度**：水印的最大宽度。选中该复选框，它的宽度和渲染图像的宽度相当。
- **对齐**：控制水印里的字体排列位置，有【左】、【中】、【右】3 个选项。

（4）分布式渲染

- **分布式渲染**：选中该复选框，可以开启分布式渲染功能。
- **【设置】按钮** 设置...：控制网络中的计算机的添加、删除等。

（5）VRay 日志

- **显示窗口**：选中该复选框，可以显示【VRay 日志】的窗口。
- **级别**：控制【VRay 日志】的显示内容，一共分为 4 个级别。1 表示仅显示错误信息；2 表示显示错误和警告信息；3 表示显示错误、警告和情报信息；4 表示显示错误、警告、情报和调试信息。
- c:\VRayLog.txt ...：可以选择保存【VRay 日志】文件的位置。

（6）杂项选项

- **MAX- 兼容着色关联（配合摄影机空间）**：有些 3ds Max 插件（例如大气等）是采用摄影机空间来进行计算的，因为它们都是针对默认的扫描线渲染器而开发，为了保持与这些插件的兼容性，VRay 通过转换来自这些插件的点或向量的数据，模拟在摄影机空间计算。
- **检查缺少文件**：选中该复选框，VRay 会自己寻找场景中丢失的文件，并将它们进行列表，然后保存到 C:\VRayLog.txt 中。
- **优化大气求值**：当场景中拥有大气效果，并且大气比较稀薄的时候，选中该复选框可以得到比较优秀的大气效果。
- **低线程优先权**：选中该复选框，VRay 将使用低线程进行渲染。
- **【对象设置】按钮** 对象设置...：单击该按钮会弹出【VRay 对象属性】对话框，在该对话框中可以设置场景物体的局部参数。
- **【灯光设置】按钮** 灯光设置...：单击该按钮会弹出【VR 灯光属性】对话框，在该对话框中可以设置场景灯光的一些参数。
- **【预置】按钮** 预设：单击该按钮会打开【VRay 预置】对话框，在该对话框中可以保持当前 VRay 渲染参数的各种属性，方便以后调用。

8.6.5 Render Elements（渲染元素）

通过添加渲染元素，可以针对某一级别单独进行渲染，并在后期进行调节、合成和处理，使用起来非常方便，如图 8-199 所示。

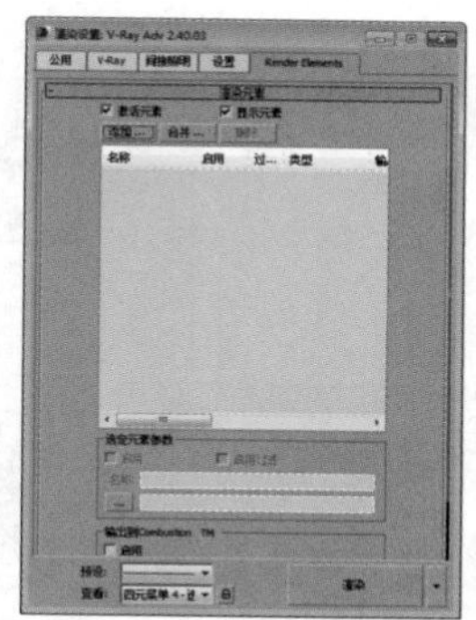

图 8-199

- **【添加】**：单击该按钮可将新元素添加到列表中。此按钮会显示【渲染元素】对话框。
- **【合并】**：单击该按钮可合并来自其他 3ds Max Design 场景中的渲染元素。【合并】会显示一个【文件】对话框，可以从中选择要获取元素的场景文件。选定文件中的渲染元素列表将添加到当前的列表中。
- **【删除】**：单击该按钮可从列表中删除选定对象。
- **激活元素**：选中该复选框，单击【渲染】可分别对元素进行渲染。默认设置为启用。
- **显示元素**：选中该复选框，每个渲染元素会显示在各自的窗口中，并且其中的每个窗口都是渲染帧窗口的精简版。
- **元素渲染列表**：这个可滚动的列表显示要单独进行渲染的元素，以及它们的状态。要重新调整列表中列的大小，可拖动两列之间的边框。
- **【选定元素参数】选项组**：用来编辑列表中选定的元素。
  - **启用**：可启用对选定元素的渲染。
  - **启用过滤**：选中该复选框，将活动抗锯齿过滤器应用于渲染元素。
  - **名称**：显示当前选定元素的名称。可以输入元素的自定义名称。
  - **【...】按钮（浏览）**：在文本框中输入元素的路径和文件名称。
- **【输出到 Combustion】选项组**：对 Combustion 工作区（CWS）文件进行操作。
  - **启用**：选中该复选框，创建包含已渲染元素的 CWS 文件。
  - **【...】按钮（浏览）**：在文本框中输入 CWS 文件的路径和文件名称。

 **技巧与提示**

VRayAlpha 和【VRayWireColor（VRay 线框颜色）】渲染元素的使用方法。

（1）如图 8-200 所示为添加 VRayAlpha 渲染元素的方法。

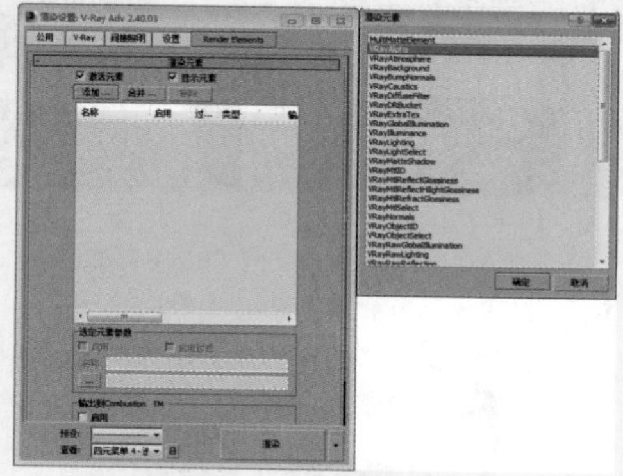

图 8-200

（2）如图 8-201 所示为添加 VRayAlpha 渲染元素后的渲染效果，我们会发现渲染出了一张黑白色的图像。如图 8-202 所示为使用通道合成背景后的效果。

图8-201

图8-202

(3) 如图 8-203 所示为添加【VRayWireColor (VRay 线框颜色)】渲染元素的方法。

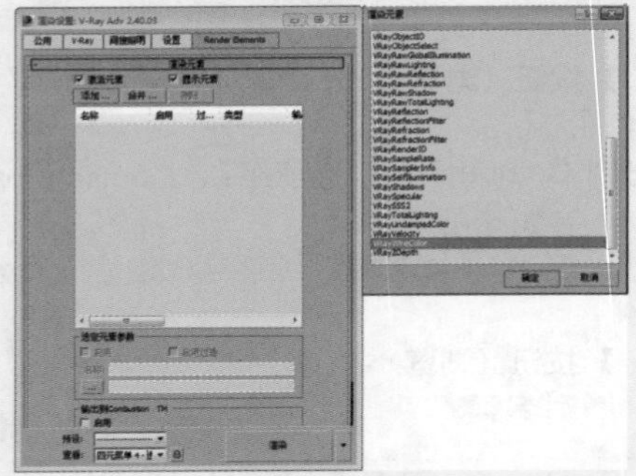
图8-203

(4) 如图 8-204 所示为添加【VRayWireColor (VRay 线框颜色)】渲染元素后的渲染效果，我们会发现渲染出了一张彩色的图像。

图8-204

(5) 如图 8-205 所示为使用【VRayWireColor (VRay 线框颜色)】图像调节背景颜色的效果。

图8-205

重点 综合实例：现代厨房日景表现

场景文件	04.max
案例文件	综合实例：现代厨房日景表现 .max
视频教学	DVD/ 多媒体教学 /Chapter08/ 综合实例：现代厨房日景表现 .flv
难易指数	★★★☆☆
灯光类型	VR 灯光
材质类型	VRayMtl
程序贴图	无
技术掌握	掌握 VRayMtl 材质下的参数的调节

实例介绍

本例将以厨房空间为例，来学习室内明亮灯光表现和玻璃酒杯材质的制作方法，效果如图 8-206 所示。

图8-206

操作步骤

Part 1 设置VRay渲染器

步骤 01 打开本书配套光盘中的【场景文件/Chapter08/04.max】文件，此时场景效果如图 8-207 所示。

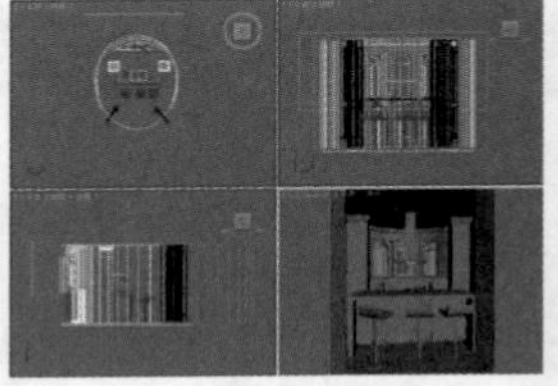
图8-207

步骤 02 按 F10 键打开【渲染设置】对话框，在【公用】选项卡下展开【指定渲染器】卷展栏，单击 ... 按钮，在弹出的【选择渲染器】对话框中选择 V-Ray Adv 2.40.03，如图 8-208 所示。

步骤 03 此时在【指定渲染器】卷展栏，【产品级】后面显示了 V-Ray Adv 2.40.03，【渲染设置】对话框中出现了 V-Ray、【间接照明】、【设置】和 Render Elements 4 个选项卡，如图 8-209 所示。

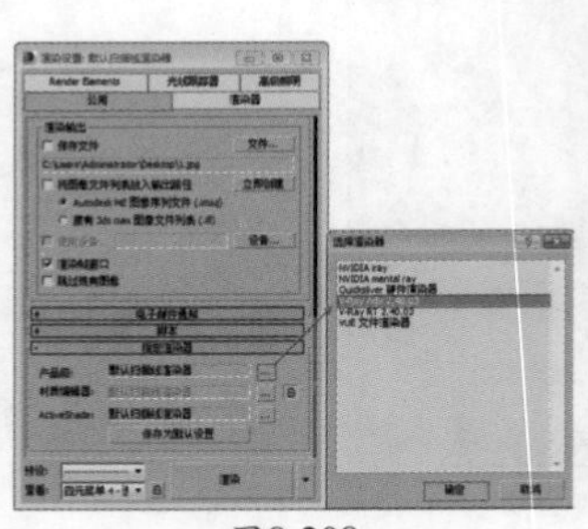
图8-208

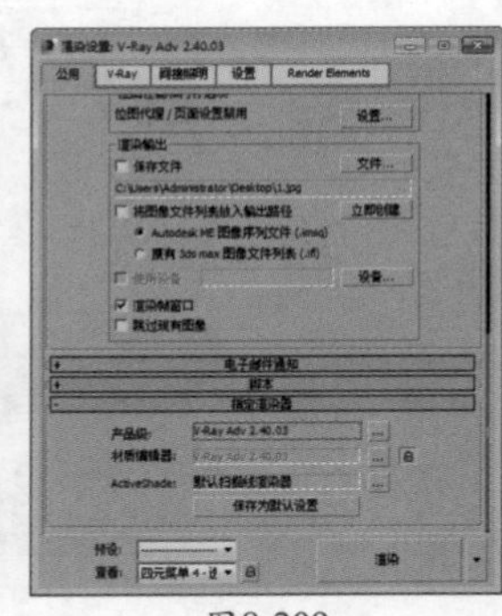
图8-209

Part 2 材质的制作

本例的场景对象材质主要包括地板材质、金属材质、玻璃酒杯材质、木质材质和乳胶漆材质，如图 8-210 所示。

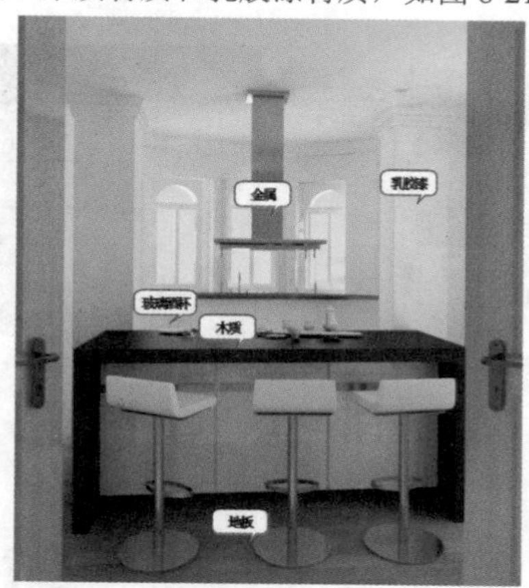

图8-210

1．地板材质的制作

木材是天然的，其年轮、纹理往往能够构成一幅美丽画面，给人一种回归自然、返璞归真的感觉，无论质感都有独树一帜，广受人们喜爱。木地板通常应用在室内装修中，因其结实、美观而深受客户的喜爱。如图 8-211 为现实中地板地面材质的应用，其基本属性主要有以下两点。

- 一定的模糊反射
- 一定的凹凸效果

图8-211

步骤 01 按 M 键打开【材质编辑器】对话框，选择第 1 个材质球，单击 Standard 按钮 Standard ，在弹出的【材质 / 贴图浏览器】对话框中选择 VRayMtl，如图 8-212 所示。

步骤 02 将其命名为【地板】，具体的调节参数如图 8-213 所示。

在【漫反射】选项组下单击【漫反射】后面的通道按钮，并加载贴图文件【地板 .jpg】。

在【反射】选项组下调节反射颜色为深灰色（红：36，绿：36，蓝：36），【反射光泽度】为 0.5。

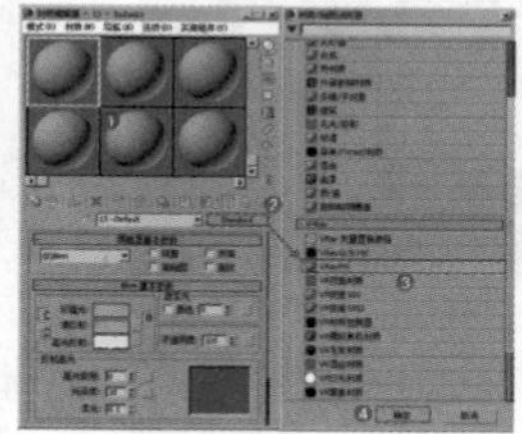

图8-212

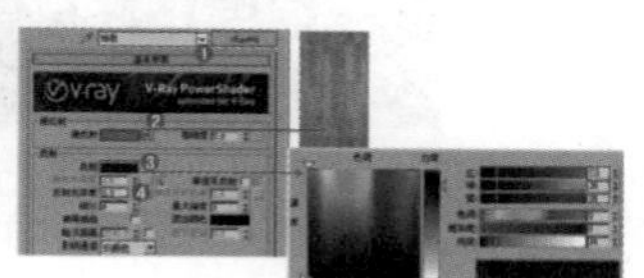

图8-213

展开【贴图】卷展栏，单击【漫反射】后面通道上的贴图并将其拖曳到【凹凸】后面的通道上，设置【凹凸】数值为 10，如图 8-214 所示。

步骤 03 将调节完毕的材质赋给场景中的模型，如图 8-215 所示。

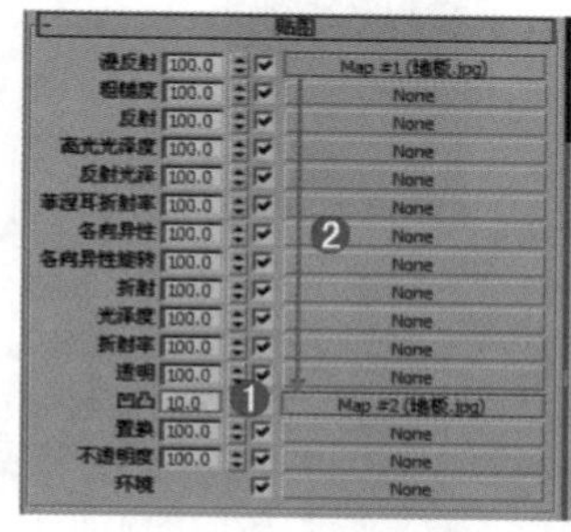

图8-214

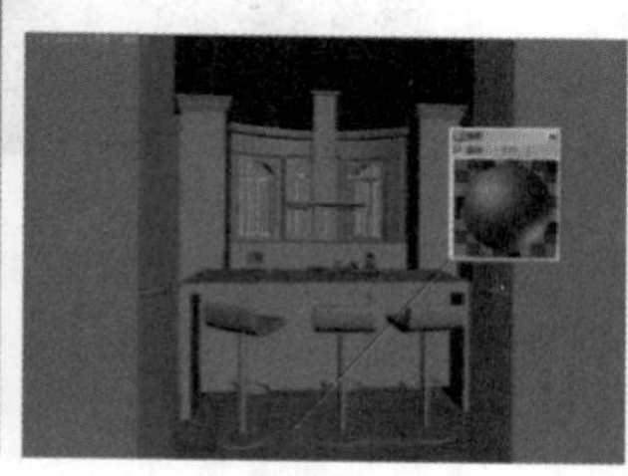

图8-215

2. 金属材质的制作

步骤 01 金属是一种具有光泽（即对可见光强烈反射）、富有延展性、容易导电、导热等性质的物质。如图 8-216 为现实中金属材质的应用，其基本属性主要为很强的反射效果。

图8-216

选择一个空白材质球，然后将材质球类型设置为 VRayMtl，并命名为【金属】，具体的调节参数如图 8-217 所示。

在【漫反射】选项组下调节颜色为深灰色（红：63，绿：63，蓝：63）。

在【反射】选项组下调节反射颜色为灰色（红：137，绿：137，蓝：137），【反射光泽度】为 0.9，【细分】为 12。

步骤 02 将调节完毕的材质赋给场景中的模型，如图 8-218 所示。

图8-217

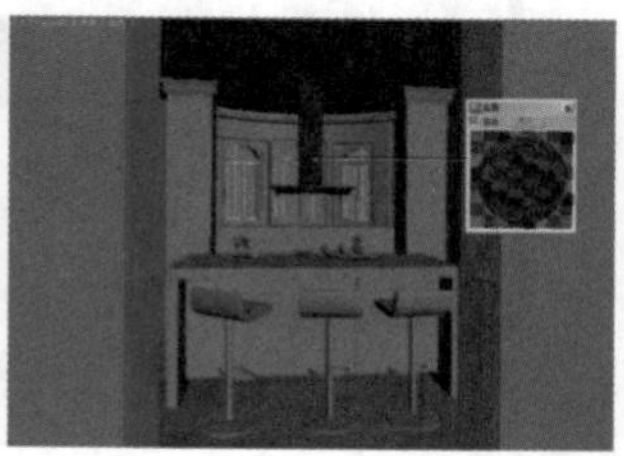

图8-218

3．木质材质的制作

如图 8-219 所示为现实木纹的材质，其基本属性主要有以下两点。

- 纹理图案
- 一定的模糊反射

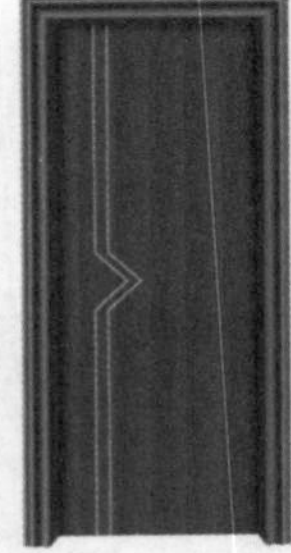

图8-219

步骤 01 选择一个空白材质球，然后将材质球类型设置为VRayMtl，并命名为【木质】，具体的调节参数如图8-220所示。

在【漫反射】选项组下单击【漫反射】后面的通道按钮，并加载贴图文件【木质.jpg】。

在【反射】选项组下调节反射颜色为深灰色（红：29，绿：29，蓝：29），设置【反射光泽度】为0.6，【细分】为20。

步骤 02 将调节完毕的材质赋给场景中的模型，如图8-221所示。

图8-220

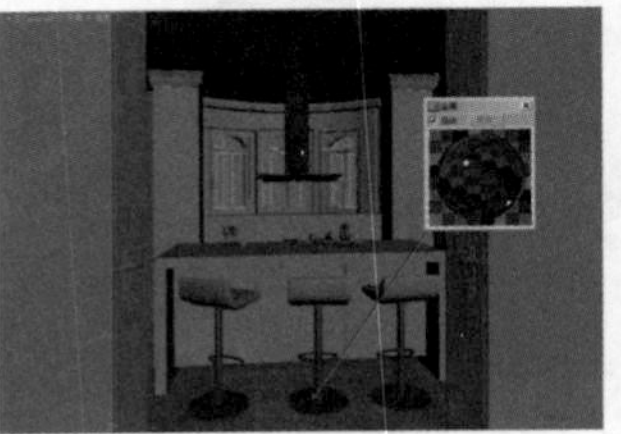

图8-221

4．玻璃酒杯材质的制作

玻璃酒杯材质的模拟效果如图8-222所示，其基本属性主要有以下两点。

- 具有菲涅耳反射
- 很强的折射效果

图8-222

步骤 01 选择一个空白材质球，然后将材质球类型设置为VRayMtl，并命名为【玻璃酒杯】，具体的调节参数如图8-223所示。

在【漫反射】选项组下调节颜色为灰色（红：128，绿：128，蓝：128）。

在【反射】选项组下调节反射颜色为白色（红：255，绿：255，蓝：255），选中【菲涅耳反射】复选框，在【折射】选项组下调节折射颜色为白色（红：255，绿：255，蓝：255）。

步骤 02 将制作好的材质赋给场景中的模型，如图8-224所示。

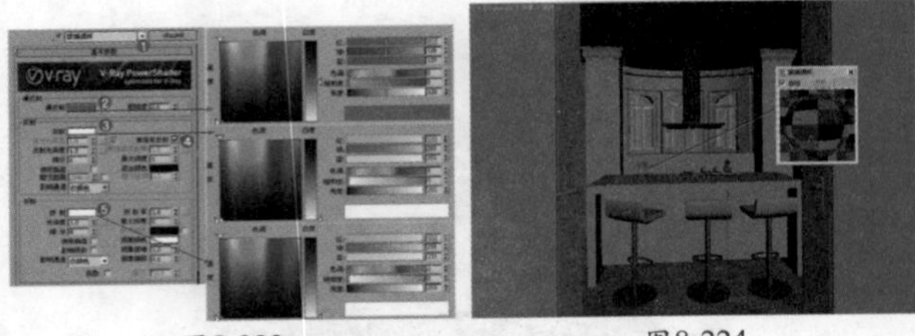

图8-223

图8-224

5．乳胶漆材质的制作

乳胶漆材质的模拟效果如图8-225所示，其基本属性主要是固有色为白色。

图8-225

步骤 01 选择一个空白材质球，然后将材质球类型设置为VRayMtl，并命名为【乳胶漆】，具体的调节参数如图8-226所示。

在【漫反射】选项组下调节颜色为白色（红：255，绿：255，蓝：255）。

步骤 02 将调节完毕的材质赋给场景中的模型，如图8-227所示。

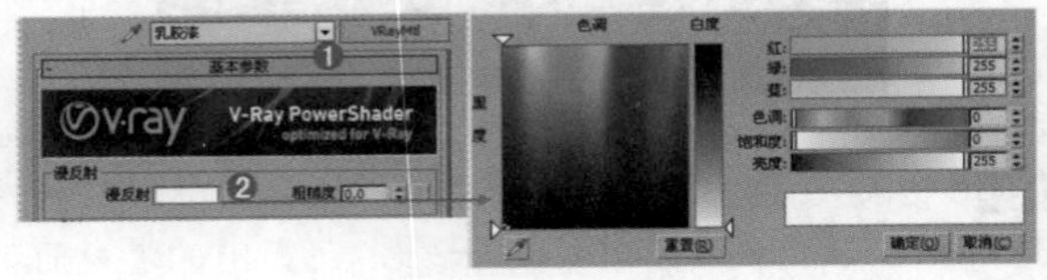

图8-226

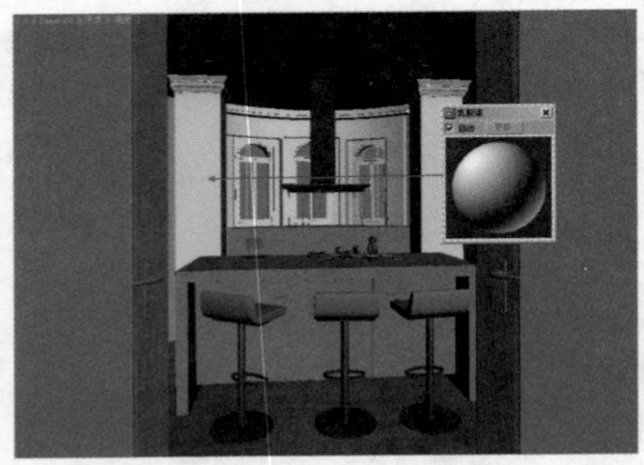

图8-227

至此，场景中主要模型的材质已经制作完毕，其他材质的制作方法此处就不再详述了。

Part 3 创建摄影机

步骤 01 在【创建】面板下单击【摄影机】按钮，并设置摄影机类型为【标准】，然后单击【目标】按钮 目标 ，如图 8-228 所示。

步骤 02 接着在顶视图拖曳创建一台摄影机，此时摄影机具体位置如图 8-229 所示。

图 8-228

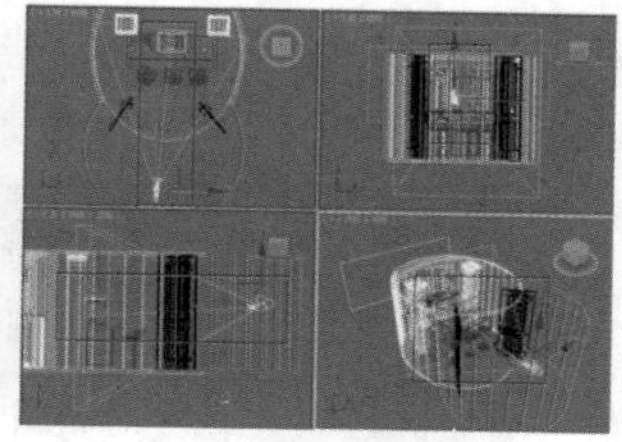

图 8-229

步骤 03 进入【修改】面板，在【参数】下设置【镜头】为 39.728，【视野】为 48.749，【目标距离】为 14 548mm，如图 8-230 所示。

步骤 04 最后切换到透视图，按 C 键将透视图切换至摄影机视图，我们发现摄影机角度有些倾斜，如图 8-231 所示。

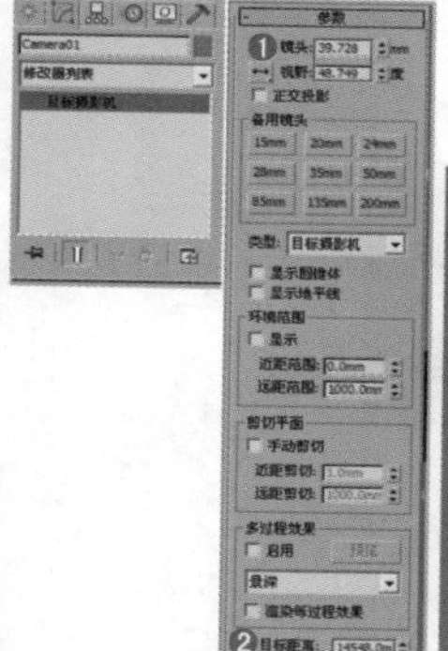

图 8-230

图 8-231

步骤 05 选择摄影机，单击鼠标右键选择【应用摄影机校正修改器】，如图 8-232 所示。并设置【数量】为 2.998，【方向】为 90，如图 8-233 所示。

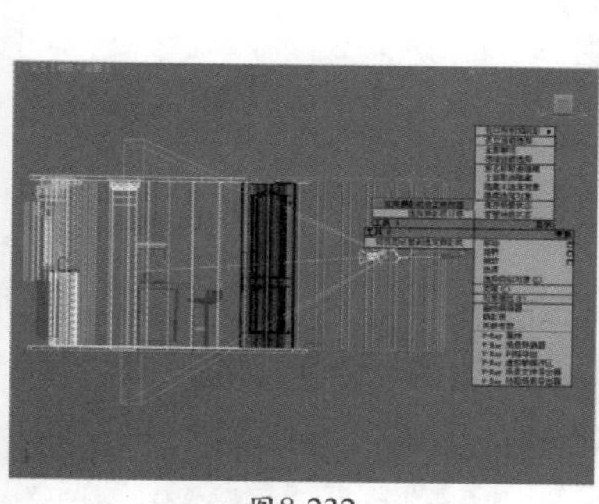

图 8-232

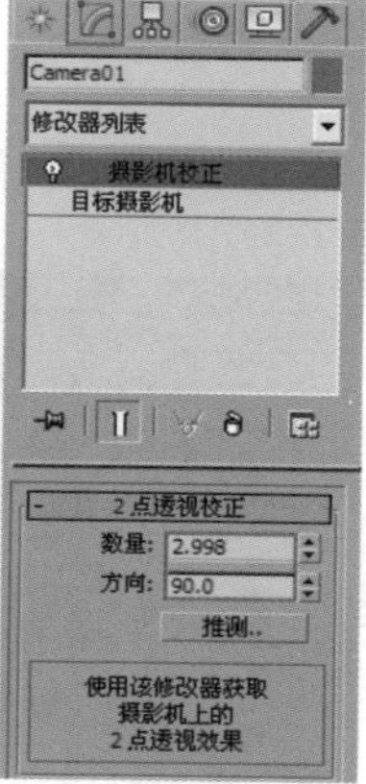

图 8-233

步骤 06 此时的摄影机角度比较正常，如图 8-234 所示。

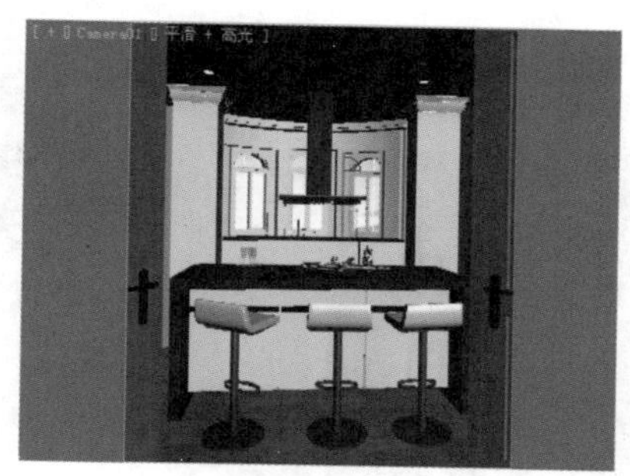

图 8-234

技巧与提示

在场景中创建了摄影机，并切换到摄影机角度以后，我们会发现视角非常近，如图 8-235 所示。

这并不是错误，而是我们没有打开安全框，按 Shift+F 组合键，打开安全框，在安全框之内的区域才是最终渲染的区域，而安全框以外的区域将不会被渲染出来，如图 8-236 所示。

图 8-235

图 8-236

Part 4 设置灯光并进行草图渲染

在这个现代厨房场景中主要有两种灯光，第一种是使用 VR 灯光模拟的自然光，第二种是使用 VR 灯光模拟的辅助光源。

1. 创建主光源

步骤 01 单击（创建）|（灯光）| VR灯光 按钮，在顶视图中单击并拖曳鼠标，创建盏 VR 灯光，接着使用【选择并移动】工具将灯光移动到窗户外面具体的位置如图 8-237 所示。

步骤 02 选择步骤 01 创建的 VR 灯光，并在【修改】面板下调节其具体参数，如图 8-238 所示。

在【常规】选项组下设置【类型】为平面；在【强度】选项组下设置【倍增】为 20，颜色为浅蓝色（红：225，绿：225，蓝：252）。

在【大小】选项组下设置【1/2 长】为 5000mm，【1/2 宽】为 2900mm。最后选中【不可见】复选框，设置【细分】为 15。

步骤 03 按 F10 键打开【渲染设置】对话框。首先设置一下 V-Ray 和【间接照明】选项卡下的参数，刚开始设置的是一个草图设置，目的是进行快速渲染，来观看整体的效果，其参数设置如图8-239所示。

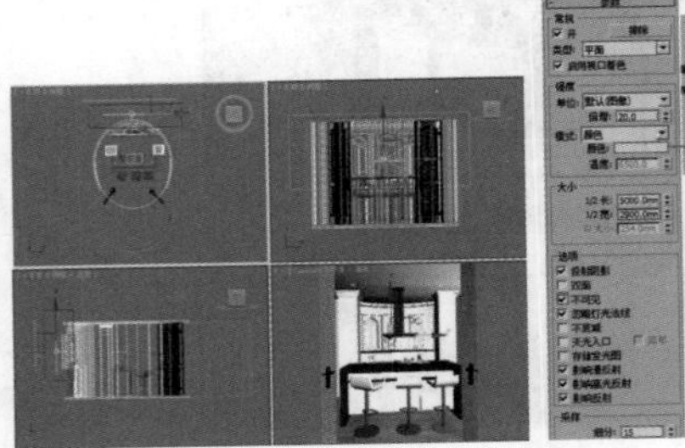
图8-237

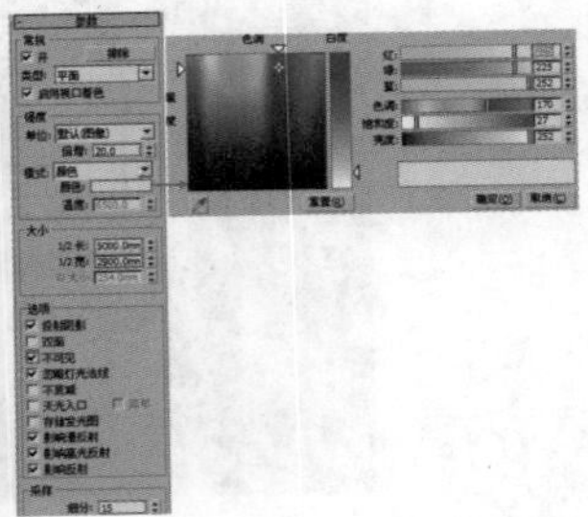
图8-238

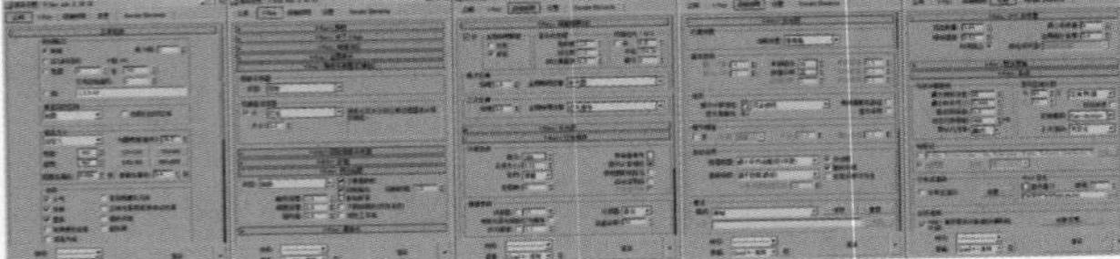
图8-239

步骤04 按Shift+Q组合键，快速渲染摄影机视图，其渲染的效果如图8-240所示。

图8-240

2. 创建辅助光源

步骤01 单击（创建）|（灯光）| VR灯光 按钮，在左视图中创建一盏灯光，具体的位置如图8-241所示。

步骤02 选择步骤01创建的VR灯光，然后在【修改】面板下设置调节具体的参数，如图8-242所示。

在【常规】选项组下设置【类型】为平面；在【强度】选项组下设置【倍增】为50，颜色为浅蓝色（红：211，绿：217，蓝：253）。

在【大小】选项组下设置【1/2长】为1900mm，【1/2宽】为4000mm。最后选中【不可见】复选框，取消选中【影响高光反射】和【影响反射】复选框。

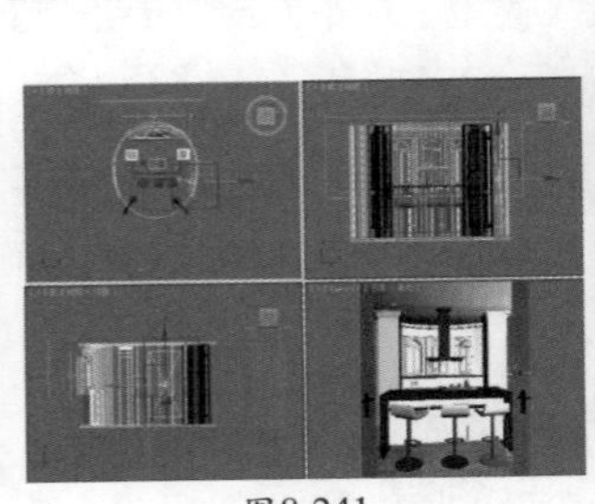
图8-241

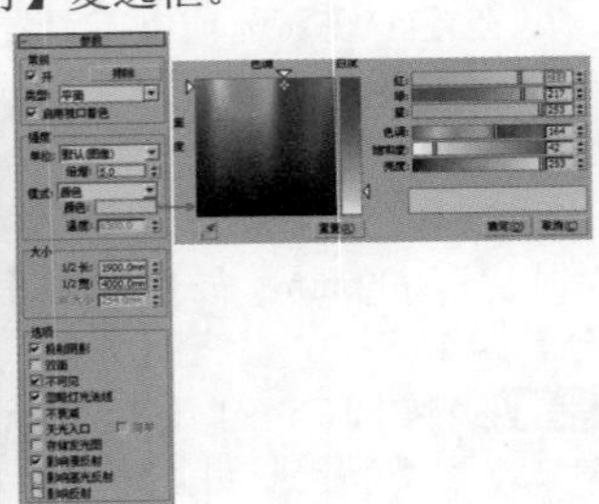
图8-242

步骤03 继续在前视图中创建VR灯光，位置如图8-243所示。然后选择刚创建的VR灯光，并在【修改】面板下调节其具体参数，如图8-244所示。

在【常规】选项组下设置【类型】为平面；在【强度】选项组下设置【倍增】为2，颜色为浅黄色（红：255，绿：255，蓝：247）。

在【大小】选项组下设置【1/2长】为1900mm，【1/2宽】为4300mm，最后选中【不可见】复选框，取消选中【影响高光反射】和【影响反射】复选框。

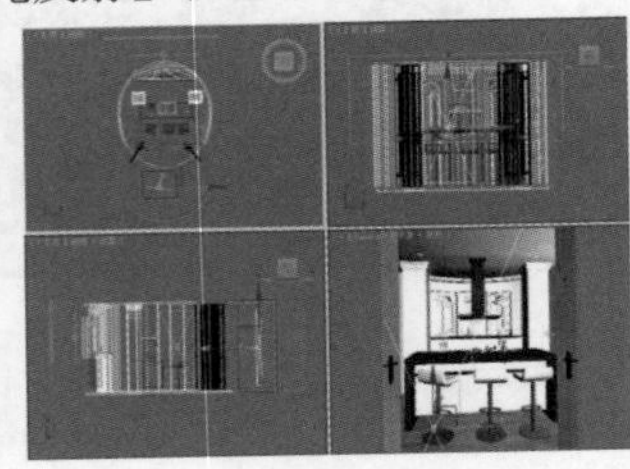
图8-243

图8-244

步骤04 按Shift+Q组合键，快速渲染摄影机视图，其渲染的效果如图8-245所示。

图8-245

Part 5 设置成图渲染参数

经过了前面的操作，已经将大量的工作做完了，下面需要做的就是把渲染的参数设置高一些，再进行渲染输出。

步骤01 按F10键打开【渲染设置】对话框，然后在【公用参数】卷展栏下设置【宽度】为1500，【高度】为1751，如图8-246所示。

步骤02 单击V-Ray选项卡，然后在【V-Ray::图像采样器（反锯齿）】卷展栏下设置【图像采样器】类型为【自适应确定性蒙特卡洛】，【抗锯齿过滤器】类型为Mitchell-Netravali，如图8-247所示。

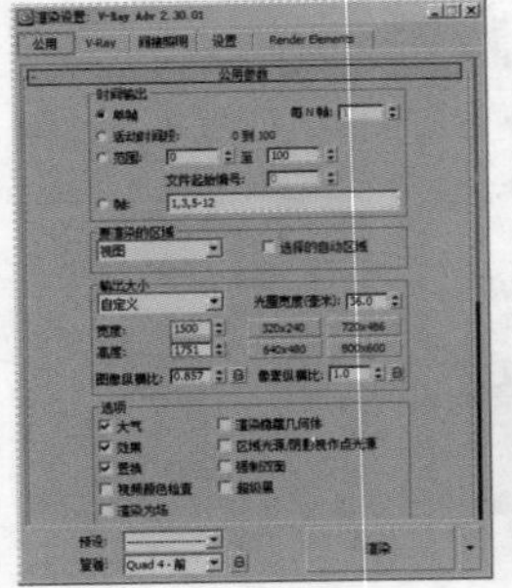
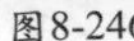
图8-246

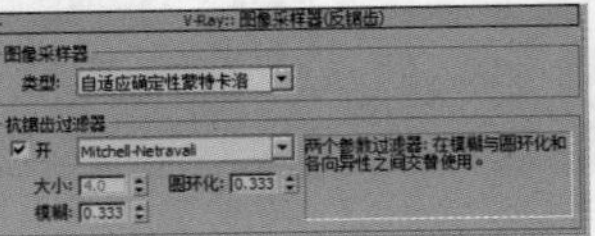

图8-247

步骤 03 展开【V-Ray:: 自适应 DMC 图像采样器】卷展栏，然后设置【最小细分】为 1,【最大细分】为 4，如图 8-248 所示。

步骤 04 单击【间接照明】选项卡，然后在【V-Ray:: 发光图】卷展栏下设置【当前预置】为低，【半球细分】为 90，【插值采样】为 30，最后选中【显示计算相位】和【显示直接光】复选框，如图 8-249 所示。

图8-248

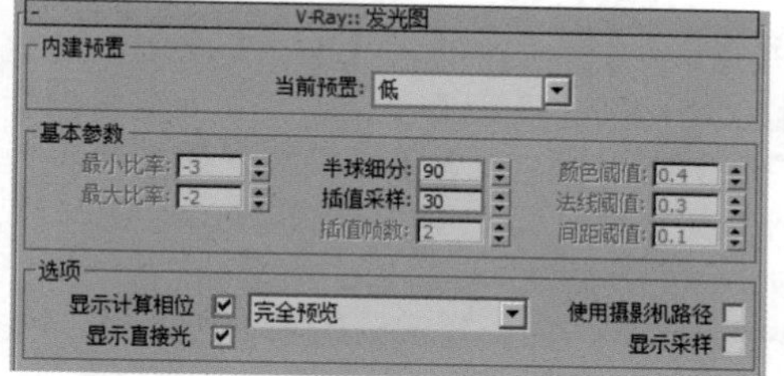

图8-249

步骤 05 展开【V-Ray:: 灯光缓存】卷展栏，然后设置【细分】为 1000，接着选中【显示计算相位】复选框，取消选中【存储直接光】复选框，如图 8-250 所示。

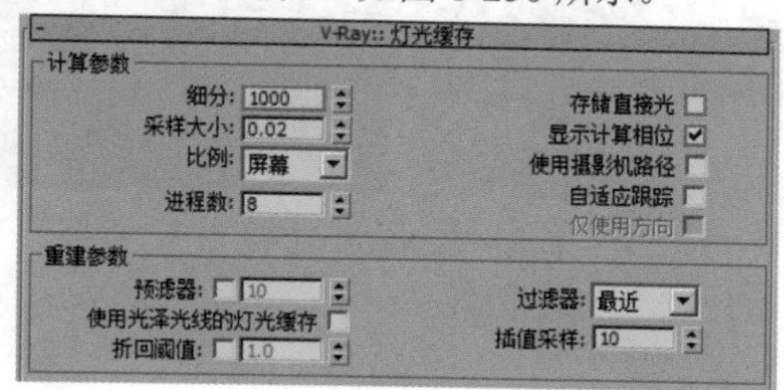

图8-250

技巧与提示

在渲染出图的时候，可以根据不同的场景来选择不一样的渲染方式。对于较大的场景，可以采取先渲染尺寸稍小的光子图，然后通过载入渲染的光子图来渲染以加快速度。本例中的场景比较小，就不需要渲染光子图了，直接渲染出图即可。

步骤 06 等待一段时间后就完成了渲染，最终效果如图 8-251 所示。

图8-251

重点 综合实例：现代风格浴室柔和光照表现

场景文件	05.max
案例文件	综合实例：现代风格浴室柔和光照表现.max
视频教学	DVD/ 多媒体教学 /Chapter08/ 综合实例：现代风格浴室柔和光照表现.flv
难易指数	★★★☆☆
灯光类型	VR 灯光
材质类型	VRayMtl 材质
程序贴图	平铺程序贴图
技术掌握	掌握 VRayMtl 材质下的参数的调节

实例介绍

本例将以浴室空间为例，来学习室内明亮灯光表现，墙面材质、地面材质和灯罩材质的制作方法，效果如图 8-252 所示。

图8-252

操作步骤

Part 1 设置VRay渲染器

步骤 01 打开本书配套光盘中的【场景文件 /Chapter08/05.max】文件，此时场景效果如图 8-253 所示。

步骤 02 按 F10 键打开【渲染设置】对话框，在【公用】选项卡下展开【指定渲染器】卷展栏，单击...按钮，在弹出的【选择渲染器】对话框中选择 V-Ray Adv 2.40.03，如图 8-254 所示。

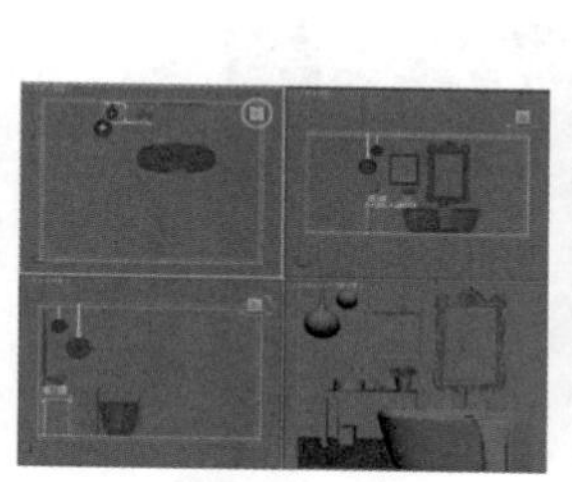

图8-253

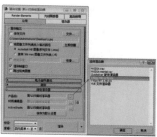

图8-254

步骤 03 此时在【指定渲染器】卷展栏，【产品级】后面显示了 V-Ray Adv 2.40.03，【渲染设置】对话框中出现了 V-Ray、【间接照明】、【设置】和 Render Elements 4 个选项卡，如图 8-255 所示。

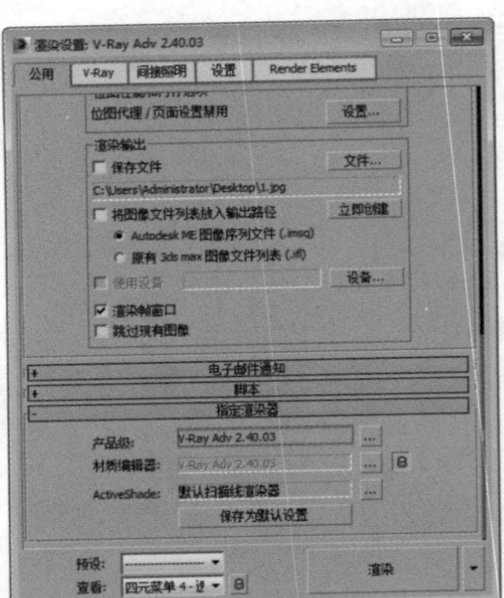

图8-255

Part 2 材质的制作

本例的场景对象材质主要包括墙面材质、陶瓷材质、地面材质、灯罩材质、浴巾材质和金属材质，如图 8-256 所示。

图8-256

1. 墙面材质的制作

瓷砖材质经常使用到室内装修中，尤其是卫生间中，如图 8-257 所示为现实中瓷砖材质的效果，其基本属性主要为很强的凹凸效果。

图8-257

步骤 01 按 M 键打开【材质编辑器】对话框，选择第 1 个材质球，单击 Standard 按钮 Standard ，在弹出的【材质 / 贴图浏览器】对话框中选择 VRayMtl，如图 8-258 所示。

步骤 02 将其命名为【墙面】，具体的调节参数如图 8-259 所示。

在【漫反射】选项组下调节【漫反射】后面的颜色为白色（红：255，绿：255，蓝：255）。

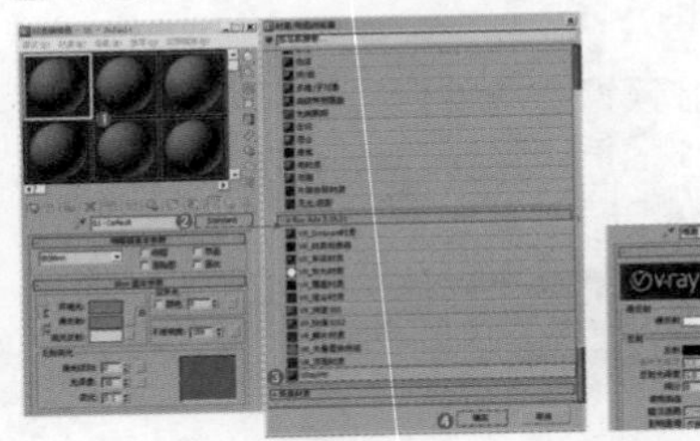

图8-258

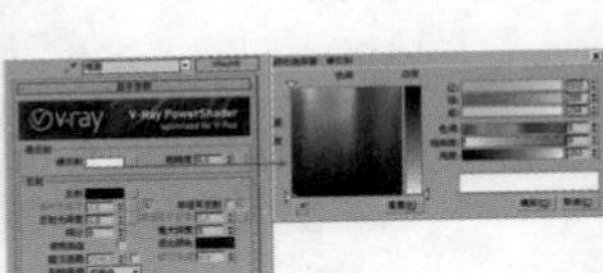

图8-259

展开【贴图】卷展栏，在【凹凸】后面的通道上加载【平铺】程序贴图，设置【预设类型】为连续砌合，展开【高级控制】卷展栏，设置【水平数】为 3，【垂直数】为 4，【水平间距】为 0.4，【垂直间距】为 0.4，【凹凸数值】为 1000，如图 8-260 所示。

步骤 03 将调节完毕的材质赋给场景中的模型，如图 8-261 所示。

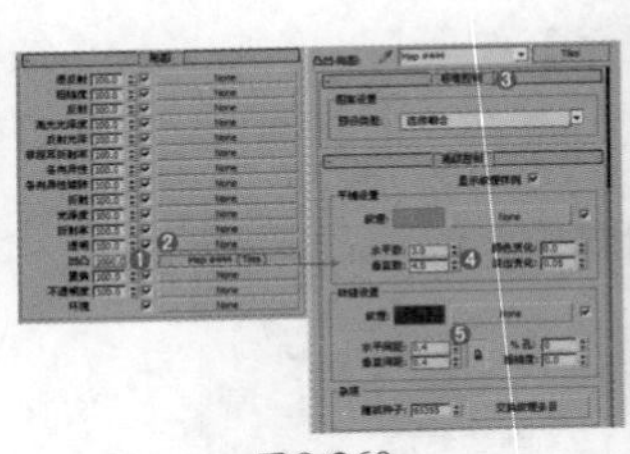

图8-260

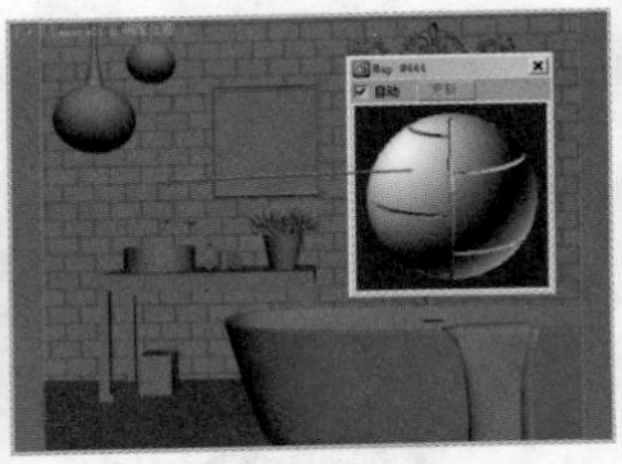

图8-261

2. 陶瓷材质的制作

如图 8-262 示为现实中瓷器材质的应用，其基本属性主要有以下两点。

- 固有色为白色
- 一定的菲涅耳反射效果

图8-262

步骤 01 选择一个空白材质球，然后将材质球类型设置为 VRayMtl，并命名为【陶瓷】，具体的调节参数如图 8-263 所示。

在【漫反射】选项组下调节颜色为浅灰色（红：238，绿：238，蓝：238）。

在【反射】选项组下调节颜色为白色（红：255，绿：255，蓝：255），设置【反射光泽度】为 0.95，选中【菲涅耳反射】复选框。

步骤 02 将调节完毕的材质赋给场景中的模型，如图 8-264 所示。

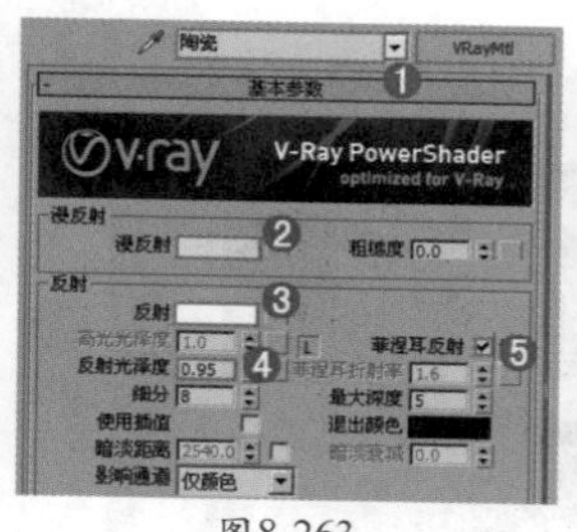

图8-263

图8-264

3. 地面材质的制作

如图 8-265 所示为现实中浴室地面的材质，其基本属性主要有以下两点。

- 地面砖纹理图案
- 一定的模糊反射

图8-265

步骤 01 选择一个空白材质球，然后将材质球类型设置为 VRayMtl，并命名为【地砖】，具体的调节参数如图 8-266 所示。

在【漫反射】选项组下单击【漫反射】后面的通道按钮，并加载贴图文件【地面砖 .jpg】，设置【模糊】为 0.01。

在【反射】选项组下调节颜色为深灰色（红：18，绿：18，蓝：18），【反射光泽度】为 0.4。

步骤 02 将调节完毕的材质赋给场景中的模型，如图 8-267 所示。

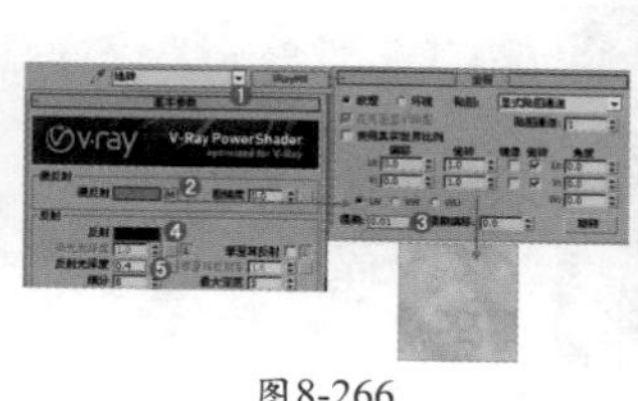

图8-266

图8-267

4. 灯罩材质的制作

如图 8-268 所示为现实中灯罩的材质，其基本属性主要有以下两点。

- 一定的模糊反射
- 很小的折射模糊

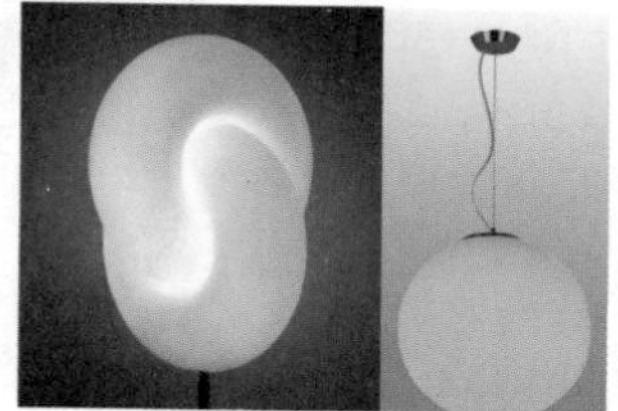

图8-268

步骤 01 选择一个空白材质球，然后将材质球类型设置为 VRayMtl，并命名为【灯罩】，具体的调节参数如图 8-269 所示。

在【漫反射】选项组下调节颜色为浅灰色（红：221，绿：221，蓝：221）。

在【反射】选项组下调节颜色为深灰色（红：51，绿：51，蓝：51），【反射光泽度】为 0.6，【细分】为 12。

在【折射】选项组下调节颜色为深灰色（红：67，绿：67，蓝：67），【光泽度】为 0.7，选中【影响阴影】复选框。

步骤 02 将制作好的材质赋给场景中的模型，如图 8-270 所示。

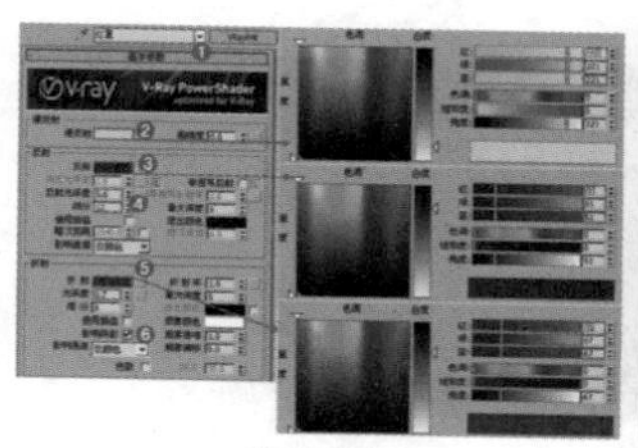

图8-269

图8-270

5. 浴巾材质的制作

如图 8-271 所示为现实中的浴巾的材质，其基本属性主要为一定的凹凸效果。

图8-271

步骤 01 选择一个空白材质球，然后将材质球类型设置为 VRayMtl，并命名为【浴巾】，具体的调节参数如图 8-272 和图 8-273 所示。

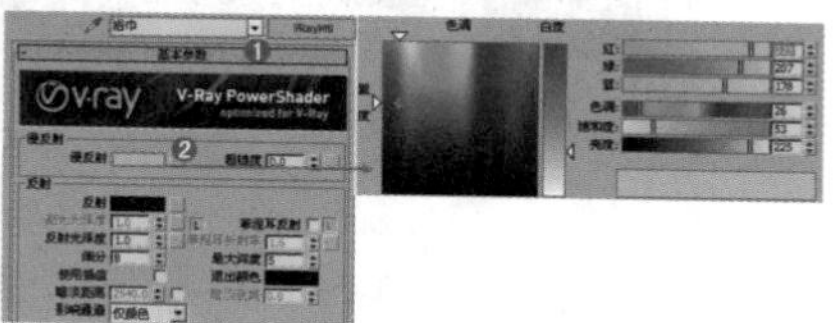

图8-272

在【漫反射】选项组下调节【漫反射】后面的颜色为浅黄色（红：225，绿：207，蓝：178）。

展开【贴图】卷展栏，并在【凹凸】后面的通道上加载【布纹 .jpg】贴图文件，最后设置【凹凸】的数量为 200。

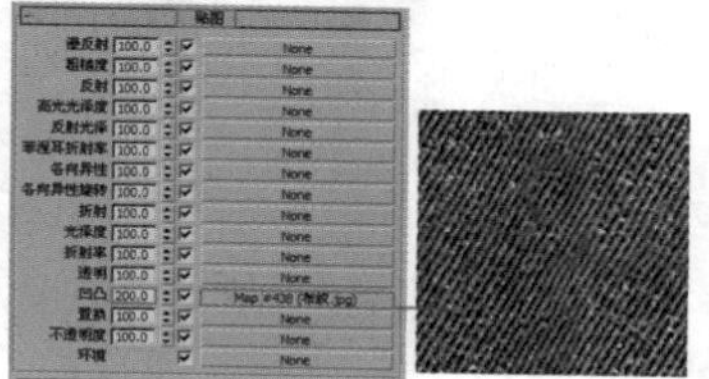

图8-273

步骤 02 将调节完毕的材质赋给场景中的模型，如图 8-274 所示。

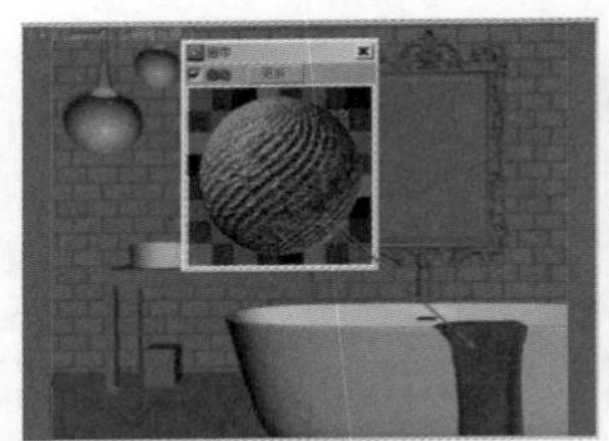
图8-274

6.金属材质的制作

如图 8-275 所示为现实中的金属水龙头的材质，其基本属性主要为一定的反射效果。

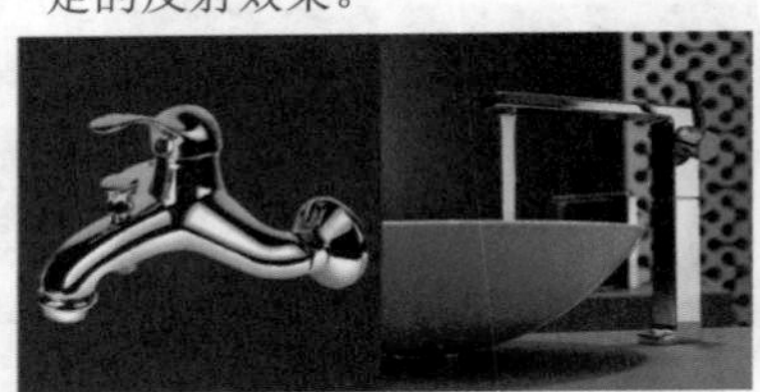
图8-275

步骤 01 选择一个空白材质球，然后将材质球类型设置为 VRayMtl，并命名为【金属】，具体的调节参数如图 8-276 所示。

在【漫反射】选项组下调节颜色为深灰色（红：29，绿：29，蓝：29）。

在【反射】选项组下调节颜色为灰色（红：119，绿：119，蓝：119）。

步骤 02 将制作好的材质赋给场景中的模型，如图 8-277 所示。

图8-276　　图8-277

Part 3 创建摄影机

步骤 01 单击【创建】面板，然后单击【摄影机】按钮，并设置摄影机类型为【标准】，然后单击【目标】按钮 目标 ，如图 8-278 所示。

步骤 02 接着在顶视图拖曳创建一台摄影机，其具体位置如图 8-279 所示。

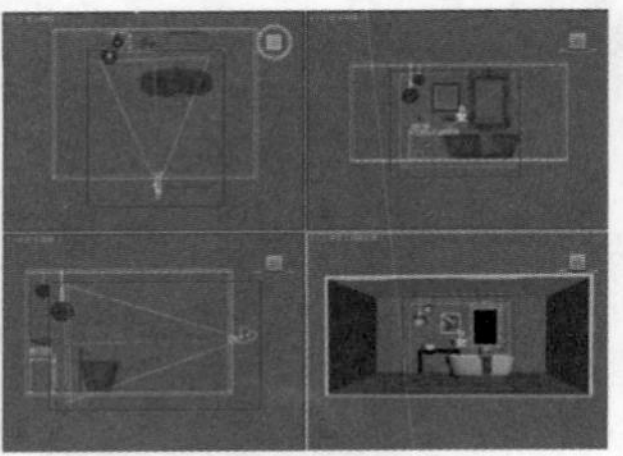
图8-278　　图8-279

步骤 03 进入【修改】面板，在【参数】下设置【镜头】为 44，【视野】为 44.498，如图 8-280 所示。

步骤 04 最后切换到透视图，按 C 键将透视图切换至摄影机视图，场景效果如图 8-281 所示。

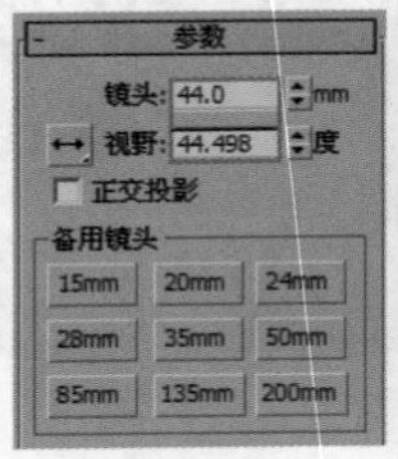

图8-280　　图8-281

Part 4 设置灯光并进行草图渲染

在这个现代风格浴室场景中主要有 3 种灯光，第一种是使用 VR 灯光模拟的自然光，第二种是使用 VR 灯光模拟的辅助光源，第三种是使用 VR 灯光模拟的吊灯光源。

1. 创建主光源

步骤 01 单击（创建）|（灯光）| VR灯光 按钮，在左视图中单击并拖曳鼠标，创建一盏 VR 灯光，接着使用【选择并移动】工具将其放置在合适的位置，具体的位置如图 8-282 所示。

步骤 02 选择步骤 01 创建的 VR 灯光，并在【修改】面板中调节具体参数，如图 8-283 所示。

在【常规】选项组下设置【类型】为平面；在【强度】选项组下设置【倍增】为 3.8，调节颜色为浅蓝色（红：213，绿：242，蓝：255）。

在【大小】选项组下设置【1/2 长】为 2300mm，【1/2 宽】为 1400mm。

在【选项】选项组下选中【不可见】复选框，取消选中【影响反射】复选框。

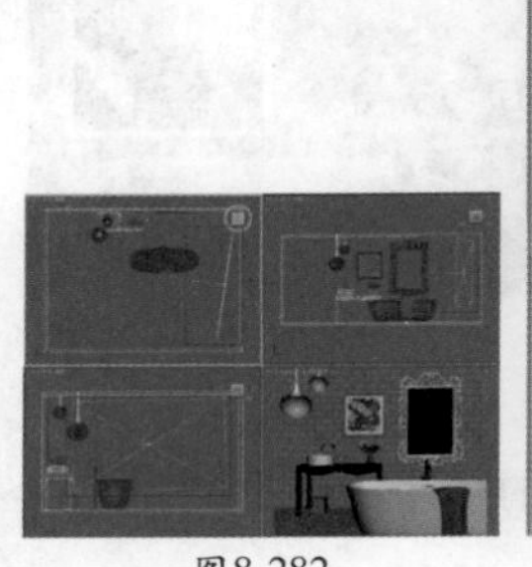
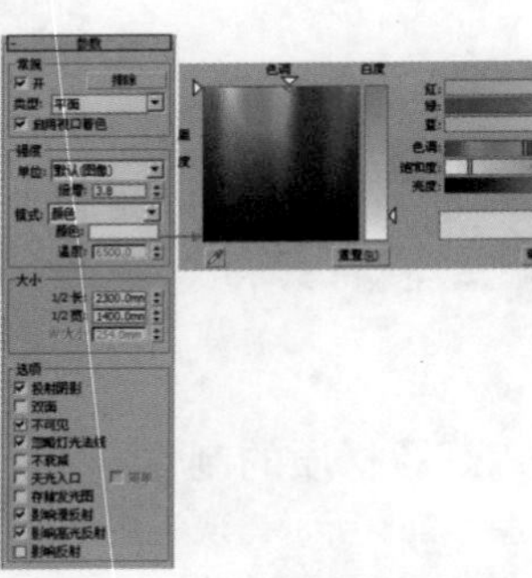
图8-282　　图8-283

步骤 03 按 F10 键打开【渲染设置】对话框。首先设置一下 V-Ray 和【间接照明】选项卡下的参数，刚开始设置的是一个草图设置，目的是进行快速渲染，来观看整体的效果，参数设置如图 8-284 所示。

步骤 04 按 Shift+Q 组合键，快速渲染摄影机视图，其渲染的效果如图 8-285 所示。

通过上面的渲染效果来看，浴室场景中的基本亮度可以，接下来需要制作浴室场景中吊灯的光源。

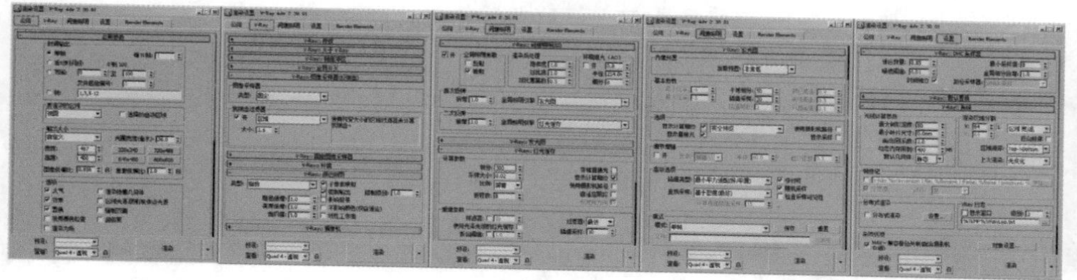

图8-284

图8-285

2. 创建辅助光源

步骤 01 单击（创建）|（灯光）| VR灯光按钮，在左视图中创建一盏 VR 灯光，如图 8-286 所示。

步骤 02 选择步骤 01 创建的 VR 灯光，然后在【修改】面板中设置其具体的参数，如图 8-287 所示。

在【常规】选项组下设置【类型】为平面；在【强度】选项组下设置【倍增】为 2.6，调节颜色为浅黄色（红：252，绿：231，蓝：196）。

在【大小】选项组下设置【1/2 长】为 1400mm，【1/2 宽】为 1200mm。

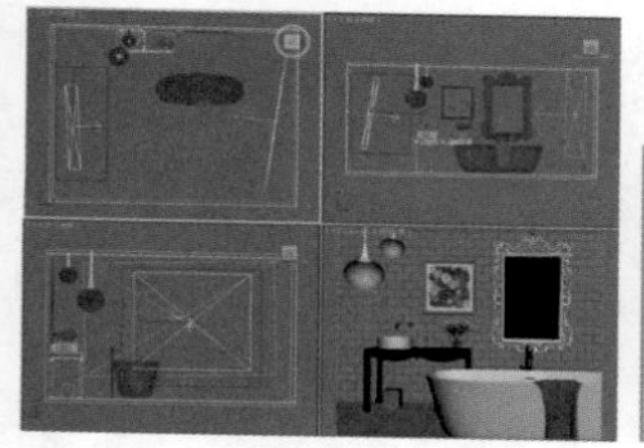

图8-286

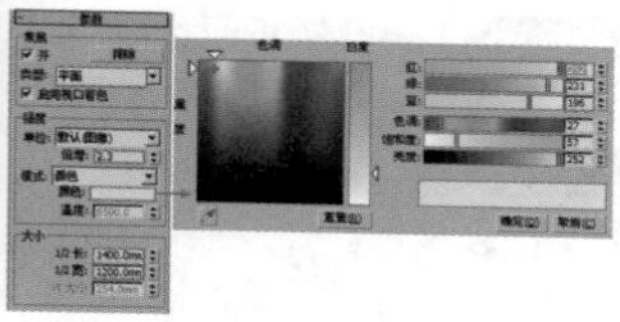

图8-287

步骤 03 按 Shift+Q 组合键，快速渲染摄影机视图，其渲染的效果如图 8-288 所示。

图8-288

3. 创建吊灯光源

步骤 01 单击（创建）|（灯光）| VR灯光按钮，在左视图中创建一盏 VR 灯光，如图 8-289 所示。

步骤 02 选择步骤 01 创建的 VR 灯光，然后在【修改】面板中设置其具体的参数，如图 8-290 所示。

在【常规】选项组下设置【类型】为球体；在【强度】选项组下设置【倍增】为 6.5，调节颜色为浅黄色（红：255，绿：253，蓝：247）。

在【大小】选项组下设置【半径】为 150mm。

在【选项】选项组下选中【不可见】复选框，取消选中【影响反射】复选框。

步骤 03 按 Shift+Q 组合键，快速渲染摄影机视图，其渲染的效果如图 8-291 所示。

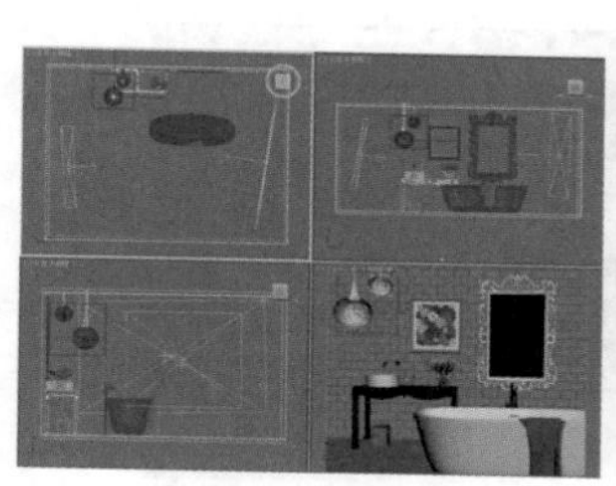

图8-289

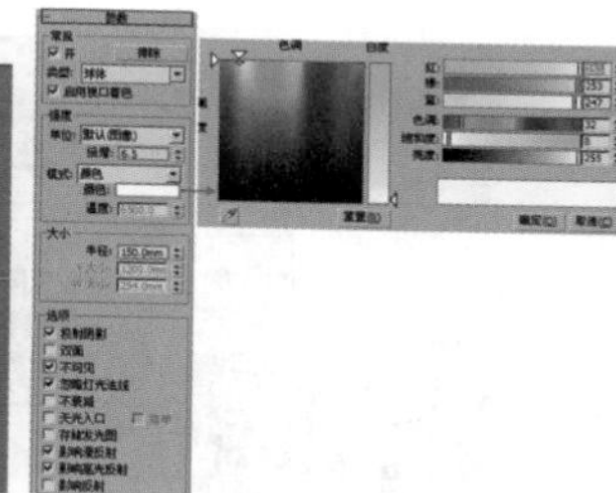

图8-290

图8-291

Part 5 设置成图渲染参数

经过了前面的操作，已经将大量的工作做完了，下面需要做的就是把渲染的参数设置高一些，再进行渲染输出。

步骤 01 按 F10 键打开【渲染设置】对话框，然后在【公用】选项卡下展开【公用参数】卷展栏，设置【宽度】为 2000，【高度】为 1642，如图 8-292 所示。

步骤 02 选择 V-Ray 选项卡，然后在【V-Ray:: 图像采样器（反锯齿）】卷展栏下设置【图像采样器】类型为【自适应确定性蒙特卡洛】，【抗锯齿过滤器】类型为 Mitchell-Netravali，如图 8-293 所示。

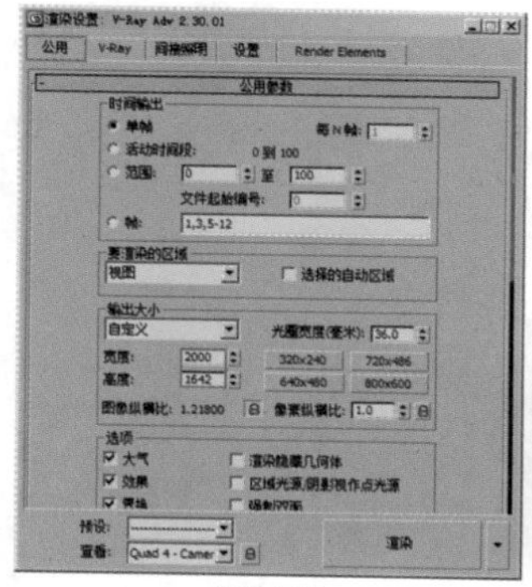

图8-292

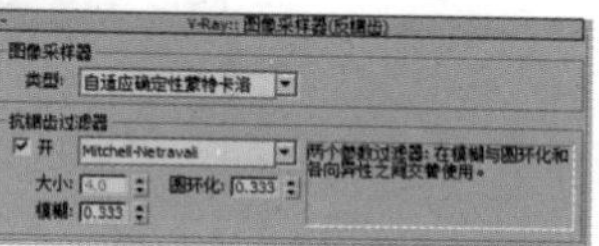

图8-293

步骤 03 展开【V-Ray:: 自适应 DMC 图像采样器】卷展栏，然后设置【最小细分】为 1，【最大细分】为 4，如图 8-294 所示。

步骤 04 选择【间接照明】选项卡，然后在【V-Ray:: 发光图】卷展栏下设置【当前预置】为低，【半球细分】为 50，【插值采样】为 30，最后选中【显示计算相位】和【显示直接光】复选框，具体参数设置如图 8-295 所示。

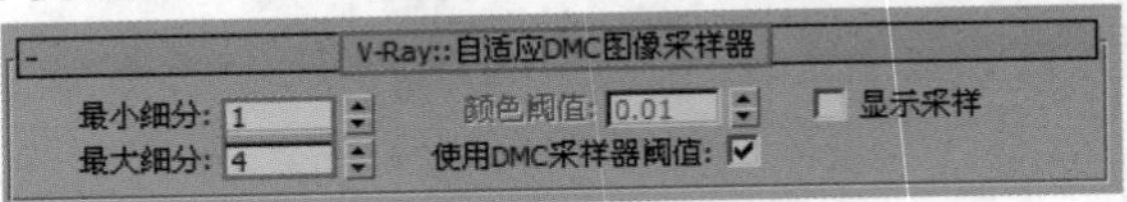

图 8-294

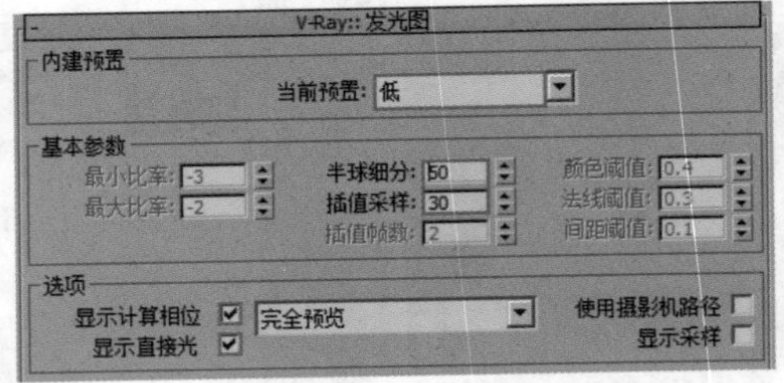

图 8-295

步骤 05 展开【V-Ray:: 灯光缓存】卷展栏，然后设置【细分】1500，接着选中【显示计算相位】复选框，取消选中【存储直接光】复选框，具体参数设置如图 8-296 所示。

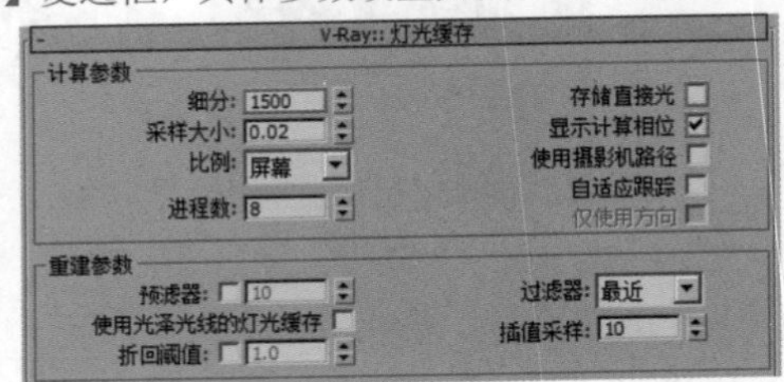

图 8-296

技巧与提示

在渲染出图的时候，可以根据不同的场景来选择不一样的渲染方式。对于较大的场景，可以采取先渲染尺寸稍小的光子图，然后通过载入渲染的光子图来渲染以加快速度。本例中的场景比较小，就不渲染光子图了，直接渲染出图即可。

步骤 06 等待一段时间后就完成了渲染，最终的效果如图 8-297 所示。

图 8-297

重点 综合实例：阅览室夜晚

场景文件	06.max
案例文件	综合实例：阅览室夜晚 .max
视频教学	DVD/ 多媒体教学 /Chapter08/ 综合实例：阅览室夜晚 .flv
难易指数	★★★☆☆
材质类型	VRayMtl 材质、VR 材质包裹器
程序贴图	无
技术掌握	掌握为模型加载 UVW 贴图修改器的方法

实例介绍

本例是一个阅览室场景，场景内主要的材质是应用 VRayMtl 材质制作的，在这个场景中是使用目标灯光制作射灯，VR 灯光制作吊灯制作的灯光效果，最终渲染效果如图 8-298 所示。

图 8-298

操作步骤

Part 1 设置VRay渲染器

步骤 01 打开本书配套光盘中的【场景文件 /Chapter08/06.max】文件，此时场景效果如图 8-299 所示。

步骤 02 按 F10 键打开【渲染设置】对话框，选择【公用】选项卡，在【指定渲染器】卷展栏下单击 ... 按钮，在弹出的【选择渲染器】对话框中选择 V-Ray Adv 2.40.03，如图 8-300 所示。

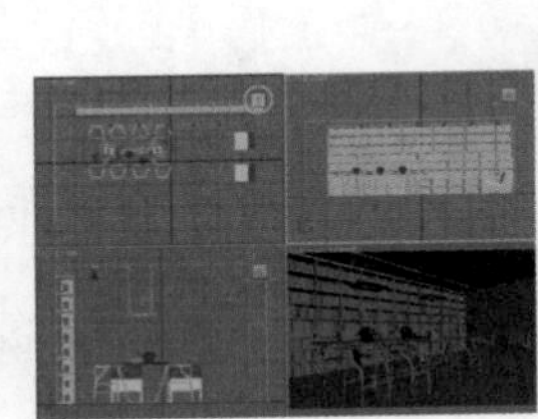

图 8-299

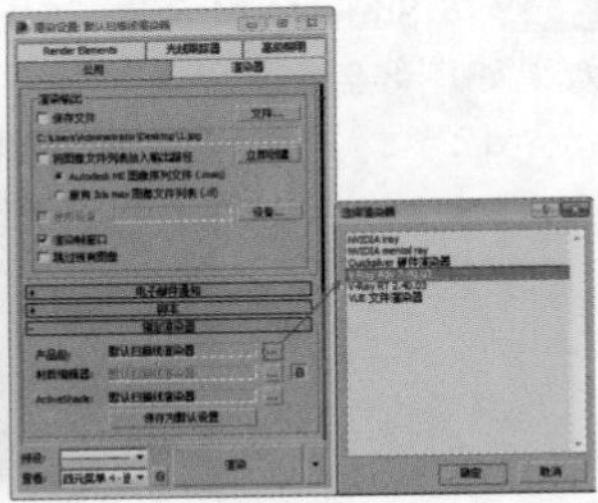

图 8-300

步骤 03 此时在【指定渲染器】卷展栏，【产品级】后面显示了 V-Ray Adv 2.40.03，【渲染设置】对话框中出现了 V-Ray、【间接照明】、【设置】和 Render Elements 4 个选项卡，如图 8-301 所示。

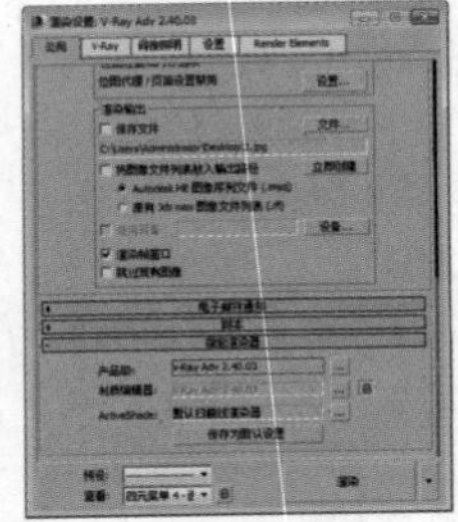

图 8-301

Part 2 材质的制作

下面就来讲述场景中主要材质的制作，包括地面、顶棚、墙面、书架、桌子、椅子、椅子坐垫、沙发和金属材质等，效果如图 8-302 所示。

图 8-302

1．地面材质的制作

步骤 01 按 M 键打开【材质编辑器】对话框，选择第一个材质球，单击 Standard 按钮 Standard ，在弹出的【材质 / 贴图浏览器】对话框中选择 VRayMtl 材质，如图 8-303 所示。

步骤 02 将其命名为【地面】，具体的调节参数如图 8-304 和图 8-305 所示。

在【漫反射】后面的通道上加载【地板 .jpg】贴图文件，展开【坐标】卷展栏，设置【模糊】为 0.01。

在【反射】选项组下调节颜色为深灰色（红：42，绿：42，蓝：42），设置【高光光泽度】为 0.85，【反射光泽度】为 0.85，【细分】为 30。

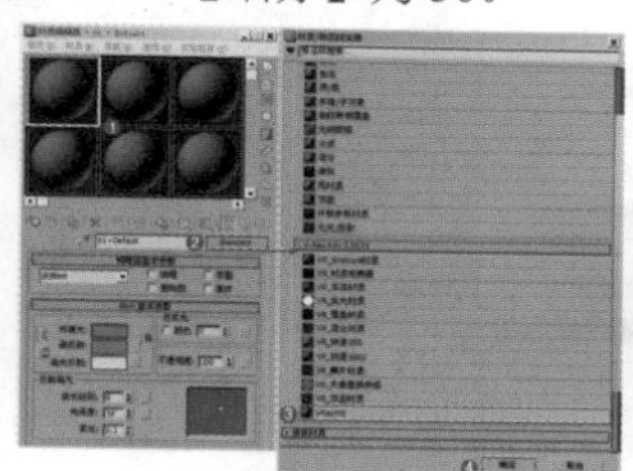

图 8-303

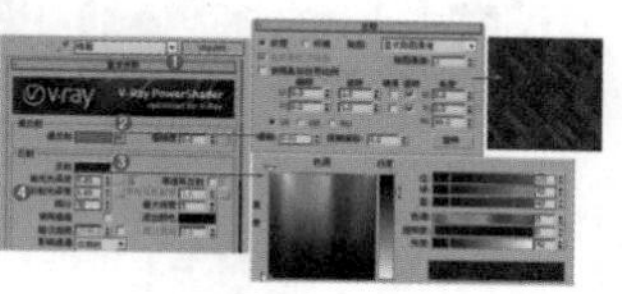

图 8-304

展开【贴图】卷展栏，在【凹凸】后面的通道上加载【地板黑白 .jpg】贴图文件；在【坐标】卷展栏下设置【模糊】为 0.01，最后设置【凹凸】为 50。

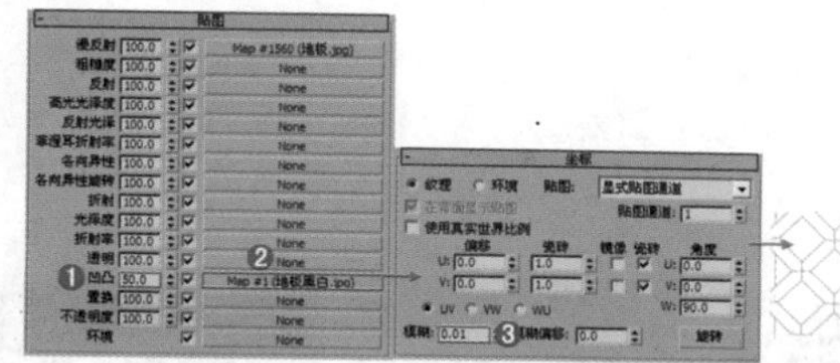

图 8-305

步骤 03 选中场景中的地面模型，在【修改】面板中为其添加 UVW 贴图修改器，具体的调节参数如图 8-306 所示。

在【参数】卷展栏下设置【贴图】类型为【长方体】，设置【长度】为 5005mm，【宽度】为 8813mm，【高度】为 1.0mm，【U 向平铺】为 7，【V 向平铺】为 4，【W 向平铺】为 1，设置【对齐】为 Z。

步骤 04 将制作完毕的材质赋给场景中的模型，如图 8-307 所示。

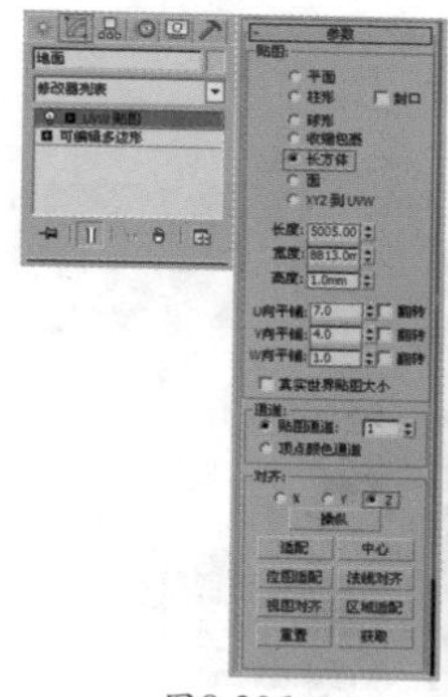

图 8-306

图 8-307

2．顶棚材质的制作

步骤 01 选择一个空白材质球，然后将材质球类型设置为 VRayMtl，并命名为【顶棚】，具体的调节参数如图 8-308 和图 8-309 所示。

在【漫反射】后面的通道上加载【顶棚 .jpg】贴图文件。

在【反射】选项组下调节颜色为深灰色（红：13，绿：13，蓝：13），设置【反射光泽度】为 0.65，【细分】为 15。

展开【贴图】卷展栏，将【漫反射】后面的通道拖曳到【凹凸】后面的通道上，接着设置【凹凸】为 60。

图 8-308

图 8-309

步骤 02 选中场景中的顶棚模型，在【修改】面板中为其添加 UVW 贴图修改器，调节其具体参数，如图 8-310 所示。

在【参数】卷展栏下设置【贴图】类型为【长方体】，设置【长度】、【宽度】、【高度】均为 800mm，设置【对齐】为 Z。

步骤 03 将制作完毕的材质赋给场景中的模型，如图 8-311 所示。

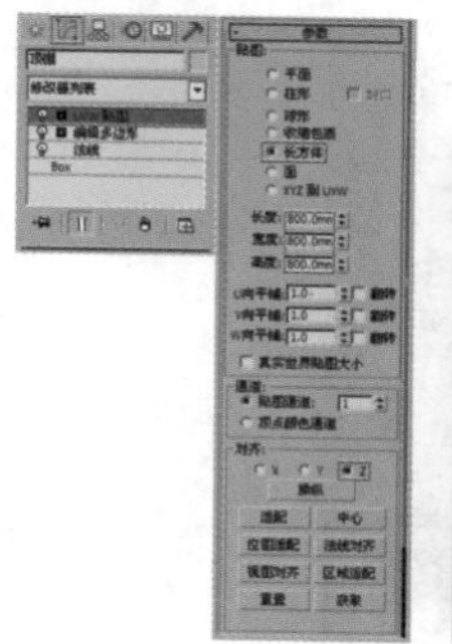

图 8-310

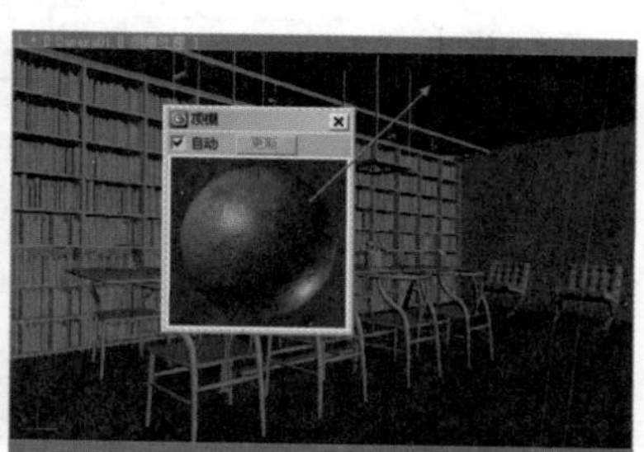

图 8-311

3．水泥墙面材质的制作

步骤 01 选择一个空白材质球，然后将材质球类型设置为 VR 材质包裹器，并命名为【水泥墙面】，在【基本材质】后面的通道上加载 VRayMtl 材质，并命名为 1，最后单击进入【基本材质】后面的通道内，具体调节参数如图 8-312 和图 8-313 所示。

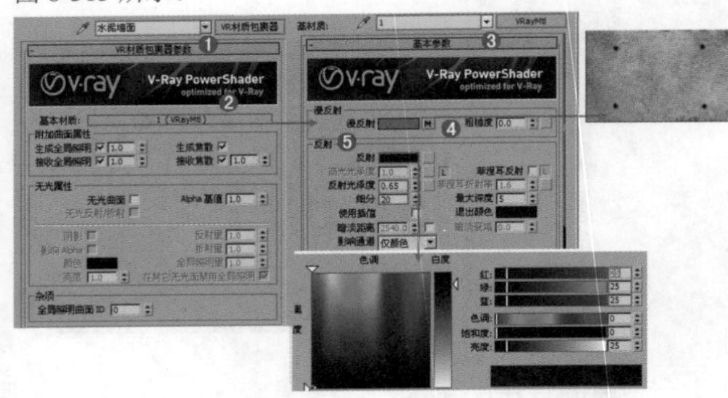

图8-312

在【漫反射】后面的通道上加载【墙面 .jpg】贴图文件。

在【反射】选项组下调节颜色为深灰色（红：25，绿：25，蓝：25），设置【反射光泽度】为 0.65，【细分】为 20。

展开【贴图】卷展栏，将【漫反射】后面的通道拖曳到【凹凸】后面的通道上，接着设置【凹凸】为 50。

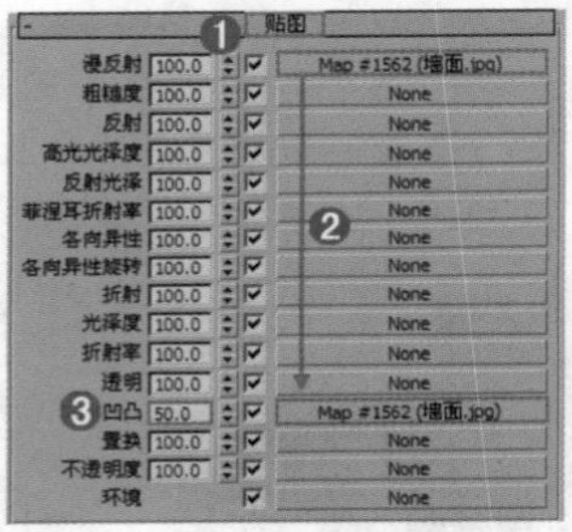

图8-313

步骤 02 选中场景中的水泥墙面模型，在【修改】面板中为其添加 UVW 贴图修改器，调节其具体参数，如图 8-314 所示。

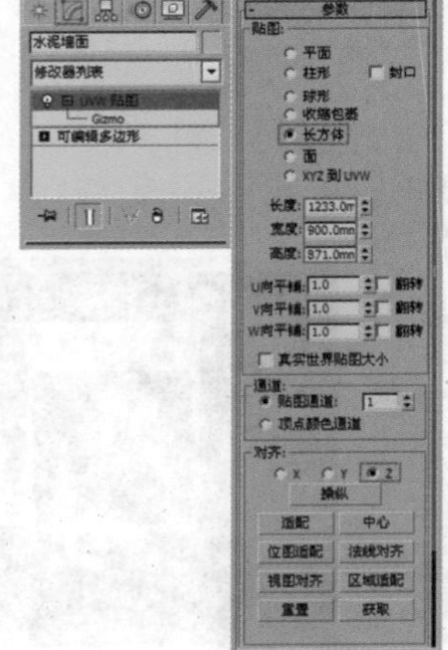

图8-314

在【参数】卷展栏下设置【贴图】类型为【长方体】，设置【长度】为 1233mm，【宽度】为 900mm，【高度】为 871mm，设置【对齐】为 Z。

步骤 03 将制作完毕的材质赋给场景中的模型，如图 8-315 所示。

图8-315

4．桌子材质的制作

步骤 01 选择一个空白材质球，然后将材质球类型设置为 VRayMtl，并命名为【桌子】，具体的调节参数如图 8-316 所示。

在【漫反射】选项组下调节颜色为白色（红：255，绿：255，蓝：255）。

在【反射】选项组下调节颜色为深灰色（红：44，绿：44，蓝：44），设置【反射光泽度】为 0.93，【细分】为 20。

步骤 02 将制作完毕的材质赋给场景中的模型，如图 8-317 所示。

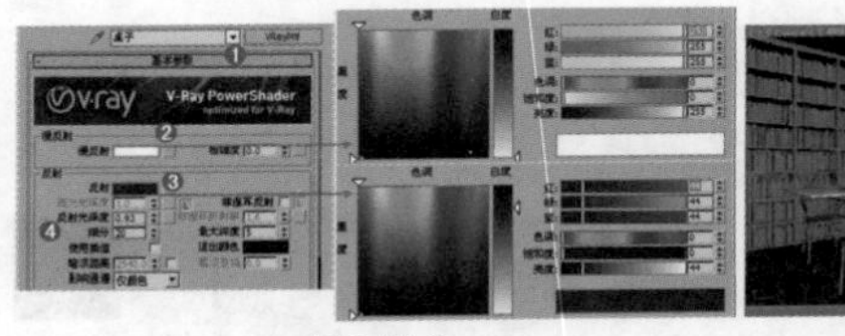

图8-316 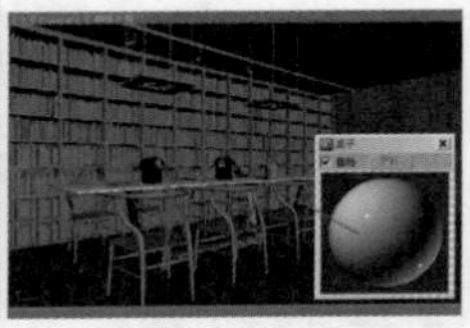　　图8-317

5．椅子材质的制作

步骤 01 选择一个空白材质球，然后将材质球类型设置为 VRayMtl，并命名为【椅子】，具体的调节参数如图 8-318 所示。

在【漫反射】选项组下调节颜色为绿色（红：94，绿：126，蓝：84）。

在【反射】选项组下调节颜色为浅灰色（红：32，绿：32，蓝：32），设置【反射光泽度】为 0.75，【细分】为 20。

步骤 02 将制作完毕的材质赋给场景中的椅子模型，如图 8-319 所示。

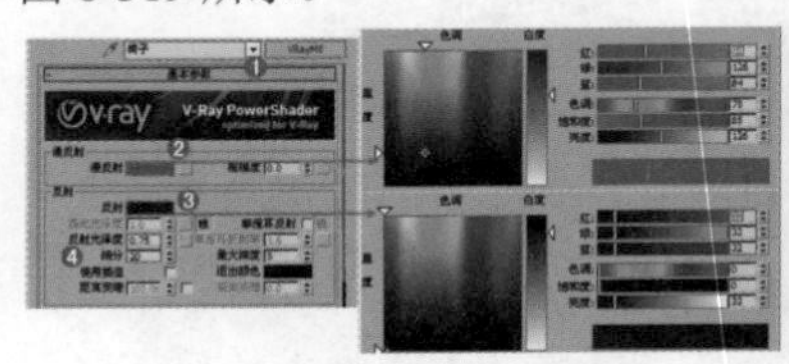

图8-318

图8-319

6．椅子坐垫材质的制作

步骤 01 选择一个空白材质球，然后将材质球类型设置为VRayMtl，并命名为【椅子坐垫】，具体的调节参数如图 8-320 和图 8-321 所示。

在【漫反射】后面的通道上加载【椅子坐垫 .jpg】贴图文件。

展开【贴图】卷展栏，将【漫反射】后面的通道拖曳到【置换】后面的通道上，接着设置【置换】为 7.8。

图 8-320

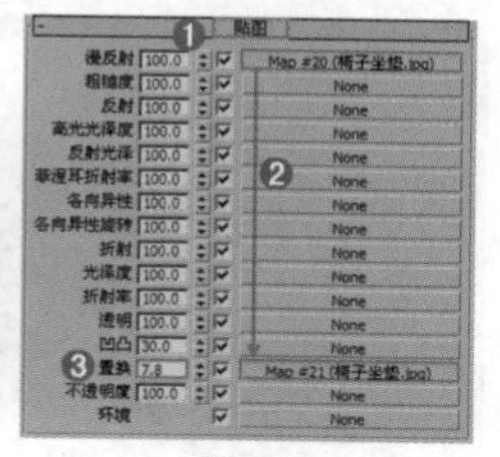

图 8-321

步骤 02 将制作完毕的材质赋给场景中的椅子坐垫模型，如图 8-322 所示。

图 8-322

7．书架材质的制作

步骤 01 选择一个空白材质球，然后将材质球类型设置为VRayMtl，并命名为【书架】，具体的调节参数如图 8-323 所示。

在【漫反射】选项组下调节颜色为浅灰色（红：250，绿：250，蓝：250）。

在【反射】选项组下调节反射颜色为深灰色（红：13，绿：13，蓝：13），设置【反射光泽度】为 0.85，【细分】为 20。

步骤 02 将制作完毕的材质赋给场景中的模型，如图 8-324 所示。

图 8-323

图 8-324

8．沙发材质的制作

步骤 01 选择一个空白材质球，然后将材质球类型设置为VRayMtl，并命名为【沙发】，具体的调节参数如图 8-325 所示。

在【漫反射】选项组下调节颜色为黑色（红：0 绿：0 蓝：0）。

在【反射】选项组下调节反射颜色为深灰色（红：51，绿：51，蓝：51），设置【高光光泽度】为 0.85，【反射光泽度】为 0.75，【细分】为 20。

步骤 02 将制作完毕的材质赋给场景中的沙发模型，如图 8-326 所示。

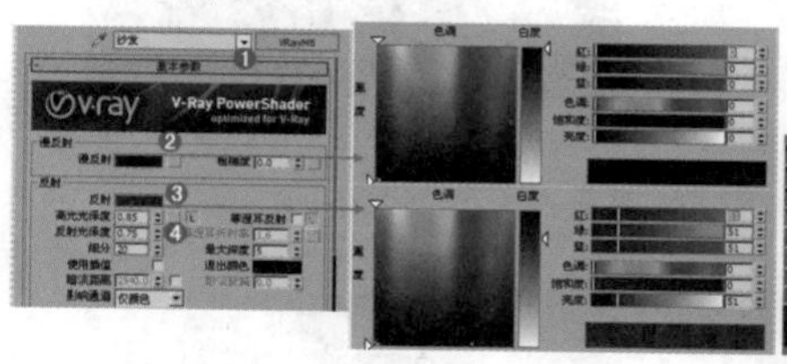

图 8-325

图 8-326

9．金属材质的制作

步骤 01 选择一个空白材质球，然后将材质球类型设置为VRayMtl，并命名为【金属】，具体的调节参数如图 8-327 所示。

在【漫反射】选项组下调节颜色为灰色（红：107，绿：107，蓝：107）。

在【反射】选项组下调节反射颜色为浅灰色（红：195，绿：195，蓝：195），设置【反射光泽度】为 0.95，【细分】为 10。

步骤 02 将制作完毕的材质赋给场景中的沙发腿模型，如图 8-328 所示。

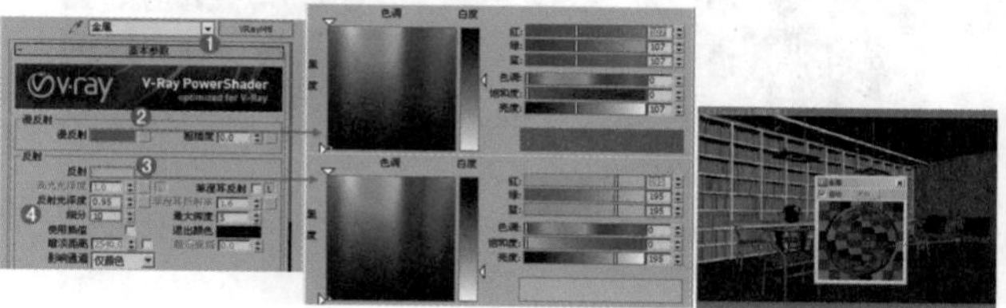

图 8-327　　图 8-328

Part 3 创建摄影机

步骤 01 进入【创建】面板，单击【摄影机】按钮，接着单击【目标】按钮，如图 8-329 所示。在顶视图中拖曳创建一台摄影机，其具体放置位置如图 8-330 所示。

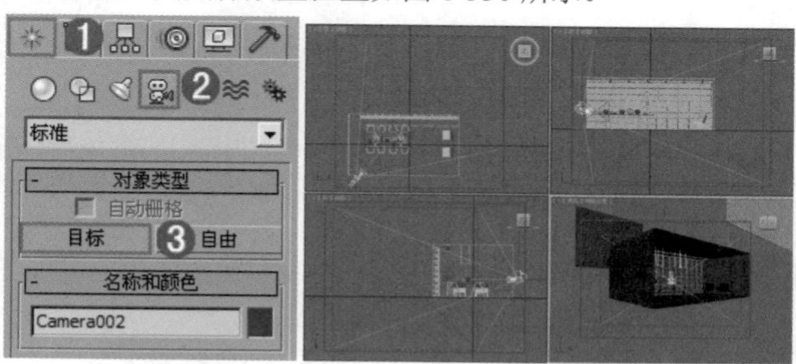

图 8-329　　图 8-330

步骤 02 进入【修改】面板调节摄影机具体的参数，如图 8-331 所示。

步骤 03 按 C 键，切换到摄影机角度，如图 8-332 所示。

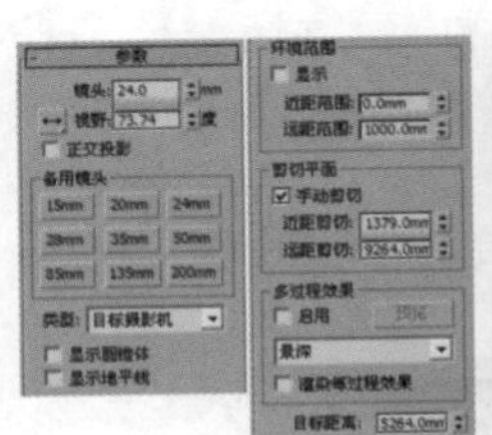
图8-331

图8-332

步骤 04 继续创建一盏目标摄影机，具体放置位置如图 8-333 所示。进入【修改】面板调节其具体参数，如图 8-334 所示。

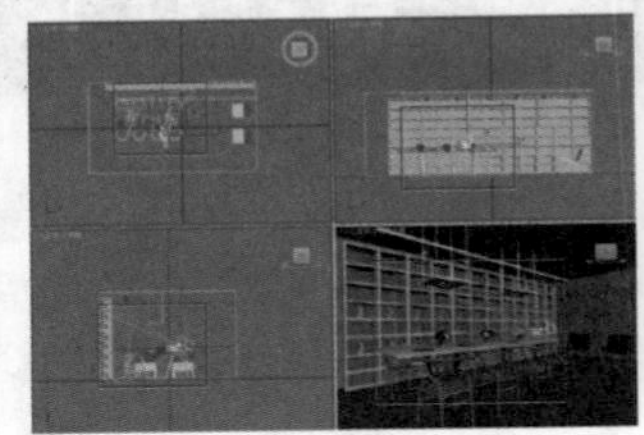
图8-333

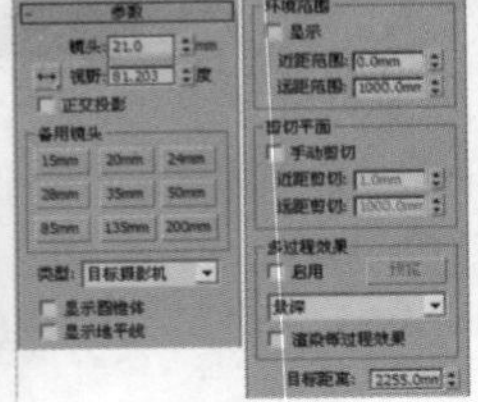
图8-334

步骤 05 按 C 键切换到摄影机角度，如图 8-335 所示。

图8-335

Part 4 设置灯光并进行草图渲染

在这个阅览室场景中主要制作了三种灯光，第一种是使用 VR 灯光制作的室内的主光源；第二种是使用目标灯光制作的射灯光源；第三种是使用 VR 灯光制作的吊灯的光源。

1. 创建主光源

步骤 01 单击 （创建）|（灯光）| VR灯光 按钮，在左视图中创建一盏 VR 灯光，然后使用【选择并移动】工具将其移动到窗户的外面，具体的放置位置如图 8-336 所示。

步骤 02 选择步骤 01 创建的 VR 灯光，然后在【修改】面板中设置调节具体的参数，如图 8-337 所示。

设置【类型】为平面，设置【倍增】为 1.5，调节【颜色】为白色（红：255，绿：255，蓝：255），【1/2 长】为 3900mm，【1/2 宽】为 1483mm，选中【不可见】复选框，取消选中【影响高光】和【影响反射】复选框，【细分】为 20。

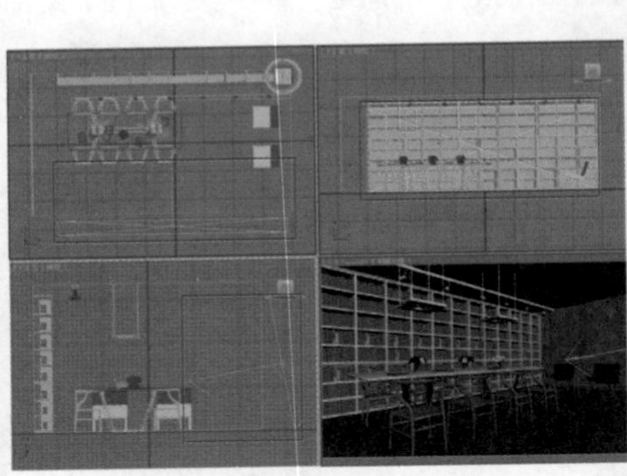
图8-336

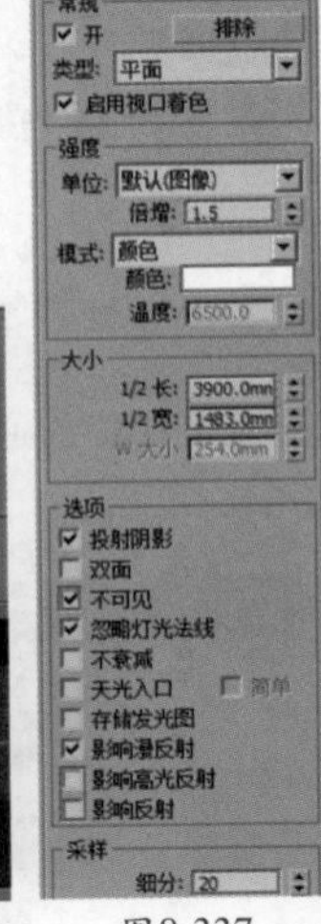
图8-337

步骤 03 按 F10 键打开【渲染设置】对话框。首先设置一下 V-Ray 和【间接照明】选项卡下的参数，刚开始设置的是一个草图设置，目的是进行快速渲染，来观看整体的效果，参数设置如图 8-338 所示。

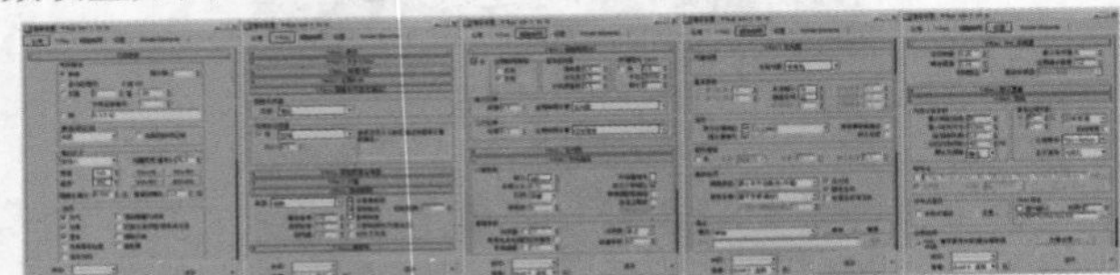
图8-338

步骤 04 按 Shift+Q 组合键，快速渲染摄影机视图，其渲染的效果如图 8-339 所示。

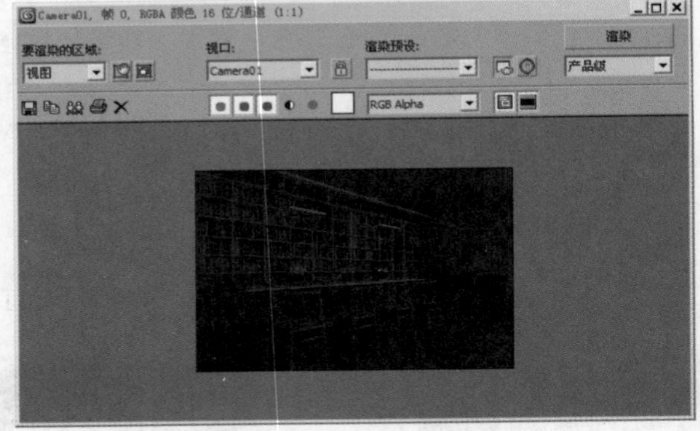
图8-339

2. 创建射灯光源

步骤 01 单击 （创建）|（灯光）| 目标灯光 按钮，在顶视图中单击并拖曳鼠标，创建一盏目标灯光，接着使用【选择并移动】工具复制 10 盏目标灯光，接着在各个视图中调整一下它的位置，具体的位置如图 8-340 所示。

步骤 02 选择步骤 01 创建的目标灯光，并在【修改】面板中调节具体参数，如图 8-341 所示。

展开【常规参数】卷展栏，在【阴影】选项组下选中

【启用】，并设置【阴影类型】为 VRay 阴影，【灯光分布类型】为光度学 Web。

展开【分布光度学 Web】卷展栏，并在通道上加载【30.ies】光域网文件。

展开【强度 / 颜色 / 衰减】卷展栏，调节颜色为浅黄色（红：255，绿：237，蓝：208），设置【倍增】为 20000；展开【VRay 阴影参数】卷展栏，选中【区域阴影】，设置【类型】为【球体】，【U 大小】、【V 大小】、【W 大小】均为 100mm，【细分】为 20。

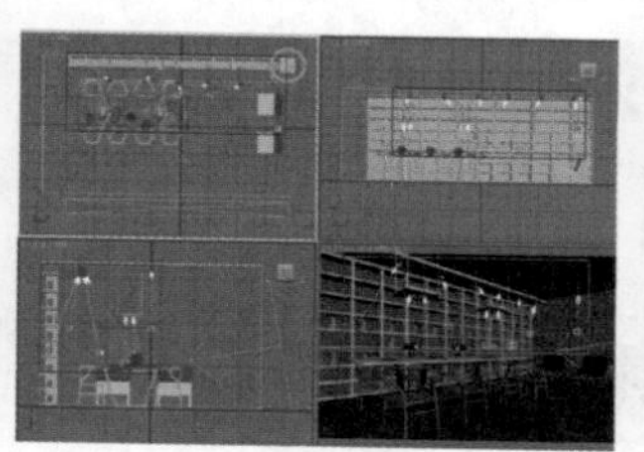

图 8-340

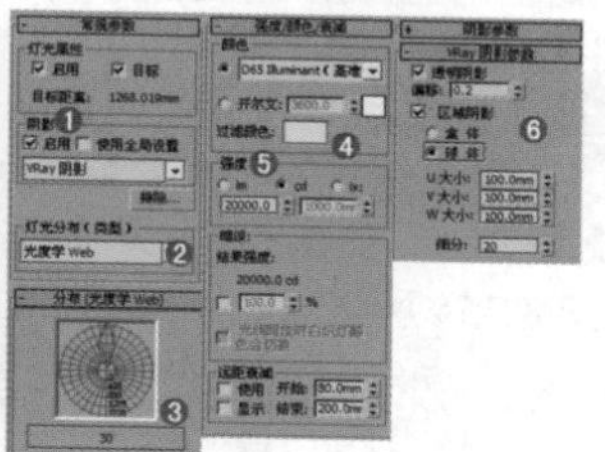

图 8-341

步骤 03 按 Shift+Q 组合键，快速渲染摄影机视图，其渲染的效果如图 8-342 所示。

图 8-342

3．创建吊灯光源

步骤 01 单击（创建）|（灯光）| VR灯光 按钮，在顶视图中创建一盏灯光，如图 8-343 所示。

步骤 02 选择上一步创建的 VR 灯光，然后在【修改面板】下设置调节具体的参数，如图 8-344 所示。

设置【类型】为球体，设置【倍增】为 30，调节【颜色】为浅黄色（红：218，绿：132，蓝：65），【半径】为 30mm，选中【不可见】复选框，【细分】为 20。

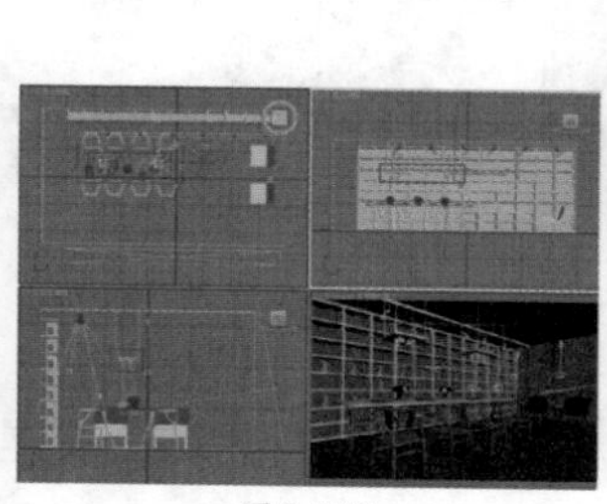

图 8-343

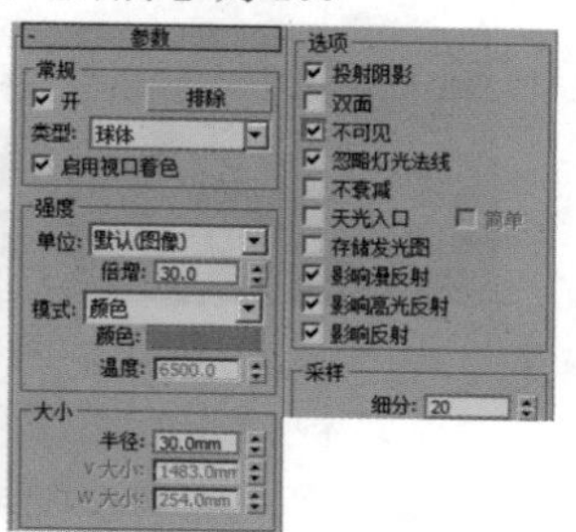

图 8-344

步骤 03 按 Shift+Q 组合键，快速渲染摄影机视图，其渲染的效果如图 8-345 所示。

图 8-345

Part 5 设置成图渲染参数

经过了前面的操作，已经将大量的工作做完了，下面需要做的就是把渲染的参数设置高一些，再进行渲染输出。

步骤 01 重新设置一下渲染参数，按 F10 键，在打开的【渲染设置】对话框中选择 V-Ray 选项卡，展开【V-Ray:: 图像采样器（反锯齿）】卷展栏，设置【类型】为【自适应确定性蒙特卡洛】，接着在【抗锯齿过滤器】选项组下选中【开】复选框，并选择 Mitchell-Netravali，展开【V-Ray:: 颜色贴图】卷展栏，设置【类型】为【指数】，选中【子像素映射】和【钳制输出】复选框，如图 8-346 所示。

步骤 02 选择【间接照明】选项卡，展开【V-Ray:: 发光图】卷展栏，设置【内建预置】为低，【半球细分】为 50，【插值采样】为 20，如图 8-347 所示。

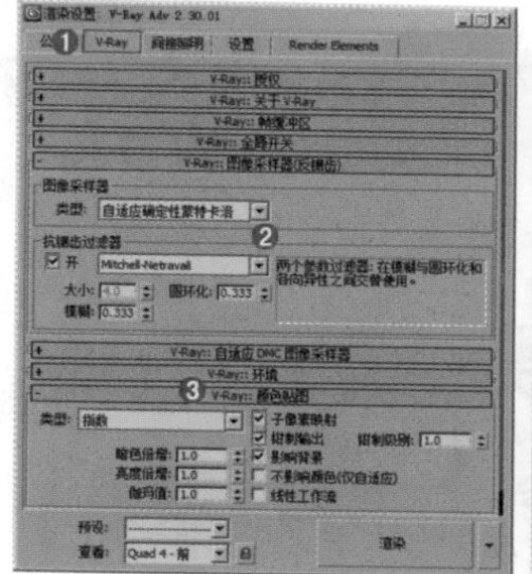

图 8-346

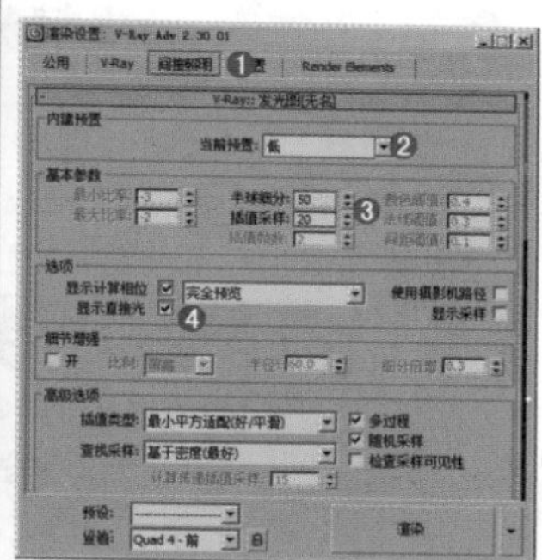

图 8-347

步骤 03 展开【V-Ray:: 灯光缓存】卷展栏，设置【细分】为 1500，取消选中【存储直接光】复选框，如图 8-348 所示。

步骤 04 选择【设置】选项卡，展开【V-Ray:: 系统】卷展栏，设置【区域排序】为 Top → Bottom，最后取消选中【显示窗口】，如图 8-349 所示。

步骤 05 选择【公用】选项卡，设置输出的尺寸为 2000×1300，如图 8-350 所示。

步骤 06 等待一段时间后就完成了渲染，最终的效果如图 8-351 所示。

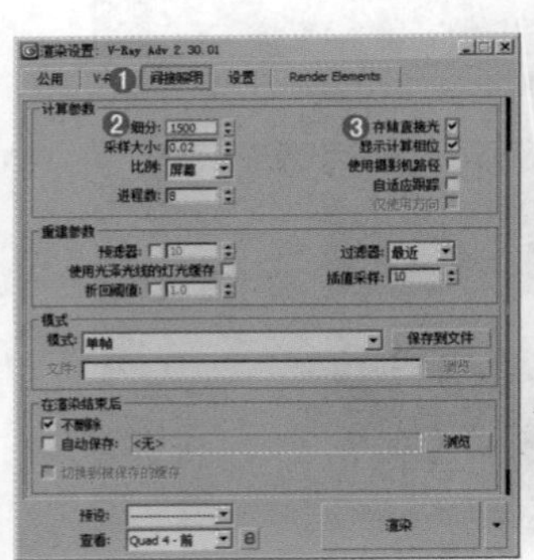

图8-348

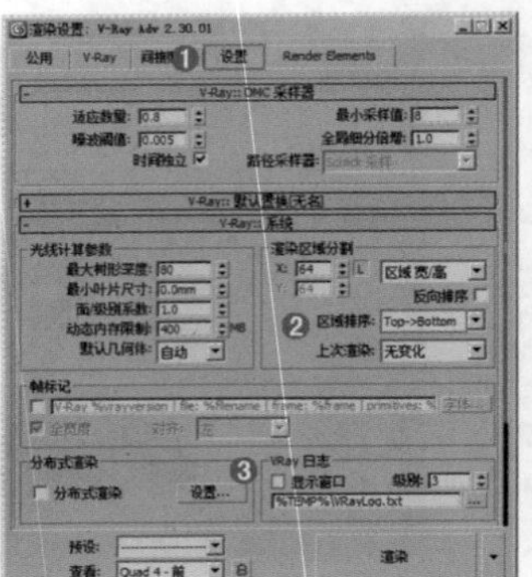

图8-349

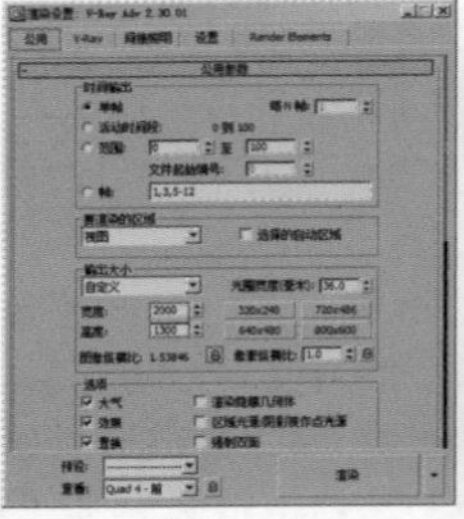

图8-350

图8-351

重点 综合实例：VRay 综合运用之会议厅局部

场景文件	07.max
案例文件	综合实例：VRay 综合运用之会议厅局部.max
视频教学	DVD/ 多媒体教学 /Chapter08/ 综合实例：VRay 综合运用之会议厅局部.flv
难易指数	★★★☆☆
灯光类型	VR 太阳、VR 灯光
材质类型	VRayMtl 材质、标准材质、VR 材质包裹器、多维 / 子对象材质
程序贴图	衰减程序贴图、噪波程序贴图、遮罩程序贴图
技术掌握	掌握各种程序贴图的应用

实例介绍

本例是一个会议厅局部，真实的阳光的制作、真实的背景环境是本例学习的重点。最终渲染效果如图 8-352 所示。

图8-352

操作步骤

Part 1 设置VRay渲染器

步骤 01 打开本书配套光盘中的【场景文件 /Chapter08/07.max】文件，此时场景效果如图 8-353 所示。

步骤 02 按 F10 键打开【渲染设置】对话框，在【公用】选项卡下展开【指定渲染器】卷展栏，单击 ... 按钮，在弹出的【选择渲染器】对话框中选择 V-Ray Adv 2.40.03，如图 8-354 所示。

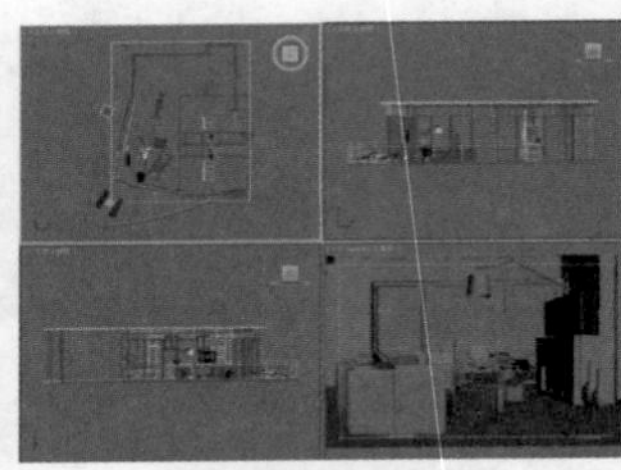

图8-353

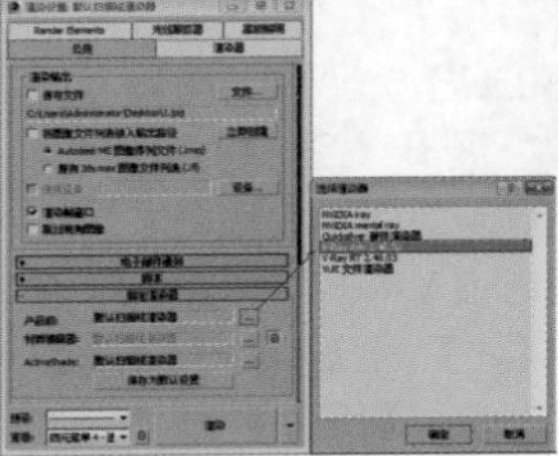

图8-354

步骤 03 此时在【指定渲染器】卷展栏，【产品级】后面显示了 V-Ray Adv 2.40.03，【渲染设置】对话框中出现了 V-Ray、【间接照明】、【设置】和 Render Elements 选项卡，如图 8-355 所示。

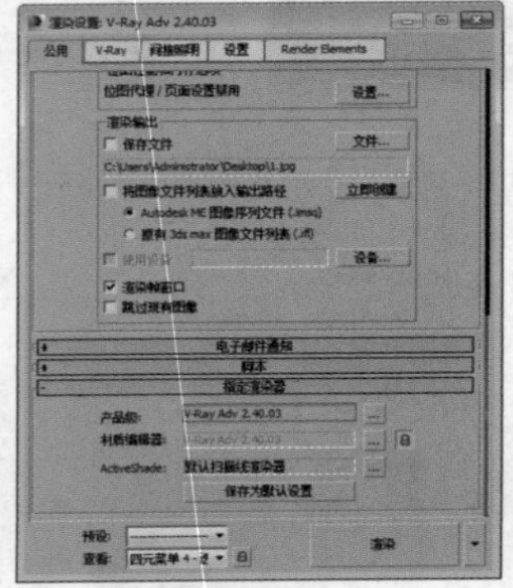

图8-355

Part 2 材质的制作

本例的场景对象材质主要包括地板材质、墙面材质、灯罩材质、沙发材质、电视柜材质和装饰瓶材质，如图 8-356 所示。

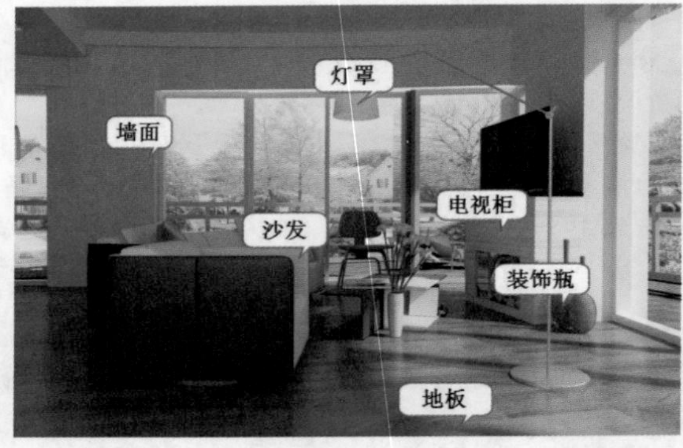

图8-356

1. 地板材质的制作

如图 8-357 为现实中地板材质的应用，其基本属性主要有以下两点。

- 一定的模糊反射
- 一定的凹凸效果

图8-357

步骤01 按M键打开【材质编辑器】对话框，选择第1个材质球，单击Standard按钮 Standard ，在弹出的【材质/贴图浏览器】对话框中选择VRayMtl，如图8-358所示。

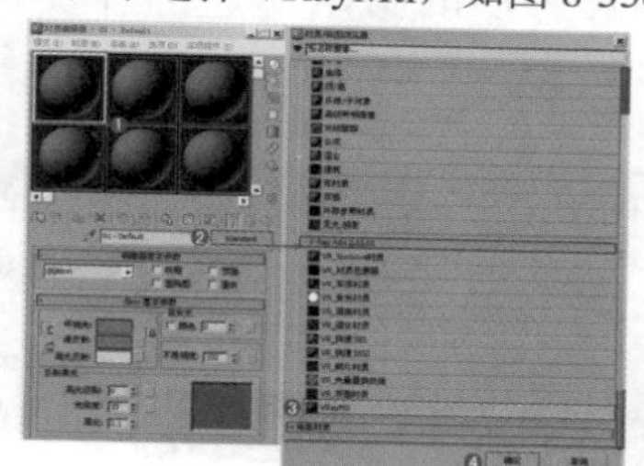
图8-358

步骤02 将其命名为【地板】，具体的调节参数如图8-359所示。

在【漫反射】选项组下单击【漫反射】后面的通道按钮，并加载贴图文件【地板.jpg】，展开【坐标】卷展栏，取消选中【使用真实世界比例】复选框，设置【角度】的W方向为90，设置【模糊】为0.01。

在【反射】选项组下调节反射颜色为深灰色（红：52，绿：52，蓝：52），设置【高光光泽度】为0.85，【反射光泽度】为0.35，【细分】为15，【最大深度】为3。

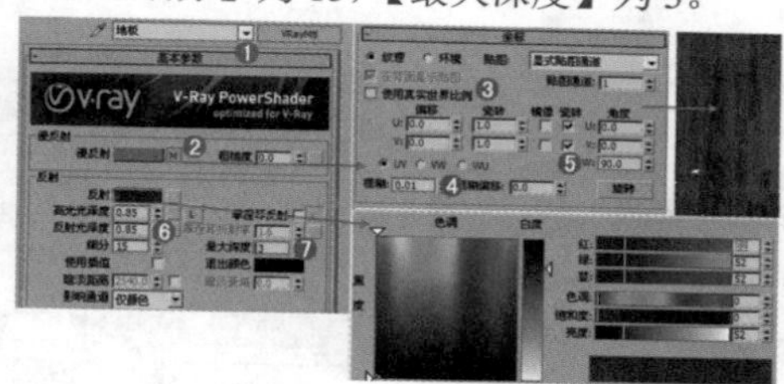
图8-359

步骤03 将调节完毕的材质赋给场景中的地面模型，如图8-360所示。

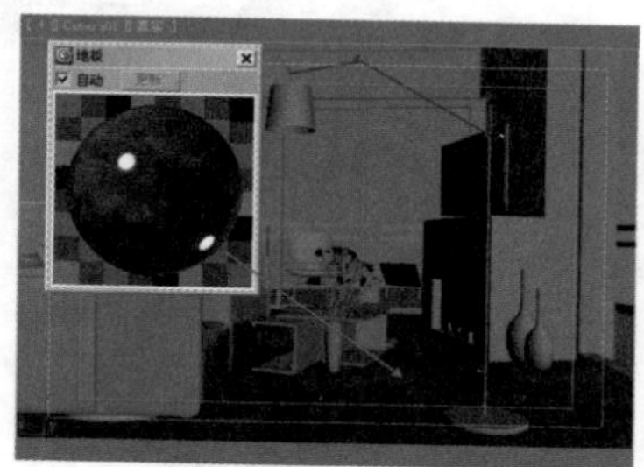
图8-360

2. 墙面材质的制作

如图8-361所示是现实中的墙面材质的应用，其基本属性为固有色为色。

图8-361

步骤01 选择一个空白材质球，然后将材质球类型设置为Standard，并命名为【墙面】，具体的调节参数如图8-362所示。

在【漫反射】选项组下调节颜色为浅灰色（红：247，绿：247，蓝：247）。

步骤02 将调节完毕的材质赋给场景中的墙面模型，如图8-363所示。

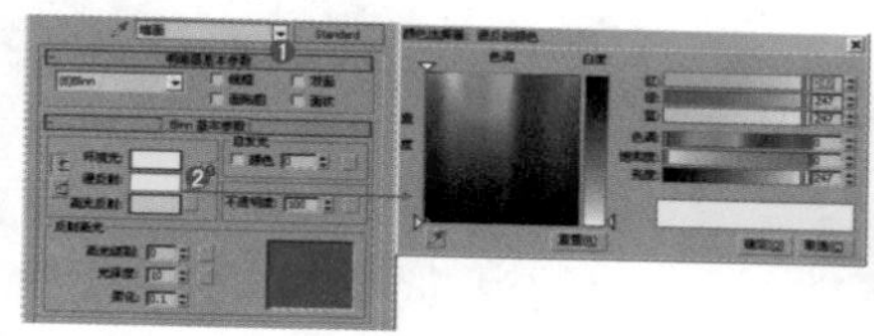
图8-362

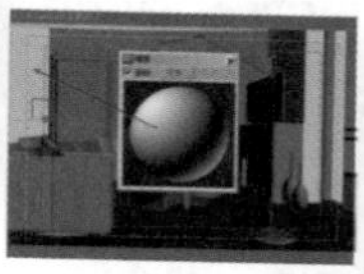

图8-363

3. 灯罩材质的制作

如图8-364所示为现实中灯罩的材质，其基本属性主要有以下两点。

- 无反射
- 带有一定的折射模糊

图8-364

步骤01 选择一个空白材质球，然后将材质球类型设置为VRayMtl，并命名为【灯罩】，具体的调节参数如图8-365所示。

在【漫反射】选项组下调节颜色为浅绿色（红：250，绿：251，蓝：251）。

在【折射】选项组下调节反射颜色为深灰色（红：80，绿：80，蓝：80），设置【光泽度】为0.7。

步骤02 将调节完毕的材质赋给场景中的灯罩模型，如图8-366所示。

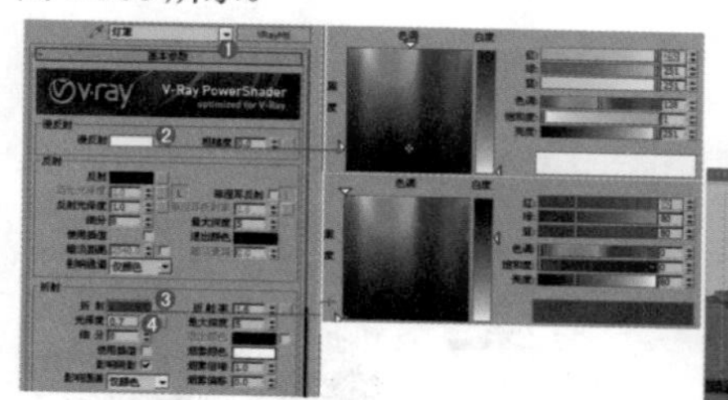
图8-365

图8-366

4．沙发材质的制作

如图 8-367 为现实中沙发的材质，其基本属性主要为一定的漫反射和反射。

图8-367

步骤 01 选择一个空白材质球，然后将材质球类型设置为【多维 / 子对象】，并命名为【沙发】，展开【多维 / 子对象基本参数】卷展栏，具体的调节参数如图 8-368 所示。

设置【设置数量】为 2，并分别在其通道上加载 VR 材质包裹器材质。

步骤 02 单击进入 ID 号为 1 的通道中，并进行详细的调节，具体的调节参数如图 8-369 所示。

在【基本材质】后面的通道上加载 VRayMtl 材质，单击进入【基本材质】通道栏，在【漫反射】选项组下调节颜色为浅黄色（红：237，绿：226，蓝：216），在【反射】选项组下调节颜色为深灰色（红：27，绿：27，蓝：27），设置【高光光泽度】为 0.48，【反射光泽度】为 0.7，【细分】为 36。

单击【转到父对象】按钮，返回【VR 材质包裹器参数】卷展栏，设置【产生全局照明】为 0.8。

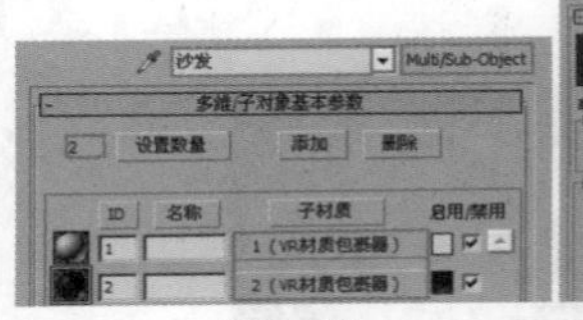

图8-368

图8-369

步骤 03 单击进入 ID 号为 2 的通道中，并进行详细的调节，具体的调节参数如图 8-370 所示。

在【基本材质】后面的通道上加载 VRayMtl 材质，单击进入【基本材质】通道栏，在【漫反射】选项组后面的通道上加载【衰减】程序贴图，设置【衰减类型】为 Fresnel；在【反射】选项组下调节颜色为深灰色（红：10，绿：10，蓝：10），设置【高光光泽度】为 0.68，【反射光泽度】为 0.7，【细分】为 36。

单击【转到父对象】按钮，返回【VR 材质包裹器参数】卷展栏，设置【产生全局照明】为 0.8。

步骤 04 将调节完毕的材质赋给场景中的模型，如图 8-371 所示。

图8-370

图8-371

5．电视柜材质的制作

如图 8-372 为现实中电视柜的材质，其基本属性主要为噪波程序贴图。

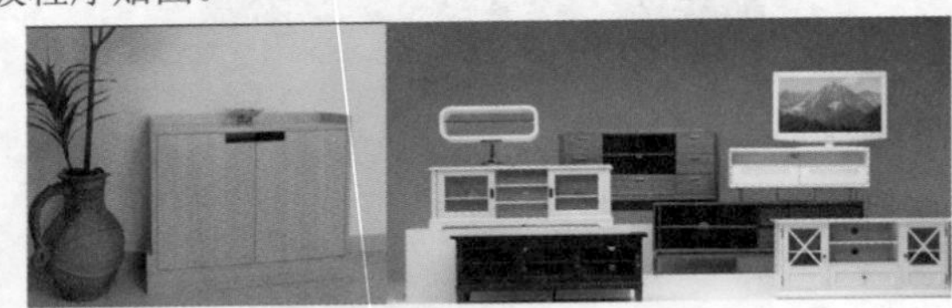

图8-372

步骤 01 选择一个空白材质球，然后将材质球类型设置为 VRayMtl，并命名为【电视柜】，具体的调节参数如图 8-373 所示。

在【漫反射】选项组后面的通道上加载【噪波】程序贴图。

展开【坐标】卷展栏，设置【瓷砖】的 V 为 50。

展开【噪波参数】卷展栏，设置【噪波类型】为湍流，【大小】为 3，调节【颜色 #1】为浅蓝色（红：249，绿：249，蓝：248），【颜色 #2】为浅黄色（红：157，绿：141，蓝：107）。

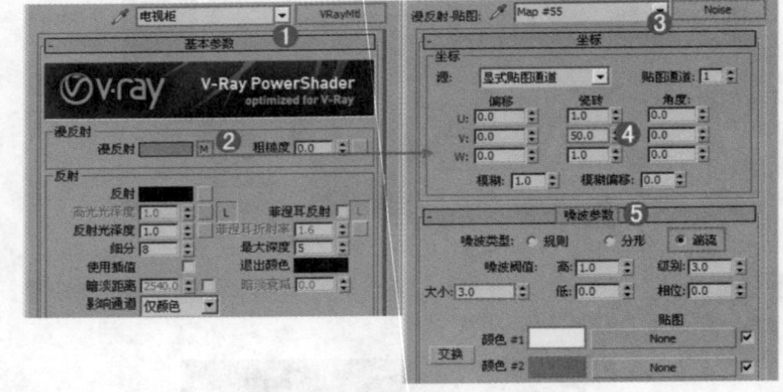

图8-373

步骤 02 将调节完毕的材质赋给场景中的模型，如图 8-374 所示。

图8-374

6．装饰瓶材质的制作

如图 8-375 为现实中装饰瓶的材质，其基本属性主要有以下两点。

- 装饰瓶图案贴图
- 一定的漫反射

图8-375

步骤 01 选择一个空白材质球，然后将材质球类型设置为【标准】，并命名为【装饰瓶】，具体的调节参数如图 8-376 和图 8-377 所示。

设置明暗器类型为（O）Oren-Nayar-Blinn，并设置【光泽度】为 10。

在【漫反射】后面的通道上加载【装饰瓶 .jpg】贴图文件，展开【坐标】卷展栏，取消选中【使用真实世界比例】复选框，设置【模糊】为 0.01。

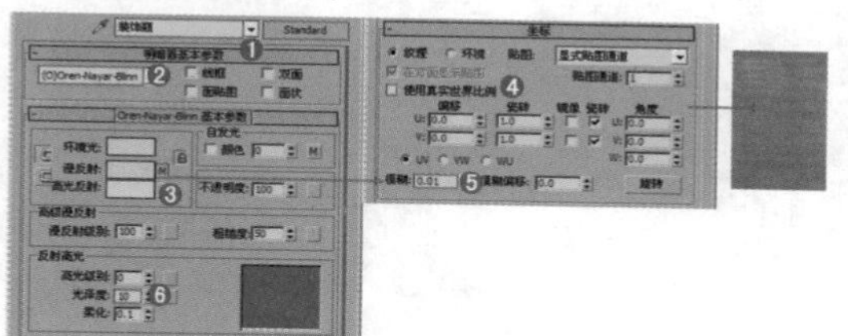

图8-376

展开【贴图】卷展栏，在【自发光】后面的通道上加载【遮罩】程序贴图，接着在【贴图】和【遮罩】后面的通道上分别加载【衰减】程序贴图。单击进入【贴图】后面的通道，调节第 2 个颜色为浅灰色（红：200，绿：200，蓝：200），设置【衰减类型】为 Fresnel。单击进入【遮罩】后面的通道，调节第 2 个颜色为浅灰色（红：220，绿：220，蓝：220），设置【衰减类型】为阴影 / 灯光。

单击【转到父对象】按钮，返回【贴图】卷展栏。设置【凹凸】为 50，在【凹凸】后面的通道上加载【装饰瓶凹凸 .jpg】贴图文件。

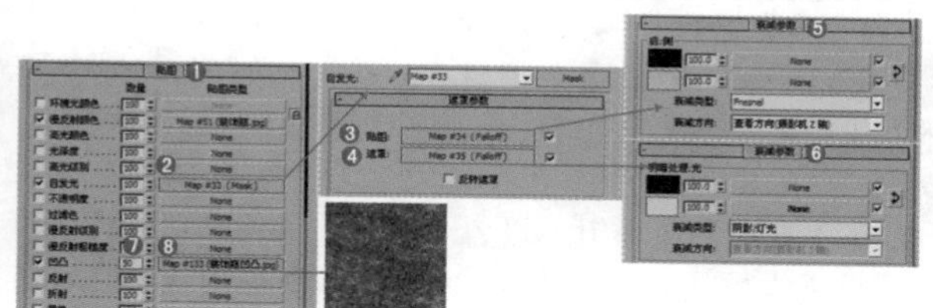

图8-377

步骤 02 将调节完毕的材质赋给场景中的花瓶模型，如图 8-378 所示。

图8-378

Part 3 创建环境和摄影机

步骤 01 按 8 键，打开【环境和效果】控制面板，在【环境贴图】下面的通道上加载【环境 .jpg】贴图文件，如图 8-379 所示。

步骤 02 将【环境贴图】下面的通道拖曳到一个空白的材质球上面，并为其命名为【环境】，如图 8-380 所示。

图8-379

图8-380

步骤 03 单击【创建】面板，然后单击【摄影机】按钮，并设置摄影机类型为【标准】，然后单击【目标】按钮 目标 ，如图 8-381 所示。

步骤 04 接着在顶视图拖曳创建一台摄影机，具体放置位置如图 8-382 所示。

图8-381

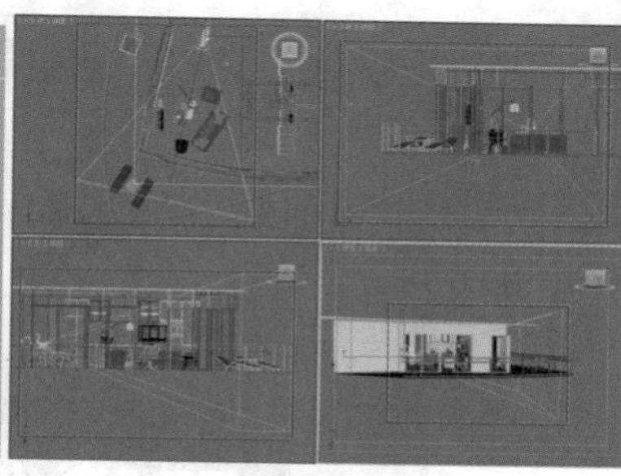

图8-382

步骤 05 进入【修改】面板，在【参数】下设置【镜头】为 35，【视野】为 54.432，如图 8-383 所示。

步骤 06 最后切换到透视图，按 C 键将透视图切换至摄影机视图，场景效果如图 8-384 所示。

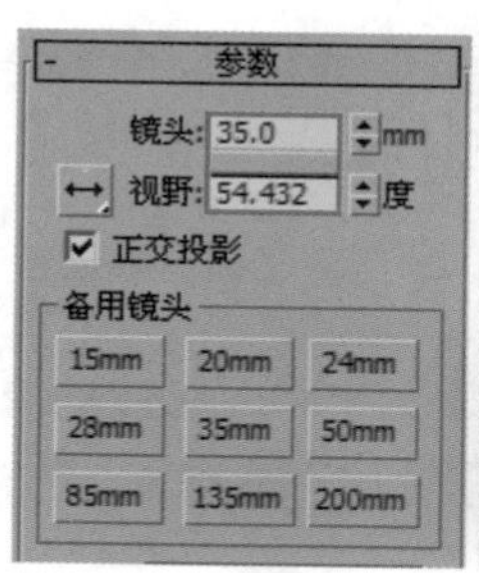

图8-383

图8-384

Part 4 设置灯光并进行草图渲染

在这个会议厅局部场景中主要有两种灯光，第一种是使用 VR 太阳模拟的自然光，第二种是使用 VR 灯光模拟的辅助光源。

1. 创建主光源

步骤 01 单击 （创建）｜ （灯光）｜ VR太阳 按钮，在顶视图中单击并拖曳鼠标，创建一盏 VR 太阳，并将其移动到窗户外面，具体的位置如图 8-385 所示。在弹出的对话框中单击【是】按钮，如图 8-386 所示。

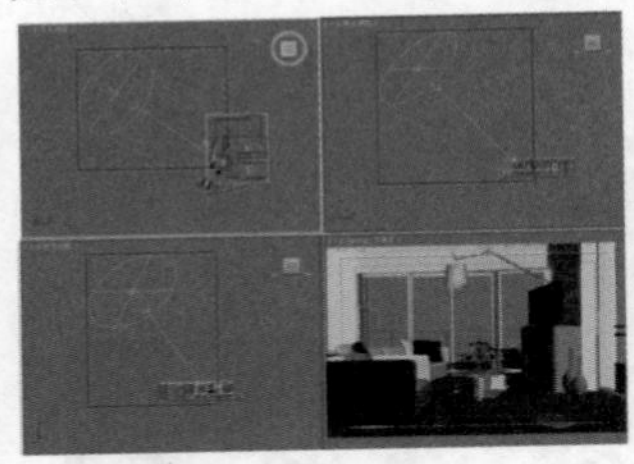

图8-385

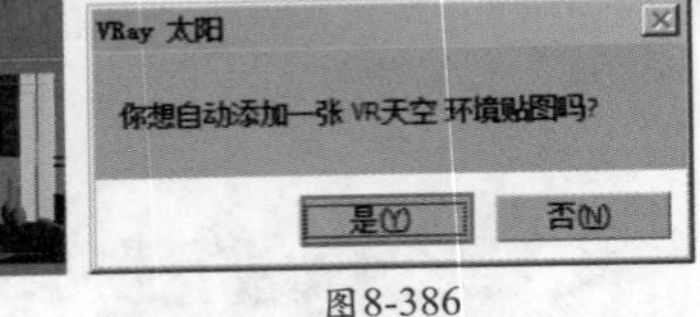

图8-386

步骤 02 选择步骤 01 创建的 VR 太阳，并在【修改】面板中调节具体参数，如图 8-387 所示。

设置【强度倍增】为 0.06，【大小倍增】为 6，【阴影细分】为 10。

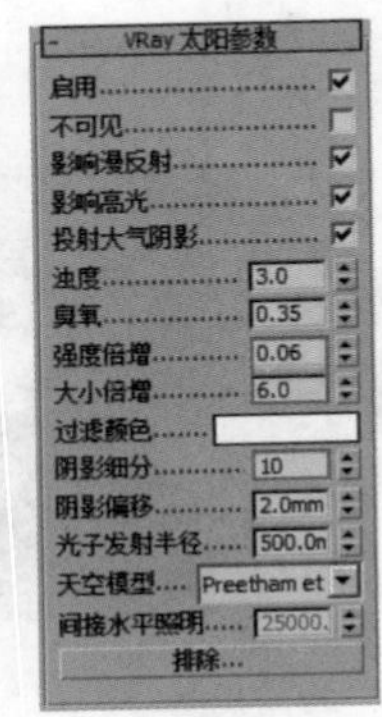

图8-387

步骤 03 按 F10 键打开【渲染设置】对话框。首先设置一下 V-Ray 和【间接照明】选项卡下的参数，刚开始设置的是一个草图设置，目的是进行快速渲染，来观看整体的效果，参数设置如图 8-388 所示。

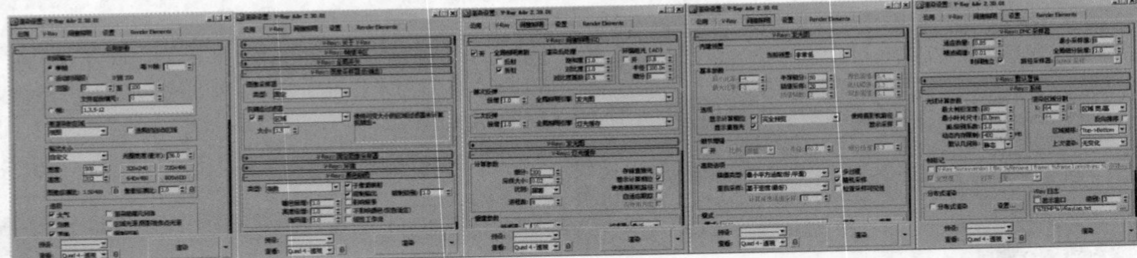

图8-388

步骤 04 按 Shift+Q 组合键，快速渲染摄影机视图，其渲染的效果如图 8-389 所示。

图8-389

2. 创建辅助光源

步骤 01 单击 （创建）｜ （灯光）｜ VR灯光 按钮，在前视图中创建一盏灯光，如图 8-390 所示。

步骤 02 选择步骤 01 创建的 VR 灯光，然后在【修改】面板中调节具体的参数，如图 8-391 所示。

在【常规】选项组下设置【类型】为平面；在【强度】选项组下设置【倍增器】为 2，调节颜色为浅蓝色（红：149，绿：209，蓝：255）。

在【大小】选项组下设置【半长】为 5060mm，【半宽】1098mm。最后选中【不可见】复选框，取消选中【影响高光反射】和【影响反射】复选框。

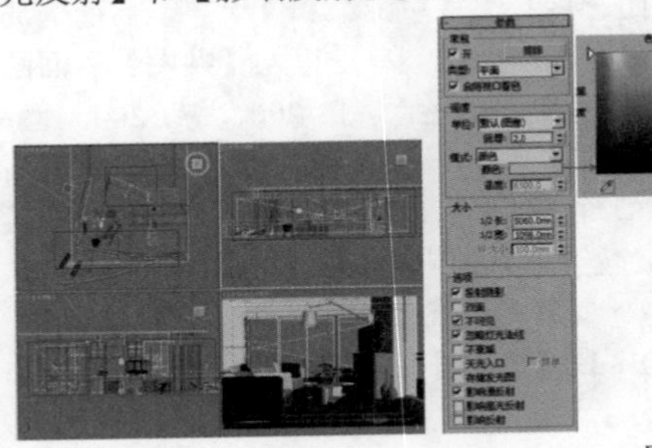

图8-390　　图8-391

步骤 03 继续在前视图中创建 VR 灯光，如图 8-392 所示。然后选择刚创建的 VR 灯光，并在【修改】面板下调节具体参数，如图 8-393 所示。

在【常规】选项组下设置【类型】为球体；在【强度】选项组下设置【倍增器】为 30，调节颜色为浅黄色（红：255，绿：179，蓝：112）。

在【大小】选项组下设置【半径】为 50mm，最后选中【不可见】复选框。

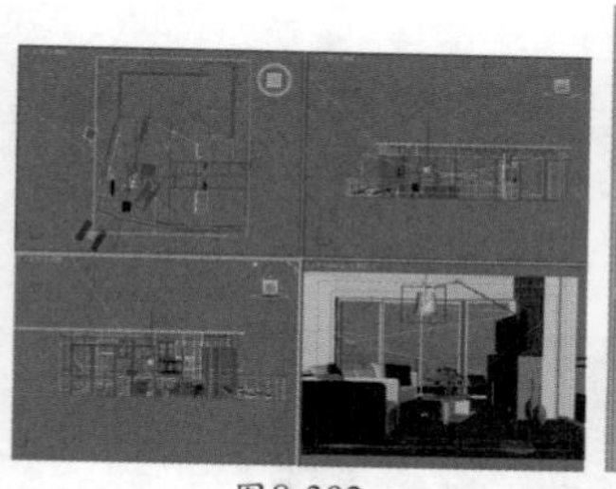

图8-392

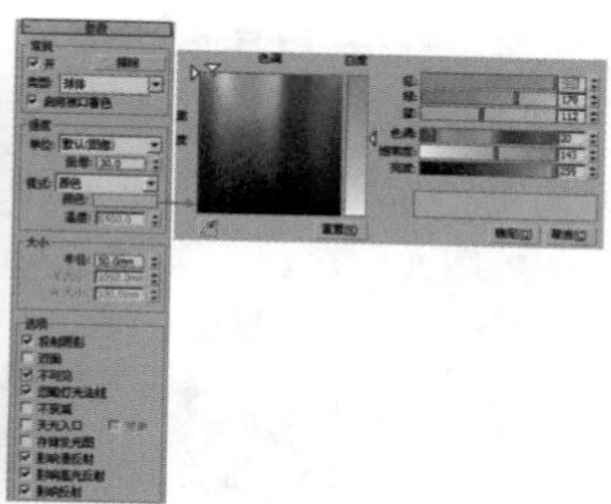

图8-393

步骤 04 按 Shift+Q 组合键，快速渲染摄影机视图，其渲染效果如图 8-394 所示。

图8-394

Part 5 设置成图渲染参数

经过了前面的操作，已经将大量的工作做完了，下面需要做的就是把渲染的参数设置高一些，再进行渲染输出。

步骤 01 按 F10 键打开【渲染设置】对话框，然后在【公用】选项卡下展开【公用参数】卷展栏，设置【宽度】为 2000，【高度】为 1329，如图 8-395 所示。

步骤 02 单击 V-Ray 选项卡，然后在【V-Ray:: 图像采样器（反锯齿）】卷展栏下设置【图像采样器】类型为【自适应确定性蒙特卡洛】，【抗锯齿过滤器】类型为 Mitchell-Netravali，如图 8-396 所示。

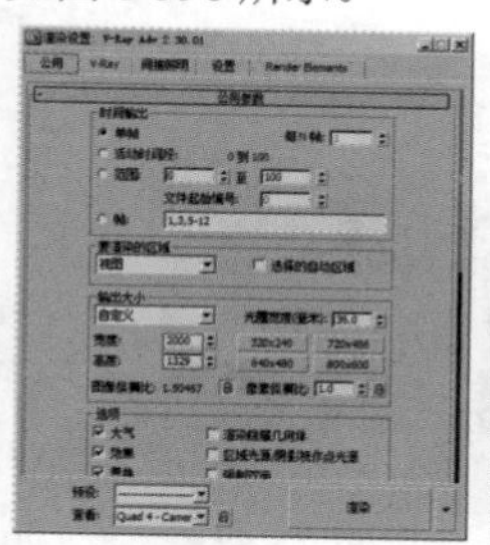

图8-395

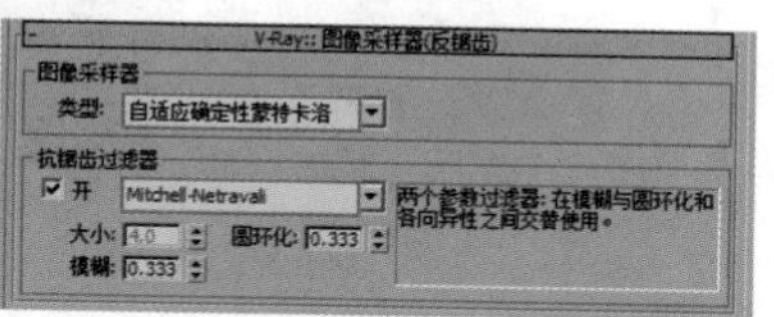

图8-396

步骤 03 展开【V-Ray:: 自适应 DMC 图像采样器】卷展栏，然后设置【最小细分】为 1，【最大细分】为 4，如图 8-397 所示。

步骤 04 单击【间接照明】选项卡，然后在【V-Ray:: 发光图】卷展栏下设置【当前预置】为【低】，接着设置【半球细分】为 60、【插值采样值】为 30，最后选中【显示计算相位】和【显示直接光】复选框，如图 8-398 所示。

图8-397

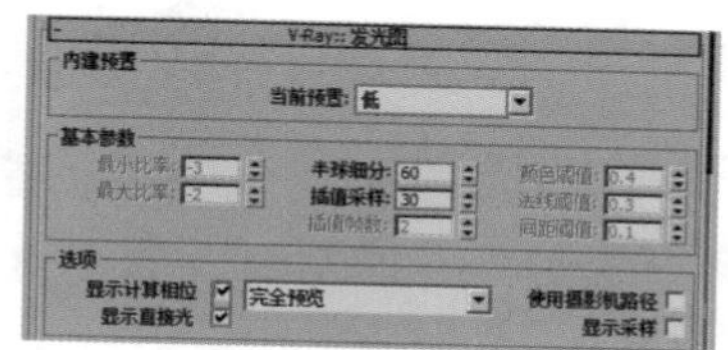

图8-398

步骤 05 展开【V-Ray:: 灯光缓存】卷展栏，然后设置【细分】1000，接着选中【显示计算相位】复选框，取消选中【存储直接光】复选框，如图 8-399 所示。

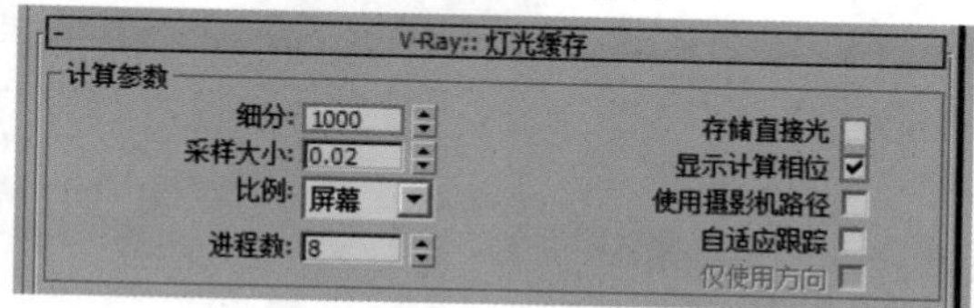

图8-399

步骤 06 等待一段时间后就完成了渲染，最终的效果如图 8-400 所示。

图8-400

重点 综合实例：豪华欧式卫生间日景表现

场景文件	08.max
案例文件	综合实例：豪华欧式卫生间日景表现.max
视频教学	DVD/多媒体教学/Chapter08/综合实例：豪华欧式卫生间日景表现.flv
难易指数	★★★☆☆
灯光类型	目标平行光、目标灯光、VR 灯光
材质类型	VRayMtl 材质、VR 材质包裹器、VR 灯光材质、标准材质
程序贴图	衰减程序贴图
技术掌握	掌握大理石、陶瓷、玻璃等材质的制作

实例介绍

本例是一个豪华欧式卫生间的日景表现，其中目标平行光为本例学习的重点，VR 材质包裹器和 VR 灯光材质是本例学习的难点，如图 8-401 所示为豪华欧式卫生间日景表现的最终渲染效果。

图8-401

操作步骤

Part 1 设置VRay渲染器

步骤 01 打开本书配套光盘中的【场景文件 /Chapter08/08.max】文件，此时场景效果如图 8-402 所示。

步骤 02 按 F10 键打开【渲染设置】对话框，在【公用】选项卡下展开在【指定渲染器】卷展栏，单击...按钮，在弹出的【选择渲染器】对话框中选择 V-Ray Adv 2.40.03，如图 8-403 所示。

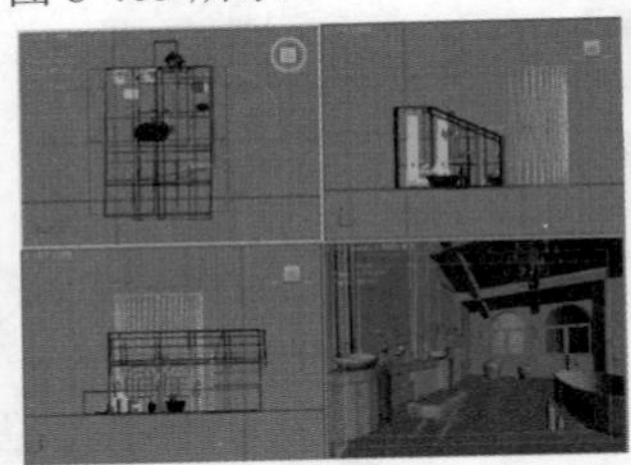

图8-402

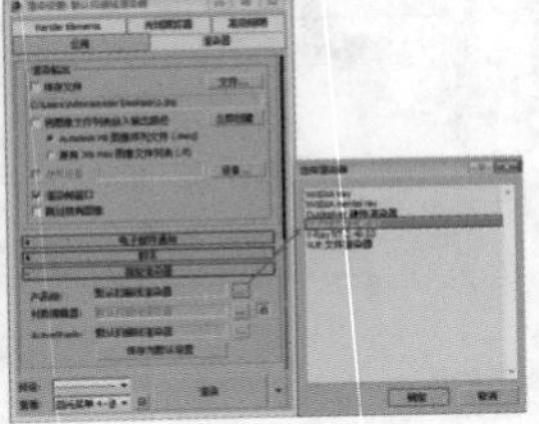

图8-403

步骤 03 此时在【指定渲染器】卷展栏，【产品级】后面显示了 V-Ray Adv 2.40.03，【渲染设置】对话框中出现了 V-Ray、【间接照明】、【设置】和 Render Elements 4 个选项卡，如图 8-404 所示。

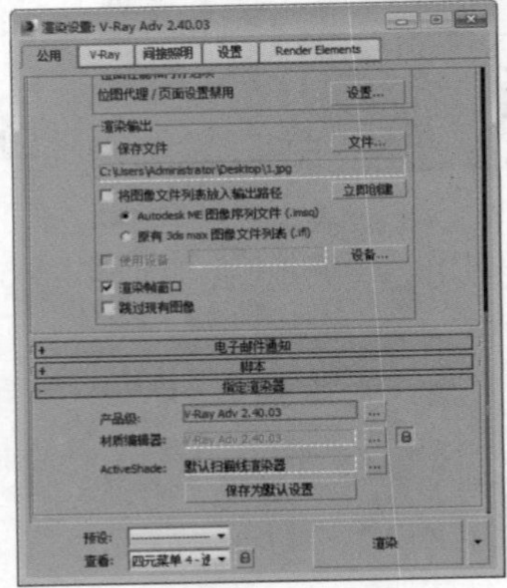

图8-404

Part 2 材质的制作

本例的场景对象材质主要包括地面材质、大理石吊顶材质、陶瓷材质、镜子材质、水晶吊灯材质和柜子材质，如图 8-405 所示。

图8-405

1. 地面材质的制作

大理石经常用在室内特别是卫生间的装修当中，如图 8-406 所示为现实中大理石地面材质的应用，其基本属性有以下两点。

- 地面砖纹理图案
- 一定的模糊反射

图8-406

步骤 01 按 M 键打开【材质编辑器】对话框，选择第 1 个材质球，单击 Standard 按钮 Standard ，在弹出的【材质 / 贴图浏览器】对话框中选择 VRayMtl，如图 8-407 所示。

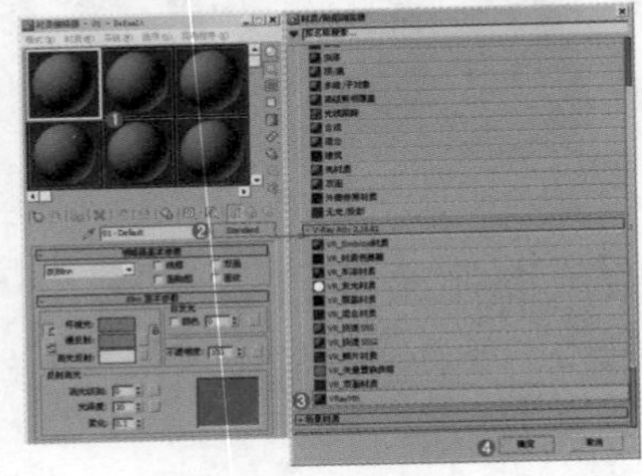

图8-407

步骤 02 将其命名为【地面】，具体的调节参数如图 8-408 所示。

在【漫反射】选项组下单击【漫反射】后面的通道按钮，并加载贴图文件【地面 .jpg】。

在【反射】选项组下调节反射颜色为深灰色（红：30，绿：30，蓝：30），设置【反射光泽度】为 0.95，【细分】为 20。

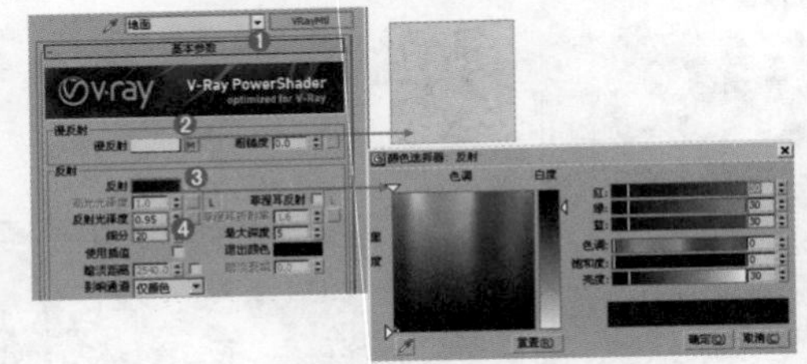

图8-408

步骤 03 将调节完毕的材质赋给场景中的地面模型，如图 8-409 所示。

图8-409

2. 大理石吊顶材质的制作

如图 8-410 所示为现实中大理石吊顶材质的应用，其基本属性主要有以下两点。

- 大理石纹理图案
- 一定的模糊反射

图8-410

步骤01 选择一个空白材质球，然后将材质球类型设置为VRayMtl，并命名为【大理石吊顶】，具体的调节参数如图8-411所示。

在【漫反射】选项组后面的通道上加载【大理石吊顶.jpg】贴图文件，展开【坐标】卷展栏，设置【角度】W向为90。

在【反射】选项组下调节颜色为深灰色（红：50，绿：50，蓝：50），设置【反射光泽度】为0.9，【细分】为20。

步骤02 将调节完毕的材质赋给场景中的模型，如图8-412所示。

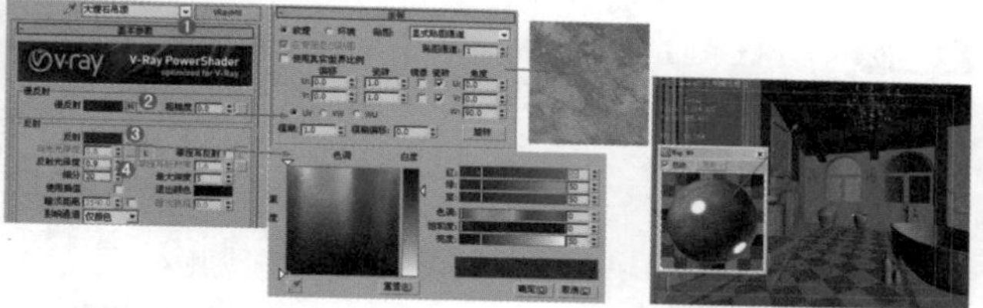

图8-411　　图8-412

3．陶瓷材质的制作

如图8-413所示为陶瓷材质在现实中的应用，本例模拟的陶瓷材质，其基本属性主要有以下两点。

- 固有色为白色
- 一定的菲涅耳反射效果

图8-413

步骤01 选择一个空白材质球，然后将材质球类型设置为VRayMtl，并命名为【陶瓷】，具体的调节参数如图8-414所示。

在【漫反射】选项组下调节颜色为浅灰色（红：249，绿：249，蓝：249）。

在【反射】选项组下调节反射颜色为白色（红：255，绿：255，蓝：255），设置【细分】为20。

步骤02 将调节完毕的材质赋给场景中的浴缸模型，如图8-415所示。

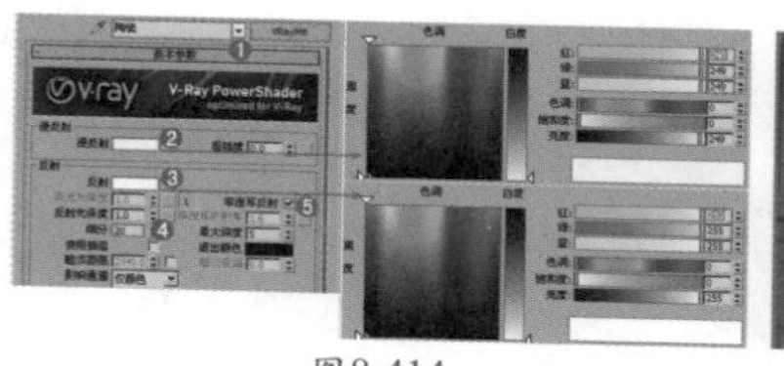

图8-414

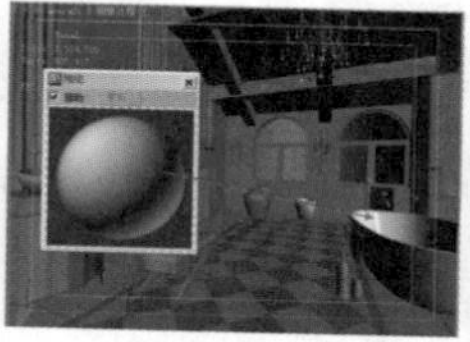

图8-415

4．镜子材质的制作

镜子在现代装修中起着相当大的作用，如可以起到改变空间大小的作用，如图8-416所示为现实中镜子材质的应用，其基本属性主要为强烈的反射。

图8-416

步骤01 选择一个空白材质球，然后将材质球类型设置为VRayMtl，并命名为【镜子】，具体的调节参数如图8-417所示。

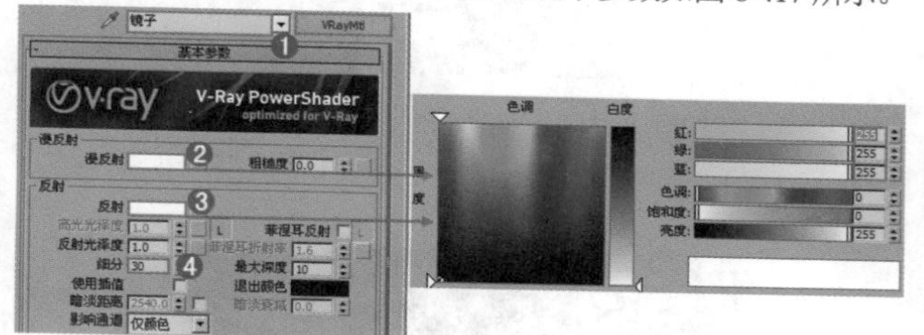

图8-417

在【漫反射】选项组下调节颜色为白色（红：255，绿：255，蓝：255）。

在【反射】选项组下调节反射颜色为白色（红：255，绿：255，蓝：255），设置【细分】为30。

步骤02 将调节完毕的材质赋给场景中的镜子模型，如图8-418所示。

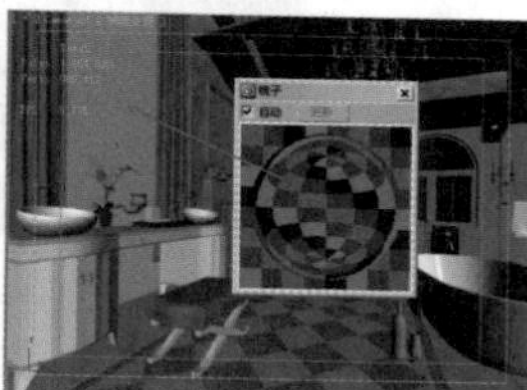

图8-418

5．水晶吊灯材质的制作

水晶吊灯具有强烈的欧式风格，适合用在风格强烈的装修当中，如图8-419所示为现实中水晶吊灯的应用，其基本属性主要为具有菲涅耳反射效果。

图8-419

步骤 01 选择一个空白材质球，然后将材质球类型设置为 VR 材质包裹器，并命名为【水晶灯】，具体的调节参数如图 8-420 所示。

在【基本材质】后面的通道上加载 VRayMtl 材质。

单击进入【基本材质】通道栏，在【漫反射】选项组下调节颜色为白色（红：255，绿：255，蓝：255）；在【反射】选项组后面的通道上加载【衰减】程序贴图，并设置【衰减类型】为 Fresnel，【高光光泽度】为 0.2，选中【菲涅耳反射】复选框，设置【菲涅耳折射率】为 2，【最大深度】为 8；在【折射】选项组下调节颜色为白色（红：255，绿：255，蓝：255）。

单击【转到父对象】按钮，返回【VR 材质包裹器参数】卷展栏，设置【接受全局照明】为 3。

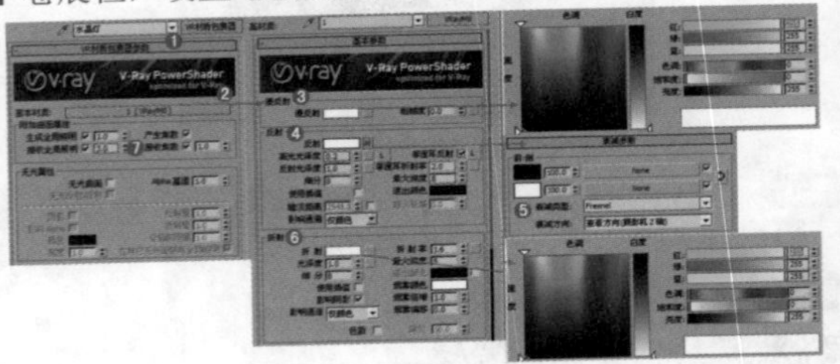

图 8-420

步骤 02 将调节完毕的材质赋给场景中的模型，如图 8-421 所示。

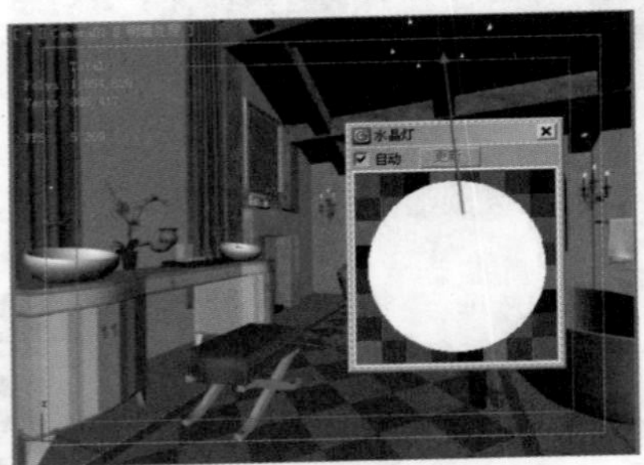

图 8-421

6. 柜子材质的制作

如图 8-422 所示为现实中柜子的材质，其基本属性主要有以下两点。

- 颜色为白色
- 有一定的模糊反射

图 8-422

步骤 01 选择一个空白材质球，然后将材质球类型设置为 VRayMtl，并命名为【柜子】，具体的调节参数如图 8-423 所示。

在【漫反射】选项组下调节颜色为白色（红：255，绿：255，蓝：255）。

在【反射】选项组下调节颜色为浅灰色（红：40，绿：40，蓝：40），设置【高光光泽度】为 0.8，【反射光泽度】为 0.85，【细分】为 20。

步骤 02 将调节完毕的材质赋给场景中的柜子模型，如图 8-424 所示。

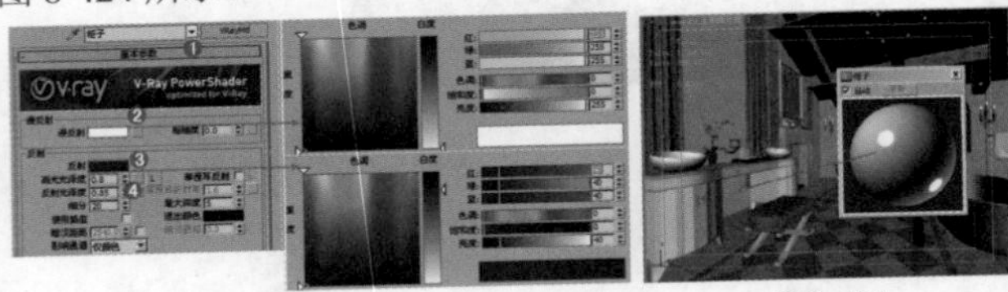

图 8-423　　图 8-424

Part 3 创建环境和摄影机

步骤 01 选择一个空白材质球，然后将【材质类型】设置为 VR 灯光材质，并命名为【窗外环境】，具体的调节参数如图 8-425 所示。

在【颜色】后面的通道上加载【窗外环境.jpg】贴图文件。

设置【颜色】后面的强度为 3.5。

步骤 02 单击【创建】面板，然后单击【摄影机】按钮，并设置摄影机类型为【标准】，然后单击【目标】按钮 目标 ，如图 8-426 所示。

图 8-425

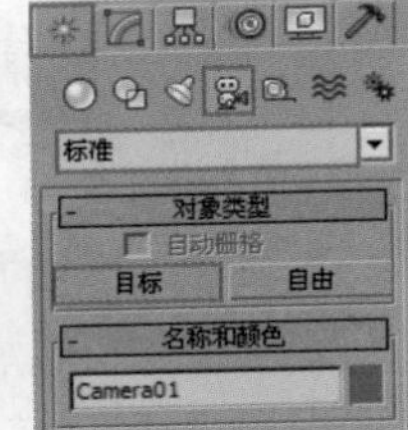

图 8-426

步骤 03 接着在顶视图拖曳创建一台摄影机，具体放置位置如图 8-427 所示。

步骤 04 进入【修改】面板，在【参数】下设置【镜头】为 18，【视野】为 90，在【剪切平面】选项组下选中【手动剪切】，设置【近距剪切】为 30mm，【远距剪切】为 600mm，如图 8-428 所示。

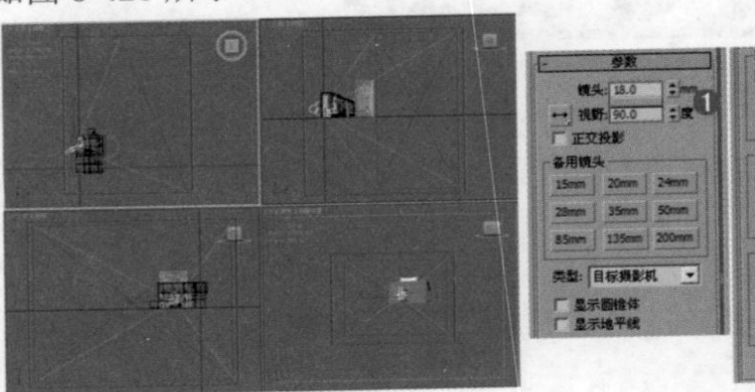

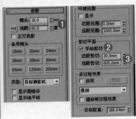

图 8-427　　图 8-428

步骤 05 最后切换到透视图，按 C 键将透视图切换至摄影机视图，场景效果如图 8-429 所示。

图8-429

Part 4 设置灯光并进行草图渲染

在这个豪华欧式卫生间场景中主要有两种灯光，第一种为使用目标平行光模拟的太阳光，第二种是使用 VR 灯光和目标灯光模拟的辅助光源。

1. 创建阳光

步骤 01 单击（创建）|（灯光）| 目标平行光 按钮，在顶视图中单击并拖曳鼠标，创建一盏目标平行光，接着使用【选择并移动】工具将灯光移动到窗户外面，具体的位置如图 8-430 所示。

步骤 02 选择步骤 01 创建的目标平行光，并在【修改】面板中调节具体参数，如图 8-431 所示。

在【常规参数】选项组下选中【启用】复选框，设置【阴影】为【VRay 阴影】。

在【强度 / 颜色 / 衰减】选项组下调节【倍增器】为 2，颜色为浅黄色（红：237，绿：177，蓝：128）。

在【平行光参数】选项组下设置【聚光区 / 光束】为 211mm，【衰减区 / 区域】为 213mm。

在【VRay 阴影参数】选项组下选中【区域阴影】复选框，选择【类型】为【盒体】，设置【U 大小】、【V 大小】、【W 大小】均为 20mm。

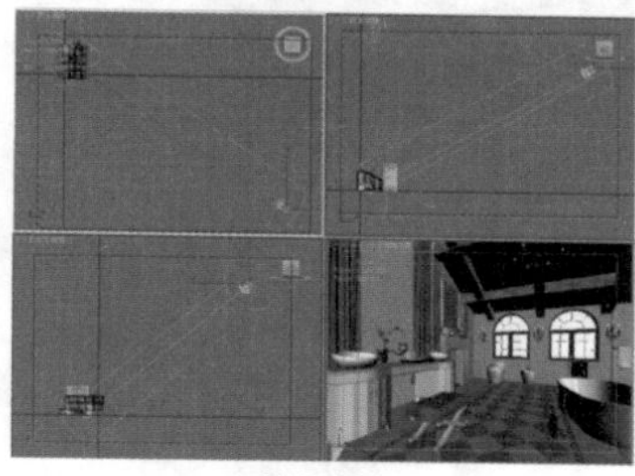

图8-430

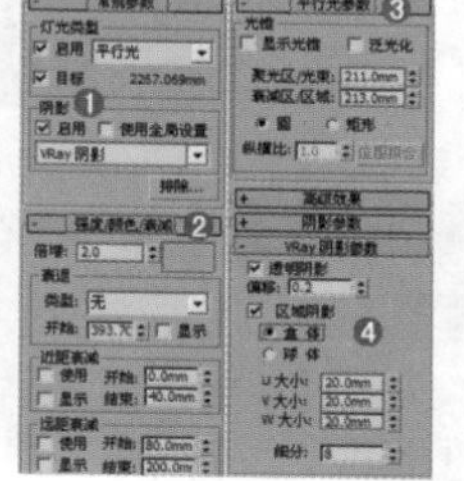

图8-431

步骤 03 按 F10 键打开【渲染设置】对话框。首先设置一下 V-Ray 和【间接照明】选项卡下的参数，刚开始设置的是一个草图设置，目的是进行快速渲染，来观看整体的效果，参数设置如图 8-432 所示。

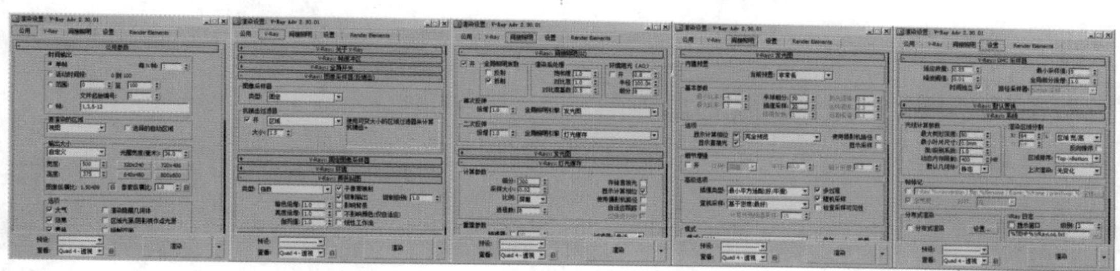

图8-432

步骤 04 按 Shift+Q 组合键，快速渲染摄影机视图，其渲染的效果如图 8-433 所示。

图8-433

通过上面的渲染效果来看，浴室场景非常暗，只有窗口处有光照，接下来需要制作卫生间场景的辅助光源。

2. 创建室内射灯灯光

步骤 01 单击（创建）|（灯光）| 目标灯光 按钮，在前视图中创建一盏灯光，然后使用【选择并移动】工具移动复制 9 盏【目标灯光】，并放置在合适的位置，具体的位置如图 8-434 所示。

步骤 02 选择步骤 01 创建的【目标灯光】，然后在【修改】面板中设置调节具体的参数，如图 8-435 所示。

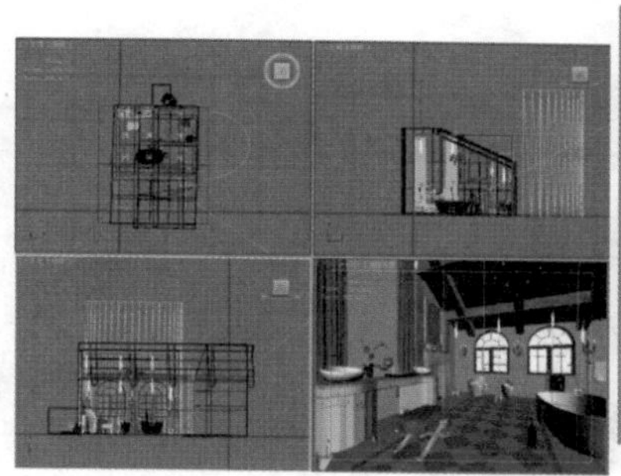

图8-434

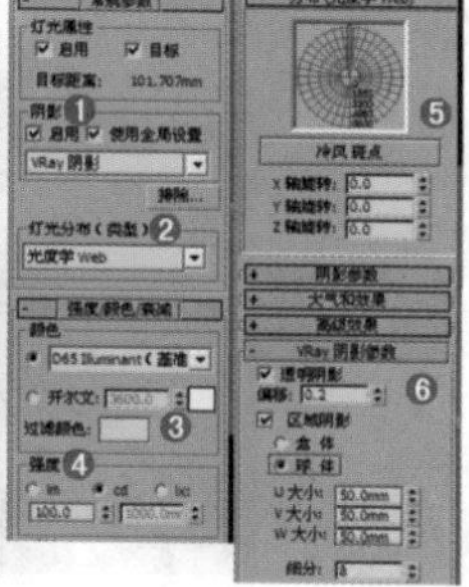

图8-435

展开【常规参数】卷展栏，在【阴影】选项栏下选中【启用】复选框，并设置【阴影类型】为【VRay 阴影】，【灯光分布（类型）】为【光度学 Web】，接着展开【分布（光度学 Web）】卷展栏，并在通道上加载【冷风斑点 .ies】。

展开【强度 / 颜色 / 衰减】卷展栏，调节颜色为浅黄色（红：250，绿：227，蓝：186），设置【强度】为 100；展开

【VRay 阴影参数】卷展栏，选中【区域阴影】复选框，设置【U 大小】、【V 大小】、【W 大小】均为 50mm。

步骤 03 按 Shift+Q 组合键，快速渲染摄影机视图，其渲染的效果如图 8-436 所示。

图8-436

3. 创建室内窗口处灯光

步骤 01 使用 VR 灯光在前视图中创建两盏 VR 灯光，并分别放置到每一个窗口处，如图 8-437 所示。然后选择刚刚创建的 VR 灯光，并在【修改】面板中调节具体参数，如图 8-438 所示。

在【常规】选项组下设置【类型】为平面；在【强度】选项组下设置【倍增】为 10，调节颜色为浅蓝色（红：228，绿：240，蓝：254）。

在【大小】选项组下设置【1/2 长】为 25mm，【1/2 宽】为 30mm，最后选中【不可见】复选框。

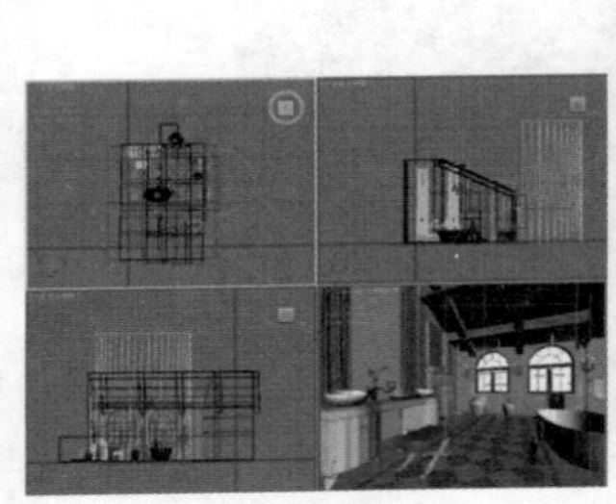

图8-437　　图8-438

步骤 02 按 Shift+Q 组合键，快速渲染摄影机视图，其渲染的效果如图 8-439 所示。

图8-439

4. 创建壁炉灯光

步骤 01 使用 VR 灯光在前视图中创建两盏 VR 灯光，并分别放置到如图 8-440 所示的位置。然后选择刚刚创建的 VR 灯光，并在【修改】面板中调节具体参数，如图 8-441 所示。

在【常规】选项组下设置【类型】为平面，在【强度】选项组下设置【倍增】为 4，调节颜色为橙色（红：240，绿：105，蓝：32）。

在【大小】选项组下设置【1/2 长】为 7.7mm，【1/2 宽】为 18.4mm，最后选中【不可见】复选框。

图8-440

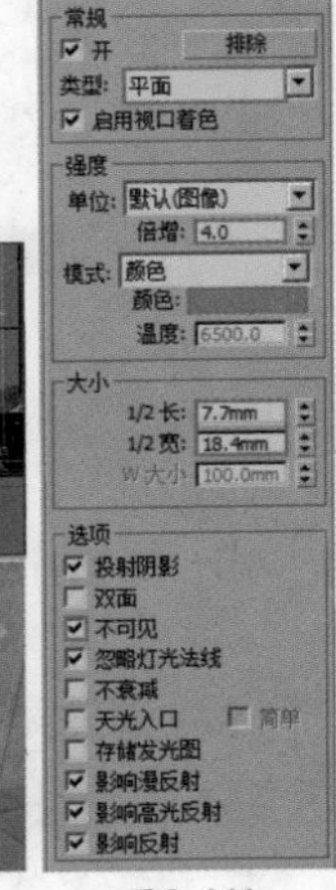

图8-441

步骤 02 使用 VR 灯光在前视图中创建两盏 VR 灯光，并分别放置到如图 8-442 所示的位置。然后选择刚刚创建的 VR 灯光，并在【修改】面板中调节具体参数，如图 8-443 所示。

在【常规】选项组下设置【类型】为球体；在【强度】选项组下设置【倍增】为 2，调节颜色为浅黄色（红：238，绿：226，蓝：211）。

在【大小】选项组下设置【半径】为 9.8mm，最后选中【不可见】复选框。

图8-442　　图8-443

步骤 03 使用 VR 灯光在前视图中创建两盏 VR 灯光，并分别放置到如图 8-444 所示的位置。然后选择刚刚创建的 VR 灯光，并在【修改】面板中调节具体参数，如图 8-445 所示。

在【常规】选项组下设置【类型】为球体；在【强度】选项组下设置【倍增器】为 4，调节颜色为红色（红：245，绿：60，蓝：60）。

在【大小】选项组下设置【半径】为5.2mm，最后选中【不可见】复选框。

图8-444

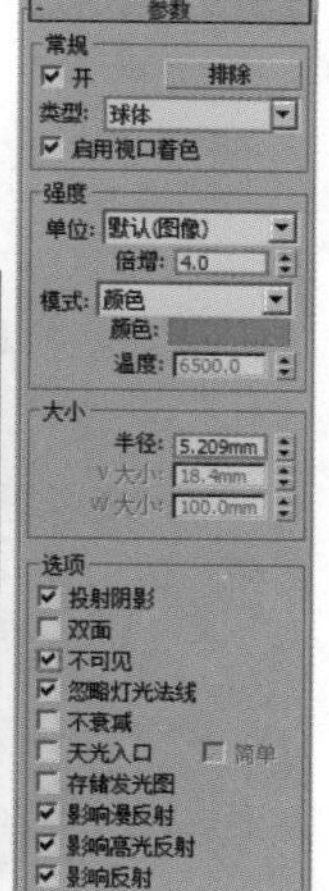

图8-445

步骤 04 使用VR灯光在前视图中创建两盏VR灯光，并分别放置到如图8-446所示的位置。然后选择刚刚创建的VR灯光，并在【修改】面板中调节具体参数，如图8-447所示。

在【常规】选项组下设置【类型】为球体；在【强度】选项组下设置【倍增】为20，颜色为红色（红：236，绿：159，蓝：60）。

在【大小】选项组下设置【半径】为5.2mm，最后选中【不可见】复选框。

图8-446

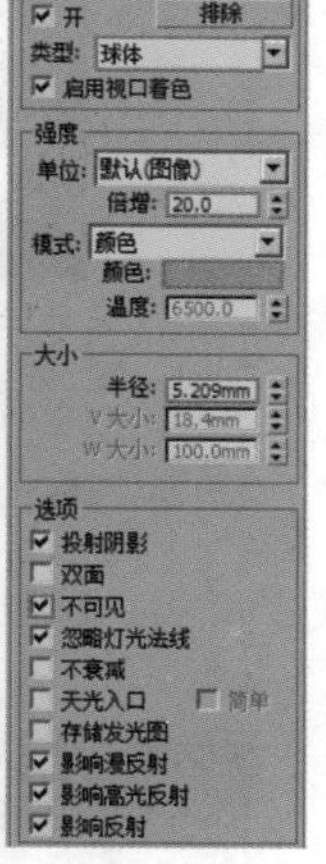

图8-447

Part 5 设置成图渲染参数

经过了前面的操作，已经将大量的工作做完了，下面需要做的就是把渲染的参数设置高一些，再进行渲染输出。

步骤 01 按F10键打开【渲染设置】对话框，然后在【公用】选项卡下展开【公用参数】卷展栏下设置【宽度】为2000，【高度】为1500，如图8-448所示。

步骤 02 单击V-Ray选项卡，然后在【V-Ray:: 图像采样器（反锯齿）】卷展栏下设置【图像采样器】类型为【自适应确定性蒙特卡洛】，【抗锯齿过滤器】类型为Mitchell-Netravali，如图8-449所示。

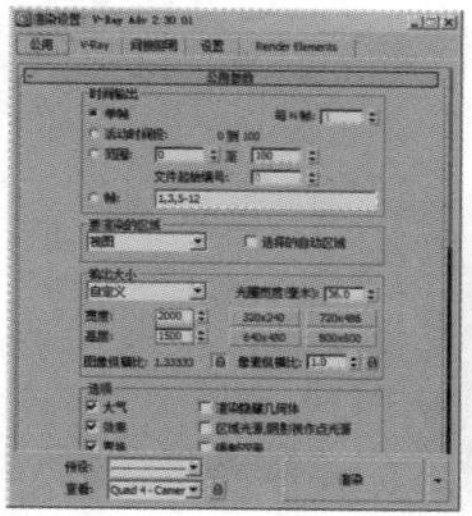

图8-448

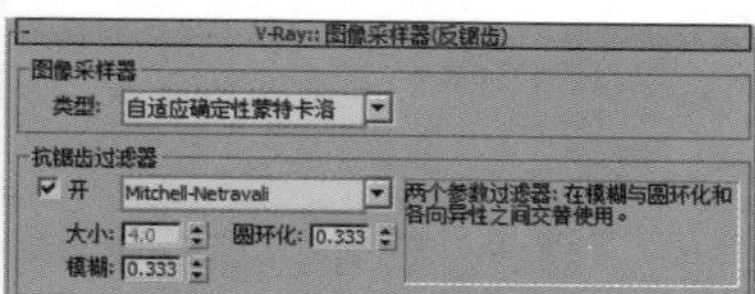

图8-449

步骤 03 展开【V-Ray:: 自适应DMC图像采样器】卷展栏，然后设置【最小细分】为1，【最大细分】为4，如图8-450所示。

步骤 04 单击【间接照明】选项卡，然后在【V-Ray:: 发光图】卷展栏下设置【当前预置】为低，【半球细分】为60，【插值采样值】为30，最后选中【显示计算过程】和【显示直接光】复选框，如图8-451所示。

图8-450

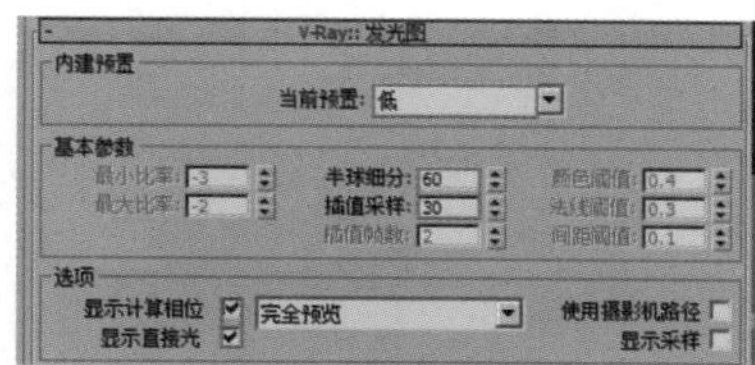

图8-451

步骤 05 展开【V-Ray:: 灯光缓存】卷展栏，然后设置【细分】为1000，接着选中【显示计算相位】复选框，取消选中【存储直接光】复选框，如图8-452所示。

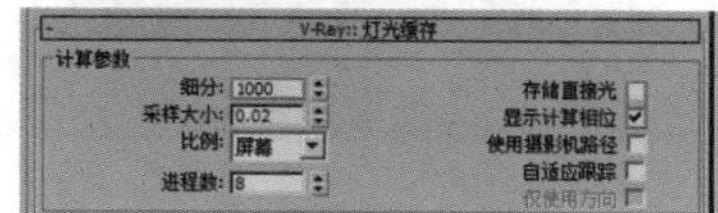

图8-452

步骤 06 等待一段时间后就完成了渲染，最终的效果如图8-453所示。

图8-453

重点 综合实例：东方情怀——新中式卧室夜景

场景文件	09.max
案例文件	东方情怀——新中式卧室夜景.max
视频教学	DVD/多媒体教学/Chapter08/东方情怀——新中式卧室夜景.flv
难易指数	★★★★★
灯光类型	目标灯光、VR灯光（平面）、VR灯光（球体）
材质类型	VRayMtl材质、VR覆盖材质、混合材质
程序贴图	无
技术掌握	掌握VRayMtl材质、目标平行光、VR灯光的使用方法、图像精细程度的控制

实例介绍

本例是一个中式风格夜晚卧室空间，室内灯光表现主要使用了目标灯光、VR灯光（平面）和VR灯光（球体），使用VRayMtl材质制作本案例的主要材质，制作完毕之后渲染的效果如图8-454所示。

图8-454

操作步骤

Part 1设置VRay渲染器

步骤01 打开本书配套光盘中的【场景文件/Chapter08/09.max】文件，此时场景效果如图8-455所示。

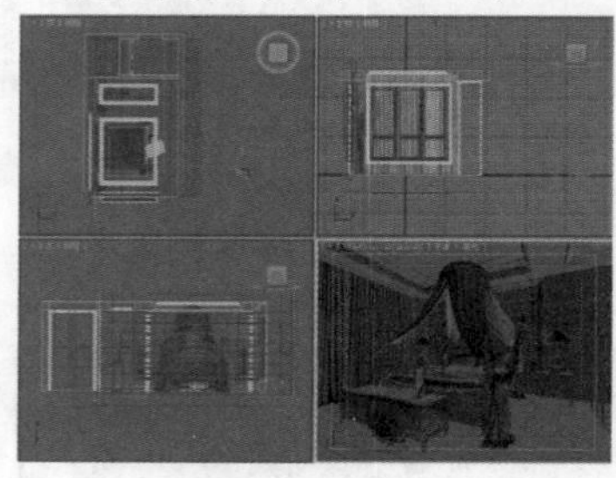

图8-455

步骤02 按F10键打开【渲染设置】对话框，选择【公用】选项卡，在【指定渲染器】卷展栏下单击...按钮，在弹出的【选择渲染器】对话框中选择V-Ray Adv 2.40.03，如图8-456所示。

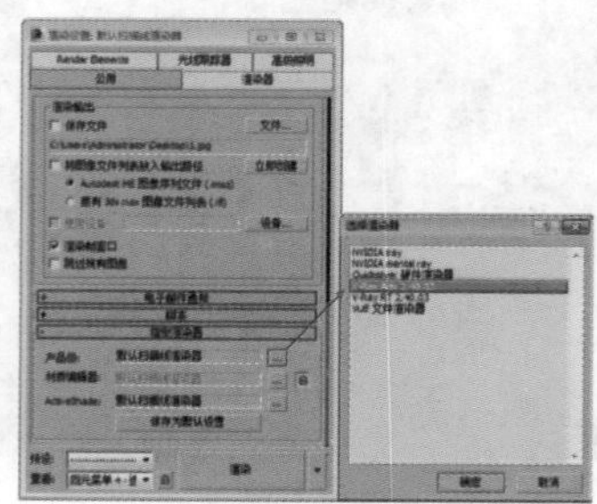

图8-456

步骤03 此时在【指定渲染器】卷展栏，【产品级】后面显示了V-Ray Adv 2.40.03，【渲染设置】对话框中出现了V-Ray、【间接照明】、【设置】和Render Elements 4个选项卡，如图8-457所示。

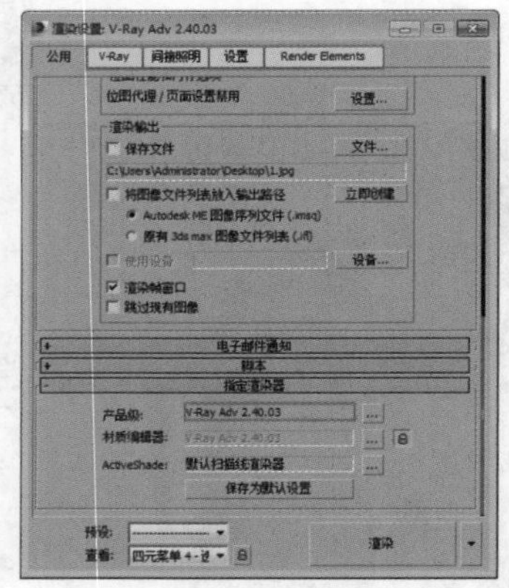

图8-457

Part 2 材质的制作

下面就来讲述场景中的主要材质的制作，包括纱布、木纹、窗纱、布纹、软包、地板和金属材质等，效果如图8-458所示。

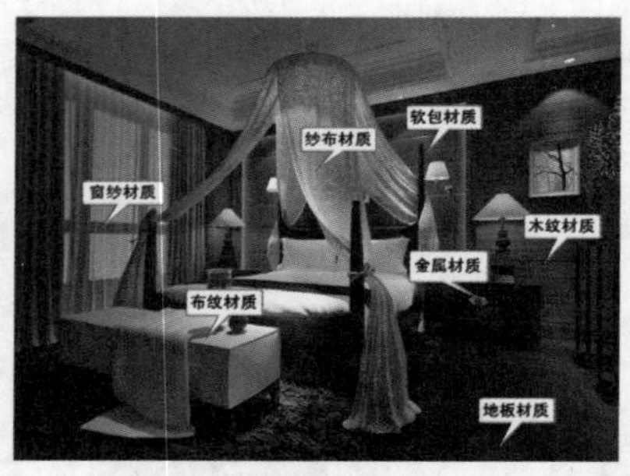

图8-458

1. 纱布材质的制作

如图8-459所示为现实中的纱布材质，其基本属性主要有以下两点。

- 花纹纹理图案
- 一定的透明效果

图8-459

步骤01 按M键打开【材质编辑器】对话框，选择第1个材质球，单击Standard按钮 Standard ，在弹出的【材质/贴图浏览器】对话框中选择【混合】材质，如图8-460所示。

步骤 02 将其命名为【纱布】，调节其具体的参数如图 8-461 所示。

展开【混合基本参数】卷展栏，在【材质 1】和【材质 2】后面的通道上使用 VRayMtl 材质。

图 8-460

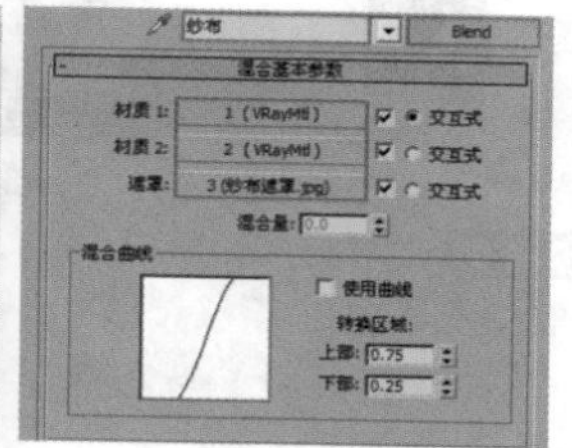

图 8-461

步骤 03 单击进入【材质 1】后面的通道中，并进行详细的调节，具体参数如图 8-462 所示。

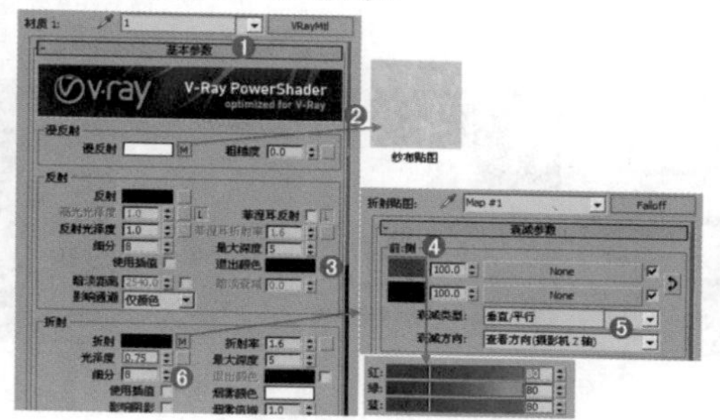

图 8-462

在【漫反射】后面的通道下加载【纱布贴图 .jpg】贴图文件，在【折射】后面的通道上加载【衰减】程序贴图，调节两个颜色分别为深灰色（红：80，绿：80，蓝：80）和黑色（红：0，绿：0，蓝：0），设置【衰减类型】为垂直 / 平行，【光泽度】为 0.75。

步骤 04 单击进入【材质 2】后面的通道中，并进行详细的调节，具体参数如图 8-463 所示。

在【漫反射】后面的通道上加载【纱布贴图 .jpg】贴图文件，在【折射】后面的通道上加载【衰减】程序贴图，调节两个颜色分别为浅灰色（红：160，绿：160，蓝：160）和黑色（红：0，绿：0，蓝：0），设置【衰减类型】为垂直 / 平行，【光泽度】为 0.75。

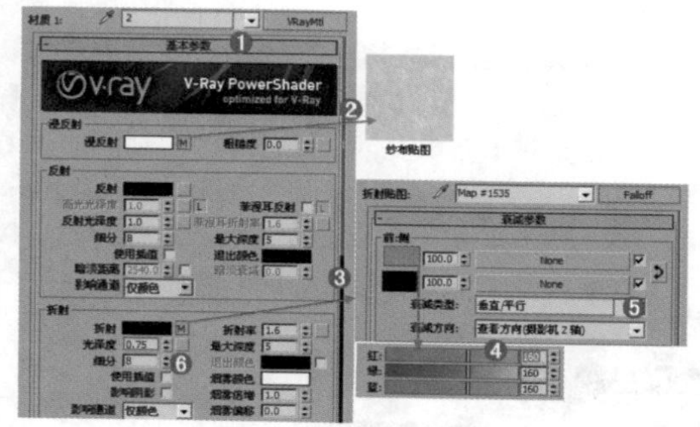

图 8-463

展开【混合基本参数】卷展栏，并在【遮罩】后面的通道上加载【纱布遮罩 .jpg】贴图文件，如图 8-464 所示。

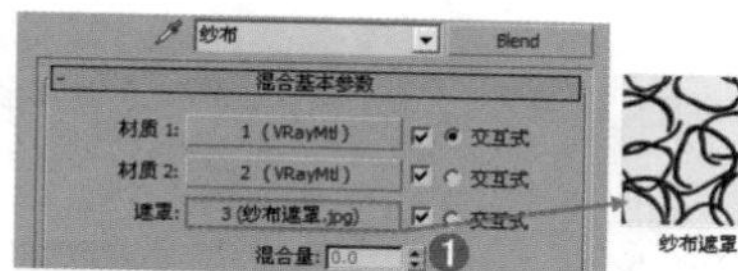

图 8-464

步骤 05 选中场景中的纱帘模型，在修改面板中为其添加 UVW 贴图修改器，调节其具体参数如图 8-465 所示。其他的纱布材质的模型，也需要使用同样的方法进行操作。

在【参数】卷展栏下设置【贴图类型】为【长方体】，设置【长度】、【宽度】和【高度】均为 300mm，设置【对齐】为 Z。

步骤 06 将制作好的纱布材质赋给场景中的纱帘模型，如图 8-466 所示。

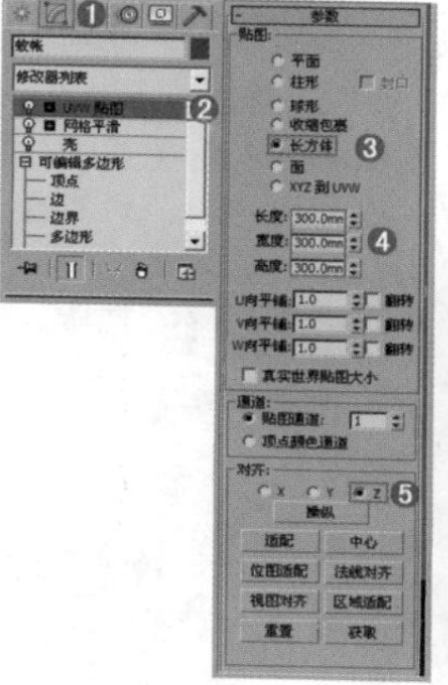

图 8-465

图 8-466

2．木纹材质的制作

木纹材质被广泛地应用在建筑方面，如图 8-467 所示为现实中木纹的材质，其基本属性主要有以下两点。

- 木纹纹理图案
- 模糊反射效果

图 8-467

步骤 01 选择一个空白材质球，然后将材质球类型设置为 VR 覆盖材质，并命名为【木纹】，具体的调节参数如图 8-468 所示。

展开【参数】卷展栏，在【基本材质】和【全局照明材质】后面的通道上使用 VRayMtl 材质。

步骤 02 单击进入【基本材质】后面的通道中，并命名为 1，进行详细的调节，具体参数如图 8-469 所示。

在【漫反射】后面的通道下加载【木纹 .jpg】贴图文件，在【反射】后面的通道上加载【衰减】程序贴图，设置

【衰减类型】为 Fresnel，设置【高光光泽度】为 0.85，【反射光泽度】为 0.75，【细分】为 14，选中【菲涅耳反射】复选框。

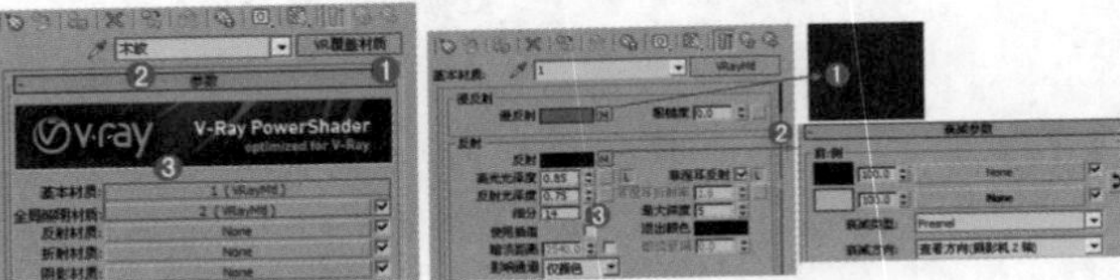

图 8-468　　图 8-469

步骤 03 单击进入【全局照明材质】后面的通道中，并命名为 2，进行详细的调节，具体参数如图 8-470 所示。

在【漫反射】选项组下调节颜色为浅咖啡色（红：206，绿：192，蓝：183）。

步骤 04 选中场景中的墙面模型，在【修改】面板中为其添加 UVW 贴图修改器，具体参数如图 8-471 所示。其他的木纹材质的模型，也需要使用同样的方法进行操作。

在【参数】卷展栏下设置【贴图类型】为【长方体】，设置【长度】、【宽度】和【高度】均为 800mm，设置【对齐】为 Z。

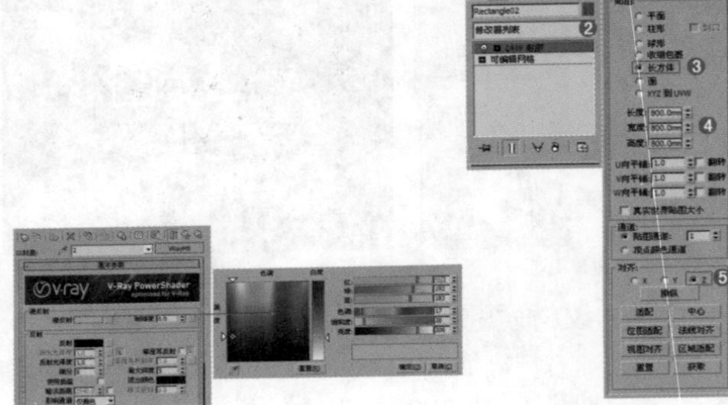

图 8-470　　图 8-471

步骤 05 将制作好的木纹材质赋给场景中的模型，如图 8-472 所示。

图 8-472

3．窗纱材质的制作

窗纱经常与窗帘配套出现，质地较为透明，用于遮挡白天强烈的阳光。如图 8-473 所示为现实窗纱的材质，其基本属性主要有以下两点。

- 强烈的漫反射
- 模糊反射效果

图 8-473

步骤 01 选择一个空白材质球，然后将材质球类型设置为 VRayMtl，并命名为【窗纱】，具体的调节参数如图 8-474 所示。

在【漫反射】选项组下调节颜色为白色（红：255，绿：255，蓝：255）。

在【折射】选项组下调节颜色为深灰色（红：35，绿：35，蓝：35），设置【折射率】为 1.2。

步骤 02 将制作好的窗纱材质赋给场景中的窗帘的模型，如图 8-475 所示。

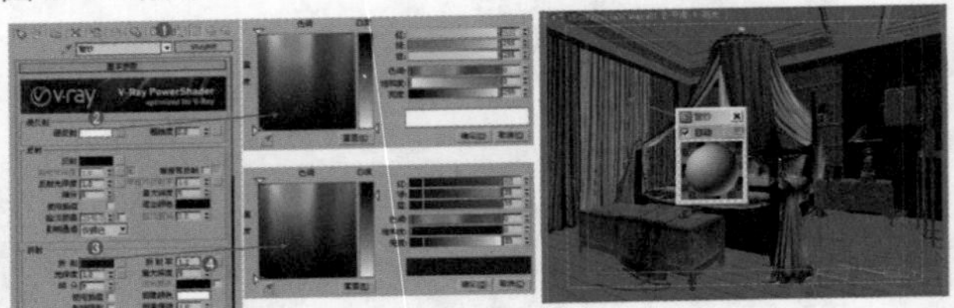

图 8-474　　图 8-475

4．布纹材质的制作

布纹材质在现代家居得到了非常广泛的应用，如图 8-476 所示为现实中布纹的材质，其基本属性主要有以下两点。

- 布纹纹理贴图
- 模糊反射效果

图 8-476

步骤 01 选择一个空白材质球，然后将材质球类型设置为 VRayMtl，并命名为【布纹】，具体的调节参数如图 8-477 和图 8-478 所示。

在【漫反射】后面的通道上加载【衰减】程序贴图，在【贴图 1】通道上加载【布纹 .jpg】贴图文件，在【贴图 2】的通道上加载【布纹 2.jpg】贴图文件，设置【衰减类型】为垂直 / 平行。在【反射】选项组下调节颜色为深灰色（红：30，绿：30，蓝：30），设置【高光光泽度】为 0.4。

在【双向反射分布函数】卷展栏下设置为反射。

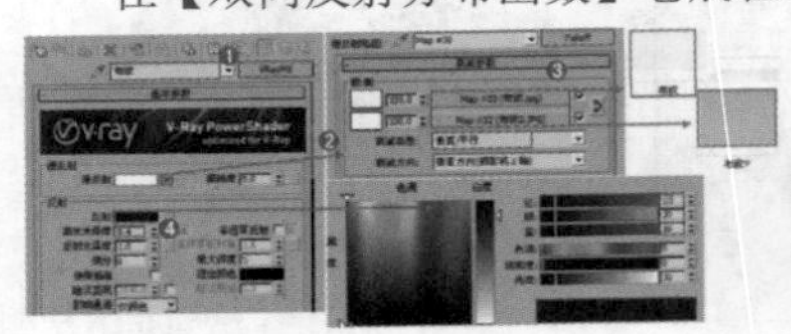

图 8-477

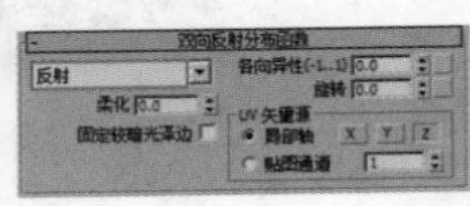

图 8-478

打开【贴图】卷展栏，在【凹凸】后面的通道上加载【布纹 2.jpg】贴图文件，设置【凹凸】为 44，如图 8-479 所示。

步骤 02 将制作好的布纹材质赋给场景中的模型，如图 8-480 所示。

图 8-479　　图 8-480

5. 软包材质的制作

软包使用的材料质地柔软，色彩柔和，能够柔化整体空间氛围，其纵深的立体感亦能提升家居档次。除了美化空间的作用外，更重要是的它具有吸音、隔音、防潮和防撞的功能。如图 8-481 所示为软包的材质，其基本属性主要有以下两点。

- 一定纹理贴图
- 模糊漫反射效果

图 8-481

步骤 01 选择一个空白材质球，然后将材质球类型设置为 VRayMtl，并命名为【软包】，具体的调节参数如图 8-482 所示。

图 8-482

在【漫反射】选项组下后面的通道上加载【衰减】程序贴图，在【贴图 1】通道上加载【RGB 染色】程序贴图，调节 RGB 颜色均为棕色（红：126，绿：28，蓝：15），在贴图通道加载【软包 .jpg】贴图文件，在【贴图 2】通道上加载【RGB 染色】程序贴图，调节 RGB 颜色为土黄色（红：141，绿：90，蓝：39），在贴图通道加载【软包 .jpg】贴图文件。

步骤 02 选中场景中的软包模型，在【修改】面板中为其添加【UVW 贴图】修改器，具体参数如图 8-483 所示。

在【参数】卷展栏下设置【贴图类型】为【长方体】，设置【长度】、【宽度】和【高度】均为 1200mm，设置【对齐】为 Z。

步骤 03 将制作好的软包材质赋给场景中的模型，如图 8-484 所示。

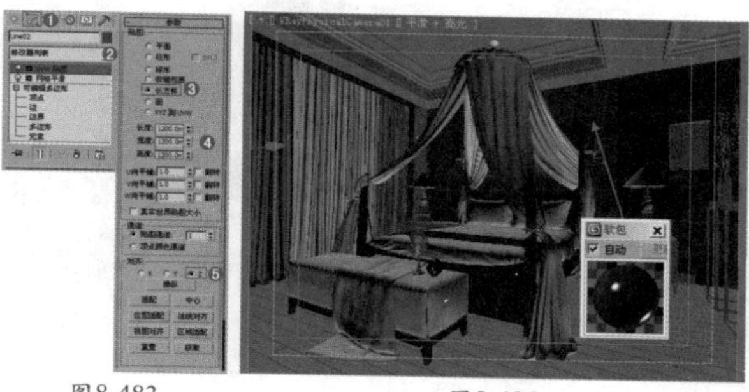

图 8-483　　图 8-484

6. 地板材质的制作

地板即房屋地面或楼面的表面层，由木料或其他材料做成。如图 8-485 所示为现实地板的材质，其基本属性主要有以下两点。

- 一定纹理贴图
- 一定的反射效果

图 8-485

步骤 01 选择一个空白材质球，然后将材质球类型设置为 VR 覆盖材质，并命名为【地板】，具体的调节参数如图 8-486 所示。

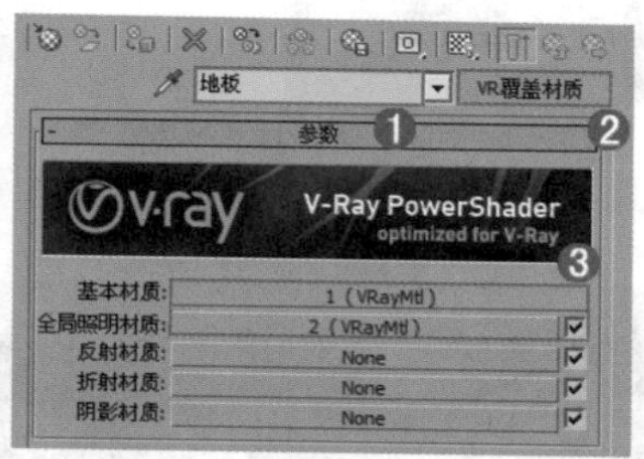

图 8-486

展开【参数】卷展栏，在【基本材质】和【全局照明材质】后面的通道上使用 VRayMtl 材质。

步骤 02 单击进入【基本材质】后面的通道中，并命名为 1，进行详细的调节，具体参数如图 8-487 所示。

在【漫反射】后面的通道下加载【地板 .jpg】贴图文件，在【反射】后面的通道上加载【衰减】程序贴图，调节两个颜色分别为深灰色（红：65，绿：65，蓝：65）和白色（红：255，绿：255，蓝：255），设置【衰减类型】为 Fresnel，【反射光泽度】为 0.85，【细分】为 14，选中【菲涅耳反射】复选框。

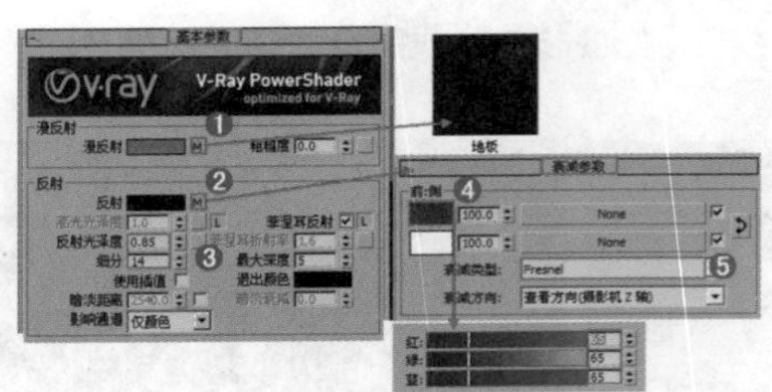

图8-487

步骤 03 单击进入【全局照明材质】后面的通道中，并命名为2，进行详细的调节，具体参数如图 8-488 所示。

在【漫反射】选项组下调节颜色为浅褐色（红：129，绿：109，蓝：104）。

步骤 04 选中场景中的地板模型，在【修改】面板中为其添加 UVW 贴图修改器，调节其具体参数如图 8-489 所示。

在【参数】卷展栏下设置【贴图类型】为【长方体】，设置【长度】为 600mm，【宽度】为 4000mm，【高度】为 600mm，设置【对齐】为 Z。

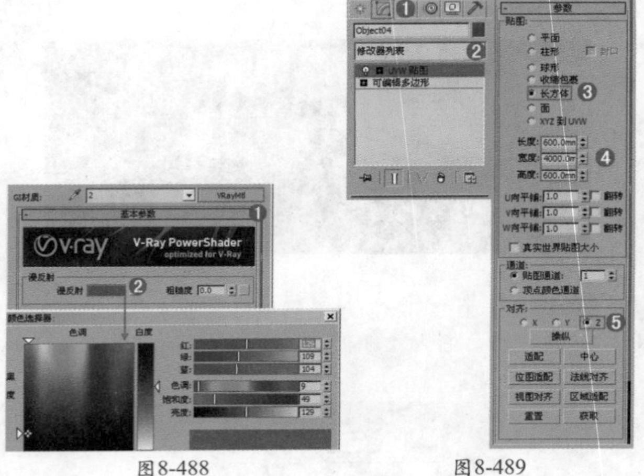

图8-488　　图8-489

步骤 05 将制作好的地板材质赋给场景中的模型，如图 8-490 所示。

图8-490

7. 金属材质的制作

金属是一种具有光泽（即对可见光强烈反射）、富有延展性、容易导电和导热等性质的物质。如图 8-491 所示为现实中金属的材质，其基本属性主要有以下两点。

- 模糊漫反射和反射效果
- 镀膜材质

图8-491

步骤 01 选择一个空白材质球，然后将材质球类型设置为 VR 混合材质，并命名为【金属】，具体的调节参数如图 8-492 所示。

展开【参数】卷展栏，在【基本材质】后面的通道上加载 VRayMtl 材质。

步骤 02 单击进入【基本材质】后面的通道中，并命名为 1，进行详细的调节，具体参数如图 8-493 所示。

在【漫反射】选项组下调节颜色为深灰色（红：15，绿：15，蓝：15）；在【反射】选项组下调节颜色为浅黄色（红：244，绿：209，蓝：154），设置【反射光泽度】为 0.8，【细分】为 30。

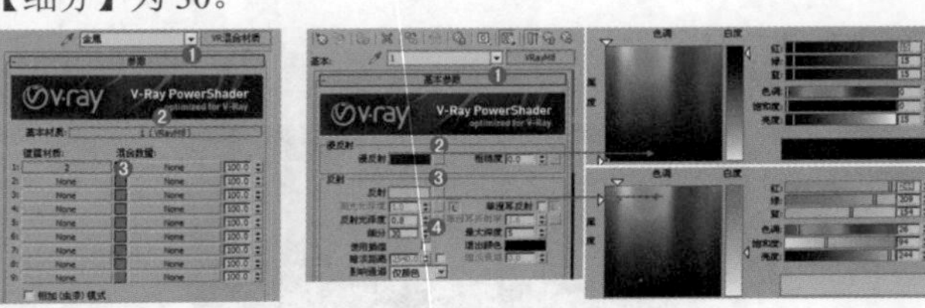

图8-492　　图8-493

步骤 03 单击进入【镀膜材质】后面的通道中，并命名为 2，进行详细的调节，具体参数如图 8-494 所示。

在【漫反射】选项组下调节颜色为浅灰色（红：174，绿：174，蓝：174）；在【反射】选项组下调节颜色为白色（红：255，绿：255，蓝：255），设置【反射光泽度】为 0.9。

图8-494

步骤 04 将制作好的金属材质赋给场景中的模型，如图 8-495 所示。

图8-495

至此，场景中主要模型的材质已经制作完毕，其他材质的制作方法此处就不再详述了。

Part 3 设置摄影机

步骤 01 单击 （创建）| （摄影机）| VR物理摄影机 按钮，如图 8-496 所示。在视图中单击并拖曳鼠标创建一台摄影机，如图 8-497 所示。

图8-496

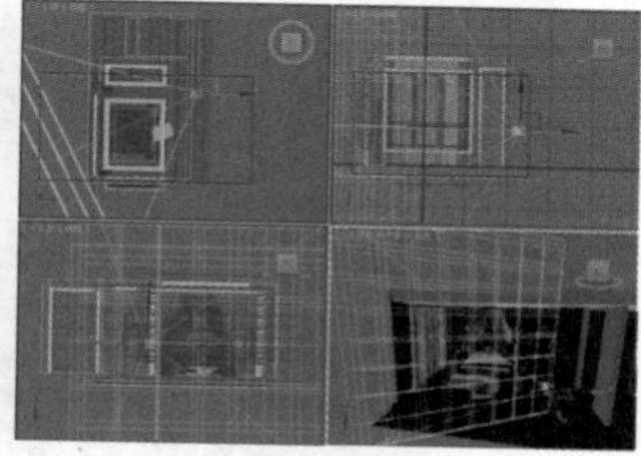

图8-497

步骤 02 选择刚创建的摄影机，单击进入【修改】面板，并设置【胶片规格】为 36，【焦距】为 40，【缩放因子】为 0.5，【光圈数】为 1.2，然后选中【剪切】复选框，并设置【近剪切平面】为 1272mm，【远剪切平面】为 22524mm。如图 8-498 所示。

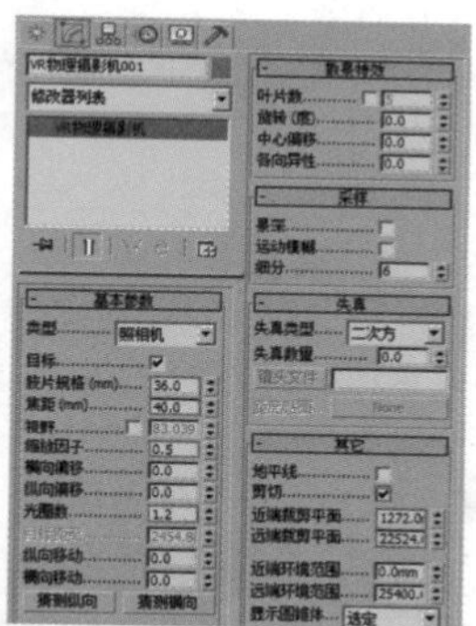

图8-498

技巧与提示

在 VR 物理摄影机中，【光圈】是最为重要的参数之一，它可以快速地控制最终渲染图像的明暗。数值越小，最终渲染越亮。

步骤 03 此时的摄影机视图效果，如图 8-499 所示。

图8-499

Part 4 设置灯光并进行草图渲染

在这个卧室场景中，使用两部分灯光照明来表现，一部分使用了自然光效果，另一部分使用了室内灯光的照明。也就是说，想得到好的效果，必须配合室内的一些照明，最后设置一下辅助光源就可以了。

1. 制作室内主要光照

步骤 01 在前视图中拖曳创建一盏目标灯光，接着使用【选择并移动】工具复制 7 盏目标灯光（复制时需要选中【实例】方式），具体的位置如图 8-500 所示。

步骤 02 选择步骤 01 创建的【目标灯光】，然后在【修改】面板下设置其具体的参数，如图 8-501 所示。

展开【常规参数】卷展栏，选中【启用】复选框，设置【阴影类型】为 VRay 阴影，【灯光分布（类型）】为光度学 Web，接着展开【分布（光度学 Web）】卷展栏，并在通道上加载【射灯 .ies】。

展开【强度 / 颜色 / 衰减】卷展栏，调节颜色为浅黄色（红：255，绿：211，蓝：141），设置【强度】为 34000；展开【VRay 阴影参数】卷展栏，选中【区域阴影】，设置【U 大小】、【V 大小】和【W 大小】均为 20mm，【细分】为 15。

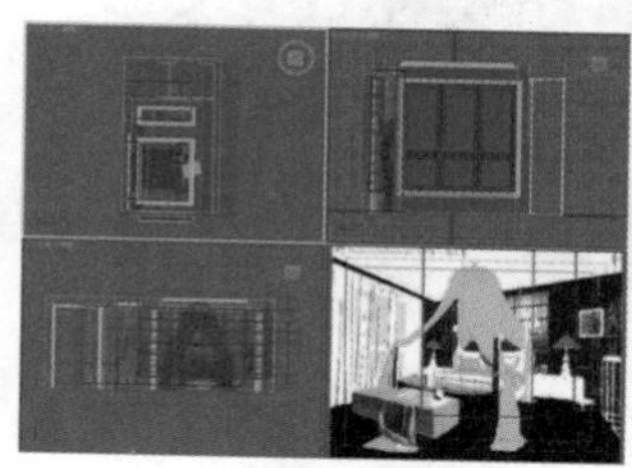

图8-500

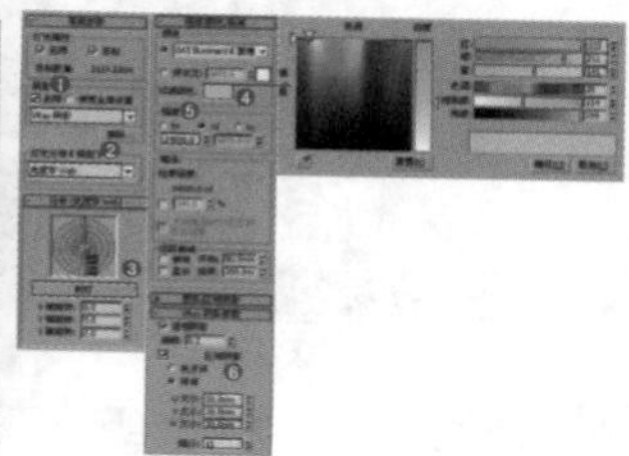

图8-501

步骤 03 继续进行创建，在纱帘下方位置创建一盏 VR 灯光，具体位置如图 8-502 所示。

步骤 04 选择步骤 03 创建的 VR 灯光，然后在【修改】面板下设置其具体的参数，如图 8-503 所示。

设置【类型】为平面，设置【倍增】为 12，调节【颜色】为浅黄色（红：253，绿：219，蓝：159），【1/2 长】为 250mm，【1/2 宽】为 254mm，选中【不可见】复选框，并取消选中【影响高光反射】和【影响反射】复选框，最后设置【细分】为 15。

图8-502

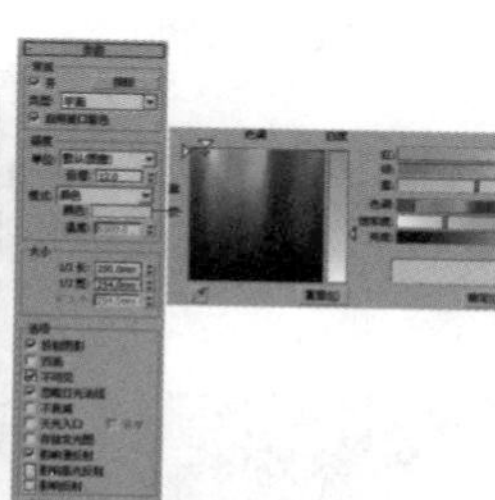

图8-503

步骤 05 按 8 键打开【环境和效果】对话框，然后在【背景】选项组下的【环境贴图】下面的通道栏下加载 VR 天空程序贴图。接着按 M 键打开【材质编辑器】，然后将【环境贴图】通道中的贴图拖曳到一个空白的材质球上，如图 8-504 所示。

步骤 06 按 F10 键打开【渲染设置】对话框。首先设置一下 V-Ray 和【间接照明】选项卡下的参数，刚开始设置的是一个草图设置，目的是进行快速渲染，来观看整体的效果，参数设置如图 8-505 所示。

图8-504

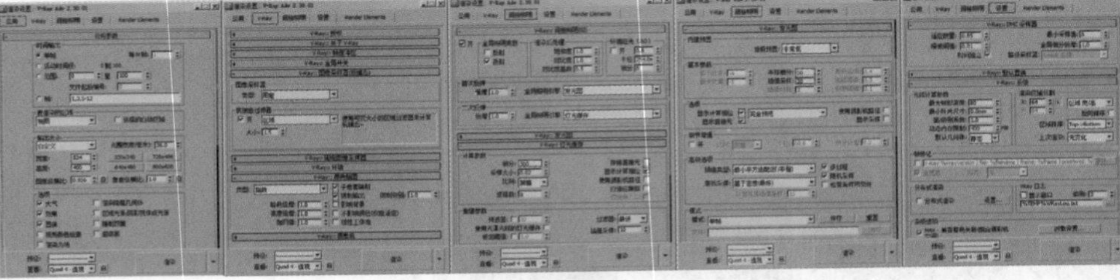

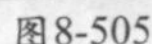

图8-505

步骤 07 按 Shift+Q 组合键，快速渲染摄影机视图，其渲染的效果如图 8-506 所示。

图8-506

通过上面的渲染效果来看，室内的光照效果基本满意，接下来制作台灯及壁灯的光照。

2. 制作台灯及壁灯的光照

步骤 01 使用 VR 灯光在顶视图中创建一盏，然后将其复制一盏，并将其拖曳到台灯的灯罩中，具体的位置如图 8-507 所示。选择刚刚创建的 VR 灯光，然后在【修改】面板中调节具体的参数，如图 8-508 所示。

设置【类型】为球体，设置【倍增】为 80，调节【颜色】为浅黄色（红：253，绿：217，蓝：154），【半径】为 50mm，选中【不可见】复选框并取消选中【影响高光反射】和【影响反射】复选框，设置【细分】为 12。

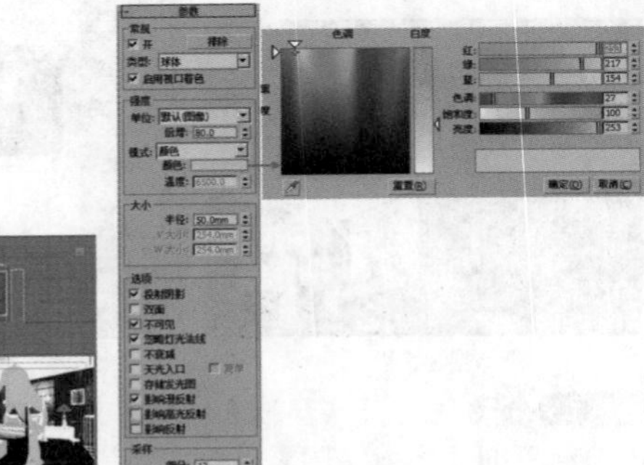

图8-507　　图8-508

步骤 02 按 Shift+Q 组合键，快速渲染摄影机视图，其渲染的效果如图 8-509 所示。

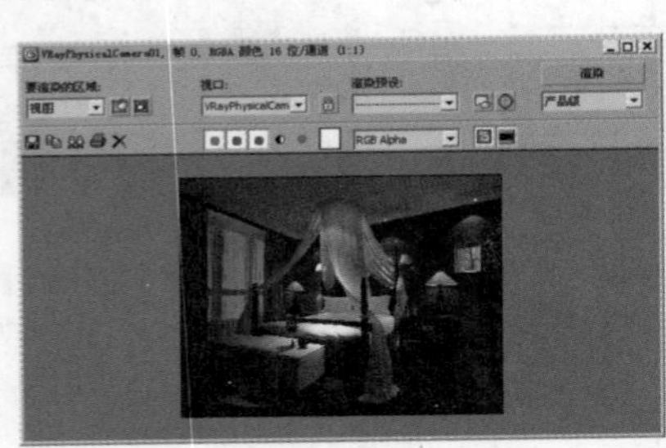

图8-509

步骤 03 继续使用 VR 灯光在顶视图中创建一盏，然后将其复制一盏，作为壁灯，并将其拖曳到壁灯的灯罩中，具体的位置如图 8-510 所示。

步骤 04 选择步骤 03 创建的 VR 灯光，然后在【修改】面板中设置具体的参数，如图 8-511 所示。

设置【类型】为【球体】，设置【倍增】为 30，调节颜色为浅黄色（红：253，绿：217，蓝：154），【半径】为 40mm，选中【不可见】复选框，取消选中【影响高光反射】和【影响反射】复选框，设置【细分】为 12。

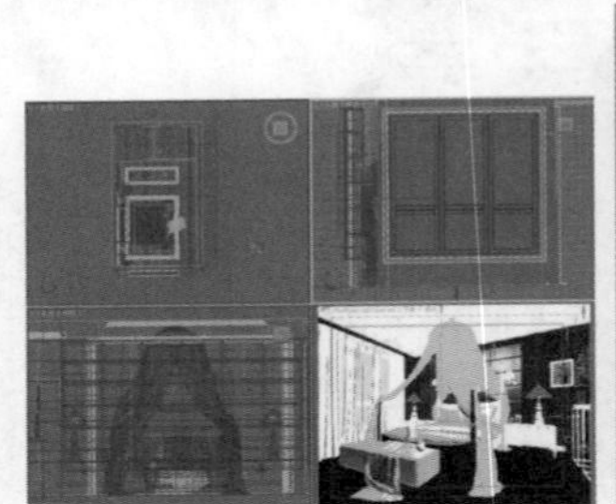

图8-510

图8-511

步骤 05 按 Shift+Q 组合键，快速渲染摄影机视图，其渲染的效果如图 8-512 所示。

图8-512

通过上面的渲染效果来看，卧室中间的亮度还不够，需要创建灯光。

3. 制作灯光带效果

步骤 01 使用 VR 灯光在左视图中创建一盏灯光，并将其复制两盏，接着分别将其拖曳到合适位置，具体位置如图 8-513 所示。

步骤 02 选择步骤 01 创建的 VR 灯光，然后在【修改】面板中设置具体的参数，如图 8-514 所示。

设置【类型】为平面，设置【倍增】为 22，调节【颜色】为浅黄色（红：253，绿：219，蓝：159），【1/2 长】为 20mm，【1/2 宽】为 1500mm，选中【不可见】复选框，取消选中【影响高光反射】和【影响反射】复选框，最后设置【细分】为 12。

图 8-513

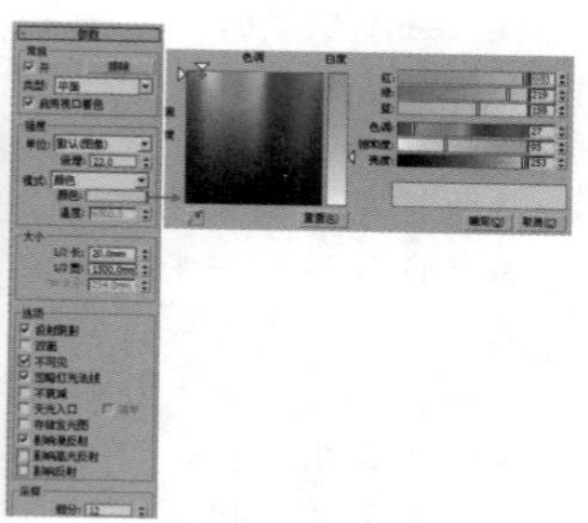

图 8-514

步骤 03 按 Shift+Q 组合键，快速渲染摄影机视图，其渲染的效果如图 8-515 所示。

图 8-515

Part 5 设置成图渲染参数

经过了前面的操作，已经将大量的工作做完了，下面需要做的就是把渲染的参数设置高一些，再进行渲染输出。

步骤 01 重新设置一下渲染参数，按 F10 键打开【渲染设置】对话框，如图 8-516 所示。

选择 V-Ray 选项卡，展开【V-Ray:: 图像采样器（反锯齿）】卷展栏，设置【类型】为【自适应确定性蒙特卡洛】，接着在【抗锯齿过滤器】选项组下选用【开】复选框，并选择 Mitchell-Netravali；展开【V-Ray:: 自适应 DMC 图像采样器】卷展栏，设置【最小细分】为 2，【最大细分】为 5。

步骤 02 选择【间接照明】选项卡，并进行调节，具体的调节参数如图 8-517 所示。

展开【V-Ray:: 发光图】卷展栏，设置【当前预置】为低，【半球细分】为 50，【插值采样】为 30；展开【V-Ray:: 灯光缓存】卷展栏，设置【细分】为 1000，取消选中【存储直接光】复选框。

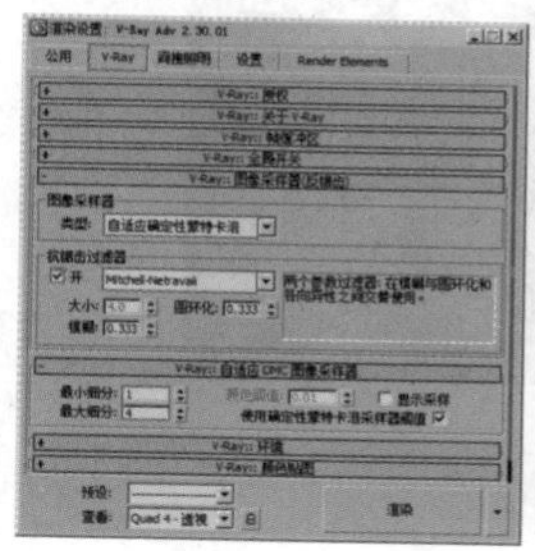

图 8-516

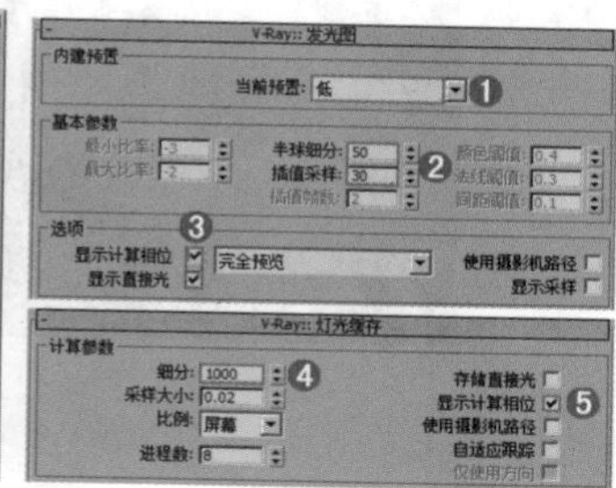

图 8-517

步骤 03 选择【设置】选项卡，并进行调节，具体的调节参数如图 8-518 所示。

展开【V-Ray:: 系统】卷展栏，取消选中【显示窗口】复选框。

步骤 04 选择 Render Elements 选项卡，单击【添加】并在弹出的【渲染元素】面板中选择 VRayWireColor（VRay 线框颜色）选项，如图 8-519 所示。

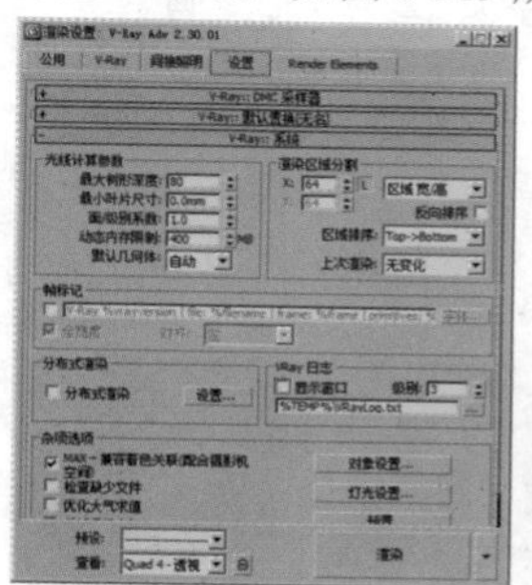

图 8-518

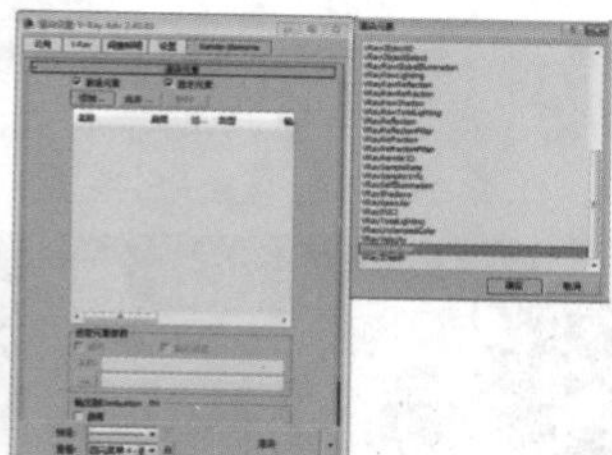

图 8-519

步骤 05 选择【公用】选项卡，展开【公用参数】卷展栏，设置输出的尺寸为 1600×1221，如图 8-520 所示。

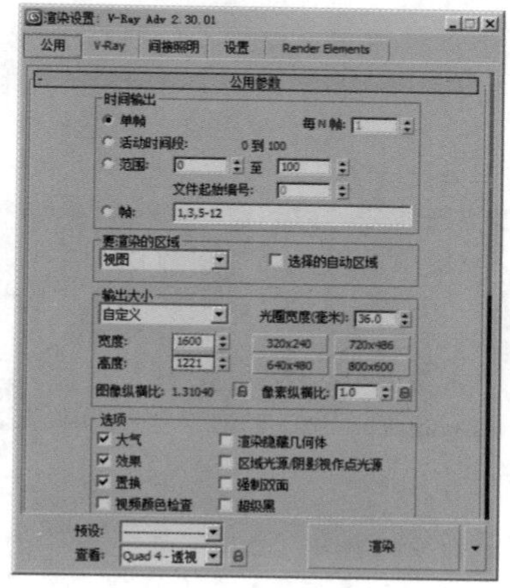

图 8-520

步骤 06 等待一段时间后就完成了渲染，最终效果如图 8-521 所示。

图8-521

技术专题——图像精细程度的控制

在使用3ds Max制作效果图的过程中，读者往往会遇到一个难以解答的问题，那就是为什么我渲染的图像这么脏？为什么渲染速度这么慢，但是渲染质量还这么差？此处为大家解答。

说到图像的质量，不得不提的就是细分。在3ds Max制作效果图过程中细分主要存在于三个方面，分别为【灯光细分】、【材质细分】和【渲染器细分】。

- 灯光细分：主要用来控制灯光和阴影的细分效果，通常数值越大，渲染越精细，渲染速度越慢。如图8-522所示为将【灯光细分】分别设置为2和20时的对比效果。

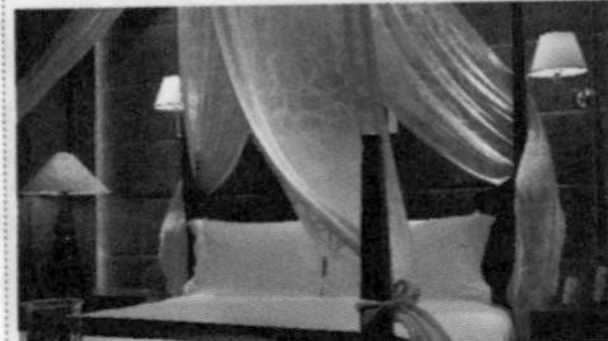

灯光细分为2的效果

灯光细分为20的效果

图8-522

- 材质细分：主要用来控制材质反射和折射等细分效果，通常数值越大，渲染越精细，渲染速度越慢。如图8-523所示为将【材质细分】分别设置为2和20时的对比效果。

材质细分为2的效果

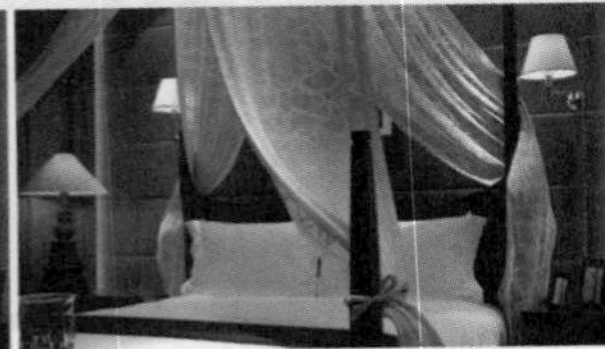

材质细分为20的效果

图8-523

- 渲染器细分：主要用来控制最终渲染的细分效果，一般来说，最终渲染时参数可以设置得相对高一些，同时材质细分和灯光细分的参数也要适当高一些。如图8-524所示为低质量参数和高质量参数的渲染对比效果。

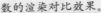

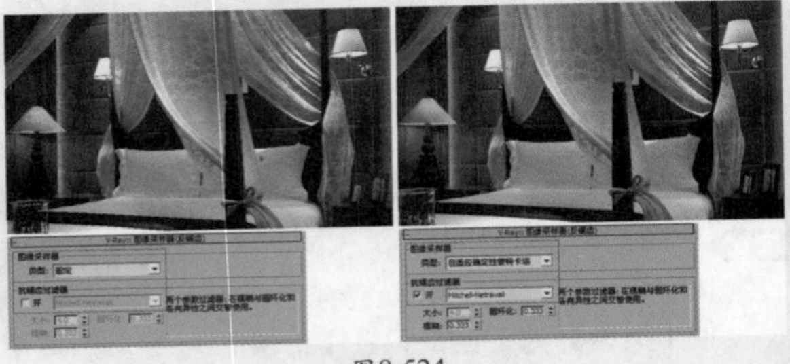

图8-524

控制最终图像的质量是由【灯光细分】、【材质细分】和【渲染器细分】三方面共同决定的。若我们只将【渲染器细分】设置得非常高，而【灯光细分】和【材质细分】设置得比较低的话，渲染出的图像质量也不会特别好，而把握好这三者间参数的平衡，显得尤为重要。

比如场景中反射和折射物体比较多，而我们也想将这些物体重点表现时，可以将【材质细分】参数适当的设置得高一些。而当场景中要重点表现色彩斑斓的灯光时，需要将【灯光细分】参数适当的设置得高一些。为了读者使用方便，在这里我们总结两种方法，供大家参考使用。

(1) 测试渲染，低质量，高速度。灯光的【细分】可以保持默认数值为8，或小于8，如图8-525所示。材质的反射和折射的【细分】可以保持默认数值为8，或小于8，如图8-526所示。渲染器设置的参数尽量低一些，如图8-527所示。

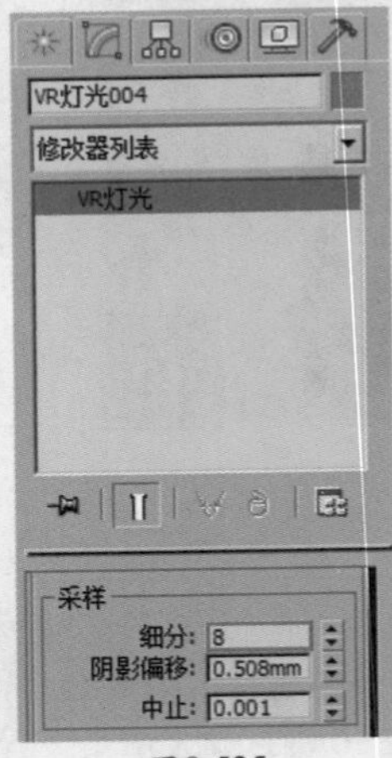

图8-525

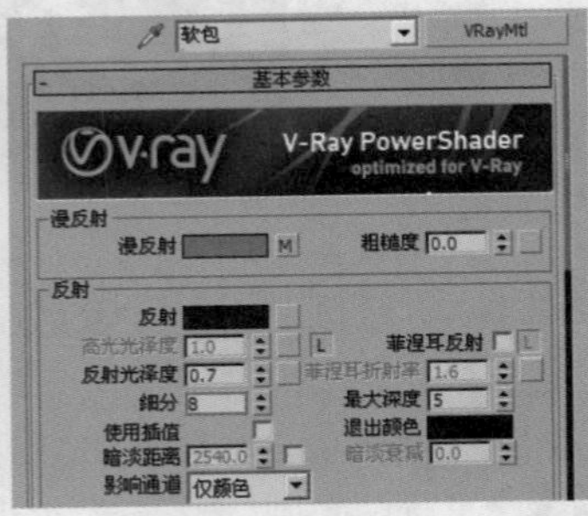

图8-526

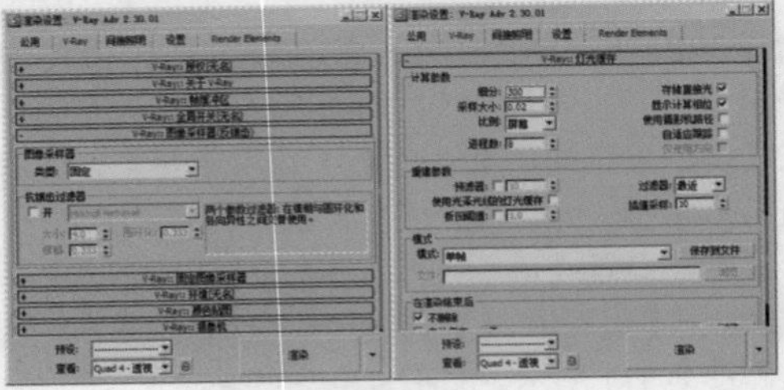

图8-527

(2) 最终渲染，高质量，低速度。灯光的【细分】可以设置数值在20左右，如图8-528所示。材质的反射和折射的【细分】可以设置数值在20左右，如图8-529。渲染器的参数设置得尽量高一些，如图8-530所示。

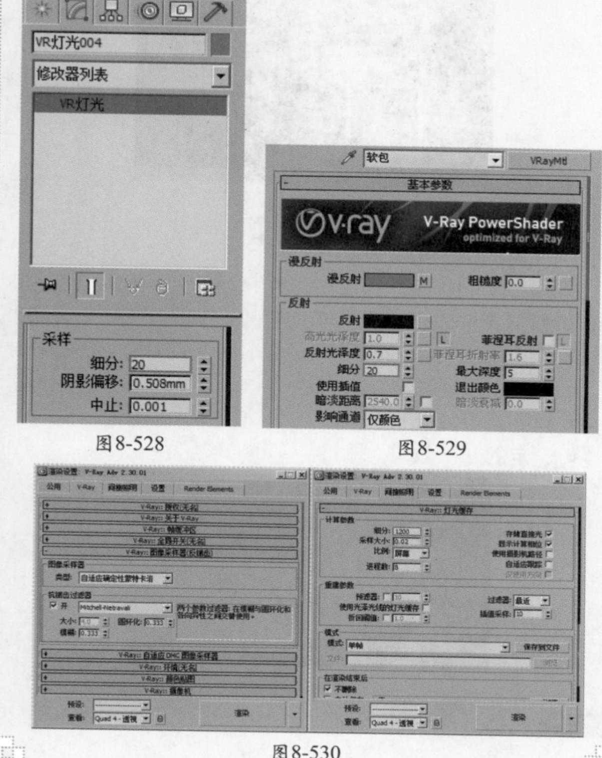

图8-528　图8-529

图8-530

重点 综合实例：水岸豪庭——简约别墅夜景表现

场景文件	10.max
案例文件	综合实例：水岸豪庭——简约别墅夜景表现.max
视频教学	DVD/多媒体教学/Chapter08/综合实例：水岸豪庭——简约别墅夜景表现.flv
难易指数	★★★★★
灯光类型	目标灯光、VR灯光
材质类型	多维/子对象材质、VRayMtl材质、VR灯光材质
程序贴图	衰减程序贴图、噪波程序贴图
技术掌握	夜晚灯光的制作、分层渲染的高级技巧

实例介绍

本例是一个简约别墅的夜景表现，室外的夜景灯光表现是本例的学习难点，游泳池内的水材质的制作方法是本例的学习重点，效果如图8-531所示。

图8-531

操作步骤

Part 1 设置VRay渲染器

步骤01 打开本书配套光盘中的【场景文件/Chapter08/10.max】文件，此时场景效果如图8-532所示。

步骤02 按F10键打开【渲染设置】对话框，在【公用】选项卡下展开【指定渲染器】卷展栏，单击...按钮，在弹出的【选择渲染器】对话框中选择V-Ray Adv 2.40.03，如图8-533所示。

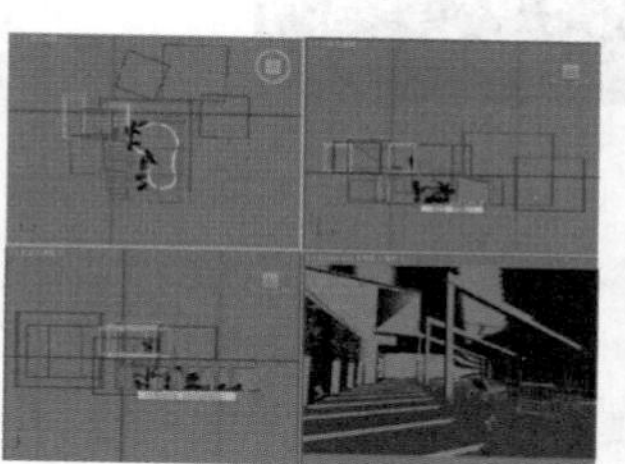

图8-532

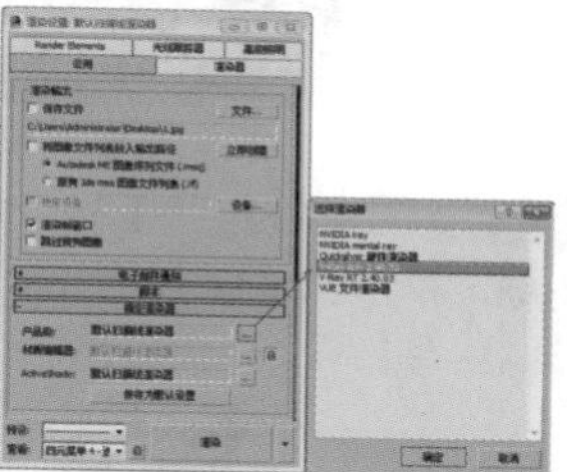

图8-533

步骤03 此时在【指定渲染器】卷展栏，【产品级】后面显示了V-Ray Adv 2.40.03，【渲染设置】对话框中出现了V-Ray、【间接照明】、【设置】和Render Elements 4个选项卡，如图8-534所示。

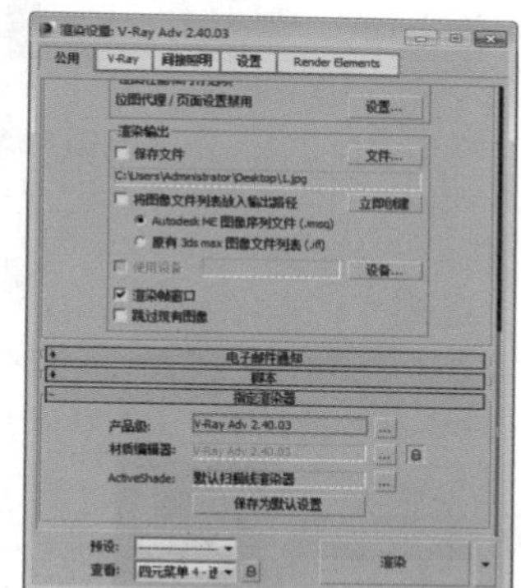

图8-534

Part 2 材质的制作

本例的场景对象材质主要包括木地板材质、鹅卵石地面材质、理石墙面材质、木纹材质、水材质、马赛克材质、玻璃材质和环境材质，如图8-535所示。

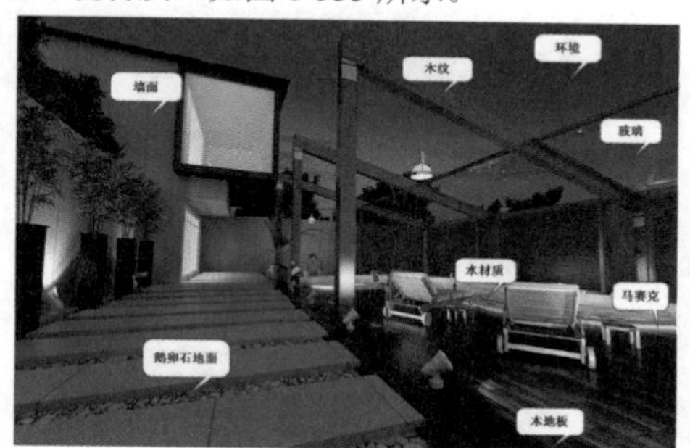

图8-535

1. 木地板材质的制作

如图 8-536 所示为现实中木地板材质的应用，其基本属性主要有以下两点。

- 木地板纹理图案
- 一定模糊反射效果

图 8-536

步骤 01 按 M 键打开【材质编辑器】对话框，选择第 1 个材质球，单击 Standard 按钮 Standard ，在弹出的【材质 / 贴图浏览器】对话框中选择 VRayMtl 材质，如图 8-537 所示。

图 8-537

步骤 02 将其命名为【木地板】，具体的调节参数如图 8-538 所示。

在【漫反射】后面的通道上加载一张【木地板 .jpg】贴图文件。

在【反射】后面的通道上加载【衰减】程序贴图，设置【衰减类型】为 Fresnel，【反射光泽度】为 0.85，【细分】为 20。

图 8-538

展开【贴图】卷展栏，将【漫反射】后面的通道拖曳到【凹凸】后面的通道上，设置【凹凸】为 30，如图 8-539 所示。

贴图			
漫反射	100.0	✓	Map #1411 (木地板.JPG)
粗糙度	100.0	✓	None
反射	100.0	✓	Map #1412 (Falloff)
高光光泽	100.0	✓	None
反射光泽	100.0	✓	None
菲涅耳折射率	100.0	✓	None
各向异性	100.0	✓	None
各向异性旋转	100.0	✓	None
折射	100.0	✓	None
光泽度	100.0	✓	None
折射率	100.0	✓	None
半透明	100.0	✓	None
凹凸	30.0	✓	Map #1416 (木地板.JPG)
置换	100.0	✓	None
不透明度	100.0	✓	None
环境		✓	None

图 8-539

步骤 03 将调节完毕的木地板材质赋给场景中的地面模型，如图 8-540 所示。

图 8-540

2. 混凝土墙面材质的制作

混凝土是当代主要的土木工程材料之一，它具有原料丰富、价格低廉和生产工艺简单的特点。如图 8-541 所示为现实中混凝土墙面材质的应用，其基本属性主要有以下 3 点。

- 混凝土纹理图案
- 模糊反射效果
- 一定的凹凸效果

图 8-541

步骤 01 选择一个空白材质球，然后将材质球类型设置为 VRayMtl，并命名为【墙面】，具体的调节参数如图 8-542 和图 8-543 所示。

在【漫反射】选项组下后面的通道上加载【墙面 .jpg】贴图文件，展开【坐标】卷展栏，取消【使用真实世界比例】复选框，设置【瓷砖】分别为 1 和 2。

在【反射】选项组下调节颜色为深灰色（红：32，绿：32，蓝：32），设置【反射光泽度】为 0.7，【细分】为 20。

展开【贴图】卷展栏，设置【凹凸】为 50，将【漫反射】后面的通道拖曳到【凹凸】后面的通道上。

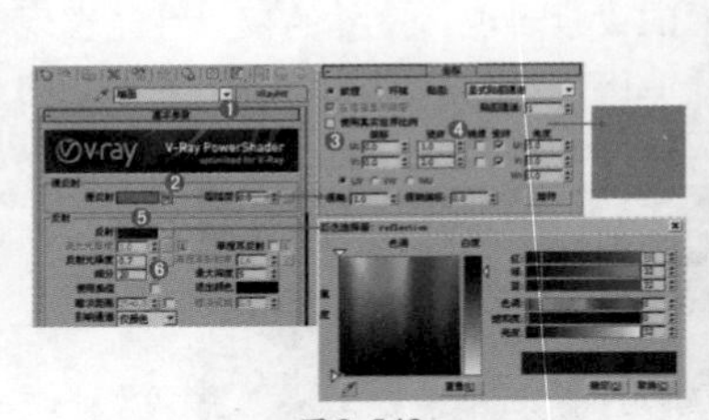

图 8-542

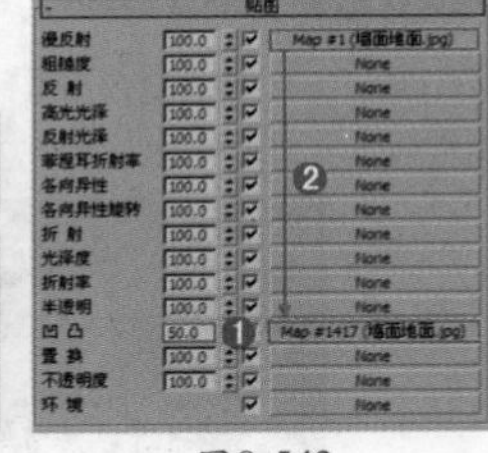

图 8-543

步骤 02 将墙面材质的模型选中，进入【修改】面板，为模型加载 UVW 贴图修改器，设置【贴图】类型为【长方体】，【长度】为 45mm，【宽度】为 37mm，【高度】为 116mm，【对齐】为 Z，如图 8-544 所示。

步骤 03 将调节完毕的材质赋给场景中的的模型，如图 8-545

所示。

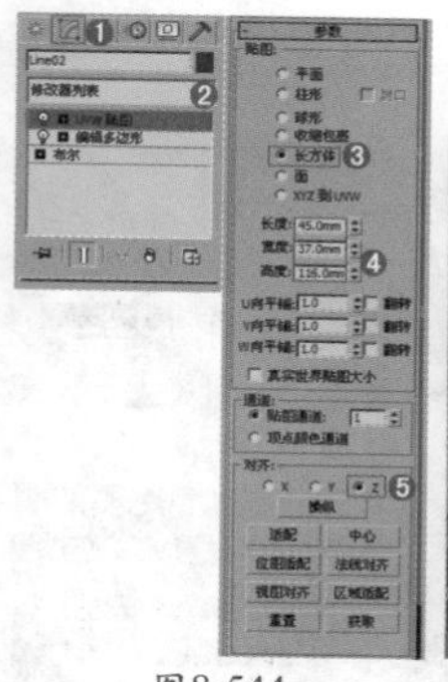

图 8-544

图 8-545

3．鹅卵石地面材质的制作

鹅卵石品质坚硬，色泽鲜明古朴，具有抗压、耐磨耐腐蚀的天然石特性，是一种理想的绿色建筑材料。如图 8-546 所示为现实中鹅卵石地面材质的应用，其基本属性主要有以下 3 点。

- 鹅卵石纹理图案
- 反射效果
- 一定的凹凸效果

图 8-546

步骤 01 选择一个空白材质球，然后将材质球类型设置为 VRayMtl，并命名为【鹅卵石地面】，具体的调节参数如图 8-547 和图 8-548 所示。

在【漫反射】选项组下后面的通道上加载【鹅卵石 .jpg】贴图文件。

在【反射】选项组下调节颜色为白色（红：255，绿：255，蓝：255），设置【反射光泽度】为 0.9，【细分】为 15。

展开【贴图】卷展栏，单击【漫反射】后面通道上的贴图文件，并将其拖曳到【凹凸】通道上，设置【凹凸】为 20，继续将其拖曳到【置换】贴图文件，最后设置【置换】为 1。

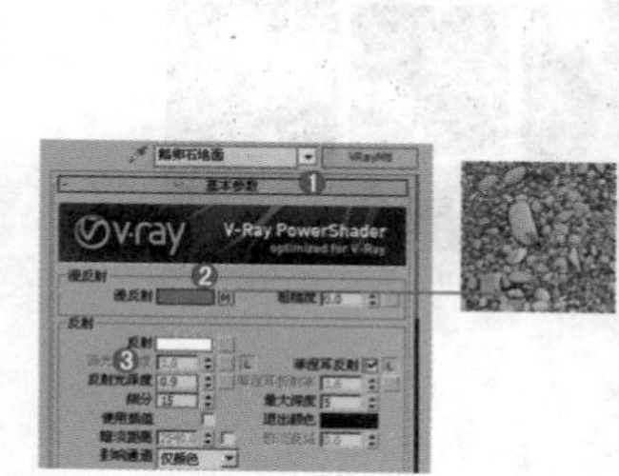

图 8-547

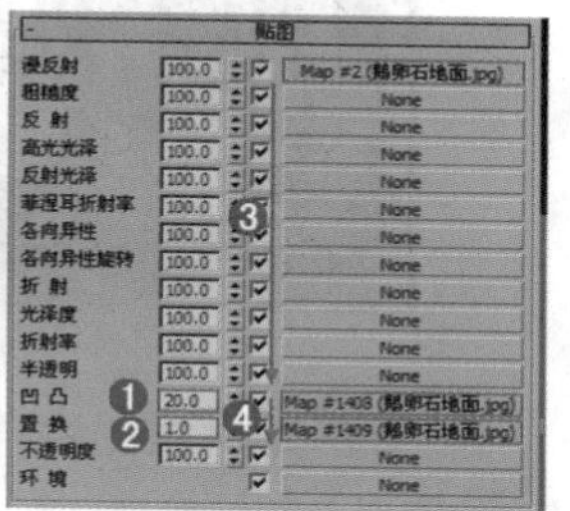

图 8-548

步骤 02 将调节完毕的鹅卵石材质赋给场景中的地面的模型，如图 8-549 所示。

图 8-549

4．木纹材质的制作

如图 8-550 所示为现实木纹的材质，其基本属性主要有以下两点。

- 木纹纹理图案
- 模糊反射效果

图 8-550

步骤 01 选择一个空白材质球，然后将材质球类型设置为【多维 / 子对象】，并命名为【木纹】，设置【设置数量】为 3，并分别在通道上加载 VRayMtl 材质，调节其具体的参数如图 8-551 所示。

步骤 02 单击进入 ID 号为 1 的通道中，并命名为 Wood dark，具体的调节参数如图 8-552 和图 8-553 所示。

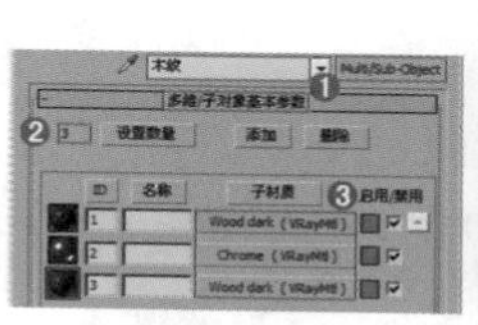

图 8-551

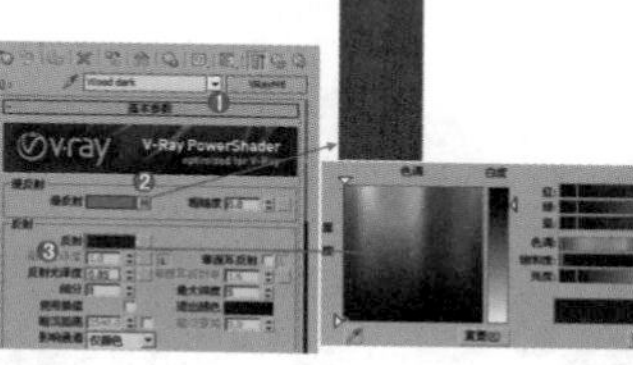

图 8-552

在【漫反射】选项组下后面的通道上加载【木纹 .jpg】贴图文件。

在【反射】选项组下调节颜色为深灰色（红：30，绿：30，蓝：30），设置【反射光泽度】为 0.85。

展开【贴图】卷展栏，设置【凹凸】为 40，并将【漫反射】后面的通道拖曳到【凹凸】后面的通道上。

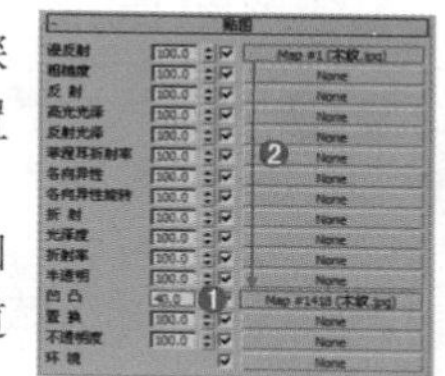

图 8-553

步骤 03 单击进入 ID 号为 2 的通道中，并命名为 Chrome，具体的调节参数如图 8-554 所示。

在【漫反射】选项组下调节颜色为灰色（红：128，绿：128，蓝：128）。

在【反射】选项组下调节颜色为浅灰色（红：151，绿：

151，蓝：151），设置【反射光泽度】为0.75。

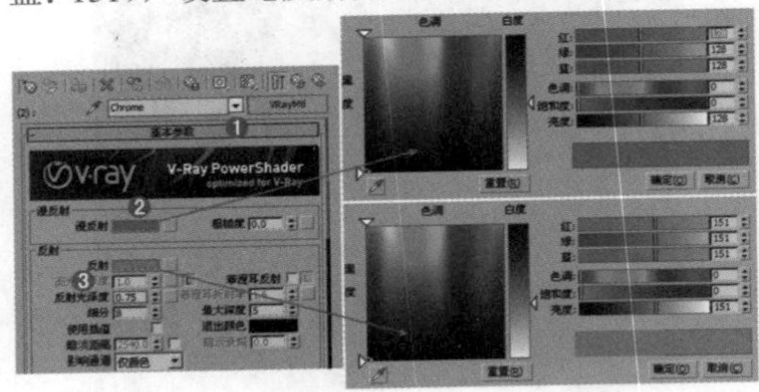

图8-554

步骤 04 选择木纹材质的模型，进入【修改】面板，为模型加载UVW贴图修改器，设置【贴图类型】为【长方体】，【长度】、【宽度】和【高度】均为394mm，【U向平铺】为20，【V向平铺】为20，【W向平铺】为1，【对齐】为Z，如图8-555所示。

步骤 05 将调节完毕的木纹材质赋给场景中的模型，如图8-556所示。

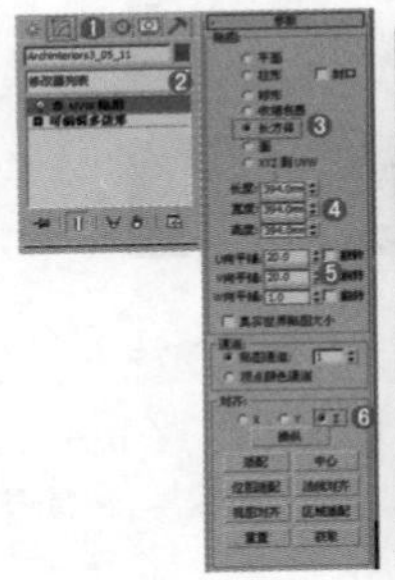

图8-555

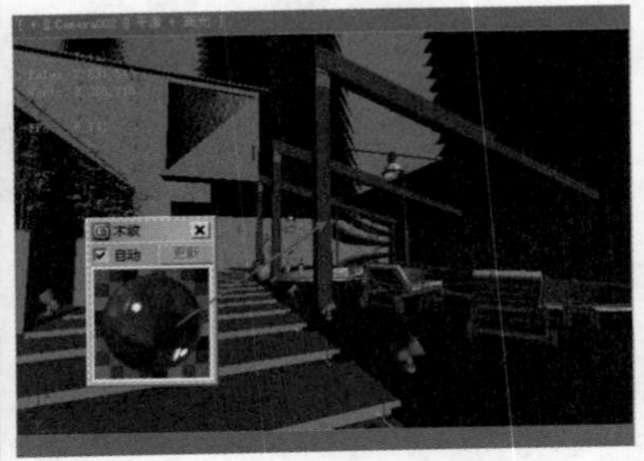

图8-556

5．水材质的制作

如图8-557所示为现实中水材质的应用，其基本属性主要有以下两点。

- 固有色为白色
- 一定的菲涅耳反射效果

图8-557

步骤 01 选择一个空白材质球，然后将材质球类型设置为VRayMtl，并命名为【水】，具体的调节参数如图8-558和图8-559所示。

在【漫反射】选项组下调节颜色为黑色（红：0，绿：0，蓝：0）。

在【反射】选项组下调节颜色为白色（红：255，绿：255，蓝：255），设置【细分】为15，选中【菲涅耳反射】复选框。

在【折射】选项组下调节折射颜色为浅灰色（红：245，绿：255，蓝：255），设置【折射率】为1.33，【细分】为15，选中【影响阴影】复选框，调节【烟雾颜色】为浅灰色（红：250，绿：250，蓝：250），设置【烟雾倍增】为0.4，如图8-560所示。

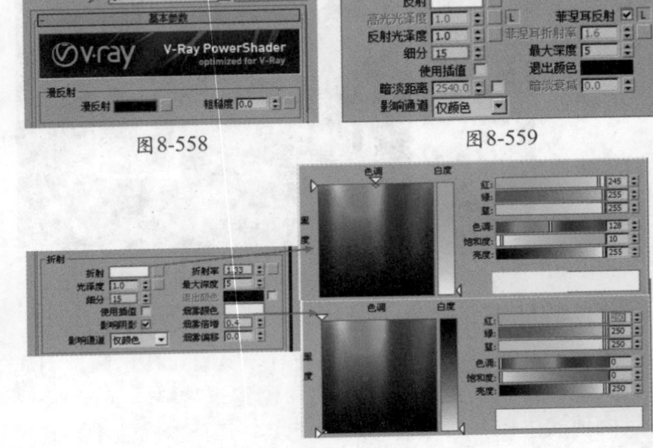

图8-558　图8-559

图8-560

步骤 02 展开【贴图】卷展栏，并设置【凹凸】贴图为40，在【凹凸】的后面加载【噪波】程序贴图，设置【噪波类型】为【分形】，设置【大小】为30.0，如图8-561所示。

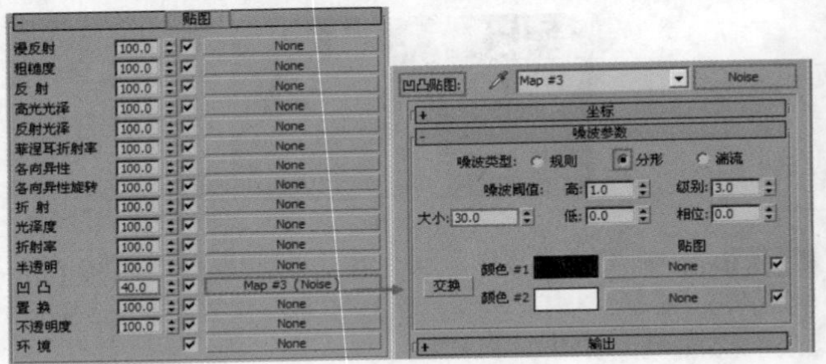

图8-561

步骤 03 将调节完毕水材质赋给场景中的模型，如图8-562所示。

图8-562

6. 马赛克材质的制作

马赛克是一种装饰艺术，通常是用许多小石块或有色玻璃碎片拼成图案。如图8-563为现实中马赛克材质材质的应用，其基本属性有以下两点。

- 马赛克纹理图案

- 一定的模糊反射效果

图8-563

步骤 01 选择一个空白材质球，然后将材质球类型设置为 VRayMtl，并命名为【马赛克】，具体的调节参数如图 8-564 和图 8-565 所示。

在【漫反射】选项组下后面的通道上加载【马赛克.jpg】贴图文件。展开【坐标】卷展栏，取消选中【使用真实世界比例】复选框，设置【瓷砖】的 U 和 V 分别为 4.5 和 1，【模糊】为 0.01。

在【反射】选项组下调节颜色为深灰色（红：25，绿：25，蓝：25），设置【反射光泽度】为 0.8。

展开【贴图】卷展栏，单击【漫反射】后面通道上的贴图文件，并将其拖曳到凹凸通道上，设置【凹凸数量】为 30。

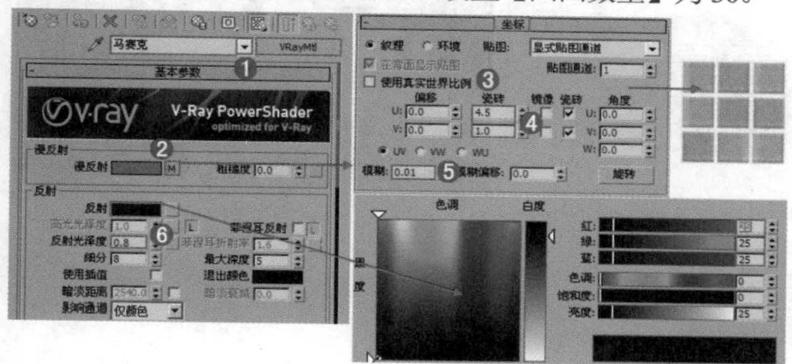

图8-564

贴图			
漫反射	100.0	☑	Map #4 (马赛克.jpg)
粗糙度	100.0	☑	None
反 射	100.0	☑	None
高光光泽	100.0	☑	None
反射光泽	100.0	☑	None
菲涅耳折射率	100.0	☑	None
各向异性	100.0	☑	None
各向异性旋转	100.0	☑	None
折 射	100.0	☑	None
光泽度	100.0	☑	None
折射率	100.0	☑	None
半透明	100.0	☑	None
凹 凸	40.0		Map #1419 (马赛克.jpg)
置 换	100.0	☑	None
不透明度	100.0	☑	None
环 境		☑	None

图8-565

步骤 02 将调节完毕的马赛克材质赋给场景中的模型，如图 8-566 所示。

图8-566

7．玻璃材质的制作

玻璃具有良好的透视、透光性能，如图 8-567 为现实中玻璃材质的应用，其基本属性主要有以下两点。

- 强烈的漫反射和折射效果
- 一定的反射效果

图8-567

步骤 01 选择一个空白材质球，然后将材质球类型设置为 VRayMtl，并命名为【玻璃】，具体的调节参数如图 8-568 所示。

在【漫反射】选项组下调节颜色为浅灰色（红：238，绿：238，蓝：238）。

在【反射】选项组下调节颜色为深灰色（红：39，绿：39，蓝：39）。

在【折射】选项组下调节颜色为浅灰色（红：243，绿：243，蓝：243），接着调节【烟雾颜色】为浅绿色（红：232，绿：243，蓝：251）。

步骤 02 将制作好的玻璃材质赋给场景中的玻璃模型，如图 8-571 所示。

图8-568

图8-569

8．环境的制作

如图 8-570 所示为现实中的环境效果，其基本属性主要为设置材质类型为 VR 灯光材质。

图8-570

步骤 01 选择一个空白材质球，然后将材质球类型设置为 VR 灯光材质，并命名为【环境】，具体的调节参数如图 8-571 所示。

在【参数】选项组下【颜色】后面的通道上加载【环境.jpg】贴图文件，设置【数量】为 0.6。

步骤 02 选择被赋予环境材质的模型，为其加载 UVW 贴图，并设置【贴图类型】为【平面】,【长度】为 20 020,【宽度】为 40 090,【对齐】为 Y，如图 8-572 所示。

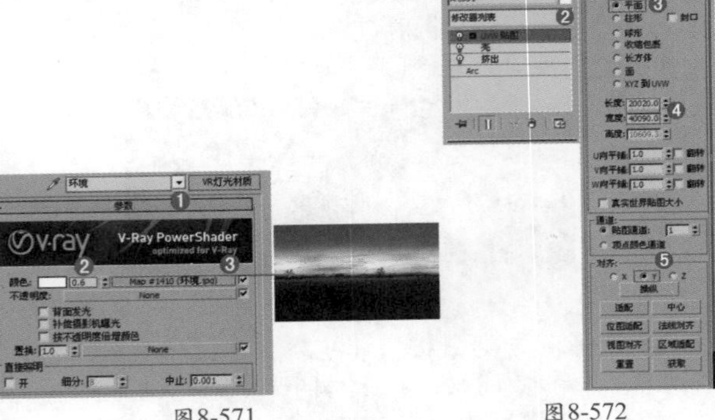

图8-571　　图8-572

步骤 03 将制作好的环境材质赋给场景中的模型，如图 8-573 所示。

图8-573

Part 3 创建环境和摄影机

步骤 01 按 8 键弹出【环境和效果】对话框，单击【环境贴图】下面的通道，加载【环境贴图 .jpg】贴图文件，如图 8-574 所示。按 M 键打开【材质编辑器】，将【环境贴图】的通道拖曳到一个空白材质球上，如图 8-575 所示。

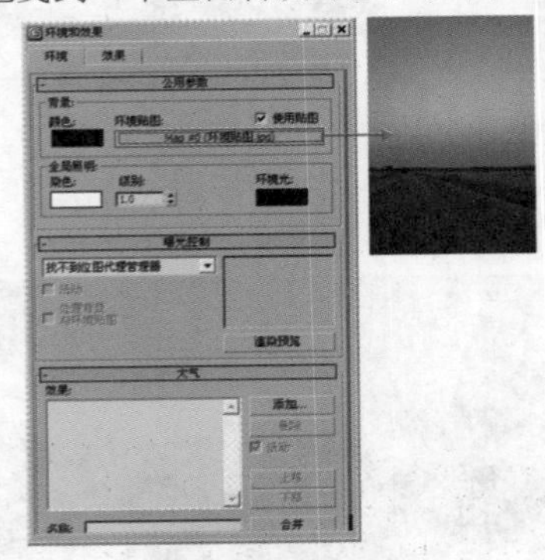

图8-574

图8-575

步骤 02 单击（创建）|（摄影机）| 目标（目标）按钮，如图 8-576 所示。在视图中单击并拖曳鼠标一台摄影机，如图 8-577 所示。

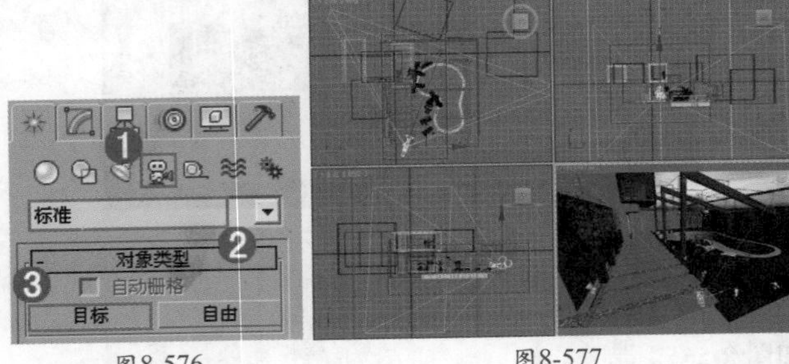

图8-576　　图8-577

步骤 03 选择步骤 02 创建的摄影机，单击进入【修改】面板，并设置【镜头】为 15.857,【视野】为 97.244,【目标距离】为 14 755m，如图 8-578 所示。

步骤 04 此时的摄影机视图效果，如图 8-579 所示。

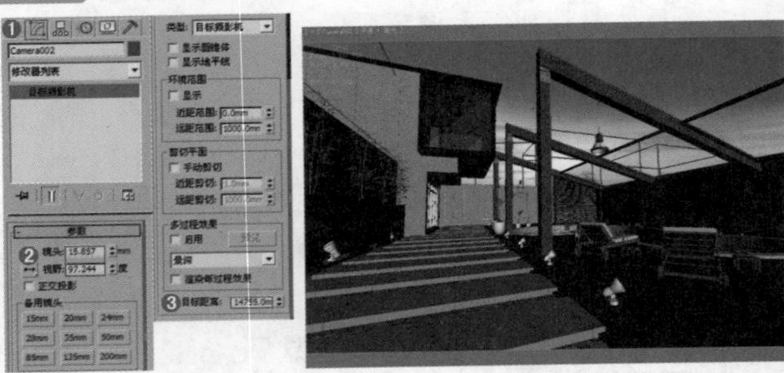

图8-578　　图8-579

Part 4 设置灯光并进行草图渲染

在这个简约别墅夜景中，表现场景主要有三种灯光：第一种是使用目标灯光模拟的别墅夜景中的射灯光源，第二种是使用 VR 灯光模拟的别墅的室内光源，最后一种是使用 VR 灯光模拟的辅助吊灯光源。

1. 制作别墅夜景中的射灯光源

步骤 01 单击（创建）|（灯光）| 目标灯光 按钮，在顶视图中单击并拖曳鼠标，创建一盏目标灯光，接着使用【选择并移动】工具复制 23 盏目标灯光，接着在各个视图中调整一下它的位置，具体的位置如图 8-580 所示。

步骤 02 选择步骤 01 创建的目标灯光，并在【修改】面板中调节具体参数，如图 8-581 所示。

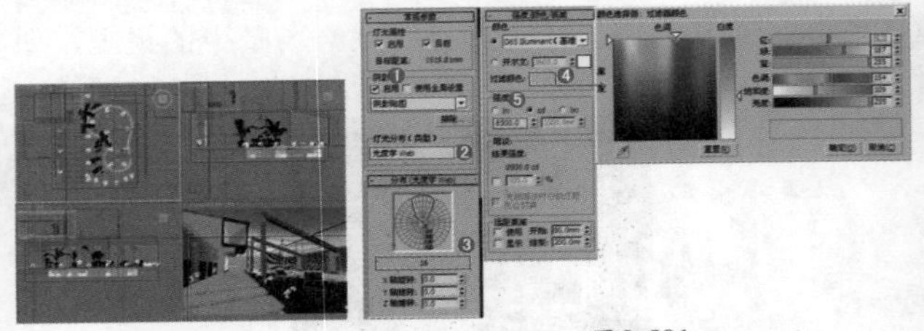

图8-580　　图8-581

展开【常规参数】卷展栏，在【阴影】选项组下选中

【启用】复选框，并设置【阴影类型】为阴影贴图，【灯光分布类型】为光度学 Web。

展开【分布（光度学 Web）】卷展栏，并在通道上加载 16.ies 光域网文件。

展开【强度 / 颜色 / 衰减】卷展栏，调节【过滤颜色】为浅蓝色（红：146，绿：187，蓝：255），设置【倍增】为 8500。

步骤 03 继续使用【目标灯光】在视图中创建 6 盏目标灯光，位置如图 8-582 所示。然后选择创建的【目标灯光】，并在【修改】面板中调节具体参数，如图 8-583 所示。

展开【常规参数】卷展栏，在【阴影】选项组下选中【启用】复选框，并设置【阴影类型】为 VRay 阴影，【灯光分布类型】为光度学 Web。

展开【分布（光度学 Web）】卷展栏，并在通道上加载 28.ies 光域网文件。

展开【强度 / 颜色 / 衰减】卷展栏，调节【过滤颜色】为白色（红：255，绿：255，蓝：255），设置【倍增】为 35 000；展开【VRay 阴影参数】卷展栏，设置【细分】为 20。

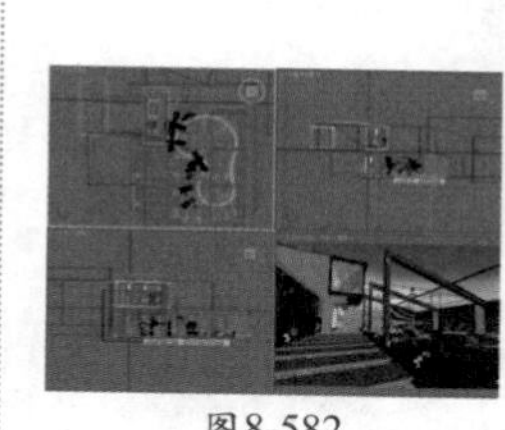

图 8-582

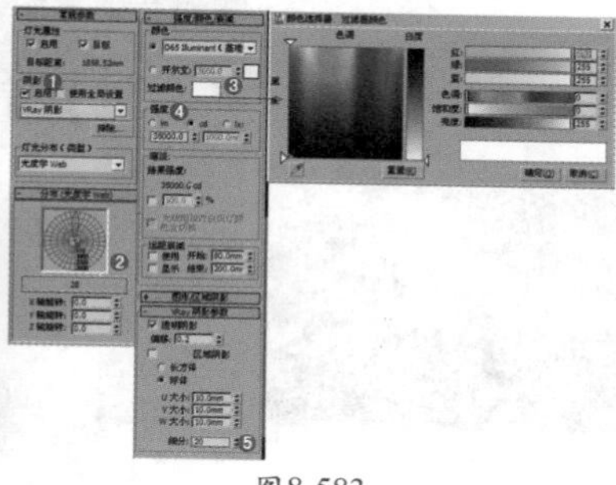

图 8-583

步骤 04 按 F10 键打开【渲染设置】对话框。首先设置一下 V-Ray 和【间接照明】选项卡下的参数，刚开始设置的是一个草图设置，目的是进行快速渲染，来观看整体的效果，参数设置如图 8-584 所示。

步骤 05 按 Shift+Q 组合键，快速渲染摄影机视图，其渲染的效果如图 8-585 所示。

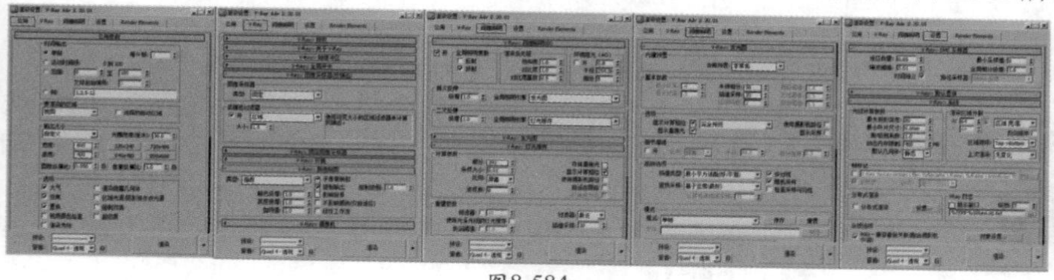

图 8-584

图 8-585

通过上面的渲染效果来看，场景中的部分位置灯光不真实，下面继续制作。

2．设置别墅屋内的光源

步骤 01 单击（创建）|（灯光）| VR灯光 按钮，在顶视图中创建一盏 VR 灯光然后使用【选择并移动】工具将其移动到别墅屋内，如图 8-586 所示。

步骤 02 选择步骤 01 创建的 VR 灯光，然后在【修改】面板中调节具体的参数，如图 8-587 所示。

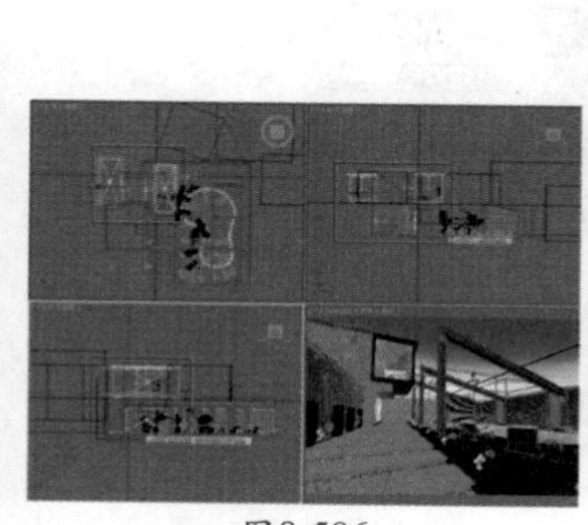

图 8-586

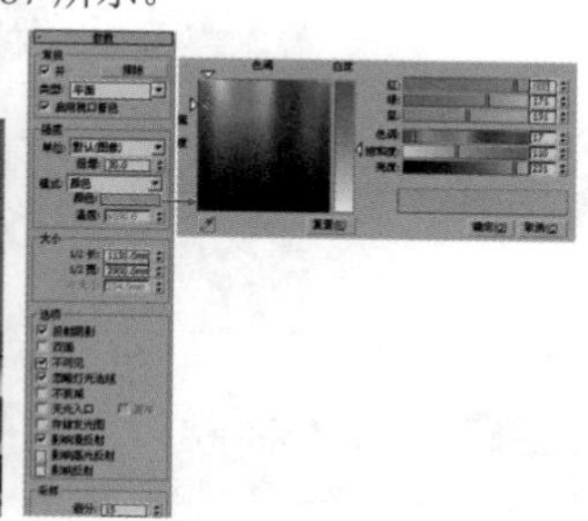

图 8-587

设置【类型】为平面，设置【倍增】为 30，调节【颜色】为浅黄色（红：231，绿：171，蓝：1311），【1/2 长】为 1130mm，【1/2 宽】为 2900mm，选中【不可见】复选框，取消选中【影响高光反射】和【影响反射】复选框，设置【细分】为 15。

步骤 03 接着再次创建三盏 VR 灯光，根据实际情况设置灯光【倍增】、【颜色】以及【大小】的数值。

步骤 04 按 Shift+Q 组合键，快速渲染摄影机视图，其渲染的效果，如图 8-588 所示。

图 8-588

3．制作别墅室外的辅助光源

步骤 01 单击（创建）|（灯光）| VR灯光 按钮，在顶视图中创建一盏 VR 灯光，接着使用【选择并移动】工具复制两盏并将其分别拖曳到吊灯的灯罩中，位置如图 8-589 所示。

步骤 02 选择步骤 01 创建的 VR 灯光，然后在【修改】面板中设节具体的参数，如图 8-590 所示。

设置【类型】为球体，【倍增】为 40，调节【颜色】为浅黄色（红：254，绿：223，蓝：168），【半径】为 60mm，选中【不可见】复选框，取消选中【影响高光反射】和【影响反射】复选框，设置【细分】为 15。

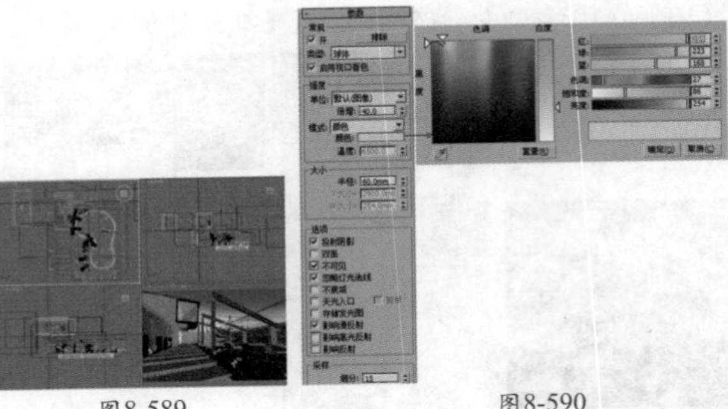

图8-589　图8-590

步骤 03 继续在视图中创建一盏 VR 灯光，接着使用【选择并移动】工具复制 5 盏并将其分别拖曳到游泳池周围的小灯罩中，位置如图 8-591 所示。

步骤 04 选择步骤 03 创建的 VR 灯光，然后在【修改】面板中调节具体的参数，如图 8-592 所示。

设置【类型】为球体，【倍增】为 30，调节【颜色】为浅黄色（红：254，绿：223，蓝：168），【半径】为 100mm，选中【不可见】复选框，取消选中【影响高光反射】和【影响反射】复选框，设置【细分】为 15。

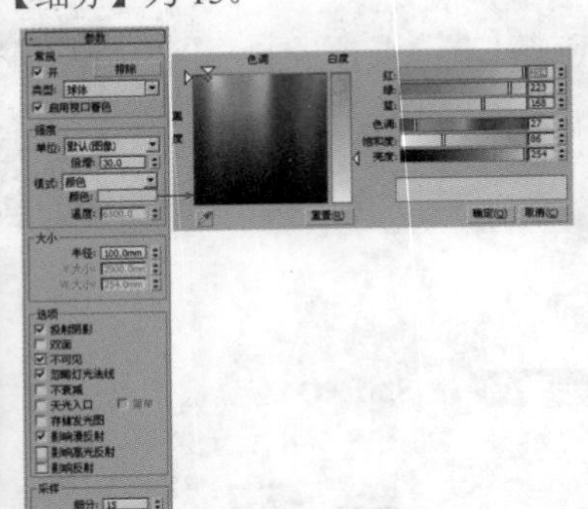

图8-591　图8-592

步骤 05 继续使用 VR 灯光在顶视图中创建，放置位置如图 8-593 所示。然后选择刚刚步创建的 VR 灯光，并在【修改】面板下调节具体参数，如图 8-594 所示。

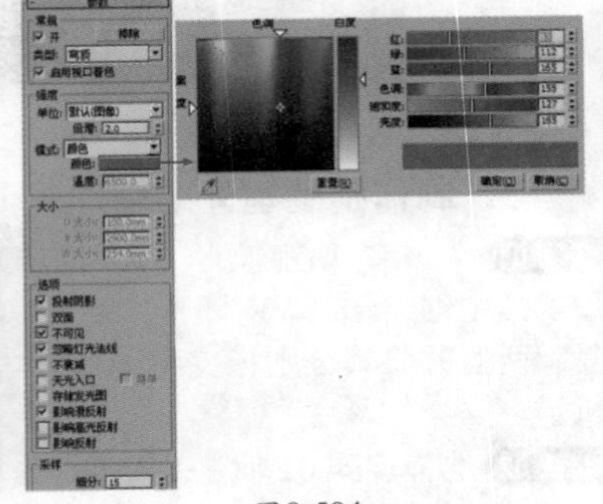

图8-593　图8-594

设置【类型】为穹顶，设置【倍增】为 2，调节【颜色】为蓝色（红：83，绿：1112，蓝：165），选中【不可见】复选框，取消选中【影响高光反射】和【影响反射】复选框，设置【细分】为 15。

步骤 06 按 Shift+Q 组合键，快速渲染摄影机视图，其渲染的效果如图 8-595 所示。

图8-595

Part 5 设置成图渲染参数

经过了前面的操作，已经将大量的工作做完了，下面需要做的就是把渲染的参数设置高一些，再进行渲染输出。

步骤 01 按 F10 键打开【渲染设置】对话框，重新设置一下渲染参数，如图 8-596 所示。

选择 V-Ray 选项卡，展开【V-Ray:: 图像采样器（反锯齿）】卷展栏，设置【类型】为【自适应确定性蒙特卡洛】，接着在【抗锯齿过滤器】选项组下选中【开】复选框，并选择 Mitchell-Netravali；展开【V-Ray:: 自适应 DMC 图像采样器】卷展栏，设置【最小细分】为 1，【最大细分】为 4。

展开【V-Ray:: 颜色贴图】卷展栏，设置【类型】为【指数】，【变亮倍增】为 0.9，最后选中【子像素映射】和【钳制输出】复选框。

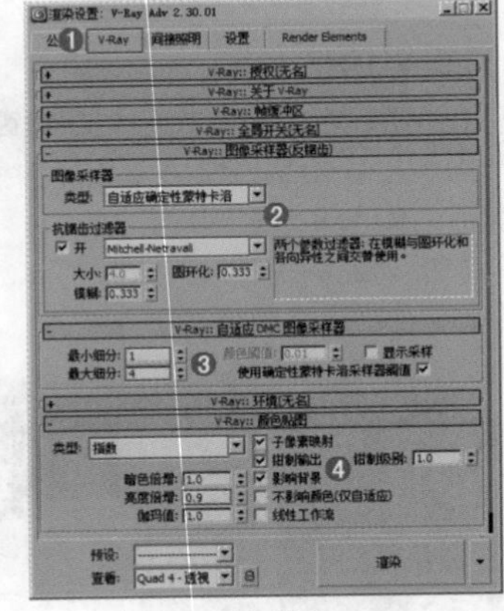

图8-596

步骤 02 选择【V-Ray:: 间接照明】选项卡，并进行调节，具体的调节参数如图 8-597 所示。

展开【V-Ray:: 发光图】卷展栏，设置【当前预置】为低，【半球细分】为 50，【插值采样】为 30；展开【V-Ray:: 灯光缓存】卷展栏，设置【细分】为 1000，取消选中【存储直接光】复选框。

步骤 03 选择【设置】选项卡，并进行调节，具体的调节参数如图 8-598 所示。

展开【V-Ray:: 系统】卷展栏，设置【区域排序】为 Top → Bottom，最后取消选中【显示窗口】复选框。

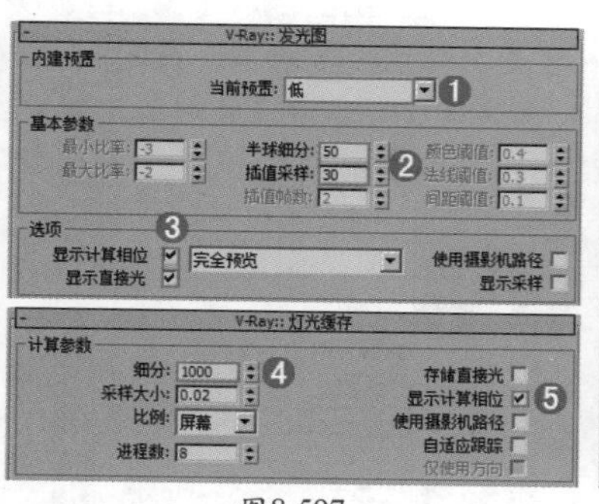
图8-597

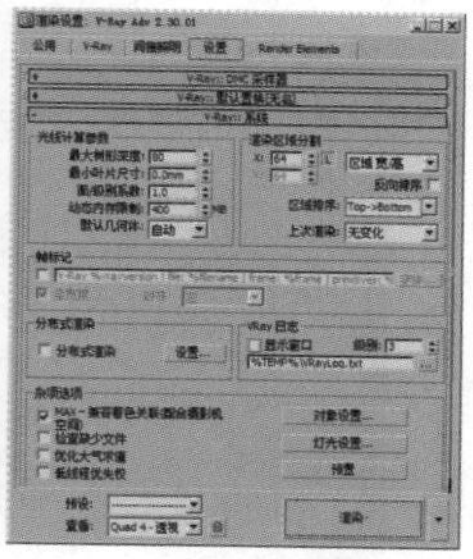

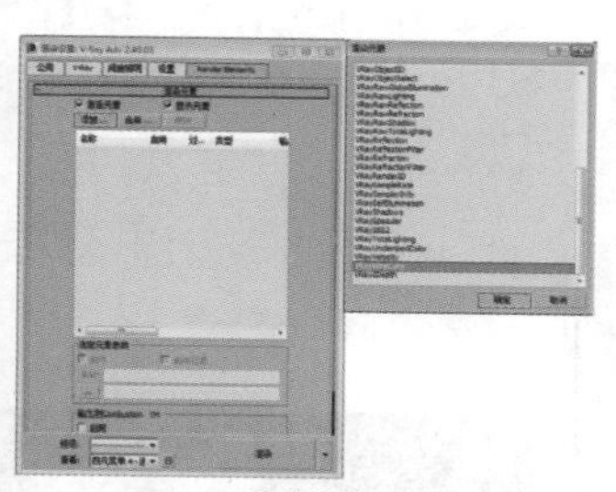
图8-598

步骤 04 选择 Render Elements 选项卡，单击【添加】并在弹出的【渲染元素】面板中选择【VRayWireColor（VRay 线框颜色）】选项，如图 8-599 所示。

步骤 05 选择【公用】选项卡，展开【公用参数】卷展栏，设置输出的尺寸为 1500×1000，如图 8-600 所示。

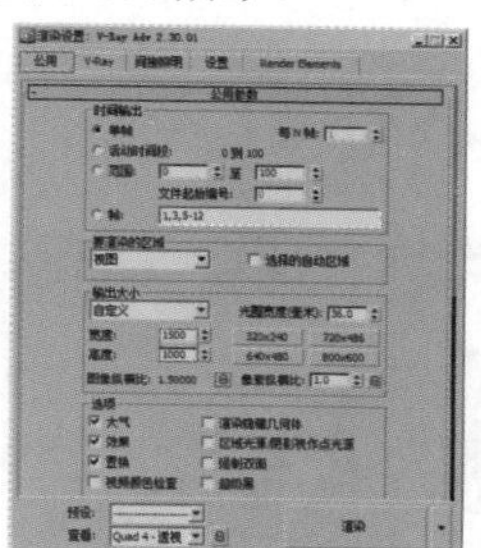
图8-599

图8-600

步骤 06 等待一段时间后就完成了渲染，最终的效果如图 8-601 所示。

图8-601

技术专题——分层渲染的高级技巧

在使用 3ds Max 的过程中，时常会遇到改图时换个材质或在原有的基础上加个模型；或单独调节某类物体；或为图像添加合适的景深效果。如果我们为了修改一点点问题而重新渲染整个图像，会花费太多的时间，掌握合理的分层渲染技巧，这些问题将变得非常容易解决。下面开始讲解如何进行分层渲染。

（1）单独渲染和调节某些物体。选择除去躺椅模型外的所有模型，并右击，选择 V-Ray 属性，然后在弹出的窗口中选中【无光对象】复选框，设置【Alpha 基值】为 –1，选中【阴影】复选框，最后选中【影响 Alpha】复选框，如图 8-602 所示。

图8-602

单击【渲染】，查看此时的渲染效果。我们会发现只有躺椅模型渲染是正常的效果，如图 8-603 所示。

图8-603

而且我们会看到图像的通道图像中，只有躺椅模型的颜色为纯白色，如图 8-604 所示。

图8-604

这样我们就可以利用渲染出的这些图像，在 Photoshop 等后期软件中进行处理，如图 8-605 所示。

图8-605

（2）单独调节某类物体。在 Render Elements（渲染元素）选项卡中，单击【添加】按钮，并选择 VRayWireColor（VRay 线框颜色），如图 8-606 所示。

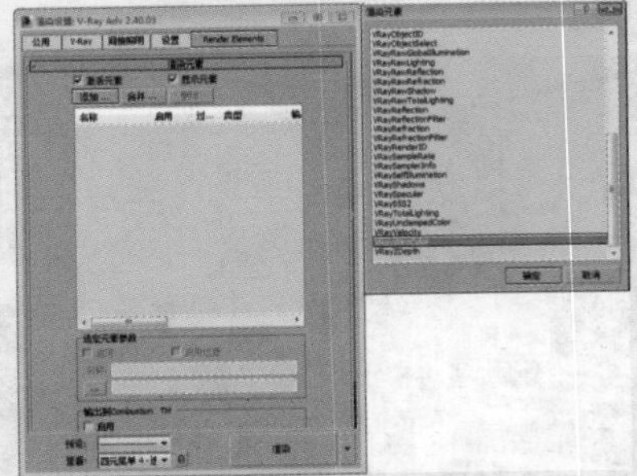

图8-606

渲染时会出现一张彩色的图像，如图 8-607 所示。

图8-607

利用这张彩色图像，在 Photoshop 后期处理时，可以使用【魔棒工具】，单独选择某一个颜色的区域，如图 8-608 所示。

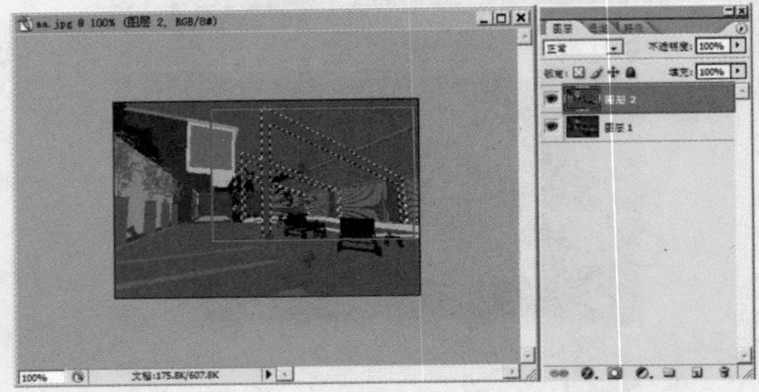

图8-608

此时就可以随意地对该部分进行调整了，如图 8-609 所示。

图8-609

（3）渲染 VR Z 深度，制作景深效果。在 Render Elements（渲染元素）选项卡中，单击【添加】按钮，选择 VR Z 深度，如图 8-610 所示。

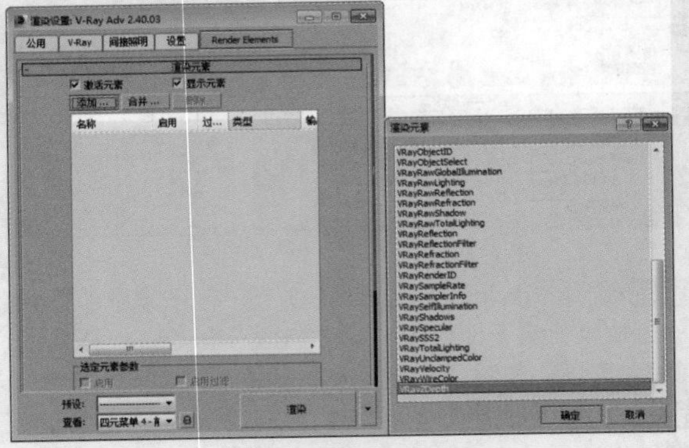

图8-610

接着需要根据实际情况设置【Z 深度最小】和【Z 深度最大】的数值，如图 8-611 所示。在视图中可以看到大概的距离，如图 8-612 所示。

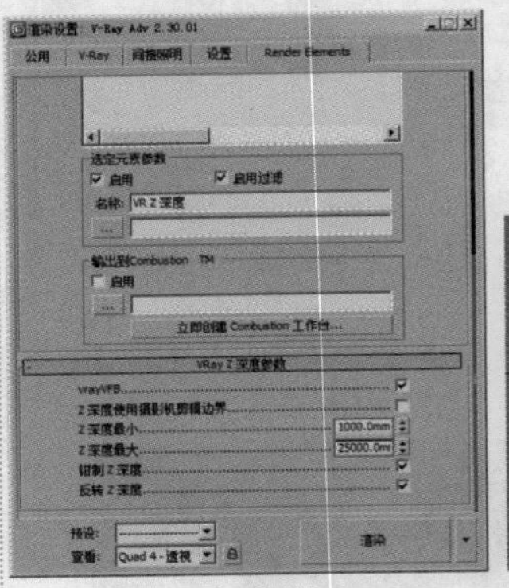

图8-611

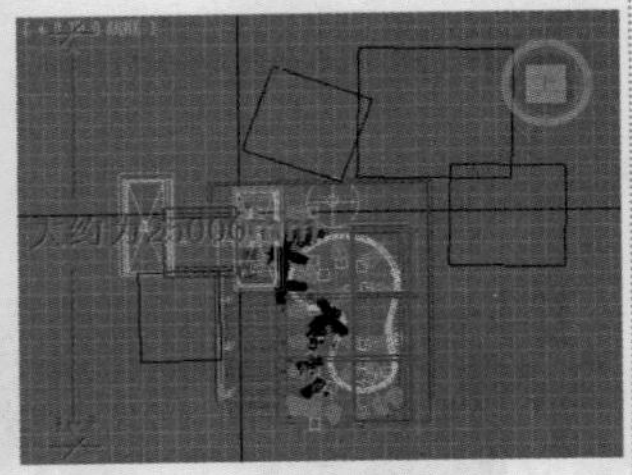

图8-612

渲染会出现一张黑白灰色的图像，如图 8-613 所示。

图8-613

利用这张黑白灰色图像，在 Photoshop 后期处理时，可以在【通道】面板中载入选区（按住 Ctrl 键并单击除了 RGB 以外的任意一个通道），如图 8-614 所示。

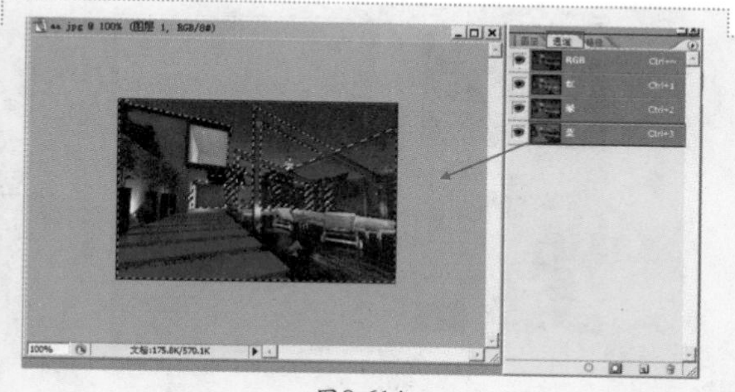

图8-614

接着单击【图层】，并取消显示【图层3】，最后单击【图层1】，如图8-615所示。

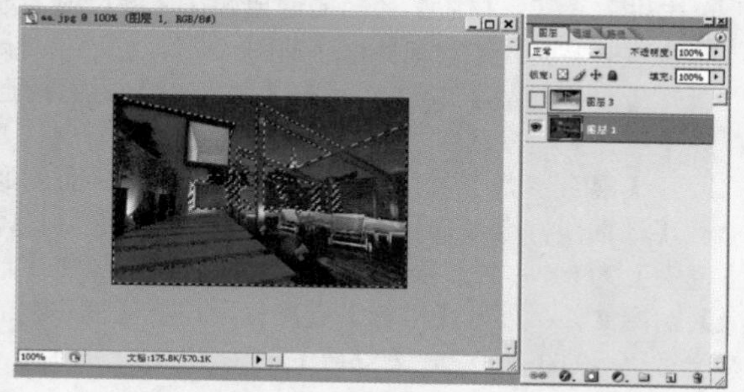

图8-615

接着右击，选择【选择反选】选项，如图8-616所示。

图8-616

最后执行【滤镜】|【模糊】|【高斯模糊】命令，我们会发现图像中远处的部分已经出现了明显的景深模糊效果，如图8-617所示。

图8-617

此时的效果，如图8-618所示。

图8-618

重点 综合实例：CG 动画场景

场景文件	11.max
案例文件	综合实例：CG 动画场景 .max
视频教学	DVD/ 多媒体教学 /Chapter08/ 综合实例：CG 动画场景 .flv
难易指数	★★★★★
灯光类型	目标平行光
材质类型	VRayMtl 材质、多维 / 子对象材质、VR 混合材质
程序贴图	衰减程序贴图
技术掌握	掌握 CG 动画场景的材质和灯光的制作

实例介绍

本例是一个CG动画场景，与效果图不同，CG动画场景讲究更加夸张的效果，对于材质的要求比较高，如图8-619所示。

图8-619

操作步骤

Part 1 设置VRay渲染器

步骤 01 打开本书配套光盘中的【场景文件/Chapter08/11.max】文件，此时场景效果如图8-620所示。

步骤 02 按F10键打开【渲染设置】对话框，在【公用】选项卡下展开【指定渲染器】卷展栏，单击...按钮，在弹出的【选择渲染器】对话框中选择V-Ray Adv 2.40.03，如图8-621所示。

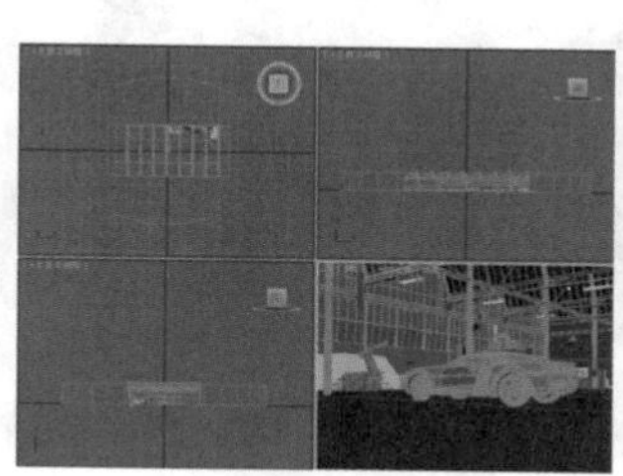

图8-620

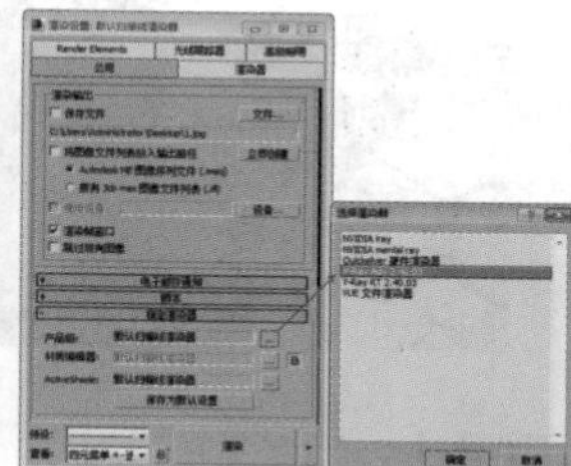

图8-621

步骤 03 此时在【指定渲染器】卷展栏，【产品级】后面显示了V-Ray Adv 2.40.03，【渲染设置】对话框中出现了V-Ray、

【间接照明】、【设置】和 Render Elements 选项卡，如图 8-622 所示。

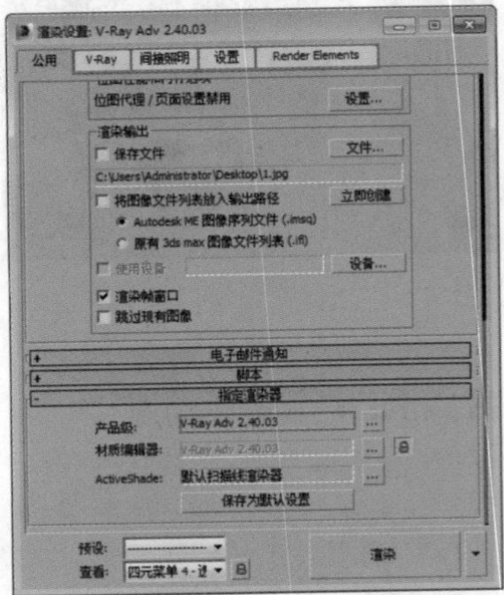

图8-622

Part 2 材质的制作

本例的场景对象材质主要包括地面材质、墙面材质、砖墙材质、玻璃材质、带锈金属材质、车漆材质、车轮金属材质、轮胎材质和汽车玻璃材质，如图 8-623 所示。

图8-623

1. 地面材质的制作

如图 8-624 所示为现实中地面材质的应用，其基本属性主要有以下两点。

- 地面纹理图案
- 一定的模糊反射

图8-624

步骤 01 按 M 键打开【材质编辑器】对话框，选择第 1 个材质球，单击 Standard 按钮 Standard ，在弹出的【材质 / 贴图浏览器】对话框中选择 VR 混合材质材质，如图 8-625 所示。

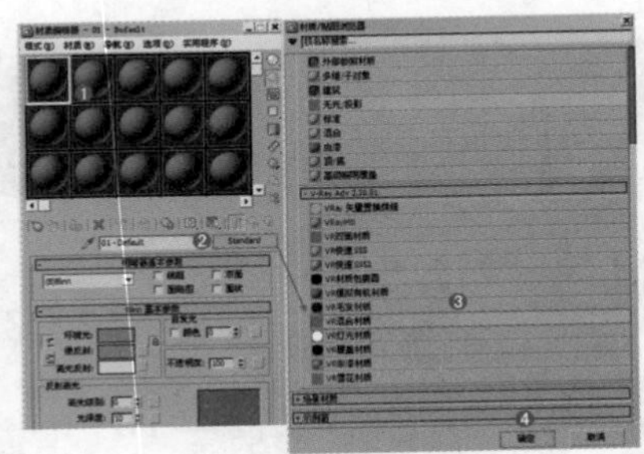

图8-625

步骤 02 将其命名为【地面】，具体的调节参数如图 8-626 所示。

在【基本材质】后面的通道上加载 VRayMtl 材质。

单击进入【基本材质】后面的通道，在【漫反射】选项组后面的通道上加载【衰减】程序贴图。

展开【衰减参数】卷展栏，在【颜色 #1】后面的通道上加载【混合】程序贴图。

展开【混合参数】卷展栏，在【颜色 #1】后面的通道上加载【地面 1.jpg】贴图文件；展开【坐标】卷展栏，设置【模糊】为 0.5，在【颜色 #2】后面的通道上加载【地面 2.jpg】贴图文件；展开【坐标】卷展栏，设置【偏移】的 U 和 V 分别为 -0.03 和 0.25，【瓷砖】的 U 和 V 分别为 1.5 和 2，设置【模糊】为 0.5。

单击【转到父对象】按钮，返回【衰减参数】卷展栏，将【颜色 #1】后面的通道拖曳到【颜色 #2】上，接着设置【衰减类型】为 Fresnel。

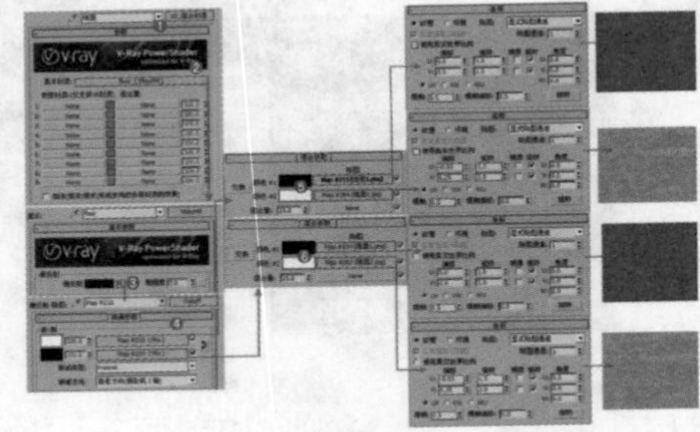

图8-626

接着单击【转到父对象】按钮返回【基本参数】卷展栏，在【反射】选项组下调节颜色为深灰色（红：20，绿：20，蓝：20），设置【高光光泽度】为 0.5，【反射光泽度】为 0.55，【细分】为 6，选中【菲涅耳反射】复选框，【最大深度】为 4；在【折射】选项组下设置【折射率】为 3，【最大深度】为 4，如图 8-627 所示。

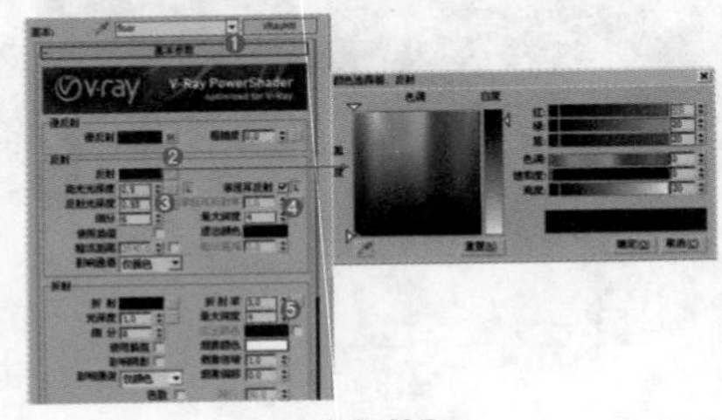

图8-627

单击【转到父对象】按钮返回 VR 混合材质面板，在【镀膜材质】下面的通道上加载 VRayMtl 材质，并命名为 1；在【漫反射】选项组后面的通道上加载【地面 .jpg】贴图文件；展开【坐标】卷展栏，设置【模糊】为 0.5；在【反射】选项组后面的通道上加载【地面水 .jpg】贴图文件，展开【坐标】卷展栏，设置【偏移】的 U 和 V 分别为 0.1 和 -0.04，【模糊】为 0.5，如图 8-628 所示。

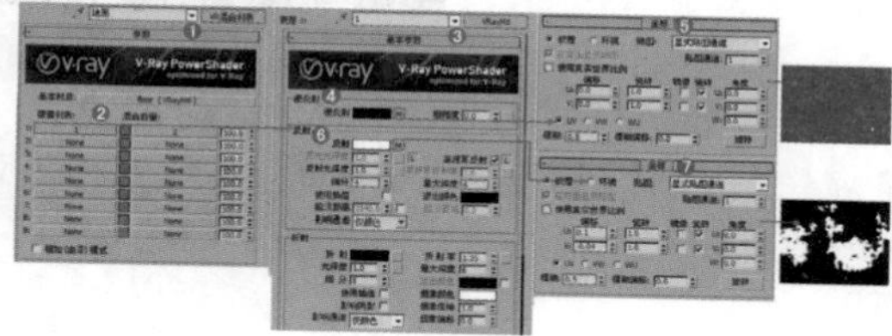

图8-628

单击【转到父对象】按钮返回 VR 混合材质面板，在【混合量】下面的通道上加载【地面水 .jpg】贴图文件，并命名为 2；展开【坐标】卷展栏，设置【偏移】的 U 和 V 分别为 0.1 和 –0.04，【模糊】为 4，如图 8-629 所示。

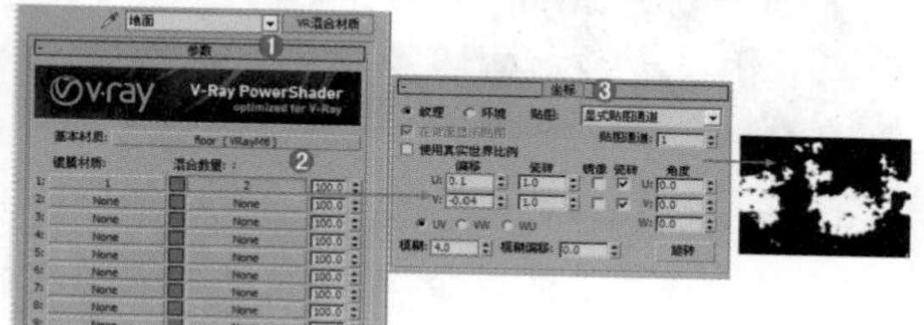

图8-629

步骤 03 将调节完毕的材质赋给场景中的模型，如图 8-630 所示。

图8-630

2．墙面的制作

墙面是 CG 场景中经常制作的材质，主要使用贴图来模拟。如图 8-631 为墙面材质的应用，其基本属性主要为带有墙面贴图。

图8-631

步骤 01 选择一个空白材质球，然后将材质球类型设置为【多维 / 子对象】，并命名为【墙面】，设置【设置数量】为 2，并分别在其通道上加载 VRayMtl 材质，如图 8-632 所示。

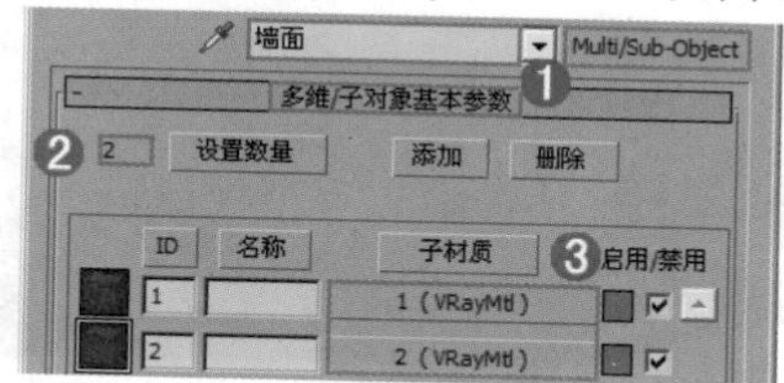

图8-632

步骤 02 单击进入 ID 号为 1 的通道中，将其命名为 1，在【漫反射】选项组下后面的通道上加载【墙面 1.jpg】贴图文件。展开【坐标】卷展栏，设置【角度】的 W 为 180，【模糊】为 0.5，如图 8-633 所示。

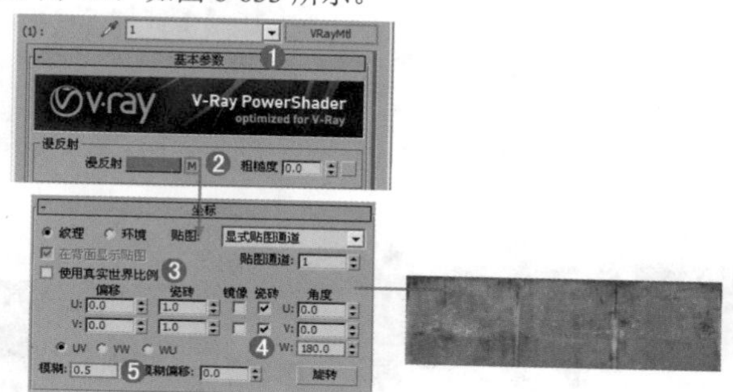

图8-633

步骤 03 单击进入 ID 号为 2 的通道中，将其命名为 2，在【漫反射】选项组下后面的通道上加载【墙面 2.jpg】贴图文件。展开【坐标】卷展栏，设置【角度】的 W 为 180，【模糊】为 0.5，如图 8-634 所示。

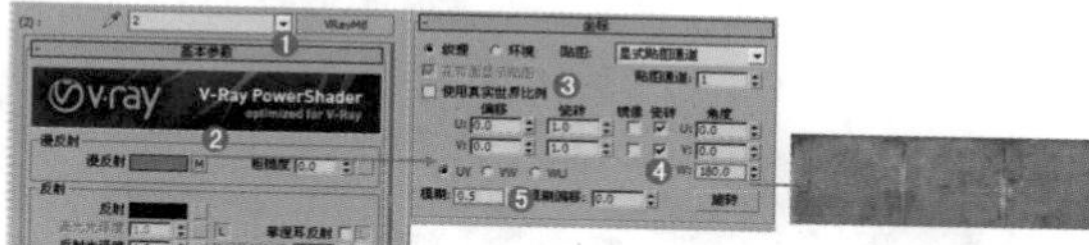

图8-634

步骤 04 将调节完毕的材质赋给场景中的模型，如图 8-635 所示。

图8-635

3．砖墙材质的制作

在 CG 场景的制作中，经常用到砖墙材质，因此我们需要平时多收集一些砖墙的贴图。如图 8-636 为砖墙材质模拟的效果，其基本属性主要有以下两点。

- 带有砖墙贴图
- 带有一定的反射效果

图8-636

步骤01 选择一个空白材质球，然后将材质球类型设置为VRayMtl，并命名为【砖墙】，具体的调节参数如图8-637所示。

在【漫反射】选项组后面的通道上加载【砖墙.jpg】，展开【坐标】卷展栏，设置【模糊】为0.5。

在【反射】选项组后面的通道上加载【砖墙.jpg】，展开【坐标】卷展栏，设置【模糊】为0.8，设置【反射光泽度】为0.55。

步骤02 将调节完毕的材质赋给场景中的模型，如图8-638所示。

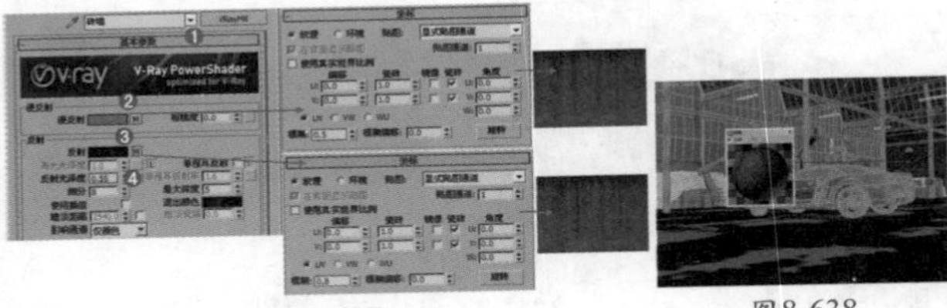

图8-637　　图8-638

4. 玻璃材质的制作

如何表现透光的感觉是玻璃在制作中的难点，如图8-639为现玻璃材质模拟的效果，其基本属性主要有以下两点。

- 带有一定的反射
- 带有一定的折射

图8-639

步骤01 选择一个空白材质球，然后将材质球类型设置为VRayMtl，并命名为【玻璃】，具体的调节参数如图8-640所示。

在【漫反射】选项组后面的通道上加载【玻璃.jpg】贴图文件。

在【反射】选项组后面的通道上加载【玻璃2.jpg】，设置【细分】为10，选中【菲涅耳反射】复选框。

在【折射】选项组后面的通道上加载【玻璃2.jpg】，设置【光泽度】为0.9，【细分】为12。

步骤02 将调节完毕的材质赋给场景中的模型，如图8-641所示。

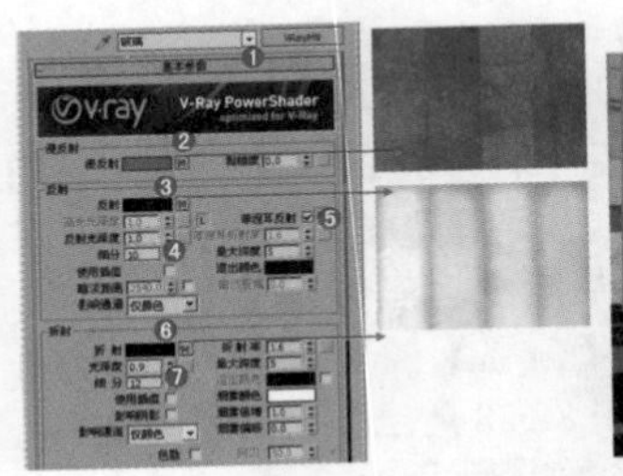

图8-640　　图8-641

5. 带锈金属材质的制作

带锈金属材质的制作主要的难点在于制作金属表面的锈装感觉。如图8-642所示为带锈金属材质效果，其基本属性主要有以下两点。

- 带有带锈金属贴图
- 带有一定的反射模糊

图8-642

步骤01 选择一个空白材质球，然后将材质球类型设置为VRayMtl，并命名为【带锈金属】，具体的调节参数如图8-643所示。

在【漫反射】、【反射】、【高光光泽度】和【反射光泽度】后面的通道上均加载【铁锈.jpg】贴图文件，在【反射】选项组下设置【高光光泽度】为0.5，【反射光泽度】为0.8，【细分】为8，选中【菲涅耳反射】复选框。

步骤02 将调节完毕的材质赋给场景中的模型，如图8-644所示。

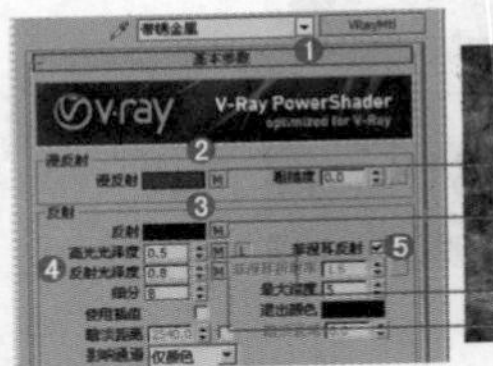

图8-643

图8-644

6. 车漆材质的制作

如图8-645为现实中汽车车漆的材质，其基本属性主要有以下两点。

- 带有汽车的贴图
- 带有一定的汽车真实反射

图8-645

步骤 01 选择一个空白材质球，然后将材质球类型设置为Shellac，并命名为【车漆】，分别在【基本材质】和【虫漆材质】后面的通道上加载 VRayMtl 材质，如图 8-646 所示。

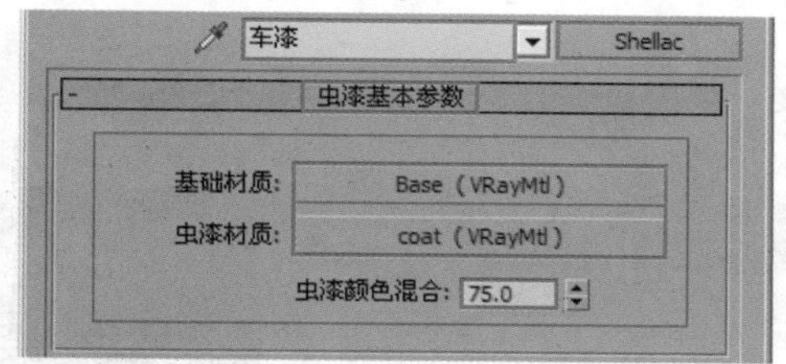

图8-646

步骤 02 单击进入【基本材质】后面的通道中，将其命名为Base，并进行详细的调节，具体的调节参数，如图 8-647 所示。

在【漫反射】选项组下后面的通道上加载【衰减】程序贴图，分别在颜色 1 和颜色 2 后面的通道上加载【车漆 .jpg】贴图文件，并设置【模糊】为 0.5。

在【反射】选项组下调节颜色为深灰色（红：33，绿：33，蓝：33），设置【高光光泽度】为 0.96，【反射光泽度】为 0.75，【细分】为 25，选中【菲涅耳反射】复选框，设置【菲涅耳反射折射率】为 4。

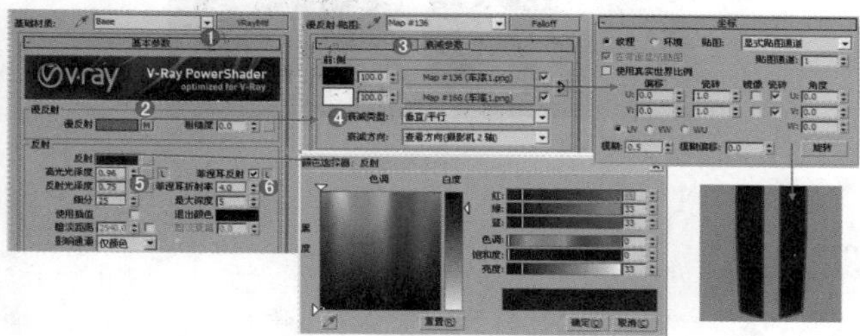

图8-647

步骤 03 单击进入【虫漆材质】后面的通道中，将其命名为Coat，并进行详细的调节，具体的调节参数如图 8-648 所示。

在【漫反射】选项组下调节颜色为黑色（红：0，绿：0，蓝：0）。

在【反射】选项组下调节颜色为白色（红：255，绿：255，蓝：255），设置【反射光泽度】为 0.99，选中【菲涅耳反射】复选框，设置【菲涅耳折射率】为 1.7，【最大深度】为 5。

步骤 04 将调节完毕的材质赋给场景中的模型，如图 8-649 所示。

图8-648

图8-649

7．轮胎金属材质的制作

轮胎金属材质的制作难点在于对反射程度的把握。如图 8-650 所示本例为轮胎金属材质的模拟效果，其基本属性主要有以下两点。

- 带有一定的反射
- 带有一定的凹凸

图8-650

步骤 01 选择一个空白材质球，然后将材质球类型设置为【多维 / 子对象】，并命名为【轮胎金属】，设置【设置数量】为 3，并分别在其通道上加载 Shellac 和 VRayMtl 材质，如图 8-651 所示。

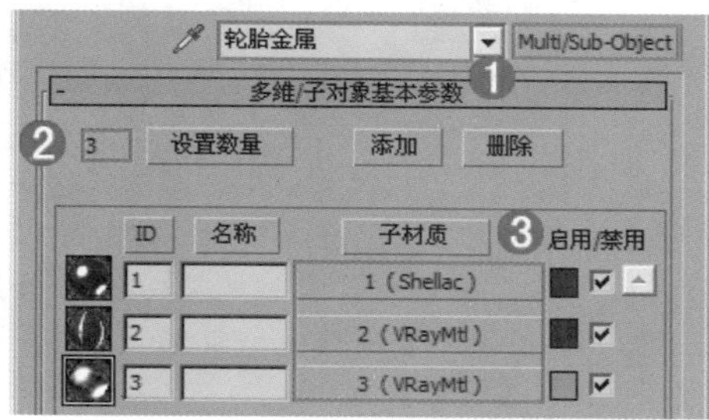

图8-651

步骤 02 单击进入 ID 号为 1 的通道中，将其命名为 1，并进行详细的调节，具体的调节参数如图 8-652 ～图 8-654 所示。

单击进入【基本材质】后面的通道中，将其命名为Base，并进行详细的调节，在【漫反射】选项组下后面的通道上加载【衰减】程序贴图，分别在【颜色 1】和【颜色 2】的颜色调节为黑色（红：0，绿：0，蓝：0），设置【衰减类型】为垂直 / 平行，【反射】选项组下调节颜色为浅灰色（红：166，绿：166，蓝：166），设置【高光光泽度】为 0.8，【反射光泽度】为 0.77，【细分】为 20。

单击进入【虫漆材质】后面的通道中，将其命名为Coat，并进行详细的调节，在【漫反射】选项组下调节颜色为黑色（红：0，绿：0，蓝：0）。在【反射】选项组下调节颜色为白色（红：255，绿：255，蓝：255），选中【菲涅耳反射】复选框。

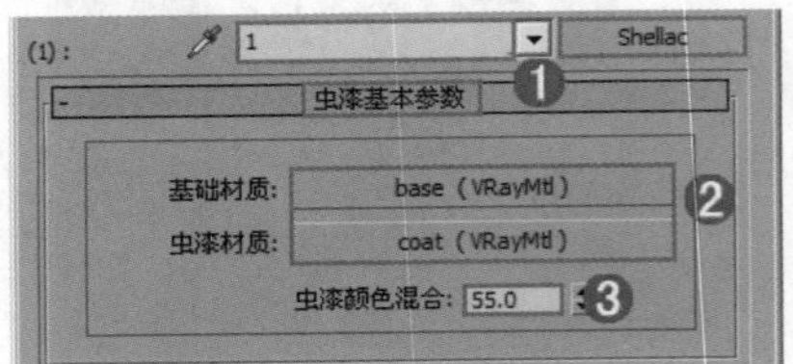

图8-652

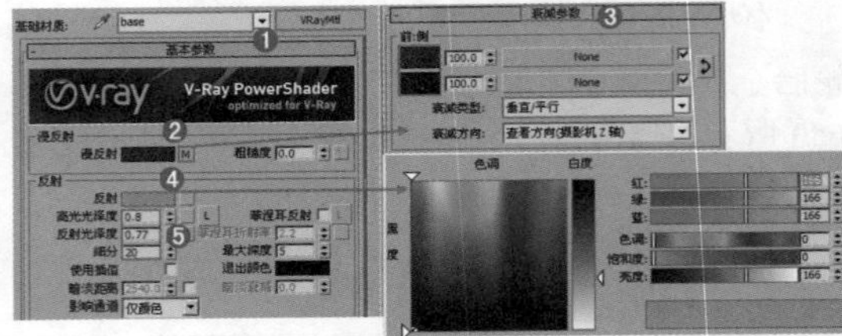

图8-653

图8-654

步骤 03 单击进入ID号为2的通道中，将其命名为2，并进行详细的调节，具体的调节参数如图8-655和图8-656所示。

在【漫反射】选项组下后面的通道上加载【轮胎金属.jpg】贴图文件。展开【坐标】卷展栏，设置【模糊】为0.5。

在【反射】选项组后面的通道上加载【衰减】程序贴图，展开【衰减参数】卷展栏，设置【颜色1】为灰色（红：128，绿：128，蓝：128），【颜色2】为浅灰色（红：200，绿：200，蓝：200），【衰减类型】为垂直/平行，【反射光泽度】为0.84，【细分】为20。

展开【贴图】卷展栏，将【漫反射】后面的通道依次拖曳到【高光光泽度】以及【凹凸】后面的通道上，设置【凹凸数值】为5。

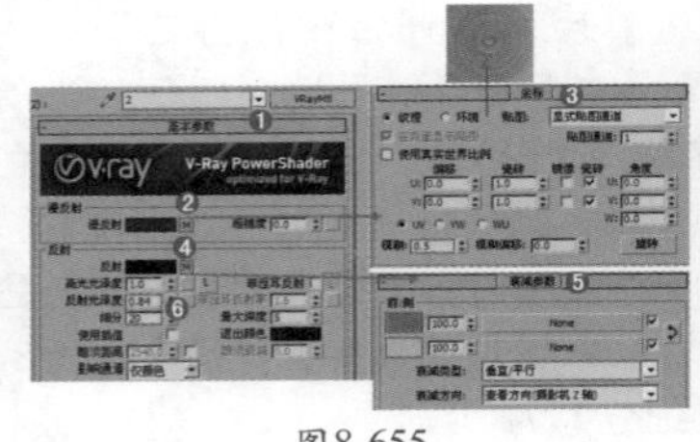

图8-655　图8-656

步骤 04 单击进入ID号为3的通道中，将其命名为3，并进行详细的调节，具体的调节参数如图8-657所示。

在【漫反射】选项组下调节颜色为线灰色（红：170，绿：170，蓝：170）

在【反射】选项组下调节颜色为白色（红：255，绿：255，蓝：255），设置【高光光泽度】为0.6，【反射光泽度】为0.9，【细分】为20。

步骤 05 将调节完毕的材质赋给场景中的模型，如图8-658所示。

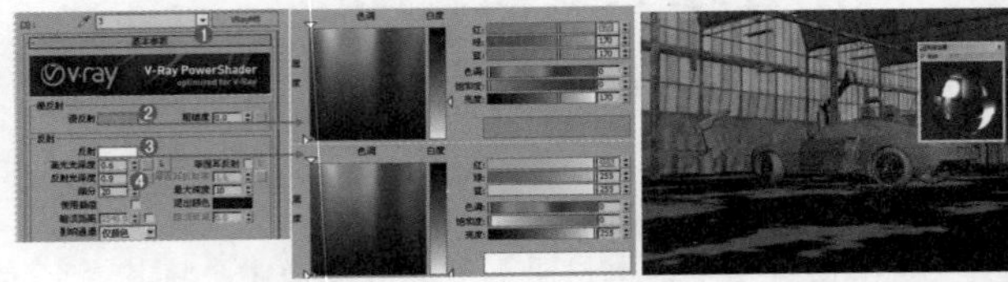

图8-657　图8-658

8．轮胎材质的制作

轮胎材质的制作难点在于反射和凹凸的程度。如图8-659为现实中轮胎的材质，其基本属性主要有以下两点。

- 带有一定的反射
- 带有一定的凹凸

图8-659

步骤 01 选择一个空白材质球，然后将材质球类型设置为【多维/子对象】，并命名为【轮胎】，设置【设置数量】为2，并分别在其通道上加载VRayMtl材质，如图8-660所示。

步骤 02 单击进入ID号为1的通道中，将其命名为tyre，并进行详细的调节，具体的调节参数如图8-661所示。

在【反射】选项组后面的通道上加载【轮胎花纹.jpg】贴图文件，展开【坐标】卷展栏，取消选中【使用真实世界比例】复选框，设置【模糊】为0.5，【角度】的U为180。设置【高光光泽度】为1，【反射光泽度】为0.7，【细分】为12。

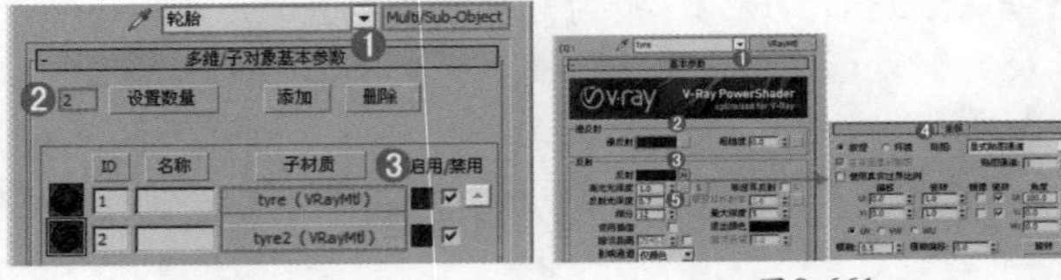

图8-660　图8-661

展开【贴图】卷展栏，将【反射】后面的通道拖曳到【凹凸】后面的通道上，设置【反射】为5，【凹凸】为10。

步骤 03 单击进入ID号为2的通道中，将其命名为tyre2，并进行详细的调节，具体的调节参数如图8-662和图8-663所示。

在【漫反射】选项组下调节颜色为深灰色（红：20，绿：20，蓝：20）。

在【反射】选项组下调节颜色为深灰色（红：10，绿：10，蓝：10），设置【高光光泽度】为1，【反射光泽度】为

0.7，【细分】为10。

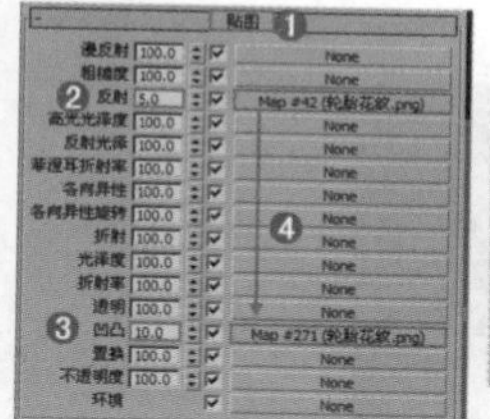
图8-662

图8-663

步骤04 将调节完毕的材质赋给场景中的模型，如图8-664所示。

图8-664

9．汽车玻璃材质的制作

如图8-665为现实中汽车玻璃的材质，其基本属性主要有以下两点。

- 带有一定的反射
- 带有一定的折射

图8-665

步骤01 选择一个空白材质球，然后将材质球类型设置为【多维/子对象】，并命名为【汽车玻璃】，设置【设置数量】为2，并分别在其通道上加载VRayMtl材质，如图8-666所示。

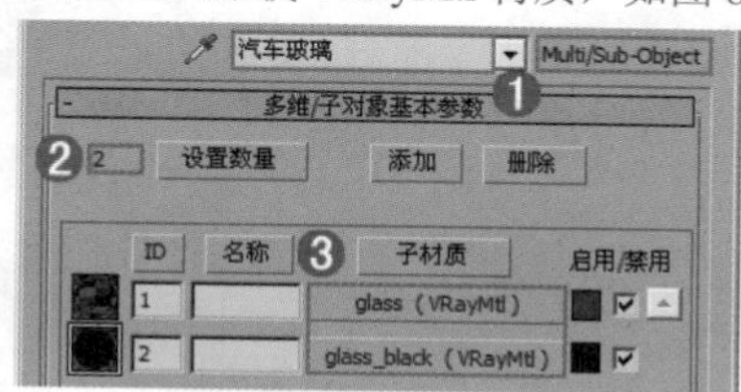

图8-666

步骤02 单击进入ID号为1的通道中，将其命名为glass，并进行详细的调节，具体的调节参数如图8-667所示。

在【漫反射】选项组下调节颜色为深灰色（红：75，绿：75，蓝：75）。

在【反射】选项组下调节颜色为白色（红：255，绿：255，蓝：255），选中【菲涅耳反射】复选框，设置【最大深度】为10。

在【折射】选项组后面的通道上加载【衰减】程序贴图，在【衰减参数】卷展栏下设置【颜色1】为浅灰色（红：235，绿：235，蓝：235），【颜色2】为灰色（红：150，绿：150，蓝：150），【衰减类型】为Fresnel。

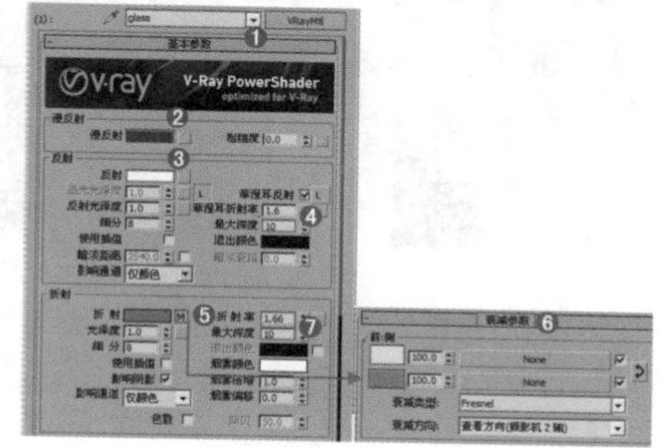
图8-667

步骤03 单击进入ID号为2的通道中，将其命名为glass_black，并进行详细的调节，具体的调节参数，如图8-668所示。

在【漫反射】选项组下调节颜色为深灰色（红：5，绿：5，蓝：5）。

在【反射】选项组下调节颜色为白色（红：255，绿：255，蓝：255），选中【菲涅耳反射】复选框。

图8-668

步骤04 将调节完毕的材质赋给场景中的模型，如图8-669所示。

图8-669

Part 3 创建环境和摄影机

步骤01 按8键打开【环境和效果】控制面板，在【环境贴图】通道上加载贴图文件AI20_011_color_sky.jpg，并将其拖曳到一个空白的材质球上，设置【贴图】为球形环境，【偏移】的U为0.6，V为0，如图8-670所示。

步骤02 单击【创建】面板，然后单击【摄影机】按钮，并设置摄影机类型为VRay，最后单击【VR物理摄影机】

按钮 VR物理摄影机，如图 8-671 所示。

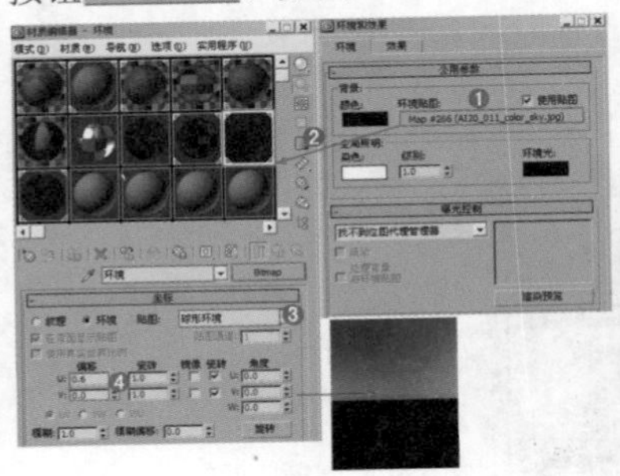

图 8-670

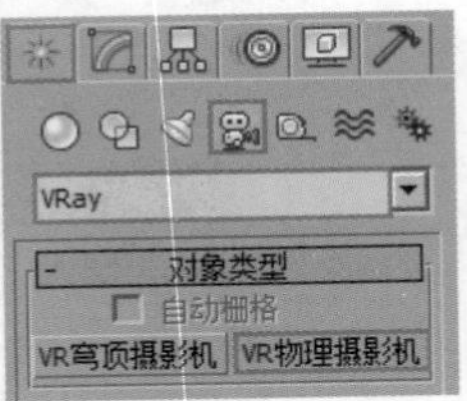

图 8-671

步骤 03 接着在顶视图拖曳创建一台摄影机，具体放置位置如图 8-672 所示。

步骤 04 进入【修改】面板，在【基本参数】下设置【焦距】为 50，【光圈数】为 3.5，选中【指定焦点】复选框，设置【白平衡】为【自定义】，【快门速度】为 6，如图 8-673 所示。

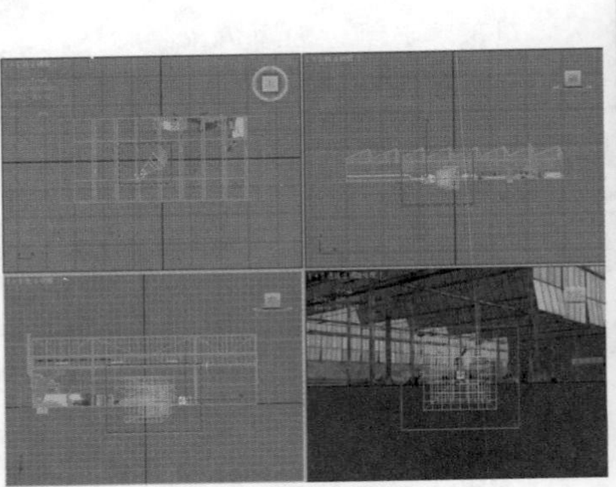

图 8-672

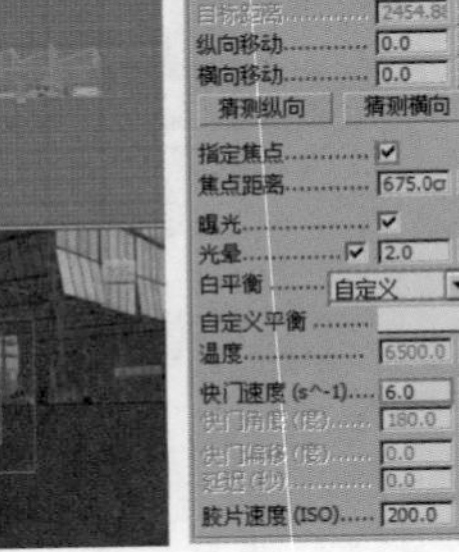

图 8-673

步骤 05 最后切换到透视图，按 C 键将透视图切换至摄影机视图，场景效果如图 8-674 所示。

图 8-674

Part 4 设置灯光并进行草图渲染

在这个 CG 动画场景中，主要应用了一盏目标平行光来进行模拟自然光。

1. 创建光源

步骤 01 单击 （创建）| （灯光）| 目标平行光 按钮，在顶视图中单击并拖曳鼠标，创建一盏目标平行光，接着在各个视图中调整一下它的位置，具体的位置如图 8-675 所示。

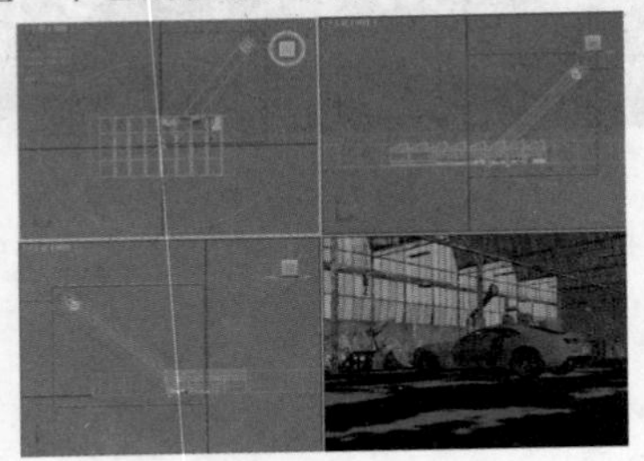

图 8-675

步骤 02 选择步骤 01 创建的目标平行光，并在【修改】面板中调节具体参数，如图 8-676 所示。

在【常规参数】选项组下选中【启用】复选框，设置【阴影】为 VRay 阴影。

在【强度 / 颜色 / 衰减】选项组下调节【倍增器】为 0.8。

在【平行光参数】选项组下设置【聚光区 / 光束】为 278mm，【衰减区 / 区域】为 628mm。

在【VRay 阴影参数】选项组下选中【区域阴影】复选框，选择类型为【球体】，设置【U 大小】、【V 大小】和【W 大小】均为 60mm。

步骤 03 按 F10 键打开【渲染设置】对话框。首先设置一下 V-Ray 和【间接照明】选项卡下的参数，刚开始设置的是一个草图设置，目的是进行快速渲染，来观看整体的效果，参数设置如图 8-677 所示。

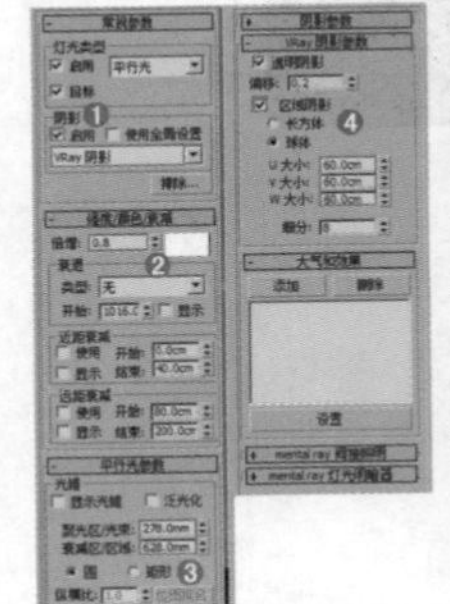

图 8-676

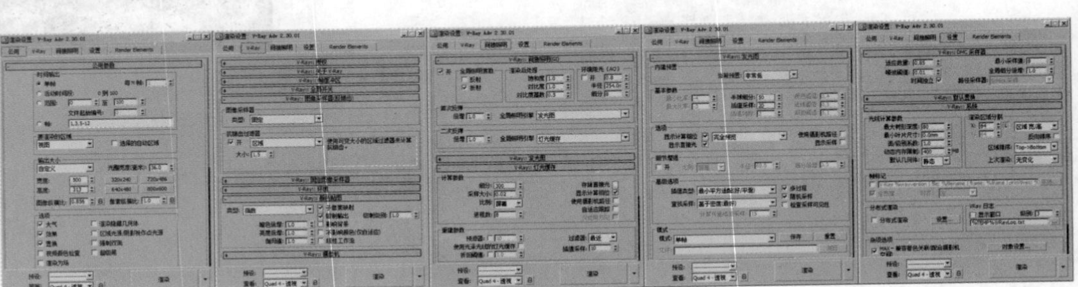

图 8-677

步骤 04 按 Shift+Q 组合键，快速渲染摄影机视图，其渲染的效果如图 8-678 所示。

图8-678

Part 5 设置成图渲染参数

经过了前面的操作，已经将大量的工作做完了，下面需要做的就是把渲染的参数设置高一些，再进行渲染输出。

步骤 01 按 F10 键打开【渲染设置】对话框，然后在【公用】选项卡下展开【公用参数】卷展栏下设置【宽度】为 2396，【高度】为 1500，如图 8-679 所示。

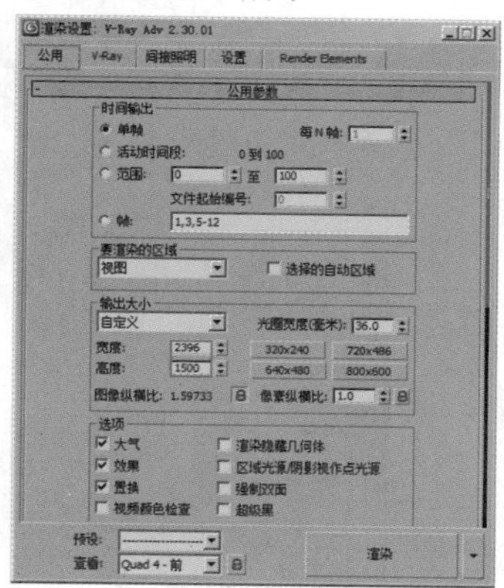

图8-679

步骤 02 选择 V-Ray 选项卡，然后在【V-Ray:: 图像采样器(反锯齿)】卷展栏下设置【图像采样器】类型为【自适应确定性蒙特卡洛】，【抗锯齿过滤器】类型为 Mitchell-Netravali，如图 8-680 所示。

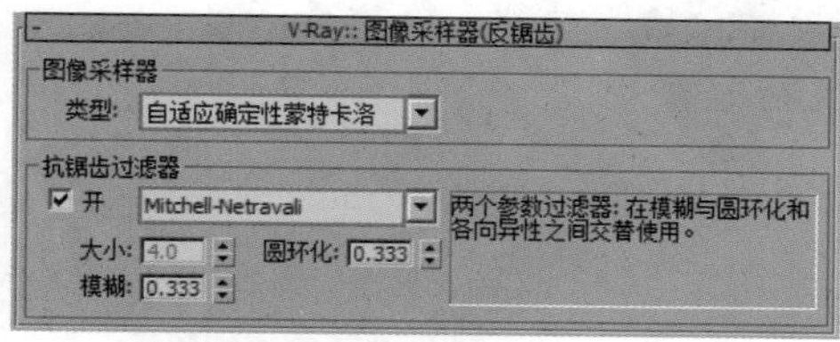

图8-680

步骤 03 展开【V-Ray:: 自适应 DMC 图像采样器】卷展栏，然后设置【最小细分】为 1，【最大细分】为 4，如图 8-681 所示。

步骤 04 选择【间接照明】选项卡，然后在【V-Ray:: 发光图】卷展栏下设置【当前预置】为低，接着设置【半球细分】为 50，【插值采样】为 30，最后选中【显示计算相位】和【显示直接光】复选框，具体参数设置如图 8-682 所示。

图8-681

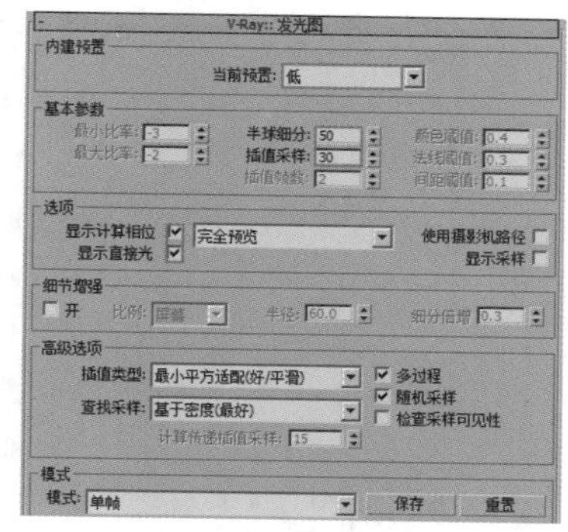

图8-682

步骤 05 展开【V-Ray:: 灯光缓存】卷展栏，设置【细分】为 1000，接着选中【显示计算相位】复选框，取消选中【存储直接光】复选框，具体参数设置如图 8-683 所示。

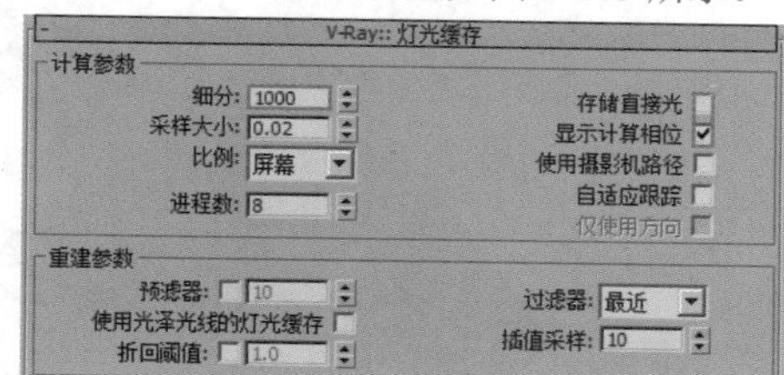

图8-683

步骤 06 等待一段时间后就完成了渲染，最终的效果如图 8-684 所示。

图8-684

步骤 07 使用 Photoshop 进行后期合成，最终效果如图 8-685 所示。

图8-685

Chapter 09

第09章

环境与特效

在现实世界中，所有物体都不是孤立存在的，环境对场景的氛围起到了至关重要的作用，环境可以将物体与物体很好地连接起来。最常见的环境有闪电、大风、沙尘、雾和光束等。

本章学习要点：

- 掌握环境系统的应用
- 掌握效果系统的应用

9.1 环境

在现实世界中，所有物体都不是孤立存在的，环境对场景的氛围起到了至关重要的作用，环境可以将物体与物体很好地连接起来。最常见的环境有闪电、大风、沙尘、雾和光束等，如图 9-1 所示为在 3ds Max 2014 中，为场景添加的雾、火、体积雾和体积光等环境特效。

图9-1

9.1.1 公用参数

在【环境和效果】对话框中可以设置【背景】和【全局照明】，如图 9-2 所示。

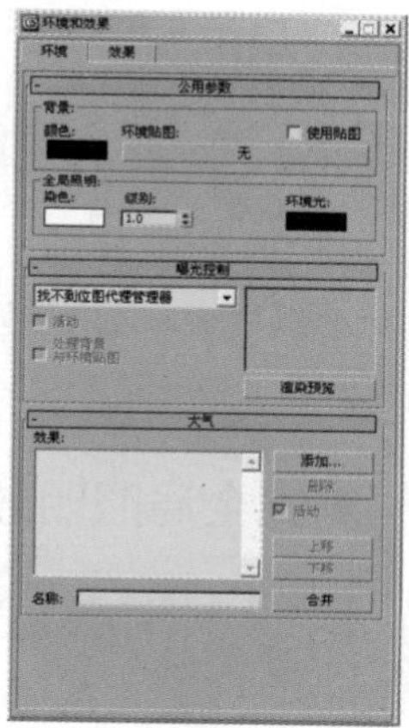

图9-2

打开【环境和效果】对话框的方法主要有以下三种。

第 1 种：执行【渲染】|【环境】命令，如图 9-3 所示。

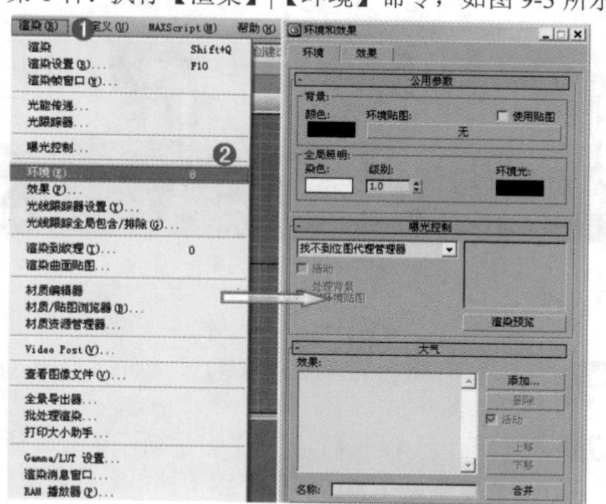

图9-3

第 2 种：执行【渲染】|【效果】命令，如图 9-4 所示。

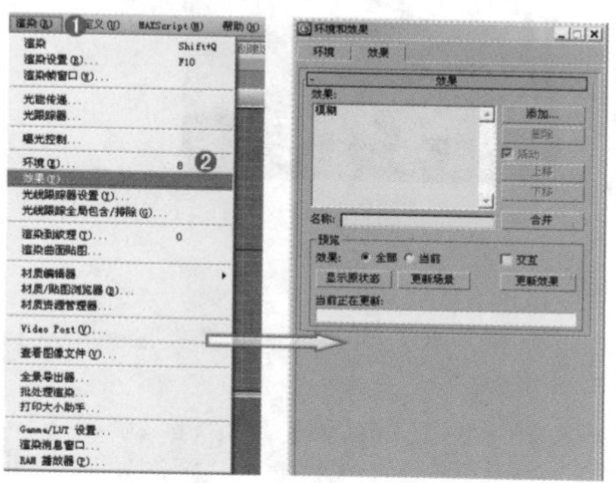

图9-4

第 3 种：按主键盘上的 8 键，如图 9-5 所示。

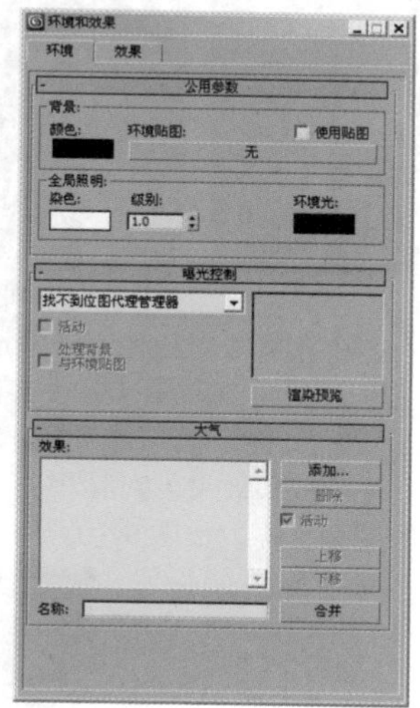

图9-5

1. 背景

- **颜色**：设置环境的背景颜色。
- **环境贴图**：在其贴图通道中加载一张【环境贴图】来作为背景。
- **使用贴图**：使用一张贴图作为背景。

重点 小实例：为背景加载贴图

场景文件	01.max
案例文件	小实例：为背景加载贴图 .max
视频教学	DVD/ 多媒体教学 /Chapter09/ 小实例：为背景加载贴图 .flv
难易指数	★★☆☆☆
技术掌握	掌握设置环境贴图的功能

实例介绍

本例主要使用为背景加载贴图的方法制作一个休息室场景，最终效果如图 9-6 所示。

图9-6

操作步骤

步骤 01 打开本书配套光盘中的【场景文件 /Chapter09/01.max】文件，如图 9-7 所示。

步骤 02 按 8 键打开【环境和效果】对话框，单击【环境贴图】下的【无】按钮，接着在【材质 / 贴图浏览器】面板中单击【位图】，最后单击【确定】按钮，如图 9-8 所示。

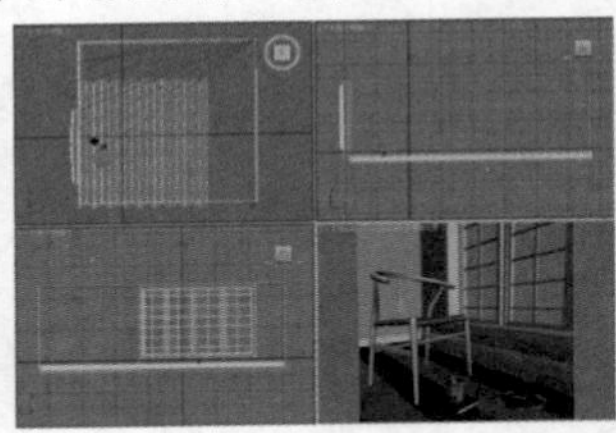

图9-7

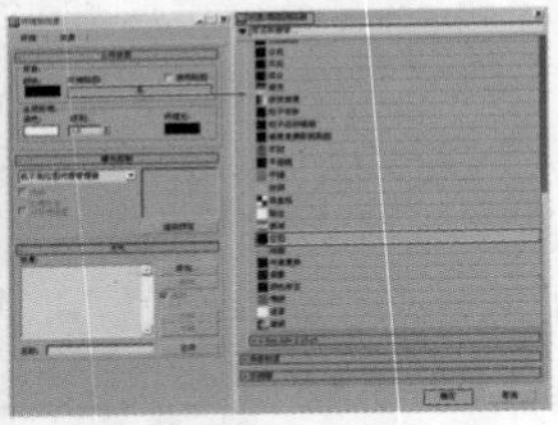

图9-8

步骤 03 在【选择位图图像文件】对话框中选择加载一个本书配套光盘中的【案例文件 /Chapter09/ 小实例：为背景加载贴图 / 背景贴图 .jpg】文件，然后单击【打开】按钮，如图 9-9 所示。此时【环境和效果】对话框中【环境贴图】通道上显示了加载的图像名称，如图 9-10 所示。

图9-9

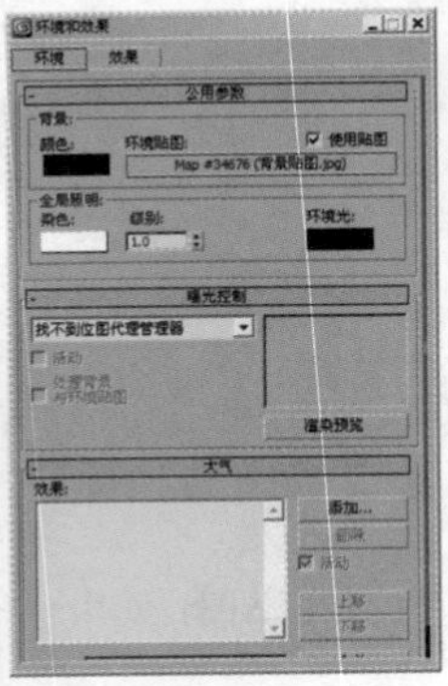

图9-10

步骤 04 按 F9 键渲染当前场景，渲染效果如图 9-11 所示。

图9-11

> **技巧与提示**
>
> 我们可以将其渲染出来，然后在后期软件（Photoshop）中进行合成，也能得到同样的效果。

2. 全局照明

- 染色：如果该颜色不是白色，那么场景中的所有灯光（环境光除外）都将被染色。
- 级别：增强或减弱场景中所有灯光的亮度。值为 1 时，所有灯光保持原始设置；增加该值可以加强场景的整体照明；减小该值则可以减弱场景的整体照明。
- 环境光：设置环境光的颜色。

重点 小实例：测试全局照明效果

场景文件	02.max
案例文件	小实例：测试全局照明效果 .max
视频教学	DVD/ 多媒体教学 /Chapter09/ 小实例：测试全局照明效果 .flv
难易指数	★★☆☆☆
技术掌握	掌握全局照明功能

实例介绍

本例主要使用测试全局照明效果制作客厅局部场景，最终效果如图 9-12 所示。

图9-12

操作步骤

步骤 01 打开本书配套光盘中的【场景文件 /Chapter09/02.max】文件，如图 9-13 所示。

步骤 02 按 8 键打开【环境和效果】对话框，接着选择【环境】选项卡，并设置【全局照明】的【染色】为白色（红：255，绿：255，蓝：255），【级别】为 1，如图 9-14 所示。

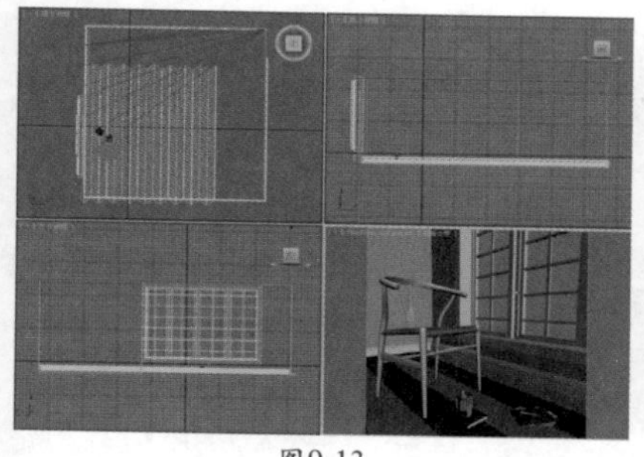

图9-13

图9-14

步骤 03 按 F9 键渲染当前场景，效果如图 9-15 所示。

图9-15

步骤 04 按 8 键打开【环境和效果】对话框，接着设置【全局照明】下的【染色】为蓝色（红：0，绿：85，蓝：242），【级别】为 4，如图 9-16 所示。

步骤 05 按 F9 键渲染当前场景，效果如图 9-17 所示。

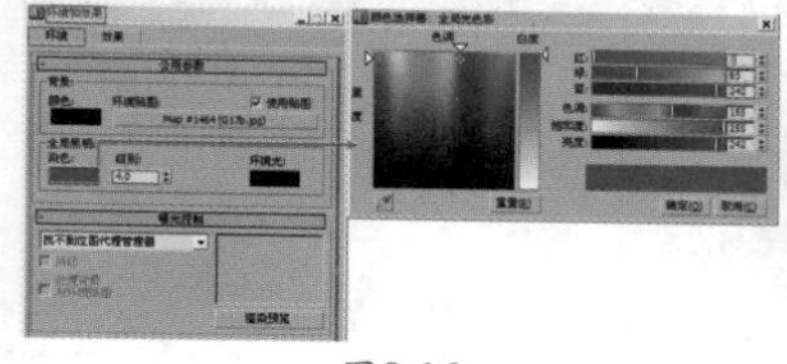

图9-16

图9-17

步骤 06 按 8 键打开【环境和效果】对话框，接着设置【全局照明】下的【染色】为橙色（红：228，绿：129，蓝：0），【级别】为 3，如图 9-18 所示。

步骤 07 按 F9 键渲染当前场景，效果如图 9-19 所示。

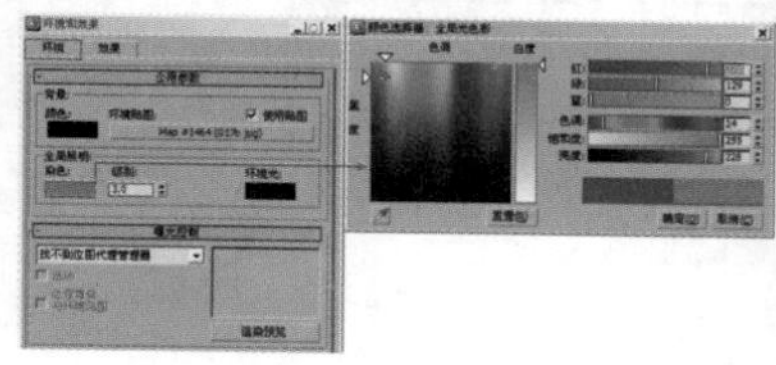

图9-18

图9-19

步骤 08 将渲染的图像合成，方便对比，最终效果如图 9-20 所示。

图9-20

技巧与提示

从上面渲染效果的对比中可以观察到，当改变【染色】选项的颜色时，场景中的物体会受到颜色的影响而发生变化；当增大【级别】选项的数值时，物体会变亮，当减小【级别】选项的数值时，物体会变暗。

9.1.2 曝光控制

展开【曝光控制】卷展栏，可以观察到 3ds Max 2014 的曝光控制类型共有 6 种，如图 9-21 所示。

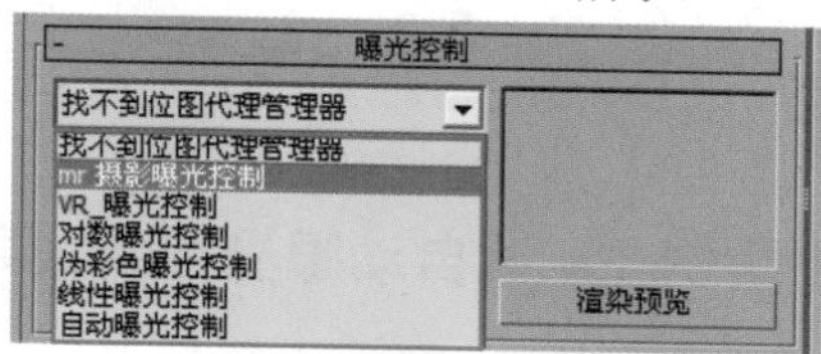

图9-21

- **mr 摄影曝光控制**：可以提供像摄影机一样的控制，包括快门速度、光圈和胶片速度以及对高光、中间调和阴影的图像控制。
- **VR_ 曝光控制**：用来控制 VRay 的曝光效果，可调节曝光值、快门速度和光圈等数值。
- **对数曝光控制**：用于亮度、对比度以及在有天光照明的室外场景中。【对数曝光控制】类型适用于动态阈值非常高的场景。
- **伪彩色曝光控制**：实际上是一个照明分析工具，可以将亮度映射为显示转换的值的亮度的伪彩色。
- **线性曝光控制**：可以从渲染中进行采样，并且可以使用场景的平均亮度将物理值映射为 RGB 值。【线性曝光控制】最适合用在动态范围很低的场景中。
- **自动曝光控制**：可以从渲染图像中进行采样，并生成一个直方图，以便在渲染的整个动态范围中提供良好的颜色分离。

1. 自动曝光控制

在【曝光控制】卷展栏下设置曝光控制类型为【自动曝光控制】，其参数设置面板如图 9-22 所示。

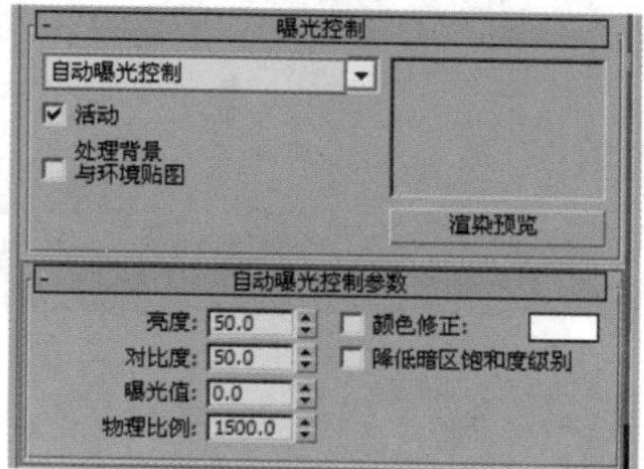

图9-22

- **活动**：控制是否在渲染中开启曝光控制。
- **处理背景与环境贴图**：选中该复选框，场景【背景贴图】

和【场景环境贴图】将受曝光控制的影响。

- **【渲染预览】按钮** 渲染预览：单击该按钮，可以预览要渲染的缩略图。
- **亮度**：调整转换颜色的亮度，范围为0~200，默认值为50。
- **对比度**：调整转换颜色的对比度，范围为0~100，默认值为50。
- **曝光值**：调整渲染的总体亮度，范围为–5~5。负值可以使图像变暗，正值可以使图像变亮。
- **物理比例**：设置曝光控制的物理比例，主要用在非物理灯光中。
- **颜色修正**：选中该复选框，【颜色修正】会改变所有颜色，使色样中的颜色显示为白色。
- **降低暗区饱和度级别**：选中该复选框，渲染出来的颜色会变暗。

重点 小实例：测试自动曝光控制效果

场景文件	03.max
案例文件	小实例：测试自动曝光控制效果.max
视频教学	DVD/多媒体教学/Chapter09/小实例：测试自动曝光控制效果.flv
难易指数	★★★☆☆
技术掌握	掌握自动曝光控制功能

实例介绍

本例是一个沙发场景，主要讲解自动曝光控制效果，最终渲染的效果如图9-23所示。

图9-23

操作步骤

步骤01 打开本书配套光盘中的【场景文件/Chapter09/03.max】文件，此时场景效果如图9-24所示。

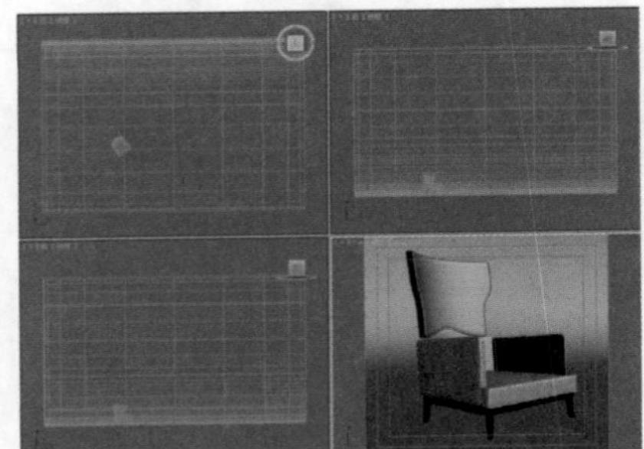

图9-24

步骤02 按8键打开【环境和效果】对话框，设置【曝光控制】为默认，如图9-25所示。按F9键渲染当前场景，渲染效果如图9-26所示。

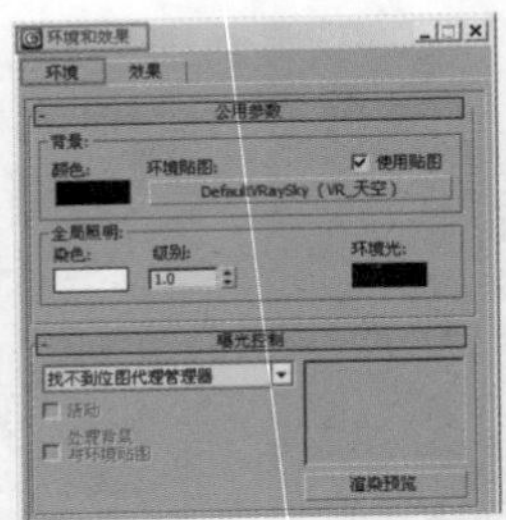

图9-25

图9-26

步骤03 按8键打开【环境和效果】对话框，设置【曝光控制】类型为【自动曝光控制】，并设置【亮度】为60，【对比度】为56，如图9-27所示。

步骤04 此时的渲染效果，如图9-28所示。

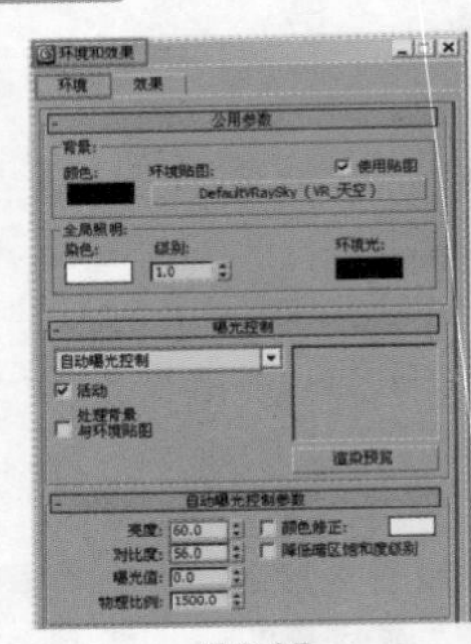

图9-27

图9-28

> **技巧与提示**
>
> 【线性曝光控制】的参数与【自动曝光控制】的参数完全一致，因此这里不多加讲解。

2. 对数曝光控制

在【曝光控制】卷展栏下设置【曝光控制】类型为【对数曝光控制】，其参数设置面板如图9-29所示。

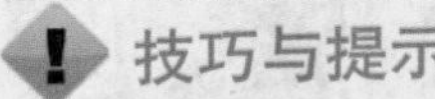
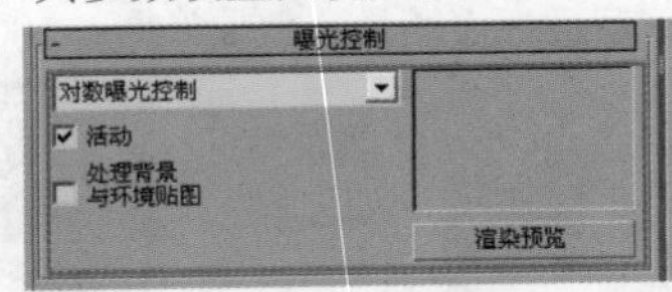

图9-29

> **技巧与提示**
>
> 【对数曝光控制】的参数与【自动曝光控制】的参数完全一致，因此这里不再进行讲解。

重点 小实例：测试对数曝光控制效果

场景文件	04.max
案例文件	小实例：测试对数曝光控制效果.max
视频教学	DVD/多媒体教学/Chapter09/小实例：测试对数曝光控制效果.flv
难易指数	★★☆☆☆
技术掌握	掌握对数曝光控制功能

实例介绍

本例是一个单人沙发场景，主要使用对数曝光控制的效果，最终渲染效果如图 9-30 所示。

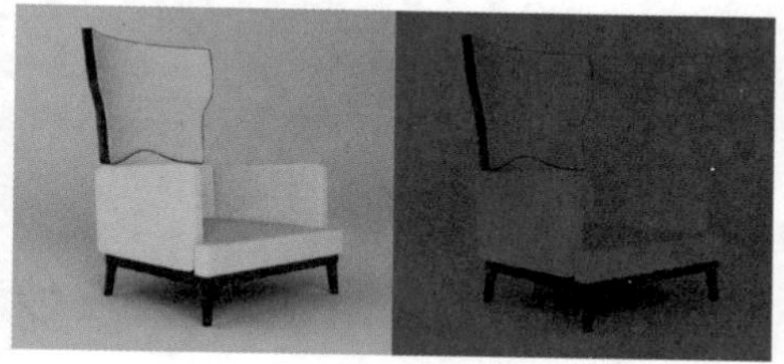

图9-30

操作步骤

步骤 01 打开本书配套光盘中的【场景文件 /Chapter09/04.max】文件，此时场景效果如图 9-31 所示。

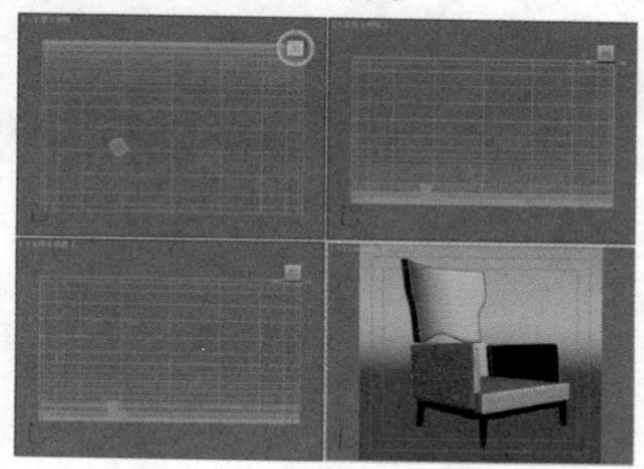

图9-31

步骤 02 按 8 键打开【环境和效果】对话框，设置【曝光控制】为默认，如图 9-32 所示。按 F9 键渲染当前场景，渲染效果如图 9-33 所示。

图9-32

图9-33

步骤 03 按 8 键打开【环境和效果】对话框，接着设置【曝光控制】类型为【对数曝光控制】，并设置【亮度】为 35，【对比度】为 50，选中【颜色修正】复选框，并调节颜色为浅蓝色（红：122，绿：135，蓝：193），如图 9-34 所示。按 F9 键渲染当前场景，渲染效果如图 9-35 所示。

图9-34

图9-35

步骤 04 使用对数曝光方式的前后对比效果如图 9-36 所示。

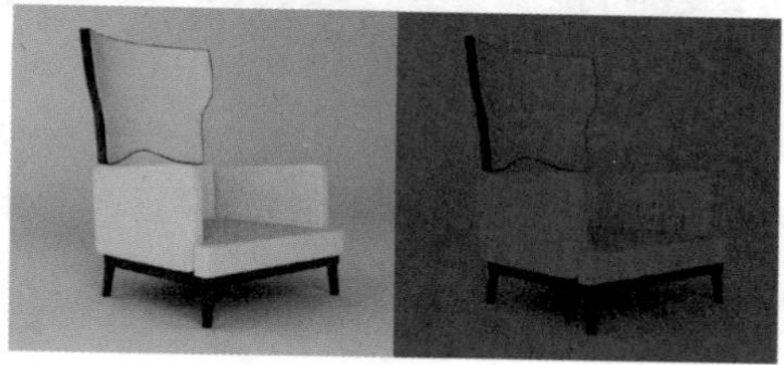

图9-36

> **技巧与提示**
>
> 从图 9-36 中可以观察到，【对数曝光控制】可以使渲染图像的对比相对柔和，不会出现严重的曝光现象。

3. 伪彩色曝光控制

在【曝光控制】卷展栏下设置【曝光控制】类型为【伪彩色曝光控制】，其参数设置面板如图 9-37 所示。

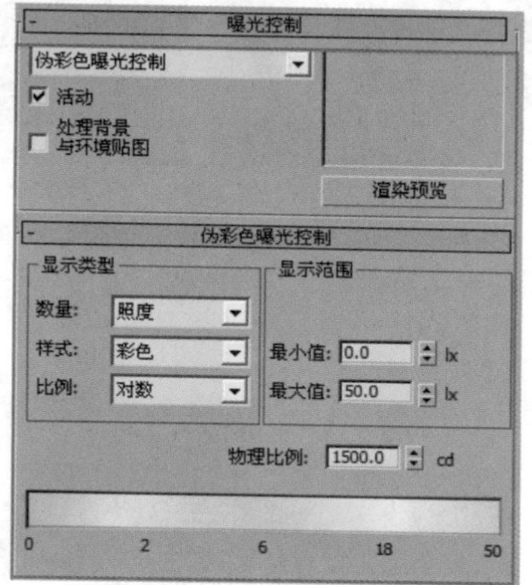

图9-37

- **数量**：设置所测量的值。
- **样式**：选择显示值的方式。
- **比例**：选择用于映射值的方法。
- **最小值**：设置在渲染中要测量和表示的最小值。
- **最大值**：设置在渲染中要测量和表示的最大值。
- **物理比例**：设置曝光控制的物理比例，主要用于非物理灯光。
- **光谱条**：显示光谱与强度的映射关系。

重点 小实例：测试伪彩色曝光控制效果

场景文件	05.max
案例文件	小实例：测试伪彩色曝光控制效果.max
视频教学	DVD/ 多媒体教学 /Chapter09/ 小实例：测试伪彩色曝光控制效果.flv
难易指数	★★☆☆☆
技术掌握	掌握伪彩色曝光控制功能

实例介绍

本例是一个沙发座椅场景，主要测试伪彩色曝光控制的效果，最后的效果如图 9-38 所示。

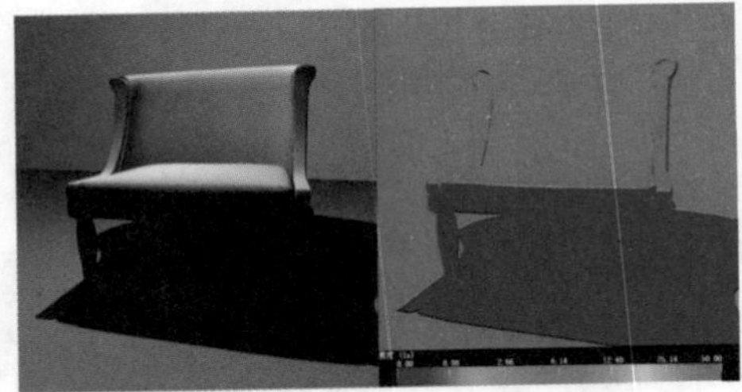

图9-38

操作步骤

步骤 01 打开本书配套光盘中的【场景文件/Chapter09/05.max】文件，此时场景效果如图9-39所示。

步骤 02 按F9键渲染当前场景，效果如图9-40所示。

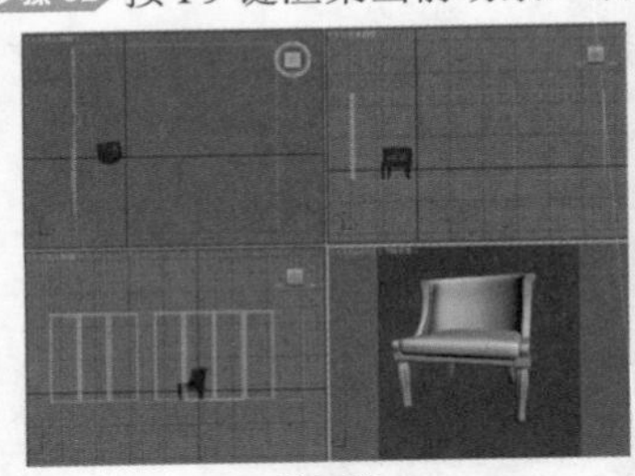

图9-39

图9-40

步骤 03 按8键打开【环境和效果】对话框，看到【曝光控制】下面保持默认的状态，如图9-41所示。接着将【曝光控制】类型设置为【伪彩色曝光控制】，其参数保持默认，如图9-42所示。

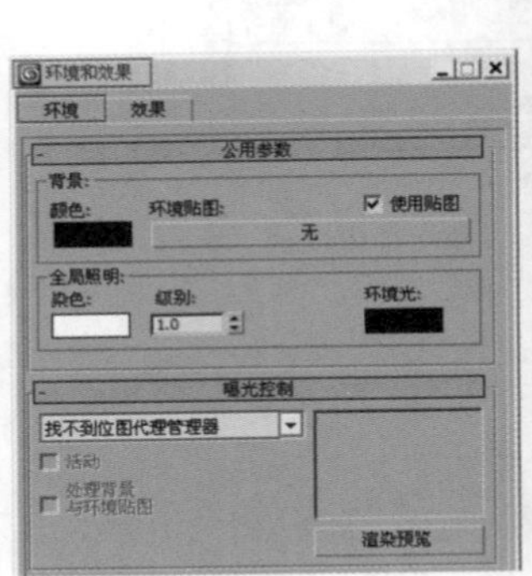

图9-41

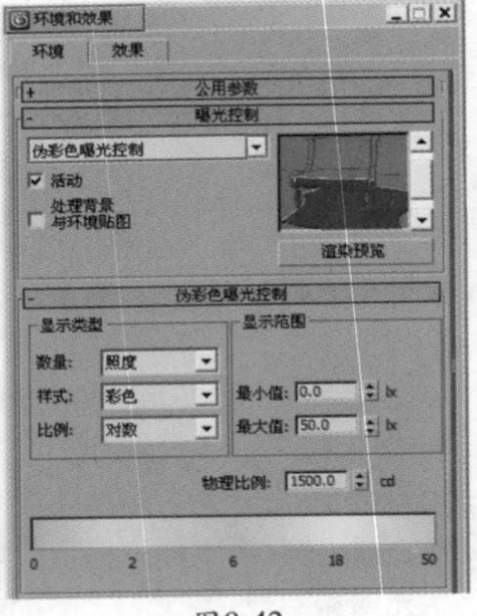

图9-42

步骤 04 按F9键渲染当前场景，效果如图9-43所示。

图9-43

> **技巧与提示**
>
> 【伪彩色曝光控制】不可以用来渲染真实效果，它实际上是一个照明分析工具，可以通过颜色直观地观察和计算场景中的照明级别。【伪彩色曝光控制】将亮度值或照度值映射为显示转换值亮度的伪彩色。从最暗到最亮，渲染颜色依次显示蓝色、青色、绿色、黄色、橙色和红色。

步骤 05 【曝光控制】设置为默认和【伪彩色曝光控制】的对比效果，如图9-44所示。

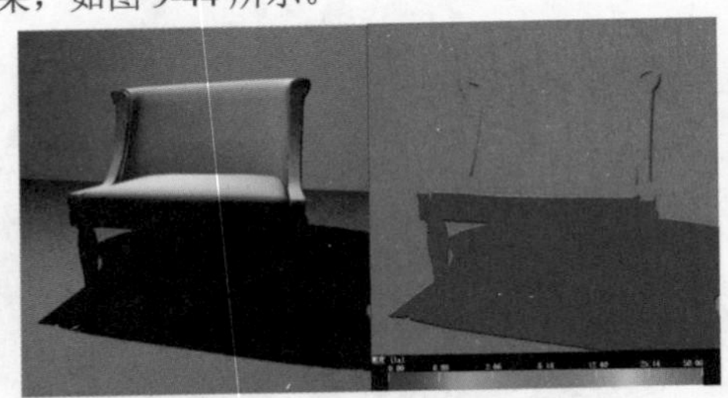

图9-44

> **技巧与提示**
>
> 从图9-44中可以发现渲染效果非常夸张，整个画面布满了蓝色、红色和绿色，这就是伪彩色曝光控制通过渲染带有这些颜色的图像来测试场景灯光的照明情况，物体受光部分为红色，而背光和阴影部分为蓝色，中间色调部分则为绿色。

4. 线性曝光控制

【线性曝光控制】从渲染图像中采样，使用场景的平均亮度将物理值映射为RGB值。它更适合用于动态范围很低的场景，其参数设置面板如图9-45所示。

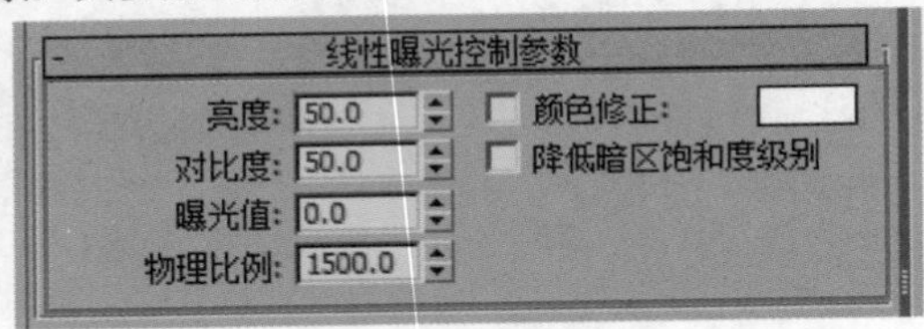

图9-45

- 亮度：调整转换的颜色的亮度。范围为0~100，默认值为50，此参数可设置动画。
- 对比度：调整转换颜色的对比度。范围为0~100，默认值为50。
- 曝光值：调整渲染的总体亮度。范围为-5.0~5.0。负值使图像更暗，正值使图像更亮，默认设置是0。可以将曝光值看作具有自动曝光控制功能的摄影机中的曝光补偿设置，此参数可设置动画。
- 物理比例：设置曝光控制的物理比例，用于非物理灯光。结果是调整渲染，使其与眼睛对场景的反应相同。每个标准灯光的倍增值乘以【物理比例】值，得出灯光强度值（单位为坎迪拉）。例如，默认的【物理比例】为1500，渲染器和光能传递将标准的泛光灯当作1500坎迪拉的光度学等向灯光。【物理比例】还用于影响反射、折射和自发光。范围为0.001～200 000坎迪拉，默认设置为1500。

- 颜色修正：如果选中该复选框，颜色修正会改变所有颜色，使色样中显示的颜色显示为白色。默认设置为禁用状态。
- 降低暗区饱和度级别：会模拟眼睛对暗淡照明的反应。在暗淡的照明下，眼睛不会感知颜色，而是看到灰色色调。

重点 小实例：测试线性曝光控制效果

场景文件	06.max
案例文件	小实例：测试线性曝光控制效果.max
视频教学	DVD/多媒体教学/Chapter09/小实例：测试线性曝光控制效果.flv
难易指数	★★☆☆☆
技术掌握	掌握线性曝光控制功能

实例介绍

本例是一个沙发场景，主要测试线性曝光控制的效果，最终效果如图9-46所示。

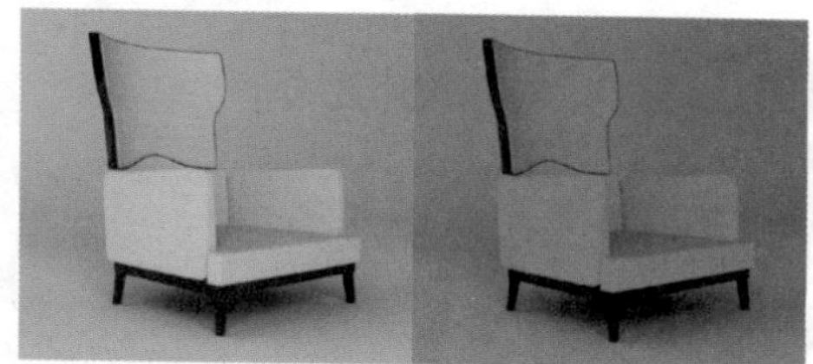

图9-46

操作步骤

步骤01 打开本书配套光盘中的【场景文件/Chapter09/06.max】文件，如图9-47所示。

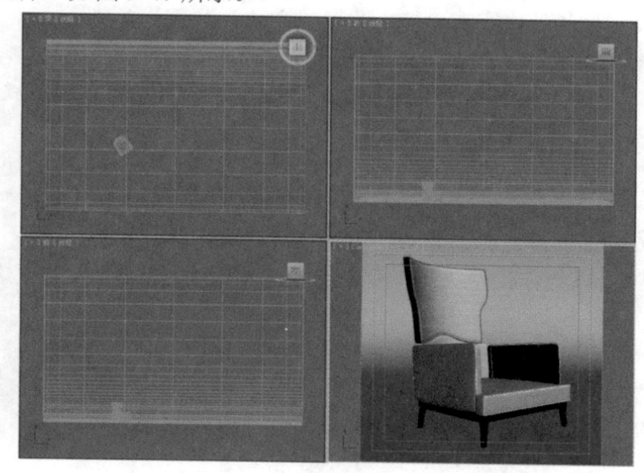

图9-47

步骤02 按8键打开【环境和效果】对话框，设置【曝光控制】为默认，如图9-48所示。按F9键渲染当前场景，渲染效果如图9-49所示。

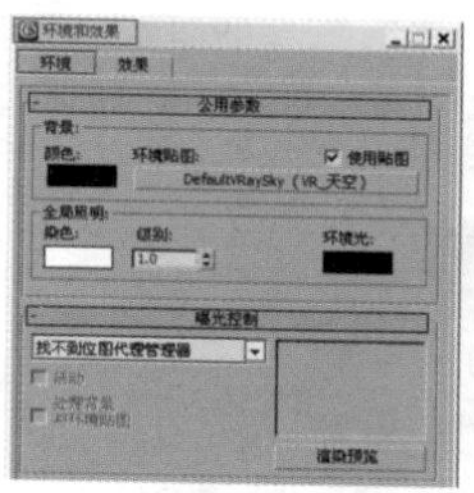

图9-48

图9-49

步骤03 按8键打开【环境和效果】对话框，然后将【曝光控制】类型设置为【线性曝光控制】，设置【亮度】为60，【对比度】为60，【物理比例】为3000，如图9-50所示。按F9键渲染当前场景，渲染效果如图9-51所示。

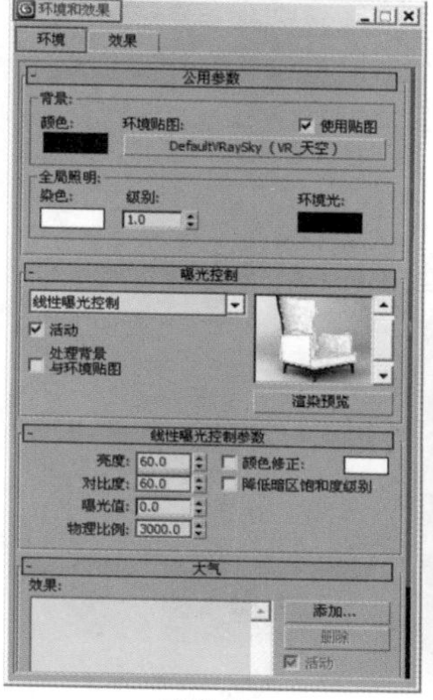

图9-50

图9-51

步骤04 【曝光控制】类型设置为默认和【线性曝光控制】的对比效果如图9-52所示。

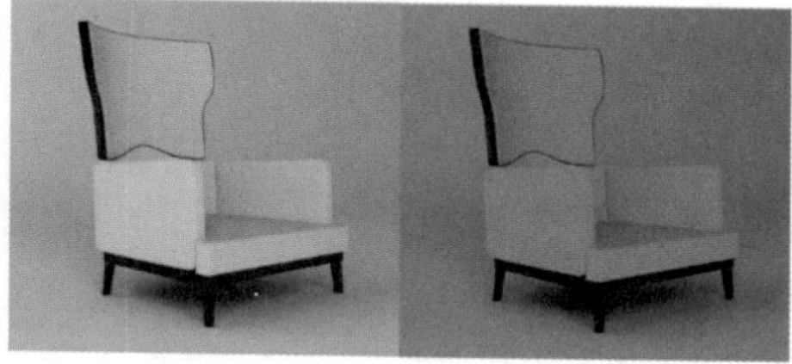

图9-52

技巧与提示

从图9-52的渲染对比中可以观察到，设置【线性曝光控制】后，【亮度】和【对比度】的数值越大，图像的亮度和对比度就越高。

9.1.3 大气

3ds Max中的大气环境效果可以用来模拟自然界中的云、雾、火和体积光等效果，使用这些特殊效果可以逼真地模拟出自然界的各种气候，还可以增强场景的景深感，使场景显得更为广阔，有时还能起到烘托场景气氛的作用，其参数设置面板如图 9-53 所示。

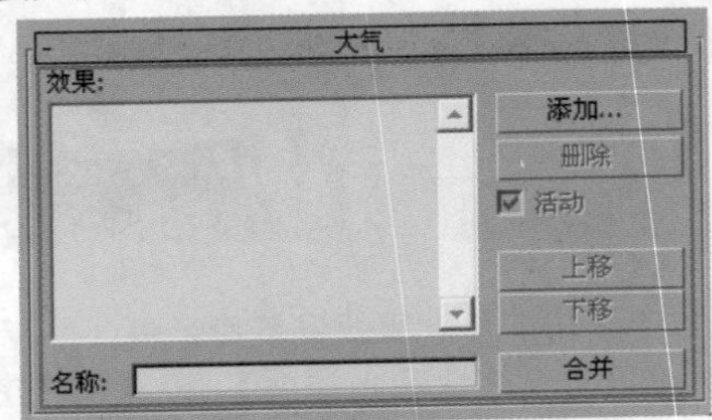

图9-53

- 效果：显示已添加的效果名称。
- 名称：为列表中的效果自定义名称。
- 【添加】按钮 添加... ：单击该按钮，可以打开【添加大气效果】对话框，在该对话框中可以添加大气效果，如图 9-54 所示。

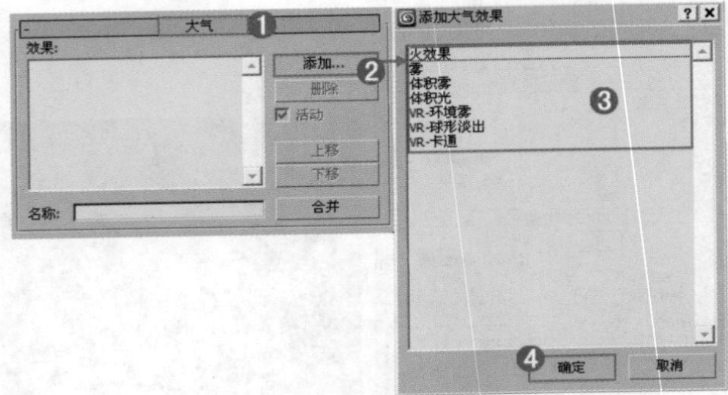

图9-54

- 【删除】按钮 删除 ：单击该按，钮可以删除选中的大气效果。
- 活动：选中该复选框，可以启用添加的大气效果。
- 【上移】按钮 上移 /【下移】按钮 下移 ：更改大气效果的应用顺序。
- 【合并】按钮 合并 ：合并其他 3ds Max 场景文件中的效果。

1. 火效果

使用【火效果】可以制作出火焰、烟雾和爆炸等效果，如图 9-55 所示。【火效果】不产生任何照明效果，若要模拟产生的灯光效果，可以使用灯光来实现，其参数设置面板如图 9-56所示。

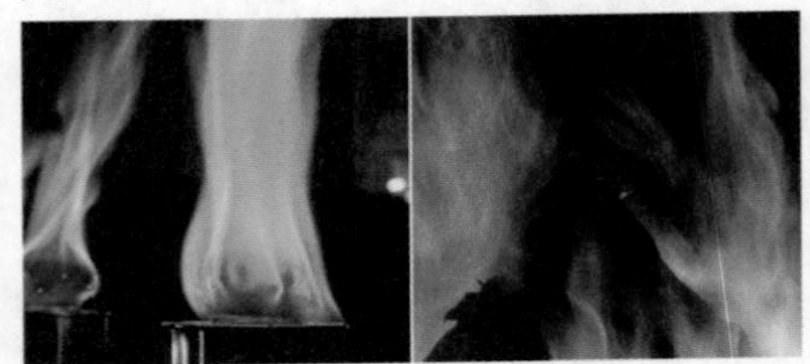

图9-55

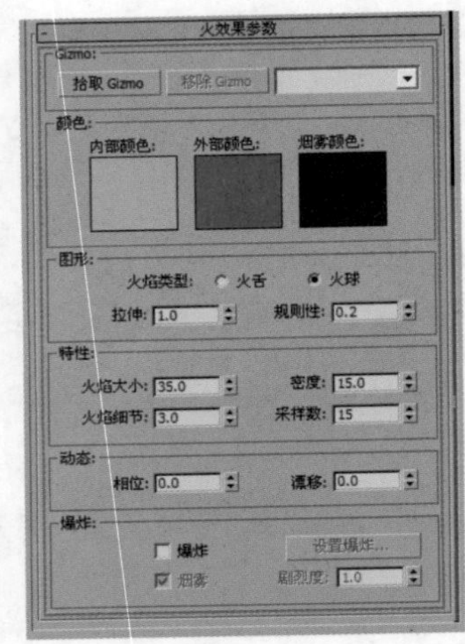

图9-56

- 【拾取 Gizmo】按钮 拾取 Gizmo ：单击该按钮，可以拾取场景中要产生火效果的 Gizmo 对象。
- 【移除 Gizmo】按钮 移除 Gizmo ：单击该按钮，可以移除列表中所选的 Gizmo。移除 Gizmo 后，Gizmo 仍在场景中，但是不再产生火效果。
- 内部颜色：设置火焰中最密集部分的颜色。
- 外部颜色：设置火焰中最稀薄部分的颜色。
- 烟雾颜色：当选中【爆炸】复选框时，该选项才可用，主要用来设置爆炸的烟雾颜色。
- 火焰类型：共有【火舌】和【火球】两种类型。【火舌】是沿着中心使用纹理创建带方向的火焰，这种火焰类似于篝火，其方向沿着火焰装置的局部 Z 轴；【火球】是创建圆形的爆炸火焰。
- 拉伸：将火焰沿着装置的 Z 轴进行缩放，该选项最适合创建【火舌】类型的火焰。
- 规则性：修改火焰填充装置的方式，范围为 1~0。
- 火焰大小：设置装置中各个火焰的大小。装置越大，需要的火焰也越大，使用 15~30 范围内的值可以获得最佳的火效果。
- 火焰细节：控制每个火焰中显示的颜色更改量和边缘的尖锐度，范围为 0~10。
- 密度：设置火焰效果的不透明度和亮度。
- 采样数：设置火焰效果的采样率。值越大，生成的火焰效果越细腻，但是会增加渲染时间。
- 相位：控制火焰效果的速率。
- 漂移：设置火焰沿着火焰装置的 Z 轴的渲染方式。
- 爆炸：选中该复选框，火焰将产生爆炸效果。
- 烟雾：控制爆炸是否产生烟雾。
- 剧烈度：改变【相位】参数的涡流效果。
- 【设置爆炸】按钮 设置爆炸... ：单击该按钮，可以打开【设置爆炸相位曲线】对话框，在该对话框中可以调整爆炸的开始时间和结束时间。

重点 小实例：利用火效果制作打火机燃烧效果

场景文件	07.max
案例文件	小实例：利用火效果制作打火机燃烧效果 .max
视频教学	DVD/ 多媒体教学 /Chapter09/ 小实例：利用火效果制作打火机燃烧效果 .flv
难易指数	★★★☆☆
技术掌握	掌握火效果功能

实例介绍

本例是一个打火机场景，主要利用火效果，最终的效果如图 9-57 所示。

图9-57

操作步骤

步骤 01 打开本书配套光盘中的【场景文件 /Chapter09/07.max】文件，如图 9-58 所示。

步骤 02 在【创建】面板下单击【辅助对象】按钮，设置辅助对象类型为【大气装置】，接着单击【球体 Gizmo】按钮 球体 Gizmo ，如图 9-59 所示。

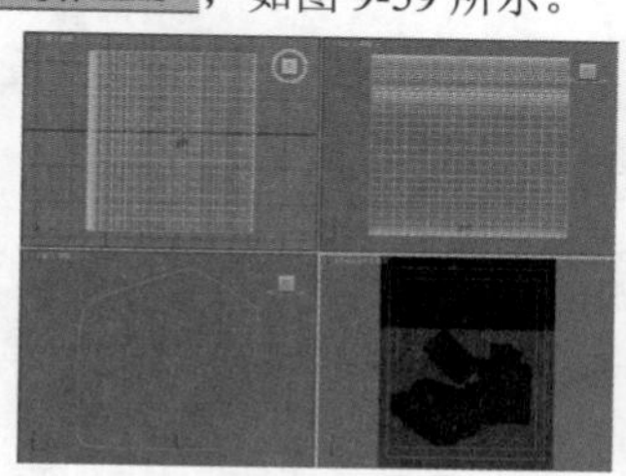

图9-58

图9-59

步骤 03 在视图中拖曳并创建 1 个球体 Gizmo，接着选择球体 Gizmo，单击【修改】面板并展开【球体 Gizmo 参数】卷展栏，设置【半径】为 14mm，选中【半球】复选框，接着使用【选择并均匀缩放】工具，将球体 Gizmo 缩放成如图 9-60 所示的样式。

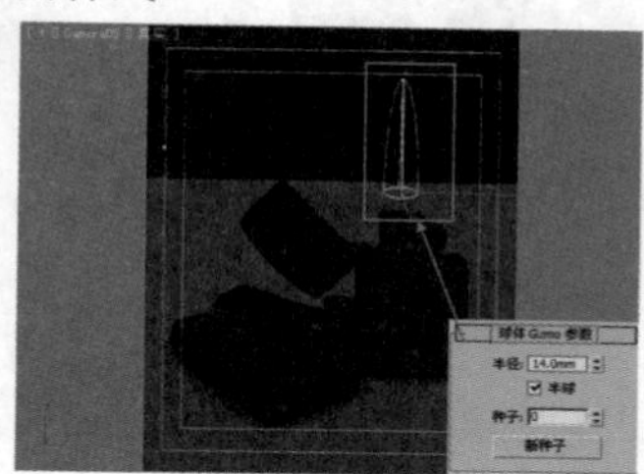

图9-60

步骤 04 按 8 键打开【环境和效果】对话框，展开【大气】卷展栏，单击【添加】按钮 添加... ，并添加【火效果】，如图 9-61 所示。

步骤 05 单击【火效果】，然后展开【火效果参数】卷展栏，单击【拾取 Gizmo】按钮 拾取 Gizmo ，拾取场景中的球体 Gizmo，接着在【图形】选项组下选中【火球】单选按钮，并设置【拉伸】为 0.3，【规则性】为 0.2，最后在【特性】选项组下设置【火焰大小】为 30，【火焰细节】为 5，【密度】为 20，【采样数】为 20，如图 9-62 所示、。

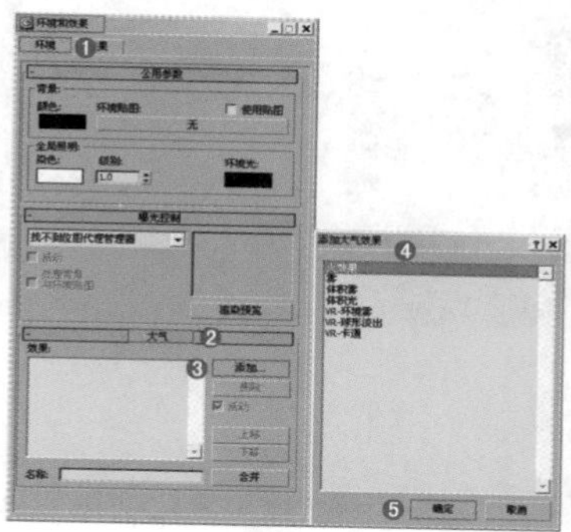

图9-61

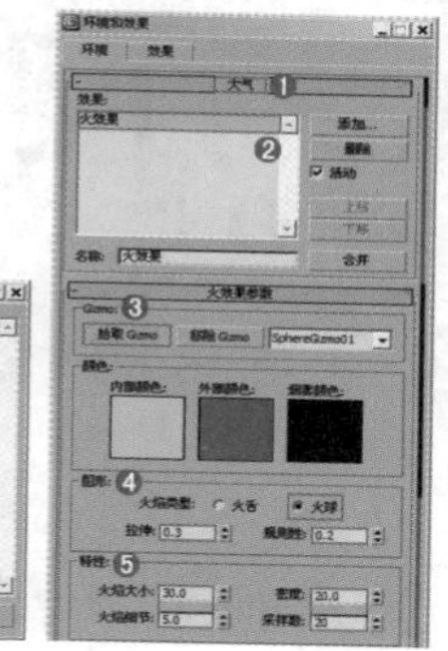

图9-62

步骤 06 按 F9 键渲染当前场景，渲染效果如图 9-63 所示。

步骤 07 继续在场景中创建一个球体 Gizmo，创建后的效果如图 9-64 所示。

图9-63

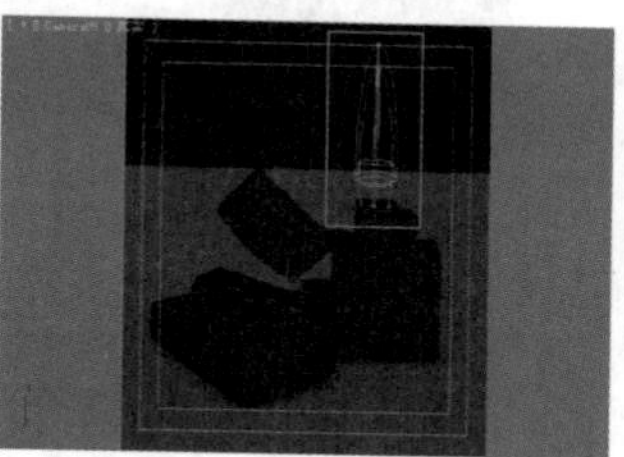

图9-64

技巧与提示

在这里我们再次创建一个球体 Gizmo 的目的是让火焰看起来更加真实，产生丰富的内焰和外焰的火焰效果，如图 9-65 所示为真实火焰效果。如图 9-66 所示为火焰分区示意图。

图9-65

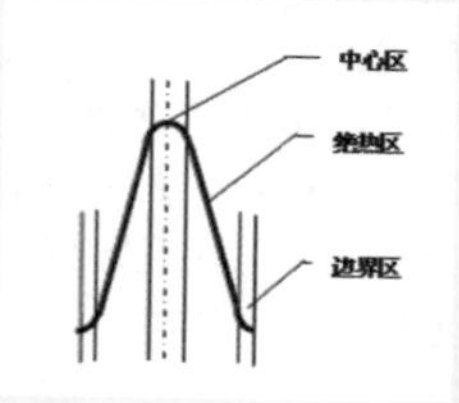

图9-66

步骤 08 打开【环境和效果】对话框，添加【火效果】，展开【火效果参数】卷展栏，拾取场景中的球体 Gizmo，并调节【内部颜色】为深蓝色（红：71，绿：123，蓝：255），【外部颜色】为浅蓝色（红：134，绿：143，蓝：255），然后在

【图形】选项组下设置【拉伸】为1，【规则性】为0.2；在【特性】选项组下设置【火焰大小】为35，【火焰细节】为3，【密度】为15，【采样数】为15，如图9-67所示。

步骤09 按F9键渲染当前场景，最终渲染效果如图9-68所示。

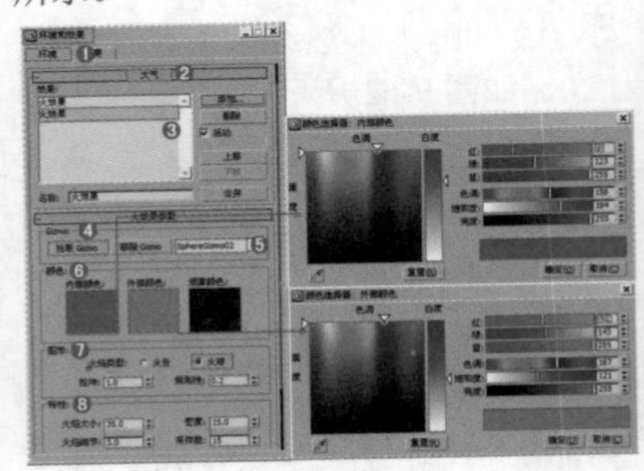

图9-67

图9-68

2. 雾

使用3ds Max的【雾】效果可以创建出雾、烟雾和蒸汽等特殊天气效果，如图9-69所示。

图9-69

【雾】的类型分为【标准】和【分层】两种，其参数设置面板如图9-70所示。

图9-70

- **颜色**：设置雾的颜色。
- **环境颜色贴图**：从贴图导出雾的颜色。
- **使用贴图**：使用贴图来产生雾效果。
- **环境不透明度贴图**：使用贴图来更改雾的密度。
- **雾化背景**：将雾应用于场景的背景。
- **标准**：使用标准雾。
- **分层**：使用分层雾。
- **指数**：随距离按指数增大密度。
- **近端%**：设置雾在近距范围的密度。
- **远端%**：设置雾在远距范围的密度。
- **顶**：设置雾层的上限（使用世界单位）。
- **底**：设置雾层的下限（使用世界单位）。
- **密度**：设置雾的总体密度。
- **衰减顶/底/无**：添加指数衰减效果。
- **地平线噪波**：启用【地平线噪波】系统。【地平线噪波】系统仅影响雾层的地平线，用来增强雾的真实感。
- **大小**：应用于噪波的缩放系数。
- **角度**：确定受影响的雾与地平线的角度。
- **相位**：用来设置噪波动画。

重点 小实例：利用雾效果制作雪山雾

场景文件	08.max
案例文件	小实例：利用雾效果制作雪山雾.max
视频教学	DVD/多媒体教学/Chapter09/小实例：利用雾效果制作雪山雾.flv
难易指数	★★☆☆☆
技术掌握	掌握雾效果的使用方法和功能

实例介绍

本例是一个群山风景场景，主要讲解雾效果的使用方法，最终效果如图9-71所示。

图9-71

操作步骤

步骤01 打开本书配套光盘中的【场景文件/Chapter09/08.max】文件，如图9-72所示。按F9键渲染当前场景，效果如图9-73所示。

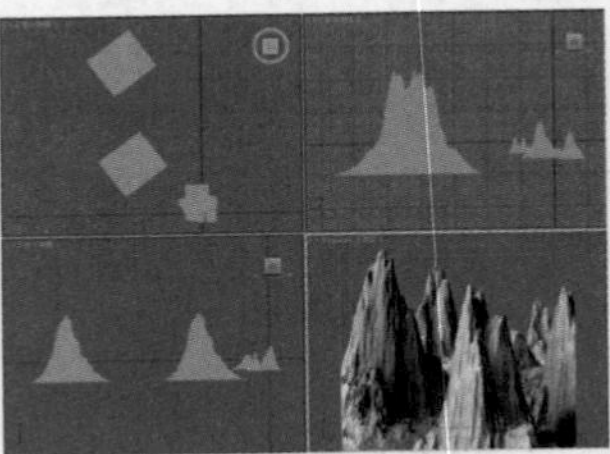

图9-72

图9-73

步骤02 按8键打开【环境和效果】对话框，然后选择【环境】选项卡，展开【大气】卷展栏，接着单击【添加】按钮 添加... ，并添加【雾】效果，如图9-74所示。

步骤03 展开【雾参数】卷展栏，设置【类型】为【分层】，接着在【分层】选项组下设置【顶】为0mm，【底】为–100mm，【密度】为120，【衰减】为【底】，选中【地平线噪波】复选框，设置【大小】为20，【角度】为15，【相位】为10，如图9-75所示。

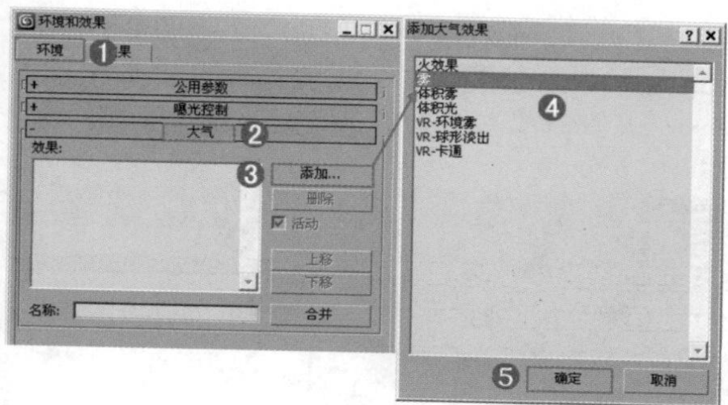

图9-74

步骤 04 按 F9 键渲染当前场景，效果如图 9-76 所示。

图9-75

图9-76

技巧与提示

此时需要选择摄影机，然后进入【修改】面板，并在【环境范围】选项组下选中【显示】复选框，设置【近距范围】为 100mm，【远距范围】为 850mm，如图 9-77 所示。

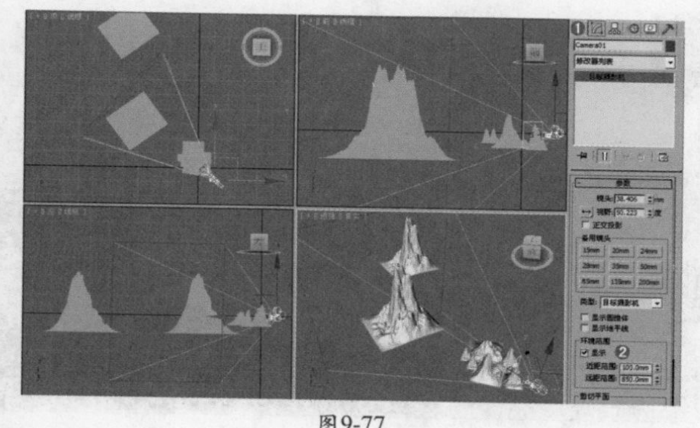

图9-77

步骤 05 继续在【环境和效果】对话框中添加【雾】效果，展开【雾参数】卷展栏，设置【近端 %】为 0，【远端 %】为 70，如图 9-78 所示。按 F9 键渲染当前场景，最终效果如图 9-79 所示。

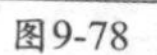

图9-78

图9-79

3. 体积雾

【体积雾】可以允许在一个限定的范围内设置和编辑雾效果，多用来模拟烟云等有体积的气体。【体积雾】和【雾】最大的区别在于【体积雾】是三维的雾，是有体积的，其参数设置面板如图 9-80 所示。

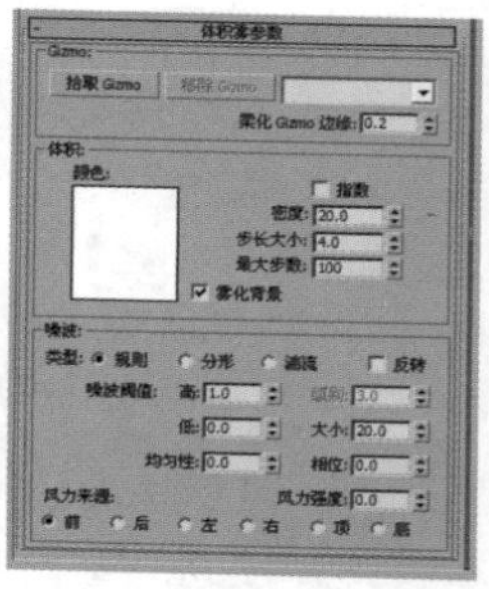

- 【拾取 Gizmo】按钮 拾取 Gizmo：单击该按钮，可以拾取场景中要产生体积雾效果的 Gizmo 对象。
- 【移除 Gizmo】按钮 移除 Gizmo：单击该按钮，可以移除列表中所选的 Gizmo 对象。移除 Gizmo 后，Gizmo 对象仍在场景中，但是不再产生体积雾效果。

图9-80

- 柔化 Gizmo 边缘：羽化体积雾效果的边缘。值越大，边缘越柔滑。
- 颜色：设置雾的颜色。
- 指数：随距离按指数增大密度。
- 密度：控制雾的密度，范围为 0~20。
- 步长大小：确定雾采样的粒度，即雾的【细度】。
- 最大步数：限制采样量，以便雾的计算不会永远执行。该选项适合于雾密度较小的场景。
- 雾化背景：将体积雾应用于场景的背景。
- 类型：有【规则】、【分形】、【湍流】和【反转】4 种类型可供选择。
- 噪波阈值：限制噪波效果，范围为 0~1。
- 级别：设置噪波迭代应用的次数，范围为 1~6。
- 大小：设置烟卷或雾卷的大小。
- 相位：控制风的种子。如果【风力强度】大于 0，雾体积会根据风向来产生动画。
- 风力强度：控制烟雾远离风向（相对于相位）的速度。
- 风力来源：定义风来自于哪个方向。

重点 小实例：利用体积雾效果制作大雾场景

场景文件	09.max
案例文件	小实例：利用体积雾效果制作大雾场景 .max
视频教学	DVD/ 多媒体教学 /Chapter09/ 小实例：利用体积雾效果制作大雾场景 .flv
难易指数	★★☆☆☆
技术掌握	掌握体积雾效果的使用方法和功能

实例介绍

本例是一个街道场景，主要讲解体积雾效果制作大雾天气的方法，最终效果如图 9-81 所示。

图9-81

操作步骤

步骤 01 打开本书配套光盘中的【场景文件 /Chapter09/09.max】文件，如图 9-82 所示。

步骤 02 在【创建】面板中单击【辅助对象】按钮，然后设置辅助对象类型为【大气装置】，接着单击【长方体 Gizmo】按钮 长方体 Gizmo，如图 9-83 所示。

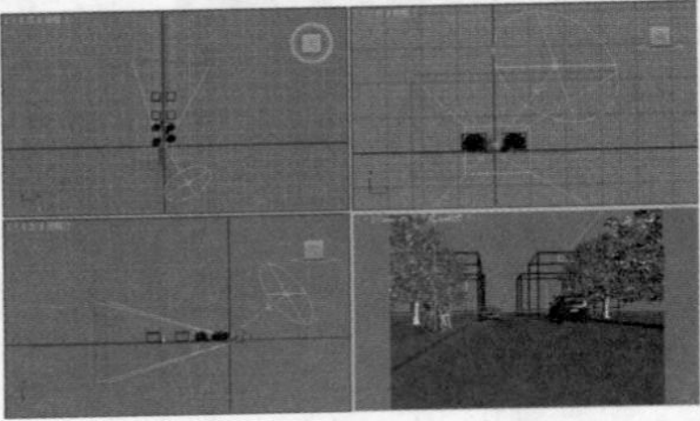

图9-82

图9-83

步骤 03 在场景中创建一个长方体 Gizmo，然后进入【修改】面板，接着在【长方体 Gizmo 参数】卷展栏下设置【长度】为 6000mm，【宽度】为 4000 mm，【高度】为 3000 mm，如图 9-84 所示。

步骤 04 使用【选择并移动】工具将步骤 03 创建的长方体 Gizmo 拖曳到如图 9-85 所示的位置。

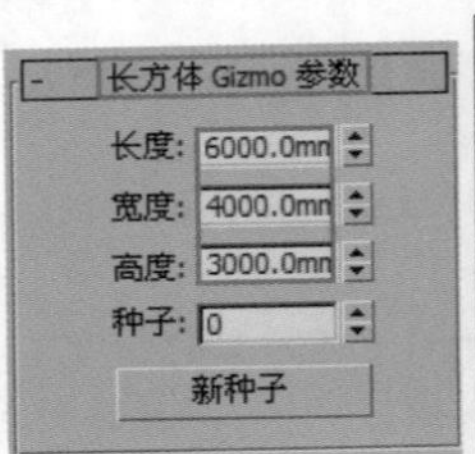

图9-84

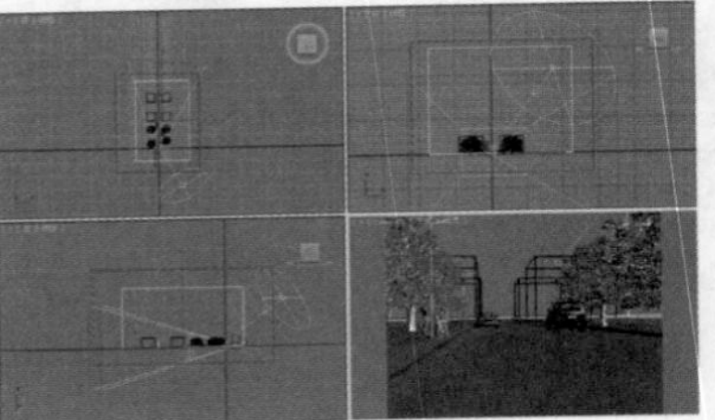

图9-85

步骤 05 按 8 键打开【环境和效果】对话框，然后展开【大气】卷展栏，接着单击【添加】按钮 添加...，在弹出的【添加大气效果】对话框中选择【体积雾】选项，如图 9-86 所示。

步骤 06 切换到【环境】选项卡，在【效果】列表框中选择【体积雾】选项，然后在【体积雾参数】卷展栏下单击【拾取 Gizmo】按钮 拾取 Gizmo，接着在视图中拾取长方体 Gizmo，并设置【大小】为 1，具体参数设置如图 9-87 所示。

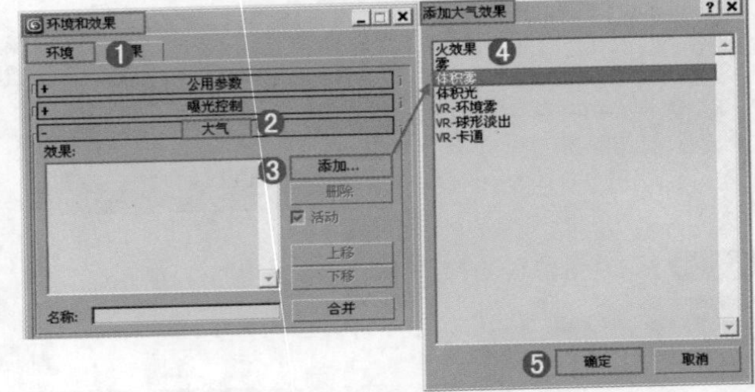

图9-86

步骤 07 按 F9 键渲染当前场景，效果如图 9-88 所示。

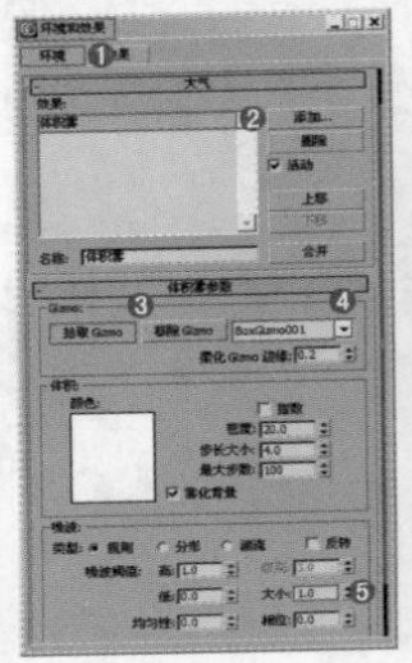

图9-87

图9-88

步骤 08 继续在【环境】选项卡下的【大气】卷展栏中单击【添加】按钮 添加...，在弹出的【添加大气效果】对话框中选择【雾】选项，并设置相应的参数，如图 9-89 所示。按 F9 键渲染当前场景，效果如图 9-90 所示。

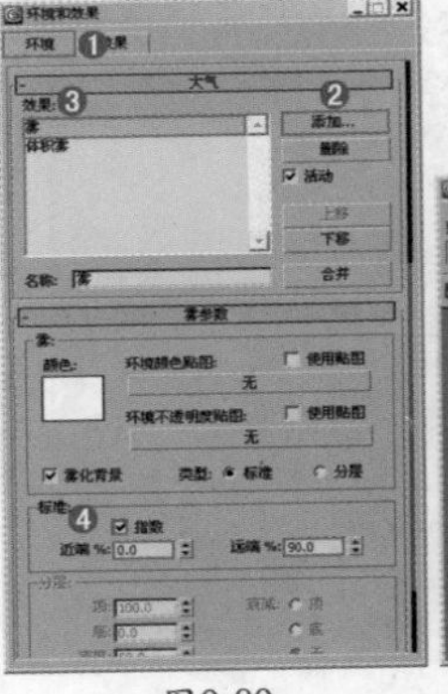

图9-89

图9-90

步骤 09 继续在【环境】选项卡下的【大气】卷展栏中单击【添加】按钮 添加...，在弹出的【添加大气效果】对话框中选择【体积光】选项，共添加三次，并设置相应的参数，如图 9-91 所示。按 F9 键渲染当前场景，最终渲染如图 9-92 所示。

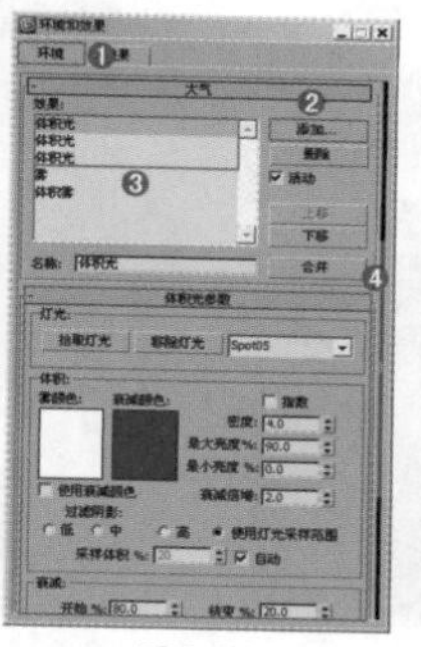
图9-91

图9-92

4. 体积光

【体积光】可以用来制作带有光束的光线，可以指定给灯光（部分灯光除外，如 VRay 太阳）。这种体积光可以被物体遮挡，从而形成光芒透过缝隙的效果。常用来模拟树与树之间的缝隙中透过的光束，如图 9-93 所示。体积光的参数设置面板如图 9-94 所示。

图9-93

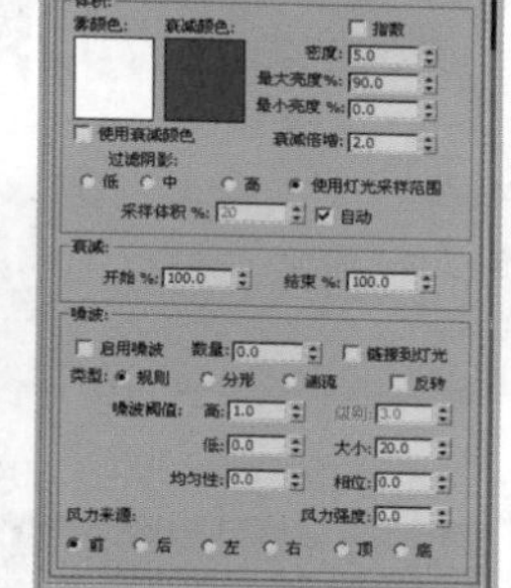
图9-94

- 【拾取灯光】按钮 拾取灯光 ：拾取要产生体积光的光源。
- 【移除灯光】按钮 移除灯光 ：将灯光从列表中移除。
- 雾颜色：设置体积光产生的雾的颜色。
- 衰减颜色：用于设置衰减区内雾的颜色。
- 使用衰减颜色：控制是否开启【衰减颜色】功能。
- 指数：选中此复选框，系统将跟踪距离以指数方式计算光线密度的增量，否则会以线性计算。
- 密度：设置雾的密度。
- 最大/最小亮度%：设置可以达到的最大和最小的光晕效果。
- 衰减倍增：设置【衰减颜色】的强度。
- 过滤阴影：通过提高采样率（以增加渲染时间为代价）来获得更高质量的体积光效果，包括低、中、高 3 个级别。
- 使用灯光采样范围：根据灯光阴影参数中的【采样范围】值来使体积光中投射的阴影变模糊。
- 采样体积 %：控制体积的采样率。
- 自动：自动控制【采样体积 %】的参数。
- 开始 %/结束 %：设置灯光效果开始和结束衰减的百分比。
- 启用噪波：控制是否启用噪波效果。
- 数量：应用于雾的噪波的百分比。
- 链接到灯光：将噪波效果链接到灯光对象。

重点 小实例：利用体积光制作丛林光束

场景文件	10.max
案例文件	小实例：利用体积光制作丛林光束.max
视频教学	DVD/多媒体教学/Chapter09/小实例：利用体积光制作丛林光束.flv
难易指数	★★★☆☆
技术掌握	掌握体积光功能

实例介绍

本例是一个丛林场景，主要讲解使用体积光效果制作丛林光束，最终的效果如图 9-95 所示。

图9-95

操作步骤

步骤 01 打开本书配套光盘中的【场景文件/Chapter09/10.max】文件，如图 9-96 所示。

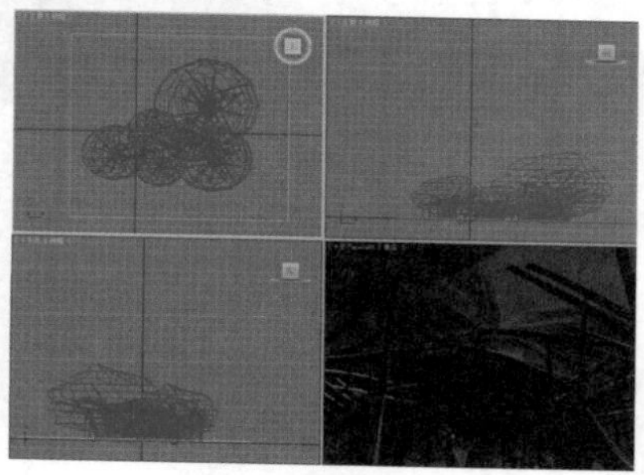
图9-96

步骤 02 使用【目标平行光】 目标平行光 工具，在视图中拖曳并创建 1 盏目标平行光，放置位置如图 9-97 所示。然后展开【常规参数】卷展栏，选中【阴影】下的【启用】复选框，并设置方式为【阴影贴图】，接着展开【强度/颜色/衰减】卷展栏，设置【倍增】为 9，展开【平行光参数】卷展栏，设置【聚光区/光束】为 300mm，【衰减区/区域】为 2100mm，方式为【圆】，如图 9-98 所示。

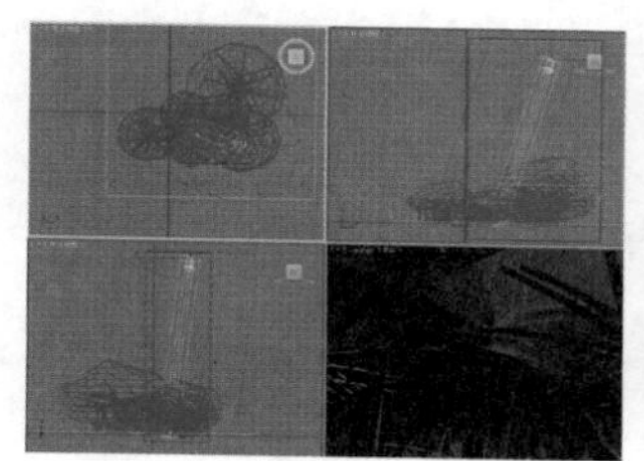
图9-97

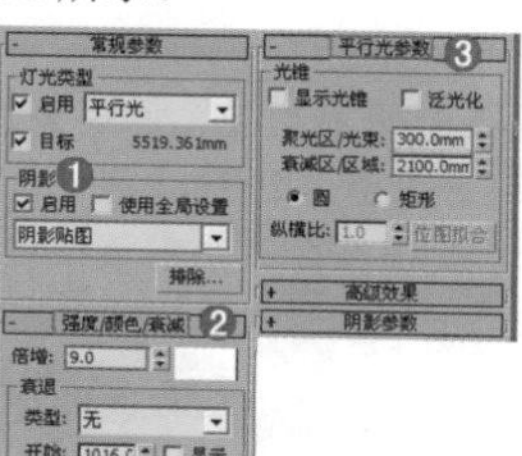
图9-98

步骤 03 按 F9 键渲染当前场景，渲染效果如图 9-99 所示。

图9-99

步骤 04 按 8 键打开【环境和效果】对话框，然后展开【大气】卷展栏，接着单击【添加】按钮 添加...，最后在弹出的【添加大气效果】对话框中选择【体积光】选项，如图 9-100 所示。

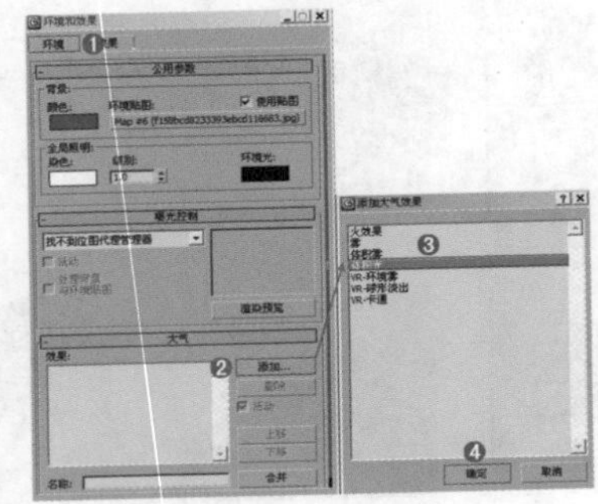

图9-100

步骤 05 接着在【体积光参数】卷展栏下单击【拾取灯光】按钮 拾取灯光，并在场景中拾取刚才创建的目标平行光，接着选中【指数】复选框，并设置【密度】为 1.5，选中【使用衰减颜色】复选框，最后设置【开始 %】为 20，如图 9-101 所示。

步骤 06 按 F9 键渲染当前场景，最终效果如图 9-102 所示。

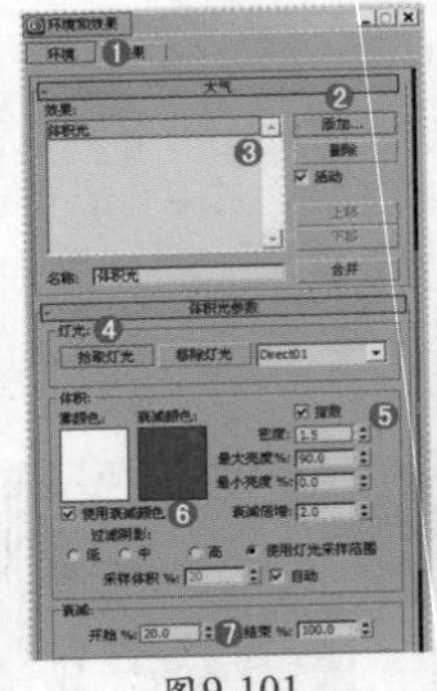

图9-101

图9-102

9.2 效果

在【效果】面板中可以为场景添加【Hair 和 Fur】（头发和毛发）、【镜头效果】、【模糊】、【亮度和对比度】、【色彩平衡】、【景深】、【文件输出】、【胶片颗粒】、【运动模糊】和【VR 镜头特效】效果，如图 9-103 所示。

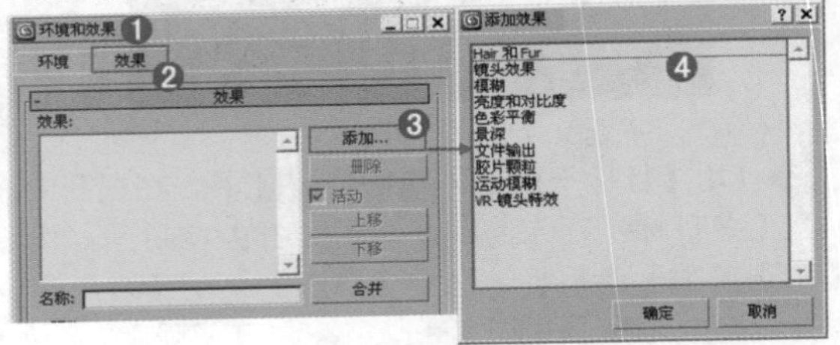

图9-103

技巧与提示

本节仅对【镜头效果】、【模糊】、【亮度和对比度】、【色彩平衡】、【文件输出】和【胶片颗粒】和【VR 镜头特效】效果进行讲解，【毛发】、【景深】和【运动模糊】特效将在后面的章节中进行讲解。

9.2.1 镜头效果

使用【镜头效果】特效可以模拟出照相机拍照时镜头所产生的光晕效果，如图 9-104 所示。

图9-104

这些效果包括 Glow（光晕）、Ring（光环）、Ray（射线）、Auto Secondary（自动二级光斑）、Manual Secondary（手动二级光斑）、Star（星形）和 Streak（条纹），其参数设置面板如图 9-105 所示。

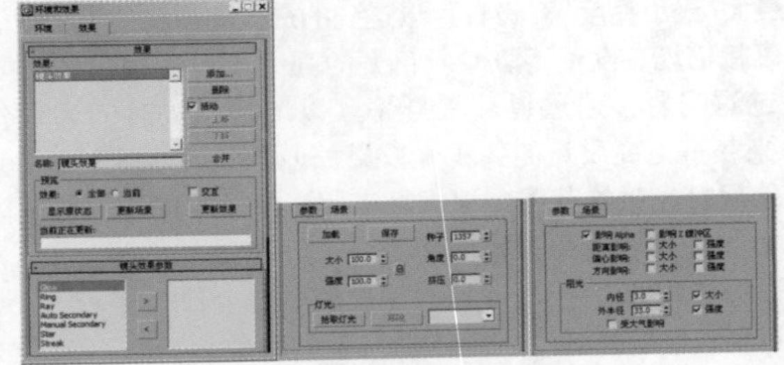

图9-105

- 【加载】按钮 加载：单击该按钮，可以打开【加载镜头效果文件】对话框，在该对话框中可选择要加载的 LZV 文件。

- 【保存】按钮 保存 ：单击该按钮可以打开【保存镜头效果文件】对话框，在该对话框中可以保存 LZV 文件。
- 大小：设置镜头效果的总体大小。
- 强度：设置镜头效果的总体亮度和不透明度。值越大，效果越亮越不透明；值越小，效果越暗越透明。
- 种子：为【镜头效果】中的随机数生成器提供不同的起点，并创建略有不同的镜头效果。
- 角度：当效果与摄影机的相对位置发生改变时，该选项用来设置镜头效果从默认位置的旋转量。
- 挤压：在水平方向或垂直方向挤压镜头效果的总体大小。
- 【拾取灯光】按钮 拾取灯光 ：单击该按钮可以在场景中拾取灯光。
- 【移除】按钮 移除 ：单击该按钮可以移除所选择的灯光。
- 影响 Alpha ：如果图像以 32 位文件格式来渲染，那么该选项用来控制镜头效果是否影响图像的 Alpha 通道。
- 影响 Z 缓冲区：存储对象与摄影机的距离。Z 缓冲区用于光学效果。
- 距离影响：控制摄影机或视口的距离对光晕效果的大小和强度的影响。
- 偏心影响：产生摄影机或视口偏心的效果，影响其大小或强度。
- 方向影响：聚光灯相对于摄影机的方向，影响其大小或强度。
- 内径：设置效果周围的内径，另一个场景对象必须与内径相交才能完全阻挡效果。
- 外半径：设置效果周围的外径，另一个场景对象必须与外径相交才能开始阻挡效果。
- 大小：减小所阻挡的效果的大小。
- 强度：减小所阻挡的效果的强度。
- 受大气影响：控制是否允许大气效果阻挡镜头效果。

重点 小实例：利用镜头效果制作镜头特效

场景文件	11.max
案例文件	小实例：利用镜头效果制作镜头特效 .max
视频教学	DVD/ 多媒体教学 /Chapter09/ 小实例：利用镜头效果制作镜头特效 .flv
难易指数	★★★☆☆
技术掌握	掌握镜头效果功能

实例介绍

本例是一个壁灯场景，主要讲解镜头效果的制作方法，最终的效果如图 9-106 所示。

图9-106

操作步骤

Part 1 设置Glow效果

步骤 01 打开本书配套光盘中的【场景文件 /Chapter09/11.max】文件，此时场景效果如图 9-107 所示。

步骤 02 按 8 键打开【环境和效果】对话框，然后在【效果】选项卡下单击【添加】 添加... 按钮，并添加【镜头效果】，最后单击【确定】按钮，如图 9-108 所示。

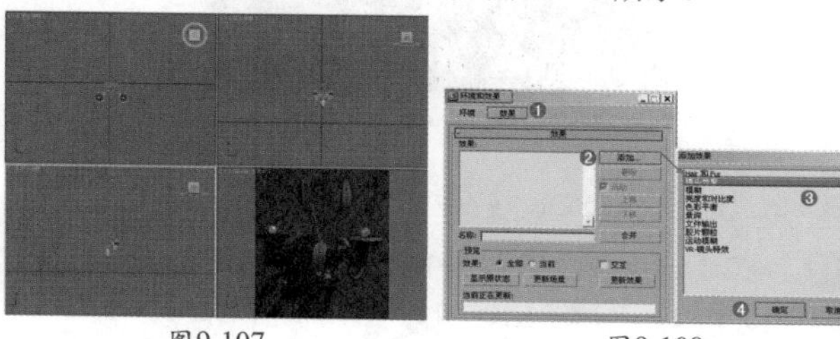

图9-107　　图9-108

步骤 03 单击【效果】选项卡下的【镜头效果】，然后在【镜头效果参数】卷展栏下单击 Glow，接着单击【向右】按钮 > ，右侧就会出现 Glow，如图 9-109 所示。

步骤 04 选择 Glow，然后选择【参数】选项卡，设置【大小】为 260，【强度】为 500，接着单击【拾取灯光】 拾取灯光 按钮，最后在场景中拾取两盏泛光灯 Omni02 和 Omni03，如图 9-110 所示。

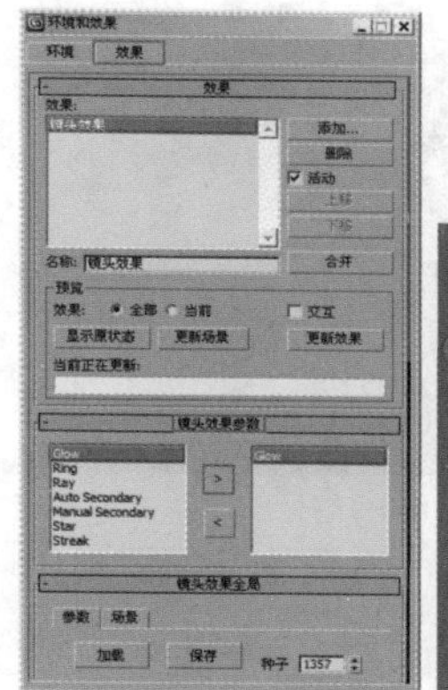

图9-109

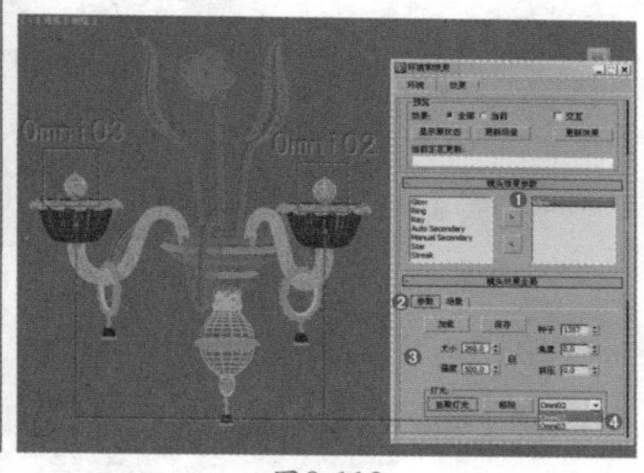

图9-110

步骤 05 在【光晕元素】卷展栏下设置【强度】为 60，最后调节【径向颜色】为黄色（红：255，绿：144，蓝：0），如图 9-111 所示。

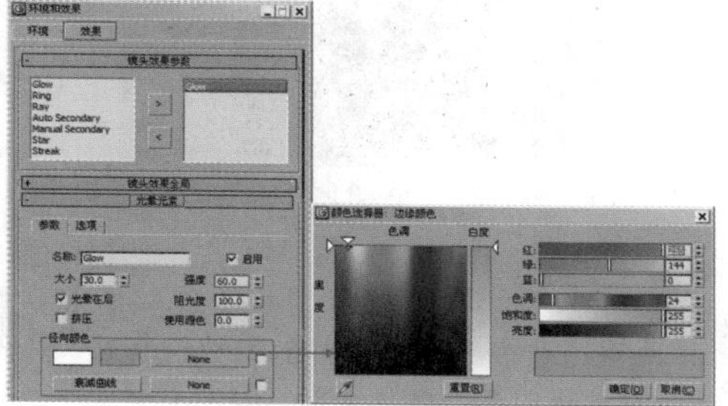

图9-111

步骤06 此时按F9键渲染当前场景，渲染效果如图9-112所示。

图9-112

Part 2 设置Streak效果

步骤01 在【镜头效果参数】卷展栏下选择Streak（条纹），然后单击【向右】按钮>，接着单击选择右侧的Streak（条纹），最后在【条纹元素】卷展栏下设置【强度】为5，如图9-113所示。

步骤02 选择Streak，然后选择【参数】选项卡，并设置【大小】为260，【强度】为500，接着单击【拾取灯光】按钮拾取灯光，最后在场景中拾取两盏泛光灯Omni02和Omni03，如图9-114所示。

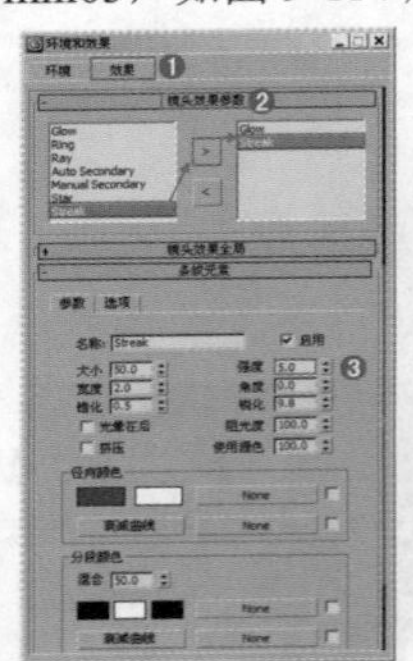

图9-113

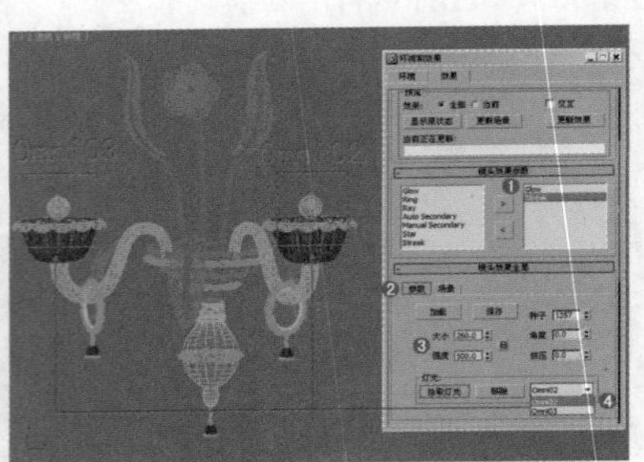

图9-114

步骤03 此时按F9键渲染当前场景，渲染效果如图9-115所示。

图9-115

Part 3 设置Ray效果

步骤01 在【镜头效果参数】卷展栏下选择Ray（射线），然后单击【向右】按钮>，接着选择右侧的Ray（射线），并在【射线元素】卷展栏下设置【强度】为28，如图9-116所示。

步骤02 选择Ray，然后选择【参数】选项卡，设置【大小】为260，【强度】为500，接着单击【拾取灯光】按钮拾取灯光，最后在场景中拾取两盏泛光灯Omni02和Omni03，如图9-117所示。

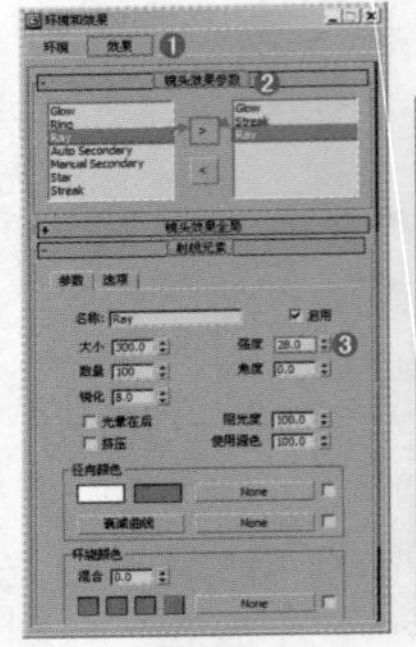

图9-116

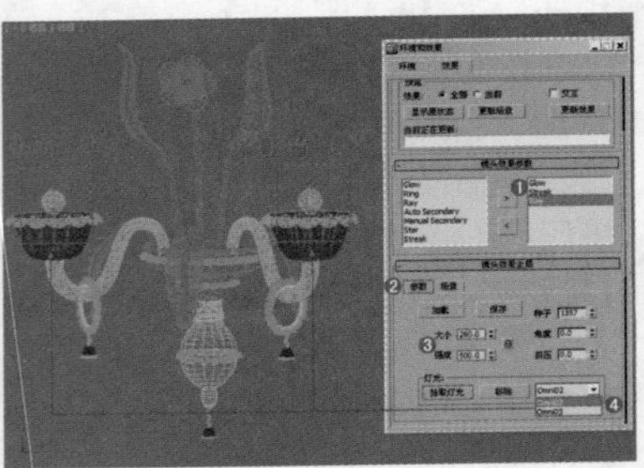

图9-117

步骤03 此时按F9键渲染当前场景，渲染效果如图9-118所示。

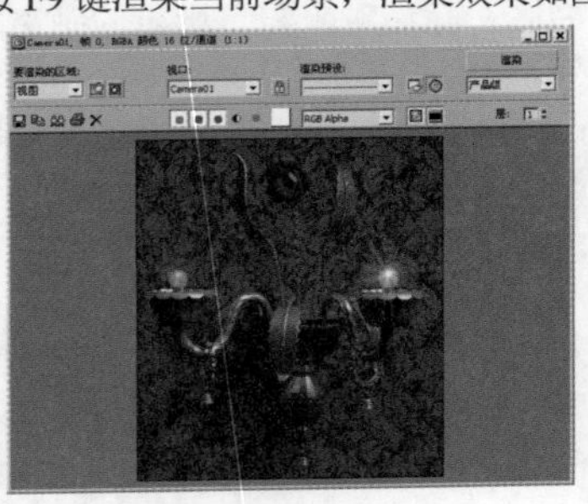

图9-118

Part 4 设置Manual Secondary效果

步骤01 在【镜头效果参数】卷展栏下单击Manual Secondary（手动二级光斑元素），然后单击【向右】按钮>，选择右侧的Manual Secondary（手动二级光斑元素），并设置【强度】为35，如图9-119所示。

步骤02 选择Manual Secondary，然后选择【参数】选项卡，并设置【大小】为260，【强度】为500，接着单击【拾取灯光】按钮拾取灯光，最后在场景中拾取两盏泛光灯Omni02和Omni03，如图9-120所示。

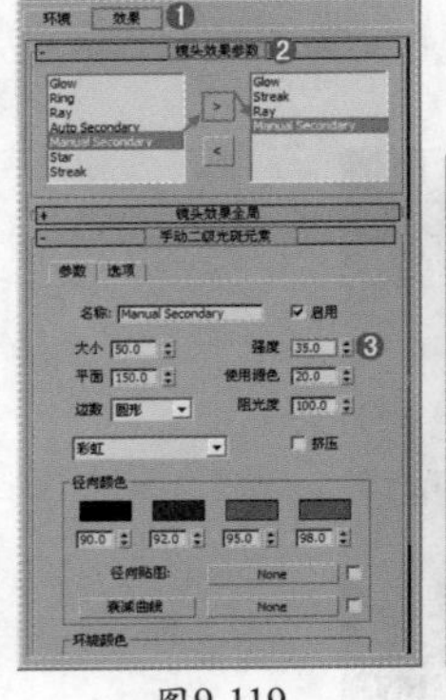

图9-119

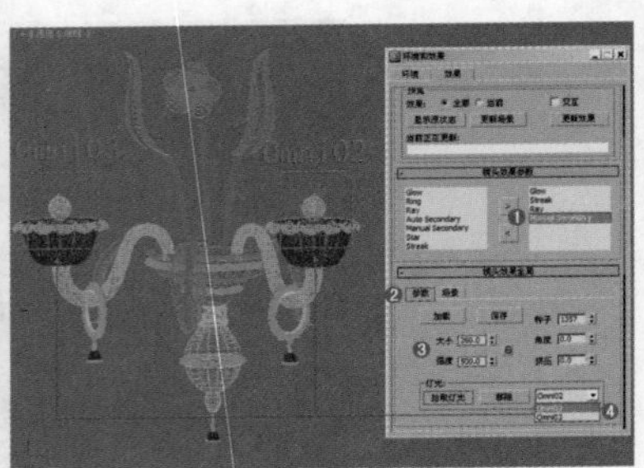

图9-120

步骤03 按F9键渲染当前场景，最后效果如图9-121所示。

图9-121

9.2.2 模糊

使用【模糊】效果可以通过 3 种不同的方法使图像变得模糊，分别是【均匀型】、【方向型】和【放射型】。【模糊】效果根据【像素选择】选项卡下所选择的对象来应用各个像素，使整个图像变模糊，其参数设置面板如图 9-122 所示。

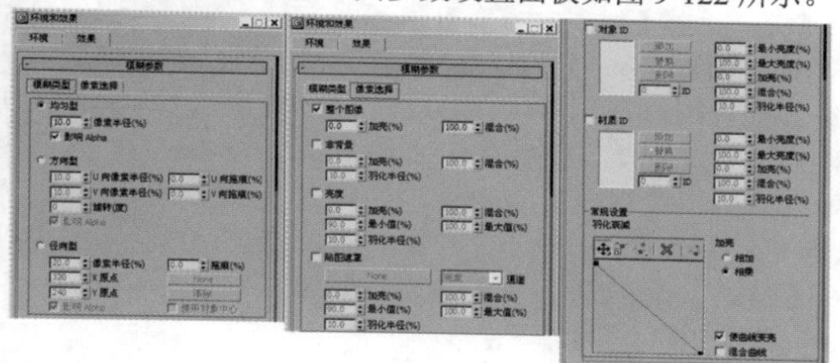

图9-122

1. 模糊类型

- 均匀型：将模糊效果均匀应用在整个渲染图像中。
- 像素半径（%）：设置模糊效果的半径。
- 影响 Alpha ：选中该复选框，可以将【均匀型】模糊效果应用于 Alpha 通道。
- 方向型：按照【方向型】参数指定的任意方向应用模糊效果。
- U/V 向像素半径（%）：设置模糊效果的水平 / 垂直强度。
- U/V 向拖痕（%）：通过为 U/V 轴的某一侧分配更大的模糊权重为模糊效果添加方向。
- 旋转：通过【U 向像素半径（%）】和【V 向像素半径（%）】来应用模糊效果的 U 向像素和 V 向像素的轴。
- 影响 Alpha ：选中该复选框，可以将【方向型】模糊效果应用于 Alpha通道。
- 径向型：以径向的方式应用模糊效果。
- 拖痕（%）：通过为模糊效果的中心分配更大或更小的模糊权重为模糊效果添加方向。
- X/Y 原点：以像素为单位，对渲染输出的尺寸指定模糊的中心。
- None（无）按钮 None ：指定以中心作为模糊效果中心的对象。
- 【清除】按钮 清除 ：移除对象名称。
- 使用对象中心：选中该复选框，None（无）按钮 None 指定的对象将作为模糊效果的中心。
- 影响 Alpha ：选中该复选框，可以将【径向型】模糊效果应用于 Alpha 通道。

2. 像素选择

- 整个图像：选中该复选框，模糊效果将影响整个渲染图像。
- 加亮（%）：加亮整个图像。
- 混合（%）：将模糊效果和【整个图像】参数与原始的渲染图像进行混合。
- 非背景：选中该复选框，模糊效果将影响除背景图像或动画以外的所有元素。
- 羽化半径（%）：设置应用于场景的非背景元素的羽化模糊效果的百分比。
- 亮度：影响亮度值介于【最小值（%）】和【最大值（%）】微调器之间的所有像素。
- 最小 / 大值（%）：设置每个像素要应用模糊效果所需的最小和最大亮度值。
- 贴图遮罩：通过在【材质 / 贴图浏览器】对话框选择的通道和应用的遮罩来应用模糊效果。
- 对象 ID ：如果对象匹配过滤器设置，会将模糊效果应用于对象或对象中具有特定对象 ID 的部分（在 G 缓冲区中）。
- 材质 ID ：如果材质匹配过滤器设置，会将模糊效果应用于该材质或材质中具有特定材质效果通道的部分。
- 常规设置羽化衰减：使用【羽化衰减】曲线来确定基于图形的模糊效果的羽化衰减区域。

重点 小实例：利用模糊效果制作奇幻特效

场景文件	12.max
案例文件	小实例：利用模糊效果制作奇幻特效 .max
视频教学	DVD/ 多媒体教学 /Chapter09/ 小实例：利用模糊效果制作奇幻特效 .flv
难易指数	★★☆☆☆
技术掌握	掌握【雾】、【体积雾】以及【模糊效果】的应用

实例介绍

本例是一个奇幻的深林场景，主要讲解利用【雾】和【模糊】效果制作奇幻特效，如图 9-123 所示。

图9-123

操作步骤

步骤 01 打开本书配套光盘中的【场景文件/Chapter09/12.max】文件，如图 9-124 所示。

步骤 02 按 8 键打开【环境和效果】对话框，单击【环境贴图】下的【无】按钮，接着打开【材质/贴图浏览器】对话框，并单击 VR_天空，如图 9-125 所示。

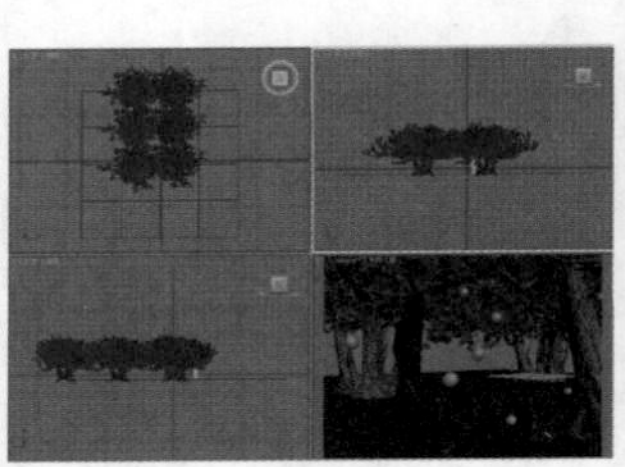
图9-124

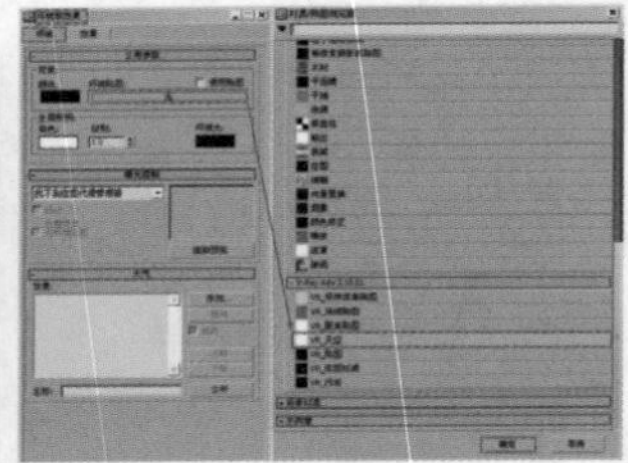
图9-125

步骤 03 接着展开【大气】卷展栏，单击【添加】按钮 添加...，然后选择【雾】并单击【确定】按钮，如图 9-126 所示。

步骤 04 在【效果】选项卡下选择刚才添加的【雾】，接着在【雾】选项组下调节颜色为浅蓝色（红：176，绿：185，蓝：227），并选中【雾化背景】复选框，最后在【标准】选项组下设置【远端】为 30，如图 9-127 所示。

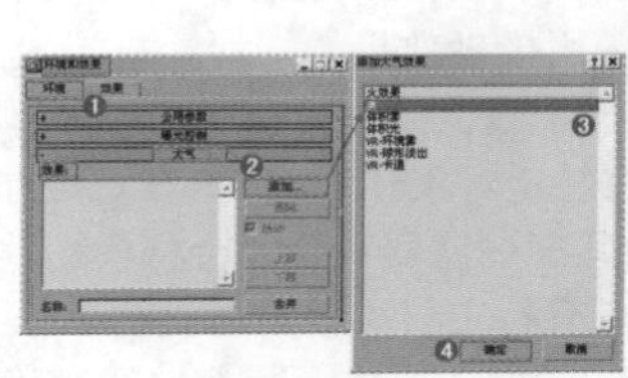
图9-126

图9-127

步骤 05 在【创建】面板中单击【辅助对象】按钮，然后设置辅助对象类型为【大气装置】，接着单击长方体 Gizmo 按钮 长方体 Gizmo，如图 9-128 所示。

步骤 06 在前视图中拖曳并创建一个长方体 Gizmo，具体放置位置如图 9-129 所示。

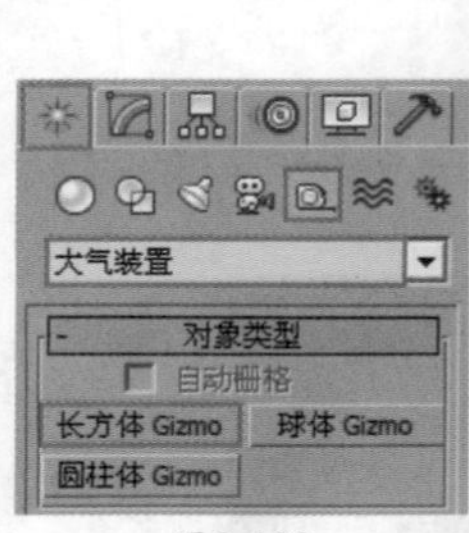

图9-128

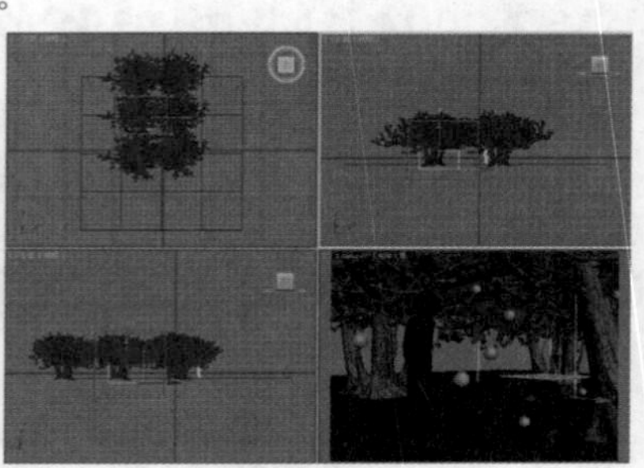
图9-129

步骤 07 进入【修改】面板，接着在长方体 Gizmo 参数卷展栏下设置【长度】为 500，【宽度】为 500，【高度】为 505，如图 9-130 所示。

步骤 08 继续在前视图中创建一个长方体 Gizmo，具体放置位置如图 9-131 所示。

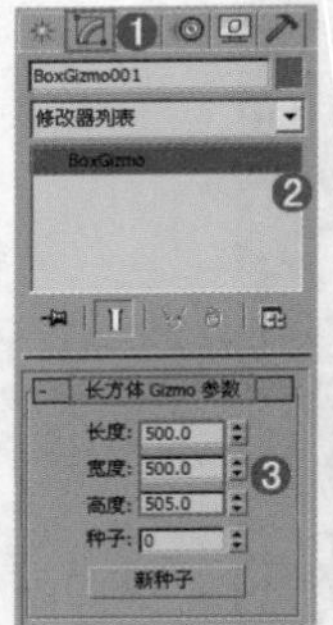

图9-130

图9-131

步骤 09 进入【修改】面板，接着在长方体 Gizmo 参数卷展栏下设置【长度】为 120，【宽度】为 120，【高度】为 505，如图 9-132 所示。

步骤 10 再次打开【环境和效果】对话框，并在【大气】卷展栏下单击【添加】按钮 添加...，然后选择【体积雾】，最后单击【确定】按钮，如图 9-133 所示。

步骤 11 在【效果】选项卡下单击【体积雾】，并在【体积雾参数】卷展栏下单击【拾取 Gizmo】按钮 拾取 Gizmo，接着在视图中拾取两个球体 BoxGizmo001 和 BoxGizmo002，然后在【体积】选项组下选中【指数】复选框，并设置【密度】为 5，【步长大小】为 50，最后在【噪波】选项组下设置【大小】为 60，如图 9-134 所示。

图9-132

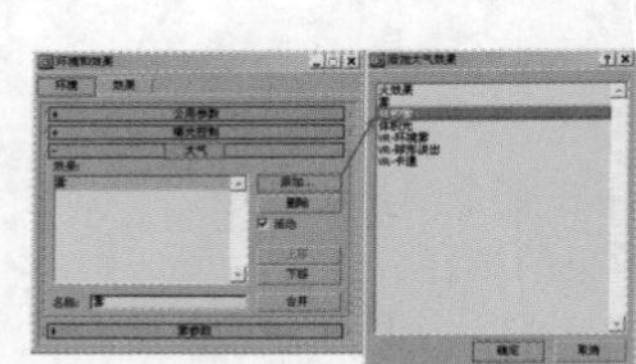
图9-133

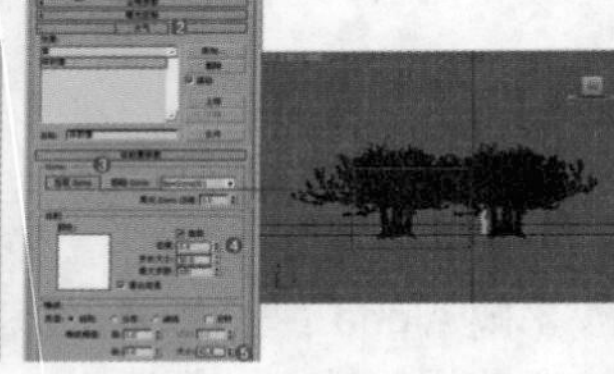
图9-134

步骤 12 按 M 键打开【材质编辑器】对话框，选择第 1 个材质球，单击 Standard 按钮 Standard，将其命名为 Solid Glass，具体调节参数如图 9-135 所示。

在【漫反射】后面的通道上加载【Perlin 大理石】程序贴图。

在【自发光】选项组下选中【颜色】复选框，调节颜色为蓝色（红：0，绿：15，蓝：213）。

在【不透明度】后面的通道上加载【衰减】程序贴图，将【颜色 1】调节为白色（红：255，绿：255，蓝：255），【颜色 2】调节为黑色（红：0，绿：0，蓝：0），设置【衰减类型】为【垂直】|【平行】。

步骤 13 单击 Solid Glass 所对应的材质球，并设置【材质 ID 通道】为 1，如图 9-136 所示。

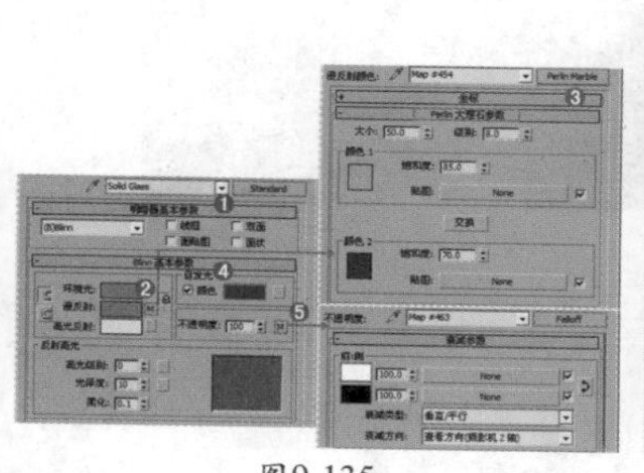
图9-135

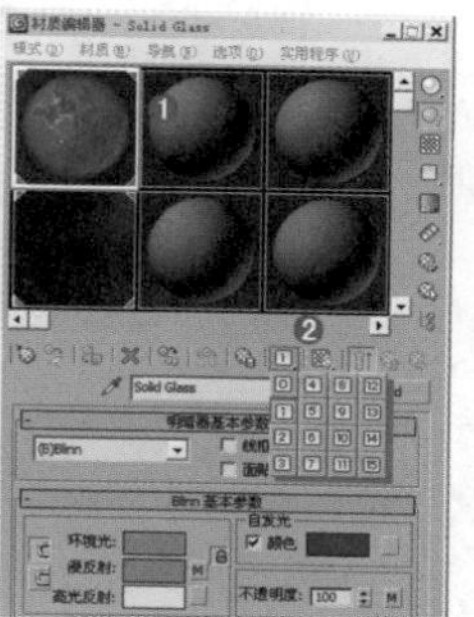
图9-136

步骤 14 按 F9 键渲染当前场景，如图 9-137 所示。

图9-137

步骤 15 按 8 键打开【环境和效果】对话框，接着选择【效果】选项卡，然后单击【添加】按钮 添加... ，并选择【模糊】效果，最后单击【确定】按钮，如图 9-138 所示。

步骤 16 进入【像素选择】选项卡，取消选中【整个图像】复选框。选中【材质 ID】复选框，在【ID】中输入 1，并单击【添加】按钮 添加 ，最后设置【加亮】为 50，【混合】为 80，【羽化半径】为 20，如图 9-139 所示。

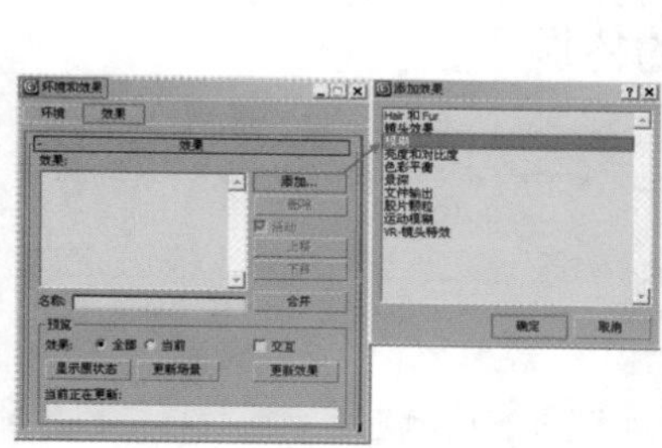
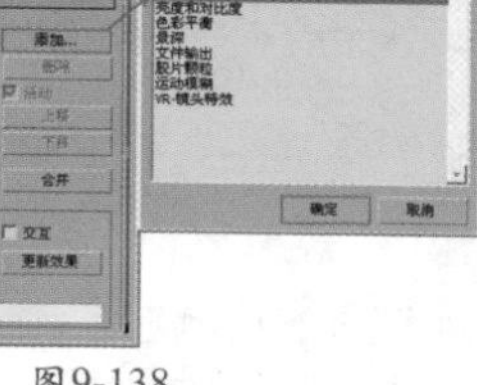
图9-138

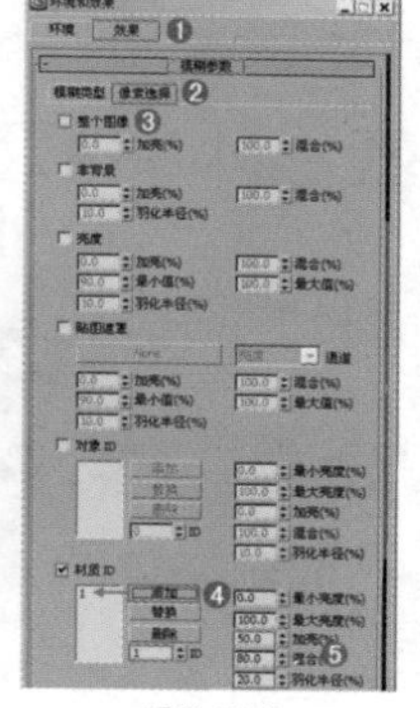
图9-139

技巧与提示

设置物体的【材质 ID】通道为 1，并设置【环境和效果】的【材质 ID】为 1，这样对应之后，可以看出在渲染时，【材质 ID】为 1 的物体将会被渲染出【模糊】效果。

步骤 17 继续在【效果】选项卡下单击【添加】按钮 添加 ，并选择【色彩平衡】效果，最后单击【确定】按钮，如图 9-140 所示。

步骤 18 在【效果】选项卡下单击【色彩平衡】，并在【色彩平衡参数】卷展栏下设置【红】为 0，【绿】为 0，【蓝】为 10，如图 9-141 所示。

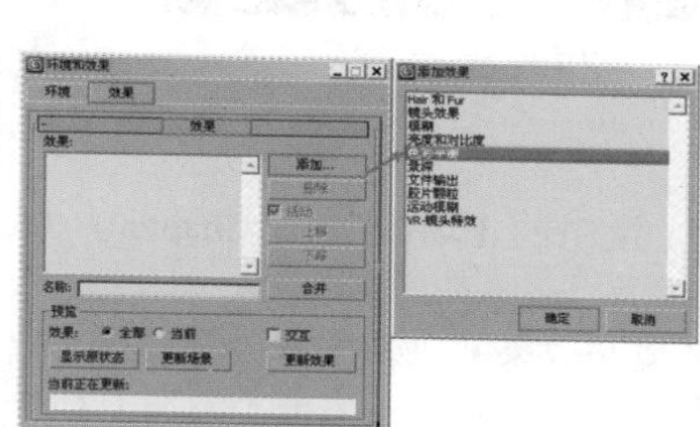
图9-140

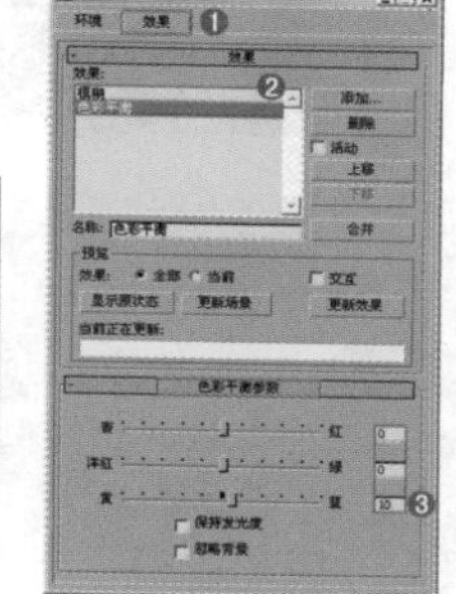
图9-141

步骤 19 按 F9 键渲染当前场景，最终渲染效果如图 9-142 所示。

图9-142

9.2.3 亮度和对比度

使用【亮度和对比度】效果可以调整图像的亮度和对比度，其参数设置面板如图 9-143 所示。

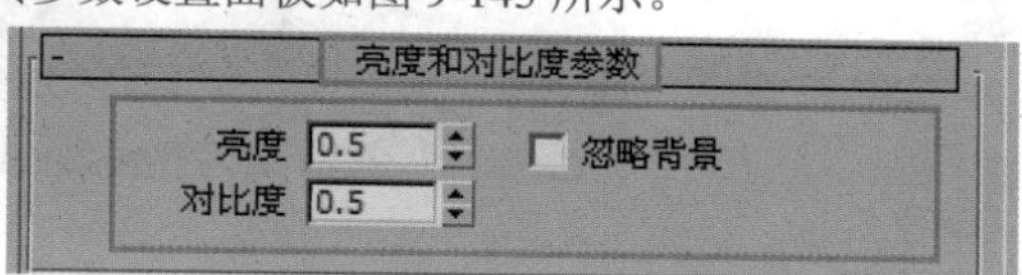

图9-143

- 亮度：增加或减少所有色元（红色、绿色和蓝色）的亮度，取值范围为 0~1。
- 对比度：压缩或扩展最大黑色和最大白色之间的范围，取值范围为 0~1。
- 忽略背景：控制是否将效果应用于除背景以外的所有元素。

重点 小实例：亮度和对比度效果调节浴室场景

场景文件	13.max
案例文件	小实例：亮度和对比度效果调节浴室场景.max
视频教学	DVD/多媒体教学/Chapter09/小实例：亮度和对比度效果调节浴室场景.flv
难易指数	★★★☆☆
技术掌握	掌握亮度对比度效果功能

实例介绍

本例是一个浴室场景，主要讲解使用亮度和对比度效果调节浴室场景的亮度和对比度，最终效果如图 9-144 所示。

图9-144

操作步骤

步骤 01 打开本书配套光盘中的【场景文件 /Chapter09/13.max】文件，如图 9-145 所示。

步骤 02 按 8 键打开【环境和效果】对话框，接着选择【效果】选项卡，在展开【大气】卷展栏中单击【添加】按钮 添加... ，最后选择【亮度和对比度】并单击【确定】按钮，如图 9-146 所示。

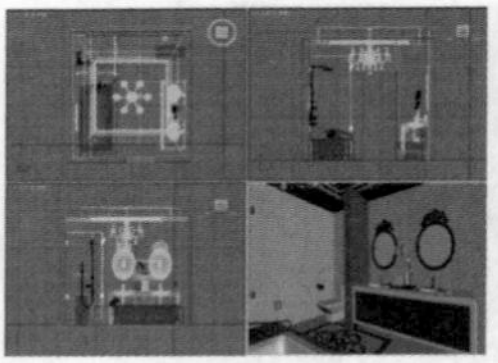

图9-145

图9-146

步骤 03 展开【亮度和对比度参数】卷展栏，设置【亮度】为 0.5，【对比度】为 0.5，如图 9-147 所示。

步骤 04 此时按 F9 键渲染，效果如图 9-148 所示。

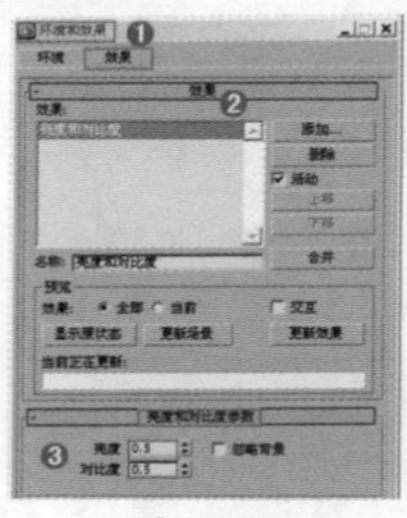

图9-147　　图9-148

步骤 05 展开【亮度和对比度参数】卷展栏，设置【亮度】为 0.65，【对比度】为 0.62，如图 9-149 所示。此时按 F9 键渲染，效果如图 9-150 所示。

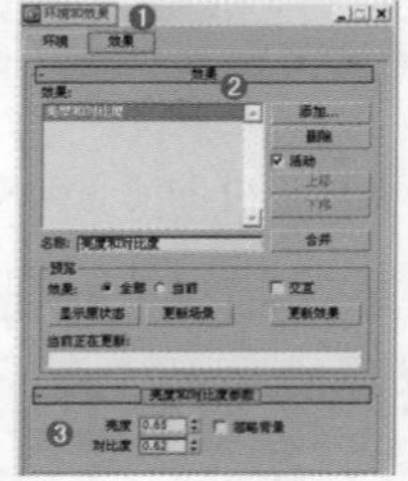

图9-149　　图9-150

步骤 06 将渲染图像合成后对比效果如图 9-151 所示。

图9-151

> **技巧与提示**
>
> 通过图 9-151 可以观察到，调整亮度和对比度后，渲染出来的图像的亮度和对比度都提高了。因此可以直接使用 3ds Max 就可以对最终渲染图像的亮度和对比度进行调整，无须使用 Photoshop 软件进行处理。

9.2.4 色彩平衡

使用【色彩平衡】效果可以通过调节红、绿、蓝 3 个通道来改变场景或图像的色调，其参数设置面板如图 9-152 所示。

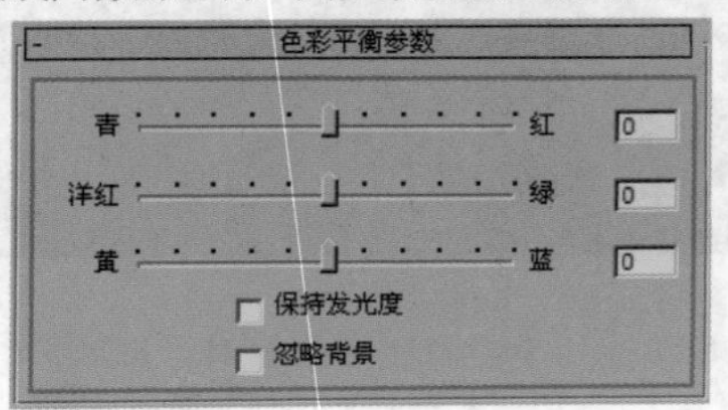

图9-152

- 青 / 红：调整青 / 红通道。
- 洋红 / 绿：调整洋红 / 绿通道。
- 黄 / 蓝：调整黄 / 蓝通道。
- 保持发光度：选中该复选框，在修正颜色的同时将保留图像的发光度。
- 忽略背景：选中该复选框，可以在修正图像时不影响背景。

重点 小实例：利用色彩平衡效果调整场景的色调

场景文件	14.max
案例文件	小实例：利用色彩平衡效果调整场景的色调 .max
视频教学	DVD/ 多媒体教学 /Chapter09/ 小实例：利用色彩平衡效果调整场景的色调 .flv
难易指数	★★★☆☆
技术掌握	掌握色彩平衡效果功能

实例介绍

本例是雨天场景，主要讲解使用色彩平衡效果模拟各种色调的场景感觉，最终效果如图 9-153 所示。

图9-153

操作步骤

步骤01 打开本书配套光盘中的【场景文件/Chapter09/14.max】文件，如图9-154所示。

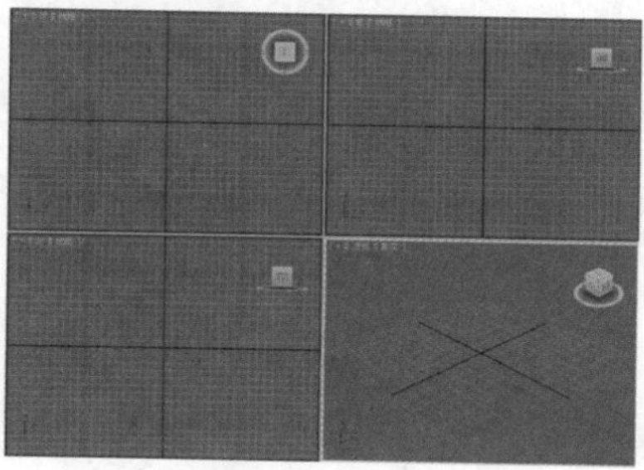

图9-154

技巧与提示

打开场景文件，发现场景中什么也没有，此时按8键，打开【环境和效果】对话框，可以看到在【环境贴图】通道中已经添加了【素材.jpg】文件，如图9-155所示。

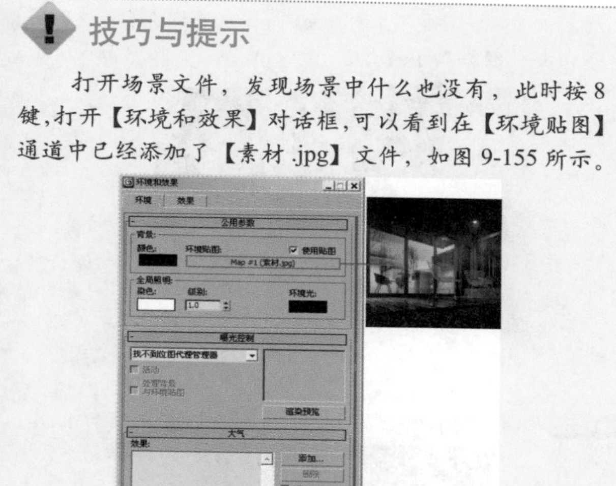

图9-155

步骤02 此时按F9键渲染，效果如图9-156所示。

图9-156

步骤03 按8键打开【环境和效果】对话框，然后选择【效果】选项卡，并单击【添加】按钮 添加... ，接着选择【色彩平衡】选项，最后单击【确定】按钮，如图9-157所示。

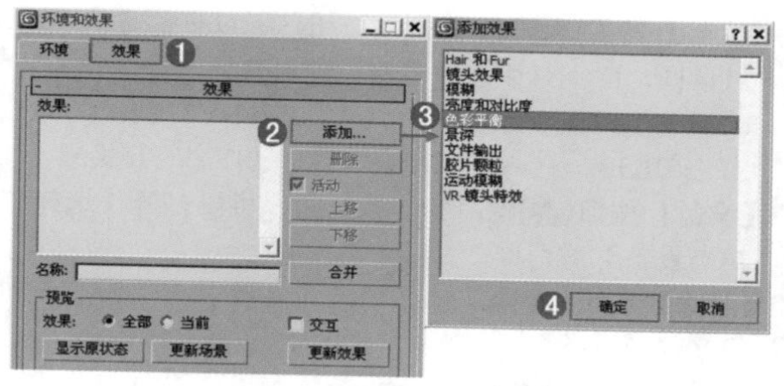

图9-157

步骤04 接着设置【色彩平衡参数】卷展栏下的【青】为–30，如图9-158所示。按F9键渲染，查看此时的效果，如图9-159所示。

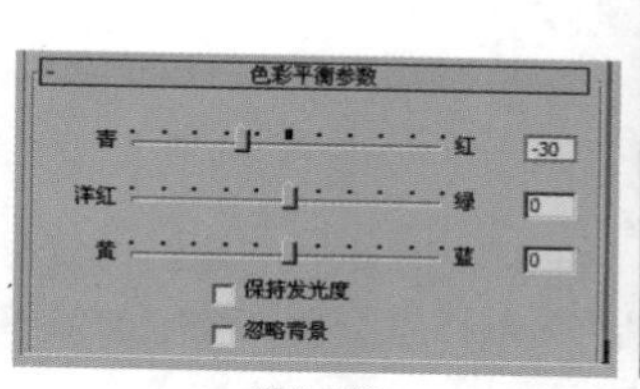

图9-158

图9-159

步骤05 设置【色彩平衡参数】卷展栏下的【洋红】为–10，【蓝】为15，如图9-160所示。按F9键渲染，查看此时的效果，如图9-161所示。

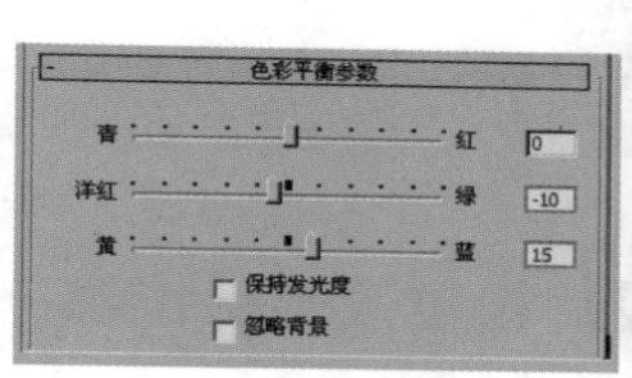

图9-160

图9-161

9.2.5 文件输出

使用【文件输出】效果可以输出所选格式的图像，在应用其他效果前，将当前中间时段的渲染效果以指定的文件格式进行输出，类似于渲染中途的一个快照。该功能和直接渲染出的文件输出功能是一样的，支持相同类型的文件格式，其参数设置面板如图9-162所示。

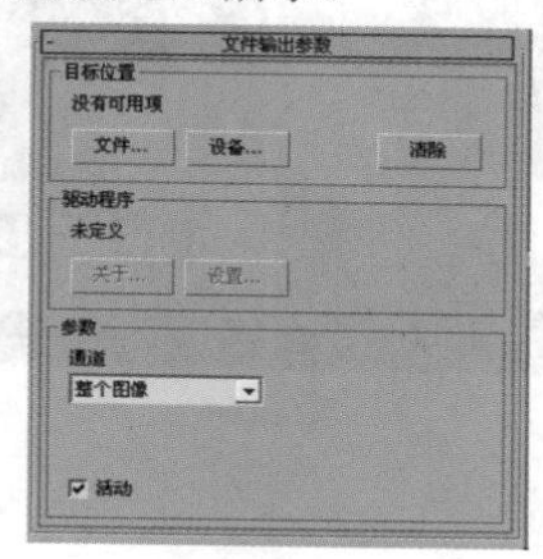

图9-162

- 【文件】按钮 文件... ：单击该按钮，可以打开【保存图像】对话框，在该对话框中可将渲染出来的图像保存为AVI、BMP、EPS、PS、JPG、CIN、MOV、PNG、RLA、RPF、RGB、TGA、VDA、ICB、UST和TIF格式。
- 【设备】按钮 设备... ：单击该按钮，可以打开【选择图像输出设备】对话框。
- 【清除】按钮 清除 ：单击该按钮，可以清除所选择的任何文件或设备。
- 【关于】按钮 关于... ：单击该按钮，可以显示出图像的相关信息。
- 【设置】按钮 设置... ：单击该按钮，可以在弹出的对话框中调整图像的质量、文件大小和平滑度。
- 通道：选择要保存或发送回【渲染效果】堆栈的通道。
- 活动：控制是否启用【文件输出】功能。

9.2.6 胶片颗粒

【胶片颗粒】效果主要用于在渲染场景中重新创建胶片颗粒效果，同时还可以作为背景的源材质与在软件中创建的渲染场景相匹配，其参数设置面板如图9-163所示。

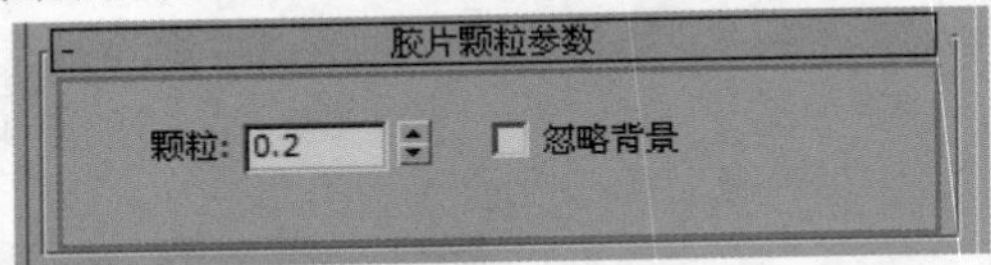

图9-163

- 颗粒：设置添加到图像中的颗粒数，取值范围为0~1。
- 忽略背景：屏蔽背景，使颗粒仅应用于场景中的几何体对象。

重点 小实例：利用胶片颗粒效果制作颗粒特效

场景文件	15.max
案例文件	小实例：利用胶片颗粒效果制作颗粒特效.max
视频教学	DVD/多媒体教学/Chapter09/小实例：利用胶片颗粒效果制作颗粒特效.flv
难易指数	★★★☆☆
技术掌握	掌握胶片颗粒效果功能

实例介绍

本例是休闲室一角场景，主要讲解使用胶片颗粒效果模拟复古的感觉，最终效果如图9-164所示。

图9-164

操作步骤

步骤01 打开本书配套光盘中的【场景文件/Chapter09/15.max】文件，如图9-165所示。

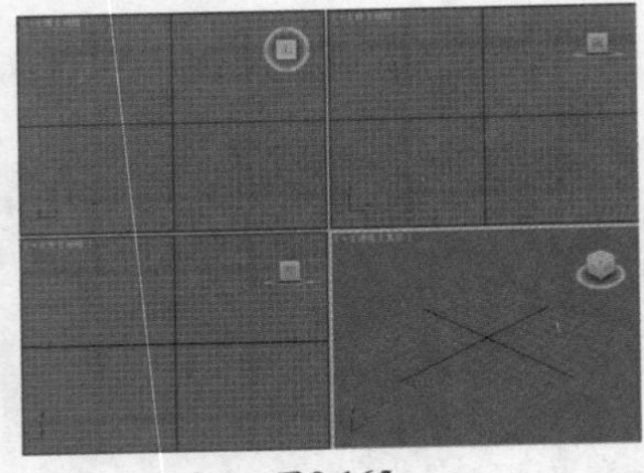

图9-165

> **技巧与提示**
>
> 打开场景文件，发现场景中什么也没有，此时按8键打开【环境和效果】控制面板，可以看到在【环境贴图】通道中已经添加了【背景.jpg】文件，如图9-166所示。
>
> 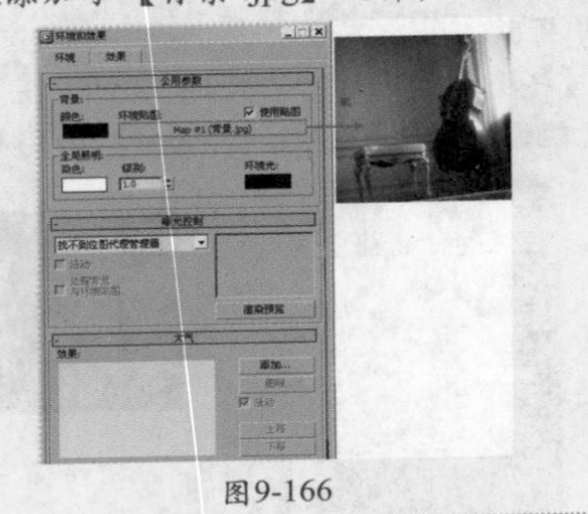
>
> 图9-166

步骤02 按F9键渲染查看此时的效果，如图9-167所示。

图9-167

步骤03 按8键打开【环境和效果】对话框，然后选择【效果】选项卡并单击【添加】按钮 添加... ，接着单击【胶片颗粒】效果，最后单击【确定】按钮，如图9-168所示。

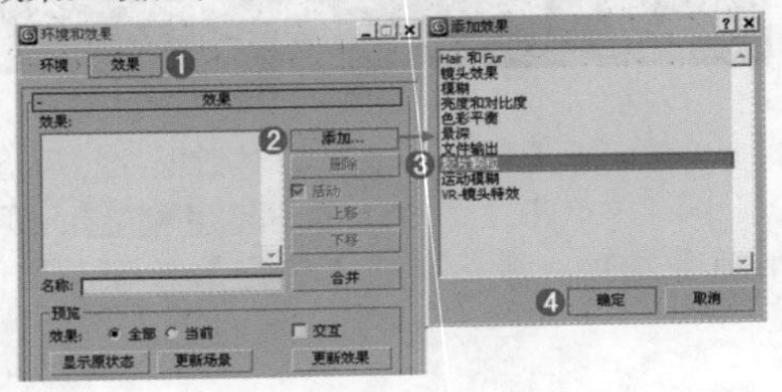

图9-168

步骤 04 在【胶片颗粒参数】卷层栏下设置【颗粒】为 0.5，按 F9 键渲染，查看此时的效果，如图 9-169 所示。

步骤 05 接着设置【颗粒】为 1.5，按 F9 键渲染，查看此时的效果，如图 9-170 所示。

图9-169

图9-170

9.2.7 VRay镜头效果

VRay 镜头效果可以模拟带有光芒或眩光的特殊效果，其参数面板如图 9-171 所示。

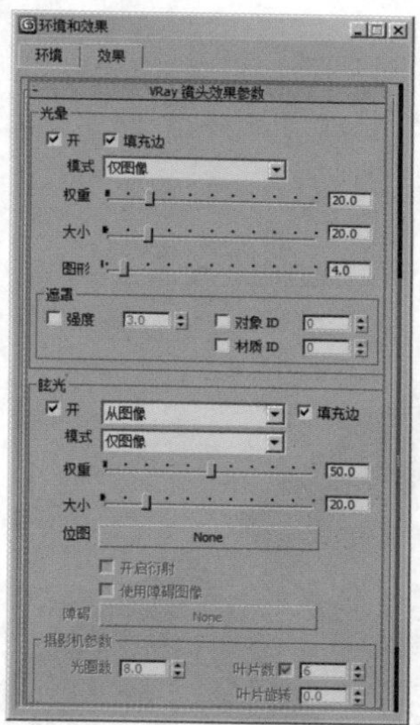

图9-171

- **开**：该选项可以控制是否开启【光芒】或【眩光】。
- **填充边**：该选项可以控制在渲染时，是否渲染出填充边的效果。
- **模式**：模式包括仅图像、图像及渲染元素、仅渲染元素三种。
- **权重**：该数值控制【光芒】或【眩光】的程度。
- **大小**：该数值控制特效的尺寸大小。
- **图形**：该数值控制特效的形状。
- **强度**：该选项控制遮罩的强度。
- **对象 / 材质 ID**：该参数控制对象 / 材质的 ID。
- **位图**：单击该按钮，可以添加位图贴图。
- **开启衍射**：选中该复选框即可开启衍射效果。
- **使用障碍图像**：选中该复选框即可开启阴光图像效果。
- **障碍**：该选项可以添加阻光的贴图。
- **光圈数**：该选项用来控制相机光圈数值。
- **叶片数**：该选项用来控制相机叶片数数值。
- **叶片旋转**：该选项用来控制相机叶片旋转数值。

如图 9-172 所示为使用 VRay 镜头效果和不使用 VRay 镜头效果的对比效果。

图9-172

Chapter 10

第10章

视频后期处理

视频后期处理是3ds Max 2014一个非常有趣的功能，可以模拟制作出后期处理的效果，比如制作镜头光斑、镜头光晕等。

本章学习要点：

- 视频后期处理的基本参数
- 使用视频后期处理制作效果

视频后期处理是 3ds Max 2014 一个非常有趣的功能，可以模拟制作出后期处理的效果，比如制作镜头光斑、镜头光晕等，如图 10-1 所示。

图10-1

在 3ds Max 中执行【渲染】|【视频后期处理】命令，可以打开【视频后期处理】对话框，如图 10-2 所示。可合并（合成）并渲染输出不同类型事件，包括当前场景、位图图像和图像处理功能等，如图 10-3 所示。

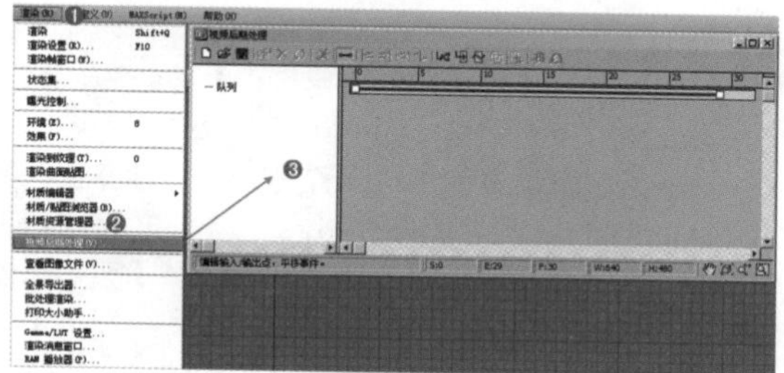

图10-2

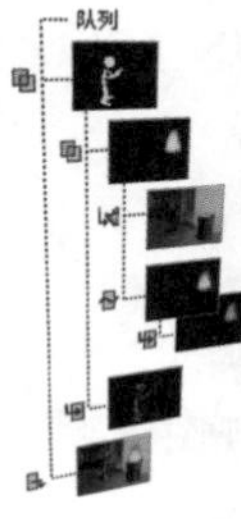

图10-3

10.1 视频后期处理队列

【视频后期处理】队列提供要合成的图像、场景和事件的层级列表。

【视频后期处理】对话框中的【视频后期处理】队列类似于【轨迹视图】和【材质编辑器】中的其他层级列表。在【视频后期处理】中，列表项为图像、场景、动画或一起构成队列的外部过程，这些队列中的项目被称为事件。

事件在队列中出现的顺序（从上到下）是执行它们时的顺序。因此，要正确合成一个图像，背景位图必须显示在覆盖它的图像之前或之上。

队列中始终至少有一项（标为【队列】的占位符），它是队列的父事件。

队列可以是线性的，但是某些类型的事件（例如【图像层】）会合并其他事件并成为其父事件，如图 10-4 所示。

图10-4

10.2 视频后期处理状态栏/视图控件

【视频后期处理】状态栏包含提供提示和状态信息的区域，以及用于控制事件轨迹区域中轨迹显示的按钮，如图 10-5 所示。

- 提示行 编辑输入/输出点，平移事件。：显示使用当前选定功能的指令。
- 状态（开始、结束、帧、宽度、高度） S:0 E:201 F:202 W:720 H:486 ：显示当前事件的【开始】帧和【结束】帧、帧总数以及整个队列的输出分辨率。
- 开始 / 结束：显示选定轨迹的开始和结束帧。如果没有选择任何轨迹，则显示整个队列的开始和结束帧。
- F ：显示选定轨迹中或整个对列的帧总数。

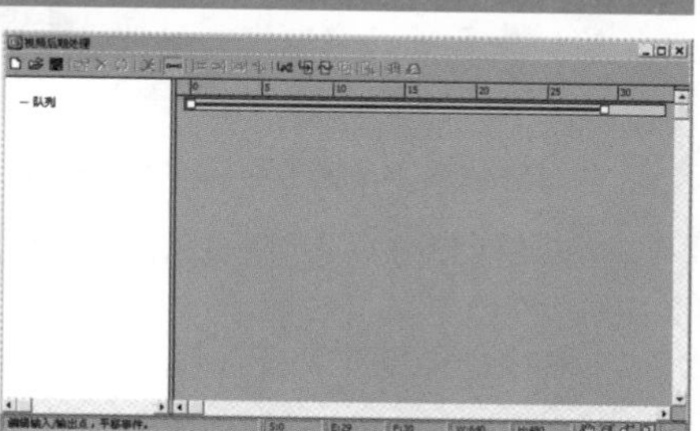

图10-5

- 宽度 / 高度：显示队列中所有事件渲染形成的图像的宽度和高度。
- 【平移】按钮：用于在事件轨迹区域中水平拖动以将视图从左移至右。
- 【最大化显示】按钮：水平调整事件轨迹区域的大小，使最长轨迹栏的所有帧都可见。使用【最大化显示】按钮来快速重置显示，以使用【缩放时间】按钮在放大选择的帧后显示所有帧。
- 【缩放时间】按钮：在事件轨迹区域中显示较多或较少数量的帧，可缩放显示。时间标尺显示当前时间显示单位。在事件轨迹区域中，水平拖动以缩放时间，向右拖动以显示较少帧（放大），向左拖动以显示较多帧（缩小）。
- 【缩放区域】按钮：通过在事件轨迹区域中拖动矩形来放大定义的区域。

10.3 视频后期处理的设置步骤

某些任务要更多地使用【视频后期处理】，本章节讲解了一些将要使用【视频后期处理】进行创建的较为常用的序列。此处以最简单的形式对步骤进行了概述，具体的步骤如下。

1. 使对象产生光晕

（1）在【透视】视口中，创建一个半径大约为 30 的【球体】。

（2）执行【渲染】|【视频后期处理】命令。

（3）单击【添加场景事件】按钮并将视图设为【透视】，单击【确定】按钮以关闭【添加场景事件】对话框。

（4）单击【添加图像过滤器事件】按钮并从【过滤器插件】列表中选择【镜头效果光晕】，单击【确定】按钮以关闭【添加图像过滤器事件】对话框。

（5）单击【添加图像输出事件】按钮，然后单击【文件】按钮。

（6）将输出文件格式设置为【BMP 图像文件】并输入文件名，如 MyGlow，设置名称和格式后，单击【保存】按钮。

（7）单击【确定】按钮以接受【BMP 配置】对话框中的默认设置，然后单击【确定】按钮以关闭【添加图像输出事件】对话框。

（8）右击该球体，以显示【四元菜单】并选择【属性】。

（9）将【G 缓冲区】组中的【对象通道】设置为 1 并单击【确定】按钮。

（10）单击【执行序列】按钮。

（11）单击【视频后期处理】对话框中的【渲染】按钮，会在渲染窗口中看见一个发出光晕的球体，如图 10-6 所示。

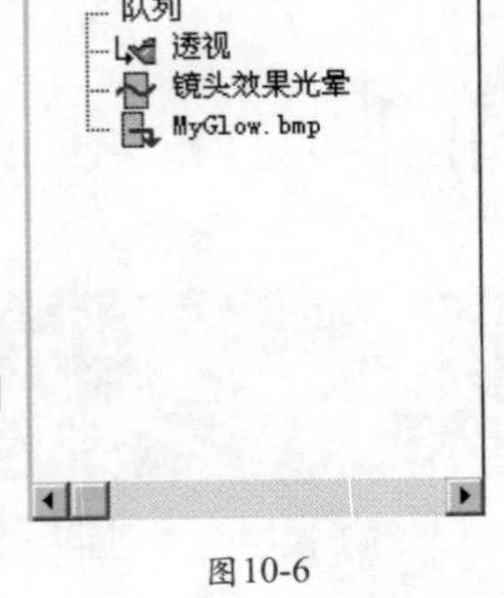

图10-6

2. 从一系列静态图像创建动画

（1）使用【IFL 管理器】工具创建 IFL 文件，该文件包含要处理的连续编号的图像文件。

（2）执行【渲染】|【视频后期处理】命令。

（3）单击【添加图像输入事件】按钮，然后单击【文件】按钮。选择在步骤（1）中创建的 IFL 文件，然后单击【打开】按钮以关闭【选择】对话框。

（4）单击【确定】按钮以关闭【添加输入图像事件】对话框。

（5）单击【添加图像输出事件】按钮，然后选择【文件】。

（6）将输出文件格式设置为 AVI 文件并输入文件名，如 MyAnimation。设置名称和格式后，单击【保存】按钮。

（7）从【视频压缩】对话框中选择【编解码器】并单击【确定】按钮。然后单击【确定】按钮以关闭【添加图像输出事件】对话框。

（8）单击【执行序列】按钮。

（9）单击【视频后期处理】对话框中的【渲染】按钮，最终结果将生成动画，如图 10-7 所示。

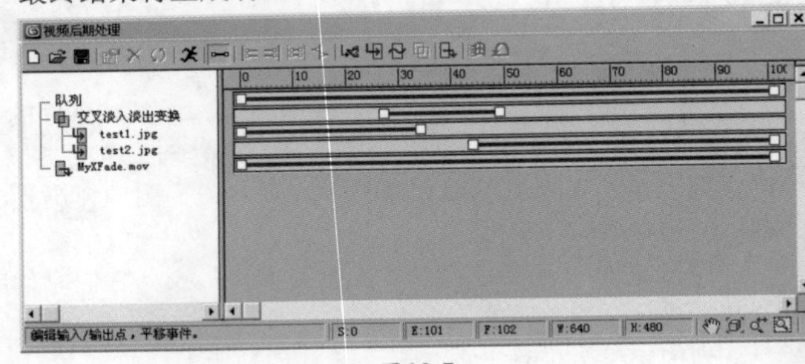

图10-7

3. 使用星空渲染场景

（1）在顶视口中，创建一个半径大约为 30 的球体和一台目标摄影机，将摄影机放置在一侧并使其指向球体的中心。

（2）在透视视口中右击并按 C 键来将该视口显示更改为 Camera01。

（3）执行【渲染】|【视频后期处理】命令。

（4）单击【添加场景事件】按钮，确保视图设置到 Camera01。

（5）单击【确定】按钮以关闭【添加场景事件】对话框，单击【添加图像过滤器事件】按钮，从【过滤器插件】列表中选取【星空】。

（6）单击【设置】按钮以打开【星星控制】对话框，确保【源摄影机】（顶部位置）设置为 Camera01，然后单击

【确定】按钮。

(7) 单击【确定】按钮以关闭【添加图像过滤器事件】对话框。

(8) 单击【添加图像输出事件】按钮，然后单击【文件】按钮。

(9) 将输出文件格式设置为【BMP 图像文件】并输入文件名，如 MyStarfield。设置名称和格式后，单击【保存】按钮。

(10) 单击【确定】按钮以接受【BMP 配置】对话框中的默认设置，然后单击【确定】以关闭【添加图像输出事件】对话框。

(11) 单击【执行序列】按钮。

(12) 将时间输出设置为【单帧】并单击【视频后期处理】对话框中的【渲染】按钮，最终结果是球体渲染图像位于星空背景下，如图 10-8 所示。

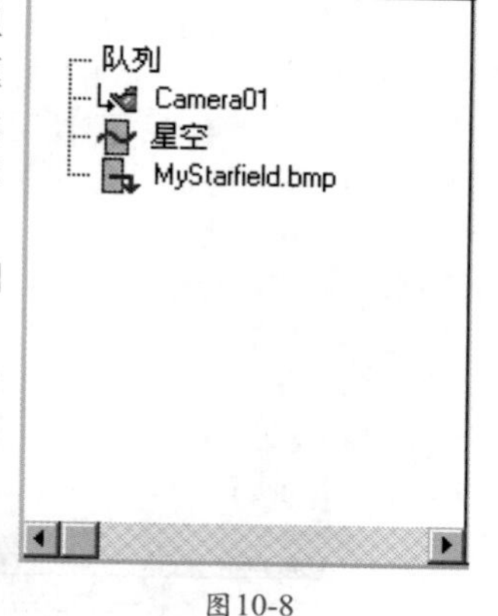

图10-8

4. 在两个图像间设置简单的交叉淡入淡出

(1) 执行【渲染】|【视频后期处理】命令。

(2) 单击【添加图像输入事件】按钮，然后单击【文件】按钮，选择第 1 个图像并单击【打开】按钮，单击【确定】按钮以关闭【添加图像输入事件】对话框。

(3) 再次单击【添加图像输入事件】按钮，然后单击【文件】按钮，选择第 2 个图像并单击【打开】按钮，然后单击【确定】按钮，关闭【添加图像输入事件】对话框。

(4) 单击【添加图像输出事件】按钮，然后单击【文件】按钮。

(5) 将输出文件格式设置为【MOV 文件】并输入文件名，如 MyXFade。设置名称和格式后，单击【保存】按钮。

(6) 单击【确定】按钮以接受【压缩设置】对话框中的默认设置，然后单击【确定】按钮以关闭【添加图像输出事件】对话框。

(7) 选择第 1 个【图像输入事件】，然后按住 Ctrl 键的同时选择第 2 个【图像输入事件】，两个事件均高亮显示为金色。

(8) 单击【添加图像层事件】按钮，从【合成器和变换】列表中选取【交叉淡入淡出变换】，单击【确定】按钮以关闭【添加图像层事件】对话框。注意【图像层事件】是如何成为两个【图像输入事件】的父级的。

(9) 单击【最大化显示】按钮以查看整套轨迹。

(10) 在【队列】轨迹栏中，单击并拖动范围栏的右端至帧 20，调整所有的轨迹。

(11) 选择【交叉淡入淡出变换】事件并拖动范围栏的左端至帧 5，然后拖动范围栏的右端至帧 15，设置了交叉淡入淡出出现的时间范围。

(12) 选择第 1 个【图像输入事件】的轨迹并拖动范围栏的右端至帧 8。

通过将终点设置到帧 8 而非帧 5，在第 1 个图像淡出为黑色的期间将有 3 个帧。

(13) 选择第 2 个【图像输入事件】的轨迹并拖动范围栏的左端至帧 12。

同样，设置这一端至帧 12 可确保第 2 个图像在 3 个帧上淡入，并在该变换的最后 5 个帧上以全色显示。

(14) 单击【执行序列】按钮。

(15) 单击【视频后期处理】对话框中的【渲染】按钮，如图 10-9 所示。

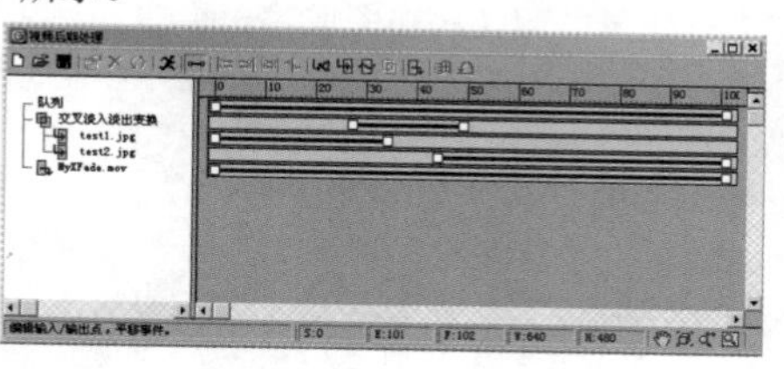

图10-9

5. 调整一系列图像的大小

(1) 使用【IFL 管理器】工具来创建 IFL 文件，该文件包含要调整大小的连续编号的图像文件。

(2) 执行【渲染】|【视频后期处理】命令。

(3) 单击【添加图像输入事件】按钮，然后单击【文件】按钮，选择在步骤 (1) 中创建的 IFL 文件，然后单击【打开】按钮以关闭【选择】对话框。

(4) 单击【确定】按钮以关闭【添加输入图像事件】对话框。

(5) 单击【添加图像输出事件】按钮，然后单击【文件】按钮。

(6) 将新静态图像集的输出文件格式设置为 TGA，并输入文件名，如 MyResize.tga。设置名称和格式后，单击【保存】按钮。

(7) 单击【确定】按钮以接受【Targa 图像控制】对话框中的默认设置，然后单击【确定】按钮以关闭【添加图像输出事件】对话框。

(8) 单击【执行序列】按钮。

(9) 在【视频后期处理】对话框中，设置希望用于图像的新输出分辨率，然后单击【渲染】按钮，如图 10-10 所示。

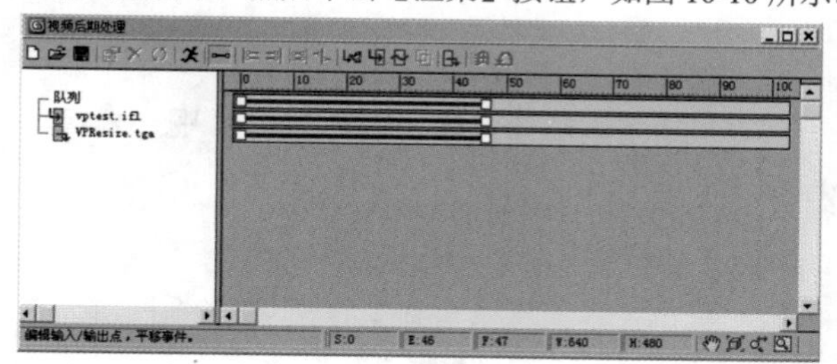

图10-10

6. 合成两个图像序列

（1）使用【IFL 管理器】工具为要合成的每个图像序列集创建一个 IFL 文件。

（2）执行【渲染】|【视频后期处理】命令。

（3）单击【添加图像输入事件】按钮，然后单击【文件】按钮。

（4）选择第 1 个 IFL 文件并单击【打开】按钮，然后单击【确定】按钮以关闭【添加图像输入事件】对话框。

（5）再次单击【添加图像输入事件】按钮，然后单击【文件】按钮。

（6）选择第 2 个 IFL 文件并单击【打开】按钮，然后单击【确定】按钮以关闭【添加图像输入事件】对话框。

（7）单击【添加图像输出事件】按钮，然后单击【文件】按钮。

（8）将输出文件格式设置为 MOV 文件并输入文件名，如 MyComposite。设置名称和格式后，单击【保存】按钮。

（9）单击【确定】按钮以接受【压缩设置】对话框中的默认设置，然后单击【确定】按钮以关闭【添加图像输出事件】对话框。

（10）选择第 1 个【图像输入事件】，然后按住 Ctrl 键的同时选择第 2 个【图像输入事件】。两个事件均高亮显示为金色。

（11）单击【添加图像层事件】按钮，并从【合成器和变换】列表中选取 Alpha 合成器，单击【确定】按钮以关闭【添加图像层事件】对话框。注意【图像层事件】是如何成为两个【图像输入事件】的父级的。

（12）单击【执行序列】按钮。

（13）单击【视频后期处理】对话框中的【渲染】按钮，如图 10-11 所示。

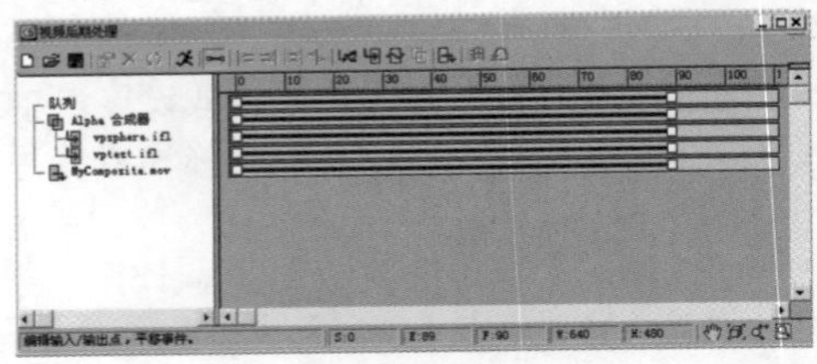

图10-11

7. 在图像序列或动画上渲染场景

（1）使用【IFL 管理器】工具为要用作当前场景背景的图像集创建一个 IFL 文件。

（2）执行【渲染】|【视频后期处理】命令。

（3）单击【添加图像输入事件】按钮，然后单击【文件】按钮。

（4）选择 IFL 文件或动画并单击【打开】按钮，然后单击【确定】按钮以关闭【添加图像输入事件】对话框。

（5）单击【添加场景事件】按钮并将视图设置为【透视】或场景中的【摄影机】。

（6）单击【确定】按钮以关闭【添加场景事件】对话框。

（7）单击【添加图像输出事件】按钮，然后单击【文件】按钮。

（8）将输出文件格式设置为【AVI 文件】并输入文件名，如 MyScene。设置名称和格式后，单击【保存】按钮。

（9）从【视频压缩】对话框中选择编解码器并单击【确定】按钮，然后单击【确定】按钮以关闭【添加图像输出事件】对话框。

（10）选择第 1 个【图像输入事件】，然后按住 Ctrl 键的同时选择第 2 个【场景事件】。两个事件均高亮显示为金色。

（11）单击【添加图像层事件】按钮，并从【合成器和变换】列表中选取伪 Alpha。

（12）单击【确定】按钮以关闭【添加图像层事件】对话框。注意【图像层事件】是如何成为两个【图像输入事件】的父级的。

（13）单击【执行序列】按钮。

（14）单击【视频后期处理】对话框中的【渲染】按钮，如图 10-12 所示。

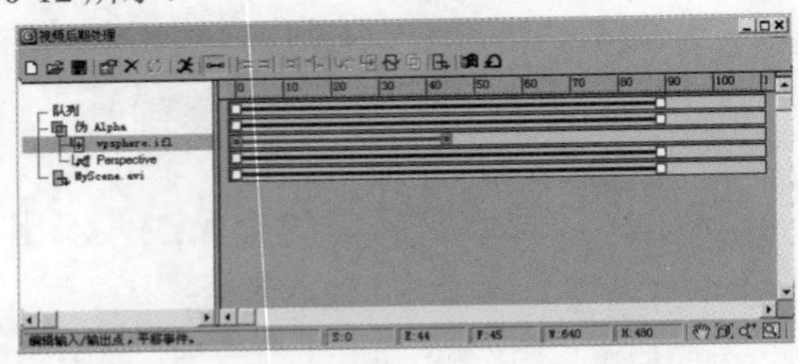

图10-12

（15）在【伪 Alpha】层事件下选择【图像输入事件】。

（16）单击【循环事件】按钮并将次数设置为 4，【图像输入事件】会进一步嵌套在队列中，如果需要，可使用默认的【循环】设置或将其更改为【往复】，然后单击【确定】按钮，关闭【添加循环事件】对话框。

（17）再次单击【执行序列】按钮并渲染场景，如图 10-13 所示。

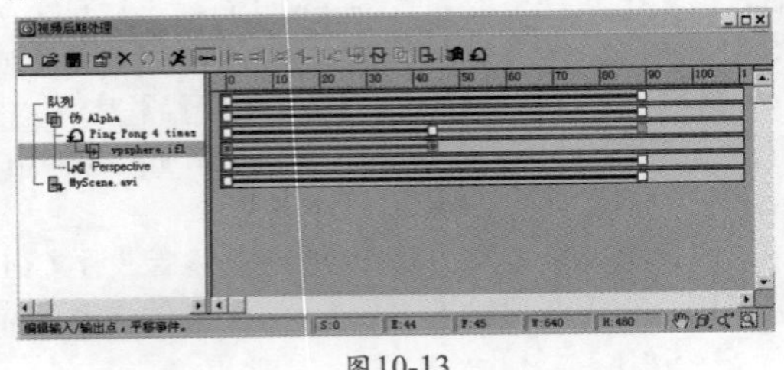

图10-13

8. 连接两个动画（首尾相连）

（1）执行【渲染】|【视频后期处理】命令。

（2）单击【添加图像输入事件】按钮，然后单击【文件】按钮，选择第 1 个动画文件并单击【打开】按钮，然后单击【确定】按钮以关闭【添加图像输入事件】对话框。

（3）再次单击【添加图像输入事件】按钮，然后单击【文件】按钮，选择下一个动画文件并单击【打开】按钮，然后单击【确定】按钮以关闭【添加图像输入事件】对话框。

（4）对需要连接的所有其他动画重复步骤（3）。

（5）单击【添加图像输出事件】按钮，然后单击【文件】按钮。

（6）将输出文件格式设置为【MOV 文件】并输入文件名，如 MyFinal。设置名称和格式后，单击【保存】按钮。

（7）单击【确定】按钮以接受【压缩设置】对话框中的默认设置，然后单击【确定】按钮以关闭【添加图像输出事件】对话框。

（8）选择第 1 个【图像输入事件】，然后按住 Ctrl 键的同时选择第 2 个【图像输入事件】。两个事件均高亮显示为金色。

（9）单击【关于选定项】按钮。

（10）对随后的【图像输入事件】重复步骤（8）和步骤（9）。

（11）单击【最大化显示】按钮以查看整套轨迹。

（12）选择【图像输出事件】并拖动范围栏的右端以匹配队列中的总帧数。

（13）单击【执行序列】按钮。

（14）单击【视频后期处理】对话框中的【渲染】按钮，如图 10-14 所示。

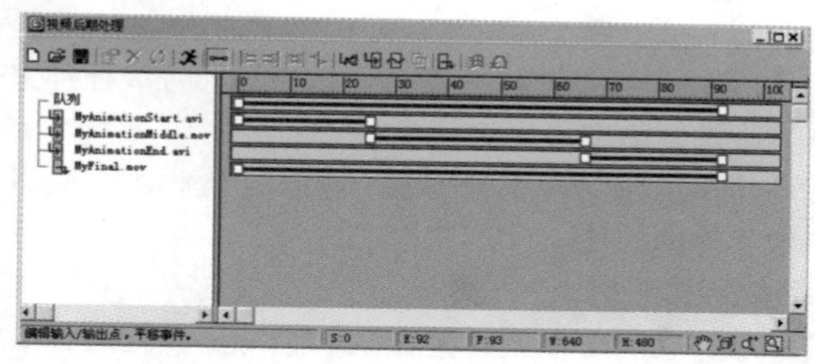

图10-14

9. 在视图间切换

（1）在透视视口中，创建一个长为 15，宽为 30，高为 15 的长方体。

（2）在顶视口中，创建两个从不同角度指向该长方体的目标摄影机。

（3）单击或右键单击左视口中的观察点（POV）视口标签。从【POV 视口标签】菜单中，执行【视图】|【Camera01】命令。

（4）单击或右键单击透视视口中的（POV）视口标签。从【POV 视口标签】菜单中，执行【视图】|【Camera02】命令。

（5）执行【渲染】|【视频后期处理】命令。

（6）单击【添加场景事件】按钮，并将视图设置为【Camera01】。单击【确定】按钮以关闭【添加场景事件】对话框。

（7）再次单击【添加场景事件】按钮，并将视图设置为【Camera02】。单击【确定】按钮以关闭【添加场景事件】对话框。

（8）选择第 1 个【场景事件】，然后按住 Ctrl 键的同时选择第 2 个【场景事件】。两个事件均高亮显示为金色。

（9）单击【关于选定项】按钮。

（10）单击队列的空白部分以取消选择这两个【场景事件】。

（11）单击【添加图像输出事件】按钮，然后单击【文件】按钮。

（12）将输出文件格式设置为【MOV 文件】并输入文件名，如 MyViews。设置名称和格式后，单击【保存】按钮。

（13）单击【确定】按钮以接受【压缩设置】对话框中的默认设置，然后单击【确定】按钮以关闭【添加图像输出事件】对话框。

（14）单击【执行序列】按钮。

（15）单击【视频后期处理】对话框中的【渲染】按钮，如图 10-15 所示。

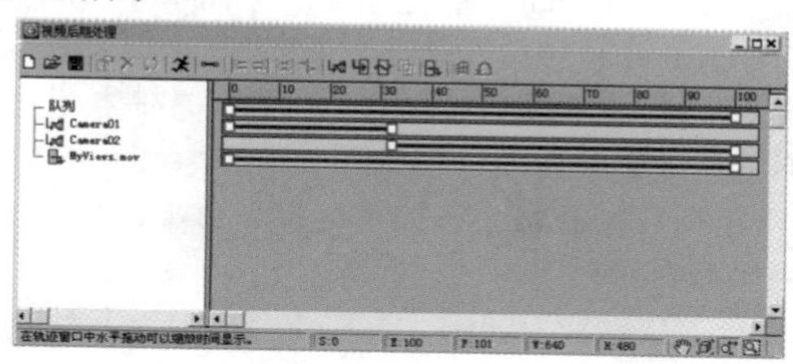

图10-15

10. 反转渲染场景

（1）执行【渲染】|【视频后期处理】命令。

（2）单击【添加场景事件】按钮，并将视图设置为【透视】或场景中的摄影机。

（3）在【场景范围】组中，禁用【锁定到视频后期处理范围】并将【场景开始】值设置为动画的最后一个帧。

（4）禁用【锁定范围栏到场景范围】并将【场景结束】值设置为 0，如图 10-16 所示。

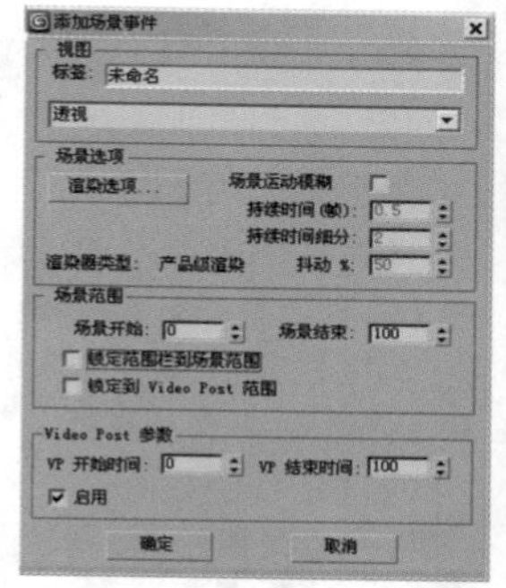

图10-16

（5）单击【确定】按钮以关闭【添加输入图像事件】对话框。

（6）单击【添加图像输出事件】按钮，然后单击【文件】按钮。

（7）将输出文件格式设置为【AVI 文件】并输入文件名，如 MyReverse。设置名称和格式后，单击【保存】按钮。

（8）从【视频压缩】对话框中选择编解码器并单击【确定】按钮，然后单击【确定】按钮以关闭【添加图像输出事件】对话框。

（9）单击【执行序列】按钮。

（10）单击【视频后期处理】对话框中的【渲染】按钮，如图 10-17 所示。

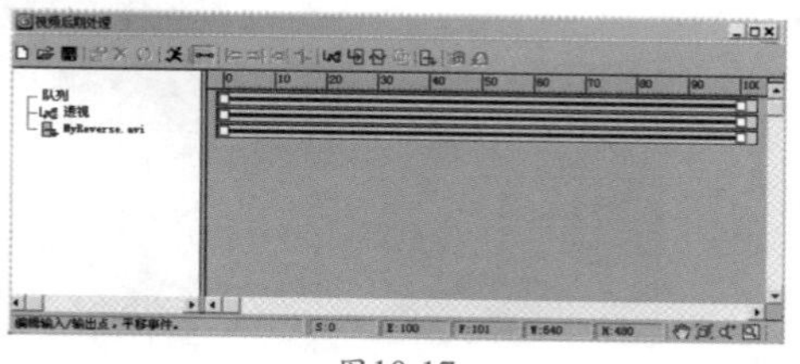

图10-17

10.4 视频后期处理工具栏

【视频后期处理】工具栏中包含的工具主要用于处理【视频后期处理】文件（VPX 文件）、管理显示在【视频后期处理】队列和事件轨迹区域中的单个事件，如图 10-18 所示。

图10-18

- 【新建序列】按钮：通过清除队列中的现有事件，该按钮可创建新【视频后期处理】序列。
- 【打开序列】按钮：该按钮可打开存储在磁盘上的【视频后期处理】序列。
- 【保存序列】按钮：该按钮可将当前【视频后期处理】序列保存到磁盘。
- 【编辑当前事件】按钮：该按钮会显示一个对话框，用于编辑选定事件的属性，该对话框取决于选定事件的类型。编辑对话框中的控件与您用于添加事件类型的对话框中的控件相同。
- 【删除当前事件】按钮：该按钮会删除【视频后期处理】队列中的选定事件。
- 【交换事件】按钮：该按钮可切换队列中两个选定事件的位置。
- 【执行序列】按钮：执行【视频后期处理】队列作为创建后期制作视频的最后一步。执行与渲染有所不同，因为渲染只用于场景，但使用【视频后期处理】可以合成图像和动画而无须包括当前的 3ds Max 场景。
- 【编辑范围栏】按钮：该按钮为显示在事件轨迹区域的范围栏提供编辑功能。
- 【将选定项靠左对齐】按钮：该按钮向左对齐两个或多个选定范围栏。
- 【将选定项靠右对齐】按钮：该按钮向右对齐两个或多个选定范围栏。
- 【使选定项大小相同】按钮：该按钮使所有选定的事件与当前的事件大小相同。
- 【关于选定项】按钮：该按钮将选定的事件端对端连接，这样，一个事件结束时，下一个事件开始。
- 【添加场景事件】按钮：该按钮将选定摄影机视口中的场景添加至队列。【场景】事件是当前 3ds Max 场景的视图。可选择显示哪个视图，以及如何同步最终视频与场景。
- 【添加图像输入事件】按钮：该按钮将静止或移动的图像添加至场景。图像输入事件将图像放置到队列中，但不同于场景事件，该图像是一个事先保存过的文件或设备生成的图像。
- 【添加图像过滤器事件】按钮：该按钮提供图像和场景的图像处理。以下列出了几种类型的图像过滤器，例如，【底片过滤器】反转图像的颜色，【淡入淡出过滤器】随时间淡入淡出图像。
- 【添加图像层事件】按钮：该按钮添加合成插件来分层队列中选定的图像。
- 【添加图像输出事件】按钮：该按钮提供用于编辑输出图像事件的控件。
- 【添加外部事件】按钮：外部事件通常是执行图像处理的程序。它还可以是希望在队列中特定点处运行的批处理文件或工具，也可以是从 Windows 剪贴板传输图像或将图像传输到 Windows 剪贴板的方法。
- 【添加循环事件】按钮：循环事件导致其他事件随时间在视频输出中重复。它们控制排序，但是不执行图像处理。

10.5 过滤器事件

过滤器事件可提供图像和场景的图像处理。本节主要介绍视频后期处理中可用的过滤器事件。

10.5.1 对比度过滤器

可以使用【对比度过滤器】调整图像的对比度和亮度，其参数面板如图 10-19 所示。

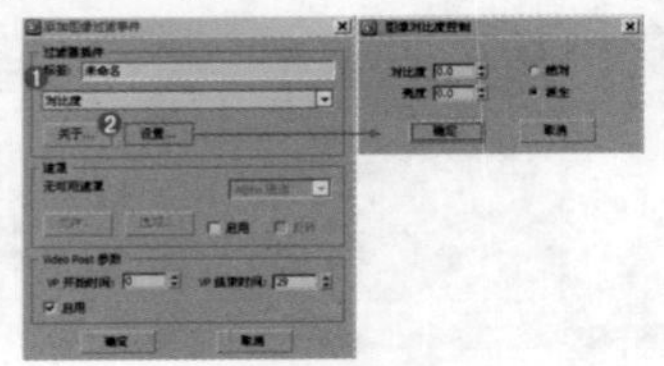

图10-19

- 对比度：将微调器设置范围为 0~1.0，这将通过创建 16 位查找表来压缩或扩展最大黑色度和最大白色度之间的范围，此表用于图像中任一指定灰度值。灰度值的计算取决于选择【绝对】还是【派生】。
- 亮度：将微调器设置范围为 0 ~1.0。这将增加或减少所有颜色分量（红、绿和蓝）。
- 绝对 / 派生：确定【对比度】的灰度值计算。【绝对】使用任一颜色分量的最大值，【派生】使用三种颜色分量的平均值。

10.5.2 衰减图像控制

【衰减图像控制】随时间淡入或淡出图像。淡入淡出的速率取决于淡入淡出过滤器时间范围的长度，其参数面板如图 10-20 所示。

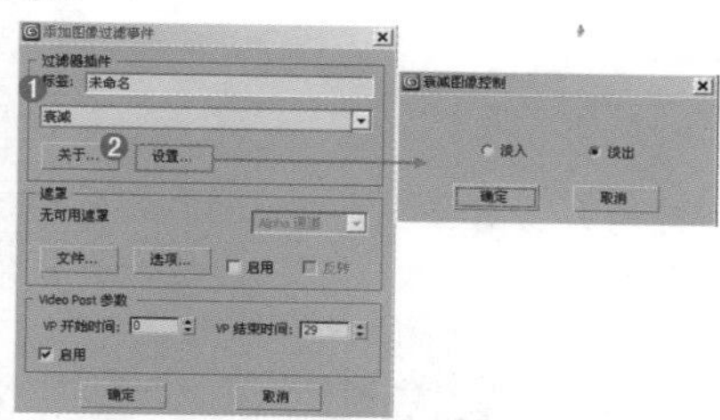

图10-20

- 淡入：向内。
- 淡出：向外。

10.5.3 图像 Alpha 过滤器

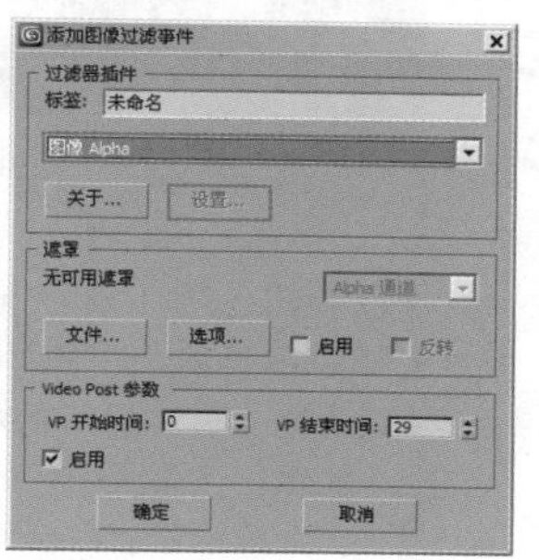

图10-21

【图像 Alpha 过滤器】用过滤遮罩指定的通道替换图像的 Alpha 通道。此过滤器采用【遮罩】（包括 G 缓冲区通道数据）下通道选项中所选定的任一通道，并将其应用到此队列的 Alpha 通道，从而替换此处的内容。如果未选择遮罩，则此过滤器无效。此过滤器没有【设置】选项，如图 10-21 所示。

10.5.4 镜头效果过滤器

【镜头效果过滤器】将具有真实感的摄影机光斑、光晕、微光、闪光以及景深模糊添加到场景中。镜头效果会影响整个场景，场景中的特定对象周围可生成镜头效果。

1. 镜头效果光斑

【镜头效果光斑】对话框用于将镜头光斑效果作为后期处理添加到渲染中。通常在场景中的灯光应用光斑效果，随后对象周围会产生镜头光斑。可以在【镜头效果光斑】对话框中控制镜头光斑的各个方面，其参数面板如图 10-22 所示。

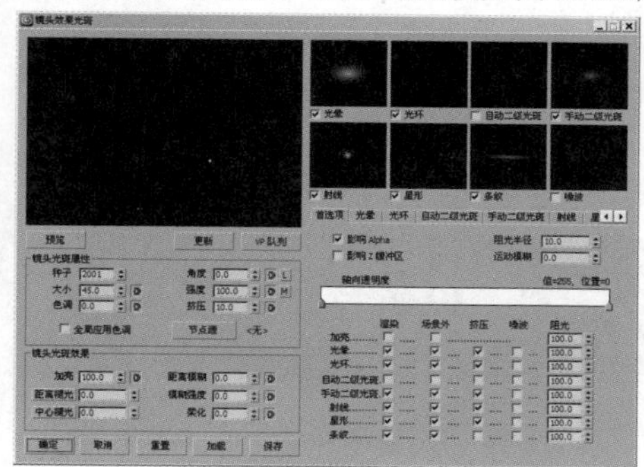

图10-22

技术专题——如何调出【镜头效果光斑】对话框？

首先单击【添加图像过滤事件】按钮，然后在弹出的对话框中设置类型为【镜头效果光斑】，最后单击【设置】按钮，如图 10-23 所示。

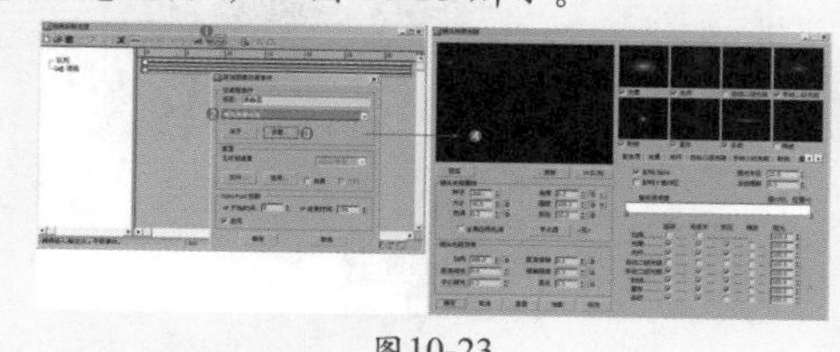

图10-23

2. 镜头效果焦点

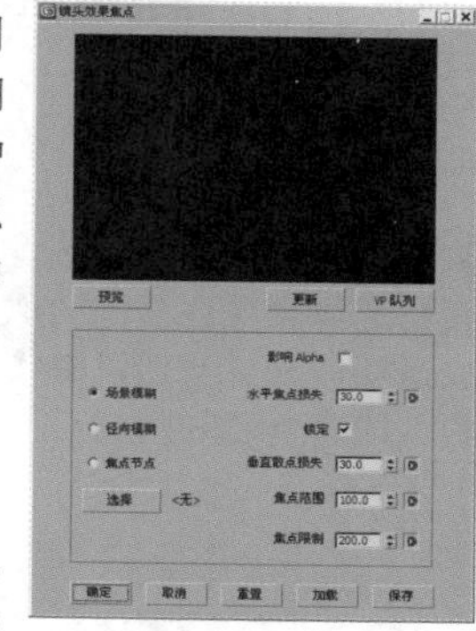

图10-24

【镜头效果焦点】对话框可用于根据对象距摄影机的距离来模糊对象。焦点使用场景中的【Z 缓冲区】信息来创建其模糊效果。可以使用【焦点】创建效果，如焦点中的前景元素和焦点外的背景元素，其参数面板如图 10-24 所示。

3. 镜头效果光晕

【镜头效果光晕】对话框可以用在任何指定的对象周围添加有光晕的光环。例如，对于爆炸粒子系统，给粒子添加光晕，使它们看起来更明亮且更热。【镜头效果光晕】模块为多线程，可以利用多重处理的机器，其参数面板如图 10-25 所示。

4. 镜头效果高光

使用【镜头效果高光】对话框可以指定明亮的、星形的高光，将其应用在具有发光材质的对象上。例如，在明亮的阳光下一辆闪闪发光的红色汽车可能会显示出高光，其参数面板如图 10-26 所示。

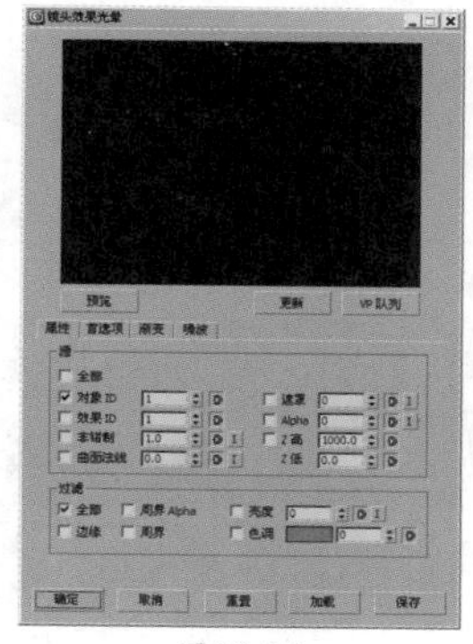

图10-25

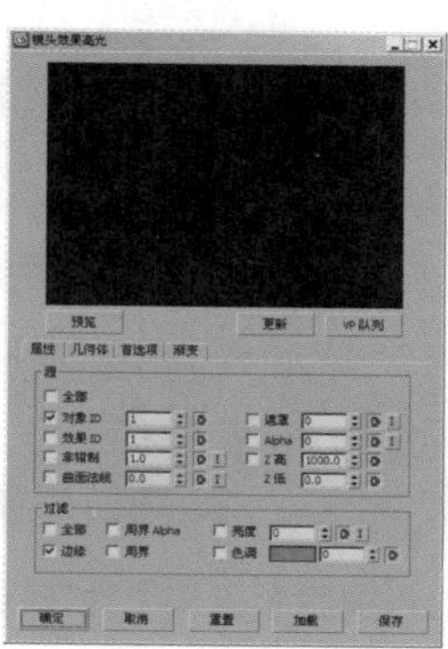

图10-26

10.5.5 底片过滤器

【底片过滤器】反转图像的颜色，使其反转为类似彩色照片底片，其参数面板如图 10-27 所示。

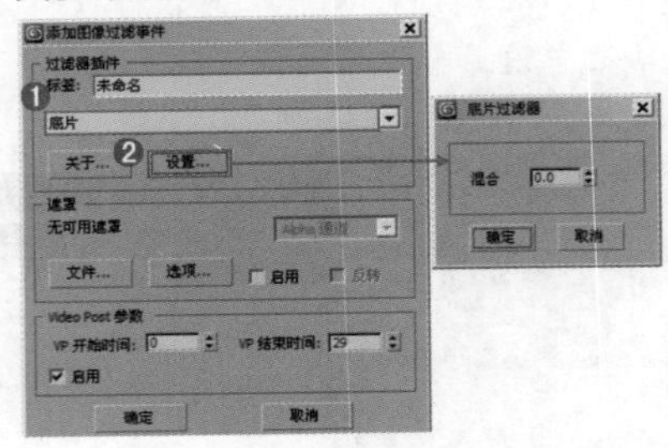

图10-27

混合：设置出现的混合量。

10.5.6 伪 Alpha 过滤器

【伪 Alpha 过滤器】根据图像的第 1 个像素（位于左上角的像素）创建一个 Alpha 图像通道。所有与此像素颜色相同的像素都会变成透明。此过滤器没有【设置】选项，如图 10-28 所示。

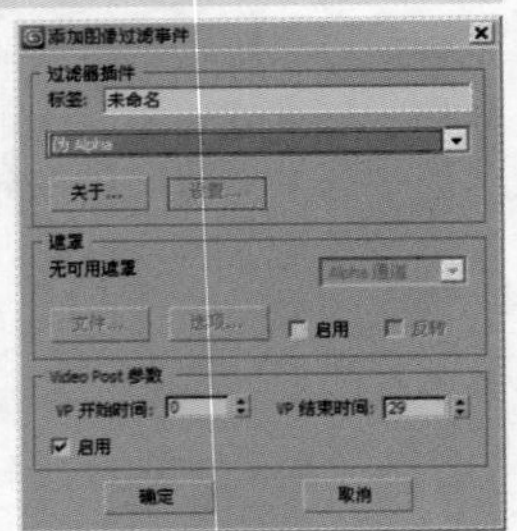

图10-28

10.5.7 简单擦除过滤器

【简单擦除过滤器】使用擦拭变换显示或擦除前景图像。不同于擦拭层合成器，【简单擦除过滤器】会擦拭固定的图像，其参数面板如图 10-29 所示。

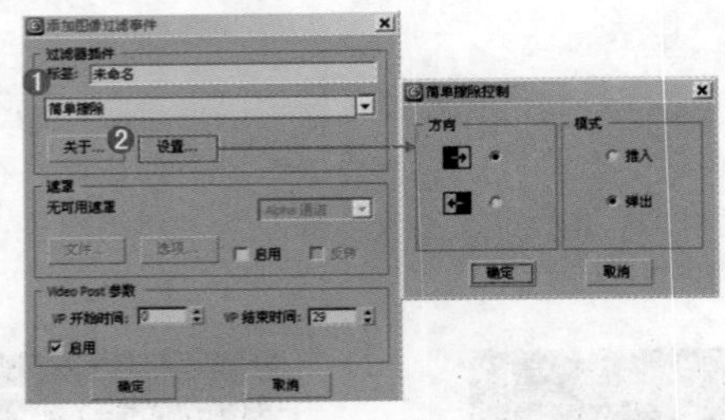

图10-29

- 右向箭头：从左向右擦拭。
- 左向箭头：从右向左擦拭。
- 推入：显示图像。
- 弹出：擦除图像。

10.5.8 星空过滤器

【星空过滤器】使用可选运动模糊生成具有真实感的星空。【星空过滤器】需要摄影机视图，任一运动都是摄影机运动的结果，如图 10-30 所示。

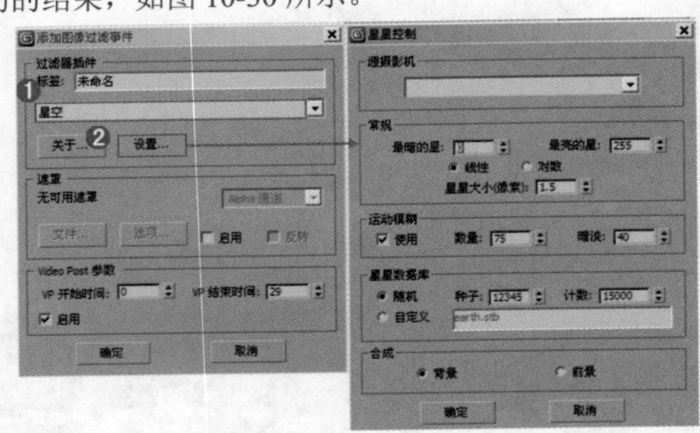

图10-30

- 源摄影机：用于从场景中的摄影机列表中选择摄影机。选择与用于渲染场景的摄影机相同的摄影机。
- 最暗的星：指定最暗的星。范围为 0~255。
- 最亮的星：指定最亮的星。范围为 0~255。
- 线性 / 对数：指定是按线性还是按对数计算亮度的范围。
- 星星大小（像素）：以像素为单位指定星星的大小。范围为 0.001~100。
- 使用：选中该复选框，星空使用运动模糊。取消选中该复选框，星星会显示为圆点，与摄影机是否运动无关。
- 数量：摄影机【快门】打开的帧时间百分比。默认设置为 75%。
- 暗淡：确定经过条纹处理的星星如何随着其轨迹的延长而逐渐暗淡。
- 随机：使用随机数【种子】来初始化随机数生成器，生成由【计数】微调器指定的星星数量。
- 种子：初始化随机数生成器。通过在不同动画中使用同一【种子】值，可以确保星空相同。
- 计数：选定【随机】时指定所生成的星星数量。
- 自定义：读取指定文件。提供的星星数据库（earth.stb）包含 Earth 天空中最亮的星星。
- 背景：合成背景中的星星。
- 前景：合成前景中的星星。

10.6 层事件

层事件包含两个事件，它们可创建从一个事件到随机事件的转换。本节主要介绍视频后期处理中附带的层事件。

1. Alpha合成器

Alpha 合成器使用前景图像的 Alpha 通道将两个图像合成。背景图像将显示在前景图像 Alpha 通道为透明的区域，其参数面板如图 10-31 所示。

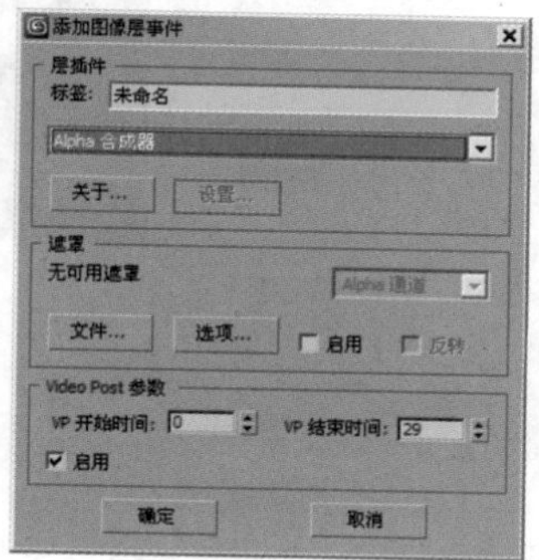

图10-31

技术专题——如何调出【层事件的合成器】对话框

默认情况下，【添加图像层事件】按钮是灰色不可用的，要想使用层事件，需要按住 Ctrl 键的同时选择两个层，此时我们会发现【添加图像层事件】按钮可以使用了，如图 10-32 所示。

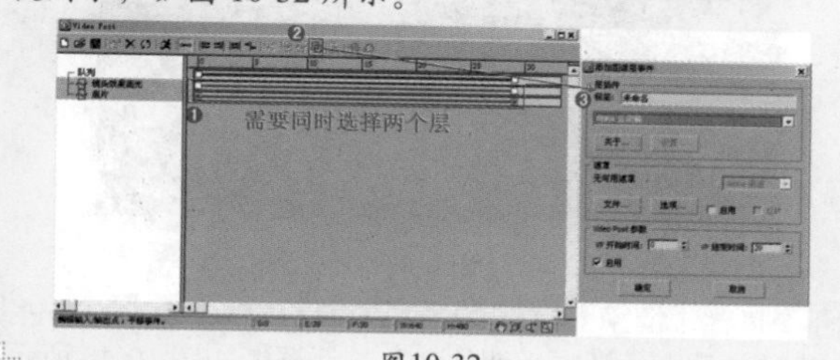

图10-32

2. 交叉衰减变换合成器

【交叉衰减变换合成器】随时间将这两个图像合成，从背景图像交叉淡入淡出至前景图像。交叉淡入淡出的速率由【交叉衰减变换合成器】过滤器的时间范围长度确定，其参数面板如图 10-33 所示。

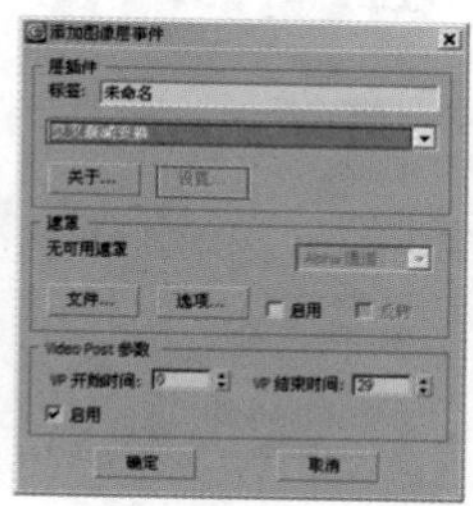

图10-33

3. 伪 Alpha 合成器

【伪 Alpha 合成器】按照前景图像左上角的像素创建前景图像的 Alpha 通道，从而对比背景合成前景图像。前景图像中使用此颜色的所有像素都会变为透明，其参数面板如图 10-34 所示。

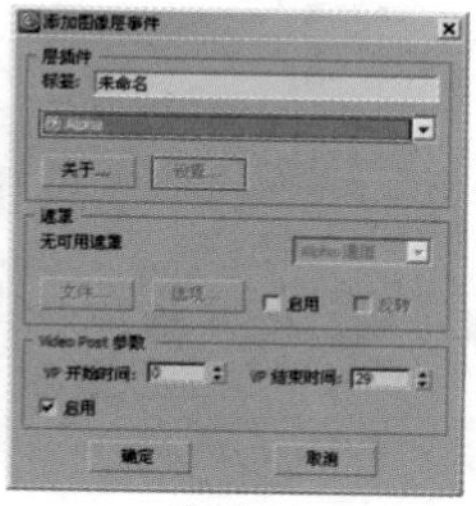

图10-34

4. 简单加法合成器

【简单加法合成器】使用第 2 个图像的强度（HSV 值）来确定透明度以合成两个图像。完全强度（255）区域为不透明区域，零强度区域为透明区域，中等透明度区域为半透明区域，其参数面板如图 10-35 所示。

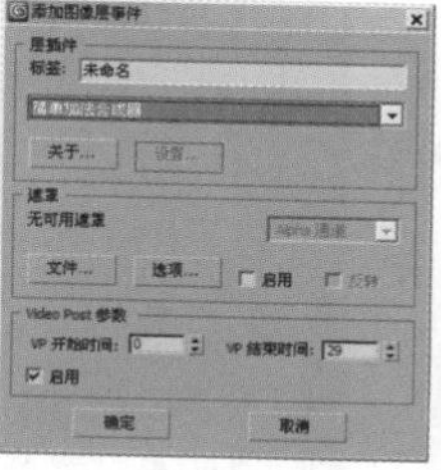

图10-35

5. 简单擦除合成器

【简单擦拭合成器】使用擦除变换显示或擦除前景图像。不同于擦除过滤器，【擦除层】事件会移动图像，将图像滑入或滑出。擦除的速率取决于擦除合成器时间范围的长度，其参数面板如图 10-36 所示。

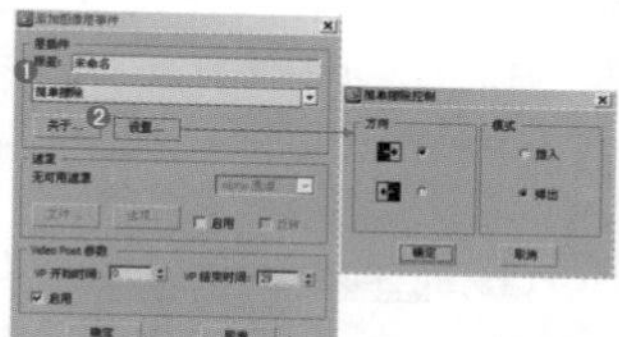

图10-36

重点 小实例：利用镜头效果光晕制作夜晚月光

场景文件	无
案例文件	小实例：利用镜头效果光晕制作夜晚月光 .max
视频教学	DVD/ 多媒体教学 /Chapter10/ 小实例：利用镜头效果光晕制作夜晚月光 .flv
难易指数	★★★☆☆
技术掌握	视频后期处理中的镜头效果光晕的应用

实例介绍

本例是以夜晚场景为例，主要使用视频后期处理中的镜头效果光晕制作夜晚月光效果，最终渲染效果如图 10-37 所示。

图10-37

操作步骤

步骤 01 打开 3ds Max 2014，在场景中创建一个球体，并设置其【半径】为 15mm，【分段】为 32，如图 10-38 所示。

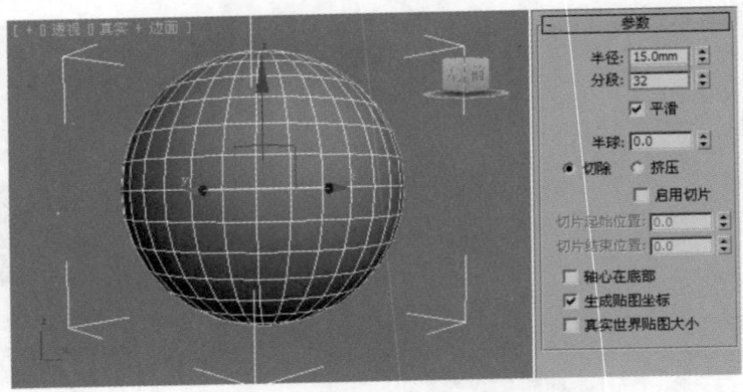

图10-38

步骤 02 打开材质编辑器，单击一个材质球，设置材质球类型为标准，选中【自发光】栏下的【颜色】复选框，并设置为浅黄色（红：246，绿：225，蓝 169），如图 10-39 所示。

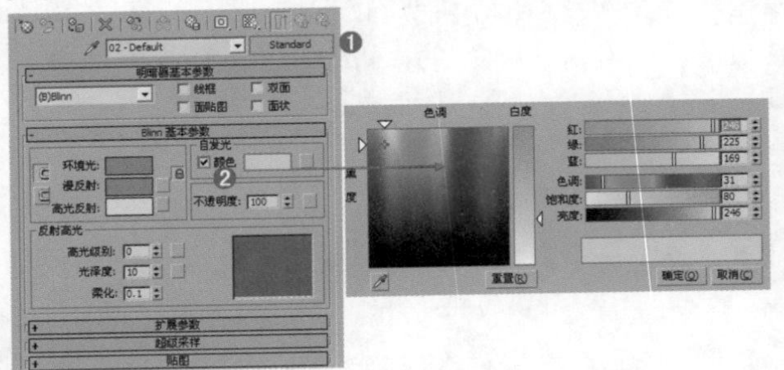

图10-39

步骤 03 将步骤 02 中制作的材质赋予给球体，并选择【球体】选项，然后右击，接着选择【对象属性】选项，最后设置【G 缓冲区】栏下的【对象 ID】为 1，如图 10-40 所示。

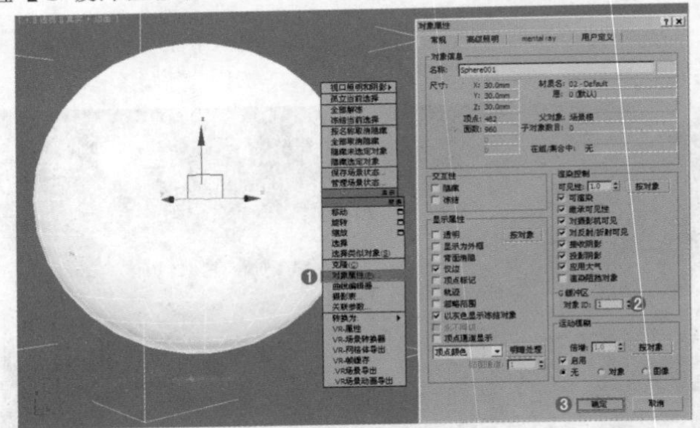

图10-40

步骤 04 在场景中创建一台摄影机，位置如图 10-41 所示。

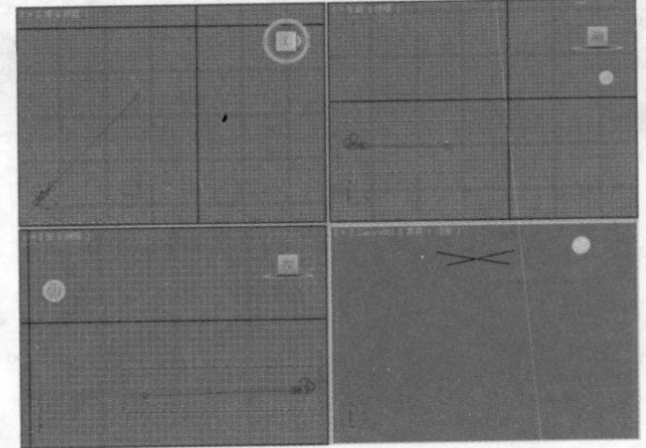

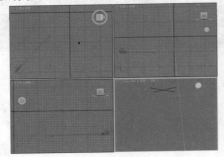

图10-41

步骤 05 按 8 键打开【环境和效果】对话框，并在【环境和贴图】通道中加载【背景 .jpg】贴图文件，如图 10-42 所示。

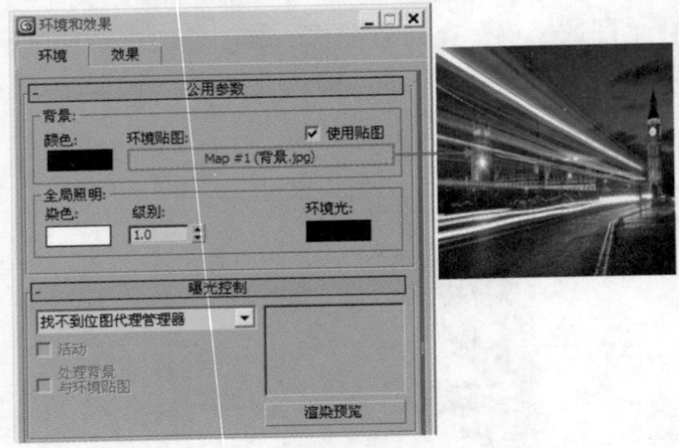

图10-42

步骤 06 按 F9 键进行渲染，此时渲染效果如图 10-43 所示。

图10-43

步骤 07 执行【渲染】|【视频后期处理】命令，如图 10-44 所示。此时会弹出【视频后期处理】的话框，如图 10-45 所示。

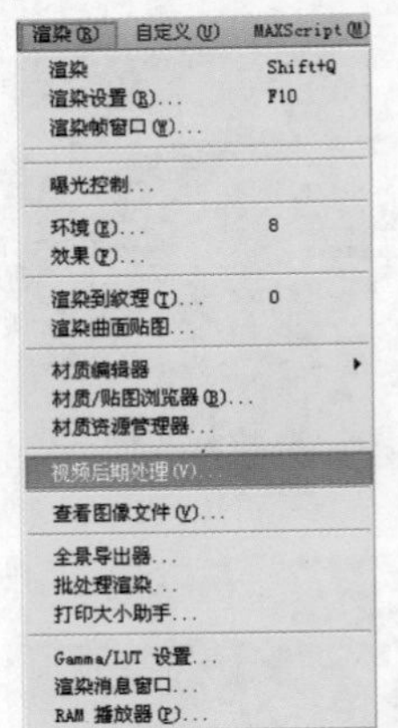

图10-44

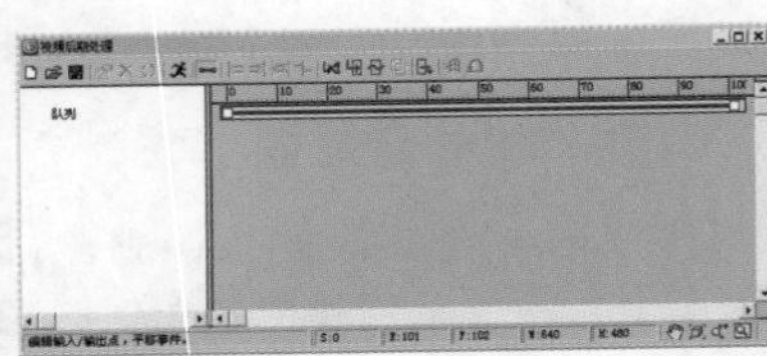

图10-45

步骤 08 单击【添加场景事件】按钮，并在【添加场景事件】对话框中设置为 Camera001，最后单击【确定】按钮，如图 10-46 所示。

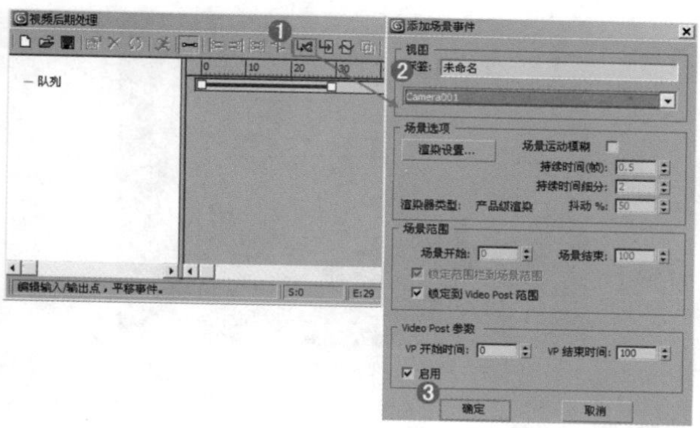
图10-46

技巧与提示

当【添加场景事件】对话框中设置为Camera001时，就必须激活摄影机Camera001视图，才可以进行正确的模拟，否则将不会出现任何效果。因此，选择了哪个视图就要对应激活哪个视图。

步骤09 单击【添加图像过滤事件】按钮，并在【添加图像过滤事件】对话框中设置为【镜头效果光晕】，并单击【确定】按钮，如图10-47所示。

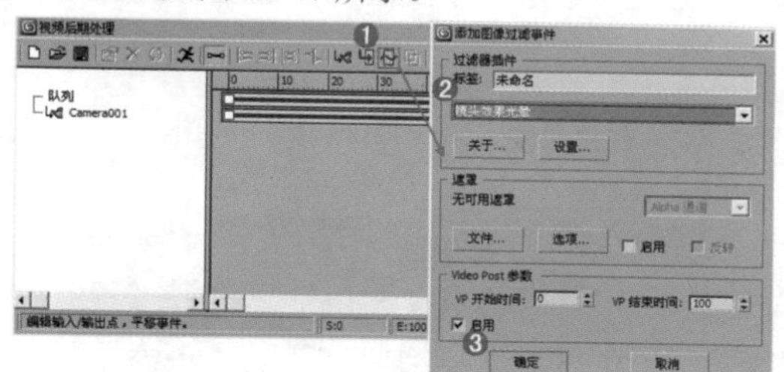
图10-47

步骤10 此时单击【设置】按钮，并在【镜头效果光晕】对话框中选择【首选项】选项卡，接着设置【大小】为6，【强度】为30，然后单击【VP队列】按钮 VP队列，单击【预览】按钮 预览，此时会出现预览的效果，最后单击【确定】按钮，如图10-48所示。

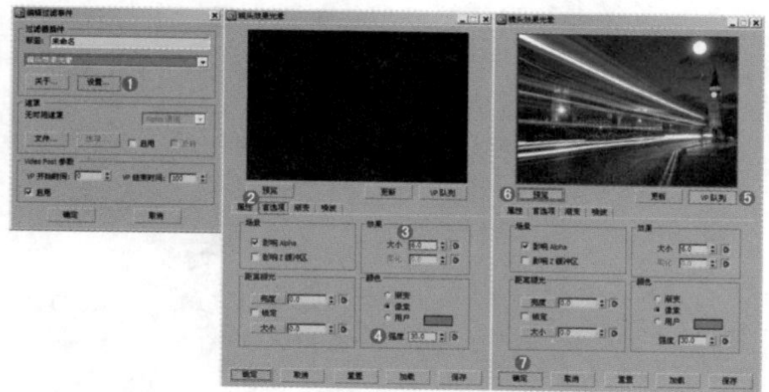
图10-48

步骤11 单击【添加图像输出事件】按钮，在【添加图像输出事件】对话框中单击【文件】按钮 文件...，并设置一个文件名和要保存的路径，最后单击【确定】按钮，如图10-49所示。

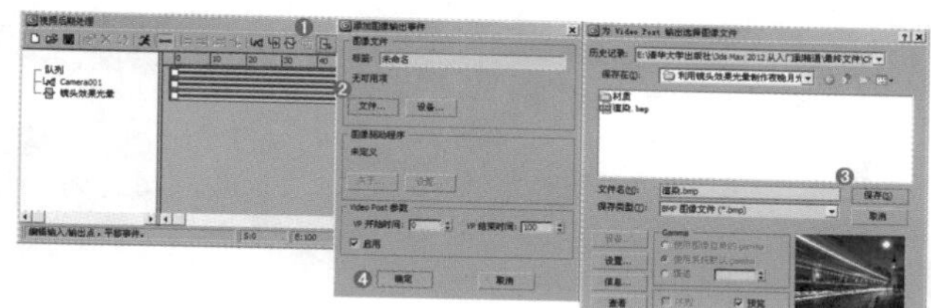
图10-49

步骤12 单击【执行序列】按钮，并在【视频后期处理】对话框中设置【时间输出】为【单个】，设置【宽度】为1500，【高度】为1125，最后单击【渲染】按钮 渲染，如图10-50所示。

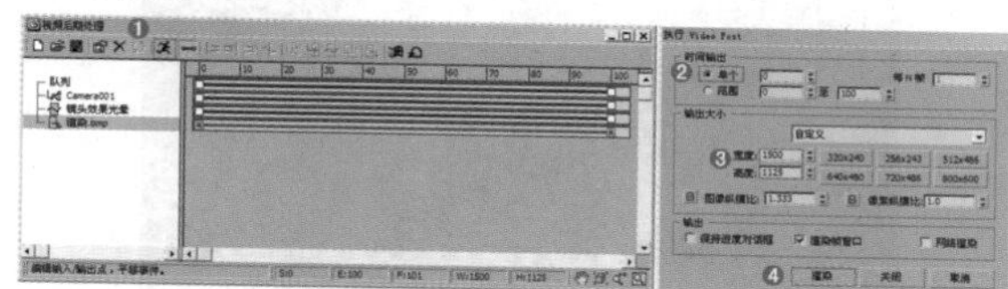
图10-50

技巧与提示

在使用视频后期处理时，最后一个步骤也是渲染，但是在视频后期处理中的渲染与3ds Max中最常用的渲染是不同的，要想使用视频后期处理，因此需要单击视频后期处理中的【渲染】按钮进行最终的渲染。如图10-51所示为使用视频后期处理中的渲染和使用3ds Max的常用的渲染的对比效果，会发现只有使用了视频后期处理中的渲染才可以渲染出所需要的效果。

使用Video Post中的【渲染】的效果
使用3ds Max的常用的【渲染】的效果

图10-51

步骤13 等待渲染完成，此时的效果如图10-52所示。

图10-52

重点 小实例：利用镜头效果光晕制作魔法阵

场景文件	01.max
案例文件	小实例：利用镜头效果光晕制作魔法阵.max
视频教学	DVD/多媒体教学/Chapter10/小实例：利用镜头效果光晕制作魔法阵.flv
难易指数	★★★☆☆
技术掌握	视频后期处理中镜头效果光晕的应用

实例介绍

本例主要使用视频后期处理中的镜头效果光晕制作魔法阵，最终渲染效果如图10-53所示。

图10-53

操作步骤

步骤01 打开本书配套光盘中的【场景文件/Chapter10/01.max】文件，此时场景效果如图10-54所示。

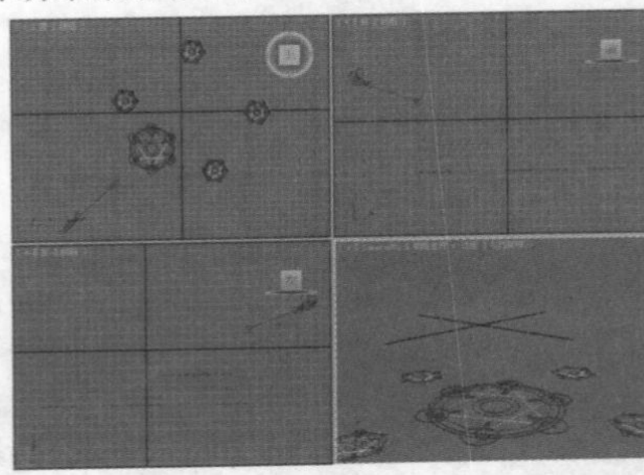

图10-54

步骤02 按F9键查看此时的渲染效果，如图10-55所示。

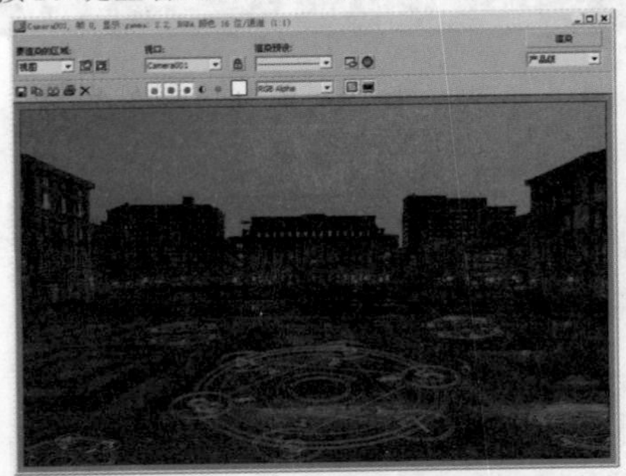

图10-55

步骤03 选择场景中所有的物体并选择球体，然后右击，选择【对象属性】选项，最后设置【G缓冲区】下的【对象ID】为1，如图10-56所示。

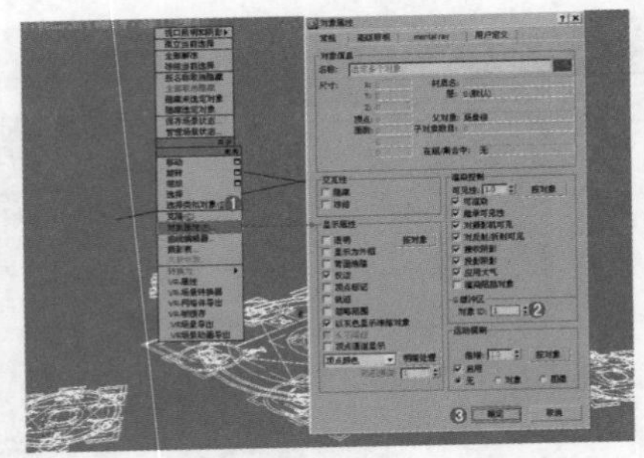

图10-56

步骤04 执行【渲染】|【视频后期处理】命令，如图10-57所示。此时会弹出【视频后期处理】对话框，如图10-58所示。

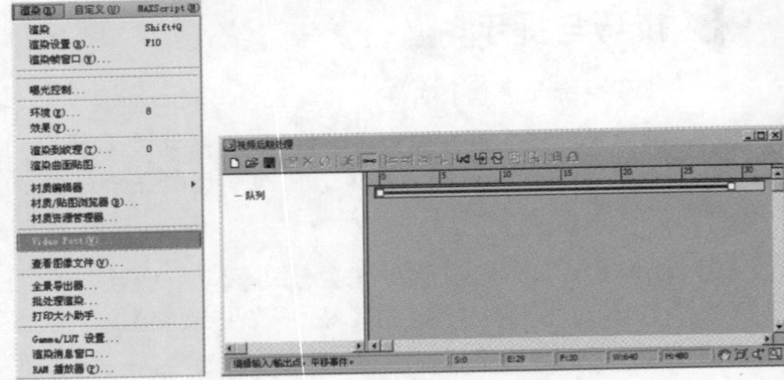

图10-57　　图10-58

步骤05 单击【添加场景事件】按钮，并在【添加场景事件】对话框中设置为Camera001，最后单击【确定】按钮，如图10-59所示。

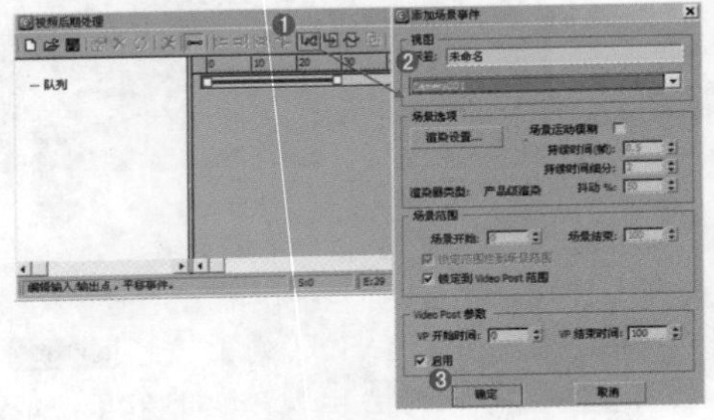

图10-59

步骤06 单击【添加图像过滤事件】按钮，并在【添加图像过滤事件】对话框中设置为【镜头效果光晕】，最后单击【确定】按钮，如图10-60所示。

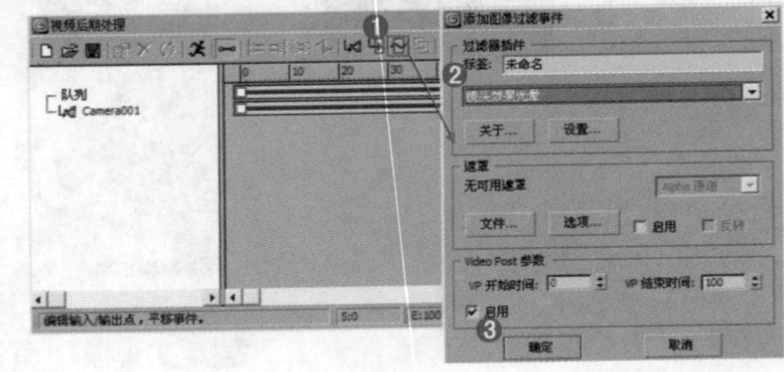

图10-60

步骤07 此时单击【设置】按钮，并在【镜头效果光晕】对话框中选择【首选项】选项卡，接着设置【大小】为0.2，

【强度】为 10，然后单击【VP 队列】按钮 VP队列 ，单击【预览】按钮 预览 ，此时会出现预览的效果，最后单击【确定】按钮，如图 10-61 所示。

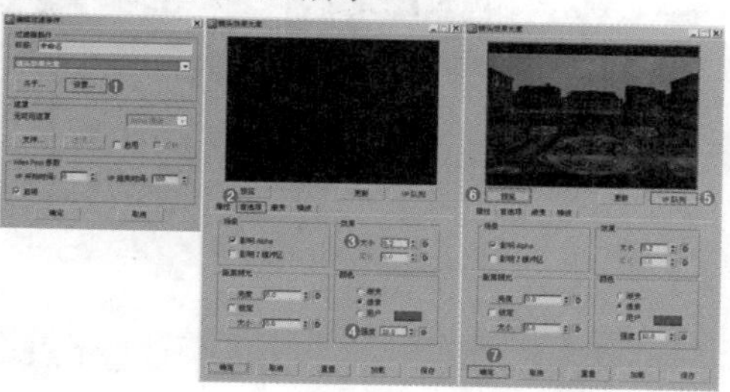

图10-61

步骤 08 单击【添加图像输出事件】按钮，在【添加图像输出事件】对话框中单击【文件】按钮 文件... ，并设置一个文件名和要保存的路径，最后单击【确定】按钮，如图 10-62 所示。

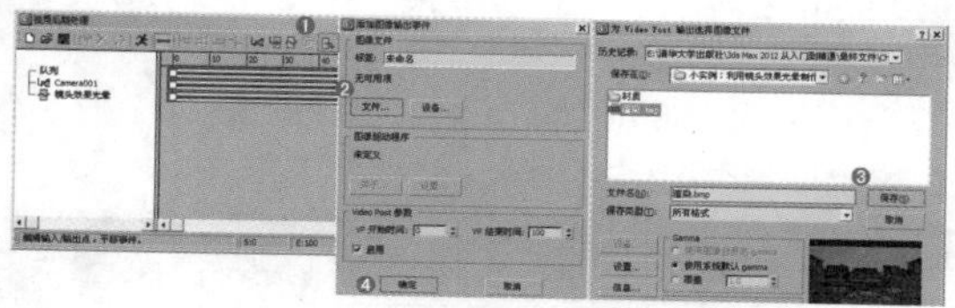

图10-62

步骤 09 单击【执行序列】按钮，并在【视频后期处理】对话框中设置【时间输出】为【单个】，设置【宽度】为 1600，【高度】为 1000，最后单击【渲染】按钮 渲染 ，如图 10-63 所示。

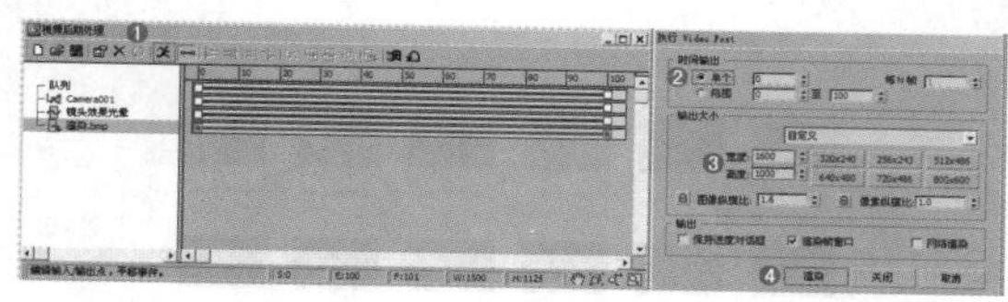

图10-63

步骤 10 按 F9 键进行渲染，效果如图 10-64 所示。

图10-64

重点 小实例：利用镜头效果高光制作流星划过

场景文件	无
案例文件	小实例：利用镜头效果高光制作流星划过 .max
视频教学	DVD/ 多媒体教学 /Chapter10/ 小实例：利用镜头效果高光制作流星划过 .flv
难易指数	★★★☆☆
技术掌握	视频后期处理中的镜头效果高光的应用

实例介绍

本例主要使用视频后期处理中的镜头效果高光制作流星划过效果制作夜晚场景，最终渲染效果如图 10-65 所示。

图10-65

操作步骤

步骤 01 打开 3ds Max 2014，在场景中创建 3 个星形物体，并为这 3 个星形物体创建简单的路径动画，如图 10-66 所示。

步骤 02 选择这 3 个星形物体，并单击右键，选择【对象属性】，最后设置【G 缓冲区】下的【对象 ID】为 1，如图 10-67 所示。

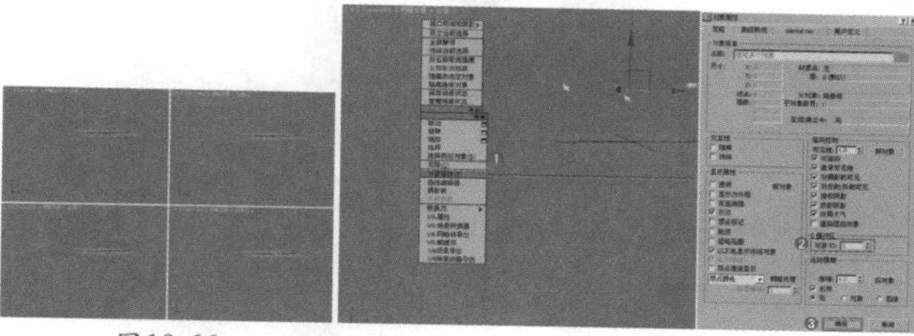

图10-66　　图10-67

步骤 03 在场景中创建一台摄影机，位置如图 10-68 所示。

步骤 04 按 8 键打开【环境和效果】对话框，在【环境和贴图】通道中加载【背景 .jpg】贴图文件，如图 10-69 所示。

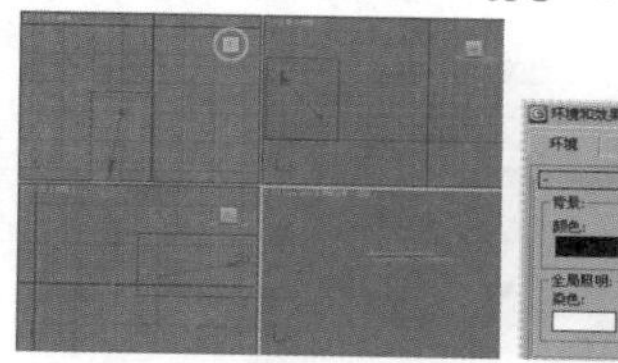

图10-68

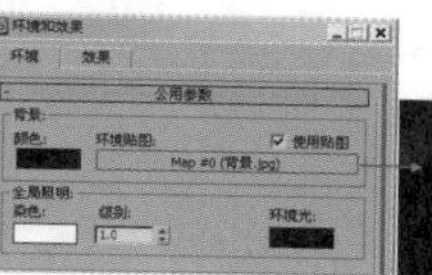

图10-69

步骤 05 按 F9 键进行渲染，查看此时渲染效果如图 10-70 所示。

图10-70

步骤 06 执行【渲染】|【视频后期处理】命令，如图 10-71 所示。此时会弹出【视频后期处理】对话框，如图 10-72 所示。

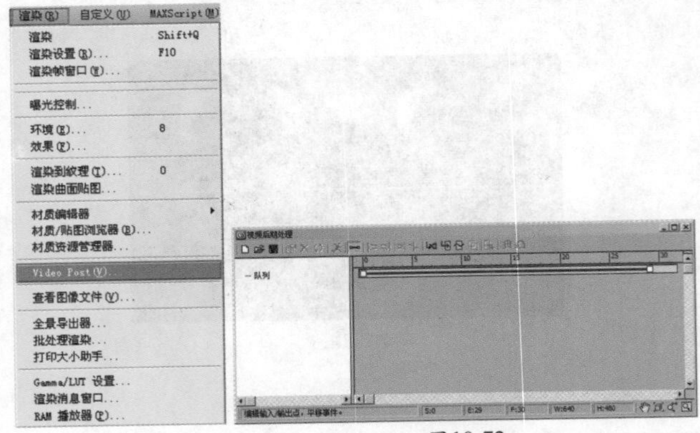
图10-71 图10-72

步骤 07 单击【添加场景事件】按钮，并在【添加场景事件】对话框中设置为 Camera001，最后单击【确定】按钮，如图 10-73 所示。

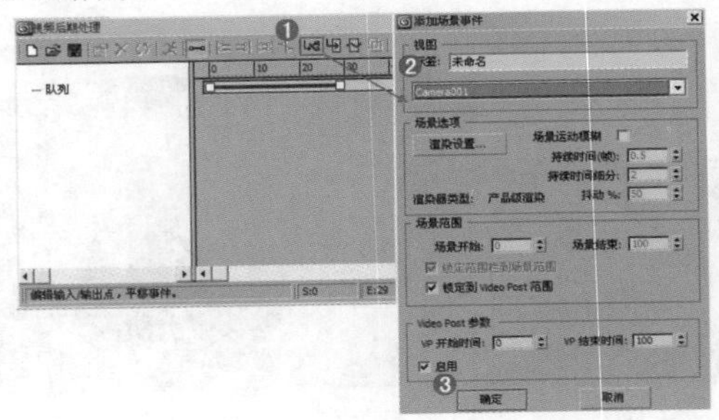
图10-73

步骤 08 单击【添加图像过滤事件】按钮，并在【添加图像过滤事件】对话框中设置为【镜头效果高光】，最后单击【确定】按钮，如图 10-74 所示。

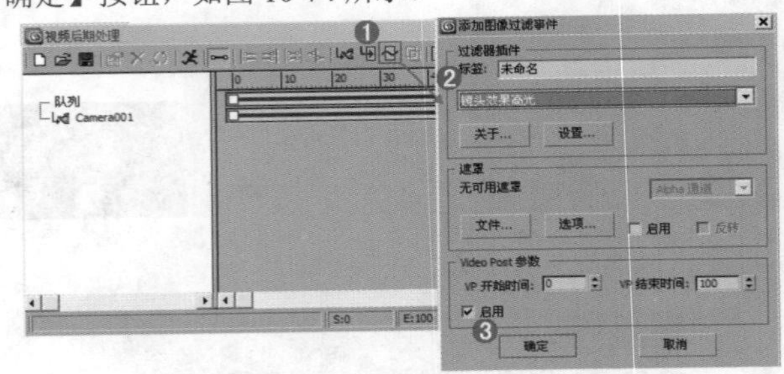
图10-74

步骤 09 此时单击【设置】按钮，并在【镜头效果光晕】对话框中选择【首选项】选项卡，接着设置【大小】为 0.2，【强度】为 10，然后单击【VP 队列】按钮 VP队列，单击【预览】按钮 预览，此时会出现预览的效果，最后单击【确定】，如图 10-75 所示。

步骤 10 单击【添加图像输出事件】按钮，并在【添加图像输出事件】对话框中单击【文件】按钮 文件...，设置一个文件名和要保存的路径，最后单击【确定】按钮，如图 10-76 所示。

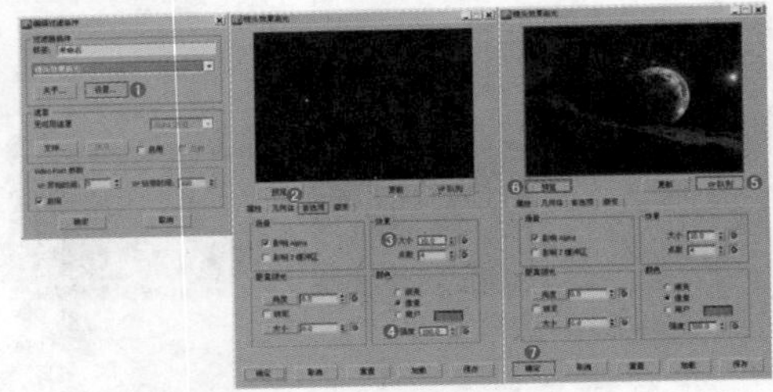
图10-75

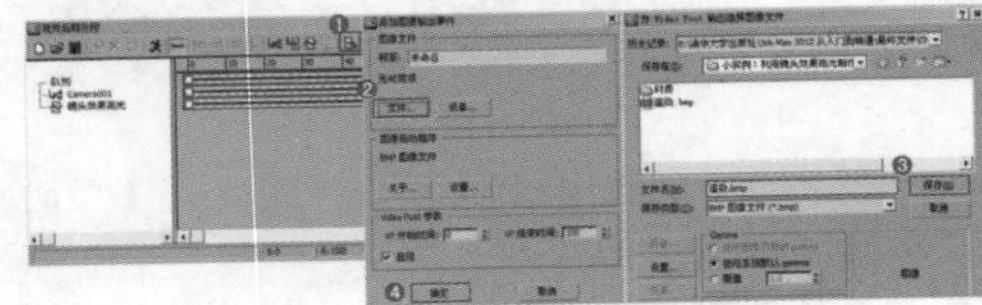
图10-76

步骤 11 单击【执行序列】按钮，在【视频后期处理】对话框中设置【时间输出】为【范围】，并设置为 0~20，然后设置【宽度】为 1600，【高度】为 1000，最后单击【渲染】按钮 渲染，如图 10-77 所示。

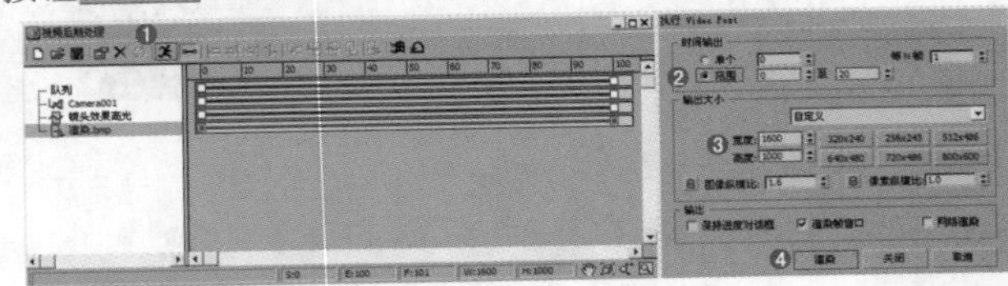
图10-77

步骤 12 等待渲染完成，会发现一共渲染了 21 帧动画序列，如图 10-78 所示。

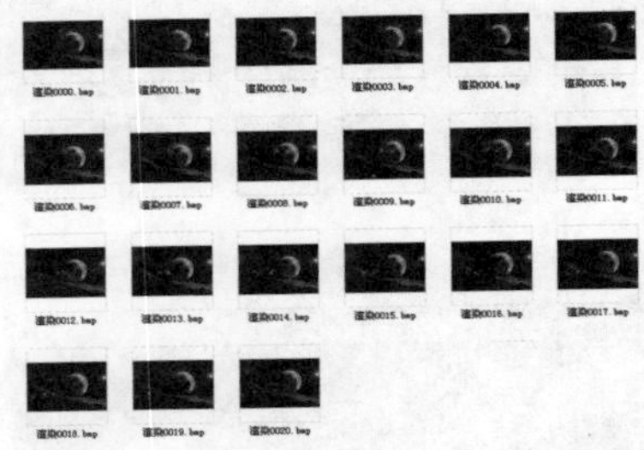
图10-78

步骤 13 从中查看 4 张比较明显的渲染效果，如图 10-79 所示。

图10-79

Chapter 11

第11章

粒子系统和空间扭曲

粒子系统和空间扭曲是附加的建模工具。粒子系统能生成粒子对象，从而达到模拟雪、雨和灰尘等效果的目的。空间扭曲是使其他对象变形的力场，从而创建出涟漪、波浪和风吹等效果。3ds Max 2014的粒子系统是一种很强大的动画制作工具，可以通过设置粒子系统来控制密集对象群的运动效果。

本章学习要点：

- 掌握粒子系统的参数和使用方法
- 掌握空间扭曲的参数和使用方法
- 掌握粒子和空间扭曲的综合使用方法

11.1 粒子系统

粒子系统和空间扭曲是附加的建模工具。粒子系统能生成粒子对象，从而达到模拟雪、雨和灰尘等效果的目的。空间扭曲是使其他对象变形的力场，从而创建出涟漪、波浪和风吹等效果。3ds Max 2014 的粒子系统是一种很强大的动画制作工具，可以通过设置粒子系统来控制密集对象群的运动效果。粒子系统通常用于制作云、雨、风、火、烟雾、暴风雪以及爆炸等动画效果，如图 11-1 所示。

图11-1

粒子系统作为单一的实体来管理特定的成组对象，通过将所有粒子对象组合成单一的可控系统，可以很容易地使用一个参数来修改所有的对象，而且拥有良好的可控性和随机性。在创建粒子系统时会占用很大的内存资源，而且渲染速度相当慢。如图 11-2 所示为使用【超级喷射】粒子系统制作的喷泉效果。

图11-2

3ds Max 2014 包含 7 种粒子，分别是粒子流源、喷射、雪、超级喷射、暴风雪、粒子阵列和粒子云，如图 11-3 所示，这 7 种粒子在视图中的效果如图 11-4 所示。

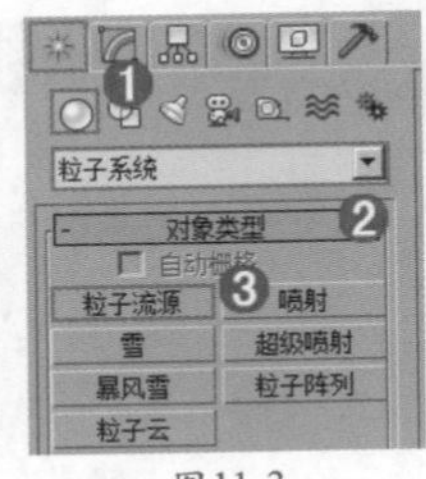

图11-3

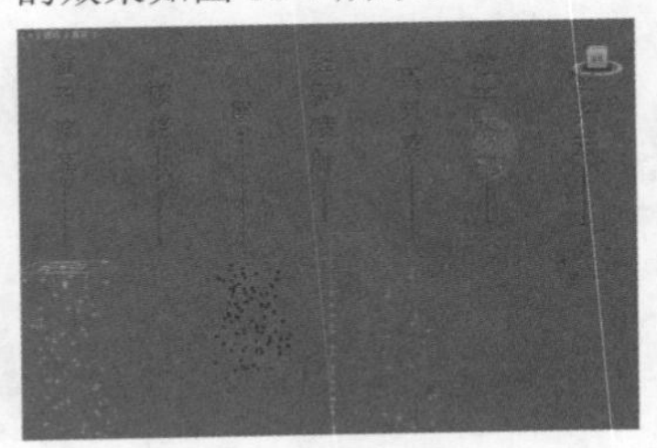

图11-4

11.1.1 粒子流源

在【创建】面板中单击【几何体】按钮，然后设置几何体类型为【粒子系统】，接着单击【粒子流源】按钮 粒子流源 ，最后在视图中拖曳光标创建一个粒子流源，如图 11-5 所示。

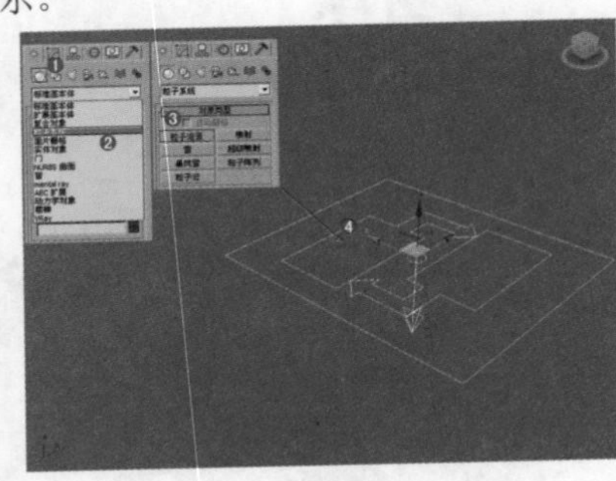

图11-5

进入【修改】面板，可以观察到粒子流源的参数包括【设置】、【发射】、【选择】、【系统管理】和【脚本】5 个卷展栏。下面依次对这 5 个卷展栏中的参数进行讲解。

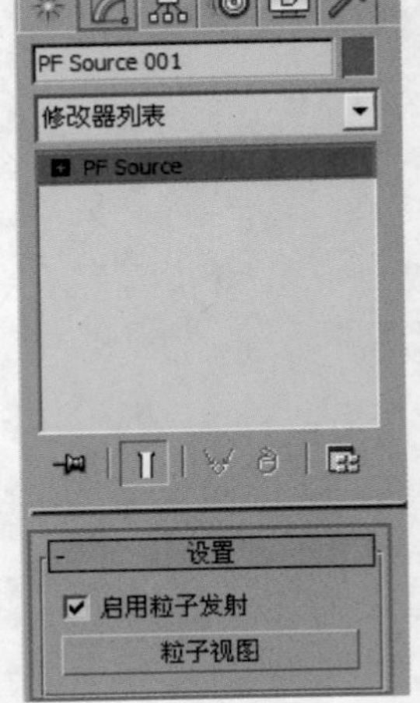

图11-6

1.【设置】卷展栏

展开【设置】卷展栏，如图 11-6 所示。

- 启用粒子发射：控制是否开启粒子系统。
- 【粒子视图】按钮 粒子视图 ：单击该按钮可以打开【粒子视图】对话框，也是该粒子最为重要的部分。

【粒子视图】主要包括 5 个部分，分别是事件显示、粒子图表、全局事件、出生事件和仓库，如图 11-7 所示。

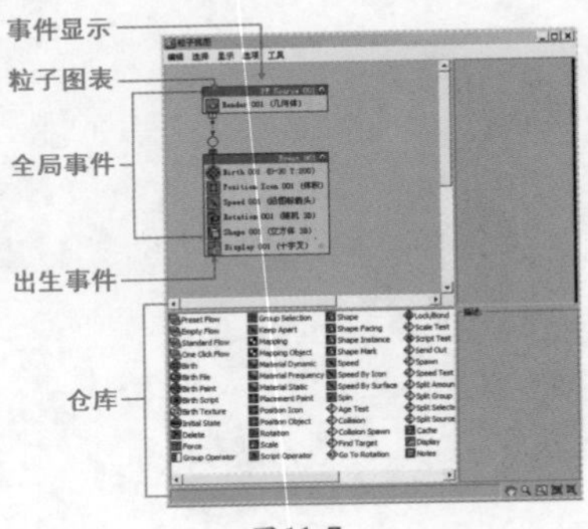

图11-7

技巧与提示

添加事件有两种方法（以添加【位置图标】为例）：

方法1：在【粒子视图】对话框中选择【位置图标】，并单击鼠标左键拖曳到事件的右下角，如图11-8所示。

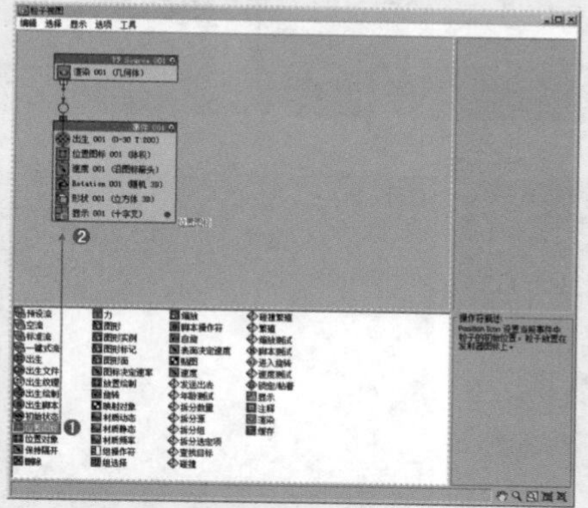

图11-8

方法2：在【粒子视图】对话框中右击，执行【新建】|【操作符事件】|【位置图标】命令，此时在【粒子视图】中出现了新的事件，选择新的事件中的【位置图标】，并单击拖曳到事件的右下角，如图11-9所示。

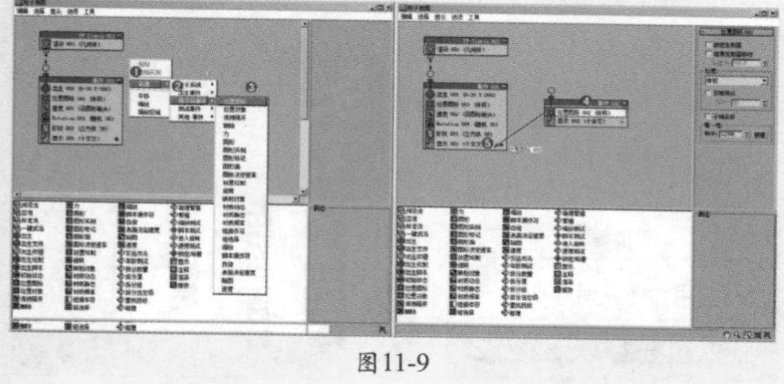

图11-9

2.【发射】卷展栏

【发射】卷展栏可以设置发射器（粒子源）图标的物理特性的参数，以及渲染时视口中生成的粒子的百分比，如图11-10所示。

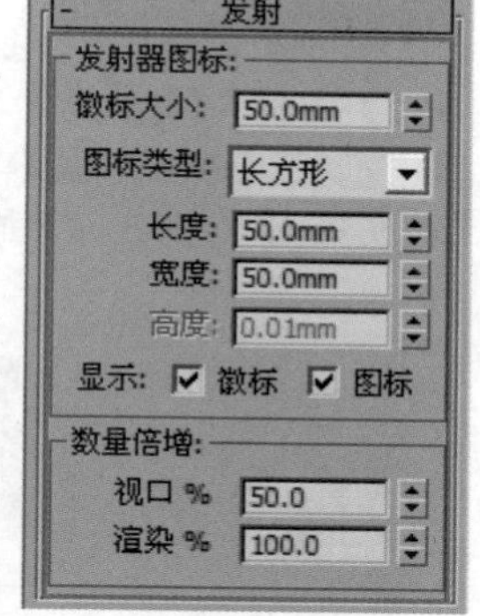

图11-10

- 徽标大小：主要用来设置粒子流中心徽标的尺寸，对粒子的发射没有任何影响。
- 图标类型：主要用来设置图标在视图中的显示方式，包括长方形、长方体、圆形和球体4种方式，默认为长方形。
- 长度：当【图标类型】设置为【长方形】或【长方体】时，显示的是【长度】和【宽度】参数；当【图标类型】设置为【圆形】或【球体】时，显示的是【直径】参数。
- 宽度：主要用来设置【长方形】和【长方体】图标的宽度。
- 高度：主要用来设置【长方体】图标的高度。
- 显示：主要用来控制是否显示徽标或图标。
- 视口%：主要用来设置视图中显示的粒子数量百分比，该参数的值不会影响最终渲染的粒子数量，其取值范围为0~10 000。
- 渲染%：主要用来设置最终渲染的粒子的数量百分比，该参数的值会直接影响到最终渲染的粒子数量，其取值范围为0~10 000。

3.【选择】卷展栏

【选择】卷展栏可使用这些控件基于每个粒子或事件来选择粒子，事件级别粒子的选择用于调试和跟踪。展开【选择】卷展栏，如图11-11所示。

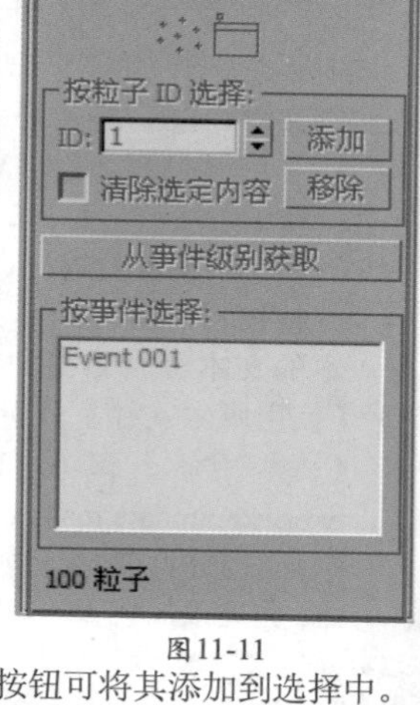

图11-11

- 【粒子】按钮：用于通过单击该按钮或拖动一个区域来选择粒子。
- 【事件】按钮：用于按事件选择粒子。
- ID：可设置要选择的粒子的ID号。每次只能设置1个数字。
- 【添加】按钮：设置完要选择的粒子的ID号后，单击该按钮可将其添加到选择中。
- 【移除】按钮：设置完要取消选择的粒子的ID号后，单击该按钮可将其从选择中移除。
- 清除选定内容：启用后，单击【添加】选择粒子会取消选择所有其他粒子。
- 【从事件级别获取】按钮：单击该按钮可将事件级别选择转化为粒子级别。仅适用于粒子级别。
- 按事件选择：该列表框显示粒子流中的所有事件，并高亮显示选定事件。

4.【系统管理】卷展栏

【系统管理】卷展栏可限制系统中的粒子数，以及指定更新系统的频率。展开【系统管理】卷展栏，如图11-12所示。

- 上限：用来限制粒子的最大数量，默认值为100 000，其取值范围为0~10 000 000。
- 视口：设置视图中的动画回放的综合步幅。
- 渲染：用来设置渲染时的综合步幅。

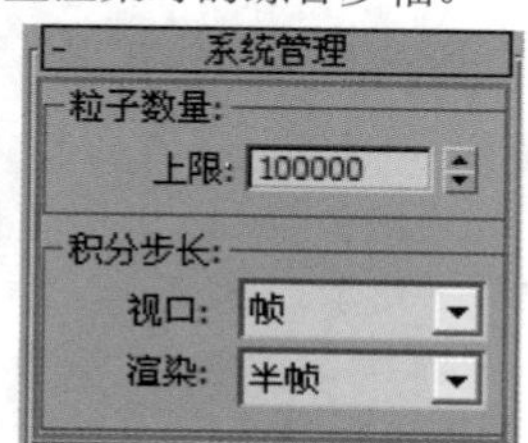

图11-12

5.【脚本】卷展栏

【脚本】卷展栏可以将脚本应用于每个积分步长以及查看的每帧的最后一个积分步长处的粒子系统中。展开【脚本】卷展栏，使用【每步更新】脚本，可设置依赖于历史记录的属性，使用【最后一步更新】脚本可设置独立于历史记录的属性，如图 11-13 所示。

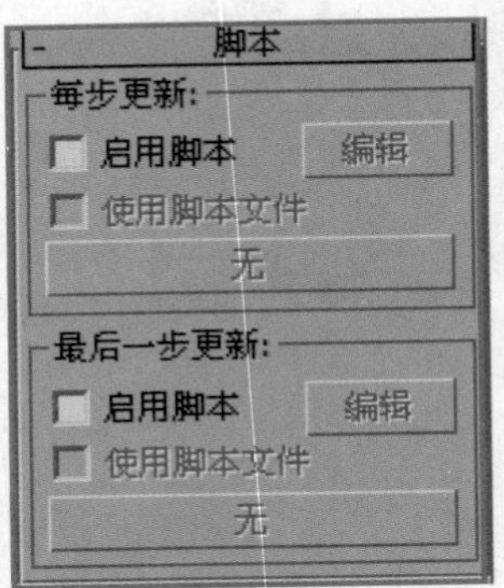

图11-13

- 启用脚本：可引起按每积分步长执行内存中的脚本。通过单击【编辑】按钮修改此脚本，或者使用该组中其余控件加载并使用脚本文件。默认脚本将修改粒子的速度和方向，从而使粒子跟随波形路径。
- 【编辑】按钮 编辑：单击此按钮可打开具有当前脚本的文本编辑器窗口。当【使用脚本文件】复选框处于禁用状态时，这是默认的【每步更新】脚本（3dsmax\scripts\particleflow\example-everystepupdate.ms）。当【使用脚本文件】复选框处于启用状态时，如果已加载一个脚本，则这是已加载的脚本；如果未加载脚本，单击该按钮将显示【打开】对话框。
- 使用脚本文件：当此项处于启用状态时，可以通过单击【无】按钮加载脚本文件。

重点 小实例：利用粒子流源制作冰雹动画

场景文件	01.max
案例文件	小实例：利用粒子流源制作冰雹动画.max
视频教学	DVD/多媒体教学/Chapter11/小实例：利用粒子流源制作冰雹动画.flv
难易指数	★★★☆☆
技术掌握	粒子流源和导向板综合的使用方法

实例介绍

本例将以一个下冰雹的场景为例来讲解粒子流源和导向板综合的使用方法，最终渲染效果如图 11-14 所示。

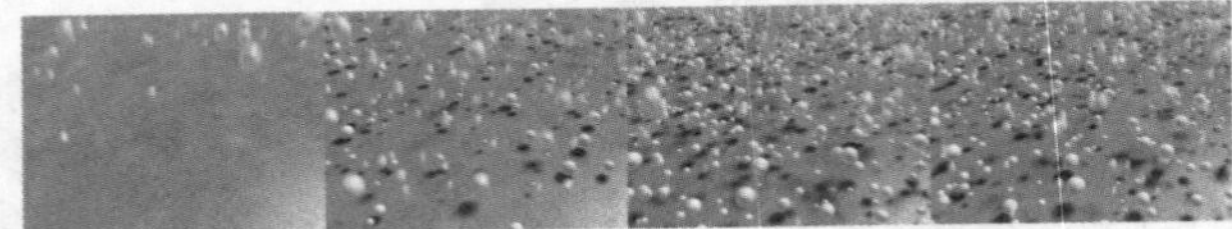
图11-14

操作步骤

步骤 01 打开本书配套光盘中的【场景文件/Chapter11/01.max】文件，如图 11-15 所示。

步骤 02 在【创建】面板中单击【几何体】按钮，设置几何体类型为【粒子系统】，然后单击【粒子流源】按钮 粒子流源，如图 11-16 所示。

步骤 03 选择【粒子流源】，打开【发射】卷展栏，设置【徽标大小】为 3300mm，【长度】为 4600mm，【宽度】为 4800mm，如图 11-17 所示。此时场景效果如图 11-18 所示。

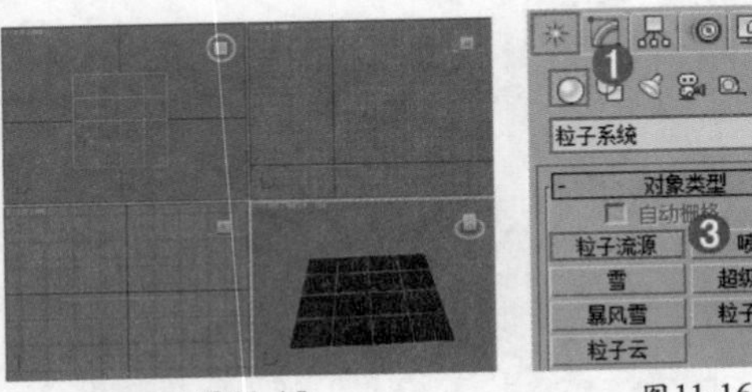

图11-15 图11-16

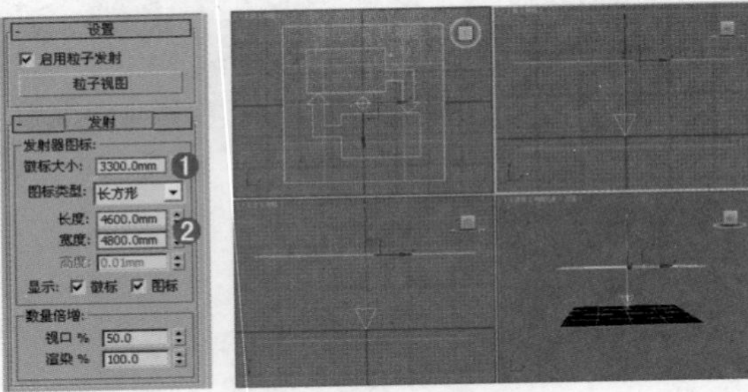

图11-17 图11-18

步骤 04 单击【粒子视图】按钮 粒子视图，如图 11-19 所示。此时弹出【粒子视图】对话框，如图 11-20 所示。

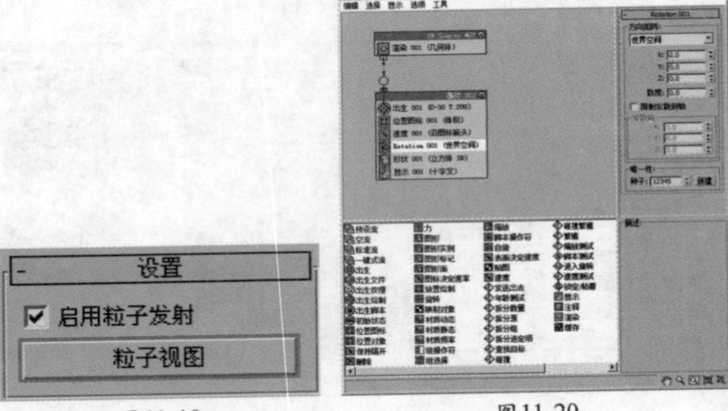

图11-19 图11-20

步骤 05 在【粒子视图】对话框中单击【出生 001】，展开【出生 001】卷展栏，然后设置【发射开始】为 -30，【发射停止】为 30，【数量】为 1500，如图 11-21 所示。

步骤 06 在【粒子视图】对话框中单击【速度 001】，展开【速度 001】卷展栏，然后设置【速度】为 600，如图 11-22 所示。

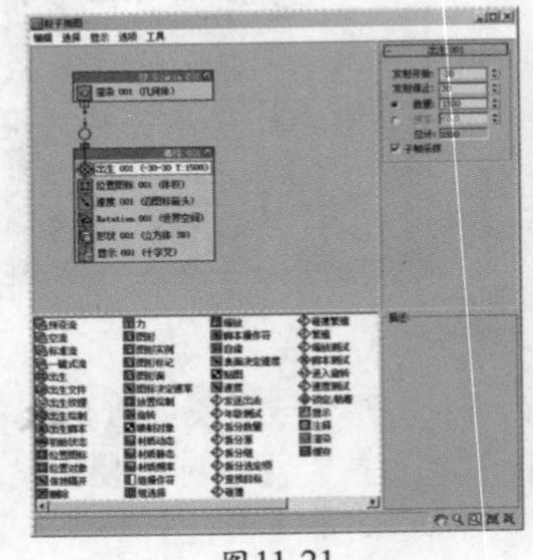
图11-21

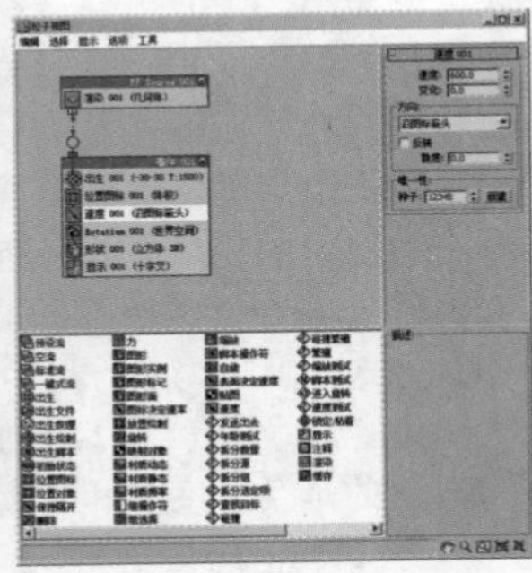
图11-22

步骤 07 单击【形状 001】，右击选择【删除】，如图 11-23 所示。

步骤 08 单击【显示 001】，并设置【类型】为【几何体】，如图 11-24 所示。

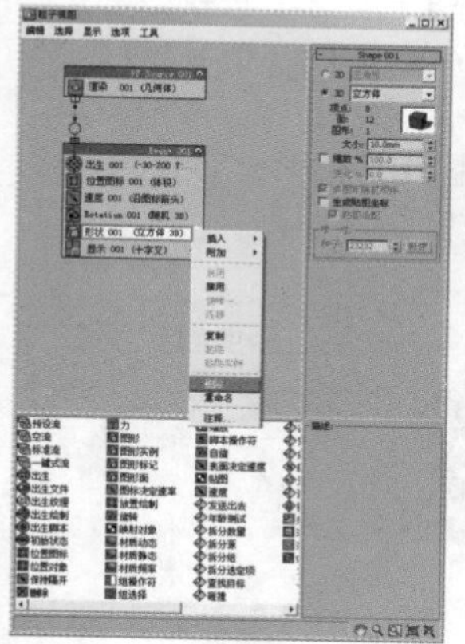

图11-23

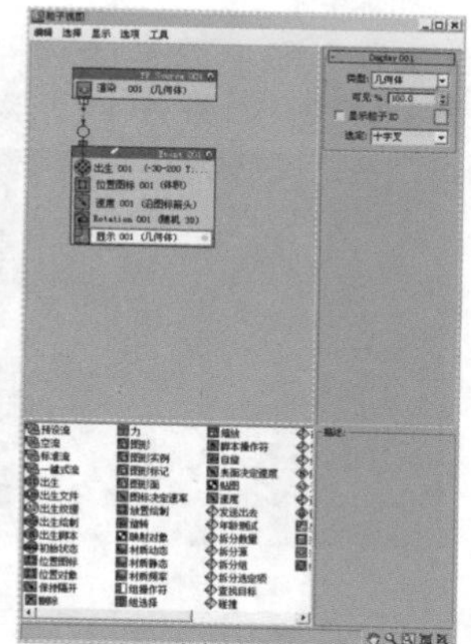

图11-24

步骤 09 在【粒子视图】对话框的空白处右击，然后执行【新建】|【操作符事件】|【图形实例】命令，最后选择【图形实例 001】，并单击鼠标左键拖曳到事件中，如图 11-25 所示。展开【图形实例 001】卷展栏，然后单击【粒子几何体对象】下的 Sphere 001 按钮，并拾取场景中的 Sphere 模型，设置【比例 %】为 100，【变化 %】为 60，如图 11-26 所示。

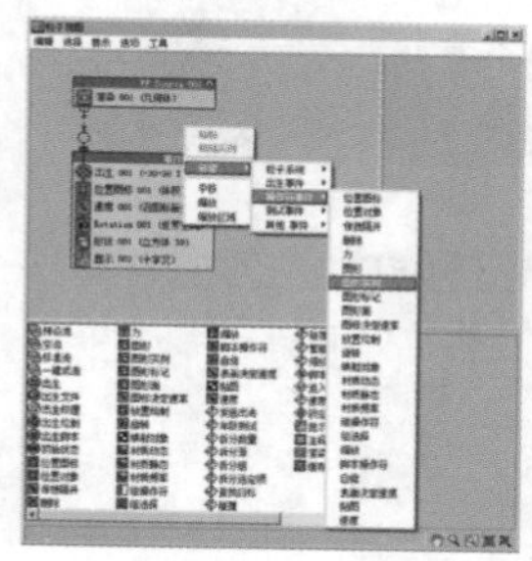

图11-25

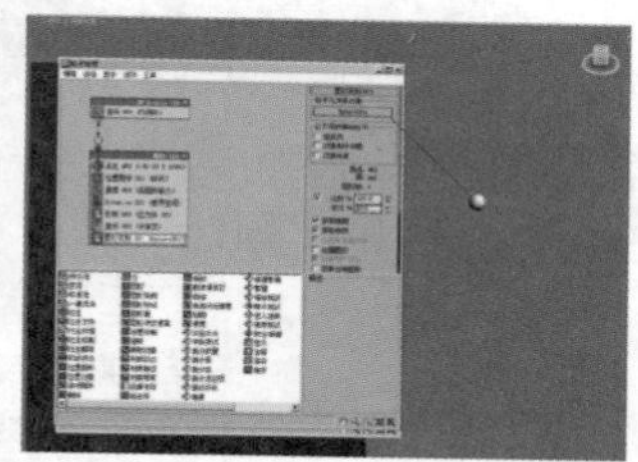

图11-26

步骤 10 在【创建】面板中单击【空间扭曲】按钮，并将类型设置为【导向器】，接着单击【导向板】按钮 导向板 ，如图 11-27 所示。展开【参数】卷展栏，设置【反弹】为 0.1，【变化】为 50%，【混乱】为 50%，【摩擦力】为 60%，【宽度】为 5150mm，【长度】为 5100mm，如图 11-28 所示。

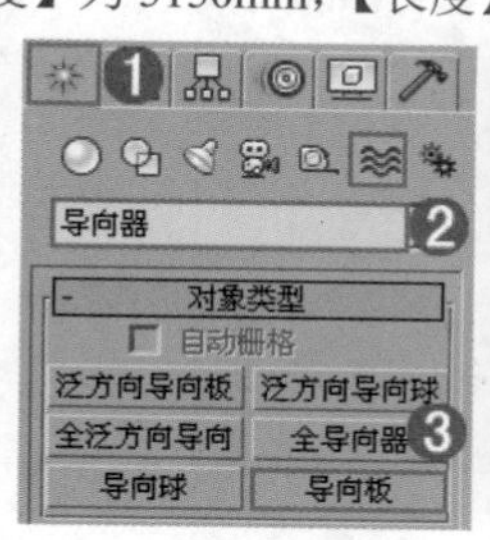

图11-27

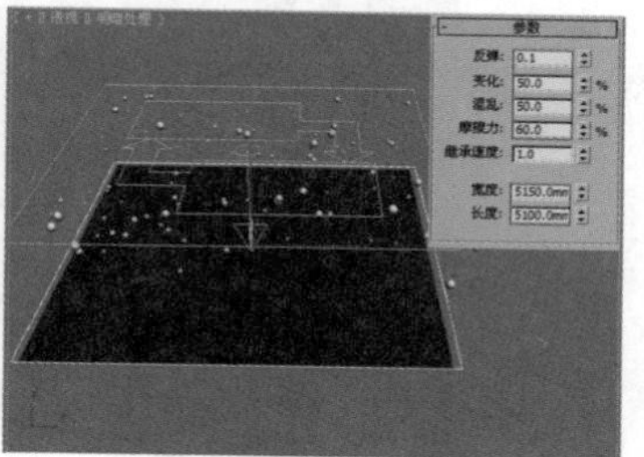

图11-28

步骤 11 返回【粒子视图】对话框，在该对话框的空白处右击，执行【新建】|【测试事件】|【碰撞】命令，如图 11-29 所示。最后将【碰撞 001】拖曳到事件中。

步骤 12 单击【碰撞 001】，展开【碰撞 001】卷展栏，单击【添加】按钮 添加 ，拾取 Deflector001，选中【碰撞】单选按钮，设置【速度】为【反弹】，如图 11-30 所示。

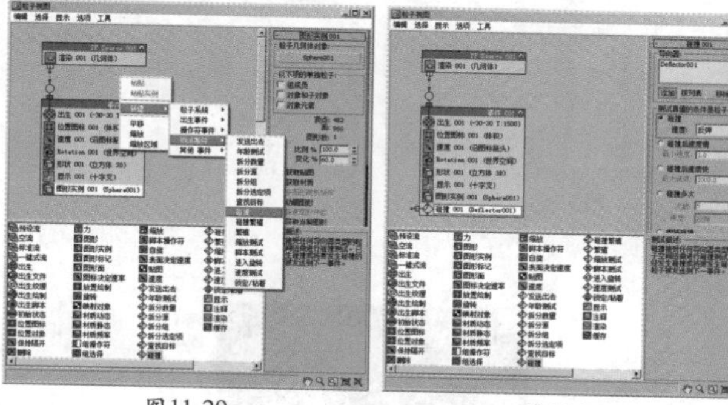

图11-29　图11-30

步骤 13 在【创建】面板中单击【空间扭曲】按钮，并设置【类型】为【力】，接着单击【风】按钮 风 ，如图 11-31 所示。接着在场景中创建两个风，其位置如图 11-32 所示。

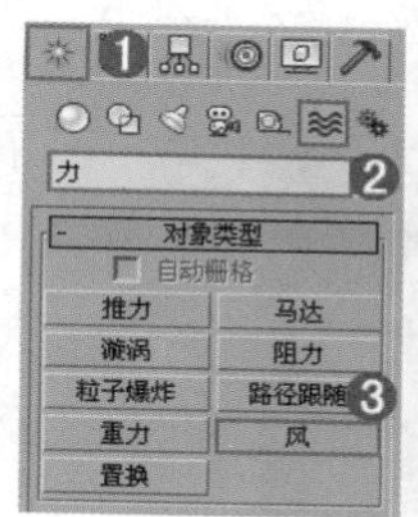

图11-31

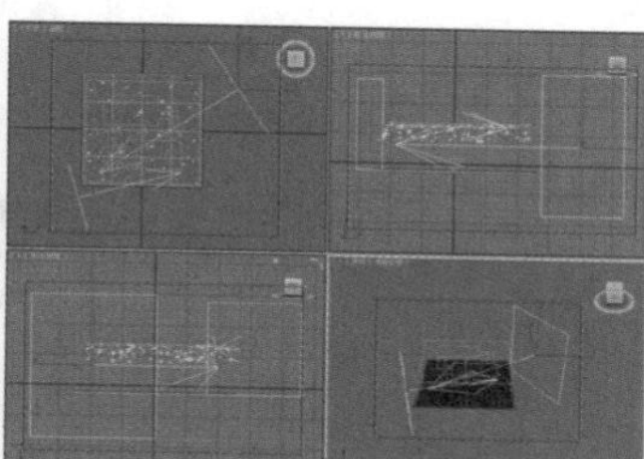

图11-32

步骤 14 选择 Wind001，打开【参数】卷展栏，设置【强度】为 0.1。选择 Wind002，打开【参数】卷展栏，设置【强度】为 0.05，如图 11-33 所示。

步骤 15 返回【粒子视图】对话框，在该对话框的空白处右击，执行【新建】|【操作符事件】|【力】命令，如图 11-34 所示。最后将【力 001】拖曳到事件中。

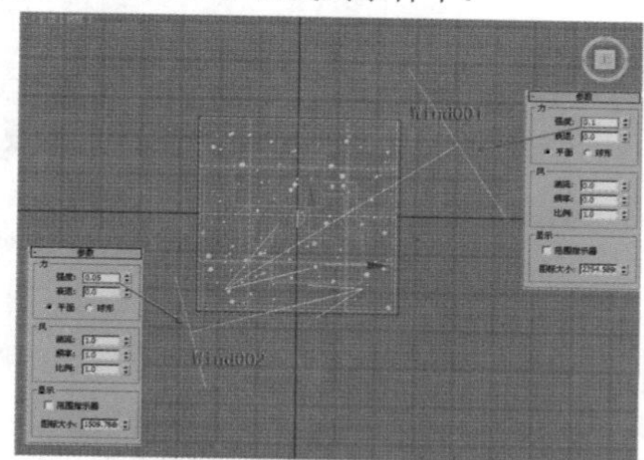

图11-33

步骤 16 单击【力 001】，展开【力 001】卷展栏，单击【添加】按钮 添加 ，拾取 Wind001 和 Wind002，然后设置【力场重叠】为【相加】，【影响 %】为 400，如图 11-35 所示。

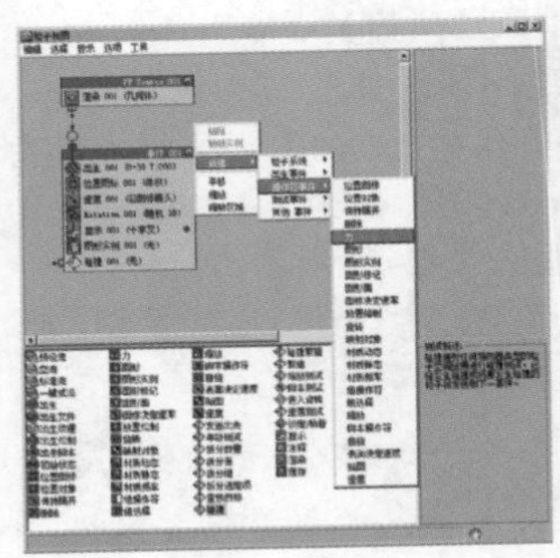
图11-34

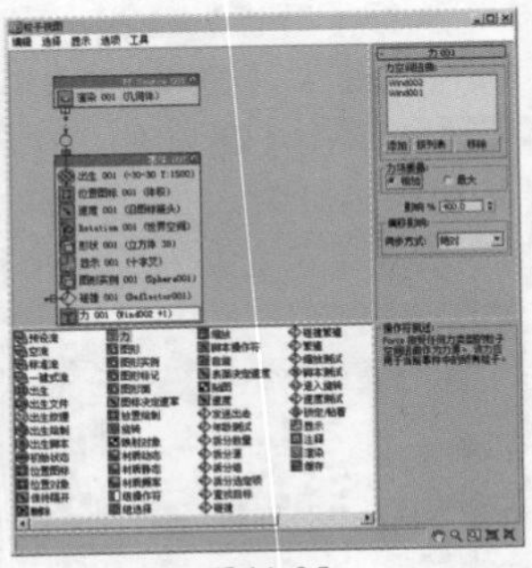
图11-35

步骤 17 拖动时间线滑块查看此时的动画，效果如图 11-36 所示。

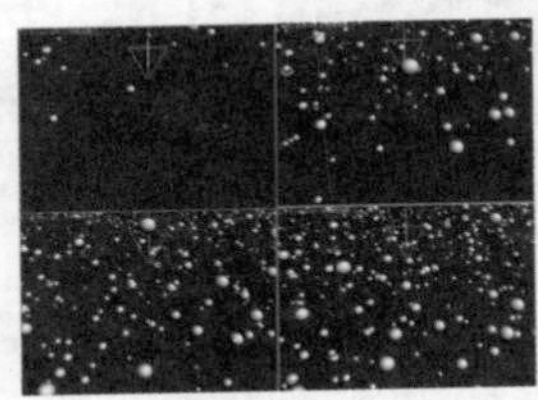
图11-36

步骤 18 选择动画效果最明显的一些帧，然后单独渲染出这些单帧动画，最终效果如图 11-37 所示。

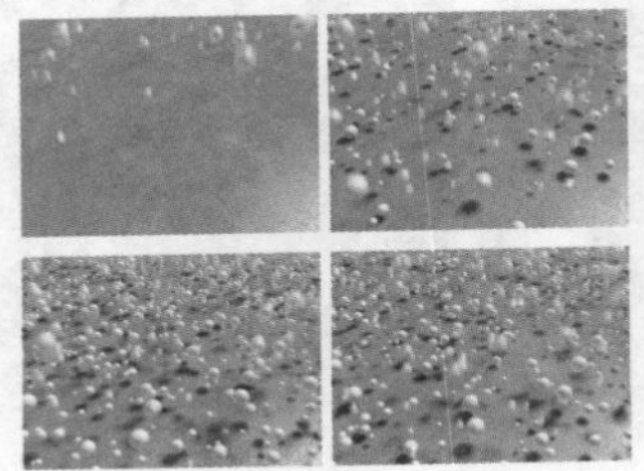
图11-37

重点 小实例：利用粒子流源制作飞镖动画

场景文件	02.max
案例文件	小实例：利用粒子流源制作飞镖动画.max
视频教学	DVD/多媒体教学/Chapter11/小实例：利用粒子流源制作飞镖动画.flv
难易指数	★★★☆☆
技术掌握	掌握粒子流源和导向板综合的使用方法

实例介绍

本例将以一个飞镖投射到墙板上的场景为例来讲解粒子流源和导向板综合的使用方法，最终渲染效果如图 11-38 所示。

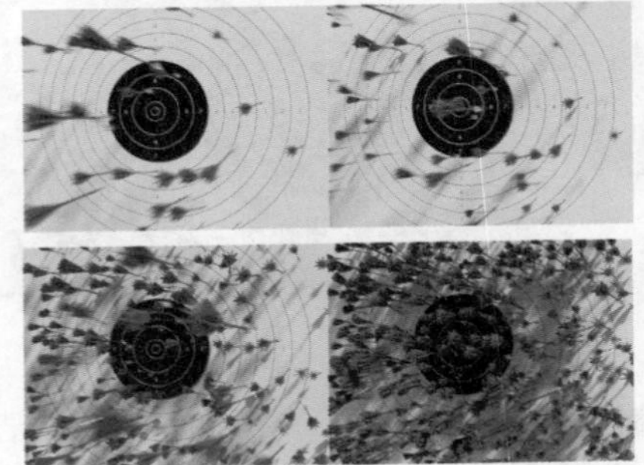
图11-38

操作步骤

步骤 01 打开本书配套光盘中的【场景文件/Chapter11/02.max】文件，如图 11-39 所示。

步骤 02 在【创建】面板中单击【几何体】按钮，并设置类型为【粒子系统】，然后单击【粒子流源】按钮 粒子流源 ，如图 11-40 所示。

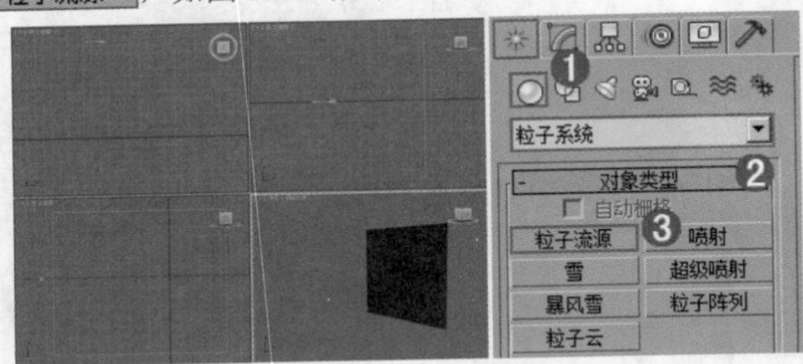

图11-39　图11-40

步骤 03 选择【粒子流源 001】，然后展开【发射】卷展栏，设置【徽标大小】为 2500mm，【长度】为 3200mm，【宽度】为 3000mm，如图 11-41 所示。此时场景效果如图 11-42 所示。

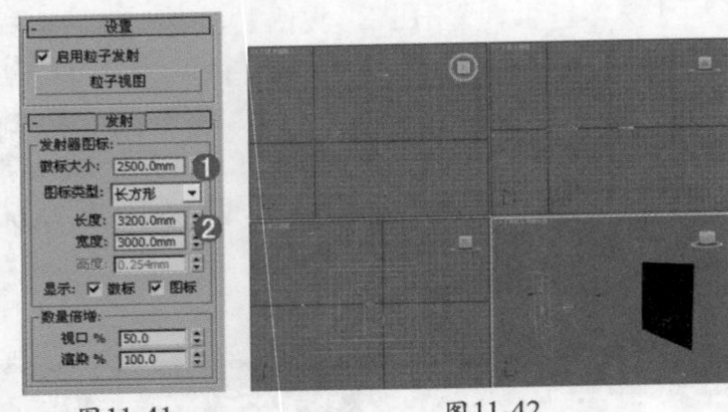

图11-41　图11-42

步骤 04 单击【粒子视图】按钮 粒子视图 ，如图 11-43 所示。此时弹出【粒子视图】对话框，如图 11-44 所示。

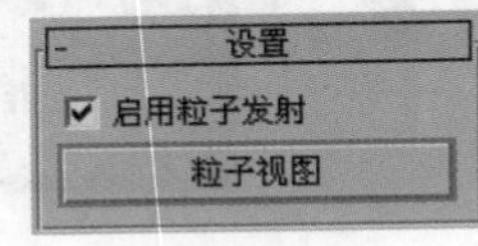

图11-43

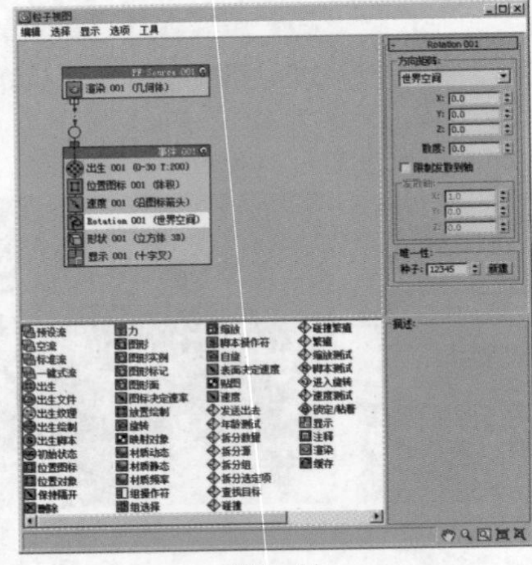
图11-44

技术专题——事件的基本操作

新建位置对象事件以后，会弹出一个关于位置对象的单独面板，在该面板中包括位置对象事件和其他的一些事件，如图 11-45 所示。可以将【位置对象 001】事件拖曳到【事件 001】面板中，也可以在单独面板上右击，在弹出的菜单中选择【删除】命令，删除多余的事件如图 11-46 和图 11-47 所示。

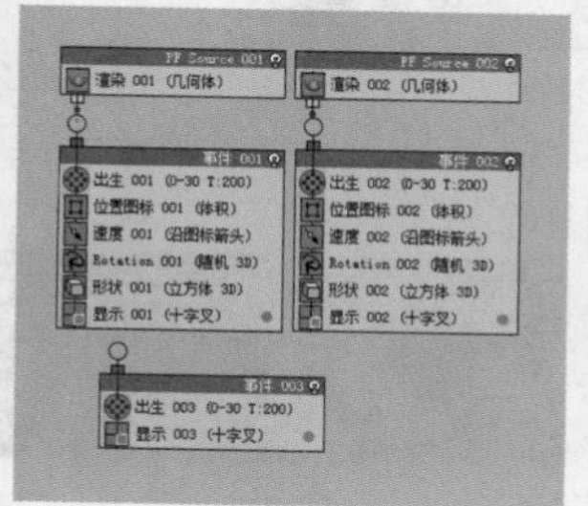

图11-45

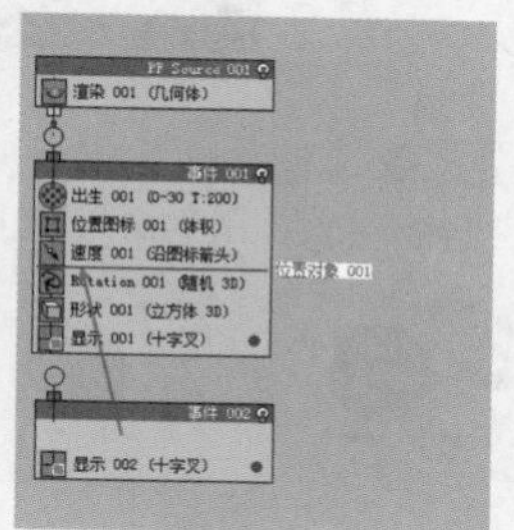

图11-46

若将【位置对象 001】事件拖曳到【事件 001】面板中的其中一个事件上，此时会替换原来的事件，如图 11-48 所示。

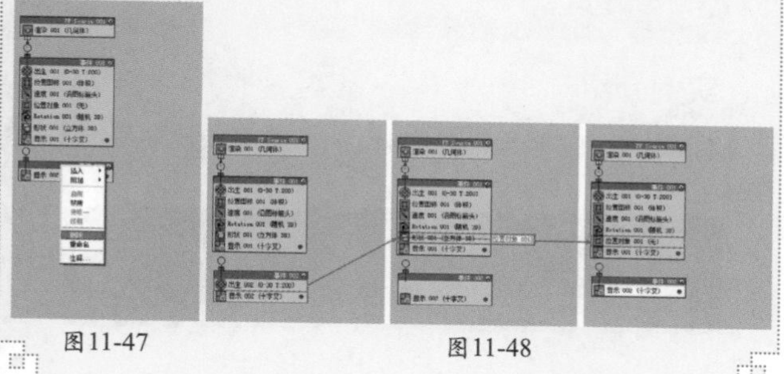

图11-47　　图11-48

步骤 05 在【粒子视图】对话框中单击【出生 002】，展开【出生 002】卷展栏，然后设置【发射停止】为 100，【数量】为 600，如图 11-49 所示。

步骤 06 在【粒子视图】对话框中单击【速度 002】，展开【速度 002】卷展栏，然后设置【速度】为 600，如图 11-50 所示。

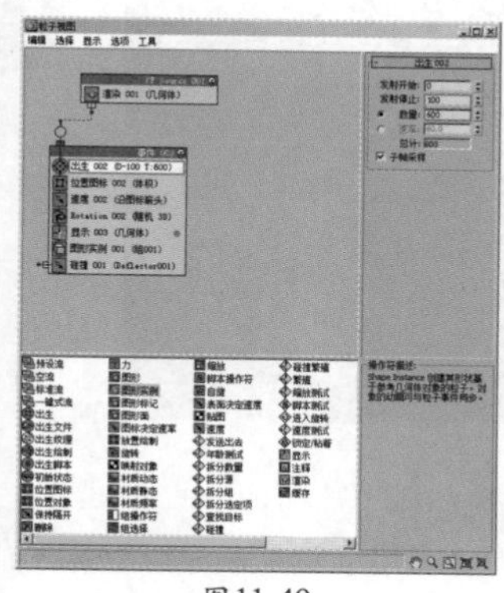

图11-49

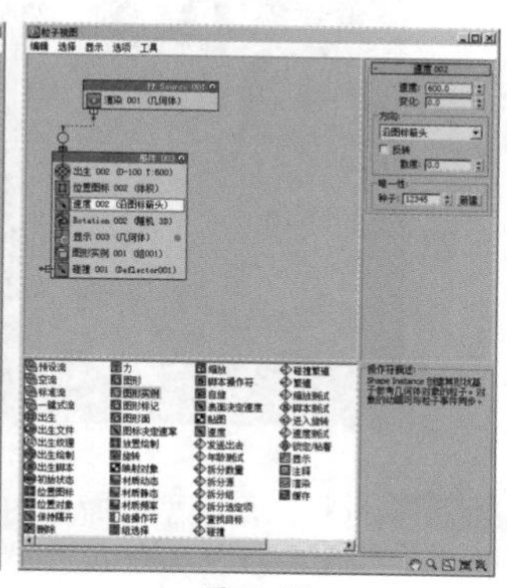

图11-50

步骤 07 在【粒子视图】对话框中单击 Rotation 002，展开 Rotation 002 卷展栏，然后设置【方向矩阵】为【世界空间】，并设置 Y 为 180，【散度】为 20，如图 11-51 所示。

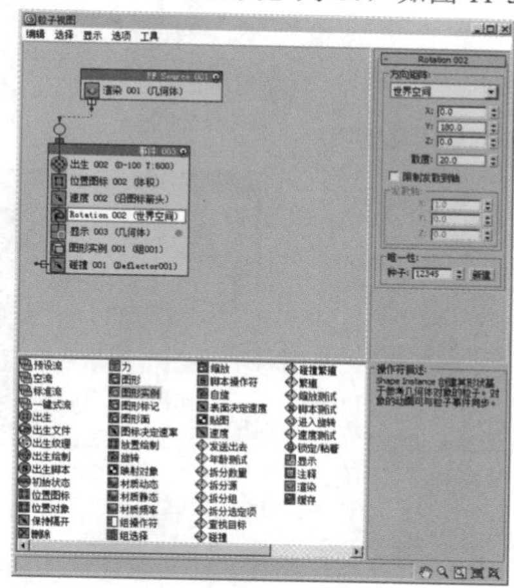

图11-51

技巧与提示

若在【方向矩阵】下选择【随机 3D】，在场景中会出现混乱的飞镖箭头，这并不是我们需要的效果，如图 11-52 所示。

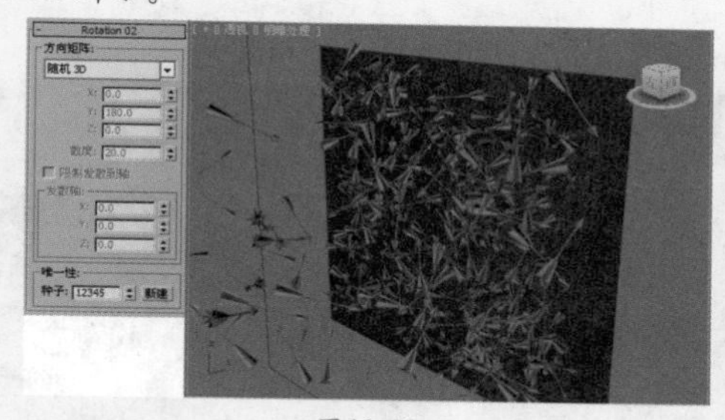

图11-52

步骤 08 在【粒子视图】对话框中选择【形状 001】选项，然后右击，在弹出的快捷菜单中选择【删除】命令，如图 11-53 所示。

步骤 09 选择【显示 03】选项，并设置【类型】为【几何体】，如图 11-54 所示。

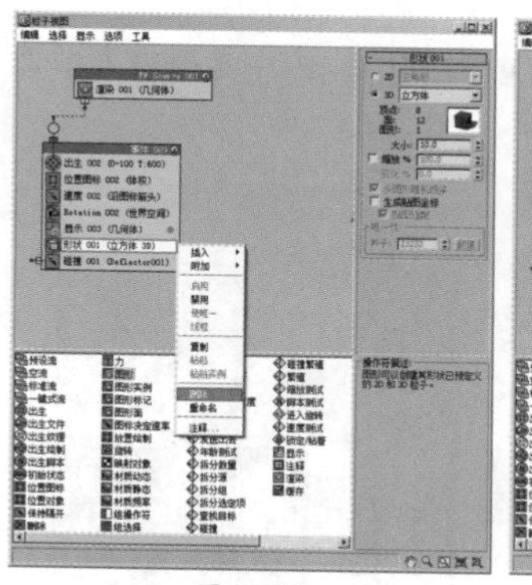

图11-53

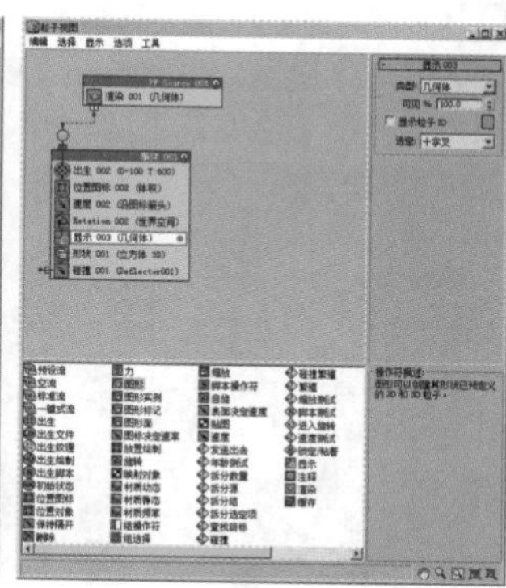

图11-54

步骤 10 在【粒子视图】对话框的空白处右击，执行【新建】

|【操作符事件】|【图形实例】命令，最后将【图形实例001】拖曳到事件中，如图 11-55 所示。展开【图形实例001】卷展栏，单击【粒子几何体对象】下的【组 001】按钮，并拾取场景中的飞镖模型，设置【比例 %】为 100，【变化 %】为 40，如图 11-56 所示。

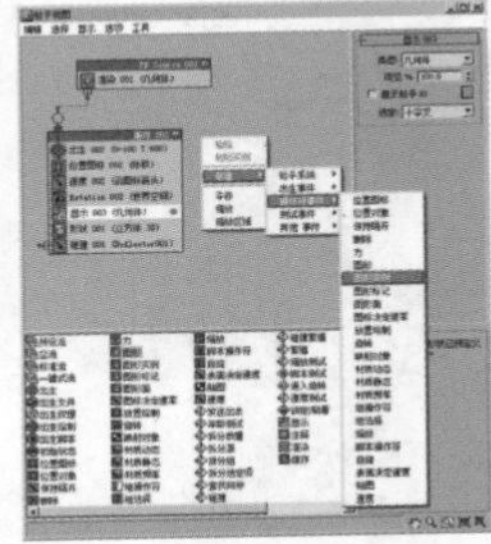
图11-55

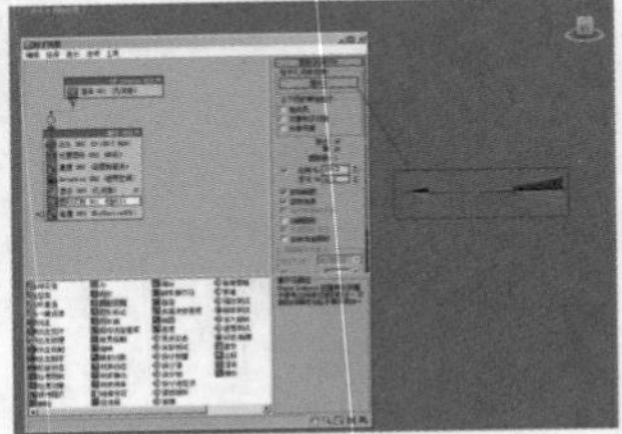
图11-56

技巧与提示

新建【图形实例】，可以将粒子几何体对象替换为任何物体，如飞镖模型，这样就会实现很多飞镖的运动效果。

步骤 11 在【创建】面板中单击【空间扭曲】按钮，并设置类型为【导向器】，最后单击【导向板】按钮 导向板 ，如图 11-57 所示。展开【参数】卷展栏，设置【宽度】为 6000mm，【长度】为 7000mm，如图 11-58 所示。

图11-57

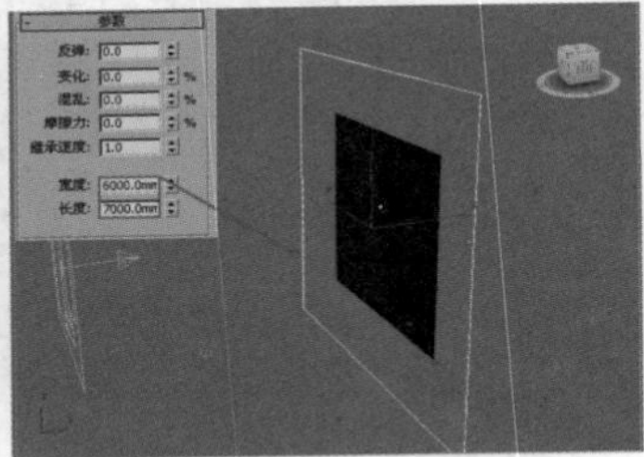
图11-58

步骤 12 返回【粒子视图】对话框，在该对话框的空白处右击，执行【新建】|【测试事件】|【碰撞】命令，如图 11-59 所示。最后将【碰撞 001】拖曳到事件中。

步骤 13 单击【碰撞 001】，展开【碰撞 001】卷展栏，单击【添加】按钮 添加 ，接着拾取 Deflector01，选中【碰撞】单选按钮，设置【速度】为【反弹】，如图 11-60 所示。

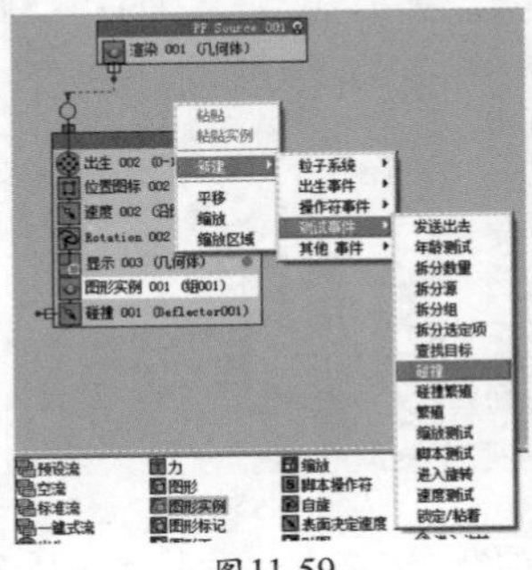
图11-59

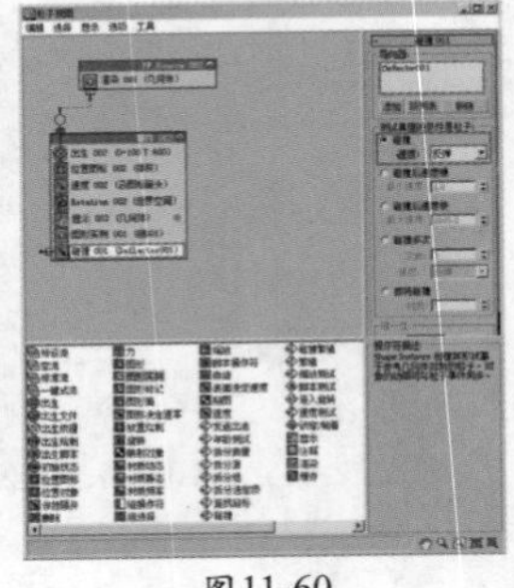
图11-60

步骤 14 拖动时间线滑块查看此时的动画，效果如图 11-61 所示。

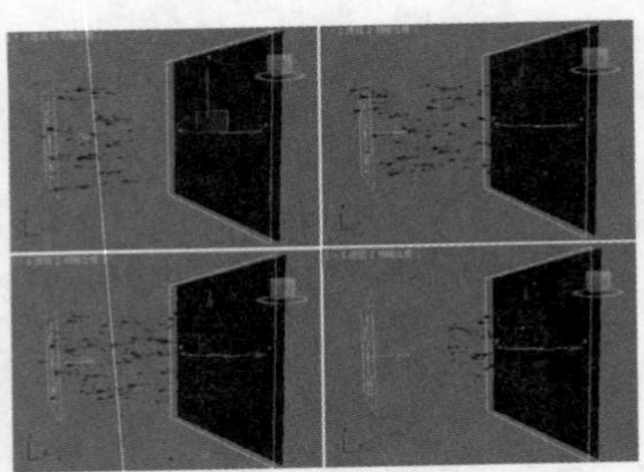
图11-61

步骤 15 选择动画效果最明显的一些帧，然后单独渲染出这些单帧动画，最终效果如图 11-62 所示。

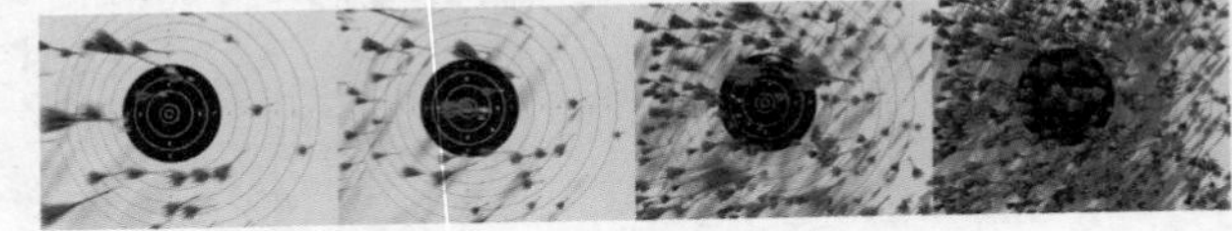
图11-62

重点 小实例：使用粒子流源制作字母头像

场景文件	03.max
案例文件	小实例：使用粒子流源制作字母头像 .max
视频教学	DVD/ 多媒体教学 /Chapter11/ 小实例：使用粒子流源制作字母头像 .flv
难易指数	★★★☆☆
技术掌握	掌握【粒子流源】粒子方法

实例介绍

本例讲解使用粒子流源制作字母头像，效果如图 11-63 所示。

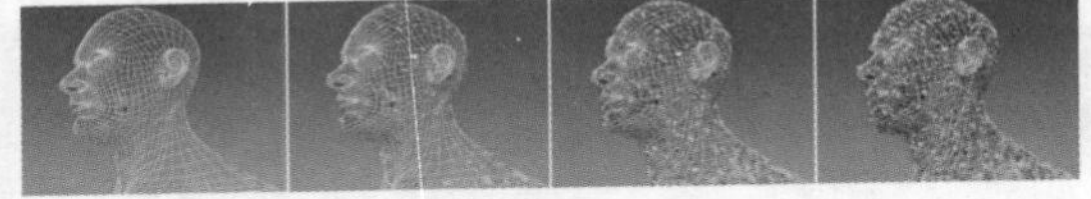
图11-63

操作步骤

步骤 01 打开本书配套光盘中【场景文件 /Chapter11/03.max】文件，此时场景效果如图 11-64 所示。

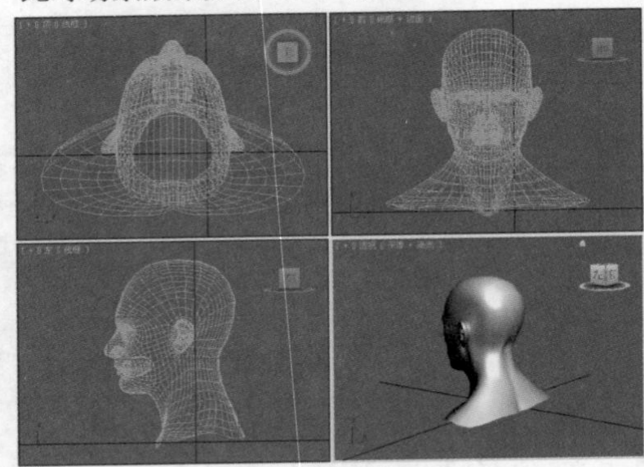
图11-64

步骤 02 选择头像模型并命名为 default。在顶视图中创建一个平面，并命名为 Plane001，设置【长度】为 250mm，【宽度】为 270mm，如图 11-65 所示。接着在顶视图中创建一个长方体，并命名为Box001，设置【长度】为2.5mm，【宽度】为3mm，【高度】为0.3mm，如图11-66所示。

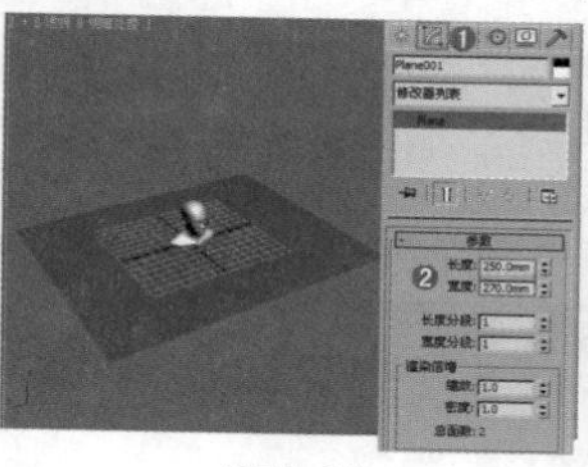
图11-65

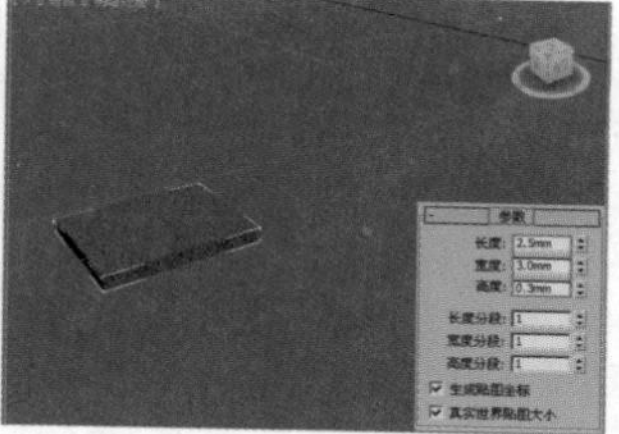
图11-66

步骤03 在【创建】面板中单击【几何体】按钮，并设置类型为【粒子系统】，接着单击【粒子流源】按钮 粒子流源 ，如图11-67所示。在视图中拖曳并创建一个粒子流源001，如图11-68所示。

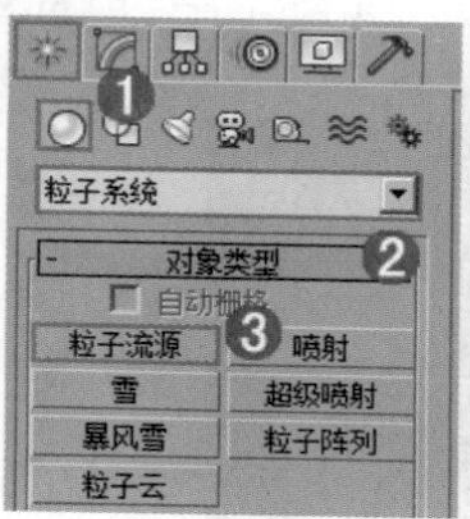

图11-67

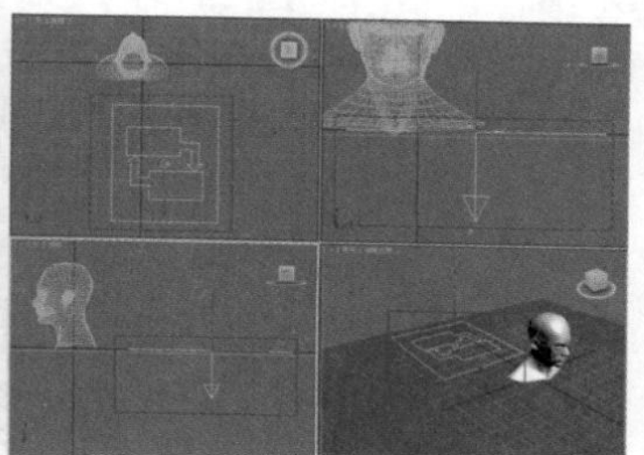
图11-68

步骤04 选择【粒子流源001】，然后展开【发射】卷展栏，设置【徽标大小】为50mm，【长度】为80mm，【宽度】为70mm，如图11-69所示。此时场景效果如图11-70所示。

步骤05 单击【粒子视图】按钮 粒子视图 ，如图11-71所示。此时弹出【粒子视图】对话框，如图11-72所示。

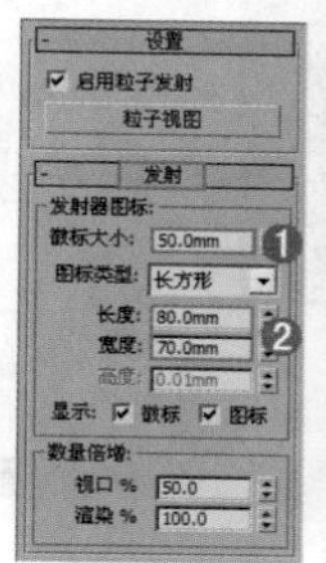

图11-69

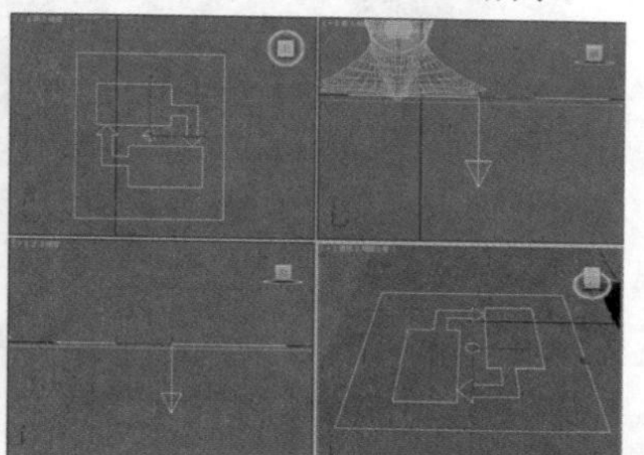
图11-70

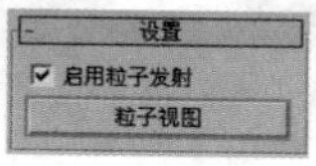

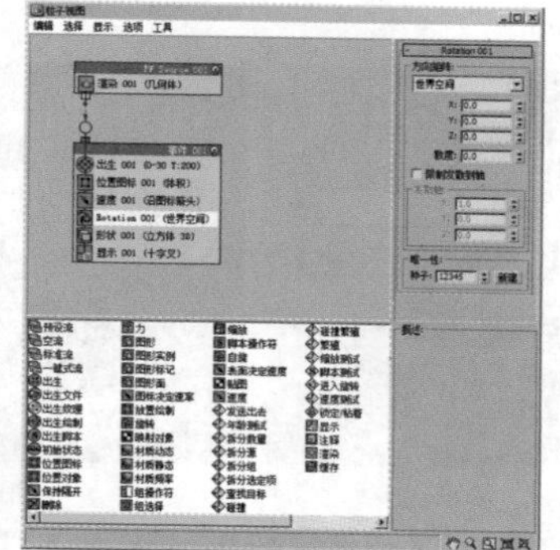

图11-71

图11-72

步骤06 在【粒子视图】对话框中单击【出生001】，展开【出生001】卷展栏，然后设置【发射开始】为0，【发射停止】为99，【数量】为3500，如图11-73所示。

步骤07 在【粒子视图】对话框中单击【位置图标001】，展开【位置图标001】卷展栏，然后设置【位置】为【曲面】，如图11-74所示。

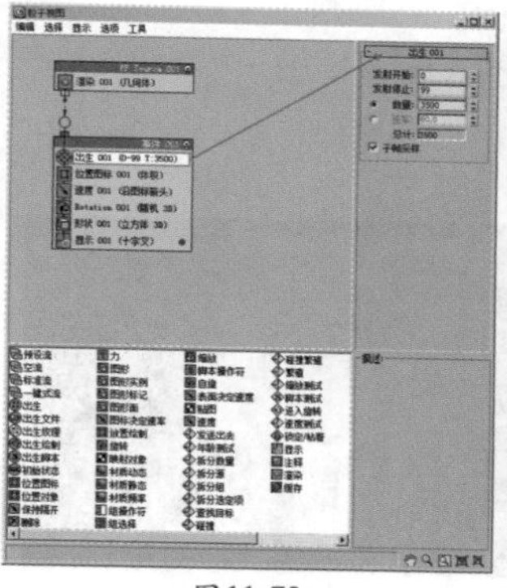
图11-73

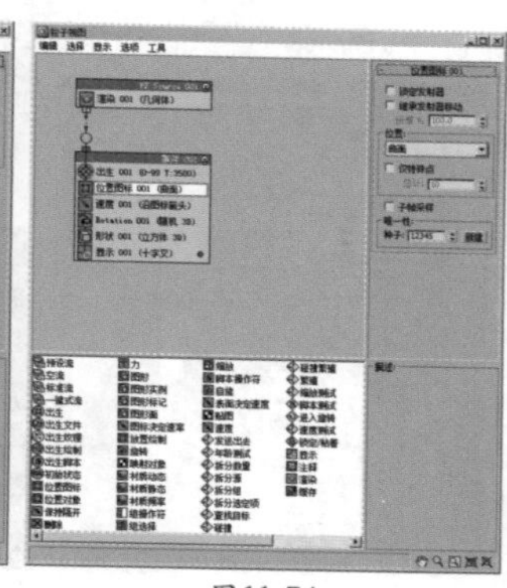
图11-74

步骤08 在【粒子视图】对话框中单击【速度001】，展开【速度001】卷展栏，然后设置【速度】为120mm，如图11-75所示。

步骤09 在【粒子视图】对话框中单击【形状001】，展开【形状001】卷展栏，然后设置【图形】为【顶点】，如图11-76所示。

步骤10 在【粒子视图】对话框中单击【显示001】，展开【显示001】卷展栏，然后设置【类型】为【几何体】，【选定】为无，如图11-77所示。

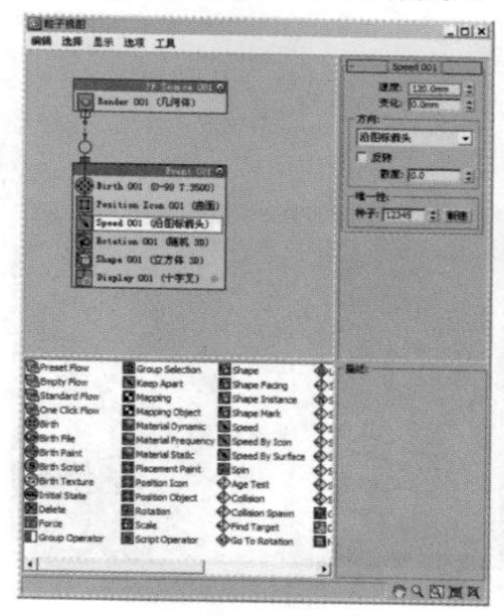
图11-75

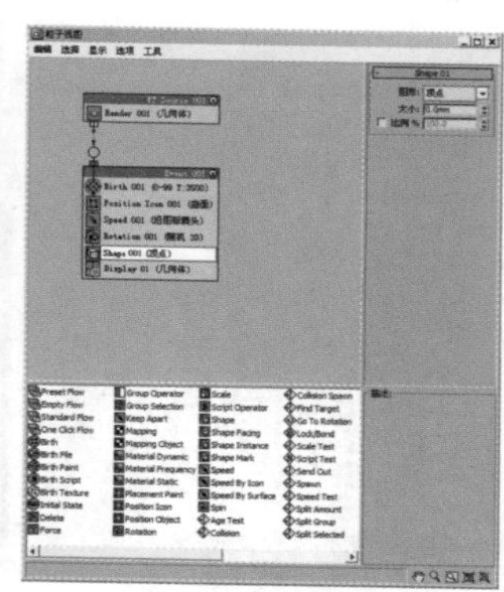
图11-76

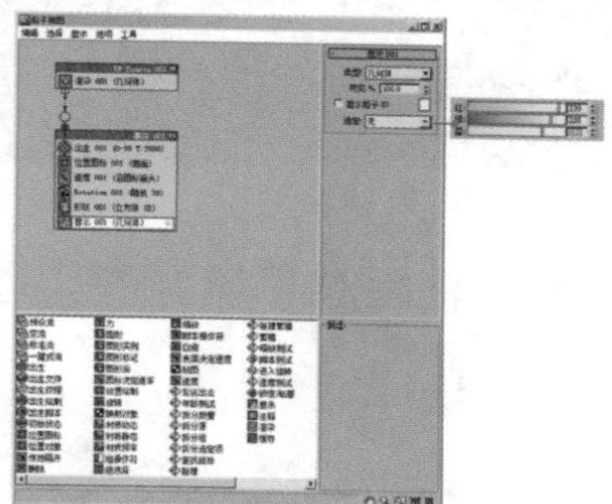
图11-77

步骤 11 在【粒子视图】对话框的空白处右击，执行【新建】|【操作符事件】|【图形实例】命令，最后将【图形实例 001】拖曳到事件中，如图 11-78 所示。展开【图形实例 001】卷展栏，在【粒子几何体对象】下单击 Box001 按钮，并拾取场景中的 Box 模型，选中【组成员】、【对象和子对象】和【对象元素】复选框，设置【比例 %】为 37，如图 11-79 所示。

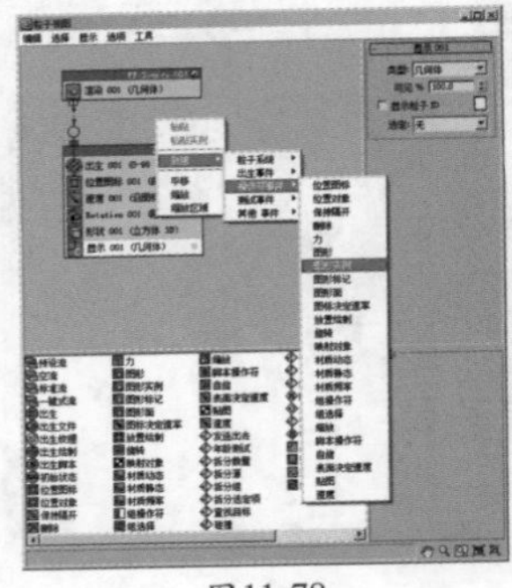
图 11-78

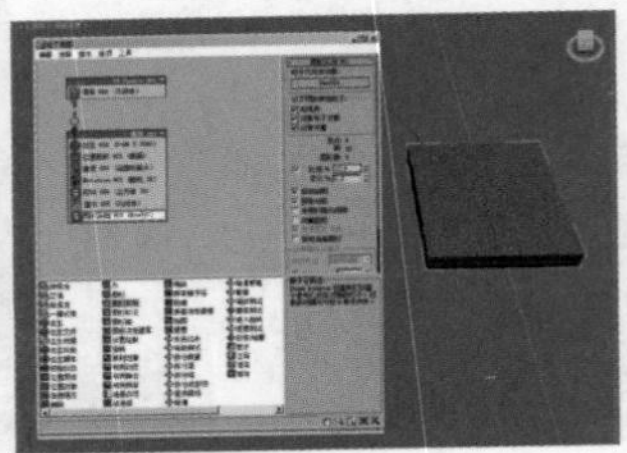
图 11-79

步骤 12 在【粒子视图】对话框的空白处右击，执行【新建】|【操作符事件】|【位置对象】命令，最后将【位置对象 001】拖曳到事件中，如图 11-80 所示。展开【位置对象 001】卷展栏，单击【添加】按钮，将场景中的 default 添加进来，并选中【继承发射器移动】复选框，设置【倍增 %】为 0，如图 11-81 所示。

步骤 13 为了最终渲染效果的美观，可以选择 default 模型，将其转换为可编辑多边形，将模型的边提取出来，并隐藏原来的模型，按 F9 键渲染当前场景，最终渲染效果如图 11-82 所示。

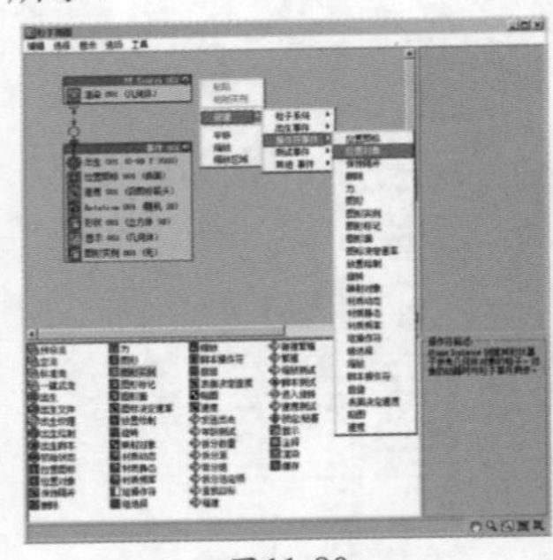
图 11-80

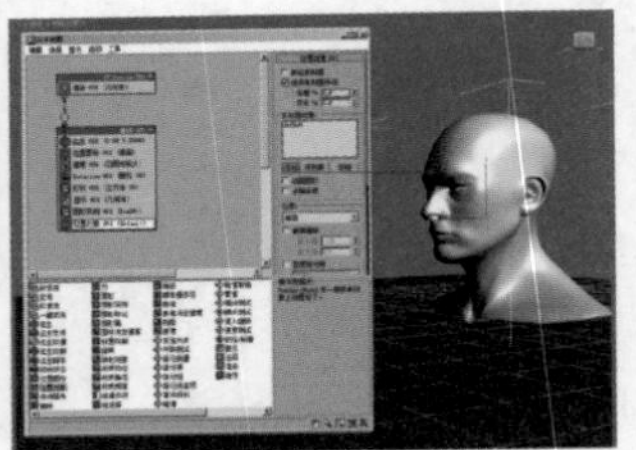
图 11-81

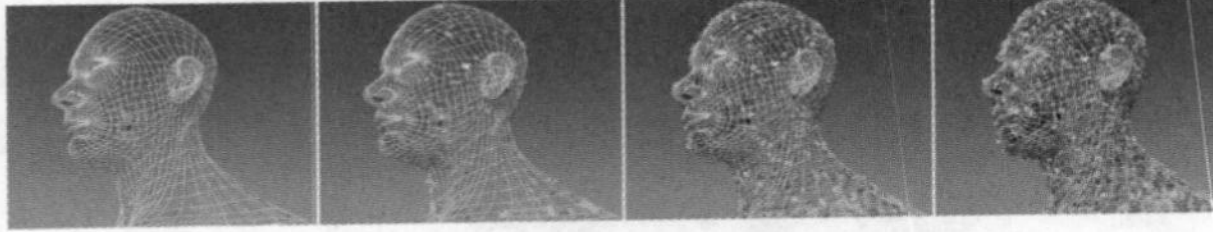
图 11-82

重点 小实例：使用粒子流源制作雪花

场景文件	04.max
案例文件	小实例：使用粒子流源制作雪花 .max
视频教学	DVD/ 多媒体教学 /Chapter11/ 小实例：使用粒子流源制作雪花 .flv
难易指数	★★★☆☆
技术掌握	掌握【粒子流源】粒子、导向板、风的综合应用

实例介绍

本例讲解使用粒子流源制作雪花，效果如图 11-83 所示。

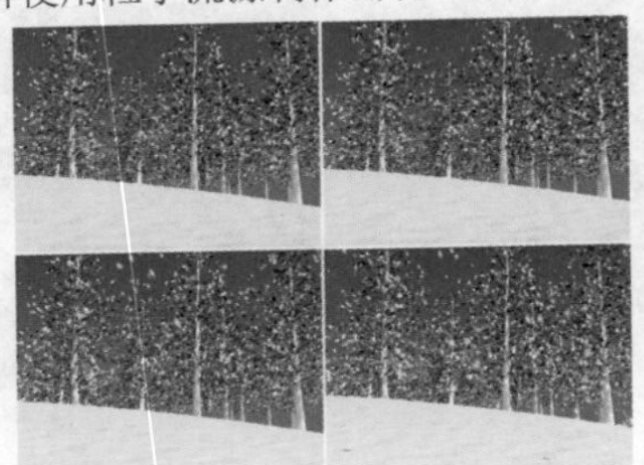
图 11-83

操作步骤

步骤 01 打开本书配套光盘中的【场景文件 Chapter11/04.max】文件，此时场景效果如图 11-84 所示。

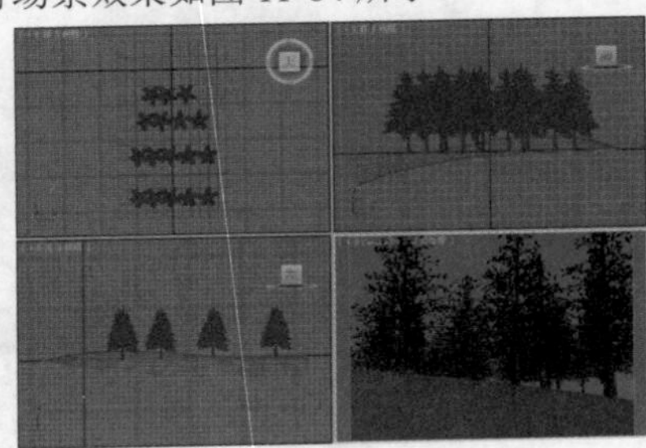
图 11-84

步骤 02 使用【散步】制作一个雪花模型，如图 11-85 所示。

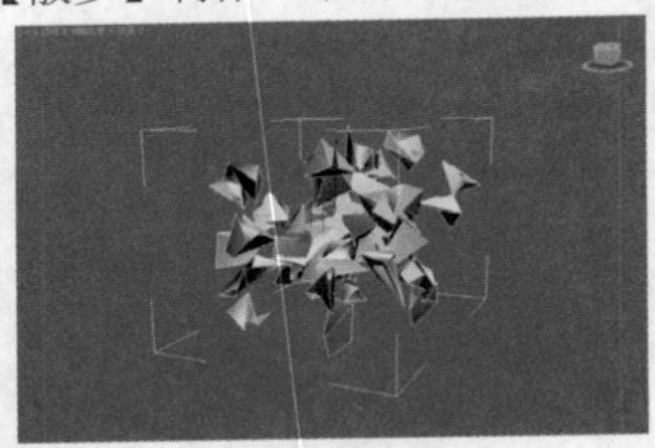
图 11-85

步骤 03 在【创建】面板中单击【几何体】按钮，并设置类型为【粒子系统】，接着单击【粒子流源】按钮 粒子流源，如图 11-86 所示。接着在视图中拖曳创建一个粒子流源，使用【选择并旋转】工具沿 Y 轴进行适当的旋转，如图 11-87 所示。

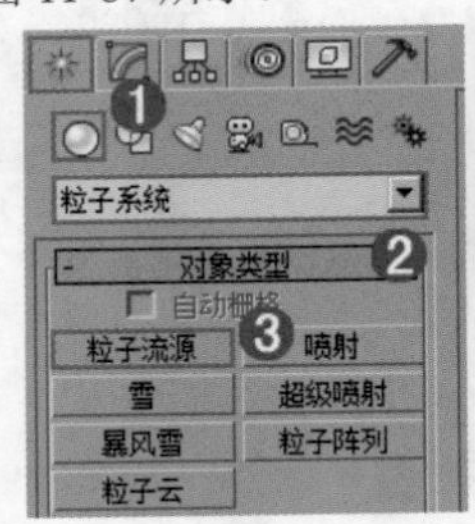

图 11-86

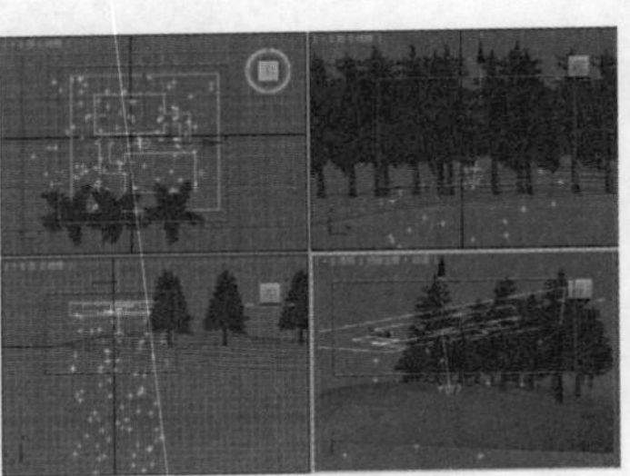
图 11-87

步骤 04 选择【粒子流源】，然后展开【发射】卷展栏，设置【徽标大小】为 93mm，【长度】为 130mm，【宽度】为

136mm，如图 11-88 所示。

步骤 05 单击【粒子视图】按钮 粒子视图 ，弹出【粒子视图】对话框，接着选择【事件 001】下的【形状 001】选项，右击并在弹出的快捷菜单中选择【删除】命令，如图 11-89 所示。

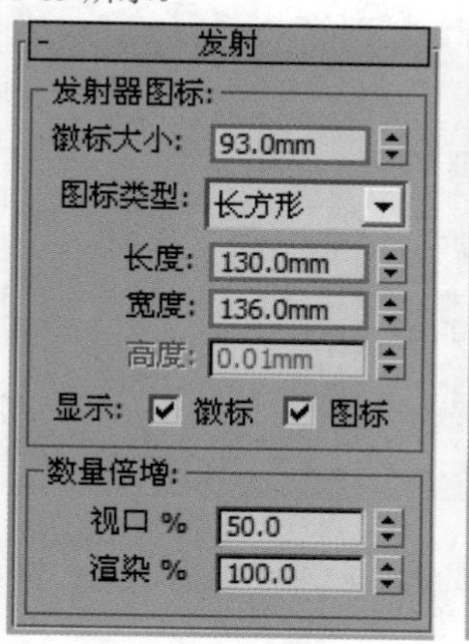

图11-88

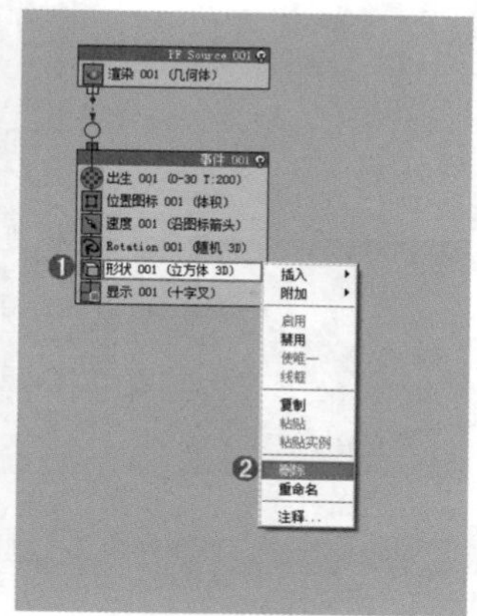
图11-89

技巧与提示

使用粒子流源时，在【粒子视图】对话框中会有很多选项，某些不需要更改的参数或使用的选项，可以右击，在弹出的快捷菜单中选择【删除】命令，将其删除。

步骤 06 单击【出生 001】，展开【出生 001】卷展栏，设置【发射开始】为 0，【发射停止】为 100，【数量】为 1000，如图 11-90 所示。单击【速度 001】，展开【速度 001】卷展栏，设置【速度】为 10mm，如图 11-91 所示。

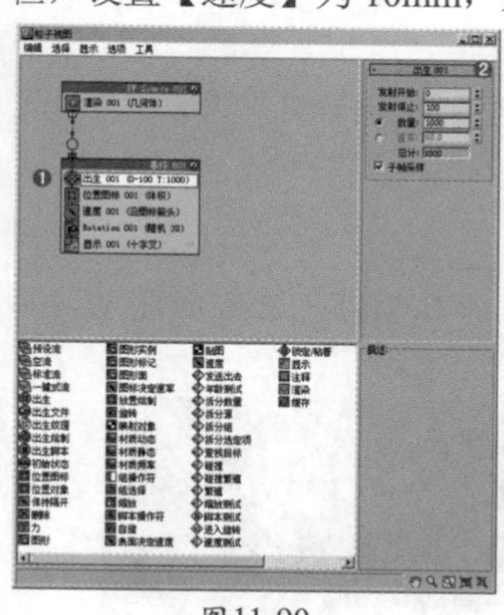
图11-90

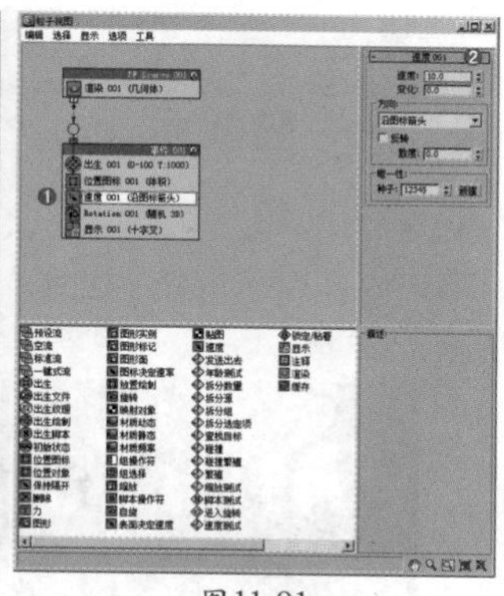
图11-91

步骤 07 单击【显示 001】，展开【显示 001】卷展栏，设置类型为【几何体】，如图 11-92 所示。拖动时间线滑块查看此时的动画，效果如图 11-93 所示。

步骤 08 在【创建】面板中单击【空间扭曲】按钮，并设置类型为【导向器】，接着单击【导向板】按钮 导向板 ，如图 11-94 所示。在视图中拖曳创建一个导向板，选中刚创建的导向板，展开【参数】卷展栏，设置【反弹】为 1，【宽度】为 175mm，【长度】为 165mm，如图 11-95 所示。

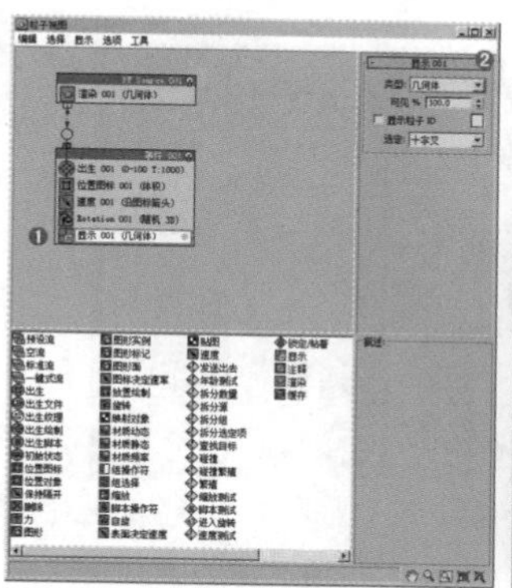
图11-92

图11-93

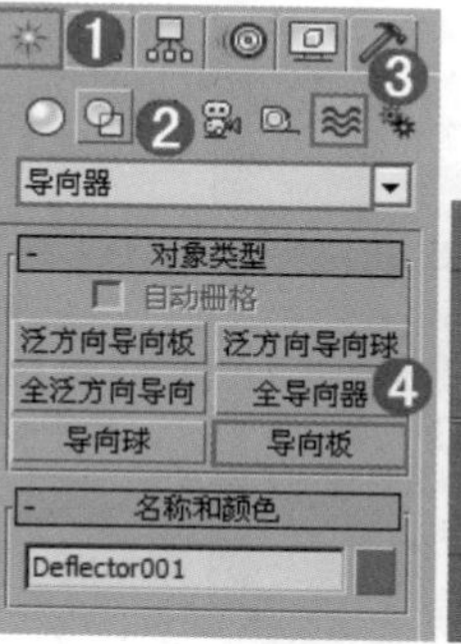

图11-94

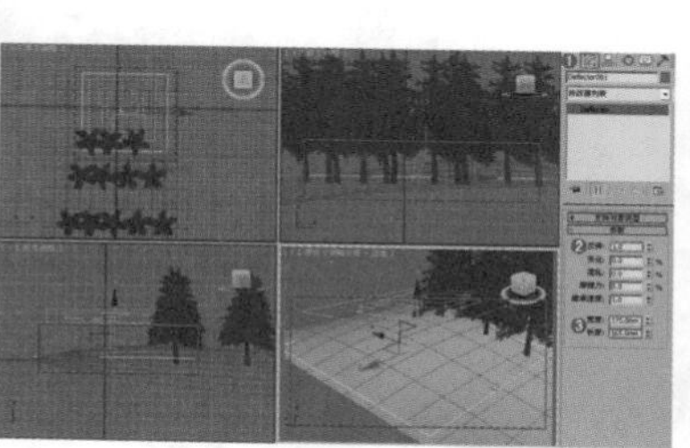
图11-95

步骤 09 再次单击【粒子视图】按钮 粒子视图 ，弹出【粒子视图】对话框，接着在该对话框中单击【碰撞 001】，并拖曳到【事件 001】对话框的最下方，如图 11-96 所示。

步骤 10 单击【碰撞 001】，展开【碰撞 001】卷展栏，单击【添加】按钮 添加 ，接着在视图中选择刚才创建的导向板 Deflector001，最后选中【碰撞】单选按钮，设置【速度】为【反弹】，如图 11-97 所示。

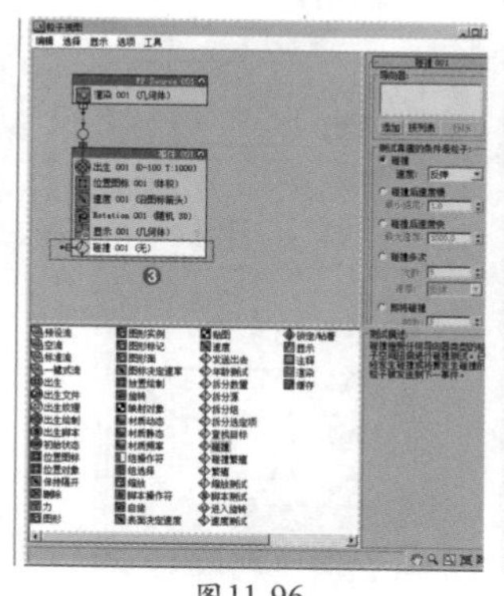
图11-96

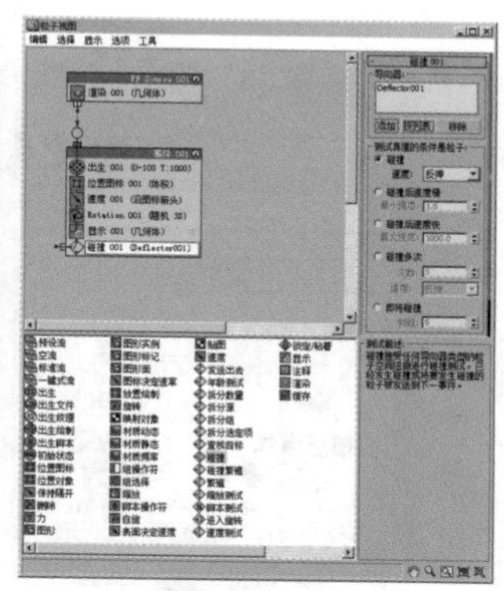
图11-97

步骤 11 在【粒子视图】对话框中单击【图形实例 001】，并拖曳到【事件 001】对话框的最下方，接着单击【粒子几何体对象】下的【雪花】按钮，最后在视图中选择雪花模型，如图 11-98 所示。

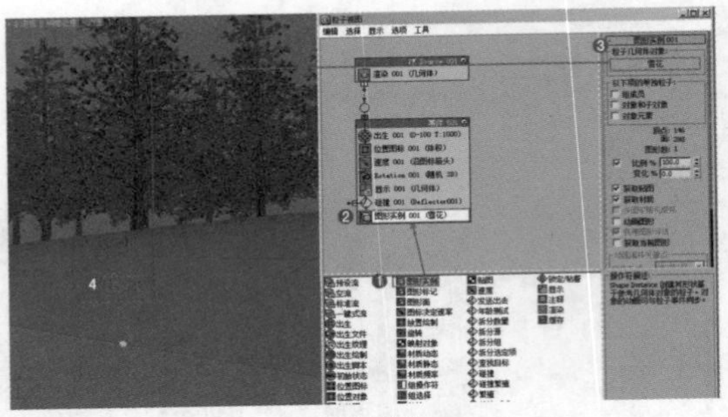
图11-98

步骤 12 在【粒子视图】对话框中单击【力 001】，拖曳到【事件 001】对话框的最下方，如图 11-99 所示。

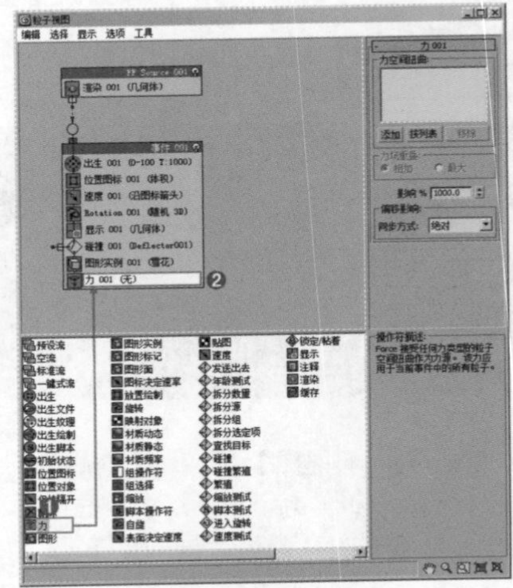
图11-99

步骤 13 在【创建】面板中单击【空间扭曲】按钮，并设置类型为【力】，接着单击【风】按钮 风 ，如图 11-100 所示。接着在视图中拖曳创建一个风，展开【参数】卷展栏，设置【强度】为 0.01，如图 11-101 所示。

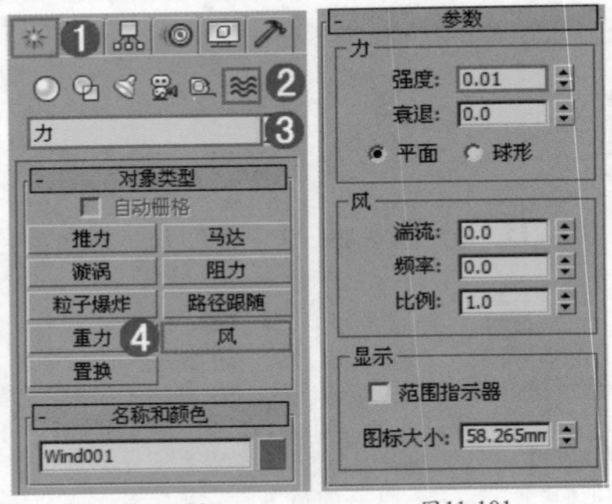

图11-100　　图11-101

步骤 14 此时风的位置如图 11-102 所示。

步骤 15 单击【力 001】，展开【力 001】卷展栏，单击【添加】按钮 添加 ，接着选择刚才创建的风 Wind001，如图 11-103 所示。

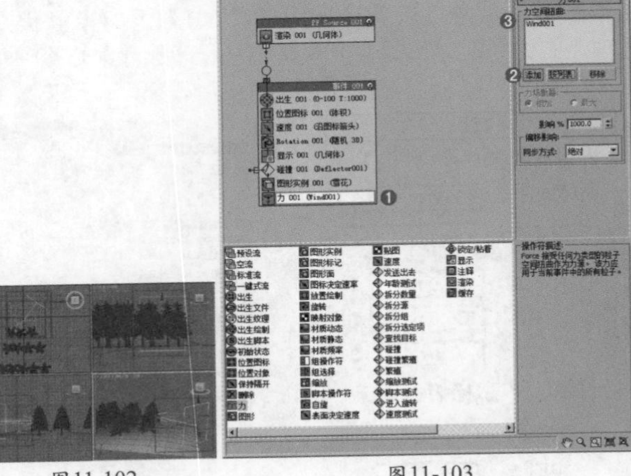
图11-102　　图11-103

步骤 16 拖动时间线滑块查看此时的动画，效果如图 11-104 所示。

步骤 17 选择动画效果最明显的一些帧，然后单独渲染出这些单帧动画，最终效果如图 11-105 所示。

图11-104

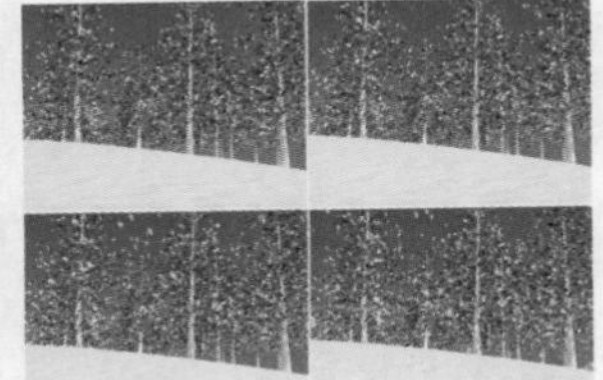
图11-105

重点 小实例：使用粒子流源制作弹力球

场景文件	无
案例文件	小实例：使用粒子流源制作弹力球.max
视频教学	DVD/多媒体教学/Chapter11/小实例：使用粒子流源制作弹力球.flv
难易指数	★★★☆☆
技术掌握	掌握【粒子流源】粒子、导向板、重力的综合应用

实例介绍

本例讲解使用粒子流源制作弹力球，效果如图 11-106 所示。

图11-106

操作步骤

步骤 01 在【创建】面板中单击【几何体】按钮，并设置类型为【粒子系统】，接着单击【粒子流源】按钮 粒子流源，如图 11-107 所示。在视图中拖曳创建一个粒子流源，如图 11-108 所示。

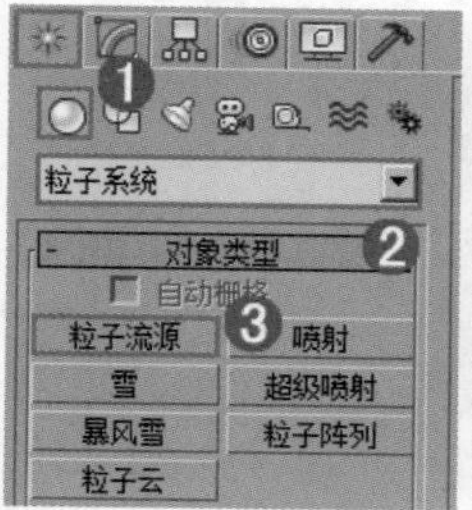

图 11-107

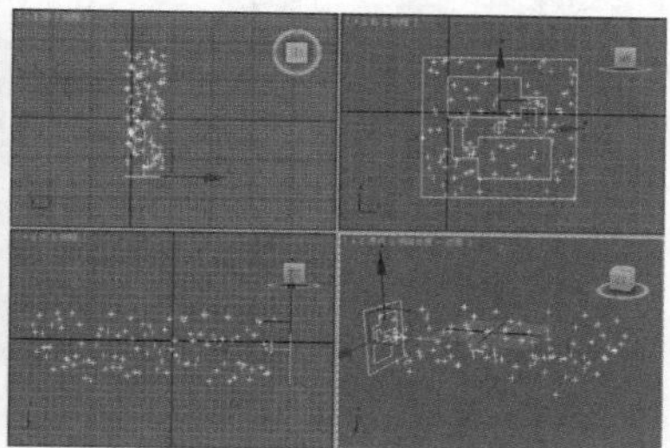
图 11-108

步骤 02 选择【粒子流源】，然后展开【发射】卷展栏，设置【徽标大小】为 65mm，【长度】为 88mm，【宽度】为 97mm，如图 11-109 所示。

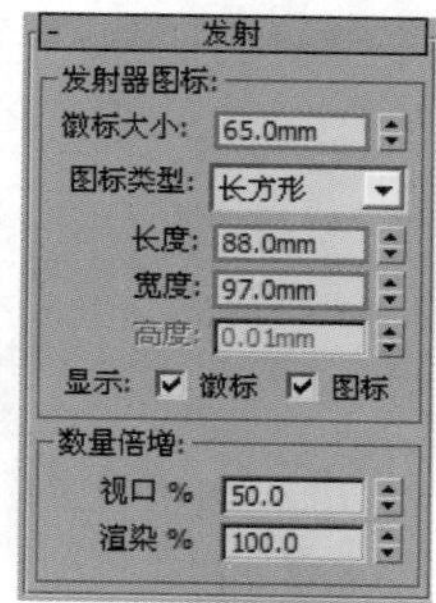

图 11-109

步骤 03 单击【出生 001】，展开【出生 001】卷展栏，设置【发射开始】为 0，【发射停止】为 100，【数量】为 80，如图 11-110 所示。单击【显示 001】，展开【显示 001】卷展栏，设置【类型】为【圆】，如图 11-111 所示。

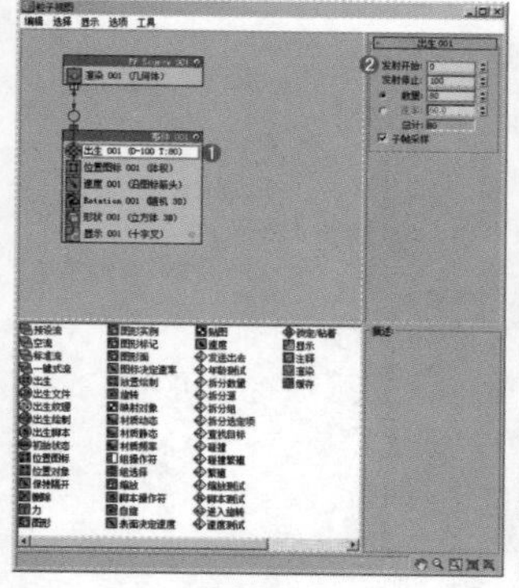
图 11-110

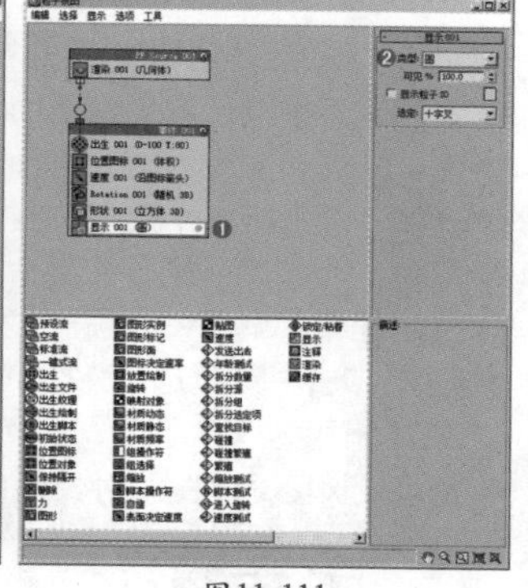
图 11-111

步骤 04 在【粒子视图】对话框中选择【图形实例 001】，并拖曳到【事件 001】对话框的最下方，接着单击【粒子几何体对象】下的 Sphere001 按钮，最后在视图中选择球体 Sphere001 模型，如图 11-112 所示。

步骤 05 在【创建】面板中单击【空间扭曲】按钮，并设置类型为【力】，接着单击【重力】按钮 重力，如图 11-113 所示。接着在视图中拖曳创建一个重力，位置如图 11-114 所示。

步骤 06 在【粒子视图】对话框中单击【力 001】，并拖曳到【事件 001】对话框的最下方，展开【力 001】卷展栏，单击【添加】按钮 添加，接着在视图中选择刚才创建的重力 Gravity001，如图 11-115 所示。

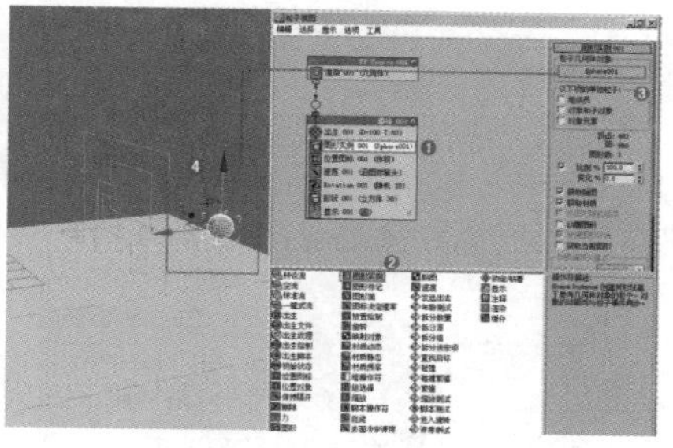
图 11-112

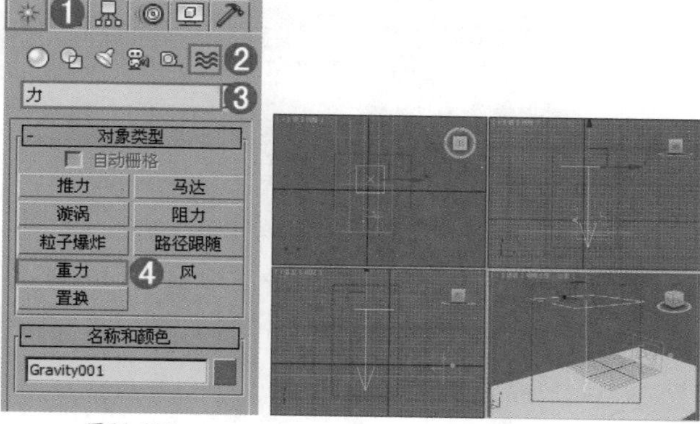

图 11-113　　图 11-114

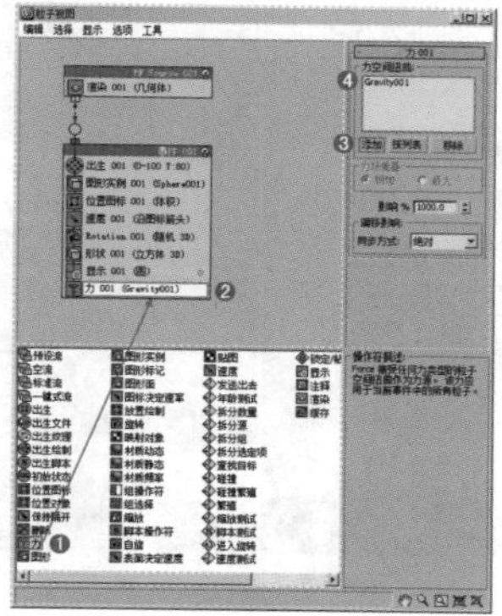
图 11-115

步骤 07 在【创建】面板中单击【空间扭曲】按钮，并设置类型为【导向器】，接着单击【导向板】按钮 导向板，如图 11-116 所示。在视图中拖曳创建一个导向板，位置如图 11-117 所示。

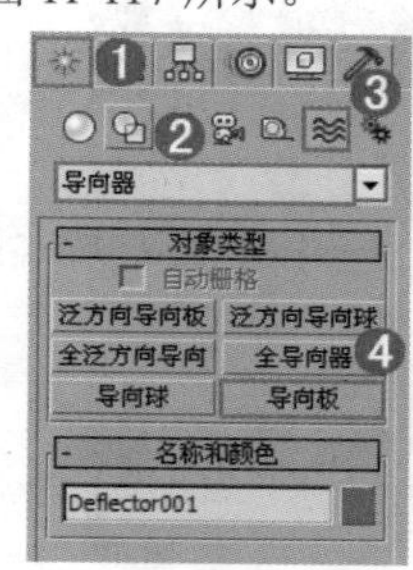

图 11-116

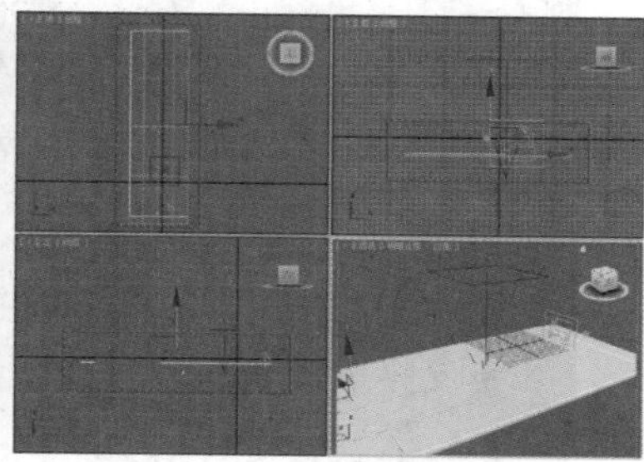
图 11-117

步骤 08 再次单击【粒子视图】按钮 粒子视图 ，弹出【粒子视图】对话框，接着在对话框中单击【碰撞 001】，并拖曳到【事件 001】对话框的最下方，接着单击【碰撞 001】卷展栏，并单击【添加】按钮 添加 ，然后在视图中选择刚才创建的导向板 Deflector001，最后选中【碰撞】单选按钮，设置【速度】为【反弹】，如图 11-118 所示。

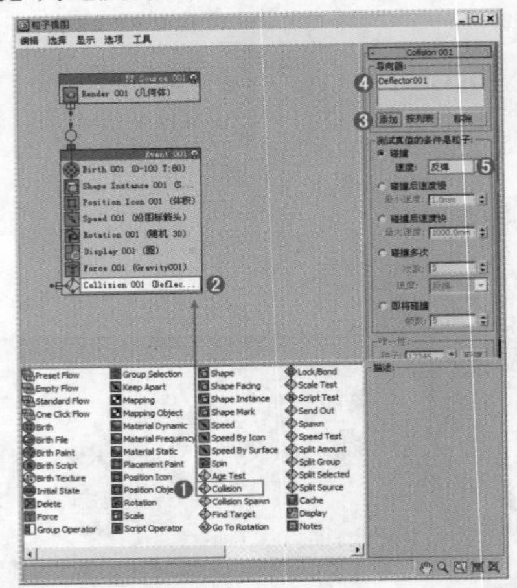

图11-118

步骤 09 拖动时间线滑块查看此时的动画，效果如图 11-119 所示。

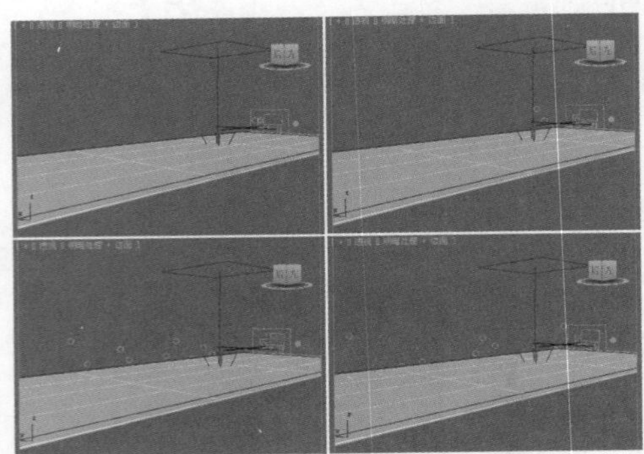

图11-119

步骤 10 选择动画效果最明显的一些帧，然后单独渲染出这些单帧动画，最终效果如图 11-120 所示。

图11-120

11.1.2 喷射

喷射粒子常用来模拟雨、喷泉等水滴效果，其参数设置面板如图 11-121 所示。

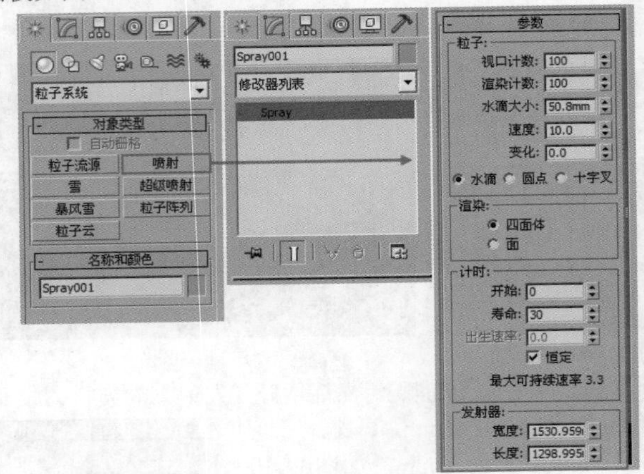

图11-121

- **视口计数**：在指定的帧位置，设置视图中显示的最大粒子数量。
- **渲染计数**：在渲染某一帧时，设置可以显示的最大粒子数量（与【计时】选项组下的参数配合使用）。
- **水滴大小**：设置粒子的大小。
- **速度**：设置每个粒子离开发射器时的初始速度。
- **变化**：设置粒子的初始速度和方向。数值越大，喷射越强，范围越广。
- **水滴 / 圆点 / 十字叉**：设置粒子在视图中的显示方式。
- **四面体**：将粒子渲染为四面体。
- **面**：将粒子渲染为正方形面。
- **开始**：设置第 1 个出现的粒子的帧的编号。
- **寿命**：设置每个粒子的寿命。
- **出生速率**：设置每一帧产生的新粒子数。
- **恒定**：选中该复选框，【出生速率】选项将不可用，此时的【出生速率】等于最大可持续速率。
- **宽度 / 长度**：设置发射器的宽度和长度。

技巧与提示

将【视口计数】的数量设置为少于【渲染计数】的数量时，可以节省计算机的内存空间，使得在视口中操作会比较流畅，而且不会影响最终渲染的效果。

重点 小实例：使用喷射制作下雨动画

场景文件	无
案例文件	小实例：使用喷射制作下雨动画 .max
视频教学	DVD/ 多媒体教学 /Chapter11/ 小实例：使用喷射制作下雨动画 .flv
难易指数	★★★☆☆
技术掌握	掌握喷射功能

实例介绍

本例将以一个雨天场景来讲解使用喷射制作雨天效果，

最终效果如图 11-122 所示。

图11-122

操作步骤

步骤 01 在【创建】面板中单击【几何体】按钮，并设置类型为【粒子系统】，接着单击【喷射】按钮 喷射 ，如图 11-123 所示。单击鼠标左键并拖曳创建一个喷射，如图 11-124 所示。

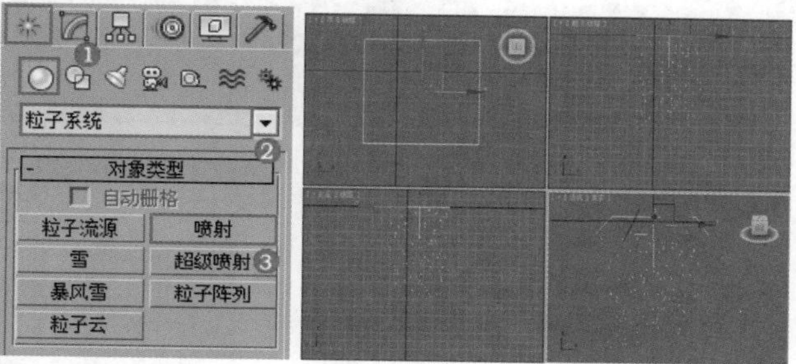

图11-123　　图11-124

步骤 02 选择刚创建的喷射，展开【参数】卷展栏，设置【视口计数】为 1000，【渲染计数】为 2000，【水滴大小】为 8，【速度】为 8，【变化】为 0.56，并选中【水滴】单选按钮，设置【渲染】类型为【四面体】；设置【计时】的【开始】为 -50，【寿命】为 60，如图 11-125 所示。此时场景如图 11-126 所示。

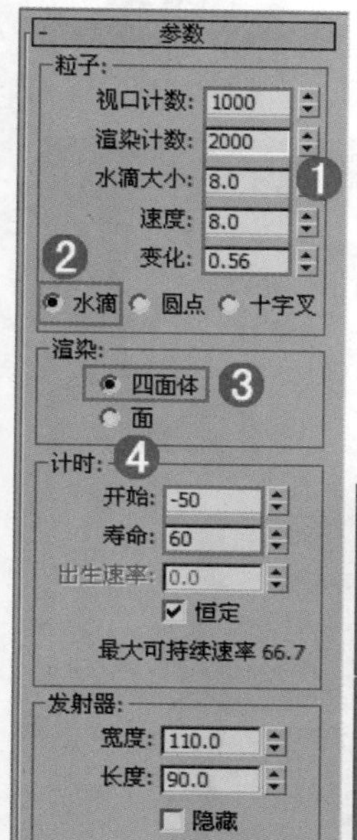

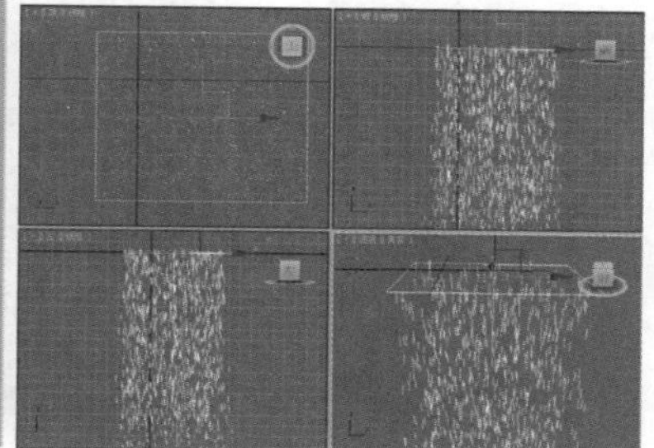

图11-125　　图11-126

步骤 03 单击【选择并旋转】工具，并沿 Y 轴旋转一定的角度，使得喷射略微倾斜，这样看起来会更像在雨天中的雨滴被风吹的感觉，如图 11-127 所示。

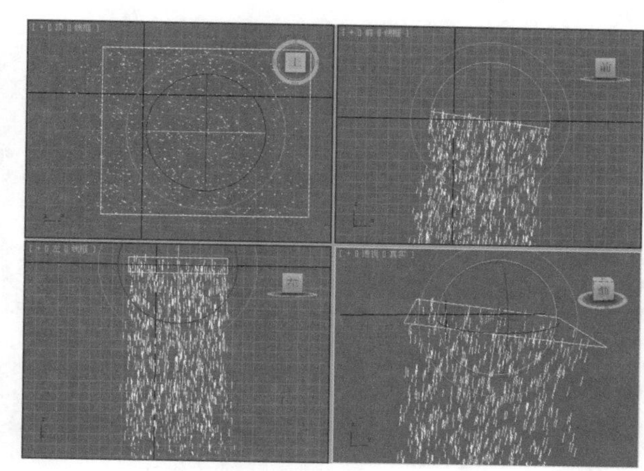

图11-127

步骤 04 按 8 键打开【环境和效果】对话框，接着在通道上加载贴图文件【背景（背景.jpg）】，如图 11-128 所示。

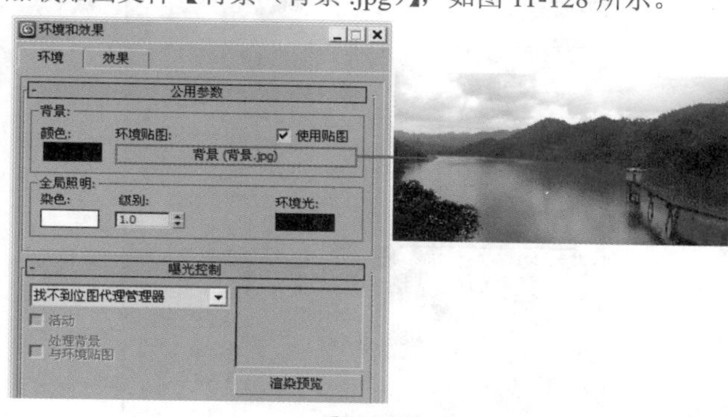

图11-128

步骤 05 选择动画效果最明显的一些帧，然后单独渲染出这些单帧动画，最终效果如图 11-129 所示。

图11-129

11.1.3　雪

雪常用来模拟降雪或投撒的纸屑。【雪】系统与【喷射】系统类似，不同的是雪系统提供了其他参数来生成翻滚的雪花，渲染选项也有所不同，其参数设置面板如图 11-130 所示。

- **视口计数**：在指定的帧位置，设置视图中显示的最大粒子数量。
- **渲染计数**：在渲染某一帧时，设置可以显示的最大粒子数量（与【计时】选项组下的参数配合使用）。
- **雪花大小**：设置粒子的大小。
- **速度**：设置每个粒子离开发射器时的初始速度。
- **变化**：设置粒子的初始速度和方向。数值越大，降雪范围越广。
- **翻滚**：设置雪花粒子的随机旋转量。

- 翻滚速率：设置雪花的旋转速度。
- 雪花 / 圆点 / 十字叉：设置粒子在视图中的显示方式。
- 六角形：将粒子渲染为六角形。
- 三角形：将粒子渲染为三角形。
- 面：将粒子渲染为正方形面。
- 开始：设置第 1 个出现的粒子的帧的编号。
- 寿命：设置粒子的寿命。
- 出生速率：设置每一帧产生的新粒子数。
- 恒定：选中该复选框，【出生速率】选项将不可用，此时的出生速率等于最大可持续速率。
- 宽度 / 长度：设置发射器的宽度和长度。
- 隐藏：选中该复选框，发射器将不会显示在视图中（发射器不会被渲染出来）。

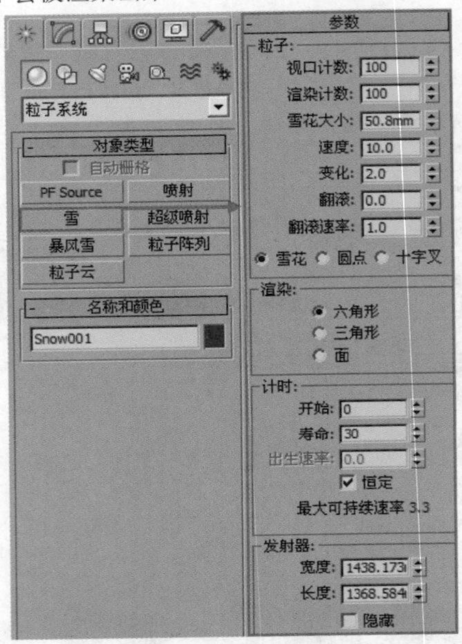

图11-130

重点 小实例：利用雪制作雪花动画

场景文件	无
案例文件	小实例：利用雪制作雪花动画.max
视频教学	DVD/ 多媒体教学 /Chapter11/ 小实例：利用雪制作雪花动画.flv
难易指数	★★☆☆☆
技术掌握	掌握雪功能

实例介绍

本例将以一个雪场景来讲解粒子系统下的雪制作雪场景，最终渲染效果如图 11-131 所示。

图11-131

操作步骤

步骤 01 在【创建】面板中单击【几何体】按钮，并设置类型为【粒子系统】，接着单击【雪】按钮 雪 ，如图 11-132 所示。单击鼠标左键并拖曳创建一个雪，如图 11-133 所示。

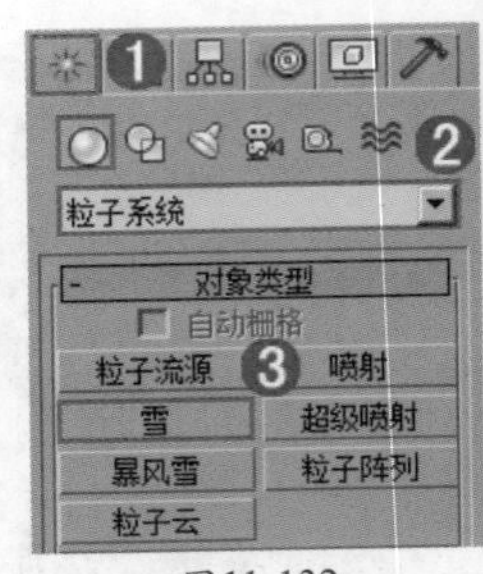

图11-132

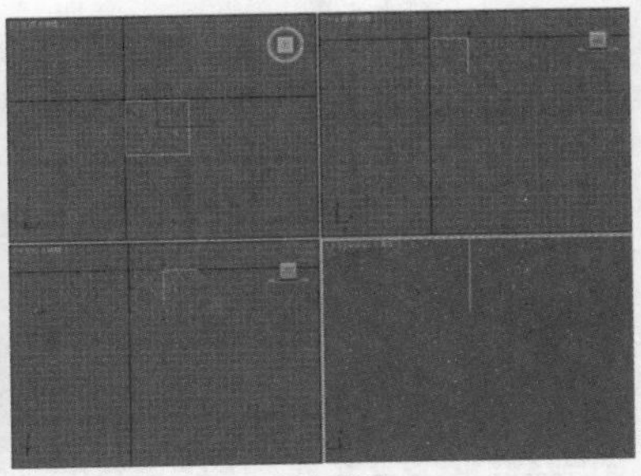

图11-133

步骤 02 展开【参数】卷展栏、设置【视口计数】为 400，【渲染计数】为 4000，【雪花大小】为 0.2，【速度】为 10，【变化】为 10，设置类型为【雪花】，【渲染】类型为【三角形】；设置【计时】的【开始】为 –30，【寿命】为 30，如图 11-134 所示。

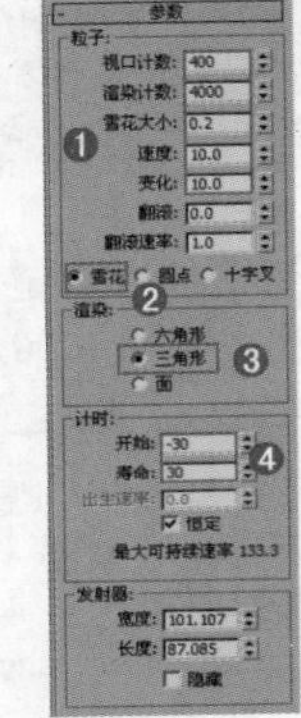

图11-134

步骤 03 按 8 键打开【环境和效果】对话框，接着在通道上加载贴图文件【Map#9（背景.jpg）】，如图 11-135 所示。

图11-135

步骤 04 选择动画效果最明显的一些帧，然后单独渲染出这些单帧动画，最终效果如图 11-136 所示。

图11-136

11.1.4 暴风雪

【暴风雪】粒子是原来的【雪】粒子系统的高级版本，常用来制作暴风雪等动画效果，其参数设置面板如图 11-137 所示。

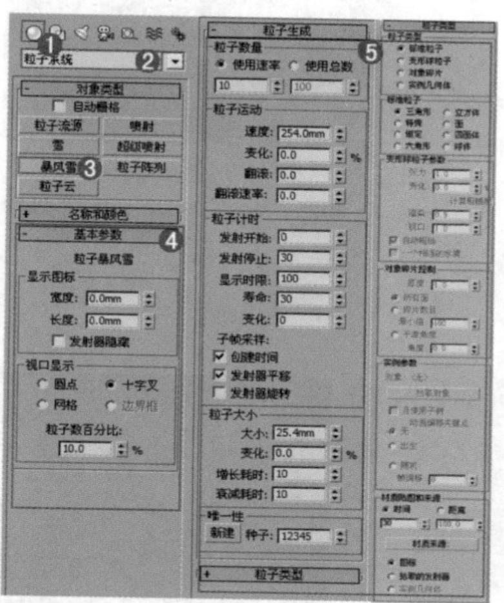

图11-137

1. 基本参数

- 宽度 / 长度：设置发射器的宽度和长度。
- 发射器隐藏：选中该复选框，发射器将不会显示在视图中（发射器不会被渲染出来）。
- 圆点 / 十字叉 / 网格 / 边界框：设置发射器在视图中的显示方式。

2. 粒子生成

- 使用速率：指定每一帧发射的固定粒子数。
- 使用总数：指定在寿命范围内产生的粒子总数。
- 速度：设置粒子在出生时沿法线的发射速度。
- 变化：设置粒子的初始速度和方向。
- 发射开始：设置粒子在场景中开始出现的帧。
- 发射停止：设置粒子在场景中出现的最后一帧。
- 显示时限：指定所有粒子将消失的帧。
- 寿命：设置每个粒子的寿命。
- 变化：指定每个粒子的寿命从标准值变化的帧数。
- 大小：根据粒子的类型来指定所有粒子的目标大小。
- 变化：设置每个粒子的大小从标准值变化的百分比。
- 增长耗时：设置粒子从很小增长到很大过程中所经历的帧数。
- 衰减耗时：设置粒子在消亡之前缩小到其大小的 1/10 所经历的帧数。
- 种子：设置特定的种子值。

3. 粒子类型

- 标准粒子：使用标准粒子类型中的一种。
- 变形球粒子：使用变形球粒子。
- 实例几何体：使用对象的碎片来创建粒子。
- 三角形：将每个粒子渲染为三角形。
- 立方体：将每个粒子渲染为立方体。
- 特殊：将每个粒子渲染为由 3 个交叉的 2D 正方形。
- 面：将每个粒子渲染为始终朝向视图的正方形。
- 恒定：将每个例子渲染为相同大小的物体。
- 四面体：将每个粒子渲染为贴图四面体。
- 六角形：将每个粒子渲染为二维的六角形。
- 球体：将每个粒子渲染为球体。
- 张力：设置有关粒子与其他粒子混合倾向的紧密度。
- 变化：设置张力变化的百分比。
- 渲染：设置【变形球】粒子的粗糙度。
- 视口：设置视口显示的粗糙度。
- 自动粗糙：选中该复选框，系统会自动设置粒子在视图中显示的粗糙度。
- 一个相连的水滴：如果选中该复选框，系统将计算所有粒子；如果取消选中该复选框，系统将使用快捷算法，并且仅计算和显示彼此相连或邻近的粒子。
- 【拾取对象】按钮 拾取对象 ：单击该按钮可以在场景中选择要作为粒子使用的对象。
- 使用子树：若要将拾取对象的链接子对象包含在粒子中，则应该选中该复选框。
- 动画偏移关键点：该选项可以为粒子动画进行计时。
- 出生：设置每帧产生的新粒子数。
- 随机：当【帧偏移】设置为 0 时，该选项等同于【无】，否则每个粒子出生时使用的动画都将与源对象出生时使用的动画相同。
- 帧偏移：设置从源对象当前计时的偏移值。
- 时间：设置粒子从出生开始到生成完整的粒子的一个贴图所需要的帧数。
- 距离：设置粒子从出生开始到生成完整的粒子的一个贴图所需要的距离。
- 【材质来源】按钮 材质来源: ：更新粒子系统携带的材质。
- 图标：将粒子图标设置为指定材质的图标。
- 实例几何体：将粒子与几何体进行关联。

11.1.5 粒子云

如果希望使用粒子云填充特定的体积，可以使用【粒子云】粒子系统。粒子云可以创建一群鸟、一个星空或一群奔跑的人，还可以创建类似体积雾效果的粒子群。使用粒子云能够将粒子限定在一个长方体、球体、圆柱体或限定在场景中拾取的对象的外形范围之内（二维对象不能使用粒子云），其参数设置面板如图 11-138 所示。

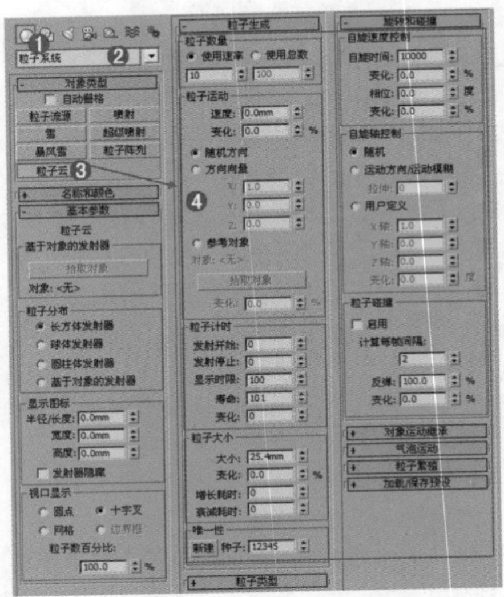
图11-138

- 长方体发射器：设置发射器形状为长方体的发射器。
- 球体发射器：设置发射器形状为球体的发射器。
- 圆柱体发射器：设置发射器形状为圆柱体的发射器。
- 基于对象的发射器：将选择的对象作为发射器。
- 半径 / 长度：【半径】用于调整【球体发射器】或【圆柱体发射器】的半径；【长度】用于调整【长方体发射器】的长度。
- 宽度：设置【长方体发射器】的宽度。
- 高度：设置【长方体发射器】或【圆柱体发射器】的高度。

重点 小实例：使用粒子云制作爆炸特效

场景文件	05.max
案例文件	小实例：使用粒子云制作爆炸特效.max
视频教学	DVD/多媒体教学/Chapter11/小实例：使用粒子云制作爆炸特效.flv
难易指数	★★★☆☆
技术掌握	掌握【粒子云】粒子方法

实例介绍

本例讲解使用粒子云制作爆炸特效，效果如图 11-139 所示。

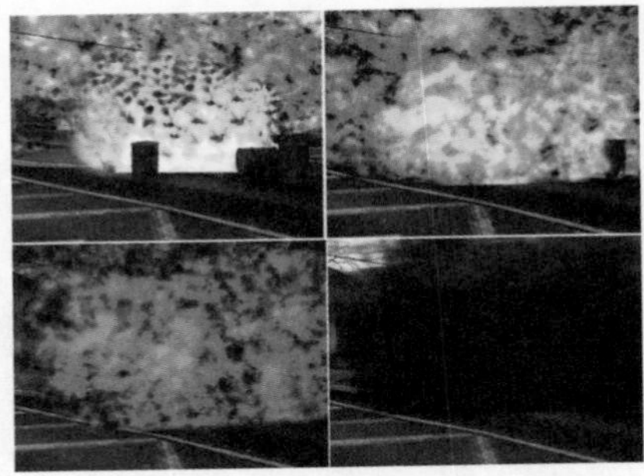
图11-139

操作步骤

步骤 01 打开本书配套光盘中的【场景文件/Chapter11/05.max】文件，此时场景效果如图 11-140 所示。

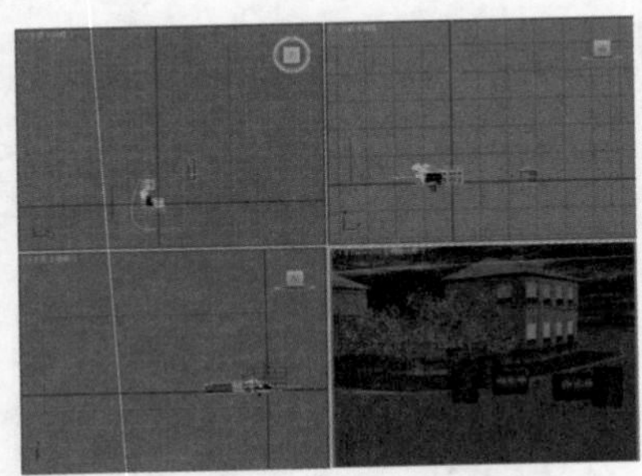
图11-140

步骤 02 在【创建】面板中单击【几何体】按钮，将几何体类型设置为【粒子系统】，接着单击【粒子云】按钮 粒子云 ，如图 11-141 所示。并在视图中创建一个粒子云，如图 11-142 所示。

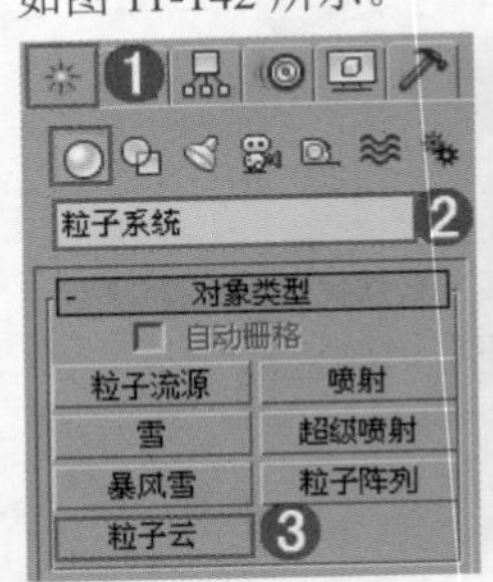

图11-141

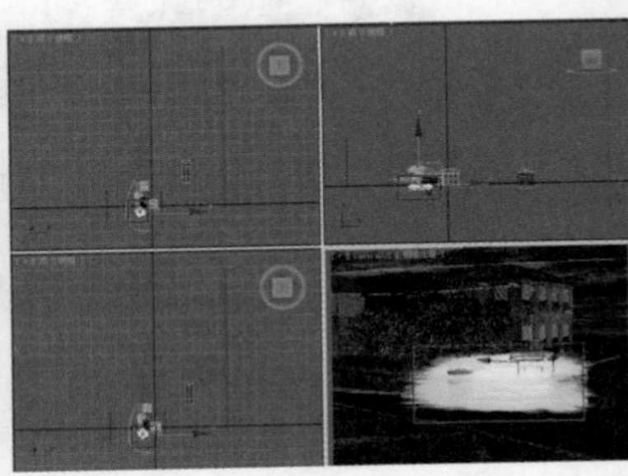
图11-142

步骤 03 选择刚创建的粒子云，然后进入【修改】面板，具体参数设置面板如图 11-143 所示。

展开【基本参数】卷展栏，单击【拾取对象】按钮 拾取对象 ，并拾取场景中的一个油桶模型，在【粒子分布】选项组下选中【基于对象的发射器】，在【显示图标】选项组下设置【半径 / 长度】为 1700mm，在【视口显示】选项组下选中【网格】，设置【粒子数百分比】为 100%。

展开【粒子生成】卷展栏，在【粒子数量】选项组下选中【使用总数】并设置数值为 280，然后在【粒子运动】选项组下设置【速度】为 230mm，接着在【粒子计时】选项组下设置【显示时限】为 100，【寿命】为 100，最后在【粒子大小】选项组下设置【大小】为 6100mm。

展开【粒子类型】卷展栏，然后设置【粒子类型】为【标准粒子】，在【标准粒子】选项组下选中【面】单选按钮。

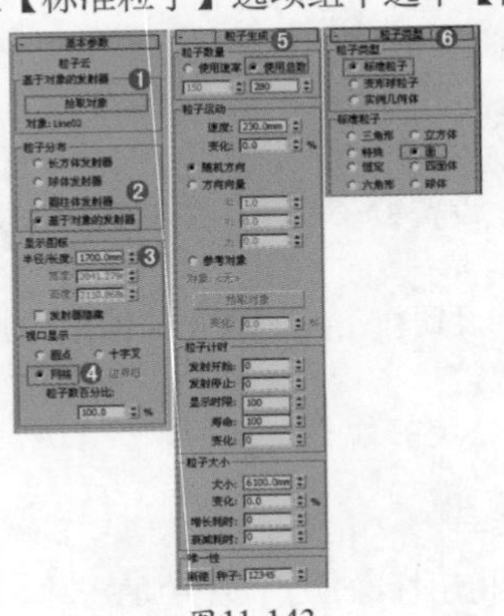
图11-143

技巧与提示

拖曳时间线滑块，此时可以观察到粒子已经喷射出来了，但是还没有达到爆炸时的特效，如图 11-144 所示。下面使用阻力空间扭曲来解决。

图11-144

步骤 04 在【创建】面板中单击【空间扭曲】按钮，设置空间扭曲类型为【力】，接着单击【阻力】按钮 阻力 ，如图 11-145 所示。在场景中拖曳创建一个阻力，如图 11-146 所示。

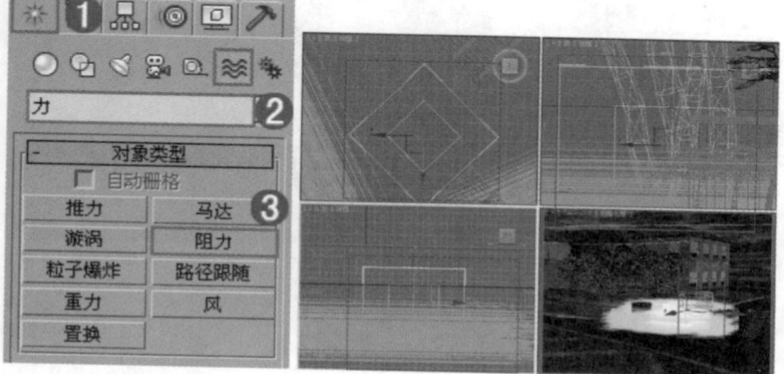

图11-145　　图11-146

步骤 05 选择粒子云，然后单击【绑定到空间扭曲】按钮，单击鼠标左键拖曳到阻力上后松开鼠标，此时两者绑定成功，拖到时间线滑块透视图的效果如图 11-147 所示。

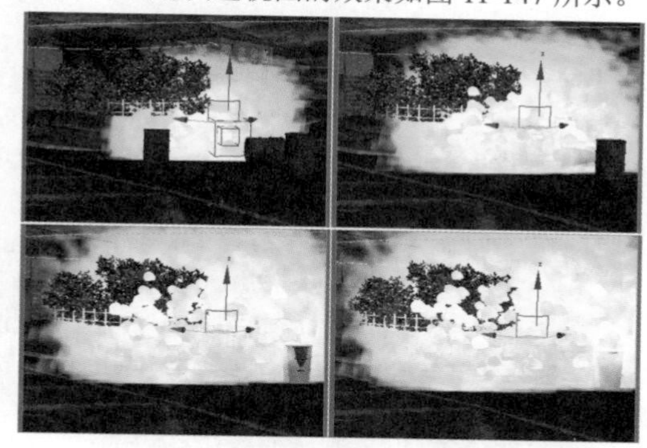

图11-147

步骤 06 选择粒子云，然后进入【修改】面板，具体参数设置面板如图 11-148 所示。

展开【基本参数】卷展栏，在【粒子分布】选项组下选中【球体发射器】复选框，在【视口显示】选项组下选中【网格】单选按钮，设置【粒子数百分比】为 100%。

展开【粒子生成】卷展栏，在【粒子数量】选项组下选中【使用总数】并设置数值为 280，然后在【粒子运动】选项组下设置【速度】为 800mm，接着在【粒子计时】选项组下设置【发射开始】为 –70，【显示时限】为 100，【寿命】为 100，最后在【粒子大小】选项组下设置【大小】为 6500mm。

展开【粒子类型】卷展栏，然后设置【粒子类型】为【标准粒子】，在【标准粒子】选项组下选中【面】。

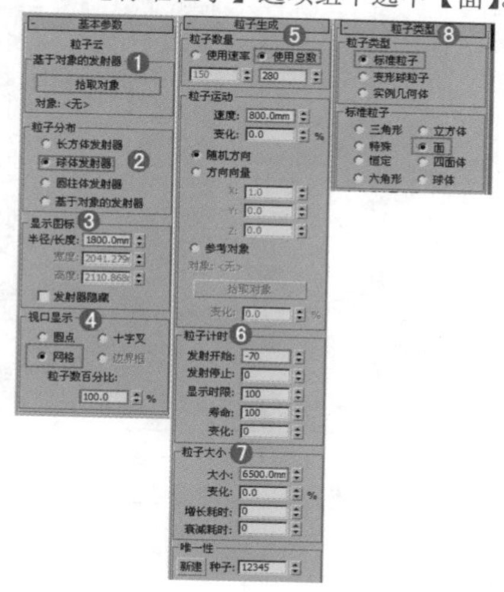

图11-148

步骤 07 此时效果如图 11-149 所示。

步骤 08 再次创建阻力空间扭曲，然后将其与粒子云绑定到一起，选择动画效果最明显的一些帧，然后单独渲染出这些单帧动画，最终效果如图 11-150 所示。

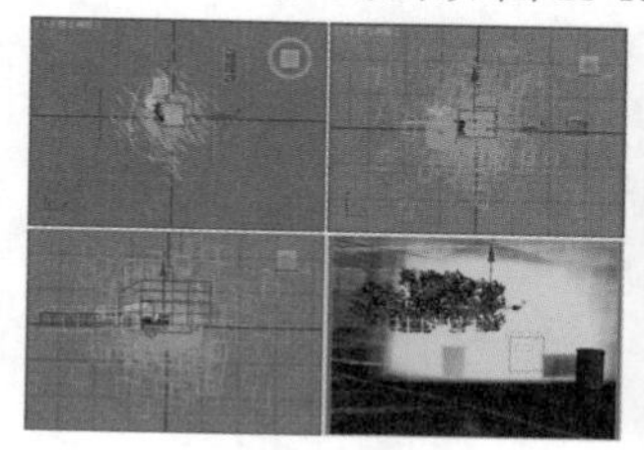

图11-149

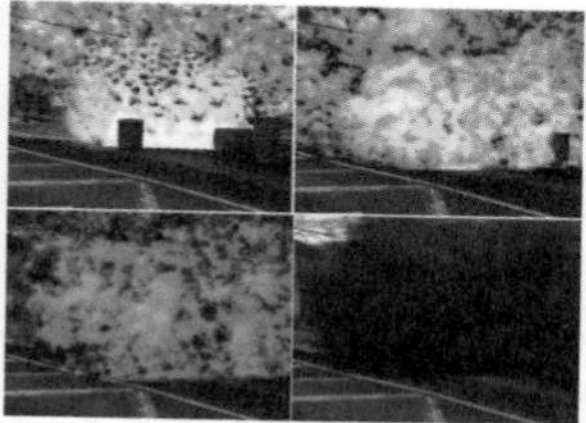

图11-150

11.1.6 粒子阵列

【粒子阵列】粒子系统可将粒子分布在几何体对象上，也可用于创建复杂的对象爆炸效果，如图 11-151 所示。

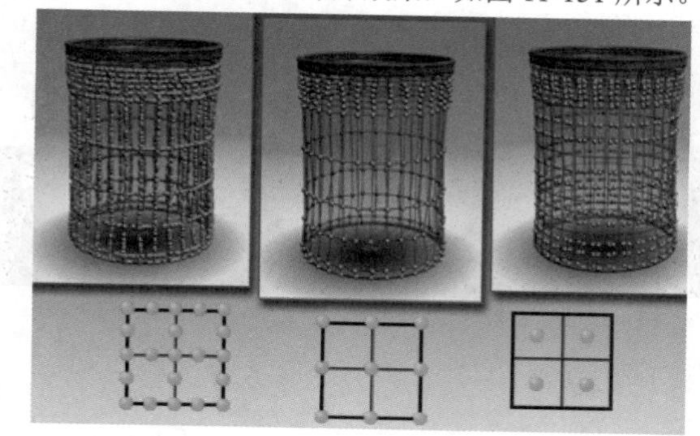

图11-151

其参数设置面板如图 11-152 所示。

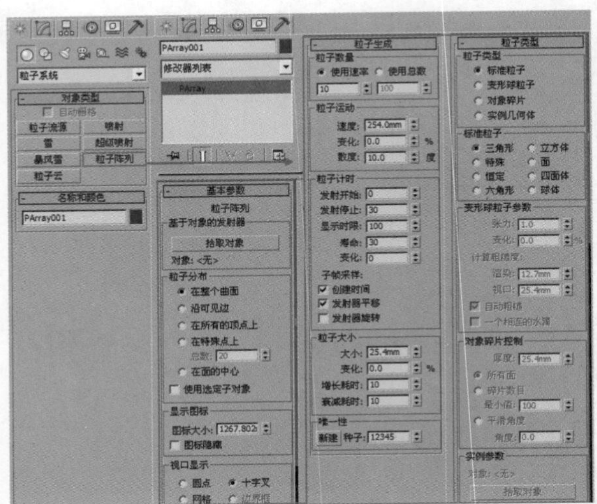

图11-152

- 【拾取对象】按钮 拾取对象 ：创建【粒子阵列】粒子系统后，使用该按钮可以在场景中拾取某个对象作为发射器。
- 在整个曲面：在整个曲面上随机发射粒子。
- 沿可见边：从对象的可见边上随机发射粒子。
- 在所有的顶点上：从对象的顶点发射粒子。
- 在特殊点上：在对象曲面上随机分布的点上发射粒子。
- 总数：设置使用的发射器的点数，当选中【在特殊点上】单选按钮时才可用。
- 在面的中心：从每个三角面的中心发射粒子。
- 使用选定子对象：对于基于网格的发射器以及一定范围内基于面片的发射器，粒子流的源只限于传递到基于对象发射器中修改器堆栈的子对象选择。

重点 小实例：使用粒子阵列制作浩瀚宇宙星体

场景文件	06.max
案例文件	小实例：使用粒子阵列制作浩瀚宇宙星体.max
视频教学	DVD/多媒体教学/Chapter11/小实例：使用粒子阵列制作浩瀚宇宙星体.flv
难易指数	★★★☆☆
技术掌握	掌握粒子阵列和风效果使用方法

实例介绍

本例讲解使用粒子阵列制作浩瀚宇宙星体，效果如图14-153所示。

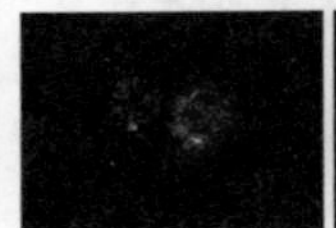
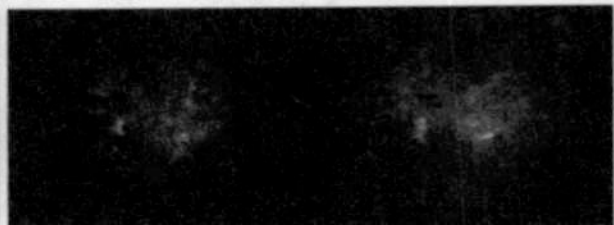
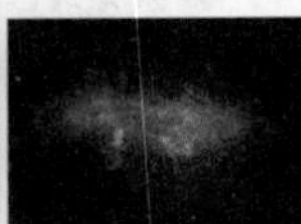

图11-153

操作步骤

步骤01 打开本书配套光盘中的【场景文件/Chapter11/06.max】文件，此时场景效果如图11-154所示。

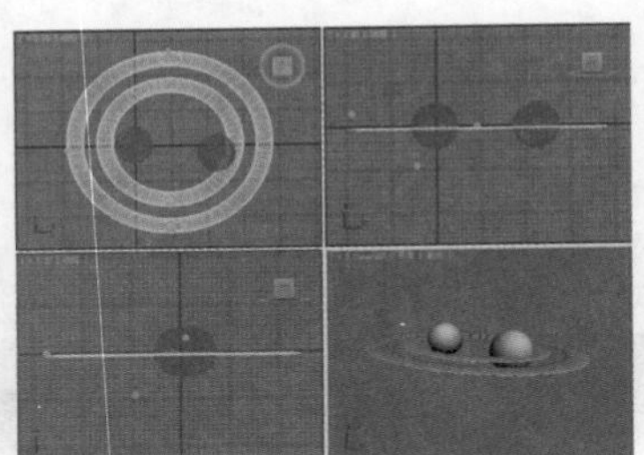

图11-154

步骤02 在【创建】面板中单击【几何体】按钮，并设置类型为【粒子系统】，接着单击【粒子阵列】按钮 粒子阵列 ，如图14-155所示。在视图中拖曳创建两个粒子阵列，分别为PArray01和PArray02，如图11-156所示。

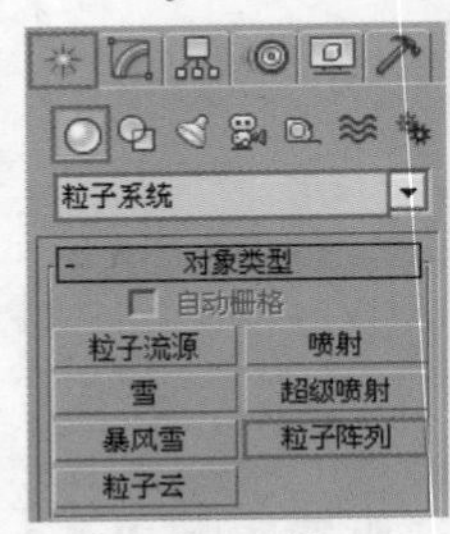

图11-155

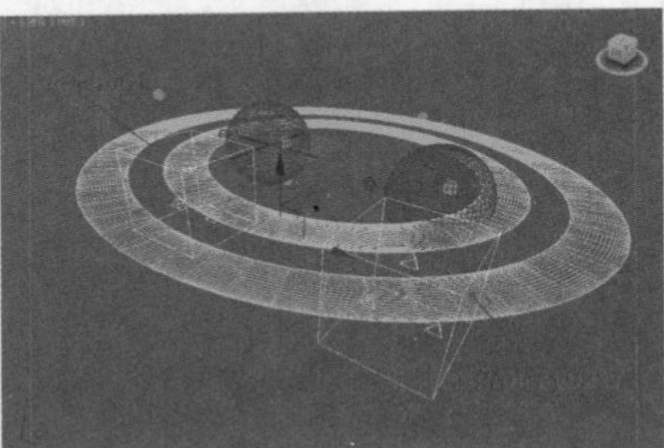

图11-156

步骤03 选择PArray01，然后进入【修改】面板，具体参数设置面板如图11-157所示。

展开【基本参数】卷展栏，单击【拾取对象】按钮 拾取对象 ，并拾取场景中的【球体1】，在【粒子分布】选项组下选中【在所有的顶点上】，接着选中【使用选定子对象】复选框，在【视口显示】选项组下选中【网格】单选按钮，设置【粒子数百分比】为100%。

展开【粒子生成】卷展栏，在【粒子数量】选项组下选中【使用速率】并设置数值为400，然后在【粒子运动】选项组下设置【速度】为40mm，接着在【粒子计时】选项组下设置【发射停止】为100，【显示时限】为100，【寿命】为100，最后在【粒子大小】选项组下设置【大小】为12mm。

展开【粒子类型】卷展栏，然后设置【粒子类型】为【标准粒子】，在【标准粒子】选项组下选中【面】。

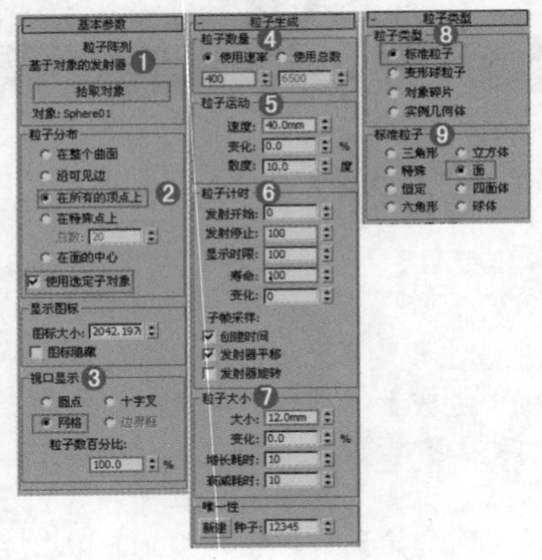

图11-157

技巧与提示

拖曳时间线滑块，此时可以观察到粒子已经喷射出来了，但是还没有达到要求，如图 11-158 所示。下面使用风空间扭曲来解决。

图11-158

步骤 04 选择 PArray02，然后进入【修改】面板，具体参数设置面板如图 11-159 所示。

展开【基本参数】卷展栏，单击【拾取对象】按钮 拾取对象 ，并拾取场景中的【球体 1】，在【粒子分布】选项组下选中【在所有的顶点上】单选按钮，接着选中【使用选定子对象】复选框，在【视口显示】选项组下选中【网格】单选按钮，设置【粒子数百分比】为 100%。

展开【粒子生成】卷展栏，在【粒子数量】选项组下选中【使用速率】单选按钮并设置数值为 600，然后在【粒子运动】选项组下设置【速度】为 40mm，接着在【粒子计时】选项组下设置【发射停止】为 100，【显示时限】为 100，【寿命】为 100，最后在【粒子大小】选项组下设置【大小】为 16mm。

展开【粒子类型】卷展栏，然后设置【粒子类型】为【标准粒子】，在【标准粒子】选项组下选中【面】单选按钮。

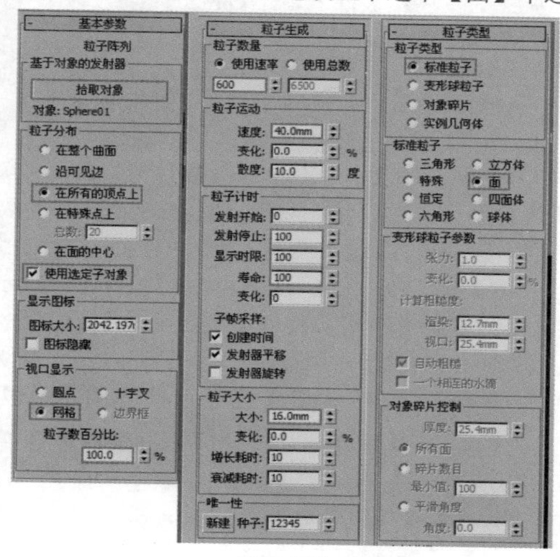

图11-159

步骤 05 在【创建】面板中单击【空间扭曲】按钮，并将类型设置为【力】，接着单击【风】按钮 风 ，如图 11-160 所示。在视图中拖曳创建两个风，分别为 Wind01 和 Wind02，如图 11-161 所示。

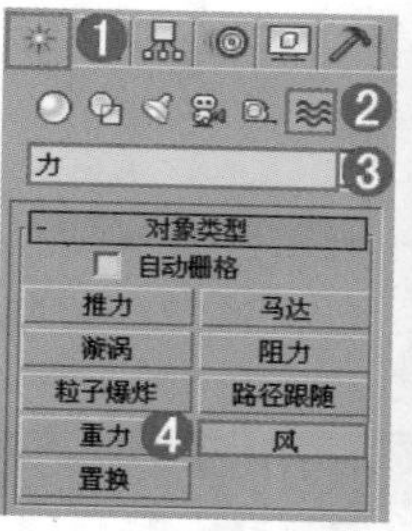

图11-160

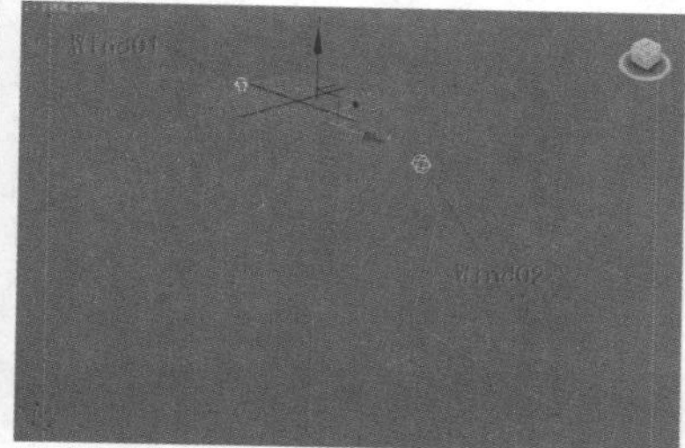

图11-161

步骤 06 选择 Wind01，展开【参数】卷展栏，设置【强度】为 0，设置类型为【球形】，【湍流】为 0.08，【频率】为 2，【比例】为 0.05，【图标大小】为 174mm，如图 11-162 所示。

步骤 07 选择 Wind02，展开【参数】卷展栏，设置【强度】为 0，类型为【球形】，【湍流】为 0.9，【频率】为 2，【比例】为 0.05，【图标大小】为 174mm，如图 11-163 所示。

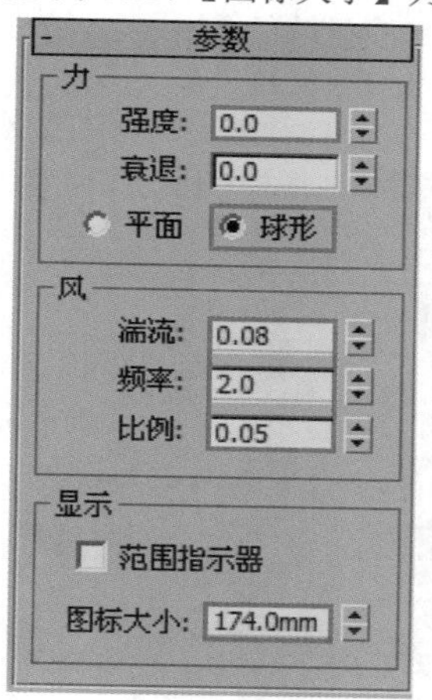

图11-162

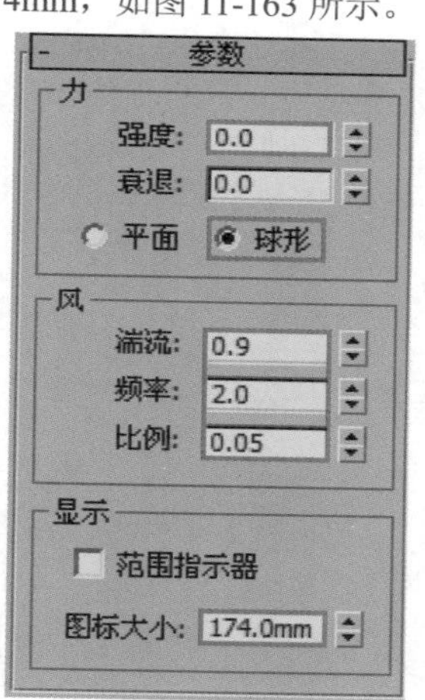

图11-163

步骤 08 选择 PArray01，然后单击【绑定到空间扭曲】按钮，接着再单击 Wind01，此时两者绑定成功。使用同样的方法，选择 PArray02，然后单击【绑定到空间扭曲】按钮，接着再单击 Wind02，此时两者绑定成功。如图 11-164 所示。

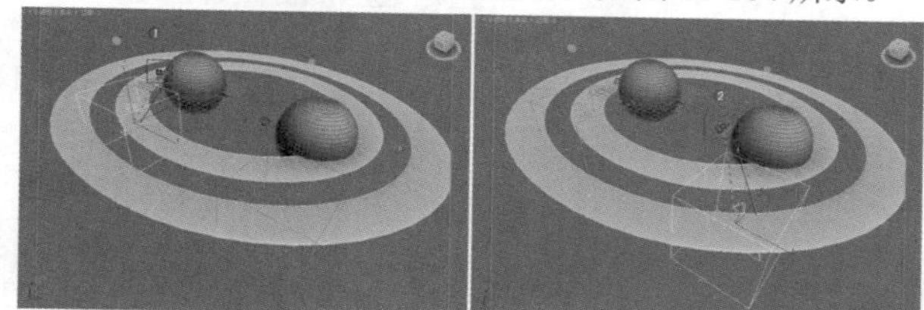

图11-164

步骤 09 拖动时间线滑块查看此时的动画，效果如图 11-165 所示。

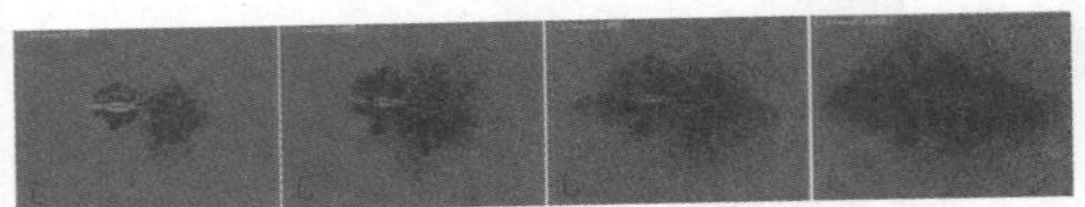

图11-165

技巧与提示

此时将场景中的两个球体和椭圆模型隐藏，不需要将其渲染。

步骤 10 选择动画效果最明显的一些帧，然后单独渲染出这些单帧动画，最终效果如图 11-166 所示。

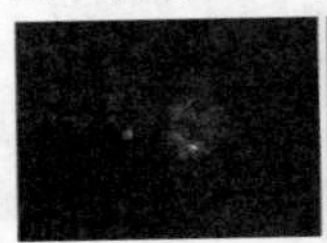  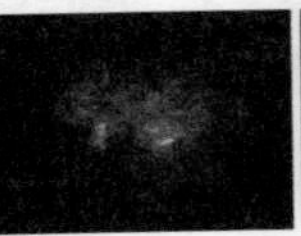 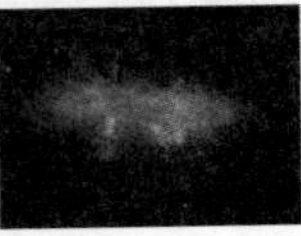

图11-166

11.1.7 超级喷射

超级喷射发射受控制的粒子喷射，此粒子系统与简单的喷射粒子系统类似，只是在简单的喷射粒子系统之上增加了所有新型粒子系统提供的功能。超级喷射粒子可以用来制作雨、喷泉和烟花等效果，若将其绑定到路径跟随空间扭曲上，还可以生成瀑布效果，其参数设置面板如图 11-167 所示。

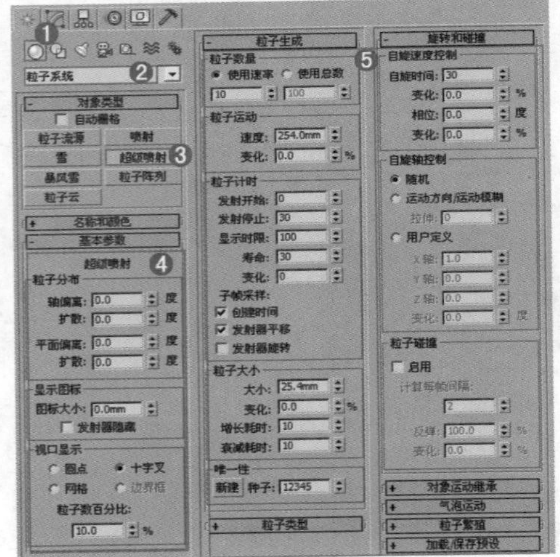

图11-167

- 轴偏离：设置粒子流与 Z 轴的夹角量（沿 X 轴的平面）。
- 扩散：设置粒子远离发射向量的扩散量（沿 X 轴的平面）。
- 平面偏离：设置围绕 Z 轴的发射角度量。如果【轴偏离】设置为 0，那么该选项不起任何作用。
- 使用速率：指定每一帧发射的固定粒子数。
- 使用总数：指定在寿命范围内产生的粒子总数。
- 速度：设置粒子在出生时沿法线的速度。
- 变化：设置每个粒子的发射速度应用的变化百分比。
- 显示时限：设置所有粒子将要消失的帧。
- 寿命：设置每个粒子的寿命。
- 变化：设置每个粒子的寿命可以从标准值变化的帧数。
- 大小：根据粒子的类型来指定所有粒子的目标大小。
- 种子：设置特定的种子值。

重点 小实例：利用超级喷射制作飞舞的立方体

场景文件	无
案例文件	小实例：利用超级喷射制作飞舞的立方体 .max
视频教学	DVD/ 多媒体教学 /Chapter11/ 小实例：利用超级喷射制作飞舞的立方体 .flv
难易指数	★★★☆☆
技术掌握	掌握超级喷射功能

实例介绍

本例将以一个手机广告动画的制作为例来讲解超级喷射喷射出彩色立方体的效果，体现了色彩斑斓的手机魅力，最终效果如图 11-168 所示。

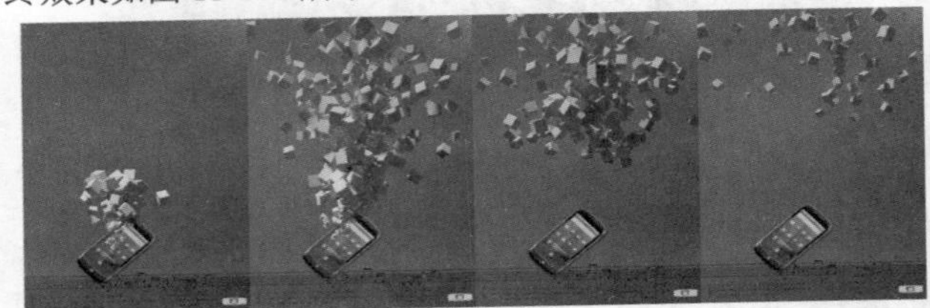

图11-168

操作步骤

步骤 01 在【创建】面板下单击【几何体】按钮，并设置几何体类型为【粒子类型】，最后单击【超级喷射】按钮 超级喷射，如图 11-169 所示。在视图中拖曳创建一个超级喷射粒子，如图 11-170 所示。

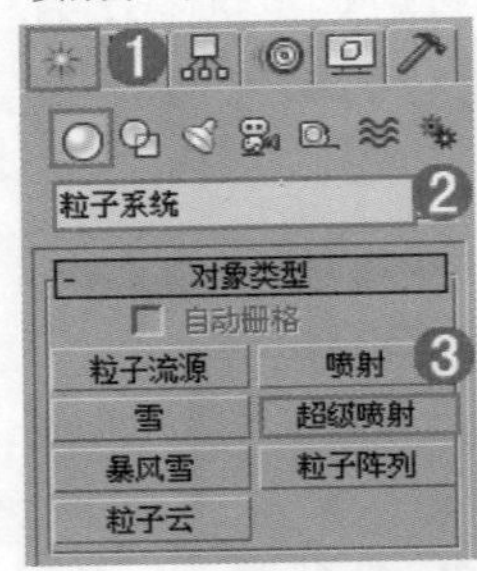

图11-169

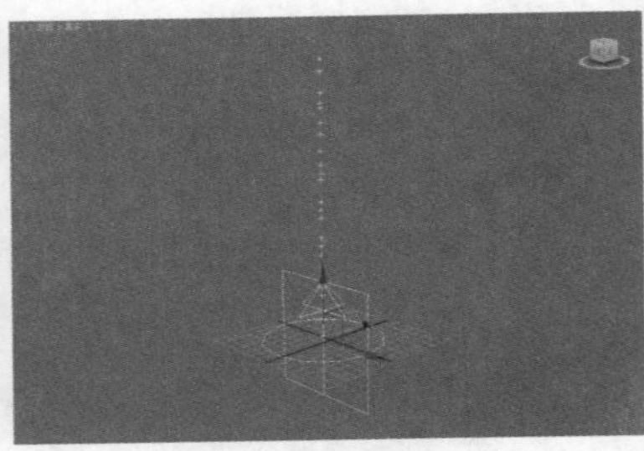

图11-170

步骤 02 选择刚创建的超级喷射粒子，展开【基本参数】卷展栏，设置【轴偏离】为 –6，【扩散】为 35，【平面偏离】为 90，【扩散】为 146，设置【图标大小】为 62.642mm，设置【视口显示】为【网格】，【粒子数百分比】为 100%。展开【粒子生成】卷展栏，设置【粒子数量】方式为【使用速率】，并设置数值为 8；设置【粒子运动】的【速度】为 10mm；设置【粒子计时】的【发射停止】为 50，【显示时限】为 100，【寿命】为 50；设置【粒子大小】的【大小】为 18mm。展开【粒子类型】卷展栏，设置【粒子类型】为【标准粒子】，在【标准粒子】选项组下选中【立方体】单选按钮，如图 11-171 所示。

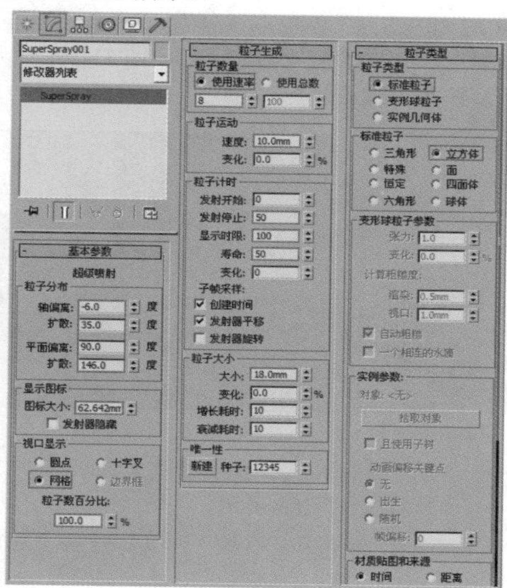

图11-171

步骤 03 拖动时间线滑块查看动画，如图 11-172 所示。

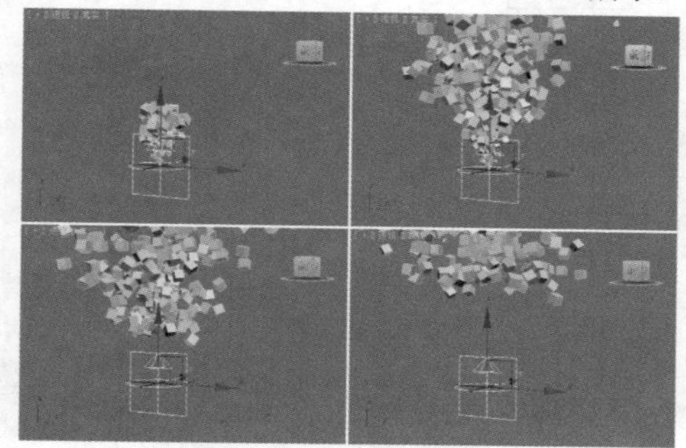

图11-172

步骤 04 按 8 键打开【环境和效果】对话框，并选择【环境】选项卡，在【环境贴图】下的通道上加载【手机广告 .jpg】贴图文件，如图 11-173 所示。

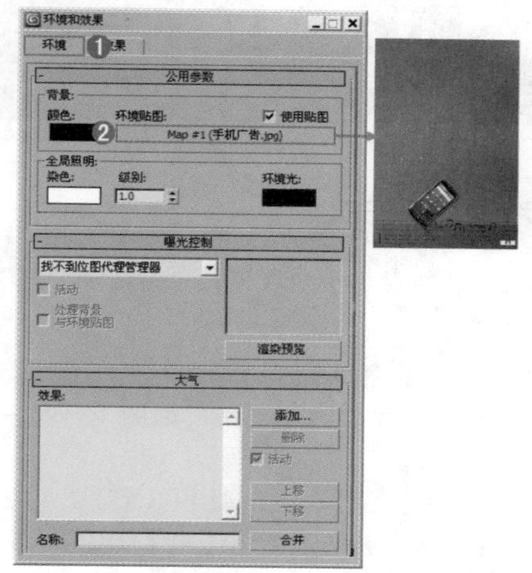

图11-173

步骤 05 选择一个空白材质球，设置材质球类型为 VRayMtl，并将材质赋给超级喷射粒子，具体参数设置面板如图 11-174 所示。

在【漫反射】后面的通道上加载【Particle Age（粒子年龄）】程序贴图，设置【颜色 #1】为橙色（红：238，绿：174，蓝：0），【颜色 #2】为蓝色（红：0，绿：136，蓝：232），【颜色 #3】为紫色（红：0，绿：136，蓝：232）。设置【反射】颜色为白色（红：255，绿：255，蓝：255）。选中【菲涅耳反射】复选框。

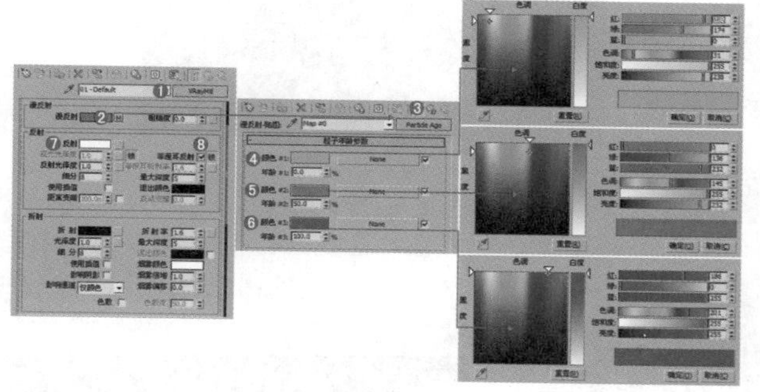

图11-174

步骤 06 选择动画效果最明显的一些帧，然后单独渲染出这些单帧动画，最终效果如图 11-175 所示。

图11-175

重点 小实例：利用超级喷射制作彩色烟雾

场景文件	07.max
案例文件	小实例：利用超级喷射制作彩色烟雾 .max
视频教学	DVD/ 多媒体教学 /Chapter11/ 小实例：利用超级喷射制作彩色烟雾 .flv
难易指数	★★★☆☆
技术掌握	掌握超级喷射和风功能

实例介绍

本例将以一个彩色烟雾场景为例来讲解超级喷射和风功能，最终效果如图 11-176 所示。

图11-176

操作步骤

步骤 01 打开本书配套光盘中的【场景文件 /Chapter11/07.max】文件，此时场景效果如图 11-177 所示。

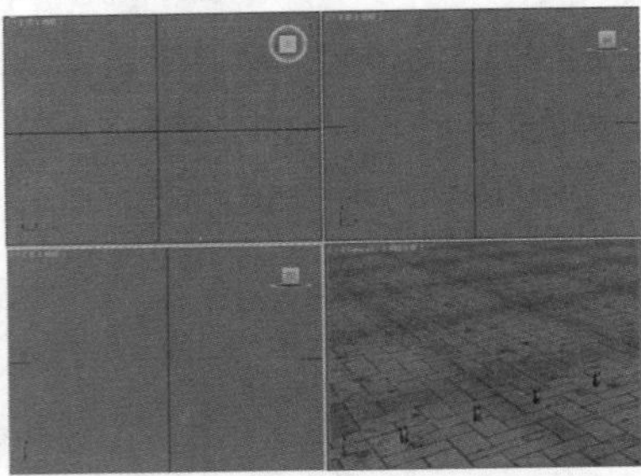

图 11-177

步骤 02 在【创建】面板下单击【几何体】按钮，并设置几何体类型为【粒子类型】，最后单击【超级喷射】按钮 超级喷射，如图 11-178 所示。在视图中拖曳创建一个超级喷射粒子，如图 11-179 所示。

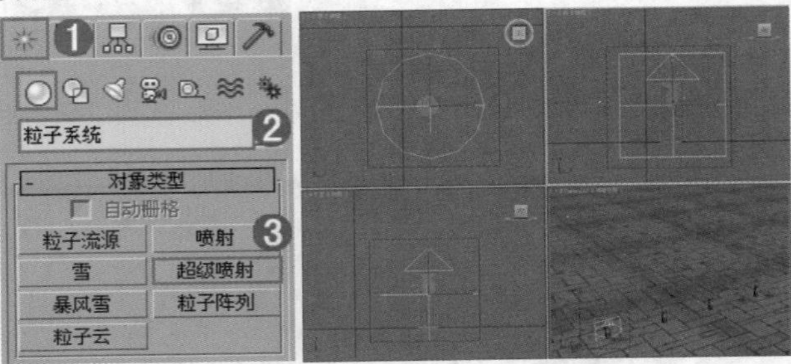

图 11-178　图 11-179

步骤 03 选择刚创建的超级喷射粒子，展开【基本参数】卷展栏，设置【粒子分布】的【轴偏离】为 10、【扩散】为 27，【平面偏离】为 139、【扩散】为 180，设置【图标大小】为 800mm；设置【视口显示】为【网格】，【粒子数百分比】为 100。展开【粒子生成】卷展栏，选中【使用速率】单选按钮并设置数值为 100，【粒子运动】的【速度】为 260mm，【粒子计时】的【发射停止】为 100，【显示时限】为 100，【寿命】为 30；设置【粒子大小】为 600mm，展开【粒子类型】卷展栏，设置【粒子类型】为【标准粒子】，在【标准粒子】选项组下选中【面】单选按钮，如图 11-180 所示。

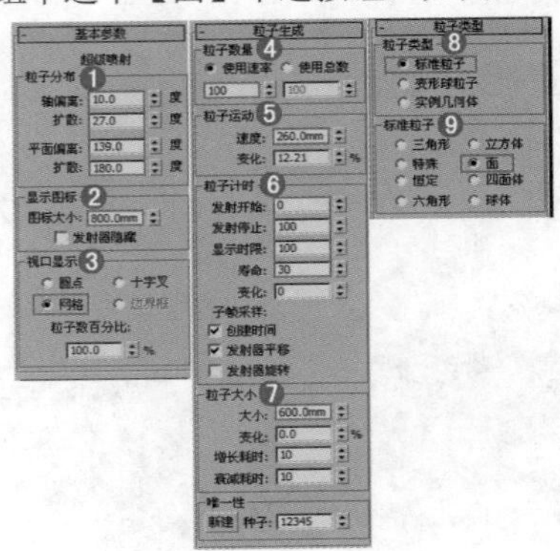

图 11-180

步骤 04 在【创建】面板下单击【空间扭曲】按钮，并将类型设置为【力】，接着单击【风】按钮 风，如图 11-181 所示。在视图中拖曳创建风，如图 11-182 所示。

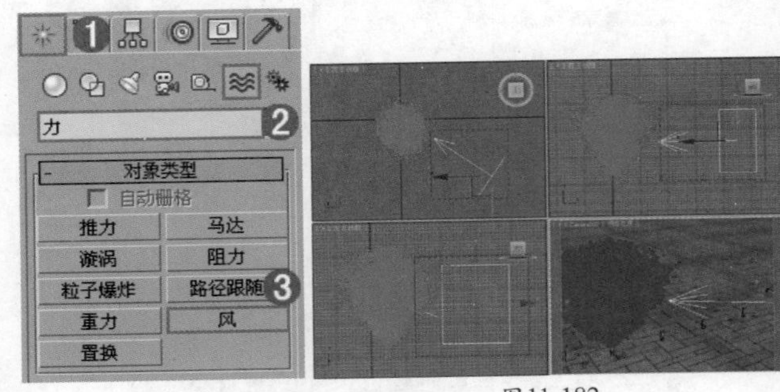

图 11-181　图 11-182

步骤 05 选择刚创建的风，展开【参数】卷展栏，然后设置【强度】为 0.3，如图 11-183 所示。

步骤 06 选择 SuperSpray001，然后单击【绑定到空间扭曲】按钮，接着单击 Wind001，此时两者绑定成功，如图 11-184 所示。

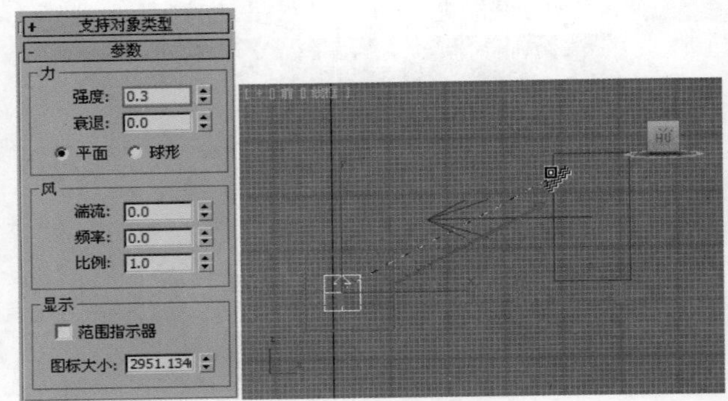

图 11-183　图 11-184

步骤 07 拖动时间线滑块查看此时的动画，效果如图 11-185 所示。

图 11-185

技巧与提示

此时超级喷射粒子和风绑定到一起了，出现了风吹的效果。

步骤 08 选择一个空白材质球，设置材质类型为标准，其命名为【烟雾 1】，具体参数设置面板如图 11-186 和图 11-187 所示。

调节【漫反射】颜色为蓝色（红：2，绿：44，蓝：255），并在【自发光】选项组下选中【颜色】复选框，调节颜色为蓝色（红：2，绿：44，蓝：255）。

在【不透明度】贴图通道中加载【Map#19】程序贴

图，展开【混合参数】卷展栏，在【颜色 #1】的【贴图】中加载【Map#20（Smoke）】程序贴图，并设置【烟雾参数】的【大小】为5，在【颜色 #2】的【贴图】中加载【Map#2（Smoke）】程序贴图，并设置【烟雾参数】的【大小】为15。

在【混合量】贴图加载【Map#22（Perlin Marble）】程序贴图。

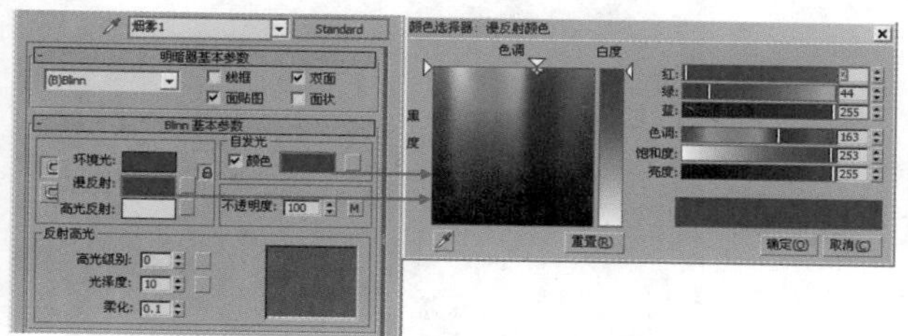

图11-186

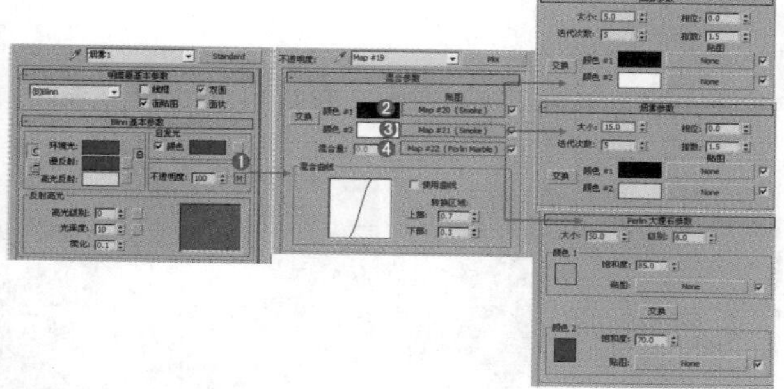

图11-187

步骤 09 使用同样的方法将剩余的彩色烟雾创建出来，此时场景中效果如图 11-188 所示。

步骤 10 选择动画效果最明显的一些帧，然后单独渲染出这些单帧动画，最终效果如图 11-189 所示。

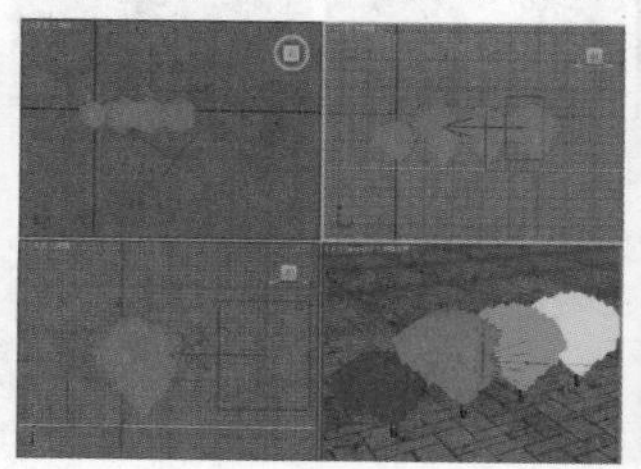

图11-188

图11-189

重点 小实例：利用超级喷射制作奇幻文字动画

场景文件	无
案例文件	小实例：利用超级喷射制作奇幻文字动画 .max
视频教学	DVD/ 多媒体教学 /Chapter11/ 小实例：利用超级喷射制作奇幻文字动画 .flv
难易指数	★★★☆☆
技术掌握	掌握【路径跟随】配合【超级喷射】粒子方法

实例介绍

本例讲解利用超级喷射制作奇幻文字动画，效果如图 11-190 所示。

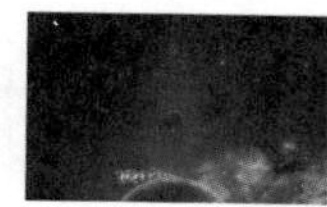
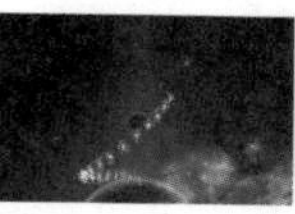
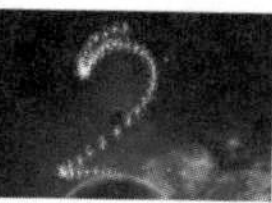
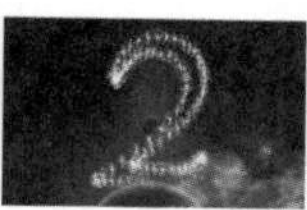

图11-190

操作步骤

步骤 01 使用【线】工具 线 在前视图中绘制如图 11-191 所示的图形，并命名为 Line01。

步骤 02 使用【超级喷射】工具 超级喷射 在视图中创建一个超级喷射粒子，并命名为 SuperSpray01，如图 11-192 所示。

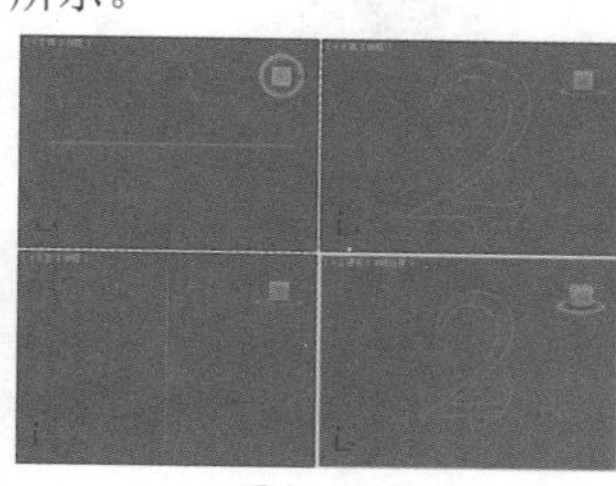

图11-191

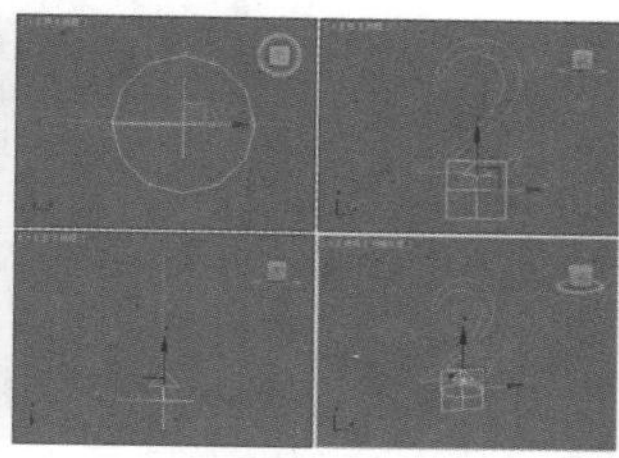

图11-192

步骤 03 选择刚创建的超级喷射粒子，然后进入【修改】面板，具体参数设置面板如图 11-193 所示。

展开【基本参数】卷展栏，设置【粒子分布】的【轴偏离】为 180，【扩散】为 180，【平面偏离】为 8，【扩散】为 180，设置【图标大小】为 2000mm，【视口显示】类型为【网格】，【粒子数百分比】为 80%。

展开【粒子生成】卷展栏，设置【使用速率】为 80，【速度】为 500mm，【发射停止】为 100，【显示时限】为 100，【寿命】为 100，设置【粒子大小】选项组下的【大小】为 50mm。

展开【粒子类型】卷展栏，设置【粒子类型】为【标准粒子】，【标准粒子】类型为【球体】。

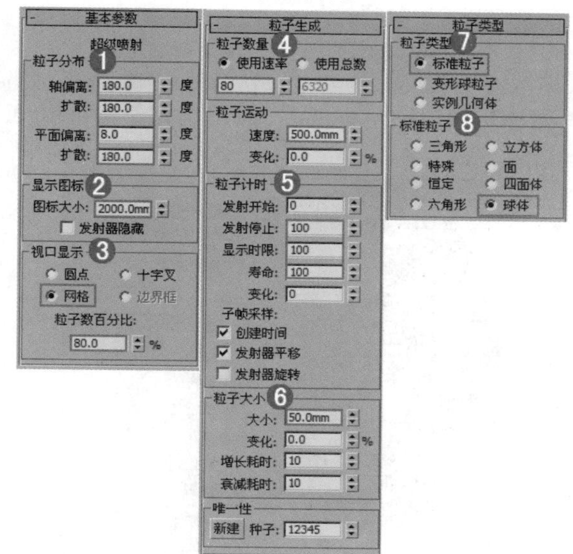

图11-193

技巧与提示

拖曳时间线滑块，此时可以观察到粒子已经喷射出来了，但是还没有达到要求，如图 11-194 所示。下面使用【路径跟随】空间扭曲来解决。

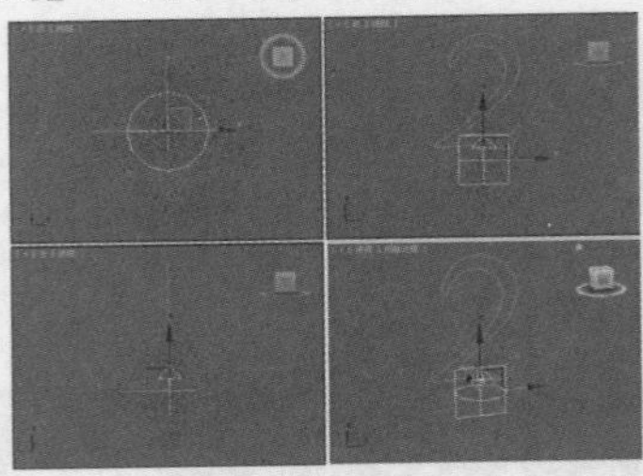

图11-194

步骤 04 在【创建】面板中单击【空间扭曲】按钮，设置类型为【力】，最后单击【路径跟随】按钮 路径跟随 ，并命名为 PathFollowObject01，如图 11-195 所示。在场景中拖曳创建，如图 11-196 所示。

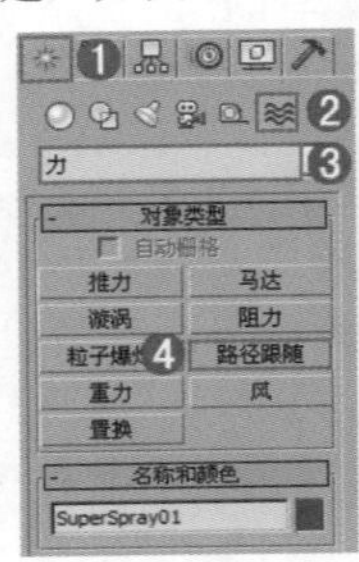

图11-195

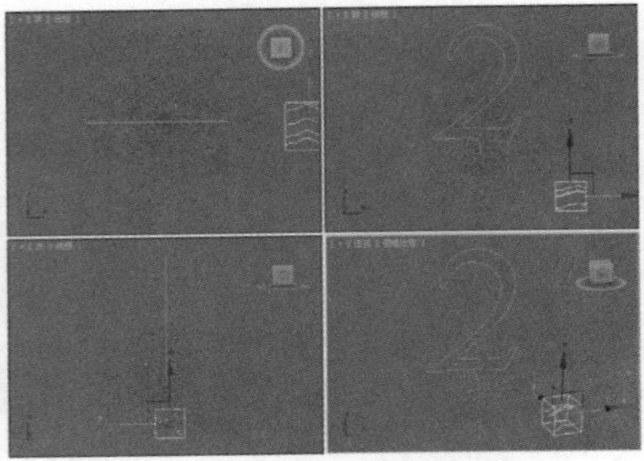

图11-196

步骤 05 选择 PathFollowObject01，具体参数设置面板如图 11-197 所示。

在【当前路径】选项组下单击【拾取图形对象】按钮 拾取图形对象 ，并拾取 Line01。

在【运动计时】选项组下设置【通过时间】为 100。

在【粒子运动】选项组下选中【沿平行样条线】单选按钮，然后设置【粒子流锥化】为【二者】，【漩涡流动】为【顺时针】。

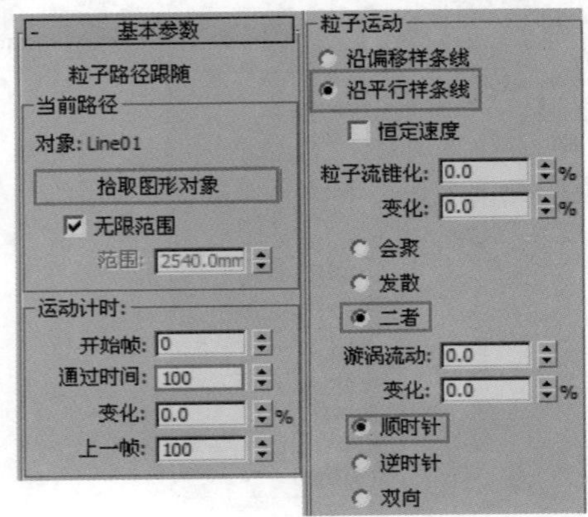

图11-197

技巧与提示

拖曳时间线滑块，此时可以观察到粒子的发射效果仍然没有其他变化，如图 11-198 所示，因此在后面步骤中需要将两者进行绑定。

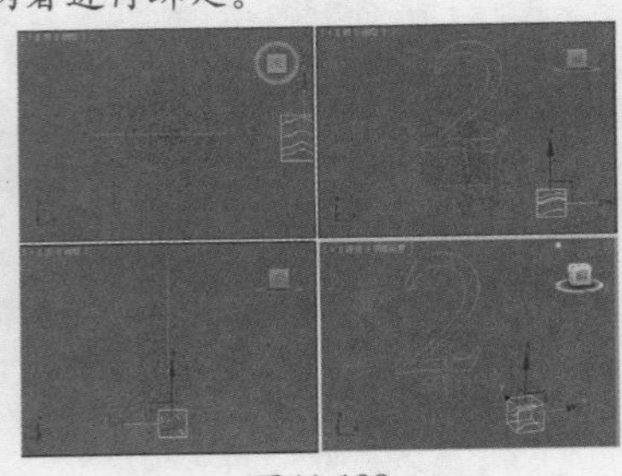

图11-198

步骤 06 选择 SuperSpray001，然后单击【绑定到空间扭曲】按钮，接着单击路径跟随 PathFollowObject01，此时两者绑定成功，如图 11-199 所示。

步骤 07 拖曳时间线滑块观察动画，效果如图 11-200 所示。

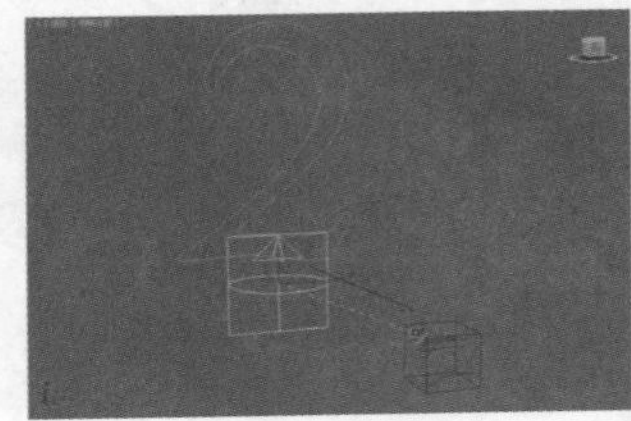

图11-199

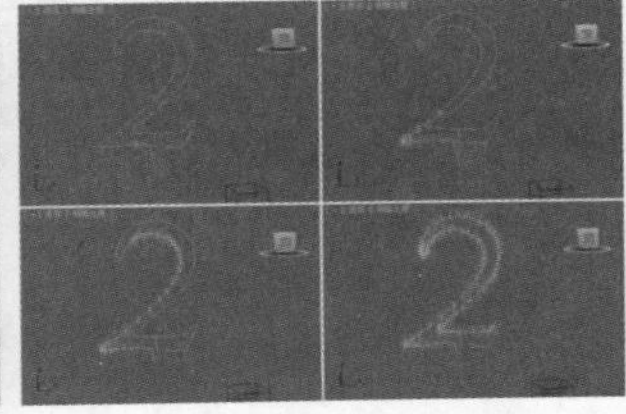

图11-200

步骤 08 选择动画效果最明显的一些帧，然后单独渲染出这些单帧动画，最终效果如图 11-201 所示。

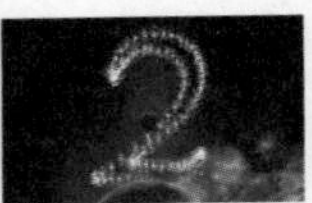

图11-201

重点 小实例：使用超级喷射制作秋风扫落叶

场景文件	无
案例文件	小实例：使用超级喷射制作秋风扫落叶 .max
视频教学	DVD/ 多媒体教学 /Chapter11/ 小实例：使用超级喷射制作秋风扫落叶 .flv
难易指数	★★☆☆☆
技术掌握	掌握如何使用【超级喷射】粒子制作落叶动画

实例介绍

本例讲解使用【超级喷射】粒子制作落叶动画，效果如图 11-202 所示。

图11-202

操作步骤

步骤 01 设置几何体类型为【粒子系统】，然后使用【超级喷射】工具 超级喷射 在视图中创建一个超级喷射粒子，其位置如图 11-203 所示。

步骤 02 使用【平面】工具 平面 在场景中创建一个平面，然后在【参数】卷展栏下设置【长度】为 673mm，【宽度】为 742mm，如图 11-204 所示。

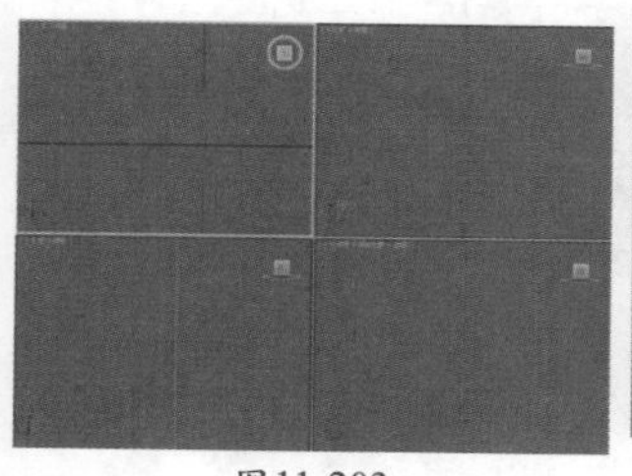

图 11-203

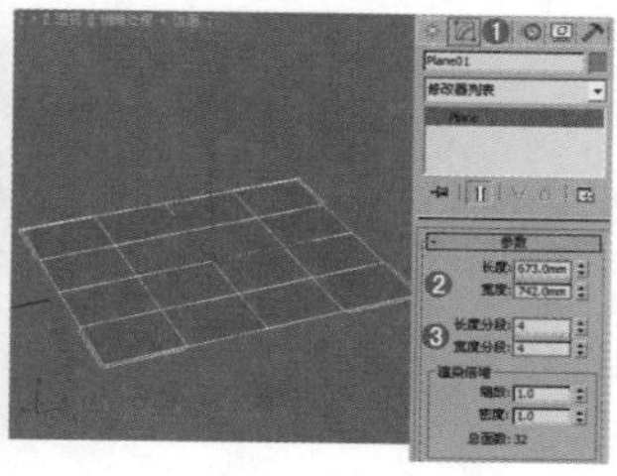

图 11-204

步骤 03 选择刚创建的超级喷射粒子，然后进入【修改】面板，具体参数设置面板如图 11-205 所示。

展开【基本参数】卷展栏，设置【轴偏离】为 0，【扩散】为 77，【平面偏离】为 0，【扩散】为 138；设置【视口显示】为【网格】，【粒子数百分比】为 100%。

展开【粒子生成】卷展栏，在【粒子数量】选项组下选中【使用速率】，并设置数值为 3；设置【速度】为 800mm，【发射停止】为 100，【显示时限】为 100，【寿命】为 100，【粒子大小】选项组下设置【大小】为 60mm。

展开【粒子类型】卷展栏，设置【粒子类型】为【实例几何体】，接着单击【实例参数】选项组下的【拾取对象】按钮 拾取对象 ，最后在视图中拾取平面 Plane01。

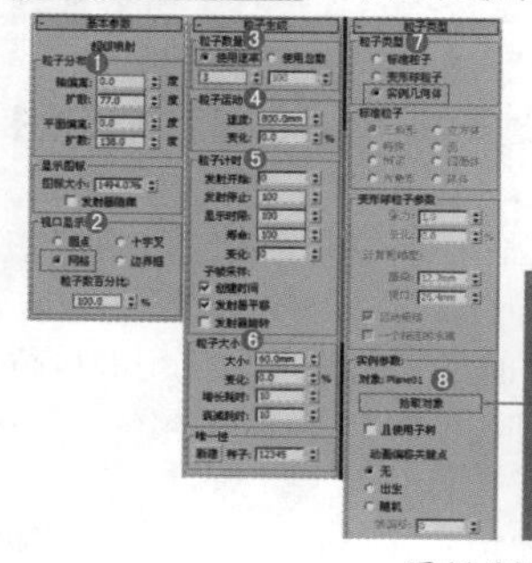

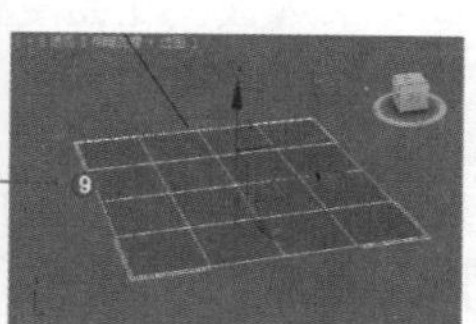

图 11-205

技巧与提示

拖曳时间线滑块，此时可以观察到已经有很多面片从发射器中喷射出来了，如图 11-206 所示。

图 11-206

步骤 04 选择一个空白材质球，将材质球类型设置为标准，并命名为【落叶】，具体参数面板如图 11-207 ～图 11-209 所示。

选中【双面】复选框，并在【漫反射】后面的通道上加载【Map#1】贴图文件，展开【坐标】卷展栏，选中【使用真实世界比例】复选框，设置【宽度】的【大小】和【高度】的【大小】分别为 25mm 和 30mm，【角度】的 W 为 90。

展开【贴图】卷展栏，选中【凹凸】复选框，将【漫反射颜色】后面的通道拖曳到【凹凸】后面的通道上。

展开【贴图】卷展栏，并在【不透明度】后面的通道上加载【Map#2（遮罩 .jpg）】贴图文件。展开【坐标】卷展栏，选中【使用真实世界比例】复选框，设置【宽度】的【大小】和【高度】的【大小】分别为 25mm 和 30mm，【角度】的 W 为 90。

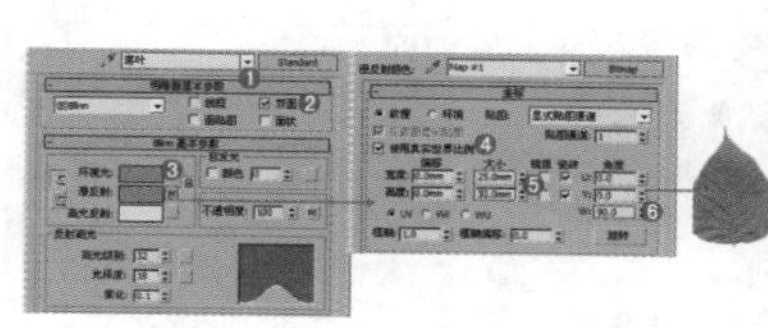

图 11-207

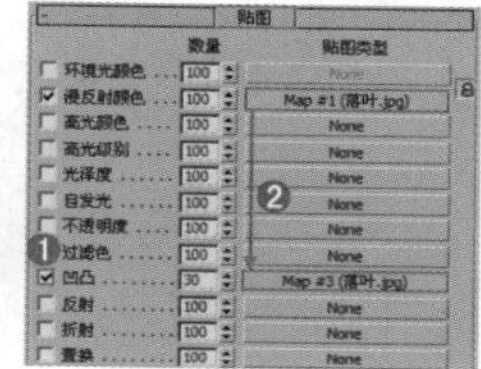

图 11-208

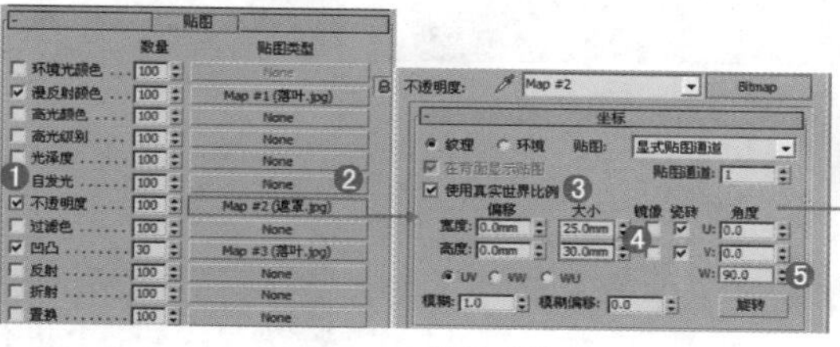

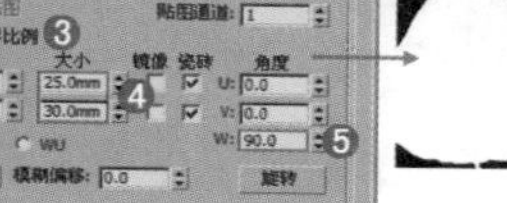

图 11-209

步骤 05 按 8 键打开【环境和效果】对话框，接着在通道上加载贴图文件【Map#4（背景 .jpg）】，如图 11-210 所示。

图 11-210

步骤 06 选择动画效果最明显的一些帧，然后单独渲染出这些单帧动画，最终效果如图 11-211 所示。

图 11-211

11.2 空间扭曲

空间扭曲是影响其他对象外观的不可渲染对象，它能创建使其他对象变形的力场，从而创建出涟漪、波浪和风吹等效果。它的行为方式类似于修改器，只不过它影响的是世界空间，而几何体修改器影响的是对象空间。创建空间扭曲对象时，视口中会显示一个线框来表示它，可以像对其他 3ds Max 对象那样变换空间扭曲。空间扭曲的位置、旋转和缩放会影响其作用，如图 11-212 所示。

空间扭曲包括 5 种类型，分别是【力】、【导向器】、【几何 / 可变形】、【基于修改器】和【粒子和动力学】，如图 11-213 所示。

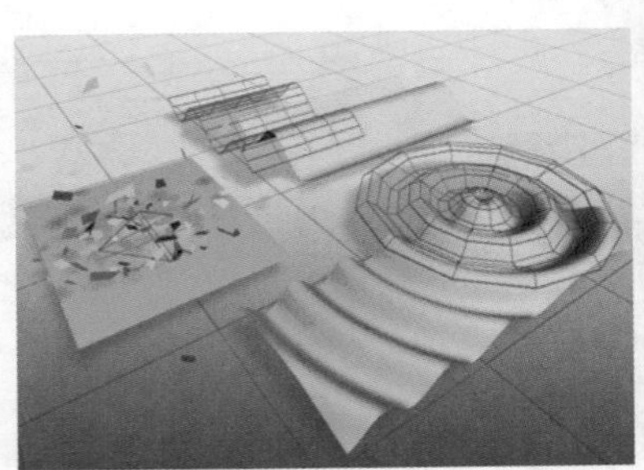

图11-212

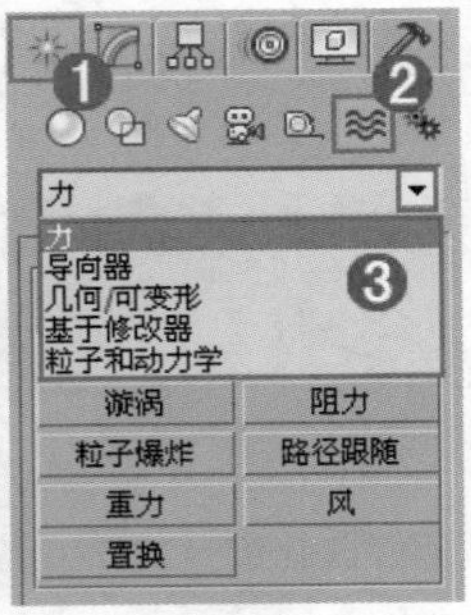

图11-213

11.2.1 力

【力】主要影响粒子系统，某些力也会影响几何体。【力】的类型共有 9 种，分别是【推力】、【马达】、【漩涡】、【阻力】、【粒子爆炸】、【路径跟随】、【重力】、【风】和【置换】，如图 11-214 所示。

图11-214

1. 推力

【推力】可以为粒子系统提供正向或负向的均匀单向力，如图 11-215 所示。

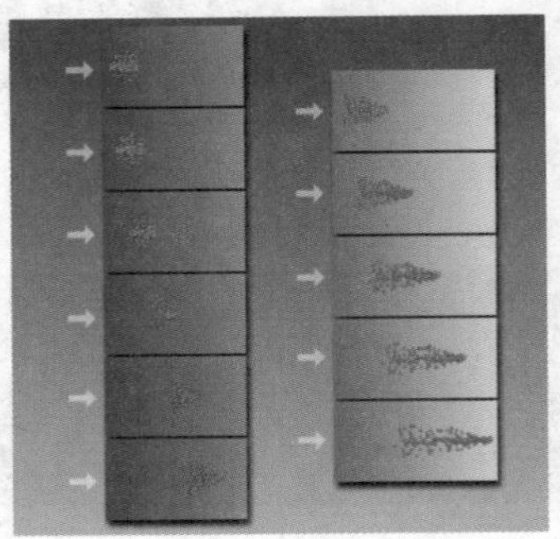

图11-215

其参数设置面板如图 11-216 所示。

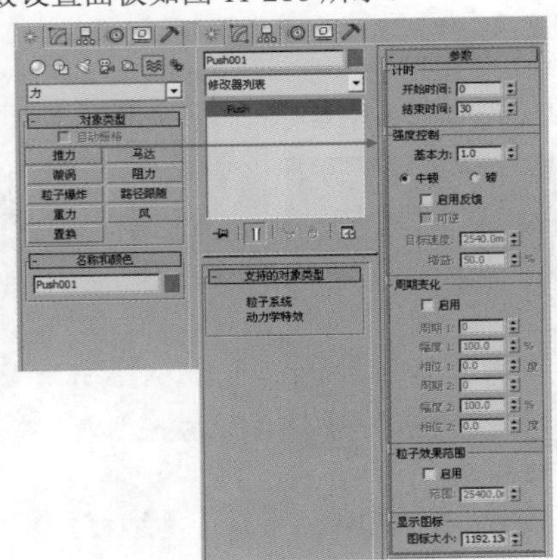

图11-216

- 开始时间 / 结束时间：空间扭曲效果开始和结束时所在的帧编号。
- 基本力：空间扭曲施加的力的量。
- 牛顿 / 磅：指定【基本力】微调器使用的力的单位。
- 启用反馈：选中该复选框时，力会根据受影响粒子相对于指定【目标速度】的速度而变化。
- 可逆：选中该复选框时，如果粒子的速度超出了【目标速度】的值，力会发生逆转。仅在选中【启用反馈】复选框时可用。
- 目标速度：以每帧的单位数指定【反馈】生效前的最大速度。仅在选中【启用反馈】复选框时可用。
- 增益：指定以何种速度调整力，以达到【目标速度】。
- 启用：启用变化。
- 周期 1：噪波变化完成整个循环所需的时间。例如，设置 20 表示每 20 帧循环一次。
- 幅度 1：(用百分比表示的）变化强度。使用的单位类型和【基本力】微调器相同。
- 相位 1：偏移变化模式。
- 周期 2：提供额外的变化模式（二阶波）来增加噪波。
- 幅度 2：(用百分比表示的）二阶波的变化强度。使用的单位类型和【基本力】微调器相同。
- 相位 2：偏移二阶波的变化模式。
- 启用：选中该复选框时，会将效果范围限制为一个球体，其显示为一个带有 3 个环箍的球体。
- 范围：以单位数指定效果范围的半径。
- 图标大小：设置推力图标的大小。该设置仅用于显示目的，而不会改变推力效果。

2. 马达

【马达】空间扭曲的工作方式类似于推力，但对受影响的粒子或对象应用的是转动扭矩，而不是定向力，马达图标的位置和方向都会对围绕其旋转的粒子产生影响。如图 11-217 所示为马达影响的效果。

其参数设置面板如图 11-218 所示。

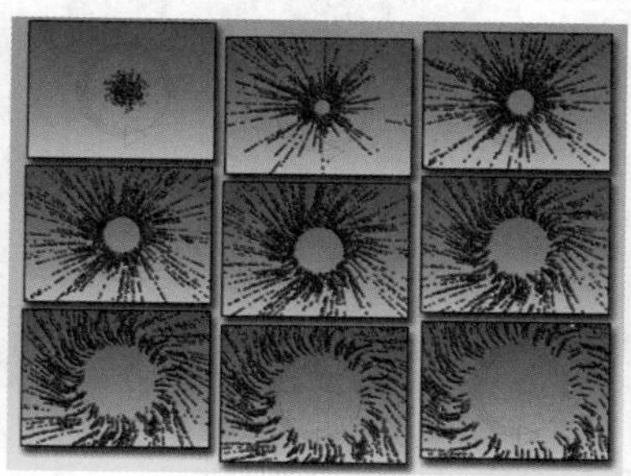
图11-217

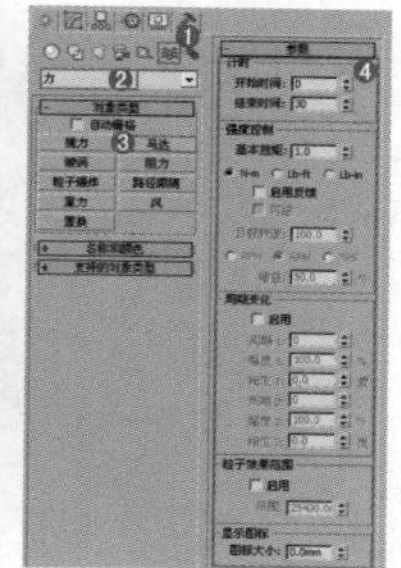
图11-218

- **开始/结束时间**：设置空间扭曲开始和结束时所在的帧编号。
- **基本扭矩**：设置空间扭曲对物体施加的力的量。
- **N-m/Lb-ft/Lb-in（牛顿 - 米 / 磅力 - 英尺 / 磅力 - 英寸）**：指定【基本扭矩】的度量单位。
- **启用反馈**：选中该复选框后，力会根据受影响粒子相对于指定的【目标转速】而发生变化；若选中该复选框，不管受影响对象的速度如何，力都保持不变。
- **可逆**：选中该复选框后，如果对象的速度超出了【目标转速】，那么力会发生逆转。
- **目标转速**：指定【反馈】生效前的最大转数。
- **RPH/RPM/RPS（每小时 / 每分钟 / 每秒）**：以每小时、每分钟或每秒的转数来指定【目标转速】的度量单位。
- **增益**：指定以何种速度来调整力，以达到【目标转速】。
- **周期 1**：设置噪波变化完成整个循环所需的时间。例如，20 表示每 20 帧循环一次。
- **幅度 1**：设置噪波变化的强度。
- **相位 1**：设置偏移变化的量。
- **范围**：以单位数来指定效果范围的半径。
- **图标大小**：设置马达图标的大小。

3. 旋涡

【旋涡】可以将力应用于粒子中，使粒子在急转的旋涡中进行旋转，然后让它们向下移动，形成一个长而窄的喷流或漩涡井。常用来创建黑洞、涡流和龙卷风，如图 11-219 所示。

其参数设置面板如图 11-220 所示。

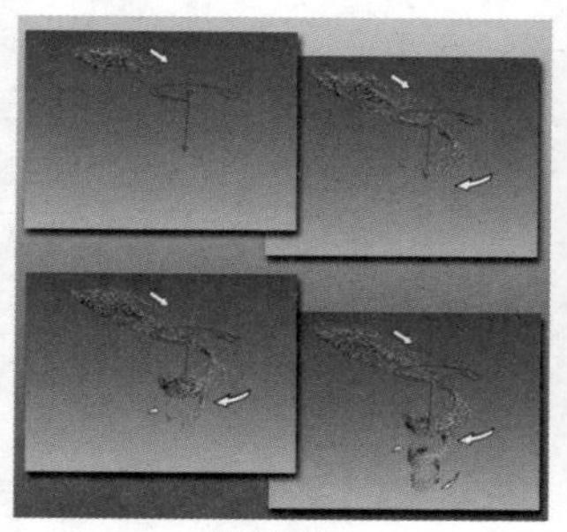
图11-219

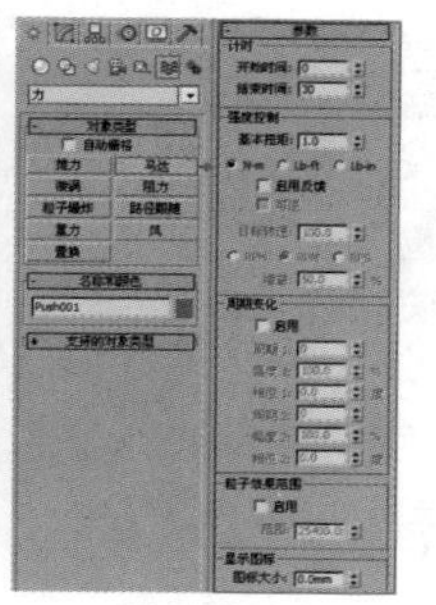
图11-220

重点 小实例：使用超级喷射和漩涡制作眩光动画

场景文件	无
案例文件	小实例：使用超级喷射和漩涡制作眩光动画 .max
视频教学	DVD/ 多媒体教学 /Chapter11/ 小实例：使用超级喷射和漩涡制作眩光动画 .flv
难易指数	★★☆☆☆
技术掌握	掌握如何使用超级喷射和漩涡的综合应用

实例介绍

本例讲解使用超级喷射和漩涡制作眩光动画，效果如图 11-221 所示。

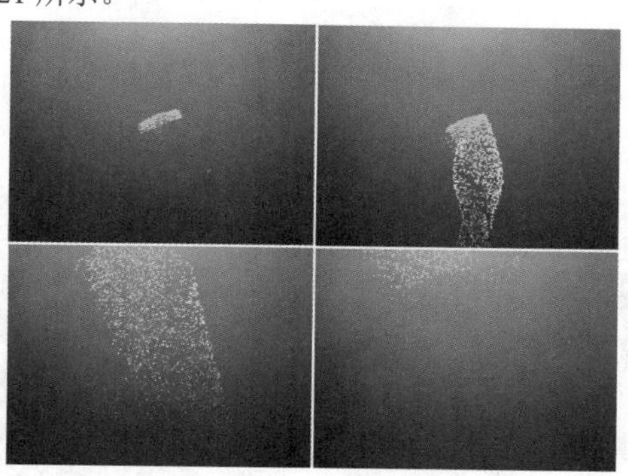
图11-221

操作步骤

步骤 01 单击【创建】面板，然后单击【几何体】按钮，并设置几何体类型为【粒子类型】，最后单击【超级喷射】按钮 超级喷射 ，如图 11-222 所示。在视图中拖曳创建一个超级喷射粒子，如图 11-223 所示。

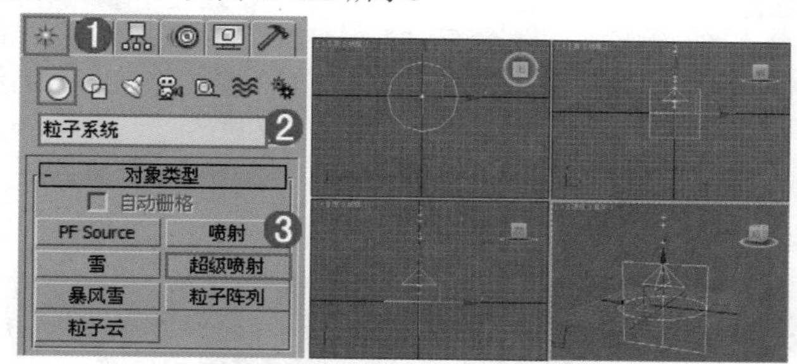

图11-222　　图11-223

步骤 02 选择刚创建一个超级喷射粒子，展开【基本参数】卷展栏，设置【轴偏离】为 20，【扩散】为 20，【平面偏离】为 20，【扩散】为 20，【视口显示】为【网格】，【粒子数百分比】为 100%。展开【粒子生成】卷展栏，在【粒子数量】选项组下选中【使用速率】，并设置数值为 100；设置【粒子运动】的【速度】为 10mm；设置【粒子计时】的【发射开始】为 0，【发射停止】为 60，【显示时限】为 100，【寿命】为 30，设置【粒子大小】选项组下的【大小】为 1mm。展开【粒子类型】卷展栏，设置【粒子类型】类型为【标准粒子】，设置【标准粒子】类型为【立方体】，如图 11-224 所示。

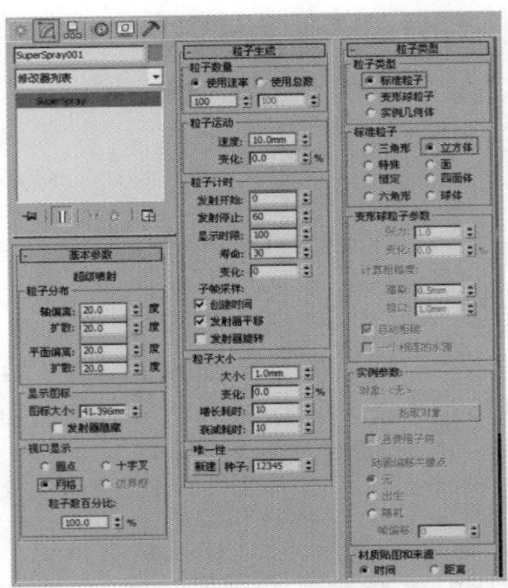

图11-224

步骤 03 此时的 SuperSpray001 如图 11-225 所示。

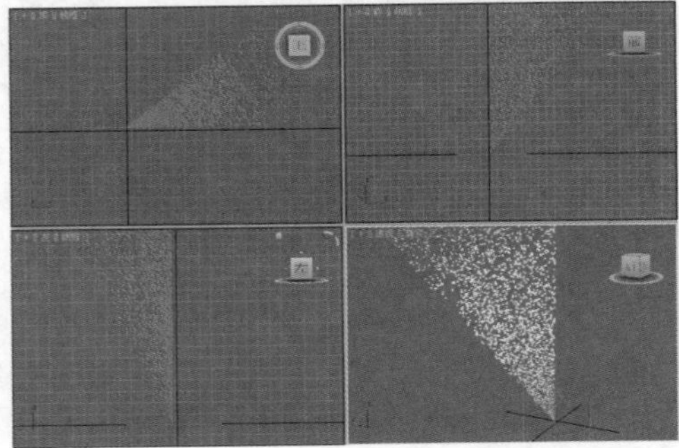

图11-225

步骤 04 在【创建】面板中单击【空间扭曲】按钮，并将空间扭曲类型设置为【力】，接着单击【漩涡】按钮 漩涡 ，如图 11-226 所示。接着在视图中拖曳创建一个漩涡，并命名为 Vortex 001，如图 11-227 所示。

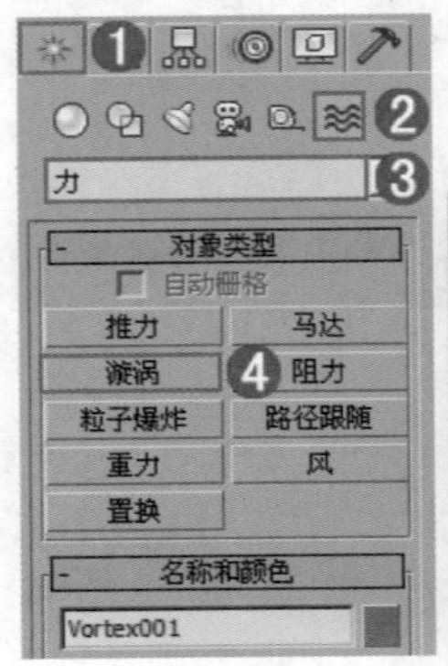

图11-226

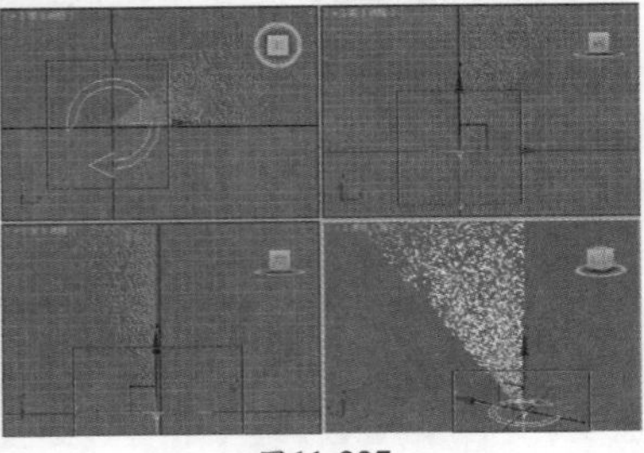

图11-227

步骤 05 选择 Vortex 001，设置【计时】的【开始时间】为 0，【结束时间】为 50；设置【轴向下拉】为 0.86，如图 11-228 所示。

步骤 06 此时拖动时间线滑块会发现漩涡对超级喷射没有任何影响，说明两者之间没有进行绑定。选择 SuperSpray001，然后单击【绑定到空间扭曲】按钮，接着拖曳鼠标左键到 Vortex001 上松开鼠标，此时两者绑定成功，如图 11-229 所示。

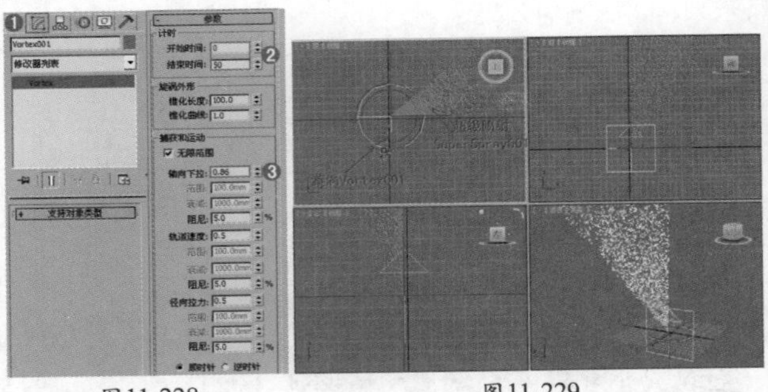

图11-228　　图11-229

步骤 07 此时的 SuperSpray001，如图 11-230 所示。

步骤 08 选择动画效果最明显的一些帧，然后单独渲染出这些单帧动画，最终效果如图 11-231 所示。

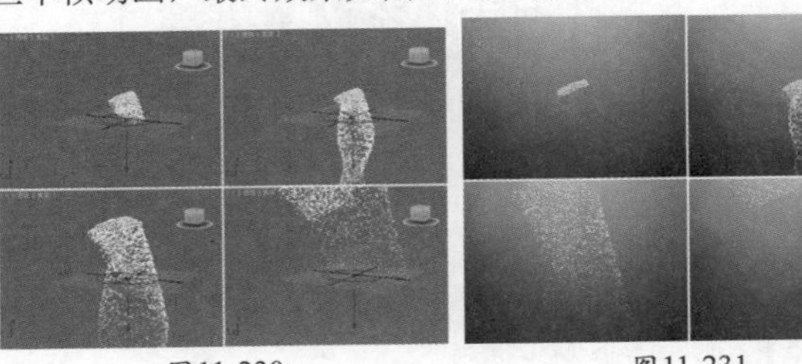

图11-230　　图11-231

4. 阻力

【阻力】是一种在指定范围内按照指定量来降低粒子速率的粒子运动阻尼器。应用阻尼的方式可以是线性、球形或圆柱形，如图 11-232 所示。

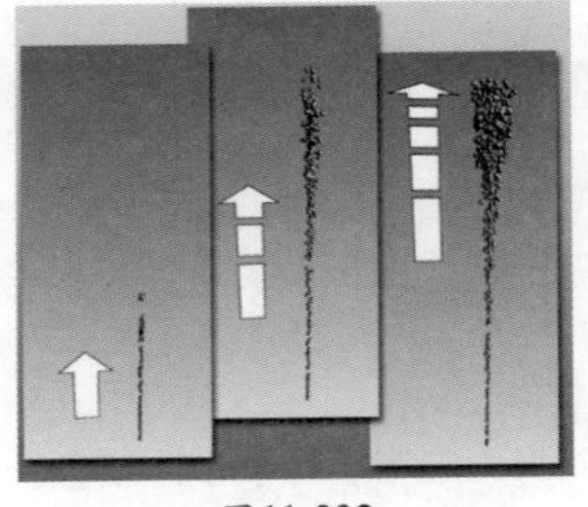

图11-232

其参数设置面板如图 11-233 所示。

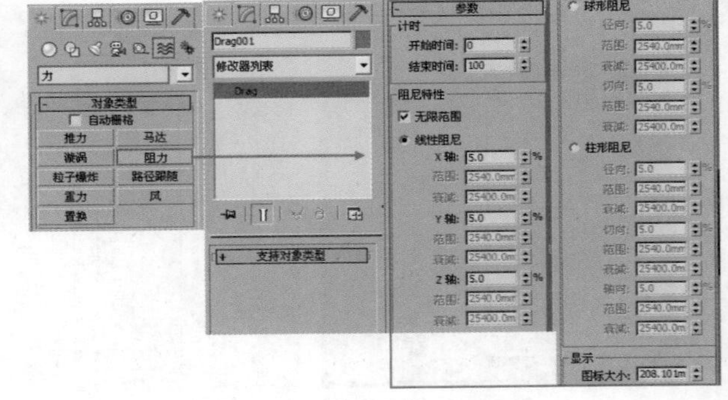

图11-233

5. 粒子爆炸

使用【粒子爆炸】可以创建一种使粒子系统发生爆炸的冲击波，其参数设置面板如图 11-234 所示。

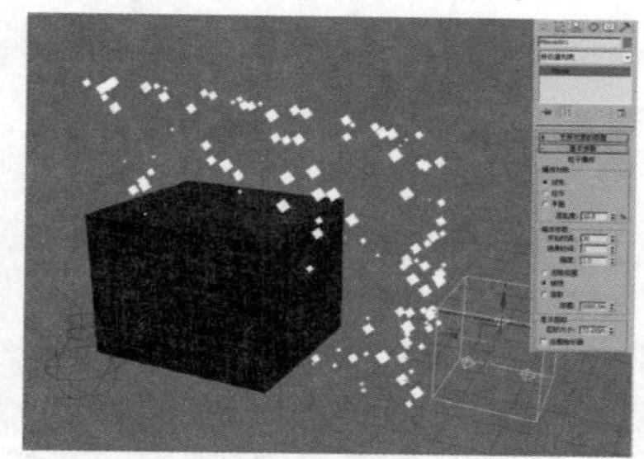

图11-234

6. 路径跟随

【路径跟随】可以强制粒子沿指定的路径进行运动。路径通常为单一的样条线，也可以是具有多条样条线的图形，但粒子只会沿着其中一条样条线曲线进行运动，如图 11-235 所示。

图11-235

其参数设置面板如图 11-236 所示。

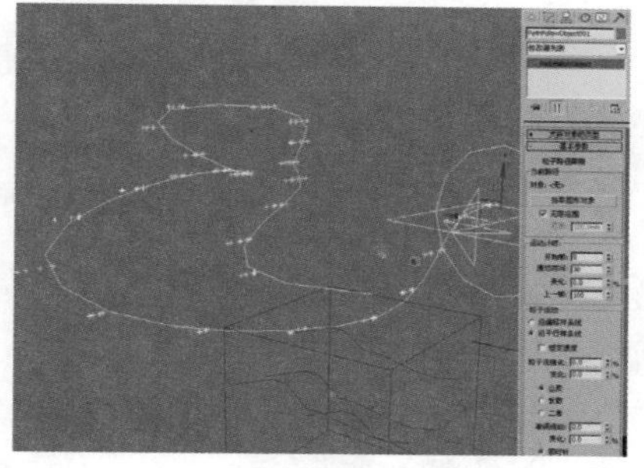

图11-236

7. 重力

【重力】可以用来模拟粒子受到的自然重力。重力具有方向性，沿重力箭头指向方向的粒子为加速运动，沿重力箭头逆向的粒子为减速运动，如图 11-237 所示。

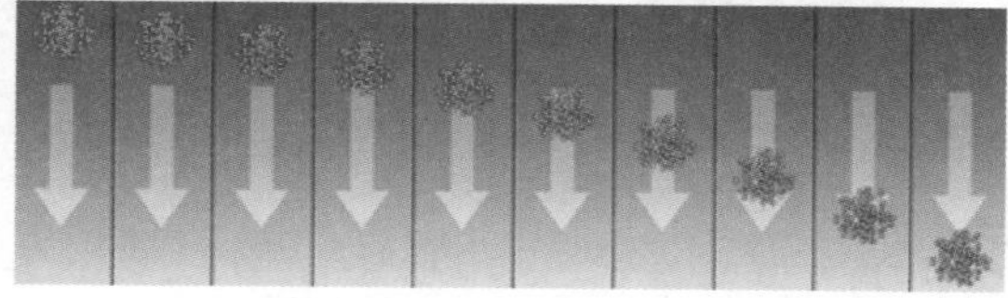

图11-237

其参数设置面板如图 11-238 所示。

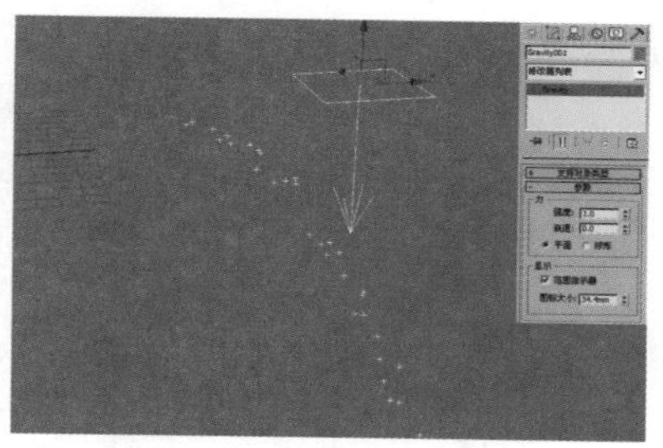

图11-238

8. 风

【风】可以用来模拟风吹动粒子所产生的飘动效果，如图 11-239 所示。

其参数设置面板如图 11-240 所示。

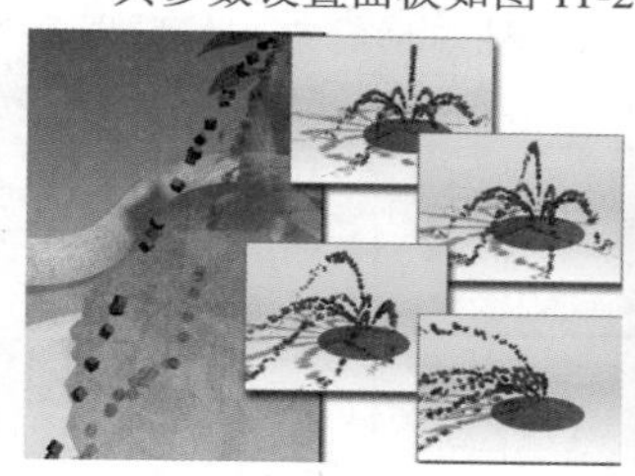

图11-239

图11-240

9. 置换

【置换】是以力场的形式推动和重塑对象的几何外形，对几何体和粒子系统都会产生影响，如图 11-241 所示。

其参数设置面板如图 11-242 所示。

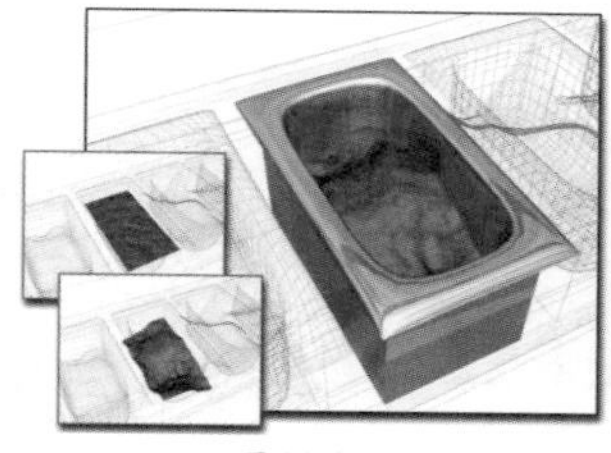

图11-241

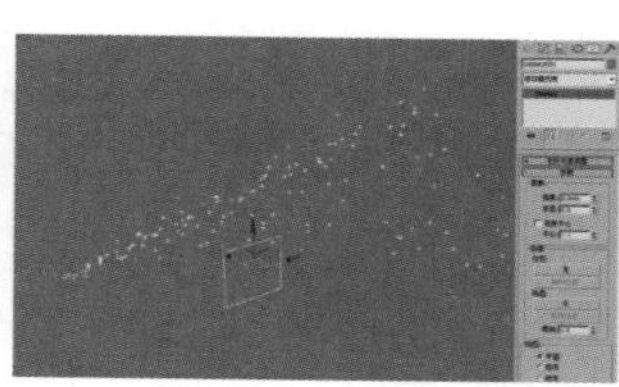

图11-242

11.2.2 导向器

【导向器】共有 6 种类型，分别是【泛方向导向板】、【泛方向导向球】、【全泛方向导向】、【全导向器】、【导向球】和【导向板】，如图 11-243 所示。

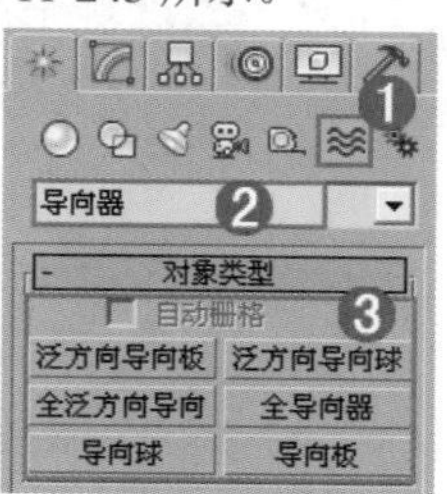

图11-243

1. 泛方向导向板

泛方向导向板是空间扭曲的一种平面泛方向导向器类型，它能提供比原始导向器空间扭曲更强大的功能，包括折射和繁殖能力，如图 11-244 所示。

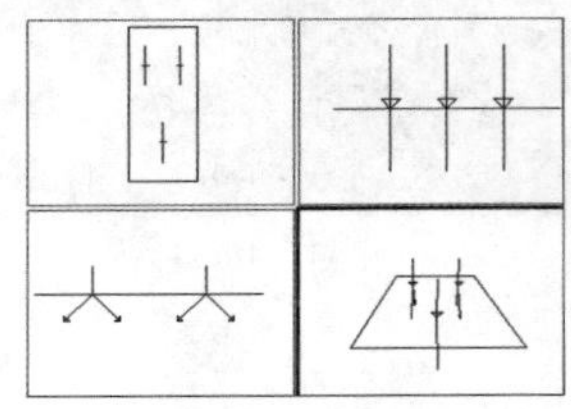

图11-244

2. 泛方向导向球

泛方向导向球是空间扭曲的一种球形泛方向导向器类型，它提供的选项比原始的导向球更多，如图 11-245 所示。

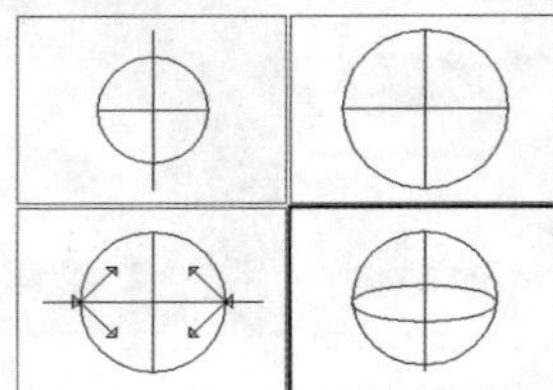

图11-245

3. 全泛方向导向

【全泛方向导向器】（通用泛方向导向器）提供的选项比原始的【全导向器】更多，如图 11-246 所示。

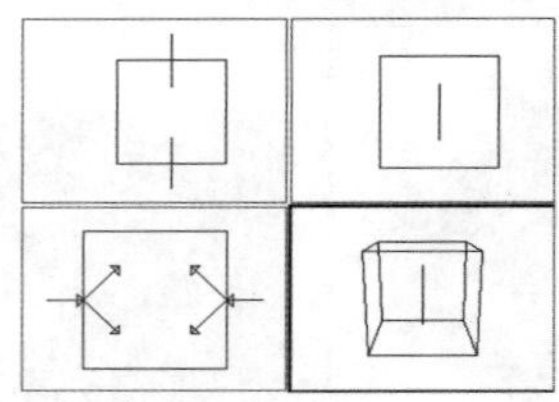

图11-246

4. 全导向器

【全导向器】是一种能使用任意对象作为粒子导向器的全导向器，如图 11-247 所示。

图11-247

5. 导向球

【导向球】空间扭曲起着球形粒子导向器的作用，如图 11-248 所示。

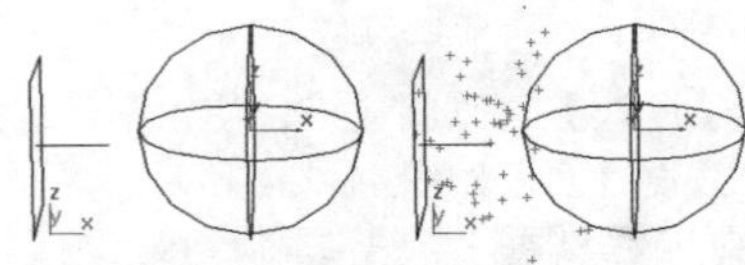

图11-248

6.导向板

【导向板】空间扭曲起着平面防护板的作用，它能排斥由粒子系统生成的粒子。例如，使用导向器可以模拟被雨水敲击的公路。将【导向器】空间扭曲和【重力】空间扭曲结合在一起可以产生瀑布和喷泉效果，如图 11-249 所示。

图11-249

11.2.3 几何/可变形

【几何 / 可变形】空间扭曲主要用于变形对象的几何形状，包括 7 种类型，分别是【FFD（长方体）】、【FFD（圆柱体）】、【波浪】、【涟漪】、【置换】、【一致】和【爆炸】，如图 11-250 所示。

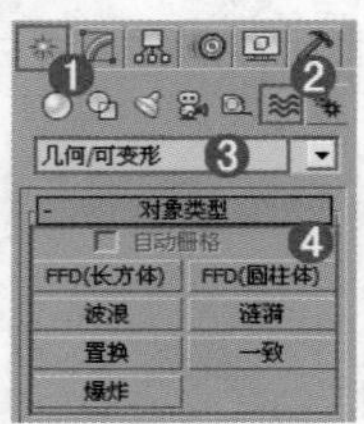

图11-250

1. FFD（长方体）

FFD（长方体）提供了一种通过调整晶格的控制点使对象发生变形的方法，如图 11-251 所示。

图11-251

2. FFD（圆柱体）

FFD（圆柱体）提供了一种通过调整晶格的控制点使对

象发生变形的方法，如图 11-252 所示。

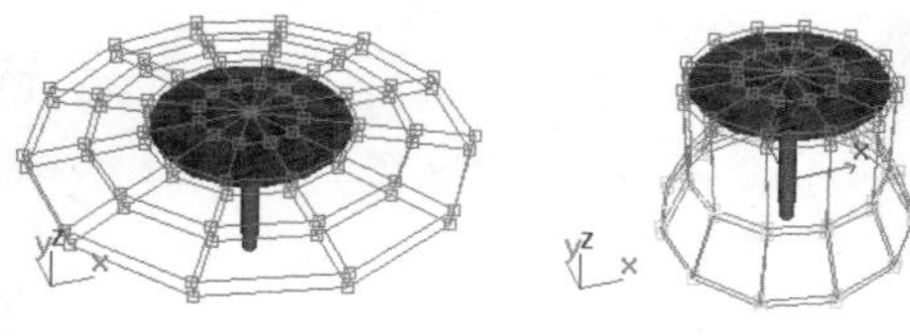

图11-252

3. 波浪

【波浪】空间扭曲可以制作波浪效果，其参数设置面板如图 11-253 所示。

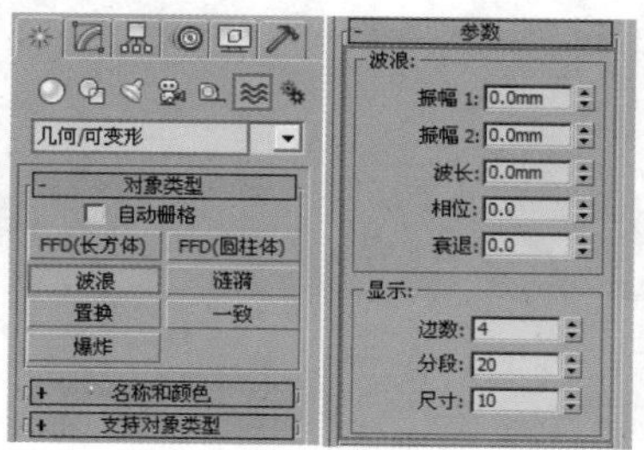

图11-253

4. 涟漪

【涟漪】空间扭曲可以制作涟漪效果，其参数设置面板如图 11-254 所示。

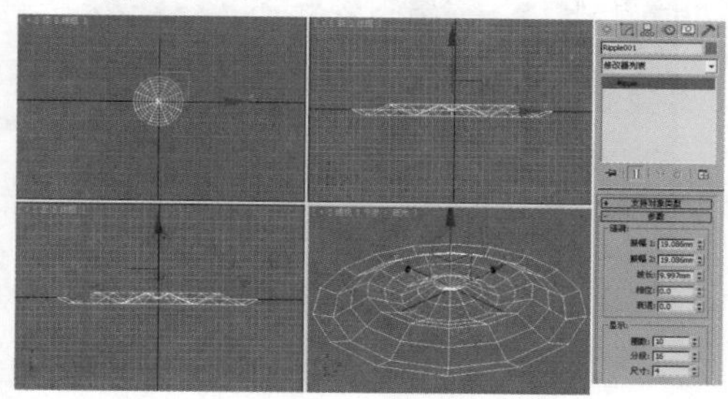

图11-254

5. 置换

【置换】空间扭曲可以制作置换效果，其参数设置面板如图 11-255 所示。

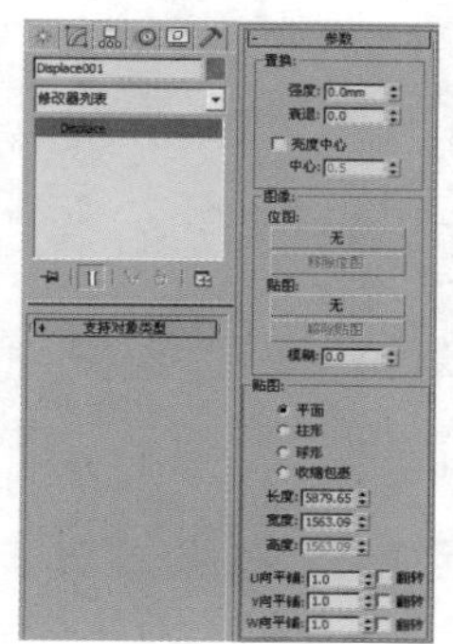

图11-255

6. 一致

【一致】空间扭曲修改绑定对象的方法是按照空间扭曲图标所指示的方向推动其顶点，直至这些顶点碰到指定目标对象，或从原始位置移动到指定距离，如图 11-256 所示。

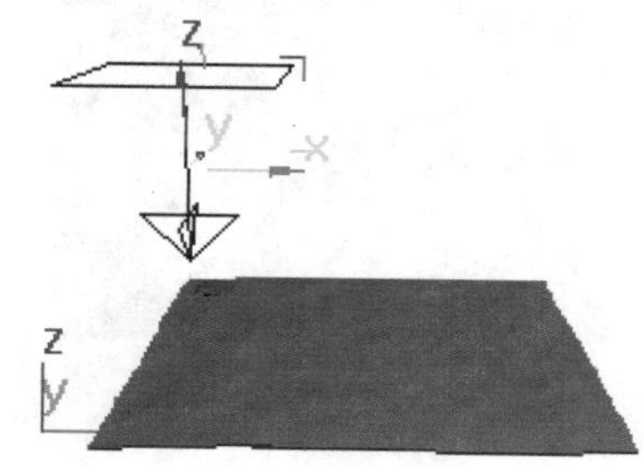

图11-256

7. 爆炸

【爆炸】空间扭曲主要用来制作爆炸动画效果，其参数设置面板如图 11-257 所示。

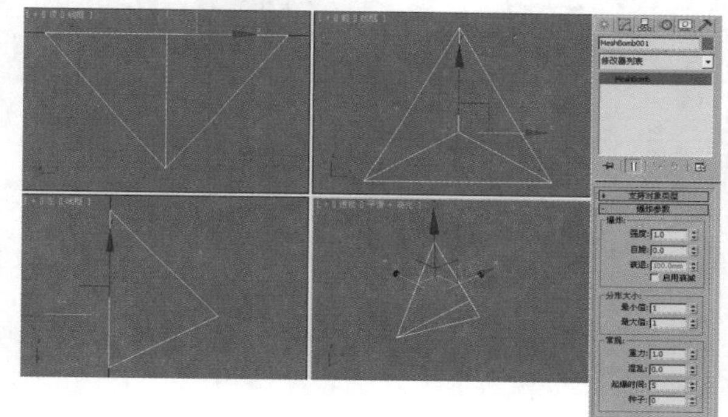

图11-257

重点 小实例：利用波浪制作海面漂流瓶

场景文件	08.max
案例文件	小实例：利用波浪制作海面漂流瓶.max
视频教学	DVD/多媒体教学/Chapter11/小实例：利用波浪制作海面漂流瓶.flv
难易指数	★★★☆☆
技术掌握	掌握空间扭曲下波浪效果使用方法

实例介绍

本例讲解利用空间扭曲下波浪效果制作海面漂流瓶，效果如图 11-258 所示。

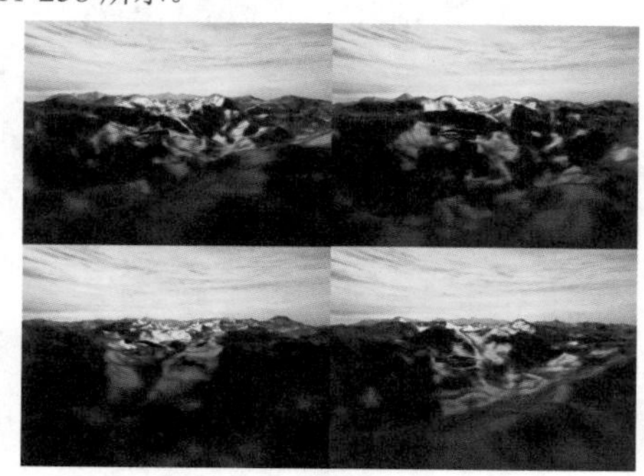

图11-258

操作步骤

步骤 01 打开本书配套光盘中的【场景文件 /Chapter11/08.max】文件，此时场景效果如图 11-259 所示。

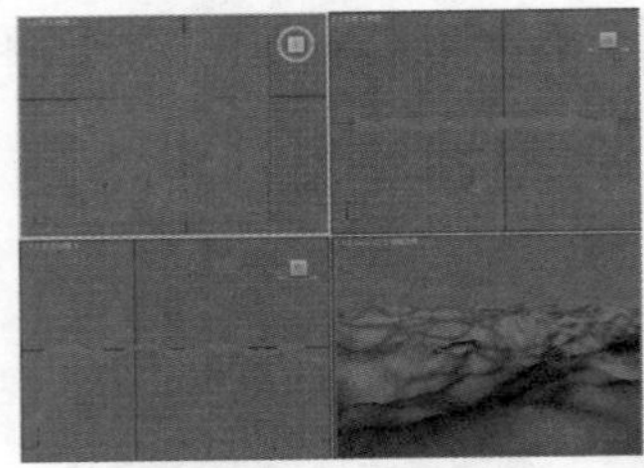

图 11-259

步骤 02 在【创建】面板中单击【空间扭曲】按钮，并设置类型为【几何 / 可变形】，接着单击【波浪】按钮 波浪 ，如图 11-260 所示。在场景中拖曳创建一个波浪并命名为 Wave 01，如图 11-261 所示。

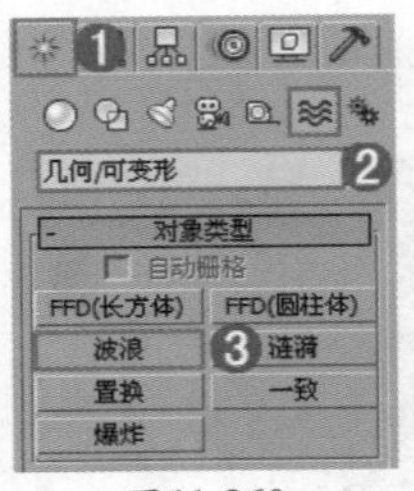

图 11-260

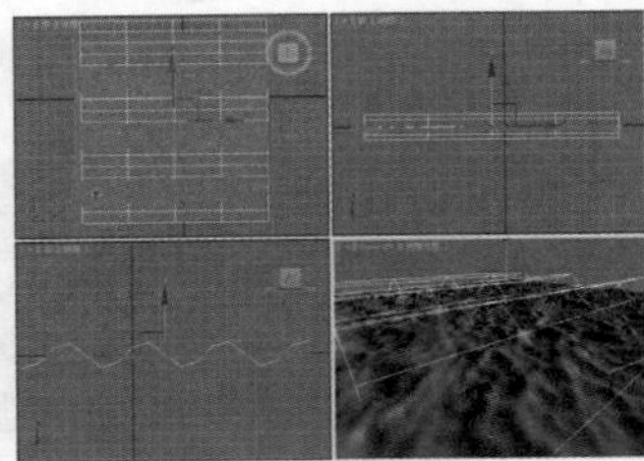

图 11-261

步骤 03 选择 Wave 01，然后在【修改】面板下展开【参数】卷展栏，在【波浪】选项组下设置【振幅 1】为 250mm，【振幅 2】为 250mm，【波长】为 1500mm，在【显示】选项组下设置【边数】为 4，【分段】为 18，【尺寸】为 5，如图 11-262 所示。

步骤 04 单击【自动关键点】按钮 自动关键点 ，然后将时间线滑块拖曳到第 100 帧，并设置【参数】卷展栏下的【相位】为 1，如图 11-263 所示。此时波浪会产生一段动画，如图 11-264 所示。

图 11-262

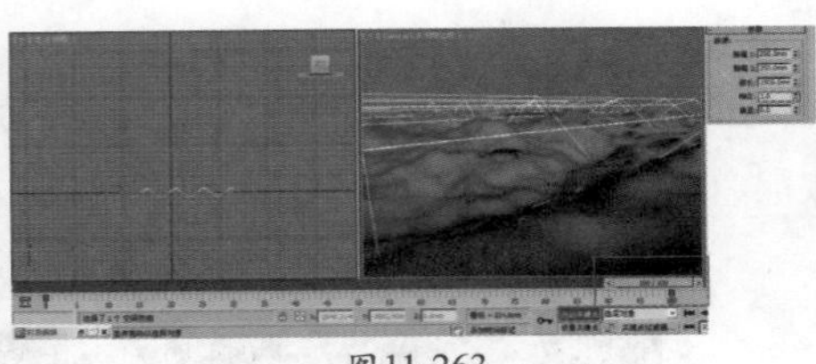

图 11-263

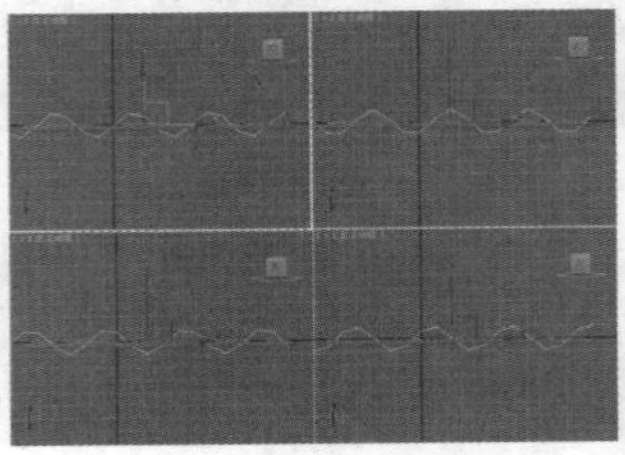

图 11-264

技巧与提示

但此时场景中平面并没有跟随波浪运动，它们之间各自孤立存在，需要使用【绑定到空间扭曲】按钮将其绑定到一起。

步骤 05 选择 Wave01，然后单击【绑定到空间扭曲】按钮 ，接着选择 Plane01，此时两者绑定成功，如图 11-265 所示。

步骤 06 拖曳时间线滑块查看动画，效果如图 11-266 所示。

图 11-265

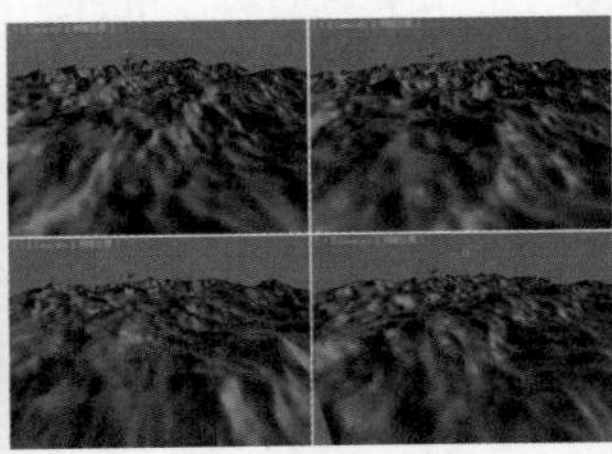

图 11-266

技巧与提示

此时漂流瓶并没有跟随海平面的运动而运动，这不是我们需要的效果，需要进行约束效果，如图 11-267 所示。

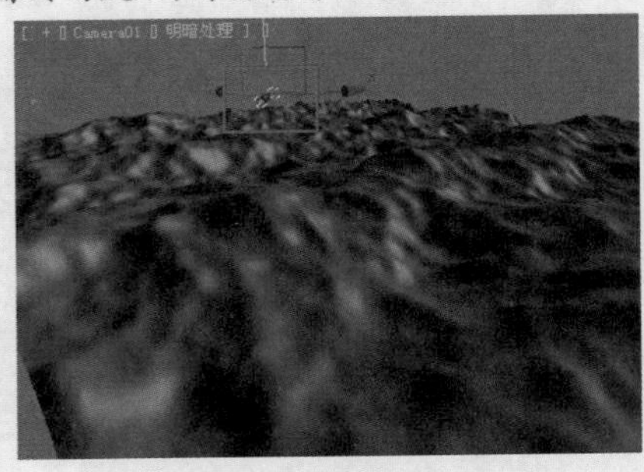

图 11-267

步骤 07 选择漂流瓶模型，然后执行【动画】|【约束】|【附着约束】命令，如图 11-268 所示。分别单击【运动】面板按钮和【设置位置】按钮，最后将漂流瓶拖曳到如图 11-269 所示的位置。

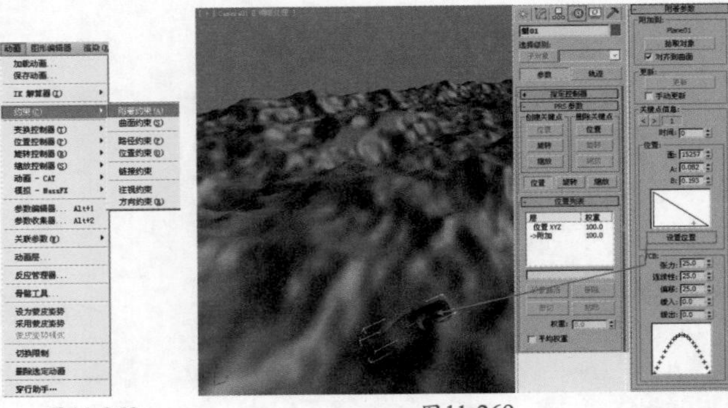

图 11-268　图 11-269

步骤 08 拖曳时间线滑块查看漂流瓶局部特写动画，如图 11-270 所示。

步骤 09 此时拖曳时间线滑块查看动画，如图 11-271 所示。

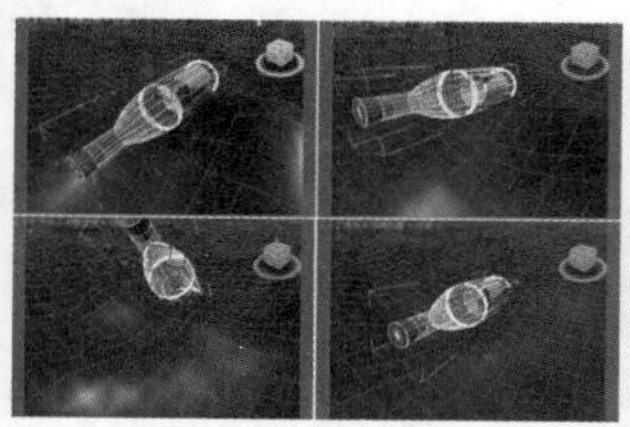
图11-270

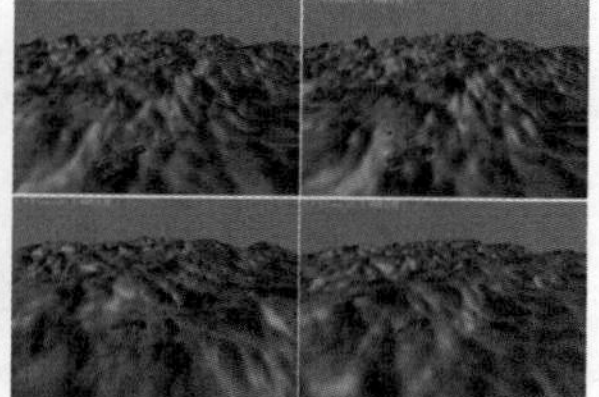
图11-271

步骤 10 选择动画效果最明显的一些帧，然后单独渲染出这些单帧动画，最终效果如图 11-272 所示。

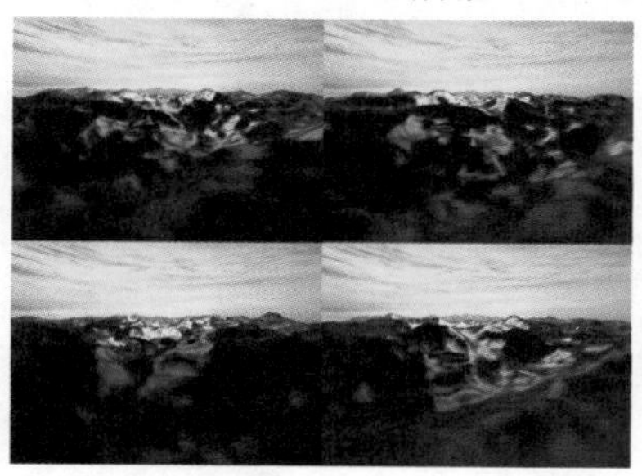
图11-272

11.2.4 基于修改器

【基于修改器】空间扭曲可以应用于许多对象，它与修改器的应用效果基本相同，包括【弯曲】、【扭曲】、【锥化】、【倾斜】、【噪波】和【拉伸】6 种类型，如图 11-273 所示。

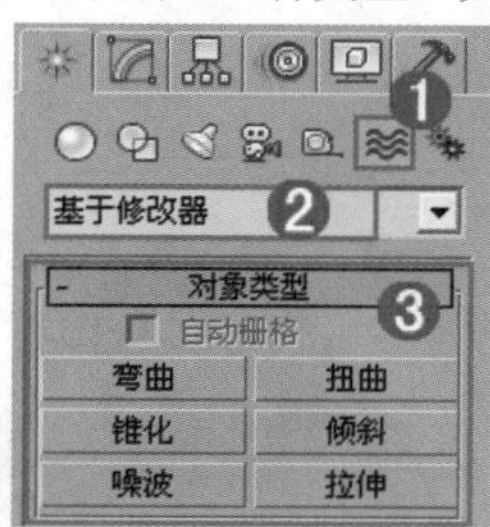

图11-273

> **技巧与提示**
>
> 【基于修改器】空间扭曲用法与修改器的使用方法比较类似，并且在实际工作中的使用频率也比较低，此处就不再讲解了。

11.2.5 粒子和动力学

【粒子和动力学】空间扭曲只有【向量场】一种。【向量场】是一种特殊类型的空间扭曲，群组成员使用它来围绕不规则对象（如曲面和凹面）移动。向量场是个方框形的格子的小插件，其位置和尺寸可以改变，以便围绕要避开的对象，通过格子交叉生成向量，如图 11-274 所示。

其参数面板如图 11-275 所示。

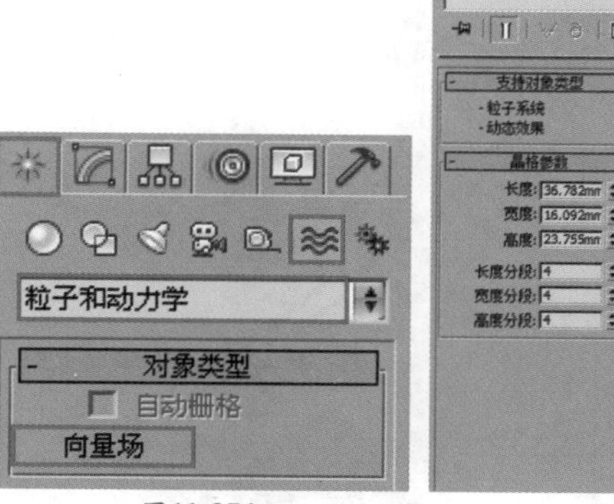

图11-274　　图11-275

- **长度 / 宽度 / 高度**：指定晶格的维数。晶格应该比“向量场”对象大。
- **长度分段 / 宽度分段 / 高度分段**：指定“向量场”晶格的分辨率。分辨率越大，模拟的准确率越高。
- **显示晶格**：显示向量场晶格，即黄色线框。默认设置为启用。
- **显示范围**：显示在生成向量的范围内障碍物的体积，显示为橄榄色线框。
- **显示向量场**：显示向量，向量会显示为在范围体积中自晶格交集向外发散的蓝色线条。
- **显示曲面采样数**：显示自障碍物表面的采样点发出的绿色短线。
- **向量缩放**：缩放向量，以使它们更易被看到或更隐蔽。
- **图标大小**：调整【向量场】空间扭曲图标（即一对交叉双头箭头）的大小。
- **强度**：设置向量对进入向量场的对象的运动效果。
- **衰减**：确定向量强度随着与对象表面距离的变化而变化的比例。
- **平行 / 垂直**：设置向量生成的力与向量场是平行还是垂直。
- **拉力**：调整对象相对于向量场的位置。
- **向量场对象**：用于指定障碍物。单击此按钮，然后选择其周围要生成向量场的对象。
- **范围**：决定其中生成向量的体积。默认设置为 1.0。
- **采样精度**：充当在障碍物曲面上使用的有效采样率的倍增器，以计算向量场中的向量方向。
- **使用翻转面**：表示在计算向量场期间要使用翻转法线。
- **计算**：计算向量场。
- **起始距离**：开始混合向量的位置与对象相距的距离。
- **衰减**：混合周围向量的衰减。
- **混合分段 X/Y/Z**：要在 X/Y/Z 轴上混合的相邻晶格点数。
- **混合**：单击此按钮实施混合。

Chapter 12

第12章

动力学技术

3ds Max 2014 版本延续使用了 3ds Max 2013 版本中的 MassFX，并且将其完善。MassFX 相对于之前的动力学系统 reactor 而言，是一个非常大的进步，它不仅简捷方便，而且运算速度非常快，支持的模型多边形个数也大大增加，并且少了很多错误。在以后的 3ds Max 版本中肯定会继续加大力度更新 MassFX 的内容。

本章学习要点：

- 掌握刚体的创建方法及使用方法
- 掌握mCloth的创建方法及使用方法
- 掌握约束的创建方法及使用方法
- 掌握碎布玩偶的创建方法及使用方法
- 掌握Cloth修改器的使用方法

12.1 什么是动力学MassFX

3ds Max 2014 版本延续使用了以前版本中的 MassFX，并且将其完善。MassFX 相对于之前的动力学系统 reactor 而言，是一个非常大的进步，它不仅简捷方便，而且运算速度非常快，支持的模型多边形个数也大大增加，并且少了很多错误。在以后的 3ds Max 版本中肯定会继续加大力度更新 MassFX 的内容。

如图 12-1 和图 12-2 所示分别为 3ds Max 2014 版本的 MassFX 和 3ds Max 2012 之前版本的 reactor 动力学界面。

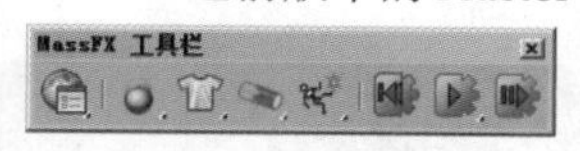

图12-1

图12-2

MassFX 这套动力学系统，可以配合多线程的 Nvidia 显示引擎来进行 MAX 视图里的实时运算，并能得到更为真实的动力学效果。MassFX 的主要优势在于操作简单、实时运算，并解决了由于模型面数多而无法运算的问题。3ds Max 2014 版本中的动力学系统非常强大，远远超越之前的任何一个版本，可以快速地制作出物体与物体之间真实的物理作用效果，是制作动画必不可少的一部分。动力学可以用于定义物理属性和外力，当对象遵循物理定律进行相互作用时，可以让场景自动生成最终的动画关键帧，而且让用户满意的是虽然旧的 reactor 没有了，但是新的 MassFX 无论在操作模式还是参数设置都与旧的 reactor 相似，因此非常容易学习。

动力学支持刚体和软体动力学、布料模拟和流体模拟，并且它拥有物理属性，如质量、摩擦力和弹力等，可用来模拟真实的碰撞、绳索、布料、马达和汽车运动等效果，下面是一些比较优秀的动力学作品，如图 12-3 所示。

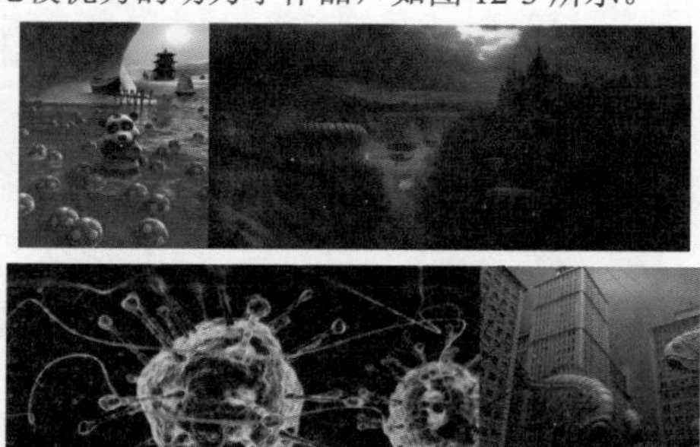

图12-3

在主工具栏的空白处右击，然后在弹出的快捷菜单中选择【MassFX 工具栏】选项，如图 12-4 所示。

此时将会弹出【MassFX 工具栏】，如图 12-5 所示。

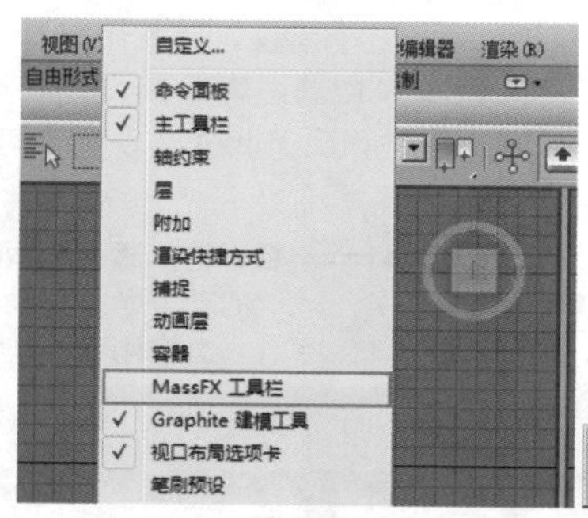

图12-4

图12-5

- 【MassFX 工具】按钮：该按钮下面包括很多参数，如【世界】、【工具】、【编辑】和【显示】。
- 【刚体】按钮：在创建完物体后，可以为物体添加刚体，分别是动力学、运动学和静态 3 种。
- mCloth 按钮：可以模拟真实的布料效果。
- 【约束】按钮：可以创建约束对象，包括 7 种，分别是刚性、滑块、转轴、扭曲、通用、球和套管约束。
- 【碎布玩偶】按钮：可以模拟碎布玩偶的动画效果。
- 【重置模拟】按钮：单击该按钮可以将之前的模拟重置，回到最初状态。
- 【模拟】按钮：单击该按钮可以开始进行模拟。
- 【步阶模拟】按钮：单击或多次单击该按钮可以按照步阶进行模拟，方便查看每时每刻的状态。

技巧与提示

为了操作方便，可以将【MassFX 工具栏】拖曳并停靠到主工具栏的下方或左侧，如图 12-6 所示。

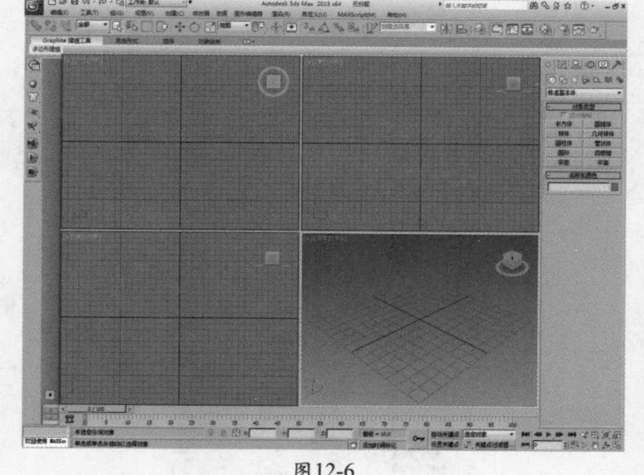

图12-6

12.2 为什么使用动力学

3ds Max 动力学是非常有趣的一个模块，通常用来制作一些真实的动画效果，如物体碰撞、跌落和机械的运作等。当然有读者会问，为什么不直接为物体 K 动画呢？其实答案很简单，K 动画一般比较麻烦，而且动作非常真实，而 3ds Max 动力学是根据真实的物理原理进行计算，因此会实现非常真实的模拟效果。一般来说，使用动力学分为以下几个步骤，如图 12-7 所示。

❶创建物体 ⟹ ❷为物体添加合适的动力学（如动力学刚体） ⟹ ❸设置参数 ⟹ ❹进行模拟，并生成动画

图12-7

12.3 创建动力学MassFX

12.3.1 MassFX 工具

单击【MassFX 工具】按钮，可以调出其工具面板，如图 12-8 所示。

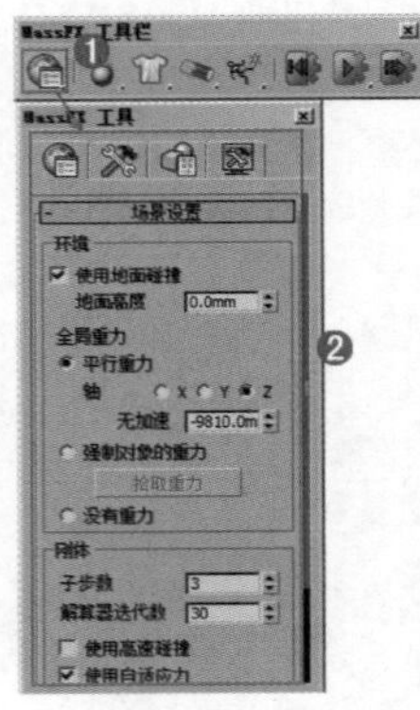

图12-8

1. 世界面板

【世界】面板包含 3 个卷展栏，分别是【场景设置】、【高级设置】和【引擎】，如图 12-9 所示。

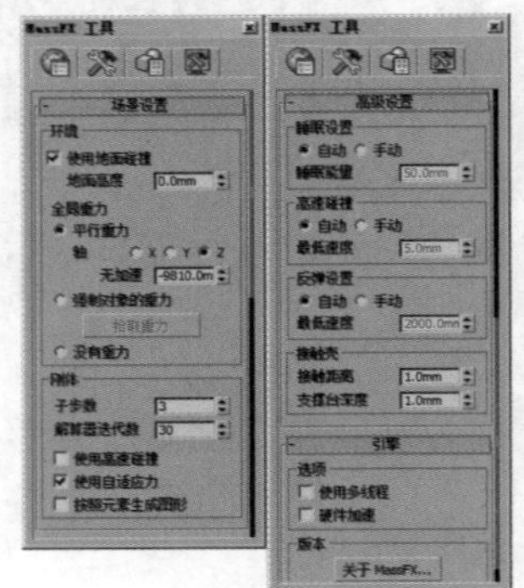

图12-9

（1）场景设置

- **使用地面碰撞**：选中该复选框，MassFX 将使用（不可见）无限静态刚体（即 Z=0）；也就是说，与主栅格共面。
- **地面高度**：用来设置选中【使用地面碰撞】复选框时地面刚体的高度。
- **平行重力**：应用 MassFX 中的内置重力。
- **轴**：应用重力的全局轴（参见下文【加速度】）。对于标准上 / 下重力，默认将方向设置为 Z。
- **无加速**：以米 / 平方秒为单位指定的重力。
- **强制对象的重力**：可以使用【重力】空间扭曲将重力应用于刚体。
- **【拾取重力】按钮**：使用该按钮将其指定为在模拟中使用。
- **没有重力**：选中该单选按钮，重力不会影响模拟。
- **子步数**：每个图形更新之间执行的模拟步数，由公式（子步数 + 1）* 帧速率确定。
- **解算器迭代次数**：全局设置，约束解算器强制执行碰撞和约束的次数。
- **使用高速碰撞**：全局设置，用于切换连续的碰撞检测。
- **使用自适应力**：该复选框默认情况下是选中的，控制是否使用自适应力。
- **按照元素生成图形**：控制是否按照元素生成图形。

（2）高级设置

- **睡眠设置**：在模拟中移动速度低于某个速率的刚体将自动进入【睡眠】模式，从而使 MassFX 关注其他活动对象，提高了性能。
- **睡眠能量**："睡眠"机制测量对象的移动量（组合平移和旋转），并在其运动低于"睡眠能量"阈值时将对象置于睡眠模式。
- **高速碰撞**：当启用【使用高速碰撞】时，这些设置可确定 MassFX 计算此类碰撞的方法。
- **最低速度**：当选择【手动】时，在模拟中移动速度低于此速度的刚体将自动进入【睡眠】模式。

- **反弹设置**：选择用于确定刚体何时相互反弹的方法。
- **最低速度**：模拟中移动速度高于此速度的刚体将相互反弹，这是碰撞的一部分。
- **接触壳**：使用这些设置确定周围的体积，其中 MassFX 在模拟的实体之间检测到碰撞。
- **接触距离**：允许移动刚体重叠的距离。
- **支撑台深度**：允许支撑体重叠的距离。当使用捕获变换设置实体在模拟中的初始位置时，此设置可以发挥作用。

（3）引擎

- **使用多线程**：启用时，如果 CPU 具有多个内核，CPU 可以执行多线程，以加快模拟的计算速度。在某些条件下可以提高性能；但是，连续进行模拟的结果可能会不同。
- **硬件加速**：启用时，如果您的系统配备了 Nvidia GPU，即可使用硬件加速来执行某些计算。在某些条件下可以提高性能；但是，连续进行模拟的结果可能会不同。
- **关于 MassFX**：单击此按钮，将打开一个小对话框，其中显示 MassFX 的基本信息，包括 PhysX 版本。

2. 工具面板

【工具】面板包含 3 个卷展栏，分别是【模拟】、【模拟设置】和【实用程序】，如图 12-10 所示。

（1）模拟

- **（重置模拟）**：即停止模拟。将时间滑块移动到第 1 帧，并将任意动力学刚体设置为其初始变换。
- **（开始模拟）**：从当前帧运行模拟。时间滑块为每个模拟步长前进一帧，从而导致运动学刚体作为模拟的一部分进行移动。如果模拟正在运行（如高亮显示的按钮所示），单击【播放】按钮可以暂停模拟。
- **（开始无动画的模拟）**：与【开始模拟】按钮类似，只是模拟运行时时间滑块不会前进。
- **（步长模拟）**：运行一个帧的模拟并使时间滑块前进相同量。
- 烘焙所有 **（烘焙所有）**：将所有动力学刚体的变换存储为动画关键帧时重置模拟，然后运行它。
- 烘焙选定项 **（烘焙选定项）**：与【烘焙所有】按钮类似，只是烘焙仅应用于选定的动力学刚体。

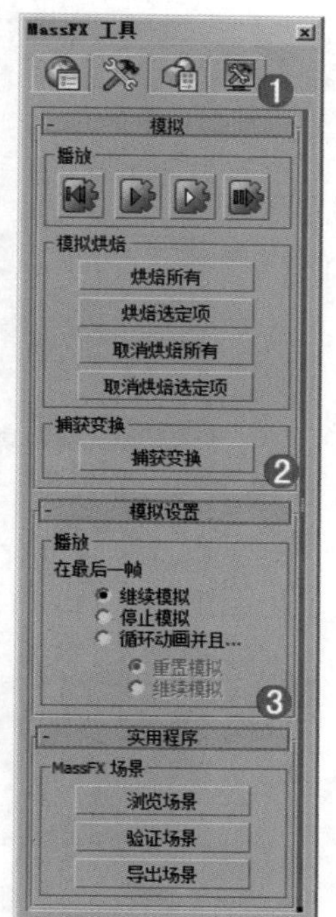

图 12-10

- 取消烘焙所有 **（取消烘焙所有）**：删除烘焙时设置为运动学的所有刚体的关键帧，从而将这些刚体恢复为动力学刚体。
- 取消烘焙选定项 **（取消烘焙选定项）**：与【取消烘焙所有】按钮类似，只是取消烘焙仅应用于选定的适用刚体。
- 捕获变换 **（捕获变换）**：将每个选定的动力学刚体的初始变换设置为其变换。

（2）模拟设置

- **在最后一帧**：选择当动画进行到最后一帧时，是否继续进行模拟，如果继续，则选择以下几个方式进行模拟。
- **继续模拟**：即使时间滑块达到最后一帧，也继续运行模拟。
- **停止模拟**：当时间滑块达到最后一帧时，停止模拟。
- **循环动画并且**：选中此单选按钮，将在时间滑块达到最后一帧时重复播放动画。

（3）实用程序

- 浏览场景 **（浏览场景）**：打开【MassFX 资源管理器】对话框。
- 验证场景 **（验证场景）**：确保各种场景元素不违反模拟要求。
- 导出场景 **（导出场景）**：使模拟可用于其他程序。

3. 编辑面板

【编辑】面板包含七个卷展栏，分别是【刚体属性】、【物理材质】、【物理材质属性】、【物理网格】、【物理网格参数】、【力】和【高级】，如图 12-11 所示。

（1）刚体属性

- **刚体类型**：所有选定刚体的模拟类型。可用的选择有动力学、运动学和静态。
- **直到帧**：如果选中该复选框，MassFX 会在指定帧处将选定的运动学刚体转换为动态刚体。
- **烘焙**：将未烘焙的选定刚体的模拟运动转换为标准动画关键帧。
- **使用高速碰撞**：如果选中该复选框，【高速碰撞】设置将应用于选定刚体。
- **在睡眠模式中启动**：选中该复选框，选定刚体将使用全局睡眠设置，以睡眠模式开始模拟。
- **与刚体碰撞**：选中该复选框，选定的刚体将与场景中的其他刚体发生碰撞。

（2）物理材质

- **预设**：从下拉列表中选择预设材质，以将【物理材质属性】卷展栏上的所有值更改为预设中保存的值，并将这些值应用到选择内容。

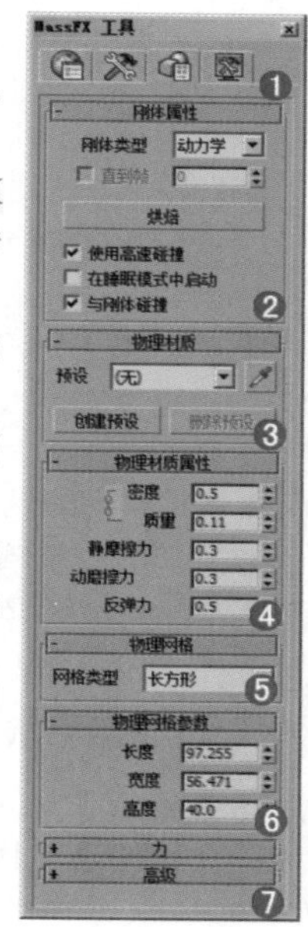

图 12-11

- **创建预设**：基于当前值创建新的物理材质预设。
- **删除预设**：从列表中移除当前预设并将列表设置为【(无)】。当前的值将保留。

（3）物理材质属性

- **密度**：此刚体的密度，度量单位为 g/cm^3（克每立方厘米），这是国际单位制（kg/m^3）中等价度量单位的 1/1000。
- **质量**：此刚体的重量，度量单位为 kg（千克）。
- **静摩擦力**：两个刚体开始互相滑动的难度系数。

- **动摩擦力**：两个刚体保持互相滑动的难度系数。
- **反弹力**：对象撞击到其他刚体时反弹的轻松程度和高度。

（4）物理网格

- **网格类型**：选定刚体物理网格的类型。可用类型有【球体】、【长方形】、【胶囊】、【凸面】、【合成】、【原始】和【自定义】。

（5）物理网格参数

- **长度**：控制物理网格的长度。
- **宽度**：控制物理网格的宽度。
- **高度**：控制物理网格的高度。

（6）力

- **使用世界重力**：该选项控制是否使用世界重力。
- **应用的场景力**：此选项框中可以显示添加的力名称。

（7）高级

- **覆盖解算器迭代次数**：如果选中该复选框，将为选定刚体使用在此处指定的解算器迭代次数设置，而不使用全局设置。
- **启用背面碰撞**：该选项用来控制是否开启物体的背面碰撞运算。
- **覆盖全局**：该选项用来控制是否覆盖全局效果，包括接触距离、支撑台深度。
- **绝对 / 相对**：此设置只适用于刚开始时为运动学类型之后在指定帧处切换为动态类型的刚体。
- **初始速度**：刚体在变为动态类型时的起始方向和速度（每秒单位数）。
- **初始自旋**：刚体在变为动态类型时旋转的起始轴和速度（每秒度数）。
- **线性**：为减慢移动对象的速度所施加的力大小。
- **角度**：为减慢旋转对象的速度所施加的力大小。

4.显示面板

【显示】面板包含两个卷展栏，分别是【刚体】和 MassFX Visualizer，如图 12-12 所示。

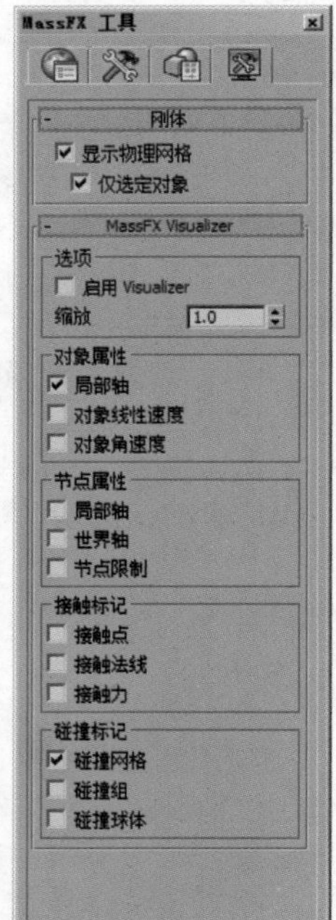

图12-12

（1）刚体

- **显示物理网格**：选中该复选框时，物理网格显示在视口中，可以使用【仅选定对象】开关。
- **仅选定对象**：选中该复选框时，仅选定对象的物理网格显示在视口中。仅在选中【显示物理网格】复选框时可用。

（2）MassFX Visualizer

- **启用 Visualizer**：选中该复选框时，此卷展栏上的其余设置生效。
- **缩放**：基于视口的指示器（如轴）的相对大小。

12.3.2 模拟

在 MassFX 工具中，模拟分为三种，分别是重置模拟、开始模拟和步阶模拟，如图 12-13 所示。

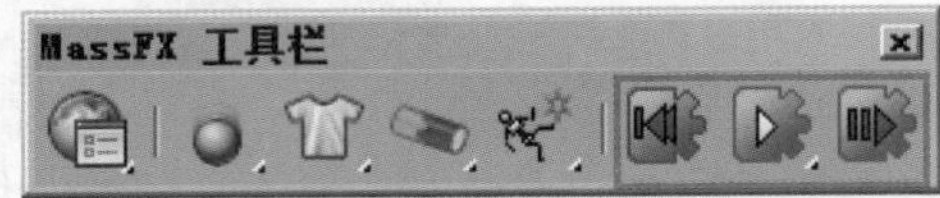

图12-13

（1）如图 12-14 所示，单击【开始模拟】按钮，物体开始进行下落。

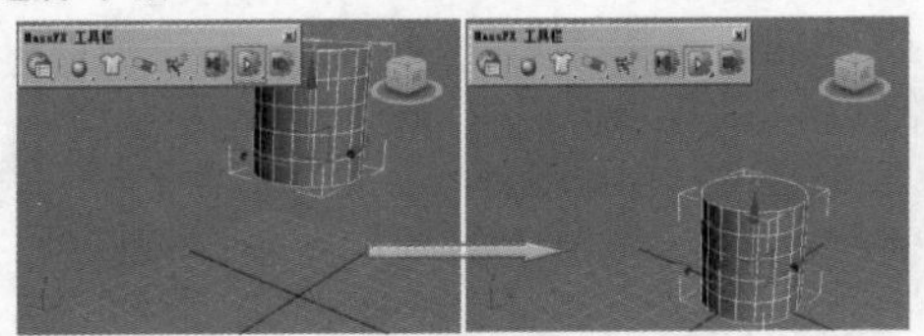

图12-14

> **技巧与提示**
>
> 在旧版本中使用 reactor 模拟物体下落时，需要设置一个地面，这样物体才会下落在地面上。而 MassFX 中不需要设置地面，也可以完成下落。需要注意的是，物体需要离地面有一段距离，这样物体才会下落，若物体初始状态在坐标平面上，那么物体则不会有明显的下落，如图 12-15 所示。
>
> 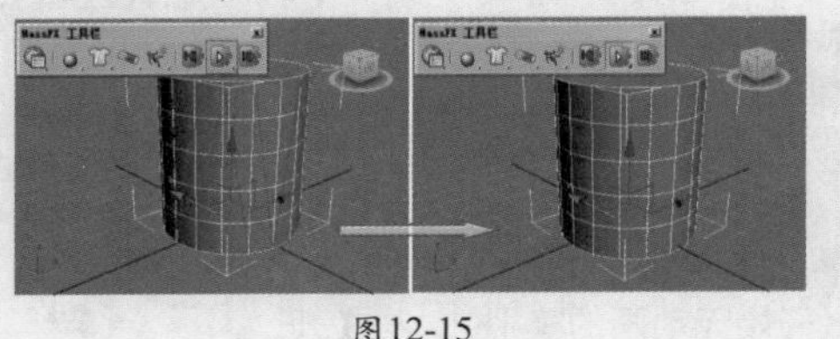
>
> 图12-15

（2）此时，单击【重置模拟】按钮，发现物体回到了初始的状态，如图 12-16 所示。

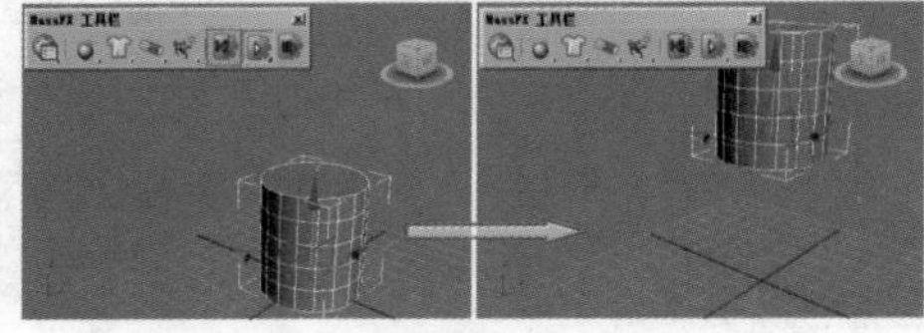

图12-16

（3）同时还可以手动观察某一时刻的状态，多次单击【步阶模拟】按钮即可查看，如图 12-17 所示。

图12-17

12.3.3 将选定项设置为动力学刚体

在选择物体后，单击【刚体】按钮，有 3 种刚体可供选择，分别是【将选定项设置为动力学刚体】、【将选定项设置为运动学刚体】和【将选定项设置为静态刚体】，如图 12-18 所示。该选项类似于 3ds Max 2014 以前版本中的【刚体集合】。

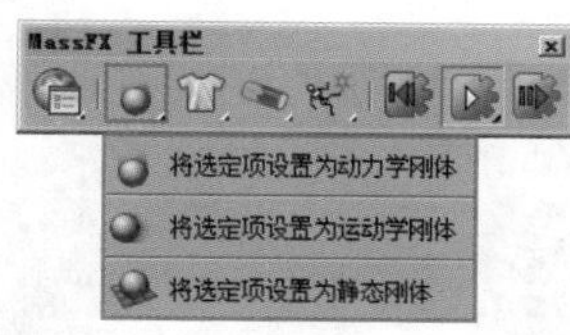

图12-18

【将选定项设置为动力学刚体】是一种作为刚体容器的动力学辅助对象，为物体添加【将选定项设置为动力学刚体】后，物体表面将会被包裹，如图 12-19 所示。同时该物体将自动被添加 MassFX Rigid Body 修改器，如图 12-20 所示。

图12-19

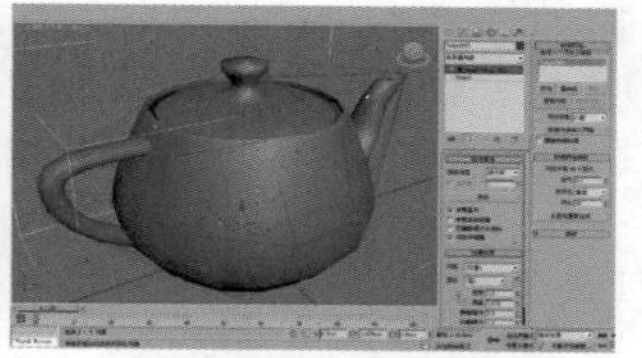
图12-20

重点 小实例：利用动力学刚体和静态刚体制作球体下落动画

场景文件	无
案例文件	小实例：利用动力学刚体和静态刚体制作球体下落动画 .max
视频教学	DVD/ 多媒体教学 /Chapter12/ 小实例：利用动力学刚体和静态刚体制作球体下落动画 .flv
难易指数	★★☆☆☆
技术掌握	掌握利用动力学刚体和静态刚体制作球体下落动画的方法

实例介绍

本例讲解使用动力学刚体和静态刚体制作球体下落动画，效果如图 12-21 所示。

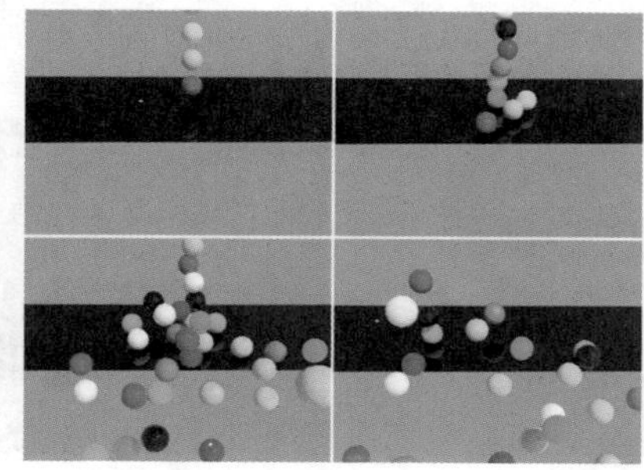
图12-21

操作步骤

步骤 01 打开 3ds Max 2014，进入【创建】面板，单击【平面】按钮 平面 ，在视图中创建一个平面。进入【修改】面板，设置【长度】为 778mm，【宽度】为 440mm，【长度分段】为 4，【宽度分段】为 4，如图 12-22 所示。使用【选择并旋转】工具将其旋转一定的角度，如图 12-23 所示。

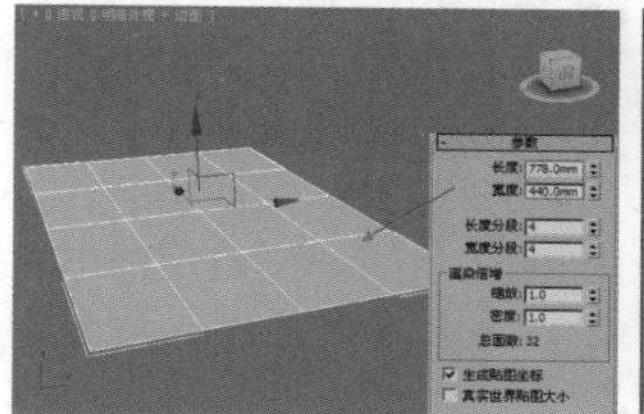
图12-22

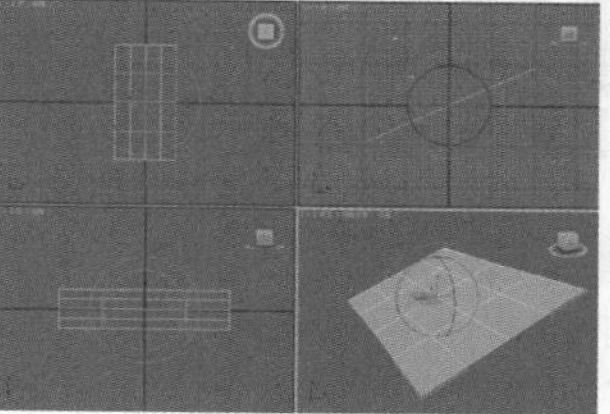
图12-23

步骤 02 接着在【创建】面板下单击【球体】按钮 球体 ，在平面上方创建一个球体模型，接着进入【修改】面板，设置【半径】为 40mm，【分段】为 16，如图 12-24 所示。

步骤 03 选择步骤 02 创建的球体模型，使用【选择并移动】工具沿 Z 轴复制 41 个，在弹出的【克隆选项】对话框中选择【实例】选项，并设置所要复制的【副本数】为 41，最后单击【确定】按钮，如图 12-25 所示。

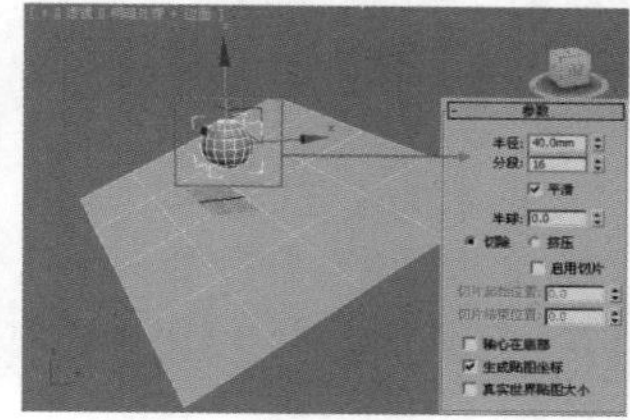
图12-24

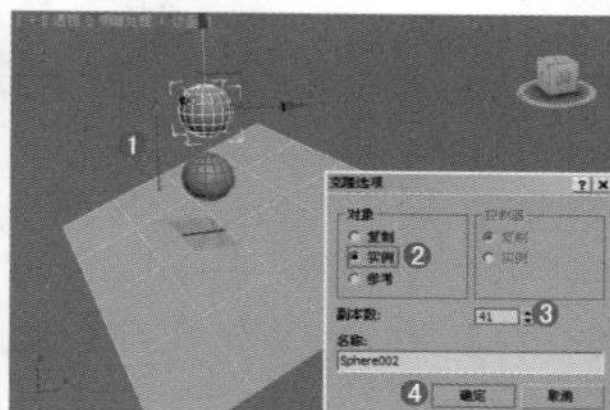
图12-25

步骤 04 在主工具栏的空白处右击，然后在弹出的快捷菜单中选择【MassFX 工具栏】选项，如图 12-26 所示。此时将会弹出【MassFX 工具栏】，如图 12-27 所示。

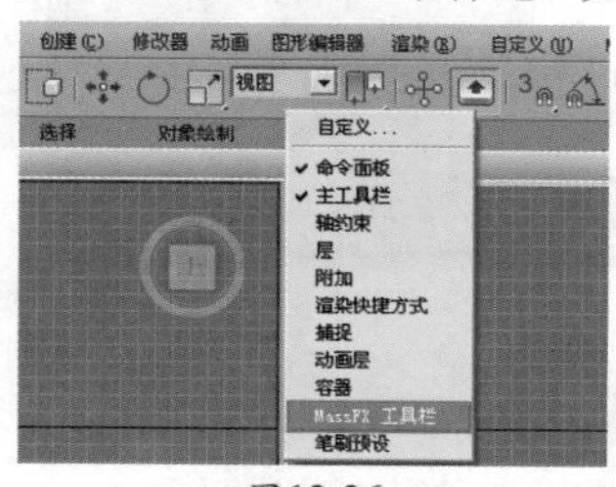

图12-26

图12-27

步骤 05 选择一个球体，单击【将选定项设置为动力学刚体】按钮，如图 12-28 所示。

> **技巧与提示**
>
> 因为复制球体时选择了【实例】复制的方式，因此将场景中任意一个球体设置为动力学刚体，其他的所有球体也会自动被设置为动力学刚体。因此在前期制作时，选择合适的复制方式非常重要。

步骤 06 选择平面，单击【将选定项设置为静态刚体】按钮，如图 12-29 所示。

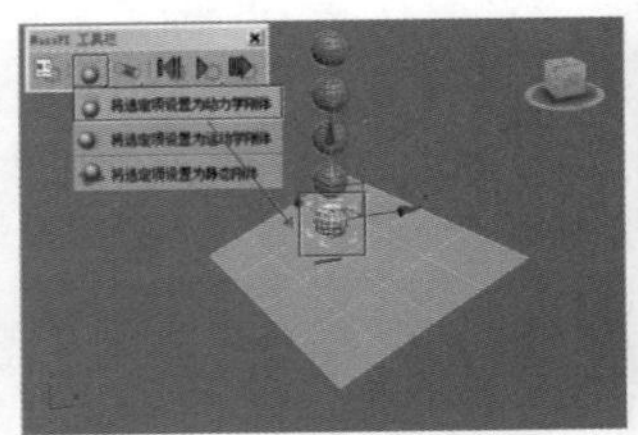

图12-28

图12-29

步骤 07 单击【MassFX 工具】按钮，在弹出的对话框中选择【世界】选项卡，展开【场景设置】卷展栏，取消选中【使用地平面】复选框，如图 12-30 所示。

步骤 08 接着单击【开始模拟】按钮，观察动画的效果，如图 12-31 所示。

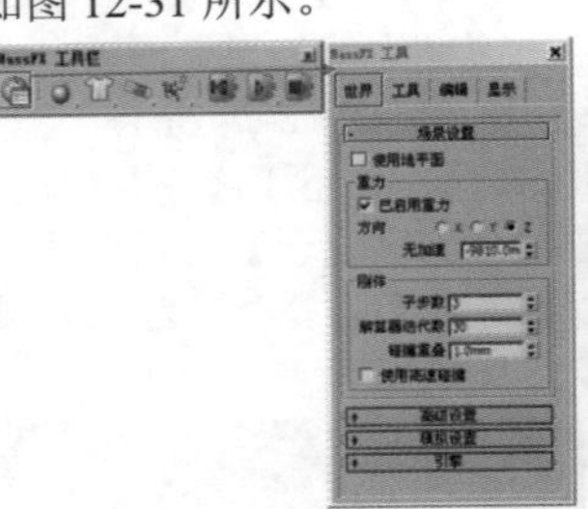

图12-30

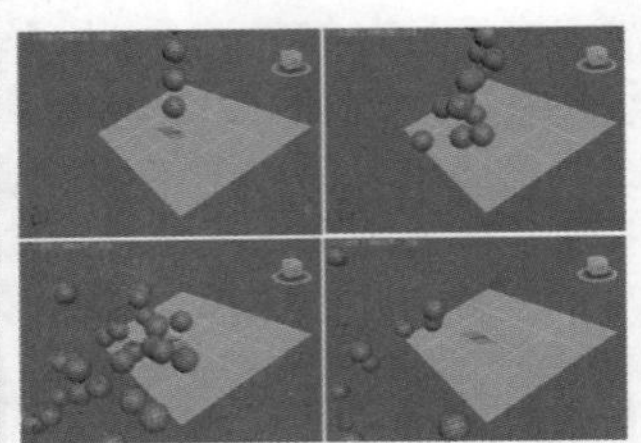

图12-31

步骤 09 选择【MassFX 工具】对话框中的【工具】选项卡，然后单击【模拟烘焙】选项组下的【烘焙所有】按钮，此时就会看到 MassFX 正在烘焙的过程，如图 12-32 所示。

步骤 10 此时自动在时间线上生成了关键帧动画，拖动时间线滑块可以看到动画的整个过程，如图 12-33 所示。

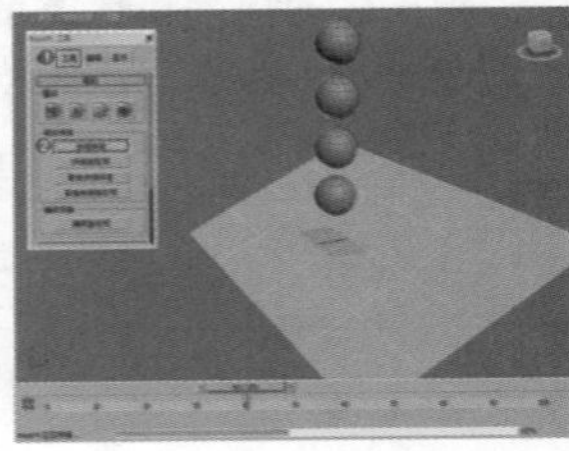

图12-32

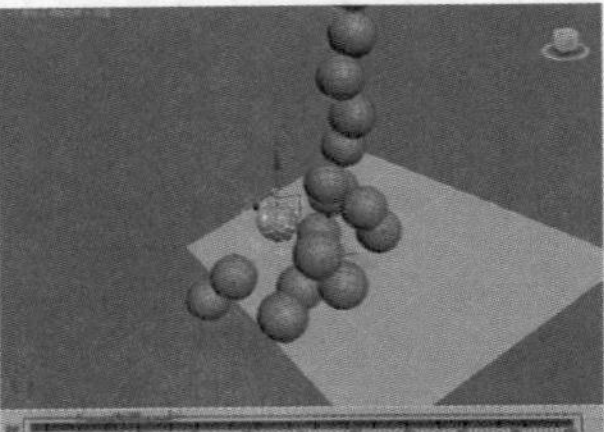

图12-33

步骤 11 选择动画效果最明显的一些帧，然后单独渲染出这些单帧动画，最终效果如图 12-34 所示。

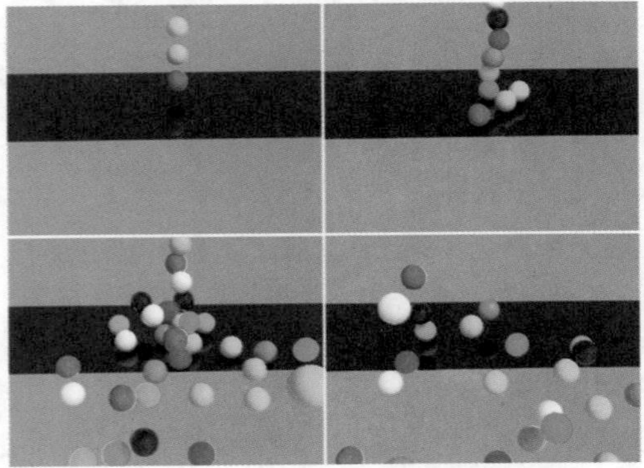

图12-34

重点 小实例：利用动力学刚体制作彩蛋落地动画

场景文件	01.max
案例文件	小实例：利用动力学刚体制作彩蛋落地动画 .max
视频教学	DVD/ 多媒体教学 /Chapter12/ 小实例：利用动力学刚体制作彩蛋落地动画 .flv
难易指数	★★☆☆☆
技术掌握	掌握利用动力学刚体和静态刚体制作彩蛋下落动画的方法

实例介绍

本例讲解利用动力学刚体和静态刚体制作彩蛋下落动画，效果如图 12-35 所示。

图12-35

操作步骤

步骤 01 打开本书配套光盘中的【场景文件 /Chapter12/01.max】文件，如图 12-36 所示。

步骤 02 在主工具栏的空白处右击，然后在弹出的快捷菜单中选择【MassFX 工具栏】选项，如图 12-37 所示。此时将会弹出【MassFX 工具栏】，如图 12-38 所示。

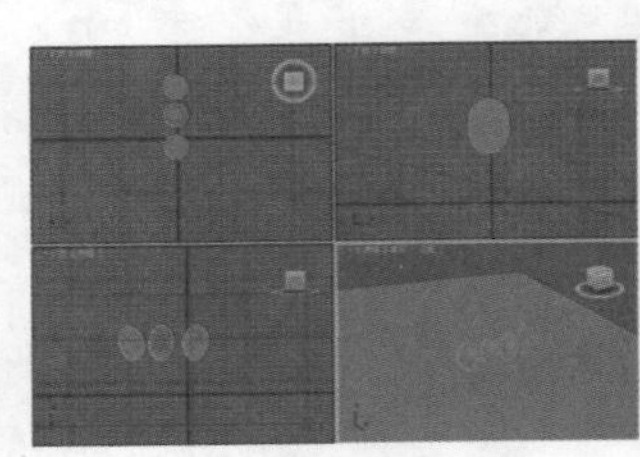

图12-36

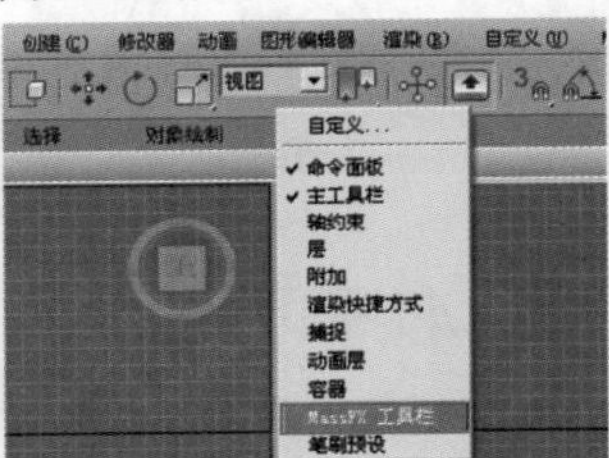

图12-37

图12-38

步骤 03 选择 3 个彩蛋模型，并单击【将选定项设置为动力学刚体】按钮，如图 12-39 所示。

步骤 04 选择平面，单击【将选定项设置为静态刚体】按钮，如图 12-40 所示。

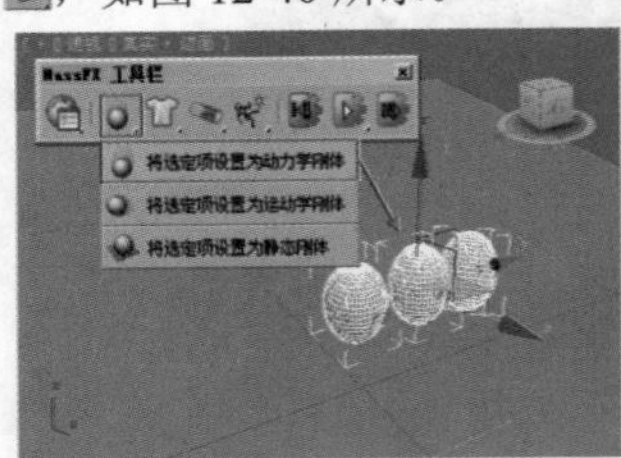

图12-39

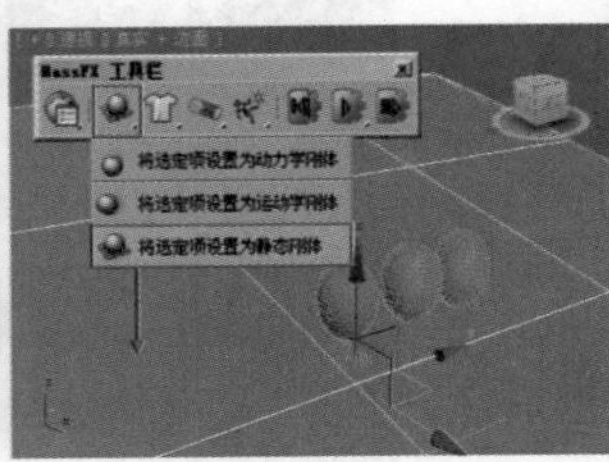

图12-40

步骤 05 依次选择彩蛋模型，进入【修改】面板。并设置【质量】为 0.026，【反弹力】为 1。如图 12-41 所示。

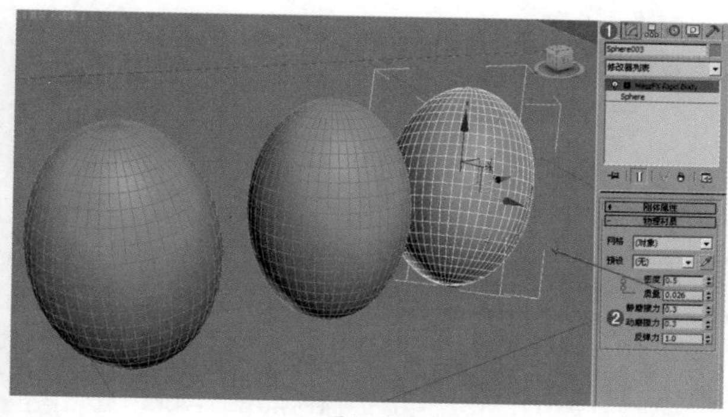

图12-41

步骤06 接着单击【开始模拟】按钮，观察动画的效果，如图12-42所示。

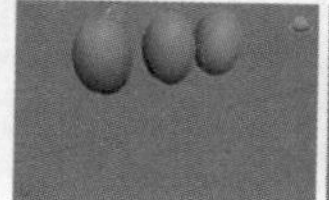 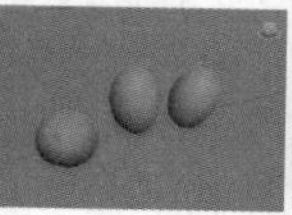 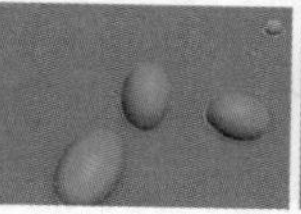 

图12-42

步骤07 选择【MassFX 工具】对话框中的【工具】选项卡，然后单击【模拟烘焙】选项组下的【烘焙所有】按钮，此时就会看到MassFX正在烘焙的过程，如图12-43所示。

步骤08 此时自动在时间线上生成了关键帧动画，拖动时间线滑块可以看到动画的整个过程。如图12-44所示。

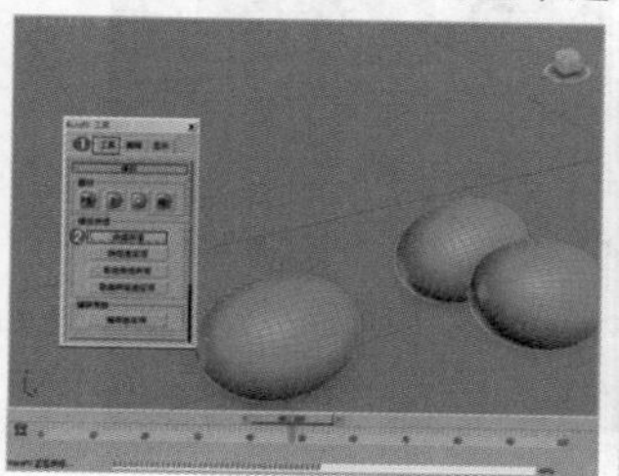

图12-43

图12-44

步骤09 选择动画效果最明显的一些帧，然后单独渲染出这些单帧动画，最终效果如图12-45所示。

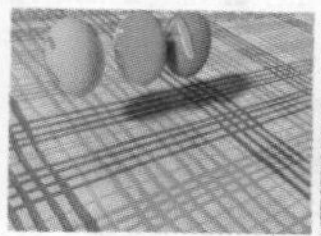   

图12-45

重点 小实例：利用动力学刚体制作多米诺骨牌

场景文件	无
案例文件	小实例：利用动力学刚体制作多米诺骨牌.max
视频教学	DVD/多媒体教学/Chapter12/小实例：利用动力学刚体制作多米诺骨牌.flv
难易指数	★★☆☆☆
技术掌握	掌握利用动力学刚体制作多米诺骨牌运动动画的方法

实例介绍

本例讲解利用动力学刚体制作多米诺骨牌运动的动画，效果如图12-46所示。

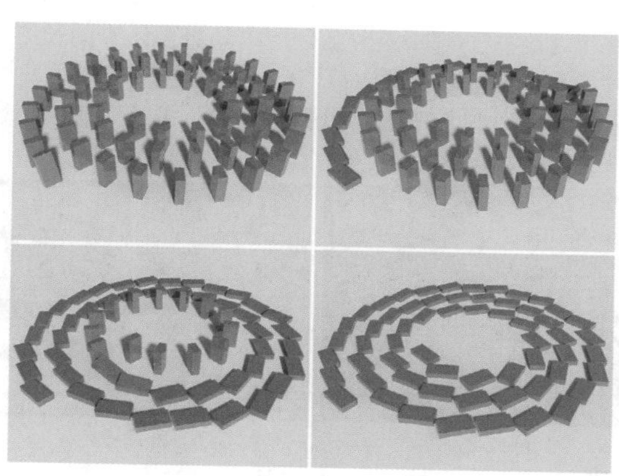

图12-46

操作步骤

步骤01 打开3ds Max 2014进入【创建】面板，单击【长方体】按钮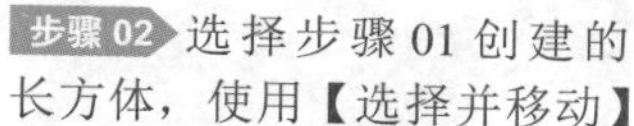，在视图中创建一个长方体，进入【修改】面板，设置【长度】为10mm，【宽度】为20mm，【高度】为40mm，如图12-47所示。

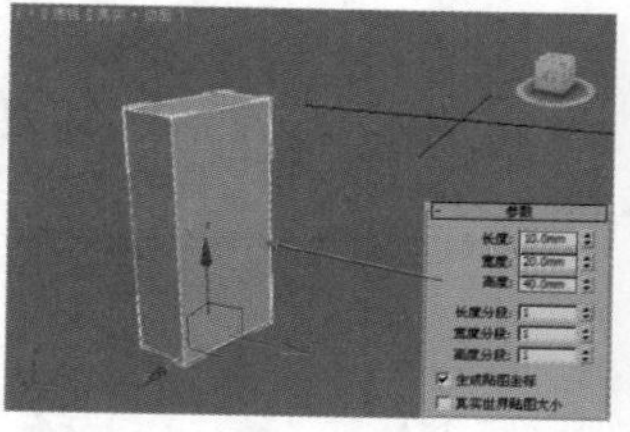

图12-47

步骤02 选择步骤01创建的长方体，使用【选择并移动】工具移动复制60个，并将复制出的长方体摆放在如图12-48所示的位置上（复制的时候记得选择【实例】复制选项），选中第1个长方体，使用【选择并旋转】工具将其旋转一定的角度，如图12-49所示。

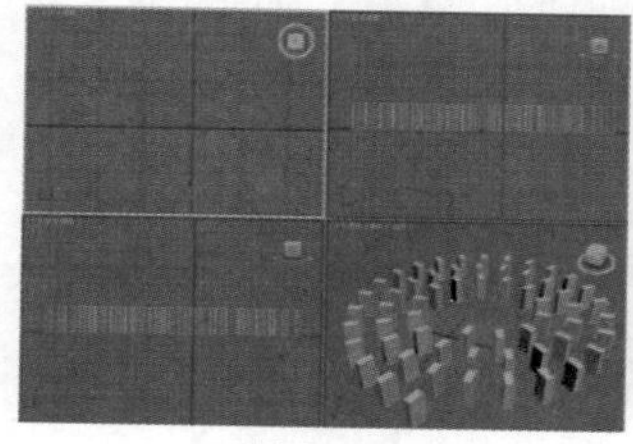

图12-48

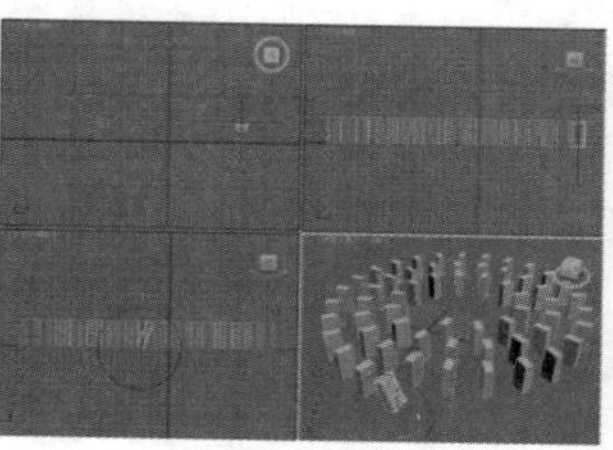

图12-49

步骤03 在主工具栏的空白处右击，然后在弹出的快捷菜单中选择【MassFX 工具栏】选项，如图12-50所示，此时将会弹出【MassFX 工具栏】，如图12-51所示。

图12-50

图12-51

步骤04 选择所创建的长方体，单击【将选定项设置为动力学刚体】按钮，如图12-52所示。因为在复制长方体的时候选择了【实例】复制的方式，所以场景内所有的长方体全部都被设置为动力学刚体。

步骤 05 接着单击【开始模拟】按钮，观察动画的效果，如图 12-53 所示。

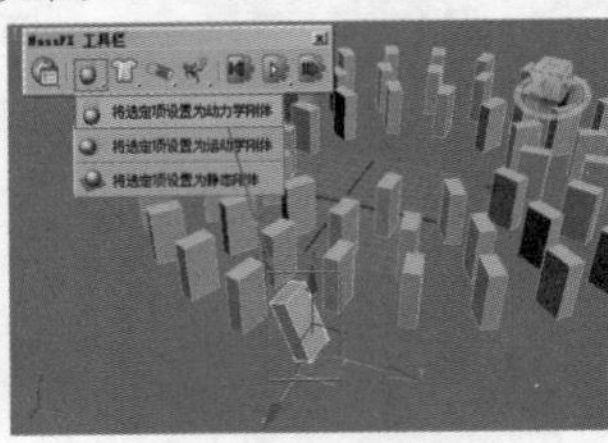
图12-52

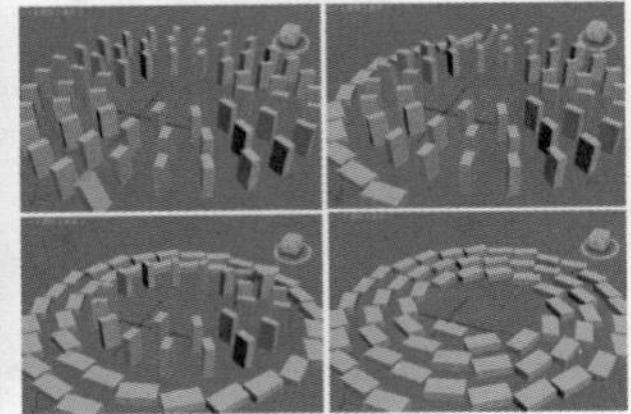
图12-53

步骤 06 选择【MassFX 工具】对话框中的【工具】选项卡，然后单击【模拟烘焙】选项组下的【烘焙所有】按钮，此时就会看到 MassFX 正在烘焙的过程，如图 12-54 所示。

步骤 07 此时自动在时间线上生成了关键帧动画，拖动时间线滑块可以看到动画的整个过程。但是当我们将时间线滑块拖动到第 100 帧时，发现骨牌并没有完全在 100 帧内倒下，因此说明该动画需要的时间要远远大于 100 帧，如图 12-55 所示。

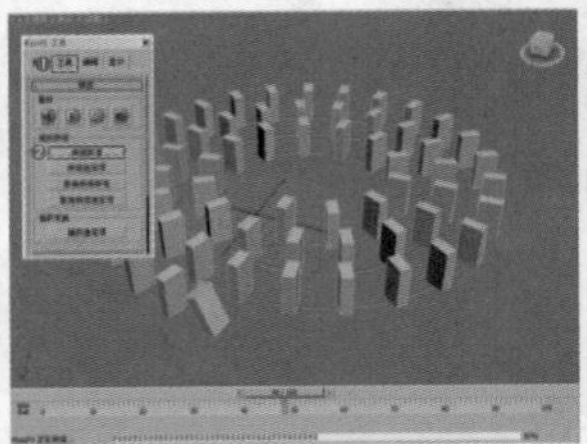
图12-54

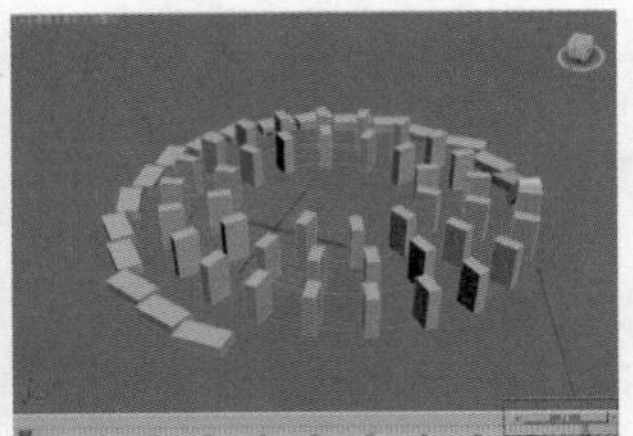
图12-55

步骤 08 因此我们需要重新调整时间，单击【时间配置】按钮打开【时间配置】对话框，并设置【结束时间】为 400，最后单击【确定】按钮，如图 12-56 所示。

步骤 09 此时需要重新进行烘焙。选择【MassFX 工具】对话框中的【工具】选项卡，然后单击【模拟烘焙】选项组下的【烘焙所有】按钮，此时就会看到 MassFX 正在烘焙的过程，如图 12-57 所示。

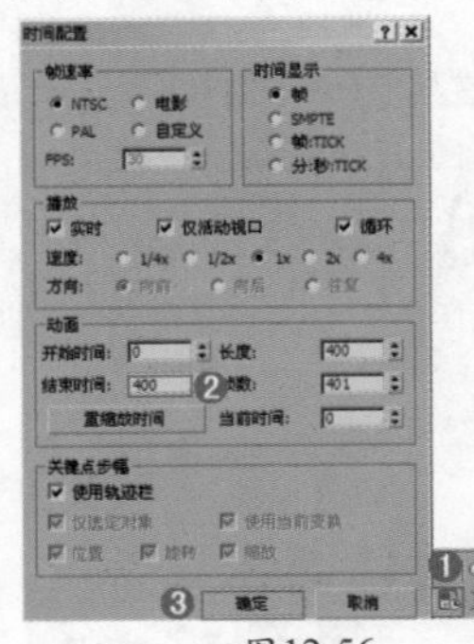
图12-56

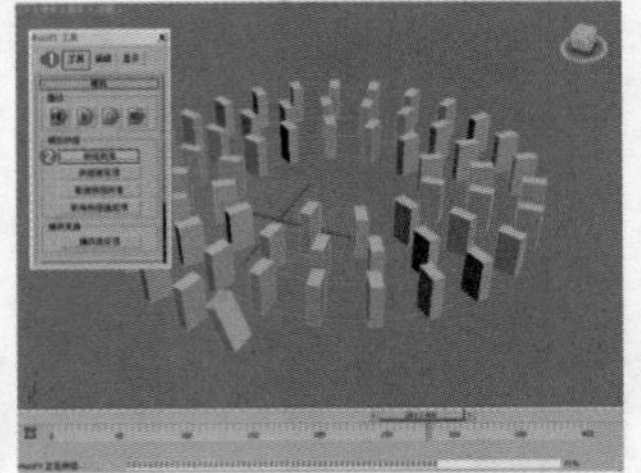
图12-57

步骤 10 此时自动在时间线上生成了关键帧动画，拖动时间线滑块可以看到动画的整个过程，效果如图 12-58 所示。

步骤 11 选择动画效果最明显的一些帧，然后单独渲染出这些单帧动画，最终效果如图 12-59 所示。

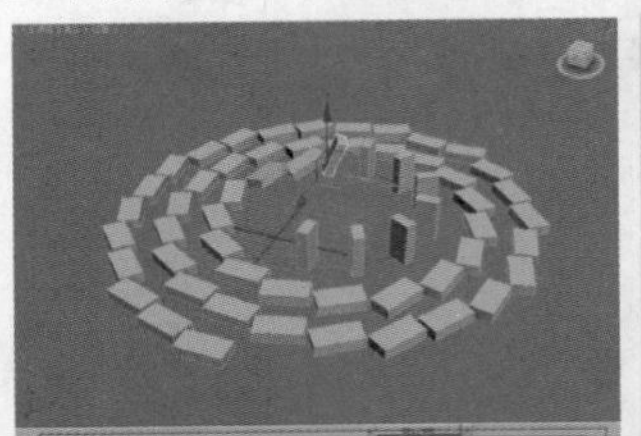
图12-58

图12-59

重点 小实例：利用动力学刚体制作跷跷板

场景文件	02.max
案例文件	小实例：利用动力学刚体制作跷跷板.max
视频教学	DVD/多媒体教学/Chapter12/小实例：利用动力学刚体制作跷跷板.flv
难易指数	★★☆☆☆
技术掌握	掌握利用动力学刚体制作跷跷板动画的方法

实例介绍

本例讲解利用动力学刚体制作跷跷板动画，效果如图 12-60 所示。

图12-60

操作步骤

步骤 01 打开本书配套光盘中的【场景文件/Chapter12/02.max】文件，如图 12-61 所示。

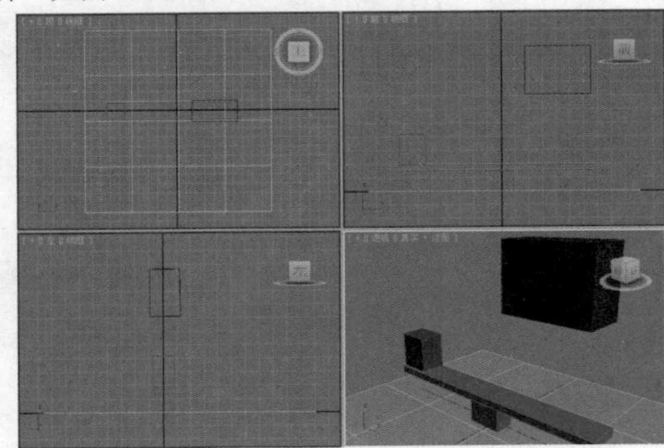
图12-61

步骤 02 在主工具栏的空白处右击，然后在弹出的快捷菜单中选择【MassFX 工具栏】选项，如图 12-62 所示，此时将会弹出【MassFX 工具栏】，如图 12-63 所示。

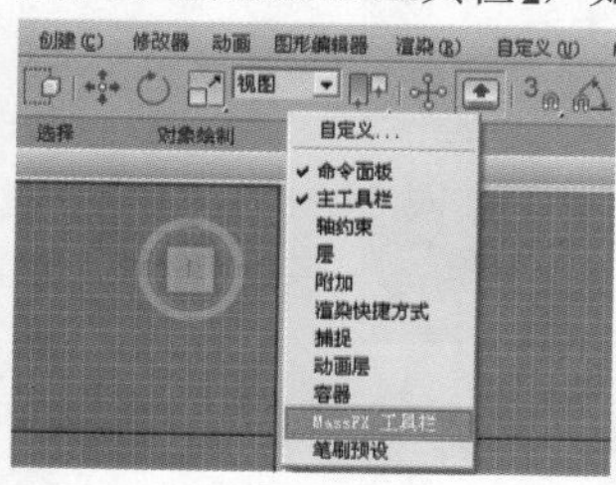

图12-62

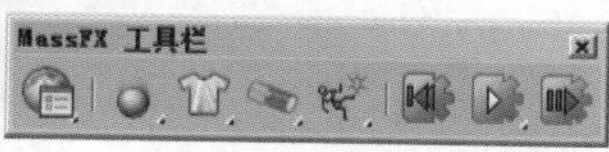

图12-63

步骤 03 选择场景中的 4 个长方体模型，并单击【将选定项设置为动力学刚体】按钮，如图 12-64 所示。

步骤 04 接着单击【开始模拟】按钮，观察动画的效果，如图 12-65 所示。

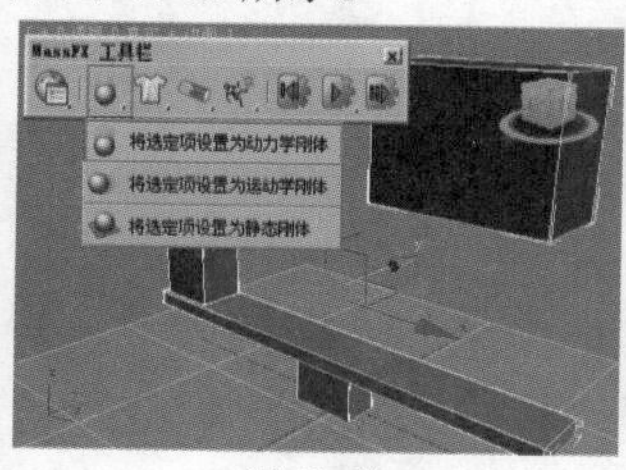

图12-64

图12-65

步骤 05 选择【MassFX 工具】对话框中的【工具】选项卡，然后单击【模拟烘焙】选项组下的【烘焙所有】按钮，此时就会看到 MassFX 正在烘焙的过程，如图 12-66 所示。

步骤 06 此时自动在时间线上生成了关键帧动画，拖动时间线滑块可以看到动画的整个过程，如图 12-67 所示。

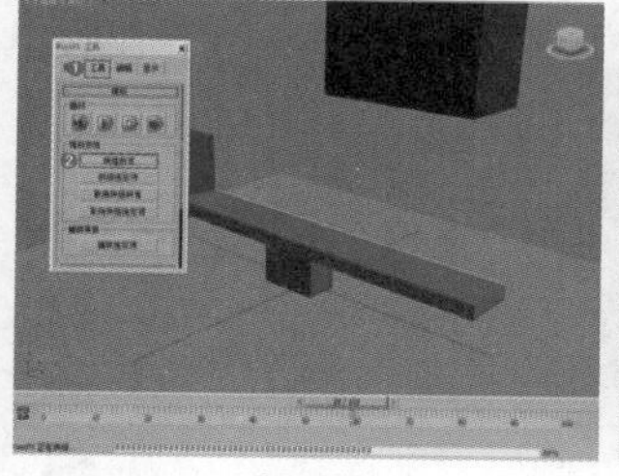
图12-66

图12-67

步骤 07 选择动画效果最明显的一些帧，然后单独渲染出这些单帧动画，最终效果如图 12-68 所示。

图12-68

重点 小实例：利用动力学刚体制作金币洒落动画

场景文件	03.max
案例文件	小实例：利用动力学刚体制作金币洒落动画.max
视频教学	DVD/多媒体教学/Chapter12/小实例：利用动力学刚体制作金币洒落动画.flv
难易指数	★★☆☆☆
技术掌握	掌握利用动力学刚体制作金币洒落动画的方法

实例介绍

本例主要讲解利用动力学刚体制作金币洒落动画，效果如图 12-69 所示。

图12-69

操作步骤

步骤 01 打开本书配套光盘中的【场景文件/Chapter12/03.max】文件，如图 12-70 所示。

步骤 02 在主工具栏的空白处右击，然后在弹出的快捷菜单中选择【MassFX 工具栏】选项，如图 12-71 所示，此时将会弹出【MassFX 工具栏】，如图 12-72 所示。

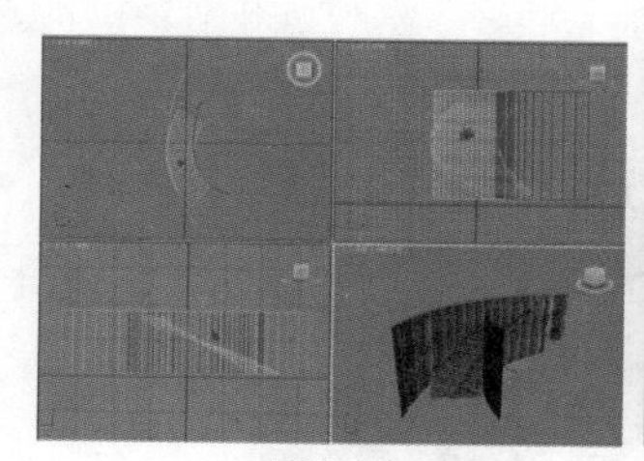
图12-70

图12-71

图12-72

步骤 03 选择场景中所有的硬币模型，单击【将选定项设置为动力学刚体】按钮，如图 12-73 所示。

步骤 04 进入【修改】面板，并设置【质量】为 0.013，【反弹力】为 0.6，如图 12-74 所示。

步骤 05 选择场景中所有的楼梯模型，单击【将选定项设置为静态刚体】按钮，如图 12-75 所示。

图12-73

图12-74

步骤 06 接着单击【开始模拟】按钮，观察动画效果，如图 12-76 所示。

图12-75

图12-76

步骤 07 选择【MassFX 工具】对话框中的【工具】选项卡，然后单击【模拟烘焙】选项组下的【烘焙所有】按钮，此时就会看到 MassFX 正在烘焙的过程，如图 12-77 所示。

步骤 08 此时自动在时间线上生成了关键帧动画，拖动时间线滑块可以看到动画的整个过程，如图 12-78 所示。

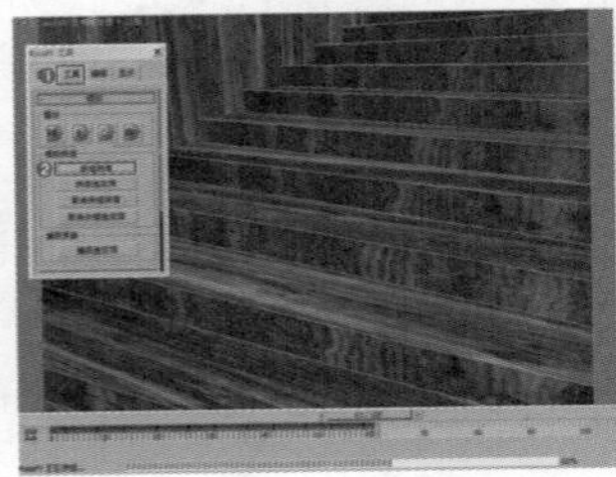
图12-77

图12-78

步骤 09 选择动画效果最明显的一些帧，然后单独渲染出这些单帧动画，最终效果如图 12-79 所示。

图12-79

12.3.4 将选定项设置为运动学刚体

【将选定项设置为运动学刚体】可以将运动的物体参与到动力学运算中，为物体添加【将选定项设置为运动学刚体】后，物体表面将用黄色框包裹，如图 12-80 所示。

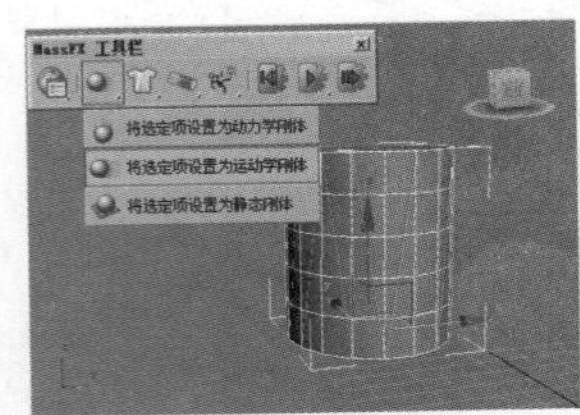
图12-80

要想使用运动学刚体，则需要为该物体设置初始的动画，这样在动力学运算时，该物体的动画才会参与到模拟中。如图 12-81 所示为圆柱体设置的动画。

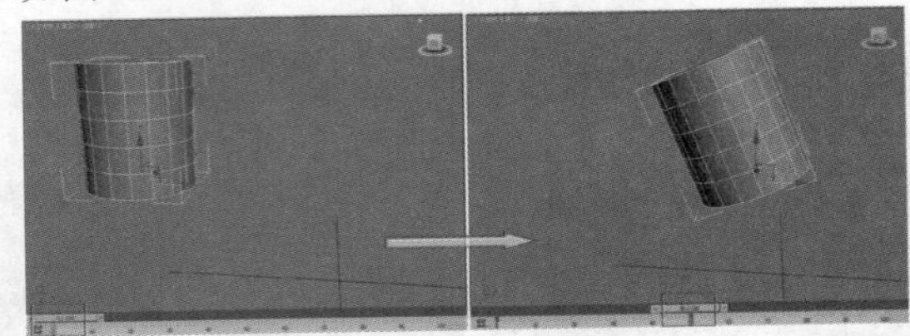
图12-81

接着单击圆柱体进入【修改】面板，选中【直到帧】复选框，并设置数值为 50，如图 12-82 所示。

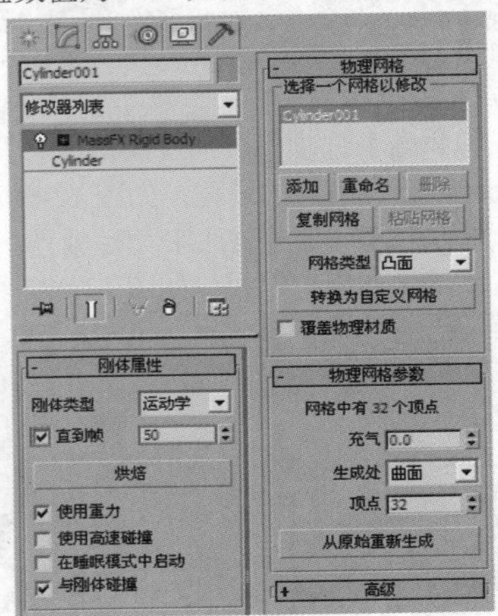

图12-82

技巧与提示

这一步骤中选中了【直到帧】复选框，并设置数值为 50。这说明在模拟时，让圆柱体在 50 帧之前，按照初始的动画进行运动，而从第 50 帧开始，圆柱体按照自己的惯性和重量进行物理运动，当然若圆柱体有碰撞到其他物体时，也会产生真实的碰撞。

最后单击【步阶模拟】按钮，查看此时的动画效果，如图 12-83 所示。

图12-83

重点 小实例：利用运动学刚体制作桌球动画

场景文件	04.max
案例文件	小实例：利用运动学刚体制作桌球动画 .max
视频教学	DVD/ 多媒体教学 /Chapter12/ 小实例：利用运动学刚体制作桌球动画 .flv
难易指数	★★☆☆☆
技术掌握	掌握利用运动学刚体制作桌球动画的方法

实例介绍

本例主要讲解利用运动学刚体制作桌球动画，效果如图 12-84 所示。

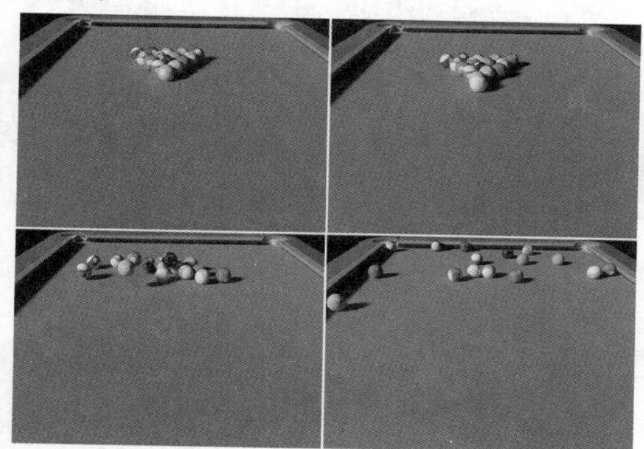

图12-84

操作步骤

步骤 01 打开本书配套光盘中的【场景文件 /Chapter12/04.max】文件，如图 12-85 所示。

步骤 02 在主工具栏的空白处右击，然后在弹出的快捷菜单中选择【MassFX 工具栏】选项，如图 12-86 所示，此时将会弹出【MassFX 工具栏】，如图 12-87 所示。

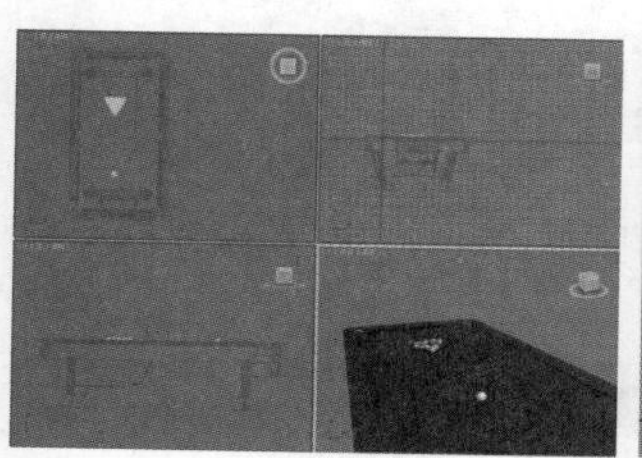

图12-85

图12-86

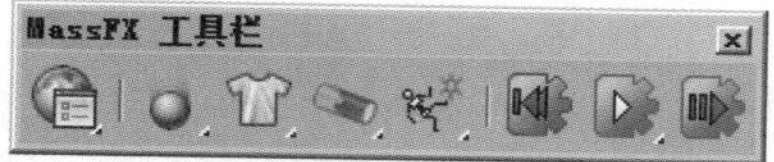

图12-87

步骤 03 选择所有的彩色桌球模型，单击【将选定项设置为动力学刚体】按钮，如图 12-88 所示，进入【修改】面板，展开【物理材质】卷展栏，设置【反弹力】为 1.0，如图 12-89 所示。

步骤 04 选择白色桌球，单击【将选定项设置为运动学刚体】按钮，如图 12-90 所示。进入【修改】面板，展开【刚体属性】卷展栏，选中【直到帧】复选框并设置数值为 20，如图 12-91 所示。

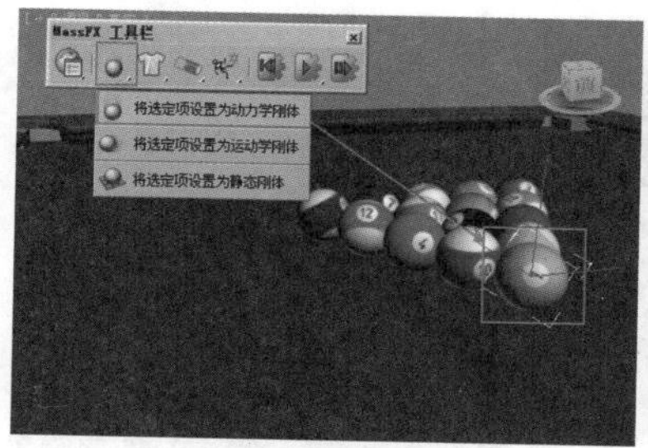

图12-88

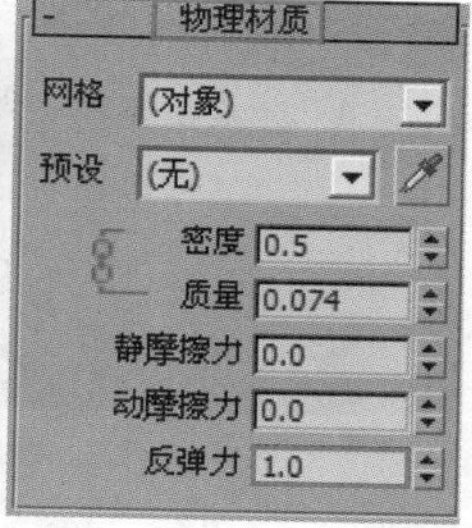

图12-89

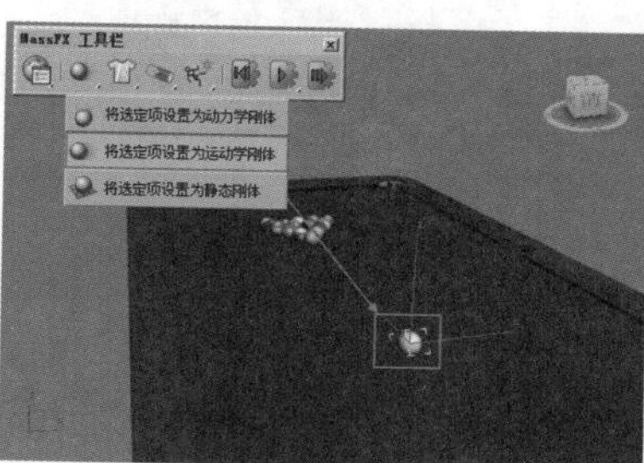

图12-90

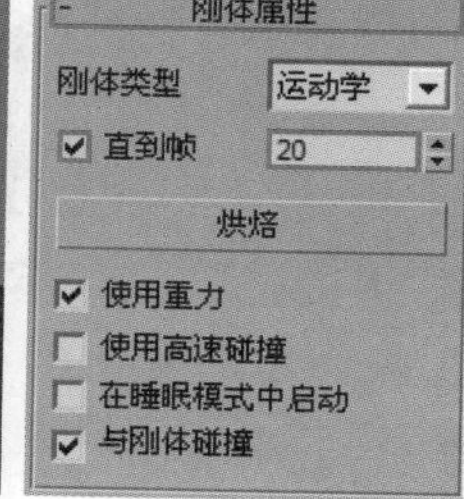

图12-91

技巧与提示

将物体设置为运动学刚体后，若该物体之前有设置动画，那么之前设置的动画会参与到动力学的运算中去；若该物体之前没有设置动画，那么该物体在参与动力学运算时会保持静止状态。因此利用运动学刚体，我们可以制作运动的物体撞击、碰撞等动画效果。

步骤 05 选择白色桌球，接着在第 0 帧时，单击【自动关键点】按钮自动关键点，拖动时间滑块到第 20 帧，最后单击【选择并移动】工具，并沿 Y 轴将白色桌球移动到合适位置，如图 12-92 所示。

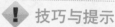

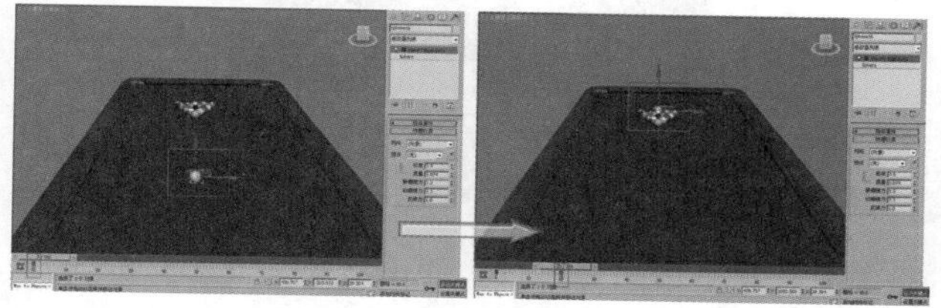

图12-92

步骤 06 再次单击【自动关键点】按钮自动关键点，将其关闭，接着单击【开始模拟】按钮，观察动画的效果，如图 12-93 所示。

步骤 07 选择【MassFX 工具】对话框中的【工具】选项卡，然后单击【模拟烘焙】选项组下的【烘焙所有】按钮，此时就会看到 MassFX 正在烘焙的过程，如图 12-94 所示。

步骤 08 此时自动在时间线上生成了关键帧动画，拖动时间线滑块可以看到动画的整个过程。如图 12-95 所示。

步骤 09 选择动画效果最明显的一些帧，然后单独渲染出这些单帧动画，最终效果如图 12-96 所示。

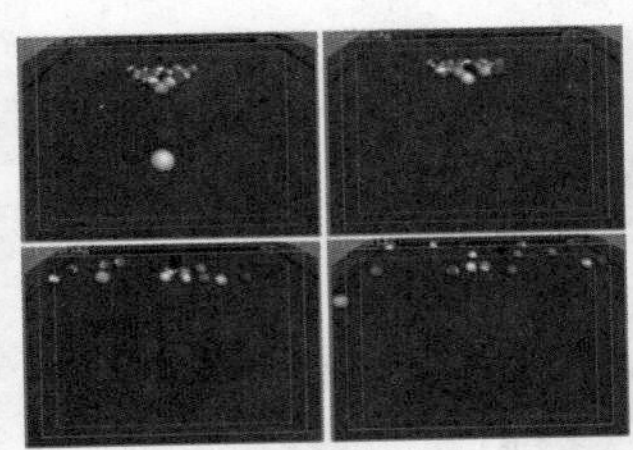

图12-93

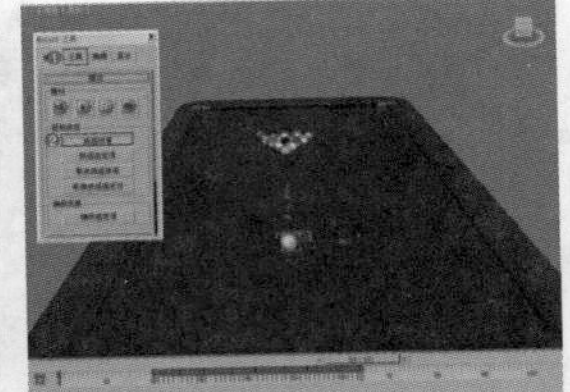

图12-94

图12-95

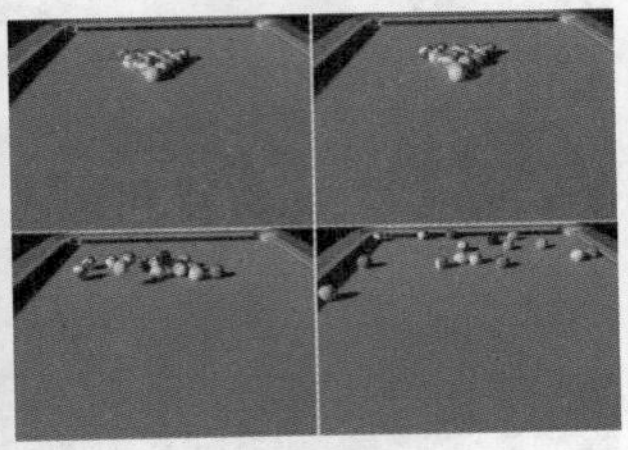

图12-96

重点 小实例：利用运动学刚体制作墙倒塌动画

场景文件	05.max
案例文件	小实例：利用运动学刚体制作墙倒塌动画.max
视频教学	DVD/多媒体教学/Chapter12/小实例：利用运动学刚体制作墙倒塌动画.flv
难易指数	★★☆☆☆
技术掌握	掌握利用运动学刚体制作墙倒塌动画的方法

实例介绍

本例讲解利用运动学刚体制作墙倒塌动画，效果如图12-97所示。

图12-97

操作步骤

步骤01 打开本书配套光盘中的【场景文件/Chapter12/05.max】文件，如图12-98所示。

步骤02 在主工具栏的空白处右击，然后在弹出的快捷菜单中选择【MassFX工具栏】选项，如图12-99所示，此时将会弹出【MassFX工具栏】，如图12-100所示。

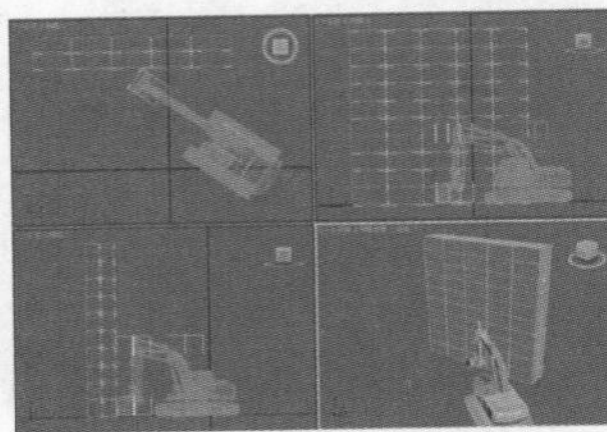

图12-98

图12-99

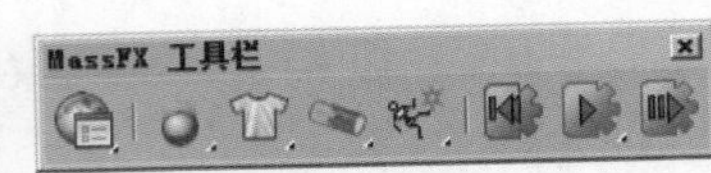

图12-100

步骤03 选择场景中所有的砖块模型，单击【将选定项设置为运动学刚体】按钮，如图12-101所示。

步骤04 依次选择砖块模型，进入【修改】面板，并设置【质量】为750，如图12-102所示。

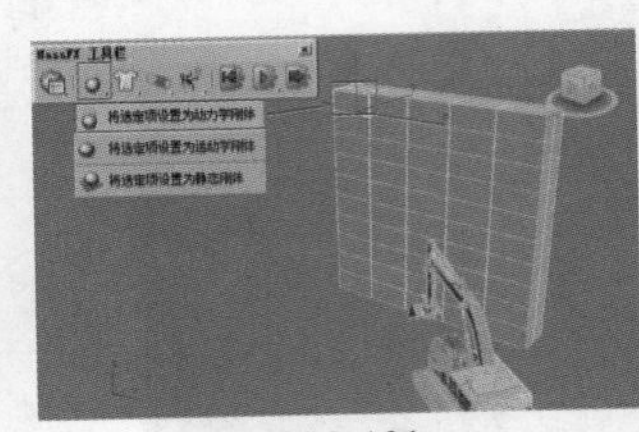

图12-101

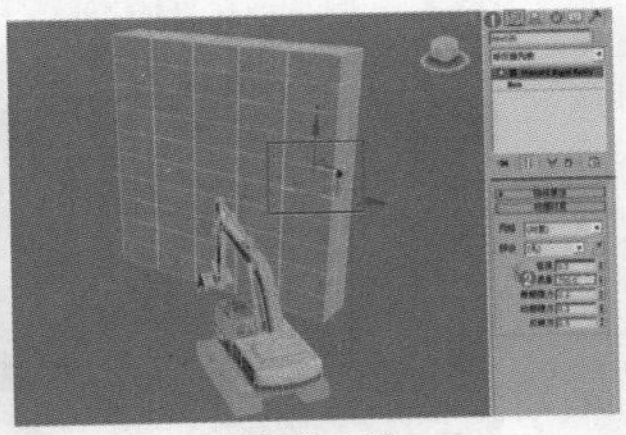

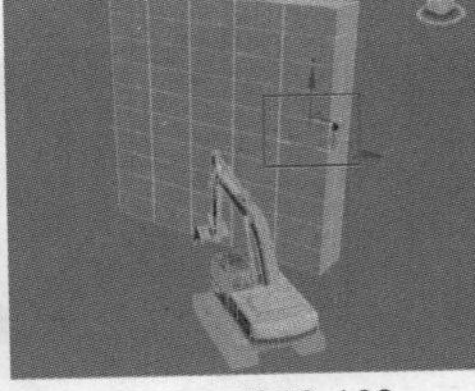

图12-102

步骤05 选择场景中挖掘机机臂模型，单击【将选定项设置为运动学刚体】按钮，如图12-103所示。

步骤06 选择场景中挖掘机机臂模型，接着单击【自动关键点】按钮自动关键点，拖动时间滑块到第70帧，最后单击【选择并旋转】工具，将模型旋转到合适位置，如图12-104所示。

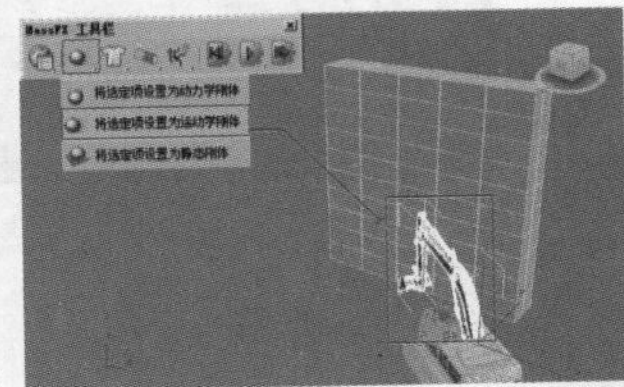

图12-103

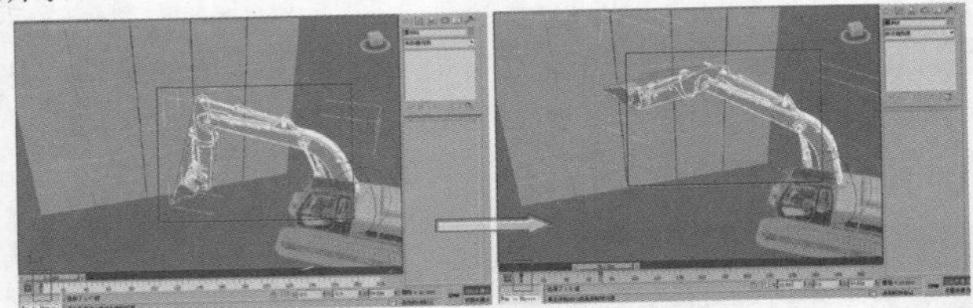

图12-104

步骤07 单击【开始模拟】按钮，观察动画效果，如图12-105所示。

步骤08 单击【时间配置】按钮打开【时间配置】对话框，设置【结束时间】为300，最后单击【确定】按钮，如图12-106所示。

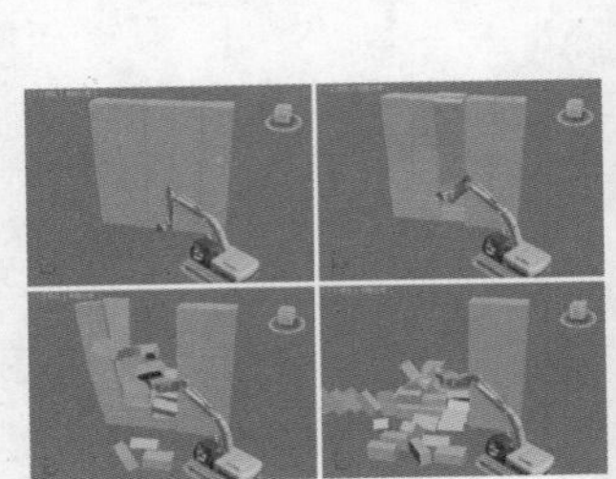

图12-105

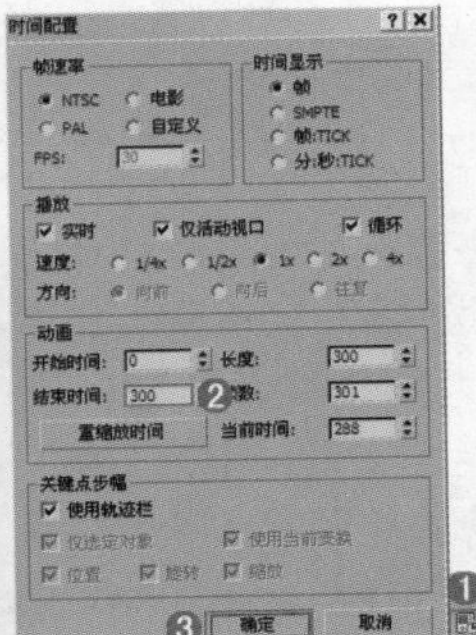

图12-106

步骤09 选择【MassFX工具】对话框中的【工具】选项卡，然后单击【模拟烘焙】选项组下的【烘焙所有】按钮，此时就会看到 MassFX 正在烘焙的过程，如图 12-107 所示。

步骤 10 此时自动在时间线上生成了关键帧动画，拖动时间线滑块可以看到动画的整个过程，如图 12-108 所示。

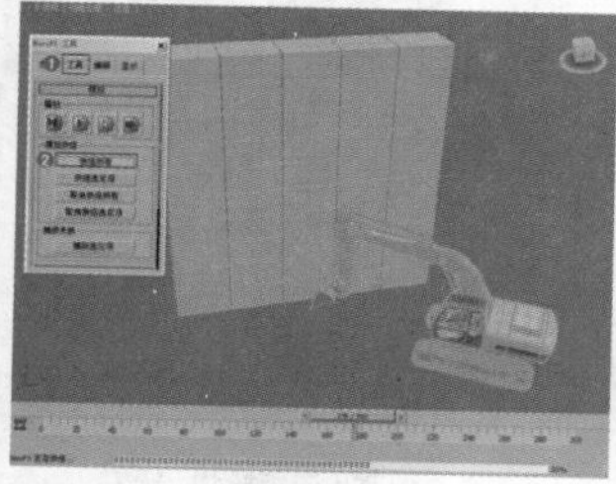
图12-107

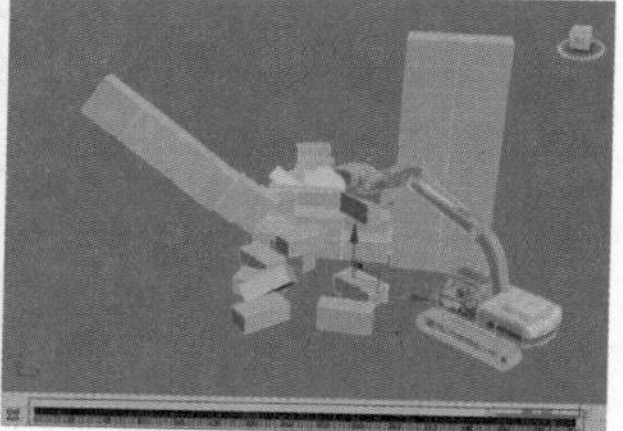
图12-108

步骤 11 选择动画效果最明显的一些帧，然后单独渲染出这些单帧动画，最终效果如图 12-109 所示。

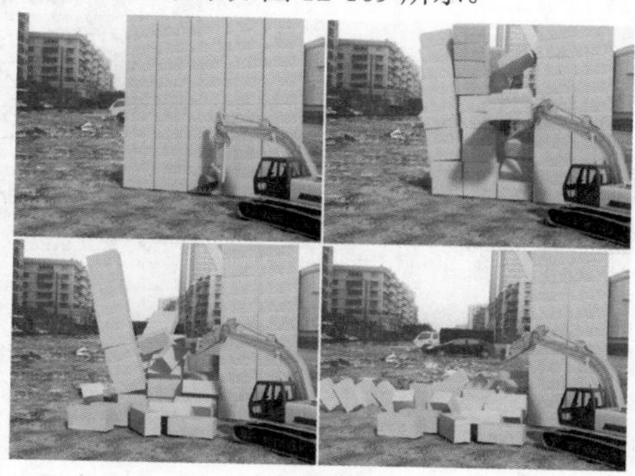
图12-109

12.3.5 将选定项设置为静态刚体

将物体设置为【将选定项设置为静态刚体】，在参与动力学模拟时，该物体会保持静止状态，通常用来模拟地面等静止的对象。如图 12-110 所示，将茶壶物体设置为动力学刚体，将平面物体设置为静态刚体。

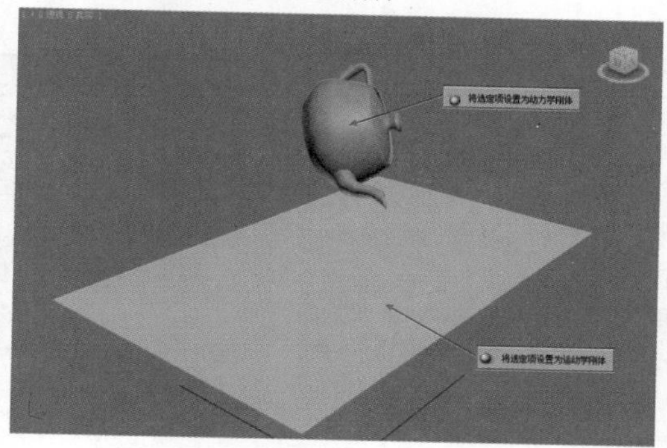
图12-110

当物体设置为静态刚体时，会发现该物体在动力学计算时，是保持静止的，因此可以充当地面，如图 12-111 所示。

图12-111

12.4 创建mCloth

12.4.1 将选定对象设置为mCloth对象

mCloth 是一种特殊版本的 Cloth 修改器，用于 MassFX 模拟。通过它，Cloth 对象可以完全参与物理模拟，既影响模拟中其他对象的行为，也受到这些对象行为的影响，其参数面板如图 12-112 所示。

图12-112

1. mCloth模拟

【mCloth 模拟】卷展栏的参数如图 12-113 所示。

- **布料行为**：确定 mCloth 对象如何参与模拟。
- **直到帧**：启用后，MassFX 会在指定帧处将选定的运动学 Cloth 转换为动力学 Cloth。
- **烘焙 / 撤销烘焙**：烘焙可以将 mCloth 对象的模拟运动转换为标准动画关键帧以进行渲染。

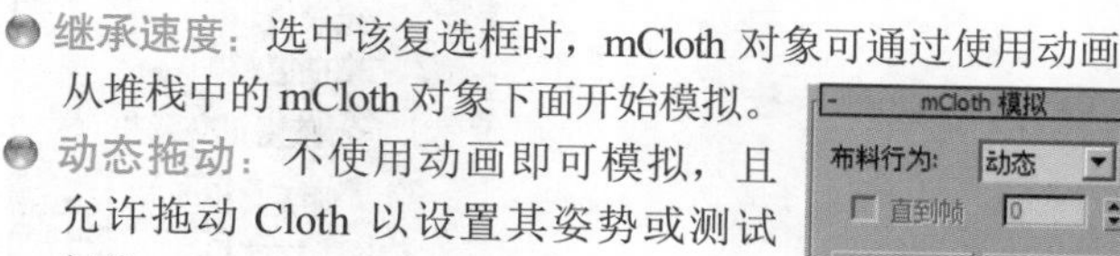

- **继承速度**：选中该复选框时，mCloth 对象可通过使用动画从堆栈中的 mCloth 对象下面开始模拟。
- **动态拖动**：不使用动画即可模拟，且允许拖动 Cloth 以设置其姿势或测试行为。

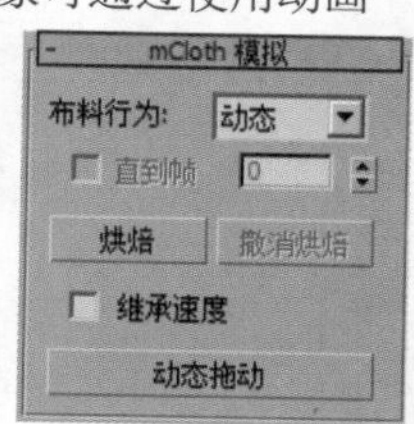

图12-113

2.【力】卷展栏

【力】卷展栏的参数如图 12-114 所示。

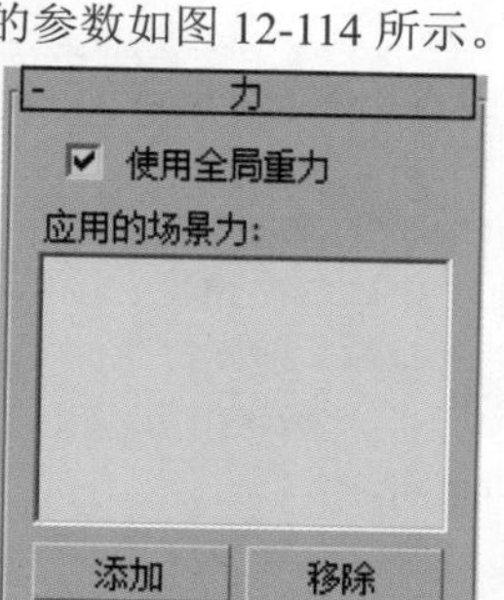

图12-114

- **使用全局重力**：选中该复选框时，mCloth 对象将使用

MassFX 全局重力设置。

- 应用的场景力：列出场景中影响模拟中此对象的力空间扭曲。使用【添加】按钮将空间扭曲应用于对象。
- 添加：将场景中的力空间扭曲应用于模拟中的对象。
- 移除：可防止应用的空间扭曲影响对象。首先在列表中高亮显示它，然后单击【移除】按钮将其移除。

3.【捕获状态】卷展栏

【捕获状态】卷展栏的参数如图 12-115 所示。

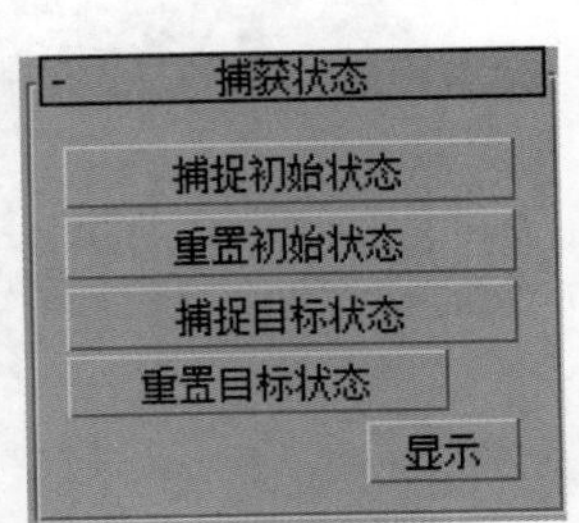

图12-115

- 捕捉初始状态：将所选 mCloth 对象缓存的第 1 帧更新到当前位置。
- 重置初始状态：将所选 mCloth 对象的状态还原为应用修改器堆栈中的 mCloth 之前的状态。
- 捕捉目标状态：抓取 mCloth 对象的当前变形，并使用该网格来定义三角形之间的目标弯曲角度。
- 重置目标状态：将默认弯曲角度重置为堆栈中 mCloth 下面的网格。
- 显示：显示 Cloth 的当前目标状态，即所需的弯曲角度。

4.【纺织品物理特性】卷展栏

【纺织品物理特性】卷展栏的参数如图 12-116 所示。

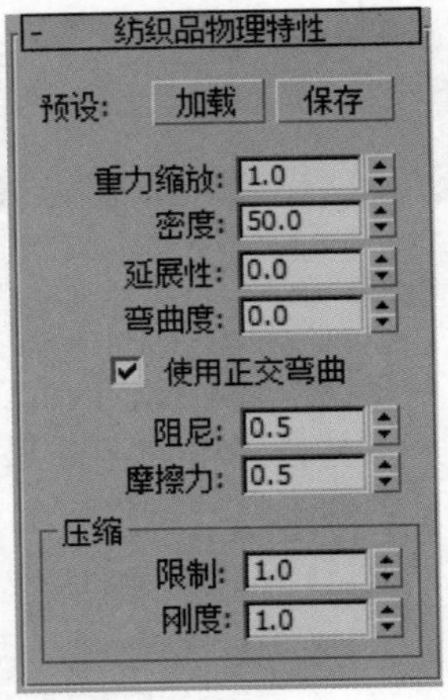

图12-116

- 加载：单击该按钮可打开【mCloth 预设】对话框，用于从保存的文件中加载纺织品物理特性设置。
- 保存：单击该按钮可打开一个小对话框，用于将纺织品物理特性设置保存到预设文件。
- 重力缩放：设置全局重力处于启用状态时重力的倍增。
- 密度：Cloth 的权重，以克每平方厘米为单位。
- 延展性：拉伸 Cloth 的难易程度。
- 弯曲度：折叠 Cloth 的难易程度。
- 使用正交弯曲：计算弯曲角度，而不是弹力。在某些情况下，该方法更准确，但模拟时间更长。
- 阻尼：Cloth 的弹性，影响在摆动或捕捉后其还原到基准位置所经历的时间。
- 摩擦力：Cloth 与自身或其他对象碰撞时抵制滑动的程度。
- 限制：Cloth 边可以压缩或折皱的程度。
- 刚度：Cloth 边抵制压缩或折皱的程度。

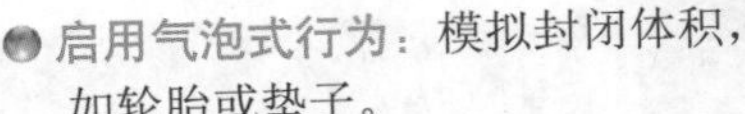

5.【体积特性】卷展栏

【体积特性】卷展栏的参数如图 12-117 所示。

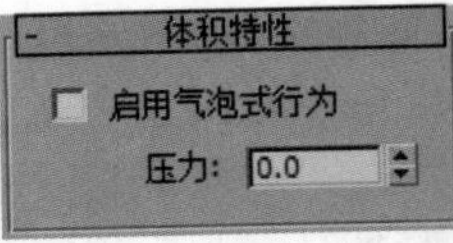

图12-117

- 启用气泡式行为：模拟封闭体积，如轮胎或垫子。
- 压力：充气 Cloth 对象的空气体积或坚固性。

6.【交互】卷展栏

【交互】卷展栏的参数如图 12-118 所示。

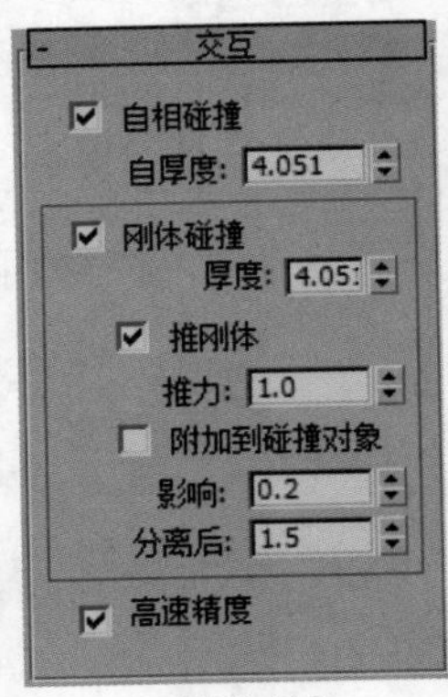

图12-118

- 自相碰撞：选中该复选框时，mCloth 对象将尝试阻止自相交。
- 自厚度：用于自碰撞的 mCloth 对象的厚度。如果 Cloth 自相交，则尝试增加该值。
- 刚体碰撞：选中该复选框时，mCloth 对象可以与模拟中的刚体碰撞。
- 厚度：用于与模拟中的刚体碰撞的 mCloth 对象的厚度。如果其他刚体与 Cloth 相交，则尝试增加该值。
- 推刚体：选中该复选框时，mCloth 对象可以影响与其碰撞的刚体的运动。
- 推力：mCloth 对象对与其碰撞的刚体施加的推力的强度。
- 附加到碰撞对象：选中该复选框时，mCloth 对象会黏附到与其碰撞的对象。
- 影响：mCloth 对象对其附加到的对象的影响。
- 分离后：与碰撞对象分离前 Cloth 的拉伸量。
- 高速精度：选中该复选框时，mCloth 对象将使用更准确的碰撞检测方法，这样会降低模拟速度。

7.【撕裂】卷展栏

【撕裂】卷展栏的参数如图 12-119 所示。

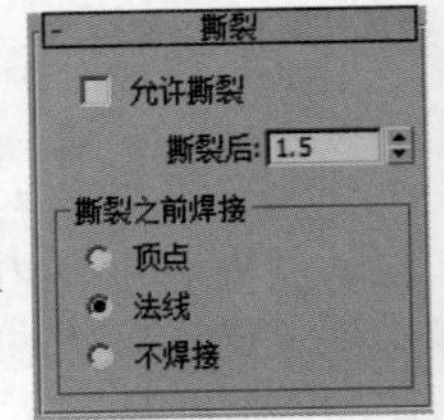

图12-119

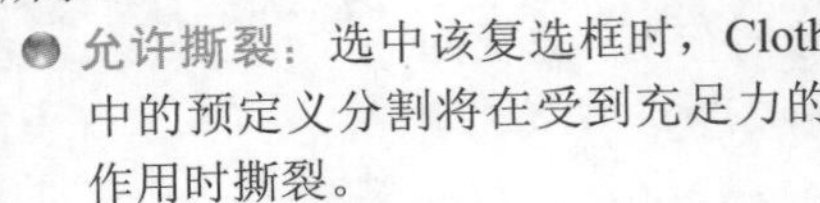

- 允许撕裂：选中该复选框时，Cloth 中的预定义分割将在受到充足力的作用时撕裂。
- 撕裂后：Cloth 边在撕裂前可以拉伸的量。
- 撕裂之前焊接：选择在出现撕裂之前 MassFX 如何处理预定义撕裂。

8.【可视化】卷展栏

【可视化】卷展栏的参数如图 12-120 所示。

图12-120

- 张力：选中该复选框时，通过顶点着色的方法显示纺织品中的压缩和张力。拉伸的布料以红色表示，压缩的布料以蓝色表示，其他以绿色表示。

9.【高级】卷展栏

【高级】卷展栏的参数如图 12-121 所示。

- 抗拉伸：选中该复选框时，帮助防止低解算器迭代次数值的过度拉伸。
- 限制：允许的过度拉伸的范围。
- 使用 COM 阻尼：影响阻尼，但使用质心，从而获得更硬的 Cloth。
- 硬件加速：选中该复选框时，模拟将使用 GPU。
- 解算器迭代次数：每个循环周期内解算器执行的迭代次数。使用较大值可以提高 Cloth 稳定性。

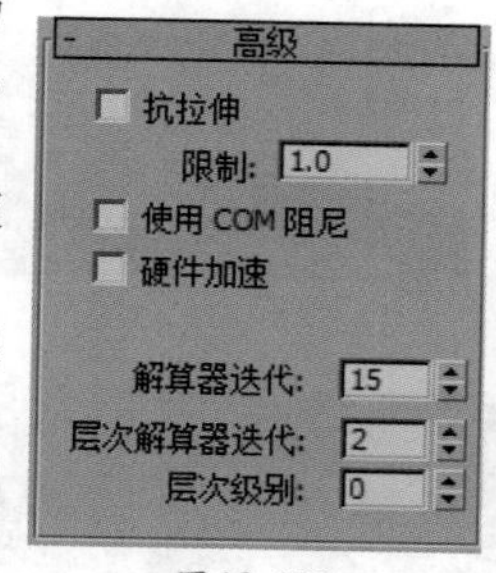

图12-121

- 层次解算器迭代：层次解算器的迭代次数。在 mCloth 中，“层次”指的是在特定顶点上施加的力到相邻顶点的传播。
- 层次级别：力从一个顶点传播到相邻顶点的速度。增加该值可增加力在 Cloth 上扩散的速度。

12.4.2 从选定对象中移除mCloth

选择刚才的 mCloth 对象，并单击【从选定对象中移除 mCloth】按钮，如图 12-122 所示。

当然也可以在修改器面板中选择 mCloth 修改器后单击【删除】按钮，如图 12-123 所示。

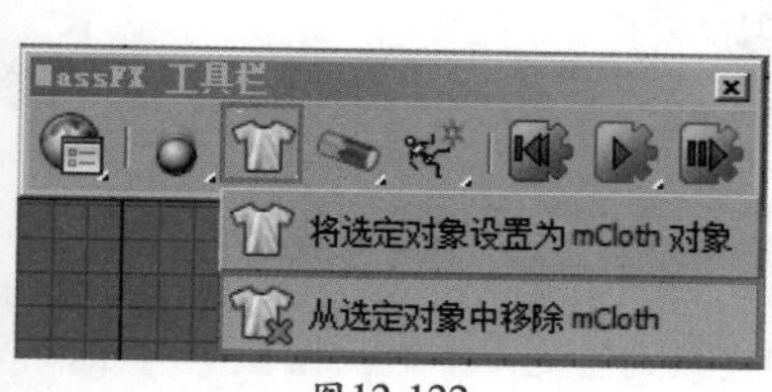

图12-122

图12-123

重点 小实例：利用 mCloth 制作下落的布料

场景文件	无
案例文件	小实例：利用 mCloth 制作下落的布料 .max
视频教学	DVD/ 多媒体教学 /Chapter12/ 小实例：利用 mCloth 制作下落的布料 .flv
难易指数	★★☆☆☆
技术掌握	掌握利用 mCloth 制作布料下落动画的方法

实例介绍

本例讲解利用 mCloth 制作下落的布料动画，效果如图 12-124 所示。

图12-124

操作步骤

步骤 01 打开 3ds Max 2014，进入【创建】面板，单击【长方体】按钮 长方体 ，在视图中创建一个长方体。进入【修改】面板，设置【长度】为 55mm，【宽度】55mm，【高度】为 46mm，如图 12-125 所示。

步骤 02 接着在【创建】面板下单击【平面】按钮 平面 。在长方体上方创建一个平面模型，接着进入【修改】面板，设置【长度】为 300mm，【宽度】300mm，【长度分段】为 40，【宽度分段】为 40，如图 12-126 所示。

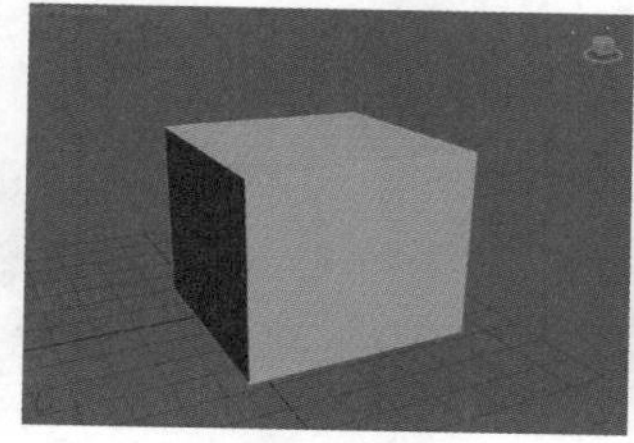
图12-125

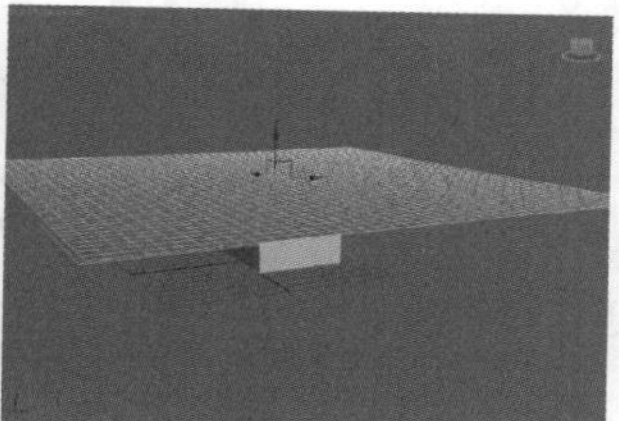
图12-126

步骤 03 在主工具栏的空白处右击，然后在弹出的快捷菜单中选择【MassFX 工具栏】选项，如图 12-127 所示，此时将会弹出【MassFX 工具栏】，如图 12-128 所示。

图12-127

MassFX 工具栏

图12-128

步骤 04 选择所创建的长方体，单击【将选定项设置为静态刚体】按钮，如图 12-129 所示。

步骤 05 选择所创建的平面，单击【将选定项设置为 mCloth 对象】按钮，如图 12-130 所示。

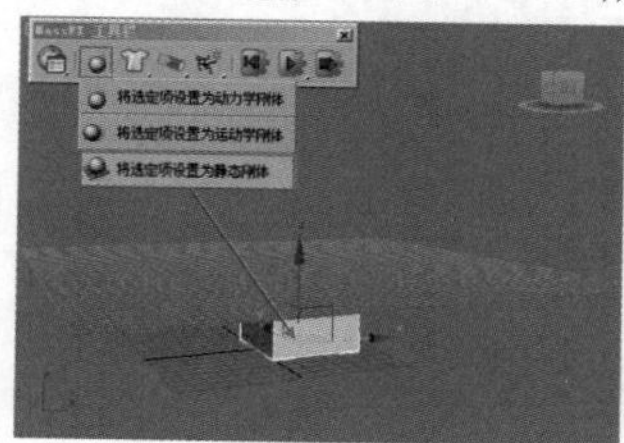
图12-129

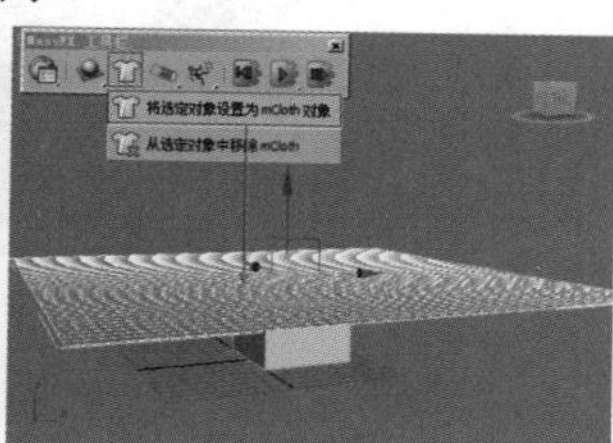
图12-130

步骤 06 接着单击【开始模拟】按钮，观察动画的效果，如图 12-131 所示。

步骤 07 选择【MassFX 工具】面板中的【工具】选项卡，然后单击【模拟烘焙】选项组下的【烘焙所有】按钮，此时就会看到 MassFX 正在烘焙的过程，如图 12-132 所示。

步骤 08 此时自动在时间线上生成了关键帧动画，拖动时间线滑块可以看到动画的整个过程。如图 12-133 所示。

步骤 09 选择动画效果最明显的一些帧，然后单独渲染出这些单帧动画，最终效果如图 12-134 所示。

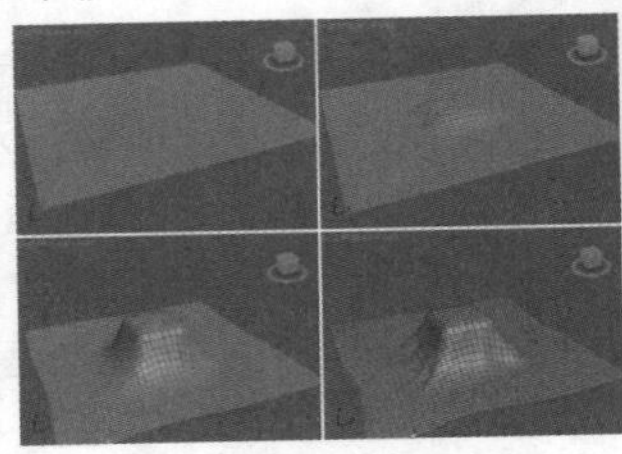
图12-131

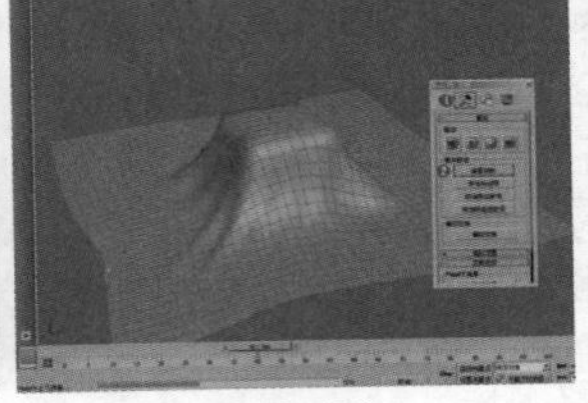
图12-132

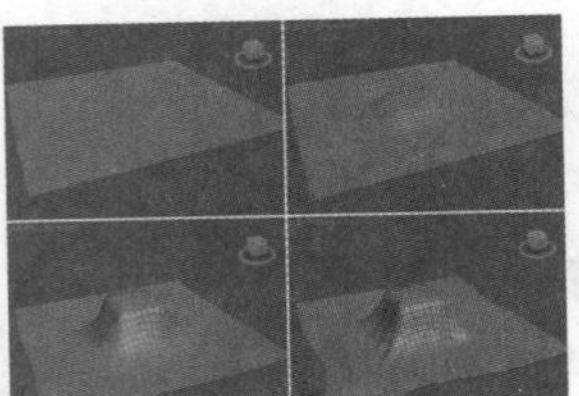
图12-133

图12-134

12.5 创建约束

12.5.1 建立刚体约束

将新 MassFX 约束辅助对象添加到带有适合于刚体约束的设置的项目中。刚体约束使平移、摆动和扭曲全部锁定，尝试在开始模拟时保持两个刚体在相同的相对变换中，其参数面板如图 12-135 所示。

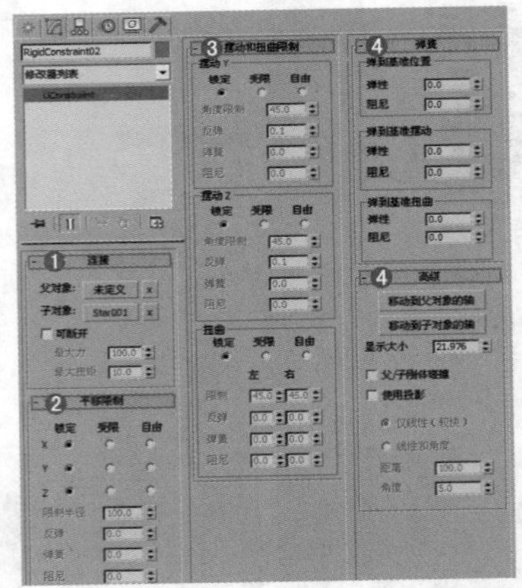
图12-135

1.【连接】卷展栏

- 父对象：设置刚体以作为约束的父对象使用。
- 子对象：设置刚体以作为约束的子对象使用。
- 可断开：选中该复选框时，在模拟阶段可能会破坏此约束。
- 最大力：选中【可断开】复选框时，如果线性力的大小超过该值，将断开约束。
- 最大扭矩：选中【可断开】复选框时，如果扭曲力的数量超过该值，将断开约束。

2.【平移限制】卷展栏

- X/Y/Z：为每个轴选择沿轴约束运动的方式。
- 锁定：防止刚体沿此局部轴移动。
- 受限：允许对象按【限制半径】大小将沿此局部轴移动。
- 自由：刚体沿着各自轴的运动是不受限制的。
- 限制半径：父对象和子对象可以从其初始偏移移离的沿受限轴的距离。
- 反弹：对于任何受限轴，碰撞时对象偏离限制而反弹的数量。值为 0.0 表示没有反弹，值为 1.0 表示完全反弹。
- 弹簧：对于任何受限轴，是指在超限情况下将对象拉回限制点的【弹簧】强度。
- 阻尼：对于任何受限轴，在平移超出限制时它们所受的移动阻力数量。

3.【摆动和扭曲限制】卷展栏

- 摆动 Y/ 摆动 Z：【摆动 Y】和【摆动 Z】分别表示围绕约束的局部 Y 轴和 Z 轴的旋转。
- 角度限制：当【摆动】设置为【受限】时，离开中心允许旋转的度数。
- 反弹：当【摆动】设置为【受限】时，碰撞时对象偏离限制而反弹的数量。
- 弹簧：当【摆动】设置为【受限】时，将对象拉回到限制（如果超出限制）的弹簧强度。
- 阻尼：当【摆动】设置为【受限】且超出限制时对象所受的旋转阻力数量。

4.【弹簧】卷展栏

- 弹性：始终将父对象和子对象的平移拉回到其初始偏移位置的力量。
- 阻尼：弹性不为 0 时用于限制弹簧力的阻力。这不会导致对象本身因阻力而移动，只会减轻弹簧的效果。

5.【高级】卷展栏

- 移动到父对象的轴：设置在父对象的轴的约束位置。此选项对于子对象应围绕父对象轴旋转的相应约束非常有用，如破碎球约束到起重机的顶部。

- **移动到子对象的轴**：调整约束的位置，以将其定位在子对象的轴上。
- **显示大小**：要在视口中绘制约束辅助对象的大小。
- **父/子刚体碰撞**：如果选中该复选框（默认），由某个约束所连接的父刚体和子刚体相互之间将无法碰撞。
- **使用投影**：如果选中该复选框并且父对象和子对象违反约束的限制，将通过强迫它们回到限制范围来解决此状况。
- **距离**：为了投影生效要超过的约束冲突的最小距离。低于此距离的错误不会使用投影。
- **角度**：必须超过约束冲突的最小角度（以度为单位），投影才能生效。低于该角度的错误将不会使用投影。

12.5.2 创建滑块约束

将新 MassFX 约束辅助对象添加到带有适合于滑动约束的设置的项目中。滑动约束类似于刚体约束，但是启用受限的 Y 变换，其参数面板如图 12-136 所示。

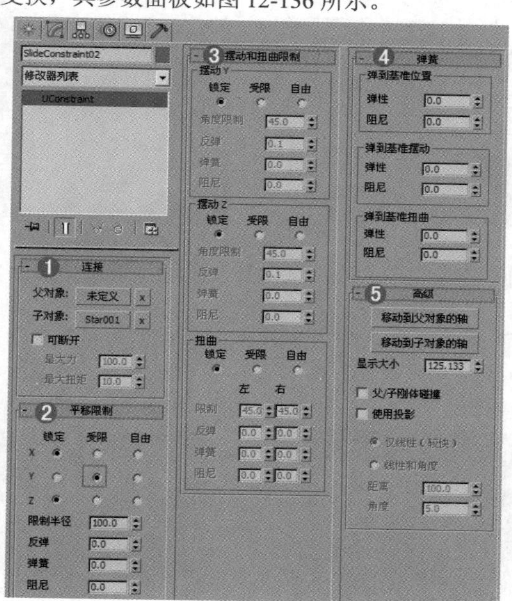

图12-136

技巧与提示

创建滑块约束和建立刚体约束的参数基本一致，此处不再进行讲解。

12.5.3 建立转枢约束

将新 MassFX 约束辅助对象添加到带有适合于转枢约束的设置的项目中。转枢约束类似于刚体约束，但是【摆动 Z】的【角度限制】为 100，其参数面板如图 12-137 所示。

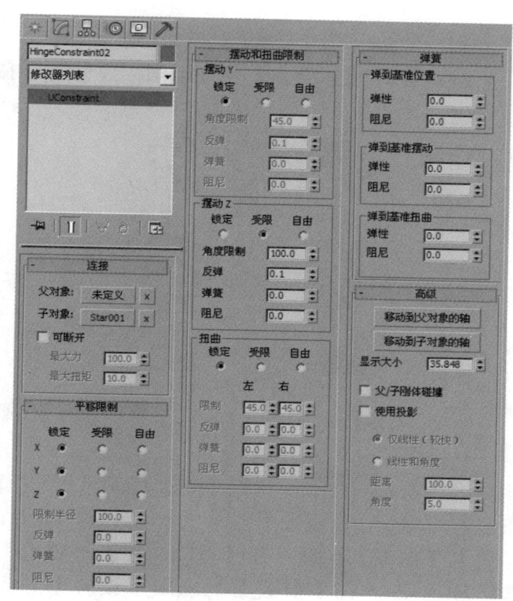

图12-137

12.5.4 创建扭曲约束

将新 MassFX 约束辅助对象添加到带有适合于扭曲约束的设置的项目中。扭曲约束类似于刚体约束，但是【扭曲】设置为【自由】，其参数面板如图 12-138 所示。

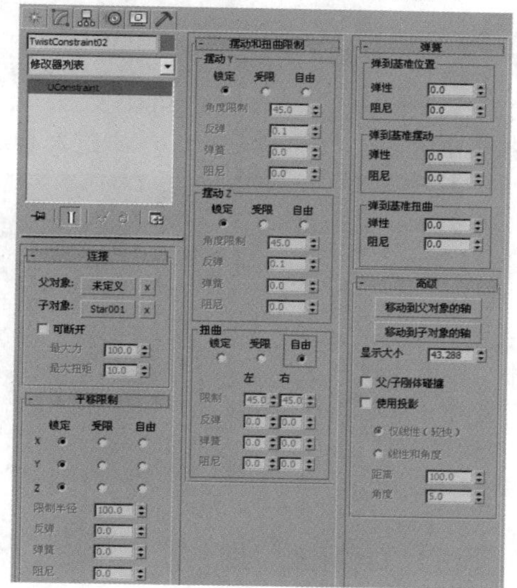

图12-138

重点 小实例：利用扭曲约束制作摆动动画

场景文件	无
案例文件	小实例：利用扭曲约束制作摆动动画.max
视频教学	DVD/多媒体教学/Chapter12/小实例：利用扭曲约束制作摆动动画.flv
难易指数	★★☆☆☆
技术掌握	掌握利用扭曲约束制作摆动动画的方法

实例介绍

本例讲解利用扭曲约束制作摆动动画，效果如图12-139所示。

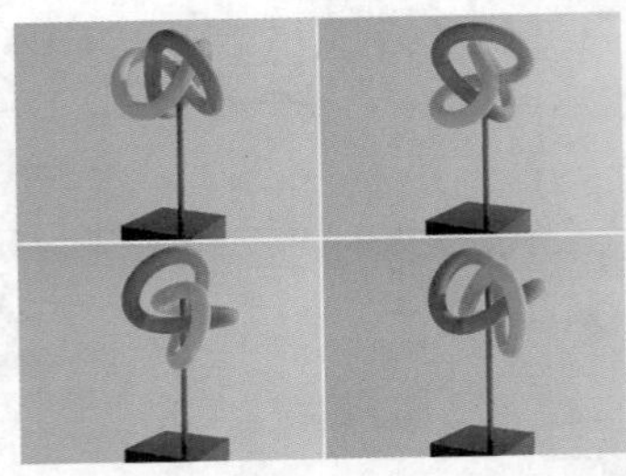

图12-139

操作步骤

步骤 01 打开3ds Max 2014，进入【创建】面板，单击【环形结】按钮 环形结 ，在视图中创建一个环形结，如图12-140所示。进入【修改】面板，在【基础曲线】选项组下设置【半径】为18mm，在【横截面】选项下设置【半径】为5mm，如图12-141所示。

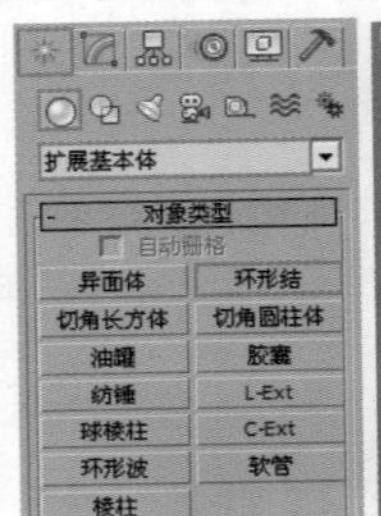

图12-140

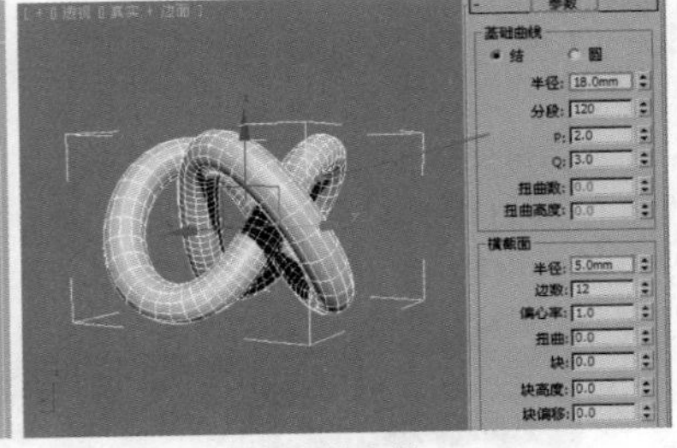

图12-141

步骤 02 接着在环形结下方创建一个长方体，进入【修改】面板，设置【长度】为42mm，【宽度】为43mm，【高度】为28mm，如图12-142所示。

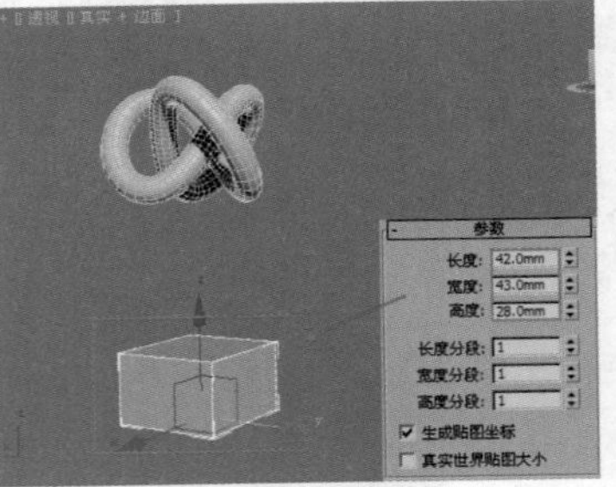

图12-142

步骤 03 在主工具栏的空白处右击，然后在弹出的快捷菜单中选择【MassFX工具栏】选项，如图12-143所示，此时将会弹出【MassFX工具栏】，如图12-144所示。

图12-143

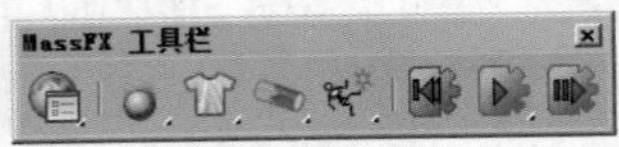

图12-144

步骤 04 选择所创建的环形结，单击【将选定项设置为动力学刚体】按钮，如图12-145所示。

步骤 05 选择创建的长方体，单击【将选定项设置为动力学刚体】按钮，如图12-146所示。

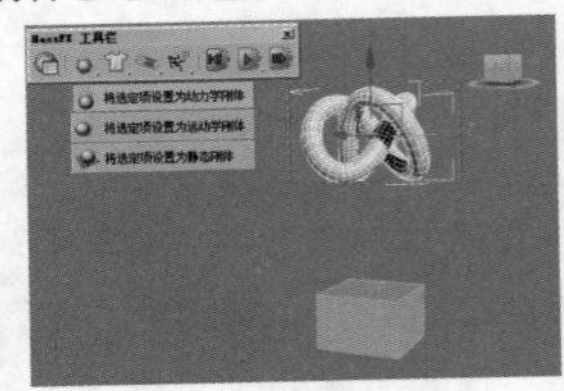

图12-145

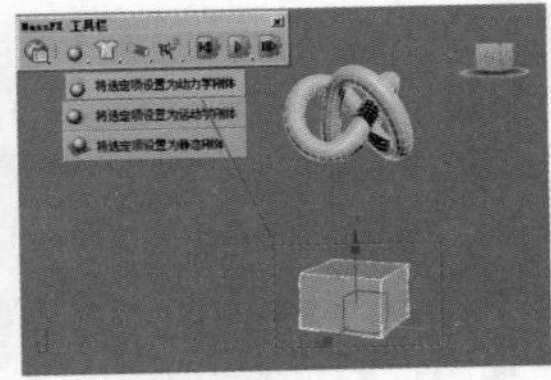

图12-146

步骤 06 选择环形结模型，单击【创建扭曲约束】按钮，如图12-147所示，接着调整扭曲约束的位置，如图12-148所示。

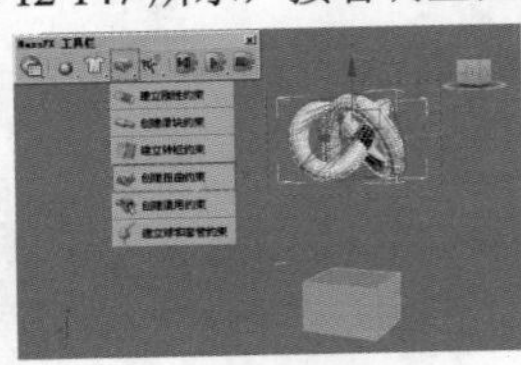

图12-147

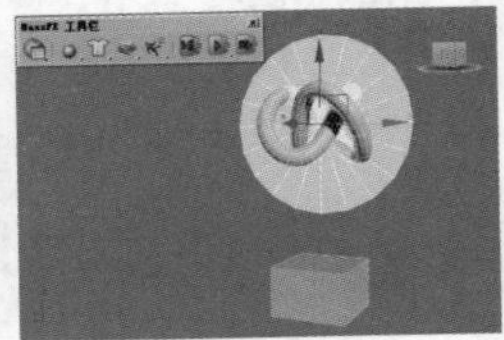

图12-148

步骤 07 选择步骤06创建的扭曲约束，进入【修改】面板，单击【父对象】后面的通道，接着在通道视图中拾取长方体模型，如图12-149所示，拾取后的效果如图12-150所示。

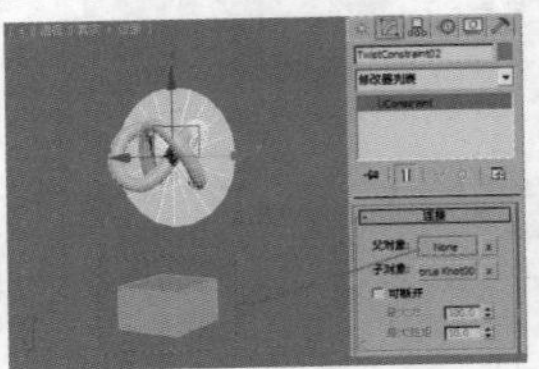

图12-149

图12-150

步骤 08 接着单击【开始模拟】按钮，观察动画的效果，如图12-151所示。

步骤 09 选择【MassFX工具】对话框中的【工具】选项卡，然后单击【模拟烘焙】选项组下的【烘焙所有】按钮，此时就会看到MassFX正在烘焙的过程，如图12-152所示。

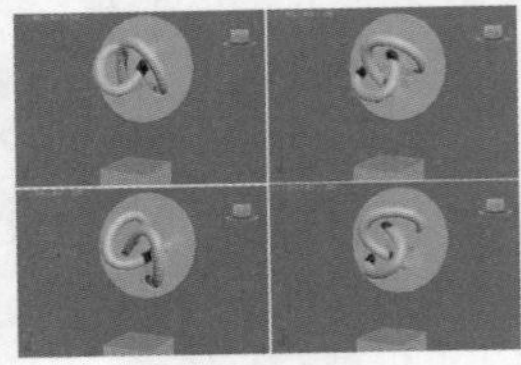

图12-151

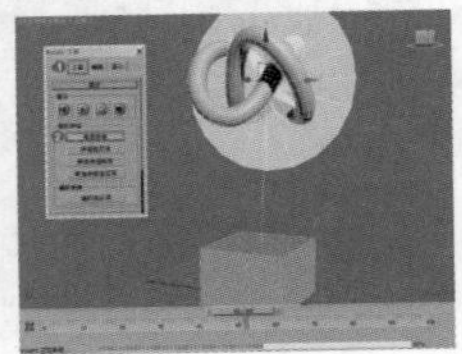

图12-152

步骤 10 此时自动在时间线上生成了关键帧动画，拖动时间线滑块可以看到动画的整个过程，如图12-153所示。

步骤 11 选择动画效果最明显的一些帧，然后单独渲染出这些单帧动画，最终效果如图12-154所示。

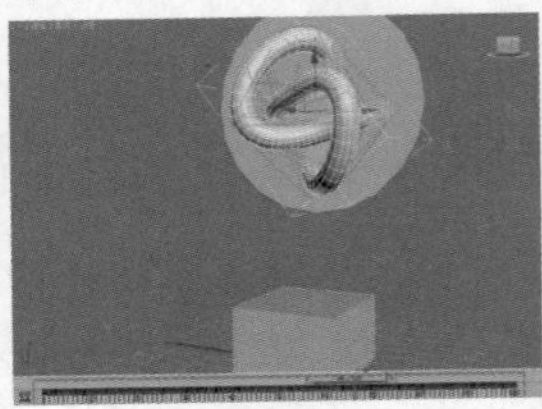

图12-153

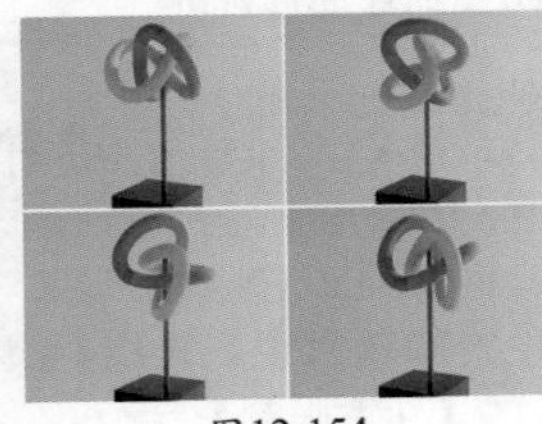

图12-154

12.5.5 创建通用约束

将新 MassFX 约束辅助对象添加到带有适合于通用约束的设置的项目中。通用约束类似于刚体约束，但【摆动 Y】和【摆动 Z】的【角度限制】均为 45，其参数面板如图 12-155 所示。

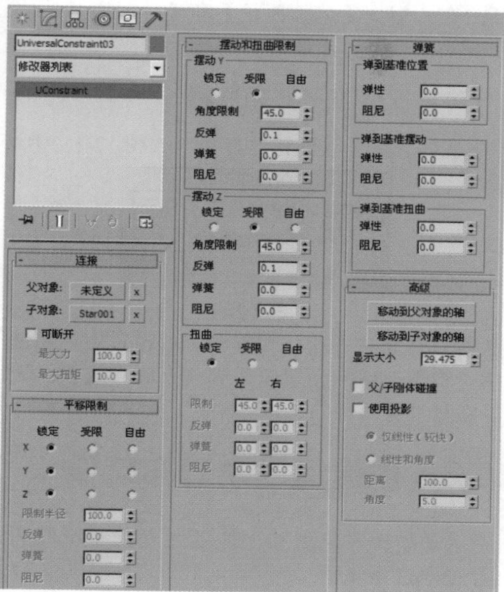

图 12-155

12.5.6 建立球和套管约束

将新 MassFX 约束辅助对象添加到带有适合于球和套管约束的设置的项目中。球和套管约束类似于刚体约束，但【摆动 Y】和【摆动 Z】的【角度限制】均为 80，且【扭曲】设置为【自由】，其参数面板如图 12-156 所示。

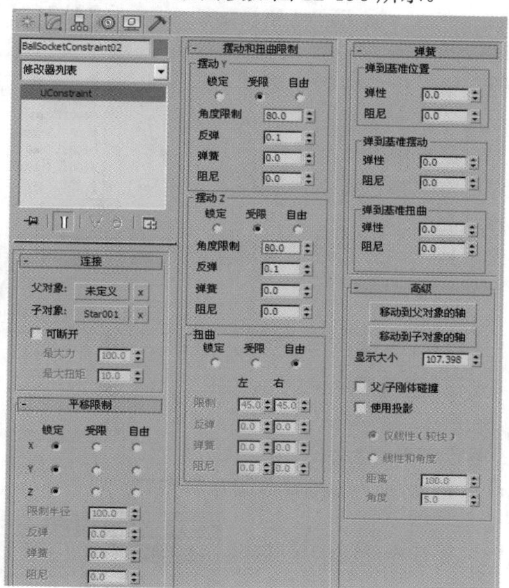

图 12-156

12.6 创建碎布玩偶

12.6.1 创建动力学碎布玩偶

碎布玩偶辅助对象是 MassFX 的一个组件，可让动画角色作为动力学和运动学刚体参与到模拟中。角色可以是骨骼系统或 Biped，以及使用蒙皮的关联网格，如图 12-157 所示。

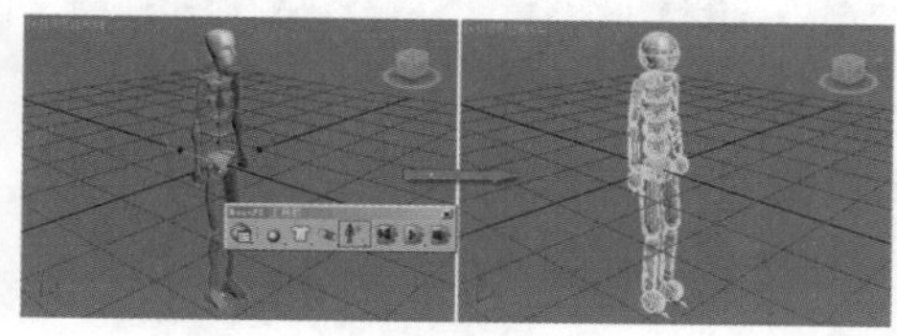

图 12-157

1.【常规】卷展栏

【常规】卷展栏的参数如图 12-158 所示。

- 显示图标：切换碎布玩偶对象的显示图标。
- 图标大小：设置碎布玩偶辅助对象图标的显示大小。
- 显示骨骼：切换骨骼物理图形的显示。
- 显示约束：切换连接刚体的约束的显示。
- 比例：约束的显示大小。增加此值可以更容易地在视口中选择约束。

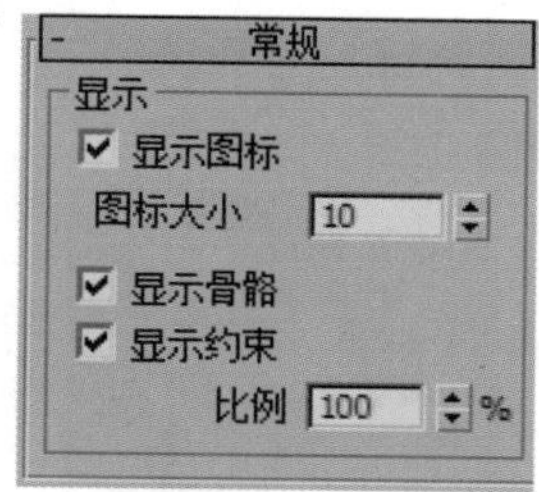

图 12-158

2.【设置】卷展栏

【设置】卷展栏的参数如图 12-159 所示。

- 碎布玩偶类型：确定碎布玩偶如何参与模拟的步骤。
- 拾取：将角色的骨骼与碎布玩偶关联。单击此按钮后，单击角色中尚未与碎布玩偶关联的骨骼。
- 添加：将角色的骨骼与碎布玩偶关联。

- 移除：取消骨骼列表中高亮显示的骨骼与碎布玩偶的关联。
- 名称：列出碎布玩偶中的所有骨骼。高亮显示列表中的骨骼、删除或成组骨骼，或者批量更改刚体设置。
- 按名称搜索：输入搜索文本可按字母顺序升序高亮显示第 1 个匹配的项目。
- 全部：单击该按钮可高亮显示所有列表条目。
- 反转：单击该按钮可高亮显示所有未高亮显示的列表条目，并从高亮显示的列表条目中删除高亮显示。
- 无：单击该按钮可从所有列表条目中删除高亮显示。
- 蒙皮：列出与碎布玩偶角色关联的蒙皮网格。

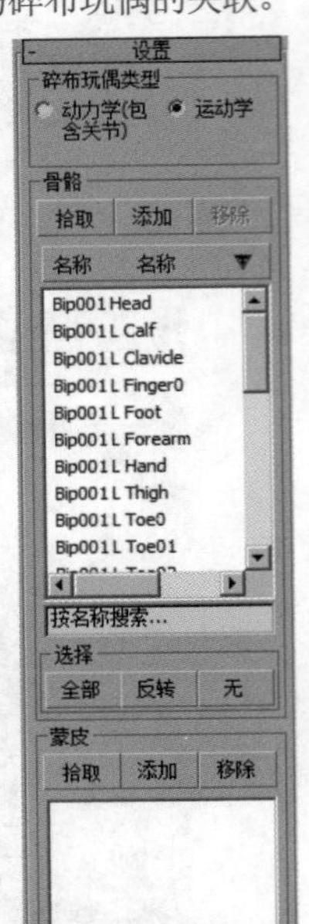

图 12-159

3.【骨骼属性】卷展栏

【骨骼属性】卷展栏的参数如图 12-160 所示。

- 源：确定图形的大小。
- 图形：指定用于高亮显示的骨骼的物理图形类型。
- 充气：展开物理图形使其超出顶点或骨骼的云的程度。
- 权重：在蒙皮网格中查找关联顶点时，这是确定每个骨骼要包含的顶点时，与蒙皮修改器中的权重值相关的截止权重。
- 更新选定骨骼：为列表中高亮显示的骨骼应用所有更改后的设置，然后重新生成其物理图形。

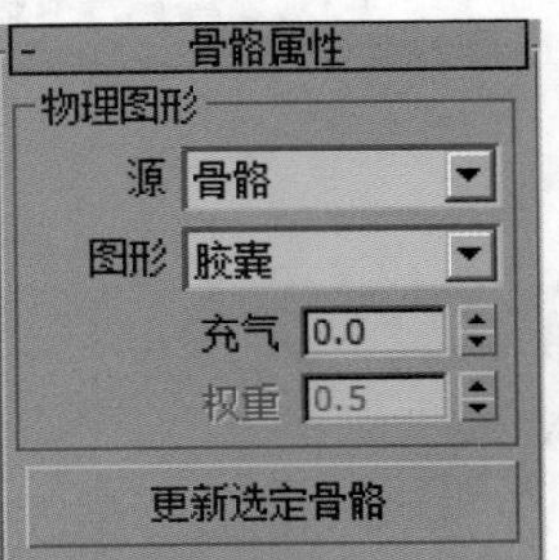

图 12-160

4.【碎布玩偶属性】卷展栏

【碎布玩偶属性】卷展栏的参数如图 12-161 所示。

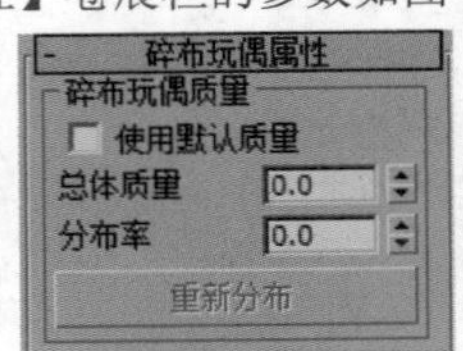

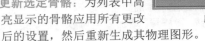

图 12-161

- 使用默认质量：选中该复选框时，碎布玩偶中每个骨骼的质量为刚体中定义的质量。
- 总体质量：整个碎布玩偶集合的模拟质量，计算结果为碎布玩偶中所有刚体的质量之和。
- 分布率：使用【重新分布】（请参见下文）时，此值将决定相邻刚体之间的最大质量分布率。
- 重新分布：根据【总体质量】和【分布率】的值，重新计算碎布玩偶刚体组成成分的质量。

5.【碎布玩偶工具】卷展栏

【碎布玩偶工具】卷展栏的参数，如图 12-162 所示。

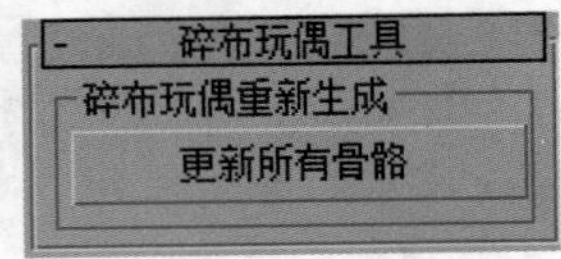

图 12-162

更新所有骨骼：更改任何碎布玩偶设置后，通过单击此按钮可将更改后的设置应用到整个碎布玩偶，无论列表中高亮显示哪些骨骼。

12.6.2 创建运动学碎布玩偶

创建运动学碎布玩偶和创建动力学碎布玩偶的方法一致，如图 12-163 所示。

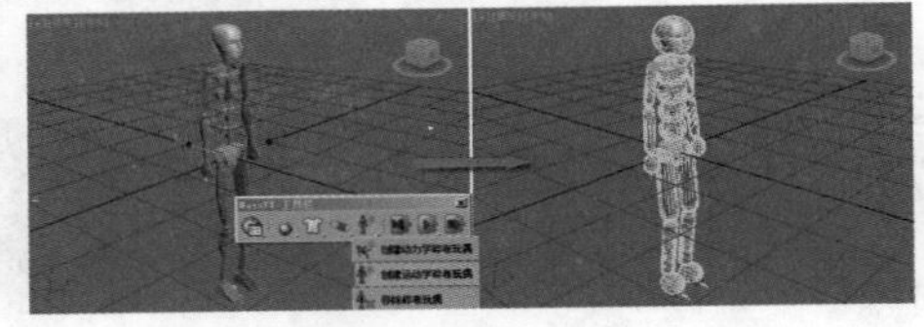

图 12-163

12.6.3 移除碎布玩偶

选择刚才创建的动力学碎布玩偶或运动学碎布玩偶，并单击【移除碎布玩偶】按钮，即可将其删除，如图 12-164 所示。

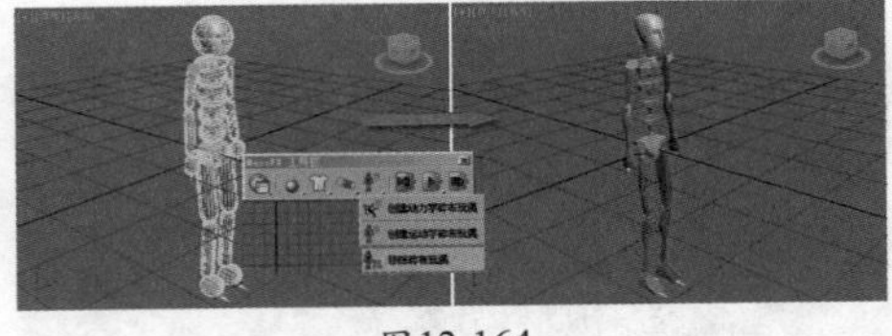

图 12-164

12.7 Cloth修改器

Cloth 是为角色和动物创建逼真的织物和定制衣服的高级工具。在 3ds Max 2014 版本之前，我们也可以使用 reactor 中的布料集合模拟布料效果，但是功能不是特别强大，因此在 3ds Max 2014 版本中直接将 reactor 去除，要想制作布料效果，首先要想到 Cloth。下面是 Cloth 制作的作品，如图 12-165 所示。

图12-165

Cloth 修改器是 Cloth 系统的核心，应用于 Cloth 模拟组成部分的场景中的所有对象。该修改器用于定义 Cloth 对象和冲突对象、指定属性和执行模拟。其他控件包括创建约束、交互拖动布料和清除模拟组件，其参数面板如图 12-166 所示。

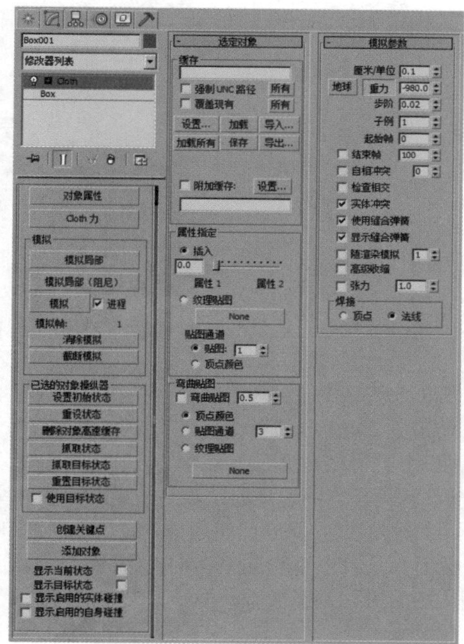

图12-166

1.【对象】卷展栏

在应用 Cloth 修改器之后，【对象】卷展栏是【命令】面板上可以看到的第 1 个卷展栏，其中包括了创建 Cloth 模拟和调整织物属性的大部分控件。

- **对象属性**：用于打开【对象属性】对话框，在其中可定义要包含在模拟中的对象，确定这些对象是布料还是冲突对象，以及与其关联的参数。
- **Cloth 力**：向模拟添加类似风之类的力（即场景中的空间扭曲）。
- **模拟局部**：不创建动画，开始模拟进程。使用此模拟可将衣服覆盖在角色上，或将衣服的面板缝合在一起。
- **模拟局部（阻尼）**：和【模拟局部】相同，但是为布料添加了大量的阻尼。
- **模拟**：在激活的时间段上创建模拟。与【模拟局部】不同，这种模拟会在每帧处以模拟缓存的形式创建模拟数据。
- **进程**：选中该复选框时，将在模拟期间打开【Cloth 模拟】对话框。
- **模拟帧**：显示当前模拟的帧数。
- **消除模拟**：删除当前的模拟。这将删除所有 Cloth 对象的高速缓存，并将【模拟帧】设置为 1。
- **截断模拟**：删除模拟在当前帧之后创建的动画。
- **设置初始状态**：将所选 Cloth 对象高速缓存的第 1 帧更新到当前位置。
- **重设状态**：将所选 Cloth 对象的状态重设为应用修改器堆栈中的 Cloth 之前的状态。
- **删除对象高速缓存**：删除所选的非 Cloth 对象的高速缓存。
- **抓取状态**：从修改器堆栈顶部获取当前状态并更新当前帧的缓存。
- **抓取目标状态**：用于指定保持形状的目标形状。
- **重置目标状态**：将默认弯曲角度重设为堆栈中 Cloth 下面的网格。
- **使用目标状态**：选中该复选框时，保留由抓取目标状态存储的网格形状。
- **创建关键点**：为所选 Cloth 对象创建关键点。该对象塌陷为可编辑的网格，任意变形存储为顶点动画。
- **添加对象**：用于向模拟添加对象，无须打开【对象属性】对话框。
- **显示当前状态**：显示布料在上一模拟时间步阶结束时的当前状态。
- **显示目标状态**：显示布料的当前目标状态；即由【保持形状】复选框使用的所需弯曲角度。
- **显示启用的实体碰撞**：选中该复选框时，高亮显示所有启用实体收集的顶点组。
- **显示启用的自身碰撞**：选中该复选框时，高亮显示所有启用自收集的顶点组。

2.【选定对象】卷展栏

【选定对象】卷展栏用于控制模拟缓存、使用纹理贴图或插补来控制并模拟布料属性（可选），以及指定弯曲贴图。此卷展栏只在模拟过程中选中单个对象时显示。

- **缓存**：显示缓存文件的当前路径和文件名。
- **强制 UNC 路径**：如果文本字段路径是指向映射的驱动器，则将该路径转换为 UNC 格式。
- **覆盖现有**：选中该复选框时，Cloth 可以覆盖现有缓存文件。要对当前模拟中的所有 Cloth 对象启用覆盖，请单击【全部】按钮。

- 设置：用于指定所选对象缓存文件的路径和文件名。单击【设置】按钮。导航到目录，输入文件名，然后单击【保存】按钮。
- 加载：将指定的文件加载到所选对象的缓存中。
- 导入：打开一个文件对话框，以加载一个缓存文件，而不是指定的文件。
- 加载所有：加载模拟中每个 Cloth 对象的指定缓存文件。
- 保存：使用指定的文件名和路径保存当前缓存（如果有的话）。
- 导出：打开一个文件对话框，以将缓存保存到一个文件，而不是指定的文件。
- 附加缓存：要以 PointCache2 格式创建第 2 个缓存，应选中【附加缓存】复选框，然后单击【设置】按钮以指定路径和文件名。
- 插入：在【对象属性】对话框中的两个不同设置（由右上角的【属性 1】和【属性 2】单选按钮确定）之间插入。
- 纹理贴图：设置纹理贴图，设置 Cloth 对象应用的【属性 1】和【属性 2】。
- 贴图通道：用于指定纹理贴图所要使用的贴图通道，或选择要用于取而代之的顶点颜色。
- 弯曲贴图：切换【弯曲】贴图复选框的使用。
- 贴图类型：选择【弯曲】贴图的贴图类型。

3.【模拟参数】卷展栏

【模拟参数】卷展栏设置用于指定重力、起始帧和缝合弹簧选项等常规模拟属性，这些设置在全局范围内应用于模拟，即应用于模拟中的所有对象。

- 厘米 / 单位：确定每 3ds Max 单位表示多少厘米。
- 地球：设置地球的重力值。
- 重力：单击该按钮，重力数值（参阅后续内容）将影响到模拟中的 Cloth 对象。
- 重力数值：以 cm/sec2 为单位的重力大小。负值表示向下的重力。
- 步阶：模拟器可以采用的最大时间步阶大小。
- 子例：3ds Max 对固体对象位置每帧的采样次数。默认值为 1。
- 起始帧：模拟开始处的帧。如果在执行模拟之后更改此值，则高速缓存将移动到此帧。默认值为 0。
- 结束帧：选中该复选框时，确定模拟终止处的帧。默认值为 100。
- 自相冲突：选中该复选框时，检测布料对布料之间的冲突。
- 检查相交：（过时功能。该复选框无效。）
- 实体冲突：选中该复选框时，模拟器将考虑布料对实体对象的冲突。此设置始终保留为选中。
- 使用缝合弹簧：选中该复选框时，使用随 Garment Maker 创建的缝合弹簧将织物接合在一起。
- 显示缝合弹簧：用于切换缝合弹簧在视口中的可视表示。这些设置并不渲染。
- 随渲染模拟：选中该复选框时，将在渲染时触发模拟。
- 高级收缩：选中该复选框时，Cloth 对同一冲突对象两个部分之间收缩的布料进行测试。
- 张力：利用顶点颜色可以显现织物中的压缩 / 张力。
- 焊接：控制在完成撕裂布料之前如何在设置的撕裂上平滑布料。

4.组子对象层级

【组】可用于选择成组顶点，并将其约束到曲面、冲突对象或其他 Cloth 对象，其参数面板如图 12-167 所示。

- 设定组：利用选中顶点创建组。选择要包括在组中的顶点，然后单击此按钮。
- 删除组：删除在此列表中突出显示的组。
- 解除：解除指定给组的约束，将其状态设置回未指定。指定给此组的任意独特属性仍然有效。
- 初始化：将顶点连接到另一对象的约束包含有关组顶点的位置相对于其他对象的信息。
- 更改组：可用于修改组中选定的顶点。
- 重命名：用于重命名突出显示的组。
- 节点：将突出显示的组约束到场景中对象或节点的变换。

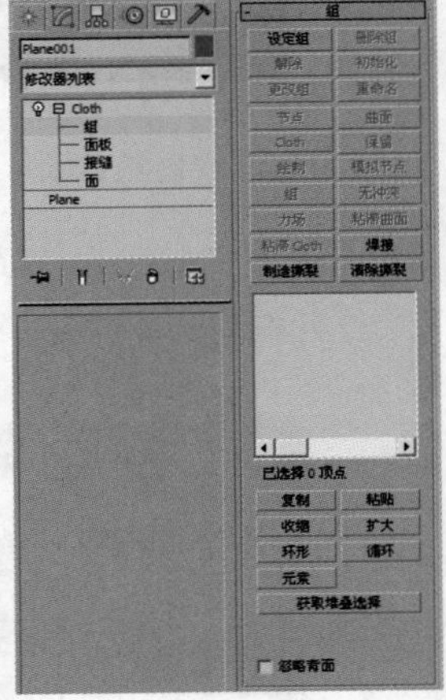

图12-167

- 曲面：将所选的组附加到场景中冲突对象的曲面上。
- Cloth：将 Cloth 顶点的选定组附加到另一 Cloth 对象。
- 保留：此组类型在修改器堆栈中的 Cloth 修改器下保留运动。
- 绘制：此组类型将顶点锁定就位或向选定组添加阻尼力。
- 模拟节点：除了该节点必须是 Cloth 模拟的组成部分之外，此选项和【节点】选项的功能相同。
- 组：将一个组附加到另一个组。仅推荐用于单顶点组。
- 无冲突：忽略在当前选择的组和另一组之间的冲突。
- 力场：用于将组链接到空间扭曲，并令空间扭曲影响顶点。
- 粘滞曲面：只有在组与某个曲面冲突之后，才会将其粘贴到该曲面上。
- 粘滞 Cloth：只有在组与某个 Cloth 面冲突之后，才会将其粘贴到该曲面上。
- 焊接：使现有组转入【焊接】约束，必须先在【组】列表中高亮显示组的名称。
- 制造撕裂：使所选顶点转入带【焊接】约束的撕裂。
- 清除撕裂：从 Cloth 修改器移除所有撕裂。不能删除单个撕裂。

5. 面板子对象层级

在【面板】子对象层级上，可以随时选择一个面板

（布料部分），并更改其布料属性，其参数面板如图 12-168 所示。

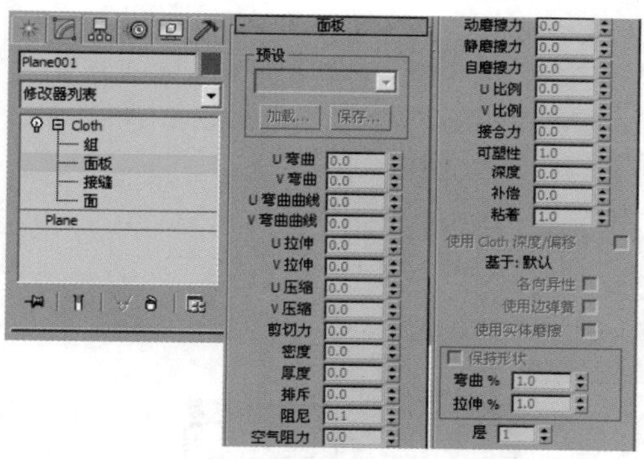

图 12-168

- **预设**：将选定面板的属性参数设置为下拉列表中选择的预设值。
- **加载**：从硬盘加载预设值。单击此按钮，然后导航至预设值所在目录，将其加载到 Cloth 属性中。
- **保存**：将 Cloth 属性参数保存为文件，以便此后加载。
- **保持形状**：选中该复选框时，根据【弯曲 %】和【拉伸 %】设置保留网格的形状。
- **弯曲 %**：将目标弯曲角度调整介于 0.0 和目标状态所定义的角度之间的值。
- **拉抻 %**：将目标拉伸角度调整介于 0.0 和目标状态所定义的角度之间的值。
- **层**：设置选定面板的层。

6. 接缝子对象层级

【接缝】子对象卷展栏用于定义接合口属性，其参数面板如图 12-169 所示。

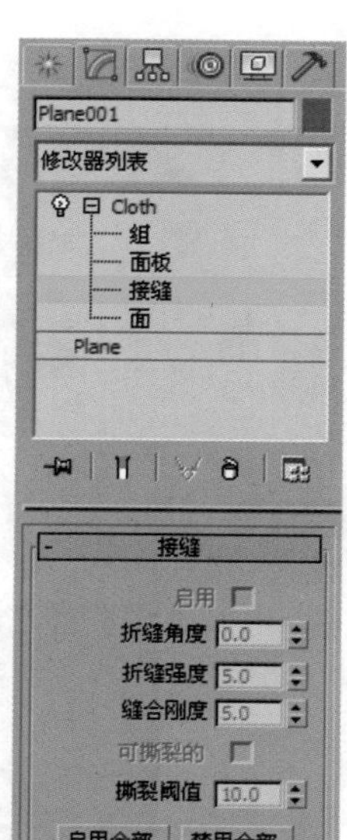

图 12-169

- **启用**：启用或关闭接合口，将其激活或取消激活。
- **折缝角度**：在接合口上创建折缝。角度值将确定介于两个面板之间的折缝角度。
- **折缝强度**：增减接合口的强度。此值将影响接合口相对于 Cloth 对象其余部分的抗弯强度。
- **缝合刚度**：模拟时面板拉合在一起的力的大小。值越大，面板拉合在一起越结实、越快。
- **可撕裂的**：选中该复选框时，将所选接合口设置为可撕裂。默认设置为禁用状态。
- **启用全部**：将所选衣服上的所有接合口设置为激活。
- **禁用全部**：将所选衣服上的所有接合口设置为关闭。

7. 面子对象层级

【面】子对象卷展栏启用 Cloth 对象的交互拖放，就像这些对象在本地模拟一样。此子对象层级用于以交互性更好的方式在场景中定位布料，其参数面板如图 12-170 所示。

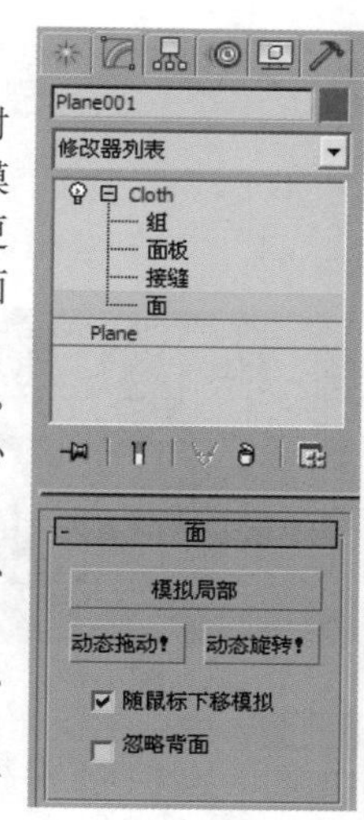

图 12-170

- **模拟局部**：开始布料的局部模拟。为了和布料能够实时交互反馈，必须单击此按钮。
- **动态拖动！**：激活该按钮后，可以在进行本地模拟时拖动选定的面。
- **动态旋转！**：激活该按钮后，可以在进行本地模拟时旋转选定的面。
- **随鼠标下移模拟**：只在单击时运行本地模拟。
- **忽略背面**：选中该复选框时，可以只选择面对的那些面。

重点 小实例：利用 Cloth 制作悬挂的浴巾

场景文件	无
案例文件	小实例：利用 Cloth 制作悬挂的浴巾 .max
视频教学	DVD/ 多媒体教学 /Chapter12/ 小实例：利用 Cloth 制作悬挂的浴巾 .flv
难易指数	★★☆☆☆
技术掌握	掌握利用 Cloth 制作悬挂的浴巾的方法

实例介绍

本例讲解利用 Cloth 制作悬挂的浴巾，效果如图 12-171 所示。

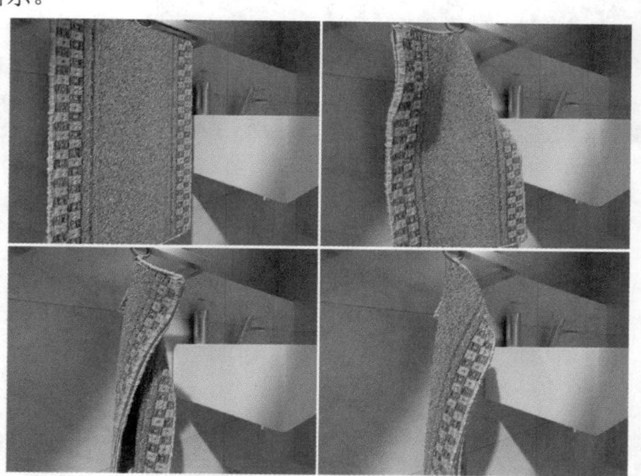

图 12-171

操作步骤

步骤 01 打开 3ds Max 2014，进入【创建】面板，单击【平面】按钮 平面 ，在视图中创建一个平面。进入【修改】面板，设置【长度】为 296mm，【宽度】为 183mm，【长度分段】为 30，【宽度分段】为 20，如图 12-172 所示。

步骤 02 选择步骤 01 创建的平面，进入【修改】面板，为平面添加 Cloth 修改器，在【对象】卷展栏下单击【对象属性】按钮 对象属性 ，在弹出的【对象】属性对话框中单击【添加对象】按钮 添加对象... ，并添加Plane001，接着选中Cloth单选按钮，最后单击【确定】按钮，如图12-173所示。

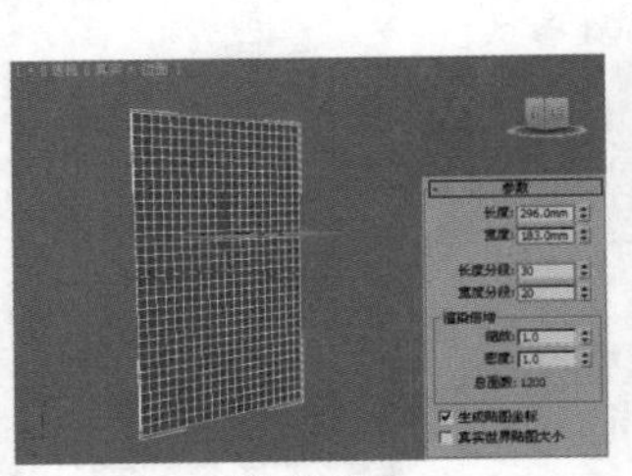
图12-172

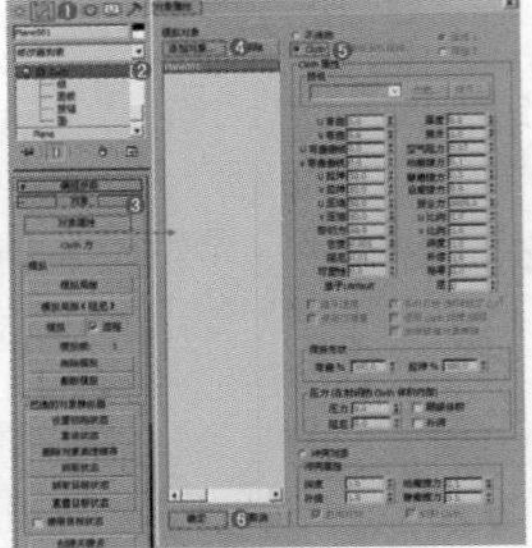
图12-173

步骤 03 单击刚创建的平面，进入【修改】面板，并选择Cloth下的【组】子级别，接着选择如图12-174所示的点，然后单击【设定组】按钮 设定组 ，在弹出的【设定组】对话框中输入【组名称】为组001，最后单击【确定】按钮，如图12-175所示。

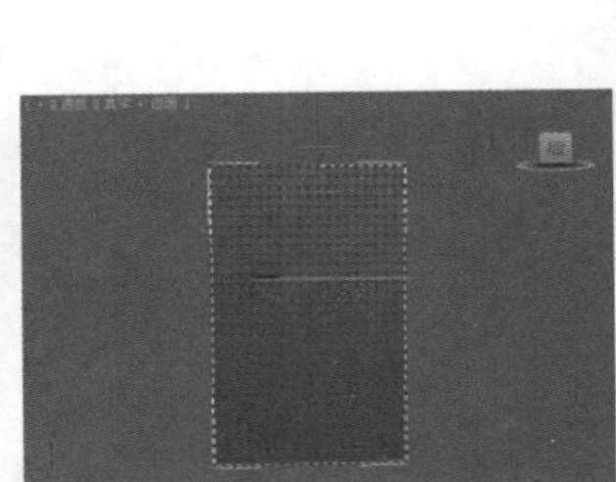
图12-174

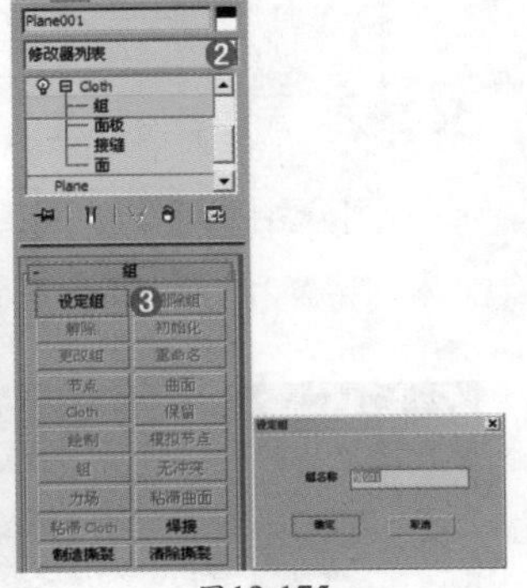
图12-175

技巧与提示

若读者找不到【设定组】按钮，查看是否单击了Cloth下的【组】子级别。没单击【组】子级别时的面板如图12-176所示。单击了【组】子级别的面板如图12-177所示。

图12-176

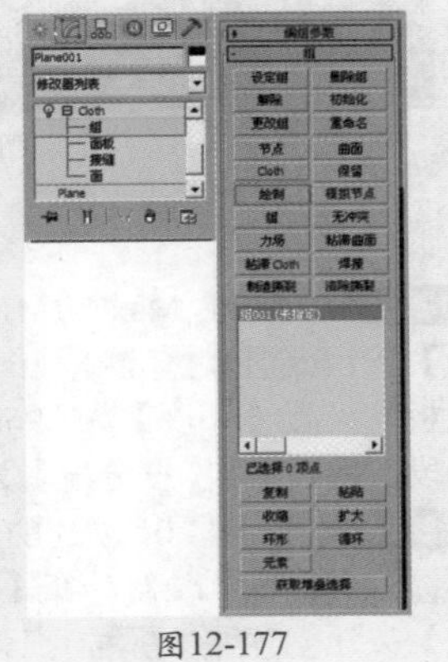
图12-177

步骤 04 接着在【组】卷展栏下单击【绘制】按钮 绘制 ，如图12-178所示。最后再次在单击Cloth列表框下的【组】子级别，结束编辑。

步骤 05 选择Cloth修改器，在【对象】卷展栏下单击【模拟】按钮 模拟 ，自动生成动画，如图12-179所示。

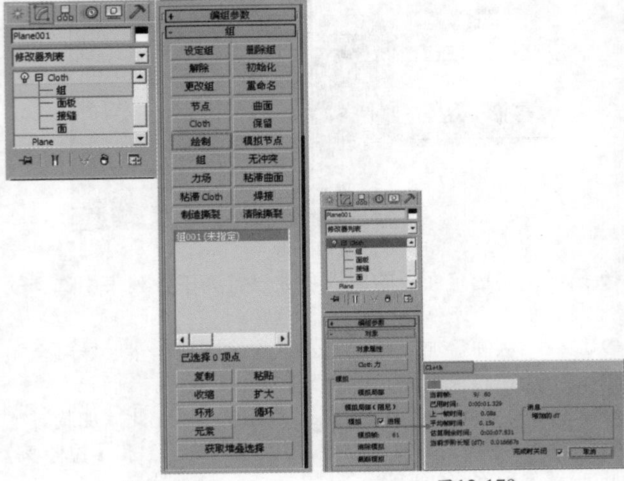
图12-178　　图12-179

步骤 06 拖动时间线，观察动画的效果，如图12-180所示。

步骤 07 为了使浴巾的效果更加明显，选择浴巾模型，为其加载【壳】修改器，设置【外部量】为1.0mm，接着为其加载【网格平滑】修改器，设置【迭代次数】为1，如图12-181所示。

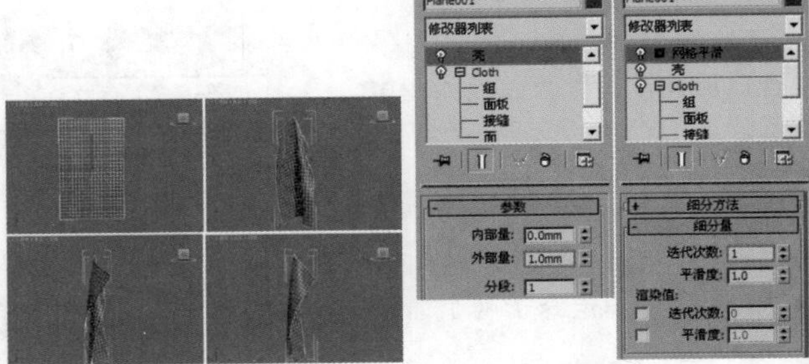
图12-180　　图12-181

步骤 08 选择动画效果最明显的一些帧，然后单独渲染出这些单帧动画，最终效果如图12-182所示。

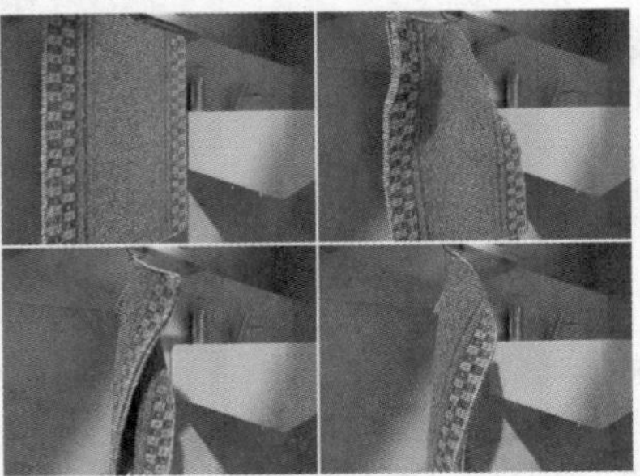
图12-182

重点 小实例：利用 Cloth 制作下落的布料

场景文件	06.max
案例文件	小实例：利用 Cloth 制作下落的布料 .max
视频教学	DVD/ 多媒体教学 /Chapter12/ 小实例：利用 Cloth 制作下落的布料 .flv
难易指数	★★☆☆☆
技术掌握	掌握利用 Cloth 制作下落的布料的方法

实例介绍

本例讲解利用 Cloth 制作下落的布料，效果如图 12-183 所示。

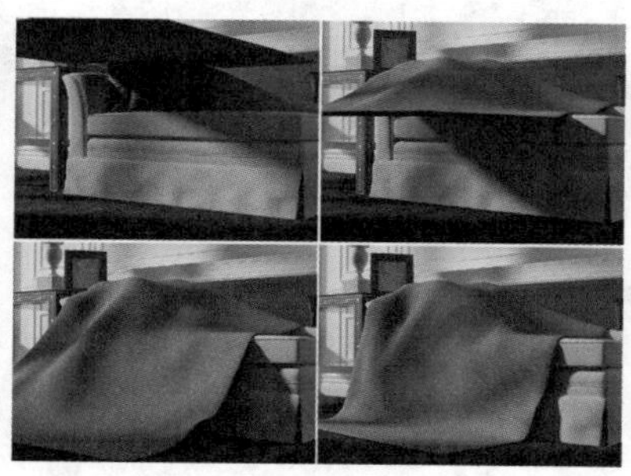

图12-183

操作步骤

步骤 01 打开本书配套光盘中的【场景文件 /Chapter12/06.max】文件，如图 12-184 所示。

步骤 02 在【主工具栏】的空白处右击，然后在弹出的快捷菜单中选择【MassFX 工具栏】选项，如图 12-185 所示，此时将会弹出【MassFX 工具栏】，如图 12-186 所示。

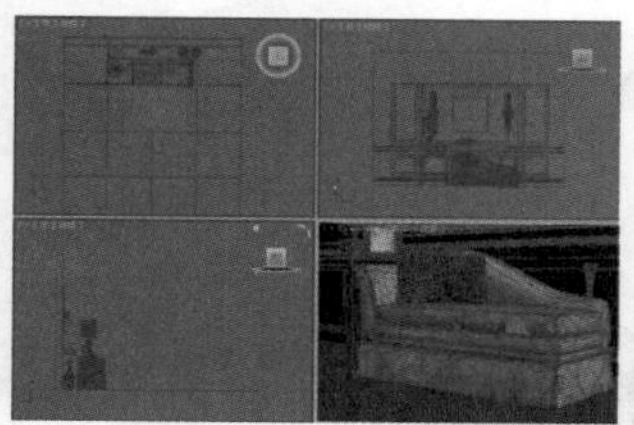

图12-184

图12-185

图12-186

步骤 03 选择平面模型，进入【修改】面板，为平面添加 Cloth 修改器，在【对象】卷展栏下单击【对象属性】按钮 对象属性 ，在弹出的【对象】属性对话框中单击【添加对象】按钮 添加对象... ，并添加 Plane004，接着选中 Cloth 单选按钮，最后单击【确定】按钮，如图 12-187 所示。

步骤 04 再次在【对象】卷展栏下单击【对象属性】按钮

对象属性 ，在弹出的【对象】属性对话框中单击【添加对象】按钮 添加对象... ，并添加 Box01 和 Plane003，接着选中【冲突对象】单选按钮，最后单击【确定】按钮，如图 12-188 所示。

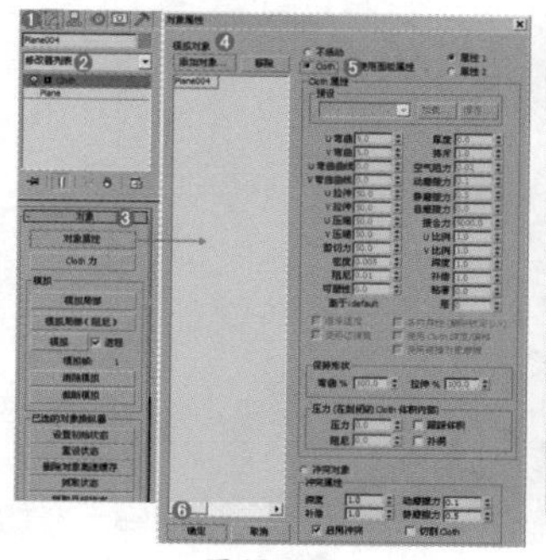

图12-187

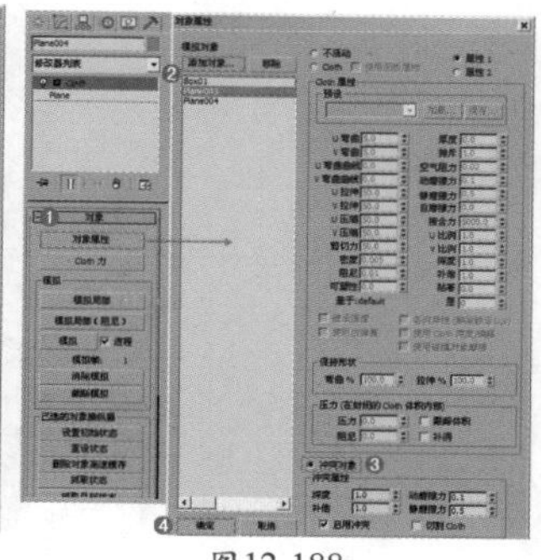

图12-188

步骤 05 选择 Cloth 修改器，在【对象】卷展栏下单击【模拟】按钮 模拟 ，自动生成动画，如图 12-189 所示。

步骤 06 拖动时间线，观察动画的效果，如图 12-190 所示。

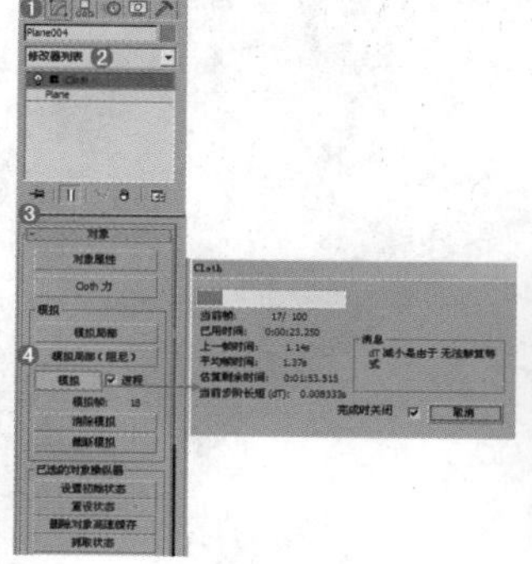

图12-189

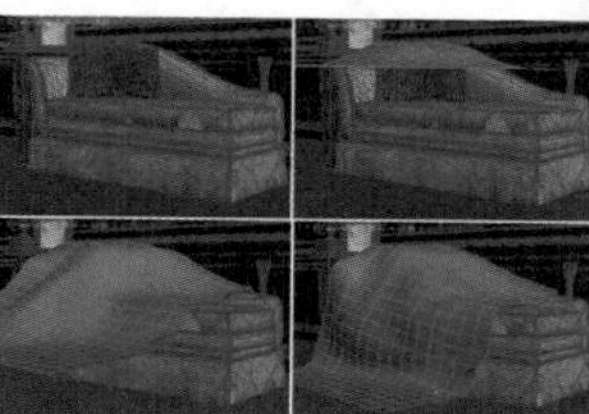

图12-190

步骤 07 为了使布料的效果更加明显，选择布料模型，为其加载【壳】修改器，设置【外部量】为 0.4mm，接着为其加载【网格平滑】修改器，设置【迭代次数】为 1，如图 12-191 所示。

步骤 08 选择动画效果最明显的一些帧，然后单独渲染出这些单帧动画，最终效果如图 12-192 所示。

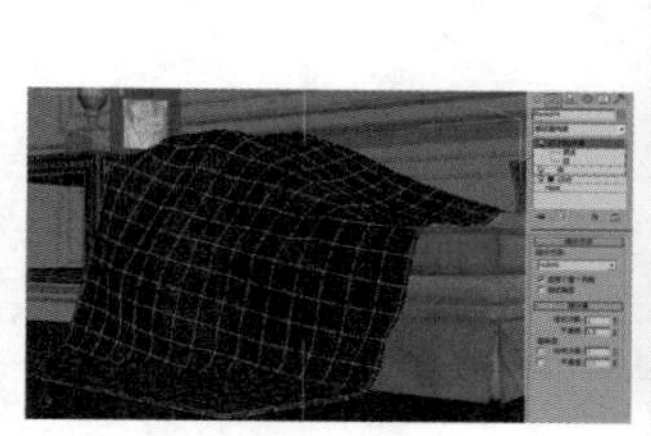

图12-191

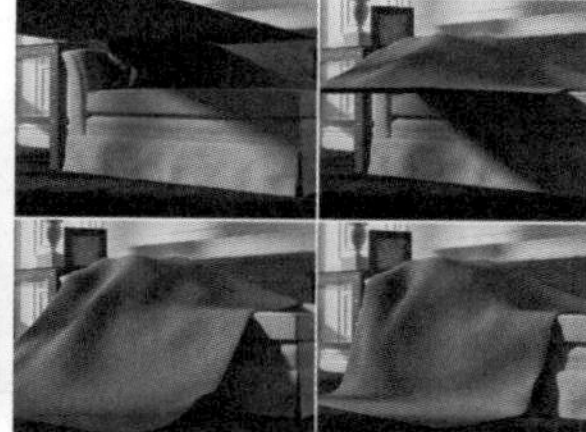

图12-192

读书笔记

Chapter 13

第13章

毛发技术

毛发系统在静帧和角色动画制作中非常重要，同时毛发的制作也是动画制作中最难模拟的。

本章学习要点：

掌握Hair和Fur（WSM）修改器的使用方法

掌握VR毛皮的使用方法

13.1 什么是毛发

毛发系统在静帧和角色动画制作中非常重要，同时毛发的制作也是动画制作中最难模拟的。如图 13-1 所示是一些比较优秀的毛发作品。

图13-1

在 3ds Max 2014 中，模拟毛发的方法主要有以下 4 种：

第 1 种：使用 Hair 和 Fur（WSM）（头发和毛发（WSM））修改器来进行制作。

第 2 种：使用【VR 毛皮】工具 VR毛皮 来进行制作。

第 3 种：使用毛发插件进行制作，如 Hairtrix。

第 4 种：使用不透明度贴图来进行制作。

13.2 毛发的种类

在 3ds Max 2014 中创建毛发一般可以使用三种类型：

类型一：Hair 和 Fur（WSM）修改器。选择模型，进入【修改】面板，为其加载 Hair 和 Fur（WSM）修改器，即可制作出毛发的效果，该方法也是在 3ds Max 2014 中在不安装任何渲染器和插件的情况下的唯一毛发的工具，如图 13-2 所示。

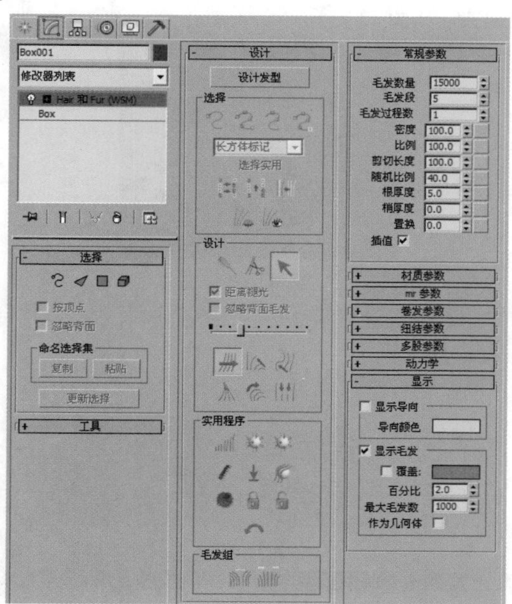

图13-2

类型二：VR 毛皮。在成功安装了 VRay 渲染器后。选择模型，并在【创建】面板中单击【几何体】按钮，并设置几何体类型为 VRay，最后单击【VR 毛皮】按钮 VR毛皮 ，如图 13-3 所示。

类型三：毛发的相关插件，如 Hairtrix 等。选择模型，在【创建】面板中单击【辅助对象】按钮，并设置类型为 HairTrix，如图 13-4 所示。

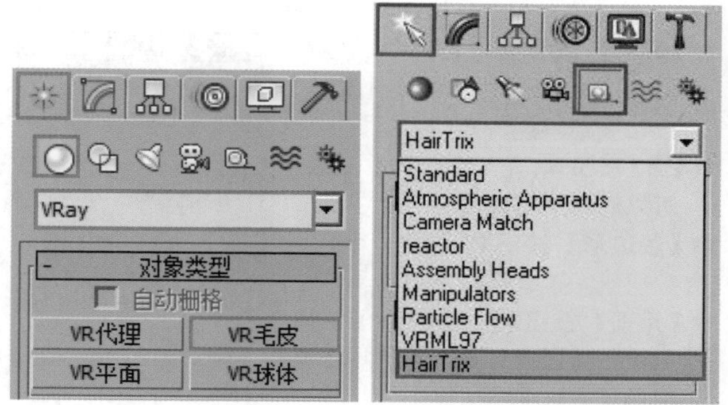

图13-3　　图13-4

总体来说，这三类的毛发工具都有优劣之处。Hair 和 Fur（WSM）修改器是 3ds Max 2014 的默认毛发工具，适合制作角色的毛发。VR 毛皮则适合制作效果图中常用的毛发效果，如地毯、皮草等，其渲染速度较慢。Hairtrix 毛发插件适合制作动物的毛发，效果非常真实，渲染速度快，而且 Hairtrix 能直接在 3ds Max 视图中调整发型。

13.3 Hair和Fur（WSM）修改器

Hair 和 Fur（WSM）修改器是 Hair 和 Fur 功能的核心所在。该修改器可应用于要生长头发的任意对象，既可为网格对象，也可为样条线对象。如果对象是网格对象，则头发将从整个曲面生长出来；如果对象是样条线对象，则头发将在样条线之间生长。

创建一个物体，然后为其加载一个 Hair 和 Fur（WSM）（头发和毛发（WSM））修改器，可以观察到加载修改器之后，物体表面就生长出了毛发，效果如图 13-5 所示。下面依次讲解 Hair 和 Fur（WSM）（头发和毛发（WSM））修改器的各项参数。

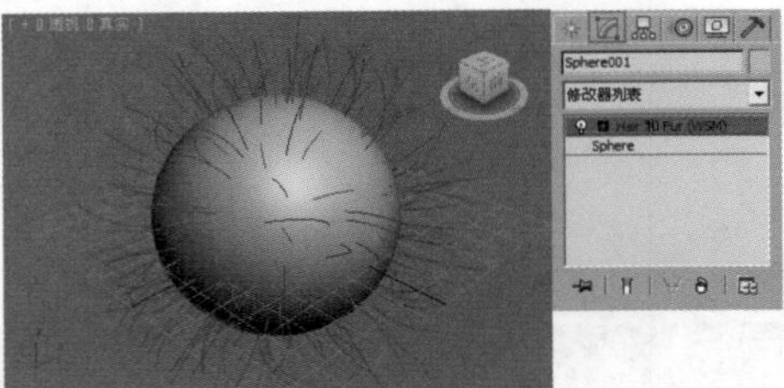

图13-5

> **技巧与提示**
>
> Hair 和 Fur（WSM）仅在透视视图和摄影机视图中渲染。如果尝试渲染正交视图，则 3ds Max 会显示一条警告，说明不会出现头发。

13.3.1 选择

展开【选择】卷展栏，如图 13-6 所示。

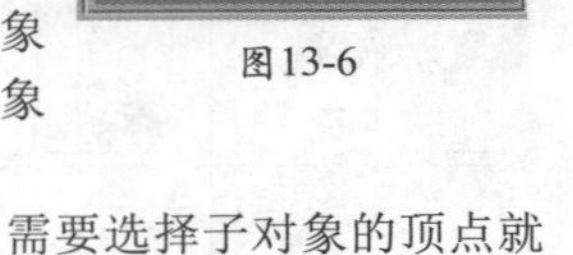

图13-6

- 【导向】按钮：是一个子对象层级，单击该按钮后，【设计发型】按钮将自动启用。
- 【面】按钮：是一个子对象层级，可以选择三角形面。
- 【多边形】按钮：是一个子对象层级，可以选择多边形。
- 【元素】按钮：是一个子对象层级，可以通过单击来选择对象中的所有连续多边形。
- 按顶点：选中该复选框时，只需要选择子对象的顶点就可以选中子对象。
- 忽略背面：选中该复选框时，选择子对象时只影响面对着用户的面。
- 【复制】按钮：将命名选择集放置到复制缓冲区。
- 【粘贴】按钮：从复制缓冲区中粘贴命名的选择集。
- 【更新选择】按钮：根据当前子对象来选择重新要计算毛发生长的区域，然后更新显示。

13.3.2 工具

展开【工具】卷展栏，如图 13-7 所示。

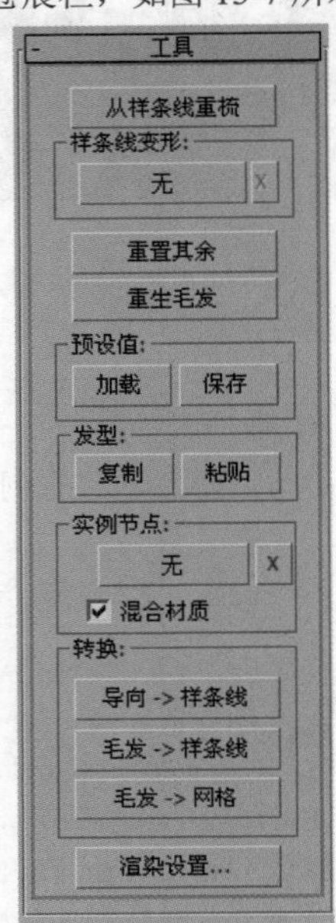

图13-7

- 【从样条线重梳】按钮：使用样条线来设计头发样式，如图 13-8 所示。

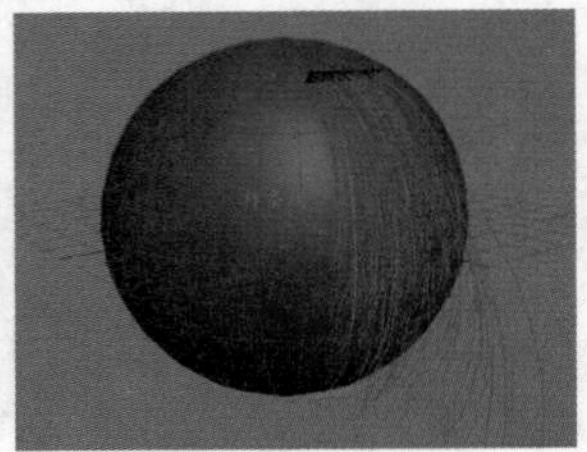

图13-8

- 样条线变形：可以允许用线来控制发型与动态效果，如图 13-9 所示。

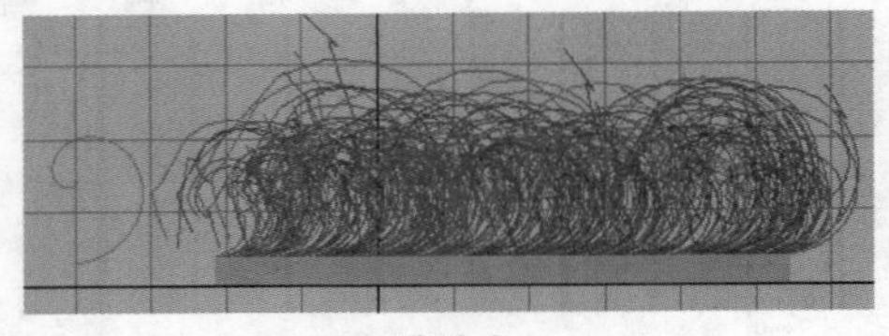

图13-9

- 【重置其余】按钮：在曲面上重新分布头发的数量，以得到较为均匀的结果。

- 【重生头发】按钮 重生头发 ：忽略全部样式信息，将头发复位到默认状态。
- 【加载】按钮 加载 ：加载预设的毛发样式，如图 13-10 所示为预设的毛发样式。

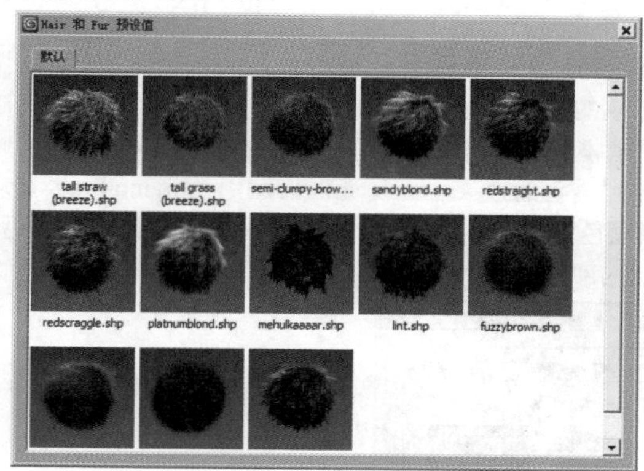

图13-10

- 【保存】按钮 保存 ：保存预设的毛发样式。
- 【复制】按钮 复制 ：将所有毛发设置和样式信息复制到粘贴缓冲区。
- 【粘贴】按钮 粘贴 ：将所有毛发设置和样式信息粘贴到当前的【毛发】修改对象中。
- 【无】按钮 无 ：如果要指定毛发对象，可以单击该按钮，然后选择要使用的对象。
- X 按钮 X ：如果要停止使用实例节点，可以单击该按钮。
- 混合材质：选中该复选框时，应用于生长对象的材质以及应用于毛发对象的材质将合并为单一的多子对象材质，并应用于生长对象。
- 【导向→样条线】按钮 导向->样条线 ：将所有导向复制为新的单一样条线对象。
- 【毛发→样条线】按钮 毛发->样条线 ：将所有毛发复制为新的单一样条线对象。
- 【毛发→网格】按钮 毛发->网格 ：将所有毛发复制为新的单一网格对象。

13.3.3 设计

展开【设计】卷展栏，如图 13-11 所示。

- 【设计发型 / 完成设计】按钮 设计发型 / 完成设计 ：单击【设计发型】按钮 设计发型 可以设计毛发的发型，此时该按钮会变成凹陷的【完成设计】按钮 完成设计 ，单击【完成设计】按钮 完成设计 可以返回到【设计发型】按钮。
- 【由头梢选择头发 / 选择全部顶点 / 选择导向顶点 / 由根选择导向】按钮 / / / ：选择毛发的几种方式，用户可以根据实际需求来选择采用何种方式。
- 顶点显示下拉列表 长方体标记 ：指定顶点在视图中的显示方式。
- 【反选 / 轮流选 / 展开选择】按钮 / / ：指定选择对象的方式。
- 【隐藏选定对象 / 显示隐藏对象】按钮 / ：隐藏或显示选定的导向毛发。

图13-11

- 【发梳】按钮 ：在该模式下，可以通过拖曳光标来梳理毛发。
- 【剪毛发】按钮 ：在该模式下可以修剪导向毛发。
- 【选择】按钮 ：单击该按钮可以进入选择模式。
- 距离褪光：选中该复选框时，刷动效果将朝着画刷的边缘产生褪光现象，从而产生柔和的边缘效果（只适用于【发梳】模式）。
- 忽略背面头发：选中该复选框时，背面的头发将不受画刷的影响（适用于【发梳】和【剪毛发】模式）。
- 画刷大小滑块 ：通过拖曳滑块来更改画刷的大小。
- 【平移】按钮 ：按照光标的移动方向来移动选定的顶点。
- 【站立】按钮 ：在曲面的垂直方向制作站立效果。
- 【蓬松发根】按钮 ：在曲面的垂直方向制作蓬松效果。
- 【丛】按钮 ：强制选定的导向之间相互更加靠近（向左拖曳光标）或更加分散（向右拖曳光标）。
- 【旋转】按钮 ：以光标位置为中心（位于发梳中心）来旋转导向毛发的顶点。
- 【比例】按钮 ：执行放大或缩小操作。
- 【衰减】按钮 ：将毛发长度制作成衰减效果。
- 【选定弹出】按钮 ：沿曲面的法线方向弹出选定的毛发。
- 【弹出大小为零】按钮 ：与【选定弹出】按钮类似，但只能对长度为 0 的毛发进行编辑。
- 【重梳】按钮 ：使用引导线对毛发进行梳理。
- 【重置其余】按钮 ：在曲面上重新分布毛发的数量，以得到较为均匀的结果。
- 【切换碰撞】按钮 ：如果单击该按钮，设计发型时将考虑毛发的碰撞。
- 【切换毛发】按钮 ：切换毛发在视图中显示方式，但是不会影响毛发导向的显示。
- 【锁定 / 解除锁定】按钮 / ：锁定或解除锁定导向毛发。
- 【撤销】按钮 ：撤销最近的操作。
- 【拆分选定毛发组 / 合并选定毛发组】按钮 / ：将毛发组进行拆分或合并。

13.3.4 常规参数

展开【常规参数】卷展栏，如图 13-12 所示。

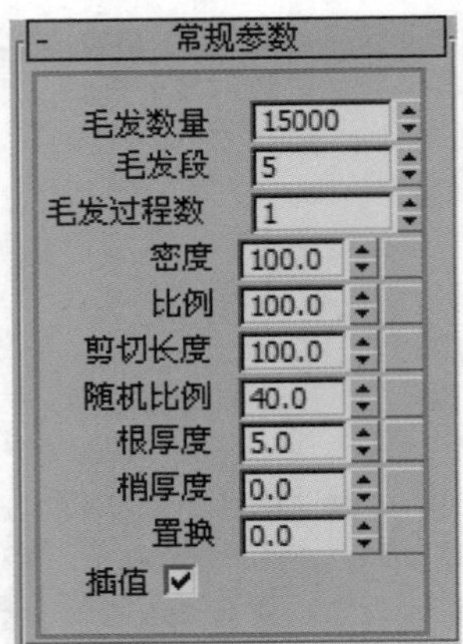

图13-12

- 头发数量：设置生成的毛发总数。如图13-13所示为【毛发数量】分别为3000和30 000时毛发效果对比。

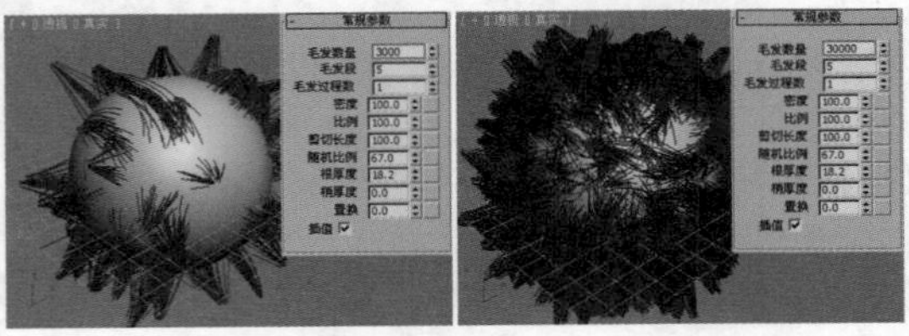

图13-13

- 毛发段：设置每根毛发的段数。段数越多，毛发越圆滑。如图13-14所示为【毛发段】分别为2和10时毛发效果对比。

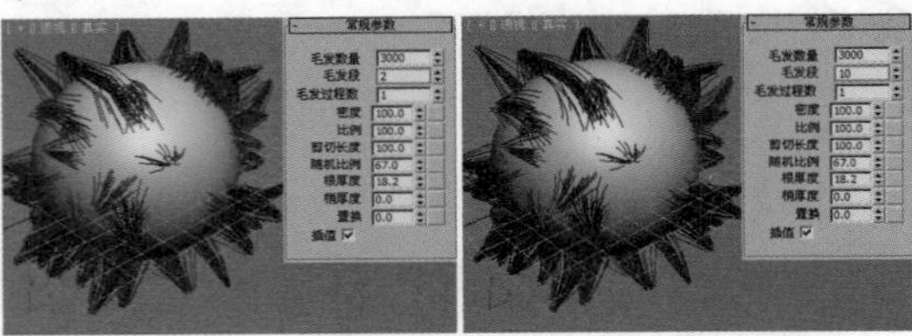

图13-14

- 毛发过程数：设置毛发过程数。
- 密度：设置毛发的整体密度。
- 比例：设置毛发的整体缩放比例。
- 剪切长度：设置将整体的毛发长度进行缩放的比例。如图13-15所示为【剪切长度】分别为20和100的效果对比。

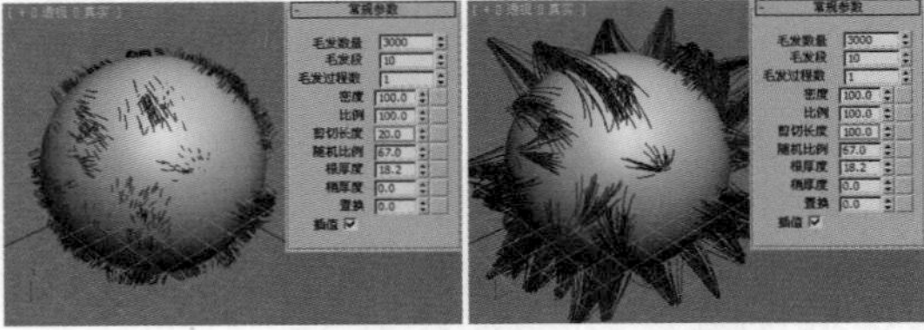

图13-15

- 随机比例：设置在渲染毛发时的随机比例。
- 根厚度：设置发根的厚度。
- 梢厚度：设置发梢的厚度。
- 置换：设置毛发从根到生长对象曲面的置换量。
- 插值：选中该复选时，毛发生长将插入到导向毛发之间。

13.3.5 材质参数

展开【材质参数】卷展栏，如图13-16所示。

- 阻挡环境光：在照明模型时，控制环境或漫反射对模型影响的偏差。
- 发梢褪光：选中该复选框时，毛发将朝向梢部而产生淡出到透明的效果。该复选框只适用于mental ray渲染器。
- 梢颜色/根颜色：设置距离生长对象曲面最远或最近的毛发梢部的颜色，如图13-17所示。

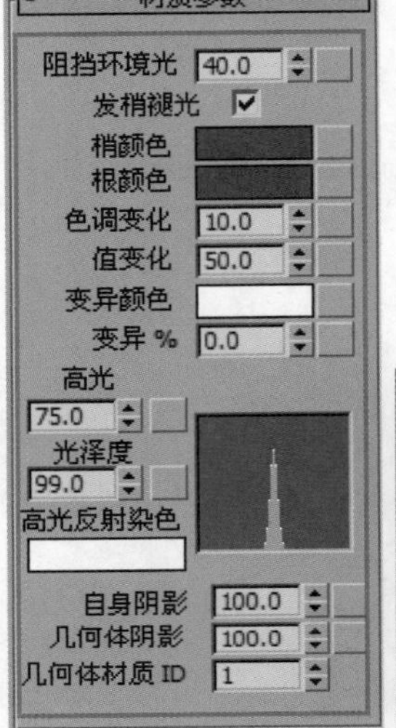

图13-16

图13-17

- 色调变/值变化：设置毛发颜色或亮度的变化量。如图13-18所示为【色调变化】分别为23和100时毛发效果对比。

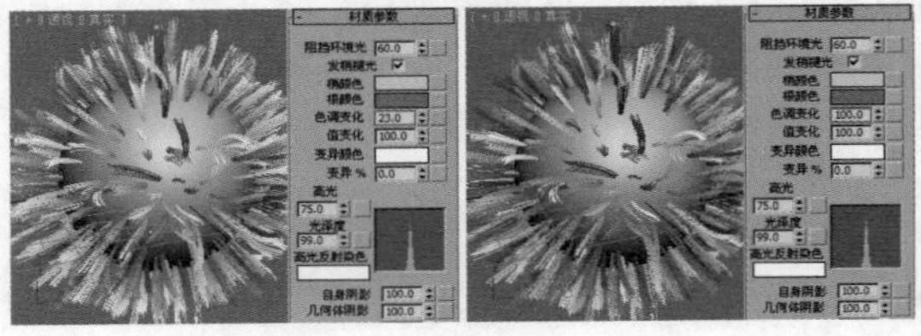

图13-18

- 变异颜色：设置变异毛发的颜色。
- 变异%：设置接受【变异颜色】的毛发的百分比。如图13-19所示为【变异%】分别为0和60时毛发效果对比。

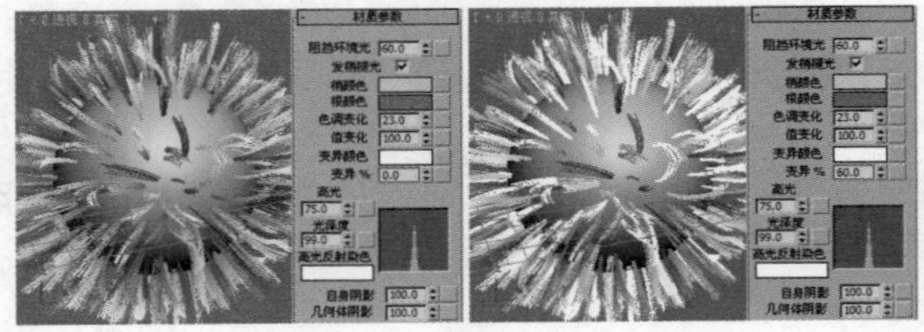

图13-19

- 高光：设置在毛发上高亮显示的亮度。
- 光泽度：设置在毛发上高亮显示的相对大小。

- 高光反射染色：设置反射高光的颜色。
- 自身阴影：设置自身阴影的大小。
- 几何体阴影：设置毛发从场景中的几何体接收到的阴影的量。
- 几何体材质 ID：在渲染几何体时设置毛发的材质 ID。

13.3.6 mr参数

展开【mr 参数】卷展栏，如图 13-20所示。

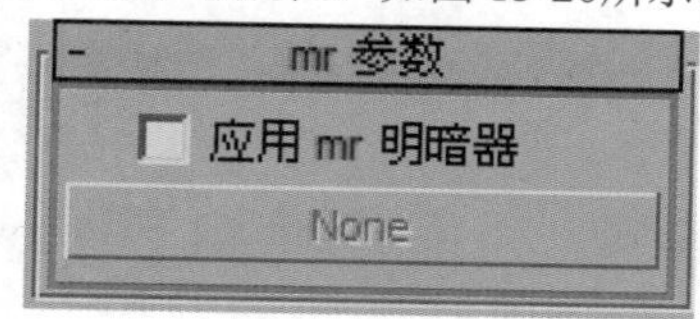

图13-20

应用 mr 明暗器：选中该复选框时，可以应用 mental ray 明暗器来生成毛发。

13.3.7 卷发参数

展开【卷发参数】卷展栏，如图 13-21 所示。

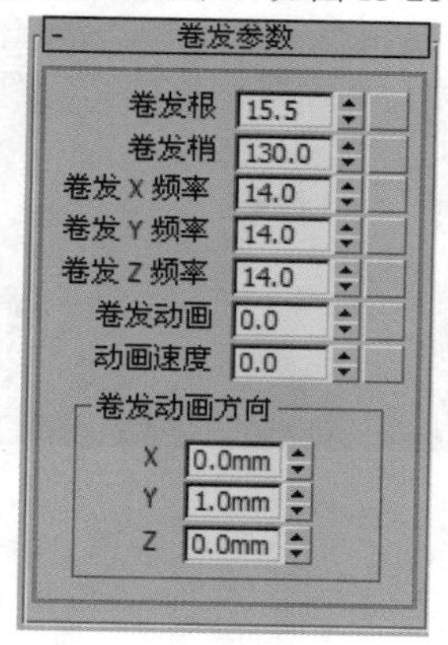

图13-21

- 卷发根：设置毛发在其根部的置换量。
- 卷发梢：设置毛发在其梢部的置换量。
- 卷发 X 频率 / 卷发 Y 频率 / 卷发 Z 频率：控制在 3 个轴中的卷发频率。
- 卷发动画：设置波浪运动的幅度。如图 13-22 所示为【卷发动画】分别为 0 和 100 时毛发效果对比。

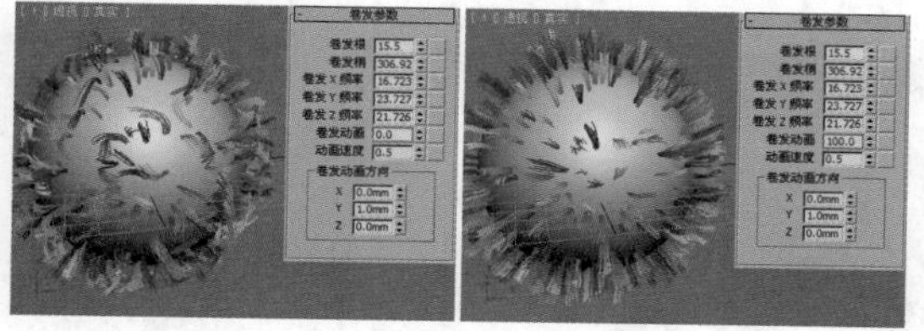

图13-22

- 动画速度：设置动画噪波场通过空间时的速度。
- 卷发动画方向：设置卷发动画的方向向量。

13.3.8 纽结参数

展开【纽结参数】卷展栏，如图 13-23 所示。

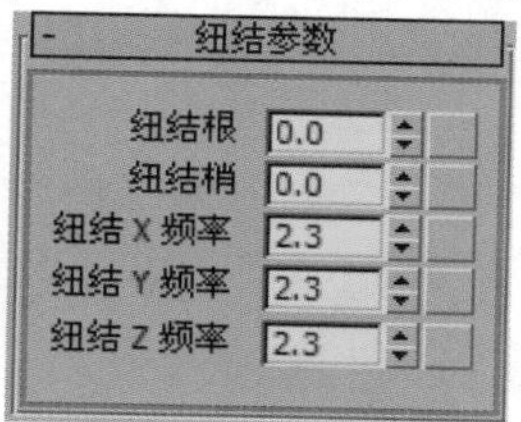

图13-23

- 纽结根 / 纽结梢：设置毛发在其根 / 梢部的纽结置换量。如图 13-24 所示为【纽结根】分别为 0 和 5 时毛发效果对比。

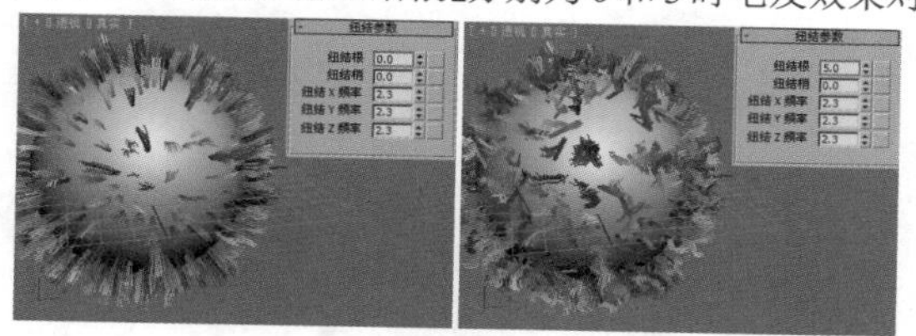

图13-24

- 纽结 X 频率 / 纽结 Y 频率 / 纽结 Z 频率：设置在 3 个轴中的纽结频率。

13.3.9 多股参数

展开【多股参数】卷展栏，如图 13-25 所示。

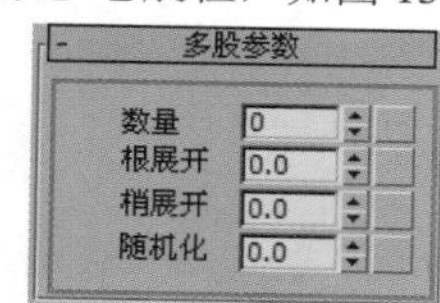

图13-25

- 数量：设置每个聚集块的毛发数量。
- 根展开：设置为根部聚集块中的每根毛发提供的随机补偿量。如图 13-26 所示为【根展开】分别为 0.066 和 2 时毛发效果对比。

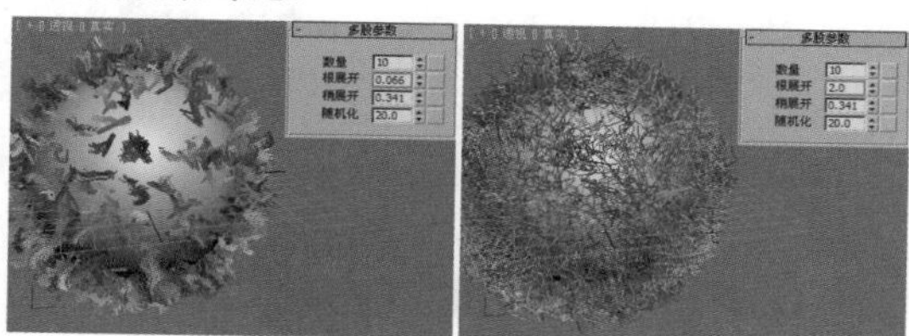

图13-26

- 梢展开：设置为梢部聚集块中的每根毛发提供的随机补偿量。
- 随机化：设置随机处理聚集块中的每根毛发的长度。

13.3.10 动力学

展开【动力学】卷展栏，如图 13-27 所示。

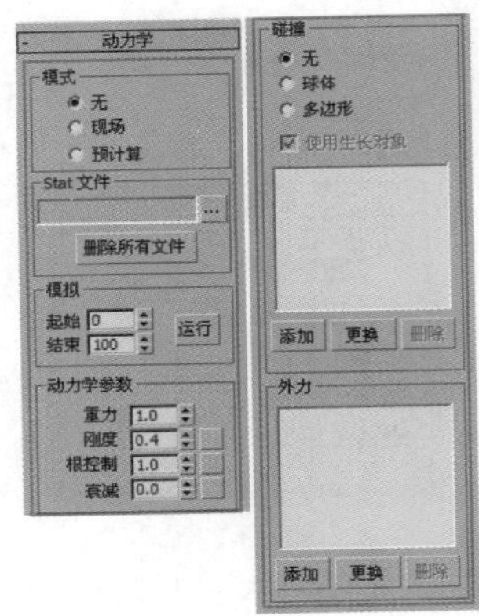

图13-27

- 模式：有【无】、【现场】和【预计算】3个方式可供选择。如图13-28所示为【模式】分别设置为【无】和【现场】时毛发效果对比。

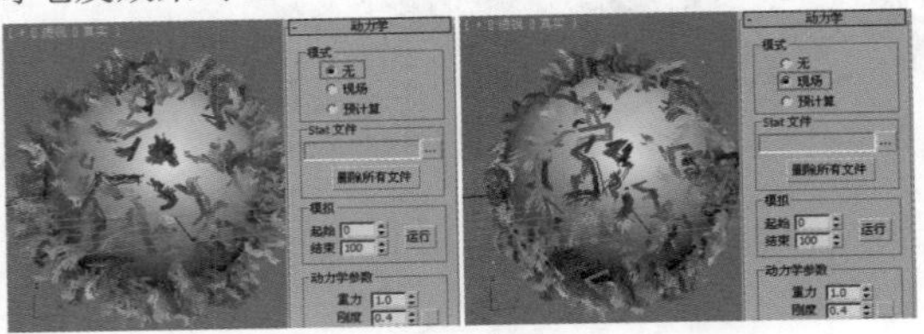

图13-28

- 起始：设置在计算模拟时要考虑的第1帧。
- 结束：设置在计算模拟时要考虑的最后1帧。
- 【运行】按钮运行：单击该按钮可以进入模拟状态，并在【起始】和【结束】指定的帧范围内生成起始文件。
- 重力：设置在全局空间中垂直移动毛发的力。
- 刚度：设置动力学效果的强弱。
- 根控制：在动力学演算时，该参数只影响毛发的根部。
- 衰减：设置动态毛发承载前进到下一帧的速度。
- 碰撞：共有【无】、【球体】和【多边形】3种方式可供选择。
- 使用生长对象：选中该复选框时，毛发和生长对象将发生碰撞。
- 【添加/更换/删除】按钮添加/更换/删除：在列表中添加/更换/删除对象。

13.3.11 显示

展开【显示】卷展栏，如图13-29所示。

图13-29

- 显示导向：选中该复选框时，头发在视图中会使用颜色样本中的颜色来显示导向。
- 导向颜色：设置导向所采用的颜色。
- 显示毛发：选中该复选框时，生长毛发的物体在视图中会显示出毛发。
- 覆盖：选中该复选框时，3ds Max会使用与渲染颜色相近的颜色来显示毛发。
- 百分比：设置在视图中显示的全部毛发的百分比。
- 最大毛发数：设置在视图中显示的最大毛发数量。
- 作为几何体：选中该复选框时，毛发在视图中将显示为要渲染的实际几何体，而不是默认的线条。

重点 小实例：利用Hair和Fur（WSN）修改器制作蒲公英

场景文件	01.max
案例文件	小实例：利用Hair和Fur（WSN）修改器制作蒲公英.max
视频教学	DVD/多媒体教学/Chapter13/小实例：利用Hair和Fur（WSN）修改器制作蒲公英.flv
难易指数	★★☆☆☆
技术掌握	掌握Hair和Fur(WSN)修改器功能

实例介绍

本例讲解利用Hair和Fur（WSN）修改器制作蒲公英，最终效果如图13-30所示。

图13-30

操作步骤

步骤01 打开本书配套光盘中的【场景文件/Chapter13/01.max】文件，如图13-31所示。

步骤02 选择如图13-32所示的模型，然后在【修改】面板下加载Hair和Fur（WSN）修改器；展开【常规参数】卷展栏，设置【毛发数量】为200，【毛发段】为3，【根厚度】为5，【梢厚度】为2；展开【卷发参数】卷展栏，设置【卷发根】为15.5，【卷发稍】为130；展开【多股参数】卷展栏，设置【数量】为50，【梢展开】为15。

图13-31　　图13-32

步骤 03 选择如图 13-33 所示的模型，在【修改】面板下加载 Hair 和 Fur（WSN）修改器，然后展开【常规参数】卷展栏，设置【毛发数量】为 20，【毛发段】为 3，【根厚度】为 100，【梢厚度】为 100；展开【卷发参数】卷展栏，设置【卷发根】为 15.5，【卷发梢】为 130；展开【多股参数】卷展栏，设置【数量】为 50，【梢展开】为 15。

步骤 04 按 8 键打开【环境和效果】对话框，展开【效果】卷展栏，单击 Hair 和 Fur，在【毛发渲染选项】选项组下设置【毛发】为【几何体】，如图 13-34 所示。

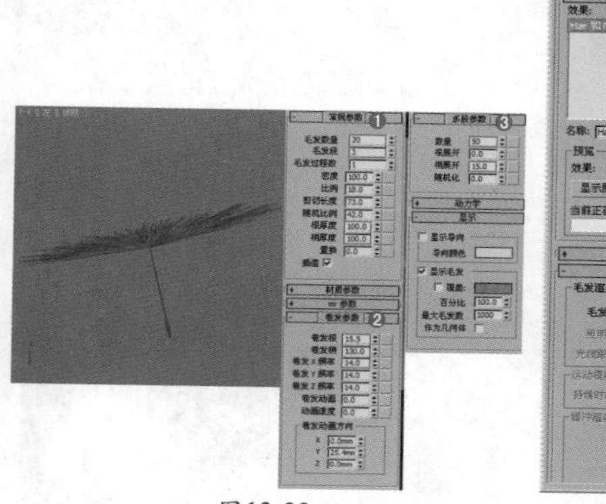

图 13-33

图 13-34

步骤 05 按 F9 键渲染当前场景，此时渲染效果如图 13-35 所示。

图 13-35

重点 小实例：利用 Hair 和 Fur（WSN）修改器制作墙刷

场景文件	02.max
案例文件	小实例：利用 Hair 和 Fur（WSN）修改器制作墙刷.max
视频教学	DVD/多媒体教学/Chapter13/小实例：利用 Hair 和 Fur（WSN）修改器制作墙刷.flv
难易指数	★★★☆☆
技术掌握	掌握 Hair 和 Fur（WSN）修改器功能

实例介绍

本将以一个小场景来讲解利用 Hair 和 Fur（WSN）修改器制作墙刷，最终渲染效果如图 13-36 所示。

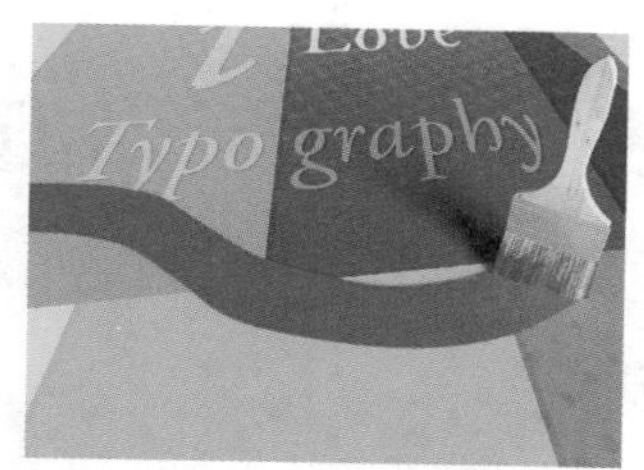

图 13-36

操作步骤

步骤 01 打开本书配套光盘中的【场景文件/Chapter13/02.max】文件，此时场景效果如图 13-37 所示。

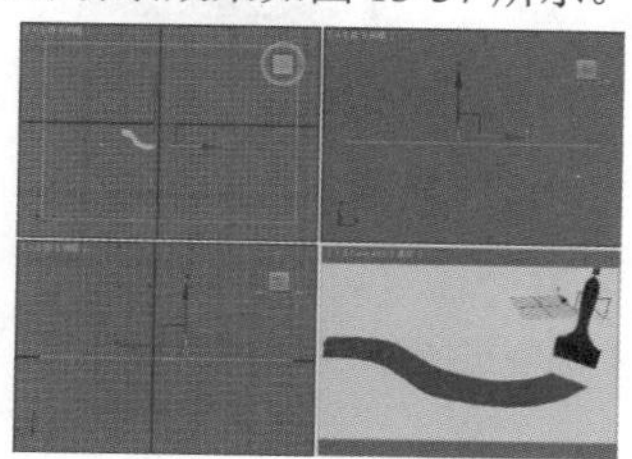

图 13-37

步骤 02 选择如图 13-38 所示的模型，然后在【修改】面板下加载 Hair 和 Fur（WSN）修改器，此时在选择的模型上出现了毛发，如图 13-39 所示。

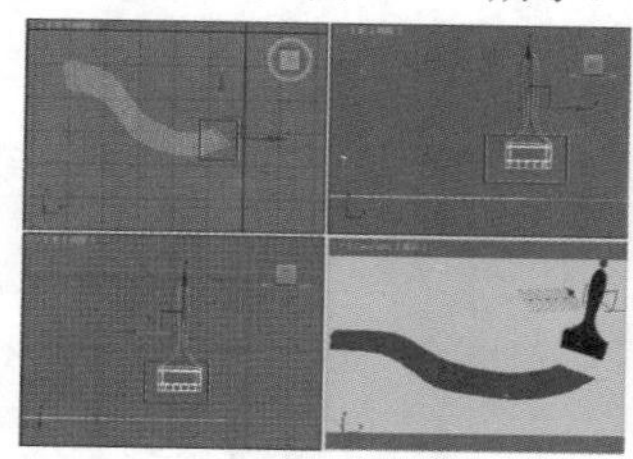

图 13-38

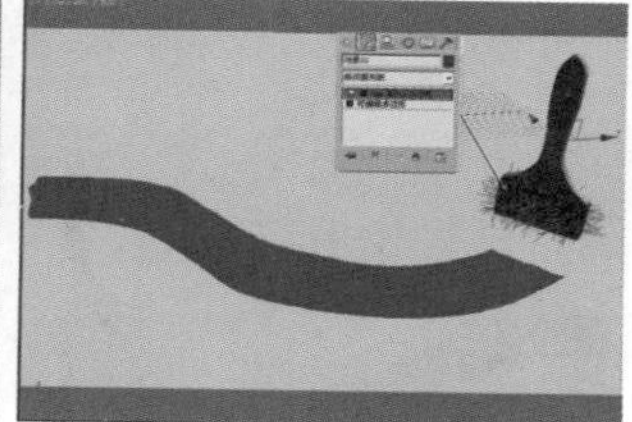

图 13-39

步骤 03 展开【选择】卷展栏，单击【多边形】按钮并选择如图 13-40 所示的多边形，接着再次单击【多边形】按钮，此时毛发已经在所选择的多边形上出现了。

图 13-40

步骤 04 展开【常规参数】卷展栏，设置【毛发数量】为 3000，【毛发段】为 8，【毛发过程数】为 1，【密度】为 100，【比例】为 100，【剪切长度】为 100，【随机比例】为 0，【根厚度】为 15，【梢厚度】为 15；展开【卷发参数】卷展栏，设置【卷发根】为 10，【卷发梢】为 10；展开【多股参数】卷展栏，设置【数量】为 1，【根展开】为 0.1，【梢展开】为 0.1；展开【显示】卷展栏，设置【百分比】为 100，如图 13-41 所示。

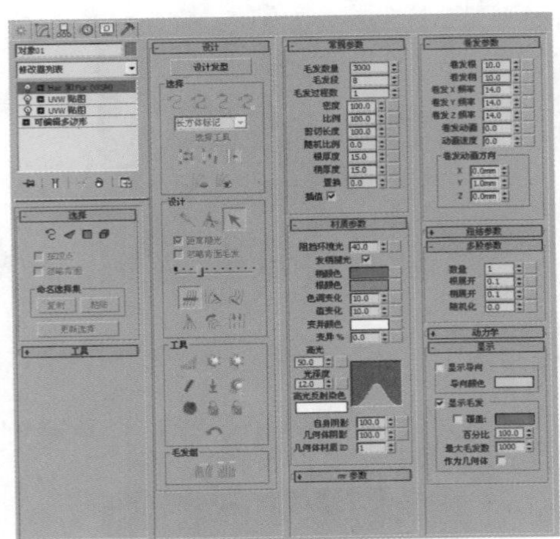
图13-41

步骤05 此时效果如图13-42所示。

步骤06 按8键打开【环境和效果】对话框，然后选择【效果】选项卡，接着单击Hair和Fur，并设置【毛发】为【几何体】，如图13-43所示。

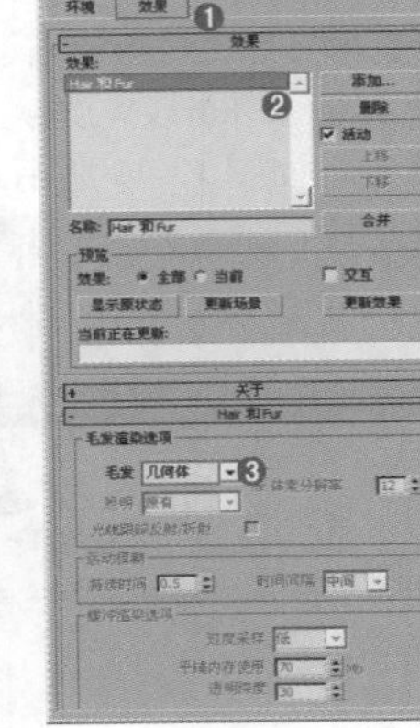
图13-42　图13-43

技巧与提示

需要特别注意的是，在【效果】选项卡下，Hair和Fur的毛发方式的渲染效果是不同的。当使用【几何体】方式时，效果如图13-44所示。当使用【缓冲】方式时，效果如图13-45所示。

图13-44

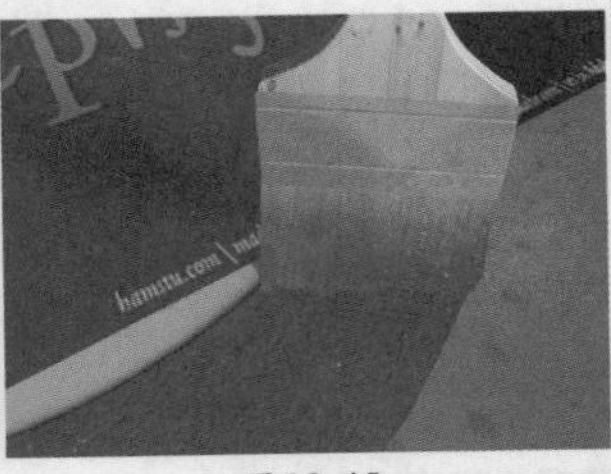
图13-45

步骤07 按F9键渲染当前场景，最终渲染效果如图13-46所示。

图13-46

13.4 VR毛皮

【VR毛皮】是VRay渲染器自带的一种制作毛发工具，经常用来制作地毯、草地和毛制品等，如图13-47所示。

图13-47

加载VRay渲染器后，随意创建一个物体，并且选择该物体。然后设置几何体类型为VRay，接着单击【VR毛皮】按钮 VR毛皮 ，就可以为选中的对象添加 VR 毛皮，如图 13-48 所示。下面讲解 VR 毛皮的各项参数。

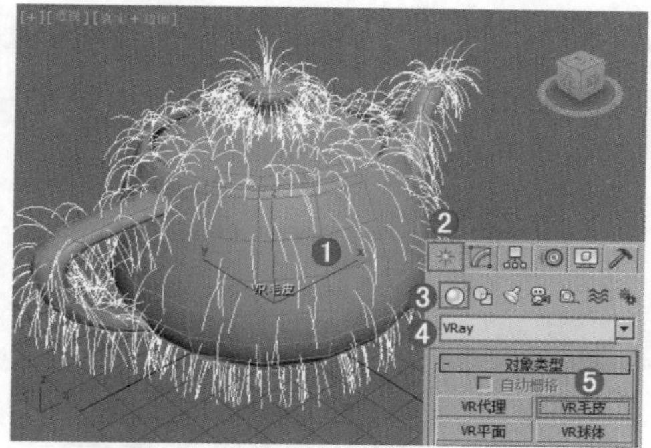

图13-48

13.4.1 参数

展开【参数】卷展栏，如图 13-49 所示。

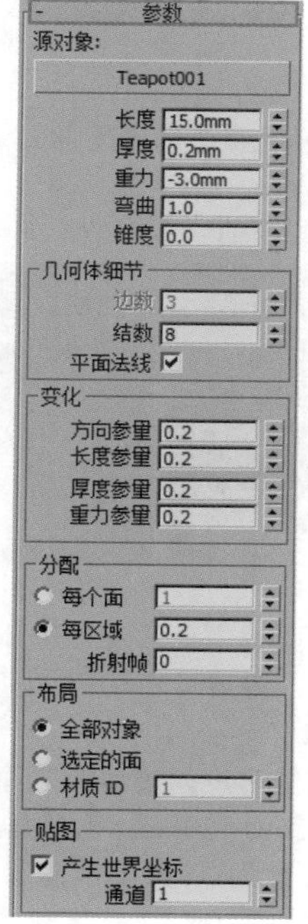

图13-49

- **源对象**：指定需要添加毛发的物体。
- **长度**：设置毛发的长度。如图 13-50 所示为【长度】分别为 5 和 20 时毛发效果对比。

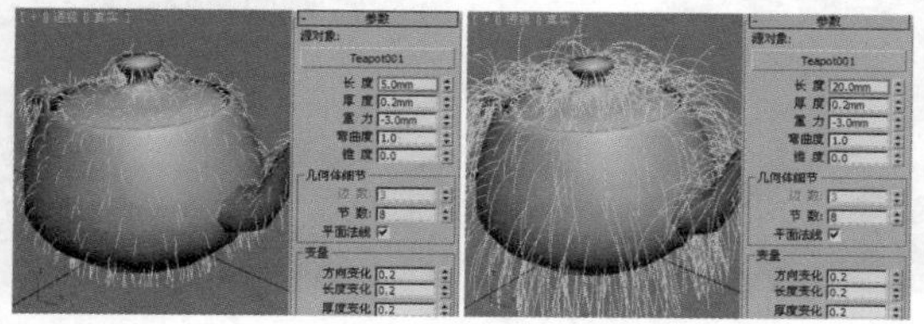

图13-50

- **厚度**：设置毛发的厚度。该选项只有在渲染时才会看到变化，即无论设置厚度数值为多少，在视图中都不会产生任何变化。
- **重力**：控制毛发在 Z 轴方向被下拉的力度，也就是通常所说的重量。如图 13-51 所示为【重力】分别为 10 和 –2 时毛发效果对比。

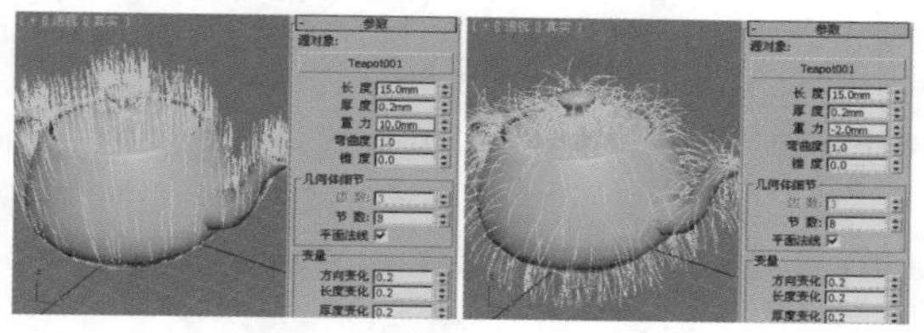

图13-51

- **弯曲**：设置毛发的弯曲程度。如图 13-52 所示为【弯曲】分别为 0 和 3 时毛发效果对比。

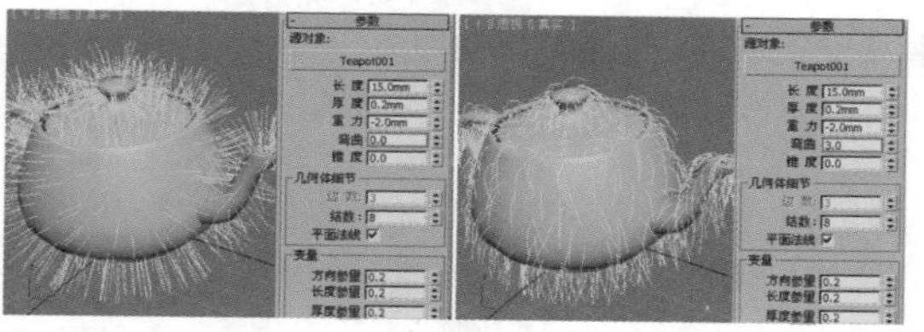

图13-52

- **锥度**：用来控制毛发锥化的程度。
- **边数**：当前这个参数还不可用，在以后的版本中将开发多边形的毛发。
- **结数**：用来控制毛发弯曲时的光滑程度。值越大，表示段数越多，弯曲的毛发越光滑。
- **平面法线**：用来控制毛发的呈现方式。当选中该复选框时，毛发将以平面方式呈现；当取消选中该复选框时，毛发将以圆柱体方式呈现。
- **方向参量**：控制毛发在方向上的随机变化。值越大，表示变化越强烈；0 表示不变化。如图 13-53 所示为【方向参量】分别为 0 和 4 时毛发效果对比。

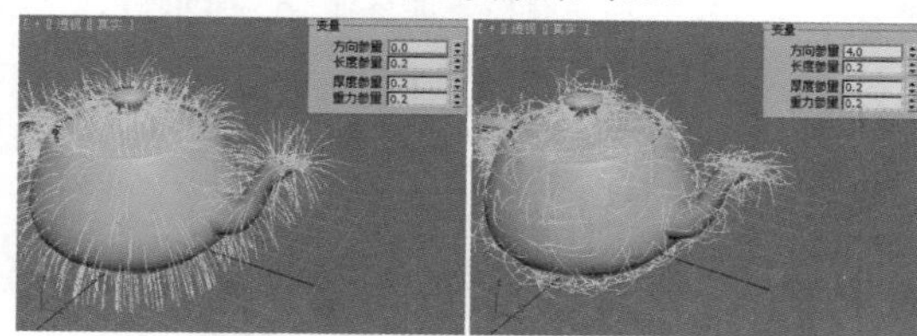

图13-53

- **长度参量**：控制毛发长度的随机变化。1 表示变化越强烈；0 表示不变化。
- **厚度参量**：控制毛发粗细的随机变化。1 表示变化越强烈；0 表示不变化。
- **重力参量**：控制毛发受重力影响的随机变化。1 表示变化越强烈；0 表示不变化。
- **每个面**：用来控制每个面产生的毛发数量，因为物体的每个面都不是均匀的，所以渲染出来的毛发也不均匀。
- **每区域**：用来控制每单位面积中的毛发数量，这种方式下渲染出来的毛发比较均匀。数值越大，毛发的数量越多。

- 折射帧：指定源物体获取到计算面大小的帧，获取的数据将贯穿整个动画过程。
- 全部对象：选中该复选框时，全部的面都将产生毛发。
- 选定的面：选中该复选框时，只有被选择的面才能产生毛发。
- 材质 ID ：选中该复选框时，只有指定了材质 ID 的面才能产生毛发。
- 产生世界坐标：所有的 UVW 贴图坐标都是从基础物体中获取，但该复选框的 W 坐标可以修改毛发的偏移量。
- 通道：指定在 W 坐标上将被修改的通道。

13.4.2 贴图

展开【贴图】卷展栏，如图 13-54 所示。

- 基本贴图通道：选择贴图的通道。
- 弯曲方向贴图（RGB）：用彩色贴图来控制毛发的弯曲方向。
- 初始方向贴图（RGB）：用彩色贴图来控制毛发根部的生长方向。
- 长度贴图（单色）：用灰度贴图来控制毛发的长度。
- 厚度贴图（单色）：用灰度贴图来控制毛发的粗细。
- 重力贴图（单色）：用灰度贴图来控制毛发受重力的影响。
- 弯曲贴图（单色）：用灰度贴图来控制毛发的弯曲程度。

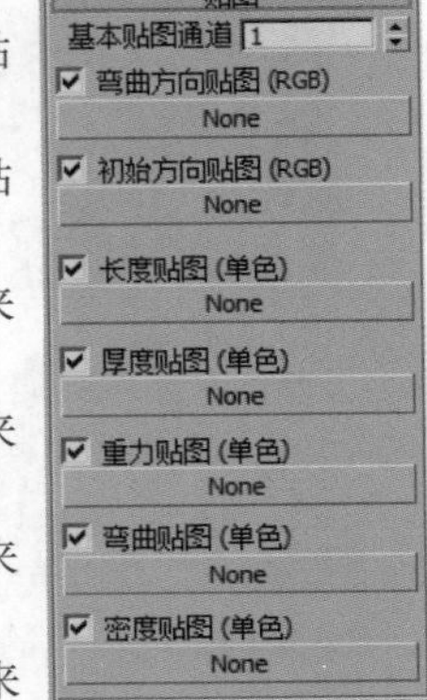

图13-54

- 密度贴图（单色）：用灰度贴图来控制毛发的生长密度。

13.4.3 视口显示

展开【视口显示】卷展栏，如图 13-55 所示。

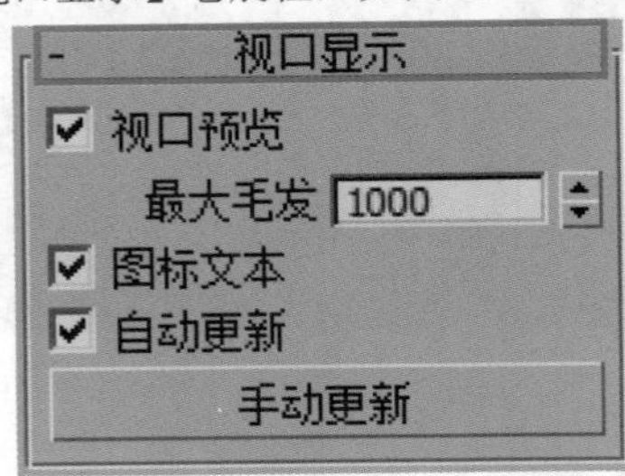

图13-55

- 视口预览：当选中该复选框时，可以在视图中预览毛发的大致情况。下面的【最大毛发】的数值越大，毛发生长情况的预览越详细。
- 自动更新：当选中该复选框，改变毛发参数的时候，系统会在视图中自动更新毛发的显示情况。
- 【手动更新】按钮 手动更新 ：单击该按钮可以手动更新毛发在视图中的显示情况。

重点 小实例：使用 VR 毛皮制作室内植物

场景文件	03.max
案例文件	小实例：使用 VR 毛皮制作室内植物 .max
视频教学	DVD/ 多媒体教学 /Chapter13/ 小实例：使用 VR 毛皮制作室内植物 .flv
难易指数	★★☆☆☆
建模方式	标准基本体建模
技术掌握	掌握【VR 毛皮】的运用

本例讲解使用 VR 毛皮制作室内盆栽植物，最终渲染效果如图 13-56 所示。

图13-56

操作步骤

步骤 01 打开本书配套光盘中的【场景文件 /Chapter13/03.max】文件，如图 13-57 所示。

步骤 02 选择花盆中底部的一个模型，如图 13-58 所示。

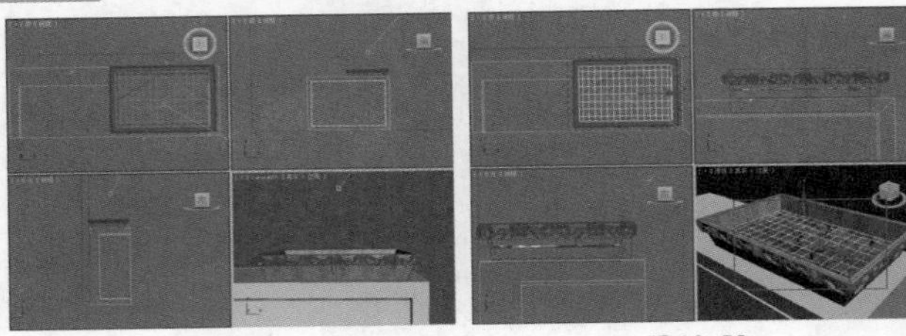
图13-57　　图13-58

步骤 03 在【创建】面板中单击【几何体】按钮，并设置几何体类型为 VRay，最后单击【VR 毛皮】按钮 VR毛皮 ，如图 13-59 所示。

步骤 04 选择毛发，然后进入【修改】面板，在【参数】卷展栏中设置【长度】为 130mm，【厚度】为 3mm，【重力】为 –3.21mm，【弯曲】为 2.37，【锥度】为 0.8，【结数】为 5，设置【方向参量】为 0.2，【长度参量】为 0.3，【厚度参量】为 0.2，【重力参量】为 0.2；最后设置【分配】下的【每区域】0.05。此时效果如图 13-60 所示。

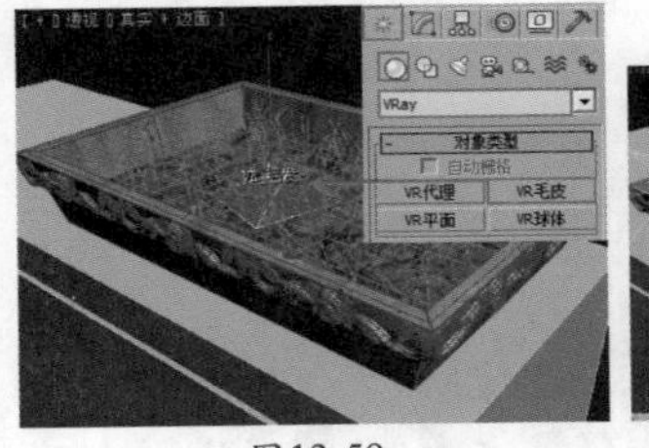
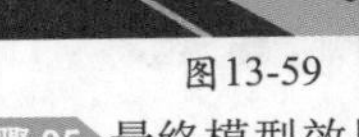
图13-59　　图13-60

步骤 05 最终模型效果如图 13-61 所示。

图13-61

重点 小实例：使用 VR 毛皮制作草地

场景文件	04.max
案例文件	小实例：使用 VR 毛皮制作草地 .max
视频教学	DVD/ 多媒体教学 /Chapter13/ 小实例：使用 VR 毛皮制作草地 .flv
难易指数	★★☆☆☆
建模方式	标准基本体建模
技术掌握	掌握【VR 毛皮】的运用

本讲解使用 VR 毛皮制作草地，最终渲染效果如图 13-62 所示。

图13-62

操作步骤

步骤 01 打开本书配套光盘中的【场景文件 /Chapter13/04.max】文件，如图 13-63 所示。

步骤 02 选择地面模型，如图 13-64 所示。

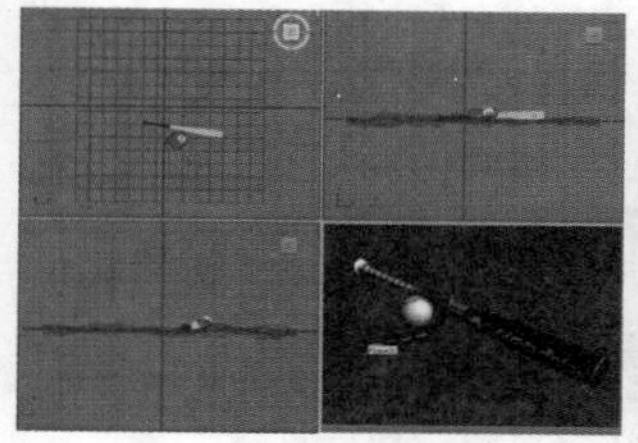

图13-63

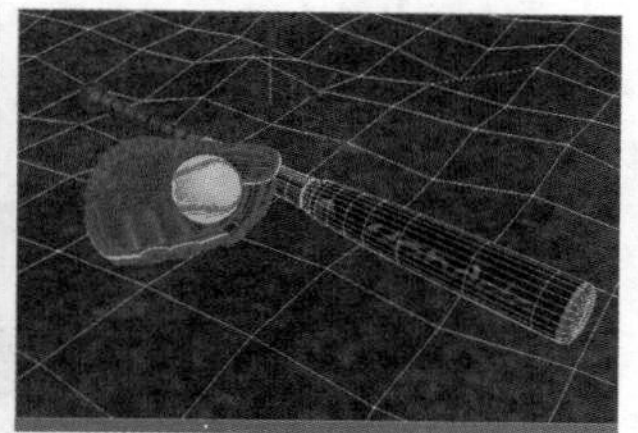

图13-64

步骤 03 在【创建】面板中单击【几何体】按钮，并设置几何体类型为 VRay，最后单击【VR 毛皮】按钮 VR毛皮，此时模型效果如图 13-65 所示。

步骤 04 选择毛发，然后进入【修改】面板，在【参数】卷展栏中设置【长度】为 100mm，【厚度】为 2mm，【重力】为 –18mm，【弯曲】为 0.89；设置【结数】为 8；设置【方向参量】为 0.5，【长度参量】为 0，【厚度参量】为 0.1，【重力参量】为 0；最后设置【分配】选项组下的【每区域】为 350。此时效果如图 13-66 所示。

步骤 05 最终毛发效果如图 13-67 所示。

步骤 06 最终渲染效果如图 13-68 所示。

图13-65

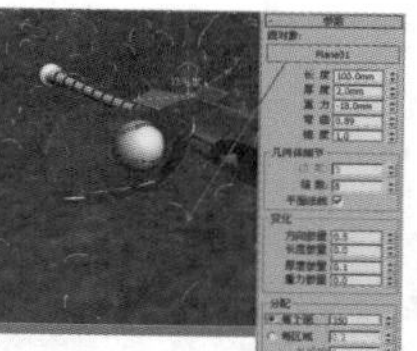

图13-66

图13-67

图13-68

重点 小实例：使用 VR 毛皮制作杂草

场景文件	05.max
案例文件	小实例：使用 VR 毛皮制作杂草 .max
视频教学	DVD/ 多媒体教学 /Chapter13/ 小实例：使用 VR 毛皮制作杂草 .flv
难易指数	★★★☆☆
技术掌握	掌握【VR 毛皮】的功能

实例介绍

本例将以一个室外草地场景来讲解使用 VR 毛皮制作杂草，最终渲染效果如图 13-69 所示。

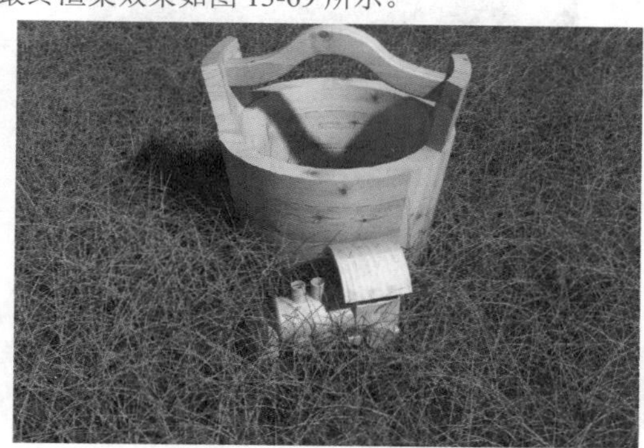

图13-69

操作步骤

步骤 01 打开本书配套光盘中的【场景文件 /Chapter13/05.max】，此时场景效果如图 13-70 所示。

步骤 02 按 F10 键打开渲染器，然后单击【指定渲染器】卷展栏中的 ... 按钮，设置渲染器为 VRay 渲染器，如图 13-71 所示。

步骤 03 在【创建】面板中单击【几何体】按钮，并设置几何体类型为 VRay，接着单击【VR 毛皮】按钮 VR毛皮，在场景中创建一个 VR 毛发，如图 13-72 所示。然后展开【参数】卷展栏，在源对象下面拾取场景中的平面，设置【长度】为 400mm，【厚度】为 2mm，【重力】为 –18mm，【弯曲】为 0.89，【锥度】为 1；在【几何体细节】选项组下设置【结数】为 8；在【变化】选项组下设置【方向参量】

为 0.5，【长度参量】为 0，【厚度参量】为 0.1，【重力参量】为 0；在【分配】选项组下选中【每个面】单选按钮，并设置数量为 100，如图 13-73 所示。

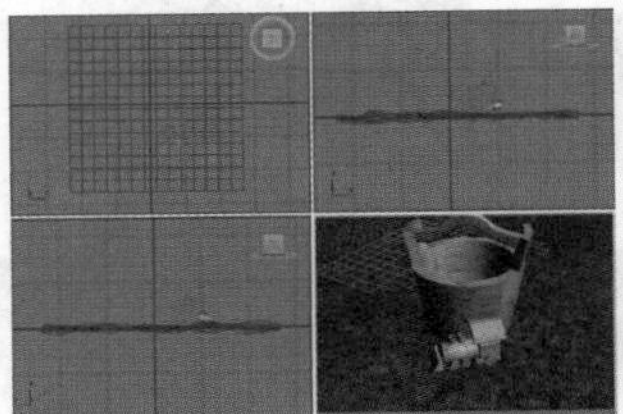

图13-70

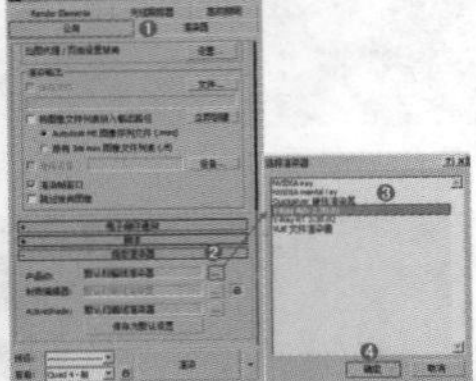

图13-71

图13-72

图13-73

步骤 04 按 F9 键渲染当前场景，最终渲染效果如图 13-74 所示。

图13-74

重点 小实例：使用 VR 毛皮制作毛毯

场景文件	06.max
案例文件	小实例：使用 VR 毛皮制作毛毯.max
视频教学	DVD/ 多媒体教学 /Chapter13/ 小实例：使用 VR 毛皮制作毛毯.flv
难易指数	★★★☆☆
技术掌握	掌握【VR 毛皮】的功能

实例介绍

本例将以一个室内场景来讲解使用 VR 毛皮制作毛毯，最终渲染效果如图 13-75 所示。

图13-75

操作步骤

步骤 01 打开本书配套光盘中的【场景文件 /Chapter13/06.max】文件，此时场景效果如图 13-76 所示。

步骤 02 按 F10 键，打开渲染器，然后单击【指定渲染器】卷展栏中的 ... 按钮，设置渲染器为 VRay 渲染器，如图 13-77 所示。

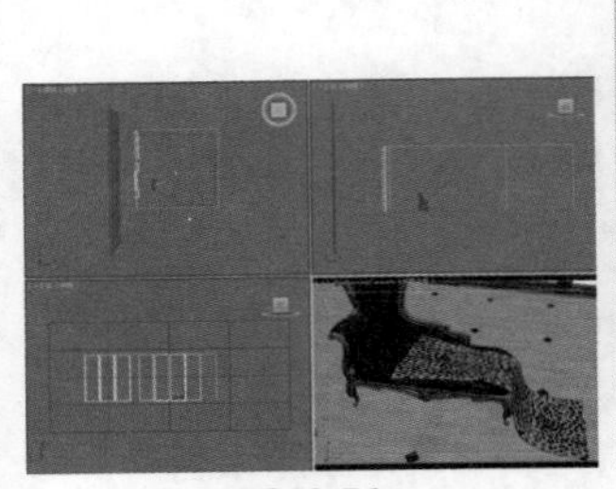

图13-76

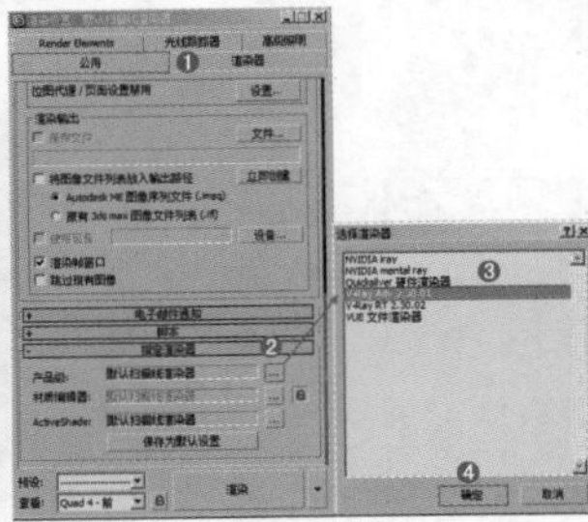

图13-77

步骤 03 选择毛毯模型，然后在【创建】面板中单击【几何体】按钮，并设置几何体类型为 VRay，最后单击【VR 毛皮】按钮 VR毛皮 ，如图 13-78 所示。此时效果如图 13-79 所示。

图13-78

图13-79

步骤 04 选择毛毯模型，进入【修改】面板，然后展开【参数】卷展栏，在【源对象】选项组下设置【长度】为 50mm，【厚度】1mm，【重力】为 -5.34mm，【弯曲】为 6，【锥度】为 1；在【几何体细节】选项组下设置【结数】为 8；在【分配】选项组下设置【每个面】为 3，如图 13-80 所示。

步骤 05 按 F9 键渲染当前场景，最终渲染效果如图 13-81 所示。

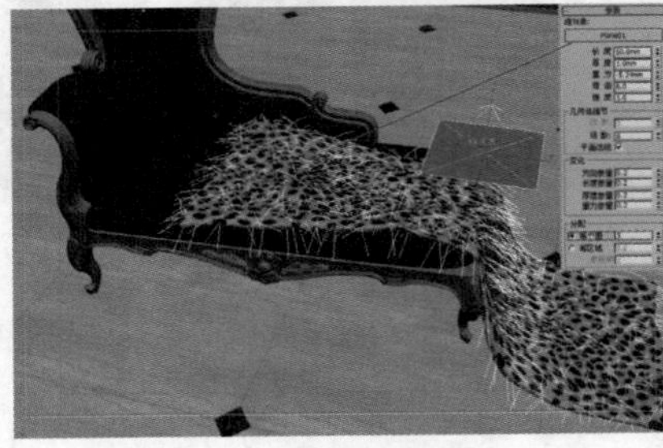

图13-80

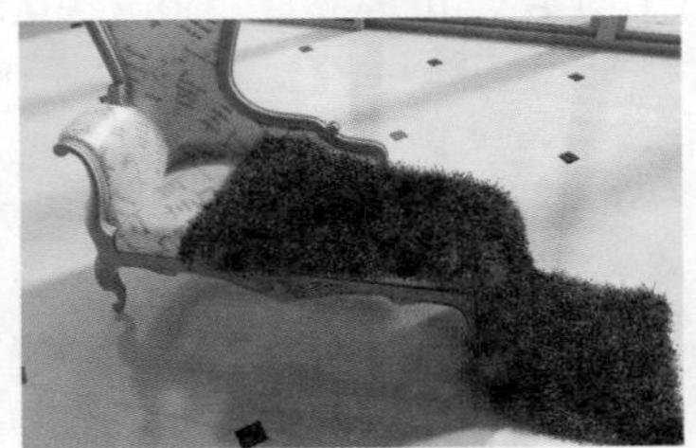

图13-81

Chapter 14

第14章

基础动画

动画是一门幻想艺术，更容易直观表现和抒发人们的感情，可以把现实不可能看到的转为现实，扩展了人类的想象力和创造力。广义而言，把一些原先静态的东西，经过影片的制作与放映，变成动态的影像，即为动画。动画是通过把人、物的表情、动作、变化等分段画成许多幅画，再用摄影机拍摄成一系列连续画面，给视觉造成连续变化的图画。它的基本原理与电影、电视一样，都是视觉原理。电影采用了每秒 24 幅画面的速度拍摄和播放，电视采用了每秒 25 幅（PAL 制，中国电视就用此制式）或 30 幅（NTSC 制）画面的速度拍摄和播放。

本章学习要点：

掌握自动关键点设置动画的运用

掌握曲线编辑器的运用

掌握约束动画和变形器的使用方法

14.1 动画概述

14.1.1 什么是动画

动画是一门幻想艺术，更容易直观表现和抒发人们的感情，可以把现实不可能看到的转为现实，扩展了人类的想象力和创造力。广义而言，把一些原先静态的东西，经过影片的制作与放映，变成动态的影像，即为动画。动画是通过把人、物的表情、动作、变化等分段画成许多幅画，再用摄影机拍摄成一系列连续画面，给视觉造成连续变化的图画。它的基本原理与电影、电视一样，都是视觉原理。电影采用了每秒 24 幅画面的速度拍摄和播放，电视采用了每秒 25 幅（PAL 制，中国电视就用此制式）或 30 幅（NTSC 制）画面的速度拍摄和播放。

动画发展到现在，分为二维动画和三维动画两种，尤其是 3ds Max 软件近年来在国内外掀起三维动画、电影的制作狂潮，涌现出一大批优秀的、震撼的三维动画电影，如《变形金刚》、《功夫熊猫》、《拯救小兔》和《玩具总动员》等，如图 14-1 所示。

图14-1

14.1.2 如何制作动画

动画制作是一项非常烦琐而吃力的工作，分工极为细致，通常分为前期制作、中期制作和后期制作等。前期制作包括企划、作品设定和资金募集等；中期制作包括分镜、原画、中间画、动画、上色、背景作画、摄影、配音和录音等；后期制作包括剪接、特效、字幕、合成和试映等。

由于计算机的加入，如今的动画的制作变简单了，三维动画制作的过程分为以下几个步骤。

1. 故事版 (Storyboard)

这一步骤是最简单的，也是最重要的。因为故事版决定了三维动画制作整体的策划，包括动画的故事、人物的基本表情、姿势和场景位置等信息，如图 14-2 所示。

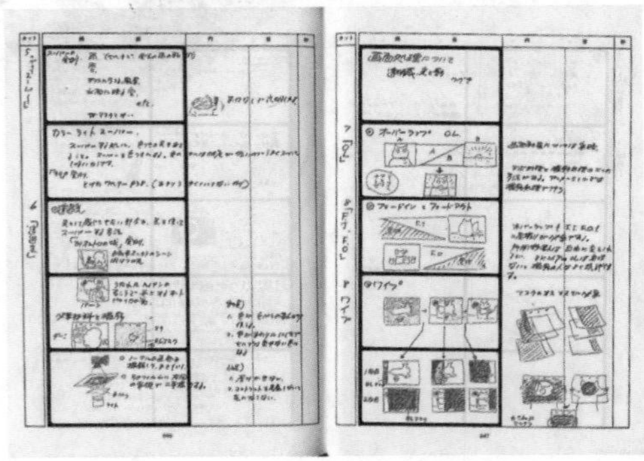

图14-2

2. 布景 (Set Dressing)

这一步骤是搭建模型。模型师需要创建动画所需要的模型，当然模型建模的好坏直接影响到动画的效果，如图 14-3 所示。

图14-3

3. 布局 (Layout)

这一步骤是按照故事版制作三维场景的布局。这是从二维转换成三维的第 1 步，能更准确地体现出场景布局跟任务之间的位置关系。场景不需要灯光、材质和特效等很详细的东西，能让导演看到准确的镜头的走位、长度、切换和角色的基本姿势等信息即可，如图 14-4 所示。

图14-4

4. 布局动画 (Blocking Animation)

这一步骤需要动画师按照布景和布局中设计好的镜头来制作布局动画，这就开始进入真正的动画制作阶段了。就是把动作的关键动作设置好，这里已经能够比较细致地反映出角色的肢体动作、表情神态等信息。导演认可之后才能进行下一步，如图 14-5 所示。

图14-5

5. 制作动画 (Animation)

布局动画通过之后，动画师就可以进一步制作动画细节，加上挤压拉伸、跟随、重叠和次要动作等，到这一步动画师的任务就已经完成了。这也是影片的核心之处，其他的特效灯光等都是辅助动画更加出彩的东西，如图 14-6 所示。

图14-6

6. 模拟、上色 (Simulation & Set Shading)

这一步骤是制作动力学相关的一些东西，如毛发、衣服布料等。通过材质贴图，人物和背景就有了颜色，看起来就更细致、真实、自然。这个过程后，颜色就能在不同的灯光中变化了，如图 14-7 所示。

图14-7

7. 特效 (Effects)

特效用来制作火、烟雾、水流等效果，虽然这些起辅助作用，但是没有它们，动画的效果也会逊色不少，如图 14-8 所示。

图14-8

8. 灯光 (Lighting)

再好的场景没有漂亮的布光也只是半成品。通过放置虚拟光源来模拟自然界中的光，根据前面的步骤制作出来的场景和材质编辑设定的反射率等数据，给场景打上灯光后，与自然界的景色就几乎没什么两样了，如图 14-9 所示。

图14-9

9. 渲染 (Rendering)

这是三维动画视频制作的最后一个步骤，渲染计算机中繁杂的数据并输出，加上后期制作（添加音频等），才是一部可以用于放映的影片，因为之前几个步骤的效果都需要经过渲染才能表现出来（制作过程中受到硬件限制不能实时显示高质量的图像）。渲染的方式有很多，但都基于三种基本渲染算法：扫描线、光线跟踪和辐射度（如《汽车总动员》运用了光线跟踪技术，使景物看起来更真实，但是也大大增加了渲染的时间），如图 14-10 所示。

图14-10

14.2 动画的基础知识

14.2.1 动画制作工具

1.关键帧设置

启动 3ds Max 2014 后，在界面的右下角可以观察到一些设置动画关键帧的相关工具，如图 14-11 所示。

图14-11

- 【自动关键点】按钮自动关键点：记录关键帧。在该状态下，物体的模型、材质、灯光和渲染都将被记录为不同属性的动画。启用【自动关键点】功能后，时间线会变成红色，拖曳时间线滑块可以控制动画的播放范围和关键帧等，如图 14-12 所示。

图14-12

- 【设置关键点】按钮设置关键点：对关键点设置动画。
- 【设置关键点】按钮：如果对当前的效果比较满意，可以单击该按钮（快捷键为 K 键）设置关键点。

2.播放控制

3ds Max 2014 还提供了一些控制动画播放的相关工具，如图 14-13 所示。

图14-13

- 【转至开头】按钮：如果当前时间线滑块没有处于第 0 帧位置，那么单击该按钮可以跳转到第 0 帧。
- 【上一帧】按钮：将当前时间线滑块向前移动一帧。
- 【播放动画】按钮/【播放选定对象】按钮：单击【播放动画】按钮可以播放整个场景中的所有动画；单击【播放选定对象】按钮可以播放选定对象的动画，而未选定的对象将静止不动。
- 【下一帧】按钮：将当前时间线滑块向后移动一帧。
- 【转至结尾】按钮：如果当前时间线滑块没有处于结束帧位置，那么单击该按钮可以跳转到最后一帧。
- 【关键点模式切换】按钮：切换到关键点设置模式。
- 【时间跳转】输入框：在这里可以输入数字来跳转时间线滑块，如输入 60，按 Enter 键就可以将时间线滑块跳转到第 60 帧。
- 【时间配置】按钮：单击该按钮可以打开【时间配置】对话框，该对话框中的参数将在后面的内容中进行讲解。

3.时间配置

单击【时间配置】按钮，打开【时间配置】对话框，如图 14-14 所示。

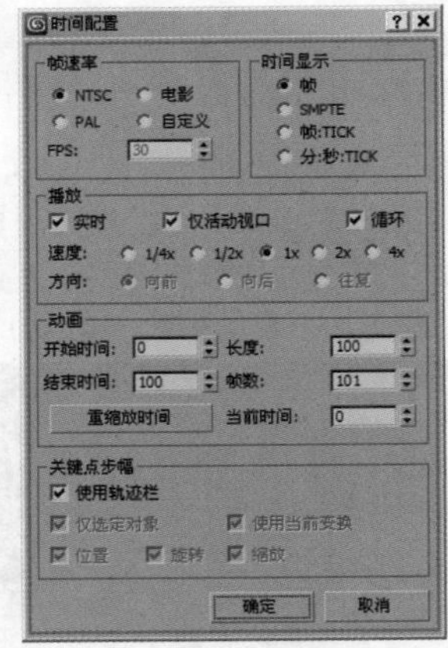

图14-14

- 帧速率：共有 NTSC（30 帧 / 秒）、PAL（25 帧 / 秒）、电影（24 帧 / 秒）和自定义 4 种方式可供选择，但一般情况都采用 PAL（25 帧 / 秒）方式。
- 时间显示：共有【帧】、SMPTE、【帧 :TICK】和【分 : 秒 :TICK】4 种方式可供选择。
- 实时：使视图中播放的动画与当前【帧速率】的设置保

持一致。

- 仅活动视口：使播放操作只在活动视口中进行。
- 循环：控制动画只播放一次或者循环播放。
- 方向：指定动画的播放方向。
- 开始时间 / 结束时间：设置在时间线滑块中显示的活动时间段。
- 长度：设置显示活动时间段的帧数。
- 帧数：设置要渲染的帧数。
- 当前时间：指定时间线滑块的当前帧。
- 【重缩放时间】按钮 重缩放时间：拉伸或收缩活动时间段内的动画，以匹配指定的新时间段。
- 使用轨迹栏：选中该复选框时，可以使关键点模式遵循轨迹栏中的所有关键点。
- 仅选定对象：在使用【关键点步幅】模式时，该复选框仅考虑选定对象的变换。
- 使用当前变换：取消选中【位置】、【旋转】和【缩放】复选框时，该复选框可以在关键点模式中使用当前变换。
- 位置 / 旋转 / 缩放：指定关键点模式所使用的变换模式。

重点 小实例：利用自动关键点制作灯光移动变化

场景文件	01.max
案例文件	小实例：利用自动关键点制作灯光移动变化.max
视频教学	DVD/多媒体教学/Chapter14/小实例：利用自动关键点制作灯光移动变化.flv
难易指数	★★★☆☆
技术掌握	掌握自动关键点的使用方法

实例介绍

本例讲解利用自动关键点制作的灯光移动变化，效果如图 14-15 所示。

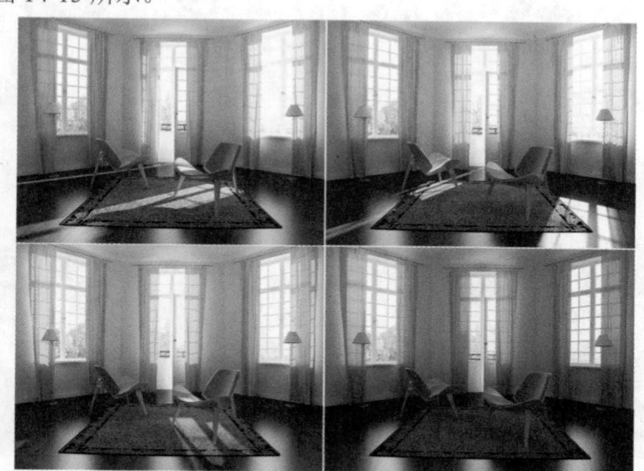

图14-15

操作步骤

步骤 01 打开本书配套光盘中的【场景文件/Chapter14/01.max】文件，如图 14-16 所示。

步骤 02 选择场景中的 VR_太阳，然后单击打开【自动关键点】按钮 自动关键点，如图 14-17 所示。接着将时间线滑块拖动到第 100 帧，并将灯光移动到合适的位置，如图 14-18 所示。

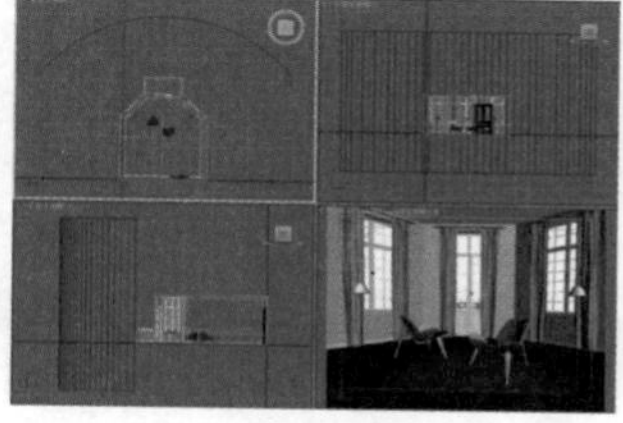

图14-16

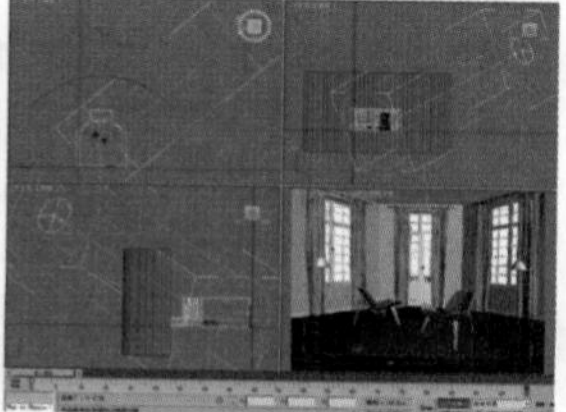

图14-17

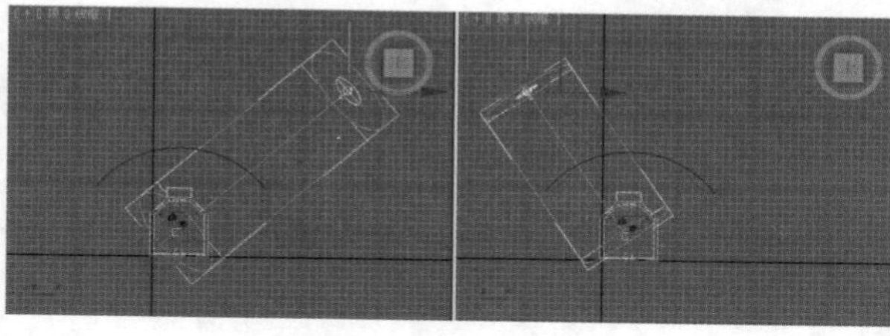

图14-18

步骤 03 单击关闭【自动关键点】按钮 自动关键点，然后拖曳时间线滑块查看动画，效果如图 14-19 所示。

步骤 04 选择动画效果最明显的一些帧，然后单独渲染出这些单帧动画，最终效果如图 14-20 所示。

图14-19

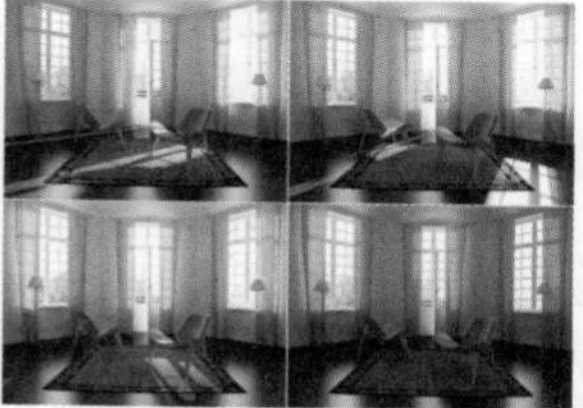

图14-20

重点 小实例：利用自动关键点制作旋转魔方动画

场景文件	02.max
案例文件	小实例：利用自动关键点制作旋转魔方动画.max
视频教学	DVD/多媒体教学/Chapter14/小实例：利用自动关键点制作旋转魔方动画.flv
难易指数	★★★☆☆
技术掌握	掌握自动关键点的使用方法

实例介绍

本例将以一个魔方玩具场景为例来讲解自动关键点的使用方法，最终渲染效果如图 14-21 所示。

图14-21

操作步骤

步骤 01 打开本书配套光盘中的【场景文件/Chapter14/02.max】文件，此时场景效果如图 14-22 所示。

步骤 02 选择如图 14-23 所示的部分模型，然后单击打开【自动关键点】按钮 自动关键点。此时拖动时间线滑块到第 10 帧，旋转所选择的部分模型，如图 14-24 所示。

图14-22

图14-23

图14-24

步骤 03 单击关闭【自动关键点】按钮 自动关键点，拖动时间线滑块透视图动画，效果如图 14-25 所示。

步骤 04 选择如图 14-26 所示的模型，然后使用自动关键点工具将选择的部分模型创建动画，如图 14-27 所示。

图14-25

图14-26

图14-27

读书笔记

技巧与提示

在播放动画的时候发现魔方旋转不是我们需要的效果，我们需要将第一部分旋转完毕，然后再旋转第二部分，选择第二部分的模型，然后在时间线上将第 0 帧拖动到第 10 帧，这样第二部分旋转就从第 10 帧开始旋转，如图 14-28 所示。此时的效果如图 14-29 所示。

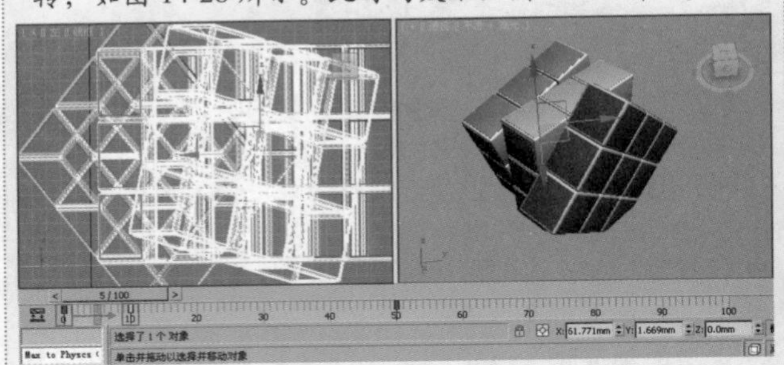

图14-28

图14-29

步骤 05 继续使用自动关键点进行创建，将中间部分的模型旋转，然后拖动时间线滑块查看动画，效果如图 14-30 所示。

步骤 06 单击关闭【自动关键点】按钮 自动关键点，然后拖曳时间线滑块查看动画，效果如图 14-31 所示。

图14-30

图14-31

步骤 07 最终渲染效果如图 14-32 所示。

图14-32

重点 小实例：利用自动关键点制作雪糕融化动画

场景文件	03.max
案例文件	小实例：利用自动关键点制作雪糕融化动画.max
视频教学	DVD/多媒体教学/Chapter14/小实例：利用自动关键点制作雪糕融化动画.flv
难易指数	★★★☆☆
技术掌握	掌握【融化】修改器的功能

实例介绍

本例将以一个桌面场景为例来讲解【融化】修改器的功能，最终渲染效果如图14-33所示。

图14-33

操作步骤

步骤01 打开本书配套光盘中的【场景文件/Chapter14/03.max】文件，此时场景效果如图14-34所示。

步骤02 选择模型，然后在【修改】面板中加载【融化】修改器，在【扩散】选项组下设置【融化百分比】为30；在【固态】选项组下设置【自定义】为1；在【融化轴】选项组下选中Z，如图14-35所示。

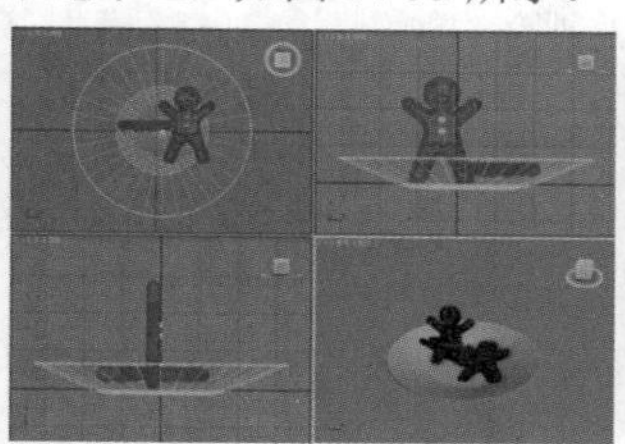

图14-34　图14-35

步骤03 在【融化】选项组下设置【数量】为72，此时发现雪糕模型出现了融化效果，如图14-36所示。

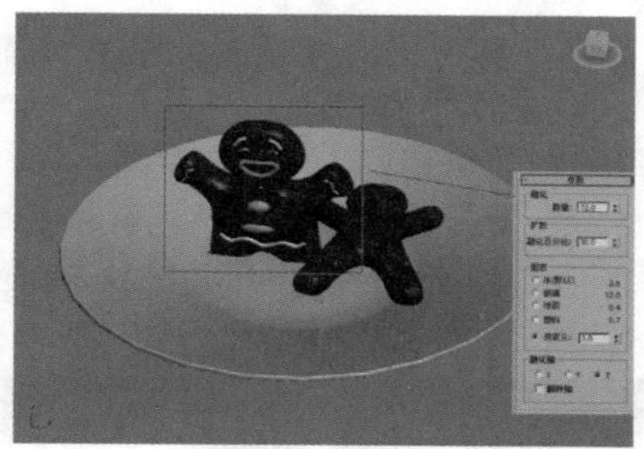

图14-36

> **技巧与提示**
>
> 在融化选项组下的【数量】设置的范围为0~1000，发现模型慢慢被融化，我们可以使用自动关键点设置动画。

步骤04 单击打开【自动关键点】按钮 自动关键点，将时间线滑块拖曳到第100帧，如图14-37所示。在【融化】选项组下设置【数量】为276，如图14-38所示。

图14-37

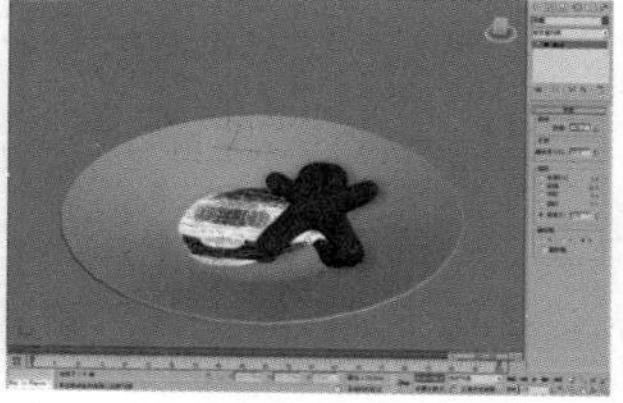

图14-38

步骤05 单击关闭【自动关键点】按钮 自动关键点，然后拖曳时间线滑块查看动画，效果如图14-39所示。

步骤06 使用同样的方法将另一个模型加载【融化】修改器，拖动时间线滑块查看动画，效果如图14-40所示。

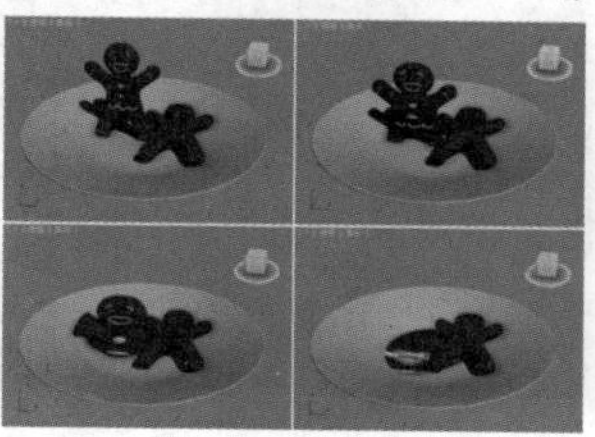

图14-39

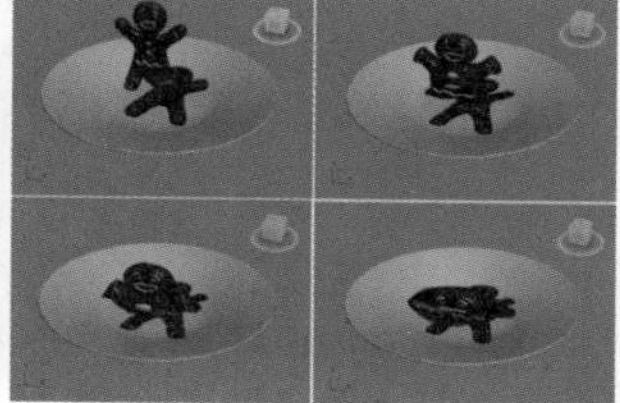

图14-40

步骤07 最终渲染效果如图14-41所示。

图14-41

重点 小实例：利用自动关键点制作行驶的火车

场景文件	04.max
案例文件	小实例：利用自动关键点制作行驶的火车.max
视频教学	DVD/多媒体教学/Chapter14/小实例：利用自动关键点制作行驶的火车.flv
难易指数	★★★☆☆
技术掌握	掌握关键帧动画的使用方法

实例介绍

本例将以一个火车场景为例来讲解关键帧动画的使用方法，最终渲染效果如图14-42所示。

图14-42

操作步骤

步骤01 打开本书配套光盘中的【场景文件/Chapter14/04.max】文件，此时场景效果如图14-43所示。

步骤02 选择火车模型，然后单击打开【自动关键点】按钮 自动关键点，接着将时间线滑块拖动到第0帧，并将火车模型移动到如图14-44所示的位置。

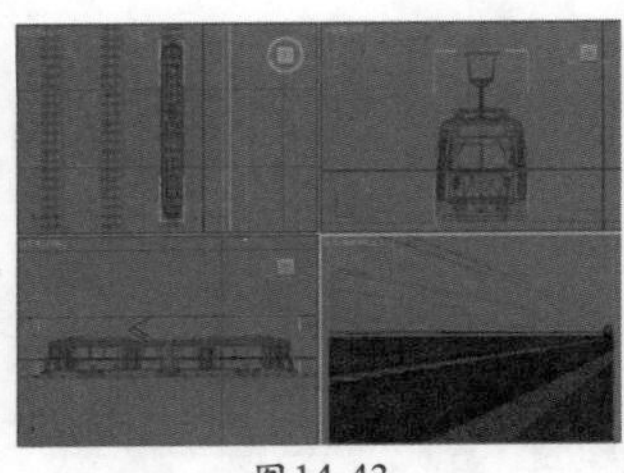

图14-43　　图14-44

步骤 03 接着将时间线滑块拖动到第 30 帧，并将火车模型移动到如图 14-45 所示的位置。

步骤 04 单击关闭【自动关键点】按钮 自动关键点，然后拖曳时间线滑块查看动画，效果如图 14-46 所示。

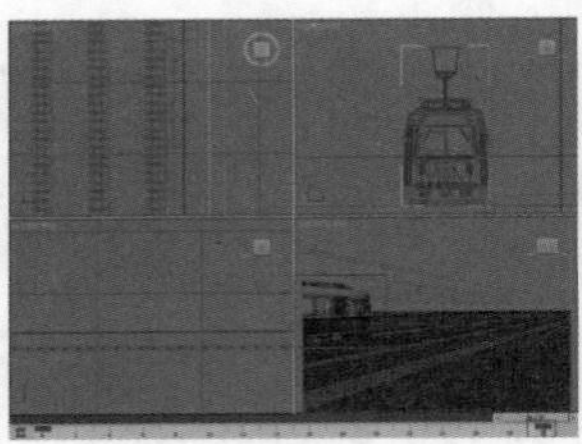

图14-45

图14-46

步骤 05 选择动画效果最明显的一些帧，然后单独渲染出这些单帧动画，最终效果如图 14-47 所示。

图14-47

重点 小实例：利用自动关键点制作气球动画

场景文件	05.max
案例文件	小实例：利用自动关键点制作气球动画.max
视频教学	DVD/多媒体教学/Chapter14/小实例：利用自动关键点制作气球动画.flv
难易指数	★★★☆☆
技术掌握	掌握关键帧动画的使用方法

实例介绍

本例将以一个气球场景为例来讲解关键帧动画的使用方法，最终渲染效果如图 14-48 所示。

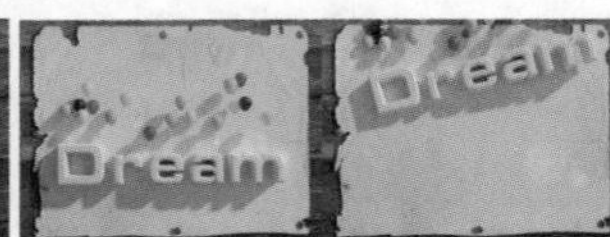

图14-48

操作步骤

步骤 01 打开本书配套光盘中的【场景文件/Chapter14/05.max】文件，此时场景效果如图 14-49 所示。

步骤 02 选择文字模型，然后单击打开【自动关键点】按钮 自动关键点，接着将时间线滑块拖动到第 0 帧，并将文字模型移动到如图 14-50 所示的位置。

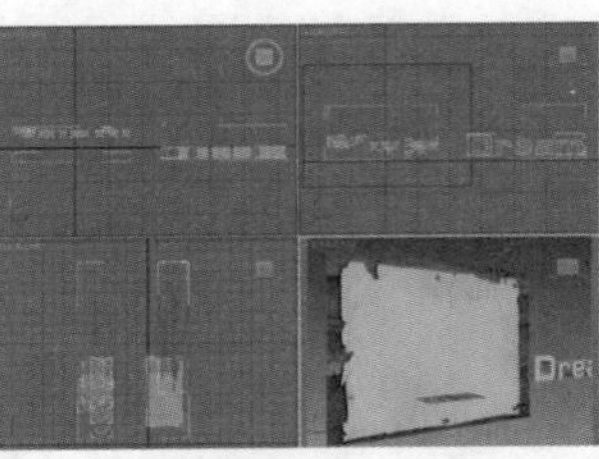

图14-49

图14-50

步骤 03 接着将时间线滑块拖动到第 10 帧，并将文字模型移动到如图 14-51 所示的位置。

步骤 04 依次选择每个气球模型，然后单击打开【自动关键点】按钮 自动关键点，接着将时间线滑块拖动到第 0 帧，并将气球模型移动到如图 14-52 所示的位置。

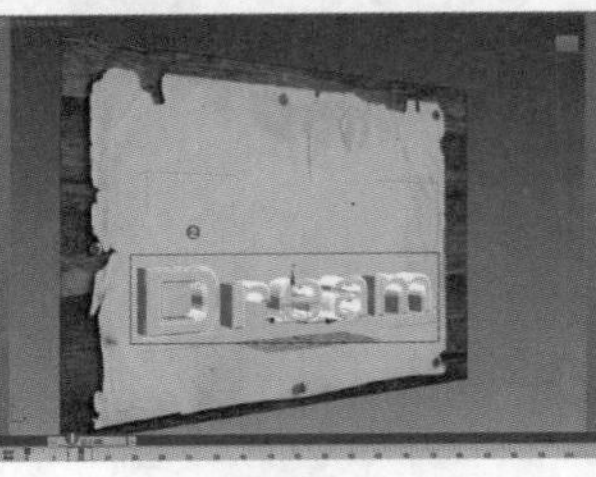

图14-51

图14-52

步骤 05 接着将时间线滑块拖动到第 10 帧，并将气球模型移动到如图 14-53 所示的位置。

步骤 06 接着将时间线滑块拖动到第 11 帧，并将气球模型移动到如图 14-54 所示的位置。

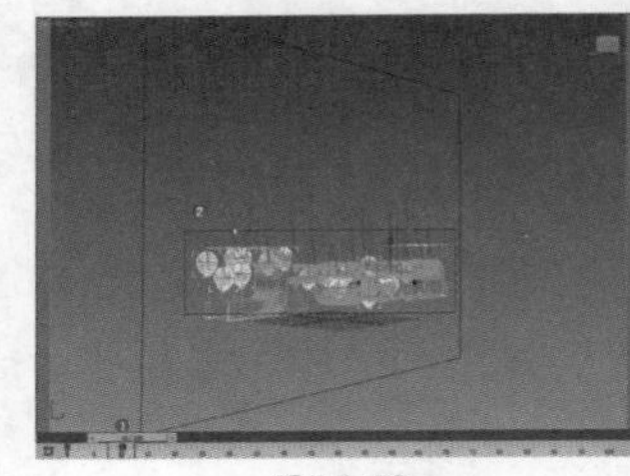

图14-53

图14-54

步骤 07 接着将时间线滑块拖动到第 60 帧，并将气球模型移动到如图 14-55 所示的位置。

步骤 08 选择所有的气球模型和文字模型，并执行【组/成组】命令，然后单击打开【自动关键点】按钮 自动关键点，接着将时间线滑块拖动到第 61 帧，并将成组的模型移动到如图 14-56 所示的位置。

图14-55

图14-56

步骤 09 接着将时间线滑块拖动到第 82 帧，并将成组的模型移动到如图 14-57 所示的位置。

步骤 10 接着将时间线滑块拖动到第 100 帧，并将成组的模型移动到如图 14-58 所示的位置。

图14-57

图14-58

步骤 11 单击关闭【自动关键点】按钮自动关键点，然后拖曳时间线滑块查看动画，效果如图 14-59 所示。

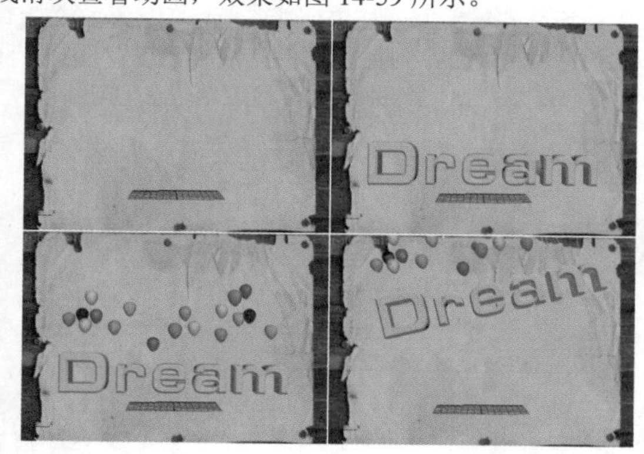
图14-59

步骤 12 选择动画效果最明显的一些帧，然后单独渲染出这些单帧动画，最终效果如图 14-60 所示。

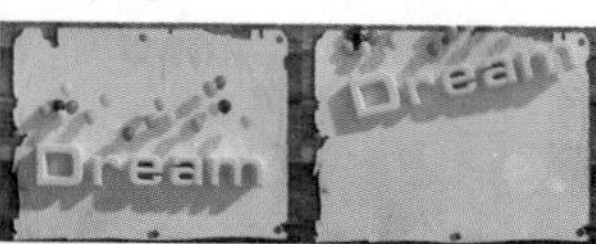
图14-60

14.2.2 曲线编辑器

【曲线编辑器】是制作动画时经常使用到的一个编辑器。使用【曲线编辑器】可以快速地调节曲线来控制物体的运动状态。单击主工具栏中的【曲线编辑器（打开）】按钮，打开【轨迹视图 - 曲线编辑器】对话框，如图 14-61 所示。

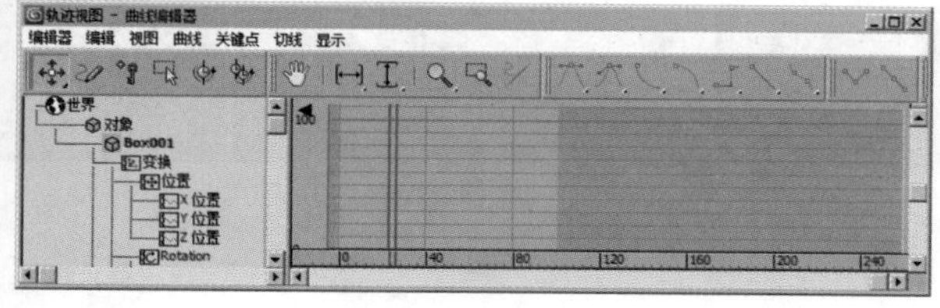

图14-61

为物体设置动画属性以后，在【轨迹视图 - 曲线编辑器】对话框中就会有与之相对应的曲线，如图 14-62 所示是【位置】属性的【X 位置】、【Y 位置】和【Z 位置】曲线。

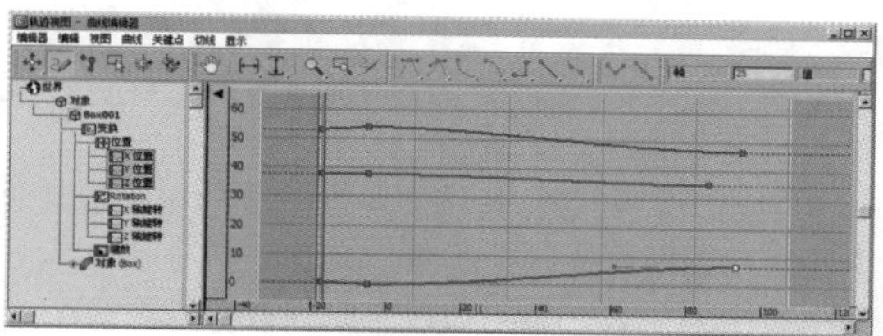
图14-62

技术专题——不同动画曲线所代表的含义

在【轨迹视图 - 曲线编辑器】对话框中，X 轴默认使用红色曲线来表示，Y 轴默认使用绿色曲线来表示，Z 轴默认使用紫色曲线来表示，这 3 条曲线与坐标轴的 3 条轴线的颜色相同，如图 14-63 所示的 X 轴曲线为水平直线，这代表物体在 X 轴上未发生移动。

图14-63

图 14-64 中的 Y 轴曲线为抛物线形状，代表物体在 Y 轴方向上正处于加速运动状态。

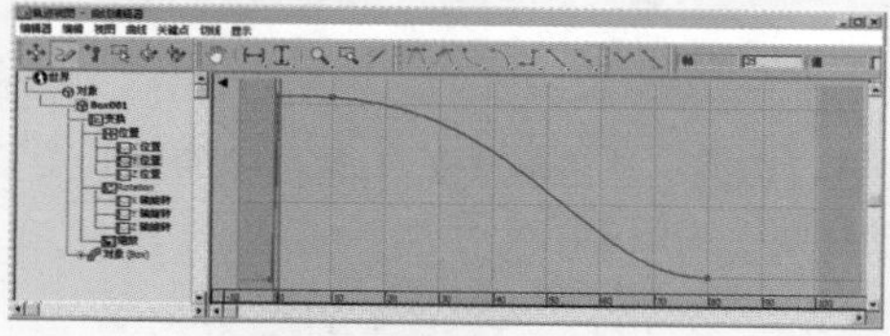
图14-64

图 14-65 中的 Z 轴曲线为倾斜的均匀曲线，代表物体在 Z 轴方向上处于匀速运动状态。

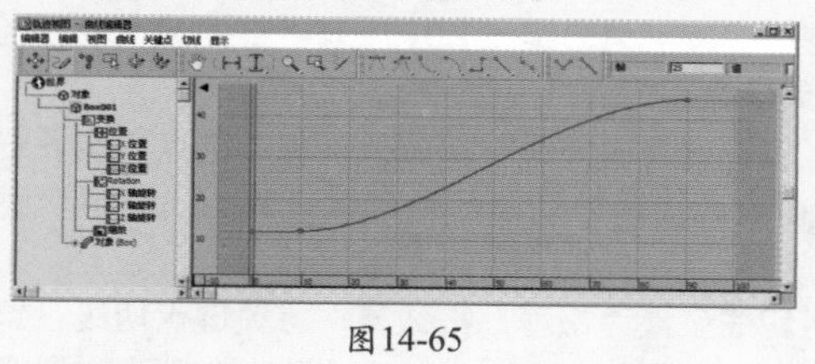
图14-65

下面讲解【轨迹视图 - 曲线编辑器】对话框中的相关工具。

1.关键点控制工具

【关键点控制 : 轨迹视图】工具栏中的工具主要用来调整曲线基本形状，同时也可以调整关键帧和添加关键点，如图 14-66 所示。

图14-66

- 【移动关键点】按钮 / 【水平移动关键点】按钮 / 【垂直移动关键点】按钮：在函数曲线图上任意、水平或垂直移动关键点。
- 【绘制曲线】按钮：绘制新曲线，或直接在函数曲线图上绘制草图来修改已有曲线。
- 【插入关键点】按钮：在现有曲线上创建关键点。
- 【区域工具】按钮：在矩形区域中移动和缩放关键点。
- 【调整时间工具】按钮：进行时间的调节。
- 【对全部对象从定时工具】按钮：对全部对象进行从定时间。

2.导航工具

【导航：轨迹视图】工具栏中的工具可以控制平移、框显水平范围、框显值范围、缩放、缩放区域和孤立曲线工具，如图14-67所示。

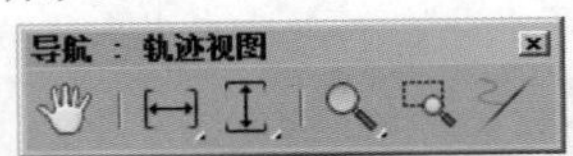

图14-67

- 【平移】按钮：控制平移轨迹视图。
- 【框显水平范围】按钮：控制水平方向的最大化显示效果。
- 【框显值范围】按钮：控制最大化显示数值。
- 【缩放】按钮：控制轨迹视图的缩放效果。
- 【缩放区域】按钮：通过拖动鼠标左键的区域进行缩放。
- 【孤立曲线】按钮：控制孤立的曲线。

3.关键点切线工具

【关键点切线：轨迹视图】工具栏中的工具主要用来调整曲线的切线，如图14-68所示。

图14-68

- 【将切线设置为自动】按钮：将关键点设置为自动切线。
- 【将切线设置为自定义】按钮：将关键点设置为自定义切线。
- 【将切线设置为快速】按钮：将关键点切线设置为快速内切线或快速外切线，也可以设置为快速内切线兼快速外切线。
- 【将切线设置为慢速】按钮：将关键点切线设置为慢速内切线或慢速外切线，也可以设置为慢速内切线兼慢速外切线。
- 【将切线设置为阶跃】按钮：将关键点切线设置为阶跃内切线或阶跃外切线，也可以设置为阶跃内切线兼阶跃外切线。
- 【将切线设置为线性】按钮：将关键点切线设置为线性内切线或线性外切线，也可以设置为线性内切线兼线性外切线。
- 【将切线设置为平滑】按钮：将关键点切线设置为平滑切线。

4.切线动作工具

【切线动作：轨迹视图】工具栏上提供的工具可用于断开和统一动画关键点切线，如图14-69所示。

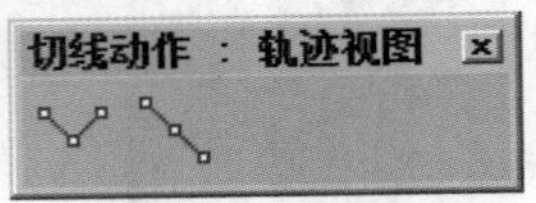

图14-69

- 【断开切线】按钮：允许将两条切线（控制柄）连接到一个关键点，使其能够独立移动，以便不同的运动能够进出关键点。选择一个或多个带有统一切线的关键点，然后单击该按钮。
- 【统一切线】按钮：如果切线是统一的，按任意方向移动控制柄，从而控制柄之间保持最小角度。选择一个或多个带有断开切线的关键点，然后单击该按钮。

5.关键点输入工具

【关键点输入：轨迹视图】工具栏中包含用于从键盘编辑单个关键点的字段。如图14-70所示。

图14-70

- 帧：显示选定关键点的帧编号（在时间中的位置）。可以输入新的帧数或输入一个表达式，以将关键点移至其他帧。
- 值：显示高亮显示的关键点的值（在空间中的位置）。这是一个可编辑字段，可以输入新的数值或表达式来更改关键点的值。

重点 小实例：利用曲线编辑器制作高尔夫进球动画

场景文件	06.max
案例文件	小实例：利用曲线编辑器制作高尔夫进球动画.max
视频教学	DVD/多媒体教学/Chapter14/小实例：利用曲线编辑器制作高尔夫进球动画.flv
难易指数	★★★☆☆
技术掌握	掌握曲线编辑器的使用方法

实例介绍

本例将以一个高尔夫球场场景为例来讲解曲线编辑器的使用方法，最终渲染效果如图14-71所示。

图14-71

操作步骤

Part 1 制作高尔夫球棒动画

步骤 01 打开本书配套光盘中的【场景文件/Chapter14/06.max】文件，此时场景效果如图14-72所示。

步骤 02 选择高尔夫球棒模型，然后单击打开【自动关键点】

按钮自动关键点，此时拖动时间线滑块到第 0 帧，然后将高尔夫球棒模型移动到如图 14-73 所示的位置。

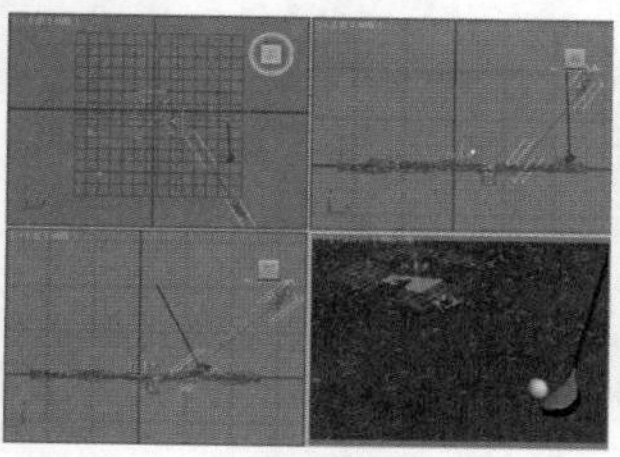

图14-72

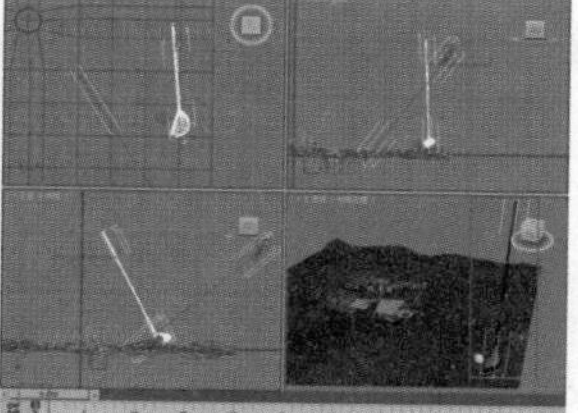

图14-73

步骤 03 此时拖动时间线滑块到第 30 帧，然后旋转所选择的部分模型到如图 14-74 所示的位置。

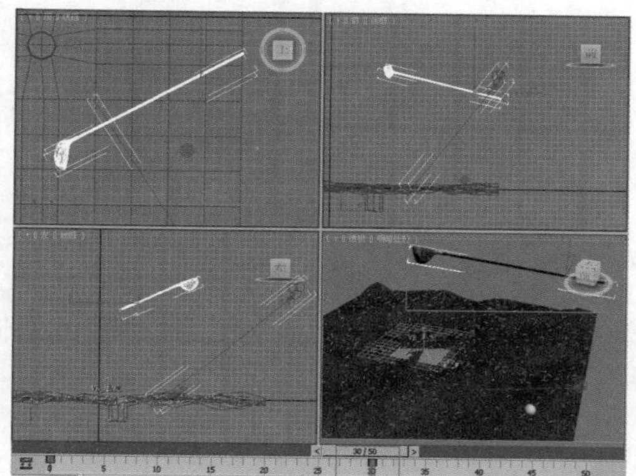

图14-74

Part 2 制作高尔夫球动画

步骤 01 选择高尔夫球模型，然后单击打开【自动关键点】按钮自动关键点，此时拖动时间线滑块到第 3 帧，然后将高尔夫球模型移动到如图 14-75 所示的位置。

步骤 02 此时拖动时间线滑块到第 15 帧，然后将高尔夫球模型移动到如图 14-76 所示的位置。

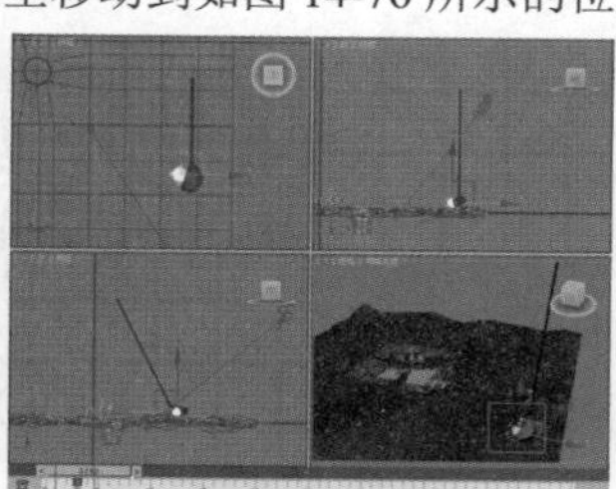

图14-75

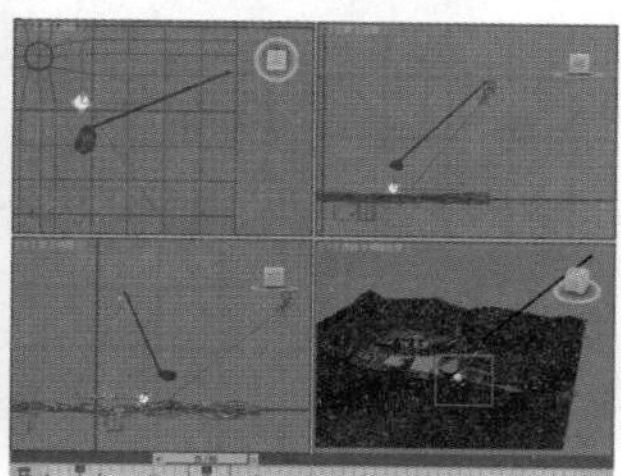

图14-76

步骤 03 此时拖动时间线滑块到第 20 帧，然后将高尔夫球模型移动到如图 14-77 所示的位置。

步骤 04 此时拖动时间线滑块到第 25 帧，然后将高尔夫球模型移动到如图 14-78 所示的位置。

步骤 05 此时拖动时间线滑块到第 30 帧，然后将高尔夫球模型移动到如图 14-79 所示的位置。

步骤 06 此时拖动时间线滑块到第 33 帧，然后将高尔夫球模型移动到如图 14-80 所示的位置。

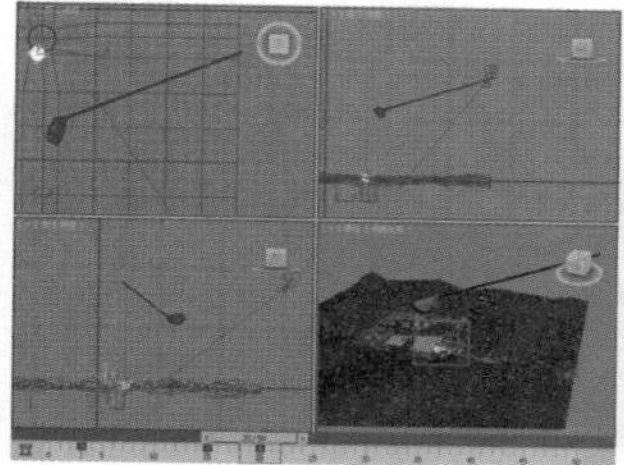

图14-77

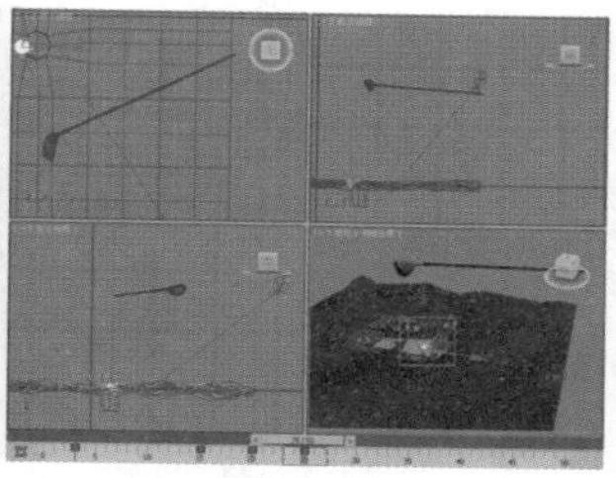

图14-78

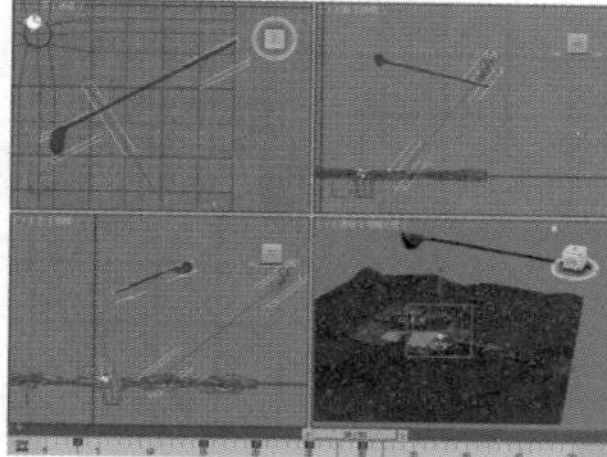

图14-79

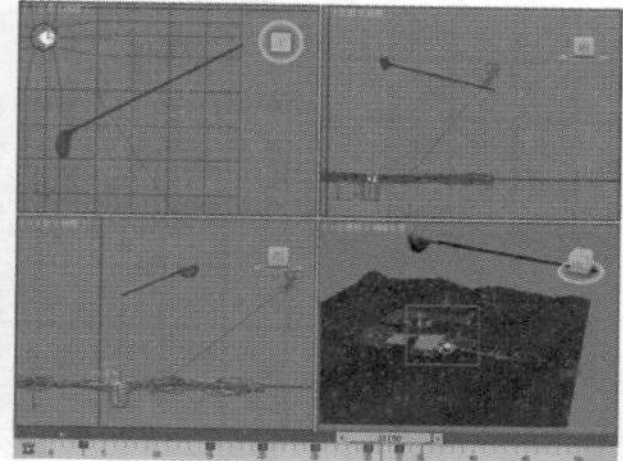

图14-80

步骤 07 此时拖动时间线滑块到第 40 帧，然后将高尔夫球模型移动到如图 14-81 所示的位置。

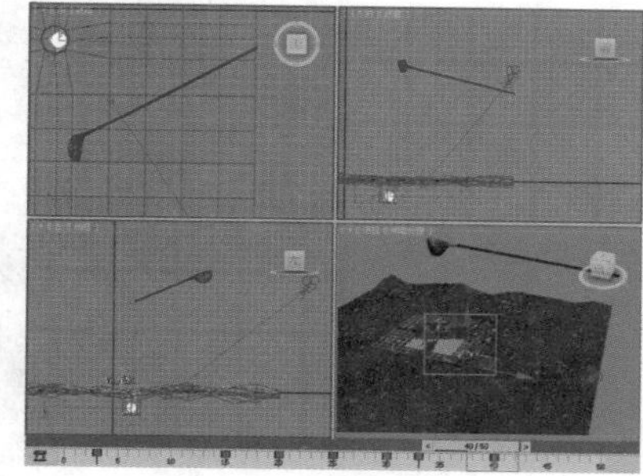

图14-81

技巧与提示

使用同样的方法可以为高尔夫球制作旋转动画，使得动画更加真实。

Part 3 使用曲线编辑器调节动画

步骤 01 为了使得动画更加真实，需要通过调节曲线编辑器进行调整。单击【曲线编辑器】按钮，可以看到【曲线编辑器】面板，如图 14-82 所示。

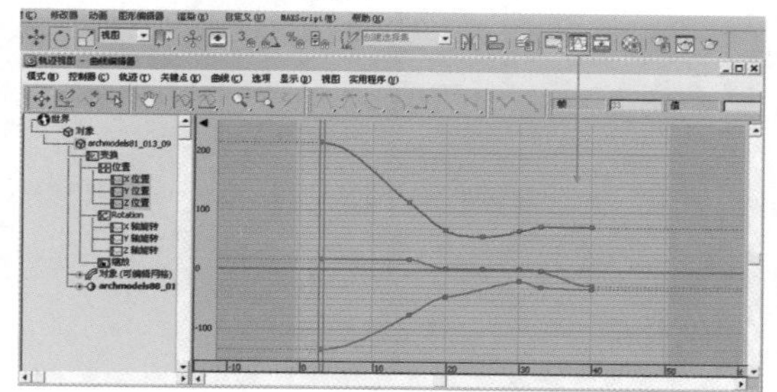

图14-82

步骤 02 此时单击面板左侧的【Y 位置】，可以看到 Y 轴位移上的动画曲线在第 30~40 帧之间过渡非常强烈，因此证明该部分的动画过渡不合适，如图 14-83 所示。

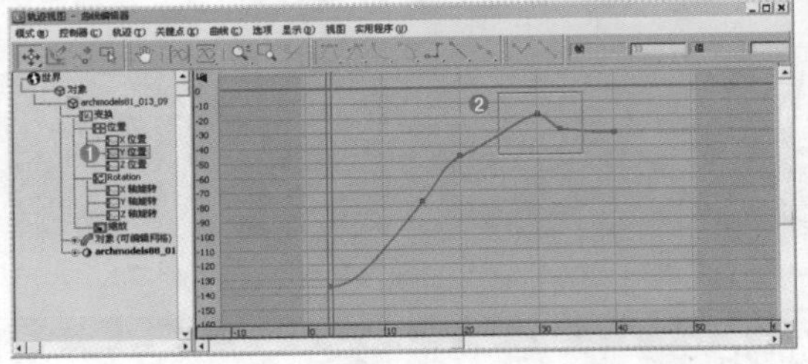

图14-83

步骤 03 此时单击面板左侧的【Y 位置】，并调节曲线的形状使其过渡更缓和，如图 14-84 所示。

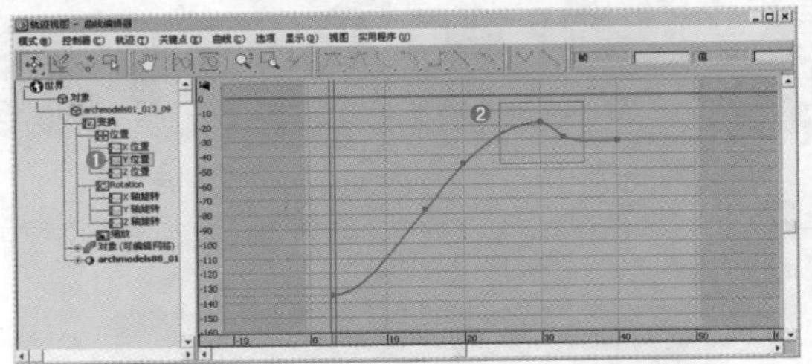

图14-84

步骤 04 单击关闭【自动关键点】按钮自动关键点，然后拖曳时间线滑块查看动画，效果如图 14-85 所示。

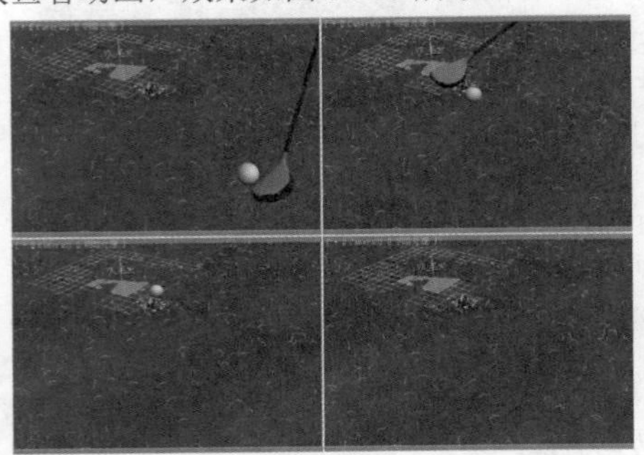

图14-85

步骤 05 最终渲染效果如图 14-86 所示。

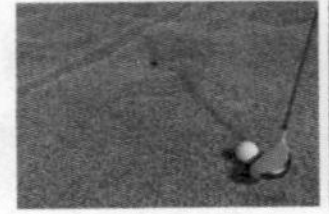

图14-86

重点 小实例：利用漩涡贴图制作咖啡动画

场景文件	07.max
案例文件	小实例：利用漩涡贴图制作咖啡动画.max
视频教学	DVD/多媒体教学/Chapter14/小实例：利用漩涡贴图制作咖啡动画.flv
难易指数	★★★☆☆
技术掌握	掌握漩涡贴图制作动画的使用方法

实例介绍

本例将以一个咖啡桌场景为例来讲解漩涡贴图制作动画的使用方法，最终渲染效果如图 14-87 所示。

图14-87

操作步骤

步骤 01 打开本书配套光盘中的【场景文件/Chapter14/07.max】文件，此时场景效果如图 14-88 所示。

图14-88

步骤 02 按 M 键打开材质编辑器，然后单击一个材质球，命名为【咖啡】，并设置材质球类型为 VRayMtl，设置【反射】颜色为白色（红：255，绿：255，蓝：255），选中【菲涅耳反射】复选框；设置【细分】为 15；最后设置【折射】颜色为深灰色（红：13，绿：13，蓝：13），如图 14-89 所示。

图14-89

步骤 03 在【漫反射】通道上加载【漩涡】程序贴图，并设置【基本】颜色为深咖啡色（红：0.078，绿：0.027，蓝：0）；设置【漩涡】颜色为土黄色（红：0.706，绿：0.506，蓝：0.329），如图 14-90 所示，在【贴图】卷展栏中，拖曳【漫反射】后面的通道到【凹凸】通道上，接着设置【凹凸】为 50，如图 14-91 所示。

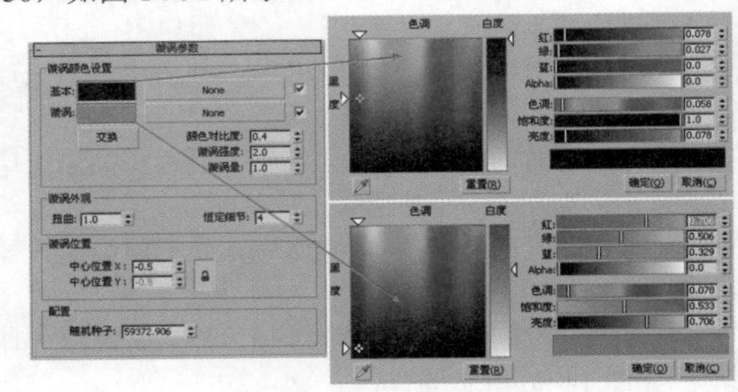

图14-90

步骤 04 将该材质赋给场景中的咖啡模型。如图 14-92 所示。

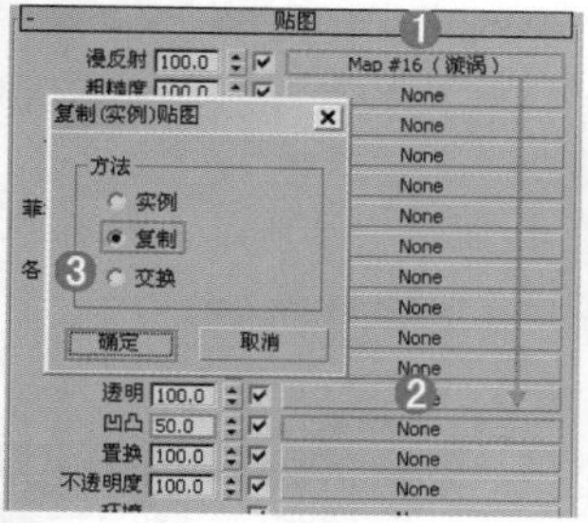

图 14-91

图 14-92

步骤 05 单击打开【自动关键点】按钮，此时拖动时间线滑块到第 0 帧，然后设置【扭曲】为 1，如图 14-93 所示。

步骤 06 此时拖动时间线滑块到第 100 帧，然后设置【扭曲】为 20，如图 14-94 所示。

图 14-93

图 14-94

步骤 07 单击关闭【自动关键点】按钮，然后拖曳时间线滑块查看动画，效果如图 14-95 所示。

图 14-95

步骤 08 最终渲染效果如图 14-96 所示。

图 14-96

重点 小实例：利用烟雾贴图制作云飘动动画

场景文件	08.max
案例文件	小实例：利用烟雾贴图制作云飘动动画 .max
视频教学	DVD/ 多媒体教学 /Chapter14/ 小实例：利用烟雾贴图制作云飘动动画 .flv
难易指数	★★★☆☆
技术掌握	掌握烟雾贴图制作动画的使用方法

实例介绍

本例将以一个天空场景为例来讲解烟雾贴图制作动画的使用方法，最终渲染效果如图 14-97 所示。

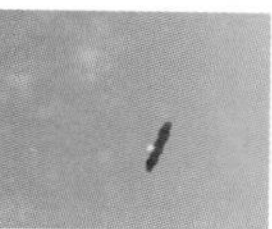

图 14-97

操作步骤

Part 1 制作天空材质

步骤 01 打开本书配套光盘中的【场景文件 /Chapter14/08.max】文件，此时场景效果如图 14-98 所示。

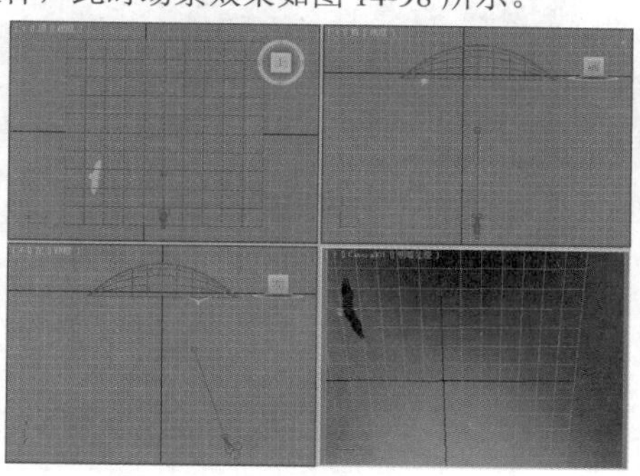

图 14-98

步骤 02 按 M 键打开材质编辑器，然后单击一个材质球，命名为【天空】，并设置材质球类型为 VRayMtl，在【漫反射】通道上加载【烟雾】程序贴图，并设置【大小】为 20，【颜色 #1】为深蓝色（红：0，绿：52，蓝：117），【颜色 #2】为浅蓝色（红：253，绿：254，蓝：255），如图 14-99 所示。

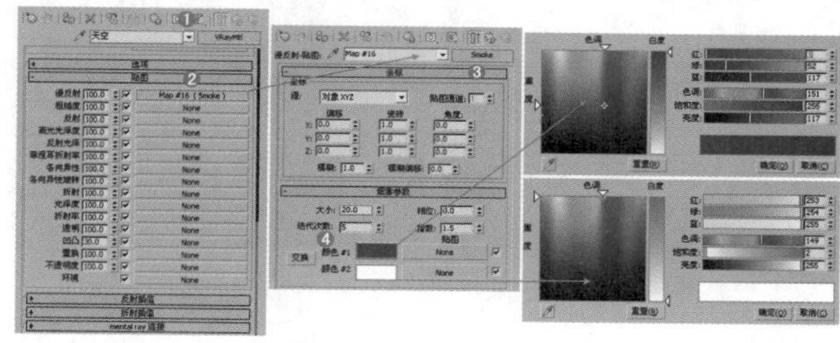

图 14-99

步骤 03 拖曳【漫反射】后面的通道到【不透明度】通道上，在弹出的对话框中选中【实例】复选框，最后单击【确定】按钮，如图 14-100 所示。

步骤 04 将该材质赋给场景中的天空模型，如图 14-101 所示。

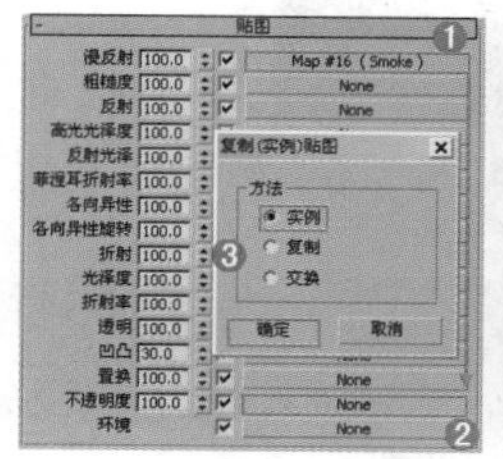

图 14-100

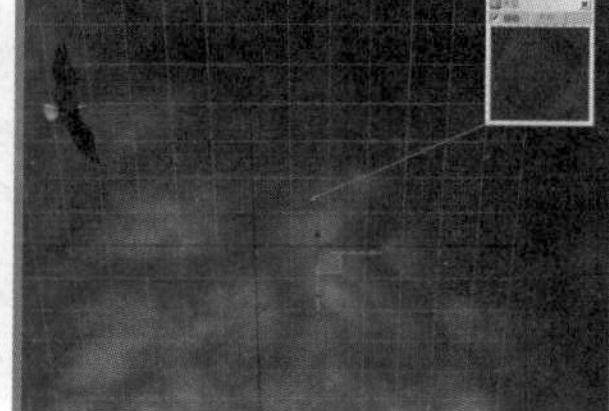

图 14-101

Part 2 制作天空材质动画

步骤 01 单击打开【自动关键点】按钮自动关键点，此时拖动时间线滑块到第0帧，然后设置【偏移】的X为0，Y为0，Z为0；设置【角度】的X为0，Y为0，Z为0；设置【大小】为20；设置【相位】为0，如图14-102所示。

步骤 02 此时拖动时间线滑块到第100帧，然后设置【偏移】的X为–30，Y为10，Z为0；设置【角度】的X为0，Y为0，Z为20；设置【大小】为40，【相位】为2，如图14-103所示。

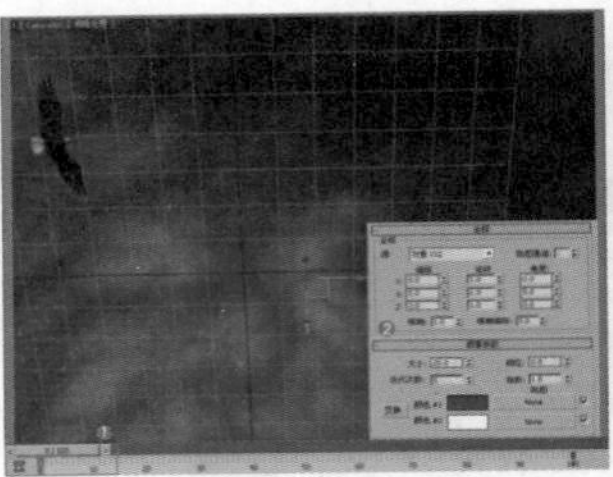

图14-102

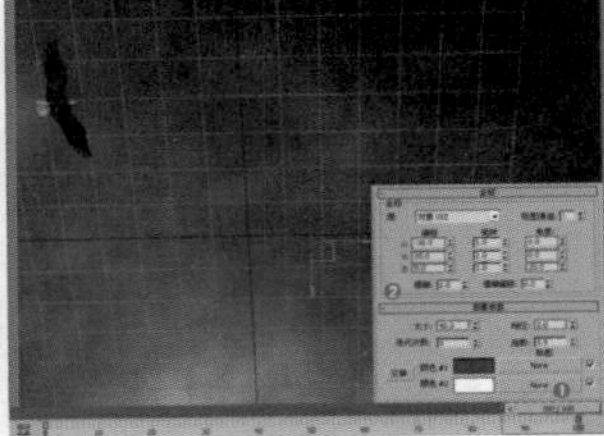

图14-103

Part 3 创建飞鹰动画

步骤 01 选择飞鹰模型，然后单击打开【自动关键点】按钮自动关键点，此时拖动时间线滑块到第0帧，最后将飞鹰模型移动到如图14-104所示的位置。

步骤 02 此时拖动时间线滑块到第100帧，最后将飞鹰模型移动到如图14-105所示的位置。

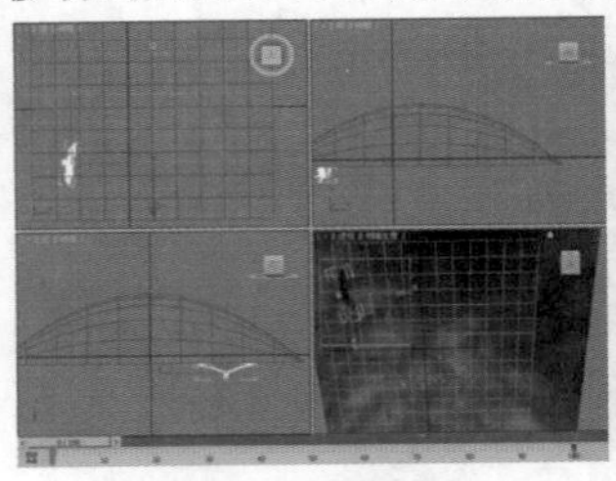

图14-104

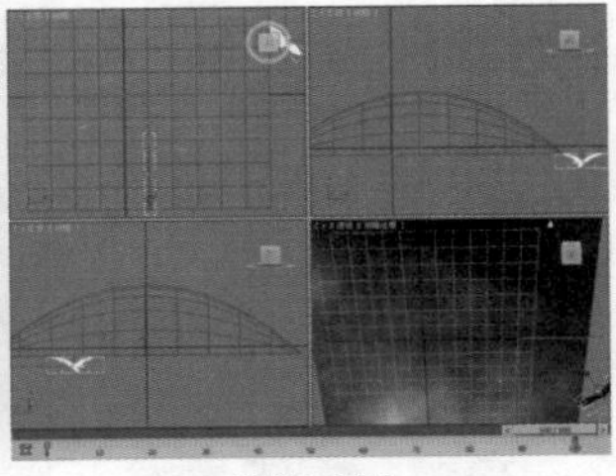

图14-105

步骤 03 单击关闭【自动关键点】按钮自动关键点，然后拖曳时间线滑块查看动画，效果如图14-106所示。

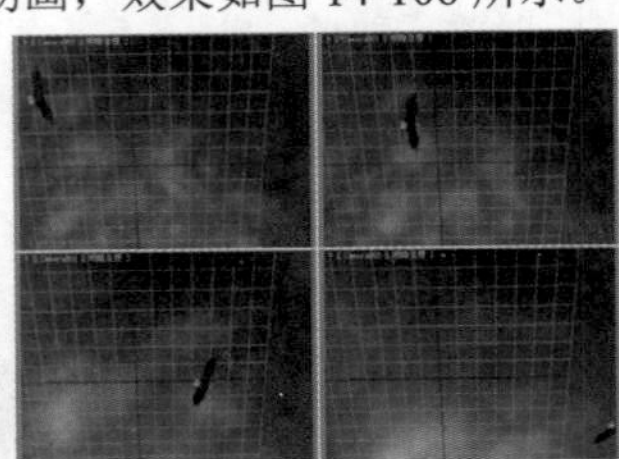

图14-106

步骤 04 最终渲染效果如图14-107所示。

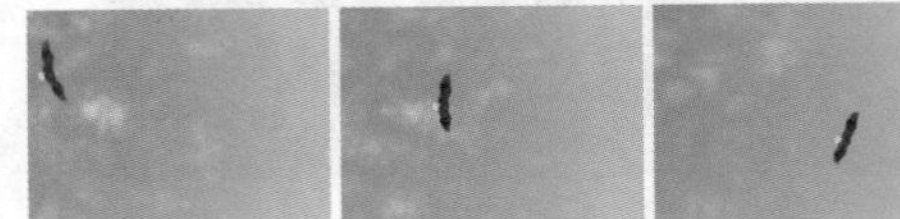

图14-107

14.2.3 约束

所谓约束，就是将事物的变化限制在一个特定的范围内。将两个或多个对象绑定在一起后，执行【动画】|【约束】命令，可以看到7个子命令，分别是【附着约束】、【曲面约束】、【路径约束】、【位置约束】、【链接约束】、【注视约束】和【方向约束】，它们可以控制对象的位置，旋转或缩放，如图14-108所示。

- 附着约束：将对象的位置附到另一个对象的面上。
- 曲面约束：沿着另一个对象的曲面来限制对象的位置。
- 路径约束：沿着路径来约束对象的移动效果。
- 位置约束：使受约束的对象跟随另一个对象的位置。
- 链接约束：将一个对象中的受约束对象链接到另一个对象上。
- 注视约束：约束对象的方向，使其始终注视另一个对象。
- 方向约束：使受约束的对象旋转跟随另一个对象的旋转效果。

图14-108

重点 小实例：利用路径约束制作飞翔动画

场景文件	09.max
案例文件	小实例：利用路径约束制作飞翔动画.max
视频教学	DVD/多媒体教学/Chapter14/小实例：利用路径约束制作飞翔动画.flv
难易指数	★★★☆☆
技术掌握	掌握路径约束的使用方法

实例介绍

本例将以一个飞行的场景为例来讲解路径约束的使用方法，最终渲染效果如图14-109所示。

图14-109

操作步骤

步骤 01 打开本书配套光盘中的【场景文件/Chapter14/09.max】文件，场景效果如图14-110所示。

步骤 02 选择飞机模型，然后执行【动画】|【约束】|【路径约束】命令，最后单击拾取场景中的线。如图14-111所示。

步骤 03 拖曳时间线滑块查看动画，效果如图14-112所示。

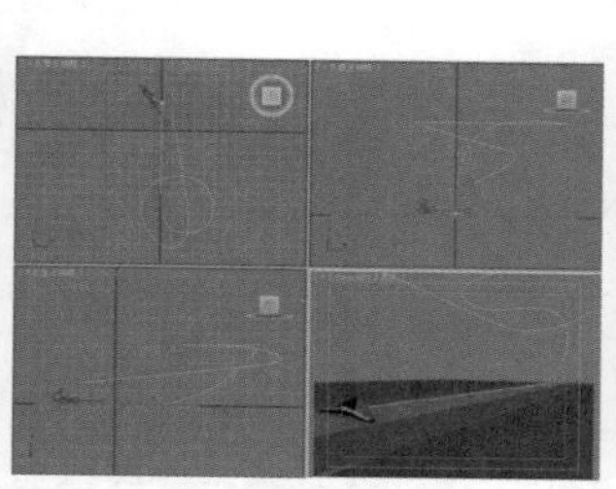
图14-110

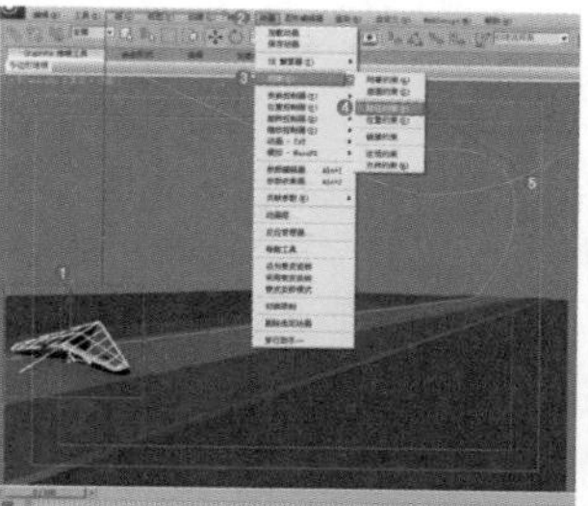
图14-111

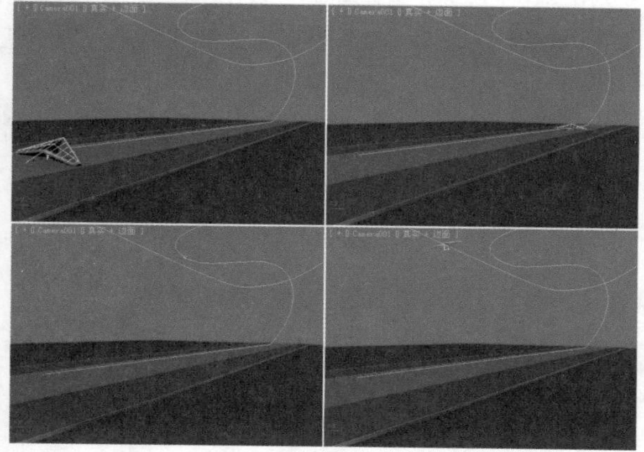
图14-112

技巧与提示

此时发现，飞机的飞行路线虽然沿着线，但是飞行的方向始终是朝前，并没有跟随线进行飞机本身的变化，如图14-113所示。

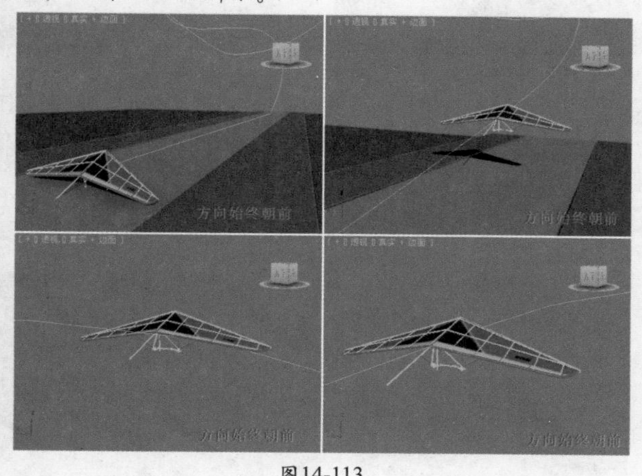

图14-113

步骤04 选择飞机模型，单击【运动】按钮，接着选中【跟随】复选框，然后设置【轴】为Y，最后选中【翻转】复选框，如图14-114所示。

步骤05 此时拖曳时间线滑块查看动画，效果如图14-115所示。

步骤06 最终渲染效果如图14-116所示。

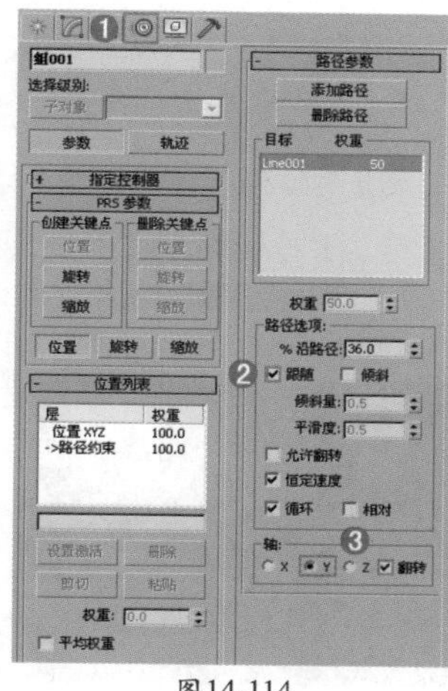

图14-114

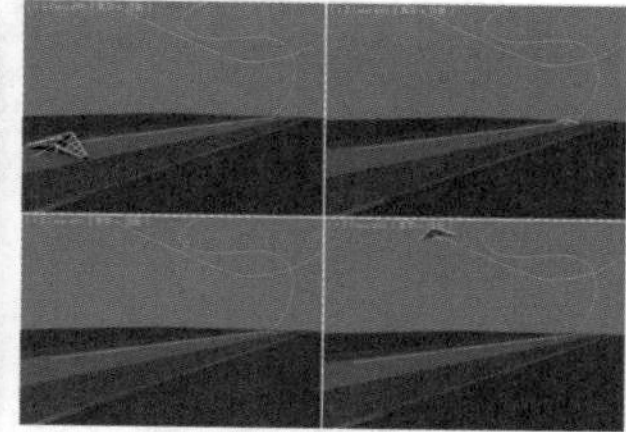
图14-115

图14-116

重点 小实例：利用链接约束制作磁铁吸附小球

场景文件	10.max
案例文件	小实例：利用链接约束制作磁铁吸附小球.max
视频教学	DVD/多媒体教学/Chapter14/小实例：利用链接约束制作磁铁吸附小球.flv
难易指数	★★★☆☆
技术掌握	掌握链接约束的使用方法

实例介绍

本例将以一个桌面场景为例来讲解链接约束的使用方法，最终渲染效果如图14-117所示。

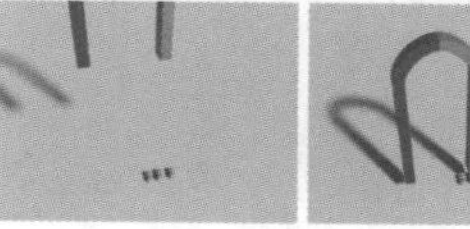

图14-117

操作步骤

步骤01 打开本书配套光盘中的【场景文件/Chapter14/10.max】文件，场景效果如图14-118所示。

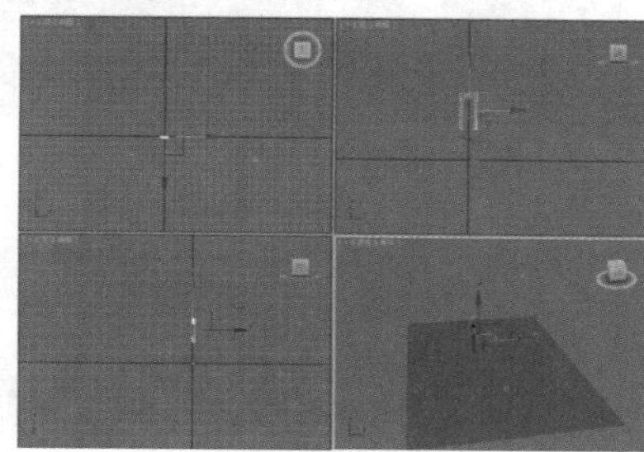
图14-118

 技巧与提示

从透视图中的动画效果可以看到磁铁在遇到小铁球时并没有将其吸附起来，此时需要使用链接约束来制作。

步骤 02 选择小铁球，然后单击【运动】按钮，展开 Link Params 卷展栏，单击【添加链接】按钮 添加链接 并单击拾取平面，如图 14-119 和图 14-120 所示。

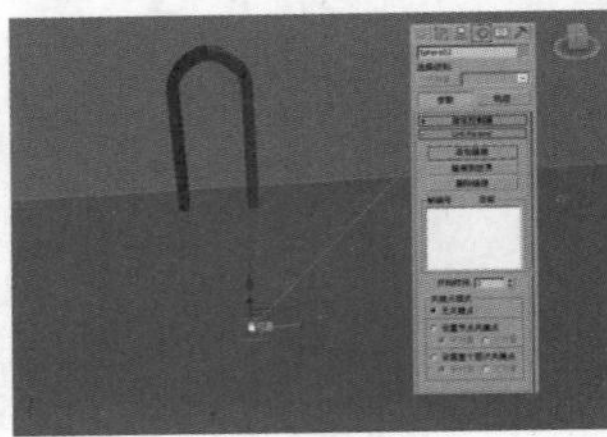
图14-119

图14-120

步骤 03 将时间线滑块拖曳到第 20 帧，单击【添加链接】按钮 添加链接 拾取磁铁模型，此时我们发现小铁球在第 20 帧时链接到磁铁上了，如图 14-121 和图 14-122 所示。

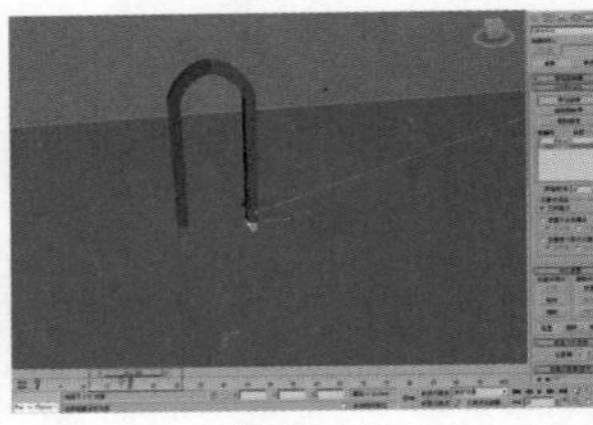
图14-121

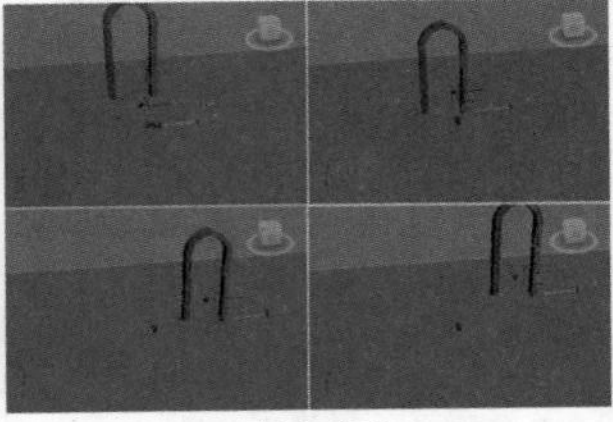
图14-122

步骤 04 使用同样的方法将其他的小铁球也链接到磁铁上面，拖曳时间线滑块查看动画，效果如图 14-123 所示。

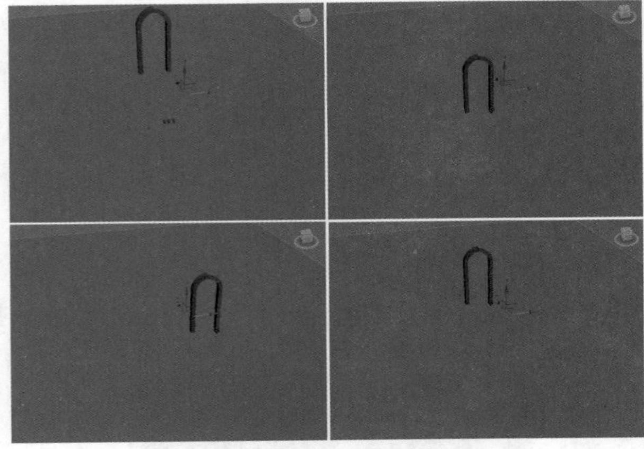
图14-123

步骤 05 最终渲染效果如图 14-124 所示。

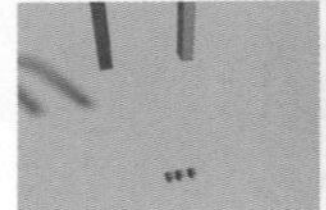

图14-124

重点 小实例：利用路径约束和路径变形制作写字动画

场景文件	11.max
案例文件	小实例：利用路径约束和路径变形制作写字动画.max
视频教学	DVD/多媒体教学/Chapter14/小实例：利用路径约束和路径变形制作写字动画.flv
难易指数	★★★☆☆
技术掌握	掌握路径约束和路径变形的使用方法

实例介绍

本例将以一个写信的场景为例来讲解路径约束和路径变形的使用方法，最终渲染效果如图 14-125 所示。

图14-125

操作步骤

Part 1 创建写字动画

步骤 01 打开本书配套光盘中的【场景文件/Chapter14/11.max】文件，场景效果如图 14-126 所示。

步骤 02 使用【选择并移动】工具和【选择并旋转】工具，将钢笔移动到如图 14-127 所示的位置。

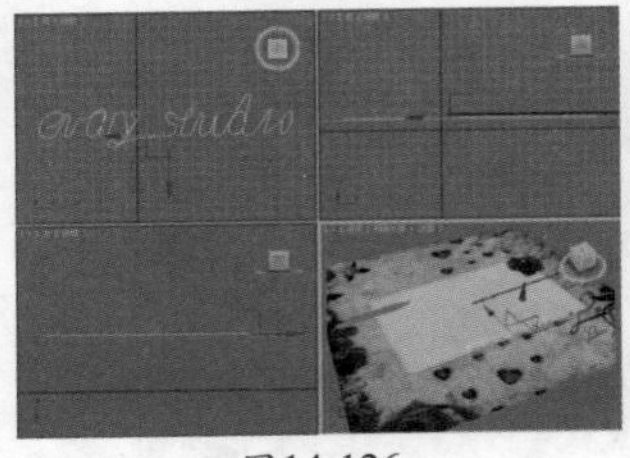
图14-126

图14-127

步骤 03 选择钢笔模型，然后执行【动画】|【约束】|【路径约束】命令，最后单击拾取场景中的文字，如图 14-128 所示。

步骤 04 此时拖动时间线滑块查看动画，效果如图 14-129 所示。

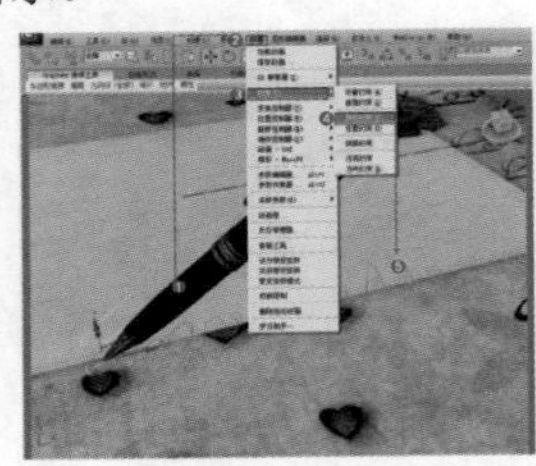
图14-128

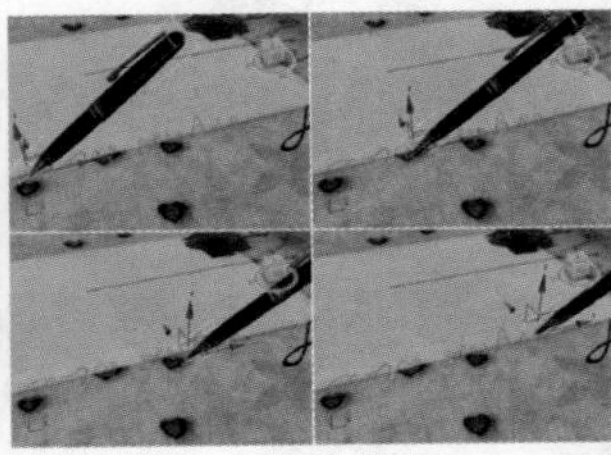
图14-129

技巧与提示

在创建文字时，最好将文字调整成【连笔】的效果，这样在制作动画时不会出现错误。

步骤 05 选择场景中的圆柱体，然后进入【修改】面板，并

加载【路径变形】修改器。如图 14-130 所示。

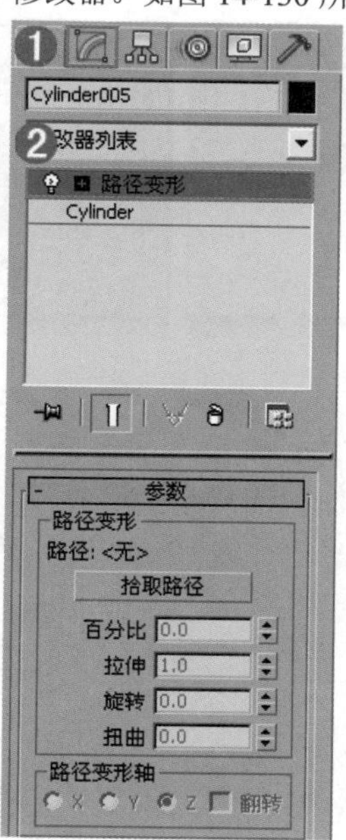

图14-130

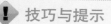

技巧与提示

这个步骤非常重要，需要设置合适的圆柱体的分段，这样在后面制作写字动画时，才会出现正确的效果。如图 14-131 所示为圆柱体设置的参数。

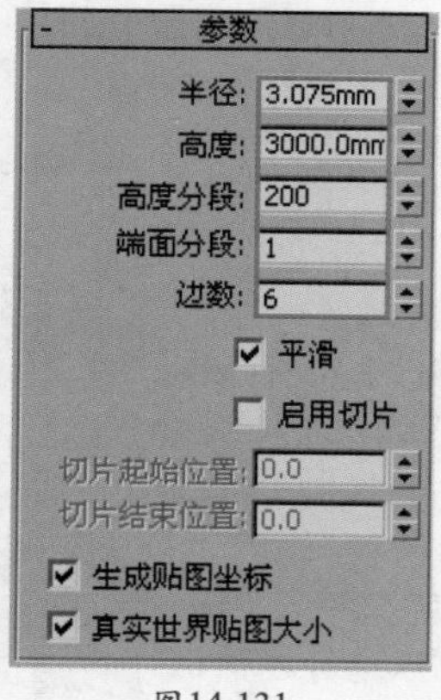

图14-131

步骤 06 选择圆柱体，然后单击【拾取路径】按钮 拾取路径，最后单击拾取文字，此时我们会看到已经出现了部分的文字，如图 14-132 所示。

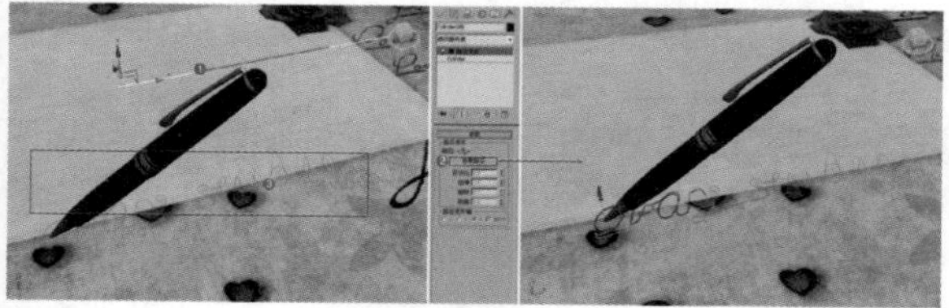

图14-132

步骤 07 选择圆柱体，然后单击打开【自动关键点】按钮 自动关键点，此时拖动时间线滑块到第 0 帧，进入【修改】面板，最后设置【拉伸】为 0，如图 14-133 所示。继续拖动时间线滑块到第 10 帧，进入【修改】面板，最后设置【拉伸】为 0.313，如图 14-134 所示。

图14-133

图14-134

步骤 08 继续拖动时间线滑块到第 20 帧，进入【修改】面板，最后设置【拉伸】为 0.603，如图 14-135 所示。继续拖动时间线滑块到第 30 帧，进入【修改】面板，最后设置【拉伸】为 0.916，如图 14-136 所示。

图14-135

图14-136

步骤 09 继续拖动时间线滑块到第 40 帧，进入【修改】面板，最后设置【拉伸】为 1.208，如图 14-137 所示。继续拖动时间线滑块到第 50 帧，进入【修改】面板，最后设置【拉伸】为 1.513，如图 14-138 所示。

图14-137

图14-138

步骤 10 继续拖动时间线滑块到第 60 帧，进入【修改】面板，最后设置【拉伸】为 1.815，如图 14-139 所示。继续拖动时间线滑块到第 70 帧，进入【修改】面板，最后设置【拉伸】为 2.136，如图 14-140 所示。

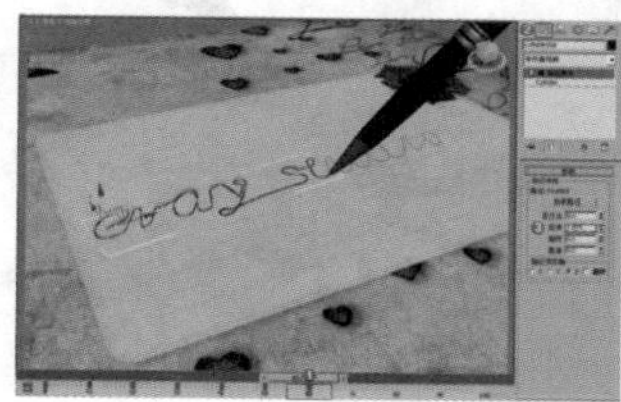

图14-139

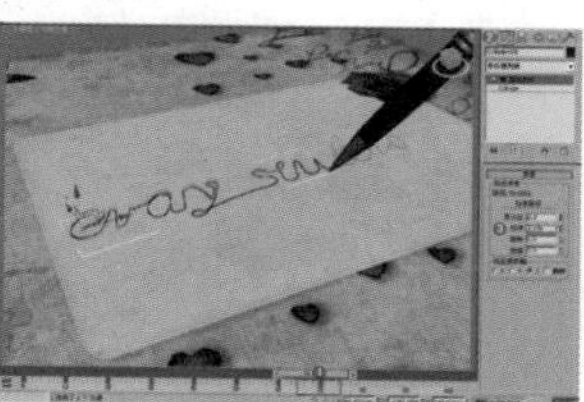

图14-140

步骤 11 继续拖动时间线滑块到第 80 帧，进入【修改】面板，最后设置【拉伸】为 2.436，如图 14-141 所示。继续拖动时间线滑块到第 90 帧，进入【修改】面板，最后设置

【拉伸】为 2.72，如图 14-142 所示。

图14-141

图14-142

步骤 12 继续拖动时间线滑块到第 100 帧，进入【修改】面板，最后设置【拉伸】为 3.05，如图 14-143 所示。

技巧与提示

这个步骤非常烦琐，主要的操作是为了在每一帧的状态中，钢笔和文字书写的轨迹完全吻合，这样在播放动画时就不会出现钢笔与文字不同步的情况了。在本例中，以每 10 帧调节一次参数和位置的对齐，而为了模拟出更真实的效果，可以以每 5 帧调节一次参数和位置的对齐。

步骤 13 单击关闭【自动关键点】按钮 自动关键点，然后拖曳时间线滑块查看动画，效果如图 14-144 所示。

图14-143

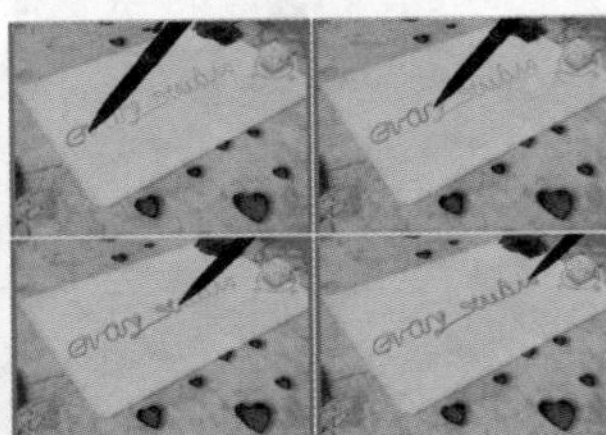

图14-144

Part 2 创建摄影机动画

步骤 01 在【创建】面板中单击【摄影机】按钮，并设置摄影机类型为【标准】，最后单击【目标】按钮 目标，如图 14-145 所示。在场景中拖曳创建一台摄影机，如图 14-146 所示。

图14-145

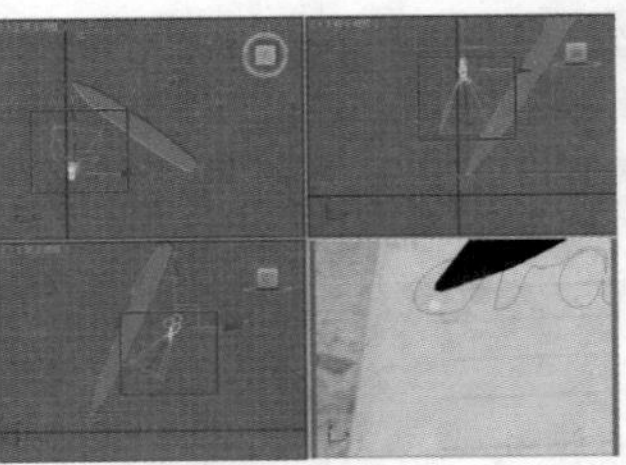

图14-146

步骤 02 单击打开【自动关键点】按钮 自动关键点，此时拖动时间线滑块到第 0 帧，将摄影机移动到如图 14-147 所示的位置。

步骤 03 此时拖动时间线滑块到第 100 帧，并将摄影机移动到如图 14-148 所示的位置。

步骤 04 单击关闭【自动关键点】按钮 自动关键点，然后拖曳时间线滑块查看效果动画，如图 14-149 所示。

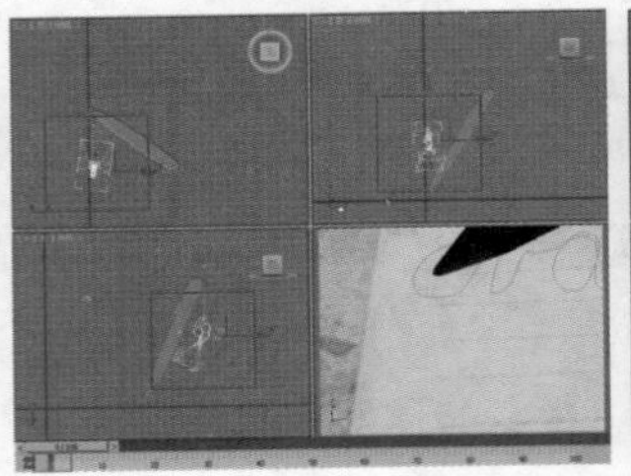

图14-147

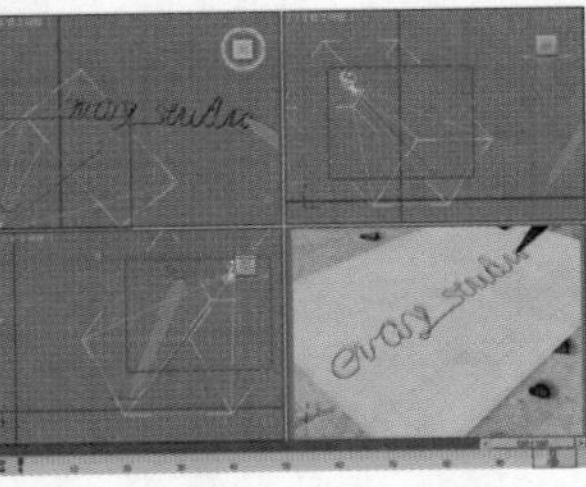

图14-148

图14-149

步骤 05 最终渲染效果如图 14-150 所示。

图14-150

14.2.4 变形器

【变形器】修改器可以用来改变网格、面片和 NURBS 模型的形状，同时还支持材质变形，一般用于制作 3D 角色的口型动画和与其同步的面部表情动画。

在场景中任意创建一个对象，然后进入【修改】面板，接着为其加载一个【变形器】修改器，其参数设置面板如图 14-151 所示。

图14-151

- 标记下拉列表：在该列表中可以选择以前保存的标记，或者在文本框中输入新名称来创建新标记。
- 【保存标记】按钮 保存标记：在文本框中输入新的标记名称后，单击该按钮可以存储标记。
- 【删除标记】按钮 删除标记：在标记下拉列表中选择标记后，单击该按钮可以将其删除。
- 列出范围：显示通道列表中的可见通道的范围。
- 【加载多个目标】按钮 加载多个目标...：用于将多个变形目标加载到空的通道中。

- 【重新加载所有变形目标】按钮 重新加载所有变形目标 ：重新加载所有变形目标。
- 【活动通道值清零】按钮 活动通道值清零 ：如果已经开启了【自动关键点】功能，单击该按钮可以为所有活动变形通道创建值为 0 的关键点。
- 自动重新加载目标：选中该复选框时，允许【变形器】修改器自动更新动画目标。
- 【从场景中拾取对象】按钮 从场景中拾取对象 ：在视图中拾取一个对象，然后将变形目标指定给当前通道。
- 【捕获当前状态】按钮 捕获当前状态 ：选择一个空的通道后可以激活该按钮。
- 【删除】按钮 删除 ：删除当前通道的指定目标。
- 【提取】按钮 提取 ：选择蓝色通道后，单击该按钮可以使用变形数据来创建对象。
- 使用限制：如果在【全局参数】卷展栏下取消选中【使用限制】复选框，那么该复选框可以在当前通道上使用限制。
- 最小 / 最大值：设置限制的最小 / 最大数值。
- 【使用顶点选择】按钮 使用顶点选择 ：仅变形当前通道上的选定顶点。
- 目标列表：列出与当前通道关联的所有中间变形目标。
- 【上移】按钮 ↑ /【下移】按钮 ↓ ：在列表中向上 / 下移动选定的中间变形目标。
- 目标 %：指定选定的中间变形目标在整个变形解决方案中所占的百分比。
- 张力：设置选定的中间变形目标之间的顶点在变换时的整体线性张力。

重点 综合实例：摄影机动画制作 LOGO 演绎

场景文件	无
案例文件	综合实例：摄影机动画制作 LOGO 演绎 .max
视频教学	DVD/ 多媒体教学 /Chapter14/ 综合实例：摄影机动画制作 LOGO 演绎 .flv
难易指数	★★★★☆
技术掌握	掌握动力学动画、关键帧动画制作动画的渲染技巧

实例介绍

LOGO 演绎动画是当前非常流行的一种表现手法，主要模拟电视台台标、LOGO 等，起到广而告之的作用。最终效果如图 14-152 所示。

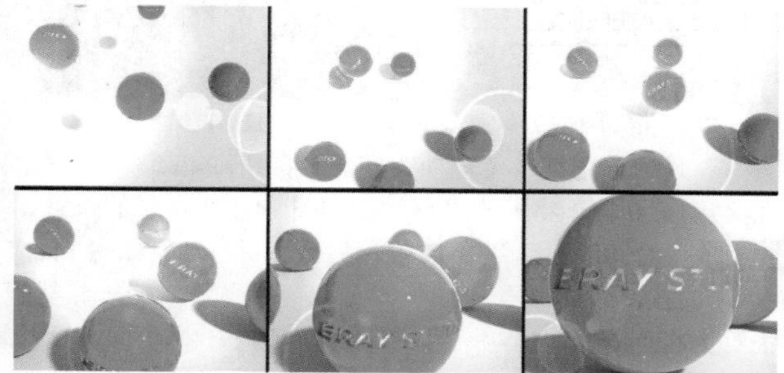

图 14-152

操作步骤

Part 1 制作三维文字模型

步骤 01 在【创建】面板中单击 （创建）/ （几何体）/ 标准 / 球体 ，并拖曳创建一个球体，如图 14-153 所示。

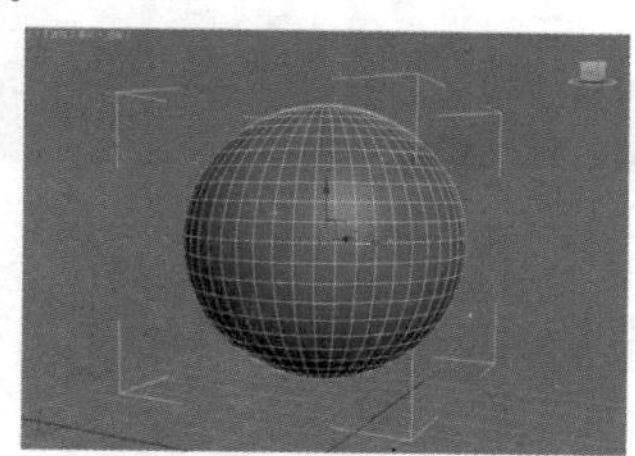

图 14-153

步骤 02 接着使用【文本】工具 文本 ，并在前视图中拖曳进行创建一个文本文字，接着单击文本文字进入【修改】面板，设置字体为 Verdana Bold Italic，【大小】为 4.9，【文本】为 ERAY STUDIO，如图 14-154 所示。

步骤 03 此时效果如图 14-155 所示。

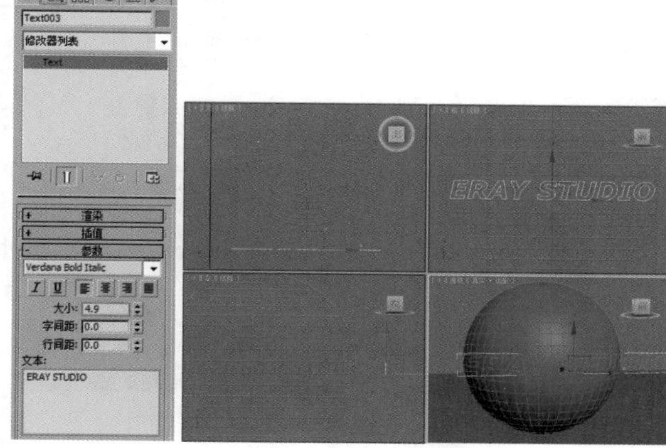

图 14-154　图 14-155

步骤 04 选择球体，单击 （创建）/ （几何体）/ 复合对象 / 图形合并 ，并单击【拾取图形】按钮 拾取图形 ，最后在场景中单击拾取文本文字，如图 14-156 所示。

步骤 05 拾取文本文字后，我们发现刚才的文本文字被合并到了球体上，因此球体上出现了文字，如图 14-157 所示。

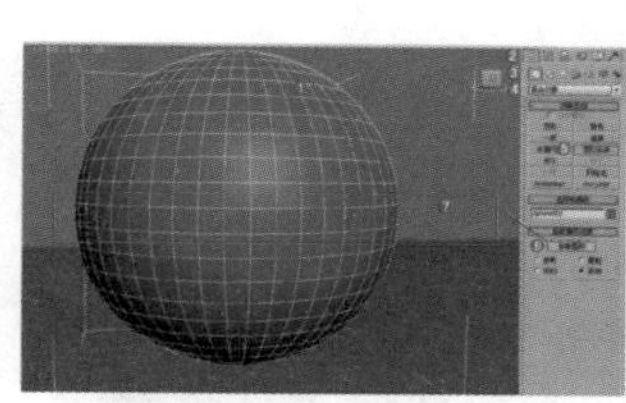

图 14-156

图 14-157

步骤 06 选择此时的球体，并右击，执行【转换为】|【转换为可编辑多边形】命令，如图 14-158 所示。

步骤 07 此时单击球体进入【修改】面板，并单击进入到【多边形】级别，此时自动选择如图 14-159 所示的多边形。

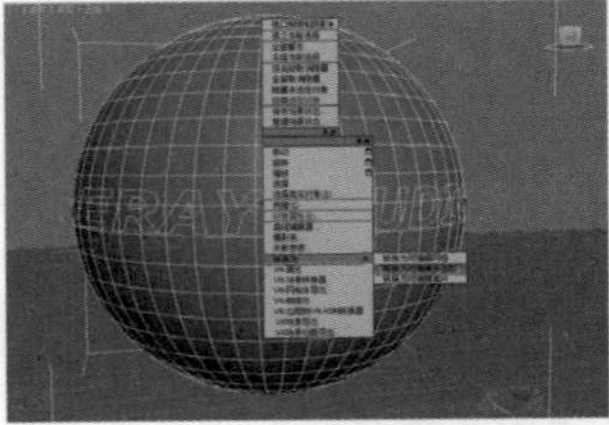
图14-158

图14-159

步骤 08 接着单击球体进入【修改】面板，并单击【挤出】按钮 挤出 后的【设置】按钮，设置【高度】为 -1，如图 14-160 所示。

图14-160

步骤 09 将球体和文字设置为两种不同颜色的材质。如图 14-161 所示。

步骤 10 选择步骤 09 中的球体，并按住 Shift 键复制 5 个，将其位置和旋转角度进行适当的调整，如图 14-162 所示。

图14-161

图14-162

Part 2 制作动力学动画

步骤 01 在主工具栏的空白处右击，在弹出的快捷菜单中并选择【MassFX 工具栏】，如图 14-163 所示。

步骤 02 此时会弹出【MassFX 工具栏】选项，如图 14-164 所示。

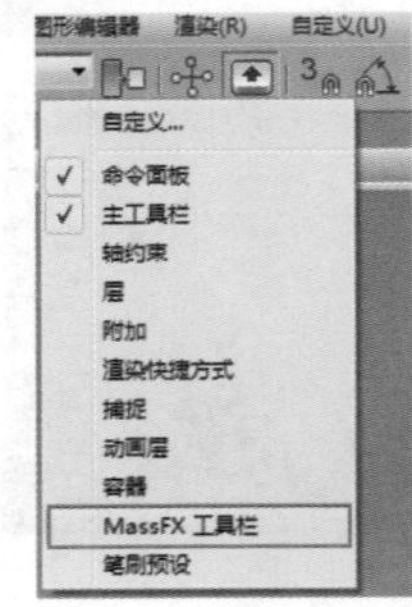

图14-163

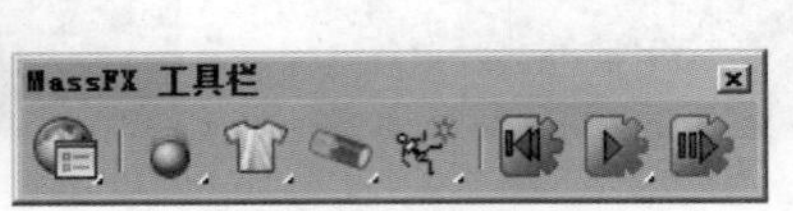

图14-164

步骤 03 选择场景中的 6 个球体，并单击【将选定项设置为动力学刚体】按钮，如图 14-165 所示。

步骤 04 单击所有球体，进入【修改】面板，设置【反弹力】为 1，如图 14-166 所示。

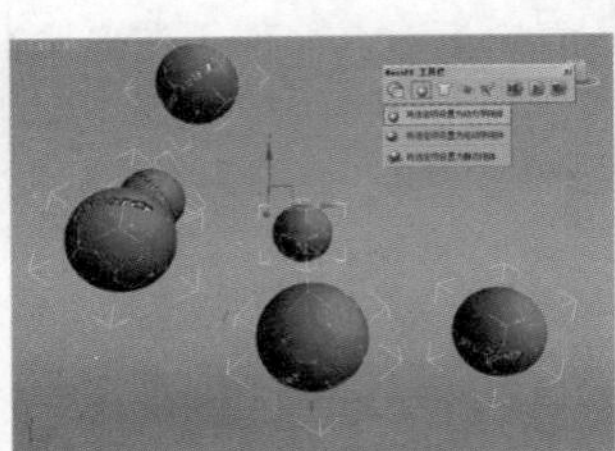
图14-165

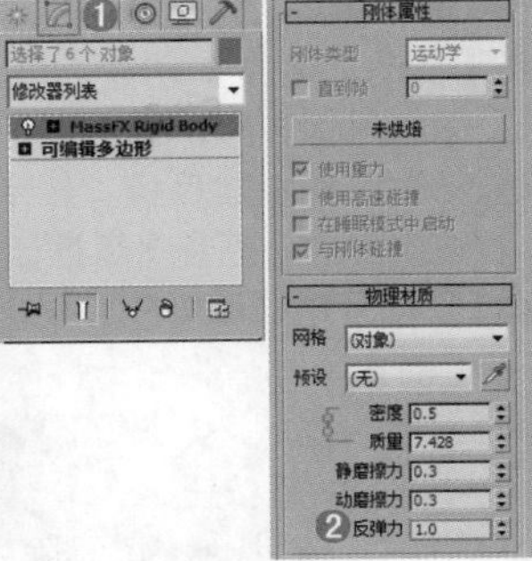

图14-166

步骤 05 此时单击【MassFX 工具栏】中的按钮进入【MassFX 工具】对话框，单击【工具】按钮，接着单击【烘焙所有】按钮 烘焙所有 ，如图 14-167 所示。

步骤 06 此时拖动时间线查看动画，效果如图 14-168 所示。

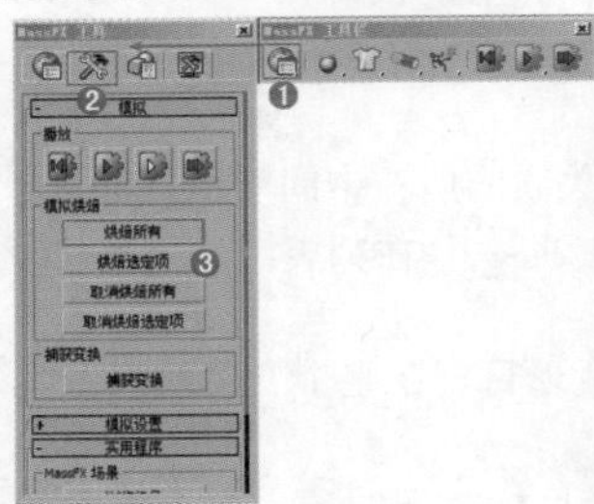

图14-167

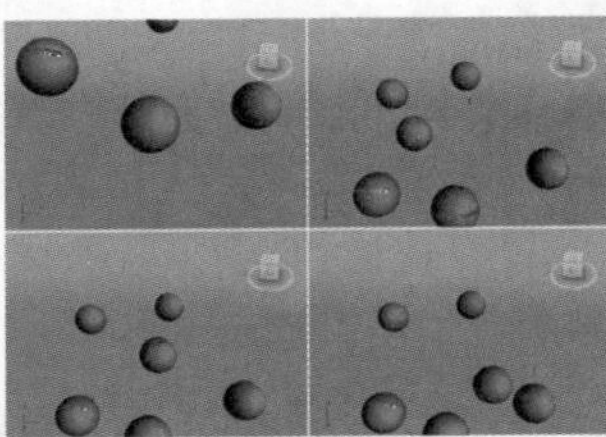
图14-168

Part 3 制作摄影机动画并渲染

步骤 01 创建摄影机动画。单击（创建）/（摄影机）/ 标准 / 目标 ，如图 14-169 所示。

步骤 02 在场景中拖曳创建一台摄影机，如图 14-170 所示。

图14-169

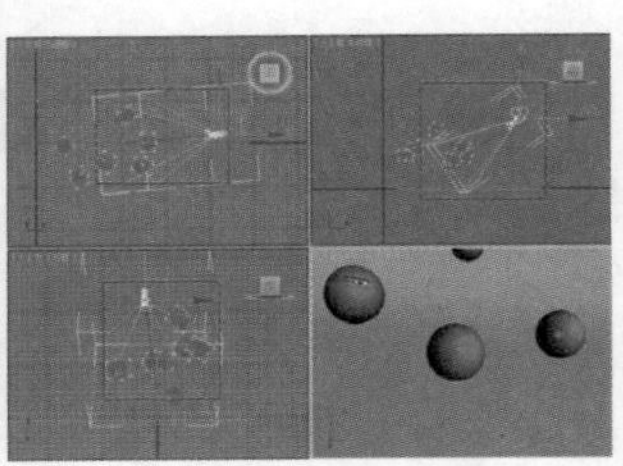
图14-170

步骤 03 此时单击打开【自动关键点】按钮 自动关键点 ，并将时间线拖动到第 0 帧，将摄影机移动到如图 14-171 所示的位置。

步骤 04 将时间线拖动到第 12 帧，将摄影机移动到如图 14-172 所示的位置。

步骤 05 将时间线拖动到第 100 帧，将摄影机移动到，如图 14-173 所示的位置。

步骤 06 此时摄影机动画设置完成，单击关闭【自动关键点】

按钮[自动关键点]，接着开始设置灯光，单击（创建）/（灯光）/ VRay / VR太阳，如图14-174所示。

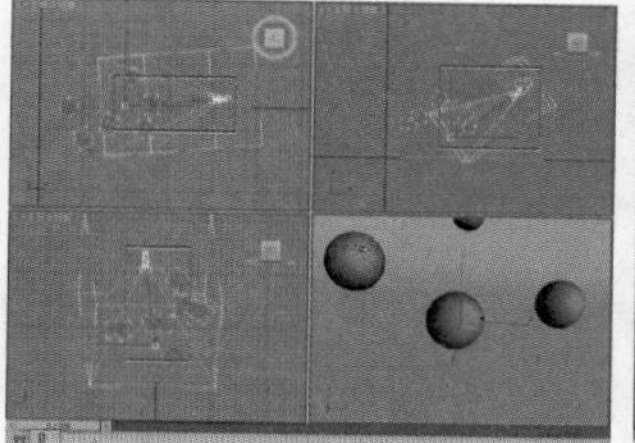
图14-171

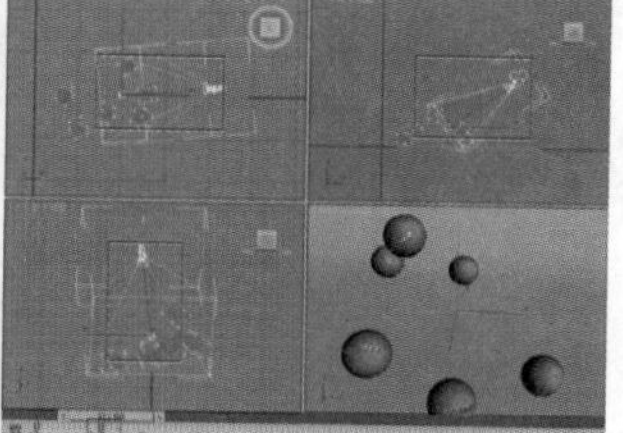
图14-172

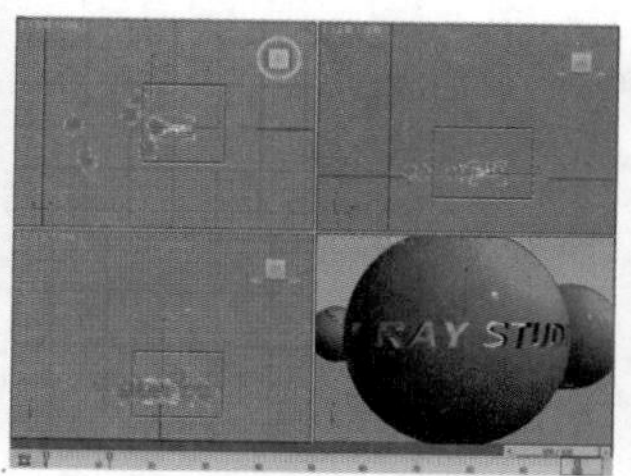
图14-173

图14-174

步骤07 在场景中拖曳创建一束灯光，其位置如图14-175所示。

步骤08 单击步骤07创建的灯光，进入【修改】面板，设置【强度倍增】为0.05，【大小倍增】为10，【阴影细分】为10，如图14-176所示。

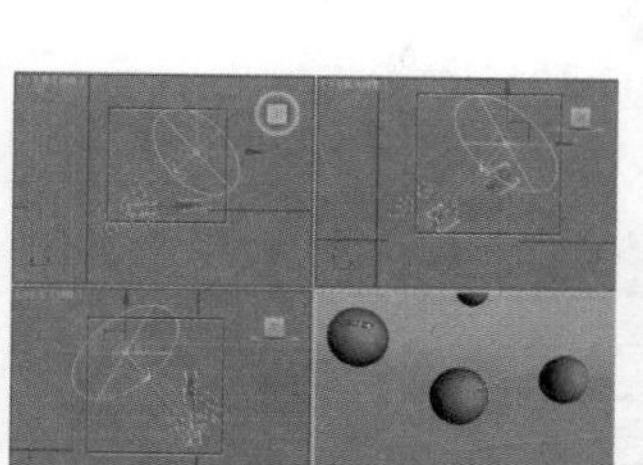
图14-175

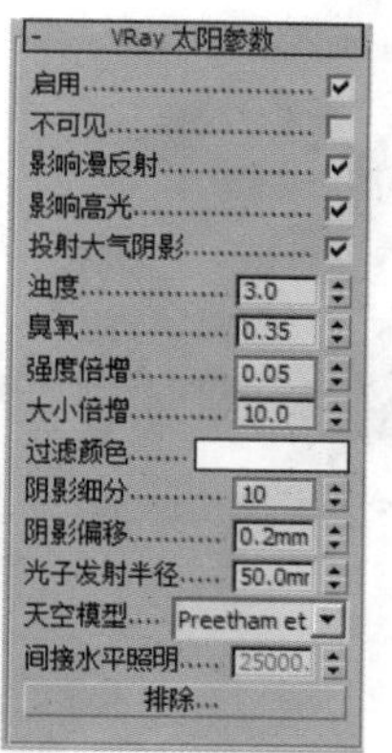

图14-176

步骤09 设置渲染器。渲染器的具体参数就不详细讲解了，此处重点讲解渲染动画的设置参数。按F10键，打开【渲染设置】控制面板，接着单击【公用】选项卡，设置【时间输出】为【活动时间段】，【输出大小】下的【宽度】为720，【高度】为576，并单击【渲染输出】后面的【文件】按钮[文件...]，接着在弹出的对话框中设置【文件名】为【下落的球体】，设置【保存类型】为Targe，并设置好路径，最后单击【保存】按钮，如图14-177所示。

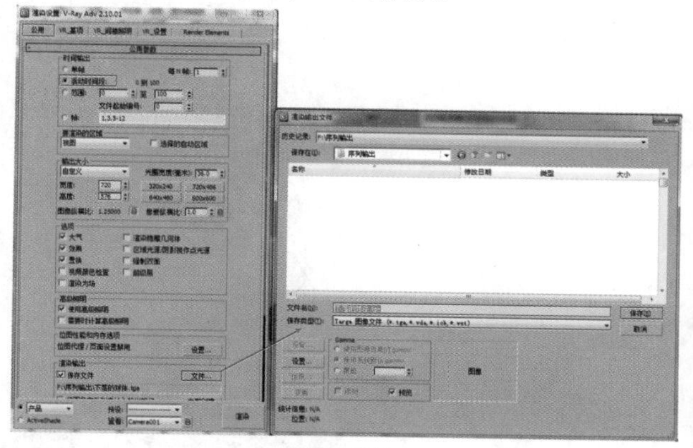
图14-177

步骤10 单击【渲染】按钮，最终渲染的动画效果如图14-178所示。

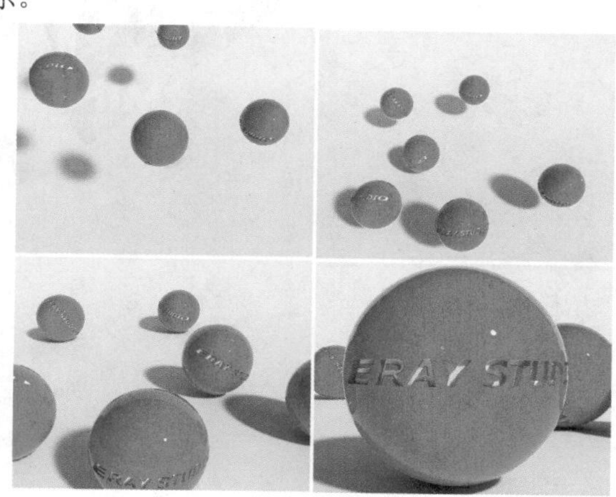
图14-178

Chapter 15

第15章

高级动画

高级动画的高级之处在于讲解人物、角色的动画制作流程，本章中不仅要研究动画的设置，而且要对动画产生的根源进行剖析。要研究动画，首先需要了解运动系统。运动系统由骨、关节和肌肉等组成，其功能是使位移或保持姿势。动画表现中最难的就是动作的真实和流畅度，因此，研究人体解剖学和人体动作的原理非常重要。

本章学习要点：

- 掌握骨骼的创建方法
- 掌握Biped的创建方法
- 掌握如何为对象蒙皮
- 掌握新增CAT对象功能的使用方法

15.1 初识高级动画

高级动画的高级之处在于讲解人物、角色的动画制作流程，本章中不仅要研究动画的设置，而且要对动画产生的根源进行剖析。要研究动画，首先需要了解运动系统。运动系统由骨、关节和肌肉等组成，其功能是使位移或保持姿势。动画表现中最难的就是动作的真实和流畅度，因此，研究人体解剖学和人体动作的原理非常重要。

国外的三维动画电影非常精彩，最重要的原因是在动作真实的基础上，将人物、角色的个性进行放大，这样趣味性更强，更容易激发观众的兴趣，如图15-1所示。

图15-1

15.1.1 什么是高级动画

高级动画主要包括骨骼、Biped、蒙皮、CAT等知识。通过对这些知识的学习，可以制作角色动画和人物动画，如图15-2所示。

图15-2

15.1.2 高级动画都需要掌握哪些知识

1. 骨骼结构

骨骼起着支撑身体的作用，是人体运动系统的一部分。成人有206块骨，骨与骨之间一般用关节和韧带连接起来。通俗地讲，骨骼就是人体的基本框架。如图15-3所示为人体骨骼的分布图。

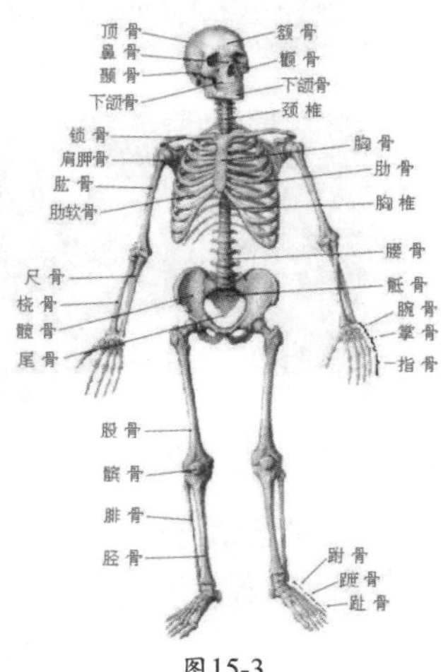

图15-3

2. 肌肉分布

肌肉（muscle）主要由肌肉组织构成。骨骼肌是运动系统的动力部分，在神经系统的支配下，骨骼肌收缩时，牵引骨产生运动。人体骨骼肌共有600多块，分布广，约占体重的40%。肌肉收缩牵引骨骼而产生关节的运动，其作用犹如杠杆装置，有3种基本形式：①平衡杠杆运动。支点在重点和力点之间，如寰枕关节进行的仰头和低头运动；②省力杠杆运动。其重点位于支点和力点之间，如起步抬足跟时踝关节的运动；③速度杠杆运动。其力点位于重点和支点之间，如举起重物时肘关节的运动。如图15-4所示为肌肉分布图。

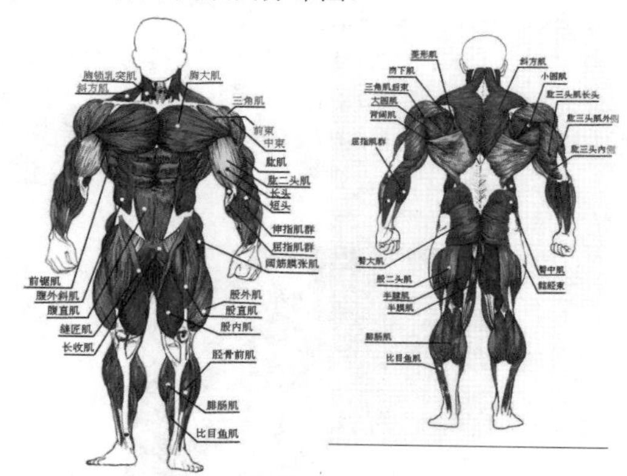

图15-4

3. 运动规律

动画运动规律是研究时间、空间、张数、速度的概念及彼此之间的相互关系，从而处理好动画中动作的节奏规律。如图15-5所示。

图15-5

15.2 高级动画（骨骼、蒙皮）

15.2.1 骨骼

1. 创建骨骼

3ds Max 2014 中的骨骼系统非常强大，可以制作出各种动画效果，也是 3ds Max 存在时间最久的动画系统。在【创建】面板中单击【系统】按钮，然后设置系统类型为【标准】，接着单击【骨骼】按钮 骨骼 ，如图 15-6 所示。

单击即可开始创建骨骼，右击即可完成创建，如图 15-7 所示。

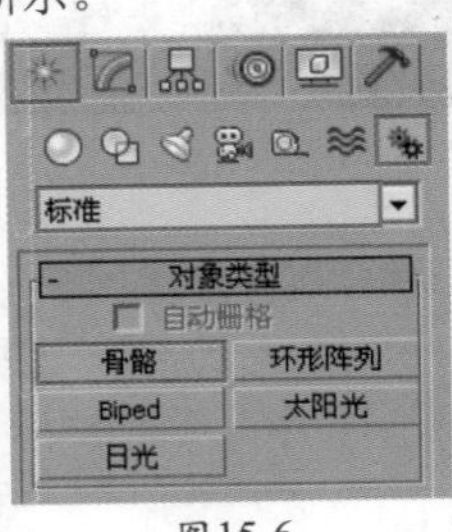

图15-6

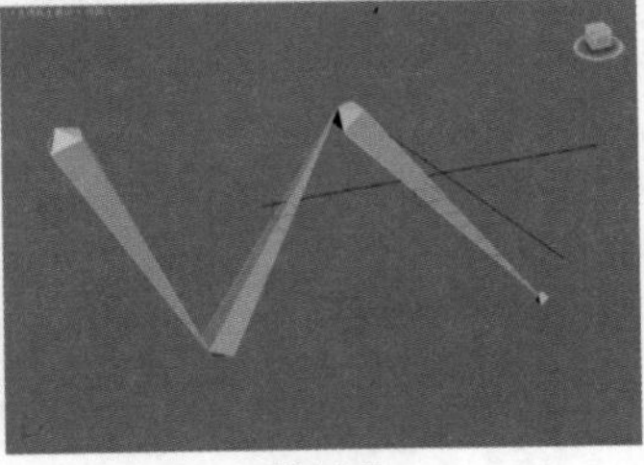

图15-7

2. 线性IK

线性 IK 使用位置约束控制器将 IK 链约束到一条曲线上，使其能够在曲线节点的控制下在上、下、左、右进行扭动，以此来模拟软体动物的运动效果。

在创建骨骼时，如果在【IK 链指定】卷展栏下选中【指定给子对象】复选框，那么创建出来的骨骼会出现一条连接线，如图 15-8 所示。

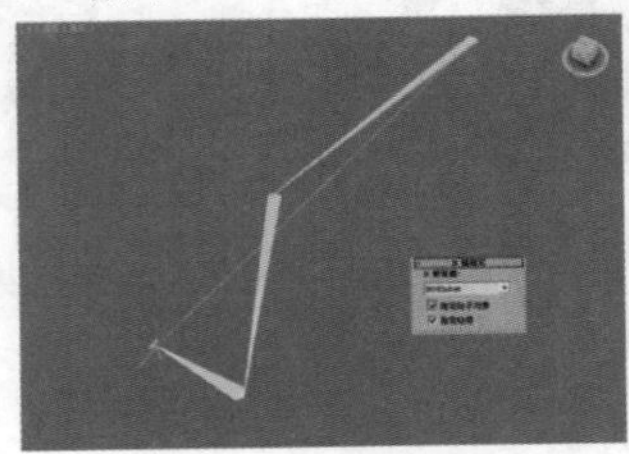

图15-8

当将连接该线的十字图标选中并进行移动时，会发现这个运动效果类似于人的腿部运动，如图 15-9 所示。

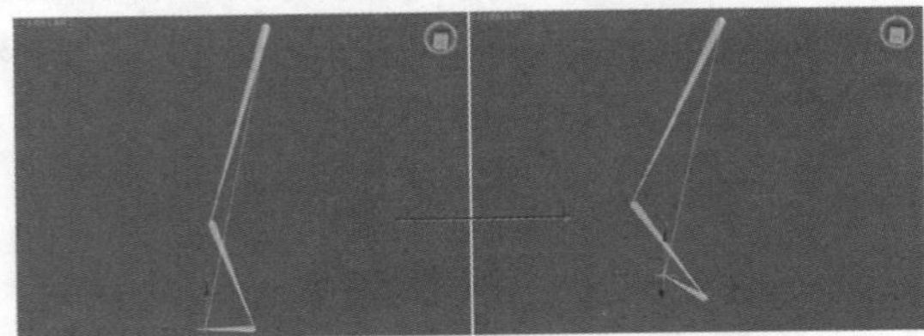

图15-9

3. 父子关系

创建好骨骼节点后，单击主工具栏中的【按名称选择】按钮，在弹出的对话框中可以观察到骨骼节点之间的父子关系，其关系是 Bone001>Bone002>Bone003>Bone004，如图 15-10 所示。

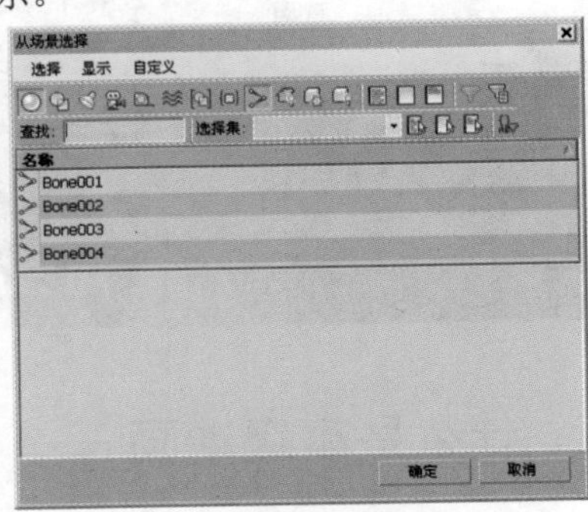

图15-10

技巧与提示

选择骨骼 Bone001，然后使用【选择并移动】工具拖曳该骨骼，可以观察到 Bone001、Bone002、Bone003、Bone004 都会跟随着进行移动，如图 15-11 所示。而当我们选择骨骼 Bone003，然后使用【选择并移动】工具拖曳该骨骼时，可以观察到 Bone001 没有任何变化，Bone002 产生了一定的变化，而 Bone004 会跟随着进行移动，如图 15-12 所示。

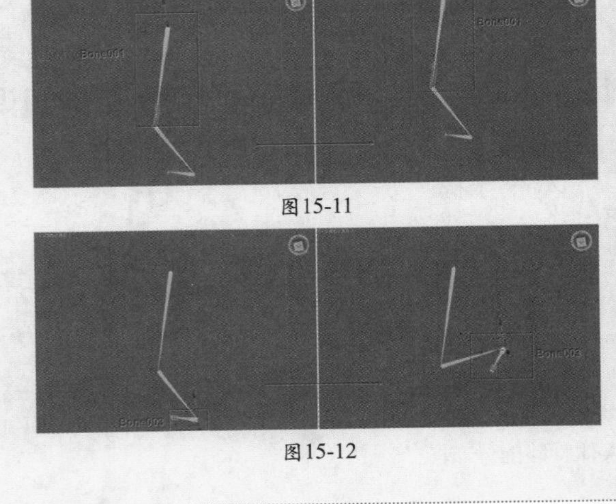

图15-11

图15-12

4. 添加骨骼

创建完骨骼后，还可以继续添加骨骼，将光标放置在骨骼节点的末端变成十字形时单击并拖曳，即可继续添加骨骼，如图 15-13 所示。

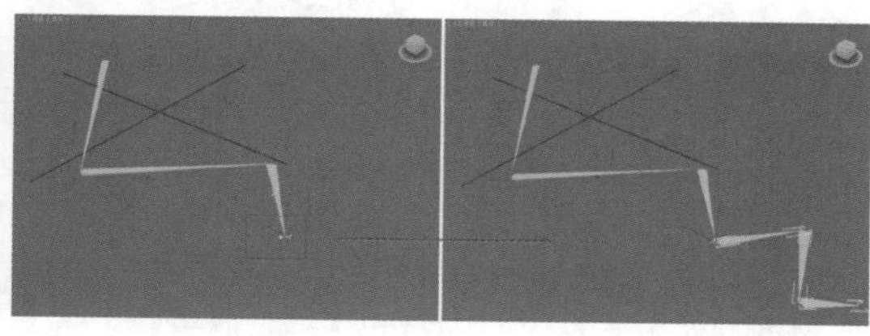

图15-13

5. 删除骨骼

如果要将部分骨骼删除，只需要将其选中并按 Delete 键即可，如图 15-14 所示。

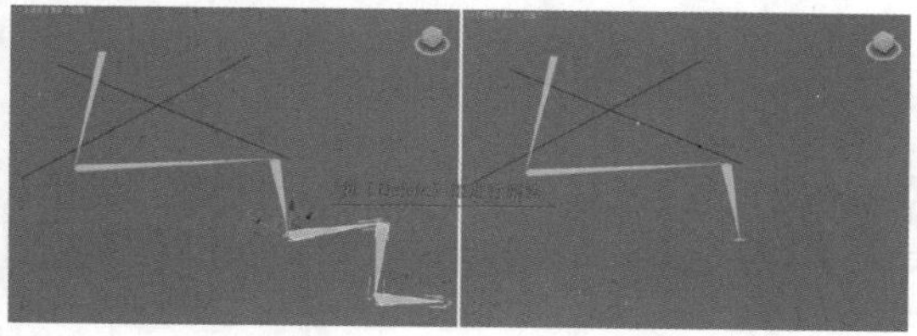

图15-14

6. 骨骼参数

选择创建的骨骼，然后进入【修改】面板，其参数设置面板如图 15-15 所示。

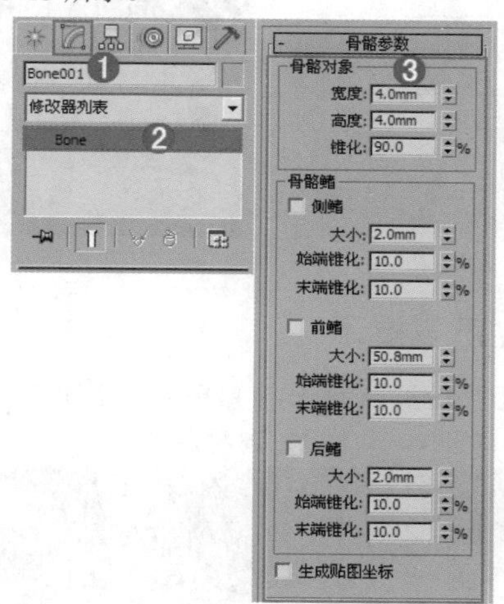

图15-15

- **宽度 / 高度**：设置骨骼的宽度和高度。
- **锥化**：调整骨骼形状的锥化程度。如果设置数值为 0，生成的骨骼形状为长方体。
- **侧鳍**：在所创建的骨骼的侧面添加一组鳍。
- **大小**：设置鳍的大小。
- **始端锥化 / 末端锥化**：设置鳍的始端和末端的锥化程度。
- **前鳍**：在所创建的骨骼的前端添加一组鳍。
- **后鳍**：在所创建的骨骼的后端添加一组鳍。
- **生成贴图坐标**：由于骨骼是可渲染的，选中该复选框时可以对其使用贴图坐标。

技巧与提示

如果需要修改骨骼，可以执行【动画】|【骨骼工具】命令，然后在弹出的【骨骼工具】对话框中设置参数，如图 15-16 所示。

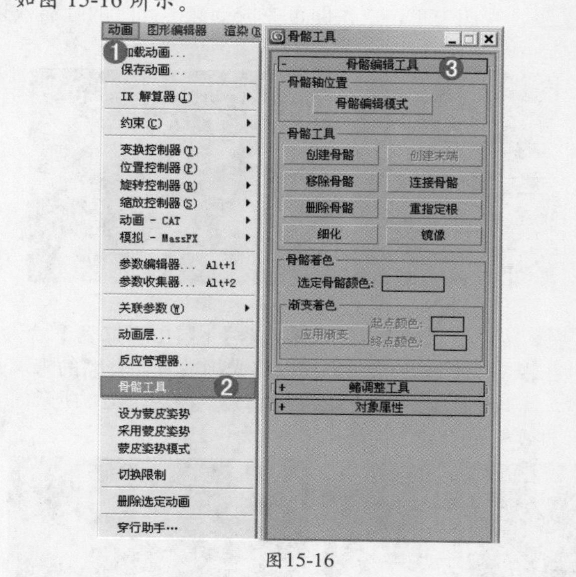

图15-16

重点 小实例：利用骨骼工具和 HI 解算器创建线性 IK

场景文件	无
案例文件	小实例：利用骨骼工具和 HI 解算器创建线性 IK.max
视频教学	DVD/多媒体教学/Chapter15/小实例：利用骨骼工具和 HI 解算器创建线性 IK.flv
难易指数	★★☆☆☆
技术掌握	掌握如何利用【骨骼】工具和【HI 解算器】创建线性 IK

实例介绍

本例讲解利用【骨骼】工具和【HI 解算器】创建线性 IK，效果如图 15-17 所示。

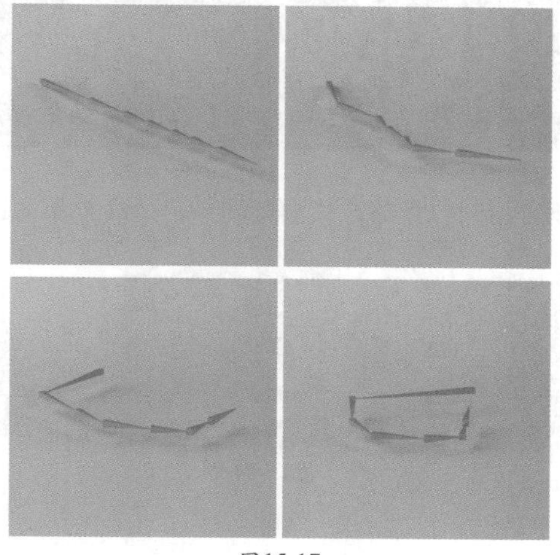

图15-17

操作步骤

步骤 01 在【创建】面板中单击【系统】按钮，然后设置系统类型为【标准】，接着单击【骨骼】按钮 骨骼 ，如图 15-18 所示。

步骤 02 在视图中单击 7 次即可完成创建，此时的骨骼效果如图 15-19 所示。

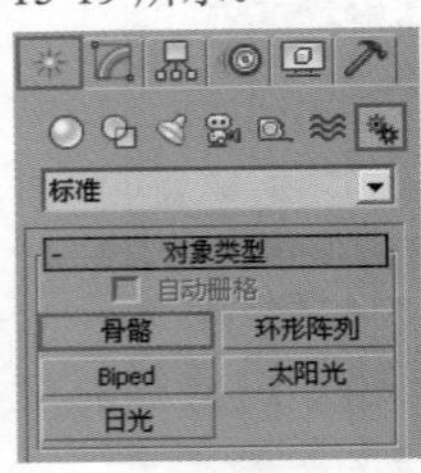

图15-18

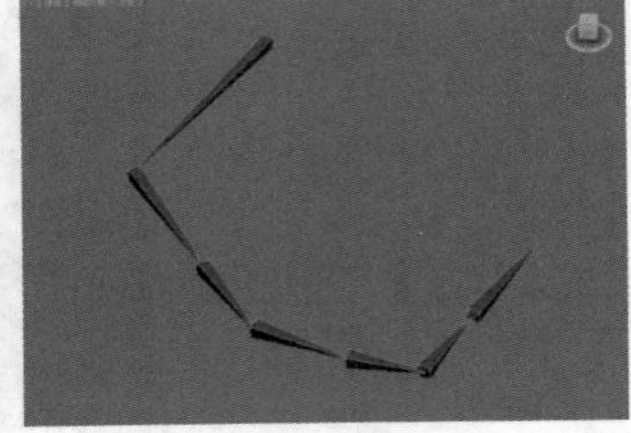

图15-19

步骤 03 执行【动画】|【IK 解算器】|【HI 解算器】命令，此时在视图中会出现一条虚线，将光标放置在骨骼的末端并单击，将骨骼的始端和末端链接起来，如图 15-20 所示，完成后的效果如图 15-21 所示。

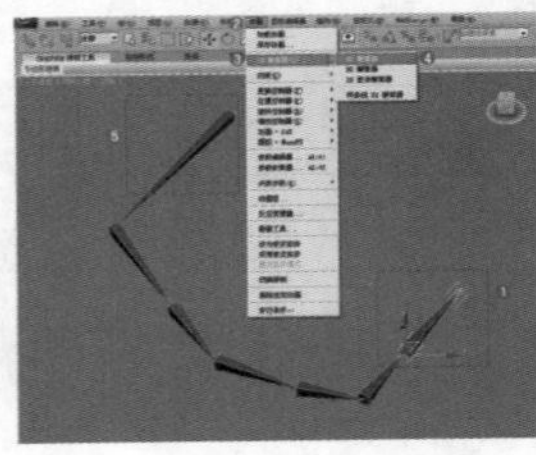

图15-20

图15-21

步骤 04 此时移动解算器图标的位置，即可变换骨骼的效果。如图 15-22 所示。

步骤 05 使用【选择并移动】工具移动解算器，可以调节出各种各样的骨骼，效果如图 15-23 所示。

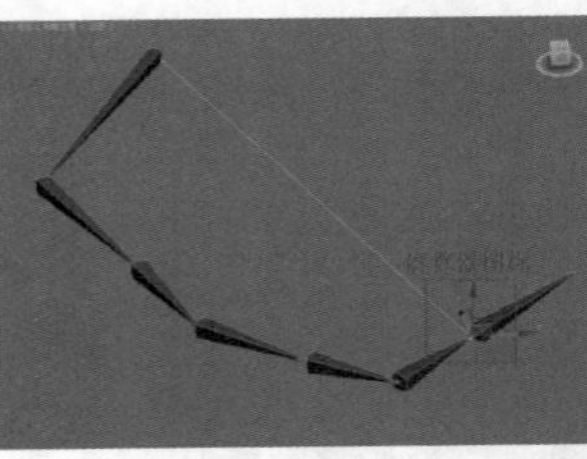

图15-22

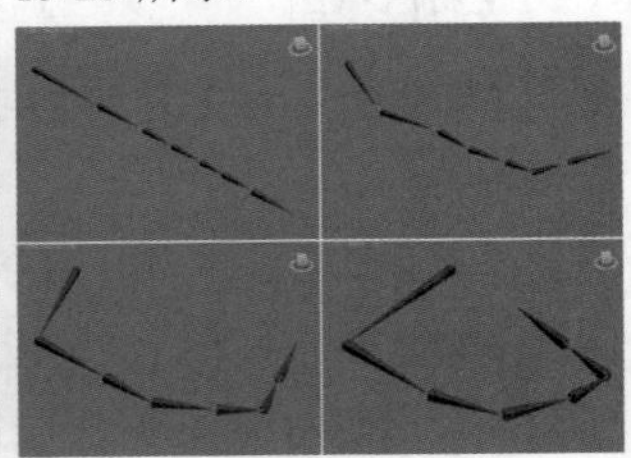

图15-23

步骤 06 对不同的骨骼样式进行渲染，最终效果如图 15-24 所示。

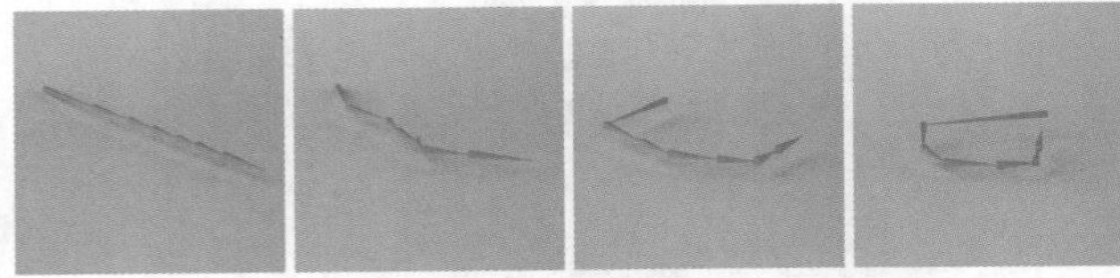

图15-24

重点 小实例：为骨骼对象建立父子关系

场景文件	无
案例文件	小实例：为骨骼对象建立父子关系.max
视频教学	DVD/多媒体教学/Chapter15/小实例：为骨骼对象建立父子关系.flv
难易指数	★★☆☆☆
技术掌握	掌握如何为骨骼对象建立父子关系的方法

实例介绍

本例讲解使用【骨骼】工具和【选择并链接】工具创建父子骨骼，效果如图 15-25 所示。

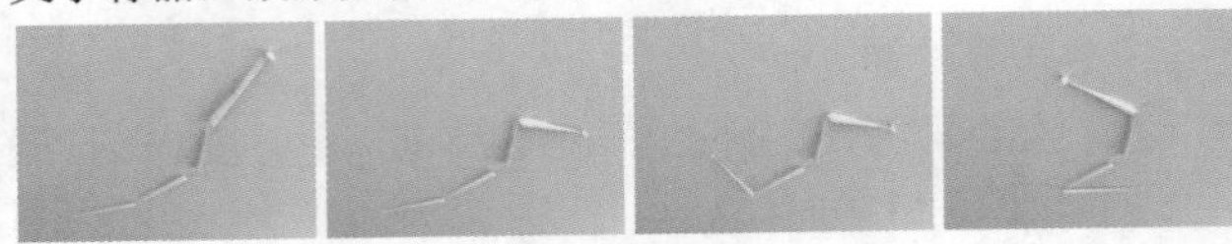

图15-25

操作步骤

步骤 01 在【创建】面板中单击【系统】按钮，然后设置系统类型为【标准】，接着单击【骨骼】按钮 骨骼 ，如图 15-26 所示。

步骤 02 在视图中单击 2 次，然后右击 1 次即可完成创建，此时的骨骼效果如图 15-27 所示。

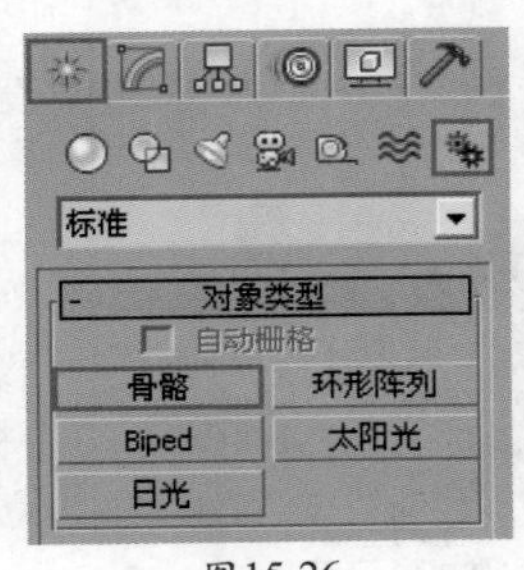

图15-26

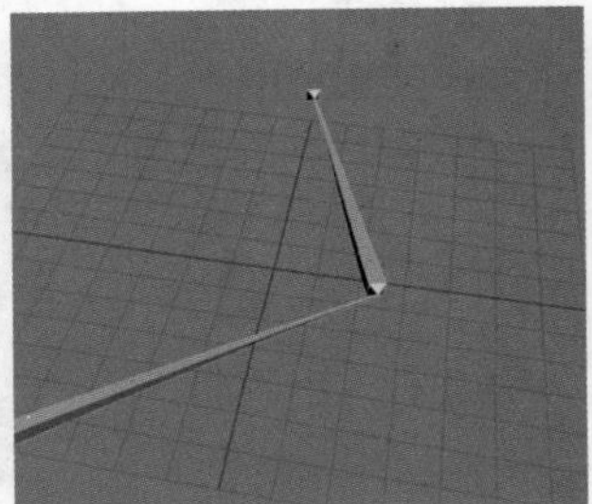

图15-27

技巧与提示

通过前面学习的知识可以得出，骨骼节点之间的父子关系为 a>b>c，如图 15-28 所示。

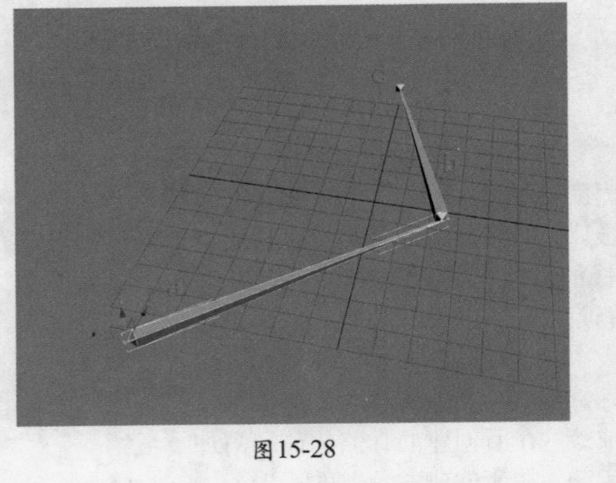

图15-28

步骤 03 继续使用【骨骼】工具 骨骼 创建 d、e、f 骨骼，如图 15-29 所示。

技巧与提示

此时这两部分骨骼不存在任何关系，也就是说，移动任何一个骨骼时，另外一个骨骼都不会受到影响。而本例需要让 a 骨骼影响 d、e、f 骨骼，也就是让 a>d>e>f。

步骤 04 在主工具栏中单击【选择并链接】按钮，然后将 d 骨骼链接到 a 骨骼上，链接成功后，a 骨骼就与 d 骨骼建立了父子关系，如图 15-30 所示。

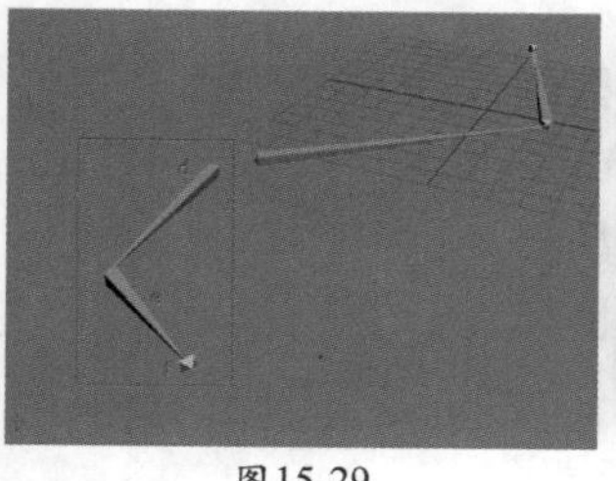
图15-29

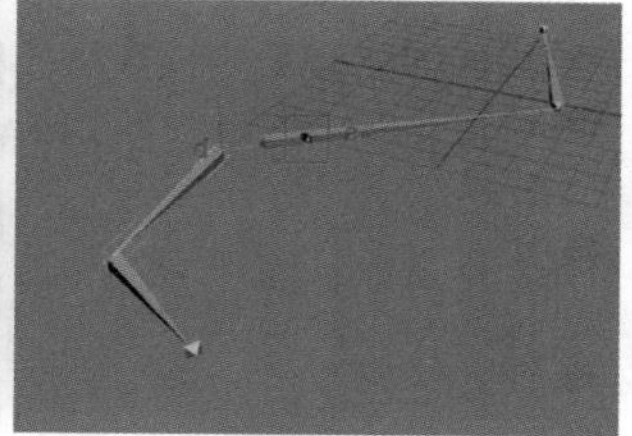
图15-30

技巧与提示

链接成功后，使用【选择并移动】工具拖曳 a 骨骼，此时所有的骨骼都会跟随 a 骨骼产生移动效果，如图 15-31 所示。

当移动 e 骨骼时，只有 f 骨骼会受到相应的影响，而 a、b、c 骨骼均不会受到任何影响，如图 15-32 所示。

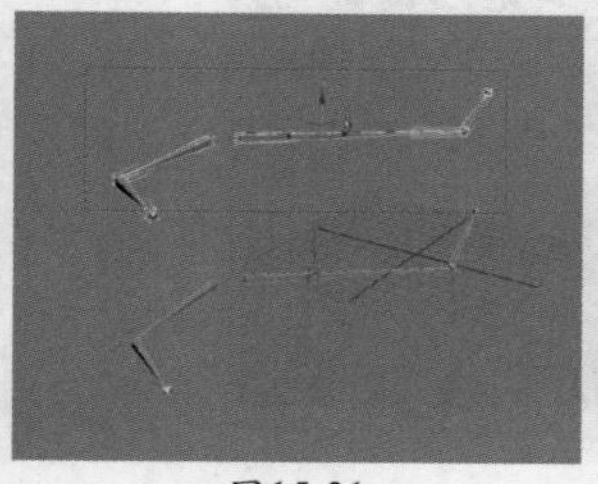
图15-31

图15-32

步骤 05 调节出不同样式的骨骼，然后分别对其进行渲染，最终效果如图 15-33 所示。

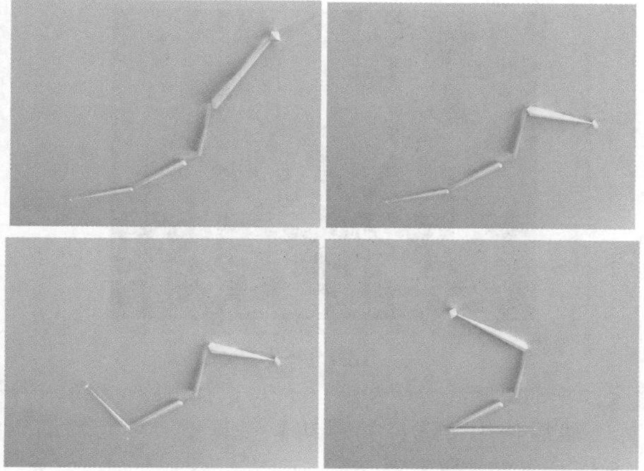
图15-33

重点 小实例：利用骨骼对象制作踢球动画

场景文件	01.max
案例文件	小实例：利用骨骼对象制作踢球动画.max
视频教学	DVD/多媒体教学/Chapter15/小实例：利用骨骼对象制作踢球动画.flv
难易指数	★★★★☆
技术掌握	掌握骨骼对象、【蒙皮】修改器和关键帧动画的使用方法

实例介绍

本案例讲解利用骨骼对象、【蒙皮】修改器、关键帧动画制作人物踢球动画，最终效果如图 15-34 所示。

图15-34

操作步骤

Part 1 创建骨骼

步骤 01 打开本书配套光盘中的【场景文件/Chapter15/01.max】文件，此时场景效果如图 15-35 所示。

步骤 02 在【创建】面板中单击【系统】按钮，然后设置系统类型为【标准】，接着单击【骨骼】按钮 骨骼 ，如图 15-36 所示。

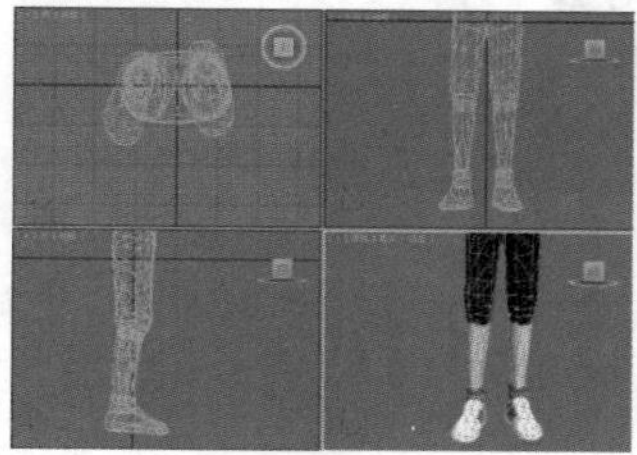
图15-35

图15-36

步骤 03 使用【骨骼】工具 骨骼 ，在左视图中单击 4 次，然后右击 1 次，此时左腿骨骼创建完成，具体参数设置如图 15-37 所示。

步骤 04 继续使用【骨骼】工具 骨骼 制作右腿骨骼，如图 15-38 所示。

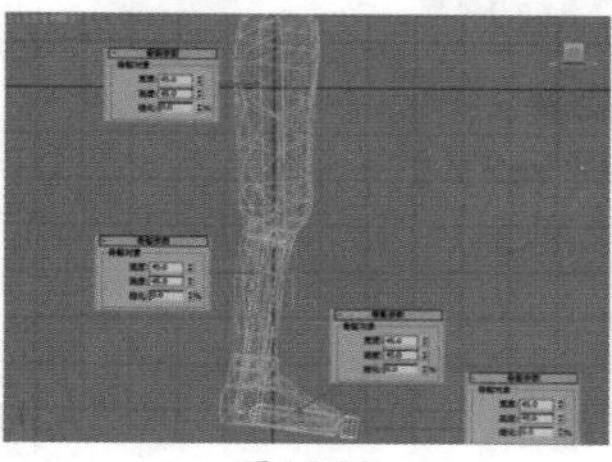
图15-37

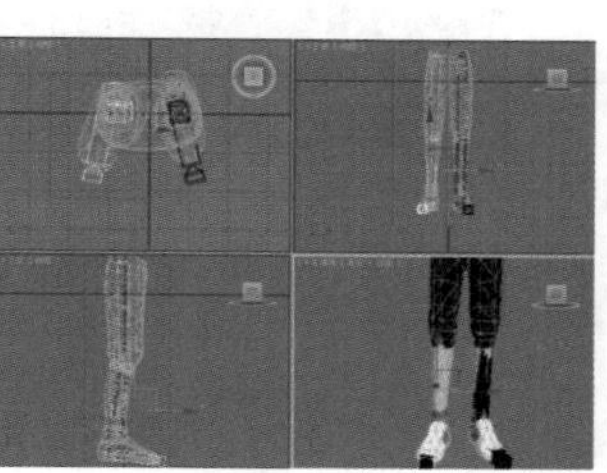
图15-38

Part 2 为人物蒙皮

步骤 01 选择人物模型，进入【修改】面板，为其加载【蒙皮】修改器，然后单击【添加】按钮 添加 ，在列表中选择所有的骨骼，并进行添加，如图 15-39 所示。

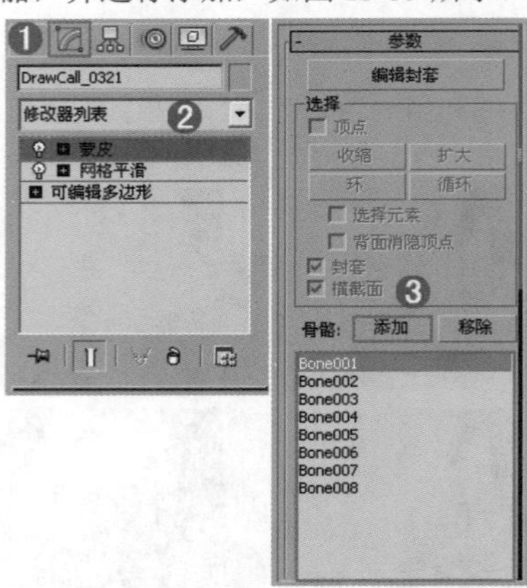

图 15-39

步骤 02 此时我们需要建立解算器，将两个骨骼进行联系，这样会产生真实的腿部运动的效果。如图 15-40 所示，选择左腿骨骼中的骨骼，然后执行菜单栏中的【动画】|【IK 解算器】|【HI 解算器】命令，最后单击大腿部分的骨骼。

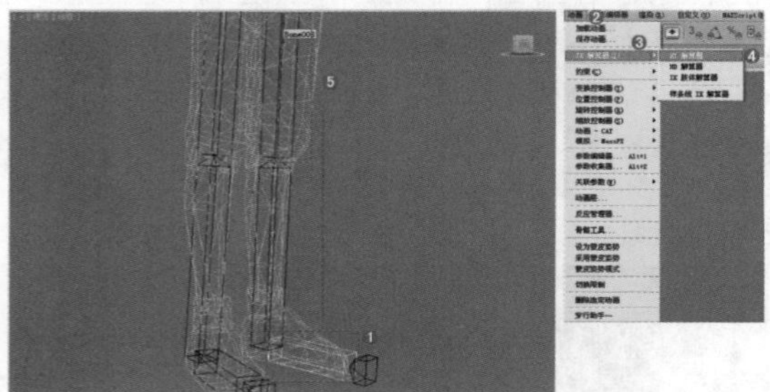
图 15-40

步骤 03 如图 15-41 所示，选择右腿骨骼中的骨骼，然后执行菜单栏中的【动画】|【IK 解算器】|【HI 解算器】命令，最后单击大腿部分的骨骼。

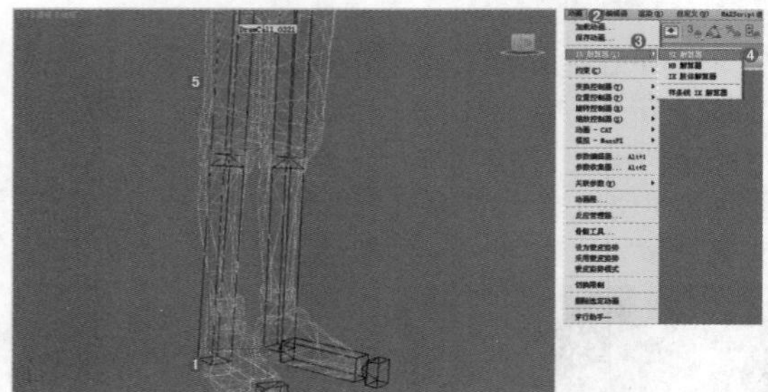
图 15-41

步骤 04 此时我们会看到在人物脚踝位置产生了一个十字形的图标，如图 15-42 所示。

步骤 05 当我们移动这个十字形图标时，会看到与我们人的真实运动模式是完全一致的。如图 15-43 所示。

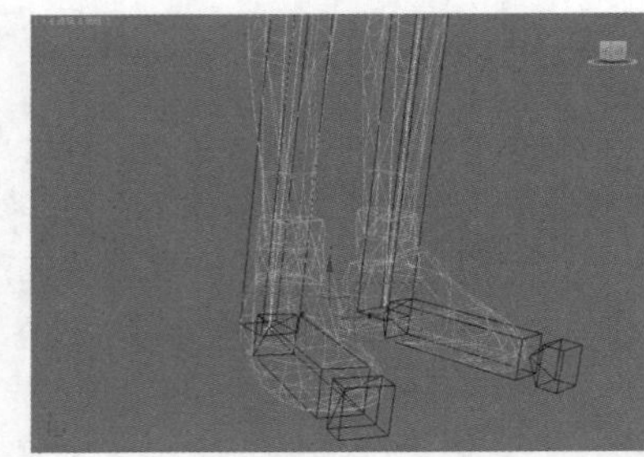
图 15-42

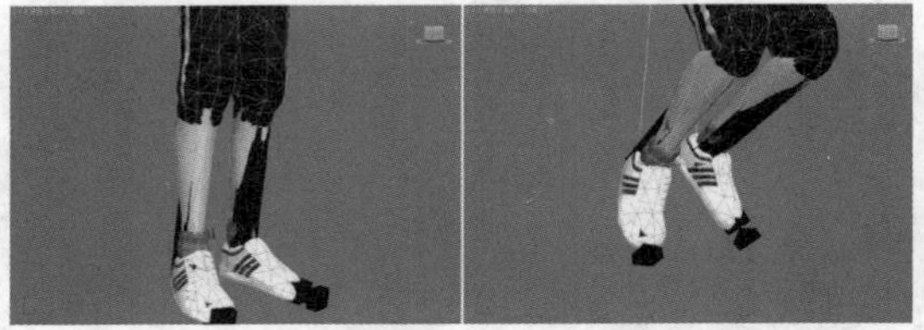
图 15-43

Part 3 创建腿部动画

步骤 01 单击打开【自动关键点】按钮 自动关键点 ，此时拖动时间线滑块到第 0 帧，选择脚踝位置的十字形图标，然后使用【选择并移动】工具 ，将其移动到如图 15-44 所示的位置。

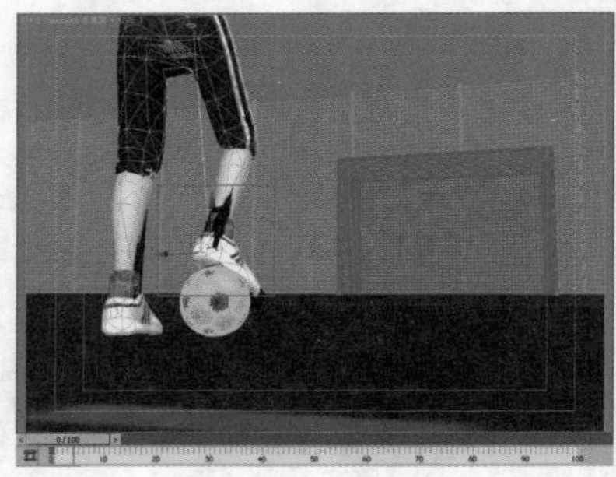
图 15-44

步骤 02 拖动时间线滑块到第 10 帧，选择脚踝位置的十字形图标，然后使用【选择并移动】工具 ，将其移动到如图 15-45 所示的位置。

图 15-45

步骤 03 拖动时间线滑块到第 20 帧，选择脚踝位置的十字形图标，然后使用【选择并移动】工具 ，将其移动到如图 15-46 所示的位置。

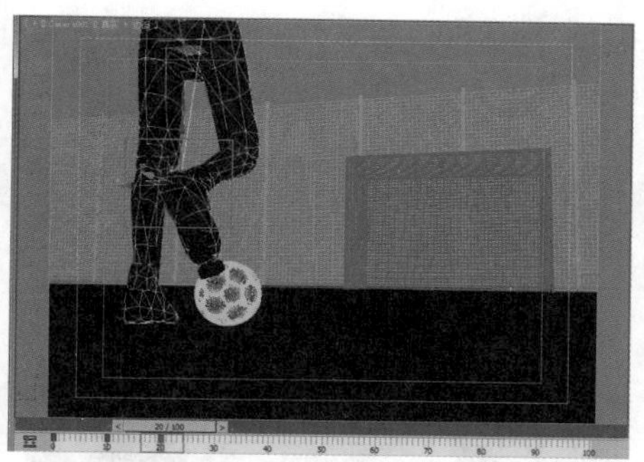
图15-46

步骤 04 拖动时间线滑块到第 30 帧，选择脚踝位置的十字形图标，然后使用【选择并移动】工具，将其移动到如图 15-47 所示的位置。

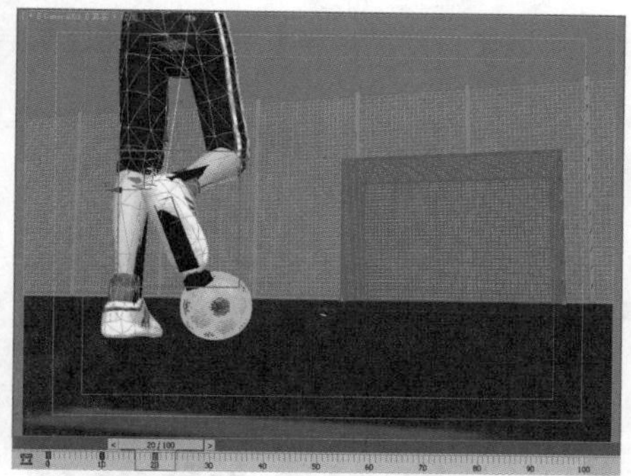
图15-47

步骤 05 拖动时间线滑块到第 40 帧，选择脚踝位置的十字形图标，然后使用【选择并移动】工具，将其移动到如图 15-48 所示的位置。

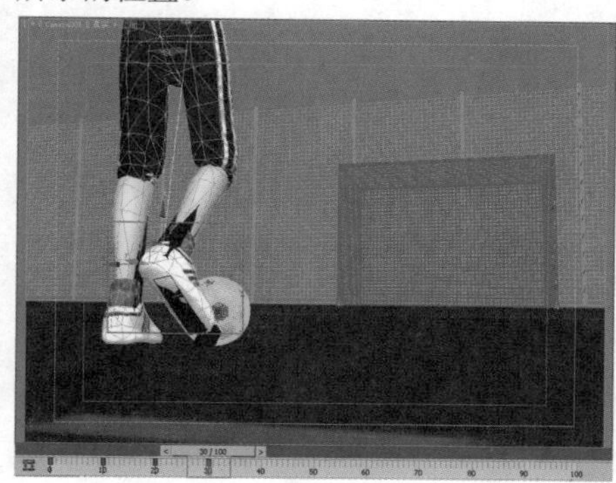
图15-48

步骤 06 拖动时间线滑块到第 50 帧，选择脚踝位置的十字形图标，然后使用【选择并移动】工具，将其移动到如图 15-49 所示的位置。

步骤 07 拖动时间线滑块到第 60 帧，选择脚踝位置的十字形图标，然后使用【选择并移动】工具，将其移动到如图 15-50 所示的位置。

步骤 08 拖动时间线滑块到第 70 帧，选择脚踝位置的十字形图标，然后使用【选择并移动】工具，将其移动到如图 15-51 所示的位置。

步骤 09 拖动时间线滑块到第 100 帧，选择脚踝位置的十字形图标，然后使用【选择并移动】工具，将其移动到如图 15-52 所示的位置。

图15-49

图15-50

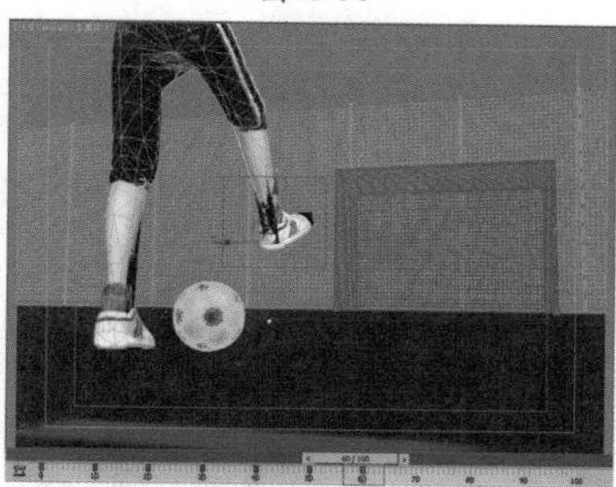
图15-51

图15-52

Part 4 创建足球动画

步骤 01 单击打开【自动关键点】按钮自动关键点，此时拖动时间线滑块到第 50 帧，选择足球模型，然后使用【选择并移动】工具，将其移动到如图 15-53 所示的位置。

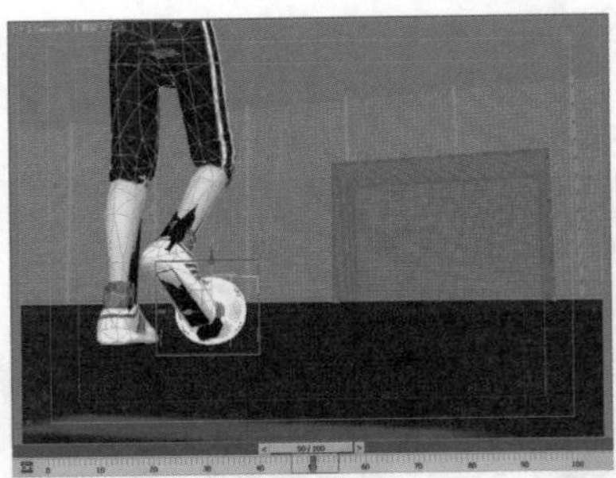

图15-53

步骤 02 拖动时间线滑块到第 66 帧，选择足球模型，然后使用【选择并移动】工具，将其移动到如图 15-54 所示的位置。

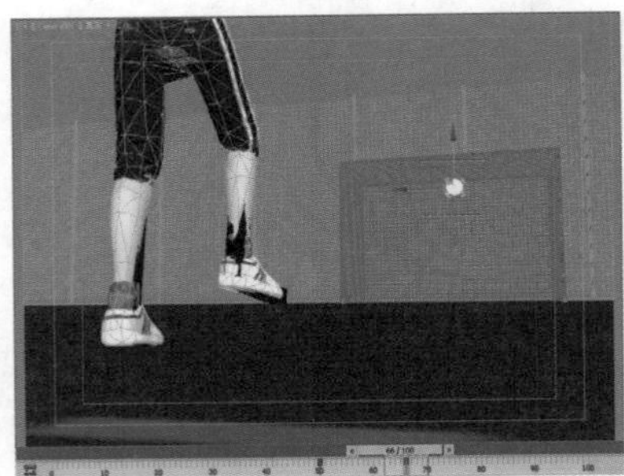

图15-54

步骤 03 拖动时间线滑块到第 80 帧，选择足球模型，然后使用【选择并移动】工具，将其移动到如图 15-55 所示的位置。

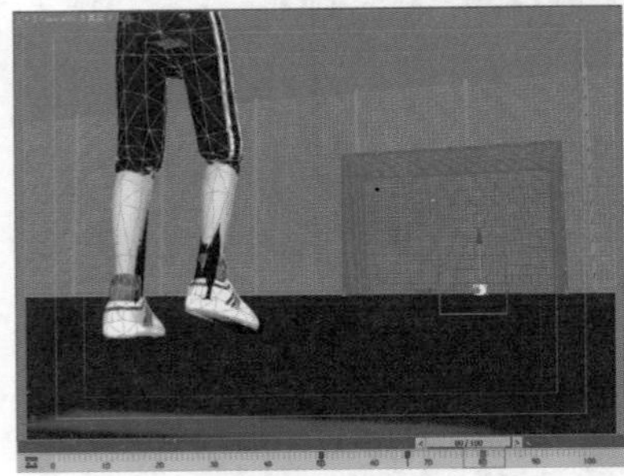

图15-55

步骤 04 拖动时间线滑块到第 92 帧，选择足球模型，然后使用【选择并移动】工具，将其移动到如图 15-56 所示的位置。

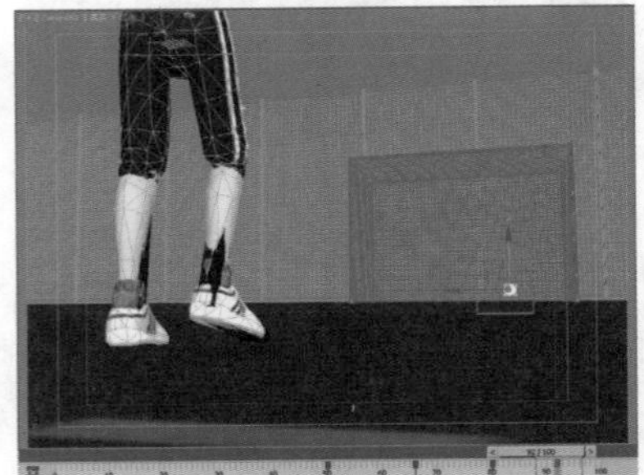

图15-56

步骤 05 拖动时间线滑块到第 100 帧，选择足球模型，然后使用【选择并移动】工具，将其移动到如图 15-57 所示的位置。

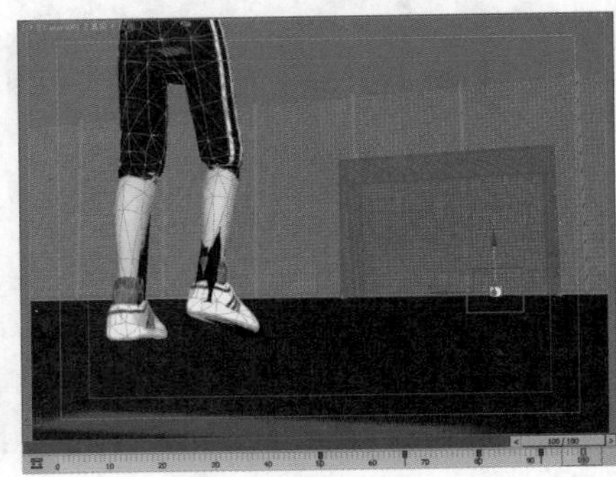

图15-57

步骤 06 单击关闭【自动关键点】按钮自动关键点，然后拖曳时间线滑块查看动画效果，如图 15-58 所示。

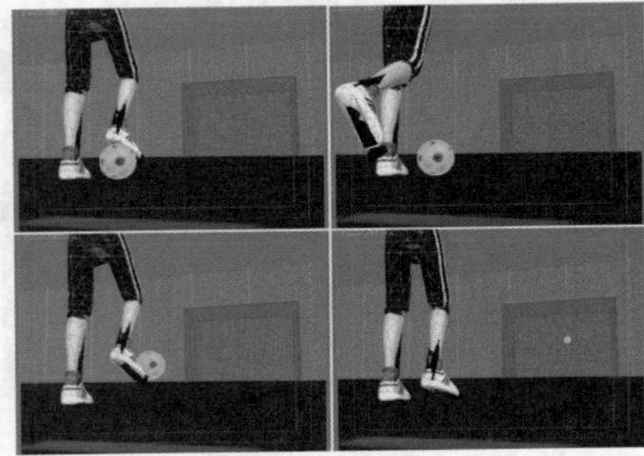

图15-58

步骤 07 动画制作完成后，我们可以将所有的骨骼隐藏，最终渲染效果如图 15-59 所示。

图15-59

重点 小实例：利用骨骼对象制作鸟飞翔动画

场景文件	02.max
案例文件	小实例：利用骨骼对象制作鸟飞翔动画.max
视频教学	DVD/多媒体教学/Chapter15/小实例：利用骨骼对象制作鸟飞翔动画.flv
难易指数	★★★★☆
技术掌握	掌握骨骼对象、【蒙皮】修改器、关键帧动画的使用方法

实例介绍

本案例讲解利用骨骼对象、【蒙皮】修改器、关键帧动画制作鸟飞翔动画，最终效果如图 15-60 所示。

图15-60

操作步骤

Part 1 创建骨骼

步骤 01 打开本书配套光盘中的【场景文件/Chapter15/02.max】文件，此时场景效果如图15-61所示。

步骤 02 在【创建】面板中单击【系统】按钮，然后设置系统类型为【标准】，接着单击【骨骼】按钮 骨骼 ，如图15-62所示。

图15-61

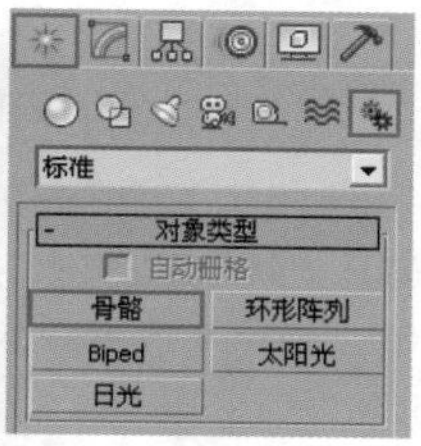

图15-62

步骤 03 在视图中单击2次，然后右击1次即可完成创建，此时的左侧翅膀骨骼效果如图15-63所示。

步骤 04 分别选择这两个骨骼，进入【修改】面板，对骨骼的参数进行设置，具体参数设置如图15-64所示。

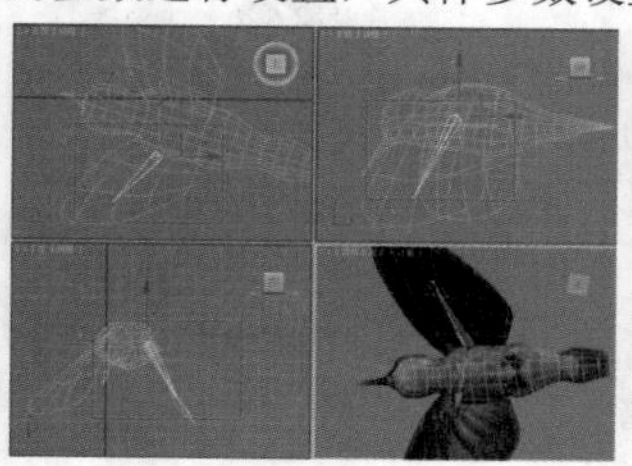
图15-63

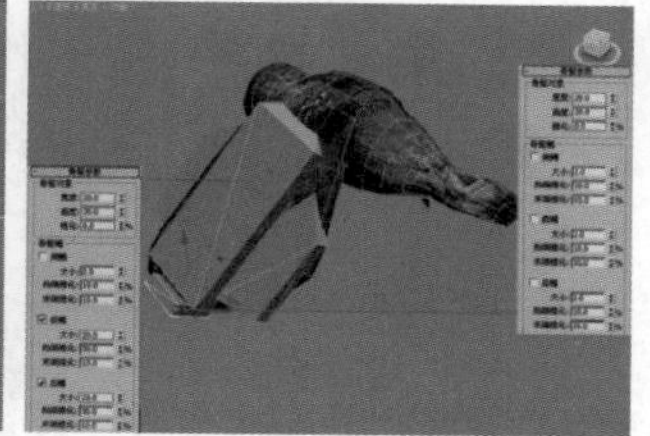
图15-64

步骤 05 使用同样的方法继续为右侧翅膀创建骨骼，如图15-65所示。

步骤 06 再次使用【骨骼】工具 骨骼 ，在视图中单击4次，然后右击1次即可完成创建，此时的身体骨骼效果如图15-66所示。

步骤 07 分别选择这4个骨骼，进入【修改】面板，骨骼的参数进行设置，具体参数设置如图15-67所示。

步骤 08 按同样的方法再次使用【骨骼】工具 骨骼 ，创建一个骨骼，作为嘴部骨骼。如图15-68所示。

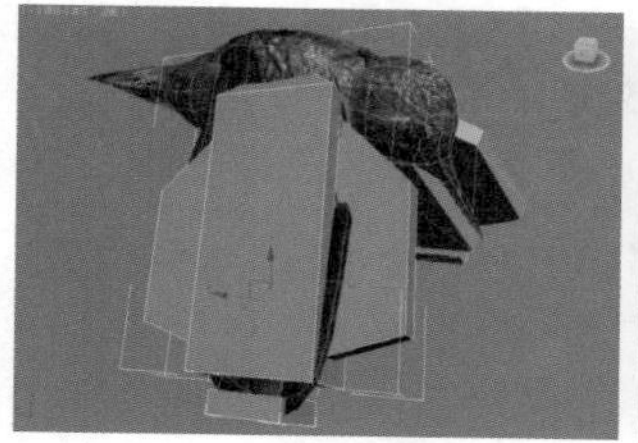
图15-65

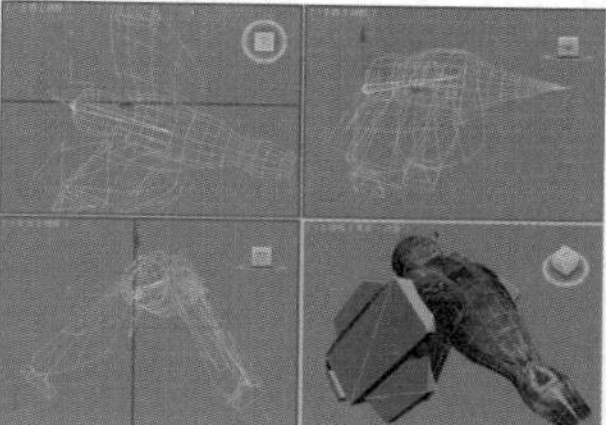
图15-66

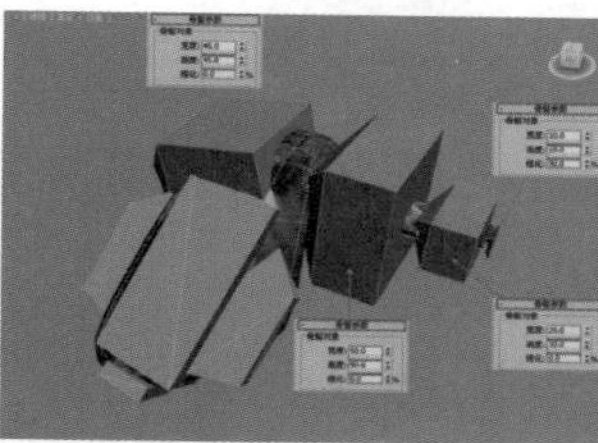
图15-67

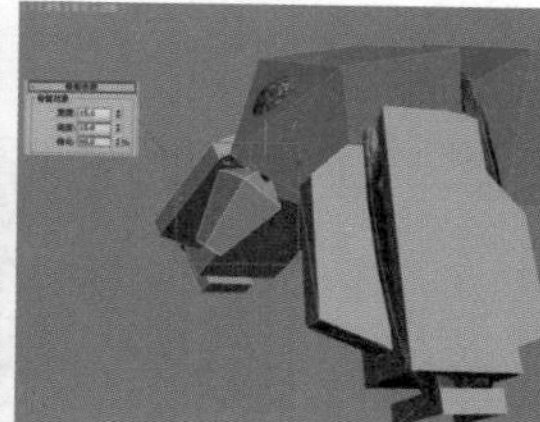
图15-68

Part 2 建立父子关系

步骤 01 为了使得鸟头部的骨骼运动时，带动全身运动，我们需要为骨骼建立父子关系。很明显鸟的头部骨骼是父，而两个翅膀骨骼和一个嘴部骨骼是子。首先选择翅膀骨骼，然后单击主工具栏中的【选择并链接】工具，最后将鼠标指针移动到头部骨骼上方，单击即可完成链接。如图15-69所示。

步骤 02 继续选择另一个翅膀骨骼，然后单击主工具栏中的【选择并链接】工具，最后将鼠标指针移动到头部骨骼上方，单击即可完成链接。如图15-70所示。

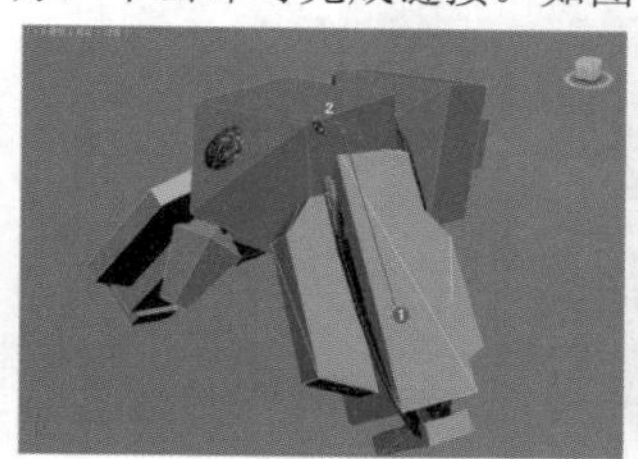
图15-69

图15-70

步骤 03 选择嘴部骨骼，然后单击主工具栏中的【选择并链接】工具，最后将鼠标指针移动到头部骨骼上方，单击即可完成链接。如图15-71所示。

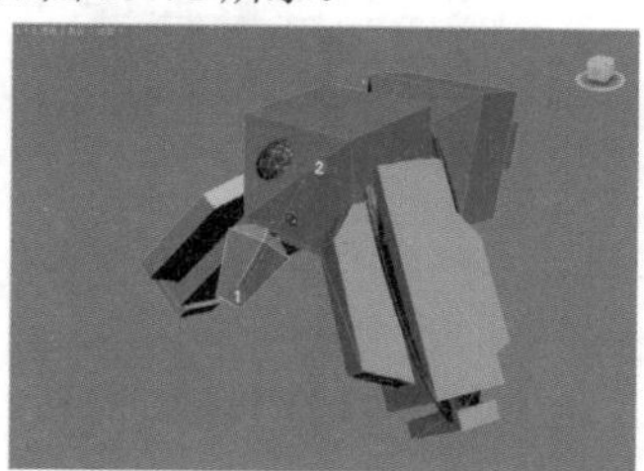
图15-71

Part 3 为鸟模型蒙皮

步骤 01 选择鸟模型，进入【修改】面板，为其加载【蒙皮】

修改器，然后单击【添加】按钮 添加 ，在列表中选择所有的骨骼，并进行添加。如图 15-72 所示。

步骤 02 此时的场景效果如图 15-73 所示。

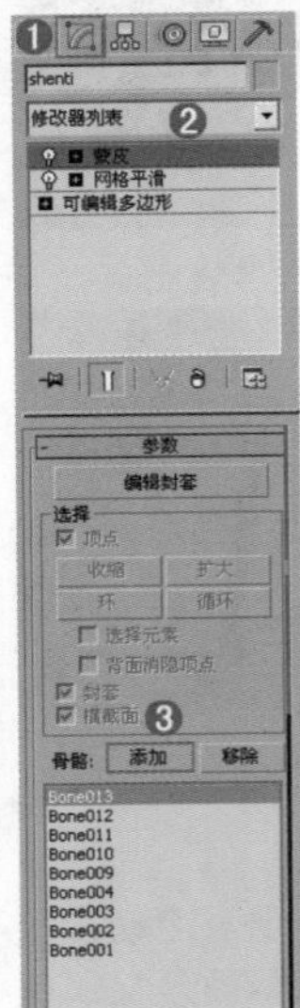

图15-72

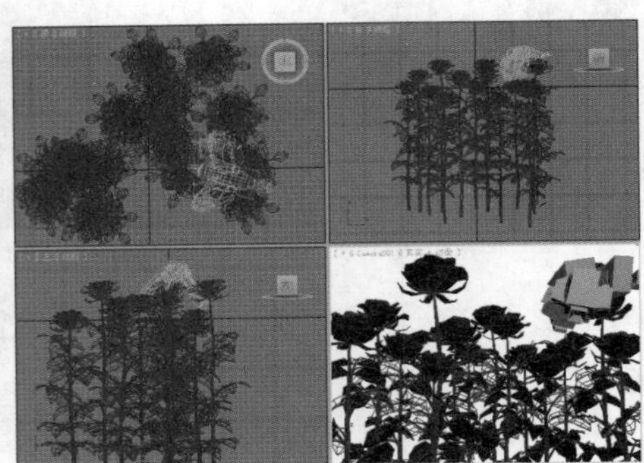

图15-73

Part 4 制作鸟的移动动画

步骤 01 单击【时间配置】按钮，弹出【时间配置】对话框，并设置【结束时间】为 120，最后单击【确定】按钮 确定 。如图 15-74 所示。

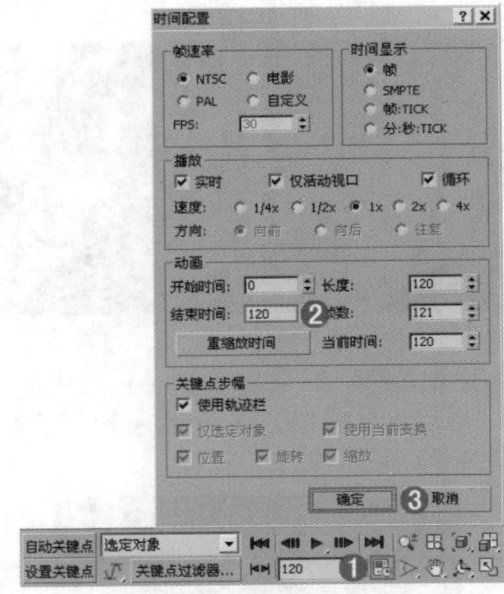

图15-74

步骤 02 制作鸟的移动动画。单击打开【自动关键点】按钮 自动关键点 ，此时拖动时间线滑块到第 0 帧，选择鸟的头部骨骼，然后使用【选择并移动】工具，将鸟的头部骨骼移动到如图 15-75 所示的位置。

步骤 03 拖动时间线滑块到第 50 帧，选择鸟的头部骨骼，然后使用【选择并移动】工具，将鸟的头部骨骼移动到如图 15-76 所示的位置。

图15-75

图15-76

步骤 04 拖动时间线滑块到第 120 帧，选择鸟的头部骨骼，然后使用【选择并移动】工具，将鸟的头部骨骼移动到如图 15-77 所示的位置。

图15-77

Part 5 制作鸟的翅膀动画

步骤 01 制作鸟的翅膀动画。单击打开【自动关键点】按钮 自动关键点 ，此时拖动时间线滑块到第 0 帧，分别选择两个翅膀的骨骼，使用【选择并旋转】工具，将两个翅膀旋转到如图 15-78 所示的位置。

步骤 02 拖动时间线滑块到第 20 帧，分别选择两个翅膀的骨骼，使用【选择并旋转】工具，将两个翅膀旋转到如图 15-79 所示的位置。

图15-78

图15-79

步骤 03 拖动时间线滑块到第 40 帧，分别选择两个翅膀的骨骼，使用【选择并旋转】工具，将两个翅膀旋转到如图 15-80 所示的位置。

步骤 04 拖动时间线滑块到第 60 帧，分别选择两个翅膀的骨骼，使用【选择并旋转】工具，将两个翅膀旋转到如图 15-81 所示的位置。

步骤 05 拖动时间线滑块到第 80 帧，分别选择两个翅膀的骨骼，使用【选择并旋转】工具，将两个翅膀旋转到如图 15-82 所示的位置。

步骤 06 拖动时间线滑块到第 100 帧，分别选择两个翅膀的骨骼，使用【选择并旋转】工具，将两个翅膀旋转到如图 15-83 所示的位置。

图15-80

图15-81

图15-82

图15-83

步骤 07 拖动时间线滑块到第 120 帧，分别选择两个翅膀的骨骼，使用【选择并旋转】工具，将两个翅膀旋转到如图 15-84 所示的位置。

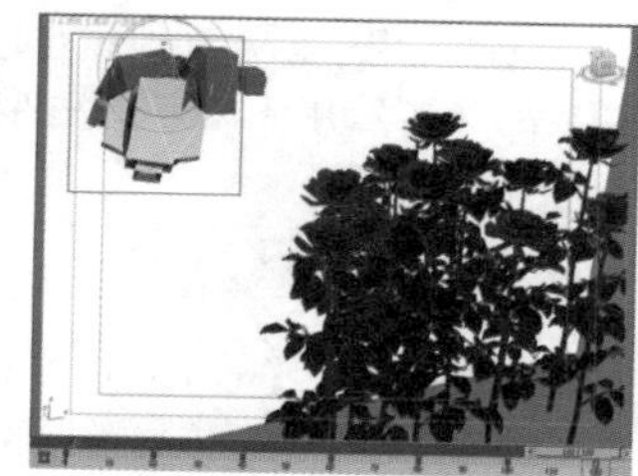
图15-84

Part 6 制作鸟的身体动画

步骤 01 为了模拟出更加真实的鸟飞翔效果，不仅要为翅膀制作动画，而且还要为身体的骨骼制作上下晃动的动画。单击打开【自动关键点】按钮，此时拖动时间线滑块到第 0 帧，分别选择身体的骨骼，使用【选择并旋转】工具，将身体的骨骼旋转到如图 15-85 所示的位置。

步骤 02 拖动时间线滑块到第 60 帧，分别选择身体的骨骼，使用【选择并旋转】工具，将身体的骨骼旋转到如图 15-86 所示的位置。

图15-85

图15-86

步骤 03 拖动时间线滑块到第 120 帧，分别选择身体的骨骼，使用【选择并旋转】工具，将身体的骨骼旋转到如图 15-87 所示的位置。

步骤 04 单击关闭【自动关键点】按钮，然后拖曳时间线滑块查看动画，效果如图 15-88 所示。

图15-87

图15-88

步骤 05 动画制作完成后，将所有的骨骼隐藏，最终渲染效果如图 15-89 所示。

图15-89

15.2.2 Biped

3ds Max 2014 中有一个完整的制作人物角色的骨骼系统，那就是 Biped。使用 Biped 工具创建出的骨骼与真实的人体骨骼基本一致，因此使用该工具可以快速地制作出人物动画，同时还可以通过修改 Biped 的参数来制作出其他生物。

在【创建】面板中单击【系统】按钮，然后设置系统类型为【标准】，接着单击 Biped 按钮 Biped ，如图 15-90 所示。最后在场景中拖曳光标创建一个 Biped，如图 15-91 所示。

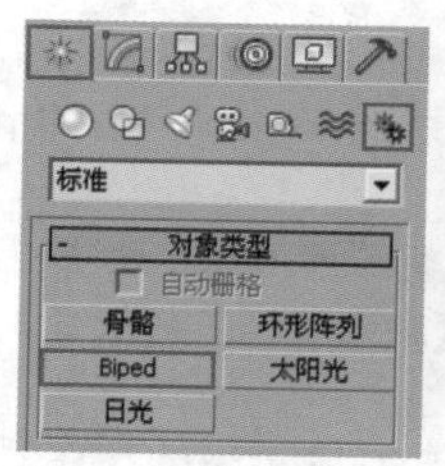

图15-90

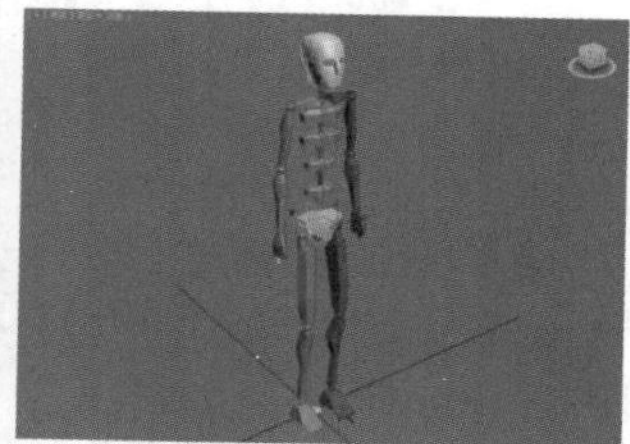
图15-91

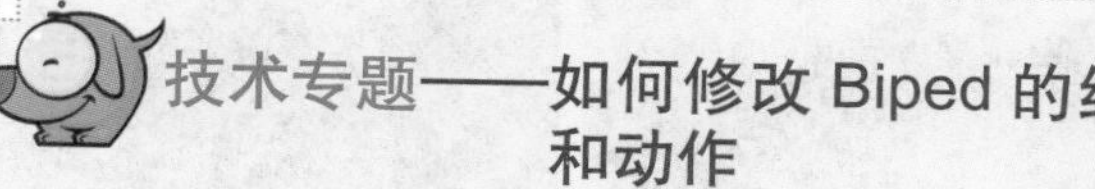

技术专题——如何修改 Biped 的结构和动作

当我们选择骨骼并进入【修改】面板时，会看到没有任何参数，这是因为 Biped 的参数并不在【修改】面板中，而是在【运动】面板中。选择任意的骨骼进入【运动】面板，此时会弹出很多参数，如图 15-92 所示。

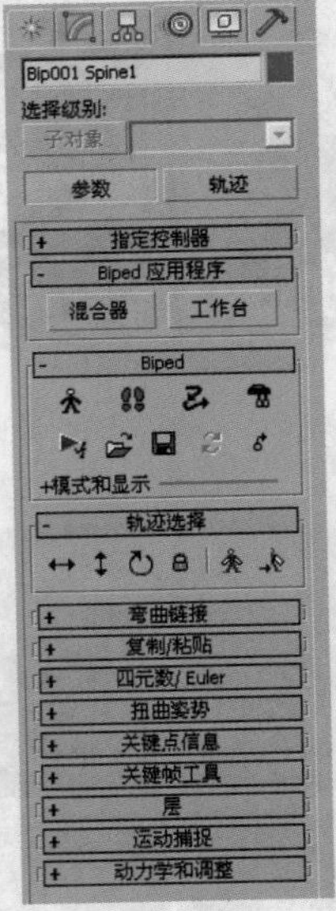

图15-92

在上面的参数中，并没有看到调整骨骼结构的参数。此时需要单击【体形模式】按钮，即可切换出关于设置体形结构的参数，如图 15-93 所示。

此时可以对参数进行修改，当然默认的参数是与人类的骨骼结构相符的，当我们设置一些参数，如设置【尾部链接】为 8 时，会发现此时的 Biped 产生了尾骨，如图 15-94 所示。

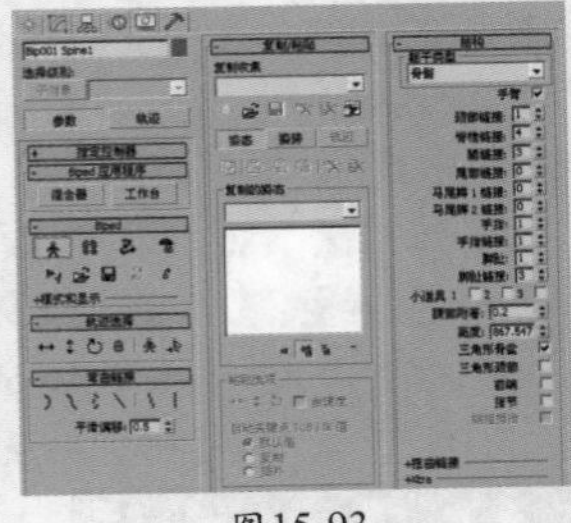

图15-93

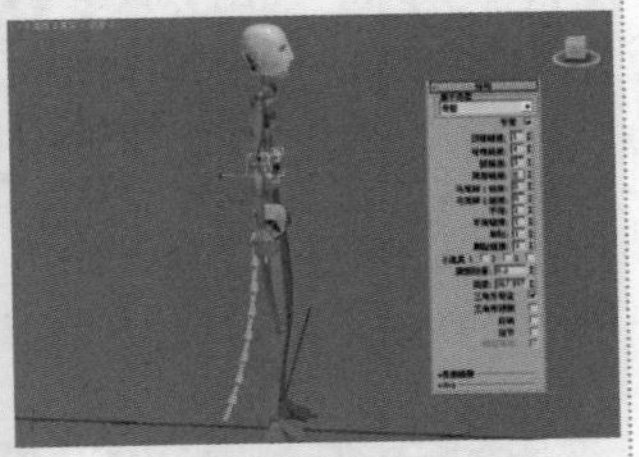

图15-94

此时可以通过将部分骨骼移动和旋转来调整 Biped 的动作。如图 15-95 所示。

同时也可以通过修改参数，为 Biped 设置【手指】、【手指链接】和【脚趾】、【脚趾链接】的数目，如图 15-96 所示。

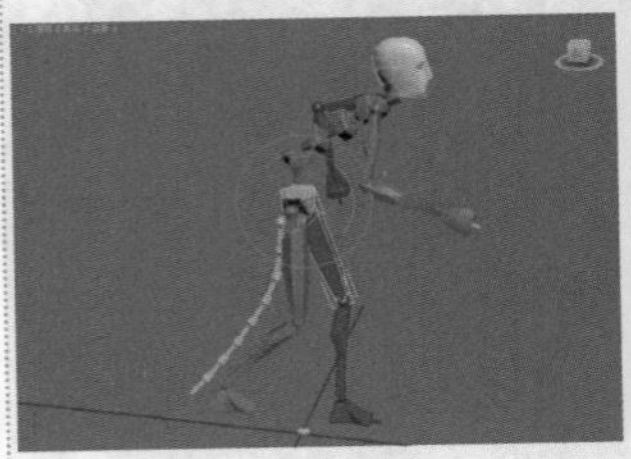

图15-95

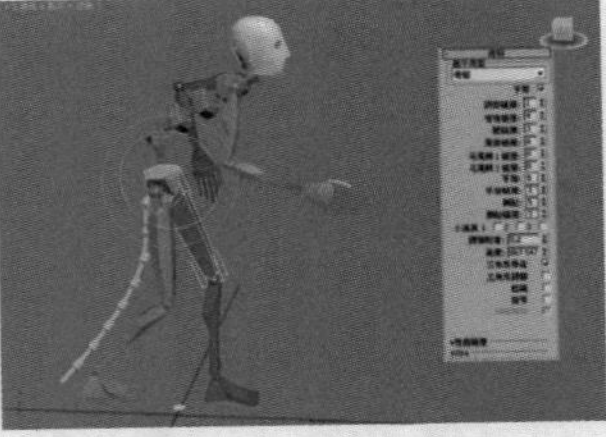

图15-96

创建出 Biped 后，在【运动】面板中可以修改 Biped 的参数，如图 15-97 所示。

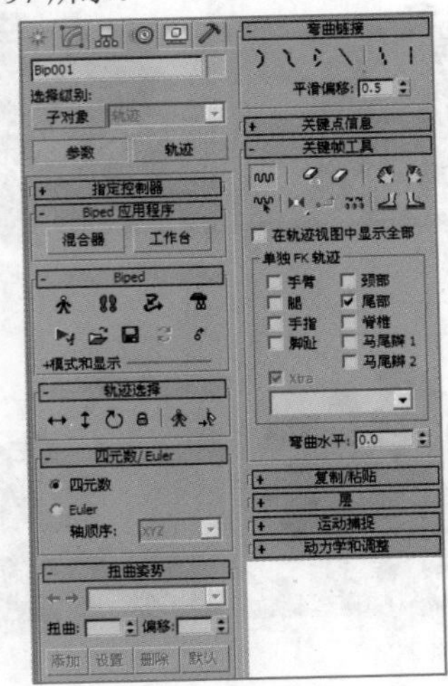

图15-97

- 【体形模式】按钮：用于更改两足动物的骨骼结构，使两足动物与网格对齐。
- 【足迹模式】按钮：用于创建和编辑足迹动画。
- 【运动流模式】按钮：用于将运动文件集成到较长的动画脚本中。
- 【混合器模式】按钮：用于查看、保存和加载使用运动混合器创建的动画。
- 【Biped 播放】按钮：仅在【显示首选项】对话框中删除了所有的两足动物后，才能使用该按钮播放它们的动画。
- 【加载文件】按钮：加载 Biped 文件（.bip）、体形文件（.fig）以及步长文件（.stp）。
- 【保存文件】按钮：保存 Biped 文件（.bip）、体形文件（.fig）以及步长文件（.stp）。
- 【转换】按钮：将足迹动画转换成自由形式的动画。
- 【移动所有模式】按钮：一起移动和旋转两足动物及其相关动画。

单击【形体模式】按钮，其参数设置面板如图 15-98 所示。

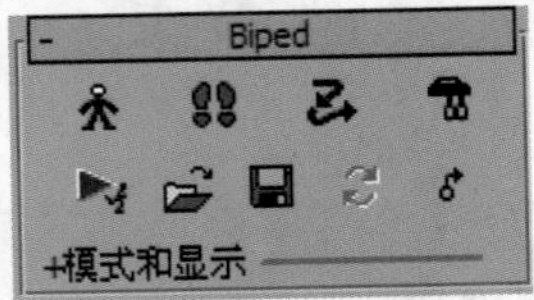

图15-98

- 【躯干水平】按钮：选择质心后可以编辑两足动物的水平运动效果。
- 【躯干垂直】按钮：选择质心后可以编辑两足动物的垂直运动效果。
- 【躯干旋转】按钮：选择质心后可以编辑两足动物的旋转运动效果。
- 【锁定 COM 关键点】按钮：激活该按钮后，可以同时选择多个 COM 轨迹。

● 【对称】按钮：选择两足动物另一侧的匹配对象。

● 【相反】按钮：选择两足动物另一侧的匹配对象，并取消当前选择对象。

单击【足迹模式】按钮，其参数设置面板如图 15-99 所示。

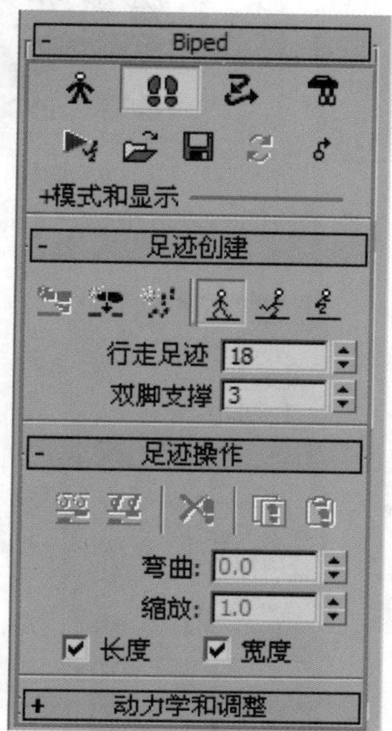

图15-99

● 【创建足迹（附加）】按钮：启用【创建足迹】模式。

● 【创建足迹（在当前帧上）】按钮：在当前帧中创建足迹。

● 【创建多个足迹】按钮：自动创建行走、跑动或跳跃的足迹图标。

● 【行走】按钮：将两足动物的步态设为行走。

● 【跑动】按钮：将两足动物的步态设为跑动。

● 【跳跃】按钮：将两足动物的步态设为跳跃。

● 行走足迹：指定在行走期间新足迹着地时的帧数（仅用于【行走】模式，当切换为【跑动】或【跳跃】模式时，该参数会进行相应地调整）。

● 双脚支撑：指定在行走期间双脚都着地时的帧数（仅用于【行走】模式，当切换为【跑动】或【跳跃】模式时，该参数会进行相应的调整）。

● 【为非活动足迹创建关键点】按钮：单击该按钮可以激活所有的非活动足迹。

● 【取消激活足迹】按钮：删除指定给选定足迹的躯干关键点，使这些足迹成为非活动足迹。

● 【删除足迹】按钮：删除选定的足迹。

● 【复制足迹】按钮：将选定的足迹和两足动物的关键点复制到足迹缓冲区中。

● 【粘贴足迹】按钮：将足迹从足迹缓冲区粘贴到场景中。

● 弯曲：设置所选择的足迹路径的弯曲量。

● 缩放：设置所选择足迹的缩放比例。

● 长度：选中该复选框时，【缩放】选项会更改所选足迹的步幅长度。

● 宽度：选中该复选框时，【缩放】选项会更改所选足迹的步幅宽度。

重点 小实例：利用 Biped 制作跳舞动作

场景文件	03.max
案例文件	小实例：利用 Biped 制作跳舞动作 .max
视频教学	DVD/ 多媒体教学 /Chapter15/ 小实例：利用 Biped 制作跳舞动作 .flv
难易指数	★★★☆☆
技术掌握	掌握【Bip 动作库】和【蒙皮】修改器的应用

实例介绍

本例讲解利用 Biped 制作人物跳舞动画，效果如图 15-100 所示。

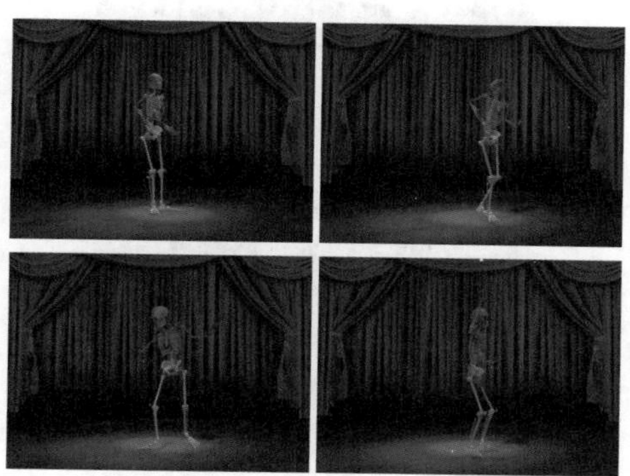

图15-100

操作步骤

步骤 01 打开本书配套光盘中的【场景文件 /Chapter15/03.max】文件，如图 15-101 所示。

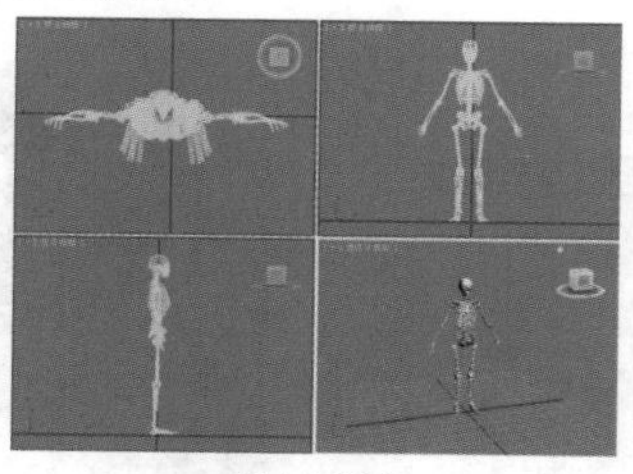

图15-101

步骤 02 在【创建】面板中单击【系统】按钮，然后设置系统类型为【标准】，接着单击 Biped 按钮 Biped 。如图 15-102 所示。

步骤 03 在场景中拖曳创建一个 Biped，并将其移动到人体骨架内部的位置，如图 15-103 所示。

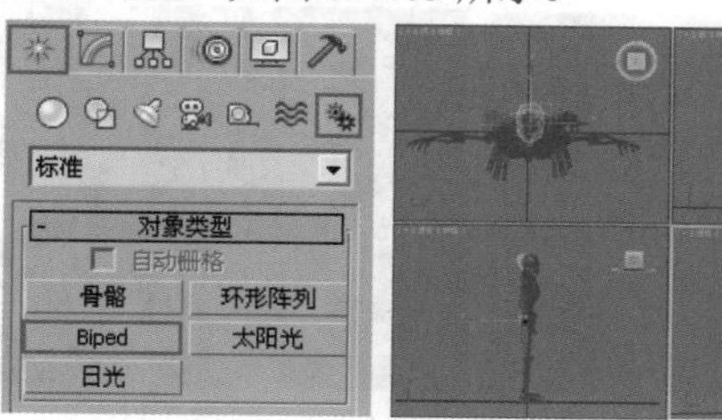

图15-102　　图15-103

第15章 高级动画

技巧与提示

在创建骨骼时，最后在前视图或左视图中进行创建，这样可以观察到 Biped 的大小比例。

步骤 04 单击选择步骤 03 创建的 Biped 的任意部分，进入【运动】面板，并单击【体型模式】按钮，设置【手指】为 5，【手指链接】为 3，【脚趾】为 5，【高度】为 81.223，如图 15-104 所示。

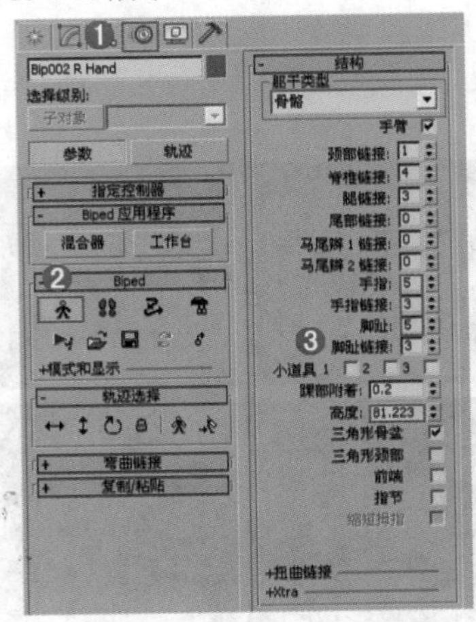

图15-104

步骤 05 继续单击【体型模式】按钮，处于按下的状态时使用【选择并移动】工具调节骨骼的位置。如图 15-105 所示。

步骤 06 使用【选择并旋转】工具旋转部分骨骼。如图 15-106 所示。

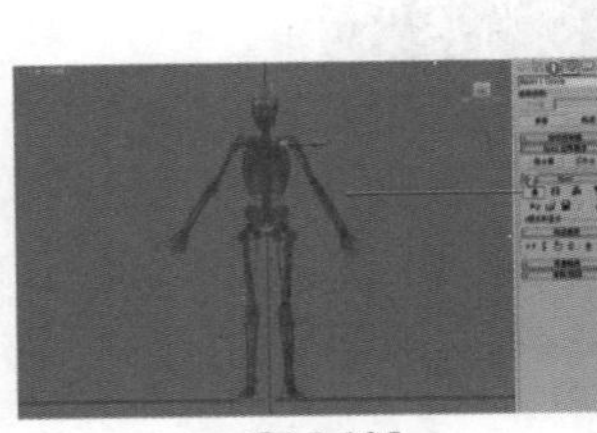

图15-105

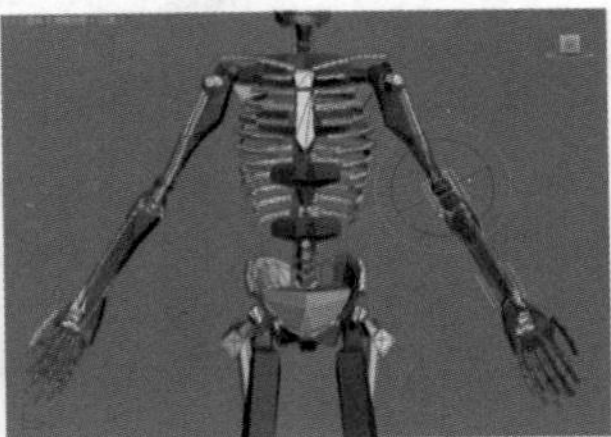

图15-106

步骤 07 使用【选择并缩放】工具，沿 X 轴缩放部分骨骼，如图 15-107 所示。

步骤 08 继续细致的将骨架模型和 Biped 对齐，如图 15-108 所示。

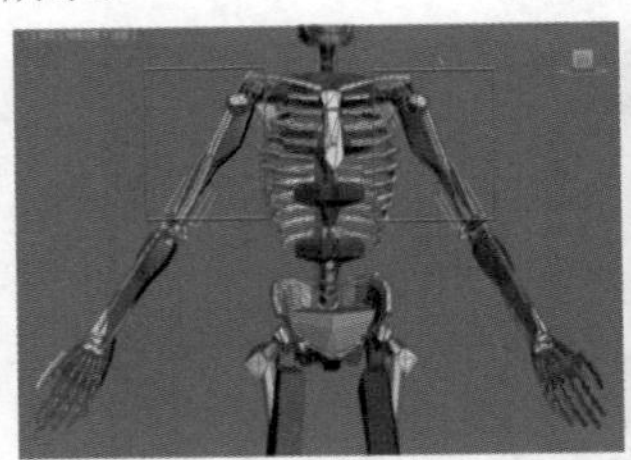

图15-107

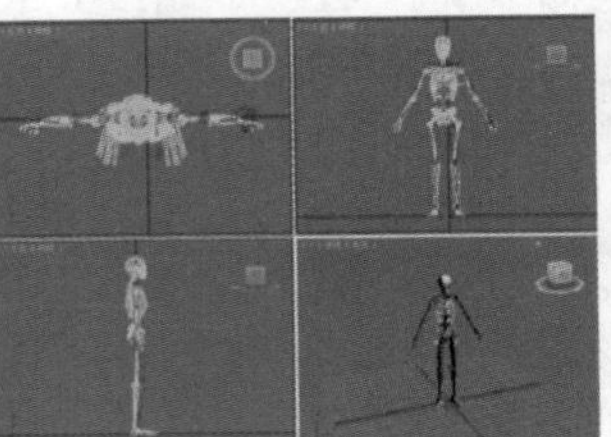

图15-108

步骤 09 选择人体骨架模型，然后为其加载一个【蒙皮】修改器，如图 15-109 所示。接着单击【添加】按钮 添加 ，最后在列表中选择所有的骨骼，如图 15-110 所示。

图15-109

图15-110

步骤 10 此时在骨骼下面的列表框中出现了很多的骨骼，如图 15-111 所示。

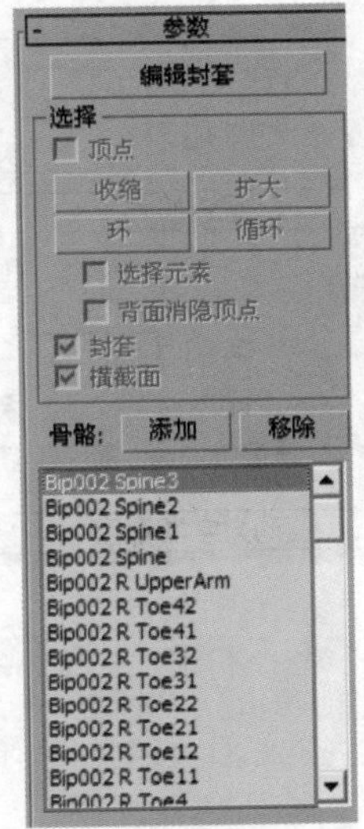

图15-111

步骤 11 选择场景中的骨骼，如图 15-112 所示。然后单击【运动】按钮，接着展开 Biped 卷展栏，并单击【加载文件】按钮，如图 15-113 所示。

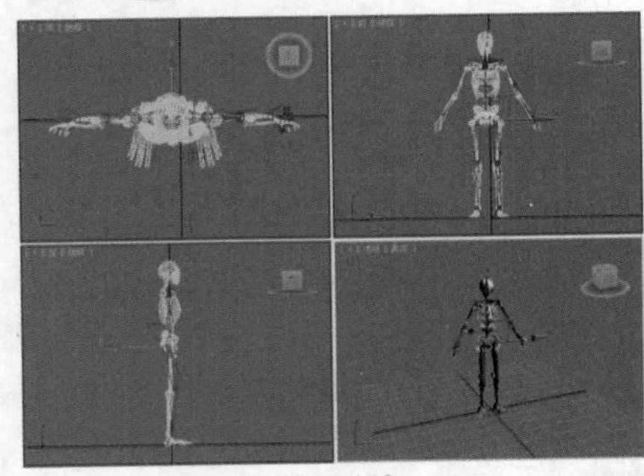

图15-112

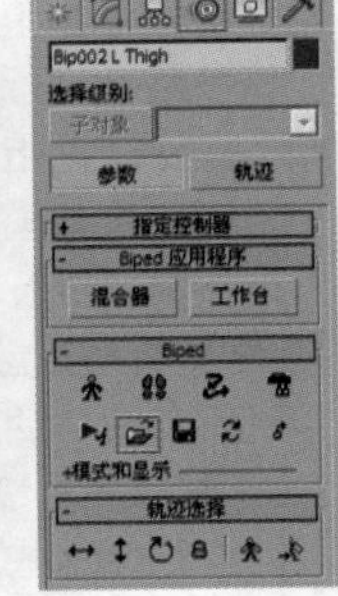

图15-113

步骤 12 此时在场景中弹出【打开】面板，然后找到本书配套光盘中的【跳舞动作 .bip】文件，如图 15-114 所示。在弹出的对话框中单击【确定】按钮，如图 15-115 所示。

步骤 13 此时场景中人物已经出现了很大的变化，并且在视图中出现了很多的脚印，如图 15-116 所示。拖动时间线滑块，在透视图中出现了一段跳舞的动画，如图 15-117 所示。

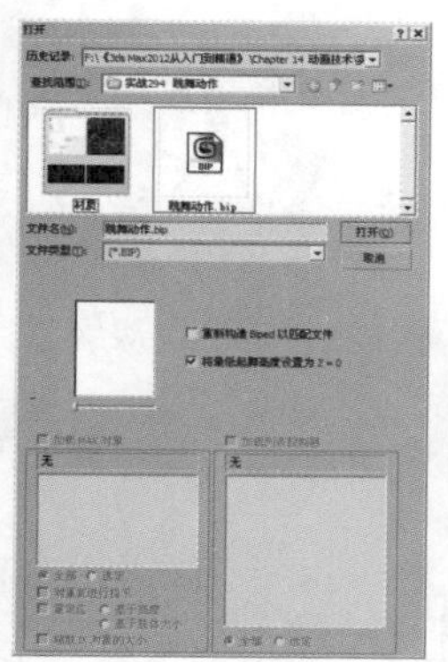
图15-114

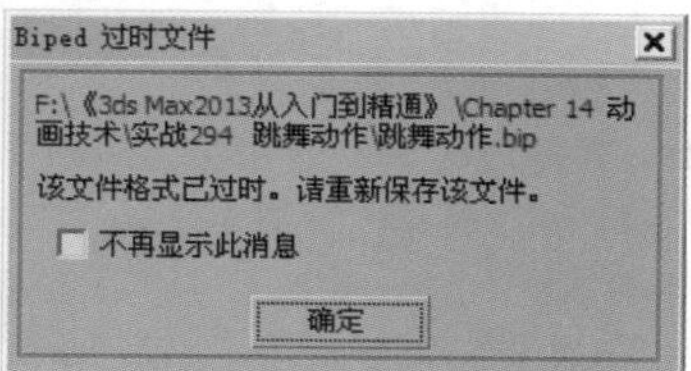

图15-115

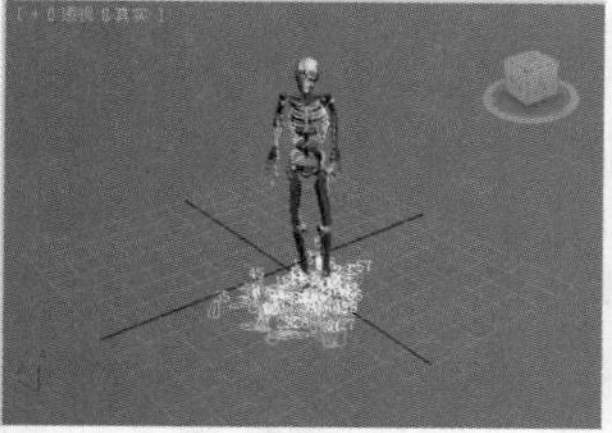
图15-116

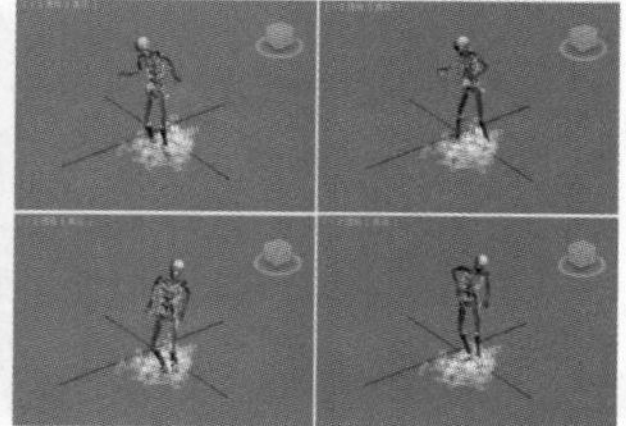
图15-117

步骤 14 此时渲染效果如图 15-118 所示。

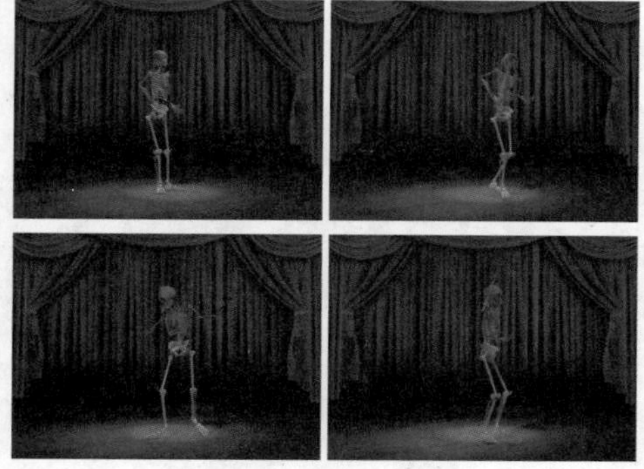
图15-118

15.2.3 蒙皮

当角色模型和角色骨骼制作完成后，需要将模型和骨骼连接起来，从而通过控制骨骼的运动来控制角色模型的运动的过程称为蒙皮，如图 15-119 所示。

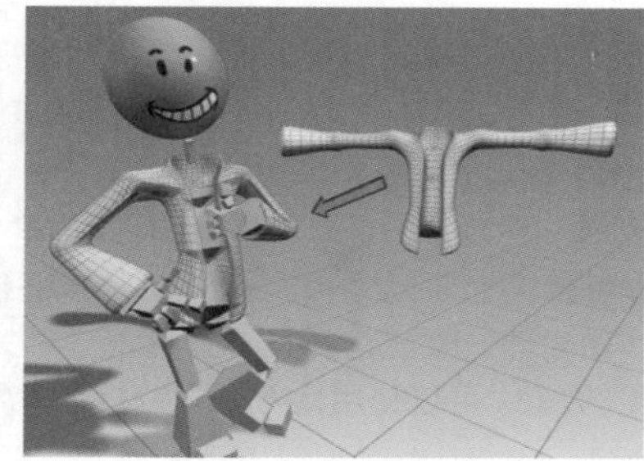
图15-119

3ds Max 2014 提供了两个蒙皮修改器，分别是【蒙皮】修改器和 Physique 修改器，此处重点讲解【蒙皮】修改器的使用方法。【蒙皮】修改器是一种骨骼变形工具，用于通过一个对象对另一个对象进行变形。可使用骨骼、样条线或其他对象变形网格、面片或 NURBS 对象。创建好角色的模型和骨骼后，选择角色模型，然后为其加载一个【蒙皮】修改器，接着在【参数】卷展栏下单击【编辑封套】按钮 编辑封套 ，设置其他参数，如图 15-120 所示。

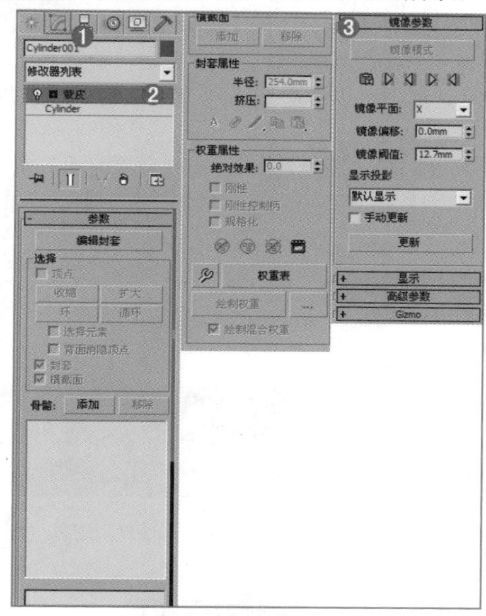
图15-120

- 【编辑封套】按钮 编辑封套 ：单击该按钮可以进入子对象层级，进入子对象层级后可以编辑封套和顶点的权重。
- 顶点：选中该复选框时可以选择顶点，并且可以使用【收缩】工具 收缩 、【扩大】工具 扩大 、【环】工具 环 和【循环】工具 循环 来选择顶点。
- 【添加】按钮 添加 /【移除】按钮 移除 ：使用【添加】工具 添加 可以添加一个或多个骨骼；使用【移除】工具 移除 可以移除选中的骨骼。
- 半径：设置封套横截面的半径大小。
- 挤压：设置所拉伸骨骼的挤压倍增量。
- 【绝对】按钮 A /【相对】按钮 R ：用来切换计算内外封套之间的顶点权重的方式。
- 【封套可见性】按钮 / ：用来控制未选定的封套是否可见。
- 【缓慢衰减】按钮 ：为选定的封套选择衰减曲线。
- 【复制】按钮 /【粘贴】按钮 ：使用【复制】工具 可以复制选定封套的大小和图形；使用【粘贴】工具 可以将复制的对象粘贴到所选定的封套上。
- 绝对效果：设置选定骨骼相对于选定顶点的绝对权重。
- 刚性：选中该复选框时，可以使选定顶点仅受一个最具影响力的骨骼的影响。
- 刚性控制柄：选中该复选框时，可以使选定面片顶点的控制柄仅受一个最具影响力的骨骼的影响。

- 规格化：选中该复选框时，可以强制每个选定顶点的总权重合计为1。
- 【排除】按钮/【包含选定的顶点】：将当前选定的顶点排除/添加到当前骨骼的排除列表中。
- 【选定排除的顶点】按钮：选择所有从当前骨骼排除的顶点。
- 【烘焙选定顶点】按钮：烘焙当前的顶点权重。
- 【权重工具】按钮：打开【权重工具】对话框。
- 【权重表】按钮 权重表：打开【蒙皮权重表】对话框，在该对话框中可以查看和更改骨架结构中所有骨骼的权重。
- 【绘制权重】按钮 绘制权重：绘制选定骨骼的权重。
- 【绘制选项】按钮 ...：打开【绘制选项】对话框，在该对话框中可以设置绘制权重的参数。
- 绘制混合权重：选中该复选框时，通过均分相邻顶点的权重，可以基于笔刷强度来应用平均权重，这样可以缓和绘制的值。
- 【镜像模式】按钮 镜像模式：将封套和顶点从网格的一个侧面镜像到另一个侧面。
- 【镜像粘贴】按钮：将选定封套和顶点粘贴到物体的另一侧。
- 【将绿色粘贴到蓝色骨骼】按钮：将封套设置从绿色骨骼粘贴到蓝色骨骼上。
- 【将蓝色粘贴到绿色骨骼】按钮：将封套设置从蓝色骨骼粘贴到绿色骨骼上。
- 【将绿色粘贴到蓝色顶点】按钮：将各个顶点从所有绿色顶点粘贴到对应的蓝色顶点上。
- 【将蓝色粘贴到绿色顶点】按钮：将各个顶点从所有蓝色顶点粘贴到对应的绿色顶点上。
- 镜像平面：用来选择镜像的平面是左侧平面还是右侧平面。
- 镜像偏移：设置沿【镜像平面】轴移动镜像平面的偏移量。
- 镜像阈值：在将顶点设置为左侧或右侧顶点时，选中该复选框时可以设置镜像工具能观察到的相对距离。

15.3 辅助对象（标准）

辅助对象起支持的作用，就像阶段手或构造助手，如图15-121所示。

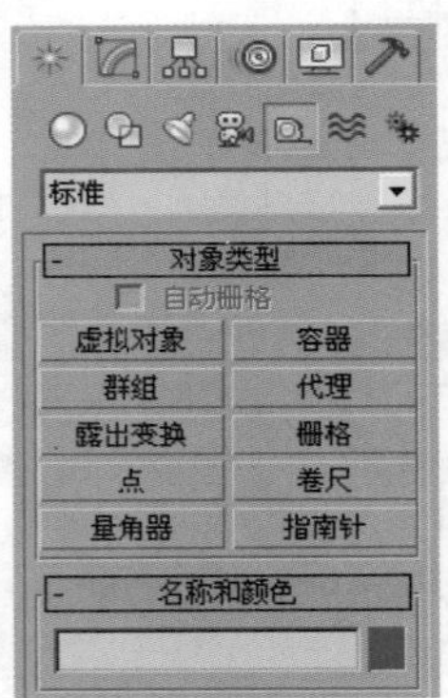

图15-121

群组辅助对象在character studio中充当了控制群组模拟的命令中心。在大多数情况下，每个场景需要的群组对象不会多于一个，如图15-122所示。

图15-122

其参数面板如图15-123所示。

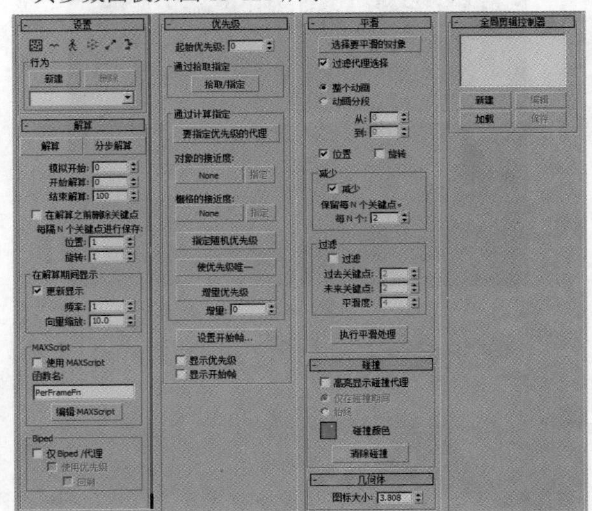

图15-123

1. 【设置】卷展栏

群组辅助对象的【设置】卷展栏包含了设置群组功能的控件。

- 散布：群组辅助对象的【散布对象】对话框包含使用克隆对象（如代理）来创建群组的工具。
- 对象/代理关联：可以使用此对话框链接任意数量的代理对象对。
- Biped/代理关联：使用该对话框把许多代理与相等数量

的 Biped 相关联。

- **多个代理编辑**：【编辑多个代理】对话框可以定义代理组并为之设置参数。
- **行为指定**：【行为指定和组合】对话框可用于将代理分组归类到组合，并为单个代理和组合指定行为和认知控制器。
- **认知控制器**：使用【认知控制器】编辑器可以将行为合并到状态中。
- **新建**：打开【选择行为类型】对话框。选择一个行为并单击【确定】按钮来将此行为添加到场景中，然后使用【行为指定和组合】对话框来给场景中的一个或多个代理指定行为。
- **删除**：删除当前行为。
- **行为列表**：列出当前场景中的所有行为（使用【新建】来添加新行为）。

2.【解算】卷展栏

一旦创建了群组模拟，使用此卷展栏来设置求解参数并求解模拟。从任意帧开始，可以连续求解或一次一帧进行求解。

- **解算**：应用所有指定行为到指定的代理中来连续运行群组模拟。
- **分步求解**：以时间滑块位置指定帧作为开始帧，一次一帧来运行群组模拟。
- **模拟开始**：模拟的第 1 帧。默认值为 0。
- **开始求解**：开始进行求解的帧。默认值为 0。
- **结束求解**：指定求解的最后一帧。默认值为 100。
- **在解算之前删除关键点**：删除在求解发生范围之内的活动代理的关键点。默认设置为禁用状态。
- **每隔 N 个关键点进行保存**：在求解之后，使用它来指定要保存的位置和旋转关键点数目。
- **位置 / 旋转**：保存代理位置和旋转关键点的频率。
- **更新显示**：选中该复选框时，在群组模拟过程中产生的运动显示在视口中。默认设置为启用。
- **频率**：在求解过程中，选中该复选框进行一次更新显示的时间。
- **向量缩放**：在模拟过程中，显示全局缩放的所有力和速度向量。
- **使用 MAXScript**：选中该复选框时，在解决过程中，用户指定的脚本在每一帧上执行。默认设置为禁用状态。
- **函数名**：将被执行的函数名。此名称也必须在脚本中指定。
- **编辑 MAXScript**：单击此按钮打开 MAXScript 窗口来显示和修改脚本。
- **仅 Biped/ 代理**：选中该复选框时，计算中仅包含 Biped/ 代理。
- **使用优先级**：选中该复选框时，Biped/ 代理以一次一帧的方式进行计算，并根据它们【优先级】值排序，从最小值到最大值。
- **回溯**：当求解使用 Biped 群组模拟时，打开回溯功能。默认设置为禁用状态。

3.【优先级】卷展栏

对包含与代理有关的 Biped 的模拟进行求解时，群组系统会使用【优先级】卷展栏设置。

- **起始优先级**：设置初始优先级值。
- **拾取 / 指定**：允许在视口中依次选择每个代理，然后将连续的较高优先级值指定给任何数目的代理。
- **要指定优先级的代理**：允许使用【选择】对话框指定受后续使用该组中的其他控件影响的代理。
- **对象的接近度**：允许根据代理与特定对象之间的距离指定优先级。
- **栅格的接近度**：允许根据代理与特定栅格对象指定的无限平面之间的距离指定优先级。
- **指定随机优先级**：为选定的代理指定随机优先级。
- **使优先级唯一**：确保所有的代理具有唯一的优先级值。
- **增量优先级**：按照增量值递增所有选定代理的优先级。
- **增量**：按照【增量优先级】按钮调整代理优先级设置值。
- **设置开始帧**：打开【设置开始帧】对话框，以便根据指定的优先级设置开始帧。
- **显示优先级**：启用作为附加到代理的黑色数字的指定优先级值的显示。
- **显示开始帧**：启用作为附加到代理的黑色数字的指定开始帧值的显示。

4.【平滑】卷展栏

在现有的动画关键点（即一个已求解的模拟）上，【平滑】卷展栏用来创建看起来更自然的动画。

- **选择要平滑的对象**：打开【选择】对话框，可以指定要平滑的对象位置或旋转。
- **过滤代理选择**：选中该复选框时，由【选择要平滑的对象】打开的选择对话框仅显示代理。
- **整个动画**：平滑所有动画帧。这是默认选项。
- **动画分段**：仅平滑【从】和【到】字段中指定范围内的帧。
- **从**：当选择了【动画分段】时，指定要平滑动画的第 1 帧。
- **到**：当选择了【动画分段】时，指定要平滑动画的最后 1 帧。
- **位置**：选中该复选框时，在模拟结束后，通过模拟产生的选定对象的动画路径便已经进行了平滑。默认设置为启用。
- **旋转**：选中该复选框时，在模拟结束后，通过模拟产生的选定对象的旋转便已经进行了平滑。默认设置为启用。
- **减少**：通过在每一帧中每隔 *N* 个关键点进行保留来减少关键点数目。
- **保留每 N 个关键点**：通过每隔 2 个关键点或每隔 3 个关键点进行保留等来限制平滑处理量。
- **过滤**：选中该复选框时，使用组中的其他设置来执行平滑操作。
- **过去关键点**：使用当前帧之前的关键点数目来平均位置

或旋转。默认值为2。

- 未来关键点：使用当前帧之后的关键点数目来平均位置或旋转。默认值为2。
- 平滑度：确定要执行的平滑程度。设置的值越大，计算涉及的所有关键点便越靠近平均值。
- 执行平滑处理：单击此按钮来执行平滑操作。

5.【碰撞】卷展栏

在群组模拟过程中，可以使用此卷展栏来获得由【回避】行为定义的碰撞。

- 高亮显示碰撞代理：选中该复选框时，发生碰撞的代理用碰撞颜色突出显示。
- 仅在碰撞期间：碰撞代理仅在实际发生碰撞的帧中突出显示。
- 始终：碰撞代理在碰撞帧和后续帧中均突出显示。
- 碰撞颜色：此颜色样例表明突出显示碰撞代理所使用的颜色。
- 清除碰撞：从所有代理中清除碰撞信息。

6.【几何体】卷展栏

使用该卷展栏可修改群组对象的大小。

- 图标大小：决定群组辅助对象图标的大小。

7.【全局剪辑控制器】卷展栏

- 新建 / 编辑 / 加载 / 保存：可以对控制器进行新建 / 编辑 / 加载 / 保存的操作。

15.4 CAT对象

CAT 是一个 3ds Max 的动画角色插件，操作简单且功能非常强大，是制作动画必备的插件之一。而在 3ds Max 2014 中将 CAT 进行集成，因此不需要进行安装，如图 15-124 所示。

图15-124

CAT 有助于角色绑定、非线性动画、动画分层、运动捕捉导入和肌肉模拟，其下主要包括三大模块，分别是 CAT 肌肉、肌肉股和 CAT 父对象，如图 15-125 所示。

图15-125

15.4.1 CAT肌肉

CAT 肌肉属于非渲染、多段式辅助对象，最适用于在拉伸和变形时需要保持相对一致的大面积，如肩膀和胸部，如图 15-126 所示。创建 CAT 肌肉后，可以修改其分段方式、碰撞检测属性等，如图 15-127 所示。

图15-126

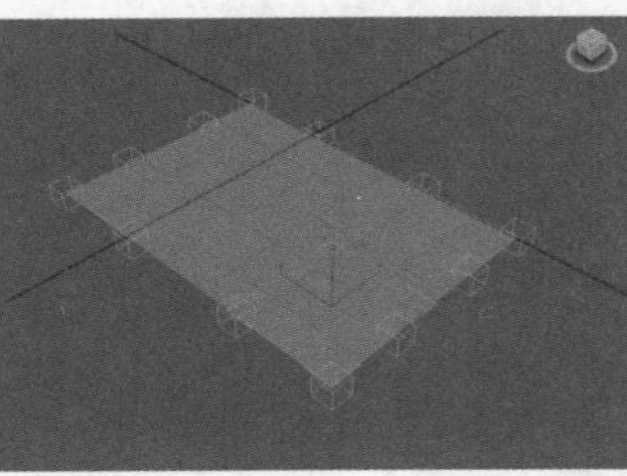
图15-127

1. CAT肌肉参数

【CAT 肌肉】可以控制【类型】、【属性】、【控制柄】、【冲突检测】等参数，其参数面板如图 15-128 所示。

- 类型：可选择【网格】或【骨骼】两种类型，它们有一个共同点，即移动控制柄可改变肌肉的形状，每个控制柄在保留部分肌肉名称的情况下都有自己的名称。【网格】是肌肉相当于单块碎片，上面有许多始终完全相互连接的面板。【骨骼】是每块面板都相当于一个单独的骨骼，具有自己的名称；通过移动控制柄改变肌肉形状时，这些面板可以分离开来。
- 名称：肌肉组件的基本名称。
- 颜色：肌肉及其控制柄的颜色。若要更改颜色，请单击色样。
- U 分段 /V 分段：分别指肌肉在水平和垂直维度上细分的段数。段数值越大，可用于肌肉变形的定义就越多。
- L/M/R：左 / 中 / 右：肌肉所在的绑定侧面。例如，可以选择 L 选项在左边设置肌肉，然后通过指定 R 选项跨中心轴对肌肉执行镜像操作。
- X/Y/Z：肌肉沿其分布的轴。此选项可帮助镜像系统工作。
- 可见：切换肌肉控制柄的显示。
- 中央控制柄：切换与各个角点控制柄相连的 Bezier 型额外控制柄的显示，该控制柄的位置位于肌肉中心附近。使用控制柄可进一步修改肌肉形状。

- **控制柄大小**：调节每个控制柄的大小。此选项数值的更改会影响所有控制柄。通常，控制柄是在创建时按照其与整个肌肉的比例来设置大小的。
- **拾取碰撞对象** 添加 ：通过单击此按钮，然后选择对象，可将碰撞对象添加到列表中。
- **删除高亮显示的碰撞对象**：高亮显示某个列表项目后，单击此按钮可将其从列表中删除。
- **硬度**：高亮显示的列表项使肌肉变形的程度。默认设置为 1。
- **扭曲**：为碰撞对象引起的变形添加粗糙度。一般而言，应将此值保持在 0.5 以下。
- **顶点法线 / 对象 X**：为碰撞对象引起的变形选择方向。只有在列表中高亮显示某个碰撞对象时才可用。
- **平滑**：选中该复选框时，将恢复碰撞对象引起的变形。只有在列表中高亮显示某个碰撞对象时才可用。
- **反转**：反转碰撞对象引起的变形的方向。只有在列表中高亮显示某个碰撞对象时才可用。

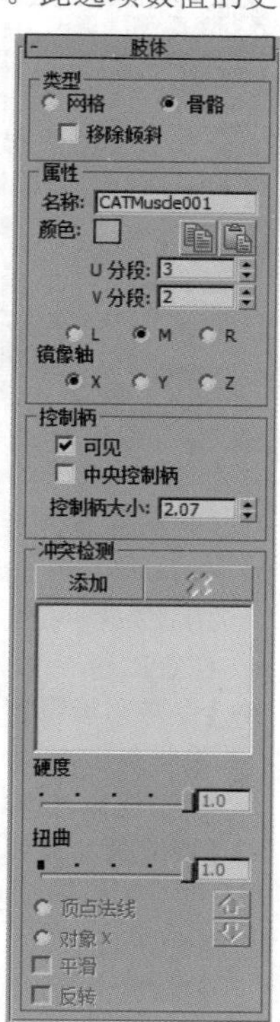

图15-128

15.4.2 肌肉股

肌肉股是一种用于角色蒙皮的非渲染辅助对象，如图 15-129 所示，其作用类似于两个点之间的 Bezier 曲线。股的精度高于 CAT 肌肉，而且在必须扭曲蒙皮的情况下可提供更好的结果。CAT 肌肉最适用于肩部和胸部的蒙皮，但对于手臂和腿的蒙皮，肌肉股更加适宜。如图 15-130 所示为用于使用二头肌的肌肉股。

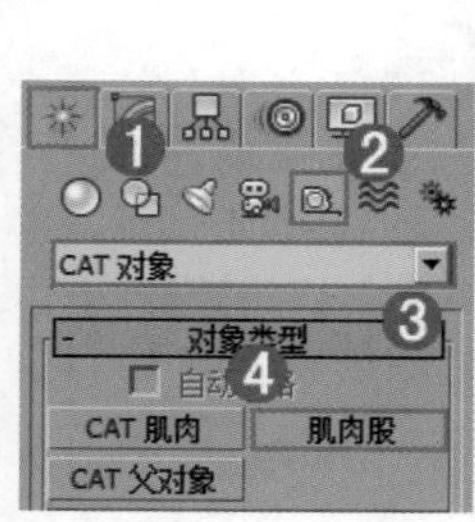

图15-129

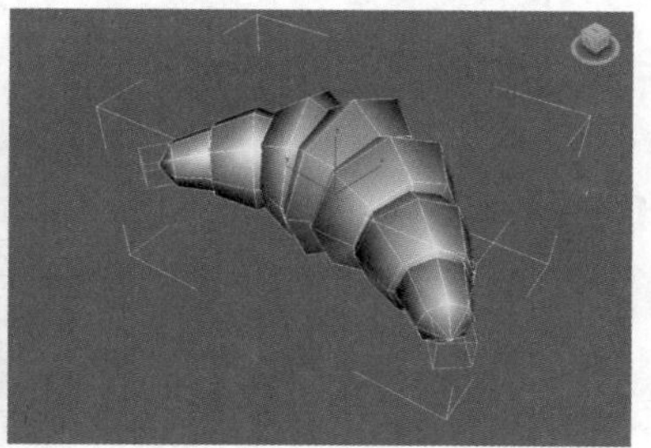
图15-130

肌肉股参数面板如图 15-131 所示。

- **类型**：可选择【网格】或【骨骼】。两种类型有一个共同点：移动控制柄可改变肌肉的形状，每个控制柄在保留部分肌肉名称的情况下都有自己的名称。【网格】是肌肉充当单个碎片。【骨骼】是每个球体充当一块单独的骨骼，并具有自己的名称。
- **L/M/R**：肌肉所在的绑定侧面。例如，可以选择 L 选项在左边设置肌肉，然后通过指定 R 选项跨中心轴对肌肉执行镜像操作。
- **X/Y/Z**：肌肉沿其分布的轴。此选项可帮助镜像系统工作。
- **可见**：切换肌肉控制柄的显示。
- **控制柄大小**：调节每个控制柄的大小。此选项数值的更改会影响所有控制柄。通常，控制柄是在创建时按照其与整个肌肉的比例来设置大小的。
- **球体数**：构成肌肉股的球体的数量。此值越大，肌肉的分辨率越高。
- **显示轮廓曲线**：打开【肌肉轮廓曲线】对话框，其中包含一个图形，编辑该图形可控制肌肉股的剖面或轮廓。默认情况下，肌肉的中间较厚，两端较薄，但可以通过移动曲线上的三个点（不能为该曲线添加点）更改此设置，如图 15-132 所示。

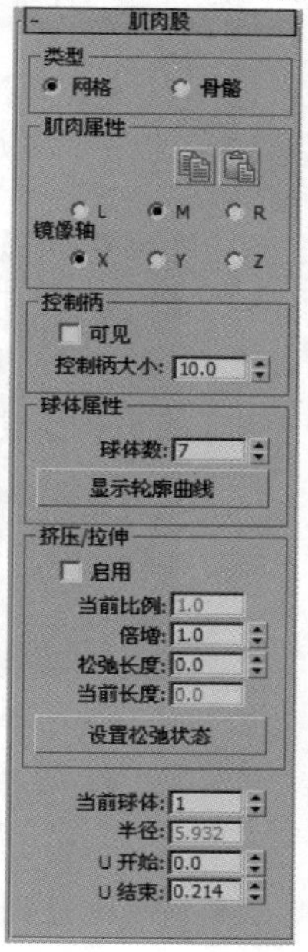

图15-131

- **启用**：选中该复选框，更改肌肉长度将影响剖面：缩短肌肉会使其增厚（挤压），而加长肌肉会使其减薄（拉伸）。取消选中该复选框，长度不会影响剖面。

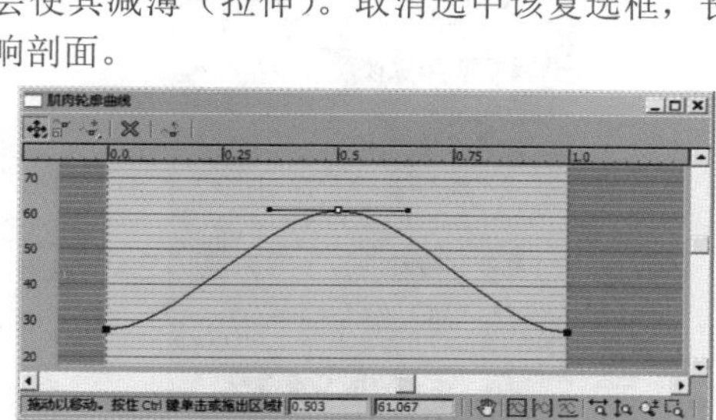

图15-132

- **当前比例**：此只读字段显示肌肉缩放量，该数量以松弛状态和通过移动端点调整的长度为基准。
- **倍增**：增加或减少挤压和拉伸的量。增大此值可实现放大效果。
- **松弛长度**：肌肉处于松弛状态（即【当前状态】= 1.0）时的长度。
- **当前长度**：显示肌肉的当前长度。
- **设置松弛状态**：单击该按钮，将【松弛长度】设置为当前长度，将【当前比例】设置为 1。
- **当前球体**：要调整的球体。
- **半径**：显示当前球体的半径。
- **U 开始 /U 结束**：相对于球体全长测量的当前球体的范围，在此上、下文中的范围为 0~1。本质上，设置的是球体沿肌肉长度开始和结束的百分比。要缩短球体，可加大【U 开始】或减小【U 结束】；要加长球体，可减小【U 开始】或加大【U 结束】。

15.4.3 CAT父对象

每个 CATRig 都有一个 CAT 父对象。CAT 父对象是在创建绑定时每个绑定下显示的带有箭头的三角形符号，可将此符号视为绑定的角色节点，如图 15-133 所示。

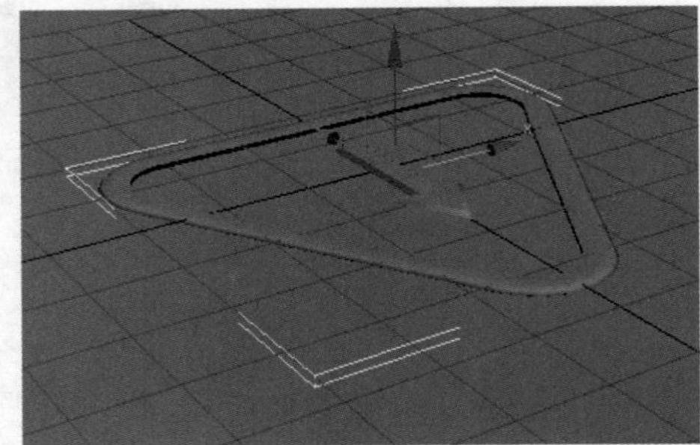

图15-133

1. CATRig参数

【CATRig 参数】面板可以用来设置【名称】、【轨迹显示】和【骨骼长度轴】等参数，其参数面板如图 15-134 所示。

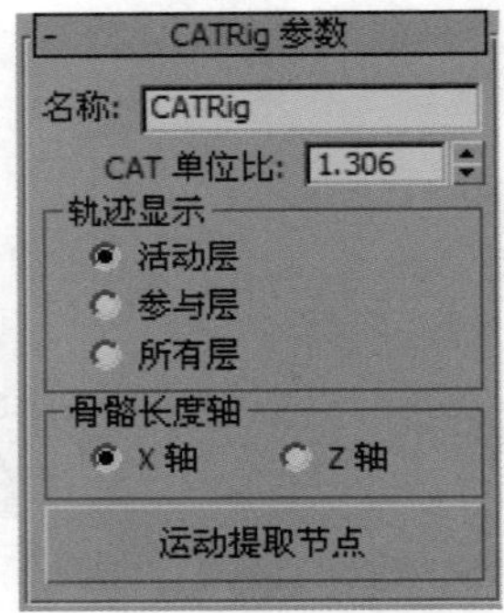

图15-134

- **名称**：显示 CAT 用作 CATRig 中所有骨骼的前缀的名称，并允许对此名称进行编辑。
- **CAT 单位比**：CATRig 的缩放比。CATRig 中用于定义骨骼长度、宽度和高度等方面的所有大小参数，均采用 CATUnits 作为单位。
- **轨迹显示**：选择 CAT 在【轨迹视图】中显示此 CATRig 上的层和关键帧所采用的方法。
- **骨骼长度轴**：选择 CATRig 用作长度轴（X 或 Z）的轴。
- **运动提取节点**：切换运动提取节点。

2. CATRig加载保存

【CATRig 加载保存】面板用来控制加载 CAT 或保持 CAT，其参数面板如图 15-135 所示。

- **CATRig 预设列表**：列出所有可用 CATRig 预设。要加载预设，在该列表中选择相应预设，然后在视口中单击或拖动，如图 15-136 所示。

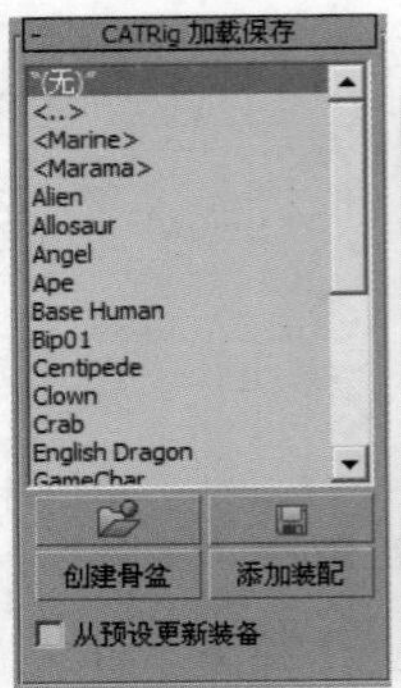

图15-135

图15-136

- **【打开预设绑定】按钮**：将 CATRig 预设（仅限 RG3 格式）加载到选定 CAT 父对象 的文件对话框。单击该按钮可加载除默认位置（[系统路径]\plugcfg\CAT\CATRigs\）以外的其他位置中的预设。
- **【保存预设绑定】按钮**：将选定 CATRig 另存为预设文件。如果使用默认位置（请参见上文），预设随即显示在列表中，以便于添加到场景中。
- **【创建骨盆】按钮**：按钮标签、功能和可用性取决于上下文。如果绑定中不存在任何骨盆，按钮标签则为【创建骨盆】，单击此按钮可创建一个用作自定义绑定的基础的骨盆。如果绑定包含骨盆，并且该骨盆是从 RG3 预设加载而来或已另存为 RG3 预设，则会显示【重新加载】按钮标签，单击此按钮可加载当前预设文件。
- **【添加装配】按钮**：用于在 CAT 父对象级别向绑定添加场景中的对象。
- **从预设更新绑定**：如果选中该复选框，当加载场景时，场景文件将保留原始角色，但 CAT 会自动使用更新后的数据（保存在预设中）替换此角色。CAT 自动将原始角色的动画应用到新角色。两个角色越相似，传输的动画则越佳。

15.4.4 CAT父对象的运动参数

当创建完成一个 CAT 父对象后，骨骼系统是保持静止的，这个时候最希望看到的是 CAT 父对象运动起来。在【创建】面板下单击【辅助对象】按钮，并设置辅助对象类型为【CAT 对象】，单击【CAT 父对象】按钮 CATParent，然后展开【CATRig 加载保存】卷展栏，最后单击【Ape】，如图 15-137 所示。

在场景中拖曳即可完成创建，如图 15-138 所示。

此时单击【运动】面板即可打开运动的参数面板并进行设置。如图 15-139 所示。

- **【设置模式】按钮**：在设置模式下创建和修改 CAT 装备。可在稍后添加或移除骨骼，即使在设置角色动画之后也可以执行这些操作。
- **【动画模式】按钮**：在动画模式下设置角色动画。
- **【装备着色模式】按钮/【设置绑定的着色模式】按

钮：从弹出菜单中选择模式。

- 【摄影表】按钮：在摄影表模式下打开【轨迹视图】，以便显示所有层的范围。

图15-137

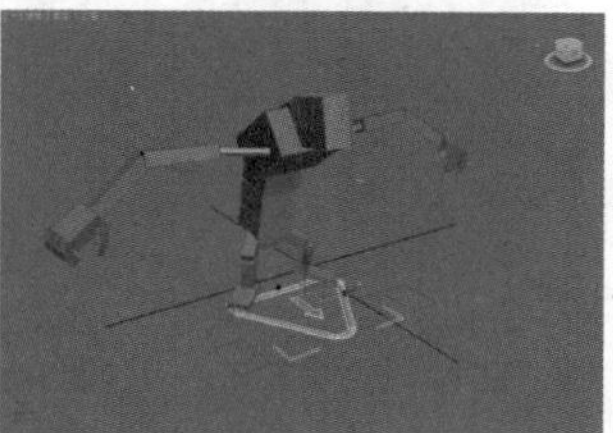

图15-138

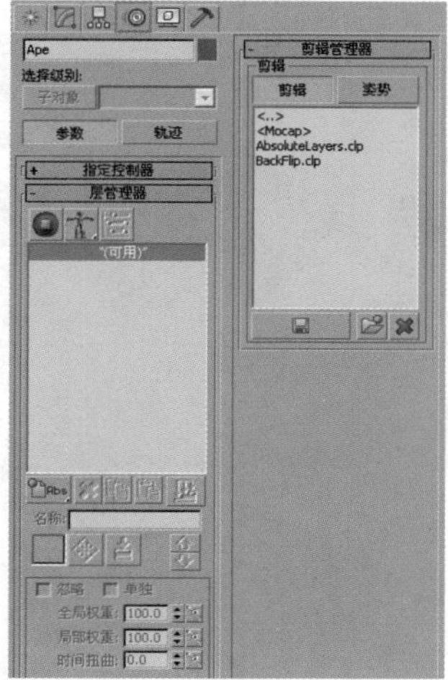

图15-139

- 层堆栈：列出当前绑定的所有动画层以及每个动画层的类型、颜色（如果适用）和【全局权重】值。
- 【添加层】按钮：为层堆栈添加新层。单击并按住 Abs 按钮以打开弹出菜单，然后往下拖至要添加的层类型，并释放已创建层。
- 【移除层】按钮：从层堆栈中移除高亮显示的层。
- 【复制层】按钮：复制高亮显示的层以便粘贴。
- 【粘贴层】按钮：将复制的层粘贴到层堆栈中。
- 名称：显示高亮显示的层的名称。要更改此名称，则编辑文本字段即可。
- 【显示层变换 Gizmo】按钮：为层堆栈中的当前层创建变换 Gizmo。
- 【CATMotion 编辑器】按钮：打开 CATMotion 编辑器。仅当 CATMotion 层处于活动状态时可用。
- 【关键点姿势至层】按钮：如果已启用自动关键点，则将角色的当前姿势的关键点设置到选定层；如果已禁用自动关键点，则将角色的当前姿势偏移到选定层。
- 【上移层】/【下移层】按钮：单击上移层或下移层按钮可分别将高亮显示的层在层堆栈中上移或下移一个位置。
- 忽略：如果选中该复选框，则不会将高亮显示的层的动画应用于绑定。
- 单独：如果选中该复选框，则仅将高亮显示的层的动画应用于绑定，并忽略其他层。
- 全局权重：高亮显示的层对整个动画的影响程度。
- 局部权重：选定骨骼的高亮显示的层中的动画对整个动画的影响程度。
- 时间扭曲：启用对动画层速度的控制。通常会对该值设置动画。

重点 小实例：利用 CAT 制作马奔跑动画

场景文件	04.max
案例文件	小实例：利用 CAT 制作马奔跑动画 .max
视频教学	DVD/ 多媒体教学 /Chapter15/ 小实例：利用 CAT 制作马奔跑动画 .flv
难易指数	★★★★☆
技术掌握	掌握 CAT 父对象动物的创建、【蒙皮】修改器的使用

实例介绍

本例讲解利用 CAT 父对象制作马奔跑动画，最终效果如图 15-140 所示。

图15-140

操作步骤

步骤 01 打开本书配套光盘中的【场景文件 /Chapter15/04.max】文件，此时场景效果如图 15-141 所示。

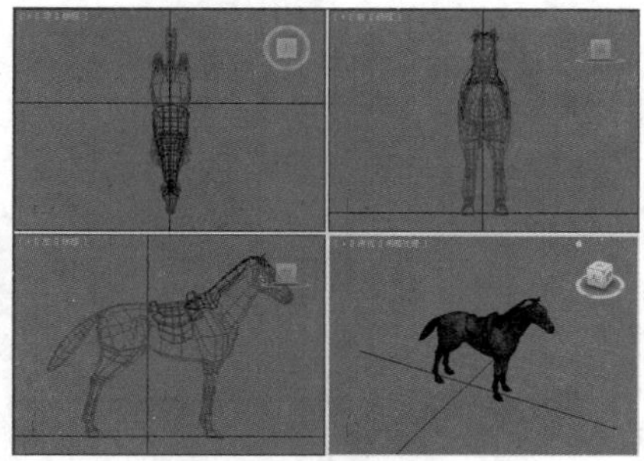

图15-141

步骤 02 在【创建】面板下单击【辅助对象】按钮，并设置辅助对象类型为【CAT 对象】，单击【CAT 父对象】按钮 CAT 父对象，然后展开【CATRig 加载保存】卷展栏，最后单击 Horse，如图 15-142 所示。

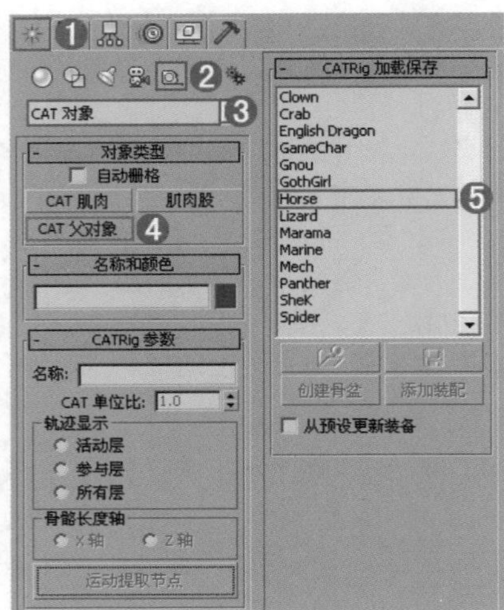

图15-142

步骤 03 此时在场景中拖曳创建马模型，如图 15-143 所示。

图15-143

步骤 04 单击马模型，进入【修改】面板，并展开【CATRig 参数】卷展栏，设置【CAT 单位比】为 0.3，如图 15-144 所示。

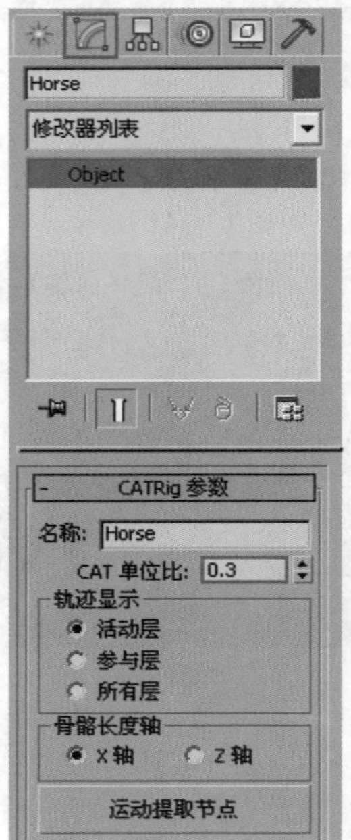

图15-144

步骤 05 此时选择骨骼的底座，将骨骼的底座移动到如图 15-145 所示的位置。

步骤 06 使用【选择并移动】工具和【选择并旋转】工具调整每一个骨骼的位置，使其与马模型相应位置匹配。如图 15-146 所示。

图15-145

图15-146

步骤 07 选择马模型，然后在【修改】面板下加载【蒙皮】修改器，展开【参数】卷展栏，单击【添加】按钮 添加 ，并添加马的骨骼，如图 15-147 所示。

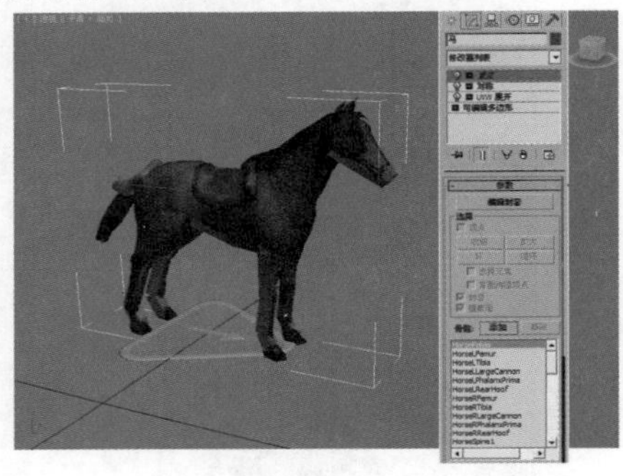

图15-147

技巧与提示

单击【添加】按钮 添加 ，弹出列表框，此时需要在列表框中选择所有的骨骼部分，为了避免读者选择不全面或错误的骨骼，可以只选择列表框中带有 Horse 的名称即可，如图 15-148 所示。

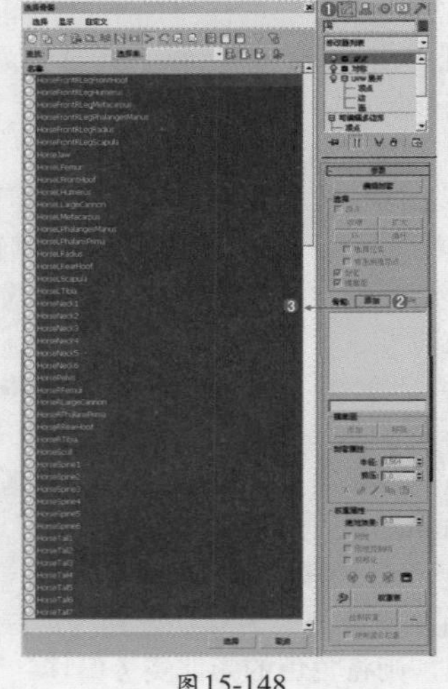

图15-148

步骤 08 选择骨骼的底座，然后单击【运动】按钮，展开【层管理器】卷展栏，并单击按钮，如图 15-149 所示。

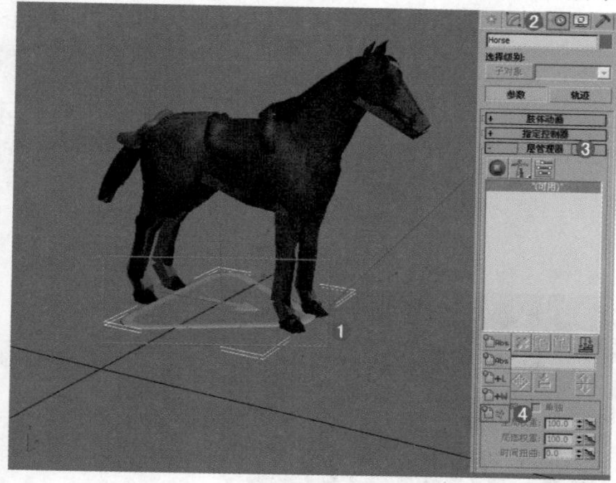

图15-149

步骤 09 在【层管理器】卷展栏下单击按钮，如图 15-150 所示，此时会变成按钮，被蒙皮的马模型已经变成运动形式，如图 15-151 所示。

图15-150

图15-151

步骤 10 此时拖动时间线滑块查看动画，效果如图 15-152 所示。

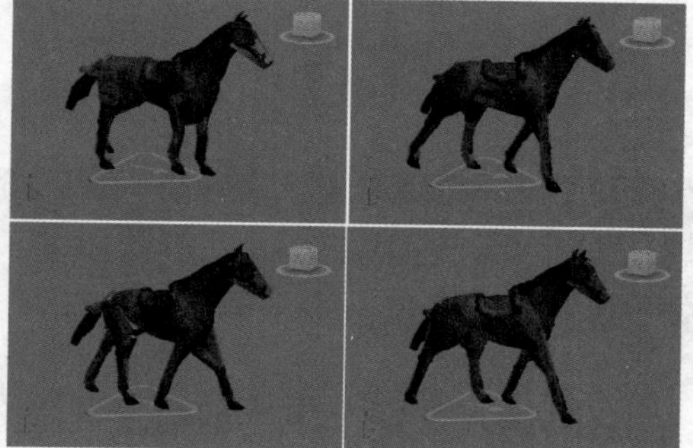

图15-152

步骤 11 单击按钮，此时会弹出 Horse-Globals 对话框，单击 Globals，并在【行走模式】选项组下选中【直线行走】单选按钮，如图 15-153 所示。

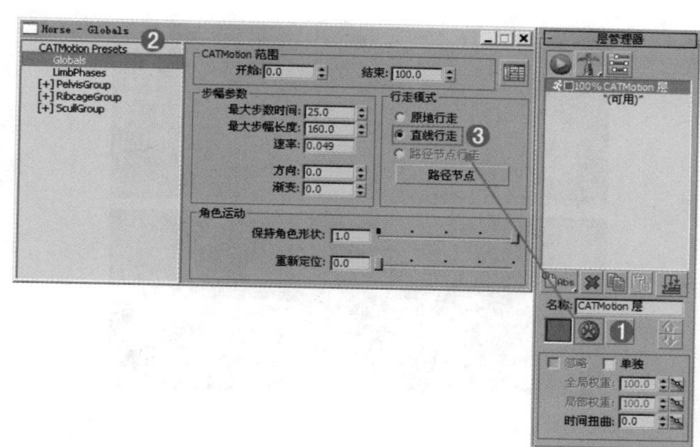

图15-153

步骤 12 拖动时间线滑块查看动画效果，如图 15-154 所示。

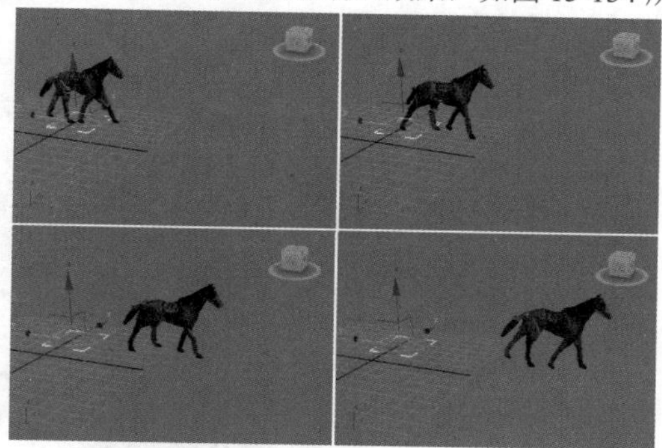

图15-154

步骤 13 最终渲染效果如图 15-155 所示。

图15-155

重点 小实例：利用 CAT 对象制作狮子动画

场景文件	05.max
案例文件	小实例：利用 CAT 对象制作狮子动画.max
视频教学	DVD/多媒体教学/Chapter15/小实例：利用 CAT 对象制作狮子动画.flv
难易指数	★★★★☆
技术掌握	掌握 CAT 对象、【蒙皮】修改器的使用、CAT 动画的使用

实例介绍

本例讲解利用 CAT 对象制作狮子动画，最终效果如图 15-156 所示。

图15-156

操作步骤

Part 1 创建CAT骨骼和蒙皮

步骤 01 打开本书配套光盘中的【场景文件/Chapter15/05.max】文本，此时场景效果如图 15-157 所示。

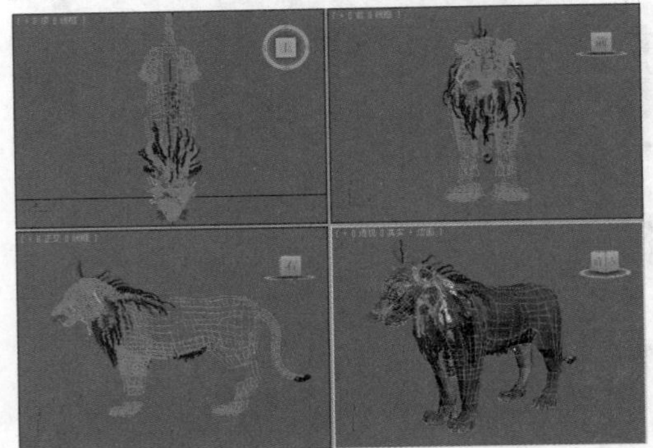

图15-157

步骤 02 在【创建】面板下单击【辅助对象】按钮，并设置辅助对象类型为【CAT 对象】，单击【CAT 父对象】按钮 CAT 父对象 ，然后展开【CATRig 加载保存】卷展栏，最后单击 Panther，如图 15-158 所示。

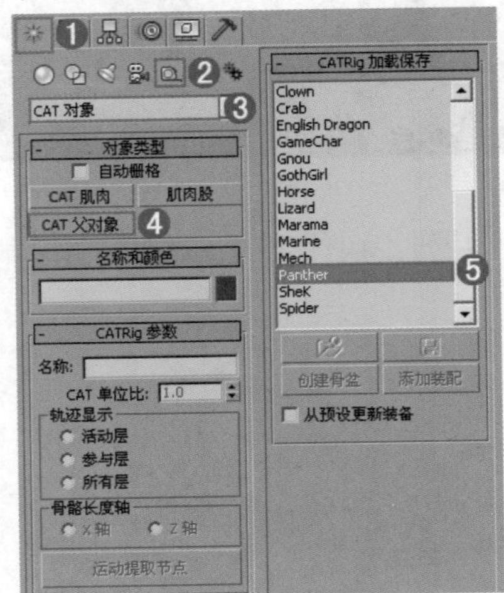

图15-158

步骤 03 此时在场景中拖曳创建马模型，如图 15-159 所示。

步骤 04 选择马模型，进入【修改】面板并展开【CATRig 参数】卷展栏，设置【CAT 单位比】为 0.015，如图 15-160 所示。

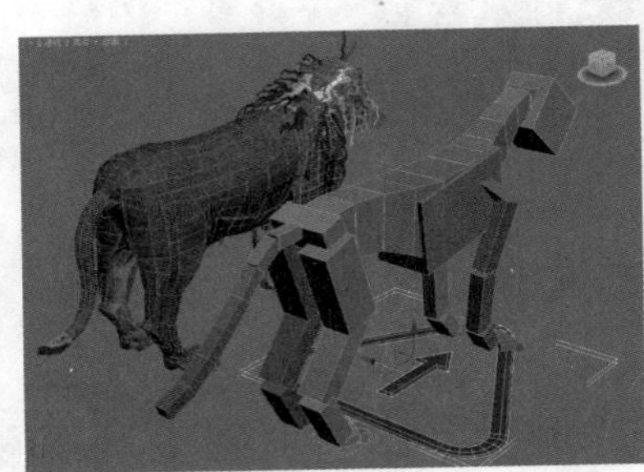

图15-159

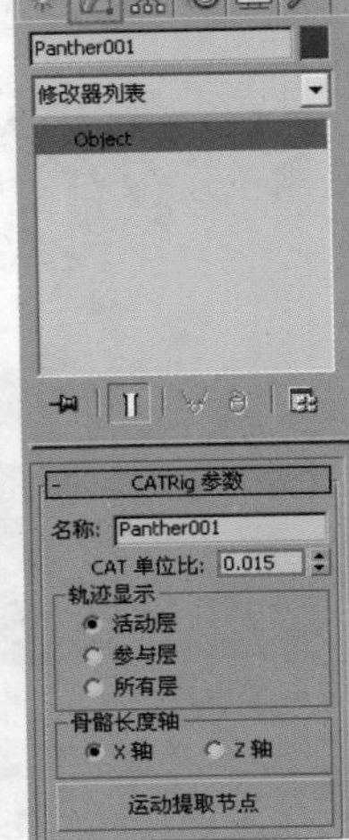

图15-160

步骤 05 此时选择骨骼的底座，将骨骼的底座移动到如图 15-161 所示的位置。

步骤 06 使用【选择并移动】工具和【选择并旋转】工具调整每一个骨骼的位置，使其与狮子模型相应位置匹配。如图 15-162 所示。

图15-161

图15-162

步骤 07 继续使用【选择并移动】工具和【选择并旋转】工具调整每一个骨骼的位置，使其与狮子模型相应位置匹配，如图 15-163 所示。

步骤 08 此时可以选择每一个骨骼，对骨骼的尺寸进行调整。如图 15-164 所示。

图15-163

图15-164

步骤 09 选择狮子模型，然后在【修改】面板下加载【蒙皮】修改器，展开【参数】卷展栏，单击【添加】按钮 添加 ，并添加狮子的骨骼，如图 15-165 所示。

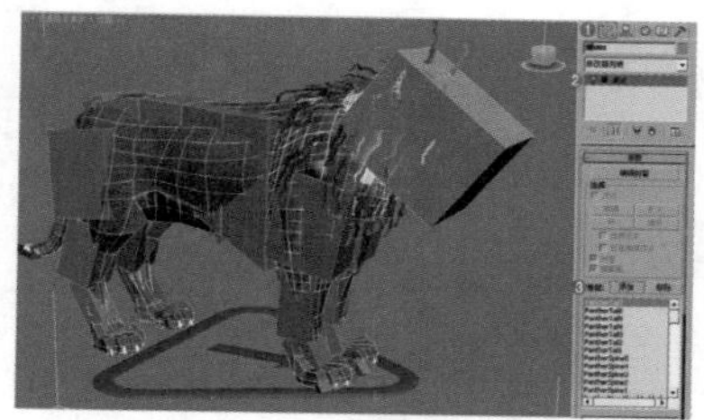
图15-165

技巧与提示

单击【添加】按钮 添加 弹出列表框，此时需要在列表框中选择所有的骨骼部分，为了避免读者选择不全面或错误的骨骼，可以只选择列表框中带有Panther的名称即可，如图15-166所示。

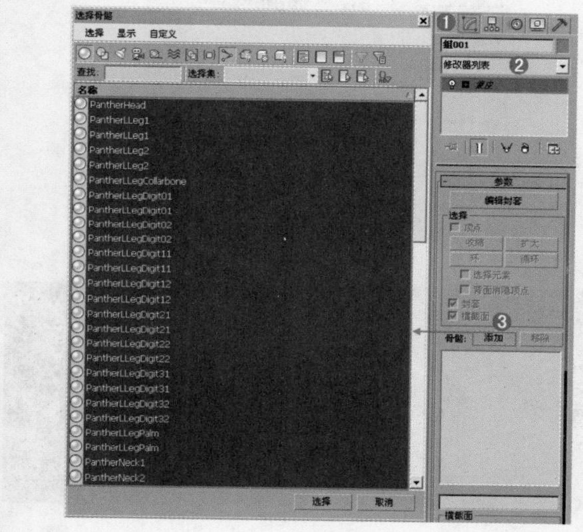
图15-166

Part 2 创建动画

步骤01 将狮子模型和CAT对象移动到如图15-167所示的位置。

步骤02 使用【线】工具 线 在场景中创建一条如图15-168所示的线。

图15-167

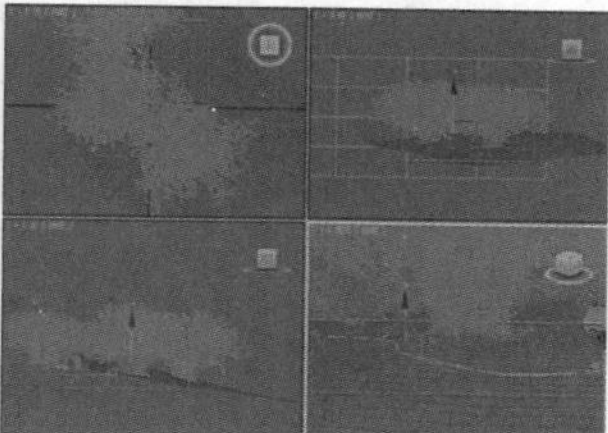
图15-168

步骤03 在【创建】面板下单击【辅助对象】按钮，并设置辅助对象类型为【标准】，单击【点】按钮 点 ，如图15-169所示。

步骤04 单击并拖曳创建一个节点，位置如图15-170所示。

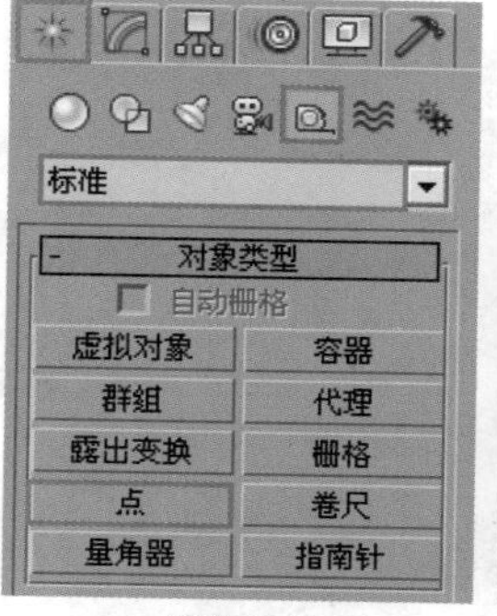

图15-169

图15-170

步骤05 选择第（4）步创建的节点，然后进入【修改】面板，选中【交叉】和【长方体】复选框，并设置【大小】为1m。如图15-171所示。

步骤06 选择刚才创建的节点，然后执行【动画】|【约束】|【路径约束】命令，最后单击刚才创建的线。如图15-172所示。

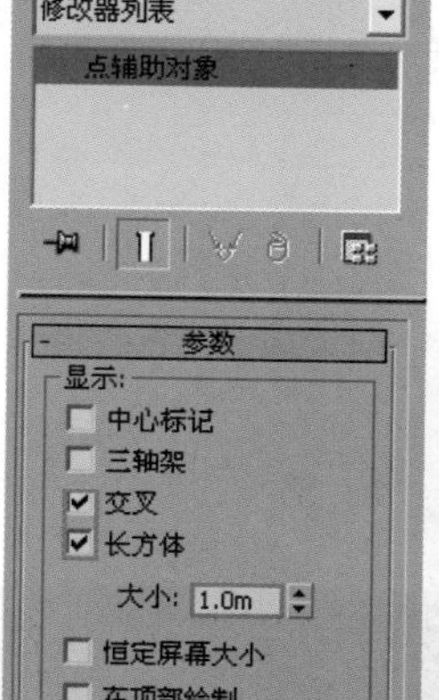

图15-171

图15-172

步骤07 此时节点已经产生了一个路径约束动画效果。选择骨骼的底座，然后单击【运动】按钮，展开【层管理器】卷展栏，单击按钮。如图15-173所示。

步骤08 单击按钮，弹出CATMotion对话框，如图15-174所示。

步骤09 在CATMotion对话框中单击Globals，并在【行走模式】选项组下单击【路径节点】按钮 路径节点 ，最后单击拾取场景中的节点，如图15-175所示。

步骤10 此时将【行走模式】设置为【路径节点行走】。如图15-176所示。

步骤11 在【层管理器】卷展栏下单击按钮，如图15-177所示。此时会变成按钮，狮子模型已经变成运动形式，拖动时间线滑块我们看到狮

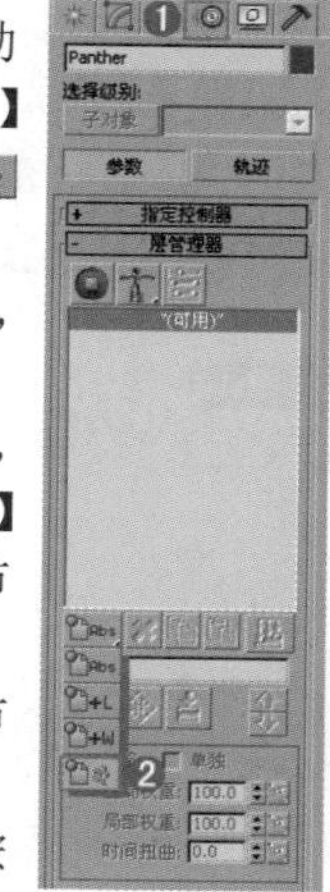
图15-173

子已经产生了行走的动画效果，但是身体是平躺的，如图 15-178 所示。

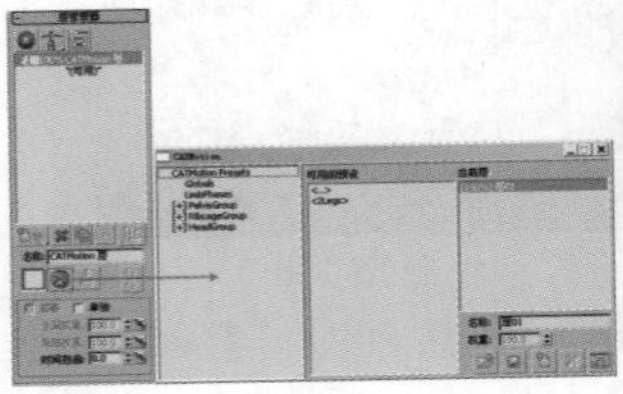

图15-174

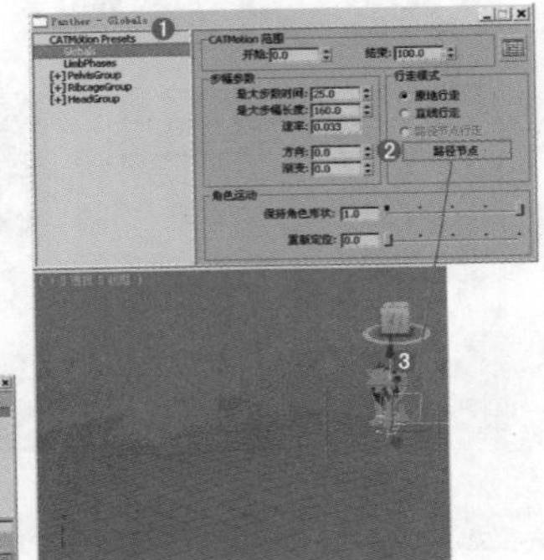

图15-175

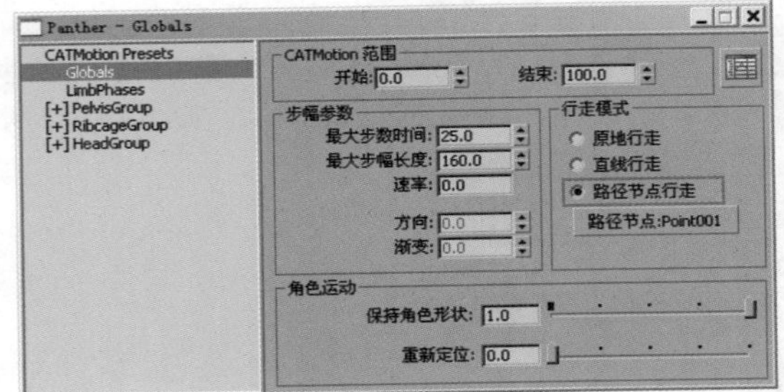

图15-176

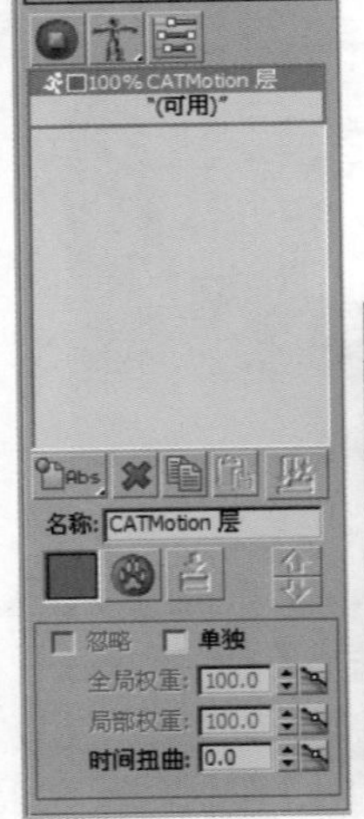

图15-177

图15-178

步骤 12 选择节点，然后单击【运动】面板，接着选中【跟随】复选框，设置【轴】为Y，选中【翻转】复选框。如图 15-179 所示。

步骤 13 此时我们发现狮子的位置产生了变化。如图 15-180 所示。

步骤 14 选择节点，然后使用【选择并旋转】工具，沿 Y 轴旋转 90°，此时狮子的位置是正确的。如图 15-181 所示。

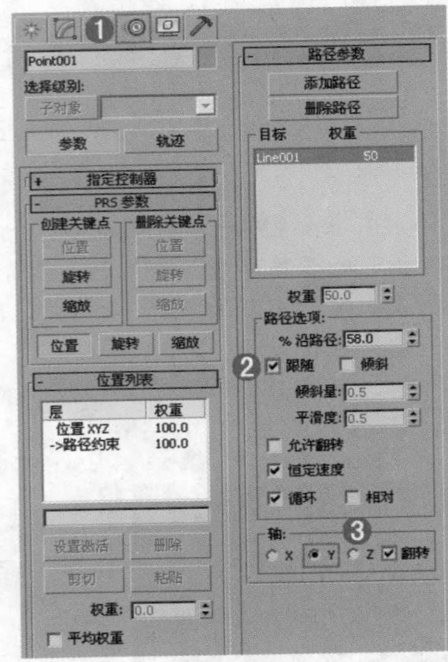

图15-179

图15-180

图15-181

步骤 15 此时拖动时间线滑块查看动画效果，如图 15-182 所示。

图15-182

步骤 16 最终渲染效果如图 15-183 所示。

图15-183

常用物体折射率表

材质折射率

物　体	折射率	物　体	折射率	物　体	折射率
空气	1.0003	液体二氧化碳	1.200	冰	1.309
水（20°）	1.333	丙酮	1.360	30%的糖溶液	1.380
普通酒精	1.360	酒精	1.329	面粉	1.434
溶化的石英	1.460	Calspar2	1.486	80%的糖溶液	1.490
玻璃	1.500	氯化钠	1.530	聚苯乙烯	1.550
翡翠	1.570	天青石	1.610	黄晶	1.610
二硫化碳	1.630	石英	1.540	二碘甲烷	1.740
红宝石	1.770	蓝宝石	1.770	水晶	2.000
钻石	2.417	氧化铬	2.705	氧化铜	2.705
非晶硒	2.920	碘晶体	3.340		

液体折射率

物　体	分子式	密度	温度	折射率
甲醇	CH_3OH	0.794	20	1.3290
乙醇	C_2H_5OH	0.800	20	1.3618
丙醇	CH_3COCH_3	0.791	20	1.3593
苯醇	C_6H_6	1.880	20	1.5012
二硫化碳	CS_2	1.263	20	1.6276
四氯化碳	CCl_4	1.591	20	1.4607
三氯甲烷	$CHCl_3$	1.489	20	1.4467
乙醚	$C_2H_5 \cdot O \cdot C_2H_5$	0.715	20	1.3538
甘油	$C_3H_8O_3$	1.260	20	1.4730
松节油		0.87	20.7	1.4721
橄榄油		0.92	0	1.4763
水	H_2O	1.00	20	1.3330

晶体折射率

物　体	分子式	最小折射率	最大折射率
冰	H_2O	1.313	1.309
氟化镁	MgF_2	1.378	1.390
石英	SiO_2	1.544	1.553
氯化镁	$MgO \cdot H_2O$	1.559	1.580
锆石	$ZrO_2 \cdot SiO_2$	1.923	1.968
硫化锌	ZnS	2.356	2.378
方解石	$CaO \cdot CO_2$	1.658	1.486
钙黄长石	$2CaO \cdot Al_2O_3 \cdot SiO_2$	1.669	1.658
菱镁矿	$ZnO \cdot CO_2$	1.700	1.509
刚石	Al_2O_3	1.768	1.760
淡红银矿	$3Ag_2S \cdot AS_2S_3$	2.979	2.711

快捷键索引

主界面快捷键

操　作	快捷键
显示降级适配（开关）	O
适应透视图格点	Shift+Ctrl+A
排列	Alt+A
角度捕捉（开关）	A
动画模式（开关）	N
改变到后视图	K
背景锁定（开关）	Alt+Ctrl+B
前一时间单位	.
下一时间单位	,
改变到顶视图	T
改变到底视图	B
改变到摄影机视图	C
改变到前视图	F
改变到等用户视图	U
改变到右视图	R
改变到透视图	P
循环改变选择方式	Ctrl+F
默认灯光（开关）	Ctrl+L
删除物体	Delete
当前视图暂时失效	D
是否显示几何体内框（开关）	Ctrl+E
显示第一个工具条	Alt+1
专家模式，全屏（开关）	Ctrl+X
暂存场景	Alt+Ctrl+H
取回场景	Alt+Ctrl+F
冻结所选物体	6
跳到最后一帧	End
跳到第一帧	Home
显示 / 隐藏摄影机	Shift+C
显示 / 隐藏几何体	Shift+O

续表

操　作	快捷键
显示 / 隐藏网格	G
显示 / 隐藏帮助物体	Shift+H
显示 / 隐藏光源	Shift+L
显示 / 隐藏粒子系统	Shift+P
显示 / 隐藏空间扭曲物体	Shift+W
锁定用户界面（开关）	Alt+0
匹配到摄影机视图	Ctrl+C
材质编辑器	M
最大化当前视图（开关）	W
脚本编辑器	F11
新建场景	Ctrl+N
法线对齐	Alt+N
向下轻推网格	小键盘 -
向上轻推网格	小键盘 +
NURBS 表面显示方式	Alt+L 或 Ctrl+4
NURBS 调整方格 1	Ctrl+1
NURBS 调整方格 2	Ctrl+2
NURBS 调整方格 3	Ctrl+3
偏移捕捉	Alt+Ctrl+Space（Space 键即空格键）
打开一个 max 文件	Ctrl+O
平移视图	Ctrl+P
交互式平移视图	I
放置高光	Ctrl+H
播放 / 停止动画	/
快速渲染	Shift+Q
回到上一场景操作	Ctrl+A
回到上一视图操作	Shift+A
撤销场景操作	Ctrl+Z
撤销视图操作	Shift+Z
刷新所有视图	1
用前一次的参数进行渲染	Shift+E 或 F9
渲染配置	Shift+R 或 F10
在 XY/YZ/ZX 锁定中循环改变	F8
约束到 X 轴	F5
约束到 Y 轴	F6
约束到 Z 轴	F7
旋转视图模式	Ctrl+R 或 V
保存文件	Ctrl+S
透明显示所选物体（开关）	Alt+X
选择父物体	PageUp
选择子物体	PageDown
根据名称选择物体	H
选择锁定（开关）	Space（Space 键即空格键）
减淡所选物体的面（开关）	F2
显示所有视图网格（开关）	Shift+G
显示 / 隐藏命令面板	3
显示 / 隐藏浮动工具条	4
显示最后一次渲染的图像	Ctrl+I
显示 / 隐藏主要工具栏	Alt+6
显示 / 隐藏安全框	Shift+F
显示 / 隐藏所选物体的支架	J
百分比捕捉（开关）	Shift+Ctrl+P
打开 / 关闭捕捉	S
循环通过捕捉点	Alt+Space（Space 键即空格键）
间隔放置物体	Shift+I
改变到光线视图	Shift+4
循环改变子物体层级	Ins
子物体选择（开关）	Ctrl+B
贴图材质修正	Ctrl+T
加大动态坐标	+
减小动态坐标	-
激活动态坐标（开关）	X
精确输入转变量	F12
全部解冻	7
根据名字显示隐藏的物体	5
刷新背景图像	Alt+Shift+Ctrl+B
显示几何体外框（开关）	F4
视图背景	Alt+B
用方框快显几何体（开关）	Shift+B
打开虚拟现实	数字键盘 1
虚拟视图向下移动	数字键盘 2
虚拟视图向左移动	数字键盘 4
虚拟视图向右移动	数字键盘 6
虚拟视图向中移动	数字键盘 8
虚拟视图放大	数字键盘 7
虚拟视图缩小	数字键盘 9
实色显示场景中的几何体（开关）	F3
全部视图显示所有物体	Shift+Ctrl+Z
视窗缩放到选择物体范围	E
缩放范围	Alt+Ctrl+Z
视窗放大两倍	Shift++（数字键盘）
放大镜工具	Z
视窗缩小两倍	Shift+-（数字键盘）
根据框选进行放大	Ctrl+W
视窗交互式放大	[
视窗交互式缩小	]

轨迹视图快捷键

操　作	快捷键
加入关键帧	A
前一时间单位	<
下一时间单位	>
编辑关键帧模式	E
编辑区域模式	F3
编辑时间模式	F2
展开对象切换	O
展开轨迹切换	T
函数曲线模式	F5 或 F
锁定所选物体	Space（Space 键即空格键）
向上移动高亮显示	↓
向下移动高亮显示	↑
向左轻移关键帧	←
向右轻移关键帧	→
位置区域模式	F4
回到上一场景操作	Ctrl+A
向下收拢	Ctrl+ ↓
向上收拢	Ctrl+ ↑

渲染器设置快捷键

操　作	快捷键
用前一次的配置进行渲染	F9
渲染配置	F10

示意视图快捷键

操　作	快捷键
下一时间单位	>
前一时间单位	<
回到上一场景操作	Ctrl+A

Active Shade快捷键

操　作	快捷键
绘制区域	D
渲染	R
锁定工具栏	Space（Space 键即空格键）

视频编辑快捷键

操　作	快捷键
加入过滤器项目	Ctrl+F
加入输入项目	Ctrl+I
加入图层项目	Ctrl+L
加入输出项目	Ctrl+O
加入新的项目	Ctrl+A
加入场景事件	Ctrl+S
编辑当前事件	Ctrl+E
执行序列	Ctrl+R
新建序列	Ctrl+N

NURBS编辑快捷键

操　作	快捷键
CV 约束法线移动	Alt+N
CV 约束到 U 向移动	Alt+U
CV 约束到 V 向移动	Alt+V
显示曲线	Shift+Ctrl+C
显示控制点	Ctrl+D
显示格子	Ctrl+L
NURBS 面显示方式切换	Alt+L
显示表面	Shift+Ctrl+S
显示工具箱	Ctrl+T
显示表面整齐	Shift+Ctrl+T
根据名字选择本物体的子层级	Ctrl+H
锁定 2D 所选物体	Space（Space 键即空格键）
选择 U 向的下一点	Ctrl+ →
选择 V 向的下一点	Ctrl+ ↑
选择 U 向的前一点	Ctrl+ ←
选择 V 向的前一点	Ctrl+ ↓
根据名字选择子物体	H
柔软所选物体	Ctrl+S
转换到 CV 曲线层级	Alt+Shift+Z
转换到曲线层级	Alt+Shift+C
转换到点层级	Alt+Shift+P
转换到 CV 曲面层级	Alt+Shift+V
转换到曲面层级	Alt+Shift+S
转换到上一层级	Alt+Shift+T
转换降级	Ctrl+X

FFD快捷键

操　作	快捷键
转换到控制点层级	Alt+Shift+C

常用家具尺寸附表

单位：mm

家具	长度	宽度	高度	深度	直径
衣橱		700（推拉门）	400~650（衣橱门）	600~650	
推拉门		750~1500	1900~2400		
矮柜		300~600（柜门）		350~450	
电视柜			600~700	450~600	
单人床	1800、1806、2000、2100	900、1050、1200			
双人床	1800、1806、2000、210	1350、1500、1800			
圆床					1860、2125、2424
室内门		800~950、1200（医院）	1900、2000、2100、2200、2400		
厕所、厨房门		800、900	1900、2000、2100		
窗帘盒			120~180	120（单录布），160~180（双层布）	
单人式沙发	800~950		350~420（坐垫），700~900（背高）	850~900	
双人式沙发	1260~1500			800~900	
三人式沙发	1750~1960			800~900	
四人式沙发	2320~2520			800~900	
小型长方形茶几	600~750	450~600	380~500（380最佳）		
中型长方形茶几	1200~1350	380~500或600~750			
正方形茶几	750~900	430~500			
大型长方形茶几	1500~1800	600~800	330~420（330最佳）		
圆形茶几			330~420		750、900、1050、1200
方形茶几		900、1050、1200、1350、1500	330~420		
固定式书桌			750	450~700（600最佳）	
活动式书桌			750~780	650~800	
餐桌		1200、900、750（方桌）	75~780（中式），680~720（西式）		
长方桌宽度	1500、1650、1800、2100、2400	800，900，1050，1200			
圆桌					900、1200、1350、1500、1800
书架	600~1200	800~900		250~400（每一格）	

室内常用尺寸附表

墙面尺寸

单位：mm

物体	高度
踢脚板	80~200
墙裙	800~1500
挂镜线	1600~1800

餐厅

单位：mm

物体	高度	宽度	直径	间距
餐桌	750~790			>500（其中座椅占500）
餐椅	450~500			
二人圆桌			500或800	
四人圆桌			900	
五人圆桌			1100	
六人圆桌			1100~1250	
八人圆桌			1300	
十人圆桌			1500	
十二人圆桌			1800	
二人方餐桌		700×850		
四人方餐桌		1350×850		
八人方餐桌		2250×850		
餐桌转盘			700~800	
主通道		1200~1300		
内部工作道宽		600~900		
酒吧台	900~1050	500		
酒吧凳	600~750			

商场营业厅

单位：mm

物体	长度	宽度	高度	厚度	直径
单边双人走道		1600			
双边双人走道		2000			
双边三人走道		2300			
双边四人走道		3000			
营业员柜台走道		800			
营业员货柜台			800~1000	600	
单靠背立货架			1800~2300	300~500	
双靠背立货架			1800~2300	600~800	
小商品橱窗			400~1200	500~800	
陈列地台			400~800		
敞开式货架			400~600		
放射式售货架					2000
收款台	1600	600			

饭店客房

单位：mm/ m²

物体	长度	宽度	高度	面积	深度
标准间				25（大）、16~18（中）、16（小）	
床			400~450，850~950（床靠）		
床头柜		500~800	500~700		
写字台	1100~1500	450~600	700~750		
行李台	910~1070	500	400		
衣柜		800~1200	1600~2000		500
沙发		600~800	350~400，1000（靠背）		
衣架			1700~1900		

卫生间

单位：mm/ m²

物体	长度	宽度	高度	面积
卫生间				3~5
浴缸	1220、1520、1680	720	450	
座便器	750	350		
冲洗器	690	350		
盥洗盆	550	410		
淋浴器		2100		
化妆台	1350	450		

交通空间

单位：mm

物体	宽度	高度
楼梯间休息平台净空	≥2100	
楼梯跑道净空	≥2300	
客房走廊高		≥2400
两侧设座的综合式走廊	≥2500	
楼梯扶手高		850~1100
门	850~1000	≥1900
窗（不包含组合式窗子）	400~1800	
窗台		800~1200

灯具

单位：mm

物体	高度	直径
大吊灯	≥2400	
壁灯	1500~1800	
反光灯槽		≥2倍灯管直径
壁式床头灯	1200~1400	
照明开关	1000	

办公家具

单位：mm

物体	长度	宽度	高度	深度
办公桌	1200~1600	500~650	700~800	
办公椅	450	450	400~450	
沙发		600~800	350~450	
前置型茶几	900	400	400	
中心型茶几	900	900	400	
左右型茶几	600	400	400	
书柜		1200~1500	1800	450~500
书架		1000~1300	1800	350~450

精品图书 推荐阅读

《CAD/CAM/CAE 自学视频教程》是一套面向自学的 CAD 行业应用入门类丛书，该丛书由 Autodesk 中国认证考试中心首席专家组织编写，科学、专业、实用性强。

丛书细分为入门、建筑、机械、室内装潢设计、电气设计、园林设计、建筑水暖电等。每个品种都尽可能通过实例讲述，并结合行业案例，力求“好学”、“实用”。

另外，本丛书还配套自学视频光盘，为读者配备了极为丰富的学习资源，具体包括以下内容：

- 应用技巧汇总
- 疑难问题汇总
- 典型练习题
- 全套图纸案例
- 常用图块集
- 快捷命令速查
- 快捷键速查
- 工具按钮速查

CAD/CAM/CAE
自学视频教程

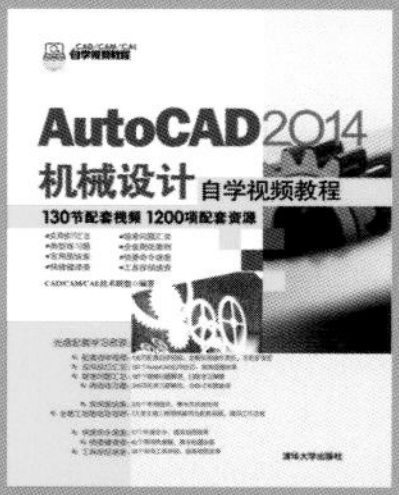

ISBN 978-7-302-35397-3

定价：79.80元

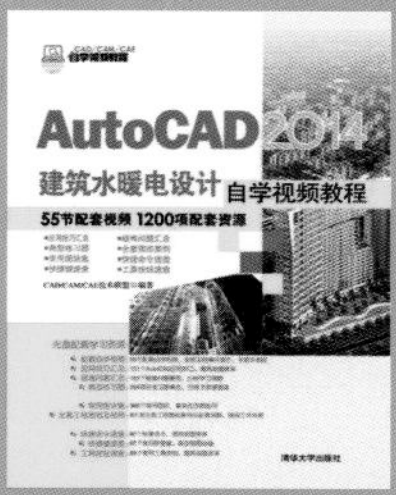

ISBN 978-7-302-35355-3

定价：59.80元

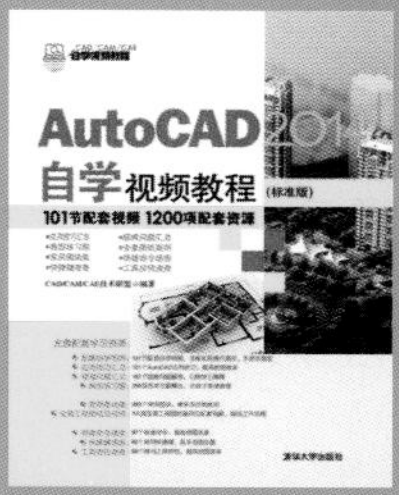

ISBN 978-7-302-35182-5

定价：59.80元

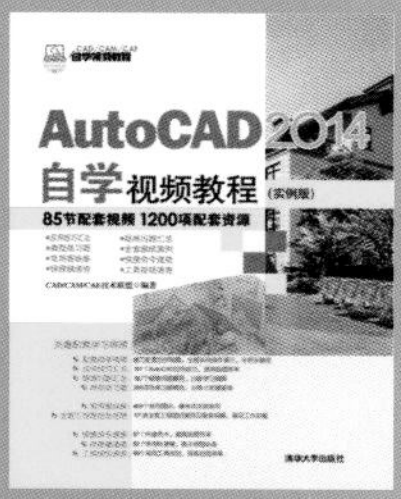

ISBN 978-7-302-35181-8

定价：79.80元

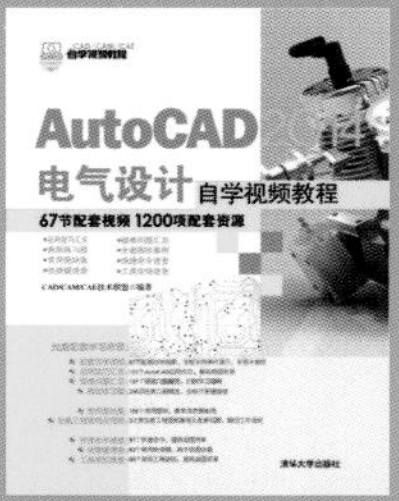

ISBN 978-7-302-35180-1

定价：69.80元

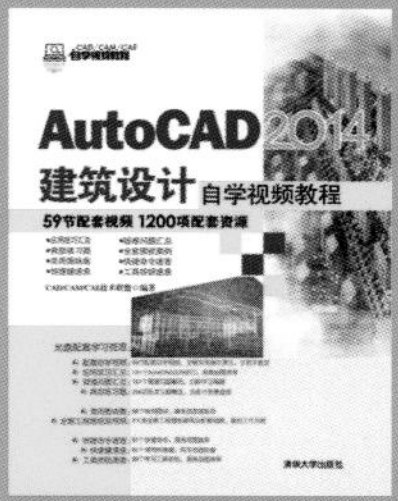

ISBN 978-7-302-35179-5

定价：69.80元

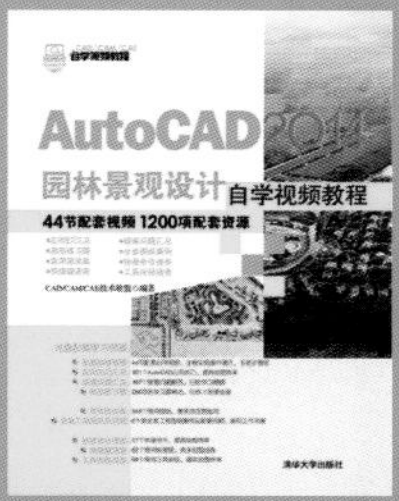

ISBN 978-7-302-35123-8

定价：59.80元

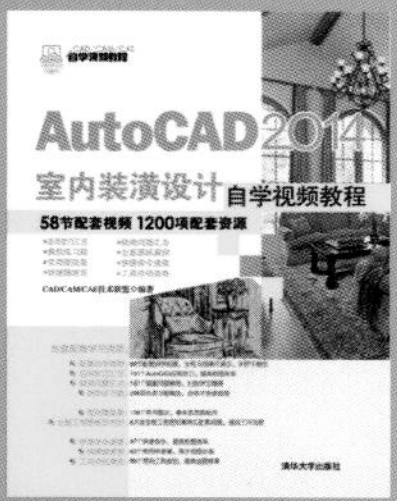

ISBN 978-7-302-35122-1

定价：69.80元

（本系列丛书在各地新华书店、书城及当当网、亚马逊、京东商城有售）

精品图书　推荐阅读

“CAD/CAM/CAE 技术视频大讲堂”丛书系清华社“视频大讲堂”重点大系的子系列之一，由国家一级注册建筑师组织编写，继承和创新了清华社“视频大讲堂”大系的编写模式、写作风格和优良品质。本系列丛书集软件功能、技巧技法、应用案例、专业经验于一体，可以说超细、超全、超好学、超实用！具体表现在以下几个方面：

- 大型高清同步视频演示讲解，可反复观摩，让学习更为快捷、高效
- 大量中小精彩实例，通过实例学习更深入，更有趣
- 每本书均配有不同类型的设计图集及配套的视频文件，积累项目经验

ISBN 978-7-302-27137-6 9 787302 271376 > 定价：59.80元	ISBN 978-7-302-27146-8 9 787302 271468 > 定价：69.80元	ISBN 978-7-302-27158-1 9 787302 271581 > 定价：69.80元	ISBN 978-7-302-27304-2 9 787302 273042 > 定价：59.80元
ISBN 978-7-302-27698-2 9 787302 276982 > 定价：59.80元	ISBN 978-7-302-27735-4 9 787302 277354 > 定价：59.80元	ISBN 978-7-302-28160-3 9 787302 281603 > 定价：69.80元	ISBN 978-7-302-28349-2 9 787302 283492 > 定价：59.80元
ISBN 978-7-302-28930-2 9 787302 289302 > 定价：69.80元	ISBN 978-7-302-28759-9 9 787302 287599 > 定价：69.80元	ISBN 978-7-302-28856-5 9 787302 288565 > 定价：69.80元	ISBN 978-7-302-28766-7 9 787302 287667 > 定价：59.80元

（本系列丛书在各地新华书店、书城及当当网、亚马逊、京东商城有售）

精品图书 推荐阅读

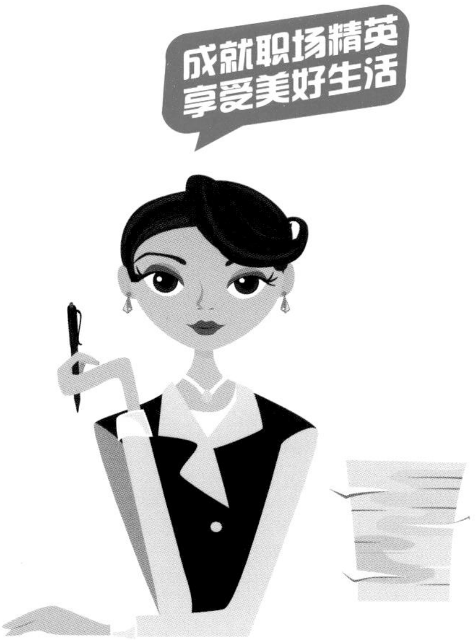

“高效办公视频大讲堂”系列丛书为清华社“视频大讲堂”大系中的子系列，是一套旨在帮助职场人士高效办公的从入门到精通类丛书。全系列包括 8 个品种，含行政办公、数据处理、财务分析、项目管理、商务演示等多个方向，适合行政、文秘、财务及管理人员使用。全系列均配有高清同步视频讲解，可帮助读者快速入门，在成就精英之路上助你一臂之力。

另外，本系列丛书还有如下特点：

1. 职场案例 + 拓展练习，让学习和实践无缝衔接
2. 应用技巧 + 疑难解答，有问有答让你少走弯路
3. 海量办公模板，让你工作事半功倍
4. 常用实用资源随书送，随看随用，真方便

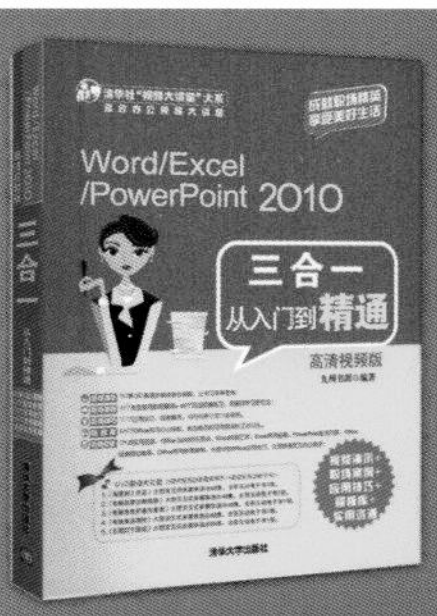

ISBN 978-7-302-29127-5

定价：59.80元

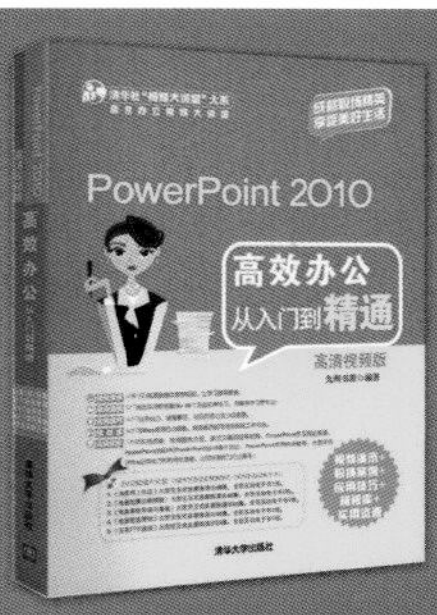

ISBN 978-7-302-29203-6

定价：59.80元

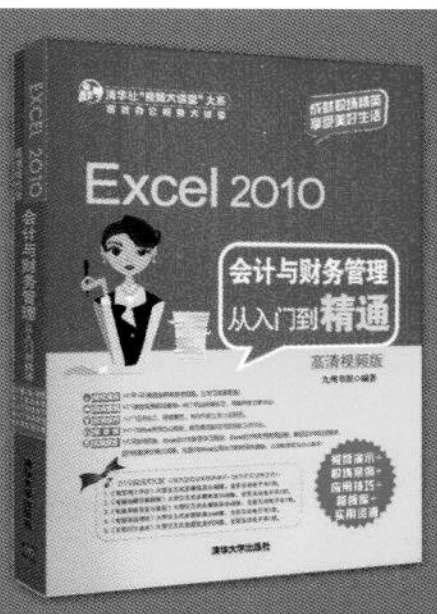

ISBN 978-7-302-29325-5

定价：59.80元

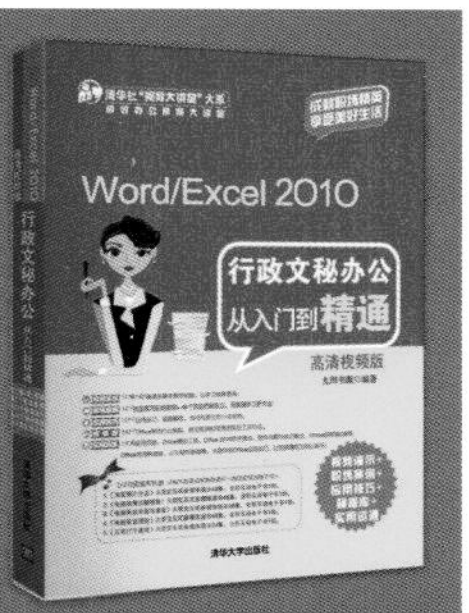

ISBN 978-7-302-29326-2

定价：59.80元

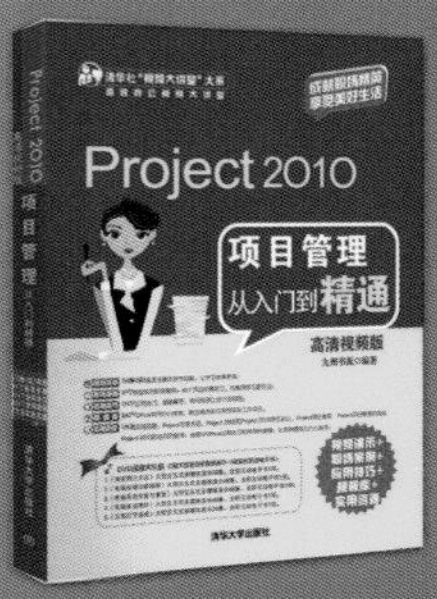

ISBN 978-7-302-29479-5

定价：59.80元

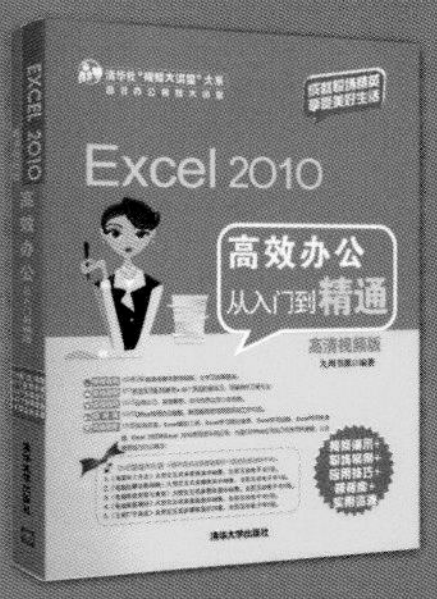

ISBN 978-7-302-29532-7

定价：59.80元

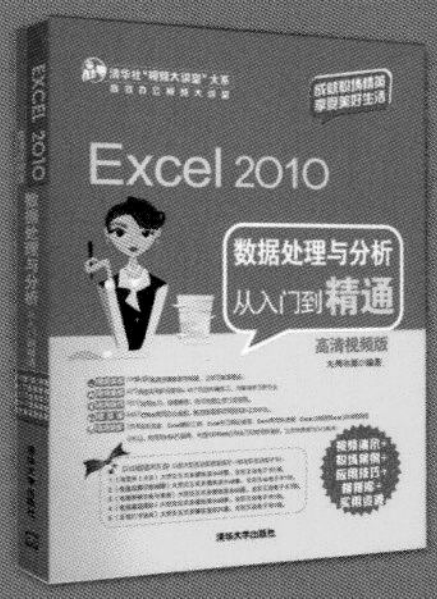

ISBN 978-7-302-29689-8

定价：59.80元

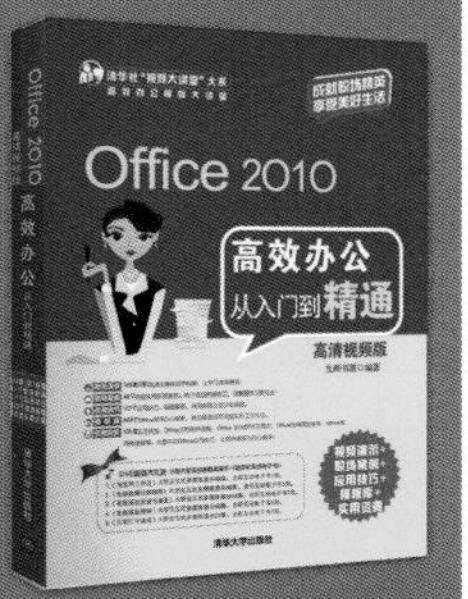

ISBN 978-7-302-29731-4

定价：59.80元

（本系列丛书在各地新华书店、书城及当当网、亚马逊、京东商城有售）

精品图书　推荐阅读

"画卷"系列是一套图形图像软件从入门到精通类丛书。全系列包括 12 个品种，含平面设计、3d、数码照片处理、影视后期制作等多个方向。全系列唯美、实用、好学，适合专业入门类读者使用。该系列丛书还有如下特点：

1. 同步视频讲解，让学习更轻松更高效
2. 资深讲师编著，让图书质量更有保障
3. 大量中小实例，通过多动手加深理解
4. 多种商业案例，让实战成为终极目的
5. 超值学习套餐，让学习更方便更快捷

（本系列丛书在各地新华书店、书城及当当网、亚马逊、京东商城有售）